재료역학 3판

Mechanics of Materials

Roy R. Craig, JR. 지음

황시원 감수

강성수 · 김창래 · 손정민 · 안석환

이상범 · 이인규 · 한상욱 옮김

WILEY 청문각

역자서문

재료역학은 2010년에 The University of Texas에서 Roy. R Craig가 출판하여 오늘 3판을 번역하게 되었으며, 그는 1961~2001년까지 교수로서 재직하였고, 세계적인 교수로서 우수공학교육과정 부분의 최우수상 수상하였다.

본 교재는 변형체역학의 세 가지 기본 개념에 대하여 평형, 재료의 거동, 변형의 기하학적 조건에 대하여 개념과 방정식과 예제 등을 통하여 재료역학을 학습하게 된다. 학습방법은 각 단원마다 주요 키워드를 정리해본다. 체계적으로 문제를 풀어야 할 경우 예제를 많이 풀어보고, 연습문제 풀이를 통해 역학문제를 파악할 수 있다.

문제는 문제의 설명, 풀이과정, 풀이하기, 검토 등의 단계별로 구성 되었으며, 문제 풀이과정은 예제로부터 연습문제로, 실제 사례를 MDSolids에서 응용문제까지 풀이해 본다. 하중과 변위 등의 부호규약도 체계화되었고 일관성이 있다. 각 단원은 그림과 표 등을 활용함으로써 학습효과를 높이는 데 매우 유익한 사례이다.

각 단원 끝 부분에는 그 단원의 요약한 내용이 제시되어 있어 각 단원 시작과 종료 시에는 반드시 읽어 보고 준비를 한다면 매우 쉽게 본문 내용을 이해할 수 있다. 특히 연습문제를 과제로 활용할 때는 문제 번호에 작은 (*: 단원제목, 컴퓨터: Computer 해석, 설계: 설계 등의) 기호가 사용된다. 문제 풀이는 주로 기본 하중법(Basic Force Method), 변위법(Displacement Method), 하중법(Force Method) 등이 사용된다. 또 MDSolids에는 설계된 예제가 있고, 연습문제 해답도 구할 수 있으며, 90개의 전문 예제를 포함한다.

공학도를 위한 정역학을 먼저 수강하고 재료역학, 재료공학, 등을 수강할 경우 이해도가 높은 편이다. 물론 수학적인 배경도 잘 개발하는 것이 탄탄한 기초를 쌓는 데 도움이 될 것이다.

먼저 본 교재는 재료역학, 고체역학, 재료강도 등 다양한 경험을 가진 여덟 명의 훌륭한 교수들이 정성을 다하여 공동으로 집필하였다. 제3판을 발간하게 되어 예제와 연습문제를 통하여 학습 효과가 진행될 것을 기대한다. 편집과 교정에 수고해 주시고 출판에 공식과 도형을 잘 만들어 주시고, 교정을 보신 동료들(강성수 교수, 김창래 교수, 손정민 교수, 안석환 교수, 이상범 교수, 이인규 교수, 한상욱 교수)에게 감사한다. 본 교재 출판과정에서 편집, 교정하신 분들과 청문각 대표 류원식 님께 감사의 말씀을 드린다.

공학박사 황시원교수 (한국뉴욕주립대학교 기계공학과)

저자 서문

학생들에게

본 교재는 재료역학(mechanics of materials) 입문서이다. 재료역학은 고체역학, 변형체역학, 재료강도라는 공학주제 중의 하나이다. 여러분은 정역학(statics)에 대한 풍부한 지식을 갖추고 있다. 즉 자유물체도를 그리고, 적당한 평형방정식을 수립하고 풀이하여 강체의 평형을 어떻게 해석하는가를 이해해야 한다. 이 과정에서 평형해석을 변형체(deformable bodies), 특히 구조물을 만드는 것이나 기계를 제작하는 다양한 부재에 어떻게 적용하는가를 배우게 된다. 이럴 때는 평형조건 뿐만 아니라 각종재료(알루미늄, 강, 나무)의 거동 및 기하학적 조건을 고려하여야 한다. 따라서 학생들은 고체역학의 세 가지 기본개념 (1) 평형, (2) 재료의 하중-온도-변형, (3) 변형의 기하학적 조건을 적용하는 방법을 배우게 될 것이다.

여러 가지의 중요한 주제를 배우게 되는데, 예를 들면 구조물에 작용하는 외력이 어떻게 분포하는지, 외력에 인하여 물체가 파손되는지(응력); 어떤 물체가 외력과 온도의 변화에 따라 작용(변형률)이 발생하고; 어떤 물체에 영향을 주는 작용하는 힘과 온도변화가 어떻게 재료에 반응하는지(재료의 응력-변형률-온도 거동); 그리고 다른 고체역학 주제도 있다.

본 교재를 통해 스스로 과제물 풀이를 평가할 수 있는 체계적인 문제 풀이법(systematic problem-solving method)도 배우게 된다. 본 교재와 유용하게 사용할 수 있게 MDSolids라는 컴퓨터프로그램을 이용할 수 있다. 이 프로그램은 직관적인 그래픽 인터페이스(GI)를 제공함으로써 다양한 형태의 문제에 영향을 주는 중요한 요소를 제시하여 문제풀이 능력을 향상시키고, 내부응력과 부재변형의 성질을 시각화하는 데 도움이 된다. 또한, 쉽고 편리한 방법으로 많은 문제와 응용문제까지 풀이할 수 있는 기술을 개발하는 데 도움이 될 것이다. 그럼에도 불구하고 본 교재에서는 즉각적인 해답을 얻기 위해 컴퓨터 프로그램을 작성하거나, 현재 프로그램을 사용하는 것에 그치지 않고, 기본적인 재료역학의 기초를 이해(understanding of the fundamentals of elementary solid mechanics)하는 것을 놓치지 않도록 강조한다.

제1장에 삽입된 컬러 사진들은 고체역학의 연속 학문인 유한요소법이 항공기로부터 자동차 고층빌딩과 교량에서부터 자전거의 프레임과 테니스 라켓, 해양구조물에서 컴퓨터

칩까지 모든 분야를 해석하고 설계하는 데 어떻게 사용되는지를 나타낸다. 본 교재의 목적은 고체와 구조물에 대해 더 연구하고, 항공공학, 건축공학, 토목공학, 기계공학, 석유공학, 전기공학까지 복잡한 해석을 할 수 있도록, CAE(Computer-Aided Engineering)에 한 걸음 다가가는 것에 있다.

특징

본 고체역학 입문에는 학생들이 다음과 같은 경우에 공학적인 문제를 잘 배우도록 하는데 엔지니어링 토픽: (1) 학생들이 주제에 포함된 기본개념을 이해할 때, (2) 학생들이 체계적으로 문제 풀이과정을 배울 때와 체계적인 방법으로 풀 수 있는 예제를 많이 접할 때, (3) 학생들이 많은 문제를 실제로 풀 수 있는 충분한 기회를 가지고 그에 대한 효과를 얻을 때, (4) 학생들이 실제의 공학적인 문제를 접하고 학생들이 공부하는 것이 무엇에 관련된 것인지 제시되었을 때 이 목표를 위하여 아래 사항이 고려되었다.

- **변형체역학의 3가지 기본개념에 대한 강력한 강조**. 본 교재를 통하여 학생들은 고체역학의 기본적인 문제들의 3가지 개념인 평형, 재료의 거동, 변형의 기하학적 조건을 배우게 된다. 예제에서는 이들 3종류의 기본 개념의 중요한 역할을 완벽하게 이해할 수 있도록, 해당 방정식들을 항목으로 부각시키고 분류한다.
- **4단계의 문제 풀이 과정**
  - 문제의 서술
  - 풀이의 계획
  - 문제의 해결
  - 풀이 검토

  공학전공자가 대학의 환경을 떠나서 복잡한 문제를 매우 정확하고 상세하게 해석할 수 있는 엔지니어가 되었을 때, **문제 해석**과 **문제에 대한 검토**를 정확하게 할 수 있도록 준비를 하여야 한다.
- **예제: 체계적인 문제 풀이 과정** 본 교재에서는 140여개 이상의 예제가 학생들에게 체계적이고, 완벽한 풀이 과정을 매우 상세하게 **MDSolids** 소프트웨어로 제공한다. 교재 자체에 풀이한 부호나 형식으로 완벽한 해석한 **90개의 추가적인 예제**들이 있다.

  위에서 설명한 세 개의 기본개념인 평형, 재료의 거동 및 변형의 기하학적 조건 등에 분명한 해석이 각 항목으로 구분화된다. 단 기본 방정식이 주어진다면 문제 풀이를 위하여 **풀이 절차**를 제시하게 되고, 체계적 절차를 기록한다. 솔루션은 조합하고 풀이하는 것으로서 최종 답을 얻는다. 그리고 **흐름도(Flow chart)**를 그래픽으로 나타내어 풀이 절차를 요약하였다. 이들 문제 풀이 절차에 대하여 기본하중법(Basic Force Method), 변위법(Displacement), 하중법(Force Method) 등이 제3장에 처음 나타나게 된다.

하중과 변위 등에 대한 **부호규약(sign conventions)**은 체계적으로 정해졌고, 일관성 있게 수반된다. 그리고 어디든 평형방정식은 필요하며, 완성된 자유물체도(free-body diagram)도 제시되었다. 평형방정식에 대한 풀이는 핵심 역할을 하며 특히 제1장에 특별한 절에서 강체의 정역학을 복습하고 물체의 변형에 대한 내부의 합력 개념이 소개된다.

- **컴퓨터 과제와 컴퓨터 소프트웨어** 30개의 컴퓨터 과제가 포함되어 있는데, 이들은 연습문제 번호 앞쪽에 컴퓨터표시로 구분된다. 학생들은 자신의 컴퓨터 프로그램으로 작성할 기회를 가지게 되며, 공학우수상을 수상한 MDSolids 응용소프트웨어를 Window 작동시스템 운영 PC 시스템으로 다운로드 할 수 있다. 부록 G에 설명하는데 교재에 수반되는 소프트웨어를 설명한다. 소프트웨어를 다운로드할 경우 학생 각자는 Wiley Student Companion site에 등록하여야 한다. 본 교재는 www.wiley.com/college/craig로 다운로드할 수 있다.
- **설계(design)** 설계 주제에서 다루어야 할 다양한 면이 있다. 예를 들면 설계를 논의하는 2.8절에서 학생들에게 설계개념과 허용응력을 고려한 설계를 위하여 마지막으로 정적문제인 트러스의 최적설계(최소 하중) 사례를 제시한다. 제일 마지막 12장에서는 3개의 특수설계에 관련된 주제로 응력집중에 의한 파손이론 및 피로파괴 등을 설명한다. 특별히 설계 콘텐츠를 과제로 MDSolids 예제에서 관련된 문제들은 문제 번호 앞에 설계라는 표시를 하였다.
- **정확성(Accuracy)** 교재에 실수가 없도록 특별한 노력을 하였으며 오류가 없도록 하였다. 연습문제에는 최소 2개의 문제를 독립적으로 풀이하였으며, 해답집(Solutions Manuel)은 일관성과 정확성을 유지하기 위하여 저자가 직접 준비하였다.
- **저자들과의 소통(Communication with Author)** 본 교재 혹은 해답집에 대한 코멘트는 저자의 E-mail 주소: roy_craig@mail.utexasedu로 보내주는 것을 권고한다. MDSolids 프로그램에 대해 전할 내용과 검토할 내용은 E-mail로 Dr. Timothy Philpott: philpot@mst.edu로 보내주기 바란다.

본 개정판의 새로운 특징

본 교재는 재료역학 3판으로, 고체역학의 대표적인 세 가지 기본 방정식과 체계적인 문제풀이 과정을 강조한 이전 교재의 특징을 그대로 살렸다. 다음은 개정된 3판의 주요 특징에 대해 설명하였다.

- 학생들의 관점에서, 각 단원의 끝에 본문을 복습할 수 있는 페이지를 추가하였다. 각 단원의 주 방정식과 주요 개념을 요약하였다. 추가로 학생들이 각 단원의 복습과 시험을 준비하는 데 유용한 문제도 수록하였다.

- 새로운 2개의 주제인 2.14절 복합재료의 기계적성질(Mechanistical Properties of Composite Materials)과 3.3절의 와이어로프가 추가되었다. 새로 추가된 절은 저자의 동료인 Dr. Eric Taleff, University of Texas at Austin 교수에 의해 저술되었다.

이 외에 3판에 수정 및 추가된 내용들이다.

- 1,300개 이상의 문제가 수록되었으며, 이 중 1/3은 US Customary Unit, 1/3은 SI Units, 나머지 1/3은 기호형태로 구성되었다. 본 교재의 문제는 약 30%는 완전히 새롭거나 이전 판에서의 문제들을 상당히 수정하였다.
- 3.2절부터 3.4절 사이의 균일 축변형 이론은 정적으로 확정된 구조물 절차에 따라 몇 개의 더 어려운 예제 중 3.3절의 불균일 축변형의 이론은 재편집하였다.
- 다양한 문제를 풀이하는데 사용한 단계는 순서 목차(Procedure Lists)에 요약되어있다. 이들의 단계는 흐름도(Flow Charts)로 도형으로 요약된 경우도 있다.
- 이전 교재에서는 부정정구조물을 전통적인 방법으로 소개하였다. 변형체역학의 3개의 특별한 방정식인 평형, 온도-변형거동 재료와 기하학적 변형은 매우 중요하므로 강조하였다.
- 제3장의 균일선형 탄성축의 힘 변형거동에 파생되는 축변형에 대한 실질적으로 새로 편성하였다. 유연성계수(flexibility coefficient)와 강성계수(stiffness coefficient)의 정의가 3.2절 축변형의 이론에 포함된다.
- 이전 판에서(3.8절과 4.7절) 소개한 변위법(Displacement Method)은 "선택적"인 절에서 고려하지 않았으며, 이 주제는 학생들의 고체역학이 기초과정 관련 절에서 중단하였다.
- 전단력과 굽힘 모멘트 선도는 두 그룹으로 나누었으며, 하나(5.4절)는 평형 방법으로 처리하고, 또 다른 경우는(5.5절) 그래픽 방법으로 처리한다. 이들 변화는 5.5절의 표에 있다. 5.5절에서 강사들이 그래픽 절차에 따라 특별하게 강조하는 것은 전단력과 굽힘 모멘트의 설명과 전단력과 굽힘모멘트를 위한 것이다.

보충 설명

MDSolids 소프트웨어 90개 특별한 예제 문제 1998년 공학교육 코스 웨어(course ware) 최고수상을 한 MDSolids 컴퓨터 프로그램은 학생들과 강사들에게 매우 유용하다.

훌륭한 그래픽 사용자 인터페이스를 갖는 MDSolids 소프트웨어는 용이한 사용이 가능하며, 재료역학의 광범위한 범위에 사용할 수 있다. 90개 특별한 MDSolids 예제문제는 교재에 있는 예제문제와 거의 연계되어 있고 과제도 같이 연계되어 있다. (부록 G MDSolids 관련한 설명 참조)

해답집 이전 판과 마찬가지로, 해답집(Solutions Manual)은 완벽한 풀이 과정에 문제도 나타나 있다. 본 교재를 사용하는 강사는 www.wiley.com/college/craig에 접속하여 Instructor Companion Website에서 Solution Manual을 다운로드 할 수 있다.

Website 발행자는 추가적인 설명과 피드백, 정보 요청 등을 관리하고 있다. URL은: www.wiley.com/college/crez이다.

저자 소개

Roy R, Craig, Jr., John J. McKetta는 Energy Professor Emeritus in Engineering, Department of Aerospace Engineering and Engineering Mechanics, University of Texas at Auston. 그는 Oklahoma 대학교에서 토목공학과 B.S. 학위를 받고, M.S.과 Ph.D.는 Theoretical and Applied Mechanics from the University of Illinois at Urbana-Champaign. 1961년부터 2001년까지 교수로 University of Texas at Austin. 그의 기업의 경험은 U.S. Naval Civil Engineering Laboratory, Boing Company, Lockheed Palo Research Laboratory, Exxon Production Research Corporation, NASA and IBM.

Dr. Craig's의 연구와 집필은 주로 structural dynamic analysis and testing, structural optimization, control of flexible structures, use computer in engineering education. 그는 Craig-Bampton Mothed of component-mode synthesis 분야이며 복합체의 동적반응의 해석은 세계적으로 널리 사용되고 있다. Dr. Craig's는 Aerospace structure technology 분야의 다양한 인용을 받는 데 기여하며, 미국의 우주 비행 프로그램으로 NASA의 인증을 받았고; 초청 강의를 영국, 프랑스, 타이완, 네델란드, 중국 등의 국가에서 진행하였다.

Dr. Craig's는 수많은 교육관련 수상, 교수들의 리더십 상 수상, 그리고 General Dynamics Teaching Excellence Award, Halliburton Award of Excellence, John Leland Atwood Award 의 수여는 공동으로 Aerospace Division of the American Society for Engineering Education and by American Institute of Aeronautics and Astronautics. Dr. Craig's는 다양한 기술논문 및 보고서의 저자이며, 또 다른 교재로서 Fundal of structural Dynamics, 2판을 출간하였다. 그는 Professional Engineer 자격증을 보유하고 있으며, 미국 Fellow of the Institute of Aeronautics이며, American Society for Engineering Education, American Society of Mechanical Engineers, Society for Mechanics에 소속되어 있다.

Roy R. Craig, Jr.
Austin Texas
Nov. 2010

차례

1 재료역학 개론

1.1 재료역학이란 무엇인가

역학(Mechanics)은 힘과 열적 교환(thermal disturbance)에 의한 물체의 운동과 정지 조건에 관한 물리과학으로서, 정지 상태에 있는 물체의 연구를 정역학(statics)이라 하고, 반면에 운동 중인 물체에 관한 연구를 동역학(dynamics)이라고 한다. 여러분은 정역학과 동역학의 기본 원리를 배운 적이 있을 것이며, 이러한 원리들을 실제 물리계(physical system)의 단순화된 이상화계라고 할 수 있는 질점(particles)과 강체(rigid bodies)에 적용했을 것이다. 또한 정역학과 동역학의 기본 원리들은 고체와 유체의 거동을 취급하는 응용역학의 두 가지 중요 분야이며, 고체역학(mechanics of solids)과 유체역학(mechanics of fluids)의 기초가 된다. 이 책은, 재료강도학(strength of materials), 고체역학(mechanics of solids), 변형체역학(mechanics of deformable bodies) 등으로 불리고 있는 재료역학(mechanics of materials)의 입문서이다.

이 책은 정적 하중 조건 하에서 고체의 거동을 거의 독점적으로 다루고 있다(단, 11.9절은 예외). 그러나 고체의 동역학(dynamics of solids)에 대한 연구(예: 건물 및 교량의 지진 자극)는 이 범주에서 대부분 동일한 개념을 활용한다. 이 주제는 일반적으로 "구조역학" 또는 "기계적 진동"이라고 한다.[1)]

재료역학 이제, 그림 1.1을 통하여 "재료역학이란 무엇인가?"라는 의문을 해소해 보기로 하자. 먼저, **변형체(deformable body)**란 작용하중이나 온도변화에 의해 그 크기와 형상의 변화를 초래할 수 있는 고체이다. 예를 들어, 그림 1.1의 다이빙보드는 그 위에 서 있는 다이버의 체중으로 인해 형상이 현저하게 변화됨을 알 수 있으며, 이와 같은 물체의 크기와 형상의 변화를 **변형(deformation)**이라고 한다. 변형은 육안으로 감지할 수 없을 만큼 그 크기가 아주 작을지라도 매우 중요하며, 변형과 작용하중을 연관짓기 위해서는 작용하중 하에서 재료(즉, 고체)가 어떻게 거동하는지를 이해할 필요가 있다.

1) 예를 들어, 이 책의 후반부에 있는 참고문헌 [1-1]의 *Fundamentals of Structural Dynamics*를 참조한다.

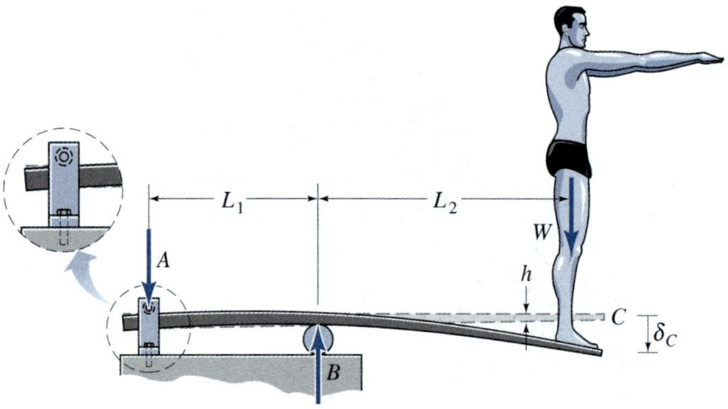

그림 1.1 변형체의 예 : 다이빙보드

그림 1.1의 다이빙보드에서 A, B의 지지반력(support reactions)은 다이버의 체중과 길이 L_1, L_2가 주어질 경우, 강체의 평형조건만으로 결정할 수 있으나, 다음과 같은 유형의 문제들은 재료역학의 원리와 방법을 적용해야만 해결할 수 있다.

1. 다이빙보드를 파손시킬 수 있는 체중 W는 얼마이고, 어디서 파손이 일어날 것인가?
2. 다이빙보드와 롤러 B의 위치가 주어질 경우, C단의 처짐 δ_c와 C단에 서 있는 다이버의 체중 W 사이에는 어떤 관계가 있는가?
3. 테이퍼를 갖는 다이빙보드가 두께가 일정한 것보다 나은가? 그렇다면 두께 h를 A에서 C까지 어떻게 변화시켜야 하는가?
4. 섬유유리로 제작된 다이빙보드가 알루미늄으로 제작된 보드보다 더 유용한가?

응력과 변형률 전술된 모든 문제에서 다이빙보드는 변형체(deformable body)로 간주되어야 한다. 다시 말해, 이 문제에는 다이버와 지지단 A, B에 의해 다이빙보드에 부가되는 외력이 고려되어야 할 뿐만 아니라, 다이빙보드에 대한 이 힘들의 국부적인 효과(즉, **응력(stress)**과 **변형률 분포(strain distribution)**)와 다이빙보드 제작에 사용된 재료의 거동(즉, 재료의 **응력-변형률 거동(stress-strain behavior)**)이 포함되어야 한다. 재료역학을 학습함에 있어 가장 중요한 개념이라고 할 수 있는 응력과 변형률은 제2장에서 정의하게 될 것이다.

유한요소해석; 컬러사진 여러분은 이 책의 전반에 걸쳐서 여러 가지 일차원 변형체의 응력과 변형률의 분포를 해석하는 방법을 배우게 될 것이며, 또한 여기서 학습한 원리와 절차들은 매우 복잡한 변형체의 해석에 사용될 컴퓨터 프로그램의 기초가 될 것이다. **유한요소해석(Finite element analysis)**은 복잡한 기계나 구조물을 무수히 많은 작은 요소의 집단으로 처리하여 해석하는 매우 강력한 방법이다.[2] 컬러 사진들은 다양한 유한요소 컴퓨터 프로그램을 사용하여 얻어진 해석 결과(응

2) 예를 들어, 참고문헌 [1-2], [1-3]을 참조한다.

력과 변형률의 분포)를 예시한 것이다. 서로 다른 위치의 응력 등을 표시하기 위하여 사진에 여러 가지 색상을 사용하였다.

해석과 설계 모든 변형체역학의 정역학적 문제는 **강도**(strength) 문제와 **강성**(stiffness) 문제 중의 하나가 된다. 기계나 구조물은 설정된 강도 조건을 만족할 수 있을 만큼 충분한 강도를 가져야 한다. 또한 변형이 허용한도 내에 있도록 하기 위해서는 "충분한 강성"을 가져야 한다. 첫 번째 다이빙보드 문제는 강도 문제이고 두 번째는 강성 문제이다.

상기의 다이빙보드 문제 1, 2는 **해석**(analysis)의 범주에 속한다. 즉, 시스템(이 경우 다이빙보드)이 주어지고 그에 작용하는 하중이 주어질 경우, 독자들이 할 일은 특정 하중을 받고 있는 이 특정 시스템의 거동을 해석하는 것이다. 반면에 문제 3, 4는 **설계**(design) 문제이다. 하중과 성능 조건(예를 들어, 수용될 다이버의 체중 범위와 보다 나은 다이빙 보드의 요건)에 관한 정보가 주어질 경우, 여러분이 할 일은 다이빙보드의 형상을 선택하고 그 제작에 사용될 재료를 선택하는 것이라고 할 수 있다.

설계과정(design process)은 일반적으로 설계(특정 재료로 만들어진 특정 형상)가 제안되고, 주어진 하중에 대해 설계된 시스템의 응답이 해석되며, 제시된 설계 기준과 응답 결과를 비교하는 반복 과정이다. 예비 설계 중에서 가장 적합한 결과

그림 1.2 극한하중 시험 중인 항공기 날개 (Boeing의 게재 승인)

유한요소해석
(Finite Element Analyses)

이러한 컬러 사진들을 생성하기 위해 사용된 유한요소법의 기초를 구성하는 재료역학(Mechanics of Materials) 교과서에 고체역학의 원리와 계산 과정들이 제시되었다.

CP-1 V-22 오스프리 경사 로터(Osprey tilt rotor) 항공기 구조. 전체 항공기와 유한요소 격자가 있는 날개팁 엔진 장착부와 변형률 윤곽을 나타내기 위해 컬러 그래픽을 이용한 날개팁(wing-tip) 부분(Bell Helicopter Textron의 MSC/NASTRAN 유한요소해석. 미국항공우주학회(American Institute of Aeronautics and Astronautics)의 허락을 받음)

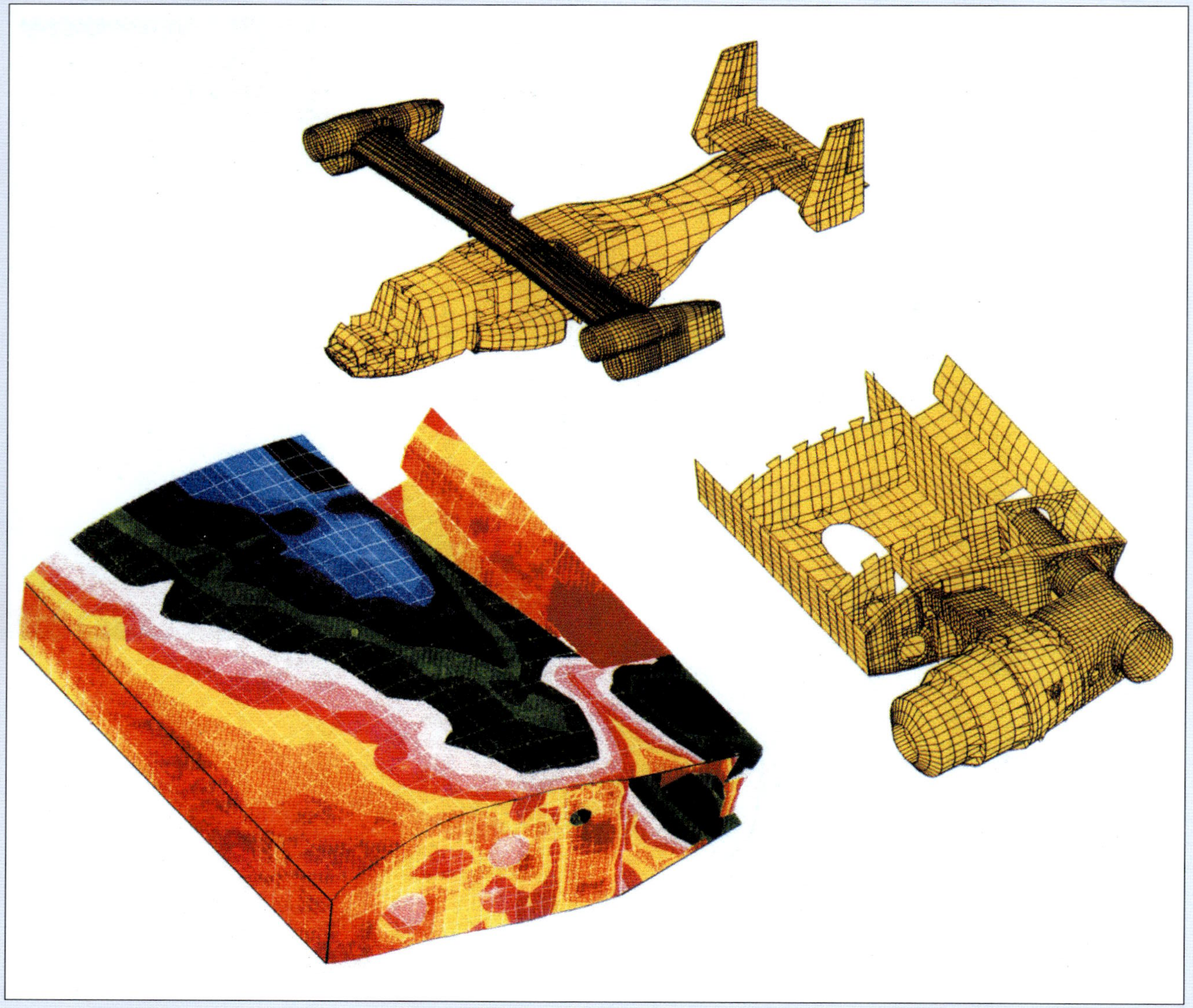

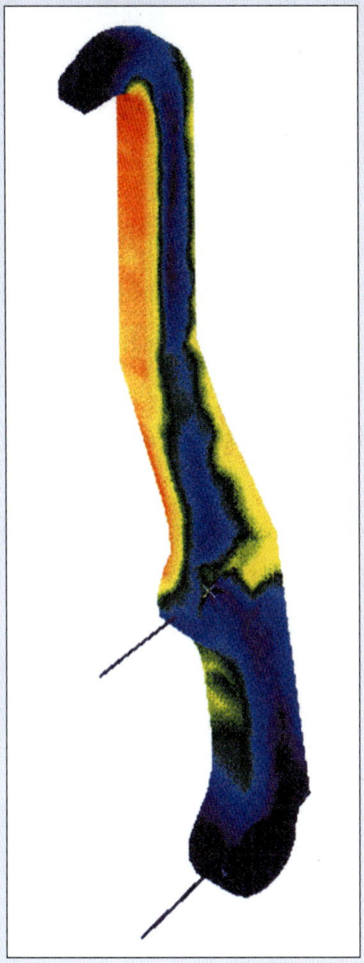

CP-2 우주왕복선의 적재물 걸쇠 부재(mechanical latch member) 설계 지원용 유한요소해석의 활용 예(SDRC I-DEAS 후처리된 MSC/NASTRAN 유한요소해석, NASA-Johnson Space Center 제공).

CP-3 12.2절에서 언급된 축하중을 받는 평판 봉의 원공에 의한 응력집중에 대한 유한요소해석, 좌측 컬러 봉에 표기된 응력은 12.3절에서 논의할 Von Mises의 응력을 나타낸다(Greg Swadener의 ABAQUS 유한요소해석).

를 선택하고, 최종적으로 선정된 설계에 따라 모형(prototype)을 제작하고, 시스템이 모든 설계 요건을 만족하는지를 검토하기 위하여 적절한 시험을 수행하게 된다. 그림 1.2는 항공기 날개의 극한하중 시험을 나타낸 것으로, 즉 날개의 파손 없이 부가할 수 있는 최대 하중을 결정하기 위한 시험이다. 날개가 정상 위치로부터 24 ft 이상 당겨질 경우 설계자의 기대치를 초과하게 된다. (물론, 정상 운행 중에 발생될 날개의 처짐은 이와 같은 극한하중 시험 결과보다 훨씬 적다)

재료역학의 응용 변형체역학의 응용 범위는 무한하며, 모든 공학 분야에서 그 응용 예를 찾을 수 있다. 그림 1.3에 있는 브루클린 대교(Brooklyn Bridge)는 공학의 극치라고 할 수 있다. 이 교량은 1867-1869년에 조안 뢰블링(Johann Roebling)에 의해 설계되고, 1870-1883년에 걸쳐 그의 아들 워싱턴 뢰블링(Washington Roebling)의 감리 하에 2500만 달러를 들여 건설되었으며, 1595 ft 폭과 271 ft 높이의 타워에 현수되어 있다.

1960년대 이후, 기계시스템이나 구조물의 설계에 필요한 수치 계산을 수행하기 위하여 컴퓨터 프로그램(예를 들어, NASTRAN, ANSYS, ABAQUS, SAP 2000)들이 광범위하게 활용되고 있으며, 매우 정교한 유한요소 모델들이 컬러사진에 예시된 컬러 부분의 작성에 이용되고 있다. 근대 항공기나 자동차, 기계 구조물 시스템의 설계에서, 컴퓨터 응용 설계(Computer-Aided-Design, CAD)는 부재의 형상 정의와 수학적인 모형화, 변형체의 해석 수행 등에 필수적인 역할을 하고 있다.

변형체역학의 원리와 방법은 교량이나 우주선(예를 들어 컬러 그림 CP-1의 경사-로터 장치) 등과 같은 대형 구조물의 해석과 설계에 활용되고 있을 뿐만 아니라 아주 작은 대상체에도 응용되고 있다. 예를 들어, 유한요소해석은 컴퓨터를 켜고 끌 때 유발되는 가열-냉각 사이클(heating-cooling cycle)의 한 단계에서 작은 컴퓨터 칩의 응력 분포를 결정하는 데에 사용된다. 컬러그림 CP-3은 12.2절에서 논의된 바와 같이, 유한요소해석(FEA)을 사용하여 **응력집중(stress concentration)**의 효과를

그림 1.3 뉴욕 브루클린 대교(Andreas Feininger/Time & Life Pictures/Getty Images, Inc.)

묘사하는 방법을 보여주고 있다.

비록 컬러사진에 소개된 시스템의 해석과 설계에 관한 많은 내용이 이 입문서의 범위를 넘는 재료역학적인 지식을 필요로 하겠지만, 이 책에 소개된 원리와 방법들은 보다 난해한 주제의 탐구와 컬러사진에 소개된 것과 같은 복잡한 응용설계의 기초가 되고 있다.

1.2 변형체역학의 기본 방정식

이 책의 전반에 걸쳐서, 변형체역학의 강도와 강성 문제 해석에 사용될 세 가지 기본 방정식(fundamental types of equations)이 반복적으로 강조될 것이며, 그 내용은 다음과 같다.

1. **평형**조건이 만족되어야 한다.
2. **기하학적 변형**이 기술되어야 한다.
3. **재료 거동**(즉, 재료의 힘-온도-변형 사이의 관계)이 특정되어야 한다.

여기에서는 위와 같은 기본방정식들이 아주 단순한 변형체에 적용되었지만, 대부분의 경우에서는 보다 난해한 수학적인 형태로 표기된 세 가지 기본 방정식이 모든 변형체의 연구에 적용되고 있다.

평형 우리는 이미 정역학의 원리 즉, 평형방정식(equations of equilibrium)이 변형체역학의 기초가 됨은 주지하고 있다. 1.4절에서는 정적 평형을 간단히 복습하고, 고체역학 학습에 특히 중요한 평형 개념을 소개하였다. 또한 완전하고 정확한 자유물체도(free body diagram) 작성의 중요성을 강조하였다. 제5장 전체는 보의 평형 문제를 다루고 있다.

기하학적 변형 변형체역학 문제의 해에 기하학적 변형(geometry of deformation)이 도입되는 과정에는 다음과 같은 몇 가지 방법이 있다.

1. 수직변형률과 전단변형률의 정의(제2장).
2. 단순화와 이상화(예를 들어, "강체" 부재, "고정" 지점, 단면은 평면을 유지, 변위는 작을 것).
3. 부재의 연속성 또는 기하학적 적합성.
4. 경계조건과 그 밖의 구속조건.

이중 몇 가지는 그림 1.1과 그림 1.4를 비교함으로써 설명될 수 있다. 그림 1.1에서 다이빙보드 자체는 변형체로 가정되었으나, 지지단 A, B는 강체로 가정되었다. 따라서 그림 1.1의 이상화 모델(idealized model)은 A, B가 강체로 구속(rigid

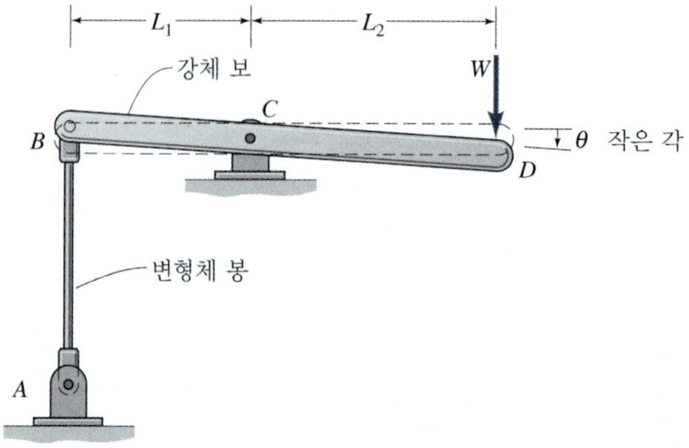

그림 1.4 여러 가지 변형에 대한 가정을 예시한 시스템

constraints)된 변형체 보(deformable beam)이다. 반면에 그림 1.4의 보 BD는 예시된 하중과 지지 조건 하에서 "강체"로 가정되었다. BD가 실제로 변형(형상의 변화)될지라도, 보의 D단에 작용하는 하중 W에 의해 봉 AB가 현저하게 신장됨에 따라 유발된 회전 θ와 비교할 경우, 보의 변형은 미소한 것으로 가정할 수 있다. 따라서 그림 1.4에 도시된 이상화 모델(idealized model)은 변형체 봉 AB의 B단에 마찰이 없는 핀으로 연결되어 있는 강체 보(BD)라고 할 수 있다. 봉 AB가 신장되면, 보 BD는 마찰이 없는 고정핀 C에 대하여 작은 각 만큼 회전하게 된다.

재료 거동 변형체역학에서 셋째로 중요한 것은 재료의 거동이다. 재료의 거동(material behavior) 즉, 힘-온도-변형 사이의 관계(force-temperature-deformation relationships)는 단순히 해석적인 평형조건이나 기하학적 변형과는 달리, 실험을 통해서 확립될 수 있으며, 이에 관한 내용은 제2장에서 논의하게 될 것이다.

이러한 세 가지 명확한 요건 즉, **평형(equilibrium), 기하학적 변형(geometry of deformation)** 및 **재료 거동(material behavior)**을 명심하게 된다면, 변형체역학 문제의 풀이에 많은 도움이 될 것이다.

1.3 문제 풀이 과정

대부분의 공학적인 실제 문제를 풀이하기 위해서는 일관되고 체계적인 과정이 요구되고 있으며, 이 과정은 변형체역학과 관련된 문제를 해석할 때에도 동일하게 적용되고 있다. 이와 같은 문제 풀이 5단계 과정을 소개하면 다음과 같다.

1. 관심의 대상이 되는 **시스템(system)**을 선택한다. 이것은 기존 물리 시스템에 기초하여 선택할 수 있으며, 또한 설계 도면이나 설계 명세서에 의해 정의될 수 있다.

2. 실제 시스템에 대한 **이상화 모델**(idealized model) 또는 시스템을 구하기 위해 단순화 가정을 세운다. 예를 들어, 그림 1.1과 그림 1.4는 다이빙보드에 대한 두 종류의 서로 다른 이상화 모델을 예시한 것이다.
3. 시스템의 **수학적인 모델**(mathematical model)을 얻기 위하여 이상화 모델에 변형체역학의 원리를 적용하고, 부가된 교란(작용력 또는 온도변화)에 대한 시스템의 응답을 예측하기 위하여 결과 식을 풀이한다. 얻어진 결과를 분석하고, 부가된 교란에 의한 시스템의 거동(응력과 변형)을 탐구한다.
4. 예측된 응답과 실제 시스템의 거동을 비교하기 위하여 시험(test)을 수행한다. (실제 시스템이 없을 경우, 실척 모형 또는 축소 모형을 제작해야 한다)
5. 3단계에서 예측된 응답이 시험된 시스템의 응답과 일치하지 않을 경우, 양자가 일치할 때까지 모델을 수정하여 1-4단계를 반복한다.

미래의 숙련된 엔지니어로서, 여러분들에는 1, 2단계와 4단계가 매우 중요하고 흥미로울 수 있다. 하지만, 이 책이 주요 목적은 고체역학의 기본개념을 소개하고, 변형체역학 문제를 풀이할 수 있는 능력을 배양시키는 것이다. 따라서 여기서는 주로 수학적인 모델을 정식화하고 그 거동을 해석하는 3단계의 수행에 주목하게 될 것이다.

그렇다면 수학적인 정식화를 위하여 변형체역학의 원리를 어떻게 적용시키고, 시스템의 응답을 얻기 위하여 이 방정식들을 어떻게 풀이할 것인가? 이 책의 예제 문제들을 살펴보면 다음과 같이 4단계로 구분되어 있음을 알 수 있다.

1. 문제 제시
2. 풀이 계획
3. 풀이
4. 풀이 검토

1. 문제 제시 – 이 과정은 다음과 같은 내용을 포함하고 있다.

- 주어진 데이터의 나열
- 문제 데이터를 설명하는 데 필요한 그림의 작성
- 얻게 될 결과의 나열

2. 풀이 계획 – 이전 교재에서 이 단계가 정식으로 다뤄진 경우는 아마 없을 것으로 생각되지만, 빠르고 정확한 문제 풀이의 성공은 미리 얼마나 주의 깊게 풀이 계획을 세웠는가에 달려 있다. 따라서 여러분은 주어진 데이터와 요구되는 결과를 충분히 생각하고, 관련된 기본 원리의 확인과 적용 가능한 방정식들을 상기하고, 풀이를 수행하는 데 필요한 각 과정들을 계획해야 한다.

3. 풀이 – 1.2절에서 언급된 바와 같이, 여러분의 해석결과에는 세 가지 기본요소 즉, 평형과 기하학적 변형 및 재료의 거동을 포함하게 될 것이다. 이 책의 예제와 연습문제는 다음과 같은 두 가지 유형 즉, 해에 수치를 직접 고려하는 문제와 관계

량을 대수적인 기호로 표시하고 결과가 공식으로 얻어지는 문제 중의 하나이다. 해의 기호 표기형의 이점은 풀이의 각 단계에서 동차성(dimensional homogeneity)의 검토가 용이하다. 두 번째 이점으로 기호는 관계된 물리량에 주목하게 한다. 예를 들어, 기호 P로 표시된 힘은 풀이의 다양한 단계마다 그 효과를 추적할 수 있게 한다. 마지막으로, 기호 표기형에서 최종 결과는 방정식으로 얻어지기 때문에, 필요하다면 다른 수치를 대입할 수도 있을 것이다.

풀이의 각 단계에서 동차성 검토의 중요성은 아무리 강조해도 지나치지 않을 것이다. 정적 고체역학 문제에 포함된 주요 물리량은 힘(차원: F)과 길이(차원: L)이다. 가령, 문제 풀이의 어떤 단계에서 방정식의 동차성을 검사하고 다음과 같은 결과를 얻는다면,

$$F \cdot L = F/L^2$$

어떤 오류가 발생했음을 알 수 있다. 따라서 방정식이 동차성을 갖도록 오류를 수정하지 않은 상태에서 다음 단계로 이행하는 것은 시간과 노력의 낭비가 될 것이다. 풀이가 진행될 때마다 정확도 역시 수시로 검토되어야 한다.

부록 B에서는 변형체역학 문제의 해석에 사용된 단위(units)를 제공하고, 부록 A에서는 필요한 유효자리 수(significant digits)에 대하여 논의한다.

4. 풀이 검토 – '풀이 계획' 단계와 마찬가지로 이 단계는 이전에 잘 접할 수 없었던 과정 중의 하나이다. 그러나 다음과 같은 내용을 자문하면서, 풀이 결과를 항상 검토하는 습관을 갖는 것은 매우 중요하다.

- 차원적으로 옳은 해인가?
- 관련된 물리량들은 최종 해에 합리적으로 반영되었는가?
- 최종 해의 부호와 크기는 타당한가?
- 최종 결과는 해를 얻기 위해 설정했던 가정과 일치하는가? (예를 들어, 최종 기울기가 45° 인 것으로 밝혀졌을 경우, 이 결과는 "기울기가 미소하다"는 가정에 위배된다.)

아마도 검토라는 것을 교재 뒷부분의 해답과 해석 결과를 비교하라는 의미로 생각하기 쉬울 것이다. 하지만, "현실세계"에서 "해답집"이란 결코 있을 수가 없다. 따라서 지금까지 그렇게 해오지 않았던 사람들은, 이제부터라도 자신의 풀이 결과에 대한 타당성과 동차성, 정확도 등을 가능한 어떤 수단에 의해서든 검토하는 습관을 길러야 할 것이다. 그러나 문제를 직접 풀고 정확한 답을 얻는 것만으로는 충분치 않다. 여러분은 또한 자신의 해를 분석할 줄 알아야 비로소 공학적 평가(engineering judgement)라고 하는 필수적인 특성을 개발하기 시작한다.

비록 이 교재의 문제들을 연습하는 과정에서는 의심 없이 문제 풀이 시간의 대부분을 풀이 단계에 투여하게 되겠지만, 숙련된 엔지니어로서 컴퓨터가 공학적인

문제의 수치해석을 신속하고 유연하게 대행해 주기 때문에, 대부분의 시간은 다른 세 단계에 할애하게 된다는 것을 알게 될 것이다. 이때 여러분이 할 일은 문제를 정확하게 설정하고(문제 제시와 풀이 계획), 전산해석 결과를 신중하게 평가하는 일이다(검토).

끝으로, 유명한 정역학 저자들의 조언에도 유의할 필요가 있다.[3)]

> 모든 작업이 간단하고 명료한 것도 또한 중요하다. 타인이 쉽게 이해할 수 없는 무성의한 해는 가치가 거의 없다고 볼 수 있다. 유용한 형식을 취하고자 하는 노력은 그 자체만으로도 공식화와 해석 능력 개발에 귀중한 도움이 될 것이다. 처음에는 어렵고 복잡하게 보이는 많은 문제들도 논리적이고 공격적인 방법으로 접근하게 되면 단순하고 명료하게 된다.

정보의 교환은 모든 공학 문제의 가장 중요한 부분이라고 할 수 있으며, 간단하고 명료한 작업만이 변형체역학 문제의 해와 같은 기술 정보를 교환할 수 있도록 한다.

마지막으로, 변형체역학의 원리를 사용하여 기계 및 구조물(예: 상업용 비행기 또는 고층 사무실 건물)을 설계하는 엔지니어는 법적인 책임뿐 아니라 도덕적 및 윤리적 책임을 고려하여 그들의 설계가 생명 또는 재산의 심각한 손실을 초래하지 않도록 수행해야 한다.[4)]

1.4 정적 평형의 검토; 변형체의 평형

이 책에서는 물체의 속도와 가속도가 모두 0인 물체 즉, 정지 상태에 있는 변형체를 고려하고 있다. 여러분은 이전의 정역학의 학습에서 평형방정식에 대하여 학습한 적이 있을 것이며, 또한 자유물체도를 이용하여 질점과 강체에 이 방정식들을 적용하는 방법도 학습하였을 것이다. 이 절에서는 정역학의 기본 방정식과 문제 풀이 과정을 복습하고, 그것이 변형체의 해석에 어떻게 적용되는지에 대하여 논의할 것이다.

평형방정식 물체(강체 또는 변형체)의 평형에 대한 필요조건(necessary conditions)은 다음과 같다.[5)]

3) 참고문헌 [1-4] 참조(p. 14)

4) 미국 교통 안전위원회(National Transportation Safety Board)는 2007년 8월 1일 미네소타 주 미니애폴리스의 I-35W Mississippi River Bridge에서 "붕괴의 원인이 될 수 있는 설계상의 결함"을 지적했다. 이 교량 붕괴로 인해 13명이 사망하고 145명이 부상당했다. 예를 들어 wikipedia.com을 참조.

5) 강체의 경우, 식 1.1은 물체가 평형을 이루기 위한 충분조건이기도 하다. 즉, 식 1.1을 만족하게 되면 강체는 평형을 이루게 된다. 그러나 변형체의 평형을 위한 필요충분조건은, 물체와 그 물체로부터 고립된 각 부재(subsystem)에 작용하는 외력이 식 1.1을 만족하는 힘이 되어야 한다는 것이다. (예를 들어, 참고문헌 [1-5]의 p.16 참조)

$$\sum F = 0, \quad \left(\sum M\right)_O = 0 \tag{1.1}$$

즉, 물체가 평형상태에 있다면

- 물체에 작용하는 외력의 합은 0이 되며,
- 물체에 작용하는 모든 외력의 임의의 점 O에 관한 모멘트의 합도 0이 된다.

이 식은 흔히 직교 좌표축 x, y, z에 관한 성분을 갖는 성분 형태로 표시되며, 이때 그 스칼라 방정식은 다음과 같다.

$$\begin{aligned} \sum F_x &= 0, \quad \left(\sum M_x\right)_O = 0 \\ \sum F_y &= 0, \quad \left(\sum M_y\right)_O = 0 \\ \sum F_z &= 0, \quad \left(\sum M_z\right)_O = 0 \end{aligned} \tag{1.2}$$

유용하고 독립적인(independent) 평형방정식의 수와 미지수의 수가 서로 같을 때, 이와 같은 문제를 정정(statically determinate)이라 하고, 유용한 평형방정식의 수보다 미지수가 더 많은 문제를 부정정(statically indeterminate)이라고 한다. 예를 들어, 어떤 물체가 안정 평형상태를 유지하는 데 필요한 것보다 더 많은 외부 지지(external supports)나 구속을 받고 있다면, 이 물체는 부정정 문제가 된다. 또한 물체의 평형상태를 깨트리지 않으면서 제거할 수 있는 지지를 과잉지지(redundant supports)라 하며, 그 반력을 간단히 여력(redundants)이라고 한다.

물체에 평형방정식을 적용하기 위하여 그 물체의 자유물체도(free body diagram: FBD)를 그리는 것은 언제나 현명하다. 그러나 자유물체도를 작성하는 과정을 복습하기 전에 물체에 작용하는 외력의 종류와 물체가 지지되거나 또는 다른 부재와 결합되는 여러 가지 방법들을 검토해 보자.

외력 변형체에 작용하는 **외력(external loads)**은 그 물체에 작용하는 기지의 힘과 모멘트이다. 외력은 네 가지 유형으로 분류할 수 있으며, 그 유형과 적합한 차원은 다음과 같다.

- 점하중(F)과 우력($F \cdot L$)을 포함한 집중하중
- 선하중(F/L)
- 표면력(F/L^2)
- 체적력(F/L^3)

상위 세 종류의 외력들은 그림 1.5a의 일반적인 변형체에 예시하였다. 체적력은 원거리에서의 작용(action-at-a-distance)으로 발생하며, 체적력은 중력(무게)과 같이 체적에 비례하고, 물체 내 모든 질점에 작용한다.

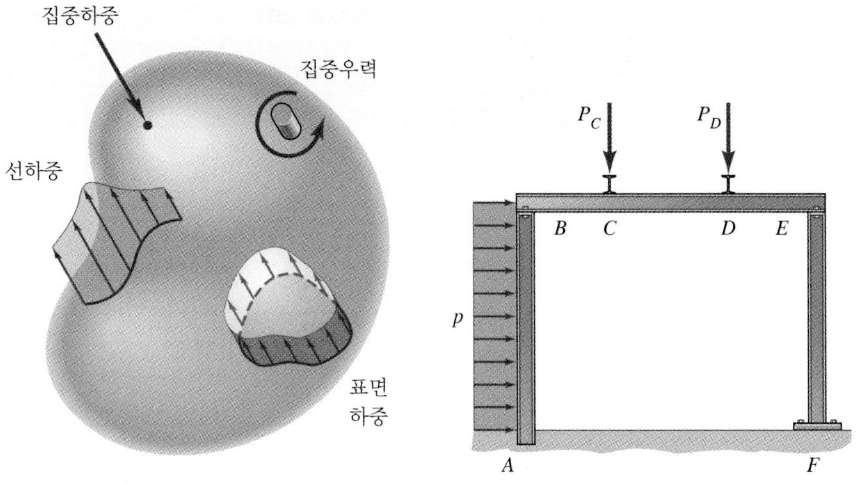

(a) 일반적인 변형체 (b) 포털 프레임(portal frame)

그림 1.5 변형체에 작용하는 외력

실제로 변형체의 표면에 작용하는 모든 외력들은 그 표면상의 유한한 면적에 작용하더라도, 선하중과 집중하중은 그림 1.5a에 도시된 바와 같이, 각각 "선"을 따라 작용하거나 어떤 한 "점"에 작용하는 것으로 간주된다. 따라서 집중하중과 선하중은 이상화된 것이라고 할 수 있다. 그럼에도 불구하고 변형체의 거동은 하중 작용점 근방을 제외할 경우 정확하게 해석되고 있다.[6] 그림 1.5b에는 C점의 들보(cross beam, I형 단면)가 수평 부재 BE에 하향 집중하중 P_C를 부가하고 있으며, 하중세기가 p로 일정한 선하중이 수직 부재 AB에 작용되고 있다.

집중하중은 힘의 단위를 가지며[예를 들어, 뉴턴(N) 또는 파운드(lb)], 선하중은 단위길이당 힘의 단위를 갖는다(예를 들어, N/m 또는 lb/ft). 기타 외력들은 각각의 차원에 상응하는 단위로 표시된다.

지지반력과 부재의 결합 부재에 작용하는 외력은 일반적으로 주어진 부재와 결합되어 있는 인접 부재로 전달되거나 또는 어떤 유형의 지지단으로 직접 전달된다.[7] 예를 들어, 그림 1.5b의 수평 보 BE에 작용하는 수직력 P_C와 P_D는 결국 지지단 A, F를 통하여 지면으로 "전달되어" 진다. 그림 1.5b의 A점과 F점 같이 지지단(support)이 있는 곳에서의 변위(즉, 위치의 변화)는 0이 되지만, 힘은 미지수이다. 그러므로 지지단에서의 힘(우력을 포함)은 어디서나 작용력에 저항하는 힘이기 때문에 **반력(reactions)**이라고 하며, 또한 지지단에서는 변위가 0이 되도록 구속되기 때문에 지지단은 구속(constraint)되었다고 말한다.

표 1.1은 이상화된 지점과 부재의 결합을 표시하는 데 사용된 기호를 나타낸다. 또한 그에 상응하는 힘과 우력 성분들을 도시한 것이다. 이 책에서 모든 반력(reactions)은, 표 1.1에 도시된 바와 같이, 모선(shank)에 단일 사선을 갖는 화살

6) 2.10절의 St. Venant의 원리에 관한 논의를 참조한다.
7) 예외적인 경우로 분포된 양력(상향)과 자중(하향)이 평형을 이루는 항공기와 같은 자동평형 시스템(Self-equilibrated System)이 있다.

표 1.1 지지반력과 부재의 결합

기술	기호	힘과 우력
2D 반력		
1. 롤러 지지		
2. 케이블 또는 보		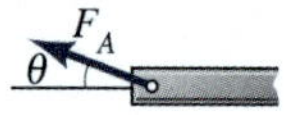
3. 점 지지		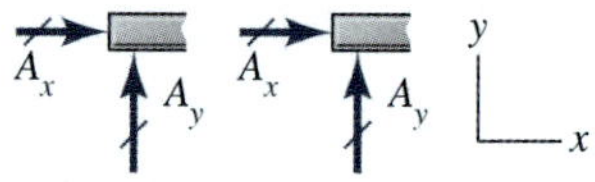
4. 외팔보 지지 (끝단 고정)	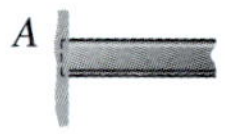	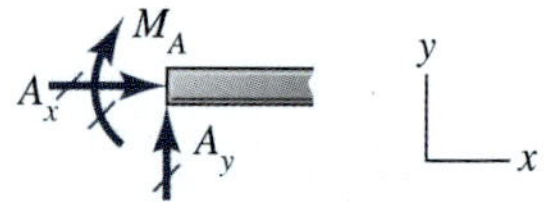
3D 반력		
5. 볼 조인트	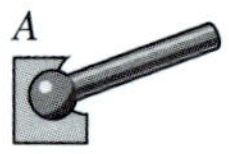	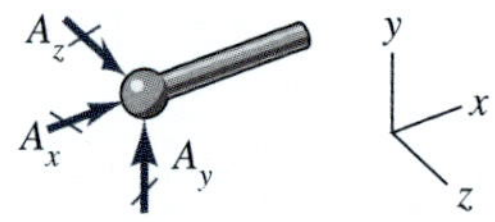
6. 외팔보 지지 (끝단 고정)	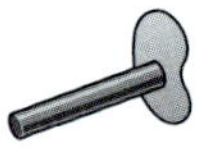	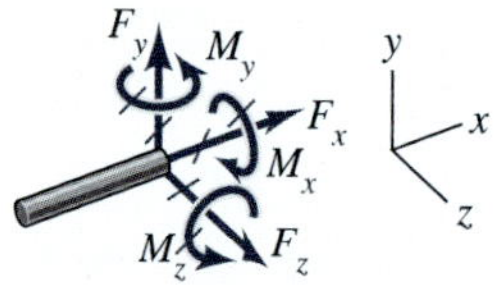
2D 연결		
7. 핀 연결	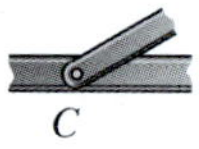	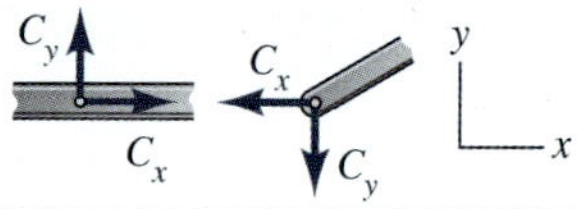
8. 강체 연결 (예: 용접 혹은 볼트 체결)	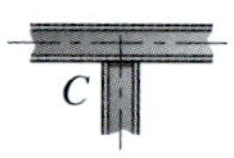	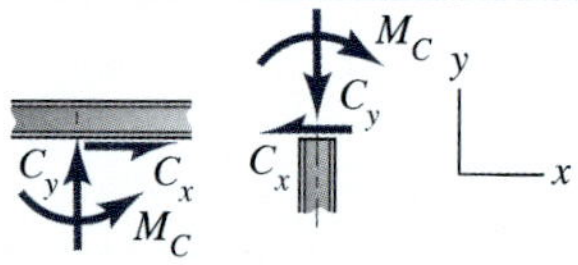

표(힘은 직선, 우력은 곡선)로 표시하였다. 대부분의 경우 이 책에서는 하중과 지지단이 한 평면상에 있는 즉, 동일 평면상의 하중과 지지단들을 고려할 것이다. 그러나 가끔 3차원적인 경우도 고려하게 될 것이다.

내력 변형체역학을 학습함에 있어서, 외력과 우력 즉, 작용력과 반력뿐만 아니라, 물체 내부의 힘과 우력 즉, **내력**(**internal resultants**)을 고려해야 한다. 예를 들어, 그림 1.6a의 L형 2력 링크 장치를 해석하기 위해서는[8], 그림 1.6a와 같이 절단면(cutting plane)을 가상하고, 이 단면에 작용하는 미지의 내력을, 그림 1.6b와 같이 도시할 필요가 있다. 이와 같은 방법을 **단면법**(**method of sections**)이라고 한다.

8) 평형상태에 있는 물체가 물체내의 두 점에 작용하는 집중하중만을 받고 있을 경우, 그림 1.6a에 도시된 바와 같이, 이 힘들은 힘의 작용점을 연결한 선을 따라 작용하는 크기가 같고 방향이 반대인 힘이 되며, 이와 같은 물체를 2력 부재라고 한다.

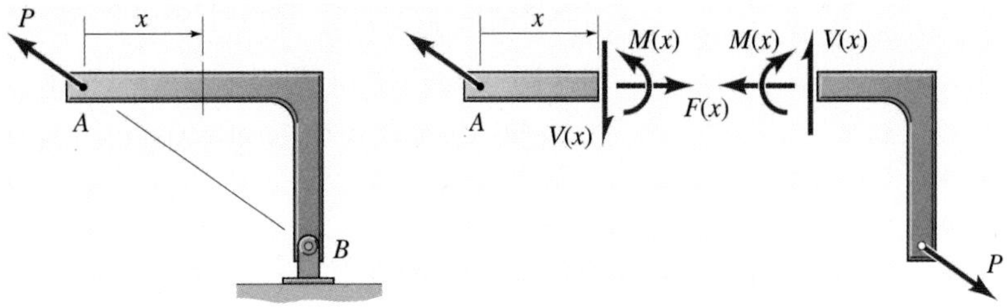

(a) 2력 부재 (b) 내력: F, V 및 M

그림 1.6 내력의 한 예

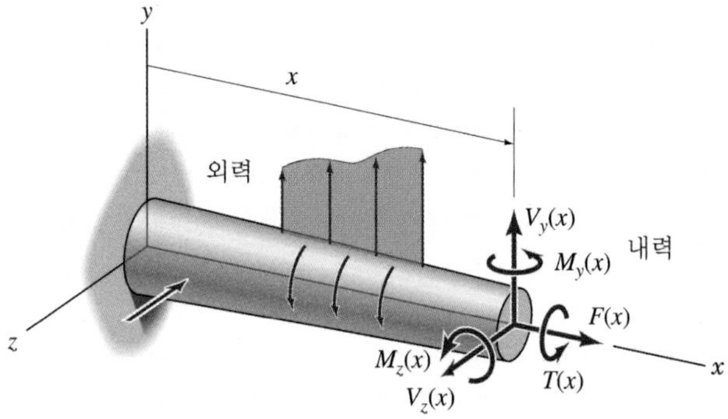

그림 1.7 가늘고 긴 부재 $L > x$의 임의의 단면상에 작용하는 여섯 개의 내력

이 책에서 전개되는 공학적 이론들은 어느 한 축의 크기가 다른 두 축에 비해 현저하게 큰 변형체, 즉 길이가 길고 가는 부재를 고려하게 될 것이다.[9] 이러한 부재에 일반적인 하중이 작용될 때 유발되는 여섯 개의 내력들을 그림 1.7에 도시하였으며, x축은 부재의 길이방향으로 설정되었으며, 좌표 $x(x < L)$에서 부재를 관통하고 x축에 수직한 절단면을 **단면(cross section)**이라고 한다.

일반적인 3차원 하중을 받고 있는 물체의 임의의 절단면상에는 세 개의 합력(resultant force) 성분과 세 개의 합 모멘트(resultant moment) 성분이 존재한다. 그림 1.7과 같이 물체가 세장(slender)일 경우, 이 합력들에는 각각 별개의 명칭이 부여되고 있다. 즉, 단면에 수직한 힘, $F(x)$는 수직력(normal force) 또는 **축하중(axial force)**이라고 하며, 절단면에 접해 있는 합력의 두 성분 $V_y(x)$와 $V_z(x)$는 횡전단력 또는 간단히 **전단력(shear forces)**이라고 한다. 부재의 축에 관한 모멘트 성분은 **토크(torque)** 또는 비틀림 모멘트(twisting moment)라고 하며, $T(x)$로 표기하였다. 끝으로 나머지 두 모멘트 성분, $M_y(x)$와 $M_z(x)$는 **굽힘 모멘트(bending moment)**라고 한다. 이 책의 나머지 부분에서는 이와 같은 여섯 개의 합력이 단면상에 어떻게 분포하는지를 결정하는 데에 치중하게 될 것이다.

자유물체도 이제 완전한 **자유물체도(free body diagram: FBD)**를 그리는 과정을 복습해 보기로 하자. 그 과정은 다음과 같이 요약될 수 있다.

9) 유일한 예외는 9.2절에서 논의된 두께가 얇은 압력용기이다.

- 자유물체도에 포함될 물체의 영역을 결정한다. 이 물체를 지지단과 그에 부착된 다른 물체로부터 완전히 고립시킨다. 내력이 결정되어야 할 경우, 필요한 위치에서 부재에 단면을 관통시킨다. 분리된 자유물체(free body)의 형상을 그린다.
- 모든 작용력(applied loads) 즉, 물체에 작용하는 기지의 모든 외력과 우력을 스케치된 그림에 나타낸다. 이 중에는 물체에 가해지는 분포하중과 집중하중은 물론이고, 그 자중을 무시할 수 없을 경우, 물체의 자중분포도 포함해야 한다. 각 작용력의 위치와 크기 및 방향이 명확하게 표시되어야 한다.
- 물체가 지지된 곳이나 다른 물체와 연결된 부분 및 절단된 부분에는 인접물체에 의해 이 물체에 전달되는 미지의 힘(unknown forces)과 우력(couples)을 표시한다. 각각의 힘(또는 힘의 성분이나 우력)에 기호를 배정하고, 미지력과 우력의 방향을 알고 있으면 그 정보를 활용한다. 종종 적당한 방향을 양으로 가정한 부호규약(sign convention)이 있을 것이다. 대개의 경우, 내력은 이 부호규약을 따른다. 하지만 미지력의 방향은 어떤 경우 임의로 가정될 수도 있다.
- 중요 점들을 표기하고, 중요한 치수(dimensions)를 표시한다. 또한 기준축이 필요할 경우 스케치된 그림상에 표시한다.
- 끝으로, 중요한 평형정보를 빠르고 분명하게 전달할 수 있도록 자유물체도는 가능한 한 간단하게 그린다.

평형 안정성(stability of equilibrium)을 검토하고 변형된 시스템의 자유물체도를 그려야 하는 제10장을 제외하고, 물체에 작용하는 힘이 변형된 형상과 연관되어 있더라도, **변형전 물체의 형상으로 자유물체도를 그릴 수 있을 만큼** 변형이 충분히 작은 것으로 가정할 것이다.

아래의 두 예제에서는 자유물체도를 선택하는 방법을 복습하고, 내력을 결정하기 위하여 평형방정식을 활용하는 방법을 설명하게 될 것이다. 예제 1.1은 트러스의 평형문제를 풀기 위한 절점법(method of joints)과 단면법(method of sections)을 복습한 것이며, 예제 1.2는 프레임 구조 문제를 풀기 위하여 단면법(method of sections)을 적용한 예이다.

예제 1.1

그림 1에 도시된 바와 같이, 중량 600 N의 간판이 평면 트러스에 걸려 있다. (a) 절점법(method of joints)을 사용하여 CD 부재와 DE 부재에 작용하는 축하중 F_1과 F_2를 각각 결정하시오. 단, 트러스 부재의 무게는 무시한다. (b) 단면법(method of sections)을 사용하여 FG 부재의 축하중 F_5를 결정하시오.

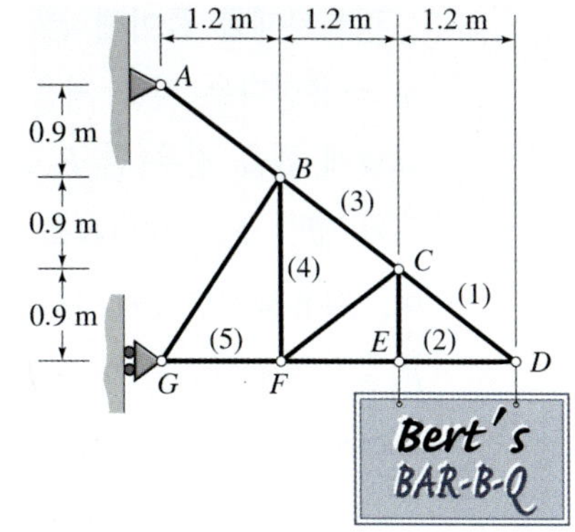

그림 1 간판이 달린 프레임 구조물

풀이 계획 이 문제는 세 부재의 각각에 작용하는 축하중을 구하는 문제이며, 적합한 평형방정식을 얻는 데 사용될 자유물체도의 유형을 지정하고 있다. 정역학 강좌에서 지정된 두 방법이 소개되었을 것이므로, 이 예제는 그러한 방법들을 복습하는 좋은 기회가 될 것이다.

간판의 무게는 절점 A의 벽으로부터 트러스를 멀리 끌어당기려 하고, 절점 G의 벽을 우측으로 밀어내려고 한다. 따라서 트러스 상부에 있는 부재들은 인장력을 받게 될 것이며, 반면에 트러스 하부에 있는 부재들의 축하중은 압축력이 될 것이다.

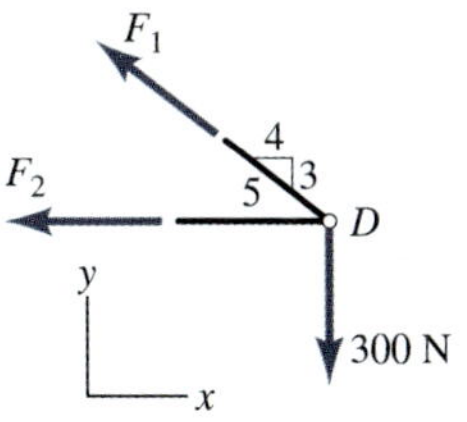

그림 2 절점 D의 자유물체도

풀이 (a) 절점법을 사용하여 F_1과 F_2를 결정한다. 절점 D의 자유물체도(그림 2)를 그린 다음, F_1과 F_2는 인장일 때 양이 되도록 표시한다. 또한 기준 축 x, y는 그림과 같이 선정한다. 평형은 x와 y 방향 모두 만족되어야 한다.

$$\overset{+}{\rightarrow}\sum F_x = 0: \qquad -F_2 - (4/5)F_1 = 0$$

$$+\uparrow \sum F_y = 0: \qquad (3/5)F_1 - 300\ \text{N} = 0$$

$$F_1 = (5/3)(300\ \text{N}) = 500\ \text{N}$$

$$F_2 = -(4/5)F_1 = -(4/5)(500\ \text{N}) = -400\ \text{N}$$

$$F_1 = 500\ \text{N (인장)}, \quad F_2 = 400\ \text{N (압축)}$$ **답 (a)**

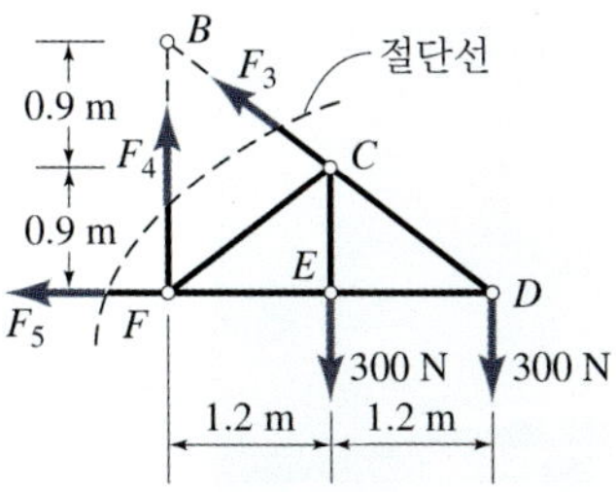

그림 3 부재 FG를 통과하는 절단면의 자유물체도

(b) 단면법을 사용하여 트러스 부재 FG에 작용하는 힘 F_5를 결정한다. 그림 3과 같이, 가상으로 "절단"한 다음, 절단된 트러스의 우측 부분에 대한 자유물체도를 그리고, 절단된 세 부재의 축하중을 인장일 때 양이 되도록 표시한다. 이 자유물체도에는 미지의 부재력 세 개가 존재하지만, 절점 B에 대한 모멘트를 취함으로써, 미지력 F_5를 구하기 위해 단 하나의 평형방정식만 필요하게 된다.

$$+\circlearrowleft \left(\sum M\right)_B = 0: \quad (300\ \text{N})(1.2\ \text{m}) + (300\ \text{N})(2.4\ \text{m}) + F_5(1.8\ \text{m}) = 0$$

$$F_5 = -600\ \text{N 또는 } F_5 = 600\ \text{N (압축)}$$ **답 (b)**

풀이 검토 예상했던 바와 같이 F_1은 인장력이고, F_2와 F_5는 압축력이다. 그 크기 또한 합당하며, 따라서 이 해석 결과는 타당한 것으로 보인다.[10)]

10) 수치 값의 사용에 있어, 단위 (N)과 (m)이 표기된 것에 주의하라. 수치 문제의 해에 힘의 단위(F)와 길이의 단위(L)를 올바르게 표시하는 것은 좋은 연습이다. 또한 답에 부호가 표기되고, 인장(T)과 압축(C)이 동일시되는 것에 주목하기 바란다.

평형문제를 풀이해 본 경험에 따르면, 부재 FG의 미지력이 절점 F에서 우측으로 작용한다는 것을 처음부터 가정할 수가 있다(즉, 부재 FG는 압축상태에 있다). 그렇게 했을 경우(힘 F_5를 표시하는 화살표의 방향을 역으로 취할 경우), 음의 부호가 없는 $F_5 = 600$ N을 얻었을 것이다. 대신에, 인장력이 양이 되는 것을 가정하여, 자유물체도상의 모든 미지의 축하중을 도시하였다. 결과적으로, F_5의 답이 $F_5 = -600$ N으로 얻어지게 되었다. 즉, 음의 부호는 힘 F_5가 인장력이 아니고 압축력이라는 것을 표시하고 있다.

문제가 복잡해지면(예를 들어, 다수의 상호 연결된 물체), 자유물체도를 그릴 때 모든 힘의 방향이 처음부터 '정확하게' 설정될 수 있도록, 평형방정식을 머리로 풀이하는 것은 거의 불가능하게 된다. **내부 축하중이 인장일 때 양(+)으로 가정하는 방법은 자유물체도의 작성을 용이하게 하고, 해석결과의 의미를 쉽게 분석할 수 있게 한다(양의 힘은 인장력이고 음의 힘은 압축력이 됨)**. 따라서 이 책의 전체를 통하여 이 부호규약을 따르게 될 것이다.

예제 1.2

그림 1과 같이, 체리 피커(Cherry Picker)의 붐(boom) 끝 D단의 핀에 매달린 버킷(bucket) 속에 전기 작업자가 서 있다. 작업자와 버킷의 무게는 그 합이 300 lb이다. A와 C 사이의 붐 중량은 1.1 lb/in.이며, 또한 C와 D 사이의 붐 중량은 0.8 lb/in.라고 한다. 붐 AC와 CD를 균일한 보로 가정한다.

A와 B의 중간에 있는 단면 E에 작용하는 수직력과 전단력 및 굽힘 모멘트를 구하시오.

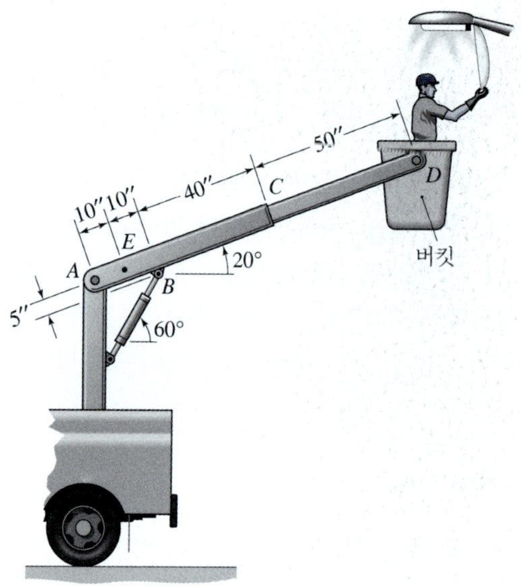

그림 1 (a) 버킷 트럭

(b) 텔레스코픽 고가 장치(Altec Industries 제공)

풀이 계획 단면 E에 세 개의 미지력이 존재하고, 더불어 핀 B에도 미지력이 있기 때문에, 하나의 자유물체도를 이용하여 네 개의 미지수를 모두 구할 수가 없다. 따라서 분리된 자유물체도를 이용하여 먼저 핀하중을 결정하고, E에서의 두 내력 성분과 모멘트를 결정할 수 있다.

풀이 B점에서의 핀 반력: 먼저, B점에서의 핀 반력을 결정하기 위하여 그림 2의 자유물체도를 이용한다.

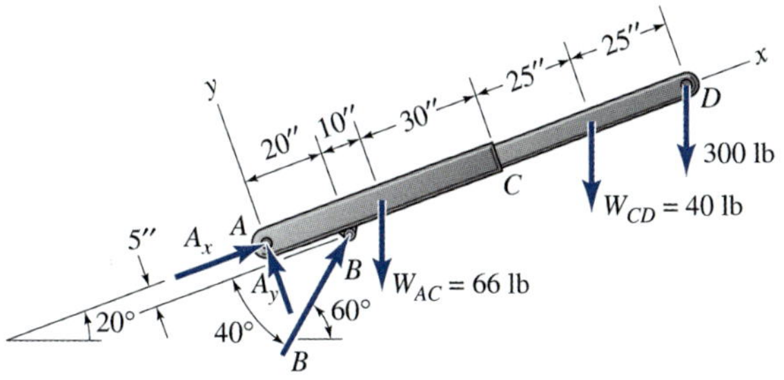

그림 2 붐(Boom) AD의 자유물체도

$$W_{AC} = (1.1\ \text{lb/in.})(60\ \text{in.}) = 66\ \text{lb}$$
$$W_{CD} = (0.8\ \text{lb/in.})(50\ \text{in.}) = 40\ \text{lb}$$

$$+\circlearrowleft \left(\sum M\right)_A = 0;$$
$$-(66\ \text{lb})(30\ \text{in.})(\cos 20^\circ) - (40\ \text{lb})(85\ \text{in.})(\cos 20^\circ)$$
$$-(300\ \text{lb})(110\ \text{in.})(\cos 20^\circ) + (B\cos 50^\circ)(20\ \text{in.})$$
$$+(B\cos 40^\circ)(5\ \text{in.}) = 0$$
$$B = 2161.4\ \text{lb}$$

내력: 다음으로 보의 E점에 절단면을 통과시키고, 이 단면상의 힘과 모멘트를 결정한다(그림 3). (E점을 보 AD의 중심선상에 두도록 한다.) E 단면상에 미지의 수직력 F_E와 횡전단력 V_E 및 미지의 굽힘 모멘트 M_E를 도시한다.

$$W_{EC} = (1.1\ \text{lb/in.})(50\ \text{in.}) = 55\ \text{lb}$$

$$+\nearrow \sum F_x = 0:$$
$$-F_E + (2161.4\ \text{lb})(\sin 50^\circ) - (55\ \text{lb} + 40\ \text{lb} + 300\ \text{lb}(\sin 20^\circ) = 0$$
$$F_E = 1520.6\ \text{lb}$$

$$+\nwarrow \sum F_y = 0:$$
$$V_E + (2161.4\ \text{lb})(\cos 50^\circ) - (55\ \text{lb} + 40\ \text{lb} + 300\ \text{lb})(\cos 20^\circ) = 0$$
$$V_E = -1018.2\ \text{lb}$$

(즉, 1018.2 lb는 자유물체도에 표시된 것과 반대 방향으로 작용한다.)

$$+\circlearrowleft \left(\sum M\right)_E = 0:$$
$$-M_E - (55\ \text{lb})(\cos 20^\circ)(25\ \text{in.}) - (40\ \text{lb})(\cos 20^\circ)(75\ \text{in.})$$
$$-(300\ \text{lb})(\cos 20^\circ)(100\ \text{in.}) + (2161.4\ \text{lb})(\cos 50^\circ)(10\ \text{in.})$$
$$+(2161.4\ \text{lb})(\sin 50^\circ)(5\ \text{in.}) = 0$$
$$M_E = -10{,}129.9\ \text{lb}\cdot\text{in.}$$

적당한 유효자리 수로 반올림된 답은 다음과 같다.

$$F_E = 1520 \text{ lb}, \quad V_E = -1020 \text{ lb}, \quad M_E = -10{,}100 \text{ lb} \cdot \text{in.}$$ **답**

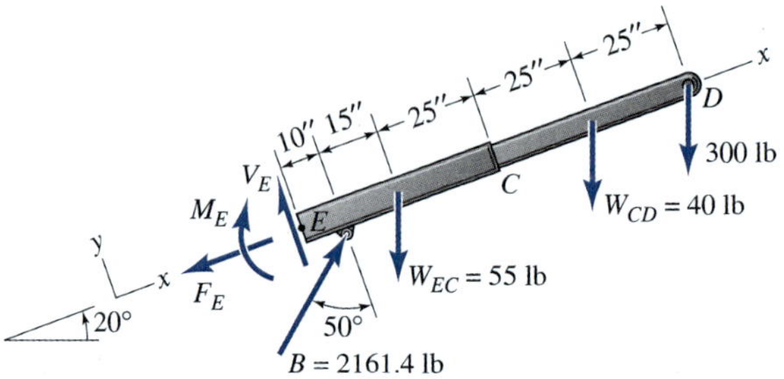

그림 3 단면 E의 합력을 도시한 자유물체도

풀이 검토 B점에 작용하는 힘의 모멘트 팔(arm)에 비해, 300 lb 하중의 모멘트 팔이 훨씬 길기 때문에 총 하중보다 B가 더 큰 것은 당연하다. 또한, B의 크기와 다른 하중의 크기와 위치로 보아, F_E와 V_E 및 M_E의 크기와 방향은 타당한 것으로 보인다.

1.5 연습문제

■ **평형 검토; 내력의 결정**

문제 1.4−1에서 문제 1.4−6까지 이러한 트러스 평형 문제에서, 인장력이 양(+)인 축력에 대한 부호규약을 채택한다. 즉, 자유물체도에서 알려지지 않은 모든 힘 F_1을 인장력으로 나타내시오. 그러면 압축력은 음(−)이 될 것이다.

문제 1.4−1. 그림 P1.4-1의 핀 조인트 트러스는 조인트 C에서 P = 2 kips의 하중을 지지한다. 트러스 부재의 축방향 힘 F_1에서 F_5를 결정하시오.

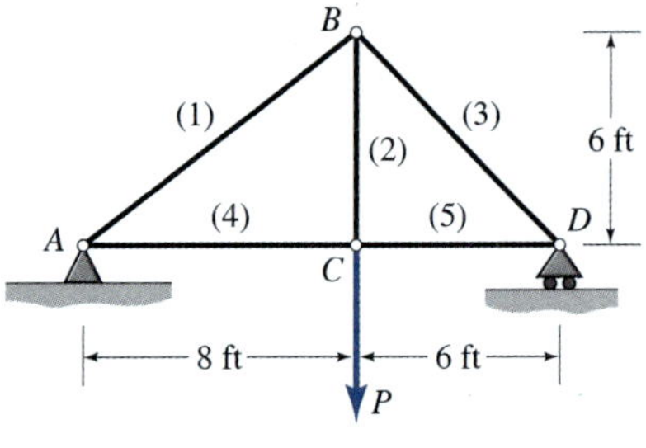

P1.4−1, P2.2−12

문제 1.4−2. 그림 P1.4-2의 핀 조인트된 평면 트러스의 각 부재는 6 ft이다. 트러스는 A에서 마찰이 없는 핀에 의해 견고한 바닥에 부착되며 B에서 롤러의 지지를 받고 있다. 도시된 하중에 대해, (a) A 및 B에서의 반력을 결정하고, (b) (1)~(3)로 표시된 세 부재의 각각의 힘을 결정하시오.

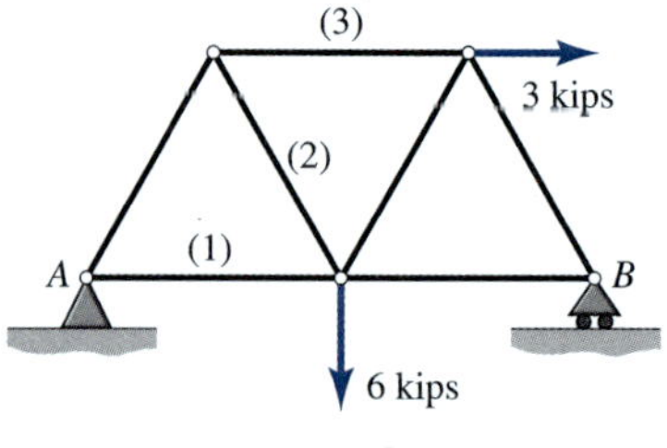

P1.4−2

문제 1.4−3. 그림 P1.4-3의 핀 조인트 트러스의 경우, (a) A 및 C에서의 지지점에서의 반력, (b) 다음 각 요소의 축방향 힘을 결정하시오. F_1(부재 AB에서), F_2(부재 BC에서) 및 F_3(부재 CD에서).

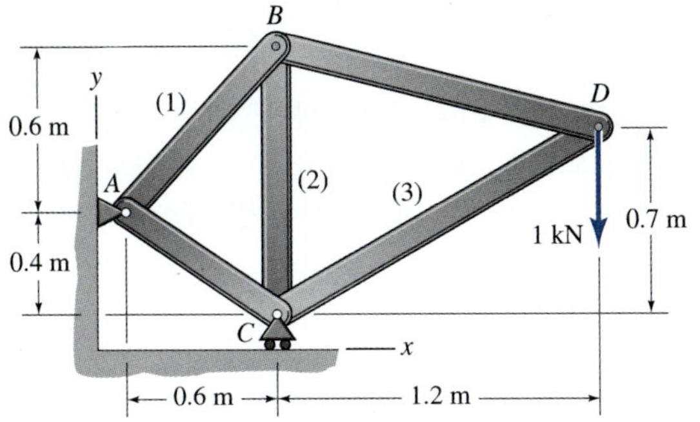

P1.4-3

문제 1.4-4. 그림 P1.4-4의 핀 조인트 트러스의 경우, (a) A 및 C의 지지점에서의 반력의 결정, (b) 다음의 각 부재의 축력: F_1(부재 AB), F_2(BC 부재) 및 F_3(부재 CD). 무게 W의 항으로 모든 답을 표시하시오. 단, CD와 DE는 D에서 부재 BD에 고정된 두 개의 분리된 부재이다.

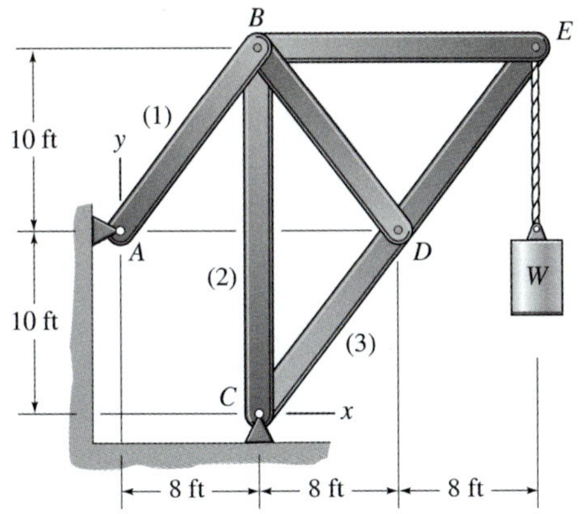

P1.4-4

문제 1.4-5. 그림 P1.4-5의 핀 조인트 트러스는 조인트 B, C 및 D에서 수직 하중 P가 동일하다. (a) 지지점 A 및 E에서의 반력, (b) 다음의 세 부재의 힘들을 결정하기 위해 단면법을 이용하시오. F_1(부재 BC), F_2(부재 BG) 및 F_3(부재 HG). 단, 조인트 E는 45° 경사면에 마찰이 없는 롤러에 의해 지지되고 있다.

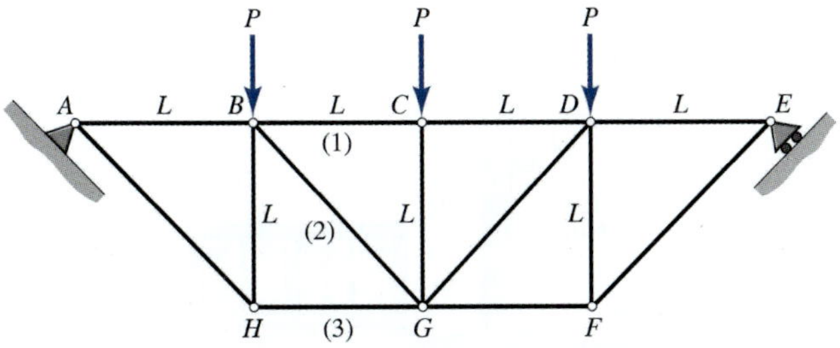

P1.4-5

***문제 1.4-6.** 건설 현장 크레인의 붐 부분은 그림 P1.4-6과 같다. 리프트 모터로부터 화물 슬링까지 케이블은 BE 및 FI와 평행하고, A의 마찰 없는 핀에 의해 지지되는 도르래를 지나간다. 슬링과 들려진 팔레트의 무게 W는 6 kN이다. 트러스 부재의 무게, 도르래와 케이블의 무게를 무시하고, (a) 다음의 각 부재의 축력을 결정하시오. F_1(부재 BC), F_2(부재 CF), F_3(부재 FG), F_4(부재 DG). (b) 만약 부재 4가 조인트 D와 G 사이가 아닌, 조인트 C와 H 사이에 부착되어 있을 경우 힘 F_4는 두 경우 모두 같은가? 답을 뒷받침하는 계산을 보이시오.

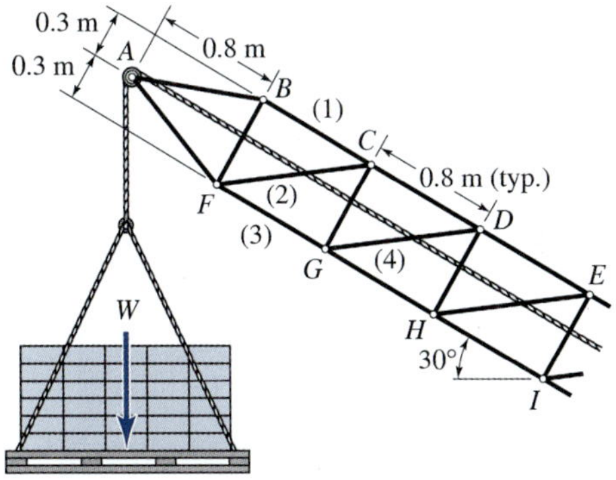

P1.4-6

> 문제 1.4-7에서 1.4-8까지 축방향 힘 F, 전단력 V 및 굽힘 모멘트 M에 대한 부호규약은 그림 1.6b에 주어진다.

문제 1.4-7. 그림 P1.4-7에 도시된 보에 대해 다음을 결정하시오. (a) 지지점 B 및 C에서의 반력, (b) 지지점 사이의 중간 E 단면에서의 내부 반력

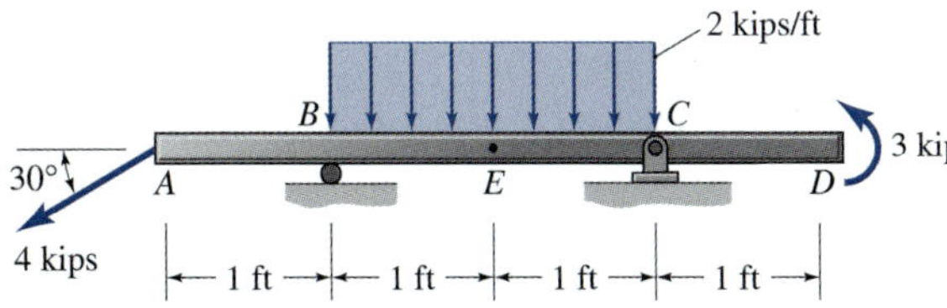

P1.4-7

문제 1.4-8. 그림 P1.4-8에서 보이는 것처럼, 무게 W는 그 중심점 D와 끝단 E에서 보 BE에 케이블로 연결된다. 보는 B에서 고정된 마찰 없는 핀에 의해 지지되고 A에서 D까지 경사진 케이블에 의해 지지된다. (a) 케이블 AD에서의 인장력과 핀 B의 반력을 결정하시오. (b) C의 단면에 대한 내부 반력(축 방향 힘, 전단력, 굽힘 모멘트)을 결정하시오.

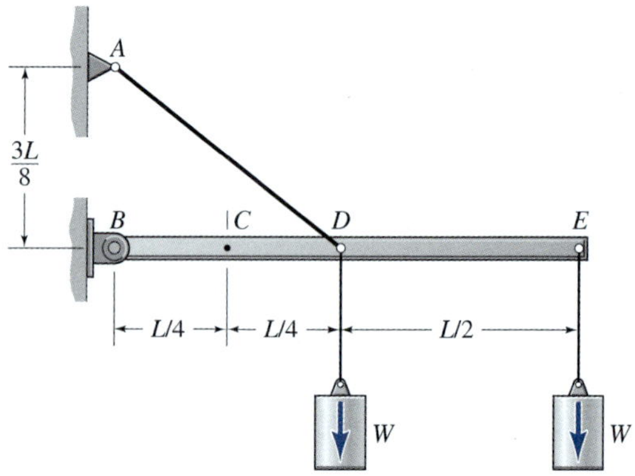

P1.4-8

문제 1.4-9. 그림 P1.4-9에 도시된 보에 대해 다음을 결정하시오. (a) 지지점 B와 C에서의 반력, (b) 지지점 사이 중간점 D의 내부 반력 $-F_D$, V_D 및 M_D

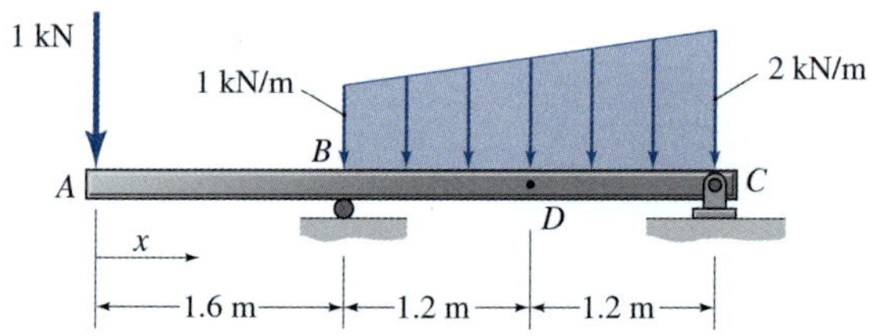

P1.4-9 및 P1.4-10

***문제 1.4-10.** 그림 P1.4-10에 도시된 보에 대해 다음을 결정하시오. (a) 지지점 B와 C에서의 반력, (b) $1.6 \text{ m} \le x \le 4.0 \text{ m}$에 대한 내부 반력 $-F(x)$, $V(x)$, 및 $M(x)$

문제 1.4-11. 그림 P1.4-11의 보 AD는 마찰 없는 핀 A와 D의 롤러에 의해 지지되고 있다. 최대 강도 w_0의 선형적으로 변하는 분산 하중(단위 길이당 힘)이 전체 길이의 3분의 2에 걸쳐 작용하고 있다. (a) A와 D에서 반력을 결정하고, (b) B의 횡단면에서의 내부 반력(축방향 힘, 전단 힘, 굽힘 모멘트)을 결정하시오.

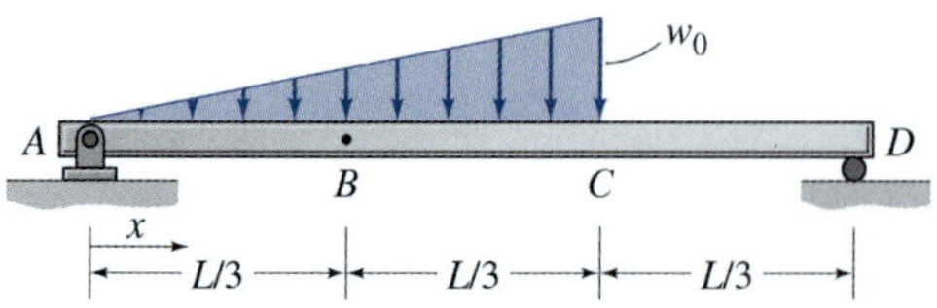

P1.4-11 및 P1.4-12

문제 1.4-12. 그림 P1.4-12의 보 AD는 A에서 마찰 없는 핀으로, D에서 롤러로 지지되어 있다. 최대 강도 w_0의 선형적으로 변하는 분산 하중(단위 길이당 힘)이 전체 길이의 3분의 2에 걸쳐 작용하고 있다. (a) A와 D에서 반력을 결정하고, (b) $0 \le x \le 2L/3$에 대한 내부 반력 $F(x)$, $V(x)$ 및 $M(x)$에 대해 구하시오.

문제 1.4-13. 그림 P1.4-13에 나타난 돌출된 보에 대하여, 다음을 구하시오. (a) AB 구간($0 \le x \le 6$ in.)에 대한 내부 합력 $V_1(x)$ 및 $M_1(x)$, (b) 두 지지점 사이 중간부에 해당하는 단면 D에서의 내부 합력 V_D 및 M_D

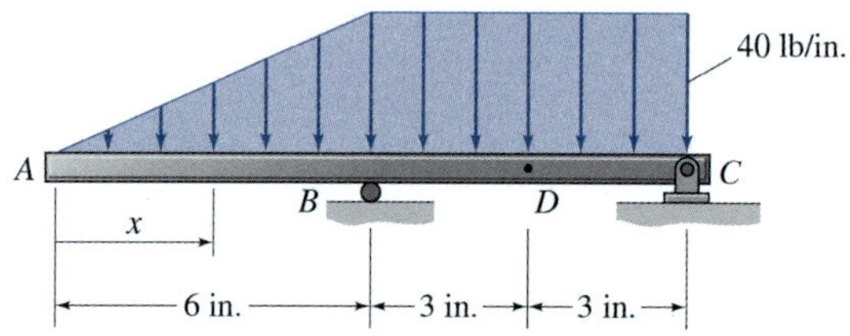

P1.4-13

***문제 1.4-14.** 그림 P1.4-14에서와 같이, 보 AD는 양 끝에서 같은 거리에 있는 B와 C의 롤러에 의해 지지된다. 보는 전체 길이에 대해 w_0(단위 길이당 힘)의 균일 분포 하중을 받고 있다. (a) 보에서의 최대 굽힘 모멘트 M_{max}를 최소화하는 두 지지점의 위치 a에 대한 식을 결정하시오. (b) M_{max}에 대해 결정하시오.

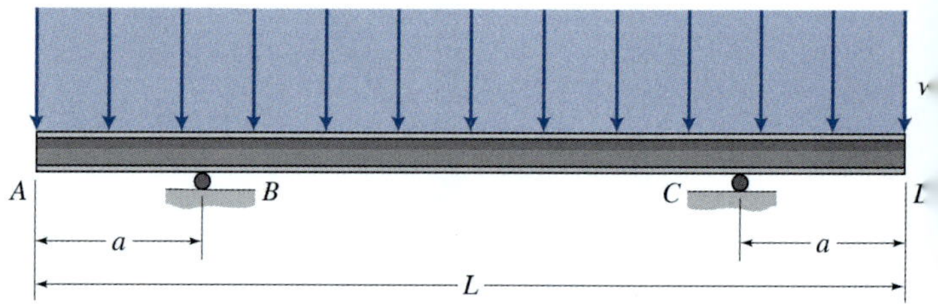

P1.4-14

문제 1.4-15. 포크 리프트 트럭의 리프트 암은 그림 P1.4-15와 같이 지지되어 있나. 하중은 각각의 무게 $W = 400$ lb인 두

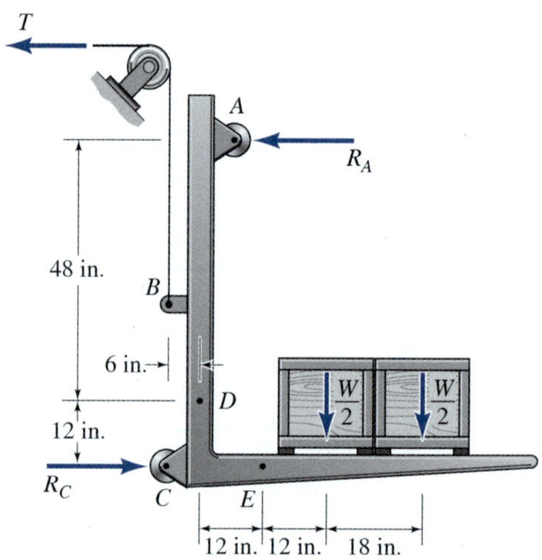

P1.4-15

개의 동일한 상자로 구성되어 있다. (각각의 두 개의 리프트 암이 총 하중의 절반을 지지한다.) "지지점"은 A와 C에서 트럭 프레임에 대해 반하는 마찰 없는 롤러와 B에서 리프트 암에 부착된 호이스트 케이블로 구성된다. 리프트 암의 무게를 무시하시오. (a) A와 C에서의 롤러 반력 R_A 및 R_C를 구하시오. (b) D에서 수평 단면에 작용하는 내부 반력(축 방향 힘, 전단력 및 굽힘 모멘트)을 구하시오. (c) E에서 수직 단면에 작용하는 내부 반력을 구하시오.

문제 1.4-16. 그림 P1.4-16의 앵글 프레임은 길이 L로 동일하고 그림과 같이 핀과 롤러에 의해 지지되고 있다. 프레임의 총 중량이 W라면, (a) 지지점 A와 B에서의 반력, (b) C 점의 단면에 작용하는 내부 반력(축력, 전단력 및 굽힘 모멘트)를 구하시오.

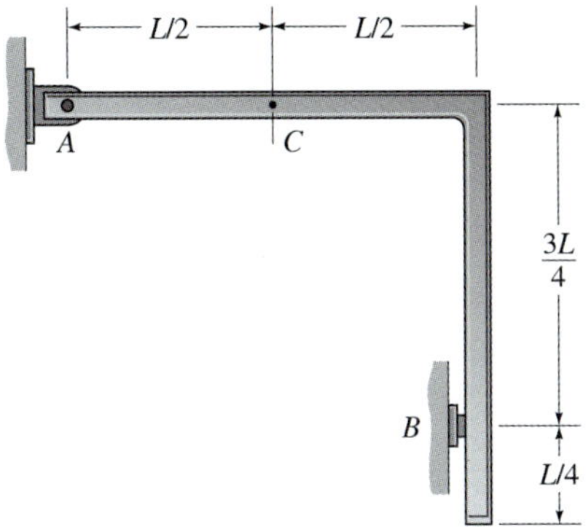

P1.4-16

문제 1.4-17. 그림 P1.4-17의 수평 프레임 부재의 G에서의 단면에 작용하는 내부 반력 F_G, V_G 및 M_G를 결정하시오. 부재 AC에 작용하는 균일 분포 하중은 크기 $w_0 = 220$ lb/ft이다. (합력의 정의에 대해 참조하시오.)

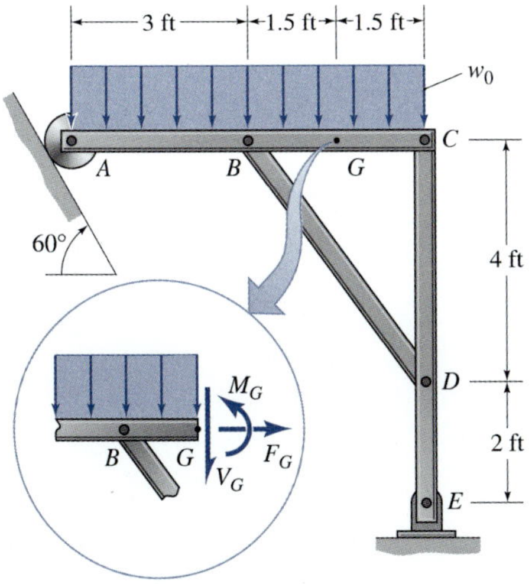

P1.4-17, P2.2-16

***문제 1.4-18.** 그림 P1.4-18에서와 같이, 프레임 ABE에 수직하중($P = 1$ kN)이 작용하고 있다. B에서 휠과 E에서 고정된 핀 지지 블록에 의해, 프레임은 마찰이 없는 핀으로 지지되어 있다. (a) E의 반력을 결정하고, (b) C 점에서의 단면에 작용하는 내부 반력(축방향 힘, 전단력 및 굽힘 모멘트)을 구하시오. 합력에 대한 정의를 참조하시오. (참고: 여러분이 구한 답에서 각도 ϕ를 제거하기 위해 주어진 단위를 사용하시오. A에서의 풀리 반지름은 무시할 수 없다.)

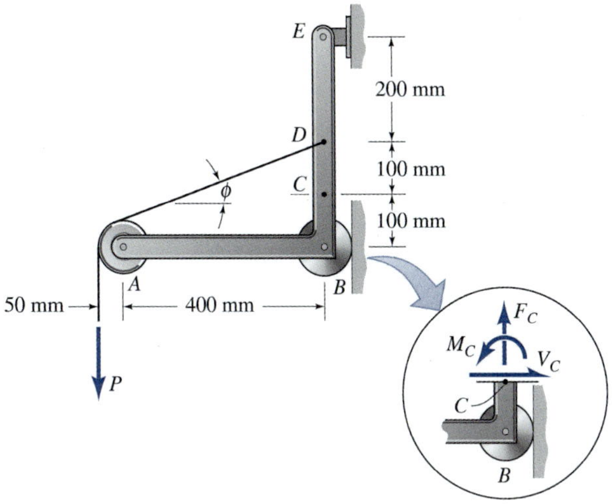

P1.4-18

> 문제 1.4 − 19와 문제 1.4 − 20 이러한 프레임의 평형 문세에 대해, 각 프레임의 각 부재를 나타내는 부호규약을 사용하시오.

문제 1.4-19. P1.4-19에 도시한 바와 같이, 수직하중 $P = 10$ kips가 프레임 ABC의 꼭대기 B에서 하향으로 작용하고 있다. 프레임은 C에서 마찰 없는 핀에 의해, A에서 롤러로 지지되고 있다. (a) A와 C에서의 반력을 결정하고, (b) 일부를 잘라내 나타낸 각각의 표기를 사용하여, 부재 AB와 BC의 임의의 단면에서의 내부 반력(축 방향 힘, 전단력, 굽힘 모멘트)를 구하시오.

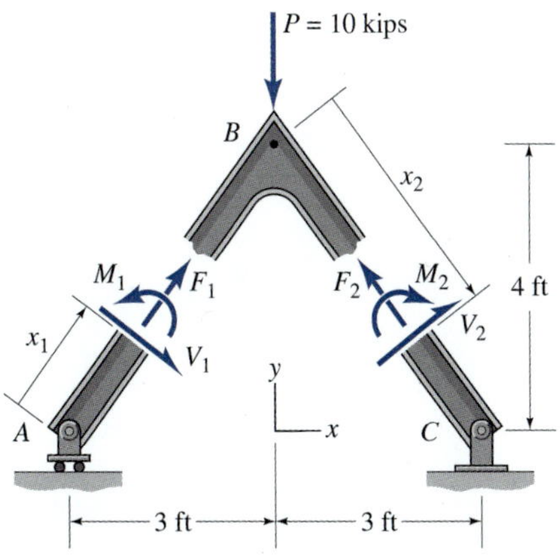

P1.4-19, P5.5-19

문제 1.4-20. 균일하게 분포된 수직 하중 $w_0 = 3.2$ kN/m은 그림 P1.4-20과 같이 프레임 *ABC*의 수평 부재 *BC*의 2.5 m 길이 전체에 작용하고 있다. 프레임은 *C*에서 마찰 없는 핀에 의해, *A*에서 롤러로 지지되고 있다. (a) *A*와 *C*에서 반력을 결정하고, (b) 일부를 잘라내 나타낸 각각의 표기를 사용하여, 부재 *AB* 및 *BC*의 임의의 단면에 대한 내부 반력(축 방향 힘, 전단력 힘, 굽힘 모멘트)를 구하시오.

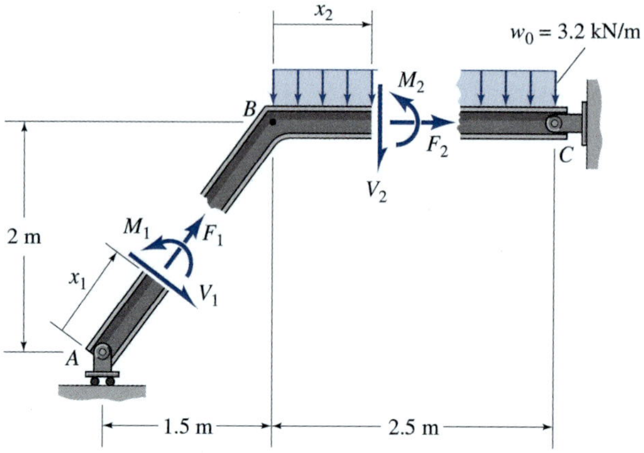

P1.4-20, P5.5-20, P9.4-24

1장 복습 – 재료역학 개론

절			관련 연습 문제
1.1	1.1절에서는 재료역학, 변형체, 응력과 변형률, 해석과 설계에 대한 정의를 제공한다. 또한 복잡한 구조와 기계 시스템을 분석하기 위한 강력한 계산 도구인 유한요소법을 소개한다.	이러한 소재에 익숙해져야 한다.	
1.2	1.2절은 본 과정을 통해 공부할 3가지 기본 유형의 방정식을 소개한다. 즉, 1. **평형**방정식 2. **기하학적 변형** 방정식 3. **재료거동** 방정식 (즉, 하중-온도-변형)	재료역학의 **3가지** 중요한 기본 방정식을 항상 기억해야 한다.	
1.3	1.3절에서는 사용하기 위한 4단계의 문제 해결 절차에 대해 설명한다. 즉, 1. 문제 정의 2. 풀이 계획 3. 풀이 실행 4. 풀이 검토	이러한 4단계의 문제 해결 절차를 사용해야 한다.	
1.4	1.4절에서는 정역학에서 다루었던 중요한 주제를 검토한다. 신중하게 그린 **자유물체도**의 중요성을 강조한다. 1.4절은 또한 **축력**, **횡 전단력** 및 **굽힘 모멘트**와 같은 **내부 합력**의 주제를 소개한다. 표 1.1은 **외력**에 대한 기호를 설명한다.	정역학은 다음 문제를 검토한다. • 핀-조인트 평면 트러스 • 보 • 평면 프레임 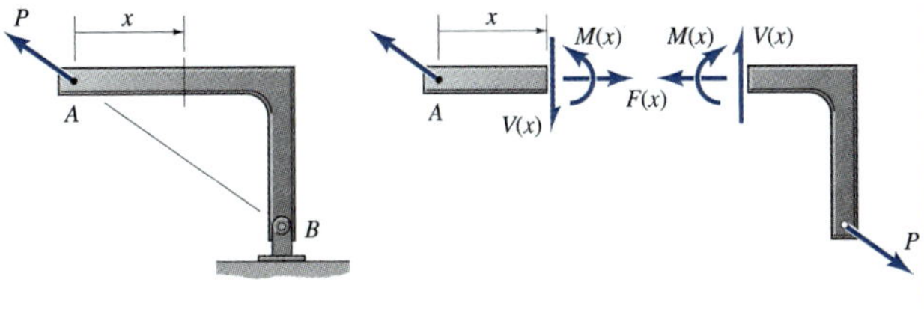 (a) 2력 부재 (b) 내력: *F*, *V* 및 *M* 내부 합력(그림 1.6)	1.4-5 1.4-11 1.4-17

2 응력과 변형률; 설계

2.1 개요

재료역학에서 가장 중요한 두 가지 개념은 **응력**(stress)과 **변형률**(strain)이다. 제1장에서 컬러 그림의 사진들은 주어진 외력에 대하여 나타낸 부재 내부 거동의 복잡성을 시각화한 것이다. 그림 2.1a(그림 1.6 참조)는 2력 부재로 하중을 받고 있는 L형 브래킷(bracket)을 보여주고 있고, 그림 2.1b는 두 개의 단면으로 절단된 브래킷의 평행을 유지함에 필요한 내력 $F(x)$와 $V(x)$ 및 $M(x)$를 나타내고 있다. 그림 2.1b에 도시된 내력은 정적 평형과정(자유물체도와 평형방정식)을 이용하여 계산할 수 있겠지만, 이 과정만으로는 내력(resultants)을 형성하는 복잡한 내력(internal force) 분포를 결정하기에 부족하다. 따라서 이 장에서는 내력 분포를 정량적으로 검토하기 위하여 **응력**(stress)의 개념을 도입하게 된다.

브래킷의 형상 또한 작용 하중으로 인해 형상의 변화 즉, 부재가 변형하게 될 것이다. 이와 같은 변형을 해석적으로 기술하기 위하여 **변형률**(strain)의 개념이 도입될 것이다. 이 장에서는 두 가지 중요한 응력 형태와 이에 상응하는 변형률을 정의할 것이다.

끝으로, 응력과 변형률은 서로 관련되어 있다. 부재의 제작에 사용된 재료에 의존하는 이 관계는 이 장에서 설명될 특정한 **응력-변형률 시험**(stress-strain tests)을 수행함으로써 결정하게 된다. 또한 많은 다른 중요한 **재료의 기계적 성질**(mechanical properties of materials)들이 논의되고, 실험실의 시험에서 결정될 것

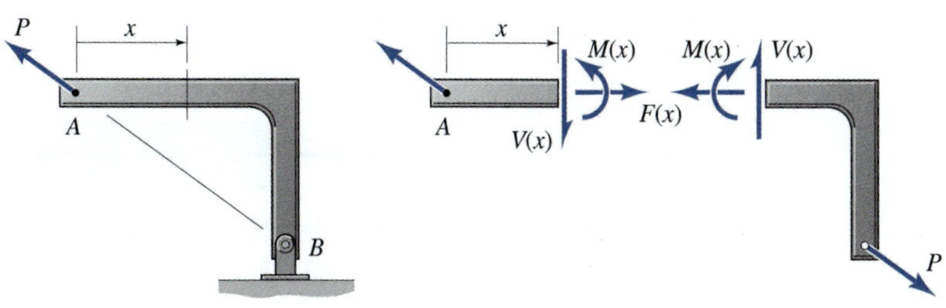

그림 2.1 내력의 합력에 관한 예시

이다. 이 책의 나머지를 통하여 하중과 온도 변화로 인해 다양한 구조 부재에 발생된 응력과 변형률을 결정하게 될 것이다.

2.2 수직응력

응력(stress)과 변형률(strain)의 개념을 소개하기 위하여, 그림 2.2[1])와 같이, **축하중(axial loading)**을 받고 있는 직선형 봉을 고려해 보자. 이 절에서 봉의 응력을 검토한 다음, 상응하는 변형률을 2.3절에서 다루게 될 것이다.

그림 2.2a와 2.2b를 비교해 보면 알 수 있듯이, 직선형 봉에 작용하는 크기가 같고 방향이 반대인 힘 P는 봉을 길이방향으로 늘어나게 하고, 또한 폭 방향으로 수축하게 한다. 이때 봉은 인장(tension) 상태에 있다고 말한다. 만약 외력이 반대 방향으로 작용되면, 즉 힘이 서로 마주 보게 되면, 봉은 길이 방향으로 수축하게 될 것이며, 이 경우 봉은 압축(compression) 상태에 있다고 한다.

수직응력의 정의 그림 2.2c와 2.2d에서 가늘고 적색의 화살표는 단면 A와 B에 작용하는 힘의 분포를 각각 표시하고 있다. (단면(cross section) A는 봉의 축에 수직한 면이다). 봉의 양단 근방, 예컨대 단면 A에서 수직 합력 F_A는 단면상에 균일 분포하지 않는다; 그러나 힘 P의 작용점으로부터 멀리 떨어져 있는 단면 B에서는 힘의 분포가 균일해진다. 역학에서 응력이란 힘이 작용하는 면상의 힘의 분포를 설명하는 용어로 사용되고 있으며, 응력은 힘의 세기, 즉 단위 면적당의 힘으로 표시된다.

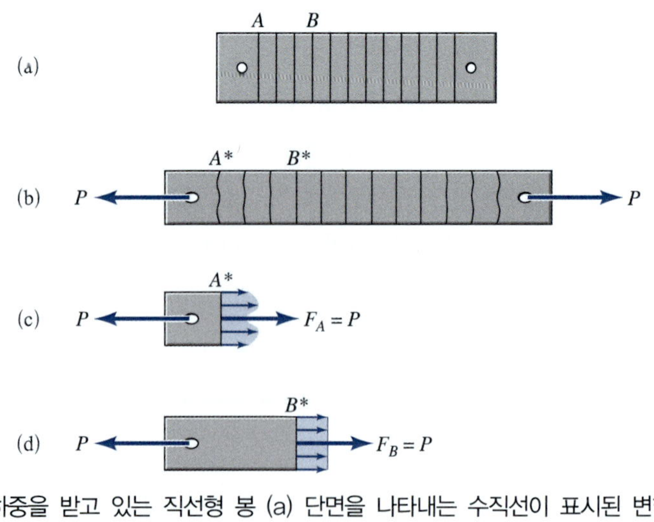

그림 2.2 축하중을 받고 있는 직선형 봉 (a) 단면을 나타내는 수직선이 표시된 변형전 봉 (b) 변형된 봉 (c) 단면 A에서의 내력분포 (d) 단면 B에서의 내력분포

1) 응력과 변형률의 개념과 응력-변형률의 관계를 소개하기 위하여, 축하중 문제를 논의하고 있다. 3장에서 축방향의 변형을 보다 구체적으로 다루게 될 것이다.

$$응력 = \frac{힘}{면적}$$

응력의 단위는 힘을 단위면적으로 나눈 단위이다. 미국관용단위계(USCS)에서 응력은 보통 평방인치당 파운드(psi) 또는 평방인치당 킬로파운드(ksi)로 표시한다. 또한 국제단위계(SI)에서 응력은 힘(N)과 길이(m)를 기본 단위로 하여, 평방미터당 뉴턴(N/m)으로 표시하며, 파스칼(pascal: 1 Pa = 1 N/m^2)이라고 하는 이 단위는 아주 작기 때문에, 공학문제에서 응력의 단위는 흔히 킬로파스칼(1 kPa = 10^3 N/m^2), 메가파스칼(1 MPa = 10^6 N/m^2) 또는 기가파스칼(1 GPa = 10^9 N/m^2)과 같이 표시하고 있다. 예컨대, 1 psi = 6895 Pa = 6.895 kPa이다.

응력은 **수직응력(normal stress)**과 **전단응력(shear stress)**이라고 하는 두 종류가 있으나, 이 절에서는 수직응력만 고려하고, 전단응력은 2.7절에서 소개하게 될 것이다. 즉, 수직응력의 정의는 다음과 같다.

$$\textbf{수직응력} = \frac{면적에\ 대한\ \textbf{수직}\ 힘}{힘이\ 작용하는\ 면적}$$

수직응력을 표시하는 기호는 그리스문자의 시그마(σ)이며, **한 점에서의 수직응력(normal stress at a point)**을 식으로 정의하면 다음과 같다.

$$\sigma(x, y, z) = \lim_{\Delta A \to 0}\left(\frac{\Delta F}{\Delta A}\right) \quad \textbf{수직응력} \tag{2.1}$$

여기서, 그림 2.3a에 도시된 바와 같이, ΔF는 응력이 결정될 점(x, y, z)을 포함하는 미소 면적 ΔA에 작용하는 수직 힘(normal force)(인장일 때 양으로 가정된)이다.

수직응력에 대한 부호규약(sign convention for normal stress)은 다음과 같다.

- 양(+)의 σ는 **인장응력(tensile stress)** 즉, 단면에 작용하는 인장력 ΔF에 의한 응력이다.
- 음(−)의 σ는 **압축응력(compressive stress)**이다.

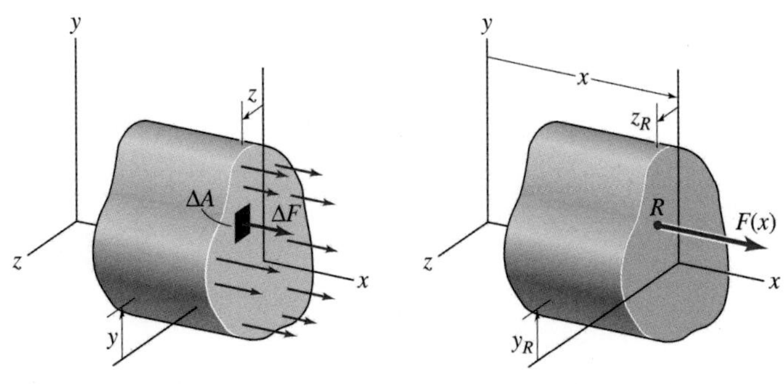

(a) 단면에 작용하는 분포된 수직응력 (b) (a)에서 분포된 수직응력의 합력

그림 2.3 단면에 작용하는 수직 힘

따라서 $\sigma = 6.50$ MPa이란, σ가 6.50 MPa 또는 6.50 MN/m^{2}의 크기를 갖는 인장응력(tensile stress)이라는 것을 뜻하며, 또한 $\sigma = -32.6$ ksi는 크기가 32.6 kips/in.^{2}인 압축응력(compressive stress)을 표시하고 있다.

평균 수직응력 응력 분포가 단면상에서 변화할 때에도, 그림 2.2c에서와 같이 주어진 단면상의 **평균 수직응력(average normal stress)**을 다음과 같이 계산할 수 있다.

$$\sigma_{\text{avg}} = \frac{F}{A} \qquad \text{평균 수직응력} \tag{2.2}$$

따라서 그림 2.2c와 그림 2.2d의 경우, 평균 수직응력은 다음과 같다.

$$(\sigma_{\text{avg}})_A = \frac{F_A}{A} = \frac{P}{A}, \quad (\sigma_{\text{avg}})_B = \frac{F_B}{A} = \frac{P}{A}$$

이 책의 이후 부분은 다양한 하중조건하에서 구조부재의 단면상에 응력이 어떻게 분포하는지를 결정하는 데 할애될 것이다. 그러나 다음 두 예제에서와 같이 대부분의 경우 단면상의 수직응력은 일정하거나 또는 거의 일정하다.

예제 2.1

그림 1에서와 같이, 공장용 크레인은 핀 A에 지지되어 있는 붐(boom) AC와 직사각형 인장 봉 BD로 구성되어 있다. 핀 조인트 A, B의 상세는 각각 $a-a$ 및 $b-b$ 단면도와 같다. 인장 봉 BD는 폭 $w = 1.5$ in., 두께 $t = 0.5$ in.이다. 만약 C에서의 수직 하중이 $P = 5$ kips라면, 봉 BD의 평균 인장응력은 얼마인가?

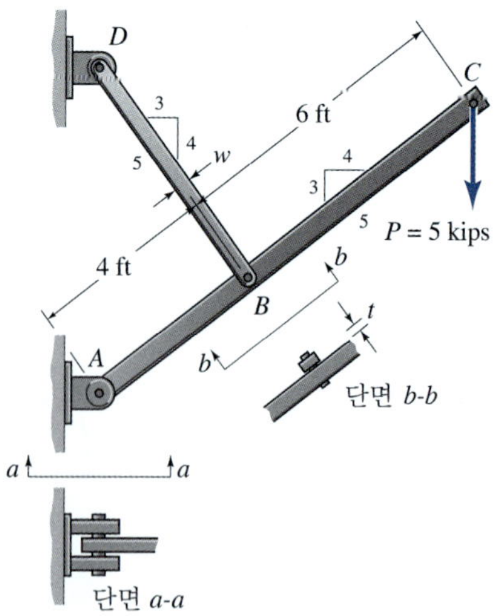

그림 1 공장용 크레인

풀이 계획 2력 부재(Two-force member) BD의 인장력 F_B를 결정하기 위하여 붐 AC의 평형을 고려한 후, 식 (2.2)를 사용하여 평균 인장응력을 구할 수 있다.

풀이

평형: 그림 2는 핀 A에서 2개의 반력 성분과 BD 방향을 따라 B에 작용하는 인장력을 나타내는 2력 부재 BD의 힘 F_B를 포함한 붐 AC의 자유물체도이다. 그림 2에서의 3-4-5 삼각형을 이용하여 AC와 BD가 서로 수직이며, 붐 AC의 수직 투영은 8 ft임을 알 수 있다.

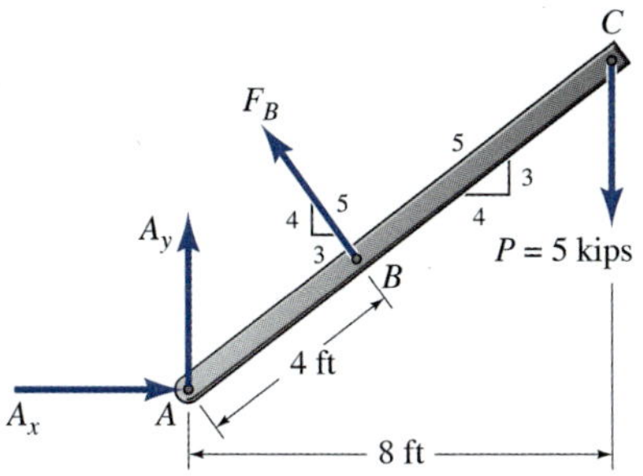

그림 2 자유물체도

$$\circlearrowleft + \sum M_A = 0; \qquad (5\ \text{kips})(8\ \text{ft}) - F_B(4\ \text{ft}) = 0$$

$$F_B = 10\ \text{kips}$$

식 (2.2)로부터

$$\sigma_{\text{avg}} = \frac{F_A}{A} = \frac{F_B}{wt} = \frac{10\ \text{kips}}{(1.5\ \text{in.})(0.5\ \text{in.})} = 13.33\ \text{ksi}$$

유효숫자 세 자리로 반올림하면, 봉 BD의 특정 단면에 작용하는 평균 수직응력은

$$\sigma_{\text{avg}} = 13.3\ \text{ksi}\ (T)$$ **답**

이다. 여기서 T는 인장을 나타낸다.

풀이 검토 이 계산은 매우 간단하지만, 재확인할 필요가 있다. 계산결과는 타당한 것으로 생각된다.

예제 2.2

높이가 555 ft이고 무게가 181,700 kips인 워싱턴 기념비(그림 1a)는 36,000개 이상의 대리석과 화강암 블록으로 만들어졌다. 그림 1b에 도시된 바와 같이, 기념비의 기초는 한 변의 길이가 665.5 in.인 정방형이며, 기초의 석벽 두께가 180 in.라고 한다.

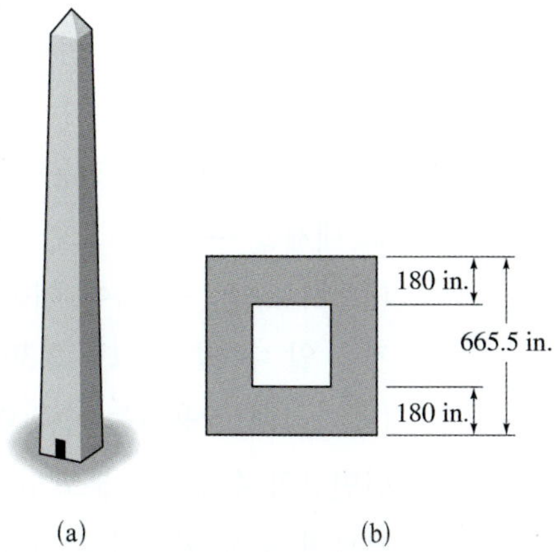

그림 1 워싱턴 기념비

기념비의 기초에 작용하는 수직응력이 균일 분포한다는 가정 하에, 기초대가 기념비의 밑면에 가하는 압축응력을 계산하시오.

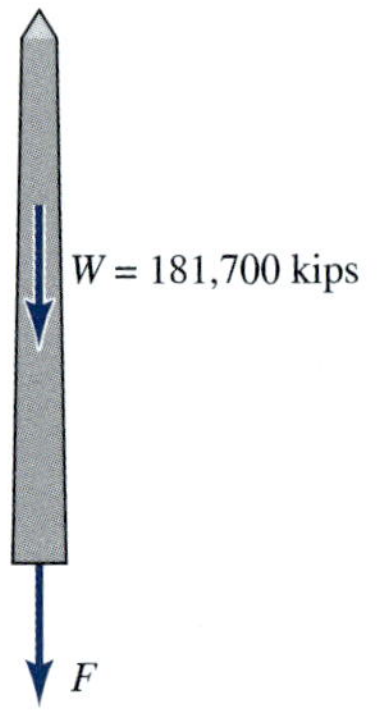

그림 2 자유물체도

풀이 그림 2의 자유물체도로부터, 기념비 기초에 작용하는 총 수직력은 기념비 자중의 음의 크기와 같다. 따라서

$$\sum F = 0; \qquad F = -181{,}700 \text{ kips}$$

(주의: 수직응력의 부호규약(sign convention)에 의하면, 수직력 F가 인장력이면 양이 된다. F의 음의 값은 이 예에서 분명하게 알 수 있는 바와 같이, 압축력을 표시하고 있다).

기초의 단면적은 다음과 같다.

$$A = (665.5 \text{ in.})^2 - (665.5 \text{ in.} - 360 \text{ in.})^2 = 349{,}600 \text{ in}^2$$

따라서 식 2.2로부터,

$$\sigma_{\text{avg}} = \frac{F}{A} = \frac{-181{,}700 \text{ kips}}{349{,}600 \text{ in}^2} = 519.8 \text{ psi}$$

기념비 기초 단면에 작용하는 평균 수직응력을 유효숫자 세 자리로 반올림하면,

$$\sigma_{\text{avg}} = 520 \text{ psi}(C)$$ **답**

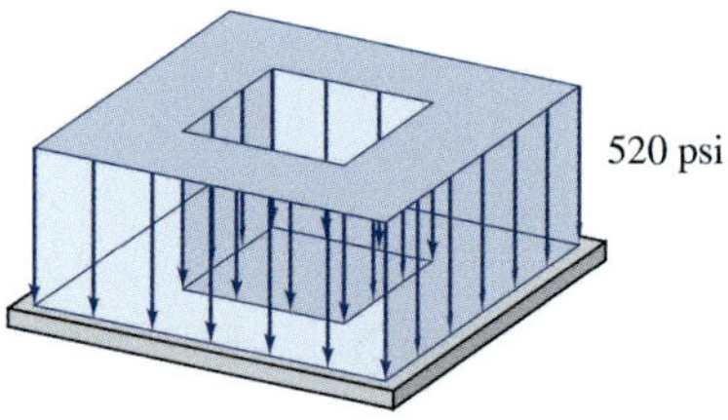

그림 3 기초 단면에서의 압축응력

여기서 (C)는 압축을 뜻하고 있다. 석재의 경우, 이 응력은 매우 작은 값이라고 할 수 있다. 그림 3에 이 균일한 압축응력이 기념비의 기초대 위에 어떻게 분포할 것인지를 도시하였다.

압축응력은, 상기 예제에서 기념비가 기초대 위에 가하는 응력과 같이, 한 물체가 다른 물체를 지지하고 있을 때 발생되며, 흔히 **지지응력(bearing stress)**이라고 한다. 지지응력은 압축 수직응력의 특수한 경우라고 할 수 있다.

합응력 1.4절에서 내력(internal resultant)을 소개하였고, 이 합력과 외력을 연관시키기 위하여, 평형방정식이 어떻게 이용되는지를 예제 1.1과 예제 1.2에서 보였다. 식 2.2는 어떤 단면상의 평균 수직응력과 수직력 사이의 관계를 표시한 것이다. 이제, 단면상에 분포된 수직응력과 그 합력 사이의 관계를 보다 구체적으로 검토해 보자. 식 2.1에서 수직응력의 정의에 의하면, 그림 2.3a의 ΔF는 미소력 $dF = \sigma dA$로 대체할 수 있다. 또한 그림 2.3a와 모멘트에 관한 오른손의 법칙에 의하면, 이 미소력 dF는 $+y$축에 대한 모멘트 zdF와 $-z$축에 대한 모멘트 ydF를 일으키는 것을 알 수 있다. 그림 2.3b에서, 기준 축으로부터 x만큼 떨어져 있는 단면상의 점 $(y_R,\ z_R)$에 작용하는 **수직력의 합(resultant normal force)**을 $F(x)$로 표시하였다. 단면상의 수직응력 분포 $\sigma \equiv \sigma(x,\ y,\ z)$가 주어지면, 단면 전체에 걸쳐 σ를 적분함으로써 수직 합력의 크기와 작용점을 결정할 수 있다.[2)]

2) 일반적으로 그림 2.3b와 식 2.3의 수직력은 x의 함수가 된다. 그림 2.2에 예시된 축하중의 경우에는 $F(x) = P =$일정 하게 된다.

$$\sum F_x: \quad F(x) = \int_A \sigma dA$$

$$\sum M_y: \quad z_R F(x) = \int_A z\sigma dA \tag{2.3}$$

$$\sum M_z: \quad -y_R F(x) = -\int_A y\sigma dA$$

두 모멘트식은 힘 $F(x)$의 작용점을 결정하는 데 사용된다. σ의 부호규약은 식 2.3에서 힘 F가 인장일 때 양이 된다는 것을 시사하고 있다. 이는 제1장에서와 마찬가지로, 일관되게 수직력의 합을 인장일 때 양으로 취하게 되는 이유이다.

단면상에 일정한 수직응력의 합력: 수직응력이 전 단면상에서 일정할 때, 그림 2.3a의 x에서의 단면상의 수직응력의 합력을 결정해보자. **단면상에 균일분포하는 수직응력은 그 단면의 도심에 작용하는 축하중 $F(x) = A\sigma(x)$에 대응한다는 것**을 증명하게 될 것이다. ($\sigma(x)$가 전 단면상에서 일정하게 되는 조건은 3.2절에서 배우기로 한다).

그림 2.3b에서와 같이, 합력이 x축에 평행하게 작용하고, 점 (y_R, z_R)을 지나는 힘 $F(x)$로 가정하기 위해서는, 다음과 같은 사실을 증명해야 한다. 즉

$$F(x) = A(x)\sigma(x), \quad y_R = \bar{y}, \quad z_R = \bar{z}$$

위와 같이 식 2.3을 이용할 수 있다. 식 2.3에 $\sigma(x, y, x) = \sigma(x)$를 대입하면,

$$\sum F_x: \quad F(x) = \sigma(x)\int_A dA = \sigma(x)A$$

$$\sum M_y: \quad z_R F(x) = \sigma(x)\int_A z dA = \sigma(x)\bar{z}A$$

$$\sum M_z: \quad -y_R F(x) = -\sigma(x)\int_A y dA = -\sigma(x)\bar{y}A$$

따라서 수직응력이 전 단면상에 균일분포할 경우, 단면에 작용하는 수직응력 즉, **축응력(axial stress)**은 다음과 같이 주어지며,

$$\sigma(x) = \frac{F(x)}{A(x)} \qquad \textbf{축응력 방정식} \tag{2.4}$$

또한 단면의 도심 $z_R = \bar{z}$, $y_R = \bar{y}$에 작용하는 힘 $F(x)$에 대응함을 알 수 있다. 인장일 경우, +이다.

원형 봉의 축을 따라 작용하는 힘에 대응하는 응력은 봉의 단면상에 균일분포할 것으로 예측할 수 있으며, 마찬가지로, 정방형이나 사각형 단면봉의 경우에서도 그렇게 될 것이다. 따라서 임의의 형상을 갖는 단면에 작용하는 균일한 수직응력 분포는 단면의 도심에 작용하는 합력을 유발시키게 된다. 대부분의 경우, 단면적은

부재의 전 길이에 걸쳐 일정하지만, 식 2.4는 단면적이 x에 대해 점진적으로 변화하는 경우에도 적용할 수 있다. (예제 3.2 참조)

축하중을 받고 있는 봉의 균일한 수직응력: 어떤 가정 하에서, 축하중을 받고 있는 봉의 모든 단면에 균일한 수직응력 $(x, y, z) = 0 =$ 일정 이 작용될 수 있다. 이러한 가정을 예시하면 다음과 같다.

- 봉은 곧고, 전 길이에 걸쳐 같은 단면을 갖는, 균일단면봉(prismatic)이다.
- 봉은, 전체가 같은 재료로 제작되어, 균질성(homogeneous)을 갖는다.
- 하중은 봉의 양 단면상에 크기가 같고 방향이 반대인 균일한 응력분포로 작용한다.

봉의 양단에서 합력이 각 단면의 도심에 작용하는 한, 하중이 양 단면에 균일한 수직응력 분포로 작용되어야 한다는 마지막 가정은 무시할 수 있다. 응력은, 그림 2.2a-d에 도시된 바와 같이, 하중작용점 근방을 제외할 경우 전 단면상에 균일분포하게 된다. 이것은 생 베낭의 원리(St. Venant's principle)를 적용한 것이며, 이에 대해서는 2.10절에서 구체적으로 논의하게 될 것이다.

그림 2.4a에서 단면이 일정한 균일 단면봉을 부재 "i"라고 하였으며, 이 봉은 단면적이 A_i인 양단 도심에 작용하는 크기가 같고 방향이 반대인 축하중 F_i를 받고 있다.

그림 2.4와 같이 축하중을 받고 있는 부재의 단면상에 작용하는 수직응력을 **축응력(axial stress)**이라고 하며, 그림 2.4b의 자유물체도에서 봉의 모든 단면상의 합력 $F(x)$가 작용력 F_i와 같고, 또한 단면적이 일정하므로, 식 2.4로부터 **균일한 축응력(uniform axial stress)**에 대한 공식을 다음과 같이 얻을 수 있다.

$$\sigma_i = \frac{F_i}{A_i} = \text{일정} \qquad \textbf{축응력 방정식} \tag{2.5}$$

예제 2.3은 축응력 방정식의 적용 예를 보인 것이다. 이 책과 함께 제공된 컴퓨터 프로그램 **MDSolids**에는 다른 문제들을 발견하게 될 것이다.

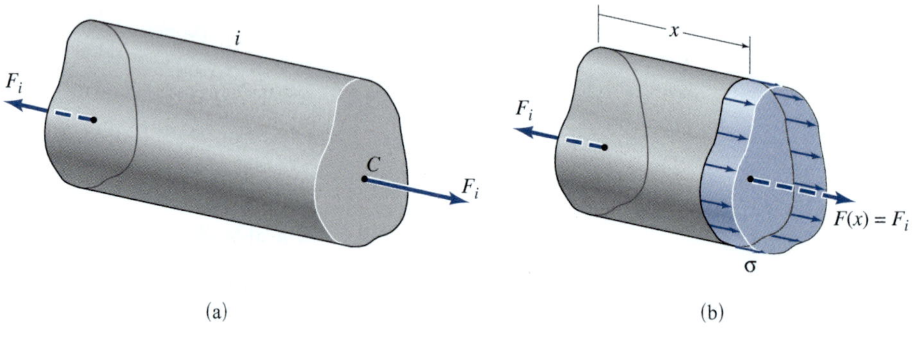

그림 2.4 축하중을 받고 있는 봉의 균일한 응력

예제 2.3

두 중실 원형봉을 판 B에서 용접하여, 그림 1과 같이, 하나의 봉으로 만들었다. 칼라(Collar) B의 원주상에 균일 분포하는 30 kN의 힘과 C단의 도심에 작용하는 10 kN의 하중을 고려하여 봉의 각 부분에 발생하는 축응력을 계산하시오.

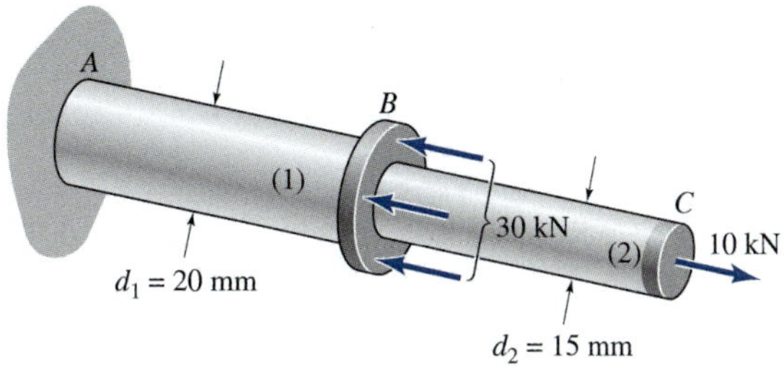

그림 1

풀이 계획 봉의 각 부분은 균일한 축응력의 조건을 만족하고 있으므로, 두 축응력을 계산하기 위하여 식 2.5를 이용할 수 있다. 하지만, 먼저 적당한 자유물체도와 평형 방정식을 이용하여 각 봉에 작용하고 있는 힘을 계산해야 한다.

풀이

자유물체도: 먼저, 봉에 작용되고 있는 힘 F_1(또는 F_{AB})과 F_2(또는 F_{BC})가 표시된 자유물체도를 그린다. 단, F_1과 F_2는 인장일 때 양(+)으로 도시한다.

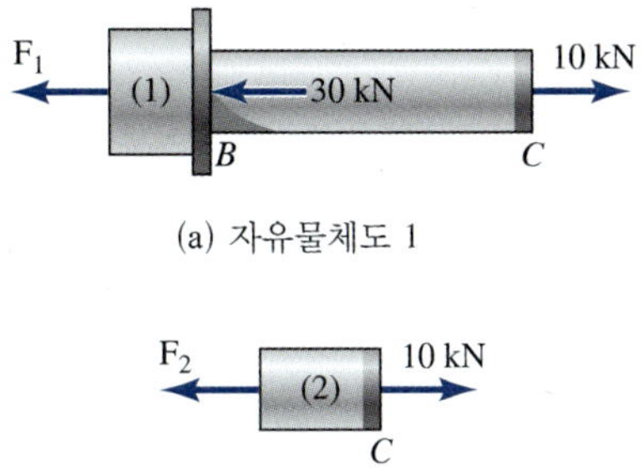

(a) 자유물체도 1

(b) 자유물체도 2

그림 2

평형방정식: 자유물체도 1로부터(그림 2a)

$$\overset{+}{\rightarrow}\left(\sum F\right)_1 = 0: \qquad -F_1 = 30\text{ kN} - 10\text{ kN} = 0, \quad F_1 = -20\text{ kN}$$

자유물체도 2로부터(그림 2b)

$$\overset{+}{\rightarrow}\left(\sum F\right)_2 = 0: \qquad -F_2 + 10\text{ kN} = 0, \quad F_2 = 10\text{ kN}$$

$$A_1 = \frac{\pi}{4}d_1^2 = \frac{\pi}{4}(20\text{ mm})^2 = 314.2\text{ mm}^2$$

$$A_2 = \frac{\pi}{4}d_2^2 = \frac{\pi}{4}(15\text{ mm})^2 = 176.7\text{ mm}^2$$

축응력: 식 2.5를 이용하여 축응력을 얻게 된다.

$$\sigma_1 = \frac{F_1}{A_1} = \frac{-20\text{ kN}}{314.2\text{ mm}^2} = -63.7\frac{\text{MN}}{\text{m}^2}$$

$$\sigma_1 = \frac{F_2}{A_2} = \frac{10\text{ kN}}{176.7\text{ mm}^2} = 56.6\frac{\text{MN}}{\text{m}^2}$$

$$\left.\begin{aligned}\sigma_1 &= -63.7\text{ MPa}(63.7\text{ MPa C})\\ \sigma_2 &= 56.6\text{ MPa }(56.6\text{ MPa T})\end{aligned}\right\}$$

답

풀이 검토 이 문제에서 평형 문제는 직관적으로 해석할 수 있으며, 봉 AB는 압축상태에 있고 봉 BC는 인장상태에 있음을 알 수 있다.

예제 2.3에서 그림 2의 자유물체도는 동일 직선상에서 축하중을 받고 있는 부재로 이루어진 구조물에 **단면법(method of sections)**을 적용한 사례를 도시한 것이다. 예컨대, 그림 2a의 자유물체도는 내력 F_1과 두 절점 B, C에 작용하는 외력 사이의 관계를 단일 자유물제도에서 구할 수 있게 한 것으로서, F_1을 결정할 수 있는 가장 효과적인 방법이라고 할 수 있다. 축하중을 받고 있는 구조물의 평형에 이 방법을 활용한 많은 예제들이 3장에 주어진다.

MDSolids

이제, 이 책에 첨부된 컴퓨터 프로그램 **MDSolids**를 소개할 적절한 때가 되었다. 여러분들은 이 책에서 소개된 개념의 이해를 증진시키기 위하여 MDS 예제를 풀어봐야 하고, 또한 연습문제도 MDSolids를 이용하여 검토해야 할 것이다.

MDS 2.1 **부분축**은 예제 2.3과 같은 축응력 문제를 풀기 위한 프로그램이다.

MDS 2.2 **보와 두 부재**는 동일 직선상에 있지 않은 두 개의 축변형 부재를 갖는 정정문제를 풀기 위한 프로그램이다.

MDS 2.3 **두 봉 조합체**는 간단한 정정 트러스형 구조물에서 부재의 응력을 해석하기 위한 프로그램이다.

MDS 2.4 **트러스 해석**은 정정 트러스에서 부재의 응력을 해석하기 위한 프로그램이다.

2.3 신장변형률; 열변형률

고체에 외력이 작용하거나 또는 온도가 변화하면, 그 크기와 형상의 변화 즉, 변형을 초래하게 된다. 일반적으로 **변형(deformation)**은 길이의 변화와 각의 변화를 포함하고 있다. 예컨대, 그림 2.5에 도시된 봉의 축방향 변형을 고려해 보자. 봉이 인장될 때 국부적인 변형 거동을 설명하기 위하여, 두 사각형요소를 변형되기 전의 봉의 표면상에 그려 놓았다(그림 2.5a). 하나는 봉의 축에 나란한 방향과 다른 하나는 45° 방향으로 회전되어 있다. 선분 BC가 신장되어 B^*C^*가 되는 것과 같은 국부적인 길이의 변화는 신장변형률(extensional strain)로 설명할 수 있으며, 별모

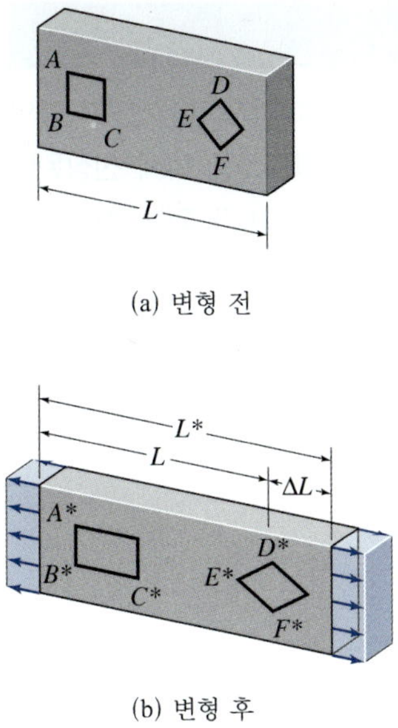

그림 2.5 축방향 하중을 받는 봉의 변형

양 첨자는 변형 후의 거동을 나타내고 있다. 또한 직각 DEF가 예각 $D^*E^*F^*$로 변화되는 것과 같은 국부적인 각의 변화는 전단변형률(shear strain)로 설명할 수 있다. 두 종류의 변형률은 모두 기하학적 변형(geometry of deformation)을 논의하는 데 있어서 매우 중요한 개념들이다. (전단변형률은 2.7절에서 다루기로 한다)

신장변형률의 정의 신장변형률을 정의하기 위하여, 그림 2.5에 예시된 축변형 문제를 다시 살펴보기로 하자. 봉의 **총 신장량(total elongation)**을 ΔL[3]로 표기하였으며, 신장변형률(extension strain) 또는 수직변형률(normal strain)은 그리스 문자 입실론 ϵ[4]으로 표기하였다. **평균 신장변형률(average extensional strain)**은 원 길이 L에 대한 총 신장량 ΔL의 비로 다음과 같이 정의할 수 있다.

$$\epsilon_{\text{avg}} = \frac{\Delta L}{L} = \frac{L^* - L}{L} \qquad \textbf{평균 신장 변형률} \qquad (2.6)$$

봉이 신장될 경우 즉, $L^* > L$이 되면, 변형률 ϵ은 양의 **신장변형률(tensile strain)**이 된다. 또한 봉이 수축되면 음의 변형률을 초래하게 되며, 이 경우 ϵ은 **압축변형률(compressive strain)**이 된다. 변형률은 무차원 양이지만 그 단위를 보통 in/in. 또는 μin/in. ($1\mu\text{in/in} = 10^{-6}\text{in./in.}$) 또는 μm/m와 같이 표시하고 있다. 변형률의 크기는 일반적으로 0.001 이하의 아주 작은 양이기 때문에, 후자의 두 마이크로스트레인(microstrain) 단위가 적합하다. 종종 100μ와 같이, 기호 μ만 사용하기도 한다.

이 장의 나머지 부분에서는 신장변형률이 부재의 축을 따라 모두 균일한 경우만 고려하게 될 것이다. 또한 이와 같이 축방향으로 균일한 변형률을 **축방향 변형률(axial strain)**이라고 한다. 따라서 축방향 변형률은 다음과 같이 주어진다.

$$\epsilon = \epsilon_{\text{avg}} = \frac{\Delta L}{L} \qquad \textbf{축방향 변형률} \qquad (2.7)$$

(비균일 신장변형률은 2.12절과 3.2절, 3.3절에서 다루기로 한다.)

변형률-변위 해석 식 2.6과 식 2.7은 단지 기하학적 변형(geometry of deformation)과 관련된 변형률의 정의이다. 이 식들은 **변형률-변위 해석(strain-displacement analysis)**에 관한 다음 예제에서 설명하게 될, 변형률과 변위 사이의 관계를 알 수 있게 한다. 이후에, 변형을 초래하는 작용력과 온도 변화를 고려하게 될 것이다.

3) 그리스문자의 대문자 델타(Δ)는 흔히 변화량을 표시하는 데 사용되고 있으며, ΔL은 길이 L의 변화량이다.
4) 2.4절에서 신장변형률 ϵ은 수직응력 σ와 관계됨을 알 수 있다. 따라서 신장변형률을 가끔 수직변형률이라고 부르기도 한다.

예제 2.4

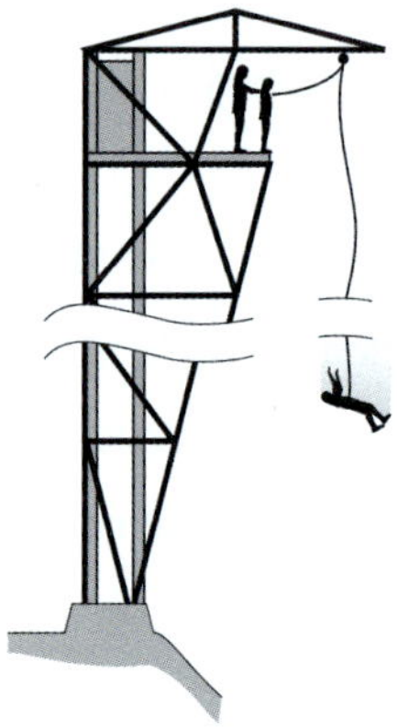

그림 1

그림 1과 같이 번지 점퍼가 도약대 위에 서 있을 때, 늘어나지 않은 번지 줄의 길이는 12.0 ft.라고 한다. 번지점프용 줄이 전 길이에 걸쳐 균일하게 신장된다고 가정할 경우, 번지 점퍼가 하강하여 줄의 길이가 37.1 ft.가 되는 최하점에 도달했을 때, 이 줄의 신장변형률을 계산하시오.

풀이 계획 번지 점프용 줄의 초기 길이와 최종 길이가 문제에 언급되어 있다. 따라서 점퍼가 최하점에 도달했을 때, 줄의 평균 신장변형률을 계산하기 위하여 식 2.6을 이용할 수 있다.

풀이 식 2.6으로부터,

$$\epsilon = \frac{L^* - L}{L} = \frac{37.1\ \text{ft} - 12.0\ \text{ft}}{12.0\ \text{ft}} = 2.09\frac{\text{ft}}{\text{ft}}$$ **답**

풀이 검토 번지 점프용 줄의 최종 신장변형률 209%는 파괴에 이를 때까지 약 10% 정도의 신장변형률을 갖는 강 봉이나 알루미늄 봉에 비해 매우 크다고 할 수 있다. 번지 점프용 줄의 연신률에 대한 정보는 www.bungeezone.com/equip를 참조한다.

예제 2.5

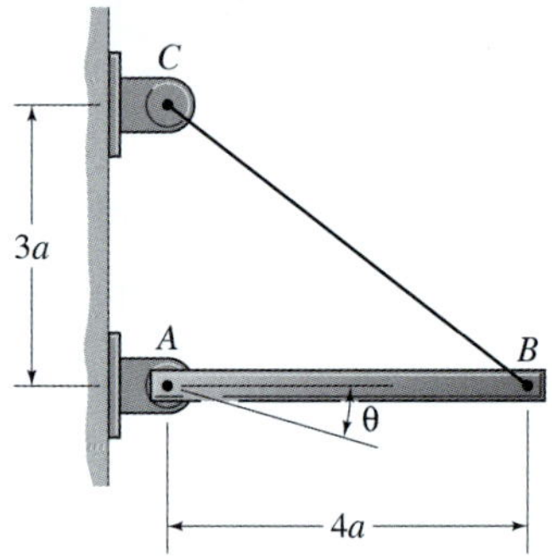

그림 1

그림 1의 강체 보 AB는 수평하고, 봉 BC는 변형률이 존재하지 않는다. (a) 봉 BC의 평균 신장변형률을 AB의 시계방향 회전각 $\theta(0 \le \theta \le \pi/2)$의 함수로 표시하시오. (b) $\theta \ll 1$ rad일 때, 만족할 만한 정밀도를 갖는 $\epsilon(\theta)$의 근사식을 구하시오.

풀이 계획 봉 BC의 평균 신장변형률을 구하기 위하여 신장변형률의 정의에 관한 식 2.6을 사용할 수 있다. 신장된 길이 L^*와 각 θ 사이의 기하학적인 관계를 구하기 위하여, 변형된 봉과 보에 대한 변형 선도[5]를 그린다. 보 AB가 강체로 가정되었으므로 B단은 A단을 중심으로 한 원주 운동을 하게 된다.

풀이 (a) 변형률 $\epsilon(\theta)$의 결정: 식 2.6으로부터,

$$\epsilon = \frac{L^* - L}{L}$$

원래의 형상에서,

$$L \equiv \overline{BC} = 5a$$

변형 선도(Deformation diagram): 그림 2에 도시된 바와 같이, 봉 BC가 신장되어 C점을 중심으로 회전하게 되면, 강체 보 AB는 A점을 중심으로 회전하게 된다.

5) 변형선도(Deformation diagram)는 자유물체도가 평형 해석의 유용한 도구가 된 것처럼, 변형의 기하학적 해석에 유용하다.

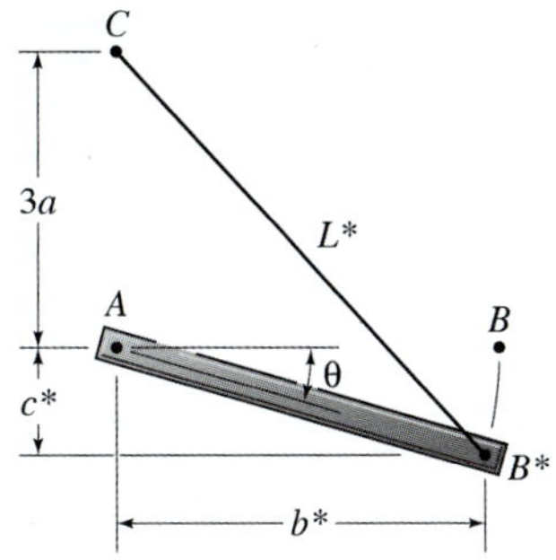

그림 2 변형 선도

기하학적 변형: 피타고라스(Pythagoras) 정리와 그림 2의 변형된 형상의 스케치를 이용하면,

$$L^* = \sqrt{(3a + c^*)^2 + (b^*)^2}$$

여기서,

$$b^* = 4a\cos\theta, \quad c^* = 4a\sin\theta$$

그리고 식 2.6으로부터 변형률은

$$\epsilon = \frac{L^* - L}{L} = \frac{a\sqrt{(3 + 4\sin\theta)^2 + (4\cos\theta)^2} - 5a}{5a}$$

이것은 다음과 같이 간략하게 정리할 수 있다.

$$\epsilon(\theta) = \sqrt{1 + \left(\frac{24}{25}\right)\sin\theta} - 1 \qquad \text{답 (a)} \quad (1)$$

(b) $0 \ll 1$ rad[6]의 경우, $\epsilon(\theta)$의 근사치, $\theta \ll 1$의 경우 $\sin\theta \approx \theta$가 되며, 또한 근호 안의 항이 $1 + \beta$(여기서, $\beta \ll 1$)형이다. β가 작은 값일 경우 이항정리에 의하면,

$$\sqrt{1 + \beta} \approx 1 + \frac{\beta}{2}$$

따라서 $\theta \ll 1$의 경우, $\epsilon(\theta)$는 다음과 같은 형식을 취하게 된다.

$$\epsilon(\theta) = \left(\frac{12}{25}\right)\theta, \quad \theta \ll 1 \text{ rad} \qquad \text{답 (b)} \quad (2)$$

풀이 검토 두 결과에서, $\epsilon(\theta)$는 모두 무차원형이며, $\theta = \pi/2$일 때 식 (1)을 계산하면 $\epsilon(\pi/2) = 2/5$가 된다. B^*가 A점 바로 밑에 있을 때 $L^* = 3a + 4a = 7a$가 될 것이다. $\epsilon(\pi/2)$의 값은 타당하다.

앞의 예제에는 그림 2에 도시된 변형의 원인에 대하여 전혀 언급되지 않은 것에 주목할 필요가 있다. 실제로는 B점에 작용된 하향하중이 보 AB를 시계방향으로 회전시키게 될 것이나, 봉 BC의 가열(heating) 또한 그 원인이 될 수 있을 것이다. 따라서 예제 2.5는 신장변형률 ϵ과 회전각 θ 사이의 관계를 결정하는데, 변형의 원인이 무엇인지에 대해서는 알 필요가 없다는 것이다. 이것은 순수 기하학적인 문제라고 할 수 있다.

미소변위/미소변형률의 거동 예제 2.5의 (b) 부분에서 변형률 $\epsilon(\theta)$는 미소 각변위 θ에 대하여 유용하도록 유도되었다. 즉,

6) 이와 같은 성질의 근사에 관한 정보는 부록 A.2를 참조한다.

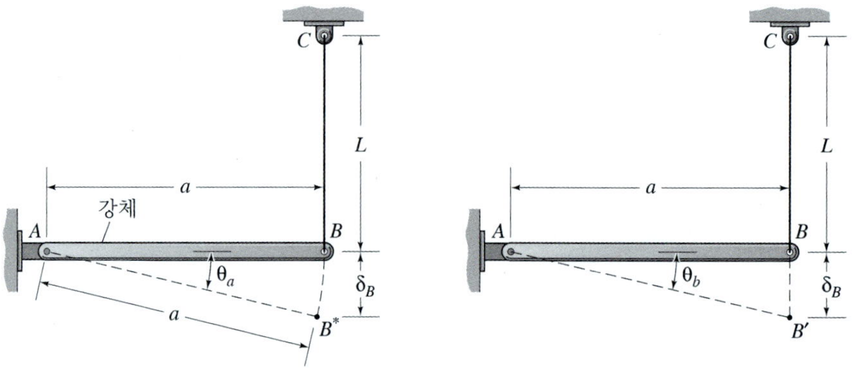

(a) B의 실제 변위　　　(b) B의 수직 근사 변위

그림 2.6 미소변위 근사

$$\epsilon(\theta)=\left(\frac{12}{25}\right)\theta,\quad \theta \ll 1\ \mathrm{rad}$$

이 근사식에서 두 가지 사항에 유의할 필요가 있다. (1) 변형률이 변위 변수 θ의 선형 함수이고, (2) 변위 각 θ가 미소한 것으로 가정되었으므로, 변형률 ϵ 또한 미소하다는 것에 유의해야 한다. 이러한 미소변위-미소변형률의 거동은 공학적인 구조물(예컨대, 빌딩 구조물과 기계류)의 전형적인 거동으로서, 공학적인 구조물에서 변형의 크기는 육안으로 관찰할 수 없을 만큼 미소하며, 변형률의 크기 또한 보통 0.001 in./in. (1000 μ) 이하이다.[7)]

흔히 볼 수 있는 미소변위 / 미소변형률의 경우를 그림 2.6에 예시하였다. 지금, 강체 보 AB의 B점에 핀으로 연결되어 있는 봉 BC가 신장되어, B점이 미소거리 δ_B만큼 하향변위를 일으켰다고 생각해 보자. 여기서 $\delta_B \ll L$이고 $\delta_B \ll a$이다. AB가 강체로 가정되었기 때문에, B점은, 그림 2.6a에 도시된 바와 같이, 점을 중심으로 한 원형경로를 따라 이동하게 될 것이다. 반면에 그림 2.6b는 단순화 가정을 도시한 것이다. 즉, $\dfrac{\delta_B}{a} \ll 1$이고 $\dfrac{\delta_B}{L} \ll 1$이므로, B점은 그림 2.6a에 도시된 원형 경로를 따르지 않고, 점 B'까지 하향으로 수직 이동한다고 가정할 수 있다. 이제, 봉 BC의 변형률과 각 θ에 대한 식을 각각의 경우에서 구한 다음, 그림 2.6b에 도시된 바와 같이, 두 결과를 비교하여 봉 BC가 수직상태를 유지한다는 단순화 가정의 타당성을 입증해 보도록 하자.

B점이 A를 중심으로 하는 원형경로를 따라 이동할 경우, 그림 2.6a로부터,

$$\epsilon_a=\frac{\overline{B^*C}-L}{L}=\frac{\sqrt{(L+\delta_B)^2\,[a(1-\cos\theta_a)]^2}-L}{L}$$
$$=\frac{1}{L}\sqrt{L^2+2L\delta_B+\delta_B^2+a^2\left(\frac{\theta_a^2}{2}-\frac{\theta_a^4}{4!}+\cdots\right)}-1$$

7) 체중이 무거운 다이버에 의해 발생된 유연한 다이빙 보드 선단의 처짐과 같이, 큰 변위가 발생하는 경우도 있다. 하지만, 변형률의 크기는 아주 미소하다. 이 책에서는 특별한 언급이 없는 한 변위는 미소한 것으로 가정한다.

상기 방정식의 마지막 줄에서 δ_B와 θ_a에 대한 2차 이상의 고차항을 무시하면(부록 A.2 참조), 다음과 같은 근사식을 얻을 수 있다.

$$\epsilon_a = \frac{\delta_B}{L} \tag{1a}$$

또한

$$\theta_a = \sin^{-1}\left(\frac{\delta_B}{a}\right) \rightarrow \frac{\delta_B}{a} = \theta_a - \frac{\theta_a^3}{3!} + \cdots$$

그러므로 각 θ_a는 다음과 같은 근사식으로 표시할 수 있다.

$$\theta_a = \frac{\delta_B}{a} \tag{2a}$$

한편, 그림 2.6b로부터, 봉 BC가 수직상태를 유지하는 것으로 가정될 경우,

$$\epsilon_b = \frac{\delta_B}{L} \tag{1b}$$

$$\theta_b = \tan^{-1}\left(\frac{\delta_B}{a}\right) \rightarrow \frac{\delta_B}{a} = \theta_b + \frac{\theta_b^3}{3!} + \cdots$$

따라서 각 θ_b는 다음과 같은 근사식으로 표시할 수 있다.

$$\theta_b = \frac{\delta_B}{a} \tag{2b}$$

이상과 같이, 두 미소변위의 해석결과는 서로 일치하는 것을 알 수 있다. 즉 식 (1a)는 식 (1b)와 같고, 식 (2a)는 식 (2b)와 같다. 그러므로 이와 같은 경우, 강체보가 회전하는 동안 B점이 원형경로를 따르지 않고, 그림 2.6b와 같이 보 AB에 수직한 직선을 따라 이동한다고 가정함으로써 해석을 훨씬 단순화시킬 수 있다.

열변형률 이제 신장변형률과 물체의 온도변화 즉, 열변형률(thermal strain) 사이의 관계를 거론해 보자.[8)] 예외적인 경우가 있을 수 있겠지만, 대부분의 공업재료는 온도가 균일하게 ΔT만큼 증가하게 되면 모든 방향으로 팽창하여(expanding), 균일한 열변형률을 유발하게 된다.

$$\epsilon_T = \alpha \Delta T \quad \textbf{열변형률} \tag{2.8}$$

여기서, ϵ_T는 **열변형률(thermal strain)**이고, α는 **열팽창계수(coefficient of thermal expansion)**이며, ΔT는 온도변화이다(양의 ΔT는 기준 온도 이상으로 온도가 상승

8) 어떤 책들은 열응력을 거론하고 있으나, 균일한 온도변화는 물체가 구속되었을 때, 즉 팽창이 자유롭지 않은 경우에만 응력을 유발시키게 된다. 여기서는 가열되거나 냉각되는 고체의 경우 팽창과 수축이 자유로운 것으로 가정하였다. 열응력 문제는 3.6절에서 풀이하게 될 것이다.

됨을 뜻한다). 물체의 온도가 강하되면, ΔT는 음(−)이 되며, 물체는 그에 상응하는 크기만큼 수축하게 된다. α와 ΔT의 단위는 서로 일치해야 한다. 예컨대, α의 미국상용단위는 1/°F이며, SI 단위로는 ΔT의 단위에 따라 1/K 또는 1/℃이 사용되고 있다.

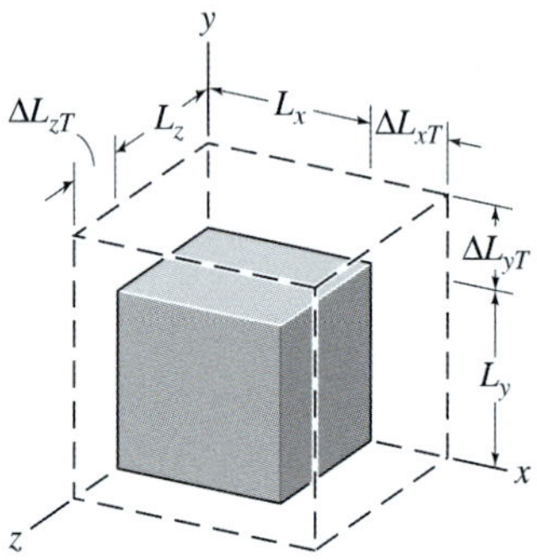

그림 2.7 균일한 온도 상승에 기인한 육면체의 균일한 자유 팽창

그림 2.7과 같은 육면체(블록)가 균일한 온도증분 ΔT를 받을 경우를 고려해 보자. 모든 방향으로 팽창이 자유롭기 때문에 각 축방향의 열변형률은 다음과 같다.

$$\epsilon_{xT} = \epsilon_{yT} = \epsilon_{zT} = \alpha \Delta T$$

육면체 내의 변형률은 모두 균일하므로, 이 육면체의 신장량을 구하기 위하여 식 2.6과 식 2.8을 조합하면 다음과 같다.

$$\Delta L_{xT} = (\alpha \Delta T)L_x, \quad \Delta L_{yT} = (\alpha \Delta T)L_y, \quad \Delta L_{zT} = (\alpha \Delta T)L_z \tag{2.9}$$

열팽창계수는 재료의 성질이다. 이 계수는 시험편의 온도를 변화시킨 다음, 그림 2.7과 같이, 시험편의 치수변화를 측정함으로써 실험적으로 결정할 수 있으며, α의 값은, 부록 F의 표 F.3과 같은, 공업재료의 기계적인 성질에 관한 표에 주어져 있다.

예제 2.6

열팽창계수가 $\alpha = 8.0 \times 10^{-6}/°\text{F}$인, 고강도 강으로 제작된 예제 2.5의 봉 BC가 균일하게 100°F만큼 가열되었다고 할 때, 보 AB의 회전각 θ를 결정하시오. 단, AB와 BC의 무게는 무시할 수 있으며, 보 AB는 봉 BC가 가열되기 전에는 수평 상태로 가정한다.

풀이 계획 식 2.8은 온도변화 ΔT와 열변형률 ϵ_T 사이의 관계를 표시하며, 예제 2.5의 결과는 변형률과 θ 사이의 관계를 표시하고 있다. 따라서 이 두 관계식을 간단히 조합할 수 있다.

풀이

$$\epsilon_T = \alpha \Delta T = (8.0 \times 10^{-6}/°\text{F})(100°\text{F}) = 800 \times 10^{6} \text{ in./in.}$$

예제 2.5의 식 (2)가 식 (1)에 비해 보다 간단하므로, 우선 식 (2)를 시험해 보자.

$$\theta = \frac{25}{12}\epsilon = \frac{25}{12}(8.0 \times 10^{-4}) = 1.667 \times 10^{-3} \text{ rad}$$

또는

$$\theta = 0.0955 \text{ deg}$$ **답**

이 결과는 문제에서 요구하는 $\theta \ll 1$ rad의 조건을 만족하므로, 식 (1)을 검토할 필요가 없다.

풀이 검토 100°F의 온도상승에 의한 회전각 0.1°는 매우 작은 것으로 생각될 수도 있겠지만, 식들이 너무 간단하기 때문에 여러분이 결과를 검토하는 단계에서 할 수 있는 일은 단지, 연산결과와 각의 환산결과를 재확인할 수 있겠다.

2.4 응력-변형률 선도; 재료의 기계적 성질

구조물에 작용하는 하중과 변형 사이의 관계를 구하기 위해, 구조물의 제작에 사용된 재료(예, 알루미늄, 강, 콘크리트)의 **하중-변형 거동(load-deformation behavior)**을 결정하기 위한 실험이 수행되어야 한다. 재료의 유용한 기계적 성질들은 대부분 인장시험이나 압축시험으로 얻어지며, 이와 같은 성질들이 부록 F의 표에 수록되어 있다. 본 절에서는 인장시험 방법을 설명하고, 이러한 유형의 시험 결과에서 얻어진 재료의 성질들을 검토하게 될 것이다.

인장시험과 압축시험 그림 2.8은 그림 2.9a와 같은 강재 인장 시험편과 그림

그림 2.8 컴퓨터 제어 유압식 재료시험기(MTS Systems Corporation, www.mts.com)

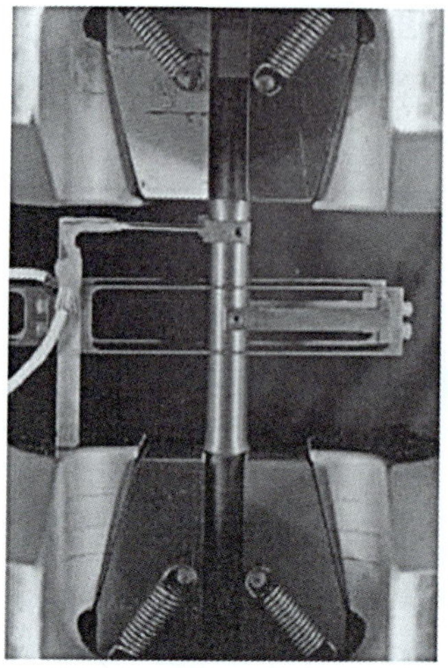

(a) 신장계가 있는 금속 인장시험편 (Roy Craig)

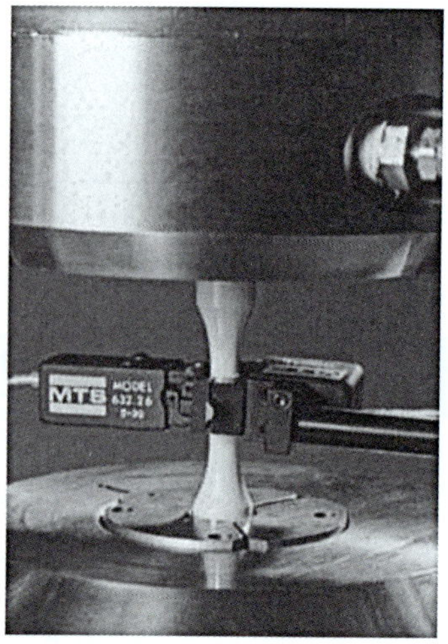

(b) 신장계가 있는 세라믹 인장시험편 (Courtesy MTS Systems Corporation, www.mts.com)

(c) 압축 시험 전후의 콘크리트 봉(Roy Craig)

그림 2.9 인장 및 압축 시험편

2.9c[9]와 같은 콘크리트 압축시험편 등에 인장하중이나 압축하중을 부가하기 위해 사용되는, 컴퓨터 제어 유압식 재료 시험기를 보여주고 있다. 그림 2.9b는 특수시험용 그립에 설치된 세라믹 인장시험편을 확대 촬영한 것이다. 또한 시험부의 전 표점거리(gage length)에 걸쳐 발생된 신장량을 측정하기 위하여, 그림 2.9a, 2.9b와 같이, 전기-기계식 신장계(extensometers)가 시험편에 장착된다.

그림 2.10a는 시험편의 원 표점거리(original gage length) L_0가 두 점으로 표시된, 변형전의 인장시험편을 예시한 것이며, 여기서 기호 L_0는 시험편의 총 길이가 아니고, 원 표점거리라는 것을 강조하기 위하여 이와 같은 기호를 사용하였다. 축하중 P는 그림 2.10b와 같이 두 표점 사이의 시험부위를 신장시키게 된다. 시험편이 인장될 때, 하중 P는 시험기에 의해 측정되어 기록되며, 이에 대응되는 시험부의 길이 $L^* \equiv L^*(P)$는 신장계에 의하여 동시에 측정되거나, 또는 연신량을 직접 측

9) 미국재료시험협회(ASTM)와 미국콘크리트연구소(ACI)와 같은 다양한 표준 기구들에 의해 시험편의 크기와 시험편의 준비 및 시험과정 등이 규정되어 있다.

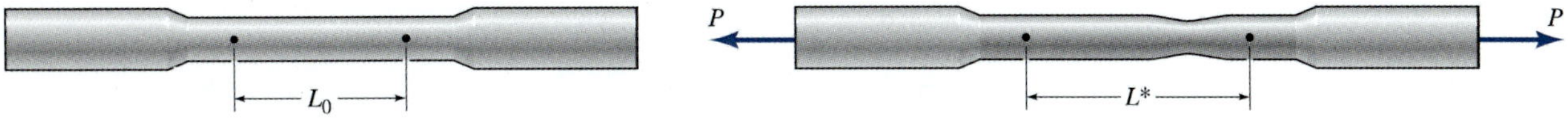

(a) 변형 전 시험편 (b) 변형 후 시험편

그림 2.10 전형적인 인장 시험용 시험편

정하게 된다.

$$\Delta L = L^* - L_0 \tag{2.10}$$

정적 인장시험(static tension test)에서 시험편의 길이는 아주 천천히 신장되기 때문에, 이와 같은 경우에는 부하속도를 측정할 필요가 없다. 그러나 어떤 상황에서는 동적시험이 수행되어야 한다. 높은 부하속도는 재료의 성질에 영향을 미치게 될 것이므로, 이러한 경우 부하속도를 측정하고 기록해야 할 것이다.

응력-변형률 선도 응력과 변형률 사이의 관계도를 **응력-변형률 선도(stress-strain diagram)**라고 하며, 이와 같은 응력-변형률 선도로부터 중요한 **재료의 기계적 성질들(mechanical properties of materials)**을 많이 알 수가 있다.[10] 일반적인 응력-변형률 선도(conventional stress-strain diagram)를 그리는데 사용된 수직응력과 신장변형률을 각각 공학적 응력(engineering stress)(하중을 시험부의 원래 단면적으로 나눈 응력)과 공학적 변형률(engineering strain)(연신량을 원래 표점거리로 나눈 변형률)이라고 한다. 즉,

$$\sigma = \frac{P}{A_0}, \quad \epsilon = \frac{L^* - L_0}{L_0} \tag{2.11}$$

재료의 기계적인 성질 그림 2.11a와 2.11b는 교량이나 빌딩, 자동차, 건설 장비를 비롯한 각종 기계, 구조물의 제작에 일반적으로 사용되고 있는 구조용 강(structural steel)(혹은 연강(mild steel) 또는 저탄소강(low-carbon steel))의 응력-변형률 선도이다. 이와 같은 응력-변형률 선도에서 알 수 있는 중요한 기계적인 성질들을 그림 2.11에 예시하였다. 그림 2.11a에서 응력은 정확히 도시되었으나, 변형률은 중요한 모든 특성들을 표시하여 검토할 수 있게 하기 위하여, 가변 척도(variable scale)로 도시하였다. 구조용 강의 대표적인 응력과 변형률의 수치가 표시된 그림 2.11b에서, 아랫쪽의 응력-변형률 선도는 미소변형률 영역을 강조한 변형률 척도로 도시한 것이며, 윗쪽의 선도는 큰 변형률 영역을 강조한 변형률 척도를 사용하여 전체적인 응력-변형률의 이력을 도시한 것이다.

그림 2.11a의 원점 A를 시점으로 하여 B점까지는 응력과 변형률 사이에 선형적인 관계가 존재한다. B점에 대응하는 응력을 **비례한도(proportional limit)** σ_{PL}이라고 한다. 또한 응력-변형률 선도의 선형 구간에서 변형률에 대한 응력의 비를 영

10) 이와 같은 재료의 성질들을 재료의 구성 특성(Constitutive Properties)이라고도 한다.

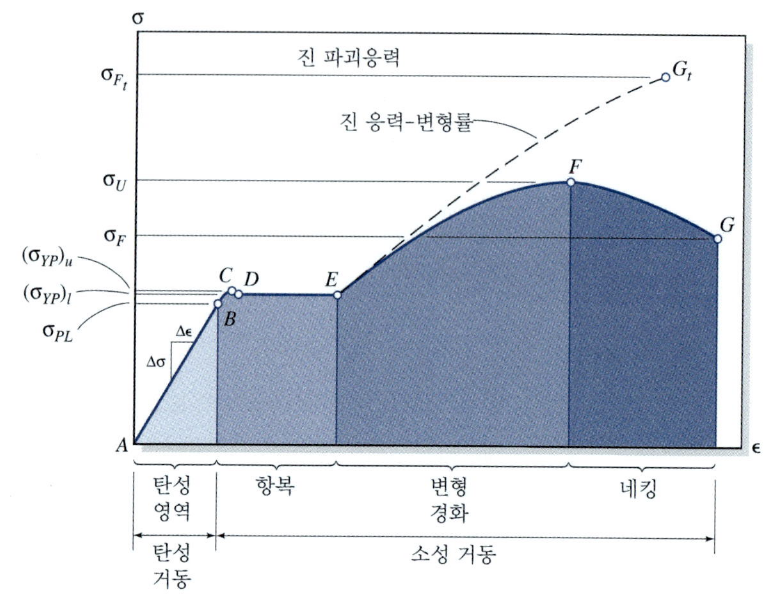

(a)

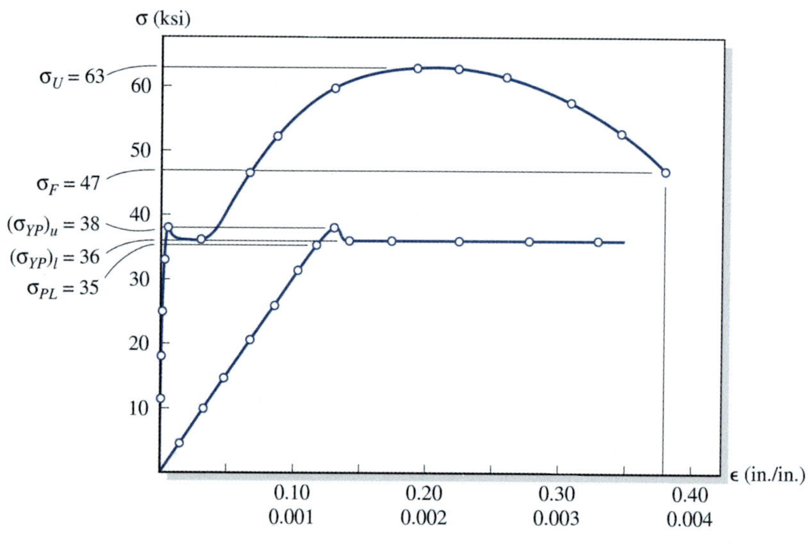

(b)

그림 2.11 인장하중을 받는 구조용 강의 응력-변형률 선도 (a) 척도가 없이 도시된 변형률 (b) 두개의 다른 척도로 도시된 변형률

률(Young's modulus)[11] 또는 **탄성계수(Modulus of elasticity)**라고 하며, 그 정의를 식으로 표시하면 다음과 같다. E의 대표적인 단위는 ksi 또는 GPa이다.

$$E = \frac{\Delta\sigma}{\Delta\epsilon}, \quad \sigma < \sigma_{PL} \qquad \textbf{영률} \qquad (2.12)$$

시험편에 가해진 응력이 B점에 이르게 되면, 규정된 연신량의 증분을 유발시키기

11) 토머스 영(Thomas Young, 1773-1829)은 1807년 런던에서 발간된 "자연과학과 기술강좌"라는 저서에서, 탄성계수를 소개하였으며, 이 외에도 변형체 역학에 관한 많은 주제들을 검토하였다. [참고문헌 2-1]

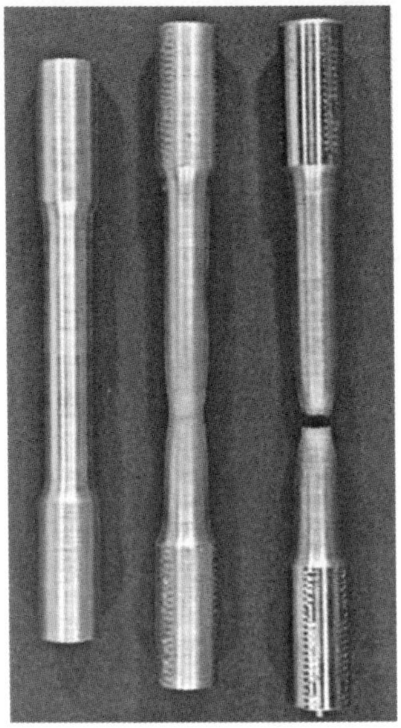

(a)

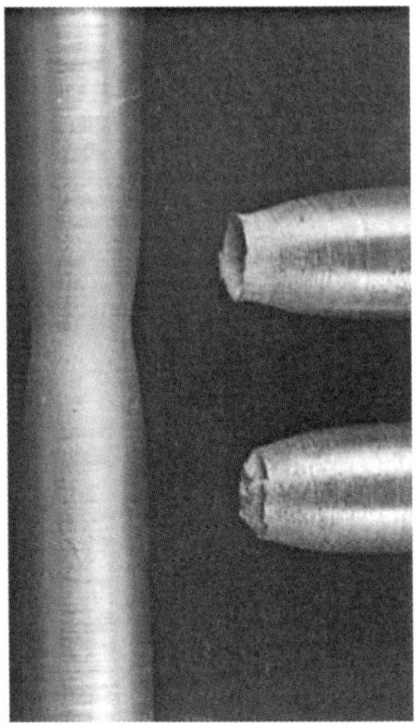

(b)

그림 2.12 열간 압연 강 인장시험편(Roy Craig)

위하여 지극히 미소한 하중의 증분이 요구되는 소위, 항복(yielding) 현상이 나타나기 시작한다. C점에 대응하는 응력을 상항복점(upper yield point) $(\sigma_{yp})_u$라 하고, D점에 대응하는 응력을 하항복점(lower yield point) $(\sigma_{yp})_l$이라고 한다. 상항복점은 실제적으로 그렇게 중요하지 않기 때문에, 일반적으로 하항복점을 **항복점(yield point)** (σ_{YP})으로 간주하고 있다. 시험편은 일정한 응력 하에서 D에서 E까지 신장을 지속하게 된다. 이 DE 구간을 완전소성(perfectly plastic)영역이라고 한다. 응력은 E점에서 다시 증가하기 시작하며, EF 구간을 변형경화(strain hardening)영역이라 하고, F점에 대응하는 응력을 극한응력(ultimate stress) 또는 **극한강도(ultimate strength)** σ_U라고 한다. F에서 하중이 감소되기 시작하면서, 시험편에는 국부적인 단면 수축현상이 일어나게 된다. 이와 같은 거동이 G점까지 지속되다가 파괴응력, σ_F에서 파괴를 일으키게 된다. 그림 2.12a는 인장시험의 3단계 즉, (1) 시험전 (2) 단면 수축현상이 유발되는 FG 구간내 어떤 점에서 시험편을 시험기로부터 제거했을 때 (3) 파괴된 후, 열간 압연 강 시험편의 형상을 예시한 것이다. 또한 그림 2.12b는 열간 압연 강 인장시험편의 축에 45° 방향으로 형성된 전형적인 컵과 콘형 파괴(cup and cone fracture)를 예시한 것으로서, 이와 같은 연성파괴가 파면상에 작용하는 전단응력에 의한 것이라는 것을 2.9절에서 검토할 것이다.

진응력(true stress) σ_{true}은 시험이 진행되는 동안 어떤 순간에서의 하중을 시험편의 순간 최소 단면적으로 나눈 것이다. 따라서 진응력은 시험편에 국부적인 단면 수축현상이 시작되었을 때, 단면수축부의 최소 단면적으로 나누어진 하중이 된다. 진변형률(true strain) ϵ_{true}은 임의의 어떤 순간에서 시험편 길이의 변화량을 시험편의 순간 길이로 나눈 것으로서, 진응력과 진변형률은 다음과 같은 식으로 주어지며,

$$\sigma_{\text{ture}} = \frac{P}{A_{\min}}, \quad \epsilon_{\text{ture}} = \ln(1+\epsilon) \tag{2.13}$$

또한 진변형률은 면적의 변화량으로도 표시할 수가 있다.[12)]

$$\epsilon_{\text{ture}} = \ln\left(\frac{A_0}{A_{\min}}\right)$$

그림 2.11a에 실선으로 표시된 곡선은 공학적 응력과 공학적 변형률 사이의 관계를 표시하는 일반적인 응력-변형률 선도(conventional stress-strain diagram)이며, 파선으로 표시된 곡선은 진응력과 진변형률 사이의 관계를 개략적으로 그린 것으로, 두 선도는 단지 변형률이 크고, 단면적이 현저하게 감소될 때에 차이를 보이게 된다.

그림 2.11a와 2.11b는 모두 구조용 강의 응력과 변형률의 거동을 설명하기 위한 것이다. 합금과 가공경화 및 템퍼링을 비롯한 금속재료의 기계적인 성질을 개선하기 위한 많은 방법론들이 관련 연구자들에 의하여 개발되었으며, 그림 2.13은 몇 가지 철강재료의 응력-변형률 거동을 비교한 것이다. 그림 2.14는 세 종류의 알루

12) 진변형률에 대한 공식은 드루커(D.C. Drucker)의 "변형체역학 개론" [참고문헌 2-2], p.12에 주어져 있다.

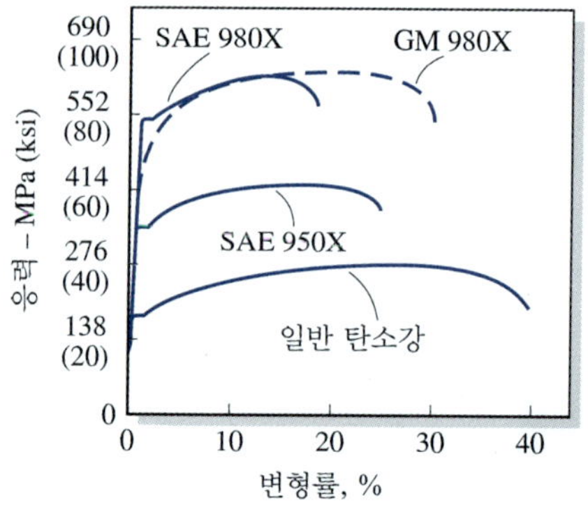

그림 2.13 일반 탄소강과 세 종류의 고강도 저합금강의 응력-변형률 선도(ASM International)

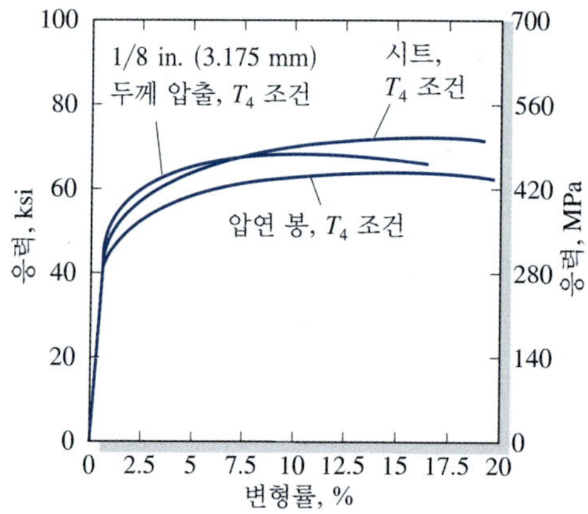

그림 2.14 세 종류의 2024 알루미늄 합금의 인장 응력-변형률 선도(ASM International)

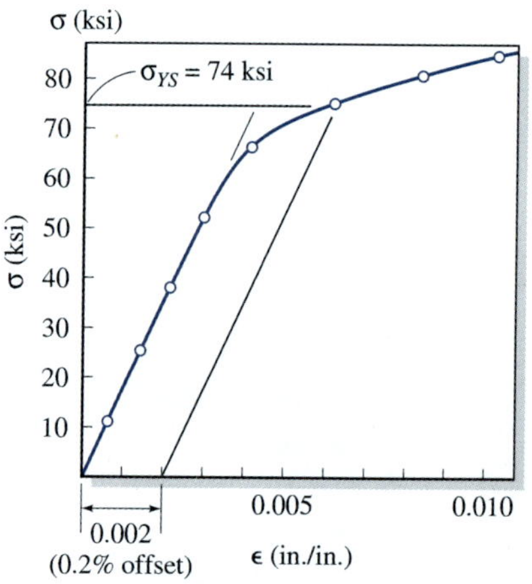

그림 2.15 옵셋 항복응력의 결정 과정

미늄합금에 대한 응력-변형률 선도를 예시한 것이다.[13]

그림 2.11과 2.14를 비교해 보면 구조용 강에서 표출되는 몇 가지 특성을 쉽게 확인할 수 있다. 예컨대, 구조용 강의 경우, 일정한 응력 하에서 큰 항복영역을 수반하는 뚜렷한 항복점은 다른 재료에서는 관찰할 수 없는 특성이라고 할 수 있다. 항복점이 분명하게 정의되지 않는 알루미늄과 같은 재료의 경우, **옵셋 항복응력(offset yield stress)** σ_{YS}를 항복점으로 대용하고 있다.

옵셋 항복응력은 그림 2.15에 도시된 바와 같이, 먼저 응력-변형률 선도의 초기 선형구간 데이터에 가장 적합한 직선을 그린 다음, 첫 번째 직선에 평행하고 규정된 변형률 만큼 옵셋된 두 번째 직선을 그렸을 때, 이 두 번째 직선과 응력-변형률 선도의 교점으로 결정된다. 그림 2.15에는 일반적으로 사용되고 있는 0.002(또는 0.2%)의 옵셋(변형률) 값을 도시하였다.

MDS 2.5 & 2.6 **응력-변형률 곡선**은 하중-변위 데이터로부터 응력-변형률 선도를 작성하고, 도시된 데이터로부터 항복응력을 결정하기 위한 컴퓨터 프로그램이다.

13) ASM International(www.asminternational.org)은 재료의 기계적인 성질에 관한 정보의 우수한 근원지이다. ASM은 응력-변형률 선도집, 금속 핸드북, 공학 재료 핸드북을 비롯한 많은 참고 문헌들을 출판하고 있다. ASM 핸드북은 CD-ROM으로도 열람할 수 있다.

설계 특성 이제 일반적인 금속재료의 응력-변형률 거동을 어느 정도 이해하고 있을 것이므로, 어떤 기계 혹은 구조물을 설계하는 엔지니어의 주요 관심사가 될 수 있는 재료의 특성들을 거론해 보자. 설계자의 입장에서 가장 중요한 응력과 변형률의 특성은 강도(strength)와 강성(stiffness) 및 연성(ductility)으로 분류할 수 있다.

- **강도(Strength)** – 세 가지 중요한 강도를 소개하면 다음과 같다.[14] (1) 항복강도(yield strength) σ_Y는 재료가 현저하게 항복되지 않으면서 감당할 수 있는 가장 큰 응력으로, 항복점 응력(yield-point stress)이나 옵셋 항복응력 중에서 특정재료에 적합한 것을 항복강도로 선택한다. (즉, 재료에 따라 적절하게 $\sigma_Y = \sigma_{YP}$ 또는 $\sigma_Y = \sigma_{YS}$) (2) 극한강도(ultimate strength) σ_U는 재료가 감당할 수 있는 응력의 최대치(즉, 공학적 응력의 최대치)이다. 끝으로, (3) 파괴응력(fracture stress)은 극한응력과 차이가 있을 경우에 관심사가 될 수 있으며, 파괴가 일어나는 순간에 대응하는 응력 값이다.
- **강성(stiffness)** – 재료의 강성(stiffness)은 기본적으로 변형률에 대한 응력의 비이다. 또한 강성은 주로 선형 탄성영역에서 주목되는 재료의 특성이라고 할 수 있다. 따라서 영(Young)률, E가 재료의 강성을 표시하는 지표가 된다.
- **연성(ductility)** – 파괴를 일으키기 전까지 큰 변형률을 수반하는 재료는 연성재료(ductile materials)로 분류되고 있으며, 작은 변형률에서 파손되는 재료는 취성재료(brittle materials)로 분류되고 있다. 엄밀히 말해서, 재료의 연성과 취성은 파괴양식(modes of fracture)이라고 할 수 있으며, 상온에서 연성거동을 보이는 구조용 강과 같은 재료는 아주 낮은 온도에서는 취성거동을 보이기도 한다. 그러므로 연성재료 또는 취성재료라고 하는 것은 재료의 일반적인 (상온) 거동을 기준으로 한 것이라고 할 수 있다.

연성 일반적으로 사용되고 있는 두 가지 연성 평가기준으로 신장률(percent elongation)(원 표점거리의 백분율로 표시한 최종 신장량)과 파괴가 일어난 단면의 단면수축률(percent reduction in area)(원 단면적의 백분율로 표시한 단면적의 수축량)이 있다. 신장률은 다음과 같은 식으로 정의할 수 있다.

$$\text{신장률} = \left(\frac{L_F - L_0}{L_0}\right)(100\%)$$

여기서, L_0는 원 표점거리이고, L_F는 파괴된 후 표점거리이다. 파괴가 일어날 때의 신장률은 표점거리 전체에 걸쳐 균일하지 않고 네킹 영역에 집중되기 때문에, 신장률을 언급할 때는 표점거리도 함께 언급해야 한다. 단면수축률(percent reduction in area)은 다음과 같은 식으로 정의할 수 있다.

$$\text{단면수축률} = \left(\frac{A_0 - A_F}{A_0}\right)(100\%)$$

14) 강도란 재료가 표출하는 각종 임계응력 값을 표시하는 데 사용된다.

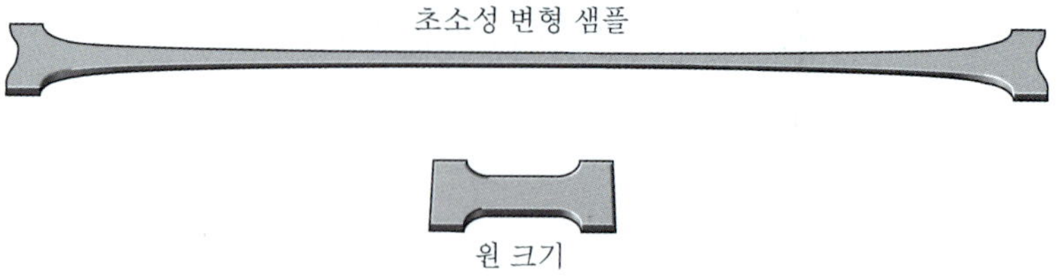

그림 2.16 신장률 1100% 이상 초소성적으로 변형된 합금강 시험편(스탠포드대학, Oleg D. Sherby 교수)

여기서, A_0는 시험편의 원 단면적이며, A_F는 파단부의 최종 단면적이다.

구조용 강은 2 in.에 대하여 약 30%의 신장률과 50% 정도의 단면수축률을 갖는 연성이 큰 재료이다. 이와 같이 연성이 큰 재료는 자동차용 판금 부품의 가압성형을 가능하게 하고, 콘크리트용 보강재의 굽힘 가공을 가능하게 한다. 연성재료는 균열이나 리벳 홀 등과 같은 응력집중원 근방에 국부적으로 큰 변형을 일으킴으로써, 갑작스럽고 치명적인 파손을 방지할 수 있게 한다. 연성재료로 분류할 수 있는 기타 재료로서는 순수 알루미늄과 그 합금, 황동, 구리, 니켈, 나일론 및 테플론 등이 있다. 그림 2.16은 초소성적으로 변형된(superplastically deformed) 합금강 인장시험편의 1100% 연신률을 예시한 것이다.

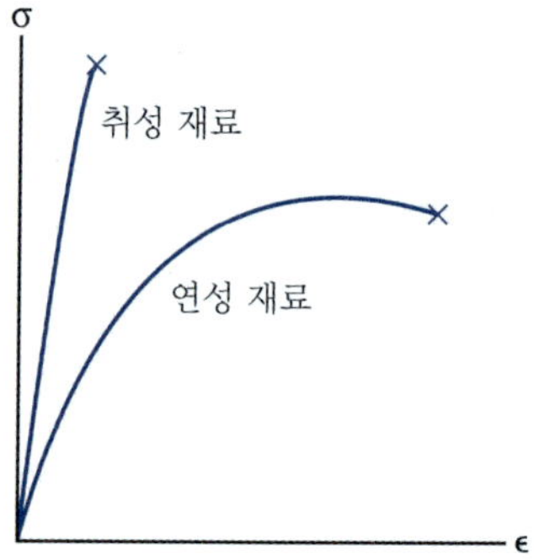

(a) 응력-변형률 신도

(b) 취성 파괴 단면(Fundamentals of Materials Science and Engineering, 2nd edition, by W. D. Callister, Jr., 2005, John Wiley & Sons, Inc.)

그림 2.17 취성재료의 인장 시험 거동

그림 2.13에서 알 수 있는 바와 같이, 고강도 강은 일반적으로 연강에 비해 연성이 훨씬 낮으나, "GM 980X"로 표기된 파선의 응력-변형률 선도는 강도와 연성이 모두 큰 특수강의 경우이다. 연성재료와 취성재료를 구분할 수 있는 뚜렷한 구분은 없으나, 유리, 기타 세라믹, 회주철, 콘크리트 등은 취성재료로 분류되고 있는 재료들이다. 그림 2.17a는 전형적인 취성재료의 응력-변형률 선도를 연성재료의 선도와 함께 비교한 것이며, 취성 인장시험편의 파면을 그림 2.17b에 도시하였다. 취성파괴는 단면에 작용하는 인장응력에 의한 직접적인 결과라는 것에 유의해야 하며, 2.9절에서 논의된 바와 같이 45° 방향으로 파괴된 연성시험편의 파면(그림 2.12b)과 내조해 보자. 보통의 유리는 이상적인 취성재료로서, 약 10^4 psi의 파괴응력에 이르기까지 선형적인 응력-변형률의 거동을 나타낸다. 유리의 강도는 유리의 종류, 시편의 크기와 표면 결함에 크게 의존하는 것으로 알려져 있다. 직경이 약 10^{-4} in. 정도인 유리섬유(glass fibers)는 10^6 psi 이상의 높은 극한강도를 갖는다고 한다.

압축시험 압축하중(compression) 하에서, 강이나 알루미늄과 같은 연성재료는 인장시 항복응력과 거의 같은 크기의 응력에서 항복을 일으키며, 압축시 영(Young)률은 인장의 경우와 동일하다. 따라서 이와 같은 재료에 대한 압축시험은 거의 수행되지 않는다. 대조적으로, 그림 2.9c와 같은 콘크리트 압축시험편의 주기적인 성형과 시험은 보강 콘크리트 구조물의 품질관리를 위해 필요하다. 그림 2.18에 도시된 포틀랜드(Portland) 시멘트 콘크리트 시험편에 대한 압축응력-변형률 선도에서 알 수 있듯이, 콘크리트의 압축강도는 양생 기간과 함께 증가한

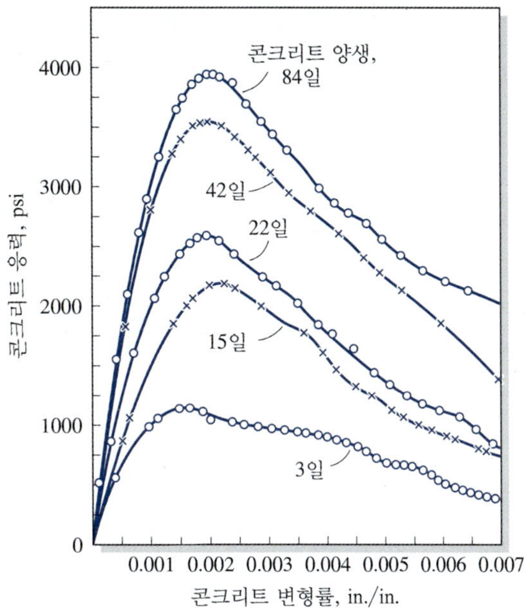

그림 2.18 콘크리트의 압축시 응력-변형률 선도(참고문헌 2-3 참조)

다. 콘크리트는 인장강도가 아주 낮은 취성재료이기 때문에, 순수한 콘크리트(즉, 보강되지 않은)의 인장강도는 보통 0으로 가정되고 있다.

플라스틱과 복합재료 1906년에 베이클라이트(Bakelite)가 소개된 이후, 플라스틱(plastic)이라고 하는 수많은 중합체들이 개발되고 있으며, 이중의 대다수는 나일론과 같이 구조용으로 활용되고 있다. 이 재료들은 가볍고 내식성이 좋고, 성형이 용이하며 전기 절연성 등이 양호하여 점차 각광받는 재료로 부상하고 있다. 한편, 이 재료가 갖는 낮은 강성과 크리프(Creep) 성향(즉, 일정 하중 하에서도 변형이 지속되는), 습기 흡입 및 강도와 강성의 강한 온도 의존성 등은 전술된 이 재료의 장점에도 불구하고 신중하게 검토되어야 할 단점들이다.

복합재료(composite materials)는 기계적인 성질이 개선될 수 있도록 두 개 이상의 구성 재료가 조합된 재료이다. 보강 콘크리트는 인장에 취약한 콘크리트의 특성을 개선하기 위하여 철근을 보강재로 사용한 복합재료라고 할 수 있다. 유리가 얇은 섬유로 인발되면 강도가 크게 향상되고, 표면손상을 방지할 수 있다는 것은 이미 언급된 바와 같다. 또한 어떤 플라스틱은 강성이 낮은 것 외에도 바람직하지 않은 많은 성질들을 가지고 있다. 그러나 기지재료에 유리섬유나 다른 보강섬유를 첨가함으로써, 플라스틱 기지 재료보다 강하고 질긴 재료를 만들 수가 있다. 게다가, 섬유를 기지재료의 특정 방향으로 배열함으로써 방향 의존성(Direction-dependent properly)을 갖는 재료를 제조할 수도 있다. 그림 2.19는 인장 시험편을 만들기 위하여 $\pm 45^\circ$로 적층된 그래파이트 에폭시 층과 인장시험 결과에서 얻어진 파손양상을 도시한 것이다. 스포츠 산업분야에서 복합재료는 테니스 라켓과 자전거 프레임, 스키 및 보트의 선체 등에 광범위하게 활용되고 있다.[15)]

그림 2.19 그래파이트 에폭시 인장시험편: +45° 그래파이트 섬유층

15) 공학용 복합재료에 관한 정보의 원천으로 International Encyclopedia of Composites(참고문헌 2-4)와 Composites(참고문헌 2-5) 등이 있다.

2.14절에서 복합재료의 기계적 성질들(mechanical properties of composites)에 대해 논의한다. 선별된 공업재료의 기계적 성질(Mechanical Properties of Selected Engineering Materials)에 관한 표가 부록 F에 주어져 있다. 상용 플라스틱은 그 종류가 엄청나기 때문에, 이 표에는 공업용 플라스틱의 일부 샘플만 수록되었다.

2.5 탄성과 소성; 온도효과

앞 절에서 하중(loading)을 받고 있는 인장시험편의 응력-변형률 거동을 고찰하였다. 특히, 인장시험은 단순 증가하는 인장변형률과 더불어 상대적으로 짧은 시간에 수행된 것으로 가정하였다. 이제 하중이 가역될 경우, 즉 변형률이 감소되면 어떤 현상이 발생될 것인지에 대하여 생각해 보자.

탄성거동과 소성거동 그림 2.20에 도시된 바와 같이, 재료의 부하 거동과 제하 거동을 검토해 보자. 그림 2.20a와 2.20b에서 상향 화살표는 단순 증가하는 초기 하중의 작용 경로를 나타내는 부하 곡선이다. 제하 경로가 부하 경로를 다시 따라갈 경우, 재료의 응력-변형률 거동은 **탄성(elastic)**이라고 하며, *C*점의 응력을 탄성한도(elastic limit) σ_{EL}라고 한다. 또한 그림 2.20a의 원점 *A*로부터 탄성한도 *C*점까지의 응력-변형률 선도가 직선이 아니기 때문에 이 영역에서 재료의 거동은 비선형 탄성거동(nonlinear elastic behavior)이라고 한다. *C*점 이전에 있는 어떤 점(즉, *B*점)에서 하중을 제거하면 그림 2.20a에 표시된 부하 경로를 따라가게 되지만, *C*점 이후에 있는 어떤 점(즉, *D*)에서 하중을 제거할 경우에는 부하 경로와는 다른 *DE* 경로를 따르게 된다. 탄성한도 이후에 있는 응력-변형률 선도 상의 어떤 점에서 제하할 경우, 대체로 응력 변형률 선도의 원점에서 그린 접선에 평행한 기울기

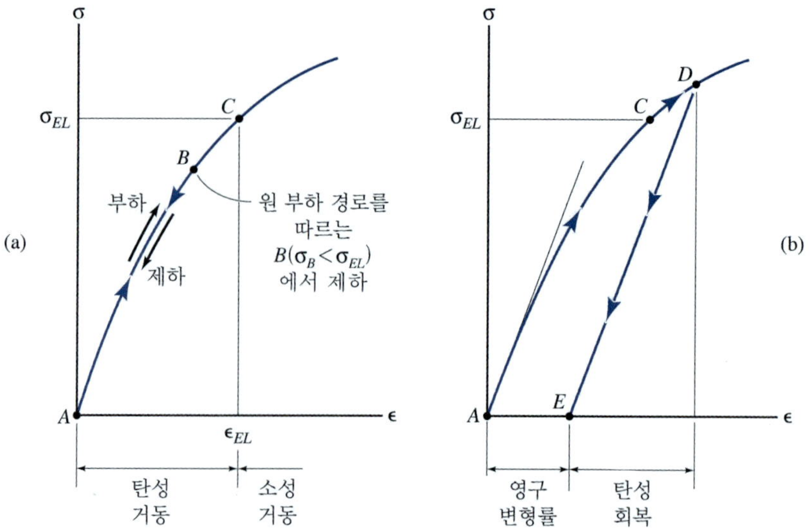

그림 2.20 탄성 및 소성 응력-변형률의 거동 예시

를 갖는 직선 경로를 따르게 되며, 그림 2.20b와 같이, 응력이 다시 0이 되었을 때 E점에 잔류하는 변형률을 영구변형률(permanent set) 또는 잔류변형률(residual strain)이라고 한다.

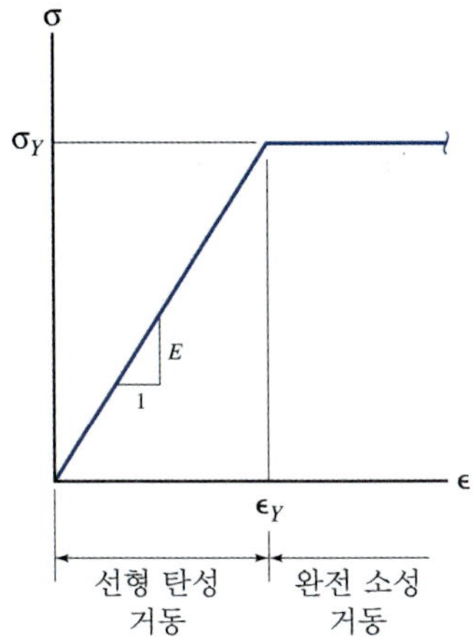

그림 2.21 선형 탄성, 완전 소성 재료 모델

구조용 강의 탄성한도는 비례한도나 항복점에 거의 근접되어 있기 때문에, 구조용 강의 비례한도와 탄성한도는 보통 항복점과 동일한 것으로 가정된다. 연강이나 이와 유사한 재료의 응력-변형률 거동은 그림 2.21과 같이 선형 탄성(linearly elastic)과 완전 소성거동(perfectly plastic)으로 근사하는 것이 편리할 때가 있으며, 3.11절과 4.11절 및 6.7절에서, 각각 축변형, 비틀림 및 굽힘을 받는 부재의 비탄성 거동을 설명할 때, 이와 같은 모델의 응력-변형률의 거동을 사용하게 될 것이다.

시간 의존적인 응력-변형률의 거동 전술된 구조용 강의 항복과 같이 응력에 의존하는 소성변형을 슬립(Slip)이라고 한다. 이것은 고체를 구성하는 결정간의 결정립 내와 결정립 계를 따라 발생하는 슬립으로부터 야기된 순간적인 과정이라고 할 수 있다.[16] 재료와 그 온도에 따라, 시간 의존적인 소성변형이 발생될 수 있다. 이러한 시간 의존적인 소성변형의 한 유형을 **크리프(creep)**라고 한다. 크리프 거동은, 그림 2.22에 도시된, 일정한 응력 실험(constant-stress experiment)으로 재현할 수 있으며, 일정한 하중을 시험편에 작용시킨 다음, 시험편의 연신(또는 변형률)과 시간 사이의 관계를 작도하면 그림 2.22b와 같다. 일반적인 재료의 경우 상온에서의 크리프 변형은 무시할 수 있다. 하지만, 충분히 가열될 경우 대부분의 재료는 크리프 거동을 나타내게 된다. 따라서 크리프는, 터빈엔진이나 보일러 등과 같이, 고온에서 활용되는 구조물을 설계할 경우에 중요한 고려사항이 된다. 플라스틱은 아주 낮은 온도에서도 크리프 거동을 나타내기 때문에, 비록 상온에서 충분한 정적 강도와 강성을 가지고 있더라도 어떤 용도로는 부적합할 수도 있다.

응력이완(stress relaxation)이라고 하는 시간 의존적인 응력-변형률의 거동은 일

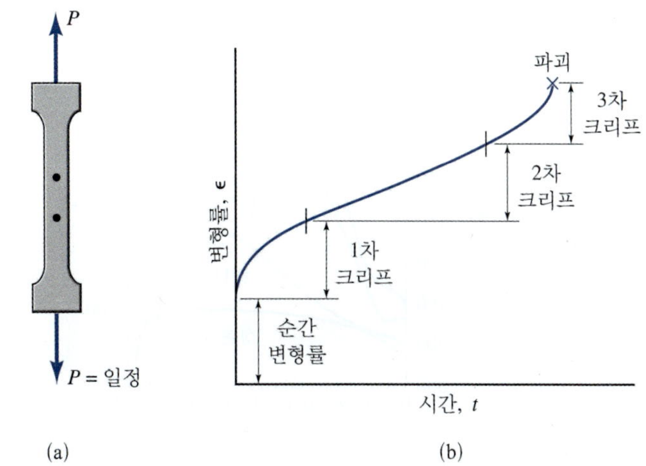

그림 2.22 일정 응력 크리프 실험

16) 항복이 진행되는 동안에 발생하는 슬립은 2.8절에서 구체적으로 검토하게 될 것이다.

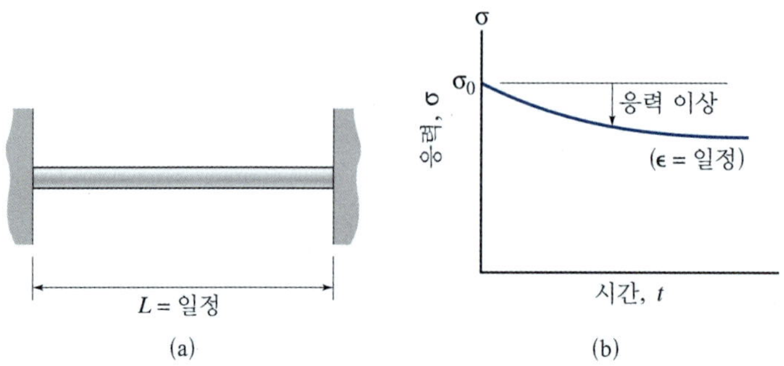

그림 2.23 일정-변형률 하의 응력 이완 실험

정 변형률 실험으로 확인할 수 있으며, 그림 2.23a는 초기응력, σ_0를 부가하기 위하여 신장된 다음, 강성 벽에 고정된 시험편을 보여주고 있다. 또한 그림 2.23b는 시험편 내부 응력과 시간 사이의 관계를 도시한 것이다. 일정 변형률하의 응력이완(stress relaxation) 현상은 시간 의존적인 응력-변형률 거동의 다른 한 유형이라고 할 수 있다.

재료의 성질에 대한 온도의 영향 2.3절에서 논의된 열팽창계수는, 물체의 변형에 대한 온도 변화의 직접적인 영향을 평가할 수 있는 지표라고 할 수 있다. 하지만 온도는 항복강도나 탄성계수와 같은 재료의 성질에도 영향을 미치며, 고온에서 사용될 수 있도록 특수 개발된 재료들이 항공기 엔진의 터빈 날개나 초음속 항공기의 구조용으로 요구되고 있다. 그림 2.24는 특정 스테인리스강의 강도와 연성에 대한 온도의 영향을 예시한 것이다. 온도가 상승하면 강도는 저하되며, 반대로 온도가 낮아지면 강도는 커지게 된다. 파괴가 일어날 때의 변형률에서 알 수 있듯이, 온도가 저하함에 따라 연성도 저하하고 있으며, 온도가 상승하면 연성도 커지고 있다. 또한 그림 2.25에 명시된 바와 같이, 온도는 재료의 강성(즉, 응력-변형률 선도의 초기 부분의 기울기)에도 영향을 미친다.

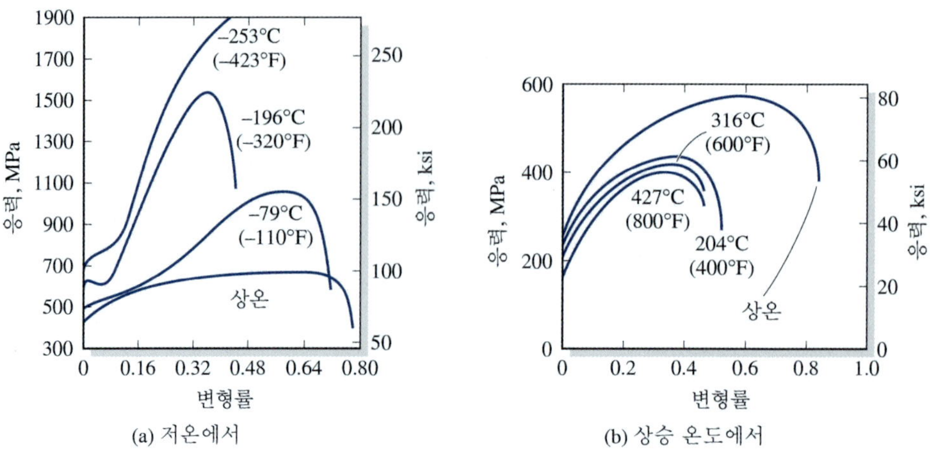

그림 2.24 304 스테인리스 강의 응력-변형률 거동에 대한 온도의 영향(ASM International)

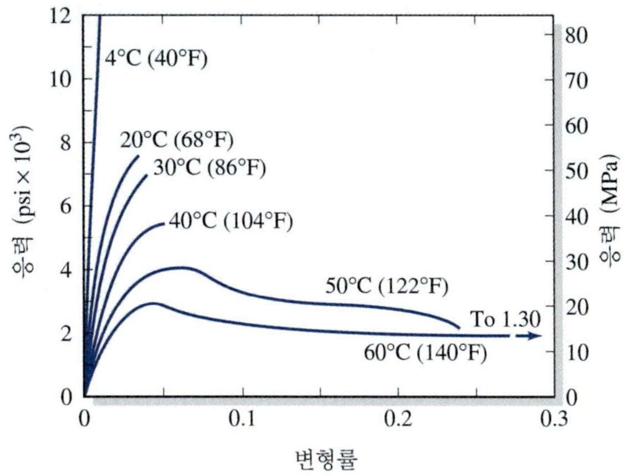

그림 2.25 폴리메틸메타크릴레이트(PMMA)의 응력-변형률 거동에 대한 온도의 영향(참고문헌 2-6 참조, American Society for Testing Materials)

2.6 선형탄성; 후크의 법칙과 푸아송비

모든 구조물이나 기계는 작은 변형과 안전한 수준에서의 응력을 유지하기 위하여, 항복응력보다 훨씬 낮은 응력을 기준으로 설계된다. 다행히도, 대부분의 공업재료들은 이와 같은 낮은 응력 수준에서는 선형적인 응력과 변형률의 거동을 나타낸다.

후크의 법칙(Hooke's law) 우리의 논의 대상을 x축 방향으로 1축 응력(그림 2.26)을 받고 있는 균질, 등방성 부재로 국한할 경우, 식 2.12에 주어진 응력과 변형률 사이의 선형적인 관계는 $0 \le \sigma \le \sigma_Y$에 적용할 수 있을 것이다. 따라서,

$$\boxed{\sigma_x = E\epsilon_x} \qquad \textbf{후크의 법칙} \qquad (2.14)$$

이 식을 **후크의 법칙(Hooke's law)**이라고 한다.[17] σ와 ϵ 아래에 표기된 첨자는 특정 응력과 변형률의 축을 정의하고 있다.

후크의 법칙은 응력-변형률 선도의 선형구간내에서 1축 인장, 압축 문제의 해석

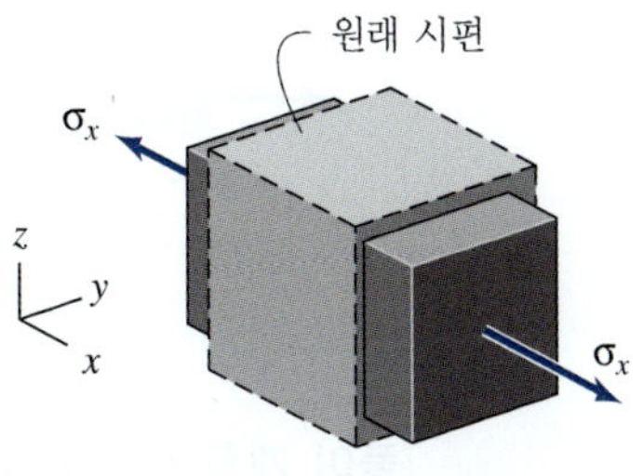

그림 2.26 1축 응력을 받고 있는 균질, 등방성 시험편의 과장된 변형

17) 로버트 후크(Robert Hooke: 1635-1703)는 수년간 왕립협회(런던)의 실험실장으로 있었다. 1678년에 발간된 논문에서, 후크는 탄성체에 대한 그의 실험결과를 검토하고, 다양한 길이를 갖는 철사에 작용된 하중과 변형 사이의 관계를 설명하였다. 이것은 재료의 탄성거동을 거론한 최초의 논문이며, 후크의 법칙으로 알려진 힘과 변형 사이의 선형적인 관계는 탄성체 역학을 발전시키는 기초가 되었다.[참고문헌 2-1]

에 유용하다. 앞에서 언급한 바와 같이, E는 탄성계수(modulus of elasticity) 또는 영률(Young's modulus)라고 한다. 또한 E는 응력의 단위를 가지며, 미국상용단위계에서는 ksi(또는 psi), 국제표준단위(SI)계에서는 GPa(또는 MPa)를 갖는다. 대표적인 E의 근삿값으로 강의 경우 30×10^3 ksi(200 GPa)이고, 알루미늄은 10×10^3 ksi(70 GPa), 그리고 나일론은 300 ksi(2 GPa)와 같다. 선별된 재료의 탄성계수를 부록 F의 표 F.2에 수록하였다.

푸아송비(Poisson's ratio) 그림 2.26에 도시된 바와 같이, 축 인장력을 받고 있는 부재는 축방향의 신장과 더불어 횡방향의 수축을 수반한다. 인장시험이 진행되는 동안 횡방향의 수축과 종방향의 신장은 다음과 같은 관계를 갖는다.

$$\epsilon_{\text{transv}} = -\nu\epsilon_{\text{longit}} \quad \textbf{푸아송비} \tag{2.15}$$

여기서 ν(그리스 문자 nu)는 푸아송의 비(Poisson's ratio)이다.[18] 이 표현은 종방향의 변형률이 압축일 경우에도 성립되며, 횡방향의 변형률은 횡방향의 신장을 초래하게 한다. 푸아송비는 무차원량으로서 보통 0.25－0.35 사이의 값을 갖는다. 그림 2.26에서 축방향에 대한 횡방향의 변형률은 종방향의 변형률과 다음과 같은 관계를 갖는다.

$$\epsilon_y = \epsilon_z = -\nu\epsilon_x \tag{2.16}$$

식 2.14와 2.16은 일축 응력상태의 단순한 경우에 적용되며, 보다 일반적인 선형 탄성거동은 2.13절에서 다루게 될 것이다.

예제 2.7

그림 1의 원통형 봉은 $E = 30\times10^3$ ksi이고, $\nu = 0.3$이며, $\sigma_Y = 50$ ksi인 강으로 제작되었다. 봉의 초기 길이를 $L = 4$ ft라 하고, 원래의 지름을 $d = 1$in.라고 할 때, 축하중 $P = 10$ kips의 작용에 의한 길이와 지름의 변화량, ΔL과 Δd를 각각 계산하시오.

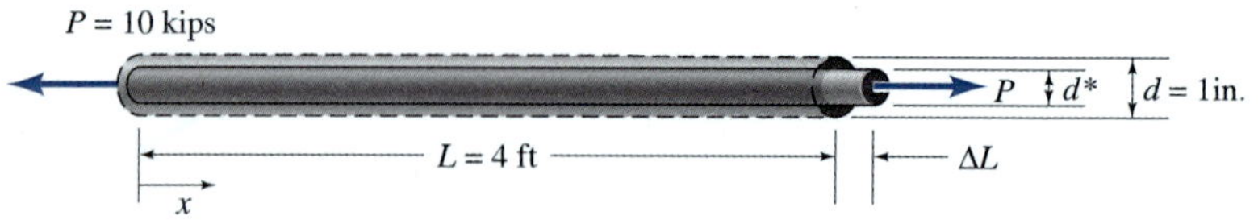

그림 1

풀이 계획 하중 P와 단면적 A로부터 응력 σ를 구할 수 있다. $\sigma \le \sigma_Y$이라면, 응력 σ와 변형률 ϵ 사이의 관계를 얻기 위하여 후크의 법칙을 사용할 수 있

18) 1829년과 1831년에 프랑스의 수학자이자 물리학자인 푸아송(S.D. Poisson: 1781-1840)은, 고체역학에 관한 중요한 연구보고서를 작성하였다. 균일 단면 봉이 단순 인장될 경우, 축 방향의 연신률 ϵ은 $\nu\epsilon$만큼 횡방향의 수축을 수반한다고 언급하였다. [참고문헌 2-1]

으며, 균일한 변형률 ϵ과 신장량 ΔL 사이의 관계를 얻을 수 있다. 지름의 변화는 푸아송비 효과에 따른 것이다.

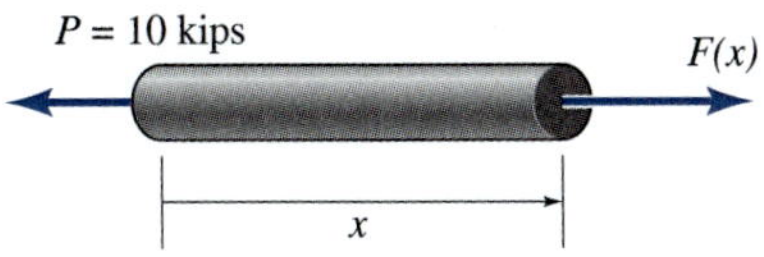

그림 2

풀이

평형: 그림 2의 자유물체도로부터

$$\sum F_x = 0; \qquad F(x) = P = \text{일정}$$

그림 2.5로부터

$$\sigma_x = \frac{P}{A} = \frac{10\text{ kips}}{\pi(0.5\text{ in.})^2} = 12.73\text{ ksi} < 50\text{ ksi} \tag{1}$$

따라서 $P = 10$ kips의 하중이 봉에 작용할 경우, 봉은 선형탄성적으로 거동하게 된다.

재료 거동: 식 2.14로부터

$$\epsilon_x = \frac{\sigma_x}{E} = \frac{P}{AE} \tag{2a}$$

그리고 식 2.15로부터

$$\epsilon_{\text{radial}} = -\nu\epsilon_x = -\frac{\nu P}{AE} \tag{2b}$$

변형률 변위: 식 2.7로부터

$$\Delta L = L\epsilon_x = \frac{PL}{AE} \tag{3a}$$

그리고

$$\Delta d = d\epsilon_{\text{radial}} = -\frac{\nu Pd}{AE} \tag{3b}$$

식 (3)에 수치를 대입하면

$$\Delta L = L\epsilon_x = \frac{(10\text{ kips})(48\text{ in.})}{\pi(0.5\text{ in.})^2(30\times 10^3\text{ ksi})} = 20.4(10^{-3})\text{ in.} \qquad \text{답} \tag{4a}$$

그리고

$$\Delta d = d\epsilon_{\text{radial}} = -\frac{0.3(10\text{ kips})(1\text{ in.})}{\pi(0.5\text{ in.})^2(30\times 10^3\text{ ksi})} = -127(10^{-6})\text{ in.} \qquad \text{답} \tag{4b}$$

풀이 검토 길이와 지름의 변화는 원래의 길이와 원래의 지름에 비해 아주 미소하다. 또한 Δd는 당연히 ΔL 보다 적어야 하고, 또한 부호는 달라야 한다. 그림 2.8a의 신장계는 ΔL과 Δd를 모두 측정할 수 있다.

MDS 2.7 **푸아송비(Poisson's Ratio)**는 푸아송비 효과에 의한 축변형 부재의 횡방향 변형을 결정하기 위한 프로그램이다.

2.7 전단응력과 전단변형률; 전단계수

제2장의 앞 부분에서 수직응력과 신장변형률을 논의하면서 응력과 변형률의 개념을 소개하였다. 이제, 표면의 접선방향으로 작용하는 힘의 분포와 접선력에 의한 각의 변화를 정량적으로 검토하기 위하여 전단응력(shear stress)과 전단변형률(shear strain)을 거론해 보기로 하자.

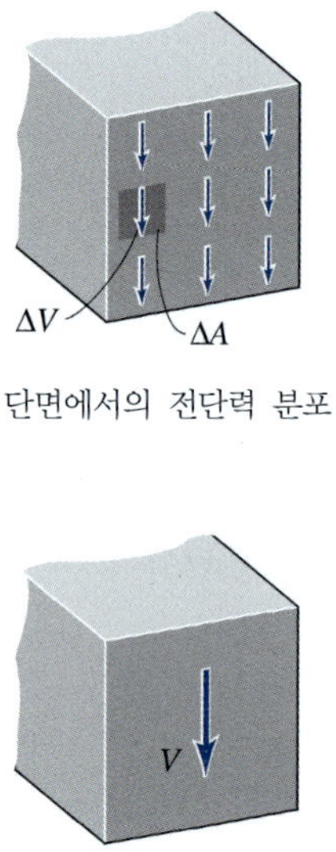

(a) 단면에서의 전단력 분포

(b) 단면에서의 합 전단력

그림 2-27 단면에서의 전단력

전단변형률의 정의 그림 2.27a를 참조하여, **한 점에서의 전단응력(shear stress at a point)**을 정의하면 다음과 같다.19)

$$\tau = \lim_{\Delta A \to 0} \left(\frac{\Delta V}{\Delta A} \right) \qquad \textbf{전단응력} \qquad (2.17)$$

여기서, ΔV는 전단응력이 결정될 점을 포함하는 미소면적 ΔA에 작용하는 접선(전단)력(tangential (shear) force)이다. 전단응력의 단위는 수직응력의 경우와 마찬가지로 힘/면적이며, 따라서 USCS 단위계에서는 psi 또는 ksi이고, SI 단위계에서는 kPa 또는 MPa이다.

그림 2.27b에 도시된 합전단력(resultant shear force)은 ΔV를 전 단면에 걸쳐 합산함으로써 얻어진다. 즉,

$$\sum F: \qquad V = \int_A \tau \, dA \qquad (2.18)$$

식 2.17과 2.18은 제4장과 제6장에서 원형 봉의 비틀림과 보의 굽힘에 의한 전단응력 분포를 결정할 때 각각 사용될 것이다.

평균 전단응력 표면상의 정확한 전단응력의 분포를 쉽게 구할 수 없을 때, 가끔 **평균 전단응력(average shear stress)**을 계산하는 것이 유용하다. 평균 전단응력은 다음과 같다.

$$\tau_{avg} = \frac{V}{A_x} \qquad \textbf{평균 전단응력} \qquad (2.19)$$

여기서, V는 면적 A_s에 작용하는 총 전단력이다. τ_{avg}를 계산하기 위해서는, 먼저,

19) 여기서 모든 ΔV는 절단면상에서 같은 방향으로 작용하는 것으로 가정한다. 보다 일반적인 경우는 2.12절에서 다루게 될 것이다.

전단응력이 작용하고 있는 면적의 크기가 결정되어야 하며, 자유물체도를 이용하여 그 면상에 작용하는 전단력의 크기를 결정해야 한다.

직접전단 평균 전단응력은 직접전단의 경우에 쉽게 계산할 수 있으며, 직접전단(direct shear)의 예로서는 볼트, 핀, 리벳의 전단과 용접부 전단, 이음부의 전단 등이 있다.[20] **직접전단(direct shear)**(또는 단순전단(simple shear))은 물체가 어떤 면상으로 절단되거나 또는 전단될 경우, 직접적인 결과로서 부재의 특정 표면에 평행하게 작용하는 힘에 의해 유발된다. 예컨대, 그림 2.27a에 도시된 판금 펀치의 경우, 펀치 봉에 작용하는 하중 P는 금속판을 원통형 표면상으로 절단하여 동전 형태의 금속 슬러그(그림 2.28b)를 제작할 수 있게 한다. 이 직접전단의 예에서 전단응력은 다음과 같다.

$$\tau_{\text{avg}} = \frac{V}{A_x} = \frac{P}{(\pi d)t}$$

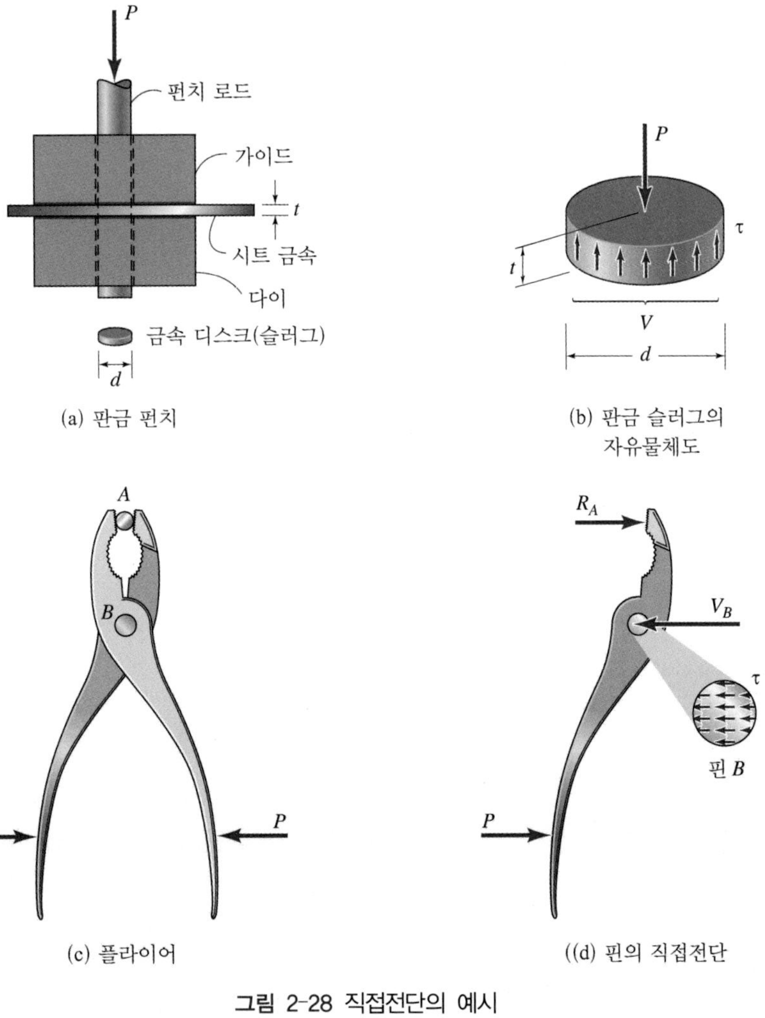

(a) 판금 펀치 (b) 판금 슬러그의 자유물체도

(c) 플라이어 ((d) 핀의 직접전단

그림 2-28 직접전단의 예시

20) 이러한 경우, 실제 전단응력 분포는 매우 불균일하기 때문에 결정하기가 쉽지 않다. 따라서, 평균 전단응력을 계산하고, 안전계수(2.8절 참조)를 통하여, 계산된 평균응력의 근사특성을 허용하게 된다.

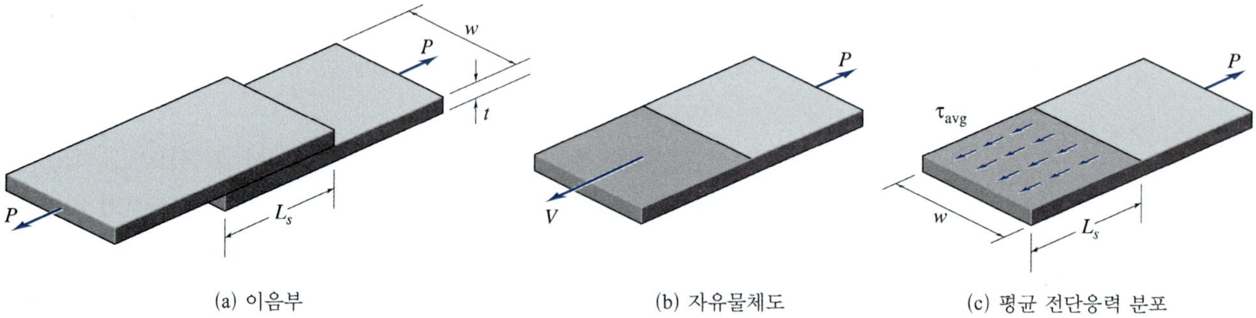

그림 2-29 직접전단의 예시-이음부 전단

여기서 $V=P$는 그림 2.28b의 자유물체도로부터 결정되며, A_s는 원통형 표면의 면적, t는 금속판의 두께이고 d는 펀치의 지름이다.

그림 2.28c와 같이 플라이어의 손잡이를 움켜쥐게 되면, 플라이어의 두 몸체를 체결하고 있는 핀은 그림 2.28d에 도시된 바와 같이, 직접전단을 받게 된다.

1면 전단과 2면 전단 직접전단으로 간주될 수 있는 경우를 세분화하면 **1면 전단(single shear)**과 **2면 전단(double shear)**으로 구분할 수 있다. 이는 판 이음이나 볼트 이음 및 용접 이음 등과 같은 부재의 체결에 활용되고 있다. **1면 전단 체결(single-shear connection)**이란 한 부재에서 인접한 부재로 하중을 전달하기 위하여 전단응력이 작용되는 면이 하나인 경우를 뜻하며, 그림 2.28d에 있는 플라이어의 편은 1면 전단 체결의 한 예이다.

1면 전단의 또 다른 예로, 인장부재를 만들기 위해 두 사각형 판재가 접합된 그림 2.29a의 겹침 이음(lap joint)을 고려해 보자. (판재가 매우 얇기 때문에 인장력 P의 편심에 의한 모멘트 Pt는 무시할 수 있는 것으로 가정한다). 그림 2.29b의 자유물체도에 $\sum F=0$를 적용하면 $V=P$를 얻을 수 있다. 전단력 V가 작용하는 면적은 $A_s=L_sW$이다. 따라서 식 2.19로부터 접합면상의 평균 전단응력은 다음과 같다.

$$\tau_{\text{avg}}=\frac{V}{A_s}=\frac{P}{L_s w}$$

리벳이나 볼트 이음을 통한 부재간의 하중 전달문제는 이음부에 여러 개의 리벳열이 존재할 경우에는 그 해석이 용이하지 않으나, 단일 볼트나 단일 핀을 통하여 하중이 전달될 경우에는 직접전단으로 취급할 수 있다. 다음의 예제는 1면 전단(single-shear)과 2면 전단(double-shear)에서 직접전단응력(direct shear stress)의 계산과정을 예시한 것이다.[21]

21) J.E. Gordon의 저서, Structures, or Why Things Don't Fall Down[참고문헌 2-7]에는 이음에 관한 흥미로운 내용들이 소개되어 있으며, Composites [참고문헌 2-5]에는 접착 이음된 겹치기이음을 검토한 장을 포함하고 있다.

예제 2.8

그림 1a에는 볼트를 이용한 겹치기 이음부에 두 사각형 봉이 연결되어 있다. 그림 1b에는 U형 지지 브라켓에 봉을 연결하기 위하여 봉의 끝단에 있는 연결부에 핀이 끼워져 있다. 볼트의 지름은 d_b이고, 편의 지름은 d_P라고 한다. 축하중 P가 각각의 경우에 작용된다면, 볼트의 단면 S_1과 핀의 단면 S_2 및 S_3에 작용하는 평균 전단응력 τ_{avg}을 결정하시오.

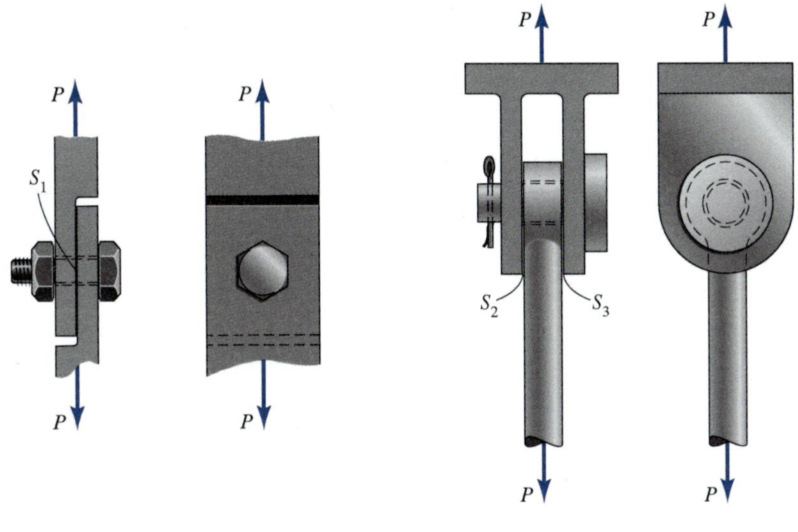

(a) 볼트 겹치기 이음 (b) 브라켓과 거치대

그림 1 1면 전단과 2면 전단

풀이 계획 자유물체도를 그림으로써, S_1을 경유하여 상부 사각형 봉으로부터 그림 1a의 볼트에 전단되는 전단력을 결정할 수 있으며, 또한 단면 S_2와 S_3를 경유하여 봉으로부터 그림 1b의 핀에 전달되는 전단력을 결정할 수 있을 것이다. 그 다음에 평균 전단응력에 대한 식 2.19를 적용한다.

풀이

자유물체도: 그림 2a, 2b는 각각 1면 전단 이음과 2면 전단 이음에 대한 자유물체도이다.

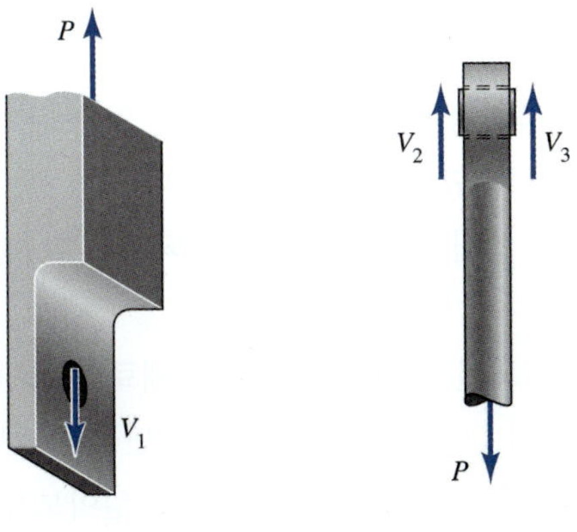

(a) (b)

그림 2 자유물체도

평형방정식: 자유물체도와 같이, 절단면을 통과시켜 S_1, S_2 및 S_3를 얻은 다음, 각각의 자유물체에 대한 평형방정식을 작성한다.

$$\left(\sum F\right)_{\text{bar}} = 0: \qquad V_1 = P$$

$$\left(\sum F\right)_{\text{rod}} = 0: \qquad V_2 + V_3 = P$$

대칭이므로

$$V_2 = V_3 = \frac{P}{2}$$

따라서 그림 1a의 볼트에 대한 평균 전단응력은 다음과 같다.

$$(\tau_b)_{avg} = \frac{V_1}{A_b} = \frac{4P}{\pi d_b^2}$$ **답**

그리고 그림 1b의 핀에 대한 평균 전단응력은 다음과 같다.

$$(\tau_p)_{avg} = \frac{V_2}{A_p} = \frac{V_3}{A_p} = \frac{2P}{\pi d_p^2}$$ **답**

풀이 검토 위 결과는 1면 전단면 S_1은 힘 P를 겹치기 이음부에 전달하고 있으나, 봉으로부터 지지대에 하중을 전달하기 위해서는 두 개의 전단면이 존재해야 한다는 것을 나타내고 있다. 그림 1a의 볼트는 1면 전단 상태에 있으며, 그림 1b의 핀은 2면 전단 상태에 놓여 있다고 한다.

볼트 겹치기이음(예제 2.8의 그림 1a)에 관한 앞 예제에서 두 사각형 봉의 접촉면 사이의 마찰은 무시하였다. 이와 같은 볼트이음에서 너트가 느슨하게 채워져 있다면 이 가정은 확실히 유효하다. 볼트로 체결된 두 부재 사이에 마찰이 존재한다면, 어떤 경우에서나 볼트 이음부를 경유하여 전달될 힘의 크기는 작아지게 된다. 따라서 이는 보수적으로 판단하는 것으로 이러한 마찰력을 무시하는 것이 현명하다.

MDS 2.8 **홀-펀치**는 그림 2.28a와 그림 2.28b에 도시된 것과 같은 홀-펀치의 직접 전단응력을 결정하기 위한 프로그램이다.

MDS 2.9 & 2.10 **볼트이음**은 예제 2.8에서 해석된 것과 같은 1면 전단과 2면 전단에 의한 직접전단응력을 결정하기 위한 프로그램이다.

MDS 2.11 **전단 키**는 전단 키에서 직접 전단응력을 결정하기 위한 프로그램이다.

전단응력에 대한 평형조건; 순수전단 지금까지 전단응력에 관한 논의는 단지 특정 면에서의 평균 전단응력만을 고려하였다. 전단변형률의 정의와 다양한 하중 조건하에서 전단응력의 분포를 논의하기 전에, 전단응력에 의해 만족되어야 할 평형조건을 검토할 필요가 있다.

전형적인 전단응력 문제로서, 그림 2.30a에 도시된 변형이 가능한 재료의 박판형 부재를 고려한 다음, 부재의 아랫면에 대하여 그 상부가 우측으로 전단될 때, A 점에 있는 작은 체적 요소(진청색)의 여섯 면에 작용하는 응력에 대해 알아보자. 변형된 후 부재의 아랫부분을 그림 2.30b에 도시하였으며, 미소 체적요소의 자유물체도를 그림 2.30c에 도시하였다. 먼저, 요소의 전면 ($+z$면)과 후면($-z$면)에는 수직응력이나 전단응력이 존재하지 않으므로, 다른 4면상의 응력만 조사하면 된다.

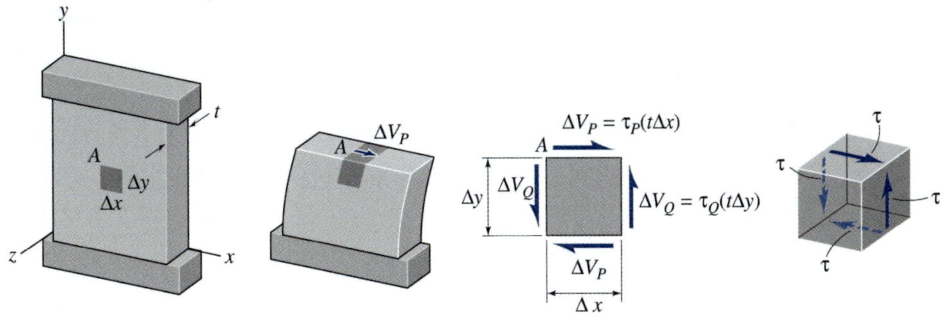

(a) 변형체 (b) A의 수평면 (c) 자유물체도 (d) 순수전단

그림 2.30 전단응력에 대한 평형조건

그림 2.30b의 자유물체도에서, 요소의 상면에서 우측으로 작용하는 전단력을 ΔV_P라 한다. 상면에 작용하는 평균 전단응력을 τ_P라고 하면,

$$\Delta V_P = \tau_P \Delta A_y = \tau_P(t\Delta x)$$

그림 2.30c의 자유물체에 대한 힘의 평형조건($\sum F_x = 0$)을 만족시키기 위하여, 크기가 같은 힘 ΔV_p가 아랫면($-y$면)에서 좌측으로 작용되어야 한다. 상면과 하면의 면적이 같으므로, 하면에 작용하는 평균 전단응력은 상면에서와 같이 τ_p가 된다.

만일 그림 2.30c의 자유물체도에 작용하는 힘이 상면과 하면에 작용하는 크기가 같고 방향이 반대인 힘 ΔV_P 뿐이라면, z방향의 어떤 축, 예컨대, 모서리 A에 관한 모멘트의 평형조건을 만족시킬 수가 없게 된다. 따라서, 요소에 작용하는 힘은 수평력 뿐만 아니라 ΔV_Q로 표기된 크기가 같고 방향이 반대인 수직력이 자유물체에 존재해야 한다.

$$\Delta V_Q = \tau_Q \Delta A_x = \tau_Q(t\Delta y)$$

따라서 모멘트의 평형조건을 만족시키기 위하여

$$\left(\sum M_z\right)_A = 0: \qquad (\tau_Q t\Delta y)\Delta x - (\tau_P t\Delta x)\Delta y = 0$$

그러므로,

$$\boxed{\tau_Q = \tau_P \equiv \tau} \qquad (2.20)$$

상기와 같은 평형 해석결과를 그림 2.30d와 같이, 순수전단을 받는 미소체적 요소로 도시하였다. 순수전단 상태에 있는 요소의 전단응력은 다음과 같은 사항을 만족한다는 것을 알 수 있다는 결론에 도달하게 된다.

- 평행한 두 면상에 작용하는 전단응력은 크기는 같으나 방향은 반대이다.
- 서로 직교하는 두 면상에 작용하는 전단응력의 크기는 같으나, 그 방향은 두 면의 교차점을 향하거나 또는 그로부터 멀어지는 방향을 취한다(즉, 요소의

전단 응력 화살표는 미끄럼 모서리 방향 "head-to-head" 및 "tail-to-tail"이어야 한다).

전단응력에 대한 이 결론은 요소의 각 면상에 전단응력뿐만 아니라 수직응력이 작용하는 경우에도 유용하다는 것을 2.13절에서 증명하게 될 것이다.

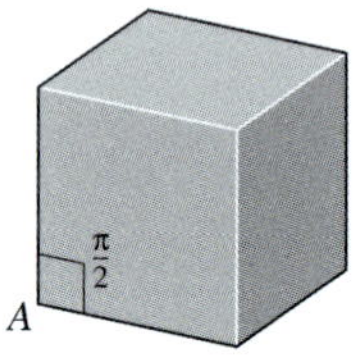

(a) 원래의
(변형 전의) 요소

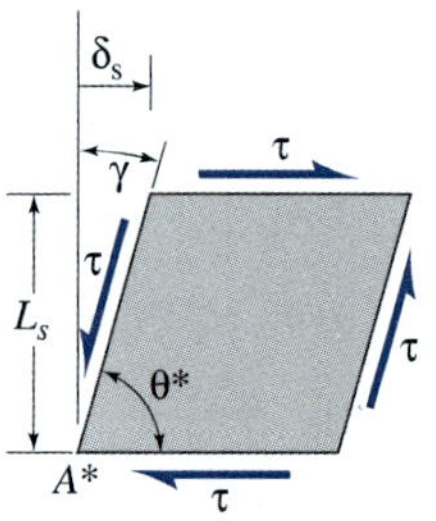

(b) 순수전단 변형

그림 2.31 전단변형률의 정의

전단변형률 그림 2.31을 참조하여, 이제 전단응력과 관련된 **전단변형률(shear strain)**을 고려해보자. 전단응력 τ가 요소에 작용하면 직각 A는 예각 θ^*가 된다. A에서의 전단변형률 γ는 A에서 직교하는 두 선분 사이의 각 변화(change in angle)로 정의된다. 따라서,

$$\gamma = \frac{\pi}{2} - \theta^* \qquad \textbf{전단변형률} \qquad (2.21)$$

여기서 $\pi/2$는 변형전 A의 각이고, θ^*는 변형후 A의 각이다. 또한 이에 대응하는 전단응력은 원래의 직각이 γ만큼 감소된 곳에서는 두 모서리를 향하고, 각이 γ만큼 증가된 곳에서는 두 모서리로부터 멀어지는 방향으로 작용된다. 전단변형률 γ는 무차원량이지만, 신장변형률과 마찬가지로 흔히 무차원단위 즉, in./in. 등과 같이 표시되거나, 또는 전단변형률이 각이기 때문에 라디안으로 표시되기도 한다. 또한, 전단변형률은 신장변형률과 마찬가지로 그 크기가 아주 미소하므로, 미소각에 대한 근사식 $\tan(\gamma) \approx \gamma$와 $\sin(\gamma) \approx \gamma$를 적용할 수 있다. 따라서 γ는 다음 식을 이용하여 계산할 수 있다.

$$\gamma = \frac{\pi}{2} - \theta^* \qquad \tan\left(\frac{\pi}{2} - \theta^*\right) = \frac{\delta_s}{L_s} \qquad (2.22)$$

여기서 δ_s와 L_s는 그림 2.31b에 정의되어 있다.

전단에서 재료의 성질 전단에 관한 재료의 성질들은 수직응력 신장변형률의 거동과 마찬가지로, 실험적으로 결정된다. 항복전단응력, 전단탄성계수 등과 같은 전단에서의 재료의 성질들은 4.4절에서 논의될 비틀림 시험으로부터 얻어진다. 예컨대, 전단에서의 선형 탄성거동은 **전단에 대한 후크의 법칙(Hooke's Law for shear)**으로 설명할 수 있으며,

$$\tau = G\gamma \qquad \textbf{전단에 대한 후크의 법칙} \qquad (2.23)$$

비례상수 G는 전단탄성계수(Shear modulus of elasticity) 또는 간단히 전단계수(Shear modulus)라고 한다. 전단계수 G는 E와 마찬가지로, 보통 ksi 또는 GPa 단위로 표시된다. 전단 특성은 평형방정식과 기하학적 변형을 통하여 신장 특성과 연관되어진다. 예컨대, 2.11절에서 G, E 그리고 ν가 다음 방정식과 같은 관계를 갖는 것을 알 수 있으며, 대표적인 재료의 전단계수 값은 표 F.2에 주어져 있다.

$$G = \frac{E}{2(1+\nu)} \tag{2.24}$$

2.8 설계 개론 – 축하중과 직접전단

설계란 공학의 핵심으로 **공학적인 설계**(engineering design)는 구성부재와 시스템을 고안하는 과정이며, 또한 주택과 식품, 운수, 통신, 휴양 및 기타 관련 산업분야의 필요를 충족시키는 과정이라고 할 수 있다. 엔지니어가 자동차나 항공기, 교량과 빌딩, 컴퓨터용 마이크로 칩, 화학공정 등과 같은 어떤 것을 설계할지라도, 위와 같은 필요를 충족시킬 수 있는 역할을 수행하기 위해서는 기초과학과 응용과학, 제작 및 건축방법, 경제 등에 대한 지식을 필요로 하게 된다.

재료역학의 주제들은 교량, 빌딩, 저장탱크, 기계, 차량, 항공기뿐만 아니라 이들을 구성하는 수많은 부재(빌딩의 보와 기둥, 항공기 날개의 리브와 스파 등)를 포함하여, 하중을 전달하거나 지탱하는 모든 대상에 대한 설계의 기초가 되고 있으며, 이와 같은 대상을 간단히 구조물(structures)라는 일반적인 용어로 설명하게 될 것이다.

> **구조물의 설계**(design of structure)는 규정된 하중조건하에서 구조물이 파손되지 않도록, 적당한 구조형상을 선정하고, 구성부재의 크기와 재료를 선정하기 위하여 변형체 역학의 원리와 방정식을 적용하는 과정을 포함한다.

대부분의 기계, 구조물을 설계할 경우, 중량과 가격, 환경적인 영향 등과 같은 인자들이 또한 고려되어야 한다.

재료역학적인 견지에서, 예상할 수 있는 여러 가지 **파손양식**(modes of failure)을 고려할 필요가 있다. 이것은 2.4절에서 언급된 바와 같이, 크게 세 가지로 강도기준 설계와 강성기준 설계 및 연성기준 설계로 분류할 수가 있다. 이 절에서 논의된 항복에 의한 파손(failure by yielding)과 12.4절에서 논의하게 될 피로파괴(fatigue failure)는 폭넓은 강도기준 설계영역에 속한다. 제10장에서 논의하게 될 좌굴에 의한 파손(failure by buckling)은 압축부재의 굽힘 강성에 관한 것이다. 이 장에서는 축하중이나 직접전단을 받고 있는 부재의 강도설계에 한정될 것이다.

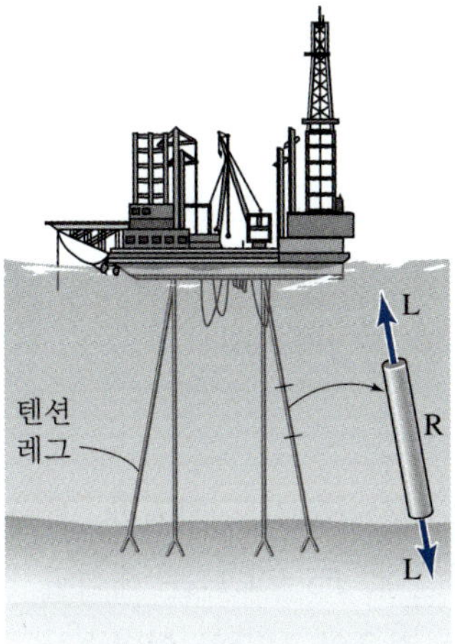

그림 2.32 해상 오일 플랫폼 텐션 레그

안전계수 엔지니어로서 여러분에게 주어진 과제가 그림 2.32와 같은 해상 오일 플랫폼의 텐션 레그(Tension leg)를 설계하는 것이라고 가정해 보자. 플랫폼은 기본적으로 바다 밑에 고정된 다수의 케이블(텐션 레그)에 묶여 떠있는 작업선이다. 모든 설계에서와 마찬가지로, 이 설계에서 고려되어야 할 두 가지 인자로서 **하중**(load) L과 **저항력**(resistance) R이 있다.[22] 구조부재, 이 경우 텐션 레그는 요구되

22) 여기서의 하중이란 용어는 구조물에 작용하는 외력이 아니고, 어떤 부재의 내력이라고 할 수 있다.

는 하중(load) L보다 큰 저항성(resistance) R을 가져야 한다. 즉, 다음과 같은 텐션 레그 부등식을 만족시킬 수 있도록 설계되어야 할 것이다.

$$\text{저항성} > \text{하중} \tag{2.25}$$

논의되고 있는 텐션 레그의 경우, 하중 L은 플랫폼의 사용수명 동안 레그에 발생될 수 있는 최대 인장력일 것이다. 마찬가지로, 저항력 R은 특정 강재로 제작된 어떤 지름의 케이블이 항복강도를 초과하지 않은 상태에서 표출할 수 있는 저항력일 것이다. L과 R의 결정에 관여하는 인자에는 여러 가지가 있으며, 이 인자들은 모두 가변성과 불확정성의 영향을 받는다.

- L에 영향을 미치는 불확정성;
  - 플랫폼에 작용하는 외력에 대한 가정(위치, 크기, 방향 등)
  - 케이블의 내력 L을 평가할 때 설정된 가정과 추정(경계조건, 선형거동 등)
- R에 영향을 미치는 불확정성;
  - 케이블의 강도를 계산할 때 설정된 가정
  - 제작상의 불확정성(재료의 성질, 케이블의 크기, 허용오차 등)
  - 조립상의 불확정성(기능의 질 등)

부재의 크기와 재료를 선정하는 과정에서, 설계자는 위에 나열된 것과 같은 불확정성을 고려해야 하며, 파손하중(failure load) 또는 저항력 R(부재의 파손을 유발할 수 있는 최소하중)이 허용하중(allowable load) L(사용수명 동안 부재에 예상되는 최대하중)보다 충분히 크다는 것을 확인해야 한다. 식 2.25의 부등식은 설계에 직접 사용될 수 있는 다음 식으로 대체할 수 있으며,

$$FS = \frac{\text{파손하중}}{\text{허용하중}} \tag{2.26}$$

여기서 FS를 **안전계수(factor of safety)**라고 한다. 물론, $FS > 1$이다.

- FS를 결정하는 인자들;
  - 플랫폼의 총체적 파손에 대한 단일부재의 파손이 차지하는 중요도
  - 검사와 보수를 위한 부재의 수용성
  - 유발될 수 있는 파손특성(늦은 연성파괴 또는 빠른 취성파괴)
  - 파손비용(경제적 및 사회적)

안전계수의 일반적인 영역은 어떤 경우 10보다 큰 값이 사용되기도 하지만, 보통은 약 1.3~3.0 정도의 값을 취한다. 작은 안전계수(예컨대, $FS = 1.1$)는 해석과 실험에 의해 불확정성을 필요한 만큼 최소화시킬 수 있는 경우와 심각한 인명손상과 같은 위험을 초래할 수 있는 파손 가능성을 배제할 수 있을 경우에만 사용될 수 있을 것이다. 반면에, 불필요하게 큰 안전계수(예컨대, $FS > 3$)의 사용은 구조물의 중량을 과중하게 하고, 초기비용과 운용경비를 과다하게 소요하게 할 것이므

로 바람직하지 않다. 따라서 안전계수의 선정은 중요한 경제적 및 법률적인 의미를 가지고 있기 때문에, 사용될 적절한 안전계수를 포함한 설계사양서는 학회의 전문가 집단이나 또는 다양한 정부기관에서 개발된 설계코드와 관련기준을 준용해야 한다. 이러한 설계코드와 사양서의 예로서, (1) 강의 경우: 미국강구조연구소의 "Code of Standard Practice for Steel Buildings and Bridges"와 (2) 콘크리트의 경우: 미국콘크리트연구소의 "Building Code Requirement for Reinforced Concrete (ACI 318-89)"가 있다.

허용응력설계 만일 구조물에 작용하는 하중과 이로 인해 발생된 응력 사이에 선형적인 관계가 존재할 경우, 안전계수는 파손응력(failure stress)과 허용응력(allowable stress)의 비로 정의할 수 있으며, 이 관계를 유용한 형식으로 표시하면 다음과 같다.

$$\text{허용응력} = \frac{\text{항복강도}}{\text{안전계수}} \tag{2.27}$$

축방향 변형의 경우, 인장(또는 압축) **항복강도(yield strength)** σ_Y가 항복에 의한 파손응력이 되며, 직접전단에서는 **전단항복강도(shear yield strength)** τ_Y가 사용된다.[23)]

$$\sigma_{\text{allow}} = \frac{\sigma_Y}{FS}, \quad \tau_{\text{allow}} = \frac{\tau_Y}{FS} \tag{2.28}$$

또한 축하중이나 직접전단과 같은 단순하중 상태의 경우, 파손응력으로 **극한강도(ultimate strength)** σ_U(또는 τ_U)를 사용하여 극한파손(ultimate failure)에 대한 안전계수를 정의하기 위해 식 2.28이 사용될 수도 있다.

식 2.28을 기준으로 한 설계를 **허용응력설계(allowable stress design: ASD)**라고 한다. 식 2.28은 이 책에서 가장 많이 사용될 설계공식이며, 식 2.26은 기둥을 설계할 때 필요하게 될 것이다(10.7절). 식 2.26이나 또는 식 2.28을 기준으로 한 설계는 **안전계수설계(Factor-of-safety design: FSD)**라고 할 수도 있다. 어떤 경우에서나 하중에 관한 모든 불확정성과 구조물의 하중저항 능력에 관한 모든 불확정성을 반영하기 위하여 단일 안전계수가 사용되고 있다.[24)]

상기의 설계정보를 실제 문제에 활용하는 방법에는 두 가지가 있다.

---

23) 보다 복잡한 하중상태에 대한 파손이론은 12.3절에서 논의하기로 한다.

24) 최근, 미국강구조연구소에 의해 1986년에 채택된 하중과 저항력 계수 설계(Load and Resistance Factor Design: LRFD [참고문헌 2-8]와 같은, 확률 기반 설계(Probability-based design) 개념이 주요 표준화기구들에 의해 채택되고 있다. 이와 같은 방법론들은 *L*과 *R*에 각기 영향을 미치는 불확정성을 보다 엄밀하게 고려할 수 있게 함으로써, 하중계수(Load Factors)와 저항계수(Resistance Factors)를 각각 추출할 수 있게 하며, 이와 관련된 참고자료로서는 구조공학의 확률해석; *Probabilistic Methods in Structural Engineering* [참고문헌 2-9]이과 구조 안전성 해석; *Methods of Structural Safety* [2-10] 및 신뢰성 공학 개론 *Introduction to Reliability Engineering* [참고문헌 2-11] 등이 있으나, 이와 같은 방법론들은 이 책의 정도를 벗어난다.

1. 기존 구조물의 평가 또는 제안된 설계: 모든 부재의 크기와 사용재료, 적용 가능한 설계코드-지정된 FS 등과 함께 구조물의 형상은 주어져 있으며, **허용하중(allowable load)**을 결정하게 된다.
2. 새로운 구조물의 설계: 구조 형상이 주어지면, 부재(인장 봉, 핀, 보 등)에 발생된 최대응력이 허용응력(식 2.28)을 초과하지 않도록, **부재의 크기(size of components)**를 선정하거나, 또는 하중이 고려되었다면 최대 작용하중이 허용하중(식 2.26)을 초과하지 않도록 부재의 크기를 선정한다.

예제 2.9는 허용하중의 계산과정을 예시한 것이고, 예제 2.10은 허용응력 설계에 의한 부재의 크기를 결정하는 과정을 설명한 것이다.

예제 2.9

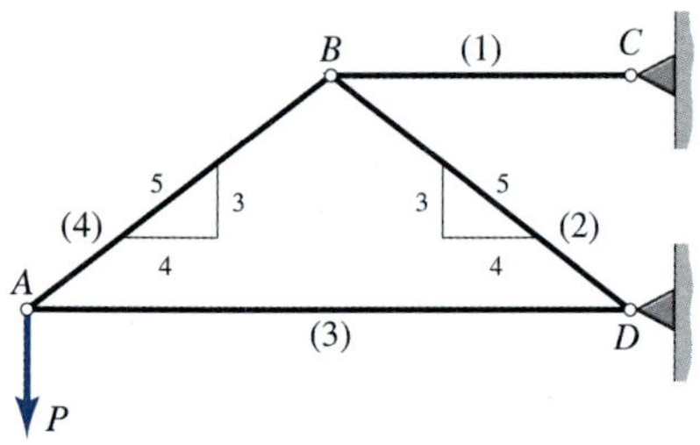

그림 1 핀 연결 트러스

그림 1과 같이 핀 연결된 평면트러스가 절점 A에서 하향하중 P를 받고 있다. 모든 부재의 단면적은 500 mm^{2}이다. 인장 허용응력은 $(\sigma_T)_{\text{allow}} = 300$ MPa이며, 압축 허용응력은 $(\sigma_C)_{\text{allow}} = 200$ MPa이라고 한다.[25] 허용하중 P_{allow}를 계산하시오.

풀이 계획 평형조건(예컨대, 단면법)을 하중 P의 항으로 모든 부재력을 결정하기 위하여 이용할 수 있다. P_{allow}를 결정하기 위하여, 최대인장 축하중과 최대압축 축하중을 받고 있는 부재의 응력을 각각 $(\sigma_T)_{\text{allow}}$ 및 $(\sigma_C)_{\text{allow}}$와 등치한다. 두 계산결과 중에서 작은 것을 선택한다.

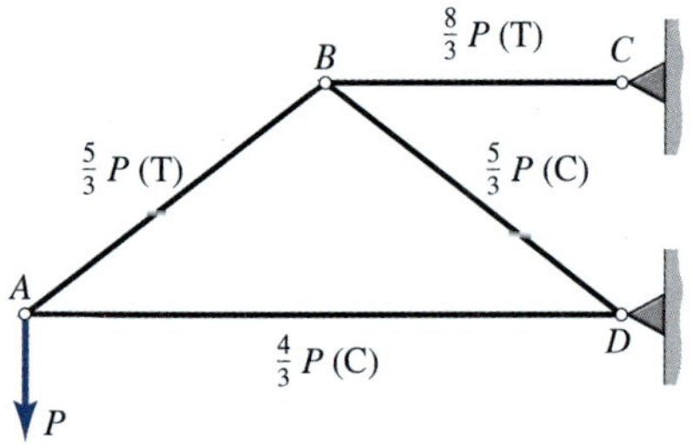

그림 2 핀 연결 트러스의 부재력

풀이

평형: 평형 해석결과를 그림 2에 도시하였다. (독자들은 그림 2에 표시된 값들을 검증해 보라)

BC 부재를 기준으로 한 허용하중: AB 부재와 BC 부재는 모두 인장상태에 있으나, BC 부재가 너 큰 인장력을 받고 있다. 따라서

$$\frac{8}{3}\frac{P_1}{A_1} = (\sigma_T)_{\text{allow}} = 300\ \text{MPa}$$

$$P_1 = \frac{3}{8}\left(300 \times 10^6 \frac{\text{N}}{\text{m}^2}\right)(500 \times 10^{-6}\ \text{m}^2) = 56.25\ \text{kN}$$

BD 부재를 기준으로 한 허용하중:

$$\frac{5}{3}\frac{P_2}{A_2} = (\sigma_C)_{\text{allow}} = 200\ \text{MPa}$$

$$P_2 = \frac{3}{5}\left(200 \times 10^6 \frac{\text{N}}{\text{m}^2}\right)(500 \times 10^{-6}\ \text{m}^2) = 60.00\ \text{kN}$$

25) 압축 허용응력의 크기가 주어져 있다. 압축 허용응력은 종종 탄성 좌굴이나 비탄성 좌굴에 의존하게 되며, 이 문제는 10장에서 논의하게 될 것이다.

인장 허용응력을 기준으로 한 힘 P_1이 P_2보다 작으므로 허용하중은 다음과 같다.

$$P_{\text{allow}} = 56.2\ \text{kN}$$ 답

예제 2.10

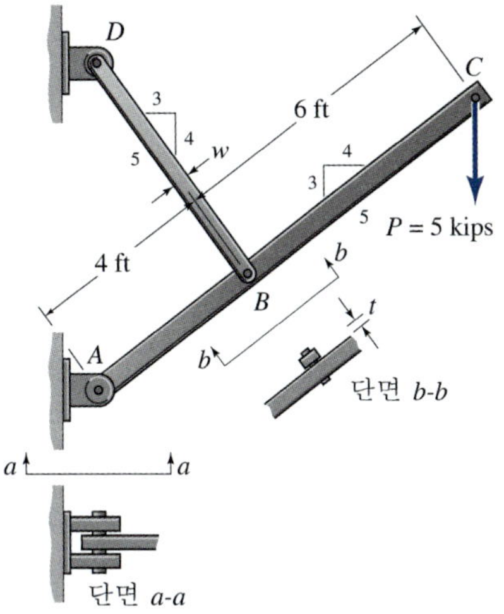

그림 1 공장용 크레인

그림 1의 공장용 크레인은 핀 A에 지지되어 있는 붐(Boom) AC와 직사각형 인장 봉 BD로 구성되어 있으며, 핀 조인트 A, B의 상세도는 각각 $a-a$ 및 $b-b$ 단면과 같다. 인장봉은 $\sigma_Y = 36$ ksi의 구조용 강으로 제작되었으며, 핀 A, B는 $\tau_Y = 48$ ksi의 고강도 강으로 제작되었다고 한다.

또한 설계(즉, 허용) 하중은 $P = 5$ kips이고, 항복에 대한 안전계수는 $FS = 3.0$이다. (a) 봉 BD의 폭을 $w = 2$ in.라고 할 때, 1/8 in.에 가장 가까운 두께 t를 구하시오. (b) 1/8 in.에 가장 가까운 핀 A, B의 지름을 구하시오.

풀이 계획 2력 부재(Two-force member) BD의 인장력 F_B와 핀 A의 합력 F_A를 결정하기 위하여 붐 AC의 평형을 고려한다. 봉 BD의 단면적과 핀 A의 지름을 결정하기 위하여, 허용응력설계 개념(식 2.28)을 이용할 수 있으며, 핀 A는 2면 전단 상태에 있고 핀 B는 1면 전단 상태에 있다는 것을 유의해야 한다.

풀이

평형: 그림 2의 자유물체도에 도시된 힘 F_A와 F_B를 구하기 위하여 평형방정식이 사용되었다.

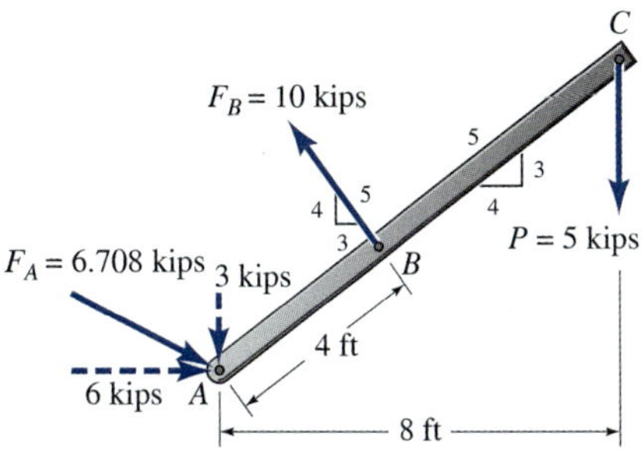

그림 2 붐 AC의 자유물체도

(a) 봉 BD의 설계: 식 2.28로부터

$$\sigma_{\text{allow}} = \frac{\sigma_Y}{FS} \rightarrow \sigma_{\text{allow}} = \frac{36\ \text{ksi}}{3.0} = 12\ \text{ksi}$$

$$F_{BD} = \sigma_{\text{allow}} A_{BD} \rightarrow A_{BD} = (2\ \text{in.})t_{BD} = \frac{10\ \text{kips}}{12\ \text{ksi}}$$

$$t_{BD} = 0.417\ \text{in.} \quad t_{BD} = 0.5\ \text{in.}$$ 답 (a)

(b) 핀 A, B의 설계: 식 2.28로부터

$$\tau_{\text{allow}} = \frac{\tau_Y}{FS} \rightarrow \tau_{\text{allow}} = \frac{48\ \text{ksi}}{3.0} = 16\ \text{ksi}$$

$$\frac{1}{2}F_A = \tau_{\text{allow}} A_A \rightarrow A_A = \frac{6.708\ \text{kips}}{2(16\ \text{ksi})} = 0.210\ \text{in}^2$$

$$A_A = \frac{\pi d_A^2}{4} \rightarrow d_A = 0.517\ \text{in.} \quad d_A = 0.625\ \text{in.}$$ 답 (b)

$$F_B = \tau_{\text{allow}} A_B \rightarrow A_B = \frac{10\ \text{kips}}{16\ \text{ksi}} = 0.625\ \text{in}^2$$

$$A_B = \frac{\pi d_B^2}{4} \rightarrow d_B = 0.892\ \text{in.} \quad d_B = 1.0\ \text{in.}$$ 답 (b)

풀이 검토 이 계산은 매우 간단하지만, FS가 적절하게 적용되었는지를 검토하기 위하여 계산과정을 재확인할 필요가 있다. 계산결과는 타당한 것으로 생각된다.

MDS 2.12 **보와 버팀목** – 축하중 부재와 예제 2.10에서 해석된 것과 같은 볼트 핀 체결을 설계하기 위한 프로그램이다.

MDS 2.13 **두 봉 조합체** – 두 봉 트러스의 부재를 설계하고, 주어진 두 봉 트러스에 대한 허용하중을 결정하기 위한 프로그램이다.

MDS 2.14 **봉과 핀** – 축하중 부재와 예제 2.10에서 해석된 것과 같은 볼트/핀 체결을 설계하기 위한 프로그램이다.

MDS 2.15 **보와 버팀목 설계** – 축하중 부재와 예제 2.10에서 해석된 것과 같은 볼트/체결을 설계하기 위한 프로그램이다.

최적설계 예제 2.10에서는 허용응력설계 개념을 직접 적용함으로써 인장 봉 BD와 핀 A, B의 적절한 크기를 얻을 수 있었다. 그러나 대부분의 설계문제에서 유일한 설계 해란 있을 수가 없다. 다수의 유용한 해(acceptable solution)가 있을 수 있으며, 따라서 엔지니어는 이와 같은 유용한 해로부터 최선의 해 즉, **최적해(optimal solution)**를 선택하려 할 것이다. 예제 2.11은 최적설계 문제를 예시한 것으로서, 최적해는 모든 부재에 작용하는 응력이 허용응력 이하가 될 수 있는 해 중에서 구조물의 중량을 최소화할 수 있는 해로 정의되었다.

예제 2.11

그림 1a에 도시된 핀 연결된 평면트러스는 3개의 강재, 2력 부재로 제작되었으며, 절점 B에 $P = 1.2$ kips의 수직하중을 지탱하고 있다. 절점 A와 B의 위치는 일정하지만, 절점 C의 연직방향 위치는 길이 L_1과 L_3가 달라짐에 따라 변화될 수 있다. 또한 강재 트러스 부재에 대한 인장 허용응력은 $(\sigma_T)_{\text{allow}} = 20$ ksi이고, 압축 허용응력은 $(\sigma_C)_{\text{allow}} = 12$ ksi이며, 중량밀도는 0.284 lb/in.^{3}라고 한다. 수직부재 AC의 길이가 $L_1 = 18$ in.~50 in.인 트러스를 설계하려고 할 때, (a) 트러스 각 부재가 상술된 강도조건을 만족하는 최소 단면적을 가질 경우, 트러스의 중량 W가 그림 1b에 도시된 바와 같이, AC 부재의 길이 L_1의 함수로 표시됨을 증명하시오. (b) 트러스의 중량이 최소가 되도록 하는 L_1의 길이는 얼마이며, 또한 그 트러스의 중량은 얼마인가?

풀이 계획 절점 B와 C에 평형방정식을 적용함으로써, 부재력 F_1, F_2 및 F_3

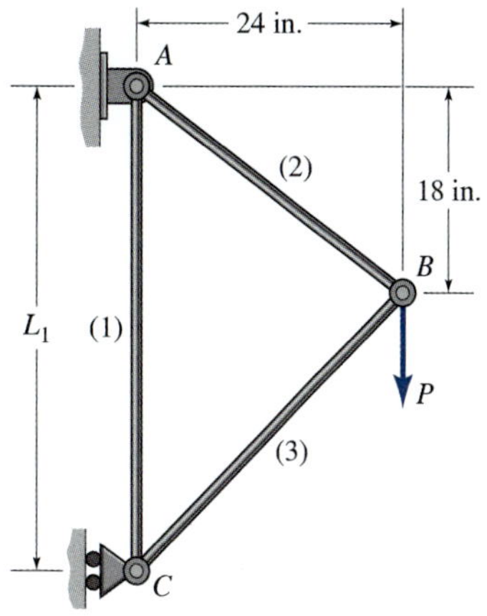

(a) 세 부재 평면 트러스

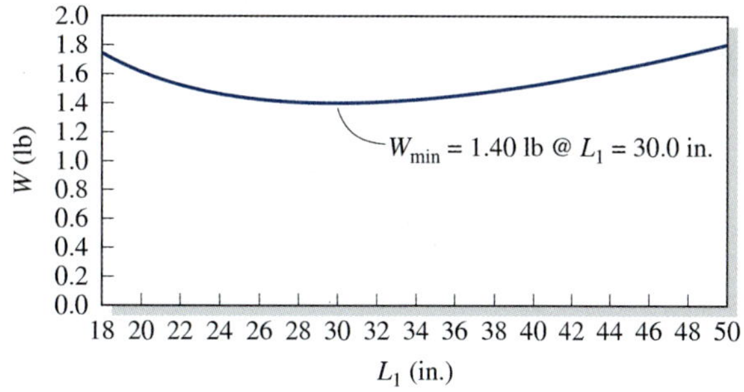

(b) 트러스의 무게와 길이

그림 1 자유물체도

와 작용력 P 사이의 관계를 구할 수 있다. 삼각형 ABC의 형상을 결정하는 길이 L_1은 이 힘들을 표시하는 식에 포함될 것이다. 다음으로, 봉의 단면적을 표시하는 식을 얻기 위하여 허용응력 설계개념(allowable-stress design)을 이용할 것이다. 끝으로, 세 부재의 중량을 합산하여, 트러스의 총 중량에 관한 식을 구하게 되는데, 이 식에는 설계변수 L_1이 포함될 것이며, 이 식을 지정된 범위, 18 in.$\leq L_1 \leq$50 in.에 대하여 평가하게 될 것이다.

풀이

트러스의 형상: 길이 L_2는 $L_2=30$ in.로 일정하고, 그림 1에서 L_3는 다음과 같다.

$$L_3 = \sqrt{(24\text{ in.})^2 + (L_1 - 18\text{ in.})^2} \tag{1}$$

평형:

절점 B와 C에 대한 자유물체도를 그리고 평형방정식을 적용하면, 부재력 F_1, F_2 및 F_3와 하중 P 사이의 관계는 다음 식과 같이 표시할 수 있다.

$$F_1 = \frac{(L_1 - 18\text{ in.})P}{L_1}, \quad F_2 = \frac{(30\text{ in.})P}{L_1}, \quad F_3 = -\frac{L_3 P}{L_1} \tag{2}$$

허용응력 설계조건: 허용응력조건을 표시하는 식 2.28로부터 식 (2)에 주어진

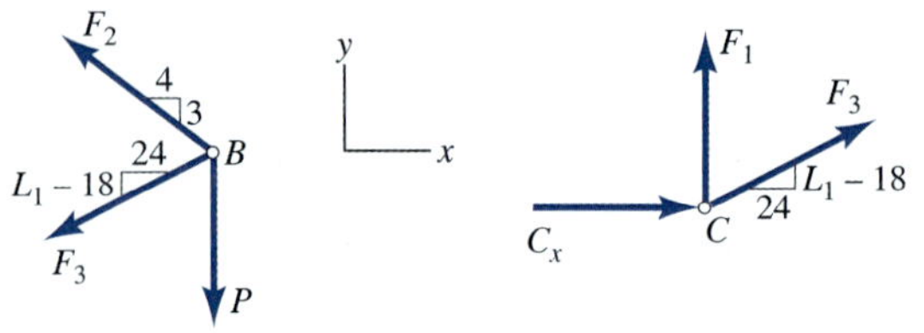

그림 2 자유물체도

부재력을 지탱할 수 있는 최소 단면적에 관한 다음 세 개의 식을 얻을 수 있다.

$$A_1 = \frac{F_1}{(\sigma_T)_{\text{allow}}}, \quad A_2 = \frac{F_2}{(\sigma_T)_{\text{allow}}}, \quad A_3 = \frac{|F_3|}{(\sigma_C)_{\text{allow}}} \tag{3}$$

최소중량 최적설계: 트러스의 총 중량은 세 부재의 중량의 합이다. 따라서

$$W = \gamma V = \gamma (A_1 L_1 + A_2 L_2 + A_3 L_3) \tag{4}$$

그림 1b는 다음과 같이 평가된 식 (4)의 선도이다.

1. $L_1 = 18$ in.로부터 시작하여 L_1을 선정하고, L_3를 결정하기 위하여 식 (1)을 이용한다.
2. 이에 상응하는 세 부재력을 결정하기 위하여 식 (2)를 이용한다.
3. 주어진 허용응력 조건을 만족시킬 수 있는 단면적을 결정하기 위하여 식 (3)을 이용한다.
4. 끝으로, 주어진 L_1에 상응하는 트러스의 중량을 결정하기 위하여 식 (4)를 이용한다.
5. 18 in.$\leq L_1 \leq 50$ in. 범위 내에 있는 L_1의 50개의 수치에 대하여 (1)~(4) 단계를 반복한다. 함수 $W(L_1)$의 값을 그림 1b에 도시하였다.

위와 같은 최적설계 해를 계산하고, 또한 목적함수(objective function)(중량 W)와 설계변수(design variable)(길이 L_1) 사이의 관계 선도를 그리기 위하여 스프레드시트 컴퓨터 프로그램이 사용되었다. 그림 1b로부터 최적설계(optimal design)(즉, 최소중량 설계)는 다음과 같은 조건을 얻기 위한 설계이다. 즉,

$$L_1 = 30.0 \text{ in.}$$ **답**

이에 상응하는 최소중량은 다음과 같다.

$$W_{\min} = 1.40 \text{ lb}$$ **답**

풀이 검토 가중함수(Weight function) $W(L_1)$의 선도로부터, 트러스의 무게가 트러스 형상에 의존하는 양상을 알 수 있다. 또한 최적트러스의 형상은 그림 1에 도시된 것과 흡사한 것을 알 수 있다. $L_1 = 30$ in.에 대하여 부재 (2)의 인장력과 부재 (3)의 압축력은 각각 지지하중 P 방향으로 작용하는 큰 수직성분을 유발시키고 있으나, 길이 L_1과 L_3는 트러스의 무게를 과중하게 하지는 않는다.

2.9 축하중을 받는 부재의 경사면에 작용하는 응력

축하중을 받고 있는 봉의 변형을 도시한 그림 2.5는 봉에 전단변형률이 존재한다는 것을 확실히 보여주고 있다. 예컨대, 그림 2.5a의 직각 DEF는 그림 2.5b에서 예각 $D^*E^*F^*$가 되었다. 이제, 그림 2.33에서 법선방향이 n으로 표시된 임의의 경사면상에 작용하는 수직응력과 전단응력이 축방향 응력 $\sigma_x = P/A$와 어떤 관계를 갖는지 고려해 보자.

그림 2.33b의 자유물체가 평형을 만족하기 위해,

$$+\nearrow \sum F_n = 0: \qquad N = P\cos\theta$$

$$+\nwarrow \sum F_t = 0: \qquad V = -P\sin\theta$$

여기서 θ는 x축(단면에 수직)으로부터 n축(경사면에 수직)까지 반시계방향(positive counterclockwise)(+)으로 측정된 각이다. 경사면의 면적은 봉의 단면적 A와 다음과 같은 관계를 갖는다. 즉,

$$A_n = \frac{A}{\cos\theta}$$

경사면상의 평균 수직응력 σ_n과 평균 전단응력 τ_{nt}는, N과 V를 힘이 작용하는 면적 A_n으로 각각 나눔으로써 얻어진다.

$$\begin{aligned} \sigma_n &= \frac{N}{A_n} = \sigma_x \cos^2\theta \\ \tau_{nt} &= \frac{V}{A_n} = -\sigma_x \cos\theta \sin\theta \end{aligned} \qquad (2.29)$$

여기서 σ_n과 τ_{nt}의 첨자 n은 이 응력이 작용하는 면의 외향법선 방향을 표시한다. 첨자 t는 $+n$면상의 $+t$방향으로 작용하는 전단응력 τ_{nt}를 지정하고 있다. (전단력이 실제로 $+n$면상에서 $-t$방향으로 작용하고 있으므로, 식 2.29b에서 전단응력 τ_{nt}는 음이 된다).

삼각함수를 이용하면 σ_n과 τ_{nt}를 2배각 2θ의 함수로 표시할 수 있으며, 그 결과식은 다음과 같다.

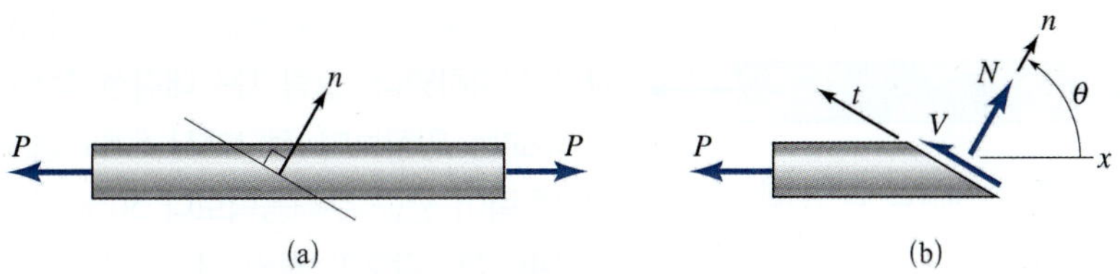

그림 2.33 축 인장 부재의 경사 단면에 작용하는 합력

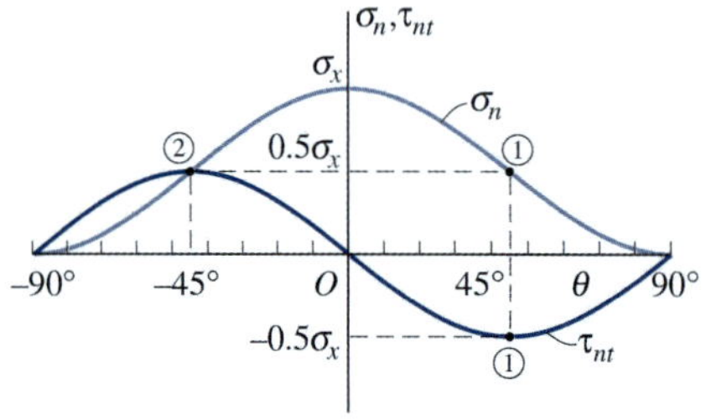

그림 2.34 임의의 경사면에 대한 수직응력과 전단응력

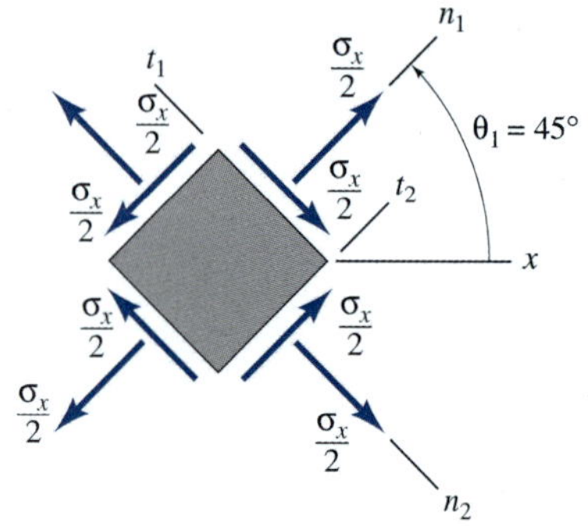

그림 2.35 45° 회전 요소에 작용하는 응력들

$$\begin{aligned}\sigma_n &= (\sigma_x/2)(1+\cos 2\theta)\\ \tau_{nt} &= -(\sigma_x/2)\sin 2\theta\end{aligned} \qquad (2.30)$$

상기 식에서 σ_n과 τ_{nt}는 180° 주기를 갖는 θ의 함수라는 것을 알 수 있다. 이 식을 표현하면 그림 2.34와 같다. 예컨대, 그림 2.35와 같이, x축에 대하여 $\theta=45°$ 만큼 회전된 요소를 고려해 보자. 참고로, 여기서 첨자 1, 2는 각각 그림 2.34에 표시된 점 1과 점 2를 나타내고 있으며, 또한 그림 2.35에서의 n_1과 n_2로 표기된 면을 나타내고 있다. 그림 2.35에서 45° 만큼 회전된 요소에 작용하는 전단응력은 그림 2.5의 E점에서 45° 만큼 회전된 요소에 전단변형을 유발한다.

그림 2.35는 축응력 σ_x에 의해 축변형 상태에 있는 부재의 축으로부터 45° 방향에 위치한 면상에 크기 $\sigma_x/2$의 전단응력이 발생함을 나타내고 있다. 이러한 전단의 한 징표는 표면이 잘 연마된 저탄소강 봉의 인장시험을 수행함으로써 얻을 수 있다. 봉에 작용하는 하중이 항복점에 이르게 되면, 봉의 축에 거의 45° 방향으로 형성된 슬립 밴드(slip band)를 관찰할 수 있으며, 이 슬립 밴드를 Lüders' band 또는 Piobert's band라고 한다.[26] 연강과 그 외 연성이 큰 재료들은 직접적인 인장 파손보다, 전단에서 이와 같은 유형의 파손을 일으키게 된다.

제8장에서는 보다 일반적인 경우를 다루게 될 것이며, 여러 면상에 작용하는 응력들을 서로 연관시키기 위하여 평형조건이 다시 이용될 것이다.

예제 2.12

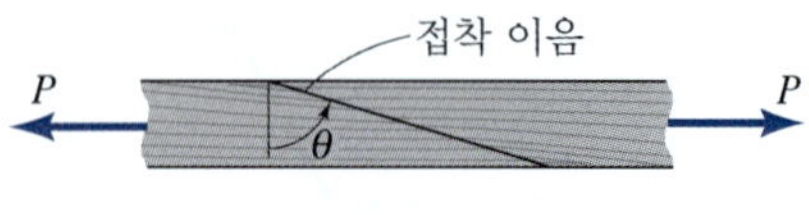

그림 1 대각선 접착이음

길이가 긴 하나의 목재판을 만들기 위하여, 여러 개의 짧은 목재조각을 각각 아교로 접착하였다. 그림 1은 대각선 접착이음을 도시한 것이다. 접착이음에 사용된 아교는 인장보다 전단에서 50% 정도 더 큰 강도를 갖는다. 이음부의 평균 전단응력이 평균 수직응력보다 50% 만큼 더 클 수 있도록 이음 각 θ를 선택함으로써, 전단강도가 훨씬 더 크다는 장점을 살릴 수 있을 것인가? 만약 그렇다면 적당한 각은 몇 도인가?

26) 이러한 슬립 밴드는 1842년에 G. Piobert에 의해 먼저 관찰되었고, 1860년에 W. Lüders에 의해 관찰되었다.

풀이 계획 경사면상의 응력은 식 2.29에 주어져 있으며, 또한 그림 2.34에 도시되어 있다. 그림 2.34로부터 전단강도가 인장강도에 비해 훨씬 큰 장점을 살릴 수 있을 것인가에 대한 대답은 "그렇다"이고, 절단면은 50° 에서 60° (또는 −50° 에서 −60°) 사이에 위치해야 함을 알 수 있다.

풀이 $|\tau_{nt}(\theta_s)| = 1.5\sigma_n(\theta_s)$가 되도록, 각 θ_s를 선정해야 할 것이다. 식 2.29로부터,

$$1.5(\sigma_x \cos^2\theta_s) = \pm\sigma_x \cos\theta_s \sin\theta_s$$

또는

$$\tan\theta_s = \pm 1.5$$

따라서 전단응력은 다음과 같은 θ_s의 평면에서 50% 만큼 수직응력을 초과하게 된다.

$$\theta_s = \pm 56.3° \qquad \textbf{답}$$

풀이 검토 $\theta = 0$일 때, 접착면상에는 전단응력이 존재하지 않는다. 따라서 ±56.3° 와 같은 '긴' 접착이음의 경우, 전단응력이 수직응력보다 우세한 접착이음이 되는 것을 알 수 있다. 이 두 경우에 대한 응력을 그림 2에 도시하였다.

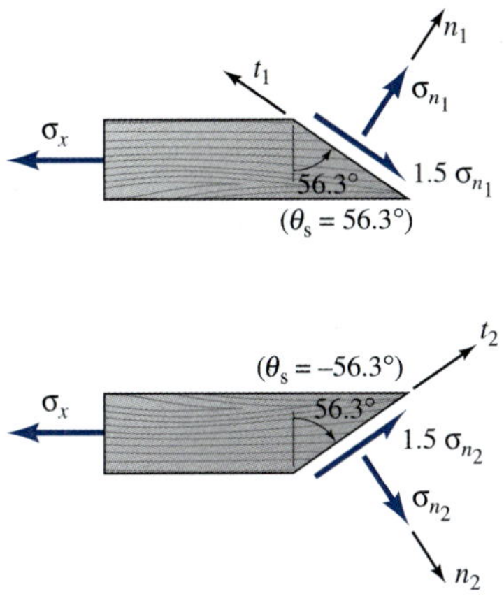

그림 2

2.10 생 베낭(Saint-Venant)의 원리

지금까지, 축변형을 받고 있는 균일한 부재의 단면상에 작용하는 수직응력 분포 σ_x는 단면상에서 균일한 것으로 간주하였다. 그러나 하중 작용점 근방에서는 단면이 평면을 유지하지 못하고, 그림 2.2c에 도시된 바와 같이, 수직응력이 균일 분포하지 않는다.

12.2절에서 단면의 급격한 변화나 구멍 등으로 인한 응력의 증가, 응력집중(stress concentration) 문제를 검토하게 될 것이다. 그 전에 여기서 집중하중 작용점 근방에서의 응력분포를 간단히 검토해 보기로 하자. 그림 2.36과 같이, 단면적이 $A = bt$이고 길이가 짧은 압축봉을 고려해 보자.[27]

그림 2.36으로부터 다음과 같은 세 가지 사항을 관찰할 수 있다.

- 평균응력은 모든 단면에서 $\sigma = -P/A$와 같다.
- 집중하중이 작용되는 봉의 양단 근처(그림 2.36b)에서는 하중작용점 근방에 큰 응력이 발생되는 응력집중(stress concentration)이 존재한다.
- 하중작용점으로부터 압축봉의 폭보다 큰 거리에 있는 단면에서의 응력분포는 균일하다.

27) 그림 2.36은 *Theory of Elasticity*, 3판[참고문헌 2-12], 24절의 자료를 수정한 것이다.

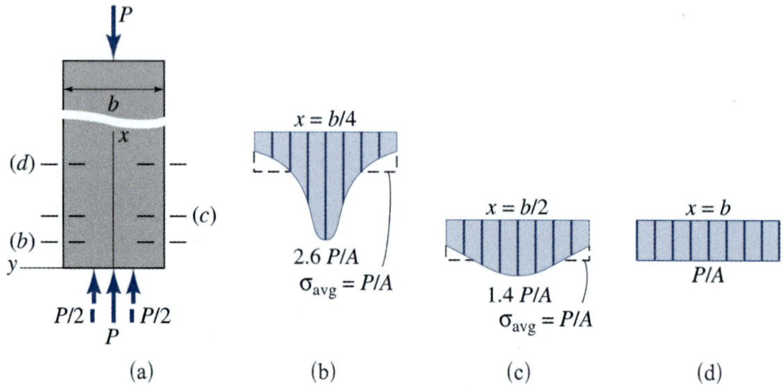

그림 2.36 수직응력 분포에 대한 집중하중의 영향

위에서 세 번째 관찰사항을 **생 베낭의 원리(Saint-Venant's principle)**[28]라고 한다. 이 원리의 중요성을 다음과 같이 나타낼 수 있다.

> 하중작용점으로부터 충분히 떨어져 있는 점에서의 응력과 변형률은 작용하중의 정적 합력에만 의존하며, 하중분포에는 의존하지 않는다.

따라서 그림 2.36a에 도시된 봉의 하단에 작용하는 하중 P를 대칭 위치에 작용하는 크기 $P/2$의 파선으로 표시된 하중으로 대체하더라도, 그림 2.36d의 응력분포는 크게 변하지 않는다.

변형체역학에 관한 이 책의 후반부를 통하여, 다양한 하중조건하에서 여러 가지 부재의 응력분포와 변형에 관한 식을 구하게 될 것이다. 생 베낭의 원리에 의해, 우리가 유도한 식들은 하중작용점이나 지지점 근방 및 단면이 급격하게 변화되는 곳의 근방을 제외하고는 유용하다고 말할 수 있겠다.

2.11 평면응력에 대한 후크의 법칙; E와 G 사이의 관계

1축 응력상태의 σ_x에 대한 응력과 변형률 사이의 선형적인 관계는 2.6절의 후크의 법칙에 의하여, 식 2.14와 같이 표시되며,

$$\epsilon_x = \frac{\sigma_x}{E} \tag{2.14 반복}$$

푸아송비에 관한 식 2.16으로부터, 횡방향의 변형률 ϵ_y는 ϵ_x와 다음과 같은 관계를 갖는다.

$$\epsilon_y = \epsilon_z = -\nu\epsilon_x = -\nu\frac{\sigma_x}{E} \tag{2.16 반복}$$

28) Barré de Saint-Venant(1797-1886)는 탄성론, 특히, 다양한 단면형상을 갖는 균질 단면 봉의 비틀림과 굽힘 이론 개발에 크게 기여하였다 [참고문헌 2-1].

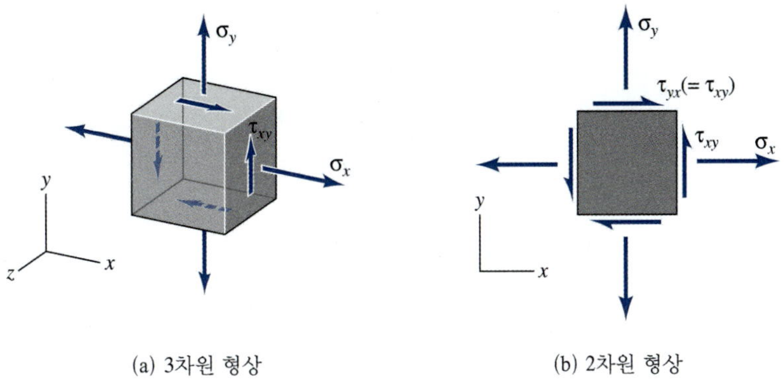

그림 2.37 3-D와 2-D로 도시된 평면응력상태

또한 2.7절에서 언급된 바와 같이, 선형 탄성재료에 대한 전단계수 G와 영률 E는 다음과 같은 관계를 갖는다.

$$G = \frac{E}{2(1+\nu)} \quad (2.24)\ 반복$$

이 식을 적용하기 위해서는 재료가 선형 탄성체이어야 하며, 또한 **등방성(isotropic)** 즉, E와 ν 같은 재료의 성질이 물체 내에서 방향에 의존하지 않아야 한다. 우선, 선형 탄성재료에 대한 응력과 변형률의 법칙을 평면응력 상태에 있는 2차원 하중의 경우로 확장해 보기로 하자. 식 2.24를 유도해 보자.

평면응력 물체가 $\sigma_z = \tau_{xz} = \tau_{yz} = 0$인 2차원 응력을 받고 있을 때, 그 물체는 **평면응력(plane stress)**상태에 있다고 한다. 평면응력상태에 있는 응력 요소를 그림 2.37에 도시하였다.

물체를 구성하는 재료가 선형 탄성과 등방성인 경우, 응력 σ_x, σ_y 및 τ_{xy}의 영향은 중첩될 수 있으며, 평면응력에 대한 후크의 법칙(Hooke's Law for Plane Stress)은 다음과 같다.

$$\epsilon_x = \frac{1}{E}(\sigma_x - \nu\sigma_y)$$
$$\epsilon_y = \frac{1}{E}(\sigma_y - \nu\sigma_x) \quad (2.31)$$
$$\gamma_{xy} = \frac{1}{G}\tau_{xy}$$

평면응력에 대한 후크의 법칙

재료가 등방성이며 선형 탄성적이기 때문에, E, G 및 ν가 x, y축의 방향에 무관하고, 또한 σ_x와 σ_y의 영향을 이와 같이 중첩할 수 있다.

E와 G 사이의 관계 평면응력의 특수한 경우인 순수전단 상태를 고려하고, 평형방정식과 기하학적 변형 및 등방성 재료의 거동을 이용하여, 식 2.24를 유도하게

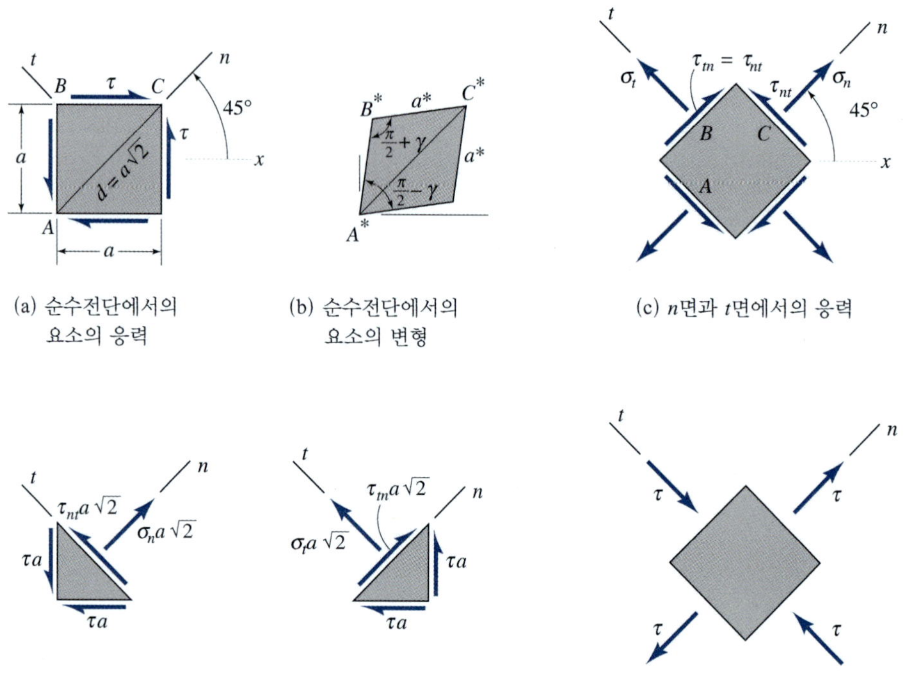

(a) 순수전단에서의 요소의 응력
(b) 순수전단에서의 요소의 변형
(c) n면과 t면에서의 응력
(d) n면에서의 자유물체도
(e) t면에서의 자유물체도
(f) n면과 t면에서의 응력

그림 2.38 E와 G 관계식의 도해

될 것이다.[29] 그림 2.38a와 같이, x, y축에 대하여 순수전단 상태에 있는 단위 두께의 정사각형 평판을 고려한 다음, 그 대각선 방향의 축을 각각 n축과 t축이라고 하자.

n, t 요소의 각 면상에 작용하는 전단응력을 고려하고, 이 응력과 대각선 AC의 신장변형(즉, n방향의 신장) 사이의 관계를 구함으로써, 식 2.24를 유도할 수 있다.

평형: 그림 2.38d의 자유물체도로부터 다음과 같은 결과를 얻는다.

$$+\nearrow \sum F_n = 0: \qquad \sigma_n a\sqrt{2} - 2\tau a(\sqrt{2}/2) = 0, \quad \sigma_n = \tau$$

$$+\nwarrow \sum F_t = 0: \qquad \tau_{nt} a\sqrt{2} - \tau a(\sqrt{2}/2) + \tau a(\sqrt{2}/2) = 0, \quad \tau_{nt} = 0$$

그리고 그림 2.38e의 자유물체도로부터 다음과 같은 결과를 얻는다.

$$+\nearrow \sum F_n = 0: \qquad \tau_{tn} a\sqrt{2} - \tau a(\sqrt{2}/2) + \tau a(\sqrt{2}/2) = 0, \quad \tau_{tn} = 0$$

$$+\nwarrow \sum F_t = 0: \qquad \sigma_t a\sqrt{2} - 2\tau a(\sqrt{2}/2) = 0, \quad \sigma_t = -\tau$$

재료의 거동: 식 2.31의 평면응력에 대한 후크의 법칙(Hooke's Law for Plane Stress)으로부터 다음과 같은 사항을 알 수 있다.

29) 식 2.24의 관계는 등방성, 선형탄성체의 어떤 응력상태에나 일반적으로 적용할 수 있다. 여기에서와 같이 순수전단의 경우를 이용하여 쉽게 검증할 수 있다. 등방성, 선형탄성재료의 성질에 대해서는 2.13절에서 구체적으로 논의하게 될 것이다.

1. 그림 2.38a에 도시된 전단응력과 그림 2.38b에 도시된 전단변형률 사이의 관계는 다음과 같으며,

$$\tau_{xy} = G\gamma_{xy}, \text{ 또는 } \tau = G\gamma \quad \text{(a)}$$

2. 그림 2.38a의 수직응력 $\sigma_x = \sigma_y = 0$과 그림 2.38b의 신장변형률을 관련시키면,

$$\epsilon_x = \epsilon_y = 0, \text{ 따라서 } a^* = a$$

3. 그림 2.38f의 수직응력 $\sigma_n = \tau$와 $\sigma_t = -\tau$를 그림 2.38b의 대각선 A^*C^*방향의 신장변형률 ϵ_n과 관련시키면 다음 식을 얻을 수 있다.

$$\epsilon_n = \frac{1}{E}(\sigma_n - \nu\sigma_t) = \frac{\tau}{E}(1+\nu) \quad \text{(b)}$$

기하학적 변형: 그림 2.38b의 삼각형 $A^*B^*C^*$에 코사인의 법칙을 적용하면,

$$\overline{A^*C^*}^2 = \overline{A^*B^*}^2 + \overline{B^*C^*}^2 - \overline{2A^*B^*B^*C^*}\cos(\angle B^*)$$

또는

$$[a\sqrt{2}(1+\epsilon_n)]^2 = a^2 + a^2 - 2a^2\cos\left(\frac{\pi}{2}+\gamma\right)$$
$$= 2a^2(1+\sin\gamma)$$
$$1 + 2\epsilon_n + \epsilon_n^2 = 1 + \sin\gamma$$

ϵ_n과 γ가 미소할 경우 ϵ_n^2항은 무시할 수 있으며, $\sin\gamma$는 γ로 근사화될 수 있으므로,

$$\epsilon_n = \frac{\gamma}{2} \quad \text{(c)}$$

식 (a)와 식 (b) 및 식 (c)를 조합하면, 식 2.24의 기대했던 결과를 얻을 수 있다.

$$\boxed{G = \frac{\tau}{\gamma} = \frac{E}{2(1+\nu)}} \quad \text{(2.24) 반복}$$

2.12 응력과 변형률의 일반적인 정의

2.9절에서 언급된 바와 같이, 수직응력과 전단응력 값은 응력이 작용하는 면의 방향에 의존할 뿐만 아니라, 또한 응력이 결정될 평면상의 위치에도 의존하게 된다. 그러므로 전술된 수직응력(식 2.1)과 전단응력(식 2.17)의 정의를 확장하여, 일반적인 하중을 받고 있는 3차원 물체를 임의의 방향으로 절단하는 평면상의 한 점에서의 수직응력과 전단응력을 정의하고자 한다. 해당 평면에 작용하는 응력과 합 응

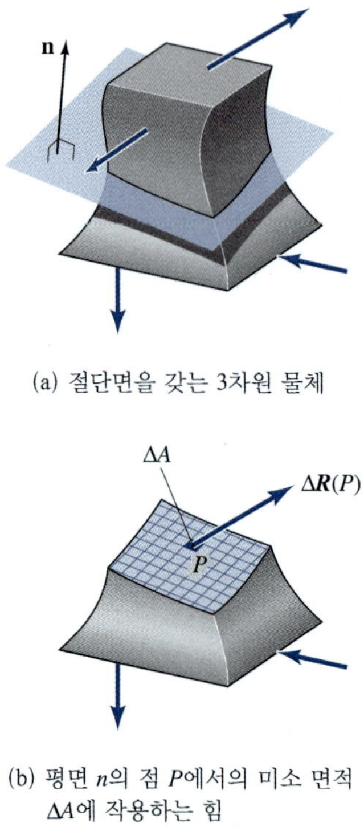

(a) 절단면을 갖는 3차원 물체

(b) 평면 n의 점 P에서의 미소 면적 ΔA에 작용하는 힘

그림 2.39 3차원 물체 내의 점 P를 지나는 수직 벡터 n의 절단면

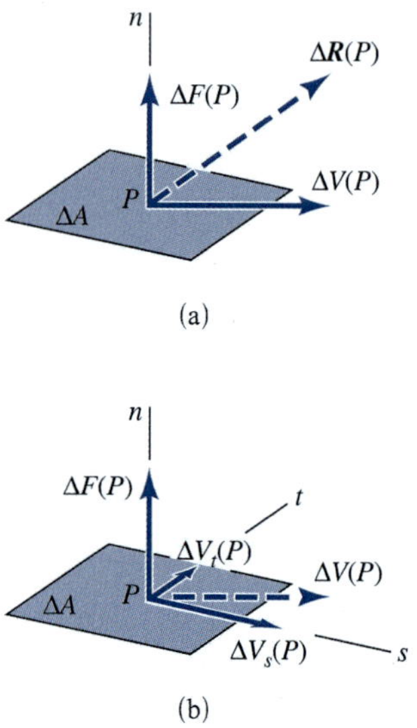

그림 2.40 미소 면적 ΔA에 작용하는 힘의 성분

력 사이의 관계를 알아보자.

수직응력과 전단응력의 정의 물체 내에 있는 임의의 점 P를 지나고, 외향 법선 벡터가 n인 평면상의 한 점 P에서의 수직응력과 전단응력을 정의하기 위하여, 그림 2.39에 도시된 바와 같이, n 평면의 미소면적 ΔA에 작용하는 P점의 힘 벡터 $\Delta \boldsymbol{R}(P)$을 고려해 보자. 크기가 $\Delta R(P)$인 힘 벡터 $\Delta \boldsymbol{R}(P)$은 그림 2.40a와 같이, 수직방향 성분 $\Delta F(P)$과 접선방향 성분 $\Delta V(P)$으로 각각 분해할 수 있다. 그림 2.40b와 같이 접선방향 성분은 n평면에서 서로 직교하는 두 축 s와 t방향의 성분으로 나눌 수 있다. 이때, 외향법선이 n인 평면상의 점 P에서의 **수직응력(normal stress)** σ_n과 **전단응력(shear stress)** τ_{ns} 및 τ_{nt}는 다음 식과 같이 정의할 수 있다.

$$\sigma_n(P) = \lim_{\Delta A \to 0}\left(\frac{\Delta F(P)}{\Delta A}\right), \quad \Delta A\text{에 항상 작용하는 } P$$
$$\tau_{ns}(P) = \lim_{\Delta A \to 0}\left(\frac{\Delta V_s(P)}{\Delta A}\right), \quad \Delta A\text{에 항상 작용하는 } P$$
$$\tau_{nt}(P) = \lim_{\Delta A \to 0}\left(\frac{\Delta V_t(P)}{\Delta A}\right), \quad \Delta A\text{에 항상 작용하는 } P$$

점에 작용하는 응력 (2.32)

부호규약: σ_n, τ_{ns} 및 τ_{nt}의 아래첨자 n은 이러한 응력이 작용하는 면의 외향법선 방향을 표시한다. 전단응력 τ_{ns}는 $+n$면에서 $+s$방향으로 작용하는 전단응력이

며, 또한 $-n$면에서 $-s$방향으로 작용하는 전단응력이 된다. (만약 τ_{ns}가 음이라면, 이 응력은 $+n$면에서 $-s$방향으로 작용하는 전단응력이 된다.) 전단응력에 대한 동일한 부호규약이 s 대신에 t로 표기된 전단응력 τ_{nt}에도 물론 적용된다.

합응력 식 2.32는 단면에 작용하는 응력을 그 면의 합응력과 연관시키는 매우 중요한 식이다. 그림 2.41에 도시된 바와 같이, 가는(slender) 부재의 단면상에 작용하는 응력을 고려해 보자. 여기서 첨자 xyz는 식 2.32의 nst에 대응된다. 점(x, y, z)의 작은 면적 요소 ΔA에 작용하는 응력 σ_x, τ_{xy} 및 τ_{xz}는 힘 $\Delta F=\sigma_x\Delta A$, $\Delta V_y=\tau_{xy}\Delta A$, $\Delta V_z=\tau_{xz}\Delta A$를 유발하게 된다. 이러한 힘들은 차례대로, 그림 2.41b에 도시된 합력과 합 모멘트에 기여하게 되며, 이 합력과 합 모멘트는 다음과 같이 전 단면에 걸친 적분에 의하여 응력과 관련된다.

합력:

$$\sum F_x: \quad F(x)=\int_A \sigma_x dA$$

$$\sum F_y: \quad V_y(x)=\int_A \tau_{xy} dA \qquad \text{합력} \qquad (2.33)$$

$$\sum F_z: \quad V_z(x)=-\int_A \tau_{xz} dA$$

합 모멘트:

$$\sum M_x: \quad T(x)=\int_A y\tau_{xz} dA-\int_A z\tau_{xy} dA$$

$$\sum M_y: \quad M_y(x)=\int_A z\sigma_x dA \qquad \text{합 모멘트} \qquad (2.34)$$

$$\sum M_z: \quad M_z(x)=-\int_A y\sigma_x dA$$

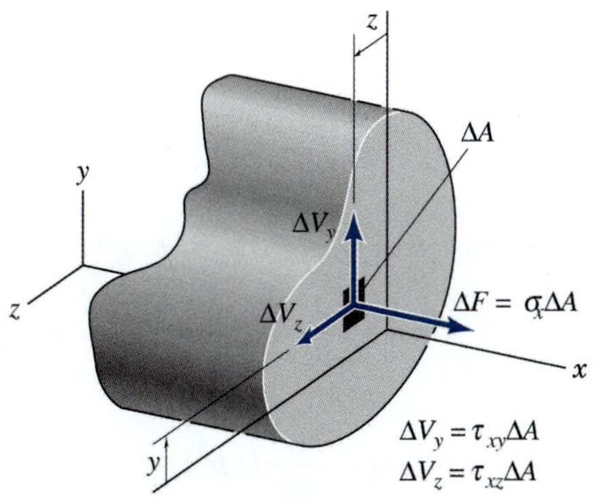

(a) 점(x, y, z)에서의 힘의 성분

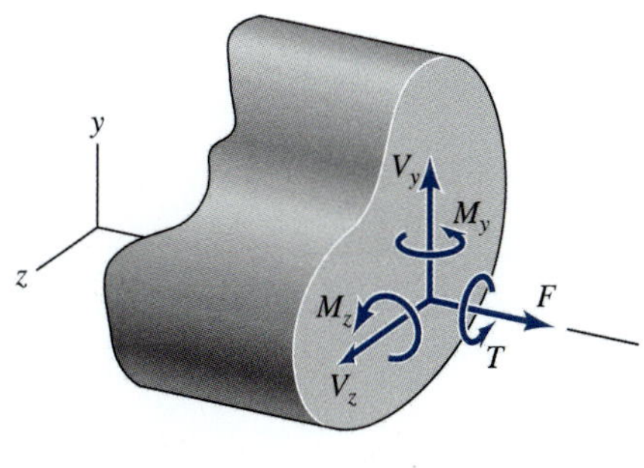

(b) x축에 대한 단면의 합응력

그림 2.41 단면에서의 응력과 합응력

식 2.33에서 F는 x면에 작용하는 **수직력**(normal force)으로서, 양의 인장력이며, V_y와 V_z는 x면상에서 각각 y방향과 z방향으로 작용하는 **전단력**(shear force) 성분이다. 또한 합력 성분 F, V_y와 V_z는 그림 2.41b에 도시된 바와 같이 x축과 단면의 교점에 작용하고 있다. 식 2.34에서, T는 **토크**(torque) 또는 비틀림 모멘트이며, M_y와 M_z는 각각 y축과 z축에 관한 **굽힘 모멘트**(bending moment)이다. 토크와 두 굽힘 모멘트에 대한 부호규약을 세우기 위하여 오른손의 법칙(right-hand rule)을 사용하였다. 토크와 굽힘 모멘트의 차원은 F · L이다. 대표적인 단위로는 lb · ft 또는 kN · m 등이 사용되고 있다.

다음의 예제는 응력과 합응력 사이의 관계를 설명한 것이다.

예제 2.13

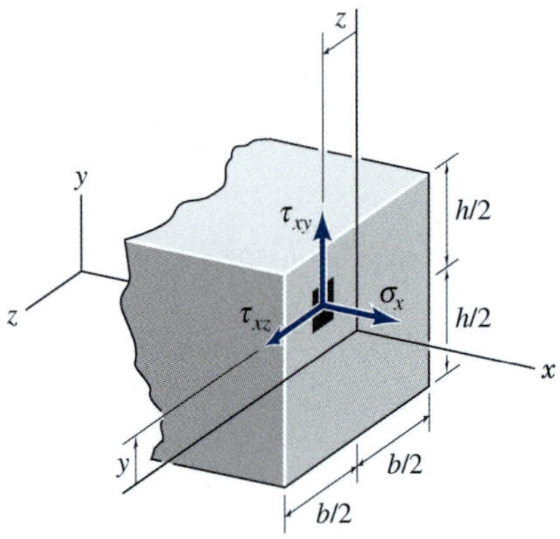

(a) 점에서의 응력

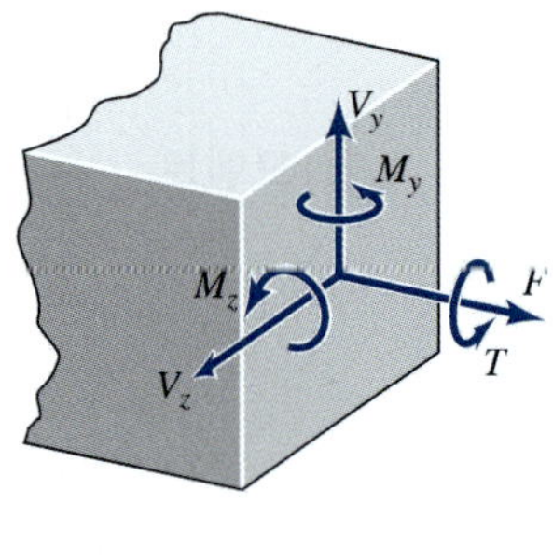

(b) 합응력

그림 1

그림 1에 도시된 직사각형 단면상의 응력분포는 다음과 같이 주어진다.

$$\sigma_x = (800y - 400z + 1200)\ \text{psi}$$
$$\tau_{xy} = 0,\ \tau_{xz} = 300(9 - z^2)\ \text{psi}$$

이 단면에 작용하는 내력계(즉, 합력과 합모멘트)를 결정하시오. 단면의 폭과 높이를 각각 $b = 6$ in., $h = 8$ in.라고 하자.

풀이 계획 일반적으로 단면상에는 세 개의 힘 성분 F, V_y, V_z와 3개의 모멘트 성분 T, M_y, M_z가 존재할 수 있다. 주어진 응력분포를 이용하고, 식 2.33과 2.34를 이용하면 합응력을 계산할 수 있다.

풀이

$$F = \int_A \sigma_x dA = 800\int_A y\,dA - 400\int_A z\,dA + 1200\int_A dA$$
$$= 800\bar{y}A - 400\bar{z}A + 1200A$$
$$= (1200\ \text{psi})(8\ \text{in.})(6\ \text{in.}) = 57{,}600\ \text{lb}$$

(y축과 z축의 원점이 단면의 도심에 있으므로, $\bar{y} = \bar{z} = 0$) 또한,

$$V_y = \int_A \tau_{xy} dA = 0$$
$$V_z = \int_A \tau_{xz} dA = 2700\int_A dA - 300\int_A z^2 dA$$

부록 C.2로부터, 폭이 b이고 높이가 h인 직사각형 단면에 대한 $\int_A z^2 dA = \frac{1}{12}hb^3$이고 $\int_A y^2 dA = \frac{1}{12}bh^3$이다. 따라서,

$$V_z = 2700bh - \frac{300}{12}(hb^3)$$
$$= (2700\ \text{psi})(8\ \text{in.})(6\ \text{in.}) - (25\ \text{lb/in}^4)(8\ \text{in.})(6\ \text{in.})^3$$
$$= 86{,}400\ \text{lb}$$

$$
\begin{aligned}
T &= \int_A y\tau_{xz}dA - \int_A z\tau_{xy}dA \\
&= 2700\int_A y\,dA - 300\int_A yz^2dA \\
&= 2700\bar{y}A - 300\int_{-3}^{3} z^2\int_{-4}^{4} y\,dy\,dz = 0 \\
M_y &= \int_A z\sigma_x dA \\
&= 800\int_A yz\,dA - 400\int_A z^2dA + 1200\int_A z\,dA \\
&= -\frac{400}{12}(hb^3) = -\left(\frac{400}{12}\text{lb/in}^3\right)(8\text{ in.})(6\text{ in.})^3 \\
&= -57{,}600\text{ lb}\cdot\text{in.} \\
M_z &= -\int_A y\sigma_x dA \\
&= -800\int_A y^2dA + 400\int_A yz\,dA - 1200\int_A y\,dA \\
&= -\frac{800}{12}(bh^3) = -\left(\frac{800}{12}\text{lb/in}^3\right)(6\text{ in.})(8\text{ in.})^3 \\
&= -204{,}800\text{ lb}\cdot\text{in.}
\end{aligned}
$$

요약하면,

$$
\left.
\begin{aligned}
&F = 57.6\text{ kips}, \quad V_y = 0, \qquad\qquad V_z = 86.4\text{ kips} \\
&T = 0, \qquad M_y = -57.6\text{ kip}\cdot\text{in.}, \quad M_z = -205\text{ kip}\cdot\text{in.}
\end{aligned}
\right\}
$$

답

이다.

풀이 검토 위와 같은 결과를 검토할 수 있는 유일한 방법은, 모든 적분을 검산하기 위해 부록 C의 내용을 이용하여 다시 계산하는 것이다. 또한 몇 개의 크기를 선정하여 검산할 수도 있다. 예를 들어, σ_x에서 1200 psi 항은 단면상에 작용하는 일정한 수직응력을 표시하고 있으며, 축하중 $F = \sigma_x A = (1200\text{ psi})(8\text{ in.})(6\text{ in.}) = 57.6$ kips를 유발한다. 또한 단면상의 모든 곳에서 $0 \le \tau_{xz} \le 2700$ psi임을 알 수 있다. 따라서 V_Z는 (2700 psi)(8 in.)(6 in.) = 129.6 kips 이하가 되어야 하므로, $V_Z = 86.4$ kips는 적절한 값이라고 할 수 있다.

이 예제와 같은 응력분포는 제6장에서 논의하게 될 보의 굽힘에 의해 유발될 수 있다.

예제 2.14

그림 1b에 도시된 바와 같이, 크기가 σ_0인 균일한 인장응력이 직사각형(그림 1a)의 특정 단면 즉, 단면의 하반부에 작용하고 있으며, 단면의 상단에서 크기가 0가 되는, 선형적인 응력분포가 그 상반부에 작용하고 있다. (a) 식 2.33과 2.34에 표기된 여섯 개의 합응력에 대한 식을 구하시오. (b) 그림 1c와 같이, 수직력 F와 모멘트 M_z를 단일 합력으로 대체하고, 그 작용점 y_R을 결정하시오.

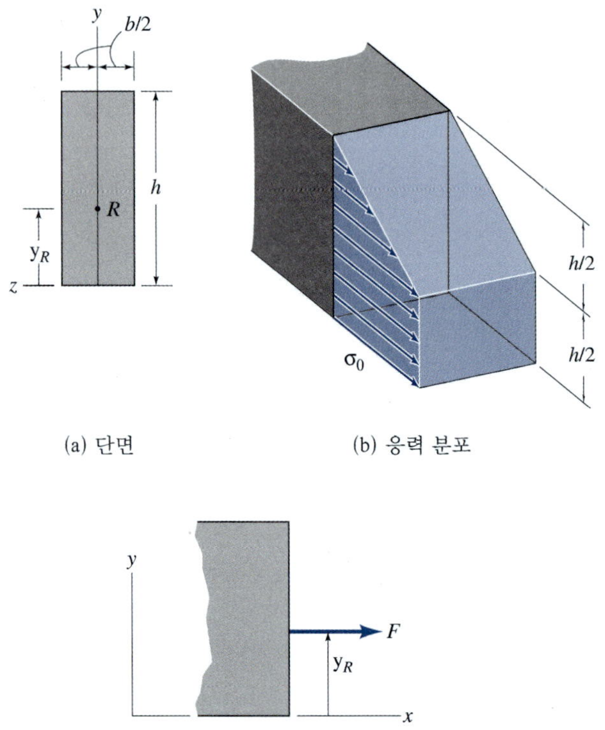

(a) 단면 (b) 응력 분포

(c) 합력

그림 1

풀이 계획 일반적으로 단면상에는 3개의 힘 성분 F, V_y, V_z와 3개의 모멘트 성분 T, M_y, M_z가 존재할 수 있다. 이 문제에서 0이 아닌 유일한 응력은 σ_x이다. 따라서 주어진 응력 σ_x의 분포를 이용하고, 식 2.33과 2.34를 이용하면 합응력을 계산할 수 있다.

풀이 (a) 여섯 개의 합 응력에 관한 식의 결정

합력: 식 2.33으로부터,

$$\begin{aligned} F &= \int_A \sigma_x dA \\ &= \sigma_0 b\left(\frac{h}{2}\right) + b\int_{h/2}^{h} 2\sigma_0\left(1-\frac{y}{h}\right)dy \\ &= \frac{1}{2}\sigma_0 bh + b\left[2\sigma_0\left(\frac{h}{2}-\frac{3h}{8}\right)\right] \\ &= \frac{1}{2}\sigma_0 bh + \frac{1}{4}\sigma_0 bh = \frac{3}{4}\sigma_0 bh \end{aligned} \tag{1}$$

따라서 $\tau_{xy} = \tau_{xz} = 0$이므로, $V_y = V_z = 0$이다.

합 모멘트: 식 2.34a로부터 $\tau_{xy} = \tau_{xz} = 0$, $T = 0$이므로, 식 2.34b로부터 σ_x는 z에 대칭적이므로, $M_y = 0$가 된다. 끝으로, 식 2.34c로부터

$$
\begin{aligned}
M_z &= -\int_A y\sigma_x dA \\
&= -b\left[\int_0^{h/2} \sigma_0 y\,dy + \int_{h/2}^{h} \sigma_0\left(1-\frac{y}{h}\right) y\,dy\right] \qquad (2)\\
&= -b\left[\sigma_0\frac{h^2}{8} + 2\sigma_0\left(\frac{8h^2}{8} - \frac{7h^2}{24}\right)\right] \\
&= -\frac{1}{8}\sigma_0 bh^2 - \frac{1}{6}\sigma_0 bh^2 = -\frac{7}{24}\sigma_0 bh^2
\end{aligned}
$$

따라서, 여섯 개의 합응력을 정리하면 다음과 같다.

$$
\left.\begin{aligned}
F = \frac{3}{4}\sigma_0 bh,\quad V_y = V_z = 0 \\
T = M_y = 0,\quad M_z = -\frac{7}{24}\sigma_0 bh^2
\end{aligned}\right\}
$$

답 (a)

(b) 단일 합력의 위치: z축이 단면의 하단에 놓여 있고, 또한 F가 인장일 때 양이 되므로, 그림 1c로부터,

$$M_z = -y_R F \tag{3}$$

따라서

$$y_R = \frac{7}{18}h$$

답 (b)

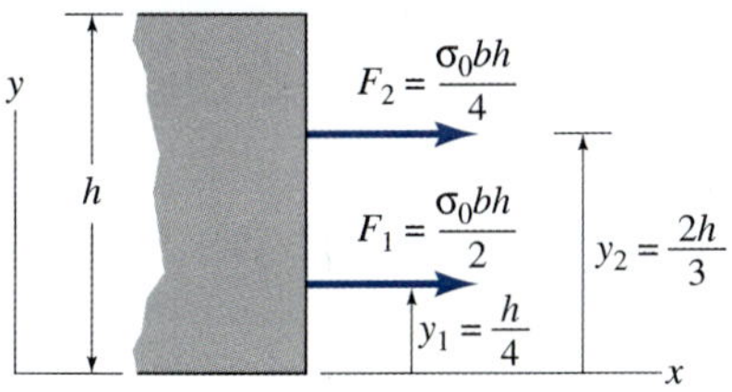

그림 2 두 응력의 합

풀이 검토 합력 F를 결정하고, 그 작용점의 위치를 결정할 수 있는 다른 방법은 합력 F가 그림 2에 도시된 두 힘 F_1과 F_2의 합이 되는 것을 증명하는 것이다. 즉,

$$y_1F_1 + y_2F_2 = y_RF$$

이제, 식 2.32의 수직응력과 전단응력의 정의를 보완하기 위해, 신장변형률과 전단변형률의 일반적인 정의를 거론해 보자.

신장변형률의 일반적인 정의 신장변형률은 선분의 원래 길이로 나누어진 선분의 길이의 변화량이다. 물체 내에 있는 한 점 P에서 n방향의 신장변형률(extensional strain)을 정의하기 위하여, 그림 2.42a와 같이, P를 기점으로 하여 n방향으로 길이가 Δs인 미소 선분을 고려해보자.[30] 즉, 변형 전의 길이가 Δs인 작은 선분 PQ를 원래의 선분(Original line segment)으로 설정한다. 그림 2.42b와 같이, 선분 PQ는 변형 후에 길이가 Δs^*인 작은 호 P^*Q^*가 된다. 점 P에서의 신장변형률을 결정하기 위하여, 아주 미소한 길이의 Δs 즉, 점 P에 매우 근접되어 있는 Q를 선택할 필요가 있다. 이와 같이 Q를 P에 점차 근접시켜, $\Delta s \to 0$이 되는 극한으로,

30) 여기서 선분이란 용어는, 변형전 물체 내에 있는 특정점 즉, P와 Q를 연결하는 직선상에 놓여 있는 질점들의 집합을 뜻한다. 이와 같은 선분을 가끔 섬유(Fiber)라고 한다.

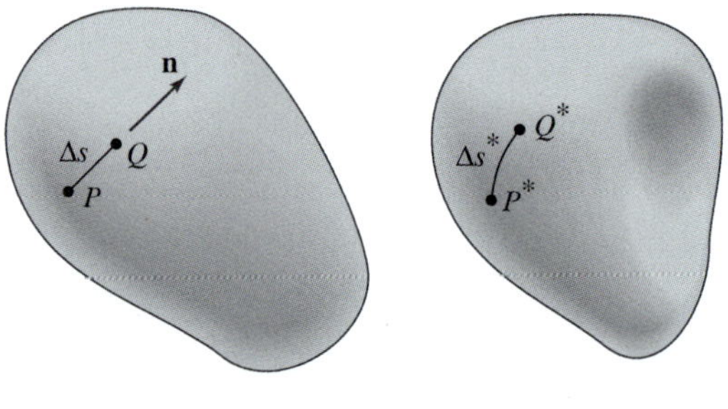

(a) 변형 전의 물체 (b) 변형체

그림 2.42 신장변형률의 정의에 사용된 작은 선분

점 P에서의 신장변형률을 얻는다. 따라서 $\epsilon_n(P)$로 표시된 점 P에서 n방향의 **신장변형률(extensional strain)**은 다음과 같이 정의할 수 있다.

$$\epsilon_n(P) = \lim_{Q \to P \text{ along } n} \left(\frac{\Delta s^* - \Delta s}{\Delta s} \right) \quad \text{신장변형률} \quad (2.35)$$

예제 2.15

그림 1a에 도시된 정방형 박판 $ABCD$는 y 방향의 변위가 구속된 변형 상태에 있다. 변 AB가 직선을 유지하면서 시계방향으로 회전함에 따라, 선분 AD를 제외한 박판의 모든 수평선이 균일하게 수축된다. $\epsilon_x(x, y)$에 대한 식을 구하시오.

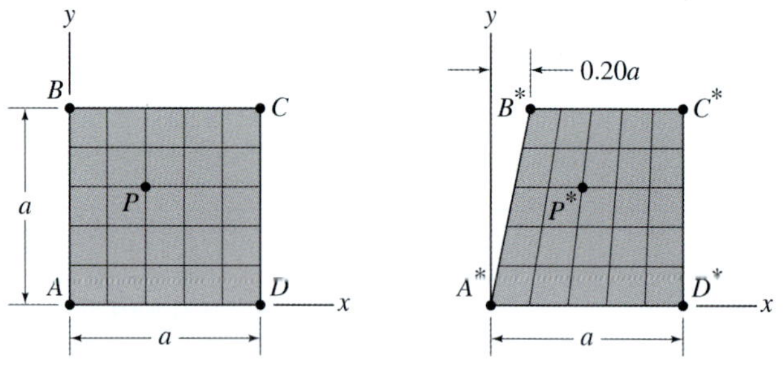

(a) 변형 전의 평판 (b) 변형 후의 평판

그림 1

풀이 계획 신장변형률 $\epsilon_n(P)$의 정의를 이용할 수 있으며, 이 예제에서 $\epsilon_n(P)$는 $\epsilon_x(x, y)$이다. 또한 식 2.35의 Δs^*를 결정하기 위하여 기하학적 변형을 이용해야 한다.

풀이 $\epsilon_x(x, y)$를 구하기 위하여, 식 2.35는 다음과 같이 표시할 수가 있다.

$$\epsilon_x(x, y) = \lim_{\Delta x \to 0} \left(\frac{\Delta x^* - \Delta x}{\Delta x} \right)$$

여기서 Δx와 Δx^*은 그림 2에 정의되어 있다.

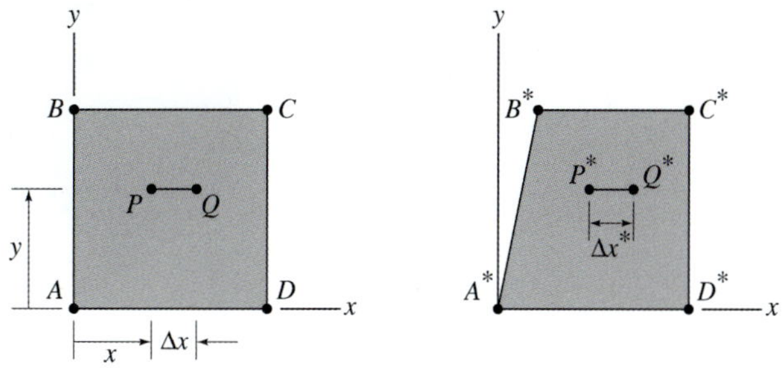

(a) 변형 전의 평판 (b) 변형 후의 평판

그림 2

$\epsilon_x(x, y)$의 식을 얻기 위하여, Δx^*에 대한 식을 구해야 한다. 모든 수평선은 균일하게 수축된다고 하였고, 또한 AD는 원래의 길이를 유지하지만, B^*C^*는 BC에 비해 20% 만큼 수축된다. 그러므로, 수평선분의 수축량이 y에 비례함을 알 수 있다. 그러므로

$$\Delta x^* = \Delta x - \left(\frac{y}{a}\right)(0.2\ \Delta x)$$

따라서

$$\epsilon_x(x, y) = \lim_{\Delta x \to 0}\left[\frac{-(y/a)(0.2\ \Delta x)}{\Delta x}\right]$$

또는

$$\epsilon_x(x, y) = -\left(\frac{y}{a}\right)(0.2)$$ **답**

풀이 검토 답이 음이라는 것은 수축변형을 뜻하고 있으며, 답은 변형률에서와 같이 무차원량이다. 또한 이 결과에 의하면, $y = 0(AD)$에서는 변형률이 존재하지 않으며, $y = a$일 때 20%의 수축변형이 존재한다. 이 결과는 전술된 기하학적 변형과 일치하고 있다.

전단변형률의 정의 물체가 변형될 때, 원래 서로 직교하던 두 선분 사이에 발생된 각 변화량을 전단변형률(shear strain)이라고 한다. 전단변형률을 정의하기 위하여, 그림 2.43a와 같은 변형전 물체와 그림 2.43b와 같이 변형된 물체를 고려해 보자. 선분 PQ와 PR를 각각 변형전 물체에서 n방향과 t방향의 작은 선분이라고 하자. 변형후, 선분 PQ와 PR은 원호 P^*Q^*와 P^*R^*가 된다. 따라서 P^*Q^*와 P^*R^*는 변형된 물체에서 각 θ^*을 정의하고 있다. 점 Q와 R을 P에 보다 근접시킬 경우, 그 극한에서 각 θ^*는 그림 2.43b에 점선으로 표시된 두 접선 (P^*에서 원호에 그린 접선) 사이의 각에 근접하게 된다. P에서 n방향과 t방향으로 연장된 두 선분 사이의 **전단변형률(shear strain)**은 다음 식과 같이 정의할 수 있다.

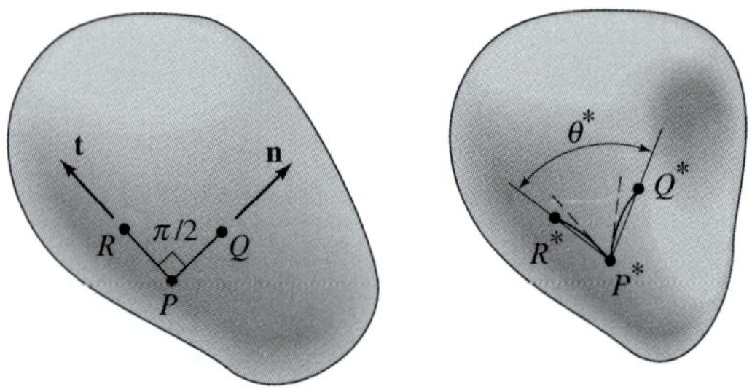

(a) 변형 전의 물체　　　　(b) 변형체

그림 2.43 전단변형률의 정의에 사용된 각

$$\gamma_{nt}(P) = \lim_{\substack{Q \to P \text{ along } n \\ R \to P \text{ along } t}} \left(\frac{\pi}{2} - \theta^*\right) \quad \textbf{전단변형률} \tag{2.36}$$

다음의 예제에서 이 정의를 보여준다.

예제 2.16

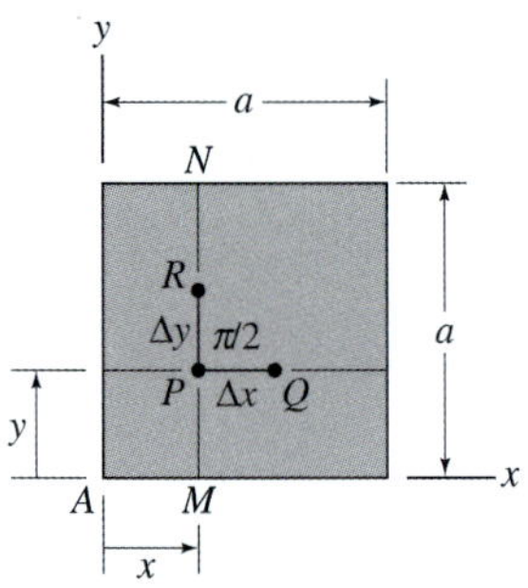

(a) 변형 전의 평판

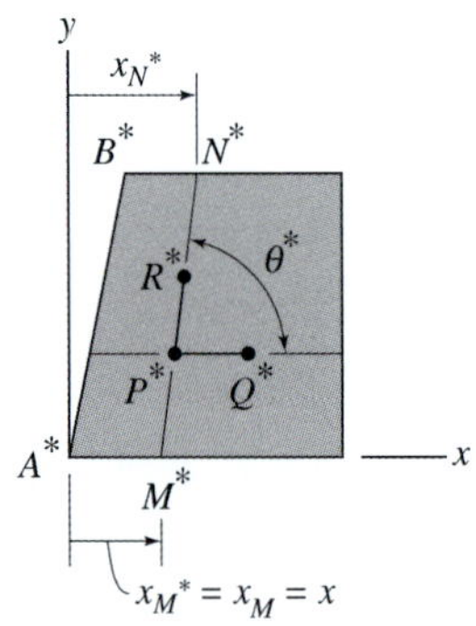

(b) 변형 후의 평판

그림 1

예제 2.15에서 언급된 정방형 박판과 그 변형에 대한 $\gamma_{xy}(x, y)$ 식을 결정하시오.

풀이 계획 변형 전과 후의 그림을 비교하면, x선과 y선 사이의 직각의 어떤 변화를 알 수 있다. 식 2.36으로부터 전단변형률을 결정하기 위해, 이 각 변화를 결정할 필요가 있다.

풀이 식 2.36은 다음과 같이 쓸 수 있다.

$$\gamma_{xy}(P) \equiv \gamma_{xy}(x, y) = \lim_{\substack{\Delta x \to 0 \\ \Delta y \to 0}} \left(\frac{\pi}{2} - \theta^*\right)$$

여기서 Δx, Δy 및 θ^*는 그림 1에 표시되어 있다.

$$\theta^* = \frac{\pi}{2} - \tan^{-1}\left(\frac{x_{N^*} - x_{M^*}}{a}\right)$$

$$x_{N^*} = x + \left(1 - \frac{x}{a}\right)(0.2a)$$

$$x_{N^*} - x_{M^*} = \left(1 - \frac{x}{a}\right)(0.2a)$$

따라서

$$\theta^* = \frac{\pi}{2} - \tan^{-1}\left[0.2\left(1 - \frac{x}{a}\right)\right]$$

x선과 y선은 직선을 유지하므로, θ^*는 Δx와 Δy에 의존하지 않고, 극한을 취할 필요도 없다. 따라서

$$\gamma_{xy}(x, y) = \frac{\pi}{2} - \theta^* = \tan^{-1}\left[0.2\left(1 - \frac{x}{a}\right)\right] \quad \text{답}$$

풀이 검토 그림 1b로부터, γ_{xy}는 최종 결과에 표시되어 있는 바와 같이, y에 의존하지 않는 것을 알 수 있다. 또한 그림 1b로부터 γ_{xy}는 $x=0$일 때 최대가 되고, $x=a$에서 0이 되는 것을 알 수 있다. 이와 같은 관찰은 해석 결과와 잘 일치하고 있다. 끝으로, 최대 전단변형률은 $x=0$에서 발생되며, 이때 $\gamma_{xy}(x, y)=\tan^{-1}(0.2)=0.1974\approx0.2$가 된다. 따라서 γ_{xy}는 근사적으로 $\gamma_{zy}(x, y)=0.2\left(1-\dfrac{x}{a}\right)$와 같이 표시할 수 있다.

제3장, 제4장 및 제6장에서, 축방향의 변형, 비틀림 및 굽힘 이론의 가장 중요한 변형률-변위 방정식을 결정하기 위하여, 신장변형률과 전단변형률의 정의에 관한 식 2.35와 식 2.36을 확장하여 이용하게 될 것이다.

*2.13 응력의 직교 성분; 등방성 재료의 일반화된 후크의 법칙

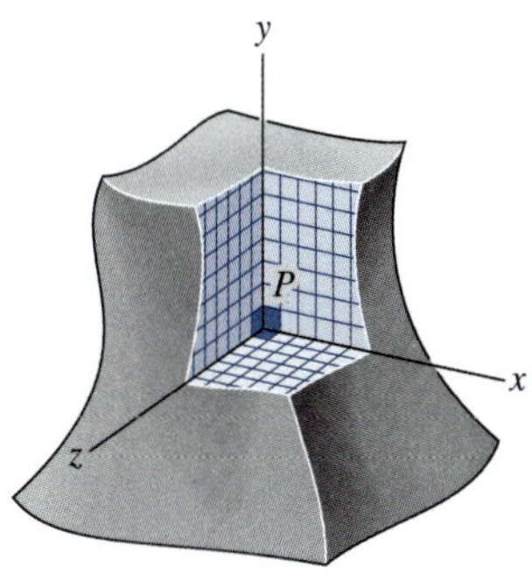

그림 2.44 임의의 점 P를 지나는 서로 수직한 세 평면

수직응력과 전단응력의 정의는 앞 절의 식 2.32에 주어져 있다. 이 식들은 주어진 점에서의 특정 면인 n면상의 응력성분을 정의하고 있다. 그러나 변형체 내에 있는 어떤 한 점을 지나는 서로 수직한 세 평면이 있을 수 있으므로, 서로 수직한 세 면에 작용하는 응력을 고려할 필요가 있다. 그림 2.44의 점 P를 통과하는 x, y, z면을 고려해 보자. 식 2.32에 의해 정의된 응력 성분들은 그림 2.45에 도시된 바와 같이, 일반적으로 x, y, z면을 갖는 육면체에 스케치되고 있다.

그림 2.45에 도시된 응력에 대한 부호규약은 식 2.32에 관한 부호규약이다. 수직응력은 항상 인장일 때 양이 된다. 따라서 σ_x, σ_y와 σ_z는 각각 x, y면과 z면상에 모두 인장응력으로 도시되었다. 전단응력에 관한 첫 번째 첨자는 전단응력이 작용하는 면을 표시하고, 두 번째 첨자는 전단응력이 작용하는 방향을 표시한다. 그러므로 "$+x$면" 즉, 외향법선이 $+x$축이 되는 면에 작용한 전단응력, τ_{xy}는 $+y$방향으로 작용하며, τ_{xz}는 $+z$방향으로 작용하는 응력이다. 역으로, "$-x$면" 상의 전단응력 τ_{xy}는 $-y$방향으로 작용하며, τ_{xz}는 $-z$방향으로 작용한다. (혼란을 피하기 위해, 감추어진 $(-)$면에 작용하는 응력은 그림 2.45에 도시하지 않았다)

전단응력의 평형조건 순수전단 문제를 논의한 2.7절에서, 서로 직교하는 면상의 전단응력은 모멘트의 평형조건을 만족시키기 위하여, 서로 크기가 같아야 한다는 것을 알 수 있었다(그림 2.30d 참조). 이제, 수직응력이 작용되고 있는 서로 수직한 두 면상의 전단응력 사이의 관계를 검토해 보자. 자유물체도를 단순화하기 위하여, z축에 관한 모멘트에 기여하는 응력성분만 그림 2.46에 도시하였다. 보이는 면에 작용하는 응력에는 윗첨자 "+" 붙여 구분하였으며, 보이지 않는 세 면에 작용하는 응력에는 윗첨자를 붙이지 않았다.[31] 먼저, σ_x와 σ_x^+로 인한 z축에 관한 모

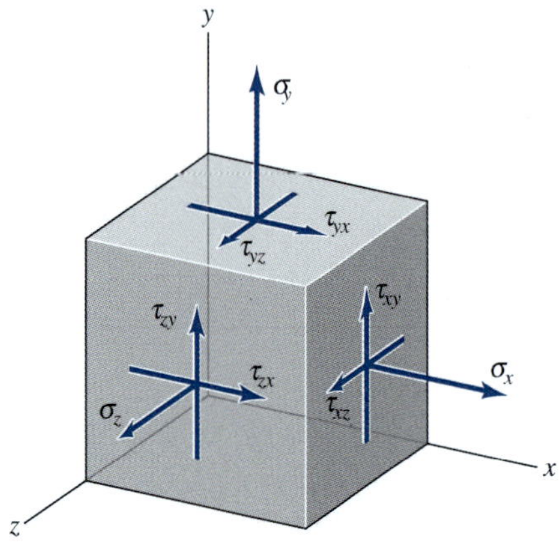

그림 2.45 직교 좌표계에 관한 3차원 응력(응력은 보이는 면에만 표시)

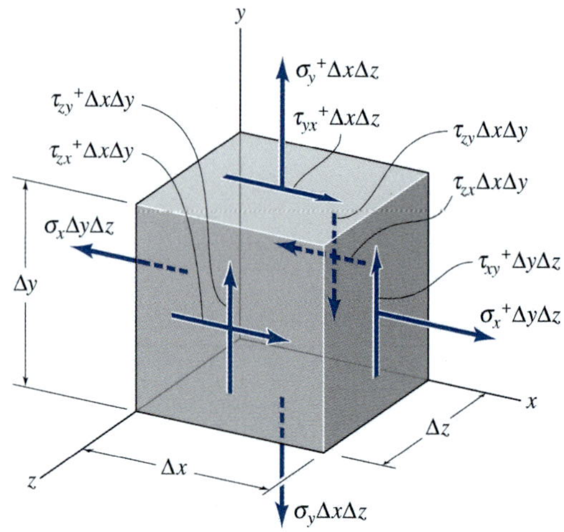

그림 2.46 3차원 자유물체도(Mz에 기여하는 응력만 표시)

멘트를 고려하자.

$$(\varDelta M_z)_{\sigma_x} = (\sigma_x \varDelta y\ \varDelta z)\left(\frac{\varDelta y}{2}\right) - (\sigma_x^+\ \varDelta y\ \varDelta z)\left(\frac{\varDelta y}{2}\right)$$

$\varDelta x$가 미소하므로, 다음과 같이 쓸 수 있다.

$$\sigma_x^+ = \sigma_x + \varDelta\sigma_x$$

여기서 $\varDelta\sigma_x$는 $\varDelta x$와 같은 차수를 갖는 미소량이다. 즉,

$$(\varDelta M_z)_{\sigma_x} = -\frac{1}{2}\varDelta\sigma_x \varDelta y^2\ \varDelta z$$

우변이 네 개의 $\varDelta$-항의 곱으로 표시된 것에 주목하자. 응력 σ_y, τ_{zx}와 τ_{xy}도 마찬가지로 "4-$\varDelta$"만큼 $\varDelta M_z$에 기여함을 알 수 있다. 반면에, τ_{xy}^+와 τ_{yx}^+에 의한 모멘트를 고려하면,

$$\begin{aligned}(\varDelta M_z)_{\tau_{xy}} &= (\tau_{xy}^+ \varDelta y\ \varDelta z)\varDelta x - (\tau_{yz}^+ \varDelta x\ \varDelta z)\varDelta y \\ &= (\tau_{xy} - \tau_{yx})\varDelta x\ \varDelta y\ \varDelta z + (\varDelta\tau_{xy} - \varDelta\tau_{yx})\varDelta x\ \varDelta y\ \varDelta z\end{aligned}$$

z축에 관한 모멘트에 기여하는 모든 항을 합산하면 다음과 같다.

$$\sum M_z = (\tau_{xy} - \tau_{yx})\varDelta x\ \varDelta y\ \varDelta z + \text{고차항}$$

$\varDelta_x$, $\varDelta_y$와 $\varDelta_z$가 0에 수렴함에 따라, 고차항들은 무시할 수 있으며, 단지 제 1항만 남게 된다. 그러나 모멘트의 평형조건을 만족하기 위해, $\sum M_z = 0$이 되어야 하므로, 다음과 같은 조건이 필요하게 된다.

31) $+x$면과 $-x$면은 $\varDelta x$만큼 떨어져 있으므로, $+x$ 면상의 응력은 $-x$면에 작용하는 응력과 약간의 차이가 있을 수 있는데, 이 차이를 위첨자 +로 표시하였다.

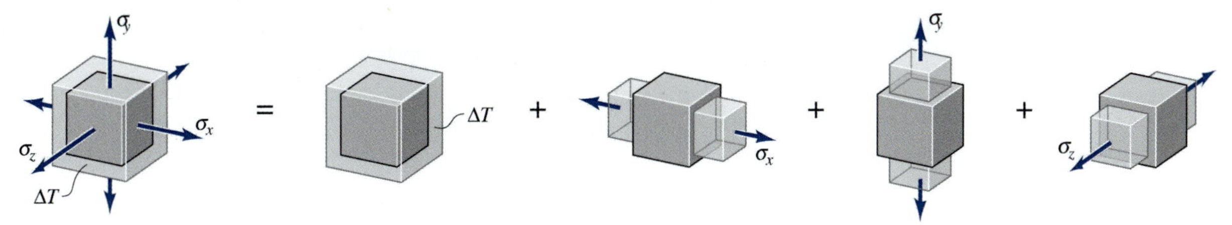

(a) 총 신장변형률 (b) 균일한 열변형률 (c) σ_x에 의한 변형률 (d) σ_y에 의한 변형률 (e) σ_z에 의한 변형률

그림 2.47 신장변형률의 중첩

$$\tau_{xy} = \tau_{yx}$$

상기의 모멘트의 평형해석으로부터 다음과 같은 결론을 얻을 수 있다. 즉, **요소에 수직응력이 작용할지라도 전단응력은 다음 식을 만족해야 한다.**

$$\tau_{yx} = \tau_{xy}, \quad \tau_{yz} = \tau_{zy}, \quad \tau_{zx} = \tau_{xz} \tag{2.37}$$

등방성 재료의 일반화된 후크의 법칙 재료의 성질, 즉 예를 들어 E와 ν가 물체 내에서 방향에 의존하지 않는 고체를 **등방성(isotropic)** 재료라고 한다. 이제, 선형 탄성거동과 등방성을 갖는 재료의 응력-변형률 온도 관계를 거론해 보자. 응력 $\sigma_x, \sigma_y, \sigma_z, \tau_{xy}, \tau_{xz}$ 및 τ_{yz}가 물체에 작용하고, 또한 ΔT의 온도변화가 존재한다고 하자. 선형 중첩의 원리(principle of linear superposition)에 따라, 조합된 변형률은 σ_x, σ_y 등에 의한 개개의 응답을 전부 합산하여 얻을 수 있다.[32] 예를 들어, σ_x에 의해 발생된 변형률은

$$\epsilon_x = \frac{\sigma_x}{E}, \quad \epsilon_y = \epsilon_z = \frac{-\nu\sigma_x}{E}$$

그림 2.47a는 σ_x, σ_y, σ_z와 ΔT의 조합 효과를 도시한 것이다. 그림 2.47b~그림 2.47e는 세 수직응력 σ_x, σ_y, σ_z와 온도증가 ΔT에 의해 발생된 변형률을 각각 도시한 것이다. 즉,

$$\epsilon_{xT} = \epsilon_{yT} = \epsilon_{zT} = \alpha\Delta T \qquad \text{(그림 2.47b)}$$

$$\epsilon_x' = \frac{\sigma_x}{E}, \quad \epsilon_y' = \epsilon_z' = \frac{-\nu\sigma_x}{E} \qquad \text{(그림 2.47c)}$$

$$\epsilon_y'' = \frac{\sigma_x}{E}, \quad \epsilon_x'' = \epsilon_z'' = \frac{-\nu\sigma_y}{E} \qquad \text{(그림 2.47d)}$$

$$\epsilon_z''' = \frac{\sigma_x}{E}, \quad \epsilon_x''' = \epsilon_y''' = \frac{-\nu\sigma_z}{E} \qquad \text{(그림 2.47e)}$$

중첩의 원리에 의해, 총 신장변형률은 다음과 같이 주어진다.

32) 변형이 미소하고 재료가 선형 탄성을 유지할 경우, 변형률은 선형적으로 합산될 수 있다.

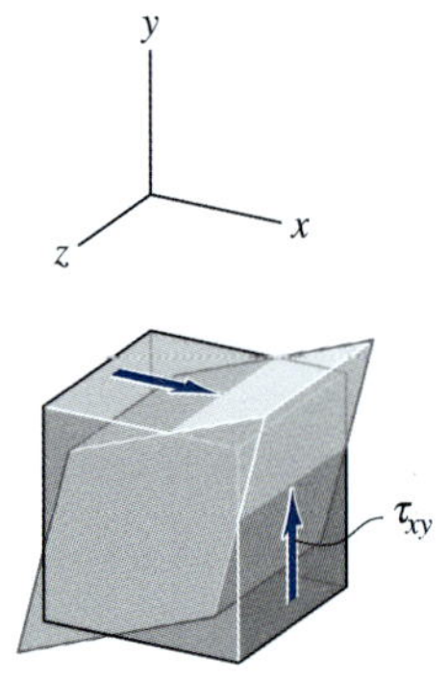

(a) τ_{xy}에 의한 γ_{xy}

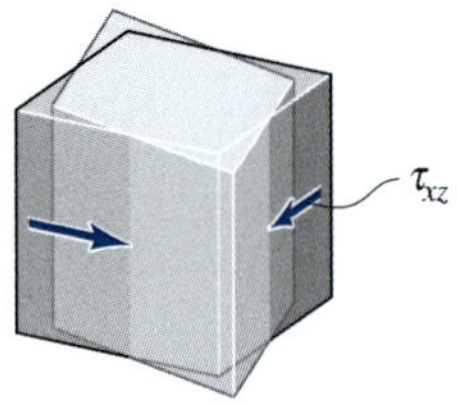

(b) τ_{xz}에 의한 γ_{xz}

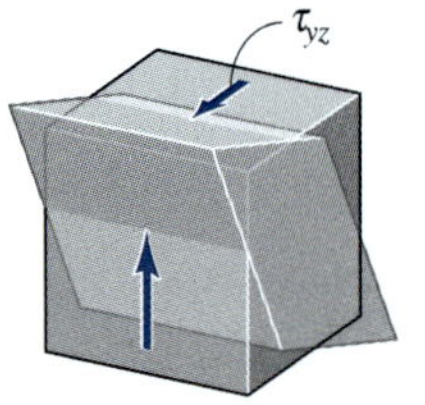

(c) τ_{yz}에 의한 γ_{yz}

그림 2.48 전단변형률

$$\begin{aligned} \epsilon_x &= \frac{1}{E}[\sigma_x - \nu(\sigma_y + \sigma_z)] + \alpha \Delta T \\ \epsilon_y &= \frac{1}{E}[\sigma_y - \nu(\sigma_x + \sigma_z)] + \alpha \Delta T \\ \epsilon_z &= \frac{1}{E}[\sigma_z - \nu(\sigma_x + \sigma_y)] + \alpha \Delta T \end{aligned} \qquad \text{일반화된 후크의 법칙} \qquad (2.38)$$

등방성이며 선형 탄성재료의 경우, 전단응력과 전단변형률 사이의 관계는 다음 식과 같다.

$$\gamma_{xy} = \frac{1}{G}\tau_{xy}, \quad \gamma_{xz} = \frac{1}{G}\tau_{xz}, \quad \gamma_{yz} = \frac{1}{G}\tau_{yz} \qquad \text{일반화된 후크의 법칙} \qquad (2.39)$$

이 전단변형률을 그림 2.48에 도시하였다.

식 2.38과 식 2.39를 등방성 재료의 **일반화된 후크의 법칙**(**generalized Hooke's law**)이라고 한다. 등방성 재료의 전단응력은 신장변형률의 식에 포함되지 않으며, 마찬가지로 수직응력도 전단변형률의 식에 포함되지 않는다는 것에 유의해야 한다. 또한 세 전단성분은 서로 독립적이다.

식 2.38과 식 2.39를 변형률과 ΔT의 항으로 응력에 대하여 풀면, 다음 식을 얻을 수 있다.

$$\begin{aligned} \sigma_x &= \frac{E}{(1+\nu)(1-2\nu)}[(1-\nu)\epsilon_x + \nu(\epsilon_y + \epsilon_z) - (1+\nu)(\alpha \Delta T)] \\ \sigma_y &= \frac{E}{(1+\nu)(1-2\nu)}[(1-\nu)\epsilon_y + \nu(\epsilon_z + \epsilon_x) - (1+\nu)(\alpha \Delta T)] \\ \sigma_z &= \frac{E}{(1+\nu)(1-2\nu)}[(1-\nu)\epsilon_z + \nu(\epsilon_x + \epsilon_y) - (1+\nu)(\alpha \Delta T)] \\ \tau_{xy} &= G\gamma_{xy}, \quad \tau_{yz} = G\gamma_{yz}, \quad \tau_{zx} = G\gamma_{zx} \end{aligned} \qquad \text{일반화된 후크의 법칙} \qquad (2.40)$$

2.7절에서 언급되고, 2.11절에서 유도된 바와 같이, G와 E 및 ν 사이의 관계식은 다음과 같다.

$$G = \frac{E}{2(1+\nu)} \qquad (2.24) \text{ 반복}$$

다음 예제는 3축 응력을 받고 있는 물체의 체적변화와 푸아송비 사이의 관계를 설명한 것이며, 단위체적당의 체적변화를 **체적변형률**(**volumetric strain**) 또는 **팽창률**(**dilatation**) ϵ_v라고 한다.

예제 2.17

그림 1과 같이, 직사각형 평행육면체가 일반적인 3축 응력 σ_x, σ_y, σ_z를 받고 있다. 체적변형률 ϵ_v를 구하시오. 세 좌표 축방향의 변형률은 모두 $\epsilon \ll 1$이라고 가정한다.

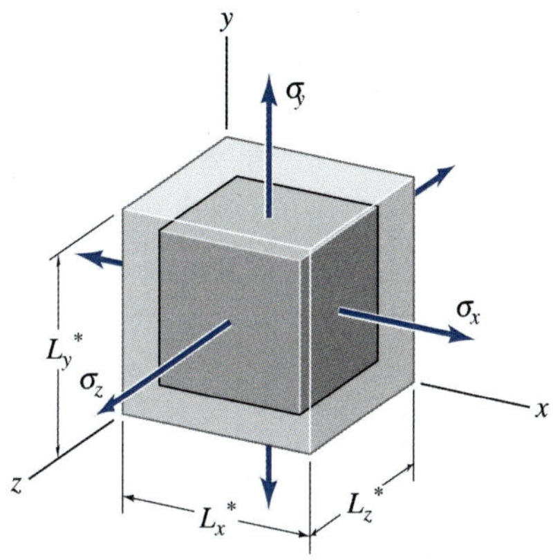

그림 1

풀이 계획 체적변화는 세 변의 각각의 길이 변화량으로 표시할 수 있으며, 또한 신장변형률 ϵ_x, ϵ_y, ϵ_z의 항으로 표시할 수 있다. 이 세 변형률과 세 응력을 관련시키기 위하여 후크의 법칙 즉, 식 2.38을 이용한다.

풀이 체적변형률(팽창률)에 대한 기본 식은 다음과 같다.

$$\epsilon_V = \frac{\Delta V}{V} = \frac{L_x{}^* L_y{}^* L_z{}^* - L_x L_y L_z}{L_x L_y L_z}$$

여기서, L은 변형전 물체의 길이이며, L^*는 변형후 물체의 길이이다. 각 축방향의 변형률이 균일할 경우,

$$L^* = (1+\epsilon)L$$

따라서,

$$\begin{aligned}\epsilon_V &= (1+\epsilon_x)(1+\epsilon_y)(1+\epsilon_z) - 1 \\ &= \epsilon_x + \epsilon_y + \epsilon_z + \epsilon_x\epsilon_y + \epsilon_y\epsilon_z + \epsilon_z\epsilon_x + \epsilon_x\epsilon_y\epsilon_z\end{aligned}$$

세 축방향의 변형률이 모두 $\epsilon \ll 1$을 만족하므로, 앞 식에서 제곱 항들과 세제곱 항들을 무시하면,

$$\epsilon_V = \epsilon_x + \epsilon_y + \epsilon_z \quad (1)$$

식 2.38로부터

$$\epsilon_x = \frac{1}{E}[\sigma_x - \nu(\sigma_y + \sigma_z)]$$

$$\epsilon_y = \frac{1}{E}[\sigma_y - \nu(\sigma_x + \sigma_z)] \quad (2)$$

$$\epsilon_z = \frac{1}{E}[\sigma_z - \nu(\sigma_x + \sigma_y)]$$

끝으로, 식 (1)과 (2)를 조합하면, 팽창률 ϵ_v에 대한 다음 식을 얻을 수 있다.

$$\epsilon_V = \frac{1-2\nu}{E}(\sigma_x + \sigma_y + \sigma_z) \qquad \text{답}$$

풀이 검토 위의 결과로부터 단위체적당의 체적변화는 대략 변형률의 크기와 같으며, 예상한대로 그 크기가 미소하다는 것을 알 수 있다. 인장응력은 체적을 증가시키게 되나, 이러한 거동은 계수 $(1-2\nu)$로 인하여, $0 \le \nu \le 0.5$일 경우에만 예상될 수 있는 거동이라고 할 수 있겠다. 전술된 바와 같이, 대부분의 재료는 $\nu = 0.25 \sim 0.35$ 범위의 ν값을 갖는다.

*2.14 복합재료의 기계적 성질

복합재료는 2.4절 끝 부분에서 간단히 언급되었다. 이 절에서는 복합재료에 대해 자세히 설명하고 가장 간단한 복합재료의 사례인 등응력(iso-stress) 및 등변형률(iso-strain)의 탄성계수를 나타내는 방정식을 통해 알아보자.

많은 공학의 응용 분야에서, 하나 이상의 재료로 구성된 구조물 또는 기계의 부품 성능은 향상될 수 있다. 여러 재료가 함께 작동하는 부품을 종종 **복합재료(composite materials)**라고 한다. 복합재료의 일반적인 예로는 철근 강화 콘크리트 및 유리섬유 강화 고분자가 있다. 복합재료는 일반적으로 매트릭스 상(모재) 및 하나 이상의 강화재 상을 함유하는 것으로 간주된다. 매트릭스(matrix) 상의 중요 목적은 하중을 강화재(reinforcement) 상까지 분배하는 것이다. 여러 재료를 복합재료로 결합하면 단일 재료로는 불가능한 성질을 얻을 수 있다(예를 들어, 좀더 큰 강도 또는 큰 연성).

복합재료는 종종 강화재 상의 모양으로 분류된다. 일반적인 분류에는 연속섬유 강화, 단섬유 강화, 입자 강화 및 적층 복합재료가 포함된다. 예는 그림 2.49와 같다.

복합재료의 거동을 분석함에는 두 가지 방법이 가능하다. 하나는 복합재의 각 상을 개별적으로 처리하는 것이며, 이 경우 복합재는 하나 이상의 재료로 구성된 구조로 간주된다. 복합재료의 내부 구조가 복잡한 경우 이러한 분석은 매우 어려울 수 있다. 두 번째 방법은 복합재료를 자체 특성을 가진 새로운 재료로 보는 것이

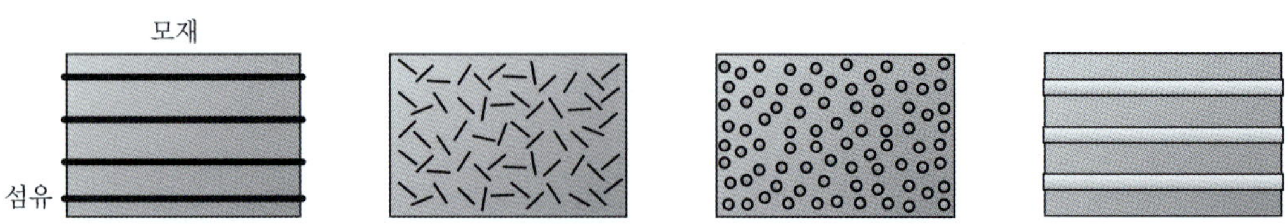

(a) 연속섬유 강화 (b) 단섬유 강화 (c) 입자 강화 (d) 적층

그림 2.49 복합재료 유형의 예

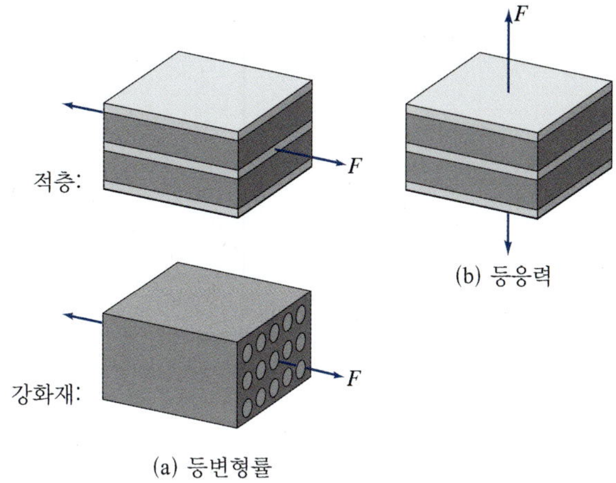

그림 2.50 복합 재료 구성의 두 가지 한정된 예시

다. 이 분석 방법은 전체 복합재 부품을 고유한 유효(effective) 특성을 가진 단일 **복합재료(composite material)**로 만든 것으로 취급한다. 강화재 상의 크기, 예를 들어 섬유 지름 또는 입자 폭은 복합재료로 만들어진 부품의 크기보다 훨씬 작다.

이제 그림 2.50에 나와 있는 두 가지 간단한 복합재료의 경우로, 등변형의 경우와 등응력의 경우에 대한 유효 영률(effective Young's modulus)을 계산한다. 이러한 경우는 강화재 상이 부품의 하나 이상의 치수에 걸쳐있는 상황에 대한 합리적인 근사이다. 각각의 경우에 유효 영률을 계산하기 위해, 강화재 및 매트릭스 상이 잘 결합되어 있고 거의 동일한 푸아송 비를 갖는 것으로 가정한다. 유효한 성질은 복합재에 함유된 강화재 상의 양에 따라 크게 달라진다. 우리는 뻣뻣한 섬유와 같은 강화재 상의 부피 분율 V_f를 포함하는 복합재료를 고려하자. 부피 분율은 강화재 상의 부피와 복합재의 총 부피의 비율이며, 이는 0(강화재가 없음)에서 1(모든 부분이 강화재)까지 다양할 수 있다. 강화재 상은 영률 E_f(섬유(fiber)에 대해 아래첨자 f)를 가지며, 매트릭스 상은 영률 E_m을 갖는다. 등변형의 경우, 하중은 그림 2.50(a)와 같이 강화재 방향과 평행하게 작용한다. 그림 2.50(a)에서 하중 방향에 따른 변형률이 강화재 상과 매트릭스 상 사이에서 서로 잘 결합되어 있다고 가정할 때 동일하다는 것을 알 수 있다.

이것이 **등변형률(iso-strain)** 명칭의 기원이다. 등변형률의 경우에 대한 유효한 영률은

$$E_{\parallel} = V_f E_f + (1 - V_f) E_m \qquad \text{(2.41)}$$

등변형률 계수

이는 유효 영률이 가장 큰 경우이다.

그림 2.50(b)와 같이 하중이 보강 방향에 수직으로 적용되는 경우, 이 구성을 등응력의 경우라고 한다. 두 상의 응력은 거의 동일하며, 이 **등응력(iso-stress)**의 경우에 유효 영률은 다음과 같다.

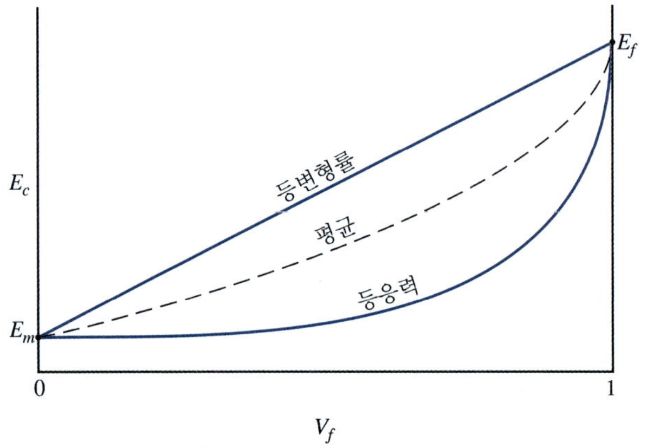

그림 2.51 다른 복합재의 경우에 대해 강화 부피 분율(V_f)의 함수로 표시된 유효 영률(E_c)

$$\frac{1}{E_\perp} = \frac{V_f}{E_f} = \frac{(1-V_f)}{E_m} \quad \text{등응력 계수} \tag{2.42}$$

등응력의 경우, 가장 낮은 유효 영률을 갖는다. 등변형과 등응력 사이의 극단적인 복합재료의 경우는 효과적인 영률의 중간 값을 갖는다. 불연속적으로 강화된 복합재료, 예를 들어 그림 2.49(b) 또는 (c)는 그림 2.51과 같이 임의의 방향으로의 강화재를 사용하여, 이 두 극단의 경우의 평균으로 근사할 수 있는데, 이는 유효 영률을 강화재 상의 부피 분율의 함수로 나타낸 것이다. 임의의 방향으로 강화된 복합재의 유효 계수는 일반적으로 이 평균, $E_c \le \frac{1}{2}(E_\perp + E_\parallel)$, 보다 약간 작지만 평균값은 시작하기에 합리적인 근사치이다.

2.15 연습문제

■ 수직응력; 축응력 **MDS 2.1-2.4**

2.2절의 모든 문제 미지의 축방향 힘은 인장의 경우 양(+)이라고 가정한다. 예제 2.1 및 2.2에서와 같이, 인장응력 응답은 (T)로 표시되고 압축응력 응답은 (C)로 표시된다.

문제 2.2-1. (1) 지름 1 in.의 중실축, (2) 사각 단면 중실축 및 (3) 두께 0.2 in.의 원형 관 부재들은 각각 5 kips의 축방향 인장하중을 지지하고 있다. (a) 중실축 (1)에서 축방향 응력을 결정하시오. (b) 만약 축방향 응력이 6 ksi일 경우, 사각 단면 중실축의 치수 b와 원형 관 부재의 외부지름 c는 얼마인가?

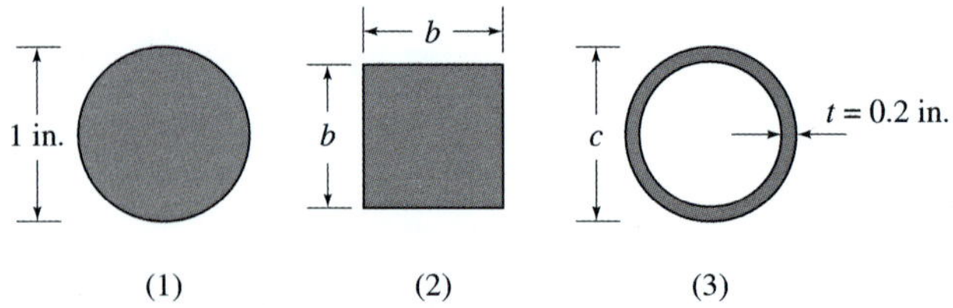

P2.2-1

문제 2.2-2. 그림 P2.2-2의 구조용 티는 압축 하중 P 200 kN을 받고 있다. (a) 부재에서 균일한 압축 축응력을 발생시키기 위해 하중이 작용해야하는 단면에서 점 R의 좌표 y_R을 구하고, (b) 압축응력의 크기를 구하시오.

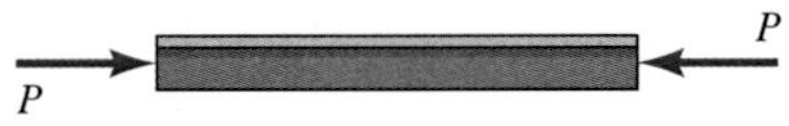

(a)

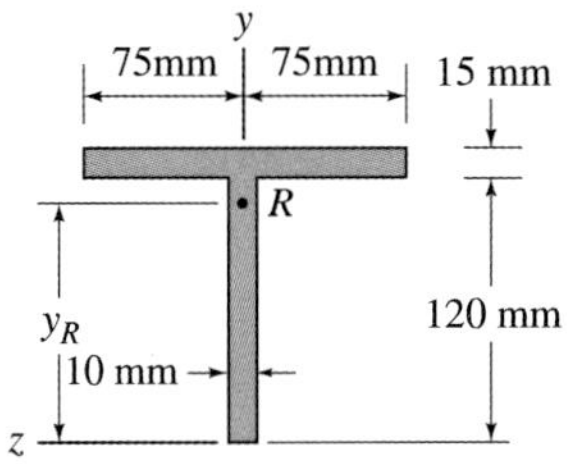

(b)

P2.2-2

문제 2.2-3. 강판은 부재의 균일한 축방향 응력을 발생시키는 점 R에서 하중을 가할 수 있도록 그림 P2.2-3의 구조 각 끝단에 용접되어 있다. (a) 구조용 앵글의 단면에서 균일한 인장응력을 생성하기 위해 인장하중 P가 작용해야 하는 점의 좌표 y_R 및 z_R을 구하고, (b) $P = 18$ kips인 경우 인장 응력의 크기를 구하시오.

(a)

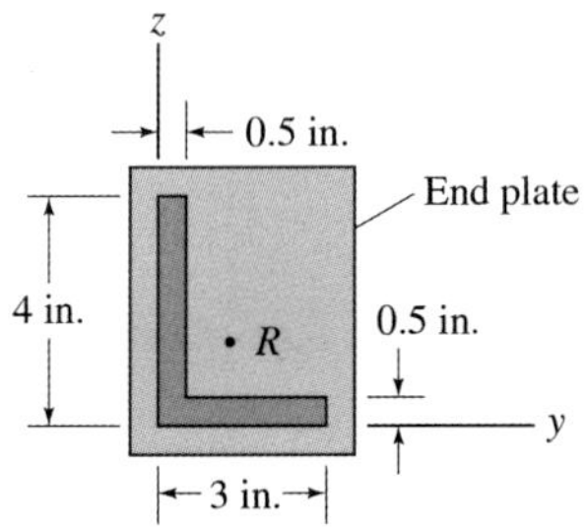

(b)

P2.2-3

문제 2.2-4. 그림 P2.2-4에 나타난 자유롭게 매달린 봉을 생각해 보자. 봉은 원추형 절두체의 모양을 가지며 반지름 R_o가 상단에 있고 반지름 R_L이 바닥에 있으며 질량 밀도 ρ가 높은 재료로 만들어져 있다. 봉의 길이는 L이다. 임의의 단면 $x(0 \leq x \leq L)$에서 수직응력에 대한 식을 구하시오. 여기서 x는 봉 상단으로부터 아래로 측정된다.

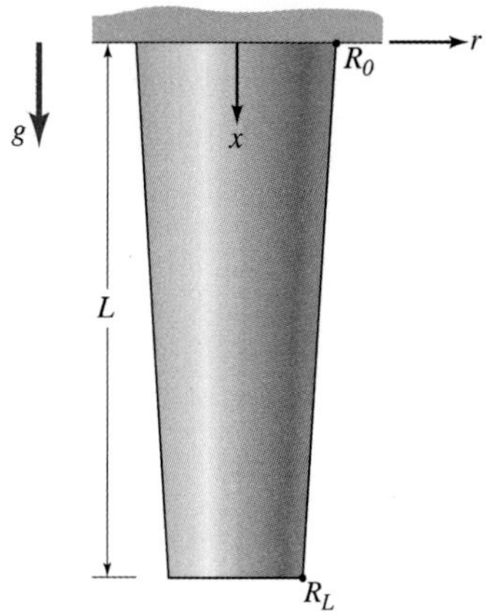

P2.2-4 및 그림 P2.3-6

문제 2.2-5. 중실 황동 봉 AB와 중실 알루미늄 봉 BC는 그림 P2.2-5에서 보는 바와 같이 B에 있는 커플러에 의해 함께 연결된다. 두 부분의 지름은 각각 $d_1 = 60$ mm와 $d_2 = 50$ mm이다. 축방향 응력 σ_1(봉 AB에서) 및 σ_2(봉 BC에서)를 구하시오.

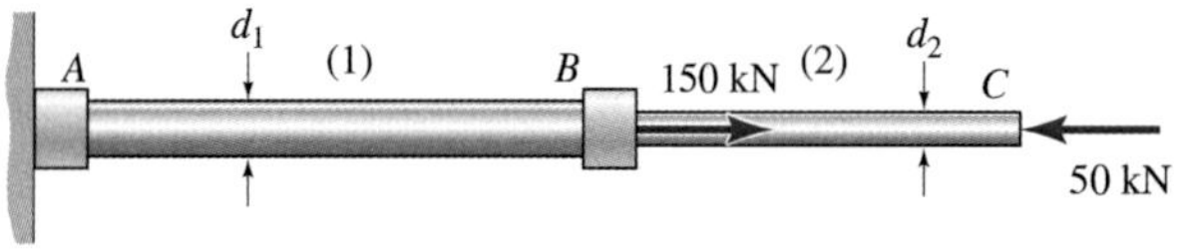

P2.2-5

문제 2.2-6. 그림 P2.2-6의 3 부분으로 나눠진 축방향 하중을 받는 부재는 외부지름 $d_{o1} = 11.00$ in.이고 내부지름 $d_{i1} = 0.75$ in인 관형 부분 (1), 지름 $d_2 = 1.00$ in.인 원형 봉 부분 (2), 지름 $d_3 = 0.75$ in.인 원형 봉 부분 (3)로 구성되어 있다. 3개의 적용된 하중의 작용선은 부재의 중심축을 따른다. 각각 세 부분에서의 축방향 응력 σ_1, σ_2 및 σ_3을 결정하시오.

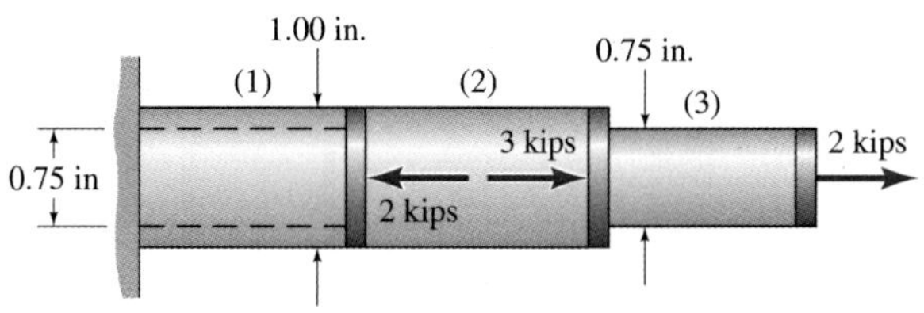

P2.2-6

문제 2.2-7. 선착장에서 도크는 그림 P2.2-7a와 같은 방식으로 나무 기둥 고정하기에 지지된다. 한 개의 말뚝의 윗부분 AB는 일반적인 흘수선 위에 있다. 기둥 중간 부분인 BC는 물과 직접 접촉하며, C 아래 부분은 땅 속에 있다. 파일의 원래 지름 $d_0 = 12$ in.이다. 하지만 물과 곤충의 작용으로 인해 BC 부분의 지름이 줄어들었다. (a) 갑판이 말뚝에 가하는 축력이 $P = 200$ kips이라면 AB에서의 축방향 응력은 얼마인가? 말뚝 자체의 무게를 무시하시오. (b) 검사원은 BC 구간의 파일 지름이 5% 감소했다고 추정한다. $P=200$ kips의 갑판 하중은 파일의 손상된 부분에서 얼마의 축방향 응력을 생성하는가? (c) 목재 고정용 기둥에 허용되는 최대 축방향 응력이 7.5 ksi(압축)인 경우, 이 손상된 기둥이 지지할 수 있는 최대 갑판 하중은 얼마인가?

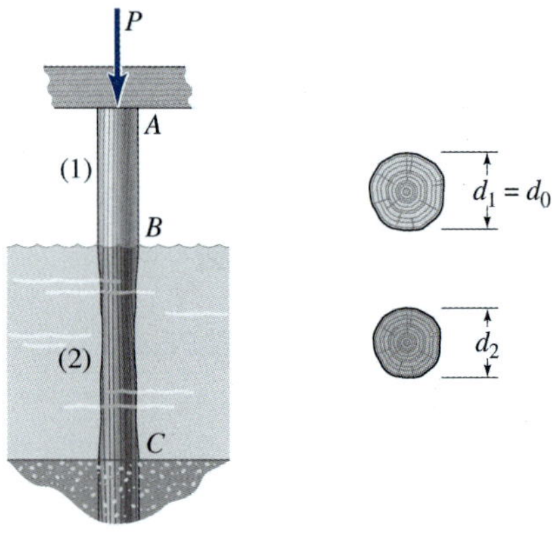

(a) (b)

P2.2-7

문제 2.2-8. 2층 건물의 기둥은 그림 P2.2-8b에 표시된 단면의 치수를 갖는 정사각형 구조 튜브로 제작되어 있다. 그림 P2.2-8a에서와 같이 축방향 하중 $P_A=200$ kN과 $P_B=350$ kN이 층 A와 B에서 기둥에 가해지고 있다. 기둥의 부분 AB에서의 축방향 응력 σ_1과 기둥의 부분 BC에서의 축방향 응력 σ_2를 결정하시오. 기둥 자체의 무게는 무시하시오.

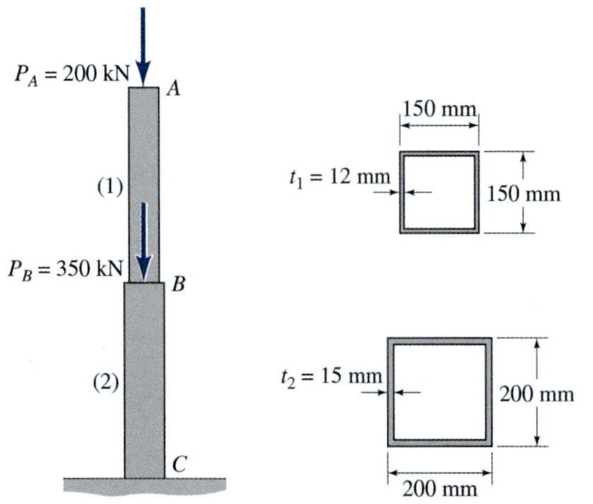

(a) (b)

P2.2-8

문제 2.2-9. 전체 길이 3 m의 강체 보 AB는 끝단에서 수직 봉에 의해 지지되며, 그림 P2.2-9에서와 같이 C에서 $P=60$ kN의 하향 하중을 지지하고 있다. 강으로 된 봉의 지름은 $d_1=25$ mm 및 $d_2=20$ mm이다. 보 AB와 봉의 무게를 무시하시오. (a) 하중이 $x=1$ m에 있는 경우, 각 봉의 응력 σ_{1a}와 σ_{2a}는 얼마인가? (b) $\sigma_2=\sigma_1$가 되도록 A로부터의 거리 x는 얼마인가? 대응하는 봉의 축 응력 $\sigma_{1b}=\sigma_{2b}$는 얼마인가?

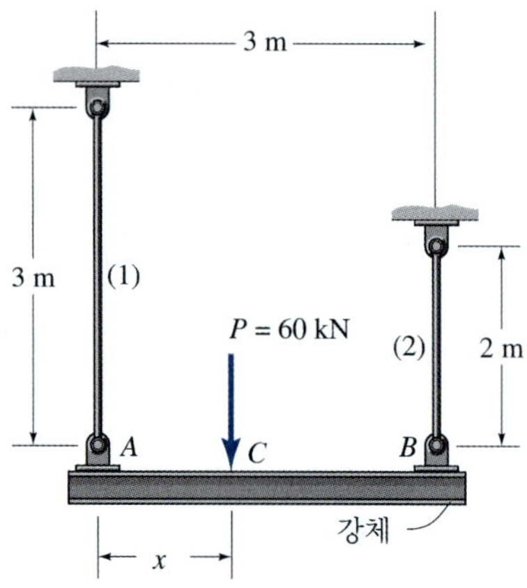

P2.2-9

문제 2.2-10. 무게 $W_b=180$ lb, 길이 12 ft의 보 AB가 무게 $W_a=1000$ lb인 에어컨의 중량을 지지하고 있다. 보는 그림 P2.2-10와 같이 행거 봉 (1), (2)에 의해 차례대로 지지되고 있다. (a) 봉 (1)의 지름이 3/8 in.인 경우 봉의 응력 σ_1은 얼마인가? (b) 봉 (2)의 응력이 봉 (1)의 응력과 같을 경우, 봉 (2)의 지름은 얼마가 되어야 하는가(가장 가까운 1/32 in.)?

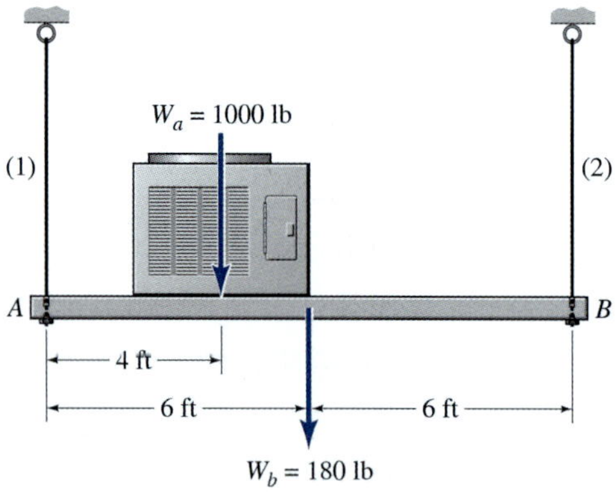

P2.2-10

문제 2.2-11. 단단하고 무게가 없는 보 BD는 하중 P를 지지하며, 그림 P2.2-11과 같이 두 행거 봉 (1)과 (2)에 의해 지지되고 있다. 봉은 처음에는 동일한 길이 $L=6$ ft이며 같은 재질로 만들어져 있다. 그들의 직사각형 단면은 원 치수 ($w_1=$ 1.5 in., $t_1=0.75$ in.)와 ($w_2=2.0$ in., $t_2=1.0$ in.)를 각각 갖는다. (a) 두 봉의 축방향 응력이 같다면($\sigma_1=\sigma_2$), 어떤 위치 b에서 하중 P가 작용해야 하는가? (b) (a)에서 결정된 위치에서 $P=40$ kips의 하중이 가해진다면 이 인장 응력의 크기는 얼마인가?

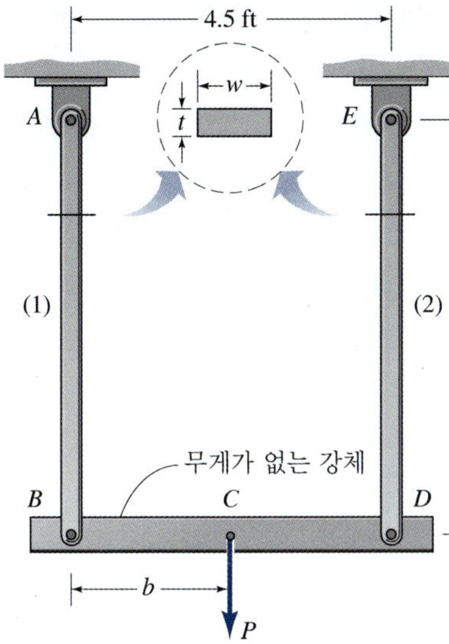

P2.2–11

문제 2.2–12. 그림 P1.4-1의 트러스의 각 부재는 지름이 0.5 in.인 원형의 둥근 봉이다. 부재 (1), (2), (3)의 축방향 응력 σ_1, σ_2 및 σ_3을 각각 결정하시오. (문제 1.4-1 참조)

문제 2.2–13. 그림 P2.2-13의 트러스의 각 부재는 지름이 $d = 10$ mm인 둥근 원형 봉이다. 트러스 부재 (1)의 축방향 응력 σ_1과 트러스 부재 (6)의 축방향 응력 σ_6을 결정하시오.

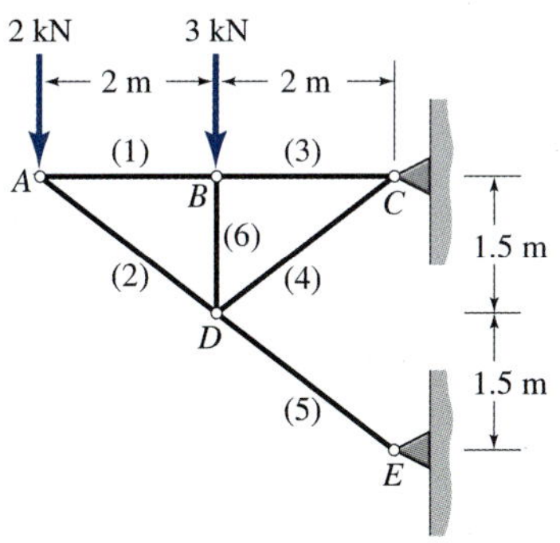

P2.2–13

문제 2.2–14. 그림 P2.2-14의 3개 부재의 프레임 구조는 핀 C에서 하향 수직 하중 P를 받고 있다. B, C 및 D의 핀은 부재 BD 및 CD에 축방향 하중을 가하며, 그 단면적은 각각 $A_1 = 0.5$ in.^{2} 및 $A_2 = 1.0$ in.^{2}이다. (a) BD 부재의 축응력 $\sigma_1 = 1200$ psi이라면, 힘 P의 값은 얼마인가? (b) 대응하는 CD 부재의 축응력 σ_2는 얼마인가?

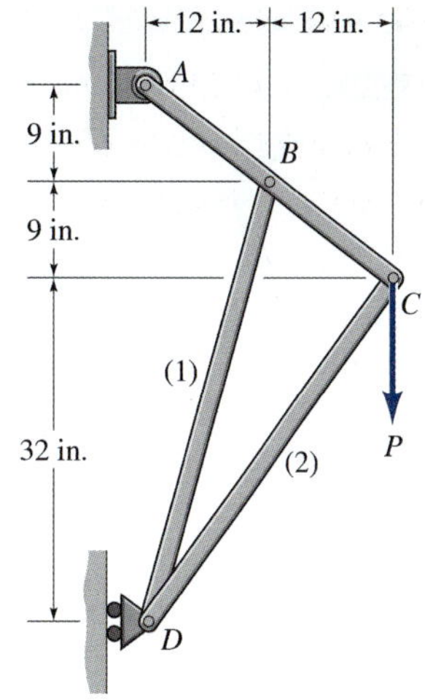

P2.2–14

문제 2.2–15. 그림 P2.2-15의 3개 부재의 프레임 구조는 핀 E에서 수평 하중 P를 받고 있다. C 및 D의 핀은 30 mm×50 mm 단면을 갖는 교차 보조부재 CD에 축방향 하중을 가한다. $P = 210$ kN인 경우, 부재 CD의 축방향 응력은 얼마인가?

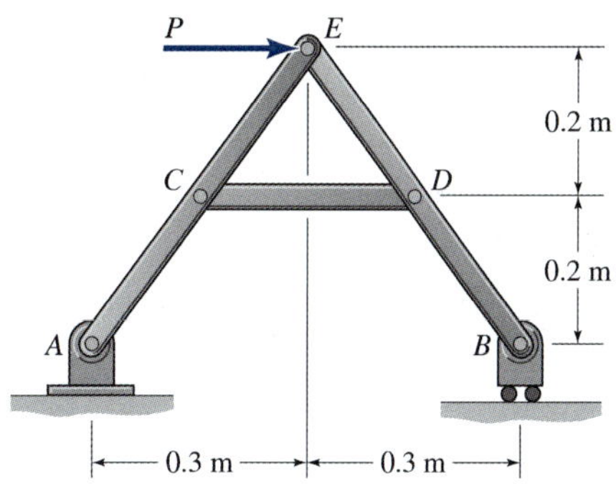

P2.2–15

문제 2.2–16. 그림 P1.4-17의 B와 D 핀은 대각선 보강 부재(BD)에 축방향 하중을 가한다. BD의 단면적이 0.50 in.×2.00 in.인 경우, 하중이 $w_0 = 220$ lb/ft인 경우 부재 BD의 축 응력은 얼마인가?

문제 2.2–17. 그림 P2.2-17의 3개의 부재 프레임 구조는 핀 C에서 수평 하중 $P = 500$ lb가 가해진다. B, C 및 D의 핀은 부재 BD 및 CD에 축방향 하중을 가한다. 부재 BD 및 CD의 응력이 $\sigma_1 = 1200$ psi 및 $\sigma_2 = -820$ psi인 경우 두 부재의 단면적은 각각 얼마인가?

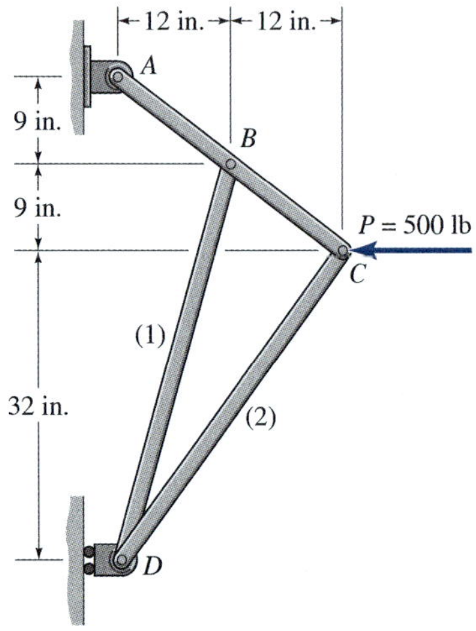

P2.2-17

문제 2.2-18. 무게 W와 지름 d의 원통은 각각 길이 L이고, 얇고 단단한 부재 AE와 BD 사이에 놓여 있다. 실린더와 그 지지대 사이의 마찰은 무시할 만하다. 부재는 마찰 없는 핀에 의해 중간점 C에서 접합되며, 길이 b 및 단면적 A의 구속 와이어 DE에 의해 붕괴되는 것이 방지된다. 주어진 W, L, d 및 A를 고려하여 와이어 DE의 축방향 응력과 길이 b의 관계를 나타내시오.

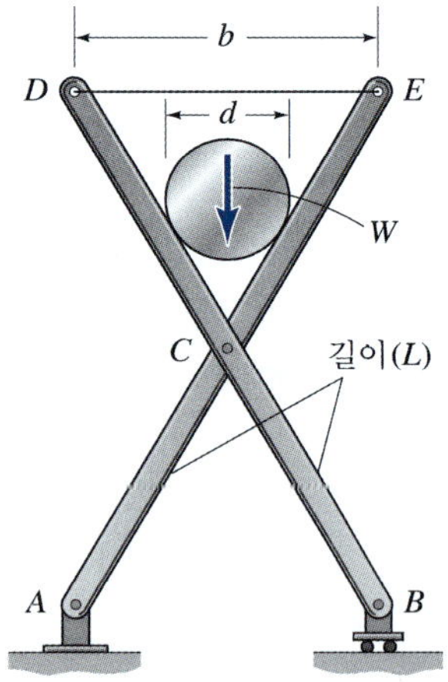

P2.2-18

■ 신장변형률

변형 전 형상과 변형 후 형상이 모두 표시된 경우, 변형 전의 형상은 점선으로 표시되고 변형 후의 형상은 실선으로 표시된다. 변형된 물체의 점들은 별표(*)로 표시된다.

문제 2.3-1. 그림 P2.3-1의 번지 점퍼가 플랫폼에 있을 때, 번지 코드의 펼쳐지기 전의 길이는 $L = 15.0$ ft이다. (a) 점퍼가 "바닥에 닿을 때", 번지 코드의 최대 연장 길이 $L_M = 41.4$ ft이다. (a) 번지 코드가 길이에 따라 균일하게 뻗어 있다고 가정하면, 이 지점에서 번지 코드의 신장변형률 ϵ_m을 결정하시오. (b) 몇 번 튀고 난 후, 번지 점퍼는 마지막 번지 길이가 $L_f =$ 32.4 ft인 상태에서 멈추게 된다. 마지막 변형률 ϵ_f은 얼마인가?

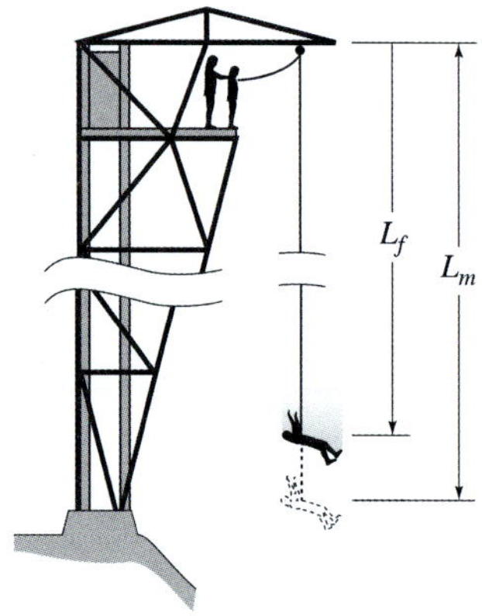

P2.3-1

문제 2.3-2. 길이 $L_1 = 30$ in.의 와이어 AB와 길이 $L_2 = 36$ in.의 와이어 BC가 B점에서 링에 부착되어 있다. 하중을 받으면, 점 B는 $\delta_B = 0.25$ in.만큼 수직으로 아래로 이동한다. 와이어 (1) 및 (2)에서의 신장변형률 ϵ_1과 ϵ_2를 결정하시오.

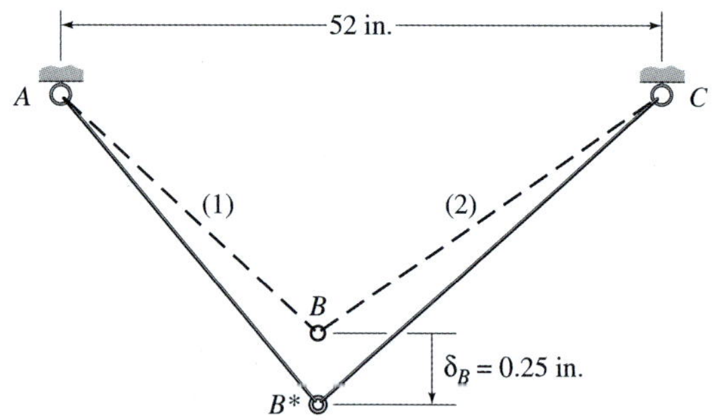

P2.3-2

문제 2.3-3. 와이어는 풀장 위로 랜턴을 걸기 위해 사용되고

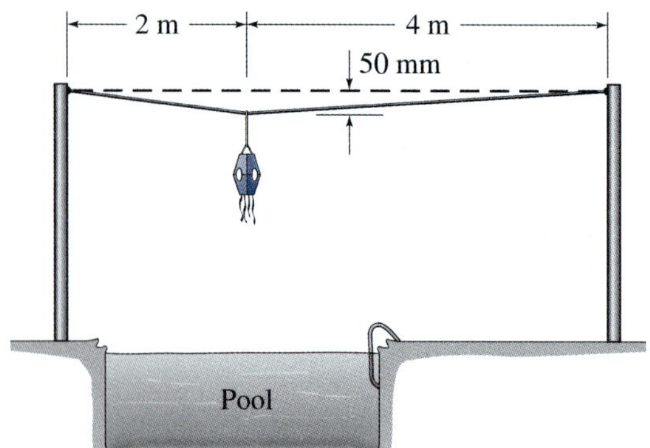

P2.3-3

있다. 와이어의 무게를 무시하고 랜턴이 걸리기 전에 팽팽하지만 변형이 없다고 가정한다. 랜턴이 매달리면 와이어에 50 mm의 처짐이 발생한다. 그림과 같이 매달려 있는 랜턴으로 인한 와이어의 신장변형률을 구하시오.

컴퓨터**문제 2.3-4.** 길이가 L인 강체 보 BC는 원래 길이가 L인 신장이 가능한 봉 AB에 의해, C에서 고정된 핀으로 지지되고 있다. $\theta=45°$일 때, 봉 AB는 수평이며 변형이 없다. 즉, $\epsilon(\theta=45°)=0$. (a) 그림 P2.3-4에 표시된 각도 θ의 함수로 봉 AB의 신장변형률 $\epsilon(\theta)$을 구하시오. 단, $45° \le \theta \le 90°$에서 유효하다. (b) $45° \le \theta \le 90°$ 범위에 대한 $\epsilon(\theta)$에 대한 컴퓨터 프로그램을 작성하고 이를 도시하시오.

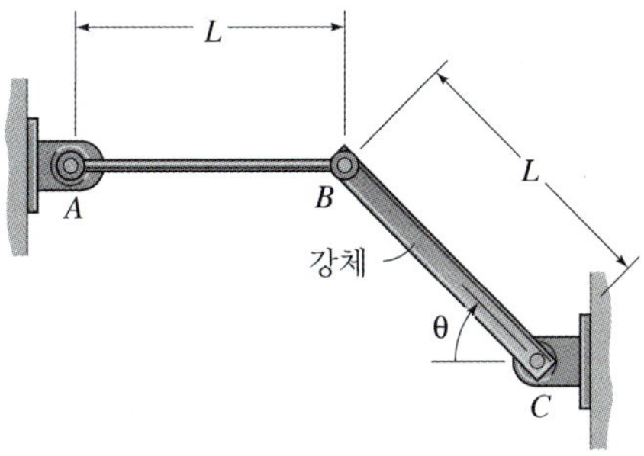

P2.3-4

문제 2.3-5. 고무 밴드가 그림 P2.3-5b의 중실 원형 실린더 둘레에 균일하게 펼쳐지면, 그 신장변형률 $\epsilon=0.025$ mm/mm 이다. 실린더의 내부지름 $d=100$ mm이고, 고무 밴드의 신장 전의 길이는 얼마인가(즉, 그림 P2.3-5a의 길이 L)? (고무 밴드의 두께는 무시하시오.)

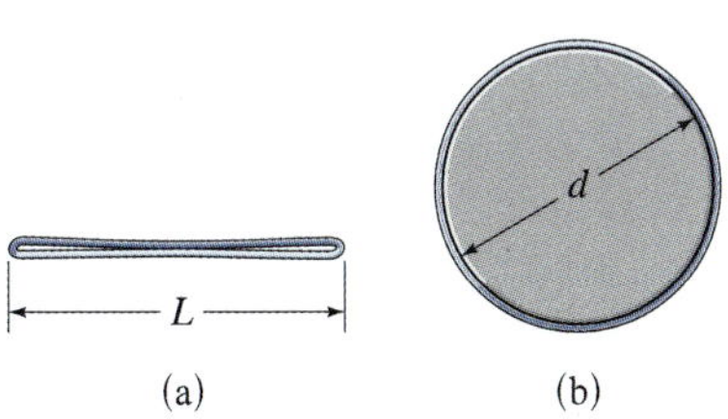

P2.3-5

문제 2.3-6. (a) 문제 2.2-4에서 매달려 있는 원추형 절두체의 단면 $x(0 \le x \le L)$에서의 신장변형률 $\epsilon(x)$에 대한 식을 구하시오. (b) 문제 2.2-4에서 매달려 있는 원추형 절두체의 총 신장량 e에 대한 식을 구하시오. 원추형 절두체 봉은 E가 일정하며, $\sigma=E\epsilon$인 재료로 만들어져 있다.

문제 2.3-7. 작은 하중 P에 대하여, 그림 P2.3-7의 강체 보 AF의 회전은 봉 AB의 신축에 의해 제어된다. 보다 더 큰 하중의 경우, 보는 기둥 DE의 상부와 접촉하게 되고, 회전에 대한 추가 저항은 봉과 기둥에 의해 나눠진다. 보 AF가 회전하는 각도가 실제로 C의 고정 핀 주위의 원형 경로에서 움직일지라도 보의 점들이 본질적으로 수직으로 움직일만큼 충분히 작다고 가정하시오(나중에 이것이 유효한 가정임을 보여준다). (a) D 지점에서 보와 기둥의 상면 사이의 1.5 mm 간격을 메우기에 충분할 정도로 끝단 F에 하중 P가 가해진다. 이 하중 값에 대한 봉 AB의 변형률 ϵ_1은 얼마인가? (b) 하중 P가 $\epsilon_1=0.001$ mm/mm까지 증가한다면, 기둥 DE의 해당하는 변형률 ϵ_2는 얼마인가?

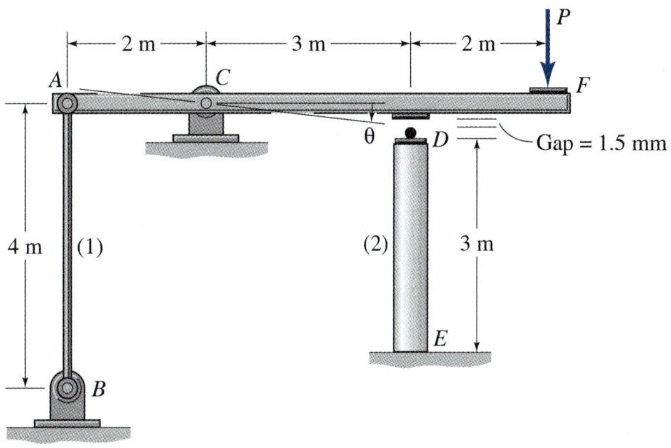

P2.3-7

문제 2.3-8. 수직 봉 (1), (2) 및 (3)은 초기에 직선으로 강체 수평 보 BF에 고정될 때 모두 변형이 없다. 그 후, 봉을 가열하면 봉이 늘어나고 $B^*D^*F^*$로 표시된 위치에 놓인다. 점 D는 수직으로 $\delta_D=0.20$ in. 거리만큼 아래로 이동하고, 보의 경사각은 그림 P2.3-8에서와 같이 반시계 방향으로 $\theta=0.4°$ θ이다. 3개의 봉에서 변형률 ϵ_1, ϵ_2 및 ϵ_3을 결정하시오.

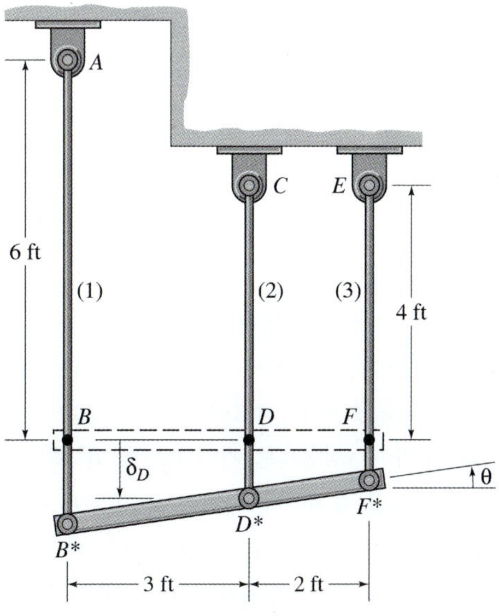

P2.3-8

문제 2.3-9. 강체 보 AD는 D에서 부드러운 핀과 A, B, C 지점에서 보에 부착된 수직 봉에 의해 지지되고 있다. 봉은 보가 수평($\theta=0$)일 때 모두 변형이 없다. 그 후, 봉 (2)는 신장변형률이 $\epsilon_2=80.0(10^{-6})$ in./in.에 도달할 때까지 가열된다. (a) 변형률이 $\epsilon_2=80.0(10^{-6})$ in./in.에 해당하는 보의 경사각(반시계 방향)의 값을 구하시오. (b) 신장변형률 ϵ_1과 ϵ_3를 구하시오. $L_1=L_3=30$ in., $L_2=40$ in., $a=20$ in., $b=60$ in.

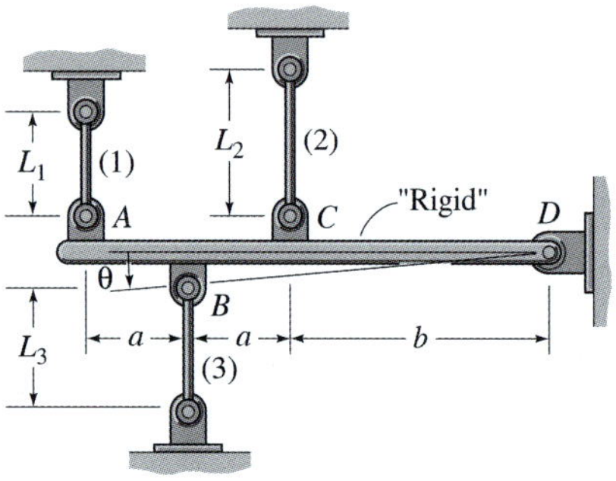

P2.3-9

문제 2.3-10. 늘어나기 전의 길이가 L인 봉 AB는 원래 x축에서 반시계 방향 θ으로 배향되어 있다. (a) 봉이 A에서 고정 핀을 중심으로 자유롭게 회전할 수 있는 경우, 끝단 B가 $+x$방향으로 거리 u만큼 B^*를 이동할 때 봉의 신장변형률은 얼마인가? 변위 u, 원래 길이 L 및 원래 각도 θ로 신장변형률을 나타내시오. (b) $u \ll L$인 경우 유효한 작은 변위 근사를 통하여, (a)에 대한 답을 단순화하시오. (참고: 이 결과는 3.10절에서 사용된다).

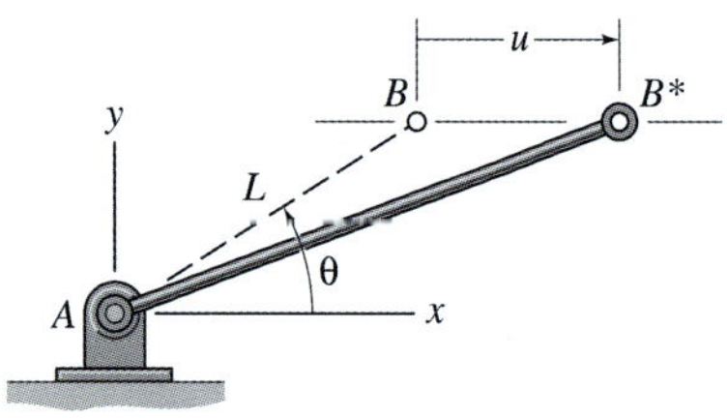

P2.3-10

문제 2.3-11. 변형 전의 길이가 L인 봉 AB는 원래 x축(그림 2.3-11의 점선)에서 반시계 방향으로 배향되어 있다. 봉의 양 끝단이 $x-y$ 평면에서 자유롭게 움직일 수 있으며, 봉은 직선을 유지한다. (a) 끝단 A가 $+x$방향으로 거리 u_A만큼 A^*로 이동하고, 끝단 B가 $+y$방향으로 거리 v_B만큼 B^*로 이동할 때, 봉의 신장변형률 ϵ을 표현하시오. 변위 u_A, v_B, L, θ의 항으로 나타내시오. (b) $u_A \ll L$, $v_B \ll L$인 경우, 미소-변위 근사를 통하여 (a)에서 구한 답을 단순화하시오. (주: 변위 u_A 및 v_B는 그림 P2.3-11에 과장되어 있다.)

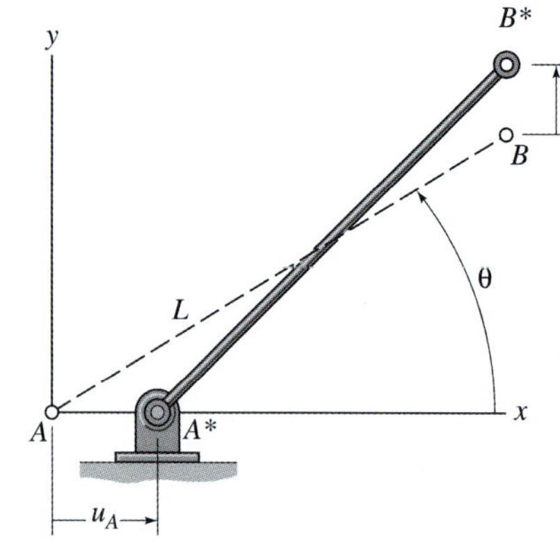

P2.3-11

문제 2.3-12. 사각형 형태의 얇은 고무 판(그림 P2.3-12a)은 그림 P2.3-12b에 표시된 평행사변형 모양으로 균일하게 변형된다. 판이 변형될 때 모든 모서리는 동일한 길이 b로 유지된다. (a) 대각선 AC의 신장변형률 ϵ_1을 계산하시오. (b) 대각선 BD의 신장변형률 ϵ_2를 계산하시오.

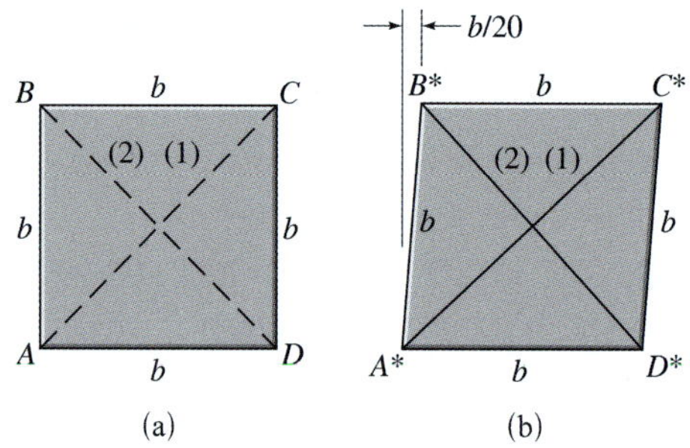

P2.3-12

문제 2.3-13. 사각형 형태의 얇은 고무 판(그림 P2.3-13a)은 그림 P2.3-13b에 표시된 평행사변형 모양으로 균일하게 변형된다. 판이 변형될 때 모든 모서리는 동일한 길이 b로 유지된다. (a) 대각선 AC의 신장변형률 ϵ_1을 계산하시오. (b) 대각선 BD의 신장변형률 ϵ_2를 계산하시오.

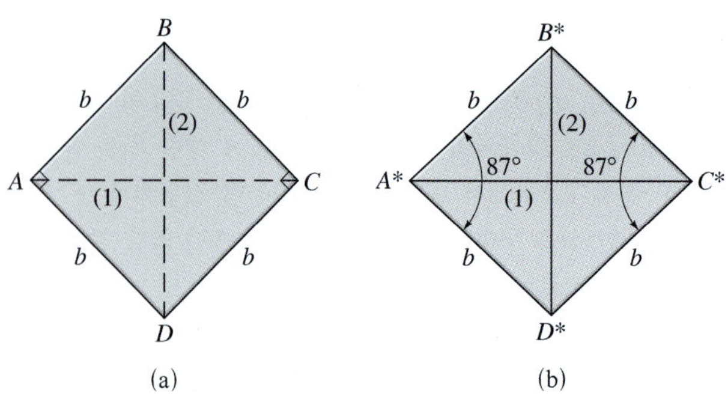

P2.3-13

■ 열 변형률

문제 2.3-14. 기준 온도에서 길이가 L인 3개의 동일한 봉은 그림 P2.3-14에서와 같이 정삼각형 모양의 핀 조인트 트러스 ABC를 형성한다. 봉 AB의 온도 상승인 ΔT의 함수로 각도 θ을 구하시오. 봉 AC와 BC는 기준 온도에서 유지된다. 봉의 재료 상수는 면적 A, 탄성계수 E 및 열팽창계수 α이다.

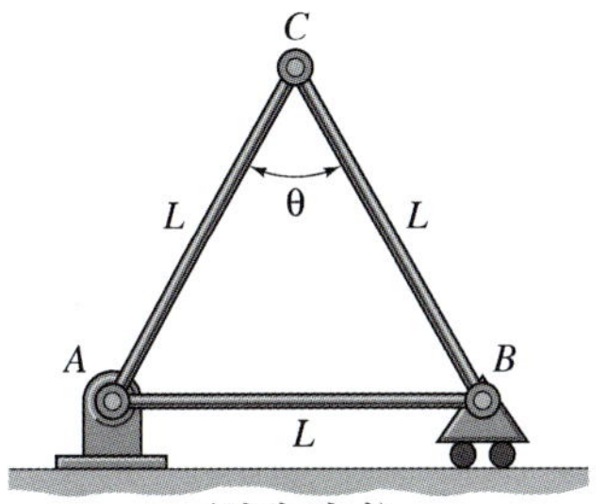

P2.3-14

문제 2.3-15. 그림 P2.3-15과 같이, 길이 $L_{AB}=30$ in.의 "강체"보 AB는 $T_0=70$°F의 기준 온도에서 40 in. 길이의 와이어 BC에 의해 지지되고 있다. 와이어의 열팽창계수가 $\alpha=8\times10^{-6}$/°F인 경우, 점 B의 수평 좌표 y_B와 와이어 BC의 온도 T의 관계를 식으로 표현하시오. (힌트: 코사인의 삼각법칙을 사용하시오).

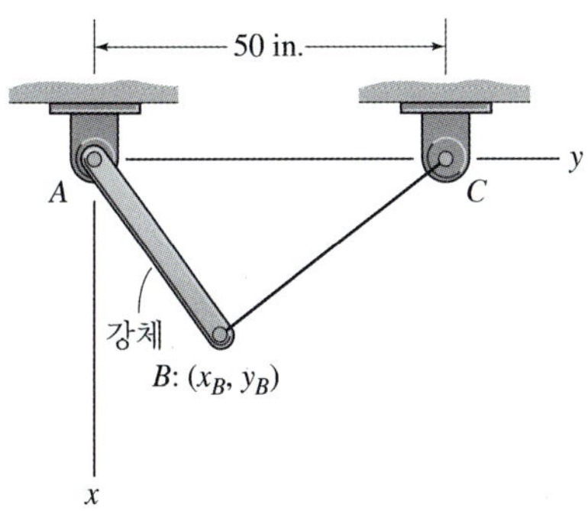

P2.3-15

문제 2.3-16. 강관($\alpha=8\times10^{-6}$/°F)은 내부지름 $d=4.06$ in.를 갖는다. (a) 파이프가 온도를 212°F로 높이는 증기를 운반하는 경우 내부지름은 얼마인가? (파이프의 측면이 단열되어 212°F의 균일한 온도에 도달한다고 가정한다.) (b) 끝단이 축 방향으로 구속되지 않고 온도가 70°F에서 212°F로 증가하면, 길이가 원래 40 ft인 경우 증기 운반 파이프의 길이가 얼마나 늘어나는가?

문제 2.3-17. "강체" 거울의 각도 방향 θ은 그림 P2.3-17에서 보는 바와 같이 봉 (1)과 봉 (2)의 길이에 의해 제어된다. 기준 온도에서 봉의 길이는 $L_1=L_2=2.00$ m이다. 봉 사이의 거리는 1.2 m이다. (a) 봉의 열팽창계수가 $\alpha_1=\alpha_2=14\times10^{-6}$/℃인 경우 ΔT_1 및 ΔT_2의 함수로 각도(라디안)를 결정하시오. (b) 봉의 온도 변화 ΔT_1과 ΔT_2 사이에서 달성 할 수 있는 최대 온도 차가 30℃인 경우, 달성할 수 있는 최대 미러 반사각은 얼마인가? (봉이 길이에 따라 균일하게 가열되거나 냉각된다고 가정한다.)

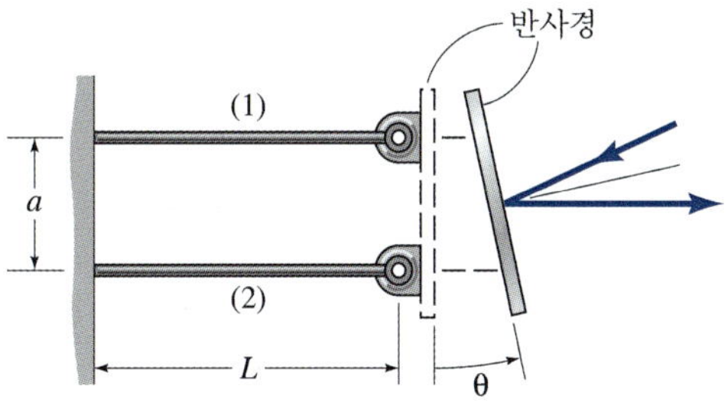

P2.3-17

■ 변형률 측정

문제 2.4-1. 기계적 신율계는 레버 원리를 사용하여 신장률(또는 수축률)을 읽을 수 있도록 시험편의 신장의 정도를 확대한다. 그림 P2.4-1에 나타낸 신율계는 A 및 B에서 시편에 대해 두 개의 날카로운 점을 강제하는 스프링에 의해 시험편에 대해 고정된다. 포인터 AD는 C에서 핀을 중심으로 회전하며, 포인터가 O점을 가리킬 때 A와 B의 접촉점은 정확하게 $L_0=6$ in. (이 신율계의 게이지 길이)이다. 특정 시험에서, 신율계 암은 하중 P가 0일 때 "정확하게" 점 O를 가리킨다. 시험 후반부에서 10 in. 길이 포인터는 점 O보다 $d=0.12$ in. 아래를 가리킨다. 이 판독 값에서 시편의 현재 신장변형률은 얼마인가?

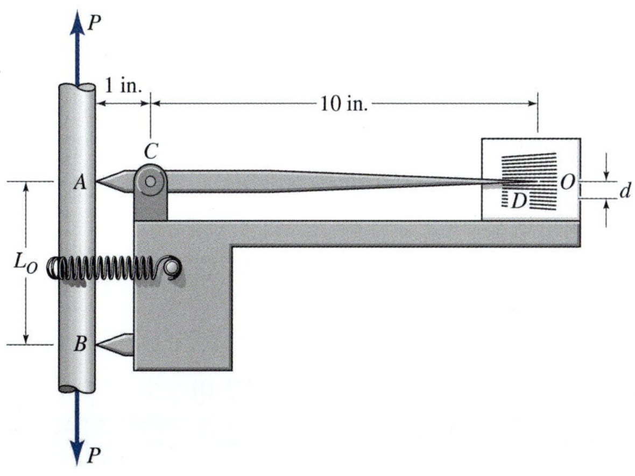

P2.4-1

문제 2.4-2. 그림 2.4-1의 기계식 레버 신율계와 같은, "펜" 레이저 신율계는 연신율을 곱하여 연신율(신장변형률을 계산할 수 있는)을 측정한다. 그림 P2.4-2에서 레이저 신율계는 철근

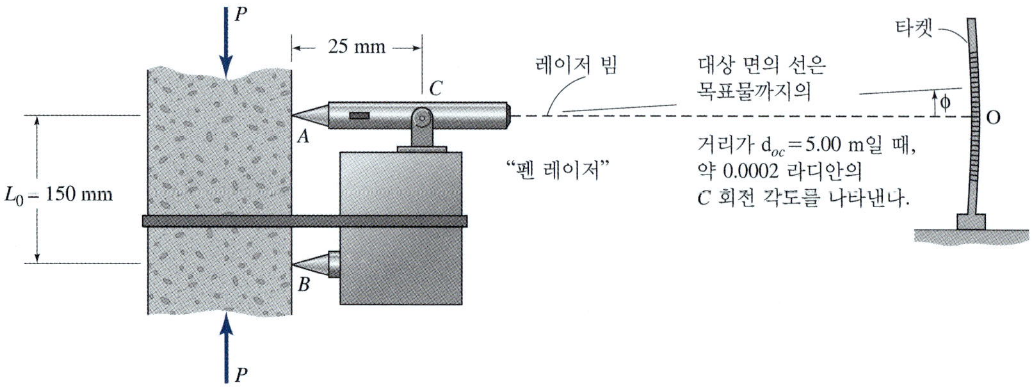

P2.4-2

콘크리트 기둥의 변형률을 측정하는 데 사용된다. 목표물은 시험편으로부터 공간을 가로 질러 설정되어 레이저의 받침점 C에서 대상물의 기준점 O까지의 거리 $d_{oc}=5$ m가 되도록 한다. 또한 시험편에서 신율계의 점이 정확히 $L_0=150$ mm 떨어져 있고 B의 단면이 수직으로 움직이지 않으면 레이저 빔이 표적의 O점을 직접 가리키도록 목표를 설정한다. 특정 값의(압축) 하중 P에서, 레이저는 목표물에 표시된 각도 $\phi=0.0030$ rad로 상향을 가리킨다. 이 하중 값에서 콘크리트 기둥의 신장변형률을 구하시오.

■ 응력-변형률 곡선 MDS 2.5 & 2.6

문제 2.4－3에서 문제 2.4－6까지 컴퓨터 프로그램(예: MDSolids 또는 스프레드시트 프로그램)을 사용하여 이러한 문제에 대한 응력-변형률 선도를 작성하는 것이 좋다. 경우에 따라 두 개의 선도를 작성하는 것이 유리한데, 하나는 초기 몇 개의 점을 포함하고 다른 하나는 전체 데이터 세트를 포함한다.

컴퓨터문제 2.4-3. 표 P2.4-3의 데이터는 그림 P2.4-3에 나와 있는 치수를 갖는 평탄한 철 시험편의 인장 시험에서 얻어졌다. (a) 주어진 데이터를 사용하여 공칭응력 σ 대 공칭 변형률 ϵ의 곡선을 작성하시오. (b) 이 재료의 탄성계수를 구하시오. (c) 0.2% 오프셋 방법을 사용하여 이 재료의 항복 강도 σ_{YS}를 구하시오.

표 P2.4-3 인장 시험 데이터; 강철 평판 바

P(kips)	L(in.)	P(kips)	L(in.)
1.2	0.0008	6.25	0.0060
2.4	0.0016	6.50	0.0075
3.6	0.0024	6.65	0.0100
4.8	0.0032	6.85	0.0125
5.7	0.0040	6.90	0.0150
5.95	0.0050	–	–

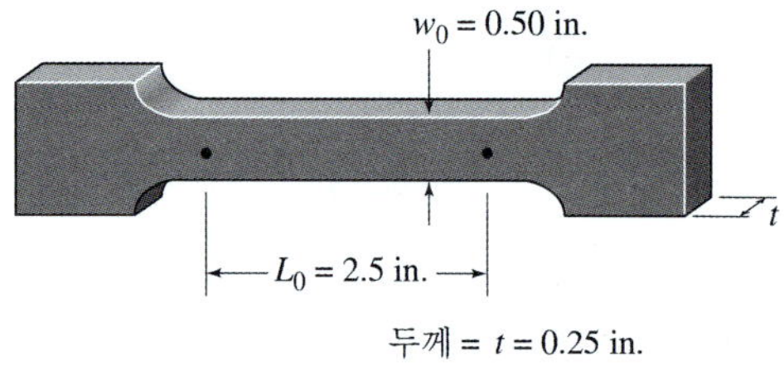

P2.4-3

컴퓨터문제 2.4-4. 표준 ASTM 인장 시험편(지름$=d_0=0.505$ in., 게이지 길이$=L_0=2.0$ in.)을 사용하여 표 P2.4-4에 주어진 하중-신장 데이터를 얻었다. (a) 주어진 데이터를 사용하여 공칭 응력 σ 대 공칭변형률 ϵ의 곡선을 작성하시오. (b) 이 재료의 탄성계수를 결정하시오. (c) 0.2 % 오프셋 방법을 사용하여 이 재료의 항복 강도 σ_{YS}를 결정하시오.

표 P2.4-4 인장 시험 데이터; ASTM 인장 시편

P(kips)	L(in.)	P(kips)	L(in.)
1.9	0.0020	10.0	0.0145
3.8	0.0040	10.4	0.0180
5.7	0.0060	10.65	0.0240
7.6	0.0080	11.00	0.0300
9.0	0.0100	11.05	0.0360
9.5	0.0120	–	–

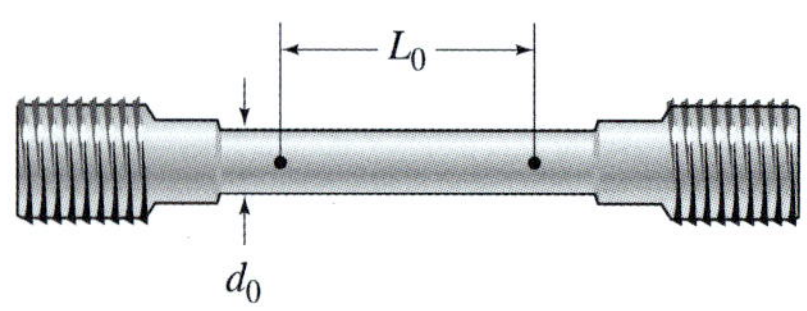

P2.4-4, P2.4-5, P2.4-6 및 P2.4-8

컴퓨터문제 2.4-5. 인장 시험편(지름$=d_0=13$ mm, 게이지 길이$=L_0=50$ mm)을 사용하여 표 P2.4-5에 주어진 하중-신장률 데이터를 얻었다. (a) 주어진 데이터를 사용하여 공칭 응력 σ

대 공칭 변형률 ϵ의 곡선을 작성하시오. (b) 이 재료의 탄성계수를 결정하시오. (c) 0.2% 오프셋 방법을 사용하여 이 재료의 항복 강도 σ_{YS}를 결정하시오. (d) 인장 극한응력 σ_{TU}을 결정하시오.

표 P2.4-5 인장 시험 데이터

P(kN)	*L*(mm)	*P*(kN)	*L*(mm)
0.0	0.000	27.5	1.68
9.3	0.050	28.4	2.00
14.9	0.200	28.6	2.33
17.7	0.325	28.9	2.68
22.4	0.675	28.4	3.00
25.2	1.00	27.5	3.33
26.6	1.33	26.1	3.68

컴퓨터 문제 2.4-6. 인장 시험편(지름$=d_0=0.500$ in, 게이지 길이$=L_0=2.0$ in.)을 사용하여 표 P2.4-6에 주어진 하중-신장 데이터를 얻었다. (a) 주어진 데이터를 사용하여 공칭 응력 σ 대 공칭 변형률 ϵ의 곡선을 작성하시오. (b) 이 재료의 탄성계수를 구하시오. (c) 0.2% 오프셋 방법을 사용하여 이 재료의 항복 강도 σ_{YS}를 결정하시오. (d) 인장 극한응력 σ_{TU}을 결정하시오.

표 P2.4-6 인장 시험 데이터

P(kips)	*L*(in.)	*P*(kips)	*L*(in.)
0.0	0.000	12.5	0.060
5.2	0.005	12.7	0.070
9.4	0.009	12.9	0.080
9.7	0.010	13.0	0.090
10.0	0.013	13.1	0.100
10.6	0.020	13.2	0.110
11.3	0.030	13.2	0.120
11.8	0.040	13.0	0.130
12.2	0.050	12.6	0.138

문제 2.4-7. 구조재 *A*와 *B*로 만들어진 인장 시험편(지름$=d_0=0.500$ in., 게이지 길이$=L_0=2.00$ in.)은 인장 파손에 대해 시험하고 있다. (a) 파손 시 게이지 표시 사이의 거리 $L_{Af}=2.90$ in.이고 $L_{Bf}=2.22$ in.이며, 파손 단면의 해당 지름은 각각 $d_{Af}=0.263$ in. 및 $d_{Bf}=0.471$ in.이다. (a) 이 두 가지 재료에 대해 2 in.에서의 % 신장률 및 % 면적 감소율을 구하시오. 각 재료를 취성 또는 연성으로 분류하시오. (b) 이들 인장 시험으로부터 $E_A=10.0\times10^3$ ksi, $(\sigma_Y)_A=5$ ksi, $(\sigma_U)_A=13$ ksi, $E_B=10.4\times10^3$ ksi, $(\sigma_Y)_B=73$ ksi, $(\sigma_U)_B=83$ ksi의 값을 얻었다. 주어진 데이터에서 재료 *A* 및 *B*의 응력-변형률 선도의 개략적인 스케치(축척으로)를 작성하시오.

문제 2.4-8. 다양한 참조 소스(예: 48쪽의 주석 13 참조)는 그림 2.12 및 그림 2.13의 응력-변형률 선도와 같은, 알루미늄 합금, 구리, 나일론, 강철, 티타늄 등의 구조 재료의 기계적 특성에 대한 정보를 제공한다. 이러한 자료는 기술 도서관 또는 인터넷에서 찾을 수 있다. 하나의 특정 재료에 대해 "실온" 응력-변형률 선도와 찾을 수 있는 재료에 대한 기타 정보를 얻는다. (a) 이러한 정보의 사본을 만들어 제출하시오. 출처에 관한 완전한 서지 정보를 적어 두시오(예: P. R-1 참조). (b) 상온에서의 응력-변형률 선도로부터 가능한 한 많은 기계적 특성(예: *E*, σ_Y)을 결정하시오. (c) 이 재료의 적절한 용도에 대해 간략히 기술하시오. 예를 들어, 특정 알루미늄 합금은 시트 형태로 가장 유용할 수 있지만, 다른 합금은 압출에 더 널리 사용된다.

■ 재료의 기계적 성질 MDS 2.7

문제 2.6-1에서 2.6-10까지 그림에 표시된 치수 또는 아래 첨자 0(예: d_0, L_0)으로 표시된 치수는 하중이 가해지지 않은 시편의 치수이다.

문제 2.6-1. 그림 P2.6-1에서와 같이 게이지 길이 2 in.를 사용하여 지름 0.505 in의 알루미늄 시편에 대해 인장 시험이 수행된다. (a) 하중이 $P=2$ kips만큼 증가할 때, 게이지 표점 사이의 거리는 $\Delta L=0.00196$ in.만큼 증가한다. 이 시편에 대한 탄성계수의 값 *E*를 계산하시오. (b) 이 시편에 대한 비례 한도 응력이 $\sigma_{PL}=45$ ksi인 경우, 이 응력 값에서 게이지 표점 사이의 거리는 얼마인가?

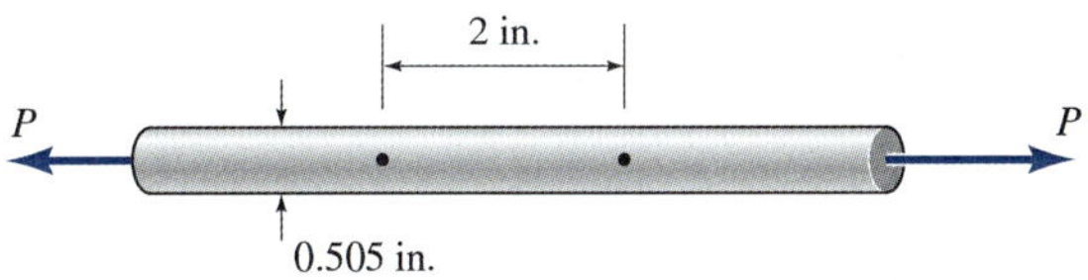

P2.6-1

문제 2.6-2. 짧은 황동 실린더($d_0=15$ mm, $L_0=25$ mm)는

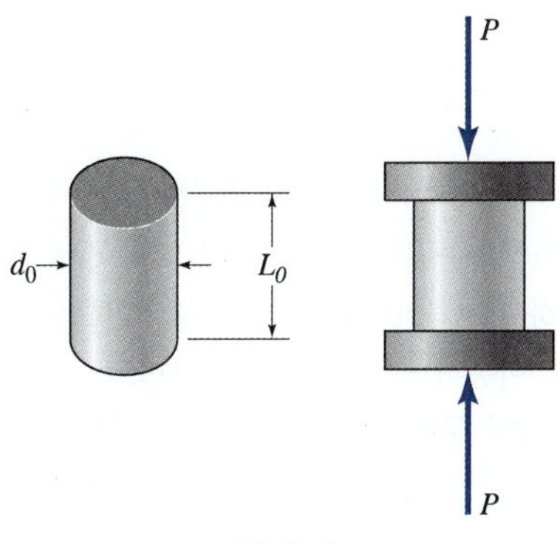

P2.6-2

그림 P2.6-2에서와 같이 축방향 힘 $P = 20$ kN에 의해 두 개의 완전히 부드럽고 강체 판 사이에서 압축된다. (a) 이 힘으로 인한 실린더의 측정된 단축이 0.0283 mm라면, 이 황동 시편에 대한 탄성계수 E는 얼마인가? (b) 하중 P에 의한 지름의 증가가 0.0058 mm라면, 푸아송비 ν의 값은 얼마인가?

문제 2.6-3. 특정 합금의 인장 시험편은 초기 지름이 0.500 in.이고 게이지 길이가 8.00 in.이다. 하중 $P = 4500$ lb에서 시험편은 비례 한도에 도달하고 0.0118 in.로 늘어난다. 이 하중에서 다음의 재료 물성을 결정하시오. (a) 탄성계수 E (b) 푸아송 비 ν (c) 비례 한도 σ_{PL}

문제 2.6-4. 400 kN의 인장력은 ASTM-A36 구조용 강 봉의 균일한 부분에 적용된다. 단면은 50 mm×50 mm 정사각형이며 시험된 부분의 길이는 200 mm이다. 표 F.2의 A36 강철 데이터를 사용하여, (a) 봉의 단면의 지름의 변화를 결정하고, (b) 시험된 200 mm 부분의 체적 변화를 결정하시오.

문제 2.6-5. 초기 지름이 8 mm인 원통형 봉은 6061-T6 알루미늄 합금으로 만들어져 있다. 인장력 P가 봉에 가해지면 지름은 0.0101 mm 줄어든다. 표 F.2의 적절한 알루미늄 합금 데이터를 사용하여, (a) 하중 P의 크기, (b) 봉의 200 mm 길이에 걸친 신장을 구하시오.

문제 2.6-6. $P = 24$ kips의 압축 하중에서, 그림 P2.6-6의 콘크리트 실린더의 길이는 12 in.에서 11.9970 in.로 감소되고 지름은 6 in.에서 6.0003 in.로 증가한다. 탄성계수 E와 푸아송비 ν의 값을 구하시오. 선형 탄성변형이 일어난다고 가정하시오.

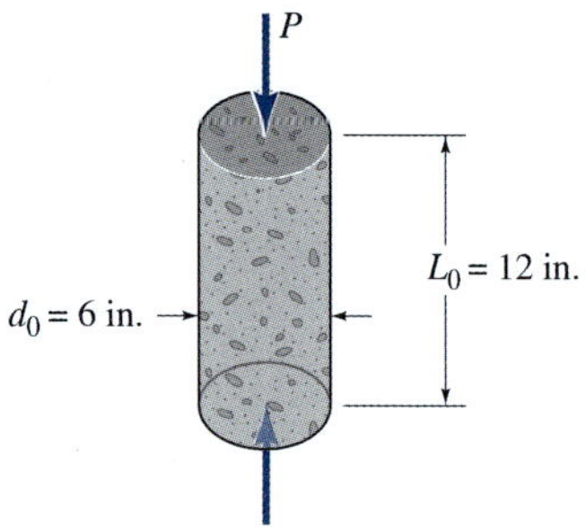

P2.6-6

문제 2.6-7. 초기 길이 $L_0 = 4$ m, 초기 외부지름 $d_0 = 100$ mm 및 초기 벽 두께 $t_0 = 10$ mm의 강관은 그림 P2.6-7에서와 같이 축방향 압축하중 $P = 200$ kN을 받는다. 강철의 탄성계수 $E = 200$ GPa와 푸아송비 $\nu = 0.29$를 갖는다면, (a) 기둥의 길이 변화 ΔL, (b) 벽의 두께 변화 Δt를 계산하시오.

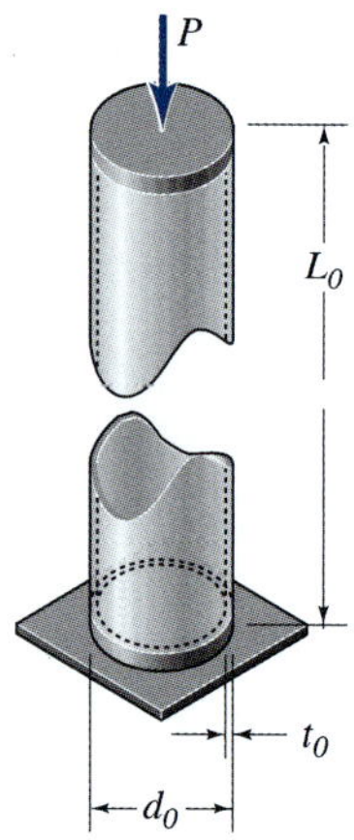

P2.6-7

문제 2.6-8. 그림 P2.6-8의 원통형 봉은 탄성계수 $E = 17 \times 10^3$ ksi와 푸아송비 $\nu = 0.33$의 풀림 처리된(연성) 구리로 만들어지며, 초기 지름 $d_0 = 1.9998$ in.를 갖는다. "임계하중" P_{cr}보다 작은 압축 하중에 대해, 내부지름 $d_r = 2.0000$ in.인 링이 원통형 봉을 따라 자유롭게 움직일 수 있다. 임계하중 P_{cr}의 값은 얼마인가?

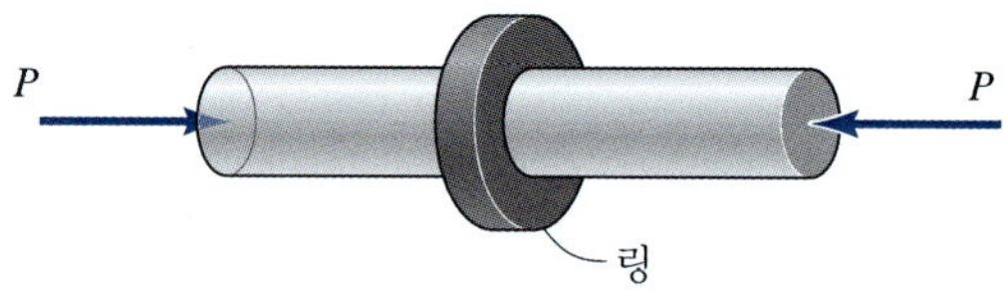

P2.6-8

문제 2.6-9. 직사각형의 알루미늄 바($w_0 = 2.0$ in., $t_0 = 0.5$ in.)는 A와 B의 핀에 의해 인장하중 P를 받는다(그림 P2.6-9). 변형률 게이지(8.10절에 설명되어 있음)는 가로방향(x) 및 세로방향(y)으로 다음과 같은 변형을 측정한다: $\epsilon_x = 566\mu$, $\epsilon_y = -187\mu$. (a) 이 시편에 대한 푸아송비의 값은 얼마인가? (b) ϵ_x와 ϵ_y의 값을 생성하는 하중 P가 $P = 6$ kips라면, 이 시편에 대한 탄성계수 E는 얼마인가? (c) 초기에 2 in. 길이인 봉 부분의 부피 변화 ΔV는 얼마인가? (힌트: $\epsilon_z = \epsilon_y$.)

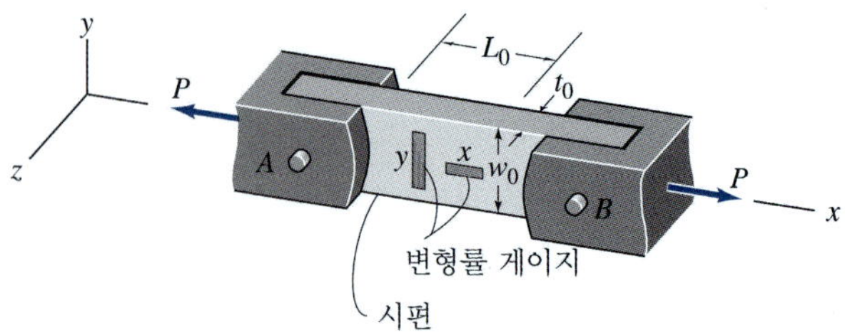

P2.6-9

문제 2.6-10. 강체이며 무게가 없는 보 BD는 하중 P를 지지하며, 그림 P2.6-10과 같이 두 개의 행거 봉 (1)과 (2)에 의해 지지되고 있다. 봉은 초기에 동일한 길이 $L=2$ m이고 동일한 재료로 만들어진다. 이들의 직사각형 단면은 각각 원래 치수 ($w_1=40$ mm, $t_1=20$ mm)와 ($w_2=50$ mm, $t_2=25$ mm)를 갖는다. $L_{BD}=1.5$ m이다. (a) 하중이 가해질 때 강체 봉 BD가 수평을 유지한다면 어떤 위치 b에서 하중 P가 작용해야 하는가? (b) 하중 $P=205$ kN인 경우, 행거 봉의 세로방향 변형률이 $\epsilon_1=\epsilon_2=500\mu$이라면 탄성계수의 값은 얼마인가? (c) 하중 P를 상기 (a) 및 (b)에서 설명한 방식으로 적용하면 행거 봉 (2)의 치수 w가 50 mm에서 49.9918 mm로 감소하게 되는데, 푸아송비 ν의 값은 얼마인가?

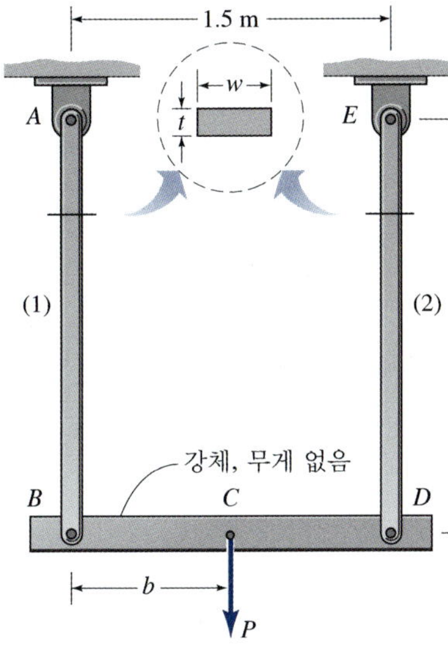

P2.6-10

문제 2.7-1. 그림 P2.7-1과 같이 두 개의 볼트를 사용하여 직사각형 바를 연결한다. 볼트의 지름이 3/8 in.이고 하중이 20 kips인 경우, 직접 전단력을 받는 볼트 표면의 평균 전단응력을 계산하시오.

P2.7-1, P2.7-2

설계문제 2.7-2. 그림 P2.7-2와 같이 두 개의 볼트를 사용하여 인장 상태의 직사각형 바를 연결한다. 볼트에 대한 평균 전단응력이 $P=80$ kN의 주어진 하중에 대해 140 MPa를 초과하지 않는 경우 볼트의 필요한 지름을 계산하시오.

문제 2.7-3. 그림 P2.7-3과 같이 앵글 브라켓은 두께가 12.7 mm이고, 두 개의 15 mm 지름의 볼트로 기둥의 플랜지에 부착된다. 기둥 안으로 들어가는 프레임의 조이스트 나사에는 앵글 브래킷의 윗면에 $p=2$ MPa의 일정한 하향 압력을 받는다. 부하된 면의 치수는 $L=152$ mm 및 $b=76$ mm이다. 볼트의 평균 전단응력 σ_{avg}을 결정하시오. (앵글 브라켓과 기둥 사이의 마찰을 무시하시오.)

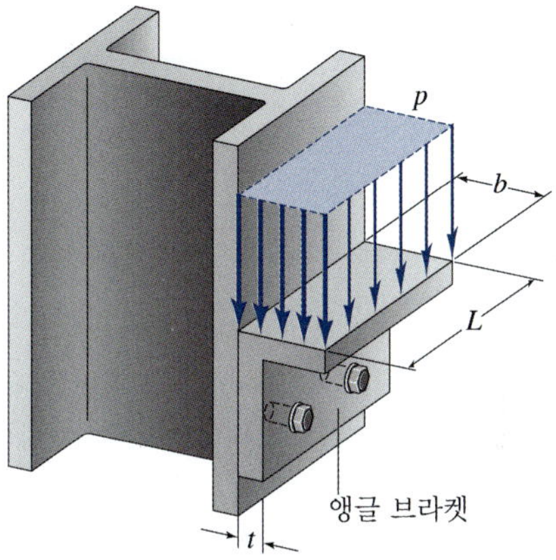

P2.7-3

■ 전단응력 **MDS 2.8-2.11**

설계문제 2.7-4. 100 kip 용량의 유압 펀치 프레스를 사용하여 그림 P2.7-4에 나와 있는 것처럼, 3/8 in. 두께의 알루미늄 판에 원형 구멍을 펀칭한다. 이 판의 평균 펀칭전단 저항이 30 ksi인 경우 펀칭할 수 있는 구멍의 최대 내부지름은 얼마인가?

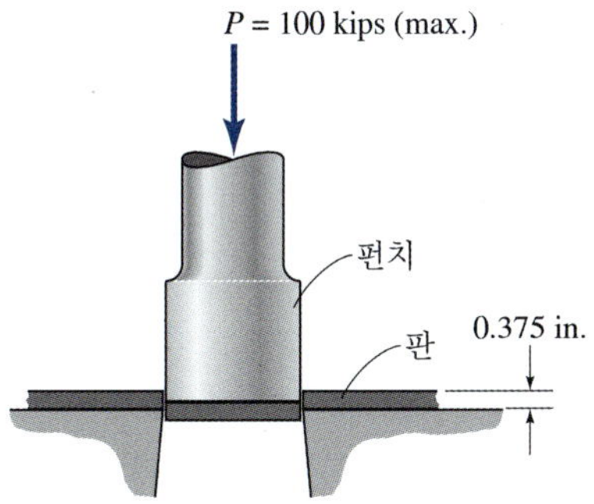

P2.7-4

문제 2.7-5. 걸쇠 판의 구멍은 그림 P2.7-5에 예시된 것처럼 "직사각형" 구멍 모양의 펀치를 갖는 그림 2.7-4의 것과 비슷한 유압 펀치 프레스로 펀칭된다. 걸쇠 판의 평균 펀칭전단 저항이 38 ksi이고 1/16 in. 두께의 강재인 경우, 필요한 펀칭하는데 힘 P는 얼마인가?

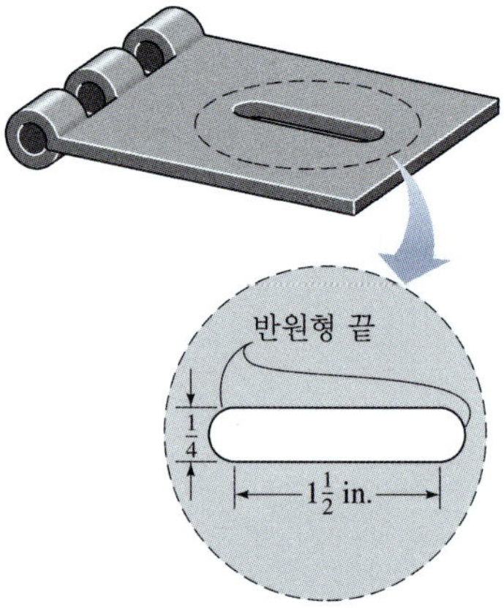

P2.7-5

문제 2.7-6. 파이프 플랜지는 유효지름이 0.425 in.인 4개의 볼트로 콘크리트 바닥에 부착된다. 볼트는 그림 P2.7-6과 같이 지름 8 in.의 볼트 원을 중심으로 일정한 간격을 두고 설치된다. 비틀림 모멘트 $T = 5000$ lb · in.가 그림 P.7-6에서 보는 바와 같이 파이프 플랜지에 적용되는 경우 네 개의 볼트 각각의 평균 전단응력은 얼마인가? 파이프 플랜지와 콘크리트 바닥 사이의 마찰을 무시하시오.

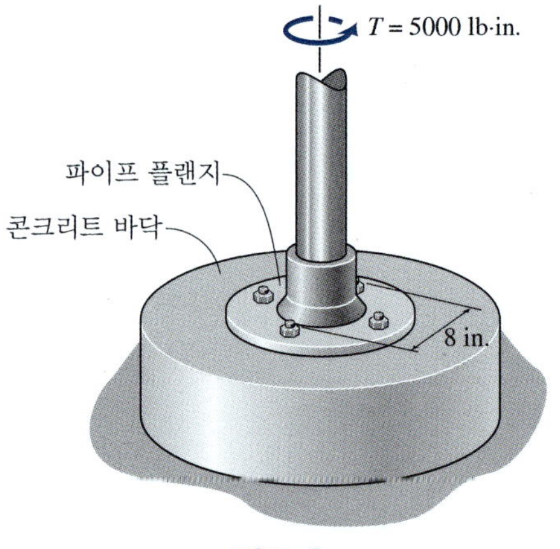

P2.7-6

문제 2.7-7. 서커스 동작을 위한 높은 쪽 와이어는 수직 보 AC에 부착되며, 그림 P2.7-7에서 설명한 것처럼 인장 케이블 BD에 의해 팽팽하게 유지된다. C에서 보 AC는 단면 a-a에 표시된 브래킷에 지름 10 mm의 볼트로 연결된다. 높은 쪽 와이어의 인장력이 5 kN인 경우 C에서 볼트의 평균 전단응력을 계산하시오. (높은 와이어가 수평이고 AC의 무게를 무시한다고 가정한다.)

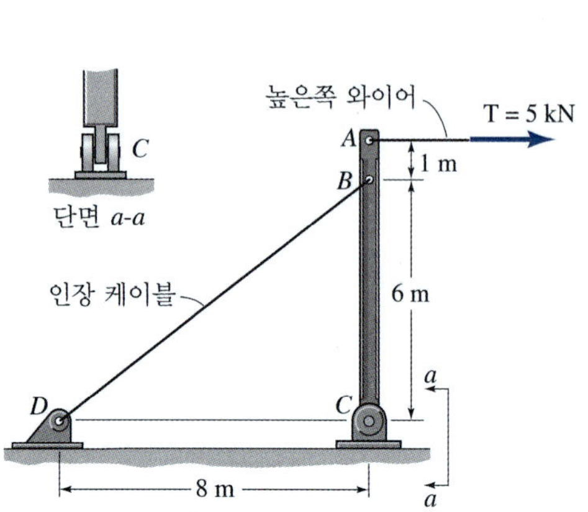

P2.7-7

문제 2.7-8. 앵글 브라켓 ABC는 고강도 강선 CD에 의해 구속되며, 그림 P2.7-8에서와 같이 A에서 하중 P를 지지한다. 와이어 CD의 지름은 $d_w = 1/8$ in.이고, B에서 핀의 지름 $d_p = 1/8$ in.이다. 와이어 CD의 인장응력과 B에서 핀의 평균 전단응력을 계산하시오.

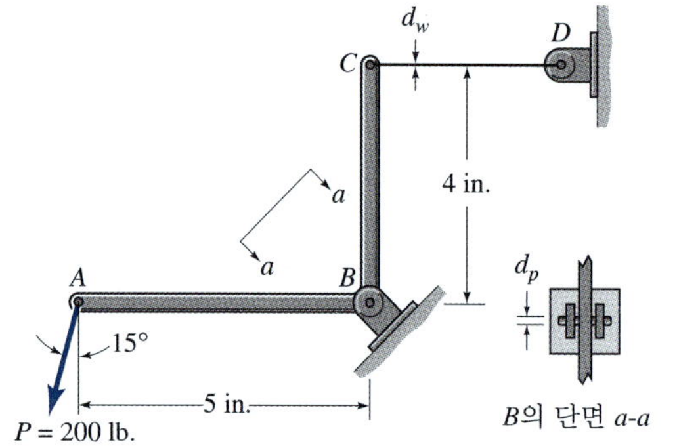

P2.7-8

문제 2.7-9. 그림 P2.7-9와 같이 2개의 3/4 in. 나일론 봉은 봉 끝단의 플라스틱 파이프의 2 in. 단면을 함께 접착된다. $P =$ 500 lb의 인장력이 접합된 나일론 봉에 적용되는 경우, 파이프와 봉 사이의 접합부의 평균 전단응력은 얼마인가?

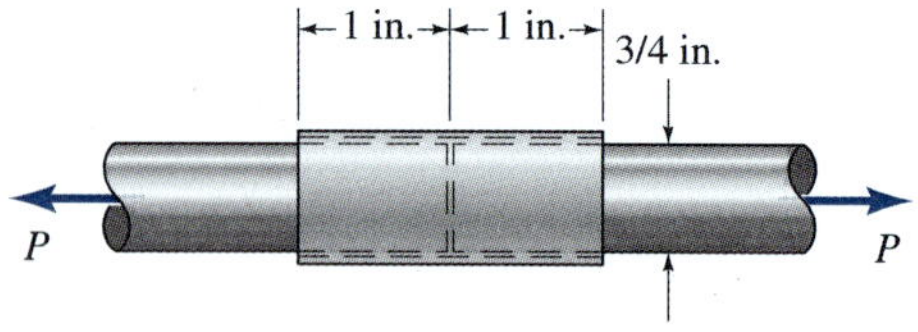

P2.7-9

문제 2.7-10. 그림 P2.7-10의 하중 P(당김)와 V(수직)는 견인되는 트레일러에 의해 트레일러 걸쇠의 볼에 가해진다. 볼은 중실 사각형 강철 봉에 볼트로 고정되어 있으며, 이 봉은 견인 차량에 부착된 사각형의 강관 콘센트에 맞는다. 강철 핀은 중실 봉에서 관형 리셉터클로 하중을 전달한다. (a) 한 개 이상의 주차장을 방문하여 그러한 트레일러 걸쇠를 발견할 수 있는지 확인하시오. (예를 들어, 트레일러 임대 업체 또는 보트 판매점을 방문해야 할 수도 있다.) 걸쇠 부품의 치수를 (대략) 나타내는 스케치를 포함하여 본 것을 간략하게 보고하시오. (b) 하중 P와 V가 관형 리셉터클에 전달되는 방법을 나타내는 볼 모양의 중실 강철 걸쇠 바의 자유물체도를 그린다. 강철 핀이 어떤 하중을 전달하는지 구체적으로 나타내시오.

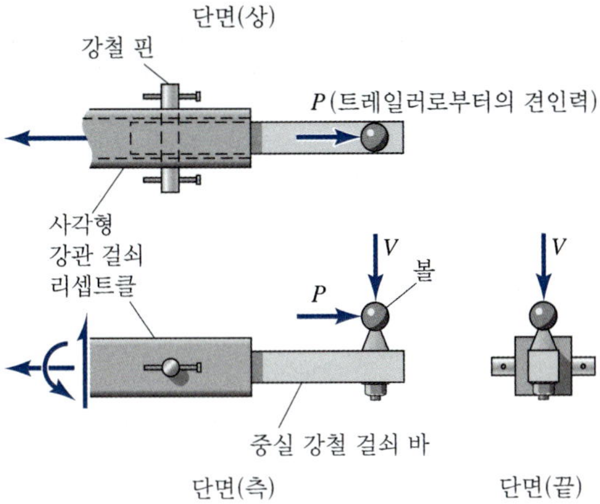

P2.7-10

■ **전단변형률**

문제 2.7-11. 직사각형 판(점선은 원래의 형상을 나타냄)은 그림 P2.7-11에서와 같이 평행사변형(음영 처리된 그림)의 모양으로 균일하게 변형된다. (a) 그림에 표시된 x와 y방향의 선간 평균 전단변형률을 $\gamma_{xy}(A)$라고 한다. (b) 그림에 표시된 x'와 y' 방향의 선간 평균 전단변형률을 $\gamma_{x'y'}(A)$를 구하시오. (힌트: 전단변형률은 양수 또는 음수일 수 있음을 명심한다.)

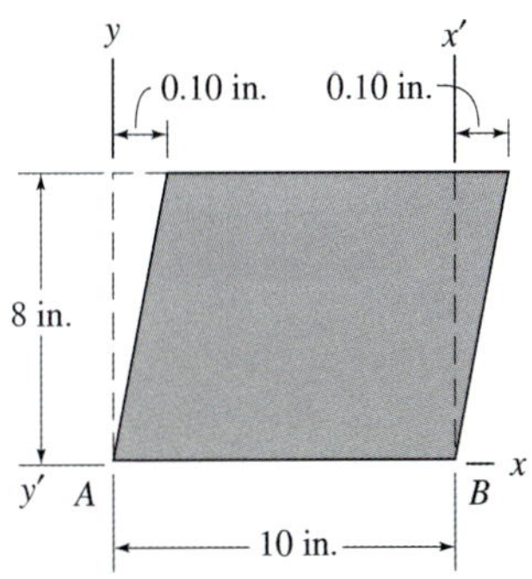

P2.7-11

문제 2.7-12. 전단응력 ν는 $\gamma_{xy}=1200\mu$(즉, $\gamma=0.0012$ m/m)의 전단변형률(x방향의 선들과 y방향의 선들 사이)을 생성한다. (a) 점 A의 수평 변위 δ_A를 구하라. (b) 그림 2.7-12와 같이 x' 방향과 y'방향의 선 사이의 전단변형률 $\gamma_{x'y'}$를 결정하시오.

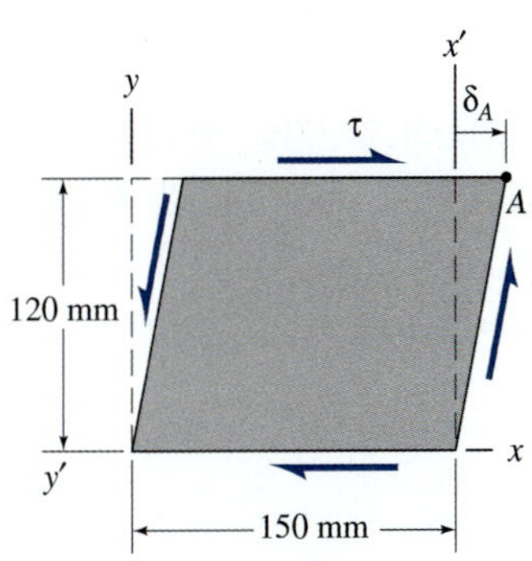

P2.7-12

문제 2.7-13. 두 개의 동일한 대칭으로 배치된 고무 패드는 그림 P2.7-13과 같이 사각형 봉에서 C자 모양의 브라켓으로 하중을 전달한다. (a) $P=250$ N 및 고무 패드의 치수가 다음과 같을 경우($b=50$ mm, $w=80$ mm, $h=25$ mm), 패드의 상부 및 하부 표면에 평행한 평면상의 평균 전단응력 τ를 결정하시오. (하중이 전단 변형에 의해 주로 전달되더라도 패드에는 순수한 전단력이 작용하지 않는다. 하지만 평균 전단응력과 평균 전단변형률은 여전히 계산할 수 있다.) (b) 고무의 전단 탄성계수 $G_r=0.6$ MPa이고, (a)에서 계산된 평균 전단응력 τ와 관련된 평균 전단변형률 γ는 얼마인가? (c) (b)에서 결정된 평균 전단응력에 근거하여, 하중 $P=250$ N이 가해질 때 직사각형 봉과 C형 브라켓 사이의 상대 변위 δ는 얼마인가?

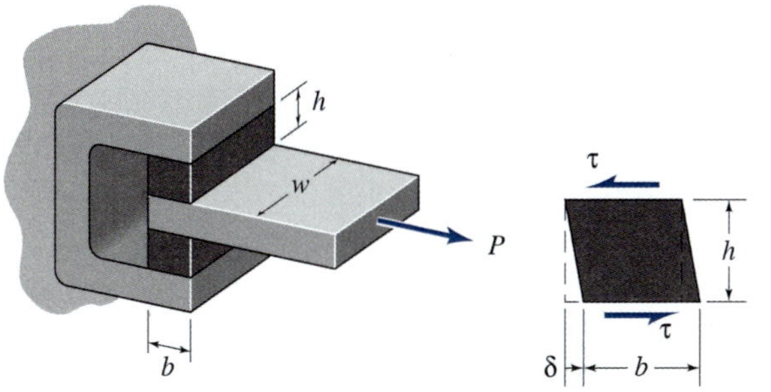

(a) 하중 전달 고무 패드의 구성 (b) 변형 후의 고무 패드

P2.7-10 및 P2.7-14

설계**문제 2.7-14.** 두 개의 동일하고 대칭으로 배치된 고무 패드는 그림 2.7-14와 같이 직사각형 바에서 C형 브라켓으로 하중을 전달한다. 고무 패드의 치수는 다음과 같다. $b=3$ in., $w=4$ in. 및 $h=2$ in.이다. 고무의 전단 탄성계수는 $G_r=100$ psi이다. 바와 브라켓 사이의 최대 상대 변위가 $\delta_{max}=0.25$ in.인 경우 적용할 수 있는 하중 P의 최댓값은 얼마인가? (이 문제를 푸는데 평균 전단응력과 평균 전단변형률을 사용하시오.)

***문제 2.7-15.** 그림 P2.7-15에 제시된 것과 같은 진동 방지 장치는 민감한 도구를 지지하는 데 사용된다. 각 방진 장치는 외부지름 D, 내부지름 d 및 높이 h의 중공 고무 실린더로 구성된다. 고무 실린더의 내부 표면에 내부지름 d의 강철 중심 기둥이 결합되고 고무 실린더의 외부 표면이 강철 튜브 받침의 내부 표면에 결합된다. (a) 방지 장치의 중심으로부터 거리 r의 함수로서 고무의 평균 전단응력에 대한 식을 유도하시오. (b) 강철 포스트와 강철 튜브가 강체(고무와 비교하여)로 가정하여, 고무의 전단계수를 G로 하여 하중 P를 중심 기둥의 아랫쪽 변위로 재현하는 식을 유도하시오. (힌트: 중심으로부터 거리 r에

따라 전단변형률이 변하므로 적분이 필요하다.)

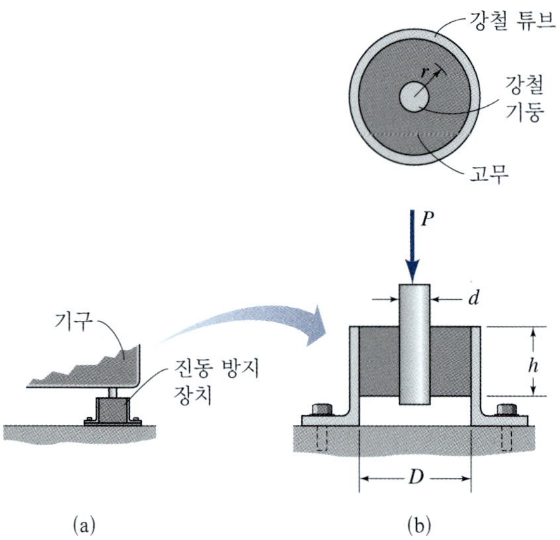

P2.7-15

■ 축방향 하중 및 직접전단 설계 MDS 2.12-2.15

설계문제 2.8-1. 그림 P2.8-1에서 볼 수 있듯이 볼트로 고정된 랩 조인트는 직사각형 바를 행거 브라켓에 연결하는 데 사용된다. 볼트의 허용 전단응력이 15 ksi이고, 직사각형 봉의 허용 인장 하중이 $P_{allow}=2$ kips인 경우, 볼트 생크부의 최소 지름은 몇 인치인가?

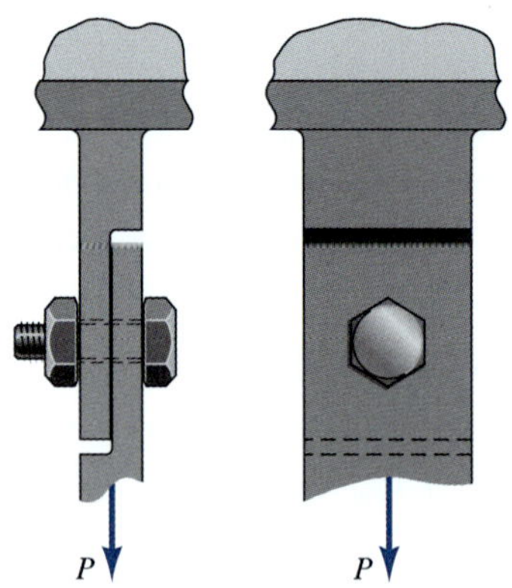

P2.8-1 및 P2.8-2

설계문제 2.8-2. 그림 P2.8-2에서 볼 수 있듯이 볼트로 고정된 랩 조인트는 직사각형 바를 행거 브라켓에 연결하는 데 사용된다. 볼트의 허용 전단응력은 80 MPa이고, 볼트 생크부의 지름은 15 mm이며, 직사각형 바에 허용되는 인장 하중 P_{allow}은 얼마인가?

설계문제 2.8-3. B에 있는 한 쌍의 플라이어의 두 반쪽을 함께 고정하는 핀은 지름 $d=6.35$ mm를 가지고 있으며, $\tau_{allow}=75$ MPa의 강재로 만들어져 있다. P_A가 그림 P2.8-3에서 A로 표시된 두 곳의 각 손잡이에 가해진다고 가정하고, 각 플라이어(jaw)에 의해 C에서 둥근 봉에 가해질 수 있는 허용 가능한 힘 $(P_C)_{allow}$는 얼마인가?

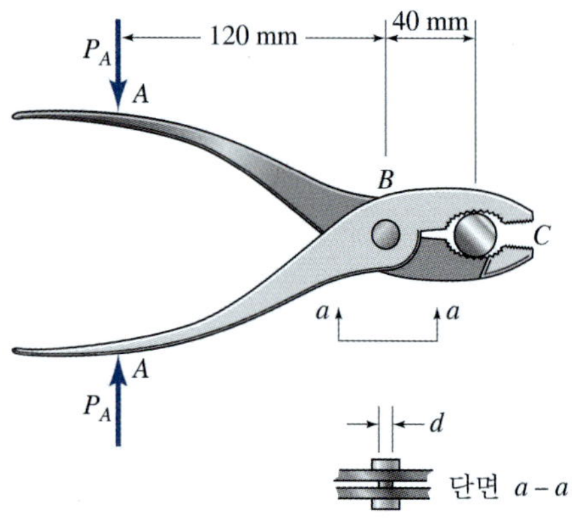

P2.8-3

설계문제 2.8-4. 그림 P2.8-4a의 황동 아이바는 $d_r=0.500$ in.의 지름을 가지며 지름 $d_p=0.375$ in.의 황동 핀에 의해 지지 브라켓에 부착된다. 핀의 허용 전단응력이 12 ksi이고 바의 허용 인장응력이 18 ksi인 경우, 허용 인장하중 P_{allow}는 얼마인가?

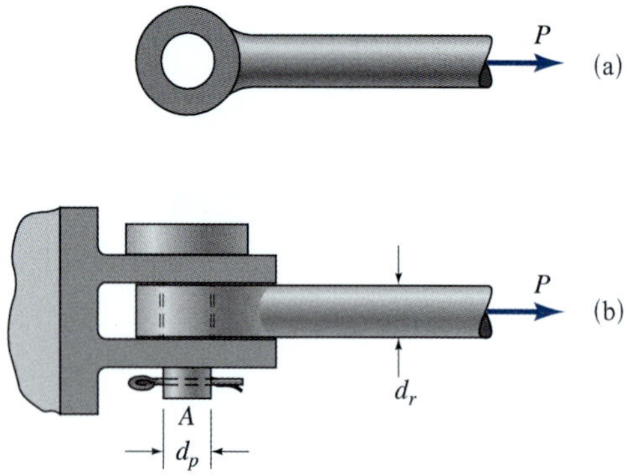

P2.8-4

설계문제 2.8-5. 범선의 앞당김줄(케이블)은 보트의 갑판에 있는 Tee-브라켓(탈착식)에 스테인레스강 핀으로 연결된다. 핀의 허용 전단응력 $\tau_{allow}=11$ ksi이고 핀의 지름 $d_p=0.25$ in.이면 당김줄에 허용되는 인장력 T_{allow}은 얼마인가?

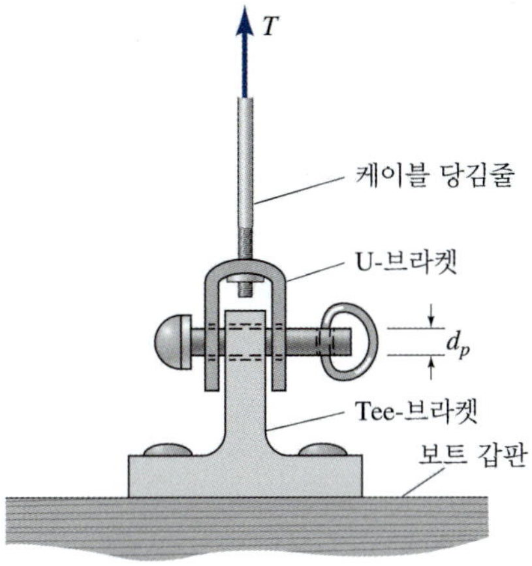

P2.8–5

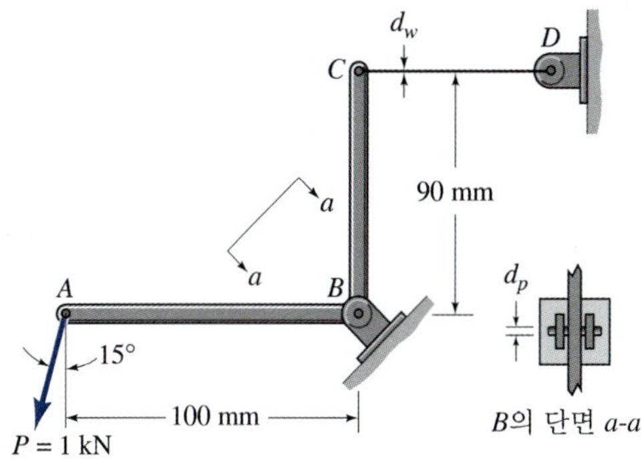

P2.8–7

설계문제 2.8–6. 무게 W의 압축기는 그림 P2.8-6a에 나타낸 바와 같이 지름 d_1과 d_2의 긴 봉 AB와 CD에 의해 경사진 천장보에 매달려 있다. 전형적인 브라켓은 그림 P2.8-6b에 나와 있다. 아래 주어진 데이터를 사용하여 허용되는 압축기의 무게 W_{allow}를 구하시오. (A와 C 사이의 작업대의 무게를 무시하고 두 봉의 무게를 무시하시오). 또한 봉 AB와 A와 B의 핀이 고려할 필요가 없을 정도로 충분히 크다.)

$$\text{봉 } CD\text{: } d_2 = 10 \text{ mm}, \quad \sigma_{allow.} = 85 \text{ MPa}$$
$$C\text{와 } D\text{에서의 핀: } d_p = 7 \text{ mm}, \quad \tau_{allow.} = 100 \text{ MPa}$$
$$a = 0.75 \text{ m}, \quad b = 0.50 \text{ m}$$

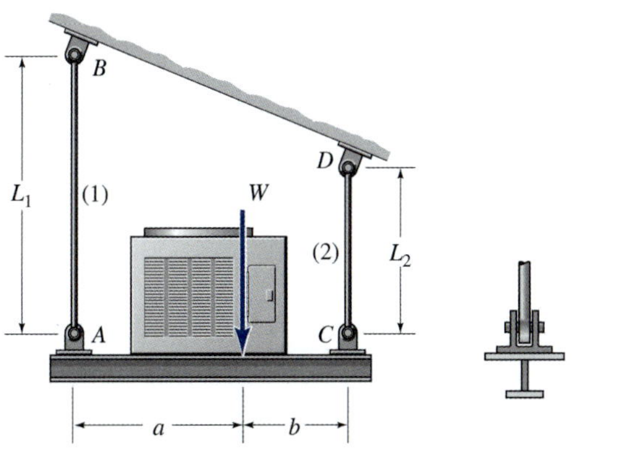

P2.8–6

설계문제 2.8–7. 앵글 브라켓 ABC는 고강도 강선 CD로 구속되며, 그림 P2.8-7과 같이 A에서 하중 P를 지지한다. B의 와이어와 전단 핀의 강도 특성은 $\sigma_y = 350$ MPa (와이어)이고 $\tau_U =$ 300 MPa (핀 B)이다. 와이어와 핀이 와이어의 항복에 대한 안전계수 $FS_\sigma = 3.3$, 핀의 극한 전단 파손에 대한 안전계수 $FS_\tau = 3.5$을 제공하기 위해 와이어와 핀의 필요한 지름(mm)은 얼마인가?

설계문제 2.8–8. 그림 P2.8-8의 붐 AC는 사각형 강철 봉 BD로 지지되며 고강도 스틸 핀으로 C의 브라켓에 부착된다. B의 핀이 적용된 부하를 유지하기에 적절하고 설계상의 중요한 구성요소는 봉 BD와 핀 C이다. 항복에 의한 BD의 파손에 대한 안전 계수는 $FS_\sigma = 3.0$이며, C에서의 핀의 극한 전단 파손에 대한 안전계수는 $FS_\tau = 3.3$이다. (a) 너비가 b인 직사각형 바 BD의 필요한 두께 t를 구하시오. (b) C에서 핀의 필요한 지름 d를 구하시오.

$$P = 2400 \text{ lb}, \quad L = 6 \text{ ft}, \quad h = 4 \text{ ft}$$
$$\text{바 } BD\text{: } b = 1 \text{ in.}, \quad \sigma_Y = 36 \text{ ksi}, \quad \text{핀 } C\text{: } \tau_U = 60 \text{ ksi}$$

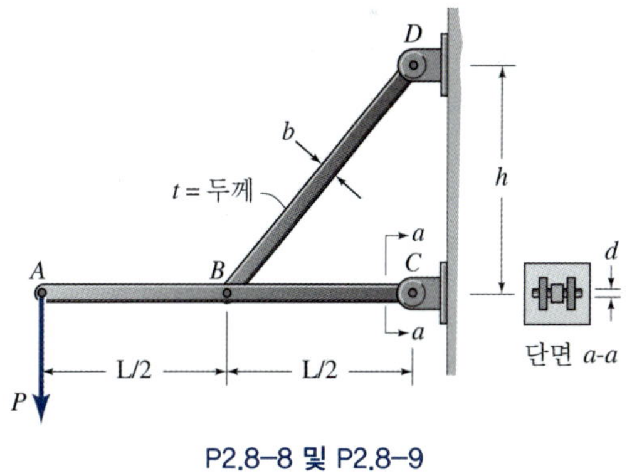

P2.8–8 및 P2.8–9

설계문제 2.8–9. 다음 데이터를 사용하여 문제 2.8-8를 구하시오.

$$P = 10 \text{ kN}, \quad L = 3 \text{ m}, \quad h = 2 \text{ m}$$
$$\text{부재 너비 } BD\text{: } b = 25 \text{ mm}, \quad \sigma_Y = 250 \text{ MPa}$$
$$\text{핀 } C\text{: } \tau_U = 400 \text{ MPa}$$

설계문제 2.8–10. 하중 W는 길이 $b = 3$ m인 강체 보 AC의 끝단 C에서 케이블로 매달려야 한다. 보 AC는 지름 $d = 25$ mm 및 길이 $L = 2.5$ m의 강봉으로 지지된다. 봉 BD는 항복점 $\sigma_Y = 250$ MPa, 탄성계수 $E = 200$ GPa의 강으로 만들어져 있다. C에서의 최대 변위 $(\delta_C)_{max} = 10$ mm이고, $FS_\delta = 3.0$의 변위와 관련하여 BD의 항복에 대한 안전계수 $FS_\sigma = 3.3$인 경우, C에서 보로부터 매달릴 수 있는 허용 중량은 얼마인가?

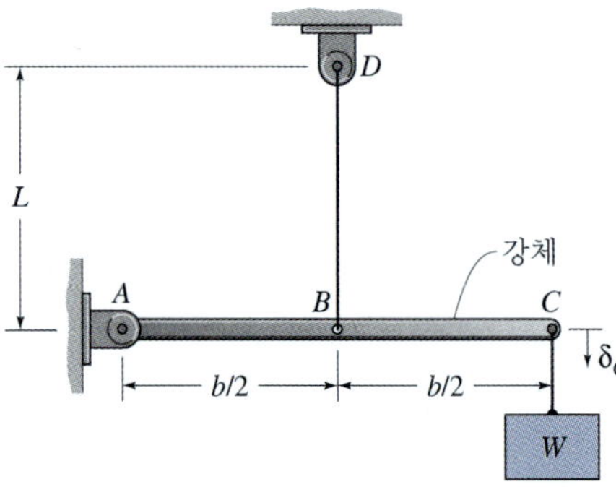

P2.8-10 및 P2.8-11

설계문제 2.8-11. $W=2$ kips의 하중은 길이 $b=8$ ft인 강체 보 AC의 끝단 C에서 케이블에서 매달리고 있다. 보 AC는 지름이 d이고, 길이 $L=12$ ft인 강철 봉 BD ($E=30\times10^3$ ksi)에 의해 지지된다. 봉 BD는 $FS_\sigma=4.0$의 항복에 대한 안전계수와 $FS_\delta=3.0$의 처짐에 대한 안전계수가 존재할 수 있는 크기이다. 케이블 BD의 항복강도는 50 ksi이며 C에서의 최대 변위는 $(\delta_C)_{max}=0.25$ in.로 제한된다. 즉, $(\delta_C)_{allow}=(\delta_C)_{max}/FS_\delta$이다. 가장 가까운 8 in.로 봉 BD의 필요한 지름 d를 결정하시오.

설계문제 2.8-12. 인장 봉은 그림 P2.8-12에서 보는 바와 같이 핀-요크 형 커넥터로 서로 접합된다. 인장 봉은 $P_{allow}=3$ kips의 허용 하중으로 설계되어야 한다. 봉의 허용 인장응력이 $\sigma_{allow}=15$ ksi이며 핀의 허용 전단응력이 $\tau_{allow}=12$ ksi인 경우, (a) 사용할 수 있는 봉의 최소 지름, d_r, (b) 사용할 수 있는 핀의 최소 지름, d_p를 가장 가까운 16 in.로 구하시오.

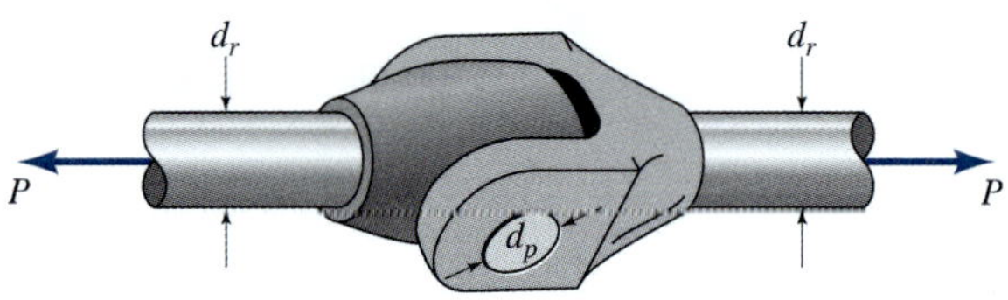

P2.8-12

설계문제 2.8-13. 그림 P2.8-13의 L형 하중 프레임은 고강도 전단 핀($d_p=0.5$ in., $\tau_U=50$ ksi)과 타이 로드 AB($d_r=0.625$ in., $\sigma_Y=50$ ksi)에 의해 지지되고 있다. 타이-로드와 핀은 인장 항복 및 극한 전단 파손에 대한 타이-로드 $FS=3.0$의 안전계수를 갖는다. 작업대의 허용 하중 W_{allow}를 결정하시오. $L_1=3$ ft, $L_2=L_3=4$ ft이다.

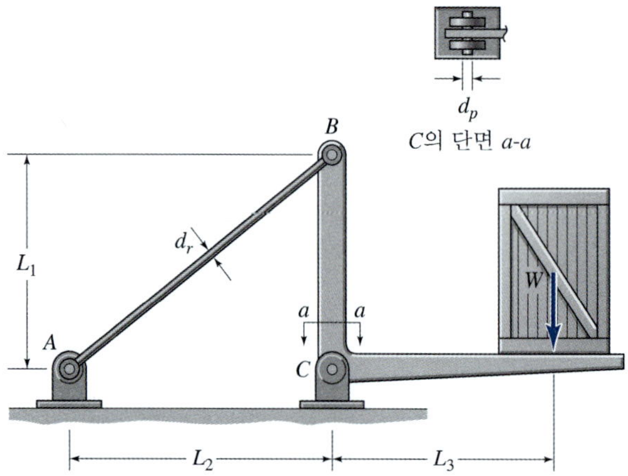

P2.8-13 및 P2.8-14

설계문제 2.8-14. 그림 P2.8-14의 L형 적재 플랫폼 프레임은 C 및 타이 로드 AB에 의한 고강도 강 전단 핀으로 지지된다. 타이 로드와 핀은 $FS=3.0$의 안전계수, 인장 항복에 대한 타이 로드 및 전단 파손에 대한 핀으로 크기를 정해야 한다. 봉과 핀의 강도 특성은 $\sigma_Y=340$ MPa 및 $\tau_U=340$ MPa이다. 각각의 길이는 $L_1=1.5$ m 및 $L_2=L_3=2.0$ m이다. (a) 적재 플랫폼이 최대 $W=8$ kN의 하중 W를 처리할 수 있는 경우, 타이 로드의 요구되는 지름 d_r(가장 가까운 mm)은 얼마인가? (b) C(가장 가까운 mm)에서 전단 핀의 요구되는 지름 d_p는 얼마인가?

문제 2.8-15. 3개 봉의 핀 조인트 평면 트러스는 조인트 B에서 수평 하중 P를 지지한다. 조인트 C는 수평으로 자유롭게 움직일 수 있다. 인장 허용응력 $(\sigma_T)_{allow}=140$ MPa이며 허용 압축 허용응력은 $(\sigma_C)_{allow}=-85$ MPa이다. 트러스가 최대 하중 $P_{allow}=50$ kN을 지지하는 경우, 3개의 트러스 부재의 필요한 단면적 A_i는 얼마인가?

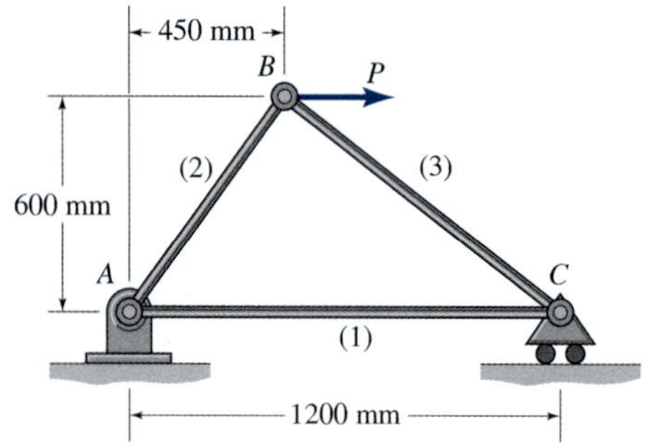

P2.8-15

■ 축방향 하중을 위한 컴퓨터 기반 설계

문제 2.8 − 16에서 2.8 − 18까지 "최적 설계"를 선택할 수 있도록 필요한 그래프를 생성하는 컴퓨터 프로그램을 개발해야 한다. 스프레드시트 프로그램이나 다른 수학 응용 프로그램(예: TK Solver 또는 Mathcad) 또는 컴퓨터 언어(예: BASIC 또는 FORTRAN)로 프로그램을 작성할 수 있다.

컴퓨터**문제 2.8−16.** 그림 P2.8-16a에 표시된 핀 조인트된 평면 트러스는 2개의 강 2력-부재로 만들어져 있으며 조인트 B에서 단일 수직 하중 $P = 10$ kN을 지지한다. 강재 트러스 부재의 경우, 인장 허용응력 $(\sigma_T)_{allow} = 150$ MPa, 압축 허용응력 $(\sigma_U)_{allow} = -100$ MPa, 중량 밀도는 77.0 kN/m^{3}이다. 조인트 B가 AC의 우측 1 m인 수직선을 따라 임의의 지점에 위치할 수 있는 트러스 설계를 고려해야 하며, y_B는 0에서 2 m까지 변한다.

(a) 각 부재가 위에서 언급한 강도 기준을 만족하는 최소 단면적을 갖는다면, 트러스의 무게 W는 그림 P2.8-16b에 그려져 있는 조인트 B의 위치 y_B의 함수로 표현될 수 있음을 보여라.

(b) y_B의 어떤 값이 트러스의 무게를 최소로 하는지, 그리고 트러스의 무게는 얼마인가?

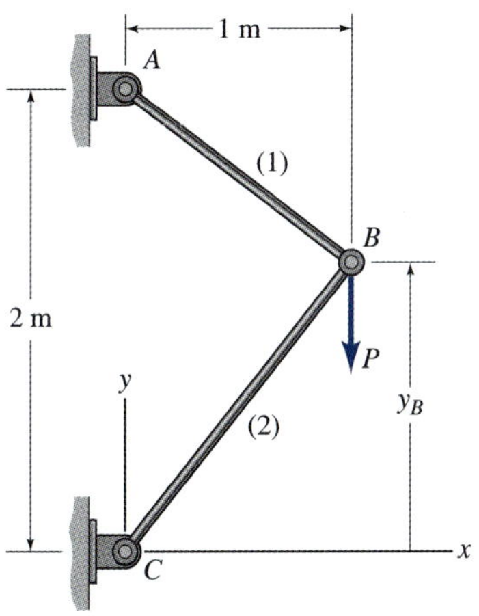

(a) 두 봉의 평면 트러스

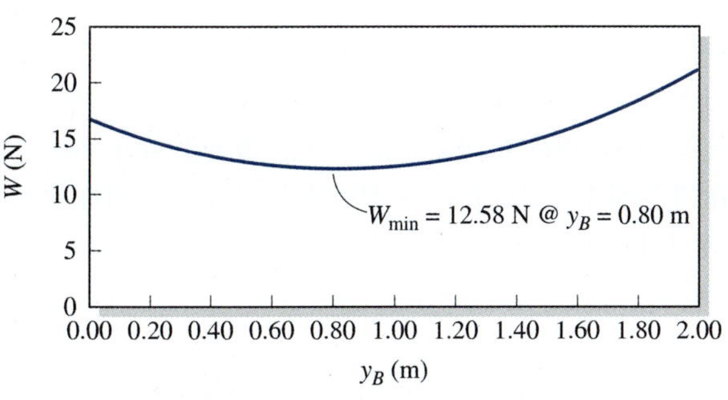

(b) 2개의 바의 평면 트러스에 대한 최소 무게 설계

P2.8−16

컴퓨터***문제 2.8−17.** 그림 P2.8-17에 보이는 핀 고정된 평면 트러스는 3개의 강재로 된 2력 부재로 만들어져 있으며 연결부 B에서 수직 하중 $P_B = 2$ kips를, 연결부 C에서 $P_C = 3$ kips를 지지한다. 부재 AB와 BC의 길이는 각각 $L_1 = 30$ in.과 $L_2 = 24$ in.이다. 조인트 C는 수직으로 자유롭게 움직일 수 있다. 강재 트러스 부재의 허용 인장응력 $(\sigma_T)_{allow} = 20$ ksi, 압축 허용응력 $(\sigma_U)_{allow} = -12$ ksi, 무게 밀도는 0.284 lb/in^{3}이다. 수직 부재 AC의 길이가 $L_3 = 18$ in.에서 50 in.까지 변하는 트러스 설계를 고려해야 한다. (a) 각 부재가 위에 명시된 강도 기준을 충족하는 최소 단면적을 갖는 경우, 트러스의 무게 W는 그림 P2.8-16b에 도시된 것과 유사한 함수에 의해 부재 AC의 길이 L_3의 함수로 표현될 수 있다. (힌트: 코사인 법칙을 사용하여 조인트 A에서의 각도와 조인트 C에서의 각도를 구하시오.) (b) 최소 무게 트러스를 나타내는 L_3의 값과 트러스의 무게는 얼마인가?

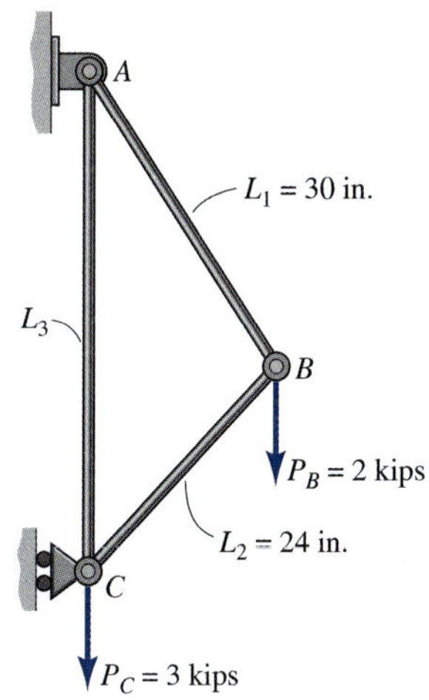

P2.8−17

문제 2.8−18. 그림 P2.8-18에 제시된 핀 조인트된 평면 트러스는 2개의 알루미늄 2력 부재로 만들어지고 조인트 B에서 단일 수평 하중 $P = 50$ kN을 지지한다. 알루미늄 트러스 부재의 경우, 허용 인장응력 $(\sigma_T)_{allow} = 200$ MPa, 압축 허용응력

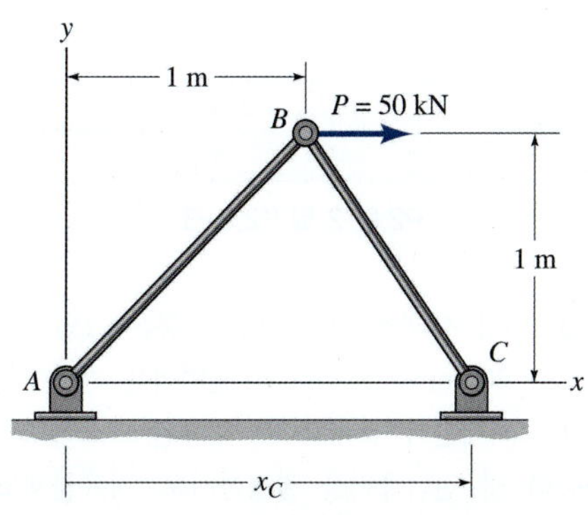

P2.8−18

$(\sigma_U)_{allow} = -130$ MPa, 무게 밀도는 28.0 kN/m^{3}이다. 지지대 C가 x축을 따라 임의의 지점에 위치할 수 있는 트러스 설계를 고려해야 하며 x_C는 1 m에서 2.4 m까지 변한다. (a) 각 부재가 위에서 언급된 강도 기준을 만족하는 최소 단면적을 갖는 경우, 트러스의 무게 W는 다음과 같은 함수에 의해 지지점 C의 위치인 x_C의 함수로 표현될 수 있다. 이는 그림 2.8-16b에 그려진 것과 유사하다. (b) x_C의 어떤 값에서 최소 무게 트러스가 되는지, 그리고 그 트러스의 무게는 얼마인가?

■ 경사진 평면에 대한 응력

문제 2.9−1에서 문제 2.9−13까지 자유물체도와 평형 방정식을 사용하여 필요한 응력을 구한다.

문제 2.9-1. 평면 NN'은 그림 P2.9-1에 표시된 균일한 봉의 단면에 대해 각도 30°을 만든다. 봉의 직사각형 단면 치수는 1 in.×2 in.이다. 축방향 인장하중 P의 작용 하에 NN' 평면의 수직응력은 $\sigma_n = 8$ ksi이다. (a) 축방향 하중 P의 값을 구하시오. (b) NN' 평면에서 전단응력 τ_{nt}를 구하시오. (c) 봉의 최대 전단응력을 구하시오. 자유물체도와 평형방정식을 사용하여 필요한 응력을 풀 수 있다.

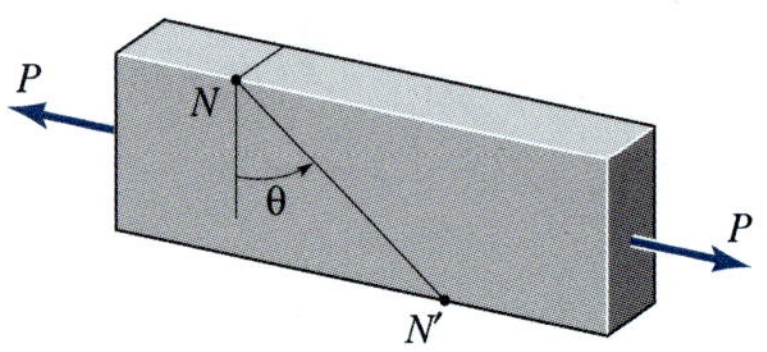

P2.9−1

문제 2.9-2. 그림 P2.9-2의 균일한 봉에 축방향 압축하중 $P = 70$ kips가 작용한다. 봉의 단면적은 2.0 in^{2}이다. $\theta = 40°$로 배향된 요소의 n면과 t면의 수직응력 및 전단응력을 결정하시오. 자유물체도와 평형방정식을 사용하여 필요한 응력을 풀 수 있다.

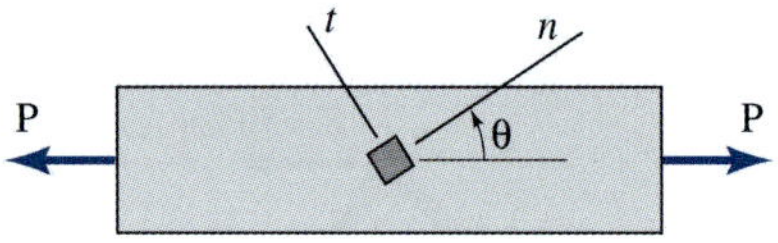

P2.9−2 및 P2.9−3

문제 2.9-3. 인장 상태에 있는 균일한 봉은 그림 P2.9-3에서 설명한 것처럼 20 mm×50 mm의 단면적을 가지며 인장하중 $P = 200$ kN을 지지한다. $\theta = 30°$로 배향된 요소의 n 및 t면에 대한 수직응력 및 전단응력을 결정하시오. 자유물체도와 평형방정식을 사용하여 필요한 응력을 풀 수 있다.

설계문제 2.9-4. 허용 가능한 인장응력 $\sigma_{allow} = 135$MPa이고 허용 전단응력 $\tau_{allow} = 100$MPa인 경우, 그림 P2.9-4에 표시된 균일한 봉에 대한 허용 인장하중 P를 구하시오. 봉의 횡단면 치수는 12.7 mm×50.8 mm이다.

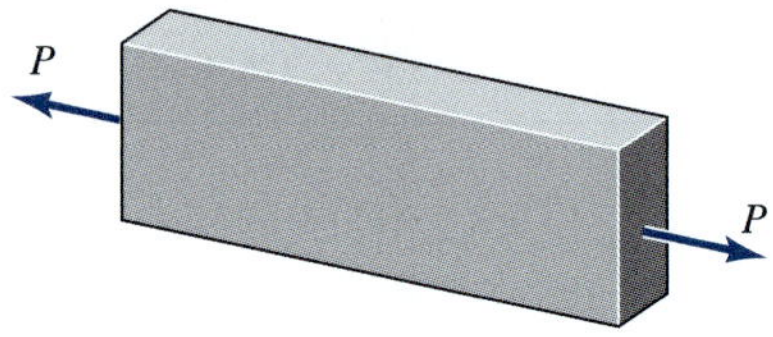

P2.9−4

문제 2.9-5. 직사각형 단면을 가진 봉은 그림 P2.9-5와 같이 축방향 인장하중 P를 받는다. (a) 전단응력의 크기가 수직 응력의 크기의 2배인 평면, 즉 $\tau_{nt} = 2\sigma_n$인 평면 NN'의 각도 θ_{na}를 구하시오. (b) $\sigma_n = 2\tau_{nt}$가 되는 평면의 각도 θ_{nb}를 구하시오. (힌트: 그림 2.34에서 대략적인 답을 얻을 수 있다.)

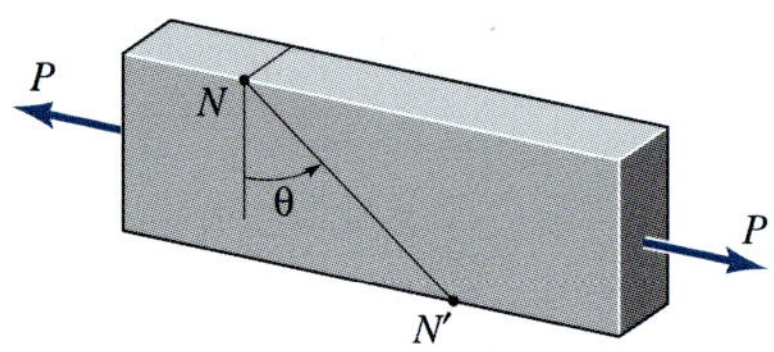

P2.9−5

설계문제 2.9-6. 치수 b의 사각 단면을 갖는 황동 봉은 그림 P2.9-6과 같이 압축 하중 $P = 10$ kips를 받는다. 황동의 압축 허용응력 $\sigma_{allow} = 12$ ksi이며, 허용 전단응력 $\tau_{allow} = 7$ ksi이다. 가장 가까운 1/16 in. 단위로 치수 b의 최소값을 구하시오.

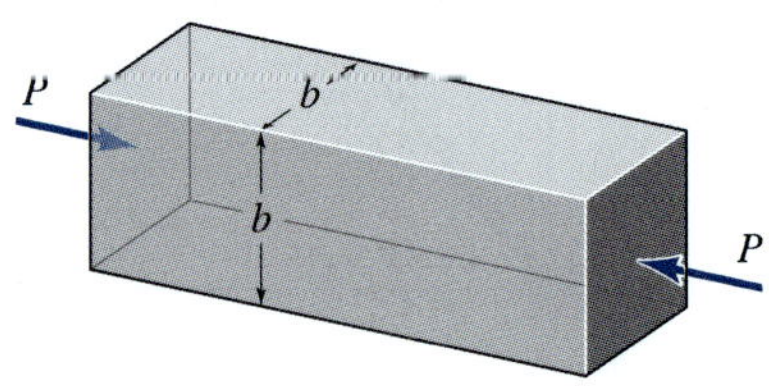

P2.9−6

문제 2.9-7. 6 in. 지름의 콘크리트 시험용 실린더는 그림 P2.9-7에서 보는 바와 같이 압축 하중 $P = 110$ kips를 받는다. 실린더는 수평에 대해 62°의 각을 이루는 평면을 따라 파손된다. (a) 파손 하중에 도달했을 때 실린더의 (압축성) 축방향 응력을 결정하시오. (b) 파손 시 파손 평면에서의 수직응력 σ, 전단응력 τ을 결정하시오.

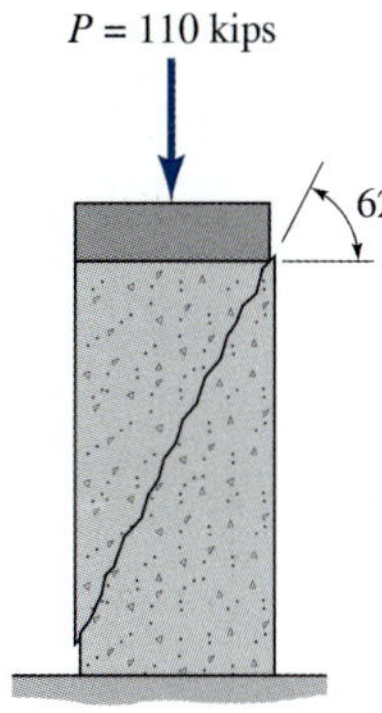

P2.9-7

문제 2.9-8. 각 모서리의 치수가 b인 목재 입방체는 그림 P2.9-8에서 설명한 것처럼 압축 시험을 받는다. 나무 입자의 방향은 그림에 표시된다. 나무 입자의 방향과 평행한 평면의 수직응력 σ_n과 전단응력 τ_{nt}를 구하시오.

$$P=5\ \text{kN},\quad b=150\ \text{mm},\quad \alpha=55^\circ$$

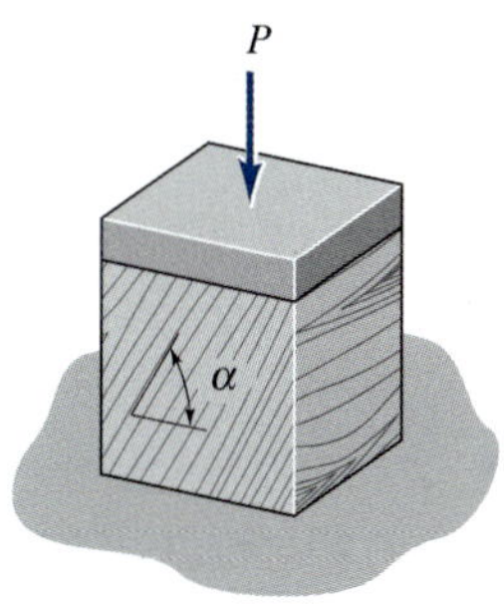

P2.9-8

설계***문제 2.9-9.** 핑거 조인트 접합(그림 P2.9-9a) 또는 대각선 랩 조인트 접합(그림 P2.9-9b)은 2개의 껍질을 함께 묶어 보다 긴 장력 부재를 형성하는 데 사용될 수 있다. 허용 하중의 비율 $(P_f)_{\text{allow}}/(P_d)_{\text{allow}}$을 결정하시오. 다음의 두 가지 접착 강도의 경우에 대해, (a) 접착제는 전단응력에 비해 인장응력이 2배 강하다, $\tau_{\text{allow}}=0.5\sigma_{\text{allow}}$. (b) 접착제는 전단응력이 인장응력에 비해 2배 강하다. $\tau_{\text{allow}}=2\sigma_{\text{allow}}$. (힌트: 위의 각 경우에 대해 주어진 접착제 강도 비율을 사용하여 σ_{allow}의 항으로 P_{allow}를 결정한다.)

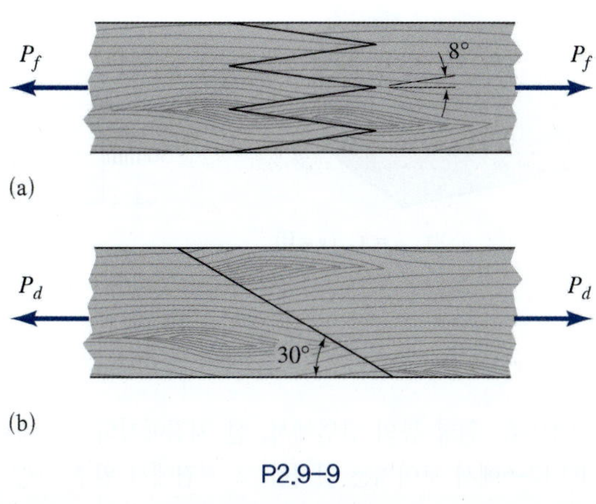

P2.9-9

문제 2.9-10. 실온(70°F)에서 축방향 하중($P=0$)이 없는 상태에서 축방향으로 균일한 봉(그림 P2.9-10)의 신장변형률은 0, 즉 $\epsilon_x=0$이다. 120°F로 가열되고 인장 하중 P가 가해진다. 봉의 재료 특성은 $E=10\times10^3$ ksi와 $\alpha=13\times10^{-6}$/°F이고 단면적은 1.8 in.^{2}이다. 하중-온도 조건에 대한 신장변형률이 $\epsilon_x=900\times10^{-6}$ in./in.이다. (a) 축방향 인장 하중 P의 값을 결정하시오. (b) 경사면 NN'의 수직응력과 전단응력을 결정하시오. (주: 총 변형률은 수직 응력 σ_x에 따른 변형률(식 2.14)과 온도 ΔT(식 2.8)의 변화로 인한 변형률의 합이다.)

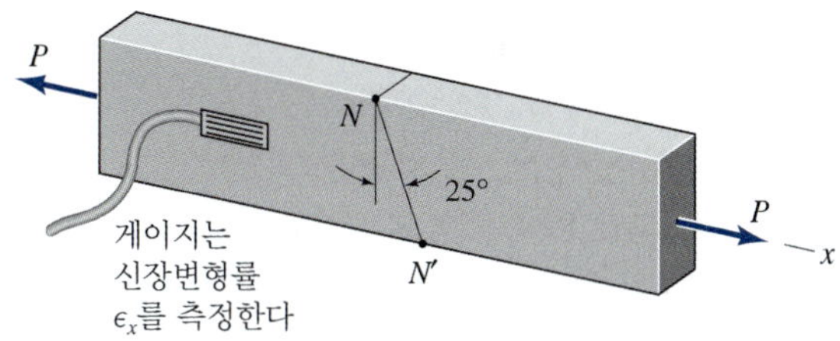

P2.9-10

■ **합의 응력**

문제 2.12-1. 그림 P2.12-1의 직사각형 봉의 횡단면 상반부에 작용하는 수직 응력 σ_x는 σ_0이며, 횡단면의 하반부에 작용하는 수직 응력은 $2\sigma_0$이다. (a) 축방향 합력 F_x의 값을 구하시오. (b) 축방향 합력 F_x가 작용하는 단면에서 점 R을 찾으시오.

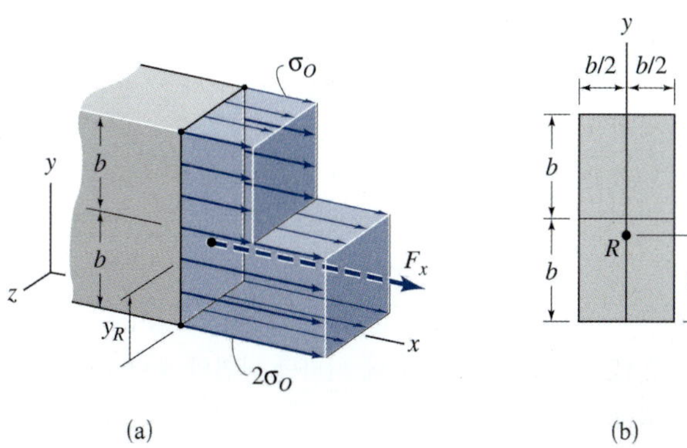

P2.12-1

문제 2.12-2. 그림 P2.12-2의 직사각형 단면 $ABCD$에 대한 수직응력 σ_x는 y 좌표에 대해 선형적으로 변한다. 즉, $\sigma_x=a+by$의 형태를 가지며, σ_{xb}의 하단 가로단면의 모서리에서는 가로단면의 상단 모서리에서 σ_{xt}까지 선형적으로 변한다. (a)

이 대칭 수직응력 분포에 대해 $M_y = 0$을 보이시오. (b) 응력 σ_{xb} 및 σ_{xt} 및 단면의 크기, 폭 b 및 높이 h에 대한 축방향 힘 F_x에 대한 식을 구하시오. (c) 굽힘 모멘트 M_z의 값에 대한 식을 구하시오.

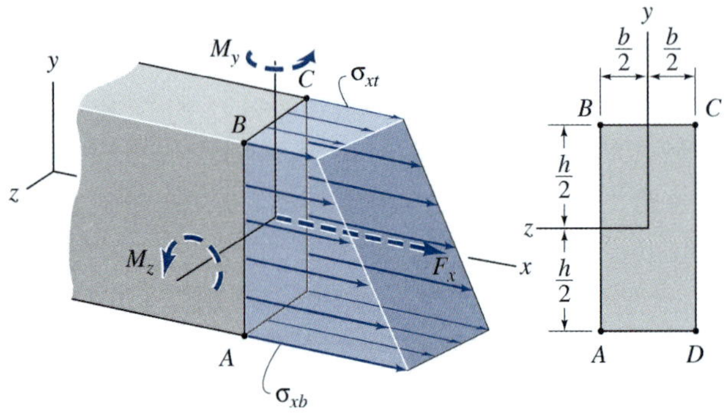

(a) (b)

P2.12-2

문제 2.12-3. 그림 P2.12-3의 직사각형 단면 $ABCD$에 대한 수직응력은 단면의 위치 (y, z)에 따라 선형적으로 변한다. 즉, $\sigma_x = a + by + cz$의 형태이다. 모서리 A, B 및 C에서의 σ_x값은 $\sigma_{xA} = 12$ ksi, $\sigma_{xB} = 8$ ksi 및 $\sigma_{xC} = 12$ ksi이다. (a) 모서리 D에서 수직응력 σ_{xD}의 값을 구하시오. (b) 축방향 힘 F_x를 결정하시오. (c) 굽힘 모멘트 M_y를 구하시오.

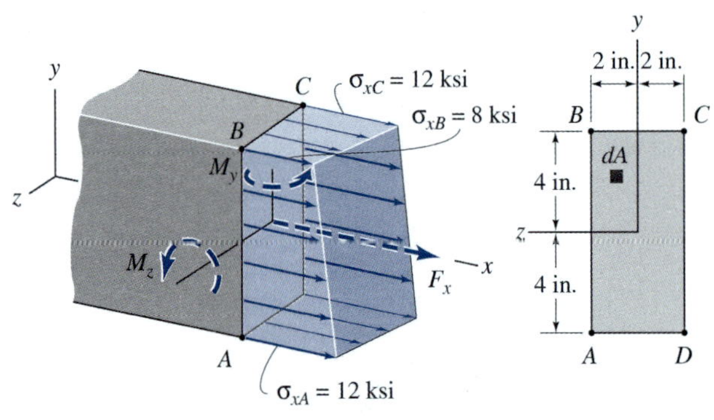

(a) (b)

P2.12-3

문제 2.12-4. 그림 P2.12-4a에 나타난 단면의 응력 분포는 다음과 같다.

$$\sigma_x = a + by \quad ; \quad \tau_{xy} = c\left[\left(\frac{h}{2}\right)^2 - y^2\right] \quad ; \quad \tau_{xz} = 0$$

응력과 관련된 양 a, b, c와 단면의 치수 d와 h의 항으로 합력 F_x와 V_y 및 굽힘 모멘트 M_z에 대한 식을 결정하시오. (예제 2.13 참조).

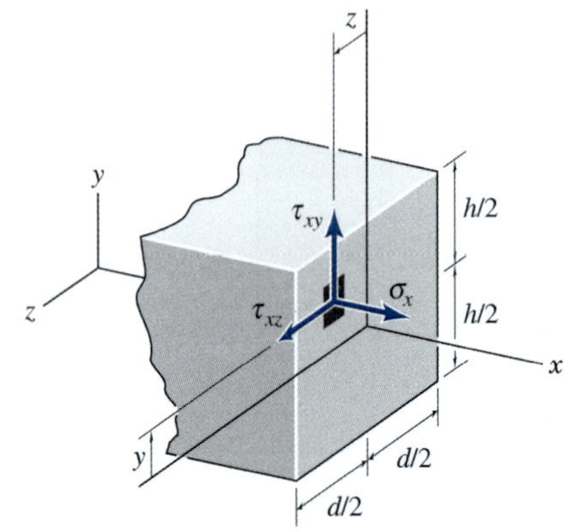

(a) 단면 x에 대한 응력들

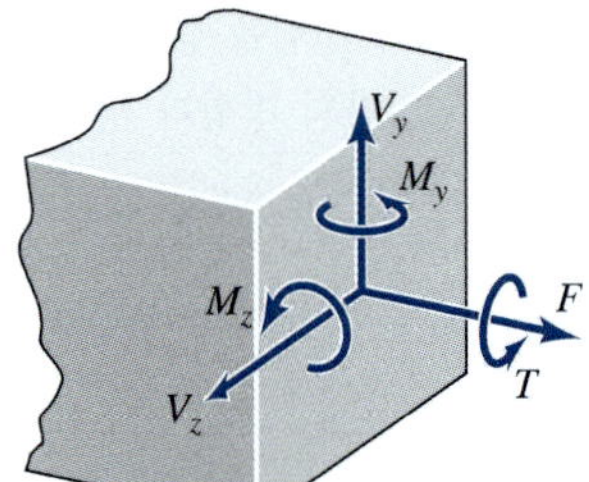

(b) x에 대한 합의 응력

P2.12-4

설계문제 2.12-5. 그림 2.12-5에 보이는 직사각형 봉의 특정한 단면에는 전단응력이 있으며, 그 분포는 y가 단면의 중심으로부터 mm 단위로 측정되는 형태를 갖는다(그림 P2.12-5b).

$$\tau_{xy} = \tau_{max}\left[1 - \left(\frac{y}{50}\right)^2\right]$$

전단 응력 τ_{xy}가 $\tau_{allow} = 50$ MPa를 초과하지 않을 경우, 이 가로단면에서 봉에 적용될 수 있는 최대 전단력 V_y는 얼마인가?

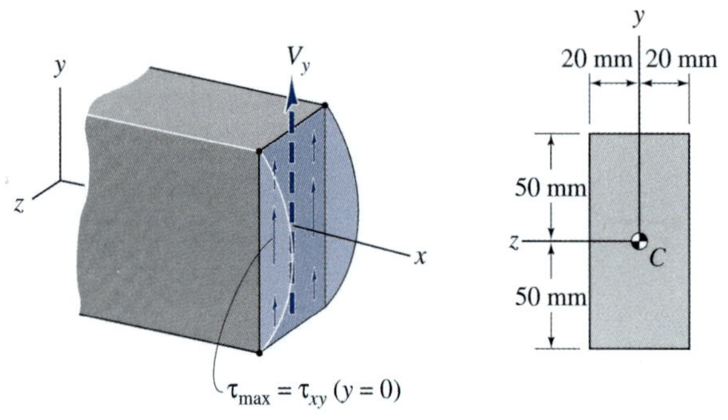

(a) (b)

P2.12-5

문제 2.12-6. 원형 봉의 단면에서, 한 지점에서의 전단응력은 그림 P2.12-6에서 보여지는 것처럼 그 지점에서 원주 방향으로 작용한다. 전단응력의 크기는 단면 중심으로부터의 거리, 즉 $\tau = \tau_{\max}\rho/r$에 따라 선형적으로 변한다. P2.12-6b의 링 모양 영역을 사용하여, 최대 토크 $\tau_{\max}$와 토크의 합력 T와의 관계식을 구하시오.

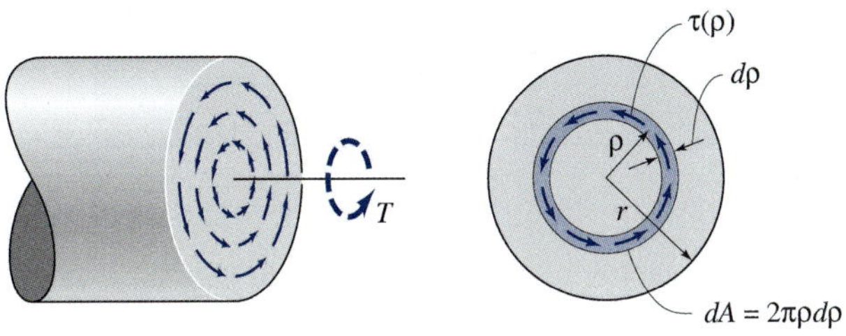

(a) (b)

P2.12-6

문제 2.12-7. 그림 P2.12-6에서처럼 중실 원형 봉에 작용하는 대신에, 전단응력 분포 $\tau = \tau_{\max}\rho/r_o$에서 외부 반지름 r_o와 내부 반지름 r_i의 관형 원통에 작용하는 경우, $\tau_{\max}$와 T 사이의 관계를 구하시오. (단면 치수는 그림 P2.12-7에 나와 있다. 원형 단면의 전단응력 분포 및 T 및 ρ의 정의에 대해서는 그림 2.12-6을 참조)

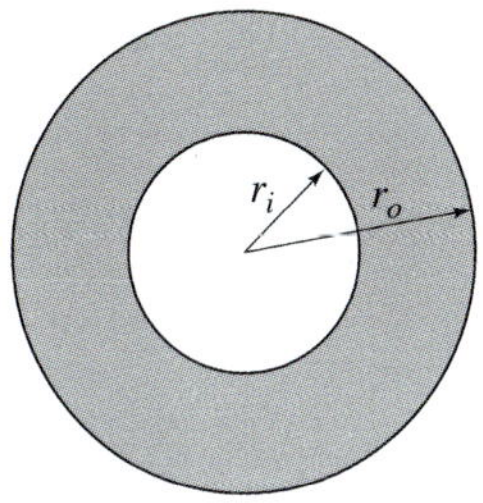

P2.12-7

문제 2.12-8. 반지름 r의 중실 원형 봉에 작용하는 전단 응력의 크기가 그림 P2.12-8에 나타난 바와 같이 반지름 방향 위치 ρ에 따라 달라지는 경우, 합의 토크 T를 최대 전단 응력 τ_Y와 관련시키는 식을 구하시오. (횡단면의 전단 응력 분포, T와 ρ의 정의에 대해서는 2.12-6절을 참조하고 그림 2.12-6b의 면적을 사용하시오.)

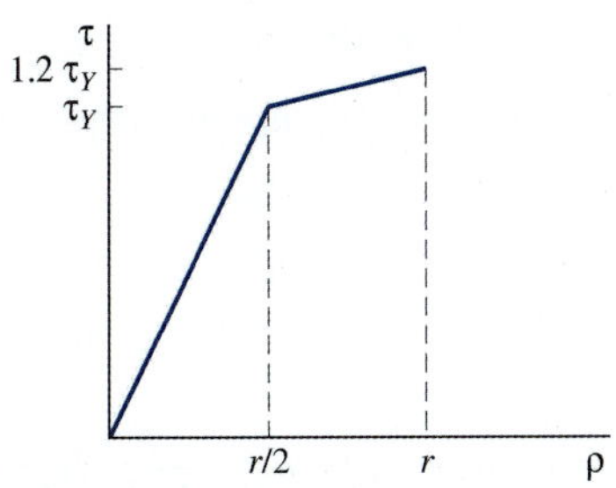

P2.12-8

■ **변형률-변형 방정식**

문제 2.12-9. (a) P2.12-9와 식 (2.35)에 주어진 신장변형률의 정의를 이용하여, 원래 길이가 L인 가는 와이어의 길이 변화 ΔL이 $\Delta L = \int_0^L \epsilon_x(x)dx$에 의해 주어진다는 것을 보이시오. 여기서 $\epsilon_x(x)$는 x 위치에서 와이어의 신장변형률이다. (b) 열팽창 계수 $\alpha = 20 \times 10^{-6}/℃$이고 와이어의 온도 변화가 $\Delta T = 10x^2(℃)$로 주어질 경우, 2 m 길이의 와이어의 신장량을 구하시오.

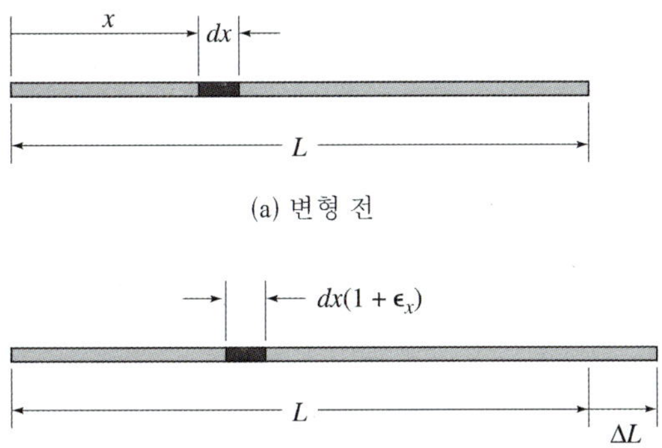

P2.12-9

문제 2.12-10. 그림 P2.12-10a에 나와 있는 얇은 직사각형 평판 $ABCD$는 x방향으로 균일한 신장하기 때문에 일정한 길이 δ 만큼 늘어난다. 대각선 AC의 (균일한) 신장변형률 ϵ_n에 대한 식을 구하시오. 답은 δ, L과 각도 θ로 표현하시오. $\delta \ll L$이라고 가정하고 관련 근삿값은 부록 A.2를 참조하시오.

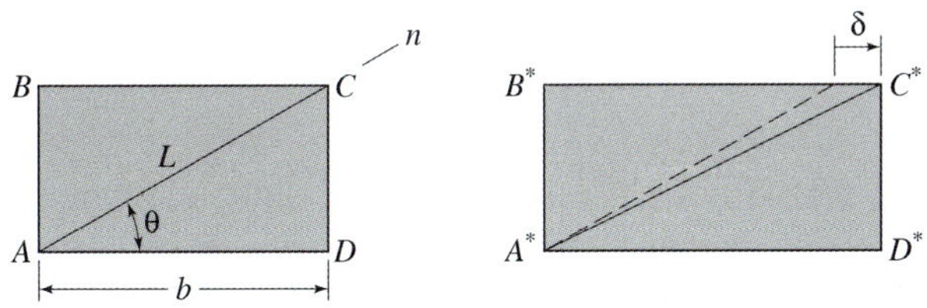

(a) 변형 전 (b) 변형 후

P2.12-10

문제 2.12-11. 밑면 b와 높이 h를 갖는 직사각형 평판 $ABCD$는 그림 P2.12-11에 표시된 확대된 직사각형 $AB^*C^*D^*$가 되도록, x방향으로 δ_x만큼 y축방향으로 δ_y만큼 균일하게 신장된다. 대각선 AC의 (균일한) 신장변형률 ϵ_n에 대한 식을 결정하시오. $L = \sqrt{b^2 + h^2}$, $\tan\theta = h/b$인 δ_x, δ_y, L 및 θ 측면에서 답을 표현하시오. $\delta \ll L$인 작은 변위의 가정에 근거를 두시오 (관련 근삿값은 부록 A.2 참조).

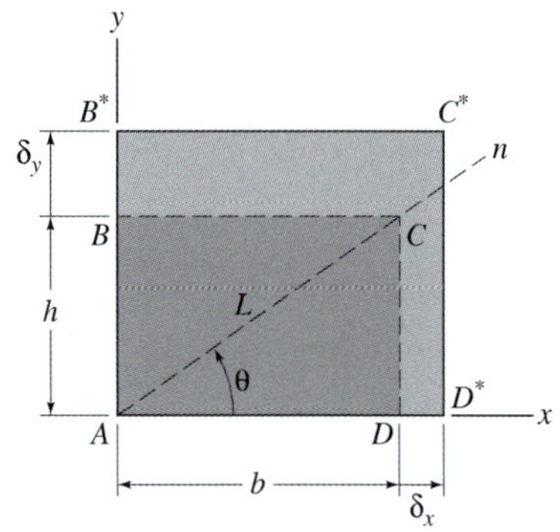

P2.12-11

문제 2.12-12. 얇은 사각 평판 *ABCD*는 평판 내의 어떤 점도 *y*방향으로 움직이지 않는 변형을 받는다. 모든 수평선(하단 모서리 제외)은 모서리 *CD*가 직선으로 유지되고 *D*를 중심으로 시계 방향으로 회전할 때 균일하게 늘어난다. 식 (2.35)에서 *x* 방향으로 신장변형률의 정의를 이용하여, *x*방향으로의 신장변형률에 대한 식 $\epsilon_x(x, y)$를 결정하시오.

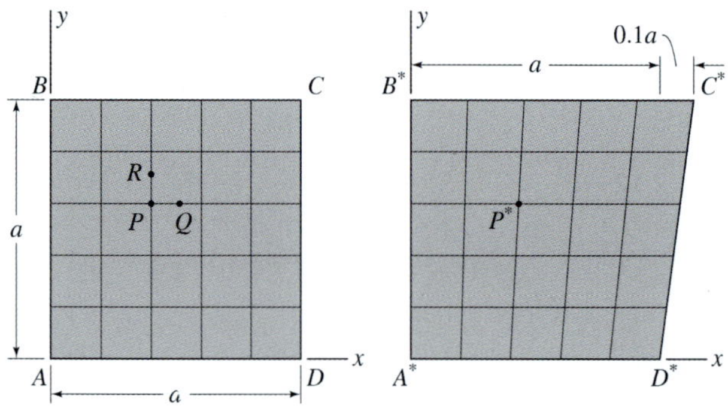

(a) 변형 전 (b) 변형 후

P2.12-12 및 P2.12-13

문제 2.12-13. 식 (2.36)의 전단변형률의 정의를 사용하여, 그림 P2.12-13의 "변형 전의 평판"과 "변형 후의 평판" 스케치를 사용하여 평판의 위치 함수로서 전단변형률 γ_{xy}에 대한 식, 즉 $\gamma_{xy}(x, y)$을 구하시오.

문제 2.12-14. 얇은 사각평판 *ABCD*는 좌표 (x, y)를 갖는 특정점 *P*가 수평 방향으로 움직이도록 하는 변형을 받는다.

$$u(x, y) \equiv \overline{PP^*} = \frac{1}{100}(a - x)\left(\frac{y}{a}\right)^2$$

변형 전의 평판과 변형 후의 평판은 그림 P2.12-14a 및 P2.12-14b에 각각 나타나 있다. 식 (2.35)의 신장변형률의 정의를 이용하여, *x*방향의 신장변형률인 $\epsilon_x(x, y)$에 대한 식을 결정하시오.

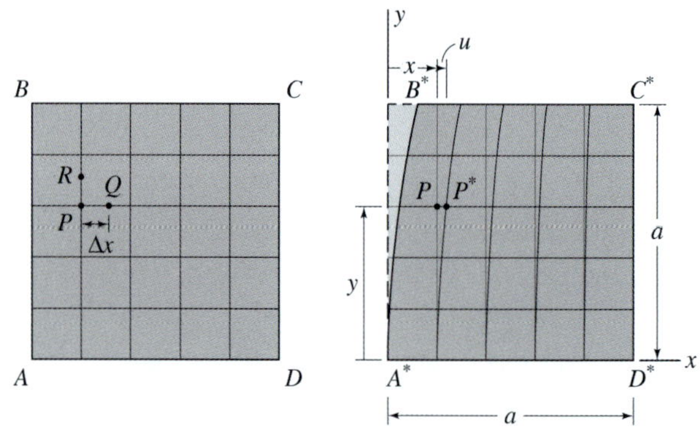

(a) 변형 전 (b) 변형 후

P2.12-14 및 P2.12-15

***문제 2.12-15.** 식 (2.36)의 전단변형률의 정의를 사용하여, 그림 2.12-15의 "변형 전"및 "변형 후" 스케치를 사용하여 전단변형률 γ_{xy}에 대한 식, 즉 $\gamma_{xy}(x, y)$을 평판의 위치 함수로 결정하시오.

***문제 2.12-16.** 평판에서 좌표 (x, y)에 있는 특정점 P는 *x*방향과 *y*방향으로 각각 작은 변위 $u(x, y)$와 $v(x, y)$를 따라 이동한다. 식 (2.35)의 신장변형률의 정의를 사용하고, 그림 P2.12-16의 "변형 전"및 "변형 후" 스케치를 사용하여 *x*방향의 신장변형률 $\epsilon_x(x, y)$가 다음의 편미분 방정식과 같음을 나타내시오.

$$\epsilon_x = \frac{\partial u}{\partial x}$$

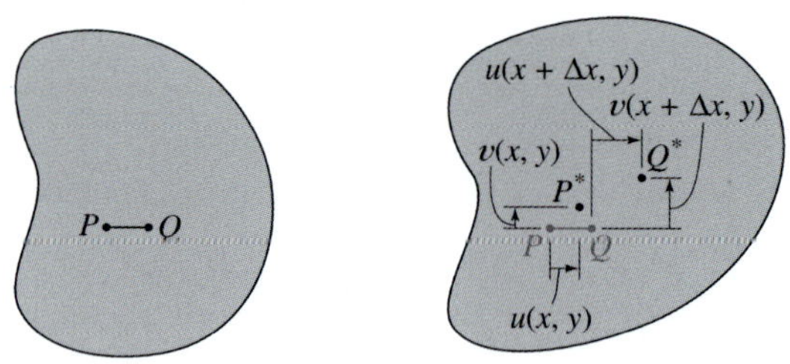

(a) 변형 전 (b) 변형 후

P2.12-16

▪등방성 재료에 대한 후크의 법칙; 팽창률

문제 2.13-1. 그림 P2.13-1의 비행기 날개의 상부 "표면"과 같은 얇은 재료의 판에 응력이 가해질 때 $\sigma_z = \tau_{xz} = \tau_{yz} = 0$인 평면 응력 상태라고 한다. 식 (2.38)은 $\Delta T = 0$에서 평면 응력의 경우 후크의 법칙은 다음과 같이 나타낼 수 있음을 유도하시오.

$$\sigma_x = \frac{E}{1-\nu^2}(\epsilon_x + \nu\epsilon_y), \quad \sigma_y = \frac{E}{1-\nu^2}(\epsilon_y + \nu\epsilon_x)$$

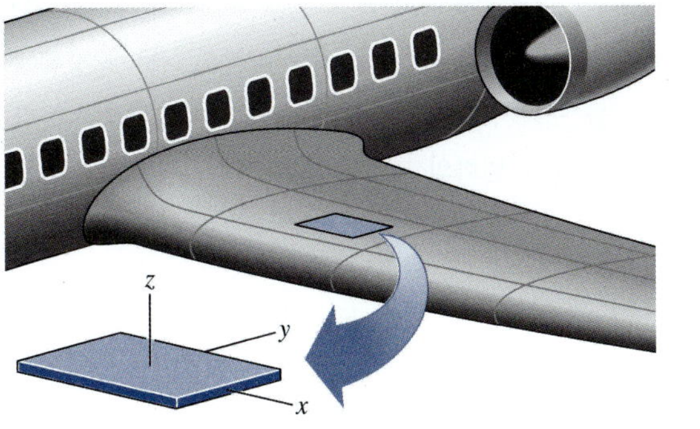

P2.13–1

문제 2.13–2. 그림 P2.13-2는 평면 응력 ($\sigma_z = \tau_{xz} = \tau_{yz} = 0$)에서 얇은 알루미늄 합금 판의 작은 부분을 보여준다. 평판의 특정 지점의 변형률은 다음과 같다: $\epsilon_x = 600\mu$, $\epsilon_y = -200\mu$ 및 $\gamma_{xy} = 200\mu$. 알루미늄 합금의 경우, $E = 10 \times 10^3$ ksi 및 $\nu =$ 0.33이다. 평판의 이 지점에서 응력 σ_x, σ_y 및 τ_{xy}를 구하시오. (주: 식 (2.40)이 아닌, 식 (2.38)로 시작하시오.)

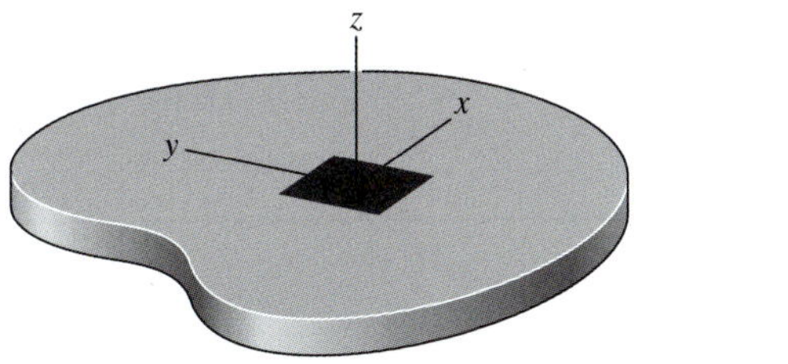

P2.13–2

문제 2.13–3. 철강 기계 요소의 어떤 지점에서 다음과 같은 3차원 응력 상태에 해당하는 변형 상태를 구하시오.

$$\sigma_x = 60\,\text{MPa}, \quad \sigma_y = 20\,\text{MPa}, \quad \sigma_z = 30\,\text{MPa}$$
$$\tau_{xy} = 20\,\text{MPa}, \quad \tau_{xz} = 15\,\text{MPa}, \quad \tau_{yz} = 10\,\text{MPa}$$

강철에 대해 $E = 210$ GPa 및 $\nu = 0.30$을 사용하시오.

문제 2.13–4. 그림 P2.13-4와 같은 평면 플라스틱 시험편은 0.5 in.×1.0 in.를 측정하는 감소된 면적의 "시험부"를 갖는다. 시험 구역 내에서 시험편의 하중이 $P = 300$ lb인 경우, 축방향으로 배향된 변형률 게이지는 $\epsilon_x = 0.002$ in., 가로 방향으로 장착된 변형률 게이지는 $\epsilon_y = 0.0008$ in.이다. (a) 탄성계수 E와 푸아송비 ν의 값을 구하시오. (b) 시험 구간 내에서 팽창률 값 ϵ_V를 구하시오.

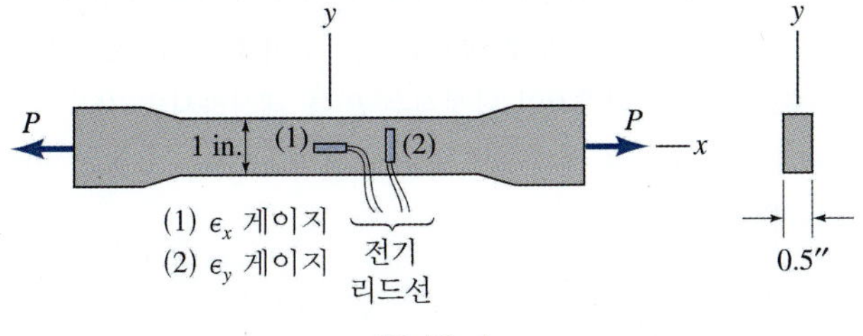

P2.13–4

문제 2.13–5. 티타늄 합금 봉은 $a = 10$ in., $b = 4$ in., 및 $c =$ 2 in.의 원래 치수를 갖는다. 이 봉은 그림 P2.13-5에 표시된 것처럼 $\sigma_x = 14$ ksi 및 $\sigma_y = -6$ ksi의 응력이 가해지고 있다. 나머지 응력 $-\sigma_z$, τ_{xy}, τ_{xz} 및 τ_{yz}는 모두 0이다. $E = 16 \times 10^3$ ksi이고 $\nu = 0.33$이다. (a) 길이의 변화: Δa, Δb 및 Δc를 구하시오. 여기서 $a^* = a + \Delta a$ (b) 팽창률 값 ϵ_V를 구하시오.

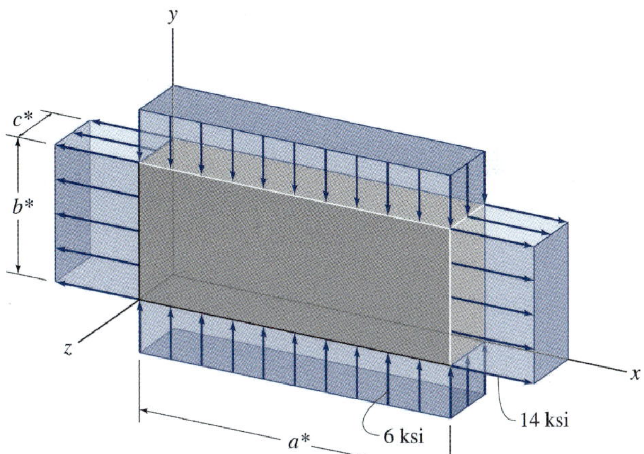

P2.13–5

문제 2.13–6. 알루미늄 합금 판은 그림 P2.13-6 ($\sigma_z = \tau_{xz} = \tau_{yz} = \tau_{xy} = 0$)에서 보여지는 것처럼 2축 응력 상태에 놓여 있다. 알루미늄 합금의 경우, $E = 72$ GPa 및 $\nu = 0.33$이다. $\epsilon_x = 200\mu$ 및 $\epsilon_y = 140\mu$인 경우 응력 σ_x 및 σ_y를 구하시오. (주: 식 (2.40)이 아닌, 식 (2.38)로 시작하시오.)

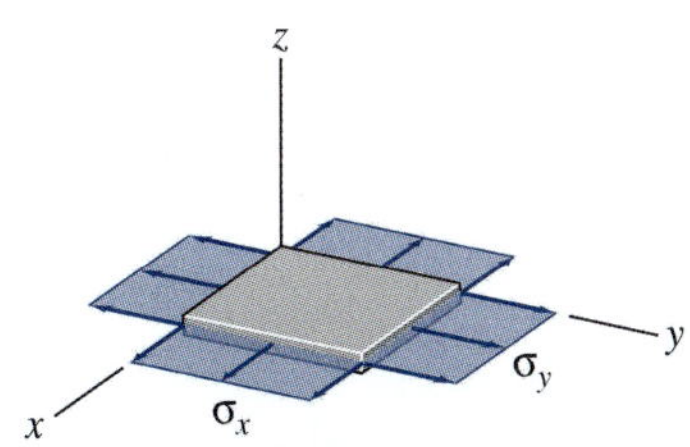

P2.13–6

문제 2.13–7. 선형 탄성 재료(E, ν)인 블록이 그림 P2.13-7에 묘사된 것처럼 적용된 응력 $\sigma_x = -\sigma_0$에 의해 2개의 강체이며 완벽하게 부드러운 표면 사이에서 압축되고 있다. 다른 0이 아닌 응력 σ_y은 $y = 0$와 $y = b$에서 표면을 구속하고 있다. (a) 응력 σ_y의 값을 구하시오. (b) 블록의 x축 방향의 변화 Δa를 구하시오. (c) z방향의 두께 t의 변화 Δt를 구하시오.

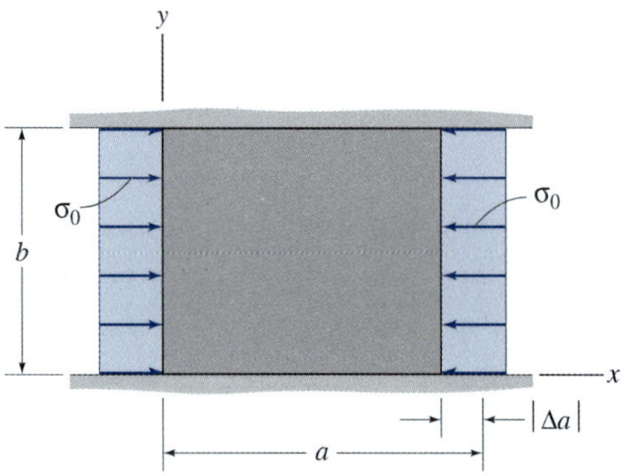

P2.13-7

문제 2.13-8. 얇고 직사각형 평판은 균일한 이축 응력(σ_x, σ_y)을 받고 있다. 응력의 다른 모든 구성 요소는 0이다. 평판의 초기 치수는 $L_x = 4$ in. 및 $L_y = 2$ in.이지만 하중이 적용된 후 치수는 $L_x^* = 4.00176$ in. 및 $L_y^* = 2.00344$ in.이다. $\sigma_x = 10$ ksi, $E = 10 \times 10^3$ ksi일 때, (a) 푸아송비의 값은 얼마인가? (b) σ_y 값은 얼마인가?

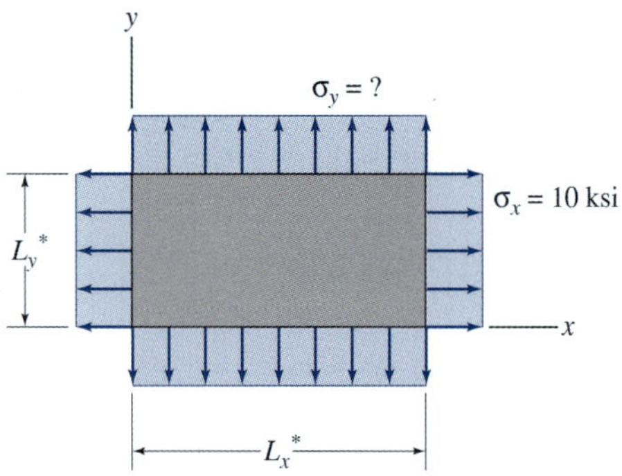

P2.13-8

문제 2.13-9. 평면 응력($\sigma_z = \tau_{xz} = \tau_{yz} = 0$)을 받고 있는 강판의 한 점에서, $\epsilon_x = 800\mu$ 및 $\epsilon_y = -400\mu$, $\gamma_{xy} = 200\mu$이다. 얇은 강판의 경우, $E = 200$ GPa 및 $\nu = 0.30$이다. (a) 이 지점에서 신장변형률 ϵ_z를 구하시오. (b) 이 지점에서 응력 σ_x, σ_y 및 τ_{xy}를 구하시오. (c) 이 지점에서 팽창률 ϵ_V를 결정하시오.

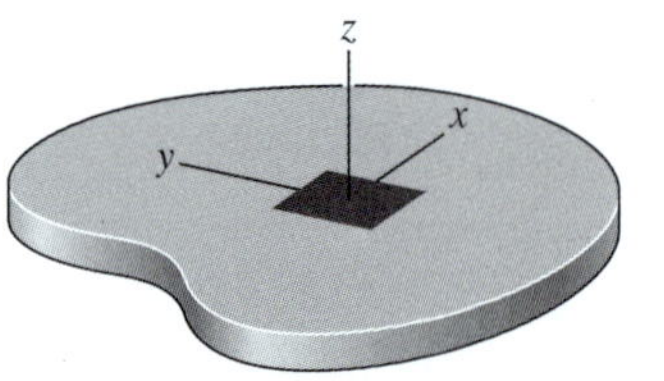

P2.13-9

문제 2.13-10. 선형 탄성 재료(E, ν)인 블록은 정수압을 받고 있다: $\sigma_x = \sigma_y = \sigma_z = -p$; $\tau_{xy} = \tau_{xz} = \tau_{yz} = 0$이다. (a) 신장변형률 $\epsilon_x (= \epsilon_y = \epsilon_z)$에 대한 식을 결정하시오. (b) 팽창률에 대한 표현 ϵ_V를 구하시오. (c) 재료의 체적 탄성계수 k_b는, 단위 부피당 부피 $|\epsilon_V|$ 변화의 크기에 대한 정수압력 p의 비율로 정의된다. 즉,

$$k - b \equiv \frac{p}{|\epsilon_V|}$$

이 선형 탄성 재료인 블록의 체적 탄성계수에 대한 식을 구하시오. E와 ν의 항으로 답을 표현하시오.

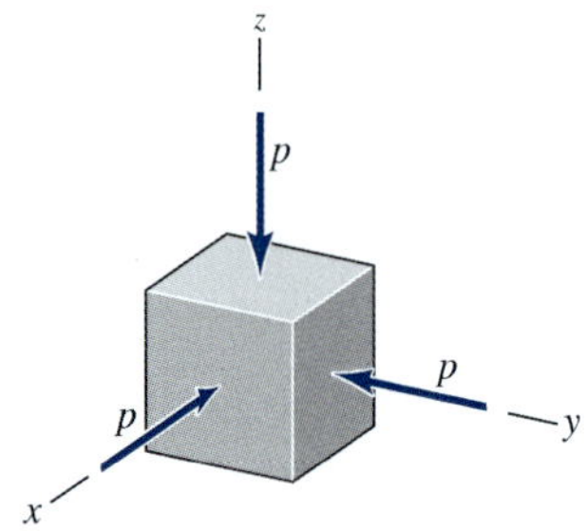

(보이지 않는 면들에 대한 응력들은 표현되지 않음)

P2.13-10

문제 2.14-1. 환경 친화적인 건축 제품인 적층 복합재 바닥 패널에 대한 새로운 개념을 평가하도록 하자. 이 복합재 패널은 재활용 목재 입자로 채워진 재활용 고분자로 구성된 새로운 재료를 사용할 것이다. 이 재활용 재료는 6 GPa의 탄성계수를 가지며 2 mm 두께의 판으로 생산된다. 이들은 얇은 0.5 mm 두께의 알루미늄 판($E_{Al} = 70$ GPa)으로 적층된다. 두 개의 서로 다른 재료는 강한 접착제로 단단히 접착되어 적층 복합 패널을 만든다. 최종 적층 복합 패널은 교대로 층에 10장의 알루미늄 및 11장의 재활용 재료를 포함하고 있다.

2.14절에서 논의된 기술을 사용하여 적층 패널의 평면과 적층 패널의 두께를 통해 대략적인 탄성계수 값을 계산하시오. 계산을 시작하기 전에 적층 복합 구조의 간단한 구성도를 그려야 하며 이를 사용하여 각 재료의 부피 분율을 구하시오.

문제 2.14-2. 짧은 유리 섬유는 $E_f = 72$ GPa이며, 불균일하게 짜여진 짧은 유리 섬유로 $V_f = 0.2$의 체적 분율로 보강된 $E_m = 2.8$ GPa를 갖는 고분자 매트릭스를 고려해 보자. (a) 이 복합 재료에 대한 대략적인 탄성계수 E_c를 계산하시오. (b) 실제 탄성계수가 당신의 대략적인 답보다 높거나 낮을 것으로 기대하는가?

2장 복습 – 응력과 변형률; 설계

절			관련 연습 문제
2.1	2.1절에서는 하중을 받는 상태에서 변형체 전체에 힘이 분포되는 방식과 변형체가 점진적으로 변형되는 방법을 설명하기 위해 **응력**과 **변형률**의 정의가 필요하다고 지적한다.		
2.2	2.2절은 **응력**을 "힘을 면적으로 나눈 값"으로 정의한다. **수직응력**은 작용하는 평면에 수직이며, 그리스 기호 시그마(σ)로 표시된다. 그림 2.2와 식 2.1과 2.2는 다음을 정의한다. • 단면 x의 점(y, z)에서의 수직응력 • 단면 x의 평균수직응력	**수직응력** $$\sigma(x, y, z) = \lim_{\Delta A \to 0}\left(\frac{\Delta F}{\Delta A}\right) \quad (2.1)$$ $$\sigma_{avg} = \frac{F}{A} \quad (2.2)$$ 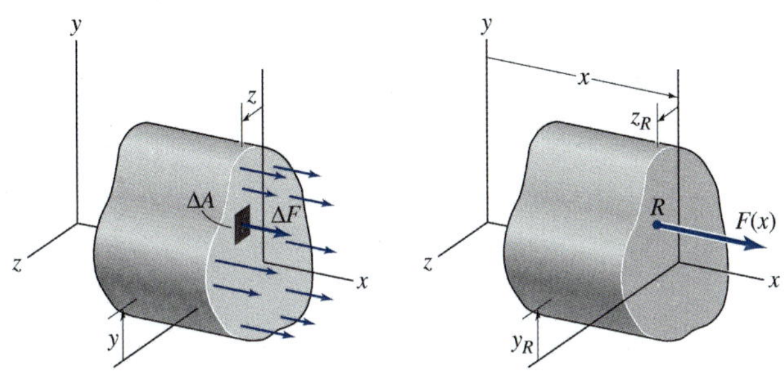 (a) 단면에서의 수직응력 분포 (b) (a)에서 분포된 수직응력의 합력 단면에서의 수직응력(그림 2.2)	
	수직응력에 대한 **부호규약**은 다음과 같다. • **양의** 수직응력은 **인장응력**으로 부른다. • **음의** 수직응력은 **압축응력**으로 부른다. 축방향 하중을 받는 부재의 단면에 대한 수직응력을 **축응력**이라고 한다. 단면의 합의 수직응력은 **중심**을 통해 작용해야 한다.	**축응력** $$\sigma_i = \frac{F_i}{A_i} \quad (2.5)$$ 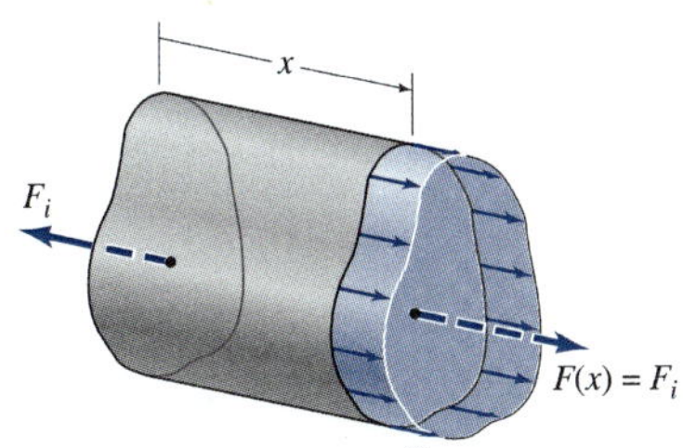 중심을 통과하는 수직응력(그림 2.4b)	2.2-3 2.2-9 2.2-15
2.3	2.3절은 수직응력과 함께 발생하는 **신장변형률**을 정의한다.	**신장변형률** $$\epsilon = \frac{\Delta L}{L} \quad (2.7)$$ 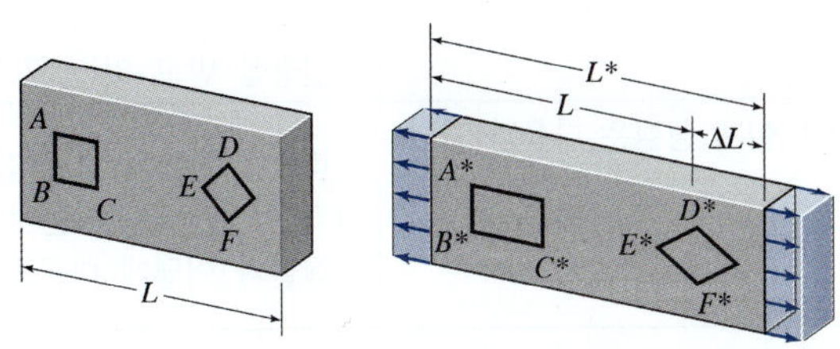 (a) 변형 전 (b) 변형 후 신장변형률(그림 2.5)	2.3-7 2.3-11

<table>
<tr><th>절</th><th colspan="2"></th><th>관련
연습 문제</th></tr>
<tr><td></td><td>2.3절은 온도 변화에 의해 생성되는 변형률인 열변형률을 정의한다.</td><td>$$\epsilon = \alpha \Delta T$$
여기서 α는 열팽창계수, ΔT는 기준 온도에 대한 온도 변화이다.</td><td>2.3-15</td></tr>
<tr><td rowspan="3">2.4</td><td>2.4절에서는 응력-변형률 선도와 인장 시험편과 압축 시험편에서 얻은 재료의 기계적 성질에 대해 설명한다.</td><td>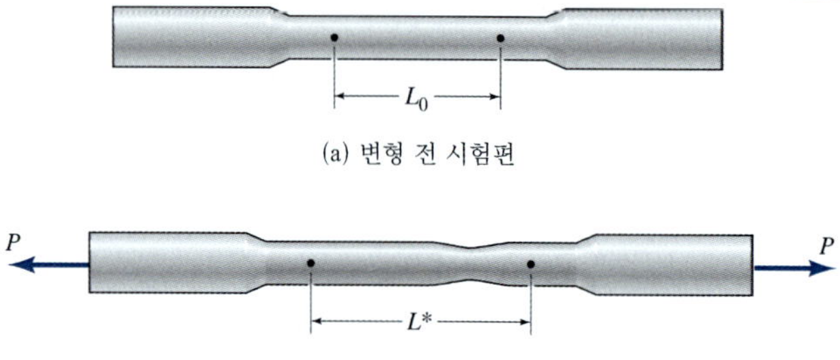

전형적인 인장시험 시편(그림 2.10)</td><td></td></tr>
<tr><td>응력-변형률 선도는 인장시험 (또는 압축시험) 결과의 그래프이다:
응력($\sigma = P/A$) 대 변형률
($\epsilon = \Delta L/L$).

응력-변형률 선도에서 다음의 기계적 성질을 직접 결정(또는 계산) 할 수 있어야 한다:
• 재료의 비례한도
• 재료의 탄성계수
• 재료의 항복점
• 재료의 극한강도</td><td>응력-변형률 선도
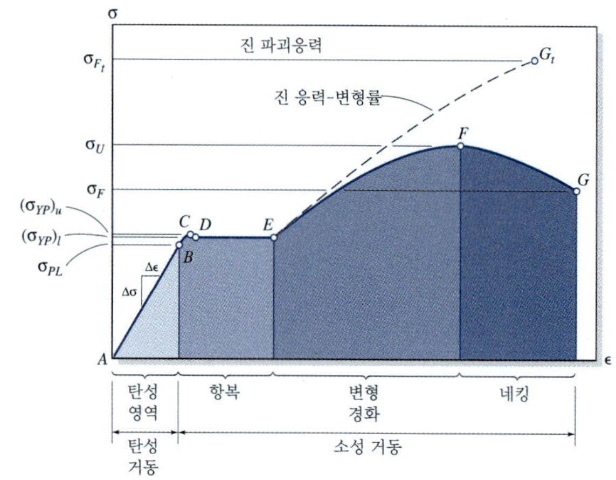

(a)
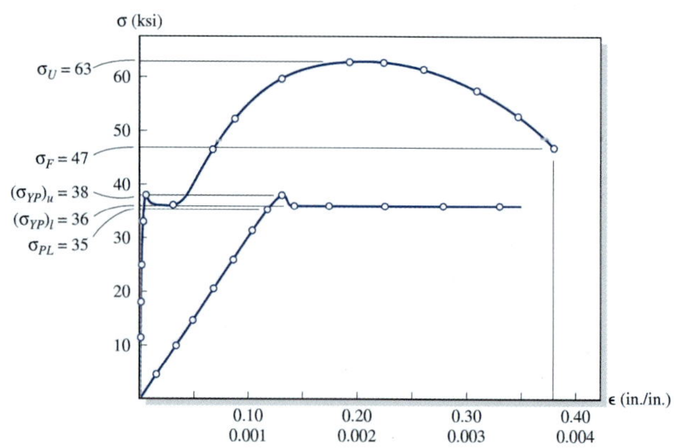

(b)
인장을 받고 있는 구조용 강의 응력-변형률 선도(그림 2.11)</td><td>2.4-3</td></tr>
<tr><td>재료의 주요 설계 성질은 다음과 같다:
• 강도
• 강성
• 연성</td><td>이러한 디자인 관련 성질을 각각 정의한다. 응력-변형률 선도에서 각각 어떻게 결정되는지 논의한다. 각각의 설계 성질이 다른 설계 성질들과 어떻게 다른지 논의한다.</td><td></td></tr>
</table>

절			관련 연습 문제
2.5	2.5절에서는 재료의 **탄성** 거동과 **소성** 거동의 차이에 대해 설명한다.	다음 용어를 정의하고 각 용어가 어떻게 결정되는지 나타낸다. • 재료의 **탄성** 거동 • 재료의 **소성** 거동 • 재료의 **선형 탄성** 거동 • **영구변형률**	
2.6	2.6절은 **선형 탄성 거동**에 대해 설명한다. 이 논의는 **균일한 등방성** 재료에 적용되는 단축 응력의 경우로 제한된다. 이 두 항목을 정의한다.	**후크의 법칙** $$\sigma_x = E\epsilon_x \qquad (2.14)$$ 여기서 E는 탄성계수 또는 영의 계수 **푸아송 비** $$\epsilon_y = \epsilon_z = -\nu\epsilon_x \qquad (2.15)$$ 여기서 ν는 푸아송 비라 한다. 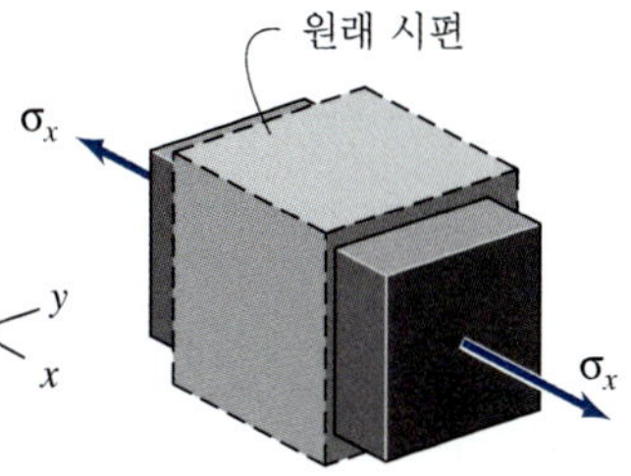 선형 탄성 거동(그림 2.25)	2.6-1 2.6-7
2.7	지금까지 2장에서는 수직응력, 즉 수직응력이 작용하는 표면에 수직인 힘을 발생시키는 응력에 대해서만 논의했다. 2.7절은 **전단응력**이 작용하는 표면과 평행한 합력을 갖는 전단응력을 소개한다.	**전단응력** $$\tau = \lim_{\Delta A \to 0}\left(\frac{\Delta V}{\Delta A}\right) \qquad (2.17)$$ **평균 전단응력** $$\tau_{avg} = \frac{V}{A_x} \qquad (2.19)$$ 여기서 A_s는 전단력 V가 작용하는 면적을 나타낸다. 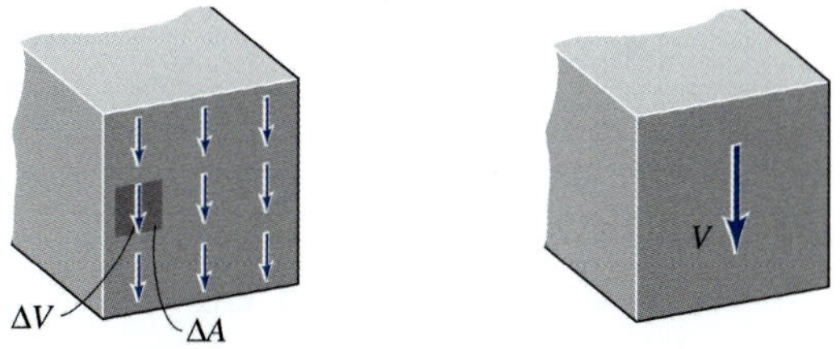 (a) 단면에 대한 전단응력 분포 (b) 단면에 대한 합의 전단력 전단응력과 합의 전단력(그림 2.27)	2.7-1 2.7-7

<table>
<tr><th>절</th><th></th><th></th><th>관련 연습 문제</th></tr>
<tr><td>2.7</td><td>
2.7절에서 평형에 대한 논쟁은 수직면의 전단응력이 같아야 함을 보여준다. 2.7절은 **전단변형률**의 정의를 제공한다.

그림 2.31b와 같이 수직면의 전단응력이 서로 같아야 함을 증명할 수 있어야 한다.
</td><td>
전단변형률

$$\gamma = \frac{\pi}{2} - \theta^* \quad (2.21)$$

여기서 γ 및 θ^*는 아래 그림에서 정의된다.

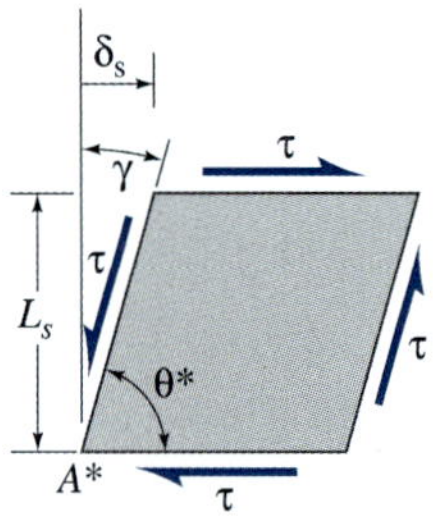

(b) 순수전단 변형

전단변형률의 정의(그림 2.31b)
</td><td>2.7-11</td></tr>
<tr><td></td><td>
2.7절은 **전단인 경우 재료 성질**에 대해 매듭짓는다.
</td><td>
전단에 대한 후크의 법칙

$$\tau = G\gamma \quad (2.23)$$

여기서 G는 **탄성 전단계수**이며, 2.11절에서 깊게 논의된다.
</td><td>2.7-13</td></tr>
<tr><td>2.8</td><td>
2.8절은 **설계에 대한 소개**이다. 공학적인 응용 면에서 설계 정보를 사용하는 방법에는 두 가지가 있다.

• 기존 구조를 평가하거나 또는 제안된 설계를 평가한다.

• 새로운 구조를 설계한다.
</td><td></td><td></td></tr>
<tr><td></td><td>
본서에서는 **허용 응력설계**를 강조하지만, **하중 및 저항 설계**에 대해 간단히 언급한다.

허용 응력설계의 경우, 축변형의 허용응력은 재료이 인장 또는 압축, 항복 강도를 기반으로 한다. 직접 전단에서 허용응력은 전단 항복 강도를 기반으로 한다.
</td><td>
안전계수

$$FS = \frac{\text{파손하중}}{\text{허용하중}} \quad (2.26)$$

허용응력

$$\sigma_{\text{allow}} = \frac{\sigma_Y}{FS}, \quad \tau_{\text{allow}} = \frac{\tau_Y}{FS} \quad (2.28)$$
</td><td>
2.8-1

2.8-7

2.8 13
</td></tr>
<tr><td></td><td>
최소 중량 구조의 **최적 설계** 과정을 보여주는 예제 2.11을 검토한다.
</td><td></td><td></td></tr>
<tr><td>2.9</td><td>
2.9절에서는 수직응력과 전단응력이 작용하는 평면의 방향에 의존한다는 사실을 소개한다.

이 주제는 8장에서 더욱 확장된다.
</td><td>
응력 변환

$$\left.\begin{aligned} \sigma_n &= (\sigma_x/2)(1+\cos 2\theta) \\ \tau_{nt} &= -(\sigma_x/2)\sin 2\theta \end{aligned}\right\} \quad (2.30)$$

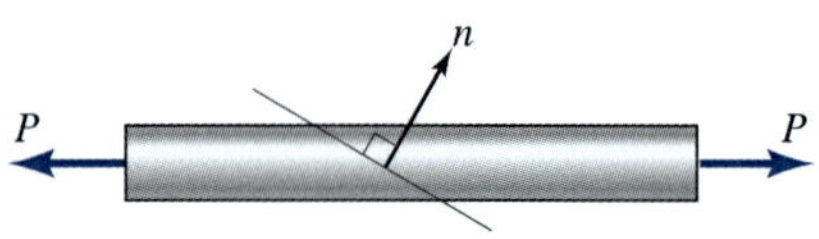

(a)

축변형 부재의 경사면(그림 2.33a)
</td><td>
식(2.30)을 유도한다.

2.9-1

2.9-7
</td></tr>
</table>

절			관련 연습 문제
2.10	2.10절에서는 **생 베낭의 원리**를 소개한다.	생-베낭의 원리를 살펴보고, 이것이 왜 구조해석(즉, 기계 및 구조물의 구성 요소 분석)에서 중요한 원리인지 이유에 대해 논의한다.	
2.11	2.11절은 **영률** E와 **전단 탄성계수** G의 관계를 보여준다.	$G = \frac{E}{2(1+\nu)}$ (2.24)	식(2.24)을 유도한다.
2.12 2.13 2.14	2.12절에서 2.14절까지 응력과 변형에 관한 고급 주제와 재료의 기계적 거동에 대한 고급 주제에 대해 설명한다. 이 선택적 섹션에서는 다음을 다룬다. **응력 및 변형률의 일반 정의** (2.12절), **응력의 직교 구성 요소: 등방성 재료에 대한 일반화된 후크의 법칙** (2.13절), **복합재료의 기계적 성질** (2.14절)	이 절들에 대해서 검토 문제는 없다.	

3 축방향 변형

3.1 개요

제2장에서는 수직응력과 신장변형률의 개념을 설명하기 위해 균일한 축방향 변형이 사용되었고, 또한 이는 재료의 응력-변형률 거동을 결정하기 위한 실험에도 사용되었다. 이 장에서는 축방향 변형에 대해서 보다 구체적으로 설명한다. **축방향 변형 문제**(definition of axial deformation)에 대한 논의를 시작하자.

> 직선이고 긴 축을 갖는 부재가 하중을 받거나 또는 온도의 영향이 작용한 후에도 (1) 축방향으로 여전히 직선이고, (2) 단면은 그대로 평면이고, 축에 대해 회전하지 않을 때 축방향 변형이라 한다.

빌딩의 기둥, 승강기용 강선, 트러스 부재 등과 같이 축방향 변형이 되는 부재의 여러 가지 예가 있다. 그림 3.1은 고속도로 인터체인지에 쓰이는 기둥의 구조물들을 나타내고 있다. 그림의 왼쪽은 기둥의 강(steel) 강화재에 대한 예이고, 그림의 오른쪽은 이 강화재를 사용해 완성된 기둥을 나타낸다. 그림 3.1에서 보이는 다리의 기둥은 주로 축방향 변형을 하는 대표적인 예이다.

3.2 축방향 변형에 대한 기초 이론

축방향 변형에 대한 이론을 전개하기 위해 변형체에 대해 세 가지 기초 개념인 평형(equilibrium), 기하학적 변형(geometry of deformation), 재료 거동(material behavior)을 적용하여 보자. 먼저 변형의 기하학적 측면을 살펴보기로 한다.

기하학적 변형조건; 변형률 – 변위 해석 축방향 변형에 대한 이론은 축단면이 일정하거나 축방향에 따라 천천히 변하는 세장재(straight, slender member)에 적용된다. 그림 3.2는 축하중이나 온도변화에 의한 부재의 축방향 변형 전후를 나타낸다.

3.1절에서 정의된 바와 같이 **축방향 변형**(axial deformation)은 다음의 두 가지

그림 3.1 고속도로 인터체인지 다리에 사용된 강화 콘크리트 기둥

기초적인 **운동학적 가정(kinematic assumptions)**에 의해 정의될 수 있다.

1. 부재의 축은 직선으로 남는다.
2. 변형 전 축에 수직이고 평면이었던 축단면은 변형 후에도 축에 수직이고 평면이다. 그리고 축단면은 축에 대해 회전하지 않는다.

이러한 가정은 그림 3.2에서 설명된다. A와 B는 각각 x와 $x+\Delta x$에서의 축단면을 나타내고, A^*와 B^*는 변형 후 같은 평면을 나타낸다.

축단면이 축방향으로 움직인 거리를 **축방향 변위(axial displacement)**라고 한다. 축단면 A의 변위를 $u(x)$로, 이웃하는 축단면 B의 변위는 $u(x+\Delta x)$로 나타내었다. 변위 $u(x)$는 $+x$ 방향일 때 양의 값을 갖는다. 수직변형률의 기본 정의를 고려하면 이 축방향 변위 u와 축방향 변형률 ϵ의 관계를 결정하는 **변형률-변위 관계식(strain-displacement expression)**을 얻을 수 있다.

$$\epsilon = \frac{\text{변형 후 길이} - \text{표점 간(초기) 길이}}{\text{표점 간(초기) 길이}}$$

x축에 평행이고 변형 전 부재의 단면 A로부터 단면 B로 늘어나는 미소길이 Δx를

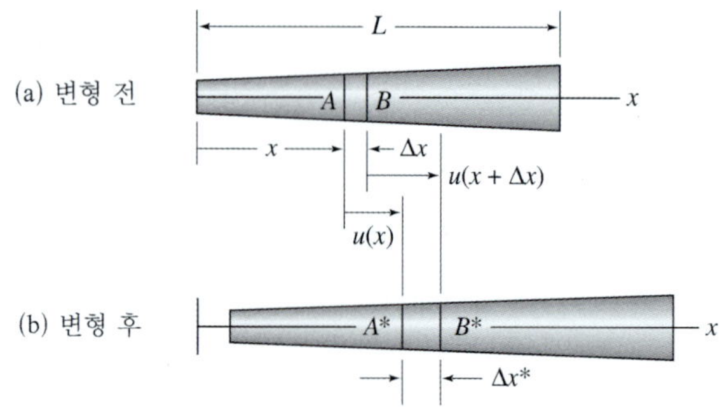

그림 3.2 축방향 변형의 기하학적 조건

가진 섬유(fiber)[1]의 축방향 변형률은 <u>한 점에서의 변형률(extensional strain at a point)</u> 변위의 기본 정의로부터 결정될 수 있다. 일반적인 섬유의 초기 길이를 Δx로 하고, Δx가 0에 접근한다면 축방향 신장률은 다음의 관계식으로 나타낼 수 있다.

$$\epsilon_x(x) = \lim_{\Delta x \to 0}\left(\frac{\Delta x^* - \Delta x}{\Delta x}\right) = \lim_{\Delta x \to 0}\left[\frac{u(x+\Delta x) - u(x)}{\Delta x}\right] = \frac{du}{dx}$$

그러므로 단면 x에서의 **축방향 신장률(axial strain)**은 변위의 (x에 대한) 미분형태이다.

$$\boxed{\epsilon_x(x) = \frac{du(x)}{dx}} \quad \textbf{신장률-변위 방정식} \tag{3.1}$$

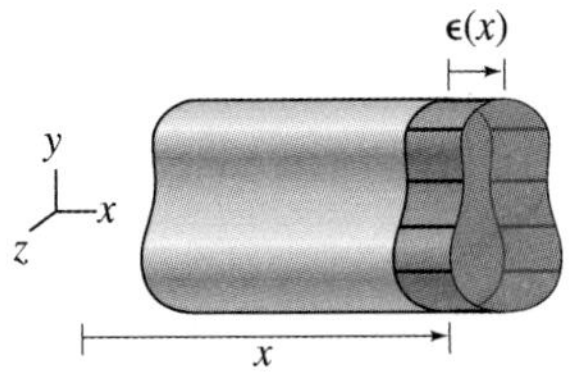

그림 3.3 축방향 변형을 받는 부재에 대한 수직변형률 분포

축방향 변형률과 변위의 관계를 결정하는 이 방정식을 축방향 변형에 대한 **변형률-변위 방정식(strain-displacement equation)**이라고 한다. 위에서 언급한 두 가지 운동학적인 가정은 축방향 변형률 ϵ이 x의 함수이고 y나 z의 함수가 아니라는 것을 암시한다. 이 점을 강조하기 위해 그림 3.3에서 x에 대한 임의의 축단면에서의 **변형률 분포(strain distribution)**를 부재의 한 부분에 대해 나타내었다. 반복하면, 축방향 변형은 수직변형률에 의해 나타나는데, 수직변형률은 축단면에서의 위치(y 또는 z)의 함수가 아니다.

그림 3.4에서 알 수 있듯이 부재의 **총 신장량(total elongation)**은 양 끝단에서의 변위의 차이다. 즉

$$e = u(L) - u(0) \tag{3.2}$$

증분 dx에서의 변화량을 부재의 전체 길이에 대하여 더하면, 초기 길이 L을 갖는 축방향 부재의 **신장량(elongation)**에 대한 다음의 관계식을 구할 수 있다.

$$\boxed{e = \int_0^L \epsilon(x)dx} \quad \textbf{신장량 관계식} \tag{3.3}$$

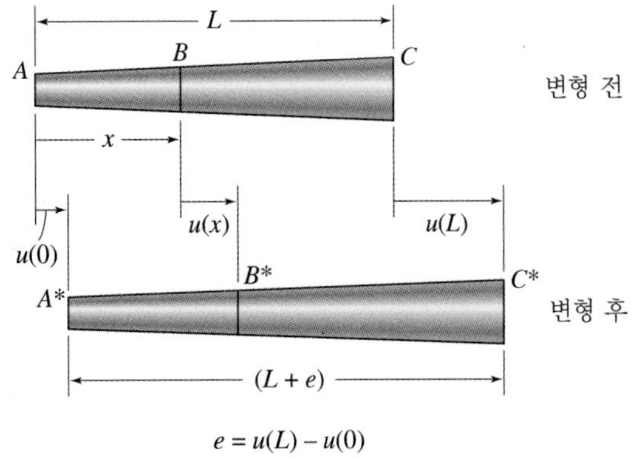

그림 3.4 총 신장량 e의 정의

1) 여기에서 섬유(fiber)는 재료 입자의 선형적 조합을 의미한다.

변형률이 x축에 따라 변화하는 정도는 작용하는 하중과 x축에 따른 단면의 변화 여부 및 부재를 구성하는 재료의 거동에 따라 다르다. 다음으로 재료 거동에 대한 논의를 시작한다.

재료거동 식 3.1과 그림 3.3에서 변형률 분포에 대해 설명하였고, 이번에는 축방향 변형을 겪는 부재의 응력분포를 결정하기 위해 재료의 단축 응력-변형률 거동을 살펴보자. 가장 단순한 경우인 **선형 탄성거동(linearly elastic behavior)**에 대해 알아본다. 온도변화는 없다고 하고(즉 $\Delta T = 0$), $\sigma_y = \sigma_z = 0$라 가정한다. 그러면 2.13절의 식 2.38a로부터 **단축 응력-변형률 방정식(uniaxial stress-strain equation)**을 얻는다.

$$\sigma \equiv \sigma_x = E\epsilon(x) \qquad \textbf{후크의 법칙} \qquad (3.4)$$

비선형적 재료 거동에 대해서는 3.11절에서 다룰 것이다.

식 3.4는 x지점의 단면에서의 축방향 응력 σ의 분포를 나타낸다. 이 식에서 알 수 있듯이 ϵ은 한 단면에서의 위치가 아니라 x방향에 대해서만 변화한다. 대부분의 축방향 변형부재는 균질(homogeneous)의 재료이므로 탄성계수 E는 항상 일정하다. 비균질성(nonhomogeneous) 부재에 대한 논의는 3.3절에서 다룬다.

합응력 변형체역학에 대한 문제는 앞의 절에서 언급한 축방향 변형의 운동학적 가정과 같이 3차원 문제를 1차원으로 감소시킴으로써 단순화될 수 있다. 축방향 응력 σ(식 3.4)이 주어진다면 하나의 **축하중의 합(resultant axial force)**으로 분포된 응력을 대치할 수 있고 이 하중을 단면상의 축방향 응력과 관련지을 수 있다.

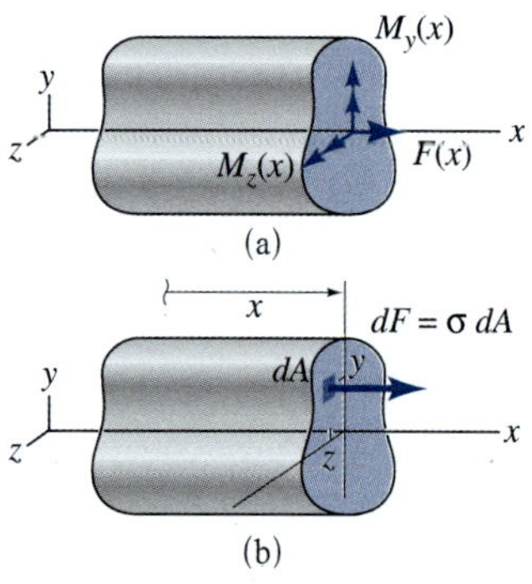

그림 3.5 지점 x에서의 (a) 단면적에 대한 합응력 (b) 한 점에 대한 축응력

그림 3.5a는 수직응력 σ에 대한 세 가지 합응력과 이와 관련된 부호규약을 나타내고 있다. 그림 3.5a의 합응력은 $+x$면에 대하여 나타나 있다. 즉, 단면상에는 크기가 같고 방향이 반대인 합응력이 $-x$면에 작용한다. 축단면에서 **축하중(axial force)** F는 인장이면 항상 양으로 정의한다. **굽힘 모멘트(bending moment)** M_y와 M_z는 오른손법칙에 따라서 양으로 정의한다. 미소면적 dA에 작용하는 하중 dF를 모두 더한 합응력들은 다음 관계식을 통해 구할 수 있다.[2)]

$$\begin{aligned} F(x) &= \int_A \sigma\, dA \\ M_y(x) &= \int_A z\sigma\, dA \\ M_z(x) &= -\int_A y\sigma\, dA \end{aligned} \qquad \textbf{합응력} \qquad (3.5)$$

식 3.5는 축방향 응력 σ에 대한 3개의 합응력을 나타낸 것이다. 그러나 단면에

2) 세 가지 응력 결과인 $F(x)$, $M_y(x)$ 및 $M_z(x)$는 스칼라 양으로 정의된다.

작용하는 응력의 분포를 알 때, 이 응력들은 하나의 합응력으로 조합할 수 있다. 가장 일반적인 경우인 **균질선형 탄성부재(homogeneous linearly elastic member)**를 고려해 보면 탄성계수는 부재 전체에 걸쳐 일정하므로 식 3.4는 다음과 같이 나타낼 수 있다.

$$\sigma(x) = E\epsilon(x) \qquad \text{응력분포 } (E = \text{일정}) \tag{3.6}$$

E가 일정하다면 변형률 분포와 같이 응력 분포는 단면 전체에 걸쳐 일정하다.

이 일정한 응력분포는 그림 3.6과 같다.

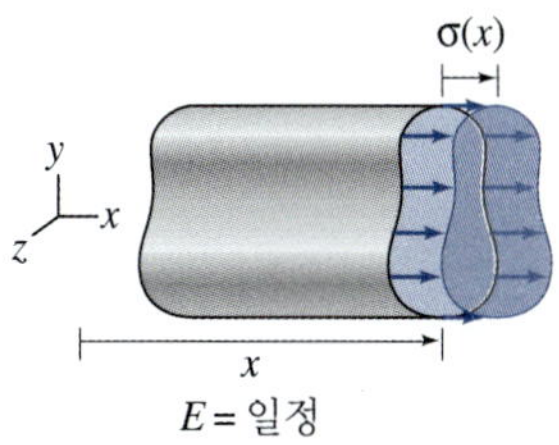

그림 3.6 축방향 변형을 하는 균질 부재의 응력분포

수직응력이 단면 전체에 걸쳐 일정하다면, 응력분포의 합은 다음 관계식으로 표현된다.

$$\begin{aligned} F(x) &= \sigma(x)\int_A dA = \sigma(x)A(x) \\ M_y(x) &= \sigma(x)\int_A z\,dA = \sigma(x)[\bar{z}A(x)] \\ M_z(x) &= -\sigma(x)\int_A y\,dA = -\sigma(x)[\bar{y}A(x)] \end{aligned} \tag{3.7}$$

$\int_A ydA \equiv \bar{y}A$이고 $\int_A zdA \equiv \bar{z}A$이다. x축이 단면의 도심을 지나도록 선택한다면 축방향-변형 문제를 단순화시킬 수 있다. 그러면 $\bar{y} = \bar{z} = 0$ 그리고 $M_y = M_z = 0$이다.

만약 작용하중이 축방향 하중이고 단면의 도심에 작용한다면 E가 일정한 부재는 축방향으로 변형할 것이다.

이 축하중의 합은 그림 3.7에 예시되어 있다,

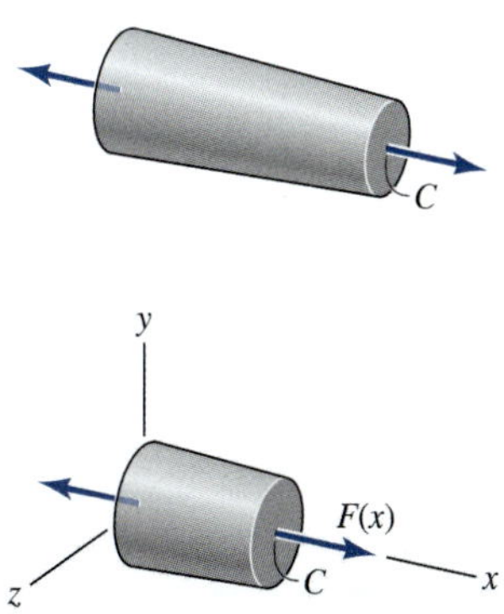

그림 3.7 중심 C를 통과하고 탄성계수 E가 일정한 축방향 변형부재의 단면에 작용하는 합응력

평형조건 지금까지 축방향 변형을 하는 부재의 축단면에서의 합응력을 결정하였다. 평형조건은 부재의 자유물체도에서 내부 축방향 힘 $F(x)$와 외부 힘에 의해 적용된다. 보통 하중 $F(x)$가 끝단에 작용하는 하중 P와 같고 부재의 무게가 단면 x 밑에 있는 그림 3.8a와 같은 경우에는 **유한 길이의 자유물체(a free body of finite length)**가 사용된다.

그림 3.8b는 축대칭인 부재가 단위길이당(per unit length) 축하중 $p(x)$를 받는 경우이다. 이러한 분포하중의 경우에는 그림 3.8c와 같이 **미소길이 Δx를 가진 자유물체(a free body of infintesimal length)**를 사용하는 것이 편리하다. 그림 3.8c의 자유물체의 평형조건에 대하여

$$\overset{+}{\rightarrow}\sum F(x) = 0: \qquad \lim_{\Delta x \to 0}\left[\frac{F(x+\Delta x) - F(x) + p(x)\Delta x}{\Delta x}\right] = 0$$

또는

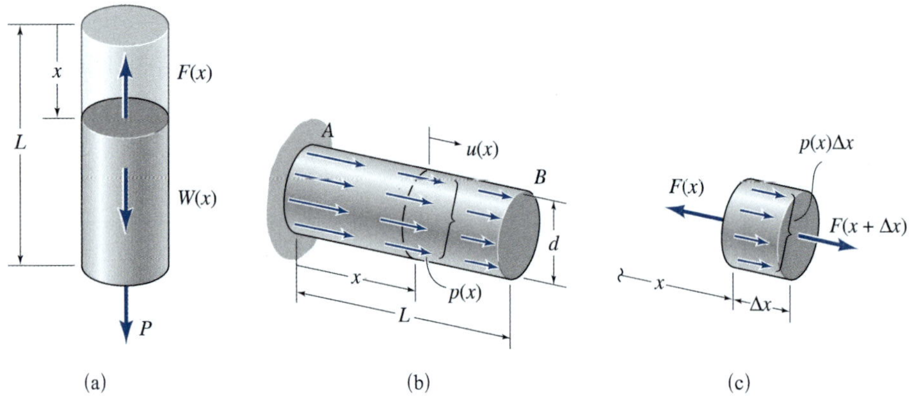

그림 3.8 분포 축하중을 받는 부재

$$\frac{dF(x)}{dx} = -p(x) \qquad \textbf{평형방정식} \tag{3.8}$$

이 식을 적분하면 축하중 $F(x)$를 구할 수 있다. 3.3절의 예제 3.3은 식 3.8을 사용한 예이다.

균질선형 탄성부재에 대한 축방향 변형 **일정한 탄성계수(constant modulus of elasticity)**를 갖는 부재에 축방향 변형이론을 적용시키기 위해서는 외력이 작용하는 부재의 응력과 변형량의 관계를 알아볼 필요가 있다. 식 3.7의 첫 번째 식으로부터 다음과 같은 **축방향 응력(axial stress)**에 대한 관계식을 얻는다.

$$\sigma \equiv \sigma_x(x) = \frac{F(x)}{A(x)} \qquad \textbf{축방향 응력 관계식} \tag{3.9}$$

식 3.1, 3.6 및 3.9를 결합하면 축방향 변형률은 다음과 같다.

$$\epsilon = \frac{du}{dx} = \frac{F(x)}{EA(x)} \tag{3.10}$$

마지막으로 식 3.3과 3.10으로부터 **총 신장량(total elongation)**은 다음과 같다.

$$e = \int_0^L \frac{F(x)dx}{A(x)E} \qquad \textbf{축방향 하중-변형 방정식} \tag{3.11}$$

식 3.11은 축방향 변형을 하는 균질부재에 대한 **하중-변형거동(force-deformation behavior)**을 나타낸다.

임의 단면 x에서의 변위가 필요하다면 식 3.10에서 모의의 적분변수를 도입하면 된다.

$$u(x) = u(0) + \int_0^x \frac{F(\xi)d\xi}{A(\xi)E} \tag{3.12}$$

상기 식 3.8에서 식 3.12에 요약된 축변형 이론은 다수의 예제들에 의해 설명될 것이다. 이 절에서는 균일한 축-변형 요소 또는 프리즘 보 요소의 하중-변형 거동을 논의하는 것으로 시작한다. 다음으로 본질적으로는 축-변형이 구조적 기능인 선형 스프링과 같은 다른 부재에 대해 간략히 설명한다.

균일 축방향 변형부재의 구조물 많은 구조물들은 하나 이상의 **균일 축방향 변형요소**(uniform axial-deformation elements), 즉 (1) 일정한 단면 A를 갖고 (2) 탄성계수 E가 일정하고 (3) 끝단에만 축하중이 작용하는 요소로 구성되어 있다. 그림 3.9a의 2개의 행거 부재와 그림 3.9b의 3개의 링크는 이러한 균일 축방향 변형부재이다. 그림 3.9b의 슬라이더 블록에 연결된 스프링 역시 축방향 변형부재이다.

이러한 부재는 많은 구조물의 중요한 요소를 형성하므로, 단일의 균일선형 탄성요소에 대한 **하중-변형 방정식**을 유도한다. 또한 둘 이상의 요소를 갖는 **정정문제**에 대한 풀이를 한다. 그리고 3.3절에서는 불균일 축방향 변형에 대한 보다 일반적인 경우를 다루지만 3.4절부터 3.10절까지는 부정정 문제를 다루는 체계적인 과정에 대하여 논의한다.

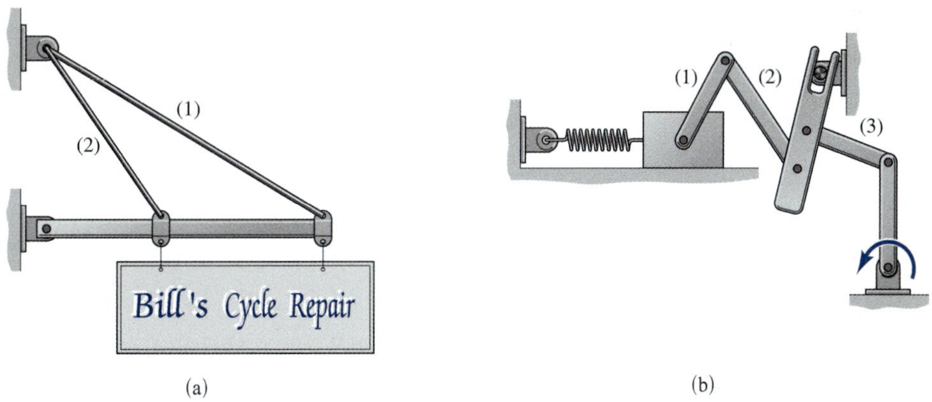

그림 3.9 균일한 축방향 변형을 하는 구조물로 구성된 2개의 구조물

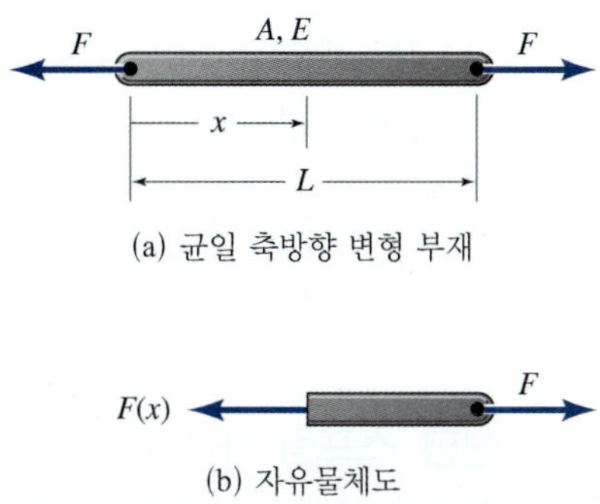

그림 3.10 전형적인 균일 하중-변형 요소

균일부재에 대한 문제해결을 간단히 하기 위해 평형, 재료거동, 변형의 기하학을 적용하고, 그림 3.10a의 요소와 같은 **전형적인 균일 축방향 변형 부재의 기초적인 하중-변형 거동**을 결정할 것이다.

그림 3.10b의 자유물체도를 이용하면

$$\overset{+}{\rightarrow}\sum F_x = 0: \qquad F(x) = F = \text{일정}$$

미분방정식 3.11은 재료 거동과 기하학적 변형을 포함하고 있다. 그러므로 **신장량(elongation)** e는 다음과 같이 간단하게 나타낼 수 있다.

$$e = \int_0^L \frac{F(x)dx}{A(x)E} = \frac{F}{AE}\int_0^L dx$$

또는

$$e = \frac{FL}{AE} \tag{3.13}$$

또한 식 3.13을 다음과 같이 나타내면 편리할 경우가 있다.

$$e = fF, \text{ 여기서 } f \equiv \frac{L}{AE} \tag{3.14}$$

또는 다른 형태로

$$F = ke, \text{ 여기서 } k = \frac{AE}{L} \tag{3.15}$$

마지막 3개의 방정식은 균일선형 **탄성 축방향 변형요소의 하중-변형 거동**을 나타낸다.

계수 f를 축방향 변형을 받는 부재의 유연성계수라 하고 k를 강성계수라고 한다. 식 3.14와 3.15로부터 다음을 알 수 있다.

- **유연성계수(flexibility coefficient)** f는 단위하중이 부재에 작용할 때 늘어나는 길이이다. 차원은 L/F이다.
- **강성계수(stiffness coefficient)** k는 부재를 단위길이만큼 변형시키기 위해 필요한 하중이다. 차원은 F/L이다.

이러한 유연성 및 강성 계수의 물리적 의미는 하중에 대한 구조물의 반응을 검토할 때 큰 도움을 준다.

선형 스프링 하나의 선형 축방향 변형요소는 거동이 식 3.13부터 식 3.15까지의 식으로 설명될 수 있는 그림 3.10의 균일부재이다. 선형 하중-변형 거동을 나타내

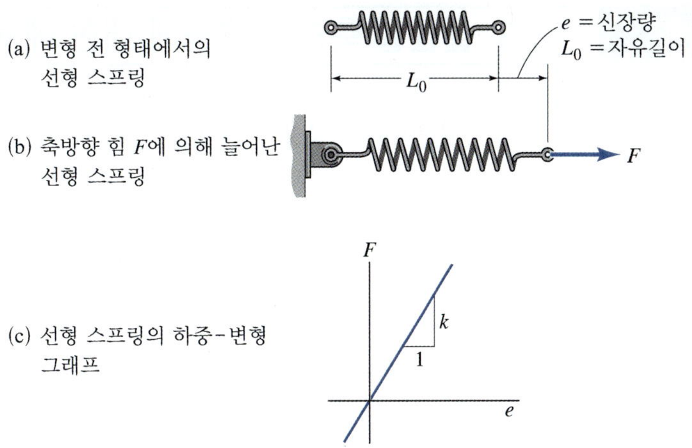

그림 3.11 선형 스프링

는 두 번째 일반적인 요소는 그림 3.11의 **선형 스프링**(linear spring)이다.

e의 값을 알기 위해서 필요한 축방향(인장: +) 하중은 다음과 같다.

$$F = ke \tag{3.16}$$

이에 대한 다른 표현으로는 선형 스프링이 축하중 F가 작용할 경우 신장량은 다음 식과 같이 나타낸다.

$$e = fF, \text{ 여기서 } f = \frac{1}{k} \tag{3.17}$$

여기서 계수 k는 **스프링 상수**(spring constant)이다. 이는 스프링의 하중-변형 거동을 묘사하기 위해 흔히 사용되는 계수이다. 몇몇 스프링은 인장 또는 압축의 한 방향으로만 작동하도록 되어 있다. 그러나 식 3.16과 식 3.17은 인장과 압축 모두에 적용한다고 가정한다. 그림 3.11c는 이러한 선형거동을 하는 스프링에 대한 하중 대 신장량 선도이다. 스프링 상수 k는 직선의 기울기이다.

식 3.8부터 3.12까지의 **축방향 변형이론**(theory of axial deformation)은 다음과 같은 절의 많은 예제를 통하여 다루어진다.

- 3.3절-불균일 축방향 변형
- 3.4절-정정 구조물
- 3.5절-부정정 구조물
- 3.6절-축방향 변형에 대한 열효과
- 3.7절-기하학적 불일치

3.3 불균일 축방향 변형에 대한 예제

3.4절에서는 정정 구조물에 적용되는 균일 축방향 변형에 대하여 다루고 3.5절부터 3.9절까지에서는 부정정 구조물에서의 균일 축방향 변형문제를 다룬다. 그러나 먼저 다음과 같은 3개의 **불균일 축방향 변형**(nonuniform axial deformation)의 예제를 다루어 봄으로써 3.2절에서 유도된 축방향 변형 방정식을 살펴보고자 한다. 예제 3.1에서는 2개의 선형 탄성 보로 구성된 부재의 축방향 변형을 다룬다. 예제 3.2는 단면적이 변하는 기둥의 변형을 다루며 예제 3.3에서는 분포하중을 받는 축변형 부재의 평형조건에 대하여 논의한다.

3.3절은 **와이어 로프**(wire rope)에 대해 간단히 소개한다. 와이어 로프는 길이에 따라 균일하지만, 단면이 불균일하므로 불균일한 축 변형에 대하여 이 절의 범위에 속한다.

불균질 부재의 축방향 변형 축방향 변형을 하고 부재가 균질이라면 탄성계수 E는 일정하고 축방향 응력 σ는 단면에 걸쳐 일정하고 이는 식 3.6에 의해 구할 수 있다.

$$\sigma(x) = E\epsilon(x) \qquad (3.6) \text{ 반복}$$

그러나 탄성계수 E에 대한 보다 일반적인 경우에 대해서 식 3.4는 다음의 형태로 표현될 수 있다.

$$\sigma(x, y, z) = E(x, y, z)\epsilon(x) \qquad (3.18)$$

여기서 축방향 변형률은 단면적에 대하여 일정하지만 축방향 응력은 그렇지 않다는 것에 주목하라.

예제 3.1은 2개의 균질재료(two side-by-side homogeneous)로 만들어지고 선형 탄성, 즉 $E = E(y)$인 단일 구조물의 특별한 경우를 보여주고 있다. 이러한 형태의 문제는 구조물을 부정정 조립물로 취급하여 3.5절에서 논의할 풀이법을 사용하면 쉽게 풀 수 있다.

예제 3.1

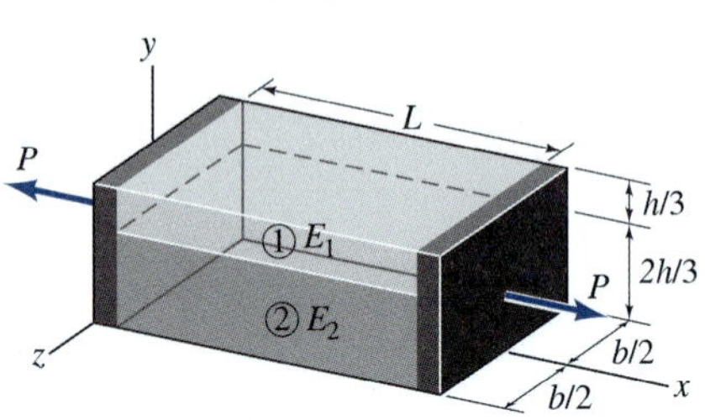

그림 1 두 금속으로 이루어진 각주형 부재

두 종류의 금속으로 이루어진 각주형 부재는 선형 탄성 재료이다. 그림 1과 같이 재료 1과 재료 2는 서로 접착되어 있다. $E_2 > E_1$이라 가정한다. 부재가 축방향 변형을 할 때, 각 재료에 걸리는 수직응력 분포를 결정하시오. 그리고 합력 P가 축단면에서 작용하는 위치를 구하시오. P, E_1, E_2 및 봉의 치수 (b, h)로 나타내시오.

풀이 계획 부재는 축방향 변형을 하므로 식 3.1로부터 단면에 대한 변형률 $\epsilon(x)$는 일정함을 알 수 있다. 부재는 축단면이 일정하고, 부재의 끝부분에 하중이 작용하므로 부재 전체에 대해서 $\epsilon(x) = \epsilon =$일정이라 할 수 있다. 2개의 E값이 있으므로 식 3.18에서 각 재료에 대한 서로 다른 응력값을 계산한다. 이들 응력은 식 3.5의 합응력에 대한 적분식을 사용하여 구할 수 있다.

풀이

변형률 분포: 이상에서 언급한 바와 같이

$$\epsilon(x)=\epsilon=\text{일정} \tag{1}$$

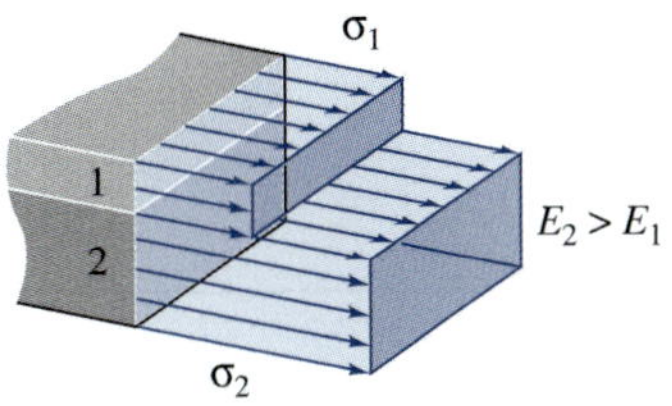

그림 2 2개의 금속으로 된 각주형 부재의 응력 분포

응력 분포: 식 (1)과 식 3.4로부터 두 재료에 대한 응력은 그림 2에 예시된 바와 같다.

$$\sigma_1=E_1\epsilon,\quad \sigma_2=E_2\epsilon \tag{2}$$

합력: 축단면에서의 합력과 모멘트는 식 3.5에 의해 구할 수 있다.

$$\begin{aligned} F(x)&=\int_A \sigma dA \\ M_y(x)&=\int_A z\sigma dA \\ M_z(x)&=-\int_A y\sigma dA \end{aligned} \tag{3}$$

그러나 일정한 수직응력 분포의 합력은 일정응력이 작용하는 면의 중심점에서 작용하는 하중임을 알고 있다. 그러므로 그림 2와 그림 3a의 응력 분포를 그림 3b에서와 같이 각 단면의 중심에 작용하는 2개의 힘 P_1, P_2로 나타낼 수 있다. 이것은 그림 3b에 나타나 있다.

식 (2)와 식 (3)의 $F(x)$로부터

$$P_1=E_1\epsilon A_1=E_1\epsilon\left(\frac{bh}{3}\right),\quad P_2=E_2\epsilon A_2=E_2\epsilon\left(\frac{2bh}{3}\right) \tag{4}$$

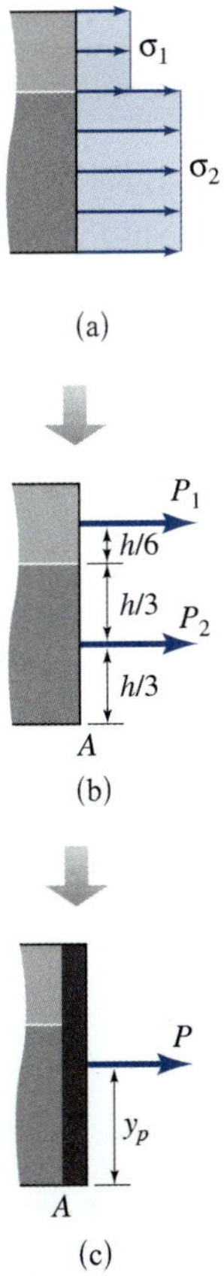

그림 3

x방향 하중의 합은

$$\overset{+}{\rightarrow}\sum F_x: \qquad P_1+P_2=P \tag{5}$$

그러므로 봉의 끝단에 작용(그리고 이 재료의 모든 단면에서)하는 합력은 수직변형률 ϵ과 관련이 있다.

$$P=\frac{\epsilon bh}{3}(E_1+2E_2) \tag{6}$$

식 (6)에서 ϵ의 값을 식 (2)에 대입하면

$$\sigma_1=\frac{3PE_1}{bh(E_1+2E_2)},\quad \sigma_2=\frac{3PE_2}{bh(E_1+2E_2)} \qquad \textbf{답}\ (7)$$

그림 3b에서 하중 P_1, P_2는 각 하중이 단면의 중심에서 작용한다는 것을 보여준다. 그림 3c에서 합력 P의 위치는 점 A를 관통하는 z축 방향 모멘트를 계산함으로써 구할 수 있다.

$$+\circlearrowleft\left(\sum M\right)_A: \qquad P_1\left(\frac{5h}{6}\right)+P_2\left(\frac{h}{3}\right)=Py_P \tag{8}$$

그러므로 각 재료의 끝에 작용하는 힘의 합력인 P의 위치는 다음과 같다.

$$y_P = h\left(\frac{5E_1 + 4E_2}{6E_1 + 12E_2}\right), \quad z_P = 0 \qquad \textbf{답} \ (9)$$

풀이 검토 이 결과를 확인하는 좋은 방법으로, $E_1 = E_2 = E$로 두면, 다음과 같은 식을 얻을 수 있다.

$$\sigma_1 = \sigma_2 = \frac{P}{bh}, \quad y_P = \frac{h}{2}$$

이것은 식 2.4와 일치한다.

단면이 변화하는 기둥의 축방향 변형 예제 3.2는 단면이 일정하지 않아서 불균일 축방향 변형의 문제를 예시하고 있다. 균일한 선형탄성 축방향 변형부재의 **총 신장량(total elongation)**은 식 3.11로 나타난다.

$$e = \int_0^L \frac{F(x)dx}{A(x)dx} \qquad (3.11) \text{ 반복}$$

예제 3.2

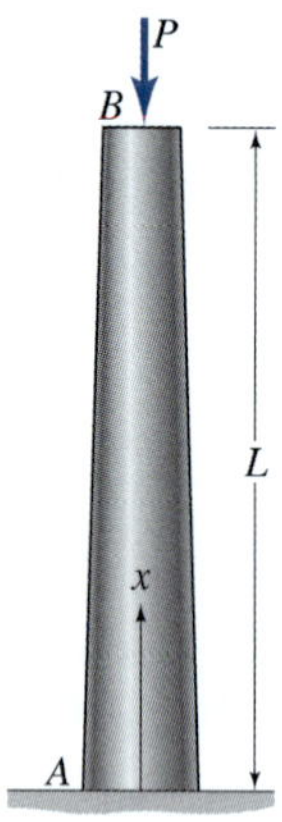

그림 1

그림 1에서 폭이 점점 가늘어진 기둥은 끝단면 B의 중심점에서 아래로 향하는 하중 P를 받고 있다. 기둥은 원형단면을 가지며, 지름은 바닥에서의 원지름 d_A에서 꼭대기에서의 지름 d_B까지 선형적으로 변한다. 하중 P로 인한 기둥의 총 변형량을 구하시오.

풀이 계획 기둥의 변화량 δ는 식 3.11로부터

$$\delta = -\int_0^L \frac{F(x)dx}{A(x)E} \qquad (1)$$

$F(x)$를 구하기 위해 평형조건을 사용하고, $A(x)$는 기하학적 적합조건을 이용하여 구한다.

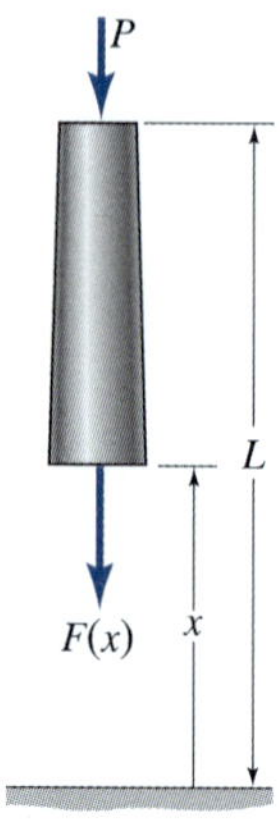

그림 2 자유물체도

평형방정식: 그림 2의 자유물체도로부터

$$+\uparrow \sum F(x): \qquad F(x) = -P = \text{일정} \qquad (2)$$

기하학적 적합조건을 적용한다: 축단면은

$$A(x) = (\pi/4)d^2(x)$$

그림 3과 삼각형 닮은꼴에서 $d(x)$를 d_A와 d_B로 나타낼 수 있다.

$$\frac{d_A - d(x)}{x} = \frac{d_A - d_B}{L}$$

그러므로

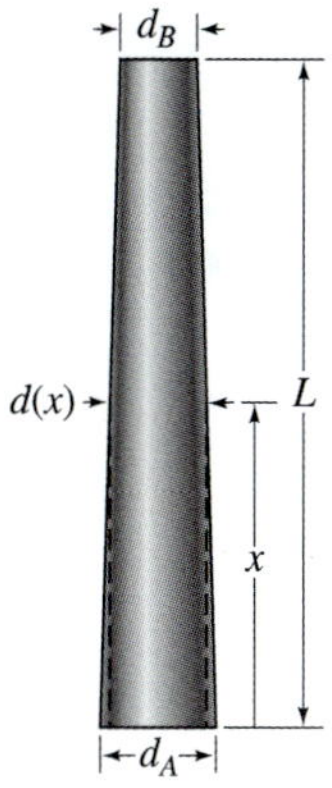

그림 3 변형의 기하학적 조건

$$d(x) = d_A - (x/L)(d_A - d_B)$$
$$A(x) = (\pi/4)\,|\,d_A - (x/L)(d_A - d_B)\,|^2 \quad (3)$$

하중-신장(δ) 관계를 구한다: 식 (1), (2) 및 (3)을 결합하면

$$\delta = \frac{4P}{\pi E}\int_0^L \frac{dx}{[d_A - (x/L)(d_A - d_B)]^2}$$

마지막으로 적분하면 우리가 원하는 답을 얻는다.

$$\delta = \frac{4PL}{\pi E d_A d_B} \quad \text{답 (4)}$$

풀이 검토 식 (4)의 우변은 길이의 차원을 가진다. P나 L이 커지면 δ도 커지는 반면 E가 커지면 δ는 작아진다. 마지막으로 $d_A = d_B \equiv d$이면 $\delta = PL/AE$이고 이것은 예제 2.7(2.6절)에 나타난 축방향 변형을 받는 균일선형 탄성부재에 대한 해답과 같다.

분포하중을 받는 부재의 축방향 변형 예제 3.3은 축하중이 부재의 길이를 따라 분포되어 있을 때 불균일 축방향 변형을 구하는 문제이다. 이러한 상황은 부재의 분산된 무게가 원인일 수도 있고 또는 예제 3.3에서와 같이 부재의 바깥쪽 표면의 마찰 때문에 발생할 수도 있다. 분포 축하중은 유한길이의 자유물체 또는 그림 3.8과 같이 미소길이를 가진 자유물체에 대한 **평형방정식(equilibrium)**에 도입될 수 있다. 식 3.8은 평형방정식으로서 다시 한번 반복한다.

$$\frac{dF(x)}{dx} = -p(x) \quad \text{(3.8) 반복}$$

예제 3.3

건설작업의 마무리를 위해 계약자는 어느 시점에 파일 인출작업을 위하여 그림 1a와 같이 수직파일의 일부분을 땅에서 뽑으려 한다. 어느 시점에 파일 인출작업을 위하여, 파일의 길이 L은 아직 땅속에 있고 파일과 땅의 마찰은 파일에 대한 분포하중, 즉 단위길이당 하중 $p(x)$로서 작용한다. (a) 축하중 P의 항으로 구성된 p_0의 관계식을 구하시오. 파일의 하부에는 하중이 없다. 즉, $F(L) = 0$이라고 가정하시오. (b) 임의의 길이 x에서의 내부 축하중 $F(x)$에 대한 관계식을 P, L 및 x의 항으로 결정하시오.

풀이 계획 $p(x)$와 x의 관계를 구하기 위해 그림 1b를 사용할 수 있으며, 식 3.8을 사용하여 $p(x)$와 $F(x)$의 관계를 구할 수 있다. 파일의 하중은 무시한다.

풀이 (a) p_0와 P의 관계. 그림 1a로부터 다음의 정보를 구할 수 있다.

$$F(L) = 0, \quad F(0) = P \quad (1)$$

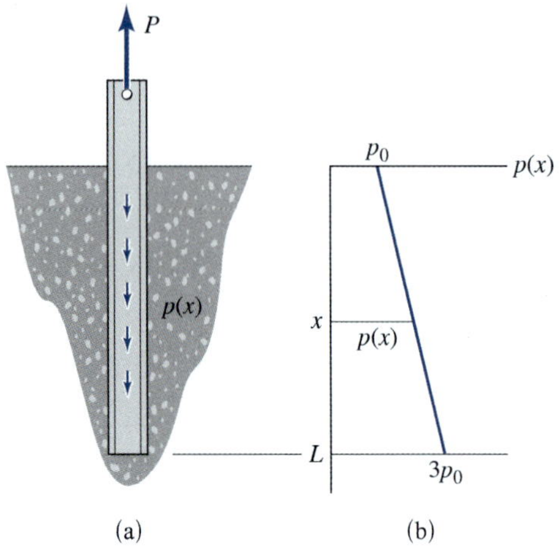

그림 1

그림 1b에서 $p(x)$는 $x=0$에서 p_0이고 $x=L$에서 $3p_0$로 변하는 선형함수임을 알 수 있다. 따라서

$$p(x) = p_0 + 2p_0(x/L) \tag{2}$$

식 3.8은 미소길이를 가진 자유물체(그림 3.8c)에 대한 평형조건을 기본으로 하고 있다. 따라서 이를 적분하면 식 (4)와 같다.

$$\frac{dF}{dx} = -p(x) \quad \textbf{평형방정식} \tag{3}$$

$$F(L) = F(0) - \int_0^L [p_0 + 2p_0(x/L)]dx \tag{4}$$

식 (1)을 (4)에 대입하면

$$0 = P - p_0[x + (1/L)x^2]_0^L \tag{5}$$

따라서

$$p_0 = \frac{1}{2}\frac{P}{L} \quad \textbf{답 (a)} \tag{6}$$

(b) 내부 축하중 $F(x)$에 대한 관계식

식 (3)을 $\xi=0$에서 $\xi=x$까지 적분하면 다음을 얻는다.

$$F(x) = P - \int_0^x [p_0 + 2p_0(\xi/L)]d\xi \tag{7}$$

식 (6)을 식 (7)에 대입하고 적분하면 다음과 같다.

$$F(x) = P\left[1 - \frac{1}{2}\left(\frac{x}{L}\right) - \frac{1}{2}\left(\frac{x}{L}\right)^2\right] \quad \textbf{답 (b)} \tag{8}$$

풀이 검토 $p(x)$는 선형함수이므로 $F(x)$는 이차함수임을 식 3.8로부터 알 수 있다. 식 (1)에서 주어진 값이 얻어지는가를 확인하기 위하여 $x=0$과 $x=L$에서의 $F(x)$ 값을 구해 본다. 이 예제에서는 식 3.8을 사용하지 않고, 평형조건을 다루기 위하여 그림 3.8a와 유사한 유한길이를 가진 자유물체를 사용할 수 있다.

이 절에서는 3.2절의 축 변형 기본 이론방정식(basic theory of axial deformation)을 적용하여 불균일한 축 변형(nonuniform axial deformation)의 세 가지 예제들을 분석하였다. 이 절은 **와이어 로프(wire rope)** 주제에 대한 소개로 마무리된다. 와이어 로프의 복잡한 특성으로 인해, 단면의 응력 분포를 결정하거나 적절한 힘-변형 방정식을 결정하기 위해 축 변형 기본 이론의 방정식을 직접 적용할 수 없다. 대신 실험 데이터를 기반으로 하며, 와이어 로프 제조업체에서 제공한 와이어 로프의 특성을 사용한다.

와이어 로프 와이어 로프는 인장 하중을 지지하는데 유용한 장치이다.[3] 와이어 로프의 정적 응용 분야에는 그림 1.3의 Brooklyn Bridge와 같은 현수교 및 전면 표지에 보이는 사장현수교(cable-stayed suspension bridge)가 포함된다. 와이어 로프의 다른 중요한 용도로는 타워용 받침줄(guy lines)과 연안 플랫폼(off-shore platforms)용 계선(mooring lines)이 있다. 와이어 로프는 압축 하중을 견딜 수 없지만, 굽힘의 유연성은 동적 응용 분야에 중요한 이점을 제공한다. 이러한 점은 와이어 로프를 기계적 동력원으로부터 멀리 떨어진 분리된 하중을 이동시키는데 특히 유용하다. 응용 분야에는 크레인, 호이스트, 엘리베이터 및 채굴용 드래그 라인이 포함된다.

와이어 로프는 코어를 중심으로 꼬인 와이어 가닥들(wire strands)로 구성된다. 각 가닥은 서로 꼬인 여러 개의 개별 와이어로 구성된다. 와이어 로프의 코어는 천연 또는 합성 섬유, 와이어 가닥 또는 독립 와이어 로프로 구성될 수 있다. 그림 3.12a는 일반적인 품종인 6×7 와이어 로프의 단면을 보여준다. 섬유 코어는 가닥

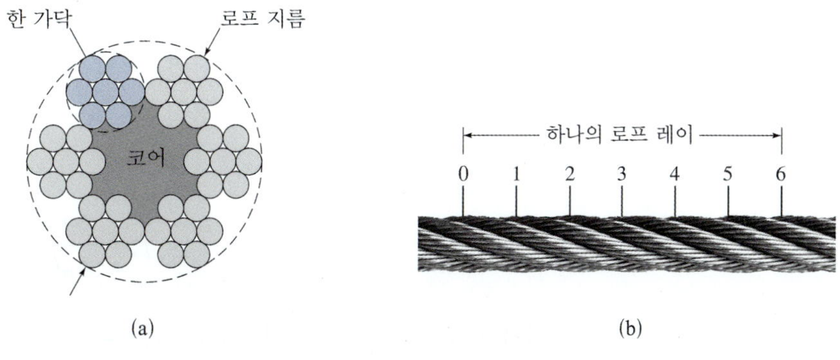

그림 3.12 와이어 로프 형상: (a) 적절하게 측정되어 로프 지름이 표시된 6×7 파이버-코어(fiber-core) 와이어 로프의 단면. (b) 6×7 와이어 로프에 가닥들로 형성된 나선은 로프 레이 길이 내에서 1회전을 완료한다. (Eric M.Taleff)

3) 케이블과 와이어 로프라는 명칭은 종종 상호 교환적으로 사용되지만, 여기서 와이어 로프라는 용어는 하중 지지 용도에 특유한 용어인 반면, 케이블은 비구조 용도(예: 케이블 TV)를 지칭할 수 있는 좀 더 일반적인 용어다.

들에 의해 형성된 모양을 따르며, 이것은 그림 3.12b에 표시된 것처럼 하나의 로프 레이(rope lay)로 전체 나선을 완성한다. 6×7 명칭은 각각 7개의 와이어를 포함하는 6개의 가닥들의 구성을 나타낸다. 반복 굽힘이 필요한 와이어 로프 응용 분야는 6×19 구조로 달성할 수 있는 더 많은 와이어 수를 갖는 로프 구조를 필요로 한다. 와이어 로프가 사용되는 광범위한 응용 분야에 많은 와이어 로프 유형들을 활용할 수 있다. 일반적으로 와이어 수가 많은 로프는 반복 굽힘이 필요한 동적 응용 분야에 사용되며 와이어 수가 적은 로프는 반복 굽힘이 문제가 되지 않을 때 사용된다. 정적 응용 분야에서는 단일 와이어 가닥을 사용해 부하를 지지할 수도 있다(그림 3.12a에 나타낸 가닥의 정의 참조).

와이어 로프의 가장 중요한 두 가지 구조적 특성은 **힘의 거동(force-elongation behavior)**과 **강도(strength)**이다. 와이어 로프의 와이어와 가닥들은 인장 하중이 가해질 때 상호 작용하고 서로에 대해 움직여서 꼬인 나선을 조여서 움직이는 부품이 있는 기계로 작동한다. 이 동작은 하중 하에서 신장을 만들어 내며 영구(구성상) 신축(permanent (constructional) stretch)과 탄성 신축(elastic stretch)의 두 가지 범주로 구분할 수 있다. 하중이 제거된 후에도 영구 신축이 유지되며 서비스 중 와이어 및 가닥들이 자리(seating)를 잡은 결과이다. 일반적인 응용 분야에서 영구 신축은 전체 와이어 로프 길이의 약 0.5%에 이른다. 부하가 매우 작은 응용 분야를 제외한 모든 응용 분야에서 와이어와 가닥들은 초기 서비스의 수일에서 수 주 내에 완전히 장착된 후 영구 신축이 거의 일정하다. 와이어 로프를 사전에 늘리면 서비스 중에 관찰되는 영구 신축량을 크게 줄일 수 있으며, 일반적으로 서스펜션 브리지와 같은 고정식 응용 분야에 사용된다. 하중이 증가하면 탄성 신축이 증가하고, 하중이 제거되면 신축이 없어진다. 여기서는 탄성 신축만으로 신장, 즉 탄성 신장만 계산하는 것에 관심이 있으며, 적절한 설치 및 길들임이 거의 일정한 영구 신축을 이미 설정했다고 가정한다.

와이어 로프의 탄성 신장은 선형 탄성 거동으로 알맞게 근시될 수 있다. 유연성계수 또는 강성계수를 알고 있으면, 탄성 신장은 식 3.14를 이용하여 계산할 수 있다. 그림 3.12a는 지름 $\pi d^2/4$를 사용하여 계산된 와이어 로프의 면적이 실제로 가해지는 하중을 지지하는 재료의 면적보다 훨씬 크다는 것을 분명히 보여준다. 따라서, 식 3.14와 3.15는 직접 적용할 수 없다. 대신에, 와이어 로프의 유연성계수는 다음과 같이 계산될 수 있다.

$$f_r = \frac{L}{A_m E_r} \tag{3.19}$$

여기서 A_m은 유효 면적이라고도 하는 금속 면적(metallic area)이고, E_r은 로프 계수(rope modulus)이다. 식 3.15로부터, 와이어 로프의 강성계수는 다음과 같다.

$$k_r = \frac{A_m E_r}{L} \tag{3.20}$$

금속 면적은 다음과 같이 계산된다.

$$A_m = \mathrm{CF} \times d^2 \tag{3.21}$$

그림 3.12 (a)에 나타낸 것처럼, 여기서 CF는 와이어 로프 제조업체가 제공한 압축계수(compactness factor)이고, d는 로프 지름이다. CF의 값은 일반적으로 0.380에서 0.405 사이지만, 가이(guy) 가닥의 경우 0.580에 도달할 수 있다. 실제 예제 문제에는 일반적으로 6×7 와이어 로프의 0.380인 보편적인 값이 권장된다. 일부 제조업체는 와이어 로프 제품에 대한 금속 면적 테이블을 제공하기 때문에 A_m을 계산할 필요가 없다.

로프 계수(rope modulus) E_r은 와이어 유형 및 로프 구조에 따라 달라진다. 로프 계수의 값은 일반적으로 개별 와이어의 탄성계수의 26%에서 50%까지 변하며, 전형적인 값은 40%이다. 섬유 코어 및 강철 와이어(강철의 탄성계수 $E = 200$ GPa)를 갖는 표준 6×7 와이어 로프에 유효한, 이 전형적인 값을 사용하여 $E_r = 80$ GPa의 로프 계수를 만든다. 40%의이 간단한 변환 인자는 작업 예제 문제에는 충분하지만, 와이어 로프 제조업체가 제공한 로프 계수는 엔지니어링 계산에 항상 사용해야 한다.

와이어 로프의 **허용 하중(allowable load)**은 매우 중요하지만 쉽게 계산할 수 없다. 엔지니어는 실험 데이터에서 수집된 권장 최대 하중 값 테이블을 사용한다. 연안 플랫폼 계류(mooring)와 같이 매우 긴 와이어 로프와 관련된 응용에서 와이어 로프 자체의 무게는 허용하중의 상당 부분을 생성할 수 있다. 따라서 이러한 용도에서는 와이어 로프의 무게를 고려해야한다. 몇 개의 와이어로프 지름에 대해 권장 최대 하중 값과 단위 길이당 전형적인 무게의 예가 표 3.1에 나와 있다.

표 3.1 IPS(개선된 쟁기 강) 와이어를 사용하는 6×19 Seale IWRC(독립된 와이어 로프 코어) 건설 와이어 로프의 경우 길이당 무게 및 권장 허용 하중(2,000 lb)이 표시된다.

지름(in.)	무게, lb/ft.	허용 하중, tons
1/4	0.18	2.94
1/2	0.46	11.5
1	1.85	44.9
2	7.39	172

출처: Wire Rope Handbook, Wire Rope Corporation of America, 1985, p.13.(Now WireCo WorldGroup).

와이어 로프에서 다른 부품으로 하중을 전달하기 위해, 와이어 로프의 많은 응용 분야에는 그림 3.13(a, b)와 같은 엔드 부착물이 필요하다. 엔드 부착물의 효율성(efficiency)에 따라 어태치먼트로 인해 허용 가능한 부하를 얼마나 줄여야 하는지 결정되는데, 이는 와이어 로프보다 약할 수 있다. 예를 들어, 80% 효율인 엔드 부착물은 허용 하중을 20% 줄인다. 올바르게 구성된 엔드 부착물의 일반적인 효율성은 75%~100%이다.

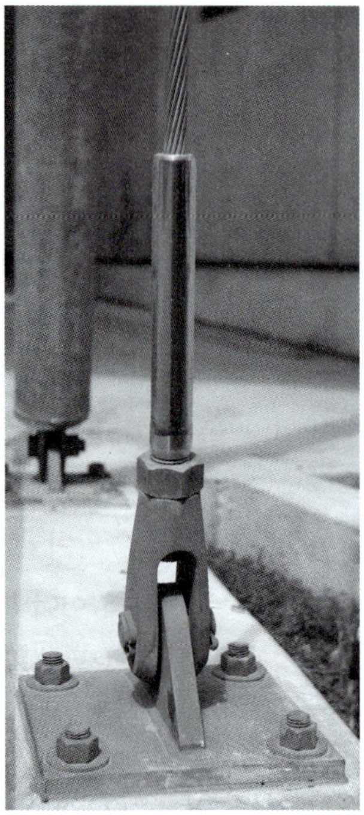

(a) 형철(Swaged)

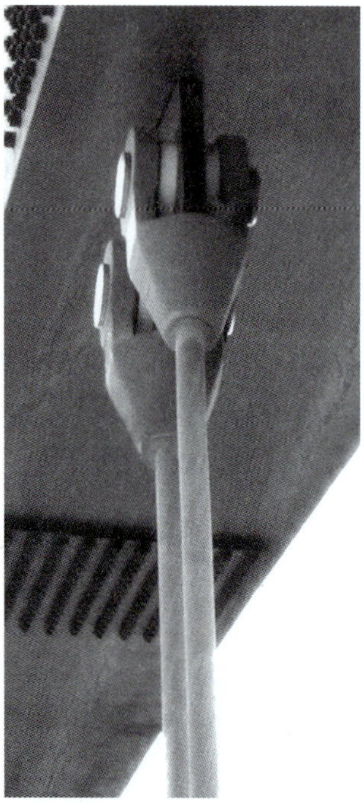

(b) 소켓(Socketed)

그림 3.13 와이어 로프에 사용되는 다른 엔드 부착물(end attachments)의 예. (Eric M.Taleff)

예제 3.4

밤새 발생될 해를 방지하기 위해 저녁에 시공 업체는 대형 크레인의 와이어 로프를 이용하여 1000-lb의 공기 압축기를 지상에서 위로 10 ft 들어 올린다. 와이어 로프는 지름이 $d = 1/4$ in.이고, 6×19 Seale IWRC 구조의 IPS 와이어로 구성된다. 표 3.1을 참조; 와이어 로프 계수는 $E_r = 12{,}000$ ksi이고, 압축 계수는 CF = 0.40이다. 로프는 지점 A의 크레인 윈치와 B의 도르래(시브) 사이에서 10 ft를 주행한 다음 지상의 컴프레서에서 부착물 C까지 $L = 40$ ft를 주행한다. 와이어 로프 끝 C 위치의 후크는 부칙 효율이 90%이다. (a) 압축기가 지면에서 들어올려지는 것처럼 지점 A의 윈치와 지점 C의 압축기 사이에서 와이어 로프의 신장을 계산하시오. 이것은 압축기가 움직이기 전에 윈치 드럼에 감아야 하는 와이어 로프의 길이이다. (b) 표 3.1의 권장 최대 하중에서

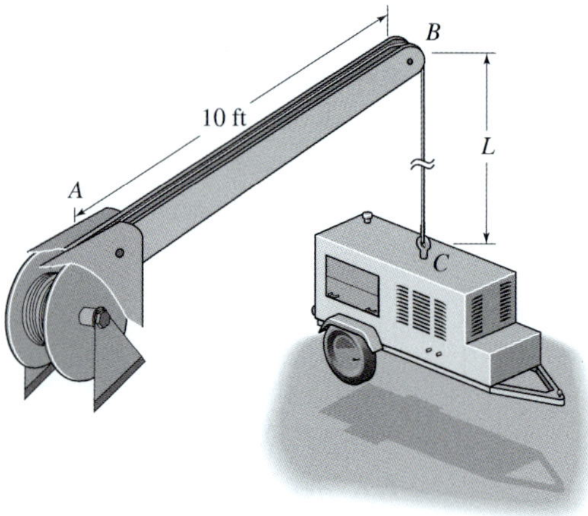

고장이 발생한다고 가정하여, 이 작업에서 와이어 로프의 안전계수를 계산하시오.

(a) 와이어 로프의 금속 면적을 먼저 계산해야 한다.
식 3.21로부터 로프의 금속 면적은

$$A_m = \mathrm{CF} \times d^2 = 0.40 \times (0.25\text{ in.})^2 = 0.025\text{ in.}^2$$

식 3.19로부터 유연성계수는

$$f_r = \frac{L}{A_m E_r} = \frac{(10\text{ ft} + 40\text{ ft})}{(0.025\text{ in}^2)(12{,}000\text{ ksi})} = 0.167\frac{\text{in.}}{\text{kip}}$$

윈치와 압축기(10 ft + 40 ft) 사이의 와이어 로프 전체 길이는 적재 시 길어진다는 것을 명심하자. 자유물체도를 이용하여 이를 확인할 수 있다. 와이어 로프의 신장량은 다음과 같다.

$$e = f_r P = \left(0.167\frac{\text{in.}}{\text{kip}}\right)(1\text{ kip}) = 0.167\text{ in.}$$ **답 (a)**

(b) 예상 파괴 하중(P_F)의 계산은 지점 C에서의 훅 엔드 부착물의 효율을 설명해야 한다. 표 3.1에서 이 와이어 로프에 권장되는 최대 하중 5.88 kips를 사용하면 부착 효율을 조정한 후 허용 하중은 다음과 같다.

$$P_F = 0.90 \times 5.88\text{ kips} = 5.29\text{ kips}$$

와이어 로프의 최대 하중은 지점 B에서 발생하며, 압축기의 1000 lbs.(1 kip)에 와이어 로프의 무게를 더한 것이다. 지점 B의 도르래 바퀴(sheave)에서 지점 C의 부착물까지 매달려 있는 와이어 로프의 총 무게는

$$W = (0.18\text{ lb/ft})(40\text{ ft}) = 7.2\text{ lb}$$

이다. 물론, 이것은 압축기의 하중에 비해 무시할 정도로 작은 하중이다. 따라서 상대적으로 짧은 길이에 대한 와이어 로프의 무게를 합리적으로 무시할 수 있다. 안전계수(safety factor)는 다음과 같다.

$$FS = \frac{5.29\text{ kips}}{1\text{ kip}} = 5.29$$ **답 (b)**

다음으로, 3.4절에서는 균일한 축변형의 예를 고려하여 정정 구조를 포함하는 몇 가지 예제 문제들을 해결한다. 마지막으로, 3.5–3.8절에서 부정정 구조에 적용하여 부재가 균일한 축변형을 받는 구조 시스템을 계속 고려한다.

3.4 정정 구조물

이 절에서는 균일 축방향-변형 요소를 갖는 **정정 구조물(statically determinate structure)**에 대한 해석을 한다. 요소에서의 응력과 구조물에서의 변형을 결정한다. 요소의 응력과 구조 시스템의 변형을 모두 결정한다. 이러한 예제들은 기본 방정식, 즉 **평형(equilibrium)**, **하중-변형 관계(element force-deformation behavior)**, **기하학적 변형(geometry of deformation)**을 적절하게 사용하는 것이 얼마나 중요한지를 보여준다. 이 3개의 방정식들이 각 문제의 풀이과정에 어떻게 적용되는지를 주의깊게 살펴보기 바란다. 또한 식 3.14에 정의된 유연성계수(flexibility coefficient) f가 이러한 풀이에 어떻게 사용되는지 유의한다.

예제 3.5

그림 1에 나타나 있는 예제 2.3(2.2절)의 축방향 변형을 하는 두 부재를 다시 고려해 보자. 예제 2.2에서는 요소 (1), (2)의 축방향 응력 σ_1과 σ_2가 결정되었다. 2개의 요소로 이루어진 구조물은 정정 구조물이므로 이 응력들은 요소를 이루는 재료와 관계없다. AB의 부분은 강($E_1 = 200\text{ GPa}$)이고 BC의 부분은 알루미늄($E_2 = 70\text{ GPa}$)일 때 C점의 변위 u_C를 구하시오.

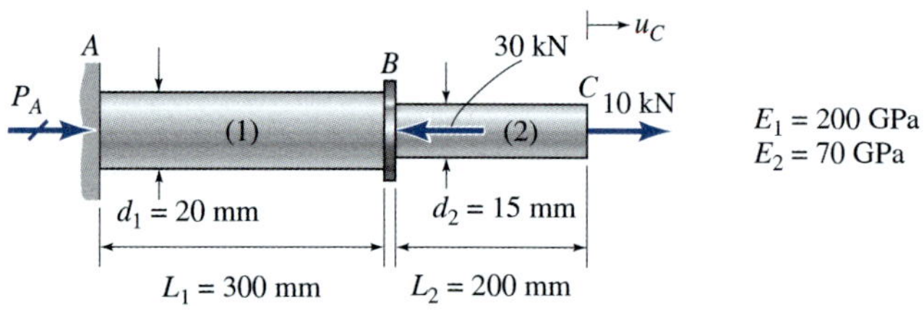

그림 1

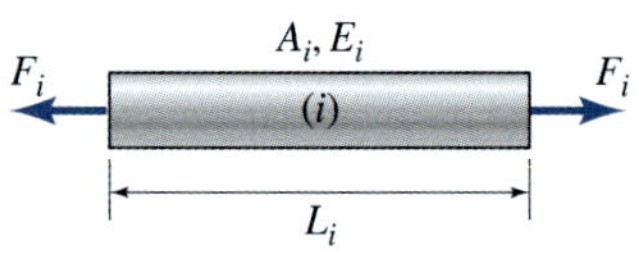

그림 2 일반적인 구성 요소

풀이 계획 전형적인 요소의 기호는 그림 2와 같다. 예제 2.3에서 구하였던 축하중과 식 3.14를 이용하면 축하중의 항으로 된 각 요소의 변형량을 구할 수 있다. 마지막으로 C점의 변위 u_C는 두 요소의 변형량의 합을 구하면 된다.

풀이

평형방정식: 예제 2.3의 자유물체도와 평형방정식으로부터

$$F_1 = -20\text{ kN}, \quad F_2 = 10\text{ kN} \qquad \textbf{평형조건} \qquad (1)$$

여기서 F_i는 요소 i의 축하중이다.

하중-변형 관계를 적용한다: 그림 2의 균일부재에 대한 하중-변형 관계는 식 3.14로부터 구할 수 있다.

$$e_i = f_i F_i,\ \text{여기서}\ f_i = \frac{L_i}{A_i E_i},\ i = 1,\ 2$$ **요소의 하중-신장량** (2)

식 (2)에 수치를 대입하면 두 요소의 유연성계수를 구할 수 있다.

$$f_1 = \frac{L_1}{A_1 E_1} = \frac{(300\ \text{mm})}{(314.2\ \text{mm}^2)(200\ \text{kN/mm}^2)} = 4.77(10^{-3})\ \text{mm/kN}$$
$$f_2 = \frac{L_2}{A_2 E_2} = \frac{(200\ \text{mm})}{(176.7\ \text{mm}^2)(70\ \text{kN/mm}^2)} = 1.62(10^{-2})\ \text{mm/kN}$$

요소 (2)는 단면적과 탄성계수가 작기 때문에 요소 (1)보다 세 배나 유연하다. 유연성계수와 식 (1)의 요소의 축하중을 식 (2)에 대입하면 다음과 같은 요소의 신장량을 구할 수 있다.

$$e_1 = f_1 F_1 = -0.0955\ \text{mm}$$
$$e_2 = f_2 F_2 = 0.1617\ \text{mm} \qquad (2')$$

따라서 요소 (1)은 압축하중에 의해 짧아지지만 요소 (2)는 인장하중에 의하여 길어진다.

기하학적 변형: 적합방정식: 두 요소는 끝단이 고정되어 있기 때문에 요소 (1)의 우측 끝단의 변위와 요소 (2)의 변위는 같아야 한다. 따라서 끝단 C의 변위는 다음과 같다.

$$u_C = e_1 + e_2$$ **기하학 변형조건** (3)

이 방정식은 B에서 결합된 두 요소의 변위가 적합해야(같아야) 한다는 것을 의미하기 때문에 **적합방정식(compatibility equation)**이라고 한다.

최종 해는 다음과 같다.

$$u_C = e_1 + e_2 = -0.0955\ \text{mm} + 0.1617\ \text{mm}$$
$$u_C = 6.62(10^{-2})\ \text{mm}$$ **답**

풀이 검토 L_i, A_i 및 E_i의 값이 요소의 유연성계수 f_i를 계산할 때 어떻게 사용되고 이 유연성계수와 요소하중 F_i는 균일요소의 변형량을 결정할 때 어떻게 사용되는지 주의깊게 살핀다.

예제 3.5와 같이 끝단이 서로 조립되어 있는 부재의 경우 총 신장량은 다음과 같이 요소 신장량의 합이다.

$$e_{\text{total}} = \sum \frac{F_i L_i}{A_i E_i} \qquad (3.22)$$

MDS 3.1 **부분축** – 예제 3.5와 같은 정정문제를 풀기 위한 프로그램이다.

예제 3.6

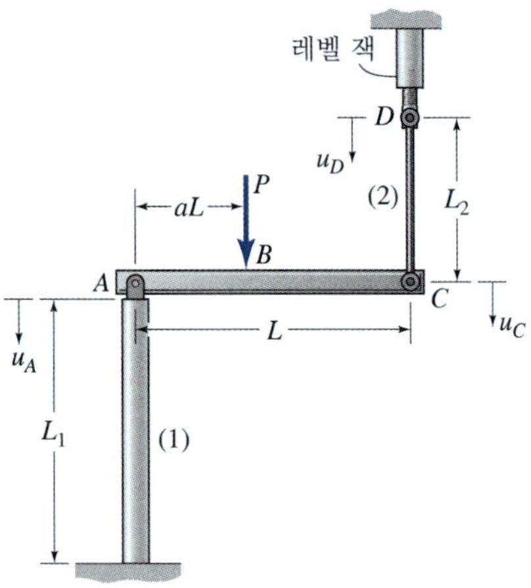

그림 1

강체이고 무게가 없는 보 AC가 그림 1과 같이 수직기둥에 의하여 끝단 A에서 지지되어 있다. 끝단 C는 D점의 수직위치를 상하로 이동시킬 수 있는 레벨 잭(leveling jack)에 연결되어 있는 수직봉 CD에 의해서도 지지되어 있다. 하중 P가 작용하는 점 B는 보 AC를 따라 이동할 수 있다. 즉 $0 < a < 1$이다. 레벨 잭의 목적은 B의 위치에 관계없이 보 AC를 정확하게 수평으로 유지하는 것이다.

(a) 하중 P가 보에 작용할 때 기둥의 축응력 σ_1과 봉의 축응력 σ_2를 구하시오. (b) 하중이 보에 작용할 때 점 A의 아랫방향 변위 u_A를 구하시오. (c) 마지막으로, 주어진 하중조건에서 보 AC를 수평, 즉 $u_C = u_A$를 유지하기 위한 레벨 잭의 변위 u_D를 구하시오. 구조물의 치수와 재료의 특성값은 다음과 같다.

$$P = 2 \text{ kips},\ L_1 = 10 \text{ ft},\quad L_2 = 5 \text{ ft},\quad L = 10 \text{ ft},\quad a = 0.4$$
$$A_1 = 2 \text{ in}^2,\quad A_2 = 0.8 \text{ in}^2,\quad E_1 = E_2 = 30 \times 10^3 \text{ ksi}$$

풀이 계획 기둥과 지지봉의 축하중을 구하기 위해 보 AC의 자유물체도를 사용한다. 식 3.14는 축방향 하중의 항으로 각 요소의 변형량을 표시하기 위해 사용될 수 있다. 마지막으로 두 요소의 변형량은 변위 $u_A = u_C$와 u_D의 항으로 표현할 수 있다.

풀이 (a) 축방향 응력 σ_1, σ_2

평형방정식: 그림 2에서 보 AC의 자유물체도를 사용하면 기둥에서의 축하중 F_1 및 지지봉의 하중 F_2와 외력 P와의 관계를 결정하는 평형방정식을 구할 수 있다.

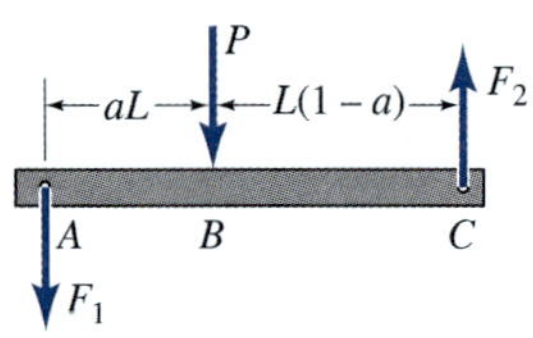

그림 2 자유물체도

$$+\circlearrowleft\left(\sum M\right)_C = 0: \qquad F_1 L + PL(1-a) = 0$$

$$+\circlearrowleft\left(\sum M\right)_A = 0: \qquad F_2 L - PaL = 0$$

또는

$$\begin{aligned} F_1 &= -P(1-a) = -2 \text{ kips}(0.6) \\ &= -1.2 \text{ kips} \\ F_2 &= Pa = 2 \text{ kips}(0.4) = 0.8 \text{ kips} \end{aligned}$$

평형방정식 (1a, b)

따라서 축응력은 다음과 같다.

$$\sigma_1 = \frac{F_1}{A_1} = \frac{-1.2 \text{ kips}}{2 \text{ in}^2} = -0.6 \text{ ksi} = 0.6 \text{ ksi(압축)}$$

답 (a)

$$\sigma_2 = \frac{F_2}{A_2} = \frac{0.8 \text{ kips}}{0.8 \text{ in}^2} = 1.0 \text{ ksi} = 1.0 \text{ ksi(인장)}$$

(b) 아랫방향 변위 u_A를 구한다: 변위 u_A를 결정하기 위해서는 기둥에 작용하는 압축하중에 의한 기둥길이의 변화량을 결정해야 한다. 그와 동시에, 하중 F_2에 의한 봉의 신장량을 구할 수 있다.

$$e_i = f_i F_b \quad \text{여기서} \quad f_i = \frac{L_i}{A_i E_i},\ i = 1, 2 \qquad \textbf{요소의 하중-변형 관계} \qquad (2)$$

식 (2)에 수치를 대입하면 2개의 유연성계수를 얻는다.

$$f_1 = \frac{L_1}{A_1 E_1} = \frac{(120 \text{ in.})}{(2 \text{ in}^2)(30 \times 10^3 \text{ ksi})} = 2.00(10^{-3}) \text{ in./kip}$$

$$f_2 = \frac{L_2}{A_2 E_2} = \frac{(60 \text{ in.})}{(0.8 \text{ in}^2)(30 \times 10^3 \text{ ksi})} = 2.50(10^{-3}) \text{ in./kip}$$

2개의 요소는 하나가 다른 것에 비하여 두 배 정도 길지만 거의 똑같은 유연성을 가진다. 유연성계수를 식 (1a,b)의 요소의 축하중과 함께 식 (2)에 대입하면

$$\begin{aligned} e_1 &= f_1 F_1 = -2.40(10^{-3}) \text{ in.} \\ e_2 &= f_2 F_2 = 2.00(10^{-3}) \text{ in.} \end{aligned} \qquad (2'\text{a, b})$$

이다. 따라서 압축하중에 의하여 기둥은 짧아지지만 인장하중에 의하여 봉은 늘어난다.

기하학적 변형: 각 요소의 신장량 e_i은 끝단 변위의 차이다.

$$\begin{aligned} e_1 &= -u_A \\ e_2 &= u_C - u_D \end{aligned} \qquad \textbf{기하학적 변형} \qquad (3\text{a, b})$$

따라서 식 (2′a)와 (3a)로부터 A에서의 수직변위는 다음과 같다.

$$u_A = 2.40(10^{-3}) \text{ in.} \downarrow \qquad \textbf{답 (b)} \quad (4)$$

(c) 지지봉 끝단에서의 변위를 구한다: 보 BC는 다음의 조건을 만족하면 수평이다.

$$u_C = u_A \qquad (5)$$

그러므로 식 (2′b), (3b), (4) 및 (5)로부터 다음을 얻는다.

$$u_D = u_C - e_2 = 2.40(10^{-3})\text{in.} - 2.00(10^{-3})\text{in.}$$

따라서

$$u_D = 0.40(10^{-3})\ \text{in.}\downarrow \qquad \textbf{답 (c)}$$

따라서 보 AC가 수평을 유지하기 위해서는 레벨 잭이 0.8 kips의 하중을 유지하고 D점을 아랫쪽으로 $0.40(10^{-3})$ in.만큼 움직이도록 해야 한다.

풀이 검토 이와 같은 정정문제의 경우 요소하중은 부재의 크기나 재료와는 무관하게 평형조건만으로 구할 수 있다. 그러나 변위가 필요하면 하중-변형 관계식과 변형의 기하학적 요건으로부터 또 다른 방정식을 사용해야 한다.

MDS 3.2 **보와 두 부재**–예제 3.6과 유사한 정정문제를 풀기 위한 프로그램이다.

예제 3.7

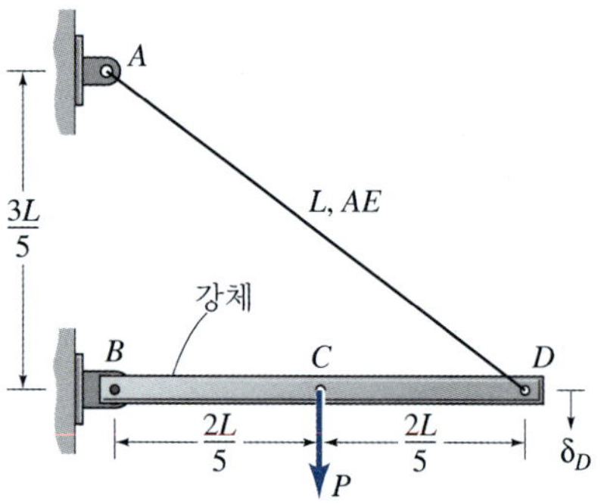

그림 1

길이 L, 단면적 A이고 탄성계수가 E인 와이어가 그림 1과 같이 무게가 없는 강체 보를 지지하고 있다. 보에 작용하는 하중이 없다면 보는 수평을 유지한다. (a) 하중 P가 보 BD의 중앙에 작용할 때 와이어 AD의 축방향 응력을 결정하시오. (b) 끝단 D에서의 수직변위 δ_D가 작다고 가정, 즉 $\delta_D \ll L$일 때 이를 결정하시오.

풀이 계획 이 문제는 정정 문제이므로 (a)에 대한 풀이는 매우 쉽다. 단지 **평형조건(equilibrium)**만 고려하면 와이어의 하중을 구할 수 있고 와이어의 응력은 이 하중을 단면적으로 나누면 된다. (b)에서는 와이어의 변형량과 끝단의 변위 δ_D 간의 기하학적 관계를 수정하면 해를 얻을 수 있다. **변형 선도(deformation diagram)**를 그리면 기하학적 변형조건을 가시화할 수 있다.

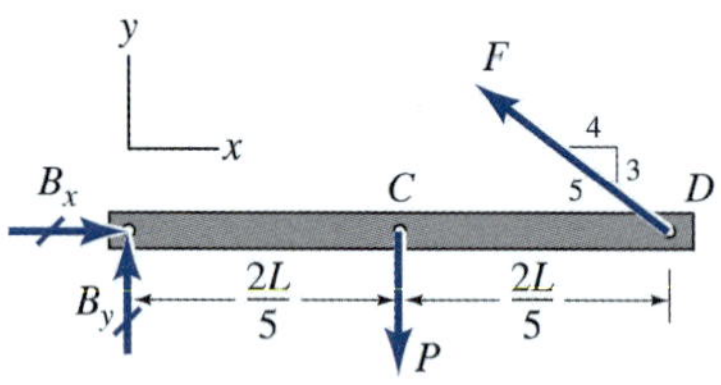

그림 2 자유물체도

풀이 (a) 와이어 AD의 축방향 응력

평형방정식: 그림 2의 자유물체도를 이용하면 와이어의 인장하중 F와 외력 P와의 관계를 결정하는 평형방정식을 구할 수 있다.

$$+\circlearrowleft \left(\sum M\right)_B = 0: \qquad -P\left(\frac{2L}{5}\right) + \left(\frac{3}{5}F\right)\left(\frac{4L}{5}\right) = 0$$

또는

$$F = \frac{5}{6}P \qquad \textbf{평형방정식} \qquad (1)$$

따라서 와이어의 축응력은 다음과 같다.

$$\sigma = \frac{F}{A} = \frac{5}{6}\frac{P}{A} \qquad \textbf{답 (a)}$$

(b) 보의 끝단 변위: 보의 끝단 변위를 결정하기 위해서는 지지 와이어(the support wire)의 변형량(하중-변형 거동)을 결정하고 그 후 이 변형에 의하여 보가 어떻게 회전(변형의 기하학적 조건)하는지 결정해야 한다.

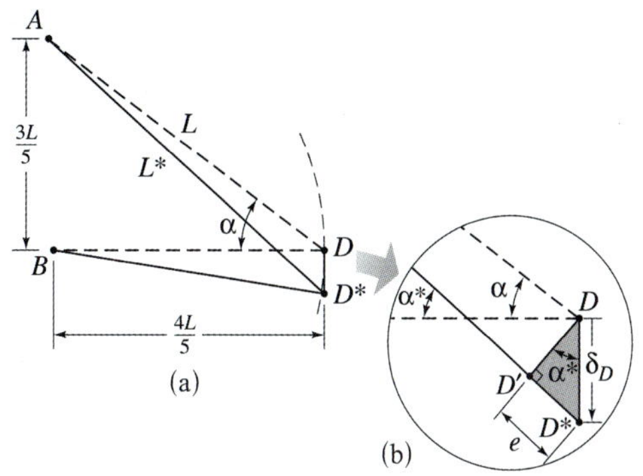

그림 3 변형 선도

요소의 하중-변형 거동: 요소의 하중-신장 방정식인 식 3.13으로부터 다음을 얻는다.

$$e = \frac{FL}{AE} \quad (2)$$

요소의 하중-신장 변형 관계식

기하학적 변형조건: 그림 3으로부터 하중을 받는 지지 와이어의 변형량 e와 D점의 수직변위의 관계를 파악할 수 있다. 보 BD는 강체이므로 D점은 하중 P가 작용할 경우 그림 3a의 점선과 같이 B를 중심으로 하는 원호를 그릴 것이다. 그러나 그림 3a에서 점 D는 D^*로 수직방향으로 움직인다는 가정을 도입하며 이는 수직변위 δ_D가 작다는 가정, 즉 $\delta_D \ll L$일 때 원호를 따라 이동하는 것과 거의 동일하다.[4)]

그림 3b는 변형삼각형 $DD'D^*$를 보여주는 D점 부근의 확대그림이다. 변 DD'은 근사적으로 D의 수직변위이다. 반면에 $D'D^*$은 와이어의 변형량 $e = L^* - L$이다. 그림 3a, b의 각 α는 3-4-5 삼각형 ADB의 각이다. 그림 3b의 2개의 α^*는 서로 같고 δ_D가 작다면 $\alpha^* \approx \alpha$이다. 따라서 삼각형 $D'DD^*$는 3-4-5 삼각형임을 알 수 있다. 즉,

$$e = \frac{3}{5}\delta_D \quad (3)$$

기하학적 변형조건

이 방정식은 와이어의 끝단과 보의 끝단이 D에서 D^*로의 동일한 변위를 가지도록 하기 때문에 **적합방정식(compatibility equation)**이라 한다.

방정식의 풀이: 이 문제는 정정 문제이므로 평형방정식만을 이용하여 식 (1)의 요소하중을 구할 수 있었다. 이 하중을 요소의 하중-신장량 방정식인 식 (2)에 대입하면

$$e = \frac{5}{6}\left(\frac{PL}{AE}\right) \quad (4)$$

4) 2.3절의 예제 2.5를 통하여 강체 보의 회전량의 항으로 와이어의 정확한 변형량을 구하기 위하여 피타고라스 정리가 어떻게 이용될 수 있는가를 알 수 있다.

마지막으로 위의 결과를 적합방정식인 식 (3)에 대입하면 끝단의 변위 δ_D는 다음과 같다.

$$\delta_D = \frac{25}{18}\left(\frac{PL}{AE}\right) \qquad \text{답 (b)}$$

풀이 검토 해의 우측 항은 길이 단위를 가지고 있으며 이는 타당하다. 큰 하중이 작용하면 큰 변위가 발생한다. 이와 유사하게 단면적이 크거나 탄성계수가 크다면 끝단 변위는 작아진다. 따라서 구한 해는 옳다.

MDS 3.3 **핀고정 보와 스트러트** – 예제 3.7과 유사한 정정 문제를 풀기 위한 프로그램이다.

이전의 3개의 예제들과 같이 정정 구조물의 모든 내력은 정역학방정식(평형방정식)을 이용하여 구할 수 있다. 그러나 각 구조물의 변형은 따로 구해야 하기 때문에 하중-변형 거동과 기하학적 적합조건을 사용해야 한다. 변형의 기하학적 조건이 복잡할 경우에는 예제 3.7에서와 같이 변형 선도를 사용하는 것이 매우 효과적이다.

3.5절부터 3.9절까지에는 균일한 축-변형 부재를 갖는 **부정정 문제(statically indeterminate systems)**를 다루기 위한 체계적인 풀이과정이 나와 있다. 표 3.2는 다양한 “입력”(예: 외력)이 기본 방정식(평형, 힘-온도 변형 거동 및 변형 기하학)과 어떻게 관련되는지 보여준다. 표 3.2에 나와 있는 세 가지 경우(외부 힘, 온도 변화 및 기하학적 불일치)는 각각 3.5, 3.6 및 3.7절에서 설명한다.

표 3.2 기본 문제 유형 정리

관련 방정식 세트	입력	절
(1) 평형	외력	3.5
(2) 요소 힘-온도-변형	온도 변화	3.6
(3) 변형 형상	기하학적 부적합	3.7

3.5 부정정 구조물

그림 3.14는 2개의 평행요소로 이루어진 2개의 구조물을 나타낸 것이다. 그림 3.14a의 구조물에 작용하는 것은 이미 알고 있는 2개의 하중 P_B, P_C와 1개의 반력 P_A이다. 그림 3.14a의 각 요소의 좌측 끝단의 반력과 축하중은 정역학만을 이용하여, 즉 자유물체도를 그리고 평형방정식을 풀어서 구할 수 있다. 이 2개의 하중값은 사용된 재료와 다른 요소의 성질(즉, 단면적 또는 길이)과 무관하다. 이러한 형태의 구조물을 **정정 구조물(statically determinate structures)**이라 한다. 반면에 그

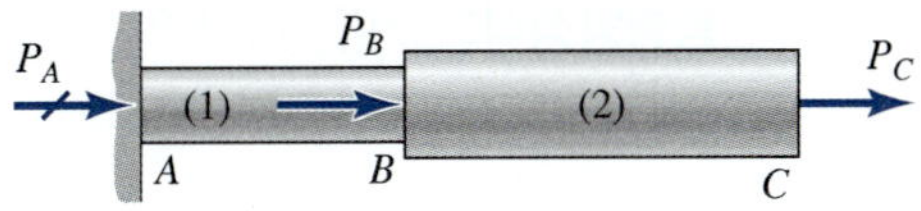

(a) 정정 구조

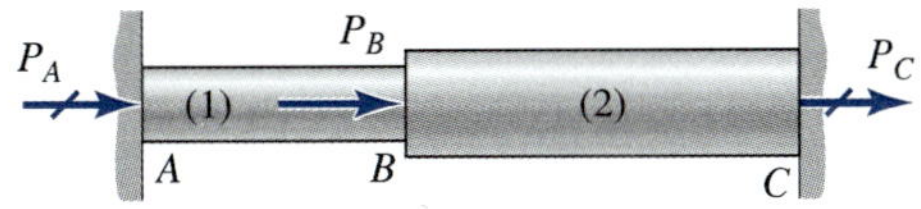

(b) 부정정 구조

그림 3.14 2개의 2요소 구조물 (a) 정정 구조 (b) 부정정 구조

림 3.14b의 양 끝단은 고정벽에 부착되어 있으며 따라서 2개의 미지의 반력 P_A, P_C가 존재하지만 알려진 하중은 P_B뿐이다. 사용할 수 있는 평형방정식(축방향으로의 하중의 합)은 하나밖에 없으므로 평형방정식만으로는 2개의 반력을 결정할 수 없다. 이러한 경우의 반력과 요소하중을 결정하기 위해서는 부재의 크기 및 재료[5]를 포함한 요소의 변형을 고려해야 한다. 이러한 구조물은 **부정정(statically indeterminate)**으로 분류된다. 따라서 부정정 구조물에 대한 해석을 위해서는 다음 세 종류의 방정식을 모두 고려해야 한다. **평형(equilibrium)**, **요소 하중-변형 거동(element force-deformation behavior)** 및 **변형의 기하학적 조건(geometry of deformation)**. 이 절에서는 부정정 구조물 해석을 위해 필요한 여러 단계에 대해 설명한다.

전형적인 부정정 구조물 해석 그림 3.15a의 단순한 2요소 구조물(two-element structure)을 고려해 보자. 먼저 내부 축하중 F_1, F_2를 구하도록 한다. 그러면 두 요소 사이의 절점의 변위 u_B를 결정할 것이다.

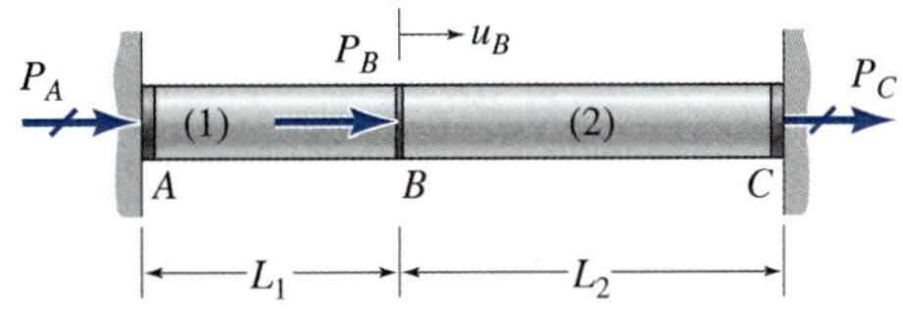

$A_1 = A_2 = A,\ E_1 = E_2 = E,\ L_1 = \mathrm{L},\ L_2 = 2\mathrm{L}$

(a) 고정된 양 끝단의 두 요소 구조

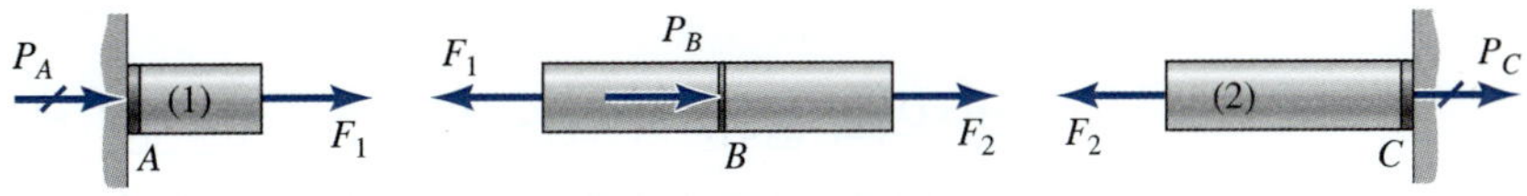

(b) 절점 A, B 및 C의 자유물체도

그림 3.15 부정정 구조물

5) 변위가 필요하다면, 부재의 크기 및 재료는 예제 3.5~3.7에 나와 있듯이 부정정 구조물뿐만 아니라 정정 구조물의 경우에도 고려되어야 한다.

평형방정식: 그림 3.15b의 절점 B의 자유물체도를 이용하면 B에 작용하는 외력(external load) P_B와 B를 구성하는 요소의 내력(internal forces) F_1, F_2의 관계를 구할 수 있다.

$$\overset{+}{\rightarrow}\sum F = 0; \qquad F_1 - F_2 = P_B \quad \textbf{평형방정식} \tag{1}$$

끝단 A와 C의 반력과 요소하중과의 관계는 다음 식에 의해 구할 수 있다.

$$P_A = -F_1, \quad P_C = F_2 \tag{1'}$$

요소 힘 F_1과 F_2를 풀면 쉽게 결정할 수 있다.

단일 평형방정식 (1)로부터 두 개의 미지의 요소 힘을 결정할 수 없기 때문에, 이 구조를 **부정정(statically indeterminate)**이라고 한다. 보 AC가 지점 A와 C 모두에서 강성 벽에 부착된다는 사실은 부재의 길이가 변하는 것을 방지하며, 이 구속 조건은 필요한 추가 방정식 $e_{AC}=0$을 제공한다. 구조의 변형에 대한 이러한 제약 조건을 **적합(compatibility)** 조건이라고 하며, 변형 형상과 관련된다.

하지만 적합 방정식은 평형 방정식 (1)과 같은 힘이 아닌 기하학적 양으로 직접 표현된다. 이를 해결하기 위해 먼저 변형량에 힘을 관련시키는 두 요소의 힘-변형 방정식을 상기한다. 그런 다음 적합 방정식에 대한 논의를 계속할 수 있다.

요소의 하중 – 변형 거동: 요소의 하중-변형 방정식, 식 3.14를 사용하면 다음 관계식을 구할 수 있다.

$$e_1 = f_1 F_1, \quad e_2 = f_2 F_2 \quad \textbf{요소의 하중-(신장량)변형} \tag{2a, b}$$

여기서 유연성계수 $f_1 = \dfrac{L}{AE}$이고 $f_2 = \dfrac{2L}{AE}$이다.

기하학적 변형조건; 적합방정식: 2개의 요소는 끝단이 서로 연결되어 있고 두 요소의 끝단은 자유롭게 지지하지 못하기 때문에 총 변형량은 0이어야 한다. 따라서 이 문제에 대한 **적합방정식(compatibility equation)**은 다음과 같다.

$$e_{AC} = e_1 + e_2 = 0 \quad \textbf{적합방정식} \tag{3}$$

방정식의 풀이: 식 (1)~(3)을 통하여 4개의 방정식과 4개의 미지수가 있음을 알 수 있다. 따라서 4개의 방정식을 동시에 풀어 4개의 미지수를 구하면 된다. 먼저 **요소하중(element forces)**을 구하도록 한다. 따라서 식 (2a, b)를 식 (3)에 대입하여 e_i를 제거하면 **요소하중의 항으로 구성된 다음의 적합방정식**을 구할 수 있다.

$$f_1 F_1 + f_2 F_2 = 0$$

또는

$$F_1\left(\frac{L}{AE}\right)+F_2\left(\frac{2L}{AE}\right)=0$$ **요소하중의 항으로 구성된 적합방정식** (4)

마지막으로 평형방정식 식 (1)과 적합방정식 식 (4)를 **동시에 풀면** 다음을 얻을 수 있다.

$$F_1=\frac{2P_B}{3},\ \ F_2=-\frac{P_B}{3}$$ **답** (5a, b)

여기서 구한 요소하중들은 이상과 같은 부정정 문제의 주된 해답이다.

요소 (2)는 요소 (1)보다 두 배 길기 때문에, **유연성(flexible)** 역시 두 배 크다는 것(즉, $f_2=2f_1$)을 명심한다. 다른 말로 표현하면 요소 (1)의 **강성(stiff)**이 요소 (2)의 강성보다 두 배 높다(즉, $k_1=2k_2$)는 것이다. 따라서 하중 P_B의 상당부분은 요소 (1)에 의하여 좌측 벽으로 전달되고 나머지 부분이 요소 (2)를 통하여 우측 벽으로 전달된다. 두 요소의 길이가 같다면 양 벽에 하중 P_B의 절반씩이 전달된다. 이로부터 **부정정 구조물의 경우, 반력과 내부 요소하중은 요소의 크기 및 재료 물성치(A_i, L_i, E_i)에 따라 달라지고 평형조건만으로는 풀 수 없다**는 사실을 알 수 있다.

절점 B의 변위: 문제에서 밝혔듯이 요소하중뿐만 아니라 절점 B에서의 변위 또한 구해야 한다. 그림 3.15a을 통해서 u_B는 다음과 같은 2개의 기하학적 변형조건 방정식으로부터 구할 수 있음을 알 수 있다.

$$u_B=e_1,\ \ u_B=-e_2$$ **기하학적 변형조건** (6a, b)

따라서 식 (2a), (5a) 및 (6a)[또는 식 (2b), (5b) 및 (6b)]를 결합하면 다음을 얻을 수 있다.

$$u_B=\frac{2P_BL}{3AE}$$ **답**

MDS 3.4 **단부 부재** – 그림 3.15a의 것과 같이 부정정 구조를 분석하기 위한 MDS 프로그램이다.

풀이과정: 기본하중법 부정정 구조를 분석하는 데 필요한 주요 단계는 (1) 미지의 힘을 결정하는데 필요한 평형방정식(equilibrium equations)을 기록하고, (2) 평형방정식의 힘을 적합방정식에서의 변위량과 관련시키는 모든 힘-변형 방정식

(force-deformation equations)을 기록하는 것이다. 세 번째 핵심 단계는 (3) 구조의 변형에 대한 기하학적 제약(geometric constraints)을 특징짓는 적합방정식(compatibility equations)을 작성하는 것이다.

다음 절차를 통해, 그림 3.15a에 표시된 부정정 구조를 분석하는데 사용된 단계를 검토해야 한다. 다음 순서도는 부정정 구조를 분석할 때 세 가지 기본 유형의 방정식 각각이 수행하는 역할을 보다 시각적으로 상기시켜주고, (숙제 및 시험) 문제들을 해결하는데 이용할 수 있는 간단한 해결 절차를 설명하기 위한 것이다.

풀이과정: 기본하중법

▼기본방정식을 수립하라.

1. N_E를 독립적인 평형조건의 수라 하고 자유물체도를 이용하여 N_E**개의 독립적인 평형방정식**을 써라.
2. 각 축-변형 요소에 대한 **요소 하중-변형 방정식**을 써라. 가장 사용하기 편한 형태는 식 3.14이다.

$$e_i = f_i F_i,\ \text{여기서}\ f_i = \frac{L_i}{A_i E_i} \qquad (3.14)\ \text{반복}$$

3. 기하학적 변형조건을 이용하여 요소 변형량 e_i의 항으로 된 **적합방정식**을 써라.

▼미지하중을 구하라.

4. 2단계의 요소 하중-변형 방정식을 3단계의 기하학적 적합방정식에 대입하면 **미지의 요소하중으로 구성된 기하학적 적합방정식을 구할 수 있다.**
5. 미지하중을 구하는 마지막 단계로서 평형방정식(1단계) 및 요소하중의 항으로 된 적합방정식(4단계)을 동시에 푼다.

▼변위를 구하라.

6. 필요하다면 구조물의 변위를 구하기 위하여 요소하중을 2단계의 하중-변형 방정식에 대입한다. 마지막으로, 기하학적 변형조건을 이용하여 요소의 변형량과 구조물 전체의 변위의 관계를 구한다.
7. 모든 해가 정확한지 확인한다.

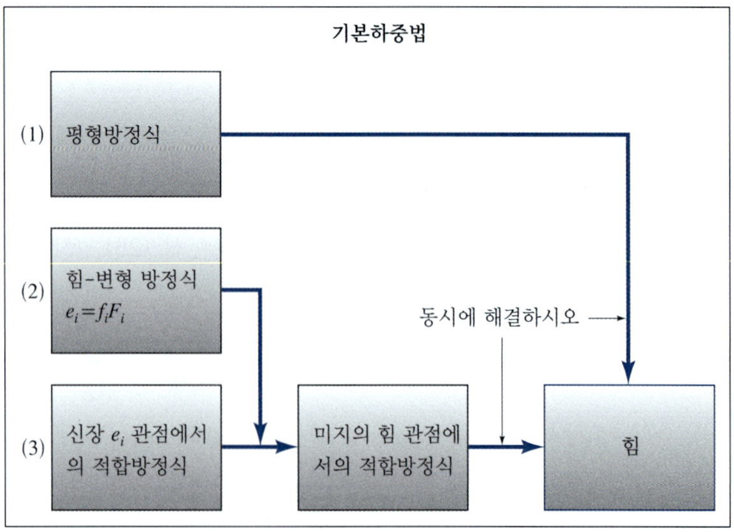

여기에 제시된 방법은 이 장에서 비교적 간단한 부정정 구조를 분석하는데 매우 적합하다. 참고로, 이 방법에는 얻어낸 주요(즉, 첫 번째) 답이 하중(force)이기 때문에, 기본 하중법(Basic Force Method) 표시가 지정된다. 매우 복잡한 구조의 컴퓨터 기반 분석에 적합하며 보다 공식화된 방법인 변위법(Displacement Method)

및 하중법(Force Method)이라고 표시된 방법은 각각 3.8절 및 3.9절에 소개되어 있으며, 구조 분석 및 유한 요소 해석에 관한 교재에서 더 자세하게 다루어진다. 물론, 변위법과 하중법은 또한 이 장의 나머지 부분에 있는 예제 문제들과 같은 더 간단한 문제들을 해결하는 데 적합하다.

안정 평형조건을 만족시키기 위한 지지 외에 구조물에 추가되는 각 구속조건은 추가적인 과잉반력을 야기시키고 따라서 **미지의 과잉반력만큼의 제한방정식이 항상 존재한다는 사실을 알 수 있다.** 이는 예제 3.8과 3.9를 통하여 알 수 있다.

예제 3.8

하중 P가 강재 보 AD의 끝단에 작용하고, 끝단 A에서 핀과 2개의 균일부재(rigid beam)에 의해 지지되어진다(그림 1 참조). 허용인장응력 $\sigma_{\text{allow}} = 30$ ksi를 초과하지 않도록 하기 위해서는 두 부재의 어느 쪽에 얼마나 큰 하중(거의 100 파운드)이 작용할 수 있을까? AD의 회전각은 작다고 가정한다.

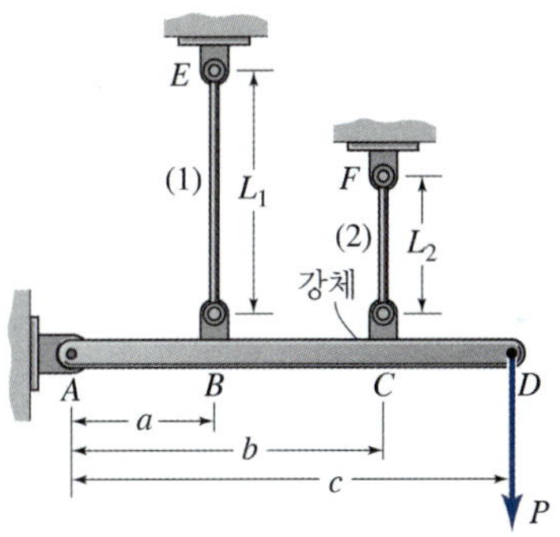

$a = 50$ in., $b = 100$ in., $c = 150$ in., $L_1 = 80$ in., $L_2 = 50$ in.
$E = 10 \times 10^3$ ksi, $A_1 = 1.0$ in^2, $A_2 = 0.5$ in^2

그림 1

풀이 계획 이 문제는 부정정 구조물을 소개하기 위하여 풀었던 앞의 예제처럼 간단한 것이 아니다. 하중을 알지 못하나 허용 축방향 응력을 알고 있다. 응력은 단지 내력을 면적으로 나눈 것이므로, 두 부재에 걸리는 힘 F_1, F_2, 그리고 하중 P의 관계식을 찾아야 한다.

풀이 세 기초방정식을 적으며 시작한다.

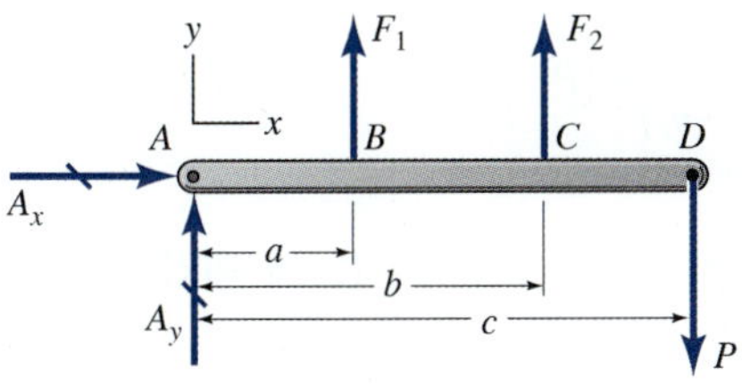

그림 2 자유물체도

평형방정식: 스스로에게 질문을 해본다. 어떤 자유물체도가 외부하중 P와 내력 F_1, F_2를 관계시켜주는 평형방정식을 유도할 것인가? 강체 보 AD의 자유물체도를 이용해야 하는 것은 분명하다. 반력 A_x, A_y를 결정할 필요는 없기 때문에 하중을 합할 필요는 없다. 그림 2의 자유물체도에 대한 모멘트방정식은 F_1, F_2를 P와 관계시켜 주므로 다음과 같이 쓸 수 있다.

$$+\circlearrowleft\left(\sum M\right)_A = 0: \qquad aF_1 + bF_2 - cP = 0 \qquad \textbf{평형방정식} \qquad (1)$$

2개의 미지하중과 하나의 평형방정식이 존재하므로, 구조물은 부정정이다. 보 AD는 단지 하나의 부재만으로 지지될 수 있으므로 다른 하나는 과잉하중이다.

요소의 하중-변형 거동: 식 3.14는 사용하기에 편리한 형식으로서 먼저 요소 (1), (2)로 표시된 두 부재에 대한 강성계수를 계산하여야 한다.

$$e_1 = f_1 F_1, \quad e_2 = f_2 F_2 \qquad (2)$$

요소의 하중-신장변형 방정식

$$f_1 = \left(\frac{L}{AE}\right)_1 = \frac{80 \text{ in.}}{(1.0 \text{ in}^2)(10 \times 10^3 \text{ ksi})} = 8.00(10^{-3}) \text{ in./kip}$$

$$f_2 = \left(\frac{L}{AE}\right)_2 = \frac{50 \text{ in.}}{(0.5 \text{ in}^2)(10 \times 10^3 \text{ ksi})} = 10.00(10^{-3}) \text{ in./kip}$$

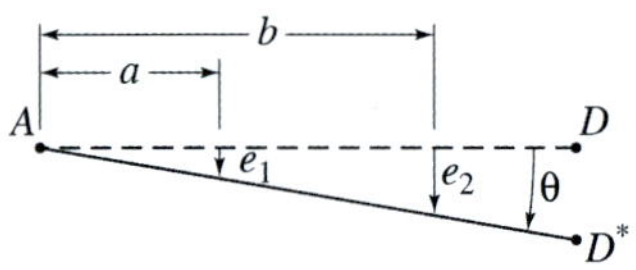

그림 3 변형 선도

기하학적 변형조건 적용: AD는 강체로 가정하였기 때문에 지지부재의 변형량과 A를 중심으로 한 보 AD의 회전과 관계시켜 주는 변형도를 그릴 수 있다. θ가 작다고 가정을 하였기 때문에 점 B와 C는 (A를 중심으로 한 원호를 따른 것이 아니라) 수직하방으로 움직인다고 할 수 있다. 따라서 삼각형의 닮은꼴 성질을 이용하여 적합방정식을 얻을 수 있다.

$$e_2 = \left(\frac{b}{a}\right) e_1 \qquad (3)$$

기하학적 변형조건

따라서 강체 보는 이 방정식을 만족시키도록 2개의 부재에 제한조건을 가한다.

기본하중법에 의한 풀이: 내력을 구하기 위하여 요소 신장량 e_1, e_2를 제거할 수 있고 또한 하중-변형 방정식을 적합방정식에 대입하면 미지의 요소하중의 항으로 구성된 다음의 적합방정식을 얻을 수 있다.

$$f_2 F_2 = \left(\frac{b}{a}\right) f_1 F_1 \qquad (4)$$

하중의 항으로 된 적합방정식

식 (1)과 (4)에서 2개의 미지의 내력으로 구성된 2개의 방정식을 얻었다. 이들을 동시에 풀면 하중 F_1, F_2를 구할 수 있다.

$$F_1 = \left(\frac{acf_2}{a^2 f_2 + b^2 f_1}\right) P$$

$$F_2 = \left(\frac{bcf_1}{a^2 f_2 + b^2 f_1}\right) P \qquad (5a, b)$$

허용하중: 그림 1의 치수와 유연성계수 f_1, f_2의 값을 식 (5)에 대입한다. 식 (5)로부터

$$F_1 = \left(\frac{15}{21}\right) P, \quad F_2 = \left(\frac{24}{21}\right) P \qquad (6a, b)$$

이제 외부하중 P와 허용응력의 관계를 구할 수 있다. 식 (6)에 의한 외부하중 F_1, F_2를 사용하면 부재의 응력을 다음과 같이 구할 수 있다.

$$\sigma_1 = \frac{F_1}{A_1} = \frac{(15/21)(\text{P kips})}{(1.0\ \text{in}^2)}$$
$$\sigma_2 = \frac{F_2}{A_2} = \frac{(24/21)(\text{P kips})}{(0.5\ \text{in}^2)} > \sigma_1 \qquad \text{(7a, b)}$$

부재 (2)가 부재 (1)보다 응력을 크게 받으므로 σ_2가 허용응력과 같다고 놓으면 허용하중은 다음과 같다.

$$P_{\text{allow}} = \frac{21}{24}(0.5\ \text{in}^2)\sigma_{\text{allow}} = 13.1\ \text{kips}$$ 답

풀이 검토 적합성 검사로 결과를 확인할 수 있다.

$$f_2F_2 = \left(\frac{b}{a}\right)f_1F_1 \text{ 인가? 그렇다.}$$

$$[10.00(10^{-3})\ \text{in./kip}]\left(\frac{24}{21}\right)P(\text{kips}) =$$

$$\left(\frac{100\ \text{in.}}{50\ \text{in.}}\right)[8.00(10^{-3})\ \text{in./kip}]\left(\frac{15}{21}\right)P(\text{kips})$$

MDS 3.6 **강체 부재와 두 부재** – 예제 3.8 같은 부정정 구조물을 해석하기 위한 MDS 프로그램이다.

예제 3.8에서는 평형방정식은 하나이지만 미지의 내력 F_1, F_2은 2개이다. 따라서 **하나의 과잉반력(one redundant force)**이 존재한다. 그러나 하중 2개를 모두 구하기 위해서는 둘 중에서 특별히 아는 하나의 하중을 과잉반력으로 선택할 필요는 없다. 예제 3.8은 하나 이상의 과잉반력, 즉 평형방정식에서 미지하중의 숫자가 평형방정식의 수보다 2개 이상 많은 부정정 구조물에 대한 문제이다.

예제 3.9

그림 1의 조립구조물은 3개의 균일한 요소로 구성되어 있다. 요소 (1)은 중실부재이다. 요소 (2)는 파이프 형태로서 그 내부에는 요소 (1)과 평행인 중실형태의 요소 (3)이 있다. 3개의 요소는 모두 B에서 두께를 무시할 수 있는 단단한 판으로 서로 연결되어 있다. B에 외력이 작용하지 않는다면 3개의 요소는 A와 C에서 정확하게 조립되어 있는 상태이다. 점 B에 P_B가 작용할 경우 외력 세 요소 내의 축하중에 대한 관계식을 구하시오.

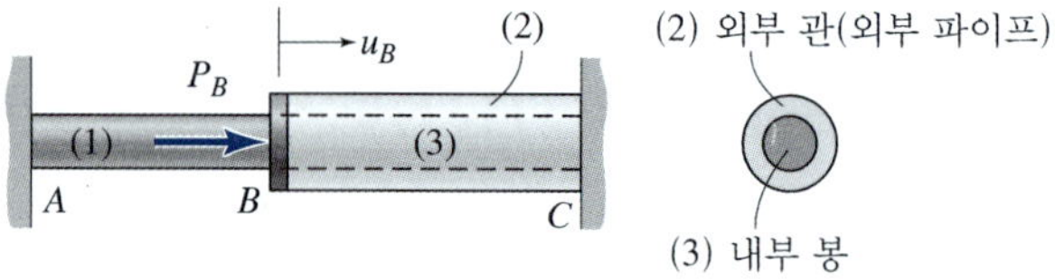

그림 1 원래의 구조물

풀이 계획 이 구조물은 3개의 균일요소와 하나의 연결절점으로 구성되어 있으며 절점 B에서의 평형방정식을 세울 수 있다. 그림 3.14를 이용하여 각 요소에 대한 하중-변형 방정식을 세운다. B점에서의 변위를 이용하면 각 요소의 변형량에 대한 서로의 관계를 구할 수 있다. 마지막으로 기본하중법을 사용하여 이 3개의 방정식을 결합하여 각 요소에서의 하중을 구한다.

만약 외력 P_B가 우측으로 작용(즉, 양이라면)한다면, 좌측 요소는 인장을 받고 나머지 2개의 요소는 압축을 받음을 알 수 있다.

풀이

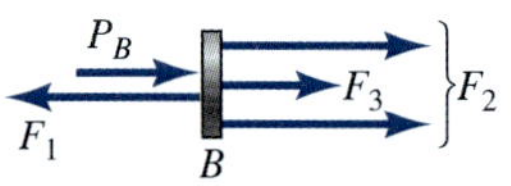

P_B와 F_1은 F_3과 동일 선상에 있다. F_2는 관(파이프) 둘레에 분포되어 있다.

그림 2 B점에서의 자유물체도

평형방정식: 그림 2의 절점 B에서의 자유물체도를 이용하면

$$\overset{+}{\rightarrow}\sum F_x = 0; \qquad -F_1 + F_2 + F_3 + P_B = 0 \qquad \textbf{평형방정식} \qquad (1)$$

방정식 (1)은 3개의 미지 요소하중과 알고 있는 외력 간의 관계를 나타내고 있다. 즉, 3개의 미지하중과 오로지 1개의 평형방정식이 존재하므로, 구조물은 부정정(statically indeterminate)이며 **2개의 과잉하중(two redundant force)**이 존재한다.

요소의 하중-변형 거동: 3개의 균일한 축방향-신장변형 요소가 있고 각각의 요소에 대하여 식 3.14와 같은 요소 하중-변형 방정식을 세울 수 있다. 3개의 요소하중을 각각 F_1, F_2, F_3(인장이 양임)이라 하면 다음을 구할 수 있다.

$$\begin{aligned} e_1 &= f_1F_1, \text{ 여기서 } F_1 = (L_1/A_1E_1) \\ e_2 &= f_2F_2, \text{ 여기서 } F_2 = (L_2/A_2E_2) \\ e_3 &= f_3F_3, \text{ 여기서 } F_3 = (L_3/A_3E_3) \end{aligned} \qquad \textbf{요소의 하중-변형 방정식} \qquad (2a\text{-}c)$$

식 (2)에서 e는 요소 신장량이다. 양의 F_i(인장)은 양의 e_i(요소가 길어짐)를 발생시킨다.

3개의 새로운 방정식을 구했지만, 3개의 미지수가 새로 발생했기 때문에 총 4개의 방정식과 6개의 미지수(3개의 F와 3개의 e)가 존재한다. 따라서 보다 많은 방정식을 구하기 위해 변형의 기하학적 조건을 살펴야 한다.

기하학적 변형조건 적용: 그림 1을 참조하면 요소의 신장량의 정의, 즉 $e = u(L) - u(0)$를 사용하여 각 요소의 신장량과 변위 u_B의 관계를 쉽게 구할 수 있다. 따라서

$$e_1 = -e_2 = -e_3 = u_B$$

여기서 연결점 A와 C에서의 변이는 '0'이라는 사실을 이용하였다. 요소의 길이가 증가하면 신장량 e는 양이므로 u_B변위만큼 오른쪽으로 움직인 연결점 B의 변위는 요소 (2)와 (3)이 그 양만큼 짧아졌다는 사실을 의미한다. 따라서 e_2와 e_3는 다음의 부호를 갖는다. 2개의 **적합방정식**(**compatibility equation**)을 통하여 u_B를 제거할 수 있다.

$$e_2 = -e_1 \qquad e_3 = e_2 \qquad \text{(3a, b)}$$

기하학적 신장 변형조건

2개의 적합방정식(**two compatibility equations**)은 평형방정식에 **2개의 과잉반력**(**two redundant forces**)이 있다는 사실과 일치하고 있다. 과잉반력의 개수와 동일한 개수의 적합방정식이 존재하게 된다!

방정식의 풀이: 방정식과 미지수의 수를 세어보면, 6개의 방정식과 6개의 미지수가 존재한다. 식 (1)~(3)을 결합하여 푸는 것보다 여기서는 기본하중법의 과정을 사용하도록 한다.

하중의 항으로 구성된 적합방정식을 구하기 위하여 식 (2)(요소 하중-변형)를 식 (3)(변형 적합조건)에 대입하면

$$f_2F_2 = -f_1F_1 \qquad f_3F_3 = f_2F_2 \qquad \text{(4a, b)}$$

요소하중의 항으로 된 적합방정식

현재 3개의 미지수에 3개의 방정식 식 (1)과 (4a, b)이 있다. <u>이 방정식을 동시에 풀어</u> 3개의 미지 요소하중에 대한 다음의 관계식을 구할 수 있다.

$$F_1 = \left(\frac{f_2f_3}{f_1f_2 + f_2f_3 + f_1f_3}\right)P_B$$
$$F_2 = \left(\frac{-f_1f_3}{f_1f_2 + f_2f_3 + f_1f_3}\right)P_B$$
$$F_3 = \left(\frac{-f_1f_2}{f_1f_2 + f_2f_3 + f_1f_3}\right)P_B$$

답 (5a-c)

풀이 검토 해의 확인을 위하여 식 (5)를 다시 식 (4a, b)로 대입하면 변형의 적합조건이 만족됨을 알 수 있다.

$$f_2F_2 = -f_1F_1 \text{ 및 } f_3F_3 = f_2F_2 \text{인가? 그렇다.}$$

식 (4a, b)의 적합방정식은 이상에서 구한 해에 의해 만족되고 이상의 풀이과정은 타당하다. 또한 식 (5)로부터 하중 P_B가 양일 때 요소 (1)은 인장이고 요소 (2)와 (3)은 압축임을 알 수 있다. 이는 예상한 바와 같다.

MDS 3.5 **동축 요소**– 예제 3.9와 같은 요소 BC와 같은 부정정 슬리브/로드 시스템을 해석하기 위한 MDS 프로그램이다.

3.6 축방향 변형에 대한 열효과

2.3절에서 **열변형률(thermal strain)**에 대한 다음의 식이 주어졌다.

$$\epsilon_T = \alpha \Delta T \quad \textbf{열변형률} \tag{3.23}$$

여기서 α는 **열팽창계수(coefficient of thermal expansion)**이고 ΔT는 기준온도(즉, 실온)에 대한 온도 상승폭이다. 일반적으로 양의 ΔT는 부재를 늘어나게 하므로 α는 양이다. α가 '0'이거나 음인 재료(즉, 온도가 상승하여도 변형하지 않거나 수축한다)가 있지만 이는 매우 드문 경우이다.

이 절에서는 축방향 변형을 하는 긴 부재에 미치는 온도의 영향을 보다 깊게 관찰하고자 한다. 2개의 축방향 변형 부재가 그림 3.16에 나타나 있다. 평평한 표면 위에 놓여진 부재 AB는 A점에서만 고정되어 온도의 변화에 따라 자유롭게 팽창되거나 수축될 수 있다. 따라서 이 부재에는 축방향 힘(또는 응력)이 존재하지 않는다.[6] 부재 CD는 강체에 부착되면 하중이 걸리지 않게 된다. 이 부재에 열이 가해지면 부재는 식 3.23에 따라서 팽창할 것이다. 그러나 강체벽 때문에 팽창을 할 수 없기 때문에 이 부재에는 압축하중이 생길 것이다. 반대로 냉각되어진다면 수축을 할 수 없으므로 이러한 과정에서 인장하중이 이 부재에 발생될 것이다. 비록 CD가 완벽한 강체에 설치되어 있지 않다 하더라도 구속하는 구조물로 인하여 가열은 CD에 압축응력을, 냉각은 인장응력을 발생시킨다.

만약 가느다란 부재에 있어서 이의 중요 공칭응력이 축응력 $\sigma \equiv \sigma_x$(즉 σ_y, σ_z는 무시한다)만이라는 가정이 타당하면 식 2.38a(2.13절)는 다음과 같은 **총 변형률 방정식(total strain equation)**으로 나타낸다.

$$\epsilon = \epsilon_\sigma + \epsilon_T = \frac{\sigma}{E} + \alpha \Delta T \tag{3.24}$$

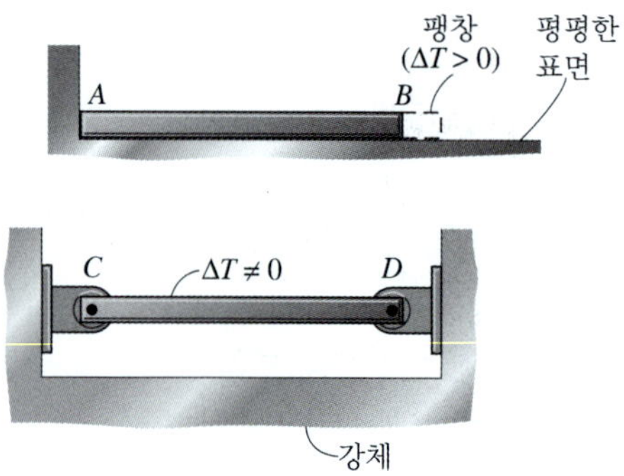

그림 3.16 열변형의 구속

6) 축방향뿐만 아니라 횡방향 열변형률도 존재한다 하더라도 여기서 이들은 무시한다. 부재는 자유롭게 길이방향으로 늘어나거나 횡방향으로 수축할 수 있기 때문에 이 횡방향 변형률은 부재의 축방향 응력에 영향을 미치지 않는다.

식 3.24는 가늘고 선형적으로 탄성적인 부재의 축방향 변형에 대한 **응력-변형률-온도 방정식(stress-strain-temperature equation)**이다.

식 3.24로부터 총 변형률 ϵ은 축방향 응력 σ에 의한 변형률과 온도변화 ΔT에 의한 열변형률의 합임을 알 수 있다. 각 항의 크기를 검토하기 위하여 그림 3.16의 막대 CD와 같은 고정단 부재를 고려해 보자. 이 구조물은 구조용 강($E = 29 \times 10^3$ ksi, $\alpha = 6.5 \times 10^{-6}/°\text{F}$, $\sigma_{YP} = 36$ ksi)으로 제작되어 있으며 100°F의 일정 온도를 받는다. 부재가 부착된 벽이 강체라면, 즉 $\epsilon = 0$이라면 식 3.24로부터 부재에는 다음과 같은 축방향 응력이 발생함을 알 수 있다.

$$\begin{aligned}(\sigma)_{T=100°\text{F}} &= -E\alpha\Delta T \\ &= -(29 \times 10^3\ \text{ksi})(6.5 \times 10^{-6}/°\text{F})(100°\text{F}) \\ &= -18.85\ \text{ksi} = 18.85\ \text{ksi}\,(\text{압축})\end{aligned}$$

따라서 단지 100°F 정도의 온도변화만으로도 항복강도의 절반 정도에 해당하는 압축응력이 발생한다. 이로부터 **자유롭게 팽창하거나 수축하지 못하는 구조물의 일부분에서는 온도변화가 크지 않다 하더라도 이는 상당한 응력을 야기시킴**을 알 수 있다. 예를 들면 태양에 의한 가열과 그늘로 인한 냉각을 겪는 우주선을 설계할 때 열로 인하여 야기되는 응력은 상당히 중요하게 고려되어야 할 요소이다. 또한 교량이나 기타 구조물 및 기계설계 시에도 중요하게 고려되어야 한다.

온도변화를 포함한 축방향 변형문제를 풀기 위해서는 응력-변형률-온도 방정식(stress-strain-temperature equation), 식 3.24를 사용해야 하며 평형과 변형의 기하학적 조건 역시 고려해야 한다. 여기서 E, α, ΔT가 x방향에 따라 변하지만 단면의 위치에는 무관한 축방향 변형문제에만 국한해서 생각한다면 축방향 응력은 단면에 무관하고 이는 다음과 같은 축방향 응력식에 의해 주어진다.

$$\boxed{\sigma \equiv \sigma(x) = \frac{F(x)}{A(x)}}\quad \textbf{축응력 방정식} \quad (3.9)\ \text{반복}$$

식 3.9와 식 3.24를 결합하면 축방향 총 변형률은 다음과 같이 표현된다.

$$\epsilon(x) = \frac{F(x)}{A(x)E(x)} + \alpha(x)\Delta T(x) \tag{3.25}$$

총 변형량은 축방향 총 변형률과 관계가 있으며 이는 다음과 같다.

$$e = \int_0^L \epsilon(x)dx \quad (3.3)\ \text{반복}$$

마지막으로 부재의 **총 신장량(total elongation)**은 다음과 같다.

$$\boxed{e = \int_0^L \frac{F(x)dx}{A(x)E(x)} + \int_0^L \alpha(x)\Delta T(x)dx}\quad \textbf{하중-온도-신장 변형 관계식} \tag{3.26}$$

다음의 예제는 식 3.9와 3.26의 적용 예이다. 이러한 종류의 문제를 **열응력 문제**(thermal stress problems)라고 한다.

예제 3.10

그림 1의 가늘고 균일한 봉은 A와 B에서 강체에 부착되어 있고, $\Delta T = 0$에서 응력이 없다. 그림 2에서처럼 선형으로 변하는 온도변화 $\Delta T(x)$를 가지는 가열 케이블로 둘러싸여져 있다. 이 불균일한 가열로 인한 응력분포 $\sigma(x)$를 구하시오.

풀이 계획 그림 1에서와 같이 봉 AB에 가해진 외력은 A와 B에서의 반력뿐이다. $F(x)$를 P_A(또는 P_B)와 관련 짓기 위하여 자유물체도를 사용할 수 있다. A와 B에서의 지지대가 강체이기 때문에 AB의 총 변형량은 '0'이다. 봉을 따라서 $\Delta T > 0$이기 때문에 압축응력이 걸린다는 것을 예상할 수 있다.

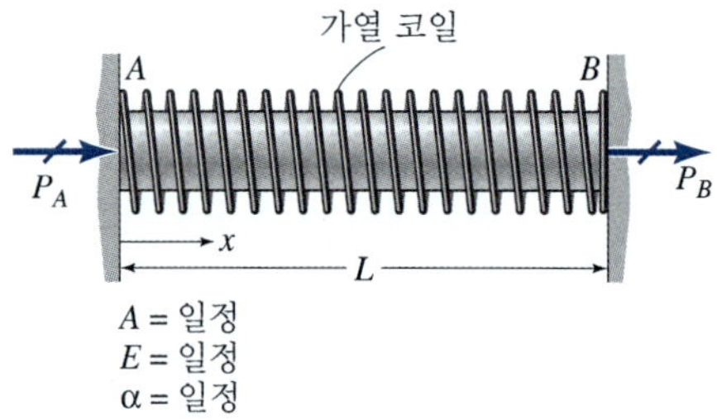

그림 1 가열된 균일봉

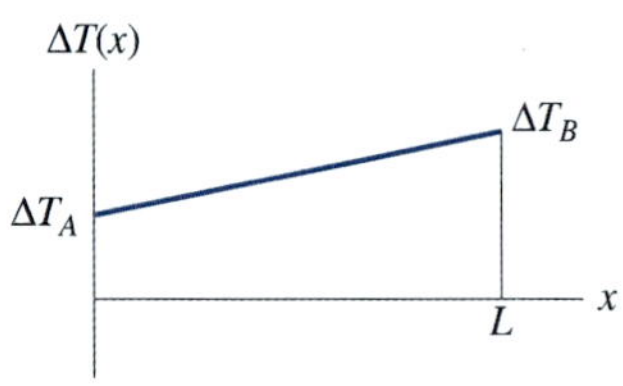

그림 2 온도변화

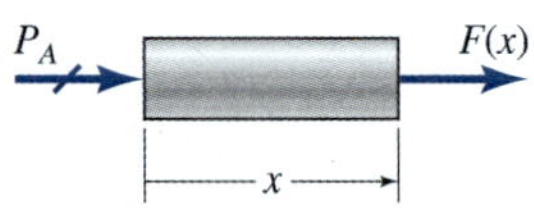

그림 3 자유물체도

풀이

평형방정식: x에 따라서 $F(x)$가 변화하는 것을 결정하기 위하여 부재를 임의의 구간 x에서 절단한 상태를 나타내는 그림 3의 자유물체도를 그린다.

$$\overset{+}{\rightarrow}\sum F_x = 0: \qquad F(x) = -P_A = \text{일정} \qquad \textbf{평형방정식} \qquad (1)$$

하중-온도-변형 거동: 식 3.23으로부터

$$e = \int_0^L \left(\frac{F}{AE} + \alpha \Delta T(x) \right) dx$$

그림 2로부터 온도분포는 다음과 같이 주어진다.

$$\Delta T(x) = \Delta T_A + (\Delta T_B - \Delta T_A)\left(\frac{x}{L}\right)$$

그리고 $F(x)$는 일정하므로

$$e = \frac{FL}{AE} + \alpha \int_0^L \left[\Delta T_A + (\Delta T_B - \Delta T_A)\left(\frac{x}{L}\right) \right] dx$$

또는

$$e = \frac{FL}{AE} + \alpha L\left(\frac{\Delta T_A + \Delta T_B}{2}\right)$$ **하중-온도-신장 거동** (2)

기하학적 변형조건: 봉의 끝단은 움직이지 못하므로

$$e = 0$$ **기하학적 변형조건** (3)

풀이: 식 (2)와 (3)을 혼합하여 다음을 구한다.

$$F = -AE\alpha\left(\frac{\Delta T_A - \Delta T_B}{2}\right) \tag{4}$$

그리고 $\sigma = \dfrac{F}{A}$ 이므로

$$\sigma = -E\alpha\left(\frac{\Delta T_A - \Delta T_B}{2}\right)$$ **답** (5)

풀이 검토 식 (5)의 오른쪽은 응력의 단위(F/L^2)이다. 응력은 음이고 이는 막대가 가열되어졌을 때의 현상이다.

비록 ΔT가 x에 따라 변할지라도 응력이 x에 독립적인 것은 의외일 것이다. 평형방정식인 식 (1)에서 $F(x)$가 일정하고 x의 함수가 아니므로 이는 당연한 결과이다.

균일 축방향 – 변형 요소 이젠 그림 3.17의 균일하게 가열된 균일한 축방향 변형요소를 고려해 보자. 일정한 온도변화에 의한 균일한 부재에 대한 **하중-온도-변형의 방정식**(force-temperature-deformation equation)을 구하기 위해 3.2절의 과정들을 반복한다.

평형방정식: 임의의 x에서 자른 부재의 자유물체도를 그린다.

$\overset{+}{\rightarrow}\sum F_x$: $\quad F(x) = F =$ 일정

식 3.9로부터

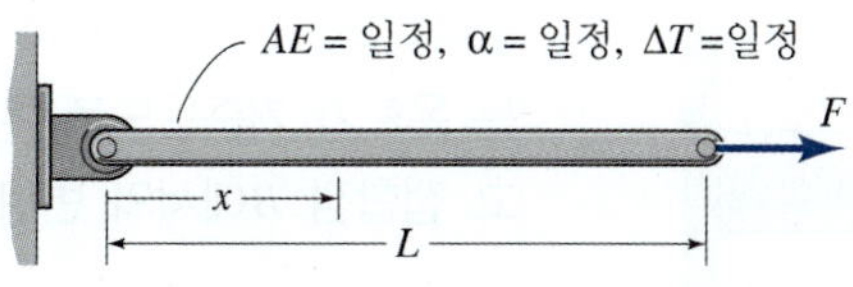

(a) 축력 F와 $\Delta T=$ 일정한 균일한 요소

(b) 자유물체도

그림 3.17 가열(냉각)된 축방향 변형

$$\sigma = \frac{F(x)}{A(x)} = \frac{F}{A} = \text{일정}$$

하중-온도-신장변형 방정식: 식 3.26으로부터 다음을 구할 수 있다.

$$e = \int_0^L \epsilon \, dx = \frac{FL}{AE} + \alpha L \Delta T$$

그러므로 **총 변형량(total elongation)** e는 적용된 힘(F)에 의한 변형량과 일정한 온도변화(ΔT)에 의한 변형량의 합으로 이루어진다.

$$e = fF + \alpha L \Delta T, \quad f = \frac{L}{AE} \tag{3.27}$$

식 3.20을 강성계수를 이용하여 식 3.27은 다음과 같이 나타낼 수 있다.

$$F = k(e - \alpha L \Delta T), \quad k = \frac{AE}{L} \tag{3.28}$$

식 3.27과 3.28에서 e는 총 신장량이다. 따라서 변형의 기하학적 조건을 다룰 경우에 이는 부재의 총 길이변화량이고 따라서 이는 요소의 양 끝단의 변위와 직접적인 관련이 있다.

온도변화에 영향을 받는 기본식은 하중-변형식(3.14, 3.15)이다. 그리고 이 식들은 각각 **하중-온도-변형 방정식(force-temperature-deformation equation)**인 식 3.27와 3.28로 대체되어진다. **평형방정식과 변형의 기하학적 조건에 대한 방정식은 변하지 않는다.**

열응력 예제 문제 온도변화는 부정정 구조물에서 응력을 발생시키지만 정정 구조물에서는 발생시키지 않는다. 앞으로 부정정 구조물에서 온도변화를 포함한 여러 가지 예제를 풀 것이다.

예제 3.11

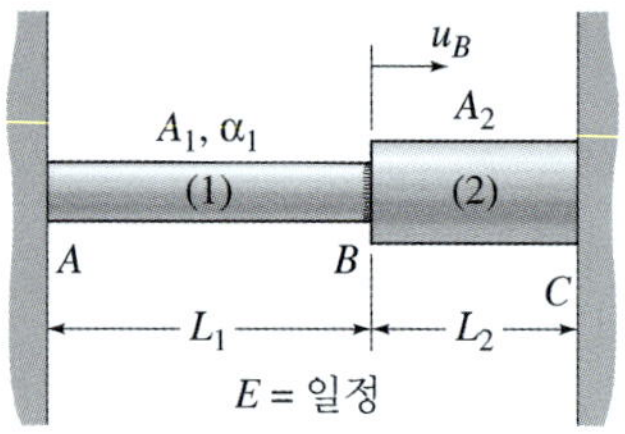

그림 1

B에서 서로 용접되어 있고, 강체벽 A와 C에 용접되어 있는 두 요소는 응력이 없다(그림 1). 용접된 후에 요소 (1)은 ΔT만큼 가열되어지고 반면에 요소 (2)는 온도가 기준온도로 유지되어진다. 각 요소에서 발생하는 축방향 하중을 구하고 접합점 B에서의 변위 u_B를 결정하시오.

풀이 계획 이 문제는 3.5절에서 도입한 기본하중법을 사용하여 풀 수 있다. 열변형률을 고려하기 위하여 식 3.14 대신에 식 3.27를 사용해야 한다. 요소 (1)은 가열되기 때문에 이는 요소 (2)를 밀게 되고 따라서 두 요소는 이로 인한 압축응력을 받게 된다.

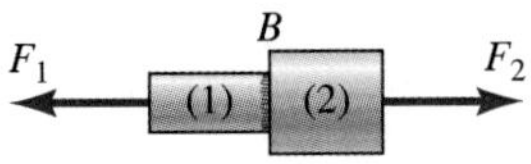

그림 2 자유물체도

풀이

평형방정식: 비록 외력이 없을지라도, 즉 A와 C에서의 반력 외엔 외력이 없는 경우에 요소의 힘을 서로 연관시키기 위하여 B에서의 평형방정식을 이용해야 한다. 인장은 자유물체도(그림 2)에서 양의 값으로 가정되었다는 것에 주의한다.

$$\overset{+}{\rightarrow}\sum F_x = 0: \qquad -F_1 + F_2 = 0 \qquad \textbf{평형방정식} \qquad (1)$$

요소의 하중-온도-변형 거동: 이들은 해에 열효과가 나타난 식이다. (식 3.24가 사용하기에 적합한 식이다.) $\Delta T_1 = \Delta T$ 및 $\Delta T_2 = 0$이라는 것에 유의하고 이 식을 각각의 요소에 대해 쓰면 다음과 같다.

$$e_1 = f_1 F_1 + \alpha_1 L_1 \Delta T$$
$$e_2 = f_2 F_2$$

요소의 하중-온도 변형방정식 (2a, b)

여기서 $f_i = (L/AE)_i$이다.

기하학적 변형조건 적용: 식 (2)에서 e_1과 e_2는 각 요소의 총 변형량이다. 따라서 **적합방정식(compatibility equation)**은 다음과 같다.

$$e_{AC} = e_1 + e_2 = 0 \qquad \textbf{기하학적 변형조건} \qquad (3)$$

요소하중의 풀이: 기본하중법의 과정을 따르면 식 (2)를 식 (3)에 대입하면 e를 소거할 수 있고 하중의 항으로 된 다음의 적합방정식을 구할 수 있다.

$$f_1 F_1 + f_2 F_2 = -\alpha_1 L_1 \Delta T \qquad \textbf{요소하중의 항으로 구성된 적합방정식} \qquad (4)$$

f_i를 식 (4)에 대입하고 이를 식 (1)과 함께 풀면 다음을 얻을 수 있다.

$$F_1 = F_2 = \frac{-A_1 A_2 E \alpha_1 L_1 \Delta T}{A_1 L_2 + A_2 L_1} \qquad \textbf{답} \ (5)$$

B의 변위에 대한 풀이: 변위 u_B에 대한 관계식을 구하기 위하여 그림 (1)의 요소 (1)은 u_B만큼 늘어나고 반면에 요소 (2)는 u_B만큼 줄어듦을 알 수 있다. 식 (2b)는 식 (2a)보다 짧기 때문에 다음 식을 사용한다.

$$e_2 = -u_B \qquad \textbf{기하학적 변위 변형조건} \qquad (6)$$

따라서

$$u_B = -f_2 F_2 = \left(\frac{A_1 L_2}{A_1 L_2 + A_2 L_1}\right)(\alpha_1 L_1 \Delta T) \qquad \textbf{답} \ (7)$$

풀이 검토 기대했던 것처럼 요소 (1)을 가열하면 각 요소에 압축이 발생하고 두 요소를 연결하는 결합부에 외력이 없기 때문에 각 요소에 같은 압축방향의 하중이 발생된다. 식 (4)의 오른쪽은 힘의 차원을 가지고 있으며 식 (5)의 우측면은 적절한 차원을 가지고 있다. 또한 변위 u_B는 요소 (1)에 발생하게 되는 자유 팽창량이 보다 작다.

MDS 3.7 **온도에 따른 단부 부재** – 예제 3.11과 같이 기본하중법에 의해서 부정정 보에서 온도에 의해 발생된 하중을 해석하는 프로그램이다.

예제 3.12

그림 1에서 원형 알루미늄 코어(2)는 티타늄 슬리브(1)로 둘러싸여져 있고 양단에서 판에 서로 부착되어 있다. 코어와 슬리브는 모두 기준온도에서 응력이 없다고 가정하시오. 기본적인 방정식을 세우고 다음을 풀이하시오.

(a) 전체 구조물이 100°F 가열되었을 경우의 복합부재의 응력

(b) 각 재료에 발생된 변형량(신장량)

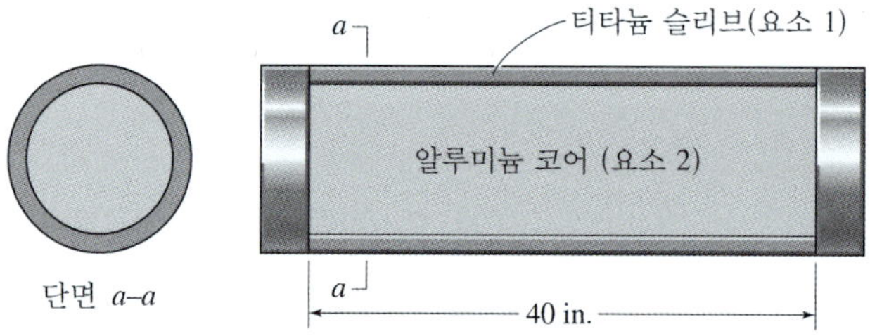

$A_1 = 1.0 \text{ in}^2,\ \alpha_1 = 5 \times 10^{-6}/°\text{F},\ E_1 = 16 \times 10^3 \text{ ksi}$
$A_2 = 1.0 \text{ in}^2,\ \alpha_2 = 13 \times 10^{-6}/°\text{F},\ E_2 = 10 \times 10^3 \text{ ksi}$

그림 1

풀이 계획 이 코어(2) 요소문제는 $\alpha_{\text{alum}} > \alpha_{\text{titan}}$이기 때문에 알루미늄이 티타늄보다 더 팽창할 것이며, 같은 온도만큼 가열되어진다면 압축되어질 것으로 생각할 수 있다. 그러나 좀더 복잡한 상황에서는 어떤 요소가 압축되고 어떤 요소가 인장에 걸리는지를 결정하기 위하여 문제를 전체적으로 풀어야 한다. 다행히도 이렇게 할 필요는 없다! 각 요소가 인장이 걸린다고 가정을 하고 마지막 해를 통하여 어떤 요소가 인장 또는 압축되는지를 나타내게 하면 된다.

풀이 (a) 각 요소의 응력을 구하라.

평형방정식: 평형방정식을 세움에 있어 기본적인 질문은 다음과 같다. 즉, 내력을 다른 내력 그리고 외력과 관련시켜줄 자유물체도는 어떤 것일까?(이 경우에는 외력이 0이다) 물론 답은 그림 2에서 나타낸 것처럼 코어와 슬리브가 붙어 있는 끝판이다.

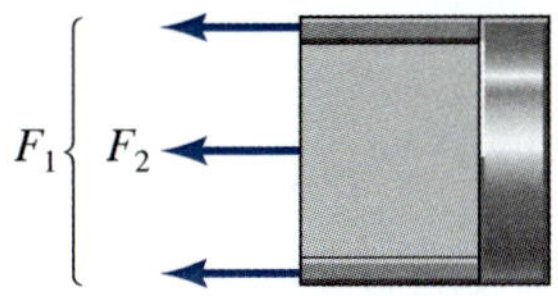

그림 2 자유물체도

$$\overset{+}{\rightarrow}\sum F_x = 0: \qquad -F_1 - F_2 = 0 \qquad \textbf{평형방정식} \tag{1}$$

요소 하중-온도-신장 거동: 유연성계수 f_i를 갖는 식 3.24의 형태인 하중-온도-변형 방정식(F-T-D)을 사용할 것이다.

$$\begin{aligned} e_1 &= f_1 F_1 + \alpha_1 L_1 \Delta T_1 \\ e_2 &= f_2 F_2 + \alpha_2 L_2 \Delta T_2 \end{aligned} \qquad \textbf{요소의 하중-온도 변형방정식} \tag{2a, b}$$

여기서

$$f_1 = \left(\frac{L}{AE}\right)_1 = \frac{(40\text{ in.})}{(1.0\text{ in}^2)(16\times 10^3\text{ ksi})} = 2.50(10^{-3})\text{ in./kip}$$

$$f_2 = \left(\frac{L}{AE}\right)_2 = \frac{(40\text{ in.})}{(1.0\text{ in}^2)(10\times 10^3\text{ ksi})} = 4.00(10^{-3})\text{ in./kip}$$

$$\alpha_1 L_1 \Delta T_1 = (5\times 10^{-6}/°\text{F})(40\text{ in.})(100°\text{F}) = 0.020\text{ in.}$$

$$\alpha_2 L_2 \Delta T_2 = (13\times 10^{-6}/°\text{F})(40\text{ in.})(100°\text{F}) = 0.052\text{ in.}$$

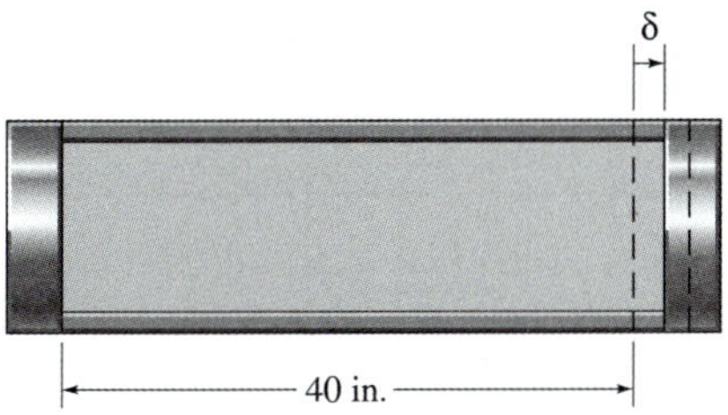

그림 3 변형 선도

기하학적 변형조건 적용: 신장량 선도(그림 3)에서 오른쪽 끝판의 변위를 δ라 하고 e_1과 e_2는 각 요소의 <u>총 신장량</u>이라는 것을 상기하자. 그러면

$$e_1 = e_2 \qquad \textbf{기하학적 변형조건} \tag{3}$$

기본하중법에 의해 해를 구한다: 식 (1)에서 (3)까지에서는 4개의 식과 4개의 미지수가 있다. 그러므로 부재의 응력을 구하기 위하여 식 (2)를 식 (3)에 대입하면 신장량 e를 소거할 수 있다.

$$f_1 F_1 + \alpha_1 L_1 \Delta T_1 = f_2 F_2 + \alpha_2 L_2 \Delta T_2 \qquad \textbf{하중의 항으로 된 적합방정식} \tag{4}$$

이 적합방정식과 식 (1)의 평형방정식을 동시에 풀면 다음을 구할 수 있다.

$$\begin{aligned} F_1 = -F_2 &= \frac{\alpha_2 L\Delta T - \alpha_1 L\Delta T}{f_1 + f_2} \\ &= \frac{0.052\text{ in.} - 0.020\text{ in.}}{2.50(10^{-3})\text{ in./kip} + 4.00(10^{-3})\text{ in./kip}} \end{aligned}$$

따라서 티타늄 슬리브와 알루미늄 코어의 하중은 다음과 같다.

$$\boxed{F_1 = 4.92\text{ kips}, \quad F_2 = -4.92\text{ kips}} \tag{5}$$

응력은 다음과 같다.

$$\sigma_1 = \frac{F_1}{A_1}, \quad \sigma_2 = \frac{F_2}{A_2}$$

따라서

$$\sigma_1 = -\sigma_2 = 4.92 \text{ ksi}$$ **답 (a)**

(b) 부재의 신장량에 대한 풀이: 그림 3의 변형 선도로부터 다음 관계식을 구할 수 있다.

$$\delta = e_1 = e_2$$

그리고 식 (2a) 또는 식 (2b)를 사용하여 변형량을 구할 수 있다.

$$\begin{aligned}\delta &= f_1 F_1 + \alpha_1 L \Delta T \\ &= [2.50(10^{-3}) \text{ in/kip}](4.92 \text{ kips}) \times 0.020 \text{ in.} \\ &= 0.0323 \text{ in.}\end{aligned}$$

또는

$$\delta = 0.0323 \text{ in.}$$ **답 (b)**

풀이 검토 응력 σ_1, σ_2의 부호는 풀이계획과 일치하고 변형량 δ의 값은 알루미늄과 티타늄 각각의 자유 팽창량 중간에 있다. 즉, 최종 신장량은 알루미늄만이 존재할 경우의 자유 팽창량보다는 작고 티타늄만이 존재할 경우의 자유 팽창량보다는 크다.

앞의 예제는 **균일 요소의 축방향 변형을 포함하는 열변형 문제의 해를 구하기 위해서는 요소의 하중-변위식을 수정해야 하나 평형방정식이나 변형의 기하학적 조건식의 완전한 수정은 없다**는 사실을 보여주고 있다.

MDS 3.8 **온도가 변하는 동축 부재**는 예제 3.12과 같이 기본하중법에 의해서 부정정 보에서 온도에 의해 야기된 하중을 해석하는 프로그램이다.

MDS 3.9 **온도가 변하는 강체 부재와 두 보**는 예제 3.8과 같이 온도변화가 추가된 부정정 보를 해석하는 프로그램이다.

다음으로 외부하중과 온도변화를 겪는 부재에 대한 문제를 고려하자. 외부하중은 평형방정식에 고려되지만 온도변화는 하중-온도-변형 방정식에 고려됨을 명심한다.

예제 3.13

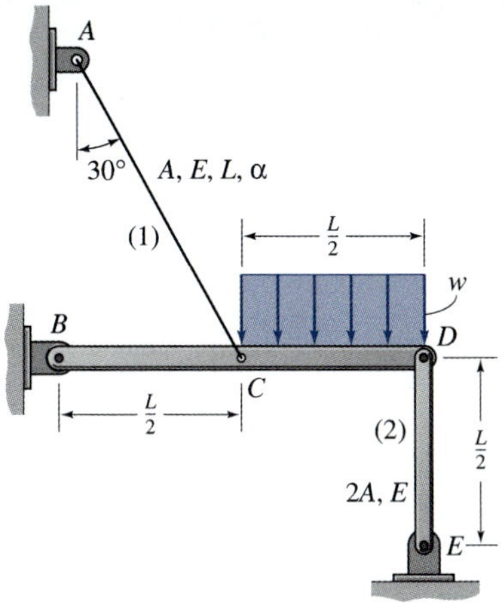

그림 1

그림 1의 강체 보 BD는 길이 L, 단면적 A, 탄성계수 E 및 열팽창계수 α를 가진 와이어 AC와 길이 $L/2$, 단면적 $2A$ 및 탄성계수 E의 부재 DE에 의해 지지되고 있다. 보의 자중은 무시한다. 보에 작용하는 외부하중이 없을 때 보는 수평이고 와이어와 부재 내부의 응력은 '0'이다. 끝단의 변위는 매우 작아 $\delta_D \ll L$이라고 가정한다.

CD에 단위길이당 w의 하중이 균일하게 작용하고 동시에 와이어 AC는 ΔT만큼 냉각될 때(즉, $\Delta T_1 = -\Delta T$, $\Delta T_2 = 0$) 와이어 AC와 부재 DE의 축방향 하중을 구하시오.

풀이 계획 이 문제는 예제 3.3의 구조물과 다소 유사한 부정정 구조물이지만 부재 DE가 추가되었고 와이어 AC의 온도변화를 고려해야 한다. 기본하중법을 사용하면 세 종류의 방정식-평형, 요소의 하중-온도-변형 및 적합방정식을 체계적으로 결합하여 사용할 수 있다.

와이어 AC를 냉각하면 부재와 와이어에 인장이 야기된다. 그러나 CD에서의 하방하중은 와이어의 인장을 야기시키지만 동시에 부재를 압축시킨다. 와이어와 부재의 하중에 대한 관계식을 구할 때, 온도변화를 사용하여 $AE\alpha\Delta T$라는 항을 이끌어내어야 한다.

풀이

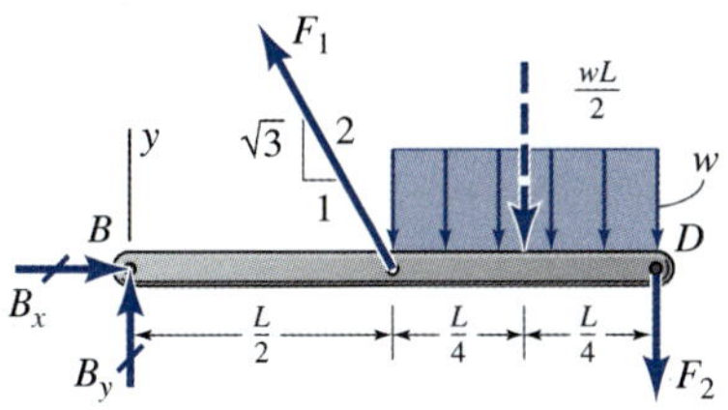

그림 2 자유물체도

평형방정식: 그림 2의 자유물체도를 사용하면 와이어 AC의 하중 F_1 및 부재 DE의 하중 F_2과 외부하중과의 관계를 구할 수 있다. B점에서의 반력에 대한 관계식은 필요없다.

$$+\circlearrowleft\left(\sum M\right)_B = 0: \qquad \left(\frac{\sqrt{3}}{2}F_1\right)\left(\frac{L}{2}\right) - \left(\frac{wL}{2}\right)\left(\frac{3L}{4}\right) - F_2 L = 0$$

또는

$$2\sqrt{3}F_1 - 8F_2 = 3wL \qquad \textbf{평형방정식} \qquad (1)$$

요소 하중-온도-변형 거동: 식 3.27로부터 와이어와 부재의 총 신장량은 각각 다음과 같다.

$$\begin{aligned} e_1 &= f_1 F_1 + \alpha_1 L_1 \Delta T_1 \\ e_2 &= f_2 F_2 \end{aligned} \qquad \textbf{하중-온도-변형 방정식} \qquad (2a,\ b)$$

여기서 $\Delta T_2 = 0$이란 사실을 주목하면,

$$f_1 = \left(\frac{L}{AE}\right)_1 = \frac{L}{AE}, \quad f_2 = \left(\frac{L}{AE}\right)_2 = \frac{(L/2)}{(2AE)} = \frac{1}{4}\left(\frac{L}{AE}\right)$$

기하학적 변형조건; 적합방정식: 그림 3은 **변형 선도(deformation diagram)**로서 이를 이용하면 와이어 AC의 총 신장량 e_1과 D점의 수직변위, 즉 부재 DE의 수축길이와의 관계를 구할 수 있다. 그림 3의 변형 선도로부터 다음과 같은

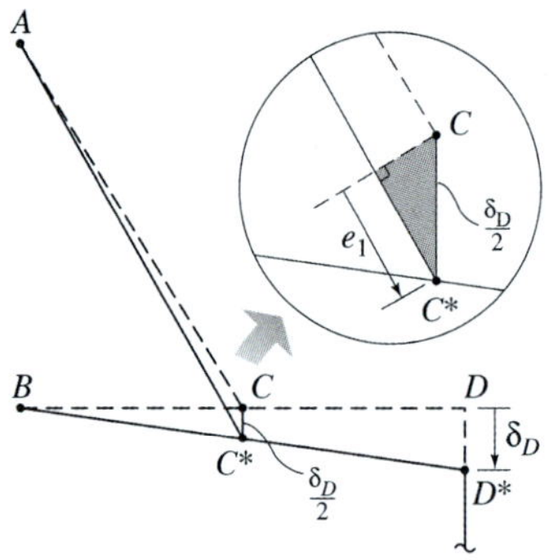

그림 3 변형 선도

신장량에 대한 적합방정식을 구할 수 있다.

$$e_1 = \frac{\sqrt{3}}{2}\left(\frac{\delta_D}{2}\right) = \frac{\sqrt{3}}{4}\delta_D \qquad e_2 = -\delta_D \qquad \textbf{기하학적 변형조건}$$

적합방정식(compatibility equation)을 구하기 위하여 δ_D를 소거하면

$$e_1 = -\frac{\sqrt{3}}{4}e_2 \qquad \textbf{적합방정식} \qquad (3)$$

와이어 AC의 끝단과 부재 DE의 윗쪽 끝단은 A점을 중심으로 회전하는 강체 보에 부착되어 있기 때문에 식 (3)은 적합방정식이라 한다.

기본하중법에 의한 풀이: 기본하중법의 풀이과정에 따라, 식 (2)를 식 (3)에 대입하면 신장량 e를 소거하고 하중의 항으로 된 다음의 적합방정식을 구할 수 있다.

$$f_1F_1 + \alpha_1L_1\Delta T_1 = -\left(\frac{\sqrt{3}}{4}\right)f_2F_2 \qquad \textbf{요소하중의 항으로 된 적합방정식} \qquad (4)$$

$\Delta T_1 = -\Delta T$임을 주의하고 f_1과 f_2의 값을 대입하면 식 (1)과 식 (4)을 동시에 풀 수 있다.

$$F_1 = \frac{64}{67}(AE\alpha\Delta T) + \frac{3\sqrt{3}}{134}(wL)$$
$$F_2 = \frac{16\sqrt{3}}{67}(AE\alpha\Delta T) - \frac{24}{67}(wL) \qquad \textbf{답} \ (5)$$

풀이 검토 미지하중 F_1과 F_2에 대한 식 (5)의 관계식은 "풀이계획"에서 기대했던 것과 유사하다. 따라서 구한 해는 적절한 것 같다.

이 문제는 와이어의 각도와 외부 분포하중 및 온도변화가 존재하기 때문에 상당히 어려운 문제지만 기본하중법에 의해 구한 이상의 풀이는 상당히 쉬운 편이다. 외부하중은 평형방정식을 통하여 고려되고 온도변화는 하중-온도-변형 방정식을 통하여 고려된다.

3.7 기하학적 불일치

3.5절에서는 균일한 축방향 변형요소로 이루어진 구조물이 외부하중을 받는 경우의 문제를 다루었다. 외부하중은 평형방정식(equilibrium equations)을 통하여 고려되고 이는 요소하중과 외부하중의 관계를 규정한다. 3.6절에서는 축방향 변형부재

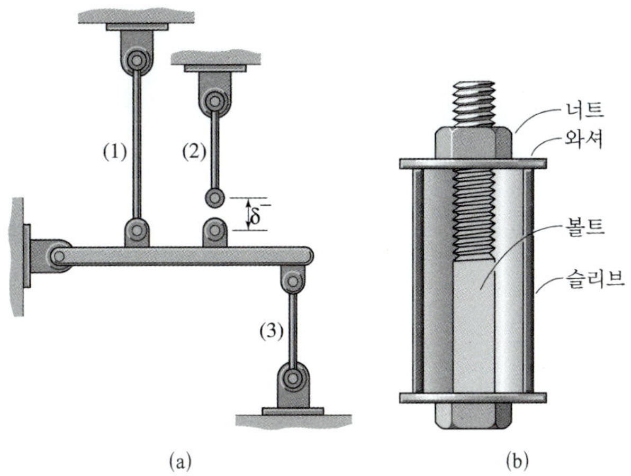

그림 3.18 기하학적 불일치는 보이는 2개의 구조물

가 가열 또는 냉각될 때 이에 대한 정보는 요소의 하중-변형 방정식(element force-deformation equations)을 수정하여 고려될 수 있음을 배웠다. 본 절에서는 변형-기하학적 방정식(deformation-geometry equation)을 수정할 필요가 있는 경우의 문제를 다룬다.

'**불일치**(misfit)'라는 단어는 **기하학적 부적합성(geometric incompatibility)**[7]을 나타내는 단어이다. 불일치는 그림 3.18a에서 우측에 있는 부재 (2)가 $\bar{\delta}$만큼 짧아서 조립할 수 없다는 것을 의미하지는 않는다. 이러한 불일치 또는 부적합성은 이 부재가 늘어남으로써 다른 기하학적 양(즉 보의 회전과 다른 두 부재의 신장)에 연관되어짐으로써 해결될 수 있다. 그림 3.18b는 슬리브(또는 파이프)로 둘러싸여진 볼트를 나타낸다. 너트가 와셔에 단순히 접촉되어 있는 상태라면 볼트나 슬리브에는 가해지는 축방향 힘이 없을 것이다. 그러나 너트가 조여지면 너트와 볼트머리 사이의 볼트부분이 짧아지게 된다. 이러한 불일치는 변형의 기하학적 적합방정식으로 설명되어져야 한다. 불일치를 설명하기 위하여 **평형방정식이나 요소의 하중-변형 방정식을 변화시켜서는 안 된다는 사실을 명심해야 한다. 기하학적 불일치는 순수하게 기하학적 문제이다.**

그림 3.18a와 같이, 부품이 조립되기 위해서 필요한 작은 오차를 가진 구조물을 자주 볼 수 있다. 이러한 억지 끼워맞춤을 할 때 야기되는 응력은 하중과 관련된 응력과 조합되어 구조물의 파손을 야기시킬 수 있다. 이러한 응력은 외부하중이 작용하기 이전부터 존재하기 때문에 **초기 응력(initial stresses)**이라 한다. 따라서 **부정정 구조물에 대한 불일치의 영향을 고려하는 것은 매우 중요하다.**

불일치가 있는 전형적인 부정정 구조물의 해석 그림 3.19에 있는 2요소 구조물을 고려해 보자. 구조물이 요소 (1)은 $\bar{\delta}_1$만큼 짧고 따라서 고정벽에 양 끝단을 용접하기 위해서는 초기에 $\bar{\delta}_1$만큼 늘려야 한다고 가정하자. 불일치가 작으며, 즉 $\bar{\delta}_1 \ll L_1$이라 가정하자. 먼저 절점 B에 외부하중 P_B가 없을 때의 요소의 축방향

7) 기하학적 불일치 또는 기하학적 부적합성이란 것은 예변형률 효과(prestrain effect) 또는 초기응력(initial stress)이라고 한다.

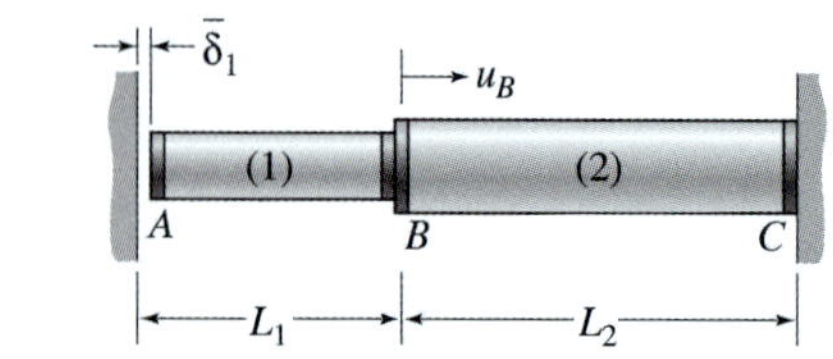

(a) 요소들이 벽에 용접되기 전

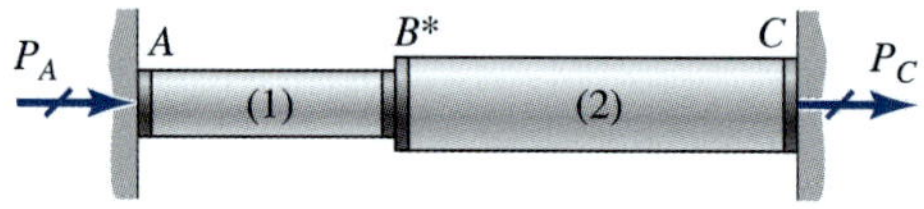

(b) 요소들이 벽에 용접된 후

$A_1 = A,\ A_2 = 2A,\ E_1 = E_2 = E,\ L_1 = L,\ L_2 = 2L$

그림 3.19 부정정 구조물

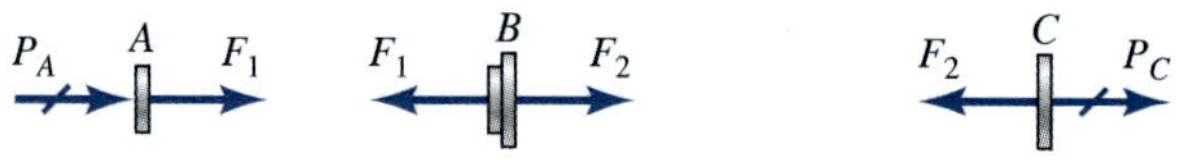

그림 3.20 절점 A, B, C에서의 자유물체도

응력 σ_1, σ_2를 구한다. 그러고 나서 두 요소 사이의 절점의 변위 u_B를 구한다.

평형방정식: 그림 3.20의 자유물체도는 부재의 양 끝단이 벽에 용접된 후인 그림 3.19b의 부재에 대한 것이다. 그림 3.20에서 절점 B의 자유물체도를 사용하면 B점의 좌우요소에 작용하는 내력(internal forces) F_1, F_2의 관계를 구할 수 있는 평형방정식을 세울 수 있다. (절점 B에 외부하중 P_B가 작용하지 않는다.)

$$\overset{+}{\rightarrow}\sum F = 0: \qquad -F_1 + F_2 = 0 \qquad \textbf{평형방정식} \qquad (1)$$

이 문제는 단일의 평형방정식으로 2개의 요소하중을 구할 수 없기 때문에 부정정 문제이다.

끝단 A와 C에서의 반력과 요소하중과의 관계는 다음 식에 의해서 정해진다.

$$P_A = -F_1, \quad P_C = F_2 \qquad (1')$$

요소 하중-변형 거동: 요소에 대한 하중-변형 방정식인 식 3.14로부터

$$e_1 = f_1 F_1, \quad e_2 = f_2 F_2 \qquad \textbf{요소에 대한 하중-신장 방정식} \qquad (2a, b)$$

여기서 $f_1 = \dfrac{L}{AE}$, $f_2 = \dfrac{2L}{2AE} = \dfrac{L}{AE}$이다.[8]

8) 실제로는 $f_1 = (L_1 - \bar{\delta})/A_1E_1 \approx L_1/A_1E_1$이다. $\bar{\delta}_1 \ll L_1$라고 가정하였기 때문에 유연성계수 f_1에 대한 $\bar{\delta}_1$의 영향은 $\bar{\delta}_1$이 적합방정식을 통하여 고려되는 영향에 비하여 무시될 수 있다.

기하학적 변형조건; 적합방정식: 2개의 요소는 절점 B에서 서로 연결되어 있고 또한 2요소 부재는 A와 C에서 고정벽에 용접되기 위하여 $\bar{\delta}_1$만큼 늘어났기 때문에 이 문제에 대한 **적합방정식(compatibility equation)**은 다음과 같다.

$$e_1 + e_2 = \bar{\delta}_1 \quad \text{기하학적 변형조건} \tag{3}$$

방정식의 풀이: 식 (1)부터 (3)까지에는 4개의 방정식과 4개의 미지수가 있다. 따라서 미지수를 구하기 위해서는 방정식을 동시에 풀면 된다. 먼저 요소하중을 구해야 하므로 식 (2)를 식 (3)에 대입하여 e_i를 소거하면 **요소하중의 항으로 구성된 적합방정식**을 구할 수 있다.

$$f_1F_1 + f_2F_2 = \bar{\delta}_1$$

또는

$$F_1\left(\frac{L}{AE}\right) + F_2\left(\frac{L}{AE}\right) = \bar{\delta}_1 \quad \text{요소하중의 항으로 구성된 적합방정식} \tag{4}$$

평형방정식인 식 (1)과 식 (4)의 적합방정식을 동시에 풀면 다음의 요소하중을 구할 수 있다.

$$F_1 = F_2 = \frac{AE\bar{\delta}_1}{2L} \tag{5a, b}$$

마지막으로 요소하중을 그에 해당하는 단면적으로 나누면 다음과 같은 **초기응력 (initial stresses)**을 구할 수 있다.

$$\sigma_1 = \frac{E\bar{\delta}_1}{2L}, \quad \sigma_2 = \frac{E\bar{\delta}_1}{4L} \quad \textbf{답} \tag{6}$$

문제에서 요소의 초기응력뿐만 아니라 절점 B의 변위 역시 구해야 한다. 그림 3.19a로부터 u_B는 다음의 **변형-기하학적 적합방정식(deformation-geometry equation)**으로부터 손쉽게 구할 수 있음을 알 수 있다.

$$u_B = -e_2 \tag{7}$$

따라서 식 (2b), (4b) 및 (6)을 결합하면

$$u_B = -\frac{\bar{\delta}_1}{2} \quad \textbf{답} \tag{8}$$

두 요소의 유연도는 서로 같기 때문에 식 (8)에서 1/2인 것은 당연한 것이다.

이상의 과정을 종합하면, **기하학적 불일치는 적합방정식에 고려된다.** 즉, 그들의 직접적인 영향은 기하학적 변형조건에 미침을 알 수 있다. 평형방정식과 하중-온도-변형 방정식은 직접적으로 영향을 받지 않는다.

MDS 3.10 & 3.11 **틈이 있는 단부 봉과 불일치를 갖는 단부 봉** – 기본하중법을 이용하여 그림 3.19a와 같은 간격이 있는 부정정 구조물을 해석하기 위한 프로그램이다.

다음의 예제는 기하학적 불일치를 포함한 축-변형 문제로서, "볼트 문제"의 해를 얻는 과정을 소개하고 있다.

예제 3.14

지름 14 mm의 강재 볼트와 내부지름 19 mm, 외부지름 25 mm의 강재 파이프가 그림 1과 같이 구성되어 있다. 볼트와 파이프의 탄성계수는 200 GPa이다. (하나의) 나사의 피치는 2 mm이다. 너트가 1/8회전만큼 조여졌을 때 강재 볼트와 슬리브에는 어떤 응력이 작용하겠는가? (나사의 1피치는 너트가 완전히 일회전을 했을 때의 너트가 나사 이를 따라 전진한 거리이다.) 와셔의 두께는 무시하라.

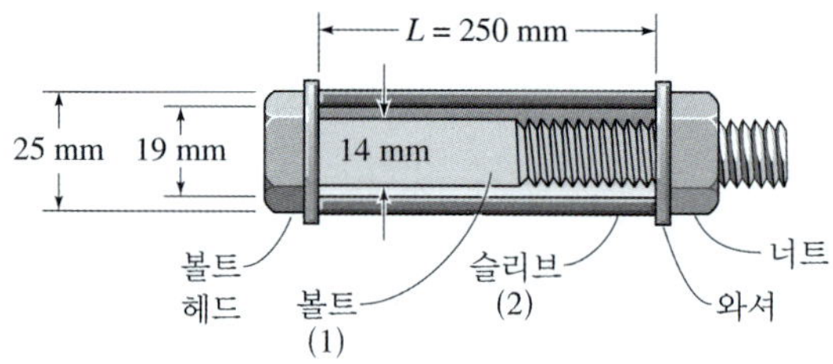

그림 1

풀이 계획 본 절의 앞부분에서 논의한 것처럼 너트의 조임에 의한 불일치는 변형-기하학적 조건식에서 나타날 것이다. 너트를 조이면 볼트는 늘어나고 슬리브는 압축될 것이다. 이 문제를 풀기 위해 기본하중법을 적용한다.

풀이

평형방정식: 요소의 하중을 다른 요소하중과 외력과 연결시켜줄 자유물체도는 어떻게 그릴 것인가? (이 문제에서는 외력이 존재하지 않는다.) 한 가지 방법은 양 끝단의 와셔 안쪽 면에서 절단을 하는 것으로서 이는 그림 2에서처럼 평형방정식에 내력이 포함될 것이다. 좌측 끝단의 자유물체도는 그림 2와 같다. 인장을 양으로 한다. 그리고 축방향의 하중을 합한다.

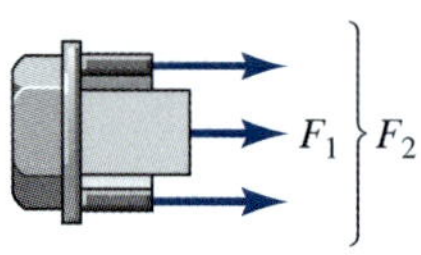

그림 2 자유물체도

$\overset{+}{\rightarrow}\sum F = 0:$ $$F_1 + F_2 = 0 \quad \textbf{평형방정식} \tag{1}$$

요소 하중-변위 거동: 기본하중법을 이용하기로 하였으므로 식 3.14를 이용하는 것이 가장 적당하다.

$$\begin{aligned} e_1 &= f_1 F_1 \\ e_2 &= f_2 F_2 \end{aligned} \quad \textbf{요소의 하중-변형 거동} \tag{2}$$

여기서 e는 요소의 총 신장량이고 요소가 길어지면 양이 된다.

$$f_1 = \left(\frac{L}{AE}\right)_1 = \frac{250 \text{ mm}}{\pi(7 \text{ mm})^2(200 \text{ kN/mm}^2)} = 8.12(10^{-3}) \text{ mm/kN}$$

$$f_2 = \left(\frac{L}{AE}\right)_2 = \frac{250 \text{ mm}}{\pi[(12.5 \text{ mm})^2 - (9.5 \text{ mm})^2](200 \text{ kN/mm}^2)}$$
$$= 6.03(10^{-3}) \text{ mm/kN}$$

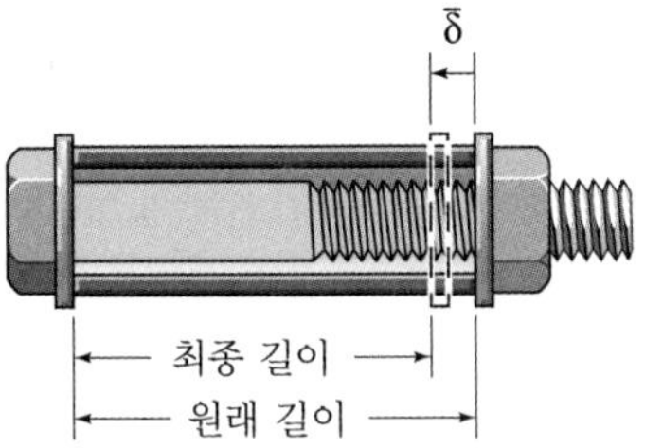

그림 3 변형 선도

기하학적 변형조건 적용: 너트가 볼트에 조여졌을 때의 변형을 알아야 한다. 이를 위해서는 볼트의 머리는 움직이지 않는다고 가정하고 너트가 조여졌을 때 그림 3에 묘사된 것처럼 오른쪽의 와셔와 너트는 δ만큼 왼쪽으로 이동한다고 하자. 그러면 식 (2)의 신장량 e_1, e_2와 변위 δ의 관계를 구할 수 있다. 그림 3은 δ만큼 짧아진 슬리브를 보여주는 변형 선도이다.

슬리브는 오른쪽 와셔가 왼쪽으로 이동한 만큼 짧아지며 그 양은 δ이다. 그러므로 다음과 같다.

$$e_2 = -\bar{\delta}$$

만약 슬리브가 제거되고 너트가 1/8회전한다면 볼트의 유효길이는 [250 mm-(1/8)(2 mm)]=250 mm-0.25 mm=249.75 mm가 될 것이다. 그러므로 $\bar{\delta}$=0.25 mm만큼의 "불일치"가 있고 볼트를 원래 길이인 250 mm로 복원시키기 위하여 측정된 볼트변위(δ)인 0.25 mm만큼 늘려야 한다. 따라서 요소의 신장량과 변위 δ의 관계는 다음과 같다.

$$e_1 = 0.25 \text{ mm} - \bar{\delta}$$
$$e_2 = -\bar{\delta}$$

기하학적 변형조건 (3)

기본하중법에 의한 방정식의 풀이: 식 (3)에서 변위 δ를 소거하면 다음의 **적합방정식(compatibility equation)**으로 구할 수 있다.

$$e_1 - e_2 = 0.25 \text{ mm}$$

요소에 대한 하중-변형 방정식을 이 방정식에 대입하면 요소하중의 하중으로 구성된 다음의 적합방정식을 구할 수 있다.

$$f_1F_1 - f_2F_2 = 0.25 \text{ mm}$$

요소 하중의 항으로 구성된 적합방정식 (4)

이 적합방정식과 평형방정식을 동시에 풀면 다음을 얻을 수 있다.

$$F_1 = 17.7 \text{ kN}$$
$$F_2 = -17.7 \text{ kN}$$

(5)

마지막으로 요소의 응력은 다음과 같다.

$$\sigma_{\text{bolt}} \equiv \sigma_1 = \frac{F_1}{A_1} = \frac{17.7\text{ kN}}{\pi(7.0\text{ mm})^2} = 114.8\text{ MPa}$$

$$\sigma_{\text{sleeve}} \equiv \sigma_2 = \frac{F_2}{A_2} = \frac{-17.7\text{ kN}}{\pi[(12.5\text{ mm})^2 - (9.5\text{ mm})^2]} = -85.2\text{ MPa}$$

답

그러므로 너트의 1/8회전으로 볼트는 115 MPa의 인장응력을 받고 슬리브는 85 MPa의 압축응력을 받는다.

풀이 검토 너트의 조임으로 볼트는 인장되고 슬리브는 압축되리라고 기대했는데 이는 구한 해와 같다. 이 문제에서 강의 항복강도는 언급되지 않았지만 250 MPa보다 크다고 가정하면(부록 F의 표 F.3 참조) σ_{bolt}와 σ_{sleeve}의 값은 타당하다.

MDS 3.12 **볼트와 슬리브** – 기본하중법을 이용하여 예제 3.14과 같은 볼트/슬리브로 조립된 부정정 구조물을 해석하기 위한 프로그램이다.

3.8 축변형 문제의 변위법 풀이

3.5절부터 3.7절까지에서는 많은 축변형 문제의 예제가 기본하중법(Basic Force Method)에 의해 풀이되었다. 하중법은 3.5절부터 3.7절에 나타난 것과 같은 2개 혹은 3개의 미지수를 갖는 매우 단순한 문제를 풀이하는 데 매우 유용하다. 3.8절과 3.9절에 각각 변위법(Displacement Method)과 하중법(Force Method)이 소개되었다. 표 3.3은 두 가지의 방법이 3개의 기본방정식을 조합하는 순서의 차이를 나타낸다.

이 절에서는 **변위법(Displacement Method)**이라고 하는 매우 중요한 문제풀이법을 제시한다. 이 방법은 제1장의 컬러화보에 나타난 사진들을 제공하는 데 사용된 것과 같은 상업용 유한요소 컴퓨터 프로그램에 사용되는 풀이과정이다. 이러한 컴퓨터 응용에서는 행렬 대수적 계산이 사용되나[9] 변위법은 문제를 손으로 풀기 위

표 3.3 변위법과 하중법의 비교

기본 방정식 세트	
(1) 평형방정식 (2) 요소 힘-온도-변형 거동 (3) 변형 기하학	
해결 방법	**풀이과정**
변위법: 하중법:	(3) → (2) → (1) (3.8절) (1) → (2) → (3) (3.9절)

9) 참고문헌 [3-1], [3-2]를 참조한다.

해 매우 체계적인 절차가 사용되었다. 변위법은 부정정 문제뿐만 아니라 정정 문제를 풀기 위해서도 사용될 수 있다. 다음 페이지의 순서도에 나타냈듯이 **변위법은 미지의 시스템 변위의 항으로 쓰인 평형방정식들을 동시에 푼다.**

여러분은 정역학에서 특별히 트러스 평형문제에 잘 사용되는 절점법과 단면법이라는 평형문제의 풀이과정을 배웠다. 이 방법들은 1.4절의 예제 1.1에서 복습되었다. 이 절 다음에 나오는 예제에서 예시되었듯이, 변위법(Displacement Method)은 절점법(Method of Joints)을 변형 가능한 물체의 해석에 확장한다. 3.9절에서 하중법[10]으로 여러 개의 부정정 문제를 풀이한다. 하중법(Force Method)은 단면을 변형 가능한 물체의 해석에 확장한다.

풀이과정: 변위법 변위법에서의 절차는 순서도에 개략적으로 나타내었고, 풀이과정은 그 아래에 나열되어 있다. 예제 3.14부터 3.16까지는 변위법으로 풀이된 축변형 문제이다. MDSolids는 변위법으로 축변형 문제를 풀기 위한 모듈을 포함하고 있다. 3.9절에서 하중법이 논의되었고, 변위법과 비교되었다.

풀이과정: 변위법

▼기초방정식을 세워라.

1. **자유물체도**(혹은 자유물체도들)를 그리고 자유물체도에 대한 **평형방정식**을 써서 외력을 (미지의) 요소하중과 연관시킨다. 반드시 각각의 독립계 변위변수와 연관된 1개의 평형방정식이 있어야 한다. 대표적인 예제들은 다음과 같다. 비균일 부재의 각 절점변위에 대한 $\sum F$-형태의 평형방정식(예제 3.14를 보라) 혹은 강체 보의 각 회전각에 대한 $\sum M$-형태의 평형방정식(예제 3.15를 보라).
2. 각각의 축변형 요소에 대한 요소 **하중-온도-변형 방정식**을 쓴다. 식 3.28(만약 $\Delta T_i = 0$이면 식 3.15)이 이 단계에서 사용되는 가장 용이한 형태이다.

$$F_i = k_i(e - \alpha L \Delta T)_i \text{ 및 } k_i = (AE/L)_i \qquad (3.28) \text{ 반복}$$

3. **기하학적 변형**을 사용해서 요소신장 e_i를 1단계에서 정의된 시스템 변위변수와 연결시켜라. 이 단계에서는 "불일치" $\bar{\delta}_i$를 반영시켜라.

▼미지의 시스템 변위에 대해서 풀어라.

4. 변형-기하학 방정식(3단계)을 하중-변형 방정식(단계 2)에 대입하라. 이러한 과정을 통해 **시스템 변위로 표현된 요소하중**을 얻을 수 있다.
5. 4단계의 결과를 1단계의 평형방정식에 대입하라. 이러한 과정을 통해 **시스템 변위로 표현된 평형방정식**을 얻을 수 있다.
6. 5단계에서 얻어진 방정식들을 풀어라. 그 답이 **시스템 변위**이다.

▼요소하중에 대해서 풀어라.

7. 6단계에서 얻어진 시스템 변위를 4단계에서 얻어진 방정식에 대입하라. 그 답이 **요소하중**이 된다. 만약 요소의 축응력이 필요하면, 요소하중을 각각의 요소 단면적으로 나누면 된다. 즉, $\sigma_i = F_i / A_i$이다.
8. 답을 검증하기 위해 해를 검토하라.

10) 3.5절부터 3.7절까지에서 사용된 기초하중방법에서는 어떤 하중을 "잉여"하중으로 특수하게 지정하는 것이 필요 없으나 3.9절의 하중법에서는 필요하다.

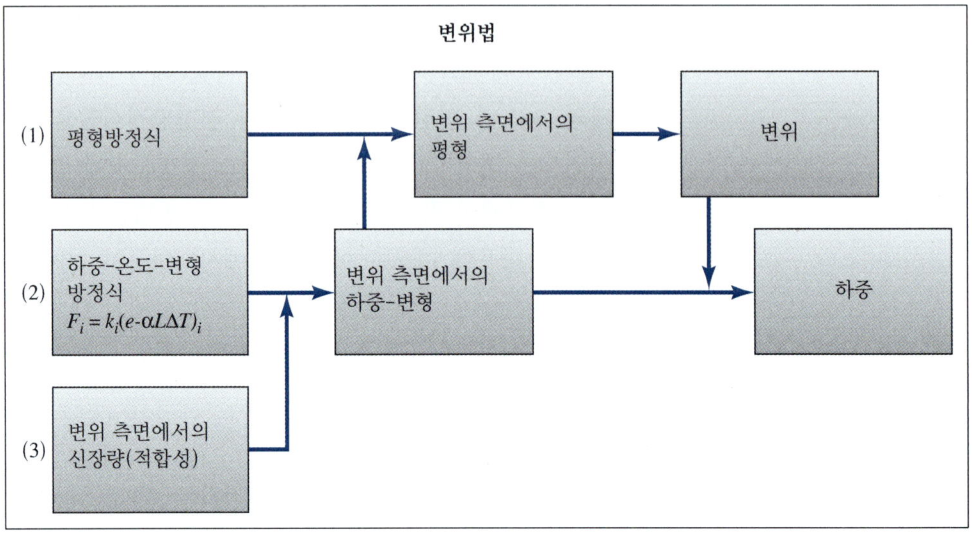

3.5절의 예제 3.8은 기본하중법으로 풀이되었다. 예제 3.15는 동일한 문제를 변위법으로 풀었다. 이 문제에 대해 2개의 해를 비교해 보면 변위법에 의한 풀이가 좀 더 간단하다.

예제 3.15

그림 1의 구조적 결합체는 3개의 균일한 요소 혹은 부재로 구성된다. 요소 (1)은 고체 봉이다. 요소 (2)는 요소 (1)과 동일 선상에 놓인 동일한 중실 봉인 요소 (3)을 둘러싸고 있는 파이프이다. 3개의 요소는 B에서 두께를 무시할 만한 강체 평판에 연결되어 있다. B에서 외력이 없으면, 3개의 요소 결합체는 A와 C에서 강체벽 사이에 정확하게 들어맞는다. 그래서 결합체의 끝단은 2개의 벽에 부착된다. (a) 변위법을 사용하여 절점 B에서 작용된 축하중 P_B와 변위 u_B를 상관 짓는 표현을 결정하시오. (b) 외력 P_B의 항으로 나타낸 3개의 요소에서의 축하중에 대한 표현을 결정하시오.

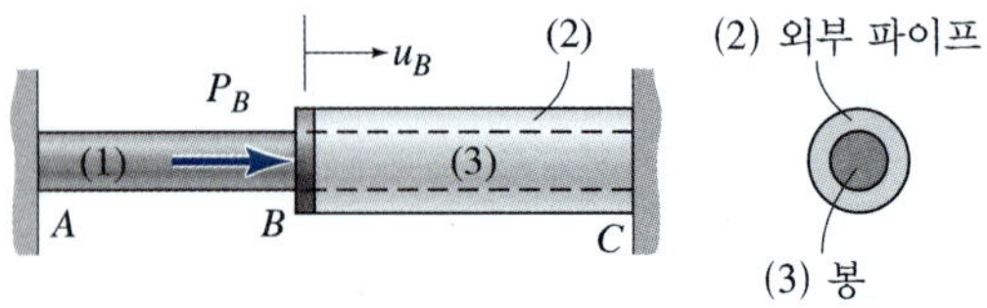

그림 1 원래의 구조물

풀이 계획 변위법 과정에 나온 개략적인 순서를 따른다.

1단계: 이 구조물은 1개의 연결절점과 3개의 균일요소로 이루어져 있다고 생각할 수 있다. 그리고 절점 B에 대한 평형방정식을 쓸 수 있다.

2단계: 식 3.15를 사용해서 3개의 요소에 대해 각각 하중-변형 방정식을 쓸 수 있다.

3단계: B에서 요소의 신장을 변위에 관계시킬 수 있다.

4-6단계: 최종적으로 변위법을 사용해서 절점 B에서의 변위에 대한 표현을

얻기 위해 3개의 기본방정식을 조합할 수 있다.

7단계: 각 요소 내에서의 하중은 이러한 변위를 요소 하중-변형 방정식에 대입함으로써 결정될 수 있다.

8단계: 외력 P_B가 오른쪽으로 작용한다면(양이라면), 절점 B가 오른쪽으로 이동한다. 그리고 왼쪽편의 요소에는 인장이, 오른쪽편의 요소에서는 압축이 발생한다는 것을 알 수 있다.

풀이 (a) 절점 B의 변위 u_B의 결정

평형: 그림 2에서 나타난 자유물체도는 절점 B에 대해

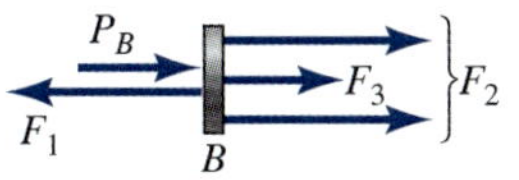

P_B와 F_1은 F_3과 동일 선상에 있다. F_2는 관(파이프) 둘레에 분포되어 있다.

그림 2 절점 B의 자유물체도

$$\overset{+}{\rightarrow}\sum F_x = 0: \qquad -F_1 + F_2 + F_3 + P_B = 0 \qquad \textbf{평형방정식} \qquad (1)$$

식 (1)은 3개의 미지의 요소내력을 기지의 외력에 관계시킨다. 3개의 미지의 하중이 존재함에 반해 단지 1개만의 평형방정식이 존재하므로, 이 문제는 부정정 문제(statically indeterminate)이다. 즉, 내력은 정역학만으로 결정될 수 없다. 그러므로 부가적인 방정식을 찾기 위해서는 요소 하중-변형 거동과 기하학적 변형을 고려해야 한다.

요소 하중-변형 거동: 3개의 균일 축변형 요소가 존재하고, 각각의 요소에 대해 식 3.15와 같은 요소 하중-변형 방정식을 쓸 수 있다. 요소하중을 F_1, F_2 그리고 F_3라 하면, 다음을 얻을 수 있다.

$$\begin{aligned} F_1 &= k_1 e_1, \text{ 여기서 } k_1 = (A_1E_1/L_1) \\ F_2 &= k_2 e_2, \text{ 여기서 } k_2 = (A_2E_2/L_2) \\ F_3 &= k_3 e_3, \text{ 여기서 } k_3 = (A_3E_3/L_3) \end{aligned} \qquad \textbf{요소 하중-변형} \qquad (2)$$

식 (2)에서 e들은 요소의 신장량이다. 양의 F_i(인장력)는 양의 e_i를 발생시키며 정의에 의해 k_i는 양이다.

우리는 지금까지 3개의 F와 3개의 e 등 모두 6개의 미지수를 갖는 4개의 방정식을 찾았다. 우리는 여기서 A와 C의 벽과 각각 세 요소의 변형 적합성을 이해해야 한다.

기하학적 변형: 그림 1을 참조하여 $e = u(L) - u(0)$라는 요소의 신장에 대한 정의를 사용해서 3개의 각 요소의 변형량을 변위 u_B에 쉽게 연관시킬 수 있다.

$$\begin{aligned} e_1 &= u_B \\ e_2 = e_3 &= -u_B \end{aligned} \qquad \textbf{기하학적 변형} \qquad (3)$$

여기서 절점 A와 C에서의 변위는 0이라는 사실을 사용하였다. 식 (3)은 A와 C는 고정단이고 3개의 요소는 B에서 연결되었다는 사실을 수학적으로 표현하기 때문에 **적합방정식(compatibility equations)**이라 할 수 있다. (요소가 늘어날 때 e는 양의 값이므로 u_B만큼 오른쪽으로 늘어나는 절점 B와 변위는 요소 (2)와 (3)이 u_B만큼 짧아진다는 사실을 내포함을 이해해야 한다. 그래서 e_2와

e_3에 대한 방정식에서 마이너스 부호가 있다.)

변위법 풀이: 이제 우리는 6개의 방정식과 6개의 미지수가 존재함을 발견할 수 있다. 식 (1)에서부터 식 (3)까지 단지 임의의 순서로 조합하기보다는, 1개의 절점만이 존재하므로, 한 개만의 평형방정식이 존재하고 따라서 한 개의 절점변위 u_B만이 존재함을 주의하자. 식 (3)을 식 (2)에 대입함으로써, 절점변위 u_B의 항으로 표현된 3개의 F를 구할 수 있다. 식 (4)로 표현된 이 식들은 식 (1)에 대입하면, **1개의 미지의 절점변위로 표현된 1개의 평형방정식을 얻을 수 있다.** 식 (3)(기하학적 변형)을 식 (2)(요소 하중-변형)에 대입하여 다음을 얻을 수 있다.

$$F_1 = k_1 u_B, \quad F_2 = -k_2 u_B, \quad F_3 = -k_3 u_B \tag{4}$$

이제 식 (4)를 식 (1)에 대입한다.

$$(k_1 + k_2 + k_3)u_B = P_B \qquad \textbf{절점변위 항으로 표현된 절점 평형} \tag{5}$$

이 식의 해는 다음과 같다.

$$u_B = \frac{P_B}{k_1 + k_2 + k_3} \qquad \textbf{답 (a)} \tag{6}$$

변형의 기하학 방정식 (3)을 요소 하중-변형 방정식 (2)에 대입하고 이 결과를 평형방정식 (1)에 대입하는 방법은 **변위법(Displacement Method)**이라고 한다. 왜냐하면 주요한 풀이과정인 식 (6)이 변위의 답을 도출하기 때문이다. 이 방법은 또한 최종 해에 강성계수가 나타나므로 가끔 강성법(Stiffness Method)이라고도 한다.

(b) 요소하중을 결정하라.
이것은 절점변위 u_B를 식 (4)에 대입만 하면 되는 간단한 공식이다.

$$\left.\begin{aligned} F_1 &= k_1 u_B = \frac{k_1 P_B}{k_1 + k_2 + k_3} \\ F_2 &= -k_2 u_B = \frac{-k_2 P_B}{k_1 + k_2 + k_3} \\ F_3 &= -k_3 u_B = \frac{-k_3 P_B}{k_1 + k_2 + k_3} \end{aligned}\right\} \qquad \textbf{답 (b)} \tag{7}$$

풀이 검토 구한 결과를 검토하기 위해 식 (7)을 식 (1)에 대입하여 다음이 만족되는가를 확인한다.

$F_1 - F_2 - F_3 = P_B$인가? 그렇다.

구한 답이 평형방정식을 만족시키면, 답에 오차가 없음을 의미한다. 또한 식 (7)로부터 P_B가 양이면, 요소 (1)은 인장이 되고 요소 (2)와 (3)은 압축이 된다. 이것은 우리가 구하고자 했던 결과이다.

위 예제에서 어떻게 u_B에 대한 답인 식 (7)과 요소하중 F_i에 대한 답인 식 (6)에 강성계수가 들어갔는지를 주목해야 한다. 식 (6)에서 어떠한 강성계수의 증가는 절점 B의 변위 감소를 유발할 것이다. 또한 식 (7)에서 k_i 중 하나만 증가하더라도 특정요소에 의해 지지대에 전달되는 하중 P_B의 비율은 증가할 것이다.

우리들이 목적은 정정이든 부정정이든 어떠한 구조물을 **완전하게 해석한 후 하중을 받는 구조물의 거동을 이해하는 것이다.** 왜 응력은 그런 식으로 분포되는지 그리고 왜 구조물은 여러분의 해석에서 나온 식으로 변형하는가? 여러분은 항상 제일 먼저 평형 방식, 하중-변형 방정식 그리고 적합방정식이라는 3개의 기본형태의 옳은 방정식을 얻을 수 있는 방법에 대해 생각해야 한다. 예제 3.15에 설명된 변위법은 기초하중법과 같이 최종 답을 얻기 위해 기본방정식들을 조합하는 체계적인 과정의 하나이다. 어쨌든 변위법은 매우 체계적인 과정이기 때문에 수천 개의 방정식과 수천 개의 미지수를 포함하는 구조물을 해석하기 위해 사용되는 유한요소 프로그램의 근간을 이룬다. 변위법은 또한 대부분의 손을 행하는 계산에도 사용되는 쉬운 방법이다.

MDS 3.13 **단부 봉: 변위법**는 예제 3.15와 같이 변위법에 의해 부정정 구조를 해석하기 위한 프로그램이다.

다음 예는 3.6절의 열-변형 문제에 대한 변위법 해결을 보여준다.

예제 3.16

3개의 봉이 그림 1에 나타난 것처럼 L-모양의 강체 브래킷 ABD에 연결되어 있다. 만약 요소 (3)이 50℃만큼 냉각됐을 때 3개의 각 봉의 하중을 결정하시오. 브래킷의 회전이 작고 계가 조합되었을 때 모든 봉에는 하중이 작용하지 않는다고 가정한다.

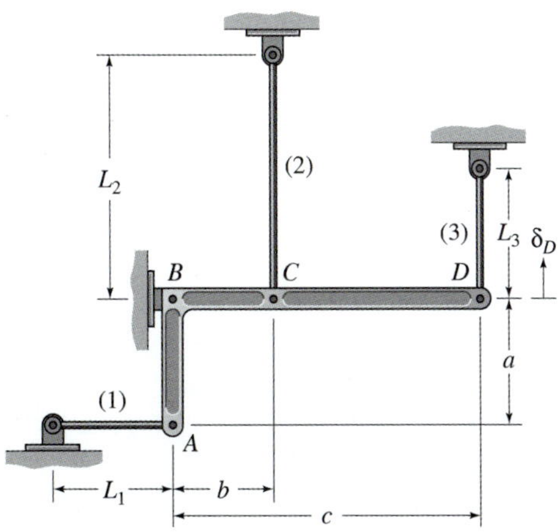

$A_1 = A_2 = A_3 = 1000\ \text{mm}^2$
$E = 70$ GPa, $\alpha = 23 \times 10^{-6}/°\text{C}$
$L_1 = 1.25$ m, $L_2 = 2.00$ m, $L_3 = 1.25$ m
$a = 1.25$ m, $b = 1.00$ m, $c = 2.50$ m

그림 1

풀이 계획 필요한 것은 요소하중이므로 기본하중법으로 풀이하는 것이 가장 적합해 보인다. 3개의 미지의 부재 하중이 존재하고, B점에서의 모멘트를 고려함으로써 1개의 평형방정식을 얻을 수 있다. 그러므로 (과다내력의 수) = (미지의 하중 개수) - (평형방정식의 개수) = 3-1 = 2이다. 기본하중법을 이용한 풀이에서는 3개의 부재 하중에 대해 2개의 적합방정식과 1개의 평형방정식을 동시에 풀어야 한다. 변위법을 이용한 풀이에서는 1개의 변위에 대해 1개의 평형방정식만을 풀면 된다. 즉, 브래킷상에 존재하는 어떠한 점에서의 변위나 브래킷의 회전각을 말한다. 그러므로 여기서는 변위법을 사용할 것이다. (이 문제를 하중법으로 푼 경우에 대해서는 연습문제 3.9-16을 참고하라.)

막대 (3)이 냉각되었으므로, 그것은 짧아질 것이고, 그것 안에서 유도된 힘은 인장력일 것이다. 이것은 브래킷 ABD가 반시계방향으로 회전하게 하고, 부재 (1)은 인장상태이고 막대 (2)는 압축상태이다.

풀이

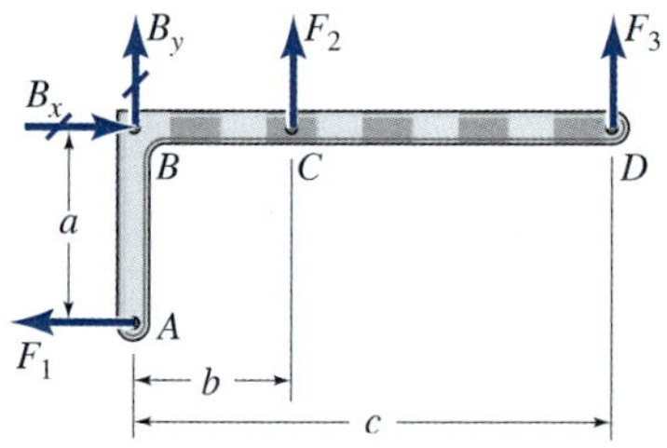

그림 2 자유물체도

평형: 우리는 내부의 요소하중들을 고려하고 외력(실제로 이 문제에는 외력이 없다)과 연관시킬 수 있는 자유물체도를 원하므로, 그림 2에 나타난 것처럼 강체 브래킷 ABD를 선택한다. 늘 그랬듯이, 각각의 요소에서 인장하중을 양의 값으로 취한다.

$$+\circlearrowleft\left(\sum M\right)_B = 0: \qquad -F_1(a) + F_2(b) + F_3(c) = 0$$

평형방정식은 다음과 같다.

$$-F_1 a + F_2 b + F_3 c = 0 \qquad \textbf{평형} \qquad (1)$$

요소 하중-온도-변형 방정식: 변위법을 사용할 것이기 때문에 식 3.28을 사용하는 것이 편리하다.

$$\begin{aligned} F_1 &= k_1 e_1 \\ F_2 &= k_2 e_2 \\ F_3 &= k_3(e_3 - \alpha_3 L_3 \Delta T_3) \end{aligned} \qquad \textbf{요소 하중-온도 변형} \qquad (2)$$

여기서

$$k_1 = \left(\frac{AE}{L}\right)_1 = \frac{(1000\ \text{mm}^2)(70\ \text{GPa})}{(1.25\ \text{m})} = 56 \times 10^3\ \text{kN/m}$$

$$k_2 = \left(\frac{AE}{L}\right)_2 = \frac{(1000\ \text{mm}^2)(70\ \text{GPa})}{(1.25\ \text{m})} = 35 \times 10^3\ \text{kN/m}$$

$$k_3 = \left(\frac{AE}{L}\right)_3 = \frac{(1000\ \text{mm}^2)(70\ \text{GPa})}{(1.25\ \text{m})} = 56 \times 10^3\ \text{kN/m}$$

$$\alpha_3 L_3 \Delta T_3 = (23 \times 10^{-6}/℃)(1.25\ \text{m})(-50℃) = -1.4375\ \text{mm}$$

기하학적 변형: 우리는 **변형선도(deformation diagram)**를 그릴 필요가 있다.

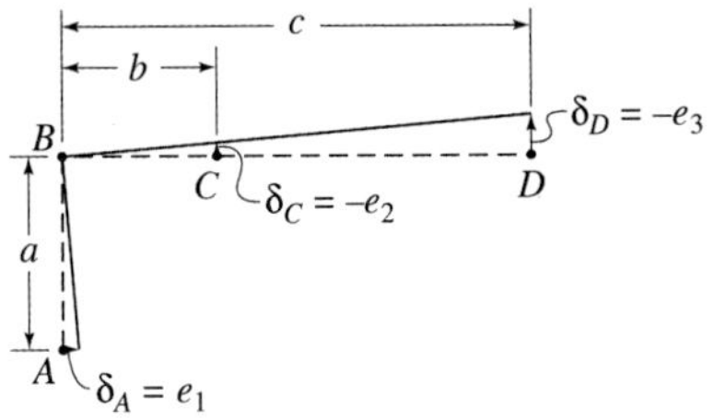

그림 3 변형 선도

우리는 브래킷 ABD가 반시계방향으로 회전한다고 가정한다(이것은 요소 (3)이 냉각되었기 때문에 타당한 듯이 보인다). 그리고 3개 요소의 신장을 브래킷 끝단에서의 변위 δ_D와 연관시키기 위해 그림 3에 보이는 닮은꼴 삼각형을 사용할 것이다.

식 (2)에서 양의 e값은 요소의 늘어난 길이에 상응한다. 위에서 구한 변형 선도에서 ABD의 반시계방향 회전은 막대 (1)의 신장에 상응하는 반면, 막대 (2)와 (3)의 수축에 상응한다. 타당한 **변형적합 방정식들(deformation compatibility equations)**은 e를 브래킷의 회전과 연관시키는 방정식들이다. 어쨌든, 보의 회전각 θ에 대한 소개 없이 닮은꼴 삼각형의 기하학을 이용할 수 있고 다음과 같은 신장변형-적합 방정식을 쓸 수 있다.

$$e_1 = \left(\frac{a}{c}\right)\delta_D, \quad e_2 = -\left(\frac{b}{c}\right)\delta_D, \quad e_3 = -\delta_D \qquad \textbf{변형적합} \quad (3)$$

변위법에 의한 방정식의 해: 식 (1)에서부터 (3)까지를 조합하기 위해 변위법의 단계를 사용할 수 있다. 우선 하나의 변위 δ_D의 항으로 쓰인 요소하중을 구하기 위해 식 (3)을 식 (2)에 대입한다.

$$\left.\begin{aligned} F_1 &= k_1\left(\frac{a}{c}\right)\delta_D \\ F_2 &= k_2\left[-\left(\frac{b}{c}\right)\delta_D\right] \\ F_3 &= k_3(-\delta_D - \alpha_3 L_3 \Delta T_3) \end{aligned}\right\} \qquad (4)$$

최종적으로, 이러한 방정식들은 평형방정식, 식 (1)에 대입되고 다음과 같은 **미지의 변위항으로 표현된 평형방정식**을 얻기 위해 다시 정리된다.

$$(k_1 a^2 + k_2 b^2 + k_3 c^2)\delta_D = -k_3(\alpha_3 L_3 \Delta T_3)c^2 \qquad (5)$$

이 방정식의 해는 미지의 변위 δ_D의 값을 도출한다.

$$\delta_D = \frac{-k_3(\alpha_3 L_3 \Delta T_3)c^2}{k_1 a^2 + k_2 b^2 + k_3 c^2} \qquad (6)$$

이 식에 수치값을 대입하면 우리는 다음을 얻는다.

$$\delta_D = 1.0648 \text{ mm}$$

식 (4)로부터 3개의 막대 하중을 계산할 수 있다.

$$F_1 = (56 \times 10^3 \text{ kN/m})(0.50)(1.0648 \text{ mm}) = 29.81 \text{ kN}$$
$$F_2 = (35 \times 10^3 \text{ kN/m})(-0.4)(1.0648 \text{ mm}) = -14.907 \text{ kN}$$
$$F_3 = (56 \times 10^3 \text{ kN/m})(-1.0648\text{mm} + 1.4375 \text{ mm}) = 20.87 \text{ kN}$$

이 값들을 반올림하면 우리는 다음을 얻는다.

$$\left.\begin{aligned} F_1 &= 29.8 \text{ kN}(29.8 \text{ kN 인장}) \\ F_2 &= -14.9 \text{ kN}(14.91 \text{ kN 압축}) \\ F_3 &= 20.9 \text{ kN}(20.9 \text{ kN 인장}) \end{aligned}\right\} \quad \textbf{답} \ (7)$$

풀이 검토 우리가 예상한 것과 같이 요소 (3)의 냉각으로 요소 (1)과 (3)은 인장변화가 되는 반면, 요소 (2)는 압축을 받는다. 만약 (3)이 브래킷 ABD에 연결되어 있지 않았다면, 요소 (3)의 냉각은 그것을 1.4375 mm만큼 짧아지게 했을 것이다. 어쨌든, 요소 (3)이 짧아지기 위해서는 브래킷을 당겨야 하므로 요소 (3)은 실제로 1.0648 mm만큼만 짧아졌다. 평형에 대한 고찰은 해가 옳은지를 증명하는 한 방법으로 사용될 수 있다.

$-F_1(a)+F_2(b)+F_3(c)=0$ 인가? 그렇다.

마지막으로 외력, 온도변화와 정확한 길이로 제작되지 않은 요소를 포함하는 축변형 문제를 풀기 위해서 변위법을 사용할 것이다.

예제 3.17

그림 1의 단이 있는(stepped) 봉은 3개의 균일부재로 만들어졌다. 이 봉은 고정벽 A와 D 사이에 꼭 맞게 용접이음으로 고정하려는 의도로 제작되었다. 그런데 요소 (2)가 $\bar{\delta}_2$만큼 짧게 만들어졌다. 그래서 전체 봉을 양단 A와 D에 맞도록 늘려서 용접하고 그 후 축하중 P_B를 B점에 작용시키고 요소 (3)을 ΔT_3만큼 가열하였다.

(a) 그림 1에서 보인 바와 같이 원래의 절점 위치 B와 C에서 측정되는 변위 u_B와 u_C를 구하시오.

(b) 세 요소의 내력을 구하시오.

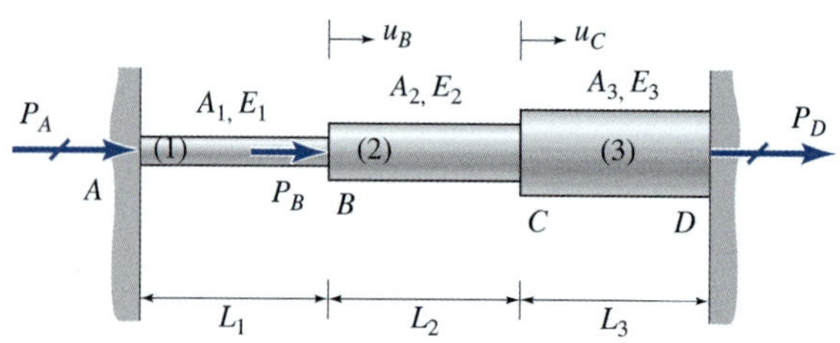

그림 1

풀이 계획 우리는 구조물이 그림 2와 같이 3개의 균일한 요소와 2개의 절점으로 구성되었다고 생각할 수 있다.

여기서 각각의 요소에 대해 하중-온도-변형 방정식을 세울 수 있고, 각 이음에 대해서는 평형방정식을 세울 수 있다. 요소 (2)가 처음부터 짧게 만들어졌음을 고려하여 요소의 신장을 이음부의 변위와 연관지을 수 있다. 그 다음 변위법의 과정을 따라 이들 3개의 방정식을 연합시켜서 원하는 답을 얻을 수 있다.

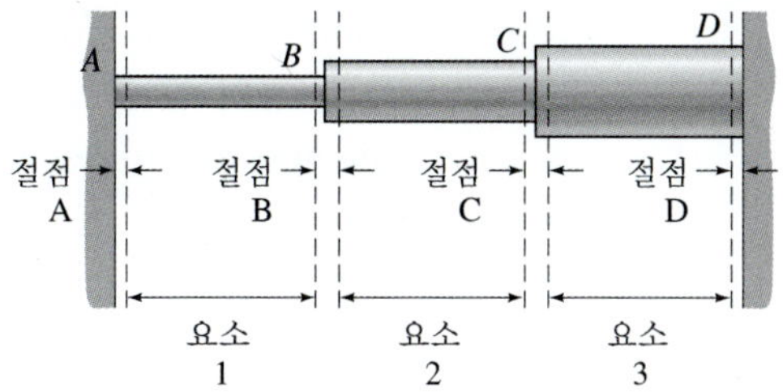

그림 2 요소와 이음으로 나누어진 단이 진 봉

3개의 '하중들' 영향을 개별적으로 생각하라.

(1) 외력 P_B: 만약 P_B가 양이면, 즉 이것이 오른쪽으로 작용하면 요소 (1)은 인장을 받는 반면 요소 (2)와 (3)은 압축을 받는다는 것을 알 수 있다.

(2) 요소 (2)가 짧게 만들어짐: 세 요소 봉을 고정벽 끝에 용접하기 위해서 늘려야 한다. 따라서 이 하중으로 인하여 3개의 요소들은 모두 인장내력을 받는다.

(3) 요소 (3)의 가열: 요소 (3)을 가열하면 요소들은 왼쪽으로 밀게 된다. 그러면 그들은 오른쪽으로 미는 힘을 받게 되어 3개의 요소들이 이 하중으로 인하여 압축내력을 받게 된다.

풀이 (a) 절점 변위 u_B와 u_C를 결정하라.

평형: 그림 3에서와 같이 각 절점을 자유물체도로 분리하고 각 자유도에 절점에 작용하는 (외력이 있으면) 외력과 절점을 연결하는 요소에 의해 발생되는 내력을 나타낸다. 요소 힘은 부호규약을 따라 인장을 양으로 생각한다.

절점(이음) B에 대해서 $\overset{+}{\rightarrow}\sum F_x = 0: \quad -F_1 + F_2 + P_B = 0$

절점(이음) C에 대해서 $\overset{+}{\rightarrow}\sum F_x = 0: \quad -F_2 + F_3 = 0$

$$\begin{aligned} F_1 - F_2 &= P_B \\ F_2 - F_3 &= 0 \end{aligned} \qquad \textbf{평형방정식} \qquad (1)$$

식 (1)은 3개의 미지 내부요소 힘과 기지의 외력 P_B와의 관계를 나타낸다. 여기에서는 미지력과 2개의 방정식이 있으므로 부정정 문제(statically inde-

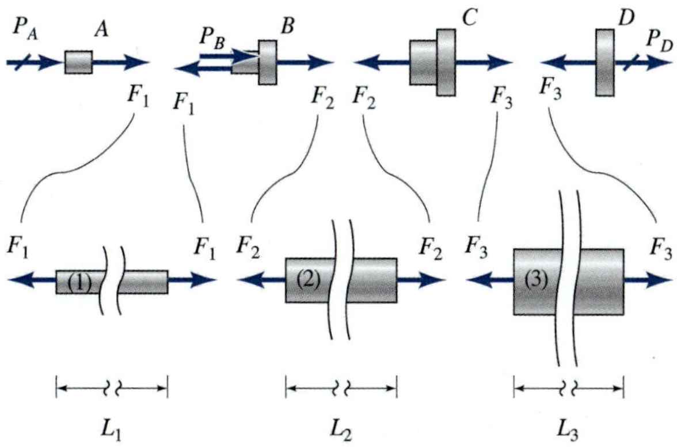

그림 3 자유물체도

terminate)이다. 즉, 내력은 정역학만으로는 정해지지 않는다. 이 상황은 단이 있는 봉의 양 끝이 모두 강체벽에 고정되어 있기 때문에 발생된다. 다른 하나의 방정식을 발견하기 위해서, 기하학적 변형과 요소 하중-변형 거동을 살펴보아야 한다.

요소 하중-변형 거동: 3개의 균일한 축변형 요소를 가지고 있으며 각 요소에 대해서 식 3.25와 같은 요소 하중-온도-변형 방정식을 세울 수 있다. 요소하중을 F_1, F_2, F_3(인장이면 양)이라 하면

$$\begin{aligned} &F_1 = k_1 e_1, \text{ 여기서 } k_1 = (A_1E_1/L_1) \\ &F_2 = k_2 e_2, \text{ 여기서 } k_2 = (A_2E_2/L_2) \\ &F_3 = k_3(e_3 - \alpha_3 L_3 \Delta T_3). \\ &\qquad \text{여기서 } k_3 = (A_3E_3/L_3) \end{aligned} \quad \textbf{요소 하중-온도-변형} \quad (2)$$

식 (2)에서 신장 e들은 요소 총 신장이다. 양의 F_i(인장)은 정의에 의해 k_i가 양이므로 양의 e_i(요소가 길어짐)를 산출한다.

3개의 새로운 방정식을 가지게 되었지만, 3개의 새로운 미지수가 나타나서 5개의 방정식에, 2개의 F와 3개의 e가 미지로 되어, 전체 미지수가 6개로 되었다. 기하학적 변형으로 부가적인 방정식을 만들어야 한다.

기하학적 변형: 이음의 변위는 u_B와 u_C이며 그림 1과 4에서 보인 것처럼 절점의 설계위치에서 측정한 값이다. 각 요소의 신장을 정의, 즉 신장량 $e = u(L) - u(0)$를 사용하여 두 절점변위와 쉽게 연관시킬 수 있다. 그러나 우리는 여기서 요소 (2)가 처음부터 $\bar{\delta}_2$만큼 짧게 만들어졌다는 사실을 감안해야 하고, 이 크기만큼 늘려서 그 끝이 설계위치에 도달하도록 했다는 사실을 고려해야 한다. 그래서

$$\begin{aligned} e_1 &= u_B - u_A = u_B \\ e_2 &= \bar{\delta}_2 + u_C - u_B \\ e_3 &= u_D - u_C = -u_C \end{aligned} \quad \textbf{기하학적 변형} \quad (3)$$

여기서 우리는 절점 A와 절점 D에서의 변위가 0이라는 사실을 이용했다. (요소가 길어지면 신장량 e가 양이므로 절점 C의 변위가 오른쪽으로 u_C만큼 일어난다는 것은 요소 (3)이 짧아진다는 것을 의미한다는 사실을 유의하라.)

변위법 해: 지금 방정식과 미지의 수를 세어보면 방정식이 8개, 미지수가 8개

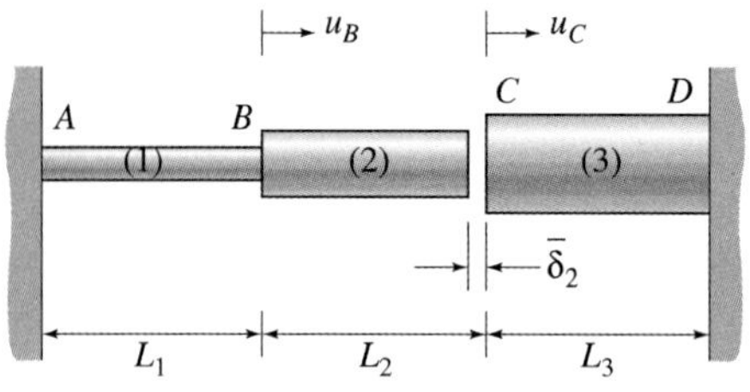

그림 4 변위좌표의 정의

이다. 식 (1)~(3)을 임의적으로 조합하는 것보다는, 2개의 연결부가 있기 때문에, 2개의 평형방정식과 2개의 절점변위 u_B와 u_C를 유의하는 것이 좋다. 식 (3)을 식 (2)에 대입하면 3개의 F를 2개의 u 항으로 쓸 수 있다. 만약 대입하여 얻은 식을 (4)라 하고 이것을 다시 식 (1)에 대입하면 2개의 미지 절점변위의 항으로 나타낸 2개의 평형방정식을 얻는다.

식 (3)(기하학적 변형)을 식 (2)(요소 하중-온도-변형)에 대입하면

$$\begin{aligned} F_1 &= k_1 u_B \\ F_2 &= k_2(\bar{\delta}_2 + u_C - u_B) \\ F_3 &= k_3(-u_C - \alpha_3 L_3 \Delta T_3) \end{aligned} \tag{4}$$

식 (4)를 식 (1)에 대입하면

$$k_1 u_B - k_2(\bar{\delta}_2 + u_C - u_B) = P_B$$
$$k_2(\bar{\delta}_2 + u_C - u_B) - k_3(-u_C - \alpha_3 L_3 \Delta T_3) = 0$$

이것을 다시 쓰면

$$\begin{aligned} (k_1 + k_2)u_B - k_2 u_C &= (P_B)_{\text{eff}} \\ -k_2 u_B + (k_2 + k_3)u_C &= (P_C)_{\text{eff}} \end{aligned} \tag{5}$$

절점변위의 항으로 쓴 절점 평형방정식

여기서

$$\begin{aligned} (P_B)_{\text{eff}} &\equiv P_B + k_2\bar{\delta}_2 \\ (P_C)_{\text{eff}} &\equiv -k_2\bar{\delta}_2 - k_3\alpha_3 L_3 \Delta T_3 \end{aligned} \tag{5'}$$

변위 $\bar{\delta}_2$ 항과 ΔT_3 항이 어떻게 절점 B와 C점에 유효 '하중'을 발생시키는가에 유의하라. 2개의 방정식과 2개의 미지수가 있는 식 (5)의 해는 크래머(Cramer)의 법칙을 써서 쉽게 구할 수 있다. 그 해는

$$\begin{aligned} u_B &= \frac{(k_2 + k_3)(P_B)_{\text{eff}} + k_2(P_C)_{\text{eff}}}{k_1k_2 + k_1k_3 + k_2k_3} \\ u_C &= \frac{k_2(P_B)_{\text{eff}} + (k_1 + k_2)(P_C)_{\text{eff}}}{k_1k_2 + k_1k_3 + k_2k_3} \end{aligned}$$

답 (a) (6)

(b) 3개의 요소 힘을 결정하라. 이것은 매우 간단하다. 즉 절점변위식 (6)과 식 (5′)의 $(P_B)_{\text{eff}}$, $(P_C)_{\text{eff}}$를 식 (4)에 대입하면 된다. 그래서 다음을 얻는다.

$$\left.\begin{aligned} F_1 &= \frac{k_1[(k_2 + k_3)P_B + k_2k_3(\bar{\delta}_2 - \alpha_3 L_3 \Delta T_3)]}{k_1k_2 + k_1k_3 + k_2k_3} \\ F_2 &= \frac{k_2[-k_3P_B + k_1k_3(\bar{\delta}_2 - \alpha_3 L_3 \Delta T_3)]}{k_1k_2 + k_1k_3 + k_2k_3} \\ F_3 &= \frac{k_3[-k_2P_B + k_1k_2(\bar{\delta}_2 - \alpha_3 L_3 \Delta T_3)]}{k_1k_2 + k_1k_2 + k_2k_3} \end{aligned}\right\}$$

답 (b) (7)

풀이 검토 해를 검토하기 위해 식 (7)을 식 (1)에 대입하여 평형이 만족되는지의 여부를 살펴볼 수 있다.

$$F_1 - F_2 = P_B \text{인가? 그렇다.}$$
$$F_2 - F_3 = 0 \text{인가? 그렇다.}$$

해답이 평형식을 만족한다는 사실은 우리들의 해에 오류가 없다는 것을 의미한다. 또한 식 (7)을 조사해 보면 P_B, $\overline{\delta}_2$와 ΔT_3가 여러 가지 요소의 축방향 하중에 인장/압축으로 우리들이 예측한 대로 기여함을 알 수 있다.

변위법은 외부에서 작용하는 축하중과 요소의 온도변화, 부적합 문제와 관련된 다단 축-변형 문제들을 해결하기 위한 컴퓨터 프로그램 개발을 기본으로 사용되어 왔다. 이 컴퓨터 프로그램은 MDSolids 컴퓨터 프로그램 중의 일반적 해석방법 중 하나이다.

MDS 3.14 **다단 축: 변위법**는 예제 3.17에서 사용한 프로그램과 같이 변위법은 여러 요소의 부정적 구조물들을 해석하기 위해 사용되는 프로그램이다. 온도변화와 부적합 문제가 포함되어 있다.

*3.9 축변형 문제의 하중법 풀이

3.5절부터 3.7절까지에서 상대적으로 단순한 부정정 시스템들의 해석은 기본하중법이라 불리는 과정을 따라 수행하였다. 문제의 복잡함이 증가하면서 동시에 평형방정식, 하중-온도-변형 방정식, 그리고 적합방정식 수가 늘어나며, 가능한 체계적으로 위의 방정식들을 풀기 위한 방법을 찾는 것이 요구된다. 이 검토방법 중 하나가 3.8절에서 설명한 변위법이며 다른 하나는 또한 유연도법(Flexibility Method)이나 일정 변위법(Method of Consistent Deformations)에서 언급되었던 **하중법 (Force Method)**이다. 기본하중법은 더 형식적인 하중법이다. 그것은 정역학에서 정정 문제를 풀기 위해 사용된 단면법(Method of Sections)의 자연스런 확장이다.

풀이과정: 하중법[11] 예제 3.18과 3.19에서 설명한 하중법이 다음에 나오는 순서도와 풀이가정 목록에 도시되어 있으며, 변위법과 하중법 사이의 비교가 표시되어 있다.

11) 하중법은 변위법보다 컴퓨터 기반 구조 분석 및 유한요소해석에서 훨씬 덜 널리 사용되므로, 하중법에 대한 소개는 "선택적" 절로 다루어진다.

풀이과정: 하중법

▼기초방정식의 설정

1. 기술할 수 있는 독립적인 평형방정식들의 수 N_E를 결정한다. **잉여내력**의 수는 미지의 내력의 총 개수에서 사용 가능한 독립 평형방정식들의 개수를 뺀 수와 동일하다. 즉, $N_R = N_U - N_E$이다.
   N_R개의 내력을 잉여내력으로 선택하라. 그러면 다른 하중의 개수 N_E는 **결정되는 내력**이 될 것이다. 자유물체도를 사용하여 **N_R개의 잉여내력과 외력의 항으로 N_E개의 정정 내력을 표현함으로써 N_E개의 독립 평형방정식을 기술하라.** 이것은 구조물을 가상적으로 "절단" 정정 구조물로 만들어서 선택한 잉여하중을 발생시키는 구속을 풀어주면 잉여하중을 기지의 하중으로 취급할 수 있게 되기 때문에 매우 편리하게 진행된다.
2. **각 축변형 요소의 요소 하중-온도-신장량 방정식을 쓴다.** 식 3.24($\Delta T_i = 0$이면 식 3.14)는 이 단계에서 사용하기에 가장 적합하다.

$$e_i = f_i F_i + \alpha_i L_i \Delta T_i, \quad f_i = (L/AE)_i \qquad (3.24)\ 반복$$

3. N_R개의 **적합방정식**을 요소의 신장량 e_i의 항으로 나타내기 위해 기하학적 변형을 사용한다.

▼미지력에 대한 풀이

4. 1단계의 N_E개의 정정 하중방정식을 2단계의 요소 하중-온도-변형 방정식에 대입한다. 이렇게 하면 **N_U개의 하중-온도-신장변형 방정식이 NR개의 잉여 힘의 항으로 표현된다.** (그리고 외력과 $\Delta T_S'$)
5. 4단계의 결과를 3단계의 N_R개의 기하학적 적합방정식에 대입한다. 이렇게 하면 **N_R개의 기하학적 적합방정식 N_R개의 잉여내력의 항으로 표현된다.**
6. 5단계에서는 얻어진 방정식들을 동시에 푼다. 그 답은 **N_R개의 잉여내력**일 것이다. 남아 있는 내력 N_E(결정)는 잉여 힘을 1단계의 평형방정식에 대입해서 얻을 수 있다.

▼변위에 대한 풀이

7. 시스템의 변위를 구하기 위해서는 6단계에 얻어진 내력을 2단계의 하중-온도-변형 방정식에 대입한다. 마지막으로 요소 신장을 시스템의 변형에 관계시키기 위해서 기하학적 변형을 사용하여라.[12)]
8. 모든 답이 정확한지 확신하기 위해 검토한다.

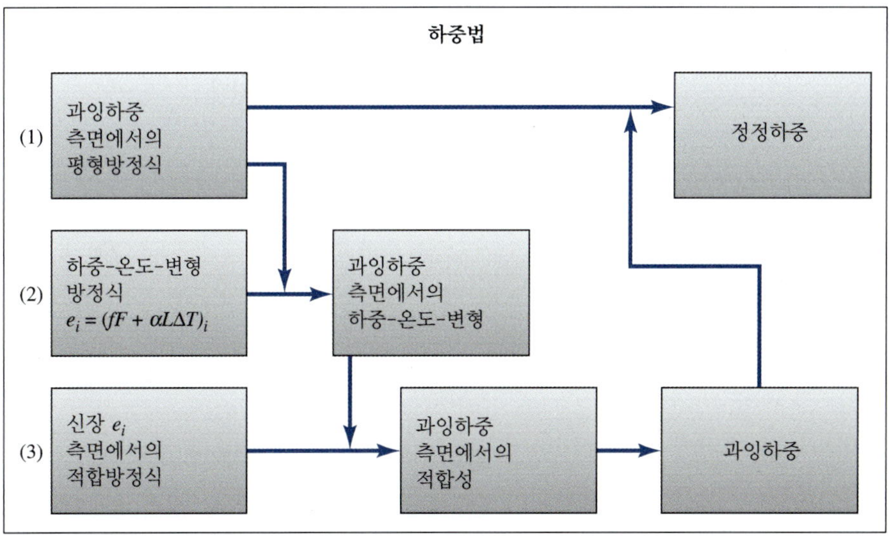

몇몇의 경우, 즉 예제 3.18의 하중법 풀이와 예제 3.17의 변위법 풀이를 비교해서 증명된 것처럼 변위법보다는 하중법에 의한 문제풀이가 쉽다.

12) 만약 지지점에서 요소하중, 반력 외에 변위를 알고 싶으면 3.8절에서 논의된 변위법이 하중법보다 일반적으로 사용하기 쉽다.

예제 3.18

그림 1과 같은 세 개의 균일한 요소로 이루어진, 단이 있는 봉이 있다. 외력이 없을 때 이 봉은 강체 벽 사이에 꼭 맞게 제작되었으며, 강체 벽에 용접으로 고정하였다.

(a) 세 요소에 대해 축응력 σ_i를 결정하시오. 부재 AB의 내력 F_1을 과잉력으로 한다.

(b) 절점변위 u_B와 u_C를 구하시오.

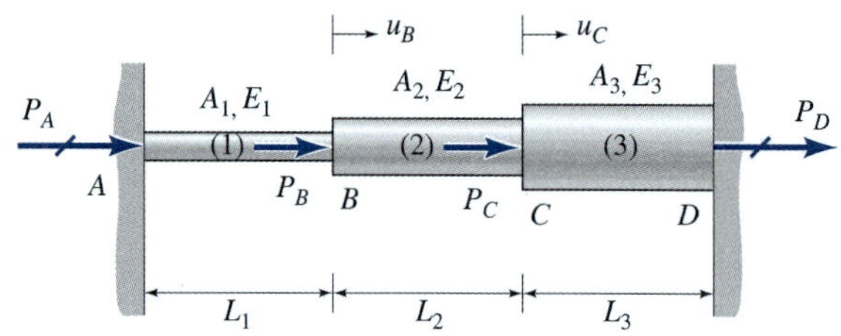

그림 1 원래의 구조

풀이 계획 늘 하는 것처럼 3개의 기초방정식을 세운다(평형방정식, 하중-변형 방정식, 적합방정식). 이 방정식들을 풀 때 F_1을 과잉하중으로 한다. 그림 2에 나타낸 것과 같이 요소 (1)에 단일가상 '절단'을 취하여 F_1을 미지의 내력으로 취급하지 않고 이미 알고 있는(known) 하중으로 취급하는 '정정 문제'로 만든다. 이것이 전 신장을 0으로 하는 하나의 적합(구속)방정식이다. 이 방정식을 과잉력 F_1의 항으로 쓰면 우리들은 1개의 미지에 대하여 1개의 방정식을 풀어 해답을 구할 수 있다.

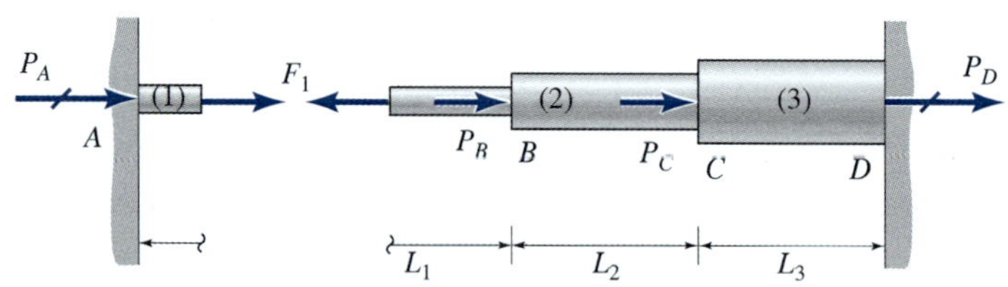

그림 2 '절단' 구조물

풀이 (a) 축응력 σ_i를 결정하라.

평형조건: F_1을 과잉력으로 정한 후(1단계), F_2과 F_3를 과잉력 F_1으로 나타내기 위해 2개의 자유물체도를 그린다. 절점 B에서 양쪽 단면을 절단하여 자유물체도를 그리면 그림 3a이고 F_1과 F_2를 관련시킨다. 유사하게 요소 (1)과 요소 (3)의 단면을 잘라서 자유물체도를 그리면 그림 3b와 같은데 이것은 F_3과 과잉력 F_1를 관련시킨다. 여기서 '단면법(method of sections)'을 응용하여 자유물체도를 그리고 평형방정식을 쓰고 있음을 유의하라. 하중법(Force-Method)을 위해서는 이 방법이 가장 좋다는 것을 알 수 있다.

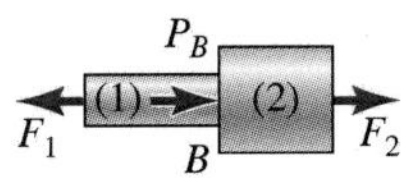

(a) 자유물체도 1.

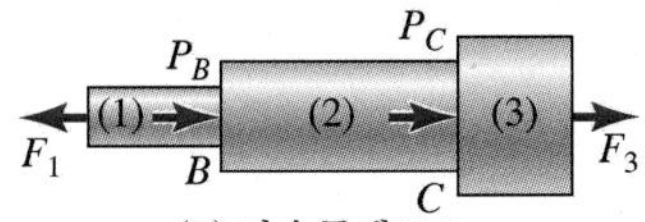

(b) 자유물체도 2.

그림 3 자유물체도

그림 3a에 대해서 $\overset{+}{\rightarrow}\sum F_x = 0$: → $\quad -F_1 + F_2 + P_B = 0$

그림 3b에 대해서 $\overset{+}{\rightarrow}\sum F_x = 0$: → $\quad -F_1 + P_B + P_C + F_3 = 0$

하중법 과정의 1단계에서 나타낸 것처럼, 평형방정식을 재정렬하여 정정하중 F_2, F_3를 잉여하중 F_1과 외력의 항으로 나타낸다.

$$F_2 = F_1 - P_B \qquad F_3 = F_1 - P_B - P_C \qquad \textbf{평형방정식} \tag{1}$$

잉여하중 F_1에 대해서 풀면 식 (1)에 돌아와서 나머지 미지력을 결정할 수 있음을 유의하라.

요소의 하중-변형 거동: 세 요소에 대한 하중-신장변형 방정식은 식 3.14에 의해 나타낼 수 있다.

$$\begin{aligned} e_1 &= f_1F_1, \quad f_1 = (L/AE)_1 \\ e_2 &= f_2F_2, \quad f_2 = (L/AE)_2 \\ e_3 &= f_3F_3, \quad f_3 = (L/AE)_3 \end{aligned} \qquad \textbf{요소의 하중-신장변형} \tag{2}$$

이 식들은 하중법 과정의 3단계에 대응한다. 여기까지 5개의 방정식과 6개의 미지수가 나온다. 완전한 평형방정식과 요소의 하중-변형 관계식을 얻기 위해서는 기하학적 변형을 이용해야 한다.

기하학적 변형조건: 이 시점에서 우리는 5개의 방정식과 6개의 미지수를 가지고 있다. 과잉력 F_1을 가지고 있으므로, 기하학적 변형식이 필요하다. 그림 1에서 세 요소에 대한 전체 신장량은 변하지 않으므로 부재의 신장량은 없다. 따라서 **적합방정식(compatibility equation)**은 다음과 같다.

$$e_{\text{total}} = e_1 + e_2 + e_3 = 0 \qquad \textbf{적합방정식} \tag{3}$$

기본방정식의 하중법 풀이: 평형방정식 내에 정정하중 F_2, F_3가 잉여하중 F_1 2개의 절점력의 항으로 나타남을 유의하라. 하중법 4단계에서 식 (1)과 (2)를 결합하면 모든 힘-변형 방정식이 기지하중과 잉여하중 F_1의 항으로 나타난다.

$$e_1 = f_1F_1, \quad e_2 = f_2(F_1 - P_B), \quad e_3 = f_3(F_1 - P_B - P_C) \tag{4}$$

다음(5단계), 식 (4)를 식 (3)에 대입하면

$$(f_1+f_2+f_3)F_1 = f_2P_B + f_3(P_B+P_C) \quad (5)$$

6개의 방정식과 6개의 미지수를 미지수 1개인 1개의 방정식으로 만들었으며, 쉽게 **과잉 힘(redundant force)**에 대해서 풀 수 있다(6단계).

$$F_1 = \frac{(f_2+f_3)P_B + f_3P_C}{f_1+f_2+f_3} \quad (6a)$$

이것이 핵심 풀이단계이다. 과잉내력을 주어진 외력과 구조물의 특성의 항으로 구했다. 이것을 **하중법(Force Method)**이라 하는데 중요한 풀이단계가 힘의 양과 관계되기 때문이다. 이것을 또한 유연성법(Flexibility Method)이라 하는데 중요한 풀이단계에서 유연성계수 f_i가 쓰였기 때문이다. 또한 이것은 주요 방정식이 변형-적합 방정식이기 때문에 일관된 변형법(Method of Consistent Deformations)이라고도 한다. 과잉력 F_1을 알면 평형방정식 (1)에서 F_2와 F_3을 구할 수 있다.

$$F_2 = F_1 - P_B = \frac{-f_1P_B + f_3P_C}{f_1+f_2+f_3}$$

$$F_3 = F_1 - P_B - P_C = \frac{-f_1P_B - (f_1+f_2)P_C}{f_1+f_2+f_3} \quad (6b,\ c)$$

세 요소에 대해 응력을 구해야 되므로 식 (6)에서 각각의 단면적으로 힘들을 나눌 필요가 있다.

$$\sigma_1 = \frac{F_1}{A_1},\quad \sigma_2 = \frac{F_2}{A_2},\quad \sigma_3 = \frac{F_3}{A_3} \qquad \textbf{답 (a)} \quad (7)$$

(b) 변위 u_B와 u_C를 구하려면 기하학적 변형을 사용해야 한다.

$$u_B = e_1,\quad u_C = -e_3 \qquad \textbf{기하학적 변형} \quad (8)$$

식 (2)의 첫 번째 식과 세 번째 식을 식 (8)에 대입하면

$$u_B = f_1F_1,\quad u_C = -f_3F_3 \quad (9)$$

그리고 F_1과 F_3는 식 (4)를 식 (9)에 대입하여 각각 얻을 수 있으며

$$\left.\begin{aligned} u_B &= \frac{f_1[(f_2+f_3)P_B + f_3P_C]}{f_1+f_2+f_3} \\ u_C &= \frac{f_3[f_1P_B + (f_1+f_2)P_C]}{f_1+f_2+f_3} \end{aligned}\right\} \qquad \textbf{답 (b)} \quad (10)$$

풀이 검토 각 해답의 차원을 검토해 보면 옳은 것을 알 수 있다. 예를 들면 식 (6)의 제수 f와 피제수 f를 거하면 $F=F$로 된다. 또 하나(그림 1), 만약 $P_B > 0$, $P_C = 0$이면 요소 (1)은 인장을 받으며 요소 (2)와 요소 (3)은 압축을 받는다는 것을 알 수 있다. 식 (6)으로부터 이러한 사실을 알 수 있다.

여러분은 3개의 기본적인 형태(평형방정식, 하중-변형 방정식, 적합방정식)의 모든 방정식을 어떻게 정확하게 구할 것인가에 대해 항상 먼저 생각해야 한다. 하중법은 최종 해를 얻기 위해 3개의 기초방정식들을 조합하는 체계적인 과정이다. 평형, 요소 하중-온도-신장변형 그리고 마지막으로 기하학적 변형을 사용하는 것은 정정 구조물에 사용된 절차의 직접적인 확장이다.

하중법과 변위법의 비교 필요한 모든 방정식을 세워 놓으면 방정식을 동시에 푸는 어떠한 방법(변위법 혹은 기본하중법 혹은 하중법)으로도 사용할 수 있다. 그러나 이중에서 좀더 편리한 방법이 있을 것이다. 만약 평형방정식이 하나 있고 적합방정식도 하나일 경우에는 기본하중법이 가장 좋다. 3.8절의 표 3.3에는 이 두 과정의 단계를 비교해 놓았다. 두 가지 중 변위법이 더 간단하다. 왜냐하면 잉여하중을 선택할 필요가 없고 변형-적합 방정식이 시스템의 변위를 직접 포함하고 있기 때문이다. 그러나 그림 3.21과 같은 경우의 축하중을 계산할 경우에는 하중법이 더 간단하다. 이 경우에는 F_1을 잉여하중으로 두고 하중법을 사용하여 신장변형-적합 방정식을 풀면 된다. 물론 변형을 F_1항으로 나타내야 한다.

$$e_1 + e_2 + e_3 + e_4 + e_5 = 0$$

예제 3.18에는 2개의 독립적인 평형방정식과 1개의 변형-적합 방정식이 있다. 그래서 변위법보다는 하중법이 더 간단할 것 같다. 이 문제는 별표를 달았는데, 그 이유는 3개의 미지하중이 있고 올바른 적합방정식을 얻기 위해서는 특별한 주의가 필요하기 때문이다. 그러나 하중법 해는 매우 간단하다.

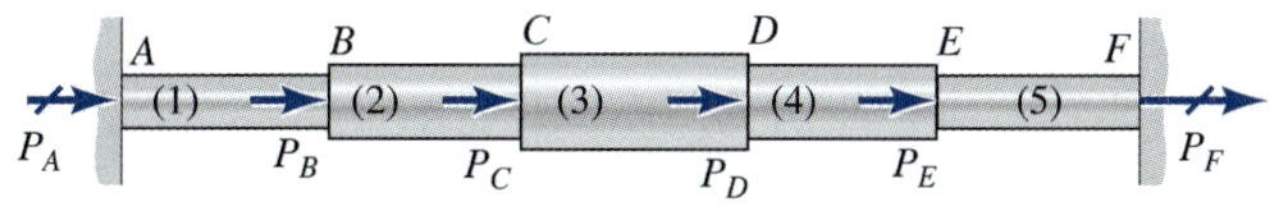

그림 3.21 다단 부정정 구조물

예제 3.19*

그림 1에서처럼 두 부재와 기둥이 강체 보 AD를 지지하고 있다. 그림과 같이 시스템처럼 조합되었을 때 부재 (1)이 $\bar{\delta}_1$만큼 짧게 만들어지지 않았다면 두 부재와 기둥은 응력이 없고 보 AD는 수평을 이룬다.

(a) 전체 시스템을 조립한 후 수직하중을 보 C에서 작용할 때 부재 (1)에서의 하중을 하중법으로 풀이하시오. 보 AD의 회전은 작다고 가정한다.

(b) 수직변위 δ_A를 결정하시오.

풀이 계획 기둥의 B점과 막대의 A와 D점은 모두 변형될 수 있기 때문에, 강체 보 AD의 수직이동과 회전이 가능하다. 수직방향의 하중의 합에 대한 하나의 평형방정식을 쓸 수 있으며 보 포인트를 연결한 몇 개의 점에서의(예를 들면 B점) 모멘트를 취하면 두 번째 평형방정식을 얻을 수 있다. 그러나 좀더

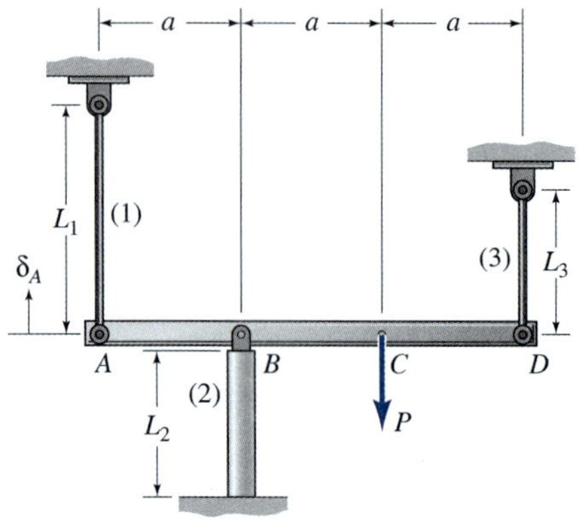

$A_1 = A_3 = 1000\ \text{mm}^2,\ A_2 = 1500\ \text{mm}^2$
$L_1 = 4.2\ \text{m},\ L_2 = 2.1\ \text{m},\ L_1 = 2.8\ \text{m}$
$a = 2\ \text{m},\ \bar{\delta}_1 = 1.0\ \text{m},\ E = 70\ \text{GPa},\ P = 25\ \text{kN}$

그림 1

효과적인 방법은 2개의 모멘트 평형방정식을 사용하는 것이다. 3개의 미지내력이 있으므로 그들 중의 하나를 과잉 힘으로 생각해야 한다. 그러면 하나의 변형-적합 방정식이 얻어지고 이 과잉 힘에 대해 풀 수 있다.

부재 (1)이 초기에 짧기 때문에, 끝점 A는 위로 이동하게 될 것이고 부재 (1)에서 야기되는 힘은 인장이 되어야 한다. 그것은 기둥 (2)와 막대 (3)에 인장이 되게 한다. 그러나 기둥 (2)와 부재 (3) 둘 다 변형되기 때문에 하중 P의 영향은 적어진다.

풀이 (a) 부재 (1)에서의 힘 결정

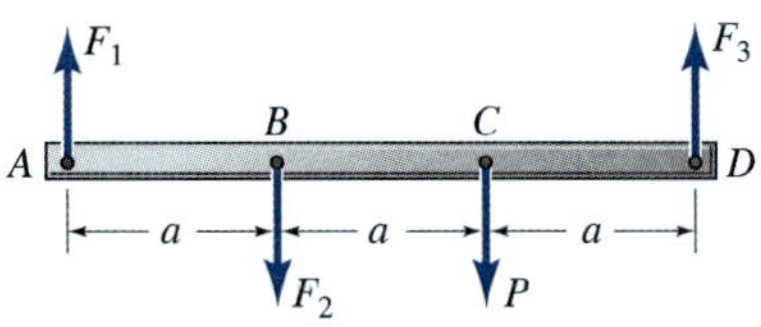

그림 2 자유물체도

평형: 외력 P와 내부요소 힘들의 관계를 알기 위한 자유물체도는 그림 2에서 보여진 강체 보 AD를 선택하였다. 각 요소에서 양의 힘을 인장으로 선택했다. 하나의 힘을 **과잉(redundant)** 힘으로 택하고 F_2와 F_3를 F_1과 외력 P의 항으로 표현한 평형방정식을 쓴다.

$$+\circlearrowleft \left(\sum M\right)_B = 0: \qquad -F_1(a) + F_3(2a) - P(a) = 0$$

$$+\circlearrowleft \left(\sum M\right)_D = 0: \qquad -F_1(3a) + F_2(2a) - P(a) = 0$$

이것을 사용하여, 작용하는 하중 P와 택한 과잉 힘 F_1의 항으로 주어진 F_2와 F_3를 포함하는 평형방정식을 구할 수 있다.

$$F_2 = \frac{3}{2}F_1 - \frac{1}{2}P \qquad F_3 = \frac{1}{2}F_1 + \frac{1}{2}P \qquad (1)$$

과잉 힘의 항으로 쓴 평형방정식

요소에 대한 하중-온도-변형 방정식: 하중법을 사용하기 때문에 식 3.14는 사용하기에 편리한 식이다.

$$e_1 = f_1F_1 \qquad e_2 = f_2F_2 \qquad e_3 = f_3F_3$$ **요소 하중-신장변형 하중** (2a-c)

여기서

$$f_1 = \left(\frac{L}{AE}\right)_1 = \frac{(4.20\ \text{m})}{(1000\ \text{mm}^2)(70\ \text{GPa})} = 6.00 \times 10^{-2}\ \text{mm/kN}$$

$$f_2 = \left(\frac{L}{AE}\right)_3 = \frac{(2.10\ \text{m})}{(1500\ \text{mm}^2)(70\ \text{GPa})} = 2.00 \times 10^{-2}\ \text{mm/kN}$$

$$f_3 = \left(\frac{L}{AE}\right)_3 = \frac{(2.80\ \text{m})}{(1000\ \text{mm}^2)(70\ \text{GPa})} = 4.00 \times 10^{-2}\ \text{mm/kN}$$

기하학적 변형: 우리는 **변형 선도(deformation diagram)**를 그릴 필요가 있다. 단순하게 하기 위하여 보 AD 전체의 길이가 위로 이동하고, 시계방향으로 회전한다고 가정한다. 그림 3에서 3개의 요소들의 신장은 보에 연결된 점들에서의 수직변위와 관계된다(요소 길이에 상응하는 양의 e를 상기하자). 3개 요소의 신장을 서로 관련짓는 하나의 적합방정식으로 나타낼 수 있다.

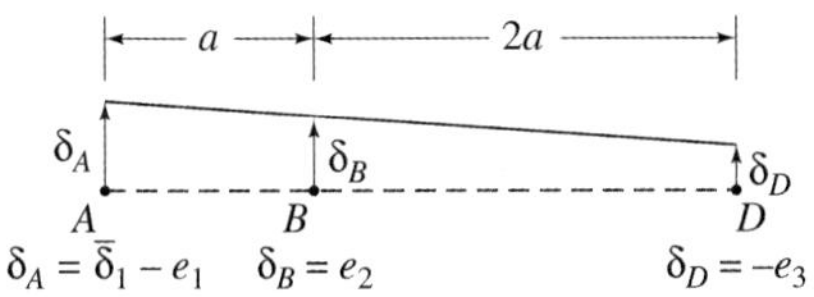

그림 3 변형 선도

보의 회전각에 대한 소개가 없다면 그림 3에 닮은꼴 삼각형 형상을 사용할 수 있으며 다음과 같이 쓸 수 있다.

$$e_2 = \frac{1}{3}\delta_D + \frac{2}{3}\delta_A = \frac{1}{3}(-e_3) + \frac{2}{3}(\bar{\delta}_1 - e_1)$$

이 신장변형-적합 방정식은 다음의 형태로 쓸 수 있다.

$$2e_1 + 3e_2 + e_3 = 2\bar{\delta}_1$$ **적합방정식** (3)

하중법에 의한 방정식의 풀이: 지금 식 (1)~(3)의 조합을 위해 하중법의 단계를 이용하였다. 첫 번째(4단계)에서 하나의 과잉 힘 F_1의 항으로 쓰여지는 하중-변위 방정식을 얻기 위하여 식 (2)를 식 (1)에 대입한다.

$$\begin{aligned} e_1 &= f_1F_1 \\ e_2 &= f_2F_2 = f_2\left(\frac{3}{2}F_1 - \frac{1}{2}P\right) \\ e_3 &= f_3F_3 = f_3\left(\frac{1}{2}F_1 + \frac{1}{2}P\right) \end{aligned} \qquad (4)$$

다음(5단계)에서 위의 방정식은 **과잉 힘 F_1의 항**으로 쓰여지는 다음과 같은 **적합방정식**을 구하기 위해 적합방정식 (3)에 대입한다.

$$(4f_1 + 9f_2 + f_3)F_1 = (3f_2 - f_3)P + 4\bar{\delta}_1$$ **과잉 힘의 합으로 쓰여진 적합방정식** (5)

우리는 과잉 힘(6단계)을 쉽게 풀기 위하여 6개의 미지수와 6개의 식을 하나의 미지수와 하나의 식으로 감소시켰다.

$$F_1 = \frac{(3f_2 - f_3)P + 4\overline{\delta}_1}{4f_1 + 9f_2 + f_3} \tag{6}$$

식 (6)에 수치를 대입하면 다음과 같다.

$$F_1 = \frac{[3(2\times 10^{-2}\ \text{mm/kN}) - (4\times 10^{-2}\ \text{mm/kN})](25\ \text{kN}) + 4(1.0\ \text{mm})}{4(6\times 10^{-2}\text{mm/kN}) + 9(2\times 10^{-2}\ \text{mm/kN}) + (4\times 10^{-2}\ \text{mm/kN})}$$

$$F_1 = 9.78\ \text{kN}$$ **답 (a)**

(b) A점에서의 변위를 결정하라.

그림 3과 식 (2a)에서부터

$$\delta_A = \overline{\delta}_1 - e_1 = \overline{\delta}_1 - f_1F_1$$ **기하학적 변형** (7)

수치를 식 (7)에 대입하면 다음과 같다.

$$\delta_A = 1.0\ \text{mm} - (6\times 10^{-2}\ \text{mm/kN})(9.78\ \text{kN})$$

$$\delta_A = 0.413\ \text{mm}$$ **답 (b)**

풀이 검토 식 (6)으로부터 '불일치' $\overline{\delta}_1$에 의해 막대 (1)에서 인장하중이 야기된다는 사실이 명백해졌다. 그러나 왜 P의 영향이 인장으로 나타나는지는 알기가 쉽지 않다. 만약 B점에서 기둥이 변형(즉, $f_2 = 0$이라면)되기보다는 차라리 '강체'라고 한다면 식 (6)에서처럼, 하중 P에 의한 F_1은 압축력일 것이다. 만약 D점에서 부재가 변형(즉, $f_3 = 0$이라면)되기보다는 차라리 '강체'라고 한다면 식 (4)에서처럼 하중 P에 의한 힘 F_1은 인장력이다.

연습문제와 같이 F_2와 F_3에 대해 풀이할 수 있고 수직방향 힘의 합이 0(zero)이 됨을 알 수 있다.

동시에 풀어야 할 방정식의 개수가 미지 힘의 개수 N_U와 같은 경우, 기본하중법에 의해 구해진 해를, 이 절에서 설명된 하중법과 비교하면 동시에 풀어야 할 방정식의 개수를 과잉 힘의 개수 N_R만큼 줄이게 되어 해석이 더 쉬워진다.

*3.10 평면트러스의 해석에 대한 소개

그림 3.22는 3개의 요소로 이루어진 평면트러스이다. 이 장에서는 그림 3.22[13]의 평면트러스 요소처럼 한쪽 단은 강체에 핀으로 연결되고 다른 쪽 끝단은 다른 부재 또는 부재들에 연결된 경사진 요소의 기본식을 검토해 보겠다. 여기서는 균일하

13) 이 절에서는 매트릭스 구조물 해석에 포함되어 있는 체계적인 문제해결과정을 예시한다. 강체에 일단 핀지지된 강체요소만이 이 절에서 고려되므로 컴퓨터의 도움 없이 문제는 쉽게 풀 수 있다.

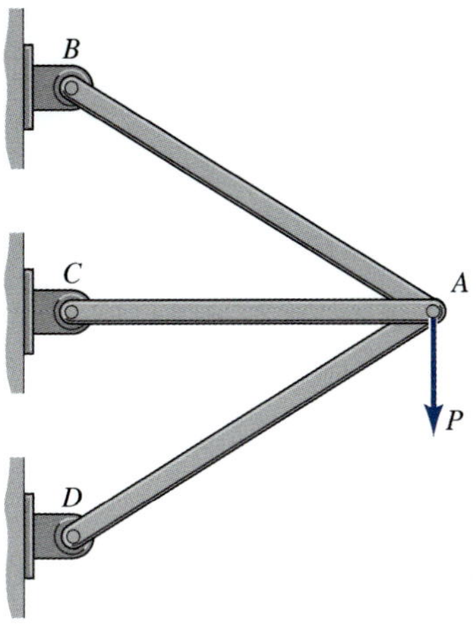

그림 3.22 평면트러스

고 선형적으로 탄성적인 요소로 제한한다.

기초방정식 그림 3.23은 축 힘 F를 받고 균일하게 ΔT만큼 가열된 전형적인 평면트러스 요소를 나타낸다.[14] u는 자유단의 수평변위이고 $+x$방향이 양이며 v는 자유단의 수직변위이며 $+y$방향이 양이다. F_x는 자유단에 가해진 힘의 x요소이고 F_y는 y요소이다. 그리고 F는 총 축력이다(인장을 양으로 가정한다). 그림 3.23에 나타난 것처럼 각 θ는 항상 반시계방향을 양으로 하고 x축으로부터 측정한다.

평형: 그림 3.23에서 요소가 부착되어 있는 연결부의 자유물체도를 보면 축방향 힘 F나 F_x나 F_y의 분력을 볼 수 있다.

요소 하중-온도-변형 거동: 식 3.27과 3.28은 축방향 힘 F를 요소의 신장과 그 균일한 온도변화와 연결시켜준다. 즉

$$e = fF + \alpha L \Delta T \tag{3.27}$$ 반복

$$F = k(e - \alpha L \Delta T) \tag{3.28}$$ 반복

기하학적 변형: 이제 신장량 e를 연결부의 변위성분 u와 v에 연결시켜야 한다. L과 비교해서 u와 v는 매우 작다고 가정한다. 신장량 e를 u와 v에 연결시켜주는 식이 필요하다. 그림 3.24에서처럼 u와 v를 각각 취하자.

u와 v가 작다고 가정했으므로 변위를 원래의 요소 방향으로 투사시킴으로써 신장량 e에 대한 기여도를 결정할 수 있다. 작은 삼각형은 꼭지각 θ[15]를 가지고 있음에 주의하여라. 그러므로

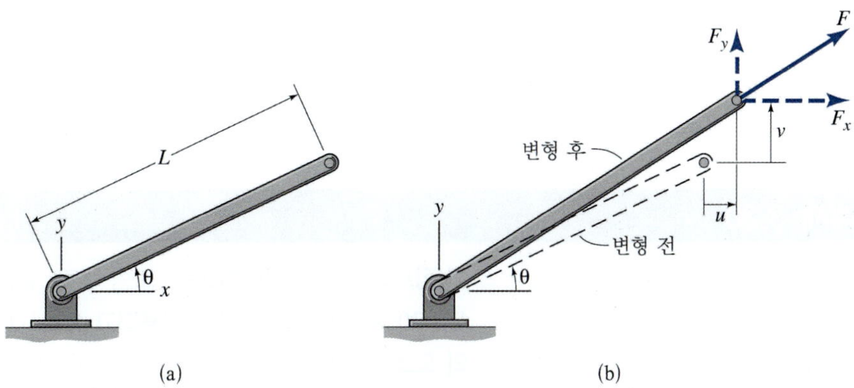

그림 3.23 평면트러스 요소 표기

14) 온도증분 ΔT는 기준온도로부터 측정되며 이 온도에서 트러스는 응력이 없다.
15) 이런 근사의 유효성을 보여주는 연습문제 3.10-26을 보라.

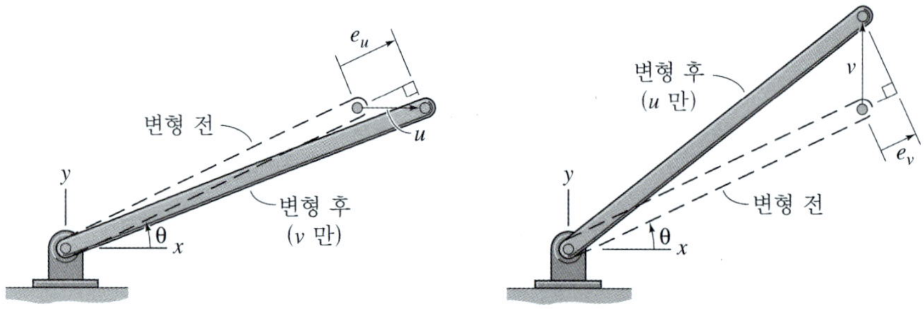

그림 3.24 변위 u와 v의 신장량 e에 대한 기여

$$e = e_u + e_v = u\cos\theta + v\sin\theta \tag{3.29}$$

하나 이상의 마디(연결부)가 있는 트러스는 행렬 구조물 해석의 과정에서 다루는 주요 주제이므로 이 교재의 범위를 넘는다. 그러나 3.4절과 3.5절부터 3.9절까지 사용된 과정이 어떻게 사용되는지를 보기 위해 하나의 절점트러스를 고려해야 한다.

정정트러스의 해석 만약 하나의 절점 평면트러스가 단지 2개의 요소만 가지고 있다면, 이것은 정정이다. 아래의 개략적으로 보여진 하중법은 이러한 형태의 문제를 푸는 데 매우 유용하다. 만약 하나의 절점트러스가 그림 3.22의 3요소 평면트러스와 같이 2개 이상의 요소를 갖는다면, 변위법이 더 쉽다.

정정트러스 문제에 대한 하중법 과정

1. 트러스부재가 핀으로 결합된 결합부의 자유물체도를 그린다. 미지의 요소 힘 F_1, F_2를 구하기 위해 2개의 평형방정식을 푼다.
2. 힘 F_i와 온도변화 ΔT_i에 의한 신장 e_i를 결정하기 위해 식 3.27을 사용하여라.
3. 식 3.29의 형태로 2개의 기하하적 방정식을 적고, 이를 결합부의 변위요소 u, v에 대해 푼다.

예제 3.20에서는 외력을 받고, 하나의 냉각되는 부재를 갖고 있으며, 정정인 평면트러스를 고려할 것이다. 예제 3.20에서는 정확한 길이로 만들어지지 않은 부재를 가지는 부정정트러스를 고려할 것이다.

예제 3.20

(정정) 2요소 평면트러스는 그림 1과 같은 형태를 가진다. 아래로의 하중 $P = 20$ kN이 C에서 핀에 작용되고 요소 (1)이 20℃만큼 냉각된다면 (a) 각각의 요소 (1)과 (2)에 작용하는 응력 σ_1과 σ_2는 얼마인가? (b) 수평변위 u_C와 수직변위 v_C는 각각 얼마인가?

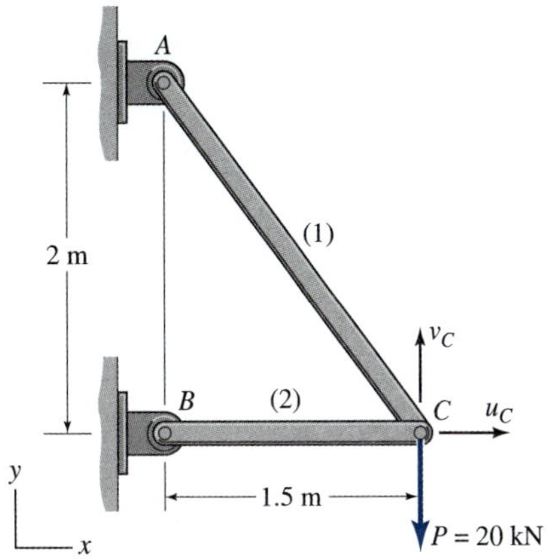

$A_1 = 1000\ \text{mm}^2$, $E_1 = 200$ GPa, $\alpha_1 = 20(10^{-6})/°\text{C}$
$A_2 = 1000\ \text{mm}^2$, $E_2 = 100$ GPa

그림 1

풀이

(a) 요소의 응력 1과 2를 결정하여라.

평형: 그림 2에서 보인 바와 같이 결합부 C의 자유물체도를 그려야 하고 x와 y방향의 힘을 합해야 한다.

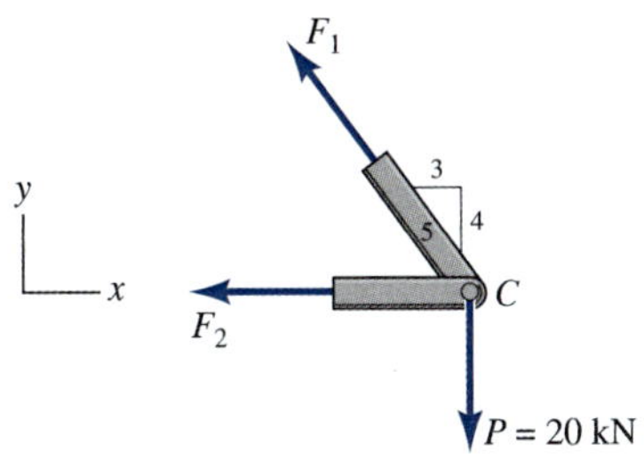

그림 2 절점 C의 자유물체도

$$\overset{+}{\rightarrow}\sum F_x = 0: \qquad -\frac{3}{5}F_1 - F_2 = 0, \quad F_2 = -\frac{3}{5}F_1$$

$$+\uparrow \sum F_x = 0: \qquad \frac{4}{3}F_1 - 20\ \text{kN} = 0, \quad F_1 = 25\ \text{kN}$$

$$F_1 = 25\ \text{kN} \qquad F_2 = -15\ \text{kN} \qquad \textbf{평형} \qquad (1)$$

그러므로 응력은

$$\sigma_1 = \frac{F_1}{A_1} = \frac{25000\ \text{N}}{0.001\ \text{m}^2} = 25\ \text{MPa}$$

$$\sigma_2 = \frac{F_2}{A_2} = \frac{-15000\ \text{N}}{0.001\ \text{m}^2} = -15\ \text{MPa}$$

$$\sigma_1 = 25\ \text{MPa}(\text{인장}), \quad \sigma_2 = 15\ \text{MPa}(\text{압축})$$ **답 (a)**

(b) 결합부의 변위 u_C와 v_C를 결정하여라.

요소 하중-온도-변형 거동: 식 3.27로부터

$$e_i = f_i F_i + \alpha_i L_i \Delta T_i \qquad \textbf{요소 하중-온도-신장변형 거동} \qquad (2)$$

여기서

$$f_1 = \left(\frac{L}{AE}\right)_1 = \frac{2.5\ \text{m}}{(0.001\ \text{m}^2)(200\times 10^9\ \text{N/m}^2)} = 1.250(10^{-8})\ \text{m/N}$$

$$f_2 = \left(\frac{L}{AE}\right)_2 = \frac{1.5\text{ m}}{(0.001\text{ m}^2)(100 \times 10^9\text{ N/m}^2)} = 1.500(10^{-8})\text{ m/N}$$

그러므로 식 (2)로부터 신장량은

$$\begin{aligned} e_1 &= (1.250 \times 10^{-8}\text{ m/N})(25000\text{ N}) + (20 \times 10^{-6}/℃)(2.5\text{ m})(-20℃) \\ &= -0.000688\text{ m} = -0.688\text{ mm} \\ e_2 &= (1.500 \times 10^{-8}\text{ m/N})(-15000\text{ N}) = -0.225\text{ mm} \end{aligned}$$

기하학적 변형: 식 3.29로부터

$$e_i = u_C \cos\theta_i + v_C \sin\theta_i \qquad \textbf{기하학적 변형} \qquad (3)$$

$$\cos\theta_1 = \frac{3}{5}, \quad \sin\theta_1 = -\frac{4}{5}, \quad \cos\theta_2 = 1, \quad \sin\theta_2 = 0$$

$$\begin{aligned} e_1 &= \frac{3}{5}u_C - \frac{4}{5}v_C = -0.688\text{ mm} \\ e_2 &= u_C = -0.225\text{ mm} \end{aligned}$$

그러므로

$$u_C = -0.225\text{ mm}, \quad v_C = 0.691\text{ mm}$$ **답 (b)**

풀이 검토 작용하중 P가 아래로 작용하기 때문에 왼쪽 절점 C의 위로의 변위가 좀 의외로 생각될 것이다. 그러나 요소 (1)이 냉각되므로 하중 P로 인한 아래로의 변위를 극복하고 좌상측으로 당겨질 것이다.

변형의 기하학식인 식 (3)만이 이 트러스 문제를 3.5절에서 다룬 문제와 구분하는 특징적인 식임에 유의하여라.

단순 부정트러스의 해석 만약 트러스가 부정정이라면, 즉 하나의 결합부에 2개 이상의 부재가 조합되어 있을 경우에는 변위법 해가 가장 수월하다. 물론 변위법 또한 정정트러스 문제를 풀기 위해서 사용될 수 있다.

트러스 문제에 있어서 변위법 과정

1. 트러스부재가 핀으로 결합되어 있는 결합부의 자유물체도를 그린다. 미지의 요소 힘 F_i의 항으로 2개의 평형방정식을 작성한다.
2. 각 요소에 대하여 하중-온도-변형 방정식을 작성한다. 이 단계에서 식 3.28은 가장 사용하기 편리한 형태이다.

$$F_i = k_i(e_i - \alpha L \Delta T_i), \quad k_i = (AE/L)$$

3. 요소의 신장을 결합부 변위성분 u와 v를 연결하기 위해 변형의 기하학 식 3.29를 사용한다.
4. 변형-기하학 방정식(3단계)을 하중-온도-변형 방정식(2단계)에 대입한다. 그러면 시스템의 변위의 항으로 요소의 힘을 구할 수 있다.
5. 4단계의 결과를 1단계의 평형방정식에 대입한다. 그러면 계의 변위의 항으로 평형방정식을 구할 수 있다.
6. 5단계에서 구한 방정식을 풀이한다. 해는 시스템의 변위가 될 것이다.
7. 6단계의 계의 변위를 4단계에서 얻은 방정식에 대입한다. 그 해는 요소의 힘이 될 것이다. 만일 요소의 수직응력을 구하려면 힘을 각 요소의 단위면적으로 나누면 된다. 즉 $\sigma_i = F_i/A_i$이다.

다음 예제 문제는 변위법을 사용한 트러스 문제의 해결 방법을 보여준다.

예제 3.21

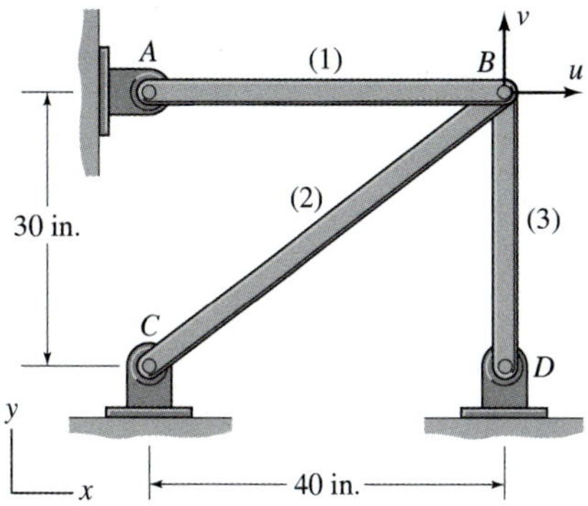

그림 1

3개의 부재로 이루어진 트러스가 그림 1에 나와 있다. 각 부재의 단면적은 1.2 in^2 이고 $E = 10 \times 10^3$ ksi인 알루미늄이다. 각 부재를 제작할 때 부재 (1)과 (3)은 제대로 만들어졌다(즉 $L_1 = 40$ in., $L_3 = 30$ in.). 그러나 부재 (2)는 구멍 중심 사이의 거리 L_2가 올바른 길이 50.00 in.가 아닌 49.90 in.이었다. 만약 부재 (2)를 인장시켜 B점에서 세 부재를 핀으로 결합시킨 후 놓았다면, (a) B점의 변위 $u \equiv u_B$와 $v \equiv v_B$는 얼마이겠는가? (b) 각 부재에 걸리는 힘은 얼마인가?

풀이 계획 이전과 마찬가지로 평형과 하중-변형 관계 그리고 기하학적 변형에 대한 식을 세울 필요가 있다. 부재가 B점에서 정확히 맞지 않는다는 조건을 변형-적합 방정식에 고려해 넣어야 한다.

부재 (2)는 원래의 길이로 돌아가려 하지만 부재 (1)과 (3) 때문에 구속을 받는다. 그러므로 부재 (2)에는 인장이, 나머지 부재에는 압축이 걸릴 것으로 예상할 수 있다.

풀이 (a) 변위 u와 v를 구하기 위해 변위법을 사용한다.

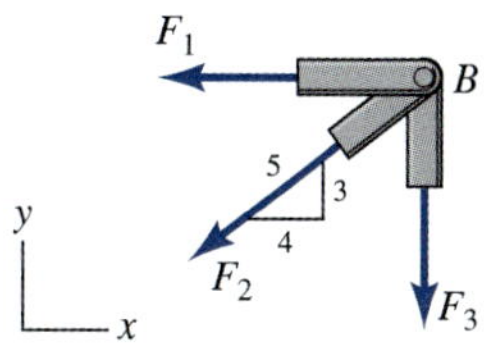

그림 2 자유물체도

평형: 그림 2의 B점은 외력이 없으므로 부재 간 힘만 작용한다. 이전과 같이 부재의 축방향 힘은 인장의 경우 양으로 취급한다.

$$\overset{+}{\rightarrow} \sum F_x = 0: \qquad -F_1 - \frac{4}{5}F_2 = 0$$

$$+\uparrow \sum F_y = 0: \qquad -\frac{3}{5}F_2 - F_3 = 0$$

$$\boxed{\begin{aligned} F_1 + \frac{4}{5}F_2 = 0 \\ \frac{3}{5}F_2 + F_3 = 0 \end{aligned}} \qquad \textbf{평형방정식} \qquad (1)$$

부재의 하중-변형 거동: 3개의 부재가 있으므로 각 부재에 대해서 식 3.28을 쓸 필요가 있다. 먼저 각 부재의 성질을 표로 정리하는 것이 편리할 것이다.

$$k_1 = \left(\frac{AE}{L}\right)_1 = \frac{(1.2\ \text{in}^2)(10 \times 10^3\ \text{ksi})}{(40\ \text{in.})} = 300\ \text{kips/in.}$$

$$k_2 = \left(\frac{AE}{L}\right)_2 = \frac{(1.2\ \text{in}^2)(10 \times 10^3\ \text{ksi})}{(50\ \text{in.})} = 240\ \text{kips/in.}$$

$$k_3 = \left(\frac{AE}{L}\right)_3 = \frac{(1.2\ \text{in}^2)(10 \times 10^3\ \text{ksi})}{(30\ \text{in.})} = 400\ \text{kips/in.}$$

부재의 특성 표

요소 i	L_i (in.)	k_i(kips/in.)	$\cos\theta_i$	$\sin\theta_i$
1	40	300	1.0	0.0
2	50	240	0.8	0.6
3	30	400	0.0	1.0

그러면 식 3.28로부터

$$F_1 = k_1 e_1 = 300e_1$$
$$F_2 = k_2 e_2 = 240e_2$$
$$F_3 = k_3 e_3 = 400e_3$$

요소 하중-변형 거동 (2)

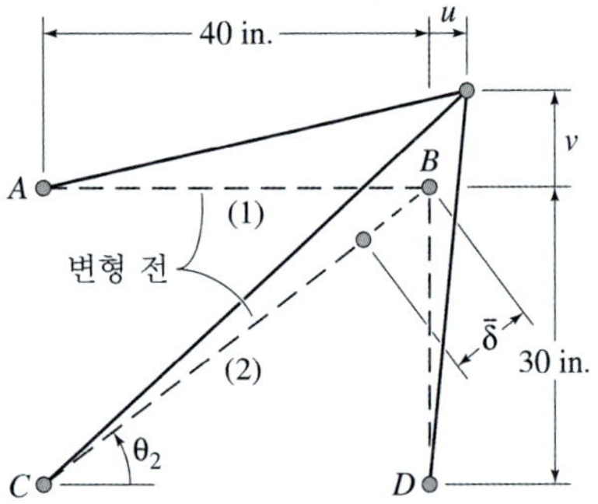

그림 3 변형 선도

기하학적 변형: 각 부재의 변형과 시스템 변위 u와 v의 관계를 알기 위해 변형 선도(deformation diagram)를 그린다(그림 3). 여기서 부재 (2)의 끝과 부재 (1), (3)과 만나는 B점의 틈을 과장하여 그렸다.

먼저 식 3.29를 이용해 각 부재의 신장을 각 부재의 '자유단', 즉 B점에서의 변위로 나타낼 수 있다.

$$e_i = u_i \cos\theta_i + v_i \sin\theta_i, \quad i = 1,\ 2,\ 3$$

그러나 B점에서 '불일치' 조건 때문에 부재 (2)에 대해서 이 식을 바꿔야 한다. 모든 부재가 B점에서 핀으로 고정되기 때문에

$$u_1 = u_2 = u_3 \equiv u, \quad v_1 = v_2 = v_3 \equiv v$$

이 식들과 부재의 성질의 표를 이용해 다음을 얻는다.

$$e_1 = u\cos\theta_1 + v\sin\theta_1 = u$$
$$e_2 = u\cos\theta_2 + v\sin\theta_2 + \bar{\delta}$$
$$= 0.8u + 0.6v + \bar{\delta}$$
$$e_3 = u\cos\theta_3 + v\sin\theta_3 = v$$

변형적합성 (3)

변위법 풀이: 식 (1), (2), (3)을 변위법의 순서($3 \rightarrow 2 \rightarrow 1$)에 따라 합친다.

$$F_1 = 300u, \quad F_2 = 192u + 144v + 24.00, \quad F_3 = 400v \qquad (4)$$

그러면 식 (1)과 (4)로부터 다음을 얻는다.

$$300u + 0.8(192u + 144v + 24.00) = 0$$
$$0.6(192u + 144v + 24.00) + 400v = 0$$

또는

$$453.6u + 115.2v = -19.20$$
$$115.2u + 486.4v = -14.40$$

절점변위로 나타낸 절점 평형 (5)

이 연립방정식을 풀면 다음과 같다.

$$u = -3.70(10^{-2})\text{ in.}$$
$$v = -2.08(10^{-2})\text{ in.}$$

답 (a) (6)

(b) 각 부재의 힘에 관해서 푼다.

변위 u, v를 식 (4)에 대입하여 다음을 얻는다.

$$F_1 = 300u = -11.11\text{ kips}$$
$$F_2 = 192u + 144v + 24.00 = 13.89\text{ kips}$$
$$F_3 = 400v = -8.33\text{ kips}$$

$$\left.\begin{aligned} F_1 &= 11.11\text{ kips}(\text{압축}) \\ F_2 &= 13.89\text{ kips}(\text{인장}) \\ F_3 &= 8.33\text{ kips}(\text{압축}) \end{aligned}\right\}$$

답 (b) (7)

풀이 검토 결과를 확인할 수 있는 한 가지 방법은 평형을 검사하는 것이다(반올림값이 아닌 계산상의 정확한 값을 사용한다).

$F_1 + 0.8F_2 = 0$ 인가? 그렇다.

$0.6F_2 + F_3 = 0$ 인가? 그렇다.

또한 각 부재의 힘은 예상한 대로 부호를 갖고 있음을 알 수 있다. 즉, 부재 (2)는 인장을 그리고 부재 (1), (3)은 압축을 받고 있다.

이 절에서 2개의 트러스 예제로부터 다음의 결론을 얻었다. 부재의 신장과 '자유단' 그림 3.24에서의 직각좌표계상의 변위성분과의 기하학적 관계를 통해서 3.4절부터 3.9절까지 사용한 것과 같은 방법으로 각 부재의 한쪽 끝이 '접지'되어 있는 평면트러스 문제를 풀 수 있다.

*3.11 비탄성 축방향 변형

지금까지의 축방향 변형을 해석하며 선형탄성의 경우만 다루었다. 그러나 응력이 비례한도를 넘는 변형 가능한 물체의 비탄성거동을 공부하는 것도 중요하다. 구조물이나 기계를 잘 설계하면 한두 군데에서 응력이 비례한도까지 가거나, 항복응력에 도달하더라도 완전한 파손을 일으키지 않는다. 이는 뒤에 설명할 탄소성 해석에서 알 수 있듯이 부정정 구조물에 대해서도 그렇다. 현재의 설계지침들은 구조물이나 기계의 하나의 부재나 부품의 첫 번째 항복하는 것을 반드시 파손으로 간주하지 않는다는 것을 대부분 인정하고 있다.

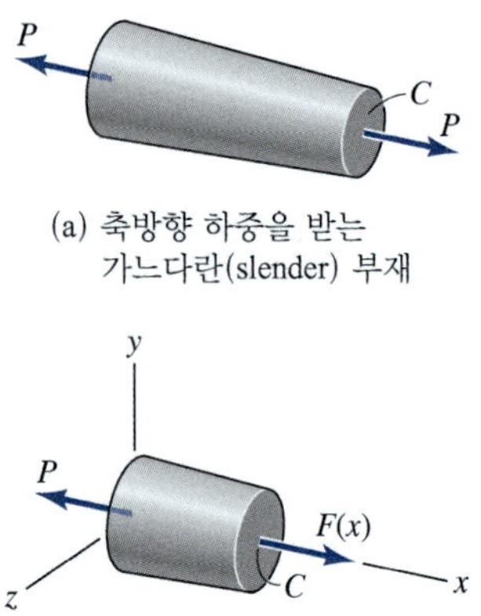

(a) 축방향 하중을 받는 가느다란(slender) 부재

(b) 부재의 일부분에 대한 자유물체도

그림 3.25 축방향 변형하의 요소

기초방정식 변형체역학의 세 가지 기본개념(평형(equilibrium), 기하학적 변형(geometry of deformation), 재료 거동(material behavior)) 중에서 **오직 재료 거동만이 이제까지의 선형탄성 거동에서와 다르다.** 그림 3.25a의 축방향으로 하중을 받고 있는 물체를 생각해 보자. 재료가 균질(물성치가 모든 부위에서 같음)이며 재료 내의 응력이 재료의 비례한도를 넘을 수 있다고 가정하자.

기하학적 변형: 선형탄성에서와 마찬가지로 비탄성 축방향 변형에 있어서도 부재의 축은 일직선으로 남아 있고 평면단면은 계속 평면인 채로 있다고 가정한다. 그러므로 식 3.1은 계속 유효하고 변형률은 단면에서의 위치와 무관하다. 그리고 축방향 변형에 대해서 변형률-변위식(strain-displacement equation)은 다음과 같다.

$$\epsilon = \frac{du}{dx} \qquad (3.1)\ \text{반복}$$

식 3.1을 적분하여, 즉 길이 dx의 미소요소의 신장을 더하여 축방향-변형 부재의 신장을 알 수 있다.

$$e = u(L) - u(0) = \int_0^L \epsilon(x)dx \qquad (3.2,\ 3.3)\ \text{반복}$$

평형: 신장변형률은 x방향으로 변하지만 단면에서는 상수이다. 재료가 균일하다고 가정하면 응력 또한 단면에서 상수이다. 그러므로 식 3.7은 다음과 같다.

$$\begin{aligned} F &= \int_A \sigma dA = \sigma A \\ M_y &= \int_A z\sigma dA = \bar{z}\sigma A = \bar{z}F = 0 \qquad (3.7)\ \text{반복} \\ M_z &= -\int_A y\sigma dA = -\bar{y}\sigma A = -\bar{y}F = 0 \end{aligned}$$

그러므로 축방향 변형은 힘 $F(x)$가 부재의 단면의 도심을 통해서 작용할 때 나타난다. 이 상황이 그림 3.25에 나와 있다. 축방향 응력은 균일한 선형 탄성 축-변형 부재의 경우와 같이 (내부의) 축방향 힘 $F(x)$에 다음과 같은 관계를 갖는다.

$$\sigma = \frac{F(x)}{A(x)} \qquad (3.30)$$

재료 거동: 그림 3.26은 비례한도 σ_{PL}를 지나서 비탄성거동을 보이는 전형적인 응력-변형률 선도들을 나타내고 있다. 그림 3.26a는 알루미늄과 같은 금속의 전형적인 모습이다. 그림 3.26b는 연강 같은 금속을 명확한 항복점을 갖는 것으로 이상화한 모습이다. 그림 3.26c는 항복 후에 변형률 경화를 보이는 금속을 이상화시킨 것이다. 그림 3.26의 각 경우에 재료는 비례한도까지 선형탄성이다(즉 후크(Hooke)의

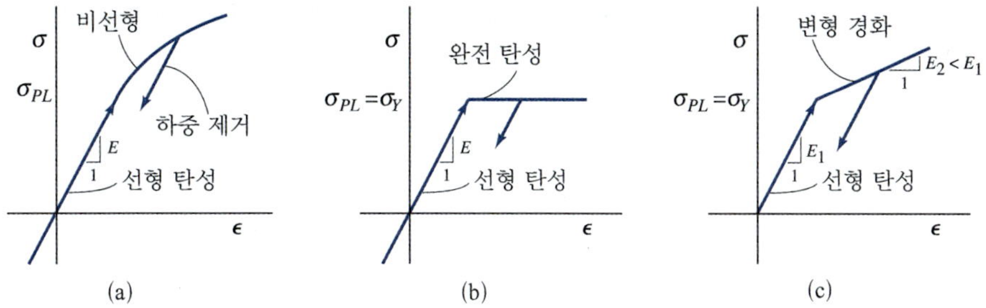

그림 3.26 비선형 응력-변형률 거동의 세 가지 형태

법칙을 만족시킴). 그리고 선도상에 항복점을 지난 지점에서 하중을 제거할 때 언제나 그 과정은 그림 3.24처럼 σ 대 ϵ선도의 선형탄성부분에 평행한 경로를 따른다.

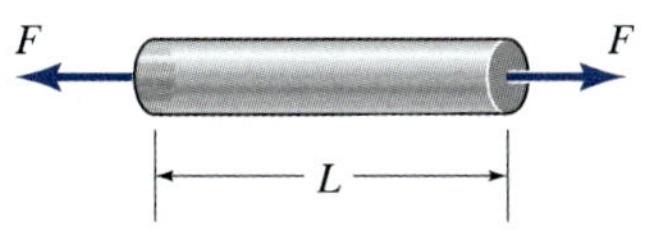

그림 3.27 축방향 하중을 받는 봉

양 끝에 하중을 받는 균일한 부재 부재가 봉형이고 양 끝에 축방향 힘만 받는다면(그림 3.27) 다음의 관계가 성립된다.

$$\sigma = \frac{F}{A} = \text{일정}$$
$$e = \epsilon(\sigma)L \tag{3.31}$$

부정정 구조물의 탄소성 해석 탄소성 축방향 변형의 중요한 예는 그림 3.26b에서처럼 **탄성 완전소성(elastic, perfectly plastic)** 거동을 보이는 부재로 이루어진 부정정 시스템의 거동이다. 그림 3.28a의 부정정 부재시스템을 생각해 보자. 두 부재가 모두 그림 3.28b처럼 탄성 완전소성 거동을 보이는 응력-변형률 선도를 갖는 재료로 이루어져 있다(압축항복 응력은 인장항복 응력, σ_Y과 같은 크기를 갖고 있다고 가정한다). 여기서 그림 3.28a의 B점에서의 힘 P와 변위 u의 하중변위 선도를 결정하고자 한다.

평형과 기하학적 변형을 이전의 선형탄성 축방향 변형과 똑같이 다룬다.

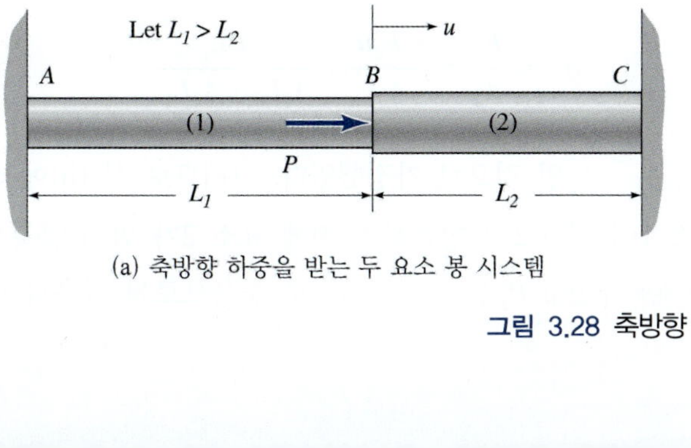

(a) 축방향 하중을 받는 두 요소 봉 시스템

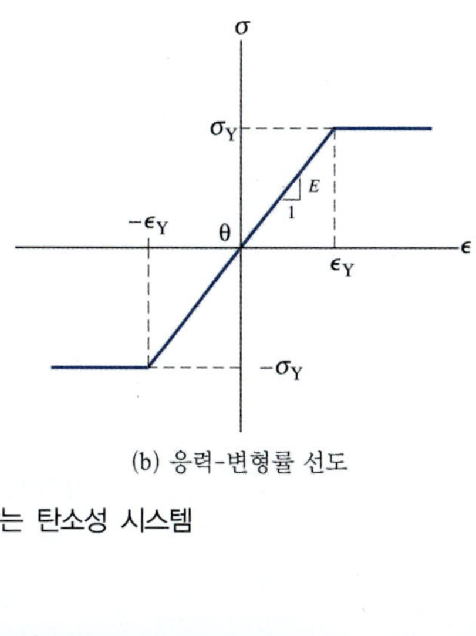

(b) 응력-변형률 선도

그림 3.28 축방향 하중을 받는 탄소성 시스템

평형: B점에서의 자유물체도로부터 다음을 얻는다.

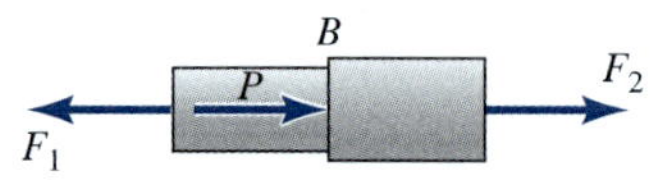

$$F_1 - F_2 = P \quad \textbf{평형방정식} \tag{3.32}$$

기하학적 변형: 그림 3.28a를 보면 B점이 오른쪽으로 u만큼 이동하면 부재 1은 u만큼 늘어나고 부재 2는 u만큼 압축됨을 알 수 있다. 그러므로 변형적합성으로부터 다음과 같다.

$$e_1 = u, \quad e_2 = -u \quad \textbf{기하학적 적합성} \tag{3.33}$$

재료 거동: 하중 P가 증가함에 따라 나타나는 선형과 비선형 재료 거동을 살펴보자. 세 가지 경우가 있다. 즉, 경우 1, 두 요소가 모두 선형탄성, 경우 2, 한 요소는 항복했지만 다른 요소는 선형탄성, 경우 3, 두 요소가 모두 항복한 경우 등이다.

경우 1-두 요소가 모두 선형탄성. 3.3절의 식 3.15로부터 다음의 관계가 성립한다.

$$F_i = k_i e_i = \left(\frac{A_i E_i}{L_i}\right) e_i \quad \textbf{재료 거동-경우 1} \tag{3.34}$$

식 3.32에서 3.34까지를 변위법(Displacement-Method)과 같은 방법으로 다음을 얻는다.

$$(k_1 + k_2)u = P \rightarrow \boxed{u = \frac{P}{\left(\frac{AE}{L}\right)_1 + \left(\frac{AE}{L}\right)_2}} \tag{a}$$

요소의 응력은 다음과 같다.

$$\begin{aligned} \sigma_1 &= \frac{F_1}{A_1} = \frac{k_1 u}{A_1} = \frac{PL_2}{A_1 L_2 + A_2 L_1} \\ \sigma_2 &= \frac{F_2}{A_2} = \frac{-k_2 u}{A_2} = \frac{-PL_1}{A_1 L_2 + A_2 L_1} \end{aligned} \tag{b}$$

그림 3.28a에서 $L_1 > L_2$인 것으로 가정했었다. 그러므로 식 (b)에서 $|\sigma_2| > |\sigma_1|$이다. 그래서 요소 1이 인장으로 항복하기 전에 요소 2가 먼저 압축으로 항복한다. 따라서 항복하중(yield load) P_Y는 $\sigma_2 = -\sigma_Y$로 놓음으로써 다음과 같이 결정된다.

$$P_Y = \sigma_Y \left(\frac{A_1 L_2 + A_2 L_1}{L_1} \right) \quad \textbf{항복하중} \qquad (3.35)$$

식 (b)의 두 번째를 사용하여 다음의 관계도 얻는다.

$$u_Y = \frac{\sigma_Y L_2}{E} \qquad (c)$$

경우 2-하나의 요소가 항복한 경우. 요소 2가 먼저 항복하므로 이 경우에 요소 2의 하중-변위식은 일정 항복응력($-\sigma_Y$)을 반영하도록 고쳐야 한다. 그러나 요소 1은 아직 선형탄성이다. 그러므로 경우 2의 재료 거동은 다음 식으로 나타난다.

$$F_1 = k_1 e_1 \qquad F_2 = -\sigma_Y A_2 \quad \textbf{재료 거동-경우 2} \qquad (3.36)$$

식 3.32(평형)와 식 3.33(기하학적 적합성) 그리고 식 3.36(재료 거동)을 변위법으로 묶으면 다음을 얻는다.

$$k_1 u = P + F_2 = P - \sigma_Y A_2$$

또는

$$u = \frac{(P - \sigma_Y A_2) L_1}{A_1 E} \qquad (d)$$

이 단계는 하중이 $P = P_Y$에서 요소 1도 항복하는 소성하중(plastic load) $P = P_P$까지의 과정이다. 그림 3.29의 두 직선부분 (1)과 (2)가 각각 식 (a)와 식 (d)에 대응된다.

경우 3-두 요소가 모두 항복한 경우. 이때 재료 거동식은 (식 3.34와 식 3.36을 대신하여) 다음과 같다.

$$F_1 = \sigma_Y A_1 \qquad F_2 = -\sigma_Y A_2 \quad \textbf{재료 거동-경우 3} \qquad (3.37)$$

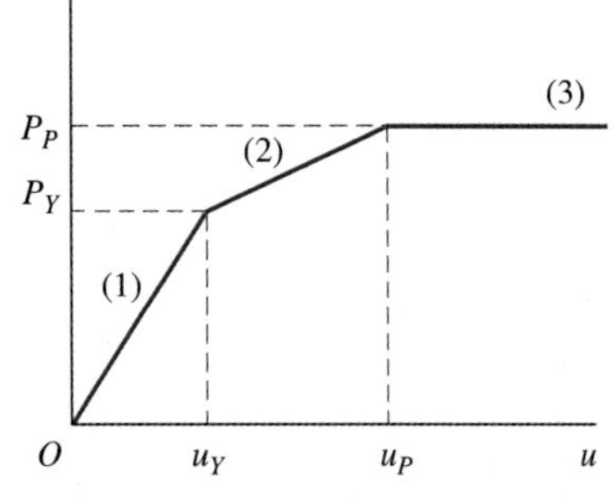

그림 3.29 탄소성 축방향 변형에 대한 하중-변위 선도

이 식을 평형방정식인 식 3.32와 합쳐서 소성하중(plastic load) P_P를 얻는다.

$$P_P = \sigma_Y (A_1 + A_2) \qquad \textbf{소성하중} \tag{3.38}$$

이 소성하중은 요소 1이 항복할 때 도달하므로 요소 1의 변형률을 σ_Y/E에 연결시켜 다음을 얻는다.

$$\epsilon_{1P} = \frac{u_P}{L_1} = \frac{\sigma_Y}{E} \tag{e}$$

또는

$$u_P = \frac{\sigma_Y L_1}{E} \tag{f}$$

또한 다음의 관계가 성립되는 것에 유의하라.

$$\frac{P_P}{P_Y} = \frac{A_1L_1 + A_2L_1}{A_1L_2 + A_2L_1}, \quad \frac{u_P}{u_P} = \frac{L_1}{L_2} \tag{g, h}$$

이상의 탄소성 해석은 그림 3.29의 하중-변위 선도로 요약할 수 있으며 그림에 각 경우의 적용범위가 나와 있다.

예제 3.22

2개의 지지부재의 $E = 30(10^3)$ ksi이고 $\sigma_Y = 36$ ksi이며 그림 3.28b와 같은 응력-변형률 선도를 따르는 구조용 강으로 되어 있다(그림 1 참고).

(a) 하중 P와 D점에서의 수직변위에 대한 하중-변위 선도를 그리시오. '강체' 보 AD의 회전이 아주 작다고 가정한다.

(b) 처음 항복과 완전소성에 대한 안전계수가 각각 $FS_Y = 2.0$, $FS_P = 2.5$일 때

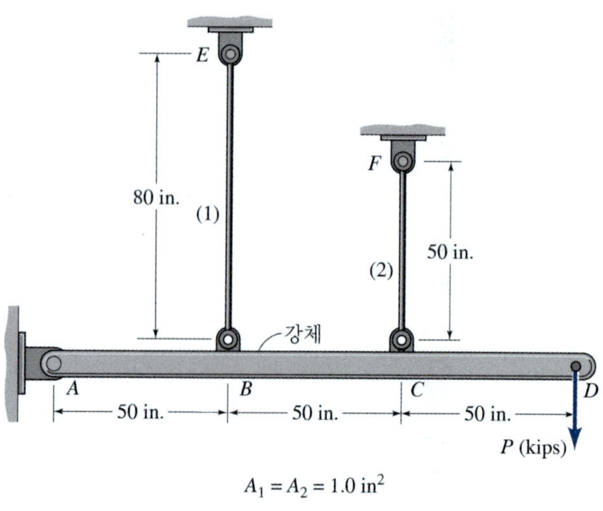

그림 1

(식 2.26 참고) 허용하중을 결정하시오.

풀이 계획 평형 분석 및 변형 기하학적 분석은 예제 3.8에서와 동일하다. 탄소성 해석에 대한 앞의 설명처럼 재료 거동에는 세 가지 경우가 있다. (1) 두 부재가 모두 탄성인 경우, (2) 한 부재가 항복, (3) 두 부재가 모두 항복. 하중-변위 선도는 그림 3.29와 흡사할 것이다. 허용하중은 식 2.26에 정의된 안전계수를 운용하여 결정된 두 하중 $(P_{\text{allow}})_Y$와 $(P_{\text{allow}})_P$ 중 작은 것을 취한다.

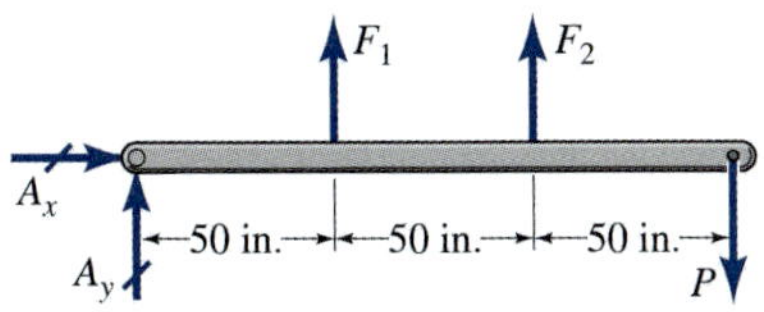

그림 2 자유물체도

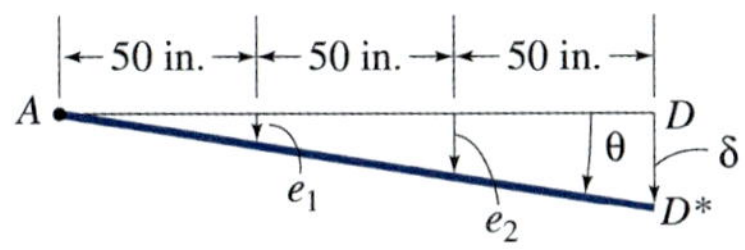

그림 3 변형 선도

풀이 (a) 하중 P와 D점에서의 수직변위에 대한 하중-변위 선도를 작성.
평형: 그림 2에 자유물체도가 그려져 있다. 평형방정식은 다음과 같다.

$$\left(\sum M\right)_A = 0: \qquad F_1 + 2F_2 = 3P \quad \textbf{평형방정식} \tag{1}$$

기하학적 변형: 그림 3에 변형 선도를 다시 나타냈다. 강체 보 AD의 회전이 작을 기하학적 적합방정식은 다음과 같다.

$$e_1 = \frac{1}{3}\delta, \qquad e_2 = \frac{2}{3}\delta \quad \textbf{기하학적 적합성} \tag{2}$$

여기서 δ는 D점에서의 수직변위이다.

재료 거동: 세 가지 경우를 고려할 필요가 있다. 즉, 경우 1, 두 부재가 모두 선형탄성, 경우 2, 한 부재가 항복한 경우, 경우 3, 두 부재가 모두 항복한 경우 등이다.

경우 1-두 부재가 모두 선형탄성인 경우. 식 3.15로부터 다음의 결과를 얻었다.

$$k_1 = \left(\frac{AE}{L}\right)_1 = 375\,\frac{\text{kips}}{\text{in.}}, \quad k_2 = \left(\frac{AE}{L}\right)_2 = 600\,\frac{\text{kips}}{\text{in.}}$$

$$F_1 = k_1 e_1 = 375 e_1, \qquad F_2 = k_2 e_2 = 600 e_2 \quad \textbf{재료 거동-경우 1} \tag{3}$$

식 (1)부터 식 (3)까지를 이용해 다음의 하중-변위 식을 얻는다.

$$\delta = \frac{3}{925}P, \quad P = \frac{925}{3}\delta \qquad \textbf{답 (a)} \tag{4}$$

식 (2)부터 식 (4)를 연합하여 각 부재의 응력을 구하면 다음과 같다.

$$\sigma_1 = \frac{F_1}{A_1} = \frac{15}{37}P, \quad \sigma_2 = \frac{F_2}{A_2} = \frac{48}{37}P \tag{5}$$

$\sigma_2 > \sigma_1$이므로 부재 2가 부재 1보다 먼저 항복할 것이다. 그러므로 항복하중 P_Y는 식 (5b)에서 $\sigma_2 = \sigma_Y = 36\text{ ksi}$라고 놓음으로써 구하면 다음과 같다.

$$P_Y = 27.8 \text{ kips}$$ **답 (a)** (6)

처음 항복이 일어났을 때의 변위는 식 (6)을 식 (4a)에 대입하여 다음과 같이 얻어진다.

$$\delta_Y = \frac{3}{925}(27.8) = 0.090 \text{ in.}$$ **답 (a)** (7)

하중이 P_Y까지의 하중-변위 공식은 식 (4)로 주어진다.

경우 2-한 부재는 항복, 다른 부재는 선형탄성인 경우. 부재 2가 항복한 후 막대 1도 항복할 때까지 각 막대에 대한 재료 거동 식은 다음과 같다.

$$F_1 = 375 e_1 \text{ kips}$$
$$F_2 = \sigma_Y A_2 = 36 \text{ kips}$$ **재료 거동-경우 2** (8)

식 (1)(평형방정식), 식 (2a)(e_1에 관한 식) 그리고 식 (8)(하중-변형 식)을 연합하여 다음의 관계를 얻는다.

$$375\left(\frac{1}{3}\delta\right) + 2(36) = 3P$$

또는

$$P = \left(\frac{125}{3}\delta + 24\right) \text{ kips}$$ **답 (a)** (9)

이 식은 하중 P_Y에서 막대 1이 항복하는 하중 P_P 사이의 하중-변위 거동을 나타낸다.

경우 3-두 부재가 모두 항복한 경우. 부재 (1)도 항복했으므로 재료 거동 식은 다음과 같다.

$$F_1 = \sigma_Y A_1 = 36 \text{ kips}$$
$$F_2 = \sigma_Y A_2 = 36 \text{ kips}$$ **재료 거동-경우 3** (10)

여기서 각 부재에 걸리는 힘을 평형식인, 식 1에 대입하면 소성하중 P_P을 얻는다.

$$P_P = \frac{F_1 + 2F_2}{3} = \frac{36 + 2(36)}{3}$$

또는

$$P_P = 36 \text{ kips}$$ **답 (a)** (11)

이때의 변위 δ_P는 식 (11)을 식 (9)에 대입하여 얻어진다.

$$\delta_P = \frac{3}{125}(12) = 0.288 \text{ in.}$$ **답 (a)** (12)

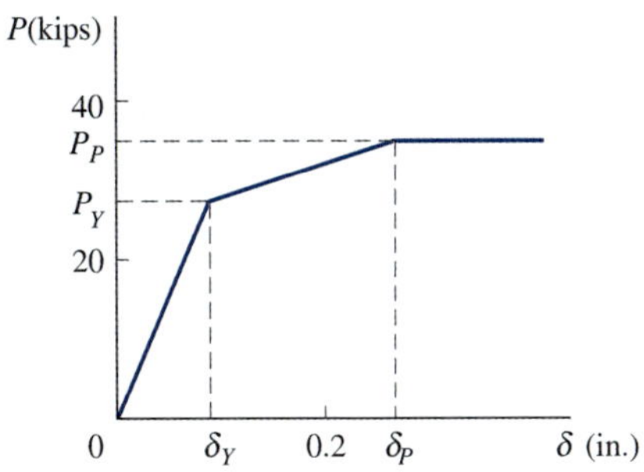

그림 4 하중-변위 선도

식 (4), (6), (7), (9), (11), (12)를 이용하여 하중-변위 선도(그림 4)를 그릴 수 있다.

(b) 허용하중을 구하여라. 첫 번째 항복을 기준으로 허용하중은 다음과 같다.

$$(P_{\text{allow}})_Y = \frac{P_Y}{FS_Y} \tag{13a}$$

$$(P_{\text{allow}})_Y = \frac{27.75 \text{ kips}}{2.0} = 13.875 \text{ kips} \tag{13b}$$

완전-소성 하중을 기준으로 허용하중은 다음과 같다.

$$(P_{\text{allow}})_P = \frac{P_P}{FS_P} \tag{14a}$$

그러므로

$$(P_{\text{allow}})_P = \frac{36 \text{ kips}}{2.5} = 14.40 \text{ kips} \tag{14b}$$

여기서는 첫 번째 항복을 기준으로 허용하중을 결정한다. 그러므로

$$P_{\text{allow}} = 13.88 \text{ kips} \qquad \textbf{답 (b)} \tag{15}$$

풀이 검토 앞의 해석에서 중요한 결과는 하중-변위 선도에서 '꺾이는 점', $(P_Y,\ \delta_Y)$, $(P_P,\ \delta_P)$이다. 첫 번째 $\delta_Y = 0.090$ in.인 경우부터 살펴보자. 적합 방정식인, 식 (2)를 그림 3에 의해 확인해 보면 다음의 결과를 얻는다.

$$e_{1Y} = 0.030 \text{ in.}, \quad e_{2Y} = 0.060 \text{ in.}$$

변형률 $\epsilon_{2Y} = e_{2Y}/L_2 = 0.0012$는 항복변형률 σ_Y/E와 같다. 그러므로 위의 신장은 맞다. 식 (3)을 써서 부재의 힘을 구하면 $F_{1Y} = 11.25$ kips이고 $F_{2Y} = 36$ kips이다. 이 힘을 평형식인 식 (1)에 대입해 보면 $P_Y = 27.75$ kips를 역시 얻게 되므로 앞서 구한 해는 정확하다.

잔류응력 그림 3.30의 응력-변형률 선도를 갖는 탄소성 재료로 만들어진 축방향 변형을 받는 요소로 이루어진 구조물에서 항복이 일어난 후 하중을 제거하는 경우 어떤 일이 일어나는지 살펴보도록 하자.

정정의 경우: 변형률 ϵ_B까지 늘어난 하나의 축방향-변형 요소를 생각해 보자. 하중을 제거할 때 이 요소는 직선 BD를 따라서 C점까지 선형탄성적으로 회복하고 그 점에서 잔류변형률 또는 영구변형을 갖게 되는데 이는 그림 3.30에서 다음과 같다.

$$\epsilon_{PS} = \epsilon_B - \epsilon_Y$$

그렇지만 잔류응력은 없다. 이는 요소가 정정이므로 하중이 완전히 제거될 수 있기

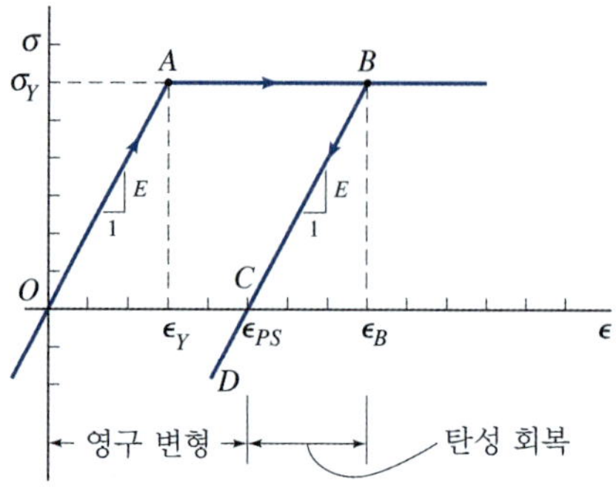

그림 3.30 탄소성 요소에 하중을 가하고 제하하는 경우의 경로

때문이다. 같은 상황이 정정인 2개 이상의 요소로 된 구조물에도 나타난다. 영구변형은 남지만 잔류응력은 없다.

부정정의 경우: 축방향-변형 요소의 구조물이 부정정인 경우 외력을 제거한 후에 스스로 평형을 유지하려는 내력이 있을 수 있다. 이때 각 요소에 걸리는 응력을 **잔류응력(residual stresses)**이라 하는데 이는 이 응력이 이전의 하중으로 생겨났고 하중을 제거해도 사라지지 않기 때문이다. 다음 예제는 탄소성 재료거동으로부터 잔류응력이 어떻게 되는지 보여준다.

예제 3.23

그림 3.28에서와 같은 특별한 부정정 시스템을 살펴보자. 특별한 경우가 그림 1a에 나타나 있다. 하중 P를 $\epsilon_2 = -1.5\epsilon_Y$까지 증가시키고 다시 제거한다면 두 요소의 잔류응력은 얼마인가? 영구변형은 얼마인가? 여기서 $A_1 = A_2 = A$이고 $L_1 = 2L_2 = 2L$이다. 그리고 두 요소가 그림 1b와 같은 탄소성 재료로 이루어져 있다.

풀이 계획 먼저 하중을 가하는 단계와 하중을 제거하는 단계로 나눌 수 있다. 하중을 증가하는 단계의 해석은 3.11절의 앞부분에서 논의한 부정정 요소의 탄소성 해석을 그대로 이용할 수 있다. 하중을 제거하는 단계는 평형방정식에서 $P = 0$으로 놓고 하중제거 시의 $\sigma - \epsilon$ 선도를 나타내기 위해 선형탄성 재료거동을 이용해야 한다.

풀이

기하학적 변형: 변형을 먼저 살펴보자. 하중을 가할 때나 제거할 때나 똑같다.

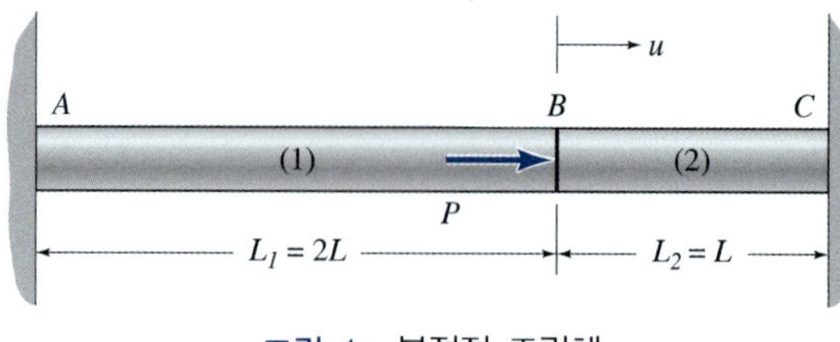

그림 1a 부정정 조립체

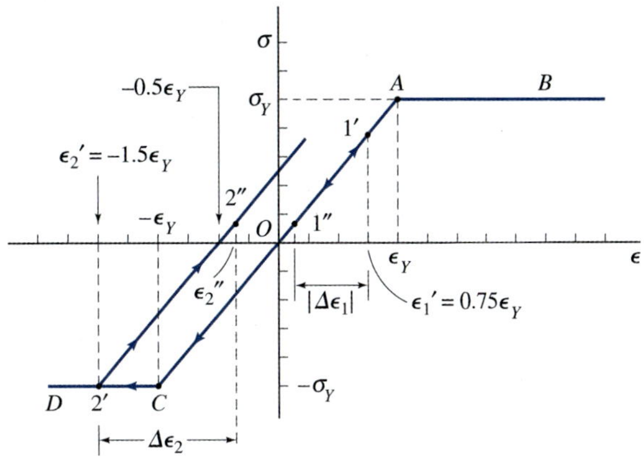

그림 1b 탄소성 재료 거동

각 요소의 신장은 B점의 변위와 다음과 같은 관계가 있다.

$$e_1 = u, \quad e_2 = -u \tag{1}$$

변형률은 각 요소에서 일정하므로 기하학적 적합방정식을 변형률을 이용해서 나타내면 다음과 같다.

$$\epsilon_1 = \frac{e_1}{2L} = \frac{u}{2L}, \quad \epsilon_2 = \frac{e_2}{L} = \frac{-u}{L} \tag{2}$$

기하학적 적합성

여기서는 응력-변형률 선도상에서 하중을 가하고 제거할 때의 경로를 상세히 살펴야 하므로 식 (1)보다 이 변형률 식이 더 편리하다.

평형: B점의 평형(그림 2)으로부터

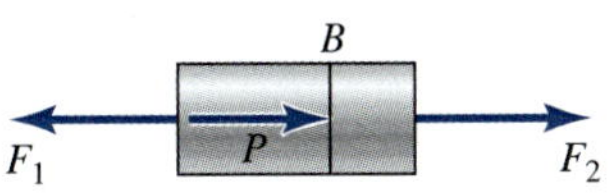

그림 2 자유물체도

$$F_1 - F_2 = P \tag{3}$$

평형방정식

(하중을 제거하면 $P = 0$)

하중을 가하는 단계: 그림 1b의 하중을 가할 때나 제거할 때의 변형률 경로를 잘 따라야 한다. 하중 P가 변형률 $\epsilon_2' = -1.5\epsilon_Y$일 때까지 증가한다. 요소 2에서 이는 그림 1b의 경로 $O \rightarrow C \rightarrow 2'$에 해당한다. 이 정보와 식 (2b)을 합쳐 다음 결과를 얻는다.

$$\epsilon_2' = -1.5\epsilon_Y = \frac{-u'}{L} \tag{4}$$

여기서 프라임(′)을 붙인 것은 하중이 요소 2에 문제에서 주어진 변형률이 생길 때까지 증가했을 때의 양을 나타낸다. 그림 1b의 $2'$점이 요소 2의 상태를 나타낸다. 식 (4)로부터

$$u' = 1.5\epsilon_Y L \tag{5}$$

식 (2a)와 식 (5)로부터

$$\epsilon_1{}' = \frac{-1.5\epsilon_Y L}{2L} = 0.75\epsilon_Y \tag{6}$$

그러므로 요소 1은 아직 탄성이며 그림 1b에서 1′점으로 나타난다.

재료 거동-하중을 가하는 단계: $|\epsilon'_2| > \epsilon_Y$, $|\epsilon'_1| < \epsilon_Y$이므로 적절한 재료 거동 식은 앞서의 탄소성 해석에서 경우 2에 의해 다음과 같다.

$$\begin{aligned} F_1 &= A\sigma_1 = AE\epsilon_1 \\ F_2 &= A\sigma_2 = -\sigma_Y A \end{aligned} \quad \textbf{재료 거동-하중을 가할 때} \tag{7}$$

주어진 상태에 맞는(즉 $\epsilon'_2 = -1.5\epsilon_Y$인 상태) 하중 P'를 결정하기 위해 식 (7), (2a), (5)를 써서 각 요소의 힘을 얻는다.

$$\begin{aligned} F_1{}' &= \frac{AE}{2L}(1.5\epsilon_Y L) = 0.75\sigma_Y A \\ F_2{}' &= -\sigma_Y A \end{aligned} \tag{8}$$

이를 평형방정식인 식 (3)에 대입하여 외력 P'를 얻는다.

$$P' = 1.75\sigma_Y A \tag{9}$$

이때의 B점의 변위는 식 (5)로부터 다음과 같다.

$$u' = 1.5\frac{\sigma_Y L}{E} \tag{10}$$

하중을 제거하는 단계: 하중을 제거하면 요소 1, 2는 각각 그림 1b에서 1″점과 2″점으로 이동한다. $P''=0$이므로 평형방정식 식 (3)은 다음과 같이 된다.

$$F_1{}'' - F_2{}'' = 0 \tag{11}$$

기하학적 변형은 식 (1)과 식 (2)만으로도 설명할 수 있다. 하지만 재료 거동식은 그림 1b의 하중을 제거할 때의 경로를 따라야 한다. 1″점은 응력-변형률 선도에서 원래의 선형탄성 부분 AC 상에 있다. 그러나 2″점은 변형률 축을 $\epsilon'_2 + \epsilon_Y = -0.5\epsilon_Y$인 점에서 교차하는 하중제거 경로 2′−2″를 따라서 있다. 그러므로 각각의 경로를 따라서

$$\begin{aligned} F_1 &= A\sigma_1 = AE\epsilon_1 \\ F_2 &= A\sigma_2 = AE(\epsilon_2 + 0.5\epsilon_Y) \end{aligned} \quad \textbf{재료 거동-제하 시} \tag{12}$$

식 (2)를 식 (12)에 대입하여 각 요소의 내력을 구하면

$$\begin{aligned} F_1 &= AE\left(\frac{u}{2L}\right) \\ F_2 &= AE\left(-\frac{u}{L} + \frac{\sigma_Y}{2E}\right) \end{aligned} \tag{13}$$

이 힘이 평형방정식 식 (11)을 만족할 때의 B점의 영구변형, u''는 다음과 같다.

$$u'' = \frac{1}{3}\frac{\sigma_Y L}{E} \qquad \textbf{답 (14)}$$

이때의 각 요소의 힘은

$$F_1'' = F_2'' = \frac{1}{6}\sigma_Y A \qquad (15)$$

그러므로 두 요소 간의 잔류응력(residual stress)은 다음과 같다.

$$\sigma_1'' = \sigma_2'' = \frac{1}{6}\sigma_Y \qquad \textbf{답 (16)}$$

풀이 검토 중요한 방정식은 기하학적 적합방정식인 식 (2)이다. 이 식에 의하면 어떤 변위증분 Δu에 대해서도 $\Delta\epsilon_1 = \Delta u/2L$이고 $\Delta\epsilon_2 = -\Delta u/L$임을 알 수 있다. 그러므로 그림 1b에서 $2'$점과 $1'$점을 쉽게 표시할 수 있다. 그때의 응력 $\sigma_1 = 3/4\sigma_Y$와 $\sigma_2 = -\sigma_Y$, 그리고 B점에서의 평형으로부터 식 (9)에 주어진 하중 P'가 맞음을 알 수 있다.

그리고 잔류응력을 결정하기 위해 우리가 알고 있는 $F''_1 = F''_2$이므로 따라서 $\sigma''_1 = \sigma''_2$이다. 또한 $\Delta\epsilon_1 = -\dfrac{1}{2}\Delta\epsilon_2$임을 안다. 그림 1에서 $1''$점과 $2''$점은 같은 응력을 갖고 있고 변형률 증분 $\Delta\epsilon_1 \equiv (\epsilon_{1''} - \epsilon_{1'})$과 $\Delta\epsilon_2 \equiv (\epsilon_{2''} - \epsilon_{2'})$이 이러한 변형률-증가식을 만족시킴을 볼 수 있다. 그러므로 잔류응력의 답은 식 (16)이고 적합하다.

위의 분석에서와 같이, 부정정 구조의 탄성-소성 하중증가 및 하중제거의 거동을 따르는 것은 분명히 쉬운 일이 아니다. 하지만, 평형, 변형 기하 구조 및 재료 거동의 역할을 개별적으로 고려함으로써 우리는 분석을 간단하고 다루기 쉽게 만들 수 있다.

3.12 연습문제

■ **축변형 – 비균질 단면**

문제 3.3-1. 예제 3.1의 그림 1에서 바이메탈 부재(bimetallic bar)는 길이 L을 가지고 있다. 예제 3.1의 결과를 이용하여 축방향 하중 P로 인한 바이메탈 부재의 총 신장량 e에 대한 식을 구하시오.

문제 3.3-2. 바이메탈 부재는 폭 b와 길이 L을 갖는 두 개의 균일한 직사각형 부재를 서로 결합하여 만들어진다. 부재들의 탄성계수는 각각 E_1과 E_2이다. 축방향 하중 P는 부재가 축방향 변형을 겪도록($y = y_p$, $z = 0$)에서 바이메탈 부재의 끝단에 가해진다. 여기서, $L = 1.5$ m, $b = 50$ mm, $t_1 = 25$ mm, $t_2 = 15$ mm, $E_1 = 70$ GPa, $E_2 = 210$ GPa 및 $P = 48$ kN이라고 가정하시오. (a) 각 재료의 수직응력 σ_1과 σ_2를 구하시오. (b) y_p의 값을 구하시오. (c) 부재의 총 신장량 e를 구하시오.

문제 3.3-3. 다음의 치수, 재료 탄성계수 및 하중 조건에 따라 문제 3.3-2를 해결하시오. $L = 20$ in., $b = 2$ in., $t_1 = 1.0$ in., $t_2 = 0.5$ in., $E_1 = 10 \times 10^3$ ksi, $E_2 = 30 \times 10^3$ ksi 및 $P = 15$ kips.

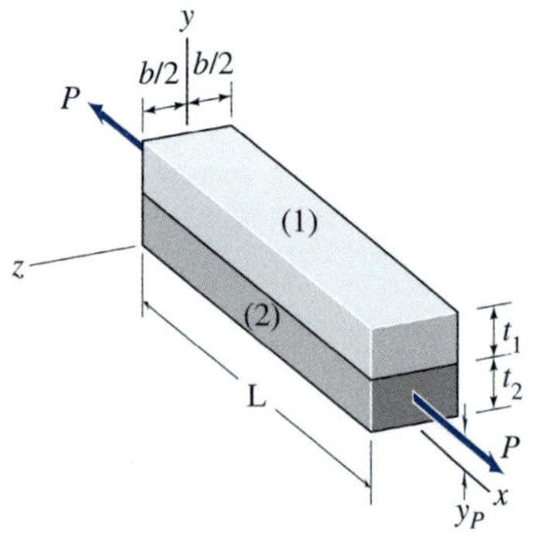

P3.3-2와 P3.3-3

문제 3.3-4. 강관(steel pipe, $E_1 = 200$ GPa)은 강성 알루미늄 합금봉(aluminum-alloy rod, $E_2 = 70$ GPa)을 둘러싸고 있으며, 끝단 강성 캡에 작용하는 200 kN의 압축력을 받는다. 이 바이메탈 압축 부재의 길이를 결정하고, 관과 봉에서의 수직응력을 구하시오.

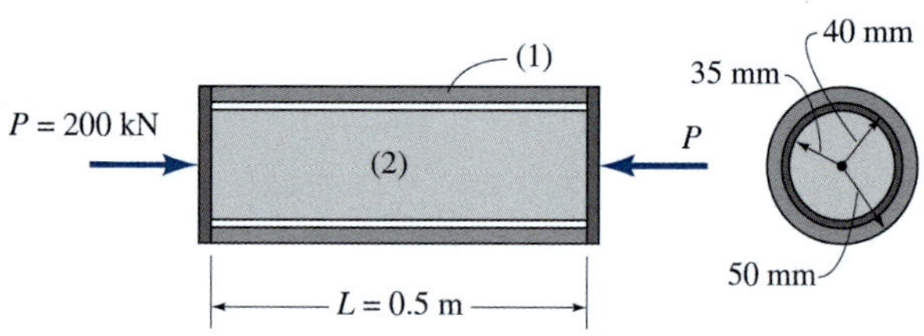

P3.3-4

문제 3.3-5. 강관을 콘크리트로 채우고 결과로 생긴 기둥에 압축 하중 $P = 80$ kips를 가한다. 관의 외부 지름은 12.75 in.이고 내부 지름은 12.00 in.이다. 강철과 콘크리트의 탄성계수는 각각 $E_s = 30 \times 10^3$ ksi와 $E_c = 3.6 \times 10^3$ ksi이다. (a) 이 하중으로 인한 강재와 콘크리트의 응력을 구하시오. (b) 만일 기둥의 초기 길이가 $L = 12$ ft인 경우, 하중이 가해질 때 기둥이 얼마나 짧아지는가? (푸아송비(Poisson' ratio) 효과로 인한 강재와 콘크리트의 반지름방향의 팽창은 무시하시오.)

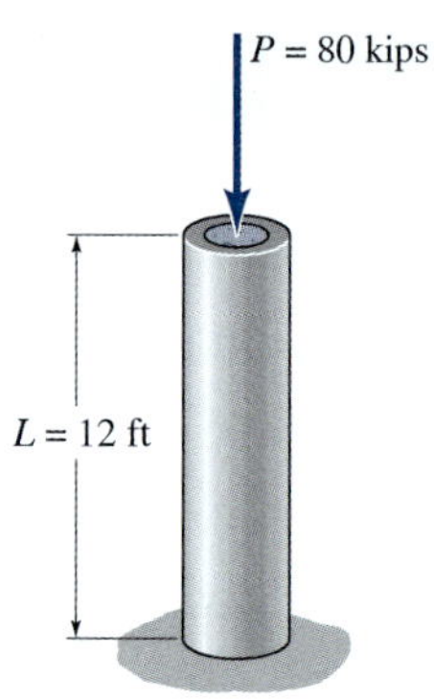

P3.3-5

■ 축변형 – 다양한 단면적

문제 3.3-6. 길이 L과 탄성계수 E인 균일한 봉은 지름 $d(x)$가 한쪽 끝이 d_0에서 다른쪽 끝인 $2d_0$까지 선형적으로 변하는 원뿔형 절두체(conical frustum)이다($d_0 \ll L$). 그림 P3.3-6과 같이, 축하중 P는 축방향으로 작용하고 있다. (a) 주단면적에 작용하는 응력분포 $\sigma(x)$에 대한 수식을 결정하시오. (b) 봉의 신장량에 대한 식을 결정하시오.

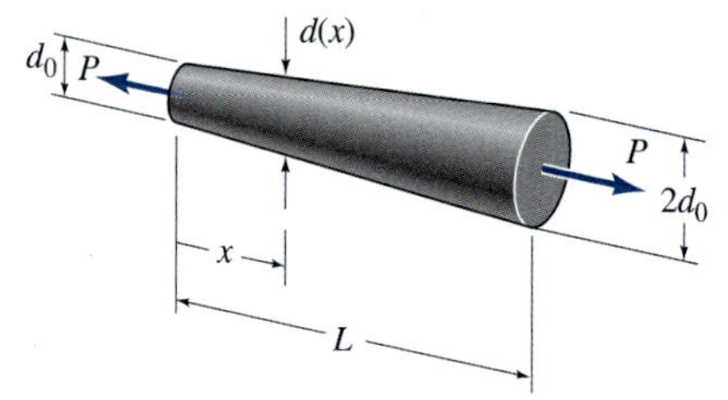

P3.3-6

문제 3.3-7. 직사각형 단면의 평면 부재는 일정한 두께 t와 나란하지 않은 길이 L이다. 부재의 폭은 한쪽 끝 b_1에서 다른 쪽 끝 b_2까지 선형적으로 변하고, 탄성계수는 E이다. (a) 그림 P3.3-7과 같이, 축방향 인장력 P를 받을 때, 부재의 신장량 e에 대한 공식을 유도하시오. (b) 다음의 경우에 대하여 신장량을 계산하시오. [$b_1 = 50$ mm, $b_2 = 100$ mm, $t = 25$ mm, $L = 2$ m, $P = 250$ kN, $E = 70$ GPa.]

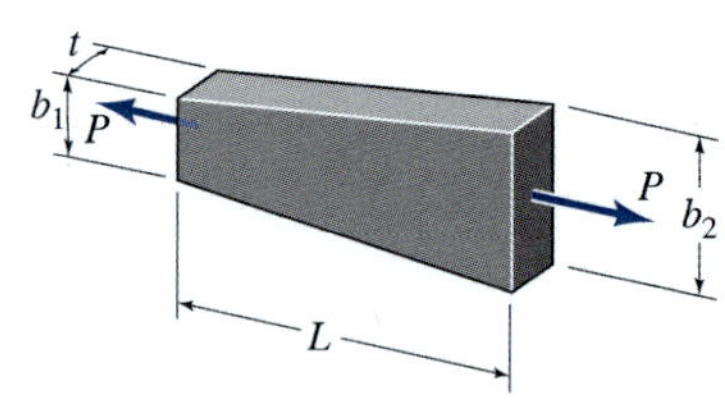

P3.3-7

문제 3.3-8. 그림 P3.3-8과 같이, 축하중 P가 한쪽 끝이 가늘어지는 봉(tapered rod)에 작용한다. 이 봉의 반지름은 아래의 식과 같은 관계로 주어진다. 여기서, $r_0 \equiv r(0)$이다.

$$r(x) = \left[\frac{r_0}{1 + (x/L)} \right]$$

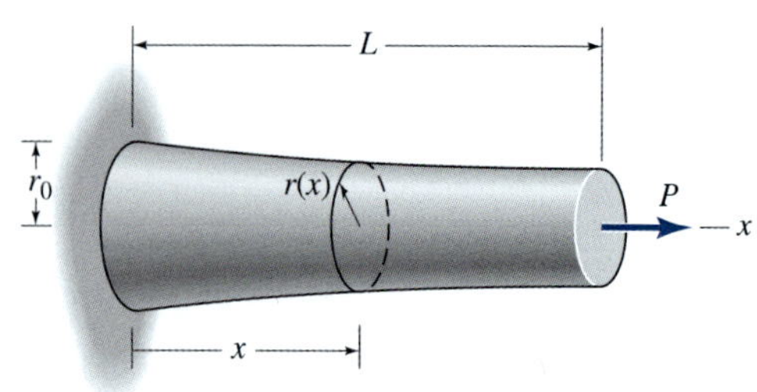

P3.3-8

(a) 변수들(P, L, r_0와 E)에 관하여 이 테이퍼 봉의 신장량에 대한 수식을 결정하시오. (b) $P=2$ kips, $L=100$ in., $r_0=20$ in.이고, 봉이 $E=10\times10^3$ ksi인 알루미늄 합금으로 만들어진 경우, 인치(inch) 단위로 신장량을 구하시오.

문제 3.3-9. 그림 P.3.3-9의 강성 테이퍼 돌 기둥은 높이가 20 ft이고, 상부에서는 한 변의 길이가 36 in.에서 하부에서는 48 in.로 선형적으로 변하는 정사각형의 단면을 가진다. 이 돌은 탄성계수 $E=4.0\times10^3$ ksi인 선형 탄성재료라고 가정하자. 압축력 $P=150$ kips 하에서의 이 기둥의 수축(shortening) 정도를 결정하시오. (돌의 무게는 무시하시오.)

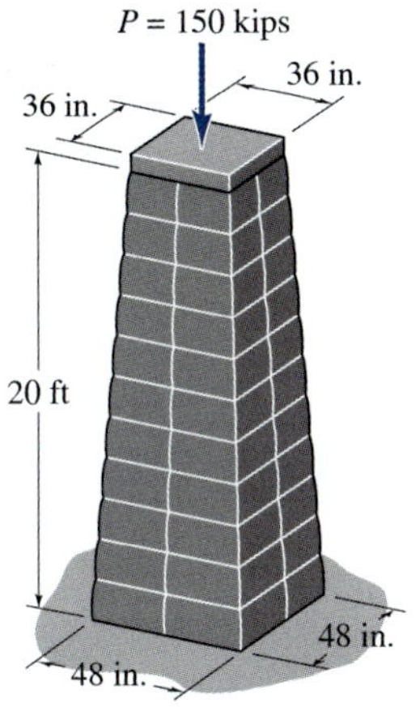

P3.3-9

■ 축변형-분포 축하중

문제 3.3-10. 길이 L과 단면적 A의 사각 부재는 탄성계수 E와 비중량 γ(단위 부피당 무게)를 갖는 물질로 이루어져 있다. (a) 이 사각 부재 자체의 무게(즉, $P=0$)에 의한 신장량을 결정하시오. (b) 이 부재가 원래의 길이로 돌아가는데 필요한 압축력 P를 결정하시오. γ, A, E와 L에 관하여 나타내시오.

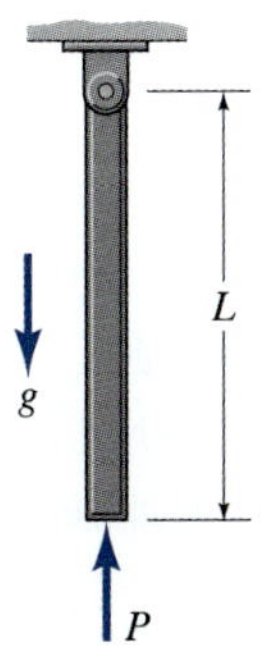

P3.3-10

문제 3.3-11. 지름 d와 길이 L의 균일한 원형 실린더는 탄성계수 E와 비중량 γ를 갖는 물질로 이루어져 있다. 그림 P3.3-11과 같이, 그것은 견고한 천장의 A지점에 매달려 있다. 식 3.12를 이용하여, A지점으로부터 거리 x만큼 떨어진 지점에서 단면적의(아랫쪽으로 향하는) 수직 변위에 대한 수식을 결정하시오.

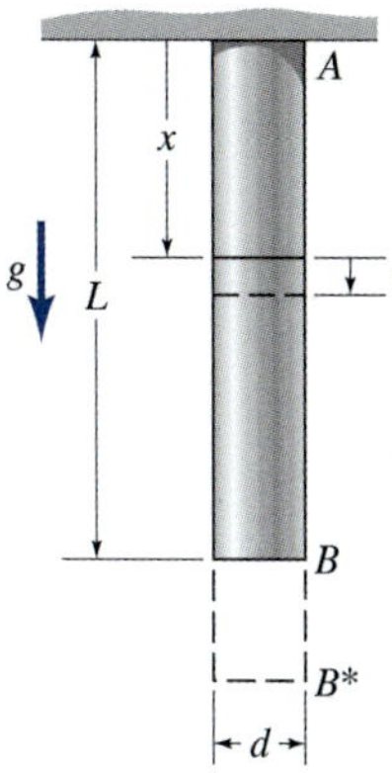

P3.3-11

문제 3.3-12. 그림 P3.3-12에서 원형 봉 AB의 불균일한 분포 축하중은 다음과 같은 수식으로 표현할 수 있는 길이방향으로 변형율을 야기한다. 여기서, c_1은 상수이다.

$$\epsilon(x)=c_1\left[1-\left(\frac{x}{L}\right)^2\right]$$

(a) 봉 AB의 전체 신장량에 대한 수식을 결정하시오. (b) 이 봉에서 최대 축응력 $\sigma_{max}=15.0$ ksi이고, 탄성계수 $E=10\times10^3$ ksi인 경우, 상수 c_1의 값은 무엇인가? (c_1의 적절한 단위를 정하시오.) (c) 이전의 결과들을 이용하여, 길이 $L=10$ ft인 경우, 봉 AB의 전체 신장량(e)을 구하시오.

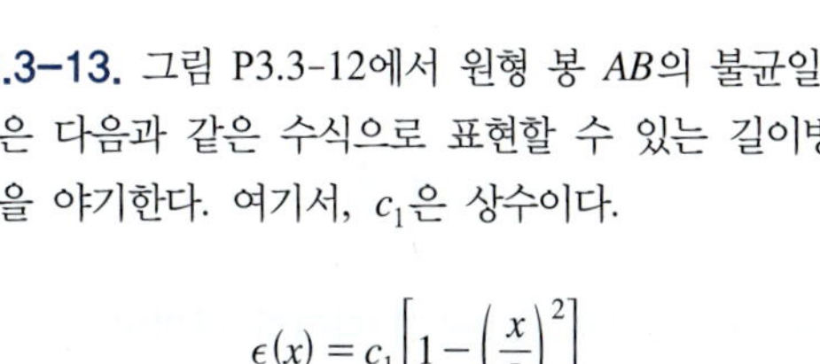

P3.3-12와 P3.3-13

문제 3.3-13. 그림 P3.3-12에서 원형 봉 AB의 불균일한 분포 축하중은 다음과 같은 수식으로 표현할 수 있는 길이방향으로 변형율을 야기한다. 여기서, c_1은 상수이다.

$$\epsilon(x)=c_1\left[1-\left(\frac{x}{L}\right)^2\right]$$

(a) 봉 AB의 전체 신장량에 대한 수식을 결정하시오. (b) 이 봉에서 최대 축하중 $F_{max}=10.0$ kN이고, 지름이 40 mm이며, 탄성계수 $E=70$ GPa인 경우, 상수 c_1의 값은 얼마인가? (c_1의 적절한 단위를 정하시오.) (c) 이전의 결과들을 이용하여, 길이 $L=4$ m인 경우, 봉 AB의 전체 신장량을 계산하시오.

문제 3.3-14. 지름 d와 길이 L의 균일한 원형 실린더는 탄성계수 E를 갖는 물질로 이루어져 있다. 그림 P3.3-14a와 같이, 견고한 벽의 A지점에 고정되어 있고 단위길이당 $p(x)$ 크기의 축방향 외부 분포하중을 받고 있다. 축응력 $\sigma_x(x)$은 그림 P3.3-14b와 같이 x에 대해 선형적으로 변한다. (a) 분포 하중 $p(x)$에 대한 수식을 결정하시오. (힌트: 구간 x에서 구간 $(x+\Delta x)$까지 막대의 자유물체도를 그리시오.) (b) 식 3.12를 이용하여, 끝점 A로부터 거리 x지점에서 단면의 축변위 $u(x)$에 대한 수식을 구하시오.

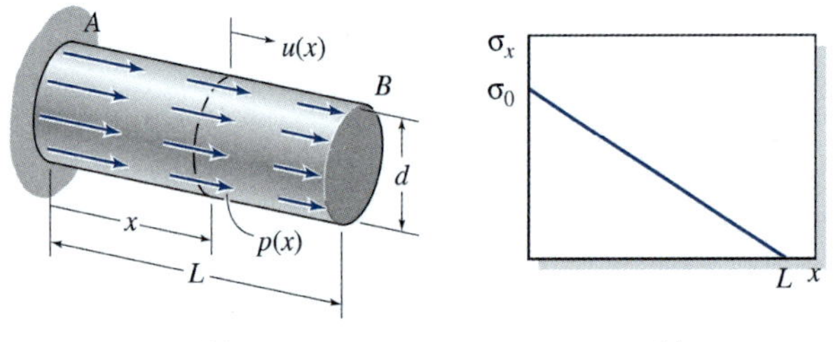

P3.3-14

문제 3.3-15. 비행기 날개의 보강재(stiffeners)는 분포하중을 받는 균일한 봉으로 분석될 수 있다. 아래에 제시한 보강재는 0.60 in^{2}의 단면적을 갖고 알루미늄($E_a = 10 \times 10^6$ psi)으로 구성된다. 끝점 A에서 보강재에 작용하는 응력 $\sigma_A = 5{,}000$ psi이고, 40 lb/in.의 균일한 분포하중이 A점에서 B점까지 20 in. 길이에 걸쳐 보강재의 양쪽에 작용한다면, 원래의 길이가 20 in.인 보강재의 AB면의 신장량(e)을 구하시오.

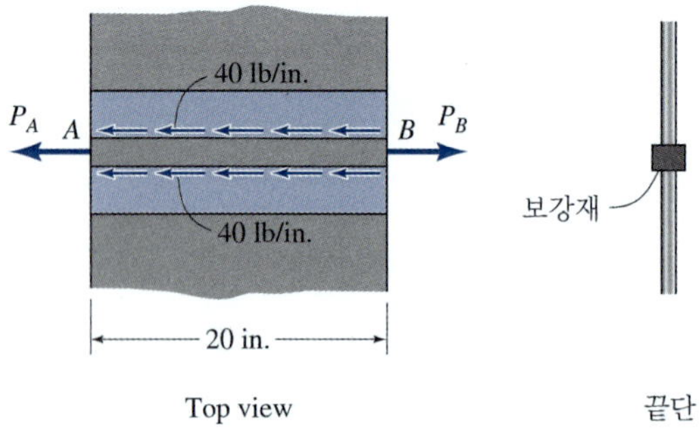

P3.3-15

■ 축방향 변형 – 분포 축하중과 다양한 단면적

문제 3.3-16. 그림 P3.3-16의 사다리꼴 평면 부재는 윗쪽에 매달려 있고 오직 자신의 무게에 의해 하중을 받고 있다. 부재의 두께는 일정하고, 폭은 아랫쪽 폭 b_0에서 윗쪽 폭 $2b_0$까지 선형적으로 변한다. 물질의 체적밀도는 γ이다. 다음의 경우에 대하여, 부재의 아랫쪽과 윗쪽 사이의 중간 단면적에 작용하는 수직 응력(stress)을 계산하시오: $b_0 = 10$ in., $L = 20$ ft, $\gamma = 0.284$ lb/in^3.

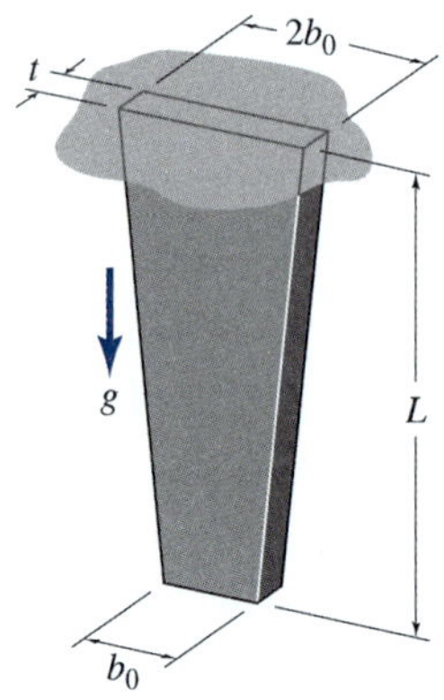

P3.3-16과 P3.3-17

***문제 3.3-17.** (a) 그림 P3.3-16과 같이, 부재의 나란하지 않은 길이는 L이고 탄성계수는 E일 때, 부재의 신장량에 대한 공식을 유도하시오. (b) 다음의 경우에 대하여, 사각부재의 신장량(e)을 구하시오: $b_0 = 25$ mm, $L = 10$ m, $E = 200$ GPa, $\gamma = 77$ kN/m^3.

■ 부분 축 – 정정 MDS 3.1

문제 3.4-1. 그림 P3.4-1에서 두 부분의 강봉은 길이의 절반부분에 걸쳐 지름 $d_1 = 15$ mm와 다른 절반에 걸쳐 지름 $d_2 = 10$ mm의 원형 단면적을 가진다. 강의 탄성계수 $E = 200$ GPa이다. (a) 인장력 $P = 20$ kN 하에서 강은 얼마나 늘어나는가? (b) 같은 부피의 물질로 일정한 지름과 같은 길이(2 m)의 봉으로 만들어진다면, 같은 하중 P 하에서 이 봉의 신장량(e)은 얼마인가?

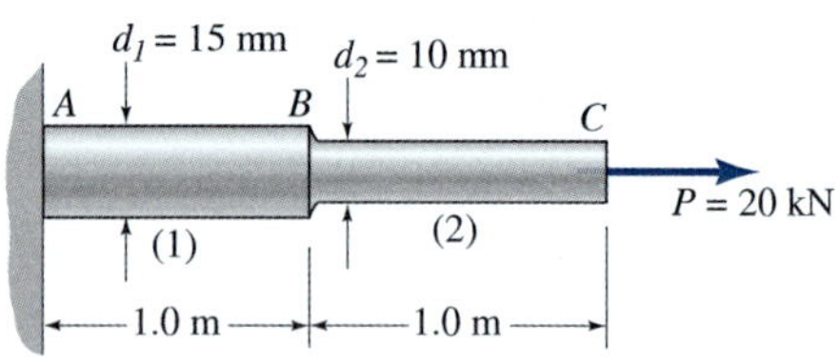

P3.4-1과 P11.7-5

문제 3.4-2. 2층 건물의 기둥은 탄성계수 $E = 210$ GPa을 가지는 사각형 구조의 강 배관으로 제작되었다. 그림 P3.4-2b는 두 부분들의 단면적 치수를 나타낸다. 그림 P3.4-2a와 같이, 축하중 $P_A = 200$ kN과 $P_B = 300$ kN이 기둥의 같은 지점 A와 B에 작용한다. (a) 기둥의 AB부분과 BC부분에 각각 작용하는 축응력 σ_1과 σ_2를 결정하시오. (b) 기둥이 축소되는 길이 δ를 구하시오.

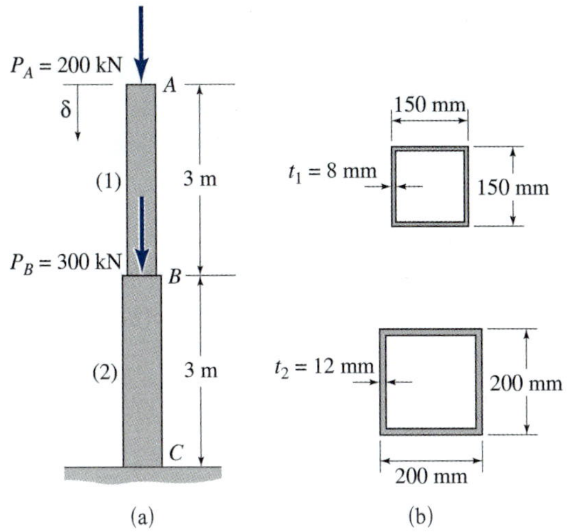

P3.4-2

문제 3.4-3. 그림 P3.4-3의 세 부분에서 축방향으로 하중이 작용하는 부재는 외부 지름 $(d_o) = 1.25$ in. 및 내부 지름 $(d_i) = 0.875$ in.인 관형 부분 (1)과 지름이 $d_2 = 1.25$ in.인 강재 원형봉 봉 부분 (2) 및 지름이 $d_3 = 0.875$ in.인 다른 강재 원형봉 원형 부분 (3)으로 구성되어 있다. 세 개의 하중들 각각의 작용선은 부재의 중심축을 따른다. (a) 세 부분에 작용하는 각각의 축응력 σ_1, σ_2와 σ_3를 결정하시오. (b) $L_1 = L_2 = L_3 = 20$ in.이고 $E = 30 \times 10^3$ ksi일 때, 구간별 변위 u_B, u_C와 u_D는 얼마인가?

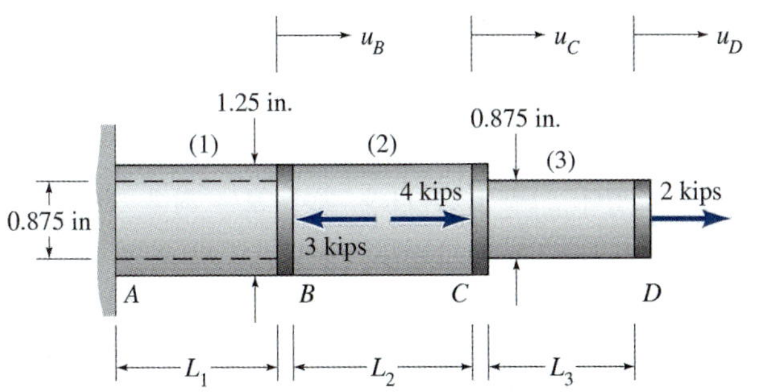

P3.4-3

문제 3.4-4. 1.2 in. 지름의 알루미늄합금 행거 봉(hanger rod)은 내부 지름 3.0 in.와 두께 $t = 0.125$ in를 가진 강관에 의해 지지되어 있다. 행거 봉이 하중 $P = 10$ kips를 받을 때, 행거 봉의 아랫쪽 끝단에서의 변위 u_C를 결정하시오. $E_1 = E_{al} = 10 \times 10^3$ ksi와 $E_2 = E_{st} = 30 \times 10^3$ ksi이다.

문제 3.4-5. 그림 P3.4-5와 같이, 2층의 주차장은 번호 (1)과 (2)가 붙여진 강철 기둥들을 가지고 있다. 지붕에 P_A와 2층으로부터 P_B의 하중들 모두 두 기둥들의 단면적 중심에 직접 아랫쪽으로 작용한다고 가정할 수 있다. 각 기둥은 유효길이 L을 가지고, 두 기둥들의 단면적은 각각 A_1과 A_2이다. 강철의 탄성계수는 $E_1 = E_2 = E_{st}$라고 하자. 각각의 기둥 절점(joint)에서 아랫쪽으로 향하는 변위 u_A와 u_B에 대한 수식을 결정하시오.

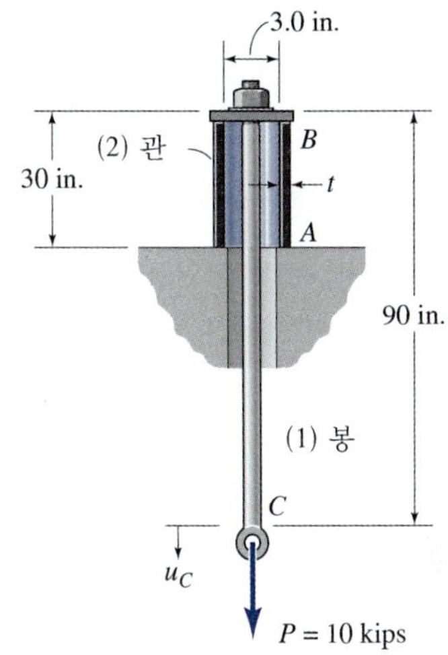

P3.4-4와 P3.4-7

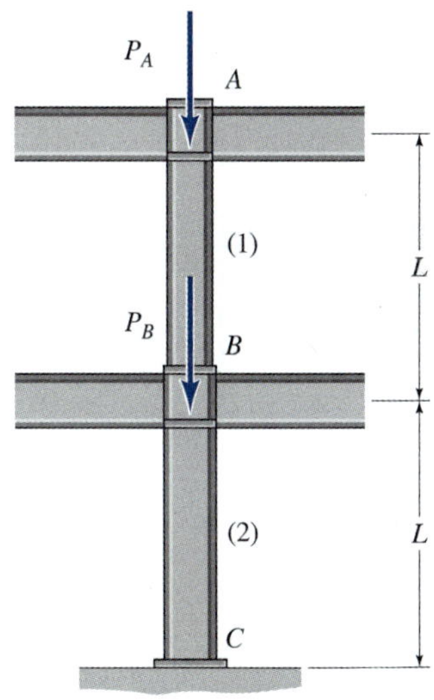

P3.4-5

설계문제 3.4-6. 그림 P3.4-6과 같이, 지름 d의 균일한 봉이 세 군데 단면적에서 축하중을 받고 있다. 오른쪽 끝에서의 변위 u_D가 5 mm를 초과하지 못하고, 봉에 작용하는 최대 축응력이 80 MPa을 넘지 못한다면, 원형 실린더 봉의 최소 허용 지름은 얼마인가? $E = 70$ GPa이다.

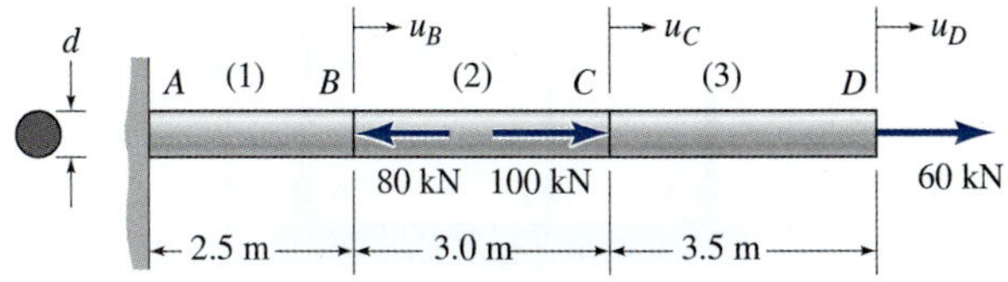

P3.4-6

설계문제 3.4-7. 그림 P3.4-4와 같이, 1.2 in. 지름의 알루미늄 합금 행거 봉(hanger rod)은 내부 지름 3.0 in.를 가진 강관에 의해 지지되어 있다. 행거 봉의 아랫쪽 끝단에서의 변위 u_C가 0.10 in.인 경우, 강관의 최소 벽두께를 결정하시오. $E_1 = E_{al} = 10 \times 10^3$ ksi와 $E_2 = E_{st} = 30 \times 10^3$ ksi이다.

■ 보(beam)와 두 개의 봉(rods) MDS 3.2

문제 3.4-8. 무게가 $W_b = 180$ lb인 12-ft 높이의 보 AB 구조는 무게가 $W_a = 900$ lb인 에어컨 장치를 지지하고 있다. 그림 P3.4-8과 같이, 이 보는 행거 봉 (1)과 (2)에 의해서 지지된다. 봉의 지름은 $d_1 = d_2 = \frac{3}{8}$ in.이고 길이는 $L_1 = L_2 = 6$ ft이며, 두 개의 봉 모두 탄성계수 $E_1 = E_2 = 30 \times 10^3$ ksi를 가진 강으로 만들어졌다면, 보 AB의 양 끝단에서 아래로 향하는 변위 u_A와 u_B는 얼마인가?

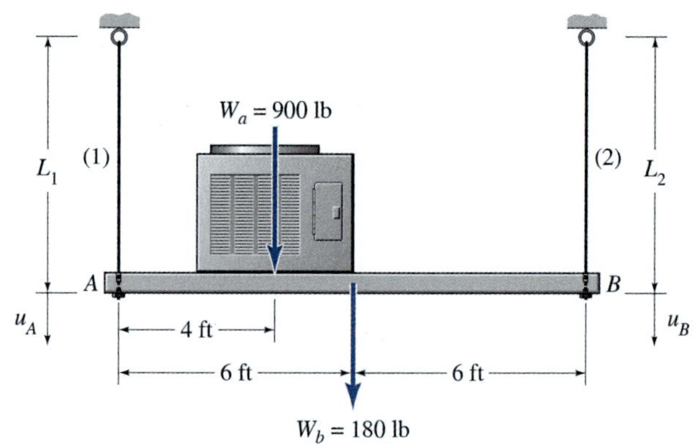

P3.4-8

문제 3.4-9. 그림 P3.4-9와 같이, 전체 길이가 3 m인 강성 보 AB는 양 끝에 수직방향의 봉으로 지지되고, C지점에서 아래로 향하는 하중 $P = 60$ kN을 받고 있다. 행거 봉의 지름은 $d_1 = 25$ mm와 $d_2 = 20$ mm이고, 두 봉 모두 강철($E = 210$ GPa)로 만들어졌다. 보 AB의 무게는 무시하자. (a) $u_B = u_A$와 같이 되려면, 하중은 A점으로부터 얼마만큼의 거리 x에 작용되어야 하는가? (b) 보의 AB의 양쪽 끝에서 아래쪽으로 보의 변위는 얼마나 되는가? (c) 두 행거 봉들에서 발생하는 축응력 σ_1과 σ_2는 얼마인가?

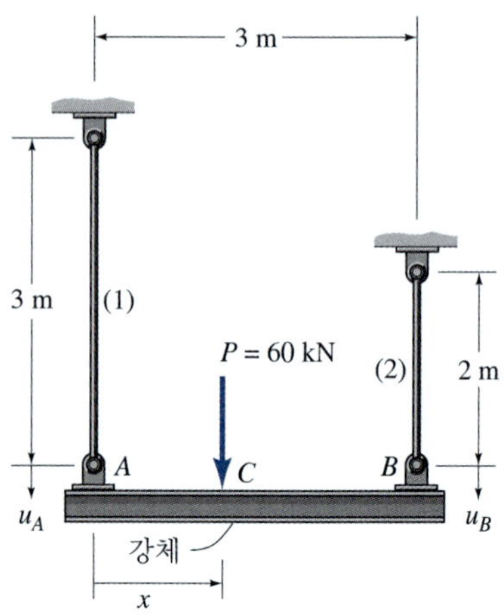

P3.4-9

설계문제 3.4-10. 그림 P3.4-10과 같이, 강성 보 AB는 양 끝에 수직 방향의 봉으로 지지되고, C지점에서 아래로 향하는 하중 $P = 60$ kN을 받고 있다. 행거 봉의 지름은 $d_1 = 25$ mm와 $d_2 = 20$ mm이고, 두 봉 모두 강철($E = 210$ GPa)로 만들어졌다. 보 AB의 무게는 무시한다. (a) $u_b = 2u_a$와 같이 되려면, B지점 행거 봉의 지름 d_2는 얼마인가? (b) 하중점 C에서 발생하는 변위(u_C)는 얼마인가?

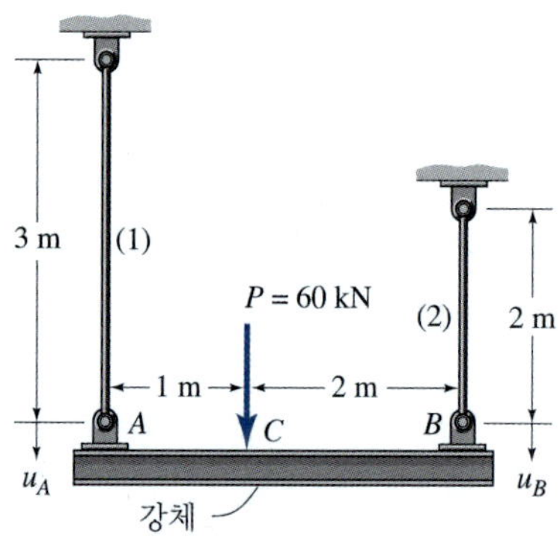

P3.4-10

문제 3.4-11. 두 개의 강관 기둥($E = 30 \times 10^3$ ksi, $A_1 = A_2 = 3.0$ in^2)은 12-ft 길이의 돌출보 AB를 가진 강성 보 AC를 지지하고 있다. 그림 P3.4-11과 같이, 보는 최대 강도 $w_0 = 5$ kips/ft로 선형적으로 변하는 하중을 받고 있다. 보 AC의 무게는 무시하고, 보는 두 기둥들에 의해 지지되어 있으며, 그 결과 각각의 기둥에 축 하중을 전달한다고 가정한다. (a) 각각의 기둥에 작용하는 압축응력(σ_A, σ_B)과 (b) 보 AC 양 끝단에서의 변위 u_A와 u_B를 구하시오.

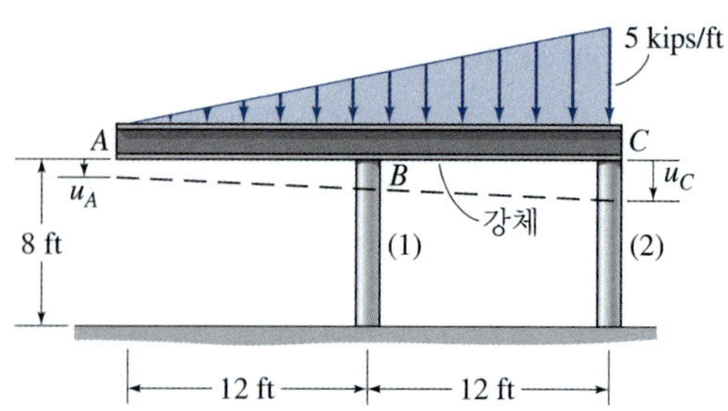

P3.4-11

문제 3.4-12. 행거 봉 CD는 강성 보 AB, 즉, A와 B 지점에서 동일한 수직방향의 봉들에 의해 지지되어 있다(그림 P3.4-12).

세 개의 봉 모두 같은 단면적 A와 탄성계수 E를 가진다면, 하중 P와 수직 변위 u_D의 관계를 나타내는 수식을 결정하시오. $u_D = f_D P$의 형식으로 풀이하시오.

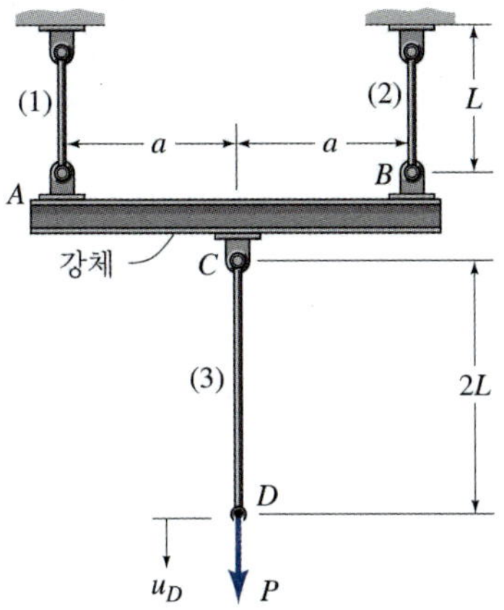

P3.4-12

■ **핀고정 보와 스트러트(Strut)** MDS 3.3

문제 3.4-13. 그림 P3.4-13과 같이, 길이가 L, 단면적이 A, 탄성계수가 E인 와이어(wire) CD는 무게를 무시할 수 있는 강성 보를 지지한다. 즉, 무게가 W인 간판을 지지한다. 부착 핀 D는 핀 A 바로 위에 있고, 하중이 작용하지 않을 때, 보는 수평을 유지하고 있다. (a) 간판이 보의 B와 C지점에 매달려 있을 때, 와이어 CD에 걸리는 축응력(σ_{BC})에 대한 수식을 구하시오. (b) 보의 끝부분에서의 수직 변위 δ_C에 대한 수식을 구하시오. $\delta_C \ll L$라고 가정하여 답을 간소화하시오.

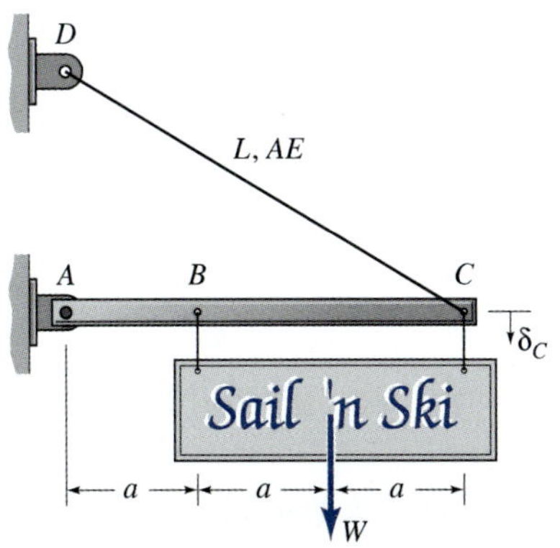

P3.4-13

설계문제 3.4-14. 그림 P3.4-14와 같이, 길이 $L = 2$m, 단면적 $A = 150$ mm^{2}과 탄성계수 $E = 70$ GPa인 수직 봉은 무게를 무시할 수 있는 강성 보 AC를 지지한다. 즉, AB 부분에 걸쳐 균일분포하중을 지지한다. 하중이 작용하지 않을 때, 보는 수평으로 있다. 봉 CD에 걸리는 최대 허용 응력은 $\sigma_{allow} = 100$ MPa과 최대 허용 처짐은 $\delta_{allow} = 10$ mm인 경우, 보에 작용될 수 있는 최대 하중 강도 w_0(kN/m)를 결정하시오.

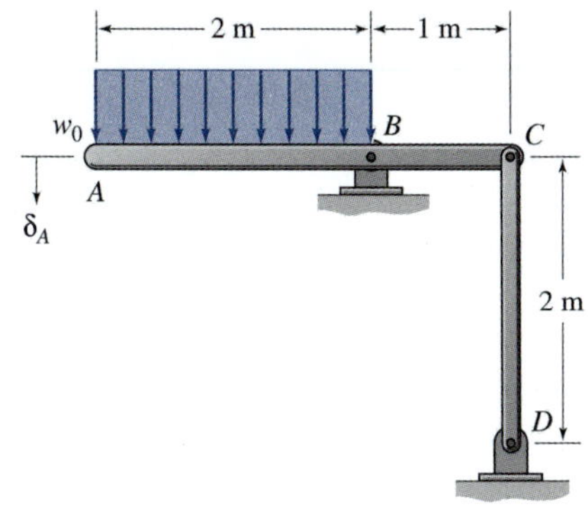

P3.4-14

■ **특수 트러스(Special Truss)**

문제 3.4-15. 그림 P3.4-15a의 봉(rod) AB는 A지점에 핀 고정 지지로 연결되어 있고 그림 P3.4-15b와 같이, 하중 P가 작용할 때 B지점에서 수평으로 움직이게 되도록 블록에 핀으로 연결되어 있다. 점 B에서의 변위가 $u_B \ll L$을 만족한다고 가정한다. (a) 봉 AB에서의 축응력에 대한 수식을 P, L, E, A와 각도 θ의 함수로 결정하시오. (b) 마찬가지로, 수평방향 변위 u_B에 대한 수식을 결정하시오.

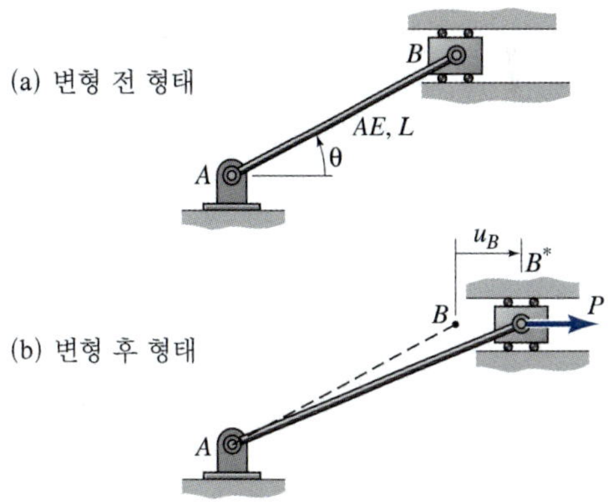

P3.4-15

문제 3.4-16. 그림 P3.4-16의 핀 연결 트러스 ABC는 단면적 $A = 1000$ mm^{2}과 탄성계수 $E = 70$ GPa을 가지는 세 개의 알루미늄합금 부재들로 구성된다. 수평 하중 $P = 40$ kN이 B지점에서 핀의 오른쪽에 작용할 때, C지점에서 롤러 지지의 변위 u_C

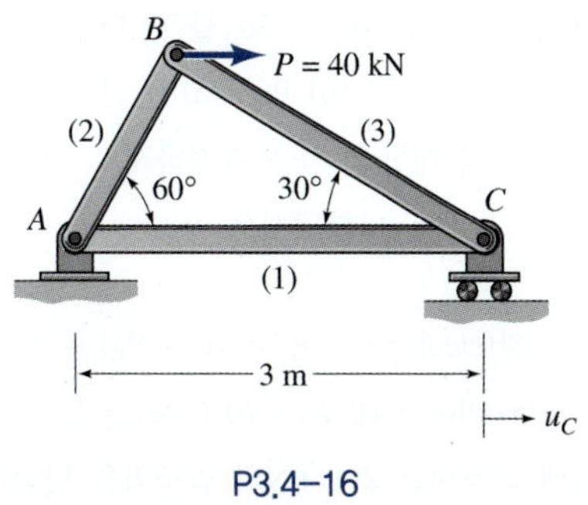

P3.4-16

를 계산하시오.

다음 세 가지 기본 유형 각각에 대한 적절한 방정식을 작성하여 이 절의 문제들을 해결하시오:

1. 평형방정식.
2. 하중-변위 관계.
3. 변형의 기하학적 구조; 적합 방정식.

기본하중법을 사용하여 동시에 방정식을 풀이하시오.

■ 축방향 변형 – 부정정 MDS 3.4와 3.5

문제 3.5-1. 두 개의 균일한 선형 탄성 부재들은 B지점에서 함께 절점으로 연결되어 있고, 두 부분의 봉은 끝부분 A와 C지점에서 강성 지지대에 붙어 있다. 단일 외력 P_B가 B지점 절점 둘레에 균일하게 작용한다. 부재 (1)은 탄성계수 E_1, 단면적 A_1과 길이 L_1을 가지며; 부재 (2)는 탄성계수 E_2, 단면적 A_2와 길이 L_2를 가진다. (a) 각각의 부분에서의 축응력 σ_1과 σ_2에 대한 수식과 (b) 절점 B의 수평 변위 u_B에 대한 수식을 수립하시오.

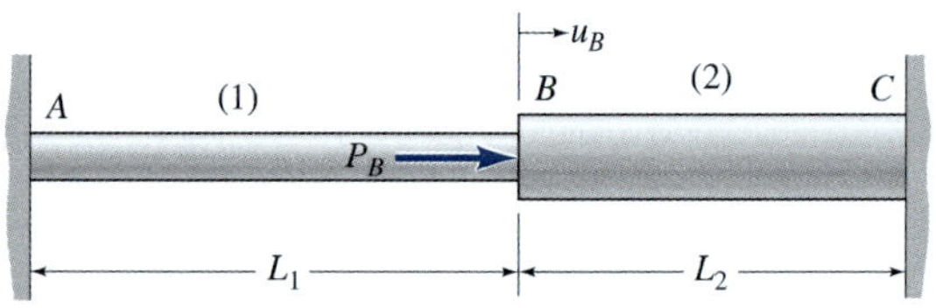

P3.5-1, P3.5-2, P3.5-3, P3.8-1, P3.8-2, P3.8-24, P3.9-1

문제 3.5-2. 다음과 같이 두 부분 봉에 대하여 문제 3.5-1을 따라 풀이하시오: 부재 (1)은 탄성계수 $E_1 = 30 \times 10^3$ ksi, 단면적 $A_1 = 2.0$ in^{2}과 길이 $L_1 = 80$ in인 강철이고; 부재 (2)는 $E_2 = 10 \times 10^3$ ksi, $A_2 = 3.6$ in^{2}과 $L_2 = 60$ in를 가진 알루미늄 합금으로 만들어졌다. B지점에서의 축하중은 $P_B = 10$ kips이다.

문제 3.5-3. 그림 P3.5-1의 봉 시스템에 대하여, $E_1 = E_2 = E$와 $A_1 = A$, $A_2 = 2A$; 외부 수평력 P_B가 끝점 A로부터의 거리 L_1과 끝점 C로부터의 거리 L_2인 절점 B지점 봉에 작용한다고 하자. (a) 응력들이 수식 $|\sigma_2| = 3\sigma_1$를 만족시킨다면, 길이 비율 L_1/L_2는 얼마나 되는가? (b) Part (a)에 설명된 경우와 같이, 절점 B의 변위 u_B에 대한 수식을 결정하시오. P_B, L_1, A와 E에 관하여 각각 그 값을 나타내시오.

문제 3.5-4. 강관(steel pipe, $E_1 = 200$ GPa)은 강성 알루미늄 합금봉(aluminum-alloy rod, $E_2 = 70$ GPa)을 둘러싸고 있으며, 끝단 강성 캡에 작용하는 200 kN의 압축력을 받는다. 이 바이메탈 압축 부재의 길이를 결정하고, 관(σ_p)과 봉(σ_r)에서의 각각 수직 응력을 구하시오.

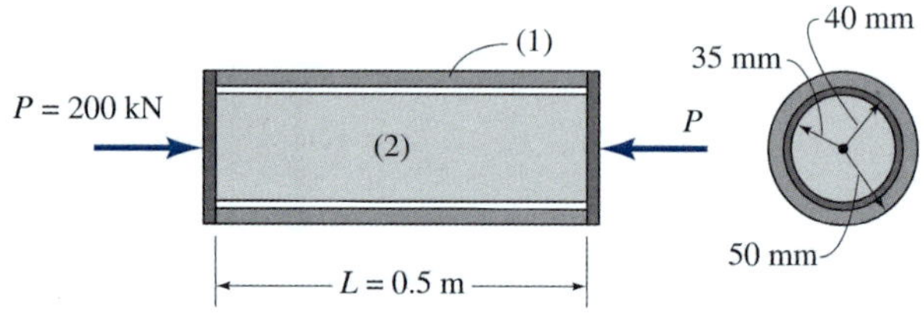

P3.5-4와 P3.8-13

문제 3.5-5. 강관(steel pipe, $E_1 = 200$ GPa)은 강성 알루미늄 합금봉(aluminum-alloy rod, $E_2 = 70$ GPa)을 둘러싸고 있으며, 끝단 강성 캡에 작용하는 200 kN의 압축력을 받는다. 이 바이메탈 압축 부재의 길이를 결정하고, 관과 봉에서의 수직 응력(σ_p, σ_r)을 구하시오.

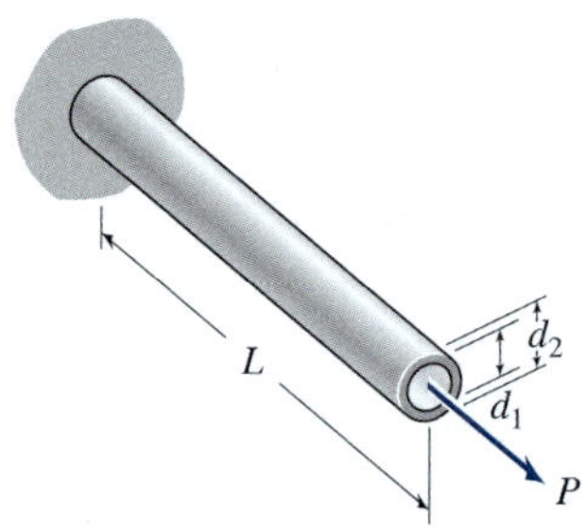

P3.5-5와 P3.5-6

문제 3.5-6. 그림 P3.5-5의 마그네슘 합금 강과 동 슬리브(sleeve)는 다음의 특성과 치수를 가지고 있다: $E_1 = E_m = 45$ GPa, $d_1 = 30$ mm, $E_2 = E_b = 100$ GPa; 두 개 모두 길이 $L = 500$ mm이다. 축하중 $P = 40$ kN이 바이메탈 봉에 작용하고 있다. 마그네슘 봉과 동 슬리브는 서로 단단하게 고정되어 있다고 가정하자. (a) 하중 P의 3/4는 마그네슘 봉에 의해, 1/4은 동 슬리브에 의해 작용된다면, 동 슬리브의 외부 지름 d_{bo}는 얼마인가? (b) 그 결과 바이메탈 봉의 신장량(e)은 얼마가 되는가?

문제 3.5-7. 그림 3.5-7과 같이, 외부 지름 d_o와 내부 지름 d_i인 강관과 지름 d의 강성 알루미늄 합금 봉은 C지점에서의 이음고리(collar)에 단일 하중 P_C가 작용함에 따라 축변형이 생기는 세 개 부분의 시스템을 형성한다. (a) 세 요소들에서의 축응력 σ_1, σ_2와 σ_3를 계산하시오. (b) 변위 u_B와 u_C를 결정하시오.

$$d_o = 2 \text{ in.}, \quad d_i = 1.5 \text{ in.}, \quad d = 0.75 \text{ in.}$$

$$L_1 = L_2 = 30 \text{ in.}, \quad L_3 = 50 \text{ in.}$$

$$P_C = 12 \text{ kips}, \quad E_1 = 30 \times 10^3 \text{ ksi}, \quad E_2 = E_3 = 10 \times 10^3 \text{ ksi}$$

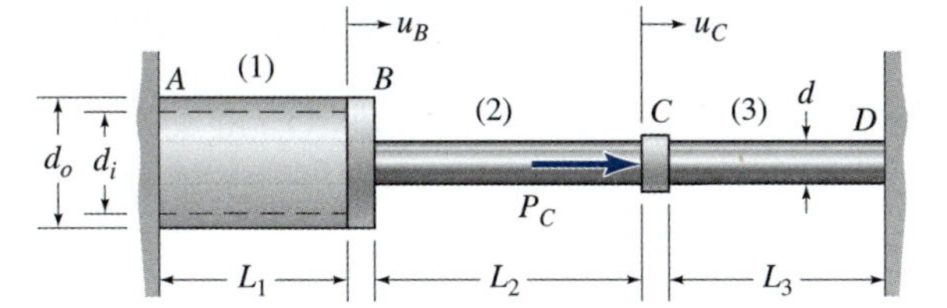

P3.5-7, P3.5-8, P3.8-3, P3.8-4, P3.8-26, P3.9-4, P11.7-11

문제 3.5-8. 아래에 주어진 치수, 물성치 및 하중을 이용하여 문제 3.5-7을 이용하여 풀이하시오.

$$d_o = 50 \text{ mm}, \quad d_i = 36 \text{ mm}, \quad d = 20 \text{ mm}$$
$$L_1 = L_2 = 1 \text{ m}, \quad L_3 = 2 \text{ m}, \quad P_C = 50 \text{ kN}$$
$$E_1 = 210 \text{ GPa}, \quad E_2 = E_3 = 70 \text{ GPa}$$

문제 3.5-9. 세 개의 부분 봉은 양 끝 A와 D점의 강성 지지대에 붙어있고, 초기에 응력이 작용하지 않고 있다. 그림 P3.5-9와 같이, 연결부 B와 C지점에 같은 크기에 반대반향인 외부 축하중 P가 작용하고 있다. 그 봉은 균질하고 탄성계수 E를 가지며 선형 탄성적이다. $A_1 = A_3 = A$와 $A_2 = 2A$; $L_1 = 2L$과 $L_2 = L_3 = L$이라고 하자. (a) 세 부분에 작용하는 축응력 σ_1, σ_2와 σ_3에 대한 공식을 결정하시오. (b) B와 C지점에서의 수평 변위 u_B와 u_C에 대한 공식을 각각 결정하시오.

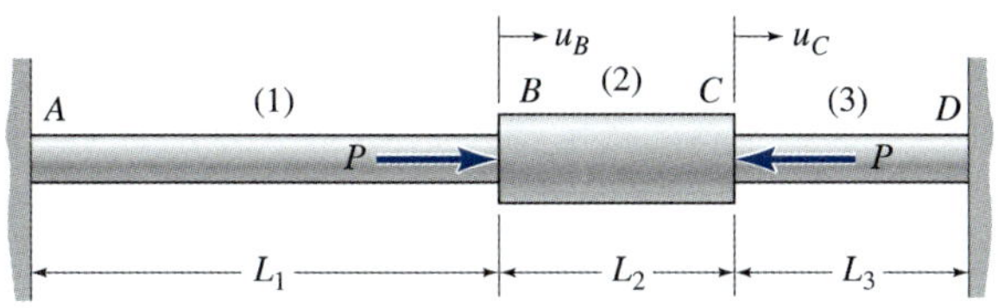

P3.5-9, P3.5-10과 P3.9-2

문제 3.5-10. 그림 P3.5-9의 세 부분의 봉에 대하여, 각각의 치수와 물성치가 $A = 500 \text{ mm}^2$, $L = 800$ mm와 $E = 200$ GPa이다. 힘의 크기가 $P = 35$ kN이라면, (a) 양 끝점 A와 D에서의 반력들을 구하시오. (b) 부분 (2) (BC구간)가 줄어드는 양(길이)을 구하시오.

■ 핀 연결 막대와 봉 MDS 3.6

문제 3.5-11. 그림 P3.5-11의 강성 보 AD는 D점에서는 핀에 의해 지지되어 있고, 점 A와 C에서는 보에 붙어 있는 수직 강철봉들에 의해 지지되어 있다. 보의 무게는 무시하고, $P = 0$일 때 지지봉들에는 응력이 발생하지 않는다고 가정하자. (a) 하중 P가 작용한 후, 지지봉들에서의 힘 F_1과 F_2에 대하여 구하시오. (b) 지지봉 (1)의 신장량(e)을 결정하시오. 보의 회전이 매우 작다고 가정한다($e_1 \ll L_1$).

$$A_1 = A_2 = 500 \text{ mm}^2, \quad L_1 = 1 \text{ m}, \quad L_2 = 2 \text{ m}$$
$$E_1 = E_2 = 210 \text{ GPa}, \quad P = 50 \text{ kN}$$
$$a = 0.50 \text{ m}, \quad b = 1.5 \text{ m}$$

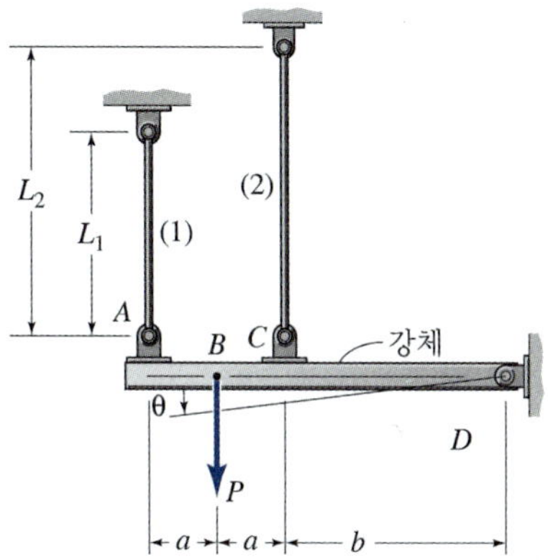

P3.5-11, P3.5-12, P3.5-13, P3.8-15, P3.9-5와 P11.7-14

문제 3.5-12. 그림 P3.5-12와 아래의 수치들에 대하여, (a) 하중 P가 작용한 후 지지봉 (1)과 (2)에서의 축응력(ϵ_1, ϵ_2)을 결정하시오. (b) 보 AD의 비틀림각 θ에 대하여 푸시오. 각도 θ는 매우 작다고 가정한다.

$$A_1 = A_2 = 1.0 \text{ in.}^2, \quad L_1 = 40 \text{ in.}, \quad L_2 = 60 \text{ in.}$$
$$E_1 = E_2 = 30 \times 10^3 \text{ ksi}, \quad P = 10 \text{ kips}$$
$$a = 20 \text{ in.}, \quad b = 60 \text{ in.}$$

설계문제 3.5-13. (a) 그림 P3.5-11과 아래의 수치들에 대하여, 하중이 $P = 10$ kips일 때, 봉에 작용하는 최대 수직응력 σ_{max}가 6 ksi를 초과하지 않기 위한 지지봉 (1)의 최소 단면적을 결정하시오. (b) 봉 (1)과 (2)가 동일한 탄성계수 $E_1 = E_2$를 가진다면 각 봉에 작용하는 수직응력이 사용된 재료와 독립적임을 나타내는 공식을 유도하시오.

$$A_1 = A_2 = 1.0 \text{ in.}^2, \quad L_1 = 40 \text{ in.}, \quad L_2 = 60 \text{ in.}$$
$$E_1 = E_2 = 30 \times 10^3 \text{ ksi}, \quad P = 10 \text{ kips}$$
$$a = 20 \text{ in.}, \quad b = 60 \text{ in.}$$

설계*문제 3.5-14. 그림 P3.5-14와 같이, 견고하고 무게를 무시할 만한 보 AD는 A지점에서 벽 브라켓에 힌지로 연결되어 있고, 끝점 D에서 하중 P를 받고 있으며 와이어 (1)과 (2)가 지지하고 있다. 이 와이어들은 팽팽하지만, $P = 0$일 때 응력을 받지 않는다. 이 와이어들은 같은 물질(같은 E)로 만들어졌고, 면적 A_1과 A_2, 길이 L_1과 L_2를 가진다. 이 와이어들이 **완전히 응력(fully stressed)**을 받도록 설계된 경우, 즉 두 와이어들의 응력이 동일하도록 설계된 경우, 매개변수 a, b, c, A_1, A_2, L_1 및 L_2 사이의 관계는 어떠한가? 답에 대해 논의하시오; 즉, 다양한 매개변수가 그 답에 들어가는 방법을 토의하시오. (보의 회전이 매우 작다고 가정한다.)

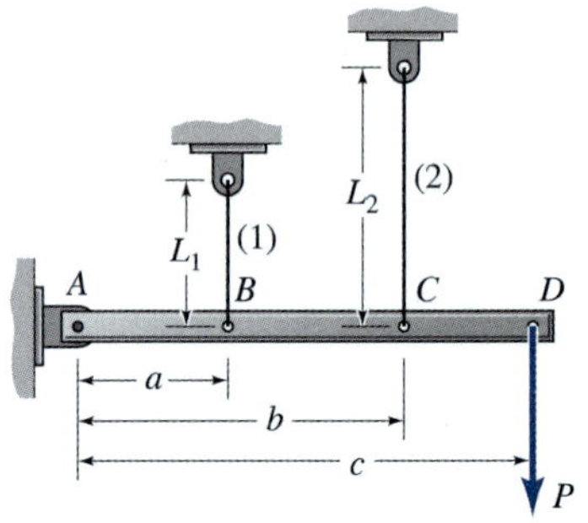

P3.5-14

***문제 3.5-15.** 그림 P3.5-15과 같이, 무게가 W인 간판은 무게를 무시할 수 있는 강성 보를 점 C와 D에서 볼트에 의해 힌지로 연결되어 있다. 보는 C와 D지점에서 단면적 A를 가지는 와이어들에 의해 지지되어 있고, 탄성계수 E인 물질로 만들어져 있으며, 끝점 B에서 벽 브라켓에 힌지로 연결되어 있다. 간판이 보에 매달리기 전에는 보 BD는 수평을 이루고 두 개의 지지 와이어는 팽팽하지만 응력을 받지 않고 있다. $h=b$라고 하자. (a) 두 와이어에서의 인장 응력 σ_1과 σ_2에 대한 수식을 결정하시오. (b) D지점에서의 수직변위 δ_D에 대한 수식을 결정하시오. 보 BD의 회전 각도는 매우 작다고 가정하시오. P, b, A와 E에 관한 값을 구하시오.

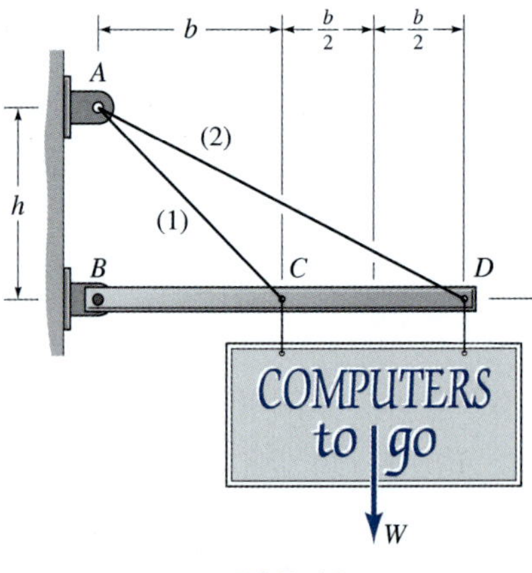

P3.5-15

■ 세 개의 지지 봉을 가진 강성 보

***문제 3.5-16.** 강성 보 AD는 점 A, C 및 D에서 세 개의 수직방향의 봉들로 지지되고 있다. 봉들이 보에 연결되어 있고 초기 하중이 $P=0$ 일 때, 봉들에는 응력이 발생하지 않는다. 그림 P3.5-16과 아래의 수치들에 대하여, (a) 지지봉들에 작용하는 축하중 F_1, F_2 및 F_3에 대하여 구하시오. (힌트: 과잉 힘으로 F_2를 선택하고, 과잉 힘 F_2에 A와 D지점에 힘 F_3와 F_1에 의한 모멘트를 받는다. 힘 F_2를 풀기 위해 기본하중법을 이용하시오. (b) 그림 P3.5-16과 같이, 수직 변위 u_A와 u_D를 결정하시오.

$$A=1.0\ \text{in.}^2,\quad L=60\ \text{in.},\quad E=30\times10^3\ \text{ksi}$$
$$a=20\ \text{in.},\quad b=40\ \text{in.},\quad c=60\ \text{in.},\quad P=10\ \text{kips}$$

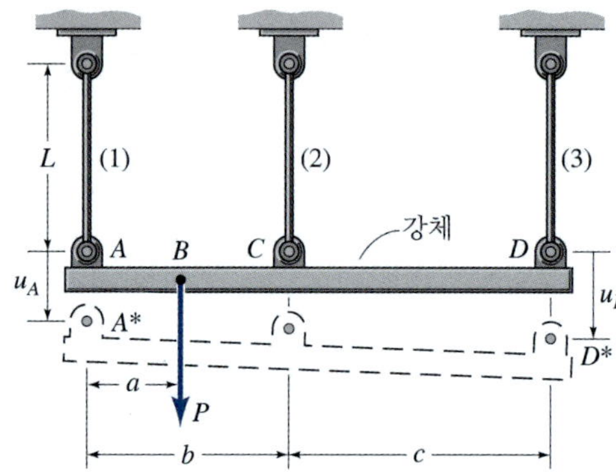

P3.5-16, P3.5-17, P3.8-16과 P3.9-7

***문제 3.5-17.** 그림 P3.5-17과 아래의 수치들에 대하여, (a) 하중 P가 작용한 후 세 개의 지지봉들에 작용하는 축하중을 결정하시오. (b) 하중의 작용점에서의 변위 u_B에 대하여 풀이하시오. 보 AD의 회전 각도가 매우 작다고 가정한다.

$$A=500\ \text{mm}^2,\quad L=2\ \text{m},\quad E=100\ \text{GPa}$$
$$a=0.5\ \text{m},\quad b=1.0\ \text{m},\quad c=1.5\ \text{m},\quad P=20\ \text{kN}$$

이 절의 모든 문제는 온도 변화와 관련된 부정정 문제들이다. 다음 세 가지 기본 유형 각각에 대해 적절한 방정식을 작성하여 이러한 문제들을 해결하시오.

1. 평형방정식.
2. 하중-온도-변위 관계.
3. 변형의 기하학적 구조; 적합방정식.

이러한 방정식들을 풀기 위하여 기본하중법을 사용하시오.

문제 3.6-1. (a) 그림 2의 선형 온도 분포를 다음의 2차 온도 분포식으로 대체하여 예제 3.10에 명시된 열-응력 문제를 풀이하시오.:

$$\Delta T(x)=\Delta T_A\left[1-\left(\frac{x}{L}\right)^2\right]$$

(b) 봉 AB의 중심 단면적의 축 변위 $u(L/2)$에 대한 수식을 결정하시오.

문제 3.6-2. 사각 알루미늄 합금 부재는 온도가 90°F일 때, 끝점 A와 B에서 견고한 벽에 붙어 있다. 부재가 40°F로 낮아진다면, 부재의 최대 수직응력 σ_1과 최대 전단응력 τ_1이 얼마인가?

(2.9절을 상기하시오.) $\alpha = 13\times10^{-6}/°F$와 $E = 10\times10^3$ ksi라고 하고, 답은 $kips/in^2$의 단위로 나타내시오.

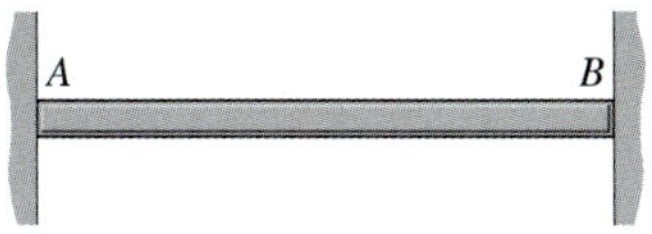

P3.6-2와 P3.6-3

문제 3.6-3. 그림 P3.6-3의 사각 알루미늄합금 부재가 견고한 벽 A와 B 지점에 붙어 있을 때, 응력을 받지 않는다면, 부재의 최대 전단응력이 35 MPa이 되기 위해서는 부재의 온도는 몇 ℃가 되어야 하는가? (2.9절을 상기하시오.) $\alpha = 12\times10^{-6}/℃$와 $E = 200$ GPa이라고 하자.

■ 온도 변화(ΔT)를 갖는 단부 부재 MDS 3.7

문제 3.6-4. 그림 P3.6-4의 두 개의 봉 요소들이 함께 조립되어 있고 A와 C지점의 견고한 벽에 붙어 있을 때 응력을 받지 않는다. 균일한 온도 증가 $\Delta T_1 = \Delta T_2 = \Delta T$를 나타내는 응력 $\sigma_1(\Delta T)$와 $\sigma_2(\Delta T)$에 대한 수식을 결정하시오. E_1, E_2, A_1, A_2, L_1, L_2, α_1, α_2 및 ΔT에 관하여 각각의 값을 나타내시오.

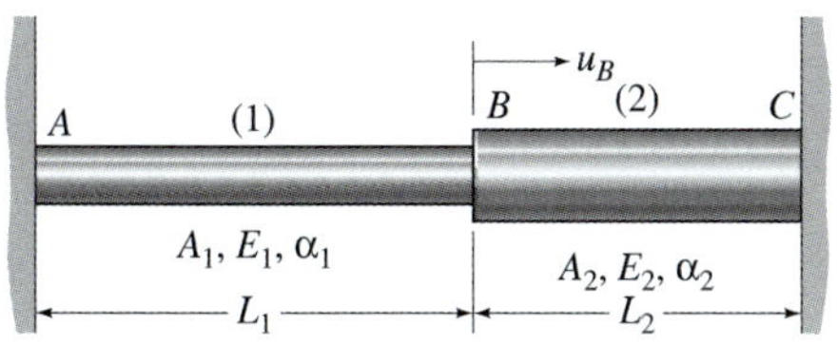

P3.6-4, P3.6-5, P3.6-6과 P3.8-5

문제 3.6-5. 두 개의 균일하고 선형 탄성인 봉들이 B지점에서 함께 절점으로 연결되어 있고, 그 결과 두 부분의 봉은 A와 C 지점에서 강성 지지대에 고정되어 있다. 요소 (1)은 탄성계수 $E_1 = 10\times10^3$ ksi, 단면적 $A_1 = 2.0\ in^2$, 길이 $L_1 = 80$ in.와 열팽창계수 $\alpha_1 = 7\times10^{-6}/°F$를 가진 강철이다; 알루미늄 요소 (2)에 대응하는 값들은 $E_2 = 10\times10^3$ ksi, $A_2 = 3.6\ in^2$, $L_2 = 60$ in.와 $\alpha_2 = 13\times10^{-6}/°F$이다. (a) 두 온도가 $\Delta T_1 = \Delta T_2 = 60°F$로 오를 경우, 봉들에 작용하는 축응력 σ_1과 σ_2를 구하시오. (b) 절점 B가 오른쪽 또는 왼쪽으로 이동하는가? 얼마만큼 이동하는가?

문제 3.6-6. 그림 P3.6-6의 두 요소 봉 시스템에 대하여, 요소 (1)은 탄성계수 $E_1 = 210$ GPa, 면적 $A_1 = 1000\ mm^2$, 길이 $L_1 = 2$ m와 열팽창계수 $\alpha_1 = 12\times10^{-6}/℃$를 가진 강철이다; 요소 (2)는 $E_2 = 120$ GPa, $A_2 = 1500\ mm^2$, $L_2 = 1.5$ m와 $\alpha_2 = 8\times10^{-6}/℃$를 가진 티타늄 합금이다. 두 온도가 $\Delta T_1 = \Delta T_2 =$ 30℃로 오를 경우, 봉들에 작용하는 축응력 σ_1과 σ_2를 구하시오.

문제 3.6-7. 그림 P3.6-7과 같이, 스프링 상수 k를 가진 선형 스프링 (1)과 단면적 A, 길이 L, 탄성계수 E와 열팽창계수 α를 가진 봉 (2)가 견고한 벽들 사이에 고정되어 있을 때, 스프링-봉 조립에서는 응력이 발생하지 않는다. 그 후에 봉의 온도가 ΔT 만큼 균일하게 오르는 경우, 봉에 인가되는 축하중에 대한 수식을 구하시오. 스프링의 온도가 변하지 않는다고 가정한다.

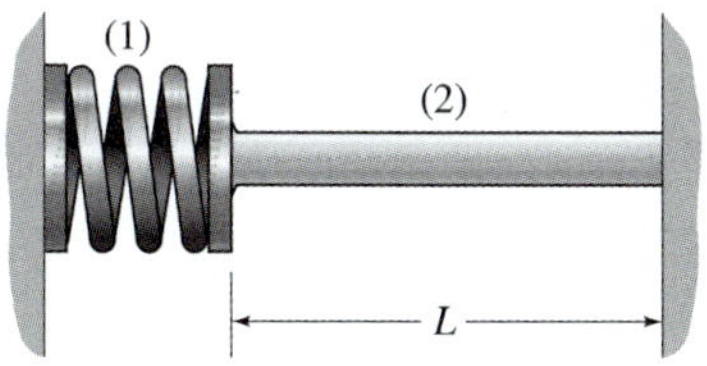

P3.6-7

문제 3.6-8. 외부 지름 d_o와 내부 지름 d_i인 강관과 지름 d의 알루미늄 합금 강성 봉은 세 부분 시스템을 형성한다. 그 시스템이 A와 D지점에서 강성 지지대에 용접된 상태에서는 응력이 발생하지 않는다. 그 후에, 알루미늄 봉의 온도가 $\Delta T_1 = 0$인 반면에, 100°F(즉, $\Delta T_2 = \Delta T_3 = -100°F$) 감소한다. 각 요소들에서의 축응력 σ_1, σ_2와 σ_3를 구하시오.

$$d_o = 2\ \text{in.},\quad d_i = 1.5\ \text{in.},\quad d = 0.75\ \text{in.}$$
$$L_1 = L_2 = 30\ \text{in.},\quad L_3 = 50\ \text{in.}$$
$$E_1 = 30\times10^3\ \text{ksi},\quad E_2 = E_3 = 10\times10^3\ \text{ksi}$$
$$\alpha_2 = \alpha_3 = 6.5\times10^{-6}/°F$$

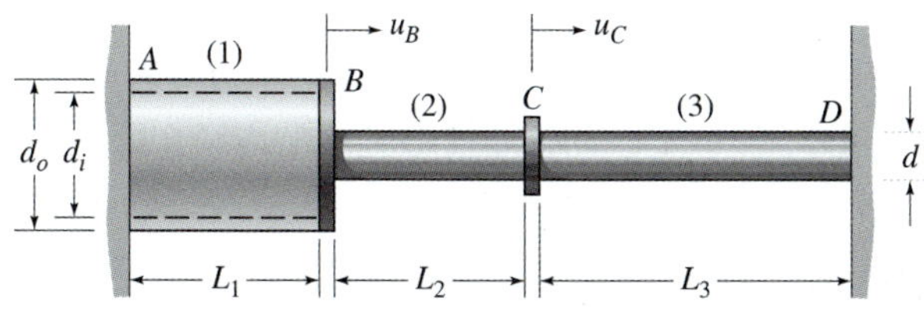

P3.6-8, P3.8-6과 P3.9-9

문제 3.6-8. 두 개의 평평한 강철 막대는 B지점에서 핀에 의해 함께 연결되고 지지되어 있다. 이 시스템은 핀이 삽입된 이후 응력이 없는 상태로 지지되어 있다(그림 3.6-9a 참고). 하지만 두 막대가 붙어 있는 견고한 벽들 사이의 거리가 부정확하게 측정되어, δ만큼의 오차가 발생한다(그림 3.6-9b에 과장되어 표현됨). 두 막대의 구멍을 정렬시키기 위해 두 막대를 균일하게 가열해야 하는 온도 변화량 ΔT(℃)을 구하시오. 두 막대의 기계적인 물성과 치수는 다음과 같다.

$$E_1 = E_2 = 200 \text{ GPa}, \quad \alpha_1 = \alpha_2 = 12 \times 10^{-6}/℃$$
$$A_1 = 25 \text{ mm}^2, \quad A_2 = 50 \text{ mm}^2, \quad L_1 = 3 \text{ m},$$
$$L_2 = 5 \text{ m}, \quad \bar{\delta} = 1 \text{ mm}$$

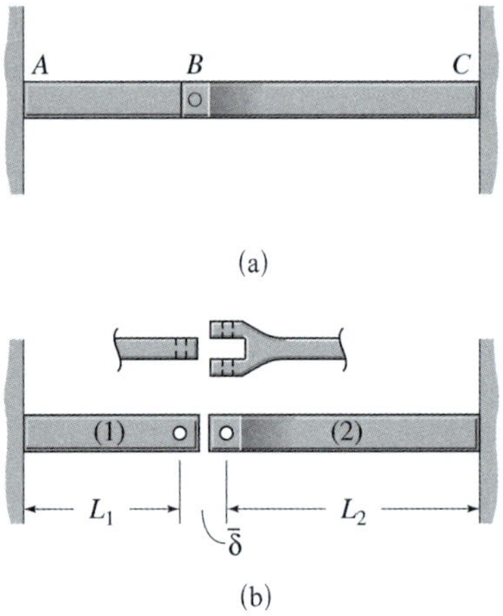

P3.6-9

■ 온도 변화(ΔT)를 갖는 황동축 막대 **MDS 3.8**

문제 3.6-10. 예제 3.12에 설명된 티타늄 슬리브/알루미늄 코어 시스템의 슬리브는 $\Delta T_1 = 100°F$로 가열되지만, 알루미늄 코어는 기준 온도를 유지한다. (a) 각 물질에서 발생하는 축응력(σ)을 결정하시오. (b) 슬리브/코어 시스템의 전체 신장량 e를 결정하시오. (코어와 슬리브 모두 기준 온도에서 응력이 발생하지 않는다고 가정하시오.)

문제 3.6-11. 그림 P3.6-11의 관 슬리브 요소 (1)과 실린더형 봉 코어 요소 (2)는 모두 끝단 강성 플레이트에 고정된 후 응력을 받고 있지 않다. (a) 시스템의 온도가 ΔT 만큼 균일하게 증가하면, 파이브와 봉에서의 응력 σ_1과 σ_2에 대한 수식을 각각 결정하시오. 답을 E_1, E_2, A_1, A_2, $L_1 = L_2 \equiv L$, α_1, α_2 및 ΔT에 관하여 나타내시오. (b) 균일한 온도 증가 ΔT로 인한 관/봉 시스템의 전체 신장량 e에 대한 수식을 구하시오.

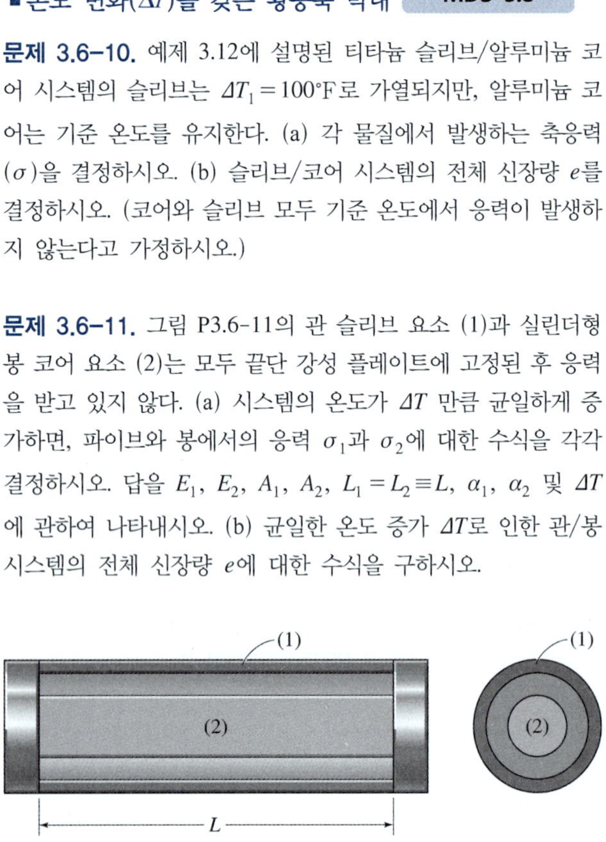

P3.6-11

문제 3.6-12. 길이가 L인 관 슬리브 (1)는 볼트 헤드와 슬리브 사이에 무거운 와셔(washer)를 가진 볼트 (2)에 의해 미끄러져 들어간다. 그림 3.6-12와 같이, 슬리브가 무거운 기계 부품과 단단히 접촉할 때까지 볼트는 초기에 들어간다(슬리브는 중장비 부품과 접촉하지만, 슬리브 또는 볼트에는 응력이 발생하지 않는다). 슬리브의 특성들은 A_1, E_1 및 α_1, 볼트는 A_2, E_2 및 α_2라고 표기하자. (나사산으로 인한 볼트 면적 A_2의 감소를 무시하고, 와셔의 두께가 볼트의 유효 길이에 미치는 영향을 무시하자.) 슬리브의 열팽창계수는 볼트보다 크다고 가정하자. 즉, $\alpha_1 > \alpha_2$이다. (a) 볼트-슬리브 부품의 온도가 ΔT의 양 만큼 균일하게 증가할 때, 슬리브와 볼트에 발생하는 응력 α_1과 α_2에 대한 수식을 각각 구하시오. (b) 슬리브와 볼트의 최종 신장량 δ에 대한 수식을 구하시오.

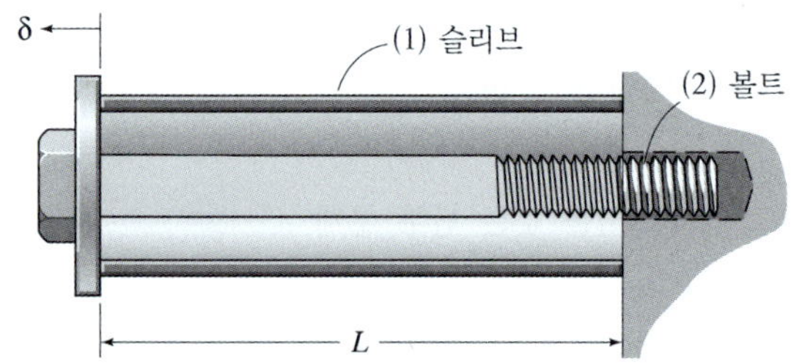

P3.6-12

■ 온도 변화(ΔT)를 갖는 강성 부재와 2개 또는 3개의 부재 **MDS 3.9**

문제 3.6-13. 그림 P3.6-13의 기계 시스템은 강성 보 ABC와 단면적 $A = 1.2 \text{ in}^2$인 가진 두 개의 동일한 ASTM A-36 강철 부재들로 구성되어 있다. (탄성계수 E와 열팽창계수 α는 표 F.2와 F.3을 참고하시오.) 보는 B지점에서 매끄러운 핀에 의해 지지되어 있고 A와 C지점에서 부재에 의해 바닥에 연결되어 있다. 핀들이 A와 C지점에 끼워진 후, 두 부재들에는 응력이 작용하지 않는다. (a) 아래의 치수들을 이용하여, 부재 (1)의 온도가 50°F로 감소할 경우, 부재 (1)과 (2)에 작용하는 축응력을 결정하시오. (b) 이 온도 변화로 인하여 보 AC가 회전하게 될 (작은) 각도 θ를 결정하시오. (c) 부재 (2)의 단면적은 변화 없이 유지되는 반면, 부재 (1)의 단면적 $A_1 = 2.4 \text{ in}^2$으로 두 배가 될 경우, Part (a)를 다시 풀이하시오.

$$a = 20 \text{ in.}, \quad L_1 = L_2 = 20 \text{ in.}$$

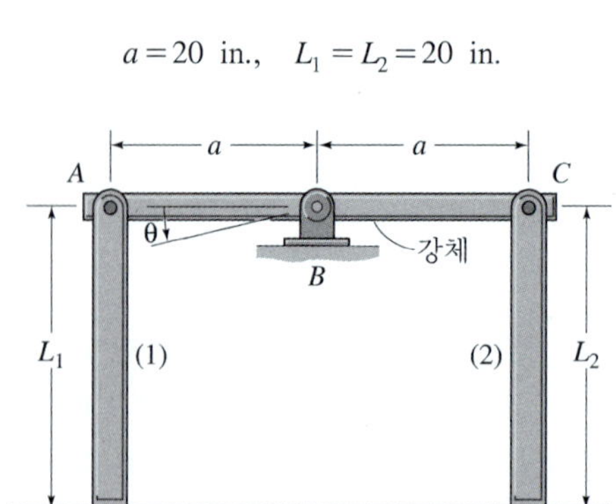

P3.6-13

문제 3.6-14. 그림 P3.6-14의 기계 시스템은 두 개의 동일한 강철 봉들($A=40$ mm^2, $E=200$ GPa, $\alpha=12\times10^{-6}/℃$)과 강성 보 ABC로 구성되어 있다. 보는 B지점에서 매끄러운 핀에 의해 지지되어 있다. 두 봉들에 스트레스가 작용하지 않는 상태로, A와 C지점에서 너트들은 느슨함이 없을 정도로 충분히 꽉 조여져 있다. (a) 두 봉들의 온도가 50°F로 감소할 경우, 봉들 (1)과 (2)에 작용하는 축응력을 결정하시오. (b) 이 온도 변화로 인하여 보 AC가 회전하게 될 (작은) 각도 θ를 결정하시오.

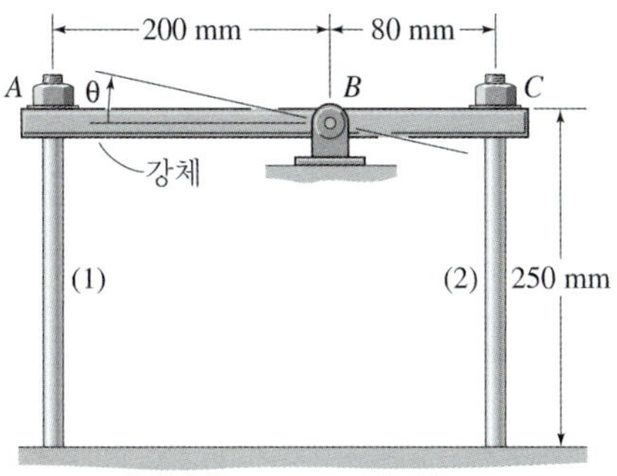

P3.6-14

문제 3.6-15. 강철 봉들($A=0.050$ in^2, $E=30\times10^3$ ksi, $\alpha=6.5\times10^{-6}/°F$)은 그림 P3.6-15의 오른쪽 각도 강성 브래킷의 지점 A와 C에 붙어 있다. 브래킷은 B지점에서 매끄러운 핀에 의해 지지되어 있고, A와 C 지점의 봉들에는 초기에 응력이 발생하고 있지 않다. (a) 봉 (1)의 온도가 50°F로 감소할 경우, 봉들 (1)과 (2)에 작용하는 축응력을 결정하시오. (b) 이 온도 변화로 인하여 D지점의 단면에 대한 횡방향 전단력 V_D와 굽힘 모멘트 M_D를 결정하시오.

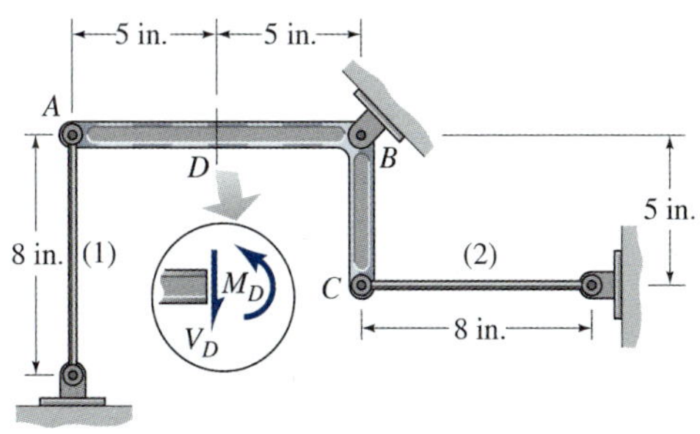

P3.6-15와 P3.9-10

문제 3.6-16. 예제 3.13의 그림 구조가 점 B 바로 위가 아니라, 보의 점 C 바로 위에 지지 A를 갖도록 수정이 된 경우, 해당 예제의 문제를 풀이하시오. 수직 와이어 AC의 길이는 L이다.

***문제 3.6-17.** 그림 P3.6-17과 같이, 강성 보 AC는 세 개의 수직 봉들에 의해 지지되어 있다. 원래 조립되었을 때, 봉들에는 모두 응력이 발생하지 않고 보 AC는 수평상태이다. 봉 (1)은 조립 온도(즉, $\Delta T_1=0$)로 유지되고, 봉들 (2)와 (3)은 같은 온도($\Delta T_2=\Delta T_3=\Delta T$)로 가열된 경우, 세 개의 지지봉에 발생하는 응력들을 구하시오. 이 문제를 풀기 위하여, F_1을 과잉 힘이라고 한다. (힌트: 평형방정식들에 대한 $(\Sigma M)_B$와 $(\Sigma M)_C$를 이용하시오.)

$$A_1=A,\ \ A_2=A_3=2A,\ \ E_1=E_2=E_3=E$$

$$\alpha_2=\alpha_3=\alpha$$

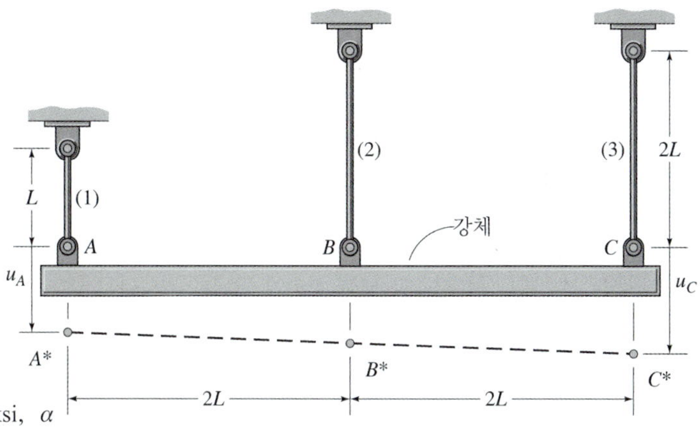

P3.6-7, P3.8-19, P3.9-11, P11.7-15와 P11.7-16

이 절의 문제들은 불일치와 일부 경우에는 온도 변화와 관련된 부정정 문제들이다. 다음 세 가지 기본 유형 각각에 대해 적절한 방정식을 작성하여 이러한 문제들을 해결하시오.

1. 평형방정식.
2. 하중-온도-변위 관계.
3. 변형의 기하학적 구조; 적합 방정식.

이러한 방정식들을 풀기 위하여 기본 하중법을 사용하시오.

■ 불일치를 갖는 단부 부재 MDS 3.10과 3.11

문제 3.7-1. 그림 P3.7-1a와 같이, 요소들 (1)과 (2)는 견고한 벽들의 지점 A와 C 사이에 정확하게 고정 지지되어 있다. 요소 (1)은 작은 양 $\delta\ll L$과 매우 길게 제작되었다(그림 3.7- 1b). 하지만 기발한 기술자는 A와 B(점선에 의해 표시된) 사이의 공간으로 요소 (1)을 끼울 수 있도록 충분하게 냉각하였다. (a) 요소 (1)이 원래의 온도로 되돌아갈 때, 요소 (1)과 (2)에 발생하는 응력 σ_1과 σ_2에 대한 수식을 결정하시오. (b) 요소 (1)이 이렇게 점선 위치로 강제될 때, 요소 (2)가 단축되는 양 u_B를 결정하시오.

$$L_1^*=L_2=L,\ A_1=A,\ A_2=1.5A,\ E_1=E_2=E$$

$^*\bar{\delta}\ll L$로 가정한다.

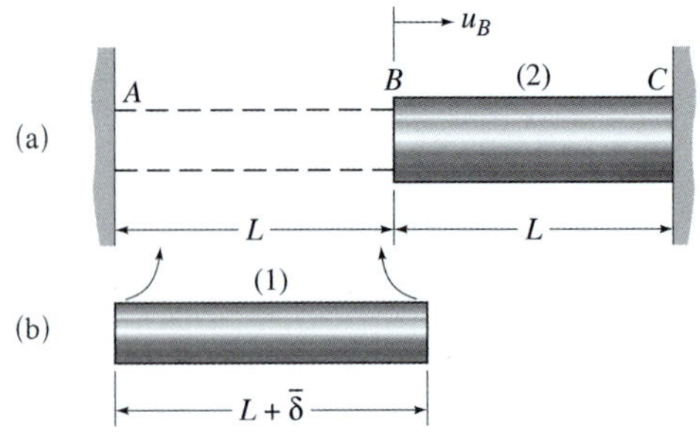

P3.7-1과 P3.7-2

문제 3.7-2. 다음의 봉 시스템에 대하여 문제 3.7-1의 (a)와 (b)를 푸시오: 시스템 S1: $E_1 = E$, $E_2 = 2E$와 시스템 S2: $E_1 = 2E$, $E_2 = E$. 이러한 두 가지 경우들에서 봉들에 작용하는 응력들의 차이에 대해 논하시오.

문제 3.7-3. 그림 P3.7-3과 같이, 끝단 A와 C지점에 플랜지를 가진 관-봉 시스템은 두 견고한 벽들 사이에 딱 들어맞는다고 가정한다. 요소 (1)은 외부 지름 d_o와 내부 지름 d_i를 가지는 강관이다. 요소 (2)는 지름 $d_2 = d$인 속이 찬 강철봉이다. 볼트들은 견고한 벽에 대하여 A지점에서 플랜지를 지탱한다. 다른 볼트들은 C지점의 플랜지에 설치되어 있고 간격 $\bar{\delta}$가 닫힐 때까지 조여진다. 치수들과 재질 특성은 아래와 같다. (a) C지점에서의 간격을 닫히게 한 결과로 시스템의 각 요소에 발생되는 축방향 응력을 구하시오. (b) C지점에서 간격이 닫혀있을 때, 절점 B의 변위 u_B를 구하시오.

$$d_o = 2 \text{ in.},\quad d_i = 1.5 \text{ in.},\quad d = 0.75 \text{ in.}$$
$$L_1 = L_2 = 50 \text{ in.},\quad \bar{\delta} = 0.1 \text{ in.}$$
$$E_1 = E_2 = 30 \times 10^3 \text{ ksi}$$

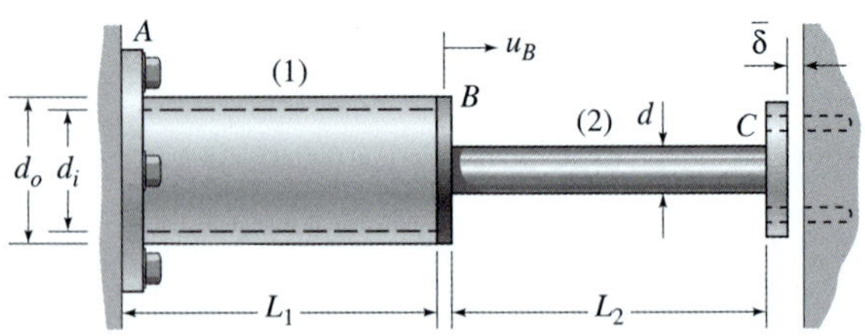

P3.7-3, P3.7-4, P3.7-7, P3.8-8, P3.8-11
P3.8-27, P3.9-12, P3.9-14

문제 3.7-4. 다음의 치수와 재질 특성을 가진 관-봉 시스템에 대하여 문제 3.7-3을 이용하여 풀이하시오:

$$d_o = 50 \text{ mm},\quad d_i = 40 \text{ mm},\quad d = 20 \text{ mm}$$
$$L_1 = L_2 = 1 \text{ m},\quad \bar{\delta} = 2\text{mm}$$
$$E_1 = E_2 = 200 \text{ GPa}$$

문제 3.7-5. 두 부분으로 된 선형 탄성봉은 원통형 단면적 $A_2 = 1.5A$를 가진다. 봉의 절반인 A에서 B 부분은 단면적($A_1 = A$)이 같다. (주석: $E_1 = E_2 = E$, $L_1 = L_2 = L$.) 끝점 A에서 봉은 견고한 벽에 연결되지만 끝점 C에서는 그림 P3.7-5와 같이 끝점 C의 원래 위치와 견고한 벽 사이에 작은 간격 $\bar{\delta}$가 있다. (a) 그림과 같이 축방향의 힘 P가 B지점에 가해졌을 때 C지점에서의 반응의 크기가 A지점에서의 반응과 동일한 경우 간격의 폭에 대한 수식을 유도하시오. (b) 부분 문제 (a)에 명시된 조건 하에서 절점 B가 움직이는 양 u_B에 대한 수식을 유도하시오. (참고: 아래 그림에 표시된 간격은 B지점에서 하중 P가 작용하기 전의 간격이다.)

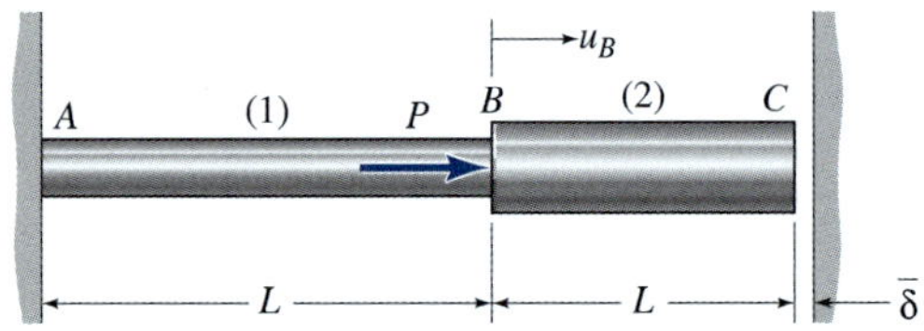

P3.7-5

문제 3.7-6. 두 개의 균일하고 선형인 탄성 부재가 B지점에 함께 결합되어 있고, 그 결과로 나온 두 개의 부분 봉이 끝단 A 지점에서 강성 지지대에 부착되어 있다. 두 요소 막대에 하중이 없을 때(즉, $P = 0$ 일 때) 요소 (2)의 끝단과 C지점의 단단한 벽 사이에는 $\bar{\delta} = 0.2$ mm의 간격이 있다. 요소 (1)은 탄성계수 $E = 210$ GPa, 단면적 $A_1 = 1000$ mm^2 및 길이 $L_1 = 2.1$ m인 강재이다: 요소 (2)는 $E_2 = 120$ GPa, $A_2 = 1000$ mm^2 및 $L_1 = 1.8$ m인 티타늄 합금이다. 절점 B에서 단일 외력 $P = 50$ kN이 작용한다. (a) 하중 P가 가해질 때, 각 봉 요소들에서 발생하는 축응력 σ_1과 σ_2를 구하시오. (b) 절점 B의 해당 변위 u_B를 구하시오.

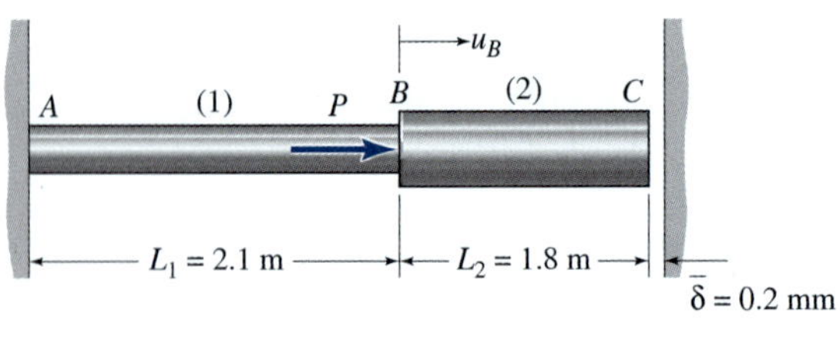

P3.7-6, P3.7-8, P3.8-9, P3.8-10, P3.9-13

■ 불일치와 온도 변화(ΔT)를 갖는 단부 부재

문제 3.7-7. C지점에서 벽에 플랜지가 조여지는 것에 더하여 관-봉 시스템 ABC가 50°F로 균일하게 가열되는 경우 문제 3.7-3을 사용하여 풀이하시오. $\alpha = 6.5 \times 10^{-6}$/°F를 이용하시오.

문제 3.7-8. B지점에서 하중 P가 작용하는 것 대신에, 전체 두 요소 봉이 20℃로 가열되는 경우 문제 3.7-6을 사용하여 풀이하시오. $\alpha_1 = 12\times10^{-6}/℃$와 $\alpha_2 = 10\times10^{-6}/℃$라고 하자.

■ 불일치를 갖는 강성 부재와 봉들

문제 3.7-9. 강성 보는 세 개의 원통형 알루미늄합금 기둥들에 의해 지지되며, 이는 그림 P3.7-9와 같이 중앙 기둥이 두 개의 외부 기둥들보다 $\overline{\delta}$만큼 약간 더 짧은 것을 제외하고는 동일하다. 세 기둥들의 치수와 재질 특성은 아래에 주어진다. 두 개의 외부 기둥들이 동일하고 시스템과 하중이 대칭이기 때문에, 두 개의 외부 기둥들은 둘 다 (1)로 표시한다. (a) 하중 P는 중간 기둥의 중앙 상부에서 바로 아래로 작용한다. 그림과 같이 축방향 힘 $P = 14$ kN이 보에 작용하면 막 닫히는 간격 $\overline{\delta}$의 폭은 얼마인가? (b) 하중이 $P = 28$ kN으로 증가할 때 보가 아래로 움직이는 총량 u_B를 결정하시오. (c) P와 u_B에 대한 적절한 크기를 가지고 $0 \le P \le 28$ kN에 대한 P와 u_B의 관계 그래프를 그리시오.

$$A_1 = A_2 = 2000\ \text{mm}^2,\quad L_1 = L_2 = 2\ \text{m}$$
$$E_1 = E_2 = 70\ \text{GPa}$$

(참고: 아래 그림에 표시된 간격은 하중 P가 보에 작용하기 전의 간격이다.)

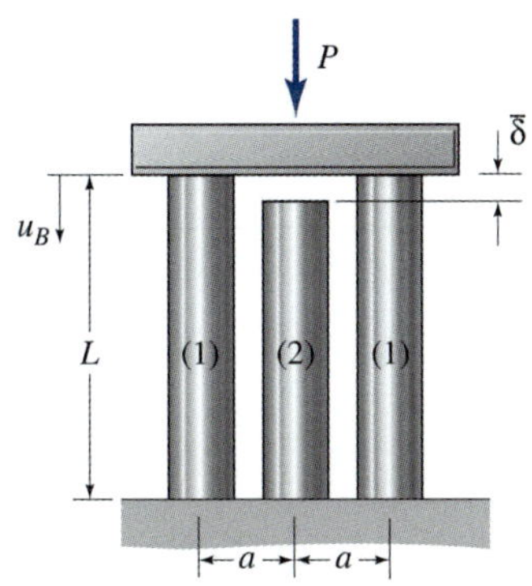

P3.7-9

문제 3.7-10. 강성보 AD는 D지점에서 매끄러운 핀과 지점 A와 C에서 보에 부착된 수직 강철 봉들에 의해 지지되어 있다. 보의 무게는 무시하시오. 요소 (1)은 정확한 길이로 제작되었고, 봉 (1)만이 보 AD에 부착될 때, 보는 수평을 이룬다(즉, $\theta = 0$). 반면에, 요소 (2) $\overline{\delta}$는 너무 짧게 제작되었으며, 지점 C에서 핀으로 보에 연결하기 위해서는 인위적으로 늘어나야 한다. (a) 그림 P3.7-10과 같이, 하중 P가 가해질 때, 두 지지봉들에서의 축방향 응력 σ_1과 σ_2에 대한 식을 구하시오. (b) 보 AD의 해당 회전에 대한 식을 구하시오. 다음의 변수 A, L, a, E와 $\overline{\delta}$로 답을 표현하시오.

$$A_1 = A_2 = A,\quad L_1 = L_2 = L$$
$$E_1 = E_2 = E,\quad b = 2a$$

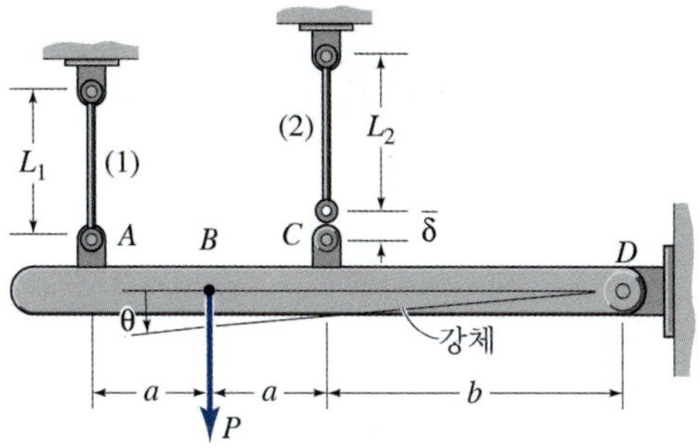

P3.7-10

문제 3.7-11. 그림 P3.7-11의 기계시스템은 단면적 $A_1 = 1.5\ \text{in}^2$을 갖는 황동봉($E_1 = 15\times10^3$ ksi), 단면적 $A_2 = 0.75\ \text{in}^2$을 갖는 구조적 강봉과 강성봉 AC로 구성되어 있다. 보는 지점 B에서 매끄러운 핀으로 지지되어 있다. A와 C 지점의 너트들은 초기에 느슨함이 없기에 충분하도록 조여져 두 개의 봉들이 응력에 자유롭고 $\theta = 0$으로 남아있다. (a) 지점 C에서 너트를 1회전(0.1 in의 나사산 길이)으로 전진할 때(즉, 조이면), 봉 (1)에서 발생하는 축응력 σ_1을 구하시오. (b) 보 AC의 회전 각도 θ를 구하시오.

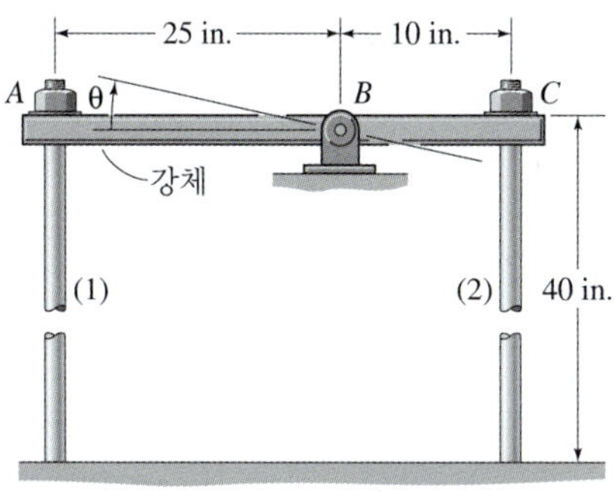

P3.7-11과 P3.8-22

문제 3.7-12. 강성보 AD는 D지점에서 매끄러운 핀 B와 지점 A와 C에서 보에 부착된 수직 강철봉들에 의해 지지되어 있다. 보의 무게는 무시하시오. 봉 (1)만 부착되고 $P = 0$이고, 봉 (2)가 $\overline{\delta} = 0.5$ mm로 매우 짧게 제작될 때, 보는 수평이 된다. 봉 (2)가 상부 브래킷에 부착되고 하중 $P = 20$ kN이 작용된 후, 각 지지봉들에서 발생되는 축응력 σ_1과 σ_2를 결정하시오. θ는 작다고 가정하시오.

$$A_1 = A_2 = 200\ \text{mm}^2,\quad L_1 = L_2 = 2\ \text{m}$$
$$E_1 = 70\ \text{GPa},\quad E_2 = 100\ \text{GPa}$$
$$P = 20\ \text{kN},\quad a = 1\ \text{m},\quad b = 1.5\ \text{m}$$

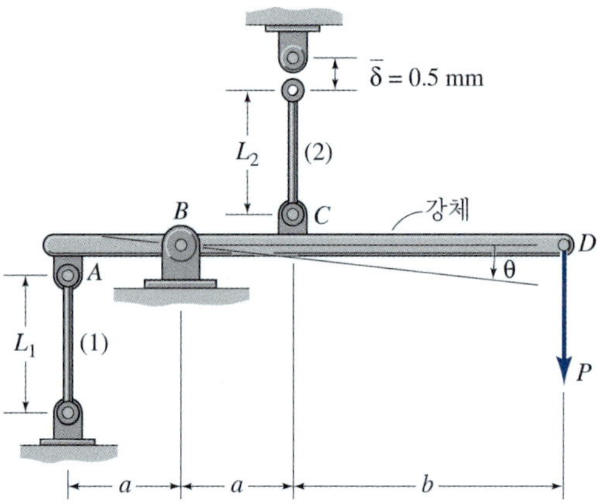

P3.7-12, P3.8-21과 P3.9-15

■ 볼트와 슬리브

문제 3.7-13. 외부 지름이 $d_o = 3$ in.와 내부 지름이 $d_i = 2.5$ in.인 황동 관 슬리브($E_1 = 15 \times 10^3$ ksi)는 지름이 $d = 1$ in인 고강도 강철 볼트($E_2 = 30 \times 10^3$ ksi)에 의해 견고한 기계 벽면에 대해 압축 상태로 유지되어 있다. 볼트의 머리 부분은 0.25 in. 두께의 (견고한) 와셔에 접촉되어 있으며, 이것은 황동 슬리브를 지지하고 있다. 볼트는 느슨해지지 않을 때까지 초기에 삽입된다(즉, 슬리브가 견고한 기계 벽과 접촉하지만, 볼트 또는 슬리브에 응력이 가해지지 않음). 볼트가 just-light 위치를 넘어 추가적으로 1/4 바퀴(0.01 in.의 나사산 길이)만큼 전진할 때, 슬리브(σ_1)와 볼트(σ_2)에 발생되는 축응력을 구하시오.

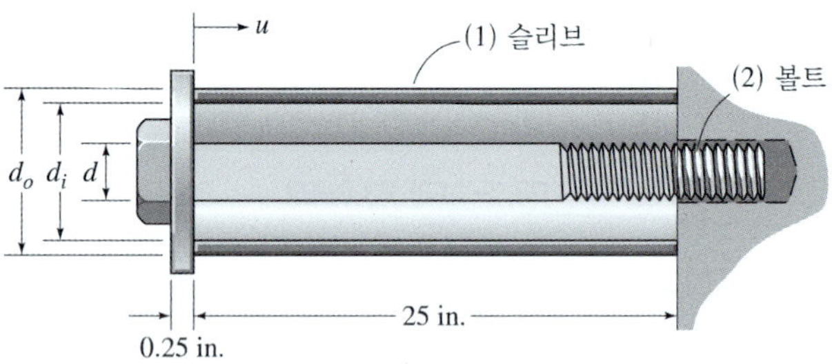

P3.7-13과 P3.8-23

문제 3.7-14. 그림 3.7-14와 같이, 견고한 원형 평판과 두 개의 강철 볼트는 황동 실린더를 견고한 베이스에 단단히 고정시킨다. 볼트-실린더에 조립된 데이터는 다음에 제시하였다. 평판의 두 구멍들은 평판이 실린더 상단에 놓일 때까지 두 개의 볼트에 의해 고정된다. 그 다음 두 개의 너트들은 손으로 꽉 조일 때까지, 즉 볼트와 실린더에 아무런 응력을 유발하지 않고 평판이 실린더의 전체 둘레에 접촉할 때까지 평판에 꽉 조여져 있다. 각 너트가 추가로 1/2회 더 진전될 때까지 2개의 너트들이 교대로 천천히 전진한다면, 실린더(σ_1)와 두 개의 볼트들(σ_2)에서 유도되는 응력을 결정하시오. 실린더가 선형 탄성 축 변형 부재로 작용한다고 가정하시오. 즉, 실린더는 평판과 볼트들에 의해 가해지는 축하중 하에서 좌굴되지 않는다.

실린더의 외부 지름: $d_o = 4$ in.,
내부 지름: $d_i = 3.5$ in.
실린더의 길이: $L_1 = 12$ in.,
평판의 두께: $t = 1.0$ in.
볼트의 지름: $d_2 = 0.5$ in.,
볼트 나사산의 피치: $p = 0.04$ in.

$$E_1 = E_{\text{brass}} = 15 \times 10^3 \text{ ksi}, \quad E_2 = E_{\text{steel}} = 30 \times 10^3 \text{ ksi}$$

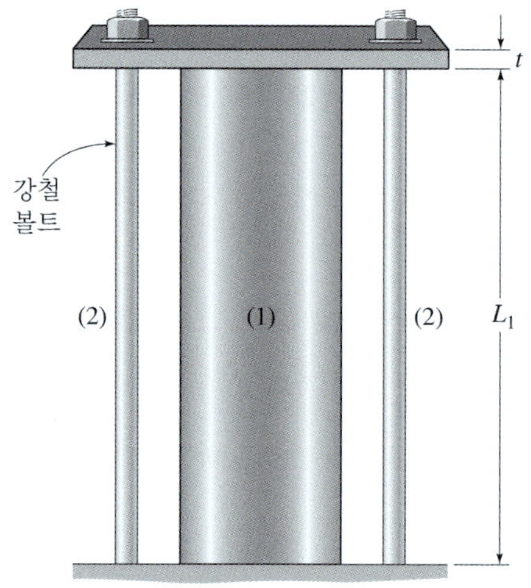

P3.7-14

다음 세 가지 기본 유형 각각에 대한 적절한 방정식을 작성하여 이 절의 문제들을 해결하시오:

1. 평형방정식.
2. 하중-온도-변위 관계.
3. 변형의 기하학적 구조; 적합 방정식.

이러한 연립방정식을 풀기 위하여 변위법을 사용하시오, 즉, (3) → (2) → (1).

■ 양 끝단 막대 – 변위법 MDS 3.13 & 3.14

문제 3.8-1. 문제 3.5-2의 데이터와 그림을 이용하여, (a) 수평 변위 u_B를 구하시오. (b) 스텝봉을 구성하는 두 요소들에서 축응력 σ_1과 σ_2를 구하시오.

문제 3.8-2. 문제 3.5-1의 데이터와 그림을 이용하여, (a) 수평 변위 u_B를 구하시오. (b) 스텝봉을 구성하는 두 요소들에서 축응력 σ_1과 σ_2를 구하시오. B지점에서의 축하중은 $P_B = 40$ kN이다. 시스템의 치수와 물성은 다음과 같다.

부재 (1): 강철, $E_1 = 210$ GPa, $A_1 = 1000$ mm^2, $L_1 = 2$ m;
부재 (2): 티타늄 합금, $E_2 = 120$ GPa, $A_2 = 1200$ mm^2,
$L_2 = 1.8$ m

문제 3.8-3. 문제 3.5-7의 데이터와 그림을 이용하여, (a) 수평 변위들 u_B와 u_C를 구하시오. (b) 스텝봉을 구성하는 세 요소들에서 축응력 σ_1, σ_2와 σ_3을 구하시오.

문제 3.8-4. 문제 3.5-8의 데이터와 그림을 이용하여, (a) 수평 변위들 u_B와 u_C를 구하시오. (b) 스텝봉을 구성하는 세 요소들에서 축응력 σ_1, σ_2와 σ_3을 구하시오.

문제 3.8-5. 문제 3.6-5의 데이터와 그림을 이용하여, (a) 수평 변위 u_B를 구하시오. (b) 스텝봉을 구성하는 두 요소들에서 축응력 σ_1과 σ_2를 구하시오.

문제 3.8-6. 그림 P3.6-8의 3요소 관-봉 시스템은 지점 A와 D에서 견고한 지지대에 용접되었을 때 응력이 작용하지 않는다. 이후, $\Delta T_1 = \Delta T_3 = 0$인 반면, 부분 (2)는 $\Delta T_2 = -20$℃로 냉각된다. 시스템의 치수 및 재료 특성은 다음과 같다.

$$d_o = 50 \text{ mm}, \quad d_i = 36 \text{ mm}, \quad d = 20 \text{ mm},$$
$$L_1 = L_2 = 1 \text{ m}, \quad L_3 = 2 \text{ m}$$
$$E_1 = 210 \text{ GPa}, \quad E_2 = E_3 = 70 \text{ GPa}$$
$$\alpha_2 = 23 \times 10^{-6}/℃$$

(a) B와 C 절점에서 각각의 수평 변위 u_B와 u_C를 구하기 위해 변위법을 사용하시오.
(b) 세 부분들에 발생하는 응력 σ_1, σ_2와 σ_3를 구하시오.

문제 3.8-7. 그림 P3.8-7의 3요소 스텝-봉 시스템은 끝단 A와 D가 견고한 벽에 부착될 때 응력이 작용하지 않는다. 그 후, $\Delta T_1 = \Delta T_3 = 0$인 반면, 중간 부분은 $\Delta T_2 = \Delta T$로 가열된다. 변위법을 사용하여 (a) 절점 B와 C에서 각각 수평 변위 u_B와 u_C에 대한 해석식을 구하고, (b) 세 부분들에 유도된 축응력 σ_1, σ_2와 σ_3에 대한 식을 구하시오. $A_1 = A_3 = A$, $A_2 = 2A$, $L_2 = L_3 = L$, $L_1 = 2L$, $E =$ 일정, $\alpha =$ 일정.

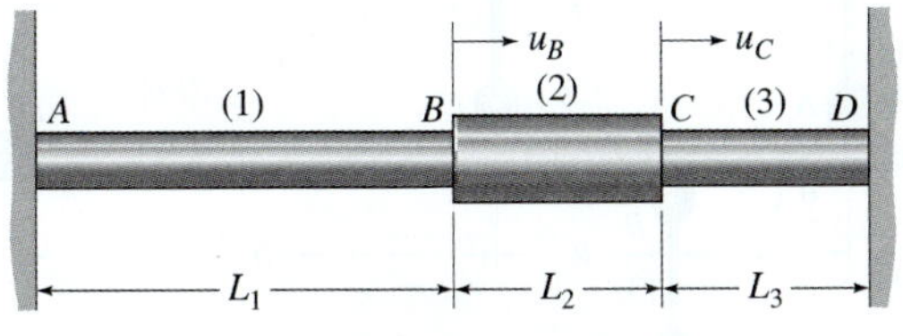

P3.8-7과 P3.9-8

문제 3.8-8. 문제 3.7-3의 관-봉 시스템에 대한 데이터와 그림을 이용하여 (a) 지점 C에서 간격이 닫혀있을 때, 수평 변위 u_B를 구하고, (b) 두 요소의 해당 축응력 σ_1과 σ_2를 구하시오.

문제 3.8-9. 문제 3.7-6의 멀티 부분 봉 시스템에 대한 데이터와 그림을 이용하여 (a) 하중 P가 지점 B에 작용할 때, 수평 변위 u_B를 구하고, (b) 두 요소들의 해당 축응력 σ_1과 σ_2를 구하시오.

문제 3.8-10. 문제 3.7-6의 데이터와 그림을 사용하여 (a) 지점 B에서 하중 $P = 50$ kN이 가해질 때, 수평 변위 u_B를 구하고, 또한 전체 봉이 20℃만큼 가열된다. $\alpha_1 = 12 \times 10^{-6}/℃$, $\alpha_2 = 10 \times 10^{-6}/℃$라고 하자. (b) 스텝-봉 시스템을 구성하는 두 요소들에서 해당 축응력 σ_1과 σ_2를 구하시오.

문제 3.8-11. 문제 3.7-3의 데이터와 그림을 이용하여 지점 C에서 벽에 대해 플랜지를 조이게 하는 것 외에도 관-봉 시스템 전체가 50°F만큼 가열될 경우, 수평 변위 u_B를 구하시오. $\alpha = 6.5 \times 10^{-6}$/°F라고 하자. (b) 관 요소 AB와 봉 요소 BC에 해당하는 축응력 σ_1과 σ_2를 각각 구하시오.

■ **다양한 형태 – 변위법**

문제 3.8-12. 그림 P3.8-12와 같이, 2개의 견고한 벽들로 함께 부착되고 지지되는 3개의 부재들은 단일 작용 하중 P로 인해 축 변형을 겪는다. 부재 AB는 지름 $d_1 = 1.0$ in.와 탄성계수 $E_1 = 15 \times 10^3$ ksi을 가진 고체 황동봉이다; 부재 BC는 외부 지름 $(d_o)_2 = 1.0$ in., 내부 지름 $(d_i)_2 = 0.75$ in.와 탄성계수 $E_2 = 30 \times 10^3$ ksi를 가진 강관이다; 부재 BD는 지름 $d_3 = 0.50$ in.와 탄성계수 $E_3 = 10 \times 10^3$ ksi를 가진 고체 알루미늄 합금봉이다. $L_1 = L_2 = 20$ in., $L_3 = 50$ in. (a) 하중 $P = 2$ kips가 작용되는 지점 D의 변위 u_D를 결정하시오. (b) 관 단면 BC에서 축응력 σ_2을 계산하시오.

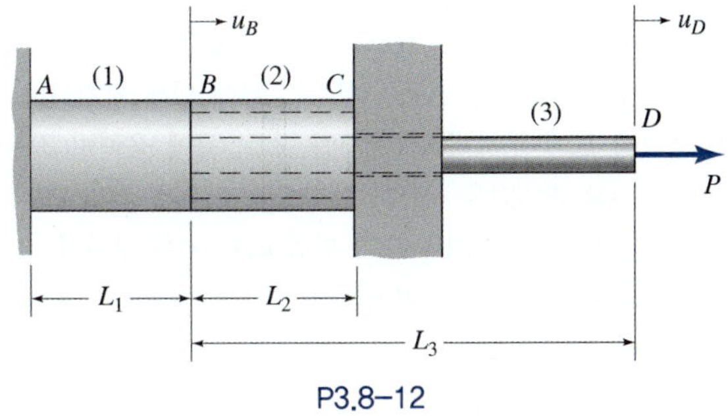

P3.8-12

문제 3.8-13. 변위법을 이용하여, 문제 3.5-4를 해결하시오.

문제 3.8-14. 그림 P3.8-14의 강체 보 AD는 지점 B에서 매끄러운 핀과 지점 A와 C에서 보에 부착된 수직 봉에 의해 지지된다. 보의 무게를 무시하고, $P=0$ 일 때 봉에 응력이 없다고 가정하자. (a) 변위법을 사용하여 하중 P가 작용할 때 보 AD의 회전 비틀림각 θ를 구하시오. (b) 하중 P가 가해질 때 지지 봉 (1)과 (2)의 축방향 응력을 결정하시오. θ는 매우 작다고 가정하시오.

$$A_1 = A_2 = 200 \text{ mm}^2, \quad L_1 = L_2 = 2 \text{ m}$$
$$E_1 = 70 \text{ GPa}, \quad E_2 = 100 \text{ GPa}$$
$$a = 1 \text{ m}, \quad b = 2 \text{ m}, \quad P = 20 \text{ kN}$$

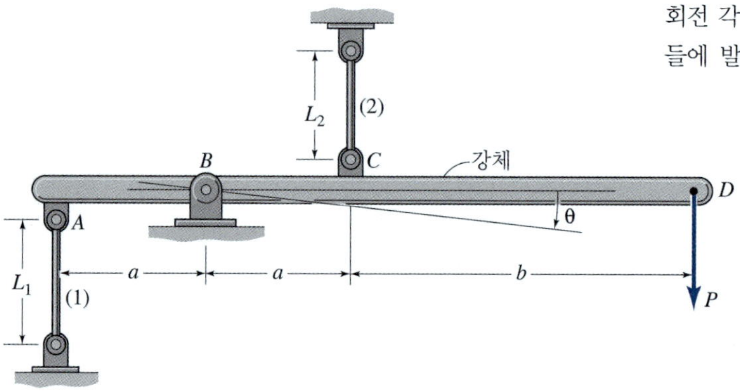

P3.8-14, P3.9-6, P11.7-13

문제 3.8-15. 그림 P3.8-14의 강체 보 AD는 지점 D에서 매끄러운 핀과 지점 A와 C에서 보에 부착된 수직 봉에 의해 지지된다. 보의 무게를 무시하고, $P=0$ 일 때 봉에 응력이 없다고 가정하자. (a) 변위법을 사용하여 하중 P가 작용할 때 보 AD의 비틀림각 θ를 구하시오. (b) 하중 P가 가해질 때 지지 봉 (1)과 (2)의 축방향 응력 σ_1, σ_2을 결정하시오. θ는 매우 작다고 가정한다.

$$A_1 = A_2 = 1.0 \text{ in}^2, \quad L_1 = 40 \text{ in.}, \quad L_2 = 60 \text{ in.}$$
$$E_1 = E_2 = 30 \times 10^3 \text{ ksi}, \quad P = 10 \text{ kips}$$
$$a = 20 \text{ in.}, \quad b = 60 \text{ in.}$$

***문제 3.8-16.** 그림 P3.5-16의 강체 보 AD는 지점 A, C 및 D에서 보에 부착된 3개의 동일한 수직 봉에 의해 지지된다. 봉들이 초기에 보에 부착되고 $P=0$인 경우, 봉에 응력이 작용하지 않는다. (a) 변위법을 사용하여 하중 P가 지점 B의 보에 작용할 때, 지점 A와 D에서의 수직 변위 u_A와 u_B를 구하시오. (b) 하중이 가해질 때 세 개의 지지봉 각각의 축 응력(σ_1, σ_2, σ_3)을 계산하시오.

$$A = 1.0 \text{ in}^2, \quad L = 60 \text{ in.}, \quad E = 30 \times 10^3 \text{ ksi}$$
$$a = 20 \text{ in.}, \quad b = 40 \text{ in.}, \quad c = 60 \text{ in.}, \quad P = 10 \text{ kips}$$

문제 3.8-17. 그림 P3.8-17의 강성보 AD는 지점 B에서 매끄러운 핀에 의해, A, C 및 D지점에서 수직 봉들에 의해 지지되어 있다. 보의 무게는 무시하고, 시스템이 조립되어 있을 때, 봉들에는 응력이 작용하지 않는다고 가정하자. 봉 (1)과 (2)는 조립 온도($\Delta T_1 = \Delta T_2 = 0$)로 유지되고, 봉 (3)은 $\Delta T_3 = -50$℃만큼 냉각된다.

$$A_1 = A_2 = A_3 = 200 \text{ mm}^2, \quad L_1 = L_2 = L_3 = 2 \text{ m}$$
$$a = 1 \text{ m}, \quad b = 1.5 \text{ m}, \quad E_1 = E_3 = 70 \text{ GPa}$$
$$E_2 = 100 \text{ GPa}, \quad \alpha_3 = 20 \times 10^{-6}/℃$$

(a) 변위법을 사용하여 냉각하는 봉 (3)에 의해 발생하는 보의 회전 각 θ를 구하시오. (b) 냉각하는 봉 (3)에 의해 세 가지 봉들에 발생하는 응력 σ_1, σ_2와 σ_3을 구하시오.

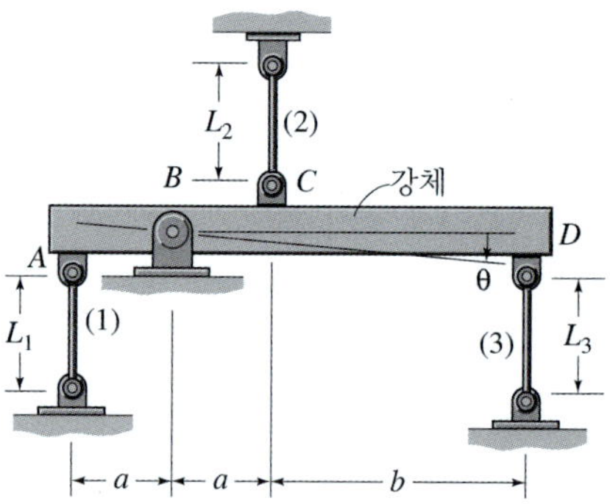

P3.8-17

문제 3.8-18. 그림 P3.8-18의 강체 보 AD는 지점 D에서 매끄러운 핀과 지점 A, B 및 C에서 보에 부착된 수직 봉에 의해 지지된다. 보의 무게를 무시하고, 시스템이 조립되어 있을 때, 봉들에는 응력이 없다고 가정하자. 변위법을 사용하여 이 문제를 해결하시오. (a) 요소 (3)이 80°F까지 냉각될 때(즉, $\Delta T_3 = -80$°F), 보 AD의 회전 θ를 구하시오. (b) 봉 (3)의 냉각에 의해 세 봉들에 인가되는 축응력 σ_1, σ_2 및 σ_3를 구하시오.

$$A_1 = A_2 = A_3 = 1.0 \text{ in}^2, \quad L_1 = L_3 = 40 \text{ in.}, \quad L_2 = 60 \text{ in.}$$
$$a = 20 \text{ in.}, \quad b = 60 \text{ in.},$$
$$E_1 = E_2 = E_3 = 30 \times 10^3 \text{ ksi}, \quad \alpha_3 = 6.5 \times 10^{-6}/°\text{F}$$

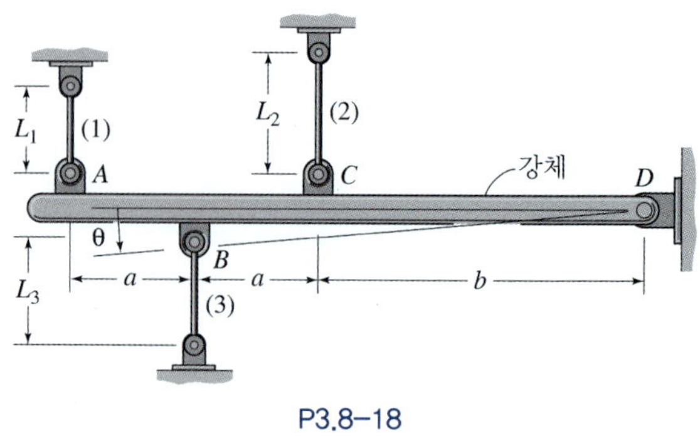

P3.8-18

문제 3.8-19. 그림 P3.6-17의 강체 보 AC는 3개의 수직봉들에 의해 지지된다. 최초 조립 시, 모든 봉들에 응력작용이 없고 보 AC는 수평이다. 이어서, 봉 (1)는 조립 온도(즉, $\Delta T_1 = 0$)로 유지되고, 봉 (2) 및 (3)은 동일한 양으로 가열된다($\Delta T_2 = \Delta T_3 = \Delta T$). (a) 변위법을 사용하여 보의 양 끝단에서의 변위 u_A와 u_C를 구하시오. (b) 세 개의 지지봉들에 인장되는 응력 σ_1, σ_2와 σ_3들을 계산하시오.

$$A_1 = A,\quad A_2 = A_1 = 2A,\quad E_1 = E_2 = E_3 = E$$
$$\alpha_2 = \alpha_3 = \alpha$$

문제 3.8-20. 강성보 AD는 지점 D에서 매끄러운 핀에 의해, A와 C지점에서 보에 부착된 수직 강철봉들에 의해 지지되어 있다; 보의 무게는 무시하자. 요소 (1)은 정확한 길이로 제작되었고, 봉 (1)만이 보 AD에 부착될 때, 보는 수평이다(즉, $\theta = 0$). 한편, 요소 (2)는 $\bar{\delta} = 0.02$ in. 만큼 매우 짧게 제작되었으며, 지점 C에서 핀으로 보에 연결하기 위해 수동으로 늘려야한다. (a) 변위법을 이용하여 봉 (2)가 연결되고 하중 $P = 2$ kips가 지점 B에 작용된 후, 보 AD의 회전 θ를 구하시오. (b) 두 개의 지지봉들에서 해당 축응력 σ_1과 σ_2를 구하시오.

$$A_1 = A_2 = 1.0\ \text{in}^2,\quad L_1 = 40\ \text{in.},\quad L_2 = 60\ \text{in.}$$
$$E_1 = E_2 = 30\times 10^3\ \text{ksi},\quad a = 20\ \text{in.},\quad b = 60\ \text{in.},\quad P = 2\ \text{kips}$$

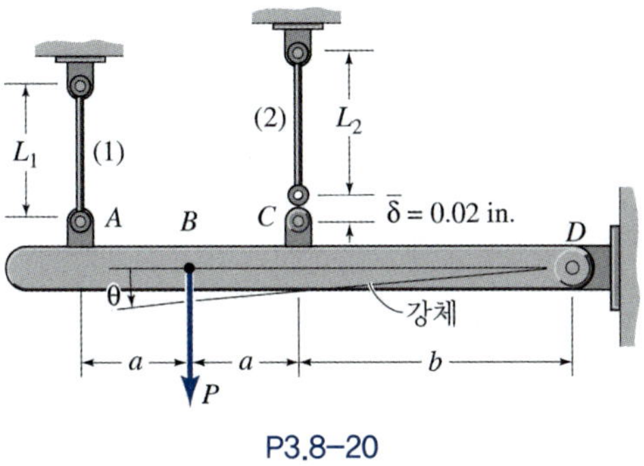

P3.8-20

문제 3.8-21. 문제 3.7-12의 데이터 및 그림에서 (a) 변위법을 이용하여 봉(2)가 봉 상단 끝의 브래킷에 부착되고, 하중 $P = 20$ kN이 지점 D에 작용된 후, 보 AD의 회전각을 구하시오. (b) 두 개의 지지봉에서 해당 축응력 σ_1과 σ_2를 구하시오.

문제 3.8-22. 문제 3.7-11의 데이터 및 그림에서 (a) 변위법을 이용하여 지점 C의 너트를 1회전 전진할 경우(즉, 조임), 강성 보 AC가 회전하는 (작은) 회전 각도를 구하시오(예: 0.1 in.의 나사산 길이). (b) 봉 (1)에서의 해당 축응력 σ_1을 구하시오.

문제 3.8-23. 문제 3.7-13의 데이터 및 그림에서 (a) 변위법을 이용하여 볼트가 1/4 만큼 전진할 때(예: 0.01 in.의 나사산 길이), 슬리브가 줄어드는 양 u를 구하시오. (b) 슬리브 및 볼트에서의 σ_1과 σ_2를 각각 구하시오.

문제 3.8-24에서 3.8-27에 대하여, 명시된 문제들의 변위법 솔루션을 수행하는 컴퓨터 프로그램을 작성해야 한다. 컴퓨터 프로그램은 평형 방정식, 요소-힘-온도 변형 방정식 및 변형 적합 방정식과 다음의 단계들을 포함해야 한다.

1. 주어진 데이터를 입력하시오.
2. 절점 변위(들)에 대한 평형방정식을 풀이하시오.
3. 요소 응력들을 얻기 위해 힘-온도-변위 방정식들을 풀이하시오.
4. 계산 결과를 출력하시오.

180쪽의 변위법 흐름도를 참고하시오.

컴퓨터**문제 3.8-24.** 그림 P3.5-1에서의 2 요소 정적 부정정계 시스템에 대한 컴퓨터 프로그램을 작성하고, 그림 3.8-1과 3.8-2를 해결하여 그 사용법을 보이시오. 예제 3.15를 참고하시오.

컴퓨터**문제 3.8-25.** 예제 3.17에서 세 가지 요소 부정정 시스템을 위한 컴퓨터 프로그램을 작성하시오. $P_B = 10$ kips와 $T_3 = -100$°F 및 다음의 물리적 데이터를 이용하여 컴퓨터 프로그램을 사용하는 방법을 설명하시오.

요소	면적 A_i	(의도된) 길이 L_i	탄성계수 E_i	열팽창계수 α_i	틈새 $\bar{\delta}_i$
1	2.00 in^2	30.00 in.	$15(10^3)$ ksi	-	-
2	1.50 in^2	20.00 in.	$30(10^3)$ ksi	-	0.01 in.
3	1.00 in^2	20.00 in.	$30(10^3)$ ksi	$7(10^{-6})/°\text{F}$	-

컴퓨터**문제 3.8-26.** 그림 P3.5-7에서 세 가지 요소 부정정 시스템을 위한 컴퓨터 프로그램을 작성하고, 그림 3.8-3과 3.8-4를 해결하여 그 사용법을 보여주시오. 예제 3.17을 참고하시오.

컴퓨터**문제 3.8-27.** 그림 P3.7-3에서 두 가지 요소 부정정 시스템을 위한 컴퓨터 프로그램을 작성하고, 그림 3.8-8과 3.8-11을 해결하여 그 사용법을 보여주시오. 예제 3.15를 참고하지만, 예제 3.17에 설명된 것처럼 기하학적 적합 방정식에 "틈새"를 포함해야 한다.

다음 세 가지 기본 유형 각각에 대한 적절한 방정식을 작성하여 이 절의 문제들을 해결하시오:

1. 평형방정식.
2. 하중-온도-변위 관계.

3. 변형의 기하학적 구조; 적합 방정식.

이러한 연립방정식을 풀기 위하여 변위법을 사용하시오, 즉, (3) → (2) → (1).

■ 하중법 문제들

문제 3.9–1. 그림 P3.9-1에 대하여, 문제 3.5-1을 보시오. 2개의 균일한 선형 탄성 부재들이 지점 B에서 함께 결합되어 있고, 결과적인 두 부분 봉이 끝단 A 및 C의 강성 지지대에 부착되어 있다. 단일 외력 P_B는 지점 B의 절점에 작용된다. 부재 (1)은 탄성계수 $E_1 = 30 \times 10^3$ ksi, 단면적 $A_1 = 2.0$ in^2 및 길이 $L_1 = 80$ in.인 강철이고; 부재 (2)는 탄성계수 $E_2 = 10 \times 10^3$ ksi, 단면적 $A_2 = 3.6$ in^2 및 길이 $L_2 = 60$ in.인 알루미늄합금이다. $P_B = 16$ kips라고 하고 하중법을 이용하여 (a) 두 요소들에서의 축응력 σ_1과 σ_2를 구하고, (b) 조인트 B의 수평 변위 u_B를 구하시오.

문제 3.9–2. 그림 P3.9-2에 대하여, 문제 3.5-9를 보시오. 세 부분 봉은 끝단 A와 D에서 강성 지지대에 부착되어 있으며, 그림 P3.9-2와 같이, 교점(조인트) B와 C에서 크기는 동일하고 반대 방향의 외력 P를 받는다. 봉은 균질하고 탄성계수 E를 가지고 선형 탄성적이다. $A_1 = A_3 = A$, $A_2 = 2A$, $L_1 = 2L$ 및 $L_2 = L_3 = L$이라고 하자. (a) 부재 (2)의 힘을 과잉 힘으로 하고, 하중법을 이용하여 요소들의 축응력 σ_1, σ_2 및 σ_2를 결정하시오. (b) 절점 B와 C에서 수평 변위 u_B와 u_C에 대한 식을 각각 결정하시오.

문제 3.9–3. 그림 P3.9-3에 나타낸 5 부분 스텝봉은 끝단 A와 F에서 강성 지지대에 부착될 때 응력이 없다. 그 후, 그림 P3.9-3과 같이, 절점 B와 D에서 크기가 P인 두 개의 외부 하중이 가해진다. 부재는 탄성계수 E를 가지고 균질하며, 단면적은 $A_1 = A_5 = A$, $A_2 = A_4 = 2A$ 및 $A_3 = 3A$이다. 하중법을 이용하여 끝단 F에서의 반력 P_F를 구하시오. (힌트: $P_F = F_5$를 과잉 힘으로 하고, 하중법을 이용하여 이 힘을 직접 구하시오.)

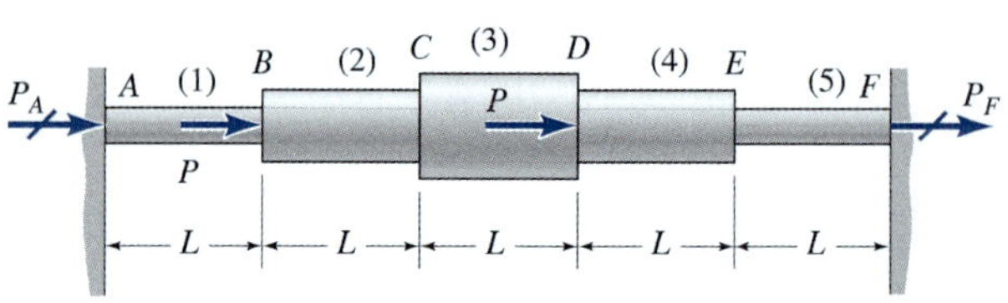

P3.9–3

문제 3.9–4. 그림 P3.9-4의 경우, 문제 3.5-7을 참조하시오. 그림 P3.9-4에 나와 있는 3 부분 시스템을 고려하시오. 아래에 주어진 치수, 재료 특성 및 하중을 사용하고, 하중법을 이용하여, (a) 요소 축력 F_1, F_2 및 F_3을 각각 결정하고, (b) 두 교점 변위 u_B 및 u_C를 구하시오.

$$d_o = 50 \text{ mm}, \quad d_i = 36 \text{ mm}, \quad d = 20 \text{ mm}$$
$$L_1 = L_2 = 1 \text{ m}, \quad L_3 = 2 \text{ m}, \quad P_C = 50 \text{ kN}$$
$$E_1 = 210 \text{ GPa}, \quad E_2 = E_3 = 70 \text{ GPa}$$

문제 3.9–5. 그림 P3.9-5(문제 3.5-11 참조) 및 아래 데이터와 함께 (a) 하중법을 사용하여 지지봉들의 힘 F_1과 F_2를 계산하시오. F_1을 과잉 힘으로 이용하시오. (b) 지지봉 (1)의 신장량을 결정하시오.

$$A_1 = A_2 = 500 \text{ mm}^2, \quad L_1 = 1 \text{ m}, \quad L_2 = 2 \text{ m}$$
$$E_1 = E_2 = 210 \text{ GPa}, \quad P = 50 \text{ kN}$$
$$a = 0.50 \text{ m}, \quad b = 1.5 \text{ m}$$

문제 3.9–6. 그림 P3.9-6(문제 3.8-14 참조) 및 아래 데이터와 함께 (a) 하중법을 사용하여 지지봉들의 힘 F_1과 F_2를 계산하시오. F_1을 과잉 힘으로 이용하시오. (b) 각 지지봉에서의 축응력 σ_1, σ_2를 구하시오. (c) 지지봉 (1)의 신장량(e)을 결정하시오.

$$A_1 = 1.0 \text{ in}^2, \quad A_2 = 0.50 \text{ in}^2, \quad L_1 = L_2 = 5 \text{ ft}$$
$$E_1 = E_2 = 10 \times 10^3 \text{ ksi}$$
$$a = 2 \text{ ft}, \quad b = 4 \text{ ft}, \quad P = 5 \text{ kips}$$

***문제 3.9–7.** 그림 P3.9-7(문제 3.5-16 참조) 및 아래 데이터와 함께 (a) 하중법을 사용하여 지지봉들의 축력 F_1, F_2 및 F_3를 계산하시오. F_2를 과잉 힘으로 이용하시오. (힌트: F_3와 F_1을 F_2와 관련시키기 위해 지점 A와 D를 고려하시오.) (b) 하중 작용점, 지점 B의 수직 변위(u_B)를 결정하시오.

$$A = 500 \text{ mm}^2, \quad L = 2 \text{ m}, \quad E = 100 \text{ GPa}$$
$$a = 0.50 \text{ m}, \quad b = 1.0 \text{ m}, \quad c = 1.5 \text{ m}, \quad P = 20 \text{ kN}$$

문제 3.9–8. 그림 P3.9-8의 경우, 문제 3.8-7을 참조하시오. 세 부분 봉은 끝단 A와 D에서 강성 지지대에 부착되어 있다. 봉이 초기에 지지대에 부착되어 있으면, 응력이 작용하지 않는다. 이어서, 부분 (1) 및 (3)은 원래 온도(즉, $\Delta T_1 = \Delta T_3 = 0$)로 유지되는 반면, 중간 부분은 ΔT_2만큼 가열된다. 끝단 A와 D에서의 반응 외에는 봉에 작용하는 외력은 없다. 부분 (2)의 힘을 과잉 힘으로 적용하고, 하중법을 이용하여 요소들의 축응력 σ_1, σ_2 및 σ_2를 결정하시오. $A_1 = A_3 = A$, $A_2 = 2A$, $L_2 = L_3 = L$, $L_1 = 2L$, $E =$ 일정, $\alpha =$ 일정이라고 하자.

문제 3.9–9. 그림 P3.9-9의 경우, 문제 3.6-8을 참조하시오.

외부 지름 d_o와 내부 지름 d_i인 강관과 지름이 d인 알루미늄 합금봉은 세 부분 시스템을 형성한다. 그 시스템이 A와 D지점에서 강성 지지대에 용접된 상태에서는 응력이 발생하지 않는다. 그 후에, $\Delta T_2 = \Delta T_3 = 0$인 반면에, 강관은 100°F까지 냉각된다(즉, $\Delta T_1 = -100$°F). 부분 (2)의 힘을 과잉 힘으로 하고, 하중법을 이용하여 요소들의 축응력 σ_1, σ_2 및 σ_3를 결정하시오.

$$d_o = 2 \text{ in.},\quad d_i = 1.5 \text{ in.},\quad d = 0.75 \text{ in.}$$
$$L_1 = L_2 = 30 \text{ in.},\quad L_3 = 50 \text{ in.}$$
$$E_1 = 30 \times 10^3 \text{ ksi},\quad E_2 = E_3 = 10 \times 10^3 \text{ ksi}$$
$$\alpha_1 = 6.5 \times 10^{-6}/°\text{F}$$

문제 3.9-10. 문제 3.6-15의 그림 및 데이터와 함께 (a) 하중법을 사용하여 두 봉들의 축력 F_1과 F_2를 계산하시오. F_2를 과잉 힘으로 이용하시오. (b) 브래킷 ABC의 (반시계방향) 회전각 θ를 결정하시오.

문제 3.9-11. 그림 P3.9-11의 경우, 문제 3.6-17을 참조하시오. 강성 보 AC는 그림 P3.9-11과 같이 3개의 수직 봉들로 지지된다. 최초 조립 시 봉들에는 응력이 없고, 보 AC는 수평이다. 봉 (1)이 조립 온도(즉, $\Delta T_1 = 0$)로 유지되고, 봉 (2)와 (3)은 동일한 양으로 가열되면($\Delta T_2 = \Delta T_3 = \Delta T$), 세 개의 지지대에 발생하는 응력들을 구하시오. F_1을 과잉 힘으로 하고, 하중법을 이용하여 이 문제를 풀이하시오. (힌트: 평형방정식에 대해 $(\Sigma M)_B$ 및 $(\Sigma M)_C$를 취하시오.

$$A_1 = A,\ A_2 = A_3 = 2A,\quad E_1 = E_2 = E_3 = E$$
$$\alpha_2 = \alpha_3 = \alpha$$

문제 3.9-12. 그림 P3.9-12의 경우, 문제 3.7-3을 참조하시오. 문제 3.7-3의 관봉 시스템의 경우, 지점 C의 틈새가 닫힐 때, 하중법을 이용하여 요소 (1)과 (2)에 각각 발생하는 응력 σ_1 및 σ_2를 구하시오.

문제 3.9-13. 그림 P3.9-13의 경우, 문제 3.7-6을 참조하시오. 문제 3.7-6의 데이터를 가지고, 하중법을 이용하여 하중 P = 50 kN이 작용할 때, 두 가지 봉 부분들에서의 축응력 σ_1 및 σ_2를 구하시오.

문제 3.9-14. 그림 P3.9-14의 경우, 문제 3.7-3을 참조하시오. 지점 C에서 벽에 플랜지를 조일 뿐만 아니라 관봉 시스템 ABC를 50°F로 균일하게 가열하는 경우, 문제 3.7-3을 이용하여 해결하시오. $\alpha = 6.5 \times 10^{-6}/°\text{F}$를 이용하시오.

문제 3.9-15. 그림 P3.9-15의 경우, 문제 3.7-12를 참조하시오. 문제 3.7-6의 데이터를 가지고, 하중법을 이용하여 봉 (2)가 윗쪽 브래킷에 부착되고 하중 $P = 20$ kN이 작용한 후, 두 지지봉들에서의 축응력 σ_1 및 σ_2를 구하시오.

문제 3.9-16. 예제 3.16의 그림 및 데이터와 함께 (a) 하중법을 사용하여 세 봉들의 축력 F_1, F_2 및 F_3를 계산하시오. F_1과 F_2를 과잉 힘들로 이용하시오. (b) 브래킷 ABC의 (반시계방향) 회전각 θ를 결정하시오.

문제 3.10－1에서 3.10－12는 정정 평면 트러스 문제이다. 모든 부재의 내부 저항력은 평형 방정식에서 직접 결정될 수 있기 때문에 이러한 문제에 대한 적절한 해결 절차는 하중법이다. 따라서 적절한 해결 순서는 다음과 같다:

1. 평형방정식.
2. 하중-온도-변위 관계.
3. 변형(적합) 방정식의 기하학적 구조.

■ 정정 트러스

문제 3.10-1. 부재 AC는 $L_1 = 8$ ft이고, 단면적 $A_1 = 1.0$ in^{2}이며, 탄성계수 $E_1 = 30 \times 10^3$ ksi를 가진 강철로 만들어졌다. 부재 BC는 다음의 특성들을 가진다: $L_2 = 10$ ft, $A_2 = 1.4$ in^2 및 $E_2 = 10 \times 10^3$ ksi. 하중 $P = 10$ kips가 절점 C에서 핀에 대해 아래로 작용한다. (a) 봉 (1)과 (2)에서의 축응력들을 구하시오. (b) 절점 C의 수평 및 수직 변위, u_C 및 v_C를 각각 구하시오.

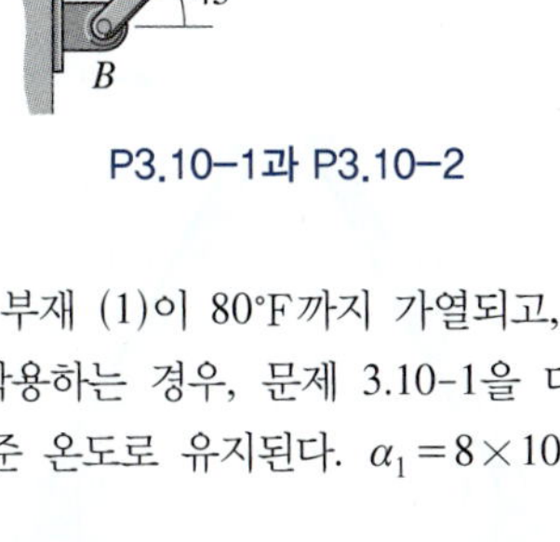

P3.10-1과 P3.10-2

문제 3.10-2. 부재 (1)이 80°F까지 가열되고, 동시에 하중 P = 10 kips가 작용하는 경우, 문제 3.10-1을 다시 풀이하시오. 부재 (2)는 기준 온도로 유지된다. $\alpha_1 = 8 \times 10^{-6}/°\text{F}$를 이용하시오.

문제 3.10-3. 두 부재 평면 트러스는 그림 P3.10-3에 나타낸 형상을 갖는다. 절점 C에서 트러스에 힘 $P = 200$ kN이 작용한다. (a) 요소 (1)과 (2)에서 발생하는 응력은 얼마인가? (b) 절점 C의 수평 및 수직 변위, u_C 및 v_C는 각각 얼마인가?

$$A_1 = A_2 = 1500 \text{ mm}^2, \quad E_1 = E_2 = 70 \text{ GPa}$$

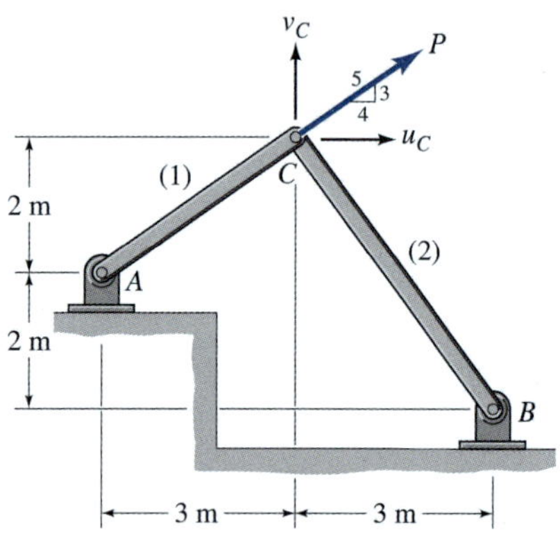

P3.10-3, P3.10-4와 P3.10-5

문제 3.10-4. 부재 (2)가 25℃까지 가열되고, 동시에 지점 C에서 트러스에 하중 $P = 200$ kN이 작용하는 경우, 문제 3.10-3을 다시 풀이하시오. 부재 (1)은 기준 온도, 즉 $\Delta T_1 = 0$으로 유지된다. $\alpha_2 = 23 \times 10^{-6}/℃$를 이용하시오.

설계**문제 3.10-5.** 그림 P3.10-5에서 평면 트러스의 조인트 C에 힘 $P = 400$ kN이 작용한다. (a) 허용 응력이 인장 시 100 MPa이고 압축 시 75 MPa이면 부재 (1) 및 (2)의 필요한 단면적을 결정하시오. (b) Part (a)에서 결정된 면적을 가진 트러스에 대하여, 절점 C의 변위 u_C 및 v_C를 결정하시오. $E_1 = E_2 = 70$ GPa.

문제 3.10-6. 그림 P3.10-6에서 평면 트러스의 두 부재들은 길이 L을 가지며 탄성계수 E를 갖는 재료로 만들어졌다. $A_1 = A$, $A_2 = 2A$이고 수평 하중 P가 절점 C에 적용되는 경우, (a) 두 부재들의 응력 σ_1및 σ_2와 (b) 지점 C에서 핀 조인트의 수평 변위 u_C와 수직 변위 v_C를 결정하시오.

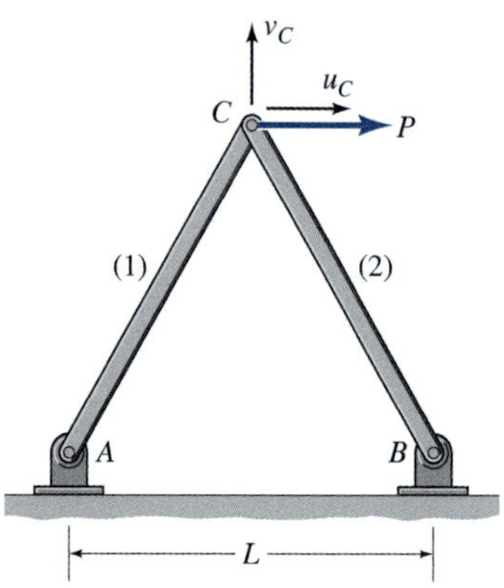

P3.10-6

문제 3.10-7. 그림 P3.10-7과 같이, 평면 트러스 ACB는 무게 W를 들어 올리는 데 사용되는 장치의 일부이다. $W = 4$ kips인 경우, (a) 두 트러스 부재들의 응력 σ_1과 σ_2 및 (b) 절점 C의 수평, 수직 변위 u_C와 v_C를 각각 구하시오.

$$A_1 = 0.8 \text{ in}^2, \quad A_2 = 1.0 \text{ in}^2$$
$$E_1 = 10 \times 10^3 \text{ ksi}, \quad E_2 = 30 \times 10^3 \text{ ksi}$$

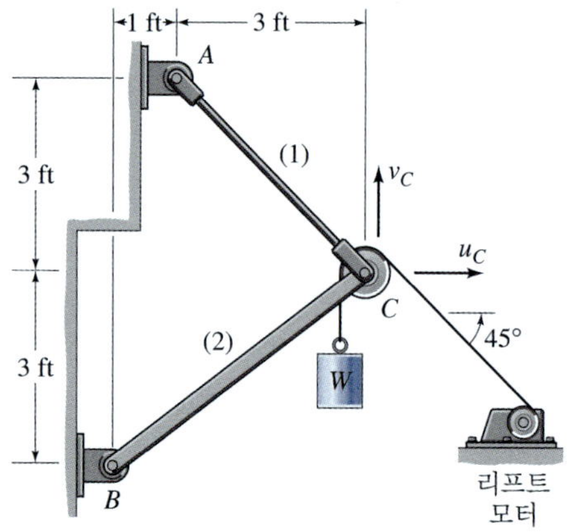

P3.10-7

문제 3.10-8. 그림 P3.10-8의 2개의 타이 봉들은 절점 B에서 최대 수평 하중 $P = 10$ kips를 지지한다. 봉 (1)은 탄성계수 $E_1 = 29 \times 10^3$ ksi와 항복점 $\sigma_{Y1} = 36$ ksi를 갖는 구조적 강철로 만들어졌다. 알루미늄 봉(2)의 해당 특성들은 $E_2 = 10 \times 10^3$ ksi와 $\sigma_{Y2} = 60$ ksi이다. (a) 두 막대 트러스가 항복에 의한 고장에 대해 2.5의 안전계수를 가지려면 필요한 영역 A_1과 A_2는 얼마인가? (b) 트러스가 Part (a)에 명시된 요구 사항에 따라 크기가 정해지고, 힘 $P = 10$ kips로 하중을 받는 경우, 최대 하중 조건에서 절점 B의 수평 및 수직 변위인 u_B와 v_B의 값은 얼마인가?

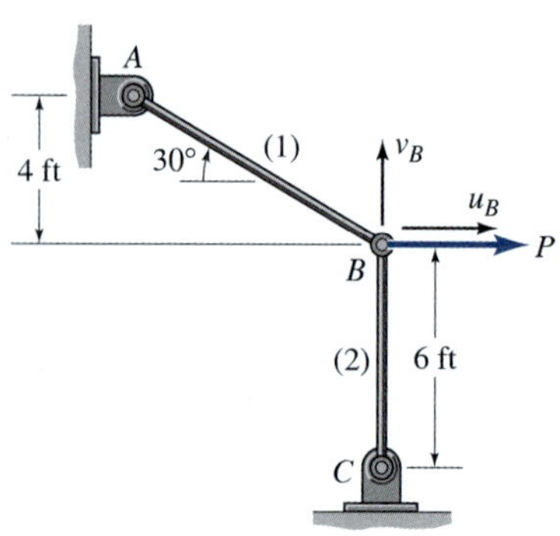

P3.10-8

***문제 3.10-9.** 그림 P3.10-9의 강성보 BD는 지점 C에서 매끄러운 핀으로 보에 연결된 강철봉에 의해 지지된다. 무게 W가 지점 D에 매달려 있지 않으면 보는 수평이다. 봉 AC의 특성들은 $A = 500$ mm²과 $E = 200$ GPa이다. (a) 무게 $W = 10$ kN이

지점 D에서 보에 매달려 있으면, 봉 AC에서의 응력은 얼마인가? 보의 무게는 무시하시오. (b) 봉 AC의 신장량은 얼마인가? (c) 지점 D의 수직 변위(u_D)는 얼마인가? (보 BD가 작은 각도로 회전한다고 가정하므로 점 C와 D는 수직으로만 움직이는 것으로 가정할 수 있다.)

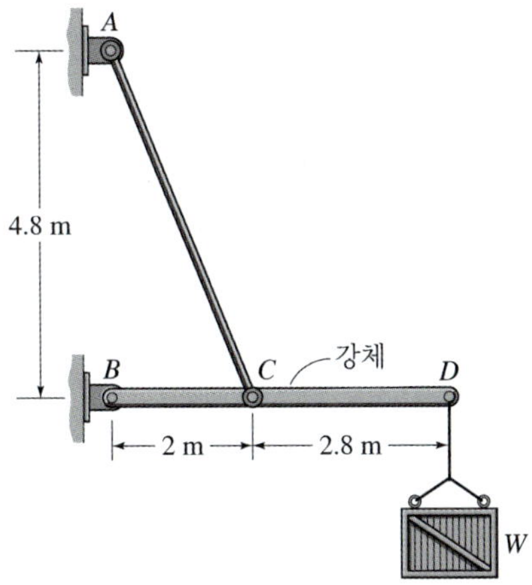

P3.10-9

설계문제 3.10-10. 그림 P3.10-10의 크레인 호이스트(crane hoist)는 타이 봉 AB로 지지되는 "강성", "무게가 없는" 돌출봉(boom) BC로 구성된다. 봉은 단면적이 $A = 0.75\ \text{in}^2$이고 탄성계수가 $E = 29 \times 10^3$ ksi인 강철로 만들어진다. (a) 강철의 항복응력이 $\sigma_Y = 50$ ksi이고 항복에 대한 안전계수 $FS = 2.5$이면 지점 B에서 핀에 매달린 케이블에 의해 안전하게 들어 올릴 수 있는 최대 중량 W는 얼마인가? (b) 지점 B의 핀에 하중 $W =$ 2 kips가 매달리면, 수직 변위 v_B는 얼마인가? (참고: 돌출봉(boom) BC가 회전하는 각도가 작다고 가정하면, 점 B는 원래 선 BC에 수직인 파선을 따라 이동한다. 즉, $v_B = -\dfrac{4}{3} u_B$.)

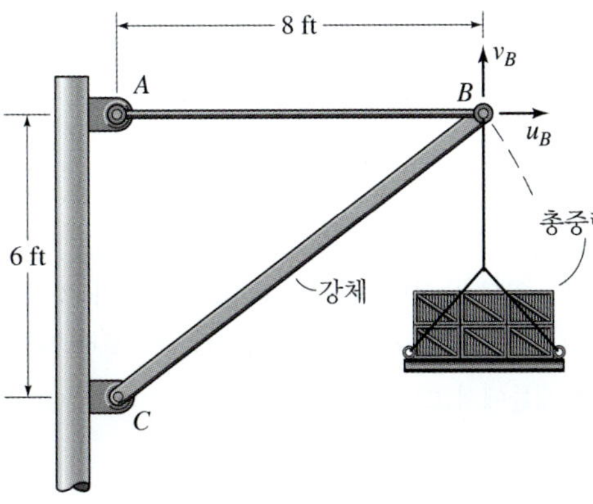

P3.10-10

문제 3.10-11. 그림 P3.10-11의 트러스 부재 (1)과 (2)는 동일한 탄성계수 E를 갖는다. 부재들의 단면적은 $A_1 = A$와 $A_2 = 2A$이다. $v_B = u_B$, 즉, 절점 B가 45°에서 오른쪽으로 위로 움직이려면, 하중 P가 어떤 각도로 작용해야 하는가?

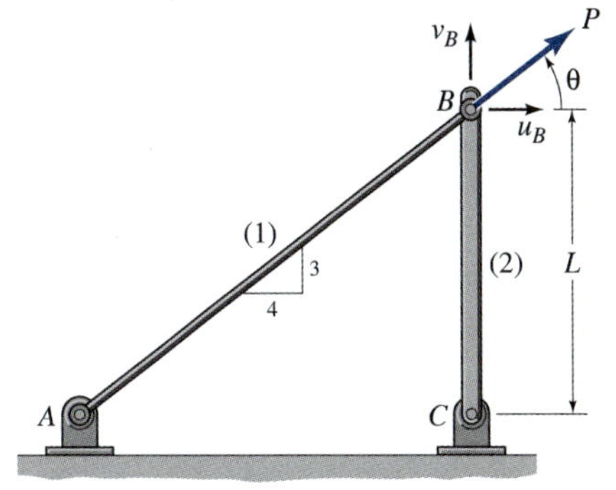

P3.10-11

***문제 3.10-12.** 타이 봉 AB의 단면적은 $A_1 = A$이고, 기둥(post) BC의 단면적은 $A_2 = 8A$이다. 둘 다 탄성계수 E를 갖는 동일한 재료로 만들어진다. 하중 P는 지점 B에 수평으로 작용한다. 기둥의 길이 $L_2 = L$는 고정되어 있지만, 길이 L_1과 지점 A에서 브래킷의 위치가 모두 가변적이면, 지점 B에서 수평 변위 u_B를 최소화 할 타이 봉의 각도를 결정하시오. (힌트: θ에 대해 이 표현식을 구별하고 $du_B/d\theta$를 0으로 설정하는 함수로 u_B에 대한 표현식을 구하시오. 시행착오 또는 컴퓨터로 해결할 수 있는 $\sin\theta$ 및 $\cos\theta$와 관련된 방정식을 얻게 된다.)

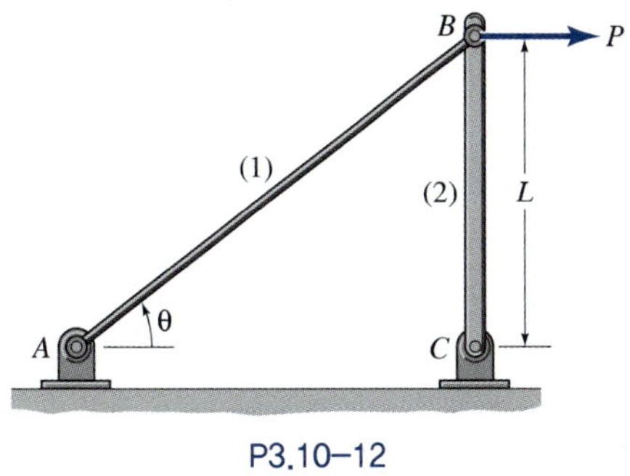

P3.10-12

문제 3.10−13에서 3.10−22는 부정정 평면 트러스 문제이다. 세 가지 기본 방정식 세트들을 설정하시오.

1. 평형방정식.
2. 하중-온도-변위 관계.
3. 변형(적합) 방적식의 기하학적 구조.

이러한 문제를 해결하는 가장 효율적인 방법은 변위법을 사용하는 것이다. 달리 명시되지 않는 한, 이 그룹의 모든 트러스는 처음 조립될 때 응력이 작용하지 않는다.

■ 부정정 트러스

문제 3.10-13. 그림 P3.10-13의 3개의 트러스 부재들은 모두 단면적 A와 탄성계수 E를 갖는다. 절점 A의 트러스에 수평 하중 P가 작용한다. (a) 절점 A의 수평 및 수직 변위, 즉 u_A 및 v_A에 대한 식을 결정하시오. (b) 부재 축력 F_1, F_2 및 F_3에 대한 식을 결정하시오.

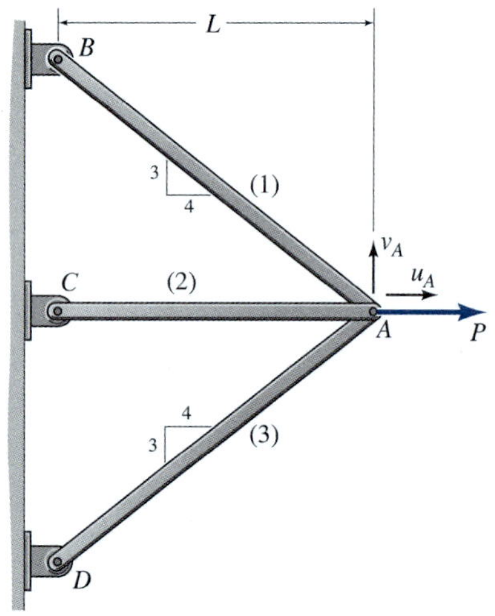

P3.10-13, P3.10-14, P3.10-15, P11.5-53

문제 3.10-14. $A_1 = 2A$, $A_2 = A_3 = A$에 대하여, 문제 3.10-13을 사용하여 다시 풀이하시오.

문제 3.10-15. $A_1 = 2A$, $A_2 = A_3 = A$에 대하여, 문제 3.10-13을 사용하여 풀이하시오. P를 0으로 설정하되, 열팽창계수가 α_2인 부재 (2)는 $\Delta T_1 = \Delta T_3 = 0$이며, $\Delta T_2 = \Delta T$의 양만큼 가열되도록 한다.

문제 3.10-16. 그림 P3.10-16의 3개의 트러스 부재 각각은 길이 L과 탄성계수 E를 갖는다. 부재들의 단면적은 $A_1 = A_2 = A$와 $A_3 = 2A$이다. (a) 절점 A의 핀 오른쪽에 수평 하중 P가 작용할 때, 절점 A에서 수평 및 수직 변위 u_A 및 v_A에 대한 식을 구하시오. (b) 하중 P가 작용할 때, 3개의 트러스 부재들에서의 축력 F_1, F_2 및 F_3에 대한 식을 구하시오.

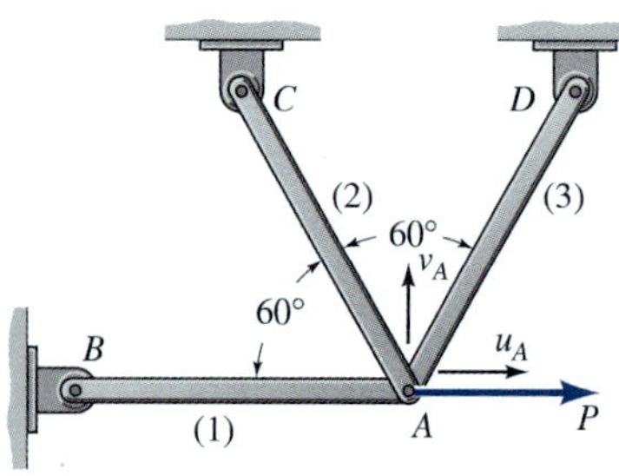

P3.10-16, P3.10-17, P3.10-18, P11.5-54

문제 3.10-17. 그림 P3.10-17의 트러스의 경우, $L_1 = L_2 = L_3 = 2.1$ m, $E_1 = E_2 = E_3 = 70$ GPa, $A_1 = A_2 = 600$ mm^2, $A_3 = 900$ mm^{2}이다. (a) 트러스가 절점 A에서 수평력 $P = 60$ kN을 받는 경우, 해당 조인트에서 발생하는 수평 변위 u_A와 수직 변위 v_A는 얼마인가? (b) 부재들에서 발생하는 축력 F_1, F_2 및 F_3는 얼마인가?

문제 3.10-18. 이번에는 $P = 0$으로 두고, 문제 3.10-17을 사용하여 다시 풀이하시오. $\Delta T_1 = \Delta T_3 = 0$이고, $\Delta T_2 = -20$℃. $\alpha_2 = 23 \times 10^{-6}$/℃라고 하자.

문제 3.10-19. 그림 P3.10-19의 트러스의 경우, $A_1 = A_2 = A_3 = 1.0$ in^2, $E_1 = E_2 = E_3 = 30 \times 10^3$ ksi 및 $P = 15$ kips이다. (a) 절점 A에서의 수평 변위 u_A와 수직 변위 v_A를 구하시오. (b) 부재의 축력 F_1, F_2 및 F_3를 구하시오.

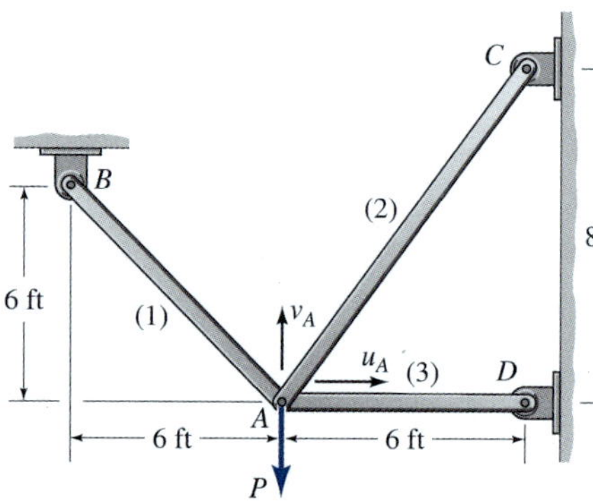

P3.10-19, P3.10-20, P3.10-21, P3.10-22, P11.5-55

문제 3.10-20. $P = 0$인 경우, 문제 3.10-19의 부재 (2)를 얼마나 냉각시켜야 절점 A가 0.05 in.(즉, $v_A = 0.05$ in.)만큼 위로 움직이는가? $\alpha_2 = 6.5 \times 10^{-6}$/°F라고 하자.

문제 3.10-21. 문제 3.10-19의 트러스를 고려하시오. 부재 (3)은 원래 지점 A에서 핀을 삽입할 수 있게 일시적으로 늘어나도록 0.05 in.가 짧게(즉, $\bar{\delta} = 0.05$ in.) 제작되었다고 가정하자. (a) $P = 0$이면, 위에서 설명한 것과 같이, 트러스가 강제 조립될 때, 얼마의 변위 u_A 및 v_A가 발생하는가? (b) 트러스가 강제 조립될 때, 부재들에서 발생하는 초기 응력 σ_1, σ_2 및 σ_3은 얼마인가?

***문제 3.10-22.** 문제 3.10-19를 다시 풀이하시오. 이번에는 부재 (2)의 지점 A 구멍에 0.02 in.의 간격이 있다고 가정하면, 핀은 그 간격(틈새)이 닫힐 때까지 부재 (2)에 작용하지 않는다. 그림 P3.10-22a에 대하여 문제 3.10-19를 참고하시오.

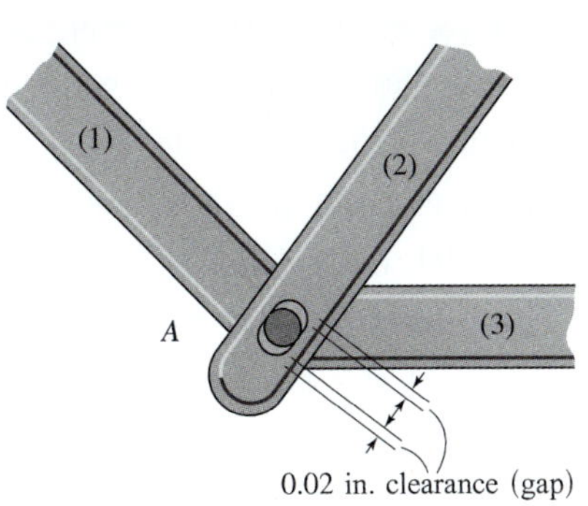

P3.10-22(b)

문제 3.10-23. 그림 P3.10-23에서 세 개의 부재들이 핀-조인트 트러스를 형성한다. 지점 A의 절점은 슬라이더 블록에 의해 구속되어 수평 방향으로만 움직인다(즉, $v_A=0$). 모든 부재들은 동일한 단면적 $A=400\ \text{mm}^2$를 가지며, 탄성계수는 세 부재 모두 $E=70$ GPa이다. (a) 절점 A를 오른쪽으로 5 mm(즉, $u_A=$ 5 mm) 이동하는 데 필요한 수평 하중 P를 구하시오. (b) Part (a)에서 결정된 하중 P에 해당하는 부재 힘 F_1, F_2 및 F_3을 구하시오. (c) 지점 A의 슬라이더 블록과 트랙 사이의 수직 반응을 구하시오.

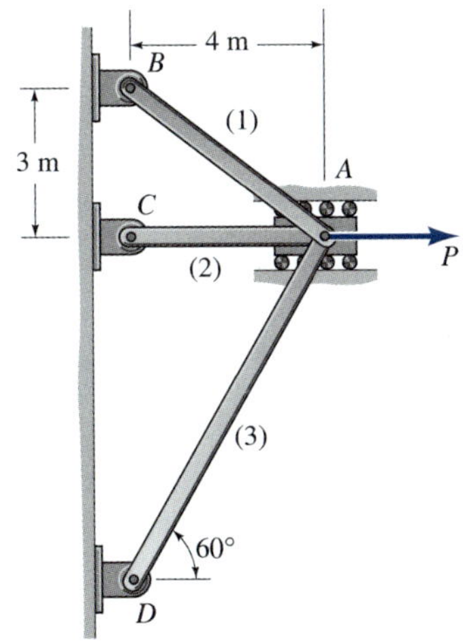

P3.10-23, P3.10-24와 P3.10-25

문제 3.10-24. 문제 3.10-23에서 트러스의 모든 부재들에 대한 열팽창계수는 $\alpha=23\times10^{-6}/℃$이다. (a) 만약 $P=0$이지만, 트러스의 3개의 부재 모두가 $T=20℃$ 만큼 균일하게 가열된다면, 절점 A는 얼마나 움직일 것인가? 즉, 모든 부재들의 가열로 인해 얼마의 수평 변위 u_A가 발생하는가? (b) 균일한 가열로 인해 트러스 부재들에서 얼마의 응력 σ_1, σ_2 및 σ_3이 발생할 것인가?

문제 3.10-25. 문제 3.10-23에서 트러스의 부재 (2)는 2 mm로 너무 짧게(즉, $\bar{\delta}_2=-2$ mm) 제작되어서, 트러스의 부재들은 강제 조립되어 있다. (a) 절점 A의 "초기 변위"는 얼마인가? 즉, 외부 하중 P를 적용하기 전에 u_A의 값은 얼마인가? (b) 부재 (2)의 원래 길이의 오차로 인해 트러스 부재들에 발생하는 "초기 응력" σ_1, σ_2 및 σ_3은 얼마나 발생할 것인가?

문제 3.10-26. 피타고라스의 정리를 이용하여, 끝단 A는 움직이지 않는 반면, 끝단 B가 x축 방향으로 B에서 B^*로 이동하며, u/L은 작다면(즉, $u/L\ll1$), 부재 AB와 초기 길이 L의 길이 변화 e_u가 $e_u=u\cos\theta$에 의해 구해진다는 것을 보이시오. (참고: 이 문제는 그림 3.22와 식 3.26과 관련이 있다.)

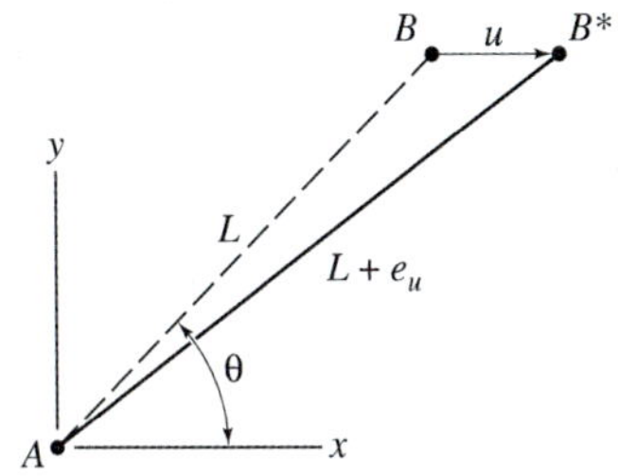

P3.10-26

■ **비탄성 축방향 변형**

***문제 3.11-1.** 그림 P3.11-1a의 두 부분 부재는 일정한 단면을 가지며 그림 P3.11-1b의 다이어그램에 주어진 이중 선형(bilinear) 응력-변형 거동과 함께 균일하다. 그림과 같이 크기가 P인 외부 하중이 지점 B와 C에 작용한다. (a) $A=1.0\ \text{in}^2$인 경우, 막대 AC에서 처음 항복을 일으키는 P의 값을 구하시오. (이 하중을 P_{Y1}이라 하자.) (b) $P=20$ kips 및 $L=20$ in인 경우, 막대 AC의 총 신장률 u_C를 구하시오.

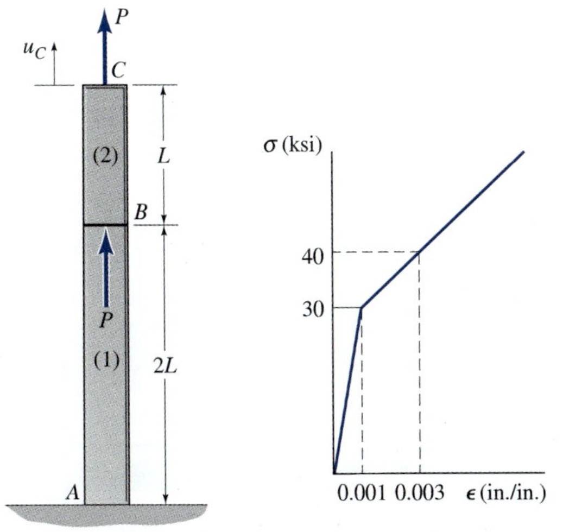

(a) 두 부분 막대 (b) 이중 선형 응력-변형률 선도

P3.11-1과 P3.11-2

***문제 3.11-2.** 문제 3.11-1의 두 부분 부재에 대해, (a) 두 부분 부재에서 처음 항복을 일으키는 하중 P의 값 P_{Y1}을 결정하시오. (b) 다른 부분도 또한 항복을 일으키는 하중 P의 값 P_{Y2}를 구하시오. (c) $2P_{Y2}$까지의 하중에 대한 하중-신장 다이어그램(즉, P vs. u_C)을 그리시오.

문제 3.11-3. 그림 P3.11-3a의 두 부분 부정정 부재는 일정한 단면적 $A=0.8\ \text{in}^2$을 갖는다. 그림 P3.11-3b와 같이 탄성, 완전 소성 응력-변형 거동을 가지며, $\sigma_Y=36$ ksi 및 $E=30\times10^3$ ksi인 재료로만 구성된다. (a) 첫 항복이 발생하는 하중 P_Y를 결정하고, 하중 P가 작용하는 부분 B의 해당 변위 u_Y를 결정하시오. (b) 막대의 나머지 부분에서 항복이 발생하는 하중 P_U를 결정하고, 부분 B의 해당 변위 u_U를 구하시오. (c) 하중-변위 선도를 그리시오. 즉, P 대 u의 선도를 P_U까지 그리시오.

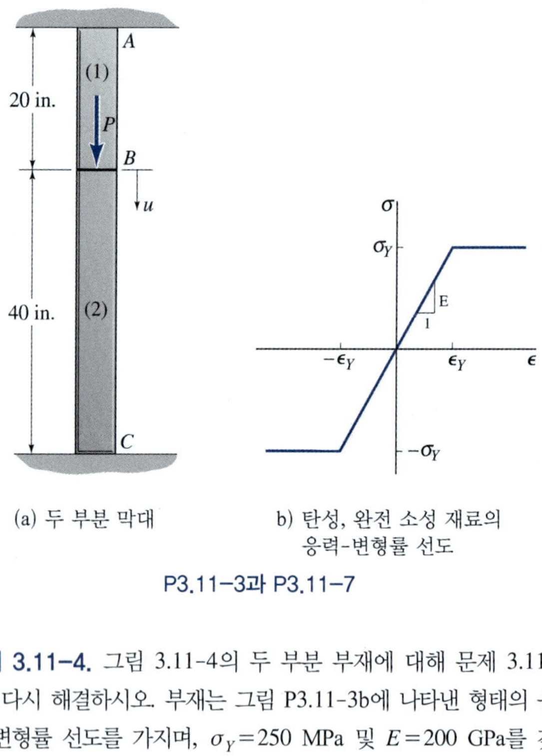

(a) 두 부분 막대 b) 탄성, 완전 소성 재료의 응력-변형률 선도

P3.11-3과 P3.11-7

문제 3.11-4. 그림 3.11-4의 두 부분 부재에 대해 문제 3.11-3을 다시 해결하시오. 부재는 그림 P3.11-3b에 나타낸 형태의 응력-변형률 선도를 가지며, $\sigma_Y=250$ MPa 및 $E=200$ GPa를 갖는다고 하자. 부재의 각 부분의 단면적은 $A_1=500\ \text{mm}^2$ 및 $A_2=800\ \text{mm}^2$이다.

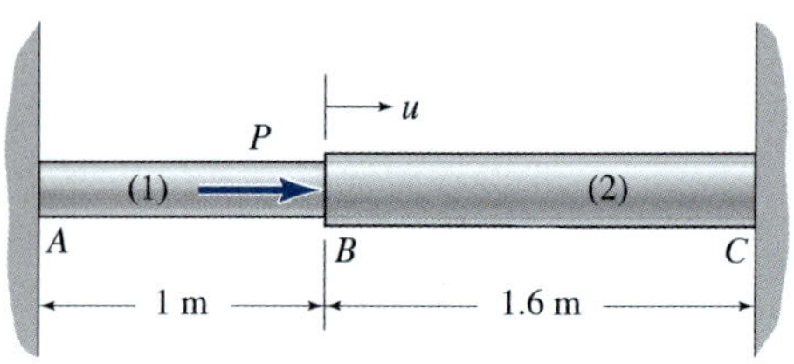

P3.11-4과 P3.11-8

***문제 3.11-5.** 대칭을 이룬 세 막대 평면 트러스는 절점 A에서 단일 수평력 P에 의해 하중을 받는다. 트러스의 부재들은 모두 $\sigma_Y=36$ ksi 및 $E=30\times10^3$ ksi이며 동일한 선형 탄성의 완전 소성 재료(그림 P3.11-3b 참조)로 만들어졌고, 모두 단면적 $A=2.0\ \text{in}^2$을 가진다. (a) 첫 항복이 발생하는 하중 P_Y를 결정하고, 하중 P가 작용하는 절점 A의 해당 변위 u_Y를 결정하시오. (b) 트러스의 나머지 부분에서 항복이 발생하는 하중 P_U를 결정하고, 트러스 A의 해당 변위 u_U를 구하시오. (c) 하중-변위 선도를 그리시오. 즉, P 대 u의 선도를 P_U까지 그리시오.

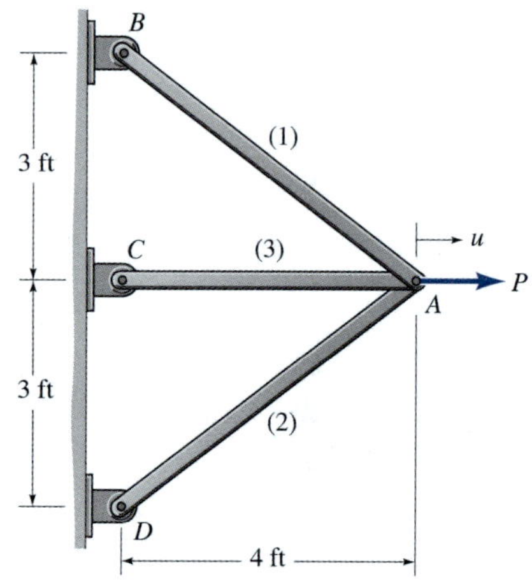

P3.11-5

***문제 3.11-6.** 그림 P3.11-6의 2부분 막대에 하중이 없는 경우, 지점 C의 막대와 견고한 벽 사이에 1 mm 간격이 있다. 2-부분 봉은 $\sigma_Y=250$ MPa 및 $E=200$ GPa이며, 그림 P3.11-3b와 같은 응력-변형률 선도를 가지는 선형 탄성의 완전 소성 재료로 만들어졌다. 부재는 일정한 단면적 $A=500\ \text{mm}^2$를 갖는다. (a) 부재의 오른쪽 끝이 처음에 C의 견고한 벽과 접촉하는 P의 값(P_R)을 구하시오. 하중 P_R에 대응하는 교점 B의 변위 u_R을 구하시오. (b) 첫 항복이 발생하는 하중 P_Y를 결정하고, 하중 P가 작용되는 부분 B의 해당 변위 u_Y를 결정하시오. (c) 부재의 나머지 부분에서 항복이 발생하는 하중 P_U를 결정하고, 부분 B의 해당 변위 u_U를 결정하시오. (d) 하중-변위 선도를 스케치하시오. 즉, P 대 u의 선도를 P_U까지 그리시오.

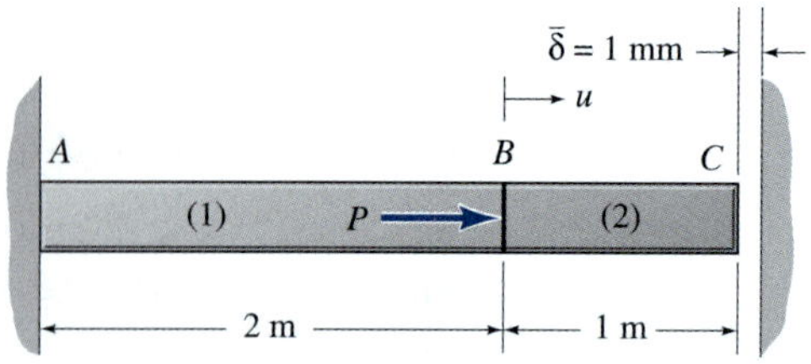

P3.11-6

> 문제 3.11－7에서 3.11－8는 부정정이고, 하중(loading)과 제하(unloading)를 포함한다. 예제 문제의 그림 1b와 같은 그래프에서 각 요소의 하중 및 제하 응력-변형 거동을 추적하는 예제 문제 3.22에서 사용된 절차를 따라야 한다.

■ **잔여 응력**

***문제 3.11-7.** 힘 $P = 50$ kips가 작용한 다음 완전히 제거된 경우, 문제 3.11-3에서 부재 AC의 부분 (1)과 (2)에서의 잔류 응력을 구하시오.

***문제 3.11-8.** 힘 $P = 300$ kN이 작용한 다음 완전히 제거된 경우, 문제 3.11-4에서 부재 AC의 부분 (1)과 (2)에서의 잔류 응력을 구하시오.

3장 복습 – 축방향 변형

절			관련 연습 문제
3.2	부재의 **축방향 변형**은 2가지 특성을 가진다: (1) 부재의 축은 똑바로 유지되고, (2) 평면 단면은 평면으로 유지되고 변형 후 축에 수직으로 유지된다.	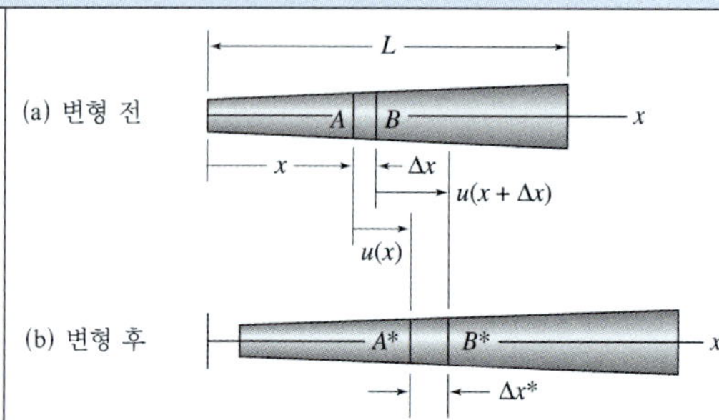 축방향 변형의 형상(그림 3.2).	
	신장 변형률 ϵ의 방정식에 의한 **축방향 변위** u와 관련이 있다. 축 변형을 받는 부재의 **총 신장**은 다음과 같이 주어진다.	$\epsilon_x(x) = \frac{du(x)}{dx}$ (3.1) $e = \int_0^L \epsilon(x)dx$	방정식 3.1을 유도하시오.
	선형 탄성 거동에 대한 **응력-변형 방정식**을 **후크의 법칙**이라고 한다.	$\sigma(x) = E\epsilon(x)$	
	E = 일정 (또는 $E = E(x)$)이고, 축 변형을 받는 선형 탄성 부재의 x에서 단면에 대한 **수직 응력**은 **축 응력 공식**에 의해 주어진다. 작용된 하중이 단면 x에서 중심을 통해 작용하는 축방향 합력 $F(x)$를 초래하는 경우, E = 일정인 부재는 축방향 변형을 겪을 것이다.	$\sigma(x) = \frac{F(x)}{A(x)}$ 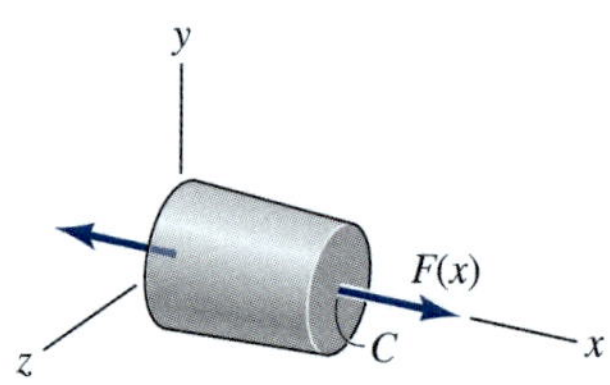 E = 일정(또는 $E = E(x)$)이고, 막대의 축 변형에 대한 합력(그림 3.7).	이것을 증명하시오.
	축 변형을 받는 선형 탄성 부재의 신장량은 다음과 같이 주어진다.	$\epsilon = \int_0^L \frac{F(x)dx}{A(x)E}$ (3.11)	방정식 3.11의 제한을 서술하시오.
	축 변형을 받는 균일한* 부재의 선형 탄성 거동에 대한 **하중-변형 방정식**은 다음과 같은 형식으로 표현할 수 있다. 또한, 다음과 같은 형식으로 (* 균일: E = 일정, A = 일정)	$e = fF$, 여기서 $f = \frac{L}{AE}$ (3.14) f는 유연성계수이다. $F = ke$, $k = \frac{AE}{L}$ (3.15) k는 강성계수이다. 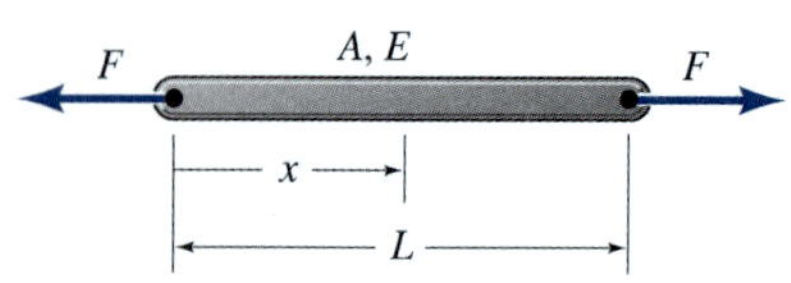 균일한* 축 변형 부재(그림 3.10a)	부분 3.4와 3.5에 대한 문제들을 보시오.

절			관련 연습 문제
3.3	3.3절은 **불균일한 선형 탄성 축 변형**의 세 가지 예를 다룬다: (1) 비균질 부재, $E=E(y, z)$ (예제 3.1), (2) 다양한 단면적, $A=A(x)$를 갖는 부재들 (예제 3.2)과 (3) 분포 축하중, $F=F(x)$을 갖는 부재들 (예제 3.3). 축 변형의 모든 경우에 대하여, **신장 변형률은 임의의 단면 x에서 일정하다;** 즉, $\epsilon=\epsilon(x)$. **축 응력**은 다음의 형태를 가진다.	$\sigma(x, y, z)=E(x, y, z)\epsilon(x)$	3.3-3 3.3-5 3.3-7 3.3-13
3.4	**정정 구조물**은 모든 반응과 모든 내부 힘이 평형 방정식 (즉, 정적)만 사용하여 결정될 수 있는 구조이다.	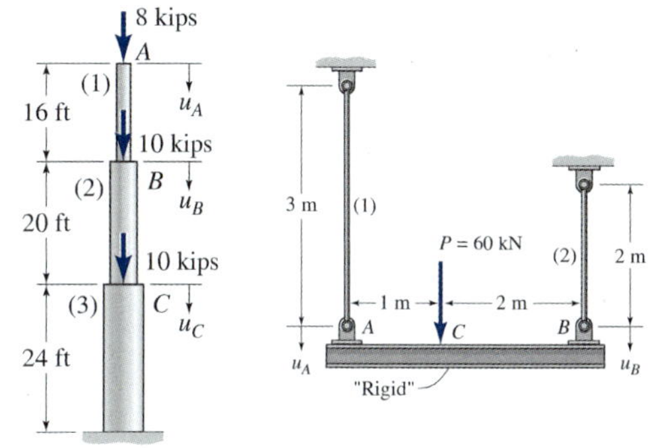 균일한 축-변형 요소를 갖는 전형적인 정정 구조	3.4-3 3.4-7 3.4-9 3.4-16
3.5	**부정정 구조물**을 분석하려면 (1) 평형 방정식, (2) 부재 하중-변형 방정식 및 (3) 변형 방정식 (적합방정식)의 형상을 이용해야 한다. 제안된 검토 문제를 해결하기 전에 **기본하중법**에 대한 해결 절차 및 순서도를 검토하시오.	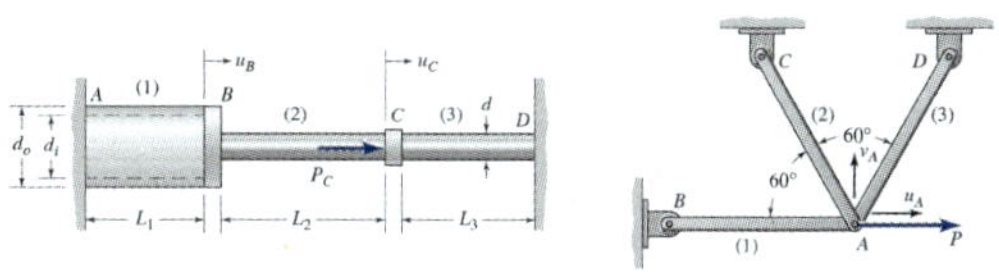 균일한 축-변형 요소를 갖는 전형적인 부정정 구조	3.5-1 3.5-9 3.5-11 3.5-17
3.6	3.6절은 축 변형에 대한 **온도 변화**의 영향을 다루고 있다. 축 변형에 대한 **응력-변형률-온도 방정식**은 다음과 같다.	$\epsilon_T=\alpha\Delta T$ (3.23) $\epsilon=\epsilon_\sigma+\epsilon_T=\dfrac{\sigma}{E}+\alpha\Delta T$ (3.24)	3.6-1 3.6-5 3.6-11 3.6-13
3.7	3.7절은 축 변형에 대한 **기하학적 "부적합"**의 영향을 다룬다. 평형 방정식과 하중-변형 방정식은 직접적인 영향을 받지 않는다.		3.7-3 3.7-5 3.7-9 3.7-13
3.8	3.8절은 **변위법**을 소개하고, 균일한 축-변형 부재로 구성된 간단한 구조를 분석하는데 사용하는 방법을 보여준다. 제안된 검토 문제를 해결하기 전에 **변위법**에 대한 해결 절차 및 순서도를 검토하시오.	$F_i=k_i(e-\alpha L\Delta T)_i$ (3.28) 여기서, e는 총 신장량 $k=\left(\dfrac{AE}{L}\right)_i$	3.8-3 3.8-7 3.8-15 3.8-17

3.9-3.11절은 모두 "선택적" 부분이다.

4 비틀림

4.1 개요

제3장에서는 부재의 길이방향 축(axis)을 따라 작용하는 힘에 대한 세장부재(slender members)의 거동을 고려했다. 이 장에서는 축에 대해 부재의 비틀림을 일으키는 우력(couples)인 비틀림 하중에 관한 세장부재의 거동에 대해 집중하여 논의하겠다.

그림 4.1은 비틀림 하중에 대한 일반적인 예와 전단응력 및 비틀림에 의한 합응력을 보여주고 있다. 렌치 암 CD의 끝에 크기가 같고 방향이 반대인 힘 P를 작용하면 축(shaft) AB에 크기가 $2Pb$인 토크(우력)가 발생한다(그림 4.1a,b). 이때 축 AB를 비틀림부재(torsion member)라고 한다. 그림 4.1c에서 보면 축 AB는 한쪽 끝에서 다른 쪽 끝을 비트는, 크기가 같고 방향이 반대인 토크(torque) T를 받고 있다. 그림 4.1d는 A와 B 사이의 단면에 작용하는 토크가 분포된 전단응력을 합친 결과임을 보여주고 있다.

비틀림부재의 다른 일반적인 예는 자동차나 트럭의 구동 축과 같은 동력전달 축이다. 비틀림부재는 적용대상에 따라 몇 가지로 부른다: 축(shaft), 토크 튜브(torque tube), 비틀림 봉(torsion rod), 비틀림 보(torsion bar), 또는 비틀림부재(torsion member) 등이다. 이 장에서는 원형단면의 중실형 혹은 관형 세장부재의 비틀림에 대해 주로 다룰 것이다. 비원형 얇은 관 부재의 비틀림과 비원형 균일단

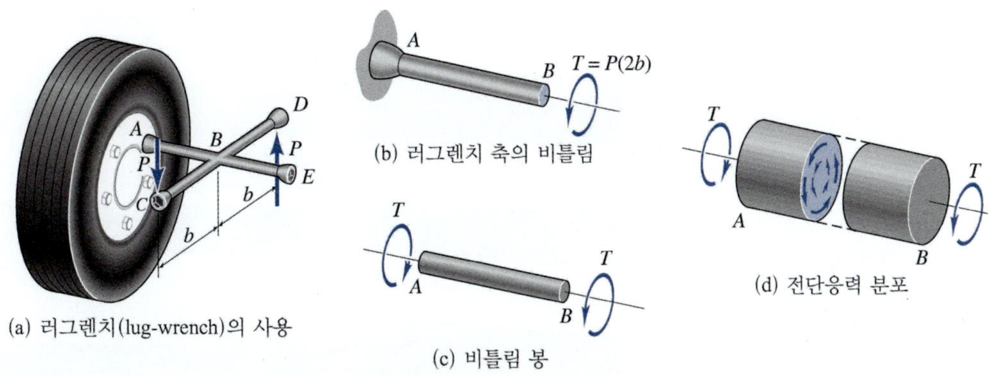

그림 4.1 비틀림의 예

표 4.1 축방향 변형과 비틀림의 유사성

축방향 변형	비틀림
축력(F)	토크(T)
신장률(e)	비틀림각(ϕ)
수직응력(σ)	전단응력(τ)
변형률(ϵ)	전단변형률(γ)
탄성계수(E)	전단계수(G)

면 봉의 비틀림은 4.9절과 4.10절에서 각각 다룰 것이다.

여기서는 두 개의 주요 개념인 응력(stress) 및 변형률(strain)과 더불어 세 개의 기본방정식인 평형조건(equilibrium), 재료거동(material behavior), 및 기하학적 변형(geometry of deformation)에 대하여 다루게 되는데, 이러한 개념들은 제3장에서 이미 언급되었으며, 비틀림과 서로 대응하는 부분을 갖는다. 표 4.1에 나타낸 바와 같이 축방향 변형과 비틀림 사이에는 직접적인 유사성이 있다. 따라서 제4장 특히 4.2절과 4.3절에서 새로운 이론이 나타날지라도 제3장의 축방향 변형 문제에서 사용되었던 것과 같은 체계적인 방법을 이용하여 이번 장의 문제 또한 쉽게 풀 수 있을 것이다.

4.2 원형 봉의 비틀림 변형

원형 봉의 기하학적 변형 앞 절에서 언급한 바와 같이 이 장에서는 원형단면을 갖는 부재의 비틀림에 대해 설명한다. 그림 4.2는 비틀림 하중을 받을 때 원형 강봉(그림 4.2a)과 정사각형 강봉(그림 4.2b)의 비틀림 변형형태를 보여준다. 각 경우의 위에 나타낸 그림은 변형되지 않은 부재를 나타내며, 수평과 수직으로 선들이 그려져 있다; 수직선들은 횡단면을 나타낸다. 그림 4.2a의 위 그림과 아래 그림

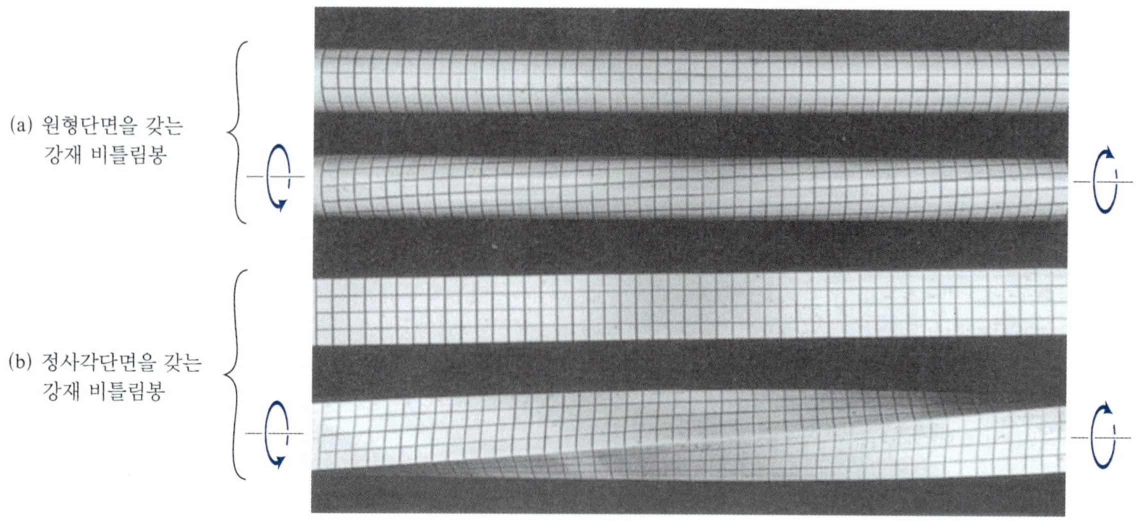

그림 4.2 비틀림 변형의 사례

을 비교해 보면 알 수 있듯이 **중실 혹은 관형인 원형 축(circular shaft)이 비틀어 질 때 각 단면은 평면을 유지하고, 단지 부재의 축을 따라 회전한다.** 한편 그림 4.2b의 정사각 봉의 단면은 축에 대해 비틀릴 때 뒤틀려진다. 원형부재의 비틀림이론에 대한 수학적 단순성과 보편성 때문에 원형부재에 대한 비틀림이론(theory of torsion for circular members)을 개발할 것이다. 비원형 중실봉의 비틀림은 4.10절에서 다루기로 한다.

먼저 변형의 기하학적 분석을 시작으로 **원형부재의 비틀림에 대한 변형률-변위 방정식**을 개발한다. 그림 4.3은 원형 실린더의 부재 끝에 크기가 같고 방향이 반대인 우력을 가하기 전과 가한 후의 모습을 보여준다. 여기서 주목할 것은 변형 전에 평평한 전단면을 나타내는 원주방향의 선은 변형 후에도 여전히 평면 내에 남아 있지만, 변형 전 부재의 축에 나란한 길이방향의 선들은 비틀림 변형의 결과로 나선형이 된다. 더욱이 변형 전의 각 *ABC*와 같은 직각은 변형 후에는 더 이상 직각이 아니다. 이러한 각도의 변화는 비틀림에 의한 전단변형의 증거가 된다. 이제 비틀림변형률과 변위와의 관계(torsion strain-displacement relationship)에 대한 수학식을 개발하려 한다.

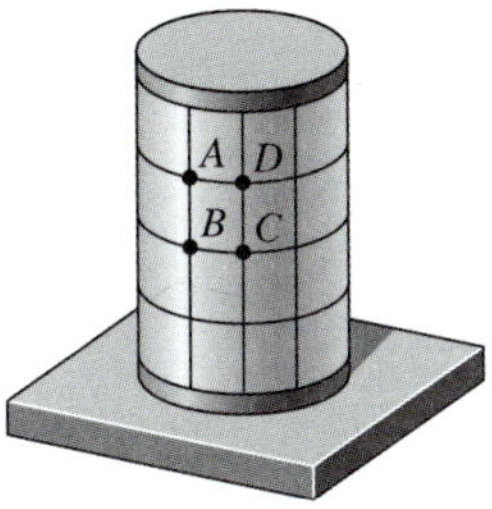

(a) 변형 전

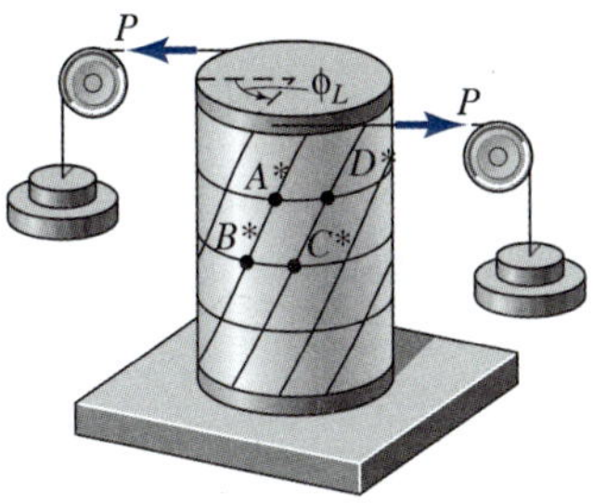

(b) 변형 후

그림 4.3 원형 실린더의 변형

변형률-변위 분석 그림 4.2와 4.3에서와 같이 원형 봉이 자신의 축에 대해 비틀릴 때 발생하는 변형의 관찰에 근거하여 원형부재의 비틀림에 대하여 다음과 같이 세 가지 기본적인 **비틀림 변형의 가정**을 한다.

1. 축은 직선을 유지하며 신장되지 않는다.
2. 모든 전단면은 평면이며 축에 대해 수직을 유지한다.
3. 단면이 축에 대해 회전할 때 반지름방향의 선은 직선을 유지하며 반지름방향을 향한다.

비틀림 변형의 가정을 그림 4.4a에 도시하였으며, 여기서 변형 전에 *ABFE*는 반지름방향 평면이다. 토크 T_L이 $x = L$인 끝에 작용할 때 반지름방향의 선 *CD*와 *EF*는

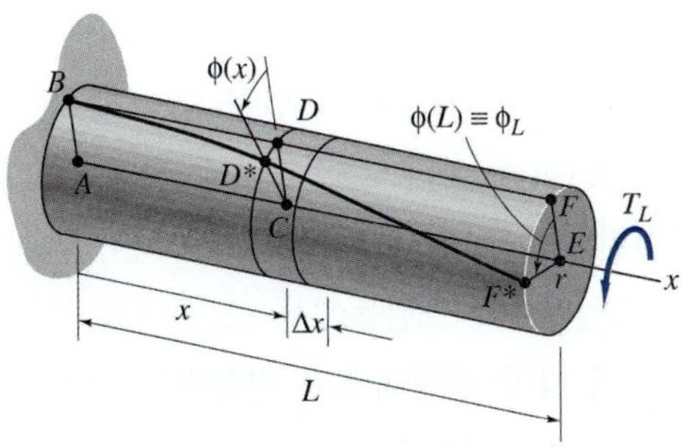

(a) 비틀림 변형의 예

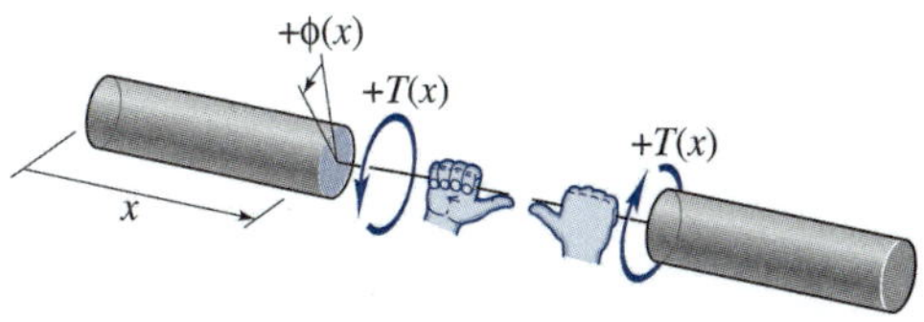

(b) 내부(반발)토크 $T(x)$의 부호규약

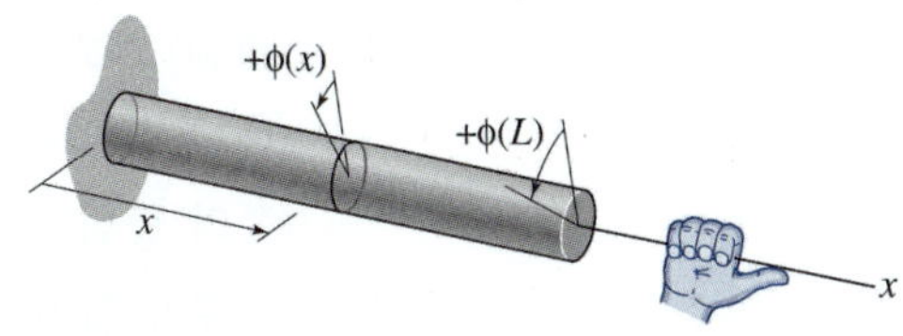

(c) 회전각 $\phi(x)$의 부호규약

그림 4.4 비틀림 변형: 비틀림에 대한 부호규약

직선을 유지하며, 단면이 각각 $\phi(x)$와 $\phi_L \equiv \phi(L)$로 회전함에 따라 CD^*와 EF^* 위치로 각각 회전하게 된다.

비틀림의 부호규약(A sign convention for torsion)은 다음과 같이 정의한다.

- 봉의 길이방향 축(longitudinal axis)을 x축으로 하고, 부재의 한쪽 끝을 원점으로 한다. (그림 4.4a에서는 왼쪽 끝을 원점으로 하고 오른쪽으로 x를 잡는다.)
- 양의 토크(positive torque) $T(x)$는 오른손법칙에 따라 위치 x의 단면에서 바깥쪽 수직방향을 향하는 모멘트이다. 그림 4.4b에 위치 x의 절단면에 크기는 같고 방향은 반대인 토크 $T(x)$를 나타내었다.
- 양의 비틀림각(positive angle of rotation) $\phi(x)$는 그림 4.4c에 나타난 것처럼 오른손법칙에 따라 위치 x의 단면에서 바깥쪽 수직방향을 향하는 회전이다.

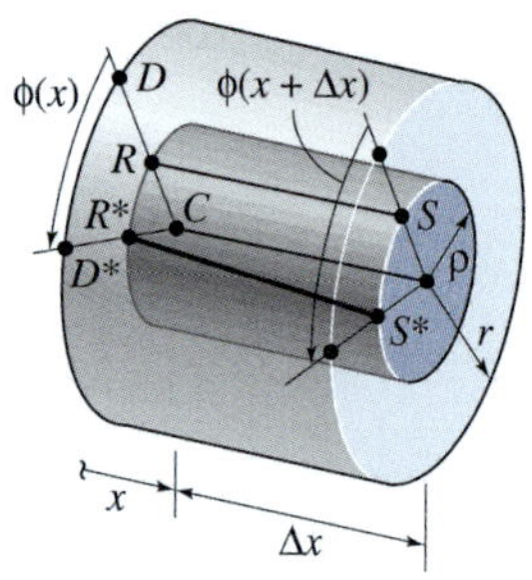

(a) 길이 Δx의 요소

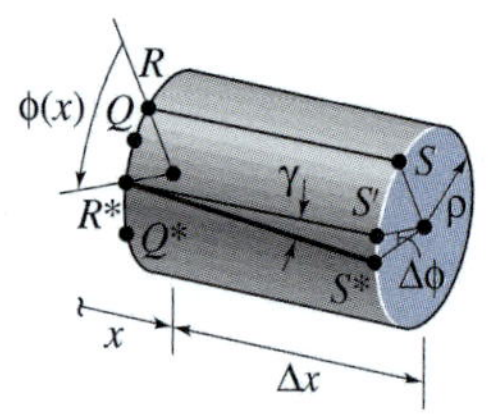

(b) 반지름 ρ인 안쪽 부분

그림 4.5 비틀림 변형의 내외부 변형률

이제 비틀림 변형(회전각 ϕ)과 전단변형률 γ의 수학적 관계를 확립하고자 한다. 그림 4.4a와 같이 원형 실린더의 비틀림과 관련된 전단변형률을 결정하기 위해 전단면 x와 $(x+\Delta x)$ 사이의 축의 일부분을 다시 그린 그림 4.5a를 사용한다. 그림 4.5b에서 반지름 ρ인 안쪽 부분에 관심을 집중시킨다. 그림 4.5b에서 각 QRS는 직각이다. 그러나 그림 4.5b에서 보는 바와 같이 비틀림 변형 후 각 QRS는 직각이 아닌 각 $Q^*R^*S^*$로 되고, 이 각은 전단변형률 각 만큼 작아진다.

$$\gamma \equiv \gamma(x, \rho) = \frac{\pi}{2} - \angle Q^*R^*S^* = \angle S'R^*S^*$$

γ는 작으므로 탄젠트로 각을 근사화하고, 동시에 Δx를 0으로 극한을 취하면 다음을 얻을 수 있다.

$$\gamma = \lim_{\Delta x \to 0} \frac{S^*S'}{R^*S'} = \lim_{\Delta x \to 0} \frac{\rho \Delta\phi}{\Delta x} = \rho \frac{d\phi}{dx}$$

따라서 원형부재의 비틀림 변형에 대한 **변형률-변위 방정식(strain-displacement equation)**은 다음과 같다.

$$\gamma \equiv \gamma(x, \rho) = \rho \frac{d\phi}{dx} \qquad \textbf{변형률-변위 방정식} \qquad (4.1)$$

여기서 γ는 단면 x상에서 축으로부터 거리 ρ만큼 떨어진 곳의 전단변형률이다. $d\phi/dx$는 **비틀림률(twist rate)**이라 한다. 그림 4.6에 전형적인 중실 원형 실린더(그림 4.6a) 및 튜브형 실린더(4.6b)의 횡단면에 대한 전단변형률의 분포(shear-strain distribution)를 나타내었다. 이 그림들에서 보는 바와 같이 **전단변형률 γ는 축 중심으로부터의 거리 ρ에 따라 선형적으로 변한다**는 것에 주목하라. 비록, 안쪽의 중심부와 바깥쪽의 튜브관이 결합된 이종의 재료로 만들어진 원형의 비틀림 부재라 할지라도 식 4.1은 여전히 비틀림 전단변형률 분포를 나타내게 된다. (4.3절의 예제 4.1을 참고)

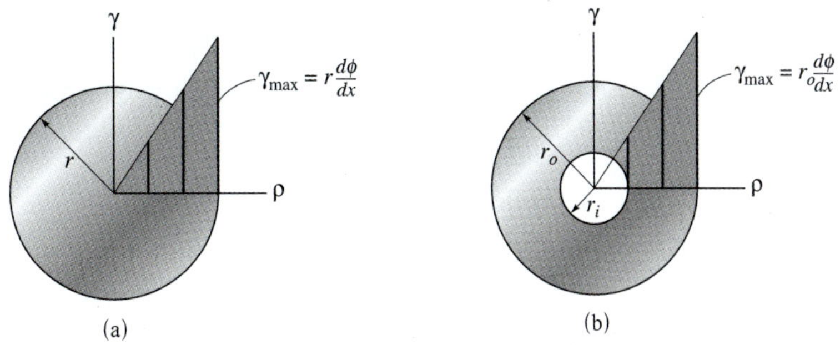

그림 4.6 비틀림 전단변형률 분포의 예

식 4.1과 그림 4.6에 의해 설명된 비틀림 변형률-변위 거동을 포함한 예제는 4.3절에서 다루어진다.

4.3 선형 탄성 원형 봉의 비틀림

비틀림에 의한 전단응력 원형 축의 비틀림은 4.2절에서 설명한 바와 같이 축 전반에 걸쳐 전단 변형을 일으킨다. 그림 4.7a에 도시한 비틀림 변형은 축에 전단응력을 발생시킨다. 그림 4.7b는 단면에서의 전단응력을 나타내고, 그림 4.7c는 전단

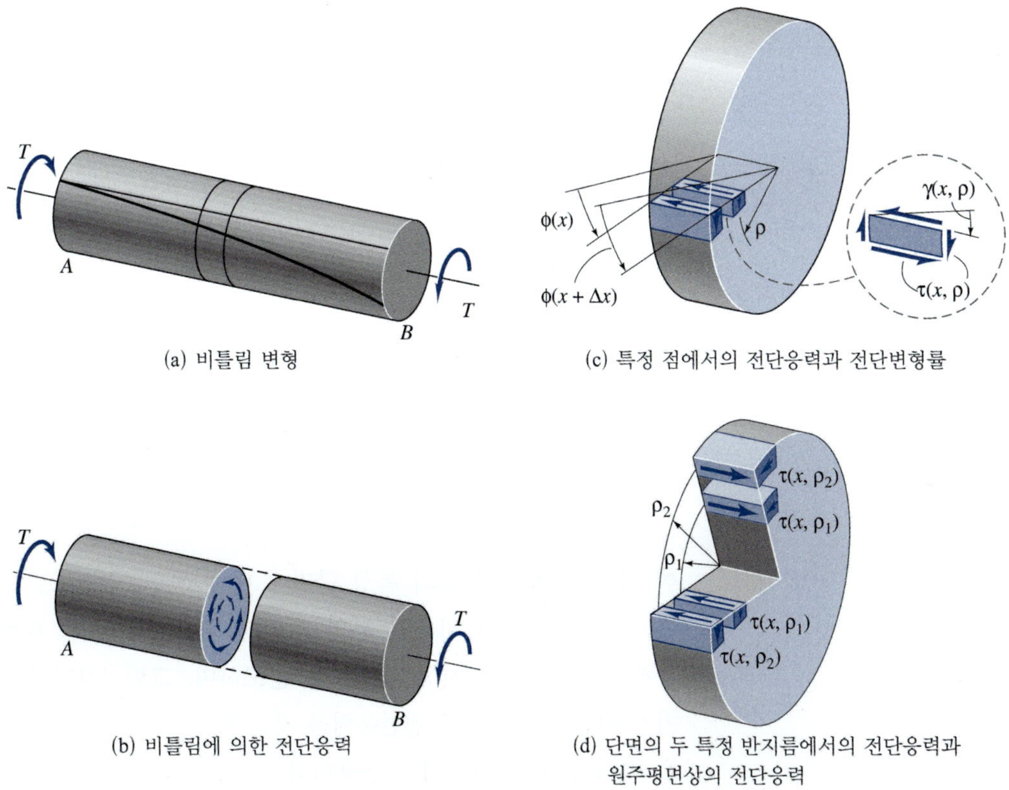

그림 4.7 원형단면을 갖는 축에서의 전단응력과 전단변형률의 관계

응력 τ와 그에 대응하는 전단변형률 γ를 나타낸다. 그림 4.7d에 나타낸 바와 같이 전단응력은 단면 x에 있는 특정거리 ρ에 대하여 모든 반지름방향으로 같은 분포 $\tau(x, \rho)$를 갖는다. 또한, 그림 4.7c와 4.7d에서 보는 바와 같이 **전단응력이 단면에서만 발생하는 것이 아니고, 같은 전단응력이 원주평면상에도 함께 발생한다는 사실에 유의한다.** (식 2.37로부터)

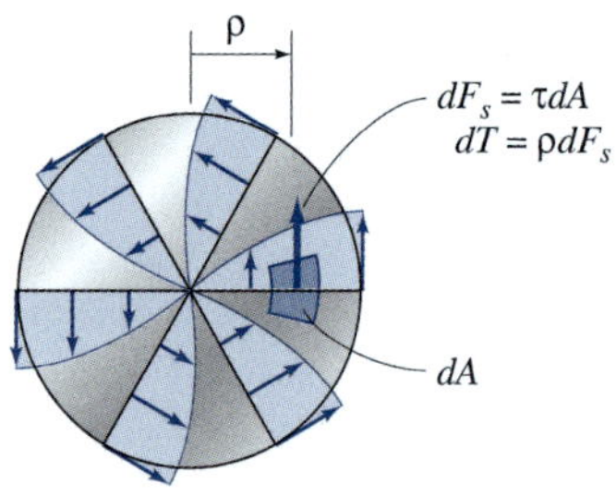

(a) 전단응력 분포

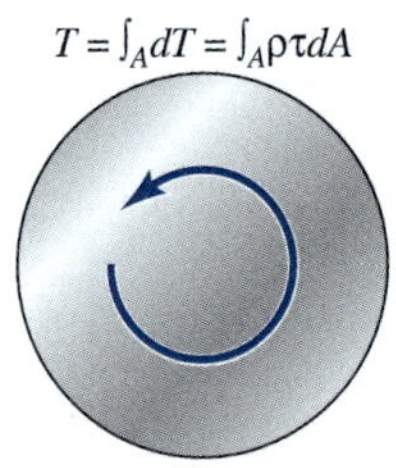

(b) 합토크

그림 4.8 전단응력과 토크의 관계

합응력과 평형 그림 4.8은 중심에서 ρ만큼 떨어진 미소 면적 dA에 작용하는 전단응력 τ에 의해 발생하는 미소 전단력 dF_s이다. 미소 토크 $dT = \rho dF_s$의 합은 단면에서의 토크 $T(x)$가 되며, 다음 식으로 주어진다.

$$T = \int_A \rho\, dF_s = \int_A \rho\tau\, dA \qquad \text{합토크} \qquad (4.2)$$

이 방정식에 τ의 분포가 명시되지 않았으므로, 식 4.2는 일반적으로 사용할 수 있는 수식이다. 이제 선형 탄성 비틀림 봉에 대해 전단응력분포 $\tau(x, \rho)$를 결정하고, 단면에서 전단응력과 합토크 $T(x)$를 관련짓고자 한다.

선형 탄성 응력-변형률 거동 원형 봉의 비틀림이론을 개발하기 위해 전단변형률 $\gamma(x, \rho)$와 전단응력 $\tau(x, \rho)$를 관련시킬 필요가 있다. 제2장에서 인장시험이 재료의 단축응력-변형률 거동을 결정하는 데 어떻게 이용되는지, 즉 σ와 ϵ의 관계를 제시하였다. 비틀림시험에 관한 내용은 4.4절에서 설명한다. 여기서는 **선형 탄성 재료의 거동(linearly elastic material behavior)**만을 살펴보겠다.[1] 식 2.23은 전단에 대해서 다음과 같은 후크의 법칙(Hooke's Law)을 나타낸다.

$$\tau = G\gamma \qquad \text{전단에 대한 후크의 법칙} \qquad (4.3)$$

여기서 G는 전단탄성계수, 혹은 간단히 전단계수(shear modulus)라 한다.

식 4.1과 식 4.3을 등식으로 계산하면 전단응력은 다음과 같다.

$$\tau = Gp\frac{d\phi}{dx} \qquad (4.4)$$

이 식은 선형 탄성 봉의 특정 단면에 대한 전단응력분포(shear-stress distribution)를 나타낸다. **만약 비틀림 봉의 재료가 균질하다면(즉, G=상수) 전단응력은 축중심에서 거리 ρ까지 선형적으로 분포**하며, 그림 4.9에서 보는 바와 같이 단면의 가장 바깥쪽에서 최대 전단응력을 갖는다. 그림 4.7d와 같이 단면에서 각 반지름선을 따라 같은 전단응력이 분포한다.

1) 4.11절에서 비선형 응력-변형률 거동을 다룰 것이다.

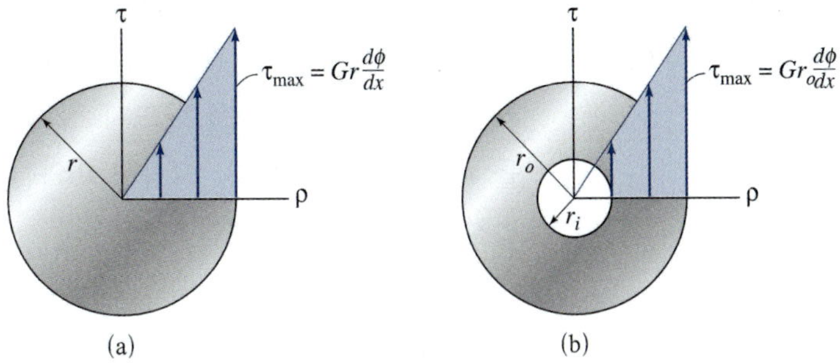

그림 4.9 반지름방향 위치에 따른 비틀림 전단응력의 분포(균질하고 선형탄성인 경우)

식 4.4가 성립되는 선형 탄성 거동의 특별한 경우에 대해서는 토크 $T(x)$가 다음과 같이 주어진다.

$$T = \int_T \rho\left(Gp\frac{d\phi}{dx}\right)dA \tag{4.5}$$

<u>G가 ρ에 무관하다면</u> 다음과 같은 식을 얻는다.

$$T = G\frac{d\phi}{dx}\int_A \rho^2 dA \tag{4.6}$$

식 4.6에서 적분에 해당하는 부분은 극관성모멘트(polar moment of inertia)라 하고 기호로는 I_p[2)]를 사용한다. 즉,

$$I_p = \int_A \rho^2 dA \tag{4.7}$$

부록 C.2에서 반지름 r인 중실단면에 대해서

$$I_p = \frac{\pi r^4}{2} = \frac{\pi d^4}{32} \tag{4.8}$$

이다. 바깥반지름이 r_0이고 내부반지름이 r_i인 튜브형 축에 대해서

$$I_p = \frac{\pi}{2}(r_0^4 - r_i^4) = \frac{\pi}{32}(d_0^4 - d_i^4) \tag{4.9}$$

이다. 결합기호인 GI_p를 **비틀림 강성(torsional rigidity)**이라 한다.

결국, 식 4.6은 다음과 같다.

$$\frac{d\phi}{dx} = \frac{T}{GI_p} \tag{4.10}$$

토크-비틀림 방정식

2) 많은 책에서 J라고 표시한다. 이러한 표현은 종종 혼동을 일으키는데, 이는 J가 비선형 부재의 비틀림에도 사용되며, 이때에는 극관성모멘트를 의미하지 않기 때문이다. (4.9절과 4.10절을 참고하라.)

이것은 **토크-비틀림 방정식(torque-twist equation)**의 미분 형태이다. 여기서 주목할 것은 축방향 변형 관계식인 식 3.10과의 유사성이다. 식 4.10을 적용할 때 T와 ϕ에 관련된 부호규약을 반드시 상기하여야 한다. 즉, **양의 토크 T는 양의 비틀림률 $d\phi/dx$를 유발한다.** 그림 4.4b와 4.4c에서 부호가 각각 양이 되는 것은 오른손 법칙을 적용하기 때문이다.

식 4.4와 4.10의 조합에 의해 **비틀림공식(torsion formula)**을 얻게 된다.

$$\tau = \frac{T\rho}{I_p} \qquad \textbf{비틀림공식} \qquad (4.11)$$

주목할 것은 이 공식은 전단계수가 단면 전체에 걸쳐 일정할 때만 유효하다는 것이다. 예제 4.1을 통해 $G = G(\rho)$인 합성봉에 대한 응력 분포를 해석하고, 그 다음으로 균질 선형 탄성 부재의 비틀림을 고려할 것이다.

예제 4.1

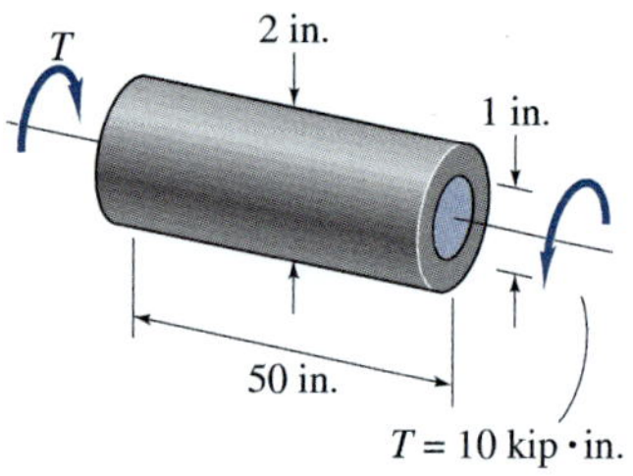

그림 1

두 가지 금속으로 된 비틀림 봉은 강철코어($G_s = 11 \times 10^3$ ksi)가 가운데에 있고, 바깥쪽은 알루미늄($G_a = 4 \times 10^3$ ksi)으로 둘러싸여 있다. 그림 1은 축(shaft)의 치수를 나타낸다. 축의 양단에 $T = 10$ kip·in.의 토크가 작용한다. (a) 강철코어에 작용하는 최대 전단응력과 알루미늄 외부재에 작용하는 최대 전단응력을 구하시오. (b) 이 복합 비틀림 봉의 전체 비틀림각을 구하시오.

풀이 계획 전단계수가 반지름에 따라 다르므로 복합 축(shaft)에서의 전단응력의 분포를 식 4.4로 표현한다. 그 다음 식 4.5로부터 상응하는 비틀림을 얻을 수 있다.

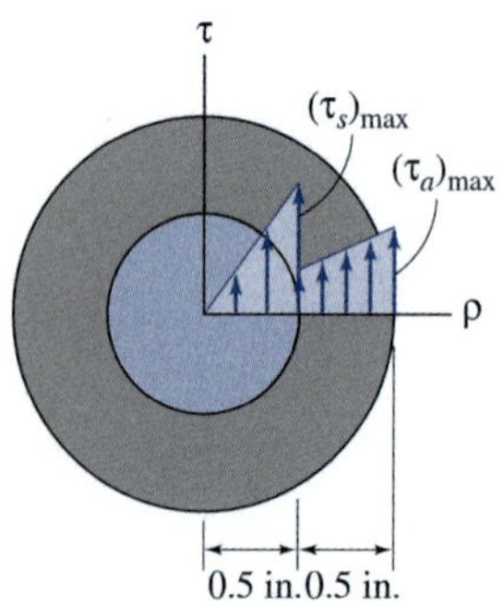

그림 2

풀이 (a) 그림 2에서 나타낸 $(\tau_s)_{\max}$와 $(\tau_a)_{\max}$의 결정 축의 두 재료가 함께 비틀리기 때문에 비틀림률 $d\phi/dx$는 같다. 식 4.4로부터

$$\tau_s = G_s \rho \frac{d\phi}{dx}, \quad 0 \le \rho \le 0.5 \text{ in.} \qquad (1a)$$

$$\tau_a = G_a \rho \frac{d\phi}{dx}, \quad 0.5 \text{ in.} < \rho \le 1.0 \text{ in.} \qquad (1b)$$

전단응력분포를 그림 2와 같다. 이들 τ에 대한 식을 식 4.5에 대입하면

$$T = \int_A \rho\tau \, dA = G_s \frac{d\phi}{dx} \int_{As} \rho^2 \, dA + G_a \frac{d\phi}{dx} \int_{Aa} \rho^2 \, dA \qquad (2)$$

$$T = \frac{d\phi}{dx} [G_s I_{ps} + G_a I_{pa}]$$

그리고 복합 축에 대한 토크-비틀림 방정식은 다음과 같이 쓸 수 있다.

$$\frac{d\phi}{dx} = \frac{T}{[G_s I_{ps} + G_a I_{pa}]} \qquad (3)$$

그래서

$$\frac{d\phi}{dx}$$
$$= \frac{10 \text{ kip} \cdot \text{in.}}{[(11 \times 10^3 \text{ ksi})(\pi/2)(0.5 \text{ in.})^4 + (4 \times 10^4 \text{ kis})(\pi/2)[(1.0 \text{ in})^4 - (0.5 \text{ in})^4]]}$$
$$= 1.4346(10^{-3}) \text{ rad/in.} \tag{4}$$

$\rho = 0.5$ in.에서 식 (1a)를 계산하면

$$(\tau_s)_{\max} = (11 \times 10^3 \text{ ksi})(0.5 \text{ in.})[1.4346(10^{-3}) \text{ rad/in.}]$$
$$(\tau_s)_{\max} = 7.89 \text{ ksi}$$ **답 (a)** (5a)

가 되고 $\rho = 1.0$ in.에서 식 (1b)를 계산하면

$$(\tau_a)_{\max} = (4 \times 10^3 \text{ ksi})(1.0 \text{ in.})[1.4346(10^{-3}) \text{ rad/in.}]$$
$$(\tau_a)_{\max} = 5.74 \text{ ksi}$$ **답 (a)** (5b)

가 된다. 그림 2에서 알 수 있는 것처럼 이러한 복합 비틀림 봉의 치수에서 강철코어의 최대 전단응력은 알루미늄으로 만든 외부재보다 크다.

(b) 이 비틀림 봉의 전 비틀림각 계산 이 축은 균일하지 않으므로 균일재료에 대한 토크-비틀림식인 식 4.10을 사용할 수 없다. 이러한 복합 축의 비틀림률은 식 (3)을 통해 얻을 수 있다. 축 전체에 걸쳐 $d\phi/dx$는 일정하므로 다음 식을 얻는다.

$$\phi = \int_0^L \frac{d\phi}{dx} dx = \frac{d\phi}{dx} L = (1.4346 \times 10^{-3} \text{ rad/in.})(50 \text{ in.})$$
$$\phi = 7.17(10^{-2}) \text{rad}$$ **답 (b)** (6)

풀이 검토 만일 비틀림 봉이 알루미늄이나 강철 중 하나의 재료로 균일하다면 가장 바깥쪽인 $\rho = 1.0$ in.에서의 최대 전단응력은 식 4.11의 탄성 비틀림공식으로 계산된다.

$$\tau_{\max} = \frac{T_r}{I_p} = \frac{(10 \text{ kip} \cdot \text{in.})(1.0 \text{ in.})}{\pi/2(1.0 \text{ in.})^4} = 6.37 \text{ ksi}$$

알루미늄 부재가 강철코어에 비해 강성이 작으므로 $(\tau_a)_{\max}$가 $(\tau_s)_{\max}$에 비해 작은 것은 당연하다.

균질 선형 탄성 봉에 대한 비틀림이론의 요약 원형단면을 갖는 균질 선형 탄성 부재에 적용되는 비틀림이론을 요약해보자. 식 4.10과 4.11은 원형실린더를 기반으로 유도된 것이기 때문에 일정한 반지름을 가진 봉에 사용할 수 있으며, 또한 x에 따라 반지름이 서서히 변하는 비틀림부재의 거동에도 근사적으로 사용할 수 있다. 그림 4.10은 반지름이 서서히 변하는 부재의 외부분포토크와 집중 토크가 작용하는 것을 보여준다. 따라서 원형단면의 봉에 대하여 반지름이 일정하거나 반지

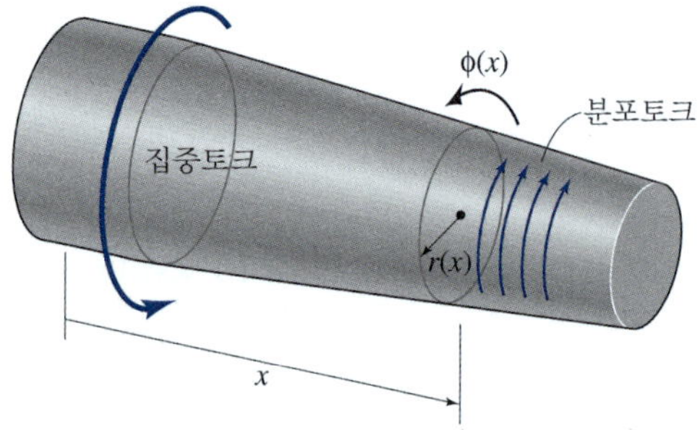

그림 4.10 분포토크와 집중토크가 작용하는 반지름이 변하는 비틀림부재

름이 서서히 변화하는가에 관계없이 사용할 수 있는 형태로 나타내면 **비틀림공식(torsion formula)**인 식 4.11과 같이 나타낼 수 있다.

$$\tau \equiv \tau(x, \rho) = \frac{T(x)\rho}{I_p(x)} \quad \textbf{비틀림공식} \tag{4.12}$$

여기서 T와 I_p는 x에 따라 변한다. 대체로 비틀림부재의 최대 전단응력에 관심이 많으며, 이런 경우에 사용할 수 있는 비틀림공식은 다음과 같다.

$$\tau_{\max} = \frac{T_{\max} r}{I_p} \quad \textbf{최대 전단응력공식} \tag{4.13}$$

여기서 $\tau_{\max}$는 최대 전단응력의 크기를 의미하고, $T_{\max}$는 $T(x)$의 최대 절댓값을 나타낸다. 그리고 r은 중실 축(shaft)인 경우에 축의 반지름을 나타내고, 튜브형의 축인 경우는 바깥 반지름을 나타낸다.

식 4.10의 토크-비틀림 방정식에서 T, G, 및 I_p는 거리 x에 따라 변한다. 이 미분형태의 토크-비틀림 방정식을 부재의 전체 길이에 걸쳐 적분하면 다음의 방정식을 얻는다.

$$\phi = \int_0^L \frac{T(x)dx}{G(x)I_p(x)} \quad \textbf{토크-비틀림 방정식} \tag{4.14}$$

여기서 $\phi \equiv \phi(L) - \phi(0)$이며 **전체 비틀림각(total angle of twist)**이다.

단면 x에서 **회전각(angle of rotation)** $\phi(x)$는 다음과 같다.

$$\phi(x) = \phi(0) + \int_0^x \frac{T(\xi)d\xi}{G(\xi)I_p(\xi)} \tag{4.15}$$

여기서 ξ는 0과 x 사이에 있는 단면의 위치를 나타내며, 적분의 임시변수(dummy variable)이다. 주목할 것은 축변형과의 유사성에 의해 식 4.12와 4.14는 각각 식 3.9와 3.11과 유사하다.

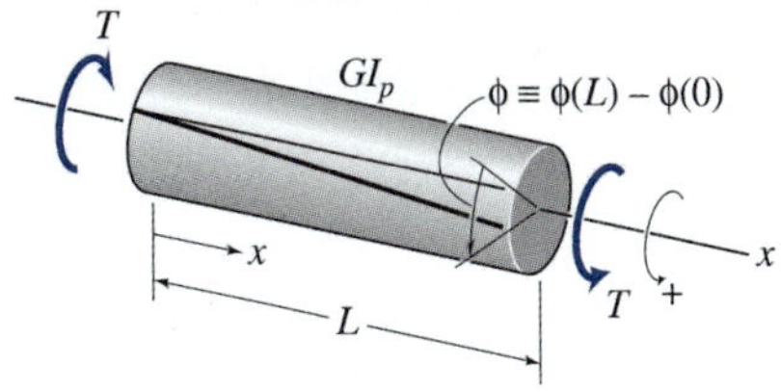

그림 4.11 전형적인 끝단 하중을 받는 균일 비틀림부재

균일 비틀림부재 그림 4.11에 전형적인 **균일 비틀림부재(uniform torsion member)**를 나타내었으며, 부호규약을 표시하였다. 부재는 모든 길이에 걸쳐 상수 G와 상수 I_p를 가지며, 평형을 유지하는 토크 T를 부재의 양단에 받고 있다. 마지막으로 그림 4.11에서 보인 바와 같이 $\phi \equiv \phi(L) - \phi(0)$을 양의 **비틀림각(twist angle)**(즉, 끝점 $x=0$에 대한 다른 끝점 $x=L$에서의 상대회전)이라고 하자.

$$\phi \equiv \phi(L) - \phi(0)$$

식 4.14로부터 다음 식과 같이 쓸 수 있다.

$$\phi = \int_0^L \frac{T\,dx}{GI_p}$$

토크 T는 일정하고 비틀림부재는 균일하므로 다음 식과 같이 쓸 수 있다.

$$\phi = \frac{TL}{GI_p} \qquad \textbf{토크-비틀림 방정식} \qquad (4.16)$$

다음 예는 비틀림이론의 두 가지 중요한 방정식인 식 4.13의 최대 전단-응력 방정식(maximum shear-stress formula)과 식 4.16의 토크-비틀림 방정식(torque-twist equation)을 설명한다. 이것은 또한 두 개의 비틀림부재에 대해 **강도 대 무게의 비교(strength-to-weight comparison)**를 설명하는 것으로서 하나는 중실 축이고 다른 하나는 튜브형 축이다. 튜브형 축에 대한 강도와 무게의 비가 중실 축에 비해 우세하기 때문에, 예컨대 스포츠 유틸리티 차량(SUV; sports utility vehicle)이나 트럭 등의 구동 축으로 튜브형 축이 주로 사용되는 이유가 된다. (연습문제 4.8-9 참고)

예제 4.2

길이가 L인 튜브형 축(shaft)의 바깥반지름은 $r_1/2$이며 전단계수는 G이다. 그림 1a에서와 같이 양 끝단에서 T_0의 토크를 받는다. (a) 그림 1a의 축에서의 τ_{max}값을 구하시오. (b) 축의 비틀림각 ϕ를 구하시오. (c) 만약 같은 크기의 T_0가 그림 1b의 중실 축에 작용할 때 튜브형 축과 같은 최대 전단응력 τ_{max}값을 갖도록 하려면 중실 축의 반지름 r_2는 얼마가 되어야 하는가? 또한, 이때 튜브형 축의 무게 W_1과 중실 축의 무게 W_2의 비는 얼마인가?

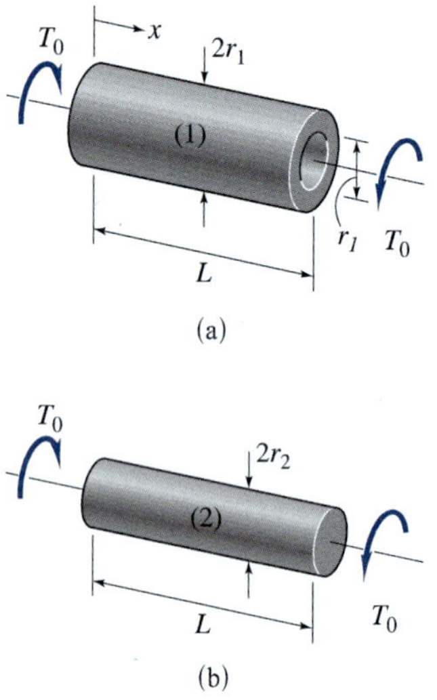

그림 1

풀이 계획 비틀림공식인 식 4.13을 이용하여 τ_{max}값을 결정하고, 토크-비틀림 방정식인 식 4.16을 이용하여 전체 비틀림각 ϕ를 결정할 수 있다. 토크는 끝단에만 작용하므로 다음과 같은 식을 얻는다: $T_{max1} = T_{max2} = T_0$.

풀이 (a) 축 (1)에 대한 τ_{max}값 결정 식 4.13의 비틀림공식으로부터

$$\tau_{max} = \frac{T_{max} r}{I_p} \tag{1}$$

식 4.9에서 튜브형 축의 극관성모멘트는 다음과 같다.

$$I_{p1} = \frac{\pi}{2}\left[r_1^4 - \left(\frac{r_1}{2}\right)^4\right] = \frac{15}{32}\pi r_1^4$$

그러므로

$$\tau_{max1} = \frac{T_0 r_1}{\frac{15}{32}(\pi r_1^4)} = \frac{32T_0}{15\pi r_1^3} \qquad \textbf{답 (a)} \quad (2)$$

(b) 축 (1)에 대한 비틀림각 ϕ의 값 결정 토크-비틀림 방정식인 식 4.16으로부터

$$\phi_1 = \frac{T_0 L}{GI_{p1}} = \frac{32T_0 L}{15\pi G r_1^4} \qquad \textbf{답 (b)} \quad (3)$$

(c) $T_2 = T_1 = T_0$일 때 $\tau_{max2} = \tau_{max1}$이 되도록 반지름 r_2 결정 비틀림공식인 식 4.13으로부터

$$\tau_{max2} = \frac{T_{max2} r_2}{I_{p2}} = \frac{T_0 r_2}{\frac{\pi}{2}(r_2)^4} = \frac{2T_0}{\pi r_2^3} \tag{4}$$

식 (2)의 τ_{max1}과 식 (4)의 τ_{max2}를 등식으로 놓으면 다음과 같다.

$$\frac{32T_0}{15\pi r_1^3} = \frac{2T_0}{\pi r_2^3}$$

따라서

$$r_2 = \left(\frac{15}{16}\right)^{1/3} r_1 = 0.979 r_1 \qquad \textbf{답 (c)} \quad (5)$$

그러므로 두 축의 무게의 비는 다음과 같다.

$$\frac{W_2}{W_1} = \frac{A_2 L_2}{A_1 L_1} = \frac{\pi r_2^2 L}{\pi[r_1^2 - (r_1/2)^2]L} = \frac{4}{3}\left(\frac{r_2}{r_1}\right)^2 = 1.277 \qquad \textbf{답 (c)} \quad (6)$$

풀이 검토 답 (c)에서 두 축이 같은 강도이면서도 중실 축과 튜브형 축의 반지름이 거의 같다는 사실은 답이 맞지 않을지도 모른다는 의심을 하게 한다. 그러나 식 (2)와 식 (4)를 보면 식이 틀리지 않음을 알 수 있다. 답 (5)와 답

(6)에서 튜브형 축이 중실 축보다 무게에 대한 강도의 이점을 가진다는 것을 명확하게 알 수 있다. 왜냐하면, 같은 강도를 갖는 중실 축이 튜브형 축보다 28% 정도 무게가 더 무겁기 때문이다.

MDS 4.1–4.4 **단순 비틀림**은 균일정정 비틀림부재(축이나 튜브)의 최대 전단응력과 비틀림각을 계산하는 프로그램 모듈이다. 네 개의 MDS 예제가 있다.

예제 4.3

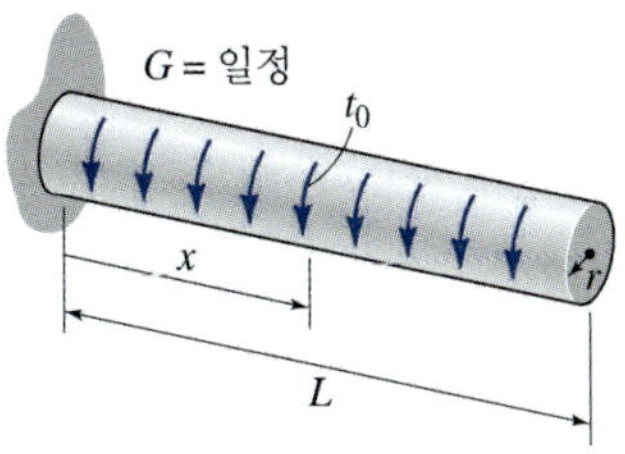

그림 1

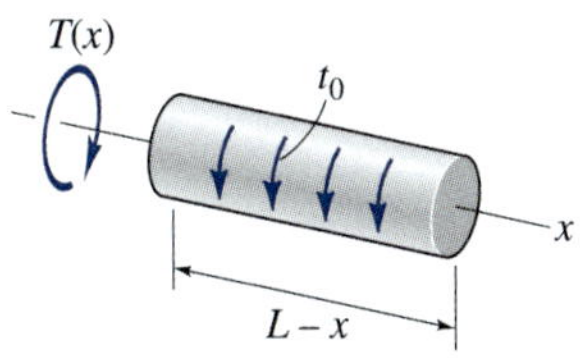

그림 2 자유물체도

반지름이 r이고 길이가 L인 균일한 축이 균등하게 분포된 외부토크 t_0(단위길이당 모멘트)를 받고 있다(그림 1 참고). (a) 최대 전단응력 τ_{max}를 구하시오. (b) 전체 비틀림각 $\phi \equiv \phi_L$을 구하시오.

풀이 계획 평형방정식으로부터 $T(x)$를 결정한 후, 이를 식 4.13에 대입하여 최대 전단응력을 구하고, 식 4.14에 대입하여 비틀림각을 구한다. 축의 왼쪽 끝단의 벽에서 최대 내부토크가 발생하기 때문에 최대 전단응력 또한 그곳에서 발생한다.

풀이 (a) τ_{max}를 결정한다.

평형: 우선 자유물체도와 모멘트 평형식이 필요하다. 자유물체도를 그림 2에 나타내었으며, x위치의 단면에 오른손법칙에 의한 양(+)의 방향 내부토크 $T(x)$를 표시하였다.

$$\sum M_x = 0: \qquad T(x) = t_0(L-x) \tag{1}$$

전단응력: 최대 전단응력은 $x=0$에서 발생하며, 이곳에서 $T(0) = T_{max} = t_0 L$이다. 그리고 비틀림공식인 식 4.13으로부터 다음을 얻는다.

$$\tau_{max} = \frac{T_{max} r}{I_p} = \frac{t_0 L r}{I_p} = \frac{t_0 L r}{\pi/2(r^4)}$$

또는

$$\tau_{max} = \frac{2 t_0 L}{\pi r^3} \qquad \textbf{답 (a)} \quad (2)$$

(b) 비틀림각($\phi \equiv \phi_L$)을 구한다.

토크-비틀림: 토크-비틀림 관계식 4.14로부터

$$\phi_L = \int_0^L \frac{T(x)dx}{GI_p} = \int_0^L \frac{t_0(L-x)dx}{GI_p}$$
$$= \frac{t_0}{GI_p}\left[\left(Lx - \frac{x^2}{2}\right)\right]_0^L$$

또는

$$\phi_L = \frac{t_0 L^2}{2GI_p} = \frac{t_0 L^2}{\pi r^4 G}$$ **답 (b)** (3)

풀이 검토 이 문제에서 답이 차원적으로 옳음을 알 수 있다. 즉, 식 (2)에서 차원은 F/L^2이며, 식 (3)은 차원이 없다. 또한 t_0, L, r, 및 G가 답에서 고유의 영향을 미치는 것을 관찰할 수 있다. (예를 들어 긴 봉은 큰 비틀림각을 갖는다.)

4.4 원형 비틀림 봉에서의 응력 분포; 비틀림실험

응력 분포 축방향 변형 부재의 단면상에 순수 수직응력이 작용할 때 경사면에는 전단응력과 수직응력이 있다는 것을 2.9절에서 알아보았다. 그림 4.7d에서는 토크에 의한 횡단면에서의 전단응력 분포와 원주평면에 대응하는 전단응력을 보여준다. 그림 4.12에서는 횡단면 사이에 있는 요소에서의 순수 전단상태를 보여준다.

그림 4.12a에 비틀림 봉과 횡단면에 대해 각 θ만큼 기울어진 단면의 방위를 나타내었다. 경사면의 응력을 결정하기 위해 그림 4.13과 같이 삼각형 부분을 취한다. 응력은 그림 4.13b에 나타내었다. 그림 4.13c는 요소의 자유물체도이다. 즉, 요소의 각 표면에서의 힘의 작용을 나타낸다.

경사면에서의 수직응력 σ_n과 전단응력 τ_{nt}를 결정하기 위해 그림 4.13c에 나타낸 자유물체도에 대한 평형식을 세울 수 있다. n축과 t축은 각각 경사면의 수직방향과 접선방향이다.

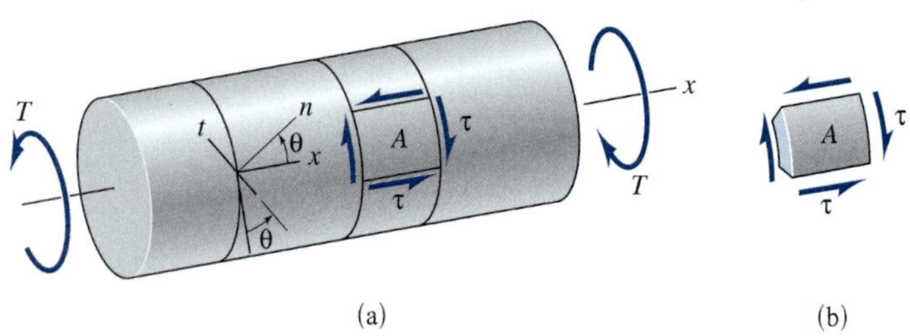

그림 4.12 (a) 비틀림을 받는 봉 (b) 순수 전단요소

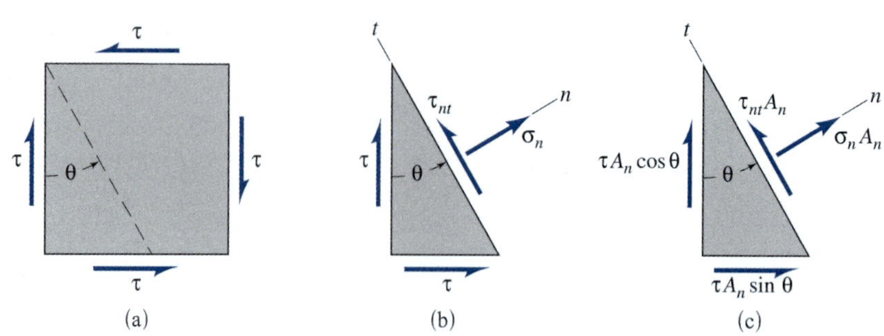

그림 4.13 순수 전단요소에 대한 응력상태

$$+\nearrow \ \sum F_n = 0: \qquad \sigma_n A_n + \tau A_n \cos\theta(\sin\theta) + \tau A_n \sin\theta(\cos\theta) = 0$$

$$\sigma_n = -2\tau \sin\theta \cos\theta$$

$$+\nwarrow \ \sum F_r = 0: \qquad \tau_{nt} A_n + \tau A_n \cos^2\theta - \tau A_n \sin^2\theta = 0$$

$$\tau_{nt} = -\tau(\cos^2\theta - \sin^2\theta)$$

σ_n과 τ_{nt}는 다음의 삼각함수법에 의해 간단하게 정리된다.

$$\sin(2\theta) = 2\sin\theta\cos\theta, \quad \cos(2\theta) = \cos^2\theta - \sin^2\theta$$

그러므로

$$\boxed{\begin{aligned} \sigma_n &= -\tau \sin(2\theta) \\ \tau_{nt} &= -\tau \cos(2\theta) \end{aligned}} \tag{4.17}$$

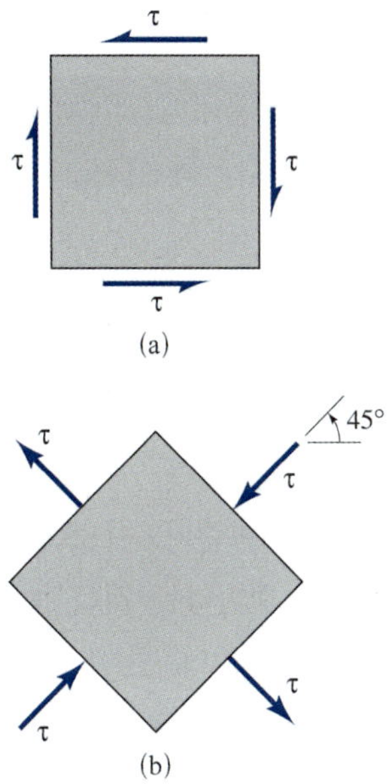

그림 4.14 순수 전단요소 및 관련된 최대 수직응력요소

식 4.17로부터 τ_{nt}는 $\theta = 0°$ 또는 $\theta = 90°$에서 최댓값을 갖는다. 또한 σ_n는 $\theta = \pm 45°$에서 최댓값을 갖는다. 식 4.17로부터 $\sigma_{45°} = -\tau$, $\sigma_{-45°} = \tau$이고, $\theta = \pm 45°$에 대해 $\tau_{nt} = 0$이다. 그림 4.14는 순수 전단요소와 그 요소에 대해 45°회전한 경우를 보여준다.

변형률 분포 전단변형과 전단응력을 관련짓는 후크의 법칙인 식 2.23에서 다음 식을 얻는다.

$$\gamma = \frac{\tau}{G} \tag{4.18}$$

전단응력은 그림 4.14a에서 표현되었듯이 비틀림에 의한 것이며, 그림 4.15a에 도시한 바와 같이 전단변형을 발생시킨다.

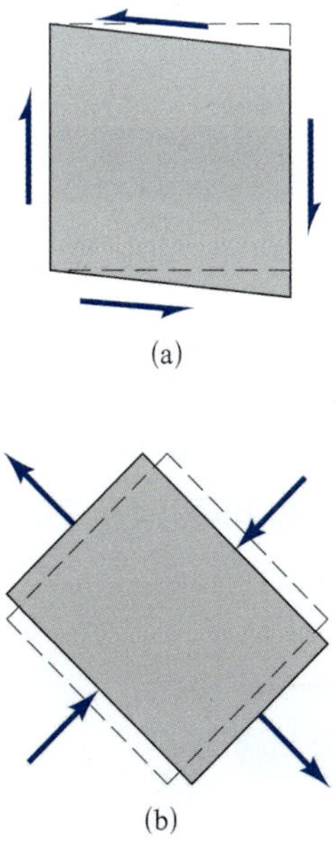

그림 4.15 순수 전단요소의 변형 및 관련된 최대 수직응력요소

그림 4.14b에 나타낸 바와 같이 ±45°방향은 최대압축과 최대인장의 방향이다. 신장변형률은 식 2.38의 형태로 나타낸 후크의 법칙을 적용하여 얻어진다. 즉,

$$\epsilon_{45°} = \frac{1}{E}[-\tau - \nu(\tau)] = \frac{-\tau}{E}(1+\nu)$$

$$\epsilon_{-45°} = \frac{1}{E}[\tau - \nu(-\tau)] = \frac{\tau}{E}(1+\nu)$$

위 식들은 식 2.24에 나타낸 E와 G의 관계에 따라 다음의 형태로 나타낼 수 있다.

$$\boxed{\begin{aligned} \epsilon_{\text{max.comp.}} &= \epsilon_{45°} = -\frac{\tau}{2G} \\ \epsilon_{\text{max.tens.}} &= \epsilon_{-45°} = \frac{\tau}{2G} \end{aligned}} \tag{4.19}$$

±45°요소의 변형은 그림 4.15b에서 도시되었다.

그림 4.16 비틀림시험기

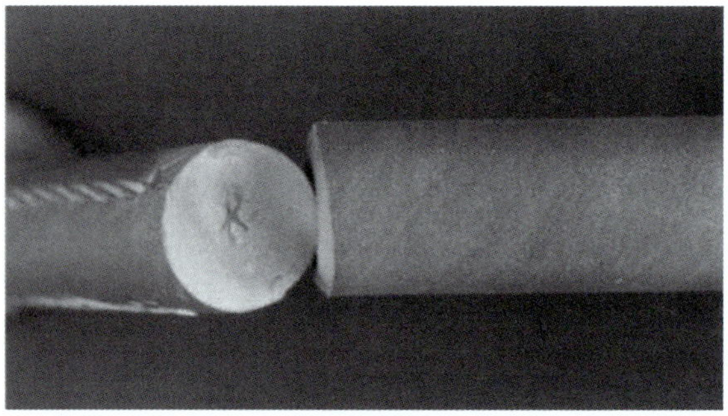

(a) 연강봉

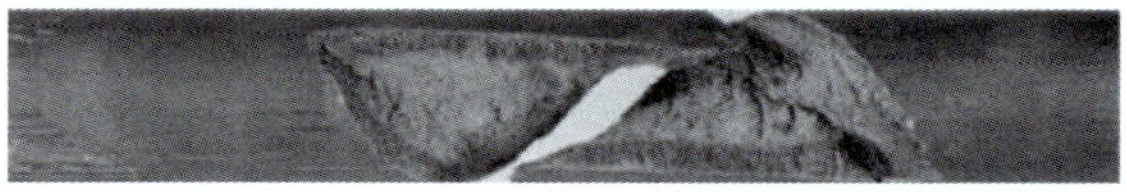

(b) 주철봉

그림 4.17 연강과 주철 비틀림 봉의 파손단면

비틀림실험 재료의 전단계수를 구하거나 전단강도의 성질, 비틀림에 관계된 다른 성질을 결정하기 위해 그림 4.16과 같은 비틀림시험기로 시험을 한다.

그림 4.17은 비틀림시험기에서 시험을 통해 파손된 시편을 보여준다. 이 그림은 식 4.17의 중요성을 나타내고 있으며, σ_n과 τ_{nt}가 각도에 따라 변한다는 것을 보여준다. 그림 4.17의 두 축은 순수 비틀림에서의 파손을 시험한 것이다. 그림 4.17a에 나타낸 연강봉의 파손은 그림 4.17b의 주철봉의 파손과는 아주 다르다. 그림 4.17의 파손면과 그림 4.14의 응력요소를 비교하면 연강봉은 전단에 의해 파손되고, 주철은 최대 인장응력 표면에서 파손된다는 것을 알 수 있다. 이것은 2.4절에서 토의로 얻은 결론이며, **취성부재는 전단보다 인장에 약하고 연성부재는 전단에 약하다**는 것으로서 인장시험 파손의 형태와 일치한다.

예제 4.4

그림 1은 바깥지름 $d_0 = 1.25$ in.이고 안지름 $d_i = 1.00$ in.이며 토크 $T = 1000$ lb·in.를 받는 튜브이다. 스트레인 게이지(strain gage)를 축(axis)에 대해 $\theta = -45°$방향으로 설치하여(이 방향에 따른 신장변형률을 측정한다) $\epsilon_{-45°} = 190\ \mu$in./in.를 측정했다. (a) 이때 최대 전단응력 $\tau_{\max}$의 값을 구하시오. (b) 전단탄성계수 G를 구하시오. (c) 길이 $L = 30$ in.인 튜브의 비틀림각을 구하시오.

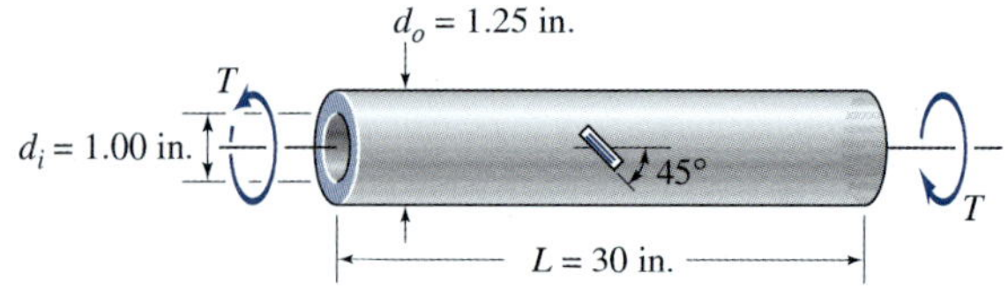

그림 1

풀이 계획 외부표면에서 발생하는 최대 전단응력은 식 4.13으로부터 구할 수 있다. $\theta = -45°$의 방향에 따른 신장변형률은 주어지므로 식 4.19b는 전단계수 G를 계산하는 데 사용할 수 있다. 마지막으로 식 4.16으로부터 비틀림각이 계산된다.

풀이 (a) τ_{max}를 결정한다. 최대 전단응력은 튜부의 외부표면에서 발생한다.

$$\tau_{max} = \frac{Tr_o}{I_p}$$

여기에서

$$I_p = \frac{\pi(r_o^4 - r_i^4)}{2} = \frac{\pi[(0.625 \text{ in.})^4 - (0.5 \text{ in.})^4]}{2} = 0.1415 \text{ in}^4$$

이다. 그러면

$$\tau_{max} = \frac{(1000 \text{ lb} \cdot \text{in.})(0.625 \text{ in.})}{0.1415 \text{ in}^4} = 4417 \text{ psi}$$

이다. 또는, 유효자리 세 자리로 반올림하면

$$\tau_{max} = 4420 \text{ psi}$$ **답 (a)**

(b) G를 결정한다. 식 4.19b로부터

$$G = \frac{\tau_{max}}{2\epsilon_{-45°}} = \frac{4417 \text{ psi}}{2(0.000190 \text{ in./in.})} = 11.6(10^6) \text{ psi}$$ **답 (b)**

(c) ϕ를 결정한다. 식 4.16으로부터

$$\phi = \frac{TL}{GI_p} = \frac{(1000 \text{ lb} \cdot \text{in.})(30 \text{ in.})}{(11.6 \times 10^6 \text{ psi})(0.1415 \text{ in}^4)} = 0.0182 \text{ rad}$$ **답 (c)**

MDS 4.5 **단순 비틀림: 응력 분포와 변형률 분포**는 단순 비틀림을 받는 원형 봉 내의 σ_{max}와 ϵ_{max}를 결정하는 것을 보여준다.

4.5 균일 비틀림 부재의 정정 조합

3.2절의 식 3.14와 식 3.15는 균일하고 선형 탄성적이며 축방향으로 하중이 걸리는 요소의 탄성 변형 거동을 설명하기 위해 유도되었다. 이것으로 균일한 부재의 축하중과 변형량(elongsation)의 관계를 알고 강성과 유연성계수를 정의할 수 있었다. 이 절에서는 **균일 비틀림 봉** 또는 비틀림요소의 **선형 탄성 거동**을 해석하기 위하여 축하중의 경우와 유사한 이론을 살펴본다. 그리고 그림 4.18a와 같은 **정정 조합 문제(statically determinate assemblages)**를 해석한다. 4.6절에서는 그림 4.18b처럼 조립된 부재의 부정정 문제(statically indeterminate assemblages)를 해석한다.

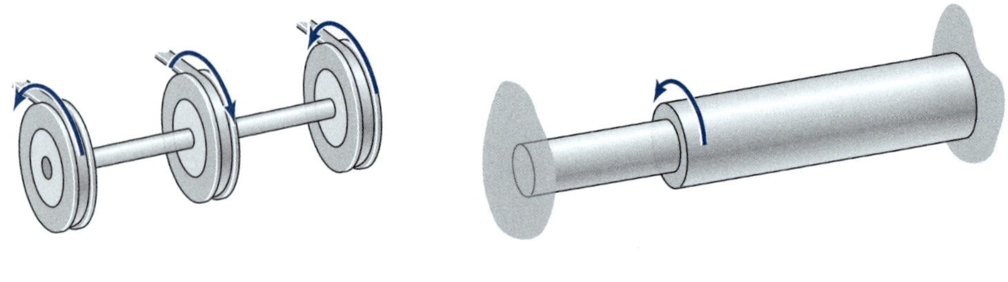

(a) 정정 조합 (b) 부정정 조합

그림 4.18 비틀림 봉의 조합된 예

토크-비틀림 방정식 4.3절의 그림 4.11은 균일 비틀림부재의 전형적인 모습을 보이며 부호규약을 나타낸다. 이 그림에서 보는 바와 같이 길이를 따라 상수 G와 상수 I_p를 갖는 봉이 끝단 토크 T를 받으며 평형상태로 있다. 식 4.16으로부터 균일요소에 대한 토크-비틀림 방정식은 다음과 같이 나타낸다.

$$\phi_i = \left(\frac{TL}{GI_p}\right)_i \quad \textbf{토크-비틀림 방정식} \qquad (4.16)\ 반복$$

3.2절에서처럼 이 방정식을 두 가지 방법으로 표현할 수 있다. 요소 i로 나타내는 비틀림부재, 또는 비틀림요소에 대해 두 가지 유용한 형태의 **요소의 토크-비틀림 방정식**(element torque-twist equation)은 다음과 같다.

$$\phi_i = f_{ti}T_i,\ 여기서\ f_{ti} = \left(\frac{L}{GI_p}\right)_i \qquad (4.20)$$

그리고

$$T_i = k_{ti}\phi_i,\ 여기서\ k_{ti} = \left(\frac{GI_p}{L}\right)_i \qquad (4.21)$$

여기서 아래첨자 t는 비틀림을, i는 특정 비틀림요소를 나타낸다. f_t를 **비틀림 유연성계수**(torsional flexibility coefficient)라 하고, k_t를 **비틀림 강성계수**(torsional stiffness coefficient)라 한다. 식 3.14와 식 4.20 그리고 식 3.15와 식 4.21이 서로 유사하다는 것을 주목하라.

각 부재에서의 토크 T_i가 결정되면, 부재에 대한 최대 전단응력은 식 4.13을 이용하여 계산할 수 있다.

비틀림에 대한 기호규약과 부호규약 그림 4.18a는 정정 비틀림-봉 조합체를 나타낸다. 비틀림 문제를 풀기 위해 제3장의 축변형을 이용한 풀이계획을 도입한다. 체계적인 문제풀이를 위해 우선 **기호규약**(notation convention)과 **부호규약**(sign convention)을 정의해야 한다. 그런 다음 세 가지의 기본공식을 세운다. 즉,

평형조건(equilibrium), 요소의 토크-비틀림 거동(element torque-twist behavior)(즉, 힘-변형 거동), 기하학적 변형(geometry of deformation). 마지막으로 비틀림각(twist angle)을 결정하기 위해 이 세 가지 방정식을 조합하고, 식 4.13을 이용하여 최대 전단응력을 구한다.

기호규약:[3)]

(a) 부재를 나타내는 아래첨자는 식 4.20과 식 4.21에서처럼 항상 번호 혹은 아래첨자 i이다. 예를 들어 T_i는 요소 i의 모든 단면에서의 토크이며, ϕ_i는 요소 i의 두 끝 사이에서의 상대적인 비틀림각이다.

(b) 외부에서 가해지는 토크와 절점의 회전각들은 대문자로 된 아래첨자로 표시되거나 숫자로 주어진다.

부호규약:

(a) 그림 4.11은 요소에서의 토크 T_i에 대한 오른손법칙 부호규약과 그 때의 비틀림각 ϕ_i에 대한 부호규약을 보여준다.

(b) 여러 요소로 이루어진 조합체일 때, 외부토크와 절점의 회전각에 대한 부호규약이 필요하다. 이 부호규약은 그림 4.19와 같이 표현된다. 우선 $+x$에 대한 방향을 선택하고 양의 외부토크와 양의 절점회전은 $+x$축에 관한 오른손법칙을 따른다.

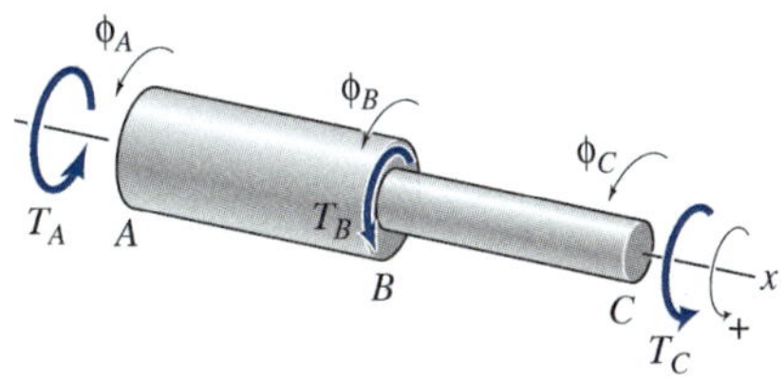

그림 4.19 외부토크와 회전각에 대한 부호규약

요소들의 정정 조합체 이제부터 몇 가지 정정 비틀림 문제를 풀어본다.

예제 4.5

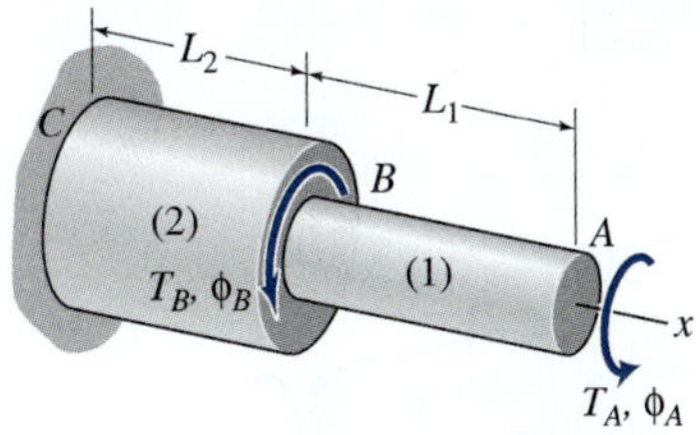

그림 1

정정인 두 요소 비틀림 봉이 그림 1과 같이 A와 B에서 T_A와 T_B의 토크를 받고 있다. ϕ_A와 ϕ_B는 두 지점에서의 회전각을 나타낸다. 토크와 회전각은 x축에 대한 오른손법칙의 양의 방향을 취한다. (a) 각 부재에서의 내부(저항)토크를 구하시오. (b) A와 B에서의 회전각을 구하시오.

풀이 계획 요소 (1)과 요소 (2)에서 내부토크 T_1과 T_2를 결정하기 위해 자유물체도를 그리고, 이에 상응하는 평형방정식을 세운다. 그리고 요소의 토크-비

3) 이러한 "기호규약"은 T라는 기호가 보편적으로 외부토크, 반발토크, 및 내부저항토크에 모두 사용되기 때문에 필요하다. ϕ에 대해서 비슷하다.

틀림 방정식인 식 4.20을 이용할 수 있으며, 두 개의 회전각을 결정하기 위해 변형 적합성을 이용할 수 있다.

풀이 (a) 부재 (1)과 부재 (2)에서의 내부토크를 결정한다.
평형조건: 값을 모르는 T_1과 T_2를 그림 2의 자유물체도에 나타내었고, 이를 이용하여 모멘트에 대한 평형방정식을 서술했다.(T_1과 T_2의 방향은 그림 4.11에서의 오른손법칙의 부호규약에 따라 표시함을 유의한다.)

자유물체도 1에 대해: $\sum M_x = 0$: $T_A - T_1 = 0$
자유물체도 2에 대해: $\sum M_x = 0$: $T_A + T_B - T_2 = 0$

그러므로

$$T_1 = T_A \qquad T_2 = T_A + T_B$$ **평형조건** **답 (a)** (1)

(b) A와 B에서의 회전각을 결정한다.
요소의 토크-비틀림 거동: T_1과 T_2는 식 (1)과 같이 정의되어 있으므로, 식 4.20의 토크-비틀림 방정식을 다음과 같이 적절하게 사용할 수 있다.

$$\phi_i = f_{ti} T_i, \quad i = 1, 2$$ **토크-비틀림 거동** (2)

여기서

$$f_{ti} = \left(\frac{L}{GI_p} \right)_i$$

기하학적 변형 조건: 요소의 비틀림각 ϕ_i에 대하여 절점의 비틀림각 ϕ_A와 ϕ_B는 다음과 같이 관계지을 수 있다.

$$\phi_1 = \phi_A - \phi_B$$
$$\phi_2 = \phi_B - \phi_C = \phi_B$$

또는

$$\phi_A = \phi_1 + \phi_2 \qquad \phi_B = \phi_2$$ **기하학적 변형** (3)

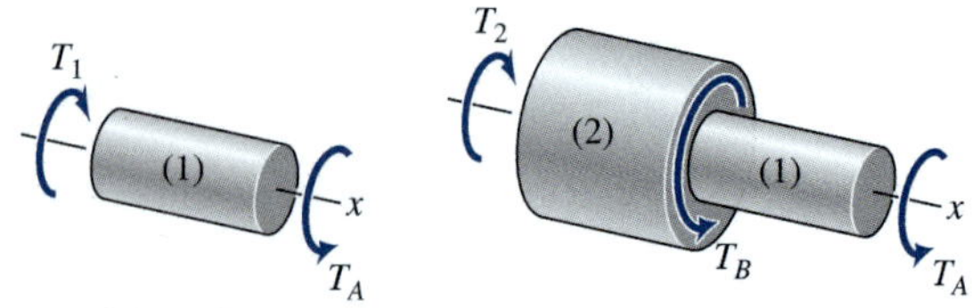

그림 2 자유물체도

풀이: ϕ_A와 ϕ_B를 결정하기 위해 (1) → (2) → (3)의 순으로 대입하여 정리하면 다음과 같다.

$$\phi_A = f_{t1}T_A + f_{t2}(T_A + T_B)$$
$$\phi_B = f_{t2}(T_A + T_B)$$

또는

$$\left.\begin{aligned}\phi_A &= \frac{T_A L_1}{G_1 I_{p1}} + \frac{(T_A + T_B)L_2}{G_2 I_{p2}} \\ \phi_B &= \frac{(T_A + T_B)L_2}{G_2 I_{p2}}\end{aligned}\right\} \qquad \textbf{답 (b)} \quad (4)$$

예제 4.6

단이 있는 강봉 AC가 그림 1에서 보는 바와 같이 단면 B와 C에서 외부토크를 받고 있다. 강의 전단계수 $G = 11.5 \times 10^3$ ksi이며, 요소 (1)의 지름 $d_1 = 2$ in. 이다. 최대 전단응력이 허용 전단응력 $\tau_{\text{allow}} = 8$ ksi와 허용 비틀림각 $\phi_{\text{allow}} = 0.06$ rad을 초과하지 않도록 이 구조물의 요소 (2)의 지름 d_2를 결정하시오. 이들 기준을 만족하면서 1/8 in. 단위로 가장 가까운 값을 구하시오.

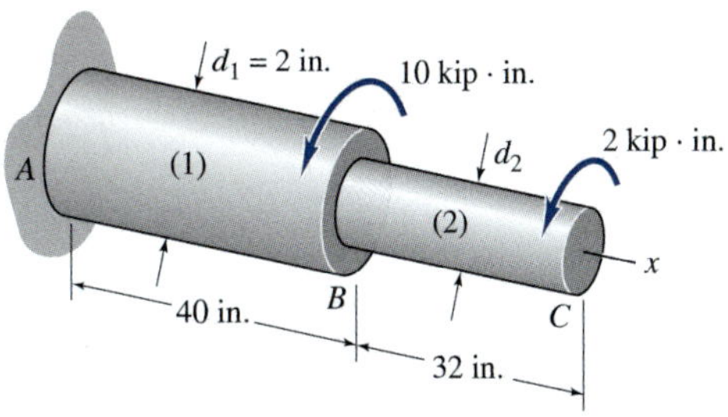

그림 1

풀이 계획 최대 전단응력과 최대 비틀림각을 기준으로 한다. 먼저 기본방정식을 세우고 두 가지 기준을 고려한 d_2를 결정한다.

풀이

평형: 그림 2에 미지의 요소토크 T_1과 T_2를 나타내는 자유물체도를 그렸다. 각각에 대한 모멘트의 평형방정식을 세운다. (T_1과 T_2의 부호는 그림 4.11의 오른손법칙 부호규약을 따른다.)

자유물체도 1에 대해: $\sum M_x = 0$: $\quad T_1 = 10 \text{ kip} \cdot \text{in.} + 2 \text{ kip} \cdot \text{in.}$

$$= 12 \text{ kip} \cdot \text{in.}$$

자유물체도 2에 대해: $\sum M_x = 0$: $\quad T_2 = 2 \text{ kip} \cdot \text{in.}$

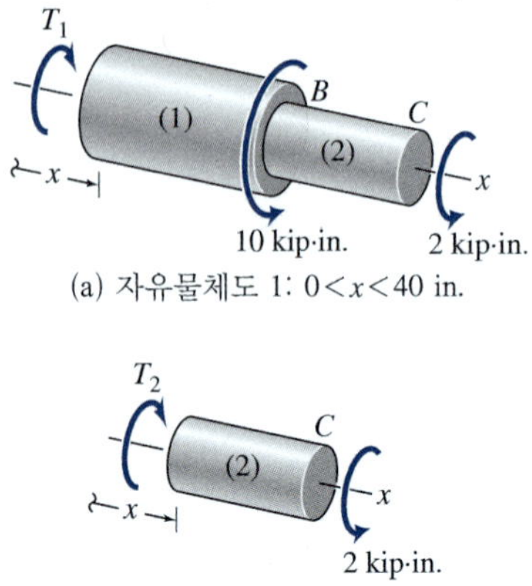

(a) 자유물체도 1: $0<x<40$ in.

(b) 자유물체도 2: $40<x<72$ in.

그림 2 자유물체도

$$T_1 = 12\ \text{kip}\cdot\text{in.} \qquad T_2 = 2\ \text{kip}\cdot\text{in.} \qquad \textbf{평형조건} \tag{1}$$

요소의 토크-비틀림 거동: T_1과 T_2를 알고 있으므로, 식 4.20의 토크-비틀림 방정식을 적용한다.

$$\phi_1 = f_{t1}T_1 \qquad \phi_2 = f_{t2}T_2 \qquad \textbf{토크-비틀림 방정식} \tag{2}$$

여기서

$$f_{t1} = \left(\frac{L}{GI_p}\right)_1 = \frac{32L_1}{\pi G d_1^4},\quad f_{t2} = \left(\frac{L}{GI_p}\right)_2 = \frac{32L_2}{\pi G (d_2)^4}$$

기하학적 변형: 전체 비틀림각은 단순히 요소 비틀림각들의 합이다. 따라서

$$(\phi_c)_{\text{allow}} \equiv \phi_{\text{allow}} = \phi_1 + \phi_2 = 0.06\ \text{rad} \qquad \textbf{기하학적 변형} \tag{3}$$

최대 전단응력 기준: 식 4.13을 사용하여 각 요소의 최대 비틀림 전단응력을 검토한다.

$$(\tau_{\max})_1 = \frac{|T_1|(d_1/2)}{I_{p1}} = \frac{16|T_1|}{\pi d_1^3} = \frac{16(12\ \text{kip}\cdot\text{in.})}{\pi(2.0\ \text{in.})^3} = 7.6394\ \text{ksi}\,(< 8\ \text{ksi})$$

$$(\tau_{\max})_2 = \frac{|T_2|(d_2/2)}{I_{p2}} = \frac{16|T_2|}{\pi(d_{2r}^3)} = \tau_{\text{allow}}$$

따라서 최대 전단응력 기준을 사용하면

$$d_{2\tau} = \left(\frac{16|T_2|}{\pi\tau_{\text{allow}}}\right)^{1/3} = \left[\frac{16(2\ \text{kip}\cdot\text{in.})}{\pi(8\ \text{ksi})}\right]^{1/3} = 1.0839\ \text{in.}$$

최대 비틀림각 기준: 최대 비틀림각을 기준으로 한 d_2를 결정할 필요가 있다. 식 (1)부터 식 (3)까지를 조합하면

$$\phi_{\text{allow}} = \left(\frac{32L_1}{\pi G d_1^4}\right)T_1 + \left(\frac{32L_2}{\pi G(d_{2\phi})^4}\right)T_2$$

따라서

$$d_{2\phi} = \left[\left(\frac{\pi G\phi_{\text{allow}}}{32L_2T_2} - \frac{L_1T_1}{L_2T_2d_1^4}\right)^{-1}\right]^{1/4}$$

$$= \left\{\left[\frac{\pi(11.5\times10^3\ \text{ksi})(0.06\ \text{rad})}{32(32\ \text{in.})(2\ \text{kip}\cdot\text{in.})} - \frac{(40\ \text{in.})(12\ \text{kip}\cdot\text{in.})}{(32\ \text{in.})(2\ \text{kip}\cdot\text{in.})(2\ \text{in.})^4}\right]^{-1}\right\}^{1/4}$$

$$= 1.1412\ \text{in.}$$

$d_{2\tau}$와 $d_{2\phi}$보다 크면서 1/8 in. 단위로 가장 가까운 d_2를 결정한다. 따라서

$$(d_2)_{\min} = 1.250 \text{ in.}$$ **답**

MDS 4.6 & 4.7 **복합 토크**는 단순한 비틀림으로 인한 축 부분부재의 전단응력과 절점의 회전각을 결정하기 위해 부분부재의 내부토크 T_i를 결정하는 평형해석과 루틴(routines)을 조합한다.

4.6 균일 비틀림 부재의 부정정 조합체

만약 미지의 토크의 수가 적용 가능한 평형방정식의 수를 초과하게 되면, 이 비틀림 부재의 조합은 **부정정**(**statically indeterminate**)이라 한다. 그림 4.20은 부정정의 예이다. 부정정 비틀림의 조합에 대한 해석은 3.5절, 3.7절, 및 3.8절(3.6절의 열변형은 직접적으로는 비틀림 문제와 관련되지 않는다)에서 다루어졌던 부정정 조합의 축변형 부재의 해석과 동일한다.

전형적인 부정정 비틀림 봉의 해석 그림 4.20과 같은 단순 두 요소 비틀림 봉을 생각해보자. 우선 요소 내의 내부토크 T_1과 T_2를 결정한다. 그 다음 두 개의 요소 사이에 있는 절점 결합부에서 비틀림 ϕ_B를 구한다.

평형: 그림 4.21의 절점 B의 자유도를 통해 연결부 B에서의 외부토크(external torque) T_B를 B에 근접한 요소 내의 내부토크(internal torques) T_1과 T_2를 포함하여 모멘트의 평형방정식을 구할 수 있게 된다.

$$\sum M_x = 0: \qquad T_1 - T_2 = T_B \qquad \textbf{평형조건} \tag{1}$$

이 문제는 부정정이다. 왜냐하면, 하나의 모멘트의 평형방정식으로부터 두 요소의 토크를 결정할 수 없기 때문이다. 따라서 이 문제에는 **잉여의 토크**(**redundant torque**)가 있는데, 이것은 축의 안정평형을 유지하는 데 절대적인 필요조건은 아니다.

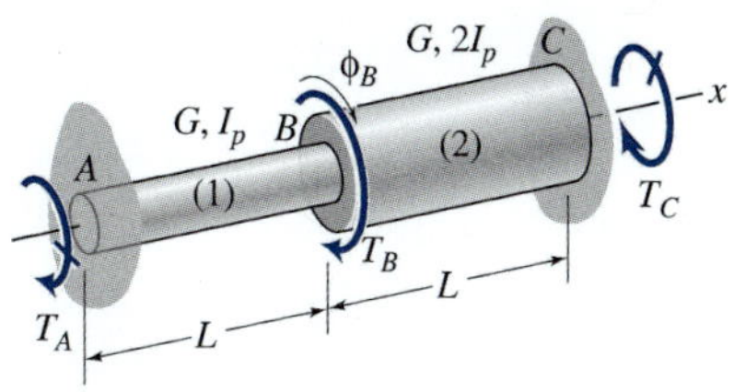

$I_{p1} = I_p,\ \ I_{p2} = 2I_p,\ \ G_1 = G_2 = G,\ \ L_1 = L_2 = L$

그림 4.20 부정정 비틀림 봉

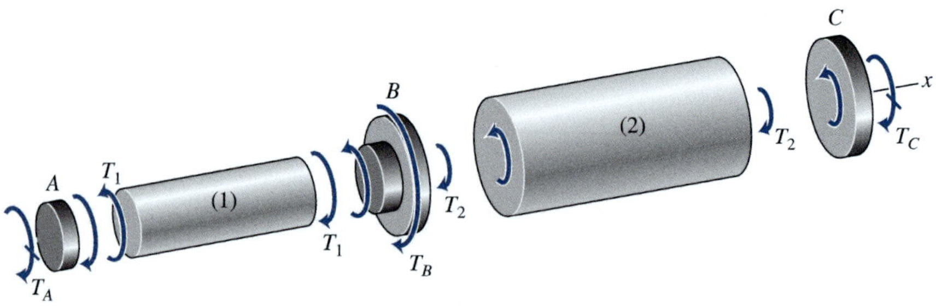

그림 4.21 절점과 요소의 자유물체도

끝단 A와 C에서의 반발토크는 $T_A = -T_1$과 $T_C = T_2$에 의해 요소토크와 관련지어진다.

요소의 토크-비틀림 거동: 식 4.20의 요소의 토크-비틀림 방정식으로부터 다음과 같은 식을 얻는다.

$$\phi_1 = f_{t1}T_1, \quad \phi_2 = f_{t2}T_2 \qquad \text{(2a, b)}$$

요소의 토크-비틀림 거동

여기서, $f_{t1} = \dfrac{L}{GI_p}$, $f_{t2} = \dfrac{L}{2GI_p}$를 적용한다.

기하학적 변형; 적합 방정식: 두 요소는 각 요소의 끝이 두 벽 사이에 고정되어 있으며, 또한 요소의 끝은 자유로이 회전할 수 없으므로 비틀림각의 합은 0이 된다. 따라서 이 문제의 **적합방정식**(compatibility equation)은 다음과 같다.

$$\phi_{\text{total}} = \phi_1 + \phi_2 = 0 \qquad (3)$$

기하학적 변형

방정식의 해: 식 (1)부터 (3)까지는 네 개의 방정식과 네 개의 미지수를 포함하고 있다. 따라서 네 개의 미지수를 결정하기 위해서는 네 개의 방정식을 동시에 풀어야 한다. 먼저 **요소토크**(element torques)의 결정에 관심을 둔다. 따라서 식 (2)를 식 (3)에 대입하여 ϕ_i를 소거할 수 있으며, 이것은 **요소토크의 항으로 구성된 적합방정식**이 된다.

$$f_{t1}T_1 + f_{t2}T_2 = 0$$

또는

$$T_1\left(\frac{L}{GI_p}\right) + T_2\left(\frac{L}{2GI_p}\right) = 0 \qquad (3')$$

요소토크의 항으로 구성된 적합방정식

마지막으로 평형방정식 (1)과 적합방정식 (3′)은 **동시에 풀 수 있으며**, 다음과 같은 결과를 얻는다.

$$T_1 = \frac{T_B}{3},\quad T_2 = -\frac{2T_B}{3}$$ 답 (4a, b)

따라서 이들 요소토크는 부정정 문제의 중요한 해가 된다.

회전각: 지금껏 문제에서 언급되었던 것은 요소토크의 결정뿐만 아니라 절점 B의 회전을 결정하는 것이었다. 그림 4.20으로부터 ϕ_B는 다음과 같은 두 개의 기하학적 변형(geometry of deformation) 방정식의 하나로부터 얻어지는 것을 볼 수 있다.

$$\phi_B = \phi_1,\quad \phi_B = -\phi_2$$

그러므로 식 (2a)와 (4a), 또는 식 (2b)와 (4b)를 조합하여 다음을 얻는다.

$$\phi_B = \frac{T_B L}{3GI_p}$$ 답 (5)

위의 해는 기본하중법 절차로부터 얻어진다. 즉, 해의 주요한 절차는 식 (1)의 평형방정식과 요소토크의 항으로 표현된 식 (3′)의 적합방정식의 해를 동시에 구하는 것이다.

결과 분석: 요소 (1)의 비틀림강성 GI_{p1}는 요소 (2)의 절반이기 때문에 요소 (1)은 두 배의 **유연도(flexible)**가 있다(즉, $f_{t1} = 2f_{t2}$). 다른 식으로 말하면 요소 (2)는 요소 (1)에 비해 비틀림에 관하여 두 배의 **강성도(stiff)**를 가진다(즉, $k_{t2} = 2k_{t1}$). 따라서 외부토크 중 더 큰 부분인 T_B는 요소 (1)에 의해 왼쪽으로 이동되기보다는 요소 (2)에 의해 오른쪽으로 이동된다. 두 요소가 동일하다면 토크 T_B의 절반은 각각의 벽으로 이동될 것이다. 이것은 부정정 구조물에서 반작용과 내부 요소토크는 I_{pi}, G_i, 및 L_i에 의존한다는 사실을 설명한다.

풀이절차: 기본하중법 – 비틀림 위와 같은 간단한 부정정 비틀림 문제는 3.5절에서 축변형 부정정 문제를 푸는 데 사용되었던 기본하중법(Basic Force Method)으로 해결된다.[4] 부정정 구조물의 분석에 필요한 주요 단계는 다음과 같다: (1) 미지의 토크를 결정하는 데 필요한 평형방정식(equilibrium equation)을 작성한다. (2) 평형방정식의 토크를 적합방정식에 나타나는 회전과 관련시키는 모든 토크-비틀림 방정식(torque-twist equations)을 작성한다. (3) 세 번째 핵심 단계는 구조물의 변형에 대한 기하학적 구속조건(geometric constraints)을 특징짓는 적합방정식(compatibility equation)을 설정하기 위해 기하학적 변형(geometry of deformation)을 사용하는 것이다.

4) 여기에서 기본하중법의 "하중"이라는 단어는 비틀림 문제에서는 "힘에 해당(force-like)"하는 정량값인 토크를 나타내기 위해 사용된다.

다음 절차의 도움을 받아 그림 4.20에 나타낸 부정정 비틀림 조합체를 해석하는 데 사용된 단계를 복습한다. 다음의 흐름도는 이 절차를 도시적으로 나타낸 것이다.

풀이 절차: 기본하중법 – 비틀림

▼기본방정식의 설정:

1. N_E를 독립된 평형방정식의 수가 되도록 한다. 자유물체도를 사용하여 N_E개의 $\sum M_x = 0$ 형태의 **독립된 평형방정식**을 작성한다.
2. 각 비틀림요소에 대한 **요소의 토크-비틀림 방정식**을 작성한다. 식 4.20은 사용하기에 가장 편리한 형태이다.

$$\phi_i = f_{ti}T_i, \text{ 여기서 } f_{ti} = \frac{L_i}{I_{pi}G_i} \qquad (4.20) \text{ 반복}$$

ϕ_i는 i에 대한 비틀림 유연성계수(torsional flexibility)이다.

3. 요소의 비틀림각 ϕ_i의 항으로 **적합방정식(compatibility equation)**을 작성하기 위해 기하학적 변형(geometry of deformation)을 사용한다.

▼미지 토크의 풀이:

4. 2단계의 요소의 토크-비틀림 방정식을 3단계의 기하학적 적합방정식에 대입한다. 이것은 **미지의 요소토크의 항으로 된 기하학적 적합방정식**을 제공한다.
5. 미지의 토크를 결정하는 마지막 단계는 평형방정식(1단계)과 요소토크의 항으로 작성된 적합방정식(4단계)을 **동시에 푸는 것**이다.

▼회전각의 계산:

6. 절점(조인트)에서 회전각을 얻으려면 필요한 경우 요소토크를 2단계의 토크-비틀림 방정식에 대입한다. 마지막으로, 변형의 기하학을 사용하여 필요한 회전각과 요소 비틀림각을 연관시킨다.
7. 해를 검토하여 모든 답이 올바른지 확인한다.

다음의 순서도는 부정정 비틀림 문제의 해를 구하는 절차를 보여주는 것으로 세 개의 기본방정식 형태의 중요성을 강조하고 있다. 즉, 평형, 요소의 토크-비틀림 거동, 기하학적 변형(적합성)

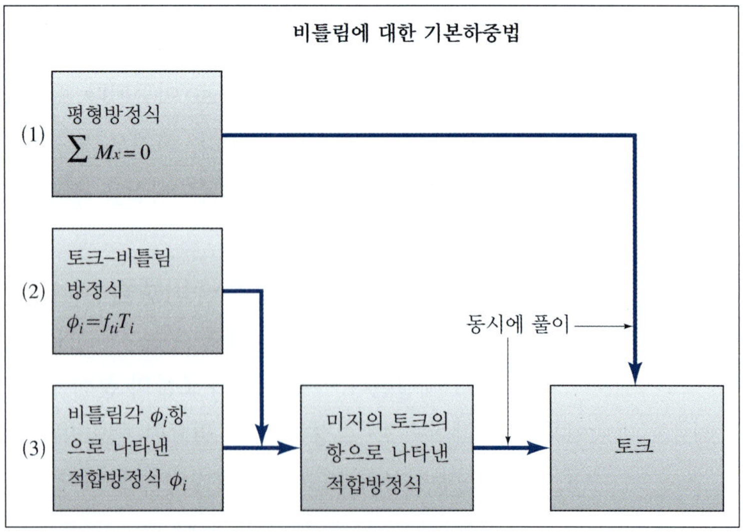

MDS 4.8 **부정정 비틀림 조합체: 기본하중법**은 미지의 내부토크 T_i를 구하기 위해 평형방정식(equilibrium), 토크-비틀림 방정식(torque-twist behavior of elements), 변형(적합)방정식(geometry of deformation(compatibility))을 조합한다.

식 4.20의 적합방정식은 비틀림각 ϕ_i를 요소토크의 항으로 나타내기 위해 사용된다.

예제 4.7을 기본하중법으로 풀 것이다. 주목할 것은 평형방정식이 하나이고, 세 개의 미지 내부토크가 있다는 것이다. 따라서 두 개의 잉여토크(redundant torques)가 있으므로 두 개의 적합방정식을 만들어야 한다.

예제 4.7

길이 $L = 30$ in.이고 반지름 $r = 1.0$ in.인 고강도 강철축($G = 11.5 \times 10^6$ psi)이 그림 1과 같이 반지름 $r_0 = 1.5$ in.인 알루미늄합금 튜브($G = 3.9 \times 10^6$ psi)로 20 in.의 길이만큼 둘러싸여 있다. 양 끝단 A와 C는 고정되어 있다. 절점 B에서 외부토크 $T_B = 5000$ lb · in.가 작용한다. 강과 알루미늄합금의 최대 전단응력을 각각 구하시오.

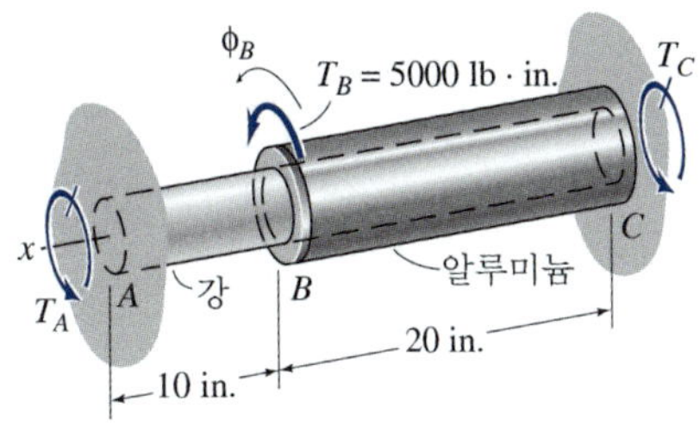

그림 1

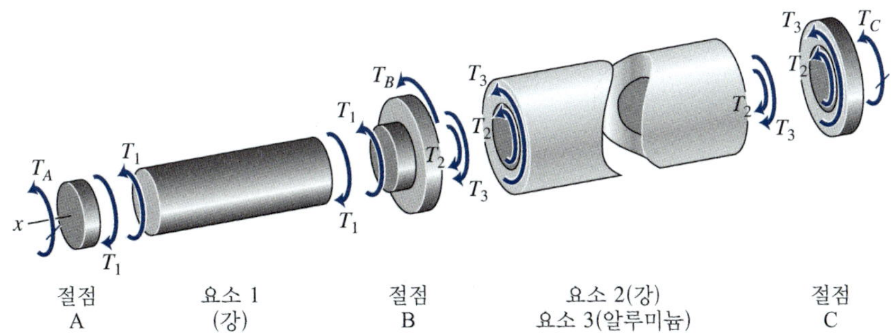

그림 2 자유물체도

풀이 계획 이 문제는 부정정 문제이다. BC 부분에서 안쪽은 강이고, 바깥쪽은 알루미늄합금으로 구성되어 있는데, 이러한 부분을 분할요소(즉, 요소 (2), (3))라 한다. 그림 2는 절점 A, B, C와 요소 (1), (2), (3)을 보여준다(내부토크와 외부토크가 절점에 작용함에 유의한다). 요소의 전단응력만 구하면 되므로 비틀림각은 풀지 않아도 된다. 기본하중법으로 이 문제를 푼다.

풀이

평형: 비틀림 봉 조합체는 그림 2와 같이 절점들과 요소들로 구분된다. 절점 평형식은 다음과 같다.

절점 A에 대해: $\sum M_x = 0$: $\quad T_A - T_1 = 0$

절점 B에 대해: $\sum M_x = 0$: $\quad T_B + T_1 - T_2 - T_3 = 0$

절점 C에 대해: $\sum M_x = 0$: $\quad T_C + T_2 + T_3 = 0$

절점 B에 대한 식은 "능동(active)" 평형방정식이다. 즉, 이 절점의 회전은 0이 아니다. 절점 A와 C에 대한 평형방정식은 본 문제를 푸는 데 필요 없다.

$$-T_1 + T_2 + T_3 = T_B \qquad \textbf{평형조건} \qquad (1)$$

여기서 한 개의 평형방정식과 세 개의 미지 토크가 있음에 유의하라. 즉, 두 개의 잉여토크가 있다.

요소의 토크-비틀림 거동: 하중법의 풀이를 위해, 식 4.20은 사용할 토크-비틀림 방정식의 적절한 형태이다. 즉,

$$\phi_i = f_{ti} T_i, \quad i = 1,\ 2,\ 3 \qquad \textbf{토크-비틀림 방정식} \qquad (2)$$

여기서 $f_{ti} = \left(\dfrac{L}{GI_p}\right)_i$ 이다.

$$I_{p1} = I_{p2} = \frac{\pi(1.0\text{ in.})^4}{2} = 1.571\text{ in}^4$$

$$I_{p3} = \frac{\pi(1.5\text{ in.})^4}{2} - \frac{\pi(1.0\text{ in.})^4}{2} = 6.381\text{ in}^4$$

$$f_{t1} = \left(\frac{L}{GI_p}\right)_1 = \frac{(10\text{ in.})}{(11.5\times10^6\text{ psi})(1.571\text{ in}^4)} = 5.536(10^{-7})\frac{\text{rad}}{\text{lb}\cdot\text{in.}}$$

$$f_{t2} = \left(\frac{L}{GI_p}\right)_2 = \frac{(20\text{ in.})}{(11.5\times10^6\text{ psi})(1.571\text{ in}^4)} = 1.107(10^{-6})\frac{\text{rad}}{\text{lb}\cdot\text{in.}}$$

$$f_{t3} = \left(\frac{L}{GI_p}\right)_3 = \frac{(20\text{ in.})}{(3.9\times10^6\text{ psi})(6.381\text{ in}^4)} = 8.036(10^{-7})\frac{\text{rad}}{\text{lb}\cdot\text{in.}}$$

기하학적 변형: 요소의 상대적인 비틀림각은 다음과 같다.

$$\phi_1 = \phi_A - \phi_B = -\phi_B$$

$$\phi_2 = \phi_B - \phi_C = \phi_B$$

$$\phi_3 = \phi_B - \phi_C = \phi_B$$

ϕ_B를 소거하면 다음 두 개의 **적합방정식을 비틀림각의 항**으로 쓸 수 있다.

$$\phi_1 = -\phi_2, \quad \phi_3 = \phi_2 \qquad \textbf{적합방정식} \qquad (3)$$

요소토크에 대한 풀이: 기본하중법을 사용하여 토크-비틀림 방정식 (2)를 적합방정식 (3)에 대입하여 미지 토크의 항으로서 다음 식을 얻는다.

$$\begin{aligned} f_{t1}T_1 &= -f_{t2}T_2 \\ f_{t3}T_3 &= f_{t2}T_2 \end{aligned} \qquad \textbf{토크의 항으로 나타낸 적합방정식} \qquad (3')$$

이것을 평형방정식 (1)과 **동시에 풀면**(solve simultaneously) 다음과 같이 세 개의 식을 얻는다.

$$\begin{aligned} T_1 &= \frac{-(f_{t2}f_{t3})T_B}{f_{t1}f_{t2}+f_{t1}f_{t3}+f_{t2}f_{t3}} \\ T_2 &= \frac{(f_{t1}f_{t3})T_B}{f_{t1}f_{t2}+f_{t1}f_{t3}+f_{t2}f_{t3}} \\ T_3 &= \frac{(f_{t1}f_{t2})T_B}{f_{t1}f_{t2}+f_{t1}f_{t3}+f_{t2}f_{t3}} \end{aligned} \qquad (4)$$

T_B와 비틀림 유연성계수의 수치를 이들 식에 대입하면 다음의 결과를 얻는다.

$$\begin{aligned} T_1 &= -2284 \text{ lb} \cdot \text{in.} \\ T_2 &= 1142 \text{ lb} \cdot \text{in.} \\ T_3 &= 1574 \text{ lb} \cdot \text{in.} \end{aligned} \qquad (5)$$

최대 전단응력: 이제 각 부분의 최대 전단응력을 결정할 수 있다. 요소 (1)과 요소 (2)는 모두 강이고, 지름이 같으며, $|T_2| < |T_1|$이므로 강에서의 최대 전단응력은 축 AB 부분의 제일 바깥부분에서 발생한다.

$$(\tau_{\max})_{\text{steel}} = \frac{|T_1|r_1}{I_{p1}} = \frac{(2284 \text{ lb} \cdot \text{in.})(1.0 \text{ in.})}{1.571 \text{ in}^4} = 1454 \text{ psi}$$

알루미늄관에서의 최대 전단응력은

$$(\tau_{\max})_{\text{alum}} = \frac{T_3(r_3)_o}{I_{p3}} = \frac{(1574 \text{ lb} \cdot \text{in.})(1.5 \text{ in.})}{6.381 \text{ in}^4} = 369.9 \text{ psi}$$

이다. 유효숫자 세 자리로 반올림하면 다음을 얻는다.

$$\left.\begin{aligned} (\tau_{\max})_{\text{steel}} &= 1454 \text{ psi} \\ (\tau_{\max})_{\text{alum}} &= 370 \text{ psi} \end{aligned}\right\} \qquad \textbf{답} \ (6)$$

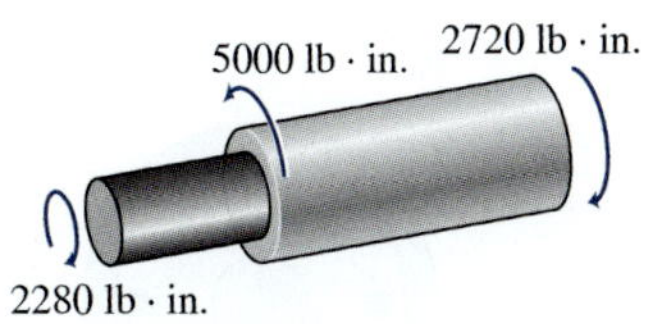

그림 3 자유물체도

풀이 검토 축의 전체적인 평형을 검토하는 방법을 살펴보자. 절점 A와 C의 평형방정식으로부터 다음의 반력토크를 얻는다.

$$T_A = -2280 \text{ lb} \cdot \text{in.}, \quad T_C = -2720 \text{ lb} \cdot \text{in.}$$

이 반력들은 그림 3에 나타나 있다.

$\sum M_x = 0$: $\qquad (-2280 + 5000 - 2720) = 0$인가? 그렇다.

이것은 옳은 것같이 보인다. 왜냐하면 A보다 C에서 더 큰 토크가 전달되기 때문이다.

연습문제 4.7-6은 이 문제(예제 4.7)를 변위법으로 풀이한 방법이다.

각도의 불일치에 따른 초기 전단응력 3.7절에서 나타난 축의 불일치(즉, 부재가 애초부터 너무 짧거나 길게 만들어진 경우)는 부정정 조합에서 초기응력을 발생시키는 것을 알았다. 이와 비슷하게 부정정 비틀림 조합에서 각도의 불일치는 초기 전단응력을 일으킨다. 표 4.2는 세 개의 기본방정식을 요약하였고, 작용토크가 평형방정식에 들어가며 각도의 불일치는 기하학적 변형 즉, 변형 적합방정식에 들어가는 것을 나타낸다.

표 4.2 비틀림 방정식의 요약

기본방정식	상응하는 "입력"
(1) 모멘트 평형	외부토크
(2) 요소의 토크-비틀림 거동	-
(3) 각변형의 기하학	각도의 불일치

그림 4.22와 같은 2축 형태에서 각도의 불일치를 고려하고 기하학적 변형방정식의 공식화에 대해서만 고려해 보자. 플랜지가 B 부분에서 볼트 체결되기 전에 축의 두 부분은 A와 C에서 각각 강성지지가 되도록 용접된다. 두 플랜지 사이에 축방향의 간격이 없다고 가정한다(또는 플랜지가 서로에 대해 상대적으로 회전할 수 있을 정도의 미소한 축간격을 가질 때). 그러나 두 플랜지에서의 구멍은 원래부터 $\overline{\phi}$만큼의 각도 차이를 갖는 불일치형태이다. 조합을 완성하기 위해 플랜지 B_1에 가해지는 일시적인 외부토크는 구멍을 플랜지 B_2의 구멍에 정렬시키게 되고, 이때 볼트는 네 개의 구멍에 끼워지고 단단하게 고정된다. 일시적으로 가한 외부토크가 제거되면, 두 부분에서 자발적 평형토크가 발생하게 되고, 이른바 **초기 전단응력**(initial shear stresses)이 발생하는 결과를 낳게 된다.

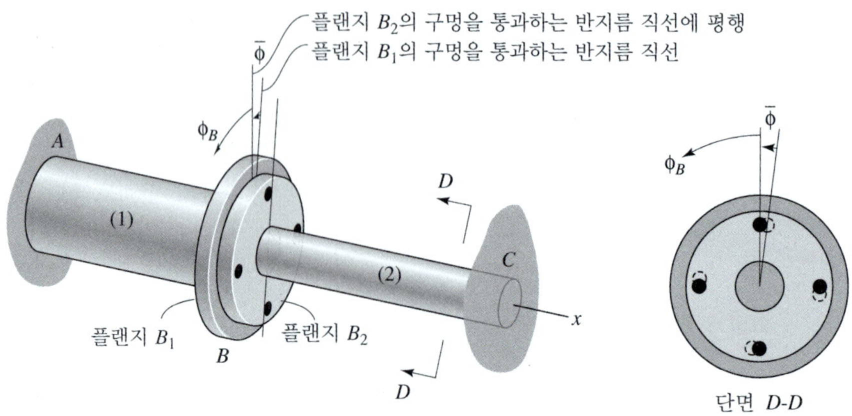

그림 4.22 축 부분의 각도 불일치

기하학적 변형: B에서의 회전각은 플랜지 B_2의 초기 각도의 방향으로부터 측정된다고 가정한다. 두 축 부분의 비틀림각은 다음과 같이 된다.

$$\phi_1 = \overline{\phi} + \phi_B - \phi_A$$

$$\phi_2 = \phi_C - \phi_B$$

$\phi_C = \phi_A = 0$이므로

$$\phi_1 = \overline{\phi} + \phi_B \qquad \phi_2 = -\phi_B \qquad \text{기하학적 변형} \tag{4.22}$$

표 4.2에서 나타내었듯이 각도 정렬의 불일치는 식 4.22의 기하학적 변형방정식(deformation-geometry equation)에서 고려된다.

연습문제 4.6-16과 4.6-17에 있는 축의 불일치성과 관련된 문제들을 검토하라. 유사한 문제를 변위법으로 풀 수 있는 연습문제 4.7-7과 4.7-8이 있다.

*4.7 비틀림 문제의 변위법 풀이

4.6절에서 부정정 비틀림 문제들을 기본하중법으로 풀이하였다. 이 장에서는 두 가지 예제를 변위법으로 풀이하였고, 그 과정을 아래의 흐름도로 나타내었다. 비틀림 문제에 사용하는 과정은 축변형 문제풀이에 대해 3.8절에서 사용한 과정과 매우 유사하다.

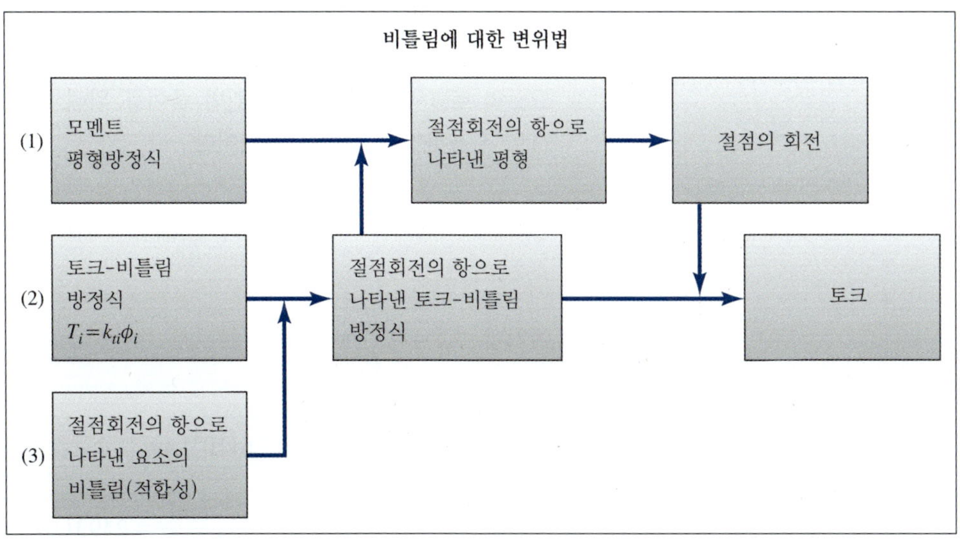

예제 4.8

그림 1에서 보는 바와 같이 반지름 $r = 25$ mm, 길이 $L = 0.5$ m인 강축($G = 78$ GPa)이 바깥반지름 $r_0 = 37.5$ mm인 알루미늄합금 튜브($G = 28$ GPa)에 둘러싸여 있다. 끝단 B점은 고정되어 있고, 절점 A에는 외부토크 $T_A = 350$ N·m가 작용한다. 변위법을 사용하여 (a) 끝단 A에서의 회전각을 결정하고, (b) 중심부의 강과 알루미늄 튜브의 최대 전단응력을 각각 결정하시오.

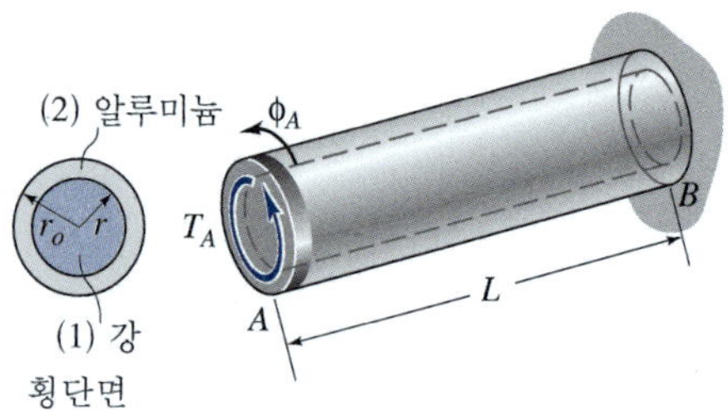

그림 1

풀이 계획 이 문제는 부정정 문제로 단 하나의 미지의 절점변위 ϕ_A가 있다. 축은 내측의 강과 외측의 알루미늄 튜브로 구성되어 있으며, 이 부재를 요소 (1)과 요소 (2)로 분해할 수 있다. 변위법 풀이에서는 미지의 절점 회전각 ϕ_A의 항으로 표현된 평형방정식으로 풀이한다. 그 다음 두 요소의 토크를 결정하고 그것을 최대 전단응력을 결정하는 데 사용한다.

풀이 (a) ϕ_B를 결정한다.

평형: 절점 A의 자유물체도인 그림 2에서 토크 T_A가 작용할 때 두 요소의 토크의 관계를 알 수 있다.

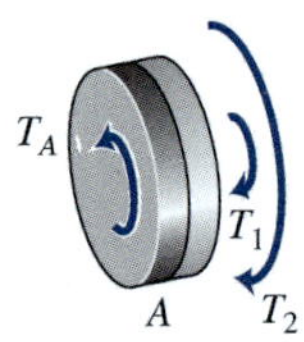

그림 2 절점 A에서의 자유물체도

$$T_1 + T_2 = T_A \qquad \textbf{평형조건} \qquad (1)$$

요소의 토크-비틀림 거동: 변위법 풀이를 위해 식 4.21이 토크-비틀림 방정식으로 사용하기에 적합한 형태이다.

$$T_i = k_{ti}\phi_i, \quad i = 1, 2 \qquad \textbf{토크-비틀림 거동} \qquad (2)$$

여기서, $k_{ti} = \left(\dfrac{GI_p}{L}\right)_i$ 이다.

$$I_{p1} = \frac{\pi(25\text{ mm})^4}{2} = 613.6(10^3)\text{ mm}^4$$

$$I_{p2} = \frac{\pi(37.5\text{ mm})^4}{2} - \frac{\pi(25\text{ mm})^4}{2} = 2493(10^3)\text{ mm}^4$$

$$k_{t1} = \left(\frac{GI_p}{L}\right)_1 = \frac{\left(78\times10^9\dfrac{\text{N}}{\text{m}^2}\right)(613.6\times10^3\text{ mm}^4)}{(0.5\text{ m})} = 95.72(10^3)\frac{\text{N}\cdot\text{m}}{\text{rad}}$$

$$k_{t2} = \left(\frac{GI_p}{L}\right)_2 = \frac{\left(28 \times 10^9 \dfrac{\text{N}}{\text{m}^2}\right)(2493 \times 10^3 \text{ mm}^4)}{(0.5 \text{ m})} = 139.59(10^3)\frac{\text{N}\cdot\text{m}}{\text{rad}}$$

기하학적 변형: 요소의 상대 회전각은 다음과 같다.

$$\phi_1 = \phi_2 = \phi_A - \phi_B$$

그러나 $\phi_B = 0$이므로 다음의 **적합방정식(compatibility equations)**을 얻는다.

$$\phi_1 = \phi_A, \quad \phi_2 = \phi_A \qquad \textbf{기하학적 변형} \qquad (3a,\ b)$$

변위법 풀이: ϕ_A를 결정하기 위한 변위법의 단계에서는 식 (3)을 식 (2)에 대입하고, 식 (2)를 식 (1)에 대입한다. 그 다음 결정된 평형방정식을 미지의 절점변위에 대해 풀이하면 된다.

$$T_1 = k_{t1}\phi_A, \quad T_2 = k_{t2}\phi_A \qquad (2')$$

$$(k_{t1} + k_{t2})\phi_A = T_A \qquad (1')$$

따라서 미지의 절점변위 ϕ_A는 다음과 같다.

$$\phi_A = \frac{T_A}{k_{t1} + k_{t2}} = 1.487(10^{-3}) \text{ rad} \qquad \textbf{답 (a)} \quad (4)$$

(b) 각 부분의 최대 전단응력의 결정. 식 (2′)과 (4)를 조합하면 다음을 얻는다.

$$T_1 = 142.37 \text{ N}\cdot\text{m}, \quad T_2 = 207.63 \text{ N}\cdot\text{m}$$

강과 알루미늄합금 각각의 경우에 최대 전단응력은 바깥반지름에서 발생하며, 식 4.13에 의해 다음의 결과를 얻는다.

$$(\tau_{\max})_{\text{steel}} = \frac{T_1 r_1}{I_{p1}} = \frac{(142.37 \text{ N}\cdot\text{m})(0.25 \text{ m})}{613.6(10^{-9}) \text{ m}^4} = 5.801 \text{ MPa}$$

$$(\tau_{\max})_{\text{alum}} = \frac{T_2 (r_2)_o}{I_{p2}} = \frac{(207.63 \text{ N}\cdot\text{m})(0.0375 \text{ m})}{2493(10^{-9}) \text{ m}^4} = 3.123 \text{ MPa}$$

세 자리 유효숫자를 갖도록 반올림하면 다음을 얻는다.

$$(\tau_{\max})_{\text{steel}} = 5.80 \text{ MPa}$$
$$(\tau_{\max})_{\text{alum}} = 3.12 \text{ MPa} \qquad \textbf{답 (b)} \quad (5)$$

MDS 4.9 **부정정 비틀림 조합체: 변위법**은 평형(equilibrium), 토크-비틀림(torque-twist), 적합방정식(compatibility equations)을 연립하여 미지의 절점 회전각을 푼다. 식 4.21은 요소의 비틀림각 ϕ_i의 항으로 요소의 토크 T_i를 표현하는 데 사용된다.

MDS 4.10 **부정정 비틀림 조합체: 초기응력**은 평형(equilibrium), 토크-비틀림(torque-twist), 적합방정식(compatibility equations)을 연립하여 미지의 절점 회전각을 푼다. 식 4.21은 요소의 비틀림각 ϕ_i의 항으로 요소의 토크 T_i를 표현하는 데 사용된다. 식 4.22와 유사하게 각도의 불일치는 기하학적 변형방정식(deformation-geometry equations) 내에 통합되어 있다.

이전의 예제에서 조합된 비틀림요소들은 동일 선상에 있었다. 그러나 비틀림 부재는 기어 또는 벨트 및 풀리 등을 통해 함께 결합될 수도 있다. 예제 4.9는 평형(equilibrium), 토크-비틀림 거동(torque-twist), 그리고 변형의 적합성(deformation compatibility)의 기본방정식을 사용하여 이러한 문제를 풀이하는 방법을 보여준다. 다음 문제는 변위법으로 풀이할 것이다.

예제 4.9

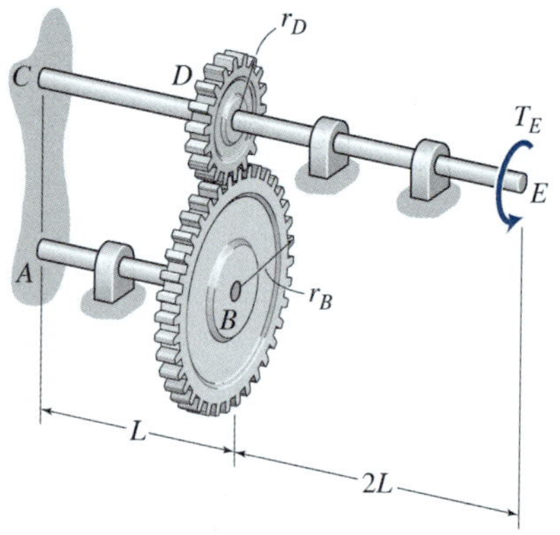

그림 1

그림 1에서 축 AB와 CE는 재질이 같고 지름도 같다. 토크 T_E는 E에서 축-기어 시스템에 적용된다. 토크는 하나의 기어톱니의 접촉력에 의하여 축 CE에서 축 AB로 전달된다. 기어의 두께는 무시한다.

변위법을 이용하여 (a) 기어 B의 회전각을 결정하고, (b) E에서 축의 회전각을 결정하시오. (c) C에 전달되는 토크를 결정하시오.

풀이 계획 세 개의 균일요소를 그림 2와 같이 번호로 구분하여 나타내었다. 두 기어에 전달되는 토크 사이에는 상관관계가 있으며, 또한 회전각과 회전방향 사이에도 관계가 있다. 풀이에 대입할 여러 토크와 회전각에 일관된 부호규정을 정하기 위해 축을 x와 x'으로 지정한다.

요소 (3)에서 토크는 독립적으로 정정이지만, A와 C가 구속되어 있으므로 이 문제는 부정정이다.

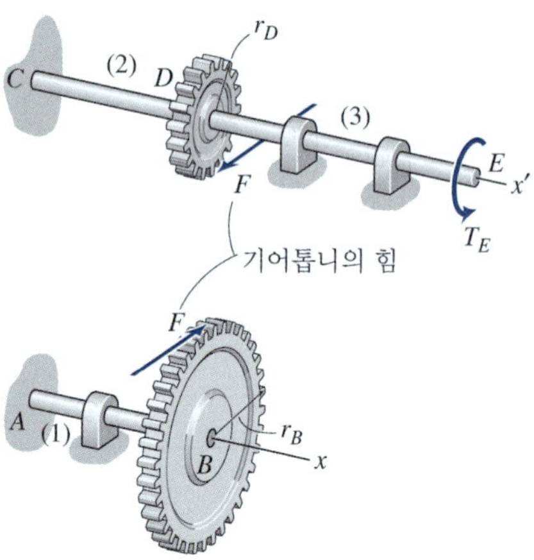

그림 2

풀이 (a) 기어 B의 회전각 ϕ_B를 결정한다.

평형: 이 시스템은 축요소와 절점으로 나눌 수 있는데, 각 절점에 대하여 모멘트 평형방정식을 쓸 수 있다. 기어톱니의 힘 F는 접촉지점에서의 반지름의 직각방향으로 작용한다 하자. 그림 3의 모든 토크는 4.4절에 명시한 부호규약에 따라 정방향으로 표시된다는 점에 유의하라. 뉴턴의 제3법칙인 "작용과 반작용"이 지켜지는 한, 기어톱니의 힘의 가정된 방향은 임의로 취해도 좋다(오직 토크와 기어톱니의 힘만이 자유물체도에서 보인다. 벽과 베어링에서의 반작용력과 같은 다른 힘들은 그림의 복잡성을 줄이고자 제외하였다). 각 절점에서의 모멘트 평형방정식을 쓰면 다음과 같다.

절점 A에 대하여: $\sum M_x = 0$: $T_1 - T_A = 0$

절점 B에 대하여: $\sum M_x = 0$: $-T_1 - Fr_B = 0$

절점 C에 대하여: $\sum M_{x'} = 0$: $T_2 - T_C = 0$

절점 D에 대하여: $\sum M_{x'} = 0$: $-T_2 + T_3 - Fr_D = 0$

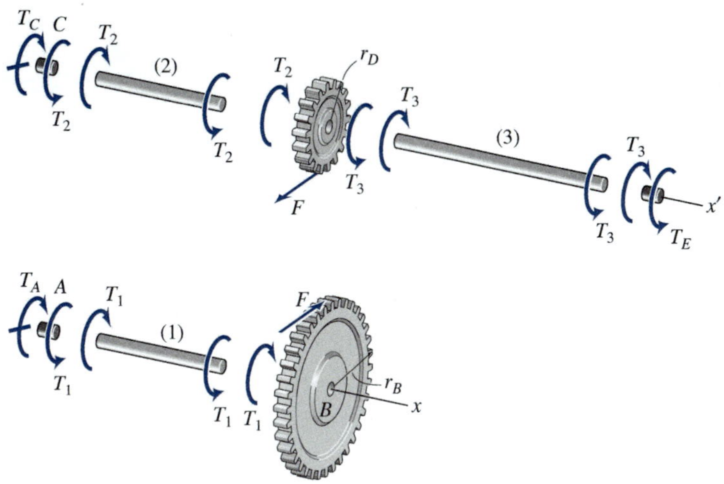

주의: 모든 토크가 표시되었으나, 힘의 반력
(기어톱니의 힘을 제외한)은 명료함을 위해 생략하였다.

그림 3 자유물체도

절점 E에 대하여: $\sum M_x = 0$:　　　　$-T_3 + T_E = 0$

절점의 평형방정식을 요약하면 다음을 얻는다.

$$\begin{aligned} T_1 &= T_A \\ -T_1 &= Fr_B = 0 \\ T_2 &= T_C \\ -T_2 + T_3 - Fr_D &= 0 \\ T_3 &= T_E \end{aligned} \qquad \textbf{평형조건} \qquad (1)$$

식 (1e)에 주어진 토크 T_E로부터 T_3을 구할 수 있다. 식 (1a)와 (1c)에서 반작용 토크 T_A와 T_C를 결정한다(T_1과 T_2가 결정되었으므로). 남은 식 (1b)와 (1d)는 F와 T_1 및 T_2를 결정할 때 쓸 수 있는 주된 평형방정식이다. 즉, 세 개의 미지수를 갖는 두 개의 방정식이 되므로, 이 문제는 부정정이다.

요소의 토크-비틀림 거동: 변위법을 적용해야 하므로 식 4.21은 토크-비틀림 거동에 대한 적당한 형태이다. 그림 4는 T_i와 ϕ_i에 대한 부호규약을 보여준다.

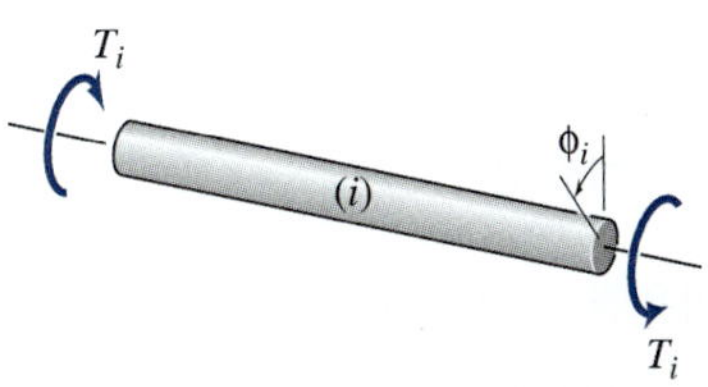

그림 4 비틀림요소

$$T_i = k_{ti}\phi_i, \quad i = 1,\ 2,\ 3$$

여기서

$$k_{ti} = \left(\frac{GI_p}{L}\right)_i$$

모든 부재는 같은 GI_p를 가지며, 요소 (3)의 길이는 다른 두 요소의 길이의 두 배이다. $k_t \equiv GI_p/L$이라 하면,

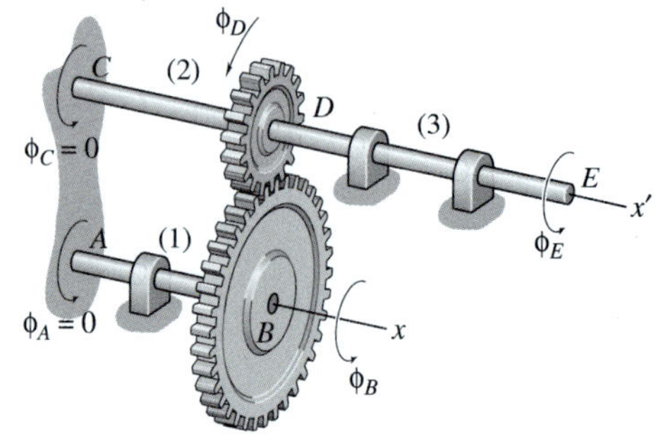

그림 5 변형도

$$k_{t1} = k_{t2} \equiv k_t, \quad k_{t3} = \frac{GI_p}{2L} \equiv \frac{k_t}{2}$$

$$T_1 = k_t\phi_1$$
$$T_2 = k_t\phi_2 \qquad \textbf{요소의 토크-비틀림 거동} \qquad (2)$$
$$T_3 = \left(\frac{k_t}{2}\right)\phi_3$$

기하학적 변형: 두 종류의 변위정보가 필요하다. 즉, (1) 절점의 회전에 대한 요소의 비틀림각 ϕ_i의 상호관계와 (2) 기어 D의 회전에 대한 기어 B의 회전의 상호관계이다. 절점의 회전각의 대한 부호규약은 그림 5의 변형도(deformation diagram)에 있다.

그림 5로부터

$$\phi_1 = \phi_B - \phi_A = \phi_B$$
$$\phi_2 = \phi_D - \phi_C = \phi_D \qquad \textbf{요소 비틀림각의 정의} \qquad (3)$$
$$\phi_3 = \phi_E - \phi_D$$

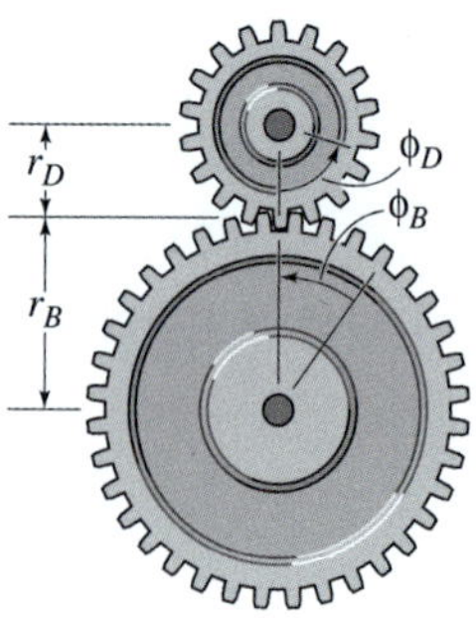

그림 6 기어 적합성

그림 6에서 기어의 회전각 ϕ_B와 ϕ_D는 양의 방향을 나타낸다. 기어 B가 ϕ_B만큼 정방향으로 회전하면, 기어 D는 반대방향으로 원주의 접한 길이만큼 회전할 것이다. 그러므로

$$r_B\phi_B = -r_D\phi_D \qquad \textbf{회전변위의 적합성} \qquad (4)$$

변위법의 해: ϕ_B를 결정하기 위해 변위법을 이용했고, 또한 ϕ_D를 소거하기 위해 식 (4)를 쓸 수 있다. 그리고 (3) → (2) → (1)의 순으로 식을 대입한다.

$$\phi_1 = \phi_B$$
$$\phi_2 = -(r_B/r_D)\phi_B$$
$$\phi_3 = \phi_E + (r_B/r_D)\phi_B \qquad (3')$$

$$T_1 = k_t\phi_B$$
$$T_2 = -k_t(r_B/r_D)\phi_B \qquad (2')$$

$$T_3 = (k_t/2)[\phi_E + (r_B/r_D)\phi_B]$$

식 (1b), (1d), 및 (1e)에서 T_3와 F를 제거하고 다음을 얻는다.

$$-T_2 + (r_D/r_B)T_1 = -T_E$$

그리고 식 (2′a)와 (2′b)를 위 식과 결합하여 다음을 얻는다.

$$k_t(r_B/r_D)\phi_B + (r_D/r_B)(k_t\phi_B) = -T_E \qquad (1')$$

이로써 회전각 ϕ_B를 구할 수 있다.

$$\phi_B = \frac{-T_B/k_t}{(r_B/r_D)+(r_D/r_B)} \qquad \text{답 (a)} \quad (5)$$

(b) 회전각 ϕ_E를 구한다. ϕ_E에 대한 수식을 얻기 위해 식 (1e), (2′c), 및 (5)를 이용한다.

$$\phi_E = (2/k_t)T_E - (r_B/r_D)\phi_B$$

또는

$$\phi_E = (T_E/k_t)\left[2 + \frac{(r_B/r_D)}{(r_B/r_D)+(r_D/r_B)}\right] \qquad \text{답 (b)} \quad (6)$$

(c) 반작용토크 T_C를 구한다. T_C는 식 (1c), (2′b), 및 (5)의 결합으로 얻어진다.

$$T_C = -T_2 = \frac{-(r_B/r_D)T_E}{(r_B/r_D)+(r_D/r_B)} \qquad \text{답 (c)} \quad (7)$$

풀이 검토 상당히 복잡한 문제이기 때문에, 우선 각각의 답을 확인하여 그것이 적절한 부호와 수치를 가졌는지 확인해야 한다. 답 (5)에서 (7)까지는 이 요구에 만족한다.

다음으로, T_E에 대한 반력의 일부가 B의 기어를 통해 A로 전달되므로, T_E에서 C로 전달되는 토크의 크기가 T_E보다 작아야 함을 알 수 있다. 식 (7)로부터 예상대로 $|T_C| < T_E$라는 것을 확인할 수 있다.

4.8 동력전달 축

원형 중실 단면축과 튜브형 단면축은 동력을 전달하는 데 자주 이용된다. 예를 들어 동력설비에서는 터빈에서 발전기로 또는 자동차, 트럭 등 차량의 변속기에서 휠로 동력이 전달된다. 그림 4.23에 모터 및 도르래와 이 둘을 연결하는 원형 축을 나타내었다. 모터 A에서의 동력은 축 BC를 통해 도르래 D로 공급된다. 축은 일정 각속도 ω로 회전하고 C에서 토크 T를 준다. 축은 도르래 D에 결합된다.

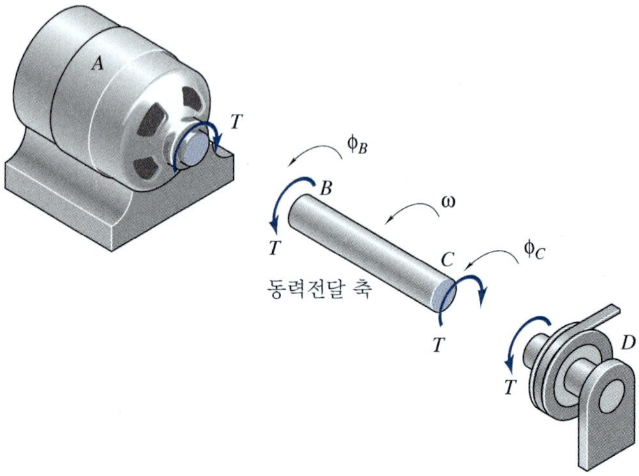

그림 4.23 동력전달 축

축이 도르래 D에 한 **일(work)**은 토크와 축의 회전에 의한 각도의 곱이다. 즉,

$$\mathcal{W}_{\text{on}D} = T\phi_C$$

C에 전달된 **동력(power)**은 다음과 같다.

$$\mathcal{P} = \frac{d\mathcal{W}}{dt} = T\frac{d\phi_C}{dt}$$

또는

$$\boxed{\mathcal{P} = T\omega} \tag{4.23}$$

여기서 ω는 초당 라디안 단위의 축의 회전속도이다. 회전속도는 초당 회전수 또는 분당 회전수로 나타낸다. 그 변환은 다음과 같다.

$$\omega\,(\text{rad/s}) = 2\pi f\,(\text{rev/s}) = \frac{2\pi n\,(\text{rpm})}{60}$$

여기서 f는 회전속도이다(초당 회전수(rev/s)). 그리고 n은 분당 회전수이다(rpm).

미국단위계(U.S. Customary unit)가 사용될 때, 동력은 일반적으로 마력(hp)으로 표현된다. 여기서 마력은 다음과 같다.

$$1\ \text{hp} = 550\ \text{lb} \cdot \text{ft/s} = 6600\ \text{lb} \cdot \text{in./s}$$

SI 단위가 사용될 때, T는 N·m로 표현되고, 동력은 N·m/s$=J/s$이거나 와트(W)이다. 그 변환은 다음과 같다.

$$1\ \text{hp} = 745.7\ \text{W}$$

식 4.23으로부터 토크는 $T = \mathcal{P}/\omega$에 의해 축 회전속도와 동력에 관련되고, 주어진 동력에서 속도가 느릴수록 토크는 크다는 사실을 주의하라. 토크가 결정되면 축의 비틀림각과 축에서의 응력 분포를 결정할 수 있다. 다음의 두 예제는 식 4.23이 동력전달 축의 설계 시 어떻게 적용되는지를 보여준다.

예제 4.10

전기모터가 원형 중실 축을 통해 펌프에 10 hp를 전달하고, 이때 축의 회전속도는 875 rpm이다. 만약 허용전단응력 $\tau_{\text{allow}} = 20$ ksi이면 축의 최소 지름은 얼마인가? 단, 이 지름을 1/16 in.의 배수로 나타내시오.

풀이

토크: 식 4.23은 토크와 동력의 관계식이다.

$$\mathcal{P} = T\omega \tag{1}$$

lb·in. 단위의 토크 T를 얻기 위해 $\mathcal{P}$와 ω에 대한 일정한 단위를 도입해야 한다. 따라서

$$\mathcal{P} = (10\text{ hp})\left(\frac{6600\text{ lb}\cdot\text{in./s}}{1\text{ hp}}\right) = 66{,}000\text{ lb}\cdot\text{in./s}$$

$$\omega = (875\text{ rpm})\left(\frac{2\pi\text{ rad}}{1\text{ rev}}\right)\left(\frac{1\text{ min}}{60\text{ sec}}\right) = 91.63\text{ rad/s}$$

그러므로

$$T = \frac{\mathcal{P}}{\omega} = \frac{66{,}000\text{ lb}\cdot\text{in./s}}{91.63\text{ rad/s}} = 720.3\text{ lb}\cdot\text{in.} \tag{2}$$

허용응력설계: 중실 축에 대하여 비틀림계수를 이용한 식 4.13에서 축에서 요구되는 지름을 결정할 수 있다.

$$\tau_{\text{allow}} \geq \tau_{\max} = \frac{Tr}{I_p}: \qquad d^3_{\min} = \frac{16T}{\pi\tau_{\text{allow}}} = \frac{16(720.3\text{ lb}\cdot\text{in.})}{\pi(20\times10^3)\text{psi}} \tag{3}$$

그래서 요구되는 지름 $d_{\min} = 0.568$ in.가 되어야 한다. 또는 1/16 in.의 단위로 이 값에 가장 가까운 값은 다음과 같다.

$$d_{\min} = \frac{5}{8}\text{ in.} \qquad \textbf{답} \tag{4}$$

예제 4.11

트럭의 구동 축은 바깥지름이 46 mm인 튜브형 축이다. 이것은 강재($\tau_{\text{allow}} =$ 80 MPa)로 만들어졌으며, 40 rev/s의 각속도에서 120 kW의 동력을 전달해야 한다. 축이 가질 수 있는(즉, 설계허용을 만족하는) 최대 내부 지름을 결정하시오.

풀이 여기서 주요 식은 토크-동력식인 식 4.23과 비틀림공식인 식 4.13이다.

토크:

$$\mathcal{P} = T\omega = T(2\pi f) \tag{1}$$

그래서

$$T = \frac{\mathcal{P}}{2\pi f} = \frac{120\text{ kW}}{2\pi(40\text{ rev/s})} = 477.5\text{ N}\cdot\text{m} \tag{2}$$

허용응력설계:

$$\tau_{\text{allow}} \geq \tau_{\text{max}} = \frac{Tr_o}{I_p} \tag{3}$$

원형 튜브에 대하여

$$I_p = \frac{\pi}{32}(d_o^4 - d_i^4) \tag{4}$$

여기서 d_0는 축의 바깥지름이다. 그리고 d_i는 안지름이다.

식 (3)과 (4)를 결합하여 다음을 얻는다.

$$d_i^4 \leq d_o^4 - \frac{16 d_o T}{\pi \tau_{\text{allow}}} \tag{5}$$

마지막으로 식 (2)와 (5)로부터

$$d_i^4 \leq (46 \times 10^{-3}\text{ m})^4 - \frac{16(46 \times 10^{-3}\text{ m})}{\pi}\left(\frac{477.5\text{ N}\cdot\text{m}}{80 \times 10^6\text{ N/m}^2}\right) \tag{6}$$

식 (6)으로부터 $(d_i)_{\text{max}} = 41.89$ mm이다. $(d_i)_{\text{max}}$가 42 mm에 매우 가깝지만 $\tau_{\text{max}} \leq \tau_{\text{allow}}$을 만족시키는 안지름을 선택해야 하므로,

$$d_i = 40\text{ mm}$$ **답** (7)

MDS 4.11–4.13 **동력전달 축**은 식 4.23과 같이 축의 토크가 축을 통해 전달되는 동력 P와 회전속도 ω에 관련된 비틀림 문제를 해결하기 위한 컴퓨터 프로그램 모듈이다.

*4.9 박판 비틀림 부재

동력전달 축과 다른 많은 비틀림 부재는 중실 원형 실린더나 원형 단면을 가진 튜브형 부재이지만, 주요 비틀림 부재가 모두 원형 단면을 갖는 것은 아니다. 예를 들면, 그림 4.24는 비행기의 날개구조를 나타낸 것이다. 비틀림에 저항하는 날개구조 부분을 토크박스(torque box)라 한다. 그림 4.24에 나타낸 날개는 파선으로 나

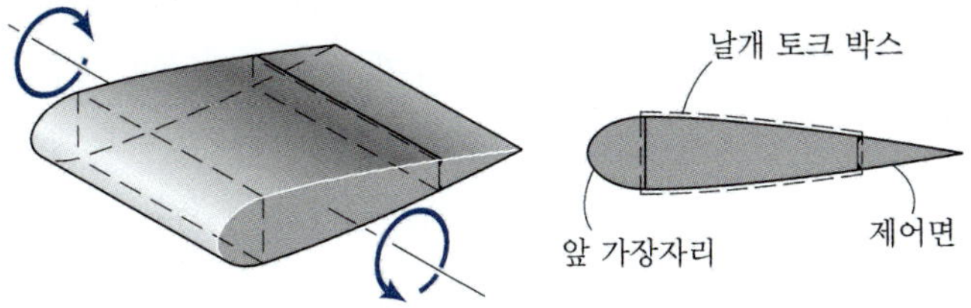

그림 4.24 토크 박스가 표시된 비행기 날개

타낸 바와 같이 단일 셀 토크박스(single-cell torque box)를 갖는다.[5)]

특정 조건에서는 박판 비틀림 부재의 단면에 대한 전단응력 분포를 쉽게 결정할 수 있다. 이러한 단순화 조건은 다음과 같다.

- 부재는 원통형이다. 즉, 단면은 부재의 길이를 따라 변하지 않는다.
- 단면은 "닫혀 있다", 즉, 부재에서 길이방향으로 열린 부위(slit)가 없다.
- 벽두께는 부재의 단면적의 크기에 비해 상대적으로 작다.
- 부재는 끝단의 토크만을 받는다.
- 끝단은 비틀림이 구속되지 않는다.

전단흐름 그림 4.25에 전형적인 닫힌 단일 셀 박판 비틀림 부재를 나타내었다. 두께 t는 원주의 위치에 따라 변할 수 있다. 닫힌 박판(closed thin-wall) 부재에서 응력분포 해석을 단순화하기 위한 핵심 가정은 전단응력이 두께에 대해 일정하며, 단면을 정의하는 중앙곡선(median curve)에 평행하다는 것이다. 그림 4.25b와 4.25c는 이러한 가정의 중요성을 나타내며, 이를 통해 **전단흐름**(또는 **전단류**) q라는 양을 다음의 방정식으로 정의할 수 있다.

$$q = \tau t \quad \text{전단흐름} \tag{4.24}$$

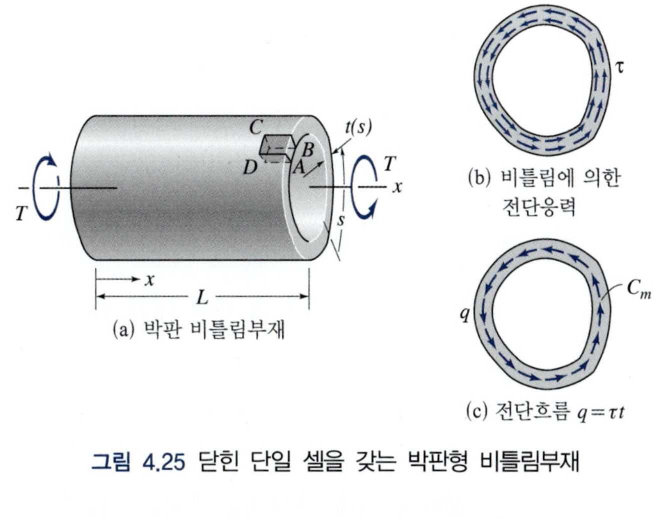

그림 4.25 닫힌 단일 셀을 갖는 박판형 비틀림부재

5) 다중 셀을 갖는 박판 비틀림부재의 해석은 이 책의 범주를 벗어나는 것이다. 이에 대하여 [참고문헌 4-1]을 참조한다.

여기서 벽두께 t는 원주상의 위치 s의 함수일 수 있다. 전단흐름(shear flow)이란 용어는 박판 부재에서의 전단과 닫힌 파이프나 채널에서 유체의 흐름과의 유사성으로부터 유래되었다. 다음의 유도에서 볼 수 있듯이 전단이 단면 주위의 닫힌 경로 내에서 전단 "흐름들" q와 전단응력 τ를 결정할 수 있다.

그림 4.25a의 작은 요소 $ABCD$에 대한 자유물체도를 그림 4.26에 확대하여 나타내었으며, 각 면에 발생하는 전단력을 표시하였다. A에서 AB면 위의 전단응력은 τ_A이다. 같은 전단응력이 AD면에도 작용한다. 그러므로 AD면에서의 전단력은 다음과 같다.

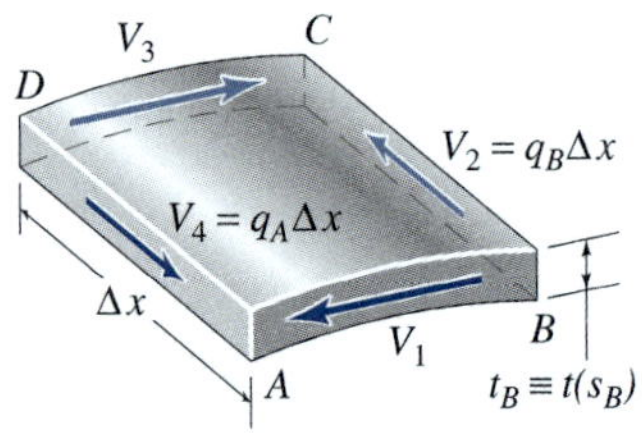

그림 4.26 얇은 튜브요소의 자유물체도

$$V_4 = \tau_A t_A \Delta x = q_A \Delta x$$

마찬가지로, BC면에서의 전단력은 다음과 같다.

$$V_2 = \tau_B t_B \Delta x = q_B \Delta x$$

부재가 토크만 받는다(즉, 축응력 σ_x는 존재하지 않는다)는 가정하에 축방향의 평형방정식은 다음과 같다.

$$\searrow \sum F_x = 0: \qquad V_4 - V_2 = 0, \quad (q_A - q_B)\Delta x = 0$$

또는

$$q_A = q_B \tag{4.25}$$

A와 B는 단면에서 임의의 점이다. 식 4.25는 q가 단면에서의 위치와는 관계없다는 것을 뜻한다. 즉, q는 s와 무관하다. 그러므로

$$q = \tau t = \text{일정} \tag{4.26}$$

전단응력의 합; 토크 x방향의 힘의 평형은 전단흐름이 일정(식 4.26)하다는 의미이다. 이제 전단흐름 q와 토크 T 사이의 관계를 결정해야 한다. 횡단면의 미분요소에서의 전단흐름 q에 의해 증강되는 힘 dF_s를 그림 4.27a에 나타내었다. 횡단면의 이 요소에서의 힘은 그림 4.27a에 나타낸 것처럼 중앙곡선 C_m에 접선방향으로 작용한다.

$$dF_s = q\, ds$$

단면에서 임의의 점 O에 대한 힘 dF_s의 모멘트는 다음과 같다.

$$dT = \rho dF_s = q\rho\, ds$$

여기서 ρ는 힘 dF_s의 작용선에 대한 점 O로부터 수직거리이다. 단면에서 토크를 구하기 위해 곡선 C_m 주위를 적분한다. 즉,

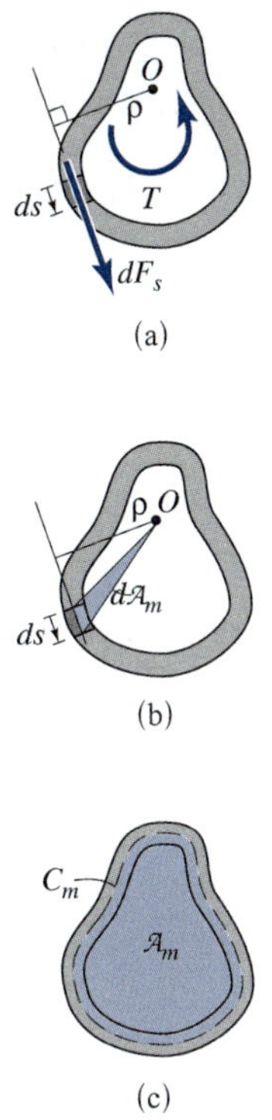

그림 4.27 전단흐름에 의한 토크

$$T = \oint_{C_m} q\rho\, ds \tag{4.27}$$

q가 일정하므로 C_m주위에 대해 $\oint \rho ds$의 값만 구하면 된다. 이 적분은 순수하게 기하학적 양만을 나타낸다. 그림 4.27b는 원점 O와 밑변 ds가 삼각형을 형성하며 이것의 면적은 다음과 같다.

$$d\mathcal{A}_m = \frac{1}{2}(\rho\, ds) \tag{4.28}$$

그러므로

$$\oint_{C_m} \rho\, ds = 2\mathcal{A}_m \tag{4.29}$$

여기서 A_m은 중앙곡선 C_m에 의해 어둡게 칠한 닫힌 면적이며, 그림 4.27c에 나타낸다(면적 A_m은 재료단면의 면적이 아니다). 끝으로 식 4.27과 식 4.29를 결합하여 다음을 얻는다.

$$q = \frac{T}{2\mathcal{A}_m} \tag{4.30}$$

식 4.24와 식 4.30을 결합하여 닫힌 단면(단일 셀 박판 비틀림부재)에서의 전단응력을 다음과 같이 나타낼 수 있다.

$$\tau = \frac{T}{2t\,\mathcal{A}_m} \quad \textbf{전단응력 공식} \tag{4.31}$$

여기서 $\tau \equiv \tau(s)$는 단면상의 s위치에서의 평균 전단응력이다. $t \equiv t(s)$는 전단응력이 평가되는 점에서의 국부두께이다.

비틀림각 그림 4.25와 같은 닫힌 박판 비틀림 부재의 비틀림각을 결정하기 위해 기본적인 변형률-변위와 응력-변형률 관계 또는 에너지법을 쓸 수 있다. 에너지법에 대해서는 11.4절에서 심도 있게 다루게 될 것이다. 비틀림각에 관한 결과는 다음과 같다.

$$\phi = \frac{TL}{4\mathcal{A}_m G}\oint_{C_m} \frac{ds}{t(s)} \tag{4.32}$$

여기서 G는 전단계수이다. 적분은 그림 4.27c와 같이 중앙곡선 C_m 주위를 적분한다.

식 4.7과 식 4.10에서 논의한 원형 축에 대한 토크와 비틀림비 간의 관계는 다음과 같다.

$$\frac{d\phi}{dx} = \frac{T}{GI_p} \quad (4.10) \text{ 반복}$$

여기서 I_p는 단면에 대한 극관성모멘트이다. 토크 T와 비틀림률 $d\phi/dx$와의 관계는 다음과 같이 자주 표현된다.

$$\frac{d\phi}{dx} = \frac{T}{GJ} \quad (4.33)$$

토크-비틀림 방정식

여기서 GJ는 **비틀림강성(torsional rigidity)**이라 하는데, 여기서 비원형 단면에 대해 J는 극관성모멘트가 아님을 주의해야 한다. 식 4.33과 식 4.32로부터 닫힌 단일셀 박판 비틀림 부재에 대한 비틀림강성 GJ는 다음과 같다.

$$GJ = \frac{4\mathcal{A}_m^2 G}{\oint_{C_m} \frac{ds}{t(s)}} \quad (4.34)$$

예제 4.12

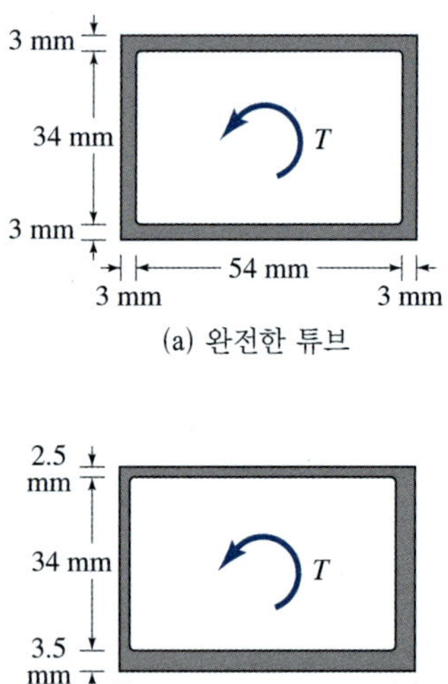

(a) 완전한 튜브

(b) 불완전한 튜브

그림 1

(a) 알루미늄합금 튜브에 허용전단응력 $\tau_{\text{allow}} = 100$ MPa이 작용하는 경우 이 튜브에 작용할 수 있는 최대토크를 계산하시오. 튜브의 단면은 그림 1a와 같다. (b) 알루미늄 튜브가 압출성형될 때, 구조물의 치수가 그림 1b와 같이 제작되었다. 만약 (a) 부분에서 구한 토크가 불완전한 이 튜브에 작용된다면 최대 전단응력은 얼마인가? 이 최대 전단응력은 어떤 부분에서 발생하는가?

풀이 계획 주어진 허용전단응력과 단면의 치수와 식 4.31을 이용하여 허용토크를 구할 수 있다.

풀이 (a) 완전한 튜브에 대한 허용토크를 계산한다. 식 4.31은 다음과 같이 정리할 수 있다.

$$T_{\text{allow}} = 2\mathcal{A}_m t_{\min} \tau_{\text{allow}} \quad (1)$$

그림 2에는 $A_a = A_b$를 계산하기 위한 중앙선을 나타낸다.

$$\mathcal{A}_a = \mathcal{A}_b = (37 \text{ mm})(57 \text{ mm}) = 2.109(10^{-3}) \text{ m}^2 \quad (2)$$

벽의 최소두께는 3 mm이다. 따라서 식 (1)과 (2)를 통해 다음 식을 얻을 수 있다.

$$\begin{aligned}(T_a)_{\text{allow}} &= 2\mathcal{A}_a (t_a)_{\min} \tau_{\text{allow}} \\ &= 2[2.109(10^{-3})\text{m}^2](0.003 \text{ m})[100(10^6) \text{ N/m}^2] \\ (T_a)_{\text{allow}} &= 1265 \text{ N}\cdot\text{m}\end{aligned}$$

답 (a) (3)

(b) 불완전한 튜브의 최대 전단응력을 계산한다. 이 경우에 식 4.31은 다음과

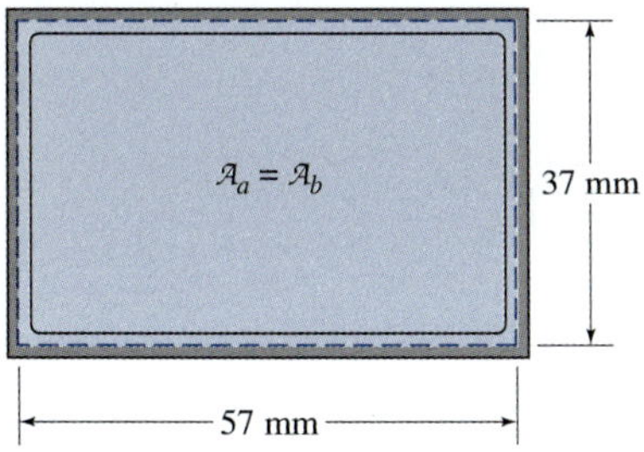

그림 2 튜브 (a) 및 (b)의 중앙곡선에 의하여 닫힌 영역

같이 정리할 수 있다.

$$T_b = 2\mathcal{A}_b(t_b)_{\min}(\tau_b)_{\max} \tag{4}$$

$A_a = A_b$이고 두 튜브는 같은 토크를 받으므로 식 (3)과 (4)는 다음과 같이 된다.

$$(\tau_b)_{\max} = \tau_{\text{allow}}\left[\frac{(t_a)_{\min}}{(t_b)_{\min}}\right] = 100\ \text{MPa}\left(\frac{0.003\ \text{m}}{0.0025\ \text{m}}\right)$$

따라서 불완전한 튜브에서 최대 전단응력은 튜브의 최소두께 단면에서 나타나며, 그 값은 다음과 같다.

$$(\tau_b)_{\max} = 120\ \text{MPa}$$ **답 (b)**

두 튜브의 전단응력은 각각의 최소두께에 반비례하여 나타남에 주의한다.

그림 4.25b 토크를 받는 전단응력 "흐름"이 어떻게 일어나는가를 보였다. 앞 예제의 그림 1에 나타낸 직사각형 튜브는 직사각형 단면의 각 모서리에서 전단응력의 방향이 90° 변함으로 인해 발생하는 응력집중을 최소화하기 위해 내부 모서리가 필렛(fillet) 처리가 되었다는 점에 유의한다. (응력집중을 논하기 위하여 12.2절 참고)

예제 4.13

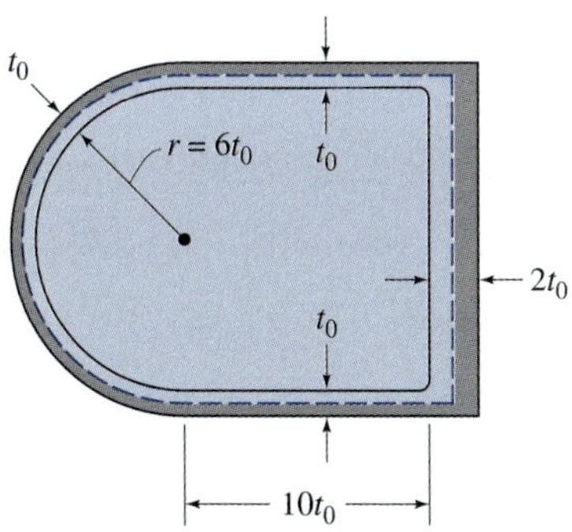

그림 1

그림 1과 같은 단면을 갖는 박판튜브 부재의 비틀림강성 GJ를 구하시오. 전단계수는 G이다.

풀이 이것은 식 4.34의 직접적인 응용 문제이지만 벽두께가 부분별로 일정하므로 식 4.34는 다음과 같은 형식으로 정리할 수 있다.

$$GJ = \frac{4\mathcal{A}_m^2 G}{\sum_i \left(\frac{\Delta s_i}{t_i}\right)} \tag{1}$$

면적 A_m은 그림 (1)에서 점선인 중앙선으로 둘러싸인 부분으로

$$\mathcal{A}_m = \frac{\pi}{2}(6.5t_0)^2 + (11t_0)(13t_0) = 209.4t_0^2 \tag{2}$$

그림 1을 참조하여 식 (1)의 분모에 있는 합을 다음과 같이 계산할 수 있다.

$$\sum_i \left(\frac{\Delta s_i}{t_i}\right) = \frac{\pi(6.5t_0)}{t_0} + \frac{2(11t_0)}{t_0} + \frac{13t_0}{2t_0} = 48.92 \tag{3}$$

식 (3)을 (1)에 대입하여 정리하면

$$GJ = \frac{4(209.4t_0^2)^2 G}{48.92} = 3584Gt_0^4$$

또는 유효숫자 세 자리로 정리하면 다음과 같다.

$$GJ = 3580Gt_0^4$$ **답**

*4.10 비원형 균일단면 봉의 비틀림

4.2절에서 끝단에 작용하는 크기가 같고 방향이 반대인 토크로 인해 비틀림 하중을 받는 원형 실린더의 변형에 대해 설명했다. 그림 4.2에서 알 수 있는 것처럼 원형단면을 갖는 봉의 경우, 평면인 단면은 그대로 평면으로 남고 단지 부재의 축을 중심으로 회전한 것임을 알 수 있었다. 비틀림 하중을 받는 비원형 단면의 경우에는 평면의 단면이 평면으로 남지 않는다는 것을 그림 4.2b의 변형된 정사각단면 봉의 사진에서 명확히 알 수 있다. 비원형 균일단면 봉의 비틀림 변형에서 중요한 양상 중 하나는 단면의 뒤틀림(warping)이다.

탄성이론을 이용하여 이러한 비원형 균일단면 부재에 가해지는 토크와 이에 대응하는 결과인 응력 분포와 비틀림각을 계산할 수 있다.[6)]

응력 분포와 비틀림각 비틀림을 받는 비원형 봉의 전단응력 분포는 원형 비틀림 부재의 전단응력 분포와 매우 다르다. 그림 4.28에서 원형 봉의 응력 분포와 직사각형 봉의 응력 분포를 비교하였다. 원형 봉의 경우, 전단응력은 중심으로부터의 거리에 따라 선형적으로 변화하여 바깥표면에서 최대가 된다(식 4.11). 이와 다르게 직사각형 비틀림부재의 모서리 부분에서의 전단응력은 그림 4.28b처럼 0이 되어야 한다($\tau_{xy} = \tau_{yx}$ 임을 상기하라). 사실 직사각단면의 경우, 최대 전단응력은 긴 변의 중간부분에서 발생하며, 이 점은 단면상에서 중심에 가장 가까운 점이 된다.

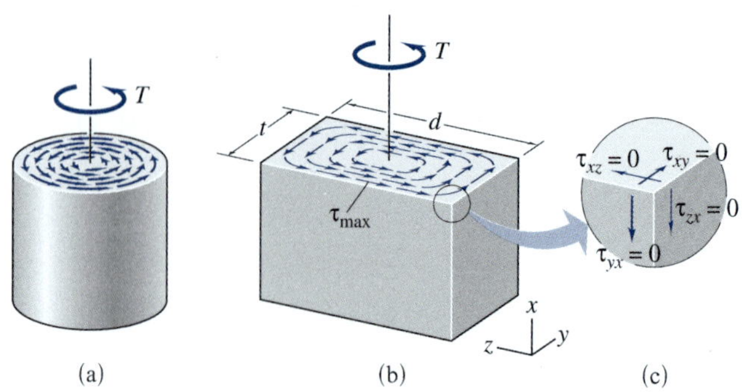

그림 4.28 원형 봉과 직사각형 봉의 비틀림

6) Saint-Venant (2.10절 참조)은 비원형 봉에 대한 비틀림이론을 만들었다. 1853년에 프랑스과학회에 비틀림에 대한 그의 유명한 논문을 소개하였다. 그 예로 제10장의 참고문헌 4-2와 같은 Saint-Venant의 비틀림이론에 대한 고찰을 참조한다.

비틀림 하중을 받는 직사각형 균일단면 봉의 최대 전단응력은 다음과 같이 표현된다.

$$\tau_{\max} = \frac{T}{\alpha d t^2} \tag{4.35}$$

여기서 α는 탄성이론에서 얻어진 무차원상수로 표 4.3에 나타내었다. 그리고 d와 t의 값은 $d/t \geq 1$을 만족해야 한다. 길이 L인 직사각형 봉의 비틀림각은 다음과 같이 나타낼 수 있다.

$$\phi = \frac{TL}{GJ}, \text{ 여기서 } J = \beta d t^3 \tag{4.36}$$

여기서 β는 무차원상수로 그 값을 표 4.3에 나타내었다.

표 4.3 직사각형 봉의 비틀림상수

d/t	1.00	1.50	1.75	2.00	2.50	3.00	4	6	8	10	∞
α	0.208	0.231	0.239	0.246	0.258	0.267	0.282	0.298	0.307	0.312	0.333
β	0.141	0.196	0.214	0.229	0.249	0.263	0.281	0.298	0.307	0.312	0.333

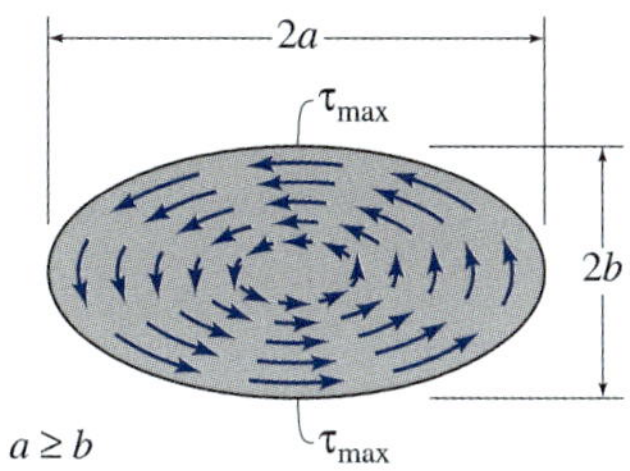

그림 4.29 타원형 축의 비틀림

타원형 단면을 갖는 축에서의 전단응력 분포를 그림 4.29에 나타내었다. 최대 전단응력은 타원 단축의 바깥쪽 두 끝점에서 발생하며 다음과 같이 계산된다.

$$\tau_{\max} = \frac{2T}{\pi a b^2} \tag{4.37}$$

길이 L인 타원형 축의 비틀림각은 다음과 같이 주어진다.

$$\phi = \frac{TL}{GJ}, \text{ 여기서 } J = \frac{\pi a^3 b^2}{a^2 + b^2} \tag{4.38}$$

마지막으로, 타원의 면적은 다음과 같다.

$$A = \pi a b$$

원형 봉의 비틀림거동은 매우 중요하다. 홈이 있는 단면이나 넓은 플랜지가 있는 비원형 단면에 비틀림 하중이 작용한다면, 그 거동은 식 4.35에서 4.38까지 나타낸 것과 같은 생 베낭(Saint-Venant)의 방법으로 해석되어야만 한다. 특정한 비틀림 문제를 풀기 위해서는 유한요소해석도 사용될 수 있을 것이다.

예제 4.14

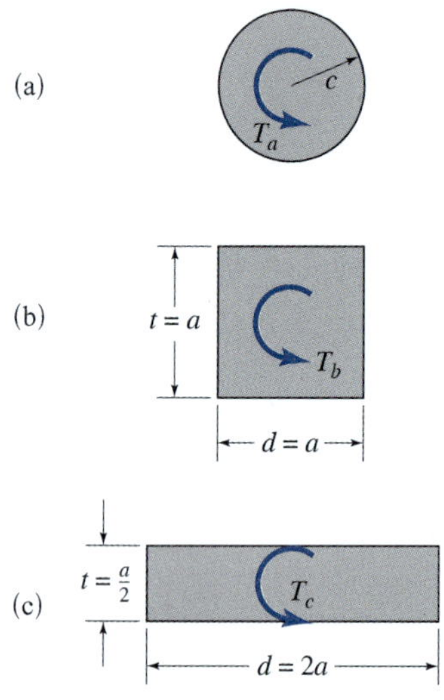

그림 1

그림 1과 같은 단면을 갖는 각 비틀림 부재가 모두 같은 단면적을 갖고 있으며, 같은 최대 전단응력 $\tau_{\max}$를 발생하는 비틀림 하중을 갖는다면 각각의 경우 얼마의 토크가 필요하겠는가?

풀이 각 부재의 단면적이 같으므로 $A_a = A_b = A_c = a^2$이고, 원형 봉의 반지름은 다음과 같이 구한다.

$$\pi c^2 = a^2, \quad c = 0.5642a$$

원형 봉의 경우, $J = I_p = \dfrac{1}{2}\pi c^4$이고, 식 4.13으로부터

$$\tau_{\max} = \frac{T_a c}{J} \tag{1}$$

따라서

$$T_a = \frac{\tau_{\max} J}{c} = \frac{\pi \tau_{\max} c^3}{2} = \frac{\pi \tau_{\max}(0.5642a)^2}{2} \tag{2}$$

또는

$$T_{\text{circle}} \equiv T_a = 0.282\tau_{\max} a^3 \tag{3}$$

직사각형 봉의 경우에 식 4.35는

$$\tau_{\max} = \frac{T}{\alpha d t^2} \tag{4}$$

그림 1b와 같은 정사각형 봉은 $d/t = 1$이고, 표 4.3에서 $\alpha = 0.208$이다. 따라서

$$T_{\text{square}} \equiv T_b = 0.208\tau_{\max} a^3 \tag{5}$$

마지막으로 그림 1c와 같은 직사각형 봉의 경우에는 $d/t = 4$이고, 표 4.3에서 $\alpha = 0.282$이다. 따라서 식 (2)는 다음과 같다.

$$T_{4:1\ rect} \equiv T_c = 0.282\tau_{\max}(2a)(a/2)^2 = 0.141\tau_{\max} a^3 \tag{6}$$

위의 결과를 정리하면 다음을 얻는다.

$$\frac{T_{\text{circle}}}{T_{\text{square}}} = 1.36, \quad \frac{T_{\text{circle}}}{T_{4:1\ \text{rect}}} = 2.00$$ **답** (7a, b)

즉, 원형 봉의 경우 동일 단면적을 갖는 정사각형 봉보다 36% 더 큰 토크를 견딜 수 있다. 또한, 원형 봉은 4:1 비율의 변을 갖는 직사각형 봉보다 100% 더 큰 토크를 견딜 수 있다.

예제 4.15

그림 1에서 두 개의 비틀림요소는 같은 길이 L과 같은 단면적 a^2을 가지고 있다. 두 요소가 같은 비틀림각 $\phi_a \equiv \phi_b = \phi$를 갖게 하는 T_a와 T_b를 각각 받는다면 두 토크의 비 T_a/T_b는 어떻게 되는가?

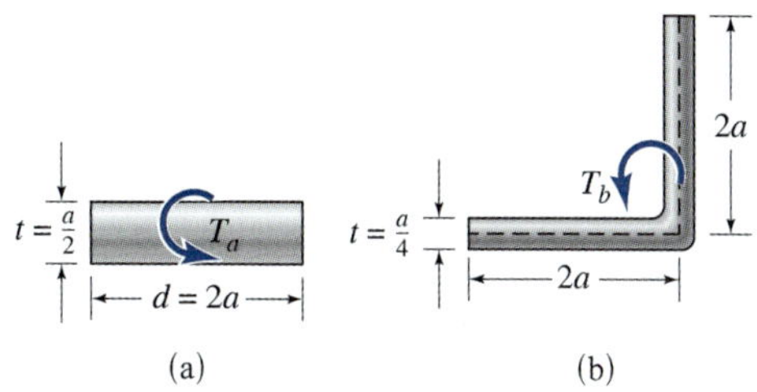

그림 1

풀이 직사각형 봉에 대해서, 식 4.36으로 다음과 같이 나타낼 수 있다.

$$T = \left(\frac{GJ}{L}\right)\phi, \text{ 여기서 } J = \beta d t^3 \tag{1}$$

그림 1a와 같은 직사각형 단면에 대해서, $d/t = 4$이고, 표 4.3에서 $\beta = 0.281$로 주어진다.

그림 1b에 나타낸 앵글(equal-leg angle) 단면과 같이, 얇고 열린 단면에 대해서는 그림 1b의 점선으로 표시한 것처럼 d의 치수를 중앙선의 길이로 대체할 수 있다. 이 특수한 단면에 대해서는 $\dfrac{d}{t} = \dfrac{4a}{a/4} = 16$이다. 이 d/t의 비에 대해서는 표 4.3에서 주어진 값에서 외삽법으로 구한다. 이 경우의 합리적인 추정치는 $\beta = 0.323$이다.

$$\frac{T_{4:1\ \text{rect}}}{T_{16:1\ \text{angle}}} = \frac{J_a}{J_b} = \frac{0.281(2a)(a/2)^3}{0.323(4a)(a/4)^3} = 3.48 \qquad \textbf{답} \tag{2}$$

즉, 동일한 비틀림각에 대해 4:1 비율의 직사각형 봉은 등가 측면 비율이 16:1인 앵글단면보다 248% 더 큰 토크를 지지할 수 있다. 박판의 열린 단면으로는 좋은 비틀림요소를 만들 수 없다. 더 작은 단면과 비교해 보아도 그것들은 주어진 토크, 단면적, 길이에 대해 더 큰 최대 전단응력과 더 큰 비틀림각을 갖는다.

*4.11 원형 봉의 비탄성 비틀림

제4장의 앞의 절에서는 원형단면을 가진 봉의 비틀림과 같은 가장 간단한 경우의 선형 탄성 부재의 비틀림을 고려했다. 이제 비례한도를 넘는 전단응력을 발생시키는 토크를 받는 원형 봉의 거동을 살펴보겠다. 비선형 비틀림은 3.11절에서 살펴본

비선형 축변형과 많이 유사하지만, 매우 다른 한 부분이 있다. 축변형의 경우에는 축변형되는 부재의 전체 단면에 있어 응력과 변형률이 일정하지만 비틀림의 경우에는 전단응력과 전단변형률이 비틀림 하중을 받는 부재의 중심으로부터의 거리에 따라 변한다.

기본방정식 변형체역학의 세 가지 기본 요소인 평형(equilibrium), 기하학적 변형(geometry of deformation), 및 재료거동(material behavior) 중 제4장에서 다룬 선형탄성 대신 비탄성 비틀림을 고려할 때는 재료거동만이 달라진다.

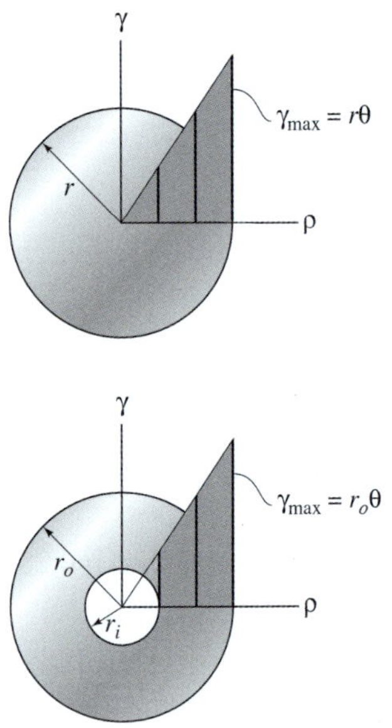

그림 4.30 비틀림에 의한 전단응력-변형률 관계

기하학적 변형: 변형률-변위 방정식(strain-displacement equation)인 식 4.1은 선형 탄성 비틀림에서뿐만 아니라 비탄성에서도 유효하다.

$$\gamma(x, \rho) = \rho\frac{d\phi}{dx} \equiv \rho\theta \tag{4.39}$$

여기서

γ = 비틀림에 의한 전단변형률

ρ = 봉의 중심에서 고려하고자 하는 변형률이 발생하는 단면상의 지점까지의 거리

ϕ = x단면에서의 비틀림각. $\theta \equiv \dfrac{d\phi}{dx}$는 비틀림률(twist rate)이다.

이러한 선형적인 변형률 분포를 그림 4.30에 나타내었다. (그림 4.6의 반복)

평형조건: 전단응력 $\tau(x, \rho)$는 식 4.2에 의해 토크의 합(resultant torque)인 $T(x)$로 나타낼 수 있다.

$$T(x) = \int_A \rho\tau\, dA \qquad \text{(4.2) 반복}$$

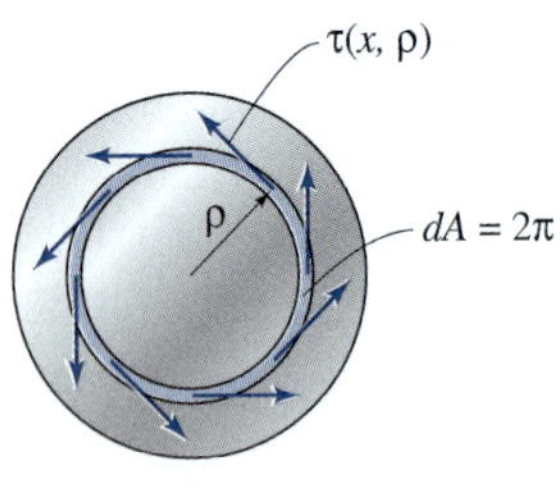

(a) 반지름 ρ에서 dA 링 위의 전단응력 τ

그림 4.31에는 다음의 식을 사용하여 축에 대해 어떻게 적분이 되는가를 나타낸다.

$$T(x) = 2\pi\int_0^r \tau\rho^2 d\rho \tag{4.40}$$

이 내부토크 $T(x)$는 자유물체도와 평형방정식을 통해 외부하중과 반발토크와 관련된다.

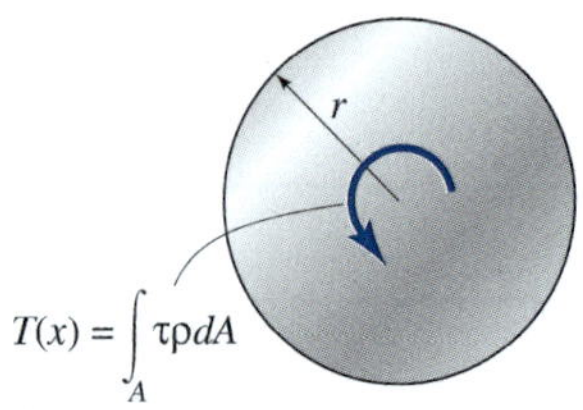

(b) 단면 x에서의 합 내부토크

그림 4.31 토크와 전단응력의 관계

재료거동: 제4장에서 지금까지는 전단의 경우에 대해 $\tau = G\gamma$라는 후크의 법칙에 의한 선형 탄성 거동만을 고려했다. 하지만 지금부터는 그림 4.32와 같은 응력-변형률 곡선을 갖는 재료에 있어 비례한도 τ_{PL}을 넘는 응력에 대해 고려할 것이다. 따라서 일반적인 경우에 응력-변형률 관계는 다음의 두 형식 중 하나로 재료거동(material behavior)을 적절하게 확립해야 한다.

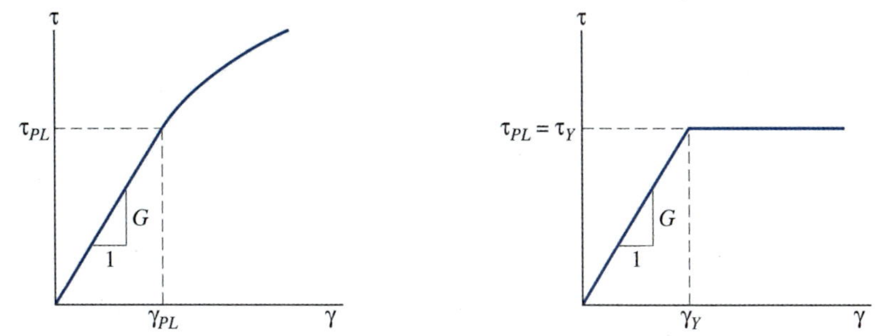

(a) 선형탄성, 비선형 소성재료

(b) 선형탄성, 완전 소성재료

그림 4.32 전형적인 전단응력과 전단변형률 선도

$$\tau = \tau(\gamma),\ \text{혹은}\ \gamma = \gamma(\tau) \tag{4.41}$$

(나중에 잔류응력에 대한 고찰에서 제하(unloading) 중 전단응력과 전단변형률이 어떤 관계를 갖는가에 대해 논의한다.)

탄소성 토크-비틀림 해석 식 4.39(변형률-변위), 식 4.40(평형), 및 식 4.41(재료거동)로 어떠한 원형단면 봉의 비틀림에 대한 완전한 풀이가 가능하다. 그림 4.32b와 같이 응력-변형률 선도를 갖는 탄소성 재료로 만든 봉의 해석과정을 지금부터 설명할 것이다. 비탄성 축변형의 경우(3.11절)와 마찬가지로 비틀림에 대해 고려해야 할 세 가지 경우가 있다. 첫 번째 경우는 선형탄성거동, 두 번째 경우는 부분적 소성거동, 그리고 세 번째 경우는 완전소성거동이다.

경우 1—선형탄성거동: 선형탄성영역(즉, $\tau = \tau_Y$까지)에서 재료는 후크의 법칙을 따른다.

$$\tau = G\gamma \tag{4.42}$$

4.3절에서는 다음의 토크-응력 방정식(식 4.11)과 토크-비틀림 방정식(식 4.16)은 균일한 선형탄성 봉에 대해 얻어진 것이다.

$$\tau = \frac{T\rho}{I_p} \tag{4.43}$$

$$\theta = \frac{T}{GI_p} \tag{4.44}$$

여기서 I_p는 단면의 극관성모멘트이며, $\theta = \phi/L$이다. 선형탄성의 거동을 그림 4.33a에 나타내었다.

최대 탄성토크 또는 **항복토크(yield torque)**(그림 4.33b)는 식 4.43에서 $\tau = \tau_Y$와 $\rho = r$로 설정하여 얻을 수 있다. 따라서

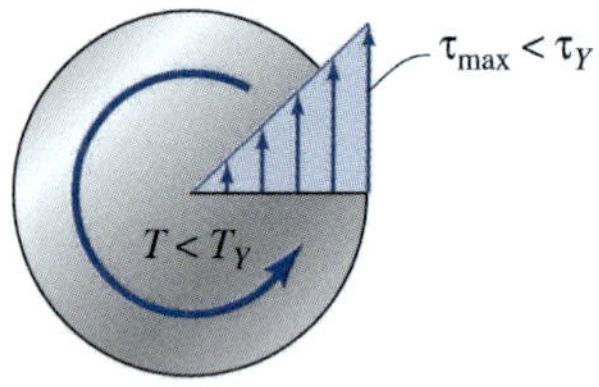

(a) 선형탄성의 경우

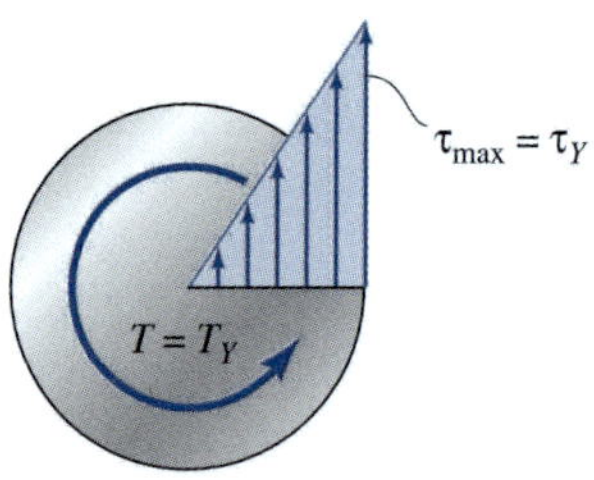

(b) 최대 탄성토크의 경우

그림 4.33 전단응력의 분포 – 탄성거동

$$T_Y = \frac{\tau_Y I_p}{r} \tag{4.45}$$

그리고 식 4.44로부터

$$\theta_Y = \frac{T_Y}{GI_p} = \frac{\tau_Y}{Gr} \tag{4.46}$$

최대 탄성토크의 경우에 대한 전단응력 분포는 그림 4.33b에 묘사되어 있다.

경우 2 – 부분적 소성거동: 토크가 T_Y를 넘는 경우, 단면 일부분의 전단변형률이 항복전단변형률 γ_Y를 넘게 된다. 그러면 전단응력 분포는 그림 4.34a처럼 중심에 반지름 r_Y의 탄성부(elastic core)가 생기고, 그 둘레에 고리형태의 소성부(plastic annulus)가 나타난다. 이러한 부분적인 소성거동에 관한 응력-변형률 거동은 다음과 같이 구할 수 있다.

$$\begin{aligned} \tau &= \tau_Y\left(\frac{\rho}{r_Y}\right) \quad 0 \le \rho \le r_Y \\ \tau &= \tau_Y \qquad\quad r_Y \le \rho \le r \end{aligned} \tag{4.47}$$

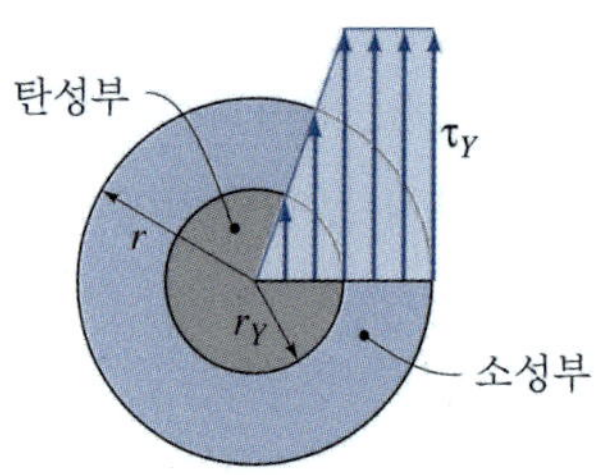

(a) 부분적인 소성 비틀림 응력 분포

이에 상응하는 토크는 식 4.47을 식 4.40에 대입함으로써 얻어진다.

$$T = 2\pi\int_0^{r_Y}\left(\frac{\tau_Y \rho}{r_Y}\right)\rho^2\,d\rho + 2\pi\int_{r_Y}^{r}\tau_Y \rho^2\,d\rho$$

$$T = \frac{\pi\tau_Y}{6}(4r^3 - r_Y^3) \tag{4.48}$$

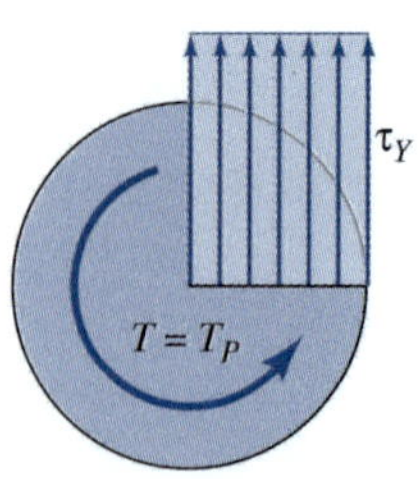

(b) 완전소성 비틀림 응력 분포

그림 4.34 부분적인 소성 비틀림과 완전소성 비틀림

이 토크값에 대한 비틀림률 θ를 결정하기 위해 $\rho = r_Y$에서 전단변형률을 γ_Y로 설정할 수 있다. 그러므로 식 4.39에서

$$\theta = \frac{\tau_Y}{G r_Y} \tag{4.49}$$

$0 < r_Y < r$을 만족시키는 r_Y를 선택하면 식 4.48과 4.49에서 r_Y를 소거할 수 있고, 그것에 의하여 토크-비틀림 관계식을 얻을 수 있다.

경우 3 – 완전소성 토크: 연강과 같은 탄소성 재료의 경우 전단응력이 τ_Y의 값으로 일정하게 유지되는 경우, 매우 큰 전단변형률이 발생할 수 있다. 따라서 $\gamma_{max} \equiv \gamma(x, r) \gg \gamma_Y$가 될 수 있다. 그 경우에 $r_Y \to 0$이면 그림 4.34b와 같은 완전소성 응력 분포를 얻을 수 있다. 완전소성인 경우에 대한 재료식은

$$\tau = \tau_Y \quad 0 < \rho \le r \tag{4.50}$$

소성토크(plastic torque) T_p는 식 4.48에서 $r_Y = 0$으로 설정함으로써 계산할 수 있다.

$$T_P = \frac{2\pi\tau_Y r^3}{3} \tag{4.51}$$

이 값에 근접할 수는 있으나 완전히 도달하지는 못하는데, 그 이유는 변형률-변위 방정식 때문이다. 식 4.39는 유한 비틀림각에 대해 $\rho = 0$에서 전단변형률이 실제로 γ_Y에 도달하는 것을 허용하지 않는다. 원형 중실 축에 대하여 식 4.45와 식 4.51을 비교하면 다음 식이 됨을 알 수 있다.

$$T_P = \frac{4}{3}T_Y \tag{4.52}$$

위에서 설명한 탄소성 토크-비틀림 해석을 **토크-비틀림 선도(torque-twist curve)**로 정리하면 그림 4.35와 같다.

제하; 잔류응력 그림 4.35에서 T_B와 같이 T_Y를 넘는 토크가 가해진 후 하중이 제거되면 제하곡선은 최초의 선형적인 탄성부분 OY와 나란해진다. 토크가 완전히 제거된 후 잔류응력(residual stress)이 남게 되면 잔류비틀림각 또는 영구변형률(permanent set)이 봉에 남게 된다(그림 4.2 참조).

그림 4.36처럼 토크 T_B(그림 4.35)를 받을 때 최대 전단변형률은 $\rho = r$에서 γ_B가 된다고 가정하자. 토크의 연속적인 감소로 $\rho = r$에서 그림 4.36의 BC 경로를 따라 제하가 일어나게 된다. 탄성 코어부나 소성 외부영역과 관계없이 모든 반지름에서 후크의 법칙을 만족시키는 선을 따라 선형탄성의 형태로 제하가 발생한다.

$$\Delta\tau = G\Delta\gamma \tag{4.53}$$

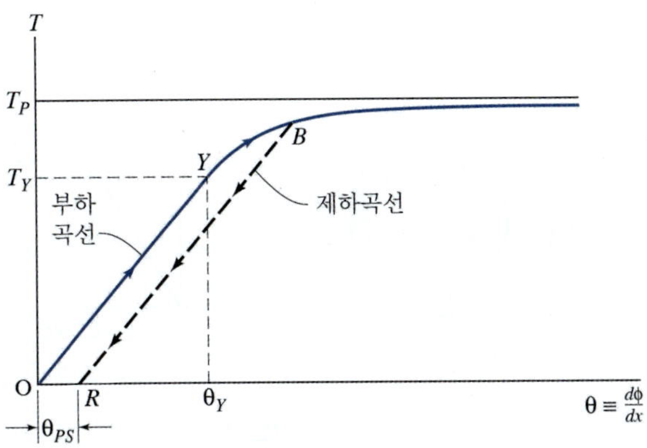

그림 4.35 탄소성 원형 비틀림 봉에 대한 토크-비틀림 선도

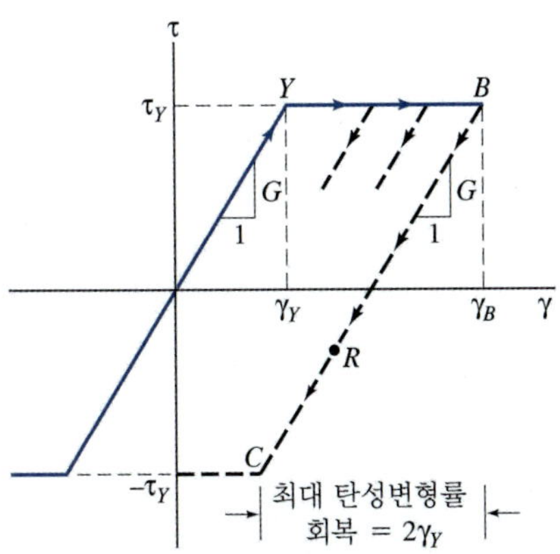

그림 4.36 탄성회복(elastic recovery)을 나타내는 응력-변형률 선도

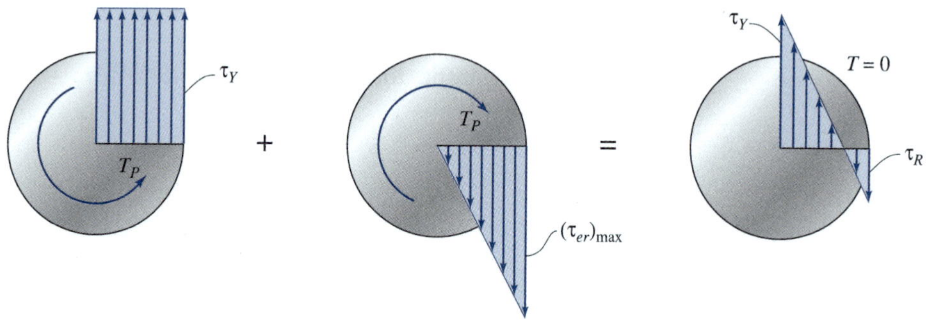

(a) 완전소성상태 (b) 탄성회복응력 분포 (c) 잔류응력

그림 4.37 중첩에 의한 비틀림의 잔류 전단응력의 결정

여기서 Δ는 변형률과 응력의 증분을 나타낸다.

제하가 탄성적으로 발생하게 되므로 토크 T_B에 의한 소성응력 분포와 크기가 같고 방향만 반대인 토크$(-T_B)$에 의한 탄성응력 분포를 중첩하여 비틀림을 받는 봉의 잔류응력을 해석할 수 있다. 완전소성인 경우는 그림 4.37의 응력 분포를 얻는다. 그러면 그림 4.37b에서 최대 탄성회복응력 $(\tau_{er})_{max}$은 식 4.43의 탄성 전단응력 식에서 $T = T_P$로 치환하여 얻는다. 따라서

$$(\tau_{er})_{max} = \frac{T_P r}{I_P} = \frac{4}{3}\tau_Y \tag{4.54}$$

그림 4.37c에서 $\rho = r$인 경우, 시계방향으로 작용하는 전단응력은 그림 4.36의 탄성 회복곡선 BC의 R점에서의 전단응력이다. 그 크기는 $\tau_Y/3$가 된다.

예제 4.16

바깥지름이 120 mm이고 안지름이 100 mm인 튜브형 축을 그림 1b와 같은 $\tau-\gamma$ 곡선의 탄소성 재료로 만들었다. 전단계수 $G = 200$ GPa이고 전단항복응력 $\tau_Y = 100$ MPa이다. (a) 이 튜브형 축에 대한 항복토크 T_Y를 결정하시오. (b) 완전소성 토크 T_P를 결정하시오. (c) T_P까지 하중이 가해진 후 완전히 토크가 제거된 경우에 잔류응력 분포를 구하시오.

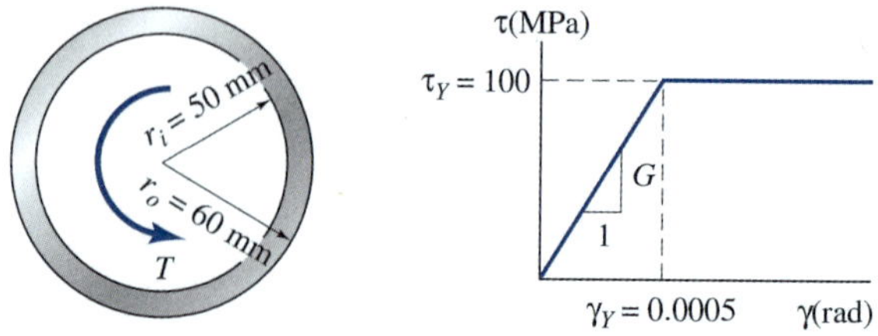

(a) 토크 튜브 (b) 탄소성 재료의 거동

그림 1

풀이 계획 위에서 설명한 탄소성 비틀림에 대한 결과를 이용할 수 있다. 하지

만 $r_i \le \rho \le r_o$에 걸쳐 적분하여 중공축에 대한 I_P의 정확한 식을 계산해야 한다. 그리고 이 축은 $\tau(r_i) = \tau_Y$에서 완전소성이 됨에도 주의해야 한다.

풀이 (a) 항복토크 T_Y를 결정한다. 항복토크는 $\tau(r_o) = \tau_Y$를 만족시킨다. 식 4.45로부터

$$T_Y = \frac{\tau_Y I_P}{r_o} = \frac{\tau_Y(\pi/2)(r_o^4 - r_i^4)}{r_o}$$

$$= \frac{[100(10^6)\text{N/m}^2](\pi/2)[(0.06\text{ m})^4 - (0.05\text{ m})^4]}{(0.06\text{ m})} \quad (1)$$

$$T_Y = 17.57\text{ kN}\cdot\text{m} \qquad \textbf{답 (a)} \quad (2)$$

항복토크에 의하여 얻어진 응력 분포를 그림 2a에 나타내었다.

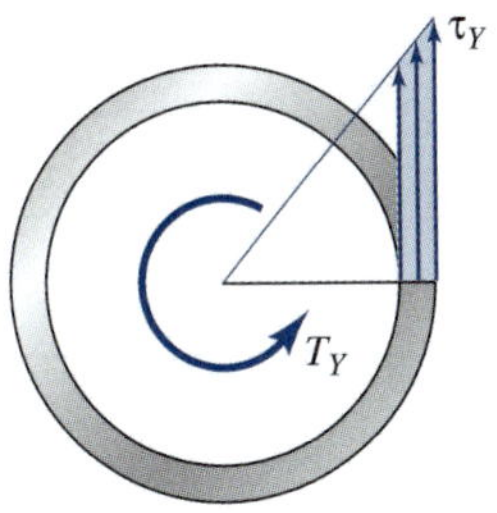

(a) 항복토크 T_Y에 대한 응력 분포

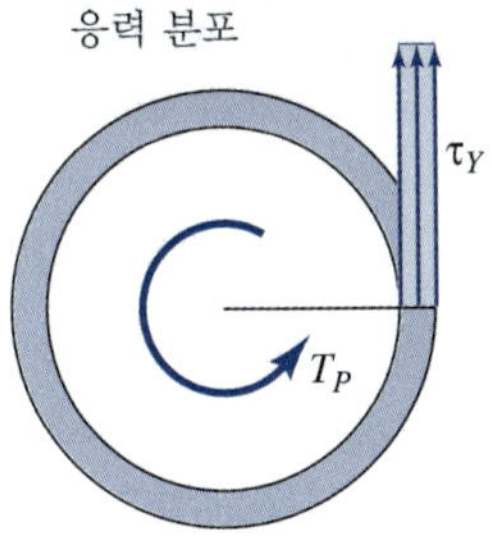

(b) 완전소성토크 T_P에 대한 응력 분포

그림 2

(b) 완전소성토크 T_P를 결정한다. 완전소성토크 T_P에 의해 발생한 전단응력 분포를 그림 2b에 나타내었다. 완전소성토크는 식 4.40에서 $\tau = \tau_Y$로 설정하고, r_i에서 r_o까지 적분하여 얻을 수 있다.

$$T_P = 2\pi\tau_Y \int_{r_i}^{r_o} \rho^2 \, d\rho$$

$$= \frac{2\pi[100(10^6)\text{N/m}^2]}{3}[(0.06\text{ m})^3 - (0.05\text{ m})^3] \quad (3)$$

$$T_P = 19.06\text{ kN}\cdot\text{m} \qquad \textbf{답 (b)} \quad (4)$$

(이 문제의 경우 $T_P = 1.08T_Y$인 반면에 중실 축의 경우 $T_P = 1.33T_Y$임에 주목하라.)

(c) 잔류전단응력 분포를 결정한다. T_P가 완전히 제거되었을 때 튜브형 축에서의 잔류응력 분포를 얻기 위해 그림 3a에서의 선형탄성 회복응력 분포와 그림 2b의 완전소성 응력 분포를 중첩한다.

회복이 선형 탄성이므로 $T = T_P$로 설정하고, 식 4.43을 이용하여 $(\tau_{er})_i$와 $(\tau_{er})_o$를 계산할 수 있다. r_i와 r_o에서의 탄성회복 전단응력은 각각 다음과 같다.

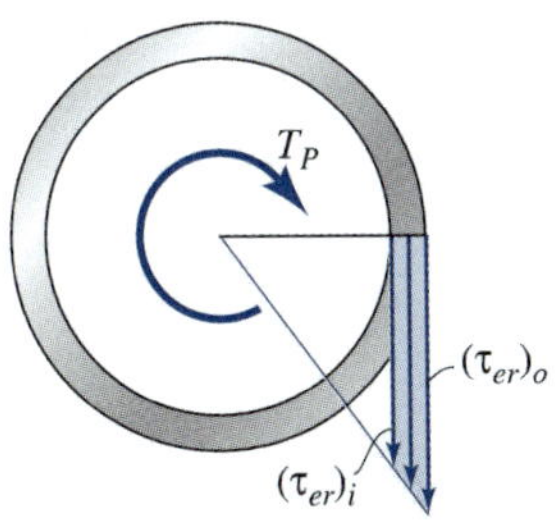

(a) 탄성회복응력

$$(\tau_{er}) = \frac{T_P\rho}{I_P} = \frac{(19.06\text{ kN}\cdot\text{m})\rho}{(\pi/2)[(0.06\text{ m})^4 - (0.05\text{ m})^4]} \quad (5)$$

따라서

$$\begin{aligned}(\tau_{er})_i &= (\tau_{er})_{\rho=0.05\text{ m}} = 90.4\text{ MPa}\\ (\tau_{er})_o &= (\tau_{er})_{\rho=0.06\text{ m}} = 108.5\text{ MPa}\end{aligned} \quad (6)$$

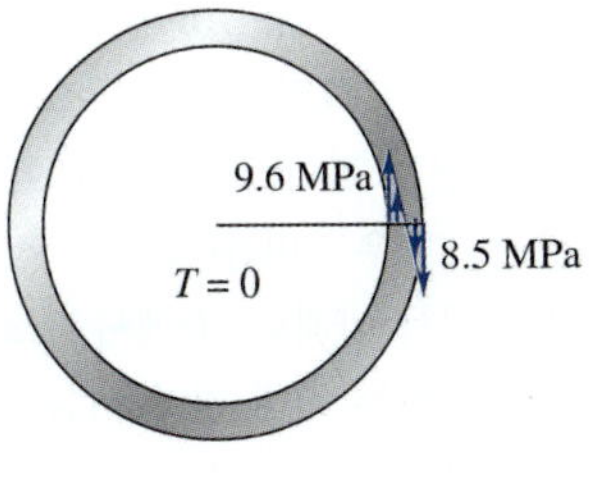

(b) 잔류응력 분포

그림 3

마지막으로 최대 잔류응력은

$$\left.\begin{aligned}(\tau_r)_o &= \tau_Y - (\tau_{er})_o = -8.5\text{ MPa}\\ (\tau_r)_i &= \tau_Y - (\tau_{er})_i = 9.6\text{ MPa}\end{aligned}\right\} \qquad \textbf{답 (c)}$$

잔류응력 분포는 그림 3b와 같다.

풀이 검토 그림 2와 3은 이 풀이를 검토하는 데 매우 도움이 된다. T_Y가 정확한지 확인하기 위해 식 (1)에서의 계산을 다시 검토해야 한다. 튜브형 축의 두께가 비교적 얇으므로 완전소성상태의 응력(그림 2b)은 항복토크에 의해 발생하는 응력(그림 2a)보다 약간 큰 값을 갖는다. 따라서 $T_P/T_Y = 1.08$은 적당하다.

마지막으로 (c)에 있어서 합토크는 0이라는 것을 알았다. 따라서 일부 전단응력은 반시계방향으로 작용하고 일부는 시계방향으로 작용한다. 축 중심부에 가까운 응력은 바깥쪽 표면부에 가까운 부분의 응력보다 커야만 한다. 왜냐하면, 후자의 경우에는 상대적으로 긴 모멘트암 ρ를 갖기 때문이다. 따라서 $(\tau_r)_i = 9.6\ \text{MPa}$ (반시계방향)이고, $(\tau_r)_o = 8.5\ \text{MPa}$ (시계방향)이라는 것은 타당하다.

4.12 연습문제

■ 비틀림 변형

문제 4.2-1. 지름 d_i를 갖는 중실 축과 이를 둘러싸고 있는 안지름 d_i와 바깥지름 d_o를 갖는 튜브형 슬리브(tubular sleeve)로 구성된 이종금속 축(bimetallic shaft)을 그림 P4.2-1에 나타내었다. 하첨자 c와 s는 각각 중실 축 재료와 슬리브 재료로 나타낸다. 이 이종금속 축은 비틀림 변형의 가정을 만족하는 것으로 놓는다. (a) 토크 T가 작용했을 때 중실 축 재료에서의 최대 전단변형률 $(\gamma_c)_{max} = 180 \times 10^{-6}$ rad이다. 중실 축과 슬리브의 전단변형률 $\gamma(\rho)$을 도시하시오. 도시된 그림에 슬리브의 최대 전단응력 $(\gamma_s)_{max}$ 값을 표시하시오. (b) 길이 L인 이종금속 축의 비틀림각을 결정하시오.

$$d_o = 2.0\ \text{in.},\quad d_i = 1.50\ \text{in.},\quad L = 48\ \text{in.}$$

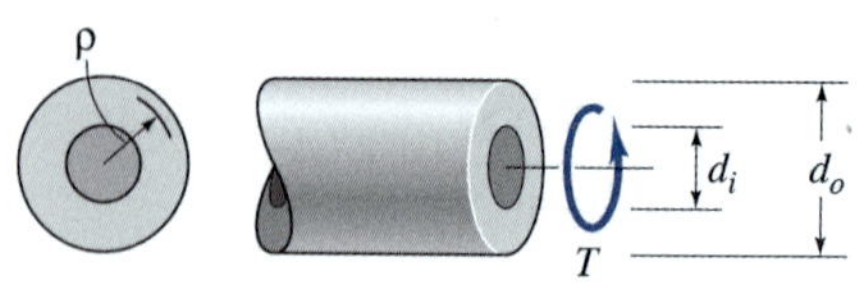

P4.2-1과 P4.2-2

문제 4.2-2. $d_o = 80$ mm, $d_i = 60$ mm, 및 $L = 1$ m를 가지는 이종금속 축에 대하여 문제 4.2-1을 반복하시오.

■ 단순 비틀림 MDS 4.1 및 4.4

문제 4.3-1. 지름 $d_i = 25$ mm의 강철 중실 축($G_s = 75$ GPa)과 이를 둘러싸고 있는 안지름 $d_i = 25$ mm와 바깥지름 $d_o = 40$ mm의 티타늄 슬리브($G_t = 45$ GPa)로 구성된 이종금속 비틀림 축이 있다. (a) 강철 축에서의 최대 전단응력이 50 MPa이 될 경우, 이종금속 축에 작용하는 전체 토크 T는 얼마가 되는가? (b) 이 축의 길이가 2 m라면 전체 비틀림각은 얼마가 되는가?

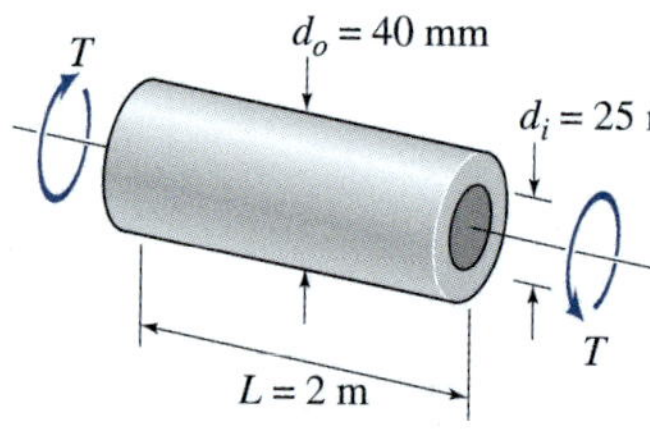

P4.3-1

문제 4.3-2. 그림 P4.3-2에서 보는 바와 같이 정비사가 자동차 바퀴를 제거하기 위해 X-형 러그렌치(lug wrench)를 사용하여 등가힘 P를 C에서 아랫쪽으로, D에서 윗쪽으로 가한다. 이것은 지름이 0.5 in.이고 길이가 6.0 in.인 봉 AB에 순수한 토크를 만든다(이 장의 시작 부분에 있는 그림 4.1을 참조하라). 힘을 가하는 위치 C와 D 사이의 전체 길이 $2b = 15$ in.이다. (a) A의 러그 너트(lug nut)는 매우 민감하므로 정비사는 $P = 40$ lbs의 동일한 힘으로 C에서 아래로, D에서 위로 가해야 한다. 이를 통해 팔 AB에 발생하는 최대 전단응력은 얼마인가? (b) 러그렌치가 전단계수 $G = 11.2 \times 10^3$ ksi인 강으로 만들어지는 경우, 길이가 6.0 in.인 팔 AB에서의 상대 비틀림각은 몇 도인가?

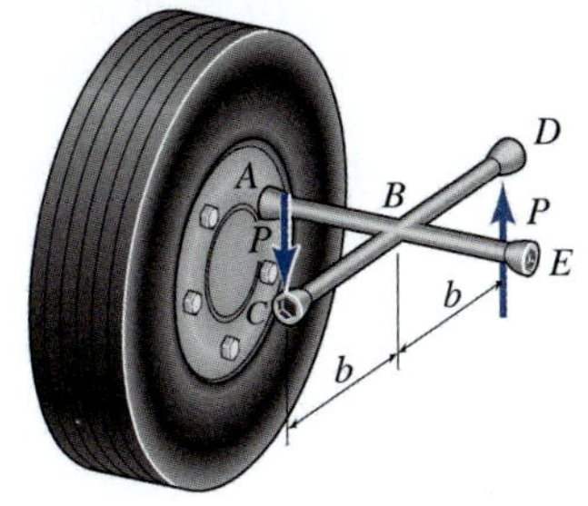

P4.3–2

문제 4.3–3. 지름 $d = 4.0$ in.의 균질한 선형 탄성 중실 축에 토크 $T = 120$ kip·in.가 가해진다(그림 P4.3-3). (a) 이 축에서 발생하는 최대 전단응력을 결정하시오. (b) 이 축이 전달할 수 있는 전체 토크 중 지름 $d_c = 2.0$ in.의 내부 코어(그림에서 음영으로 표시된 부분)에 의해 전달할 수 있는 전체 토크의 백분율을 결정하라. (c) 내부 코어가 축 전체 중량 중 차지하는 비율은 몇 퍼센트인가?

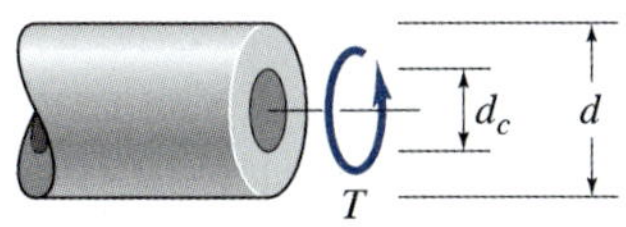

P4.3–3과 P4.3–4

문제 4.3–4. 지름 $d = 80$ mm와 최대 전단응력 $\tau_{max} = 40$ MPa을 갖는 균질한 선형 탄성 중실 축을 그림 P4.3-4에 나타내었다. (a) 이 축에 작용하는 토크 T를 결정하시오. (b) 지름 $d_c = 40$ mm의 내부 코어(그림에서 음영으로 표시된 부분)에 의해 전달할 수 있는 전체 토크의 백분율을 결정하시오.

설계**문제 4.3–5.** 허용전단응력 τ과 전단탄성계수 $G = 39$ GPa을 갖는 황동재 중실 축을 그림 P4.3-5에 나타내었다. 이 축의 길이 $L = 2$ m이며, 축 끝부분에서 허용비틀림각 $\phi_{allow} = 0.10$ rad이다. 이 축에 최대 토크 $T = 25$ kN·m을 적용하려면 축의 지름을 얼마로 해야 하는가?

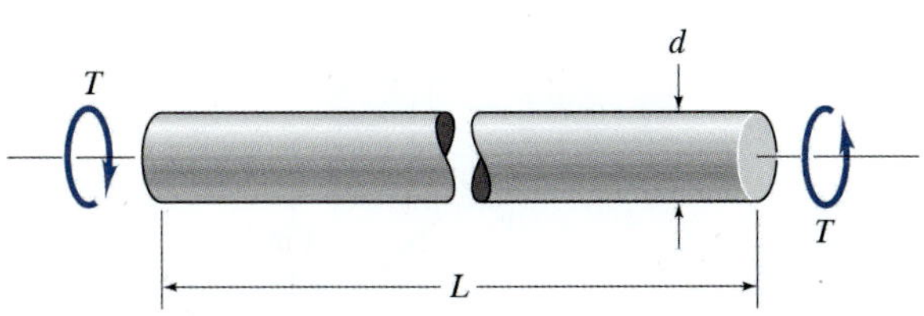

P4.3–5, P4.3–6, P4.3–7

설계**문제 4.3–6.** 허용전단응력 $\tau_{allow} = 10$ ksi와 전단탄성계수 $G = 3800$ ksi을 갖는 알루미늄합금 중실 축을 그림 P4.3-6에 나타내었다. 이 축의 지름 $d = 1.5$ in.이고, 길이 $L = 32$ in.이다. 축 끝부분에서 허용비틀림각 $\phi_{allow} = 0.10$ rad라고 할 때, 허용토크 T는 얼마인가?

설계**문제 4.3–7.** 그림 P4.3-7의 축은 지름이 d이고, 전단계수 G를 갖는 강재로 제작했다. 이 축의 허용전단응력은 τ_{allow}이고, 허용비틀림률은 $(d\phi/dx)_{allow}$이다. (a) 허용전단응력 기준을 초과하지 않고 축에 가할 수 있는 최대 토크 T_τ에 대한 식을 결정하시오. (b) 마찬가지로 허용비틀림률 기준을 초과하지 않고 축에 가할 수 있는 최대 토크 T_ϕ에 대한 식을 결정하시오.

설계**문제 4.3–8.** 그림 P4.3-8에 나타낸 축은 강철 합금으로 만들었으며, 바깥지름 $d_o = 60$ mm, 허용전단응력 $\tau_{allow} = 80$ MPa을 갖는다. 이 축에 $T = 2$ kN·m의 토크가 가해진다. (a) 허용전단응력을 만족하는 범위에서 지름 d_i 부분을 드릴작업으로 제거하면 중실 축 무게의 몇 퍼센트가 되는가? (b) 허용전단응력 $\tau_{allow} = 100$ MPa을 갖는 경우에 대하여 (a)번 문제를 다시 계산하시오.

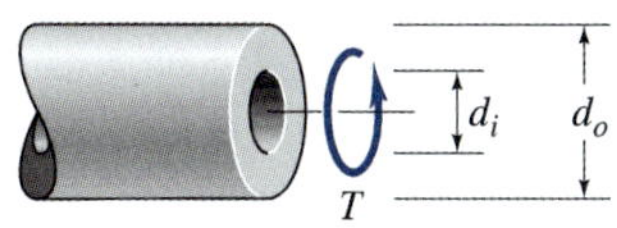

P4.3–8과 P4.3–9

설계**문제 4.3–9.** 바깥지름 $d_o = 4.0$ in.의 축에 토크 $T = 60$ kip·in.가 작용하고, 다음과 같은 허용전단응력 τ가 주어진 경우에 문제 4.3-8을 다시 풀이하시오. (a) $\tau_{allow} = 12$ ksi, (b) $\tau_{allow} = 20$ ksi

문제 4.3–10. 그림 P4.3-10a에 나타낸 지름 d의 중실 원형 축은 토크 T_a가 가해질 때 최대 전단응력 $\tau_{max} = \tau_a$가 발생한다. 이 중실 축이 바깥지름과 안지름의 비율 $d_o/d_i = 1.2$인 튜브형 축(그림 P4.3-10b)으로 대체되지만 중실 축과 같은 무게를 가질 경우, 중실 축과 같은 크기의 최대 전단응력을 산출하기 위해 토크를 몇 퍼센트 증가해야 하는가?

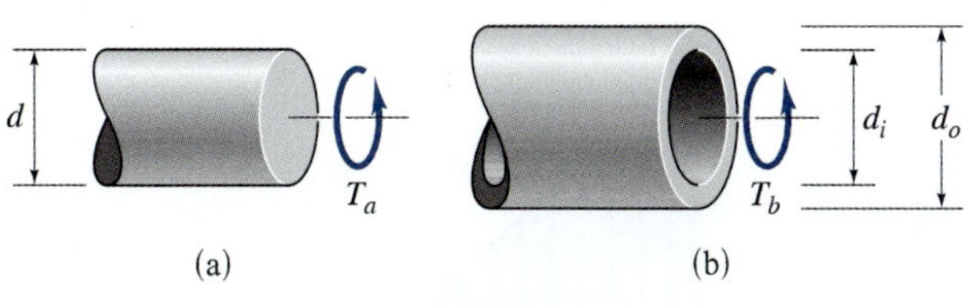

P4.3–10

■ 테이퍼를 가진 축의 비틀림

문제 4.3–11. $x = 0$일 때 d_o이고, $x = L$일 때 $2d_o$로 지름이 선형적으로 변하는 중실 축은 그림 P4.3-11과 같다. $x = 0$에서 토크 T_0을 받고, $x = L$에서 강체 벽에 부착되어 있다. (a) 테이퍼를 가진 축의 각 단면에서의 최대 전단응력에 대한 식을 x의 함수로 구하시오. (b) 축의 전체 비틀림각 ϕ_0에 대한 식을 구하시오. 전단탄성계수는 G이다.

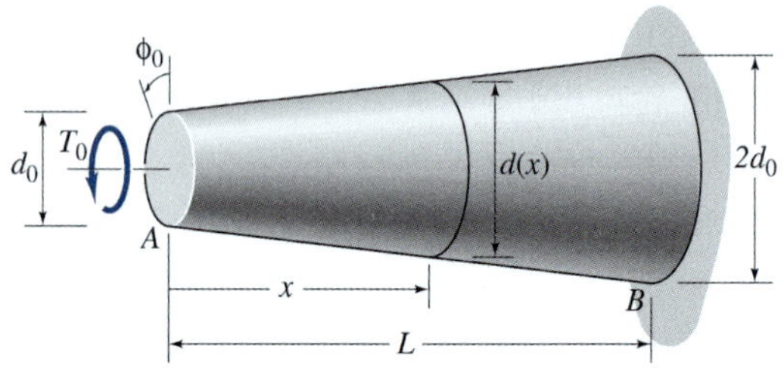

P4.3-11

■ **분포 외부토크를 받는 축**

문제 4.3-12. 선형적으로 변하는 분포 외부토크를 받는 그림 P4.3-12의 원형 중실 축에서 $x=0$일 때 t_0와 $x=L$일 때 0의 단위길이당 토크를 받는다. 이 축은 지름 d와 전단계수 G를 가지고 있으며 $x=0$에서 강체 벽에 고정된다. (a) 축의 각 단면에서의 최대 전단응력에 대한 식을 x의 함수로 구하시오. (b) 축의 자유단에서 발생하는 전체 비틀림각 ϕ_B에 대한 식을 구하시오. 전단탄성계수는 G이다.

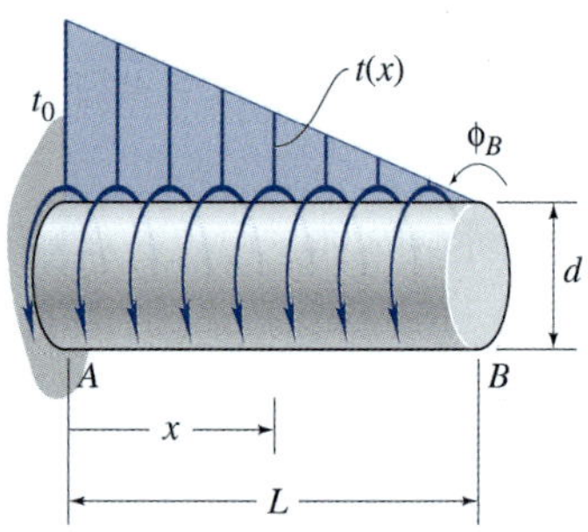

P4.3-12

문제 4.3-13. 외부토크 분포를 그림 P4.3-13에 도시된 $t(x) = t_0 \cos\left(\frac{\pi x}{2L}\right)$로 대체하여 문제 4.3-12를 다시 구하시오.

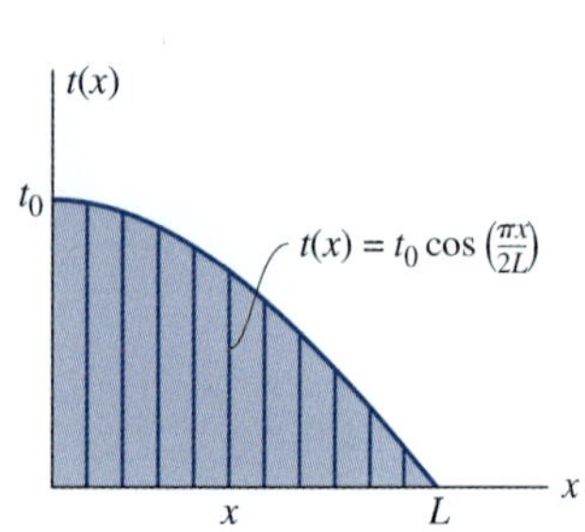

P4.3-13

문제 4.3-14. 그림 P4.3-14에서 나타낸 바와 같이 지름 d, 길이 L, 및 전단계수 G를 갖는 일정 단면의 원형 축이 전체 길이의 절반에 대하여 균일분포 토크 t_0를 받고 있다. (a) 최대 전단응력 τ_{max}에 관한 식을 구하시오. τ_{max}가 발생하는 위치는 어디인가? (b) A점과 B점의 회전각 ϕ_A와 ϕ_B를 각각 구하시오.

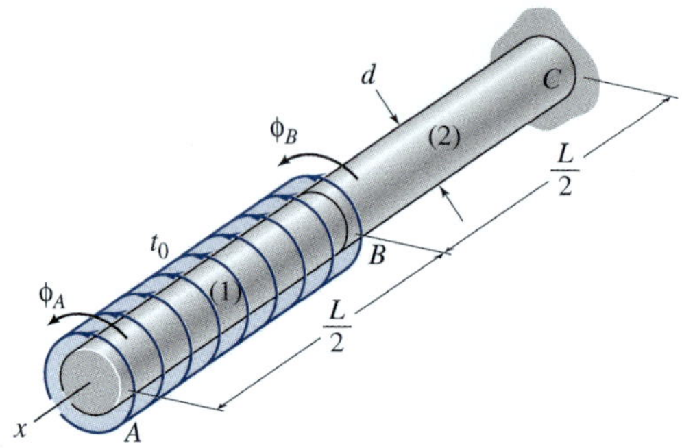

P4.3-14

***문제 4.3-15.** 달 토양 채취기는 안지름이 45 mm이고, 바깥지름이 60 mm인 튜브형 축으로 구성된다. 이 축은 전단계수 $G=80$ GPa을 갖는 스테인리스강으로 만들었다. 그림 P4.3-15에서 보는 바와 같이 이 채취기는 암(arm) DE에 수직하고, 달 표면에 평행하게 우주 비행사가 가하는 150 N의 두 힘으로 채취 구멍에서 토양이 제거되고 있다. 토양으로부터 A와 B 사이의 축에 가해진 외부토크는 크기 t_0로 균일하게 분포한다고 가정한다. (a) 채취기의 튜브형 축 AC에서 최대 전단응력 τ_{max}을 구하고 τ_{max}가 발생하는 위치를 나타내시오. (b) 끝단 A에 대한 끝단 C의 비틀림각을 결정하시오. 즉, $\phi_{C/A} \equiv \phi_C - \phi_A$를 구하시오.

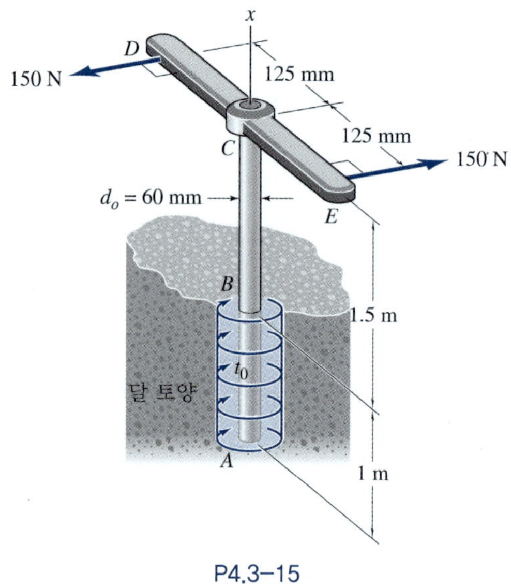

P4.3-15

***문제 4.3-16.** 지름 d와 길이 L의 균일한 축이 A와 B 위치에서 강체 벽에 고정되어 있으며, 다음과 같이 2차 함수의 분포 토크를 받고 있다.

$$t(x) = t_0[1 - (x/L)^2]$$

(그림 P4.3-16은 반발토크 T_A와 T_B 및 외부 비틀림 하중 $t(x)$가 모두 오른손법칙에 따라 양의 x축 방향으로 작용하는 것으로 표시되어 있다.)

축의 자유물체도와 2개의 고정 구속조건인 $\phi(0) = \phi(L) = 0$을 사용하여 고정된 양 끝의 반발토크 T_A와 T_B에 대한 식을 결정하시오. 선형 탄성 거동이 비틀림 하중 $t(x)$에 의해 발생한다고 가정한다. (미지의 반발토크가 두 개이지만 평형방정식은 하나뿐이므로 이 축은 부정정 비틀림부재이다.)

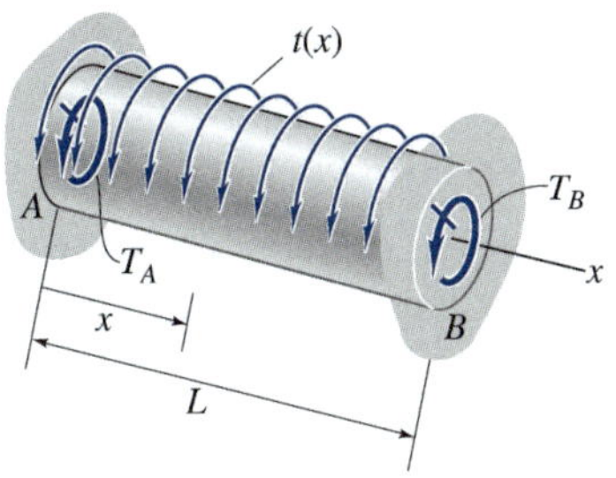

P4.3-16과 P4.3-17

***문제 4.3-17.** 분포 비틀림 하중이 다음 식과 같이 주어질 때 문제 4.3-16을 다시 푸시오.

$$t(x) = t_0 \cos\left(\frac{\pi x}{2L}\right)$$

■ 단순 비틀림: 응력 분포와 변형률 분포 MDS 4.5

문제 4.4-1. (a) 식 4.17과 그림 4.14의 정보는 그림 4.17b에서 주철봉의 파손을 실제로 일으킨 응력의 유형을 설명한다. 전단응력, 인장응력 또는 압축응력 중 어떤 응력인가? 아니면 어떤 응력들의 조합인가? (b) 그림 P4.4-1에서 보는 바와 같이 길이가 대략 2.5 in.에서 3 in. 사이의 분필 양 끝을 손가락으로 잡은 후 두 조각 날 때까지 비튼다(즉, 크기가 같고 방향이 반대인 토크를 분필의 양 끝에 작용한다). 파손결과가 그림 4.17a나 그림 4.17b와 유사한지 아닌지에 주목하여 두 분필조각을 스케치하시오.

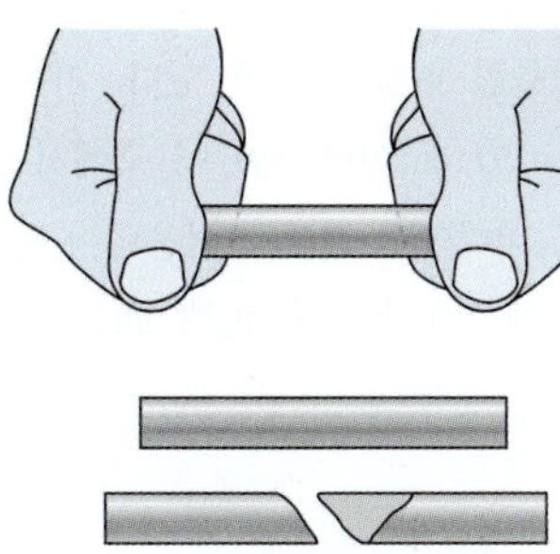

P4.4-1

설계문제 4.4-2. 참나무로 만든 원통형 맞춤핀이 나뭇결과 평행한 방향으로 τ의 허용전단응력을 갖는다. (a) 이 핀의 지름이 50 mm라고 할 때 작용할 수 있는 최대 허용토크 T는 얼마인가? (b) 목재 맞춤핀이 인장이나 압축보다는 전단에 의해 파손되는 이유는 무엇인가? 전단파손 표면을 도시하시오.

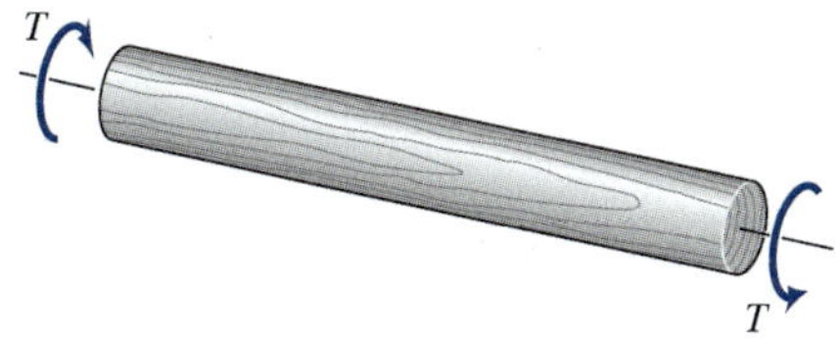

P4.4-2와 P4.4-3

설계문제 4.4-3. 맞춤핀의 $\tau_{allow} = 200$ psi이고 지름이 2 in.인 경우, 문제 4.4.-2를 다시 구하시오.

비틀림부재의 일반적인 모양을 나타내는 이 그림은 4.4절의 나머지 문제에 적용된다.

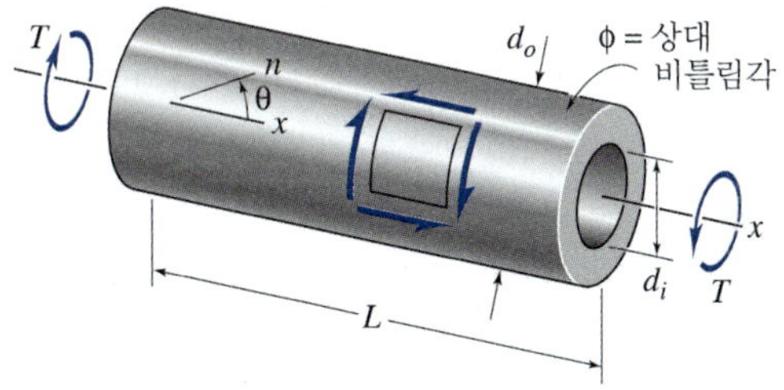

문제 4.4-4~4.4-7. 이 네 문제에 대해 위에 나타낸 일반적인 비틀림부재를 사용하시오. 각 문제에 대해 (a) 최대 인장응력, 최대 압축응력 및 최대 전단응력을 결정하시오. (b) 적절하게 회전한 응력요소에 대해 (a)에서 결정한 응력을 나타내시오. (예: 그림 4.14 참조)

이러한 문제를 해결하려면 일반적인 비틀림부재 그림에 표시된 토크 T의 방향과 응력의 방향을 일치시키시오.

문제 4.4-4. (일반적인 비틀림부재의 그림에서) $T = 15$ kip·in., $d_o = 1.5$ in., $d_i = 0$ in.

문제 4.4-5. (일반적인 비틀림부재의 그림에서) $T = 200$ N·m, $d_o = 30$ mm, $d_i = 0$ mm

문제 4.4-6. (일반적인 비틀림부재의 그림에서) $T = 500$ N·m, $d_o = 40$ mm, $d_i = 30$ mm

문제 4.4-7. (일반적인 비틀림부재의 그림에서) $T = 3.0$ kip·in.,

$d_o = 2.0$ in., $d_i = 1.75$ in.

> 문제 4.4−8~4.4−11. 이 네 문제에 대해 위에 나타낸 일반적인 비틀림축 부재를 사용하여, (a) 작용토크 T를 구하시오. (b) 최대 인장응력 σ_{maxT}를 구하시오.

문제 4.4-8. 이 축에 대한 조건은 $L = 30$ in., $d_o = 0.75$ in., $d_i = 0$ in., $\phi = 0.09$ rad, $G = 11 \times 10^3$ ksi이다.

문제 4.4-9. 이 축에 대한 조건은 $L = 1.0$ m, $d_o = 20$ mm, $d_i = 0$ mm, $\phi = 0.10$ rad, $G = 80$ GPa이다.

문제 4.4-10. 이 축에 대한 조건은 $L = 2.0$ m, $d_o = 40$ mm, $d_i = 30$ mm, $\phi = 0.20$ rad, $G = 37$ GPa이다.

문제 4.4-11. 이 축에 대한 조건은 $L = 8.5$ ft, $d_o = 3.0$ in., $d_i = 2.5$ in., $\phi = 0.15$ rad, $G = 15 \times 10^3$ ksi이다.

문제 4.4-12. 일반 비틀림축 부재에 대하여 $T = 500$ lb·in., $d_o = 0.625$ in., $d_i = 0$ in.가 주어졌다. $\theta = 45°$에 대한 축방향 변형률(extensional strain) $\epsilon_{45°} = -1300\ \mu$이다. (a) 최대 전단응력 τ_{max}를 구하시오. (b) 비틀림 탄성계수 G를 구하시오.

문제 4.4-13. 일반 비틀림축 부재에 대하여 $T = 600$ N·m, $G = 28$ GPa, $d_o = 50$ mm, $d_i = 40$ mm가 주어졌다. (a) 최대 전단변형률 γ_{max}를 구하시오. (b) 최대 축방향 변형률 ϵ_{maxT}를 구하시오.

설계문제 4.4-14. 비틀림 탄성계수 $G = 11.8 \times 10^6$ psi를 갖는 강철 축이 이 페이지에서 나타낸 일반 비틀림부재의 모양을 갖고 있다. 축의 바깥지름 $d_o = 1.0$ in.이고, $T_{max} = 1200$ lb·in.의 토크를 전달할 수 있어야 한다. 이 축에 대하여 최대 허용변형률이 400 μ인 경우, $\frac{1}{32}$ in. 단위에 가장 가까운 최소 벽두께를 구하시오.

■ 다수의 토크(multiple torques) MDS 4.6

문제 4.5-1. 비틀림 탄성계수 $G = 12 \times 10^6$ psi를 갖는 다단축 AC가 그림 P4.5-1에서 보는 바와 같이 단면 B와 C에서 비틀림 하중을 받고 있다. 지름 $d_1 = 1.75$ in.이고, $d_2 = 1.0$ in.이다. (a) 이 축에서 발생하는 최대 전단응력을 구하시오. 최대 전단응력이 발생하는 부재와 위치를 설명하시오. (b) C점에서의 회전각 ϕ_C를 구하시오.

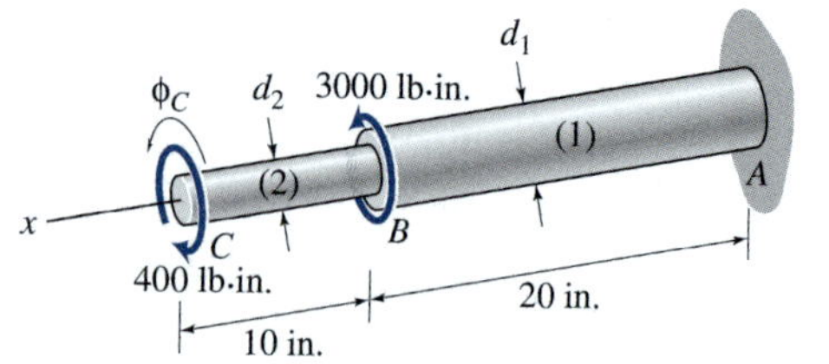

P4.5−1과 P4.5−11

문제 4.5-2. 비틀림 탄성계수 $G = 5.6 \times 10^3$ ksi를 갖는 황동축 AC가 그림 P4.5-2에서 보는 바와 같이 단면 B와 C에서 비틀림 하중을 받고 있다. 축의 바깥지름 $d_1 = d_{o2} = d = 1.25$ in.이다. 지름 $d_{i2} = 0.75$ in.의 중심구멍을 C에서부터 B까지 가공하여 $L_1 = L_2 = 10$ in.가 되게 한다. 축에 작용하는 토크가 $T_B = 400$ lb·in., $T_C = 200$ lb·in.인 경우, (a) 이 축에 발생하는 최대 전단응력을 구하시오. (b) 축의 끝 점인 C에서의 비틀림각 ϕ_C를 라디안 단위로 구하시오. (그림 P4.5-2에서 보는 바와 같이 토크 T_B와 T_C 모두 양의 방향으로 작용한다는 점을 주목하시오.)

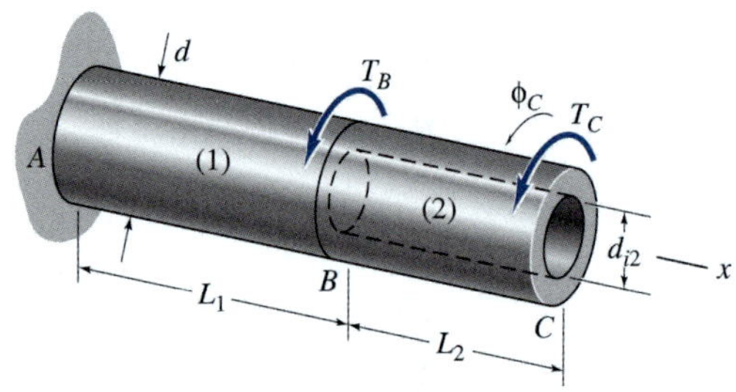

P4.5−2와 P4.5−3

문제 4.5-3. 다음 조건들을 이용하여 문제 4.5-2를 다시 구하시오. $d = 40$ mm, $d_{i2} = 30$ mm, $L_1 = 2.0$ m, $L_2 = 1.5$ m, $G = 37$ GPa, $T_B = 600$ N·m, $T_C = -200$ N·m(토크 T_C는 음의 값을 갖는 것을 주목하시오. 즉, 그림 P4.5-3에서의 방향과 반대로 작용한다.)

문제 4.5-4. 그림 P4.5-4에서 보는 바와 같이 $G = 26$ GPa을 갖는 알루미늄합금 축 AC는 800 mm 길이의 중실 축 부분 AB와 400 mm 길이의 튜브형 축 부분 BC로 구성되어 있다. 이 축은 그림과 같은 비틀림 하중을 받고 있다. 지름 $d_1 = (d_o)_2 = 50$ mm이고, $(d_i)_2 = 20$ mm이다. (a) 이 축에서 발생하는 최대 전단응력을 구하고, 어디에서 최대 전단응력이 발생하는지 확인하시오. (b) B와 C에서의 회전각 ϕ_B와 ϕ_C를 각각 구하시오.

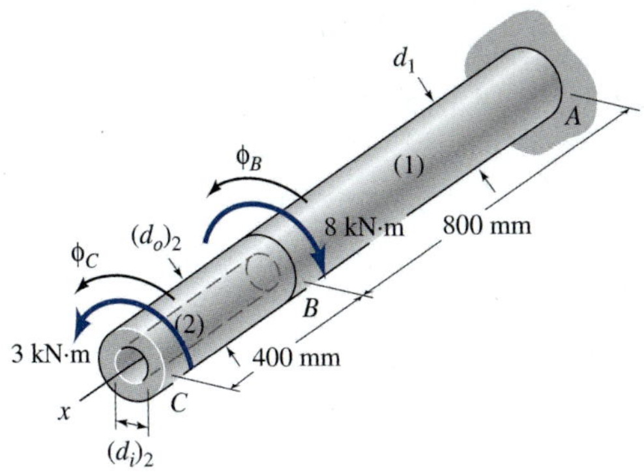

P4.5-4와 P4.5-12

문제 4.5-5. $G = 12 \times 10^6$ psi을 갖는 1 in. 균일지름의 강재 축이 그림 P4.5-5에서 보는 바와 같이 마찰이 없는 베어링으로 지지가 되어 있으며, 기어 B에서 기어 A와 C로 토크를 전달한다. (a) (1)번 부재(즉, 부재 AB)와 (2)번 부재(즉, 부재 BC)에서 발생하는 최대 전단응력을 각각 구하시오. (b) 두 끝점 사이의 상대 회전각을 구하시오. 즉, $\phi_{C/A} \equiv \phi_C - \phi_A$

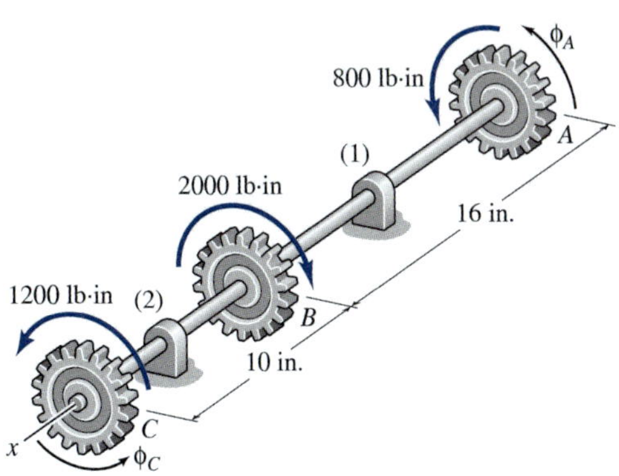

P4.5-5

문제 4.5-6. 두 개의 축으로 구성된 장치에서 기어 A에 토크를 가하여 기어 B와 D점에서 벽에 고정된 기어 C에 동력을 전달한다. 두 축은 $G = 80$ GPa의 강철로 만들었다. 두 축의 지름

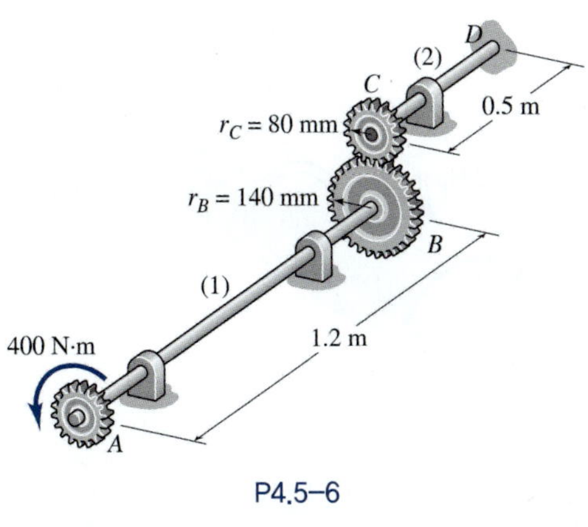

P4.5-6

$d = 32$ mm이고, 그림 P4.5-6에서 보는 바와 같이 마찰 없는 베어링으로 지지가 된다. 기어 A에 작용하는 토크가 400 N·m이고, D점에서 움직이지 못하게 구속된다면, (a) 각 축에서 발생하는 최대 전단응력을 구하시오. (b) 기어 A의 회전각을 구하시오.

문제 4.5-7. 그림 P4.5-7에서 보는 바와 같이 두 개의 기어와 축의 양단에 있는 스플라인을 통해 T_A부터 T_D까지의 토크가 축에 가해진다. (a) 축에 발생하는 최대 전단응력을 구하시오. (b) 끝단 A와 D 사이의 상대 비틀림각을 구하시오. 즉, $\phi_{D/A} = \phi_D - \phi_A$

$$G = 75\ \text{GPa},\quad d = 25\ \text{mm},\quad L_1 = 200\ \text{mm},\quad L_2 = 300\ \text{mm},$$
$$L_3 = 400\ \text{mm},\quad T_A = 250\ \text{N}\cdot\text{m},\quad T_B = -400\ \text{N}\cdot\text{m},$$
$$T_C = -350\ \text{N}\cdot\text{m},\quad T_D = 500\ \text{N}\cdot\text{m}$$

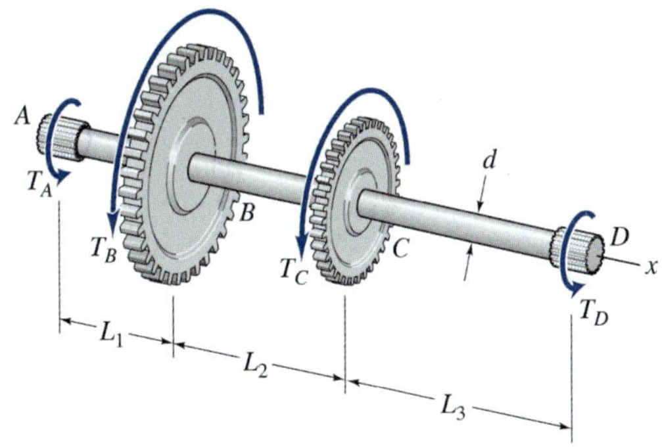

P4.5-7, P4.5-8, P4.5-9

설계문제 4.5-8. 그림 P4.5-8과 관련하여 다음 값들을 사용하시오.

$$G = 11 \times 10^6\ \text{psi},\quad L_1 = 15\ \text{in.},\quad L_2 = 20\ \text{in.},\quad L_3 = 25\ \text{in.},$$
$$T_A = 200\ \text{lb}\cdot\text{ft},\quad T_B = -350\ \text{lb}\cdot\text{ft},\quad T_C = -150\ \text{lb}\cdot\text{ft},$$
$$T_D = 300\ \text{lb}\cdot\text{ft}$$

(a) 축에 발생하는 최대 전단응력이 5000 psi일 경우, 중실 축 AD에 대하여 1/16 in. 단위로 가장 근접한 지름 d를 구하시오. (b) 안지름 $d_i = 1$ in.이고 축에 발생하는 최대 전단응력이 5000 psi일 경우, 튜브형 축 AD에 대하여 1/16 in. 단위로 가장 근접한 바깥지름 d_o를 구하시오.

문제 4.5-9. 그림 P4.5-9와 관련하여 다음 값들을 사용하시오.

$$G = 11 \times 10^6\ \text{psi},\quad L_1 = 10\ \text{in.},\quad L_2 = 15\ \text{in.},\quad L_3 = 20\ \text{in.},$$
$$T_A = 200\ \text{lb}\cdot\text{ft},\quad T_B = -350\ \text{lb}\cdot\text{ft},\quad T_C = -150\ \text{lb}\cdot\text{ft},$$
$$T_D = 300\ \text{lb}\cdot\text{ft}$$

AD가 지름 $d = 1.5$ in.의 중실 축인 경우, 라디안 단위로 A와

D 사이의 상대 비틀림각을 구하시오. 즉, $\phi_{D/A} \equiv \phi_D - \phi_A$

문제 4.5-10. 그림 P4.5-10의 강철축 AD는 $G = 80$ GPa이고, 단면 B와 D에 그림과 같이 비틀림 하중을 받고 있다. 지름 $d_1 = d_2 = 40$ mm이고, $d_3 = 30$ mm이다. (a) C에서 회전각이 0(즉, $\phi_C = 0$)이 되도록 하려면 D에 작용하는 토크 T_D는 얼마가 되어야 하는가? (b) 이 축에 (a)에서 구한 토크를 작용할 경우, 3개의 축 부재에서 발생하는 최대 전단응력을 각각 구하시오.

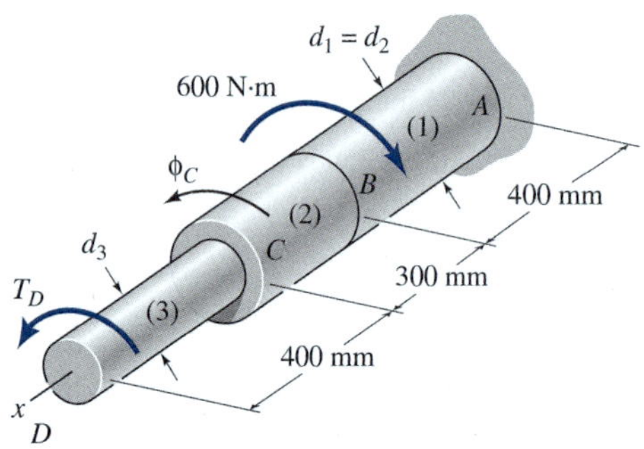

P4.5-10과 P4.5-14

문제 4.5-11. 배관공이 지름이 1 in.*이고 길이가 2 ft인 파이프 끝부분 A에 나사를 내고 있다. 이 파이프는 2 in.* 지름의 BC 파이프와 커플러(reducing coupler)로 B에서 연결되어 있으며, BC는 3 in.* 지름의 파이프 CD와 C에서 연결되어 있다. 강철 파이프의 전단계수 $G = 11.5 \times 10^3$ ksi이다. 커플러의 치수와 유연성은 무시한다. (a) 이들 결합체에서 발생하는 최대 전단응력을 구하시오. (b) 끝점 A에서 발생하는 회전각 ϕ_A를 구하시오. (c) 결합체의 비틀림강성 k_t를 구하시오. 즉, A에서 단위회전(즉, 1라디안 회전)을 하기 위해 적용되어야 하는 토크를 결정하시오. (*명시된 지름은 공칭 파이프 지름이다. 파이프의 단면 특성은 표 D.7을 참조하시오.)

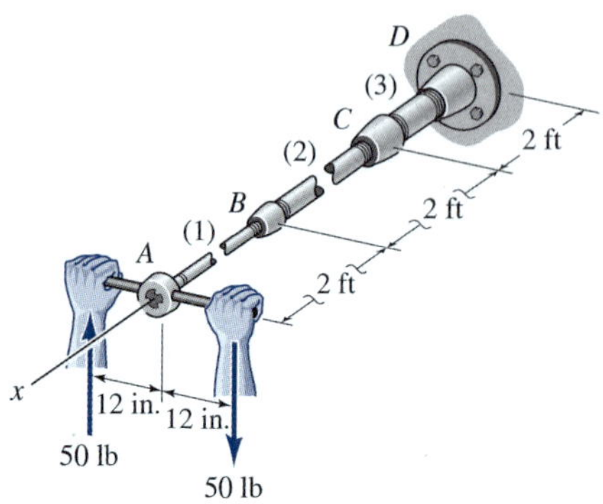

P4.5-11

문제 4.5-12. 그림 P4.5-1의 다단축 AC에 대한 비틀림강성 k_t를 구하시오.

문제 4.5-13. 그림 P4.5-4의 축 AC에 대한 비틀림강성 k_t를 구하시오.

문제 4.5-14. 그림 P4.5-10의 축 AD에 대한 비틀림강성 k_t를 구하시오.

설계**문제 4.5-15.** $G = 27$ GPa의 알루미늄 축 AC는 그림 P4.5-15에서 보는 바와 같이 B와 C에서 외부토크를 받는다. 축의 바깥지름 $d_1 = d_2 = 50$ mm이다. 축에서 발생하는 최대 전단응력이 허용 전단응력 $\tau_{allow} = 35$ MPa을 초과해서는 안 되고, 총 비틀림각이 허용 비틀림각 $\phi_{allow} = 0.08$ rad을 초과해서는 안 된다는 조건으로 부재 (2)의 안지름 d_{i2}를 결정하려고 한다. 이들 두 가지 조건을 만족하는 값에 가장 가까운 d_{i2}는 짝수의 mm 단위로 얼마인가?

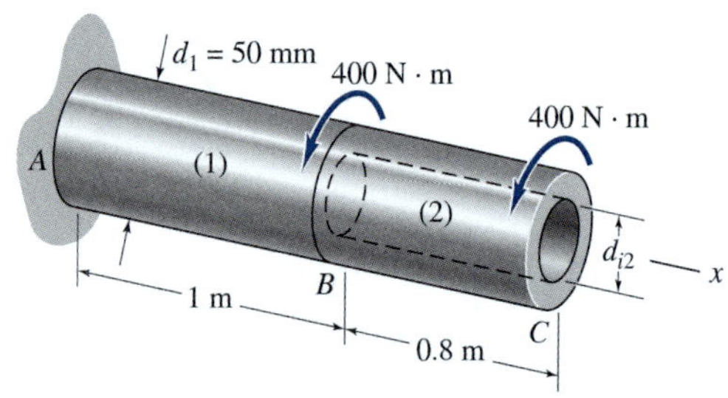

P4.5-15

설계**문제 4.5-16.** 그림 P4.5-16에 있는 $G = 3.8 \times 10^3$ ksi의 알루미늄합금 축 AD는 40 in. 길이의 튜브형 축 AC와 30 in. 길이의 중실 축 CD로 구성되어 있다. 지름 $(d_o)_1 = (d_o)_2 = d_3 =$ 2.0 in.이고, $(d_i)_1 = (d_i)_2 = 1.75$ in.이다. 2 kip·in.의 토크가 단면 B에 작용한다. A에서의 회전각이 $(\phi_A)_{allow} = 0.10$ rad을 초과하지 않고, 전단응력의 크기가 축의 어느 곳에서나 τ_{allow}

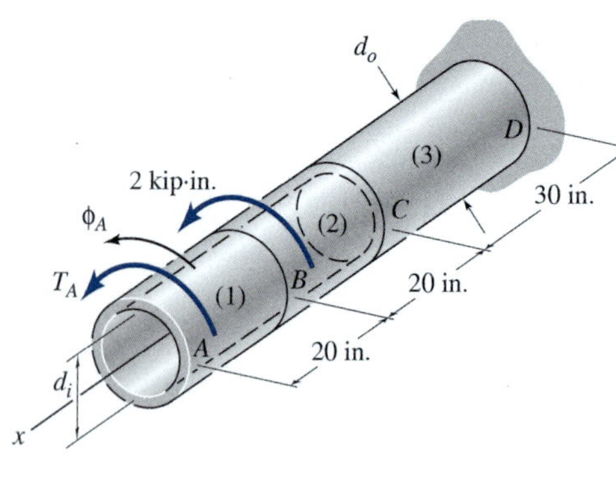

P4.5-16

$= 4$ ksi를 초과하지 않는다는 조건으로 끝단 A에 가할 수 있는 허용 토크 $T_A \geq 0$는 얼마가 되는가?

■ 부정정 비틀림 조합: 기본하중법 **MDS 4.8**

문제 4.6-1. $G = 12 \times 10^6$ psi의 다단형 강철 축 AC는 그림 P4.6-1과 같이 끝단 A와 C가 단단한 벽에 고정되었고, B에서 외부토크 T_B를 받는다. (a) 부재 AB와 BC에서 발생하는 내부토크 T_1과 T_2를 각각 구하시오. (b) 각 부재에서 발생하는 최대 전단응력을 구하시오. (c) B에서 발생하는 회전각 ϕ_B를 구하시오.

$T_B = 4000$ lb·in., $d_1 = 1.0$ in., $L_1 = 8.0$ in., $d_2 = 1.5$ in., $L_2 = 16.0$ in.

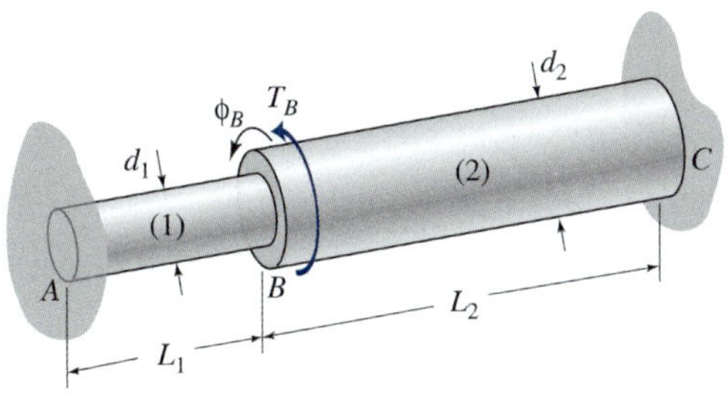

P4.6-1, P4.6-2, P4.6-3, P4.7-1

문제 4.6-2. $G = 26$ GPa의 다단형 알루미늄합금 축 AC는 그림 P4.6-2와 같이 끝단 A와 C는 벽에 고정되었고, B에서 외부토크 T_B를 받는다. (a) 부재 AB와 BC에서 발생하는 내부토크 T_1과 T_2를 각각 구하시오. (b) 각 부재에서 발생하는 최대 전단응력을 구하시오. (c) B에서 발생하는 회전각 ϕ_B를 구하시오.

$T_B = 500$ N·m, $d_1 = 25$ mm, $L_1 = 150$ mm, $d_2 = 40$ mm, $L_2 = 200$ mm

문제 4.6-3. 전체 길이 $L = L_1 + L_2$인 중실 원형축 AC는 그림 P4.6-3에서 보는 바와 같이 끝단 A와 C는 회전에 대해 고정되었고, 연결부 B에 토크 T_B가 가해진다. 축의 두 부재에 대한 지름비가 d_2/d_1로 주어진 경우, 두 부재의 최대 전단응력이 $(\tau_{max})_1 = (\tau_{max})_2$와 같아지려면 길이비 L_2/L_1를 어떻게 해야 하는가? d_2/d_1의 항으로 L_2/L_1를 나타내시오.

문제 4.6-4. 그림 P4.6-4에서 보는 바와 같이, 길이 $L = L_1 + L_2$의 조합축은 같은 지름 d를 갖는 두 부재를 B에서 연결하여 만들었다. 축의 AB 부재와 BC 부재의 전단계수는 각각 G_1과 G_2이다. 끝단 A와 C는 회전에 대해 고정되었고, 연결부 B에 외부토크 T_B가 가해진다. (a) 부재 AB와 BC의 내부토크인 T_1과 T_2에 대한 식을 각각 구하시오. (b) 각 부재에서 발생하는 최대 전단응력을 구하시오. (c) 축의 결합부 B에서 발생하는 회전각 ϕ_B를 구하시오.

외부토크 T_B 및 조합축의 물리적 파라미터인 d, G_1, G_2, L_1 및 L_2로 모든 답을 표현하시오.

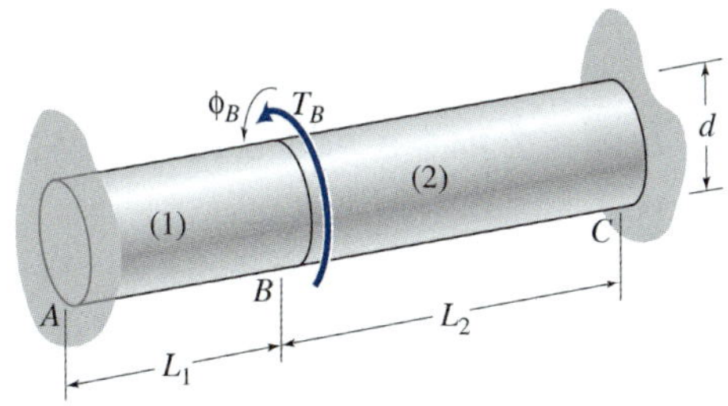

P4.6-4와 P4.7-3

문제 4.6-5. 바깥지름과 안지름이 각각 $d_o = 75$ mm, $d_i = 50$ mm인 두 중공부재를 B에서 연결한 조합축을 그림 P4.6-5과 같다. 알루미늄합금 부재 AB는 전단탄성계수 $G_1 = 27$ GPa, 길이 $L_1 = 0.8$ m이며, 티타늄 부재 BC는 전단탄성계수 $G_2 = 43$ GPa, 길이 $L_2 = 1.0$ m이다. 끝단 A와 C는 회전에 대해 고정되었고, 연결부 B에 외부토크 $T_B = 10$ kN·m가 가해진다. (a) 부재 AB와 BC의 내부토크인 T_1과 T_2를 각각 구하시오. (b) 각 부재에서 발생하는 최대 전단응력을 구하시오. (c) 마지막으로 축에서 발생하는 최대 인장응력을 결정하시오. (힌트: 4.4절을 참조)

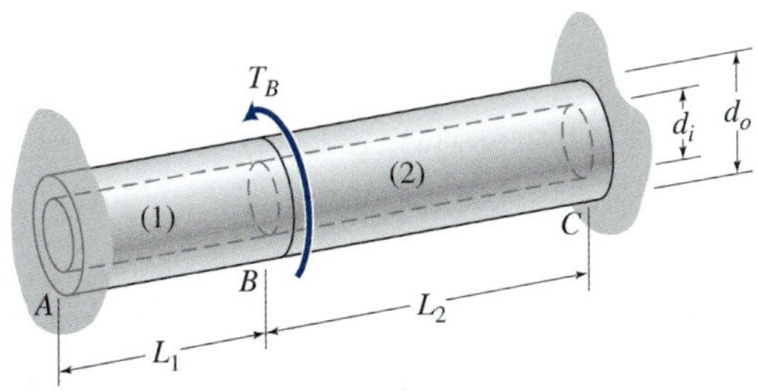

P4.6-5

문제 4.6-6. 그림 P4.6-6에 나타낸 길이 $L = 6$ ft의 조합축은 알루미늄합금 코어(부재 2) 위에 티타늄합금 슬리브(부재 1)를 수축끼워맞춤 방식으로 제작되었다. 이 조합축은 B에서 회전에 대해 고정되었고, A에 토크 $T_A = 20$ kip·in.가 가해진다. (a) 티타늄 슬리브와 알루미늄 코어에서 발생하는 최대 전단응력 $(\tau_{max})_1$과 $(\tau_{max})_2$를 각각 구하시오. (b) A에서의 회전각 ϕ_A를 구하시오.

$G_1 = 6 \times 10^3\,\text{ksi}$, $G_2 = 4 \times 10^3\,\text{ksi}$, $(d_o)_1 = 2.25\,\text{in.}$, $(d_i)_1 = d_2 = 2.0\,\text{in.}$

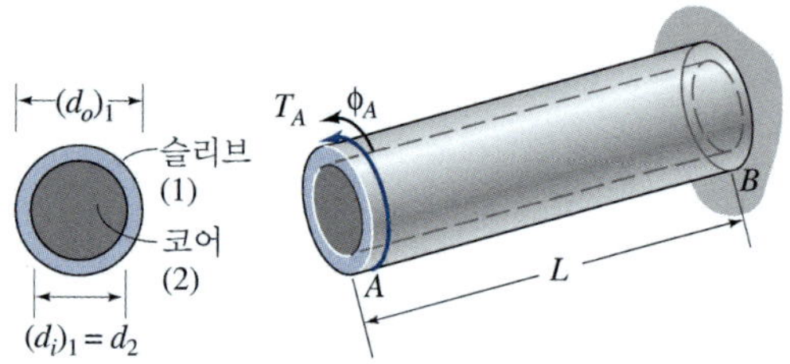

P4.6-6, P4.6-7, P4.6-8, P4.6-9, P4.7-4, P4.7-5

문제 4.6-7. $d_2 = 2.0\,\text{in.}$의 중실 코어를 사용하는 대신 내부부재의 바깥지름 $d_2 = 2.0\,\text{in.}$, 안지름 $(d_i)_2 = 1.0\,\text{in.}$의 튜브형 축으로 대체하는 경우에 대하여 문제 4.6-6을 다시 풀이하시오.

문제 4.6-8. 그림 P4.6-8에서 보는 바와 같이 길이 L인 조합 축은 슬리브(부재 1)를 중실 코어(부재 2)에 수축끼워맞춤(shrink-fitting) 방식으로 결합하여 만든다. 끝단 B가 회전에 대해 고정된 상태에서 비틀림 하중 T_A가 A에 적용된다. $G_2 > G_1$라 하고 전단계수 비 G_2/G_1의 항으로 답을 나타내시오. (a) 슬리브와 코어가 토크 T_A를 동일하게 나누어 받는 경우에 지름비 $(d_o/d_i)_1$에 대한 수식을 결정하시오. (b) 슬리브와 코어에서 발생하는 최대 전단응력 $(\tau_{max})_1$과 $(\tau_{max})_2$가 같은 경우에 지름비 $(d_o/d_i)_1$에 대한 수식을 결정하시오.

설계문제 4.6-9. $G_1 = 39\,\text{GPa}$의 황동 슬리브를 $G_2 = 26\,\text{GPa}$의 알루미늄합금 코어에 수축끼워맞춤 방식으로 결합한 조합 축이 그림 P4.6-9에서 보는 바와 같이 토크 T_A를 받고 있다. 알루미늄 코어의 지름은 50 mm이다. 끝단 A에 토크 T_A를 받을 때, 조합 축의 비틀림각을 알루미늄코어 단독의 비틀림각의 절반으로 줄이기 위해 황동 슬리브에 필요한 두께는 얼마인가?

문제 4.6-10. 지름 $d_1 = 1.0\,\text{in.}$의 중실 알루미늄합금 봉이 안지름 $d_{2i} = 1.5\,\text{in.}$ 및 바깥지름 $d_{2o} = 1.75\,\text{in.}$인 동심원 황동 튜브로 둘러싸여 있으며, 두 부재 모두 A에서 벽에 고정되고 끝단 B에서 강체 평판에 부착되어 있다. 봉과 튜브는 길이 $L = 20\,\text{in.}$의 조합 비틀림부재를 형성한다. 전단계수는 각각 $G_1 = 4.0 \times 10^3\,\text{ksi}$와 $G_2 = 5.6 \times 10^3\,\text{ksi}$이다. B에 있는 강체평판에 $T_B = 2500\,\text{lb·in.}$의 토크가 가해진다. (a) 봉과 튜브에서 발생하는 내부토크 T_1과 T_2를 구하시오. (b) 봉과 튜브에서 발생하는 최대 전단응력 τ_1과 τ_2를 구하시오. (c) B에서의 회전각 ϕ_B를 라디안 단위로 구하시오. (d) 조합 비틀림부재의 비틀림강성 k_t를 결정하시오.

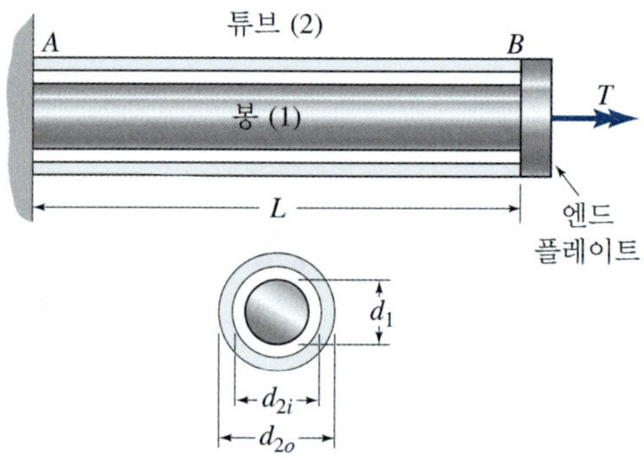

P4.6-10과 P4.6-11

문제 4.6-11. 봉과 튜브가 전단계수 $G_1 = G_2 = 11.0 \times 10^3\,\text{ksi}$를 갖는 강재일 때, 문제 4.6-10의 네 가지 문제를 모두 다시 푸시오.

문제 4.6-12. P4.6-12에 있는 $G = 26\,\text{GPa}$의 알루미늄합금 축 AC는 400 mm 길이의 튜브형 축 AB와 800 mm 길이의 중실 축 BC로 되어 있다. 이 축은 A와 C에서 벽에 단단히 고정되어 있고, B에서 10 kN·m의 외부토크를 받는다. 지름 $(d_o)_1 = d_2 = 60\,\text{mm}$이고, $(d_i)_1 = 30\,\text{mm}$이다. (a) 두 부재에서 발생하는 내부토크 T_1과 T_2를 구하시오. (b) 각 부재에서 발생하는 최대 전단응력을 구하시오. (c) 결합부 B에서의 회전각 ϕ_B를 구하시오.

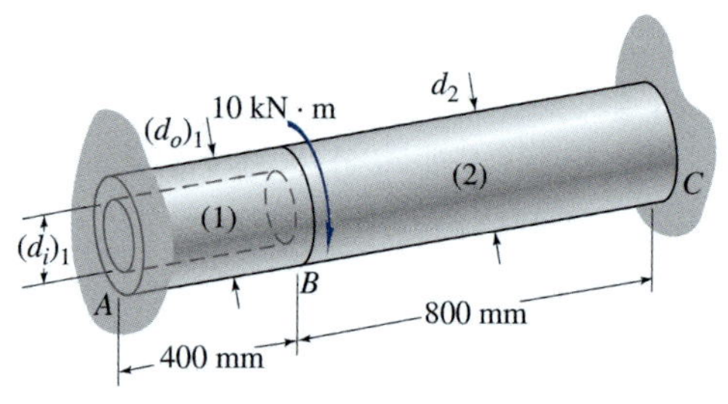

P4.6-12와 P4.7-2

문제 4.6-13. 그림 P4.6-13에 있는 1 in.의 일정한 지름을 가진 강재 축($G = 12 \times 10^6\,\text{psi}$)은 마찰 없는 베어링으로 지지가 되며, 기어 B에서 기어 A와 C로 토크를 전달한다. (a) 기어 A

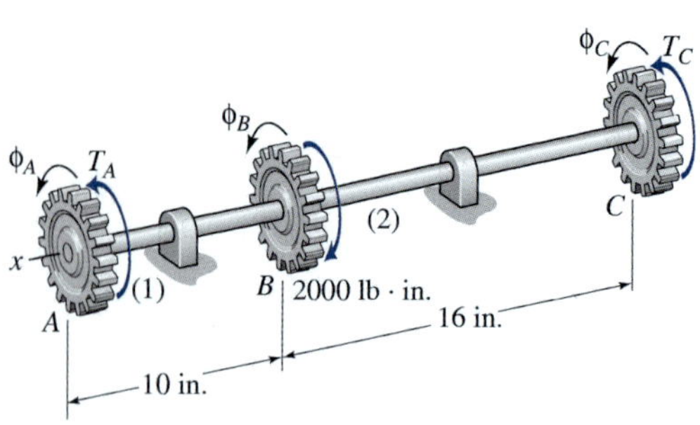

P4.6-13

와 C 사이의 상대 회전각 $\phi_{A/C} \equiv \phi_A - \phi_C = 0$인 경우, 축의 두 부재 각각의 최대 전단응력을 구하시오. (b) 기어 A와 C 사이의 상대 회전각 $\phi_{A/C} \equiv \phi_A - \phi_C = 0.01\ \text{rad}$인 경우, 축의 두 부재 각각의 최대 전단응력을 구하시오.

문제 4.6-14. 그림 P4.6-14에 있는 $G = 3.8 \times 10^3\ \text{ksi}$의 알루미늄합금 축 AD는 40 in. 길이의 튜브부재 AC와 30 in. 길이의 중실부재 CD로 되어 있으며, 양끝단 A와 D는 회전하지 못하도록 구속되어 있다. 그림과 같이 각 지름 $(d_o)_1 = (d_o)_2 = d_3 = 2.5\ \text{in.}$이고, $(d_i)_1 = (d_i)_2 = 2.0\ \text{in.}$인 축이 단면 B와 C에서 비틀림 하중을 받는다. (a) 양 끝점 A와 D에서의 반발토크를 구하시오. (b) 축에서 발생하는 최대 전단응력을 구하시오. (c) 단면 C에서의 회전각 ϕ_C를 구하시오.

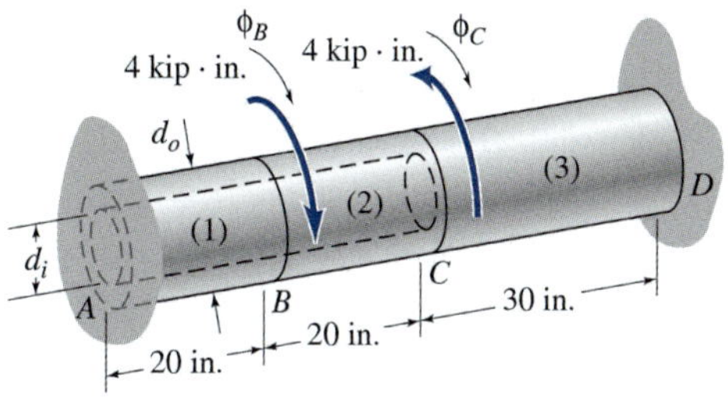

P4.6-14와 P4.7-11

문제 4.6-15. A와 D에서 고정된 일정한 모양의 축이 그림 P4.6-15에서 보는 바와 같이 T_0와 $2T_0$ 크기의 외부토크를 받고 있다. 이 축의 지름은 d이고, 전단계수는 G이다. (a) 각 부재에서 발생하는 최대 전단응력 $(\tau_{max})_1$, $(\tau_{max})_2$, 및 $(\tau_{max})_3$를 구하시오. (b) B에서의 회전각 ϕ_B를 구하시오.

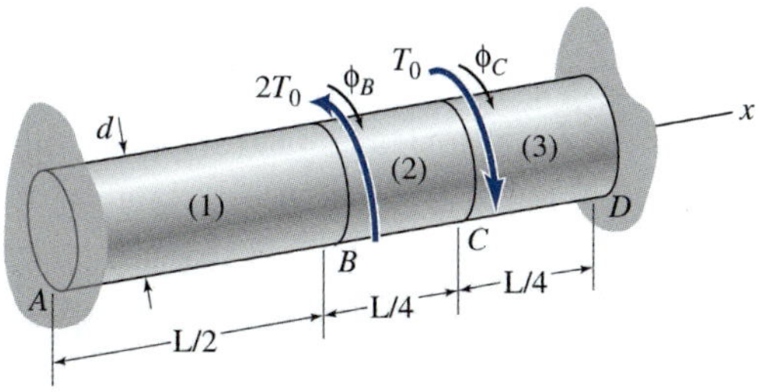

P4.6-15와 P4.7-10

■ 부정정 비틀림 조합: 초기응력

***문제 4.6-16.** 그림 P4.6-16에 있는 일정한 모양의 알루미늄합금축은 끝점 A에서 단단한 벽에 부착되어 있고, 끝점 C에서 강체 플랜지에 용접되어 있다. (a) 플랜지의 볼트체결용 구멍들은 벽 판재에 있는 탭 구멍들에 맞추어지기로 되어 있었지만, 실제로는 플랜지의 구멍을 벽 판재의 구멍에 완전히 맞추려면 초기 외부토크 $(T_B)_i$를 적용해야 한다. 플랜지와 벽 판재가 처음에 어긋난 각은 각도 단위로 몇 도인가? (b) 초기토크 $(T_B)_i$로 구멍을 정렬한 후 볼트를 C에 삽입하여 단단히 조인다. 이어서 외부토크 $(T_B)_f$를 B에 적용한다. 부재 AB와 BC에서 발생하는 최대 전단응력 $(\tau_{max})_1$과 $(\tau_{max})_2$을 각각 구하시오.

$$G = 3.8 \times 10^3\ \text{ksi},\quad d = 1.5\ \text{in.},\quad L_1 = 60\ \text{in.},\quad L_2 = 40\ \text{in.},$$
$$(T_B)_i = 820\ \text{lb} \cdot \text{in.},\quad (T_B)_f = 7500\ \text{lb} \cdot \text{in.}$$

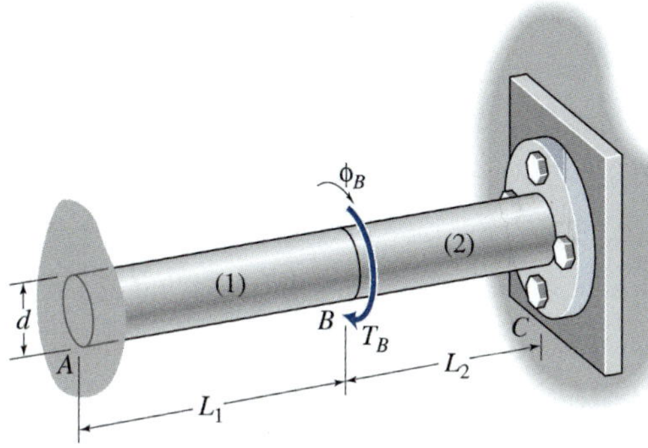

P4.6-16, P4.6-17, P4.7-7, P4.7-8

설계문제 4.6-17. 그림 P4.6-17에 있는 일정한 모양의 알루미늄합금 축은 끝점 A에서 단단한 벽에 부착되어 있고, 끝점 C에서 강체 플랜지에 용접되어 있다. (a) 플랜지의 볼트체결용 구멍들은 벽 판재에 있는 탭 구멍들에 맞추어지기로 되어 있었지만, 실제로는 플랜지의 구멍을 벽 판재의 구멍과 완벽하게 정렬하기 위해 초기 외부토크 $(T_B)_i$를 적용하여 C를 $\phi_C = 5°$의 각도만큼 돌려야 한다. (a) 초기토크 $(T_B)_i$는 $\text{kN} \cdot \text{m}$ 단위로 얼마가 필요한가? (b) 초기토크 $(T_B)_i$로 구멍을 정렬한 후 볼트를 C에 삽입하여 단단히 조인다. 이어서 외부토크 $(T_B)_f$를 B에 적용한다. 축의 최대 허용 전단응력이 $\tau_{allow} = 120\ \text{MPa}$인 경우, 적용할 수 있는 최대 토크 $(T_B)_f$를 결정하시오.

$$G = 26\ \text{GPa},\quad d = 50\ \text{mm},\quad L_1 = 2\ \text{m},\quad L_2 = 1\ \text{m}$$

■ 부정정 비틀림 조합: 변위법 MDS 4.9

문제 4.7-1. $G = 12 \times 10^6\ \text{psi}$의 다단형 강철 축 AC는 그림 P4.7-1과 같이 끝단 A와 C는 단단한 벽에 고정되었고, B에 외부토크 T_B를 받는다. (문제 4.6-1을 참조) (a) 변위법을 사용하여 축의 연결부 B에서의 회전각 ϕ_B를 구하시오. (b) 부재 AB와 BC에서 발생하는 내부토크 T_1과 T_2를 각각 구하시오. (c) 각 부재에서 발생하는 최대 전단응력을 구하시오.

$$T_B = 4000\ \text{lb} \cdot \text{in.},\quad d_1 = 1.0\ \text{in.},\quad L_1 = 10.0\ \text{in.},\quad d_2 = 2.0\ \text{in.},$$
$$L_2 = 20.0\ \text{in.}$$

문제 4.7-2. 그림 P4.7-2에 있는 $G = 26$ GPa의 알루미늄합금 축 AC는 400 mm 길이의 튜브형 축 AB와 800 mm 길이의 중실 축 BC로 되어 있다(문제 4.6-12를 참조). 이 축은 A와 C에서 단단한 벽에 고정되어 있고, B에서 10 kN·m의 외부토크를 받는다. 지름 $(d_o)_1 = d_2 = 60$ mm이고, $(d_i)_1 = 30$ mm이다. (a) 변위법을 사용하여 결합부 B에서의 회전각 ϕ_B를 구하시오. (b) 부재 AB와 BC에서 발생하는 내부토크 T_1과 T_2를 각각 구하시오. (c) 각 부재에서 발생하는 최대 전단응력을 구하시오.

문제 4.7-3. 그림 P4.7-3에서 보는 바와 같이, 길이 $L = L_1 + L_2$의 조합축은 같은 지름 d를 갖는 두 부재를 B에서 연결하여 만들었다(문제 4.6-4를 참조). 축의 AB 부재와 BC 부재의 전단계수는 각각 G_1과 G_2이다. 끝단 A와 C는 회전에 대해 고정되었고, 연결부 B에 외부토크 T_B가 가해진다. (a) 변위법을 이용하여 축의 결합부 B에서 발생하는 회전각 ϕ_B를 구하시오. (b) 부재 AB와 BC의 내부토크인 T_1과 T_2를 각각 구하시오. (c) 각 부재에서 발생하는 최대 전단응력을 구하시오.

외부토크 T_B 및 조합축의 물리적 파라미터인 d, G_1, G_2, L_1 및 L_2로 모든 답을 표현하시오.

문제 4.7-4. 그림 P4.7-4에 나타낸 길이 $L = 6$ ft의 조합 축은 알루미늄합금 코어(부재 2) 위에 티타늄 합금 슬리브(부재 1)를 수축끼워맞춤 방식으로 제작되었다(문제 4.6-6을 참조). 이 조합축은 B에서 회전에 대해 고정되어 있다. 전단계수는 각각 $G_1 = 6 \times 10^3$ ksi와 $G_2 = 4 \times 10^3$ ksi이고, 지름 $(d_o)_1 = 2.25$ in.이고, $(d_i)_1 = d_2 = 2.0$ in.이다. (a) 토크 $T_A = 20$ kip·in.가 작용할 때 A의 회전각 ϕ_A를 변위법을 사용하여 구하시오. (b) 티타늄 슬리브와 알루미늄 코어에서 발생하는 최대 전단응력 $(\tau_{max})_1$과 $(\tau_{max})_2$를 각각 구하시오.

설계문제 4.7-5. $G_1 = 39$ GPa의 황동 슬리브를 $G_2 = 26$ GPa의 알루미늄합금 코어에 수축끼워맞춤 방식으로 결합한 조합 축이 그림 P4.7-5에서 보는 바와 같이 토크 T_A를 받고 있다(문제 4.6-6을 참조). 알루미늄 코어의 지름은 50 mm이다. 끝단 A에 토크 T_A를 받을 때 조합 축의 비틀림각을 알루미늄 코어 단독에 대한 비틀림각의 절반으로 줄이기 위해 황동 슬리브에 필요한 두께를 변위법으로 결정하시오.

***문제 4.7-6.** 그림 P4.7-6에서 보는 바와 같이 조합 축 AC는 6 ft 길이의 알루미늄합금 봉의 BC 부분 위에 $L_3 = 4$ ft 길이의 티타늄 슬리브를 수축끼워맞춤 방식으로 결합하여 만들었다. 이것은 삼중 조합축으로 끝단 A와 B는 회전하지 못하도록 고정되어 있다. 전단계수는 각각 $G_1 = G_2 = 6 \times 10^3$ ksi, $G_3 = 4 \times 10^3$ ksi이며, 직경은 $d_1 = d_2 = (d_i)_3 = 2$ in., $(d_o)_3 = 2.5$ in.이다. (a) $T_B = 50$ kip·in.의 토크가 작용할 때 B에서의 회전각 ϕ_B를 변위법으로 구하시오. (b) 알루미늄 부분 AB, 알루미늄 코어 부분 BC, 티타늄 슬리브 BC에서 각각 발생하는 최대 전단응력 $(\tau_{max})_1$, $(\tau_{max})_2$, 및 $(\tau_{max})_3$을 구하시오.

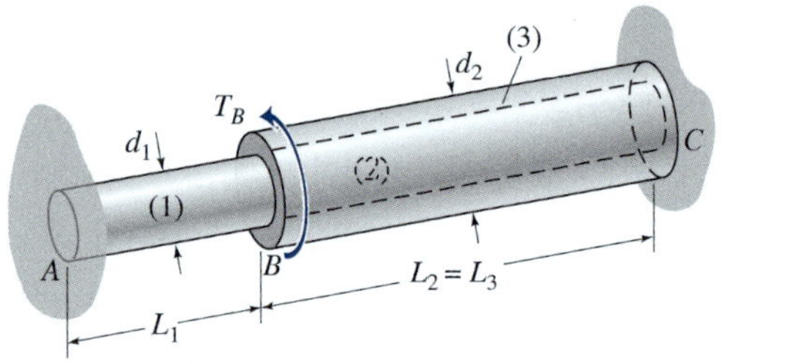

P4.7–6

■ 부정정 비틀림 조합: 초기응력 MDS 4.10

***문제 4.7-7.** 그림 P4.7-7에 있는 일정한 모양의 알루미늄합금 축은 끝점 A에서 단단한 벽에 부착되어 있고, 끝점 C에서 강체 플랜지에 용접되어 있다(문제 4.6-16을 참조). (a) 플랜지의 볼트체결용 구멍들은 벽 판재에 있는 탭 구멍들과 일치해야 하지만, 실제로는 플랜지의 구멍을 벽 판재의 구멍에 완전히 맞추려면 초기 외부토크 $(T_B)_i$를 적용해야 한다. 플랜지와 벽 판재가 처음에 어긋난 각은 도 단위로 몇 도인가? (b) 초기 토크 $(T_B)_i$로 구멍을 정렬한 후 볼트를 C에 삽입하여 단단히 조인다. 이어서 외부토크 $(T_B)_f$를 B에 적용한다. 부재 AB와 BC에서 발생하는 최대 전단응력 $(\tau_{max})_1$과 $(\tau_{max})_2$을 변위법을 이용하여 각각 구하시오.

$G = 3.8 \times 10^3$ ksi, $d = 1.5$ in., $L_1 = 60$ in., $L_2 = 40$ in., $(T_B)_i = 820$ lb·in., $(T_B)_f = 7500$ lb·in.

***문제 4.7-8.** 그림 P4.7-8에 있는 일정한 모양의 알루미늄합금 축은 끝점 A에서 단단한 벽에 부착되어 있고, 끝점 C에서 강체 플랜지에 용접되어 있다(문제 4.6-16을 참조). (a) 플랜지의 볼트체결용 구멍들은 벽 판재에 있는 탭 구멍들에 맞추어지기로 되어 있었지만, 실제로는 플랜지의 구멍을 벽 판재의 구멍과 완벽하게 정렬하기 위해 초기 외부토크 $(T_B)_i$를 적용하여 C를 $\phi_C = 5°$의 각도만큼 돌려야 한다. (a) 초기토크 $(T_B)_i$는 kN·m 단위로 얼마가 필요한가? (b) 초기토크 $(T_B)_i$로 구멍을 정렬한 후 볼트를 C에 삽입하여 단단히 조인다. 이어서 외부토크 $(T_B)_f$를 B에 적용한다. 축의 최대 허용 전단응력이 $\tau_{allow} = 120$ MPa인 경우 적용할 수 있는 최대 토크 $(T_B)_f$를 변위법을 이용하여 결정하시오.

$G = 26$ GPa, $d = 50$ mm, $L_1 = 2$ m, $L_2 = 1$ m

***문제 4.7-9.** 그림 P4.7-9에서 보는 바와 같이 두 축으로 구성된 기어장치에서 A에 토크 T_A가 작용하여 $\phi_A = 0.05$ rad의 회전각이 발생하였다. 축은 전단계수 $G = 80$ GPa의 강철로 만들어졌으며, 두 축의 지름 $d = 32$ mm이다. 축은 마찰 없는 베어링으로 지지가 되고, 축 CD의 끝단 D에서 고정되어 있다. (a) 변위법을 이용하여 기어 C와 B의 회전각을 구하시오. (b) 축 (1)과 (2)에서 발생하는 내부토크를 구하시오. (c) 이 이중 축 장치에서 발생하는 최대 전단응력을 구하시오.

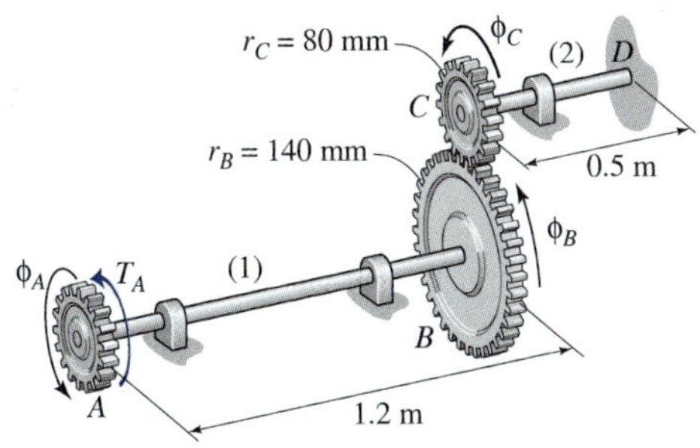

P4.7-9

문제 4.7-10. 그림 P4.7-10에서 보는 바와 같이 A와 D에서 고정된 일정한 모양의 축이 T_0와 $2T_0$ 크기의 외부토크를 받고 있다(문제 4.6-15를 참조). 이 축의 지름은 d이고, 전단계수는 G이다. (a) 변위법을 이용하여 B와 C에서의 회전각 ϕ_B와 ϕ_C를 구하시오. (b) 각 부분에서 발생하는 최대 전단응력 $(\tau_{max})_1$, $(\tau_{max})_2$, 및 $(\tau_{max})_3$를 구하시오.

모든 문제에 대하여 T_0, L, d, G의 항으로 답하시오.

***문제 4.7-11.** 그림 P4.7-11에 있는 $G = 3.8 \times 10^3$ ksi의 알루미늄합금 축 AD는 40 in. 길이의 튜브부분 AC와 30 in. 길이의 중실부분 CD로 되어 있으며, 양끝단 A와 D는 회전하지 못하도록 고정되어 있다(문제 4.6-14를 참조). 지름 $(d_o)_1 = (d_o)_2 = d_3 = 2.5$ in.이고, $(d_i)_1 = (d_i)_2 = 2.0$ in.인 축이 그림과 같이 단면 B와 C에서 비틀림 하중을 받는다. (a) 단면 B와 C에서의 회전각 ϕ_B와 ϕ_C를 변위법으로 구하시오. (b) 축에서 발생하는 최대 전단응력을 구하시오.

■ 동력전달 축 MDS 4.11–4.13

문제 4.8-1. 중실 터빈 축이 60 rpm으로 1000 hp을 전달한다. 축의 지름은 8 in.이고, 길이는 4 ft이며, 전단탄성계수 $G = 11.2 \times 10^3$ ksi이다. (a) 위의 운전조건에서 축에 발생하는 최대 전단응력은 얼마인가? (b) 축의 두 끝 사이에 비틀림각은 얼마인가?

문제 4.8-2. 지름 $d = 1.5$ in.의 중실 원형 축이 100 rpm의 각속도로 회전한다. 축이 $\tau_{allow} = 8$ ksi의 허용전단응력을 가진 강철로 만들었다면, 이 축으로 전달할 수 있는 최대 동력 P(hp)는 얼마인가?

문제 4.8-3. 허용전단응력 $\tau_{allow} = 100$ MPa의 중공 청동 축이 바깥지름 $d_o = 60$ mm와 안지름 $d_i = 50$ mm를 가지고 있다. 5 rev/s의 회전속도에서 전달할 수 있는 동력 P(kW)는 얼마인가?

문제 4.8-4. 중공 구동 축이 바위분쇄기에 5 rev/s의 회전속도로 150 kW의 동력을 전달한다. 이 축은 $d_o = 120$ mm의 바깥지름과 $d_i = 100$ mm의 안지름을 가지고 있으며, 전단탄성계수 $G = 80$ GPa이다. (a) 앞에서 언급한 운전조건에서 축에 발생되는 최대 전단응력은 얼마인가? (b) 만약 이 축이 3 m의 길이를 갖는다면 축의 비틀림각은 얼마인가?

문제 4.8-5. 그림 P4.8-5의 회전식 예초기(rotary mower)는 트랙터의 뒤쪽에 부착되며, 트랙터의 동력인출장치(power take off)를 예초기의 갑판 중앙에 있는 변속기에 연결하는 구동 축을 통해 동력을 전달받는다. 구동 축은 관 안전장치(tubular safety shield) 안에서 540 rpm으로 회전하며 예초기에 50 hp을 제공한다. 구동축의 바깥지름과 안지름이 각각 $d_o = 2.00$ in., $d_i = 1.657$ in.의 강철재 중공축이라면 앞서 언급한 작동조건에서 이 축에 발생하는 최대 전단응력은 얼마인가?

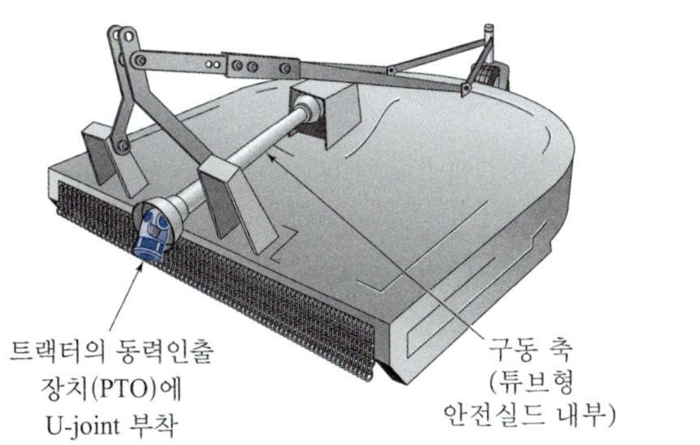

P4.8-5

설계문제 4.8-6. 바깥지름과 안지름이 각각 $d_o = 2.50$ in.와 $d_i = 2.25$ in.인 튜브형 축을 통해 동력을 전달한다. 축의 허용전단응력이 24 ksi이고, 200 kW의 동력을 전달하는 경우, 이 축이 회전할 수 있는 가장 느린 각속도는 몇 rpm인가?

설계문제 4.8-7. 축이 30 rev/sec의 회전속도에서 500 kW의 동력을 전달해야 한다. (a) 이 축은 허용전단응력 $\tau_{allow} = 50$ MPa이며, 청동으로 만든 중실 축이라면 요구되는 축의 지름은 얼마인가? 계산 결과에 가장 가까운 값을 1 mm 단위로 나타내시오. (b) 문제 (a)에서 결정한 지름을 갖는 청동 중실 축의 길이가

1 m라면 무게는 얼마가 되는가? 청동의 비중량은 80 kN/m^{3}이다. (c) 만약 튜브형 축이 $d_i/d_o = 0.6$의 안지름과 바깥지름의 비율을 가지면 같은 청동재료로 만들어진 튜브형 축에서 요구되는 바깥지름 d_o는 얼마인가? 계산 결과에 가장 가까운 값을 1 mm 단위로 나타내시오. (d) 이 튜브형 축의 길이 1 m의 무게와 문제 (b)에서 결정한 중실 축의 길이 1 m의 무게를 비교하시오.

설계문제 4.8-8. 2 m 길이의 중실 원형 구동 축이 헬리콥터의 터빈엔진으로부터 15 rev/s의 속도로 560 kW의 동력을 전달한다. 강재축의 전단계수 $G = 80$ GPa, 허용 전단응력 $\tau_{allow} =$ 60 MPa이고 축의 허용 비틀림각이 0.03 rad인 경우, 이 구동 축의 최소 허용 지름을 결정하시오.

설계문제 4.8-9. 그림 P4.8-9의 전기모터 A는 B의 풀리에서 벨트 구동을 통해 펌프에 동력을 공급한다. 모터와 풀리 사이에 있는 축은 1750 rpm의 회전속도로 2 hp의 동력을 풀리에 전달한다. 중실 축의 허용 전단응력이 $\tau_{allow} = 10$ ksi인 경우, 요구되는 지름은 얼마인가? 계산 결과에 가장 가까운 값을 1/16 in. 단위로 나타내시오.

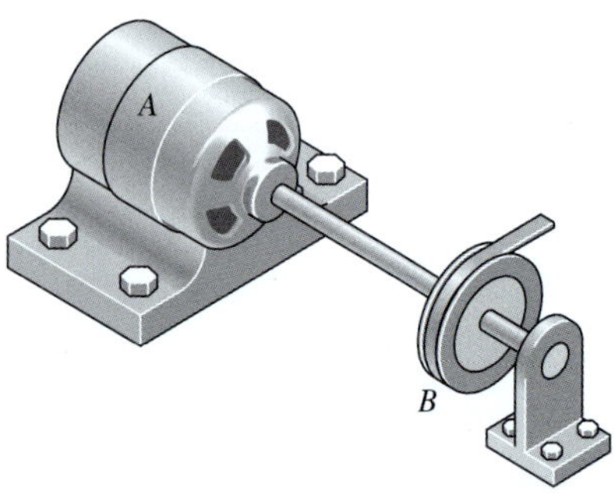

P4.8–9

설계문제 4.8-10. 선내 모터보트(inboard motor boat, 그림 P4.8-10)의 구동 축은 300 rpm으로 100 hp을 전달해야 한다. 축은 다음의 A부터 C까지의 세 그룹 중에서 선택해야 한다. A ($d_{oA} = 1.900$ in., $d_{iA} = 1.610$ in.), B($d_{oB} = 1.900$ in., $d_{iB} =$ 1.500 in.), C($d_{oC} = 1.900$ in., $d_{iC} = 1.202$ in.) $\tau_{allow} = 20$ ksi의 허용 전단응력 요건을 충족하는 가장 가벼운 축을 이들 그룹 중에서 선택하시오.

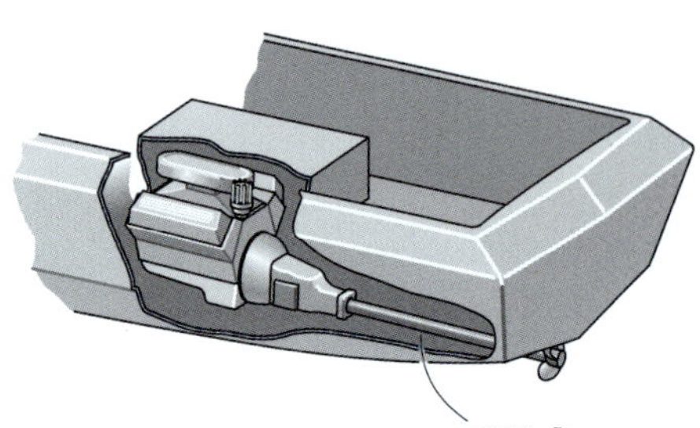

P4.8–10

설계문제 4.8-11. 바깥지름 $d_o = 50$ mm와 안지름 $d_i = 40$ mm를 갖는 튜브형 축이 7 kW의 동력을 생산하는 풍력터빈을 구동한다. (터빈의 효율을 100%로 가정한다.) 이 축을 허용전단응력 $\tau_{allow} = 50$ MPa인 강철로 만들었을 경우, 블레이드의 최저 회전속도 ω_{min}은 얼마인가?

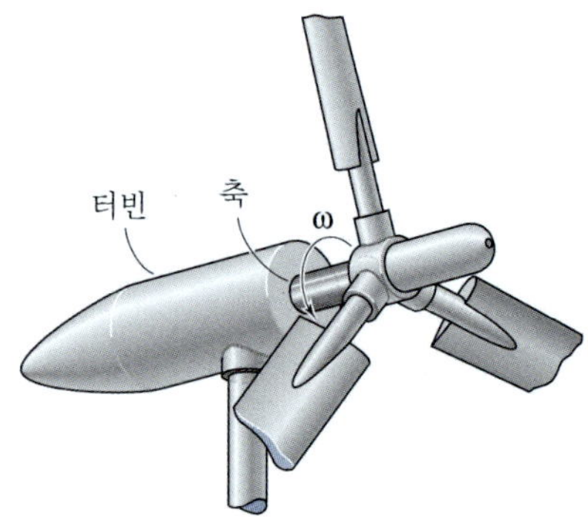

P4.8–11과 P9.4–12

설계문제 4.8-12. 원형 튜브형 축이 60 rev/s에서 120 kW의 동력을 전달하도록 설계되어야 한다. 허용 전단응력은 50 MPa이며, 축의 바깥지름과 안지름의 비율이 $d_o/d_i = 1.25$가 되도록 설계되어야 한다. 허용 가능한 최소 바깥지름을 계산하고, 이를 토대로 가장 가까운 축 지름을 1 mm 단위로 선정하시오.

설계문제 4.8-13. 길이가 20 in.인 원형 중실 구동 축이 오토바이의 변속기에서 후륜으로 4600 rpm의 회전속도로 60 hp의 동력을 전달한다. 이 축의 전단계수 $G = 11 \times 10^3$ ksi이고, 허용 전단응력 $\tau_{allow} = 10$ ksi이며, 허용 비틀림각이 0.04 rad일 경우, 이 구동 축의 최소 허용 지름을 계산하고, 결과에 가장 가까운 값을 1/16 in. 단위로 선정하시오.

문제 4.8-14. 그림 P4.8-14에 나타낸 중실 강철 축 AD는 기

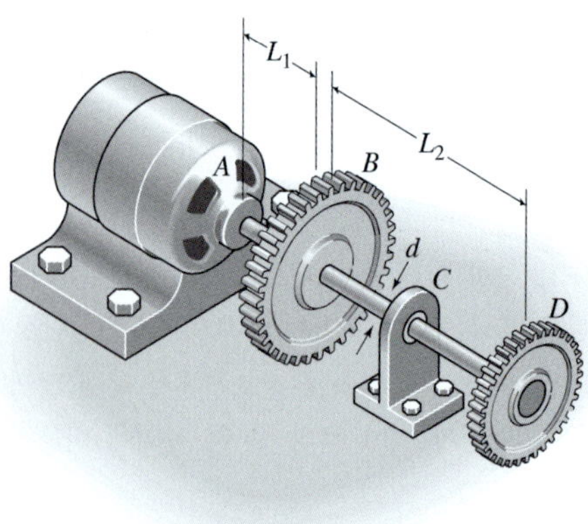

P4.8–14와 P4.8–15

어 B와 D에 각각 5.5 kW와 4.0 kW의 동력을 전달한다. 이 축의 지름은 7/8 in.이며, C에서 마찰 없는 베어링으로 지지가 되어 있고, 1725 rpm의 각속도로 회전한다. 모터 A와 기어 B 사이의 축에서 발생하는 최대 전단응력 $(\tau_{max})_1$과 두 기어 사이의 축 BD에서 발생하는 최대 전단응력 $(\tau_{max})_2$를 구하시오.

문제 4.8-15. 그림 P4.8-15에 나타낸 중실 강철 축 AD는 기어 B와 D에 각각 6 hp과 4.0 hp의 동력을 전달한다. 이 축은 C에서 마찰 없는 베어링으로 지지되어 있고, 1725 rpm의 각속도로 회전한다. (a) 축의 최대 허용 전단응력 $\tau_{allow} = 40$ MPa이라면 사용할 수 있는 축의 최소 지름은 얼마인가? τ_{allow}의 최솟값에 가장 가까운 1 mm 단위의 값으로 답하시오. (b) 문제 (a)에서 결정한 축 지름을 사용하여 두 기어 사이의 축 BD에서 발생하는 최대 전단응력 $(\tau_{max})_2$를 구하시오. (c) 두 기어 사이의 거리 $L_2 = 0.5$ m이고 강철 축의 전단계수 $G = 76$ GPa인 경우, 도(degree) 단위로 축의 회전각을 구하시오.

■ 닫힌 박판부재의 비틀림

문제 4.9−1~4.9−7. 그림 P4.9-1부터 P4.9-7까지의 박판 튜브단면에 대하여, (a) 단면에서의 최대 전단응력을 결정하고, (b) 비틀림상수 J의 값을 결정하시오.

문제 4.9−1. 위의 문제를 참조하고 $T = 500$ kip·in.를 사용하여 문제를 푸시오.

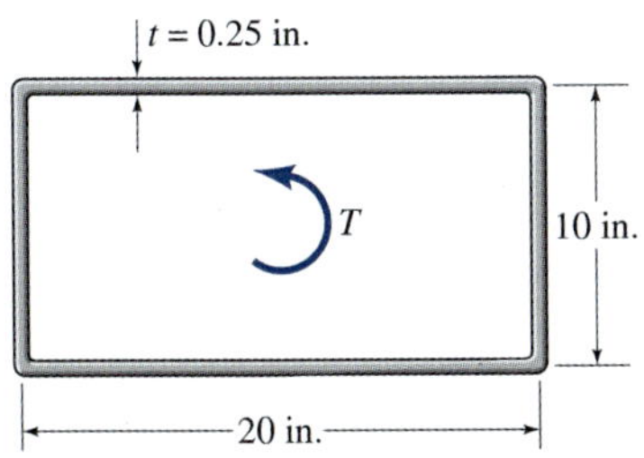

P4.9−1

문제 4.9−2. 문제 4.9-1의 설명을 참조하고 $T = 5$ kN·m를 사용하여 문제를 푸시오.

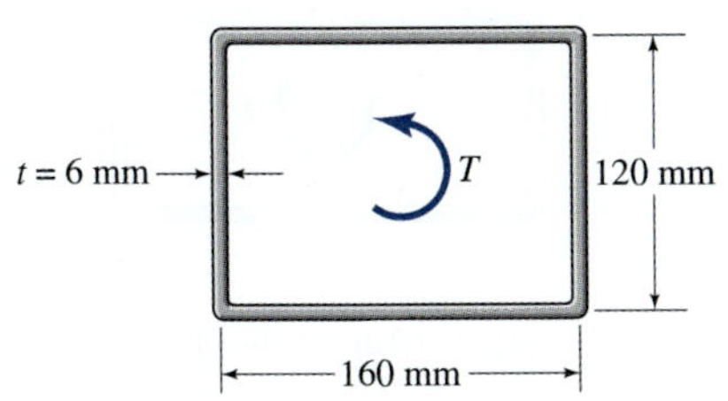

P4.9−2

문제 4.9−3. 문제 4.9-1의 설명을 참조하고 $T = 5$ kN·m를 사용하여 문제를 푸시오.

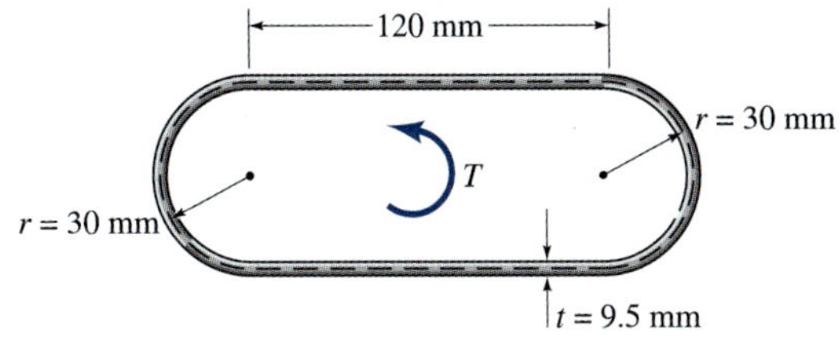

P4.9−3

문제 4.9−4. 문제 4.9-1의 설명을 참조하고 $T = 800$ kip·in.를 사용하여 문제를 푸시오.

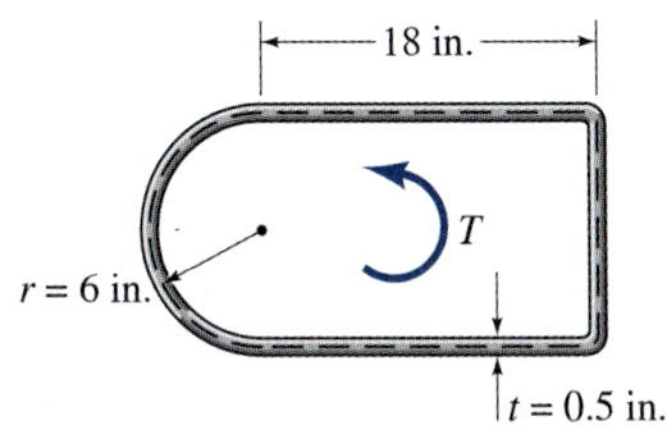

P4.9−4

문제 4.9−5. 문제 4.9-1의 설명을 참조하고 $T = 4$ kN·m, $a = 90$ mm, $b = 120$ mm, $c = 150$ mm, $t_1 = 3$ mm, 및 $t_2 = 5$ mm를 사용하여 문제를 푸시오.

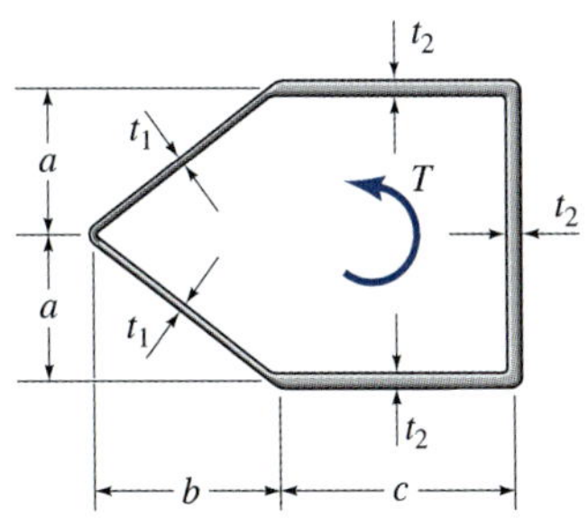

P4.9−5와 P4.9−6

문제 4.9−6. $T = 500$ kip·in., $a = 9$ in., $b = 12$ in., $c = 15$ in., $t_1 = 0.375$ in., 및 $t_2 = 0.625$ in.를 사용하여 문제 4.9-5를 푸시오.

문제 4.9−7. 그림 P4.9-7에 있는 단면의 "코(nose)"는 반타원형이다. 문제 4.9-1의 설명을 참조하고 $T = 800$ N·m를 사용하여 문제를 푸시오.

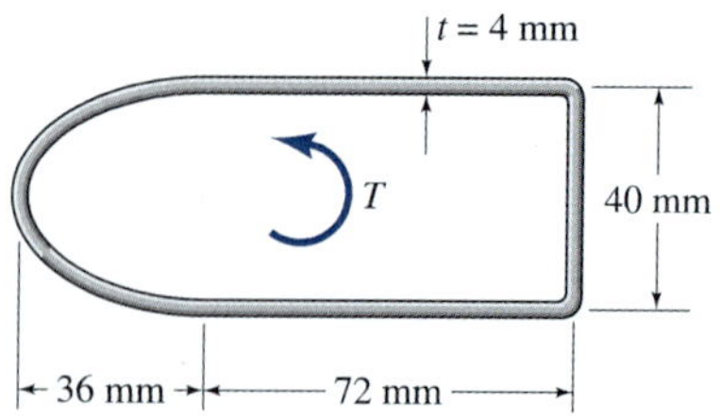

P4.9-7

설계문제 4.9-8. 다이아몬드형 비틀림부재가 그림 P4.9-8에 있는 치수를 가지며, $T = 75$ kip·in.의 토크를 받는다. 이 단면에서 최대 허용전단응력 $\tau_{\text{allow}} = 8$ ksi 라면 최소 벽두께는 얼마가 되는가? 1/16 in. 단위로 결과에 가장 가까운 값을 결정하시오.

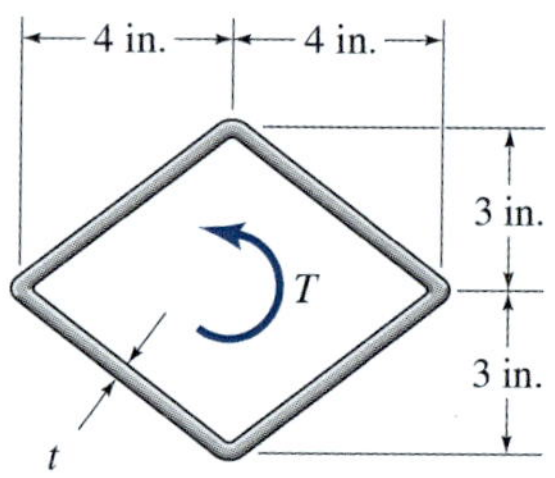

P4.9-8

문제 4.9-9. 토크를 받는 튜브가 그림 P4.9-9에서 보는 바와 같이 타원형 단면을 가지고 있다. 이 단면에서의 전단응력을 T, a, b, 및 t의 파라미터 항으로 나타내시오. (뒷표지 안쪽에 있는 단면의 기하학적 특성에 대한 표를 참조하시오.)

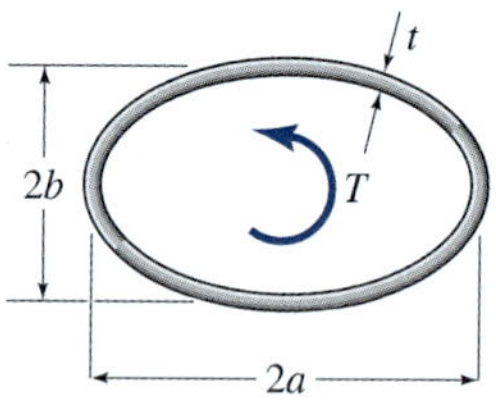

P4.9-9

문제 4.9-10. $d_i = 2.0$ in.의 안지름과 $t = 0.20$ in.의 벽두께를 갖는 튜브형 축이 $T = 5$ kip·in.의 토크를 받고 있다. (참고: 벽두께는 안지름의 1/10이므로 박판 비틀림 이론의 유효성 범위를 검토할 수 있다.) 튜브에서 발생하는 최대 전단응력을 (a) 원형 축의 비틀림에 대한 정확한 이론을 사용하여 결정하고, (b) 이번 절에서 학습한 (근사) 박판 비틀림 이론을 사용하여 결정하시오.

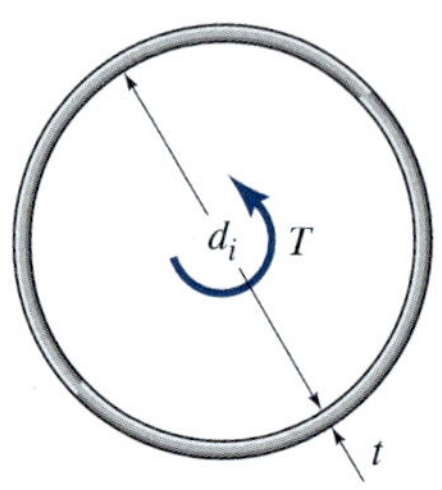

P4.9-10과 P4.9-11

문제 4.9-11. 문제 4.9-10의 튜브형 축에 대하여 단위 길이당 비틀림각을 (a) 원형 축의 비틀림에 대한 정확한 이론을 사용하여 결정하고, (b) 이번 절에서 학습한 (근사) 박판 비틀림 이론을 사용하여 결정하시오. 이 문제에서 $T = 5$ kip·in., $G = 4 \times 10^3$ ksi 이다.

문제 4.9-12. 가로와 세로가 각각 4 in.인 정사각형 강철튜브가 $t = 0.25$ in.의 벽두께를 갖는다. 정사각 튜브($L_m = 16$ in.)의 비틀림 거동을 중앙곡선길이가 같은 원형단면 튜브의 비틀림 거동과 비교해야 한다. 박판 비틀림 이론을 사용하여, (a) 두 튜브에 각각 $T = 80$ kip·in.의 토크가 작용할 때, 전단응력비 τ_c/τ_s를 구하시오. 여기서 τ_c와 τ_s는 각각 원형 튜브와 정사각형 튜브에서 발생하는 최대 전단응력이다. (b) J_c/J_s를 구하시오. 여기서 J_c와 J_s는 각각 식 4.34의 비틀림강성 방정식에서 정의된 원형과 정사각형의 단면특성이다.

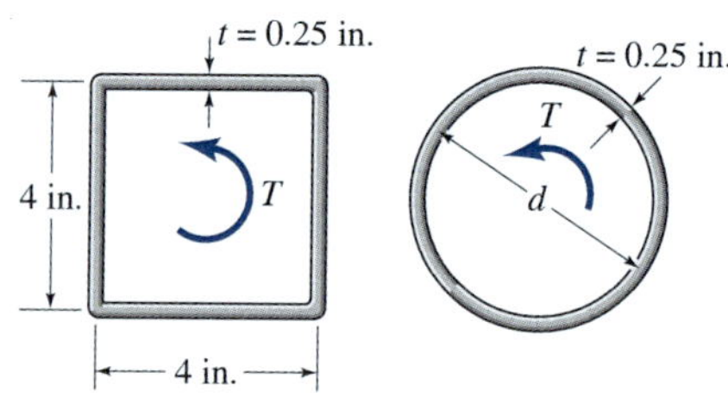

P4.9-12

***문제 4.9-13.** 그림 P4.9-13의 박판 튜브는 균일한 두께 t와 박판 중앙선 사이의 단면 치수 b와 h를 갖는다. 박판 중앙선을 이은 곡선길이 $L_m = 2b + 2h$와 두께 t는 일정하지만, $\alpha \equiv b/h$ $(b \geq h)$는 변한다고 하자. (a) 직사각형 튜브의 최대 전단응력을 비율 α의 항으로 나타내시오. (b) (a)의 결과로부터 튜브가 정사각형일 때(즉, $\alpha = 1$일 때) 최대 전단응력은 최소가 된다는 것을 보이시오.

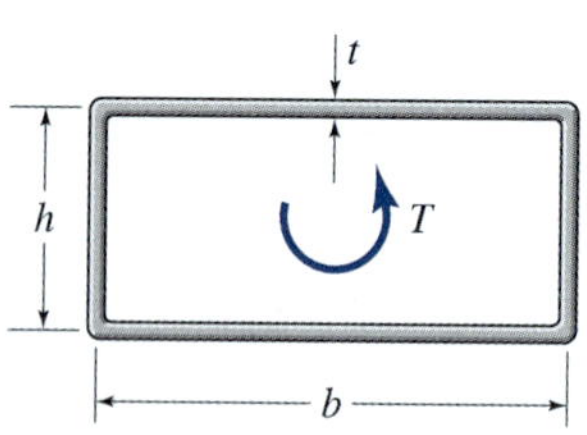

P4.9-13과 P4.9-14

***문제 4.9-14.** 최대 전단응력보다는 비틀림각을 고려하여 문

제 4.9-13을 반복하여 푸시오. 즉, (a) 직사각형 튜브의 비틀림각을 비율 α의 항으로 나타내고, (b) 정사각형 튜브의 단위 길이당 비틀림각이 가장 작다는 것을 보이시오.

■ 비원형 균일단면 봉의 비틀림

문제 4.10-1. 정사각형 단면을 가진 비틀림부재가 그림 P4.10-1에서와 같이 끝단에 토크를 받고 있다. $d = 1.0$ in., $L = 20$ in., $G = 11 \times 10^3$ ksi, 및 $T = 50$ lb·in.이다. (a) 축에서 발생하는 최대 전단응력을 결정하시오. (b) 축의 비틀림각을 결정하시오. (c) 최대 전단응력을 증가시키지 않고 이 정사각형 축과 같은 토크를 전달하는 원형축의 단면적을 결정하시오.

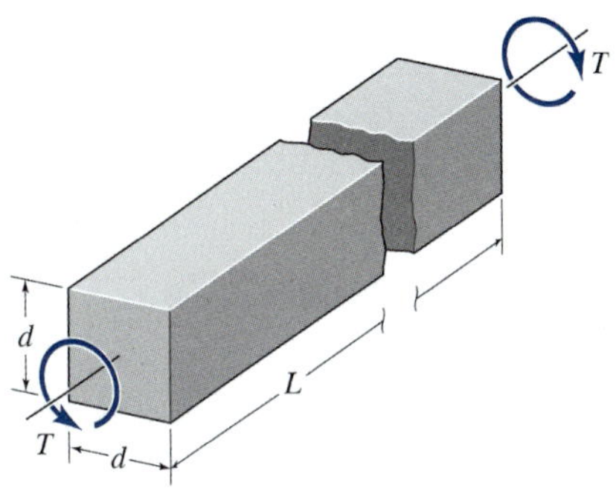

P4.10-1과 P4.10-2

문제 4.10-2. $d = 50$ mm, $L = 2$ m, $G = 80$ GPa, 및 $T = 500$ N·m를 사용하여 문제 4.10-1을 반복하여 풀이하시오.

문제 4.10-3. 직사각형 단면을 가진 중실 비틀림부재가 그림 P4.10-3에서와 같이 끝단에 토크 T를 받고 있다. 이 비틀림부재의 단면적은 5000 mm²이고, $T = 2$ kN·m, $L = 2.0$ m, 및 $G = 25$ GPa이다. (a) 폭/두께의 비 $d/t = 2.00$과 $d/t = 4.00$을 각각 갖는 비틀림부재에서 발생하는 최대 전단응력을 각각 구하시오. d와 t는 그림 P4.10-3에 표시되어 있다. (b) 이들 두 d/t의 비를 가지고 비틀림부재에 대한 비틀림각을 각각 결정하시오.

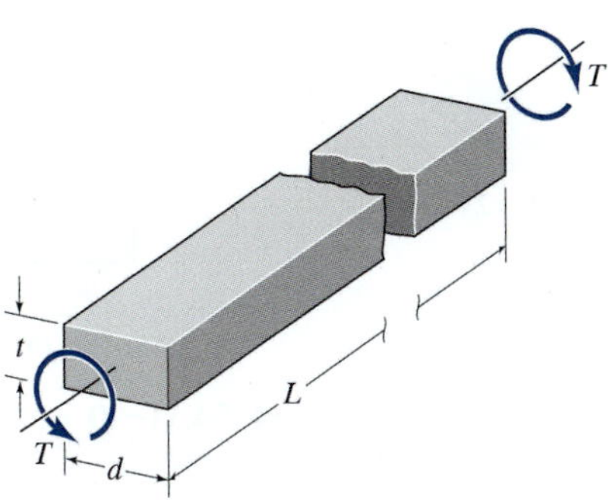

P4.10-3과 P4.10-4

설계문제 4.10-4. 직사각형 단면을 가진 중실 비틀림부재가 그림 P4.10-4에서와 같이 끝단에 토크 T를 받고 있다. 이 비틀림부재의 단면적은 4 in.²이고, $L = 8$ ft, $G = 11 \times 10^3$ ksi이다. 허용 전단응력 $\tau_{allow} = 6$ ksi라면 폭/두께의 비 $d/t = 2.00$과 $d/t = 4.00$을 각각 갖는 비틀림부재에 작용할 수 있는 최대 허용 토크는 각각 얼마인가? d와 t는 그림 P4.10-4에 표시되어 있다.

설계문제 4.10-5. 그림 P4.10-5에서 보는 바와 같이 타원형 단면을 가진 비틀림부재가 끝단에 토크를 받고 있다. $a = 1.0$ in., $b = 0.5$ in., $L = 24$ in., $G = 11 \times 10^3$ ksi, 및 $T = 3000$ lb·in.이다. (a) 축에 발생하는 최대 전단응력을 결정하시오. (b) 축의 비틀림각을 결정하시오. (c) 이 타원형 축의 단면적을 결정하시오. 타원형 축에 작용한 토크 T로 이 타원형 축과 같은 단면적의 원형축에 작용한다면 최대 전단응력이 몇 퍼센트 감소하는가?

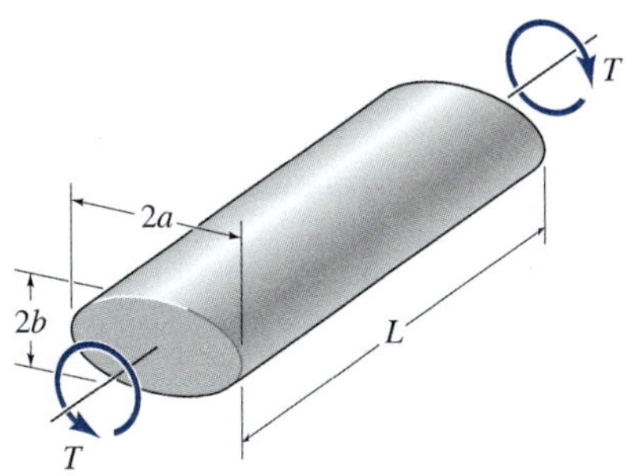

P4.10-5와 P4.10-6

설계문제 4.10-6. $a = 40$ mm, $b = 30$ mm, $L = 2$ m, $G = 80$ GPa, 및 $T = 2.5$ kN·m를 사용하여 문제 4.10-5를 다시 푸시오.

문제 4.10-7. (a) $(d/t)_{rect} = (a/b)_{ell} = 2$인 경우에, 타원형 단면의 최대 전단응력에 대한 직사각형 단면의 최대 전단응력의 비 $(\tau_{max})_{rect}/(\tau_{max})_{ell}$를 결정하시오. 이때 두 비틀림 봉은 같은 단면적을 가지고 있고, 같은 크기의 토크를 받고 있다. (b) 이들 두 비틀림 봉에 대하여 비틀림률의 비 $(\phi/L)_r/(\phi/L)_e$를 구하시오.

■ 열린 박판부재의 비틀림

문제 4.10-8~4.10-10. 앵글단면이나 채널단면과 같이 열린 박판 균일단면 부재의 비틀림은 식 4.35 및 4.36을 사용하여 분석할 수 있다. 이때, 예제 4.15에서와 같이 d의 치수를 파선의 중앙선 길이로 대체할 수 있다.

문제 4.10-8. 그림 P4.10-8에 나타낸 열린 박판 앵글단면의 봉에 대하여, (a) 비틀림으로 인한 최대 전단응력을 구하고, (b) 길이가 L일 때 이 봉의 비틀림각을 구하시오. $G = 11 \times 10^3$ ksi를 사용하시오. (이 단면의 d/t 비율에 대해 표 4.3에 주어진 값을 사용하여 α와 β를 추정해야 한다.)

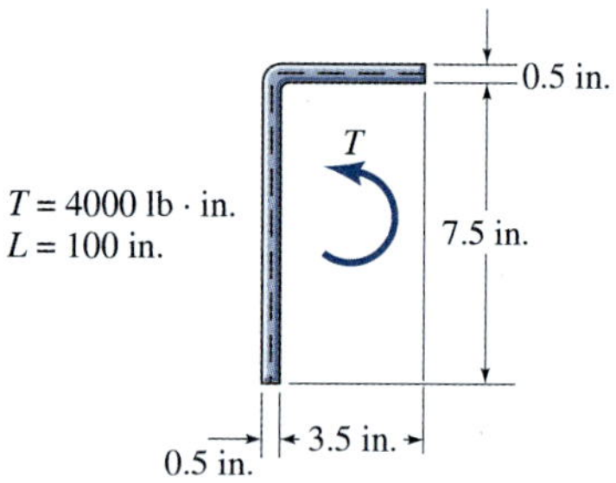

P4.10-8

문제 4.10-9. 그림 4.10-9에 나타낸 채널형 비틀림부재에 대하여 문제 4.10-8을 다시 풀이하시오. 이 문제에서 $G = 80$ GPa을 사용하시오.

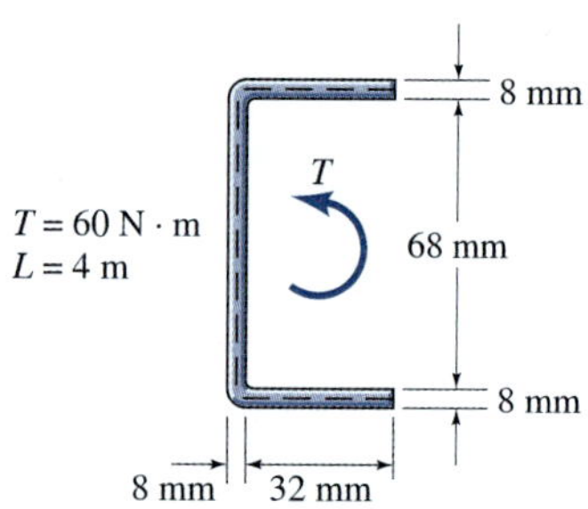

P4.10-9

문제 4.10-10. 안지름 $d_i = 2.0$ in.와 두께 $t = 0.125$ in.의 튜브형 축이 토크 $T = 5$ kip·in.를 받고 있다. 4.9절의 (근사) 박판보 비틀림 이론을 사용하여 닫힌 박판튜브에서의 최대 전단응력을 구하시오. (b) 그림 (a)의 닫힌 박판튜브형 축을 길이방향으로 자르면 그림 (b)의 열린 박판 비틀림부재가 된다. 이 비틀림부재에서 발생하는 최대 전단응력을 구하시오.

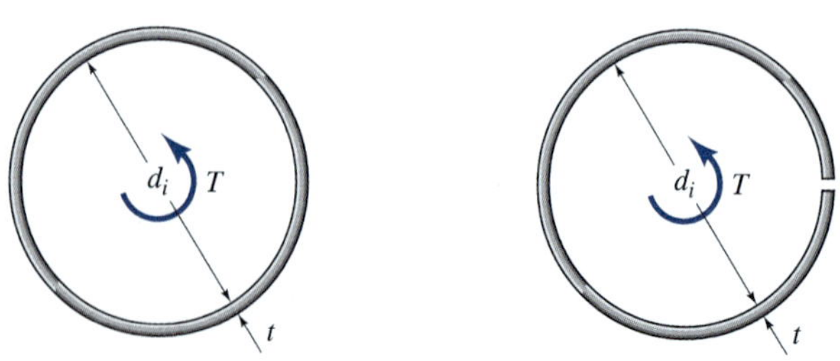

(a) (b)

P4.10-10

■ 원형 봉의 비탄성 비틀림

문제 4.11-1. 선형탄성 완전소성재료(linear elastic, perfectly plastic material)로 만든 지름 3 in.의 중실 원형 축이 중심으로부터 반지름 $r_Y = 0.5$ in.까지는 탄성변형, 나머지 부분은 소성변형을 일으키는 토크 T를 받고 있다. (a) 축에 전단응력분포를 그림으로 나타내시오. (b) 앞에서 제시한 부분적 소성응력분포를 산출하는데 필요한 토크를 결정하시오. (c) 길이가 4 ft일 때 이 축의 비틀림각을 결정하시오.

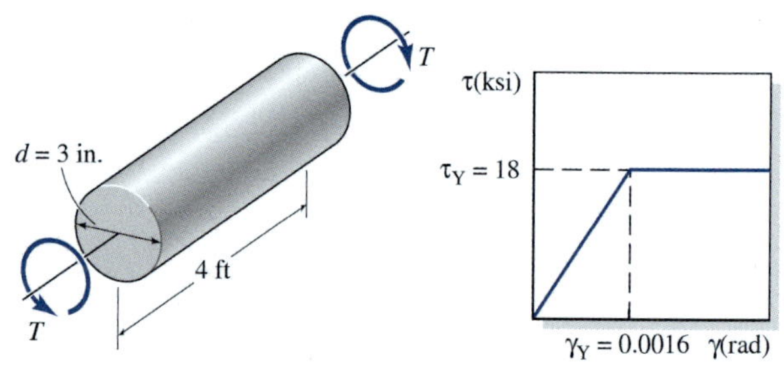

(a) (b)

P4.11-1과 P4.11-2

문제 4.11-2. 그림 P4.11-2에 있는 축에서, (a) 항복토크 T_Y의 크기를 결정하시오. (b) 토크 T의 값이 각각 T_Y, $1.1T_Y$, $1.2T_Y$, 및 $1.3T_Y$일 때의 비틀림각 ϕ를 구하시오. 토크범위 $0 \le T \le 1.3T_Y$에 대하여 토크-비틀림각 선도를 그리시오. (c) 이 축에 대한 완전소성토크 T_P를 결정하시오.

문제 4.11-3. 선형탄성 완전소성재료로 만든 지름 50 mm의 축이 토크 $T = 4$ kN·m를 받고 있다. (a) 이 토크가 부분적 소성응력분포를 산출한다는 것을 확인하시오. 즉, $T_Y \le 4\text{ kN}\cdot\text{m} \le T_P$임을 보이시오. (b) 4 kN·m의 토크로 생성되는 탄성부의 반지름 r_Y를 결정하시오. (c) 이 축의 길이가 2 m 일 때 축의 비틀림각을 결정하시오.

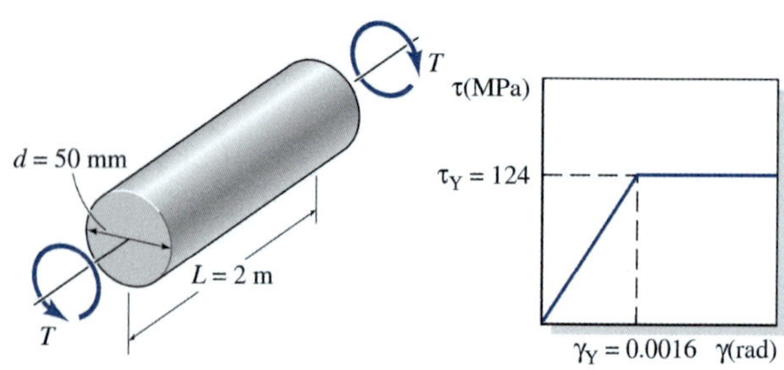

(a) (b)

P4.11-3, P4.11-4, P4.11-10

문제 4.11-4. 그림 P4.11-4에 대하여 (a) 항복토크 T_Y의 크기를 결정하시오. (b) 토크 T의 값이 각각 T_Y, $1.1T_Y$, $1.2T_Y$, 및

$1.3T_Y$일 때의 비틀림각 ϕ를 구하시오. 토크 범위 $0 \le T \le 1.3T_Y$에 대하여 토크-비틀림각 선도를 그리시오. (c) 이 축에 대한 완전소성토크 T_P를 결정하시오.

***문제 4.11-5.** 선형탄성 완전소성재료로 만든 튜브형 축이 전단계수 $G = 6 \times 10^3$ ksi와 항복응력 $\tau_Y = 4$ ksi를 가지고 있다. 이 축의 치수는 $d_o = 1$ in., $d_i = 0.6$ in., 및 $L = 30$ in.이다. (a) 이 축의 항복토크 T_Y와 완전소성 토크 T_P를 결정하시오. (b) $T = 1.1T_Y$일 때 이 축의 단면적 가운데 몇 퍼센트가 항복 되었는가? (c) 튜브형 축의 내부표면에서 항복이 발생하는 순간의 비틀림각을 결정하시오.

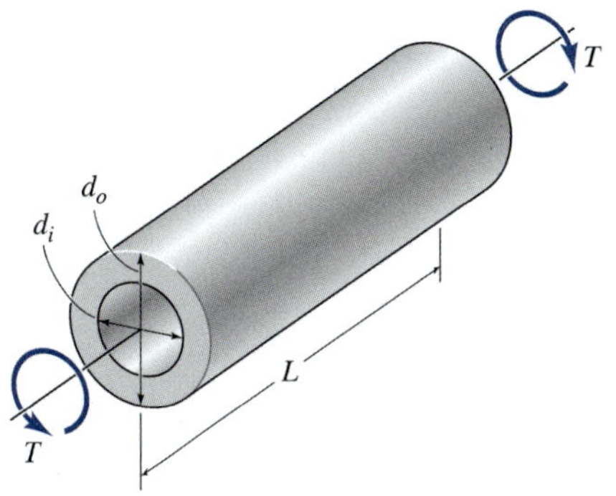

P4.11-5, P4.11-6, P4.11-11, P4.11-12

***문제 4.11-6.** 선형탄성 완전소성재료로 만든 튜브형 축이 전단계수 $G = 40$ GPa와 항복응력 $\tau_Y = 30$ MPa를 가지고 있다. 이 축의 치수는 $d_o = 40$ mm, $d_i = 25$ mm, 및 $L = 1$ m이다. (a) 이 축의 항복토크 T_Y와 완전소성토크 T_P를 결정하시오. (b) $T = 1.1T_Y$일 때 이 축의 단면적 가운데 몇 퍼센트가 항복되었는가? (c) 튜브형 축의 내부표면에서 항복이 발생하는 순간의 비틀림각을 결정하시오.

문제 4.11-7. 부분적 소성토크 T와 탄성-완전소성 튜브형 축의 탄성부 외부 반지름 r_Y를 관련시키는 수식을 식 4.48과 유사한 형태로 유도하시오. 이 축은 그림 P4.11-7에서 보는 바와 같이 외부 반지름 r_o, 내부 반지름 r_i, 항복반지름 r_Y를 가진다.

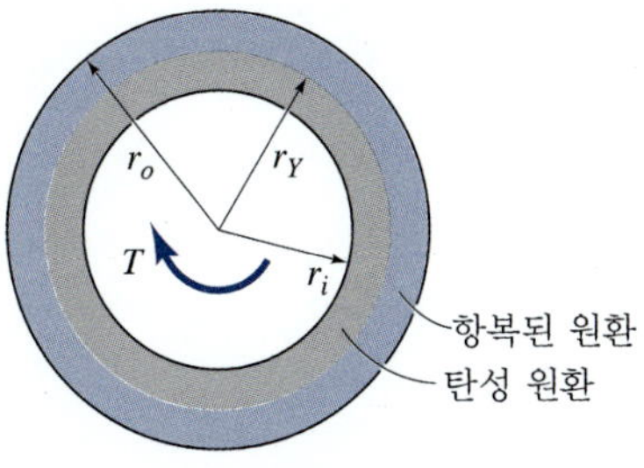

P4.11-7

문제 4.11-8. 지름 $d = 7/8$ in.와 길이 $L = 18$ in.의 중실 원형축의 두 끝단이 서로 반대 방향으로 한 바퀴 (즉, $\phi = 2\pi$ rad) 회전한다. 이 축은 그림 P4.11-8b에서 나타낸 $\tau - \gamma$ 선도를 가진 탄성-완전소성재료로 제작되었다. (a) 이러한 하중조건에서 최대 전단변형률을 결정하시오. (b) 이러한 하중조건에서 탄성부의 반지름을 결정하시오.

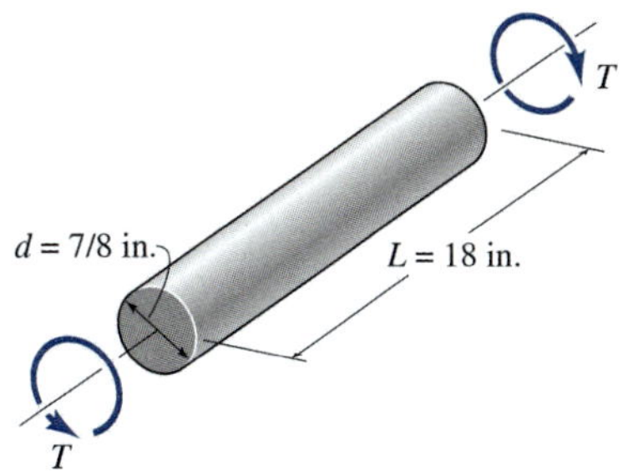

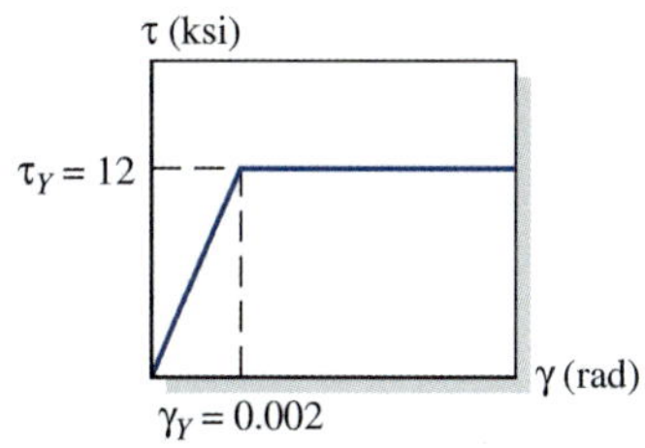

P4.11-8과 P4.11-9

***문제 4.11-9.** 그림 P4.11-9a에 있는 중실 원형축의 두 끝단이 서로 반대 방향으로 $\phi = 6°$ 회전한다. 이 축은 그림 P4.11-9b에서 나타낸 $\tau - \gamma$ 선도를 가진 탄성-완전소성재료로 제작되었다. (a) 이러한 비틀림각을 산출하는데 필요한 토크를 결정하시오. (b) (a)에서 결정된 토크가 축에서 완전히 제거된다면 이 축에 영구적으로 남게 되는 비틀림각은 몇 라디안이 되는가? (c) 토크가 제거된 후 이 축에 남게 되는 잔류응력분포를 구하시오.

***문제 4.11-10.** 그림 P4.11-10의 중실 원형축은 축의 두 끝 사이에 비틀림각 $\phi = 10°$를 유발하는 토크 T를 받고 있다(문제 4.11-3을 참조). (a) 이러한 비틀림각을 얻는데 필요한 토크를 결정하시오. (b) (a)에서 결정된 토크가 축에서 완전히 제거된다면 이 축에 영구적으로 남게 되는 비틀림각은 몇 라디안이 되는가? (c) 토크가 제거된 후 이 축에 남게 되는 잔류응력분포를 구하시오.

***문제 4.11-11.** $d_o = 1$ in., $d_i = 0.6$ in., 및 $L = 30$ in.의 치수를 갖는 튜브형 축이 전단계수 $G = 6 \times 10^3$ ksi와 항복응력 $\tau_Y = 4$ ksi의 탄성-완전소성재료로 제작되었다(문제 4.11-5를 참조). 이 축은 $r_Y = 0.4$ in.부터 바깥표면까지 항복을 유발하는 토크 T를 받고 있다. (a) 축에 이러한 상태의 응력을 유발하는 토크 T의 크기를 결정하시오. (b) 이러한 하중에 대하여 바깥표

면에서의 전단변형률을 구하시오. (c) (a)에서 결정된 토크가 축에서 완전히 제거된다면 이 축에 영구적으로 남게 되는 비틀림각은 몇 라디안이 되는가? (d) 토크를 제거한 후 이 축에 남게 되는 잔류응력 분포를 도시하시오. 튜브형 축의 외부표면에서의 전단응력 값과 내부표면에서의 전단응력값을 표시하시오.

***문제 4.11-12.** $d_o = 40$ mm, $d_i = 20$ mm, 및 $L = 1$ m의 치수를 갖는 튜브형 축이 전단계수 $G = 40$ GPa와 항복응력 $\tau_Y = 30$ MPa의 탄성-완전소성재료로 제작되었다(문제 4.11-5를 참조). 이 축은 $r_Y = 15$ mm부터 바깥표면까지 항복을 유발하는 토크 T를 받고 있다. (a) 축에 이러한 상태의 응력을 유발하는 토크 T의 크기를 결정하시오. (b) 이러한 하중에 대하여 바깥표면에서의 전단변형률을 구하시오. (c) (a)에서 결정된 토크가 축에서 완전히 제거된다면 이 축에 영구적으로 남게 되는 비틀림각은 몇 라디안이 되는가? (d) 토크를 제거한 후 이 축에 남게 되는 잔류응력분포를 도시하시오. 튜브형 축의 외부표면에서의 전단응력값과 내부표면에서의 전단응력값을 표시하시오.

4장 복습 – 비틀림

절			관련 연습 문제
4.2	원형부재(봉, 보)의 **비틀림**은 세 가지 특성이 있다. (1) 부재의 축은 직선을 유지한다. (2) 횡단면은 평면을 유지하고, 축에 대해 수직을 유지한다. (3) 단면의 반지름선은 직선을 유지하고, 횡단면은 축에 대해 회전한다.	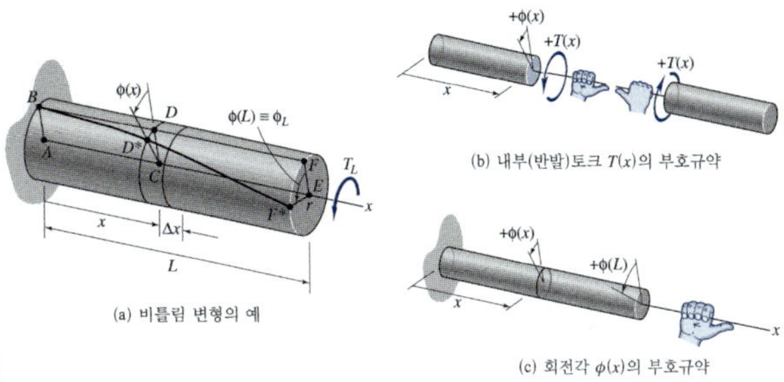 (a) 비틀림 변형의 예 (b) 내부(반발)토크 $T(x)$의 부호규약 (c) 회전각 $\phi(x)$의 부호규약 비틀림 변형의 기하학과 비틀림에 대한 부호규약(그림 4.4)	
	비틀림에서 **변형률-변위 방정식**에 의해 전단변형률 γ는 단면 x에서의 회전각 $\phi(x)$와 관계된다.	$$\gamma = \gamma(x,\ \rho) = \rho\frac{d\phi}{dx} \quad (4.1)$$ 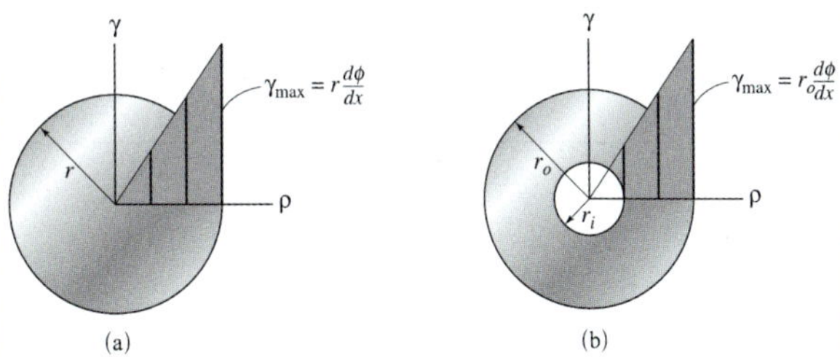 비틀림 전단변형률 분포 (그림 4.6)	식 4.1을 유도하시오.
	비틀림 변형을 받는 부재의 **전체 비틀림각** ϕ는 다음의 식과 같다.	$$\phi = \int_0^L \frac{d\phi(x)}{d(x)}dx$$	
4.3	선형 탄성거동에 대한 전단응력-전단변형률 방정식은 **전단에 대한 후크의 법칙**이다.	$$\tau = G\gamma$$	4.3-3 4.3-7 4.3-17
	비틀림 변형을 받는 선형탄성부재의 x단면에서의 전단응력은 **비틀림공식**에 의해 결정된다.	$$\tau(x,\ \rho) = \frac{T(x)\rho}{I_p(x)}$$ 여기서 $I_p = \int_A \rho^2 dA$는 극관성모멘트이다.	
	비틀림 변형을 받는 선형탄성부재의 **토크-비틀림 방정식**은 다음과 같다.	$$\frac{d\phi}{dx} = \frac{T(x)}{GI_p(x)}$$	

<table>
<tr><th>절</th><th colspan="2"></th><th>관련
연습 문제</th></tr>
<tr><td>4.4</td><td>비틀림으로 인해 축의 미소요소에 순수전단이 발생한다. 또한 최대 수직응력(인장 및 압축)은 단면에 대해 ±45°의 면에서 발생한다. (4.4절)</td><td>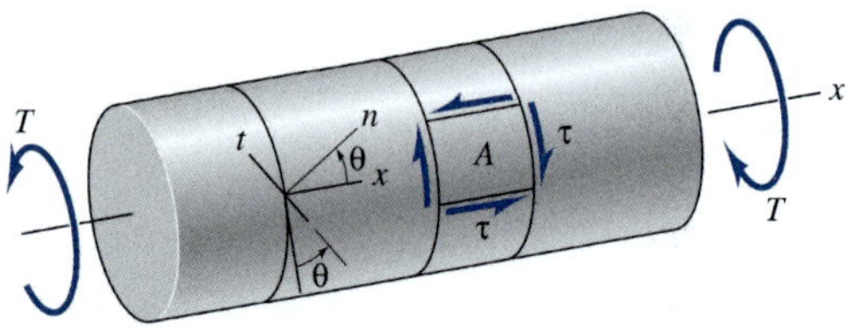

비틀림으로 인한 순수전단
(그림 4.12a)
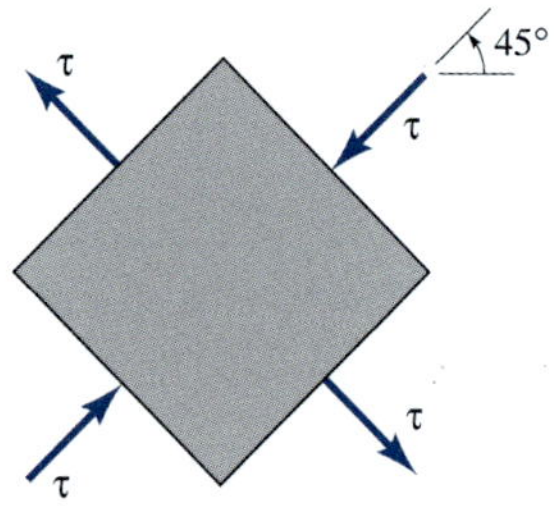

비틀림으로 인한 최대 수직응력
(그림 4.14b)</td><td>4.4-5</td></tr>
<tr><td rowspan="2">4.5</td><td>양단부 토크 T로 인해 비틀림 변형이 발생하는 선형탄성거동 특성의 균일부재에 대한 토크-비틀림 방정식은 다음의 형식으로 나타낼 수 있다.

또는 다음의 형식으로 나타낼 수 있다.</td><td>$T = k_t\phi$ 여기서 $k_t = \dfrac{GI_p}{L}$
k_t는 비틀림 강성계수

$\phi = f_t T$ 여기서 $f_t = \dfrac{L}{GI_p}$
f_t는 비틀림 유연성계수
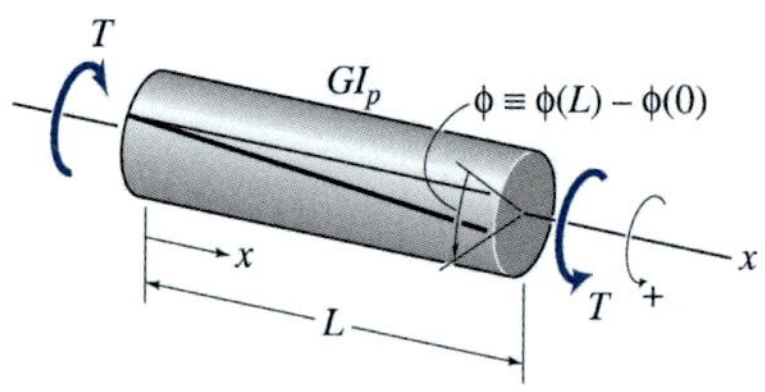

끝단 하중을 받는 균일 비틀림부재
(그림 4.11)</td><td></td></tr>
<tr><td>정정 시스템은 모든 반력과 모든 내부 토크가 평형방정식(즉, 정역학)만을 사용하여 결정될 수 있는 시스템이다.</td><td>
비틀림부재의 정정 조합
(그림 4.18a)</td><td>4.5-1
4.5-15</td></tr>
</table>

<table>
<tr><th>절</th><th colspan="2"></th><th>관련 연습 문제</th></tr>
<tr><td>4.6</td><td>부정정 시스템을 해석하려면 (1) 평형 방정식, (2) 부재의 토크-비틀림 방정식 및 (3) 변형의 기하학 방정식을 사용해야 한다.

부정정 비틀림 조합체를 분석하는 데 사용할 수 있는 방법은 기본하중법(4.6절)과 변위법(4.7절)이다.</td><td>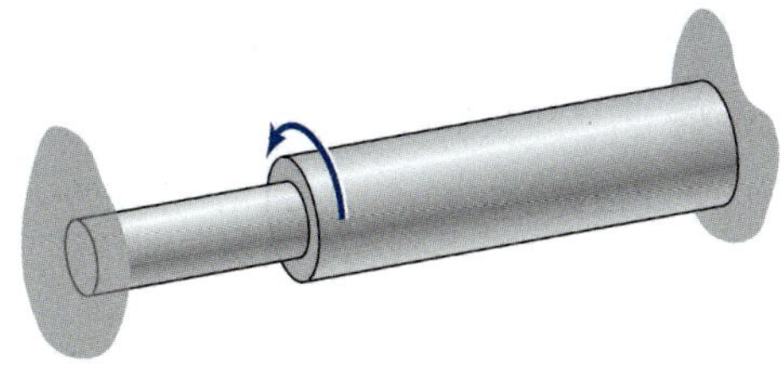
비틀림부재의 부정정 조합체
(그림 4.18b)</td><td>4.6-1
4.6-9
4.6-17</td></tr>
<tr><td>4.8</td><td>각속도 $\omega(rad/\text{sec})$로 회전하는 축으로 전달하는 <b>동력</b>은 다음과 같다.</td><td>$\mathcal{P}=\mathcal{T}\omega$
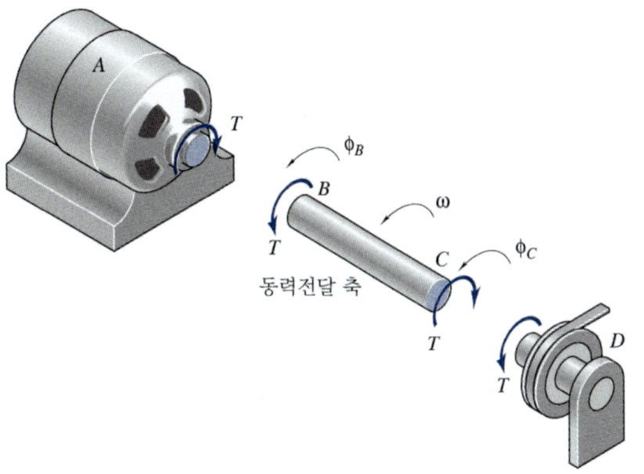

동력전달 축 (그림 4.23)</td><td>4.8-3
4.8-7
4.8-15</td></tr>
</table>

4.7절과 4.9절~4.11절은 “선택사항”이다.

5 보의 평형

5.1 개요

축하중(axial loading) 및 비틀림 하중(torsional loading) 작용 시 세장부재의 거동은 제3장과 제4장에서 각각 다뤘다. 이제부터는 보의 응력 분포(stress distribution)와 처짐(deflection)을 결정하는 문제를 살펴보고자 한다.

보(beam)는 횡 하중(transverse loads), 즉 보의 길이 축에 수직으로 작용하는 하중을 지지하도록 설계된 구조 부재이다. 보는 내부 횡 전단력(internal transverse shear force)과 굽힘 모멘트(bending moment)의 조합으로 작용력에 저항한다.

그림 5.1은 교량 갑판(도로)과 교량을 지나는 차량을 지지하는 강재 보(오른쪽 하단)와 철근 콘크리트 보(중앙)를 보여준다.

그림 5.1 교량 건설 중 교량보의 일부 (Courtesy Roy Craig)

보의 종류; 하중 및 반력 그림 5.2는 지지조건과 하중의 종류를 보여준다. 지지점에서 하중과 모멘트를 **반력(reaction)**이라 부르고, 이는 작용력의 반대 방향으로 작용한다. 그림 5.2는 보의 반력을 작용력과 구별하기 위해 화살표에 사선(↑)을 표시하여 나타낸다.

지지: 3종류의 지지조건을 그림 5.2에 표시하였다.

- 롤러 지지(Roller Support)–수직방향(y)의 변위는 발생하지 않지만, z방향 회전과 축방향의 변위를 허용한다; 반력은 $+y$ 또는 $-y$방향의 하중이다. 그림 5.2a의 A점은 롤러 지지이다.
- 핀 지지(Pin Support)–축방향과 수직방향의 변위가 발생하지 않지만, z방향 회전은 허용한다; 반력은 축방향과 수직방향의 하중성분이다. 그림 5.2a의 B점은 핀지지이다.
- 외팔보 지지 또는 고정 지지(Cantilever Support or Fixed End)–축방향과 수직방향의 변위와 z방향 회전을 구속한다. 반력은 축방향과 수직방향의 하중과 짝힘으로 구성된다. 그림 5.2b의 C점은 외팔보 지지이다.

보는 일반적으로 그들의 지지되는 방법에 따라 분류된다.

- 단순지지 보(Simply Supported Beam)–한쪽 끝이 핀 지지되고, 다른 쪽 끝은 롤러 지지된 보이다. 그림 5.2a는 단순지지 보이며, 이는 정정보이다.
- 외팔보(Cantilever Beam)–한쪽 끝은 외팔보 지지(고정 지지)이며, 다른 쪽 끝은 자유단이다. 그림 5.2b는 외팔보이며, 이는 정정보이다.
- 연속보(Continuous Beam)–한쪽은 핀 지지, 다른 쪽 끝은 롤러 지지되며, 하나 또는 하나이상의 중간 롤러 지지를 가진다. 그림 5.2c는 연속보이며, 이는

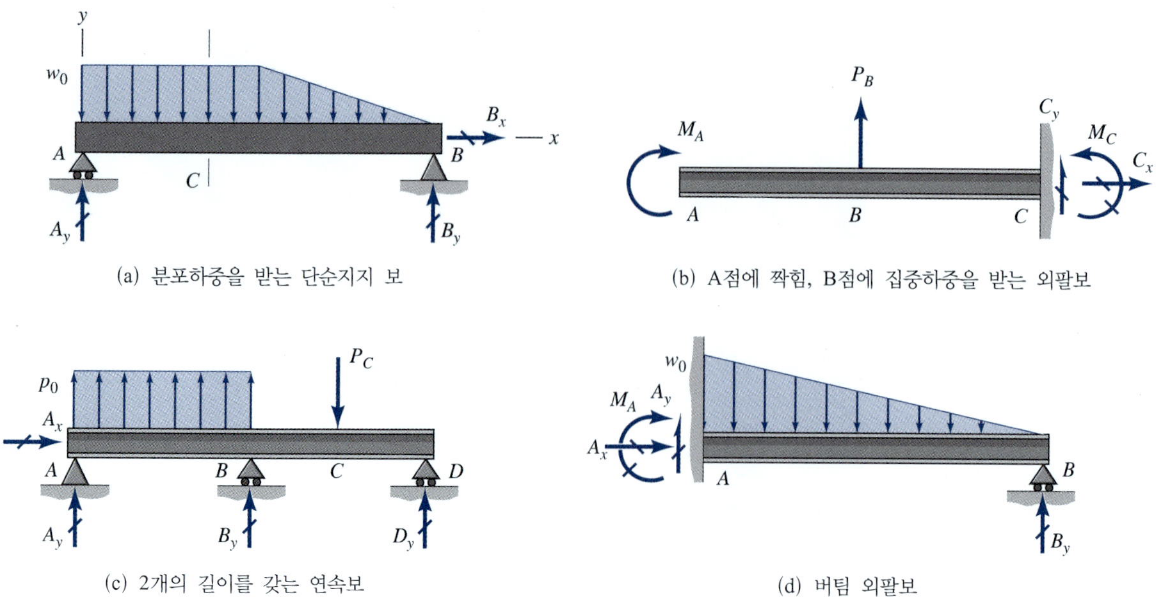

(a) 분포하중을 받는 단순지지 보

(b) A점에 짝힘, B점에 집중하중을 받는 외팔보

(c) 2개의 길이를 갖는 연속보

(d) 버팀 외팔보

그림 5.2 다양한 하중에 따른 보의 종류 예

부정정보이다.

- 버팀 외팔보(Propped Cantilever Beam)-한쪽 끝은 외팔보 지지(고정 지지), 다른 쪽 끝은 롤러 지지된다. 그림 5.2d는 버팀 외팔보이며, 이는 부정정보이다.
- 돌출보(Overhanging Beam)-하나의 끝점(또는 양쪽 끝)의 밖으로 돌출된 형태로, 그림 5.2a의 보는 끝점 롤러 지지인 A가 우측으로 이동할 경우, 롤러 지지의 좌측 나머지부분은 돌출된 형태가 되며, 이를 돌출보라 한다.

외력: 하중(load)은 보에 작용하며, 횡 분포하중(distributed transverse load), 횡 집중하중(concentrated transverse force), 짝힘(couple)으로 구분된다. 그림 5.2a는 분포하중이 작용하는 단순지지 보이고, 그림 5.2b는 B점에 집중하중이 작용하고, A점에 집중 짝힘이 작용하는 외팔보이다. 축하중은 축방향 변위를 유발하지만(3장), 굽힘은 유발하지 않는다. 이번 장에서는 축하중을 보에 작용하는 외력 중 하나로 다루지 않는다. 제9장 및 제10장은 축하중과 굽힘이 결합된 경우에 대해 고려한다.

합응력 – 굽힘 모멘트와 횡 전단력 다양한 외력에 대한 보의 응답은 어떻게 되며, 어떤 방식으로 지지점에 전달될까? 간단한 예제로 그림 5.3a의 삽의 손잡이의 3가지 평형 "실험"을 수행하자. 작업자의 두 손은 삽을 수평방향으로 잡고 있다. 문제를 단순화하기 위해 삽의 손잡이 무게는 일정한 삽의 날 무게 W에 비해 무시할만하다고 가정하고, 삽의 손잡이에 위치한 손은 그림 5.3b의 자유물체도(freebody diagram)에서 보인 바와 같이 수직 집중하중으로 R_A와 R_B로 나타낸다. 자유물체도로부터 $\sum F=0$과 $(\sum M)_A$을 적용하면,

$$R_A = W\left(\frac{L}{a} - 1\right), \quad R_B = W\left(\frac{L}{a}\right)$$

3가지 실험은 E1, E2, E3으로 분류된다.

E1. 첫 번째 실험은 B점의 손을(반력 R_B) 삽의 연결부인 <u>C점으로</u> 이동하면, $a \to L$이고

$$R_A \to 0, \quad R_B \to W, \quad (R_B a = WL = \text{일정})$$

이 실험에서 B점의 손이 하중 W 아래에 바로 위치하므로, A점에서 하중이 없다.

E2. 두 번째 실험은 B점의 손을(반력 R_B) 삽의 손잡이 <u>A점으로</u> 이동하면, $a \to 0$이고

$$R_A \to \infty, \quad R_B \to \infty, \quad (R_B a = WL = \text{일정})$$

이 실험에서 R_A와 R_B는 W보다 상당히 큰 값을 가지지만, 모멘트 $R_B a$는 여전히 동일하다.

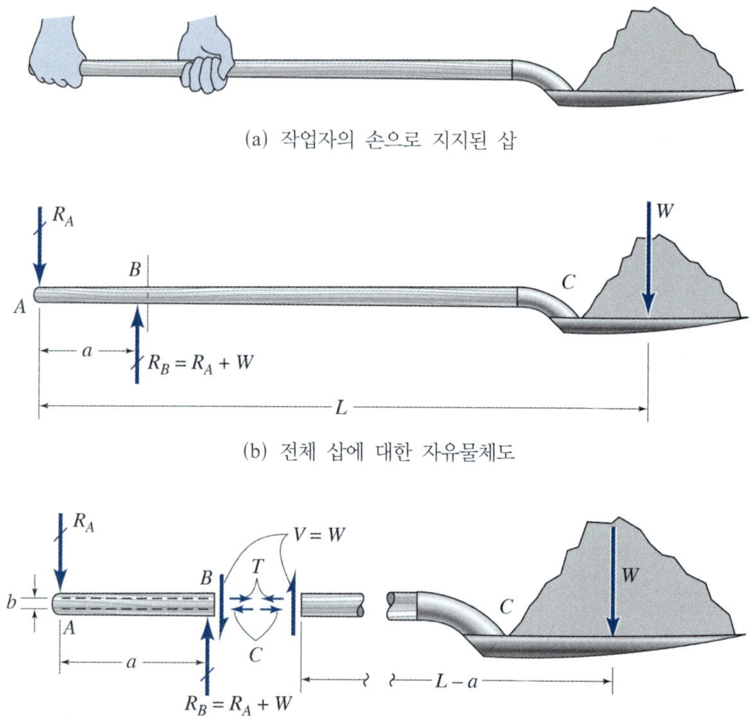

그림 5.3 보를 나타내는 데 사용된 삽의 손잡이

E3. 마지막으로 세 번째 실험에서는 그림 5.3c의 자유물체도를 고려하고, 평형조건으로부터 단면의 내부 합응력이 결정된다. 이 과정을 **단면법**(method of sections)이라고 한다. 삽의 손잡이가 B점의 우측에 절단되었다고 생각하자. 그림 5.3c의 2개의 자유물체도로부터 다음을 알 수 있다:

- W **크기의 횡 전단력**(transverse shear force) V는 수직방향 평형을 만족하기 위해 요구된다.
- 그림 5.3c의 자유물체도에는 수평방향 외력이 없기에, 단면에서도 순 수평방향의 힘은 없다. 그러므로 $C = T$이다.
- 마지막으로 단면에서는 짝힘의 크기 $W(L-a)$를 보완해야 된다. 본 짝힘을 **굽힘 모멘트**(bending moment) M이라 한다. 짝힘을 형성하기 위해서는 반드시 크기가 동일하고 방향이 반대인 수평하중 $C = T$가 단면에 작용되며, 모멘트 길이가 $b \ll L$이기에,

$$C = T = W\left(\frac{L-a}{b}\right)$$

이다. 그러므로, 단면의 깊이방향으로 압축 수직응력과 인장 수직응력이 존재해야 하며, 압축 합력 C와 인장 합력 T는 외력 W보다 커야 한다.

그림 5.3a에서의 $W = 12$ lb, $L = 50$ in, $a = 10$ in 그리고 $b = 1$ in일 때, 반력 R_A, R_B와 압축 및 인장 합력 $C = T$를 계산하면, $R_A = 48$ lb, $R_B = 60$ lb 그리고 $C = T = 480$ lb이다. 만약, a의 길이가 5 in로 줄어든다면, $R_B = 120$ lb,

$C = T = 480$ lb가 된다. 이를 토대로, 몇몇 작업자들이 a를 10 in 이하로 삽을 잡았을 경우를 상상할 수 있을 것이다!

제6장에서는 굽힘 모멘트 M에 의하여 발생하는 수직응력 분포와 횡 전단력 V에 의하여 발생하는 전단응력 분포를 계산하는 과정을 다룰 것이다.

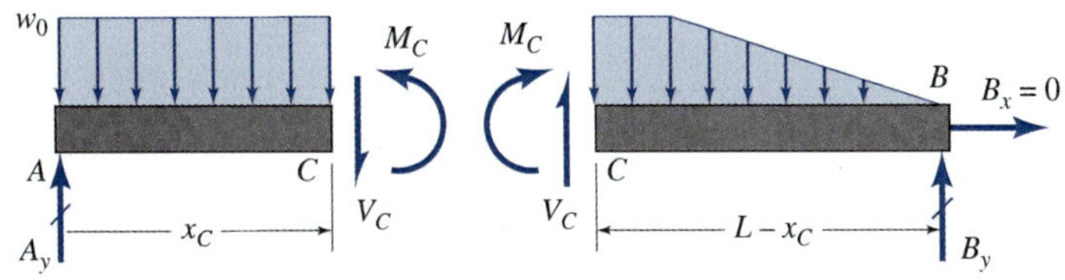

그림 5.4 보 단면 C에서의 횡 전단력 V_C과 굽힘 모멘트 M_C

그림 5.2a의 단순지지 보를 고려해보자. 아래로 향하는 분포된 하중은 지지점 A와 B에서 위로 향하는 반력을 발생시킨다. 지지점 A의 롤러형의 부호는 수평방향의 반력이 발생하지 않는 것을 의미한다. 만약 그림 5.2a의 C점에서 가상의 절단면을 나누고 AC와 CB(그림 5.4)에서의 각각의 자유물체도를 그린다면, 단면 C에서의 **횡 전단력**(transverse shear force) V_C와 **굽힘 모멘트**(bending moment) M_C는 반드시 두 인접한 자유물체의 힘과 모멘트 평형을 유지하면서 작용해야 한다. 뉴턴의 작용·반작용 법칙(Newton's Law of action and reaction)은 두 자유물체도에서의 V_C와 M_C의 방향 관계를 결정한다.

내부 합응력(internal stress resultant)은 그림 5.5에 보여지는 보의 굽힘과 관계되며, 아래의 식에 의하여 정의된다.

$$V(x) = -\int_A \tau_{xy}(x, y)dA \qquad M(x) = -\int_A y\sigma_x(x, y)dA \qquad \text{합응력} \tag{5.1}$$

그림 5.6은 보의 내부 합응력을 위한 **부호규약**(sign convention)을 나타내고 있으며, 아래와 같이 표기할 수 있다.

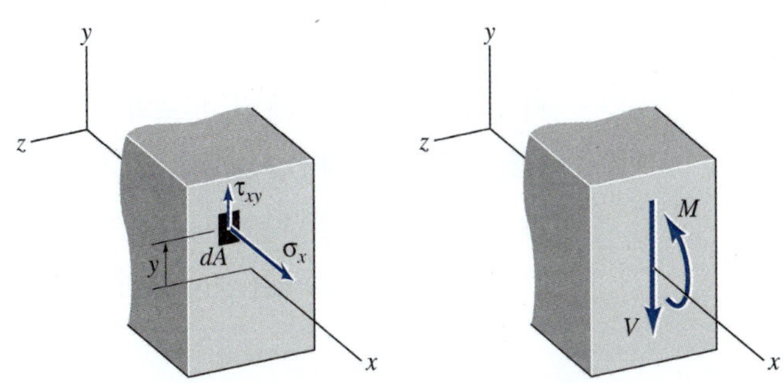

그림 5.5 합응력의 정의—횡 전단력 $V(x)$와 굽힘 모멘트 $M(x)$

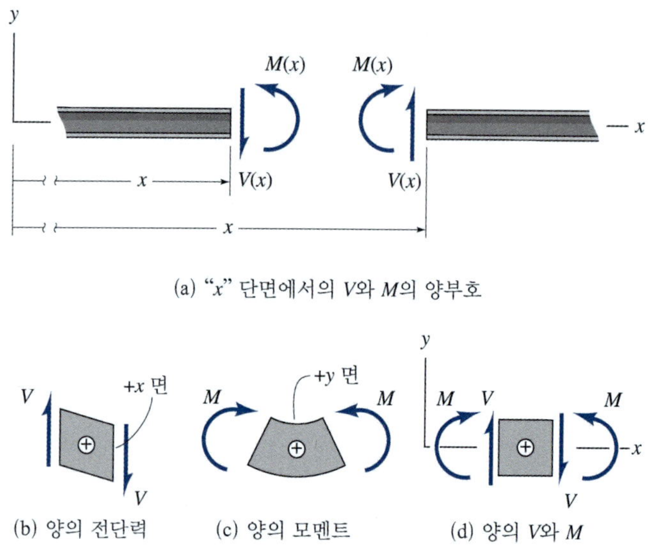

그림 5.6 내부 합응력 $V(x)$와 $M(x)$의 부호규약

- 양의 전단력 V는 $+x$면에서 $-y$방향으로 작용한다.[1)]
- 양의 굽힘 모멘트 M은 $+y$면에서 보를 오목하게 만든다.

그림 5.6b와 그림 5.6c는 양의 전단력과 양의 굽힘 모멘트의 물리적 의미를 나타내며, 그림 5.6d는 보에서의 내부 합응력 부호규약을 종합한다. 두 가지의 합응력에 대해 보에서의 응력 분포와 보의 처짐관계에서부터 방정식이 규명되기 때문에, V와 M**에 대한 부호규약을 명확히 하는 것은 매우 중요하다.**

보에 대한 토론은 세 개의 장으로 구분된다. 본 장에서는 보의 평형(equilibrium of beams)을 다루며, 다양한 하중을 받는 다양한 형태의 보의 전단력과 굽힘 짧은 모멘트를 계산한다. 제6장에서는 굽힘 모멘트 M과 관련된 수직응력 분포(normal-stress distribution)를 결정하기 위한 변위에 대한 가정이 소개된다; 이때, 횡 전단력 V와 관련된 전단응력 분포(shear-stress distribution)가 결정된다. 마지막으로, 제7장에서는 정적 부정정보를 포함한 보의 처짐(deflection of beam)을 계산한다.

5.2 유한 자유물체도를 이용한 보의 평형

하중을 받는 보의 응력 분포와 변형 형상을 결정하기 위해서, 평형(equilibrium), 재료거동(material behavior) 및 기하학적 변형(geometry of deformation)을 고려해야 한다. 제5장의 나머지 부분에서는 보의 평형에 초점을 맞추고 있다. 단면법(method of section)을 이용하여, 외력이 작용하는 보의 단면에서의 전단력, 굽힘

---

1) $-y$방향으로 작용하는 양의 전단력에 대한 부연설명. 비록, 양의 전단력이 양의 전단응력(positive shear stress) τ_{xy}와 같은 방향으로 정의된다면 더욱 일관성이 있겠지만, 적용된 부호규약은 변형체역학, 정역학 및 구조에서 가장 보편적인 것을 사용한다. 이 전단력 부호규약을 위한 타당성은 광범위한 적용뿐만 아닌, 전단 및 모멘트 선도 작성에서의 단순화로서 인정된다.

모멘트와 합응력을 관계시키기 위한 자유물체도를 만들고, 평형방정식을 작성할 것이다. 본 절에 소개되는 몇몇 예제들은 유한한 길이를 가지는 자유물체도의 사용에 대하여 소개하고 있다. 5.3절에서는 미소면적에서의 자유물체도를 적용하며, 5.4 및 5.5절에서는 전단 및 모멘트 선도가 논의된다. 마지막으로, 5.6절에서는 하중, 전단력, 모멘트를 표현하기 위한 불연속함수가 사용된다.

예제 5.1

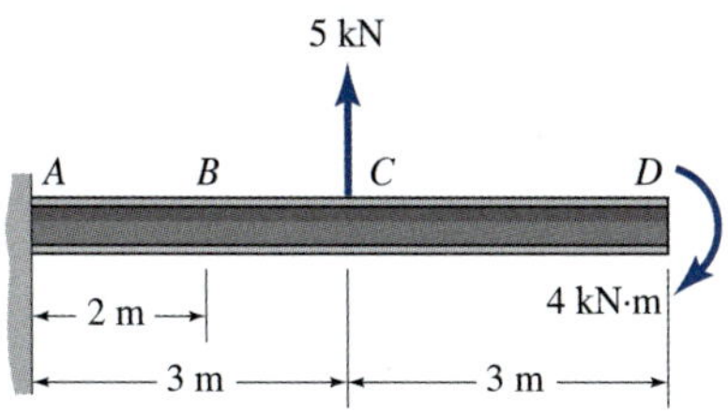

그림 1

그림 1과 같은 외팔보 AD의 C점에서 5 kN의 집중하중, D점에서 4 kN·m 짝힘이 작용하고 있다. 지지점 A에서 우측 2 m 지점 단면에서의 전단력 V_B와 굽힘 모멘트 M_B를 계산하시오.

풀이 계획 외팔보의 부분 AB 또는 BD의 자유물체도를 사용할 수 있다. 전자의 경우, 지지점 A에서의 반력을 계산하여야 하기에, 편의를 위해 BD의 자유물체도를 이용하여 계산한다.

풀이 그림 2는 BD의 자유물체도로, 그림 5.6에 제시된 부호규약에 의거하여, 양의 전단력 V_B과 모멘트 M_B를 나타내고 있다.

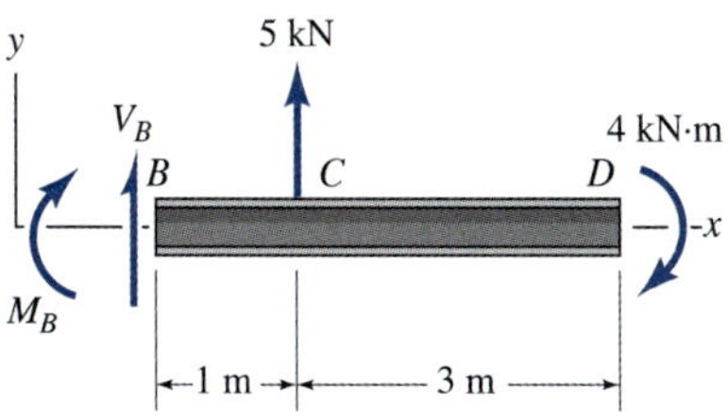

그림 2 자유물체도

$$+\uparrow \sum F_y = 0: \qquad V_B + 5\text{ kN} = 0$$

$$V_B = -5\text{ kN} \qquad \textbf{답}$$

$$+\circlearrowleft \left(\sum M\right)_B = 0: \qquad M_B - (5\text{ kN})(1\text{ m}) + 4\text{ kN}\cdot\text{m} = 0$$

$$M_B = 1\text{ kN}\cdot\text{m} \qquad \textbf{답}$$

풀이 검토 외팔보에서 하중과 모멘트 평형을 만족하기 위한 B점의 내부 합응력은 그림 3과 같다. C점에서는 예와 같이, 어떤 점에서도 $\sum M = 0$을 만족함으로써 계산된 값을 검토할 수 있다. 아래 식이 맞는가?

$$\left(\sum M\right)_C = 1\text{ kN}\cdot\text{m} - (5\text{ kN})(1\text{ m}) + 4\text{ kN}\cdot\text{m} = 0 \qquad \textbf{답: 맞다.}$$

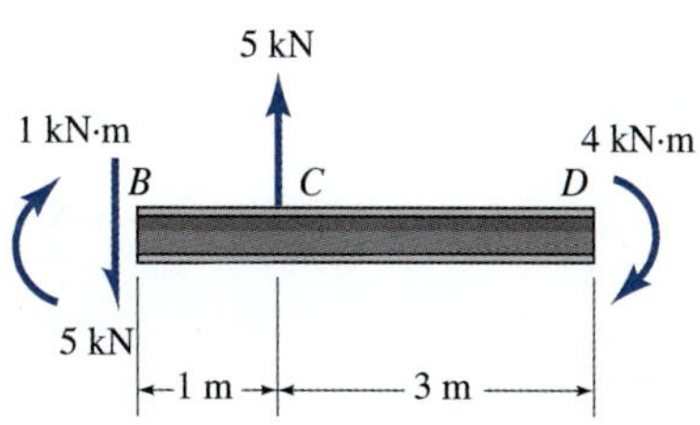

그림 3 자유물체도

이전 예제는 특정 단면에서 전단력과 굽힘 모멘트를 계산하였다. 해당 값들은 유한 자유물체도를 이용하면 이에 상응하는 등가 방정식으로부터 바로 결정된다.

또한, 유한 자유물체도 접근법은 보의 특정 부분에서의 $V(x)$와 $M(x)$의 함수 표현 시 유용하다. 예제 5.2는 이와 관련된 유형의 문제를 보이며, 비교적 간단한 분포하중을 다루는 방법을 보여준다.

예제 5.2

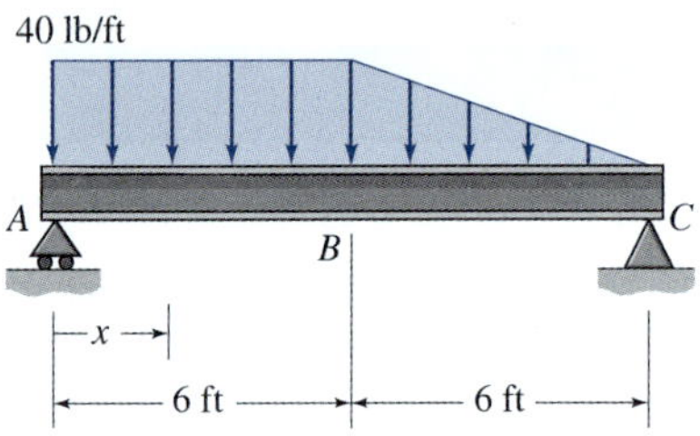

그림 1

그림 1의 단순지지 보 AC는 아래 방향으로 분포하중이 작용하고 있으며, B와 C 사이의 하중은 선형적으로 감소하고 있다. (a) 지지점 A와 C에서의 반력을 계산하시오. (b) $0 < x \leq 6$ ft에서의 $V(x)$와 $M(x)$를 함수로 표현하시오. (c) 6 ft $\leq x <$ 12 ft에서의 $V(x)$와 $M(x)$를 함수로 표현하시오.

풀이 계획 전체 보 AC의 자유물체도를 이용하여, 지지점 A와 C에서의 반력이 계산된다. 문제 (b)에서 요구하는 전단력과 굽힘 모멘트를 계산하기 위해서는 A와 B 사이의 단면이 검토되어야 하며, 문제 (c)에서 요구하는 값들을 얻기 위해서는 B와 C 사이의 단면을 이용해야 한다. 분포하중은 각각의 자유물체도에서 합력으로 대체될 수 있다.

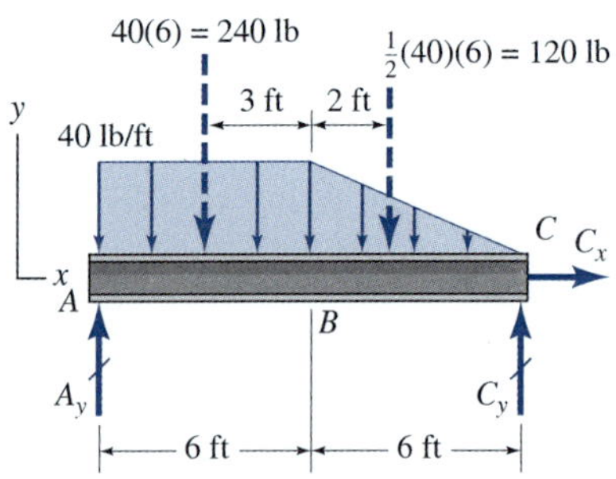

그림 2 보 AC의 자유물체도

풀이 (a) 반력 계산 그림 2의 자유물체도에서, AB 사이의 균일분포하중과 BC 사이의 선형적으로 감소하는 분포하중은 그림의 점선 화살표로 표기된 기호로 대체될 수 있다. 지지점 A와 C에서의 반력은 아래의 세 가지 평형방정식으로 계산된다.

$$+\circlearrowleft\left(\sum M\right)_A = 0: \quad (240\ \text{lb})(3\ \text{ft}) + (120\ \text{lb})(8\ \text{ft}) - C_y(12\ \text{ft}) = 0$$

$$C_y = 140\ \text{lb}$$ **답 (a)**

$$+\circlearrowleft\left(\sum M\right)_C = 0: \quad A_y(12\ \text{ft}) - (240\ \text{lb})(9\ \text{ft}) - (120\ \text{lb})(4\ \text{ft}) = 0$$

$$A_y = 220\ \text{lb}$$ **답 (a)**

$$\xrightarrow{+} \sum F_x = 0: \quad C_x = 0$$ **답 (a)**

(부연설명: 보에 작용하는 축하중은 없기에, 축반력과 내부 축하중은 무시한다.)

문제 (b)와 (c)를 풀기 전에, 평형방정식을 이용하여 위에서 계산한 반력을 검토해야 한다.

다음 식 $+\uparrow \sum F_y = 0$: 반력 $220 + 140 - 240 - 120 = 0$이 맞는가?

답: 맞다.

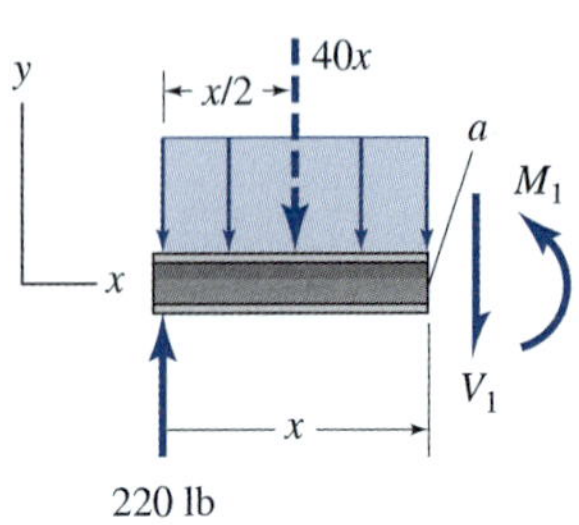

그림 3 내부구간 1에서의 자유물체도

(b) $0 < x \leq 6$ ft에서의 $V(x)$와 $M(x)$ 함수표현 함수를 얻기 위하여 A와 B 사이의 단면을 만들어야 하며, 이 부분을 그림 3에 보여지는 자유물체도와 같이 "내부구간(Interval) 1"로 지정한다. 구간 1에서의 전단력과 모멘트를 표현하기 위하여, V_1과 M_1이라는 부호를 사용하자. 균일분포하중은 점선 화살표와 같이 표현할 수 있다. 그림 5.6의 부호규약에 의거하여, 양의 전단력과 모멘트

는 그림 3과 같이 나타낼 수 있다.

$$+\uparrow \sum F_y = 0: \qquad 220\ \text{lb}-(40x)\text{lb}-V_1 = 0$$

$$V_1 = (220\text{-}40x)\text{lb}, \quad 0 < x \le 6\ \text{ft}$$ **답 (b)**

$$+\circlearrowright\left(\sum M\right)_a = 0: \qquad (220\ \text{lb})(x\ \text{ft})-(40x\ \text{lb})(\frac{x}{2}\ \text{ft})-M_1 = 0$$

$$M_1 = (220x - 20x^2)\text{lb}\cdot\text{ft}, \quad 0 < x \le 6\ \text{ft}$$ **답 (b)**

(c) 6 ft$\le x <$ 12 ft에서의 $V(x)$와 $M(x)$ 함수표현 함수를 얻기 위하여, A점으로부터 B와 C 사이 단면의 자유물체도를 이용하거나, 우측 C점으로부터 떨어진 단면의 자유물체도를 적용할 수 있다. 후자를 적용할 경우, 그림 4에 보여진 바와 같이 오직 삼각하중만을 다루면 되기에 쉽게 문제를 해결할 수 있다.

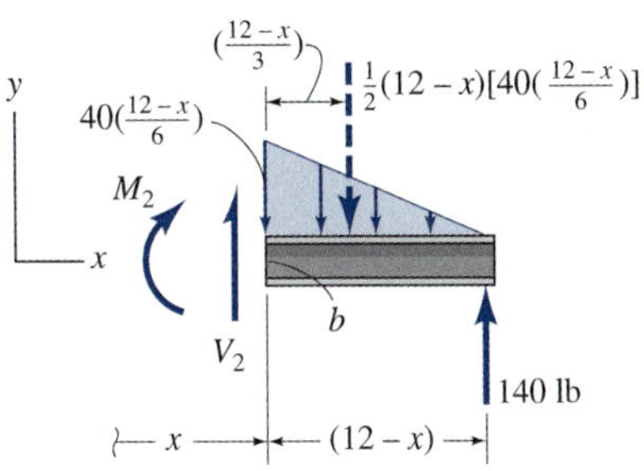

그림 4 내부구간 2에서의 자유물체도

$$+\uparrow \sum F_y = 0: \quad V_2 - \frac{40}{12}(12-x)^2\ \text{lb} + 140\ \text{lb} = 0$$

$$V_2 = \left[-140 + \frac{10}{3}(12-x)^2\right]\text{lb}, \quad 6\ \text{ft} \le x < 12\ \text{ft}$$ **답 (c)**

$$+\circlearrowright\left(\sum M\right)_b = 0:$$

$$M_2 + \left[\frac{40}{12}(12-x)^2\ \text{lb}\right]\left[\left(\frac{12-x}{3}\right)\text{ft}\right]\text{-}(140\ \text{lb})[(12\text{-}x)\text{ft}] = 0$$

$$M_2 = \left[140(12-x) - \frac{10}{9}(12-x)^3\right]\text{lb}\cdot\text{ft}, \quad 6\ \text{ft} \le x < 12\ \text{ft}$$ **답 (c)**

풀이 검토 문제 (a)에서 이미 반력에 대한 힘의 평형을 검토하였다. B점에서 횡 하중과 짝힘은 작용하지 않기에, $V_1(x = 6\ \text{ft}) = V_2(6\ \text{ft})$와 $M_1(x = 6\ \text{ft}) = M_2(6\ \text{ft})$을 만족하여야 한다.

$$V_1(6\ \text{ft}) = 220\text{-}40(6) = -20\ \text{lb}$$

$$V_2(6\ \text{ft}) = -140 + \frac{10}{3}(6)^2 = -20\ \text{lb} = V_1(6\ \text{ft})$$

$$M_1(6\ \text{ft}) = 220(6)\text{-}20(6)^2 = 600\ \text{lb}\cdot\text{ft}$$

$$M_2(6\ \text{ft}) = 140(6)\text{-}\frac{10}{9}(6)^3 = 600\ \text{lb}\cdot\text{ft} = M_1(6\ \text{ft})$$

5.4절과 5.5절에서 $V(x)$와 $M(x)$를 그래프로 표현하기 위해 전단과 모멘트 선도를 사용할 것이다.

예제 5.1과 5.2에서, 평형방정식을 풀고 전단력과 모멘트값을 결정할 수 있는 것은 정적 정정보를 다루었기 때문이다. 다음 예제는 정적 부정정보의 평형 결과를 다룬다.

예제 5.3

그림 1과 같이, 버팀 외팔보 AC의 길이방향 중점 B에서 짝힘이 작용하고 있다. A점에서 작용하는 반력과 작용하는 짝힘 M_0를 이용하여 C점에서 발생하는 반력(전단력 및 굽힘 모멘트)을 표현하시오.

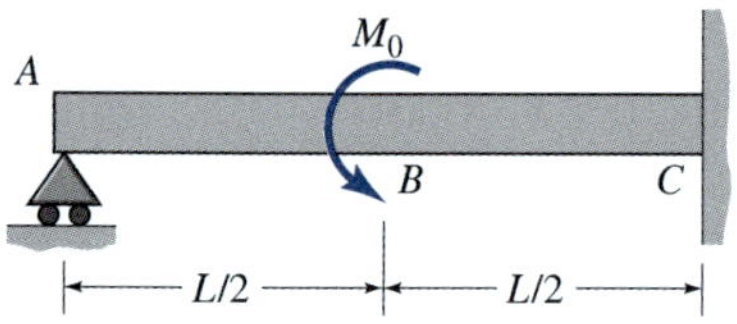

그림 1

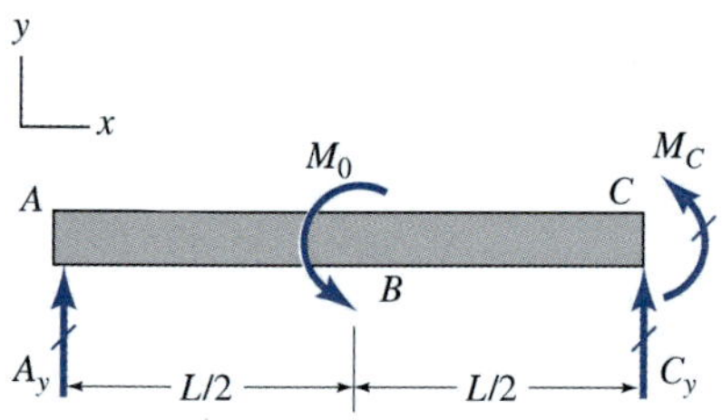

그림 2 보 AC의 자유물체도

풀이 계획 전체 보의 자유물체도를 이용하여, A점과 C점의 반력 관계를 얻을 수 있다.

풀이

$+\uparrow \sum F_y = 0$: $\quad A_y + C_y = 0$

$$C_y = -A_y \qquad \textbf{답}$$

$+\circlearrowleft \left(\sum M\right)_C = 0$: $\quad A_y L - M_0 - M_C = 0$

$$M_C = A_y L - M_0 \qquad \textbf{답}$$

풀이 검토 위의 결과는 정적상태의 방정식(즉, 평형)의 수가 모든 미지수를 결정하기에 불충분한 전형적인 정적 부정정 문제(statically indeterminate problom)이다. 여기서는 세 가지의 미지 반력이 있지만, 평형방정식은 무시 가능한 수평방향 평형을 제외하면 오직 두 개의 평형방정식만이 존재한다. 그러므로, 두 개의 반력 (C_y, M_y)은 3번째 반력 (A_y)에 의하여 표현될 수 있다. 이 평형방정식과 미지수 개수의 차이를(문제에서는 1) 과잉반력 또는 여력(Redundant)이라 한다. 즉, A점에서의 지지는 보의 붕괴를 방지하는 데 필수사항이 아니라 할 수 있다.

축변형이 발생하고 비틀림 하중을 받는 정적 부정정 문제처럼 정적 부정정보 문제를 계산하기 위해서는 반드시 보의 변형을 고려해야만 한다. 정적 부정정보 문제는 제7장 보의 처짐(Deflection of Beams)에 소개된다.

5.3 하중, 전단력, 굽힘 모멘트 사이의 평형 관계

이전 절에서는 특정 단면적에서의 전단력과 굽힘 모멘트를 계산하고, 길이방향(x) 특정 범위에서의 $V(x)$와 $M(x)$를 표현하기 위하여 유한 자유물체도를 적용하였다. 본 절에서는 무한 자유물체도(infinitesimal free-body diagram)를 이용하여, 외력과 내부 전단력 및 굽힘 모멘트를 관련시키는 수식을 결정할 것이다. 이런 수식들은 특히 5.5절에 소개되는 전단력과 모멘트 선도를 얻는 데 특히 도움이 될 것이다. 그림 5.6에 명시된 전단력과 굽힘 모멘트의 부호규약과 더불어, **외력에 대한 부호규약(sign convection for external load)**을 적용할 필요가 있다(그림 5.7).

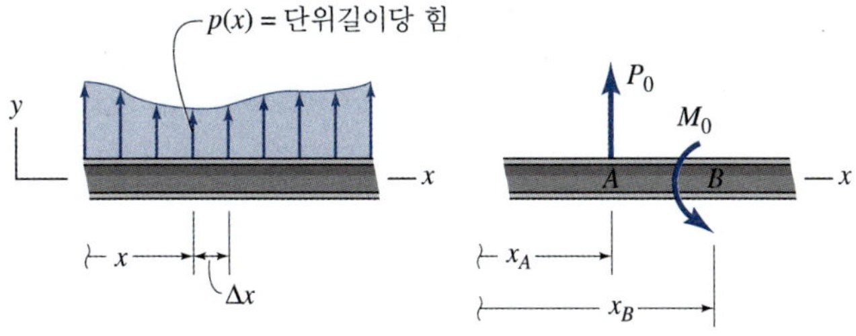

그림 5.7 보에 작용하는 외부하중에 대한 부호규약

- 양의 분포하중(positive distributed load)과 양의 집중하중(positive concentrated load)은 $+y$방향으로 작용한다(예: 그림 5.7의 하중 $p(x)$와 P_0).
- 양의 외부 짝힘(positive external couple)은 z축에 대하여 오른손 법칙에 의거하여 작용한다. 즉, xy평면에서 반시계방향이 양의 외부 짝힘이다(예: 그림 5.7b의 외부 짝힘 M_0).

우선, 외부 집중하중이 없는 보의 한 부분에서의 무한 자유물체도에 대한 평형 방정식을 만들어 보자. 그림 5.7a에서의 x부터 $x+\Delta x$까지의 보의 미소부분은 그림 5.8a와 같이 재작성될 수 있다. 그림 5.8a의 자유물체에 대한 평형은 아래와 같다.

$$+\uparrow \sum F_y = 0: \qquad V(x) + p(x)\Delta x + O(\Delta x^2) - V(x+\Delta x) = 0$$

여기서, $O(\cdots)$는 "차수"를 의미하며, $\Delta p \sim \Delta x$ 좌우항을 정리하고 Δx로 나누면,

$$\frac{V(x+\Delta x) - V(x)}{\Delta x} = p(x) + O(\Delta x)$$

$\Delta x \to 0$으로 극한을 취하면,

$$\boxed{\frac{dV}{dx} = p(x)} \tag{5.2}$$

$O(\cdot)$의 극한값은 0이다. 그림 5.8a의 자유물체도에 대한 모멘트 평형을 만족시키기 위해서 C점 $(x+\Delta x)$에서의 모멘트를 계산할 수 있다.

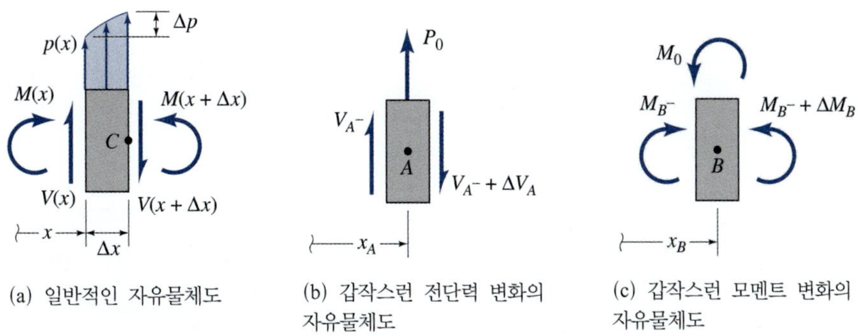

그림 5.8 미소면적의 자유물체도

$$+\circlearrowright\left(\sum M\right)_C = 0:$$

$$M(x) - M(x+\Delta x) + p(x)\frac{(\Delta x)^2}{2} + O(\Delta p \cdot \Delta x^2) + V(x)\Delta x = 0$$

양변을 Δx로 나누고, $\Delta x \to 0$을 적용하면,

$$\boxed{\frac{dM}{dx} = V(x)} \tag{5.3}$$

그림 5.7b의 P_0와 같은 외부 집중하중이 작용하거나, M_0와 같은 집중 짝힘이 작용하는 곳에는 항상 각각 전단력과 모멘트의 단계 변화가 있다. 그림 5.8b의 부분 자유물체도로부터(명확성을 위하여 모멘트는 생략),

$$+\uparrow \sum F_y = 0: \qquad V_{A^-} - (V_{A^-} + \Delta V_A) + P_0 = 0$$

$$\boxed{\Delta V_A = P_0} \tag{5.4}$$

여기서, V_{A^-}는 P_0가 작용하는 x_A지점의 좌측에서 작용하는 (내부) 전단력이다. 즉, x_A에서 작용하는 집중 하중 P_0는 ΔV_A만큼의 단계 변화를 야기한다.

x_B에서의 외부 짝힘 M_0는 x_B에서 모멘트 단계 변화를 유발한다. 그림 5.8c로부터(명확성을 위하여 전단력은 생략),

$$+\circlearrowright\left(\sum M\right)_B = 0: \qquad M_{B^-} - (M_{B^-} + \Delta M_B) - M_0 = 0$$

또는

$$\boxed{\Delta M_B = -M_B} \tag{5.5}$$

식 5.2와 5.3은 각각 분포하중 $p(x)$와 전단력 $V(x)$ 사이의 미분방정식과 전단력 $V(x)$와 굽힘 모멘트 $M(x)$와 관련된 미분방정식을 나타내고 있다. 그림 5.9와 같이, 집중하중 혹은 집중 짝힘이 없는 $x_1 \le x \le x_2$ 사이의 보의 한 부분을 고려하자. 식 5.2를 해당 구간에서 적분하면

$$\int_{x_1}^{x_2} \frac{dV}{dx} dx = V_2 - V_1 = \int_{x_1}^{x_2} p(x) dx$$

또는

$$\boxed{V_2 - V_1 = \int_{x_1}^{x_2} p(x) dx} \tag{5.6}$$

유사하게, 식 5.3으로부터,

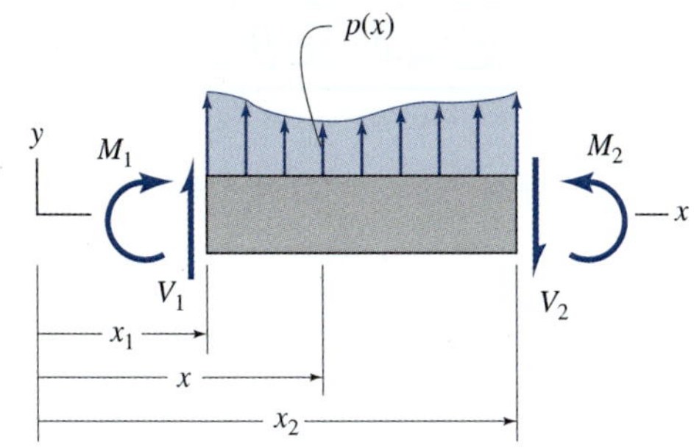

그림 5.9 보의 유한 자유물체도

$$M_2 - M_1 = \int_{x_1}^{x_2} V(x)dx \tag{5.7}$$

식 5.6과 5.7은 다음과 같이 명시될 수 있다:

- 단면 1부터 2까지의 **전단력 변화**(change in shear)는 동일 단면 범위에서 **하중 곡선의 면적**(area under the load curve)과 같다. (음의 $p(x)$로부터 계산된 "면적"은 음의 값을 가진다.)
- 단면 1부터 2까지의 **모멘트 변화**(change in moment)는 동일 단면 범위에서 **전단 곡선의 면적**(area under the shear curve)과 같다. (음의 $V(x)$로부터 계산된 "면적"은 음의 값을 가진다.)

식 5.2부터 5.7은 전단과 모멘트 선도를 작성하는 5.4절과 5.5절에 매우 유용하다. 또한, $V(x)$와 $M(x)$의 표현식을 결정하기 위하여, 식 5.6과 5.7의 수정식(식 5.8과 5.9)을 사용할 수 있다.

$$V(x) = V_1 + \int_{x_1}^{x} p(\xi)d\xi \tag{5.8}$$

그리고

$$M(x) = M_1 + \int_{x_1}^{x} V(\xi)d\xi \tag{5.9}$$

식 5.2부터 5.9는 전단과 모멘트 선도를 구성하는 5.5절에서 광범위하게 사용된다(예제 5.7부터 5.9). 또한, 간단한 분포하중이나 삼각형태의 분포하중 이외의 분포하중을 받는 보의 전단력과 모멘트의 표현은, 예제 5.6에서 적용된 유한 자유물체도보다 식 5.2부터 5.9를 사용하는 것이 더욱 쉽다.

5.4 전단력과 모멘트 선도: 평형 방법

예제 5.2를 통하여, 분포하중을 받는 단순지지 보의 $V(x)$와 $M(x)$를 표현할 수 있다. 하지만 보를 설계(design)함에 있어서(즉, 보의 적절한 재료 및 단면 결정), "전단력의 최댓값은 무엇이며 어디서 발생하는가?", 그리고 "굽힘 모멘트의 최댓값은 무엇이며 어디서 발생하는가?"와 같은 질문을 할 필요가 있다. 이러한 질문들에 대한 답변은 $V(x)$와 $M(x)$의 그래프를 이용하여 더욱 손쉽게 할 수 있다. 이러한 그래프들을 각각 **전단 선도(shear diagram)** 그리고 **모멘트 선도(moment diagram)**라 한다.

5.4절과 5.5절에서는 전단과 모멘트 선도 작성을 위한 두 가지 방법이 소개된다.

- 방법 1-**평형 방법(Equilibrium Method)-(5.4절)**: 유한 자유물체도, 혹은 식 5.8과 5.9를 이용하여, 전단력($V(x)$)과 모멘트($M(x)$) 함수를 유도한 후, 함수들을 그래프로 표현한다.
- 방법 2-**그래픽 방법(Graphical Method)-(5.5절)**: 식 5.2부터 5.7까지를 사용하여, $V(x)$와 $M(x)$를 표현한다(표 5.1 참조).

위 두 절에 소개된 예제 문제를 학습하면, **최대 양 및 음의 굽힘 모멘트**가 다음의 보 단면 중에서 발생하는 것을 확인할 수 있다: (1) 전단력이 0인 단면(예제 5.4와 5.9); (2) 집중 짝힘이 작용하는 단면(예제 5.5, 5.6과 5.8); (3) 집중 하중이 작용하고, 전단력의 부호가 바뀌는 단면(예제 5.7); 그리고 (4) 지지점에서 반력이 작용하고, 전단력의 부호가 바뀌는 단면(예제 5.9).

아래의 예제들은 두 가지 절차의 적용을 보여준다. 예제 5.4부터 5.6은 평형 방법(Equilibrium Method)을 이용하며, 예제 5.7부터 5.9는 그래픽 방법(Graphical Method)을 적용한다. 세 번째 방법인 불연속함수 방법(Discontinuity-Function Method)은 5.6절에 소개된다.

전단력과 굽힘 모멘트 선도: 평형 방법 예제 5.4부터 5.6은 전단력과 모멘트 선도를 작도하기 위한 **평형 방법(Equilibrium Method)**을 보여준다.

예제 5.4

그림 1은 예제 5.2의 단순지지 보를 반력과 함께 보여준다. 예제 5.2에서 얻은 $V(x)$와 $M(x)$의 함수는

$$V_1 = (220 - 40x)\ \text{lb},\quad 0 < x \le 6\ \text{ft}$$

$$V_2 = [-140 + \frac{10}{3}(12 - x)^2]\ \text{lb},\quad 6 \le x < 12\ \text{ft}$$

$$M_1 = (220x - 20x^2)\ \text{lb}\cdot\text{ft},\quad 0 < x \le 6\ \text{ft}$$

$$M_2 = [140(12 - x) - \frac{10}{9}(12 - x)^3]\ \text{lb}\cdot\text{ft},\quad 6 \le x < 12\ \text{ft}$$

이다. (a) 위 $V(x)$와 $M(x)$ 함수를 이용하여, 문제의 단순지지 보에서 발생하는 전단력과 모멘트 선도를 작성하시오. (b) 최대 굽힘 모멘트가 발생하는 위치를 찾고, 이때 발생하는 최댓값을 계산하시오.

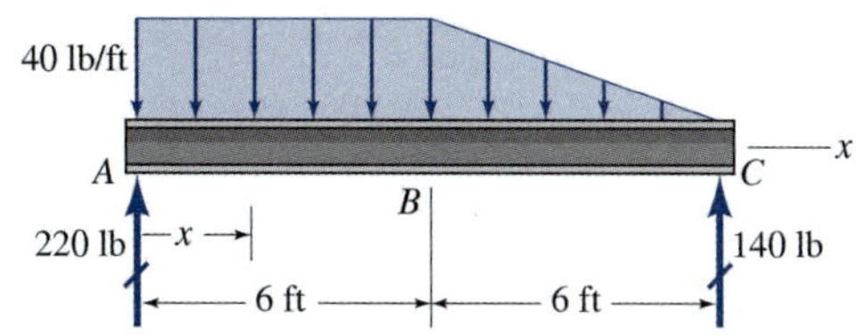

그림 1

풀이 계획 주어진 함수를 이용하여, 전단력과 모멘트 선도를 작성하는 것은 간단하다(예: 컴퓨터 사용). 전단 선도로부터, $V(x)=0$인 지점을 찾을 수 있다. 그 다음, 적절한 모멘트 방정식을 이용하여 이 임계단면에서의 모멘트 값을 계산할 수 있다. 보의 좌측 절반에서 작용하는 하중이 우측 절반에서 작용하는 하중보다 크기 때문에, 최대 굽힘 모멘트는 $x=6$ ft의 좌측에서 발생할 것이다.

풀이 (a) 전단력 및 모멘트 선도 작성 그림 2는 전단력과 모멘트 선도를 보여준다.

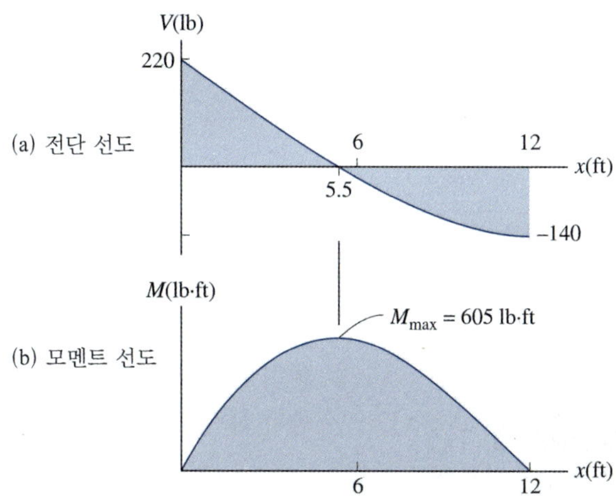

그림 2 전단 및 모멘트 선도

(b) 최대 굽힘 모멘트 계산 최대 모멘트는 전단력이 사라지는 지점($V(x)=0$)에서 발생한다. 전단력 선도와 $V_1(x)$로부터, $0<x<6$ ft의 구간 내에서 전단력이 0인 지점이 발생하는 것을 확인할 수 있다.

$$V_1(x_m) = 220 - 40x_m = 0 \rightarrow x_m = 5.50 \text{ ft}$$

그러면 최대 모멘트는 아래와 같다.

$$M_{max} = M_1(5.50 \text{ ft}) = 605 \text{ lb} \cdot \text{ft}$$ **답 (b)**

풀이 검토 단순지지 보에서 아래 방향으로 향하는 하중은 보를 아래 방향으로 굽게 만들기 때문에, 최대 모멘트는 위 방향으로 오목하다. 이는 보의 전체 구간에서 양의 굽힘 모멘트가 작용하는 것과 일치한다. 예상한 대로, $x=6$ ft를 기점으로 좌측이 우측보다 더 큰 하중이 작용하고 있기 때문에, 최대 모멘트는 $x=6$ ft 좌측에서 발생한다. 이 예제는 $V=dM/dx=0$인 곳에 최대 모멘트가 발생하는 경우를 보여준다.

전단과 모멘트 함수만을 이용하여 보의 전단력과 굽힘 모멘트 분포를 유추하는 것보다 전단력과 굽힘 모멘트 선도들을 이용하는 것이 얼마나 더 쉬울지 생각해보자.

예제 5.5

그림 1과 같이, 선형적으로 변하는 하중을 받는 외팔보의 $V(x)$와 $M(x)$ 표현식을 유도하시오. 유도된 표현식을 이용하여, 이 보의 전단 및 모멘트 선도를 그리시오.

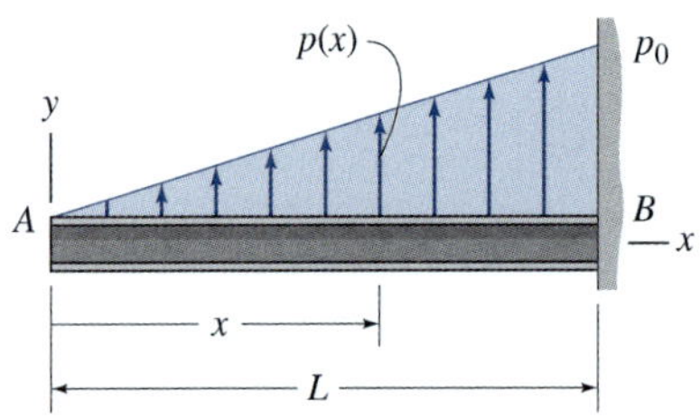

그림 1

풀이 계획 문제에서 요구되는 $V(x)$와 $M(x)$의 함수를 결정하기 위하여 유한 자유물체도를 사용할 수 있다.

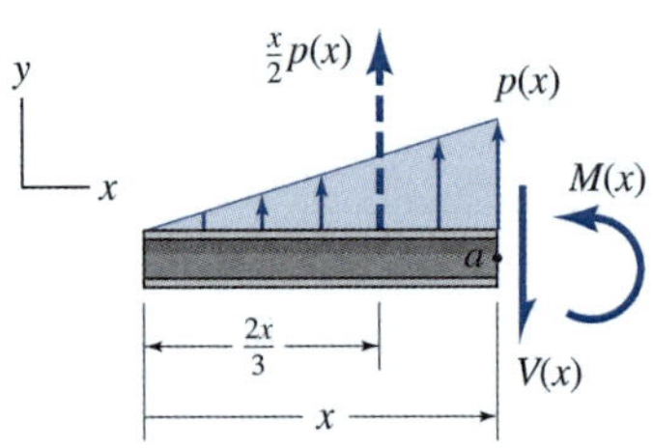

그림 2 자유물체도

풀이 그림 2의 자유물체도에서의 삼각하중 형태는 문제 전체에 주어진 삼각하중과 닮은꼴이다. 따라서 닮은꼴 법칙에 의하여 아래와 같이 계산할 수 있다.

$$\frac{p(x)}{x}=\frac{p_0}{L}\rightarrow p(x)=\left(\frac{x}{L}\right)p_0$$

$$+\uparrow\sum F_y=0: \qquad \left(\frac{x}{2}\right)p(x)-V(x)=0$$

$$V(x)=\frac{p_0x^2}{2L}$$ 답

$$+\circlearrowleft\left(\sum M\right)_a=0: \qquad [p(x)]\left(\frac{x}{2}\right)\left(\frac{x}{3}\right)-M(x)=0$$

$$M(x)=\frac{p_0x^3}{6L}$$ 답

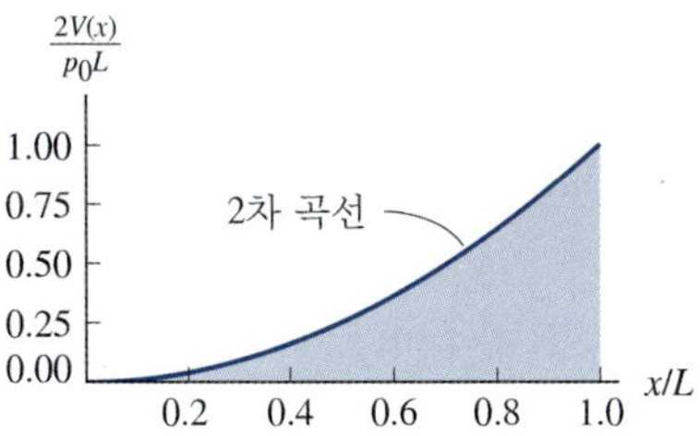

(a) 전단 선도

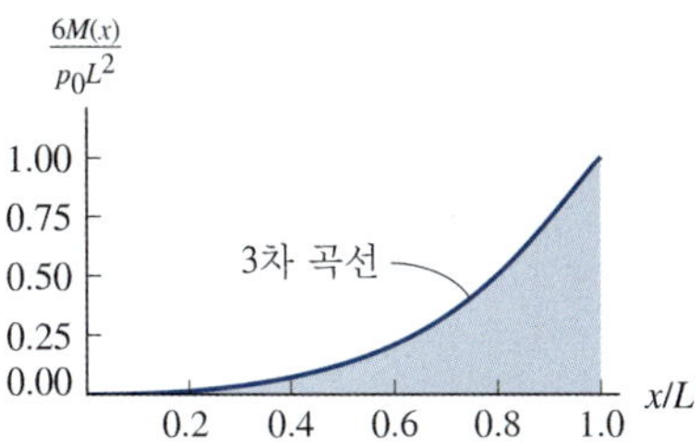

(b) 모멘트 선도

그림 3 전단 선도와 모멘트 선도

전단력 $V(x)$과 굽힘 모멘트 $M(x)$를 표현하는 방정식을 그리기 위해서는 먼저 $x=L$ 지점에서의 $V(L)$과 $M(L)$을 계산하여야 한다. 그림 3은 $V(x)$와 $M(x)$의 선도를 보여준다.

$$V(L)=\frac{p_0 L}{2},\quad M(L)=\frac{p_0 L^2}{6}$$

풀이 검토 자유물체도에서 예상한 바와 같이, 전단력은 어디서나 양의 값을 지닌다. 최대 전단력은 외팔보 지지점 B에서 발생하며, 그림 1의 하중곡선의 전체 면적과 같다. 위로 향하는 하중은 보를 위로 굽게 만들고, 어디서나 윗쪽으로 오목한 형상을 나타낸다. 이것은 보의 전체 길이에 대하여 양의 굽힘 하중이 작용할 때와 일치한다. 최대 굽힘 모멘트는 B점에서 발생한다. 마지막으로, 전단력과 모멘트는 적절한 차원 값인 (F)와 $(F\cdot L)$을 각각 가진다.

예제 5.6

보로 표현된 외팔 비행기 날개에 작용하는 분포하중이 그림 1에 나타나 있다.

$$p(x)=p_0\left[1-\left(\frac{x}{L}\right)^3\right]$$

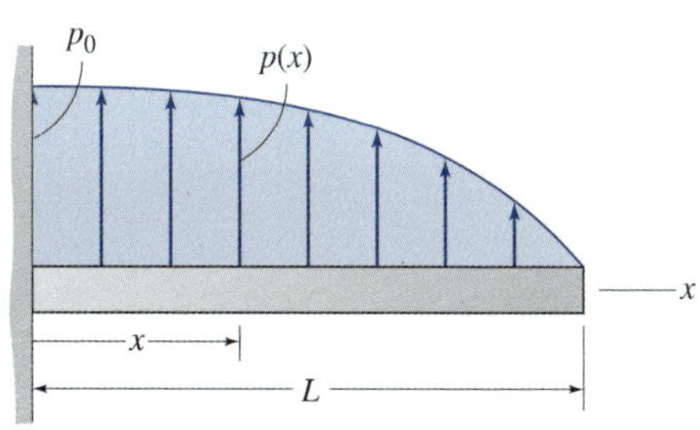

그림 1 비행기 날개

외팔 날개에 작용하는 $V(x)$와 $M(x)$의 표현식을 유도하시오. 유도된 표현식을 이용하여, 이 보의 전단 및 모멘트 선도를 작도하시오.

풀이 계획 본 예제의 하중은 간단한 함수로 대체할 수 없기 때문에, 예제 5.4에서 적용한 유한 자유물체도를 이용하여 $V(x)$와 $M(x)$를 결정하는 것은 어렵다. 그러므로 식 5.8과 5.9를 이용하여, $V(x)$와 $M(x)$를 유도하자. 먼저 용어 정의를 위하여 자유물체도를 작성하도록 한다.

풀이 그림 2는 x지점의 단면부터 날개 끝까지의 자유물체도를 보여준다. 모든 중요한 용어는 이 자유물체도에 표기되어 있다. 날개 끝 $x=L$에서는 전단력과 모멘트는 작용하지 않기 때문에, $V(L)=M(L)=0$으로 둘 수 있다. 식 5.8을 적용하면, 아래와 같은 $V(x)$를 얻을 수 있다.

$$V(L) = V(x) + \int_x^L p(\xi)d\xi$$

여기서, $p(\xi)$는 변수 x가 ξ로 대체된 주어진 하중 함수이다. $V(L) = 0$이므로

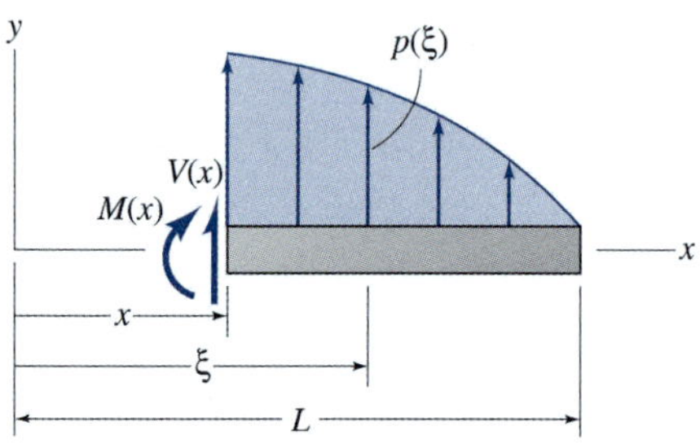

그림 2 자유물체도

$$\begin{aligned} V(x) &= -\int_x^L p(\xi)d\xi \\ &= -p_0\int_x^L \left[1-\left(\frac{\xi}{L}\right)^3\right]d\xi \\ &= p_0L\left[\frac{1}{4}\left(\frac{\xi}{L}\right)^4 - \frac{\xi}{L}\right]_x^L \end{aligned}$$

가 되며, 따라서,

$$V(x) = p_0L\left[-\frac{3}{4}+\frac{x}{L}-\frac{1}{4}\left(\frac{x}{L}\right)^4\right] \qquad \textbf{답}$$

이다.

유사하게, 식 5.9로부터 다음 식을 얻을 수 있다.

$$M(L) = M(x) + \int_x^L V(\xi)d\xi$$

$M(L) = 0$이므로

$$\begin{aligned} M(x) &= -\int_x^L V(\xi)d\xi \\ &= -p_0L\int_x^L\left[-\frac{3}{4}+\frac{\xi}{L}-\frac{1}{4}\left(\frac{\xi}{L}\right)^4\right]d\xi \\ &= \rho_0L^2\left[\frac{3}{4}\left(\frac{\xi}{L}\right)-\frac{1}{2}\left(\frac{\xi}{L}\right)^2+\frac{1}{20}\left(\frac{\xi}{L}\right)^5\right]_x^L \end{aligned}$$

따라서,

$$M(x) = p_0L^2\left[\frac{3}{10}-\frac{3}{4}\left(\frac{x}{L}\right)+\frac{1}{2}\left(\frac{\xi}{L}\right)^2-\frac{1}{20}\left(\frac{x}{L}\right)^5\right] \qquad \textbf{답}$$

이다.

날개 시작점에서의 전단력과 모멘트인 $V(0)$와 $M(0)$는 아래와 같다.

$$V(0) = -\frac{3}{4}p_0L, \quad M(0) = \frac{3}{10}p_0L^2$$

마지막으로, 컴퓨터를 이용하여 $V(x)$와 $M(x)$에 대한 위의 두 표현식을 그리면 그림 3과 같다.

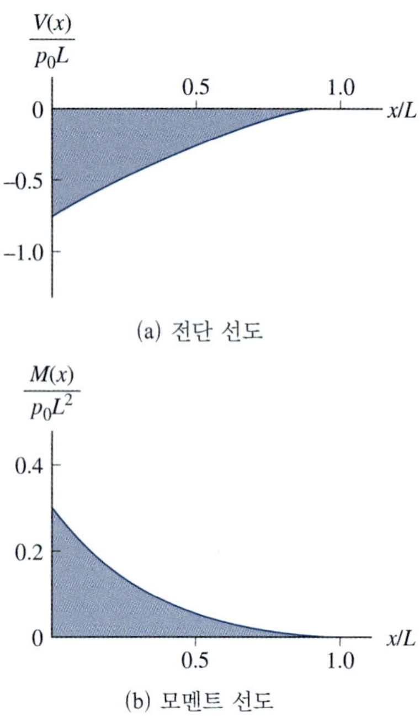

그림 3 전단 선도와 모멘트 선도

풀이 검토 자유물체도에서 예상한 바와 같이, 전단력은 어디서나 음의 값을

가진다. 최대 전단력(크기)은 날개 시작점 A에서 발생하며, 문제에서 제시된 하중곡선의 전체 면적과 같다. 전단력의 크기, $(3/4)p_0L$는 등분포 하중을 받는 외팔보에서의 크기 p_0L와 비교하여 합리적인 것을 확인할 수 있다. 위로 향하는 하중은 보를 위로 굽게 만들고, 어디서나 위 방향으로 오목한 형상을 띤다. 이는 보의 전체 길이에 대하여 굽힘 모멘트가 양이라는 것과 일치한다. 최대 굽힘 모멘트는 날개 시작점인 A점에서 발생한다. 마지막으로, 전단력과 모멘트는 적절한 차원 값인 (F)와 $(F \cdot L)$을 각각 가진다.

5.5 전단력과 모멘트 선도: 그래픽 방법

이전 절의 예제 5.4부터 5.6을 통하여 전단력과 굽힘 모멘트 선도를 그리기 위하여, 평형 방법(equilibrium method)이 어떻게 사용되는지 보았다. 본 절에서는 **그래픽 방법(graphical method)**이 전단과 모멘트 선도를 그리기 위해 어떻게 적용되는지를 소개한다.

전단력과 굽힘 모멘트 선도: 그래픽 방법 예제 5.7-5.9는 전단력과 모멘트 선도를 그리기 위한 **그래픽 방법(graphical method)**을 소개한다. 표 5.1은 보의 좌측부터 우측 끝까지 진행되는 선도를 그리는 과정에서 식 5.2부터 5.7이 어떻게 사용되는지를 보여준다. 다음 예제들에서의 진행단계에 대하여 주의 깊게 공부하고, 표 5.1의 정보와 관련시킬 수 있으면, 하중과 반력이 계산된 단순한 하중을 받는 어떠한 보에 대해서도 전단과 모멘트 선도를 작성할 수 있을 것이다.[2] 이해를 돕기 위하여 그래픽 방법을 적용한 MDSolids 예제가 수록되어 있다.

2) 부연설명: 그래픽 방법은 식 5.6과 5.7에 명시되어 있는 "면적"이 간단한 사각형이나 삼각형형태의 집중 또는 등분포하중이 보에 작용 시 매우 유용하다. 또한, 그래픽 방법은 평형 방법을 통한 결과 해석에 유용하다.

표 5.1 전단 선도 및 모멘트 선도 특징

수식	하중 선도 p	전단 선도 V	모멘트 선도 M
1. 하중 값과 동일한 전단 선도의 기울기			
$\dfrac{dV}{dx} = p(x)$ (식 5.2)	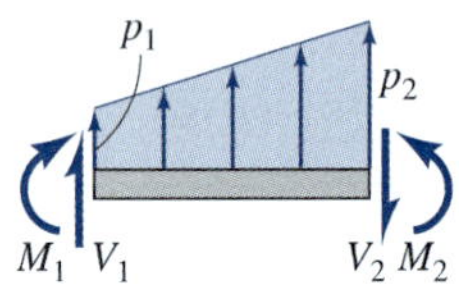	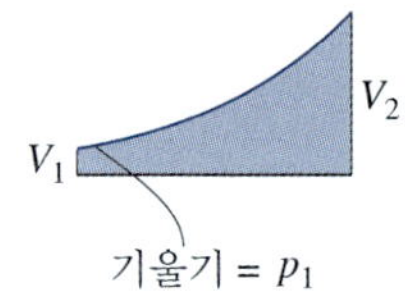	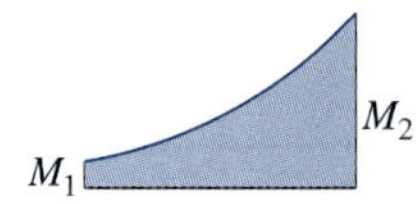
2. 집중하중과 동일한 값을 가지는 갑작스런 전단력의 변화			
$\Delta V = P_0$ (식 5.4)	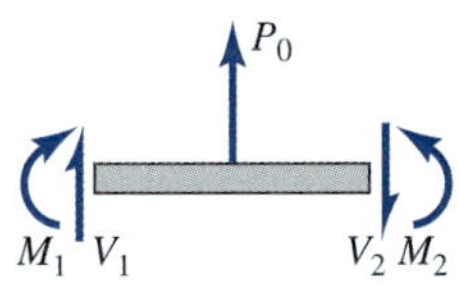	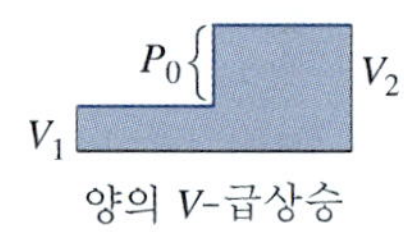	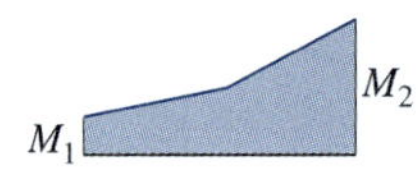
3. 분포하중 선도의 면적과 동일한 전단력의 변화			
$V_2 - V_1 = \int_{x_1}^{x_2} p(x)dx$ (식 5.6)	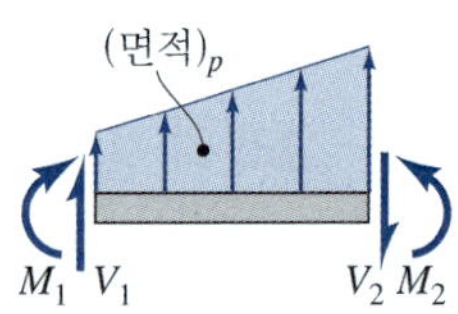	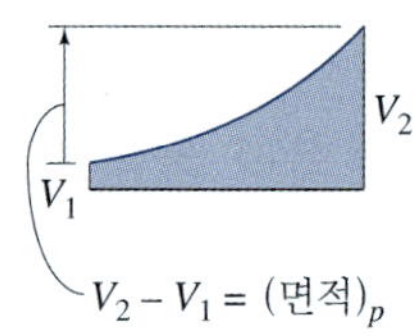	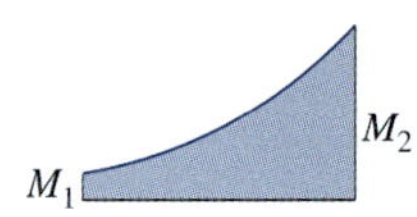
4. 전단력 값과 동일한 모멘트 선도의 기울기			
$\dfrac{dM}{dx} = V(x)$ (식 5.3)	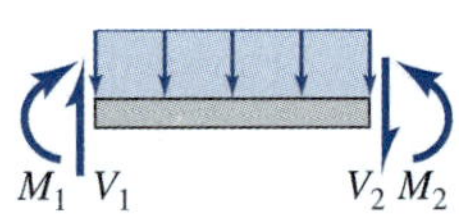		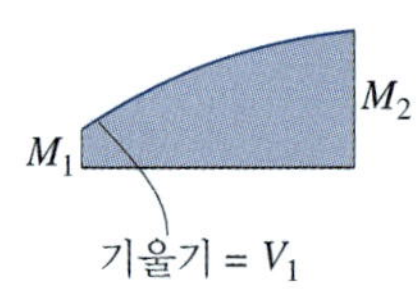
5. 집중 짝힘과 동일한 값을 가지는 갑작스런 모멘트의 변화			
$\Delta M = -M_0$ (식 5.5)	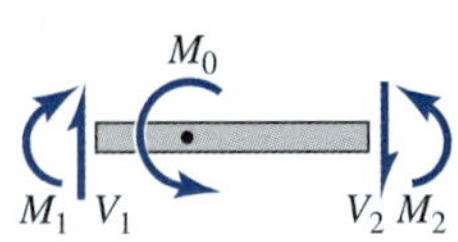		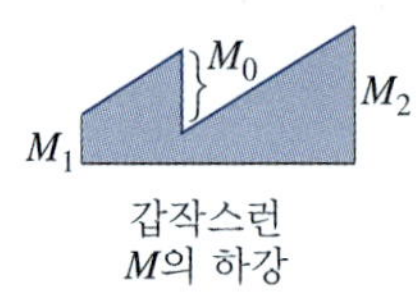
6. 전단 선도의 면적과 동일한 모멘트의 변화			
$M_2 - M_1 = \int_{x_1}^{x_2} V(x)dx$ (식 5.7)	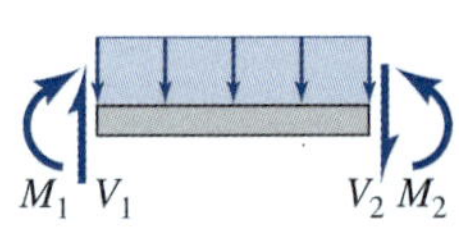	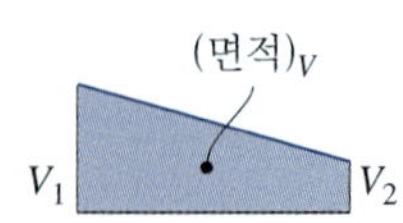	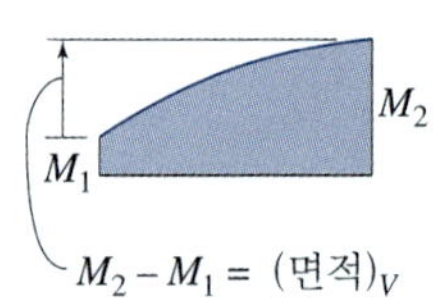

예제 5.7

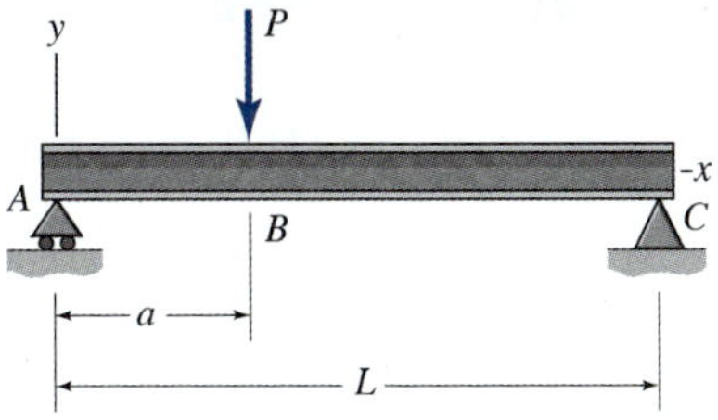

그림 1

식 5.2부터 5.7을 이용하여, 그림 1에 나타낸 단순지지 보의 전단과 모멘트 선도를 작성하시오.

풀이 계획 지지점 A와 C에서의 반력을 결정하기 위하여, 보 AC의 자유물체도를 이용할 수 있다. 보에 작용하는 분포하중이 없기에, 보의 모든 곳에서 $p(x)=0$이다. 또한, B점에 집중하중이 작용하고 있기에, $0<x<a$와 $a<x<L$의 두 구간으로 나누어 고려해야 한다.

풀이

평형 – 반력: 반력 A_y와 C_y를 결정하기 위해서, 먼저 전체 보 AC에 대한 자유물체도를 작성한다(그림 2).

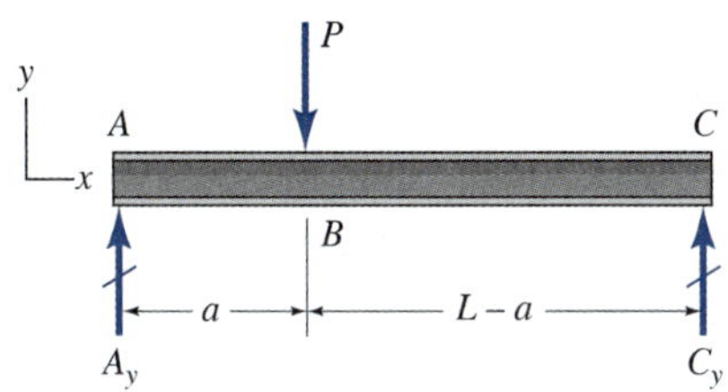

그림 2 자유물체도

$$+\circlearrowleft\left(\sum M\right)_A=0: \qquad Pa-C_yL=0, \quad C_y=P\left(\frac{a}{L}\right)$$

$$+\circlearrowleft\left(\sum M\right)_C=0: \qquad A_yL-P(L-a)=0, \quad A_y=\frac{P(L-a)}{L}$$

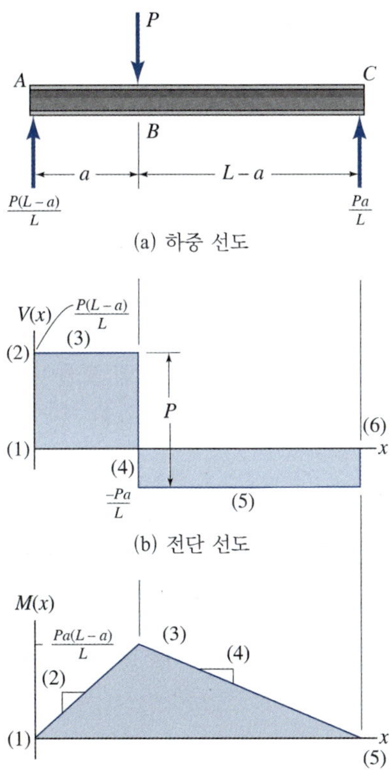

그림 3 하중, 전단 및 모멘트 선도

전단력 선도: 식 5.2, 5.4와 5.6은 전단력과 관련된다. 본 수식을 사용하여, x는 0부터 L까지의 $V(x)$를 점차적으로 그려 나갈 수 있다. 그림 3a의 하중 선도 밑에 전단력과 모멘트 선도를 작도하면 편리하다. $V(x)$를 그리기 위한 각각의 단계는 그림 3b에 번호로 표기되어 있다.

1. $x=0^-$에서의 전단력은 0이다.
2. $x=0^+$에서의 전단력은 식 5.4로 계산된다. 즉, $\Delta V_A=A_y=\dfrac{P(L-a)}{L}$이다. 전단의 부호규약에 의거하여, 위로 향하는 집중하중은 전단 선도를 위로 급증가한다.
3. $0<x<a$에서, $p(x)=0$이므로 식 5.2로부터 $dV/dx=0$이다.
4. $x=a$에서 밑으로 향하는 집중하중 P에 의하여, $\Delta V_B=-P$이다.
5. $a<x<L$에서, $p(x)=0$이므로 식 5.2로부터 $dV/dx=0$이다.
6. C점에서의 반력에 의하여 $\Delta V_C=\dfrac{Pa}{L}$가 되며, $x=L^+$ 지점에서 전단력 선도는 0으로 돌아간다.

모멘트 선도: 식 5.3, 5.5와 5.7은 $M(x)$와 관련되어 있으며, 그림 3c의 모멘트 선도 작도에 사용된다. 모멘트 선도는 다음의 단계와 같이 작성한다.

1. $x = 0$에서의 모멘트는 0이다(단순지지 보).
2. $0 < x < a$에서의 모멘트는 식 5.3에 의하여 $\dfrac{dM}{dx} = V(x) = \dfrac{P(L-a)}{L} =$ 일정이다.
3. $x = a$에서의 $M(a)$는 식 5.7를 이용하여, $x = 0$부터 $x = a$까지 전단 선도의 사각형 면적으로 계산할 수 있다. 그러므로 $M(a) - 0 = \int_0^a V(x)dx = \dfrac{P(L-a)}{L}(a)$이며, $M(a) = \dfrac{Pa(L-a)}{L}$가 최대 굽힘 모멘트이다.
4. $a < x < L$에서의 모멘트는 식 5.3에 의하여 $\dfrac{dM}{dx} = V(x) = \dfrac{-Pa}{L} =$ 일정이다.
5. 식 5.7을 이용하여, $M(L) - M(a) = \int_a^L V(x)dx = -\dfrac{Pa}{L}(L-a)$를 얻을 수 있으며, 이는 $x = L$지점과 가까워질수록 모멘트가 0이 된다(C점에서 단순 지지).

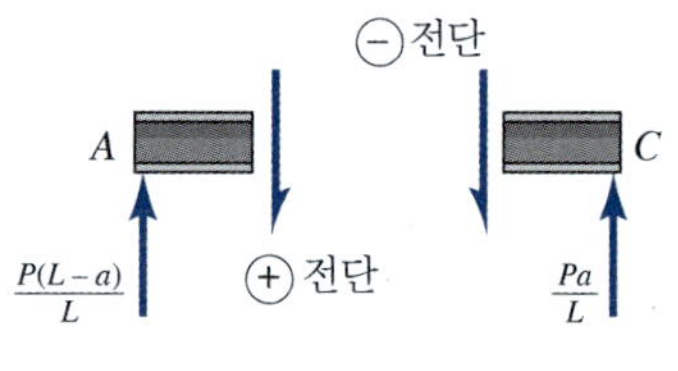

그림 4

풀이 검토 전단 선도(F)의 차원과 모멘트 선도($F \cdot L$)의 차원이 각각 맞게 계산되었다. 만약, 보의 양 끝단에서의 유한 자유물체도를 그렸으면, 그림 5와 같을 것이다. 그러므로 그림 3b의 전단 선도는 그림 4의 자유물체와 그림 5.6의 부호규약에 따라, 올바른 부호를 가진다. 밑으로 향하는 하중은 그림 5와 같이 보를 구부리며, 양의 굽힘 하중이 작용하는 사실과 일치한다. 최대 굽힘 하중은 하중 P가 작용하고, 전단력의 부호가 바뀌는 단면에서 발생한다.

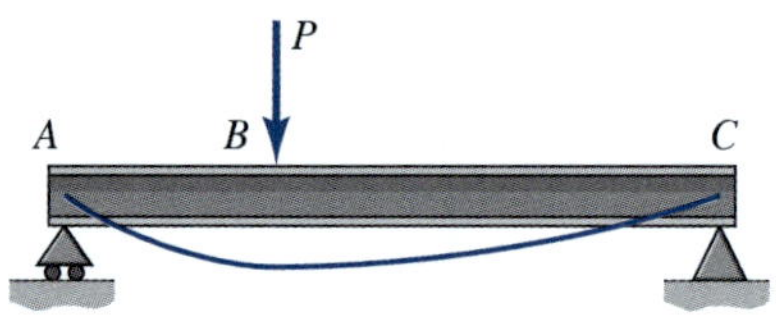

그림 5

MDS 5.1-5.6 **전단 및 모멘트 선도** – 보의 결정(Determinate Beam)은 정적 정정 보의 전단과 굽힘 모멘트 선도를 그리기 위하여 사용되는 컴퓨터 프로그램 모듈이다. MDS 예제 5.1부터 5.6의 풀이는 그래픽 방법(graphical method)을 이용한 전단과 모멘트 선도 작성을 보여준다.

예제 5.8

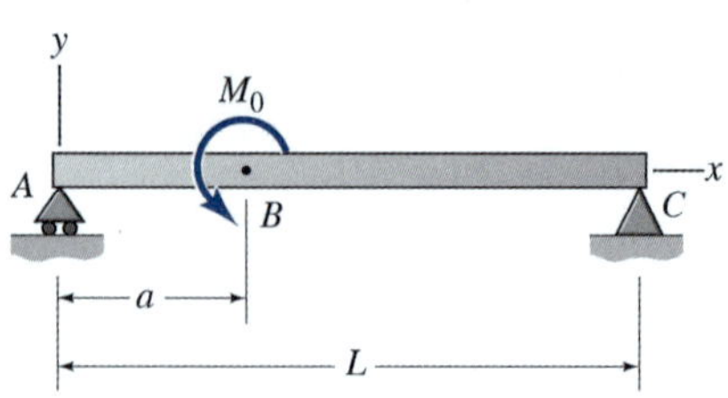

그림 1

식 5.2부터 5.7을 이용하여, 그림 1에 나타난 단순지지 보의 전단 및 모멘트 선도를 작성하시오.

풀이 계획 지지점 A와 C에서의 반력을 계산하기 위하여, 그림 2의 보 AC 자유물체도를 이용하자. 보에는 분포하중이 없기에 $p(x) = 0$이며, B점에서 작용하는 집중 짝힘으로 $0 < x < a$와 $a < x < L$의 두 구간으로 고려해야 한다.

풀이

평형 – 반력: 우선 반력 A_y와 C_y를 결정해야 한다.

$$+\circlearrowright\left(\sum M\right)_A = 0: \qquad -M_0 - C_y L = 0 \rightarrow C_y = \frac{-M_0}{L}$$

$$+\circlearrowright\left(\sum M\right)_C = 0: \qquad A_y L - M_0 = 0 \rightarrow A_y = \frac{M_0}{L}$$

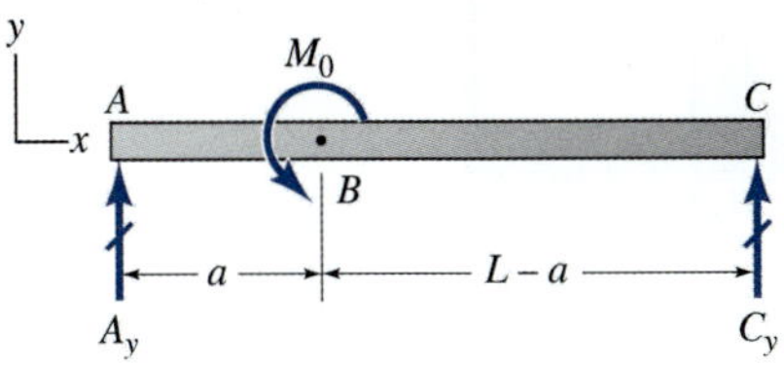

그림 2 자유물체도

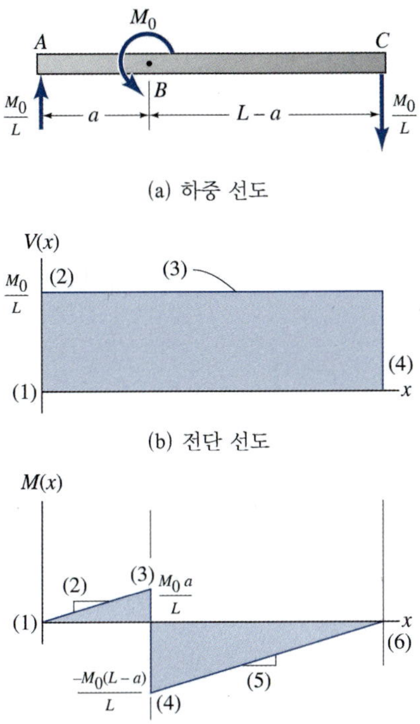

(a) 하중 선도

(b) 전단 선도

(c) 모멘트 선도

그림 3 전단과 모멘트 선도

전단 선도: 식 5.2, 5.4와 5.6은 전단력을 다룬다. 이 수식들과 그림 3a의 하중 선도를 사용하여, $x = 0$부터 $x = L$까지의 $V(x)$를 점차적으로 그릴 수 있다. 이때, 그림 3a의 하중 선도 아래에 전단과 모멘트 선도를 작도하면 편리하다. $V(x)$를 작성하기 위한 각각의 단계의 번호가 그림 3b에 표기되어 있다.

1. $x = 0^-$에서의 전단력은 0이다.
2. $x = 0^+$에서의 전단력은 식 5.4로 계산된다. 즉, $\Delta V_A = A_y = M_0/L$이다. 전단의 부호규약에 의거하여, 위로 향하는 집중하중은 전단 선도를 갑작스럽게 위로 증가(M_0/L)함을 주의하자. (b) 전단 선도
3. $0 < x < L$에서 $p(x) = 0$이기에 식 5.2로부터 $dV/dx = 0$이며, $V(x) = M_0/L$ $=$ 일정이다.
4. C점에서의 반력은 $\Delta V_C = -M_0/L$이며, $x = L^+$에서의 전단력은 0과 가까워진다.

모멘트 선도: 식 5.3, 5.5와 5.7은 $M(x)$와 관련되며, 그림 3c의 모멘트 선도를 작성하는 데 사용된다. 모멘트 선도는 다음의 단계와 같이 작성한다.

1. $x = 0$에서의 모멘트는 0이다(단순지지 보).
2. $0 < x < a$에서의 모멘트는 식 5.3에 의하여, $\dfrac{dM}{dx} = V(x) = M_0/L =$ 일정이다.
3. $x = a^-$에서의 $M(a^-)$는 식 5.7를 이용하여, $x = 0$부터 $x = a$까지 전단 선도의 사각형 면적으로 계산할 수 있다. 그러므로 $M(a) - 0 = \int_0^a V(x)dx = M_0 a/L$이다. (c) 모멘트 선도 점(3)
4. $x = a$에서 식 5.5에 의하여, 모멘트의 갑작스런 음의 변화가 점 (4)로 급락한다. 따라서, $M(a^+) = \dfrac{M_0 a}{L} - M_0 = -\dfrac{M_0(L-a)}{L}$이다.
5. $a < x < L$에서의 모멘트는 식 5.3에 의하여, $dM/dx = V(x) = M_0/L =$ 일정함을 얻을 수 있다.
6. 식 5.7에 의하여, $M(L) - M(a^-) = \int_a^L V(x)dx = (M_0/L)(L-a)$를 구하며, 이는 $x = L$지점과 가까워질수록 모멘트가 0이 된다(C점에서 단순지지).

풀이 검토 전단 선도(F)의 차원과 모멘트 선도($F \cdot L$)의 차원이 각각 맞게 계산되었다. 최대($M_0 a/L$) 및 최소($-M_0(L-a)/L$) 굽힘 모멘트는 모두 집중 짝힘이 작용하는 단면에서 발생한다. 집중하중이 작용하는 이전 예제와 본 예제를 비교해 보아라.

예제 5.9

그림 1의 보의 반력을 계산하고, 전단과 모멘트 선도를 그리시오(보는 돌출부 BC를 가지고 있음). 모멘트 선도 시 모든 중요 값(최댓값, 최솟값, 위치 등)들을 표기하시오.

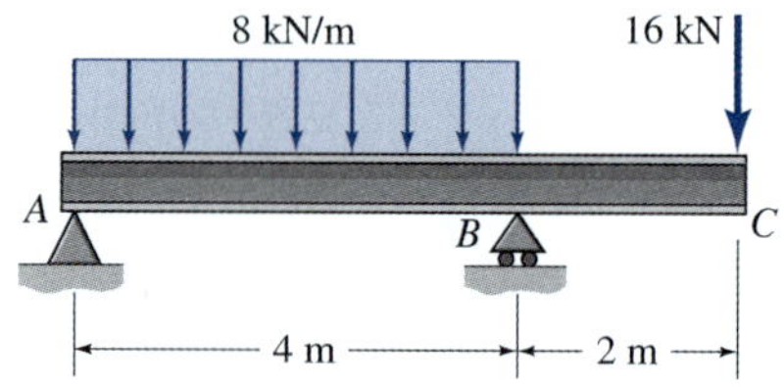

그림 1

풀이 계획 반력을 계산하기 위하여, 전체 보에 대한 자유물체도를 이용할 수 있다. 또한, 예제 5.7과 5.8에서 수행한 바와 같이, 식 5.2부터 5.7까지를 사용하여, $V(x)$와 $M(x)$ 선도를 작도할 수 있다.

풀이

평형 – 반력: 반력은 반드시 가장 먼저 계산되어야 한다. 그림 2에 적절한 자유물체도를 나타냈다.

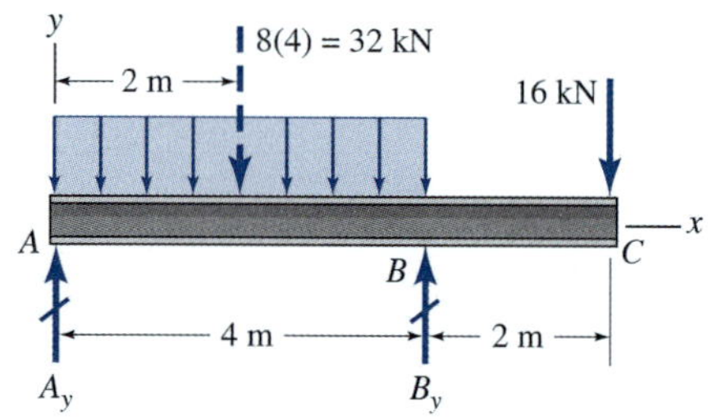

그림 2 자유물체도

$$+\circlearrowright\left(\sum M\right)_A = 0:$$

$$(8\ \text{kN/m})(4\ \text{m})(2\ \text{m}) + (16\ \text{kN})(6\ \text{m}) - B_y(4\ \text{m}) = 0$$

$$B_y = 40\ \text{kN}$$ **답**

$$+\circlearrowright\left(\sum M\right)_B = 0:$$

$$A_y(4\ \text{m}) - (8\ \text{kN/m})(4\ \text{m})(2\ \text{m}) - (16\ \text{kN})(2\ \text{m}) = 0$$

$$A_y = 8\ \text{kN}$$ **답**

검토: $\sum F_y = 0?$ 이 공식이 적합한가? $8 - 32 + 40 - 16 = 0?$ **답: 맞다.**

모든 하중과 반력이 표시되어 있는 보의 선도 아래에, V(그림 3b)와 M(그림 3c)를 그리면 편리하다.

전단력 선도: 다음의 단계에 따라 전단력 선도(그림 3b)를 그린다.

1. $V(0^-) = 0$ [보의 끝점은 전단력이 없다].
2. $V(0^+) = 8\ \text{kN}$ [식 5.4].
3. $dV/dx = -8\ \text{kN/m}$ [식 5.2].
4. $V(4^-) = V(0^+) + (-8\ \text{kN/m})(4\ \text{m}) = 8 - 32 = -24\ \text{kN}$ [식 5.6].

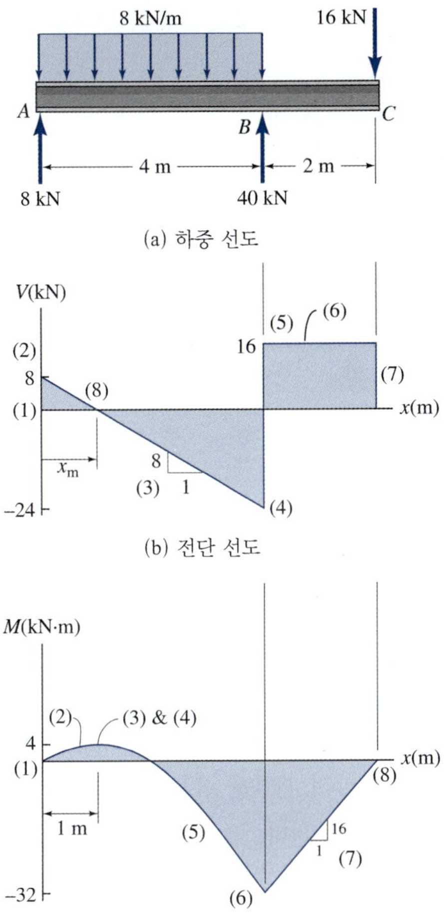

(a) 하중 선도

(b) 전단 선도

(c) 모멘트 선도

그림 3 전단과 모멘트 선도

5. $V(4^+) - V(4^-) = 40$ kN [식 5.4].
6. $dV/dx = 0$ [식 5.2].
7. $V(6^+) = V(6^-) - 16 = 0$.
8. $V(0^+) = 8$ kN이고, $0 < x < 4$ m에서 $dV/dx = -8$ kN/m이기 때문에, $x_m = 1$ m 지점에서 $V = 0$이다[식 5.6].

모멘트 선도: 식 5.2부터 5.7까지를 사용하여 모멘트 선도(그림 3c)를 작성하는 순서는 아래와 같다.

1. $M(0) = 0$ [보의 끝점은 모멘트가 없다].
2. $dM/dx = V(x)$로부터, $M(x)$는 $x = 0^+$ 지점의 기울기는 $+8$ kN·m/m이며, $x = x_m = 1$ m에서는 0이다. 그 결과, $0 < x < 1$ m에서의 모멘트 선도는 반드시 일반적인 형상 ⁀을 가져야 한다[식 5.3].
3. $V(x) = 0$인 지점에서 $M(x)$는 최대이다[식 5.3].
4. $M(1) = M(0) + \int_0^1 V(x)dx = \frac{1}{2}(8 \text{ kN})(1 \text{ m}) = 4 \text{ kN}\cdot\text{m}$ [식 5.7; 삼각형의 면적].
5. 1 m $\le x \le$ 4 m에서의 $V(x)$는 점차 음의 값으로 커진다. 그 결과, $M(x)$는 반드시 일반적인 형상 ⁀을 가져야 한다. [식 5.3]
6. $M(4) = M(0) + \int_0^4 V(x)dx = 0 + \frac{1}{2}(8 \text{ kN})(1 \text{ m}) + \frac{1}{2}(-24 \text{ kN})(3 \text{ m})$
   $= -32 \text{ kN}\cdot\text{m}$ [식 5.7; 삼각형의 순수 면적]
7. $dM/dx = V(x) = 16$ kN [식 5.3]
8. $M(6) = M(4) + \int_4^6 V(x)dx = -32 \text{ kN}\cdot\text{m} + (16 \text{ kN})(2 \text{ m}) = 0$ [식 5.7; 보의 끝점은 모멘트가 없다].

최대 전단력은 지지점 B의 좌측에서 발생하고, 크기는 24 kN이다. 최대 양의 모멘트는 $V = 0$인 $x = 1$ m에서 발생하고, 크기는 4 kN·m이다. 그리고 최대 음의 모멘트의 크기는 32 kN·m이고, 지지점 B에서 발생한다.

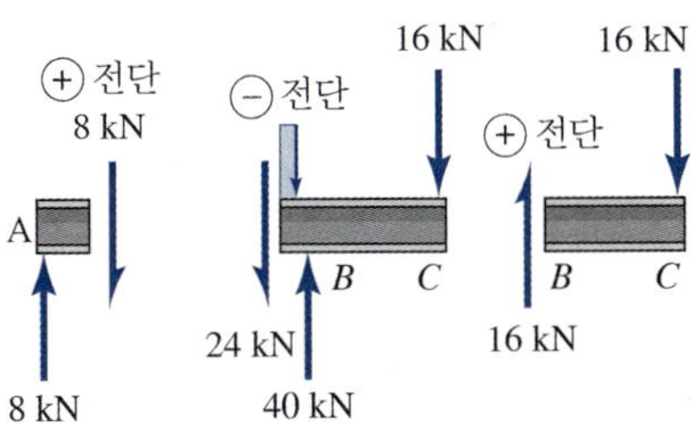

(a) (b) (c)

그림 4

풀이 검토 A점의 바로 우측(그림 4a), B점의 바로 좌측(그림 4b), 그리고 B점의 바로 우측(그림 4c)을 자른다고 가정하면, 각 지점들에서의 전단력 부호를 확인할 수 있을 것이다.

모멘트 선도를 검토하기에 가장 좋은 방법은 모멘트의 부호가 처짐 형상에 대응하는지를 확인하는 것이다. 즉, 그림 5.6c의 부호규약에 따라 $M(x)$가 양의 값일 때는, 보가 위로 오목하고, $M(x)$가 음의 값일 때는, 아래로 오목하다. $M(x) = 0$인 곳에는 보가 국부적으로 수평이고 이것은 위 방향으로 오목하지도 아래 방향으로 오목하지도 않다. 지지점 A와 B까지의 가로지르는 처짐 곡선을 그릴 수 있으며, 양의 $M(x)$값이 존재하는 부분에는 위로 오목하고, 모멘트가 음인 구간에는 아래로 오목할 것이다. A와 B사이의 분포하중과, C점에서의 집중하중은, 그림과 같이 보의 처짐을 유발한다.

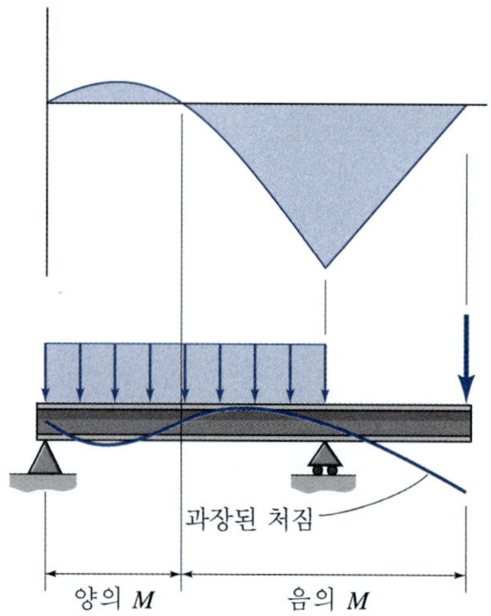

그림 5 보 AC의 처짐을 보여주는 스케치

양의 굽힘 모멘트는 $+y$방향으로 보를 오목하게 하고, 음의 굽힘 모멘트는 $-y$방향으로 보를 오목하게 한다는 발상은 그림 5.6c의 양의 굽힘 모멘트의 정의와 일치한다. 이 사실은 굽힘 모멘트 선도를 검토하기 위하여 예제 5.7과 5.9에 적용되었다. 다음 장에서는 굽힘 모멘트와 곡률과의 수학적 관계를 유도하게 되며, 제7장에서는 이 관계를 적용하여 보의 처짐을 표현하게 된다.

*5.6 하중, 전단력과 모멘트를 표현하는 불연속함수

보에 작용하는 하중이 불연속이거나, 지지점에서의 하중과 반력을 포함한 적분식은 불연속이다. 하지만 각각의 불연속구간에서 적분은 연속성을 지닌다. 예를 들어, 그림 5.10의 보는 네 부분의 구간 AB, BC, CD 그리고 DE을 가진다. 보의 전체적인 $V(x)$와 $M(x)$를 규명하기 위해서는, 4개의 독립된 전단력 표현 $V_i(x)$와 4개의 모멘트 함수 $M_i(x)$가 요구된다. 불연속함수의 도입은 전단과 굽힘 모멘트 함수를 결정하는 과정을 간단하게 하고(5.6절), 보의 처짐과 기울기를 계산하는 과정을 매우 간소화한다. 예를 들어, 그림 5.10의 보에서, $0 \le x \le L$ 구간의 전단 $V(x)$는 4가지의 독립된 표현들보다 하나의 짧은 유효한 함수식으로 쓰여질 수 있다. 유사하게, 하중 $p(x)$와 모멘트 $M(x)$도 각각 $0 \le x \le L$에서 유효한 하나의 표현으로 작

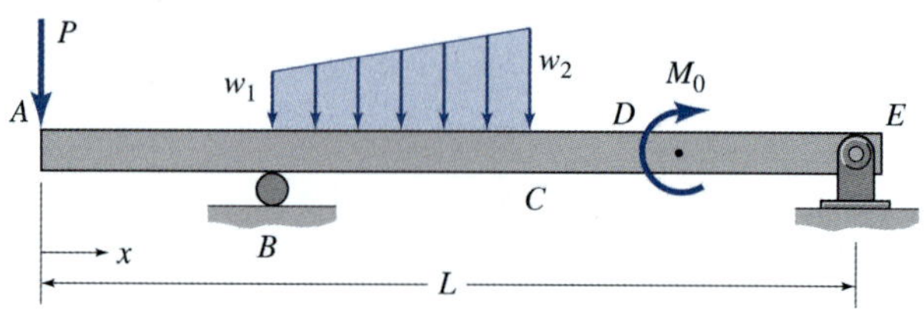

그림 5.10 여러 하중이 작용하는 보

성 가능하다.

분포하중을 표현하기 위하여 맥컬리 함수(Macaulay function)가 사용되며, 외부집중하중과 집중 짝힘을 나타내기 위하여 특이함수(singularity function)가 적용된다. 이들은 모두 **불연속함수(discontinuity function)**로 부르며, 맥컬리 브라켓(Macaulay bracket)[3)]은 홑화살괄호(< >)를 이용하여 기호화 $\langle x-a\rangle^n$ 된다.

맥컬리 함수 맥컬리 함수(Macaulay Function)는 독립변수의 특정값까지는 0이고 이보다 큰 독립변수 범위에서는 0이 아닌 함수를 표현하는 데 유용하다. $n \geq 0$인 정수값에 대해서 맥컬리 함수 $\langle x-a\rangle^n$은 아래의 표현식으로 정의된다.

$$\langle x-a\rangle^n = \begin{cases} 0 & \text{for } x < a \\ (x-a)^n & \text{for } x \geq a \end{cases} \quad n = 0,\ 1,\ 2,\ \cdots \tag{5.10}$$

그림 5.11은 맥컬리 함수의 예로서, 독립변수 x의 불연속이 발생하는 지점 a에서의 단위스텝함수(unit step function) $\langle x-a\rangle^0$과 단위램프함수(unit ramp function) $\langle x-a\rangle^1$을 보여준다. 그림 5.11b에 표현된 단위램프함수처럼, 이러한 함수는 $x < a$구간에서는 0의 값을 가지며, $x \geq a$에서는 $(x-a)^n$의 값을 지닌다. $\langle x-a\rangle^n$의 단위는 x^n의 단위와 동일하다(예; ft^n, m^n 등).

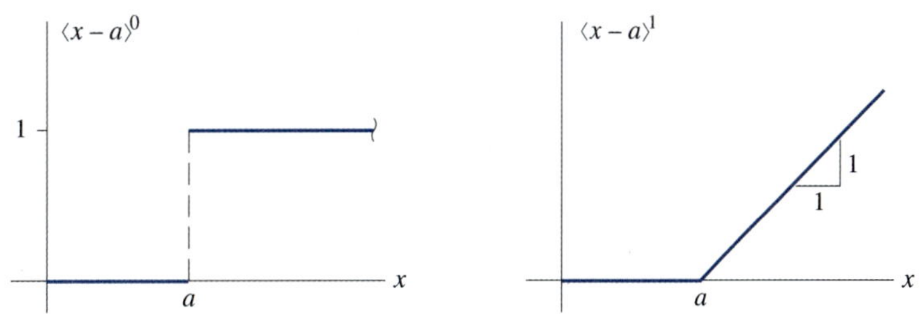

(a) 단위스텝함수 (b) 단위램프함수

그림 5.11 맥컬리 함수의 예시

특이함수 두 개의 흥미있는 특이함수(Singularity Function)는 집중 짝힘 표현에 사용되는 단위이항함수(unit doublet function), $\langle x-a\rangle^{-2}$와 집중하중을 표현하는 단위충격함수(unit impulse function), $\langle x-a\rangle^{-1}$이다. 이 함수들은 그림 5.12에 표현되어 있다. 특이함수는 어떤 면에서는 맥컬리 함수와 유사하나, 음의 값 n을 사용하기 위하여 정의되었다. 이들은 $x=a$에서 특이하게(즉, 무한하게) 되며, $x \neq a$에서는 0의 값을 가진다. 비록 n이 음의 값일 지라도 특이함수의 단위는 x^n와 동일하다.

3) 영국 수학자 윌리엄 헤릭 맥컬리(William Herrick Macaulay)(1857-1936)는 특별한 괄호를 사용하여 이러한 불연속함수를 소개하였다. 현재, 본 목적으로 사용되는 홑화살괄호는 맥컬리 브라켓(Macaulay bracket)이라 부르는 것이 일반적인 관행이다.

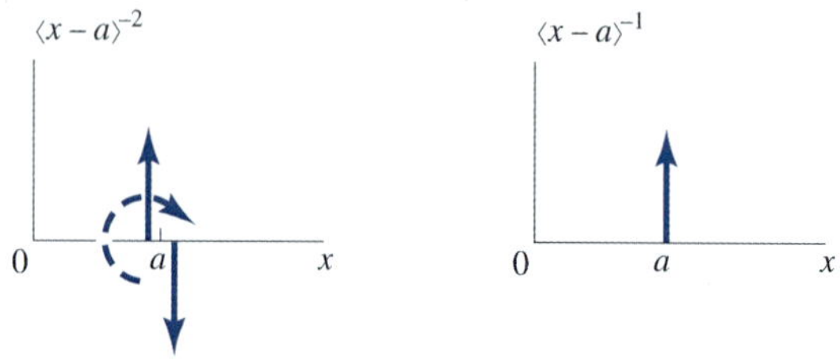

(a) 단위이항함수 (b) 단위충격함수

그림 5.12 특이함수의 예시

불연속함수의 적분 불연속함수의 적분 규칙은 식 5.11에 주어진다.

$$\int \langle x-a\rangle^n dx = \begin{cases} (x-a)^{n+1} & \text{for } n \le 0 \\ \dfrac{1}{n+1}(x-a)^{n+1} & \text{for } n > 0 \end{cases} \tag{5.11}$$

그림 5.10과 5.13에 묘사된 바와 같이, $x=0$에서 시작하는 유한한 길이의 보와 함께 불연속함수를 사용하기 때문에, $x=0$보다 작은 x는 관심을 가질 필요가 없다. 그러므로 $x<0$ 구간에서는 모든 n에 대하여 $\langle x-a\rangle^n \equiv 0$으로 가정할 수 있다.

하중, 전단 그리고 모멘트 표현을 위한 불연속함수의 사용 그림 5.13은 보에 작용하는 분포하중을 표현하기 위하여, 맥컬리 함수가 어떻게 사용되는지 나타내고 있다. $x>a$에서 맥컬리 함수는 무한하게 연속된다는 것을 반드시 기억해야 한다. 그러므로 어떤 값 x에서 특정 하중 패턴이 끝나면, 이전 맥컬리 함수의 영향을 상쇄할 수 있는 새로운 맥컬리 함수가 반드시 도입되어야 한다. $\langle x-a\rangle^1$는 길이의 차원을 지니는 반면에, $\langle x-a\rangle^0$는 무차원일지라도, $p(x)$에서 각 항의 차원이 어떻게 보존되는지에 주목하여라.

외력, 내부 전단력 및 굽힘 모멘트에 대한 부호규약은 그림 5.6에 나타나 있다. 그리고 하중, 내부 전단력, 그리고 굽힘 모멘트 사이의 관계는 5.3절에 소개되었다. 복습을 하면,

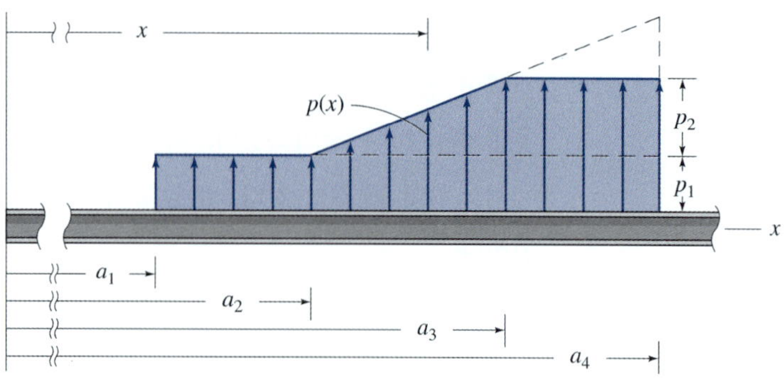

$$p(x) = p_1\langle x-a_1\rangle^0 + \left(\frac{p_2}{a_3-a_2}\right)\langle x-a_2\rangle^1 - \left(\frac{p_2}{a_3-a_2}\right)\langle x-a_3\rangle^1 - (p_1+p_2)\langle x-a_4\rangle^0$$

그림 5.13 맥컬리 함수로 표현된 분포 하중

$$\Delta V = P_0 \tag{5.4 반복}$$

$$\Delta M = -M_0 \tag{5.5 반복}$$

$$V(x) = V_1 + \int_{x_1}^{x} p(\xi)d\xi \tag{5.8 반복}$$

$$M(x) = M_1 + \int_{x_1}^{x} V(\xi)d\xi \tag{5.9 반복}$$

$p(x)$와 $V(x)$가 불연속함수로 나타내고, 식 5.8과 5.9를 적용하기 위해서는, $x_1 = 0^-$와 $V_1(0^-) = M_1(0^-) = 0$을 사용해야 한다. 따라서 식 5.8과 5.9는 다음과 같이 표기된다.

$$V(x) = \int_0^x p(\xi)d\xi, \quad M(x) = \int_0^x V(\xi)d\xi \tag{5.12}$$

그림 5.14의 보에 대한 하중 함수는 표 5.2를 참조하여 불연속함수로 표기할 수 있다. 식 5.11을 사용하여 이러한 불연속함수를 적분할 수 있다.

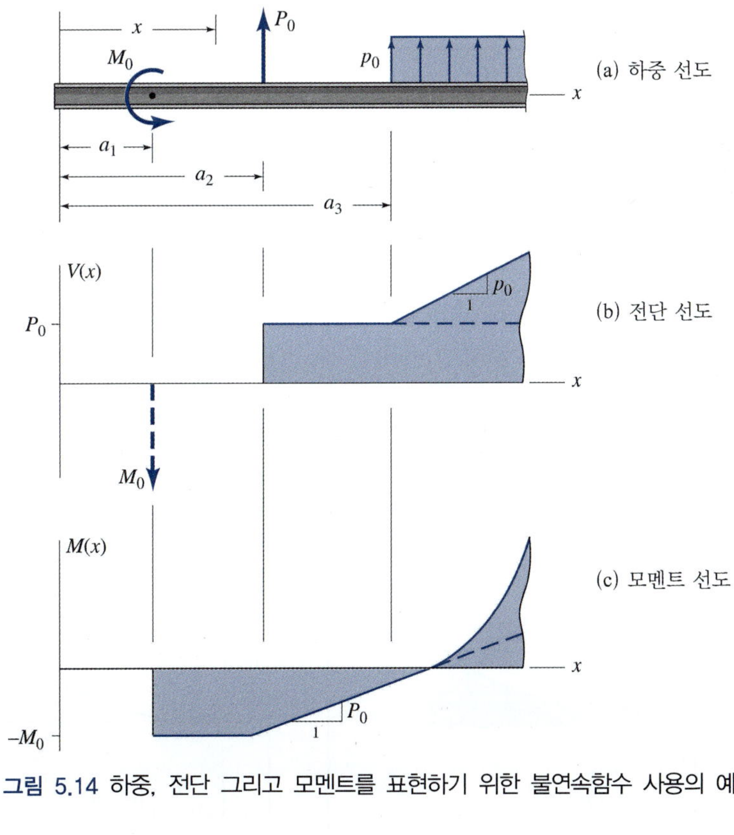

그림 5.14 하중, 전단 그리고 모멘트를 표현하기 위한 불연속함수 사용의 예

표 5.2 불연속함수로 표현된 하중, 전단력 그리고 굽힘 모멘트의 요약

구분	하중	전단력	굽힘 모멘트
1	$-M_0\langle x-a\rangle^{-2}$ 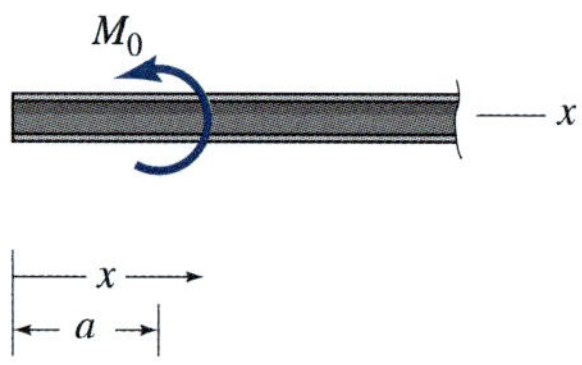	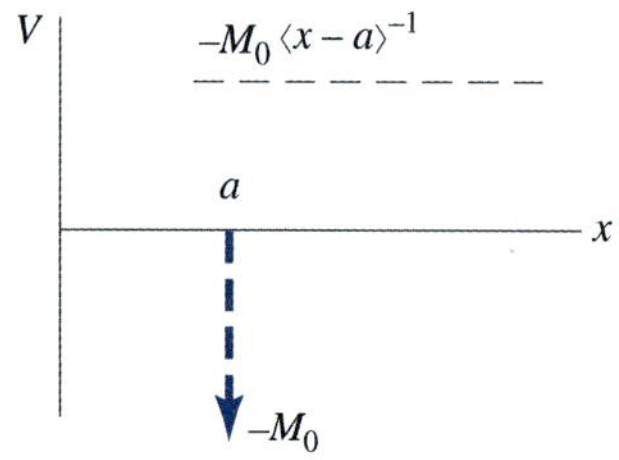 $-M_0\langle x-a\rangle^{-1}$	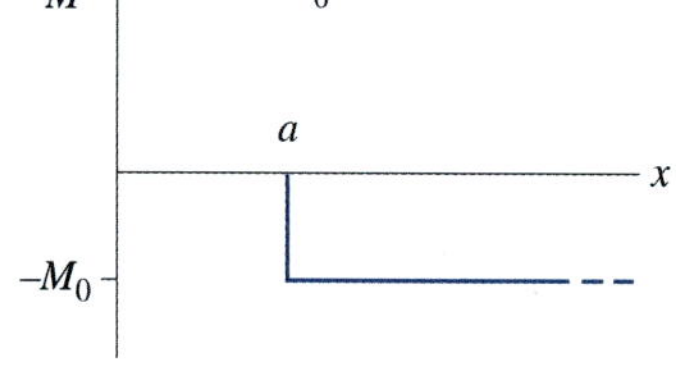 $-M_0\langle x-a\rangle^{0}$
2	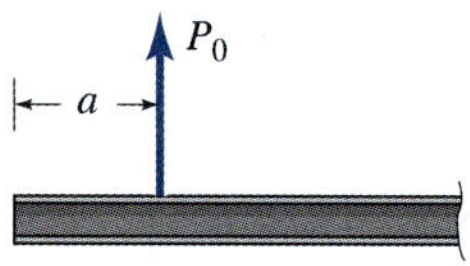 $P_0\langle x-a\rangle^{-1}$	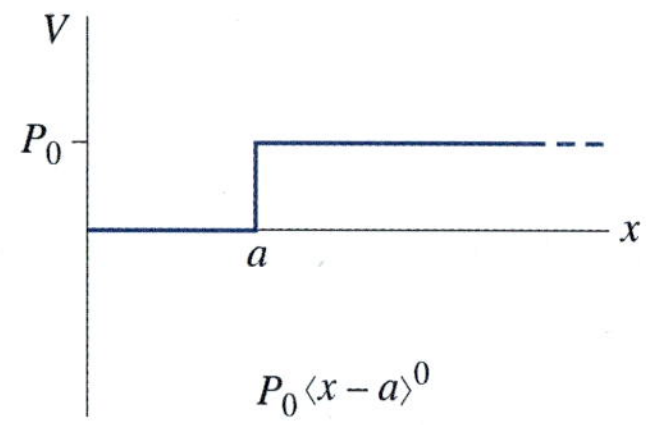 $P_0\langle x-a\rangle^{0}$	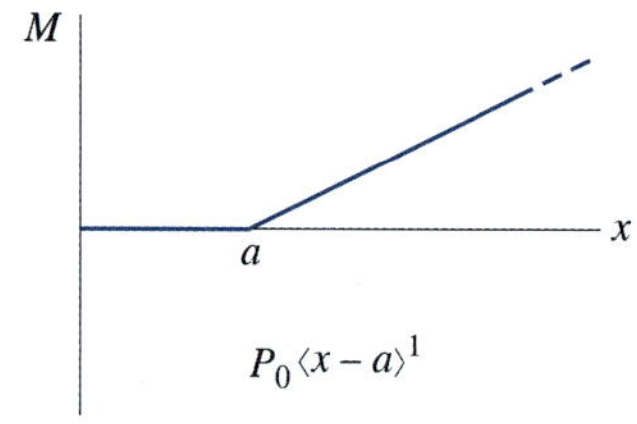 $P_0\langle x-a\rangle^{1}$
3	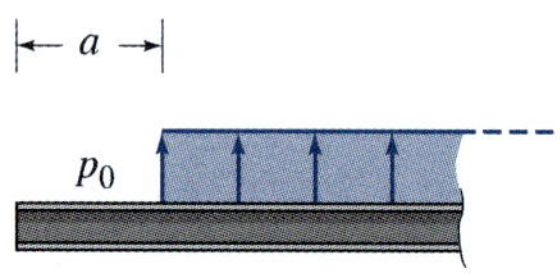 $p_0\langle x-a\rangle^{0}$	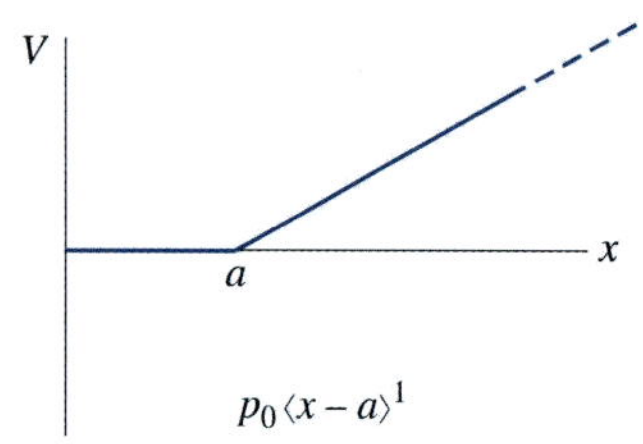 $p_0\langle x-a\rangle^{1}$	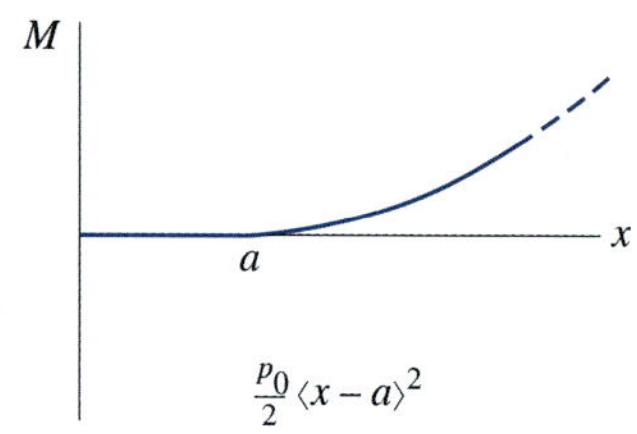 $\frac{p_0}{2}\langle x-a\rangle^{2}$
4	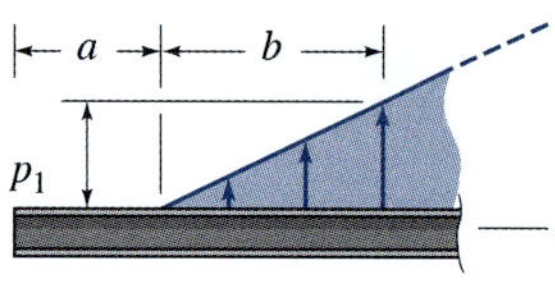 $\left(\frac{p_1}{b}\right)\langle x-a\rangle^{1}$	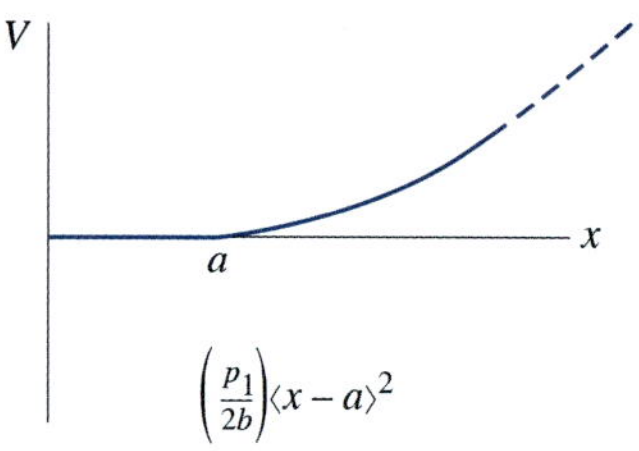 $\left(\frac{p_1}{2b}\right)\langle x-a\rangle^{2}$	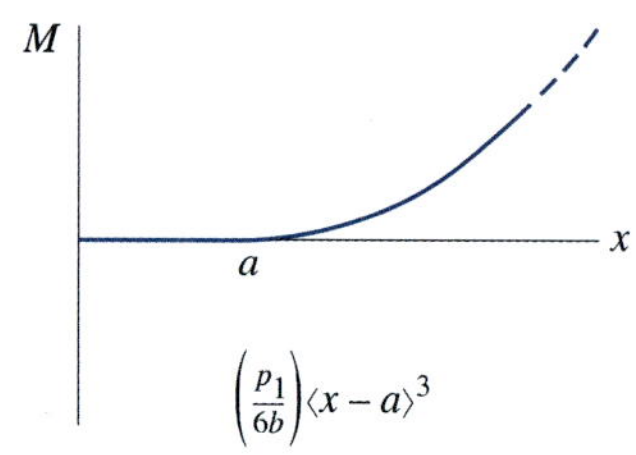 $\left(\frac{p_1}{6b}\right)\langle x-a\rangle^{3}$
5	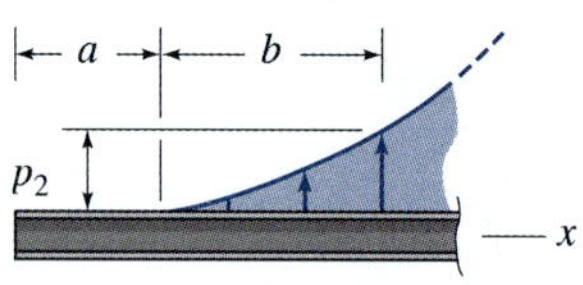 $\left(\frac{p_2}{b^2}\right)\langle x-a\rangle^{2}$	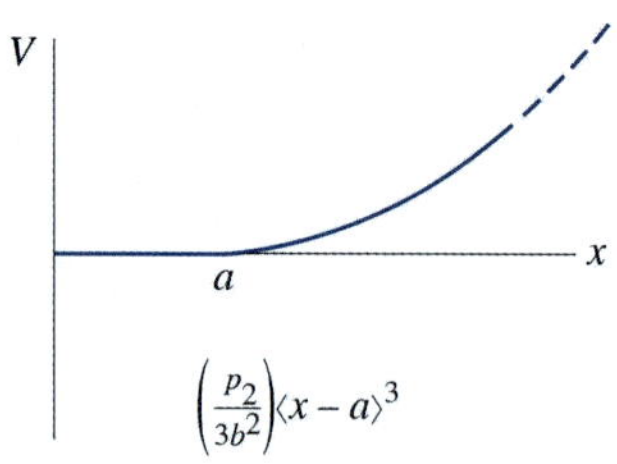 $\left(\frac{p_2}{3b^2}\right)\langle x-a\rangle^{3}$	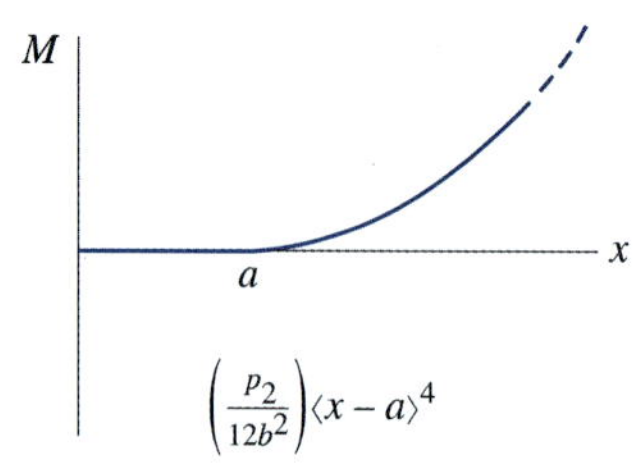 $\left(\frac{p_2}{12b^2}\right)\langle x-a\rangle^{4}$
6	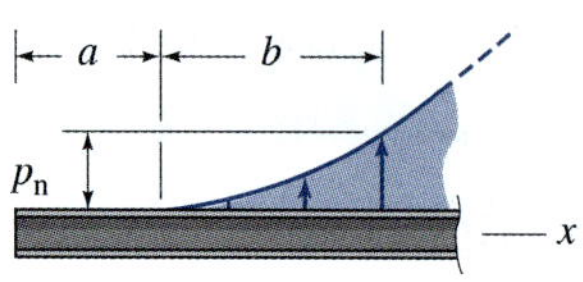 $\left(\frac{p_n}{b^n}\right)\langle x-a\rangle^{n}$	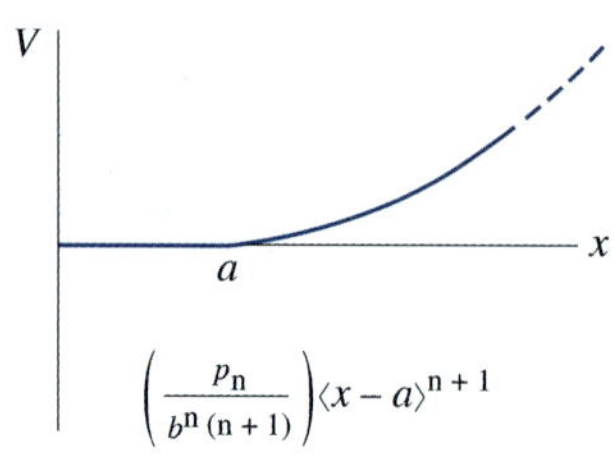 $\left(\frac{p_n}{b^n(n+1)}\right)\langle x-a\rangle^{n+1}$	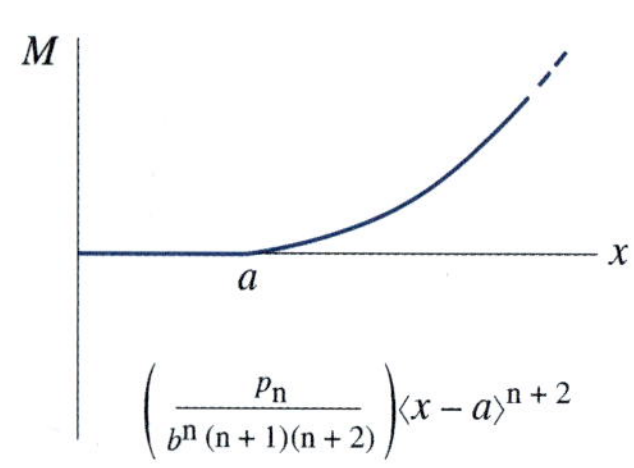 $\left(\frac{p_n}{b^n(n+1)(n+2)}\right)\langle x-a\rangle^{n+2}$

$$p(x) = -\underline{M_0\langle x-a_1\rangle^{-2}} + \underline{P_0\langle x-a_2\rangle^{-1}} + p_0\langle x-a_3\rangle^{0}$$

$$V(x) = \int_{0^-}^{x} p(\xi)d\xi = -\underline{M_0\langle x-a_1\rangle^{-1}} + P_0\langle x-a_2\rangle^{0} + p_0\langle x-a_3\rangle^{1} \qquad (5.13)$$

$$M(x) = \int_{0^-}^{x} V(\xi)d\xi = -M_0\langle x-a_1\rangle^{0} + P_0\langle a-a_2\rangle^{1} + \frac{p_0}{2}\langle x-a_3\rangle^{2}$$

그림 5.14의 보는 좌측에서 $x=0^-$까지 확장되는 것을 나타낸다. 위의 $p(x)$와 $V(x)$에서 특이 함수는 밑줄로 표시되어 있다.

표 5.2는 불연속함수로 표현된 하중, 전단력 그리고 모멘트 관계를 종합한다. 표에서 특이함수로 표현된 부분은 특이값들이 $x=a_i$에서 무한한 값들을 가지고, 이외의 지점에서는 0인 사실을 강조하기 위하여 밑줄을 사용하였다. 표 5.2의 "하중" 열의 구분 1과 구분 2에 보여진 바와 같이, 집중 짝힘과 하중을 표현하는 것은 일반적인 방법이나, 구분 1의 "전단력" 열에서의 모멘트 M_0는 집중 전단력이 아니다. 이 효과는 구분 1의 "모멘트" 열의 $x=a$ 지점에서 모멘트의 갑작스런 변화를 야기시키지만, 그 외에는 무시할 수 있다. 그리하여, 표 5.2, 구분 1의 전단력에 점선 화살표로 표기하였다. 구분 4부터 6까지의 하중 함수의 크기가 적절한 차원수를 가지기 위하여 어떻게 정의되는지 관찰하라.

본 절에서는 오로지 정적 결정 문제를 고려하여야 한다. 그러므로 반력들은 평형방정식들을 사용하여 얻어진 양만큼 처리한다. 7.5절은 정정문제와 부정정문제들이 같이 검토될 수 있다.

예제 5.10

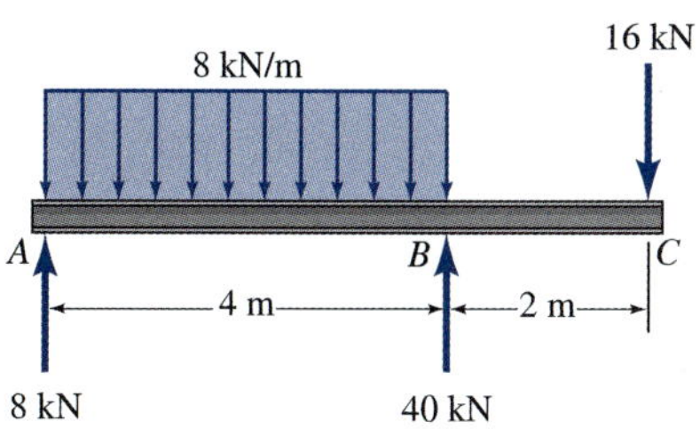

그림 1

예제 5.9의 그림 1의 보에 대하여, (a) 불연속함수를 사용하여 $p(x)$, $V(x)$와 $M(x)$를 표현하고, (b) (a)부분에서 결정된 불연속함수를 사용하여, 불연속함수에서 각 부분의 영향을 표현하면서 전단과 모멘트 선도를 그리시오.
예제 5.9로부터 얻어진 하중과 반력은 그림 1에 주어져 있다.

풀이 계획 하중 함수 $p(x)$를 결정하기 위해 표 5.2의 구분 2와 3을 참고하며, 요구된 적분을 통해 $V(x)$와 $M(x)$를 계산한다.

풀이 (a) 표 5.2의 구분 2와 3의 하중 열을 참고하여, 아래와 같이 작성할 수 있다.

$$\begin{aligned} p(x) &= (8\text{ kN})\langle x-0\text{ m}\rangle^{-1} - (8\text{ kN/m})[\langle x-0\text{ m}\rangle^{0} - \langle x-4\text{ m}\rangle^{0}] \\ &\quad + (40\text{ kN})\langle x-4\text{ m}\rangle^{-1} - (16\text{ kN})\langle x-6\text{ m}\rangle^{-1} \end{aligned} \qquad \textbf{식 (1)}$$

식 5.11 혹은 표 5.2의 전단력 열을 참고하여, 식 (1)을 적분하면, 다음과 같다.

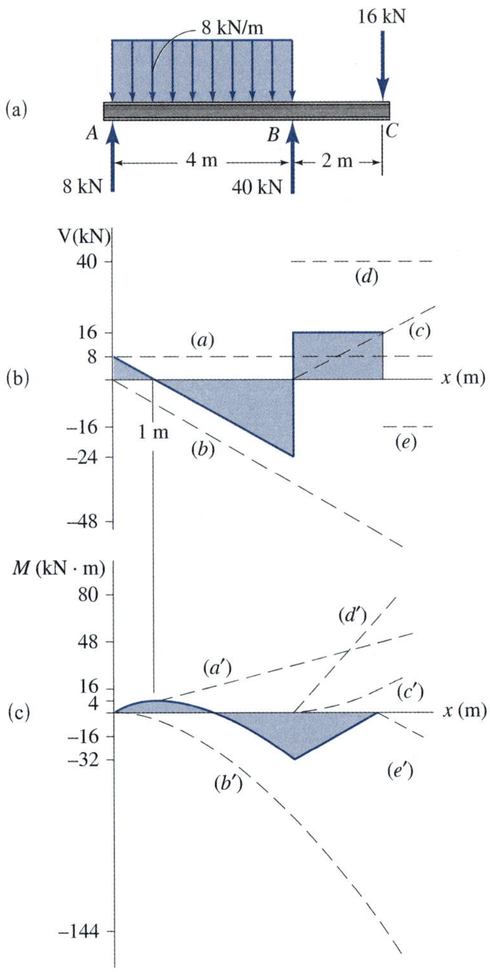

그림 2 하중, 전단 및 모멘트 선도

$$V(x)=\int_{0^-}^{x}P(\xi)d\xi:$$

$$V(x)=\underset{(a)}{(8\text{ kN})\langle x\rangle^0}-\underset{(b)}{(8\text{ kN/m})[\langle x\rangle^1}-\underset{(c)}{\langle x-4\text{ m}\rangle^1]}$$

$$+\underset{(d)}{(40\text{ kN})\langle x-4\text{ m}\rangle^0}-\underset{(e)}{(16\text{ kN})\langle x-6\text{ m}\rangle^0} \qquad \text{식 (2)}$$

그리고 표 5.2의 모멘트 열로부터 다음을 얻을 수 있다.

$$M(x)=\int_{0^-}^{x}V(\xi)d\xi:$$

$$M(x)=\underset{(a')}{(8\text{ kN})\langle x\rangle^1}-\underset{(b')}{(8\text{ kN/m})\left[\frac{1}{2}\langle x\rangle^2\right.}-\underset{(c')}{\left.\frac{1}{2}\langle x-4\text{ m}\rangle^2\right]}$$

$$+\underset{(d')}{(40\text{ kN})\langle x-4\text{ m}\rangle^1}-\underset{(e')}{(16\text{ kN})\langle x-6\text{ m}\rangle^1} \qquad \text{식 (3)}$$

(b) 그림 2에서 식 (2)와 (3)을 사용하여 보의 좌측 끝을 시작으로, 각 부분이 그려진다; 분리항들은 합산되고 그 결과들은 예제 5.9에서 얻어진 전단과 모멘트 선도와 비교한다.

풀이 검토 그림 2b의 전단 선도와 그림 2c의 모멘트 선도는 우측 끝에서의 값이 0으로 접근하고 있으므로, 정답일 것이다. 이 문제에 대해 위의 전단과 모멘트 선도를 검토하기 위하여 식 5.2부터 5.7까지 적용할 수 있다. 예제 5.9의 전단과 모멘트 선도를 그리기 위하여 사용된 절차는 불연속함수를 적용하여 얻은 결과를 검토하는데 사용할 수 있다.

이는 $V(x)$와 $M(x)$의 불연속함수를 얻기 위한 매우 간단한 절차임을 주시하시오. $p(x)$, $V(x)$와 $M(x)$에서 각 부분은 독립적으로 평가할 수 있으며, 최종적인 불연속함수를 얻기 위하여 그 결과들은 합산된다. 비슷하게, $p(x)$, $V(x)$와 $M(x)$의 그래프는 불연속함수 표현으로부터 간단하게 그려진다. 이것은 불연속함수 방법을 통해 전단과 모멘트 선도를 그리고 평가하기 위한 컴퓨터 프로그램을 위한 기초가 된다. 7.5절에서는 정적 부정정보 해석을 포함한 보의 처짐 문제를 계산하기 위한 불연속함수가 사용될 것이다.

MDS 5.7-5.9 **전단력 및 모멘트 선도** – 보의 결정(Deternimate Beam)은 정적 정정보의 전단력과 굽힘 모멘트 선도를 그리기 위하여 사용되는 컴퓨터 프로그램 모듈이다. 주요 방정식을 풀고, 전단과 모멘트 선도를 그리는 이 모듈을 개발하기 위하여 5.6절에서 소개된 불연속함수 방법(discontinuity-function method)이 사용되었다. MDS 예제 5.7-5.9의 풀이는 이 방법을 그린다.

5.7 연습문제

■ 보의 전단과 모멘트: 평형 방법(단면법)

> 문제 5.2−1부터 5.2−11에서는 보의 특정 단면에서의 내부 합력(횡 전단력 V와 굽힘 모멘트 M)을 결정한다. 226쪽의 그림 5.6에 표기된 V와 M의 부호규약을 이용하여, 완벽하고 정확한 자유물체도를 그리시오. 윗첨자의 음의 부호(−)는 "바로 좌측"을, 양의 부호(+)는 "바로 우측"을 의미한다.

문제 5.2−1. 그림 P5.2-1의 단순지지 보 AE에서, (a) 20 kN의 하중이 작용하는 C점 좌측에서의 내부 합력 V_{C^-}와 M_{C^-}을 결정하고, (b) 20 kN의 하중이 작용하는 D점 좌측에서의 내부 합력 V_{D^-}와 M_{D^-}을 계산하시오.

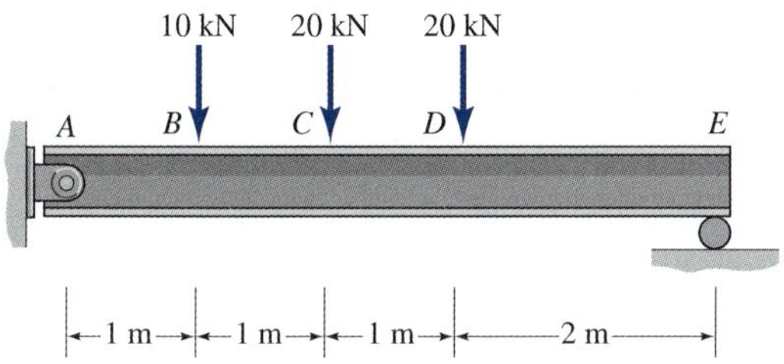

P5.2−1, P5.4−5, P5.5−5, P5.6−1

문제 5.2−2. 그림 P5.2-2의 보 AD에서, (a) 지지점 B의 좌측 단면에서의 횡 전단력 V_{B^-}와 굽힘 모멘트 M_{B^-}를 계산하고, (b) E 단면에서의 V_E와 M_E를 결정하시오.

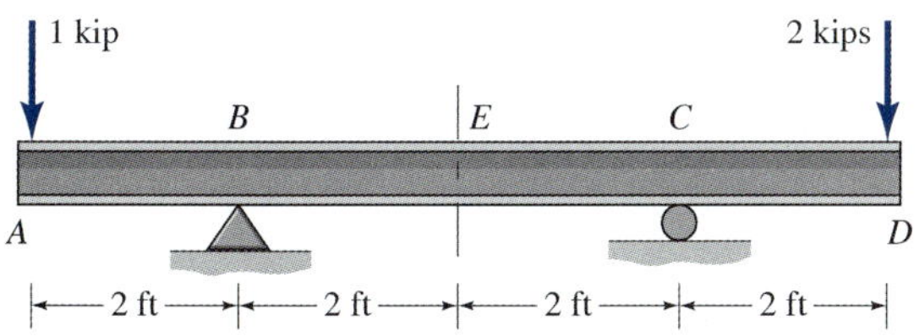

P5.2−2, P5.4−3, P5.5−3, P5.6−2

문제 5.2−3 그림 P5.2-3의 보의 A, C와 E점에서 횡 하중이 작용하고, E점에서 $3Pa$ 크기의 집중 짝힘이 작용하고 있다. (a) C점 좌측에서 발생하는 횡 전단력 V_{C^-}와 굽힘 모멘트 M_{C^-}, (b) 지지점 D의 좌측에서의 전단 V_{D^-}와 모멘트 M_{D^-}를 P와 a를 이용하여 표현하시오.

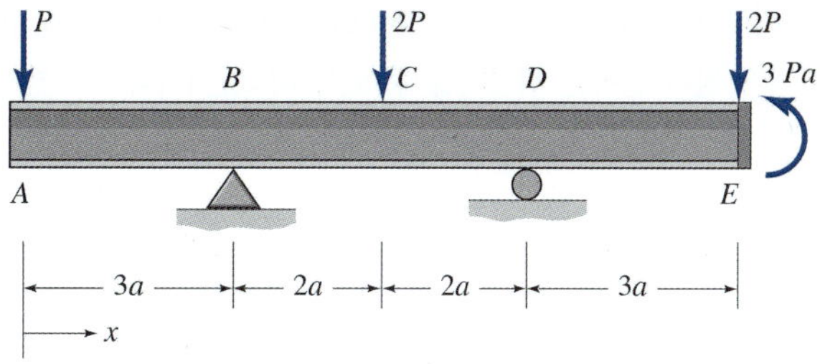

P5.2−3, P5.4−2, P5.5−2, P5.6−3

문제 5.2−4 그림 P5.2-4의 축이 오직 축의 수직 하중만 지지하는 베어링에 의하여 B와 D점에서 지지되어 있다. 그림에 보이는 바와 같이, A와 E점에 도르래의 벨트를 통하여 평행한 힘 150 N과 300 N이 작용하고 있다. 두 지지점의 중앙인 단면 C에서의 횡 전단력 V_C와 굽힘 모멘트 M_C를 계산하시오.

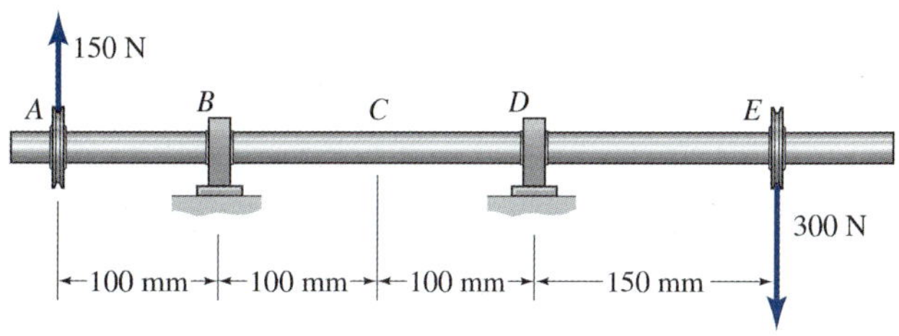

P5.2−4, P5.4−4, P5.5−4

문제 5.2−5 그림 P5.2-5의 외팔보 AC는 두 개의 수직 하중과, 한 개의 짝힘이 외부 하중으로 작용한다. 고정점 C에서 작용하는 횡 전단력 V_C와 굽힘 모멘트 M_C를 계산하시오.

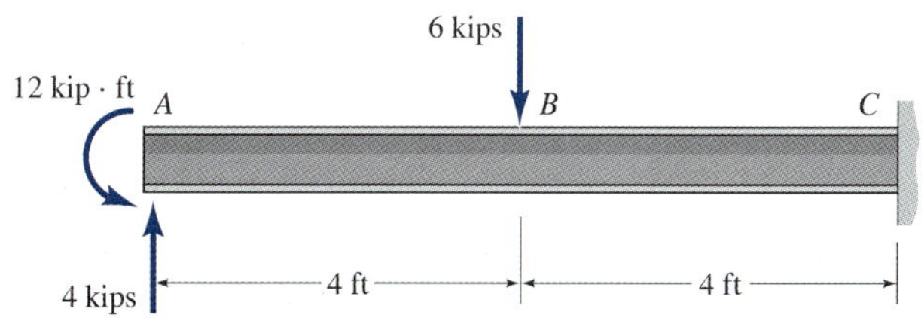

P5.2−5, P5.4−8, P5.5−8, P5.6−4

문제 5.2−6 그림 P5.2-6의 외팔보 AD의 D점에서의 반력을 계산하고 V_D와 M_D를 P와 a를 이용하여 표현하시오.

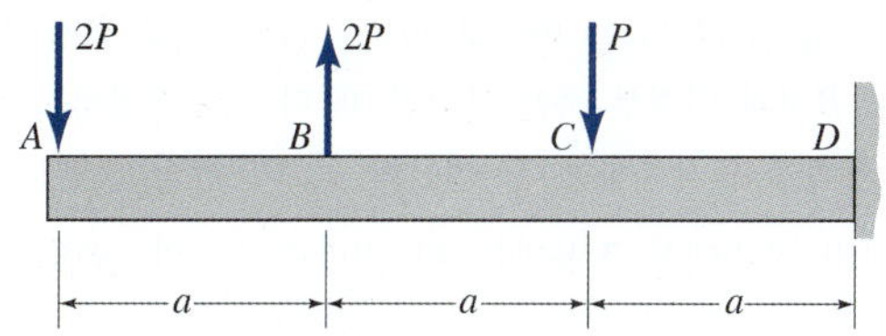

P5.2−6, P5.4−7, P5.5−7

문제 5.2-7 드릴링 엔지니어는 블록 위의 길이 L인 파이프의 굽힘 모멘트의 크기가 파이프 중앙에서 작용하는 굽힘 모멘트의 크기와 같도록 설계하고자 한다(그림 P5.2-7). 파이프의 단위 길이당 무게는 w이고, 지지 블록의 폭은 무시할 때, (a) 엔지니어가 지지 블록을 위치시킬 수 있는 aL의 거리와 (b) 지지점과 중앙에서의 굽힘 모멘트의 크기를 계산하시오.

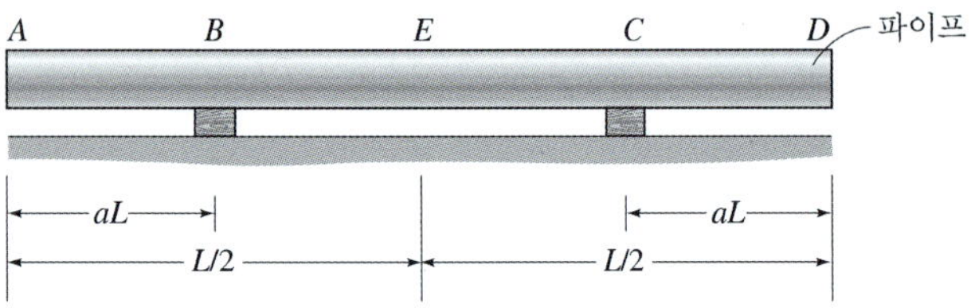

P5.2-7

문제 5.2-8 8 kips의 집중 횡 하중과 1 kip/ft의 등분포하중이 그림 P5.2-8의 단순지지 보에 작용하고 있다. 지지점 사이의 중앙 지점인 D 단면에서의 전단력 V_D와 굽힘 모멘트 M_D를 계산하시오.

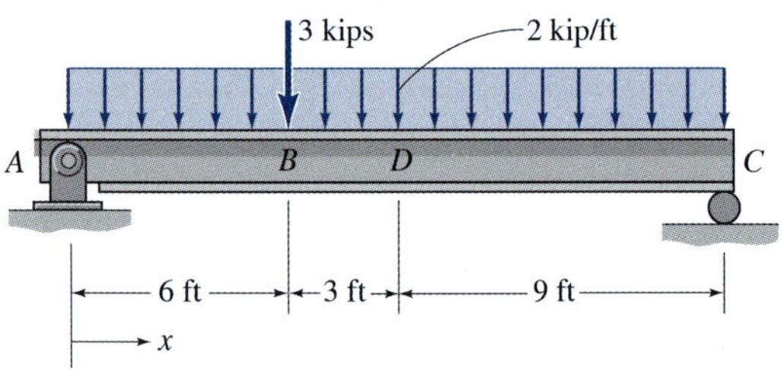

P5.2-8, P5.2-15, P5.4-9, P5.5-9, P5.6-5

문제 5.2-9 그림 P5.2-9에 보이는 바와 같이, 4 kN·m의 집중 짝힘과 1 kN/m 등분포하중이 보 AE에 작용하고 있다. 보의 중앙 지점인 C 단면에서의 전단력 V_C와 굽힘 모멘트 M_C를 계산하시오.

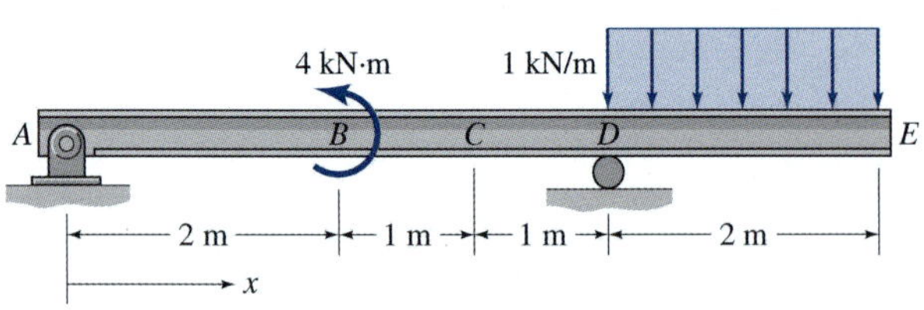

P5.2-9

문제 5.2-10 그림 P5.2-10의 AC 보에 L 형상의 부재 BD가 용접되어 있다. D지점은 아래로 향하는 수직 하중 P가 작용하고 있다. B점의 연결부 폭은 무시할 때 다음을 결정하시오: (a) B점의 좌측에서 작용하는 횡 전단력 V_{B^-}와 굽힘 모멘트 M_{B^-}, (b) B점의 우측에서 작용하는 횡 전단력 V_{B^+}와 굽힘 모멘트 M_{B^+}.

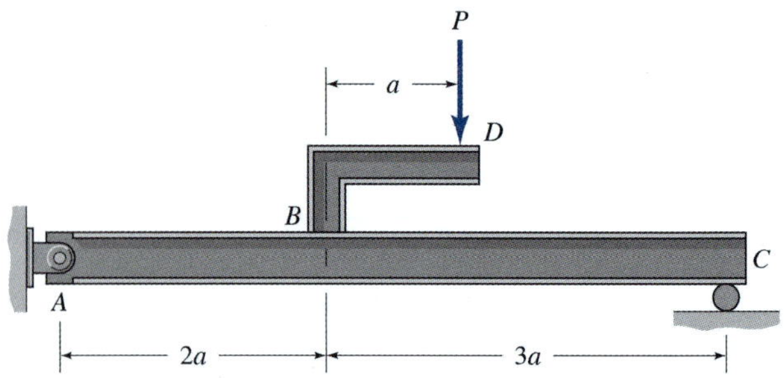

P5.2-10과 P5.4-6

문제 5.2-11 그림 P5.2-11은 마찰이 없는 핀으로 C점에서 AC와 CD를 연결한 보를 보여준다. CD 부분은 D점이 고정된 외팔보이며, AC는 A점에서 롤러 지지된다. (a) A와 D점에서의 반력을 계산하시오. (b) D점 좌측으로 5 ft 지점의 단면 E에서 작용하는 내부 합력 V_E와 M_E를 계산하시오.

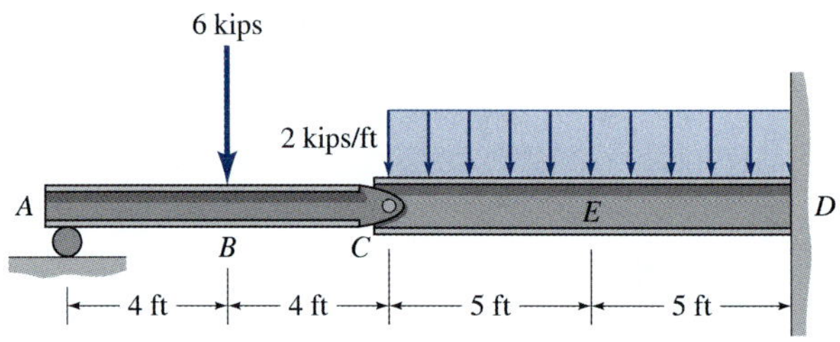

P5.2-11

> 문제 5.2 − 12부터 5.2 − 25는 위치 x의 함수로 표현되는 내부 합력을 다룬다. 즉, 전단력 $V(x)$, 굽힘 모멘트 $M(x)$, 그리고 축하중 $F(x)$의 함수식이 결정된다. 완벽하고 정확한 자유물체도를 그리시오. 226쪽 그림 5.6의 V와 M의 부호규약을 사용하고, 양의 방향 F는 인장으로 가정한다.

문제 5.2-12 그림 P5.2-12의 보에서, 다음 문제를 계산하시오: (a) 외팔 지지점 A에서의 반력 V_A와 M_A; (b) $0 < x \le 3L/4$ 구간의 임의 단면에 대한 내부 합력 $V_1(x)$와 $M_1(x)$; 그리고 (c) $3L/4 \le x \le L$에서의 임의 단면에 대한 내부 합력 $V_2(x)$와 $M_2(x)$.

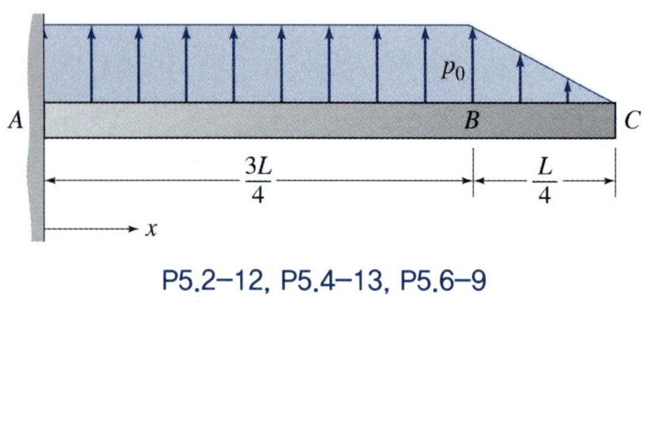

P5.2-12, P5.4-13, P5.6-9

문제 5.2-13 그림 P5.2-13의 외팔보 AC에서, (a) A와 B 구간($0 < x < 2$ m)의 임의 단면에 대한 내부 합력 $V_1(x)$와 $M_1(x)$를 계산하시오; (b) B와 C 구간의 임의 단면에 대한 내부 합력 $V_2(x)$와 $M_2(x)$를 계산하시오; (c) 외팔 지지점 C에서 전단력 V_C와 굽힘 모멘트 M_C.

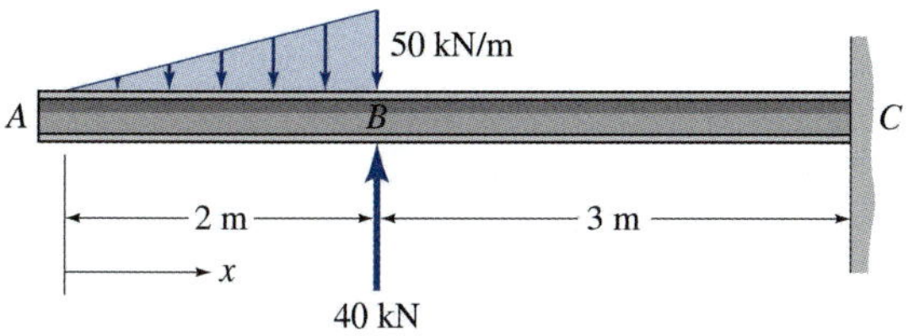

P5.2-13과 P5.4-18

문제 5.2-14 최대 크기가 w_0이고, 선형적으로 변하는 하중이 단순지지 보에 작용하고 있다(그림 P5.2-14). 임의 단면 x에 대한 횡 전단력 $V(x)$와 굽힘 모멘트 $M(x)$의 함수를 결정하시오.

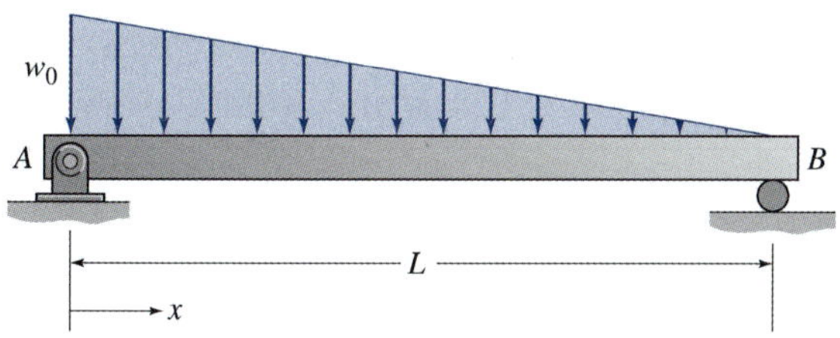

P5.2-14, P5.5-14, P5.6-10

문제 5.2-15 그림 P5.2-8의 보에서, 다음을 결정하시오: (a) A와 B점 사이인 "구간 1"($0 < x < 6$ ft)에서의 임의의 단면에 대한 내부 합력 $V_1(x)$와 $M_1(x)$, 그리고 (b) B와 C점 사이인 "구간 2"에서의 임의의 단면에 대한 내부 합력 $V_2(x)$와 $M_2(x)$.

문제 5.2-16 그림 P5.2-16의 보 AB는 $x = 0$에서 w_0, $x = L$에서 $2w_0$의 크기를 가지고 선형적으로 변하는 분포하중을 받고 있다. (a) A와 B점에서의 반력, 그리고 (b) A와 B점 사이의 임의의 단면에 대한 내부 합력 $V(x)$와 $M(x)$를 계산하시오.

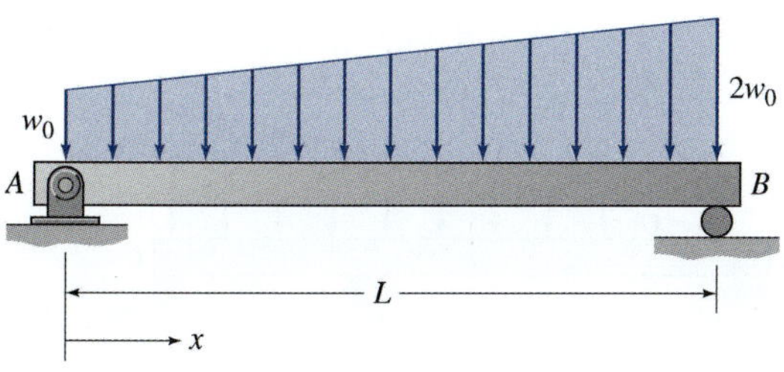

P5.2-16, P5.5-15, P5.6-11

문제 5.2-17 그림 P5.2-17의 단순지지 보 AD가 200 N의 집중하중과, 최대 크기 2 N/mm의 선형으로 변하는 하중을 지지할 때 다음을 계산하시오: (a) A와 B점 사이($0 < x < 150$ mm)에서의 임의의 단면에 대한 내부 합력 $V_1(x)$와 $M_1(x)$; 그리고 B와 C점 사이에서 임의의 단면에 대한 내부 합력 $V_2(x)$와 $M_2(x)$.

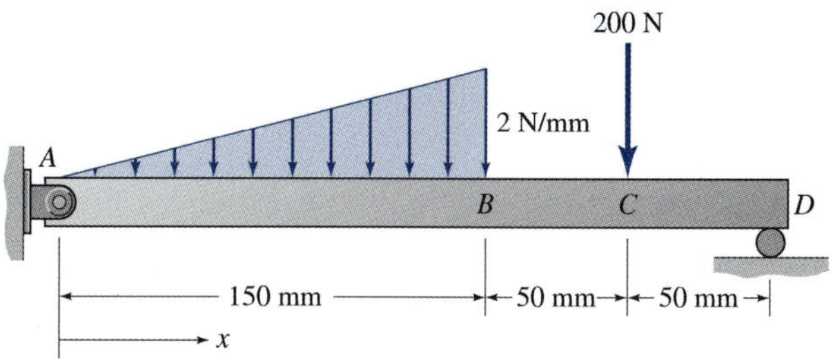

P5.2-17과 P5.4-15

문제 5.2-18 옷걸이가 450 N의 하중을 지지하고 있으며, 옷걸이와 지지 받침대는 가로지르는 핀 AF로 지지된다(그림 P5.2-18a). 그림 5.2-18b처럼 핀을 받침대와 옷걸이로부터 분포하중을 받는 보로 가정하자. (a) 핀의 위와 아래로 작용하는 최대 분포하중, p_t와 p_b를 각각 계산하시오. (b) C와 D 사이의 구간 (25 mm $\le x \le$ 45 mm)에서의 전단력 $V_3(x)$와 모멘트 $M_3(x)$를 표현하시오.

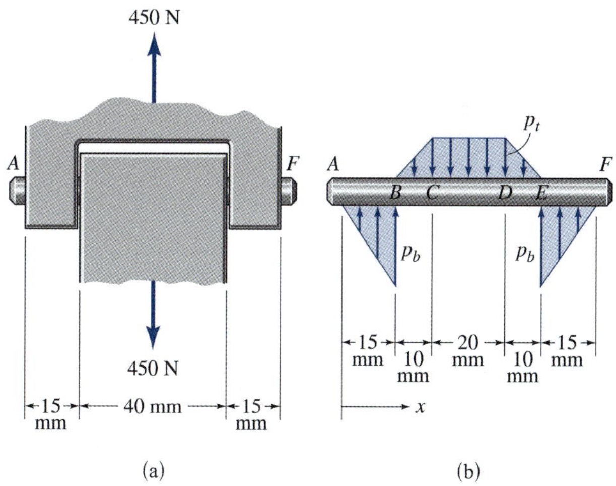

P5.2-18

문제 5.2-19 소년과 소녀가 카누의 높이를 유지할 수 있도록, 그림 P5.2-19와 같이 위치해 있다. 카누는 보와 같이 거동하고, 물에 의한 부력은 16 ft의 흘수선 길이에 걸쳐 등분포 한다고 가정하자. (a) 소년의 몸무게가 $W_b = 200$ lb일 때, 소녀의 몸무게 W_g를 계산하시오, (b) 단위길이당 부력 p_0를 계산하시오. (c) 카누의 B와 D점 구간(-3 ft$< x <$5 ft)에서 임의의 단면에 대한 $V(x)$와 $M(x)$를 표현하시오.

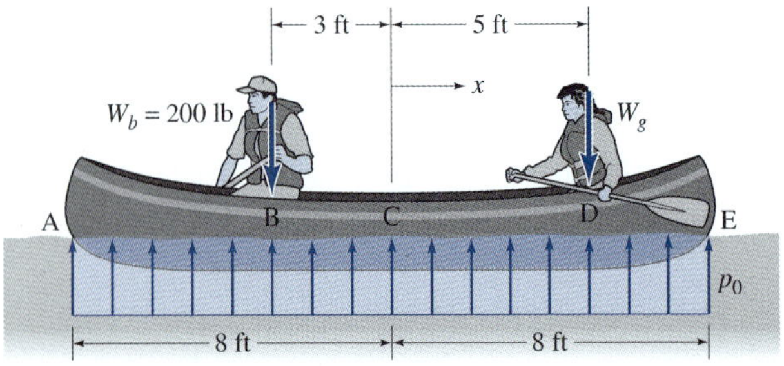

P5.2-19와 P5.5-13

문제 5.2-20 그림 P5.2-20의 상점 기중기의 팔이 A점에서 마찰력이 없는 핀으로 지지되고, 상승 각도는 B와 D점 사이의 유압실린더로 통제된다. (a) 기중기의 팔이 수평이고, C점에서 900 N의 힘이 작용할 때, A와 B에서의 반력을 계산하시오. (b) (a)와 같은 조건에서의 A와 B 구간($0 < x < 0.75$ m)의 임의 단면에서 내부 합력 $F_1(x)$, $V_1(x)$ 그리고 $M_1(x)$의 표현식을 결정하시오.

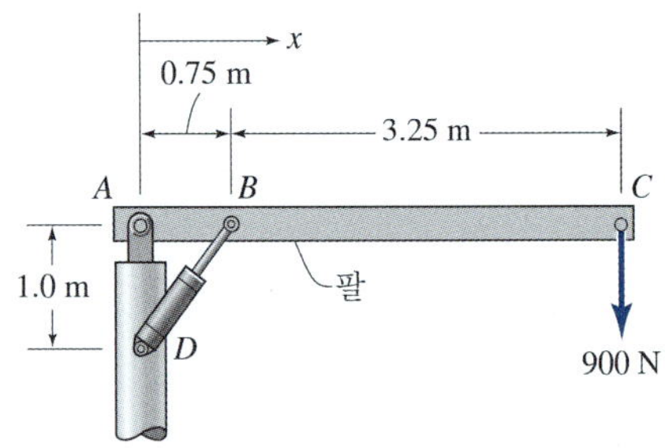

P5.2-20

문제 5.2-21 그림 P5.2-21과 같이, 3.5 kN의 엔진이 기중기의 A점에 매달려 있다. 유압실린더가 기중기 팔(arm) AC를 수평으로 유지할 수 있도록 설치되어 있다. (a) A점 우측으로 x의 지점($0 < x < 1.6$ m)의 임의 단면에 대한 횡 전단력 $V_1(x)$와 굽힘 모멘트 $M_1(x)$의 함수를 결정하시오. (b) 기중기 팔(arm)의 일부인 BC에서의 축하중 F_2은 얼마인가? 기중기의 뼈대 부재와 굽힘은 무시하시오.

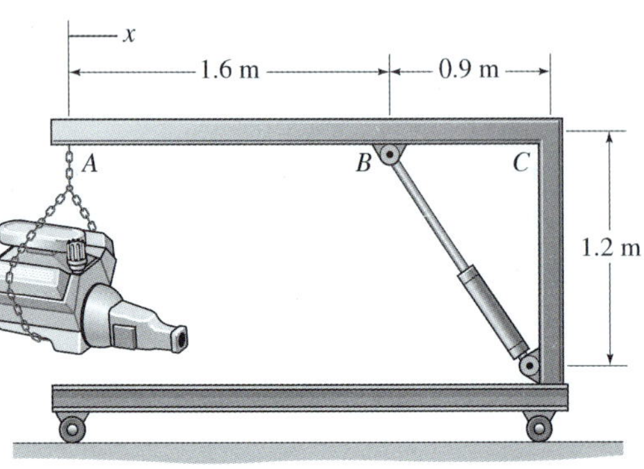

P5.2-21

***문제 5.2-22** 그림 P5.2-22의 프레임이 A점에는 마찰력이 없는 점으로, D점에서는 부드러운 롤러로 각각 지지된다. (a) A와 D점에서 발생하는 반력을 계산하시오. (b) B와 C 지점 구간(24 in$<x<$64 in)의 임의 프레임 단면에 대한 내부 합력, $F_2(x)$, $V_2(x)$ 그리고 $M_2(x)$을 치수에 유의하여 표현하시오.(E점의 도르래의 지름은 무시할 수 없다.)

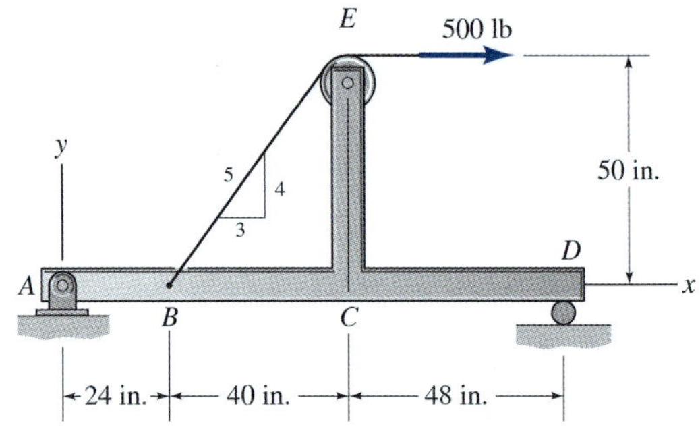

P5.2-22와 P5.5-6

> 문제 5.2−23부터 5.2−25는 정적 부정정보 문제를 다룬다. 정확한 자유물체도를 만들고, 명시된 잉여의 반력의 기호를 사용하여 내부 합력 $V(x)$와 $M(x)$의 평형식을 결정하시오.

문제 5.2-23 그림 P5.2-23의 버팀 외팔보 AB에서, A점에서의 반력의 기호를 사용하여 $V(x)$와 $M(x)$의 표현식을 유도하시오.

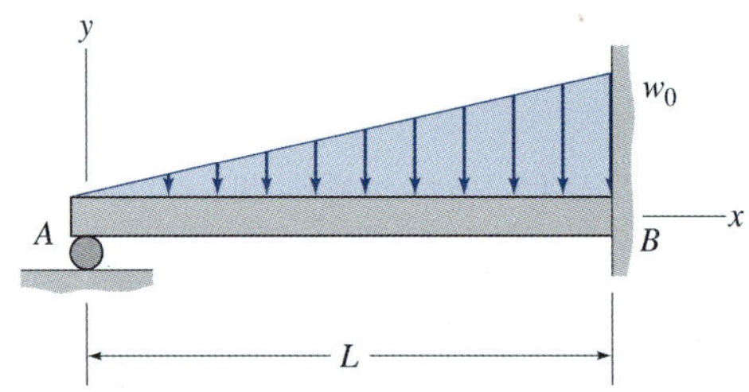

P5.2-23과 P5.2-24

문제 5.2-24 그림 P5.2-24의 버팀 외팔보 AB에서, B점에서 발생하는 모멘트의 기호를 사용하여 $V(x)$와 $M(x)$의 표현식을 유도하시오.

문제 5.2-25 그림 P5.2-25에 보이는 연속 보 ABC에서, A점에서의 반력의 기호를 사용하여 내부 합력 함수를 결정하시오.

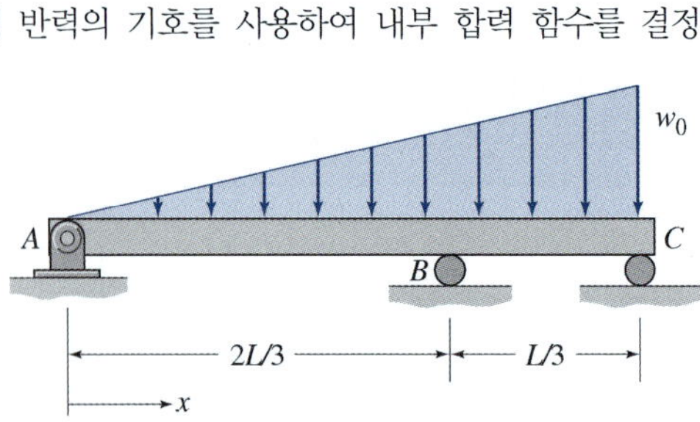

P5.2-25

■ 전단과 굽힘 모멘트 선도: 평형 방법

문제 5.4–1부터 5.4–20. 예제 5.4와 5.5에 소개된 바와 같이, $V(x)$와 $M(x)$를 표현하기 위하여 평형 방정식 방법(equilibrium equation method)을 사용하시오. 대부분의 연습문제는 다양한 구간에 대한 전단 $V_i(x)$와 모멘트 $M_i(x)$를 요구한다. 그러므로 다양한 자유물체도를 그리고, 이러한 표현식을 얻기 위하여 필요한 평형 방정식들을 구상할 필요가 있다. 요구된 전단과 굽힘 모멘트 선도를 각 크기에 맞게 그리시오. 또한, 최댓값, 최솟값을 포함한 모든 임계값을 좌표에 표기하고, 발생위치를 나타내시오.

문제 5.4–1. 그림 P5.4-1의 축 AD가 A와 C점에서 베어링에 의하여 지지되어 있다. 베어링은 축의 수직방향으로 집중 반력을 만든다고 가정하자. 전단 선도 $V(x)$와 모멘트 선도 $M(x)$를 그리시오.

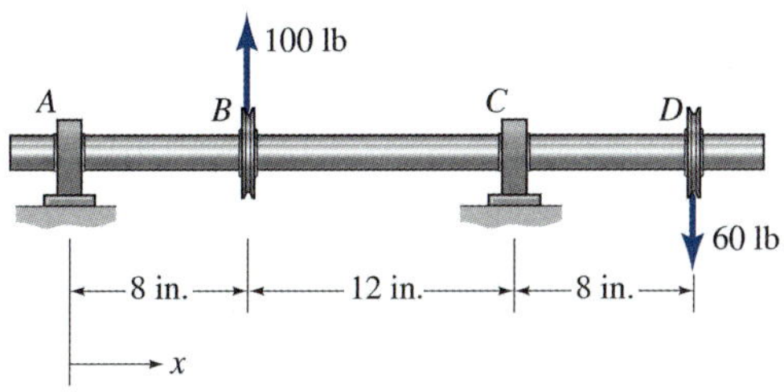

P5.4–1과 P5.5–1

문제 5.4–2. 그림 P5.4-2(문제 5.2-3)의 보 AE에 대한 전단 선도와 모멘트 선도를 그리시오.

문제 5.4–3. 그림 P5.4-3(문제 5.2-2)의 보 AD에 대한 전단 선도와 모멘트 선도를 그리시오.

문제 5.4–4. 그림 P5.4-4(문제 5.2-4)의 보 AE에 대한 전단 선도와 모멘트 선도를 그리시오.

문제 5.4–5. 그림 P5.4-5(문제 5.2-1)의 보 AE에 대한 전단 선도와 모멘트 선도를 그리시오.

문제 5.4–6. 그림 P5.4-6(문제 5.2-10)의 L 형상의 부재 BD가 보 ABC에 용접되어 있다. 부재의 D점에 아래로 향하는 수직 하중 $P = 5$ kips가 작용한다. $a = 2$ ft이고, B점 연결부의 폭은 무시한다. 보 ABC의 전단 선도와 모멘트 선도를 그리시오.

문제 5.4–7. 그림 P5.4-7(문제 5.2-6)의 보 AD에 대한 전단 선도와 모멘트 선도를 그리시오.

문제 5.4–8. 그림 P5.4-8(문제 5.2-5)의 보 AC에 대한 전단 선도와 모멘트 선도를 그리시오.

문제 5.4–9. 그림 P5.4-9(문제 5.2-8)의 보 AC에 대한 전단 선도와 모멘트 선도를 그리시오.

문제 5.4–10. 그림 P5.4-10의 보 AC에 대한 전단 선도와 모멘트 선도를 그리시오.

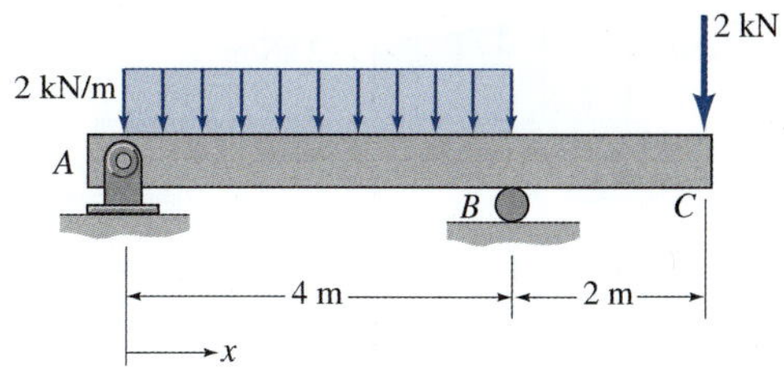

P5.4–10, P5.5–10, P5.6–6

문제 5.4–11. 그림 P5.4-11의 보 AE에 대한 전단 선도와 모멘트 선도를 그리시오.

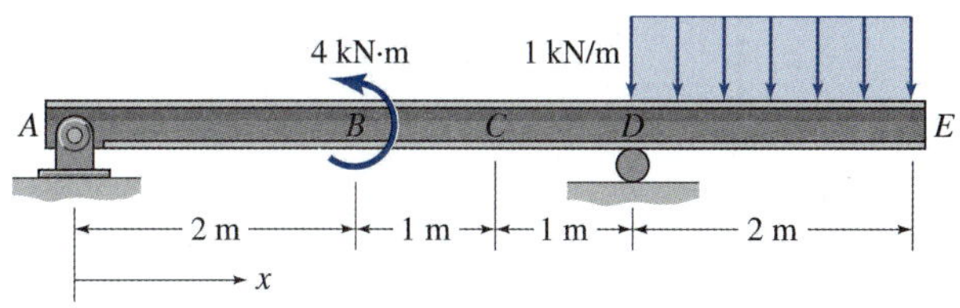

P5.4–11, P5.5–11, P5.6–7

문제 5.4–12. 그림 P5.4-12의 보 AC에 대한 전단 선도와 모멘트 선도를 그리시오.

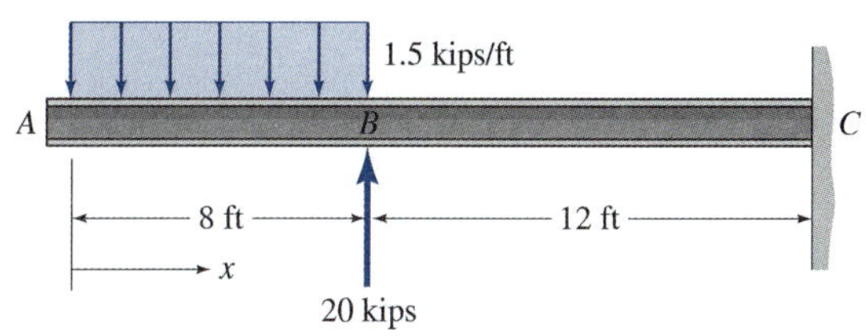

P5.4–12, P5.5–12, P5.6–8

문제 5.4–13. 그림 P5.4-13(문제 5.2-12)의 보 AC에 대한 전단 선도와 모멘트 선도를 그리시오.

문제 5.4–14. 그림 P5.4-14의 보 AD에 대한 전단 선도와 모멘트 선도를 그리시오.

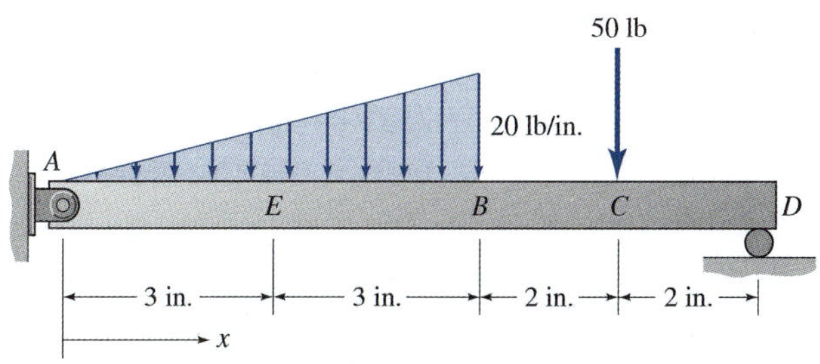

P5.4–14와 P5.6–12

문제 5.4–15. 그림 P5.4-15(문제 5.2-17)의 보 AD에 대한 전단 선도와 모멘트 선도를 그리시오.

문제 5.4–16. 그림 P5.4-16의 보 AC에 대한 전단 선도와 모멘트 선도를 그리시오.

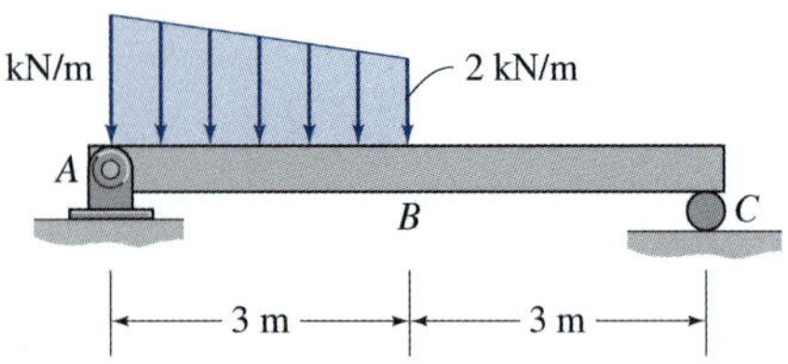

P5.4-16과 P5.6-13

문제 5.4-17. 그림 P5.4-17의 보 *AB*에 대한 전단 선도와 모멘트 선도를 그리시오.

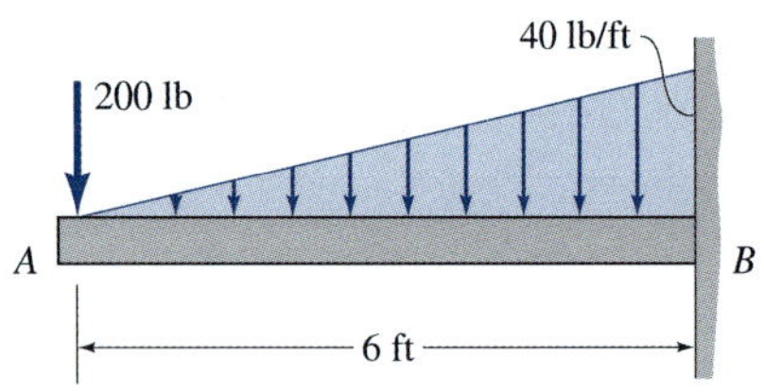

P5.4-17과 P5.6-14

문제 5.4-18. 그림 P5.4-18(문제 5.2-13)의 보 *AC*에 대한 전단 선도와 모멘트 선도를 그리시오.

문제 5.4-19. 하중 $p(x)$를 아래와 같이 바꾸어서, 예제 문제 5.6을 푸시오.

$$p(x) = p_0\left[1 - \left(\frac{x}{L}\right)^2\right]$$

***문제 5.4-20.** 하중 $p(x)$를 아래와 같이 바꾸어서, 예제 문제 5.6을 푸시오.

$$p(x) = p_0\cos\left(\frac{\pi x}{2L}\right)$$

■ 전단력과 굽힘 모멘트 선도: 그래픽 방법

MDS 5.1–5.6

문제 5.5－1부터 5.5－20. 예제 5.7부터 5.9에 소개된 바와 같이, $V(x)$와 $M(x)$를 표현하기 위하여 그래픽 방법(graphical method)을 사용하시오. 즉, 표 5.1을 사용하여, 전단과 모멘트 선도를 그리시오. 요구된 전단과 굽힘 모멘트 선도를 각 크기에 맞게 그리시오. 또한, 최댓값, 최솟값을 포함한 모든 임계값을 좌표에 표기하고, 발생위치를 나타내시오.

문제 5.5-1. 문제 5.4-1의 축 *AD*에 대한 전단 선도와 모멘트 선도를 그리시오.

문제 5.5-2. 문제 5.2-3의 보 *AE*에 대한 전단 선도와 모멘트 선도를 그리시오.

문제 5.5-3. 문제 5.2-2의 보 *AD*에 대한 전단 선도와 모멘트 선도를 그리시오.

문제 5.5-4. 문제 5.2-4의 축 *AE*에 대한 전단 선도와 모멘트 선도를 그리시오.

문제 5.5-5. 문제 5.2-1의 보 *AE*에 대한 전단 선도와 모멘트 선도를 그리시오.

***문제 5.5-6.** 문제 5.2-22의 프레임 부재 *AD*에 대한 전단 선도와 모멘트 선도를 그리시오.

문제 5.5-7. 문제 5.2-6의 보 *AD*에 대한 전단 선도와 모멘트 선도를 그리시오.

문제 5.5-8. 문제 5.2-5의 보 *AC*에 대한 전단 선도와 모멘트 선도를 그리시오.

문제 5.5-9. 문제 5.2-8의 보 *AC*에 대한 전단 선도와 모멘트 선도를 그리시오.

문제 5.5-10. 문제 5.4-10의 보 *AC*에 대한 전단 선도와 모멘트 선도를 그리시오.

문제 5.5-11. 문제 5.4-11의 보 *AE*에 대한 전단 선도와 모멘트 선도를 그리시오.

문제 5.5-12. 문제 5.4-12의 보 *AC*에 대한 전단 선도와 모멘트 선도를 그리시오.

문제 5.5-13. 문제 5.2-19의 카누(보 *AE*)에 대한 전단 선도와 모멘트 선도를 그리시오.

문제 5.5-14. 문제 5.2-14의 단순지지 보 *AB*에 대한 전단 선도와 모멘트 선도를 그리시오.

문제 5.5-15. 5.2-16의 단순지지 보 *AB*에 대한 전단 선도와 모멘트 선도를 그리시오.

***문제 5.5-16.** 스키의 아래 부분과 눈 사이에 하중의 분포는 그림 P5.5-16처럼 부분적 선형(단위길이당 하중)에 의해 단순화된다. 나타난 하중 분포의 결과로서, 스키 장화가 아래로 향하는 하중 R_C와 짝힘 M_C를 가한다. (R_C와 M_C가 장화를 스키에 부착시키는 바인딩과 장화의 길이에 따라 분포한다는 사실은 무시한다.) 직선 보 *AE*로 다루어질 수 있는 스키에 대한 전단 선도와 모멘트 선도를 그리시오.

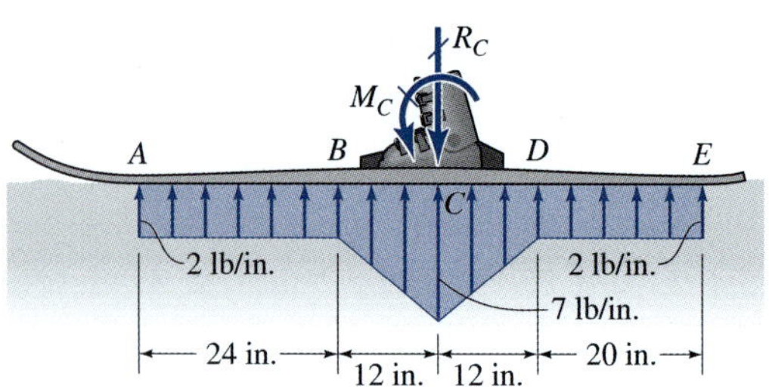

P5.5-16

문제 5.5-17. 그림 P5.5-17a의 철로는 각 바퀴부터 침목까지 등분포하중으로 가정되는 결착판 위에 얹혀있다. 그림 P5.5-17b에 보이는 바와 같이, 침목은 하중을 바닥짐을 향하여 차례대로 등분포시킨다. 바퀴당 32 kips의 바퀴 하중이 작용하는 침목에 대한 전단 선도와 모멘트 선도를 그리시오.

문제 5.5-18. 그림 P5.5-18의 프레임은 A점에서 롤러형의 지지와 E점에서 마찰력이 없는 점 지지에 의하여 지지된다. A에서 롤러는 위 혹은 아래 방향의 반력을 지지한다. 그림 P5.5-18의 부호규약을 사용하여, 프레임 부재 AB, BD, 그리고 DE의 전단 선도와 모멘트 선도를 그리시오.

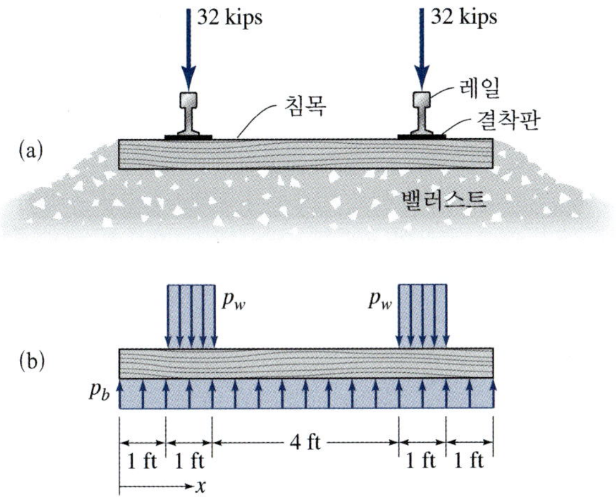

P5.5–17

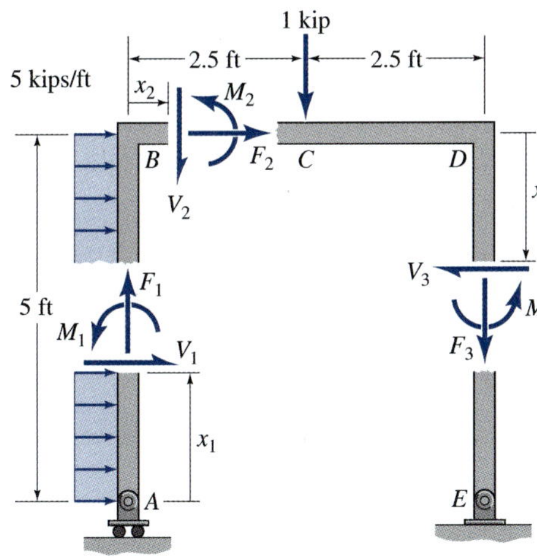

P5.5–18

문제 5.5-19. 그림 P5.5-19(문제 1.4-19)의 두 프레임 부재, AB와 BC의 전단 선도와 모멘트 선도를 그리시오.

문제 5.5-20. 그림 P5.5-20(문제 1.4-20)의 두 프레임 부재, AB와 BC의 전단 선도와 모멘트 선도를 그리시오.

■ 전단력과 굽힘 모멘트 선도: 불연속함수 방법

MDS 5.7–5.9

문제 5.6−1부터 5.6−8. 보와 하중은 참조되는 그림에 주어진다. 각 문제들에 대하여:

(a) 반력을 검증하기 위하여 평형을 사용하시오.

(b) 표 5.2의 "하중" 세로 줄로부터 불연속함수를 사용하여, 등가분포하중의 $p(x)$를 표현하시오.

(c) 전단력 $V(x)$의 불연속함수를 얻기 위하여, 하중 함수의 항별 적분을 수행하시오. 그리고 예제 5.10의 그림 2b와 같이, 전단 선도를 그리시오. 표 5.2의 "전단(shear)" 세로 줄을 참고하시오.

(d) 모멘트 $M(x)$의 불연속함수 표현을 얻기 위하여, (c)에서 얻어진 전단함수의 항별 적분을 수행하시오. 예제 5.10의 그림 2c와 같이, 모멘트 선도를 그리시오. 표 5.2의 "모멘트" 열을 참고하시오.

문제 5.6-1. 그림 P5.2-1을 사용하시오. $A_y = 28$ kN, $E_y = 22$ kN.

문제 5.6-2. 그림 P5.2-2를 사용하시오. $B_y = 1/2$ kip, $C_y = 5/2$ kip.

문제 5.6-3. 그림 P5.2-3을 사용하시오. $B_y = 2P$, $D_y = 3P$.

문제 5.6-4. 그림 P5.2-5를 사용하시오. $V_C = -2$ kips, $M_C = -4$ kip·ft.

문제 5.6-5. 그림 P5.2-8을 사용하시오. $A_y = 20$ kips, $C_y = 19$ kips.

문제 5.6-6. 그림 P5.4-10을 사용하시오. $A_y = 3$ kN, $B_y = 7$ kN.

문제 5.6-7. 그림 P5.4-11을 사용하시오. $A_y = 0.5$ kN, $D_y = 1.5$ kN.

문제 5.6-8. 그림 P5.4-12를 사용하시오. $V_C = 8$ kips, $M_C = 48$ kip·ft.

문제 5.6−9부터 5.6−18. 단계 (d)가 생략된 경우를 제외하고 문제 5.6-1부터 5.6-8에 서술된 위의 동일한 단계를 수행하시오.

문제 5.6-9. 그림 P5.2-12를 사용하시오. $V_A = -7p_0L/8$, $M_A = 37p_0L^2/96$.

문제 5.6-10. 그림 P5.2-14를 사용하시오. $A_y = w_0L/3$, $B_y = 5w_0L/6$.

문제 5.6-11. 그림 P5.2-16을 사용하시오. $A_y = 2w_0L/3$, $B_y = 5w_0L/6$.

문제 5.6-12. 그림 P5.4-14를 사용하시오. $A_y = 46$ lb, $D_y = 64$ lb.

문제 5.6-13. 그림 P5.4-16을 사용하시오. $A_y = 5.75$ kN, $C_y = 1.75$ kN.

문제 5.6-14. 그림 P5.4-17을 사용하시오. $V_B = -320$ lb, $R_B = -1440$ lb·ft.

문제 5.6–15. 그림 P5.6–15를 사용하시오. $A_y = B_y = 6.75$ kips

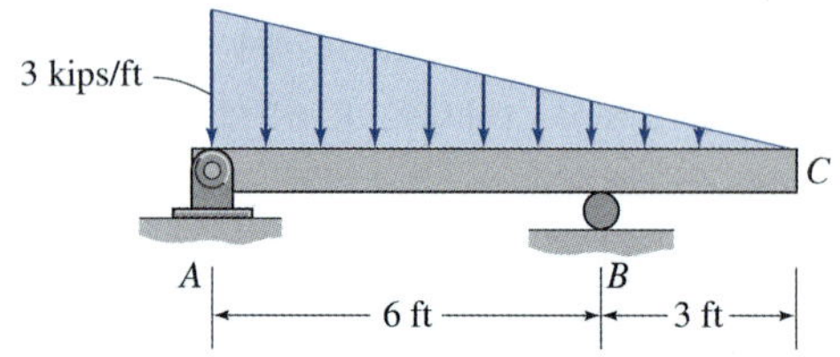

P5.6–15

문제 5.6–16. 그림 P5.6–16을 사용하시오. $A_y = 46$ kN, $D_y = 38$ kN

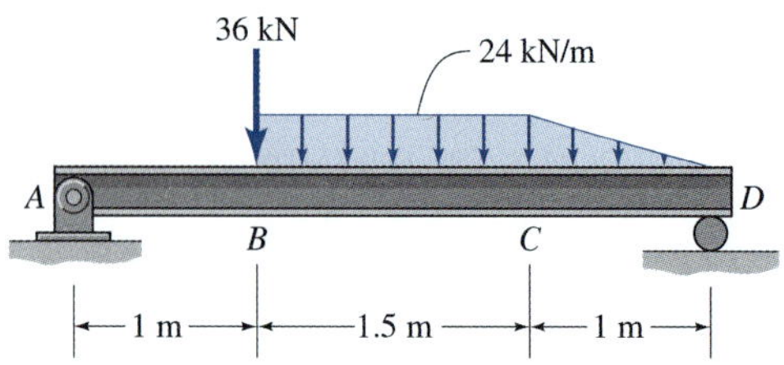

P5.6–16

문제 5.6–17. 그림 P5.6–17을 사용하시오. $V_C = -7$ kips, $M_C = -17$ ip·ft

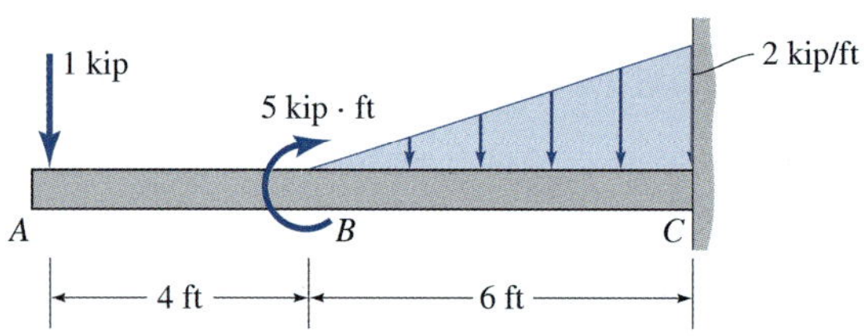

P5.6–17

문제 5.6–18. 그림 P5.6–18을 사용하시오. $A_y = 4$ kN, $C_y = 8$ kN

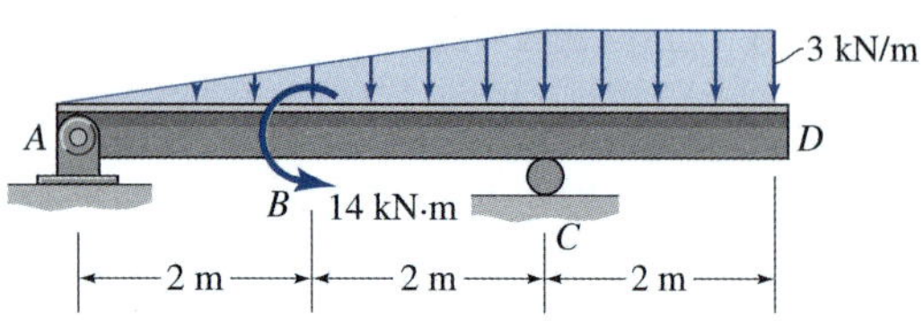

P5.6–18

■ 전단력과 굽힘 모멘트 선도: 불연속함수 방법

MDS 5.7–5.9

> 문제 5.6 – 19부터 5.6 – 22. 보와 하중은 참조되는 그림에 주어진다. 각 문제들에 대하여 아래의 단계들을 수행하는 **컴퓨터 프로그램을 작성할 수 있다.** 강사가 특정 프로그램을 지정하지 않으면, 프로그래밍 언어나 수학 적용 소프트웨어를 사용하여라.
>
> (a) 주어진 문제 값(예; L, x_B)을 입력하시오.
>
> (b) 반력을 계산하기 위하여 평형식을 사용하시오.
>
> (c) 표 5.2의 "하중" 세로 열로부터 불연속함수를 사용하여, 등가 분포 하중의 $p(x)$를 표현식을 그리시오. 예제 5.10의 그림 2a와 같이, 등가하중식과 하중 선도 함수에 계산된 반력을 포함하시오.
>
> (d) 전단력 $V(x)$의 불연속함수를 나타내기 위하여, (c)에서 얻어진 하중함수의 항별 적분을 수행하시오. 표 5.2의 "전단" 세로 열을 참고하시오. 예제 5.10의 그림 2b와 같이, 전단 선도를 그리시오.
>
> (e) 모멘트 $M(x)$의 불연속함수 표현을 얻기 위하여, (d)에서 얻어진 전단함수의 항별 적분을 수행하시오. 표 5.2의 "모멘트" 세로 열을 참고하시오. 예제 5.10의 그림 2c와 같이, 모멘트 선도를 그리시오.

컴퓨터**문제 5.6–19.** (a) 그림 P5.6–19의 단순지지 보에 대한 컴퓨터 프로그램을 작성하시오. (b) 다음의 값을 컴퓨터 프로그램 사용하여 보이시오: $L = 10$ m, $x_B = 2$ m, 그리고 $P_B = 25$ kN.

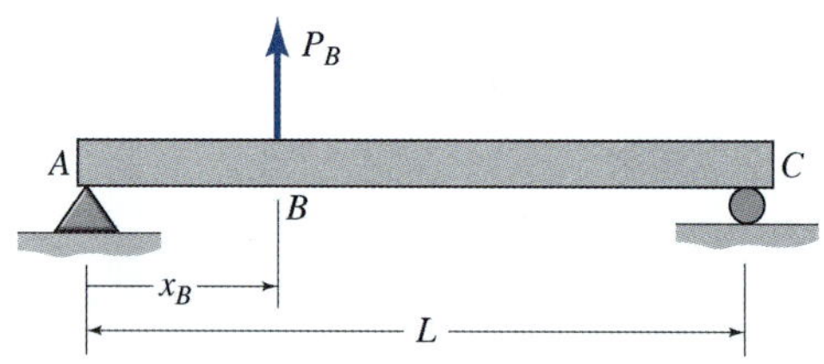

P5.6–19와 P7.5–21

컴퓨터**문제 5.6–20.** (a) 그림 P5.6–20의 단순지지 보에 대한 컴퓨터 프로그램을 작성하시오. (b) 다음의 값을 컴퓨터 프로그램 사용하여 보이시오: $L = 10$ m, $x_B = 2$ m, $x_C = 4$ m, 그리고 $p_0 = 12$ kN/m.

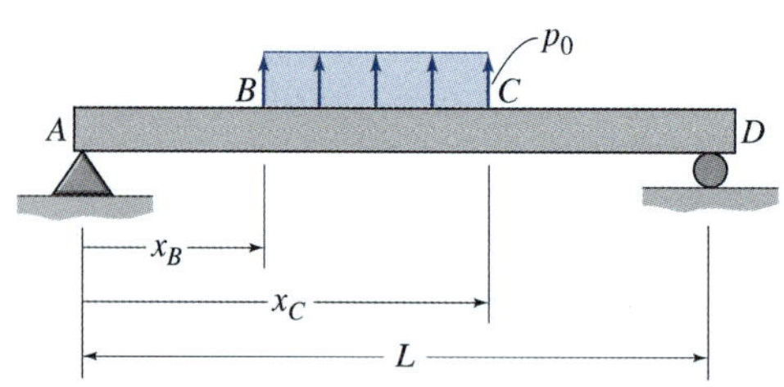

P5.6–20과 P7.5–22

컴퓨터문제 5.6-21. (a) 그림 P5.6-21의 단순지지 보에 대한 컴퓨터 프로그램을 작성하시오. (b) 다음의 값을 컴퓨터 프로그램 사용하여 보이시오: $L = 12$ ft, $x_B = 2$ ft, $x_C = 5$ ft, 그리고 $p_0 = 2$ kips/ft.

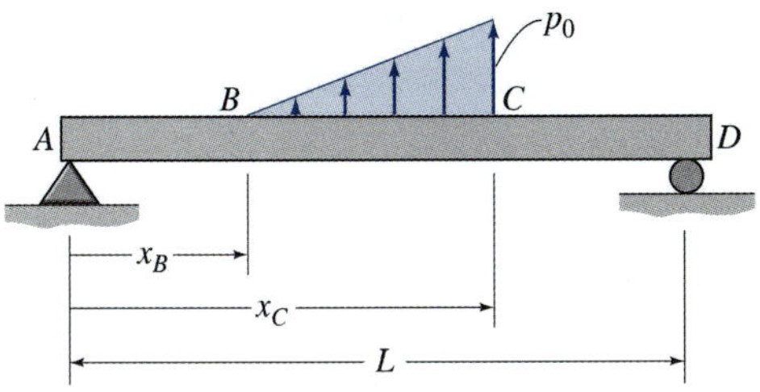

P5.6-21과 P7.5-23

컴퓨터문제 5.6-22. (a) 그림 P5.6-22의 단순지지 보에 대한 컴퓨터 프로그램을 작성하시오. (b) 다음의 값을 컴퓨터 프로그램 사용하여 보이시오:
$L = 15$ ft, $x_B = 3$ ft, $x_C = 9$ ft, $P_A = -4$ kips(즉, 아래 방향으로 4 kips)과 $p_0 = 2$ kips/ft.

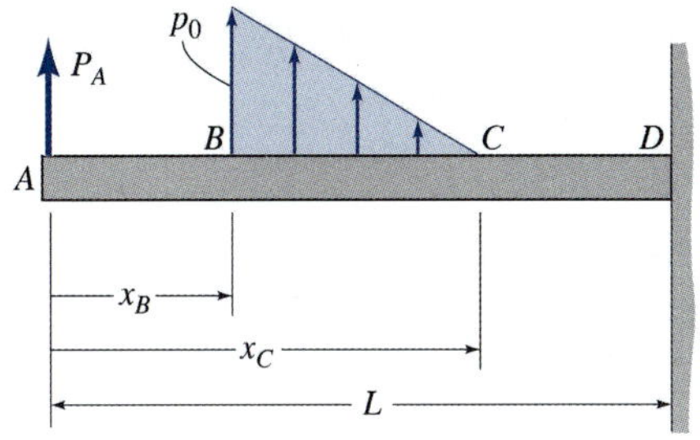

P5.6-22와 P7.5-24

5장 복습 – 보의 평형

절			관련 연습 문제
5.1	**지지조건의 종류** • 롤러 지지(Roller support) • 점 지지(Pin support) • 고정 지지(Fixed end) **하중과 보의 종류** • 단순지지(Simply support) • 외팔(Cantilever) • 다양한 길이의 연속(Multi-span continuous) • 버팀 외팔(Propped cantilever)	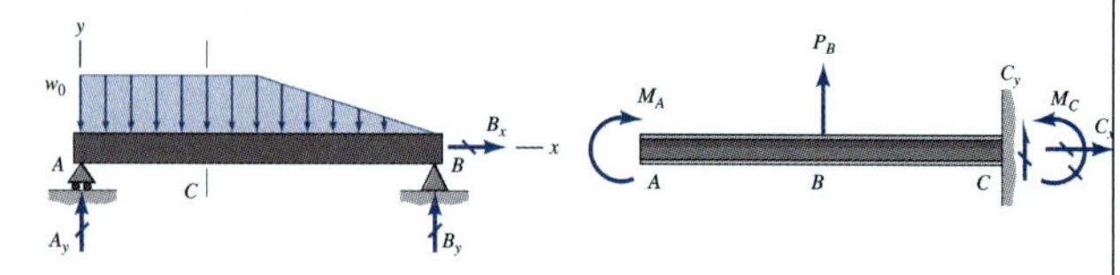 (a) 분포하중을 받는 단순지지 보 (b) A점에 짝힘, B점에 집중하중을 받는 외팔보 (c) 2개의 길이를 갖는 연속보 (d) 버팀 외팔보 보의 종류(그림 5.2)	
	보의 합응력 축변형과 비틀림은 각각 $F(x)$와 $T(x)$의 오직 하나의 합응력만 유발하는 반면, 보의 굽힘은 두 가지의 합응력을 요구한다: • **횡 전단력(Transverse shear force)** $V(x)$ • **굽힘 모멘트(Bending moment)** $M(x)$ 내부 합응력 V와 M의 부호규약에 유의하시오(그림 5.6).	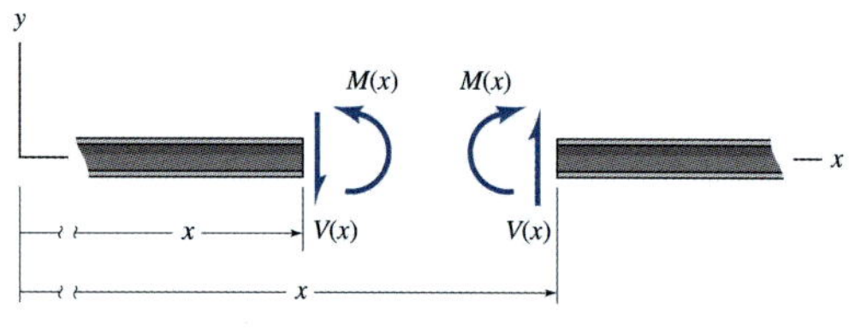 (a) "x" 단면에서의 V와 M의 양부호 (b) 양의 전단력 (c) 양의 모멘트 (d) 양의 V와 M 합응력의 부호규약(그림 5.6)	
5.2	**보의 평형(Equilibrium of beams)**은 정역학에서 다루어진 부분이다. 보의 평형문제를 해결하는 두 가지 기초 기법은 아래와 같다. • **유한 자유물체도 방법(5.2절)** • **(아래를 보시오)** 외력의 부호규약에 유의하시오(그림 5.7).	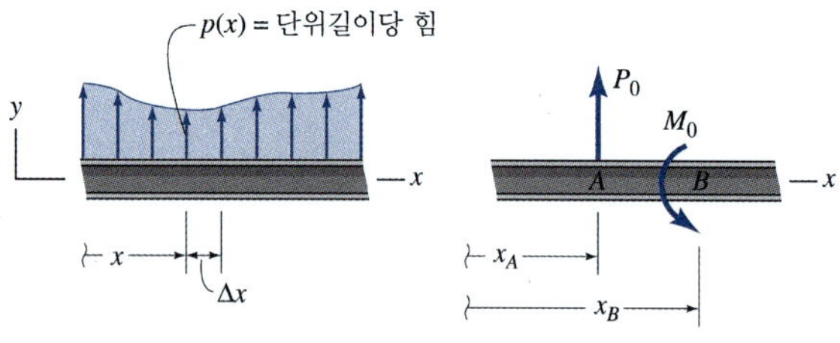 (a) 분포하중 (b) 집중하중과 짝힘 외력의 부호규약(그림 5.7)	5.2-3 5.2-11 5.2-19

절			관련 연습 문제
5.3	• 미소 면적의 자유물체도 방법(5.3절)	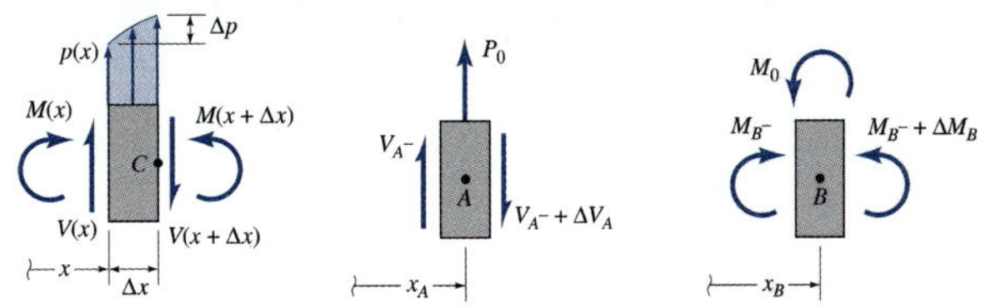 (a) 일반적인 자유물체도 (b) 갑작스런 전단력 변화의 자유물체도 (c) 갑작스런 모멘트 변화의 자유물체도 미소면적의 자유물체도(그림 5.8)	식 5.2-5.5를 유도하고, 서술하시오.
		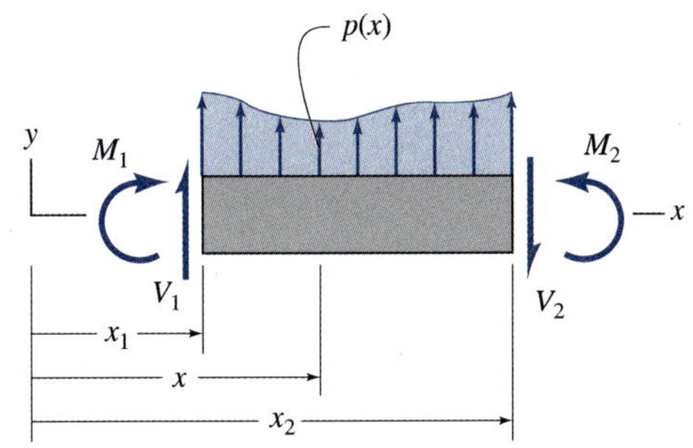 유한 자유물체도(그림 5.9)	식 5.6-5.7를 유도하고, 서술하시오.
5.4	5.4와 5.5절에서는 **전단력 선도(Shear-Force Diagram)**와 **굽힘 모멘트 선도(Bending-Moment Diagrams)**를 작도하기 위한 두 가지 방법이 소개되었다. • 평형 방법 (5.4절) • 그래픽 방법 (5.5절)		5.4-11 5.4-15
5.5	표 5.1에서 도식적으로 묘사된 전단과 모멘트 선도 특성을 유의 깊게 살펴보아라. 표 5.1에 도식적으로 묘사된 방정식들은 우측 열에 소개되어 있다.	$\frac{dV}{dx}=p(x)$ (식 5.2) $\Delta V_A = P_0$ (식 5.4) $V_2 - V_1 = \int_{x_1}^{x_2} p(x)dx$ (식 5.6) $\frac{dM}{dx}=V(x)$ (식 5.3) $\Delta M_B = -M_B$ (식 5.5) $M_2 - M_1 = \int_{x_1}^{x_2} V(x)dx$ (식 5.7)	5.5-1 5.5-11 5.5-17

5.6절은 “선택적인” 절이다.

6 보의 응력

6.1 개요

이 장에서 우리는 임의의 위치 x에서의 단면 수직응력과 전단응력의 합력이 굽힘 모멘트 $M(x)$, 전단력 $V(x)$과 어떻게 연관되며, 결정되는지 알아보고자 한다. 그림 6.1에서 나타낸 것과 같이 보에 작용하는 하중(수직 하중 혹은 우력 모멘트)은 수직방향의 처짐을 발생시킨다.

이 수직 처짐 혹은 **굽힘(bending)**은 보의 길이방향 축으로 직선이던 보가 곡선의 보가 되도록 한다. 그림 6.1에서 점선으로 표시된 **처짐곡선(deflection curve)**은 보의 변형을 특정할 수 있다. 그리고 처짐곡선의 곡률과 굽힘 모멘트 M과의 관계에 의해서 수직응력 σ_x의 분포를 결정할 수 있다. 이 유도과정은 변형체역학의 3가지 기본적인 개념인, 기하학적 변형(geometry of deformation)(변형률-변위 해석), 재료거동(material behavior)(응력-변형률 관계), 그리고 평형조건(equilibrium)(합응력의 정의와 외부하중과 반력에 대한 합응력의 관계)을 포함한다.

보-변형 용어 보 해석을 단순화하기 위하여, **길이방향으로 대칭면(longitudinal plane of symmetry; LPS)**을 가진, 그림 6.2에 있는 것처럼 하중과 지지조건이 LPS에 관하여 대칭을 이루는 직선 보만을 고려한다. 경우에 있어서, 길이방향 대칭 평면은 **굽힘평면(plane of bending)**이다. (6.6절에서 더 일반적인 비대칭 굽힘을 설명한다.)

그림 6.2a에 예시된 것처럼, **좌표축(coordinate axes)**은 다음과 같이 정한다. 굽

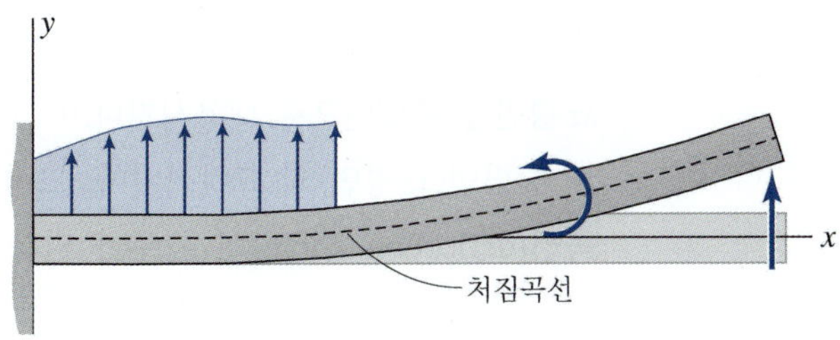

그림 6.1 보의 수직 처짐

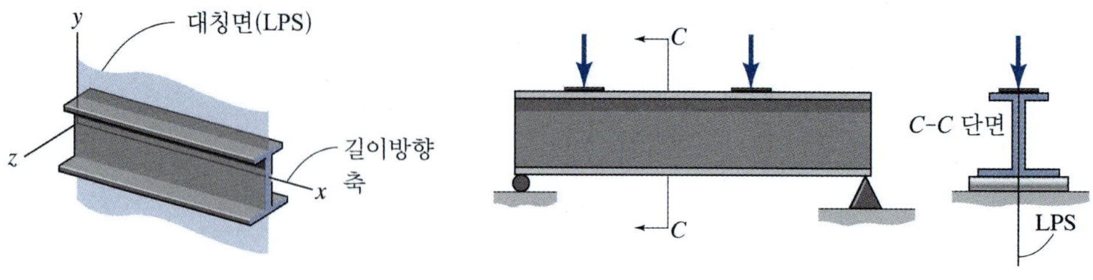

(a) (b) (c)

그림 6.2 대칭 하중 및 지지조건을 갖는 기하학적 대칭 보

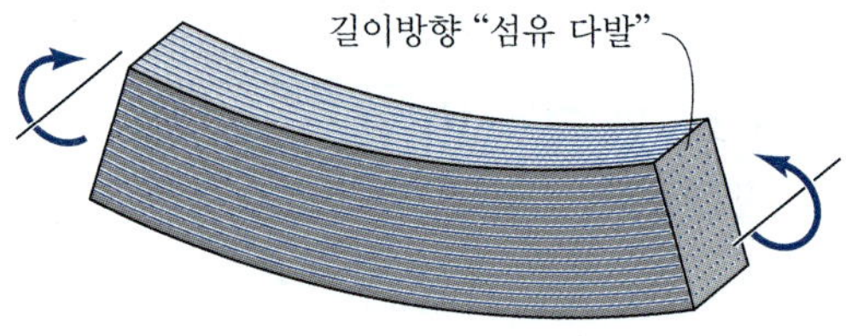

(a) 길이방향 "섬유 다발"로 표현된 보

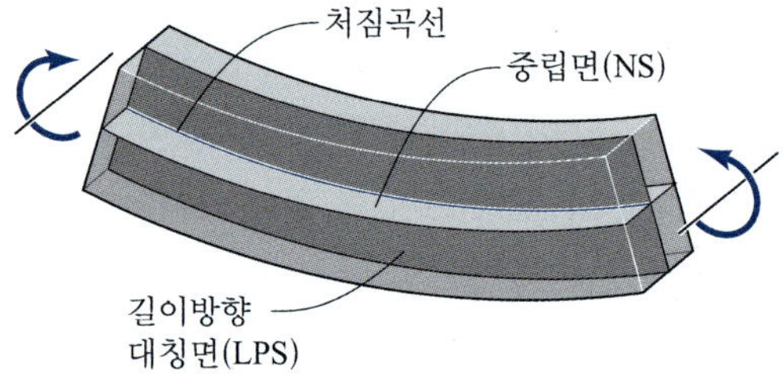

(b) 보-변형

그림 6.3 보-변형 용어 정의

힘평면은 xy평면이라고 한다. 보의 **길이방향 축(longitudinal axes)**은 x축이라 하고 오른쪽으로 향하는 x축은 양(+)의 방향이다. 위로 향하는 y축은 양(+)의 방향이다. z축은 두 축에 대하여 오른손 법칙을 만족하는 좌표계의 축이다.

그림 6.1과 같은 보의 응력 분포를 알아보기 위해서는 x축에 평행한 길이방향의 섬유다발(longitudinal fiber)를 가진 보를 상상하는 것이 편리하다. 그림 6.3a에서는 가상의 '섬유다발'(목재의 경우, 실제 섬유)를 나타내었다. 굽힘 모멘트 M가 작용하는 보의 상부 섬유는 줄어들고 하부의 섬유는 늘어나기 때문에 그림 6.3b에 나타낸 바와 같이, 윗 방향으로 굽어진 보로 변형된다. 그러나 몇 개의 길이방향 섬유는 초기 섬유 길이를 유지하고 있다. 이 섬유들이 모여서 **중립면(neutral surface)**(NS)을 형성하며 그림 6.3b와 같다. 편의상, 변형 전의 보를 xyz좌표계에 위치시키고 xz평면을 중립면으로 대응시킨다.[1] 그리고 보의 길이방향 축은 굽힘 평면(xy평면)과 중립면(xz평면)의 교차선이며, 그림 6.1과 그림 6.3b에서처럼 변형된 보의 **처짐곡선(deflection curve)**의 기준이 된다.

1) 보의 중립면(즉, xz평면)의 위치 결정은 6.3절을 참조한다.

순수 굽힘 순수 굽힘을 받는, 다시 말하면, 길이에 대하여 재료 물성치와 $M(x)$가 일정한 균일보의 변형을 검사하는 것으로 보의 해석을 시작하기로 한다. 순수 굽힘을 발생시키는 보 하중의 한 형태는 그림 6.4a와 같다. 즉 B와 C 사이의 부분은 순수 굽힘 구간이고, 그림 6.4b의 굽힘 모멘트도와 같다.

만일 그림 6.5c~e와 같이 하중이 작용하지 않는 보의 양단에 한 쌍의 우력 모멘트 M_0가 작용한다면, 양단 사이에서는 모멘트가 일정하고 그 구간에 **순수 굽힘(pure bending)**이 작용한다고 한다. 그림 6.5b에서 선분 ABD와 EFG는 일반적인 보의 변형 전 단면의 수직 변을 나타내며, 그림 6.5e의 선 $A^*B^*D^*$, $E^*F^*G^*$는 보의 정면에서 본, 변형 후의 동일 단면을 나타낸다. 그림 6.5c~e로부터 순수 굽힘이 작용하는 균일보의 특성은 아래와 같다.

1. $M(x)$가 M_0으로 일정하기 때문에, 보의 순수 굽힘 변형은 순수 굽힘을 받는 보의 전 길이에서 일정하다. 그래서 단면 ABD에 발생되는 것들은 단면 EFG에서도 발생한다.
2. 점 F^*의 처짐곡선의 곡률은 점 B^*의 곡률과 동일하다(그림 6.5c,e). 그러므로 **처짐곡선은 곡률중심이 C^*인 원호를 형성한다.**
3. 순수 굽힘은 전·후면 대칭성을 가진다. 변형 전 보의 2개의 단면 내 직선 ABD와 EFG는 그림 6.5c처럼 전면에서 본 경우에는 S-형태 곡선 $A^*B^*D^*$와 $E^*F^*G^*$, 그림 6.5d처럼 후면에서 본 경우에는 곡선 $A^{**}B^{**}D^{**}$ 그리고 $E^{**}F^{**}G^{**}$가 된다. 만약에 그림 6.5c처럼 보를 후면에서 본다면 곡선 $E^{**}F^{**}G^{**}$는 그림 6.5e의 곡선 $A^*B^*D^*$와 완전히 동일한 형태이어야 한다. 이를 가능케 하는 유일한 방법은 ABD와 EFG에서처럼 **모든 단면(all cross sections)**은 그림 6.5e에 예시된 것처럼 변형 후에도 **평면으로 존재하며, 처짐곡선에 수직으로 존재해야 한다.**
4. 결론적으로, **보가 순수 굽힘을 받을 때 보의 처짐곡선은 원호를 형성하고 보의 단면은 평면으로 유지되고 처짐곡선에 수직으로 유지된다.** 순수 굽힘을 받는 보가 이와 같이 변형하는 것이 실험적으로도 확인되었다.

보의 변형에 대한 위의 설명은 순수 굽힘의 경우, 즉 그림 6.4에 나타낸 보의 BC부분처럼 $\frac{dM}{dx} = V(x) = 0$인 경우에만 적용된다. 그러나 $\frac{dM}{dx} = V(x) \neq 0$인 그림 6.4의 보의 AB와 CD부분처럼 **비균일 굽힘(nonuniform bending)**일지라도, 만약에

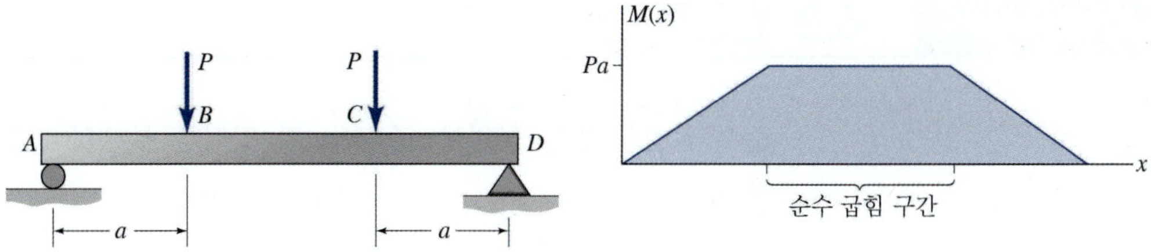

(a) 대칭 하중을 받는 보　　(b) 굽힘 모멘트 선도

그림 6.4 순수 굽힘을 발생시키는 하중 재하법

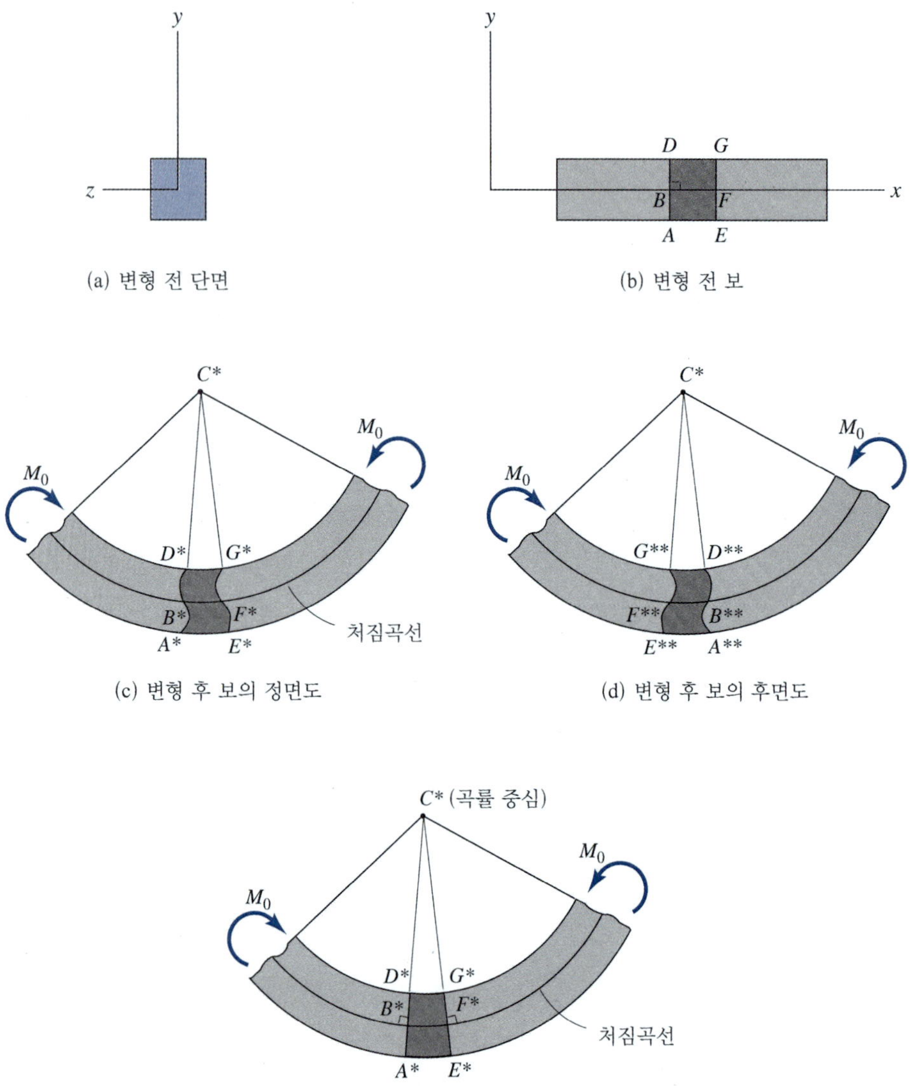

그림 6.5 순수 굽힘을 받는 균일보의 단면

보가 단면의 크기에 비하여 길다면, 즉 보가 가늘다면, 보가 변형된 후에도 단면은 평면으로 유지되고 변형된 축에 수직이다. 그래서 길이방향 축방향 변형률 ϵ_x와 수직응력 σ_x에 대한 표현식은 매우 정확하게 성립한다.

6.2 변형률-변위 해석

순수 굽힘을 받는 균일보, 즉 $M(x)$가 일정한 부분의 변형에 대한 해석을 살펴본다.

베르누이-오일러 보 이론의 변형적합 가정 앞에서 논의했던 것들은 다음의 **베르누이-오일러 보의 이론(Bernoulli–Euler beam theory)**[2)]에 대한 4가지 가정으로 요약될 수 있다.

1. 보는 길이방향으로 대칭면(LPS)을 가지며, 이 면에 대해 대칭으로 하중을 받고 지지된다. 이 면을 **굽힘면(plane of bending)**이라 한다.
2. 보가 변형할 때 변형률(즉 $\epsilon_x = 0$)이 없는, LPS에 수직인 길이방향 평면이 존재한다. 이 평면은 **중립면(neutural surface**, NS)이라고 한다. 중립면과 단면의 교차선을 **중립축(neutral axes**, NA)이라 한다. LPS와 NS의 교차선은 보의 **축(axis)**이며, 변형된 보의 **처짐곡선**을 형성한다.
3. **변형 전 보의 축에 수직인 단면이 평면이면, 변형 후 보의 축이 되는 처짐곡선에도 수직을 이루며, 평면을 유지한다.**
4. 단면의 평면에서의 변형(즉, 횡 변형률 ϵ_y, ϵ_z)은 길이방향 변형률 ϵ_x에 대한 표현을 유도할 때 무시한다.

위에서의 3번째 가정은 베르누이-오일러 보 이론의 중요한 가정이다. 그리고 이것은 **굽힘 보의 실제적인 이론**을 이전에 유도한 축 변형과 비틀림 이론과 비교할 수 있다.

변형률–변위 해석; 길이방향 변형률 가정 1과 4 때문에 xy평면에 나란한 임의의 평면 내의 섬유는 xy평면(굽힘면)에 놓여진 섬유와 동일하게 거동한다. 그러므로 **굽힘 변형은 z축에 독립적이며** 그림 6.6은 xy평면에 평행한 보에서 임의 평면의 변형을 나타낸다. 그림 6.6과 이전의 4개의 변형에 대한 가정들을 이용하여, 보 내부의 좌표계(x, y, z)에 대한 길이방향 섬유다발의 축방향 변형률 ϵ_x에 대한 표현식을 특정할 수 있다. 그림 6.6a에서 점 A와 P는 변형 전 보의 x좌표 단면 내에 위치한다. 유사하게, 점 B와 Q도 변형 전 보의 $(x+\Delta x)$ 좌표 단면 내에 위치한

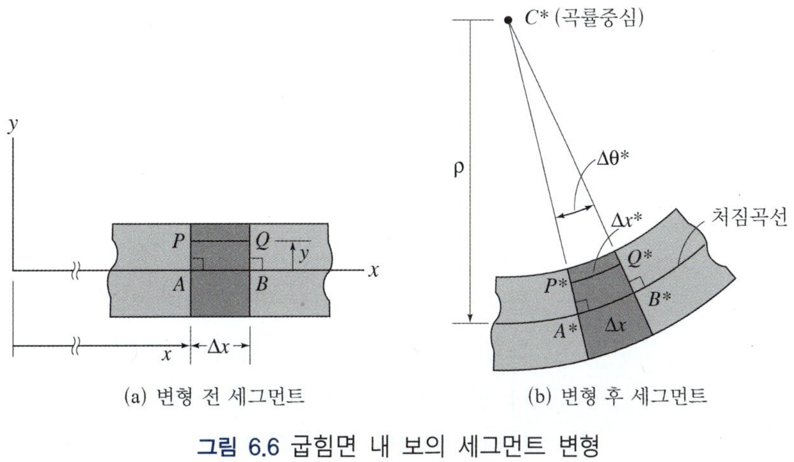

(a) 변형 전 세그먼트 (b) 변형 후 세그먼트

그림 6.6 굽힘면 내 보의 세그먼트 변형

2) 여기에서 설명한 보의 이론은 Jacob Bernoulli(1654~1705)와 Leonard Euler(1707~1783)가 개발한 것이다. 수학자와 물리학자들로 유명한 Bernoulli家의 특출한 구성원인 Jacob은 보의 처짐을 연구하다가 탄성보의 곡률이 굽힘 모멘트에 비례한다는 사실을 발견하였다. Jacob와 그의 조카 Daniel Bernoulli(1700~1782)의 연구결과는 Euler가 보의 탄성곡선의 미분방정식을 발견하는데 큰 기여를 하였다.(참고문헌 6-1)

다. 선분 PQ는 x축에 평행하며 중립면(xz면) 위로 $+y$ 거리에 위치한다. 그러므로 변형 전 보의 미소섬유 AB와 PQ의 길이는 Δx이다. 가정 3으로부터 점 A^*와 P^*는 변형된 보의 중립면에 수직한 평면에 위치하며 점 B^*와 Q^* 또한 변형된 보의 중립면에 수직한 면에 위치한다. 그러나 가정 2에 따르면 중립면 내에 위치해 있는 섬유 A^*B^*의 길이는 변함이 없다. 즉 A^*B^*의 길이는 그림 6.6b에 나타낸 것처럼 여전히 Δx이다. 결국 가정 4에 의하여 $\overline{A^*P^*} = \overline{AP} = y$이며 $\overline{B^*Q^*} = \overline{BQ} = y$이다. 그러므로 그림 6.6은 베르누이-오일러(Bernoulli-Euler)의 4개의 변형 가정을 모두 포함하여 길이방향 섬유의 변형률을 유도하는데 이용할 수 있다.

식 2.35의 길이방향 변형률에 대한 일반적인 정의로부터 길이방향 섬유 PQ에 대한 변형률을 다음과 같이 표현할 수 있다.

$$\epsilon_x \equiv \epsilon_x(x, y, z) = \lim_{Q \to P}\left[\frac{(\overline{P^*Q^*} - \overline{PQ})}{\overline{PQ}}\right] = \lim_{\Delta x \to 0}\left[\frac{(\Delta x^* - \Delta x)}{\Delta x}\right] \tag{6.1}$$

A^*B^*가 반지름 $\rho(x) \equiv \rho$인 원의 $\Delta\theta^*$에 대한 원호임을 고려하면 다음 식을 얻을 수 있다.

$$\overline{A^*B^*} = \Delta x = \rho\Delta\theta^*$$

유사하게,

$$\overline{P^*Q^*} = \Delta x^* = (\rho - y)\Delta\theta^*$$

를 얻는다. 식 6.1과 위의 두 식으로부터

$$\epsilon_x = \lim_{\Delta x \to 0}\left[\frac{[(\rho - y)\Delta\theta^* - \rho\Delta\theta^*]}{\rho\Delta\theta^*}\right] = -\frac{y}{\rho} \tag{6.2}$$

를 얻는다. 즉, 보의 점(x, y, z)에서의 신장변형률 ϵ_x는 z축에 대해서는 독립이며, 다음과 같은 **변형률-변위 관계식(strain-displacement equation)**에 의해서 국부 곡률반경(radius of curvature) $\rho(x)$으로 표현된다.

$$\epsilon_x = -\frac{y}{\rho(x)} \quad \textbf{변형률-변위 관계식} \tag{6.3}$$

곡률반경 역수($\kappa = 1/\rho$)는 길이방향 곡률(longitudinal curvature) 또는 단순히 곡률(curvature)이라고도 한다. 이미 알고 있는 것과 같이 변형률-변위 관계식을 유도할 때 가정은 순수 굽힘의 경우에만 유효하다. 즉 $V \equiv 0$일 때만 유효하다. 그러나 만약 보가 길이에 비해 두께가 작은 형상일 경우에는(가느다란 보) 식 6.3은 $V \neq 0$ [즉 $M = M(x)$]의 보의 굽힘 해석에도 이용될 수 있다.

횡방향 변형률 보 내부의 한 점에서의 길이방향 변형률은 식 6.3에 의해 주어진다. 6.3절에서 횡방향 응력 σ_y와 σ_z는 수직응력 σ_x에 비하여 무시할 수 있다는 것

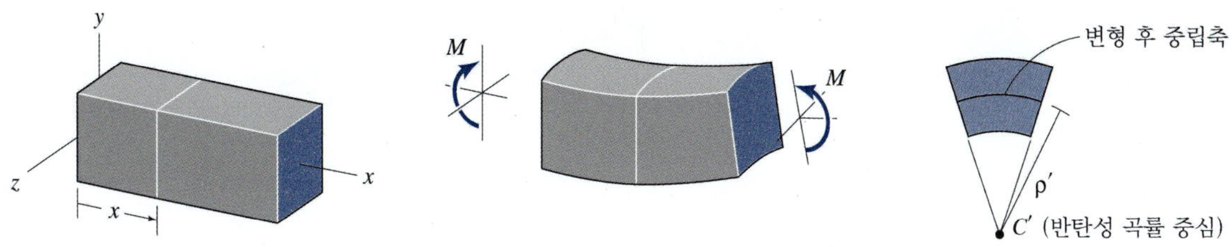

(a) 변형 전 보 세그먼트와 단면

(b) 변형 후 보 세그먼트와 단면

그림 6.7 순수 굽힘을 받는 보 세그먼트의 가로방향 변형

을 보여줄 것이다. 그러므로 일반화된 후크(Hooke)의 법칙인 식 2.38로부터 가로방향 변형률을 발생시키는 푸아송비 효과(poisson's-ratio effect)가 있음을 알 수 있다.

$$\epsilon_y = \epsilon_z = -\nu\epsilon_x \tag{6.4}$$

순수 굽힘을 받는 직사각형 보 세그먼트의 변형 후 모양은 그림 6.7과 같다. 이 보의 가로방향 변형률 ϵ_z를 고려해 보자. 중립축(윗쪽 즉, 여기서 y는 (+) 방향)의 보는 축방향으로 압축되며 ϵ_x는 (−)값이다. 그러면 식 6.4로부터 ϵ_z는 (+)가 될 것이다. ϵ_z가 (+)값이기 때문에 z방향으로 중립축 윗쪽에 위치하는 섬유는 늘어난다. 또한 ϵ_z방향으로 중립축 아래에 위치하는 섬유는 줄어들며 ϵ_z는 (−)이다. 이러한 현상 때문에 반탄성 곡률(antielastic curvature)이 발생되며 그림 6.7에 나타나 있다. 연습문제 6.2-5에서 가로방향 곡률(transverse curvature) $\kappa' \equiv 1/\rho'$가 길이방향 곡률 $\kappa \equiv 1/\rho$와 식 6.5와 같이 관계되는 것을 증명하게 될 것이다.

$$\kappa' = \nu\kappa \tag{6.5}$$

반탄성 곡률은 직사각형 단면을 가진 부드러운 지우개(예: 연분홍색으로 된 지우개)를 취하여 엄지와 검지 사이에 끼워 굽혀보면 분명히 볼 수 있는 형상이다. 가정 4에서 이미 알고 있는 바와 같이 평면 단면의 변형은 변형-변위 관계식, 식 6.3을 유도할 때 무시될 수 있다.

변형률–변위 해석의 요약 수직응력 σ_x와 $\rho(x)$와 $M(x)$의 관계에 대하여 논의하기 전에, 4개의 베르누이-오일러 변형 가정과 길이방향 변형률의 기본적인 정의로부터 얻어진 식 6.3의 길이방향 변형률에 대한 표현에서 다음 사항을 이해할 수 있다.

1. **길이방향 변형률 ϵ_x는 z축, 즉 보의 두께방향 좌표에 무관하다.** 즉, $\epsilon_x = \epsilon_x(x, y)$
2. 길이방향 변형률 ϵ_x는 x단면에서의 곡률반경에 반비례한다. 그림 6.8은 ρ가 감소함에 따라 곡률 κ은 증가하고(즉, 보가 더 휘어지고) 주어진 섬유의 변형률이 증가하는 사실을 보여준다. 예를 들면, 길이 $\overline{A^*B^*}$(이것은 중립면에

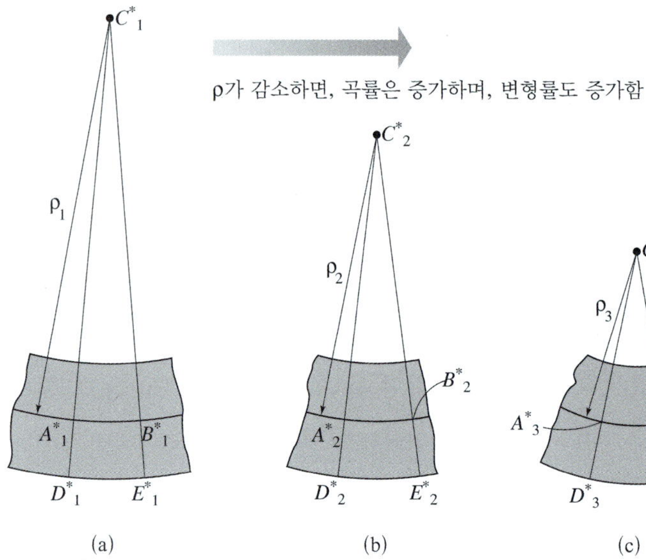

그림 6.8 길이방향 변형률 ϵ_x과 곡률 간의 관계

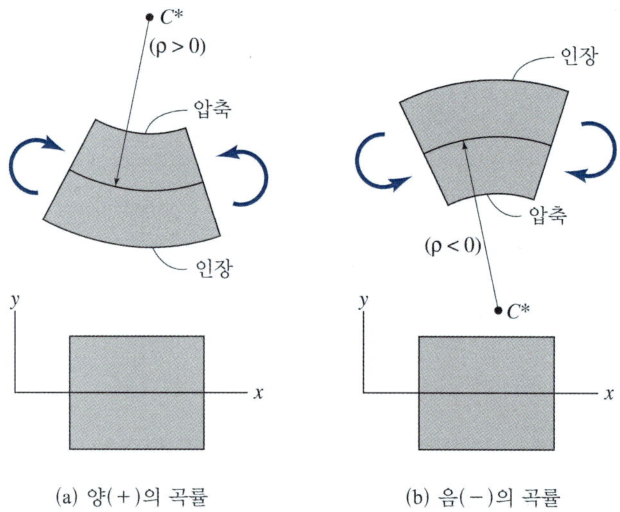

그림 6.9 양(+)과 음(−)의 곡률

놓여 있는 것으로 정의되었으므로 $\overline{AB}$와 같다)는 그림 6.8에서의 3개의 그림 모두에서 같다. 그러나 $\overline{D_1{}^*E_1{}^*} < \overline{D_2{}^*E_2{}^*} < \overline{D_3{}^*E_3{}^*}$ 이므로 굽힘의 결과로서 맨 아래에 있는 섬유의 길이변화는 그림 6.8의 왼쪽에서 오른쪽으로 갈수록 증가하고, 따라서 변형률은 그림 6.8a의 가장 작게 휘어진 보로부터 그림 6.8b와 그림 6.8c의 더 크게 휘어진 보로 갈수록 증가한다.

3. $\rho(x)$와 y의 부호가 ϵ_x의 부호를 결정한다. $\rho(x)$가 양이면 곡률중심(center of curvature)은 보의 윗쪽 즉, 보의 $+y$쪽에 놓인다. 그러므로 $\rho(x)$가 양일 때, 변형된 보는 위로 오목하게 휘어진다. 식 6.3에서는 부호가 음이므로 중립면 위의 섬유(즉, 양의 y를 갖는 섬유)는 압축을 받고, 반면에 중립면보다 아래에 있는 섬유는 인장을 받는다. 그림 6.9a의 보 세그먼트가 이 경우에 해당한

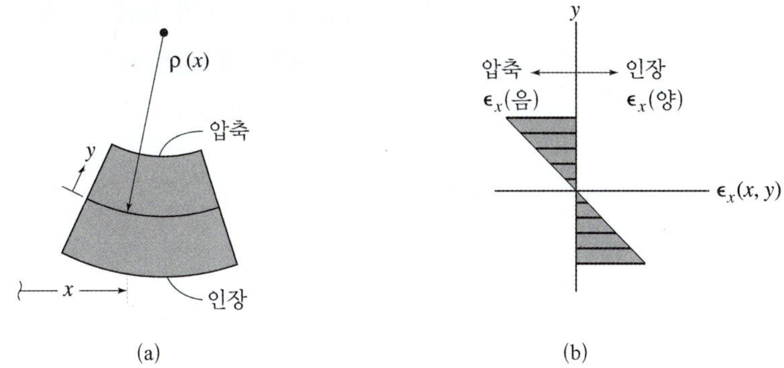

그림 6.10 $\rho(x)$이 양(+)인 단면의 변형률 분포

다. $\rho(x)$가 음이라면 곡률중심은 보 아래에 놓이며 그림 6.9b에서 보이는 것처럼 보는 아래로 오목하게 휘어진다.

4. 마지막으로 **변형률 ϵ_x는 중립면에서부터의 거리 y에 비례한다.** 이러한 선형 변형률 분포(linear strain distribution)가 그림 6.10에 나타나 있다.

ϵ_x가 y에 대해 선형적으로 변한다는 사실은 보의 물성치와는 완전히 무관하다. 예를 들면 보가 철근콘크리트(6.5절)처럼 둘 또는 그 이상의 다른 재료로 이루어지거나, 일부는 탄성이고 일부는 소성일 수 있다(6.7절). 변형이 이 절에서 정리된 4개의 가정을 따르는 한, 축방향 변형률(extensional strain) ϵ_x는 식 6.3과 그림 6.10b에 주어진 바와 같이 y에 비례한다.

예제 6.1

우력 모멘트 M_0는 그림 1에서처럼 가느다란 외팔보의 단부에 작용한다. $\frac{L}{c} = 30$로 주어진다. 여기서 L은 보의 원래 길이이며 $2c$는 보의 높이이다. (a) 맨

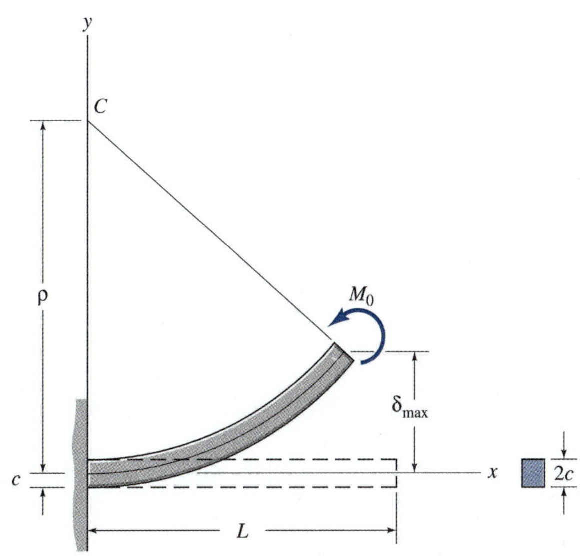

그림 1

아래의 섬유($y=-c$)가 재료의 인장 항복 변형률 ϵ_Y상태에 있을 경우, 곡률반경(ρ/c)의 표현식을 결정하시오. (b) 이 하중조건 하에서 δ_{max}/c를 결정하시오. (c) $L=15$ ft이고 $\epsilon_Y=0.001$일 경우, ρ와 δ_{max}를 결정하시오.

풀이 계획 (a)는 섬유 길이방향 변형률 ϵ_x과 처짐곡선의 곡률반경을 연관시키는 식 6.3의 관계를 직접적으로 응용한 것이다. (b)에서 δ_{max}를 결정하기 위해 원의 기하학적인 특성을 부가적으로 사용할 필요가 있다.

풀이 (a) 변형률-변위 관계식, 식 6.3으로부터 다음을 얻을 수 있다.

$$\epsilon_x = -\frac{y}{\rho}$$

맨 아래에 있는 섬유가 길이방향 축방향 변형률을 받고 있으므로

$$\rho = -\frac{(-c)}{\epsilon_Y}$$

이다. 따라서

$$\frac{\rho}{c} = \frac{1}{\epsilon_Y}$$ **답 (a)**

이다.

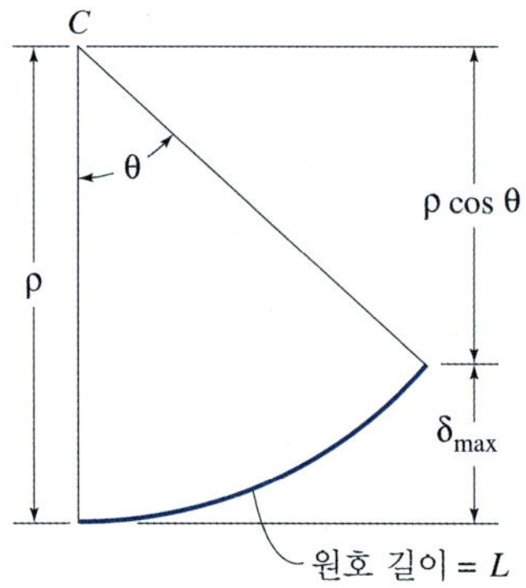

그림 2 원호의 기하

(b) 그림 2에서의 처짐곡선에 대한 스케치로부터 다음을 얻을 수 있다.

$$L = \rho\theta$$

그리고

$$\delta_{max} = \rho(1-\cos\theta)$$

그러므로 이 보의 경우에 대해서는

$$\theta = \frac{L}{\rho} = \frac{L}{c}\frac{c}{\rho} = 30\epsilon_Y$$

또는

$$\frac{\delta_{max}}{c} = \frac{1}{\epsilon_Y}[1-\cos(30\epsilon_Y)]$$ **답 (b)**

이다.

(c) $L=15$ ft이고 $\epsilon_Y=0.001$에 대해서

$$\theta = 30\epsilon_Y = 0.03 \text{ rad}$$

이다. 결과적으로 다음과 같다.

$$\rho = \frac{L}{30\epsilon_Y} = 500 \text{ ft} = 6000 \text{ in.}$$ **답 (c)**

$$\delta_{\max} = \rho(1-\cos\theta) = 0.225 \text{ ft} = 2.70 \text{ in.}$$ **답 (c)**

풀이 검토 $L = 15$ ft와 $L/c = 30$, $c = L/30 = 6$ in.의 값에 따라, 12 in. 높이 보에서 대해, 보 높이의 1/4보다 작은 보의 최대 처짐은 최외측 섬유가 항복 변형률 $\epsilon_Y = 0.001$에 도달하게 된다.(그림 1과 2에서는 이 처짐을 과도하게 표현하였다.)

6.3 선형 탄성보의 굽힘응력

이전 절에서의 가정은 가느다란(세장, 細長) 보의 변형 형상에 대한 것이었으며 변형률 ϵ_x은 식 6.3에 유도되었다. 보에서 이것과 대응하는 수직응력 σ_x을 **굽힘응력(flexural stress)**이라고 한다. 휨 응력의 표현을 얻기 위하여 재료의 거동을 고려한다. 즉 재료의 응력-변형-온도 거동을 고려해야 할 필요가 있다. 보의 응력에 대한 초기 해석을 단순화하기 위해 재료는 **선형탄성이며 등방성(linearly elastic and isotropic)**이며 온도가 상수로 존재한다는 가정을 한다. 위의 두 가지 가정은 휨 응력 σ_x를 결정할 수 있도록 해준다.

1. $\Delta T = 0$인 재료는 식 2.38a의 후크의 법칙을 따른다.
2. 횡방향 수직응력들 σ_y와 σ_z는 σ_x에 비하면 무시할 수 있다.

이 두 가지 가정을 합하면 일축응력-변형률 식,

$$\sigma_x = E\epsilon_x \tag{6.6}$$

은 선형 탄성보의 굽힘에도 적용됨을 알 수 있다. 식 6.3과 6.6은 합하여 다음과 같은 표현을 얻을 수 있다.

$$\sigma_x = \frac{-Ey}{\rho} \tag{6.7}$$

만약 $E =$ 일정 하거나 $E = E(x)$이면 주어진 식 6.8과 그림 6.11에서 주어진 것처럼 단면 상의 수직응력은 y축에 대해서 선형적으로 변화한다.[3)]

$$\boxed{\sigma_x(x, y) = \frac{-E(x)y}{\rho(x)}} \tag{6.8}$$

그림 6.11에 나타낸 바와 같이 단면에 작용하는 수직응력 x에 대한 합응력은

$$F(x) = \int_A \sigma_x \, dA, \quad M(x) = -\int_A y\sigma_x \, dA \tag{6.9}$$

3) 6.5절에서 비균질 보, 즉 하나 이상의 재료로 만들어진 보에서의 응력에 관해 고찰하게 될 것이다.

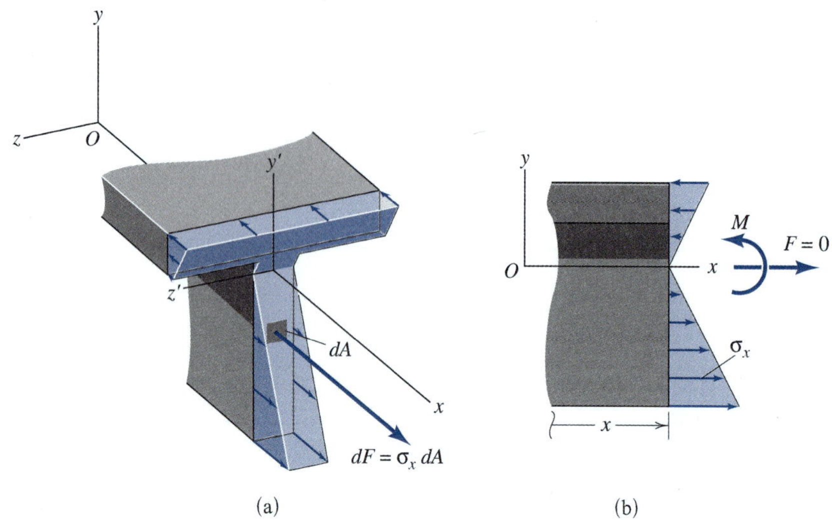

그림 6.11 양의 곡률반경을 갖는 단면의 휨 응력 분포

이다. 양의 모멘트가 보의 $+y$ 섬유에서 압축을 발생시킨다.

9.4절에서 굽힘과 결합된 축변형을 고려할 것이다. 그러나 지금은 굽힘에 대하여만 논의하기 위해서 $F \equiv 0$으로 한다. 그러므로 식 6.9를 6.8에 대입하면 다음 식을 얻을 수 있다.

$$F = -\frac{E}{\rho}\int_A y\,dA = 0, \quad M = \frac{E}{\rho}\int_A y^2\,dA = 0 \tag{6.10}$$

식 6.10에서 나타나는 적분은 단면의 특성을 나타내며 부록 C에 정의되어 있다.

$$\int_A dA = A, \quad \int_A y\,dA = \bar{y}A, \quad \int_A y^2\,dA = I_z \tag{6.11}$$

여기서, A는 단면적, $\bar{y}$는 단면 도심(centroid)의 y좌표, 그리고 I_z은 단면의 z축에 대한 **단면 2차모멘트(관성 면적모멘트)(area moment of inertia)**이다.

관성모멘트의 가장 유용한 공식, 직사각형 면적의 관성모멘트는 다음과 같이 쉽게 유도될 수 있다. 그림 6.12와 같은 직사각형에 대한 식 6.11c은 다음과 같이 주어진다.

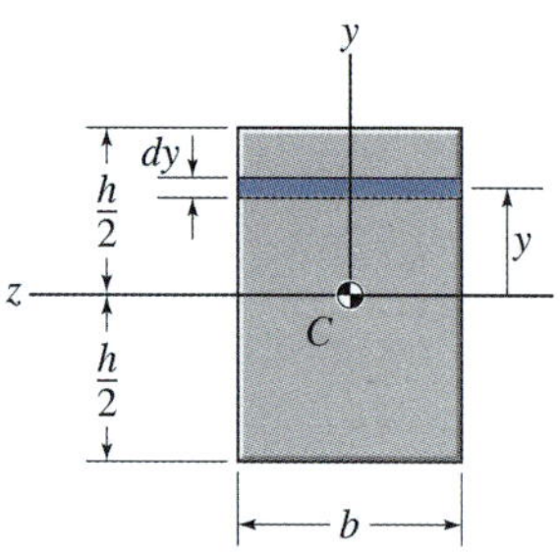

그림 6.12 직사각형 단면의 관성모멘트 계산을 위한 제원

$$I_z = \int_A y^2\,dA = \int_{-h/2}^{h/2} y^2(bdy) = b\frac{y^3}{3}\Bigg|_{-h/2}^{h/2} = \frac{bh^3}{12}$$

여기서, z은 단면의 도심을 통과하고 길이 b와 평행하다. 관성모멘트에 대한 더 자세한 설명이 필요할 때는 부록 C.2를 참고한다. 다양한 형태에 대한 도심의 좌표와 관성모멘트에 대한 공식의 표는 이 책의 뒷표지 안에 기록되어 있다.

$F=0$인 상태를 만족하기 위하여 $\bar{y}=0$이 되어야 한다. 즉 단면의 z축(그림 6.11a와 6.13a에서는 z'이다.)은 단면의 중심을 통과하여야 한다. 그러므로 **x축은 변형 전 보의 각 단면의 도심을 통과한다.** z'축은 단면의 중립축(neutral axis of

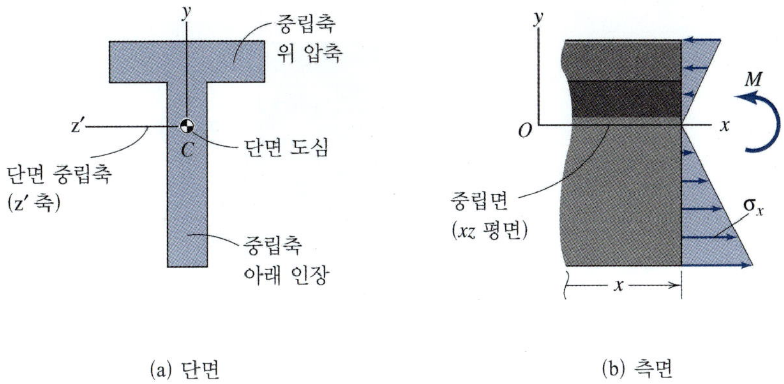

그림 6.13 (a) 단면의 중립축 위치, (b) 굽힘을 받는 균질보의 휨 응력 분포

the cross section)이라고 하거나 단순히 **중립축(neutral axis, NA)**이라고 한다. 이것은 그림 6.13에서 나타난 것처럼 인장부분과 압축부분 사이의 경계이기 때문이다.[4)]

식 6.10b와 6.11c를 조합하면 베르누이-오일러 보 이론의 **모멘트-곡률 관계식(moment-curvature equation)**을 얻을 수 있다. 즉

$$M = \frac{EI}{\rho} = EI\,\kappa \qquad \textbf{모멘트-곡률 관계식} \qquad (6.12)$$

곡률(curvature) $\kappa(x)$는 $\kappa(x) = \dfrac{1}{\rho(x)}$로 곡률반경(radius of curvature) $\rho(x)$와 관련된다. EI는 보의 **굽힘 강성(flexural rigidity)**이라고 한다. (식 6.12에서 대칭보의 굽힘에 대한 나머지 고찰을 간단히 하기 위해서 I_z의 아래첨자를 제거했다. 이 아래첨자는 6.6절 비대칭 굽힘에서 다시 필요하게 될 것이다.)

그림 6.9의 변형된 보의 세그먼트와 모멘트-곡률 관계식인 6.12를 고려해보자. 그림 6.9a에서처럼 양(+)의 굽힘 모멘트, $M(x)$는 양(+)의 $\rho(x)$값을 유발시키며, 다시 말하면 보가 위로 오목하게 휘어지는 것을 의미한다. 역으로 음(−)의 모멘트는 곡률 중심이 그림 6.9b에서처럼 $-y$에 위치하고 있어, 음(−)의 곡률을 발생시킨다.

결국에, 식 6.8과 6.12를 결합하여 베르누이-오일러(Bernoulli-Euler)의 중요한 **굽힘 공식(flexure formula)**으로 주어진다.[5)]

$$\sigma_x = \frac{-My}{I} \qquad \textbf{굽힘 공식} \qquad (6.13)$$

평면 단면은 평면으로 존재하는 가정을 따르고, 재료가 $E = E(x)$로 나타나는 선형 탄성재료이면, 굽힘 모멘트 $M(x)$가 작용하는 단면 위의 응력 분포에 대한 표현식

4) 이후에는 단면의 z축은 비록 고려대상의 부분 단면상에 z축이 놓여 있지 않더라도 z'가 아닌 z로 표시한다.

5) 이 책과 그림 5.6에 채택한 부호규약에 따르면, 양의 모멘트는 보의 $+y$ 섬유에 압축을 발생시킨다. 따라서 식 6.13에 −부호가 나타나며, 다른 책에서는 휨 공식에 +부호를 쓰기도 한다.

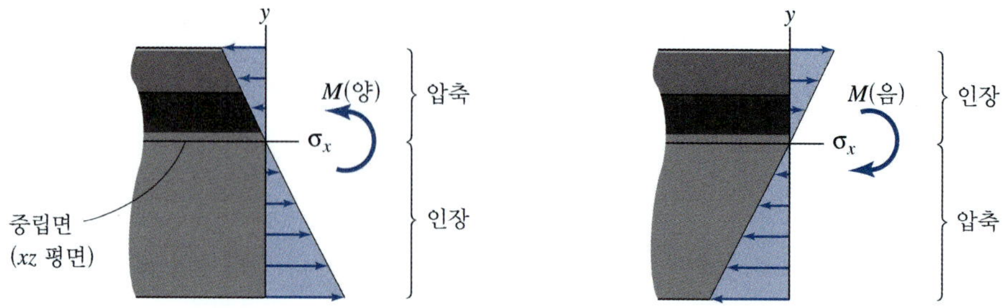

(a) 양(+)의 모멘트 (b) 음(−)의 모멘트

그림 6.14 선형 탄성보의 휨 응력 분포

을 얻는다. 이것이 그림 6.14에 나타낸 선형 응력 분포이다.[6] 식 6.13의 휨 공식을 유도하기 위해 사용한 가정은 σ_x가 다른 σ_y, σ_z보다 훨씬 크다는 것이다. 이는 보의 길이에 비해 단면이 상대적으로 작은 경우에는 합리적인 가정이다(연습문제 6.3-37).

예제 6.2

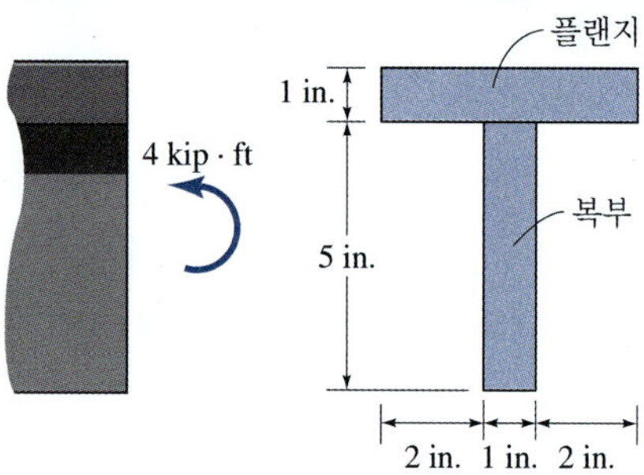

그림 1

보의 단면은 T형이며 치수는 그림 1과 같다. 단면에서의 모멘트 $M=4$ kip · ft이다. (a) 단면의 중립축의 위치 (b) 중립축에 관한 관성모멘트 그리고 (c) 단면상의 최대 인장응력과 최대 압축응력을 결정하시오.

풀이 계획 식 6.13의 휨 공식을 사용하기 위해서는 단면의 도심위치를 먼저 결정해야 하며 도심을 통과하는 축에 관한 관성모멘트를 계산한다(부록 C). M이 양의 값이므로, 최대 압축응력은 최외측 상단부 섬유에서 나타나고, 최대 인장응력은 최외측 하단부 섬유에서 나타난다.

풀이 (a) 중립축 위치의 결정: 그림 2에서 나타내었듯이 하단에서 임의의 원점을 선택할 수 있고 y방향의 좌표를 η라 한다. 면적이 단면 1차 모멘트에 영향을 주는 정도를 적분을 통해 합한다.

$$\int_A \eta\, dA = \int_{A_1} \eta\, dA + \int_{A_2} \eta\, dA$$

또는

$$\bar{\eta}A = \bar{\eta}_1 A_1 = \bar{\eta}_2 A_2 = (5.5\text{ in.})(5\text{ in}^2) + (2.5\text{ in.})(5\text{ in}^2) = 40\text{ in}^3$$

여기서,

$$A = A_1 + A_2 = (5\text{ in}^2) + (5\text{ in}^2) = 10\text{ in}^2$$

6) 압축응력과 인장응력이 함께 단면상에 보이도록 그림 6.13b에 나타내었다. σ_x가 y에 대해서 선형적으로 변화하는 것을 강조하기 위하여 그림 6.14의 압축응력은 인장응력을 나타내는 직선에 연속하여 그려놓았다.

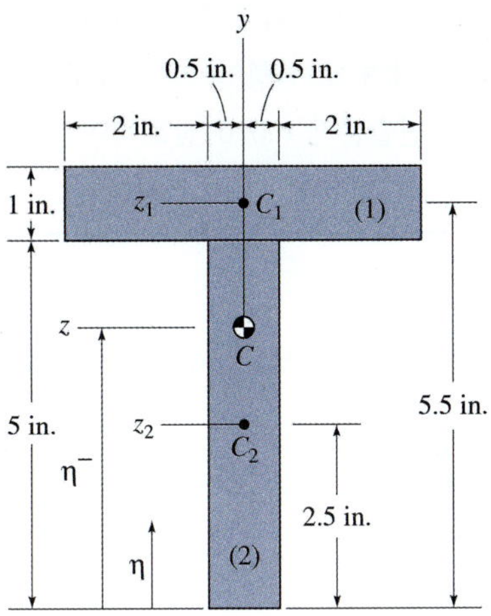

그림 2

따라서 다음과 같다.

$$\bar{\eta} = \frac{40\ \text{in}^3}{10\ \text{in}^2} = 4.0\ \text{in.}$$ **답 (a)**

(b) 중립축에 대한 관성모멘트의 결정: 직사각형 단면 도심을 통과하는 축에 관한 관성모멘트는 다음과 같다.

$$I_C = \frac{1}{12}bh^3$$

평행축 정리에 의해 도심 C를 통과하는 축에 평행한 C'축에 관한 관성모멘트는

$$I_{C'} = I_C + Ad_{CC'}^2$$

이다. 그러므로

$$\begin{aligned} I &= (I_{C_1} + A_1 d_{C_1C}^2) + (I_{C_2} + A_2 d_{C_2C}^2) \\ &= \left[\frac{1}{12}(5\ \text{in.})(1\ \text{in.})^3 + (5\ \text{in.})(1\ \text{in.})(1.5\ \text{in.})^2\right] \\ &\quad + \left[\frac{1}{12}(1\ \text{in.})(5\ \text{in.})^3 + (1\ \text{in.})(5\ \text{in.})(1.5\ \text{in.})^2\right] \end{aligned}$$

이다. 따라서

$$I = 33.3\ \text{in}^4$$ **답 (b)**

이다.

(c) $\sigma_{\max T}$와 $\sigma_{\max C}$의 계산: 보의 상단에서의 최대 압축이 일어나고 보의 하단에서 최대 인장이 나타난다. 식 6.13의 휨 공식으로부터 다음을 얻는다.

$$\sigma_x = \frac{-My}{I}:$$

$$\begin{aligned} \sigma_{\max C} &= \sigma(x,\ 2\ \text{in.}) = \frac{-(4\ \text{kip}\cdot\text{ft})(12\ \text{in./ft})(2\ \text{in.})}{33.3\ \text{in}^4} \\ &= -2.88\ \text{ksi} = 2.88\ \text{ksi (C)} \\ \sigma_{\max T} &= \sigma(x,\ -4\ \text{in.}) = \frac{-(4\ \text{kip}\cdot\text{ft})(12\ \text{in./ft})(-4\ \text{in.})}{33.3\ \text{in}^4} \\ &= 5.76\ \text{ksi} = 5.76\ \text{ksi (T)} \end{aligned}$$

$$\sigma_{\max T} = 5.76\ \text{ksi},\quad \sigma_{\max C} = -2.88\ \text{ksi}$$ **답 (c)**

풀이 검토 도심은 면적 A_1과 A_2의 두 면적의 도심 사이에 위치해야 한다. 면적이 서로 동일하므로 조합단면 도심 C는 위에서와 같이 각 도심 사이의 중간에 있다. I 크기의 차수가 적당한지 확인하기 위해서는, 1 in.×6 in. 복부 자체의 도심에 관한 관성모멘트($\frac{1}{12}(1)(6)^3 = 18\text{in}^4$)와 답을 비교할 수 있다. 그래서 $I = 33.3\text{in}^4$은 합리적인 값이다.

결과적으로 T-단면은 중립축에 관해 대칭이 아니므로, 최대 인장과 최대 압축은 크기가 동일하지 않으나 σ의 분포는 y에 대해서 선형이므로, 그것들의 크기는 상단과 하단섬유까지의 거리의 비이다. (연습문제 6.6-6 참조하여 하중의 잘못된 배치 효과를 알 수 있다.)

MDS 6.1 **보 단면특성** – *Section Properties*는 평면의 단면 특성 즉, 면적, 도심, 관성모멘트(단면 2차 모멘트), 관성적(단면 상승모멘트), 주축의 위치 등을 계산하기 위한 프로그램이다. 이것은 예제 6.2와 이와 유사한 문제에 T형 단면의 단면 특성을 계산하는데 사용될 수 있다.

예제 6.3

예제 6.2의 보에 대해서 (a) 압축력의 합(F_C), 인장력의 합(F_T), 그리고 이들 사이의 거리(모멘트팔)를 결정하시오. (b) F_C와 F_T는 크기가 $M=4$ kip·ft인 우력 모멘트를 발생시키는 것을 보이시오.

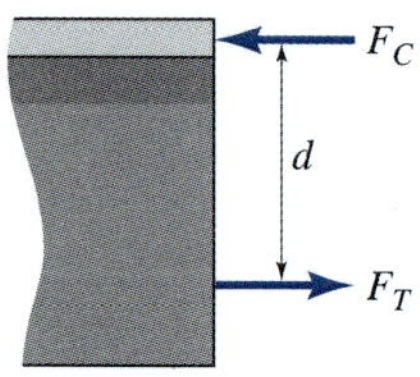

그림 1

풀이 계획 그림 6.13b와 같은 모양의 응력분포를 스케치할 수 있다. 그 다음 분포력의 합력의 위치를 결정하는 과정을 F_C와 F_T의 위치에 크기를 결정하는데 적용할 수 있다.

풀이 (a) 압축력의 합, 인장력의 합 그리고 그들 사이의 거리 결정 먼저 그림 2b에서 나타낸 것과 같이 응력분포의 여러 부분을 표시한다. F_{C1}와 F_{C2} 등으로 예를 들면 F_T가 인장응력의 합이라는 사실에서 다음을 얻는다.

$$F_T = \frac{1}{2}(5.76\ \text{kips/in}^2)(1\ \text{in.})(4\ \text{in.}) = 11.52\ \text{kips}$$

유사하게

$$F_{C1} = \frac{1}{2}(1.44\ \text{kips/in}^2)(1\ \text{in.})(1\ \text{in.}) = 0.72\ \text{kips}$$

$$F_{C2} = (1.44\ \text{kips/in}^2)(5\ \text{in.})(1\ \text{in.}) = 7.20\ \text{kips}$$

$$F_{C3} = \frac{1}{2}(1.44\ \text{kips/in}^2)(5\ \text{in.})(1\ \text{in.}) = 3.60\ \text{kips}$$

$$F_C = F_{C1} + F_{C2} + F_{C3} = 11.52\ \text{kips}$$

F_C는 F_{C1}, F_{C2}, F_{C3}의 합이므로, 1차 모멘트를 계산하여 이들의 위치를 결정한다.

$$F_{C1}(d_{C1}) + F_{C2}(d_{C2}) + F_{C3}(d_{C3}) = F_C d_C$$

따라서

$$d_C = \frac{(0.72\ \text{kips})(0.67\ \text{in.}) + (7.20\ \text{kips})(1.50\ \text{in.}) + (3.60\ \text{kips})(1.67\ \text{in.})}{11.52\ \text{kips}}$$

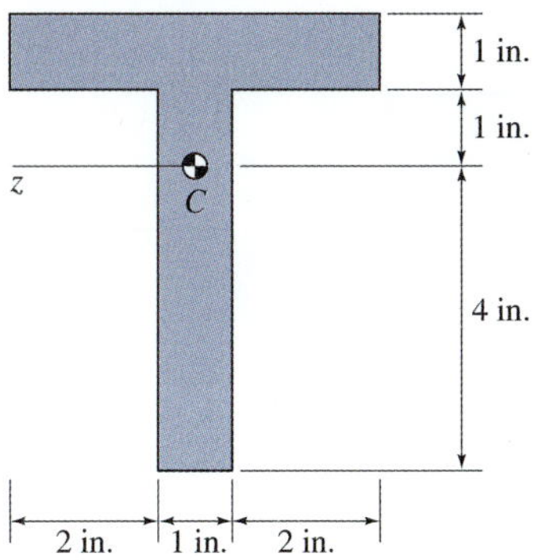

(a)

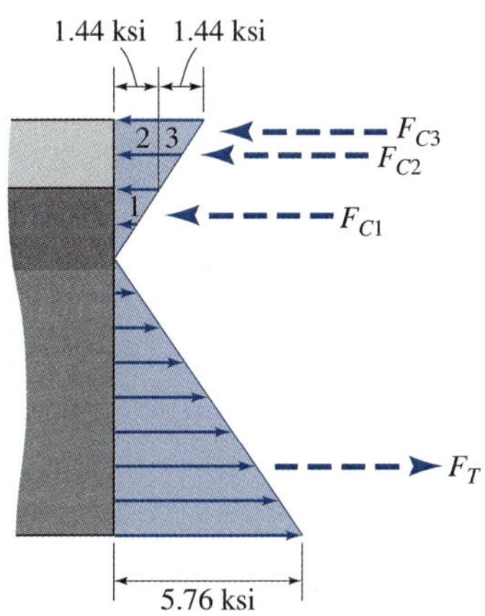

(b)

그림 2

또는

$$d_C = 1.50 \text{ in.}$$

이다. 그림 3b에서 나타낸 것과 같다. 즉

$$d = d_C + d_T = 1.50 \text{ in.} + 2.67 \text{ in.} = 4.17 \text{ in.}$$

$$F_C = F_T = 11.52 \text{ kips}, \quad d = 4.17 \text{ in.}$$

답 (a)

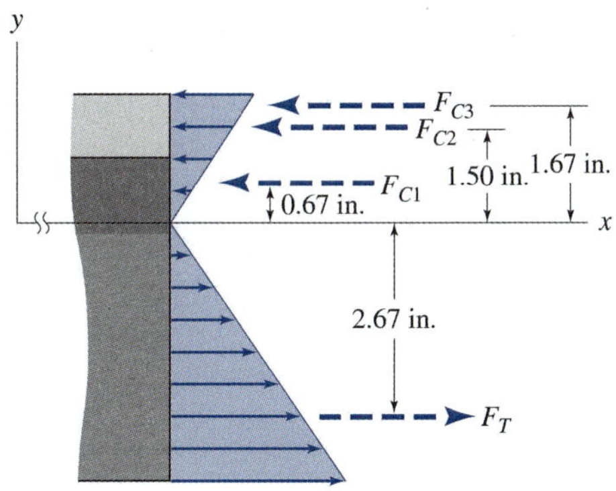

(a)

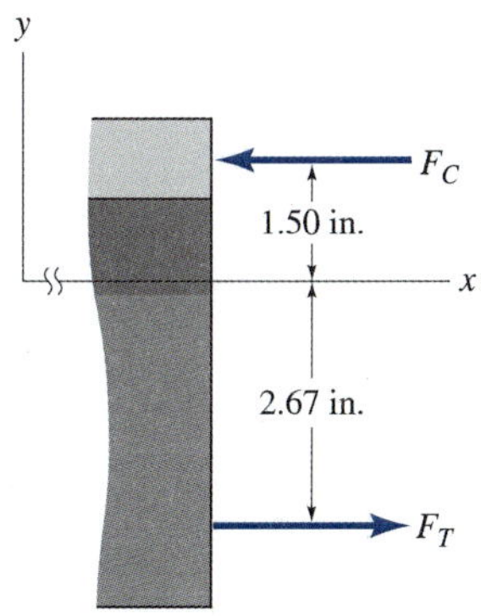

(b)

그림 3

(b) F_C와 F_T에 의한 우력 모멘트의 크기 결정 $F_C = F_T$이므로, 단면상의 합력은 0이다. F_C와 F_T에 의해 발생된 우력 모멘트는

$$M = F_C d = F_T d = (11.52 \text{ kips})(4.17 \text{ in.}) = 48.0 \text{ kip} \cdot \text{in.}$$

답 (b)

이다. 이 값은 작용한 모멘트의 값과 같다.

풀이 검토 이 예제의 결과는 예제 6.2의 결과와 일치한다. 단면에 작용하는 굽힘 모멘트에 의하여 발생하는 응력은 단면의 각 영역 상에 작용하는 인장력과 압축력에 의해 발생되는 우력 모멘트와 동등하다는 결론을 내릴 수 있다.

이전의 두 예제에서 규정된 모멘트로 특정한 단면의 휨 응력을 계산하는 예를 설명하였는데, 이것은 주어진 지지조건과 하중조건에서 절대 최대 인장응력과 절대 최대 압축응력을 결정할 때 역시 중요하다. 이는 다음 예제에서 보는 바와 같이, 굽힘 모멘트 선도가 매우 유용한 경우이다.

예제 6.4

예제 6.2에서의 T 단면인 보에 그림 1a에 나타낸 하중이 작용한다. 이 하중에 대한 전단력 선도는 그림 1b에 주어졌다. (a) 예제 5.7부터 5.9까지 설명한 과정을 사용하여 이 보에 대한 모멘트 선도를 작도하시오. (b) 이 보에 발생하는 최대 압축 휨 응력과 최대 인장 휨 응력을 계산하시오.

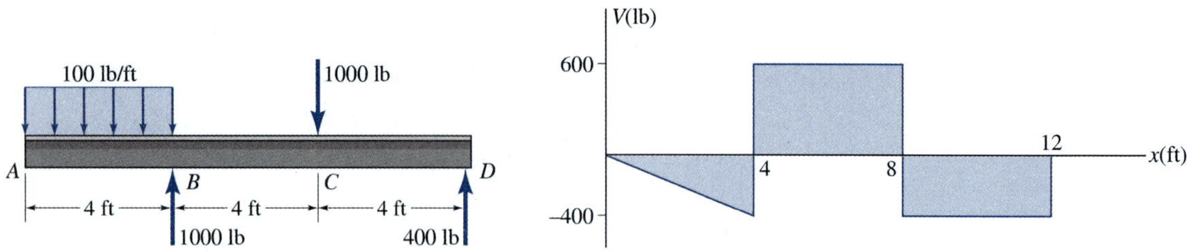

(a) 하중 배치 (b) 전단력도

그림 1

풀이 계획 먼저 식 5.3과 식 5.7을 사용하여 일단 모멘트 선도를 그리면 최대 및 최소 휨 응력을 계산할 단면을 결정할 수 있다. 식 6.13의 휨 공식은 최대 압축응력과 최대 인장응력을 계산하는 데 사용된다.

풀이 (a) 모멘트 선도 작도

$$V = \frac{dM}{dx}$$

그리고

$$M_2 - M_1 = \int_{x_1}^{x_2} V(x)dx$$

를 사용하여 모멘트 선도를 그린다(그림 2a). 이 선도에서 최대 음의 모멘트는 $M_B \equiv M(4\text{ ft}) = -800\text{ lb}\cdot\text{ft}$이고 최대 양의 모멘트는 $M_C \equiv M(8\text{ ft}) = 1600\text{ lb}\cdot\text{ft}$임을 알 수 있다.

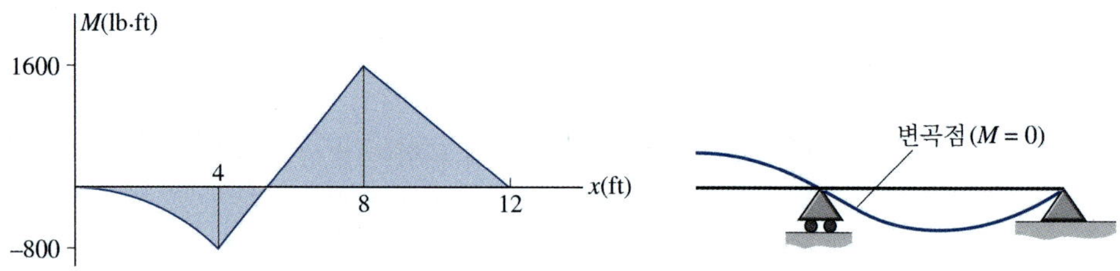

(a) 모멘트 선도 (b) 처짐 곡선

그림 2

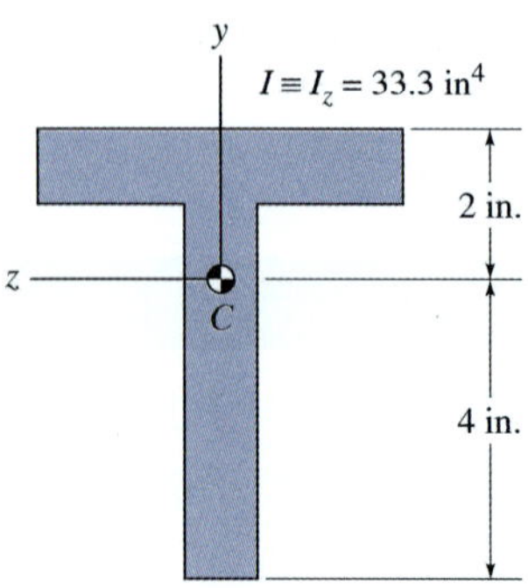

그림 3

(b) 최대 압축 휨 응력과 최대 인장 휨 응력 계산 예제 6.2에서 도심의 위치와 $I \equiv I_z$의 값을 계산하였으며 그림 3에 나타내었다. 단면 B에서 보의 상단에는 인장이, 하단에는 압축이 작용한다. 단면 C에서는 보의 상단은 압축이며, 하단은 인장이다. 안전하기 위해서는, 이 네 점에서 σ_x을 계산하여 최댓값을 선택한다. 이때, 식 6.13의 휨 공식을 사용한다.

$$\sigma_x = \frac{-My}{I}:$$

$$\sigma_x(4\text{ ft},\ 2\text{ in.}) = \frac{-(-800\text{ lb}\cdot\text{ft})(12\text{ in./ft})(2\text{ in.})}{33.3\text{ in}^4} = 576\text{ psi}$$

$$\sigma_x(4\ \text{ft},\ -4\ \text{in.}) = \frac{-(-800\ \text{lb}\cdot\text{ft})(12\ \text{in./ft})(-4\ \text{in.})}{33.3\ \text{in}^4} = -1152\ \text{psi}$$

$$\sigma_x(8\ \text{ft},\ 2\ \text{in.}) = \frac{-(1600\ \text{lb}\cdot\text{ft})(12\ \text{in./ft})(2\ \text{in.})}{33.3\ \text{in}^4} = -1152\ \text{psi}$$

$$\sigma_x(8\ \text{ft},\ -4\ \text{in.}) = \frac{-(1600\ \text{lb}\cdot\text{ft})(12\ \text{in./ft})(-4\ \text{in.})}{33.3\ \text{in}^4} = 2304\ \text{psi}$$

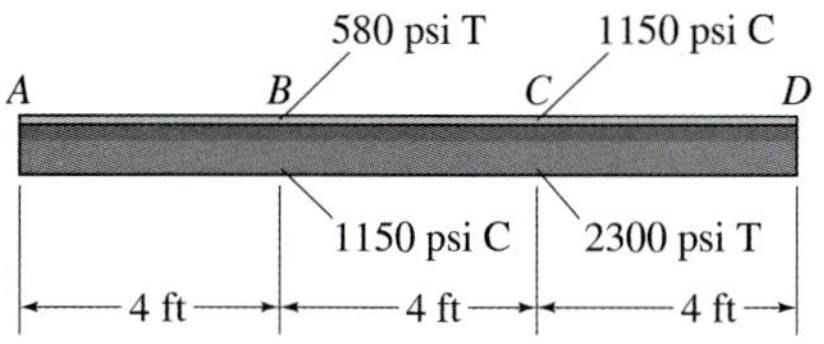

그림 4

따라서 최대 인장 휨 응력은 단면 C에서 보의 하단에 나타난다. 우연하게도 보의 B지점 하단과 C지점 상단에서의 압축 휨 응력의 최댓값이 서로 동일함을 알 수 있다. 단면 B와 단면 C에 휨 응력을 10의 자리에 가깝게 반올림하여 그림 4에 나타내었다.

$$\sigma_{\max T} = 2300\ \text{psi},\ \sigma_{\max C} = -1150\ \text{psi}$$ **답 (c)**

풀이 검토 첫째로 모멘트 선도에서의 검토로서, 식 6.9와 6.12에 의해서 모멘트 분포가 굽힘 보의 형상에 잘 대응하는가의 여부를 알 수 있다. 처짐 곡선(그림 2b)은 모멘트 선도 근방에 그린다. 처짐 곡선의 모양은 적절한 것으로 보인다. 굽힘 모멘트 M_B와 M_C의 값은 그림 1a를 근거한 자유물체도를 사용하여 쉽게 검토할 수 있다. 각각은 정확한 부호와 크기를 가지고 있다. 4개의 계산한 응력들의 크기와 부호들은 쉽게 검토할 수 있다.

MDS 6.2-6.3 **보의 수직응력** – *Flexure*는 정정보의 전단력 선도와 모멘트 선도를 작성하고, 단면 특성 계산 그리고 보의 휨 응력 계산을 위한 프로그램이다.

예제 6.2와 6.4에서 하중과 치수 및 단면의 형상이 주어진다. 6.4절에서는 보에 하중이 주어졌을 때 적당한 단면을 선택하는 방법을 다루었다. 이러한 과정이 설계 연습 과정이다.

6.4 보의 강도설계

특정한 응용에 대한 보의 설계는 일반적으로 상세한 설계 요구사항 및 방법을 포함한 기준에 의해 실시된다. 이는 이 교재의 범위를 넘는 절차를 따라야 한다.[7] 이 절에서는 **허용 휨 응력(allowable flexural stress)**을 기초로 하여 보의 설계를 고려할 것이다. 즉, 보에서 굽힘 모멘트의 분포와 사용되는 재료의 허용 인장응력과 허용 압축응력이 주어지면, 적절한 보의 단면이 선정된다. 제9장에서는 보의 설계문제를 다룰 예정이며, 휨 응력(σ_x)과 전단응력(τ_{xy})의 조합 효과가 고려될 것이다.

보의 단면을 선택하는 과정을 고려하기 전에, 선택할 수 있는 보의 형태를 살펴

7) 예를 들면, 미국강구조학회에서 발간한 『강구조 시방서』(참고문헌 6-2)에서 구조물에 적용하기 위한 강재 보의 설계방법을 기술하고 있다.

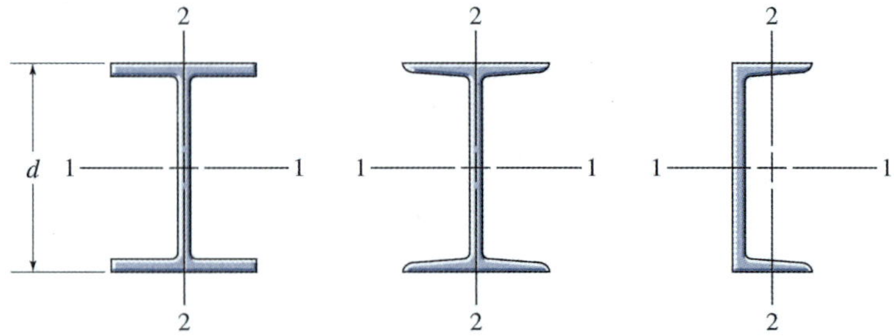

(a) 광폭(wide-flange) 플랜지 H형강(**W** 형강)

(b) I 형강 (**S** 형강)

(c) ㄷ형강 (**C** 형강)

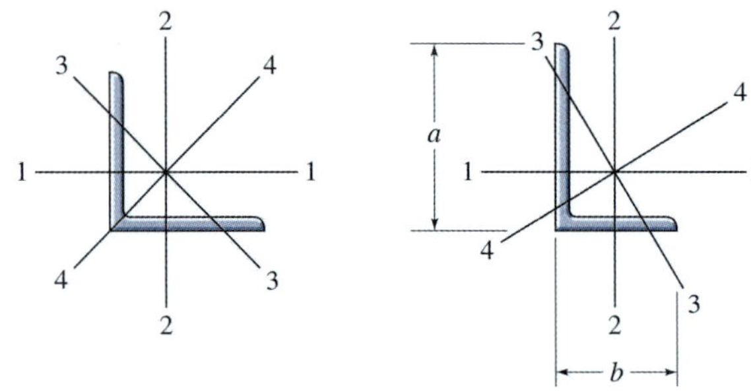

(d) 이등변 ㄱ형강 (**L** 형강)

(e) 부등변 ㄱ형강 (**L** 형강)

그림 6.15 표준압연강제 단면

볼 필요가 있다. 목재로 만든 보와 강재, 알루미늄, 그리고 다른 금속으로 만든 보에 대한 표준 제원을 이용할 수 있다. 부록 D.1에서 D.10까지는 선별된 강, 알루미늄, 그리고 목구조용 단면제원이 나타나있다. 더욱 광범위한 표는, 예를 들면, 미국강구조학회의 출판물(AISC, 참고문헌 6-2)과 알루미늄 협회의 출판물(참고문헌 6-3)에서 찾을 수 있다. 그림 6.15는 5가지의 구조용 강의 단면을 나타내고 있다.

그림 6.15에서 나타낸 것과 같은 단면은 롤러 세트 사이를 가열된 강판금속이 통과하면서 생산(압연강)된다. 가장 일반적으로 사용되는 형태는 그림 6.15a에서 나타낸 확폭 플랜지이다. 일반적으로 I-형보(그림 6-15b)라고 하는 미국 표준 보는 웹(web)에 지나친 재료가 배치되어 있기 때문에 자주 사용되지 않는다. 그리고 이 플랜지는 일반적으로 폭이 좁기 때문에 충분한 측면강도를 가지지 않는다. **W**-형강(H 형강), **S**-형강(I 형강), **C**-형강(ㄷ형강)은 그것의 모양에 따라 붙여진 것이다. 각 형강은 인치 단위의 공칭 깊이(nominal depth)와 파운드 단위의 단위피트당 중량(weight per foot)으로 나타낸다(예를 들면, **W**12×96, **S**24×100, **C**10×25). SI단위계에서 공칭 깊이(nominal depth)는 mm로 주어지고 질량(mass)은 kg/m로 주어진다. 앵글은 기호 **L**로 나타내고, 다음은 다리의 길이(긴 다리가 먼저 온다), 그 다음은 두께로 이름을 붙인다(예: L8×8×3/4, L5×3×1/2).

목재 보의 경우에는 인용한 목재의 치수들은 공칭 치수라는 것이다. 실제 정밀한 치수, 또는 부록 D.8에서 주어지는 마무리치수는 작다. 그러므로 모든 구조상의 계산은 마무리치수를 사용하여야 한다.

식 6.13은 휨 공식으로 휨 응력에 근거한 보의 설계에 관한 기초를 형성한다. 예

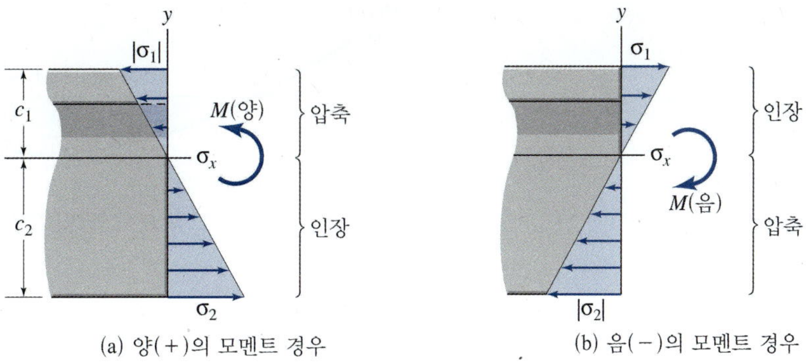

그림 6.16 비대칭 보의 응력 분포 예

제 6.4와 같은 일반적인 경우, 보는 2축 대칭이 아니고, 최대 양의 굽힘 모멘트와 최대 음의 굽힘 모멘트의 크기가 다른 경우를 고려해 보면, 식 6.13으로부터, 최상단과 최하단 섬유응력은 각각 다음과 같다.

$$\begin{aligned}\sigma_{\mathrm{top}} \equiv \sigma_1 &= \frac{-M(c_1)}{I} = \frac{-Mc_1}{I} \equiv -\frac{M}{S_1} \\ \sigma_{\mathrm{bot}} \equiv \sigma_2 &= \frac{-M(-c_2)}{I} = \frac{Mc_2}{I} \equiv \frac{M}{S_2}\end{aligned} \tag{6.14}$$

여기서

$$S = \frac{I}{c} \tag{6.15}$$

이 식에서 I는 중립축에 관한 관성모멘트이고, c는 그림 6.16a에서처럼 최외측 섬유까지의 거리이다. 탄성 단면계수, S는 단면 치수의 특성을 나타낸다. 대부분의 구조단면 형상에 대해서, 단면의 도심의 위치, 관성모멘트, 단면계수는 표로 제공된다. (부록 D.1부터 D.10 참조)

허용응력설계[8] 먼저 간단한 경우로 2축 대칭 단면으로 허용응력(allowable stress)이 σ_{allow}(인장과 압축이 동일)인 보를 고려한다. 재료특성 표(부록 F)에 주어진 재료의 항복강도에 안전율(factor of safety)을 적용하여 σ_{allow}의 값을 결정한다. $M_{\max}$는 굽힘 모멘트 $M(x)$의 절대 최댓값이다. 즉,

$$M_{\max} \equiv \max_x |M(x)| \tag{6.16}$$

그림 6.17에 예시된 것처럼 설계하기 위해 식 6.14, 6.15, 6.16을 함께 사용하는 것이 편리하다. 결과적으로 **허용응력설계식(allowable-stress design equation)**을

8) 2.8절에서 간단히 설명된 『하중저항계수설계법(LRFD설계법)』은 보를 설계할 때 많이 쓰이긴 하지만 (예: 『AISC 강구조설계 시방서(참고문헌 6-2)』), 그 방법의 적용은 이 책의 범위를 벗어난다.

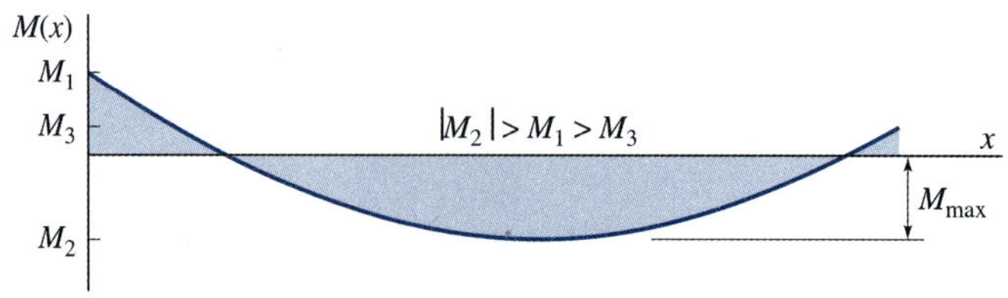

그림 6.17 굽힘 모멘트도 예

다음과 같이 쓸 수 있다.

$$S_{\text{design}} = \frac{M_{\text{max}}}{\sigma_{\text{allow}}} \tag{6.17}$$

$S \geq S_{\text{design}}$로 단면을 선택하면, 휨 응력의 크기는 보의 어느 곳에서도 σ_{allow}를 초과하지 않는 것으로 보장된다.

초기 건설비용과 유지보수 비용을 최소로 하기 위하여 설계과정에서 고려되어야 할 많은 요소들이 있지만, 통상적으로 강도 요구조건(및 적용 가능한 다른 요구조건)을 만족하는 가장 경량 구조요소를 선택한다. 다음의 예제는 이 설계과정을 설명한다.

예제 6.5

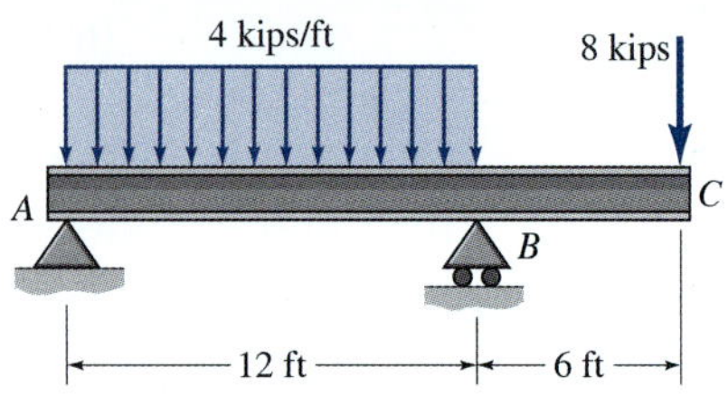

(a)

부록 D.1로부터 그림 1a에서 나타낸 분포하중을 지지하는 강재 광폭 플랜지 보를 선택하였다. 이 계산에 보의 자중을 포함시킨다. 보의 자중을 무시한, 보에 대한 모멘트 선도는 그림 1c에 나타내었다. $\sigma_{\text{allow}} = 19$ ksi이다.

풀이 계획 소요되는 단면계수를 계산하는 데 식 6.17을 사용할 수 있다. 가장 가벼운 단면을 선택해야 하며, S에는 여유가 필요하며 이 값으로 보의 자중을 포함한 최대 굽힘 모멘트를 조정할 수 있다.

풀이

예비단면 선정: 식 6.17에서

$$S_{\text{design}} = \frac{M_{\text{max}}}{\sigma_{\text{allow}}} = \frac{(50\text{ kip}\cdot\text{ft})(12\text{ in./ft})}{(19\text{ kips/in}^2)} = 31.6\text{ in}^3$$

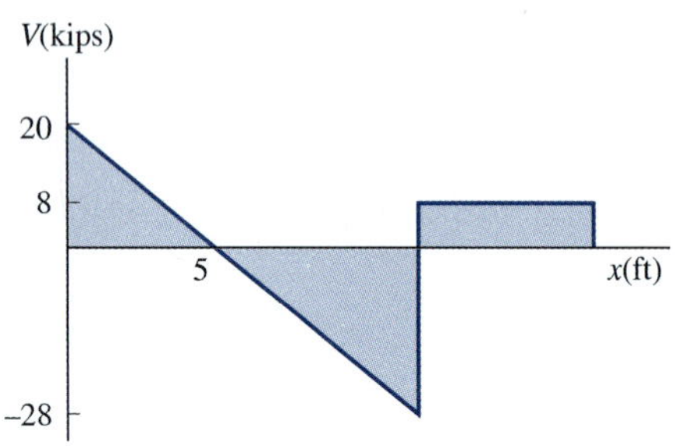

(b)

부록 D.1에서 $S = 32.4\text{ in}^3$인 **W10×30**과 $S = 35.3\text{ in}^3$인 **W14×26**의 두 개의 후보단면을 선택할 수 있다.[9] **W14×26**는 **W10×36**보다 4 lb/ft가 가볍다. 따라서 **W14×26**이 최적의 선택으로 보인다. 그러나 이 보는 **W10×30**(13.91 in. 대 10.47 in.)보다 깊으므로 **W10×30**를 선택할 경우에는 강도요건만 만족되면 정당성이 있을 수 있다. 그래서 만약 그림 1a에서 보의 자중이 더해질 때 **W10×30**보가 설계요건을 만족하는지 검토할 필요가 있다.

9) AISC표에는 이 외의 후보단면 등이 수록되어 있다(참고문헌 6-2).

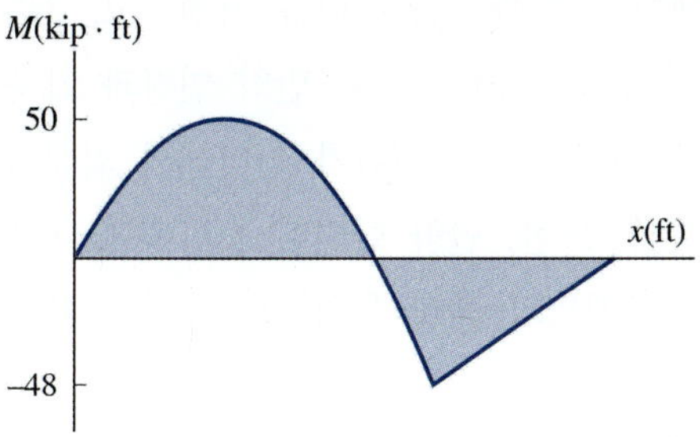

(c)

그림 1

평형조건 확인: 새로운 전단력 선도와 모멘트 선도를 그릴 수도 있으나, 자유물체도를 사용하는 것이 더 빠를 수도 있다. 최대 양의 모멘트는 x_m 점에서 발생하며, $V(x_m)=0$이 되는 지점(그림 1b에서 $x_m=5$ ft)이다. 먼저 그림 2에서 A점에서 반력인 A_y을 계산해야 한다.

$$+\circlearrowleft\left(\sum M\right)_B=0:$$

$$\begin{gathered}(4\ \text{kips/ft})(12\ \text{ft})(6\ \text{ft})-(8\ \text{kips})(6\ \text{ft})\\+(w\ \text{kips/ft})(18\ \text{ft})(3\ \text{ft})-A_y(12\ \text{ft})=0\\A_y=(20+4.5w)\ \text{kips}\end{gathered}$$

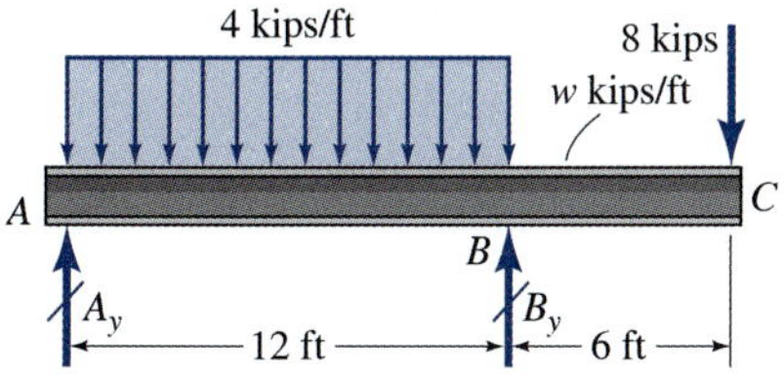

그림 2

그림 3을 사용하여 최대 양의 모멘트를 결정할 수 있다.

$$V(x_m)=(20+4.5w)-(4+w)x_m=0$$

그러므로 최대 양의 모멘트가 발생하는 곳은 다음과 같다.

$$x_m=\frac{20+4.5w}{4+w}$$

$$\left(\sum M\right)_D=0:$$

$$M(x_m)=(20+4.5w)\left(\frac{20+4.5w}{4+w}\right)-(4+w)\left(\frac{20+4.5w}{4+w}\right)^2\left(\frac{1}{2}\right)$$

$$M(x_m)=\frac{(20+4.5w)^2}{2(4+w)}\text{kip}\cdot\text{ft}$$

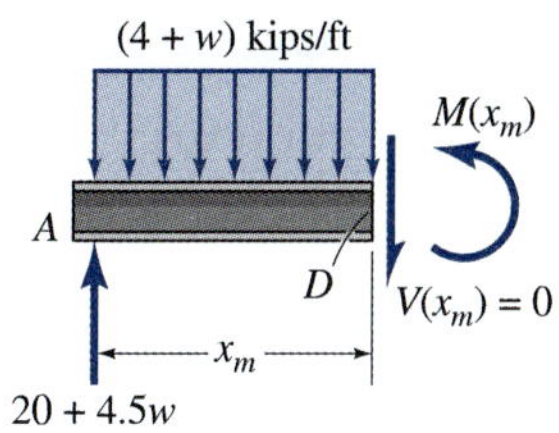

그림 3

음의 최대 모멘트는 B지점에서 나타나고, 그 값은 그림 4를 사용하여 계산할 수 있다.

$$\left(\sum M\right)_B=0:\qquad M_B=(-48-18w)\ \text{kip}\cdot\text{ft}$$

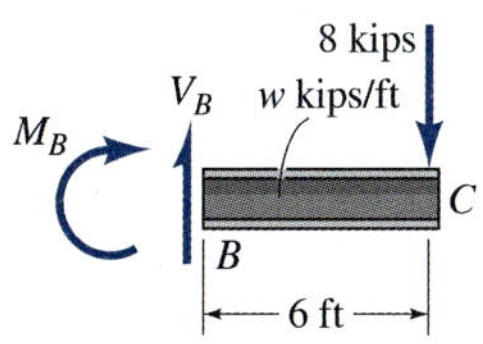

그림 4

W10×30에 대해서 $w=30$ lb/ft$=0.030$ kips/ft이다. 그러므로

$$M(x_m)=50.3\ \text{kip}\cdot\text{ft},\quad M_B=-48.5\ \text{kip}\cdot\text{ft}$$

이다. 따라서 $M_{\max}=50.3$ kip · ft이므로 다음과 같다.

$$S_{\text{design}}=\frac{(50.3\ \text{kip}\cdot\text{ft})(12\ \text{in./ft})}{19\ \text{ksi}}=31.8\ \text{in}^3$$

최종단면 선정: W10×30보다 W14×26보가 가볍고 단면계수가 크므로 (35.3 in^3 대 32.4 in^3), 만약 어떤 이유에 의해 그것의 두께를 더하는 것이 바람직하다면, W14×26이 가장 좋은 설계이다. 이런 경우에는 W10×30은 하나의 만족스러운 설계의 선택일 수 있다.

풀이 검토 무게가 468 lb인 18 ft W14×26보가 총 하중 56,000 lb를 지지할 수 있다. 한 지점의 응력의 상태와 보의 전단응력을 주제로 한 후 9.3절의 그림 1, 보의 설계를 다시 고려할 것이다.

이전의 논의와 예제 6.5는 인장과 압축에서 동일한 허용응력을 가정하고, 2축 대칭인 후보단면 가운데서 단면을 선택하는 것으로 가정하였다. 만약 인장과 압축의 허용응력이 다르면, 이것이 고려되어야 하며, 응력은 $M(x)$가 어디에서 최대이며 어디에서 최소인가를 계산으로 밝혀야 한다. 또한, 만약 단면이 중립축에 대해 대칭이 아닐 경우에는 식 6.14는 최대 양의 모멘트와 최대 음의 모멘트가 작용하는 단면에 적용되어야 한다.

MDS 6.4-6.5 **보의 설계** – *Flexure*는 정정보의 전단력 선도와 모멘트 선도 작성, 단면특성 계산 그리고 보의 수직응력 계산을 위한 프로그램이다.

예제 6.5에서 탄성 단면계수 S를 최대로 하고 중량은 최소로 하는 보를 선택하는 것이 바람직하다는 것을 배웠다. 다음 예제는 단면의 형상이 이들 2개의 인자인 단면계수, 중량과 중요한 **강도-무게비(strength-to-weight ratio)**에 어떻게 영향을 미치는가를 살펴보고자 한다.

예제 6.6

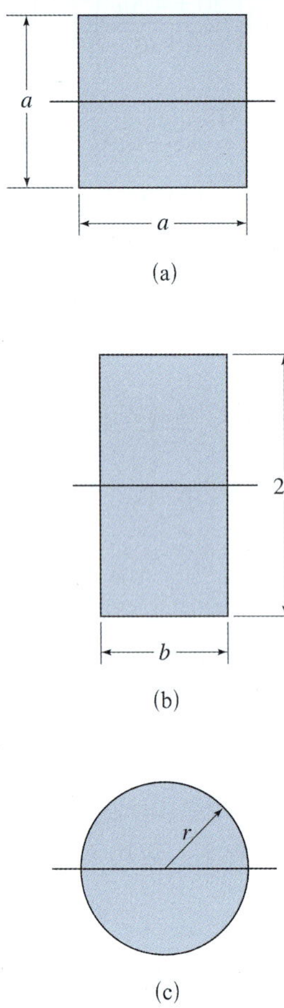

그림 1 3가지 '조밀' 단면 형상

W12×50 단면, S12×50 단면, 그리고 S15×50 단면 모두 중량은 50 lb/ft 이고, 단면적은 14.7 in^2이다. 그림 1의 3개의 조밀단면과 W12×50 단면, S12×50 단면, S15×50 단면을 단면계수 S로 비교하시오. 모든 후보단면은 동일한 면적과 무게를 가지기 때문에 강도-무게비를 기준으로 비교를 하는 것이 효과적이다.

풀이 계획 식 6.15는 탄성 단면계수 S에 대한 식이며 부록 C.2와 교재의 뒷면에는 '조밀'단면에 관한 관성모멘트 I에 대한 공식이 있다. 부록 D.1과 D.3에는 구조용 강재의 단면에 관한 S의 값이 주어졌다.

풀이 식 6.15로부터

$$S = \frac{I}{c}$$

그리고 부록 C.2에서

정사각형 단면: $S = \frac{I}{c} = \left(\frac{a^4}{12}\right)\left(\frac{2}{a}\right) = \frac{a^3}{6}$

직사각형 단면: $S = \frac{I}{c} = \left[\frac{b(2b)^3}{12}\right]\left(\frac{1}{b}\right) = \frac{2b^3}{3}$

원형 단면: $S = \frac{I}{c} = \left(\frac{\pi r^4}{4}\right)\left(\frac{1}{r}\right) = \frac{\pi r^3}{4}$

모든 형상의 면적이 14.7 in^2이므로

$$a = 3.834 \text{ in.}, \quad b = 2.711 \text{ in.}, \quad r = 2.163 \text{ in.}$$

이다. 따라서

단면	$S(\text{in}^3)$
W12×50	64.7
S12×50	50.8
S12×50	64.8
Rectangle	13.3
Square	9.39
Circle	7.95

풀이 검토 두 결론이 위의 표로 명백하게 되었다. (a) '조밀' 형상은 한 개의 웹과 두 개의 플랜지를 연결된 보처럼 효과적이지 않다. (b) 확폭 플랜지 보는 휨 응력에 잘 대응토록 제작되고 있다. 대부분의 적용에서 W12×50이 S15×50보다 바람직하다. 두 경우 모두 동일한 S값을 갖지만 W는 S보다 깊지 않고 S보다 넓은 플랜지를 갖기 때문이다.

6.5 비균질 보에서의 굽힘응력

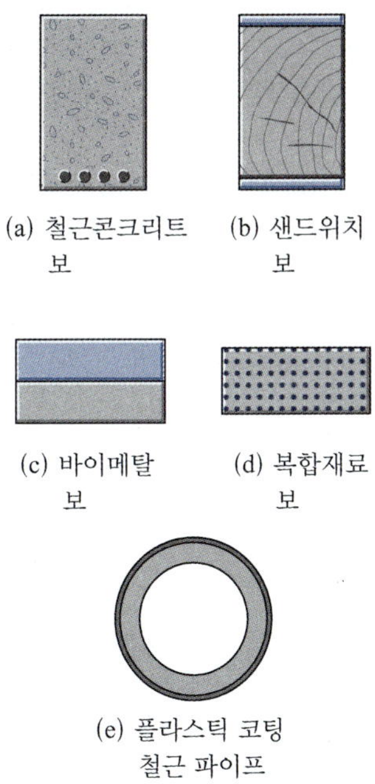

그림 6.18 비균질재료 보의 예

보를 구조적으로 응용할 경우에는, 둘 또는 그 이상의 재료로 만들어진 비균질 보(nonhomogeneous beams)를 포함시킨다.[10] 그림 6.18에서 나타낸 몇몇의 중요한 예는 (a) 철근콘크리트 보 (b) 강재-목재 '샌드위치' 보 (c) 두 금속으로 된 보 (d) 섬유보강 복합재료 보이다. 베르누이-오일러 보 이론의 변형적합 가정은 균질 보 뿐만 아니라 비균질 보에서도 적용되고, 따라서 식 6.3의 변형률-변위 관계도 적용된다. 그러나 재료의 물성치가 단면 내에서 일정하지 않으므로 비균질 재료의 물성치에 적합하게 적용하기 위해서 6.3절의 해석을 수정해야 한다. 직접법(direct method), 그리고 환산단면법(transformed section method)의 2가지가 제시된다.

직접법 비균질 보의 가장 단순한 형태, 즉, 그림 6.19에서 보인 것처럼 2개의 선형 탄성재료로 구성된 직사각형 보를 고려해 보자. 두 재료는 1과 2로 표시되었다. 설명을 위해 $E_1 > E_2$로 가정한다.

변형률 분포: 그림 6.19b의 변형률 분포는 식 6.3에 의해 주어진다. 즉

$$\epsilon_x = \frac{-y}{\rho} \qquad (6.3) \text{ 반복}$$

응력 분포: 그림 6.19c에서 설명된 휨 응력은 다음과 같이 주어진다.

10) 이런 형태의 보를 복합재료 보라고 한다. 여기서는 비균질 보가 2.4절에서 토론했던 복합재료로 만든 구조와의 혼동을 피하기 위해 사용되었다.

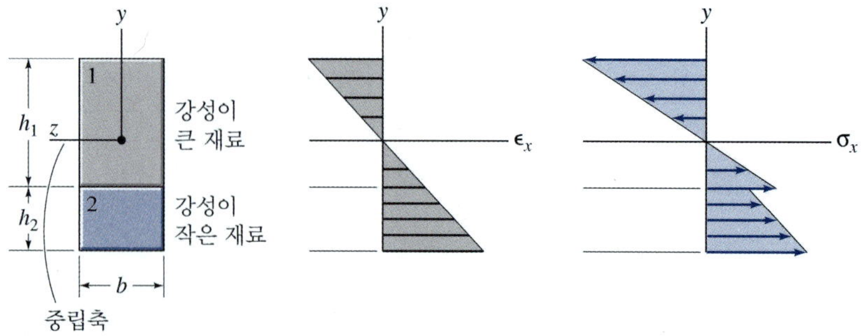

(a) 단면 (b) 변형률 분포 (c) 응력 분포

그림 6.19 비균질 선형 탄성보에서의 응력과 변형률 분포

$$\epsilon_{x_1} = E_1 \epsilon_x = \frac{-E_1 y}{\rho} \qquad \epsilon_{x_2} = E_2 \epsilon_x = \frac{-E_2 y}{\rho} \tag{6.18}$$

중립축의 위치: 6.3절로부터, 먼저 $F(x) = 0$으로 놓고 중립면을 위치시켜야 한다. 식 6.9a와 6.18로부터 다음을 얻는다.

$$F(x) = \int_A \sigma_x \, dA = -\frac{E_1}{\rho}\int_{A_1} y \, dA - \frac{E_2}{\rho}\int_{A_2} y \, dA = 0 \tag{6.19}$$

이것은 단면에서 도심을 정의한 식을 일반화한 것이다. 위의 식을 아래 형태로 쓸 수 있다.

$$E_1 \bar{y}_1 A_1 + E_2 \bar{y}_2 A_2 = 0 \tag{6.20}$$

이 식은 예제 6.7에 예시된 것처럼 보 내의 중립면(즉, xz 평면)의 위치를 결정하는 데 사용된다.

모멘트-곡률 관계식: 단면 내의 중립축의 위치를 정해 놓으면, 식 6.9b는 식 6.18과 결합하여

$$M = -\int_A y\sigma_x \, dA = \frac{1}{\rho}\left[E_1 \int_{A_1} y^2 \, dA + E_2 \int_{A_2} y^2 \, dA\right] \tag{6.21}$$

또는

$$M = \frac{\overline{EI}}{\rho} \qquad \textbf{모멘트-곡률 관계식} \tag{6.22}$$

으로 주어진다. 여기서, 유효 휨 강성 $\overline{EI}$은 아래와 같이 주어진다.

$$\overline{EI} = (E_1 I_1 + E_2 I_2) \qquad (6.23)$$

I_1과 I_2는, 도심축에 대한 것이 아니라, 식 6.20에서 정의된 중립축에 대한(about the neutral axis) 면적 1, 2의 관성모멘트라는 것에 주의해야 한다. 식 6.22는 단면 내에서 비균질 보에 대한 **모멘트-곡률 관계식(moment-curvature equation)**이다. 식 6.20과 6.23은, 비록 드문 경우이지만, 재료가 추가된 뒤에도 사용될 수 있다.

굽힘 공식: 결과적으로 식 6.22를 6.18에 대입하여 재료 1, 2의 굽힘응력에 대한 다음의 표현을 얻는다.

$$\sigma_{x_1} = \frac{-ME_1 y}{\overline{EI}}, \quad \sigma_{x_2} = \frac{-ME_2 y}{\overline{EI}} \qquad \textbf{굽힘 공식} \qquad (6.24)$$

예제 6.7

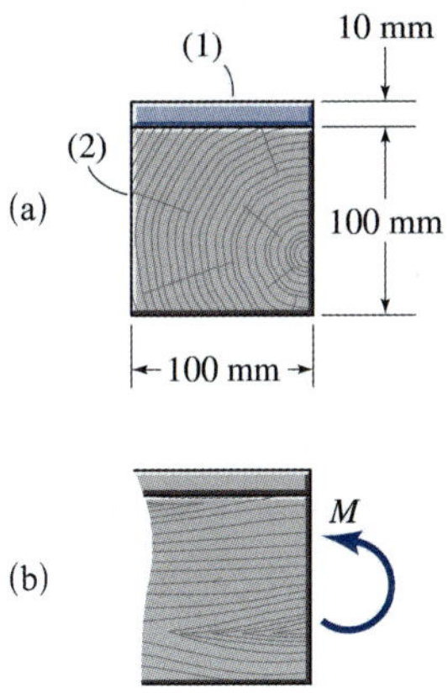

그림 1 2가지 재료로 구성된 보

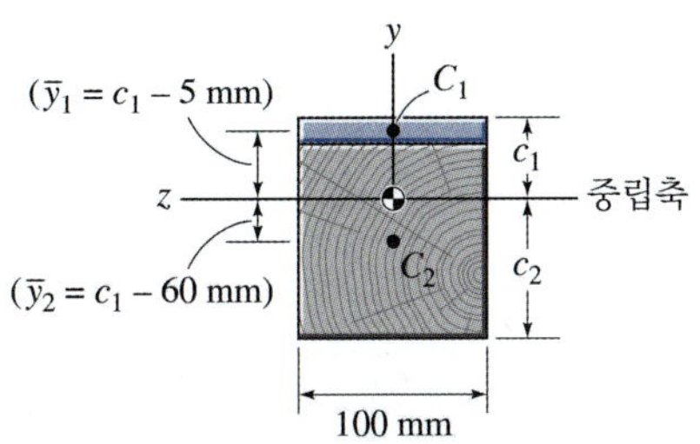

그림 2 중립축의 위치

그림 1a에 나타난 비균질 보는 정사각형 목재 보의 상면에 얇은 알루미늄 판을 붙여서 제작되었다. 이때, $E_1 \equiv E_{\text{alum.}} = 70$ GPa, $E_2 \equiv E_{\text{wood}} = 12$ GPa이다. 그림 1b에 도시된 방법을 적용하여 모멘트가 3 kN·m일 때 알루미늄 판에서의 최대 굽힘응력과 목재 보에서 최대 굽힘응력을 결정하시오.

풀이 계획 식 6.20을 이용하여 중립축의 위치를 정하고 그 다음에 식 6.24를 이용하여 두 재료에서 굽힘응력을 계산할 수 있다.

풀이

중립축의 위치: 보의 중립축은 그림 2에서 도시된 것처럼 보의 윗면으로부터 길이 c_1만큼 떨어진 곳에 위치한다. 식 6.20으로부터

$$E_1 \bar{y}_1 A_1 + E_2 \bar{y}_2 A_2 = 0$$
$$(70\text{ GPa})(1000\text{ mm}^2)(c_1 - 5\text{ mm})$$
$$+ (12\text{ GPa})(10000\text{ mm}^2)(c_1 - 60\text{ mm}) = 0$$

이다. 그러면

$$c_1 = 39.74\text{ mm}, \quad c_2 = 70.26\text{ mm}$$

그리고 다음과 같다.

$$\bar{y}_1 = 34.74\text{ mm}, \quad \bar{y}_2 = -20.26\text{ mm}$$

관성모멘트: 관성모멘트 I_1, I_2가 z축(중립축)에 대한 것이기 때문에 평행축 정리를 사용할 수 있다.

$$I_1 = \frac{b_1 h_1^3}{12} + A_1 \bar{y}_1^2$$
$$= \frac{(100\text{ mm})(10\text{ mm})^3}{12} + (100\text{ mm})(10\text{ mm})(34.74\text{ mm})^2$$
$$= 1.215(10^6)\text{ mm}^4 = 1.215(10^6)\text{ mm}^4(10^3\text{ mm/m})^{-4}$$
$$I_1 = 1.215(10^{-6})\text{ m}^4$$

유사하게

$$I_2 = 12.439(10^{-6})\text{ m}^4$$

휨 응력을 계산하기 전에 다음 식을 이용하여 관성모멘트를 점검할 수 있다.

$$I_z = I_1 + I_2 = 13.65(10^6)\text{ mm}^4$$

그러나

$$I_z = (I_z)_{\substack{\text{area}\\\text{above}}} + (I_z)_{\substack{\text{area}\\\text{below}}}$$
$$= \frac{1}{3}(100\text{ mm})(39.74\text{ mm})^3 + \frac{1}{3}(100\text{ mm})(70.26\text{ mm})^3$$
$$= 13.65(10^6)\text{ mm}^4$$

이다.

휨 응력: 식 6.23에 정의된 $\overline{EI}$로 식 6.24에 의한 재료 1, 2의 휨 응력은

$$\overline{EI} = E_1 I_1 + E_2 I_2 = [70(10^9)\text{ N/m}^2][1.215(10^{-6})\text{m}^4]$$
$$+ [12(10^9)\text{ N/m}^2][12.439(10^{-6})\text{m}^4]$$
$$= 234.3(10^3)\text{ N}\cdot\text{m}^2 = 234.3\text{ kN}\cdot\text{m}^2$$

이다. 결국 $y = c_1$과 $y = -c_2$에서 발생하는 재료 1, 2의 최대응력은

$$(\sigma_{x_1})_{\max} = \frac{-ME_1(c_1)}{\overline{EI}}$$
$$= \frac{-(3\text{ kN}\cdot\text{m})(70\times 10^6\text{ kN/m}^2)(39.74\times 10^{-3}\text{ m})}{234.3\text{ kN}\cdot\text{m}^2}$$
$$= -35.6(10^3)\text{ kN/m}^2 = -35.6\text{ MPa}$$
$$(\sigma_{x_2})_{\max} = \frac{-ME_2(c_2)}{\overline{EI}}$$
$$= \frac{-(3\text{kN}\cdot\text{m})(12\times 10^6\text{ kN/m}^2)(-70.26\times 10^{-3}\text{ m})}{234.3\text{ kN}\cdot\text{m}^2}$$
$$= 10.79(10^3)\text{ kN/m}^2 = 10.79\text{ MPa}$$
$$(\sigma_{x_1})_{\max} = -35.6\text{ MPa},\quad (\sigma_{x_2})_{\max} = 10.79\text{ MPa}$$ **답**

이다.

풀이 검토 이런 형태의 문제는 관성모멘트에서 한 것처럼 각각의 주요한 단계에서 결과를 점검해야 하는 문제이다. 우리는 강성이 더 큰 알루미늄에 나무보다 더 높은 응력이 발생한다는 사실을 예상할 수 있고 이것이 그 경우이다. 이와 동일한 문제가 예제 6.8에서 환산단면법(transformed-section method)으로 계산된다.

비균질 보는 그림 6.20에서 도시된 것처럼 하중 작용면에 대해서 대칭인 샌드위치 보의 형태로 만들어진다. 예를 들면, 이런 형태의 보는 철판코어에 목재 보를 접합시켜 만들어진다. 이 경우는 식 6.23, 6.24가 사용되며, 이 경우에는 중립축의 위치가 명백하기 때문에 식 6.20을 사용할 필요는 없다.

환산단면법 식 6.18, 6.20, 6.22 식들은 합응력인 $F(x)=0$와 $M(x)$의 휨 응력분포와 전적으로 관계가 있기 때문에, 비균질 보의 해석에 있어서 중요한 식들이다. 환산단면(transformed section)으로 치환하여 균질 보와 같은 방법으로 비균질 보를 다루는 것이 가능하다. 즉, 중립축은 환산단면의 도심을 지나가고 굽힘응력은 다음과 같은 간단한 형태로 결정된다.

$$\sigma = \frac{-My}{I} \qquad (6.13) \text{ 반복}$$

그림 6.21은 원래 두 재료로 된 단면(그림 6.21a, b)과 기준 재료(그림 6.21c)로서 재료 2(material 2 as the reference material)를 택할 때의 환산단면을 보여준

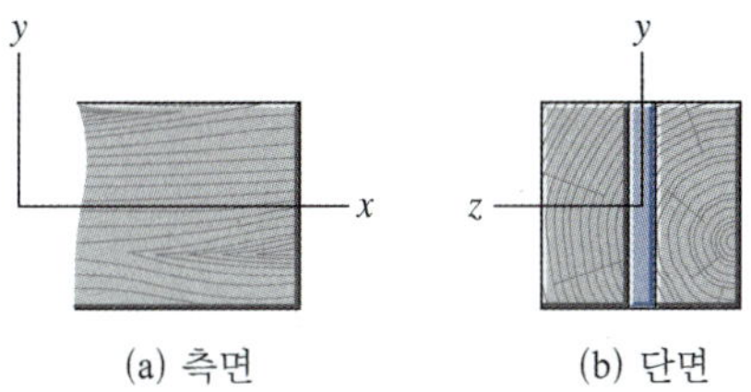

그림 6.20 비균질재료 보의 구성

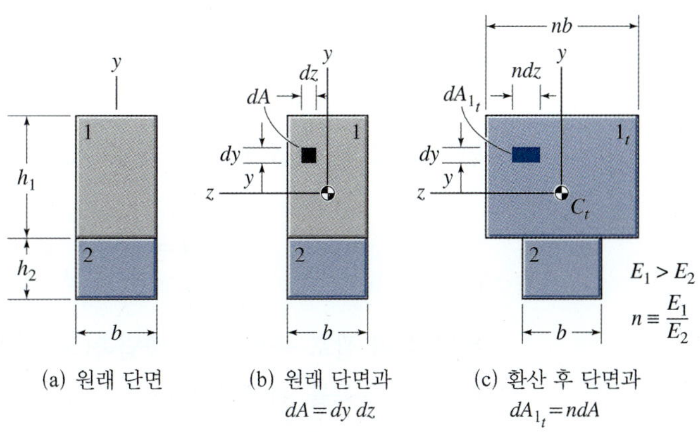

그림 6.21 비균질 보의 환산단면

다(그림 6.19에서 묘사된 바와 같이 재료 1은 강성이 더 큰 재료이다). 변환재료는 $E_1 > E_2$이기 때문에, 단지 z방향으로 넓혀진다는 것을 알 수 있고, y방향은 변하지 않는다. 굽힘 공식에 사용되는 거리 y가 변화되지 않도록, 즉 거리 y는 변형 전의 y와 동일하게, 단면을 변화시킨다.

여기에 dA대신에 $dydz$를 대입하여, 식 6.19와 6.21을 수정하면 다음 식이 얻어진다.

$$F(x) = \int_A \sigma_x \, dA = -\frac{1}{\rho}\int_{A_1} y(dy\,E_1\,dz) - \frac{1}{\rho}\int_{A_2} y(dy\,E_2\,dz) = 0$$

$$M = -\int_A y\sigma_x \, dA = \frac{1}{\rho}\left[\int_{A_2} y^2(dy\,E_1\,dz) + \int_{A_2} y^2(dy\,E_2\,dz)\right]$$

y를 변화시키지 않도록 하기 위해서는 그림 6.21c에 예시된 것처럼 탄성계수 E_1과 E_2를 dz에 대하여 통일하여야 한다.

환산단면의 중립축: E_2를 기준으로 하여 탄성계수비를 결정하면, 다음과 같다.

$$n \equiv \frac{E_1}{E_2} \tag{6.25}$$

그러면 중립축의 위치는 식 6.19를 사용하면

$$\int_{A_1} y(n\,dA) + \int_{A_2} y\,dA = 0$$

또는 환산단면 A_t에 대해 간단하게 정리하면

$$\int_{A_t} y\,dA_t = 0 \tag{6.26}$$

이다. 따라서 중립축이 균질보의 도심을 통과하는 것처럼, 중립축은 환산단면의 도심을 통과한다.

모멘트-곡률 관계식: 식 6.21은 두 재료로 된 비균질 보에 대한 모멘트-곡률 관계식이고, 환산단면에서도 이 식이 유효하다. 탄성계수비(modulus ratio) n를 도입하면 식 6.21을 다음과 같이 쓸 수 있다.

$$M = \frac{E_2}{\rho}\left[\int_{A_1} y^2(n\,dA) + \int_{A_2} y^2\,dA\right]$$

위의 식이 괄호 속의 항은 중립축(도심)에 대한 환산단면의 관성모멘트이다. 그래서 모멘트-곡률 관계식에서

$$M = \frac{E_2 I_t}{\rho} \qquad \textbf{모멘트-곡률 관계식} \tag{6.27}$$

이고, 여기서 I_t는 다음과 같이 주어진다.

$$I_t = \int_{A_t} y^2 \, dA_t \tag{6.28}$$

휨 공식: 결국 식 6.27을 식 6.18에 대입하여 각 재료에서 응력 분포를 결정할 수 있다.

$$\sigma_{x_1} = -\frac{E_1 y}{\rho} = n\left(\frac{-My}{I_t}\right)$$
$$\sigma_{x_2} = -\frac{E_2 y}{\rho} = -\frac{My}{I_t} \qquad \textbf{굽힘응력 공식} \tag{6.29}$$

따라서 기준 재료에서의 응력은 표준 휨 공식을 사용하여 계산하고, 변환 대상재료에서의 응력은 탄성계수비 n를 곱하여 결정한다.

식 6.25부터 6.29에서의 환산단면 해석을 위하여 재료 2를 기준 재료로 선정하였다. 보통, 강성이 작은 재료 $n > 1$를 기준 재료로 선정한다. 하지만 이것이 필수적인 것은 아니다. 그러나 재료에 '재료 1', '재료 2'라고 표시를 할 때 강성이 더 작은 재료는 항상 '재료 2'로 표시할 수 있다.

예제 6.8

환산단면법을 사용하여 재료 2를 기준 재료로 예제 6.7을 계산하시오.

풀이 계획 이 문제를 해결하는 데, 다음의 4단계가 요구된다.

1. 'z-늘림 계수'로서 탄성계수비 n을 사용하여 환산단면을 스케치한다.
2. 중립축을 위치시킨다(환산단면의 도심).
3. 환산단면에 대한 I_t를 계산한다.
4. 식 6.29를 사용하여 응력을 계산한다.

풀이

환산단면: 탄성계수비(식 6.25)는

$$n = \frac{E_1}{E_2} = \frac{70 \text{ GPa}}{12 \text{ GPa}} = 5.833$$

따라서 단면의 알루미늄 부분은 탄성계수비 $n = 5.833$에 의해서 환산되어야 한다. 환산단면은 그림 1에 나타내었다.

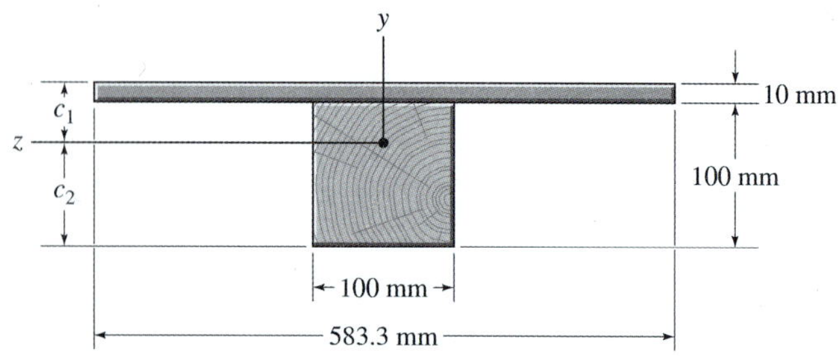

그림 1 환산단면

중립축: 환산보는 $E_t = E_2$인 균질보이기 때문에 중립축은 환산단면의 도심을 통과한다. 그러므로

$$(583.3\ \text{mm})(10\ \text{mm})(c_1 - 5\ \text{mm}) + (100\ \text{mm})(100\ \text{mm})(c_1 - 60\ \text{mm}) = 0$$

$$c_1 = 39.74\ \text{mm}, \quad c_2 = 70.26\ \text{mm}$$

그리고 다음과 같다.

$$\bar{y}_1 = 34.74\ \text{mm}, \quad \bar{y}_2 = -20.26\ \text{mm}$$

관성모멘트:

$$I_t = I_{1t} + I_2 = \sum\left(\frac{1}{12}b_t h^3 + A_t d^2\right)$$

$$= \frac{1}{12}(583.3\ \text{mm})(10\ \text{mm})^3 + (583.3\ \text{mm})(10\ \text{mm})(34.74\ \text{mm})^2$$

$$+ \frac{1}{12}(100\ \text{mm})(100\ \text{mm})^3 + (100\ \text{mm})(100\ \text{mm})(-20.26\ \text{mm})^2$$

$$= 19.53(10^6)\ \text{mm}^4 = 19.53(10^{-6})\ \text{m}^4$$

휨 응력: 식 6.29를 사용하여

$$\sigma_{x_1} = n\left(\frac{-Mc_1}{I_t}\right) = \frac{5.833(-3\ \text{kN}\cdot\text{m})(39.74 \times 10^{-3}\ \text{m})}{(19.53 \times 10^{-6}\ \text{m}^4)}$$

$$= -35.6\ \text{MPa}$$

$$\sigma_{x_2} = \frac{-M(c_2)}{I_t} = \frac{(-3\ \text{kN}\cdot\text{m})(-70.26 \times 10^{-3}\ \text{m})}{(19.53 \times 10^{-6}\ \text{m}^4)} = 10.79\ \text{MPa}$$

$$\sigma_{x_1} = -35.6\ \text{MPa}, \quad \sigma_{x_2} = 10.79\ \text{MPa}$$ **답**

풀이 검토 예제 6.7에서 얻은 답과 같은 답을 얻었다.

환산단면 비균질 보 문제의 풀이와 균질보 문제의 풀이의 차이가 단지 환산면적 내에서 응력에 n을 곱하는 것이므로 이 방법이 비균질 보의 문제를 푸는 방법으로 예제 6.7에서 사용한 직접법보다 더 선호된다.

MDS 6.6-6.7 **복합재료보** – *Flexure*은 예제 6.8처럼 비균질 보의 휨 응력 분포의 환산단면법(transformed-section method)을 사용한 프로그램이다.

*6.6 비대칭 굽힘

제6장에서 우리는 이제까지 단면 형상과 하중 및 반력이 길이방향 대칭면(LPS)에 한정되는 굽힘을 발생시키는 보에서의 휨 응력과 변형률을 고려하였다. 이것은 2가지의 중요한 관점에서 해석을 단순화하였다. 첫째로 보의 처짐은 LPS에서 처짐 곡선으로 특정할 수 있었다(그림 6.1). 둘째로 보가 비틀리는 경향이 없다는 것이다. 그러나 단순한 방법으로 하중이 주어지지 않은 이러한 보의 거동에 대해서도 해석할 필요가 있다.

제9장에서 그림 6.22에 보이는 2축 대칭 박스형 보와 같이 대칭축에 평행한 하중을 받는 보에 대한 굽힘과 비틀림의 조합(combined bending and torsion)을 고려할 것이다. 여기서는 한 개의 길이방향 대칭면 내에 굽힘을 발생시키지 않는 하중을 고려할 것이다. 이에 관한 2가지 예는 웹 방향과 평행하게(그림 6.23a) 또는 Z형 단면에 평행하게(그림 6.23b) 하중을 받는 ㄷ형강 보의 경우이다. 전자의 보는 길이방향 대칭면을 갖지만, 하중은 대칭면에 평행하지 않고 수직방향이다. 후자의 보는 길이방향 대칭면을 갖지 않는다.

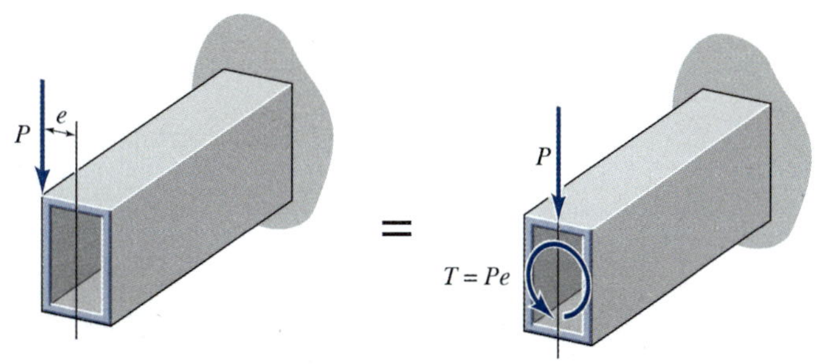

(a) LPS에 평행한 하중 재하 (b) 등가의 LPS 하중과 비틀림 모멘트

그림 6.22 대칭축과 평행한 수직하중을 받는 보

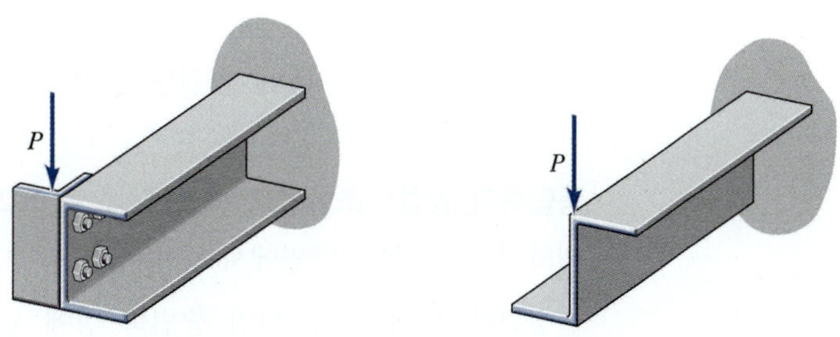

(a) ㄷ형강 보 (b) Z 형강 보

그림 6.23 대칭축에 재하되지 않은 2가지 보

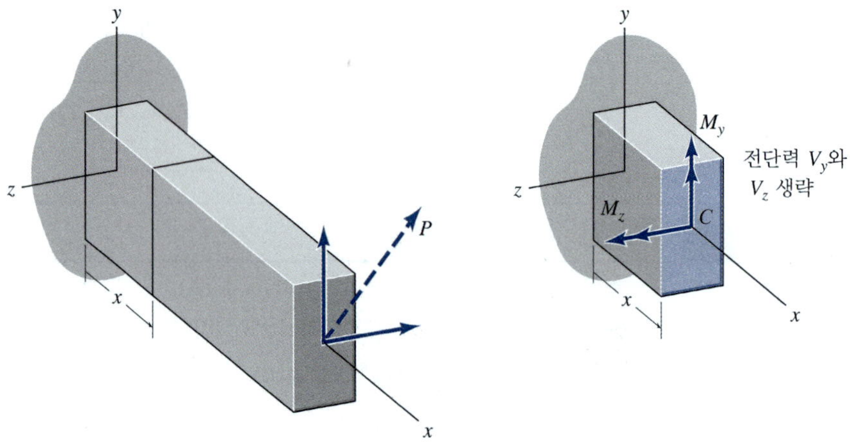

(a) 2축 대칭 보에서의 하중 성분

(b) 경사하중으로 인한 굽힘 모멘트($+M_y$, $+M_y$)

그림 6.24 경사하중을 받는 2축 대칭 보

경사하중을 받는 2축 대칭 보 비대칭 굽힘의 일반적인 경우를 공부하기 전에, 6.3절의 결과를 하중이 길이방향 대칭면에 작용하지 않은 **2축 대칭 보(doubly symmetric beam)**의 경우에 사용할 수 있도록 일반화해야 한다. 그림 6.24는 그런 **경사하중(inclined load)**을 받는 2축 대칭 보를 나타낸다. 즉, 하중은 그림 6.24에서 도시된 바와 같이 단면의 2축 대칭축에 대해 동시에 굽힘을 발생하는 하중이다.

휨 응력: 2축 대칭이고 $E=E(x)$인 선형 탄성보에서 식 6.13의 **굽힘 공식(flexure formula)**은 M_y와 M_z에 각각 적용할 수 있으며 2개의 식은 중첩법에 의하여 더하면 아래와 같이 주어진다.

$$\sigma_x = \frac{M_y z}{I_y} - \frac{M_z y}{I_z} \qquad \textbf{굽힘 공식} \qquad (6.30)$$

우변의 두 번째 항은 식 6.13으로부터 직접 왔으며 대칭인 z축에 대한 굽힘에 해당한다. 첫 번째 항은 대칭축 y에 대한 굽힘에 대해서 식 6.13을 변형한 것이다. 식 6.30의 M_y항은 양(positive)이다. 그림 6.25a에서처럼, 양의 M_y는 z축이 양인 곳에서 인장(즉, 양의 σ_x)을 발생시킨다. y축과 z축은 단면에 대해 대칭축이기에, 그림 6.24b에서처럼 원점은 단면의 도심이다. 그림 6.25는 직사각형 단면에서 작용하는 모멘트 M_y와 M_z에 기인된 응력의 중첩을 설명한다.

중립축의 방향: 조합응력 때문에, 그림 6.25c와 6.25d의 예시된 경사진 중립축에 대하여 휘어진다. 단면에서 중립축의 방향은 식 6.30에서 $\sigma_x=0$로 정의함으로써 결정된다. 만약 (y^*, z^*)가 중립축 상에 놓여 있는 점의 좌표이면

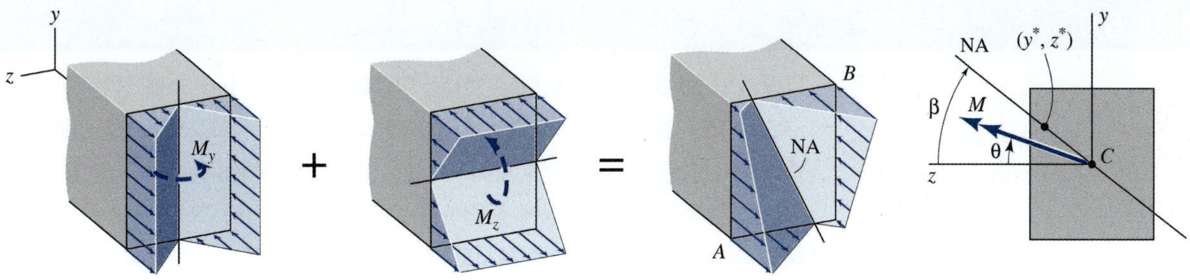

(a) 양의 M_y에 기인한 y축에 관한 굽힘

(b) 양의 M_z에 기인한 z축에 관한 굽힘

(c) M_y, M_z에 기인한 굽힘 응력의 중첩

(d) yz축에 관한 모멘트 벡터 방향과 중립축

그림 6.25

$$\left(\frac{M_y}{I_y}\right)z^* - \left(\frac{M_z}{I_z}\right)y^* = 0 \tag{6.31}$$

이다. 식 6.31은 yz면 내의 **중립축(neutral axis)**에 관한 식이다. 각 θ, β는 그림 6.25d에서 도시된 것처럼

$$\tan\theta \equiv \frac{M_y}{M_z}, \quad \tan\beta \equiv \frac{y^*}{z^*} \tag{6.32}$$

로 정의된다. 즉, 모멘트 벡터는 양의 z축으로부터 시계방향으로 θ만큼 회전한 위치에 있고, 중립축은 양의 z축으로부터 시계방향으로 β만큼 회전한 위치에 있다. 그러면 식 6.31은 간단하게

$$\tan\beta = \left(\frac{I_z}{I_y}\right)\tan\theta \tag{6.33}$$

로 표현될 수 있다. 식 6.33으로부터 β는 θ와 같은 사분면에 놓이게 되는 것과 NA와 M의 상대적 방향은 $I_z > I_y$ 혹은, $I_z < I_y$에 따라 결정된다.

그림 6.25c는 $\sigma_x = 0$인 중립축에서 휨 응력이 어떻게 인장에서 압축으로 어떻게 변해 가는지를 보여주고 있다. 대칭면 내에 작용하는 하중 재하된 경우와 달리, 경사진 하중은 각각의 단면에서 특정 단면의 굽힘 모멘트 벡터의 방향, 즉 $M_y(x)$와 $M_z(x)$의 비에 달려있는 중립축 방향을 발생시킨다.

최대 인장 및 압축응력: 그림 6.25c는 **단면의 최대 인장 및 압축지점이 중립축에서 가장 멀리 떨어진 지점이라는 것**을 나타낸다. 이들 지점은 그림 6.25c의 A와 B이다. 식 6.30으로부터 최대 응력을 구하기 위해서 이들 지점의 yz좌표를 사용한다.

예제 6.9는 2축 대칭 보의 휨 응력에 경사하중이 미치는 영향을 나타낸다.

예제 6.9

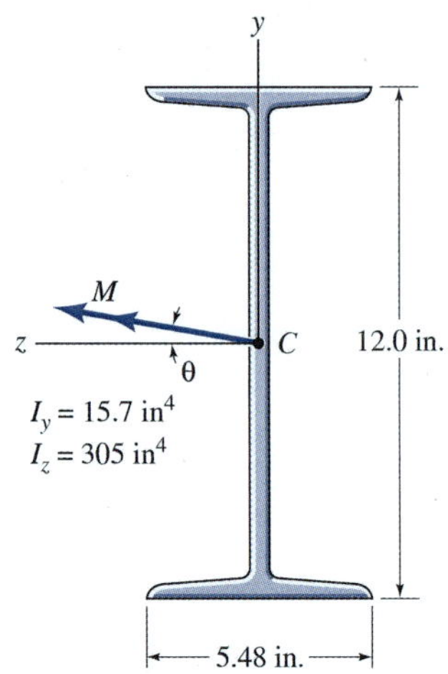

그림 1 경사하중을 받는 I 형상 보

그림 1의 보(S12×50 I 형강 보)는 모멘트 $M = 150$ kip·in를 받는다. 이것은 z축을 따라 놓여 있는 것으로 가정한다(즉, xy평면 내에서의 하중 재하). (a) 중립축의 방향과 $\theta = 2°$의 차이가 나는 방향으로 작용하는 '하중 편향 재하'의 영향을 결정하고, 단면 상에 중립축을 스케치하시오. (b) 그 단면의 최대 전단응력과 최대 압축응력을 결정하시오. I_y와 I_z의 큰 차이점에 주목하고, 그것이 해에 어떻게 영향을 미치는지 살펴보시오.

풀이 계획 식 6.33(또는 식 6.31)을 사용하여 중립축(NA)의 방향을 결정할 수 있다. 그런 다음 NA로부터 가장 멀리 떨어진 두 점을 찾게 되고, 식 6.30을 사용하여 이들 두 점에서의 휨 응력을 계산해 낼 수 있다.

풀이 (a) 중립축의 위치: 식 6.33으로부터

$$\tan\beta = \left(\frac{I_z}{I_y}\right)\tan\theta \tag{1}$$

이다. 여기서, 그림 1로부터 다음을 얻는다.

$$\tan\theta \equiv \frac{M_y}{M_z} = \frac{M\sin\theta}{M\cos\theta} \tag{2}$$

따라서

$$\tan\beta = \left(\frac{305\ \text{in}^4}{15.7\ \text{in}^4}\right)\tan\theta \tag{3}$$

이다. $\theta = 0°$일 때 $\beta = 0°$, z축은 중립축이 된다. 그러나 $\theta = 2°$일 때

$$\tan\theta = \left(\frac{305\ \text{in}^4}{15.7\ \text{in}^4}\right)(0.0349) = 0.678$$

이다. 그러므로 $\theta = 2°$에 대해서

$$\beta = 34.2° \qquad \textbf{답 (a)} \tag{4}$$

이 단면에서의 중립축에 대한 방향은 그림 2에 나타나 있다.

(b) 최대 인장응력과 최대 압축응력의 결정 최대 응력들은 가장자리 점 A와 B에서 발생될 것이다. 식 6.30으로부터

$$\sigma_x = \frac{M_y z}{I_y} - \frac{M_z y}{I_z} \tag{5}$$

$$\sigma_{x_A} \equiv \sigma_x(6.0,\ -2.74) = \frac{(150\ \text{kip}\cdot\text{in.})(\sin 2°)(-2.74\ \text{in.})}{15.7\ \text{in}^4} - \frac{(150\ \text{kip}\cdot\text{in.})(\cos 2°)(6.0\ \text{in.})}{305\ \text{in}^4} = -3.86\ \text{ksi}$$

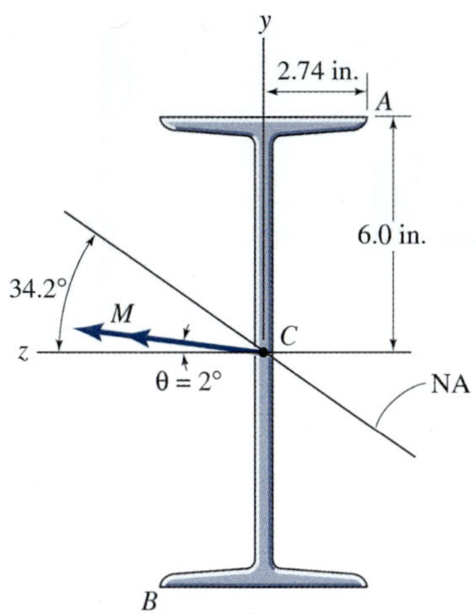

그림 2

대칭으로부터

$$\sigma_{x_B} \equiv \sigma_x(-6.0,\ 2.74) = 3.86 \text{ ksi}$$

하중 편향(misalignment)이 없으면 즉, $\theta = 0$에 대해

$$\sigma_x(y,\ z) = \frac{-M_z y}{I_z} \tag{6}$$

그러므로 최대 압축응력은 $y = 6.0$ in.에서 발생하며 다음과 같다.

$$(\sigma_x)_{\max C} = \frac{-(150 \text{ kip} \cdot \text{in.})(6.0 \text{ in.})}{305 \text{ in}^4} = -2.95 \text{ ksi}$$

그리고

$$(\sigma_x)_{\max T} = 2.95 \text{ ksi}$$

요약하면 다음과 같다.

θ	β	$(\sigma_x)_{\max C}$	$(\sigma_x)_{\max T}$
0°	0°	-2.95 ksi	2.95 ksi
2°	34.2°	-3.86 ksi	3.86 ksi

따라서 2°의 작은 하중 편향(misalignment)은 최대 응력을 31%까지 증가시킨다. 이것은 I_z/I_y의 값이 크기 때문이다.

풀이 검토 I_z/I_y의 값이 크고 M_y가 0이 아니므로 중립축의 현저한 회전 즉, 큰 값을 유발시키는 답은 타당성이 있어 보인다. 최대 응력값들은 타당성이 없는 것 같지 않다(매우 유사한 크기의 보, **W**12×50에 같은 하중이 가해지는 연습문제 6.6-5를 풀어본다).

MDS 6.8 **비대칭 굽힘** – MDS 프로그램에서 비대칭 사양은 단면 특성 산출 프로그램과 임의의 방향 모멘트 벡터를 가진 보의 휨 응력 계산프로그램, *Flexure*를 합한 모듈이다.

관성적; 관성 주축 비대칭 휨을 공부할 때 면적에 대한 몇 가지 기하학적 특성을 사용할 필요가 있다(부록 C의 상세한 자료 참조). yz 기준 프레임(reference frame)에 대한 면적 A(그림 6.26a)의 **관성적(product of inertia)**은 다음과 같이 정의된다.

$$I_{yz} \equiv \int_A yz\, dA \tag{6.34}$$

만약 $I_{yz} = 0$이면 y축과 z축은 면적에 대한 **관성 주축(principal axes of inertia)**이라고 말한다. 만약 두 축 중 하나가 그림 6.26b에서 y축처럼 대칭축이면 대칭적으

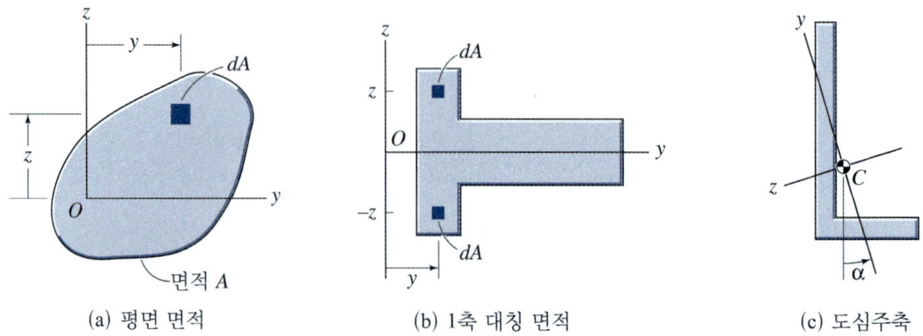

그림 6.26 관성적과 주축을 정의하기 위해 사용된 그림

로 위치한 dA의 소거에 의해서 $I_{yz} = 0$이다. 따라서 대칭축은 주축의 하나이며 이것에 수직한 어떤 축이라도 주축이 된다.

결과적으로 부록 C.3에서처럼, 어떤 평면의 면적과 평면의 원점에 대해서도 서로 직교하는 한 쌍의 축, 즉 주축을 세울 수 있다. 예를 들어 그림 6.26c는 도심에 원점을 가진 부등변 ㄱ형 단면의 관성의 주축을 나타낸다. 이들을 **도심주축(centroidal principal axes)**이라 한다. 부록 D.6은 선별한 부등변 ㄱ형 단면의 도심주축의 경사각을 제시한다.

비대칭 굽힘: 임의축 방법 식 6.30은 2축 대칭 단면을 가진 보의 굽힘에 적용한다. 그림 6.23b와 6.26c의 비대칭 단면을 가진 보에서 휨 응력을 포함하여, 임의 단면에 대한 휨 응력 σ_x의 표현을 결정하려고 한다. 이 장의 나머지 부분에서의 좌표 y와 z는 그림 6.26c에서처럼 단면의 도심주축에 대한 것이고, 반면 y'과 z'은 그림 6.27과 같이 단면의 임의의 지정 좌표에 대한 것이다.

휨 공식: 그림 6.27a의 보를 고려하면, 여기서 순 축하중($F = 0$)은 0이지만 $M_{y'}$와 $M_{z'}$는 둘 다 존재하는 것에 유의할 필요가 있다. 즉, 임의의 단면에서 임의의 방향으로 작용하는 굽힘 모멘트에 대해서 고려하면, 미소 면적 dA상에서의 휨 응력 σ_x의 영향이 그림 6.27b에 나타내고 있다. 단면에서 응력의 합은 단면적에 대해서 미소 하중 $dF = \sigma_x dA$를 합하여 얻어진다. 이것으로부터

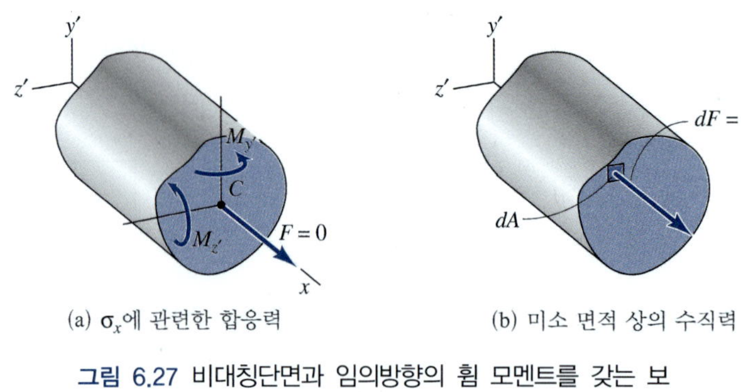

그림 6.27 비대칭단면과 임의방향의 휨 모멘트를 갖는 보

$$
\begin{aligned}
F(x) &= \int_A \sigma_x \, dA \\
M_{y'}(x) &= \int z' \sigma_x \, dA \\
M_{z'}(x) &= -\int_A y' \sigma_x \, dA
\end{aligned} \tag{6.35}
$$

σ_x를 두 직선형식으로 표시할 수 있다고 가정하면

$$\sigma_x = a_0 + a_1 y' + a_2 z' \tag{6.36}$$

이다. 그리고 식 6.35와 6.36을 조합하여

$$
\begin{aligned}
F(x) &= a_0 \int_A dA + a_1 \int_A y' \, dA + a_2 \int_A z' \, dA \\
M_{y'}(x) &= a_0 \int_A z' \, dA + a_1 \int_A z' y' \, dA + a_2 \int_A (z')^2 \, dA \\
M_{z'}(x) &= -a_0 \int_A y' \, dA - a_1 \int_A (y')^2 \, dA - a_2 \int_A y' z' \, dA
\end{aligned} \tag{6.37}
$$

를 얻는다. 만약 $y'z'$ 기준 프레임의 원점으로서 단면의 도심을 선택하거나($\bar{y}' = \bar{z}' = 0$), $F = 0$일 때, 임의의 도심축에 대해, $I_{y'z'}$은 0일 필요는 없다. 그러면,

$$a_0 = 0, \quad a_1 = \frac{-(M_{z'} I_{y'} + M_{y'} I_{y'z'})}{I_{y'} I_{z'} - I_{y'z'}^2}, \quad a_2 = \frac{M_{y'} I_{z'} + M_{z'} I_{y'z'}}{I_{y'} I_{z'} - I_{y'z'}^2} \tag{6.38}$$

을 얻는다. 그래서 식 6.36과 6.38를 조합하여 다음의 휨 공식

$$\sigma_x = \frac{-y'(M_{z'} I_{y'} + M_{y'} I_{y'z'}) + z'(M_{y'} I_{z'} + M_{z'} I_{y'z'})}{I_{y'} I_{z'} - I_{y'z'}^2} \quad \textbf{휨 공식} \tag{6.39}$$

을 얻는다. 여기서 축은 단면 도심의 원점으로 하는 직각좌표계를 편의상 정한 것이다.

중립축 방향: 단면의 **중립축(neutral axis)** 방향은 식 6.39의 $\sigma_x = 0$에 의해 결정된다. (y'^*, z'^*)의 좌표가 중립축에 놓이면

$$-y'^*(M_{z'} I_{y'} + M_{y'} I_{y'z'}) + z'^*(M_{y'} I_{z'} + M_{z'} I_{y'z'}) = 0 \tag{6.40}$$

또는

$$\frac{y'^*}{z'^*} = \frac{M_{y'} I_{z'} + M_{z'} I_{y'z'}}{M_{z'} I_{y'} + M_{y'} I_{y'z'}} \tag{6.41}$$

$y'z'$축의 중립축 식이 된다.

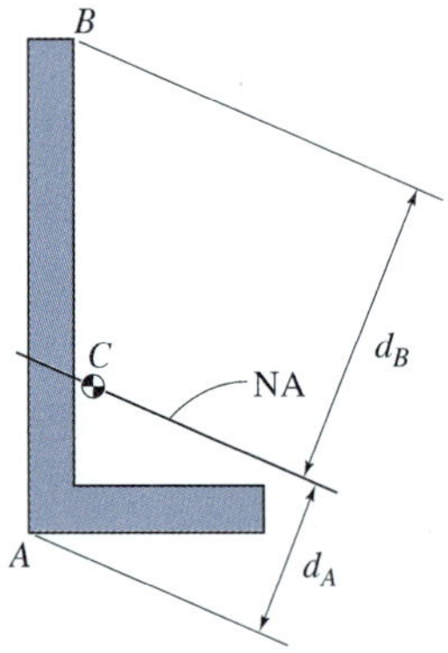

그림 6.28 일반적인 비대칭 단면에서 최대 인장 및 압축력의 작용점

최대 인장 및 압축응력: 그림 6.25c는 단면에서의 최대 인장 및 최대 압축지점이 중립축에서 가장 멀리 떨어진 두 지점이라는 사실을 보여주고 있다. 이들 지점은 그림 6.25c 그리고 그림 6.28의 비대칭 단면에 A와 B로 표시되어 있다. 그러므로 단면에 작용하는 최대 인장 휨 응력과 최대 압축 휨 응력을 계산하기 위해서는 우선 중립축의 위치를 결정하여야 하고 그런 다음 중립축(NA)에서 가장 멀리 떨어진 두 지점의 좌표를 알아야 한다. 예제 6.10은 비대칭 단면에서의 휨 응력 계산을 나타내었다.

예제 6.10

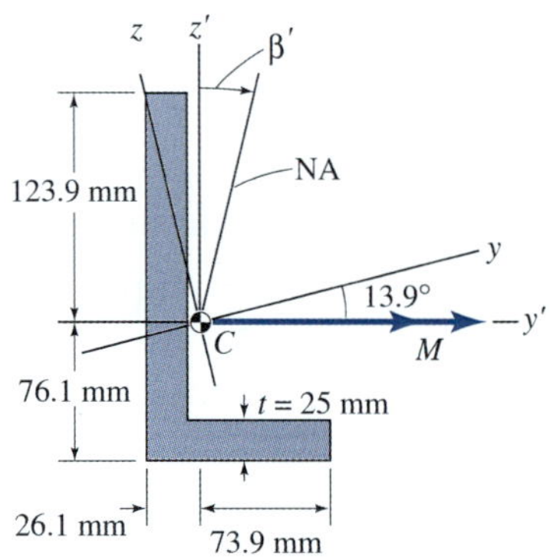

$I_{y'} = 27.20(10^6)\ \text{mm}^4$
$I_{z'} = 4.55(10^6)\ \text{mm}^4$
$I_{y'z'} = -5.97(10^6)\ \text{mm}^4$

그림 1 부등변 ㄱ형강

부등변 ㄱ형강 단면의 제원이 그림 1[11]과 같다. 그림에서 보는 바와 같이 단면에서의 모멘트는 $M = 10$ kN · m이고, ㄱ형강의 짧은 쪽 다리에 평행하게 작용하고 있다. (a) 단면의 중립축 방향을 결정하고 그 방향을 스케치하시오. (b) 단면에서의 최대 인장응력과 최대 압축응력을 결정하시오.

풀이 계획 식 6.41을 사용하여 중립축의 방향을 결정할 수 있다. 그런 다음, 중립축으로부터 가장 멀리 떨어진 두 점을 찾게 되고, 식 6.39를 사용하여 이들 두 점에서의 휨 응력을 계산해 낼 수 있다.

풀이 (a) 중립축의 위치 결정 $M_{z'} = 0$이므로, 식 6.41[12]로부터

$$\tan\beta' \equiv \frac{y'^*}{z'^*} = \frac{I_{z'}}{I_{y'z'}} = \frac{4.55(10^6)\ \text{mm}^4}{-5.97(10^6)\ \text{mm}^4} \tag{1}$$

이다. 따라서

$$\beta' = -37.3° \qquad \textbf{답 (a)} \tag{2}$$

중립축의 방향은 그림 2에서 나타내었다.

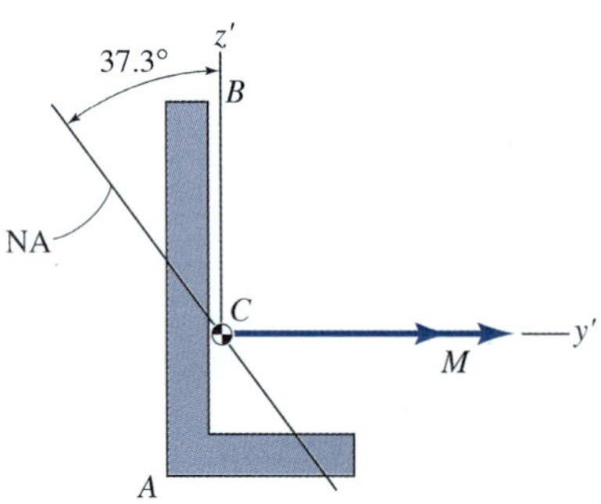

그림 2 중립축의 방향

(b) 최대 및 최소 휨 응력 계산 그림 2에서 점 A와 B는 중립축에서 가장 멀리 떨어진 점이다. 이들 점에서의 σ_x를 계산하기 위해서 $y'z'$ 기준 프레임에서의 좌표값이 필요하다. 그림 1로부터 다음을 얻을 수 있다.

$$(y_A',\ z_A') = (-26.1\ \text{mm},\ -76.1\ \text{mm})$$
$$(y_B',\ z_B') = (-1.1\ \text{mm},\ 123.9\ \text{mm})$$

$M_{z'} = 0$이므로, 식 6.39로부터

11) 유사한 부등변 ㄱ형강 단면 특성 계산을 위해, 예제 C.1에서 C.3까지 참조한다. MDS 프로그램 *Section Properties*는 다양한 단면 형태의 특성을 계산하는 데 사용된다.
12) β'은 그림 1에서 보는 것처럼 z'축에서 y'축 방향의 각도임을 유의한다.

$$\sigma_x = \left[\frac{-y'I_{y'z'} + z'I_{z'}}{I_{y'}I_{z'} - I_{y'z'}^2} \right] M_{y'} \tag{3}$$

따라서

$$\begin{aligned}
\sigma_{xA} &\equiv \sigma_x(-26.1 \text{ mm}, -76.1 \text{ mm}) \\
&= \left[\frac{-(-26.1)(-5.97) - 76.1(4.55)}{27.20(4.55) - (5.97)^2} \right] 10 \\
&= -57.0 \text{ MPa} \\
\sigma_{xB} &\equiv \sigma_x(-1.1 \text{ mm}, 123.9 \text{ mm}) \\
&= \left[\frac{-(-1.1)(-5.97) + 123.9(4.55)}{27.20(4.55) - (5.97)^2} \right] 10 \\
&= 63.2 \text{ MPa}
\end{aligned}$$

요약하면 다음과 같다.

$$\left.\begin{aligned} \sigma_{\max \mathrm{T}} &= \sigma_{xB} = 63.2 \text{ MP} \\ \sigma_{\max \mathrm{C}} &= \sigma_{xA} = -57.0 \text{ MPa} \end{aligned}\right\} \qquad \textbf{답 (b)} \quad (4)$$

풀이 검토 (a)부분과 (b)부분의 결과를 검토하는 최선의 방법은 A와 B점으로부터 중립축까지 수직거리를 각각 계산하기 위해 단면을 일정비율로 도식화하는 것이다. A와 B점의 계산된 휨 응력이 서로 반대의 부호를 갖으며, 이 응력간의 크기 비가 중립축으로부터 떨어진 수직거리에 직접적인 관계가 있다.

MDS 6.9 **비대칭 굽힘** – MDS 프로그램 모듈 *Flexure*에서 비대칭 사양은 단면 특성 산출 프로그램과 임의의 지정 모멘트 벡터를 가진 비대칭 보의 휨 응력 계산 프로그램을 합한 모듈이다. $y'z'$축의 원점은 반드시 단면의 중심에 있지만, 이들의 방향은 임의의 방향이다.

비대칭 굽힘: 주축 방법 지금까지 식 6.30은 2축 대칭 단면을 가진 보의 굽힘이 작용하고, 식 6.39는 임의의 단면형상과 임의의 방향의 모멘트 벡터합을 가진 보의 휨 공식이다. 그러나 그림 6.29a에서처럼 도심주축에서 $\bar{y} = \bar{z} = I_{yz} = 0$이므로, 식 6.39는 식 6.30으로 표현된다.

$$\boxed{\sigma_x = \frac{M_y z}{I_y} - \frac{M_z y}{I_z}} \qquad \textbf{굽힘 공식} \qquad (6.30)\ \text{반복}$$

여기서 M_y와 M_z는 각 y축과 z축에 대한 모멘트 벡터 M의 성분이고 I_y와 I_z는 도심 주축 관성모멘트이다(둘 중에 어느 것이 I_{max}이고 어느 것이 I_{min}인지는 임의적이다).

그러므로 **임의 단면을 가진 보가 임의 방향의 굽힘 모멘트를 받을 때 휨 응력**

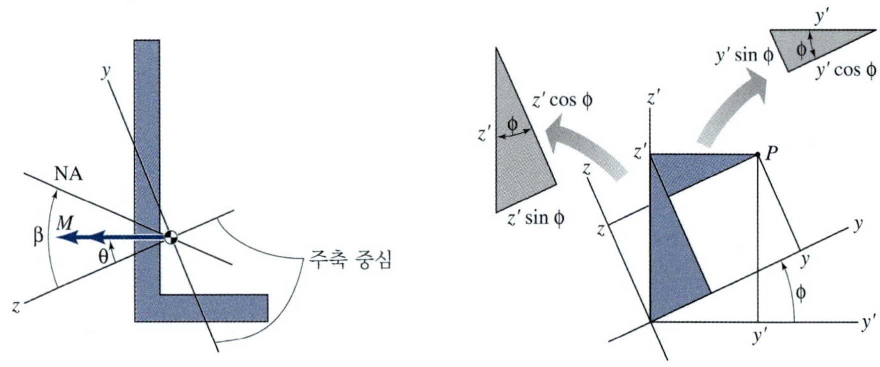

(a) 도심 주 좌표에 관한 모멘트 벡터와 중립축 방향

(b) 좌표(y', z')로부터 P점의 좌표(y, z)의 결정

그림 6.29

σ_x**는 식 6.30과 같고** y**축과** z**축은 도심주축**이라고 결론 지을 수 있다. 2축 대칭단면을 가진 보(예: 그림 6.24)와 길이방향 1축 대칭 보(예: 그림 6.26b)의 두 가지 특별한 경우가 있다. 후자의 경우, 길이방향 대칭면에 작용하고 있는 하중(예: 6.2절과 6.3절)과 대칭면에 수직하게 작용하고 있는 하중(예: 6.12절)이 특별한 경우이다. 2축 대칭단면을 가진 보의 경우와 같이 식 6.31과 6.33은 yz주축에 관한 중립축의 방향을 결정하는 데 사용할 수 있다.

$$\tan\beta = \left(\frac{I_z}{I_y}\right)\tan\theta \qquad (6.33) \text{ 반복}$$

여기서 각 β는 그림 6.29a에서 정의된다.

휨 응력을 구할 수 없는 주축 방법의 사용에 있어서 어려운 점은 (1) 주축의 방향을 결정하는 것과 (2) 주축 좌표축에 대한 어떤 점의 좌표(y, z)를 결정하는 것이다.

그림 6.29b는 y, z좌표가 임의로 회전한 좌표(y', z')에 대하여 어떠한 관계가 있는가를 나타내고, 음영처리가 된 삼각형을 이용하면 다음 식이 얻어진다.

$$\begin{aligned} y &= y'\cos\phi + z'\sin\phi \\ z &= -y'\sin\phi + z'\cos\phi \end{aligned} \qquad (6.42)$$

여기서, ϕ는 y'축으로부터 y축 방향으로 반시계방향의 각도이다.

연습문제 6.6-11을 예제 6.10에서 사용된 주축 방법을 사용해서 계산할 수 있다.

*6.7 보의 비탄성 굽힘

보에 가해지는 하중이 항복강도를 초과하는 응력을 발생시킬 만큼 크다면, 그 보는 **비탄성 굽힘(inelastic bending)** 상태 하에 있다고 한다. 최대응력이 항복강도에 다다랐을 때, 보는 완전히 붕괴되지는 않는다. 예를 들어, 지진에 의한 하중을 받는 건물이나 교량의 사진에서 완전히 붕괴되기 전의 큰 변형의 보나 기둥을 보는 것을 일반적일 것이다. 사실, 보가 지지할 수 있는 극한하중은 최외측 섬유에 초기 항복을 발생시키는 하중보다는 매우 크기 때문에, 설계기준에서는 극한강도 설계 개념을 사용하고 있다. 따라서 구조와 기계 설계자는 부가적인 여유강도를 고려하기 위해서, 보의 비탄성 굽힘거동을 이해하는 것이 중요하다.

기본방정식 이번 절에서는 길이방향 대칭면에 관한 대칭인 보의 순수 굽힘에 대해서만 고려한다(그림 6.30a,b). 6.2절과 6.3절에서와 같이 순수 굽힘에 대한 해석은 변형체역학의 3가지 주요한 요소 – 기하학적 변형, 평형조건, 그리고 재료거동(geometry of deformation, equilibrium, and material behavior)을 포함하게 된다.

기하학적 변형: 선형 탄성 굽힘 뿐만 아니라 보의 비탄성 순수 굽힘에 대해서도 평면 단면은 평면을 유지한다(plane sections remain plane)는 가정이 유효하다(6.2절). 이 가정은 **변형률–변위 관계식(strain-displacement equation)**으로 유도된다(식 6.3반복).

$$\epsilon = -\frac{y}{\rho} = -y\kappa \qquad (6.43)$$

여기서 ϵ은 중립면으로부터 y만큼 떨어진 섬유의 변형률이고, ρ는 보의 변형된 축의 곡률반경이며, $\kappa = 1/\rho$이 곡률이다. 선형 변형률 분포를 그림 6.30c에 나타냈다.

평형조건: 보의 굽힘과 관련된 합응력은 그림 6.31에 보는 바와 같이 축방향 하중 F와 굽힘 모멘트 M이다. 식 6.9로부터 다음을 얻는다.

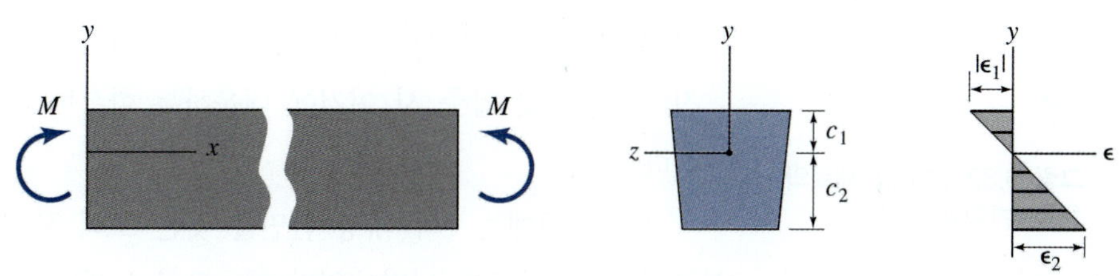

(a) 종방향 대창평면 내 순수 굽힘 (b) 단면 (c) 변형률 분포

그림 6.30

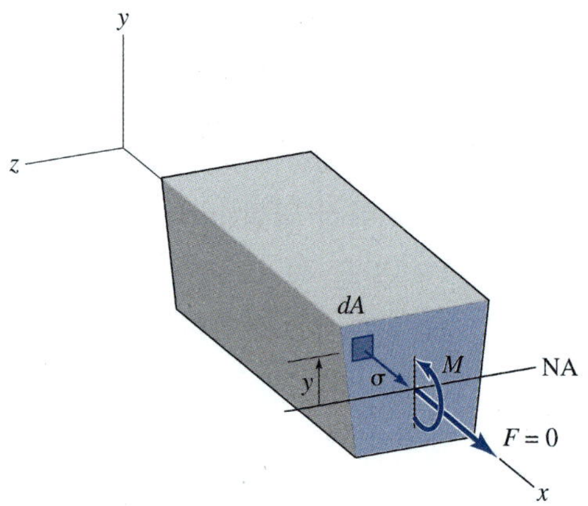

그림 6.31 순수 굽힘의 합응력

$$F = \int_A \sigma \, dA = 0$$
$$M \equiv M_z = -\int_A y\sigma \, dA \qquad (6.44)$$

선형 탄성 거동의 경우와 같이, 식 6.44a는 단면에서 중립축의 위치를 파악하는 데 사용된다. 휨 응력이 비례한도를 넘지 않는 한, 중립축은 단면의 중심을 통과하게 된다(6.3절). 비탄성 굽힘의 경우, 중립축의 위치는 단면의 형상, 응력-변형률 $(\sigma - \epsilon)$관계, 그리고 작용하는 모멘트의 크기에 달려 있다.

재료거동: 비선형 응력-변형률 거동에서 3가지 형태를 그림 3.24에 나타내었다. 식 6.45는 비선형재료에 대한 변형률 ϵ과 휨 응력 σ와의 관계를 일반적으로 표현한 것이다.

$$\sigma = \sigma(\epsilon), \quad \text{또는} \quad \epsilon = \epsilon(\sigma) \qquad (6.45)$$

보의 비탄성 굽힘을 표현하기 위해서, 탄소성 굽힘에 대해서만 살펴본다.

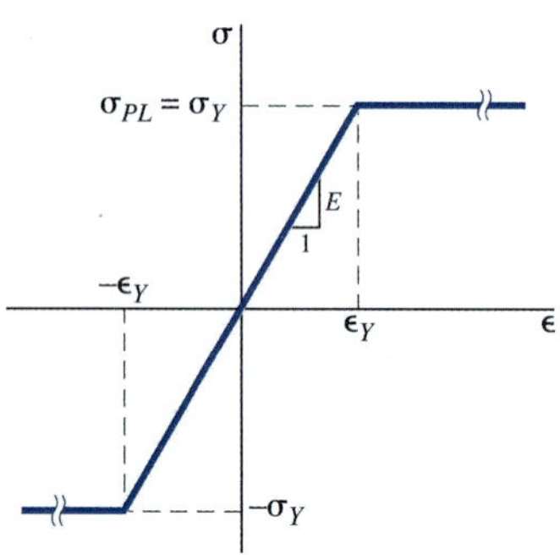

그림 6.32 탄소성 재료의 응력-변형률 분포

탄소성 굽힘 그림 6.32에서 주어진 응력-변형률 선도를 갖는 탄소성 재료로 만들어진 보가 순수 굽힘을 받는다. 이 재료는 항복강도(σ_Y)와 동일한 크기의 강도로 가정하는 비례한도까지는 후크의 법칙(Hooke's law)을 따른다고 가정한다. 이 재료는 그림 6.32에 나타낸 것과 같이 압축 시 뚜렷한 항복점$(-\sigma_Y)$을 가진다. 인장 및 압축 시 여기에 대응하는 항복변형률은 각각 $\epsilon_Y = \sigma_Y / E$와 $(-\epsilon_Y)$이다.

그림 6.33에는 1축 대칭 단면을 갖는 보의 3가지 레벨의 하중에 대한 변형률 분포와 응력 분포를 나타내었다(예: 그림 6.30b).[13)]

13) 제하 거동은 다음 잔류응력에서 다룬다.

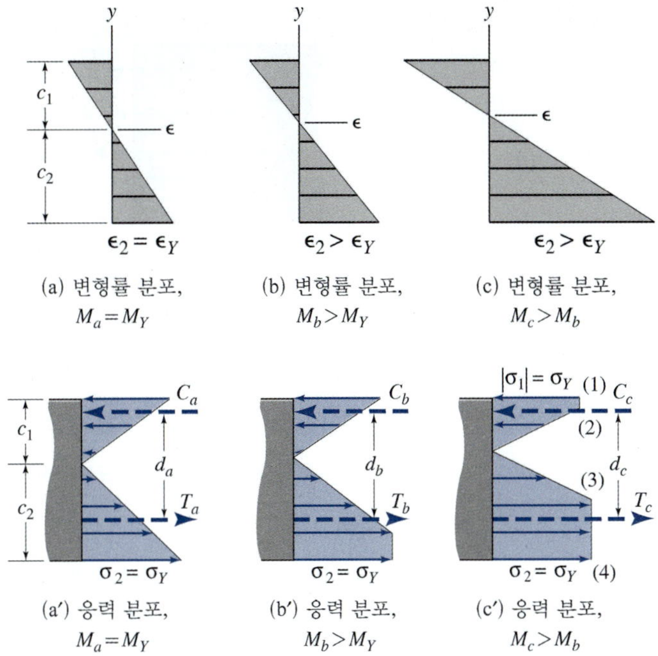

그림 6.33 탄소성 보의 변형률 및 응력 분포

중립축의 위치: 순수 굽힘의 경우, 축방향 하중 F는 0이므로, 중립축의 위치를 결정하는 식은 식 6.44a이며, 다음과 같이 쓸 수 있다.

$$\int_A \sigma \, dA = 0 \rightarrow T = C \tag{6.46}$$

여기서 그림 6.33에 나타낸 것과 같이 T는 단면에서의 인장력(tension)이고, C는 압축력(compression)이다. 모멘트가 변화함에 따라, T와 C로 묘사된 응력블록(stress blocks)은 형태가 바뀌고, 단면이 두 대칭축을 가지고 있지 않다면, 이 형태의 변화가 중립축 위치를 이동시킨다(작용하는 모멘트의 증가로 그림 6.33a~6.33c에서와 그림 6.33a′~6.33c′로 중립축이 약간씩 윗쪽으로 이동한 것을 주목하여야 한다).

최대 탄성모멘트: 최대 탄성모멘트 또는 **항복모멘트(yield moment)**, M_Y는 탄성 중립축으로부터 가장 멀리 떨어진 섬유에 항복을 일으키는 모멘트이다. 항복모멘트에 이를 때까지 그 거동이 선형 탄성적이므로, 식 6.13과 같은 형태의 휨 공식을 사용할 수 있다.

$$M_Y = \frac{\sigma_Y I}{c} \tag{6.47}$$

여기서 c는 c_1과 c_2값 중 큰 값이며 탄성 중립축으로부터 측정된다(이 축은 단면의 도심을 통과한다).

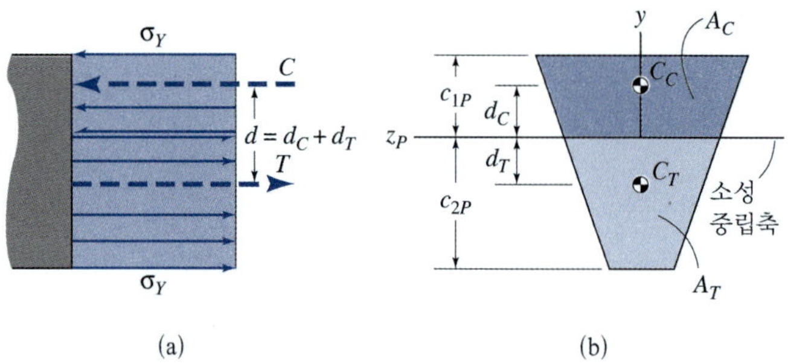

그림 6.34 완전 소성 굽힘

완전 소성모멘트: 그림 6.32에 묘사된 것과 유사한 탄소성 거동을 하는 저탄소강과 같은 재료는 항복변형률 ϵ_Y의 크기, 또는 그보다 큰 길이방향 축방향 변형률을 견딜 수 있다. 그림 6.33c′에서, (2)−(3)은 탄성코어(elastic core), (1)−(2)는 압축 소성영역(compressive plastic zone), 그리고 (3)−(4)는 인장 소성영역(tensile plastic zone)이다. 굽힘 모멘트가 증가함에 따라 외측 섬유의 변형률 크기는 증가한다. 그리고 그림 6.34a에 묘사된 것과 같이, 완전소성 압축영역은 (완전소성) 중립축 위로, 완전소성 인장영역은 중립축 아래로 탄성영역이 줄어든다. $T = C$(식 6.46)로 놓음으로써 중립축 위치를 알게 되고, 인장과 압축 응력블록이 σ_Y만큼의 일정 응력을 가지기 때문에, 다음의 순수 기하학적 조건으로 **소성중립축(plastic neutral axis)**을 결정할 수 있다.

$$A_C = A_T = \frac{1}{2}A \tag{6.48}$$

합력(resultant force) C와 T는 압축영역과 인장영역의 중심에 각각 가해지므로, **소성모멘트(plastic moment)** M_p는 다음과 같이 주어진다.

$$M_P = \frac{\sigma_Y A}{2}(d_C + d_T) \tag{6.49}$$

여기서, d_C와 d_T는 각각 소성중립축에서 압축영역과 인장영역의 중심까지의 거리이다. 소성모멘트 값은 다음과 같은 함축된 형태로 나타내어질 수 있다.

$$M_P = \sigma_Y Z$$

여기서, Z는 단면부의 **소성단면계수(plastic section modulus)**이다. 선별된 구조형태에 대한 Z의 값은 부록 D에 도표로 만들어져 있다. 6.4절을 상기해보면, 탄성단면계수(elastic section modulus) S로 항복모멘트를 다음과 같은 식으로 나타낼 수 있다.

$$M_Y = \sigma_Y S$$

소성모멘트 M_P에 대한 항복모멘트 M_Y의 비는 **형상계수(shape factor)** f로 정의한다.

$$f = \frac{M_P}{M_Y} = \frac{Z}{S} \tag{6.50}$$

이 계수는 처음으로 항복이 일어나는 모멘트량을 넘어 보가 부담할 수 있는 부가적인 모멘트량을 나타낸다. 광폭 플랜지 보의 f값은 대표적으로 1.1에서 1.2 사이의 범위에 있다.

예제 6.11

직사각형 단면을 갖는 보에서의 항복모멘트, 소성모멘트, 그리고 형상계수에 대한 표현을 결정하시오(그림 1a).

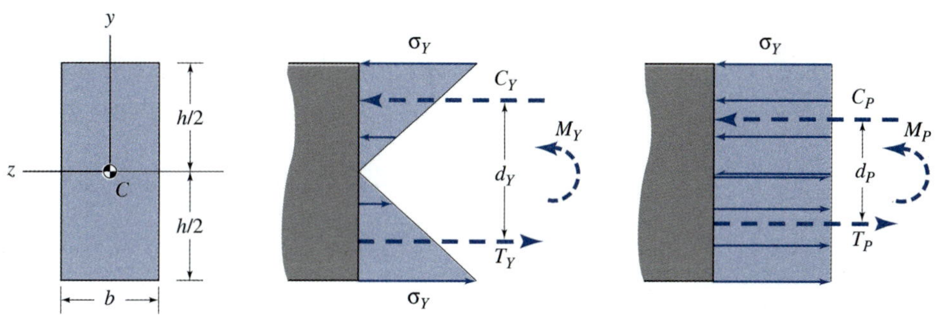

(a) 단면 (b) 항복모멘트 경우 (c) 소성모멘트 경우

그림 1

풀이 직사각형 단면은 두 대칭축을 가지고 있기 때문에, 작용하는 모든 모멘트의 중심은 도심을 통과한다. 항복모멘트와 관련된 응력상태를 그림 1b에 나타내었고, 소성모멘트 경우에 대한 응력 분포는 그림 1c에 나타내었다.

항복모멘트: 식 6.47으로부터

$$M_Y = \frac{\sigma_Y I}{c} = \frac{\sigma_Y\left(\dfrac{bh^3}{12}\right)}{\left(\dfrac{h}{2}\right)} \tag{1}$$

또는

$$M_Y = \frac{1}{6}\sigma_Y bh^2 \qquad \textbf{답} \tag{2}$$

이다.

소성모멘트: 식 6.49로부터

$$M_P = \frac{\sigma_Y A}{2}(d_C + d_T) = \frac{\sigma_Y (bh)}{2}\left(\frac{h}{4} + \frac{h}{4}\right) \tag{3}$$

또는

$$M_P = \frac{1}{4}\sigma_Y bh^2 \qquad \textbf{답 } (4)$$

이다.

형상계수: 식 6.50으로부터

$$f = \frac{M_P}{M_Y} = \frac{6}{4} = 1.5 \qquad \textbf{답 } (5)$$

이다. 직사각형 보의 경우 소성모멘트가 항복모멘트보다 50% 더 크다.

예제 6.12

예제 6.2의 T형 보는 $E = 29(10^3)$ ksi와 $\sigma_Y = 40$ ksi이며 그림 6.32와 같은 응력-변형률 선도를 갖는 탄소성 재료로 만들어졌다. 다음을 결정하시오. (a) 항복모멘트 M_Y, (b) 소성 중립축의 위치와 소성모멘트의 크기 M_P, (c) 형상계수 f. 예제 6.2에서 계산된 단면의 제원이 그림 1에 나타나있다.

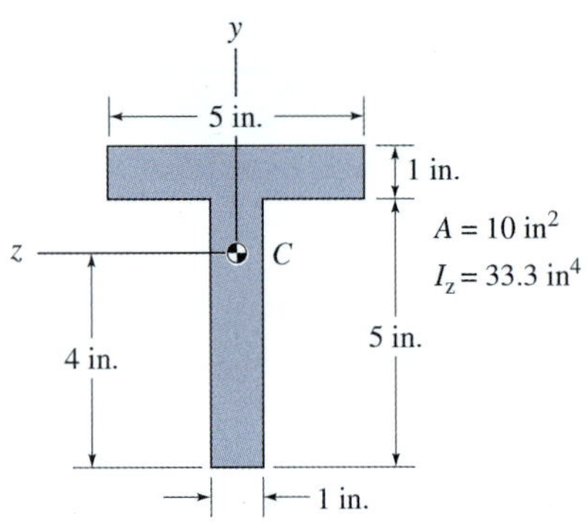

그림 1

풀이 (a) 항복모멘트 M_Y 결정: 식 6.47로부터 항복모멘트는 다음과 같이 얻을 수 있다.

$$M_Y = \frac{\sigma_Y I}{c} \qquad (1)$$

최하단 섬유가 중립축으로부터 가장 멀리 떨어져 있으므로,

$$M_Y = \frac{(40\text{ ksi})(33.3\text{ in}^4)}{(4\text{ in.})} = 333\text{ kip}\cdot\text{in}$$

$$M_Y = 333\text{ kip}\cdot\text{in} \qquad \textbf{답 (a)} \ (2)$$

(b) 소성 중립축 위치 결정: 소성 중립축은 단면을 두 개의 동일한 영역으로 나눈다(식 6.48). 따라서 이 문제의 경우, 소성 중립축은 그림 2에 묘사된 것과 같이 가로방향(C_C면), 세로방향 (C_T) 플랜지-복부 접합면에 있다. 식 6.49로부터

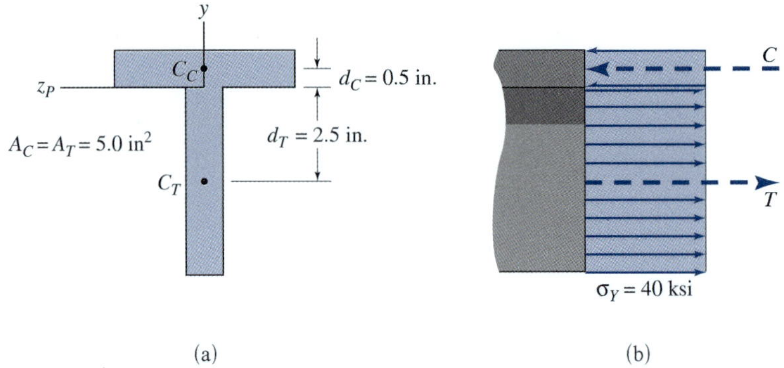

그림 2

$$M_P = \frac{\sigma_Y A}{2}(d_C + d_T) = \frac{(40\ \text{ksi})(10\ \text{in}^2)}{2} = (0.5\ \text{in.} + 2.5\ \text{in.})$$

또는

$$M_P = 600\ \text{kip} \cdot \text{in}$$ **답 (b)** (3)

이다.

(c) 형상계수 계산: 형상계수는 식 6.50으로부터 얻어진다.

$$f = \frac{M_P}{M_Y} = \frac{600\ \text{kip} \cdot \text{in}}{333\ \text{kip} \cdot \text{in}} = 1.80$$

$$f = 1.8$$ **답 (c)** (4)

MDS 6.10 **비탄성 굽힘** – 보의 단면 특성을 결정하기 위해 *Section Properties* 모듈을 사용하고, 항복모멘트 M_Y와 완전 소성모멘트 M_P를 구할 수 있는 식 6.47과 6.49를 사용한 MDS 예제이다.

모멘트–곡률 관계식 선형 탄성 굽힘의 모멘트-곡률 관계식이 6.3절에서 유도되고, 식 6.12로 나타내어진다. 여기서 곡률반경 ρ를 곡률 κ로 고친 항으로 다음과 표현할 수 있다.

$$M = EI\kappa \tag{6.51}$$

항복모멘트 M_Y는 다음 식에 의해서 항복곡률 κ_Y와 관련된다.

$$M_Y = EI\kappa_Y \tag{6.52}$$

선형 탄성 거동에서의 **모멘트–곡률 관계식**(**moment-curvature equation**)은 다음과 같다.

$$\boxed{\frac{M}{M_Y} = \frac{\kappa}{\kappa_Y}}, \quad 0 \le M \le M_Y \tag{6.53}$$

비탄성 굽힘에서의 M/M_Y를 κ/κ_Y와 연관시키는 표현을 결정하고, κ/κ_Y에 대한 M/M_Y의 선도를 그려보도록 한다. 가장 단순한 경우인 직사각형 단면이 일정한 폭을 가지고 있으므로 중립축의 위치는 작용 모멘트의 값에 따라 변하지 않는다. 그림 6.35에는 탄성코어의 깊이가 $2e$인 국부소성의 경우(partially plastic case)에 대한 응력 분포를 나타내었다. 두 소성영역과 탄성코어의 모멘트 분포를 모두 더하면, 다음을 얻을 수 있다.

$$M = \sigma_Y b\left[\left(\frac{h}{2}\right)^2 - \frac{1}{3}e^2\right] \tag{6.54}$$

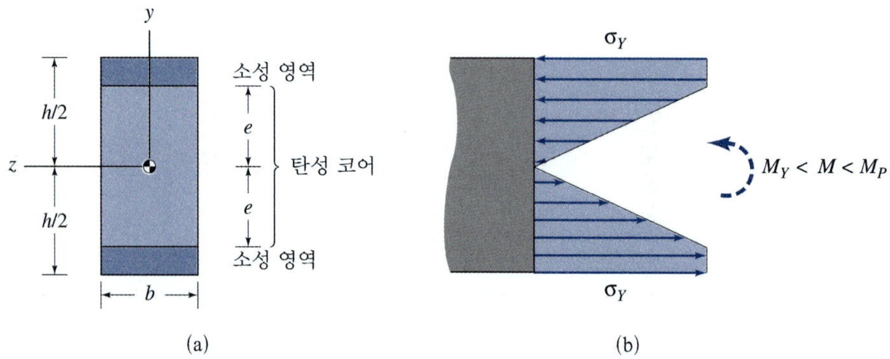

그림 6.35 직사각형 보의 부분 소성 굽힘

$e=h/2$일 때의 **항복모멘트(yield moment)** M_Y값을 다음과 같이 얻을 수 있다.

$$M_Y=\frac{1}{6}\sigma_Y bh^2 \tag{6.55}$$

예제 6.11에서 이미 얻은 것과 같이, $e=0$일 때, 식 6.54는 **소성모멘트(plastic moment)** M_P 식으로 된다.

$$M_P=\frac{1}{4}\sigma_Y bh^2 \tag{6.56}$$

식 6.54와 같은 모멘트 표현에 대응하는 모멘트-곡률 관계식을 결정하기 위해서, e값과 관련된 곡률 k가 필요하다. 변형률-변위 관계식인, 식 6.43(식 6.3)으로부터 다음 식을 얻는다.

$$\epsilon_Y=\frac{h}{2}\kappa_Y=e\kappa \tag{6.57}$$

항복은 M_Y일 경우 최외측 섬유에서 일어나고, $M>M_Y\,(\kappa\geq\kappa_Y)$일 때는 $y=e$에서 일어난다. 그러므로

$$e=\frac{h}{2}\left(\frac{\kappa_Y}{\kappa}\right) \tag{6.58}$$

마지막으로, 국부 소성영역을 갖는 직사각형 보에 대한 **모멘트-곡률 관계식(moment-curvature equation)**을 얻기 위해서, 식 6.54, 6.55, 6.58을 조합하여 다음을 얻는다.

$$\frac{M}{M_Y}=\frac{3}{2}-\frac{1}{2}\left(\frac{\kappa_Y}{\kappa}\right)^2,\quad M_Y\leq M\leq M_P \tag{6.59}$$

직사각형 보에 대한 모멘트-곡률 관계식, 식 6.53과 6.59를 그림 6.36에 실선으로 도식화하였다. 점선은 예제 6.12의 T형 보에 대한 모멘트-곡률 곡선이다.

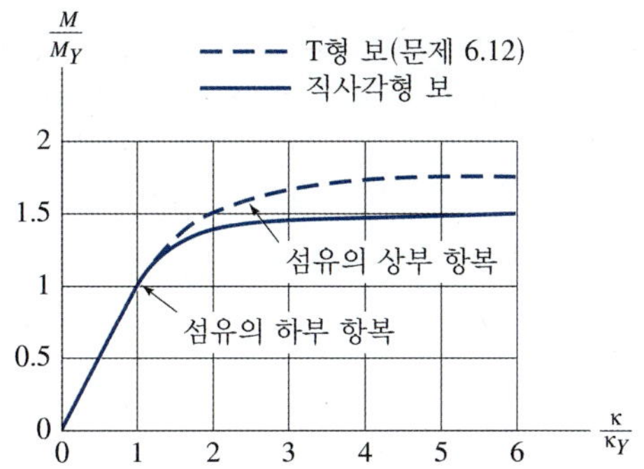

그림 6.36 탄소성 보의 모멘트–곡률 곡선

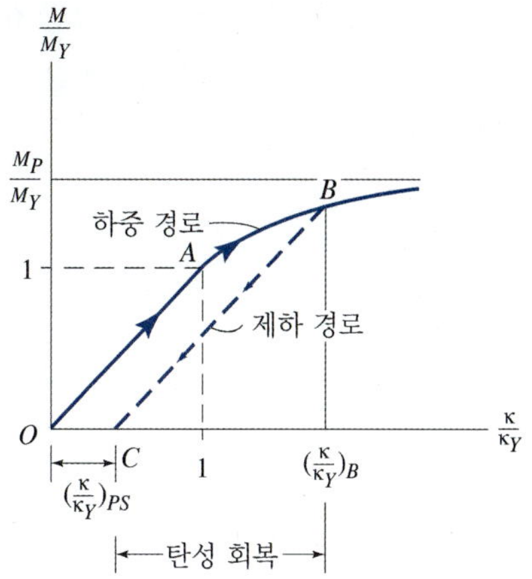

그림 6.37 탄소성 보의 재하–제하 곡선

잔류응력 그림 6.36의 모멘트-곡률 선도로 요약된 탄소성 해석은 하중이 증가할 때만 적용된다. 만약 작용 모멘트가 항복모멘트 M_Y를 초과한 후 감소한다면, 그림 6.37에 묘사된 모멘트-곡률의 직선부분에 평행한 모멘트-곡률 경로를 따라 제하(unloading)가 발생한다. 이 제하거동은 4.10절에 묘사된 비틀림을 받는 봉의 제하거동과 매우 유사하다. 그러므로 소성하중으로 인한 응력에 탄성복원 응력을 더하는 동일한 과정을 여기에서 사용할 수 있다.

그림 6.38에는 완전소성 상태까지 하중을 받은 다음 완전히 하중이 제거된 직사각형 보에 대한 응력의 중첩된 양상을 나타내었다. 그림 6.38에서 직사각형 보에 대한 최대 탄성복원 응력은 휨 공식, 식 6.13에서 $M = -M_P$ 그리고 $y = h/2$으로 놓음으로써 얻을 수 있다.[14]

$$(\sigma_{\text{er}})_{\max} = \frac{-(-M_P)\left(\frac{h}{2}\right)}{\left(\frac{bh^3}{12}\right)} = \frac{\left(\frac{1}{4}\sigma_Y bh^2\right)\left(\frac{h}{2}\right)}{\left(\frac{bh^3}{12}\right)} = \frac{3}{2}\sigma_Y$$

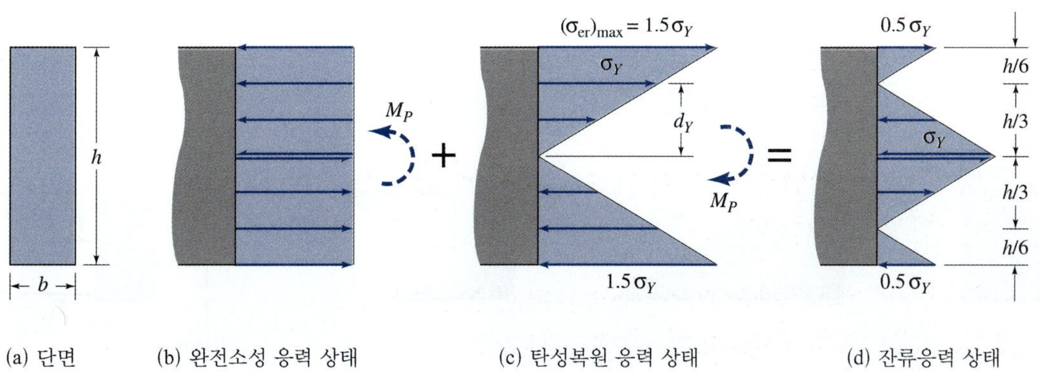

그림 6.38 중첩법을 이용한 잔류응력 결정

14) 최대 탄성복원응력은 파괴계수라고도 한다.

그림 6.38d에서의 응력이 0이 되는 점은 그림 6.38c에서 계산되어진 유사한 삼각형을 이용하여 결정한다. 따라서

$$\frac{\sigma_Y}{d_Y}=\frac{(\sigma_{er})_{max}}{(h/2)} \rightarrow d_y=\left(\frac{\sigma_Y}{1.5\sigma_Y}\right)\left(\frac{h}{2}\right)=\frac{h}{3}$$

그림 6.38d에서 외부의 모든 작용 모멘트가 보로부터 제거된다 하더라도 보는 자신의 평형을 유지하려는 **잔류응력**(**residual stresses**)을 반드시 갖게 된다. 어떠한 재하중(reloading)도 응력 0인 상태에서 출발하는 것이 아니고 이러한 잔류응력 상태에서 시작된다. 완전히 하중이 제거된 후에도, 보는 **영구변형**(**permanent set**)이라 하는 잔류곡률이 남아있게 된다. 그림 6.37은 모멘트-곡률 선도상에서의 B점으로부터 하중이 제거될 때 나타나는 영구변형을 설명하며, 이 점에서의 곡률은 완전소성 상태가 되기 위해서 요구되는 곡률변형보다 매우 작다.

다음 예제는 잔류응력을 계산하는 과정을 설명한다.

예제 6.13

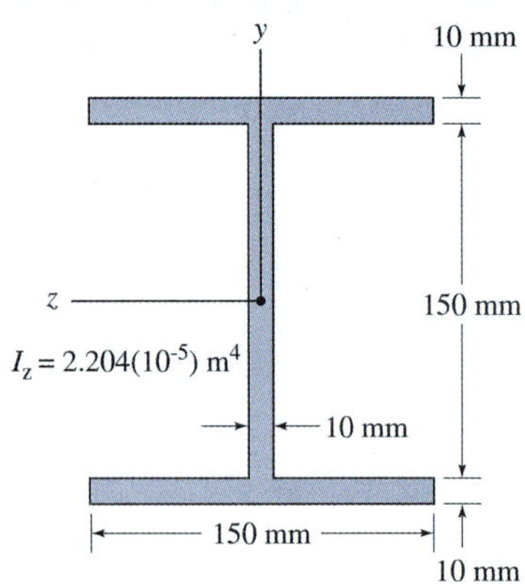

그림 1

완전소성 모멘트를 받고 있는 I빔 플랜지에 작용하는 모멘트가 완전히 제거되었다. 잔류응력 분포를 결정하시오. 이 보는 탄소성 강으로 만들어졌으며 항복응력은 σ_Y는 200 MPa이다.

풀이 그림 6.38에서의 직사각형 보를 위한 응력의 중첩과정을 이용하여, 먼저 그림 2a와 2d에 사용된 M_P를 구한다.

$$C_1 = T_1 = (200\text{ MPa})(0.150\text{ m})(0.010\text{ m}) = 300\text{ kN}$$
$$C_2 = T_2 = (200\text{ MPa})(0.010\text{ m})(0.075\text{ m}) = 150\text{ kN} \quad (1)$$
$$M_P = (300\text{ kN})(0.160\text{ m}) + (150\text{ kN})(0.075\text{ m}) = 59.25\text{ kN}\cdot\text{m} \quad (2)$$

최대 탄성복원 응력 또는 파괴계수는 휨 공식, 식 6.13에서 $M = M_P$라 놓아 계산할 수 있다.

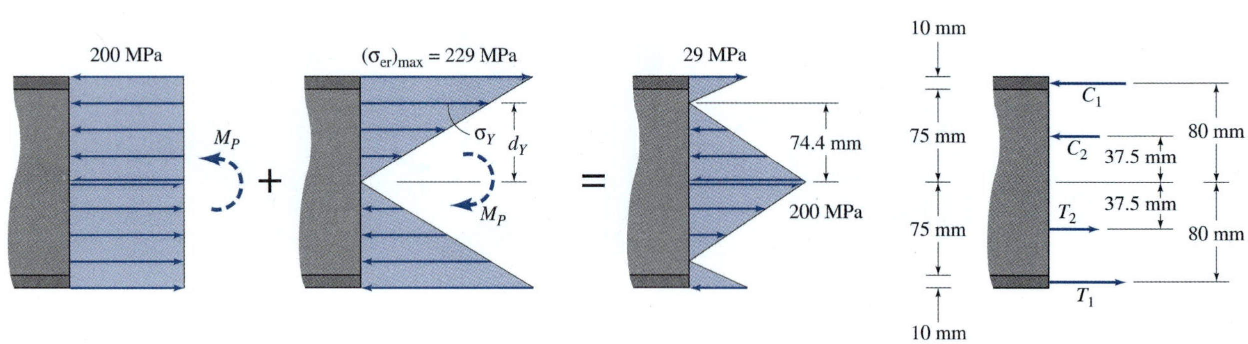

그림 2 응력 분포와 합응력

$$(\sigma_{er})_{max} = \frac{M_P\left(\frac{h}{2}\right)}{I} = \frac{(59.25\text{ kN}\cdot\text{m})(0.085\text{ m})}{2.204(10^{-5})\text{ m}^4} = 229\text{ MPa} \tag{3}$$

그림 2c에서의 잔류응력 상태를 스케치하기 위해서 그림 2a와 2b의 응력블록을 더한다. 그림 2c에서의 응력이 0인 위치는 그림 2b의 닮은꼴 삼각형을 이용하여 결정할 수 있다.

$$\frac{\sigma_Y}{d_Y} = \frac{(\sigma_{er})_{max}}{(h/2)} \rightarrow d_Y = \left(\frac{200}{229}\right)(85\text{ mm}) = 74.4\text{ mm} \tag{4}$$

따라서 잔류응력 분포는 그림 2c에서와 같은 형태로 나타난다.

6.8 보의 전단응력과 전단흐름

제5장을 기억해보면, 보에 작용하는 횡방향 하중은 그림 6.39a에 표시된 것과 같이 굽힘 모멘트 $M(x)$와 전단력(transverse shear force) $V(x)$를 발생시킨다. 단면에서의 굽힘 모멘트는 휨 응력 σ(그림 6.39b)와 관계가 있다. 전단력 $V(x)$는 단면에 분포된 전단응력(그림 6.39c)의 합이다. 전단응력(transverse shear stress) τ가 단면상의 위치 즉 y축과 z축에 관하여 변하는지 결정할 필요가 있다. 전단응력이 발생하는 면이 단면(예: 중립면)이 아닌 다른 면에서도 발생하는 것을 확인할 것이다.

기본 가정 3.2절의 축변형, 4.2절, 4.3절의 비틀림, 6.2절, 6.3절의 휨 이론을 발전시킴에 있어서 변형적합 가정을 하고 변형률-변위 분석을 시작하였다. 그 다음, 응력-변형률-온도의 구성관계식을 도입하여 각각의 응력 분포를 결정할 수 있었다. 그러나 보의 전단응력의 분포를 결정하고 이것을 횡 전단력 $V(x)$와 연관시키려 할 때 우리는 곧바로 딜레마에 빠지게 된다. 전단력은 각도의 변화를 생성하는

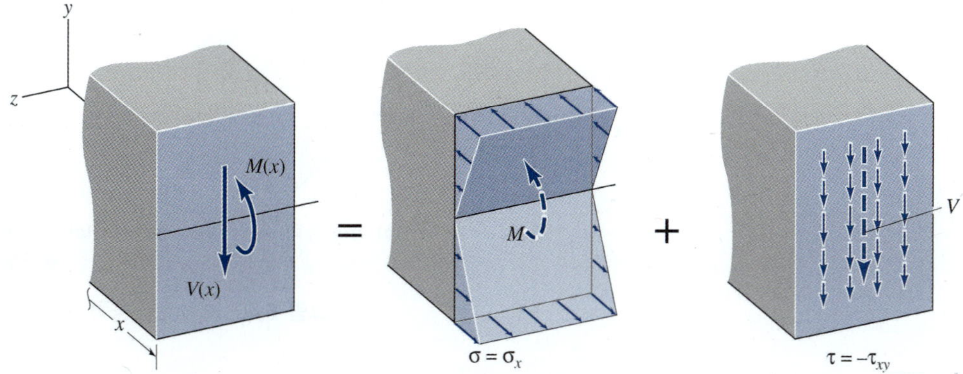

(a) 합응력 (b) 수직(휨) 응력 (c) 전단응력

그림 6.39 단면에 작용하는 합응력과 응력

데, 6.2절에서 **평면단면은 평면으로 유지되며**(각의 변화없이) **보의 변형된 축에 수직하게 남아 있음**을 가정하였다. 그러므로 횡 전단응력 분포의 표현을 유도하기 위해서 우리는 다음과 같은 가정을 해야 한다.[15)]

- 단면에서 휨 응력의 분포는 전단으로 인한 변형의 영향을 받지 않는다.

그래서 예를 들면, 식 6.13에서 주어진 휨 응력을 사용하여 선형탄성 균질보에서의 전단응력을 해석할 수 있다.

$$\sigma = \frac{-My}{I} \qquad (6.13) \text{ 반복}$$

휨에 의한 변위를 특성화하는 데 사용한 '평면 단면' 가정과 같이 전단에 의한 변위를 특성화할 수 있는 편리한 방법이 없기 때문에 다른 접근법을 따라야 한다. 다행히 우리는 보에서의 전단응력 이론을 개발하기 위한 평형해석을 사용할 수 있다.[16)]

전단응력 분포 보에서의 전단응력 분포를 위한 공식을 개발하기 전에 보에서의 전단응력과 전단변형률의 실제적 묘사를 살펴볼 필요가 있다. 그림 6.40은 $x=0$에서 수직 하중 P를 받는 외팔보이다(단순화를 위해 그림 6.40에는 직사각형 단면이 사용되었다). 하중 P는 거리 x의 임의의 단면에서 (그림 6.39a에서와 같이) 양의 굽힘 모멘트와 양의 전단력을 발생시킨다.

굽힘 모멘트 $M(x)$는 단면 x에서 그림 6.40b에서 보여주는 것과 같은 선형 탄성 거동을 함으로써 휨 응력 분포를 생성한다. 수평단면 평면이 보의 x까지의 부분을 두 부분으로 나눈다고 가정하면 한 부분은 $y=y_1$에서부터 보의 윗부분까지이고, 다른 한 부분은 $y=y_1$에서부터 보의 아래 끝까지이며, 이것을 그림 6.40c에서 설명하고 있다. $y=y_1$ 윗쪽의 단면인 A_1에서의 휨 응력의 합력은 F_1으로 나타낼 수

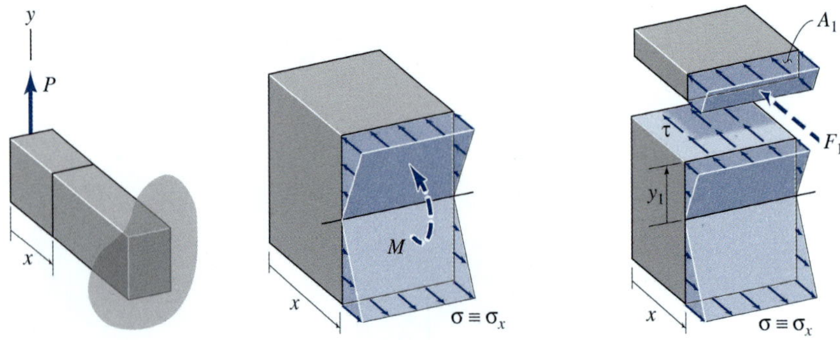

(a) 외팔보 (b) 굽힘 응력 분포(선형탄성) (c) 단면에서 전단응력을 유발시키는 불균형 굽힘 응력

그림 6.40 보의 전단응력 분포

15) 이런 가정에 바탕을 둔 이론에는 어느 정도의 한계가 있다. 이것은 6.9절에서 설명된다.

16) 러시아 공학자 D. J. Jourawski(1829-1891)는 여기에서 나타나는 기본적인 전단응력 이론을 발전시킨 최초의 사람이다. 그는 목재 철도교량을 설계할 때 평형조건에 바탕을 두고 이 이론을 발전시켰다(참고문헌 6-1).

있다. $y=y_1$ 윗쪽 부분 또는 $y=y_1$ 아랫쪽 부분에서 $\sum F_x=0$을 만족하는 유일한 방법은 수평의 평면 단면에서의 **길이방향의 전단응력(longitudinal shear stress)**이 존재해야 한다는 것임을 그림 6.40c에서 분명히 알 수 있다. 이 길이방향의 전단응력의 합력은 수직력 F_1과 균형을 이룬다. 그러나 이것은 이 보의 자유물체에서 평형을 이루지 않는 휨 응력은 자유물체에서 길이방향(longitudinal)의 전단을 발생시킨다는 사실을 나타냄을 말한다. 보의 단면에서의 횡방향 전단응력은 어떤가? 그림 6.40d를 고려해 보자. 2.7절을 다시 보면 $\tau_{yx}=\tau_{xy}$ 즉, 수직평면상에서의 전단응력은 두 평면의 교차점에서의 수평평면에서의 전단응력과 같아야만 한다. 그래서 그림 6.40d에서의 b점에서 길이방향의 전단응력과 수직방향의 전단응력은 서로 같기 때문에 둘 다 τ_b로 표시할 수 있다. 그리고 이것은 두 가지의 흥미로운 결론을 유도한다.

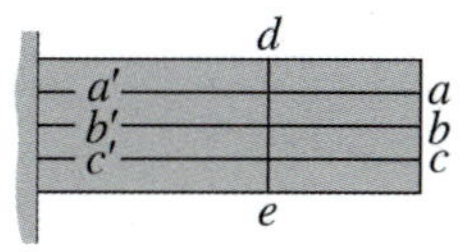

(a) 비부착 판으로 구성된 적층 보

1. 단면상의 임의 위치 y에서의 **횡전단응력(transverse shear stress)**은 같은 위치에 있는 길이방향의 전단응력(longitudinal shear stress)을 결정함으로써 계산될 수 있다.
2. 보의 상면이나 하면에서는 수평 전단응력이 없기 때문에 횡전단응력은 a, c 점에서 없어져야만 한다.

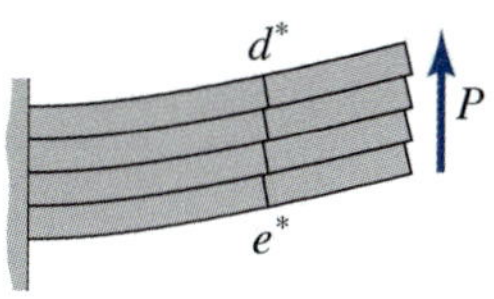

(b) 비부착 판 사이 계면의 미끄러짐

전단변형률 분포 횡하중을 받고 있는 보에 대한 앞에서의 논의로부터, 그리고 특히 그림 6.40c로부터, 중립면에 평행한 평면은 전단을 전달할 수 있어야만 한다. 그림 6.41a에서와 같은 외팔보를 고려해 보자. 그림 6.41b에서의 외팔보는 $a-a'$, $b-b'$, $c-c'$의 수평면에서 접합되지 않은 네 개의 판자로 구성되어 있으며 이 수평면에서는 접촉면을 따라 미끄러짐이 자유롭다. 평면접촉면 그리고 평면단면 de를 따라 미끄러짐이 있고, 그림 6.41b에서 보는 바와 같이 보의 전체 두께에 걸쳐서 평면으로 남아있지 않게 됨이 분명하다. 만약 판들이 한 개의 보를 형성할 수 있게 접합되어 있다면, 보는 그림 6.41c에서 설명하는 것과 같이 전단변형을 하게 된다. 전단변형 때문에 평면단면은 그림 6.41d의 순수 굽힘의 경우에서와 같이 평면으로 남아있지 않는다. 그러나 앞에서 주지한 바와 같이, 전단변형은 보가 가느다란 경우(길이가 깊이의 10배보다 클 경우), **휨 응력 분포에 거의 영향을 주지 않는다.**

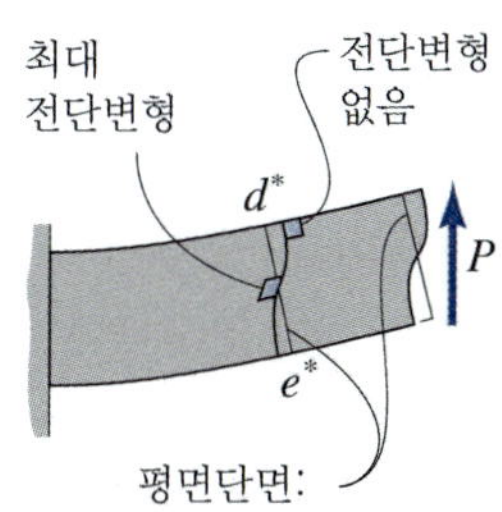

(c) 일체 보(혹은 완전부착된 적층 보)의 전단변형

보의 전단흐름 전단응력 τ와 전단력 V의 합력과의 관계를 도출하기 위해서 전단흐름(shear flow)을 정의하고 이것의 표현을 유도한다. 그림 6.42a의 횡하중을 받는 보의 x에서부터 $(x+\Delta x)$까지의 부분을 고려해보자. x에서부터 $(x+\Delta x)$까지의 부분을 그림 6.43a에 크게 도시하였다. 그리고 수직응력은 그림 6.43b에서 보여주는 부분에 작용한다(5장의 부호규약에 따라 $V(x)$는 양의 값으로 정의되어 있음을 유의). 여기에서, 식 5.3을 반복하면

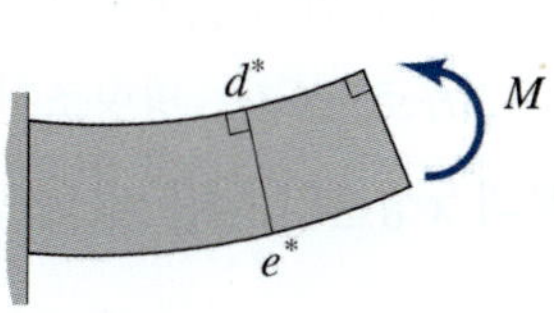

(d) 외팔보의 순수 굽힘

그림 6.41 보의 전단변형

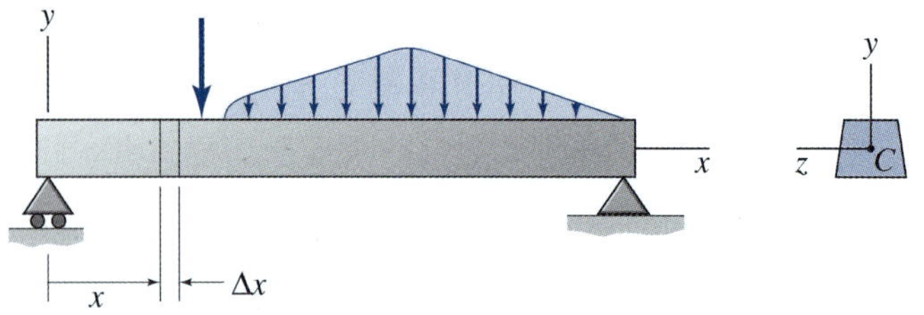

(a) 측면 (b) 단면

그림 6.42 수직하중을 받는 보

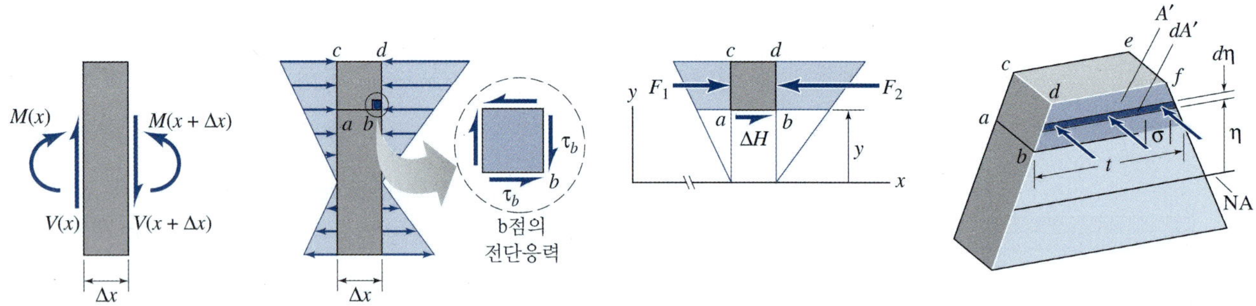

(a) Δx 길이의 요소 (b) 휨응력 분포 (c) 자유물체도(ac와 bc에 작용하는 수직전단력) (d) F_2에 기여하는 휨응력

그림 6.43 보 세그먼트에 작용하는 합응력과 응력

$$V = \frac{dM}{dx} \qquad (5.3)\ 반복$$

따라서 $V > 0$이면 $M(x + \Delta x) > M(x)$이다. 결론적으로, 그림 6.43b의 $(x + \Delta x)$에서의 휨 응력은 x에 대응하는 응력보다 더 크게 보인다.

우리의 목적은 x지점 단면의 중립축에서 y만큼 떨어진 지점의 전단응력 $\tau(x, y)$와 전단력 $V(x)$의 관계식을 결정하는 것이다. 전단응력 $\tau(x, y)$식을 유도하고자 할 때는 먼저 전단흐름(shear flow)이라고 하는 전단 양을 정의하는 것이 유용하다. 앞에서 제안한 것과 같이 단면상에서의 횡방향으로 작용하는 전단응력 분포의 유도에 대한 열쇠는 그림 6.40d와 그림 6.43b에서와 같이 **횡방향의 전단응력은 같은 점에서의 길이방향 전단응력과 같다**는 사실이다. 그림 6.43c와 그림 6.43d는 y부분에 초점을 맞추고 있고, 여기에서의 전단흐름과 전단응력이 결정되어진다. 그림 6.43c에서 x에서의 단면상의 y위치에 있는 면적 A'에 수직하는 응력의 합력은 F_1으로 주어지며 앞의 응력에 대응하는 $(x + \Delta x)$에서의 단면상의 합력은 F_2로 주어진다. 위치 y에서 수평면 상에 작용하는 총 전단력을 ΔH로 쓰자. 평형조건은 $\sum F_x = 0$을 요구하며, 보의 상단 또는 양 가장자리 부분의 x성분의 힘은 없으므로

$$\Delta H = F_2 - F_1 \qquad (6.60)$$

단위길이당 전단력(shear force per unit length)인 **전단흐름(shear flow)**, q는 다음과 같이 극한으로 정의된다.

$$q \equiv \lim_{\Delta x \to 0} \frac{\Delta H}{\Delta x} \tag{6.61}$$

위의 식은 식 6.60로부터 다음과 같은 표현을 사용하여 계산될 수 있다.

$$q \equiv q(x,\ y) = \lim_{\Delta x \to 0} \frac{(F_2 - F_1)}{\Delta x} \tag{6.62}$$

힘 F_1과 F_2는 그림 6.43d에서 보여주는 것과 같이 A'로 주어진 면적 위에서 각각 x와 $(x+\Delta x)$에서의 수직응력은 합력이다. 그래서

$$\begin{aligned} F_1 &= \int_{A'} |\sigma(x,\ \eta)|\ dA = \frac{M(x)}{I}\int_{A'} \eta\ dA \\ F_2 &= \int_{A'} |\sigma(x+\Delta x,\ \eta)|\ dA = \frac{M(x+\Delta x)}{I}\int_{A'} \eta\ dA \end{aligned} \tag{6.63}$$

이다. 여기서 적분변수 η는 A'내의 미소면적의 위치이다(그림 6.43d). 적분면적 A'는 전단흐름이 계산되는 y에서부터 보의 상단의 자유표면까지의 면적이다. 식 6.63에서의 적분은 중립축에 관한 면적 A'의 1차모멘트이다. 이것은 기호 Q로 주어지며, 다음과 같다.

$$Q(y) \equiv \int_{A'} \eta\ dA = A'\bar{y}' \tag{6.64}$$

여기서, $\bar{y}'$는 면적 A'의 도심의 y좌표이다. ($A' \equiv A'(y)$이며, $\bar{y}' \equiv \bar{y}'(y)$임에 유의하여야 한다. 이들 A', $\bar{y}'$는 전단흐름과 전단응력 계산시 위치 y에 관한 값들이다.) 식 6.62부터 6.64까지를 조합하고 식 5.3으로부터 $V = dM/dx$를 기억하면 다음 식을 얻을 수 있다.

$$q = \lim_{\Delta x \to 0}\left[\frac{M(x+\Delta x) - M(x)}{\Delta x}\right]\frac{Q}{I} = \frac{V(x)Q(y)}{I}$$

또는, 단순히

$$q = \frac{VQ}{I} \quad \textbf{전단흐름 공식} \tag{6.65}$$

식 6.65를 유도하는 경우, 보는 단면 형상이 길이방향을 따라 일정한 것으로 가정한다. 즉 관성모멘트 I는 일정하고 Q는 y만의 함수이다.

이제 횡방향 전단응력의 분포에 대한 표현을 얻기 위해서 전단흐름의 표현을 사용하려고 한다. 추후에, 박판을 갖는 중공단면 보에서의 전단응력을 계산할 6.10~6.12절에서 식 6.65를 사용할 것이다.

전단응력 공식 식 6.65의 전단흐름 q는 전단력 ΔH를 작용하는 길이 Δx로 나눔으로써 정의할 수 있었다. 그 대신에 만약, 전단력 ΔH를 작용하는 면적으로 나눈

다면, y위치에서의 길이방향 평면상의 평균 전단응력을 얻을 수 있다. 길이방향과 횡방향의 전단력은 동일하다는 사실로부터 다음 식을 얻을 수 있다.[17)]

$$\tau_{\text{avg}}(x, y) = \lim_{\Delta x \to 0} \frac{\Delta H}{t\Delta x} = \frac{V(x)Q(x, y)}{I(x)t(x, y)} \tag{6.66}$$

여기서 $t(x, y)$는 그림 6.43d에 나타낸 것과 같이 단면 x의 y위치에서의 보의 두께, 혹은 폭이다. **횡 전단응력(transverse shear stress)** 공식은 일반적으로 아래 첨자 xy를 쓰지 않고 다음과 같이 간단히 나타낸다.

$$\boxed{\tau = \frac{VQ}{It}} \quad \textbf{전단응력 공식} \tag{6.67}$$

여기서

τ = 단면 x의 y위치에서의 평균(average) 횡 전단응력
$Q = A'\bar{y}' = y$ 윗쪽(above) 단면의 중립축에 관한 1차모멘트[18)]
I = 중립축에 관한 전체 단면(entire cross section) 2차모멘트
t = y에서 단면 폭

식 6.67에서 암시된 부호규약(sign convention)은 전단응력 τ의 부호는 전단력의 합 V와 같은 방향이다(양의 V은 $-y$방향으로 작용하기 때문에 $\tau_{xy} = -\tau$이다). 일반적으로, V와 Q의 절댓값이 전단응력의 크기(magnitude)를 계산하기 위하여 사용되고, 그 방향은 전단력 합의 방향으로 한다.

예제 6.14에서 횡방향의 전단응력 공식을 사용하는 방법을 설명한 후에 이 공식의 한계를 토의한다.

예제 6.14

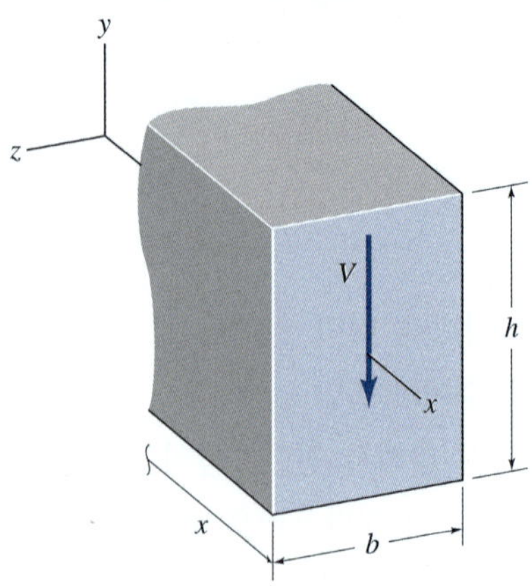

그림 1

그림 1에 폭 b와 높이 h인 직사각형 보는 횡방향의 전단력 V를 받고 있다. (a) y의 함수로서 평균 전단응력을 결정하시오. (b) 전단응력 분포를 스케치하시오. (c) 단면상의 최대 전단응력을 결정하시오.

풀이 계획 이것은 식 6.67의 전단응력 공식을 그대로 적용한 예이다. V, I, b는 상수이기 때문에 $\tau_{\max}$는 Q가 최댓값인 중립축에서 발생할 것이다.

풀이 (a) 횡 전단응력 표현식의 결정: 전단응력 공식(식 6.67)은 다음과 같다.

$$\tau = \frac{VQ}{It}$$

그림 2에서 나타낸 것과 같이, 직사각형 단면의 중립축은 중간 깊이에 있고,

17) 여기서, 길이방향에 따라 단면 형상이 변화하는 보에도 허용된다. 그래서, I, t 그리고 Q는 x의 함수가 될 수 있다.
18) 이 공식은 y위치보다 윗쪽에 있는 면 A'를 사용하여 Q를 계산하여 유도된 것이다. 전체 면적에 대한 1차 모멘트를 중립축에 관하여 계산하면 0이므로, y위치보다 아랫쪽에 있는 면적의 1차모멘트는 식 6.64의 Q값으로 음수가 된다.

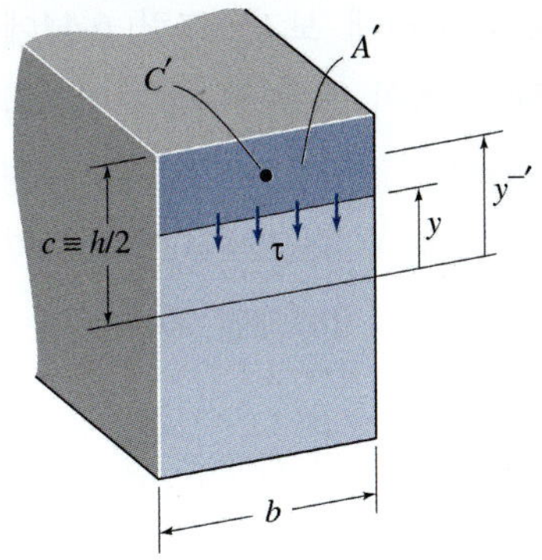

그림 2

Q를 계산할 때 사용되어진 면적은 y윗쪽의 면적이다. $Q=A'\bar{y}'$, $t=b$이고, $I=bh^3/12$이므로, 다음과 같이 쓸 수 있다.

$$\tau=\frac{VA'\bar{y}'}{Ib}=\frac{V\left[b\left(\frac{h}{2}-y\right)\right]\left[\frac{1}{2}\left(\frac{h}{2}+y\right)\right]}{\left(\frac{bh^3}{12}\right)b}$$

또는

$$\tau=\frac{6V}{bh^3}\left(\frac{h^2}{4}-y^2\right)=\frac{3}{2}\frac{V}{A}\left(\frac{c^2-y^2}{c^2}\right)$$ **답 (a)** (1)

(b) 전단응력 분포의 스케치: 식 1로부터 τ의 분포는 포물선임을 알 수 있다. 그림 6.38d에 관해서 토의할 때 유의한 것과 같이, τ는 상단의 가장자리($y=+c$)와 하단의 가장자리($y=-c$)에서 사라진다. τ의 포물선의 분포는 그림 3에 나타내었다.

(c) 최대 전단응력의 결정: 그림 3과 식 1로부터 예상한 것과 같이 τ_{max}은 **중립축에서 발생(occurs at the neutral axis)**됨이 분명하다. 그러므로 다음과 같이 쓸 수 있다.

$$\tau_{max}=\frac{3}{2}\frac{V}{A}$$ **답 (c)**

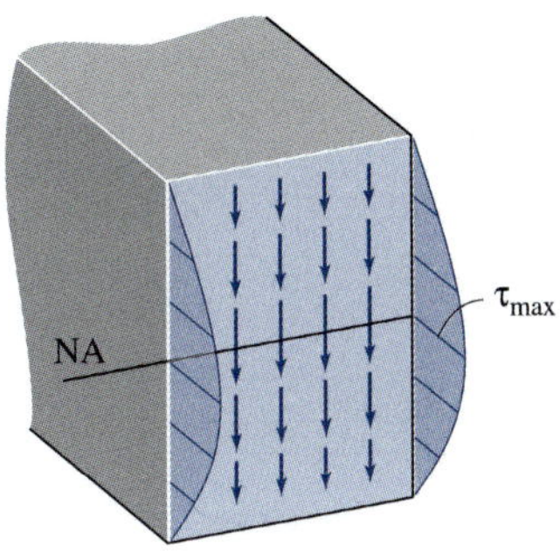

그림 3 직사각형 단면의 전단응력 분포

풀이 검토 전단응력이 전단력을 작용하는 면적으로 나누어서 결정되는 2.7절의 직접전단의 경우와는 달리 직사각형 단면에서 전단응력은 포물선 분포를 한다는 사실을 발견할 수 있다. 그림 6.40d에서 전단응력은 상단과 하단면($y=\pm c$)에서 0임을 알 수 있기 때문에 최대 전단응력이 전체적인 평균 전단응력(V/A)보다 50% 더 크다는 것을 알 수 있다.

MDS 6.11 **보의 횡 전단응력** – MDS 프로그램 *Flexure*에서 전단응력 사양은 단면 특성을 결정할 수 있는 프로그램과 보의 횡 전단응력을 계산할 수 있는 식을 조합한 모듈이다.

6.9 전단응력 공식의 제한

전단흐름 공식(식 6.65)과 전단응력 공식(식 6.67)은 다양한 하중조건 하에 있는 여러 형태의 보 내에 작용하는 전단응력 분포를 계산하는 데 적용할 수 있다. 이러한 공식들은 굽힘 공식에 기초를 두고 있다. 그러므로 휨 공식을 적용(세장한 보, 선형 탄성거동 등)할 때의 제한들은 전단공식들을 적용할 때 그대로 사용할 수 있다. 그러나 보의 형태와 하중분포 상에 대한 부가적인 제한이 있다.

단면 형상의 효과 직사각형 단면을 가지는 보를 고려해 보자. 그림 6.44에는 6.44a의 $b=4h$인 폭이 넓은 보와 6.44b의 $b=0.5h$인 폭이 좁은 두 개의 대조되는 보가 있다. 두 개의 직사각형상의 중립축에 대응하는 전단응력 분포는 탄성론(theory of elasticity)의 해로부터 구할 수 있다(참고문헌 6-4, 124절). 식 6.67로 표시되는 기본적인 전단응력 이론은 폭이 좁은 보(예: $h \geq 2b$)에만 적용할 수 있다는 사실이 분명하다.

기계공학 응용에서, 원형 샤프트가 그림 6.45와 같이 보처럼 사용될 수 있다. 그림 6.43d와 식 6.66이 폭이 y와 같이 변하는 보를 다루고 있지만, 전단응력 공식은

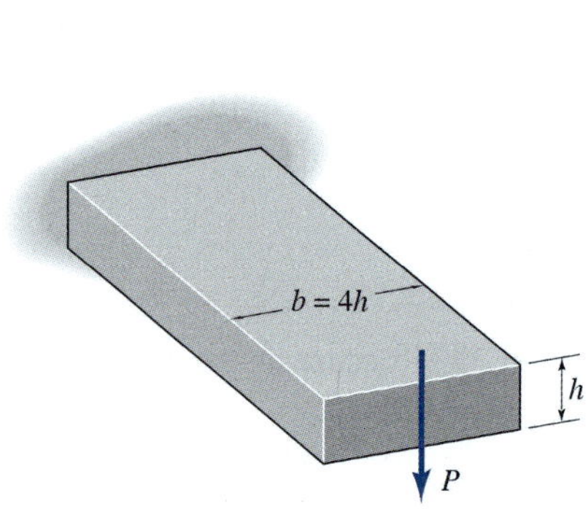

(a) 폭이 넓은 보, 혹은 플레이트

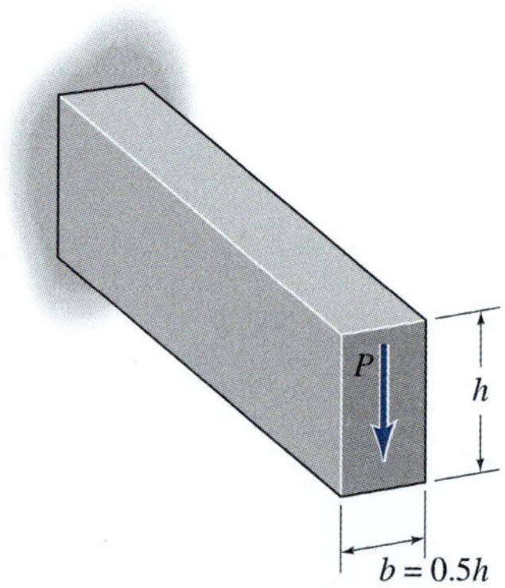

(b) 폭이 좁은 보

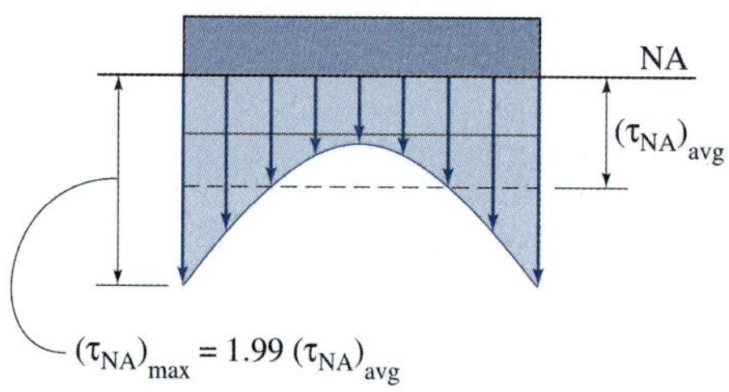

(c) 그림 6.44a의 폭이 넓은 보의 전단응력 분포

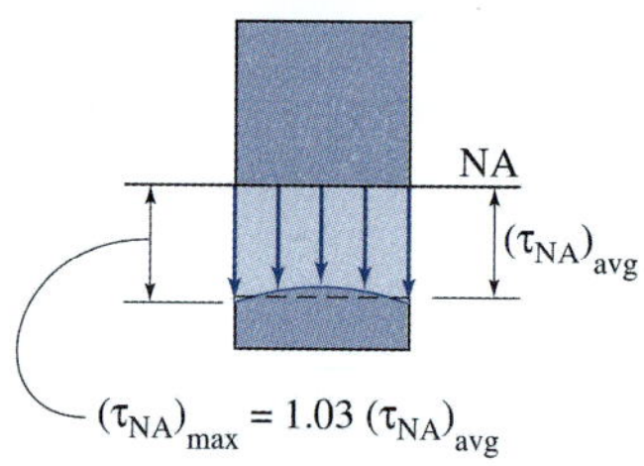

(d) 그림 6.44b의 폭이 좁은 보의 전단응력 분포

그림 6.44 직사각형 단면을 갖는 보의 전단응력 분포

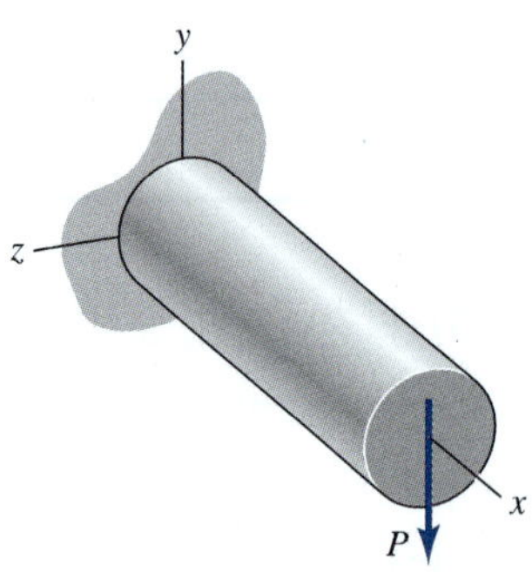

(a) 원형 중실단면 보

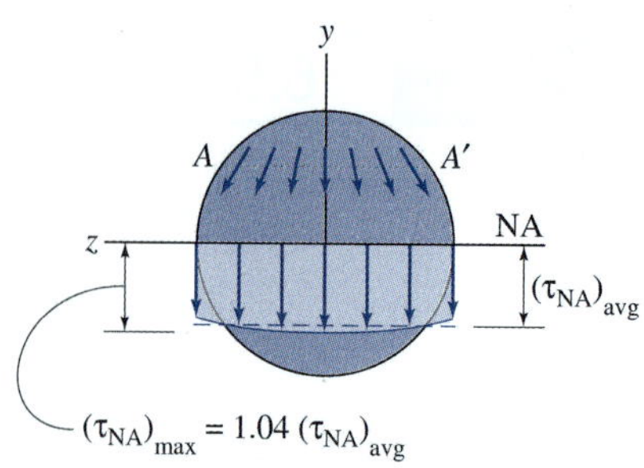

(b) 원형 중실단면 보의 전단응력 분포

그림 6.45 중실단면 보의 전단응력 분포

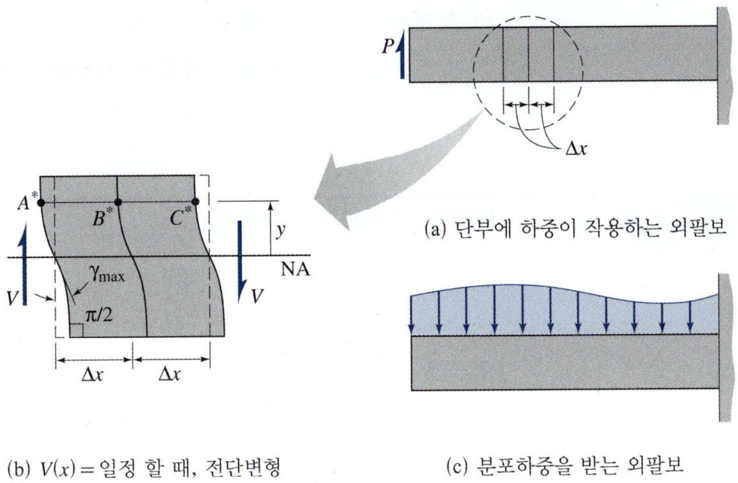

그림 6.46 전단변형 효과

폭, $t(x, y)$가 급격히 변할 때 적용할 수 없다. 예를 들면, 그림 6.45b에서의 선 AA'와 같이 원형 중실단면을 가로지르는 선에서의 전단응력은 y축에 평행하지 않다. 그리고 전단응력 공식에 의해서 결정될 수가 없다.[19] 그러나 원형단면의 중립축을 따라서는, 그림 6.45b에서 언급했던 것과 같이 기초적인 해가 매우 정확함을 탄성론(참고문헌 6-4, 122절)이 보여준다.[20]

여기서는 "조밀단면", 즉 직사각형 그리고 원형단면 만이 고려되었다. 얇은 두께를 가진 단면의 보에 전단응력 공식의 적용성에 대한 조건들은 6.10절에서 설명되었다.

하중분포의 영향 그림 6.46a에서와 같이 보의 단부에서 하중 P를 받고 있는 외팔보를 고려해 보자. 이 하중에 대해서는 $V(x) = P =$ 일정 하다. 길이가 $2\Delta x$인 보의 중심 부분의 전단변형을 그림 6.46b에 나타내었다. V가 일정하기 때문에 지지점과 하중작용점에서 떨어져 있는 단면에서는 이웃 단면에서 동일한 뒤틀림(warping)을 발생시킨다. 따라서 전단변형만을 고려해 보면 $A^*B^* = B^*C^* = \Delta x$이다. 그러므로 비록 단면이 평면으로 유지되지 않는다 하더라도 '평면단면' 가정에 기초를 둔 수직변형률은 전단의 존재에 의해서 변경되지 않는다. 그림 6.46c의 분포하중과 같이 순수한 굽힘 또는 일정한 전단력이 아닌 하중조건에서, 휨 공식에 의해 계산되어진 휨 응력에 대한 오차는 전단변형 때문에 나타난다. 그러나 보의 길이가 깊이에 비교하여 큰 경우에는 오차는 적다.[21]

보의 길이 영향 휨 응력과 횡방향의 전단응력에 대한 기본적인 표현들은 보의 길이 대 두께, L/h가 4보다 큰 경우는 약 3% 이내에서 정확하다.[22] 더 짧은 길이

19) 중공단면(튜브)을 갖는 보는 6.10절에서 논의된다.
20) 식 6.67을 기초로 하는 기본적 해에 대해서는 연습문제 6.8-10을 참조한다.
21) 탄성론에 바탕을 둔 해는 참고문헌 6-4, 22절을 참조한다.
22) 이 오차 계산은 등분포하중을 받는 직사각형 보의 굽힘을 계산하기 위한 탄성 해를 기본으로 한다(참고문헌 6-4. 22절 참조).

의 보에서의 응력을 계산할 때는 더욱더 정교하고 분석적인 이론이 사용되어져야 하며, 그 응력은 유한요소해법을 사용함으로써 상세하게 계산할 수 있다.[23)]

6.10 박판 보의 전단응력

보로 사용되는 많은 구조적 형상이 박판의 단면을 갖는 것으로 분류될 수 있다. 즉 벽두께 t는, 그림 6.47a에서 볼 수 있는 것과 같이, 중공단면(튜브) 보의 바깥지름 d_o 또는 그림 6.47b와 같은 광폭 플랜지 보의 두께 h에 비해서 매우 작다. 그림 6.47c에서 점선으로 나타낸 곡선을 절단면의 중심선(centerline, or midline)이라 한다. 중심선 상의 원점으로부터 측정되어진 중심선의 좌표(centerline coordinate) s는 x단면 내의 점들을 나타내는 데 사용된다. 위치(x, s)에서 벽두께는 일반적으로 $t(x, s)$로 표현하며, x와 s에 대해서 독립(항상은 아니지만)이다.

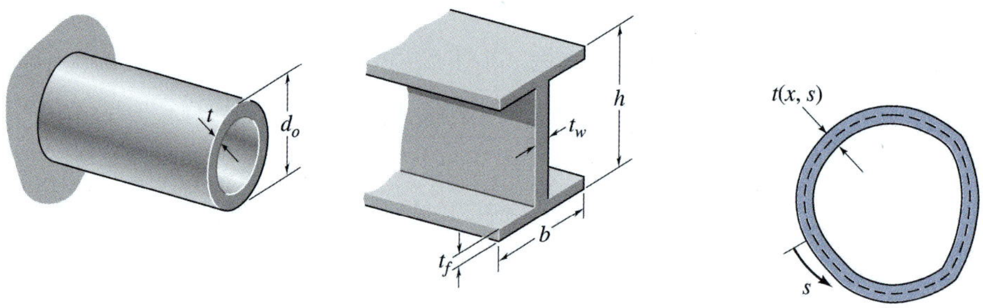

(a) 원형 중공단면 (b) 광폭 플랜지 단면 (c) 얇은 벽을 갖는 단면

그림 6.47 박판 보의 치수

박판의 보들의 여러 가지 예 중에서 그림 6.48a의 W형상(H형), 그림 6.48b의 S형상(I형), 그림 6.48c의 박스형상, 그림 6.48d의 원형파이프 형상들은 x, y축에 대해 대칭이다. 그리고 그림 6.48e의 채널(ㄷ형)단면, 그림 6.48f의 T단면, 그림 6.48g의 이등변 ㄱ형상의 보는 단지 단면의 한 축에 대해서만 대칭이다. 또, 그림 6.48h의 부등변 ㄱ형단면, 그림 6.48i의 Z단면의 형상은 단면의 어떤 축과도 대칭이지 않다.[24)]

박판의 보에 대한 이론을 구별하는 주요한 특징은, 위치 (x, s)에서 전단흐름(shear flow) $q(x, s)$이 계산될 수 있고, 단면이 얇기 때문에 다음과 같은 가정을 할 수 있다.

- 전단흐름 $q(x, s)$는 국부적으로 단면의 중심선에 접한다.
- 평균 전단응력은 다음과 같이 주어진다.

23) 유한요소 해에 기초한 예는 참고문헌 6-5, 7.5절을 참조한다.
24) 부록 D의 Section Properties of Selected Structural Shapes 참조한다.

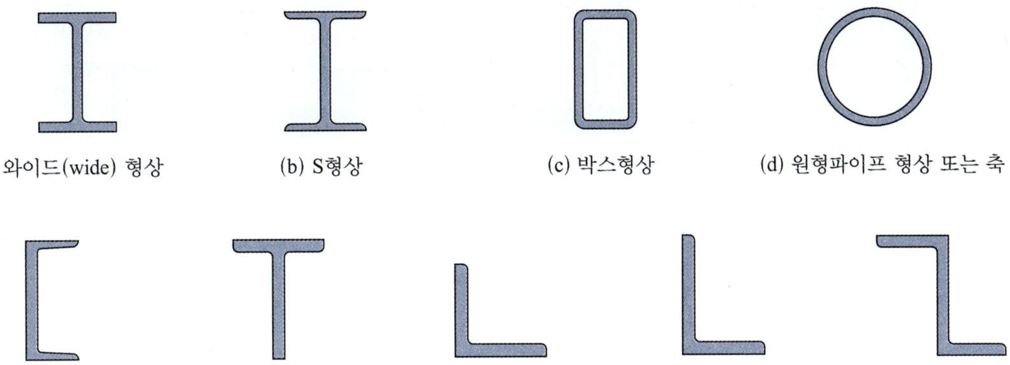

(a) 와이드(wide) 형상　(b) S형상　(c) 박스형상　(d) 원형파이프 형상 또는 축

(e) 채널 단면　(f) T단면　(g) 이등변 ㄱ형상　(h) 부등변 ㄱ형단면　(i) Z단면

그림 6.48 다양한 박판 구조형강 단면

$$\tau(x,\ s) = \frac{q(x,\ s)}{t(x,\ s)} \tag{6.68}$$

- 그리고 이 평균 전단응력은 단면 x내의 위치 s에서의 두께에 분포된 전단응력을 정확하게 반영한다.

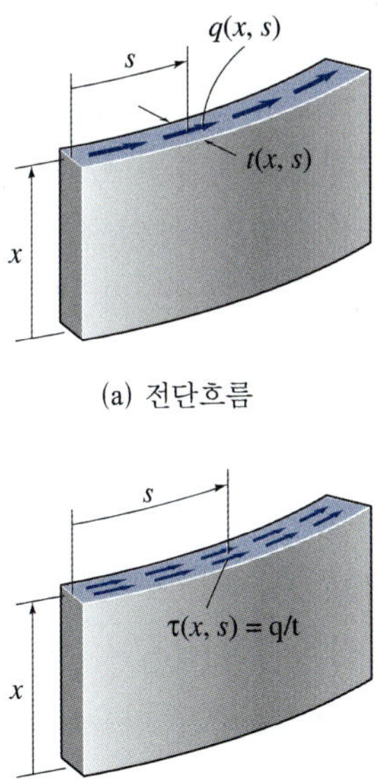

(a) 전단흐름

(b) 평균 전단응력

그림 6.49 웹 전단흐름 계산시 사용되는 그림

그림 6.49a는 박판 단면에 따라 발생하는 전단흐름을 나타내고, 이에 대응하는 평균 전단응력을 그림 6.49b에서 나타낸다.

이 절에서 우리는 확폭 플랜지 보와 박스형의 보 그리고 원형의 절단면을 가지는 박판 보에서의 응력 분포를 고려함으로써 박판 보의 해석을 설명하고자 한다.

웹–플랜지 보의 전단응력 그림 6.50에서 설명되는 것과 같이 두 개의 동일한 플랜지(flanges)를 갖고 길이방향 대칭면에 놓여 있는 웹(web)으로 구성된 2축 대칭 단면의 열린 보[25]의 경우를 고려함으로써 박판 보에 대한 응력을 해석해 보자. 확폭 플랜지 보와 I형의 보는 이 분류에 속하며, 예를 들면 건물이나 교량에서 강 플레이트 거더로 사용되는 것들이다.

예제 6.6에서 보는 바와 같이 W형(H형)의 단면 및 S형(I형)의 단면과 같은 얇은 벽을 갖는 보는 직사각형 단면 보나 원형 단면 보와 같이 중실(속이 찬) 단면 보에 비하여, 최대 휨 응력 대 굽힘 모멘트 비인 S로 표현해서 알 수 있는 것처럼, 굽힘에 대한 저항에 있어서 훨씬 더 효율적이다. 이제 이런 형태의 보에서 전단응력의 분포를 고려해 보자. 웹과 플랜지에서의 전단응력 분포를 결정하기 위해서 6.8절에서 주어진 평형해석의 과정을 따를 수 있다. 각각의 경우 플랜지와 웹의 전단응력을 구하기 위해서는 적절한 자유도를 선택해야 된다. 그림 6.50a의 x에서 $(x+\Delta x)$까지의 보의 일부분을 그림 6.51a에서 확대하여 그렸으며 x와 $(x+\Delta x)$에서 단면의 휨 응력을 나타내었다.

25) 그림 6.48c의 박스형 단면 보와 6.48d의 원형강관 보와 같은 닫힌 단면은 열린 단면과 구분된다.

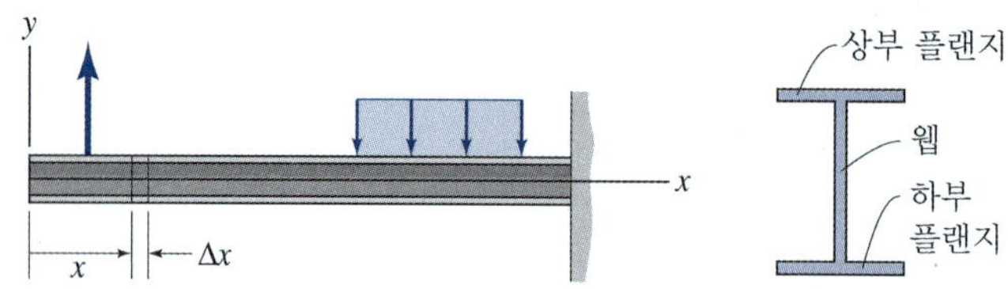

(a) 측면 (b) 단면

그림 6.50 2축대칭, 박판 I 형강 보

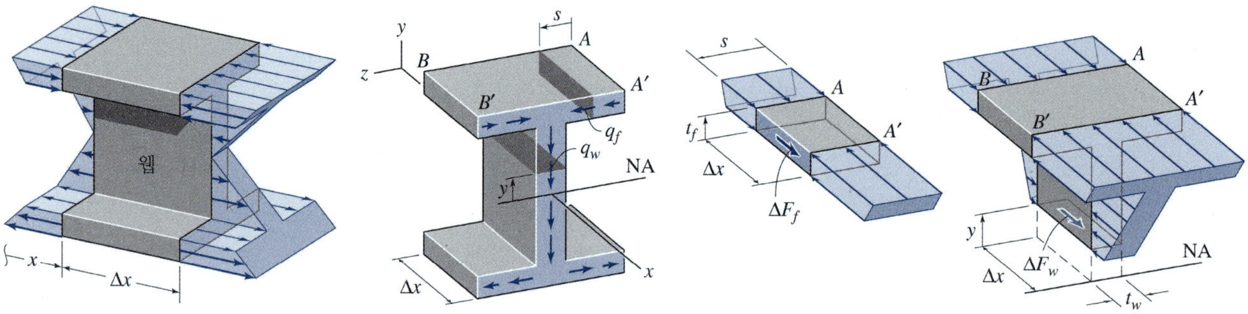

(a) $M(x)$와 $M(x+\Delta x)$에 기인한 휨 응력을 나타내는 보 세그먼트 (b) 플랜지 전단흐름 q_f와 웹 전단흐름 q_w를 결정하는 절단면 (c) 플랜지 전단흐름을 결정하기 위한 자유물체도 (d) 웹 전단흐름을 결정하기 위한 자유물체도

그림 6.51 웹 플랜지 보의 응력분포

플랜지의 전단흐름: 플랜지에서의 전단흐름 q_f와 이와 관련된 전단응력 τ_f를 결정하고자 한다.[26] 그림 6.51b에서는 q_f를 결정할 때 사용하는 자유물체의 절단면의 위치를 나타낸다. 그림 6.51c에서는 적절한 자유물체도를 보여준다.[27] 절단면상에서의 **전단력 ΔF_f가 절단평면의 플랜지 바깥쪽에 작용하는 휨 응력과 어떻게 균형이 맞도록 요구되어지는지** 주의 깊게 살펴보아야 한다. 그림 6.51b에서의 q_f의 방향이 그림 6.51c에서의 자유물체도상에서 ΔF_f의 방향에 의해서 결정된다.

전단흐름 해석을 위하여 3-D 스케치를 기초로서 자유물체를 사용한 것처럼, 식 6.65와 그림 6.52a의 측면도와 그림 6.52b의 단면도를 이용하여 전단흐름 q_f를 계산할 수 있다. 식 6.65로부터 **플랜지 전단흐름(flange shear flow)**은 다음과 같이 주어진다.

$$q_f = \frac{VQ_f}{I} \tag{6.69}$$

중립축에 대한 전체 단면의 관성모멘트는

$$I = \frac{bh^3}{12} - \frac{(b-t_w)h_w^3}{12}$$

26) 여기에서 플랜지에 평행한 전단흐름을 고려한다(예를 들어 z축에 평행). 이는 웹에 평행한 플랜지 전단보다 훨씬 더 중요하다.
27) 그림 6.51c와 6.51d에 있는 것과 같이 3-D 자유물체도를 그리면 지루하지만, 보의 전단응력을 완전히 이해하기 위한 비결은 **불균형한 휨 응력이 전단응력을 발생**시키는 방법을 보여줄 수 있는 여러분의 능력에 달려있다.

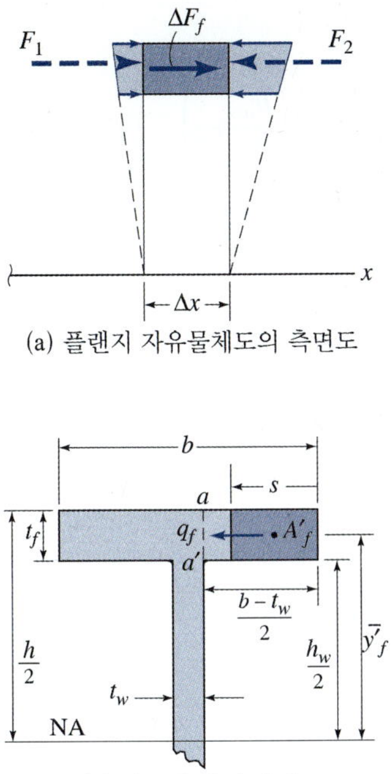

(a) 플랜지 자유물체도의 측면도

(b) 불균형 휨 응력이 작용하는 면적

그림 6.52 플랜지 전단흐름 계산을 위해 사용된 그림

또는

$$I = \frac{1}{12}(bh^3 - bh_w^3 + t_w h_w^3) \tag{6.70}$$

이다. 여기서 $h_w = h - 2t_f$이다. 식 6.64로부터

$$Q_f = A_f'\bar{y}_f' \tag{6.71}$$

여기서 A_f'와 $\bar{y}_f'$는 그림 6.52b에서 정의된다. 따라서

$$Q_f = st_f\left(\frac{h}{2} - \frac{t_f}{2}\right)$$

혹은, h_w의 항으로 나타내면

$$Q_f = \frac{s}{8}(h^2 - h_w^2) \tag{6.72}$$

이다. 따라서 식 6.69부터 식 6.72까지를 조합하면 다음과 같은 플랜지 전단흐름(flange shear flow)에 관한 표현을 얻을 수 있다.

$$q_f = \frac{3}{2}(Vs)\frac{h^2 - h_w^2}{bh^3 - bh_w^3 + t_w h_w^3} \tag{6.73}$$

만약 플랜지가 얇다면, 즉, $t_f \le b/5$, **플랜지 전단응력(flange shear stress)**은 식 6.68을 사용하여 계산할 수 있다. 즉

$$\tau_f = \frac{q_f}{t_f} = \frac{3}{2}\left(\frac{Vs}{t_f}\right)\frac{h^2 - h_w^2}{bh^3 - bh_w^3 + t_w h_w^3} \tag{6.74}$$

웹의 전단흐름과 전단응력에 대한 표현을 유도한 후 플랜지 전단과 웹 전단을 고려하고 도시할 것이다.

웹의 전단흐름: 그림 6.51d와 6.53a의 자유물체도에서, 플랜지 전단력과 플랜지 전단흐름을 구한 것과 같은 순서를 따르면 웹 전단흐름과 웹 전단력을 구할 수 있다. 식 6.65의 **웹 전단흐름(web shear flow)**에서 다음 식으로 주어진다.

$$q_w = \frac{VQ_w}{I} \tag{6.75}$$

여기서, 식 6.64와 그림 6.53b로부터

$$Q_w = A_w'\bar{y}_w' = A_1'\bar{y}_1' + A_2'\bar{y}_2'$$

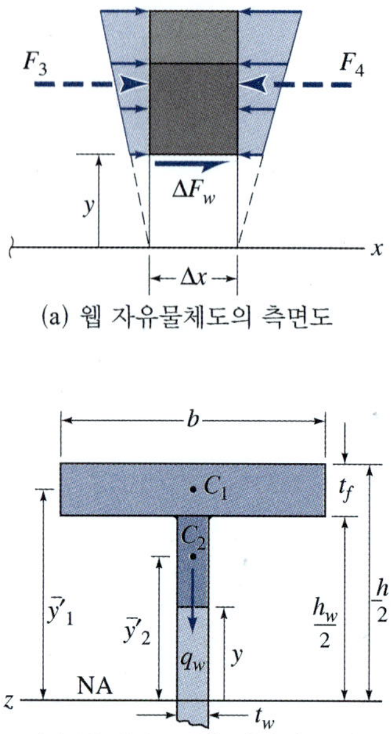

(a) 웹 자유물체도의 측면도

(b) 웹 전단흐름을 계산하는 데 사용되는 면적

그림 6.53 웹 전단흐름 계산에 사용된 그림

따라서 h_w항으로 나타내면

$$Q_w = b\left(\frac{h}{2}-\frac{h_w}{2}\right)\left(\frac{1}{2}\right)\left(\frac{h}{2}+\frac{h_w}{2}\right)+t_w\left(\frac{h_w}{2}-y\right)\left(\frac{1}{2}\right)\left(\frac{h_w}{2}+y\right)$$

혹은

$$Q_w = \frac{b}{2}\left[\left(\frac{h}{2}\right)^2-\left(\frac{h_w}{2}\right)^2\right]+\frac{t_w}{2}\left[\left(\frac{h_w}{2}\right)^2-y^2\right] \tag{6.76}$$

그러므로 식 6.70과 6.75 그리고 6.76을 조합하면 웹 전단흐름(web shear flow)에 대한 다음의 식을 구할 수 있다.

$$q_w = \frac{3V}{2}\left(\frac{bh^2-bh_w^2+t_wh_w^2-4t_wy^2}{bh^3-bh_w^3+t_wh_w^3}\right) \tag{6.77}$$

만약 복부가 얇다면, **웹 전단응력(web shear stress)**은 식 6.68을 사용하여 계산할 수 있다. 따라서

$$\tau_w = \frac{3V}{2t_w}\left(\frac{bh^2-bh_w^2-t_wh_w^2-4t_wy^2}{bh^3-bh_w^3+t_wh_w^3}\right) \tag{6.78}$$

웹–플랜지 단면을 갖는 보의 전단 요약: 식 6.73과 6.74에서

1. 플랜지 전단흐름 q_f와 전단응력 τ_f는 플랜지의 바깥쪽 모서리로부터 선형적으로 변화한다.
2. 최대 플랜지 전단흐름(과 전단응력)은 복부–플랜지 교차면(그림 6.52b의 단면 $a-a'$)에서 나타난다.
3. 플랜지 자유물체도에 대해서, 전단흐름은 플랜지의 바깥쪽 모서리로부터 복부 쪽으로 이동한다(그림 6.52b).
4. 최대 플랜지 전단응력은[28)]

$$(\tau_f)_{\max} = \frac{3V(b-t_w)(h^2-h_w^2)}{4t_f(bh^3-bh_w^3+t_wh_w^3)} \tag{6.79}$$

나머지 다른 3개의 플랜지 면적에 대한 플랜지 전단해석은 비슷하므로 다음과 같은 결론을 얻을 수 있다.

5. 식 6.73과 6.74는 4개의 플랜지 면적 어디에서라도 유효하다.
6. 각 플랜지 면의 전단흐름은 그림 6.51b와 6.54에서 나타낸 방향으로 '흐른다'(flow; 파이프 속의 유체흐름의 관점에서) 그리고 복부의 전단흐름은 횡전

28) 만약 V가 (−)이면 $(\tau_f)_{\max}$은 이 크기일 것이다.

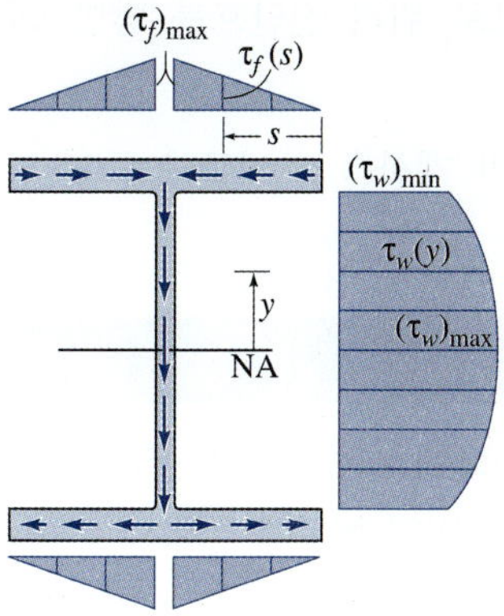

그림 6.54 I 형강 단면의 전단응력

단력의 합력인 V의 방향이다.

식 6.77과 6.78에서 다음과 같은 결론을 얻을 수 있다.

7. 복부 전단흐름과 전단응력은 포물선 형태이고 y의 2차방정식의 형태이다.
8. 중립축$(y=0)$에서 최대 q_w와 τ_w가 나타나고 최소는 웹-플랜지 접합부 $(y=\pm h_w/2)$에서 나타난다(실제로 보의 단면은 응력집중을 막기 위해서 웹-플랜지에 필렛을 가지고 있으므로 최소는 이론적인 최소치일 뿐이다).
9. 최소와 최대 웹 전단응력에 대한 표현은[29]

$$(\tau_w)_{max} = \frac{3V}{2t_w}\left(\frac{bh^2 - bh_w^2 + t_w h_w^2}{bh^3 - bh_w^3 + t_w h_w^3}\right) \tag{6.80}$$

그리고

$$(\tau_w)_{min} = \frac{3Vb}{2t_w}\left(\frac{h^2 - h_w^2}{bh^3 - bh_w^3 + t_w h_w^3}\right) \tag{6.81}$$

웹과 플랜지 전단력의 방향과 크기는 그림 6.54에 나타나 있다. 플랜지-웹 연결부의 재진입 모서리부에서의 실제 응력 분포도 복잡하고 그 필렛 반경과 치수에 의존된다. 이 모서리부분의 응력 분포에 대한 논의는 참고문헌 6-4의 128절을 참조한다.

식 6.80과 6.81에서, $t_w/b \to 0$이고, $(\tau_w)_{min} \to (\tau_w)_{max}$이면 웹 전단응력은 일정한 전단응력에 근접한다. 실제 치수를 갖는 보의 경우, 최대 웹 전단응력은 최소 웹 전단응력을 10~50% 정도 초과한다.

수직전단력 V의 어느 정도가 웹에 의해 수용되는지 결정하는 것은 흥미로운 일이다. 이 값은 전단흐름은 웹의 깊이로 적분해서 얻을 수 있다. 즉

$$V_w = \int_{-h_w/2}^{h_w/2} q_w(y)\,dy \tag{6.82}$$

그러나 이 값은 그림 6.54의 τ_w곡선 하 면적에 t_w를 곱한 것과 같다. 여기서 면적은 사각과 포물선의 조합으로 이루어져 있다. 따라서

$$V_w = h_w t_w \left\{(\tau_w)_{min} + \frac{2}{3}[(\tau_w)_{max} - (\tau_w)_{min}]\right\}$$

또는

$$V_w = \frac{h_w t_w}{3}[2(\tau_w)_{max} + (\tau_w)_{min}] \tag{6.83}$$

실제 보의 경우, V_w는 총 수직전단력의 90%를 차지한다. 나머지 수직전단은 플랜

29) V가 (−)일 때는 절댓값을 취한다.

지에서 수용한다. 이 플랜지상의 수직전단은 미소하므로 위의 전단흐름 방법으로서는 계산될 수 없다.

다음의 예제는 확폭 플랜지를 갖는 보의 전단응력의 계산을 보여준다.

예제 6.15

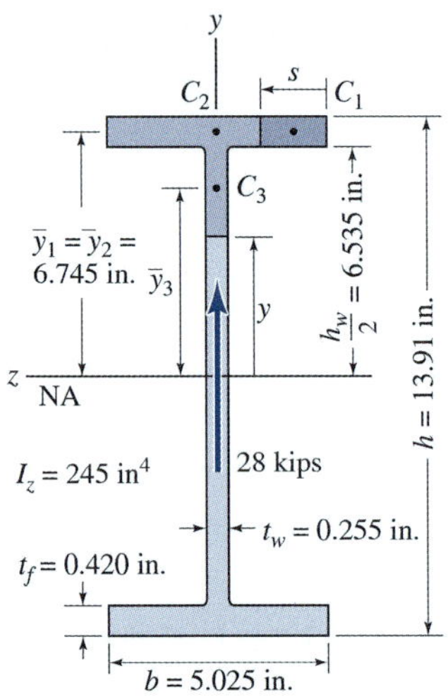

그림 1 W14×26 확폭-플랜지 보의 단면

(a) 전단력 $V = -28$ kips를 받고 있는 W14×26보[30] **(그림 1)의 복부와 플랜지에서의 전단응력의 분포를 결정하시오.**[31] **(b) 단면의 복부에 의해서 전달될 수 있는 수직전단의 퍼센트를 결정하시오.**

풀이 계획 식 6.74와 6.78의 식을 사용해서 (a)를 풀 수 있지만, 전단류 식 6.69, 식 6.75와 전단응력 식 6.68을 이용하는 것이 기초를 익히는 데는 도움이 될 것이다. 식 6.82에서처럼, 총 복부 전단응력은 전단흐름을 적분해서 구할 수 있다. 단면의 전단이 음이기 때문에(그림 1에서 이것은 $+y$방향을 가리키고 있다.) 전단흐름과 전단응력은 그림 6.45b에서 보여진 것과 반대방향으로 작용한다.

풀이 (a) 플랜지와 웹의 전단흐름과 전단응력 결정

플랜지 전단흐름과 전단응력: 플랜지 전단흐름은 식 6.69로 주어진다.

$$q_f = \frac{VQ_f}{I} = \frac{VA_f{}'\bar{y}_f{}'}{I} = \frac{VA_1\bar{y}_1}{I} \tag{1}$$

$$q_f = \frac{(-28\text{ kips})(0.420s\text{ in}^2)(6.745\text{ in.})}{245\text{ in}^4} = -0.324s\text{ kips/in.} \tag{2}$$

$$\tau_f = \frac{q_f}{t_f} = \frac{-0.324s\text{ kips/in.}}{0.420\text{ in.}} = -0.771s\text{ ksi} \tag{3}$$

$$(\tau_f)_{\max} = |(\tau_f)_{s=2.385\text{ in.}}| = 1.84\text{ ksi} \tag{4}$$

$$\tau_f = -0.771s\text{ ksi},\quad (\tau_f)_{\max} = 1.84\text{ ksi}$$ **답 (a)**

웹 전단흐름과 웹 전단응력: 웹 전단흐름은 식 6.75에 의해 주어진다.

$$q_w = \frac{VQ_w}{I} = \frac{VA_w{}'\bar{y}_w{}'}{I} = \frac{V}{I}(A_2\bar{y}_2 + A_3\bar{y}_3) \tag{5}$$

여기서 A_2는 상부 플랜지의 전체 면적이다. 따라서

$$q_w = \left(\frac{-28\text{ kips}}{245\text{ in}^4}\right)[(5.025\text{ in.})(0.420\text{ in.})(6.745\text{ in.}) + (6.535\text{ in.} - y)(0.255\text{ in.})(0.5)(6.535\text{ in.} + y)]$$

또는

30) W14×26 단면의 특성은 부록 D.1에서 주어진다.
31) 이는 예제 6.5의 지지점 B의 좌측 바로 옆은 전단력이다.

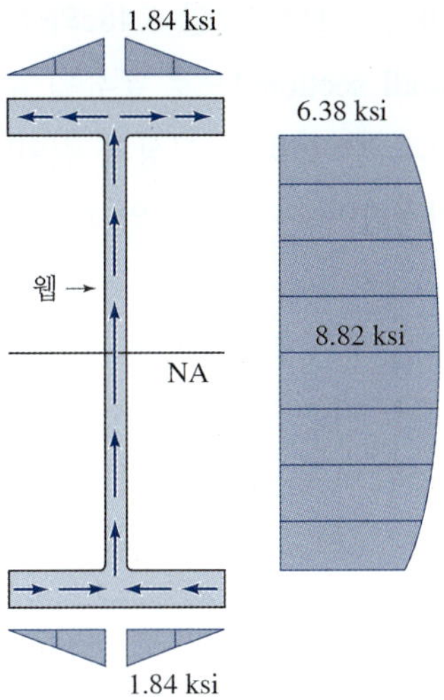

그림 2 W14×26 보의 전단응력

$$q_w = \frac{(-28)[14.235 + 0.1275(42.71 - y^2)]}{245}$$
$$= -(2.249 - 0.0146y^2) \text{ kips/in.}$$

$$\tau_w = \frac{q_w}{t_w} = -(8.82 - 0.0571y^2) \text{ ksi} \quad (6)$$

$$(\tau_w)_{\max} = |(\tau_w)_{y=0}| = 8.82 \text{ ksi} \quad \textbf{답 (a)} \quad (7a)$$

$$(\tau_w)_{\min} = |(\tau_w)_{y=6.535 \text{ in.}}| = 6.38 \text{ ksi} \quad (7b)$$

플랜지 전단해석과 웹 전단해석의 결과는 그림 2에 요약되어 있다. 음의 전단($V=-28$ kips)은 그림 6.54에서 나타난 방향과 반대방향인 전단응력을 생성한다.

(b) 웹에 의해서 전달될 수 있는 수직전단의 퍼센트 결정 식 6.82를 사용한다.

$$V_w = \int_{-h_w/2}^{h_w/2} q_w(y)dy = -\int_{-6.535}^{6.535} (2.249 - 0.0146y^2)dy$$
$$= -2.249(6.535)(2) + \frac{2}{3}(0.0146)(6.535)^3$$
$$= -29.40 + 2.71 = -26.69 \text{ kips}$$

V_w와 V를 비교해 보면, 이 보의 웹에서 수직전단의 95%가 전달됨을 알 수 있다.

풀이 검토 $(\tau_w)_{\max}$를 계산하기 위한 식 6.80을 이용해서 위의 결과를 여러 위치에서 검사할 수 있다. 이렇게 하면, $(\tau_w)_{\max}=9.02$ ksi가 된다. 하지만 이 값은 식 (7a)에서 얻은 값 8.82 ksi와는 잘 일치하지 않는다. 부록 D.1에서의 $I=245$ in^4값과 식 6.70에서 계산된 값을 비교해 보면, 후자(식 6.70)에서는 $I=240$ in^4이다. 이 I값의 차이는 $(\tau_w)_{\max}$의 차이에서 기인한다. 이 값 차이는 실제 단면은 웹-플랜지 필렛 용접부를 가지고 있다는 것에 기인한다. 여기서 이 필렛 용접부는 관성모멘트의, 값을 미소하게 증가시킨다. 이것은 식 6.70에는 포함되지 않는 것이다.

MDS 6.12-6.13 **보의 전단응력** – MDS 프로그램 *Flexure*에서 전단응력 사양은 단면 특성을 결정할 수 있는 프로그램과 보의 횡 전단응력을 계산할 수 있는 식을 조합한 모듈이다.

2축 대칭이며 박판 열린 보의 웹과 플랜지상의 전단응력을 결정하기 위해서 적용된 해석 순서는 단일 대칭축과 단일 평면상에 하중이 가해지는 얇은 벽을 갖는 열린 보에 적용될 수 있다. 예를 들면 그림 6.55는 T-단면과 이등변 V-단면을 나타내고 있다. 이 단면들은 단일 대칭단면 만을 가지고 있으므로(길이방향 대칭평면) 식 6.65에 기인하는 전단흐름/전단응력 해석을 하기 이전에 먼저 중립축을 설정해야 한다. 여기서 전과 같이 **최대 전단흐름은 중립축에서 나타난다.** 왜냐하면 수직력의 불균형이 중립축에서 최대가 되기 때문이다.

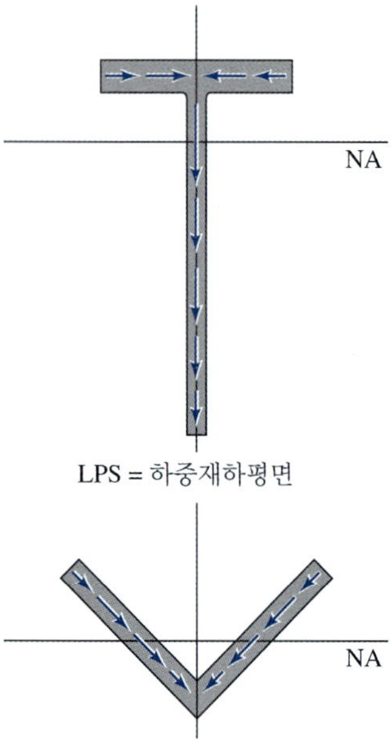

그림 6.55 1축 대칭인 개(開)단면 보의 전단흐름

닫힌 박판 보 내의 응력 직사각형 보와 원형파이프 보는 그림 6.48c와 6.48d에 나타낸 것처럼, **닫힌 박판 단면(closed, thin-wall sections)**으로 분류될 수 있다. 그림 6.56a의 닫힌 박판 단면으로 나타낸 것과 같이 하나 이상의 길이방향 대칭 평면과 이 LPS 상에 하중이 가해진다고 가정하여 이런 형태의 보에 대한 전단응력 분포를 결정한다.

닫힌 박판 보 상의 전단응력에 대한 해석은 그림 6.51에서 나타낸 확폭 플랜지 보와 같은 열린 박판 보에 대한 해석과는 다르다. 이는 전단력이 소멸하는 단면 상의 한 점의 위치가 다르기 때문이다. 그림 6.51c의 플랜지 자유물체도의 경우, 외부 모서리 AA'는 전단의 영향을 받지 않는다. 그리고 그림 6.54에서 $\tau_f(s)$의 형태는 이 내용을 반영한다. 같은 방법으로 그림 6.51d의 자유물체도는 위치 y의 복부 단면에서부터 플랜지의 자유표면까지의 보의 부분을 포함한다. 닫힌 단면의 경우, 단면 상의 임의의 지점에서 그림 6.56a에 나타난 z, y, s의 축으로 나타내어지는 점의 전단흐름(과 전단응력)을 규정할 필요가 있다. 하지만 어떻게 적당한 자유물체도를 결정할 것인가? 한 가지 방법은 xy평면에 대한 대칭성을 이용하는 것이다. 즉 항상 z축에 대칭인 자유물체도를 고르는 것이다. 대칭이기 때문에, LPS상의 절단면의 의해 드러난 부분에는 길이방향 전단이 존재하지 않는다. 따라서 그림 6.57에서처럼 $z=0$지점의 단면 상에는 전단력이 존재하지 않게 된다(LPS에 대한 대칭이 $z=0$에서 $\tau=0$이 되는 이유를 설명할 수 있는가?). 그림 6.56a에서처럼, 전단흐름은 단면에서 최종 전단력이 V가 되는 방향으로 향한다. 최종적으로, 단면 절단은 그림 6.56a의 z, y, s에서 절단한 것처럼, 박판 단면의 중간선에 수직하게 절단해야 한다. 다음의 예제는 어떻게 적절한 자유물체도를 선택할 것인가를 보여주고 또한 닫힌 단면에서 전단류와 전단응력을 어떻게 계산할 것인가를 보여준다.

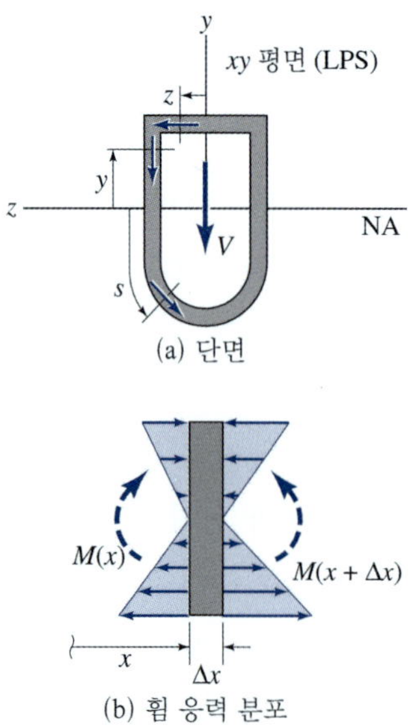

그림 6.56 박판 닫힌단면

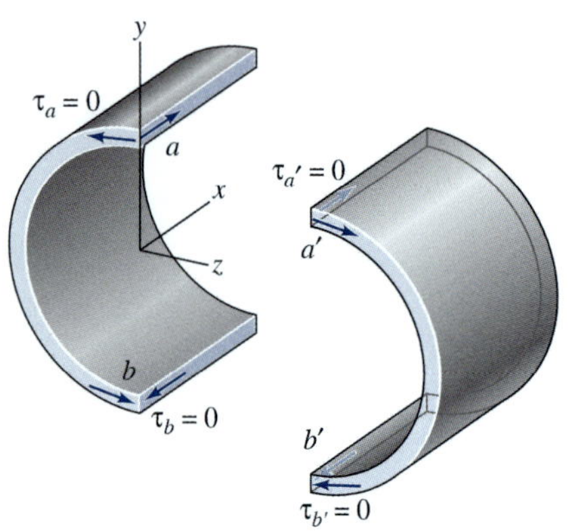

그림 6.57 xy평면 내의 단면의 전단응력

예제 6.16

좁은 하천을 가로질러서 유체를 수송하는 한 파이프가 그림 1에서 보인 바와 같이 보처럼 거동한다. 벽두께에 대한 평균지름의 비가 $d/t \gg 1$을 만족한다고 가정할 때, 횡 전단력 V에 의한 전단응력의 분포와 전단흐름을 결정하시오. 또한 최대 전단응력 $\tau_{\max}$를 V/A로서 나타내시오.

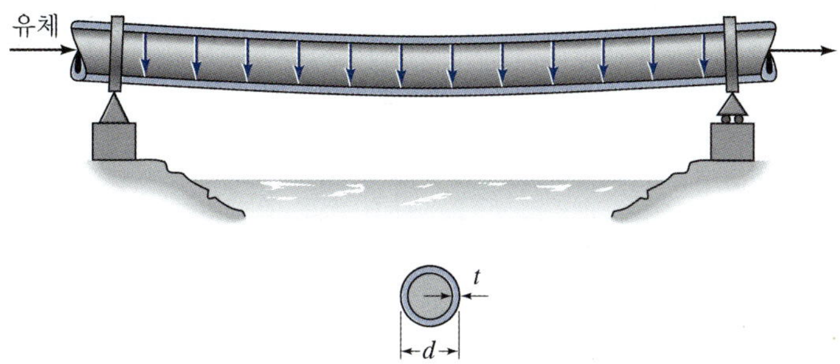

그림 1 보처럼 작용하는 유체 수송 파이프(강관)

풀이 계획 앞에서 언급된 닫힌 박판 보에서의 전단을 보면, xy-평면에 대해서 대칭인 자유물체도를 골라야 한다. 그리고 이 자유물체도에 식 6.65의 전단흐름 공식과 식 6.68의 평균 전단공식을 적용한다.

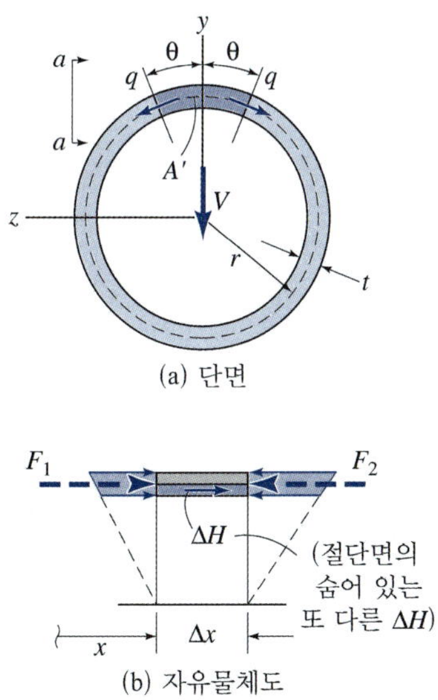

그림 2 대칭 자유물체도 선정

풀이 이 문제는 원형단면이기 때문에, 그림 2와 같이 xy-평면의 어느 쪽으로든 각 θ인 원주방향으로의 단면을 정의하는 자유물체도를 선택하는 것이 편리하다. 그림 2b에서 보는 바와 같이 휨 응력에 의해 발생하는 순수 내력의 차이인 $(F_2 - F_1)$과 균형을 맞추는 동일한 전단력 ΔH를 가지는 두 평면이 있다. 따라서

$$2\Delta H = F_2 - F_1 \tag{1}$$

을 얻을 수 있다. 여기서 전단흐름의 정의로부터

$$\Delta H = q\Delta x \tag{2}$$

식 (1)을 식 6.60과 비교하고, 식 6.65를 얻은 방식을 적용하면 다음을 얻는다.

$$2q = \frac{VQ}{I} \tag{3}$$

식 6.65와 같이, 그림 2의 대칭 자유물체도(symmetric free-body diagram)에 대하여

$$Q = \int_{A'} y\,dA = A'\bar{y}' \tag{4}$$

를 구할 수 있다.

위 식은 불균형 휨 응력을 받는 면적의 중립축에 대한 1차 모멘트이다. 그리고 I는 중립축에 대한 전체 단면의 관성모멘트이다. 얇은 링과 링의 일부분에 대한 기하학적 특성은 그림 3에 나타나 있다. $t \ll r$에 대해서 그림 3b의 식을

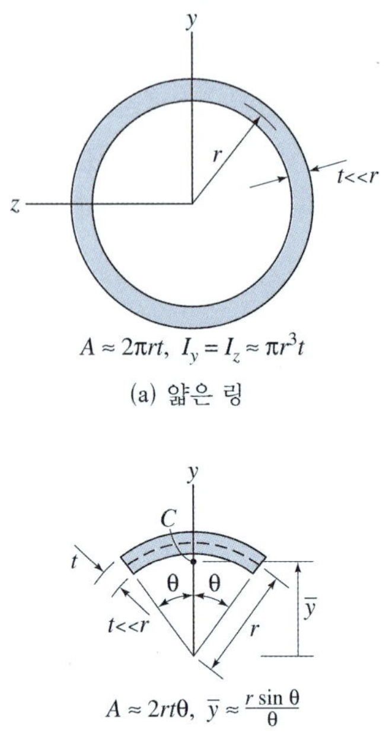

그림 3 얇은 링 단면의 기하특성

이용하면

$$Q = A'\bar{y}' \approx 2r^2 t\sin\theta \tag{5}$$

을 얻는다. 그림 3a에서 식 (3)과 (5)를 결합하여 관성모멘트를 구하면

$$q = \frac{V(2r^2 t\sin\theta)}{(2\pi r^3 t)} = \frac{V\sin\theta}{\pi r} \qquad \textbf{답}\ (6)$$

이다. 식 6.68을 이용하여 전단흐름으로부터 평균 전단응력을 얻는다. 따라서

$$\tau = \frac{q}{t} = \frac{V\sin\theta}{\pi rt} \qquad \textbf{답}\ (7)$$

그림 4는 전단흐름(과 전단응력)의 분포를 보여준다.

최대 전단응력은 다음과 같이 주어진다.

$$\tau_{\max} = \tau_{(\theta = \pi/2)} = \frac{V}{\pi rt}$$

박판 파이프 보(thin-wall pipe beam)에 대한 대략적인 단면적은

$$A \approx 2\pi rt$$

이므로, 최대 전단응력은 다음과 같다.[32)]

$$\tau_{\max} = \frac{2V}{A} \qquad \textbf{답}\ (8)$$

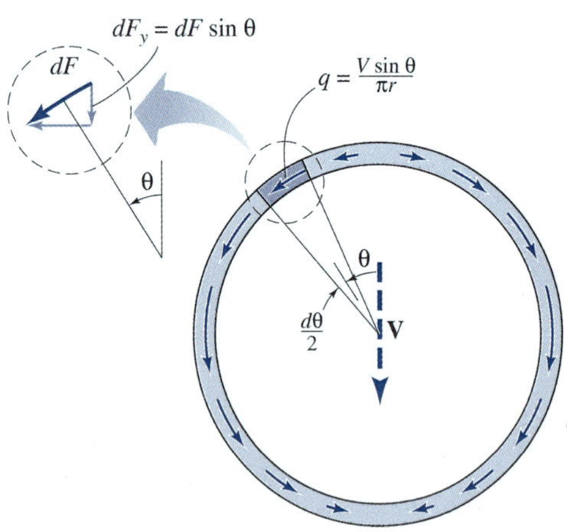

그림 4 수직 전단력 V에 의한 전단흐름 분포

풀이 검토 식 (6)에서 q에 대해서 얻은 표현의 점검으로서, 이 분포의 합이 V가 되는지의 여부를 검토할 수 있다. 그림 4에서 표시된 미소 면적 상의 힘은

$$dF = q\,ds = qr\,d\theta$$

이다. 그림 4의 작은 그림에서처럼 수직성분은

$$dF_y = qr\sin\theta\,d\theta$$

이다. 따라서 대칭에 의해서 다음과 같이 계산된다.

$$\begin{aligned} F_y &= 2\int_0^{\pi} qr\sin\theta\,d\theta \\ &= \frac{2V}{\pi}\int_0^{\pi}\sin^2\theta\,d\theta \\ &= \frac{2V}{\pi}\left[\frac{\theta}{2} - \frac{1}{4}\sin 2\theta\right]_0^{\pi} = V \end{aligned}$$

분포가 '합리적' (전단흐름은 중립축에서 최대이며 대칭평면에서 0이 된다.)이고, 정확한 합력을 산출하기 때문에, 위에서 구한 답은 정확하다고 가정할 수 있다.

32) '박판' 파이프 보의 전단에 대해서는 연습문제 6.8-12를 참조한다.

6.11 조립된 보의 전단

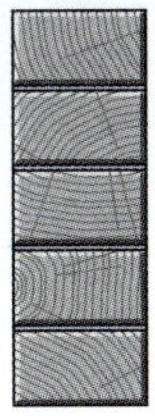

(a) 접착된 적층형 목재 보

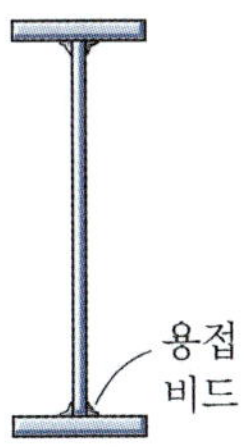

(b) 용접 연결된 플레이트 거더

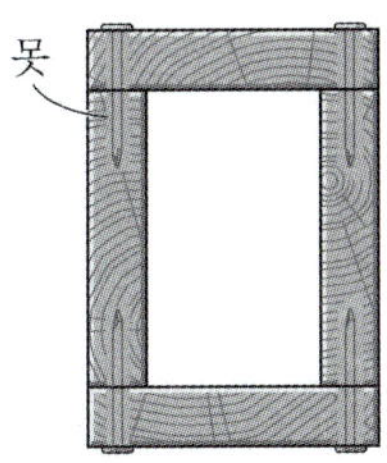

(c) 박스형 목재 보

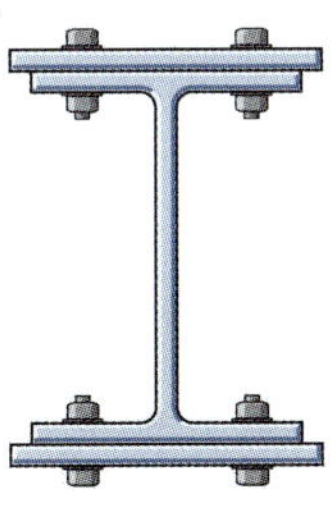

(d) 보강된 압연 보

그림 6.58 조립보의 예

6.8절과 6.10절에서 균질보로 가정했기 때문에 주어진 평면에서 평균 전단응력(average shear stress)에 대한 식을 유도하는 것이 가능했다. 그러나 용접, 접합, 리벳, 볼트, 못 등을 사용하여 두 개 혹은 그 이상의 구조물 요소들로 한 개의 보를 형성하는 경우가 많다. **조립된 보(built-up beams)**의 몇 가지 예제가 그림 6.58에 있다. 이들은 (a) 적층된 목재 보, (b) 용접된 플레이트 거더, (c) 못을 박아 만든 나무상자 그리고 (d) 기준 보에 볼트로 플랜지판을 보강한 보 등이다. 이와 같은 경우 보는 하나의 단위로 거동하는 것으로 가정한다(평면 단면은 평면으로 남는다). 그리고 접합재료(못, 용접, 볼트)는 보의 요소부분 사이의 길이방향 연결부를 따라 전단을 전달시킬 수 있다.

조립된 보의 인접 부분 사이로 전달되는 전단은 세 가지의 방법으로 전달될 수 있다.[33)]

1. 표면이 접착 되었을 때처럼(그림 6.58a), 경계면 상에 분포된 전단에 의해서.
2. 두 개의 금속 부분이 용접비드로 접합되었을 때(그림 6.58b), 용접선을 따르며 분포된 전단에 의해서.
3. 두 개의 부분이 못, 리벳, 또는 볼트로 접합되었을 때(그림 6.58c,d), 불연속 전단 연결재에 의해서.

그림 6.41에서 논의했던 것처럼, 만약 보가 몇 개의 조각으로 구성되어 있고, 인접부로 전단력을 전달하도록 제작되어 있다면, 이것은 하나의 보로 거동할 것이다(예를 들면, '평면단면'의 가정을 만족한다). 균질보일지라도 그림 6.58a에서의 접합부 같이, 전단이 접합면 위에 분포된다면, 해석은 접합층 상의 전단응력(shear stress)에 기초를 둔다. 선형 전단접합의 경우(그림 6.58b의 용접비드)와 불연속 전단연결재(그림 6.58c의 못과 6.58d의 볼트)의 경우, 전단흐름에 기초를 둔 해석이 적절하다. 이 중 후자 두 개를 여기서 고려해 본다.

전단흐름 공식 6.65는 필요한(required) 전단흐름을 계산하기 위해 사용된다. 즉, 주어진 하중조건 하의 보의 한 부분에서 인접 부분으로 전달되어야 하는 단위길이당 전단력이다.

$$q_r = \frac{VQ}{I} = \frac{VA'\bar{y}'}{I} \tag{6.84}$$

여기서 면적 A'은 전단흐름 q_r에 대한 불균형 휨 응력이 가해진 면적이다. q_r을 알고, 필요한 전단강도를 유지할 수 있는 용접의 크기 혹은 연결재(못, 리벳, 혹은 볼트)의 개수를 선택하는 것이 설계 연습이 된다.

33) 철근에 의해 주위 콘크리트로 전달되는 전단 해석은 이 절에서의 해석과 유사하나 이 책의 범위를 벗어난다.

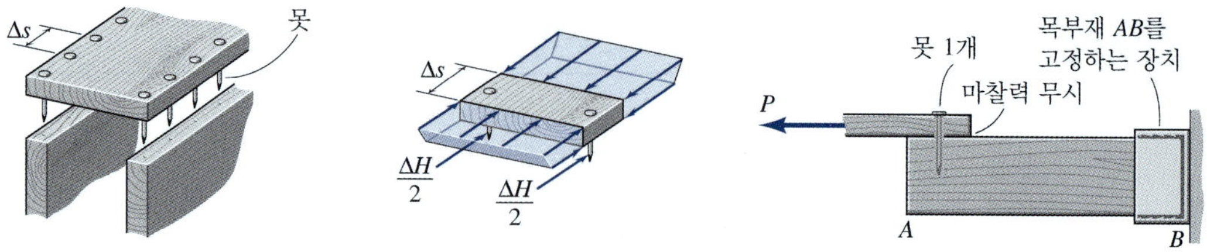

(a) 등간격 Δs에 설치된 못 (b) 연결재 내의 전단력을 결정하기 위한 자유물체도 (c) 직접전단 실험

그림 6.59 못으로 연결된 전단 조인트

선형 전단연결재 선형 전단연결재의 경우, 식 6.84는 선형 전단연결재를 통해 전달되어야 하는 단위길이당 실제 전단력을 결정한다. 전단연결부(용접비드 같은 것)는 단위길이당 허용전단응력을 발생시킬 수 있다. 여기서 단위길이당 전단력은 q_a로 표시된다. 따라서 연결부는

$$q_a \geq q_r \tag{6.85}$$

이 되지 않는 한 국부적인 파괴가 일어나지 않는다. 예제 6.17은 이런 종류의 문제이다.

불연속 전단연결재 그림 6.59a에 나타낸 것과 같이 만약 각각 전단력 용량 V_a을 가지고 있는 불연속 연결재가 구간 Δs로 배치되어 있다면 연결부는

$$V_a \geq q_r \Delta s \tag{6.86}$$

가 되지 않는 한 파괴되지 않는다.

그림 6.59b는 길이가 Δs인 보의 일부분에 있는 두 개의 못이 휨 응력의 크기의 차이 때문에 발생되는 힘과 같은 크기를 가진 길이방향 전단력 ΔH가 어떻게 발생하는가를 나타낸 것이다. 그림 6.59c에서 보인 못과 같은 단일 불연속 전단연결재의 허용 전단력 용량은 못을 두 개로 절단하는 전단을 나타내든지(이런 일을 잘 일어나지 않는다.), 못이 뽑혀서 연결부가 못쓰게 된다든지, 못 주위의 나무를 눌리게 해 못쓰게 되는 경우들에 대하여 V_a로 나타내어진다. 직접전단 실험은, 그림 6.59c에 나타난 것처럼, 특정 크기와 모양의 못(임의의 두 개의 나무를 연결하기 위해 사용되는 못)의 극한전단 용량을 정하기 위해 행하여진다.

예제 6.18은 불연속-전단-연결재에 관한 문제이다.

예제 6.17

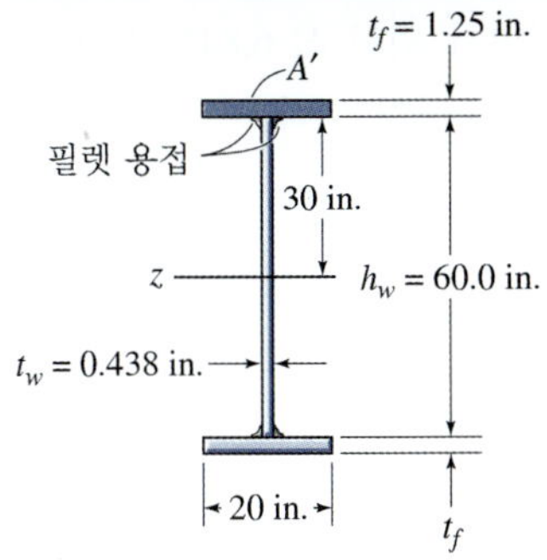

그림 1

조립된 평판 거더의 치수는 그림 1에서 보이는 것과 같다. 이 단면에서의 전단력이 $V = 300$ kips이라면 필렛 용접 비드상의 전단흐름을 계산하시오. 단, $I_z = 54{,}800\ \text{in}^4$

풀이 계획 두 개의 용접비드가 각 복부의 플랜지에 붙어 있기 때문에, 두 배로 수정한 식 6.84를 사용할 수 있다.

풀이 수정한 식 6.84로부터

$$2q_r = \frac{VQ}{I} = \frac{VA'\bar{y}'}{I}$$

여기서 Q는 중립축에 대한 모든 플랜지의 면적 1차모멘트이고 다음과 같다.

$$q_r = \frac{(300\ \text{kips})(20\ \text{in.})(1.25\ \text{in.})(30.625\ \text{in.})}{2(54{,}800\ \text{in}^4)}$$

$$q_r = 2.10\ \text{kips/in.}$$ **답**

풀이 검토 간단히 계산을 검산할 수 있다. 강 거더(steel girders)와 용접비드(weld beads)에 대한 설계정보는 참고문헌 6.2에서 찾을 수 있다. 하지만 이 책에서는 용접 설계에 대해서는 더 이상 논하지 않을 것이다.

예제 6.18

4개의 목재를 못으로 연결하여 박스형의 보를 그림 1a에 보이는 형상으로 제작하였다. 보 중앙에 1000 lb의 집중하중을 받고 있고 단순지지 되어 있다(그림 1b). 각 못의 허용 전단응력이 150 lb라면 못의 간격을 최대한 얼마까지 할 수 있는가?

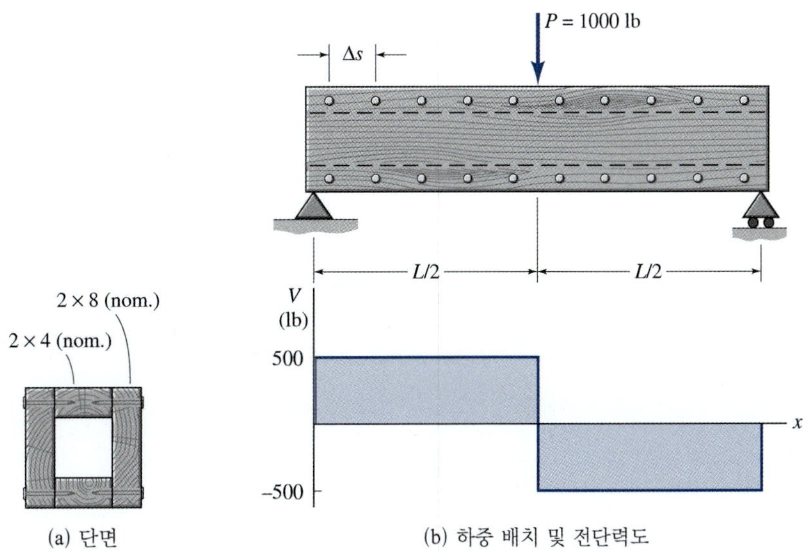

그림 1

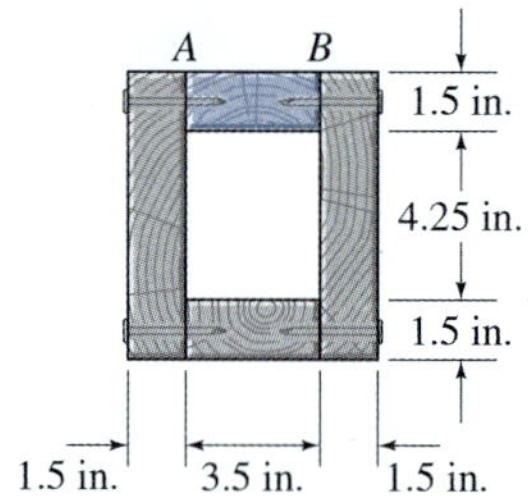

그림 2 박스형 목재 단면설계치수

풀이 계획 전단력 V가 보의 절반에 걸쳐 일정하므로 못 간격 Δs를 일정하게 할 수 있다. 각 못의 열에 따른 전단흐름을 그림 2의 A와 B사이의 음영면적을 이용하여 구할 수 있다. 못의 최대 간격을 계산하기 위해 식 6.84와 6.86을 결합할 수 있다. 판에 관한 치수들은 부록 D.8에 주어져 있다.

풀이 그림 2의 음영부분과 수직판 사이에 전단력을 전달하는 두 줄의 못이 있으므로 못 한 줄을 따라 발생하는 전단흐름을 계산하려면 식 6.84를 수정할 필요가 있다.

$$2q_r = \frac{VQ}{I} = \frac{VA'\bar{y}'}{I} \tag{1}$$

못의 각 줄의 간격이 식 6.86에 의해 다음과 같이 주어진다.

$$\Delta s_{\max} = \frac{V_a}{q_r} \tag{2}$$

관성모멘트 6.5 in.×7.25 in.의 사각형에 대해 계산하고 3.5 in.×4.25 in.의 사각형에 대한 부분을 뺌으로써 구할 수 있다.

$$I = \frac{6.5(7.25)^3}{12} - \frac{3.5(4.25)^3}{12} = 184.0 \text{ in}^4$$

전단흐름은 식 (1)을 통해 얻을 수 있다.

$$q_r = \frac{VA'\bar{y}'}{2I} = \frac{(500 \text{ lb})[(3.5 \text{ in.})(1.5 \text{ in.})](2.875 \text{ in.})}{2(184.0 \text{ in}^4)}$$

$$q_r = 20.5 \text{ lb/in.}$$

따라서 식 (2)로부터

$$\Delta s_{\max} = \frac{V_a}{q_r} = \frac{150 \text{ lb}}{20.5 \text{ lb/in.}} = 7.32 \text{ in.}$$

$$\Delta s = 7 \text{ in.}$$ **답**

풀이 검토 답은 합리적으로 보이며 계산은 쉽게 점검될 수 있으며 정확한 것으로 확인될 것이다.

물론 못의 설계에는 전단강도 외의 다른 요소들을 고려해야 한다. 예를 들어 못은 목재의 모서리 너무 가까이에서는 박힐 수 없으며 못 사이의 거리가 너무 가깝게 되면 목재가 쪼개진다.

*6.12 전단중심

6.6절의 '비대칭 굽힘'에서, 보에 하중을 단면의 관성주축에 평행하게 주게 되면 – 비대칭 보에서조차 – 그에 대응하는 길이방향 주면에 국한되는 굽힘이 발생하게 된다는 사실을 알았다. 이때 우리들은 하중방향만 고려하고 비틀림이 동시에 발생하지 않는 굽힘을 일으키는 하중에 대한 작용선은 구하지 않았다. 박판 ㄷ형 단면(그림 6.60a)을 갖는 보가 단면 대칭축에 수직하게 하중을 받는 경우를 고려해 보자. 그림 6.60은 이런 상황을 나타낸 것들이며, 하중이 3개의 각각 다른 위치에 가해지는 경우를 보여주고 있다. 그림 6.60b에서 하중이 왼쪽으로 많이 쏠려 있어 굽힘(실제로는 보이지는 않음)과 반시계방향의 비틀림이 발생한다. 그림 6.60c에서는 단면 도심의 오른쪽으로 가해진 하중에 의해 시계방향의 비틀림이 발생한다. 끝으로 시행착오를 통해 비틀림 없이 굽힘만 발생시키는 하중의 위치를 알 수 있다.(그림 6.60d)

단면의 **전단중심(shear center)**이란 보가 비틀림 없이 휘어지기 위해, 전단력의 합력 V가 통과해야 할 단면 내의 지점으로 정의된다.

열린 박판 보의 전단중심의 위치를 아는 것이 특히 중요한데, 이는 그러한 보가 그림 6.60에서 알 수 있는 바와 같이 쉽게 휘어지기 때문이다(4.9절 참조). 보 단면의 전단중심의 위치를 파악하는 것이 중요한 다른 상황들도 있다. 예를 들어, 닫힌 박판 보로 가끔 해석되는 항공기의 주익에서 전단중심의 위치는 가해지는 공기역학적 하중에 대해 정확하게 결정되어져야 한다(그림 6.61).

모든 보에 대해 전단중심의 위치가 중요하지만 열린 박판 보에서 특히 중요하다. 그림 6.60의 ㄷ형 단면과 유사한 박판을 갖는 1축 대칭 보를 고려함으로써 전단중심의 위치를 정하는 해석을 시작해 보자. 단면이 대칭축을 갖는다면 전단중심은 단면의 대칭축을 따라서 어딘가에 위치할 것이다. 경사진 하중은 대칭면에 놓이는 주

(a) 그림 6.60b, c, d의 외팔보의 단면

(b) 반시계방향 비틀림을 동반하는 휨 (c) 시계방향 비틀림을 동반하는 휨 (d) 비틀림이 없는 휨

그림 6.60 대칭평면에 대한 박판 열린 단면 보의 하중 재하

그림 6.61 항공기 주익의 전단중심

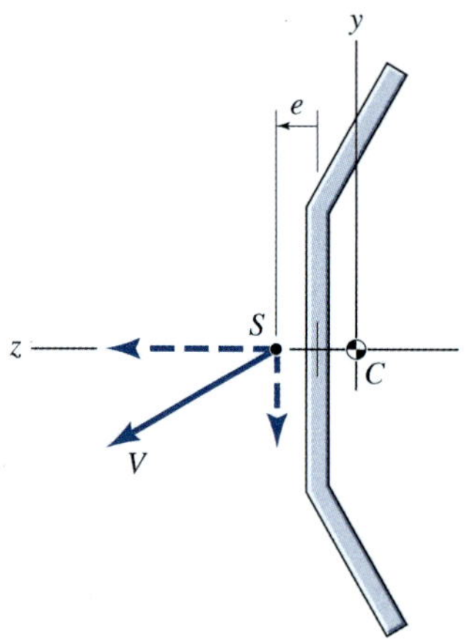

그림 6.62 대칭축상의 전단중심

축방향의 요소와 그림 6.62에 보이는 것처럼 이것에 수직한 요소로 분해된다. 따라서 전단중심 S의 위치를 정하기 위해서 단면의 대칭축에 수직한 전단 만을 고려하면 된다.

그림 6.63의 박판을 갖는 1축 대칭 열린 단면을 고려해 보자. 임의의 단면에 대해 그림 6.63a의 스케치와 그림 6.63b의 단면에 보이는 것처럼 전단합력 V가 존재한다. 전단력 V는 웹에서의 전단력 V_2와 경사진 2개의 플랜지에서의 전단력 V_1과 V_3의 합력이다(그림 6.63c). 결국 이들 전단력은 6.8절의 방법을 통해 계산할 수 있는 전단흐름(그림 6.63d)의 합력이다. 그러므로 이 문제는 다음과 같이 기술할 수 있다.

- 전단중심 S를 통해 작용하는 전단력이 굽힘에 의해서만(비틀림 없는 굽힘) 전단응력들의 합력이 되도록 전단중심 S의 위치를 결정하여야 한다.

우선, 그림 6.63b의 O점에 대한 모멘트를 그림 6.63c의 O점에 대한 모멘트와 같게 놓으면, 전단중심의 편심 e를 그림 6.63c의 전단합력과 연관지을 수 있다.

$$+\circlearrowleft\left(\sum M\right)_o = \underset{\text{(b)}}{Ve} = \underset{\text{(c)}}{(V_1\cos\phi)\left(\frac{h_w}{2}\right)+(V_3\cos\phi)\left(\frac{h_w}{2}\right)} \tag{6.87}$$

또한 힘의 평형방정식을 만족시켜야 한다.

$$\overset{+}{\leftarrow}\sum F_z = \underset{\text{(b)}}{0} = \underset{\text{(c)}}{V_1\cos\phi - V_3\cos\phi} \tag{6.88}$$

이 두 식을 결합하여 다음을 얻을 수 있다.

$$e = \frac{V_1 h_w \cos\phi}{V} \tag{6.89}$$

여기에서 이 단면에 대한 전단중심의 위치를 결정하기 위해서 플랜지에서의 전

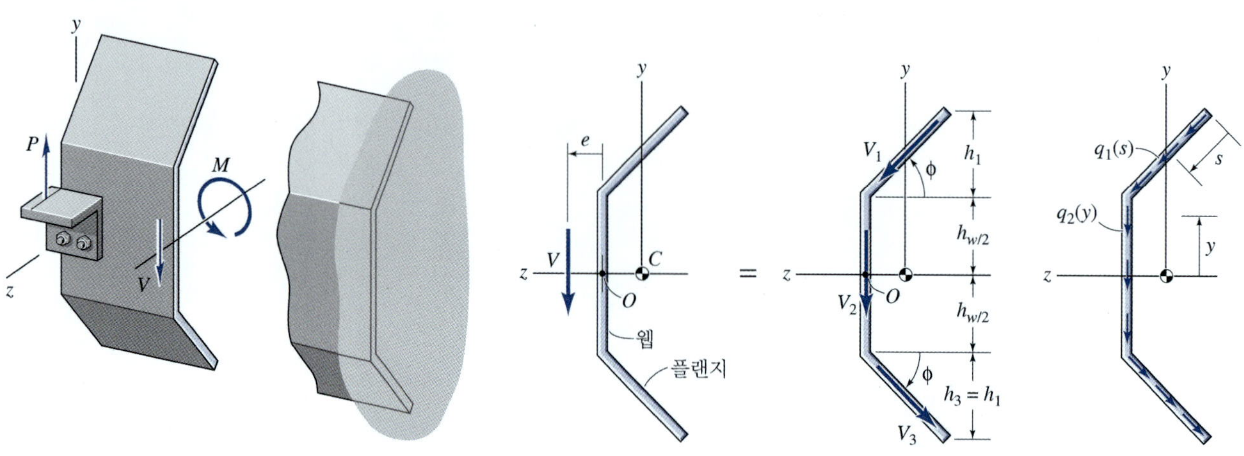

(a) 대칭 평면에 수직한 하중을 받는 보의 세그먼트 (b) 단일 전단합력 (c) 전단합력 (d) 전단흐름

그림 6.63 열린 박판 보의 전단중심 특정 과정

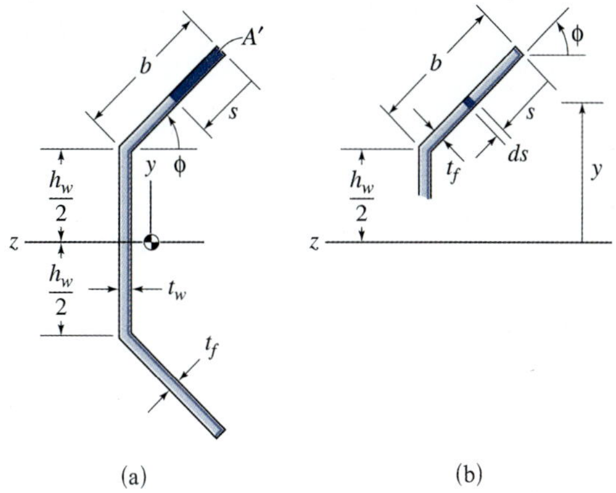

그림 6.64 플랜지의 전단흐름 계산을 위한 단면치수

단력 V_1을 결정할 필요가 있다. 식 6.65로부터 경사진 플랜지에서의 전단흐름은 다음과 같이 주어진다.

$$q_1(s) = \frac{VQ_1(s)}{I} \tag{6.90}$$

그림 6.64는 전단흐름 $q_1(s)$의 계산에 필요한 단면의 특성을 계산하는 데 사용할 수 있다. 플랜지와 웹의 두께가 다른 치수들에 비해 작다고 가정하자. 우선 z축에 대한 전체 단면의 관성모멘트가 필요하다.

$$I \equiv I_z = (I_z)_{\text{web}} + 2(I_z)_{\text{flange}} \tag{6.91}$$

$(I_z)_{\text{flange}}$의 표현식을 결정하기 위해, 그림 6.64b와 관성모멘트의 정의를 사용할 수 있다.

$$(I_z)_{\text{flange}} = \int_{A_{\text{flange}}} y^2\, dA = \int_0^b \left[\frac{h_w}{2} + (b-s)\sin\phi\right]^2 (t_f\, ds)$$

적분을 수행하게 되면 다음을 얻을 수 있다.[34)]

$$(I_z)_{\text{flange}} = bt_f\left[\left(\frac{h_w}{2}\right)^2 + \left(\frac{bh_w}{2}\right)\sin\phi + \left(\frac{b^2}{3}\right)\sin^2\phi\right]$$

그러므로 전체 단면에 대해서,

$$I = \frac{t_w h_w^3}{12} + 2bt_f\left[\left(\frac{h_w}{2}\right)^2 + \left(\frac{bh_w}{2}\right)\sin\phi + \left(\frac{b^2}{3}\right)\sin^2\phi\right] \tag{6.92}$$

이다. $Q_1(s)$을 결정하기 위해 그림 6.64a를 사용할 수 있다.

34) $\phi = 0°$과 $\phi = 90°$에서의 값을 계산하여 이 표현식을 점검한다.

$$Q_1(s) = \int_{A'} y\, dA = A'\bar{y}'$$

즉

$$Q_1(s) = (t_f s)\left[\frac{h_w}{2} + \left(b - \frac{s}{2}\right)\sin\phi\right] \tag{6.93}$$

그러므로 플랜지에서의 전단류는

$$q_1(s) = \frac{VQ_1(s)}{I} = \frac{Vt_f s}{I}\left[\frac{h_w}{2} + \left(b - \frac{s}{2}\right)\sin\phi\right] \tag{6.94}$$

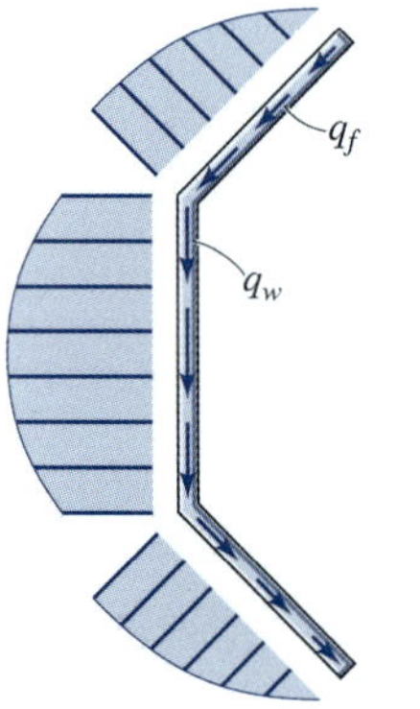

그림 6.65 열린 박판 보의 전단흐름 분포

플랜지와 웹에서의 전단류 분포를 그림 6.65에 도시하였다.

플랜지에서의 총 전단력은 적분을 통해 다음과 같이 주어진다.

$$V_1 = \int_0^b q_1(s)ds = \frac{Vt_f b^2}{I}\left(\frac{h_w}{4} + \frac{b\sin\phi}{3}\right) \tag{6.95}$$

식 6.89과 6.95를 결합하면 최종적으로 전단중심의 위치에 대한 표현식을 얻게 된다.

$$e = \frac{b^2 t_f h_w \cos\phi}{I}\left(\frac{h_w}{4} + \frac{b\sin\phi}{3}\right) \tag{6.96}$$

여기서 관성모멘트 I는 식 6.92로 주어진다.

예제 6.19과 6.20에서 위의 분석에 해당되는 두 가지의 특별한 경우, 즉 ㄷ형 단면과 이등변 ㄱ형 단면의 경우에 대해 전단중심을 결정하게 된다.

예제 6.19

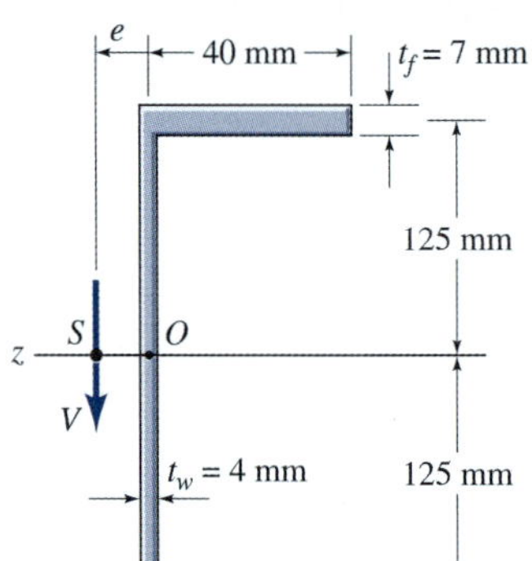

그림 1

보에 대한 전단흐름 분석에 대한 기초 공식인 식 6.65를 이용하여 그림 1의 ㄷ형 단면에 대한 전단중심의 편심을 결정하시오. 다른 단면 치수들과 비교하여 두께는 무시하시오. V의 단위는 N으로 하시오.

풀이 계획 식 6.96을 도출하면서 수행했던 과정을 따라가 보면 O점에 대한 합모멘트에 기초한, 식 6.89와 같은 e에 대한 표현식을 도출할 수 있다. 이것은 플랜지의 전단력을 포함할 것이다. 다음으로 플랜지 전단흐름에 대한 표현식을 결정할 수 있으며 그 후에 이 플랜지 전단흐름을 사용하여 e의 표현식에 필요한 플랜지 전단력을 결정한다. 전단중심은 단면 외부에 위치할 것이다.

풀이 플랜지의 작은 부분 $(\frac{1}{12}bt_f^3)$에 대한 영향을 무시하면 관성모멘트에 대한 다음과 같은 값을 얻는다.

$$I = \frac{t_w h_w^3}{12} + 2A_f d_f^2$$

$$I = \frac{(4\ \text{mm})(250\ \text{mm})^3}{12} + 2(40\ \text{mm})(7\ \text{mm})(125\ \text{mm})^2$$

$$I = 13.96(10^6)\ \text{mm}^4 = 13.96(10^{-6})\ \text{m}^4$$

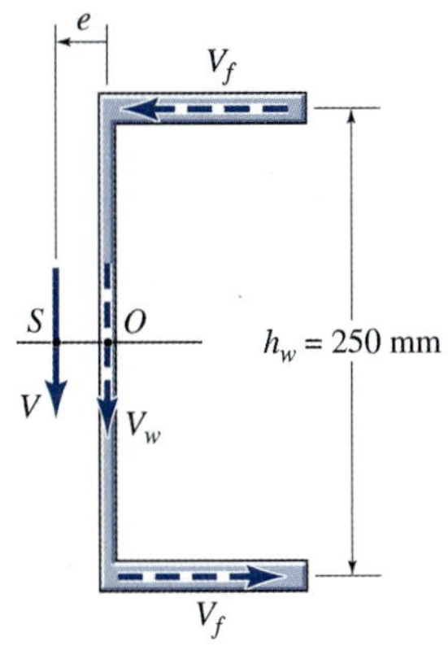

그림 2

O점(V_w가 통과하는)에 대한 모멘트합력으로부터(그림 2),

$$+\circlearrowleft\left(\sum M\right)_O = Ve = V_f h_w$$

따라서

$$e = \frac{V_f h_w}{V} \tag{1}$$

이다. 식 6.65로부터

$$q_f = \frac{VQ_f}{I} \tag{2}$$

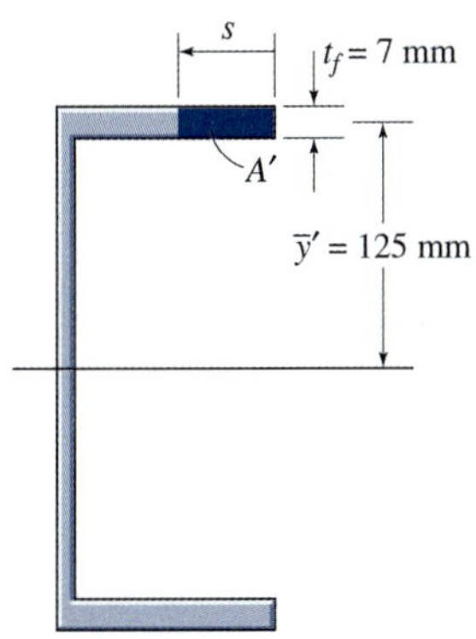

그림 3

여기서 Q_f는 그림 3의 플랜지 면적, A'에 기초한 것이다. 즉

$$Q_f = A'\bar{y}' = (7\ \text{mm})(s)(125\ \text{mm})$$

$$Q_f = 875s\ \text{mm}^3$$

따라서

$$q_f = \frac{(V\ \text{N})(875s\ \text{mm}^3)}{13.96(10^6)\ \text{mm}^4}$$

$$(q_f)_{\max} = (q_f)_{s=40\ \text{mm}}$$

$$= 2.51(10^{-3})V\ \text{N/m} \tag{3}$$

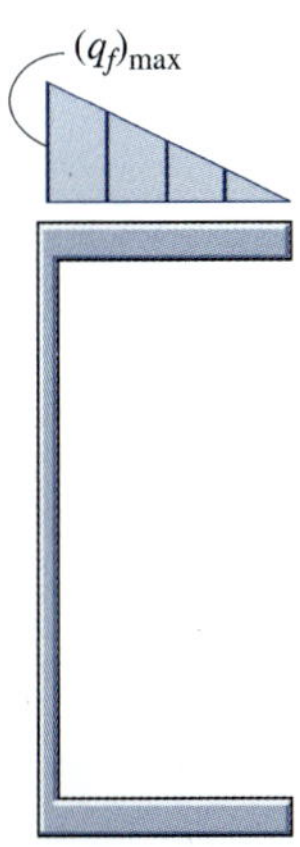

그림 4

전단흐름의 분포가 그림 4에 보이는 바와 같이 삼각형의 형태를 취하므로 플랜지의 전단력 V_f는

$$V_f = \frac{1}{2}[2.507(10^{-3})V\ \text{N/mm}](40\ \text{mm})$$

$$V_f = 0.0501V\ \text{N} \tag{4}$$

이다. 식 (1)과 식 (4)를 결합하게 되면 다음과 같다.

$$e = 0.0501h_w = 12.5\ \text{mm}$$ **답**

풀이 검토 전단중심이 단면의 외부에 위치하기 위해서 편심 e는 양의 값을 가져야 한다. 답의 부호는 정확하며 크기 또한 보의 치수에 비교했을 때 타당하게 보인다. 시중에서 쓰이는 많은 ㄷ형 단면의 경우 e/h_w 비가 0.05~0.15 범위를 갖는다.

예제 6.20

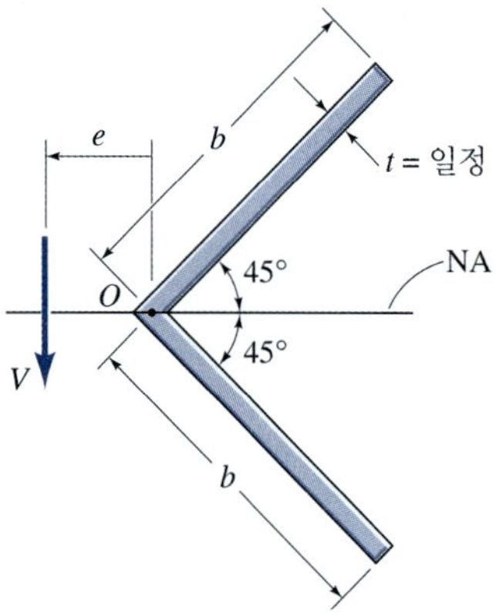

그림 1

(a) 이등변 ㄱ형강 단면(그림 1)의 전단중심이 형강의 모서리에 있음과 형강 변의 전단흐름 합력이 단면에 가해지는 총 전단력과 같음을 증명하시오. 전단력은 단면의 대칭축에 대해 수직으로 작용한다. $t \ll b$로 가정한다. (b) 그림 1의 단면에서의 최대 전단력을 결정하시오.

풀이 계획 이등변 ㄱ형강의 각 변을 따라 전단력의 합력이 존재한다. 이 두 힘의 작용선이 모서리 O를 통과하므로 이 점이 전단중심이어야 한다. 기본적인 전단흐름에 대한 개념을 사용하여 이에 대한 표현식을 얻어낼 수 있다(즉, 식 6.65). 또는 $h_w = 0$, $\phi = 45°$로 정해 놓고 식 6.95를 사용할 수 있다. 최대 전단응력은 중립축에서 발생한다.

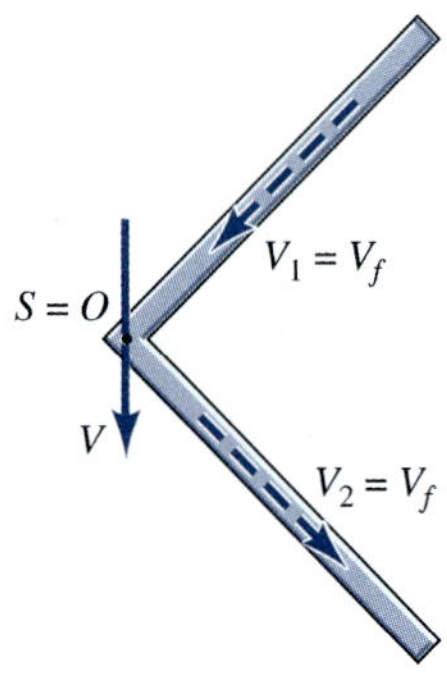

그림 2

풀이 (a) 전단중심의 위치를 결정하고 플랜지 전단의 합이 V가 됨을 증명하시오. 그림 2에서 나타낸 바와 같이 V_1과 V_2 모두 O점을 통과하므로 합력 V는 이 점을 통과해야 한다. 그러므로 전단중심은 이등변 ㄱ형강의 변이 교차하는 점에 놓여 있다.[35] 플랜지의 전단력은 식 6.95로 주어진다.(단, $h_w = 0$)

$$V_f = \frac{Vtb^3 \sin 45°}{3I} \tag{1}$$

식 6.92를 이 문제의 경우에 적용하여 관성모멘트를 구하면 다음과 같다.

$$I = \frac{2}{3} b^3 t \sin^2 45° = \frac{b^3 t}{3} \tag{2}$$

식 (1)과 식 (2)을 결합하면 다음을 얻게 된다.

$$V_f = \frac{V}{\sqrt{2}} \tag{3}$$

따라서

$$+\downarrow \sum F_y = 2V_f \sin 45° = V$$

식 6.92와 6.95를 결합하면 정확한 전단력 합을 얻게 됨을 알 수 있다.

(b) 최대 전단응력 결정: 식 6.94를 다음 조건에 적용하면 전단흐름 분포를 얻게 된다.

$$q_f(s) = \frac{Vts}{I}\left(b - \frac{s}{2}\right) \sin 45° \tag{4}$$

여기서 I는 식 (2)에 의해 주어진다. 전단흐름의 분포를 도시하면 그림 3과 같다. $\tau_f = q_f / t$이므로

35) 이 내용은 부등변 ㄱ형강에 대해서도 해당된다. 그러나 부등변 ㄱ형강의 전단흐름 분포는 6.6절의 비대칭 굽힘 이론을 사용하여 결정되어야 한다. 따라서 여기에서 전단흐름에 대한 문제는 이등변 ㄱ형강에 대해서만 취급한다.

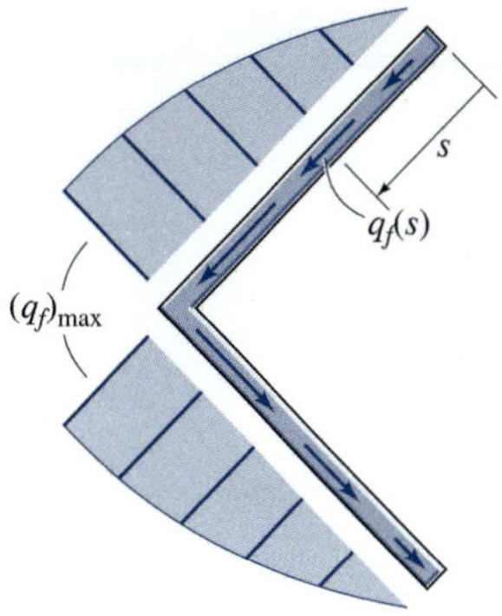

그림 3

$$(\tau_f)_{max} = \frac{(q_f)_{s=b}}{t}$$

또는

$$(\tau_f)_{max} = \left(\frac{3\sqrt{2}}{4}\right)\frac{V}{bt} \qquad \textbf{답 (5)}$$

풀이 검토 τ_{max}에 대한 답을 근사적으로 점검해 보기 위해 앞의 결과인 식 (5)와 삼각형에 대한 τ_{max}를 비교해 보자. 예제 6.14로부터

$$(\tau_{max})_{rectangle} = \frac{3}{2}\frac{V}{A}$$

이등변 ㄱ형강의 면적이 $2bt$이므로 식 (5)는 다음과 같이 표현될 수 있다.

$$(\tau_{f\,max})_{angle} = \frac{3\sqrt{2}}{2}\frac{V}{A}$$

이등변 ㄱ형강에서의 전단흐름이 합력 V와 평행하지 않으므로 형강 단면에서의 전단응력이 직사각형 단면보다 $\sqrt{2}$배 정도 크다.

기초적인 전단흐름 공식을 사용할 수 있는 기회로서 연습문제 6.12-16을 살펴보면 위와 같은 결과를 얻게 된다.

6.13 연습문제

■ 보의 변형률–변위 해석

문제 6.2-1. 직사각형 단면을 갖는 띠톱날이 지름 $r = 600$ mm의 도르래를 그림 P6.2-1과 같이 지나고 있다. 띠톱날의 톱니는 무시하며, 톱날 중심에 중립면이 위치한다고 가정한다. 톱날 두께가 (a) $h = 1.25$ mm일 때, (b) $h = 2.0$ mm일 때, 각각 최대 변형률 ϵ_{max}를 구하시오.

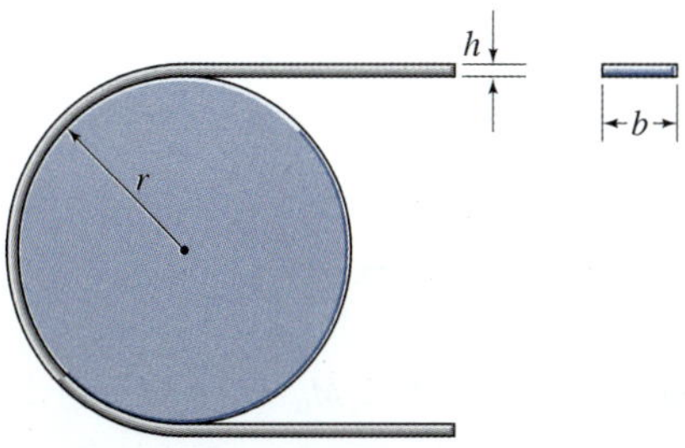

P6.2-1

문제 6.2.2. 우력 모멘트 M_0가 길이 $L = 30$ in.이며, 두께 $h = 1/8$ in.인 강재 띠에 그림 P.6.2-2와 같이 작용하며, 원형으로 굽힘을 발생시키고 있다. 강재 띠 양단 수준에서 중앙부 처짐 δ가 3.5 in.로 측정되었다. (a) 곡률중심 C에서부터 강재 띠 단면 중심을 지나는 중립축까지의 거리인 곡률반지름 ρ를 구하시오. (b) 굽힘을 받는 강재 띠의 최대 축방향 변형률 ϵ_{max}를 구하시오.

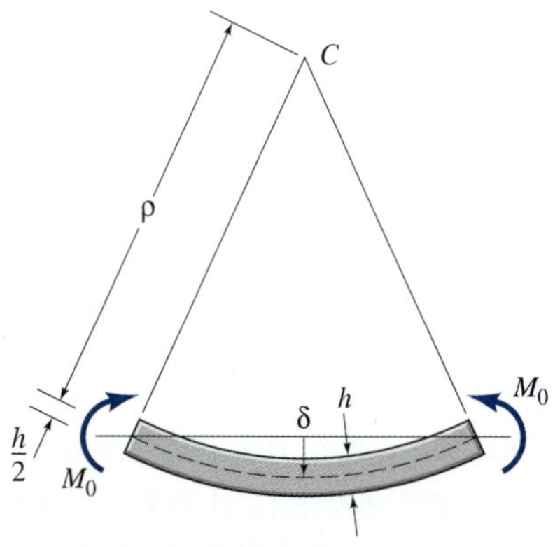

P6.2–2

문제 6.2.3 강재 띠를 원형으로 굽힘을 준 후, 양단을 그림 P6.2-3과 같이 맞대기용접하였다. (a) 강재 띠의 두께가 $h = 1$ mm이며, 강재 띠의 최대 허용변형률이 $\epsilon_{max} = 2.0 \times 10^{-3}$ mm/

mm일 때, 가장 짧은 강재 띠의 길이를 구하시오. (b) 강재 띠의 길이가 $L=3$ m이고, 두께가 $h=1.5$ mm일 때, 이 강재 띠의 최대 변형률을 구하시오.

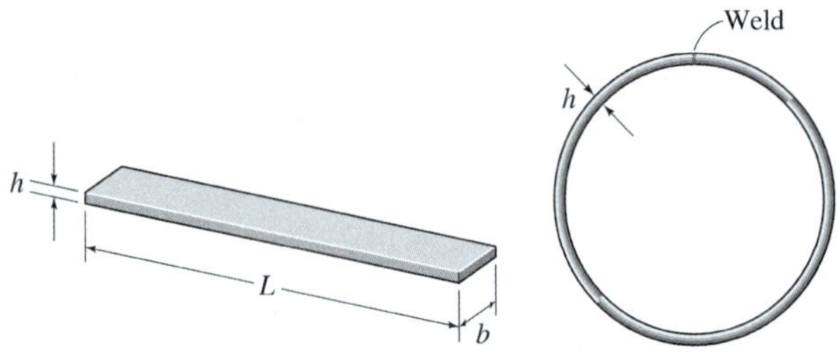

P6.2-3

문제 6.2-4 우력 모멘트 M_0가 기다란 외팔보 끝단에 작용하여, 그림 P6.2-4와 같이 원호 ρ의 길이를 갖는 굽힘이 발생하였다. 보의 높이가 $h=2c$이고, 길이가 L일 때, 최외측 하단부 $(y=-c)$의 축방향 변형률이 ϵ_{max}이다. (a) 곡률반지름 ρ을 수식으로 표현하시오. (b) 외팔보 끝단의 처짐인 δ_{max}을 수식으로 표현하시오. ϵ_{max}, c, L값을 활용하여 표시하시오.

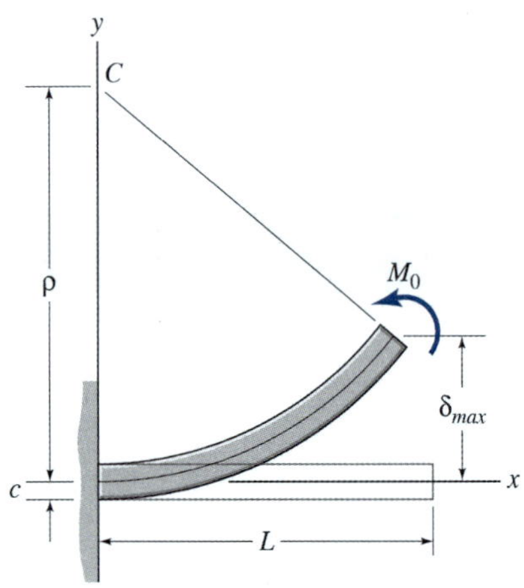

P6.2-4

문제 6.2-5 횡방향 곡률, $\kappa' = 1/\rho'$은 식 6.5에 유도되어 있는 $\kappa' = \nu k$에 의해 종방향 곡률인 $\kappa = 1/\rho$와 관계됨을 증명하시오.

■ 선형 탄성보의 휨 응력

문제 6.3-1 직사각형 단면을 가진 금속 스트랩(탄성계수$=E$)은 그림 P6.3-1과 같이 반지름이 r인 원형 실린더에 의해 휘어져있다. 스트랩의 곡선 부분에서 최대 인장응력에 대한 식을 결정하시오. 스트랩의 제원, 반지름 r 및 탄성계수 E를 이용하여 관계식을 표현하시오.

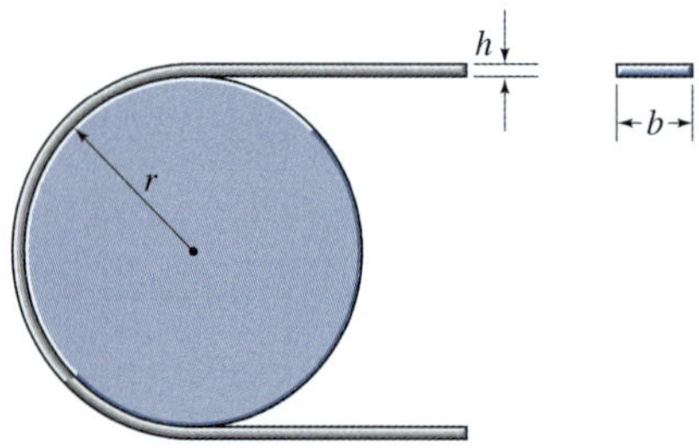

P6.3-1, P6.3-2, P6.3-3

설계문제 6.3-2 치수가 $b=6$ mm이고 $h=1$ mm인 직사각형 단면을 가진 강재 띠($E=210$ GPa)는 그림 P6.3-2와 같이 반지름 r인 원형 실린더 주위로 휘어져있다. 강재 띠의 최대 허용 인장응력이 200 MPa인 경우, 사용할 수 있는 실린더의 최소 반지름 r을 결정하시오.

설계문제 6.3-3 직사각형 단면을 가진 강재 띠($E=29\times10^3$ ksi)는 그림 P6.3-3과 같이 반지름 $r=20$ in.의 원형 실린더 주위로 휘어져있다. 최대 허용 굽힘응력이 항복강도($\sigma_Y=36$ ksi)를 초과하지 않는 경우, 이 강재 띠가 가질 수 있는 최대 두께 h를 결정하시오.

문제 6.3-4 두께가 $h=4$ mm이고 길이가 $L=1.5$ m인 고강도 강재 띠($E=210$ GPa)는 그림 P6.3-4와 같이 단부 우력 모멘트 M_0에 의해 원호로 구부러져있다. (a) 휘어진 결과로 원호가 각도 $\alpha=30°$를 갖는 경우, 이 강재 띠의 최대 굽힘응력 $(\sigma_{max})_a$을 구하시오. (b) 우력 모멘트 M_0이 감소하여 원호의 각도 $\alpha=24°$를 이룰 경우, 이 강재 띠의 최대 굽힘응력 $(\sigma_{max})_b$을 구하시오.

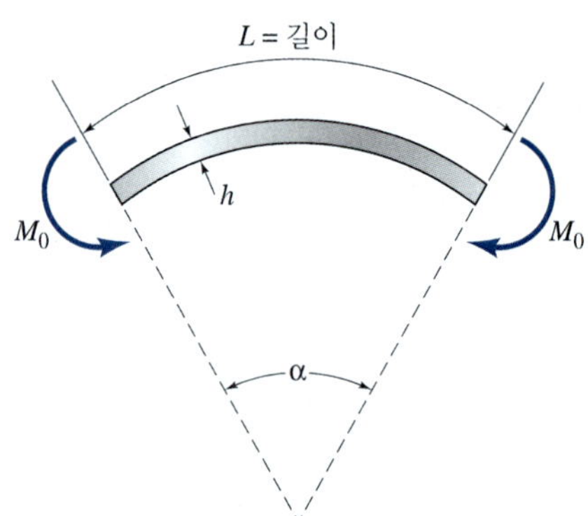

P6.3-4

문제 6.3-5 단부 우력 모멘트 $M_0=20$ kN·m은 그림 P6.3-5와 같이 길쭉한 강재 외팔보($E=210$ GPa)의 끝단에 작용하여 반지름 ρ를 가지며, 원호 모양으로 휘어진다. 보의 단면은 치수 $d=120$ mm 정사각형이다. 이 보의 (a) 최대 인장응력, (b) 곡률반지름, (c) 길이 $L=4$ m인 경우, 최대 처짐 δ_{max}을 구하시오.

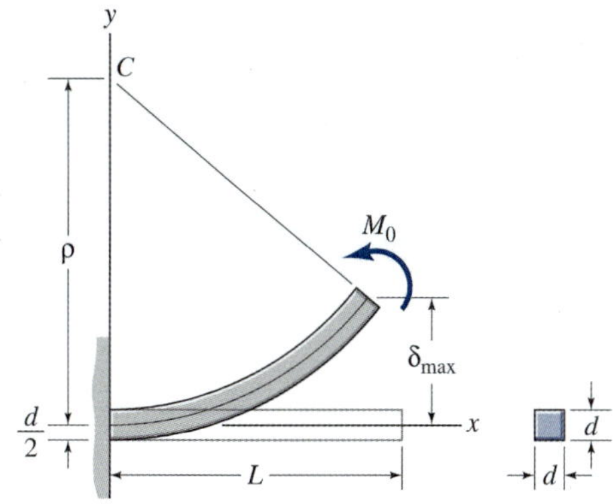

P6.3-5와 P6.3-6

문제 6.3-6 문제 6.3-5를 $E=30\times10^3$ ksi, $d=4$ in., $L=10$ ft, 그리고 $M_0=20$ kip · ft인 경우로 재계산하시오.

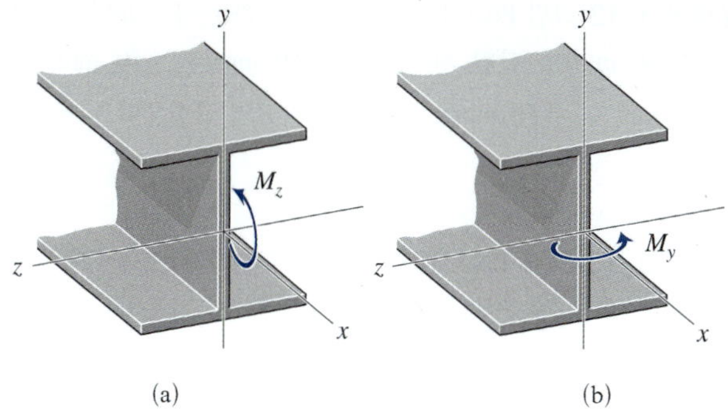

P6.3-8과 P6.3-9

설계문제 6.3-9 광폭 플랜지를 갖는 W250×89 단면(표 D.2 참조)이고, 허용 휨 응력이 200 MPa인 경우, 문제 6.3-8를 재계산하시오.

설계문제 6.3-10 압출 성형된 알루미늄 기계 부품은 그림 P6.3-10의 단면을 갖는다. 장력에 허용 휨 인장응력이 200 MPa일 때, 부재에 적용할 수 있는 최대 모멘트 M을 구하시오. 이때, 압축시 허용 휨 응력은 100 MPa이다.

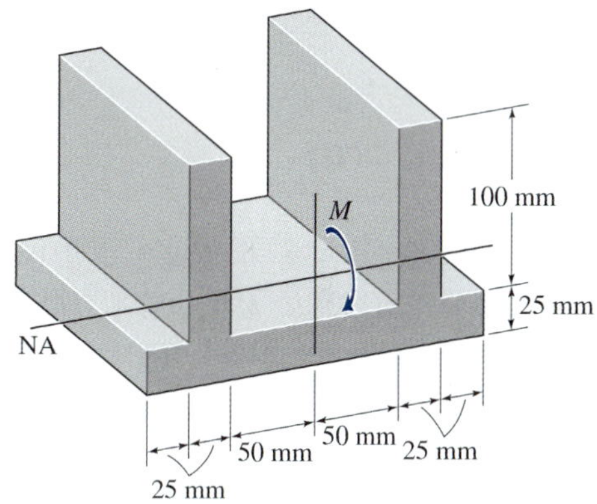

P6.3-10

■ 선형 탄성보의 휨 응력 MDS 6.1-6.3

문제 6.3-7 목재 보는 그림 P6.3-7과 같이 폭 5.5 in 및 깊이 8.5 in의 박스형 단면을 형성하기 위해, 나사로 고정된 4개의 널빤지로 구성되어 있다. 횡단면의 B점의 휨 응력이 900 psi (T)인 경우, (a) A점의 굽힘응력을 계산하시오. (b) 횡단면에서 C점의 응력을 계산하시오. (c) 상부 판재의 총 작용력을 계산하시오.

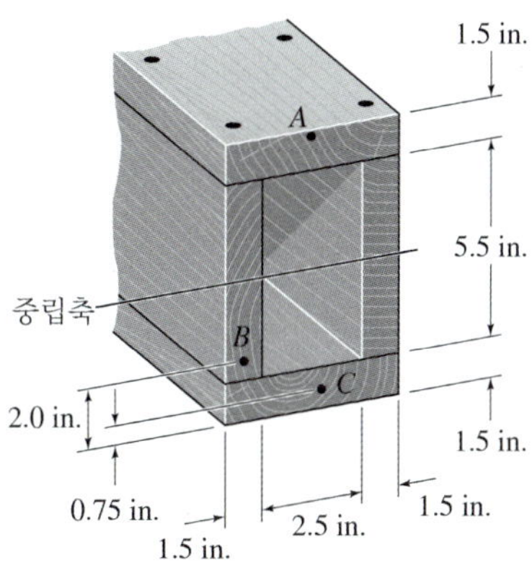

P6.3-7

설계문제 6.3-8 그림 P6.3-8와 같이 구조용 강재이며, 광폭 플랜지를 갖는 W10×60 단면이 있다(표 D.1 참조). 보의 허용 휨 응력은 28 ksi이다. (a) 작용할 수 있는 최대 모멘트 M_z를 계산하시오(xy평면에서의 처짐). (b) 작용할 수 있는 최대 모멘트 M_y를 계산하시오(xz평면에서의 처짐).

문제 6.3-11 그림 P6.3-11의 단면에서 점 A와 B의 굽힘응력을 계산하시오. 이 단면에 작용하는 굽힘 모멘트가 $M=$ 10 kip · ft이며, 단면 치수는 $b_f=8$ in., $t_f=2$ in., $h_w=6$ in., $t_w=2$ in.이다.

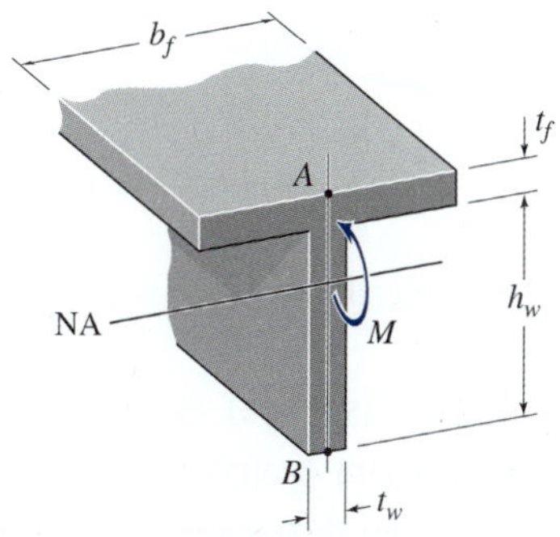

P6.3-11과 P6.3-12

문제 6.3-12 그림 P6.3-11의 단면에 작용하는 굽힘 모멘트가 $M = 20$ kN · m이며, 단면 치수는 $b_f = 150$ mm, $t_f = 50$ mm, $h_w = 200$ mm, $t_w = 50$ mm일 때, 점 A와 B의 굽힘응력을 계산하시오.

문제 6.3-13 그림 P6.3-13과 같이 3개의 목재보드를 서로 접착하여 단일 보를 구성하였다. 이때, 단면에서 작용하는 모멘트는 M이다. (a) 보의 밑면과 중립축(NA) 사이의 거리에 대한 식을 구성하시오. (b) 이 보 내부의 최대 인장응력에 대한 식을 결정하시오. (c) 상부 목재보드에 작용하는 총 압축력을 계산하시오.

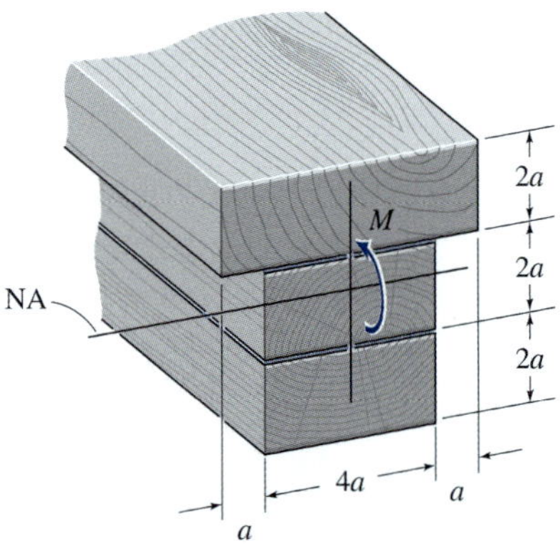

P6.3-13

문제 6.3-14 압출성형 알루미늄 기계부품은 그림 P6.3-14에 표시된 단면이 있다. 굽힘 모멘트 M은 그림과 같은 방향으로 작용한다. 상단의 최대 인장력의 크기와 최대의 압축력 크기의 비가 3 : 1의 비율일 때, 두 개의 수직 웹의 두께 t를 계산하시오.

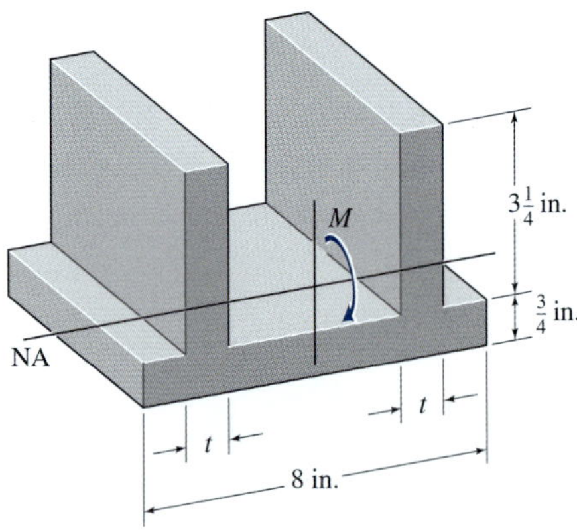

P6.3-14

문제 6.3-15 그림 P6.3-15의 중실 축 AD는 A와 C의 베어링에 의해 지지된다. B와 D의 풀리(도르래)에 작용하는 팬 벨트 힘은 모두 샤프트에 직각으로 작용한다. 이때, 베어링이 샤프트에 수직반력을 생성한다고 가정한다. 단면 B에서 축의 최대 굽힘응력을 계산하시오.

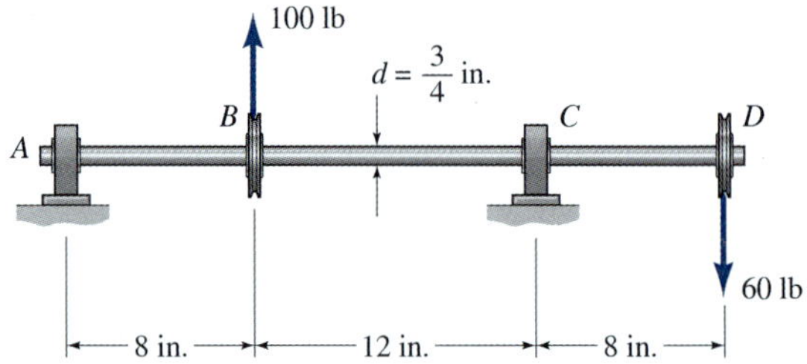

P6.3-15와 P6.8-13

문제 6.3-16 직사각형 목재 보 AE는 그림 P6.3-16에 표시된 단면치수와 하중을 받고 있다. (a) C점에서 단면의 휨 응력 분포를 결정하시오. (b) 이 응력 분포를 그리시오. (c) 이 단면에서 총 압축력을 결정하시오.

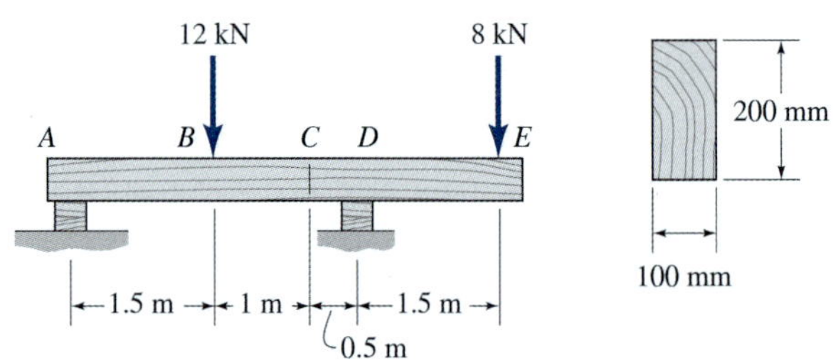

P6.3-16과 P6.3-27

문제 6.3-17 단순지지된 광폭 플랜지 보는 그림 P6.3-17에 나타나 있는 하중과 단면 치수를 갖는다. C점에서 단면 최대 인장응력을 결정하시오. 이때, 보의 자중은 무시한다.

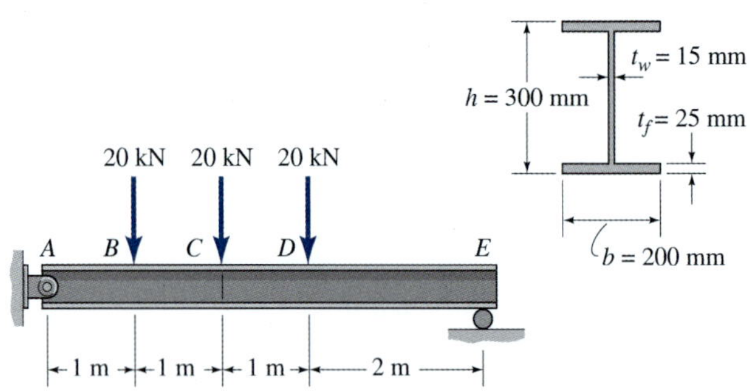

P6.3-17, P6.3-28, P6.3-38

문제 6.3-18 광폭 플랜지를 갖는 내민보가 그림 P6.3-18와 같다. C점에서 단면 최대 인장응력을 결정하시오. 이때, 보의 자중은 무시한다.

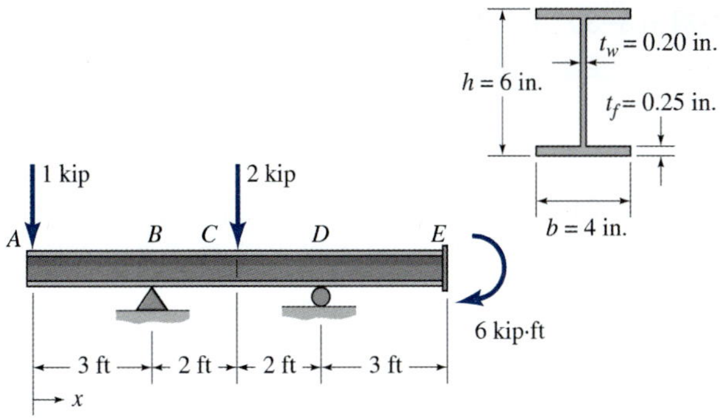

P6.3-18, P6.3-29, P6.3-39

문제 6.3-19 W12×65 광폭 플랜지 보는 그림 P6.3-19에 나타나 있는 분포하중과 집중하중을 지지하고 있다. 이 보의 단면 특성은 표 D.1을 참조하시오. (a) 5 kip의 하중을 받는 B점의 바로 왼쪽의 단면에서 최대 인장응력을 결정하고, (b) C점의 단면에 작용하는 최대 압축응력을 결정하시오.

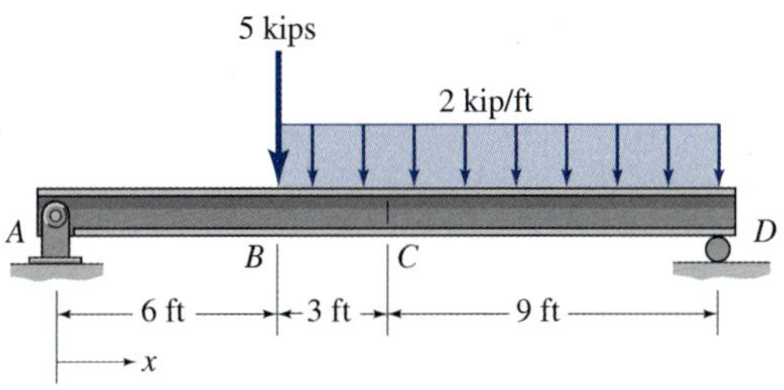

P6.3-19, P6.3-30, P6.3-40

문제 6.3-20 W150×24 광폭 플랜지 보는 그림 P6.3-20에 나타나 있는 분포하중과 집중하중을 지지하고 있다. 이 보의 단면 특성은 표 D.2를 참조하시오. (a) 8 kN · m의 우력 모멘트가 작용하는 B점의 바로 왼쪽 단면의 최대 인장응력을 결정하고, (b) B점의 바로 오른쪽 단면에 작용하는 최대 인장응력을 결정하시오.

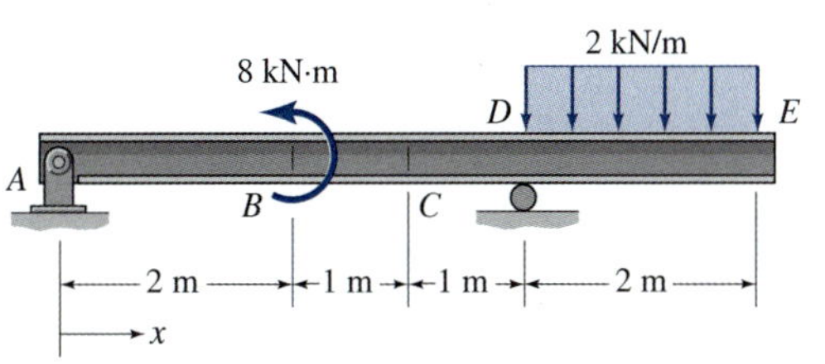

P6.3-20, P6.3-31, P9.3-5

문제 6.3-21 그림 P6.3-21의 강재 샤프트 AE는 B와 D의 베어링으로 지지된다. A와 E의 도르래 하중은 서로 평행하고 베어링은 샤프트에 수직인 집중반력을 생성한다고 가정한다. (a) 샤프트의 전단력 및 굽힘 모멘트 선도를 스케치하고, (b) 지름이 $d=0.625$ in인 샤프트의 최대 굽힘응력을 결정하시오.

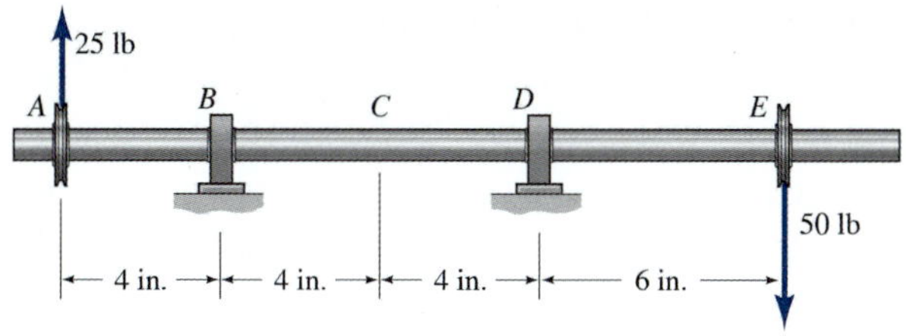

P6.3-21

문제 6.3-22 구조용 T형보는 그림 P6.3-22와 같이 $w=600$ N/m의 삼각형 분포하중과 $P=1$ kN의 집중하중을 지지하는 외팔보로 구성되어있다. 단부 B점에서 최대 인장 휨 응력과 최대 압축 휨 응력을 결정하시오. 단면 치수는 그림에 표시되어 있으며, 중립축(NA)에 대한 관성모멘트는 $I=13.8\times10^6$ mm^{4}이다.

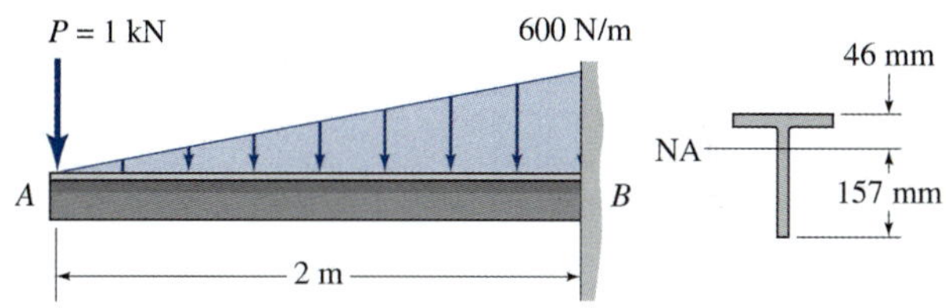

P6.3-22

문제 6.3-23 ㄷ형강 보의 단면은 그림 P6.3-23과 같고, $w=25$ lb/ft의 분포하중과 $P=50$ lb의 집중하중을 지지하기 위해 외팔보로 구성되었다. 단부 A점에서 최대 인장 굽힘응력과 최대 압축 굽힘응력을 결정하시오. 단면 치수는 그림에 표시되어 있으며, 중립축(NA)에 대한 관성모멘트는 $I=5.14$ in.^{4}이다.

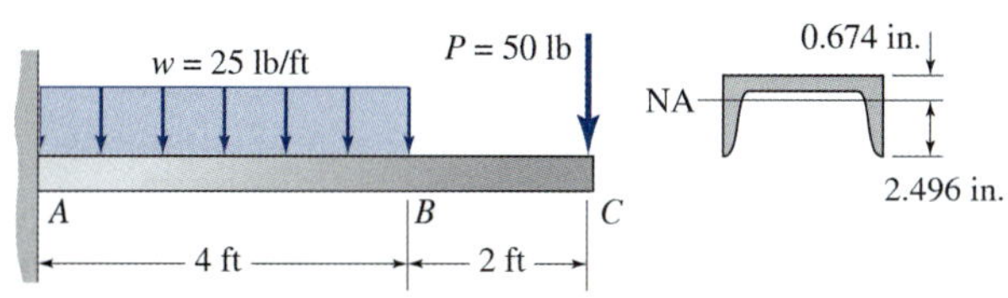

P6.3-23

설계**문제 6.3-24** 외팔보에는 두 개의 집중하중이 작용하고, 단면 치수는 그림 P6.3-24에 나타나 있다. (a) 이 보의 전단력 및 굽힘 모멘트 선도를 스케치하고, P로 전단력을 표현하고, $L=4$ m인 PL로 굽힘 모멘트 값을 표현하시오. (b) 허용 굽힘응력(인장 또는 압축)이 180 MPa를 허용하는 경우, 이 보에 작용할 수 있는 하중 P의 최댓값을 결정하시오. 중립축(NA)에 대한

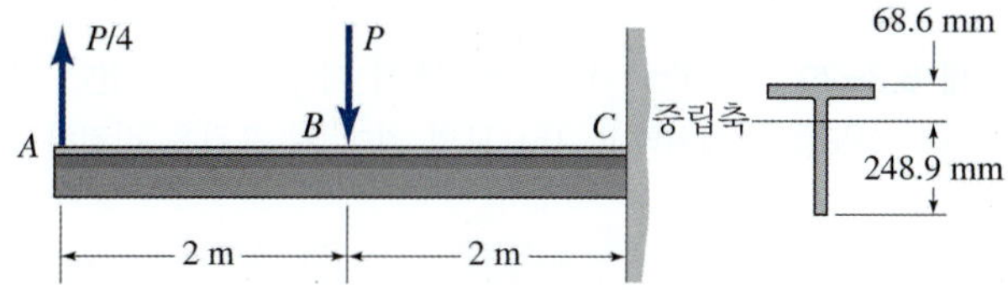

P6.3-24

단면2차모멘트는 $I=122\times10^6$ mm^{4}이다.

문제 6.3-25 W24×94의 광폭 플랜지 단면을 갖는 보가 그림 P6.3-25와 같이 분포하중 $w=1.5$ kips/ft과 집중하중 $P=20$ kips를 받으며 외팔보로 지지되고 있다. (a) 보 AC에 대한 전단력 및 굽힘 모멘트 선도를 스케치하고, (b) 보의 최대 굽힘 응력을 결정하시오. 휨 응력 계산 시 보의 자중을 고려하시오.

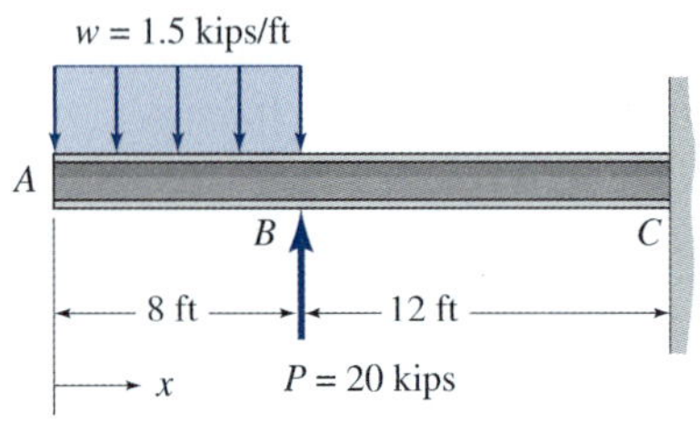

P6.3-25와 P9.3-4

문제 6.3-26 D의 하강 운동을 제한하기 위해 그림 P6.3-26a와 같이 마이크로 스위치가 설치되었다. 완전히 눌렸을 때 스위치 암 AC는 끝 부분에 작용되는 집중하중 $P=0.50$ oz의 외팔보로 모델링 할 수 있다. 그림 P6.3-26b와 같이 접촉점 B에서 $2P=1.00$ oz의 반력이 작용한다. (a) 보 AC에 대한 전단 및 굽힘 모멘트 선도를 스케치하고, (b) 스위치가 완전히 활성화되었을 때, 보의 최대 휨 응력을 결정하시오. 응력단위로 psi를 사용하시오. 보의 단면은 그림 P6.3-26c에 나타나 있다.

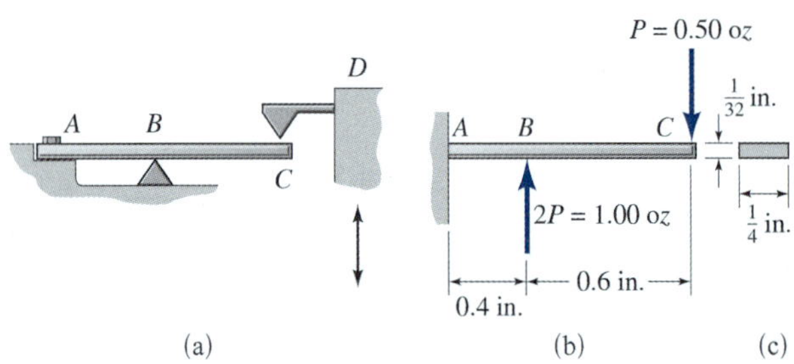

P6.3-26

문제 6.3-27 그림 P6.3-16의 보 AE에 대해서는 (a) 전단 및 모멘트 선도를 스케치하고, (b) 보의 최대 휨 응력을 결정하시오.

문제 6.3-28 그림 P6.3-17의 보 AE에 대해서는 (a) 전단 및 모멘트 선도를 스케치하고, (b) 보의 최대 휨 응력을 결정하시오.

문제 6.3-29 그림 P6.3-18의 보 AE에 대해서는 (a) 전단 및 모멘트 선도를 스케치하고, (b) 보의 최대 휨 응력을 결정하시오.

문제 6.3-30 그림 P6.3-19의 보 AE에 대해서는 (a) 전단 및 모멘트 선도를 스케치하고, (b) 보의 최대 휨 응력을 결정하시오.

문제 6.3-31 그림 P6.3-20의 보 AE에 대해서는 (a) 전단 및 모멘트 선도를 스케치하고, (b) 보의 최대 휨 응력을 결정하시오.

문제 6.3-32 구조용 T형강이 그림 P6.3-32와 같이 최대 세기 $w_0=3$ kN/m의 삼각형 분포하중과 집중하중 $P=500$ N을 외팔보로 지지하고 있다. (a) 보에 대한 전단 및 모멘트 선도를 스케치하고, (b) 최대 인장 휨 응력 및 최대 압축 휨 응력을 계산하시오. 단면 치수는 아래에 나와 있으며 보의 중립축(NA)에 대한 관성모멘트는 $I=895(10^3)$ mm^{4}이다.

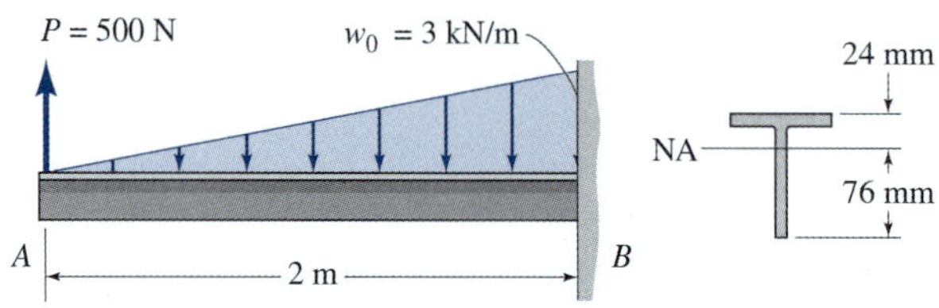

P6.3-32

문제 6.3-33 ㄷ형강 단면은 그림 P6.3-33과 같이 분포하중 $w=100$ lb/ft와 집중하중 $P=100$ lb를 외팔보로 지지하고 있다. (a) 보의 전단력 및 모멘트 선도를 스케치하고, (b) 보의 최대 인장 휨응력 및 최대 압축 휨응력을 결정하시오. 단면 치수는 아래 그림에 나와 있으며 중립축(NA)에 대한 관성모멘트는 $I=5.14$ in^{4}이다.

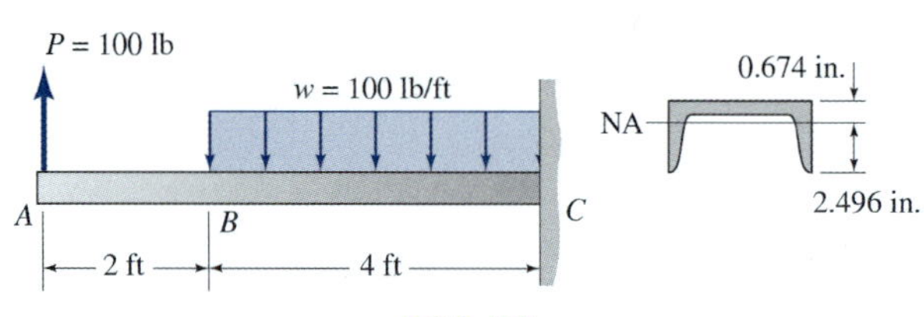

P6.3-33

설계**문제 6.3-34** 그림 P6.3-34와 같이 T형 단면을 갖는 외팔보에 적용할 수 있는 최대 등분포 하중 w를 결정하시오. 허용 인장응력은 $(\sigma_{allow})_T=20$ ksi이다. 허용 압축응력은 $(\sigma_{allow})_C=16$ ksi이다.

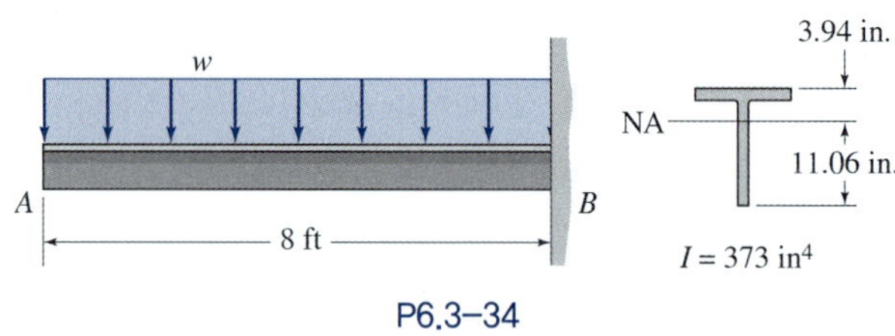

P6.3-34

설계문제 6.3-35 그림 P6.3-35와 같은 내민 보에 적용할 수 있는 최대 등분포하중 w를 결정하시오. 인장 또는 압축의 허용응력은 150 MPa이고 단면은 **W**310×97이다. (부록 D의 표 D.2 참조)

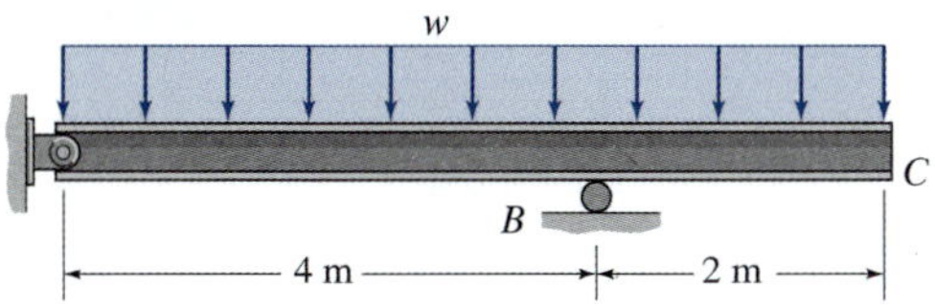

P6.3-35, P6.3-36, P6.3-41

설계문제 6.3-36 길이 AB가 5 m, 길이 BC가 2 m이며, 등분포하중을 받는 **W**360×79 보에 대해 문제 6.3-35를 반복하시오. (부록 D의 표 D.2 참조)

문제 6.3-37 식 6.13의 휨 공식을 유도할 때, σ_y와 σ_z는 σ_x보다 훨씬 작다고 가정한다. (a) 그림 P6.3-37에 나타난 등분포하중을 받는 외팔보의 상단에서 최대 휨 응력, $\sigma_{xm} \equiv |\sigma_x(x, y = h/2)|$과 x만큼 떨어진 임의단면에서 보의 최대 횡방향 수직응력 $\sigma_{ym} = p/b$ 간의 비에 대한 식을 유도하시오. (b) (a)의 결과를 사용하여 이 가정이 실제로 등분포하중을 받는 외팔보의 어느 위치에서도 충족된다는 것을 보이시오.

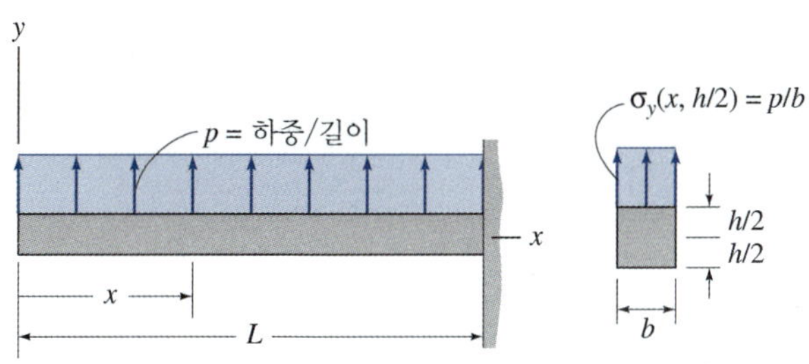

P6.3-37

■ 선형 탄성보의 휨 응력 MDS 6.1–6.3

문제 6.3-38 MDSolids 모듈 *Section Properties, Determinate Beams, and Flexure*를 사용하여, 문제 6.3-28을 해결하시오.

문제 6.3-39 MDSolids 모듈 *Section Properties, Determinate Beams, and Flexure*를 사용하여, 문제 6.3-29을 해결하시오.

문제 6.3-40 MDSolids 모듈 *Section Properties, Determinate Beams, and Flexure*를 사용하여, 문제 6.3-30을 해결하시오.

문제 6.3-41 MDSolids 모듈 *Section Properties, Determinate Beams, and Flexure*를 사용하여, 문제 6.3-31을 해결하시오.

■ 보의 강도 설계 MDS 6.4 & 6.5

> 문제 6.4–1에서 6.4–16까지는 작용 하중을 고려할 때, 보의 자중을 무시하시오. 전단력 및 모멘트 선도를 이용하여 위험 단면의 위치를 결정하시오.

설계문제 6.4-1 그림 P6.4-1의 단순지지 보는 $L = 10$ ft의 지간에서 $w = 8$ kips/ft의 하향 등분포하중을 받는다. 허용 응력(크기)은 인장과 압축에서 $\sigma_{\text{allow}} = 20$ ksi이다. 부록 D의 표 D.1에서의 적용에 사용될 수 있는 가장 가벼운 광폭 플랜지 강재 보를 선택하시오.

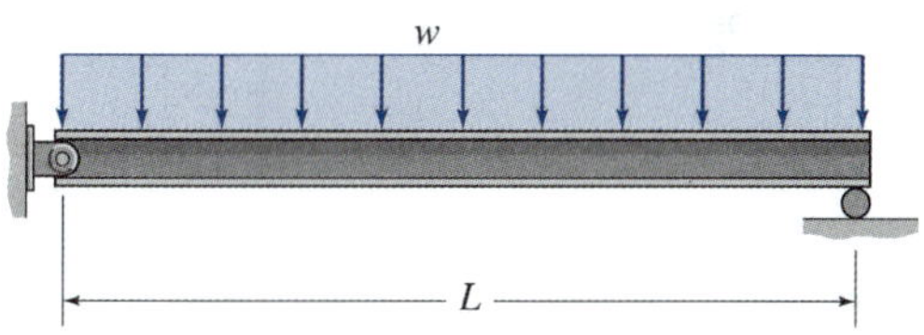

P6.4-1과 P6.4-2

설계문제 6.4-2 그림 P6.4-2의 단순지지 보는 $L = 4$ m의 지간을 가지며, $w = 90$ kN/m의 일정한 하향 분포하중을 받는다. 허용 응력(크기)은 인장 또는 압축 허용응력, $\sigma_{\text{allow}} = 150$ MPa이다. 부록 D의 표 D.2에서 사용할 수 있는 가장 가벼운 광폭 플랜지 강재 보를 선택하시오.

설계문제 6.4-3 그림 P6.4-3에서 단순지지 보가 $L = 4$ m의 지간을 가지며, 중앙부에서 $P = 200$ kN의 집중하중을 받고, 등분포 하중세기, $w = 50$ kN/m의 하향 하중이 지간의 절반인 AB 구간에 작용한다. 인장 또는 압축의 허용 응력(크기)은 $\sigma_{\text{allow}} = 150$ MPa이다. 부록 D의 표 D.2에서 이 보에 사용될 수 있는 가장 가벼운 광폭 플랜지 강재 보를 선택하시오.

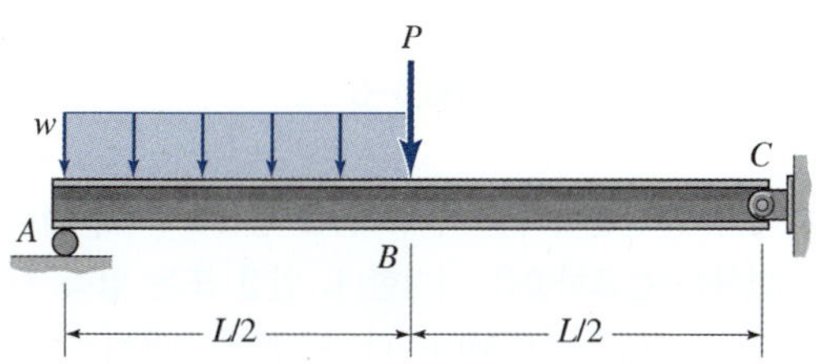

P6.4-3과 P6.4-4

설계문제 6.4-4 그림 P6.4-4에서 단순지지 보가 $L = 8$ ft의 지간을 가지며, 중앙부에서 $P = 40$ kips의 집중하중을 받고, 등분포하중 세기, $w=5$ kips/ft의 하향 하중이 지간의 절반인 AB구간에 작용한다. 인장 또는 압축의 허용응력(크기)은 $\sigma_{allow}=20$ ksi이다. 부록 D의 표 D.1에서 이 보에 사용할 수 있는 가장 가벼운 광폭 플랜지 강재 보를 선택하시오.

설계문제 6.4-5 (a) 그림 P6.4-5a에서처럼 폭 b와 두께 t의 n개의 널빤지를 함께 접착하여 적층 목재보를 만들었다. 단면계수 S를 이 보를 만드는 데 사용된 널빤지의 수와 연관시키는 수식을 유도하시오. 각 접착제 층의 두께는 무시할 수 있으며, 적층 목재보는 일반적인 목재보처럼 일체 거동한다고 가정한다. (b) 폭 $b=200$ mm 및 길이 $L=6$ m의 단순지지된 적층형 목재보는 그림 P6.4-5b와 같이 중심에서 집중하중 $P=8$ kN를 지지한다. 인장 또는 압축 시 목재의 허용 응력의 크기는 $\sigma_{allow}=6$ MPa이다. 이 보에 사용될 수 있는 가장 가벼운 적층형 목재보에 필요한 두께 $t=50$ mm의 널빤지의 수를 결정하시오.

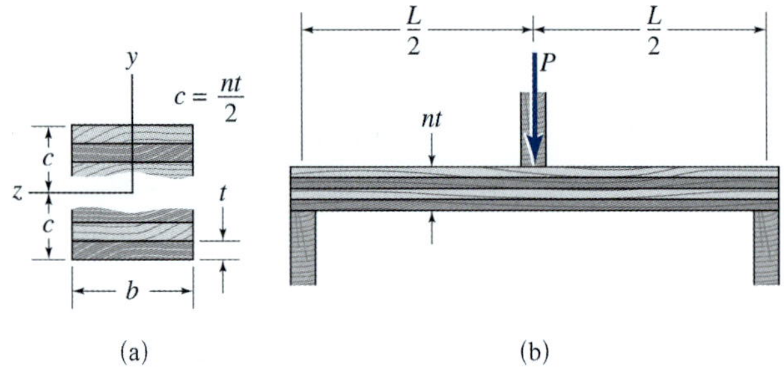

P6.4-5

설계문제 6.4-6 단순지지된 목재보는 그림 P6.4-6과 같이 삼각형 분포하중을 지지한다. 인장 또는 압축 시 허용응력의 크기는 $\sigma_{allow}=800$ psi이다. 부록 D의 표 D.8에서 보의 공칭 깊이가 공칭 너비의 두 배를 초과하지 않는 경우, 이 보에 사용될 수 있는 가장 가벼운 목재보를 선택하시오.

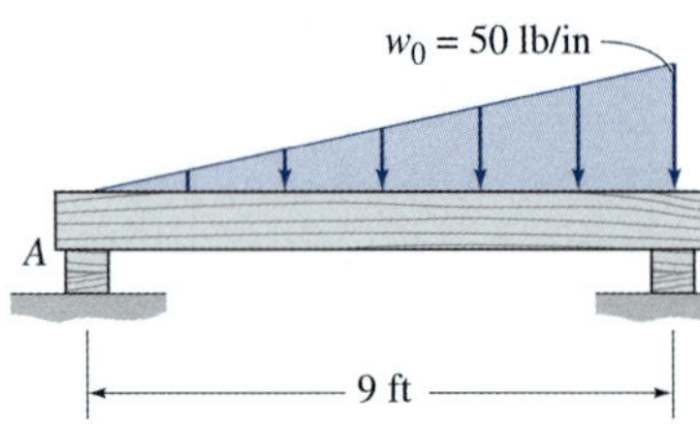

P6.4-6

설계문제 6.4-7 단순지지된 목재보는 그림 P6.4-7과 같이 선형적으로 변하는 분포하중을 지지한다. 인장 또는 압축 시 허용응력의 크기는 $\sigma_{allow}=6$ MPa이다. 이 보에 사용될 수 있는 사각 단면을 가진 가장 가벼운 목재보의 치수 b를 10 mm에 가장 가까운 치수로 결정하시오.

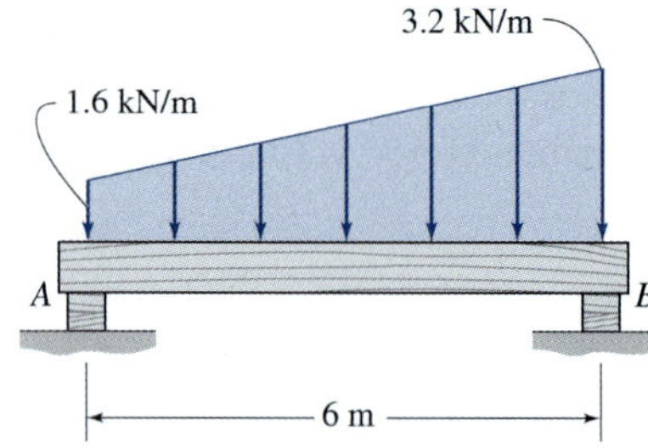

P6.4-7

설계문제 6.4-8 부록 D의 표 D.2에서 그림 P6.4-8에 표시된 보에 사용할 수 있는 가장 가벼운 W 플랜지 강재보를 선택하시오. 인장 또는 압축의 허용 응력(크기)은 $\sigma_{allow}=150$ MPa이다.

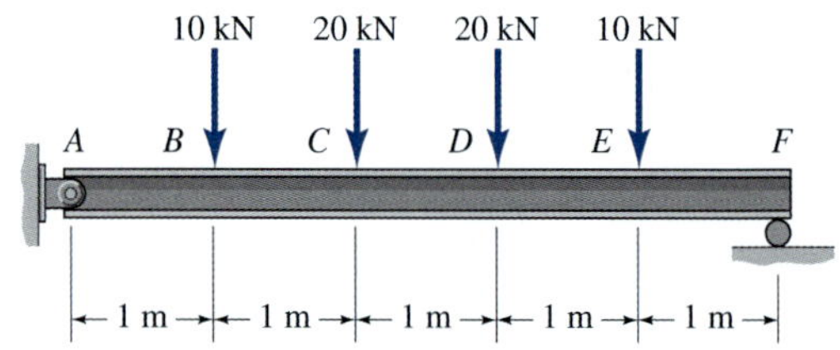

P6.4-8

설계문제 6.4-9 부록 D의 표 D.1에서 그림 P6.4-9의 보에 사용할 수 있는 가장 가벼운 W 플랜지 강재보를 선택하시오. 인장 또는 압축의 허용 응력(크기)은 $\sigma_{allow}=20$ ksi이다.

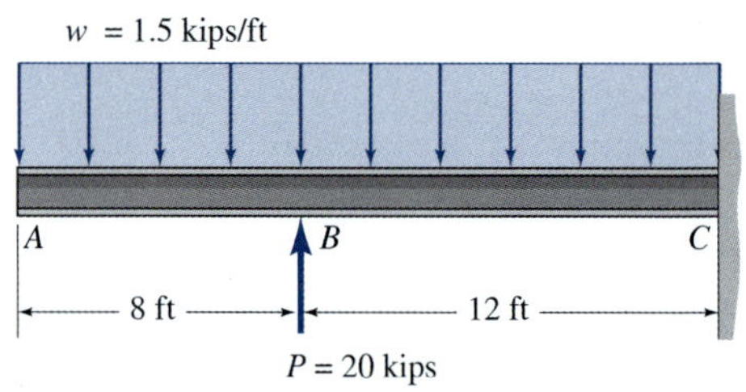

P6.4-9

설계문제 6.4-10 부록 D의 표 D.5에 있는 ㄱ형강 단면은 그림 P6.4-10b에 나와 있는 것처럼 ㄷ형 단면을 갖는 보를 형성하기 위해 함께 용접되어야 한다. 하중은 $w=1.0$ kips/ft, $P=12$ kips이다. 만약 인장시 허용응력이 $(\sigma_{allow})_T=20$ ksi이고, 압축시 허용응력 크기는 $(\sigma_{allow})_C=15$ ksi이다. 그림 P6.4-10a에 표시

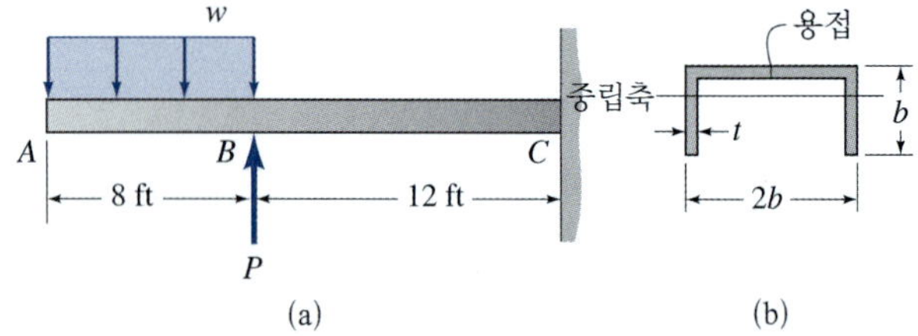

P6.4-10

된 보를 만드는 데 사용할 수 있는 가장 가벼운 형강을 결정하시오. (단면2차모멘트 등에 대한 식을 구할 때, $t/b \ll 1$이라고 가정한다.)

설계문제 6.4-11 제재소는 원형목에서 직사각형 목재보를 재단한다. 폭 b와 깊이 h의 두 개 보를 지름 d의 단일 원형목에서 재단되어야 한다면, 가장 강한 목재보를 가질 b, h 치수를 결정하시오. 즉 최대 단면계수 S를 갖는 보를 결정하시오. (절단톱의 두께는 무시하시오.)

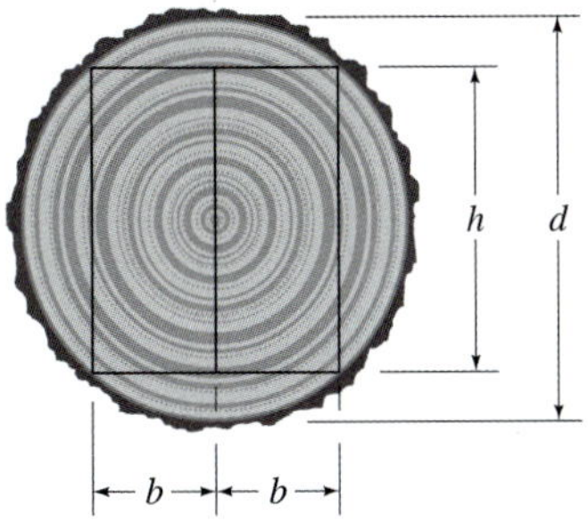

P6.4-11

설계문제 6.4-12 18 ft 길이의 목재보는 그림 P6.4-12와 같이 두 개의 집중하중을 받는다. 목재에 허용되는 인장 및 압축 응력은 $\sigma_{allow}=960$ psi이다. 표 D.8의 2× 및 4×(공칭폭 2 in. 또는 4 in.) 목재 목록에서 이 문제에 가장 적합한 보를 선택하시오.

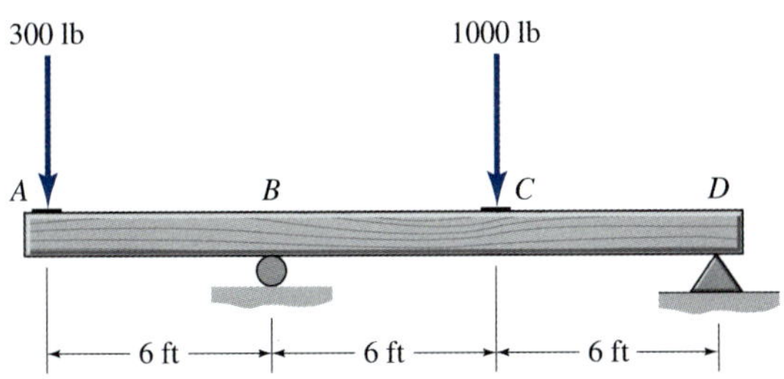

P6.4-12

설계문제 6.4-13 구조설계자는 그림 P6.4-13의 보 AD에 그림과 같이 집중하중 P_A 및 P_C가 작용할 때, 양의 모멘트와 음의 모멘트가 동일한 최대 크기를 갖도록 롤러지지점 B를 배치하려고 한다. 설계자는 내민부분 길이 b를 결정하고, 허용 인장 또는 압축응력이 허용하는 범위 내에서, 휨응력을 충족시킬 수 있는 적절한 보를 선택하시오. (a) 내민부분 길이, b 결정, (b) 표 D.2에서 이 문제에 가장 적합한 광폭 플랜지 단면을 선택하시오. 주어진 값을 사용하면 $P_A=30$ kN, $P_C=40$ kN, $L=1.5$ m, $\sigma_{allow}=80$ MPa이다.

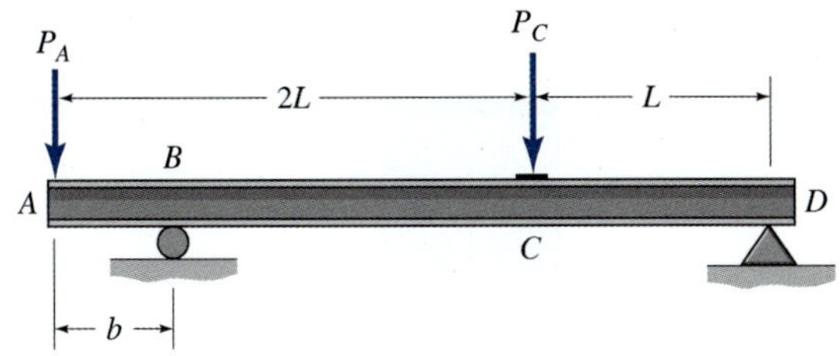

P6.4-13와 P6.4-14

설계문제 6.4-14 문제 6.4-13를 다음 매개변수를 이용하여, 재계산하시오. $P_A=4$ kips, $P_C=12$ kips, $L=4$ ft, $\sigma_{allow}=16$ ksi. 문제 6.4-13(b)에 대해서는 표 D.1을 사용하시오.

설계문제 6.4-15 역T형 강재보가 그림 P6.4-15a와 같이 A점은 점지지, B점은 롤러지지이다. T형 단면은 그림 P6.4-15b에 표시된 치수를 사용하고, $t_w=0.420$ in.이고, 허용 휨 인장/압축 응력이 20 ksi일 때, C점에 작용시킬 수 있는 최대 하중 P를 결정하시오.

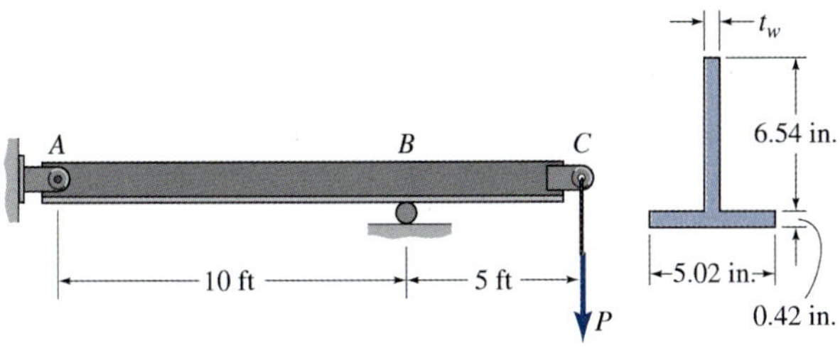

P6.4-15와 P6.4-16

설계문제 6.4-16 역T형 강재보가 그림 P6.4-16a와 같이 A점은 점지지 되고, B점은 롤러지지이다. T형 단면은 그림 P6.4-16b에 표시된 치수를 사용하고, $t_w=0.500$ in.이고, 허용 휨 인장 응력이 20 ksi이고, 허용 휨 압축응력이 9 ksi일 때, C점에 작용할 수 있는 최대 하중 P를 결정하시오.

■ 복합재료 보의 직접법

문제 6.5-1~6.5-12는 보의 구성 요소가 서로 단단히 결합되어 "평면 단면이 평면으로 유지" 된다고 가정한다. 문제 6.18-6.24.를 해결하기 위해, 복합재료 보의 직접법을 사용하시오.

문제 6.5-1 목재보(공칭크기 6 in.×8 in.)는 그림 P6.5-1과 같이 두꺼운 강판을 상단 및 하단면에 부착하여 보강되었다. 강판과 목재의 탄성계수비는 $E_s/E_w=20$이다. 이 보가 $M=200$ kip·in의 굽힘 모멘트를 받는다면, 강판과 목재의 최대 응력 $(\sigma_{max})_S$, $(\sigma_{max})_W$을 계산하시오.

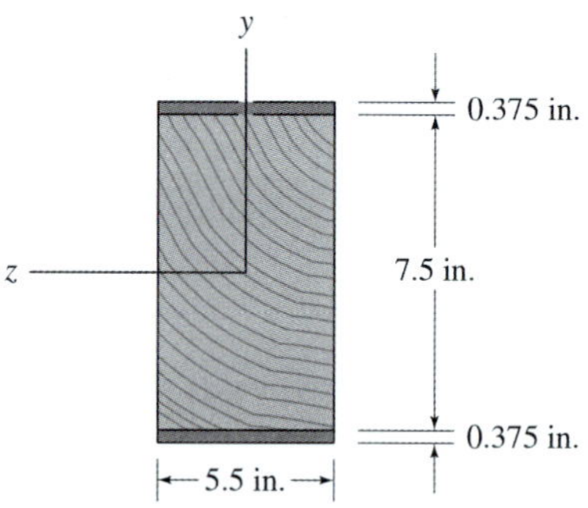

P6.5-1과 P6.5-2a

문제 6.5-2 강판으로 보강된 목재보가 그림 P6.5-2a(6.5-1절 참조)의 단면을 가지며, 그림 P6.5-2b와 같이 등분포하중 500 lb/ft를 18 ft 길이의 단순지지 보로 구성되었다. 이 하중 하에서 강판과 목재의 최대 수직응력, $(\sigma_{max})_s$, $(\sigma_{max})_w$을 각각 계산하시오. 강판과 목재의 탄성계수비는 $E_s/E_w=20$이다. (계산시, 보의 자중은 무시한다.)

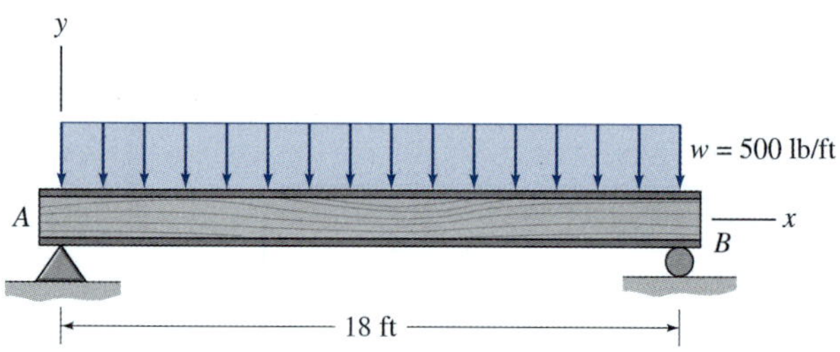

P6.5-2b

설계문제 6.5-3 그림 P6.5-3a에 강판으로 보강된 목재보는 그림 P6.5-3b와 같이 단순지지 되고 4점 하중재하를 받는다. 강판 및 목재의 허용 응력이 각각 $(\sigma_{max})_s=124$ MPa, $(\sigma_{max})_w=8$ MPa이고, 탄성계수비는 $E_s/E_w=20$일 때, 최대 허용하중 P를 계산하시오. (계산시, 보의 자중은 무시한다.)

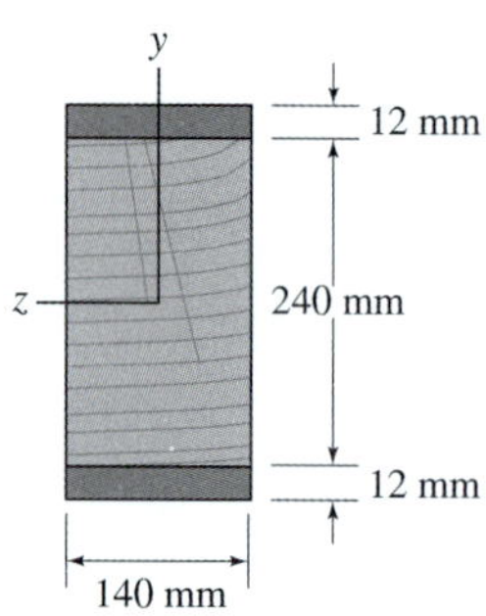

(a)

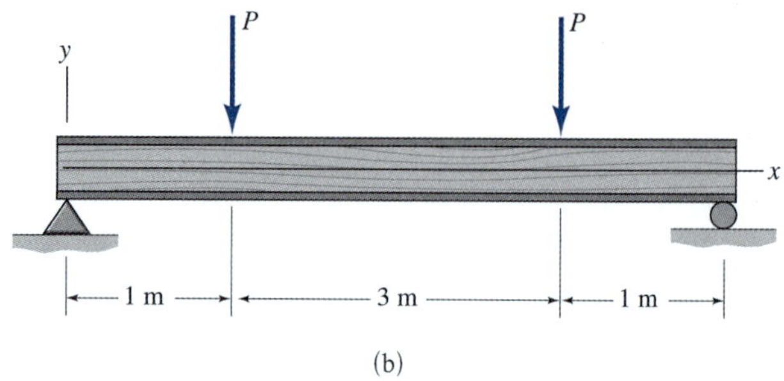

(b)

P6.5-3과 P6.5-4a

문제 6.5-4 강판으로 보강된 목재보가 그림 P6.5-4a(그림 P6.5-3a 참조)에 표시된 단면을 가지며, 등분포하중 세기가 $w=2.0$ kN/m로 그림 P6.5-4b와 같이 작용한다. 이 하중 하에서 강판과 목재의 최대 수직응력, $(\sigma_{max})_s$, $(\sigma_{max})_w$을 각각 계산하시오. 강판과 목재의 탄성계수비는 $E_s/E_w=20$이다. (계산시, 보의 자중은 무시한다.)

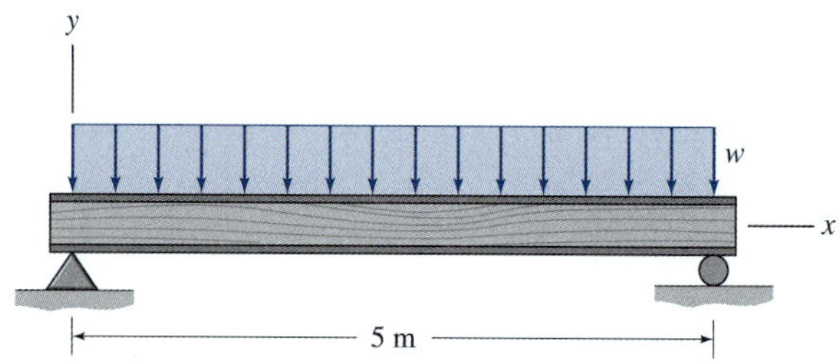

P6.5-4b

문제 6.5-5 3층 복합재료 보가 내부재료 "a"와 외부재료 "b"로 구성되어, 그림 P6.5-5의 단면을 구성하고 있다. 두 재료의 탄성계수는 각각 E_a 및 E_b이며, $E_b=nE_a$이다. 두 재료의 최대 응력과 주어진 단면에서의 굽힘 모멘트를 그림 P6.5-5에 표시된 치수와 관련시키는 공식을 결정하시오.

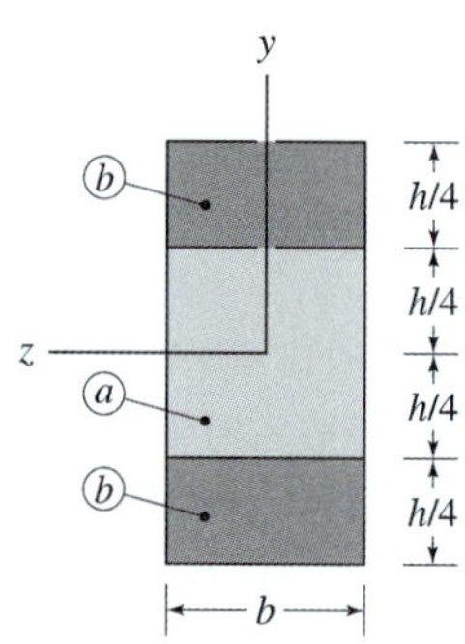

P6.5-5와 P6.5-15

문제 6.5-6 해상 유류 파이프 라인은 그림 P6.5-6a와 같이 내부 지름이 $d_i=10.00$ in이고 벽두께가 $t_p=0.375$ in인 강관으로 구성된다. 마모 및 염수 환경으로부터 보호하기 위해 파이프는 두께가 $t_s = 0.25$ in인 플라스틱 슬리브로 코팅된다. 파이프와 슬리브의 탄성계수비는 $E_p/E_s = 70$이다. 선박에서 이송되는 동안(그림 P6.5-4b), 파이프라인이 구부러지며 $M = 300$ kip · in의 최대 굽힘 모멘트를 받을 수 있다. 강관과 플라스틱 슬리브의 최대 응력을 각각 $(\sigma_{\max})_p$, $(\sigma_{\max})_s$를 각각 계산하시오.

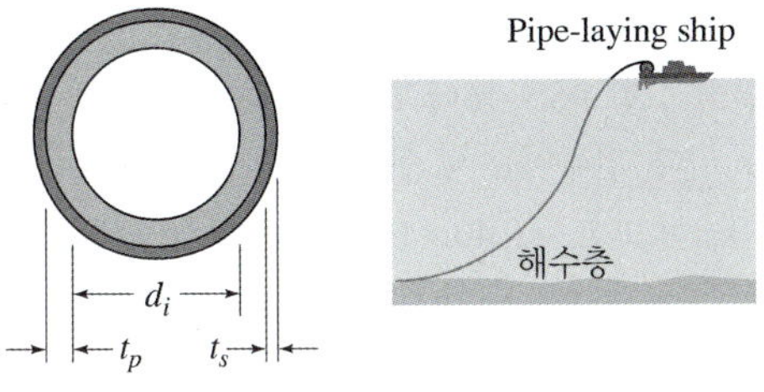

(a) (b)

P6.5-6

문제 6.5-7 목재보(실제 치수 $b \times h$)가 그림 P6.5-7에 나타낸 것처럼 폭 h와 두께 t_s의 강재 스플라이스 플레이트를 양면에 접합시켜 보강하였다. 보가 견딜 수 있는 굽힘 모멘트가 M이고, 탄성계수비가 E_s/E_w이면 강재와 목재에서의 휨 응력, σ_s, σ_w에 대한 식을 결정하시오.

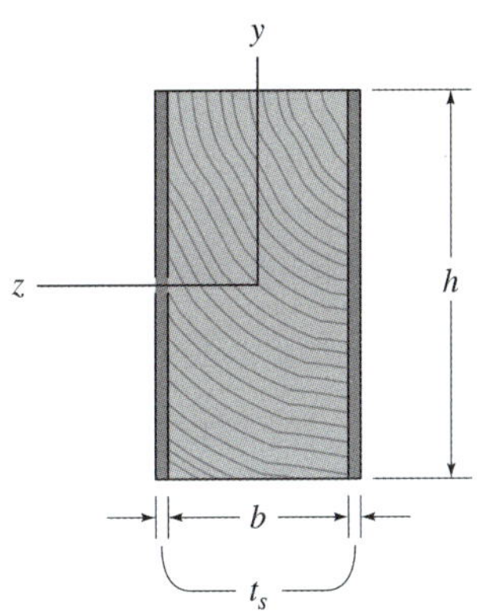

P6.5-7과 P6.5-13

설계**문제 6.5-8** 그림 P6.5-8에서와 같이 두 개의 80 mm×160 mm 목재보와 10 mm×160 mm 강 플레이트로 강재/목재 샌드위치 보를 제작하였다. 탄성계수비는 $E_s/E_w = 20$이다. 강판 및 목재의 허용응력이 각각 $(\sigma_{\max})_s = 120$ MPa, $(\sigma_{\max})_w = 8$ MPa일 때, 이 샌드위치 보에 안전하게 적용될 수 있는 최대 M_z를 계산하시오.

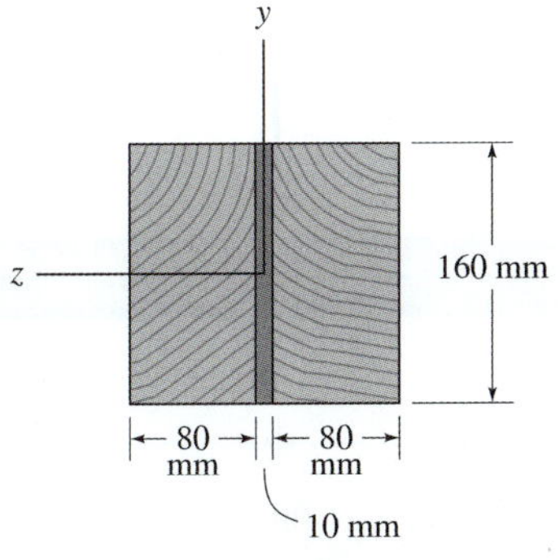

P6.5-8과 P6.5-14

문제 6.5-9 그림 P6.5-9의 단면을 갖는 바이메탈 스트립이 온도 활성화 스위치의 감지 요소로 사용된다. 두 금속은 구리와 니켈이며, 탄성계수는 각각 $E_c = 120$ GPa와 $E_n = 210$ GPa이다. z축은 중립축이다. (a) 스트립이 굽힘 모멘트, $M_z = 2$ N · m을 받는다면, 구리와 니켈의 최대 응력 $(\sigma_c)_{\max}$, $(\sigma_n)_{\max}$을 각각 구하시오. (b) 이 굽힘 모멘트에 의해 발생하는 곡률반지름을 계산하시오.

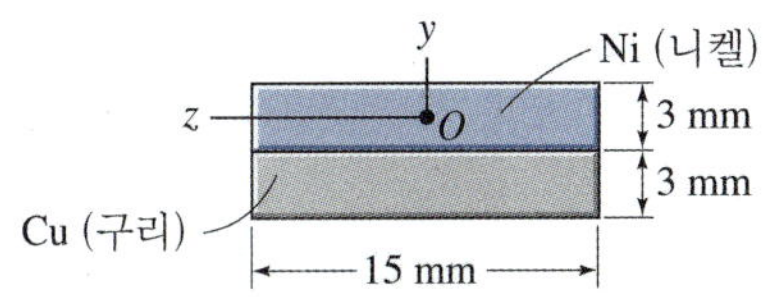

P6.5-9

문제 6.5-10 그림 P6.5-10에서 단순지지된 보가 길이 $L = 4$ m에 걸쳐 등분포하중 w을 받고 있다. 보의 단면은 목재보(E_w = 10 GPa) 하면에 강판($E_s = 210$ GPa)이 부착되어 있다. 이때, Z축은 중립축이다. (a) 등분포하중 세기가 $w = 4$ kN/m(보의 자중 포함)인 경우, 목재보와 강판의 최대 응력 $(\sigma_{\max})_W$과 $(\sigma_{\max})_S$을 각각 구하시오. (b) 지간 중앙에서 곡률반지름, ρ를 계산하시오.

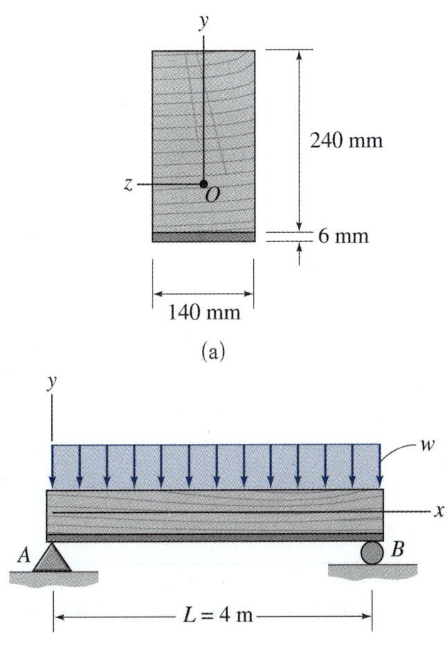

(b)

P6.5-10과 P6.5-19

문제 6.5-11 단순지지된 보가 20 ft 길이에 걸쳐 있고, 그림 P6.5-11과 같이 크기가 같은 집중하중 P가 작용하고 있다. 6 in.×12 in. 목재보를 보강하기 위해(완성된 치수는 그림과 같이 5.5 in.×11.5 in.), 4 in.×3/8 in. 강판이 목재보의 바닥에 부착하였다. 탄성계수는 목재와 강재에 대해 각각 $E_w = 1.2 \times 10^6$ psi 및 $E_s = 30 \times 10^6$ psi이다. 목재와 강재의 단위중량은 $\gamma_w = 40$ lb/ft^3 및 $\gamma_s = 490$ lb/ft^{3}이다. (a) 보에 작용하는 하중이 각각 $P = 2$ kips이라면, 목재와 강재의 최대 응력, $(\sigma_{max})_w$과 $(\sigma_{max})_w$을 구하시오. 보의 자중을 고려하여 계산하시오. (b) 두 하중 사이의 보의 단면에서 곡률반지름 ρ를 계산하시오.

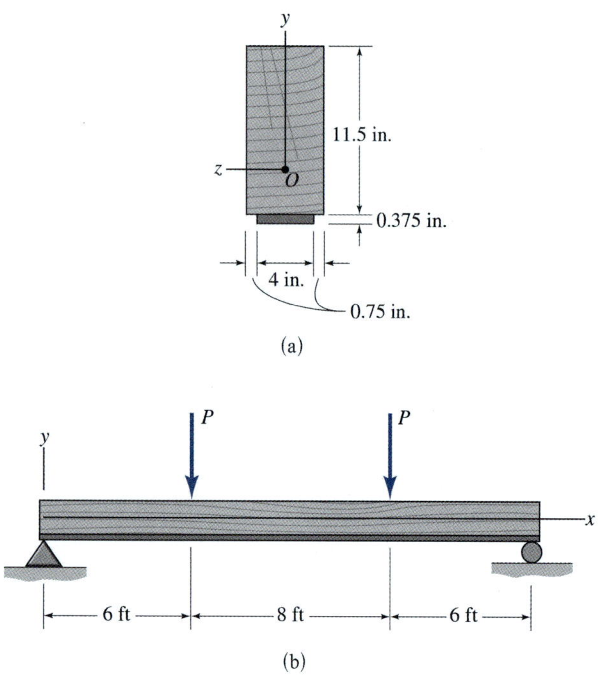

P6.5-11과 P6.5-12

설계***문제 6.5-12** 문제 6.5-11에서 보에 허용되는 응력이 목재와 강재에 각각 1,200 psi와 18,000 psi이라면, 2개의 하중의 허용 값, P_{allow}를 계산하시오. (보의 자중은 무시한다.)

■ 환산단면법 MDS 6.6 & 6.7

> 문제 6.5-13에서 6.5-21까지는 보의 구성 요소 부분이 서로 단단히 결합되어 "평면 단면이 평면으로 유지된다"는 전제가 유효하다고 가정한다. 그림 6.21과 식 6.25-6.29을 계산하기 위해 환산단면법을 사용하시오.

문제 6.5-13 (a) 문제 6.5-7을 계산하기 위해 환산단면법을 사용하시오. (b) $b = 5.5$ in., $h = 11.5$ in., $t_s = 0.375$ in, $M = 20$ kip·ft로 하면, 강재와 목재의 최대 휨 응력을 계산하시오.

설계**문제 6.5-14** 환산단면법을 이용하여, 문제 6.5-8를 계산하시오.

문제 6.5-15 환산단면법을 이용하여, 문제 6.5-5를 계산하시오.

문제 6.5-16 알루미늄합금 덮개 시트는 플라스틱 코어에 접합되어 단면이 그림 P6.5-16에 표시된 샌드위치 보를 형성하며 $t = 0.25$ in.이다. 알루미늄 및 플라스틱의 탄성계수는 각각 $E_a = 10 \times 10^3$ ksi이고 $E_p = 0.40 \times 10^3$ ksi. 단면에 굽힘 모멘트, $M_z = 10$ kip·in가 작용하는 경우, 알루미늄 스킨 및 플라스틱 코어의 최대 수직응력, 각각 $(\sigma_{max})_a$과 $(\sigma_{max})_p$를 계산하시오.

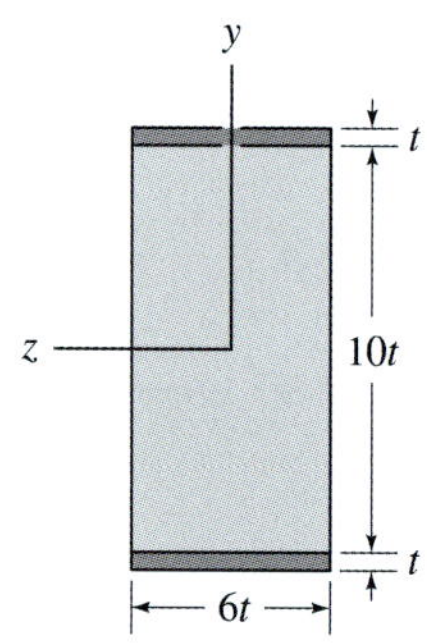

P6.5-16

설계**문제 6.5-17** 그림 P6.5-17a에서 단순지지된 목재보는 알루미늄합금 덮개판으로 보강되고 그림 P6.5-17b와 같이 지간 중

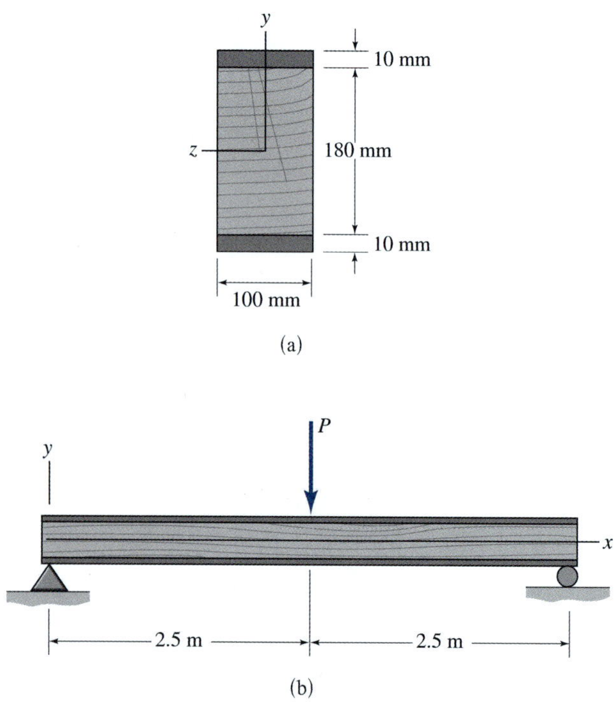

P6.5-17

앙에 하중 P를 받는다. 알루미늄 및 목재의 허용응력이 $(\sigma_{allow})_a = 120$ MPa, $(\sigma_{allow})_w = 8$ MPa이고, 탄성계수비가 $E_a/E_w = 6$인 경우, 허용 가능한 최대 허용하중 P를 계산하시오.

문제 6.5-18 바이메탈 보의 단면은 그림 P6.5-18와 같다. 두 금속 구성요소의 탄성계수는 $E_1 = 15{,}000$ ksi 및 $E_2 = 10{,}000$ ksi이며, z축은 중립축이다. (a) 보에 굽힘 모멘트, M_z가 가해질 때 최대 수직응력이 발생하는 재료는 무엇인가? (b) 최소 탄성 단면계수의 값을 구하시오. ($S_{min} \equiv M_z/\sigma_{max}$).

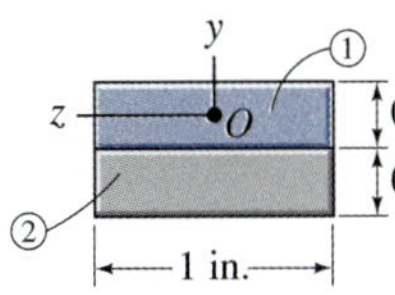

P6.5-18

설계문제 6.5-19 문제 6.5-10에서 보에 허용되는 응력이 목재 및 강재에 각각 $(\sigma_{allow})_w = 6$ MPa, $(\sigma_{allow})_s = 120$ MPa일 때, 분포하중 w의 허용값(보의 자중 포함)을 계산하시오.

설계*문제 6.5-20 폭 b의 철근콘크리트 보의 단면이 그림 P6.5-20a와 같다. 콘크리트의 허용 압축응력는 σ_c이고, 철근의 허용 인장응력은 σ_s이다. 3개 철근의 지름은 각각 d이고, 탄성계수비는 E_s/E_c이다. 철근 면적이 보의 상단에서 h의 거리만큼 떨어져, 보의 길이방향을 따라 집중배치되어 있어, 보의 압축력은 콘크리트에서만 전달된다고 가정한다. 즉, 인장력은 철근에 의해서만 전달된다. 이때, 보의 최대 허용 굽힘 모멘트를 계산하시오. $b = 12$ in., $h = 16$ in., $d = 0.875$ in., $(\sigma_{allow})_c = 1.5$ ksi, $(\sigma_{allow})_s = 18$ ksi, $E_s/E_c = 10$이다.

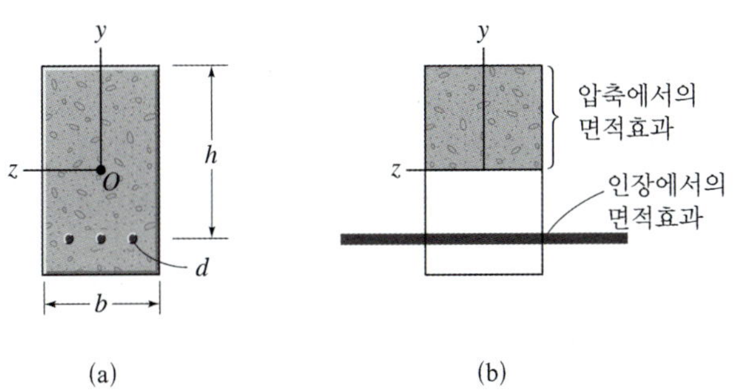

P6.5-20

설계문제 6.5-21 목재($E_w = 1{,}500$ ksi)는 그림 P6.5-21에서 보는 바와 같이 강판($E_s = 30{,}000$ ksi)을 부착하여 보강하였다. 목재 및 강재의 허용응력은 각각 $(\sigma_{allow})_w = 1$ ksi, $(\sigma_{allow})_s = 12$ ksi이다. 목재보의 치수는 5.5 in.×7.5 in.이며, 강판의 두께는 $t =$ 0.25 in.이다. 강판과 목재의 허용응력이 동시에 도달될 수 있도록, 강판의 폭을 결정하시오. (즉, 동일한 값의 굽힘 모멘트). z축은 중립축이다.

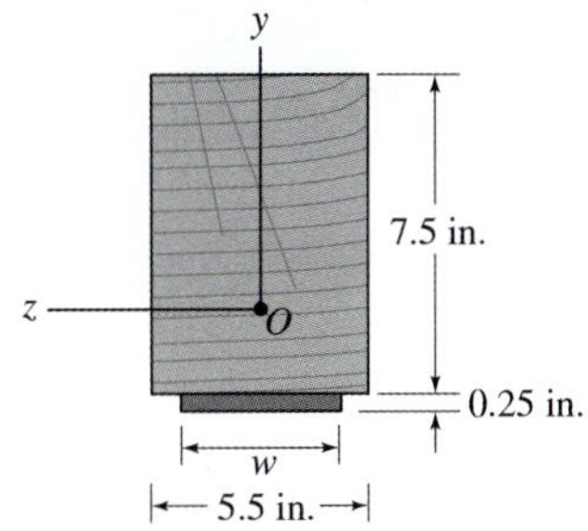

P6.5-21

■ 2축 대칭보의 경사하중 MDS 6.8

문제 6.6-1 굽힘 모멘트, $M = 5$ kip · in가 발생하는 4×4 목재보(마감 치수 b에 대해서는 표 D.8 참조)가 그림 P6.6-1에 표시된 각도, $\theta = 20°$로 작용하는 경우, 단면의 각 모서리에 휨 응력을 계산하고, 응력 분포를 스케치하시오. (그림 6.25c 참조).

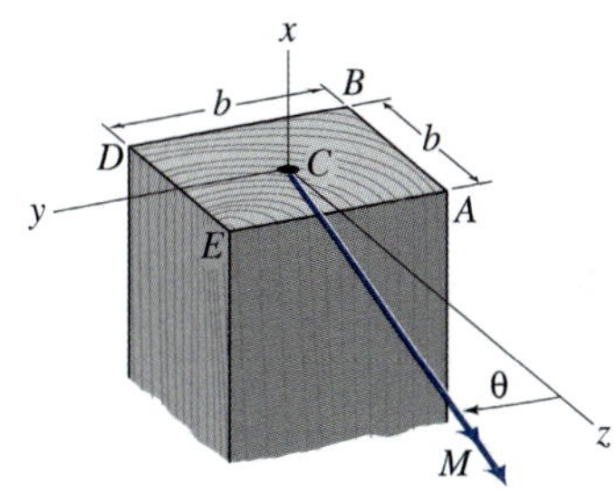

P6.6-1과 P6.6-2

문제 6.6-2 단면 치수가 $b = 150$ mm인 정사각형 목재보에 $\theta = 30°$ 각도로 크기 $M = 2$ kN · m의 굽힘 모멘트를 받는다. 여기서 θ는 그림 P6.6-2에 표시된 각도이다. 단면의 각 모서리에서 굽힘응력을 계산하고, 응력분포를 스케치하시오. (그림 6.25c와 같이).

설계문제 6.6-3 단면 치수가 $b = 55$ mm이고 $h = 40$ mm인 직사각형 보에 그림 P6.6-3에 표시된 바와 같이, 각도 $\theta = 45°$로 배향된 굽힘 모멘트 M을 받는다. (a) 주어진 횡단면과 주어진 굽힘 모멘트의 방향에 대한 중립축의 위치를 결정하시오. (b) 허용 굽힘응력(인장 또는 압축), $\sigma_{allow} = 120$ MPa으로 작용될 수 있는 최대 모멘트를 결정하시오.

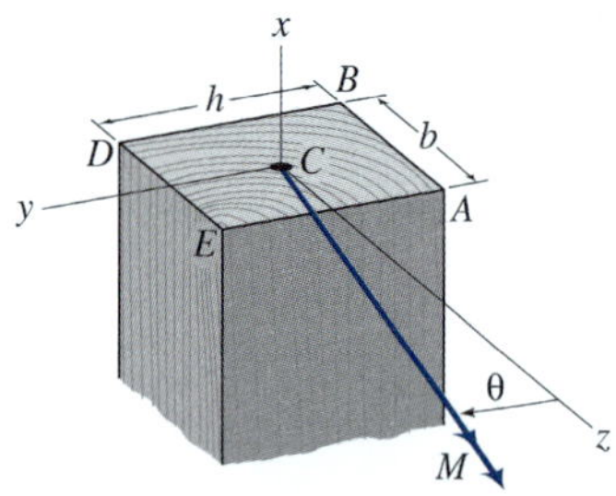

P6.6-3과 P6.6-4

문제 6.6-4 단면 치수가 $b=4$ in. 및 $h=2$ in.의 직사각형 보에 각도 $\theta=20°$로 작용하는 $M=2$ kip · ft의 굽힘 모멘트가 가해지며, 여기에 각도 θ는 그림 P6.6-4에 표시된 각도이다. (a) 이 상황에서 중립축의 방향을 결정하고, 단면에 대한 중립축의 위치를 스케치하시오. (b) 최대 인장 굽힘응력을 결정하고, 발생하는 위치를 특정하시오.

문제 6.6-5 예제 6.9에서 S12×50의 I 형보를 W12×50 광폭 플랜지 보로 대신 사용하여 재계산하시오. 구해진 답을 예제 6.9의 답과 비교하고, S형강 보와 W형강 보의 응력의 유사점과 차이점을 간략히 논의하시오.

문제 6.6-6 그림 P6.6-6에 나타난 W250×45 광폭 플랜지 보는(xy평면에서의 작용하는 하중에 의하여) z축을 따라 놓여있는 모멘트 M에 영향을 받는다. (단면 특성은 표 D.2 참조) (a) 중립축의 방향에 대해 $\theta=2°$의 "하중 불완전 재하"가 미치는 영향을 결정하시오. 단면의 중립축을 스케치하시오. (b) 단면에 작용하는 최대 인장 휨 응력을 결정하고, 하중이 적절히 정렬된 경우(즉, $\theta=0°$)의 응력과 보의 최대 응력을 비교하시오. 이때, $M=30$ kN · m이다.

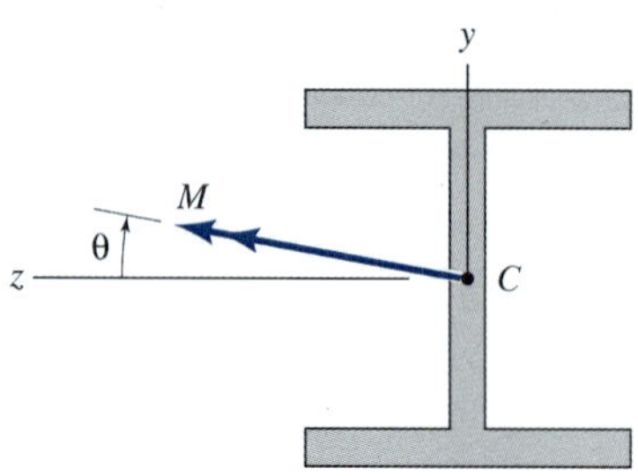

P6.6-6

■ 비대칭 굽힘 **MDS 6.9**

> 문제 6.6-7~6.6-10을 해결하기 위해 식 6.39의 임의 축 방법을 사용하시오. 문제 6.6-11을 해결하기 위해, 식 6.30.의 주축방법을 이용하시오. 문제 6.6-8~6.6-11은 단면에 대칭축이 없는 보의 굽힘에 대한 문제이다.

***문제 6.6-7** 4×4×1/2 이등변 ㄱ형강(표 D.5 참조)은 그림 P6.6-7에서 나타나 있는 단면에서 $x'z'$ 평면에 $My'=12$ kip · in의 모멘트를 유발시키는 하중이 작용한다. (a) 관성적 $I_{y'z'}$을 결정하시오. (힌트: 식 C-28과 식 C-22b를 사용하시오.) (b) 중립축의 방향을 결정하고, 단면에 중립축을 표시하시오. (c) 최대 인장 휨 응력을 계산하시오. 단면에 작용하는 최대 인장응력의 위치를 특정하시오.

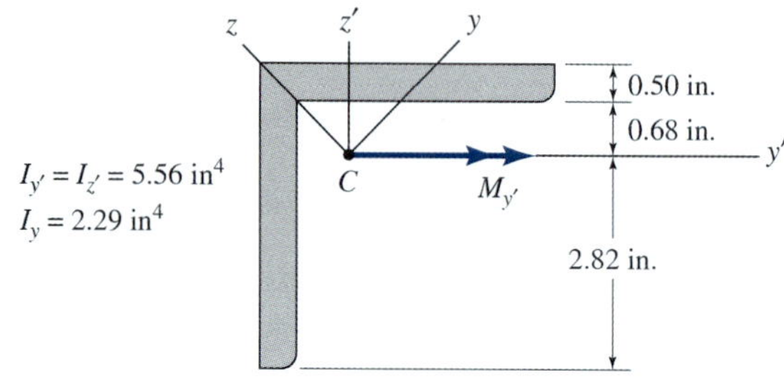

P6.6-7과 P6.6-17

설계*문제 6.6-8 그림 P6.6-8에서 볼 수 있듯이, 5×3×1/2 부등변 ㄱ형 구조용 강 단면의 굽힘 모멘트를 나타내는 벡터는 y' 방향을 따른다. (a) 표 D.6의 데이터와 식 C-28 및 C-22b를 이용하여, 관성모멘트 $I_{y'}$ 및 $I_{z'}$와 관성적 $I_{y'z'}$을 계산하시오. (b) 중립축의 방향을 결정하고, 단면에 중립축을 표시하시오. (c) 최대 허용 휨 응력의 크기(인장 또는 압축) $\sigma_{allow}=16$ ksi일 때, 최대 허용 모멘트 $(M_{y'})_{max}$를 계산하시오.

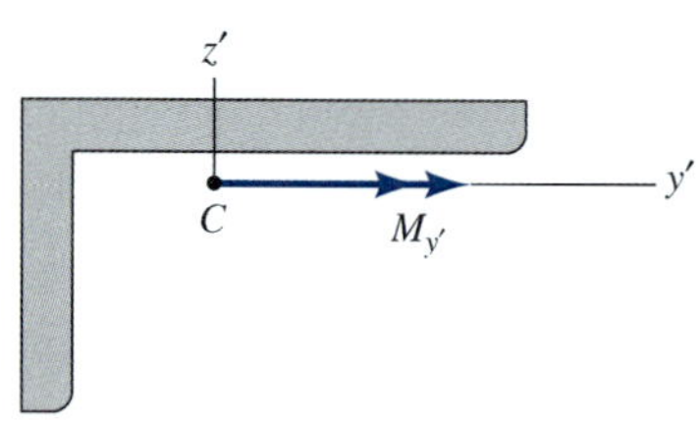

P6.6-8

***문제 6.6-9** 그림 P6.6-9에서 볼 수 있듯이 굽힘 모멘트 M이 부등변 ㄱ형강 단면의 y'축으로 부터 반시계 방향으로 20° 의 각도로 작용한다. (a) 단면의 중심을 찾아, 단면 2차 모멘트 $I_{y'}$, $I_{z'}$와 단면 상승모멘트 $I_{y'z'}$를 계산하시오. 부록 C의 예제 C-1

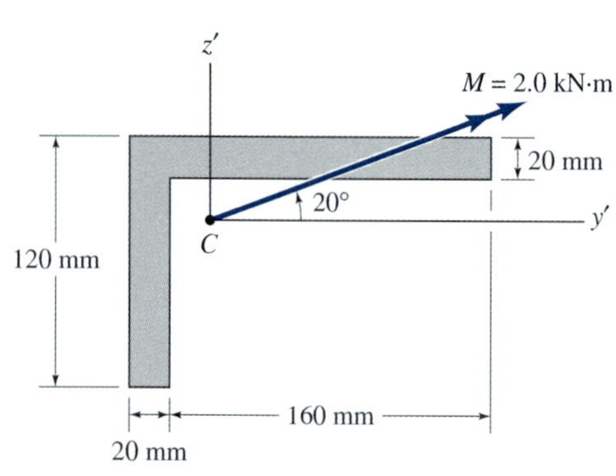

P6.6-9

에서 C-3까지의 결과를 사용할 수 있다. (b) 중립축의 방향을 결정하고, 단면에 중립축을 표시하시오. (c) 이 단면에서 최대 인장 및 압축 휨 응력을 계산하시오.

설계*문제 6.6-10 알루미늄 Z 단면은 그림 P6.6-10에 같은 단면 치수를 갖는다. 알루미늄의 항복강도(인장 또는 압축)는 $\sigma_Y = 40$ ksi이며, 안전율 F.S. = 2.0이 적용된다. (a) $I_{y'}$, $I_{z'}$ 및 $I_{y'z'}$를 계산하시오. (부록 C-2 및 C-3 참조) (b) 주어진 굽힘 모멘트 방향에 대한 중립축의 방향을 특정하시오. (c) 굽힘 모멘트 $M_{y'}$의 최대 허용 크기를 결정하시오.

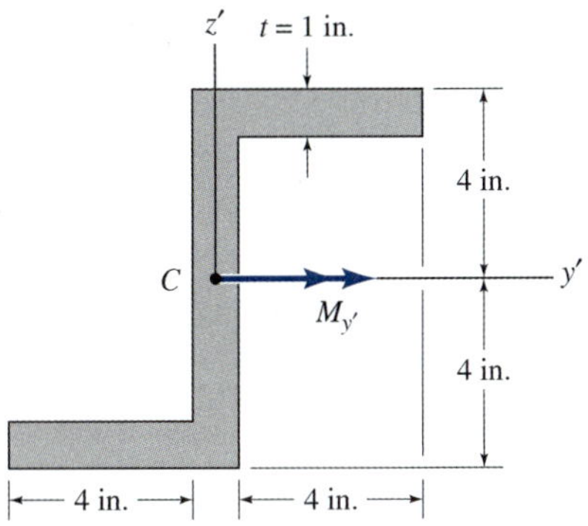

P6.6-10

문제 6.6-11 부등변 ㄱ형강은 예제 6.10의 그림 1에 표시된 치수를 갖는다. 이 단면에 $M_y = 10$ kN · m가 작용하고 부등변 형강의 짧은 변과 평행하게 배향된다. (a) 주축 방법(principal-axis method)을 사용하여 단면의 중립축의 방향을 결정하고, 스케치에 이 방향을 표시하시오. (b) 단면의 최대 인장응력 및 최대 압축응력을 결정하고 단면의 각 위치를 나타내시오.

■1축 대칭 보의 경사하중

> 문제 6.6−12~6.6−17은 단일 대칭축을 갖는 보의 굽힘에 관한다. 이들 문제를 해결하기 위해 주축 방법인 식 6.30을 사용하시오.

문제 6.6-12 모멘트 M은 그림 P6.6-12에서 T 단면의 중심을 관통하여 경사각 $\theta = 10°$에서 작용한다. 복부의 높이는 $h_w = 9a$이다. (a) 중립축의 방향을 결정하고, 단면 스케치에 중립 축을 표시하시오. (b) 단면에 작용하는 최대 인장 굽힘응력을 결정하고, $\theta = 0°$인 경우 보가 받는 최대 인장 휨 응력을 계산하여 비교하시오. M과 a로 답을 표현하시오.

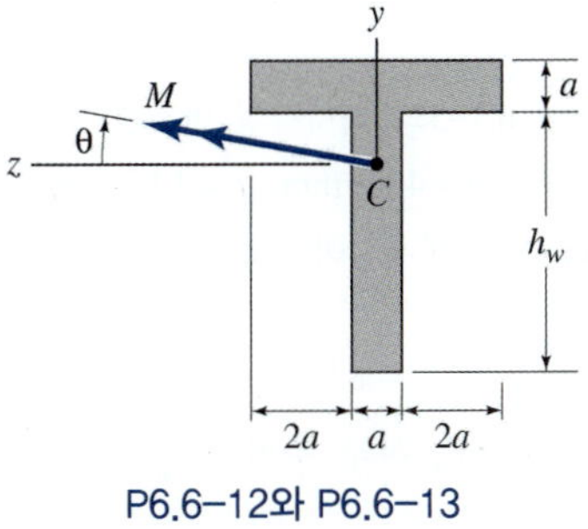

P6.6-12와 P6.6-13

문제 6.6-13 문제 P6.6-12에서 복부 높이 $h_w = 6a$와 경사각 $\theta = 4°$를 이용하여 재계산하시오.

문제 6.6-14 그림 P6.6-14b와 같이 T형강 단면을 갖는 캔틸레버 보가 그림 P6.6-14a와 같이, 단부 단면중심에 작용하는 집중하중 P를 지지하고 있다. 하중은 $x'z'$-평면에 작용하지만, 보는 표시된 대로 $x(x')$ 축을 중심으로 2° 회전되었다. 보의 2° 회전으로 인한 최대 압축 굽힘응력에서 증가(또는 감소)를 계산하시오. $I_y = 7.33 \times 10^5$ mm^4, $I_z = 2.77 \times 10^6$ mm^{4}이다.

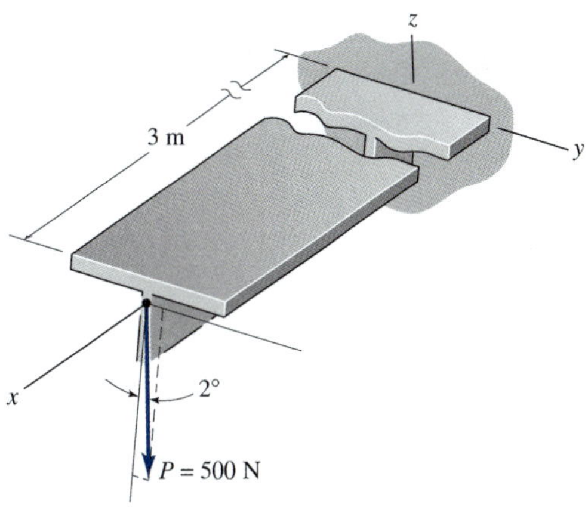

(a)

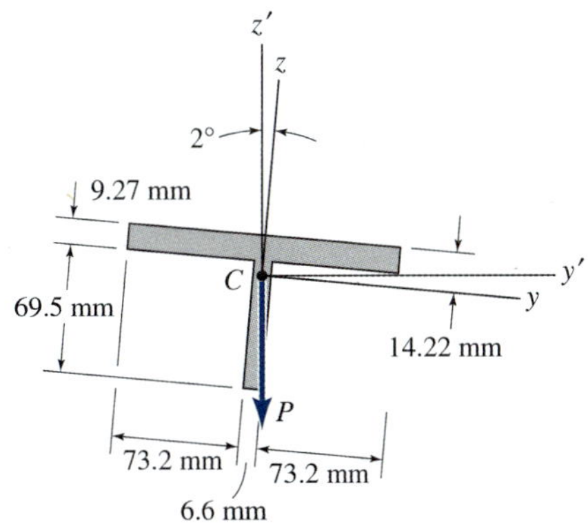

(b)

P6.6-14

설계문제 6.6-15 하중 배치 실수로 인해 그림 P6.6-15의 ㄷ형강에 작용하는 굽힘 모멘트는 y축에 대해 4° 각도로 기울어졌다. 이 보에 허용되는 휨 응력이 $\sigma_{allow} = 16$ ksi를 허용하는 경우, 작용될 수 있는 최대 모멘트 M_{max}를 계산하시오.

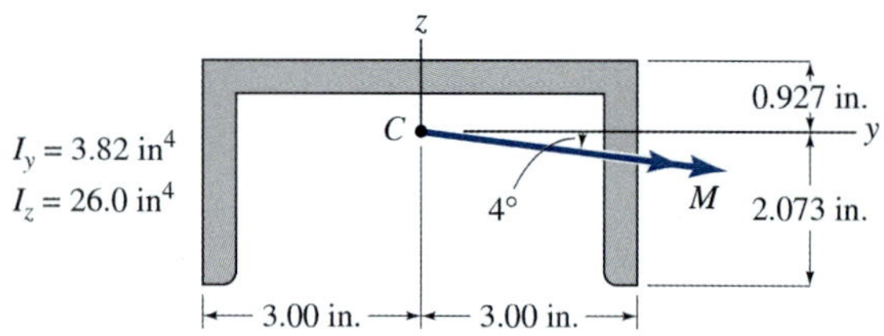

P6.6-15

설계문제 6.6-16 그림 P6.6-16의 굽힘 모멘트는 6.00×2.50 알루미늄 C 단면의 z축에 대해 6°로 기울어져 있다. (단면 특성에 대해서는 부록 D의 표 D.10을 참조) 이 보에 허용되는 휨 응력이 $\sigma_{\text{allow}}=16.0$ ksi를 허용하는 경우, 보에 적용될 수 있는 최대 모멘트 $M_{\max}$를 계산하시오.

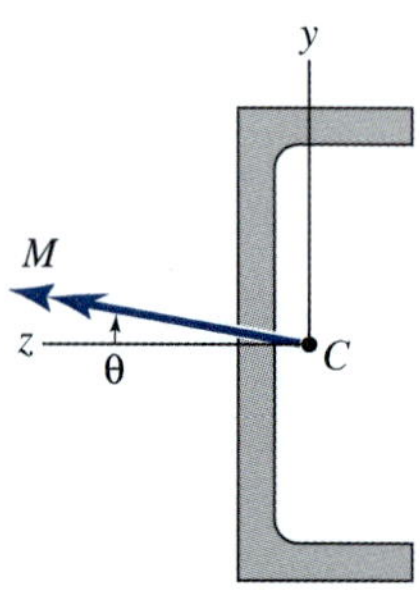

P6.6-16

문제 6.6-17 4×4×1/2 이등변 ㄱ형강(표 D.5 참조)이 그림 P6.6-17과 같이 단면에서 $M_y=12$ kip · in을 생성하며 xz평면에서 하중을 받고 있다. (문제 P6.6-7. 참조). (a) 중립축의 방향을 결정하고, 단면 스케치에 중립축을 표시하시오. (b) 단면에 작용하는 최대 인장 휨 응력을 결정하고, 이 최대 응력의 위치를 표기하시오. (주: 식 C-28, $I_y+I_z=I_{y'}+I_{z'}$.)

■ 비탄성 굽힘 MDS 6.10

문제 6.7－1에서 6.7－20에 대해, 탄소성(즉, 선형 탄성, 완전 소성)이고, 인장 및 압축 모두에 대해 동일한 응력 변형 특성을 갖는다.

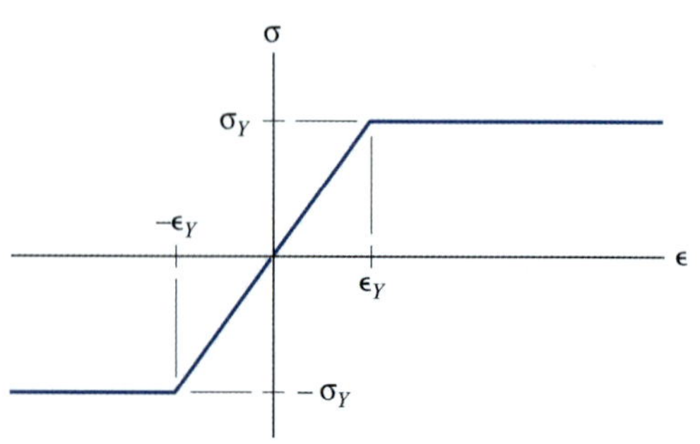

문제 6.7-1 직사각형 단면($b=1$ in., $h=2$ in.)을 갖는 보가 $\sigma_Y=36$ ksi 및 $E=30\times10^3$ ksi인 구조용 강으로 구성되었다. (a) 항복모멘트 M_Y, 소성모멘트 M_P 및 형상계수 f를 계산하시오. (b) 이 특정 보에 대한 곡률을 $\kappa=3\kappa_Y$까지 변화할 때, 모멘트-곡률 선도를 작도하시오.

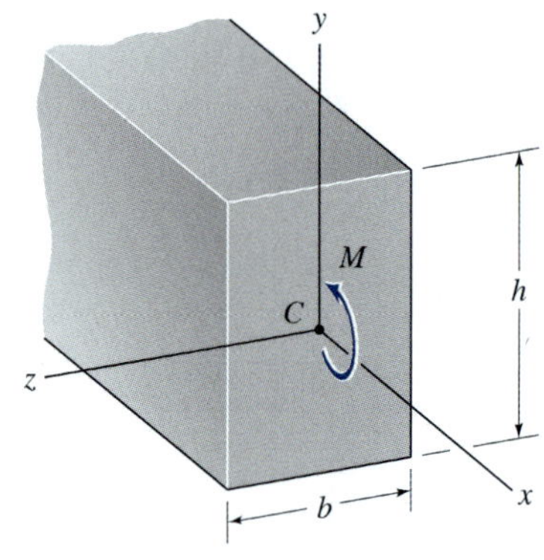

P6.7-1과 P6.7-2

문제 6.7-2 문제 6.7-1의 직사각형 보의 치수와 재료특성이 $b=50$ mm, $h=150$ mm, $E=210$ GPa, $\sigma_Y=250$ MPa일 때, 재계산하시오.

문제 6.7-3 높이 $h=12$ in.이고, 폭 $b=8$ in.인 직사각형 박스형 보는 일정한 벽두께 $t=0.50$ in을 갖고 있다. 이 보는 항복강도가 $\sigma_Y=36$ ksi이며, $E=30\times10^3$ ksi인 구조용 강으로 이루어졌다. 이 보의 항복모멘트 M_Y, 소성모멘트 M_P 및 형상계수 f에 대해 계산하시오.

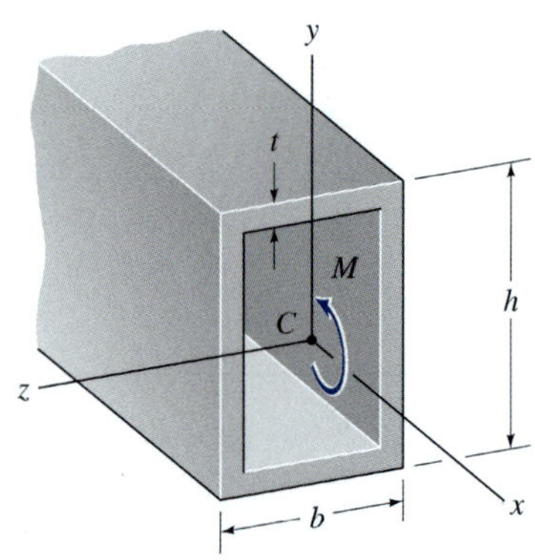

P6.7-3, P6.7-4, P6.7-18

문제 6.7-4 문제 6.7-3의 직사각형 박스형 보의 치수와 재료특성이 $b=300$ mm, $h=400$ mm, $t=12.7$ mm, $E=210$ GPa, $\sigma_Y=250$ MPa일 때, 재계산하시오.

문제 6.7-5 플랜지 폭 $b_f=8.060$ in., 플랜지 두께 $t_f=0.660$ in., 높이 $h=13.92$ in.이고, 복부 두께가 $t_w=0.370$ in.인 확폭 플

랜지 보는 항복강도가 $\sigma_Y = 36$ ksi이며, $E = 30 \times 10^3$ ksi인 구조용 강으로 이루어졌다. 이 보의 항복모멘트 M_Y, 소성모멘트 M_P 및 형상계수 f에 대해 계산하시오.

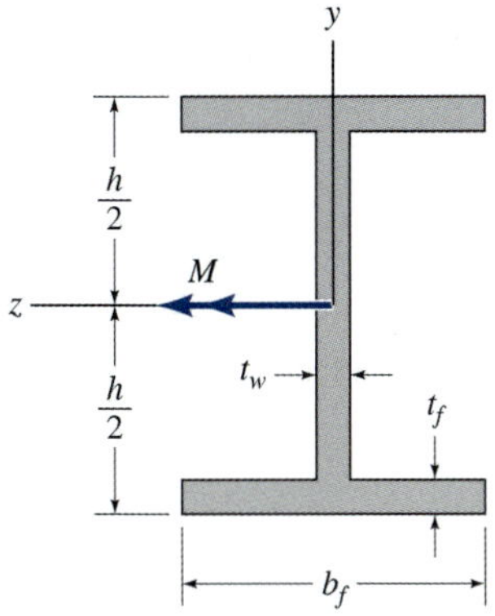

P6.7–5, P6.7–6, P6.7–13, P6.7–14

문제 6.7–6 플랜지 폭 $b_f = 400$ mm., 플랜지 두께 $t_f = 30$ mm, 높이 $h = 850$ mm이고, 복부 두께가 $t_w = 18$ mm인 확폭 플랜지 보가 $E = 210$ GPa, $\sigma_Y = 250$ MPa의 재료특성을 가질 때, 문제 6.7-5를 재계산하시오.

문제 6.7–7 W10×45 W 플랜지 보가 항복강도가 $\sigma_Y = 36$ ksi이며, $E = 30 \times 10^3$ ksi인 구조용 강으로 이루어졌다. 이 보의 항복모멘트 M_Y, 소성모멘트 M_P 및 형상계수 f에 대해 계산하시오. (단면제원은 표 D.1 참조)

문제 6.7–8 W200×71 W 플랜지 보가 항복강도가 $\sigma_Y = 250$ MPa이며, $E = 210$ GPa인 구조용 강으로 이루어졌다. 이 보의 항복모멘트 M_Y, 소성모멘트 M_P 및 형상계수 f에 대해 계산하시오. (단면제원은 표 D.2 참조)

문제 6.7–9 그림 P6.7-9와 같이 T형강 보가 $d = 5.05$ in., $b_f = 8.02$ in., $t_w = 0.350$ in., $t_f = 0.620$ in.의 제원을 가지고 있다. 이 보는 항복강도가 $\sigma_Y = 36$ ksi이며, $E = 30 \times 10^3$ ksi인 구조용 강으로 이루어졌다. 이 보의 항복모멘트 M_Y, 소성모멘트 M_P 및 형상계수 f에 대해 계산하시오.

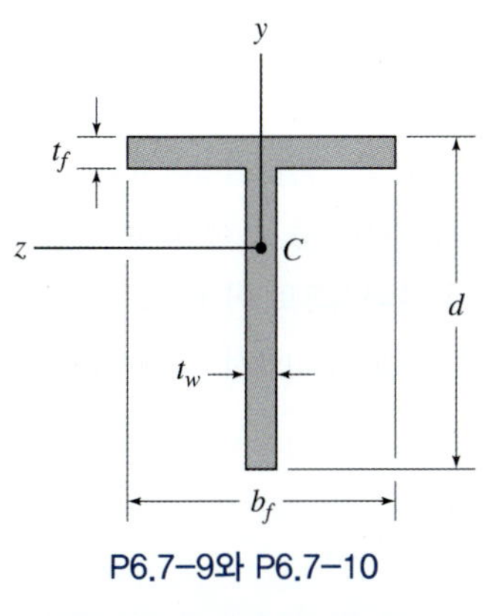

P6.7–9와 P6.7–10

문제 6.7–10 그림 P6.7-9와 같이 T형강 보가 $d = 430$ mm, $b_f = 400$ mm, $t_w = 18$ mm, $t_f = 30$ mm의 제원을 가지고 있다. 이 보는 항복강도가 $\sigma_Y = 250$ MPa이며, $E = 210$ GPa인 구조용 강으로 이루어졌다. 문제 6.7-9를 재계산하시오.

문제 6.7–11 지름이 d인 중실 원형단면 보가 항복강도 σ_Y이며, 탄성계수가 E인 탄소성 강재로 제작되었다. 이 보의 항복모멘트 M_Y, 소성모멘트 M_P 및 형상계수 f에 대해 계산하시오.

문제 6.7–12 외부 지름이 d_o이고, 내부 지름이 d_i인 중공 원형단면(튜브) 보가 항복강도 σ_Y이며, 탄성계수가 E인 탄소성 강재로 제작되었다. 이 보의 항복모멘트 M_Y, 소성모멘트 M_P 및 형상계수 f에 대해 계산하시오.

문제 6.7–13 문제 6.7-5의 확폭 플랜지 보에서 플랜지가 완전 소성이 되며, 복부는 선형 탄성을 유지할 굽힘 모멘트 M_F를 계산하시오.

문제 6.7–14 문제 6.7-6의 W 플랜지 보를 가지고, 문제 6.7-13을 재계산하시오.

문제 6.7–15 문제 6.7-7의 W 플랜지 보를 가지고, 문제 6.7-13을 재계산하시오.

문제 6.7–16 문제 6.7-8의 W 플랜지 보를 가지고, 문제 6.7-13을 재계산하시오.

문제 6.7–17 지름 d의 중실 원형 단면을 갖는 보에 소성모멘트 M_P가 작용한다. 그 후, 하중이 완전히 제거되었다. 이 보는 항복강도 σ_Y를 가진 탄소성 강재로 이루어졌다. 최대 잔류 응력에 대한 식을 결정하고 잔류응력 상태를 스케치하시오. (그림 6.38d의 직사각형 보와 같이).

문제 6.7–18 문제 6.7-3의 직사각형 보에 대해, 문제 6.7-17을 재계산하시오.

문제 6.7–19 문제 6.7-7의 W10×45 W 플랜지 보에 대해, 문제 6.7-17을 재계산하시오.

문제 6.7–20 문제 6.7-8의 W200×71 W 플랜지 보에 대해, 문제 6.7-17을 재계산하시오.

문제 6.7-21 그림 P6.7-21a에 나타낸 폭 b와 높이 h의 직사각형 단면을 갖는 보는 응력-변형률 곡선(인장 또는 압축)이 대략적으로 그림 P6.7-21b에 표시된 형태로 이루어진 재료로 만들어진다. 이때, $\sigma_{Y2} = \sigma_Y$, $\sigma_{Y1} = (3/4)\sigma_Y$, $\epsilon_{Y2} = \epsilon_Y$, 그리고 $\epsilon_{Y1} = (1/2)\epsilon_Y$이다. (a) 첫 번째 항복을 일으키는 모멘트 M_{Y1}에 대해 계산하시오. (b) 최외측부가 두 번째 항복응력, $\sigma_{Y2} = \sigma_Y$에 도달하게 하는 모멘트 M_{Y2}에 대한 식을 결정하시오. (c) 단면 전체(중립축 근처의 극히 작은 코어 제외)가 두 번째 항복응력에 도달하게 하는 모멘트인 완전 소성모멘트 M_P의 식을 결정하시오.

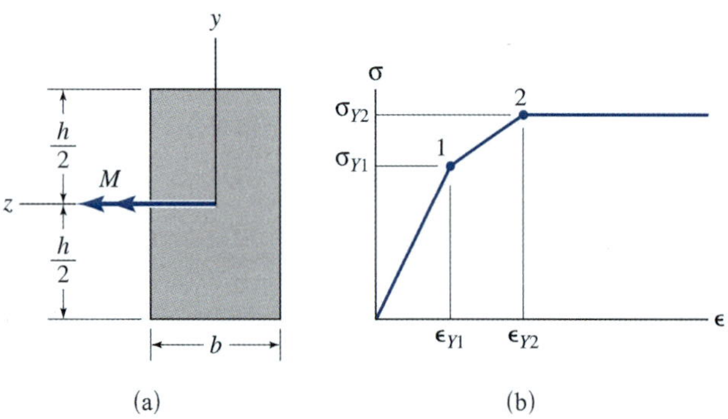

P6.7-21

■ 보의 전단응력 MDS 6.11

설계**문제 6.8-1** 목재보(4 in.×6 in.)에 대한 허용 전단응력(실제 마감 치수 b 및 h에 대해서는 부록 D.8 참조)이 $(\tau_{allow})_w = 400$ psi일 때, 이 허용 전단응력 기준에 근거하여 보가 견딜 수 있는 횡방향 전단력 V_{max}의 최댓값을 계산하시오.

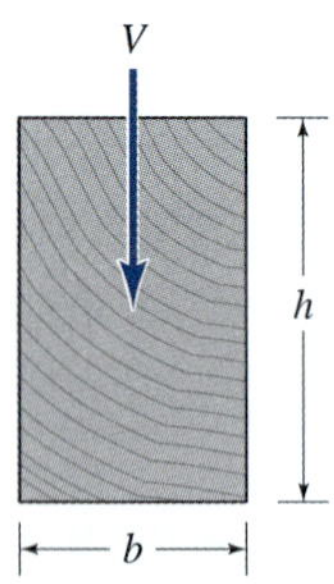

P6.8-1과 P6.8-2

설계**문제 6.8-2** 목재보는 2 MPa의 허용 전단응력(목재 티슈 조직에 평행한 전단력)을 초과하지 않고, 최대 횡방향 전단력, $V_{max} = 50$ kN를 유지하도록 선정되어야 한다. 이 목재보가 $h = 2b$인 단면을 사용하는 경우, 허용 전단응력 기준을 충족하는 b의 최솟값(가장 가까운 짝수 mm로)을 계산하시오.

문제 6.8-3 길이 $L = 4$ m의 단순지지 보 AC는 그림 P6.8-3에서와 같이 B점에서 보에 매달린 집중하중 $W = 1.0$ kN을 지지한다. 이때, 보의 단면적은 40 mm×60 mm이다. 하중점 B의 왼쪽에 있는 단면에서 $y = 0$ mm, $y = 10$ mm 및 $y = 20$ mm의 세 가지 위치에서 휨 응력 $\sigma(x, y)$ 및 전단응력 $\tau(x, y)$을 결정하시오.

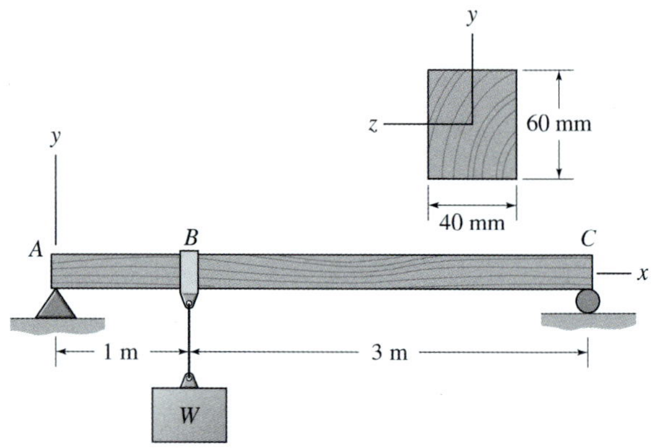

P6.8-3

문제 6.8-4 길이 $L = 15$ ft.의 단순지지 보 AC는 그림 P6.8-4와 같이 B점에서 집중하중 $P = 15$ kips를 지지한다. 이 목재보의 단면 공칭치수는 8 in.×8 in이다. (실제 단면 치수는 부록 D.8 참조). 하중 P의 왼쪽에 있는 단면에서 $y = 0$ in., $y = 1.25$ in, $y = 2.50$ in.의 세 가지 위치에서 휨 응력 $\sigma(x, y)$ 및 전단응력 $\tau(x, y)$을 결정하시오.

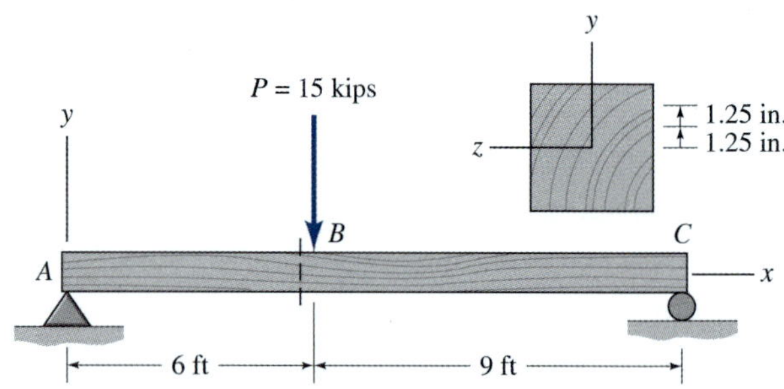

P6.8-4

설계**문제 6.8-5** 그림 P6.8-5에서와 같이 폭 b와 깊이 h의 직사각형 단면을 갖는 길이 L의 단순지지 보의 지간 중앙에 집중하중 P가 작용한다. (a) 허용 휨 응력, σ_{allow} 허용치에 기초한 최대 허용하중 P_σ에 대한 식을 결정하시오. (b) 허용 전단응력 τ_{allow}에 대한 최대 허용하중 P_τ에 대한 식을 결정하시오. (c) 비율 P_σ/P_τ로부터, 결과적으로 이 비율로 들어가는 보의 치수의 의미에 대해 논의하시오. [(a)에서 (c)까지는 보의 자중 무시]

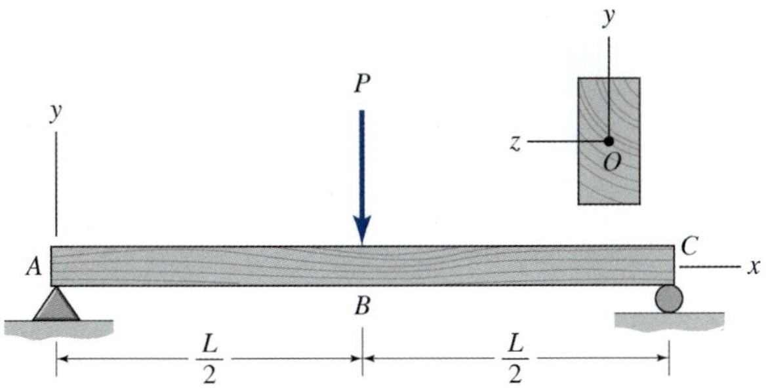

P6.8-5

설계문제 6.8-6 깊이가 $h = 9.5$ in.인 단순지지 목재보의 지간 중앙에 집중하중 P가 작용한다. 목재에 허용되는 휨 응력 허용치 $\sigma_{allow} = 1.2$ ksi이며, 허용 전단응력 허용치 $\tau_{allow} = 150$ psi이다. 허용 전단응력 기준이 허용 하중을 결정하는 하한 길이(L_{cr}이라고 함), 동시에 휨 응력 기준으로 구한 상한 길이를 결정하시오.

문제 6.8-7 200 mm×300 mm 직사각형 단면을 갖는 보는 그림 P6.8-7과 같이 하중 $P_B = 15$ kN 및 $P_C = 25$ kN을 지지하고 있다. (a) 보의 최대 휨 응력 σ_{max}을 결정하고, (b) 보의 최대 전단응력 τ_{max}을 결정하시오. (보의 자중은 무시)

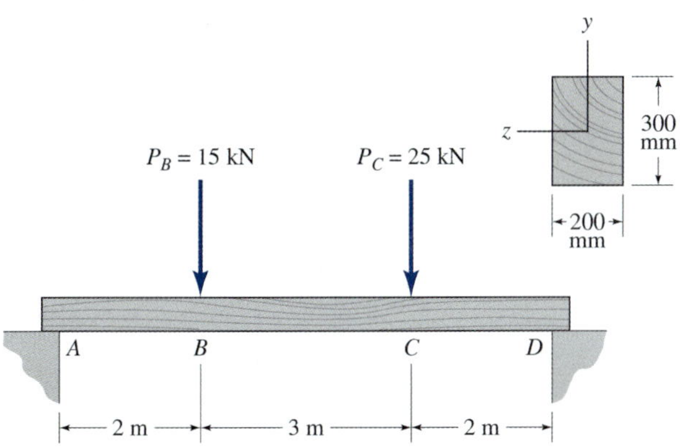

P6.8-7

설계문제 6.8-8 그림 P6.8-8과 같이 공칭치수가 4 in.×8 in.인 목재보가 하중을 받고 있다. 목재에 허용되는 전단응력이 $(\tau_{allow})_w = 120$ psi이고, C점에서의 하중이 A점에서의 하중의 항상 3배, 즉 $3P$와 P인 경우, 이 보에 작용할 수 있는 최대 하중 P를 계산하시오. 목재보의 비중은 $\gamma = 36$ lb/ft^{3}로 계산하여, 보의 자중을 계산에 포함한다. (구조용 목재의 마감치수는 부록 D.8 참조)

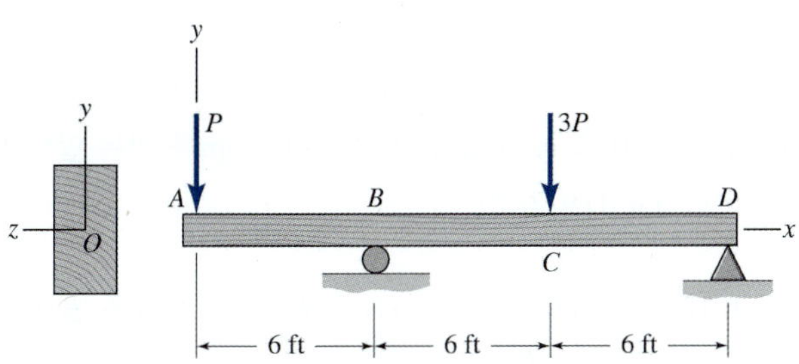

P6.8-8

문제 6.8-9 4 in.×6 in.(공칭) 직사각형 단면을 갖는 목재보에 그림 P6.8-9에서와 같이 하중 $P_B = 6$ kips과 $P_D = 3$ kips가 작용한다. (a) 보의 최대 굽힘응력 σ_{max}을 결정하고, (b) 보의 최대 전단응력 τ_{max}을 결정하시오. (이 보는 A점과 C점에서 단순지지 되었다고 가정하고, 보의 자중은 무시한다.)

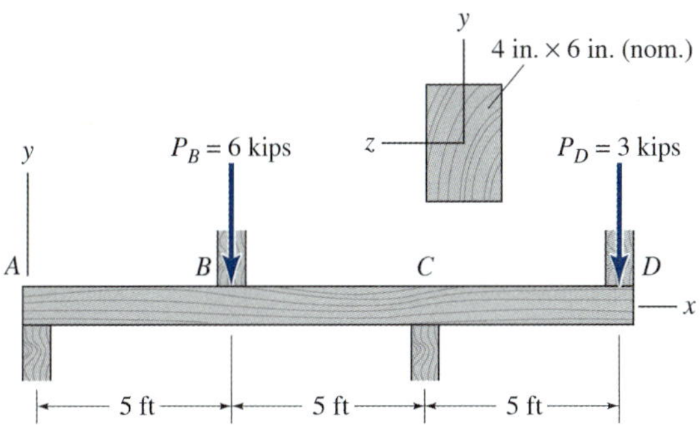

P6.8-9

문제 6.8-10 전단응력 공식, 식 6.67을 사용하여, 그림 P6.8-10에 나타난 원형 단면의 중립축 수준에서 전단응력에 대한 식을 결정하시오. 이 결과를 그림 6.45b에 주어진 정보와 비교하시오.

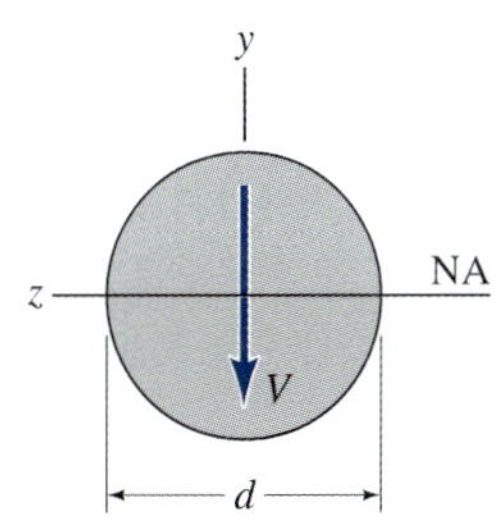

P6.8-10

***문제 6.8-11** 목재 회사는 조립할 수 있어 임시용 캐빈으로 사용할 수 있는 로그-캐빈 키트를 공급하여 목재 판매량을 늘리고자 한다. 본인이 목재 회사의 구조 엔지니어라면, (a) 로그

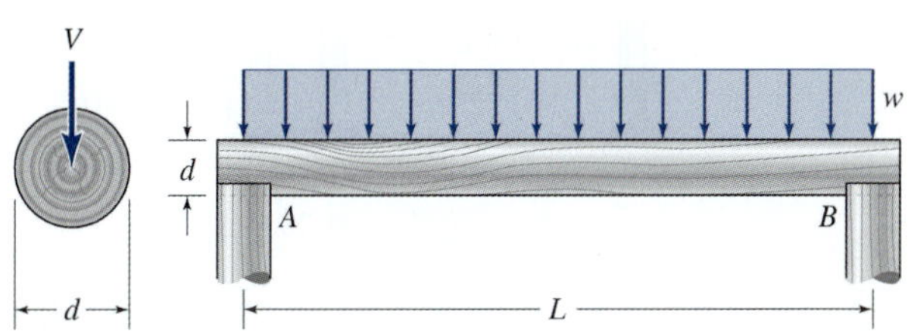

P6.8-11

(원형 단면)의 최대 전단응력과 횡방향 전단력 V 및 지름 d를 관련시키는 표현식을 결정하시오. (b) 등분포하중 w(보 자중 포함)을 반드시 지지하면서, 허용 전단응력 τ_{allow}을 초과하지 않는 최대 지간 L_{max}를 결정하시오.

문제 6.8-12 전단응력 공식, 식 6.67을 사용하여, 그림 P6.8-12에 나타난 두꺼운 벽의 원통형 중공단면의 중립축 수준에서 전단응력에 대한 식을 결정하시오.

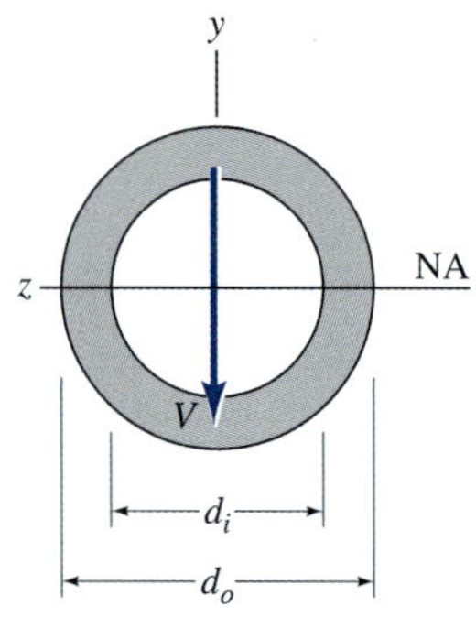

P6.8-12

문제 6.8-13 (a) 그림 P6.8-13(그림 P6.3-15 참조)에서 샤프트의 전단력 선도와 모멘트 선도를 작도하시오. (b) 축(AD)의 지름이 0.75 in인 경우, 축(AD)의 최대 전단응력을 계산하고, 어디에서 발생하는지 표기하시오. (즉, 어느 단면에서, 그리고 그 단면에서 어디에 위치하는지를 표기하시오.) (c) 지름 0.75 in. 축(AD)의 최대 굽힘응력을 계산하고, 어디에서 발생하는지 표기하시오.

***문제 6.8-14** 그림 P6.8-14a와 같이 화물열차의 한 축에 있는 차륜이 하 침목 위를 직접 지나감에 따라 각 차륜으로 발생되는 하중이 레일, 방진패드와 침목으로 가해진다. 각 차륜하중은 그림 P6.8-14b에서와 같이 1 ft 폭의 방진패드에 걸쳐 p_w = 32 kips/ft의 등분포하중으로 나타낼 수 있다. 침목은 침목이 놓인 자갈도상 위에 단위하중 당 등분포하중, p_b로 분배된다고 가정한다. (a) 분포하중 p_b를 구하시오. (b) 목재 침목의 최대 전단응력 τ_{max}을 계산하고, 어디에서 발생하는지 표기하시오. (c) 최대 굽힘응력, σ_{max}을 결정하고, 그것이 발생하는 위치를 표기하시오.

(a)

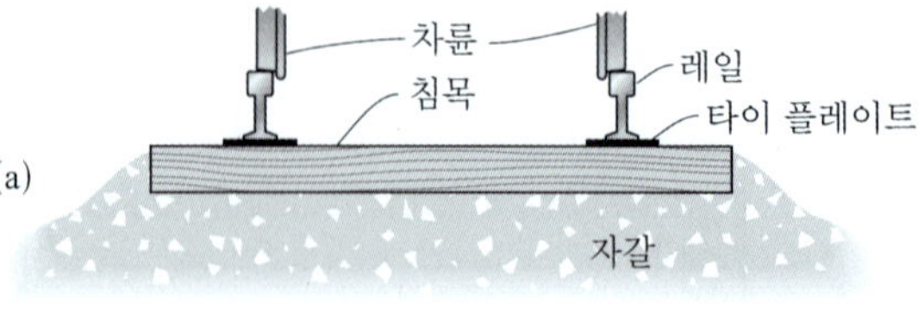

(b)

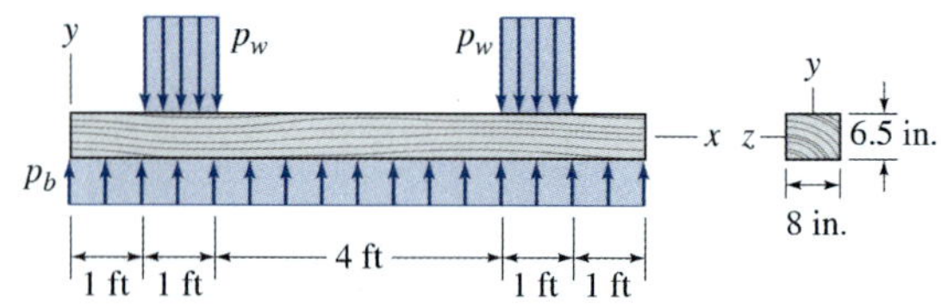

6.8-14

▪ 박판 보의 전단응력 MDS 6.12 & 6.13

문제 6.10－1에서 6.10－5까지는 수직 전단력 V는 아래 그림에 표시된 단면 치수와 함께 플랜지-웹(web)부를 갖는 보에 작용한다. 다음의 각 문제에 대해, 예제 6.15를 따라: (a) 관성모멘트를 계산하시오. (상용 제원은 부록 D 참조). 플랜지와 복부 사이의 연결부 필렛 용접부분은 무시하시오. (b) 웹부의 최대 전단응력 $(\tau_{max})_w$을 계산하시오. (c) 웹부의 최소 전단응력 $(\tau_{min})_w$을 계산하시오. (d) 웹부에 의해 전달되는 수직 전단력 V_w를 계산하고, 총 전단력 V에 대한 V_w의 비율을 결정하시오.

문제 6.10-1 단면 치수가 h=12.5 in., h_w=11.75 in., b= 6.5 in., t_w=0.25 in.이고, 전단력 V=40 kips인 보.

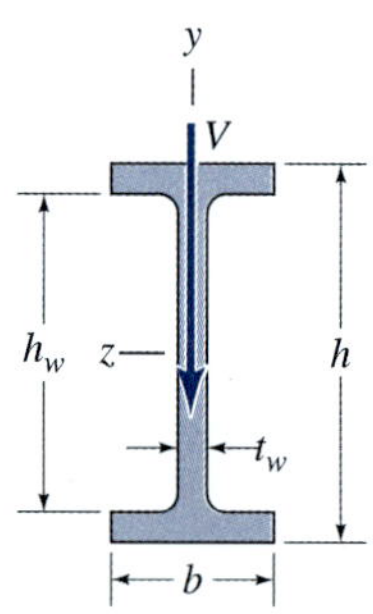

P6.10-1~P6.10-5

문제 6.10-2 단면 치수가 h=410 mm, h_w=390 mm, b= 260 mm 및 t_w=15 mm이고, 전단력 V=280 kN인 보.

문제 6.10-3 전단력 V=160 kips인 **W**24×94 광폭 플랜지 형강 보. (표 D.1 참조)

문제 6.10-4 단면 치수가 h=8.00 in., h_w=7.18 in., b= 5.00 in., t_w=0.25 in.이고, 전단력 V=12 kips를 받는 알루미늄합금 보. (표 D.9 참조)

문제 6.10-5 전단력 V=220 kN인 **W**360×79 광폭 플랜지 형강 보. (표 D.2 참조)

문제 6.10-6 W12×50 광폭 플랜지 보와 W16×50 광폭 플랜지 보는 각각 동일한 수직 전단력 V를 받고 있다. 최대 전단응력 비, $(\tau_{max})_a/(\tau_{max})_b$를 계산하시오. (이 보의 단면특성은 표 D.1 참조)

(a) **W**12 × 50 단면 (b) **W**16 × 50 단면

P6.10-6

문제 6.10-7 광폭 플랜지 보는 그림 P6.10-7과 같이 상대 치수를 갖는다. 보가 횡방향 전단력 V를 받는다면, 방향 (a)와 (b)의 보에 대한 최대 전단응력 비, $(\tau_{max})_a/(\tau_{max})_b$를 계산하시오. 각 경우에 최댓값이 나타나는 위치를 표기하시오.

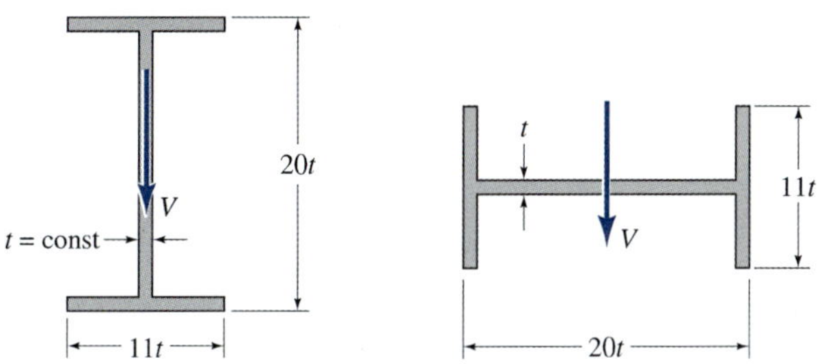

(a) (b)

P6.10-7

문제 6.10-8 T형보는 그림 P6.10-8의 상대 단면적을 가지며 수직 전단력 V를 받는다. (a) 웹의 수직 전단응력 $\tau_w(y)$을 계산하고, (b) (a)에서 얻은 함수 $\tau_w(y)$를 스케치하시오.

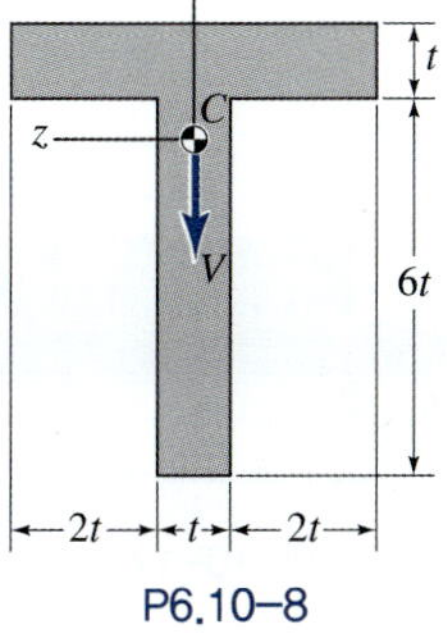

P6.10-8

문제 6.10-9 구조용 T형보는 그림 P6.10-9에 표시된 치수를 가진다. (a) 웹(web)부의 (수직) 전단응력 $\tau_w(y)$을 계산하고, (b) 복부에 의해 전달되는 전단력의 백분율을 계산하시오 (즉, $V_w/V \times 100$ %).

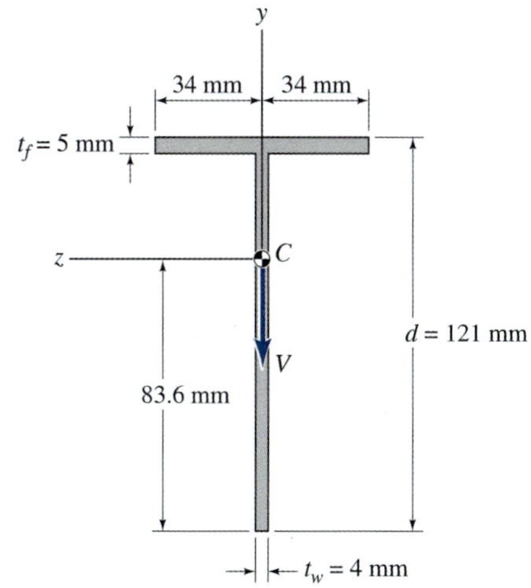

P6.10-9

문제 6.10-10 ㄷ형강 보는 그림 P.6.10-10에서 나타나있는 단면에 $V = 10$ kN의 수직 전단력을 받는다. A점으로 지정된 점에서 수평 전단응력 τ_A의 값을 결정하고, B점으로 표시된 지점에서 수직 전단응력 τ_B를 결정하시오. 이때, 두께 t_f는 일정하다고 가정하시오.

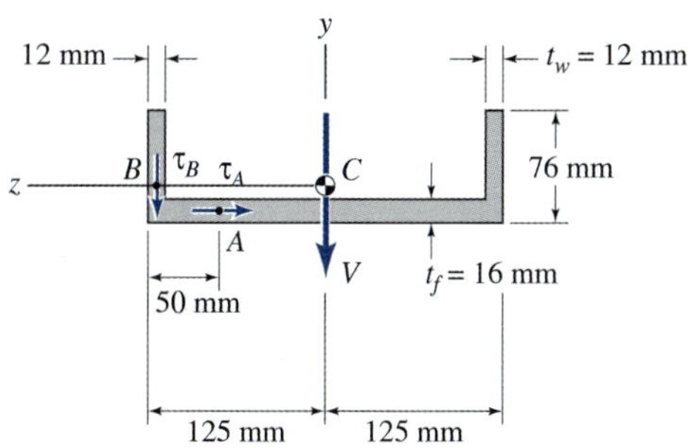

P6.10-10

문제 6.10-11 그림 P6.10-11과 같은 단면을 갖는 ㄷ형강 보

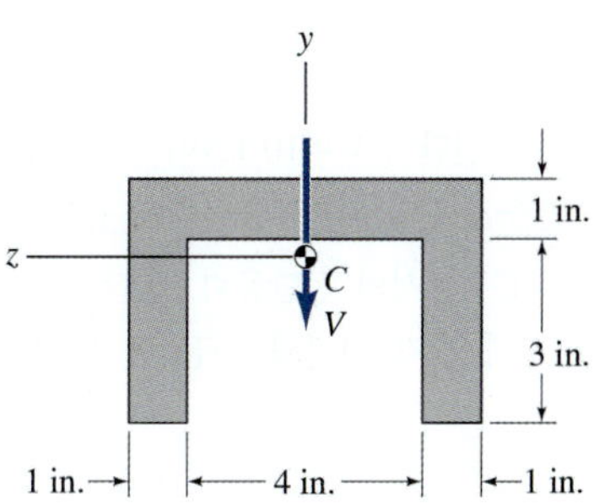

P6.10-11

가 있다. 이 보의 최대 전단력이 횡 단면중심에 수직으로 작용하는 8 kips의 힘이라면, 이 보의 최대 전단응력을 계산하시오.

문제 6.10-12 직사각형 박스형 보는 그림 P6.10-12에 제시된 치수를 가지며, 수직 전단력 $V = 60$ kN을 받는다. 이 그림에 표시된 위치 A와 B에서 복부 전단응력 τ_A, τ_B을 계산하시오.

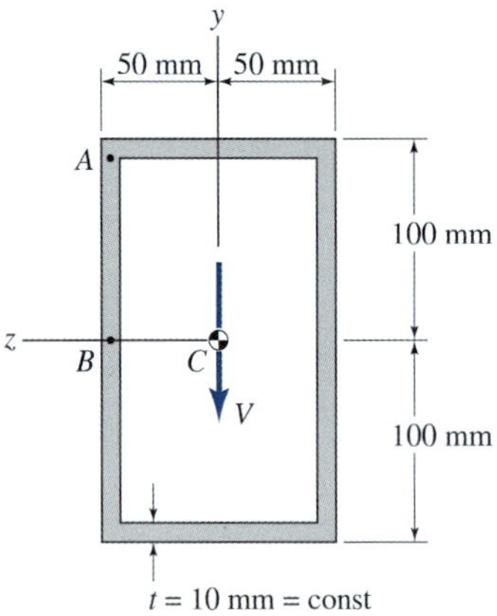

P6.10-12

문제 6.10-13 직사각형 박스형 보의 상대 치수는 그림 P6.10-13와 같다. 이 보가 횡방향 전단력 V를 받을 경우, 방향 (a)와 (b)의 보에 대한 최대 전단응력 비, $(\tau_{max})_a/(\tau_{max})_b$를 계산하시오. 각 경우에 최댓값이 나타나는 위치를 표기하시오.

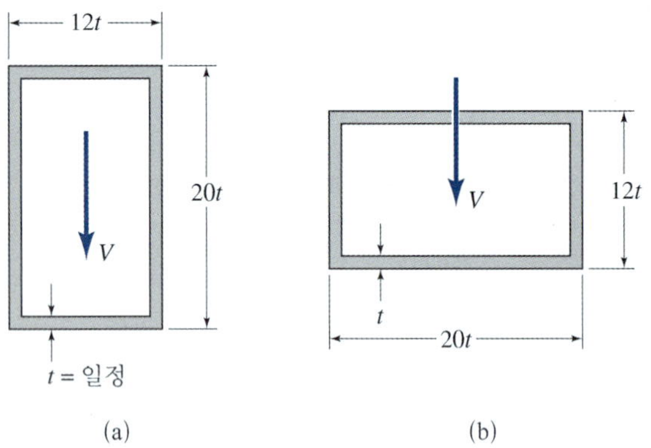

P6.10-13

문제 6.10-14 상단 및 하단 플랜지가 있는 보가 그림 P6.10-14와 같은 단면 치수를 가진다. 이때, 복부 두께는 $t_w = 40$ mm이다. 이 보에 수직 전단력 $V = 10$ kN이 가해지면, 다음을 결정하시오. (a) 단면중심 C의 위치, 중립축에 관한 관성모멘트 I_C, (b) 웹(web)부의 C점에서의 전단응력, 상단 플랜지 및 하단 플랜지와 웹(web)부가 각각 연결되는 점, A 및 B에서의 전단응력.

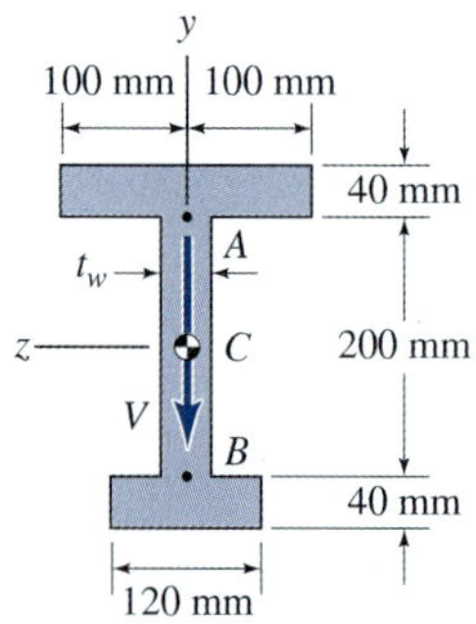

P6.10-14와 P6.10-15

문제 6.10-15 문제 6.10-14의 (a)와 (b)를 웹(web)부 두께가 $t_w = 50$ mm인 경우로 재계산하시오.

문제 6.10-16 그림 P6.10-16a에 표시된 보는 **W**12×35 광폭 플랜지 보이다. (a) B점 왼쪽에 있는 단면 C 및 D 위치에서 웹(web)부 전단응력 τ_C와 τ_D를 구하시오. (b) 최대 휨 응력 σ_{max}를 구하고, 어디에서 발생하는지 설명하시오.

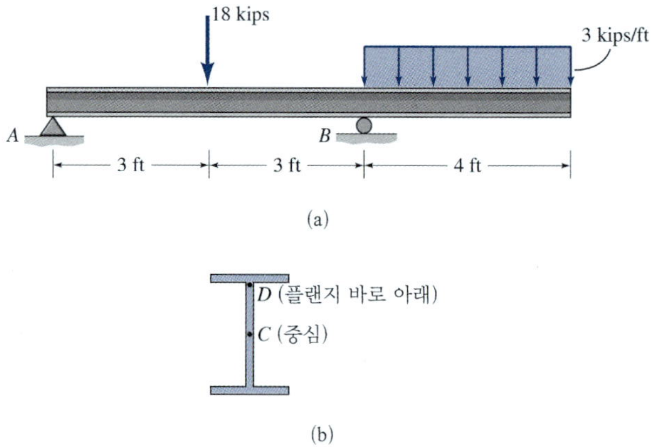

P6.10-16

문제 6.10-17 그림 P6.10-17의 보는 왼쪽 단부에서 하향 집중하중 $P = 20$ kN을 받고 있다. 지간 BC에는 하향 등분포 하중 $w = 40$ kN/m을 받고 있다. 이 보가 **W**310×52 확폭 플랜지 보인 경우 (a) 최대 휨 응력 σ_{max}을 결정하고 (b) 최대 횡방향 전단응력 τ_{max}을 결정하시오.

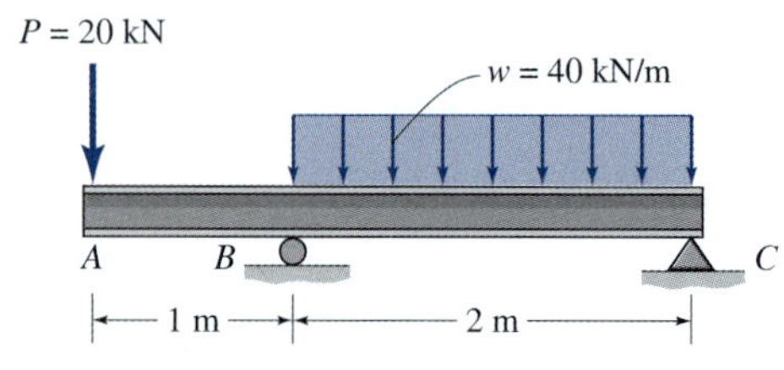

P6.10-17

문제 6.10-18 그림 P6.10-18과 같이 **W**12×35 확폭 플랜지

보에 $w=2$ kips/ft가 작용한다. (a) 최대 휨 응력 σ_{max}을 결정하고 (b) 최대 횡방향 전단응력 τ_{max}을 결정하시오.

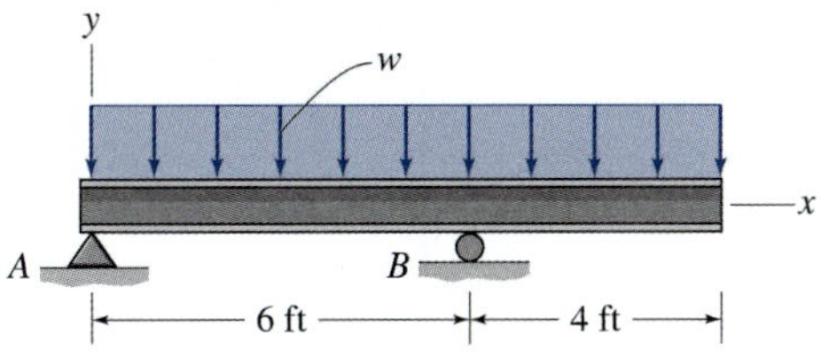

P6.10–18

문제 6.10–19 원형 단면을 가진 중공 보가 그림 P6.10-19에 나타낸 바와 같이 외부 지름이 $d_o=10.75$ in.이고 벽두께가 $t=0.365$ in.이다. 이 보 단면에 수직 전단력 $V=40$ kips가 가해지면 단면의 최대 전단응력 τ_{max}을 구하시오.

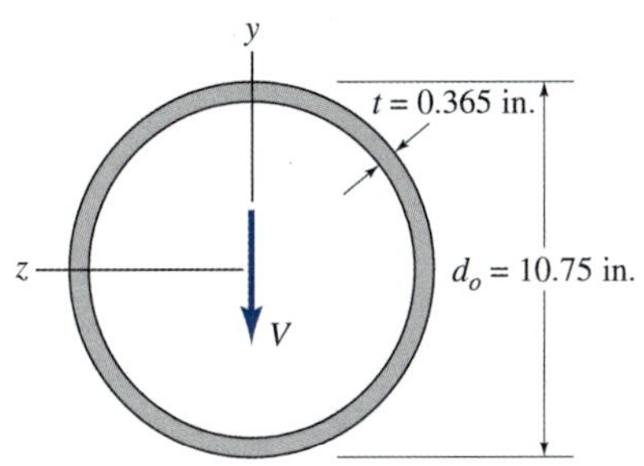

P6.10–19

설계문제 6.10–20 소형 다용도 트레일러의 연결부 *AB*는 그림 P6.10-20b에 표시된 정사각형 박스형 단면이다. 트레일러의 총 중량과 하중이 *W*이고 그림 P6.10-20a에 표시된 것처럼 작동 라인이 트레일러의 차축에서 1 ft 전방이라고 가정한다. 또한 연결부가 *B*점에서 트레일러 본체와 효과적으로 캔틸레버 거동을 한다고 가정한다. 이 연결부에 축방향 견인하중을 무시하고 *A*점의 트레일러 히치가 고정 트레일러 볼에 놓여있을 때, 단순히 정적하중만 고려하시오. 이 연결부의 허용 휨 응력이 $\sigma_{allow}=12$ ksi, 허용 전단응력이 $\tau_{allow}=8$ ksi인 경우, 최대 중량 *W*(트레일러+하중)를 결정하시오.

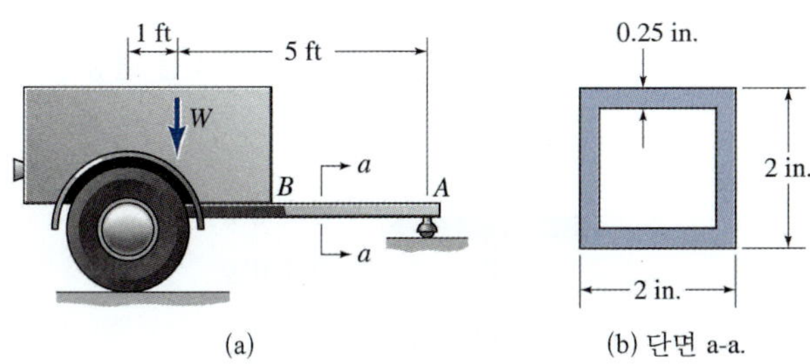

P6.10–20

설계문제 6.10–21 2 in.×6 in.(공칭 치수) 보드 2개가 못을 박아 고정되어 T형보를 이룬다. (그림 P6.10-21b). 못과 접착제가 두 판자를 하나의 보로 일체 거동하도록 하기에 충분하다고 가정한다. 수평 전단(즉, 나뭇결과 평행한 전단)에서의 허용 응력은 $\tau_{allow}=80$ psi이다. 이 보는 그림 P6.10-21a와 같이 삼각형 분포하중 w_0을 받는 외팔보(canti-lever)로 사용할 경우, 이 보가 지탱할 수 있는 최대 하중을 결정하시오. 보의 자중은 무시하시오.

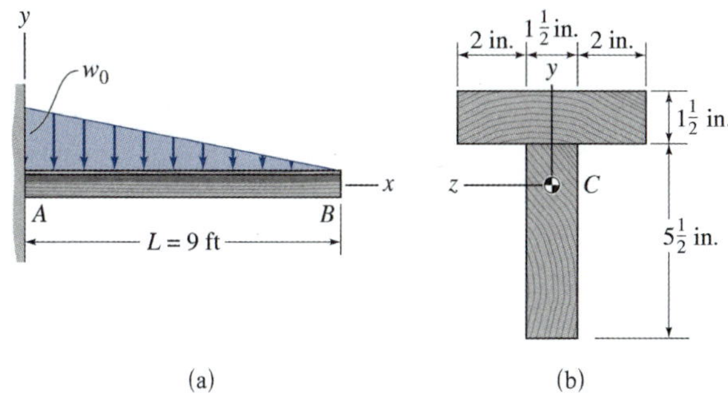

P6.10–21

■ 조립보의 전단응력

설계문제 6.11–1 그림 P6.11.1에서와 같이 접착제로 접합된 목재 보는 3개의 2×4(마감 치수 $1\frac{1}{2}\times3\frac{1}{2}$ in.) 보드로 만들어졌다. 목재의 허용 전단강도는 $\tau_{allow}=80$ psi(안전율을 고려함)이다. 이때, 접착제 조인트의 필요한 전단강도(psi)를 계산하시오. 접착제 조인트 파단에 대해 안전율이 $FS=3.0$인 경우 즉, 목재 자체가 파괴하기 전에 접합부가 파단하지 않도록 접착제 접합부를 얼마나 강해야 하는지 계산하시오. 접착제 조인트의 두께는 무시한다.

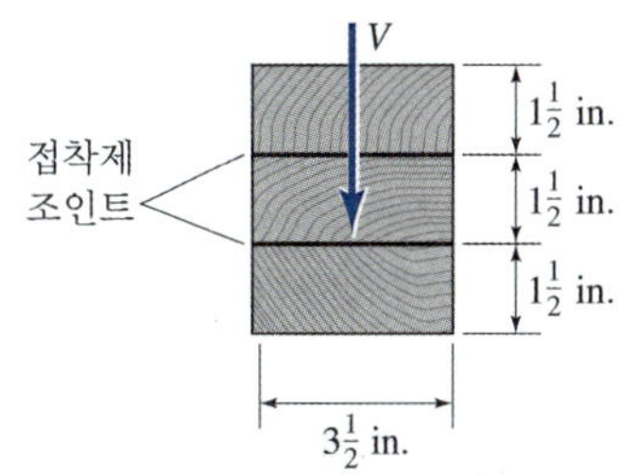

P6.11–1과 P6.11–2

설계문제 6.11–2 그림 P6.11-1에 표시된 3개의 2×4 보드 대신 40 mm×140 mm(마감 치수) 보드 5개로 만들어진 경우, 목재의 허용 전단강도는 $\tau_{allow}=550$ kPa이다. 이 조건으로 문제 6.11-1을 재계산하시오. (안전율 고려함)

설계문제 6.11–3 목재는 25 mm×100 mm, 50 mm×100 mm,

100 mm×100 mm(모든 목재는 마감 치수)의 접착된 합판(glulam)을 만드는 데 사용하기 위해 3가지 사이즈로 제공된다. “A회사”는 P6.11-3a와 같이 100 mm×150 mm 보를 제작하고, “*B*회사”는 A회사와 동일한 사이즈로 P6.11-3b와 같이 보를 제작한다. 이들 2개의 보는 동일한 가격으로 판매되며 목재의 종류와 등급이 동일하다. 이때, 이 보의 전단강도(즉, 허용 횡방향 전단력 *V*)를 기준으로 어떤 것을 선택하여야 하는지 설명하시오. 경쟁사보다 얼마나 더 튼튼한지 설명하시오.

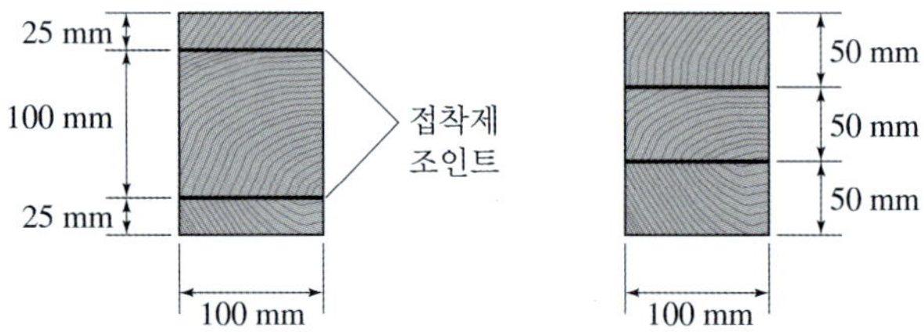

(a) (b)

P6.11-3

***문제 6.11-4** 강재 덧판($b=90$ mm, $t=6$ mm, $E_s=210$ GPa)을 추가하여 목재보($b=90$ mm, $d=250$ mm, $E_w=14$ GPa)를 보강하였다. (주: 이 보는 비균질 보이므로 이를 해결하기 위해서는 6.5절의 굽힘 해석을 연동하시오.) (a) 이 “샌드위치”보가 수직 전단력 $V=10$ kN을 받고 있을 때, 접착제 층에 의해 덧판과 목재 코어 사이에 전달되어야 하는 전단응력을 계산하시오. (b) 주어진 전단력 *V*에 대한 목재의 최대 전단응력을 계산하시오.

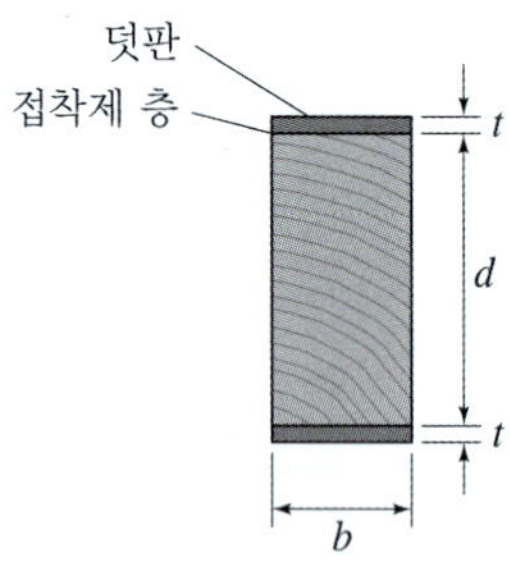

P6.11-4와 P6.11-5

***문제 6.11-5** 3×8 목재 코어($b=2.5$ in., $d=7.5$ in., $E_w=2\times10^3$ ksi)가 치수가 $b=2.5$ in., $t=0.25$ in. 및 계수 $E_a=10\times10^3$ ksi인 2개의 알루미늄 덧판에 접착되었다. 이때, 보는 수직 전단력 $V=1400$ lb를 전달하고자 한다. 이 조건으로 문제 6.11-4를 재계산하시오.

■ 조립보의 전단흐름

설계문제 6.11-6 강판 거더는 허용 전단강도가 $q_{\text{allow}}=2$ kips/in인 필렛 용접을 사용하여 2개의 16 in.×1 in. 플랜지 플레이트를 70 in.×3/8 in. 복부 플레이트에 용접하여 제작된다. 4개의 필렛 용접이 거더의 길이를 따라 연속적으로 가해진 경우, 이 플레이트 거더에 허용되는 수직 전단력 *V*를 결정하시오.

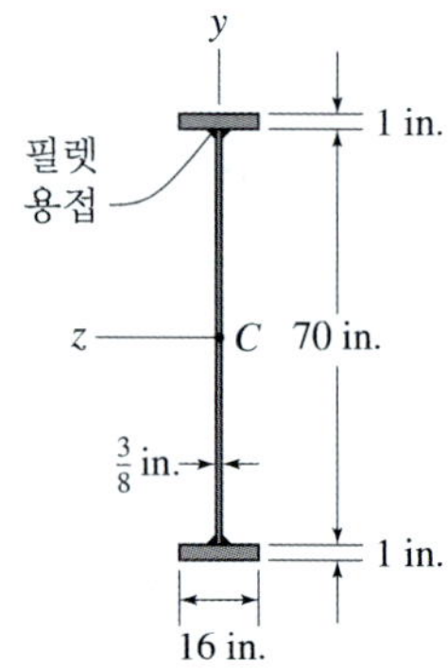

P6.11-6

설계문제 6.11-7 강판 거더는 허용 전단강도가 $q_{\text{allow}}=500$ kN/m인 필렛 용접을 사용하여 1 m×12 mm 웹(web) 플레이트에 2개의 300 mm×25 mm 플랜지 플레이트를 용접하여 제작된다. 4개의 필렛 용접이 거더의 길이를 따라 연속적으로 가해진 경우, 이 플레이트 거더에 허용되는 수직 전단력 *V*을 계산하시오.

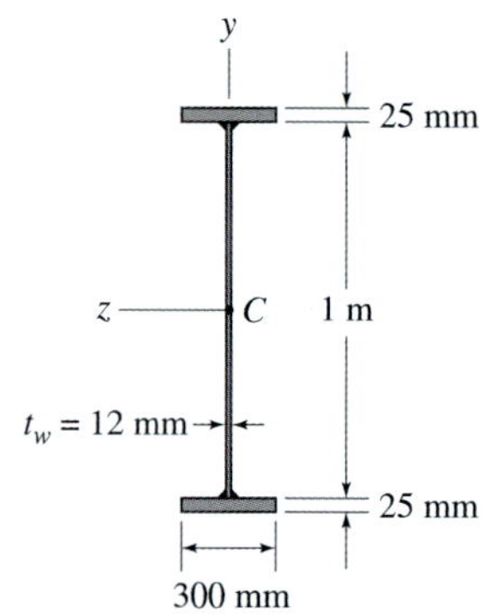

P6.11-7

설계*문제 6.11-8 그림 P6.11-8과 같이, **W200×71** 강재 W-플랜지 보의 플랜지에 175 mm×10 mm 강재 플레이트를 덧붙여 연속 필렛 용접으로 보강하였다. (a) 보강된 보에 대한 단면 2차 모멘트 *I*와 단면 계수 *S*를 결정하시오. (단면 특성에 용접 추가분은 무시) (b) 용접 헤드의 허용 전단흐름이 $q_{\text{allow}}=400$ kN/m이라면, 이 보강된 단면에 허용되는 최대 전단력 *V*를 결정하시오.

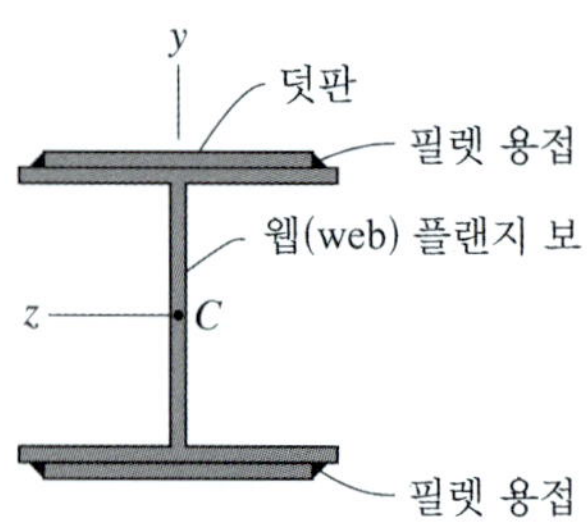

P6.11-8

설계*문제 6.11-9 그림 P6.11-9와 같이 W18×60 강재 광폭 플랜지 보의 플랜지에 C10×20 ㄷ형강을 볼트로 체결하여 보강하였다. 각 볼트의 허용 전단강도가 2.0 kips이고 볼트의 길이가 12 in.인 경우, 이 보강된 단면 보의 최대 수직 전단력 V를 계산하시오. (힌트: 표 D.4를 사용하여 ㄷ형강의 Q 계산에 사용할 면적과 중심 위치를 확인하시오.)

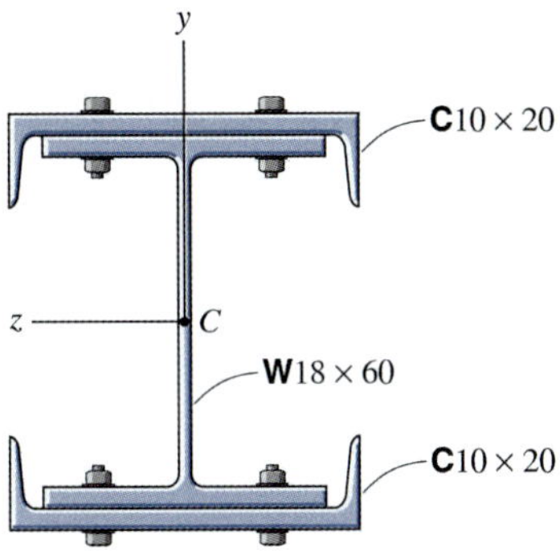

P6.11-9

설계문제 6.11-10 4개의 2×6 보드(공칭 치수)가 함께 고정되어 그림 P6.11-10에 표시된 박스형 보를 형성한다. 못이 보를 따라 $\Delta x = 6$ in.의 일정한 간격으로 이격되어 있고 각 못이 $V_{nail} = 300$ lb의 전단력이 허용되는 경우, 이 조립보의 최대 수직 전단력, V을 계산하시오. ($d = 5\frac{1}{2}$ in.이고 $t = 1\frac{1}{2}$ in.)

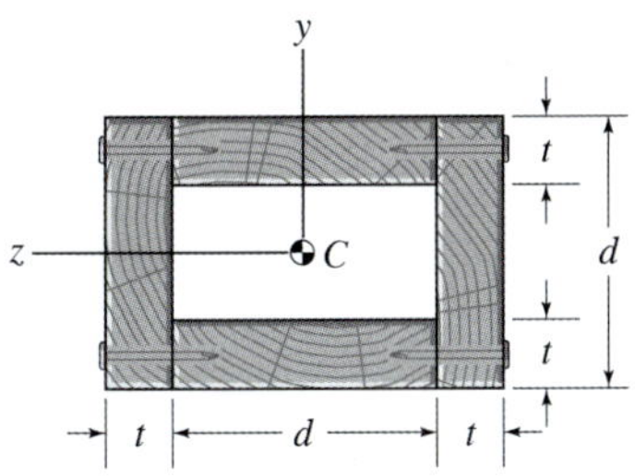

P6.11-10

설계문제 6.11-11 4개의 30 mm×180 mm(실제 치수) 보드를 나무 나사로 함께 연결하여 박스형 보를 형성한다(그림 P6.11-11). 각 나사의 허용 전단력 용량이 $V_s = 1$ kN이고 보에 수직 전단력 $V = 5$ kN이 가해지면 나사의 최대 허용 종방향 간격 Δx를 계산하시오. ($t = 30$ mm이고, $d = 180$ mm)

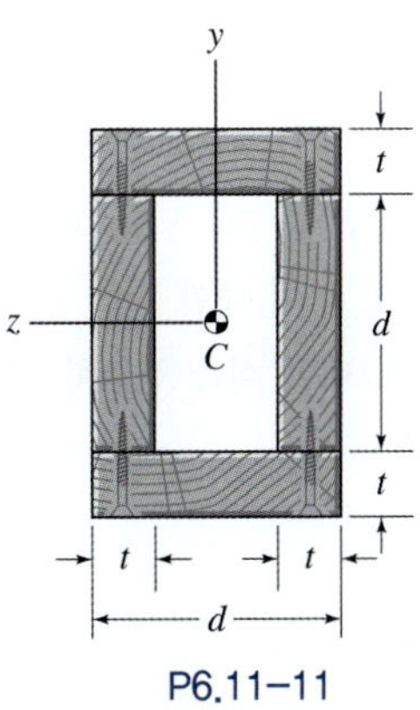

P6.11-11

설계문제 6.11-12 목재 박스형 보는 그림 P6.11-12와 같이 4개의 보드($t_1 = 30$ mm, $d = 250$ mm; $t_2 = 40$ mm, $b = 150$ mm)로 구성된다. 이 보드는 표시된 4개의 위치에 일정한 간격 Δx으로 목재 나사를 배치하여 결합된다. 나사의 허용 전단력은 $V_s = 1.2$ kN이다. 이 보가 최대 수직 전단력 $V = 10$ kN으로 설계되는 경우, 최대 종방향 나사 간격 Δx를 결정하시오.

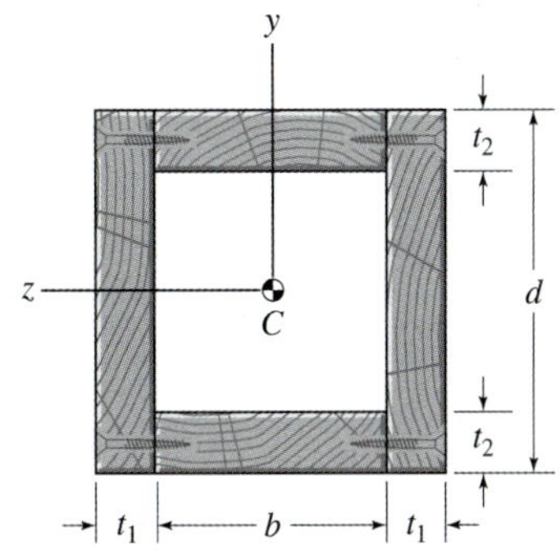

P6.11-12, P6.11-13, P6.11-15a

설계문제 6.11-13 목재 박스형 보는 그림 P6.11-13에 표시된 4개의 위치에 규칙적인 간격 Δx로 목재 나사를 배치하여 제작된다. 수직 보드는 2×10(실제 치수: $t_2 = 1\frac{1}{2}$ in., $d = 9\frac{1}{2}$ in.)이고 수평 보드는 2×6(실제 치수: $t_2 = 1\frac{1}{2}$ in., $b = 5\frac{1}{2}$ in.)이며 나사의 허용 전단력은 $V_s = 360$ lb이다. 이 보가 최대 수직 전단력 $V = 4$ kips로 설계되는 경우, 최대 종방향 간격 Δx를 계산하시오.

설계문제 6.11-14 박스형 보는 그림 P6.11-14b와 같이 4개의 2×6 판자가 못으로 연결, 제작되었다. 이 보는 그림 P6.11-12a와 같이, $L = 16$ ft의 전체 길이에서 균등한 간격으로 3개의 동일한 하중 $P = 500$ lb를 받고 있다. A 및 E의 단부조건은

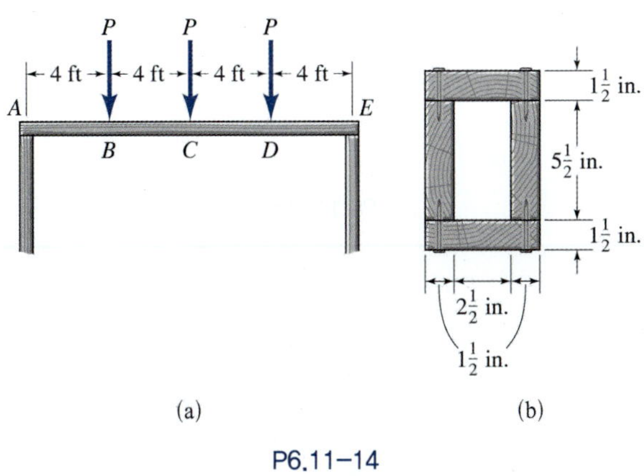

P6.11-14

"핀지지"된 것으로 간주한다. (a) 이 보의 최대 수평 전단응력을 결정하시오. (b) 이 보를 조립하는 데 사용되는 못의 허용 전단력이 $V_{\text{nail}} = 500$ lb인 경우, 보의 각 세그먼트 즉, Δx_{AB}, Δx_{BC}에서 못의 최대 허용 간격을 계산하시오.

설계문제 6.11-15 목재 박스형 보는 그림 P6.11-15a(문제 6.11-12 참조)에서처럼 4개 보드를 연결하여 제작한다. 이 보드의 치수는 다음과 같다($t_1 = 30$ mm, $d = 250$ mm; $t_2 = 40$ mm, $b = 150$ mm). 각 스크류 나사는 1.5 kN의 허용 전단력을 갖는다. 이 박스형 보를 그림 P6.11-15b에 표시된 대로 재하하고, 지지할 경우 보의 길이에 따라 각 간격마다 나사의 최대 허용 길이방향 간격을 계산하시오. 즉, Δx_{AB}, Δx_{BC}, Δx_{CD}를 결정하시오.

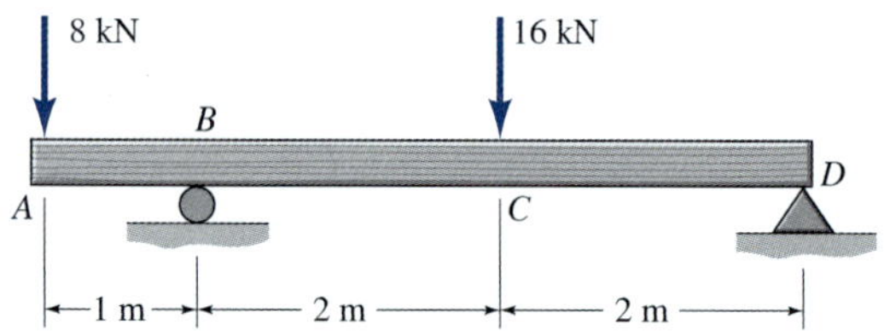

P6.11-15b

설계문제 6.11-16 2개의 2×8 보드가 그림 P6.11-16b에서처럼 역T형 보를 형성하기 위해 보의 길이를 따라 $\Delta x = 12$ in.의 일정한 간격으로 나사에 의해 고정되어 있다. 이때, 각 스크류 나사는 허용 전단력이 $V_s = 480$ lb이다. 이 보의 지간 중앙에 단일 집중하중 P를 받으며, 단순지지 되는 경우 최대 허용 하중 P를 계산하시오.

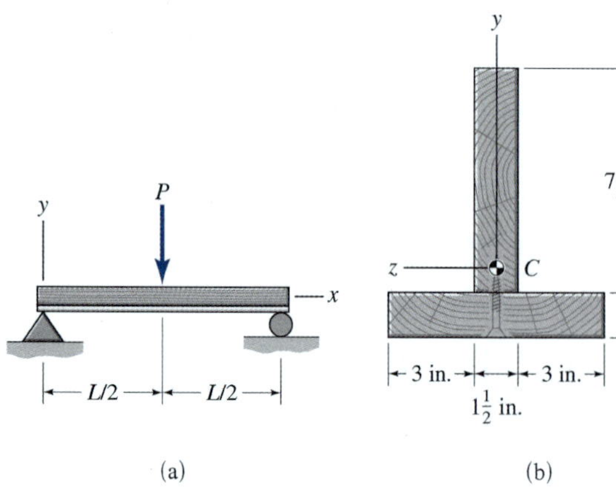

P6.11-16

문제 6.12-1~6.12-16의 경우, 두께 t가 다른 단면 치수보다 훨씬 작아서 t^2, t^3 등이 t와 비교하여 무시될 수 있다고 가정한다(예: 관성모멘트 I). 모든 유도식 및 계산식에 중심선 치수를 사용하시오.

문제 6.12-1~6.12-3 각 ㄷ형강 단면의 편심 e, 전단 중심 S를 결정하시오. 편심은 각 문제에서 복부의 중심선, 즉 y축으로부터 계산한다.

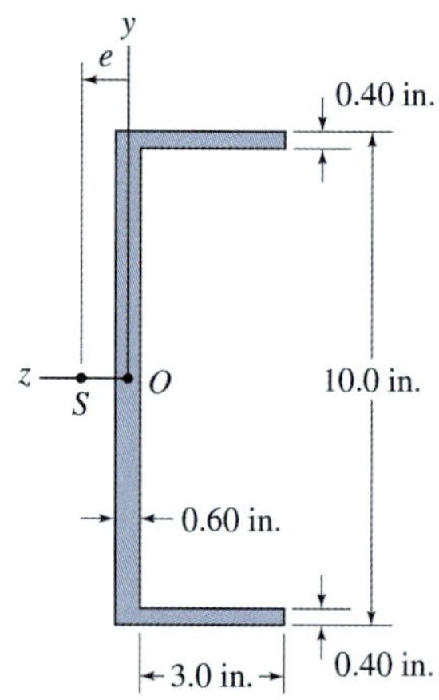

P6.12-1

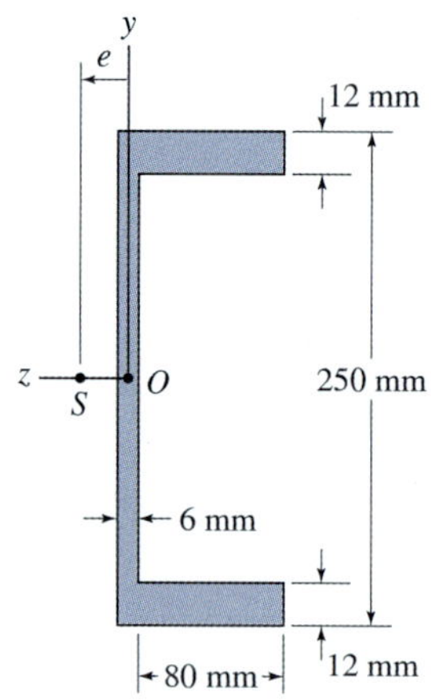

P6.12-2

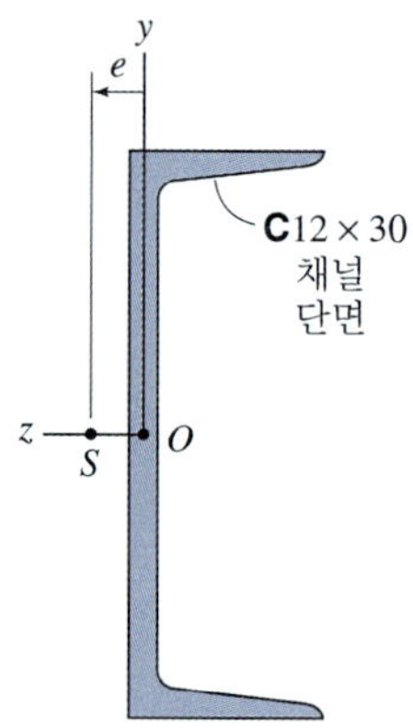

P6.12-3

문제 6.12-4 그림 P6.12-4의 "모자" 단면은 일정한 벽두께 t를 갖는다. (a) 전단흐름 $q_1(y)$와 $q_2(z)$에 대한 식을 결정하시오. 전체 전단력 V와 단면 치수로 답을 표현하시오. (b) $q_1(y)$와 $q_2(z)$의 합력인 V_1과 H_2에 대한 식을 각각 결정하시오. (c) 전단중심 S의 편심 e에 대한 식을 결정하시오.

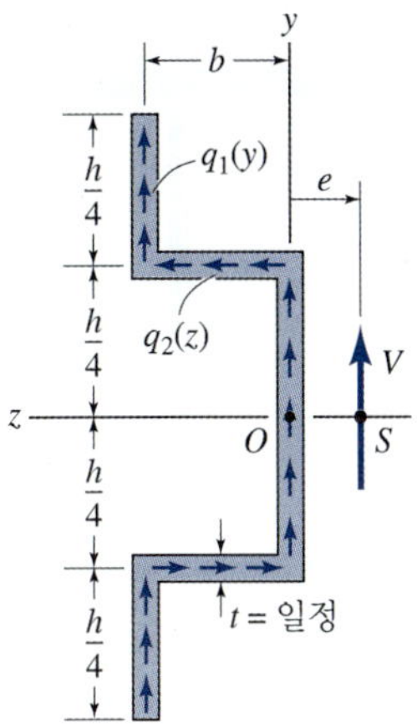

P6.12-4

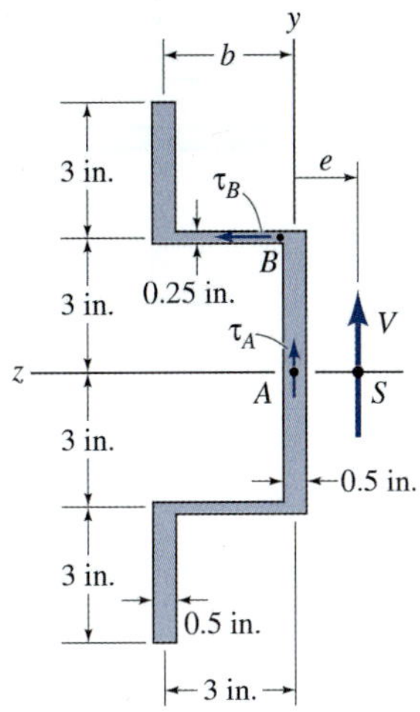

P6.12-5

문제 6.12-5 (a) 편심, e를 결정하여 그림 P6.12-5의 "모자"(모자를 수직으로 세운 모양) 단면의 전단중심 S를 계산하시오. (b) 수직 전단력 $V = 10$ kips가 이 "모자" 단면의 전단중심을 통과하여 작용할 경우, 그림 P6.12-5의 위치와 방향에서 전단응력 τ_A와 τ_B의 값을 계산하시오.

문제 6.12-6 그림 P6.12-6에 표시된 단면을 고려하시오. (a) 그림에 표시된 대로 플랜지 전단흐름 $q_1(z)$와 $q_2(z)$에 대한 식을 결정하시오. (b) 전단흐름 q_1와 q_2에 상응하는 합력인 전단력 H_1 및 H_2에 대한 식을 결정하시오. (c) 전단중심 S의 편심 e에 대한 식을 결정하시오.

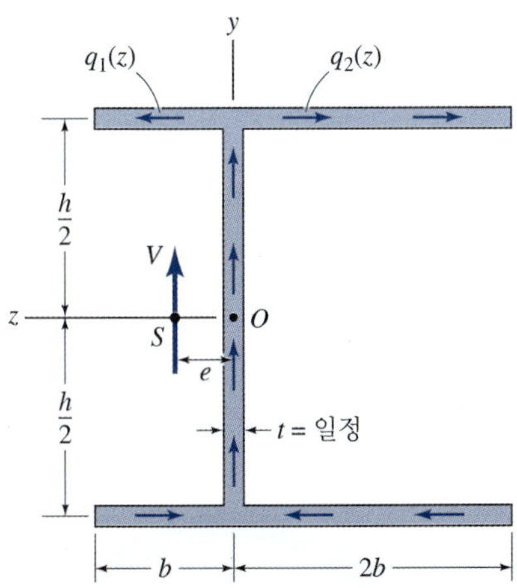

P6.12-6

문제 6.12-7 그림 P6.12-7에 나와 있는 열린 박스형 단면의 전단중심 위치(즉, 편심 e)를 결정하시오.

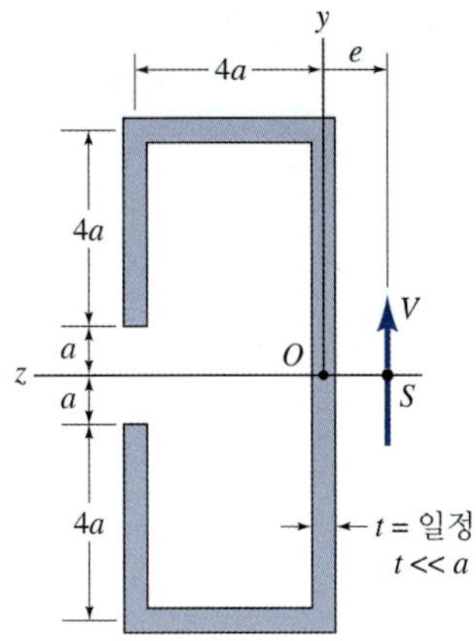

P6.12-7

문제 6.12-8 그림 P6.12-8과 같이 한쪽을 따라 매우 얇은 길이방향 슬릿이 있는 박스형 박판 보에 대한 전단중심 S의 편심 e를 결정하시오.

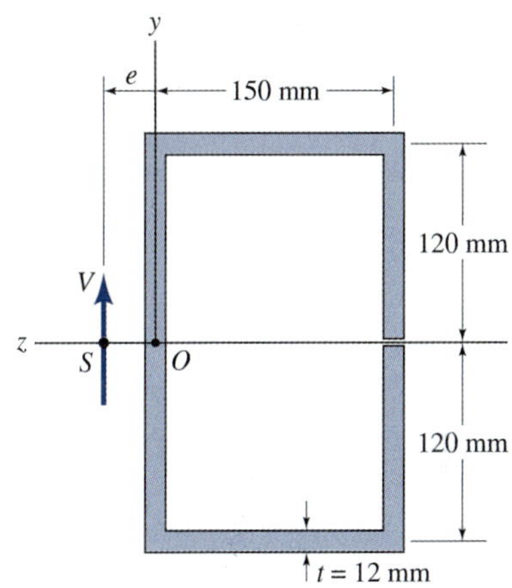

P6.12-8

설계*문제 6.12-9 ㄷ형강 보는 그림 P6.12-9와 같이 웹(web)부 플레이트와 두 개의 플랜지 플레이트로 제작한다. 총 높이는 $d =$ 18.0 in., 복부 두께는 $t_w = 0.50$ in., 플랜지 폭은 $b_f = 6.0$ in.이다. 구조적 이유로 인해 전단중심이 0.90 in. 위치에 있어야 한다. 웹(web)부 플레이트, 플랜지 플레이트의 필요한 두께(t_f)를 결정하시오.

문제 6.12-10 그림 P6.12-10에 나와 있는 일정한 두께($t \ll a$) 경사채널 단면을 고려하시오. (a) 경사 플랜지의 전단흐름 $q_f(s)$에 대한 식을 결정하고, (b) 편심 e에 대한 표현을 결정하여, 전단 중심을 특정하시오. 치수 a에 관하여 답을 표현하시오.

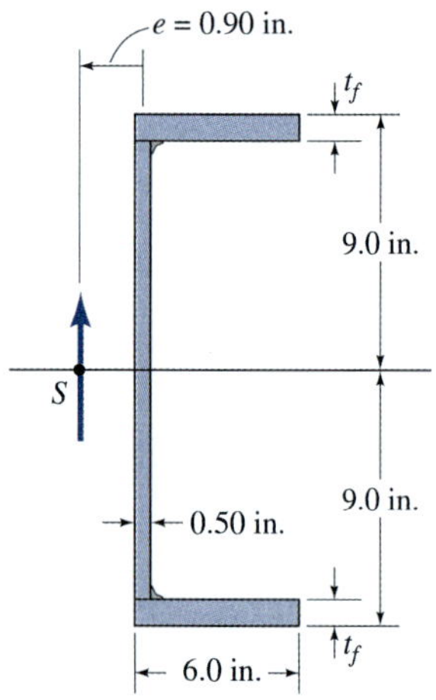

P6.12-9

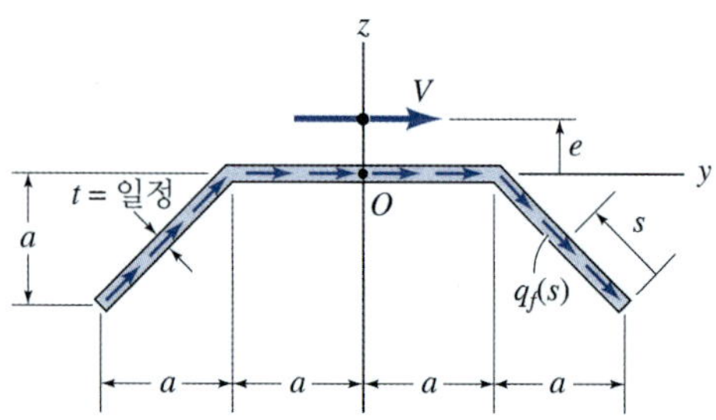

P6.12-10

***문제 6.12-11** 그림 P6.12-11에 표시된 수정된 "모자" 단면을 고려하시오. (a) 전단흐름 $q_1(y)$와 $q_2(z)$에 대한 식을 결정하고, (b) 전단중심 편심 e를 치수 a에 관련시켜 식으로 표현하시오.

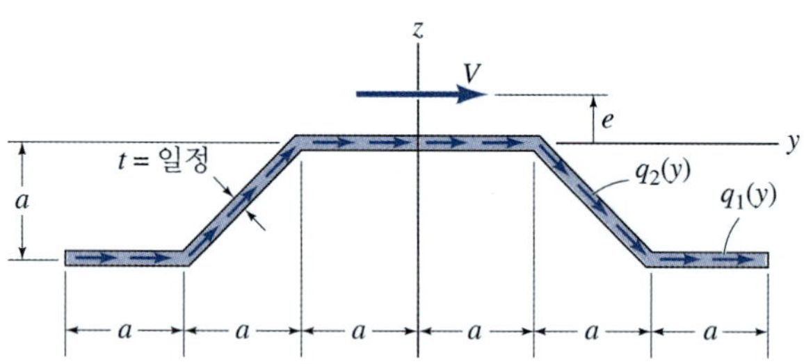

P6.12-11

***문제 6.12-12** 단면 치수가 0.400 in.×2.00 in.인 수직 연장판이 W8×21의 광폭-플랜지 보의 플랜지에 용접되어, 그림 P6.12-12a와 같은 단면을 갖는다. (a) 플랜지의 두 단면에서 전단흐름 $q_1(z)$ 및 $q_2(z)$에 대한 식을 결정하고, 그림 P6.12-12b에 표시된 대로 수직 플랜지 확장에서 전단흐름에 대한 식 $q_3(y)$를 결정하시오. (b) 이 수정된 광폭-플랜지 보의 전단중심의 편심 e를 결정하시오.

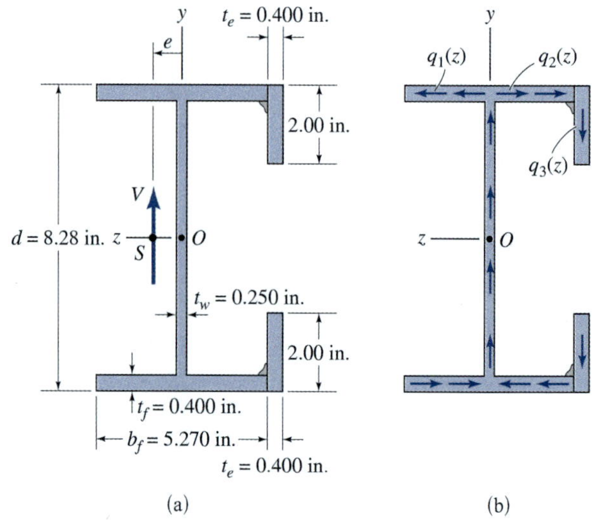

P6.12-12

***문제 6.12-13** 파이프 보는 한쪽 측면을 따라 매우 얇은 길이방향 슬릿을 가지고 있어, 열린 박판이 보인다. 이 벽의 두께 t는 평균 반지름 r보다 훨씬 작다. (a) 전단흐름 $q(\theta)$에 대한 식을 결정하시오. (b) 원형 단면의 중심으로부터 편심 e를 결정하여 전단중심 S의 위치를 결정하시오.

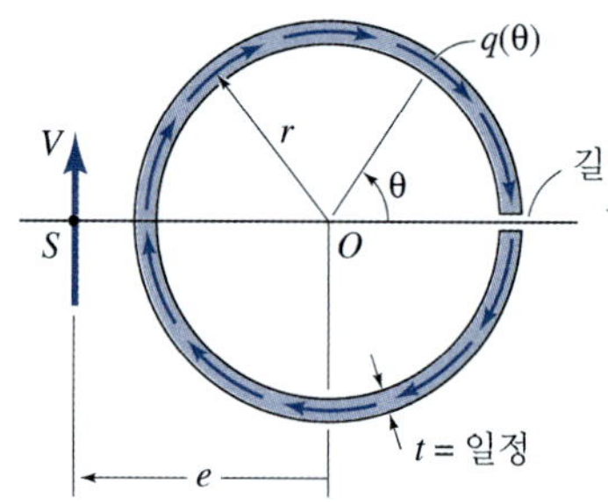

P6.12-13

***문제 6.12-14** 제거된 각도 2α를 갖는 열린 박판 파이프 세그먼트는 xy평면에 평행하고 전단 중심 S를 통과하는 보로 작

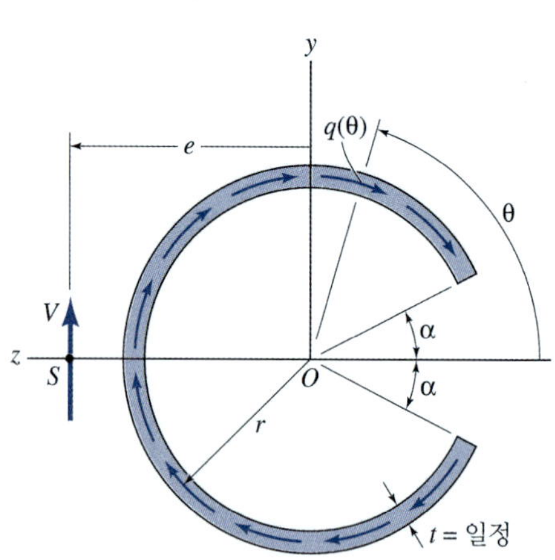

P6.12-14

용한다. (a) 전단흐름 $q(\theta)$에 대한 식을 결정하시오. (b) 원형 단면의 중심으로부터 편심 e를 결정하여 전단 중심 S의 위치를 결정하시오.

문제 6.12-15 그림 P6.12-15에 나타낸 특수 박판 ㄷ형 단면은 6 mm 두께의 강판을 구부림으로써 형성되었다. (a) 플랜지의 전단흐름인 $q_f(s)$에 대한 식을 결정하시오. (b) 전단 중심의 위치 S를 결정하시오.

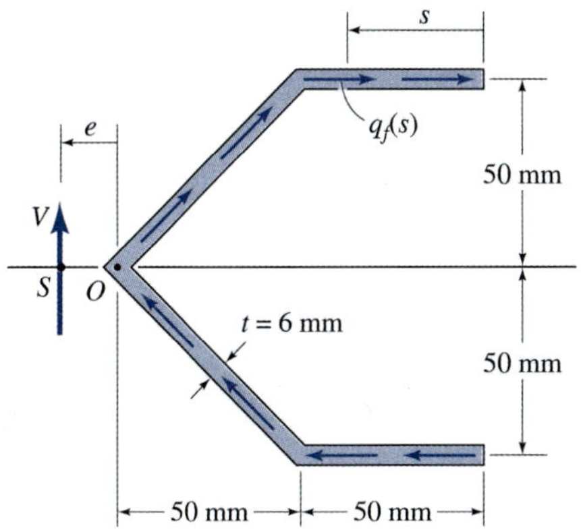

P6.12-15

문제 6.12-16 그림 P6.12-16에서 보는 바와 같이 박판 이등변 ㄱ형 단면은 45°의 각도로 횡방향 전단력 V를 전달한다. (a) ㄱ형 단면의 다리에서 전단흐름인 $q(s)$에 대한 식을 결정하시오. (b) 이 전단흐름의 합력이 적분에 의해, 점 S를 통과하는 전단력 V임을 보이시오. (c) 최대 전단응력에 대한 식을 결정하시오.

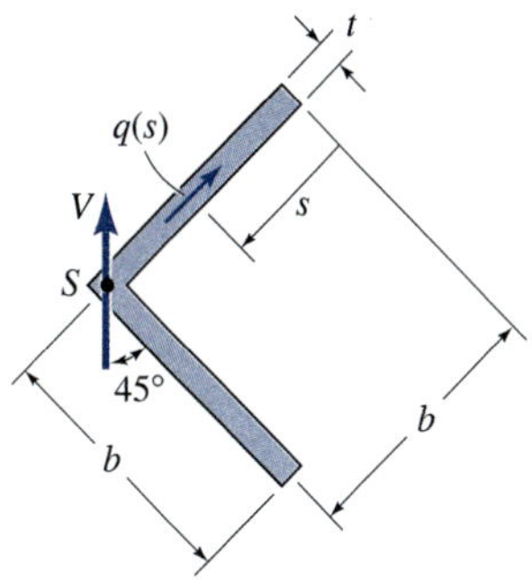

P6.12-16

6장 복습 – 보의 응력

<table>
<tr><th>절</th><th colspan="2"></th><th>관련
연습 문제</th></tr>
<tr><td>6.1</td><td>굽힘응력 σ_x는 보의 축에 평행한 개별 섬유에 작용하는 것으로 시각화될 수 있다.

보의 굽힘의 가장 간단한 형태를 순수 굽힘이라고 한다.

대칭 종단면(LPS), 중립면(NS), 처짐 곡선 $v(x)$는 그림 6.3b에서 확인할 수 있다.</td><td>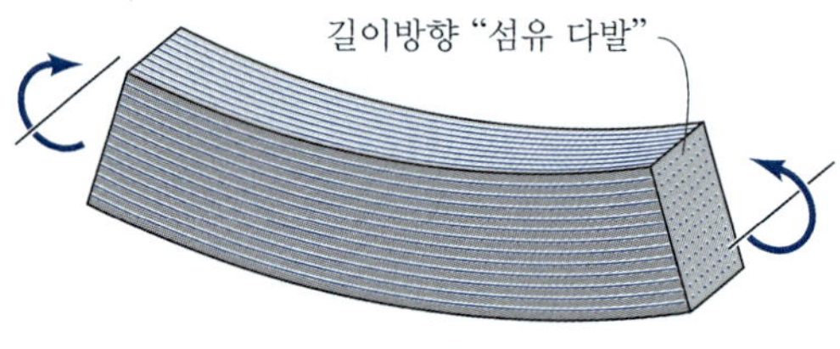

(a) 길이방향 “섬유”의 “다발”로 표현되는 보
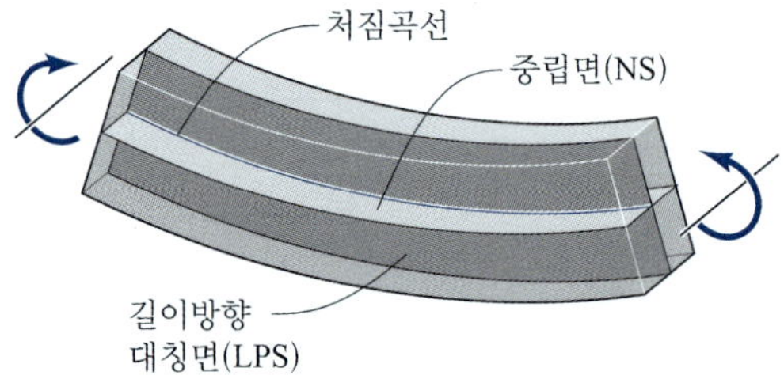

(b) 일부 보의 변형 용어에 관한 그림
순수 굽힘(그림 6.3)</td><td></td></tr>
<tr><td>6.2</td><td>베르누이 오일러(Bernoulli-Euler) 보 이론의 4가지 변형적합 가정은 다음과 같다.
1. 보는 종단면 대칭성-LPS를 가지며 xy평면이라고 부르며, 이 대칭 평면에 대해 대칭적으로 재하되거나 및 지지된다.
2. xz평면이라고 하는 평면이 있는데, 이것은 길이방향 변형률이 없는 평면, 즉 $\epsilon_x = 0$이다. 이를 중립면(NS)이라고 한다.
3. 평면 단면은 평면으로 유지되고 보의 변형 축에 수직으로 유지된다.
4. 단면 평면 내의 변형이 무시될 수 있다.

변형률-변위 관계식, 식 6.3은 중립면으로부터 거리 y의 선형 함수인 굽힘으로 인한 길이방향 축방향 변형률을 제공한다.</td><td>6.2절에 제시된 바와 같이 보의 변형률-변위 해석 검토하시오.
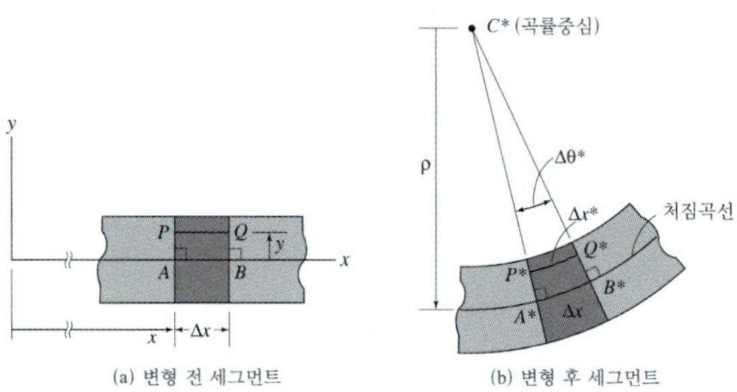

변형률-변위 유도(식 6.6)
$$\epsilon_x = -\frac{y}{\rho(x)} \tag{6.3}$$
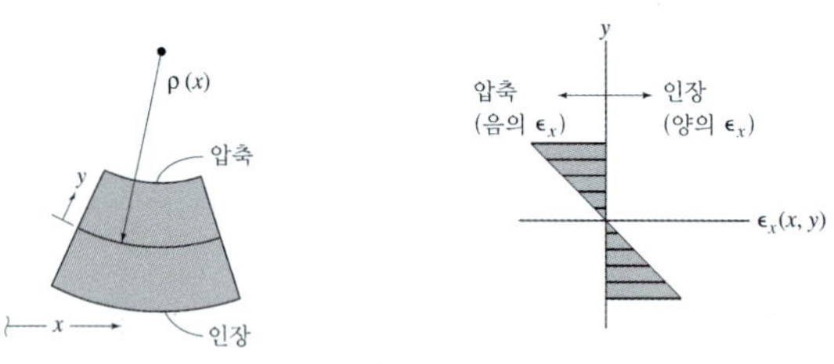

선형 변형률 분포(그림 6.10)</td><td>식 6.3 유도

6.2-1</td></tr>
</table>

절			관련 연습 문제
6.3	6.3절과 6.4절에서는 **균질하고 선형인 탄성보의 굽힘응력**을 다루고 있다. 균질하고 선형인 탄성보의 **중립축**은 단면의 도심을 통과한다.	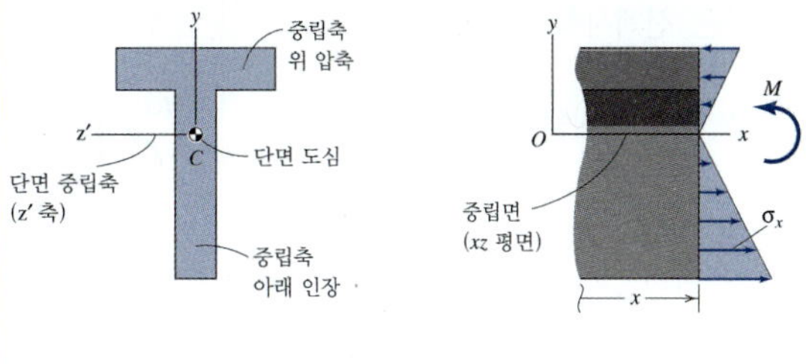 (a) 단면 (b) 측면 (a) 중립축의 위치, (b) 균질하고 선형인 탄성보에 대한 휨 응력 분포(그림 6.13)	
	베르누이 오일러 보 이론의 가장 중요한 방정식 두 가지는 다음과 같다. • **모멘트-곡률 관계식** • 굽힘 공식 이 두 식을 암기할 것!	$$M = \frac{EI}{\rho} \qquad (6.12)$$ $$\sigma_x = \frac{-My}{I} \qquad (6.13)$$ 여기서 I는 중립축에 대한 관성모멘트이다.	식 6.12, 6.13을 유도한다. 6.3-5 6.3-13 6.3-17 6.3-33 6.3-35
6.4	**강도를 위한 보의 설계**는 보의 휨 응력을 **허용응력**의 일부 값으로 제한하는 보 단면을 선택하는 것을 기반으로 한다.	$$S_{\text{design}} = \frac{M_{\max}}{\sigma_{\text{allow}}} \qquad (6.17)$$ 여기서 S는 다음과 같이 정의된 탄성 단면계수이다. $$S = \frac{I}{c} \qquad (6.15)$$ 표 D.1-D.10에는 다양한 형태의 보에 대한 S값이 나와 있다.	6.4-1 6.4-7 6.4-13
6.5	6.5절에서는 **비균질 선형 탄성보의 굽힘응력**에 대해 설명한다. 2가지 분석 방법이 소개된다. • **직접법** • **환산단면법** 주요 가정은 **평면 단면이 평면으로 유지**된다는 것이다.	2개의 선형 탄성재료로 만들어진 보에 적용되는 2가지 방법을 검토해야 한다. 식 6.18-6.24, 식 6.25-6.29 참조	6.5-1 6.5-5 6.5-7 6.5-15 6.5-19

절			관련 연습 문제
6.8	6.6 및 6.7절은 선택사항. 6.8-6.12절은 **보의 전단응력**을 다룬다. 단면에서 y위치의 전단응력 τ_{xy}은 해당 (x, y) 위치의 전단응력 τ_{yx}와 동일하며, 후자를 결정하는 데 평형을 사용할 수 있다는 것이 핵심 개념이다(그림 6.13c).	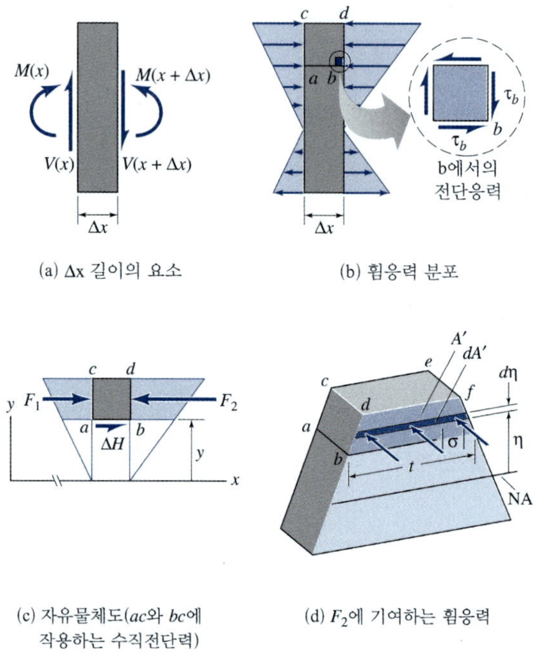 전단응력을 계산하기 위한 평형조건 이용(그림 6.43)	
	전단흐름 q는 보를 따라 단위길이당 전단력으로 정의된다. **전단응력**은 전단흐름 q를 국부 두께 $t(y)$로 나눈 값이다.	$$q(x,\ y) = \frac{V(x)Q(y)}{I} \quad (6.65)$$ 여기서, $Q = A'\bar{y}'$ $$\tau(x,\ y) = \frac{V(x)Q(xy)}{It} \quad (6.67)$$	식 6.65을 유도한다. Q의 의미 6.8-1 6.8-5 6.8-13
6.9	6.9절의 **전단응력 공식에 대한 한계**를 검토하시오.		
6.10 6.11	6.10절 **박판 보의 전단응력** 및 6.11절 **조립보의 전단**은 2가지 매우 중요한 부류의 보의 전단응력을 다룬다. $Q = A'\bar{y}'$ 이는 이러한 특별한 상황에서 계산된다.		6.10-1 6.10-9 6.10-13 6.10-19 6.11-1 6.11-7 6.11-15

6.6, 6.7, 그리고 6.12절은 선택사항임.

7 보의 처짐

7.1 개요

보(beam)에 적용된 우력 및 횡방향 힘은 그림 6.1 및 7.1에 나타낸 것처럼 처짐을 발생시킨다. 제6장에서는 임의의 단면에서의 보의 처짐 곡선의 곡률과 굽힘 모멘트 사이의 관계를 결정하였다. 제7장에서는 하중과 지지에 따라 보의 처짐과 기울기를 연관시킬 것이다. 그림 7.1a에 나타낸 것처럼, **처짐 곡선(deflection curve)**은 보의 축을 따라 위치하는 임의의 점의 **횡방향 변위(transverse displacement**; 즉, y 방향에서의 변위)를 나타내는 함수 $v(x)$에 의하여 특징지어진다. 처짐곡선의 **기울기(slope)**는 $\theta(x)$로 표시된다.

보의 처짐을 고려해야 할 몇 가지 이유가 있다. 예를 들면, 주어진 하중하에 보의 최대 처짐을 알아야 할 필요가 있다. 그림 7.2에 나타낸 것처럼, 최대 처짐은 보의 지지되지 않은 끝단에서 발생할 수도 있고 (δ_C), 혹은 기울기가 없어지는 내부 구간에서 발생할 수도 있다(δ_D). 예를 들면, 그림 7.3a에서 수송 트레일러의 보는 트레일러와 지면 사이의 간극이 허용할 수 없을 정도로 작아지도록 부하되는

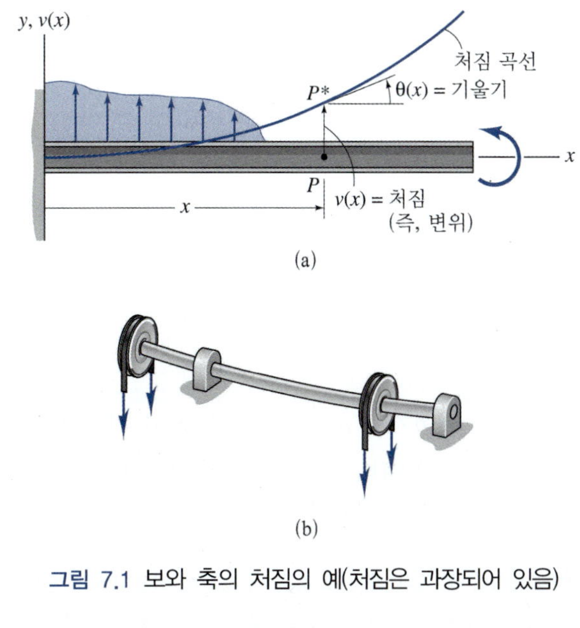

그림 7.1 보와 축의 처짐의 예(처짐은 과장되어 있음)

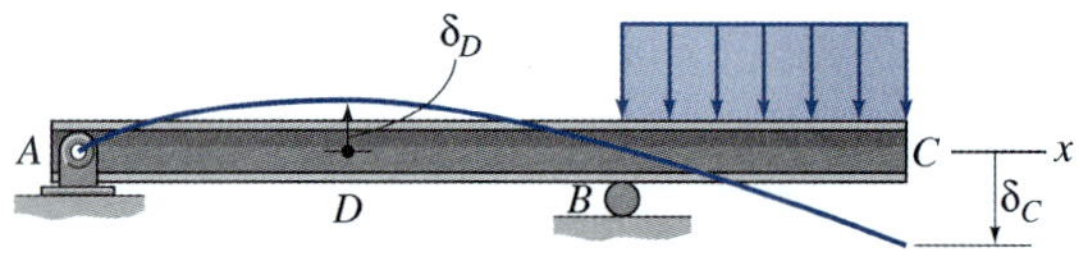

그림 7.2 최대 처짐점

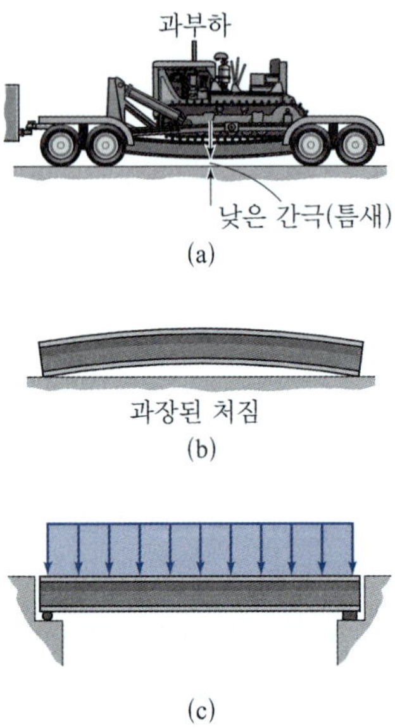

그림 7.3 보 처짐의 도해

하중 하에서 너무 많이 굽혀져서는 안된다. 또한, 다리 상판을 지지하는 보는 하중을 부하받을 때 직선이 되도록(그림 7.3c) 올바른 초기 상향 캠버(휨)을 갖도록 설계되어져야만 한다(그림 7.3b).

부정정 보는 보의 처짐을 공부해야 할 또 다른 중요한 이유를 제공한다. 만약 보가 부정정이라면, 보의 반력과 내부응력은 처짐을 고려하지 않고서는 결정될 수 없다. 부정정 보의 해석은 7.4절부터 7.7절에 걸쳐 논의되어진다. 마지막으로, 기둥에 대한 좌굴을 공부할 때 횡방향(transverse) 처짐 $v(x)$와 **축(axial)** 하중의 관계가 필요할 것이다(제10장).

제6장에서 도출한 모멘트-곡률 방정식(식 6.12)부터 시작하여, 굽힘 모멘트 $M(x)$, 횡방향 전단력 $V(x)$ 및 횡방향 하중 $p(x)$에 대한 처짐 $v(x)$에 관련된 미분방정식(differential equations)을 유도할 것이다. 그 다음에 이들 미분방정식에 수반되어야 하는 경계조건(boundary conditions)과 연속조건(continuity conditions)에 대해 논의할 것이다. 다음으로, 주어진 하중과 주어진 경계조건 및 연속조건(7.3절 및 7.4절)을 함께 고려하여 미분방정식의 적분(integration of the differential equations)에 의해 정정 보와 부정정 보의 처짐과 기울기를 구할 것이다. 여러 개의 하중 및/또는 지지를 갖는 보에 대한 미분방정식의 적분을 용이하게 하기 위하여 불연속함수(discontinuity functions)가 7.5절에 소개된다. 마지막으로, 먼저 하중법(force-method) 접근(7.6절)과 그 다음으로 변위법(displacement-method) 접근(7.7절)을 사용하여 보 처짐 문제를 해결하기 위하여 알려진 해법의 중첩(superposition of known solutions)을 이용할 것이다.

7.2 처짐 곡선의 미분방정식

모멘트-곡률 방정식 6.3절(식 6.12)에서 구했던 모멘트-곡률 방정식은 선형 탄성 보의 처짐 해석을 위한 시작점이다.

$$M(x) = \frac{E(x)I(x)}{\rho(x)} \tag{7.1}$$

여기서 $\rho(x)$는 단면 x에서 처짐 곡선의 곡률반지름이다.[1] 이 방정식에서 EI는 휨강성(flexural rigidity)이라고 한다. 그림 7.4에서 $M(x)$, $v(x)$, $\rho(x)$에 대한 부호규

1) 비균질 선형탄성 보에 대하여 6.5절의 식 6.22 혹은 식 6.27이 사용되어야 한다.

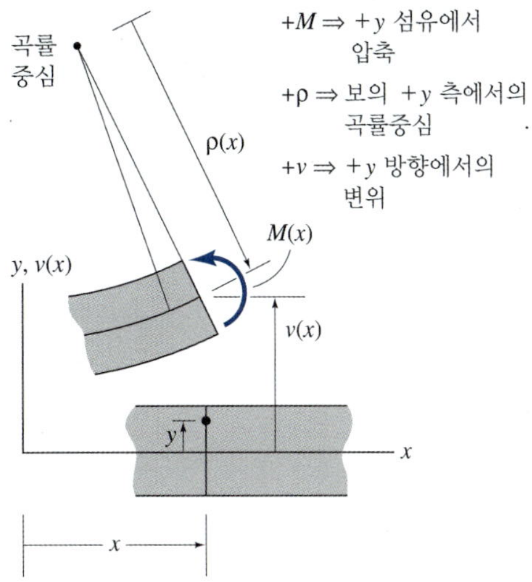

그림 7.4 보 처짐 해석을 위한 부호 규약

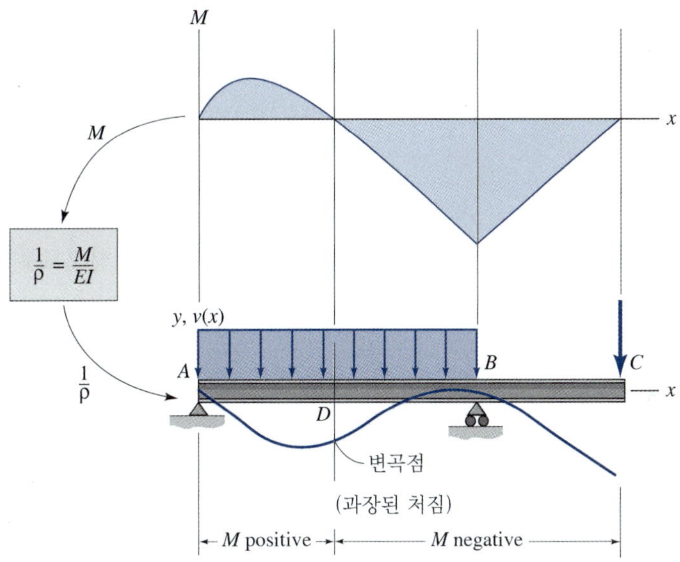

그림 7.5 처짐 곡선을 그리기 위한 모멘트-곡률 방정식의 사용

약을 검토해보자. 모멘트-곡률 방정식은 힘 타입의 양 $M(x)$와 변위 타입의 양 $\rho(x)$에 관련되기 때문에, 이러한 부호규약을 항상 준수하는 것이 매우 중요하다.

보의 기울기와 처짐을 실제로 계산하기 전에 보의 예상 처짐 곡선(anticipated deflection curve)을 그리는 것이 도움이 된다. 예상 처짐 곡선은 식 7.1과 모멘트 선도를 이용하여 그릴 수 있다. 사실, 우리는 5장에서 모멘트 선도를 확인하는 수단으로 예상 처짐 곡선을 사용했다. 그림 7.5는 예제 5.9에서 가져온 것이다. 먼저, 지지점 A와 B에서 보의 처짐은 있을 수 없지만 보의 기울기는 지지점과 보를 따라 다른 모든 곳에서 조금도 제한받지 않는다. 모멘트가 음$(-)$인 어떤 단면, 즉 단면 D의 오른쪽에서 곡률의 중심은 보의 $-y$방향, 즉 보는 아랫쪽으로 오목하다. 모멘트가 양$(+)$에서 음$(-)$으로 변하는 D에 변곡점(inflection point)이 존재한다.

경사각 $\theta(x)$는 식 7.2에 의해 처짐의 도함수와 관련되어진다.

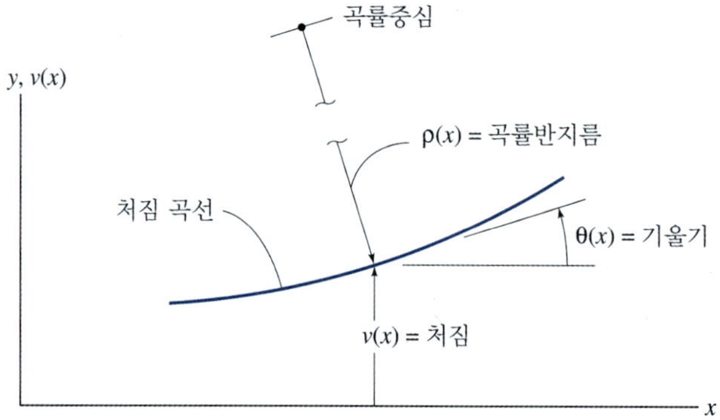

그림 7.6 처짐 곡선의 기하학적 관계

$$\theta = \arctan\left(\frac{dv}{dx}\right) \tag{7.2}$$

보의 기울기는 전형적으로 매우 작아서(즉, $\frac{dv}{dx} \ll 1$), 근사치는 식 7.3과 같이 동일하게 간주되어질 수 있다.

$$\theta \approx \frac{dv}{dx} \tag{7.3}$$

처짐(deflection) $v(x)$, 기울기(slope) $\theta(x)$, 그리고 곡률반지름(radius of curvature) $\rho(x)$를 그림 7.6에 나타낸다. 계산으로부터 곡률반지름은 다음 식에 의해 처짐의 도함수와 연관되어진다.

$$\frac{1}{\rho} = \frac{\dfrac{d^2v}{dx^2}}{\left[1 + \left(\dfrac{dv}{dx}\right)^2\right]^{3/2}} \tag{7.4}$$

다시, 기울기가 1에 비하여 매우 작다면, 근사치는 식 7.5와 같이 동일하게 간주되어질 수 있다.

$$\frac{1}{\rho} \approx \frac{d^2v}{dx^2} \tag{7.5}$$

그 다음 모멘트-곡률 방정식 식 7.1은 다음과 같다.

$$\frac{d^2v(x)}{dx^2} = \frac{M(x)}{E(x)I(x)} \tag{7.6}$$

이 장에서 살펴본 식들을 단순화하기 위하여, 프라임을 사용하는 표기법을 채택하여 x에 대한 미분을 나타낼 것이다. 즉,

$$v' \equiv \frac{dv}{dx},\ v'' \equiv \frac{d^2v}{dx^2},\ M' \equiv \frac{dM}{dx}\ \text{등} \tag{7.7}$$

위의 프라임 표기법을 사용하면 식 7.6은 다음과 같이 쓸 수 있다.

$$EIv'' = M \quad \text{모멘트-곡률 방정식} \tag{7.8}$$

비록 곡률 $\kappa \equiv \dfrac{1}{\rho}$이 이 식에 명확히 나타나 있지 않지만, 이 식을 **모멘트-곡률 방정식(moment-curvature equation)**이라고 부를 것이다. 모멘트-곡률 방정식은 2차 상미분방정식(second-order, ordinary differential equation)으로 $M(x)$에 대한 표현과 적절한 경계조건 및 연속조건이 주어지면 적분을 통하여 기울기와 처짐을 결정할 수 있다.

하중–처짐 방정식 하중, 전단력, 굽힘 모멘트와 관련 있는 방정식들이 제5장에서 구해졌다. 식 5.3과 5.2를 여기서 다시 쓰면,

$$M'(x) = V(x) \tag{7.9}$$

$$V'(x) = p(x) \tag{7.10}$$

p, V, M에 대한 부호규약은 그림 7.7에 나타낸다.

식 7.8, 7.9와 7.10을 결합하면, 전단-처짐 방정식(shear-deflection equation)

$$(EIv'')' = V \quad \text{전단-처짐 방정식} \tag{7.11}$$

그리고 하중-처짐 방정식(load-deflection equation)

$$(EIv'')'' = p \quad \text{하중-처짐 방정식} \tag{7.12}$$

을 구할 수 있다.

4차 상미분방정식(fourth-order, ordinary differential equation)인 **하중-처짐 방정식(load-deflection equation)**은 특별히 유용하다. 비록 4번의 적분을 해야 하지만, 이것은 컴퓨터로 쉽게 프로그램 될 수 있는 매우 간단한 과정이다(7.5절 참조).

휨 강성 EI가 상수라면, 식 7.11과 7.12는 각각 다음과 같은 3차 및 4차 미분방정식이 된다.

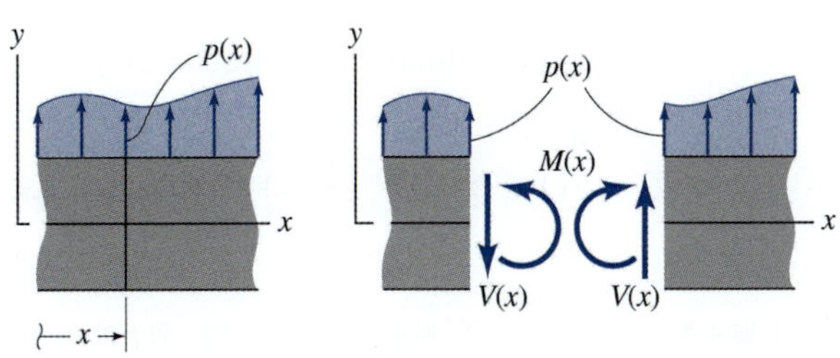

그림 7.7 양의 하중, 전단력 및 모멘트에 대한 부호규약

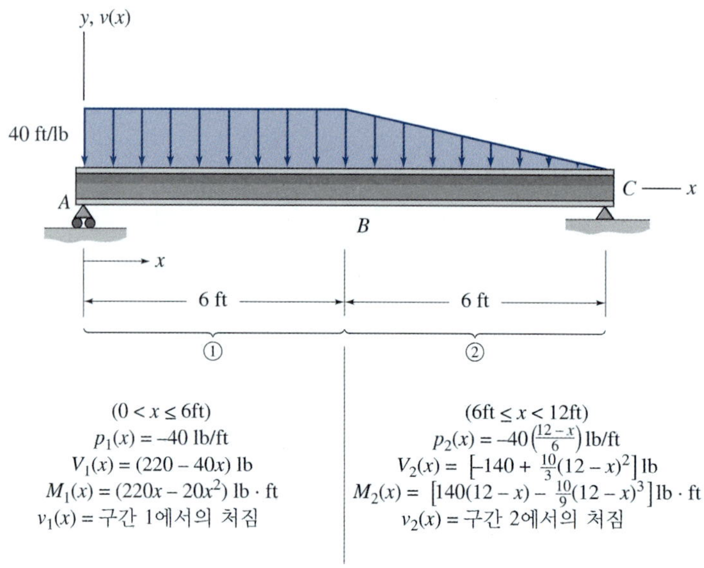

그림 7.8 2단 보

$$EIv''' = V \tag{7.13}$$

$$EIv'''' = p \tag{7.14}$$

식 7.11(혹은 7.13)을 전단-처짐 방정식(shear-deflection equation), 식 7.12(혹은 7.14)를 하중-처짐 방정식(load-deflection equation)이라 한다.

집중하중, 분포하중의 불연속 또는 내부 지지점으로 인해 굽힘 모멘트에 대해 여러 관계식이 요구되는 보를 다단 보(multi-interval beam)라고 한다. 그림 7.8과 같이 2단 보를 고려하자. 각 단에는 고유의 미분방정식이 있으며, 처짐 곡선에 대한 고유한 표현을 가진다. 그림 7.8에 나타낸 것처럼 각 변수의 유효범위를 나타내기 위해 숫자 첨자를 사용할 것이다.[2)]

경계조건 및 연속조건 위의 미분방정식을 적분할 때, 적분상수(constant of integration)를 구해야 한다. 각 2차 모멘트-곡률 방정식에 대하여 2개의 적분상수가 있을 것이다; 각 4차 하중-처짐 방정식에 대하여 4개의 적분상수가 있을 것이다. 이들 적분상수는 표 7.1의 **경계조건(boundary conditions, BC)**을 사용하여 구한다. 다단 보의 경우에는(예, 그림 7.8) 2개의 구간이 만나는 곳에 적용되는 **연속조건(continuity conditions, CC)**이 존재하게 될 것이다. 표 7.2는 가능한 연속조건을 나타낸다.

단지 2차 및 4차 방정식만을 사용하므로 각각에 적용할 특정한 경계조건과 연속

2) 좌표원점의 이동이나 좌표축의 대칭변환방식을 사용한 교재도 있다. 원점의 이동은 하나 이상의 독립변수(예, x_1, x_2)가 필요하다. 대칭변환된 x축을 사용하는 경우(즉, 좌측에서 우측으로 대신에 우측에서 좌측으로)에는 "까다로운(tricky)" 부호변환이 필요하다. 본 교재에서는 문제를 단순화시키기 위하여 보 전체에 걸쳐 동일한 xy 좌표축을 사용한다. 따라서 부호규약의 변환이 필요 없으며 또한 독립변수 x에 하첨자를 사용할 필요도 없다(그림 7.8과 예제 7.3 참조).

표 7.1 경계조건

	형식	기호*	2차	4차
BC	고정단		$v=0$ $v'=0$	$v=0$ $v'=0$
	단순지지	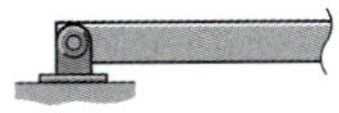	$v=0$	$v=0$ $M=0$
	자유단		BC 없음	$V=0$ $M=0$
	집중하중		BC 없음	$V=P_0$ $M=0$
	집중모멘트	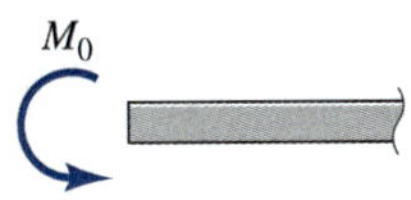	BC 없음	$V=0$ $M=-M_0$

* 이들 경계조건들은 또한 고려 중인 경계가 보의 다른 끝인 경우에도 적용된다. (즉, $x=L$)

표 7.2 연속조건*

	형식	기호	2차	4차
CC	롤러	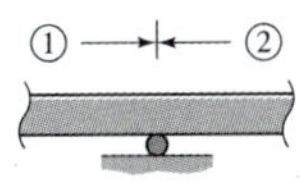	$v_1=v_2=0$ $v_1'=v_2'$	$v_1=v_2=0$ $v_1'=v_2'$ $M_1=M_2$
	불연속 하중함수	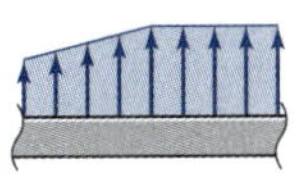	$v_1=v_2$ $v_1'=v_2'$	$v_1=v_2$ $v_1'=v_2'$ $V_1=V_2$ $M_1=M_2$
	집중하중	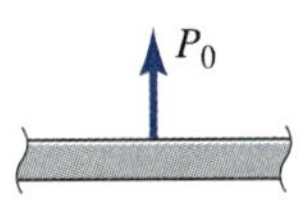	$v_1=v_2$ $v_1'=v_2'$	$v_1=v_2,\ v_1'=v_2'$ $V_2-V_1=P_0$ $M_1=M_2$
	집중모멘트	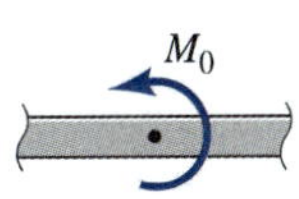	$v_1=v_2$ $v_1'=v_2'$	$v_1=v_2,\ v_1'-v_2'$ $V_1=V_2$ $M_2=M_1=-M_0$
	핀하중	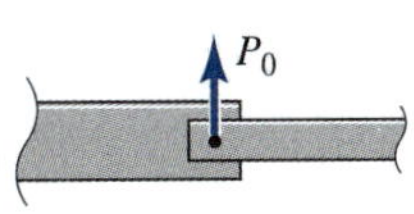	$v_1=v_2$	$v_1=v_2$ $V_2=V_1=P_0$ $M_1=M_2=0$

* 표 7.2에 열거된 변위(v)와 기울기(v')에 관한 연속조건은 표 기호란의 그림을 단순히 살펴봄으로써 구할 수 있다. 전단력(V)과 굽힘 모멘트(M)에 관한 연속조건은 보 요소 (1) 및 (2)에 공통적으로 연결되는 지점의 국부적인 자유물체도를 그리면 구할 수 있다.

조건을 고려한다. 미분방정식에 대한 공부로부터 어떤 차수의 상미분방정식의 적분상수는 함수 자체를 포함한 알려진 값, 혹은 값들의 상호관계, 보다 낮은 도함수를 사용하여야만 구해질 수 있다는 것을 상기하자. 따라서 v와 v' 값들만이 2차 방정식에 대한 적분상수를 구하기 위한 경계조건과 연속조건에서 사용되어질 수 있다. v, v', M 및 V의 값이 하중-처짐 방정식(4차 상미분방정식)이 사용될 때 적분상수를 구하기 위하여 사용된다. 표 7.1과 7.2는 발생할 수 있는 다양한 경계조건과 연속조건을 열거한다.

다음 두 절에서는 정정 보(7.3절)와 부정정 보(7.4절)의 처짐과 기울기에 대한 해를 구하기 위해 미분방정식을 적분할 것이다. 부정정 문제를 다룸에 있어 요구되는 단지 약간의 수정과 함께 모든 보-처짐 문제에 대한 해를 구하기 위하여 동일한 기본 절차가 사용되어질 것이다.

7.3 적분법에 의한 기울기와 처짐 – 정정보

2차 미분방정식(식 7.8) 혹은 4차 미분방정식(식 7.12)의 적분에 의해 기울기와 처짐 문제들의 해를 구하는 방법을 설명한다. 모든 해는 간단한 절차를 따르므로, 여기서 그 절차를 개략적으로 설명하고 각 문제에 대한 풀이 계획(plan the solution)을 생략할 것이다.

적분에 의한 정정 보의 기울기와 처짐을 구하기 위한 절차

1. 예상 **처짐곡선**을 그린다. 경우에 따라서는 예상 처짐곡선은 원래의 하중 선도를 참조하여 그릴 수 있다. 또 다른 경우에는 모멘트 선도가 매우 유용하다.(예, 그림 7.5)
2. 2차 미분법 – 자유물체도를 그리고 보의 각 구간에 대한 **모멘트함수** $M_i(x)$를 구한다.

   4차 미분법 – 하중 선도로부터 보의 각 구간에 대한 **하중함수** $p_i(x)$를 구한다.(이것은 분포하중이 없는 구간에 대한 $p_i(x) = 0$의 경우도 포함한다.)

   2단계에서 그림 7.7에 나타낸 부호규약이 정확하게 적용되어야만 한다.
3. 2차 미분법 – 식 7.8과 2단계에서 구한 $M_i(x)$에 대한 관계식을 사용하여 각 구간에 대한 **모멘트-곡률 방정식**을 작성한다.

   $$(EIv'')_i = M_i(x) \qquad (7.8) \text{ 반복}$$

   4차 미분법 – 식 7.12와 2단계에서 구한 $p_i(x)$에 대한 관계식을 사용하여 각 구간에 대한 **하중-처짐 방정식**을 작성한다.

   $$(EIv'')_i'' = p_i(x) \qquad (7.12) \text{ 반복}$$
4. 3단계에서 구한 **미분방정식을 적분**한다. 적절한 적분상수를 구한다.
5. 가이드로서 표 7.1과 표 7.2를 사용하여 적절한 **경계조건**과 **연속조건**을 작성한다.

   2차 미분법 – 경계조건과 연속조건으로 설정되어 있는 가이드로서 표 7.1과 표 7.2의 2차로 표시된 란을 이용한다. 식 7.8은 2차 미분방정식이므로 모든 경계조건은 기울기 v' 혹은 처짐 v만을 포함한다.

   4차 미분법 – 가이드로서 표 7.1과 표 7.2의 4차로 표시된 란을 이용한다. v'와 v에 관한 조건들에 더하여 전단력 V, 굽힘 모멘트 M에 관한 경계조건과 연속조건을 또한 적용할 수 있다.
6. 4단계에서 도출된 **적분상수를 구하기** 위하여 5단계의 경계 및 연속조건을 사용한다.

   4차 미분법에서 식 7.12를 첫 번째 적분하면 다음 식을 얻는다.

   $$(EIv'')_i' = \int p_i(x)dx + C_1$$

   $(EIv'')' = V$(식 7.11)이므로, 전단력 V에 관한 경계 및 연속조건이 적절하다. 이 방정식을 한번 더 적분하면 다음 식을 얻는다.

   $$(EIv'')_i = \int \left[\int p_i(x)dx + C_1\right]dx + C_2$$

   식 7.8로부터, EIv''은 굽힘 모멘트 M이며, M에 관한 경계 및 연속조건을 적용한다. 표 7.1과 7.2에 이들 V와 M에 관한 조건들을 나타낸다.
7. 필요한 위치의 기울기 및 처짐 계산, 최대처짐량 계산 등을 통해 해를 완성한다.

예제 7.1은 2차 미분법과 4차 미분법에 의해 해를 구한다. 다른 예제에서는 두 방법 중에서 단지 한 방법에 의해서만 해를 구하였다.

예제 7.1

그림 1에서와 같이 균일한 외팔보가 자유단에서 횡방향 하중 P_B와 모멘트 M_B를 받고 있다. 2차 미분법과 4차 미분법을 이용하여 (a) 기울기 $v'(x)$와 처짐 v를 구하시오. (b) B점에서의 처짐과 기울기를 구하시오.

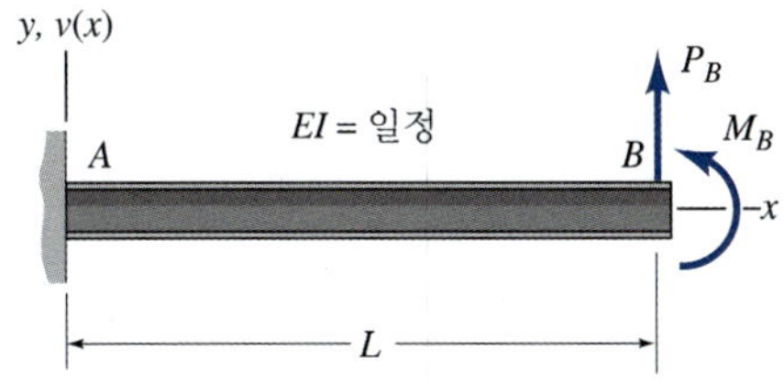

그림 1

풀이 A (2차 미분법)

(A.a) 기울기와 처짐에 대한 관계식 결정

처짐 곡선 작도: 그림 1의 하중과 모멘트는 위쪽 방향으로 보를 굽히게 한다. 그러므로 처짐은 그림 2의 처짐 곡선과 유사할 것이다.

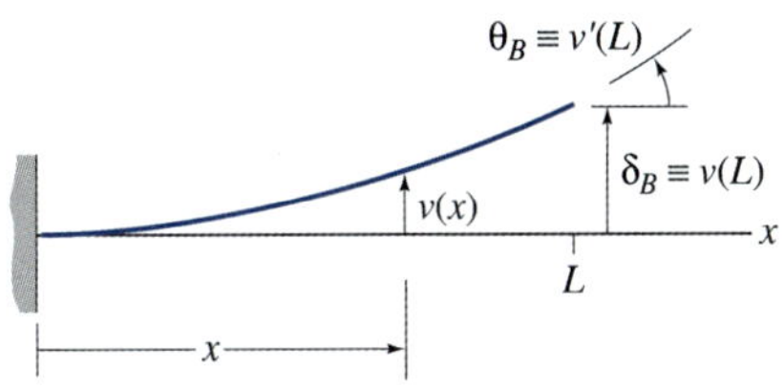

그림 2 예상 처짐곡선

$M(x)$의 결정: $M(x)$에 대한 관계식을 결정하기 위하여 그림 3의 자유물체도를 사용한다.

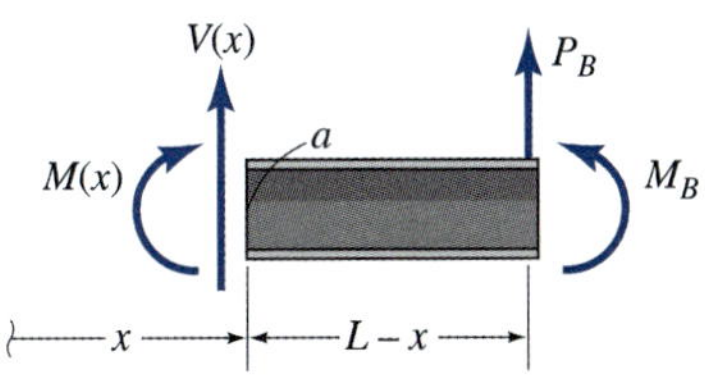

그림 3 자유물체도

$$+\circlearrowleft\left(\sum M\right)_a = 0: \quad M(x) - P_B(L-x) - M_B = 0 \tag{1}$$

모멘트-곡률 방정식을 작성한다: 식 7.8과 (1)로부터,

$$EIv'' = M(x) = M_B + P_B(L-x) \tag{2}$$

미분방정식의 적분: 식 (2)를 두 번 적분한다.

$$EIv' = M_B x + P_B Lx - P_B\left(\frac{x^2}{2}\right) + C_1 \tag{3a}$$

$$EIv = M_B\left(\frac{x^2}{2}\right) + P_B L\left(\frac{x^2}{2}\right) - P_B\left(\frac{x^3}{6}\right) + C_1 x + C_2 \tag{3b}$$

경계조건 확인: 끝점 A는 고정(fixed)이다. 즉 기울기와 처짐은 $x=0$에서 0이 되어야만 한다. 따라서 표 7.1로부터,

$$v'(0) = v(0) = 0 \tag{4a, b}$$

적분상수 계산: 식 (3a)와 (4a)로부터,

$$EIv'|_{x=0} = C_1 = 0 \tag{5a}$$

그리고 식 (3b), (4b) 및 (5a)로부터,

$$EIv|_{x=0} = C_2 = 0 \tag{5b}$$

따라서,

$$\left.\begin{aligned} v'(x) &= \frac{1}{EI}\left[M_B x + P_B Lx - P_B\left(\frac{x^2}{2}\right)\right] \\ v(x) &= \frac{1}{EI}\left[M_B\left(\frac{x^2}{2}\right) + P_B L\left(\frac{x^2}{2}\right) - P_B\left(\frac{x^3}{6}\right)\right] \end{aligned}\right\} \quad \textbf{답 (A.a)} \tag{6}$$

(A.b) 자유단 처짐과 기울기 결정 식 (6)을 사용하여 자유단 처짐과 기울기를 계산할 수 있다.

$$\left.\begin{aligned} \delta_B \equiv v(L) &= \frac{1}{EI}\left[M_B\left(\frac{L^2}{2}\right) + P_B\left(\frac{L^3}{3}\right)\right] \\ \theta_B \equiv v'(L) &= \frac{1}{EI}\left[M_B(L) + P_B\left(\frac{L^2}{2}\right)\right] \end{aligned}\right\} \quad \textbf{답 (A.b)} \tag{7}$$

예를 들어 P_B만 작용한다면,

$$\delta_B = \frac{P_B L^3}{3EL}, \quad \theta_B = \frac{P_B L^2}{2EL} \tag{8a, b}$$

를 얻는다. 이 결과들은 부록 E의 표 E.1에 M_B만이 작용되어질 때 얻어진 결과와 함께 나타나 있다.

풀이 B (4차 미분법)

처짐 곡선 작도: 그림 2를 참조한다.

$p(x)$의 결정: 그림 1의 하중선도로부터,

$$p(x) = 0 \tag{9}$$

하중-처짐 방정식 작성: 식 7.12와 (9)로부터,

$$(EIv'')'' = 0 \tag{10}$$

미분방정식의 적분: 식 (10)을 네 번 적분한다. 식 7.11과 식 7.8을 사용하여

$$(EIv'')' = V(x) = D_1 \tag{11a}$$

$$EIv'' = M(x) = D_1 x + D_2 \tag{11b}$$

$$EIv' = D_1\left(\frac{x^2}{2}\right) + D_2 x + D_3 \tag{11c}$$

$$EIv = D_1\left(\frac{x^3}{6}\right) + D_2\left(\frac{x^2}{2}\right) + D_3 x + D_4 \tag{11d}$$

경계조건 확인: 표 7.1을 참조한다. $x=0$에서 변위와 기울기, $x=L$에서 모멘트와 전단력을 알 수 있다. 따라서 모든 부호규약을 고려하면,

$$V(L) = -P_B, \quad M(L) = M_B \tag{12a, b}$$

$$v'(0) = 0, \quad v(0) = 0 \tag{12a, b}$$

를 얻는다.
(주: 식 (12a)에서 음(−) 부호는 그림 7.7의 전단에 대한 부호규약으로부터 발생한다.)

적분상수의 계산: 식 (11)과 (12)를 결합하면,

$$D_1 = -P_B \tag{13a}$$

$$D_1 L_1 + D_2 = M_B \rightarrow D_2 = M_B + P_B L \tag{13b}$$

$$D_3 = 0, \quad D_4 = 0 \tag{13c, d}$$

마지막으로, 식 (11)과 (13)을 결합하면, 식 (6)의 2차 미분법에 의한 해에서 했던 것처럼 다음과 같은 해를 얻을 수 있다.

$$\left.\begin{aligned} v'(x) &= \frac{1}{EI}\left[M_B x + P_B L x - P_B\left(\frac{x^2}{2}\right)\right] \\ v'(x) &= \frac{1}{EI}\left[M_B\left(\frac{x^2}{2}\right) + P_B L\left(\frac{x^2}{2}\right) - P_B\left(\frac{x^3}{6}\right)\right] \end{aligned}\right\} \quad \textbf{답 (B.a)}$$

풀이 검토 기울기와 처짐 관계식에서 각 항의 차원을 확인하면 각 항은 적절한 차원을 가지고 있음을 알 수 있다.

실제 사용 중인 보에서 발생할 수 있는 기울기와 처짐의 크기에 대한 어떤 정보를 얻기 위하여, 하중 $P_B = 4.5$ kips를 지지하는 길이 $L = 10$ ft의 외팔보를 고려한다. 보는 안전계수 $FS = 2$를 가지는 A-36강으로 제작된 광폭 플랜지 보(wide-flange beam)이다. A-36강은 항복강도 $\sigma_{YP} = 36$ ksi, 탄성계수 $E = 29(10^3)$ ksi이다. 식 6.17을 사용하여 필요한 단면계수는

$$S_{\text{design}} = \frac{M_{\max}}{\sigma_{\text{allow}}} = \frac{P_B L}{\dfrac{\sigma_{YP}}{FS}} = \frac{(4.5\text{ kips})\left[(10\text{ ft})\left(\dfrac{\text{in.}}{12\text{ ft}}\right)\right]}{\dfrac{36\text{ ksi}}{2}} = 30.0\text{ in}^3$$

이다. 표 D.1로부터 적절한 광폭 플랜지 보는 관성모멘트 $I = 170$ in.^{4}을 가지는 **W10×30**이 될 것이다. 그 다음에 식 (8)로부터 외팔보의 끝단에서의 처짐과 기울기는 다음과 같이 주어진다.

$$\delta_B = \frac{P_B L^3}{3EI} = \frac{(4.5\text{ kips})(120\text{ in.})^3}{3(29\times 10^3\text{ ksi})(170\text{ in}^4)} = 0.526\text{ in.}$$

$$\theta_B = \frac{P_B L^2}{2EI} = \frac{(4.5\text{ kips})(120\text{ in.})^2}{2(29\times 10^3\text{ ksi})(170\text{ in}^4)} = 0.00657\text{ rad}$$

명백하게 $|\theta_B| \ll 1$이고, 더욱이 $|\theta_B|^2 \ll 1$이므로, 균등하게 식 7.3과 7.5에서 근사치를 다루고 보의 처짐을 해결하기 위한 기준으로서 식 7.8을 이용하는 것이 타당하다.

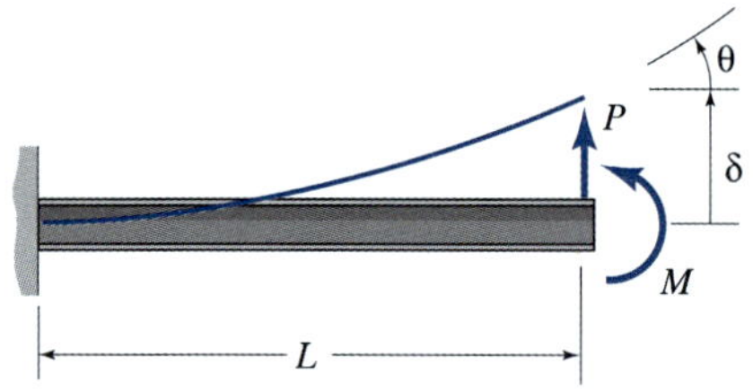

그림 7.9 균일 외팔보에 대한 하중-처짐 관계

예제 7.1에서 얻어졌던 결과들은 중첩(7.6과 7.7절)에 의해 보 처짐 문제를 해결하는데 상당히 유용하다. 그림 7.9의 외팔보에 대해 예제 7.1의 식 (7)은 다음 식으로 쓰여 질 수 있다.

$$\begin{aligned} \delta &= \left(\frac{L^3}{3EI}\right)P + \left(\frac{L^2}{2EI}\right)M \\ \theta &= \left(\frac{L^2}{2EI}\right)P + \left(\frac{L}{EI}\right)M \end{aligned} \tag{7.15}$$

다른 한편으로는, P와 M에 대한 이 방정식들은 δ와 θ의 관점에서 다음과 같이 풀 수 있다.

$$\begin{aligned} P &= \left(\frac{12EI}{L^3}\right)\delta - \left(\frac{6EI}{L^2}\right)\theta \\ M &= -\left(\frac{6EI}{L^2}\right)\delta + \left(\frac{4EI}{L}\right)\theta \end{aligned} \tag{7.16}$$

다음 예제는 보가 단순히 일정하거나 선형이 아닌 분포하중을 받을 때 4차 미분법의 유용성을 보여준다. 4차 미분법을 사용함으로써 처음부터 $M(x)$에 대한 관계식을 결정할 필요가 없다는 것을 알 수 있다.

예제 7.2

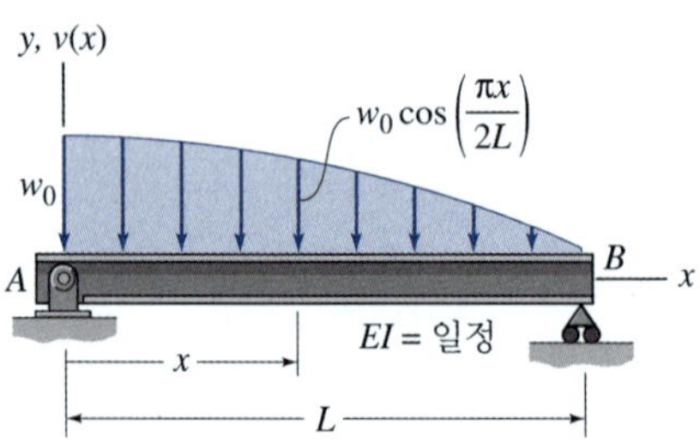

그림 1 코사인 하중을 받는 단순지지보

4차 미분법을 사용하여 그림 1에 나타낸 것과 같은 균일한 단순지지보를 해석하시오.

(a) 보의 기울기와 처짐에 대한 관계식을 구하시오.

(b) 보의 최대 처짐을 구하시오.

풀이 (a) 보의 기울기와 처짐에 대한 방정식을 결정

처짐 곡선 작도: 그림 2에서와 같이 보는 전체 길이에 걸쳐 아랫쪽으로 분명하게 처질 것이다. 최대 처짐은 보의 중심의 왼쪽에서 발생해야 한다.

$p(x)$의 결정: 하중분포 $p(x)$는 그림 1에 주어진다. 하중이 $-y$방향으로 작용하기 때문에 음($-$)의 부호를 가진다.

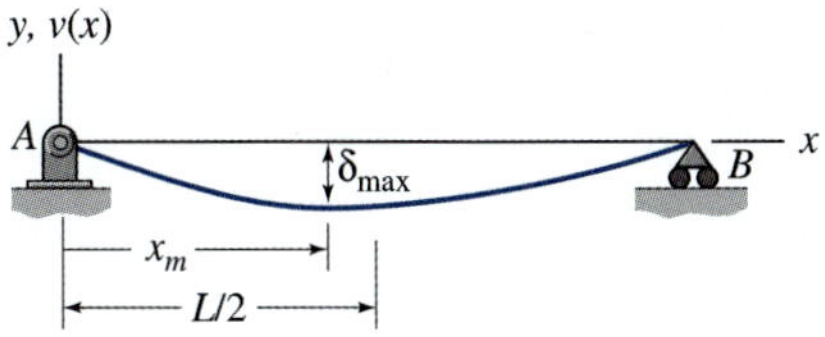

그림 2 예상 처짐 곡선

$$p(x) = -w_0 \cos\left(\frac{\pi x}{2L}\right) \tag{1}$$

하중-처짐 방정식 작성: 식 7.12와 (1)로부터,

$$(EIv'')'' = p(x) = -w_0 \cos\left(\frac{\pi x}{2L}\right) \tag{2}$$

미분방정식의 적분: 식 7.11과 7.8을 사용하여 식 (2)를 네 번 적분하고 적분상수를 도입한다.

$$V(x) = (EIv'')' = -w_0\left(\frac{2L}{\pi}\right)\sin\left(\frac{\pi x}{2L}\right) + C_1 \tag{3a}$$

$$M(x) = EIv'' = w_0\left(\frac{2L}{\pi}\right)^2 \cos\left(\frac{\pi x}{2L}\right) + C_1 x + C_2 \tag{3b}$$

$$EIv' = w_0\left(\frac{2L}{\pi}\right)^3 \sin\left(\frac{\pi x}{2L}\right) + C_1\left(\frac{x^2}{2}\right) + C_2 x + C_3 \tag{3c}$$

$$EIv = -w_0\left(\frac{2L}{\pi}\right)^4 \cos\left(\frac{\pi x}{2L}\right) + C_1\left(\frac{x^3}{6}\right) + C_2\left(\frac{x^2}{2}\right) + C_3 x + C_4 \tag{3d}$$

경계조건 확인: 모멘트는 양쪽 끝단에서 없어지고, 변위는 양쪽 끝단에서 0이다(표 7.1 참조). 따라서,

$$M(0) = M(L) = 0 \tag{4a, b}$$

$$v(0) = v(L) = 0 \tag{4c, d}$$

적분상수의 계산: 식 (3)과 (4)를 결합하여 다음을 얻는다(원천 방정식이 왼쪽 여백에 사각괄호 속에 인용되어 있다).

[4a, 3b] $$M(0) = w_0\left(\frac{2L}{\pi}\right)^2 + C_2 = 0$$

따라서

$$C_2 = -w_0\left(\frac{2L}{\pi}\right)^2 \tag{5a}$$

[4b, 3b] $$M(L) = C_1 L + C_2 = 0$$

따라서

$$C_1 = \frac{w_0}{L}\left(\frac{2L}{\pi}\right)^2 \tag{5b}$$

[4c, 3d] $$EIv(0) = -w_0\left(\frac{2L}{\pi}\right)^4 + C_4 = 0$$

따라서

$$C_4 = w_0\left(\frac{2L}{\pi}\right)^4 \tag{5c}$$

$$[4d,\ 3d] \qquad EIv(L) = C_1\left(\frac{L^3}{6}\right) + C_2\left(\frac{L^2}{2}\right) + C_3L + C_4 = 0$$

$$C_3 = \frac{w_0L^3}{3\pi^4}(4\pi^2 - 48) \tag{5d}$$

마지막으로, 식 (3)과 (5)로부터

$$v' = \frac{w_0L^3}{\pi^4EI}\left[8\pi\sin\left(\frac{\pi x}{2L}\right) + 2\pi^2\left(\frac{x}{L}\right)^2 - 4\pi^2\left(\frac{x}{L}\right) + \frac{4}{3}\pi^2 - 16\right] \tag{6a}$$

$$v' = \frac{w_0L^4}{\pi^4EI}\left[-16\cos\left(\frac{\pi x}{2L}\right) + \frac{2\pi^2}{3}\left(\frac{x}{L}\right)^3 - 2\pi^2\left(\frac{x}{L}\right)^2 + \left(\frac{4\pi^2}{3} - 16\right)\left(\frac{x}{L}\right) + 16\right] \qquad \text{답 (a)} \tag{6b}$$

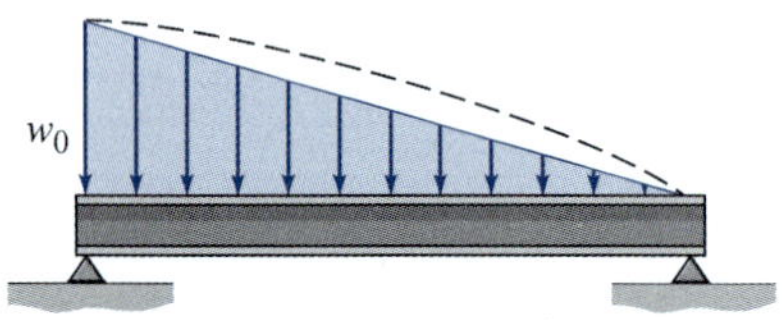

$\delta_{max} = 6.52(10^{-3})\ \dfrac{w_0L^4}{EI}$

(a)

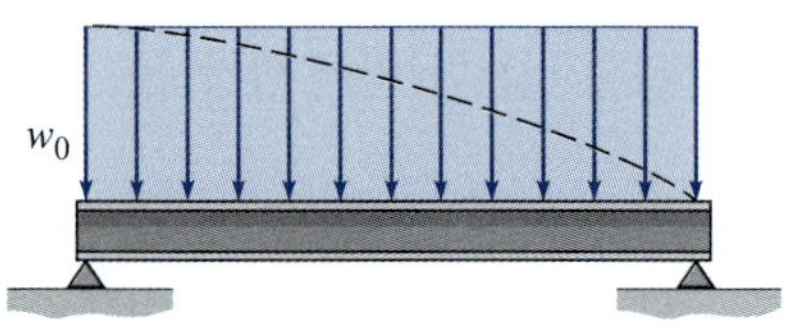

$\delta_{max} = 13.02(10^{-3})\ \dfrac{w_0L^4}{EI}$

(b)

그림 3 처짐에 대한 비교

(b) 보의 최대 처짐 결정 최대 처짐은 기울기가 0인 곳에서 발생한다. 그림 2는 최대 처짐이 구간 $0 < x_m < \dfrac{L}{2}$에서 발생해야 한다고 제안한다. 이것은 식 (6a)의 사각괄호 안의 관계식을 0이 되도록 설정하고, $v'(x_m) = 0$인 근 x_m을 찾아야 한다는 것을 의미한다. 이것은 시행착오법에 의해 혹은 어떤 근 파인더(root-finder)를 사용함으로써 행할 수 있고, 다음과 같이 구해진다.

$$x_m = 0.485L$$

을 구하기 위해 식 (6b)를 사용하여 다음과 같이 얻는다.

$$\delta_{max} = |v(0.485L)| = 8.70(10^{-3})\frac{w_0L^4}{EI} \qquad \text{답 (b)} \tag{7}$$

풀이 검토 모든 항의 차원은 정확하다. $v'(0)$, $v'(L)$ 및 $v(\dfrac{L}{2})$을 추출 조사(spot-checking)함으로써 정확한 부호를 얻는다. 코사인하중이 3각하중(그림 3a)과 균일하중(그림 3b) 사이에 있기 때문에 식 (7)에서 δ_{max}의 크기를 확인하기 위해 표 E.2를 사용할 수 있다. 따라서 답은 정확한 것으로 판단된다.

예제 7.1과 7.2는 단지 하나의 하중 작용 구간을 가지는 단일-스팬(single-span) 문제이며, 전자는 외팔보 문제, 후자는 단순지지보 문제이다. 2차 미분법 혹은 4차 미분법에 의해 단일 구간(single-interval) 문제를 해결하기 위하여 표 7.1에 목록화되어 있는 적절한 경계조건(boundary conditions)을 도입할 필요가 있다.

2차 모멘트-곡률 방정식을 적분하고 표 7.1로부터 적절한 **경계조건**과 표 7.2에 나타나 있는 적절한 **연속조건**을 적용함으로써 두 구간(two-interval) 문제를 해결해 보자. 이 예제로부터 다구간(multi-interval) 문제는 구해야 하는 적분상수의 수가 많기 때문에 해결을 위해 매우 지루해질 수 있다는 것을 알 수 있을 것이다. 이러한 이유로, 다구간 문제는 7.5-7.7절에서 논의된 방법 중 하나에 의해 자주 해결된다.

예제 7.3

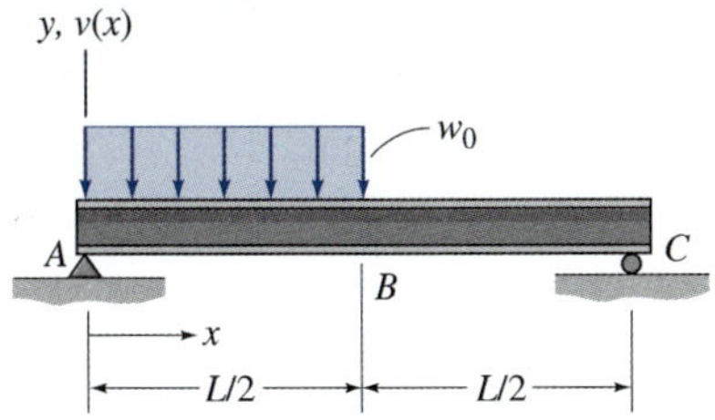

그림 1 단순지지 보의 하중 선도

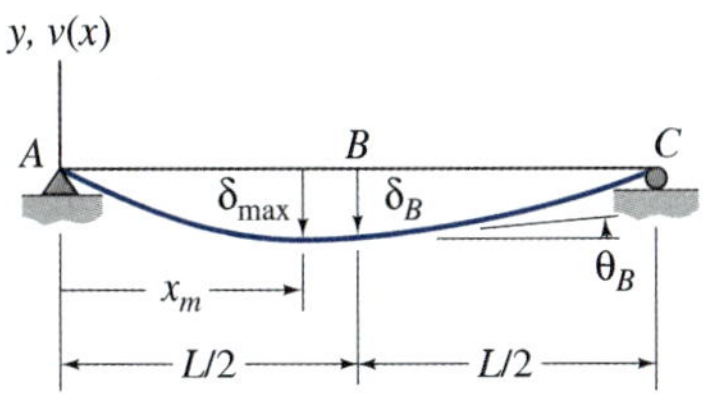

그림 2 예상 처짐 곡선

그림 1에서와 같이 균질 단순지지 보는 전체 길이 절반에 걸쳐 일정 분포하중을 받고 있다. (a) 2차 적분법을 사용하여 하중 구간 AB와 BC에서 기울기와 처짐에 대한 관계식을 구하시오. (b) 최대 처짐을 구하시오.

풀이

(a) 보의 기울기와 처짐에 대한 관계식 결정

처짐 곡선 작도: 처짐은 전체 길이에 걸쳐 아랫쪽으로 향하며, 그림 2에 나타낸 처짐선도와 같이 A와 B 사이에서 최대 처짐이 발생한다.

평형 – $M_1(x)$와 $M_2(x)$의 결정: 이 보는 두 개의 하중구간을 가지기 때문에 두 개의 모멘트 방정식이 필요하다. 그러나, 먼저 A와 C에서 반력을 결정하기 위해서 전체 자유물체도가 필요하다. 그림 3a의 자유물체도로부터 아래와 같은 평형방정식을 얻는다.

$$\left(\sum M\right)_A = 0: \qquad C_y = \frac{w_0 L}{8}$$

$$\left(\sum M\right)_C = 0: \qquad A_y = \frac{3w_0 L}{8}$$

그림 3b 및 3c의 자유물체도로부터 각각 아래와 같이 구한다.[3)]

$$\left(\sum M\right)_a = 0: \qquad M_1(x) = \frac{3w_0 Lx}{8} - \frac{w_0 x^2}{2} \tag{1a}$$

$$\left(\sum M\right)_b = 0: \qquad M_2(x) = \frac{w_0 L}{8}(L-x) \tag{1b}$$

모멘트-곡률 방정식 작성: 각 구간에 대한 모멘트-곡률 방정식(식 7.8)은 다음과 같다.

$$EIv_1'' = M_1(x) = \frac{3w_0 Lx}{8} - \frac{w_0 x^2}{2} \tag{2a}$$

$$EIv_2'' = M_2(x) = \frac{w_0 L}{8}(L-x) \tag{2b}$$

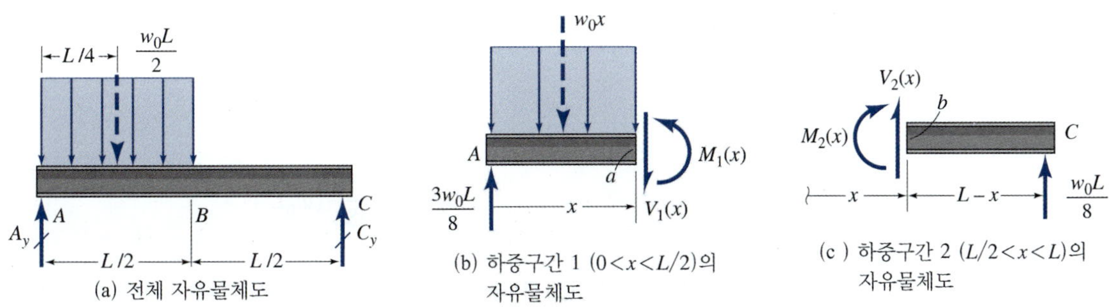

그림 3 자유물체도

3) 각주 2를 참고한다.

미분방정식의 적분:

$$EIv_1{}' = \frac{3w_0Lx^2}{16} - \frac{w_0x^3}{6} + C_1 \tag{3a}$$

$$EIv_2{}' = -\frac{w_0L}{16}(L-x)^2 + C_2 \tag{3b}$$

$$EIv_1 = \frac{w_0Lx^3}{16} - \frac{w_0x^4}{24} + C_1x + D_1 \tag{4a}$$

$$EIv_2 = \frac{w_0L}{48}(L-x)^3 + C_2x + D_2 \tag{4b}$$

경계조건과 연속조건을 확인: 그림 1의 단순지지 보에 대해 처짐은 두 끝단 A와 C에서 0이다. 표 7.1로부터,

$$v_1(0) = 0, \quad v_2(L) = 0 \tag{5a, b}$$

변위와 기울기는 보가 B점에서 파단되지 않기 때문에 하중이 불연속인 B점에서 연속이다. 따라서 표 7.2로부터,

$$v_1{}'\left(\frac{L}{2}\right) = v_2{}'\left(\frac{L}{2}\right), \quad v_1\left(\frac{L}{2}\right) = v_2\left(\frac{L}{2}\right) \tag{5c, d}$$

적분상수 계산: 사각괄호로 나타낸 원천 방정식을 사용하여 다음을 얻는다.

[4a, 5a]
$$EIv_1(0) = D_1 = 0 \tag{6a}$$

[4b, 5b]
$$EIv_2(L) = C_2L + D_2 = 0 \tag{6b}$$

[3a, 3b, 5c]
$$\frac{3w_0L}{16}\left(\frac{L}{2}\right)^2 - \frac{w_0}{6}\left(\frac{L}{2}\right)^3 + C_1 = -\frac{w_0L}{16}\left(\frac{L}{2}\right)^2 + C_2 \tag{6c}$$

[4a, 4b, 5d, 6a]
$$\frac{w_0L}{16}\left(\frac{L}{2}\right)^3 - \frac{w_0}{24}\left(\frac{L}{2}\right)^4 + C_1\left(\frac{L}{2}\right) = \frac{w_0L}{48}\left(\frac{L}{2}\right)^3 + C_2\left(\frac{L}{2}\right) + D_2 \tag{6d}$$

식 (6b), (6c) 및 (6d)를 결합하여 다음을 얻는다.

$$C_1 = -\frac{9}{384}(w_0L^3) \tag{7a}$$

$$C_2 = \frac{7}{384}(w_0L^3) \tag{7b}$$

$$D_2 = -\frac{7}{384}(w_0L^4) \tag{7c}$$

마지막으로, 식 (3)과 (4) 속에 적분상수를 대입하면, 하중 구간 1과 2에서 기울기와 처짐에 대한 관계식을 다음과 같이 구할 수 있다.

$$v_1' = \frac{w_0 L^3}{384EI}\left[-9+72\left(\frac{x}{L}\right)^2 - 64\left(\frac{x}{L}\right)^3\right] \quad (8a)$$

$$v_2' = \frac{w_0 L^3}{384EI}\left[-17+48\left(\frac{x}{L}\right) - 24\left(\frac{x}{L}\right)^2\right] \quad (8b)$$

$$v_1 = \frac{w_0 L^4}{384EI}\left[-9\left(\frac{x}{L}\right)+24\left(\frac{x}{L}\right)^3 - 16\left(\frac{x}{L}\right)^4\right] \quad (8c)$$

$$v_2 = \frac{w_0 L^4}{384EI}\left[1-17\left(\frac{x}{L}\right)+24\left(\frac{x}{L}\right)^2 - 8\left(\frac{x}{L}\right)^3\right] \quad (8d)$$

답 (a)

(b) 보의 최대 처짐 결정 그림 2에서 관찰된 것처럼 최대 처짐은 하중 구간 AB에서 발생한다. 따라서 기울기가 0인 위치를 결정하기 위하여 $v'_1(x_m) = 0$를 적용한다. 즉 다음과 같은 3차 방정식을 얻는다.

$$-64\left(\frac{x_m}{L}\right)^3 + 72\left(\frac{x_m}{L}\right)^2 - 9 = 0$$

x_m의 값은 시행착오법 혹은 어떤 다른 근 파인더(root-finder)에 의해 찾을 수 있고, 그것은

$$x_m = 0.460L$$

이다. 그 다음, 최대 처짐은 다음과 같다.

$$\delta_{\max} = |v_1(0.460L)| = 6.56(10^{-3})\frac{w_0 L^4}{EI}$$ **답 (b)**

풀이 검토 해답은 모든 차원의 양(dimensional quantities)이 하나의 계수 항으로 모아질 수 있도록 무차원 길이 (x/L)에 관하여 표현되었다. 계수 항

$$v' \sim \left(\frac{w_0 L^3}{EI}\right) \text{과} \quad v \sim \left(\frac{w_0 L^4}{EI}\right)$$

은 차원적으로 정확하다.

많은 보-처짐 문제와 마찬가지로 이 문제에 대한 해답은 부록 E에 나와 있다. 그렇지 않다면, 균일하게 하중이 부하된 보의 중간위치에서의 처짐과 비교함으로써 $\delta_{\max}$값을 확인할 수 있다. 표 E.2로부터, 그 값은

$$|v(L/2)| = \frac{5}{384}\left(\frac{w_0 L^4}{EI}\right)$$

$\delta_{\max}$의 값은 위의 값의 절반보다 약간 더 커야 한다.

예제 7.4

그림 1의 균일 외팔보의 AB(구간 1) 및 BC(구간 2)에서 기울기와 처짐에 대한 관계식을 결정하기 위하여 4차 적분법을 이용하시오. 또한 $x = L$에서 기울기와 처짐에 대한 특정한 관계식을 구하시오.

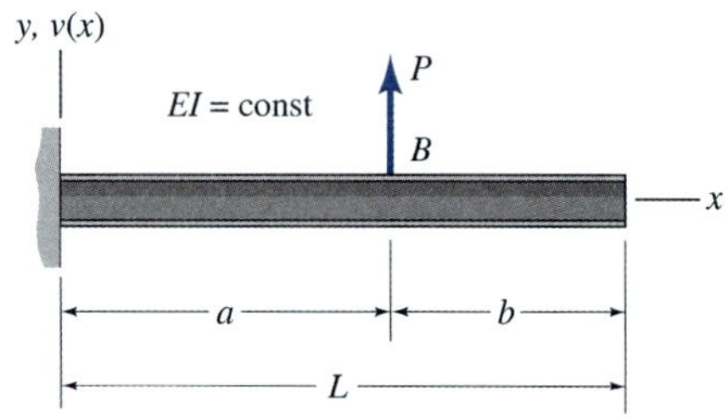

그림 1 집중하중을 받는 외팔보

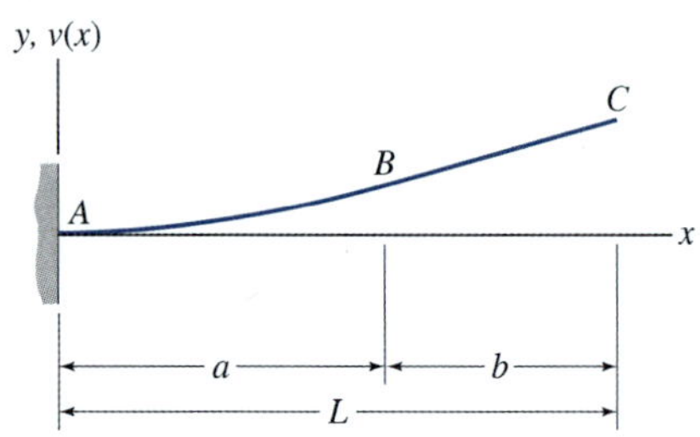

그림 2 예상 처짐 곡선

풀이

처짐 곡선 작도: 그림 2에 나타낸 것처럼 처짐은 보의 전체 길이를 따라 윗쪽을 향한다. B점의 우측에는 하중이 작용하지 않으므로 보는 BC구간에서 직선을 유지할 것이다.

$p_1(x)$ 및 $p_2(x)$의 계산: 이 보에는 분포하중이 작용하지 않으므로 구간 1과 구간 2에서 각각,

$$p_1(x) = p_2(x) = 0 \tag{1a, b}$$

하중-처짐 방정식 작성: 식 (1)과 식 7.12를 결합하면 다음과 같다.

$$(EIv_1'')'' = 0 \tag{2a}$$

$$(EIv_2'')'' = 0 \tag{2b}$$

미분방정식의 적분: 구간 1에 대해 식 (2a)를 네 번 적분한다.

$$V_1(x) = (EIv_1'')' = C_1 \tag{3a}$$

$$M_1(x) = EIv_1'' = C_1x + D_1 \tag{3b}$$

$$EIv_1' = C_1\left(\frac{x^2}{2}\right) + D_1x + E_1 \tag{3c}$$

$$EIv_1 = C_1\left(\frac{x^3}{6}\right) + D_1\left(\frac{x^2}{2}\right) + E_1x + F_1 \tag{3d}$$

구간 2에 대해 식 (2b)를 네 번 적분한다.

$$V_2(x) = (EIv_2'')' = C_2 \tag{4a}$$

$$M_2(x) = EIv_2'' = C_2x + D_2 \tag{4b}$$

$$EIv_2' = C_2\left(\frac{x^2}{2}\right) + D_2x + E_2 \tag{4c}$$

$$EIv_2 = C_2\left(\frac{x^3}{6}\right) + D_2\left(\frac{x^2}{2}\right) + E_2x + F_2 \tag{4d}$$

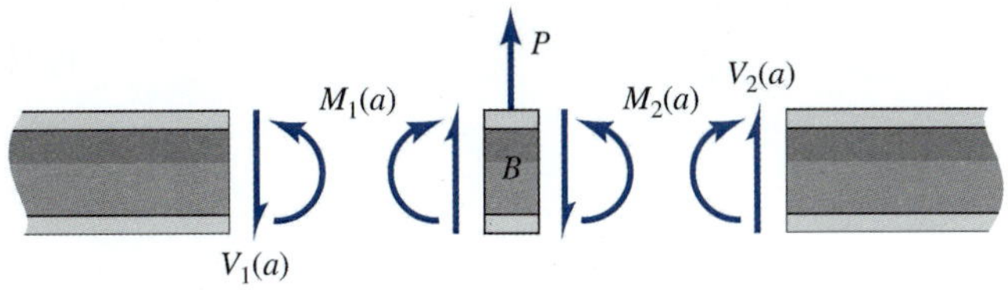

그림 3 B에서의 절점의 평형

경계조건과 연속조건 확인: 구해야 할 8개의 적분상수가 있으므로 총 8개의 경계 및/또는 연속조건이 필요하다. 처짐과 기울기는 $x = 0$에서 없어지고, 모멘트와 전단력은 $x = L$에서 없어진다. 따라서,

$$v_1(0) = v_1'(0) = 0 \tag{5a, b}$$

$$V_2(L) = M_2(L) = 0 \tag{6a, b}$$

$x = a$에서 기울기 연속과 변위 연속이 존재하므로,

$$v_1'(a) = v_2'(a) \tag{7a}$$

$$v_1(a) = v_2(a) \tag{7b}$$

마지막 두 조건은 B점에서의 연결(joint)의 평형에 기인하는 전단 및 모멘트 조건이다(표 7.2에 나타나 있다). 그림 3의 자유물체도로부터

$$V_2(a) - V_1(a) = P \tag{8a}$$

$$M_2(a) = M_1(a) \tag{8b}$$

적분상수의 계산: 식 (3)에서 (8)까지를 결합하면 다음과 같은 적분상수를 얻는다.

$$C_1 = -P_1, \quad D_1 = Pa, \quad E_1 = F_1 = 0 \tag{9a-d}$$

$$C_2 = D_2 = 0, \quad E_2 = \frac{Pa^2}{2}, \quad F_2 = -\frac{Pa^3}{6} \tag{10a-d}$$

마지막으로 위의 적분상수들을 식 (3c,d) 및 (4c,d)에 대입하여 다음과 같은 기울기 및 처짐 방정식을 구할 수 있다.

$$v_1'(x) = \frac{Pa^2}{2EI}\left[-\left(\frac{x}{a}\right)^2 + 2\left(\frac{x}{a}\right)\right] \tag{10a}$$

$$v_1(x) = \frac{Pa^3}{6EI}\left[-\left(\frac{x}{a}\right)^3 + 3\left(\frac{x}{a}\right)^2\right] \tag{10b}$$

$$v_2'(x) = \frac{Pa^2}{2EI} \tag{10c}$$

$$v_2(x) = \frac{Pa^3}{6EI}\left[3\left(\frac{x}{a}\right) - 1\right] \tag{10d}$$

답

보의 끝단에서 기울기와 처짐 결정: $x = L$에서 식 (10c) 및 (10d)를 구하면 다음을 얻는다.

$$\left.\begin{aligned} v_2{}'(L) &= \frac{Pa^2}{2EI} \\ v_2(L) &= \frac{Pa^2}{6EI}\left(\frac{3L}{a}-1\right) \end{aligned}\right\} \qquad \begin{aligned} &(11a) \\ &\textbf{답} \\ &(11b) \end{aligned}$$

풀이 검토 이 예제는 예제 7.1과 7.3에서 나타내었던 2차 적분법에 의해 쉽게 해결할 수 있었다. **4차 미분법에 대해서는 전체 자유물체도가 필요하지 않다**는 것에 유의하자. 4차 적분법에 대한 경계조건과 연속조건은 그림 3에서와 같이 국부적인 "연결(joint)" 자유물체도로부터 얻어질 수 있다. 표 7.1은 다양한 형태의 경계조건을, 표 7.2는 다양한 형태의 연속조건을 나타낸다.

상기의 식 (11a) 및 식 (11b)에서의 결과들은 부록 E의 표 E.1의 #4 참조함으로서 확인할 수 있다. 이 식들은 일반적인 분포하중을 받는 보의 처짐에 대한 관계식을 얻기 위하여 7.6절에서 유용하게 사용될 것이다.

다음으로, 부정정보에 대한 기울기와 처짐을 구하기 위해 2차 미분법 및 4차 미분법을 사용할 것이다.

7.4 적분법에 의한 기울기와 처짐 – 부정정보

7.3절에서 정정보의 기울기와 처짐에 대해 알아보았다. 이 절에서는 **부정정보**의 기울기와 처짐을 해결하기 위하여 7.3절의 풀이과정을 확장시킬 것이다.

예를 들면, 예제 7.3의 단순지지보를 그림 7.10의 보와 비교하자. 예제 7.3의 단순지지보는 정정이므로 평형방정식만을 사용하여 모든 반력을 구하는 것이 가능하다. 그림 7.10에는 4개의 반력이 있지만 독립된 3개의 평형방정식만 쓸 수 있기 때문에 이 보는 **부정정**(statically indeterminate)이다. A점에서 **회전 구속조건**(rotation constraint)의 추가는 **과잉 모멘트 반력**(redundant moment reaction) M_A를 발생시킨다. 대안으로, 부정정 상태의 보를 만들고 버팀 외팔보(혹은 일단고정 일단지지보, propped cantilever beam)라는 이름으로 이어지는, 추가적인 지지점이 끝점 B에 추가된 정정 외팔보로서 그림 7.10의 보를 생각할 수 있다.

보의 붕괴를 방지하기 위해 필요한 것 이상의 각각의 추가 구속조건은 추가 과

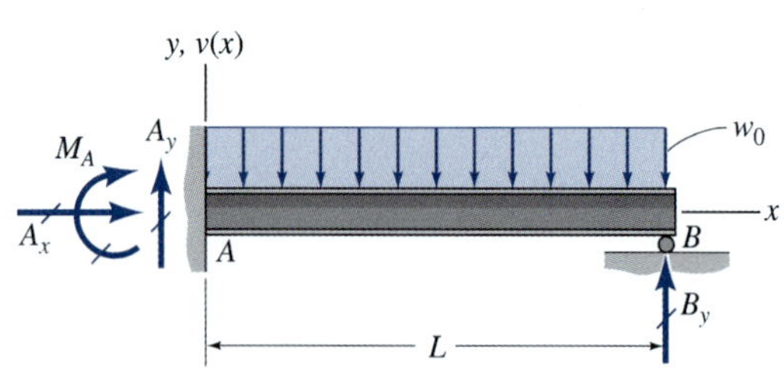

그림 7.10 부정정보

잉반력을 발생시키고, 그 값은 전체 보의 처짐을 고려함으로써 결정될 수 있다. 예를 들어, 그림 7.10의 과잉반력 M_A는 구속방정식 $v'(0)=0$의 추가로 인하여 발생한다. 즉, 이 특정한 하중을 받는 이 특정한 보의 끝점 A에서 0의 기울기를 유지하기 위해서 특정 모멘트 M_A가 필요하다.

다음의 예제에서 **보조 경계조건 혹은 연속조건에 의해 표현되는 각각의 과잉구속이 일치하는 과잉반력을 이끈다**는 것이 증명될 것이다. 따라서 부정정보의 경우 7.3절의 시작 부분에서 주어진 풀이과정을 약간 수정하였다.

- 2, 3단계에서 과잉반력은 자유물체도와 평형방정식에 포함되어야 한다.
- 5단계에서 과잉구속조건은 다른 경계조건 및 연속조건과 함께 포함되어야 한다.
- 6단계에서 적분상수와 함께 과잉반력은 과잉구속조건을 포함하여 경계조건과 연속조건을 적용하여 풀어야 한다.

예제 7.5

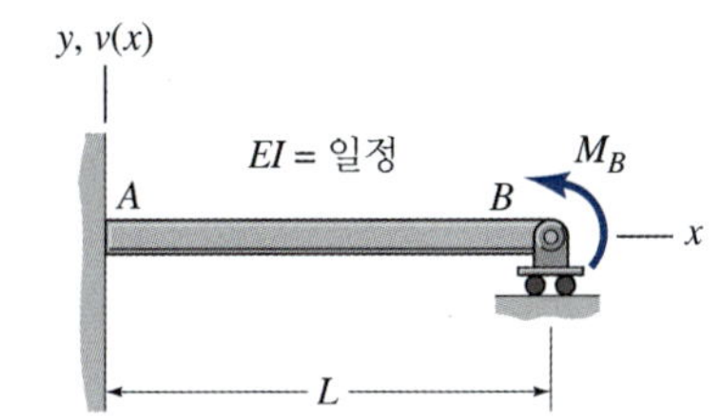

그림 1 특정 끝단에 모멘트가 작용하는 균일한 버팀 외팔보

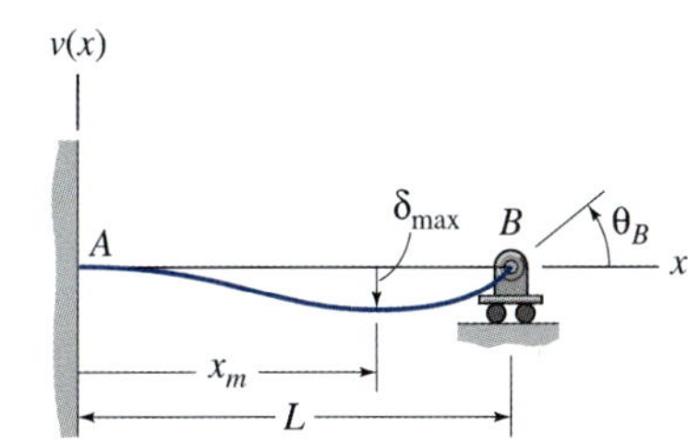

그림 2 예상 처짐 곡선

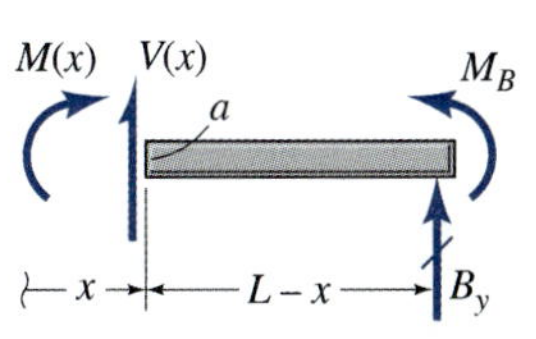

그림 3 자유물체도

그림 1과 같이 우력모멘트 M_B가 균일한 버팀 외팔보에 작용하고 있다. 2차 적분법을 사용하여, (a) 보의 기울기와 처짐에 대한 관계식을 구하시오. (b) A와 B에서 반력을 구하시오. (c) 보의 전단력 선도 및 굽힘 모멘트 선도를 그리시오.

풀이 (a) 보의 기울기와 처짐에 대한 관계식 결정

처짐 곡선 작도: 모멘트 M_B는 끝단 B를 반시계방향으로 회전시키려는 경향을 가진다. 따라서 보는 그림 2에 나타낸 모양을 가져야 한다.

평형 – $M(x)$에 대한 관계식을 구한다: 만약 자유물체도가 그림 3처럼 주어진다면, 주어진 끝단 모멘트와 B점에서 미지의 반력을 포함하는 $M(x)$에 대한 관계식을 얻을 수 있다. B점에서 추가된 구속에 의하여 발생한 B점에서의 반력은 미지의 과잉반력이다.

$$\left(\sum M\right)_a = 0: \qquad M(x) = M_B + B_y(L-x) \tag{1}$$

모멘트-곡률 방정식을 작성한다: 식 7.8과 식 (1)로부터,

$$EIv'' = M(x) = M_B + B_y(L-x) \tag{2}$$

미분방정식을 적분한다: 식 (2)를 두 번 적분한다.

$$EIv' = M_B x + B_y L x - B_y\left(\frac{x^2}{2}\right) + C_1 \tag{3a}$$

$$EIv = M_B\left(\frac{x^2}{2}\right) + B_y L\left(\frac{x^2}{2}\right) - B_y\left(\frac{x^3}{6}\right) + C_1 x + C_2 \tag{3b}$$

경계조건을 확인한다: 식 (3)에는 2개의 적분상수와 하나의 미지 과잉반력인 B_y의 세 개의 미지의 수가 있기 때문에, 총 3개의 경계조건이 필요하다. 그 조건들은 다음과 같다(표 7.1).

$$v' = (0) = v(0) = v(L) = 0 \qquad (4a,\ b,\ c)$$

적분상수를 구한다: 원천 방정식은 사각괄호 안과 같다.

[4a, 3a] $$EIv'(0) = C_1 = 0 \qquad (5a)$$

[4b, 3b, 5a] $$EIv(0) = C_2 = 0 \qquad (5b)$$

[4c, 3b, 5a, 5b] $$EIv(L) = M_B\left(\frac{L^2}{2}\right) + B_y\left(\frac{L^3}{3}\right) = 0$$

또는 $$B_y = -\frac{3}{2}\frac{M_B}{L} \qquad (5c)$$

식 (3)과 식 (5)를 결합하면, 이 버팀 외팔보의 기울기와 처짐에 대한 관계식은 다음과 같이 구할 수 있다.

$$\left.\begin{aligned} v'(x) &= \frac{M_B L}{4EI}\left[3\left(\frac{x}{L}\right)^2 - 2\left(\frac{x}{L}\right)\right] \qquad (6a)\\ v(x) &= \frac{M_B L^2}{4EI}\left[\left(\frac{x}{L}\right)^3 - \left(\frac{x}{L}\right)^2\right] \qquad (6b)\end{aligned}\right\}$$

답 (a)

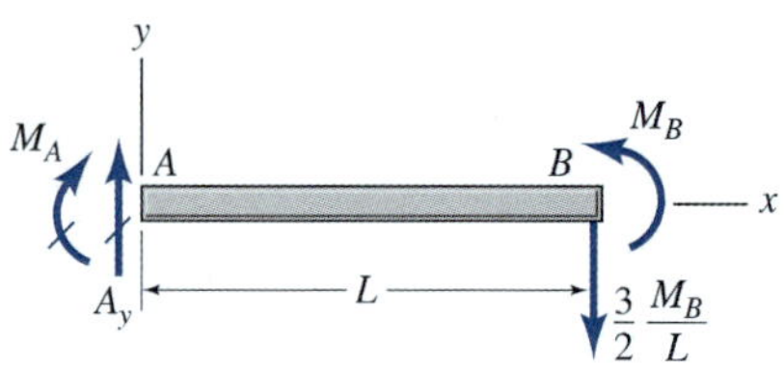

그림 4 자유물체도

(b) A와 B에서의 반력 결정 식 (5)에서 과잉반력을 구하였다. $x = 0$에서 반력을 구하기 위해 전체 보의 자유물체도를 사용할 수 있다(그림 4).

평형:

$\sum F_y = 0$: $$A_y = \frac{3}{2}\frac{M_B}{L} \qquad (7a)$$

$\left(\sum M\right)_A = 0$: $$M_A = M_B - \frac{3}{2}\left(\frac{M_B}{L}\right)L = -\frac{M_B}{2} \qquad (7b)$$

요약하면,

$$A_y = \frac{3}{2}\frac{M_B}{L}, \quad M_A = -\frac{M_B}{2}$$

답 (b)

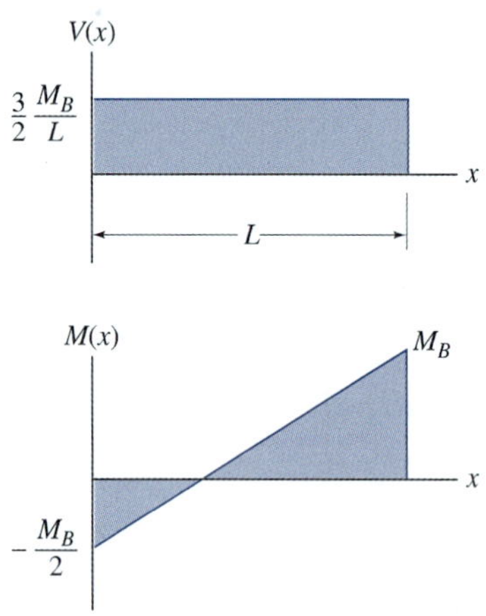

그림 5 전단력 선도 및 굽힘 모멘트 선도

(c) 전단력(V) 선도 및 굽힘 모멘트(M) 선도 작도 $p(x) = 0$이므로, $V(x)$는 일정하다(식 5.2); $V(x)$가 일정하기 때문에 모멘트 선도의 기울기가 일정하다(식 5.3). 그림 5에서 모멘트의 부호는 그림 2에 그려진 것과 같이 보의 곡률에 일치한다. 즉 모멘트-곡률방정식 $M = EIv''$를 만족한다.

풀이 검토 식 (6)의 처짐과 기울기 관계식은 적절한 차원을 가진다. 식 (6a)로부터 $x = L$에서의 기울기는 양(+)이고 그것은 정확하다. 구속이 없다면 모멘트 M_B는 끝단 B를 들어 올릴 것이다. 따라서 B_y의 부호는 옳다. 마지막으로 M_A는 그림 2의 예상 처짐 곡선에 따라 옳은 부호를 가진다.

상기의 예제 7.5의 해는 7.3절의 정정 문제에 대한 2차 미분법으로부터 구한 해와 거의 다르지 않다. 보의 붕괴를 방지하기 위해 필요한 최소치를 넘어서는 하나의 구속(경계조건)의 존재로부터 추가적인 미지의 상수가 계산되었다. **모든 추가적인 부정정 차수(degree of redundancy)에는 미지수들을 구하기 위해 사용할 일치하는 추가적인 경계조건이 있다.**

다음 예제는 분포하중을 받는 보의 부정정 문제를 해결하기 위하여 4차 적분법을 사용하는 방법을 보여준다. 보는 양 끝단에서 고정되어있고, **고정단 해(fixed-end solution)**를 가진다. 고정단 해는 7.7절에서 논의된 중첩 해를 구할 때 사용된다; 몇 개는 부록 E의 표 E.3에 표로 만들어져 있다.

예제 7.6

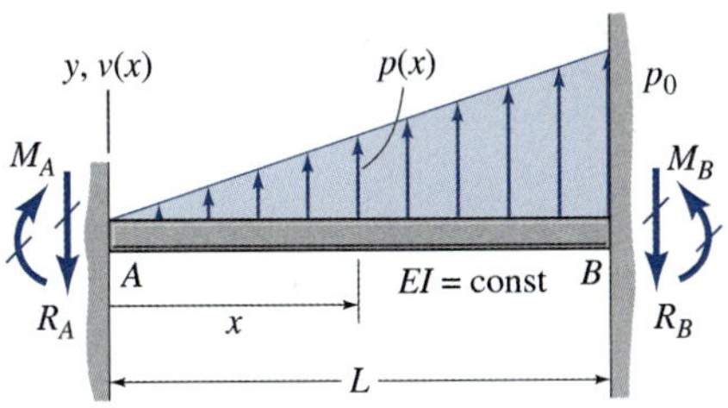

그림 1 삼각형하중을 받는 양단 고정보

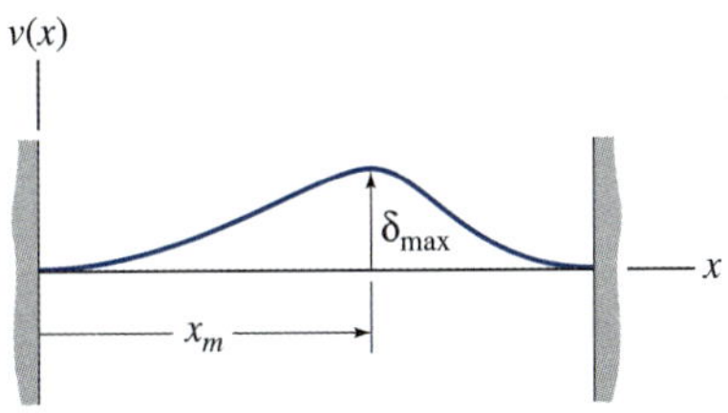

그림 2 예상 처짐 곡선

그림 1의 균일한 선형탄성 보는 삼각형 분포하중을 받고 있다. 4차 적분법을 사용하여,
(a) 보의 전단력, 굽힘 모멘트, 기울기 및 처짐에 대한 관계식을 구하시오. (b) A와 B에서의 반력을 구하시오. (c) 전단력 및 굽힘 모멘트 선도를 그리시오.

풀이 (a) 보의 전단력, 굽힘 모멘트, 기울기 및 처짐에 대한 관계식 결정

처짐 곡선 작도: 보는 그림 2에 그려진 것처럼 윗쪽으로 처질 것이다.

$p(x)$에 대한 관계식을 구한다: 그림 1의 삼각형하중으로부터,

$$\frac{p(x)}{x} = \frac{p_0}{L}$$

혹은

$$p(x) = p_0\left(\frac{x}{L}\right) \tag{1}$$

를 얻는다.

하중-처짐 방정식 작성: 식 7.12와 식 (1)로부터,

$$(EIv'')'' = p(x) = p_0\left(\frac{x}{L}\right) \tag{2}$$

미분방정식의 적분: 식 7.11과 7.8을 결합하고, 식 (2)를 네 번 적분한다.

$$(EIv'')' = V(x) = p_0\left(\frac{x^2}{2L}\right) + C_1 \tag{3a}$$

$$EIv'' = M(x) = p_0\left(\frac{x^3}{6L}\right) + C_1 x + C_2 \tag{3b}$$

$$EIv' = p_0\left(\frac{x^4}{24L}\right) + C_1\left(\frac{x^2}{2}\right) + C_2 x + C_3 \tag{3c}$$

$$EIv = p_0\left(\frac{x^5}{120L}\right) + C_1\left(\frac{x^3}{6}\right) + C_2\left(\frac{x^2}{2}\right) + C_3 x + C_4 \tag{3d}$$

경계조건 확인: 양단고정 경계조건은(표 7.1),

$$v'(0) = v(0) = v'(L) = v(L) = 0 \tag{4a-d}$$

적분상수 계산: 원천방정식은 사각괄호 안에 있다.

[4a, 3c] $\quad C_3 = 0 \quad$ (5a)

[4b, 3d, 5a] $\quad C_4 = 0 \quad$ (5b)

[4c, 3c, 5a] $\quad 12C_1L + 24C_2 = -p_0L^2$

[4d, 3d, 5a, 5b] $\quad 20C_1L + 60C_2 = -p_0L^2$

이들 마지막 두 개의 방정식으로부터

$$C_1 = -\frac{3}{20}p_0L \tag{5c}$$

$$C_2 = \frac{1}{30}p_0L^2 \tag{5d}$$

를 얻는다. 식 (5)의 상수와 식 (3)을 결합하여 (a)에 대한 답을 얻을 수 있다.

$$V(x) = \frac{p_0L}{20}\left[10\left(\frac{x}{L}\right)^2 - 3\right] \tag{6a}$$

$$M(x) = \frac{p_0L^2}{60}\left[10\left(\frac{x}{L}\right)^3 - 9\left(\frac{x}{L}\right) + 2\right] \tag{6b}$$

$$v'(x) = \frac{p_0L^3}{120EI}\left[5\left(\frac{x}{L}\right)^4 - 9\left(\frac{x}{L}\right)^2 + 4\left(\frac{x}{L}\right)\right] \tag{7a}$$

$$v(x) = \frac{p_0L^4}{120EI}\left[\left(\frac{x}{L}\right)^5 - 3\left(\frac{x}{L}\right)^3 + 2\left(\frac{x}{L}\right)^2\right] \tag{7b}$$

답 (a)

(b) A와 B에서 반력 계산 $V(x)$와 $M(x)$ 사이의 관계 및 그림 1에서 사용된 기호를 참고하고, 식 (6a)와 식 (6b)를 사용하여 다음과 같은 반력을 얻는다.

$$R_A \equiv -V(0) = \frac{3}{20}p_0L \tag{8a}$$

$$M_A \equiv M(0) = \frac{1}{30}p_0L^2 \tag{8b}$$

$$R_B \equiv V(L) = \frac{7}{20}p_0L \tag{8c}$$

$$M_B \equiv M(L) = \frac{1}{20}p_0L^2 \tag{8d}$$

답 (b)

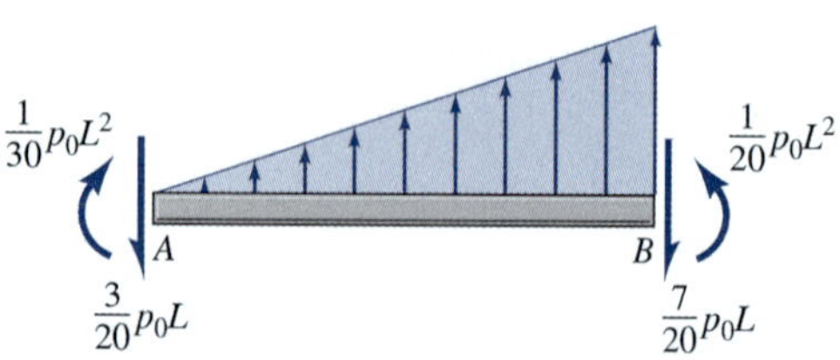

그림 3 반력

그림 3에 그려진 이들 반력을 살펴봄으로써 그들이 합리적인지를 알 수 있다. 반력들은 더 크게 하중을 부하받는 끝단 B에서 더 큰 모멘트와 전단력을 가지고, 전체적으로 평형을 만족한다. 따라서 해는 옳은 듯하다.

(c) 전단력(V) 선도 및 굽힘 모멘트(M) 선도 작도 식 (6a) 및 (6b)는 각각 전단력 선도 및 굽힘 모멘트 선도를 그리는 데 사용할 수 있다. 그림 4의 모멘트 $M(x)$의 부호가 그림 2에 그려진 것처럼 보의 곡률

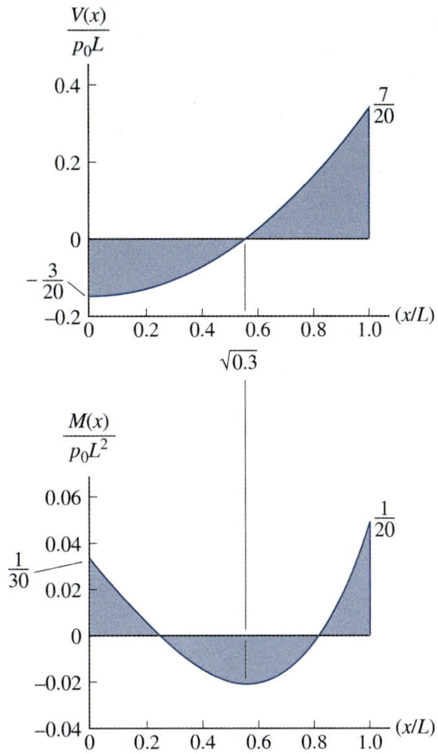

그림 4 반력

과 일치한다. 즉 모멘트-곡률 방정식 $M = EIv''$가 만족된다. 식 (6a)로부터 $(x^*/L) = \sqrt{0.3} = 0.5477$일 때 전단력은 0이다. 그것은 모멘트가 가장 큰 음(−)의 값을 가지는 곳, $M(x^*/L) = -0.0214p_0L^2$이다.

풀이 검토 파트 (b)에서 구한 반력들은 합리적으로 보이며, 파트 (c)의 굽힘 모멘트 선도는 그림 2에서 가정된 처짐 형상에 일치한다. 따라서 해는 옳은 듯하다.

(이 문제에 대한 중첩 해를 위해 연습문제 7.6-37과 7.6-38을 참조한다.)

*7.5 보 처짐을 결정하기 위한 불연속함수의 사용

7.2절에서는 모멘트-곡률 미분방정식(식 7.8), 그리고 하중-처짐 미분방정식(식 7.12)가 유도되었고, 7.3절과 7.4절에서는 보의 기울기와 처짐을 결정하기 위해 이들 식이 적분되었다. 이 절에서는 보-처짐 해가 아래의 하중-처짐 방정식을 기본으로 한다.

$$(EIv'')'' = p(x) \qquad \textbf{하중-처짐 방정식} \qquad (7.12) \text{ 반복}$$

예제 7.3과 7.4에서 보의 길이에 따라 부하 및/혹은 지지점에 불연속이 있을 때 처짐 문제를 해결하는 것은 매우 긴 과정이라는 것을 알았다. 그 같은 경우들은 보의 각 구간에 대한 굽힘 모멘트 관계식의 작성과 부하 혹은 지지로 인한 불연속점에서의 연속조건의 사용을 필요로 한다. 불연속함수(discontinuity functions)는 5.5절에서 소개되었고, 보의 하중, 전단력, 모멘트에 대한 간결한 관계식을 얻기 위해 사용되었다. 이 절에서는 다구간 보-처짐 문제의 해를 크게 단순화시키기 위한 불연속함수의 사용법을 설명한다.[4] 아래에 설명된 과정은 정정보와 부정정보 양쪽 모두에 적용된다.

여기서 생기는 한 가지 질문은 '불연속함수를 포함하는 관계식을 적분할 때 적분상수가 필요한가?'이다. 답은 '그렇다'이다. 적분상수는 $x=0$에서의 전단력 $V(0)$; $x=0$에서의 모멘트 $M(0)$; $x=0$에서 보의 기울기 $v'(0)$; $x=0$에서 변위 $v(0)$를 나타내기 위해 필요하다. 이들 적분상수가 도입될 때, 식 7.17에 소개된 것처럼 $C\langle x\rangle^0$ 형식으로 단위계단함수(unit step function)와 함께 도입된다.[5] 이후의 적분에서 Macaulay 괄호는 통상적인 방법, 즉 식 5.11을 사용함으로써 적분된다.

$$
\begin{aligned}
V(x) &= EI(v'')' = \int_{0^+}^{x} p(\xi)\,d\xi + V(0)\langle x\rangle^0 \\
M(x) &= EIv'' = \int_{0^+}^{x} V(\xi)\,d\xi + M(0)\langle x\rangle^0 \\
v'(x) &= \int_{0^+}^{x} \left(\frac{M(\xi)}{EI(\xi)}\right) d\xi + v'(0)\langle x\rangle^0 \\
v(x) &= \int_{0^+}^{x} v'(\xi)\,d\xi + v(0)\langle x\rangle^0
\end{aligned}
\tag{7.17}
$$

전단-처짐 방정식(식 7.11)은 식 7.17의 첫 번째 식에, 모멘트-곡률 방정식(식 7.8)은 두 번째 식과 관계된다. 식 7.17의 적분의 하한은 $x=0^+$이며, 적분이 보의 왼쪽 끝단에서 어떤 하중 혹은 반력에 대해 오른쪽 방향으로 시작한다는 것을 의미한다. 식 7.17에서 적분상수는 $x=0$에서 하중과 반력을 처리한다.

다음의 간단한 절차를 사용하여 정정보나 부정정보에 대해 기울기/처짐 문제를 해결할 수 있다. 따라서 손으로 직접 구하거나 컴퓨터를 이용한 풀이에 매우 좋은 방법이다. 그러나 7.7절에 나타낸 변위법은 보다 강력하고 보다 일반적으로 적용되는 유한요소법으로 이어진다.

---

4) 보의 처짐 문제를 해결하는 이 방법을 제안한 독일의 수학자 A. Clebsch(1833-1872)의 이름을 따서 Clebsch법이라고 부른다. W. D. Pilkey에 의한 "보 처짐에 대한 Clebsch법"에서 방법과 그 적용에 대한 우수한 리뷰를 확인할 수 있다[참고문헌 7-1].

5) 적분상수를 도입할 때 단위계단함수 $\langle x\rangle^0$를 포함하는 것이 필수적이지는 않지만, 적분되는 다양한 불연속 항 중에서 표기법의 통일성을 유지하기 위해 여기서 수행된다.

보 처짐을 결정하기 위한 불연속함수 사용 절차

1. 예상 처짐 곡선을 그린다. 모든 반력에 적절하게 기호를 붙여 전체 보의 자유물체도를 그린다.
2. 표 5.2의 하중 열로부터의 정보를 이용하여 하중 $p(x)$에 대한 불연속함수 관계식을 작성한다. 모든 반력을 미지수로 나타낸다.
3. 표 5.2의 정보 혹은 식 5.11을 이용하여 하중 관계식을 4번 적분한다. 식 7.17에 나타낸 것처럼 각 적분과 함께 $C\langle x\rangle^0$의 형식으로 적분상수를 도입한다.
4. 힘 타입(전단력과 모멘트) 및 변위 타입(변위와 기울기) 경계조건을 확인한다. 전단력과 모멘트 닫힘방정식

$$V(L^+) = 0, \quad M(L^+) = 0 \tag{7.18}$$

과 함께 이들을 사용하여 모든 적분상수를 구한다.

다음 예제에 나타낸 것과 같이, **전단 및 모멘트 닫힘방정식은 자동적으로 보의 전체 평형을 시행한다.** 그럼에도 불구하고, 전체 보에 대한 자유물체도가 미지 반력들이 명확하게 나타나도록 그려져야 한다.

예제 7.7

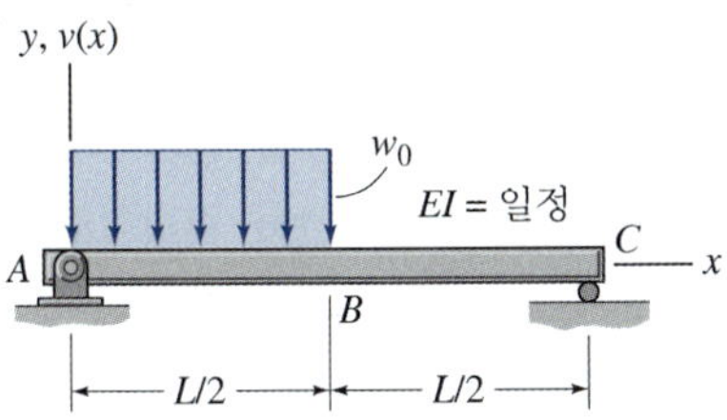

그림 1

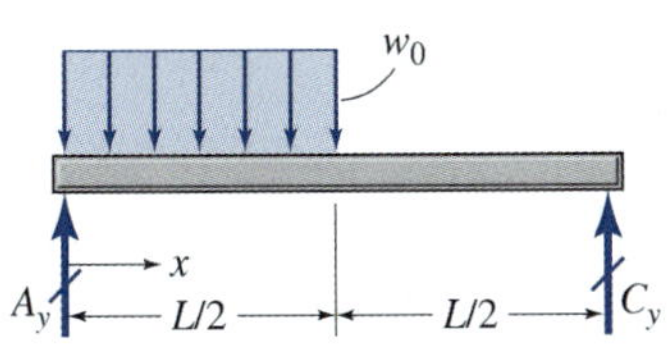

그림 2 자유물체도

불연속함수를 사용하여 예제 7.3(그림 1)의 보의 처짐을 구하시오.

풀이 위에서 설명한 절차를 따를 것이다. 예상 처짐 곡선에 대한 스케치는 예제 7.3의 그림 2와 같이 나타낼 수 있다.

자유물체도와 하중방정식: 이것은 정정 문제로서 반력을 구하기 위하여 즉시 평형을 사용할 것이다. 그러나 이 반력들은 절차적으로 위에서 설명한 단계를 수행할 때 전단 및 모멘트 닫힘방정식에 의해 자동적으로 제공될 것이다. 그림 2의 자유물체도와 함께 표 5.2의 두 번째 및 세 번째 경우에 열거된 불연속함수를 사용하여 다음과 같은 $p(x)$에 대한 불연속함수 방정식을 작성할 수 있다.

$$p(x) = A_y\langle x\rangle^{-1} - w_0[\langle x\rangle^0 - \langle x - L/2\rangle^0] + C_y\langle x - L\rangle^{-1} \tag{1}$$

불연속 방정식의 적분: 하중-처짐 방정식, 식 7.12로부터,

$$(EIv'')'' = p(x) \tag{2}$$

따라서, 식 (1)과 (2)를 결합하고 한번 적분하면

$$V(x) = (EIv'')' = A_y\langle x\rangle^0 - w_0[\langle x\rangle^1 - \langle x - L/2\rangle^1] + C_y\langle x - L\rangle^0 \tag{3a}$$

이 경우에 있어서 $A_y\langle x^0\rangle$ 항을 주는 $x = 0$에서의 미지 반력이 있고, 추가적인 적분상수 $V(0)\langle x\rangle^0$를 필요로 하지 않는다. 적분을 계속하면,

$$M(x) = EIv'' = A_y\langle x\rangle^1 - \frac{w_0}{2}[\langle x\rangle^2 - \langle x - L/2\rangle^2] + C_y\langle x - L\rangle^1 + M(0)\langle x\rangle^0 \tag{3b}$$

$M(0) = 0$이므로, 식 (3b)의 마지막 항을 즉시 제거할 수 있고 두 번 더 적분하면

$$EIv' = \frac{A_y}{2}\langle x \rangle^2 - \frac{w_0}{6}[\langle x \rangle^3 - \langle x - L/2 \rangle^3]$$
$$+ \frac{C_y}{2}\langle x - L \rangle^2 + EIv'(0)\langle x \rangle^0 \tag{3c}$$
$$EIv = \frac{A_y}{6}\langle x \rangle^3 - \frac{w_0}{24}[\langle x \rangle^4 - \langle x - L/2 \rangle^4]$$
$$+ \frac{C_y}{6}\langle x - L \rangle^3 + EIv'(0)\langle x \rangle^1 + EIv(0)\langle x \rangle^0 \tag{3d}$$

$v(0) = 0$이므로, 식 (3d)에서 마지막 항을 즉시 제거할 수 있다.

경계조건 및 닫힘조건: 하나의 남아 있는 힘 유형 경계조건과 하나의 남아 있는 변위 유형 경계조건이 있다. 그들은

$$M(L) = 0, \quad v(L) = 0 \tag{4a, b}$$

게다가, 전단 닫힘방정식은 다음과 같다.

$$V(L^+) = 0 \tag{4c}$$

(식 (4a)가 모멘트 닫힘을 고려하기 때문에 $M(L^+) = 0$를 사용할 필요가 없다.)

먼저 전단 닫힘방정식 식 (4c)를 적용하자. 식 (3a)와 (4c)를 결합하면

$$V(L^+) = A_y - w_0(L/2) + C_y = 0 \tag{5a}$$

를 얻는다.

이것은 평형방정식 $\sum F_y = 0$인 것에 유의하라. 다음으로, 식 (3b)로부터 $M(x)$를 사용하여 식 (4a)를 만족한다. 이것으로부터 평형방정식 $(\sum M)_c = 0$를 얻는다. 즉,

$$M(L) = A_y L - \frac{w_0}{2}\left[L^2 - \left(\frac{L}{2}\right)^2\right] = 0$$

이 식으로부터

$$A_y = \frac{3w_0 L}{8} \tag{5b}$$

식 (5a)와 (5b)를 결합하면

$$C_y = \frac{w_0 L}{8} \tag{5c}$$

를 얻는다.

(비록 이것이 2구간 보라 할지라도 모든 반력에 대한 해를 구하기 위해서는 힘 유형 경계조건과 전단 및 모멘트 닫힘방정식만이 필요하다는 것을 유의하라.)

식 (4b)를 계산하여 상수 $v'(0)$를 구한다.

$$EIv(L) = \frac{w_0 L}{16}L^3 - \frac{w_0}{24}\left[L^4 - \left(\frac{L}{2}\right)^4\right] + EIv'(0)L = 0$$

따라서,

$$EIv'(0) = -\frac{9}{384}w_0L^3 \tag{5d}$$

식 (3d) 속에 식 (5b), (5c) 및 (5d)를 대입하면,

$$EIv(x) = \frac{w_0L}{16}\langle x\rangle^3 - \frac{w_0}{24}\left(\langle x\rangle^4 - \langle x-L/2\rangle^4\right) + \frac{w_0L}{48}\langle x-L\rangle^3 - \frac{3w_0L^3}{128}\langle x\rangle^1$$ **답** (6)

물론 $\langle x-L\rangle$항은 보의 전체 길이에 걸쳐 0이며 없앨 수 있다.

풀이 검토 구간 1 $(0<x<L/2)$와 구간 2 $(L/2<x<L)$에 대한 식 (6)의 Macaulay 괄호를 계산함으로써 예제 7.3에서 구한 관계식과 동일한 관계식이 구해진다.

$$v_1 = \frac{w_0L^4}{384EI}\left[-9\left(\frac{x}{L}\right)+24\left(\frac{x}{L}\right)^3-16\left(\frac{x}{L}\right)^4\right],\ (0\le x\le L/2)$$

$$v_2 = \frac{w_0L^4}{384EI}\left[1-17\left(\frac{x}{L}\right)+24\left(\frac{x}{L}\right)^2-8\left(\frac{x}{L}\right)^3\right],\ (L/2\le x\le L)$$

MDS 7.1 & 7.2 **보 처짐; 불연속함수법**

지금부터 부정정 다구간 처짐 문제를 풀기 위하여 불연속함수를 이용한다. 불연속함수법이 풀이를 얼마나 단순화시키는지를 주목하기 바란다.

예제 7.8

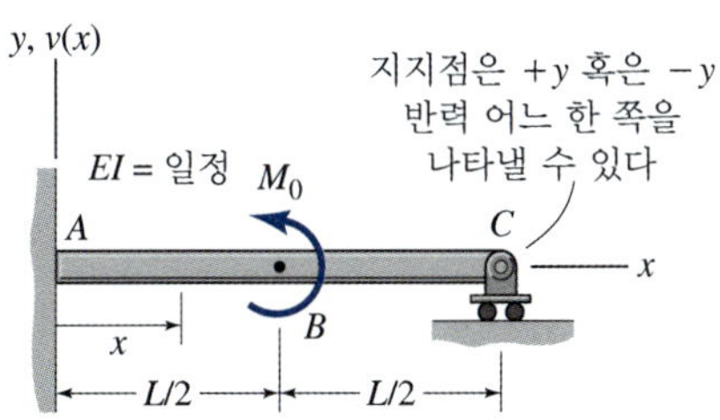

그림 1

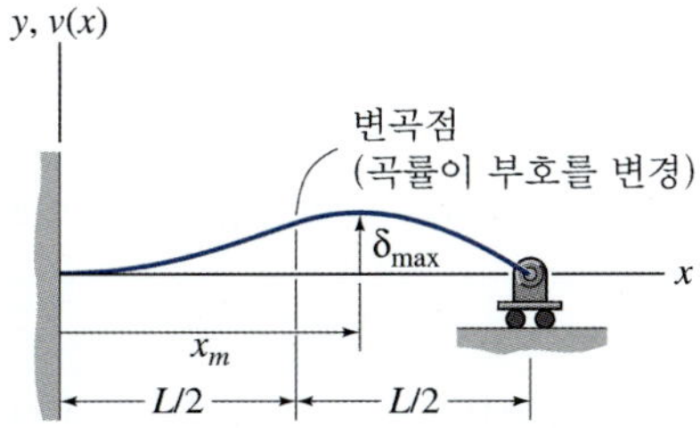

그림 2 예상 처짐 곡선

(a) 그림 1의 버팀 외팔보의 반력과 처짐에 대한 관계식을 구하기 위해 불연속함수를 사용하시오. (b) 보에 대한 전단력과 굽힘 모멘트 선도를 그리시오. (c) 구간 AB 및 BC에서 변위에 대한 관계식을 구하시오.

풀이 이와 같은 유형의 문제를 풀기 위하여 509쪽에 설명된 절차를 따를 것이다.

(a) A와 C에서의 반력

처짐 곡선 작도: 만약 끝단 B가 수직변위에 대해 구속받지 않는다면 모멘트 M_0는 보의 전체 길이를 따라 보가 위 방향으로 처지도록 할 것이다. 따라서 그림 2에 그려진 곡선과 유사한(similar) 처진 형상을 예상할 수 있다. 곡률이 A에서 C로 갈수록 어떻게 변화하는지 알기 위해 모멘트 선도가 필요하지만 그림 2의 처짐 곡선은 거의(approximately) 정확해야 한다.

자유물체도 및 하중방정식: 표 5.2의 경우 1과 2를 사용하고 그림 3의 자유물체도를 참조하여 다음과 같은 미지 반력을 포함하는 하중 $p(x)$에 대한 불연속함수 관계식을 작성할 수 있다.

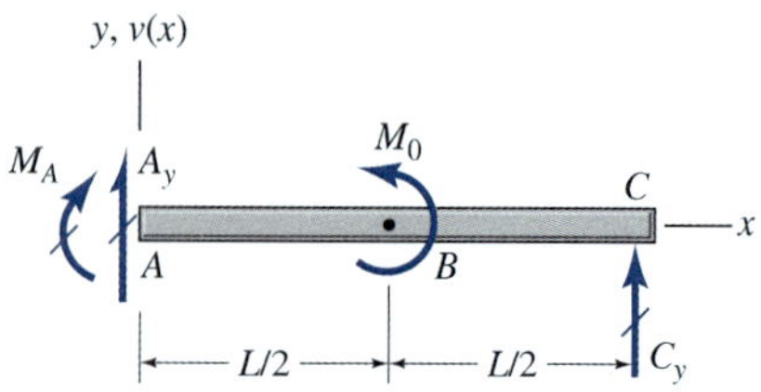

그림 3 자유물체도

$$p(x) = M_A\langle x\rangle^{-2} + A_y\langle x\rangle^{-1} - M_0\langle x-L/2\rangle^{-2} + C_y\langle x-L\rangle^{-1} \tag{1}$$

불연속함수의 적분: 식 7.17a를 참조하여 식 (1)을 적분하여

$$\begin{aligned} V(x) = (EIv'')' = \underline{M_A\langle x\rangle^{-1}} + A_y\langle x\rangle^{0} - \underline{M_0\langle x-L/2\rangle^{-1}} \\ + C_y\langle x-L\rangle^{0} \end{aligned} \tag{2a}$$

를 얻는다. 여기서 A_y항은 A점에서의 총 전단 반력을 나타내고, 적분상수로서 사용된다. 식 (2a)의 모멘트 항들은 실제 전단력이 아니라 특이 항이기 때문에 밑줄이 쳐져 있다. 이 모멘트 항들은 모멘트 M_A와 M_0가 적용되는 곳에서만 0이 아니다.

식 7.17에서와 같이 적분을 계속하면

$$\begin{aligned} M(x) = EIv'' = M_A\langle x\rangle^{0} + A_y\langle x\rangle^{1} - M_0\langle x-L/2\rangle^{0} \\ + C_y\langle x-L\rangle^{1} \end{aligned} \tag{2b}$$

$$\begin{aligned} EIv' = M_A\langle x\rangle^{1} + \frac{A_y}{2}\langle x\rangle^{2} - M_0\langle x-L/2\rangle^{1} \\ + \frac{C_y}{2}\langle x-L\rangle^{2} + EIv'(0)\langle x\rangle^{0} \end{aligned} \tag{2c}$$

$$\begin{aligned} EIv = \frac{M_A}{2}\langle x\rangle^{2} + \frac{A_y}{6}\langle x\rangle^{3} - \frac{M_0}{2}\langle x-L/2\rangle^{2} \\ + \frac{C_y}{6}\langle x-L\rangle^{3} + EIv'(0)\langle x\rangle^{1} + EIv(0)\langle x\rangle^{0} \end{aligned} \tag{2d}$$

경계조건 및 닫힘조건: 5개의 미지수 (A_y, C_y, M_A, $v'(0)$ 및 $v(0)$)와 5개의 방정식(3개의 변위 유형 경계조건, 두 개의 닫힘방정식)이 존재한다. 변위 유형 경계조건:

$$v'(0) = 0, \quad v(0) = 0, \quad v(L) = 0 \tag{3a, b, c}$$

닫힘방정식:

$$V(L^+) = 0, \quad M(L^+) = 0 \tag{3d, e}$$

식 (2)의 $v'(0)$와 $v(0)$ 항은 A점(식 (3a, b))에서 고정단 경계조건이기 때문에 0이다. $x = a$를 제외하고는 $\langle x-a\rangle^{-1} = 0$이므로, 식 (2a)는 식 (4a)를 구하기 위해 식 (3d)와 결합할 수 있다.

$$V(L^+) = +A_y + C_y = 0 \tag{4a}$$

이것은 힘 평형방정식 $\Sigma F_y = 0$이다. 식 (2b)와 모멘트 닫힘방정식, 식 (3e)로부터

$$M(L^+) = M_A + A_yL - M_0 = 0 \tag{4b}$$

이것은 모멘트 평형방정식 $(\Sigma M)_c = 0$이다. 식 (2d) 및 (3a)~(3c)로부터

$$EIv(L) = \frac{M_A}{2}L^2 + \frac{A_y}{6}L^3 - \frac{M_0}{2}(L/2)^2 = 0 \tag{4c}$$

마지막으로, 식 (4a)~(4c)를 결합하면

$$A_y = \frac{9}{8}\frac{M_0}{L}, \quad C_y = -\frac{9}{8}\frac{M_0}{L}, \quad M_A = -\frac{1}{8}M_0 \qquad \textbf{답 (a)} \quad (5)$$

를 얻는다. 요약하면, 반력은 그림 4에 나타낸 것과 같다.

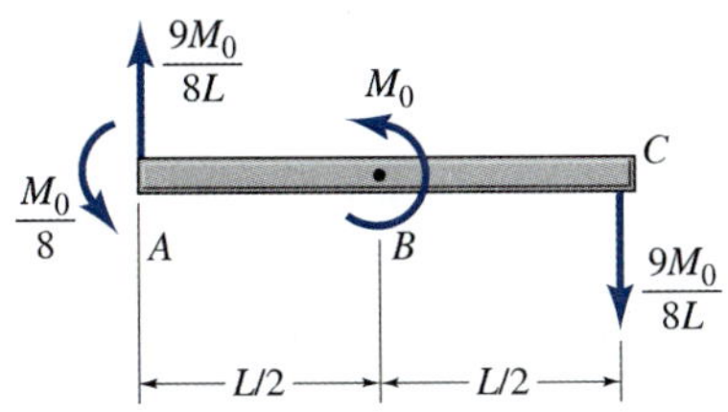

그림 4 $x = L/2$에서 모멘트 M_0에 대한 반력

(b) 전단력 선도 V와 굽힘 모멘트 선도 M 작도
그림 5a, b는 각각 전단력 선도 및 모멘트 선도를 나타낸다.

(c) $v_1(x)$와 $v_2(x)$에 대한 관계식 불연속함수 형태의 처짐방정식은 식 (5)를 식 (2d)에 대입함으로써 구해진다. 이렇게 하여,

$$v = \frac{M_0}{EI}\left[-\frac{1}{16}\langle x\rangle^2 + \frac{3}{16L}\langle x\rangle^3 - \frac{1}{2}\langle x - L/2\rangle^2 - \frac{3}{16L}\langle x - L\rangle^3\right] \tag{6}$$

구간 $AB\,(0 \le x \le L/2)$와 구간 $BC\,(L/2 \le x \le L)$에 대해서 식 (6)을 계산하면,

$$v_1(x) = \frac{M_0L^2}{16EI}\left[3\left(\frac{x}{L}\right)^3 - \left(\frac{x}{L}\right)^2\right] \tag{7a}$$

$$v_2(x) = \frac{M_0L^2}{16EI}\left[3\left(\frac{x}{L}\right)^3 - 9\left(\frac{x}{L}\right)^2 + 8\left(\frac{x}{L}\right) - 2\right] \tag{7b}$$

답 (c)

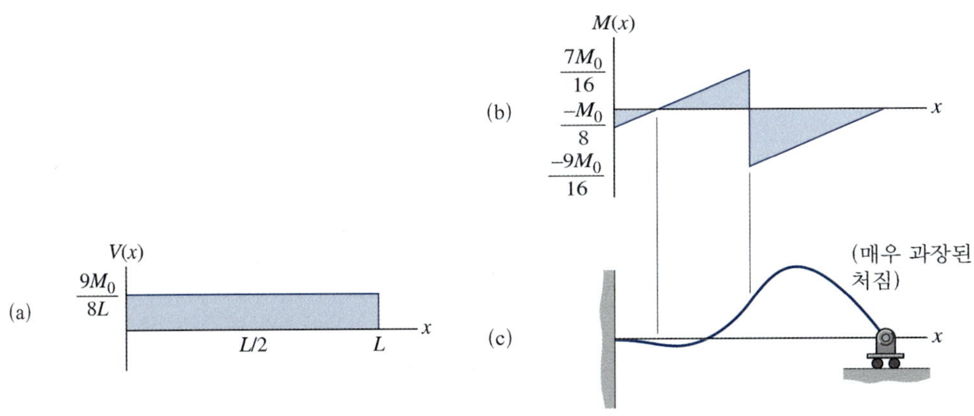

그림 5 (a) 전단력 선도 (b) 모멘트 선도 (c) 수정된 처짐 곡선

풀이 검토 명백하게, 그림 2의 “예상 처짐(expected deflection)” 스케치에서 $x = 0$에 가까운 보의 곡률은 M_A에 대해 구한 음(−)의 값과 일치하지 않는다. 스케치가 완전히 정확하지 않거나, 우리가 구한 해가 정확하지 않거나, 혹은 둘 다 정확하지 않을 수도 있다. 그림 5b의 모멘트$\left(M = \frac{EI}{\rho}\right)$ 선도를 참조하여 그려진 그림 5c의 수정된 처짐 곡선은 확실하게 실현할 수 있고, 그림 2에서 원래의 추정치와 유사(similar)하여, 우리의 해는 아마도 정확할 것이다.

7.6 보의 기울기와 처짐: 중첩법

개요 7.3절~7.5절에서 2차 모멘트-곡률 방정식(식 7.8) 혹은 4차 하중-처짐 방정식(식 7.12)을 이용하여 적분에 의해 보의 기울기와 처짐을 구했다. 처짐함수 $v(x)$와 그 미분값이 선형, 즉 1차 멱(power)의 항으로만 나타나기 때문에 이들 방정식은 선형미분방정식(linear differential equations)이다. 따라서 **여러 개의 다른 하중들을 동시에 받는 보의 기울기 및 처짐은 선형 중첩, 즉 별도로 작용하는 하중의 효과를 더하여 구할 수 있다.** 예를 들어, 그림 7.11a의 단순지지보는 그림 7.11b와 7.11c에 나타난 두 개의 개별 하중에 대한 해를 더함으로써 구할 수 있다. 이와 같은 단일 부하 해는 표 E.2에 나타나 있다. 중첩은 모든(all) 물리량: 반력, 내부 전단력 및 굽힘 모멘트, 기울기, 처짐 등에 대해 적용한다. 예제 7.9와 7.10은 정정보에 적용되는 이러한 유형의 중첩을 설명한다. 중첩은 그림 7.12와 같이 또 다른 유용한 방법에 적용될 수 있다. 분포하중의 영향은 미소하중 dP의 영향을 합산함으로써 구할 수 있다. 이것을 **미소-하중 중첩법(differential-load superposition)**이라 한다.

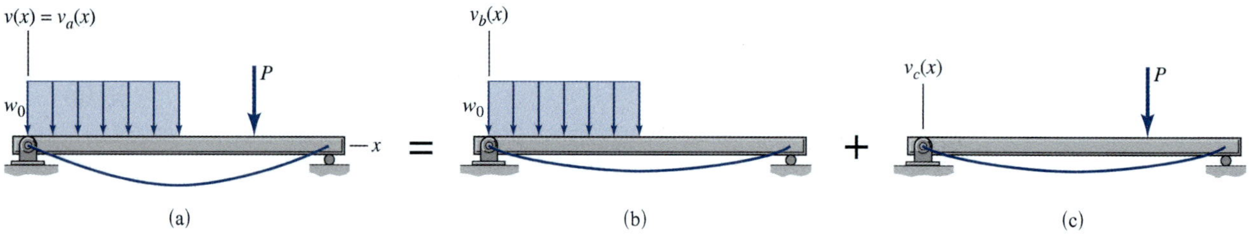

그림 7.11 두 개의 하중이 작용할 경우의 중첩: $v(x) \equiv v_a(x) = v_b(x) + v_c(x)$

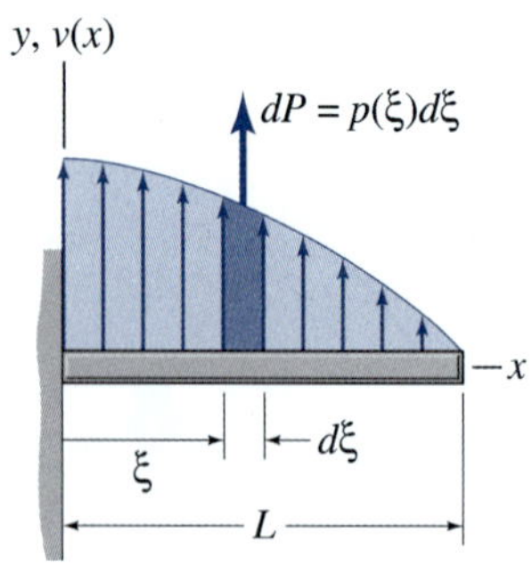

그림 7.12 미소하중의 중첩

그림 12에서 위치 ξ에 작용하는 미소하중 $dP(\xi)$는 보를 따라 모든 위치 x에 일치하는 미소변위 $dv(x, \xi)$를 생성하고, 보의 하중을 받는 부분에 걸쳐(ξ에 관하여) 적분하여 전체 분포하중의 영향을 합산함으로써 총 변위 $v(x)$를 구할 수 있다. 예제 7.4에서 보를 따라 임의의 위치에 단일 집중하중이 가해진 외팔보의 기울기와 처짐에 대한 관계식을 구하였다. 미소변위 $dv(x, \xi)$는 미소하중 $dP(\xi)$의 크기와 작용점 및 dv가 계산되는 점 x에 따라 달라진다. 예제 7.11은 이러한 중첩과정을 설명한다.

마지막으로, 중첩법(method of superposition)은 정정 문제 뿐만 아니라 부정정 문제에도 적용될 수 있다. 이 경우 반드시 만족되어야 하는 기울기 및/또는 변위에 관한 구속조건(경계조건 및/또는 연속조건)이 존재할 것이다. 이들 적합방정식은 미지 과잉반력을 해결하기 위해 사용된다.[6] 예제 7.12~7.15는 부정정보 문제를 풀기 위하여 중첩법을 사용한 예를 나타낸다.

6) 중첩법에 사용된 관계식은 힘 유형 양(분포력, 집중력 및 모멘트)에 관하여 표현된 변위와 기울기이므로 여기서 묘사된 중첩 과정을 하중법(force-method) 과정으로서 나타낼 수 있다. 변위법(displacement-method) 풀이 과정은 7.7절에 나타낸다.

정정보 예제 7.9와 7.10은 정정보-처짐 문제를 해결하기 위해 이미 알려진 해의 선형 중첩을 설명한다. 제안된 풀이과정은 다음과 같다.

중첩 과정 – 정정보

1. 문제에 주어진 경계조건과 하중을 주의 깊게 연구하고, 보의 예상 처짐 곡선을 그린다.
2. 주어진 문제를 정정 하위 문제(statically determinate sub-problems)로 세분화한다. 각 하위 문제의 해는 표 E.1(외팔보) 혹은 표 E.2(단순지지보)에 제시되어 있거나 혹은 직접 적분하여 구한다. 이들 하위 문제 각각에 대한 처짐 곡선을 그린다.
3. 힘 유형 양에 관한 기울기 및 변위를 나타내기 위하여 2단계에서 언급한 하위 문제 정보를 사용하여 문제에 의해 요구되는 어떤 양, 예를 들어, 기울기, 처짐 등에 대한 중첩 방정식(superposition equations)을 작성한다.
4. 해를 완성한다(예를 들어, 만약 필요하다면 최대 처짐을 구한다.)

예제 7.9

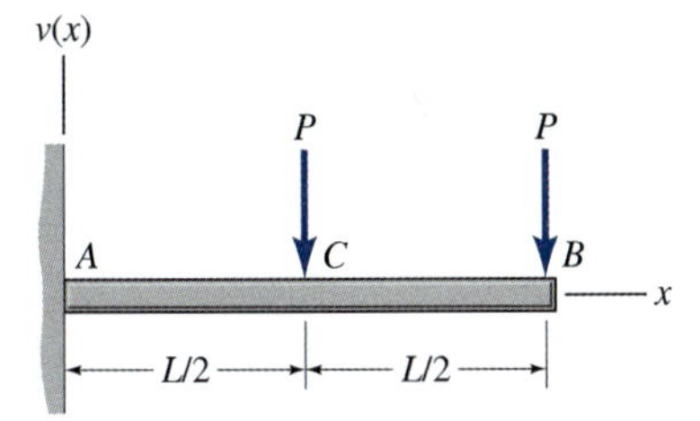

그림 1 두 개의 집중하중을 받는 외팔보

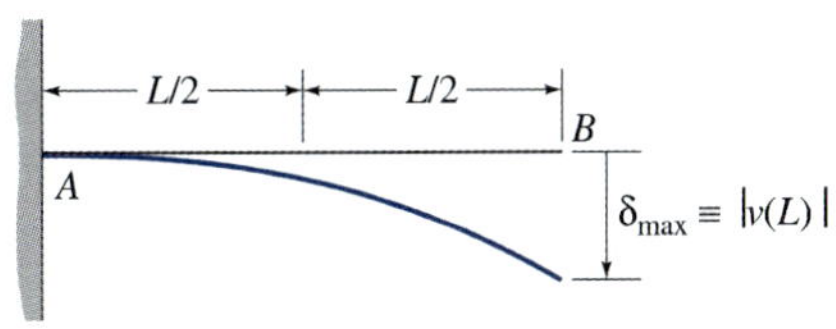

그림 2 예상 처짐 곡선

그림 1의 균일한 선형 탄성 외팔보의 최대 처짐을 구하시오.

풀이

처짐 곡선 작도: 두 하중 모두 보를 아랫쪽으로 밀기 때문에, 그림 2의 처짐 선도에 나타낸 것처럼 최대 처짐은 $x = L$에서 발생한다.

하위 문제 선택: 표 E.1, 특히 E.1(3) 및 E.1(4)의 외팔보 후보 해만을 검토한다.

중첩방정식 작성: B점에서 총 변위에 대한 방정식만 필요하다. 따라서 그림 3으로부터,

$$\delta_{\max} \equiv |v(L)| = \delta_b + \delta_c = |v_b(L)| + |v_c(L)| \tag{1}$$

여기서, 표 E.1(4)로부터

$$\delta_b = \frac{5PL^3}{48EI} \tag{2a}$$

그리고, 표 E.1(3)으로부터

$$\delta_c = \frac{PL^3}{3EI} \tag{2b}$$

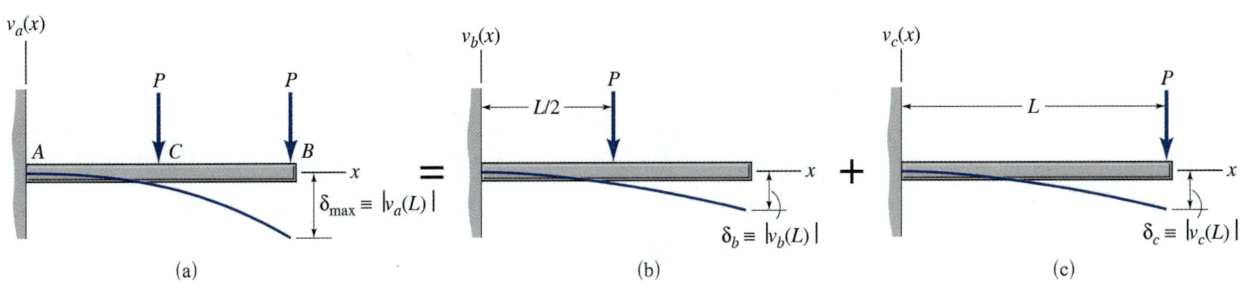

그림 3 하위 문제의 중첩

해의 완성: 식 (1)과 (2)로부터

$$\delta_{\max} = \frac{21PL^3}{48EI} = 0.438\frac{PL^3}{EI} \qquad \textbf{답 (3)}$$

풀이 검토 집중된 끝단 하중으로 인한 외팔보의 끝단에서의 처짐은 식 (2b)에 주어진 것처럼 $\delta = \dfrac{PL^3}{3EI}$이다. 이것은 자주 사용되는 관계식이고, 본 문제를 포함한 많은 문제들의 해답의 정확성을 계산하는 데에 유용하다. 예를 들어, 그림 1에서의 보의 처짐은 $x = L/2$에 작용하는 하중이 없는 동일 보의 처짐보다 커야 하지만, $x = L$에 두 하중이 작용하는 경우의 처짐보다 작아야 한다. 식 (3)은 다음 부등식을 만족한다.

$$\frac{PL^3}{3EI} < \frac{21PL^3}{48EI} < \frac{2PL^3}{3EI}$$

예제 7.10

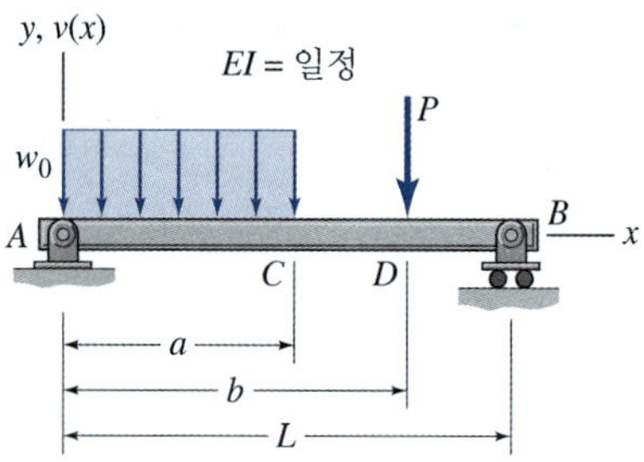

그림 1 두 개의 적용된 하중을 갖는 단순지지보

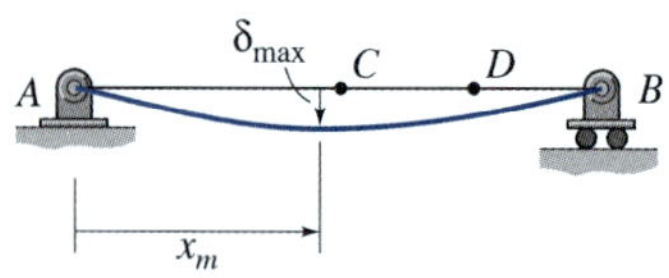

그림 2 예상 처짐 곡선

그림 7.11의 보와 유사한 균일 단순지지보는 그림 1에 나타낸 것처럼 균일 분포하중과 1개의 집중하중을 받고 있다. $a = L/2$, $b = 3L/4$, $P = w_0L/2$의 특별한 경우를 고려하자. 표 7.2로부터 해의 중첩을 사용하여 이 보의 최대 처짐을 구하시오.

풀이

처짐 곡선 작도: 그림 2에 나타낸 것처럼, 보는 전체 길이를 통하여 아래 방향으로 처질 것이다. 그림 1에서의 하중은 보를 AC, CD, DB의 세 구간으로 나눈다. 확실하게 최대 처짐은 구간 DB에서 발생하지 않을 것이다. 만약 $P = 0$이라면, x_m은 구간 AC에서 떨어지지만, 보 위에 분포하중이 없다면 x_m은 C와 D의 사이에 떨어질 것이다. 따라서, 해의 한 부분으로서 그림 2에 나타낸 것처럼 보가 C에서 위 방향으로 기울지 혹은 보가 실제로 C에서 아래 방향으로 기울지를 결정하기 위하여 C에서 기울기에 대한 관계식을 조사해야만 할 것이다.

하위 문제 선택: 명백하게, 단순지지보에 대한 해를 조사할 필요가 있다. 구성된 하위 문제를 표시하기 위하여 a 및 b와 같이 문자 첨자를 사용할 것이다. 유효한 구간을 나타내기 위하여 숫자 첨자를 왼쪽에서 오른쪽으로 진행할 것이다. 예를 들어, $v_{b1}(x)$는 그림 3b에 나타낸 것처럼 하중이 부하된 보의 구간 1에서의 처짐을 나타낸다.

중첩방정식의 작성: 최대 처짐에 대해 풀어야 하기 때문에, 먼저 총(total) 기울기 v'_a가 사라지는, 즉 $v'_a(x_m) = 0$가 되는 $x = x_m$ 점을 찾아야 한다.[7] 표 E.2(6)과 E.2(4)로부터 각각 적절한 부호를 고려하여 다음과 같은 중첩방정식을 작성할 수 있다.

---

7) 그것은 최대화되어야 하는 총 처짐이다. 하위 문제에 대한 최대 처짐은 일반적으로 동일한 보 위치에서 발생하지 않기 때문에 중첩될 수 없다.

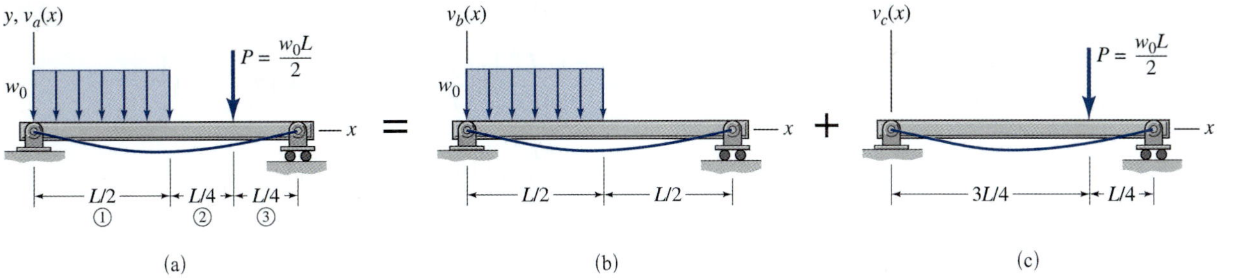

그림 3 처짐 하위 문제의 중첩

$$
\begin{aligned}
v_{a1}'(x) &= v_{b1}'(x) + v_{c1}'(x) \\
&= \frac{-w_0L^3}{384EI}\left[64\left(\frac{x}{L}\right)^3 - 72\left(\frac{x}{L}\right)^2 + 9\right] \\
&\quad - \frac{PL^2}{384EI}\left[-48\left(\frac{x}{L}\right)^2 + 15\right]
\end{aligned} \tag{1}
$$

$P = \dfrac{w_0L}{2}$로 두면,

$$
v_{a1}'(x) = \frac{-w_0L^3}{768EI}\left[128\left(\frac{x}{L}\right)^3 - 192\left(\frac{x}{L}\right)^2 + 33\right] \tag{2}
$$

을 얻는다.

만약 $v'_{a1}(L/2) > 0$이면, 기울기 0인 지점이 구간 1에 놓인다는 것을 안다. 따라서, 다른 중첩방정식을 작성하기 전에 $v'_{a1}(\frac{L}{2})$의 값을 체크해야 한다. $x = \dfrac{L}{2}$에서 식 (2)를 계산하면,

$$
\begin{aligned}
v_{a1}'\left(\frac{L}{2}\right) &= \frac{-w_0L^3}{768EI}\left[128\left(\frac{1}{2}\right)^3 - 192\left(\frac{1}{2}\right)^2 + 33\right] \\
v_{a1}'\left(\frac{L}{2}\right) &= \frac{-w_0L^3}{768EI}
\end{aligned} \tag{3}
$$

을 얻는다. $v'_{a1}(\frac{L}{2}) < 0$이므로, 보는 구간 2에서 수평이 되어야만 한다. 표 E.2(4)와 E.2(6)으로부터의 정보를 이용하여 구간 2의 기울기와 처짐에 대한 관계식을 작성한다. 기울기는 식 (4a)와 같이 주어진다.

$$
\begin{aligned}
v_{a2}'(x) &= v_{b2}'(x) + v_{c2}'(x) \\
&= \frac{-w_0L^3}{384EI}\left[24\left(\frac{x}{L}\right)^2 - 48\left(\frac{x}{L}\right)^2 + 17\right] \\
&\quad - \frac{PL^2}{384EI}\left[-48\left(\frac{x}{L}\right)^2 - 15\right]
\end{aligned} \tag{4a}
$$

구간 2에서 처짐은 식 (4b)와 같이 주어진다.

$$
\begin{aligned}
v_{a2}(x) &= v_{b2}(x) + v_{c2}(x) \\
&= \frac{-w_0 L^4}{384EI}\left[8\left(\frac{x}{L}\right)^3 - 24\left(\frac{x}{L}\right)^2 + 17\left(\frac{x}{L}\right) - 1\right] \\
&\quad + \frac{PL^3}{384EI}\left[16\left(\frac{x}{L}\right)^3 - 15\left(\frac{x}{L}\right)\right]
\end{aligned} \tag{4b}
$$

식 (4)에서 $P = \frac{w_0 L}{2}$로 두면,

$$
v_{a2}'(x) = \frac{w_0 L^3}{768EI}\left[96\left(\frac{x}{L}\right) - 49\right] \tag{5a}
$$

$$
v_{a2}(x) = \frac{w_0 L^4}{768EI}\left[48\left(\frac{x}{L}\right)^2 - 49\left(\frac{x}{L}\right) + 2\right] \tag{5b}
$$

를 얻는다.

해의 완성: $v'_{a2}(x_m) = 0$에서 x_m의 값을 결정하기 위하여 식 (5a)를 계산한다. 최대 처짐은 이 점에서 발생한다.

$$
v_{a2}'(x_m) = 0 \rightarrow x_m = \frac{49}{96}L \tag{6a}
$$

그 다음, x_m은 구간 2에 속하기 때문에

$$
\delta_{\max} \equiv |v_{a2}(x_m)| = \frac{w_0 L^4}{768EI}\left|48\left(\frac{49}{96}\right)^2 - 49\left(\frac{49}{96}\right) + 2\right|
$$

혹은

$$
\delta_{\max} = \frac{w_0 L^4}{768EI}(10.51) = 1.368(10^{-2})\frac{w_0 L^4}{EI} \qquad \textbf{답} \tag{6b}
$$

풀이 검토 보에 가해지는 총 하중이 $w_0 L$이고, 그 절반은 분포되어져 있고 식 (6b)에서 답에 관한 좋은 체크는 전체 길이에 걸쳐 균일 분포하중을 가지는 단순지지보의 중심 스팬 처짐을 결정하는 것이다. 표 E.2(5)로부터,

$$
\delta_{\max} = \frac{5w_0 L^4}{384EI} = 1.302(10^{-2})\frac{w_0 L^4}{EI}
$$

를 얻는다. 따라서, 식 (6b)에서의 답은 정확한 것으로 보이며 그런 까닭으로 "오류(error)"를 만들지 않았다고 가정한다.[원래는 최대 처짐 지점의 위치를 잘못 추측했다는 것을 제외한다. (그림 2)]

MDS 7.3 보 처짐: 중첩법

다음으로, 그림 7.12에서 앞서 소개한 미소하중 중첩 접근법을 설명한다.

미소하중 중첩 그림 7.12의 논의에서 앞서 설명한 것과 같이, 만약 보의 임의의 위치에서 집중하중으로 인해 요구된 양에 대한 해를 얻는다면 미소하중 해를 중첩할 수 있다.

미소하중 중첩을 위한 절차

1. 하중 선도와 처짐 곡선을 그린다.
2. 균일 보의 기울기와 처짐에 대한 표에서, 표 E.1과 E.2는 보의 임의의 위치에서 집중력으로 인하여 요구된 양을 제공할 해를 확인한다.
3. 보를 따라 위치의 함수로서 분포하중에 대한 관계식, 즉 $p(x)$에 대한 방정식을 구성한다.
4. 그림 7.12에 나타낸 것처럼 미소하중 dP의 효과를 요약하기 위해 적분을 사용한다.

예제 7.11은 상기 절차를 설명한다.

예제 7.11

그림 1에 나타낸 것처럼, 삼각형 하중을 받는 균일한 선형 탄성 외팔보의 끝단에서 처짐과 기울기에 대한 관계식을 결정하기 위해 미소하중 중첩 접근을 사용한다.

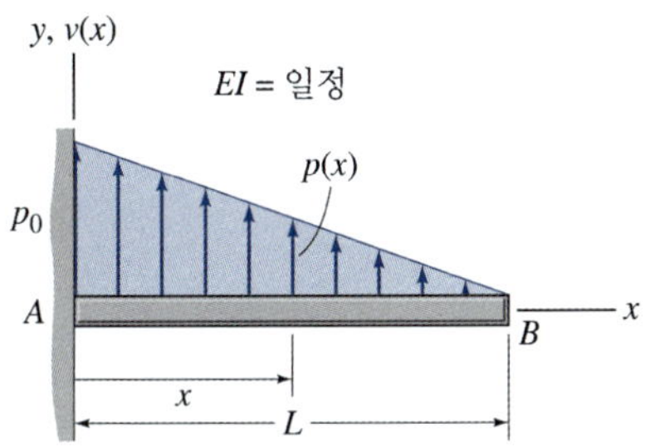

그림 1 삼각형 하중을 받는 외팔보

풀이

처짐 곡선 작도: 처짐 곡선은 그림 2에서 나타낸다.

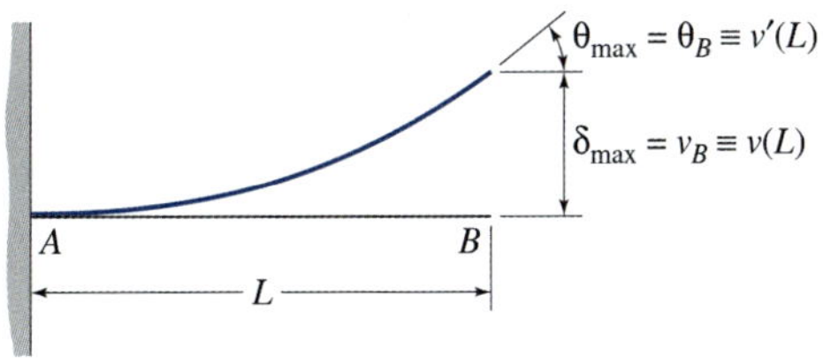

그림 2 예상 처짐 곡선

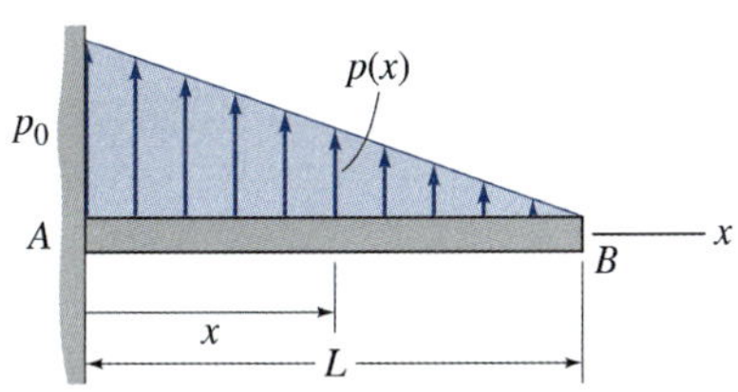

그림 3 하중 선도

하중식 구성: $v'(L)$과 $v(L)$만 필요하고 $v'(x)$와 $v(x)$와 같은 위치 함수는 필요 없으므로, 그림 7.12에 나타낸 변수 ξ(그리스어, xi)와 같은 임시변수(dummy variable)를 사용할 필요가 없다. 그림 3의 닮음 삼각형으로부터,

$$\frac{p(x)}{L-x}=\frac{p_0}{L}$$

혹은

$$p(x)=p_0\left(1-\frac{x}{L}\right) \tag{1}$$

을 얻는다.

처짐방정식의 구성 및 적분: 예제 7.4의 식 (10c)와 (10d)의 결과를 사용할 수 있다. 이들은 또한 표 E.1(4)에서 주어지고, 그림 4처럼 그려진다.

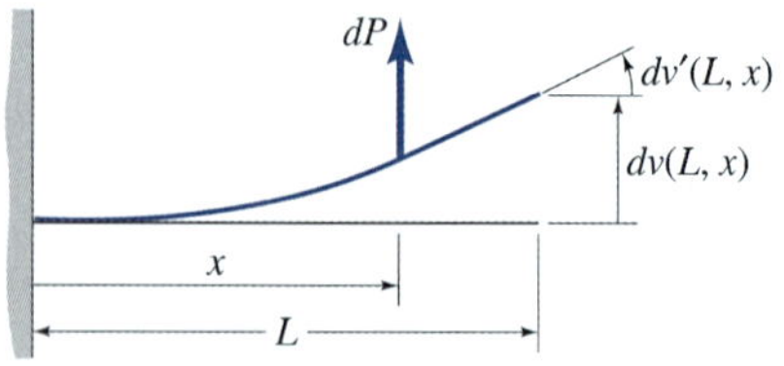

그림 4 미소하중 dP로 인한 처짐

$$dv'(L, x) = \frac{dPx^2}{2EI} \tag{2a}$$

$$dv(L, x) = \frac{dP}{6EI}(3Lx^2 - x^3) \tag{2b}$$

그림 4에서 하중의 증분은 $dP = p(x)dx$이고, 하중은 $x = 0$에서 $x = L$까지 확대되기 때문에,

$$v'(L) = \frac{1}{2EI}\int_0^L x^2[p(x)dx] \tag{3a}$$

$$v(L) = \frac{1}{6EI}\int_0^L (3Lx^2 - x^3)[p(x)dx] \tag{3b}$$

와 같이 적분할 수 있다.

또는, 식 (1)과 (3)을 결합하여

$$v'(L) = \frac{P_0}{2EIL}\int_0^L (x^2L - x^3)dx \tag{4a}$$

$$v(L) = \frac{P_0}{6EIL}\int_0^L (3L^2x^2 - 4Lx^3 + x^4)dx \tag{4b}$$

마지막으로,

$$v'(L) = \frac{P_0L^3}{24EI}, \quad v(L) = \frac{P_0L^4}{30EI} \qquad \textbf{답} \ (5a, b)$$

풀이 검토 표 E.1(8)을 참조함으로써 상기 해답을 명백히 체크할 수 있다. 그러나, 만약 표에 이러한 특정한 삼각형 하중이 없더라도, 틀림없이 외팔보에 균일 분포하중이 작용하는 경우의 해결책이 있을 것이다 [표 E.1(5)]. 균일하게 부하된 외팔보의 선단에서의 처짐의 절반보다도 다소 적은 식 (5b)의 답, 즉 $\delta = \dfrac{p_0L^4}{8EI}$을 기대할 수 있을 것이다. 사실, 이 값은 $V(L) = \dfrac{p_0L^4}{30EI}$의 1/4 정도이므로 타당해 보인다.

부정정보 이 절의 앞부분에서 설명한 것처럼, 만약 보 혹은 보의 시스템이 부정정이라면, 보 혹은 보 시스템의 붕괴를 막기 위해 요구되는 최소한의 값보다 경계조건 혹은 다른 구속조건이 더 많다. 각각의 추가 구속조건에 대해, 구속방정식을 만족함으로써 구해질 수 있는 과잉력(redundant force)이나 과잉모멘트(redundant moment)가 존재할 것이다. 중첩에 의해 부정정보를 분석하기 위한 절차는 부정정 축변형 문제를 풀기 위해 3.5절 및 부정정 비틀림 문제를 풀기 위해 4.6절에서 사용된 절차에 매우 유사하다. 그림 7.13a의 버팀 외팔보를 고려하자.

- 첫 번째 단계는 보의 **불확정성의 정도(degrees of static indeterminacy)**를 결정하고 사용될 과잉을 선택하는 것이다. 즉, 보를 정정 문제로 만들기 위해 얼마나 많은 구속조건을 제거해야 하는지를 결정하고, 어떤 특정 구속조건을 제

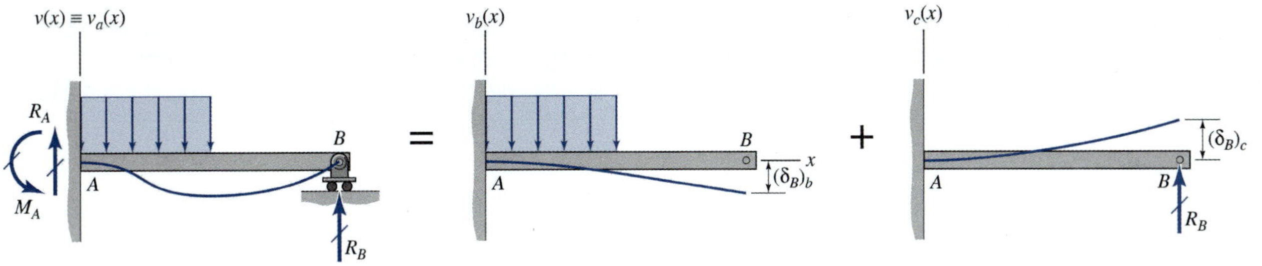

(a) 원 문제 (b) 제거된 구조에 적용된 하중 (c) 과잉반력

그림 7.13 외팔보 하위 문제의 중첩

거할지를 결정해야 한다. 그림 7.13b에서 **제거된 구조**(released structure)를 형성하기 위해 B점에서의 지지를 없애고, 그림 7.13c에서 해당하는 **과잉력**(redundant force)을 반력 R_B로 표시한다.

- 다음 단계는 각 정정 하위 문제에 대한 적절한 **하중-변형 방정식**(force-deformation equation)을 얻는 것이다. 이 방정식은 7.3절 또는 7.5절의 적분법 중의 하나를 사용하거나 혹은 표 E.1(외팔보 해) 또는 표 E.2(단순지지보 해)를 참조함으로써 완료할 수 있다. 각 하위 문제의 해는 **평형**(equilibrium)을 만족하고 **선형 탄성 재료거동**(linearly elastic material behavior)에 기초한다. 따라서 이들 하위 문제에 대한 어떤 중첩은 평형을 만족시키고 선형적 탄성거동을 포함할 것이다.
- 마지막으로, 제거된 구속조건을 회복시켜야 한다. 이것은 **미지의 과잉반력에 관한 적합방정식**(compatibility equations in terms of the unknown redundants)을 작성하고 이 과잉반력에 대해 이들을 푸는 것을 포함한다.
- 일단 과잉반력이 결정되면 자유물체도와 평형방정식은 다른 반력들을 구하기 위해 사용될 수 있다. 그 다음 필요한 다른 양들은 하위 문제 해의 중첩에 의해 구해질 수 있다.

상기의 단계들은 다음과 같은 중첩 절차로 요약된다.[8)]

중첩 절차 – 부정정보

1. 문제 지문에서 주어진 경계조건과 하중을 주의 깊게 연구하고, 보의 예상 처짐 곡선을 그린다.
2. 보(혹은 시스템)의 불확정성의 정도 N_R을 결정하고, 과잉력 및/또는 과잉모멘트(redundant forces ana/or moment)를 선택하고 N_R로 표시한다.
3. 보에 가해지는 각 하중에 대해 하나씩, 그리고 선택된 각 과잉반력에 대해 하나씩 주어진 문제를 정정 하위 문제(statically determinate subproblems)로 세분화한다. 각 선택된 하위 문제의 해는 표 E.1(외팔보) 혹은 표 E.2(단순지지보)에 주어져야만 하고, 적분에 의해 직접적으로 구해져야만 한다. 이들 각 하위 문제에 대한 처짐 곡선을 그린다.
4. 각 과잉력(모멘트)에 해당하는 처짐(기울기)에 대한 방정식 중 하나인 적합방정식(compatibility equations)을 작성한다. 이들 방정식은 구성된 하위 문제에 의해 자동적으로 만족되지 않는 경계조건 및/또는 연속조건을 나타낸다.
5. 각 하중과 각 과잉력(모멘트)에 대한 각 과잉반력에서 처짐(기울기)에 관련된 하중-변형 방정식(force-deformation equations)을 작성한다.
6. 이들 하중-변형 방정식을 적합방정식에 대입하고 미지 과

8) 주요 미지수는 하중 및/혹은 모멘트이기 때문에 이것은 하중법 절차이다.

잉반력에 대하여 푼다.

7. 하중 형태의 양에 관한 기울기 및 변위를 표현하기 위해 표로부터의 정보를 사용하여 문제 지문에 의해 요구된 어떤 추가적인 양, 예를 들어 기울기, 처짐, 등등에 대한 중첩방정식(superposition equations)을 작성한다.
8. 해를 완성한다(예, 만약 요청된다면 최대 처짐을 구한다.)

많은 경우에 있어서는 부정정 문제에 대한 중첩 해를 구성하기 위한 대안들이 있다. 즉 필요한 해를 사용할 수 있는 한(예, 부록 E) 사용될 과잉반력을 선택하기 위한 다른 방법이 있을 수 있다. 다음 두 예제는 과잉반력을 선택하고 부정정인 버팀 외팔보를 풀기 위한 대안적인 방법을 설명한다. 중첩 해를 구하고자 할 때 정신적으로 대안을 탐색하고 가장 효율적인 방법으로 문제를 풀기 위하여 시도해야 한다(즉, 해법을 계획한다.)

예제 7.12

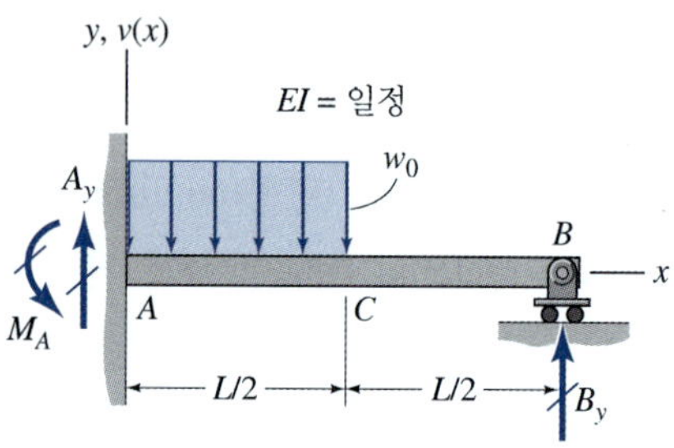

그림 1 버팀 외팔보

그림 1에 나타낸 보에 작용하는 반력을 구하시오. 표 E.1로부터 외팔보에 관한 정보를 사용하시오.

풀이

처짐 곡선 작도: 예상 처짐 곡선은 그림 2와 같다.

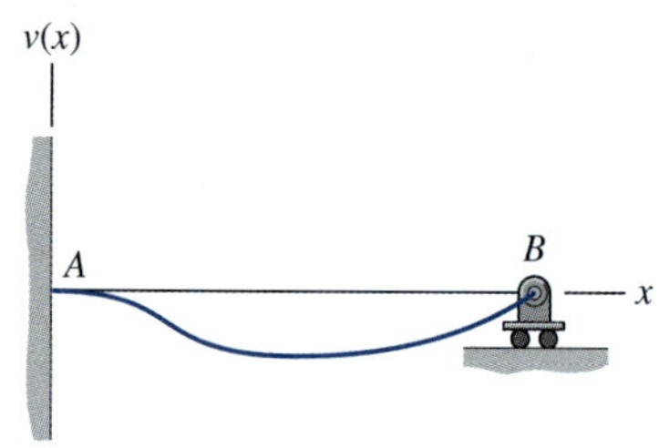

그림 2 예상 처짐 곡선

하위 문제 선택: 표 E.1 외팔보 표로부터 하위 문제를 선택한다. 이것은 B_y가 과잉반력(redundant reaction)으로 간주된다는 것을 의미한다. 구성된 하위 문제는 그림 3에 나타내어진다.

중첩방정식 작성: 반력 B_y는 먼저 지지점 B에서 처짐에 대한 적합방정식(compatibility equation)을 작성함으로써 구해진다.

$$v(L) = -(\delta_B)_b + (\delta_B)_c = 0 \quad \text{적합} \qquad (1)$$

하위 문제의 하중-변형 방정식 작성: 부록 E의 E.1(6) 및 E.1(3)의 항목들로부터 분포하중으로 인한 B점에서의 처짐과 과잉반력으로 인한 B점에서의 처짐에 대해 각각 다음과 같은 식을 얻는다.

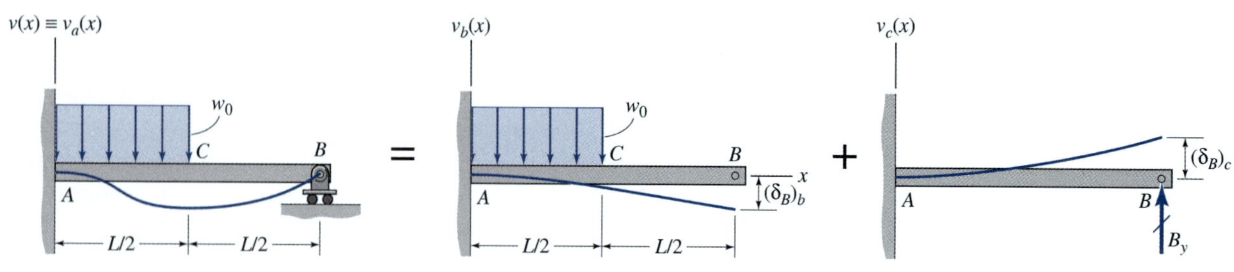

(a) 원 문제

(b) 제거된 구조에서 적용된 하중 [표 E.1(6)]

(c) 과잉반력 [표 E.1(3)]

그림 3 외팔보 하위 문제의 중첩

$$(\delta_B)_b = \frac{7w_0L^4}{384EI} \qquad (\delta_B)_c = \frac{B_yL^3}{3EI}$$

하위문제 하중-변형 (2a, b)

하중에 관한 적합방정식 작성: 식 (2a, b)를 식 (1)에 대입함으로써 δ를 제거할 수 있다. 그것은 다음과 같은 **하중에 관하여 작성된 적합방정식(compatibility equation written in terms of forces)**을 제공한다.

$$-\frac{7w_0L^4}{384EI}+\frac{B_yL^3}{3EI}=0$$

하중에 관한 적합 (1′)

마지막으로, 과잉반력 B_y에 대해 식 (1′)를 풀 수 있다.

$$B_y=\left(\frac{7}{128}\right)w_0L$$

답 (3)

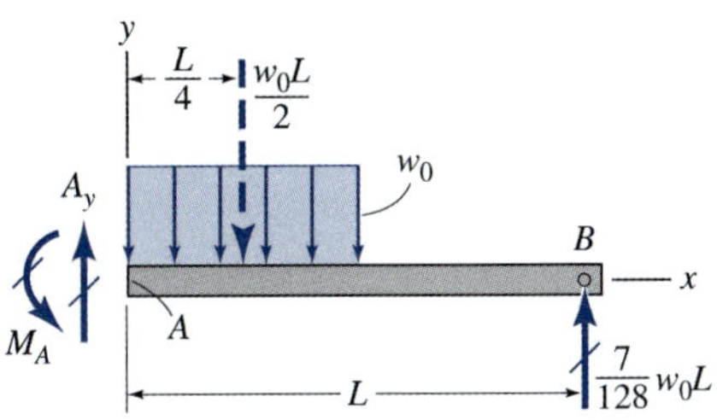

그림 4 자유물체도

문제의 완성: A점에서의 반력을 풀기 위하여 자유물체도(그림 4)와 평형방정식이 필요하다.

$$\sum F_y=0: \qquad A_y=\frac{w_0L}{2}-\frac{7w_0L}{128}=\left(\frac{57}{128}\right)w_0L$$

$$\left(\sum M\right)_A=0: \qquad M_A=-\frac{7w_0L^2}{128}+\frac{w_0L^2}{8}=\left(\frac{9}{128}\right)w_0L^2$$

따라서, A점에서의 전단력과 굽힘 모멘트 반력은

$$A_y=\left(\frac{57}{128}\right)w_0L, \quad M_A=\left(\frac{9}{128}\right)w_0L^2$$

답 (4)

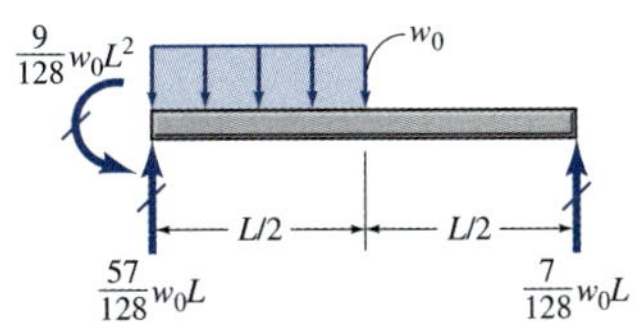

그림 5 버팀 외팔보에 작용하는 반력의 요약

반력은 그림 5와 같다.

풀이 검토 만약 B점에서의 지지가 제거된다면 A점에서의 반력은 $A_y=w_0L/2$, $M_A=w_0L^2/8$이 된다. B점에서 "지지(prop)"의 존재는 이 값들을 감소시켜야 한다. 식 (4)에서 해답에 의해 나타난 감소량은 타당한 것으로 보인다.

예제 7.13

표 E.2로부터 단순지지보에 대한 정보를 사용하여 예제 7.12의 버팀 외팔보에 작용하는 A점에서의 모멘트를 구하시오.

풀이 예제 7.12의 그림 1과 2는 여기서 반복되지 않을 것이다.

하위 문제 선택: 만약 단순지지보 변위 함수의 표로부터 하위 문제를 선택한다면, 모멘트 M_A는 과잉반력이 된다. 구성된 하위 문제는 그림 1과 같다.

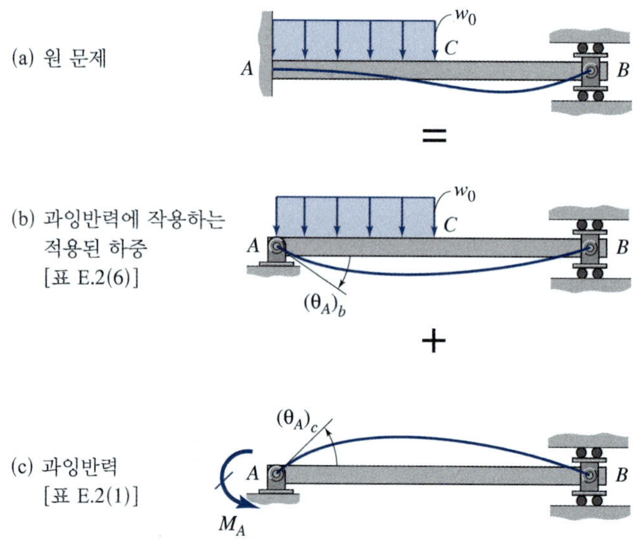

그림 1 단순지지보 하위 문제의 중첩

중첩방정식 작성: 반력 M_A는 먼저 A점에서 기울기(회전)에 대한 적합방정식(compatibility equation)을 작성함으로써 구해진다.

$$v'(0) = -(\theta_A)_b + (\theta_A)_c = 0 \qquad \textbf{적합} \qquad (1)$$

하위 문제의 하중-변형 방정식 작성: 부록 E의 E.2(6) 및 E.2(1)의 항목들로부터 제거된 보에 작용하는 분포하중으로 인한 A점에서의 기울기와 과잉모멘트 반력으로 인한 A점에서의 기울기에 대해 각각 다음과 같은 식을 얻는다.

$$(\theta_A)_b = \frac{3w_0L^3}{128EI} \qquad (\theta_A)_c = \frac{M_AL}{3EI} \qquad \textbf{하위문제 하중-변형 거동} \qquad (2a,\ b)$$

(용어 "하중(force)"은 집중하중, 분포하중 혹은 모멘트를 포함하는 하중 형태의 양을 의미한다.)

하중에 관한 적합방정식 작성: 식 (2a, b)를 식 (1)에 대입함으로써 θ를 제거할 수 있다. 그것은 다음과 같은 **하중에 관하여 작성된 적합방정식(compatibility equation written in terms of forces)**을 제공한다.

$$-\frac{3w_0L^3}{128EI} + \frac{M_AL}{3EI} = 0 \qquad \textbf{하중에 관한 적합} \qquad (1')$$

마지막으로, 과잉모멘트 반력 M_A에 대해 식 $(1')$을 풀 수 있다.

$$M_A = \frac{9w_0L^2}{128} \qquad \textbf{답}$$

풀이 검토 이것은 예제 7.12에서 구해진 M_A에 대한 동일한 식이다. 다른 반력들은 예제 7.12의 그림 4와 같은 자유물체도로부터 구해질 수 있다.

다음 예제는 1개 이상의 과잉반력을 가지는 부정정보를 어떻게 풀이하는지를 설명한다.

예제 7.14

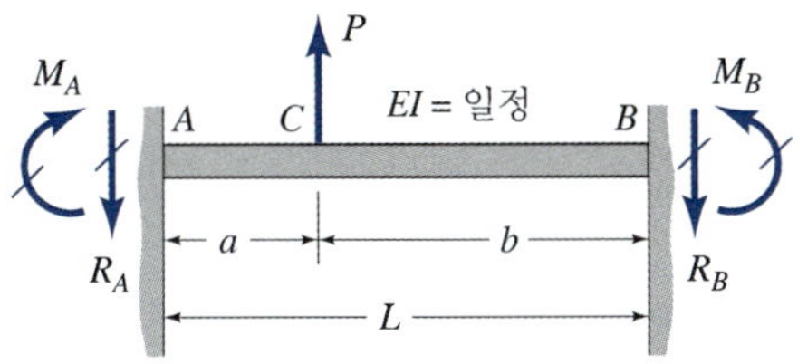

그림 1 양단고정 균일보

그림 1에 나타낸 것처럼 집중하중 P가 양단고정 균일보에 작용하고 있다. 반력 R_A와 R_B를 구하시오.

풀이

처짐 곡선 작도: 처짐은 윗방향으로 발생할 것이고, 처짐 선도에 나타내어진 것처럼 기울기와 처짐은 A점과 B점에서 0이다(그림 2).

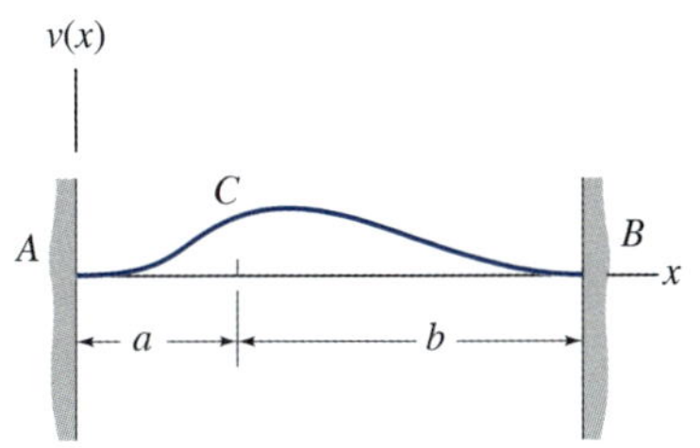

그림 2 예상 처짐 곡선($a < b$)

하위 문제 선택: 예제 7.4의 결과[표 E.1(4)를 참조]는 예제 7.1[표 E.1(3) 및 표 E.1(1) 참조]의 처짐과 기울기 정보와 함께 사용되어질 수 있다. 이들 정정 외팔보 하위 문제는 그림 3에 나타내어진다.

중첩방정식 작성: 변위 구속과 기울기 구속은 끝단 B점에 적용되어야 한다. 2개의 관련된 적합방정식(compatibility equation)은

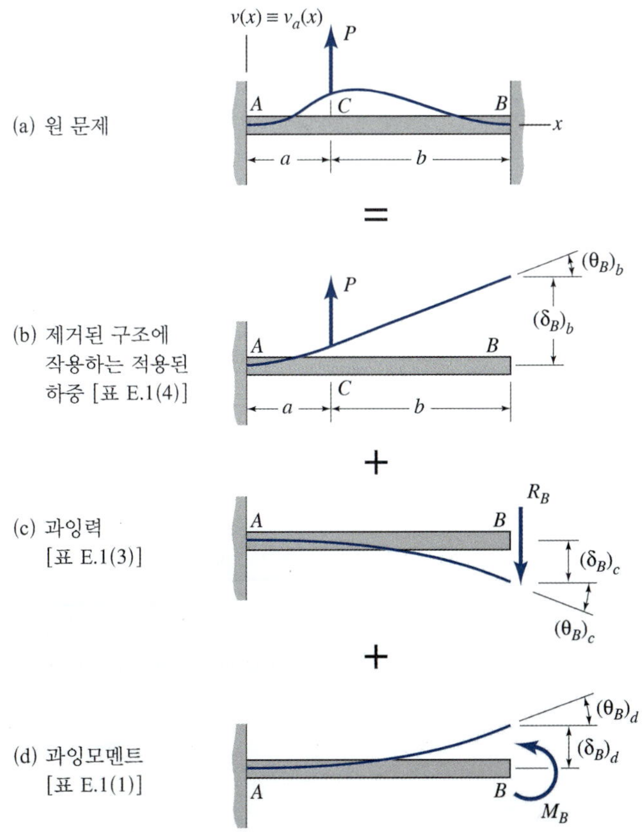

그림 3 2개의 과잉반력을 포함하는 부정정 중첩

$$v_B \equiv v(L) = (\delta_B)_b - (\delta_B)_c + (\delta_B)_d = 0 \tag{1a}$$

$$v_B' \equiv v'(L) = (\theta_B)_b - (\theta_B)_c + (\theta_B)_d = 0 \tag{1b}$$

표 E.1로부터 하위 문제의 하중-변형(subproblem force-deformation) 정보와 함께, 이들 2개의 적합방정식은

$$\frac{Pa^3}{6EI}\left(\frac{3L}{a}-1\right)-\frac{R_BL^3}{3EI}+\frac{M_BL^2}{2EI}=0 \tag{2a}$$

$$\frac{Pa^2}{2EI}-\frac{R_BL^2}{2EI}+\frac{M_BL}{EI}=0 \tag{2b}$$

가 된다. 식 (2)를 동시에 풀면 2개의 과잉반력(redundant reactions)에 대해 다음과 같은 식을 얻는다.

$$R_B = 3P\left(\frac{a}{L}\right)^2 - 2P\left(\frac{a}{L}\right)^3 \tag{3a}$$

$$M_B = P\left(\frac{a}{L}\right)^2(L-a) \tag{3b}$$

답

풀이 검토 R_B 및 M_B에 대한 상기의 식들은 각각 적절한 차원 F와 $F \cdot L$을 가진다. 만약 식 (3)을 $a = 0$에 대해서 계산한다면, $R_B = M_B = 0$를 얻는다. 그것은 타당하다. 만약 $a = L$에서 식 (3)을 계산한다면 $R_B = P$, $M_B = 0$를 얻고, 그것은 또한 타당하다. 마지막으로 만약 $a = L/2$에서 식 (3)을 계산한다면 $R_B = P/2$를 얻고, 그것은 정확한 답이다. 상기에서의 해답이 정확하다는 것을 나타낸다.

유사한 문제이지만 비균일 보에 대해서 예제 7.16에서는 변위법(displacement method)을 사용하여 풀이한다.

예제 7.12~7.14에서의 부정정 문제는 $v(L) = 0$, $v'(0) = 0$ 형태 등의 변위와 기울기 구속을 갖는다. 즉, 변위와 기울기는 보를 따라 특정점에서 0이다. 그림 7.14는 구속이 다른 유연한 구조에 의해 제공되는 2개의 상황을 나타낸다. 다음 문제는 이러한 유형의 부정정 문제의 풀이를 설명한다.

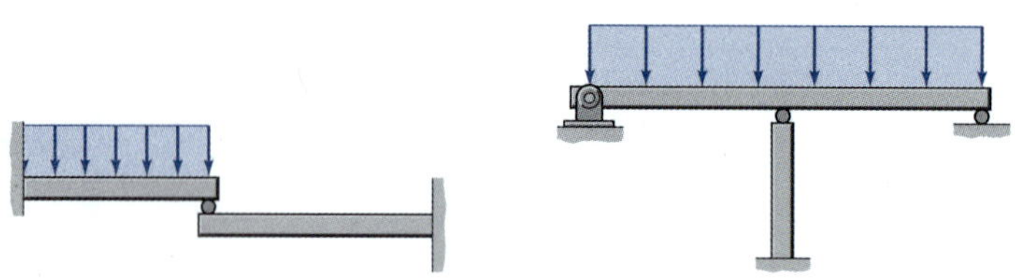

(a) 두 번째 보에 의해 재공되는 과잉지지

(b) 축-변형 부재에 의해 제공되는 과잉지지

그림 7.14 유연한 지지를 가지는 보

예제 7.15

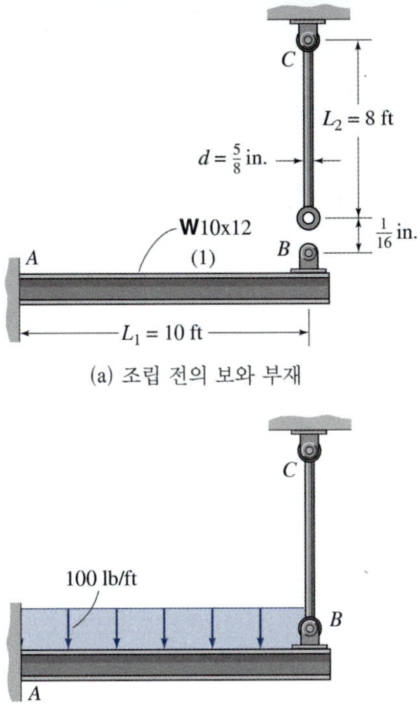

(a) 조립 전의 보와 부재

(b) 균일하중을 받는 보-부재 시스템

그림 1 보-부재 시스템

그림 1a에 나타낸 것처럼 강철 보 AB는 A점에서 단단한 벽에 외팔보로 설계되어 있고, C점에서 핀에 의해 단단히 지지되어 있는 강철 행거(hanger) 부재 BC에 의해 지지되고 있다. 보는 W10×12, 부재의 지름은 $d = \dfrac{5}{8}$ in.이다. $E_{\text{steel}} = 30 \times 10^6$ psi이다. (a) 만약 부재가 $\dfrac{1}{16}$ in.로 너무 짧게 제작된다면, 부재를 늘여 B점에서 핀을 연결한 다음 부품을 결합하는데 필요한 외부 힘을 제거함으로써 부재에 발생할 수 있는 응력은 얼마인가? (b) 그림 1b에 나타낸 것처럼 그 후 보에 적용된 100 lb/ft의 균일 분포하중에 의해 부재에 발생되는 추가적인 응력은 얼마인가? B점의 최종 변위는 얼마인가?

풀이 계획 부재 BC는 3.7절에서 부재로서 다루어 질 수 있었던 축-처짐 부재이다. 파트 (a)에서 보는 B점에서 부재의 힘에 의해 단지 부하될 것이다. 이것은 3.7절의 문제와 유사한 "불일치(misfit)" 문제이다. 파트 (b)의 경우, 보에 대한 또 다른 하위 문제를 중첩함으로써 분포하중을 추가해야만 한다. B에서 부재를 추가하는 것을 제외하고는 예제 7.12에서 사용되었던 동일한 단계를 따라할 수 있다. 부재는 파트 (a)에서 인장력이 가해지고, 파트 (b)에서는 인장력이 더 커진다는 것을 밝혀야 한다.

풀이 (a) 부재-보 시스템이 조립되어질 때 부재에 발생하는 초기 응력을 구한다. 중첩에 의한 부정정 문제를 풀이할 때 이전에 사용된 동일한 단계를 따를 것이다(하중법).

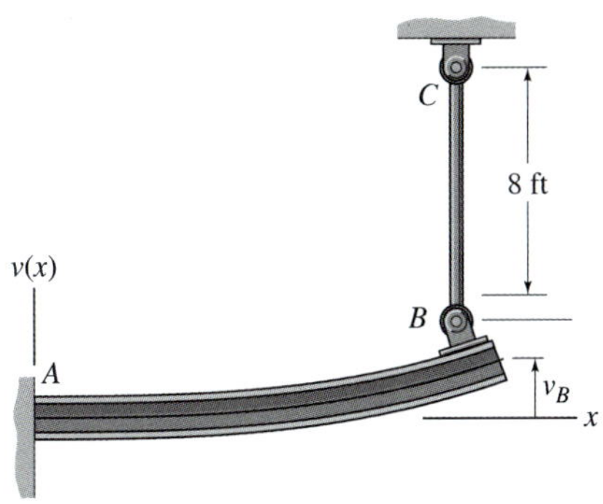

그림 2 파트 (a)에 대한 처짐 곡선

처짐 곡선 작도: 그림 2에 나타낸 것처럼, 부재는 윗방향으로 보를 당길 것이고, 보는 부재를 늘일 것이다. 참고: B점과 보의 끝 사이의 짧은 거리는 무시되고, 치수 v_B는 보의 끝단에서 처짐으로 처리된다.

하위 문제 선택: 여기서 표 E.1(3)으로부터 외팔보 하위 문제를 선택할 수 있으며, 또한 축-변형 (부재(rod)) 하위 문제를 가진다. T_0를 부재에서 "초기 하중(initial force)", 즉 그림 3에서 부재의 하중이라고 하자. 하첨자 1은 보 AB를 의미하고, 하첨자 2는 부재 BC를 의미한다.

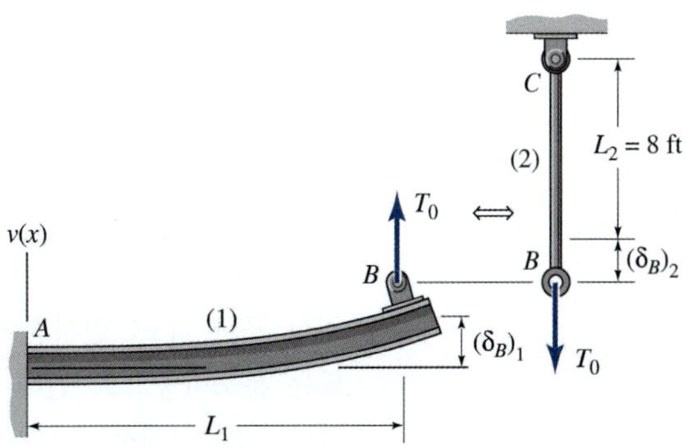

(a) 보 하위문제 (b) 부재 하위문제

그림 3 파트 (a)에 대한 하위문제

중첩방정식 작성: B점에서 핀에 의해 함께 연결된 부재와 보에 대해, 다음과 같은 변형-적합 방정식(deformation-compatibility equation)을 얻는다.(용어는 그림 2와 3에서 정의되어 있다.)

$$v_B \equiv v(L_1) = (\delta_B)_1 = \frac{1}{16}\text{ in.} - (\delta_B)_2 \tag{1}$$

표 E.1(3)으로부터 제거된 외팔보 하위 문제에 대해 다음과 같은 하중-변형 방정식(force-deformation equation)을 얻는다.

$$(\delta_B)_1 = \left(\frac{L^3}{3EI}\right)_1 T_0 \tag{2a}$$

그리고 식 3.13으로부터 부재에 대한 하중-변형 방정식은 다음과 같다.

$$(\delta_B)_2 \equiv e_2 = \left(\frac{L}{AE}\right)_2 T_0 \tag{2b}$$

파트 (a)의 완성: 식 (1)과 식 (2)를 결합하여 다음과 같은 하중에 관한 적합방정식(compatibility equation in terms of force)

$$\frac{T_0 L_1^3}{3E_1 I_1} + \frac{T_0 L_2}{A_2 E_2} = \frac{1}{16}\text{ in.} \tag{3a}$$

혹은

$$T_0\left[\frac{(120\text{ in.})^3}{3(30\times10^6\text{ psi})(53.8\text{ in}^4)} + \frac{96\text{ in.}}{\pi\left(\frac{5}{16}\text{in.}\right)^2(30\times10^6\text{ psi})}\right] = \frac{1}{16}\text{ in.} \tag{3b}$$

를 얻는다.

따라서, 부재에서의 "초기 하중(initial force)"은

$$T_0 = 170.2\text{ lb} \tag{4}$$

그러므로 부재에서의 "초기 응력(initial stress)"은

$$\sigma_0 = \frac{T_0}{A_2} = \frac{170.2\text{ lb}}{\pi\left(\frac{5}{16}\text{ in.}\right)^2} = 555\text{ psi} \qquad \textbf{답 (a)} \tag{5}$$

(b) 분포하중을 추가할 때의 영향을 구한다. 보에 대한 분포하중 하위 문제를 추가하여 파트 (a)에서 사용된 동일한 단계를 수행한다.

처짐 곡선 작도: 현시점에서 보가 파트 (a)에서처럼 윗방향으로 처질 것인지, 또는 분포하중으로 인해 B점에서 최종 처짐이 아랫방향으로 발생할지 알 수 없다. 그림 4에서는 보가 윗방향으로 처진다고 가정했다.

하위 문제 선택: 그림 3의 두 가지 하위 문제에 대해 분포하중을 받는 보를 추가할 필요가 있다. T(첨자 없음)를 파트 (b)에서의 부재의 인장력이라고 하자.

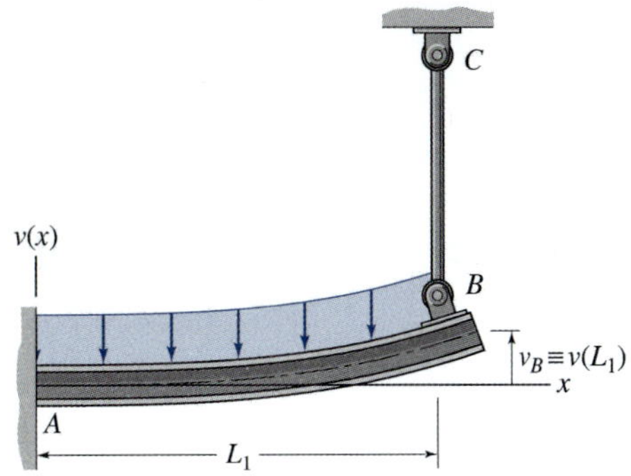

그림 4 파트 (b)에 대한 처짐 곡선

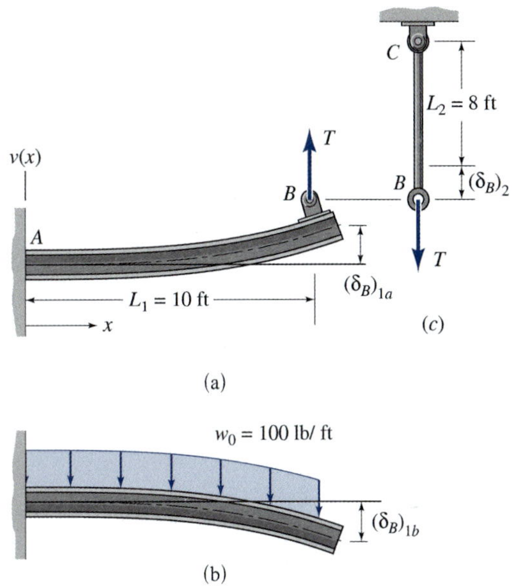

그림 5 보 하위 문제 (a, b)와 부재 하위 문제 (c)

하위 문제는 그림 5와 같다.

중첩방정식 작성: 다시, B에서 핀에 의해 연결된 부재와 보에 대해 적합방정식 (compatibility equation)을 만족해야만 한다.

$$v_B \equiv v(L_1) = (\delta_B)_{1a} - (\delta_B)_{1b} = \frac{1}{16}\text{ in.} - (\delta_B)_2 \tag{6}$$

표 E.1(3)과 E.1(5)로부터

$$(\delta_B)_{1a} = \frac{TL_1^3}{3E_1I_1} \tag{7a}$$

$$(\delta_B)_{1b} = \frac{w_0L_1^4}{8E_1I_1} \tag{7b}$$

를 얻는다.

그리고 식 3.13으로부터

$$(\delta_B)_2 \equiv e_2 = \frac{TL_2}{A_2E_2} \tag{7c}$$

를 얻는다.

파트 (b)의 완성: 식 (6)과 식 (7)을 결합하여 다음과 같은 하중에 관한 적합방정식(compatibility equation in terms of force)

$$\frac{TL_1^3}{3E_1I_1} - \frac{w_0L_1^4}{8E_1I_1} = \frac{1}{16}\text{ in.} - \frac{TL_2}{A_2E_2} \tag{8a}$$

혹은

$$T\left[\frac{(120\text{ in.})^3}{3(30\times10^6\text{ psi})(53.8\text{ in}^4)} + \frac{96\text{ in.}}{\pi\left(\frac{5}{16}\text{ in.}\right)^2 3(30\times10^6\text{ psi})}\right]$$
$$= \frac{1}{16}\text{ in.} + \left[\frac{(100\text{ lb/bf})(10\text{ ft})(120\text{ in.})^3}{8(30\times10^6\text{ psi})(53.8\text{ in}^4)}\right] \tag{8b}$$

를 얻는다. 따라서,

$$T = 535\text{ lb} \tag{9}$$

그러므로 부재 BC에서의 응력은

$$\sigma = \frac{T}{A_2} = \frac{535\text{ lb}}{\pi\left(\frac{5}{16}\text{ in.}\right)^2} = 1742\text{ psi}$$

$$\sigma = 1742\text{ psi} \tag{10}$$

답 (b)

선단 처짐을 구하기 위하여 식 (6)을 사용하여

$$v_B = \frac{1}{16}\text{ in.} - (\sigma_B)_2 = \frac{1}{16}\text{ in.} - \frac{TL_2}{A_2E_2} \tag{11}$$

을 얻을 수 있다. 따라서

$$v_B = \frac{1}{16}\text{ in.} - \frac{(535\text{ lb})(96\text{ in.})}{\pi\left(\frac{5}{16}\text{ in.}\right)^2(30\times10^6\text{ psi})} = 0.0569\text{ in.}$$

답 (b)

풀이 검토 만약 모든 분포하중(즉, 1000 lb)이 부재에 직접적으로 가해진다면, 부재의 변형량은

$$e = \left(\frac{PL}{AE}\right)_2 = \frac{(1000\text{ lb})(96\text{ in.})}{\pi\left(\frac{5}{16}\text{ in.}\right)^2(30\times10^6\text{ psi})} = 0.01043\text{ in.}$$

그것은 1/16 in.(=0.0625 in.)보다 훨씬 더 작다. 따라서, 부재는 거의 단단한 지지와 같이 작용할 만큼 매우 딱딱하다. 비교하자면, 만약 전체 1000 lb가 B 점에서 외팔보에 가해진다면 보 선단의 처짐은

$$\delta = \frac{PL^3}{3EI} = \frac{(1000 \text{ lb})(120 \text{ in.})^3}{3(30 \times 10^6 \text{ psi})(53.8 \text{ in}^4)} = 0.357 \text{ in.}$$

이 될 것이다. 따라서, 이 보가 부재와 비교하여 매우 유연하다는 것을 알 수 있다. 식 (3b)의 좌변에 있는 항들을 살펴봄으로써 알 수 있듯이 1/16 in. 간극의 대부분은 부재의 늘어남에 의한 것이 아니라 보의 처짐에 의해 상쇄된다.

*7.7 보의 기울기와 처짐: 변위법

보의 처짐 문제가 더욱 어려워짐에 따라, 7.6절에 설명되어진 것처럼 중첩법(Method of Superposition)에 의한 풀이가 매우 길고 지루해 질 수 있기 때문에 **변위법(Displacement Method)**에 의한 풀이가 적절할 수 있다. 응력 해석과 구조 해석 컴퓨터 프로그램은 일반적으로 변위법에 기초를 둔다.

제3장과 제4장의 하중법 해에서와 같이 앞 절의 하중법 해에서는 처짐(및 기울기)은 하중에 관하여 표현되었고, 처짐(및 기울기)식은 중첩되었다. 부정정 구조물의 경우에 있어서는 변위(및 기울기) 구속방정식은 과잉반력을 얻기 위해 풀어졌다. 이 절에서 변위법이 보에 적용되어질 때 축 변형과 비틀림 문제에 대해 각각 제3장과 제4장에서 행해진 것처럼 **절점 평형방정식은 변위에 관하여 표현되어진다**(nodal equilibrium are expressed in terms of displacements).

선형적으로 변화하는 분포하중을 받는 균일 베르누이-오일러 보 요소에 대한 하중-변형 방정식 횡방향으로 하중을 받고 있는 보에 대한 변위법 풀이 절차를 수식화하는 첫 번째 단계는 단일 보 요소에 대해 하중-변형 관계를 수립하는 것이다(그림 7.15).[9)]

단일 축방향 하중 F를 받는 균일 축-변형 요소에 대한 하중-변형 방정식(식 3.14 및 3.15) 혹은 단일 토크 T를 받는 균일 비틀림 요소에 대한 토크-비틀림 방정식(식 4.20 및 4.21)과는 달리, 그림 7.15에서 보 요소의 끝단에 작용하는 전단력 V_i와 V_j는 같을 필요는 없으며 모멘트 M_i와 M_j도 같을 필요가 없다. 따라서, 두 끝단을 구별하기 위해 뚜렷한 "이름(names)"을 붙이는 것이 필요하다. 그림 7.15a에 나타낸 것처럼 보 요소의 왼쪽 끝단과 오른쪽 끝단에 각각 구별을 위해 "i"와 "j"라는 이름을 사용할 것이다. V_i, M_i, V_j, M_j에 대해 적용된 부호규약은 양의 합응력(stress resultant)이 해당하는 변위 δ_i, θ_i, δ_j, θ_j로서 동일한 방향으로 작용한다는 것이다.[10)] 그림 7.15a와 7.15b는 이들 부호규약을 설명한다.

9) 균일 축-변형 요소에 대한 3.4절과 순수 비틀림을 받는 균일 요소에 대한 4.5절과 유사하다.

10) V_j, M_j에 대한 부호규약은 제6장의 전단력과 모멘트에 대한 부호규약과는 반대이다. 즉, $V(L) = -V_j$이고 $M(0) = -M_i$이다. 작은 변위에 대해 기울기 $v'(x)$는 회전각 θ와 동일하다고 하여도 된다. 따라서 $\theta_i = v'(0)$ 및 $\theta_j = v'(L)$이다.

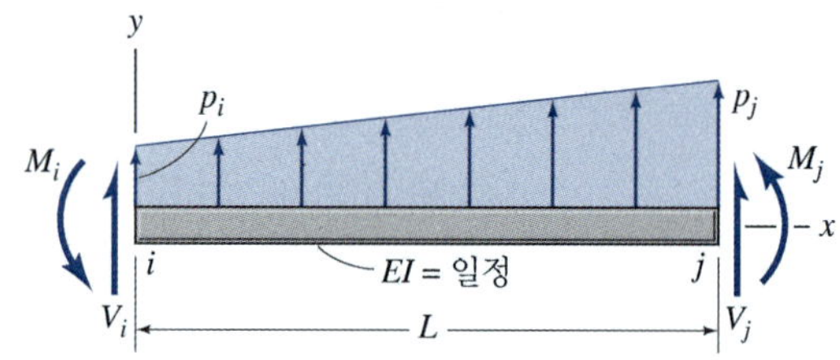

(a) 분포하중과 합응력 V와 M

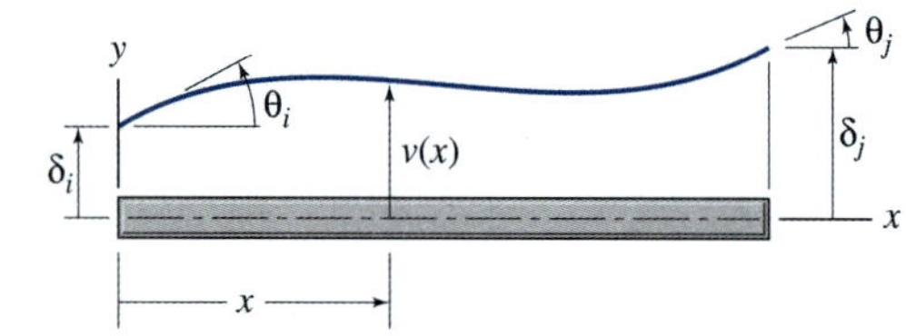

(b) 처짐곡선 $v(x)$

그림 7.15 횡방향 하중을 받는 균일 보 요소

식 7.16의 하중-변형 결과와 예제 7.6의 식 (8)에서 주어진 고정단 반력을 결합하면 그림 7.15의 균일 베르누이-오일러 보 요소에 대한 다음과 같은 **하중-변형 관계식(force-deformation relations)**을 작성할 수 있다.

$$
\begin{aligned}
V_i &= \frac{EI}{L^3}(12\delta_i + 6L\theta_i - 12\delta_j + 6L\theta_j) - \frac{7p_iL}{20} - \frac{3p_jL}{20} \\
M_i &= \frac{EI}{L^2}(6\delta_i + 4L\theta_i - 6\delta_j + 2L\theta_j) - \frac{p_iL^2}{20} - \frac{p_jL^2}{30} \\
V_j &= \frac{EI}{L^3}(-12\delta_i - 6L\theta_i + 12\delta_j - 6L\theta_j) - \frac{3p_iL}{20} - \frac{7p_jL}{20} \\
M_j &= \frac{EI}{L^2}(6\delta_i + 2L\theta_i - 6\delta_j + 4L\theta_j) + \frac{p_iL^2}{30} + \frac{p_jL^2}{20}
\end{aligned}
\qquad (7.19)
$$

고정단 하중을 받는 하중-변형 방정식

식 7.19에서 δ와 θ 항은 절점하중만을 받는, 즉 분포하중이 없는 균일 보에 대한 하중-변형 관계식을 구성한다.[11] 식 7.19의 p_i와 p_j 항은 고정단 하중(fixed-end forces)이라 한다. 예제 7.6에서처럼 이 하중들은 양 끝단이 고정된(즉, $v(0) = v'(0) = v(L) = v'(L) = 0$) 균일 보에 대한 전단력과 모멘트 반력이다.

보에 대한 처짐 곡선 $v(x)$는 다음과 같은 식에 의해 양 끝단 변위(δ_i와 δ_j), 양 끝단 기울기(θ_i와 θ_j), 분포하중 크기(p_i와 p_j)에 관하여 표현될 수 있다.[12]

11) 연습문제 7.7-16과 7.7-17을 참조한다.
12) 식 7.20에서 δ_i항의 도함수에 대해 연습문제 7.7-17을 참조한다.

$$\begin{aligned} v(x) = {} & \delta_i\left[1-3\left(\frac{x}{L}\right)^2+2\left(\frac{x}{L}\right)^3\right]+L\theta_i\left[\left(\frac{x}{L}\right)^2-2\left(\frac{x}{L}\right)^2+\left(\frac{x}{L}\right)^3\right] \\ & +\delta_j\left[3\left(\frac{x}{L}\right)^2-2\left(\frac{x}{L}\right)^3\right]+L\theta_j\left[-\left(\frac{x}{L}\right)^2+\left(\frac{x}{L}\right)^3\right] \\ & +\frac{p_i L^4}{120EI}\left[2\left(1-\frac{x}{L}\right)^2-3\left(1-\frac{x}{L}\right)^3+\left(1-\frac{x}{L}\right)^5\right] \\ & +\frac{p_i L^4}{120EI}\left[2\left(\frac{x}{L}\right)^2-3\left(\frac{x}{L}\right)^3+\left(\frac{x}{L}\right)^5\right] \end{aligned} \tag{7.20}$$

중첩 절차 − 변위법

1. 예상 처짐 곡선을 그린다.
2. 절점(node) 혹은 이음(joint)에 의해 연결된 균일 요소(element)로 구성된 보를 고려한다. 각 요소와 절점을 그리고, 각각에 작용하는 하중과 모멘트에 기호를 붙인다.
3. 요소 하중–변형 관계: 절점 횡방향 변위 및 기울기에 관하여 요소 대 절점 계면에서의 전단력과 굽힘 모멘트를 나타낸다. 이들은 식 7.19에 의해 주어진다.
4. 고정단 하중: 만약 요소에 분포하중이 작용한다면, 식 7.19로부터 적절한 고정단 하중(fixed-end force) 항을 포함시킨다.(추가된 고정단 하중은 표 E.3에 주어진다.)
5. 절점 평형: 각 절점에 대한 하중과 모멘트 평형방정식을 작성한다. 외부 집중하중 및/또는 모멘트(만약 어느 한쪽이 절점에 작용한다면), 그리고 인접하는 보 요소로부터(3단계와 4단계로부터) 전단력과 모멘트를 포함시킨다.
6. 기하학적 변형; 적합성: 요소가 절점에 부착되어 있는 곳에서 횡방향 변위와 절점 자체의 기울기에 관하여 모든 요소 끝단–변위와 기울기 양을 표시한다.
7. 미지의 절점 변위와 기울기에 대한 평형방정식을 푼다.
8. 어떤 다른 요구된 양(반력, 처짐 곡선 방정식 등)에 대하여 푼다.

예제 7.16

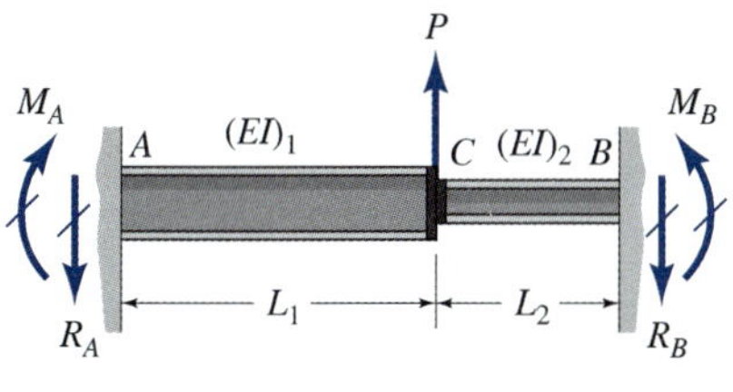

그림 1 단이 있는, 양단고정보

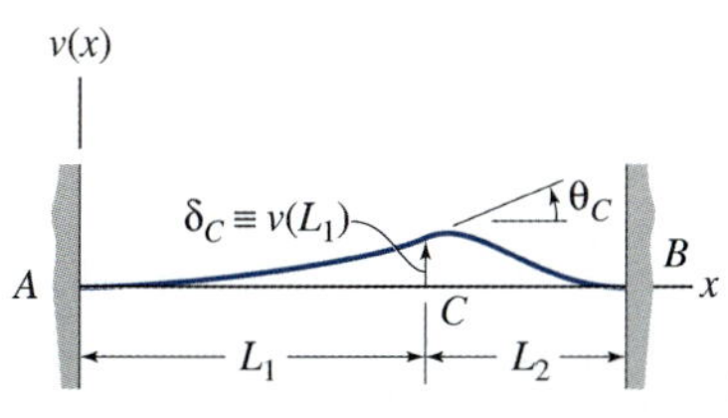

그림 2 예상 처짐 곡선

그림 1에 나타낸 것처럼 양단고정보는 계단형 단면을 가진다. 집중하중 P가 단면 특성이 $(EI)_1$에서 $(EI)_2$로 변하는 곳에 작용하고 있다. 변위법(Displacement Method)을 사용하여 (a) 절점 C에서 변위와 기울기를 구하시오. (b) 반력 R_B와 M_B를 구하시오.

풀이 (a) 절점 C에서 변위와 기울기를 구한다.

처짐 곡선 작도: 보는 명백히 끝단 A에서 끝단 B를 향하여 윗방향으로 처질 것이다. 최대 처짐점은 EI값과 L값에 따라 C의 왼쪽 또는 오른쪽에 있을 수 있다. 그림 2에서 최대 처짐이 C의 오른쪽에 발생, $\theta_C > 0$로 가정한다.

절점과 요소 분리: 변위법 풀이에서 핵심 단계는 각 절점에서 변위와 기울기 및 각 절점에 작용하는 외부 하중에 관하여 절점 평형방정식을 작성하는 것이므로, 그림 3에 나타낸 것처럼 보를 C점에서 절점에 의해 함께 연결된 2개의 요소 (1) 및 (2)로서 처리한다.

다음으로 변형체역학(deformable-body mechanics)의 3가지 기본 원리 − 평형(equilibrium), 하중–변형 거동(force-deformation behavior), 변형의 기하학(geometry of deformation)을 직접 적용한다.

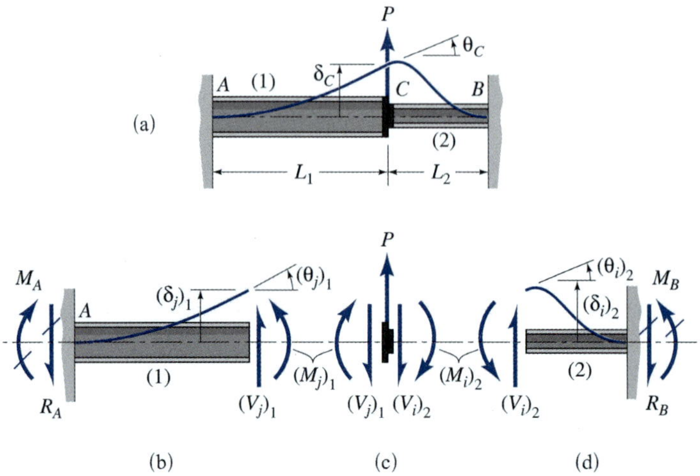

그림 3 요소와 연결 절점

절점 평형: 횡방향 변위와 기울기가 미지수인 C점에서 절점에 대한 하중과 모멘트 평형방정식을 작성한다. 절점 C의 자유물체도를 그림 3c에 나타낸다.

$$\sum F_y = 0: \qquad (V_j)_1 + (V_i)_2 = P \tag{1a}$$

평형

$$\left(\sum M\right)_C = 0: \qquad (M_j)_1 + (M_i)_2 = 0 \tag{1b}$$

보 요소 하중-변형 거동: 여기서 변위 형태의 양 δ와 θ에 관하여 표현되어진 하중 형태의 양, 즉 V와 M이 필요하다. 이를 위해 식 7.19(혹은 표 E.3을 참조)를 사용할 수 있다. 식 7.19로부터

$$(V_j)_1 = \left(\frac{EI}{L^3}\right)_1 [12(\delta_j)_1 - 6L_1(\theta_j)_1] \tag{2a}$$

$$(M_j)_1 = \left(\frac{EI}{L^2}\right)_1 [-6(\delta_j)_1 + 4L_1(\theta_j)_1] \tag{2b}$$

하중-변형 거동

$$(V_i)_2 = \left(\frac{EI}{L^3}\right)_2 [12(\delta_i)_2 - 6L_2(\theta_i)_2] \tag{2c}$$

$$(M_i)_2 = \left(\frac{EI}{L^2}\right)_2 [6(\delta_i)_2 + 4L_2(\theta_i)_2] \tag{2d}$$

기하학적 변형: 식 (2), 그림 3b와 3d에서 δ와 θ 양은 그림 3에 나타낸 절점 C에서 변위와 기울기에 연관되어질 수 있다. 따라서

$$(\theta_j)_1 = (\theta_i)_2 = \theta_C \tag{3a}$$

기하학적 변형

$$(\delta_j)_1 = (\delta_i)_2 = \delta_C \tag{3b}$$

식 (1)~(3)을 (3) → (2) → (1) 순으로 결합하면 절점 C에서 변위와 기울기

에 관하여 표현된 평형방정식을 얻는다(equilibrium equations expressed in terms of dieplacement and slope at C).

$$12\left[\left(\frac{EI}{L^3}\right)_1+\left(\frac{EI}{L^3}\right)_2\right]\delta_C-6\left[\left(\frac{EI}{L^2}\right)_1-\left(\frac{EI}{L^2}\right)_2\right]\theta_C=P \qquad (4a)$$

$$-6\left[\left(\frac{EI}{L^2}\right)_1-\left(\frac{EI}{L^2}\right)_2\right]\delta_C+4\left[\left(\frac{EI}{L}\right)_1+\left(\frac{EI}{L}\right)_2\right]\theta_C=0 \qquad (4b)$$

파트 (a) 완성: 식 (4)는 미지의 이음변위(joint displacement) δ_C와 기울기 θ_C에 대한 서로 연동된 대수방정식이다. 이것은 식 (4)에서 미지수들은 변위이기 때문에 변위법 풀이(Displacement-Method solution)라고 한다. P, $(EI)_i$, L_i에 대한 수치 값이 주어지면 이들 이음변위의 수치 값을 쉽게 구할 수 있다.

(b) 반력 R_B와 M_B를 구한다. 식 7.19(c)와 7.19(d)를 이용하여 식 (4)의 해로부터 얻어진 절점 변위를 사용하여 R_B와 M_B를 구한다. 따라서

$$R_B\equiv-(V_j)_2=-\left(\frac{EI}{L^3}\right)_2(-12\delta_C-6L_2\theta_C) \qquad (5a)$$

$$M_B\equiv(M_j)_2=\left(\frac{EI}{L^2}\right)_2(6\delta_C+2L_2\theta_C) \qquad (5b)$$

풀이 검토 상기 해가 δ_C, θ_C, R_B, M_B에 대한 정확한 답으로 연결되는지 증명하기 위한 한 가지 방법으로 $EI=$일정 및 $L_1=L_2=L/2$를 가지는 대칭 문제의 특수한 경우를 살펴본다. 이 경우는 $\theta_C=0$이 되어야 한다. 상기 값을 식 (4b)에 대입하면

$$16\left(\frac{EI}{L}\right)\theta_C=0\rightarrow\theta_C=0$$

이것은 예상하였던 결과이다.

만약 보에 작용하는 모든 하중이 절점들(joints)에 가해지는 집중하중(하중 및/또는 모멘트)이라면, 이 문제를 절점-하중 문제(nodal-load problem)라고 한다. 앞의 예제는 변위법에 의해 풀어진 전형적인 절점-하중 보 문제이다.

다음 예제는 분포하중을 변위법 풀이에서 어떻게 처리하는지를 설명한다. 분포하중 풀이의 핵심 구성요소는 각 개별 요소에 대한 적절한 고정단 하중(fixed-end forces)을 포함하는 것이다(533쪽의 절차 중 4단계).

예제 7.17

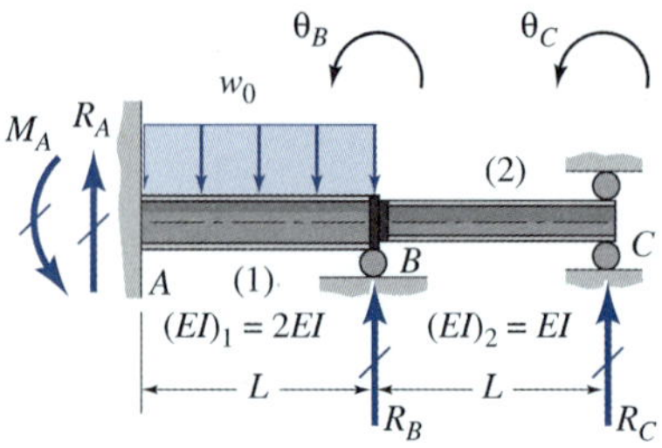

그림 1 스팬 AB에 걸쳐 균일 분포하중을 받는 2-스팬 연속 보

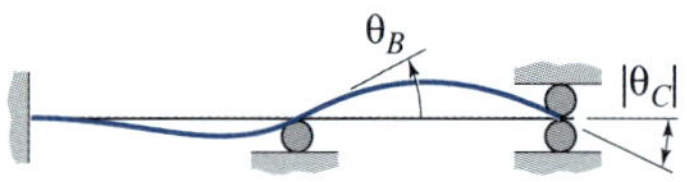

그림 2 예상 처짐 곡선

그림 1의 2-스팬 연속 보가 스팬 AB에 걸쳐 균일 분포하중을 받고 있다. 변위법을 사용하여: (a) 미지의 기울기 θ_B와 θ_C를 구하시오. (b) 고정단 A에서의 반력 R_A와 M_A를 구하시오.

풀이 계획 보가 자유롭게 회전하는 B와 C에서 연결부에 대한 모멘트 평형방정식을 작성할 필요가 있다. 식 7.19는 요소 끝단 모멘트를 요소 (1)에 작용하는 분포하중으로 인한 해당하는 요소 끝단 회전과 고정단 모멘트에 연관시키는데 사용할 수 있다.

풀이 (a) 절점 기울기(회전) θ_B와 θ_C를 구한다.

처짐 곡선 작도: 그림 1에 나타낸 것처럼 각도 θ_B와 θ_C는 반시계방향을 양(+)으로 한다. 따라서 그림 2의 절점 C에서 예상되는 시계방향 각도의 크기를 $|\theta_C|$라 한다.

요소와 절점: 모든 반력, 전단력 및 굽힘 모멘트는 그림 3의 절점 및 요소 위에 표시되어 있다. 예제 7.16과 같이 해를 완성하기 위해 평형, 하중-변형 거동 및 변형의 기하학을 적용할 것이다.

절점 평형: 절점 B와 C의 자유물체도를 참조하여 다음과 같은 2개의 모멘트 평형방정식을 작성할 수 있다. 이 방정식들은 B와 C에서 미지의 회전에 대응한다.

$$\left(\sum M\right)_B = 0: \qquad (M_j)_1 + (M_i)_2 = 0 \tag{1a}$$

평형

$$\left(\sum M\right)_C = 0: \qquad (M_j)_2 = 0 \tag{1b}$$

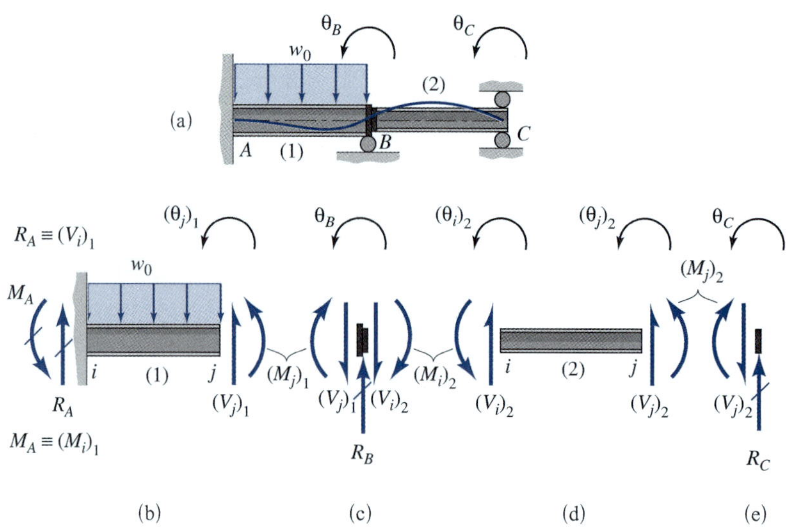

그림 3 요소와 절점으로 구분된 연속 보

고정단 하중을 받는 요소 하중-변형 방정식: 균일 분포하중 $(p_i)_1 = (p_j)_1 = -w_0$로 인한 미지 기울기 $(\theta_j)_1$과 고정단 모멘트에 관하여 $(M_j)_1$을 표현하기 위하여 식 7.19(d)를 사용한다. 그 다음 식 7.19(b)와 (d)는 각각 모멘트 $(M_i)_2$와 $(M_j)_2$에 대한 관계식을 작성하기 위하여 사용된다. $(EI)_1 = 2EI$, $L_1 = L_2 = L$을 사용한다.

고정단 하중을 갖는 하중-변형 방정식

$$(M_j)_1 = \frac{8EI}{L}(\theta_j)_1 - \frac{w_0L^2}{12} \tag{2a}$$

$$(M_i)_2 = \frac{2EI}{L}[2(\theta_i)_2 + (\theta_j)_2] \tag{2b}$$

$$(M_j)_2 = \frac{2EI}{L}[(\theta_i)_2 + 2(\theta_j)_2] \tag{2c}$$

기하학적 변형; 적합성: 그림 1에서 회전각 B와 C는 그림 7.15b의 θ_i와 θ_j에 대한 부호규약에 일치하도록 하기 위하여 반시계방향을 양(+)으로 한다. 따라서

기하학적 변형

$$(\theta_j)_1 = (\theta_i)_2 = \theta_B \tag{3a}$$

$$(\theta_j)_2 = \theta_C \tag{3b}$$

식 (3a)는 B점에서 기울기의 연속성을 나타내는 적합방정식(compatibility equation)이다.

파트 (a)를 완성한다. 마지막으로 변위법 방식으로 식 (3)→(2)→(1)의 순으로 대입하고 미지 변위에 관하여 평형방정식(equilibrium equations in terms of unknown displacement)을 얻는다.

$$\left[\frac{8EI}{L} + \frac{4EI}{L}\right]\theta_B + \frac{2EI}{L}\theta_C = \frac{w_0L^2}{12} \tag{4a}$$

$$\frac{2EI}{L}\theta_B + \frac{4EI}{L}\theta_C = 0 \tag{4b}$$

마지막으로, 식 (4)를 동시에 풀면,

$$\theta_B = \frac{w_0L^3}{132EI}, \quad \theta_C = -\frac{w_0L^3}{264EI} \qquad \textbf{답 (a)} \tag{5}$$

(b) 반력 R_A와 M_A를 구한다. 그림 3에 나타낸 것처럼 $R_A \equiv (V_i)_1$과 $(M_A) \equiv (M_i)_1$이다. 또한 $(p_i)_1 = (p_j)_1 = -w_0$이다. 상기의 식 (3)과 함께 식 7.19(a)와 7.19(b)를 사용하여,

$$R_A \equiv (V_i)_1 = \frac{2EI}{L^2}(6\theta_B) + \frac{1}{2}w_0L \tag{6a}$$

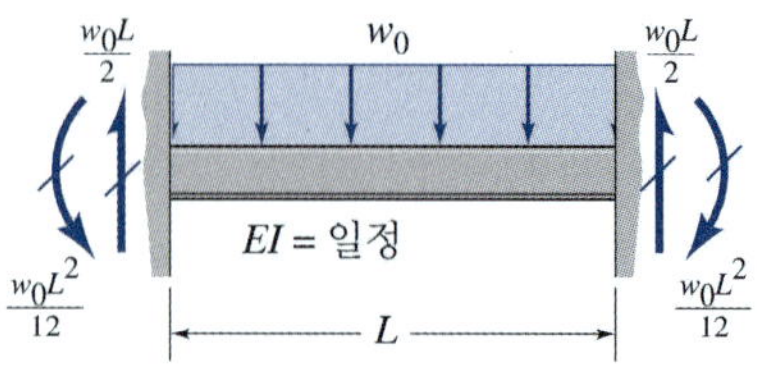

(a) 균일 양단고정보

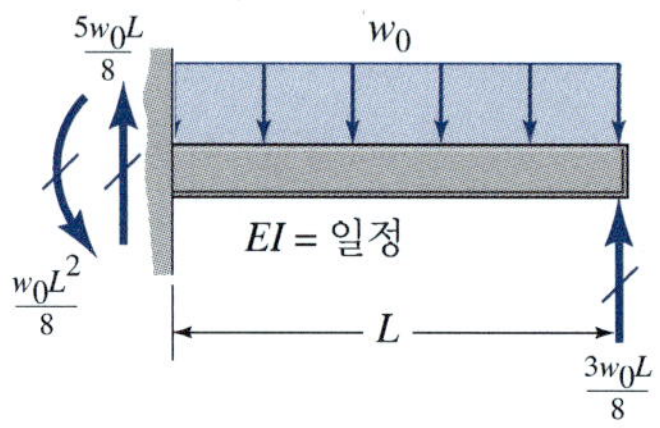

(b) 균일 지지된(버팀) 외팔보

그림 4 이 문제의 요소 (1)에 연관된 2개의 보

$$M_A \equiv (M_i)_1 = \frac{2EI}{L}(2\theta_B) + \frac{1}{12}w_0 L^2 \tag{6b}$$

식 (5a)를 식 (6)에 대입하면

$$R_A = \frac{1}{11}w_0 L + \frac{1}{2}w_0 L \tag{7a}$$

$$M_A = \frac{1}{33}w_0 L^2 + \frac{1}{12}w_0 L^2 \tag{7b}$$

혹은

$$R_A = \frac{13}{22}w_0 L, \quad M_A = \frac{15}{132}w_0 L^2 \qquad \textbf{답 (b)} \tag{8}$$

풀이 검토 요소 (1)을 고려하면 요소 (1)의 오른쪽 끝단이 완전 고정(회전 없음) 및 지지(모멘트 없음) 사이 어딘가에 있음을 알 수 있다. 이들 2개의 부정정 문제에 대해 반력에 대한 해는 그림 4에 나타내었다. 식 (8)에서 얻은 반력 R_A와 M_A는 실제로 이들 2개의 보에 대한 반력 값들 사이에 놓여 있음을 알 수 있다.

MDS 7.4 보의 처짐: 변위법

7.8 연습문제

이 절의 모든 문제에 대해 보의 휨 강성 EI는 일정하다.

문제 7.2-1. 그림 P7.2-1에 나타낸 단순지지보의 경우, 처짐 곡선의 방정식은 다음과 같다.

$$v(x) = \frac{M_0 L^2}{3EI}\left[-2\left(\frac{x}{L}\right)^3 + 3\left(\frac{x}{L}\right)^2 - \left(\frac{x}{L}\right)\right]$$

(a) 최대 처짐 $\delta_{max} \equiv \max|v(x)|$에 대한 관계식을 구하시오. (b) 식 7.8 및 7.13을 이용하여 적용모멘트 M_A 및 반력 R_A와 R_B에 대한 관계식을 구하시오.

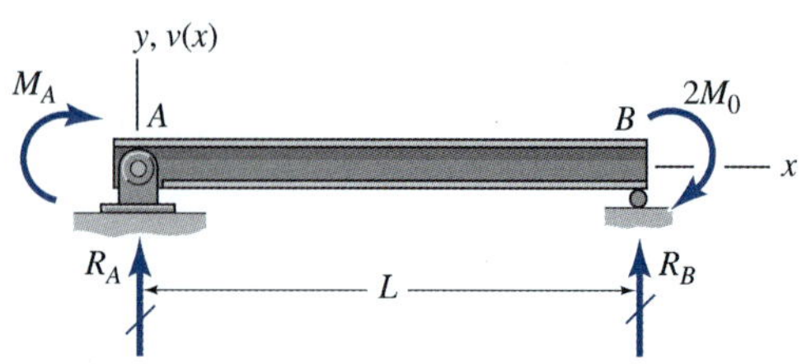

P7.2-1

문제 7.2-2. 그림 P7.2-2에 나타낸 단순지지보의 경우, 처짐 곡선 방정식은 다음과 같다.

$$v(x) = \frac{P_0 L^4}{840EI}\left[\left(\frac{x}{L}\right)^7 - 7\left(\frac{x}{L}\right)^3 + 6\left(\frac{x}{L}\right)\right]$$

(a) 분포하중 $p(x)$에 대한 관계식을 구하시오. (b) 식 7.13을 이용하여 반력 R_A와 R_B에 대한 관계식을 구하시오.

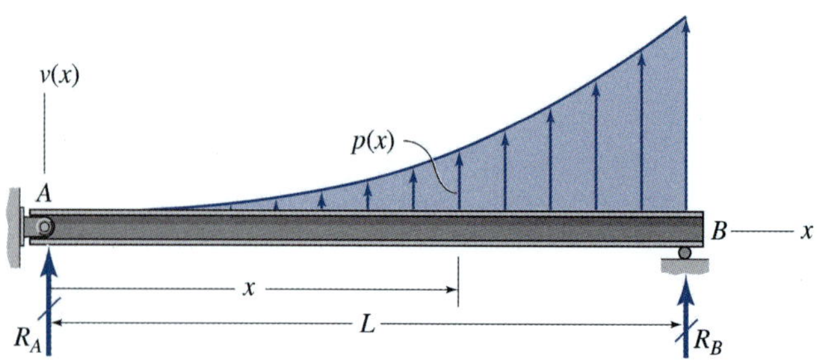

P7.2-2

문제 7.2-3. 그림 P7.2-3에 나타낸 외팔보의 경우, 처짐 곡선 방정식은 다음과 같다.

$$v(x) = \frac{w_0 L^4}{48EI}\left[-2\left(\frac{x}{L}\right)^4 + \left(\frac{x}{L}\right)^3 + 5\left(\frac{x}{L}\right) - 4\right]$$

(a) 집중하중 P_A에 대한 관계식을 구하시오. (b) 반력 R_A와 R_B에 대한 관계식을 구하시오.

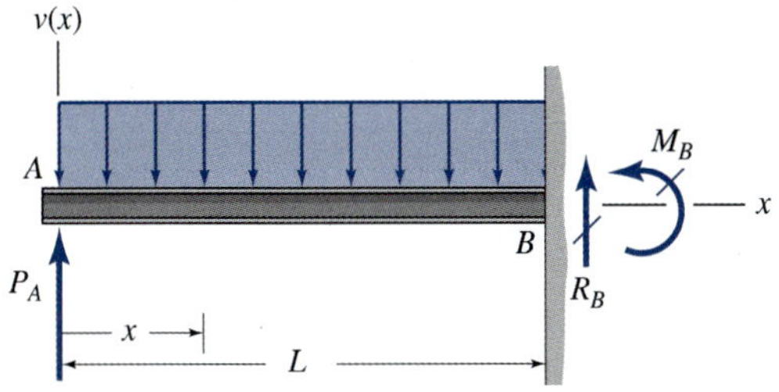

P7.2-3

문제 7.2-4. 그림 P7.2-4에 나타낸 외팔보는 $x=0$에서 w_1으로부터 $x=L$에서 w_2까지 선형적으로 변하는 하향 분포하중을 받는다. 이 보의 처짐 곡선 방정식은 다음과 같다.

$$v(x) = \frac{w_0 L^4}{120EI}\left[-\left(\frac{x}{L}\right)^5 - 5\left(\frac{x}{L}\right)^4 + 30\left(\frac{x}{L}\right)^3 - 50\left(\frac{x}{L}\right)^2\right]$$

(a) w_1 및 w_2에 대한 관계식을 구하시오. (b) 반력 R_A와 M_A에 대한 관계식을 구하시오.

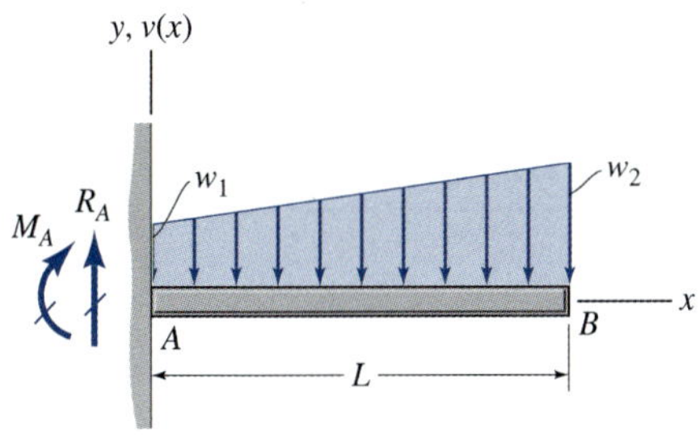

P7.2-4

■ 2차 적분법

> 문제 7.3-1~7.3-17. 이 문제들은 2차 미분방정식 식 7.8을 적분함으로써 구할 수 있다. 문제 7.3-17을 제외하고는 휨 강성 EI는 각 보에 대해 일정하다.

문제 7.3-1. 그림 P7.3-1에 나타낸 균일 단순지지보에 대해, (a) 처짐 곡선 방정식 $v(x)$를 구하시오. (b) 왼쪽 끝단에서 기울기 θ_A를 구하시오. (c) 최대 처짐 $\delta_{max} \equiv \max|v(x)|$를 구하시오. 2차 미분방정식(모멘트-곡률 방정식)을 적분하여 구하시오.

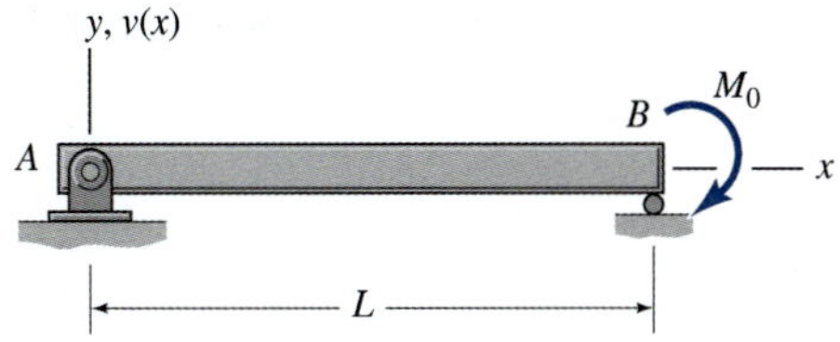

P7.3-1

문제 7.3-2. 그림 P7.3-2에 나타낸 균일 단순지지보에 대해, (a) 처짐 곡선 방정식 $v(x)$를 구하시오. (b) 오른쪽 끝단에서 기울기 θ_B를 구하시오. (c) 최대 처짐 $\delta_{max} \equiv \max|v(x)|$를 구하시오. 2차 미분방정식(모멘트-곡률 방정식)을 적분하여 구하시오.

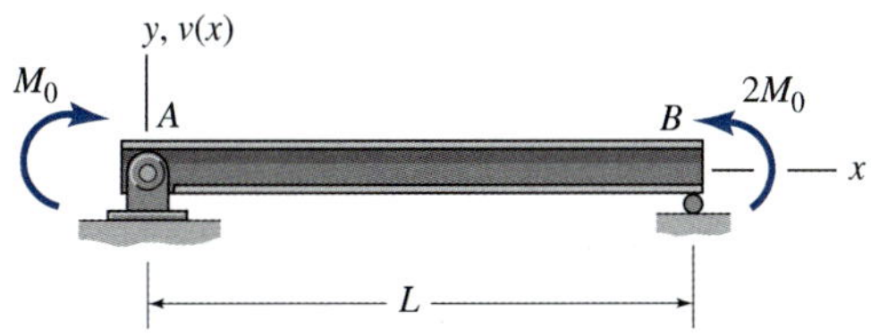

P7.3-2

문제 7.3-3. 그림 P7.3-3에 나타낸 것처럼, A-36 구조용 강($E = 29 \times 10^3$ ksi)으로 만들어진 **W**8×40 광폭 플랜지보(wide-flange beam)가 단순지지되어 있다. 이 보는 0.10 in.의 최대 처짐을 발생시키는 모멘트 M_A를 받는다. (a) M_A는 얼마인가? (b) 이 하중을 받는 보에서의 최대 굽힘응력은 얼마인가? 처짐식 7.8의 2차 미분방정식을 적분하여 구하고, 보의 단면 특성에 대해서는 표 D.1을 참조하시오.

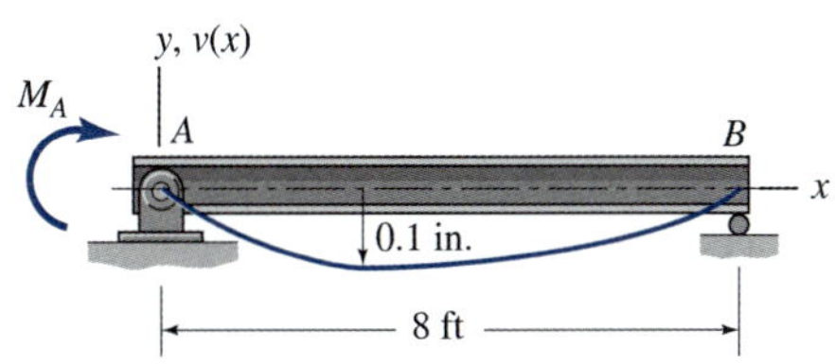

P7.3-3

문제 7.3-4. 그림 P7.3-4의 균일 단순지지보에 대해, (a) 처짐 곡선 방정식 $v(x)$를 구하시오. (b) 왼쪽 끝단에서 기울기 θ_A를 구하시오. (c) 최대 처짐 $\delta_{max} \equiv \max|v(x)|$를 구하시오. 처짐에 대한 2차 미분방정식을 적분하여 구하시오(참고: 최대 처짐이

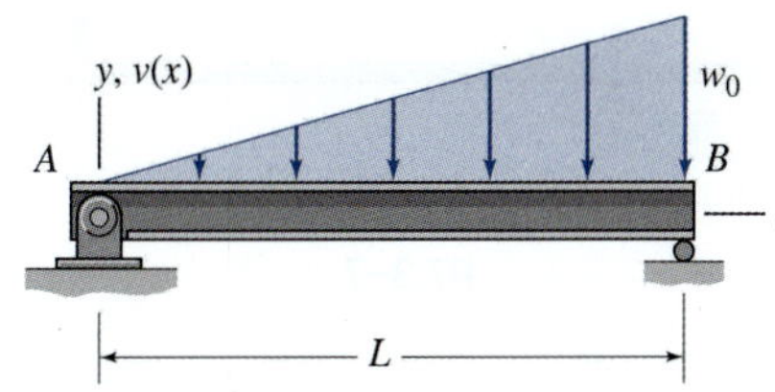

P7.3-4 및 P7.3-32

발생하는 곳을 결정하기 위해 시행착오법을 사용해야만 할 수도 있다).

문제 7.3-5. 그림 7.3-5의 외팔보 AB는 최대 강도 w_0인 삼각 분포하중을 받고 있다. (a) 처짐 곡선 방정식 $v(x)$를 구하시오. (b) 끝단 B에서의 기울기 θ_B, 처짐 δ_B를 구하시오. 처짐에 대한 2차 미분방정식을 적분하여 구하시오.

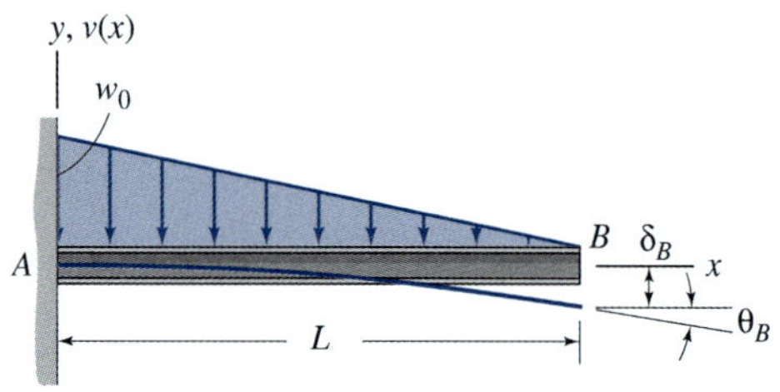

P7.3-5 및 P7.3-33

문제 7.3-6. 그림 7.3-6에 나타낸 것처럼, 길이 L인 균일 돌출보에 대해, (a) 지지점 A 및 B 사이의 보의 처짐 곡선 방정식 $v(x)$를 구하시오. (b) 지지점 A 및 B 사이의 최대 처짐 $\delta_{max} \equiv \max|v(x)|$를 구하시오. 2차 미분방정식(모멘트-곡률 방정식)을 적분하여 구하시오.

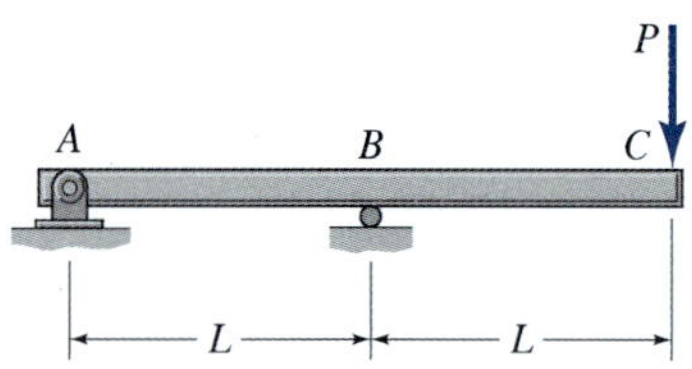

P7.3-6

문제 7.3-7. 그림 7.3-7에 나타낸 것처럼, 다이빙 보드의 끝단 C에 서 있는 사람은 하향 힘 P를 가한다. (a) 구간 AB의 처짐 곡선 방정식 $v_1(x)$ 및 구간 BC의 처짐 곡선 방정식 $v_2(x)$를 구하시오. (b) 다이버가 서 있는 곳에서의 처짐 δ_C를 구하시오. (c) 구간 AB의 최대(상향)처짐 $\delta_{max} \equiv \max|v_1(x)|$를 구하시오.

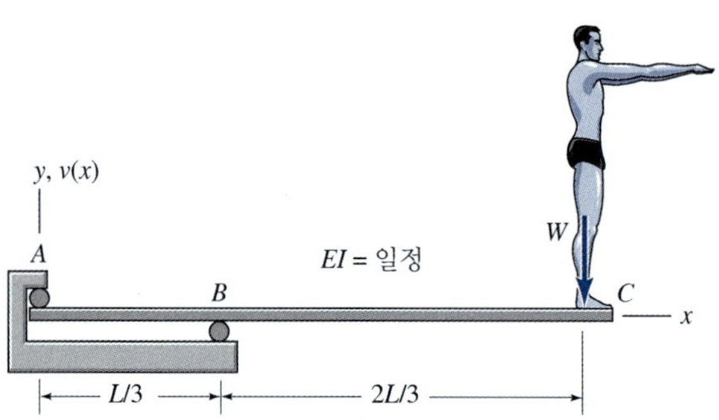

P7.3-7

문제 7.3-8. 그림 P7.3-8의 (두 구간) 단순지지보에 대해, (a) $0 \le x \le \frac{L}{3}$에 대한 처짐 곡선 방정식 $v_1(x)$ 및 $\frac{L}{3} \le x \le L$에 대한 처짐 곡선 방정식 $v_2(x)$를 구하시오. 처짐에 대한 2차 미분방정식을 적분하여 구하시오. (b) 보에 발생하는 최대 처짐 위치 $\frac{x_m}{L}$을 구하고, 최대 처짐(δ_{max}) 방정식을 구하시오.

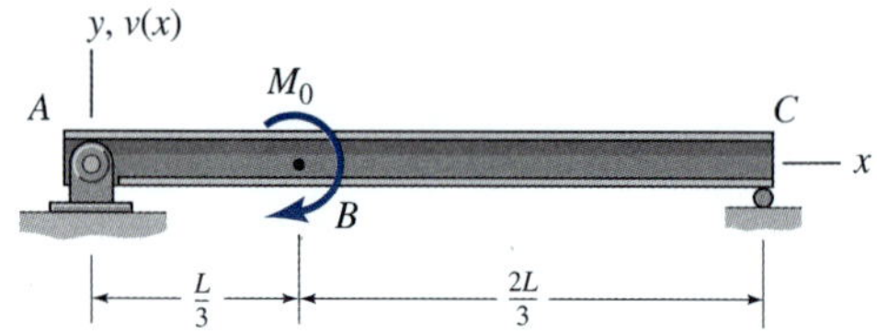

P7.3-8

문제 7.3-9. 균일한 축이 A 및 C에서 베어링에 의해 지지되고 있고, B에서 도르래를 통하여 하향 하중 P를 받고 있다. 도르래와 베어링의 폭을 무시하고, 베어링은 축에 단지 수직적으로 지지만 한다고 가정하자. (a) 구간 AB의 처짐 곡선 방정식 $v_1(x)$ 및 구간 BC의 처짐 곡선 방정식 $v_2(x)$를 구하시오. 처짐에 대한 2차 미분방정식을 적분하여 구하시오. (b) 그림 P7.3-9에 나타낸 것처럼, 베어링 A와 C 사이에서의 축의 최대 처짐은 B와 C 사이에서 발생할 것이다. $\delta_{max} \equiv \max|v_2(x)|$에 대한 관계식을 구하시오.

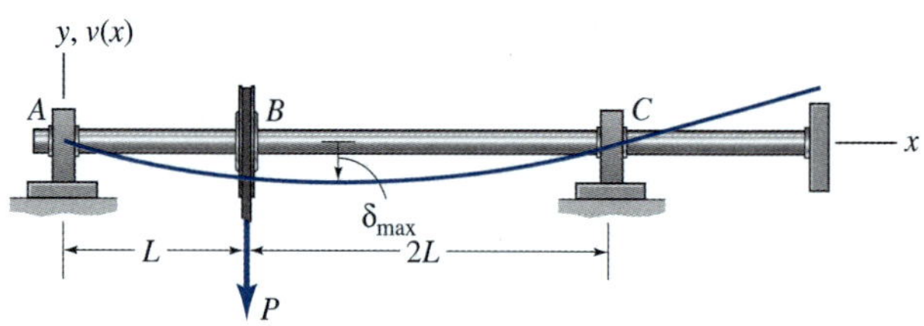

P7.3-9 및 P7.3-35

문제 7.3-10. 그림 P7.3-10에 나타낸 것처럼 역기가 스탠드 위에 놓여 있다. 봉(bar)은 $L = 40$ in. 스팬으로 단순 지지되어 있고 각 한 쌍의 추는 지지점을 넘어서 $a = 8$ in.의 거리에서 집중하중 $W = 50$ lb를 받고 있는데 봉 자체의 무게는 무시한다고 가정하자. 강봉($E = 30 \times 10^6$ psi)의 지름은 1 in.이다. (a) 하중과 지지점의 대칭을 이용하고, 처짐에 대한 2차 미분방정식을 사용하여 봉의 AB구간에 대한 처짐 곡선 방정식 $v(x)$를 구

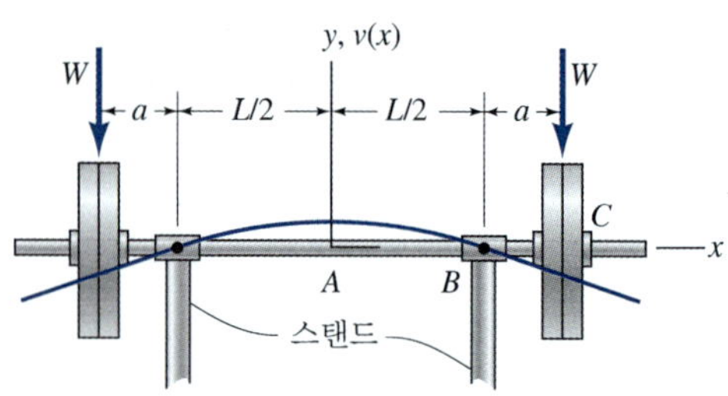

P7.3-10

하시오. 답을 W, EI, L, a 및 좌표 x로 나타내시오. (b) 최대(상향)처짐 방정식 $\delta_{max} \equiv v(0)$를 구하고, 주어진 물리적 파라미터(parameter)에 대한 관계식을 구하시오.

문제 7.3-11. 그림 P7.3-11에서 보의 돌출구간 BC 위에 쌓여 있는 시멘트 포대들은 단위 길이당 강도 w_0인 균일한 하중을 생산한다. (a) 구간 AB의 처짐 곡선 방정식 $v_1(x)$ 및 구간 BC의 처짐 곡선 방정식 $v_2(x)$를 구하시오. 처짐에 대한 2차 미분방정식을 적분하여 구하시오. (b) 보의 오른쪽 끝단에서 처짐 δ_C를 구하시오. (c) 구간 AB의 최대(상향)처짐 $\delta_{max} \equiv \max|v_1(x)|$를 구하시오.

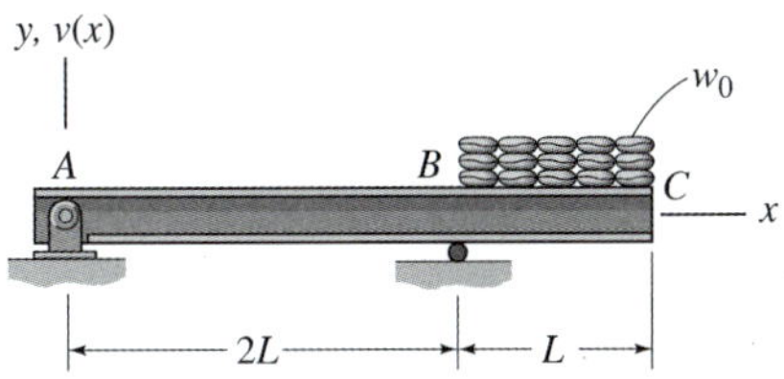

P7.3-11 및 P7.3-36

문제 7.3-12. 그림 P7.3-12의 (두 구간) 단순지지보에 대해, (a) $0 \le x \le \dfrac{L}{2}$에 대한 처짐 곡선 방정식 $v_1(x)$ 및 $\dfrac{L}{2} \le x \le L$에 대한 처짐 곡선 방정식 $v_2(x)$를 구하시오. (b) 보의 중심에서의 수직변위 $\delta_B \equiv |v(L/2)|$를 구하시오. 처짐에 대한 2차 미분방정식을 적분하여 구하시오.

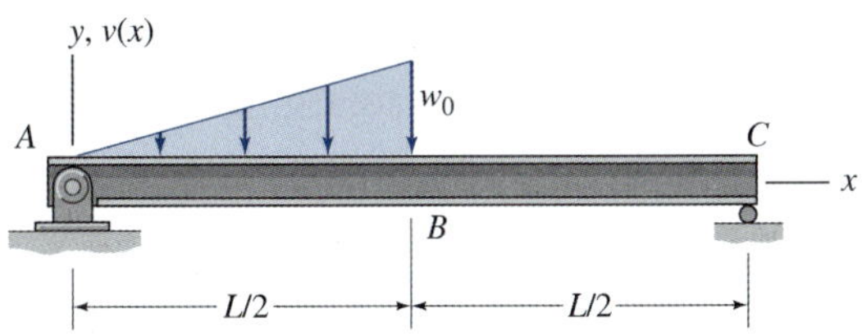

P7.3-12 및 P7.3-34

문제 7.3-13. 그림 P7.3-13의 균일 단순지지보는 보의 중심에서 최댓값 w_0를 갖는 대칭적인 선형적으로 변화하는 분포하중을 가진다. 대칭으로부터 보의 기울기는 보의 중심에서 0이어야만 한다. 즉 $v'(L/2) = 0$인 것을 관찰할 수 있다. 이러한 사실을 이용하여, 경계조건 $v(0) = 0$와 함께, (a) $0 \le x \le \dfrac{L}{2}$에 대해 처짐 곡선 방정식 $v(x)$를 구하시오. 처짐에 대한 2차 미분방정식을 적분하여 구하시오. (b) 최대 처짐 $\delta_{max} \equiv |v(L/2)|$에 대한 관계식을 구하시오.

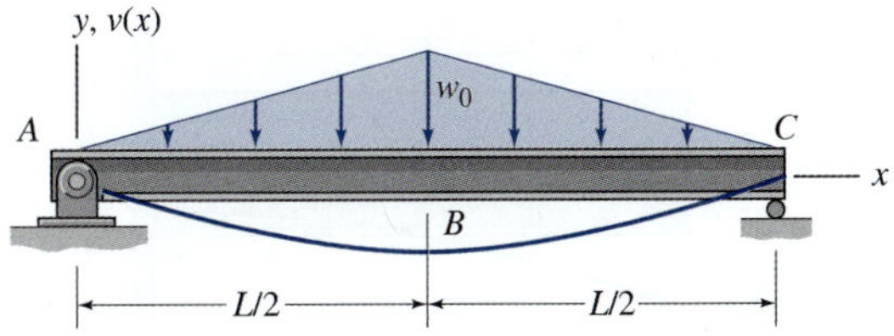

P7.3-13

***문제 7.3-14.** 길이 10 ft, W8×15 광폭 플랜지 강철 보 AB가 끝단 A에서 롤러지지에 의해, 그리고 단면적 $A = 1.0$ in.^{2}인 길이 6 ft 봉(rod)에 의해 지지되어 있다. 보는 그림 P.7.3-14에 나타낸 것처럼 균일 분포하중 $w_0 = 1$ kip/ft를 받고 있다. (a) 보 및 봉의 무게는 무시한다. 끝단 B에서 보를 지지하고 있는 봉의 연신율을 구하시오. 봉과 보에 대해 $E = 30 \times 10^3$ ksi를 이용하시오. (b) 보의 최대 처짐점인 위치 x_m(ft)를 구하시오.

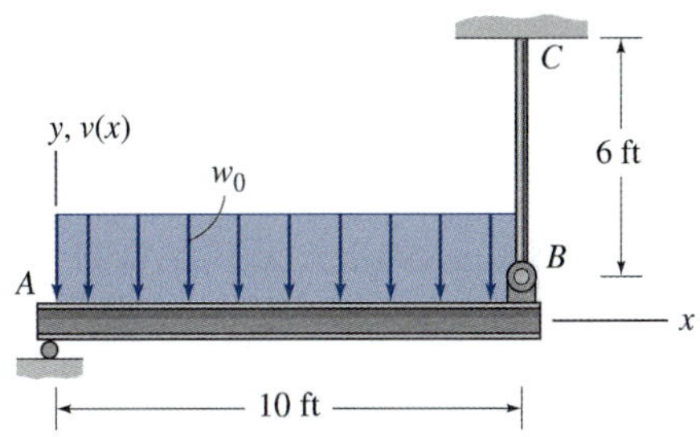

P7.3-14

문제 7.3-15. 그림 P7.3-15의 (두 구간) 외팔보에 대해, (a) $0 \le x \le \dfrac{L}{2}$에 대한 처짐 곡선 방정식 $v_1(x)$ 및 $\dfrac{L}{2} \le x \le L$에 대한 처짐 곡선 방정식 $v_2(x)$를 구하시오. (b) 보의 오른쪽 끝단에서의 수직변위 $\delta_C \equiv v(L)$를 구하시오. 처짐에 대한 2차 미분방정식을 적분하여 구하시오.

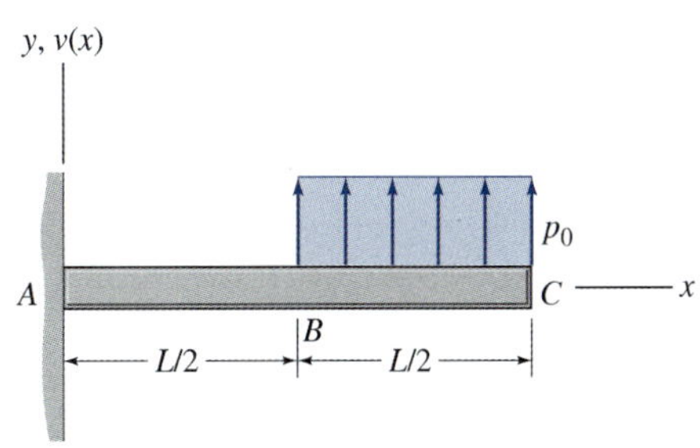

P7.3-15

문제 7.3-16. 그림 P7.3-16에 나타낸 것처럼 균일 외팔보 AC에 적용되는 하중 P_A와 P_B는 각각 처짐 δ_A 및 δ_B를 발생시킨다. 2차 적분법(second-order integration method)을 사용하여 E, I, L, δ_A, δ_B에 관한 P_A 및 P_B에 대한 관계식을 구하시오.

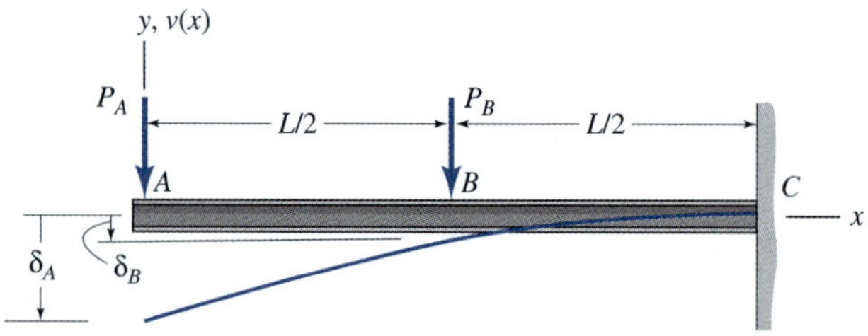

P7.3-16

문제 7.3-17. 그림 P7.3-17의 (두 구간) 외팔보에 대해, (a) $0 \le x \le \frac{L}{2}$에 대한 처짐 곡선 방정식 $v_1(x)$ 및 $\frac{L}{2} \le x \le L$에 대한 처짐 곡선 방정식 $v_2(x)$를 구하시오. (b) 보의 왼쪽 끝단에서의 수직변위 $\delta_A \equiv v(0)$를 구하시오. $x = \frac{L}{2}$에서 휨 강성 $EI(x)$의 변화에 유의하시오. 처짐에 대한 2차 미분방정식을 적분하여 구하시오.

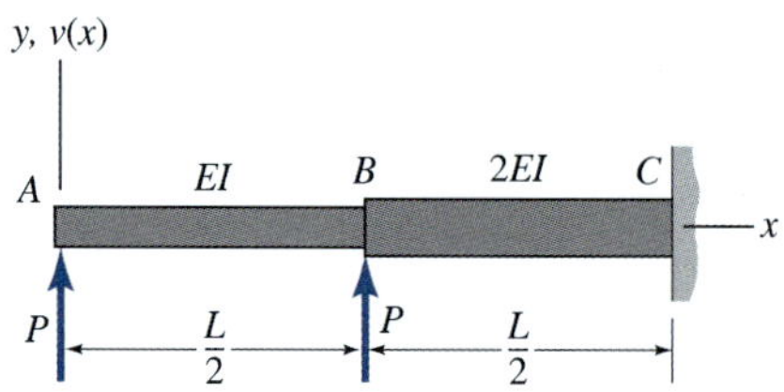

P7.3-17

■ 보－처짐 적용

> 문제 7.3－18~7.3－26. 이들 문제를 해결하기 위해서 부록 E의 표 E.1 및 E.2에서 주어진 처짐 식을 사용할 수 있다. 휨 강성 EI는 이 문제 그룹에서 각 보에 대해 일정하다.

문제 7.3-18. 그림 P7.3-18의 단순지지보는 $L = 8$ ft의 스팬 위에 강도 w_0인 균일 분포하중을 전달하고 있다. 만약 보의 깊이 $h = 6$ in., 보의 최대 굽힘응력 $\sigma_{max} = 12$ ksi이고, 보가 $E = 10 \times 10^3$ ksi의 알루미늄으로 만들어진다면 최대 처짐 δ_{max}를 구하시오.

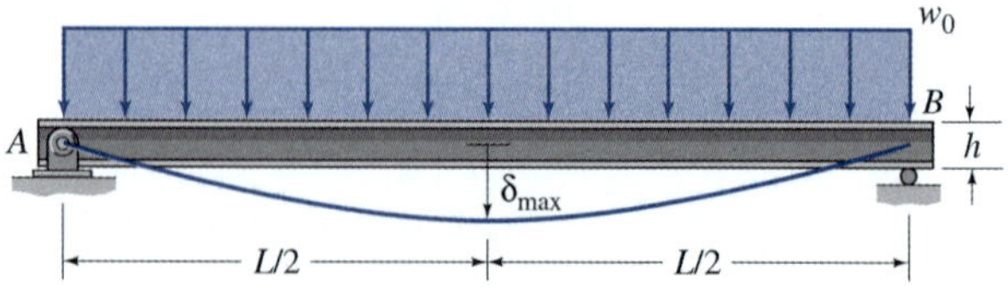

P7.3-18, P7.3-19, P7.3-20

설계문제 7.3-19. 만약 최대 굽힘응력 $\sigma_{max} = 8$ ksi, 최대 처짐 $\delta_{max} = 0.20$ in., 스팬 $L = 10$ ft, 탄성계수 $E = 30 \times 10^3$ ksi라면 균일하게 하중을 받고 있는 단순지지보(그림 P7.3-19)의 깊이 h는 얼마인지 구하시오.

문제 7.3-20. W360×39 광폭 플랜지 강철 보가 단순하게 지지되고 $L = 5$ ft의 스팬 위에 $w_0 = 35$ kN/m의 균일 분포하중을 전달한다(그림 P7.3-20). $E = 200$ GPa일 경우, (a) 보의 최대 처짐을 구하시오. (b) 보의 최대 굽힘응력을 구하시오.(보의 단면 특성에 대해 부록 D의 표 D.2를 참조하시오.)

설계문제 7.3-21. 단순지지보 AC는 스팬의 중심 B점(그림 P7.3-21)에서 집중하중 P를 전달한다. 만약 최대 굽힘응력 $\sigma_{max} = 50$ MPa, 최대 처짐 $\delta_{max} = 10$ mm, 스팬 $L = 4$ m, 탄성계수 $E = 200$ GPa이라면, 보의 깊이 h (mm)를 구하시오.

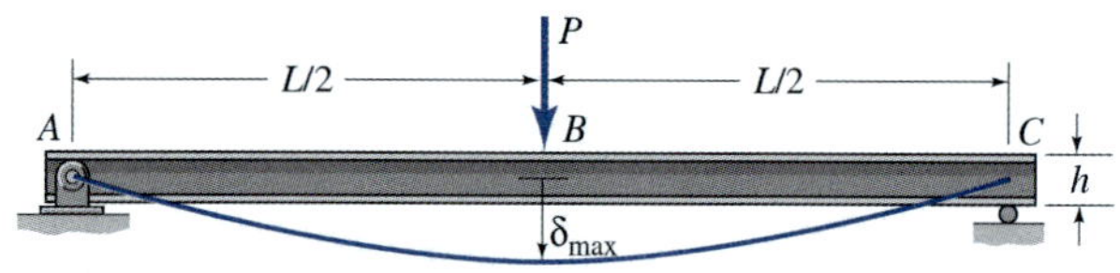

P7.3-21 및 P7.3-22

문제 7.3-22. 단순지지보 AC는 스팬의 중심 B점(그림 P7.3-22)에서 집중하중 P를 전달한다. 만약 스팬 $L = 8$ ft, 보의 깊이 $h = 6$ in., 보의 최대 굽힘응력 $\sigma_{max} = 12$ ksi이고, 보가 $E = 10 \times 10^3$ ksi의 알루미늄으로 만들어진다면 최대 처짐 δ_{max}를 구하시오.

***문제 7.3-23.** 그림 P7.3-23에 나타낸 것처럼, W8×40 광폭 플랜지 강철 보 AD는 단순지지되고 각각 $P = 6$ kips인 두 개의 동일한 집중하중을 전달한다. 보의 전체 스팬은 $L = 12$ ft이고 탄성계수 $E = 30 \times 10^3$ ksi이다. (a) 보의 최대 처짐을 구하시오. (b) 보의 최대 굽힘응력을 구하시오.(보의 단면 특성에 대해 부록 D의 표 D.1을 참조하고, 적절한 처짐식에 대해 표 E.2를 참조하시오.)

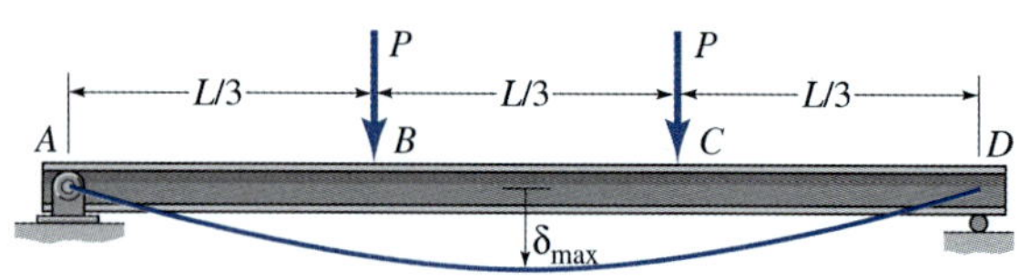

P7.3-23

문제 7.3-24. 외팔보 AB는 스팬 $L = 8$ ft 위에 강도 w_0인 균일 분포하중을 전달한다(그림 P7.3-24). 만약 보의 깊이 $h = 6$ in.,

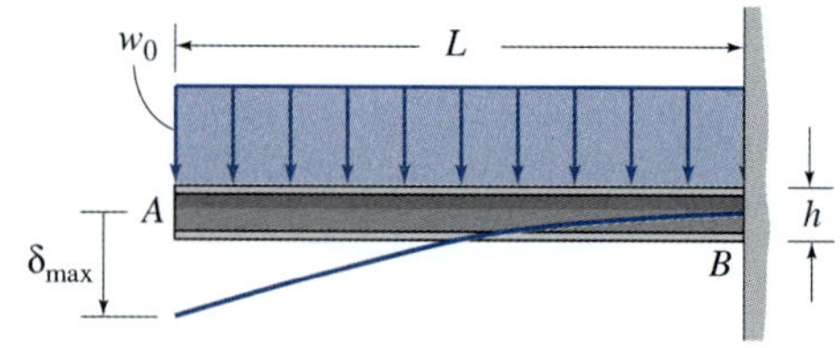

P7.3-24 및 P7.3-25

보의 최대 굽힘응력 $\sigma_{max} = 12$ ksi이고, 보가 $E = 30 \times 10^3$ ksi의 강으로 만들어진다면 최대 처짐 δ_{max}를 구하시오.

문제 7.3-25. 만약 보의 깊이 $h = 250$ mm, 최대 처짐 $\delta_{max} = 5$ mm, 스팬 $L = 3$ m, 탄성계수 $E = 70$ GPa이라면 그림 P7.3-25와 같이 균일하게 부하되고 있는 외팔보에서의 최대 굽힘응력은 얼마인지 구하시오.

***문제 7.3-26.** 길이 10 ft, W6×15 광폭 플랜지 보 AB는 단면적 $A_r = 0.5$ in.²의 길이 6 ft인 두 개의 봉 AC와 BD에 의해 지지되고 있다. 그림 P7.3-26에 나타낸 것처럼 보는 균일 분포하중 $w_0 = 1$ kip/ft를 받고 있다. 두 봉의 신장률을 고려하지만 보와 봉의 무게는 무시하고 보의 최대 처짐을 구하시오. 봉과 보에 대해 $E = 30 \times 10^3$ ksi를 사용하시오.(힌트: 먼저 봉의 신장률을 구하고 나서 그 다음 보에 대한 경계조건 $v(0)$ 및 $v(L)$로서 이들 신장률을 이용하시오.)

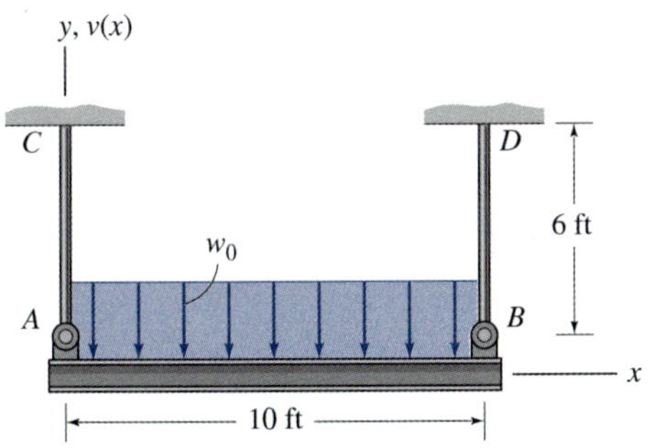

P7.3-26

■ 4차 적분법

> 문제 7.3-27~7.3-37. 이들 문제들은 4차 미분방정식(식 7.12)을 적분하여 구한다. 휨 강성 EI는 각 보에 대해 일정하다.

문제 7.3-27. 그림 P7.3-27의 단순지지보는 강도 $p(x) = -w_0 \sin\left(\frac{\pi x}{L}\right)$인 분포하중을 받고 있다.[참고: 이 하중은 아래 방향으로 작용하므로 $p(x)$에 대한 관계식에서 음(−)의 부호를 가진다.] (a) 이 보의 처짐 곡선 방정식을 구하기 위해 4차 적분법을 이용하시오. (b) 끝단 B에서 보의 기울기 θ_B를 구하시오.

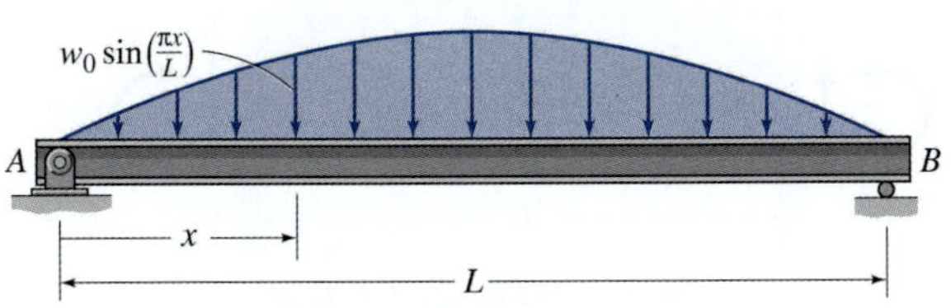

P7.3-27

문제 7.3-28. 그림 P7.3-28의 단순지지보는 강도 $p(x) = -w_0\left(\frac{x}{L}\right)^3$인 분포하중을 받고 있다.[참고: 이 하중은 아래 방향으로 작용하므로 $p(x)$에 대한 관계식에서 음(−)의 부호를 가진다.] (a) 4차 적분법을 사용하여 처짐 곡선 방정식 $v(x)$를 구하시오. (b) 이 보의 최대 처짐 $\delta_{max} = \max|v(x)|$를 구하시오. (c) 반력 A_y 및 B_y에 대한 관계식을 구하시오.

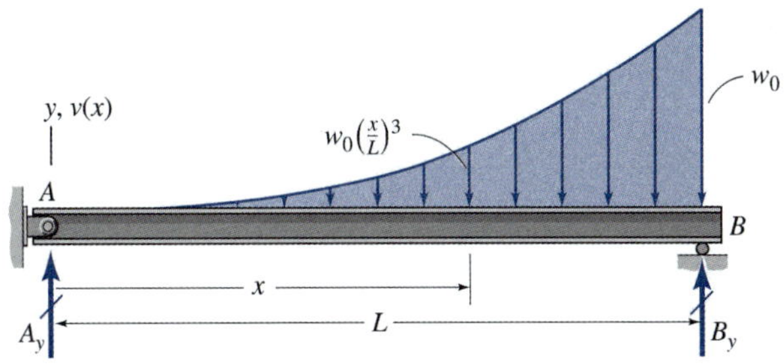

P7.3-28

문제 7.3-29. 그림 P7.3-29의 외팔보는 강도 $p(x) = p_0\left[1 - \left(\frac{x}{L}\right)^2\right]$인 분포하중을 받고 있다. (a) 4차 적분법을 사용하여 처짐 곡선 방정식 $v(x)$를 구하시오. (b) 보의 오른쪽 끝에서의 기울기 θ_B를 구하시오. (c) 반력 R_A 및 M_A에 대한 관계식을 구하시오.

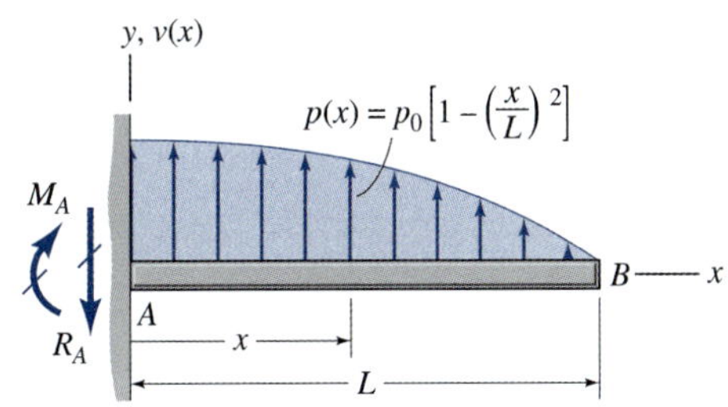

P7.3-29

문제 7.3-30. 그림 P7.3-30의 외팔보는 강도 $p(x) = -w_0\left(\frac{x}{L}\right)^2$인 분포하중을 받고 있다.[참고: 이 하중은 아랫방향으로 작용하므로 $p(x)$에 대한 관계식에서 음(−)의 부호를 가진다.] (a) 4차 적분법을 사용하여 처짐 곡선 방정식 $v(x)$를 구하시오. (b) 보의 오른쪽 끝에서의 기울기 θ_B를 구하시오. (c) 반력 R_A 및 M_A에 대한 관계식을 구하시오.

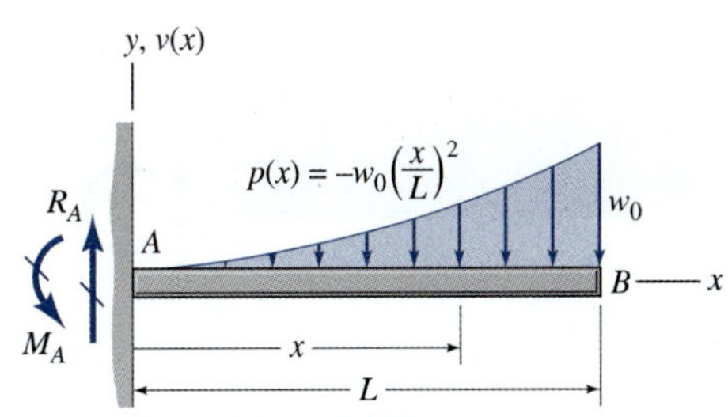

P7.3-30

문제 7.3-31. 4차 적분법을 사용하여 문제 7.3-2를 풀이하시오.

문제 7.3-32. 4차 적분법을 사용하여 문제 7.3-4를 풀이하시오.

문제 7.3-33. 4차 적분법을 사용하여 문제 7.3-5를 풀이하시오.

문제 7.3-34. 4차 적분법을 사용하여 문제 7.3-12를 풀이하시오.

문제 7.3-35. 4차 적분법을 사용하여 문제 7.3-9를 풀이하시오.

문제 7.3-36. 4차 적분법을 사용하여 문제 7.3-11를 풀이하시오.

설계문제 7.3-37. 그림 P7.3-37의 외팔보에 대해, (a) 4차 적분법을 사용하여 끝단 처짐 δ_B에 대한 관계식을 구하시오. 그리고 나서 (b) 보의 최대인장응력이 σ_{allow}에 동일하고, 해당하는 최대 처짐이 δ_{allow}에 동일하도록 만드는 길이 L에 대한 관계식을 구하시오. 답을 E, δ_{allow}, σ_{allow}와 보의 깊이 h에 관하여 나타내시오.

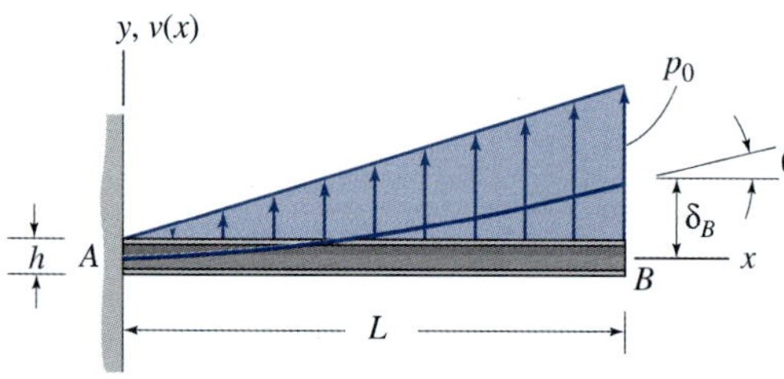

P7.3-37

■ 2차 적분법

문제 7.4-1~7.4-11. 이들 문제들은 2차 미분방정식(식 7.8)을 적분하여 구한다. 휨 강성 EI는 문제 7.4-1~7.4-10의 각 보에 대해 일정하다.

문제 7.4-1. 그림 7.4-1의 균일하게 부하되고 있는 버팀 외팔보에 대해, 2차 적분법을 사용하여, (a) 반력 A 및 B를 구하시오. (b) 처짐 곡선 방정식 $v(x)$를 구하시오.

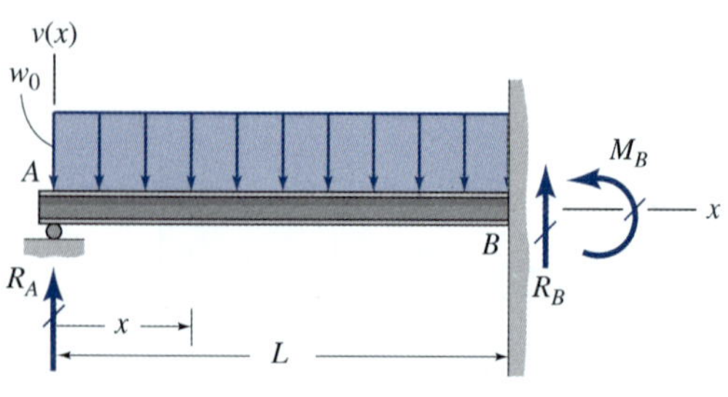

P7.4-1, P7.4-12, P7.6-31 및 P11.3-40

문제 7.4-2. 그림 7.4-2의 버팀 외팔보는 W8×40 단면을 가지고 $L = 10$ ft 스팬 위에 균일 분포하중 $w_0 = 4$ kips/ft를 받는다. (a) 2차 적분법을 사용하여 반력 A와 B를 구하시오.(기호 w_0, EI, 등을 사용하여 문제를 풀이하고 나서, 이들 양들에 대해 수치를 대체하시오.) (b) 이 보에 대한 전단력 선도 및 모멘트 선도를 그리시오.

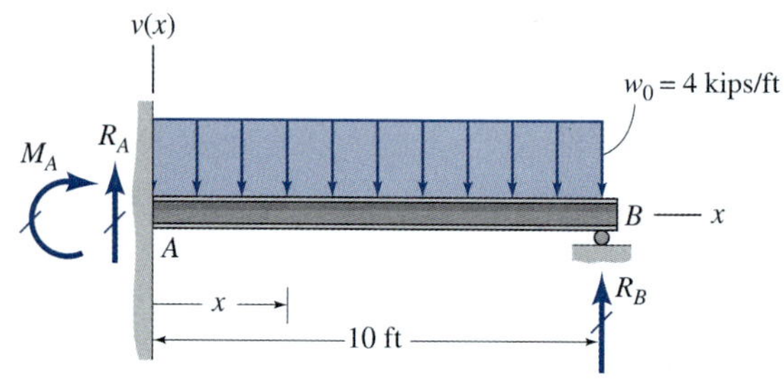

P7.4-2, P7.6-32, P11.5-18, P11.5-42

문제 7.4-3. 그림 7.4-3의 버팀 외팔보 AB는 최대강도 w_0인 선형적으로 변화하는 하중을 받는다. (a) 2차 적분법을 사용하여 반력 A 및 B와 처짐 곡선 $v(x)$를 구하시오. (b) 최대 처짐 $\delta_{max} = \max|v(x)|$에 대한 관계식을 구하시오. (c) 전단력 선도 $V(x)$를 그리시오.

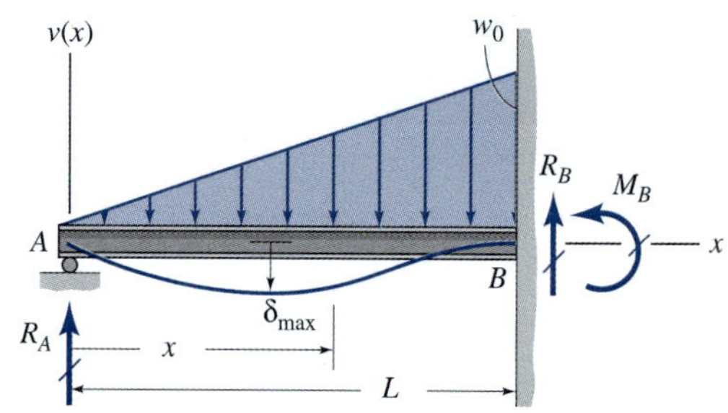

P7.4-3, P7.4-13, P7.6-33, P7.6-34, P11.5-17, P11.5-41

문제 7.4-4. 그림 7.4-4의 균일하게 부하 받고 있는 보는 끝단 A 및 B에서 완전하게 고정된다. (a) 2차 적분법을 사용하여 반력 R_A 및 M_A를 구하고, 처짐 곡선 방정식 $v(x)$를 구하시오. (b) 전단력 선도 $V(x)$와 모멘트 선도 $M(x)$를 그리시오.

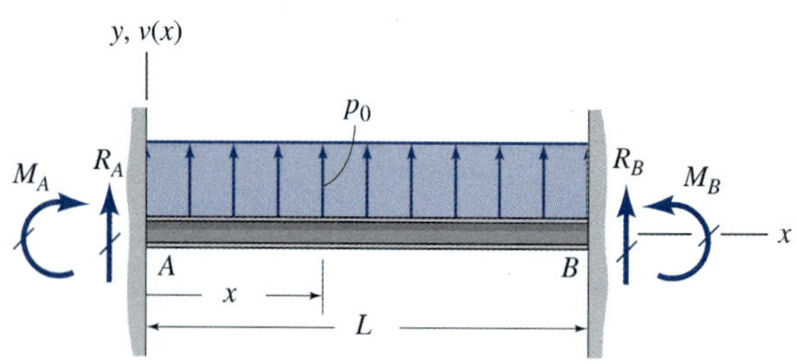

P7.4-4, P7.6-35, P7.6-36

문제 7.4-5. 그림 7.4-5의 보 AB는 최대강도 w_0인 선형적으로 변화하는 하중을 받는다. (a) 2차 적분법을 사용하여 반력 A 및 B와 처짐 곡선 방정식 $v(x)$를 구하시오. (b) 최대 처짐 $\delta_{max} = \max|v(x)|$에 대한 관계식을 구하시오. (c) 전단력 선도 $V(x)$를 그리시오.

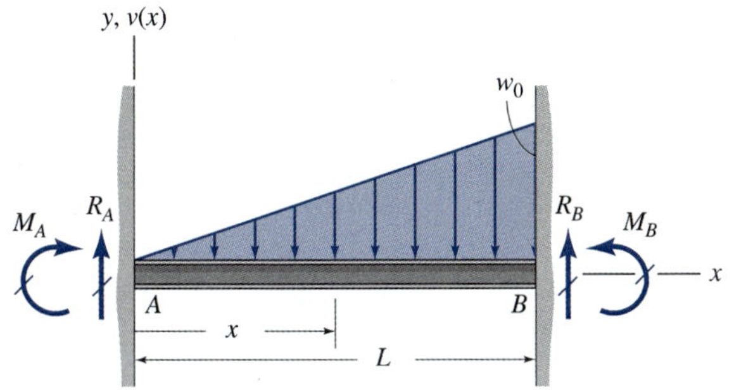

P7.4–5, P7.6–37, P7.6–38, P11.3–41, P11.5–46

***문제 7.4-6.** 끝단 B에서 그림 7.4-6의 외팔보는 단면적 A_2, 길이 L_2 및 탄성계수 E_2인 균일한 부재에 핀으로 지지되어 있다. 보는 강도 w_0인 균일 분포하중을 받는다. 보의 휨 강성은 E_1I_1이고, 길이는 L_1이다. (a) 2차 적분법을 사용하여 A점에서의 반력 R_A 및 M_A, 그리고 부재의 인장력 F_2를 구하시오. (b) 보의 처짐 곡선 방정식 $v(x)$를 구하시오.

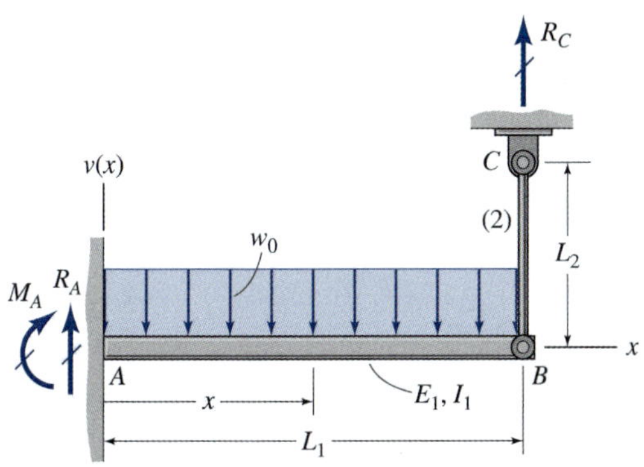

P7.4–6, P7.4–14, P7.6–39, P11.5–47

문제 7.4-7. 그림 7.4-7의 버팀 외팔보는 끝단 A로부터 거리 $L/3$ 만큼 떨어진 곳에 집중하중 P를 받고 있다. (a) 하중 P의 왼쪽 보의 구간에 대한 처짐 곡선 $v_1(x)$와 하중 P의 오른쪽 보의 구간에 대한 처짐 곡선 $v_2(x)$를 각각 구하시오. (b) 전단력 선도 $V(x)$와 모멘트 선도 $M(x)$를 그리시오.

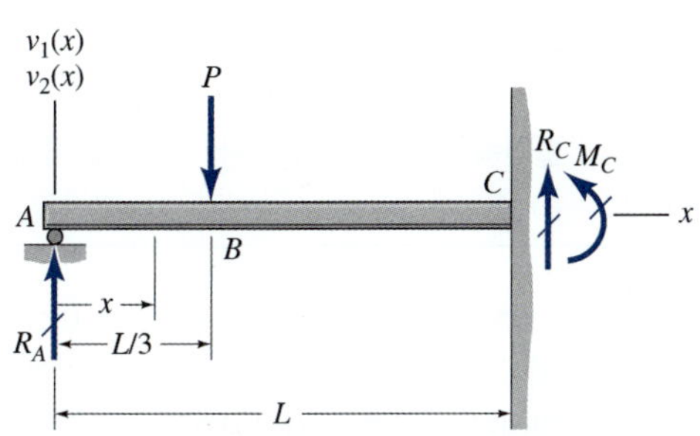

P7.4–7, P7.6–40, P11.5–19

문제 7.4-8. 그림 7.4-8의 양단고정보는 끝단 A로부터 거리 a 만큼 떨어진 위치 B에서 집중모멘트 M_0를 받고 있다. (a) 2차 적분법을 사용하여 반력 A 및 C를 구하고, B점 왼쪽의 보의 구간에 대한 처짐 곡선 $v_1(x)$와 B점 오른쪽의 보의 구간에 대한 처짐 곡선 $v_2(x)$를 각각 구하시오. (b) $a = L/3$로 두고 이 보에 대한 전단력 선도 $V(x)$와 모멘트 선도 $M(x)$를 그리시오.

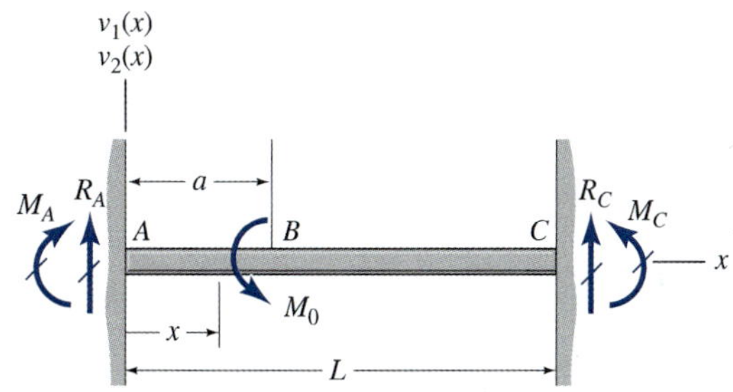

P7.4–8, P11.5–20

***문제 7.4-9.** 그림 7.4-9의 양단고정보는 구간 AB(즉, $0 \le x \le a$)에 걸쳐 강도 w_0인 균일 분포하중을 받고 있다. (a) 2차 적분법을 사용하여 반력 A 및 C를 구하고, 처짐 곡선 방정식 $v_1(x)$ ($0 \le x \le a$에 대한)와 처짐 곡선 방정식 $v_2(x)$ ($a \le x \le L$에 대한)를 구하시오. (b) $a = L/2$로 두고 이 보에 대한 전단력 선도 $V(x)$를 그리시오.

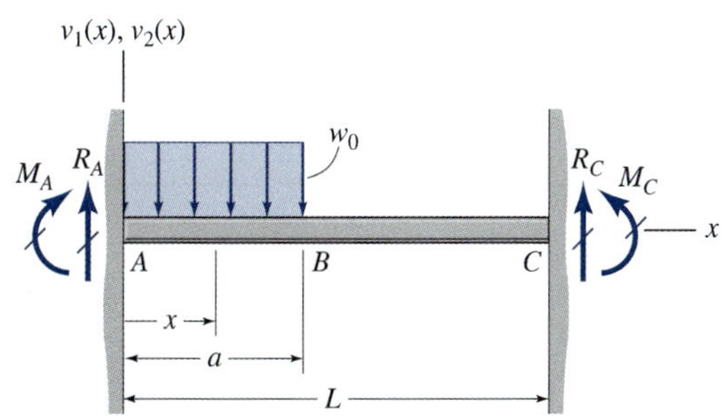

P7.4–9, P7.6–41, P7.6–42, P11.5–23, P11.5–44

문제 7.4-10. 그림 7.4-10의 연속보는 끝단 A 및 C에서 단순지지되고 중심점 B에서 지지된다. 연속보는 스팬 AB 위에 강도 w_0인 균일 분포하중을 받는다. (a) 2차 적분법을 사용하여 반력 A, B 및 C를 구하시오. (b) 스팬 AB에서의 처짐 곡선 방정식 $v_1(x)$와 스팬 BC에서의 처짐 곡선 방정식 $v_2(x)$를 구하시오. (c) 전단력 선도 $V(x)$와 모멘트 선도 $M(x)$를 그리시오.

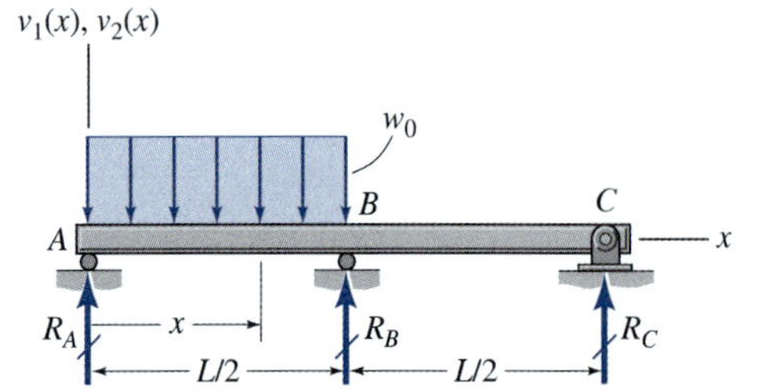

P7.4-10, P7.6-43, P11.5-21, P11.5-43

***문제 7.4-11.** 그림 7.4-11의 보 *AC*는 *A*점에서 단단한 벽에 고정되어 있고 *B*와 *C*점에서 받침대에 의해 지지되어 있다. 스팬 *AB*에서는 휨 강성은 *EI*이지만, 스팬 *BC*에서는 휨 강성이 2*EI*이다. 보는 스팬 *BC*에 걸쳐 균일 분포하중을 받는다. (a) 2차 적분법을 사용하여 반력 *A*, *B* 및 *C*를 구하시오. (b) 스팬 *AB*에서의 처짐 곡선 방정식 $v_1(x)$와 스팬 *BC*에서의 처짐 곡선 방정식 $v_2(x)$를 구하시오. (c) 전단력 선도 $V(x)$와 모멘트 선도 $M(x)$를 그리시오.

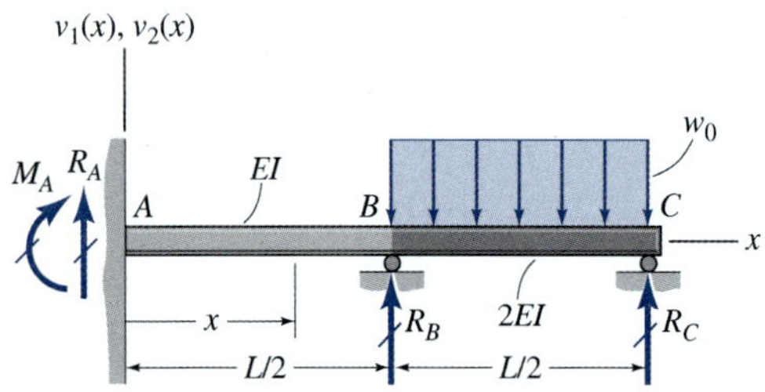

P7.4-11, P7.6-44, P11.5-22

■ 4차 적분법

> 문제 7.4-12~7.4-14. 이들 문제들은 4차 미분방정식(식 7.12)을 적분하여 구한다. 휨 강성 *EI*는 이 문제 그룹에서 모든 보에 대해 일정하다.

문제 7.4-12. 4차 적분법을 사용하여 문제 7.4-1을 풀이하시오.

문제 7.4-13. 4차 적분법을 사용하여 문제 7.4-3을 풀이하시오.

문제 7.4-14. 4차 적분법을 사용하여 문제 7.4-6을 풀이하시오.

> 문제 7.4-15~7.4-18. 이들 문제 각각에 대해 4차 적분방정식을 사용하여 끝단 *A* 및 *B*에서의 반력과 처짐 곡선 방정식 $v(x)$를 구한다.

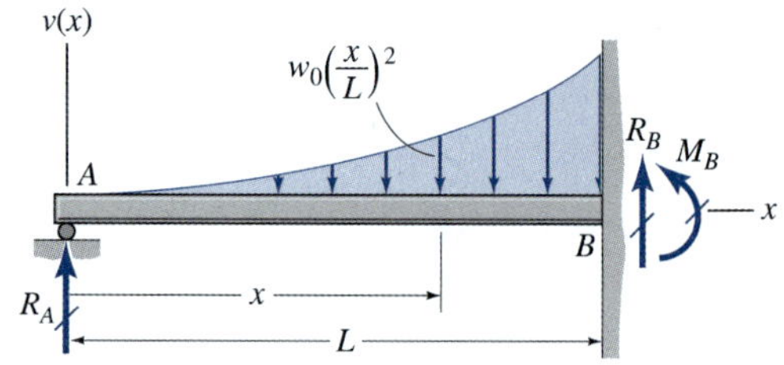

P7.4-15

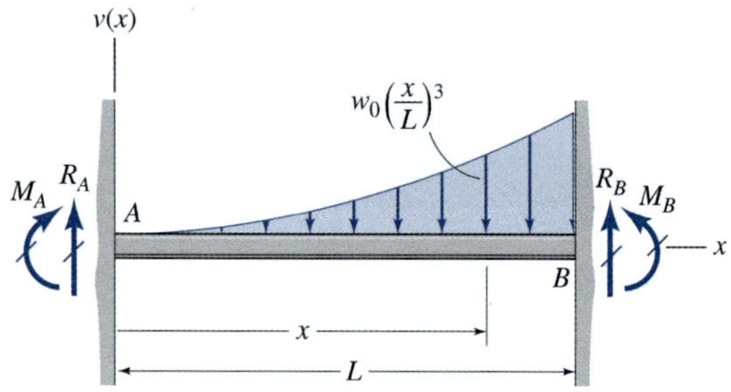

P7.4-16

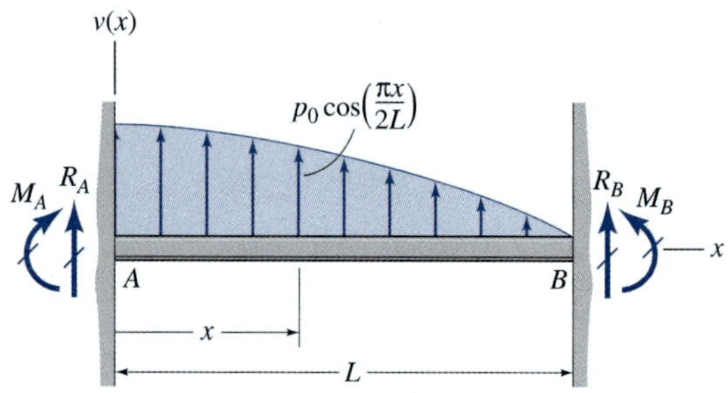

P7.4-17, P7.6-45

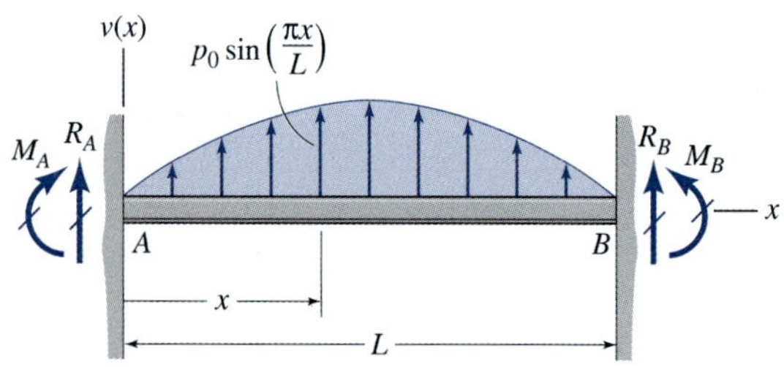

P7.4-18, P7.6-46

■ 보의 처짐: 불연속함수법 MDS 7.1 및 7.2

> 문제 7.5-1~7.5-20. 뒤따르는 각각의 문제들을 풀이하기 위하여 7.5절의 불연속함수법을 사용한다. 각 보에 대해 *EI* = 일정이다.

문제 7.5-1. 그림 7.5-1에 나타낸 보에 대해, (a) $0 \le x \le L$에 대한 기울기 $\theta(x)$와 처짐 $v(x)$에 대한 불연속함수 식을 구하시오. (b) *B*점과 *C*점에서 변위를 계산하시오.

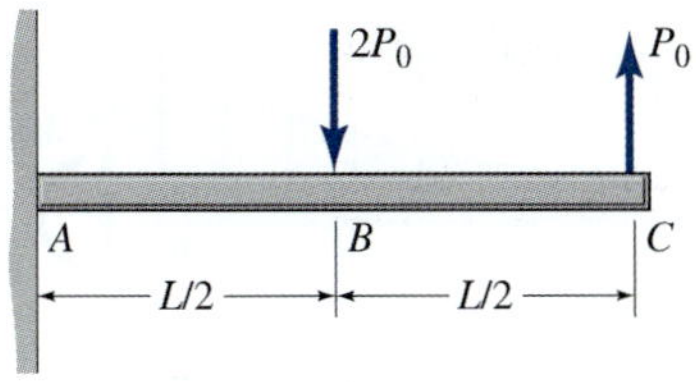

P7.5−1

문제 7.5−2. 그림 7.5-2에 나타낸 보에 대해, (a) $0 \le x \le L$에 대한 기울기 $\theta(x)$와 처짐 $v(x)$에 대한 불연속함수 식을 구하시오. (b) B점과 C점에서 변위를 계산하시오.

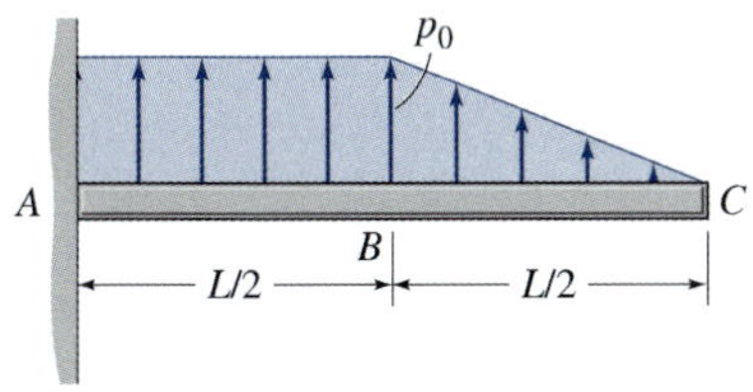

P7.5−2

문제 7.5−3. 그림 7.5-3에 나타낸 보에 대해, (a) $0 \le x \le L$에 대한 기울기 $\theta(x)$와 처짐 $v(x)$에 대한 불연속함수 식을 구하시오. (b) B점과 C점에서 변위를 계산하시오.

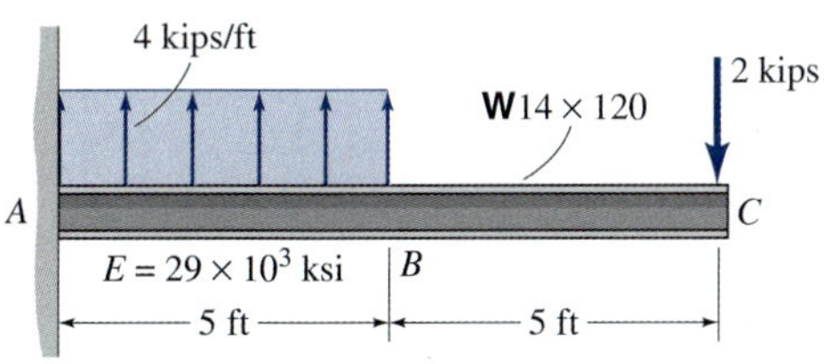

P7.5−3

문제 7.5−4. 그림 7.5-4에 나타낸 보에 대해, (a) $0 \le x \le L$에 대한 기울기 $\theta(x)$와 처짐 $v(x)$에 대한 불연속함수 식을 구하시오. (b) B점과 C점에서 변위를 계산하시오.

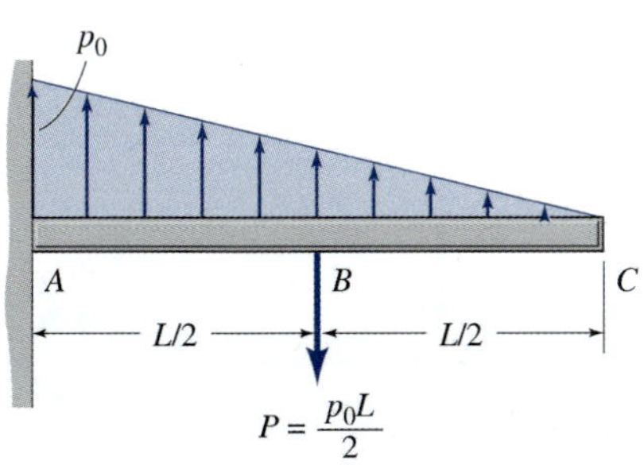

P7.5−4

문제 7.5−5. 그림 7.5-5에 나타낸 보에 대해, (a) $0 \le x \le L$에 대한 기울기 $\theta(x)$와 처짐 $v(x)$에 대한 불연속함수 식을 구하시오. (b) B점과 C점에서 변위를 계산하시오.

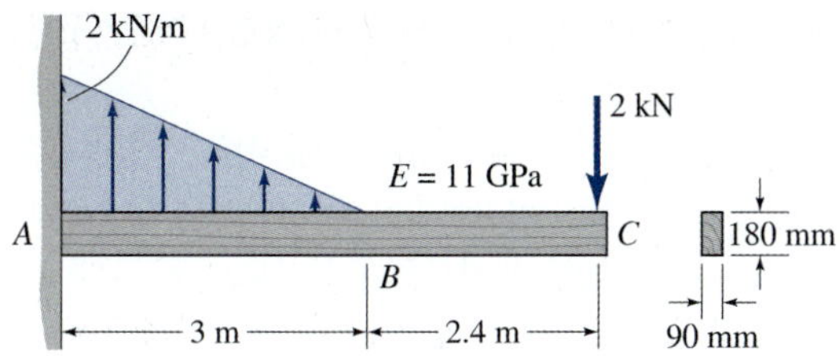

P7.5−5

문제 7.5−6. 그림 7.5-6에 나타낸 돌출보에 대해, (a) $0 \le x \le 3L$에 대한 기울기 $\theta(x)$와 처짐 $v(x)$에 대한 불연속함수 식을 구하시오. (b) $x = 0$에서 기울기와 처짐에 대한 관계식, 즉 $\theta(0)$ 및 $v(0)$을 구하시오. (c) 지지점 B와 C 사이에서의 최대 처짐에 대한 관계식을 구하시오.

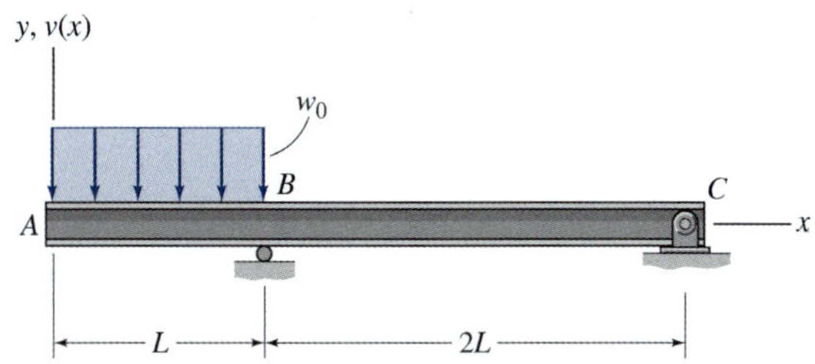

P7.5−6

문제 7.5−7. 그림 7.5-7에 나타낸 단순지지보에 대해, (a) 끝단 기울기 $\theta_A \equiv \theta(0)$와 $\theta_D = \theta(L)$에 대한 관계식을 구하시오. (b) $0 \le x \le L$에 대한 기울기 $\theta(x)$와 처짐 $v(x)$에 대한 불연속함수 식을 구하시오. (c) 중심 스팬 처짐 $v\left(\frac{L}{2}\right)$에 대한 관계식을 구하시오.

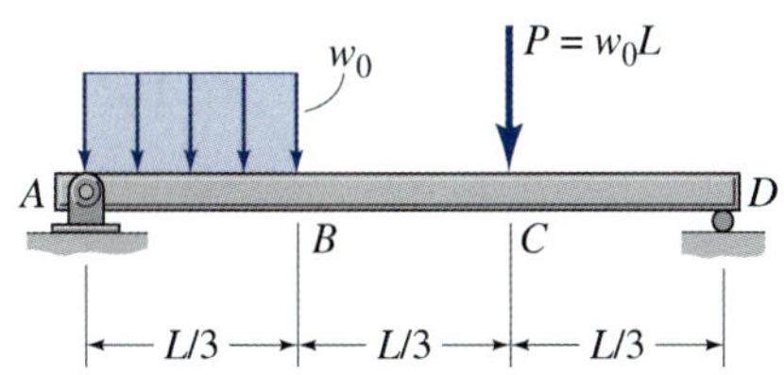

P7.5−7

문제 7.5−8. 그림 7.5-8에 나타낸 세 구간 돌출보에 대해, (a) $0 \le x \le \frac{3L}{2}$에 대한 기울기 $\theta(x)$와 처짐 $v(x)$에 대한 불연

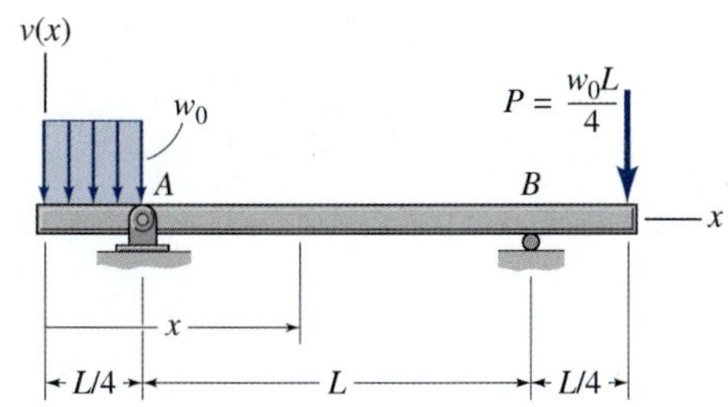

P7.5−8

속 함수 식을 구하시오. (b) 보의 최대 상향 처짐을 구하시오.

***문제 7.5-9.** 그림 7.5-9에 나타낸 보에 대해, 불연속함수법을 사용하여 끝단 D에서의 처짐이 0이 되도록 하는 P와 L에 관한 끝단 모멘트 M_0에 대한 관계식을 구하시오.

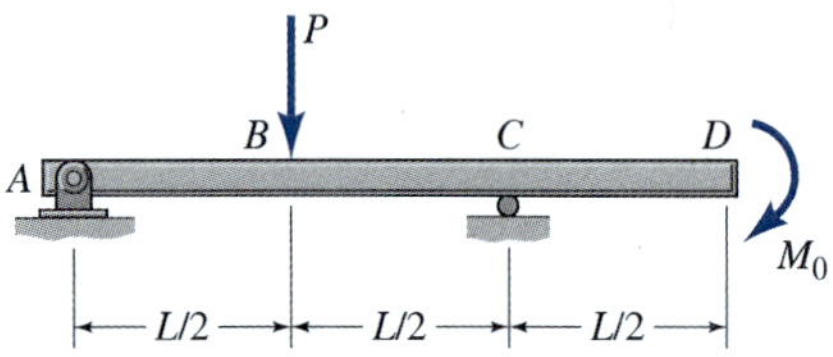

P7.5-9

문제 7.5-10.~7.5-12. 그림 7.5-10~7.5-12에 나타낸 버팀 외팔보에 대해, 불연속함수법을 사용하여, (a) 반력 R_A, R_B, M_B에 대한 관계식을 구하시오. (b) $0 \le x \le L$에 대한 기울기 $\theta(x)$와 처짐 $v(x)$에 대한 관계식을 구하시오.

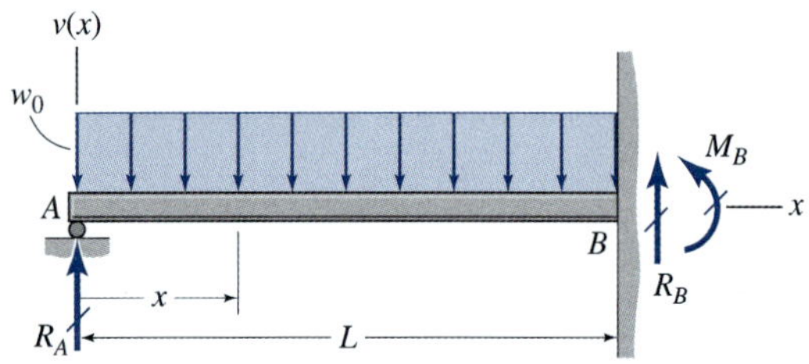

P7.5-10

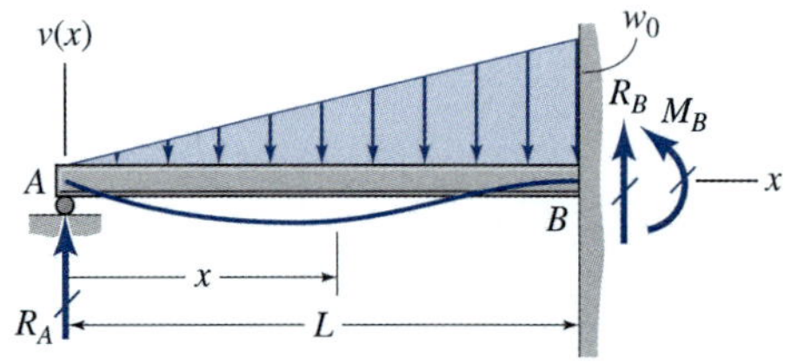

P7.5-11

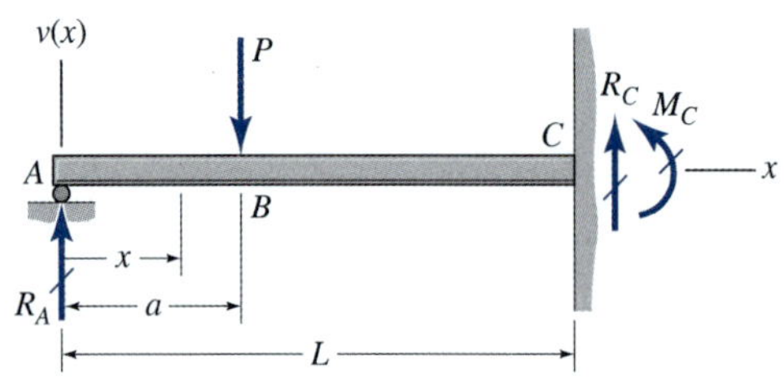

P7.5-12

문제 7.5-13. 그림 7.5-13에 나타낸 버팀 외팔보에 대해 불연속함수법을 사용하여, (a) 반력 R_A, R_B, M_B에 대한 관계식을 구하시오. (b) $0 \le x \le L$에 대한 기울기 $\theta(x)$와 처짐 $v(x)$에 대한 관계식을 구하시오.

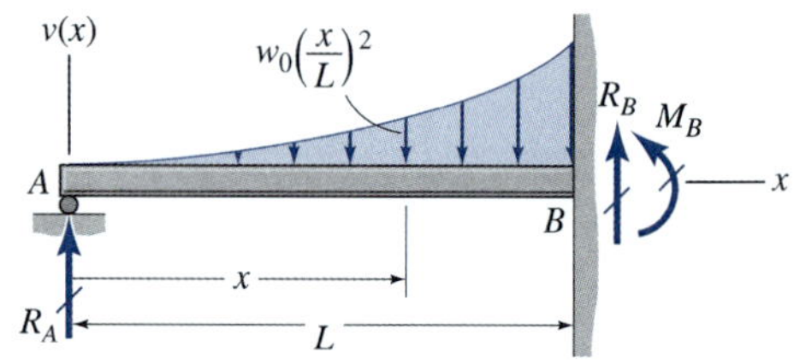

P7.5-13

문제 7.5-14.~7.5.15. 그림에 나타낸 것처럼 양단고정보에 대해 불연속함수법을 사용하여, (a) 반력 A와 B, 즉 R_A, R_B, M_A에 대한 관계식을 구하고, (b) 보의 기울기 $\theta(x)$와 처짐 $v(x)$에 대한 관계식을 구하시오.

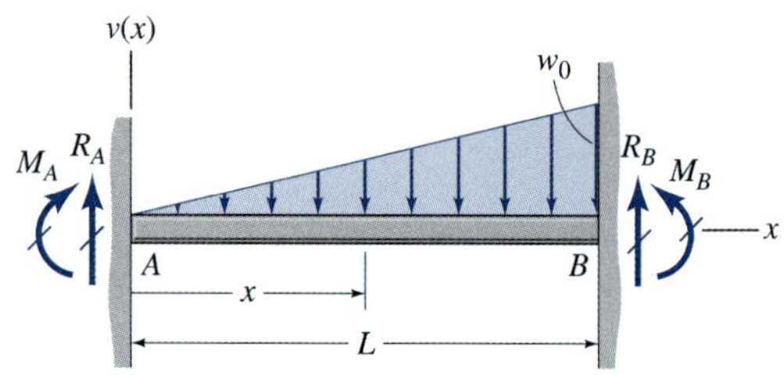

P7.5-14

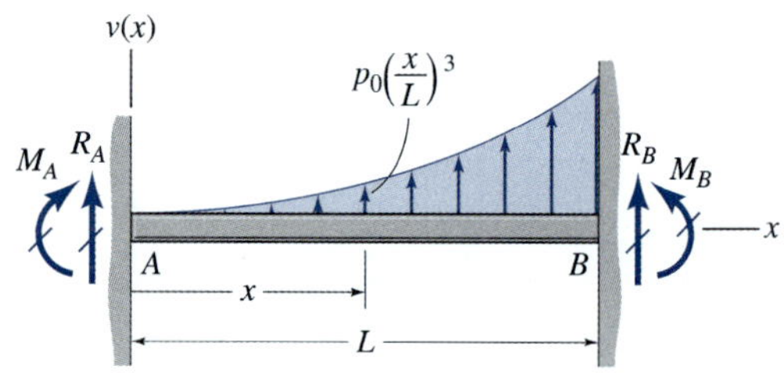

P7.5-15

문제 7.5-16.~7.5-18. 그림에 나타낸 것처럼 양단고정보에 대해 불연속함수법을 사용하여, (a) 반력 A와 C, 즉 R_A, R_C, M_A 및 M_C에 대한 관계식을 구하고, (b) $0 \le x \le L$에 대한 보의 기울기 $\theta(x)$와 처짐 $v(x)$에 대한 관계식을 구하시오. (c) B점에서의 처짐에 대한 관계식을 구하시오.

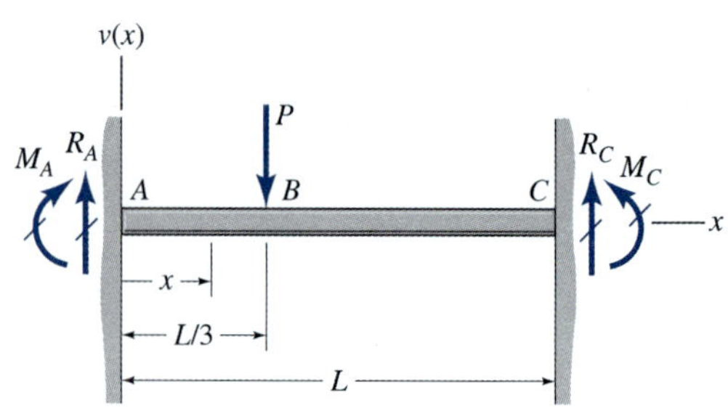

P7.5-16

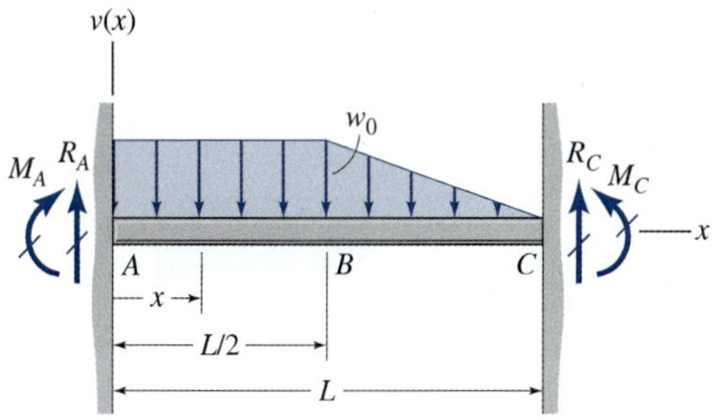

P7.5-17

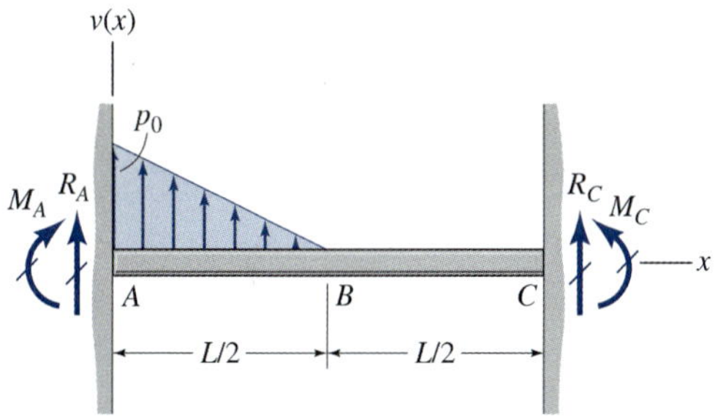

P7.5-18

***문제 7.5-19.~7.5-20.** 그림에 나타낸 것처럼 2-스팬 연속 보에 대해, 불연속함수법을 사용하여, (a) 반력 R_A, R_B, R_C에 대한 관계식을 구하고, (b) 전체 보 AC의 기울기 $\theta(x)$와 처짐 $v(x)$에 대한 불연속함수 식을 구하시오. (c) A점에서의 기울기 식 $\theta(x)$를 구하시오.

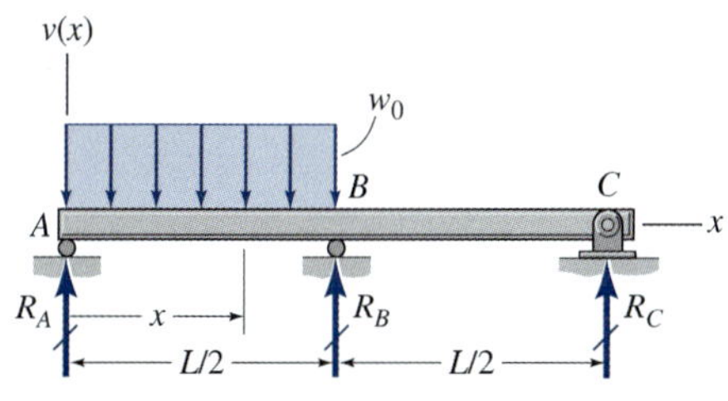

P7.5-19

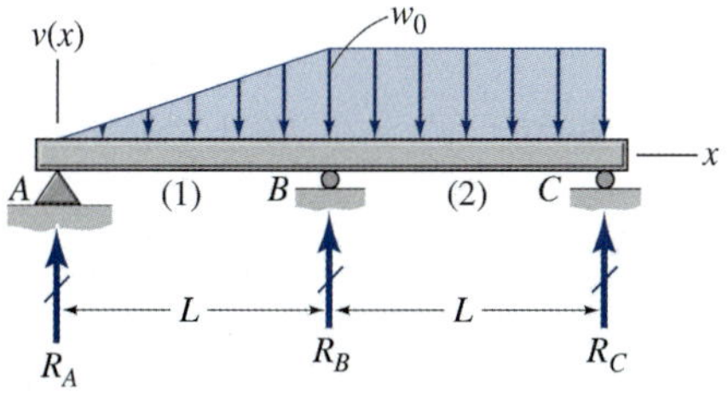

P7.5-20

문제 7.5-21~7.5-24. 보와 보에 부하되는 하중은 참조된 그림에 나타내어진다. 이들 각 문제들에 대해 다음 단계를 수행하는 컴퓨터 프로그램을 작성하시오. 강사가 달리 지시하지 않는 한, 스스로 선택한 프로그래밍 언어 또는 수학 응용 소프트웨어를 사용하시오.

(a) 주어진 문제 데이터를 입력한다: L, E 등

(b) 반력을 결정하기 위해 평형을 사용한다.

(c) 표 5.2의 하중 열로부터 불연속함수를 사용하여, 등가 분포하중인 강도 $p(x)$에 대한 식을 만든다. 등가하중에 대한 식 속에 계산된 반력을 포함시킨다.

(d) 전단력 $V(x)$에 대한 불연속함수 식을 만들기 위하여 파트 (c)에서 구한 하중 식에 대해 항별 적분을 수행한다. 그 다음, 굽힘 모멘트 $M(x)$에 대한 불연속함수 식을 얻기 위하여 전단력 식에 대한 항별 적분을 수행한다. 모멘트 선도를 표시한다.

(e) 기울기 $\theta(x)$에 대한 불연속함수 식을 만들기 위하여 파트 (d)에서 구한 굽힘 모멘트 식에 대해 항별 적분을 수행한다. 보에 대한 기울기 선도를 표시한다.

(f) 처짐 $v(x)$에 대한 불연속함수 식을 구하기 위하여 기울기 식에 대해 항별 적분을 수행한다. 보에 대한 처짐 선도를 표시한다.

컴퓨터*문제 7.5-21 (a) 그림 7.5-21(그림 P5.5-19 참조)의 단순지지보에 대한 컴퓨터 프로그램을 작성하시오. (b) 다음과 같은 데이터에 대한 컴퓨터 프로그램을 나타내시오: 보는 $E=$ 200 GPa, $L=10$ m, $P_B=25$ kN인 W200×59(부록 D의 표 D.2 참조)이다.

컴퓨터*문제 7.5-22 (a) 그림 7.5-22(그림 P5.5-20 참조)의 단순지지보에 대한 컴퓨터 프로그램을 작성하시오. (b) 다음과 같은 데이터에 대한 컴퓨터 프로그램을 나타내시오: 보는 $E=$ 200 GPa, $L=10$ m, $x_B=2$ m, $x_C=4$ m, $p_0=12$ kN/m인 W250×89(부록 D의 표 D.2 참조)이다.

컴퓨터*문제 7.5-23 (a) 그림 7.5-23(그림 P5.5-21 참조)의 단순지지보에 대한 컴퓨터 프로그램을 작성하시오. (b) 다음과 같은 데이터에 대한 컴퓨터 프로그램을 나타내시오: 보는 $E=$ $29(10^3)$ ksi, $L=12$ ft, $x_B=2$ ft, $x_C=5$ ft, $p_0=2$ kips/ft인 W10×60(부록 D의 표 D.1 참조)이다.

컴퓨터*문제 7.5-24 (a) 그림 7.5-24(그림 P5.5-22 참조)의 외팔보에 대한 컴퓨터 프로그램을 작성하시오. (b) 다음과 같은 데이터에 대한 컴퓨터 프로그램을 나타내시오: 보는 $E=29(10^3)$ ksi, $L=15$ ft, $L=15$ ft, $x_B=3$ ft, $x_C=9$ ft, $P_A=-4$ kips(즉, 아랫방향으로 4 kips), $p_0=2$ kips/ft인 W12×50(부록 D의 표 D.1 참조)이다.

> 문제 7.6-1.~7.6-57. 표 E.1과 E.2, 보의 처짐과 기울기를 사용하여, 이 절의 각 문제들을 풀기 위해 **하중법 중첩(force method of superposition)을 적용**한다. 달리 명시되지 않은 한 각 보에 대해 휨 강성 *EI*를 일정하게 한다.

■ 중첩법, 정정보 MDS 7.3

문제 7.6-1. 끝단 *A*에서 기울기 v'_A와 처짐 v_A에 대한 관계식을 구하시오.

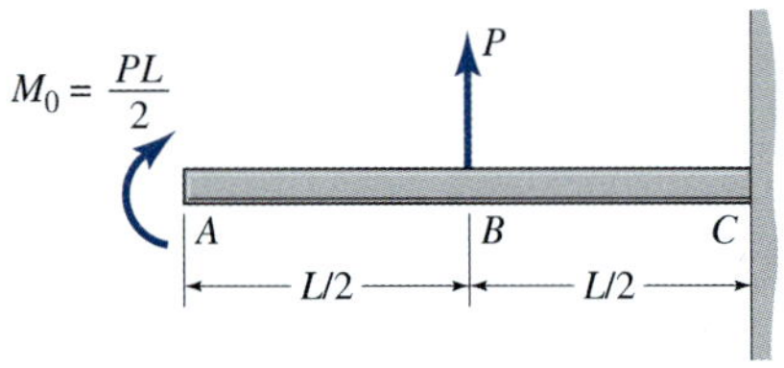

P7.6-1

문제 7.6-2.~7.6-3. 끝단 *C*에서 기울기 v'_C와 처짐 v_C에 대한 관계식을 구하시오.

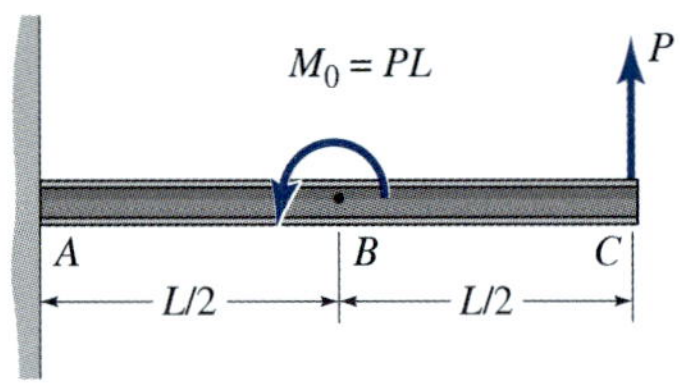

P7.6-2

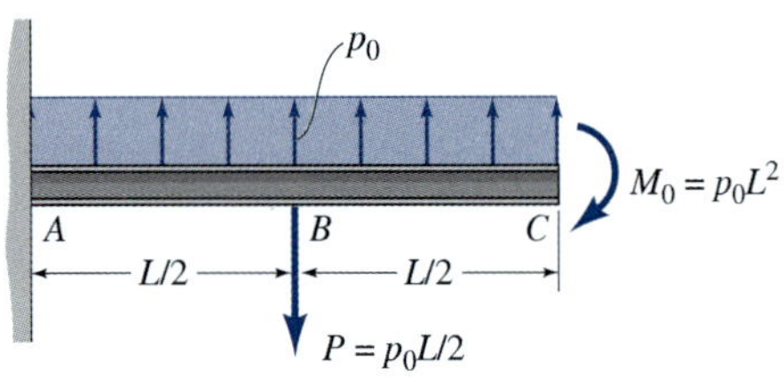

P7.6-3

문제 7.6-4. 끝단 *A*에서 기울기 v'_A와 처짐 v_A에 대한 관계식을 구하시오.

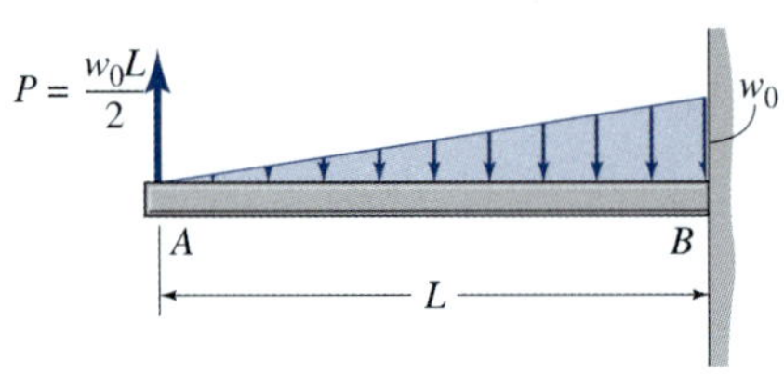

P7.6-4

문제 7.6-5.~7.6-6. 끝단 *C*에서 기울기 v'_C와 처짐 v_C에 대한 관계식을 구하시오.(힌트: 파선으로 표시된 하중의 영향을 뺄 수 있다.)

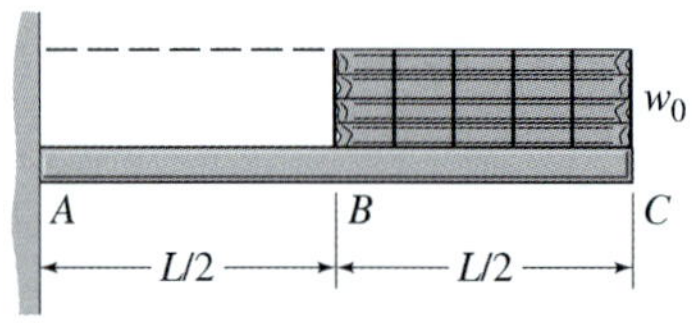

P7.6-5, P7.6-24

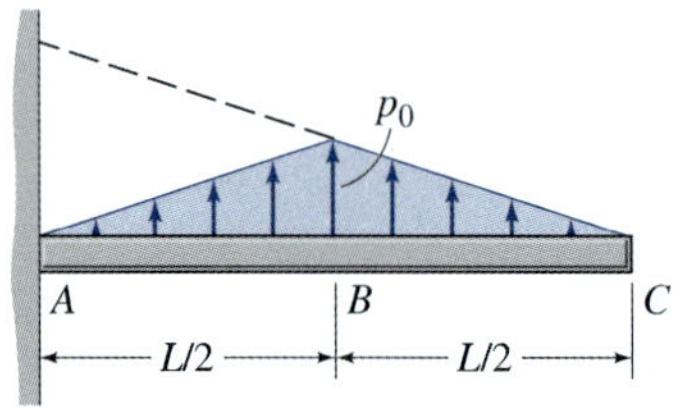

P7.6-6, P7.6-26

문제 7.6-7.~7.6-8. 끝단 *A*에서 기울기 v'_A와 단면 *C*에서 처짐 v_C에 대한 관계식을 구하시오.

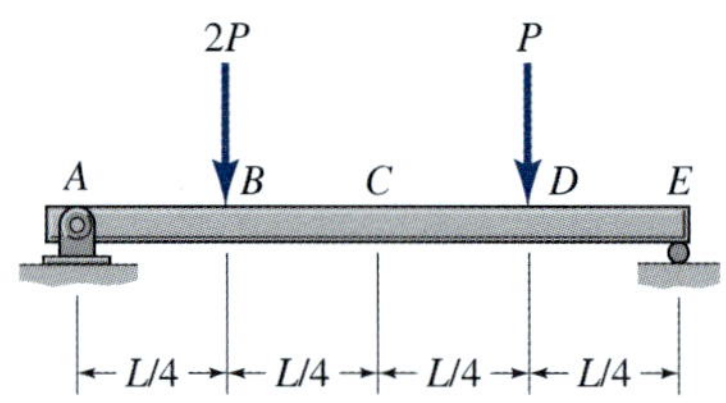

P7.6-7

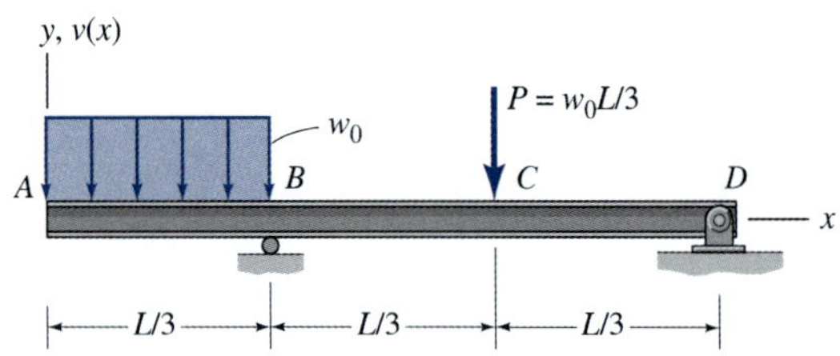

P7.6-8

문제 7.6-9.~7.6-10. (a) 구간 *AB*의 기울기 $v'(x)$와 처짐 $v(x)$에 대한 관계식을 구하시오. (b) 보의 최대 상향 처짐을 구하시오.

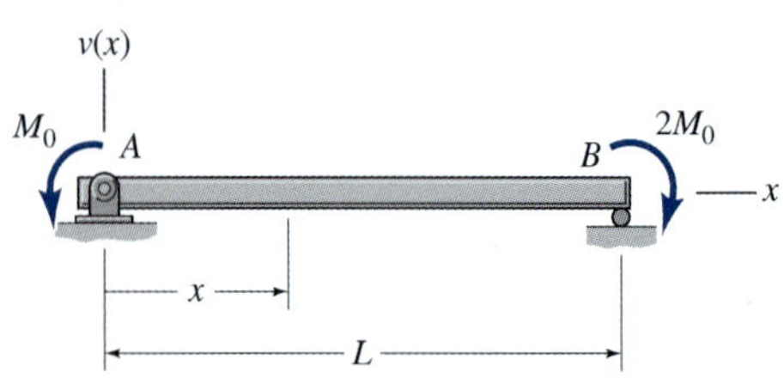

P7.6-9

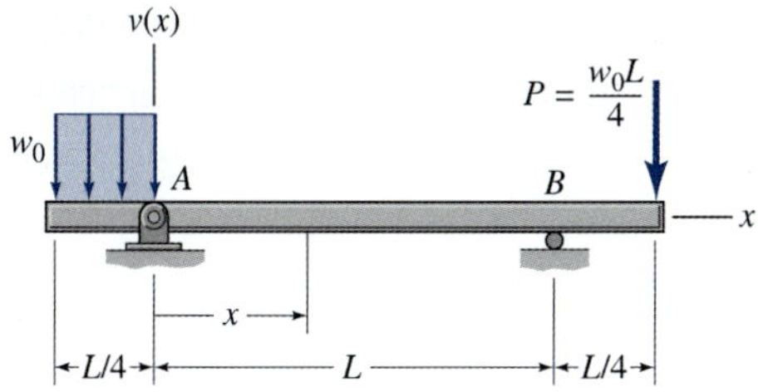

P7.6–10

문제 7.6–11. 그림 P7.6-11의 비대칭 하중에 대해, (a) 구간 AB의 기울기 $v'(x)$와 처짐 $v(x)$에 대한 관계식을 구하시오. (b) 구간 AB에서 발생한 보의 최대 상향 처짐을 구하시오.

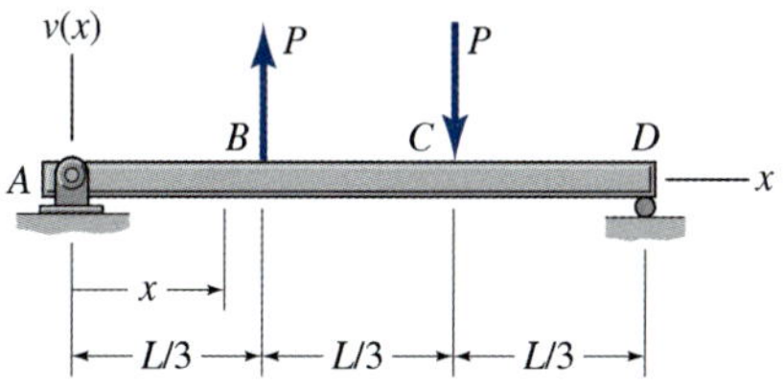

P7.6–11

문제 7.6–12. 끝단 C에서 기울기 v'_C와 처짐 v_C에 대한 관계식을 구하시오.

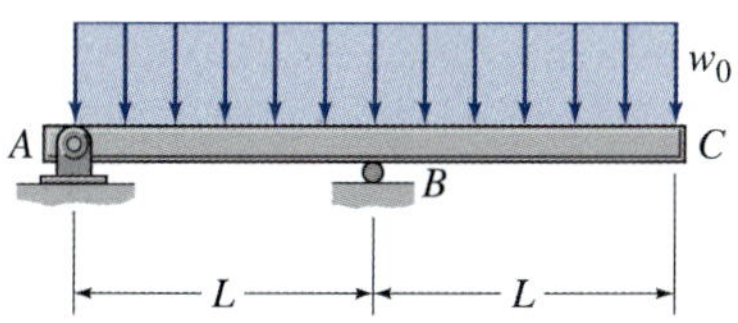

P7.6–12

***문제 7.6–13.** 보 AB(보 1)는 A점에서 단단한 벽에 외팔보로 걸려 있다. B점에서 롤러를 통해 보 1은 단순지지보 BC(보 2)의 한쪽 끝을 지지한다. 양쪽 보는 동일한 휨 강성 EI와 동일한 길이 L을 가진다. 어떤 보 위에도 하중이 없을 때 보는 양쪽 모두 수평이다. 그림 P7.6-13에 나타낸 것처럼, 보 2 위에 균일한 하중을 부하하는 두 개의 보 시스템에 대해, 다음과 같은 관계식을 구하시오. (a) B점에서의 공통 처짐, $(v_1)_B = (v_2)_B$; (b) 끝단 B점에서 보 1의 기울기, $(v'_1)_B$; (c) 보 2와 끝단 C점의 기울기, $(v'_2)_C$

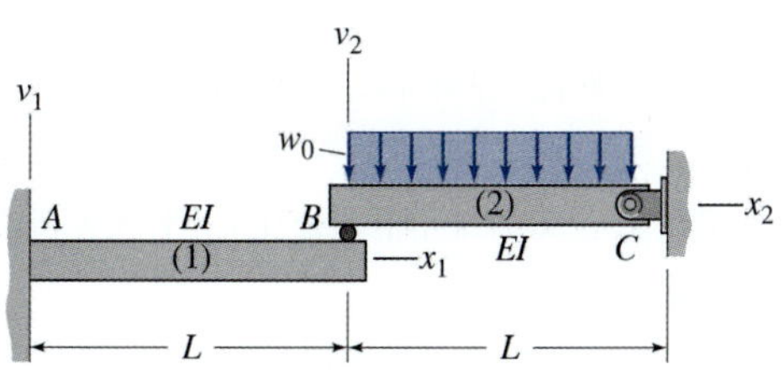

P7.6–13

■ **중첩 적용 – 정정보**

문제 7.6–14. 그림 P7.6-14에 나타낸 것처럼, 8 in.(공칭) 표준 강관이 행거로드(hanger rods)로부터 두 개의 5 kip 하중을 지지하는 외팔보와 같이 작용한다.(관의 단면 특성에 대해 표 D.7을 참조) 단면 B에서 처짐 v_B와 오른쪽 끝단에서 처짐 v_C를 구하시오. $E_{steel} = 29 \times 10^3$ ksi이다.

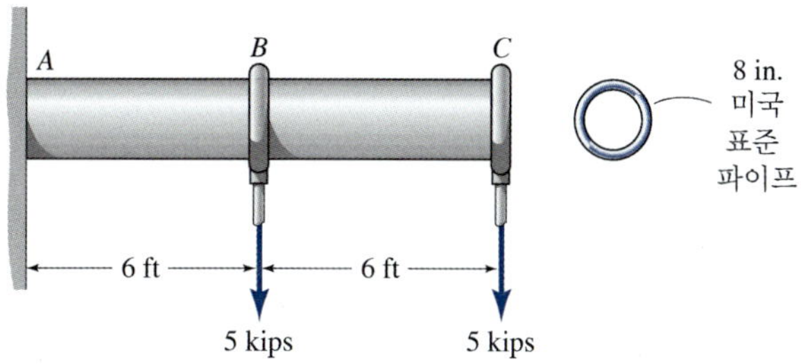

P7.6–14, P11.5–9

문제 7.6–15. 그림 P7.6-15의 W14×120 광폭 플랜지 보의 끝단 C에서의 기울기 v'_C와 처짐 v_C를 구하시오.(보의 단면 특성에 대해 표 D.1을 참조) $E_{steel} = 29 \times 10^3$ ksi이다.

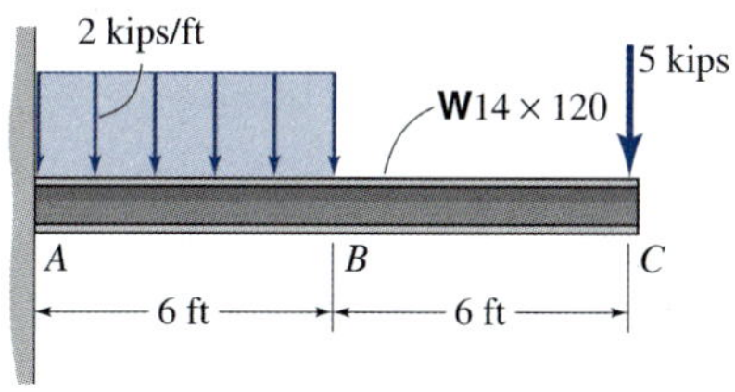

P7.6–15, P11.5–7, P11.5–32

문제 7.6–16. 그림 P7.6-16의 목재 보의 끝단 C에서의 기울기 v'_C와 처짐 v_C를 구하시오. $E_W = 1.60 \times 10^3$ ksi이다.(보의 단면 특성에 대해 표 D.8을 참조)

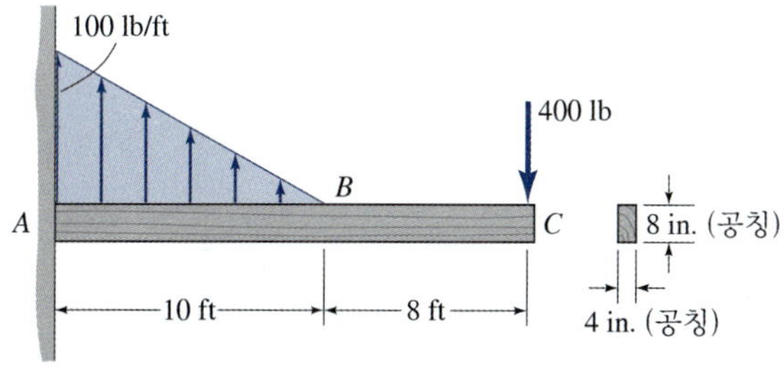

P7.6–16, P11.5–8, P11.5–33

문제 7.6–17. 그림 P7.6-17의 W310×143 강 보의 끝단 A점에서의 기울기 v'_A와 중심 스팬 구간 B에서의 처짐 v_B를 구하시오.(보의 단면 특성에 대해 표 D.2를 참조) $E_{steel} = 200$ GPa이다.

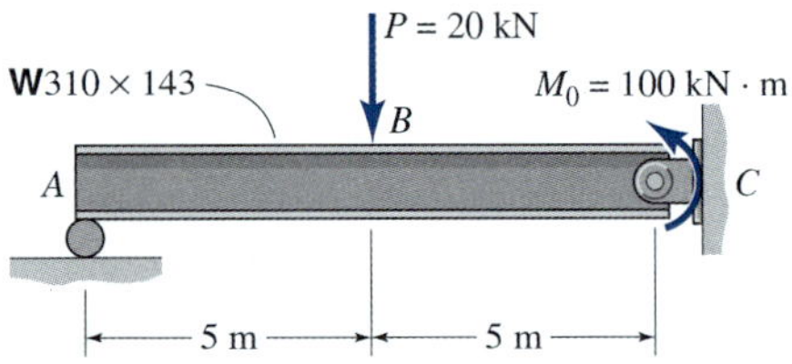

P7.6-17, P7.6-18, P11.5-11

문제 7.6-18. 그림 P7.6-18의 광폭 플랜지 보 *AC*의 최대 처짐을 구하시오.

문제 7.6-19. 6 in.×8 in.(공칭) 단순지지보는 *A*에서 *B*까지 $w_0 = 200$ lb/ft의 균일 분포하중과 1 kip의 중심 스팬 집중하중을 받는다.(보의 단면 특성에 대해 표 D.8을 참조) 끝단 *A*점에서의 기울기 v'_A와 중심 스팬에서의 처짐 v_B를 구하시오. $E_w =$ 1600 ksi이다.

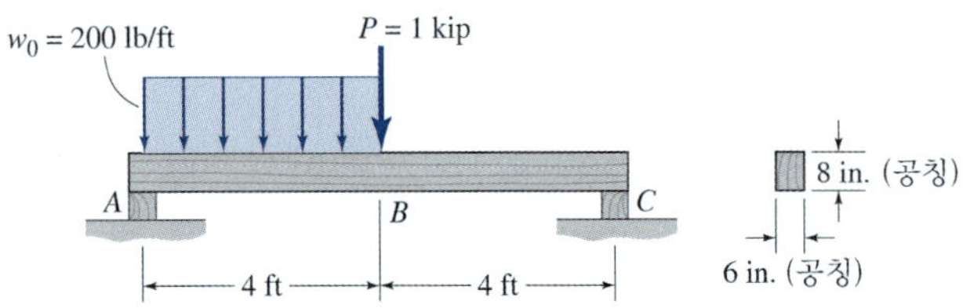

P7.6-19, P11.5-10

문제 7.6-20. 알루미늄합금 보는 관성모멘트 $I = 50 \times 10^6$ mm^{4}을 가지고 *A*점에서 핀에 의해 지지되고, *C*점에서 보에 부착된 3 m 길이의 봉에 의해 지지된다. 봉 *CD*의 단면적은 200 mm^{2}이다. $E_a = 70$ GPa이다. (a) *C*점에서 보의 변위를 구하시오. (b) 유연한 단순지지보의 처짐과 "단단한(rigid)" 보가 봉 *CD*의 신장으로 인하여 겪게 될 처짐을 중첩함으로써 하중점 *B*에서의 총 처짐(total deflection)을 구하시오.

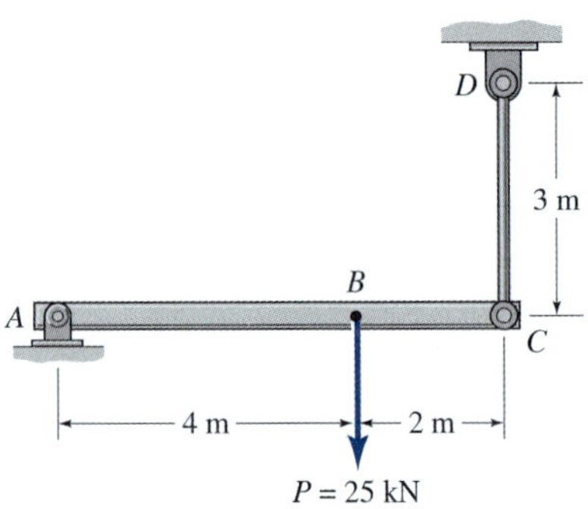

P7.6-20, P11.5-35

***문제 7.6-21.** 광폭 플랜지 보는 14 ft 스팬 위에서 2 kips/ft의 균일 하중을 받는다. 보의 관성모멘트 $I = 300$ in^{4}이다. 그리고 보는 끝단 *B*점에서 0.50 in^{2}의 단면적을 갖는 강철 봉에 의해 지지되고 있다. $E_{steel} = 29 \times 10^3$ ksi이다. (a) *B*점에서 보의 처짐을 구하시오. (b) 유연한 단순지지보의 처짐과 "단단한(rigid)" 보가 봉 *BC*의 신장으로 인하여 겪게 될 처짐을 중첩함으로써 보의 기울기 $v'(x)$와 처짐 $v(x)$에 대한 관계식을 구하시오. (c) 보의 최대 처짐을 구하시오.

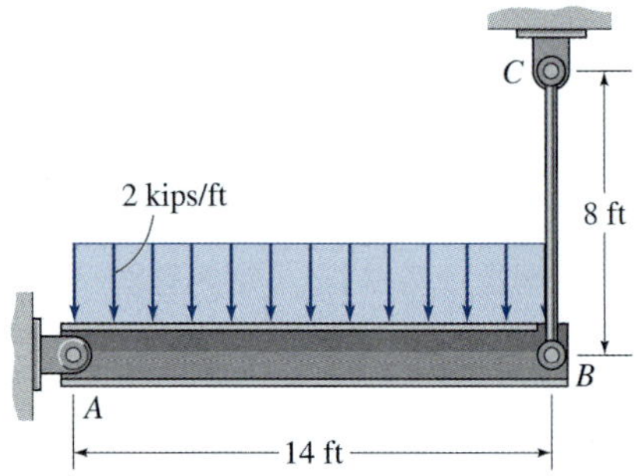

P7.6-21, P11.5-34

▪ 미소하중 중첩법

> 문제 7.6 – 22~7.6 – 30. 예제 7.11의 **미소하중 중첩법**을 사용하여 문제 7.6-22~7.6-30.을 풀이하시오.

문제 7.6-22. ~7.6-23. 끝단 *B*점에서의 기울기 v'_B와 처짐 v_B에 대한 관계식을 구하시오.

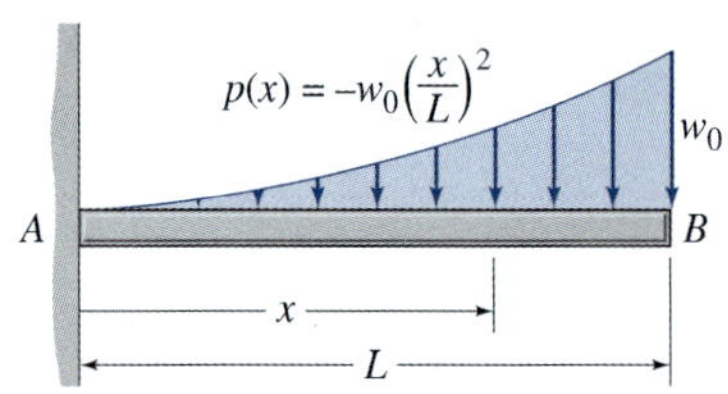

P7.6-22

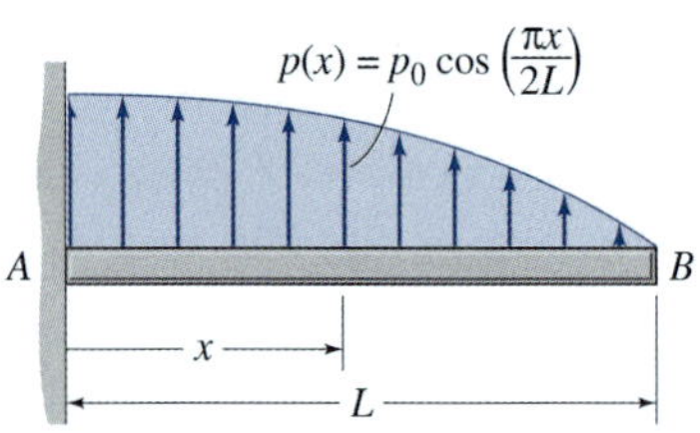

P7.6-23

문제 7.6-24. 그림 P7.6-24의 외팔보에 대한 기울기 v'_C와 처짐 v_C에 대한 관계식을 구하시오.(문제 7.6-5 참조)

문제 7.6-25. 끝단 *D*점에서의 기울기 v'_D와 처짐 v_D에 대한 관계식을 구하시오.

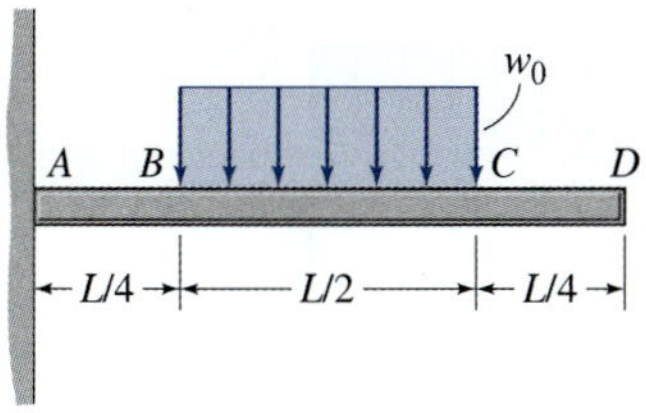

P7.6-25

***문제 7.6-26.** 끝단 C점에서의 기울기 v'_C와 처짐 v_C에 대한 관계식을 구하시오. 그림 P7.6-26의 경우 문제 7.6-6을 참조하시오.

문제 7.6-27.~7.6-30. 끝단 A점에서의 기울기 v'_A와 단면 B에서의 처짐 v_B에 대한 관계식을 구하시오.

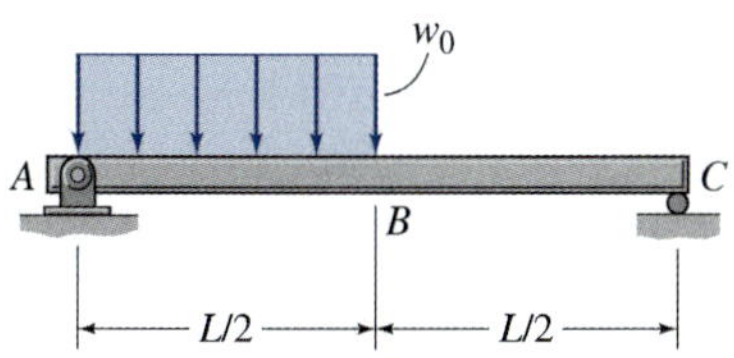

P7.6-27

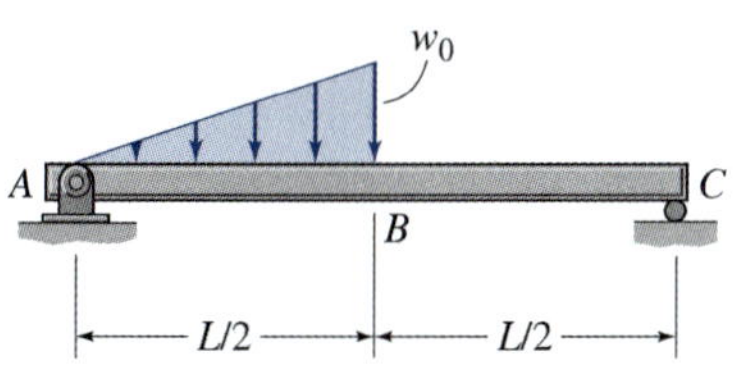

P7.6-28

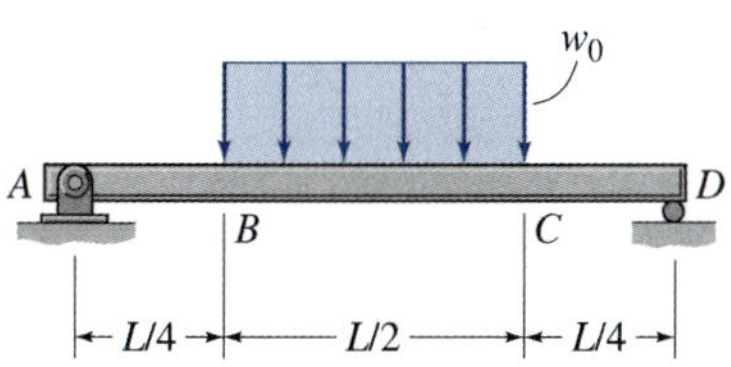

P7.6-29

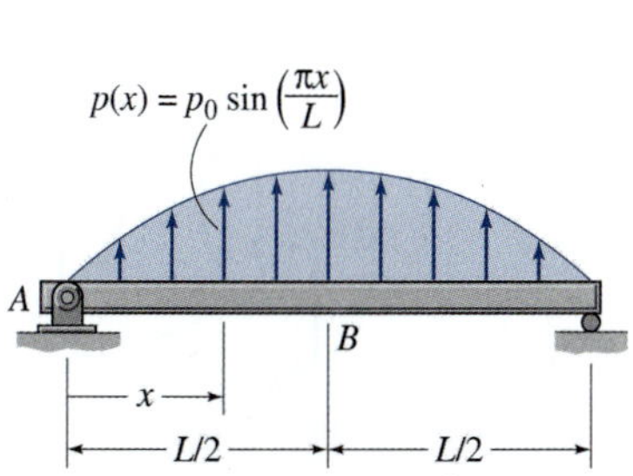

*P7.6-30 및 P11.5-30

■ 중첩법 – 부정정보

문제 7.6-31. 표 E.1로부터 보-처짐 해에 대한 중첩법을 사용하여 문제 7.4-1을 풀이하시오.

문제 7.6-32. 표 E.2로부터 보-처짐 해에 대한 중첩법을 사용하여 문제 7.4-2를 풀이하시오.

문제 7.6-33. 표 E.1로부터 보-처짐 해에 대한 중첩법을 사용하여 문제 7.4-3을 풀이하시오.

문제 7.6-34. 표 E.2로부터 보-처짐 해에 대한 중첩법을 사용하여 문제 7.4-3을 풀이하시오.

문제 7.6-35. 표 E.1로부터 보-처짐 해에 대한 중첩법을 사용하여 문제 7.4-4를 풀이하시오.

문제 7.6-36. 표 E.2로부터 보-처짐 해에 대한 중첩법을 사용하여 문제 7.4-4를 풀이하시오.

문제 7.6-37. 표 E.1로부터 보-처짐 해에 대한 중첩법을 사용하여 문제 7.4-5를 풀이하시오.

문제 7.6-38. 표 E.2로부터 보-처짐 해에 대한 중첩법을 사용하여 문제 7.4-5를 풀이하시오.

***문제 7.6-39.** 표 E.1로부터 보-처짐 해에 대한 중첩법을 사용하여 문제 7.4-6을 풀이하시오.

***문제 7.6-40.** 표 E.2로부터 보-처짐 해에 대한 중첩법을 사용하여 문제 7.4-7을 풀이하시오.

문제 7.6-41. 표 E.1로부터 보-처짐 해에 대한 중첩법을 사용하여 문제 7.4-9를 풀이하시오.

***문제 7.6-42.** 표 E.2로부터 보-처짐 해에 대한 중첩법을 사용하여 문제 7.4-9를 풀이하시오.

문제 7.6-43. 표 E.2로부터 보-처짐 해에 대한 중첩법을 사용하여 문제 7.4-10을 풀이하시오.

문제 7.6-44. 표 E.2로부터 보-처짐 해에 대한 중첩법을 사용하여 문제 7.4-11을 풀이하시오.

문제 7.6-45. 표 E.1로부터 보-처짐 해에 대한 중첩법을 사용하여 문제 7.4-17을 풀이하시오.

문제 7.6-46. 표 E.2로부터 보-처짐 해에 대한 중첩법을 사용하여 문제 7.4-18을 풀이하시오.

문제 7.6-47. 그림 P7.6-47의 외팔보 AC는 케이블 CD로부터 추가적으로 지지되고 있다. 보는 그림에 나타난 것처럼 그 길이의 절반에 걸쳐 강도 w_0의 균일 하중을 받는다. 하중이 부하되기 전, 보는 직선이고 케이블은 팽팽하지만 힘은 작용하지 않는다. 하중 강도 w_0에 대한 끝단 C에서의 보의 처짐 v_C; 보의 휨 강성 EI; 케이블의 축방향 강성 EA; 보와 케이블의 길이에 관련된 관계식을 구하시오.

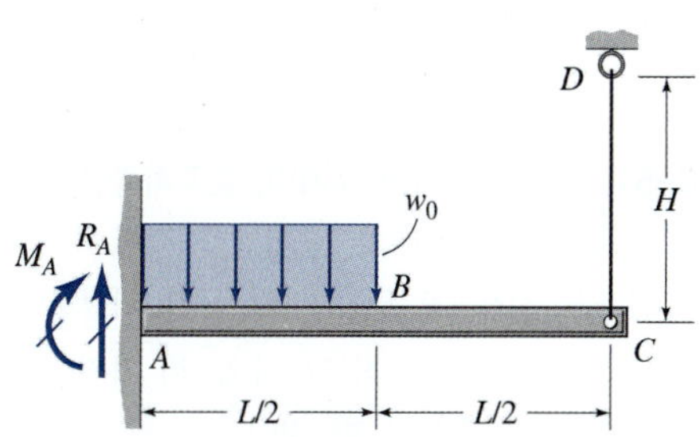

P7.6-47

문제 7.6-48. 그림 P7.6-48의 외팔보 AC는 관성모멘트 $I = 50 \times 10^6\ \text{mm}^4$을 가지고 단면적 $A = 200\ \text{mm}^2$인 봉 CD에 의해 지지되고 있다. $E_{\text{beam}} = E_{\text{rod}}$이다. B점에서 집중하중 $P = 25$ kN이 보에 부하되고 있다. 하중 P를 적용하기 전에 봉 CD에는 힘이 가해지지 않는다. 봉 CD에 발생하는 인장력을 구하시오.

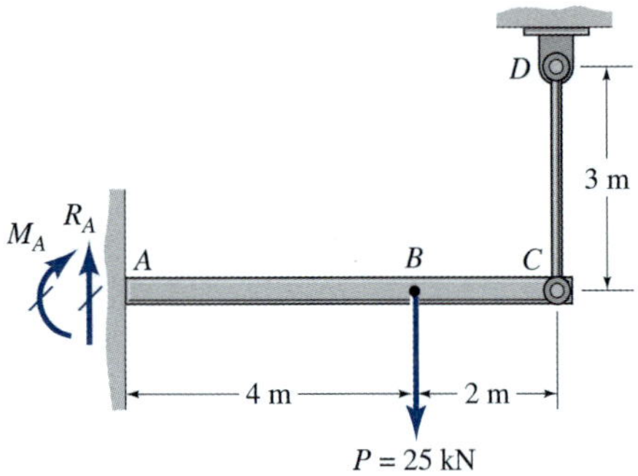

P7.6-48

문제 7.6-49. 그림 P7.6-49의 단순지지보 AC는 중심 스팬 B에서 보에 부착된 케이블 BD로부터 추가로 지지되고 있다. 보는 그림에 나타낸 것처럼 보의 전체 길이에 걸쳐 강도 w_0인 균일 하중을 받는다. 하중이 부하되기 전, 케이블은 팽팽하지만 힘은 작용하지 않는다. 하중 강도 w_0에 대한 케이블 인장력; 보의 휨 강성 EI; 케이블의 축방향 강성 EA; 보와 케이블의 길이에 관련된 관계식을 구하시오.

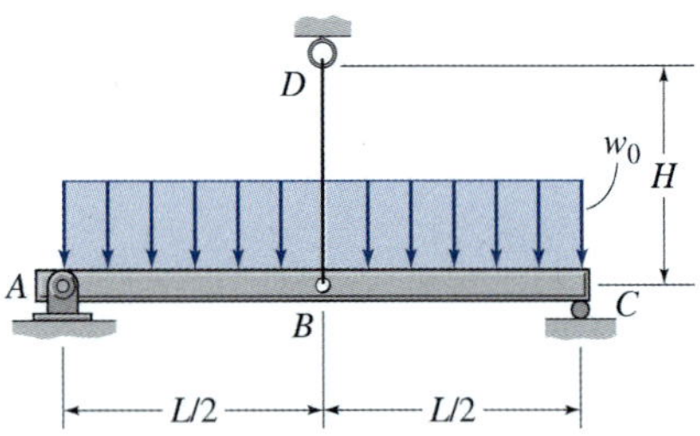

P7.6-49, P7.6-50

***문제 7.6-50.** (a) T를 케이블 BD에서의 인장력이라 하고, 그림 P7.6-50의 보 AC의 전단력 선도 및 모멘트 선도를 그리시오. (b) T와 보 AC에서의 모멘트의 최대 크기를 최소화하는 전체 하중 w_0L 사이의 관계를 구하시오. (c) 만약 H를 제외한 모든 값들이 특정된다면(즉, EI, AE, L이 주어진다면), 파트 (b)에 묘사된 조건을 줄 수 있는 H의 값은 얼마인가?

***문제 7.6-51.** 그림에 나타낸 것처럼, 분포하중을 받는 2-스팬 균일 보에 대해 예제 7.14의 중첩법을 사용하여 과잉반력 R_B, R_C, M_C를 구하시오. 표 E.1로부터 균일 외팔보에 대한 하위 문제를 사용할 수 있음을 참조하시오. 세 가지 미지 반력에 대한 세 연립방정식을 풀어야 할 것이다.

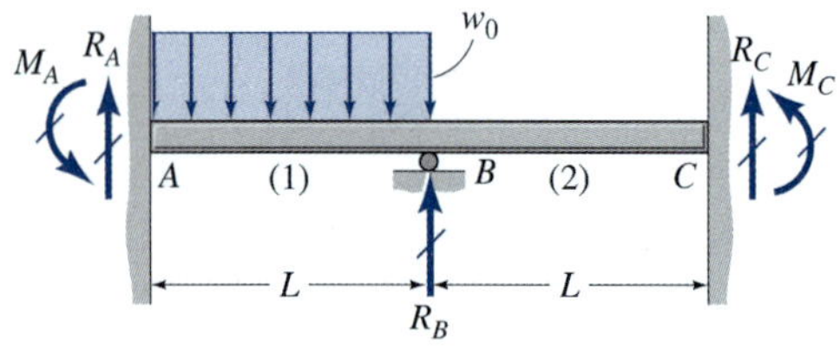

*P7.6-51, *P7.6-52, P7.7-5

***문제 7.6-52.** 그림에 나타낸 것처럼, 분포하중을 받는 2-스팬 균일 보에 대해 예제 7.14의 중첩법을 사용하여 과잉반력 R_B, R_C, M_C를 구하시오. 표 E.1로부터 균일 단순지지보에 대한 하위 문제를 사용할 수 있음을 참조하시오. 세 개의 미지 반력에 대한 세 연립방정식을 풀어야 할 것이다.

***문제 7.6-53.~7.6-54.** 2-스팬 연속보 문제의 각각은 1개의 정적 불확정성의 정도(degrees of static indeterminacy)를 갖는 비균일 보를 포함한다. 하중법 중첩(Force-Method Supposition)에 의해 이들을 풀기 위하여 이 보들이 B점에서 함께 연결되는 **양립할 수 있는 기울기(compatible slope)**를 갖는 두 개의 단순지지보로서 이들 문제의 각각을 다룰 수 있다. 하나의 보는 휨 강성 EI를 가지고 또 다른 보는 굽힘 강성 $2EI$를 가진다. 표 E.2에서 필요한 하위 문제 해를 찾을 수 있다. 연결부 B에서 각 보에 작용하는 내부 전단력과 굽힘 모멘트를 주의 깊게 고려해야 할 것이다. 아래와 같은 자유물체도는 이들 내부 전단력과 굽힘 모멘트에 대한 적절한 이름을 제공할 것이다.

이들 비균일 보에 대해, (a) B점에서의 내부 모멘트 $(M_1)_B$와 $(M_2)_B$를 구하시오. (b) 반력 R_A와 R_B를 구하시오.

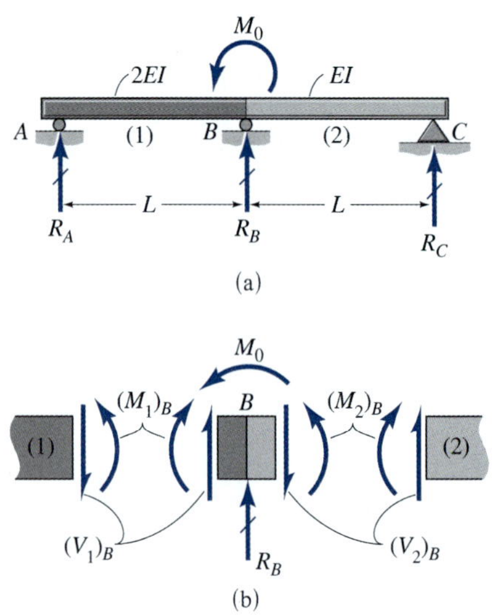

*P7.6-53, P7.7-12, P11.5-49

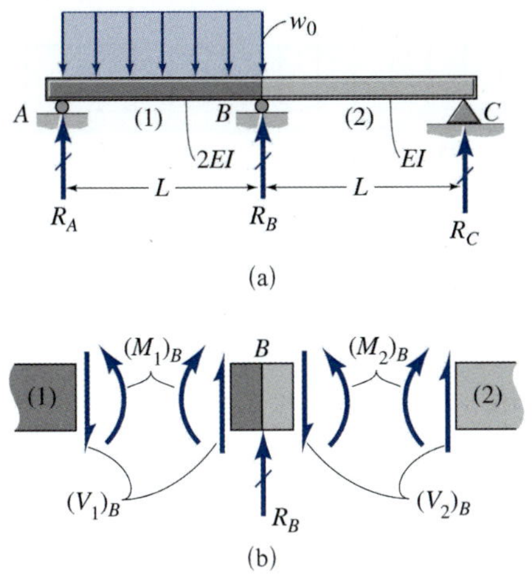

*P7.6–54, P7.7–13, P11.5–50

***문제 7.6–55.** 이 문제는 2개의 정적 불확정도를 가지는 비균일 부정정보를 포함한다. 하중법 중첩에 의해 이 문제를 풀기 위하여 B점에서 함께 연결되어 있는 곳에서 **양립할 수 있는 변위(compatible displacement)**와 **양립할 수 있는 기울기(compatible slope)**를 가지는 두 개의 외팔보로서 비균일 보를 다룰 수 있다. 하나의 보는 휨 강성 EI를 가지고 또 다른 보는 휨 강성 $2EI$를 가진다. 표 E.1에서 필요한 하위 문제 해를 찾을 수 있다. 연결부 B에서 각 보에 작용하는 내부 전단력과 굽힘 모멘트를 주의 깊게 고려해야 할 것이다. 연결부 B의 자유물체도는 이들 내부 전단력과 굽힘 모멘트에 대한 적절한 이름을 제공할 것이다.

이들 비균일 보에 대해, (a) B점에서의 내부 모멘트 $(M_1)_B = (M_2)_B$ 및 내부 전단력 $(V_1)_B = (V_2)_B$를 구하시오. (b) 반력 R_A와 M_A를 구하시오.

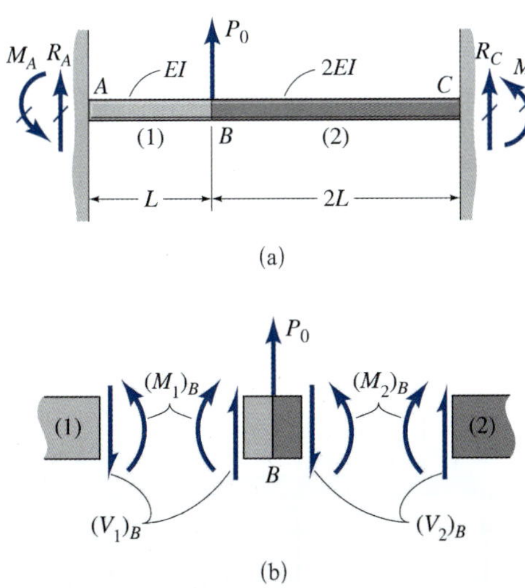

*P7.6–55, P7.7–3, P11.5–25, P11.5–45

***문제 7.6–56.~7.6–57.** 이들 문제의 각각은 3개의 정적 불확정도를 가지는 2-스팬 비균일 보를 포함한다. 하중법 중첩에 의해 이들 문제를 풀기 위하여 B점에서 함께 연결되어 있는 곳에서 **양립할 수 있는(0) 변위(compatible (zero) displacement)**와 **양립할 수 있는 기울기(compatible slope)**를 가지는 두 개의 균일한 외팔보로서 이들 문제의 각각을 다룰 수 있다. 하나의 보는 휨 강성 EI를 가지고 또 다른 보는 휨 강성 $2EI$를 가진다. 표 E.1에서 필요한 하위 문제 해를 찾을 수 있다. 연결부 B에서 각 보에 작용하는 내부 전단력과 굽힘 모멘트를 주의 깊게 고려해야 할 것이다. 아래와 같은 자유물체도는 이들 내부 전단력과 굽힘 모멘트에 대한 적절한 이름을 제공할 것이다.(이 문제들은 변위법 중첩(displacement-method superposition)에 의해 더 쉽게 풀어지고 7.7절의 문제 중 하나이다.)

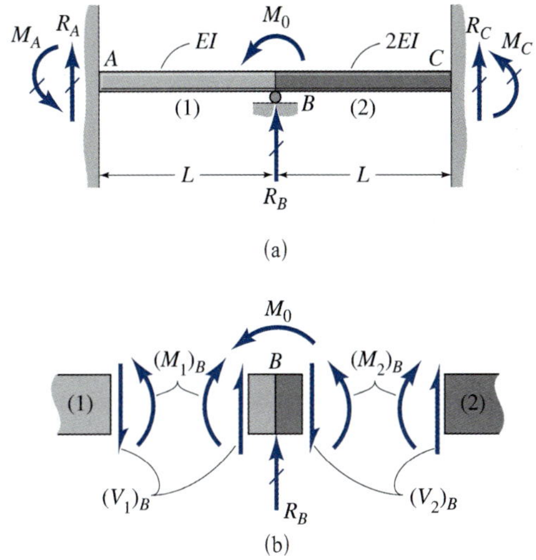

*P7.6–56, P7.7–4, P11.5–52

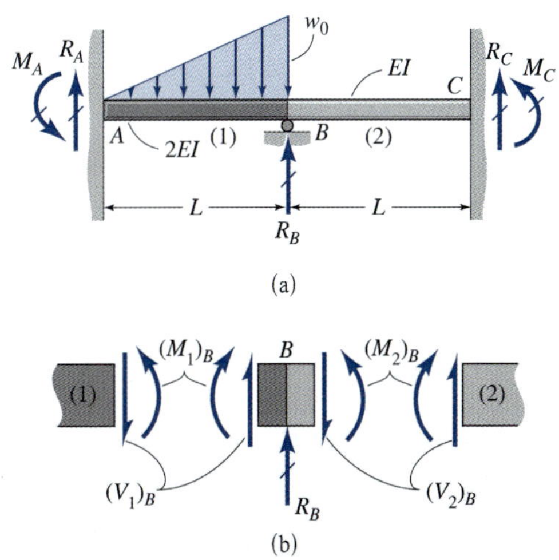

*P7.6–57, P7.7–6

■ 보의 처짐: 변위법 MDS 7.4

> 문제 7.7-1~7.7-15. 이 절에서의 문제들은 **변위법 중첩**(diaplacement-method superposition)을 사용함으로써 해결할 수 있다. 주요 **하중-변형 방정식**(force-deformation equations)은 식 7.19와 7.20이다(p. 514). 분포하중 문제에 대해, 표 E.3은 기본적으로 **고정단 힘**(fixed-end forces)을 제공한다. 굽힘 강성 EI는 달리 명시되지 않는 한 일정하다.

문제 7.7-1. 모멘트 M_0는 그림 P7.7-1의 균일한 버팀 외팔보의 지지된 끝단에 적용된다. 반력 R_A를 구하시오.

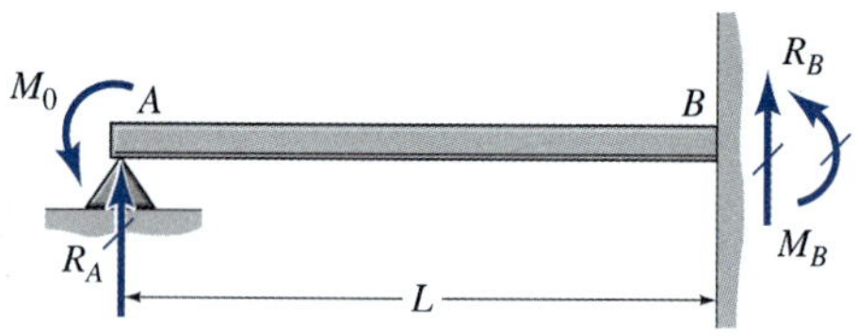

P7.7-1

문제 7.7-2. 그림에 나타낸 양단고정보에 대해, (a) 절점(node) B에서 횡방향 변위 δ_B와 기울기 θ_B를 구하시오. (b) 끝단 A점에서 반력 R_A와 M_A를 구하시오.(참조, 길이는 $L_1 = L$ 및 $L_2 = 2L$)

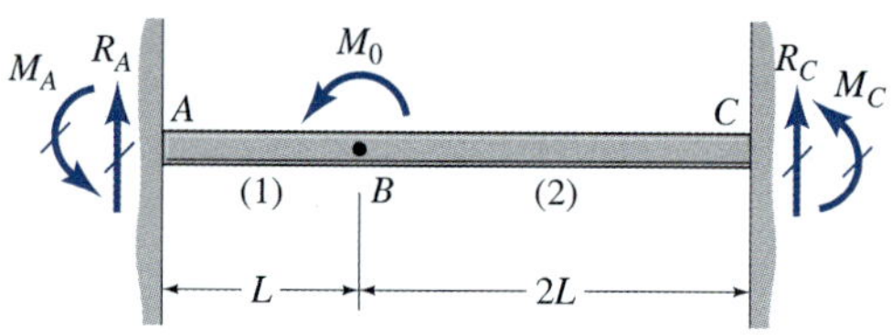

P7.7-2, P11.5-24

문제 7.7-3. 그림 P7.7-3에 나타낸 양단고정보에 대해, (a) 절점(node) B에서 횡방향 변위 δ_B와 기울기 θ_B를 구하시오. (b) 끝단 A점에서 반력 R_A와 M_A를 구하시오.(참조, 길이는 $L_1 = L$ 및 $L_2 = 2L$) 그림 P7.7-3의 경우는 그림 P7.6-55를 사용하시오.

문제 7.7-4. 외부 모멘트 M_0는 그림 P7.7-4에 나타낸 2-스팬 보의 절점 B에 적용된다. (a) B점에서 회전각 θ_B를 구하시오. (b) 반력 R_A, M_A 및 R_B를 구하시오. 그림 P7.7-4의 경우는 그림 P7.6-56을 사용하시오.

문제 7.7-5.~7.7-7. 그림과 같이 분포하중을 받는 2-스팬 보에 대해, (a) (a) B점에서 회전각 θ_B를 구하시오. (b) 반력 R_A, M_A 및 R_B를 구하시오. 그림 P7.7-5의 경우는 그림 P7.6-51을, 그림 P7.7-6의 경우는 그림 P7.6-57을 사용하시오.

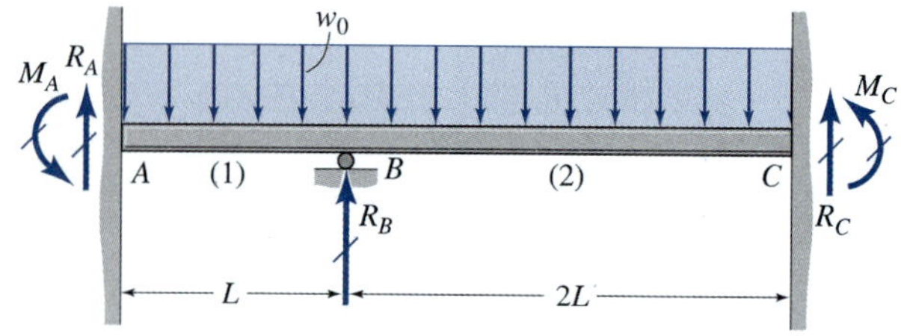

P7.7-7

문제 7.7-8.~7.7-9. 그림과 같은 균일 양단고정보에 대해, (a) 절점 B에서 횡방향 변위 δ_B와 기울기 θ_B를 구하시오. (b) 끝단 A점에서 반력 R_A와 M_A를 구하시오.

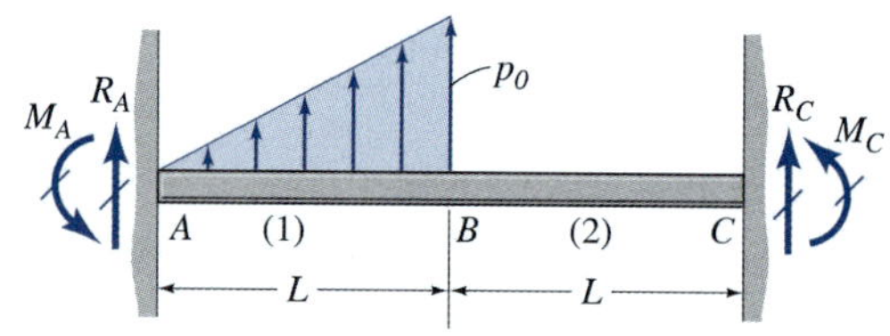

P7.7-8

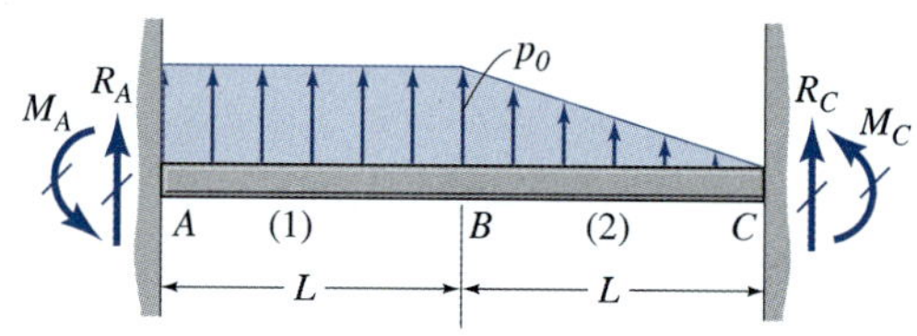

P7.7-9

문제 7.7-10.~7.7-11. 그림과 같은 분포하중을 받는 2-스팬 보에 대해, (a) 절점 A와 B에서의 회전각 θ_A 및 θ_B를 각각 구하시오. (b) 각각의 절점(node)에서 반력 R_A와 R_B를 구하시오.

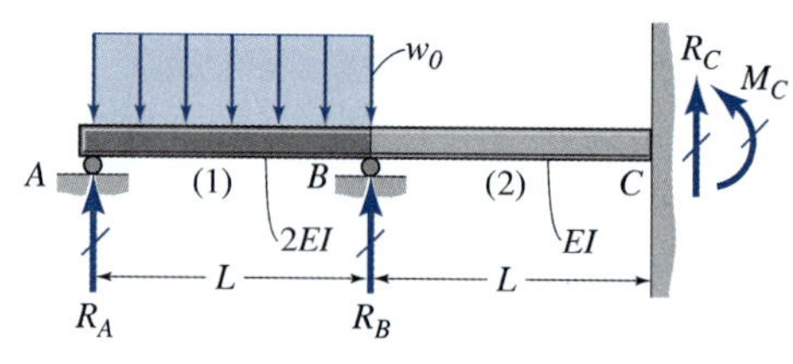

P7.7-10, P11.5-48

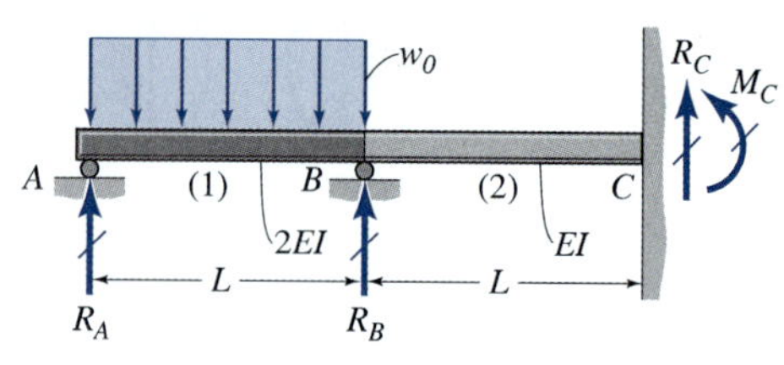

P7.7-11

문제 7.7-12.~7.7-15. 그림과 같은 2-스팬 연속보에 대해, (a) 세 개의 지지점에서의 회전각 θ_A, θ_B, θ_C를 구하시오. (b)

A점에서의 반력 R_A를 구하시오. 그림 P7.7-12의 경우는 그림 P7.6-53을, 그림 P7.7-13의 경우는 그림 P7.6-54를 사용하시오.

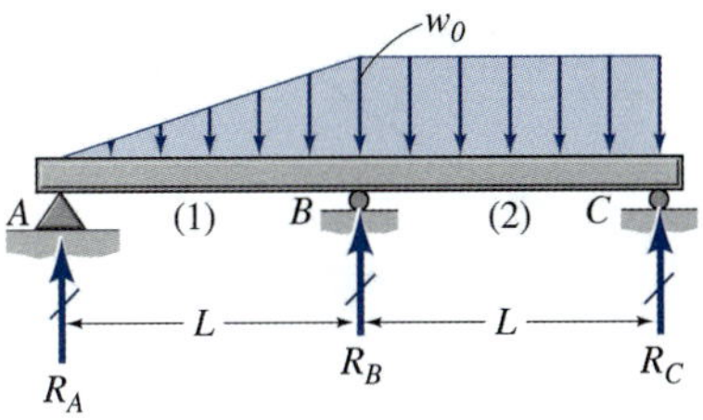

P7.7-14

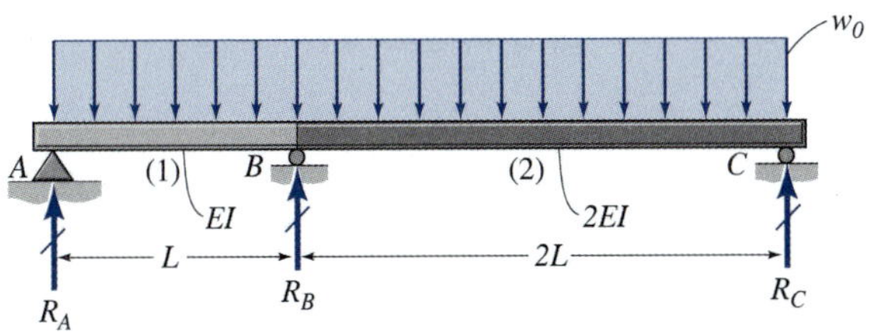

P7.7-15, P11.5-51

문제 7.7-16. 식 7.16을 시작으로 평형과 중첩을 사용하여 절점변위(nodal(=end) displacement) δ_A, θ_A, δ_B, θ_B를 가지는 균일 보에 대해 일치하는 절점력(nodal forces) P_A, M_A, P_B, M_B가 다음과 같은 식들에 의해 주어진다는 것을 나타내시오.

$$P_A = \left(\frac{EI}{L^3}\right)(12\delta_A + 6L\theta_A - 12\delta_B + 6L\theta_B)$$

$$M_A = \left(\frac{EI}{L^3}\right)(6L\delta_A + 4L^2\theta_A - 6L\delta_B + 2L^2\theta_B)$$

$$P_B = \left(\frac{EI}{L^3}\right)(-12\delta_A - 6L\theta_A + 12\delta_B - 6L\theta_B)$$

$$M_B = \left(\frac{EI}{L^3}\right)(6L\delta_A + 2L^2\theta_A - 6L\delta_B + 4L^2\theta_B)$$

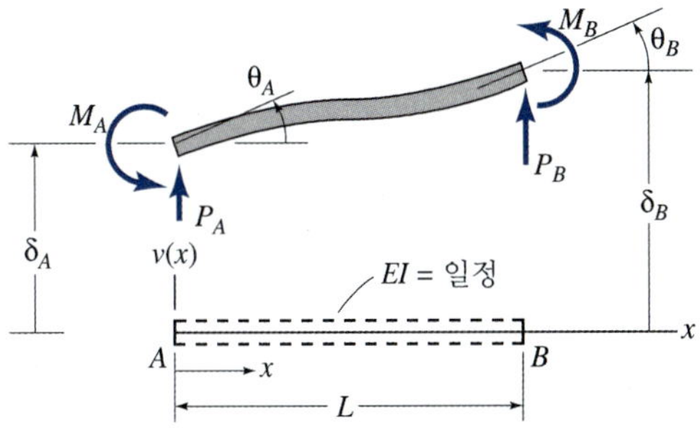

P7.7-16, P7.7-17

문제 7.7-17. 2차 처짐식 $EIv''(x) = M(x)$으로 시작하여 단지 δ_A가 0이 아닐 때 즉, $\theta_A = \delta_B = \theta_B = 0$이지만 $\delta_A \neq 0$인 특정 경우에 대해 문제 7.7-16에 주어진 4개의 식을 유도하시오.(힌트: 경계조건 $v(0) = \delta_A$, $v'(0) = v'(L) = v(L) = 0$) δ_A로 인한 처짐 곡선 $v(x)$에 대한 관계식은 무엇인가?

7장 복습 – 보의 처짐

<table>
<tr><th>절</th><th colspan="2"></th><th>관련 연습 문제</th></tr>
<tr><td>7.1</td><td>횡방향 하중, 집중하중 혹은 분포하중 중 하나, 그리고 굽힘 모멘트는 보에 처짐을 발생시킨다. 즉 보는 처짐 곡선이라 하는 곡선의 형태로 굽어진다. 처짐 곡선 $v(x)$는 그림 7.1a에서 확인된다.</td><td>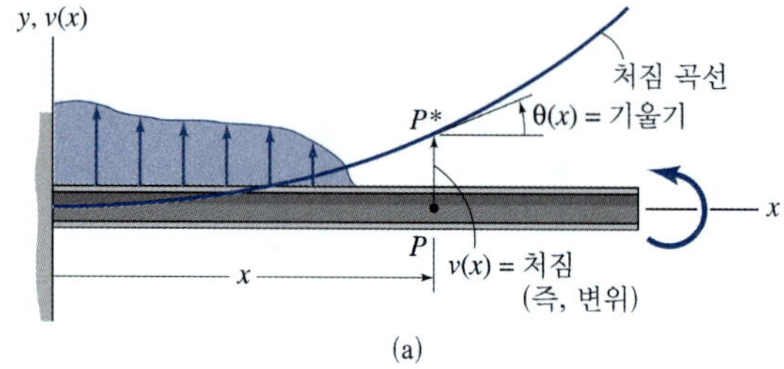

보의 처짐(그림 7.1a)</td><td></td></tr>
<tr><td>7.2</td><td>보의 분석에는 4개의 뚜렷이 구별되는 양이 포함된다.
• 두 개의 처짐 형태의 양:
처짐 v와 기울기 $\theta \equiv v' \equiv \frac{dv}{dx}$
• 두 개의 하중 형태의 양: 횡방향 전단력 V와 굽힘 모멘트 M.

식 7.1에서 시작하여, 모멘트–곡률 방정식, 식 7.8의 유도의 단계를 거쳐야 한다. 이것은 보에 작용하는 하중에 선형 탄성 보의 처짐을 관련시키는데 사용되는 주요 방정식(key equation)이다. 선형 탄성 보의 처짐을 계산하는 데 매우 유용한 또 다른 방정식은 하중–처짐 방정식, 식 7.12이다.</td><td>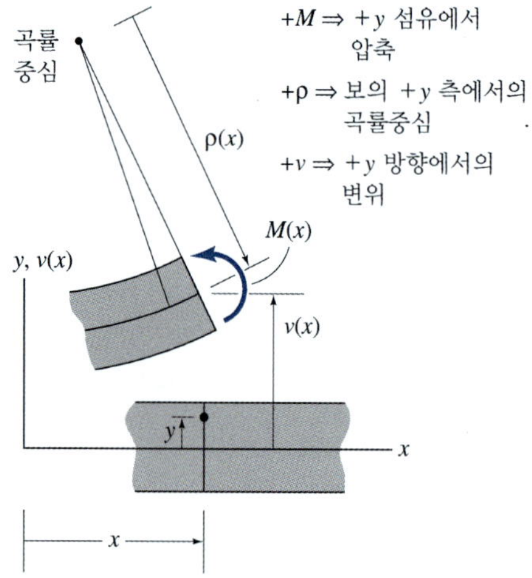

보 처짐에 대한 표기 및 부호규약(그림 7.4)

$EIv'' = M(x)$ 모멘트–곡률 방정식   (7.8)

$(EIv'')'' = p(x)$ 하중–처짐 방정식   (7.12)

횡방향 분포하중, $p(x)$; 횡방향 전단력, $V(x)$; 굽힘 모멘트, $M(x)$는 그림 7.7에 나타낸다.</td><td>식 7.8에서 구한다.</td></tr>
<tr><td></td><td>2차 모멘트–곡률 방정식과 4차 하중–처짐 방정식의 적분에 사용되는 표 7.1 경계조건과 표 7.2 연속조건을 검토해야 한다.</td><td>위의 모멘트–곡률방정식, 식 7.8과 전단–처짐 방정식, 식 7.11은 표 7.1의 경계조건에서의 전단력과 모멘트 및 표 7.2의 연속조건에서의 전단력과 모멘트를 공식화하는데 유용하다.

$(EIv'')' = V(x)$ 전단–처짐 방정식   (7.11)</td><td>7.2-3</td></tr>
</table>

절			관련 연습 문제
7.3	7.3절은 2차 모멘트-곡률 방정식, 식 7.8 혹은 4차 하중-처짐 방정식, 식7.12의 적분에 의해 **정정보**의 처짐의 결정을 다룬다.	7.3절의 시작 부분에 있는 **절차**를 신속하게 검토해야 한다. 예제 7.1과 7.2는 단일-스팬(single-span) 보를 다룬다; 예제 7.3과 7.4는 표 7.1의 경계조건에 더하여 표 7.2의 연속조건을 사용하는 것이 필요한 2-스팬(two-span) 보를 다룬다.	7.3-1 7.3-5 7.3-15 7.3-23 7.3-29
7.4	7.4절은 2차 모멘트-곡률 방정식, 식 7.8 혹은 4차 하중-처짐 방정식, 식7.12의 적분에 의해 **부정정보**의 분석을 다룬다.	그림 7.10에 나타낸 것처럼, 부정정 보는 보를 지지하는데 필요한 것보다 더 많은 경계조건을 가진다. 초과 경계조건을 **과잉(redundants)**이라고 한다. 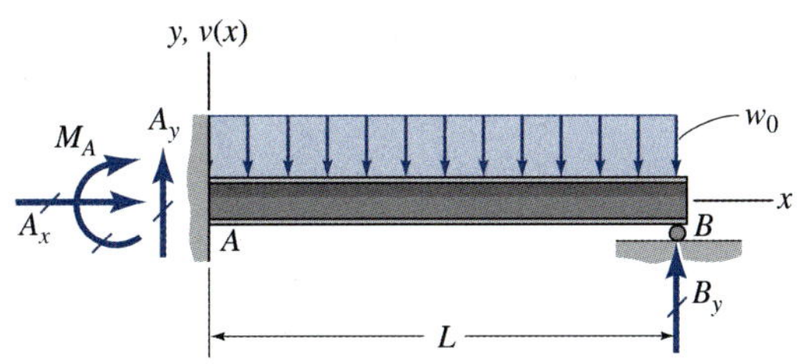 (그림 7.10)	7.4-1 7.4-5 7.4-11 7.4-13
7.6	7.6절은 **중첩법**에 의해 **정정보**와 **부정정보**의 분석을 다룬다.	**중첩 절차 – 정정보**로 명명된 절차와 예제 7.9와 7.10을 신속히 검토해야 한다.	7.6-1 7.6-5 7.6-17
	7.6절은 또한 **미소하중 중첩법**에 의해 보 처짐을 다룬다.	**미소하중 중첩을 위한 절차**로 명명된 절차와 예제 7.11을 신속히 검토해야 한다.	7.6-23 7.6-27
	마지막으로, 7.6절은 3.5절과 4.6절에서 논의된 기본적인 하중법에 직접적으로 관련이 있는 **중첩법**에 의해 **부정정보**의 분석을 논의한다.	**중첩 절차 – 부정정보**로 명명된 절차와 예제 7.12~7.15를 신속히 검토해야 한다.	7.6-33 7.6-34 7.6-35

7.5절(보 처짐을 구하기 위한 불연속함수의 사용)과 7.7절(보의 기울기와 처짐: 변위법)은 "선택적(optional)" 절이다.

8 응력과 변형률의 변환; 모어(Mohr) 원

8.1 개요

이전 장들에서는 응력해석(stress analyais)에 대해 소개하였다; 특히 축방향 $\left(\sigma = \frac{A}{F}\right)$, 비틀림$\left(\tau = \frac{T\rho}{I_p}\right)$, 굽힘$\left(\sigma = \frac{-My}{I}, \tau = \frac{VQ}{It}\right)$에서 부하된 부재의 단면에 작용하는 응력분포에 관해서 배웠다. 2.9절에서는 단지 축방향 하중만이 부재에 작용할지라도 경사진 단면상의 응력분포는 수직응력뿐만 아니라 전단응력으로도 구성된다는 것을 알게 되었다. 또한 경사면에 작용하는 수직응력과 전단응력은 응력변환 방정식을 통하여 축방향 응력에 직접 연관되는 것을 배웠다. 유사하게 4.4절에서는 연성 비틀림 부재 및 취성 비틀림 부재에 의해 경험된 매우 다른 파손을 설명한 비틀림에서의 원형 부재에 대한 분석이 수행되었다(그림 4.17).

그림 8.1은 파손된 강화 콘크리트 보의 사진이다. 보의 중심 근처에서 균열은 기본적으로 보의 단면에서 발생하지만 보의 중심에서 멀어진 균열은 상당히 기울어진 것을 알 수 있다. 제9장에서는 이러한 균열패턴을 발생시키는 보의 응력분포에 대해 고려할 것이다. 또한 가느다란 부재의 조합하중(combined loading), 즉 축력, 토크, 굽힘 모멘트, 횡방향 전단력의 다양한 조합을 생성하는 하중들의 다른 예들을 검토할 것이다. 그러나, 먼저 단일 형태의 하중 혹은 하중의 조합에 의해 발생된 **응력상태(state of stress)**를 완전히 특성화하기 위해서, **응력-변환 방정식(stress-transformation equations)**을 개발해야만 한다.

8.2절에서는 평면응력(plane stress)이라고 하는 2차원 응력상태를 도입함으로써 시작한다. 8.3절에서 유도된 응력-변환 방정식은 2.9절과 4.4절에서 개발된 응력-변환 방정식을 일반화시킨 것이다. 8.4절에서는 수직응력과 전단응력의 최대 및 최소를 구하고, 8.5절에서는 모어 원(Mohr's circle)이라고 하는 이 응력변환의 매우 중요한 도식적 표현이 소개된다.

8.3절에서 알게 되겠지만, 응력-변환 방정식(stress-transformation equations)은 오로지 평형(equilibrium)에만 기초되어 진다; 이 방정식들은 재료의 성질(선형 탄성 거동, 등) 혹은 기하학적 변형에는 의존하지 않는다. 그러나, 유사한 변형률-변환 방정식(strain-transformation equations)이 있다; 오로지 기하학적 변형(geometry

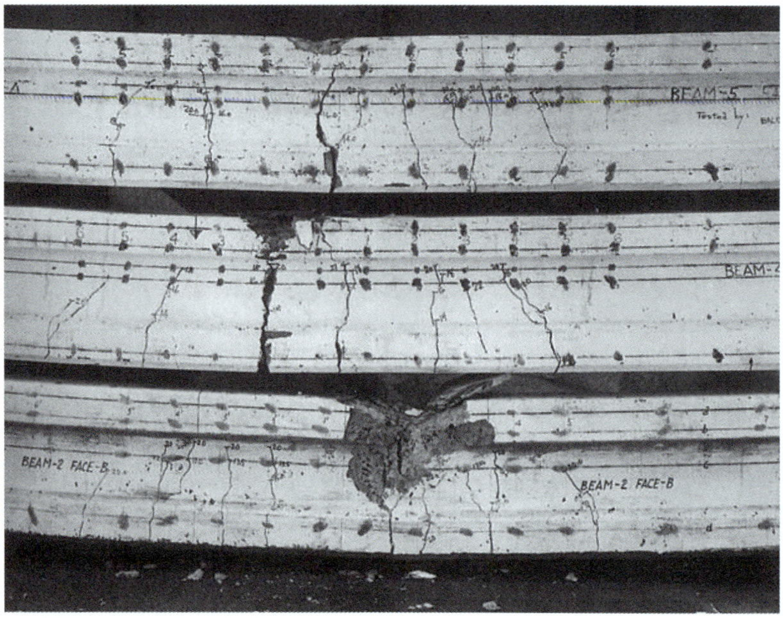

그림 8.1 강화 콘크리트 보에서의 전형적인 균열 패턴 (From Prestressed Concrete-A Fundamental Approach, 5th Ed. Update, 2010, Prentice Hall/Pearson Education, Courtesy Dr. Edward G. Nawy, Rutgers University, New Brunswick, New Jersey)

of deformation)에 기초되어진다. 변형률에 대한 변환은 8.8절~8.11절에서 논의된다.

8.2 평면응력

일반적으로, 하중을 받는 변형체 내의 어떤 지점을 통하여 3개의 상호 직교 면을 통과시킨다면(그림 8.2a), 3개의 평면 모두에서 수직 및/또는 전단응력을 발견할 것이다(그림 8.2b). 이것을 3차원 응력상태(three-dimensional state of stress)라고 한다. 다행스럽게도, 이들 응력 중 일부가 사라지는 많은 중요한 경우들이 있고, 그래서 그 다음은 2차원 응력상태(two-dimensional state of stress)가 된다. 예를 들어, 교량의 판 거더의 웹(web)으로부터 취한 작은 요소에 작용하는 응력을 고려

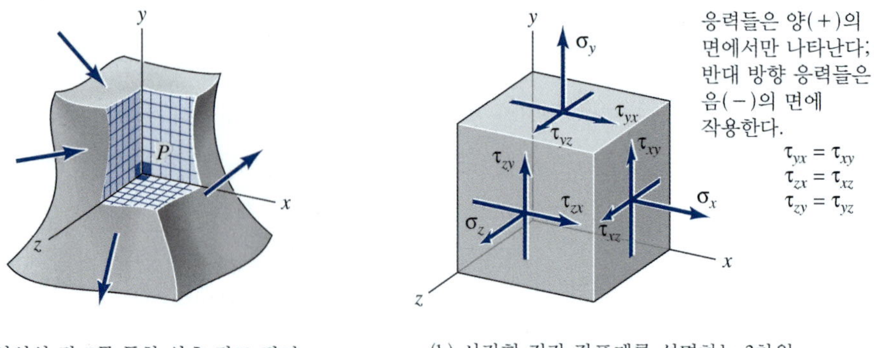

(a) 임의의 점 P를 통한 상호 직교 평면 3개의 조합

(b) 사각형 직각 좌표계를 설명하는 3차원 응력상태(응력들은 보이는 면에만 표시됨)

그림 8.2 일반적인 3차원 응력상태

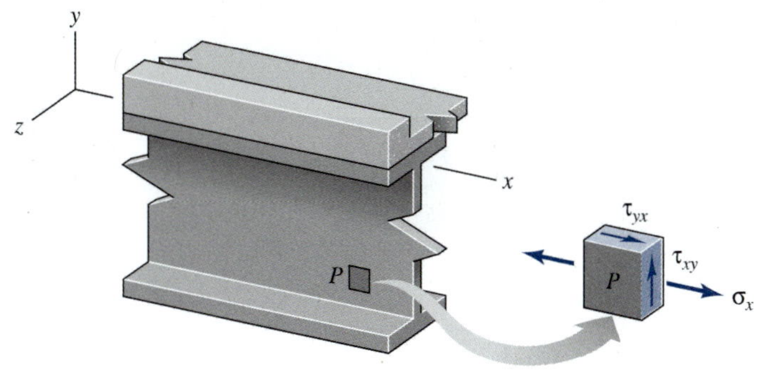

(a) 교량 거더의 일부분 (b) 응력을 가지는 웹 요소

그림 8.3 평면응력의 예

하자(그림 8.3). 웹이 얇고 웹 표면에 직접 작용하는 하중이 없기 때문에 z축(σ_z, $\tau_{zx} = \tau_{xz}$, $\tau_{zy} = \tau_{yz}$)과 관련된 세 가지 응력들은 모두 0이다. 0이 아닌 응력들은 xy면에 존재한다. 엄밀히 말하면, 0이 아닌 응력은 법선 벡터가 xy면에 있는 면에 작용한다. 따라서 그림 8.3b에서와 같이 이 응력들을 나타내는 화살표는 모두 xy면에 놓인다.

만약, 응력 σ_z, τ_{xz}, τ_{yz}가 모든 곳에서 없어지면,

$$\sigma_z = \tau_{xz} = \tau_{yz} = 0 \tag{8.1}$$

이면, 물체 내의 응력상태는 **평면응력(plane stress)**이라고 한다. 식 8.1에 포함된 0이 아닌 응력들(σ_x, σ_y, $\tau_{xy} = \tau_{yx}$)은 xy면에 놓여 있다.[1] 그림 8.4는 평면응력에서 요소의 3차원 및 2차원 상태를 나타낸다. 모멘트 평형으로부터(식 2.37) 그것은

$$\tau_{yx} = \tau_{xy} \tag{8.2}$$

을 나타낸다. 2차원 표시(view)는 적절한(즉, 0이 아닌) 응력정보를 나타낼 수 있으므로, 평면응력을 묘사할 때 3차원 표시를 실제로 사용할 필요는 없다. 평면응력의 특별한 경우들은 단축응력(uniaxial stress)(그림 8.5a), 순수전단(pure shear)(그림 8.5b), 2축응력(biaxial stress)(그림 8.5c)이다.

평면응력 상태에 있는 변형체는 그림 8.3의 판 거더의 웹과 같이 대개 얇은 판형 부재이다.[2] 8.3절에서 유도된 응력-변환 방정식은 그러한 평면응력 문제들에 적용할 수 있지만, 식 8.1이 국부적으로 타당하지만 물체의 어느 곳에서나 타당하지 않는 훨씬 더 넓은 범주의 2차원 응력문제에도 적용할 수 있다. 예를 들어, 변형체의 표면의 일부분은 분포하중 또는 집중하중을 받지만, 하중이 직접 가해지지 않는 표면의 그 부분에서는 응력상태를 국부적으로 2차원(locally two-

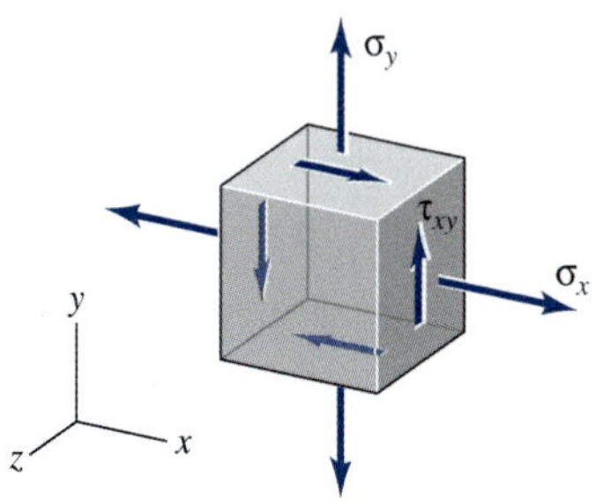

(a) 3차원 표시

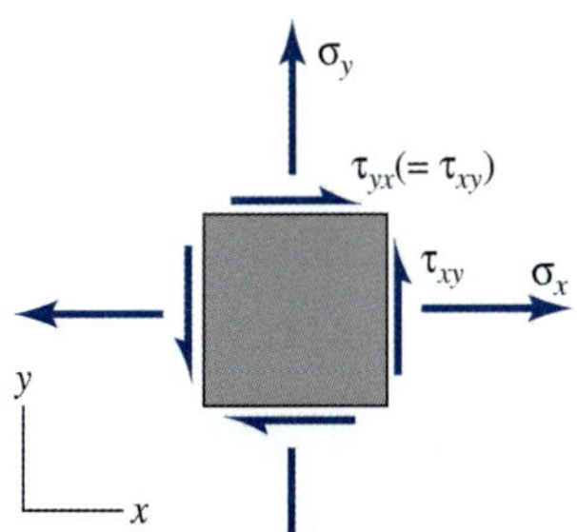

(b) 2차원 표시

그림 4 3-D 및 2-D로 표시된 평면 응력의 상태

1) 만약 응력들이 xy면에만 있거나, yz면에만 있는 경우에도 평면응력의 상태가 또한 존재할 수 있다.

2) 탄성이론(Theory of Elasticity)의 제2장, by S. P.Timoshenko and J.N. Goodier, [Ref. 8-1], discusses plane stress and plane strain problems.

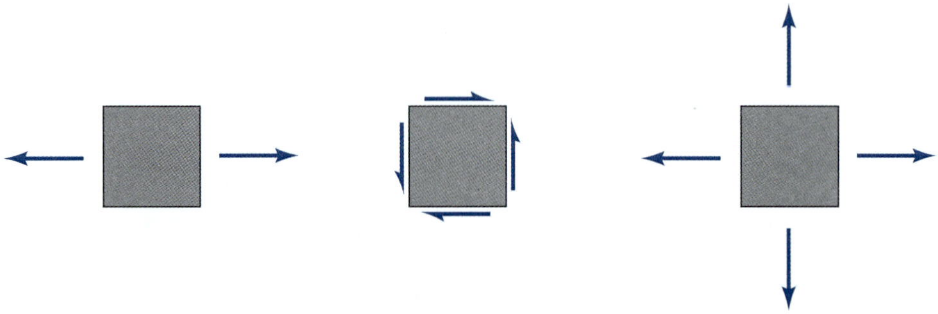

(a) 단축 응력 (b) 순수 전단 (c) 2축 응력

그림 8.5 평면응력의 특별한 경우

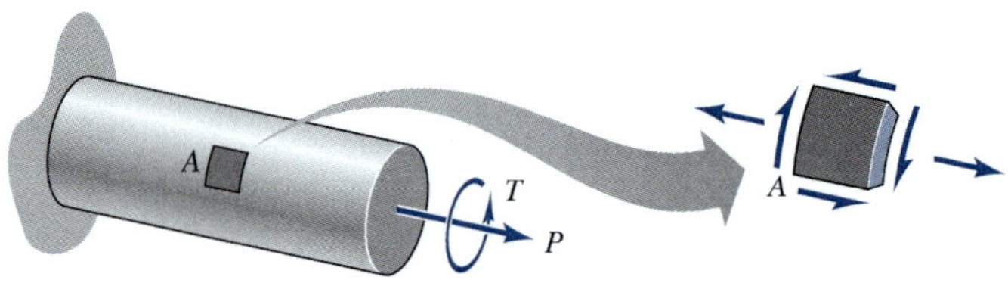

(a) 축하중과 토크를 받는 막대 (b) 2차원 응력상태

그림 8.6 변형체 표면에서의 2차원 응력의 예

dimensional) 또는 국부적으로 평면응력(locally plane stress)으로 분류할 수 있다. 그림 8.6에 나타낸 것처럼, 축방향 하중과 토크를 받는 원형 부재는 이러한 종류의 국부 평면응력의 한 예이다. 고려하고자 하는 지점에서의 물체의 표면에 작용하는 응력이 없으므로 식 8.1은 국부적으로 만족되며 표면의 이 지점에서 응력을 평면 응력으로서 취급할 수 있다.

8.3 평면응력에 대한 응력 변환

한 점에서의 응력상태 만약 특정 좌표계와 관련하여 한 점에서의 평면응력 상태를 알고 있고 xy기준 좌표계에서의 응력들(σ_x, σ_y, τ_{xy})을 표현하면, 기준 좌표계를 회전시킨다는 가정하에 물체의 같은 지점에서의 응력 값은 얼마인가? 즉, $x'y'$축을 따라 방향을 잡은 면에서 ($\sigma_{x'}$, $\sigma_{y'}$, $\tau_{x'y'}$)의 값들은 얼마가 될 것인가? 제6장에서는 그림 8.7a에 나타낸 것처럼 보의 임의의 점 (x, y)에 위치하는 요소의 x와 y면에서의 응력을 결정하기 위해 굽힘공식과 전단공식을 사용하는 방법을 배웠다. 그러나 특정면 상의 응력들이 임계(즉, 최대)응력이라는 확신이 없기 때문에 그림 8.7b에서 n면 및 t면과 같은 경사면에서의 응력을 결정할 수 있는 것은 매우 중요하다. 그림 8.7에서 점 P와 같이 한 점에서 고유한 응력상태는 하나뿐이지만 **응력상태(state of stress)**는 사용된 축의 방향에 따라 다르게 나타난다. 예를 들어, 그

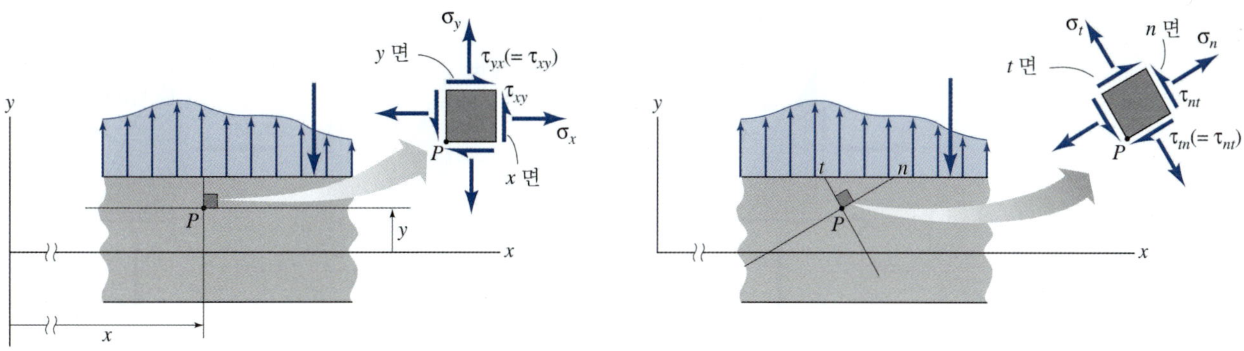

(a) x 및 y축에 나타낸 P점에서의 응력상태

(b) n 및 t축에 나타낸 P점에서의 응력상태

그림 8.7 두 기준 좌표계에 나타내어진 한 점에서의 응력상태

림 8.7a에서 응력들(σ_x, σ_y, τ_{xy})은 그림 8.7b에서의 응력들(σ_n, σ_t, σ_{nt})과는 다른 값을 가지지만 양쪽 모두 점 P에서 동일한 응력상태를 나타낸다.

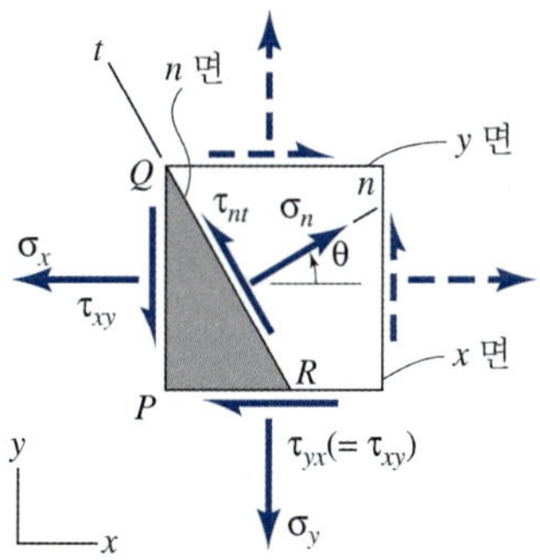

그림 8.8 기준 (xy)축에 대한 임의로 방향을 맞춘 n면의 관계

표기법과 부호규약 응력 σ_x, σ_y, τ_{xy}가 어떤 점에서 알려져 있다고 가정하자(예를 들어, 그림 8.7a의 점 P). 그림 8.7b에서 n면 및 t면과 같은 다른 면상의 수직응력과 전단응력을 결정하기 위하여 임의의 방향을 가진 면 하나를 고려하고 그 면상의 수직응력과 전단응력을 xy응력들에 연관시키는 것이 필요하다. 그림 8.8에 나타낸 것처럼, 양의 x축으로 시작하여 반시계방향 각도 $\theta \equiv \theta_{xn}$을 통해 그것의 바깥쪽 법선 n을 회전시킴으로써 n면이라고 하는 임의의 면을 맞춘다. t축은 xyz축과 같이 ntz축이 오른손 좌표계를 형성하도록 방향을 맞춘다. 항상 그렇듯이 수직응력 σ_n은 인장에서 양(+)이고, $+n$ 면상의 양의 전단응력 τ_{nt}는 $+t$ 방향으로 작용한다.

평면응력에 대한 응력변환 응력 σ_x, σ_y, τ_{xy}는 알려져 있고, 응력 σ_n과 σ_t는 결정되어야 한다고 가정하자. 앞에서 지적했듯이 **응력변환 방정식은 오로지 평형에 기초되어진다.** 평형방정식을 구성하기 위해서 자유물체도(free-body diagram)가 필요하다. 그림 8.9a에서 반복되는 그림 8.8에서의 삼각형 요소 PQR은 요소의 세 면상에 작용하는 응력들을 나타낸다. 요소의 다양한 면에 작용하는 응력을 나타내는 그림 8.9a와 같은 그림을 응력요소(stress element)라고 한다. 응력은 요소의 측면이 나타나는 면에 작용한다. 다양한 면의 면적은 그림 8.9b에 주어지고, 각각의 응력을 그 응력이 작용하는 면의 면적에 곱함으로써 그림 8.9c에서 해당하는 자유물체도를 얻는다.

그림 8.9c에서 자유물체에 대한 평형방정식을 작성함으로써 그림 8.9b로부터 면적을 대입하고, $\tau_{yx} = \tau_{xy}$ (식 8.2)라는 사실을 사용함으로써

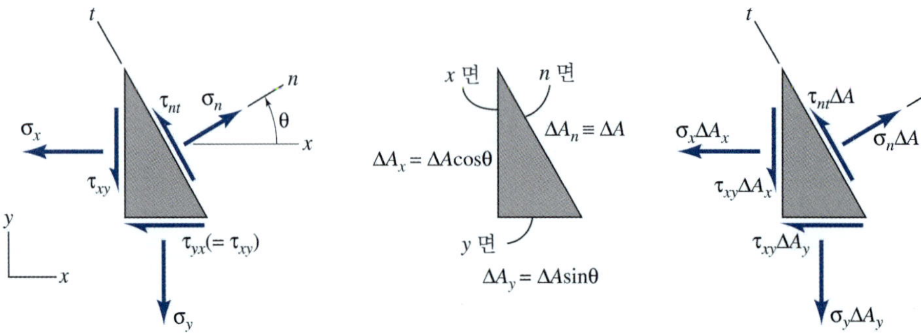

(a) 삼각형 응력 요소 (b) 각 면의 면적 (c) 자유물체도

그림 8.9 평면응력 요소에 기초된 자유물체도

$$+\nearrow \quad \sum F_n = 0:$$

$$\sigma_n \Delta A - \sigma_x(\Delta A\cos\theta)\cos\theta - \sigma_y(\Delta A\sin\theta)\sin\theta$$
$$- \tau_{xy}(\Delta A\cos\theta)\sin\theta - \tau_{xy}(\Delta A\sin\theta)\cos\theta = 0$$

$$+\nwarrow \quad \sum F_t = 0:$$

$$\tau_{nt}\Delta A + \sigma_x(\Delta A\cos\theta)\sin\theta - \sigma_y(\Delta A\sin\theta)\cos\theta$$
$$- \tau_{xy}(\Delta A\cos\theta)\cos\theta + \tau_{xy}(\Delta A\sin\theta)\sin\theta = 0$$

이 방정식을 ΔA로 나누고 항들을 정리하면,

$$\begin{aligned} \sigma_n &= \sigma_x\cos^2\theta + \sigma_y\sin^2\theta + \tau_{xy}(2\sin\theta\cos\theta) \\ \tau_{nt} &= -(\sigma_x - \sigma_y)\cos\theta\sin\theta + \tau_{xy}(\cos^2\theta - \sin^2\theta) \end{aligned} \tag{8.3}$$

을 얻는다. 이 식들에서 각도 θ는 그림 8.9a에 나타낸 것처럼 <u>x면으로부터 n면으로 반시계방향으로</u> 측정한다는 것을 기억하라.

식 8.3은 다음과 같은 삼각법 항등식을 결합시킴으로써 보다 간편한 형태로 표현되어질 수 있다.

$$\begin{aligned} 2\sin\theta\cos\theta &= \sin 2\theta \\ \sin^2\theta &= \frac{1}{2}(1 - \cos 2\theta) \\ \cos^2\theta &= \frac{1}{2}(1 + \cos 2\theta) \end{aligned} \tag{8.4}$$

그리고 나서 식 8.3으로부터 **평면응력에 대한 응력-변환 방정식(stress-transformation equations for plane stress)**은

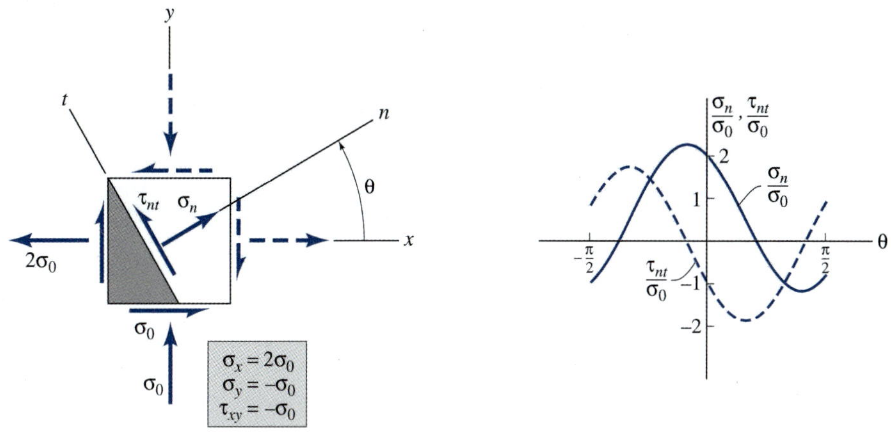

(a) 평면응력 상태의 예

(b) 응력면의 방향의 함수로서 수직응력과 전단응력

그림 8.10 평면응력 상태의 예에 대응하는 수직응력과 전단응력

$$\sigma_n = \left(\frac{\sigma_x + \sigma_y}{2}\right) + \left(\frac{\sigma_x - \sigma_y}{2}\right)\cos 2\theta + \tau_{xy}\sin 2\theta$$
$$\tau_{nt} = -\left(\frac{\sigma_x - \sigma_y}{2}\right)\sin 2\theta + \tau_{xy}\cos 2\theta \qquad (8.5)$$

응력-변환 방정식

이 된다. 이 응력변환을 얻기 위해서 그림 8.9에서 자유물체상에 작용하는 힘(forces)을 구하기 위하여 응력과 면적을 곱해야만 한다는 것을 다시 강조해야만 한다. 그림 8.9a의 응력요소와 같이 응력요소에 작용하는 응력들을 단지 합하는 것은 옳지 않다!

식 8.5가 어떤 면, 즉 어떤 방향에서의 면에 작용하는 수직응력과 전단응력을 계산할 수 있다는 것을 강조하기 위해 그림 2.33의 응력 선도를 일반화하고 그림 8.10a에 나타낸 특정 응력상태에 대한 σ_n 및 τ_{nt} 선도를 구한다. 응력들은 공통 응력크기 σ_0로 표현되고 그 방향은 그림 8.10a에 화살표로 나타내어져 있다. 한 점을 통과할 수 있는 모든 가능한 면들을 나타내기 위해 θ의 범위는 $-90°$에서 $+90°$까지 이면 충분하므로 그림 8.10b에서의 선도는 $-90°$에서 $+90°$까지 확장한다.

다음 예는 평형방정식이 경사면의 수직응력 및 전단응력을 계산하는 데 직접 사용될 수 있는 방법을 설명한다.

예제 8.1

한 점에서 평면응력의 상태가 그림 1a에 나타낸다. 그림 1b에 나타낸 것처럼 x면으로부터 반시계방향으로 30° 회전된 x'면상에서의 수직응력 $\sigma_{x'}$와 전단응력 $\tau_{x'y'}$를 구하시오.

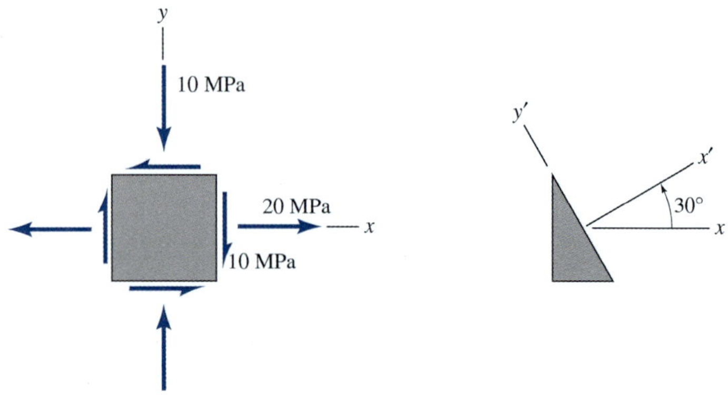

(a) 한 점에서 주어진 평면응력 상태

(b) x'면의 방향

그림 1 응력-변환 데이터

풀이 계획 일반각 θ가 아닌 특정각 30°를 사용하여 식 8.3을 유도하는 데 사용되는 절차를 따를 수 있다.

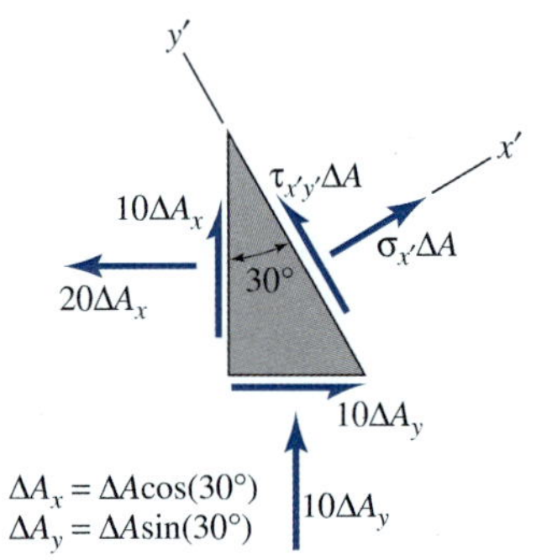

그림 2 자유물체도

풀이

평형: 자유물체도는 그림 2와 같다.

$$\overset{+}{\nearrow}\quad \sum F_{x'} = 0:$$

$$\sigma_{x'}\Delta A - 20\Delta A_x\cos(30°) + 10\Delta A_x\sin(30°) + 10\Delta A_y\sin(30°) + 10\Delta A_y\cos(30°) = 0$$

따라서,

$$\sigma_{x'} = 3.84\ \text{MPa} \qquad \textbf{답}\ (1a)$$

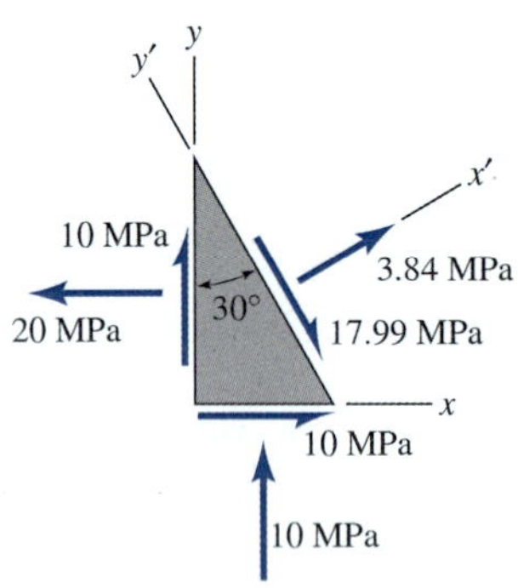

그림 3 응력요소

$$\overset{+}{\nwarrow}\quad \sum F_{y'} = 0:$$

$$\tau_{x'y'}\Delta A + 20\Delta A_x\sin(30°) + 10\Delta A_x\cos(30°) - 10\Delta A_y\sin(30°) + 10\Delta A_y\cos(30°) = 0$$

또는

$$\tau_{x'y'} = -17.99\ \text{MPa} \qquad \textbf{답}\ (1b)$$

x'면상의 응력들은 그림 3과 같다.

예제 8.1에서, 자유물체도와 평형방정식을 직접 사용하여 특정 각도에서 특정 면상의 수직응력과 전단응력의 값을 구하였다. 응력-변환 방정식(stress-transformation equations), 식 8.5는 또한, 이 문제를 풀기 위하여 사용될 수 있다. 식 8.5를 시작으로: (1) 한 점에서 최대 수직응력(maximum normal stress)과 최대 전단응력(maximum shear stress)에 대한 관계식을 유도한다(8.4절). (2) 응력-변환 방정식에 대한 모어 원(Mohr's circle) 도식적 표현을 개발한다(8.5절). 그러나, 먼저 그림

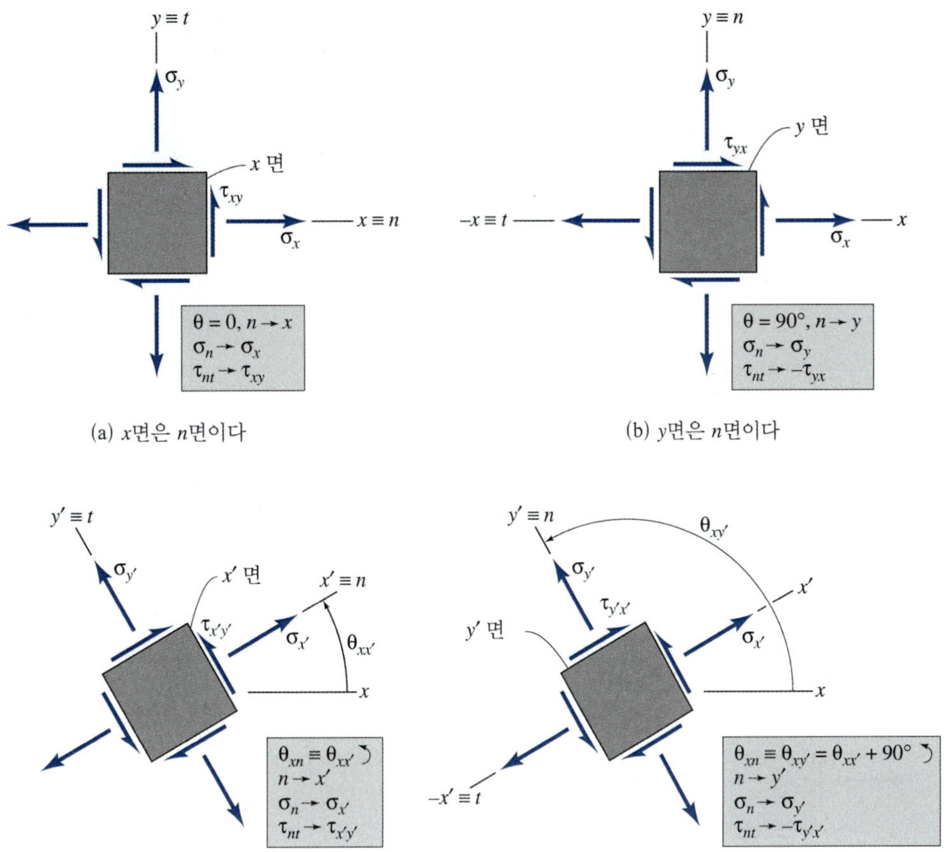

(a) x면은 n면이다

(b) y면은 n면이다

(c) x'면은 n면이다

(d) y'면은 n면이다

그림 8.11 직교면상의 응력

8.11c에서 $x'y'$요소의 x'면과 y'면과 같이 회전 요소의 두 직교면에 대한 수직응력과 전단응력에 대한 공식이 유도되어질 것이다.

직교면상의 응력들 평면응력에 대한 두 응력-변환 방정식, 식 8.5는 임의의 면상에서 수직응력 σ_n과 전단응력 τ_{nt}를 주어진 일련의 xy응력들에 연관시킨다. 그러나 종종 두 직교면 – 예를 들어, x면과 y면상의 응력들에 대해 언급할 필요가 있다. 그림 8.11a는 $\theta = 0$인 경우이다. 그 다음 그림 8.11a에 나타낸 것처럼 $n \rightarrow x$, $t \rightarrow y$, $\sigma_n \rightarrow \sigma_x$, $\tau_{nt} \rightarrow \tau_{xy}$이다. y면(그림 8.11b)을 고려할 때, ntz축은 오른손 좌표계를 구성한다는 것을 기억해야만 한다. 따라서, $\theta = 90°$일 때 $n \rightarrow y$, $t \rightarrow -x$, $\sigma_n \rightarrow \sigma_y$, $\tau_{nt} \rightarrow -\tau_{yx} (= -\tau_{xy})$이다. 이들 등가관계의 마지막 $\tau_{nt} \rightarrow -\tau_{xy}$는 t축이 $+x$축이 아닌 $-x$축에 일치한다는 사실에 기인한다.

한 쌍의 임의로 맞춰진 직교면, 예를 들어 그림 8.11c와 그림 8.11d에서 x'면과 y'면을 고려하자. x'와 y'면의 방향은 하나의 각도 $\theta_{xx'}$에 의해 지정된다. 그 다음 $\theta_{xy'} = \theta_{xx'} + 90°$이다. 그림 8.11c는 σ_n과 τ_{nt}를 x'면상의 응력들에 연관시키고, 그림 8.11d는 σ_n과 τ_{nt}를 y'면상의 응력들에 연관시킨다. 이 응력들은 식 8.5를 사용하여 계산할 수 있고, $2\theta_{xy'} = 2(\theta_{xx'} + 90°) = 2\theta_{xx'} + 180°$임을 참고하라.

$$
\begin{aligned}
\sigma_{x'} &= \sigma_n(\theta_{xx'}) = \left(\frac{\sigma_x+\sigma_y}{2}\right)+\left(\frac{\sigma_x-\sigma_y}{2}\right)\cos 2\theta_{xx'}+\tau_{xy}\sin 2\theta_{xx'} \\
\tau_{x'y'} &= \tau_{nt}(\theta_{xx'}) = -\left(\frac{\sigma_x-\sigma_y}{2}\right)\sin 2\theta_{xx'}+\tau_{xy}\cos 2\theta_{xx'} \\
\sigma_{y'} &= \sigma_n(\theta_{xx'}+90°) = \left(\frac{\sigma_x+\sigma_y}{2}\right)-\left(\frac{\sigma_x-\sigma_y}{2}\right)\cos 2\theta_{xx'}-\tau_{xy}\sin 2\theta_{xx'} \\
\tau_{x'y'} &= -\tau_{nt}(\theta_{xx'}+90°) = -\left(\frac{\sigma_x-\sigma_y}{2}\right)\sin 2\theta_{xx'}+\tau_{xy}\cos 2\theta_{xx'} = \tau_{x'y'}
\end{aligned} \tag{8.6}
$$

예상했던 바와 같이 $\tau_{y'x'} = \tau_{x'y'}$임을 주목하라.

예제 8.2

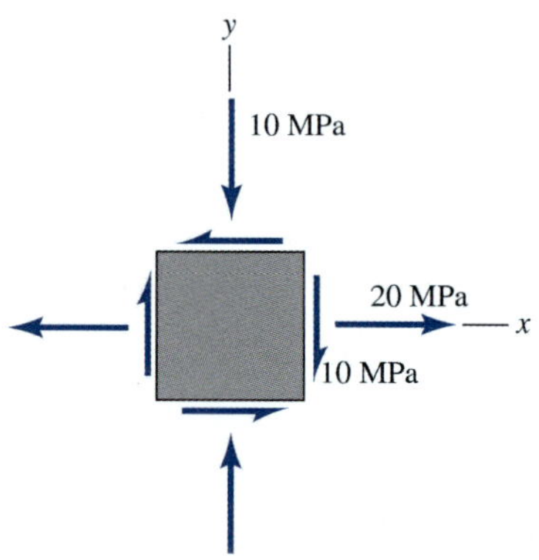

(a) 한 점에서 주어진 평면응력 상태

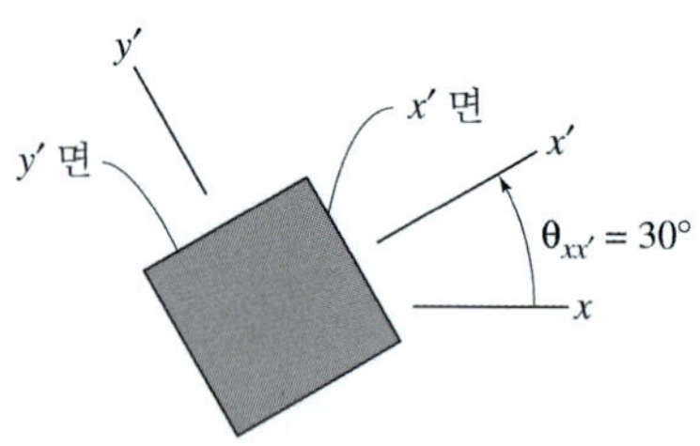

(b) 반시계방향으로 30° 회전된 요소

그림 1 응력-변환 데이터

한 점에서의 평면응력 상태를 그림 1a에 나타낸다. 식 8.5를 사용하여 그림 1b에 나타낸 것처럼 그림 1a에서 요소의 방향으로부터 반시계방향으로 30° 회전된 면상에서의 응력들을 구하시오. 회전된 응력요소들에 관한 응력들을 나타내시오.

풀이 계획 x'면에 대해 $\theta = 30°$, 반면 y'면에 대해 $\theta = 30° + 90° = 120°$(혹은 $\theta = -60°$를 사용할 수도 있다)이다. 이것은 식 8.5(혹은 8.6)에 "바로 연결하는(plug-in)" 유형의 간단한 문제이다. 그림 1a로부터

$$\sigma_x = 20\text{ MPa},\quad \sigma_y = -10\text{ MPa},\quad \tau_{xy} = -10\text{ MPa}$$

풀이 x'면에 대해 $\theta = 30°$, 따라서 $2\theta = 60°$이고, 그림 8.11c를 참조하면 $n \to x'$, $t \to y'$이다. 그 다음 식 8.5는

$$
\begin{aligned}
\sigma_{x'} &= \left(\frac{\sigma_x+\sigma_y}{2}\right)+\left(\frac{\sigma_x-\sigma_y}{2}\right)\cos 2\theta+\tau_{xy}\sin 2\theta \\
\sigma_{x'} &= \left(\frac{20\text{ MPa}-10\text{ MPa}}{2}\right)+\left(\frac{20\text{ MPa}+10\text{ MPa}}{2}\right)\cos(60°) \\
&\quad +(-10\text{ MPa})\cos(60°)
\end{aligned}
$$

혹은

$$\sigma_{x'} = 3.84\text{ MPa} \qquad \textbf{답} \text{ (1a)}$$

마찬가지로, 식 8.5b는

$$
\begin{aligned}
\tau_{x'y'} &= -\left(\frac{\sigma_x-\sigma_y}{2}\right)\sin 2\theta+\tau_{xy}\cos 2\theta \\
\tau_{x'y'} &= -\left(\frac{20\text{ MPa}+10\text{ MPa}}{2}\right)\sin(60°)+(-10\text{ MPa})\cos(60°)
\end{aligned}
$$

혹은

$$\tau_{x'y'} = -17.99\text{ MPa} \qquad \textbf{답} \text{ (1b)}$$

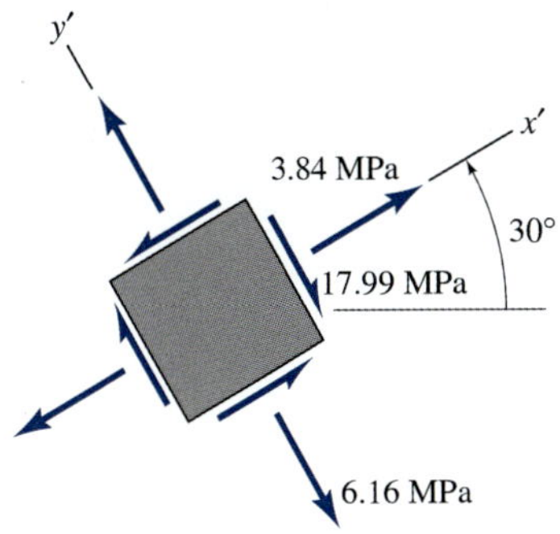

그림 2 $\theta = 30°$에서 $x'y'$요소에서의 응력들

y'면에 대해 $\theta = 120°$, 따라서 $2\theta = 240°$이고, 그림 8.11d를 참조하면 $n \to y'$, $t \to -x'$이다. 그 다음 식 8.5로부터

$$\sigma_{y'} \equiv \sigma_n(120°), \quad \sigma_{y'} = 6.16\ \text{MPa}$$
$$\tau_{y'x'} \equiv -\tau_{nt}(120°), \quad \tau_{y'x'} = -17.99\ \text{MPa} \qquad \textbf{답 (2)}$$

식 (1)은 x'면상에서의 응력들을 결정하고, 식 (2)는 y'면상에서의 응력들을 결정한다. 이 결과들은 그림 2와 같다.

풀이 검토 이것은 각 해의 크기가 합리적인지 먼저 알아봄으로써 결과를 검증해야 하는 매우 짧은 문제이다. 그런 다음 계산 결과는 정확성을 위해 표본추출조사를 해야 한다. 현재의 경우, 그림 1a에 주어진 응력들은 그림 8.10a의 응력들과 같은 비율이다. 따라서 이 문제에 대한 답을 확인하기 위해서 그림 8.10b의 σ_n/σ_0와 τ_{nt}/σ_0의 값을 살펴볼 것이다.

예제 8.2에서 $(\sigma_x + \sigma_y) = (\sigma_{x'} + \sigma_{y'})$는 우연의 일치가 아니다. 식 8.6a와 8.6c를 더함으로써 각 θ에 관계없이

$$\sigma_{x'} + \sigma_{y'} = \sigma_x + \sigma_y \tag{8.7}$$

을 구할 수 있다. 따라서, 직교면상의 수직응력들의 합은 일정하고, 그것을 응력불변량(stress invariant)이라고 한다. 즉 **직교면상의 수직응력들의 합은 각 θ에 따라 변하지 않는다.**

한 점에서 수직응력과 전단응력의 최대, 최소는 x와 y면상, 즉 응력이 "주어진(given)"면상에 작용할 필요는 없다는 것이 그림 8.10b로부터 명백하다. 다음 절에서는 이들 최대(및 최소)응력이 작용하는 면을 찾을 수 있는 방정식을 유도할 것이다.

8.4 주응력과 최대 전단응력

구조용 부재 혹은 기계요소는 과도한 수직응력 또는 과도한 전단응력 때문에 파손할 수 있으므로 한 점에서 최대 수직응력과 최대 전단응력을 결정할 수 있는 것은 중요하다. 그림 8.10b는 평면응력 상황에 대해 최대 또는 최소 수직응력이 작용하는 어떤 면과 최대 또는 최소 전단응력이 작용하는 어떤 면이 있다는 사실을 설명한다. 이 절에서는 이들 면을 찾는 방법과 평면응력의 경우에 대해 이들 특정 응력들을 계산하는 방법을 결정할 것이다. 3차원 응력상태는 8.6절에서 논의된다.

주응력 최대 및 최소 수직응력들을 주응력이라고 한다.[3] 그림 8.10b로부터 명백

3) principal이라는 단어는 때때로 principle과 혼동된다. 주응력은 가장 중요한 응력을 의미하는 al 형태이다.

하듯이 주응력은 다음 방정식을 만족하는 면상에서 발생한다.

$$\frac{d\sigma_n}{d\theta}=0 \tag{8.8}$$

여기서 $\sigma_n(\theta)$는 식 8.5a에 의해 주어진다. 그런 다음,

$$\frac{d\sigma_n}{d\theta}=-(\sigma_x-\sigma_y)\sin 2\theta_p+2\tau_{xy}\cos 2\theta_p=0$$

각 θ_p는 주응력이 작용하는 면인 **주응력 면(principal planes)**의 방향을 결정한다. 주응력 면의 방향은 다음 식

$$\tan 2\theta_p=\frac{\tau_{xy}}{\left(\dfrac{\sigma_x-\sigma_y}{2}\right)} \tag{8.9}$$

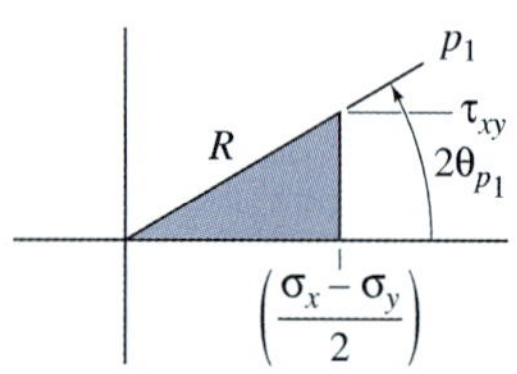

(a) 각 $2\theta_p$의 결정

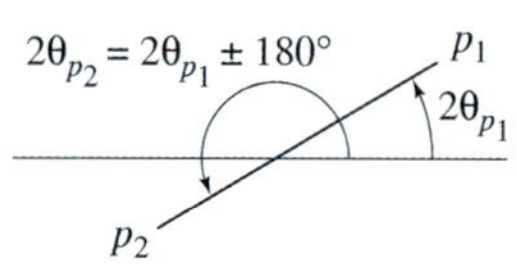

(b) 두 각은 식 8.9를 만족한다.

그림 8.12 주응력 면을 위치시키는 각도의 결정

를 만족하는 2개의 θ_p값을 구함으로써 얻어진다. 그림 8.12a는 각 θ_p를 구하기 위해 식 8.9에 의해 주어진 탄젠트 값을 사용하는 방법을 보여준다. 0°와 360° 사이에 식 8.9를 만족하는 두 각이 있다. 그림 8.12b에 나타낸 것처럼 $2\theta_{p1}$ 및 $2\theta_{p2}$로 표기된 이들 $2\theta_p$의 두 값은 180° 차이가 나고, 따라서 주응력 면은 서로에 대해 90°만큼 회전된다. 즉

$$\theta_{p2}=\theta_{p1}\pm 90° \tag{8.10}$$

이다. 주응력의 실제 값, 즉 주응력 면에 작용하는 수직응력을 결정하기 위하여 θ_{p1} 및 θ_{p2}를 식 8.5a에 대입해야 한다. 그림 8.12로부터

$$R=\sqrt{\left(\frac{\sigma_x-\sigma_y}{2}\right)^2+\tau_{xy}^2} \tag{8.11}$$

인 것을 알 수 있다.

물리양 R은 양수이고, 응력의 단위를 가진다. 또한 식 8.12로부터 2개의 주응력 방향은

$$\sin 2\theta_{p1}=\frac{\tau_{xy}}{R},\quad \cos 2\theta_{p1}=\frac{\left(\dfrac{\sigma_x-\sigma_y}{2}\right)}{R} \tag{8.12a}$$

그리고

$$\sin 2\theta_{p2}=\frac{-\tau_{xy}}{R},\quad \cos 2\theta_{p2}=\frac{-\left(\dfrac{\sigma_x-\sigma_y}{2}\right)}{R} \tag{8.12b}$$

에 의해 주어진다.

식 8.5a를 식 8.11 및 식 8.12와 결합하면, **2개의 주응력**(**two principal stresses**)에 대한 다음과 같은 2개의 관계식을 얻는다.

$$\begin{aligned}\sigma_1 \equiv \sigma_n(\theta_{p1}) = \sigma_{avg} + R \\ \sigma_2 \equiv \sigma_n(\theta_{p2}) = \sigma_{avg} - R\end{aligned} \quad \textbf{주응력} \quad (8.13)$$

여기서

$$\sigma_{avg} = \frac{\sigma_x + \sigma_y}{2} \quad (8.14)$$

그리고 여기서 R은 식 8.11에 의해 주어진다. 표기 $\sigma_1 \equiv \sigma_n(\theta_{p1})$은 점에서의 최대 수직응력을 나타내는 반면, $\sigma_2 \equiv \sigma_n(\theta_{p2})$는 점에서의 최소 수직응력을 나타낸다. σ_1과 σ_2가 식 8.7을 만족한다는 것을 쉽게 알 수 있다.

식 8.12에 의해 결정되는 각 θ_{p1} 및 θ_{p2}, 그리고 식 8.13(식 8.11, 식 8.14와 함께)에 의해 결정되는 σ_1과 σ_2와 함께 적절하게 회전된 요소에 대한 2개의 주응력을 나타낼 수 있다. 그러나, 먼저 식 8.12를 식 8.5b에 대입함으로써 주응력 면에 작용하는 전단응력의 값을 결정하여, 다음 식

$$\tau_{nt}(\theta_{p1}) = 0, \quad \tau_{nt}(\theta_{p2}) = 0 \quad (8.15)$$

를 얻는다.

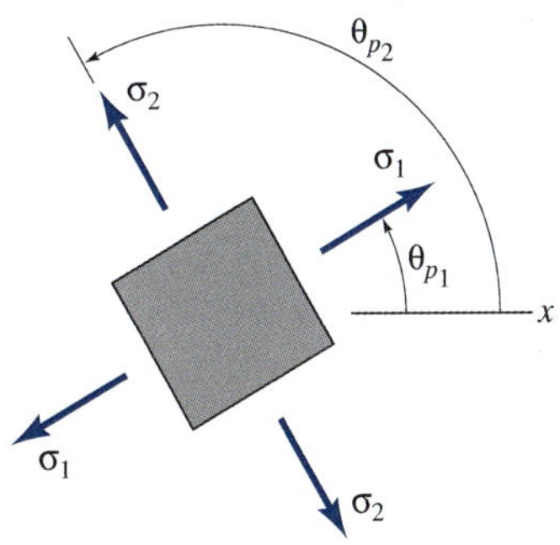

그림 8.13 주응력 요소

이 식은 **주 면상에 전단응력이 없다**는 중요한 사실을 설명한다. 따라서, 그림 8.13은 적절하게 회전된 **주응력 요소**(**principal-stress element**)에 작용하는 응력들을 나타낸다.

8.5절에서 주응력 면을 위치시키고 주응력들을 계산하기 위하여 매우 유용한 모어 원(Mohr's circle)이라 하는 편리한 도식적인 절차를 배울 것이다. 이 절의 식들과 8.5절에 소개되는 모어 원 방법 양쪽 모두는 면내 응력(in-plane stress), 즉 xy평면으로서 표기되어지는 것에서의 응력들을 결정한다. 8.6절은 주응력의 개념을 3차원으로 확장하고 그것은 또한 3차원에서의 최대 전단응력을 취급한다.

최대 면내 전단응력 주응력 면과 주응력을 결정하기 위하여 사용되는 다음과 같은 동일한 절차에 의해 최대 면내 전단응력의 위치를 찾고 최대 면내 전단응력 값을 계산할 수 있다. 식 8.5b를 미분함으로써

$$\frac{d\tau_{nt}}{d\theta} = -(\sigma_x - \sigma_y)\cos 2\theta_s - 2\tau_{xy}\sin 2\theta_s = 0$$

여기서 θ_s는 전단이 최대인 평면을 표기한다.4) 따라서,

$$\tan 2\theta_s = -\frac{\left(\frac{\sigma_x - \sigma_y}{2}\right)}{\tau_{xy}} \tag{8.16}$$

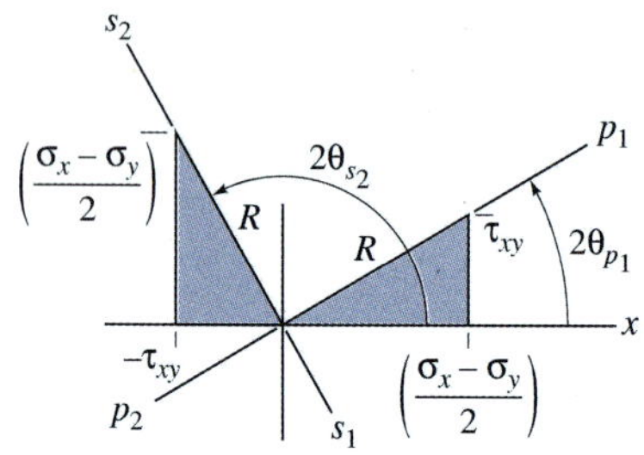

그림 8.14 최대 전단응력의 면을 위치시키는 각의 결정

그림 8.14는 2개의 각 $2\theta_s$가 식 8.16을 만족시키고, 이들 2개의 각은 주응력 면을 위치시키는 각 $2\theta_p$로부터 $\pm 90°$인 것을 보여주고 있다. 따라서 **최대 전단응력 크기의 평면은 주응력 면으로부터 $\pm 45°$에 위치하고 서로에 대해서는 $90°$ 방향이다**. 식 8.14로부터,

$$\sin 2\theta_{s1} = \frac{-\left(\frac{\sigma_x - \sigma_y}{2}\right)}{R}, \quad \cos 2\theta_{s1} = \frac{\tau_{xy}}{R} \tag{8.17a}$$

그리고

$$\sin 2\theta_{s2} = \frac{\left(\frac{\sigma_x - \sigma_y}{2}\right)}{R}, \quad \cos 2\theta_{s2} = \frac{-\tau_{xy}}{R} \tag{8.17b}$$

이들 관계식을 식 8.5b에 대입하면, 다음과 같은 **최대**(및 최소) **면내 전단응력** $\tau_{\max}$에 대한 관계식을 얻는다.

$$\begin{aligned} \tau_{s1} &\equiv \tau_{nt}(\theta_{s1}) = R = \tau_{\max} \\ \tau_{s2} &\equiv \tau_{nt}(\theta_{s2}) = -R = -\tau_{\max} \end{aligned} \tag{8.18}$$

최대 면내 전단응력

따라서, 최대 면내 전단응력 크기의 면이 다음과 같은 방정식을 만족하고,

$$\theta_s = \theta_p \pm 45° \tag{8.19}$$

이들 평면상의 전단응력은 크기에서 동일하다는 것을 알 수 있다. 다른 크기와 다른 부호를 가질 수 있는 주응력 σ_1과 σ_2와는 달리, 최대 전단응력 크기만이 중요하다. 최대 전단응력을 $\tau_{\max}$로 표기한다.

최대 전단응력 요소를 그리기 전에, 최대 전단응력의 각 면상에서의 수직응력의 값을 결정할 필요가 있다. 식 8.17을 식 8.5a에 대입하면,

$$\begin{aligned} \sigma_{s1} &\equiv \sigma_n(\theta_{s1}) = \frac{\sigma_x + \sigma_y}{2} = \sigma_{\text{avg}} \\ \sigma_{s2} &\equiv \sigma_n(\theta_{s2}) = \frac{\sigma_x + \sigma_y}{2} = \sigma_{\text{avg}} \end{aligned} \tag{8.20}$$

4) 최대(즉, 대수적으로 가장 큰) 전단응력과 최소(즉, 대수적으로 가장 작은) 전단응력이 동일한 크기를 가지기 때문에 단지 "최대(maximum)"라고 언급할 것이다(식 8.18 참조).

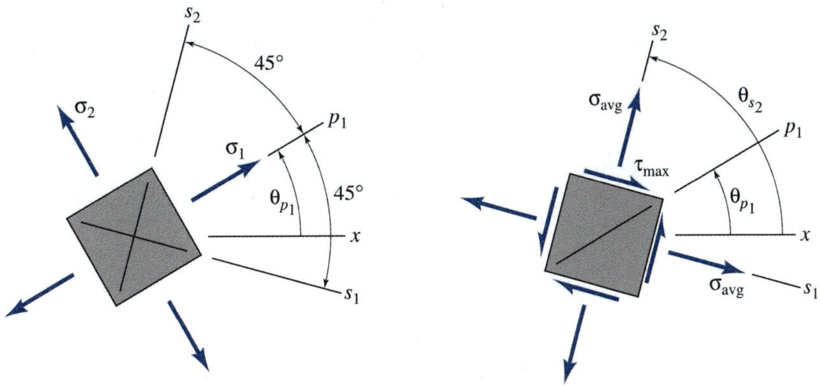

(a) 주응력 요소 (b) 최대 전단응력 요소

그림 8.15 주응력 면에 대한 최대 전단응력 면의 관계

을 얻는다. 따라서, **최대 전단면은 수직응력으로부터 자유롭지 못하다**($\sigma_x = -\sigma_y$가 아니라면). 반면에 그들 양쪽은 동일한 수직응력 σ_{avg}를 가진다. 그림 8.15b는 그림 8.13(그림 8.15a 반복)의 주응력 요소에 해당하는 **최대 전단응력 요소(maximum-shear-stress element)**를 나타낸다. 어떻게 **최대 전단면이 주응력 면에 대해** 45°**방향**인지 주목하고, 최대 전단 대각선(그림 8.15b에서 전단 화살표는 모두 이 대각선을 가리킨다)이 p_1 주 방향을 따라 놓인다는 것에 주목하라. 다음 절에서 논의될 모어 원은 그림 8.15에 설명된 관계에 대한 추가 정보를 제공할 것이다.

예제 8.3

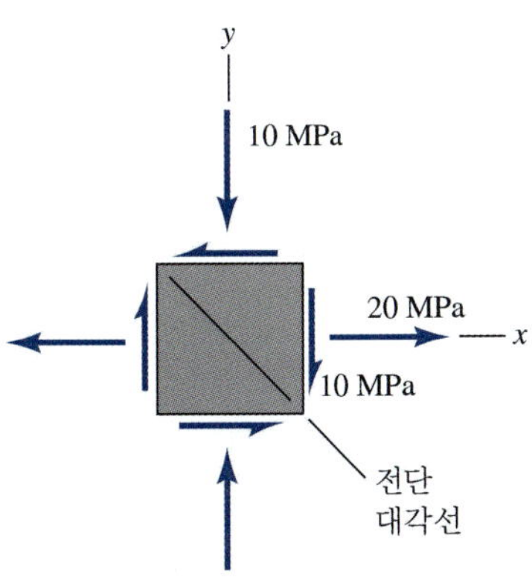

그림 1 평면응력의 상태

그림 1(예제 8.1의 그림 1a와 동일)에서 묘사한 평면응력 상태에 대해, (a) 주응력 면의 방향과 주응력을 결정하시오; 그리고 적절하게 회전된 주응력 요소상에 주응력을 나타내시오. (b) 최대 면내전단응력 면의 방향과 최대 전단응력의 값을 결정하시오; 그리고 적절하게 회전된 요소상에 최대 전단응력 면을 나타내시오.

풀이 계획 그림 1로부터

$$\sigma_x = 20\text{ MPa}, \quad \sigma_y = -10\text{ MPa}, \quad \tau_{xy} = -10\text{ MPa}$$

로 주어진다.

파트 (a)의 경우, 식 8.9로부터 $2\theta_p$의 두 값을 결정할 수 있지만, 그림 8.12와 같은 그림을 작성하기 위하여 식 8.12를 사용하는 것이 더욱 유익할 것이다. σ_1과 σ_2의 값은 식 8.13을 사용함으로써 쉽게 계산된다.

파트 (b)의 경우, 식 8.16으로부터 $2\theta_s$의 두 값을 결정할 수 있지만, 만약 식 8.17을 사용하여 그림 8.14와 같은 그림을 작성한다면 더욱 유익할 것이다. 최대 전단면 상의 응력은 식 8.18에 의해 주어진다.

풀이

(a) 주응력 및 주응력 면: 주응력 면의 방향을 결정하기 위하여, 먼저 그림 8.12와 같은 그림을 그릴 것이다. 그림 2를 그리기 위해 식 8.12a 및 식 8.12b를 사용한다.

$$\frac{\sigma_x - \sigma_y}{2} = \frac{20\ \text{MPa} + 10\ \text{MPa}}{2} = 15\ \text{MPa}$$

그리고

$$\tau_{xy} = -10\ \text{MPa}$$

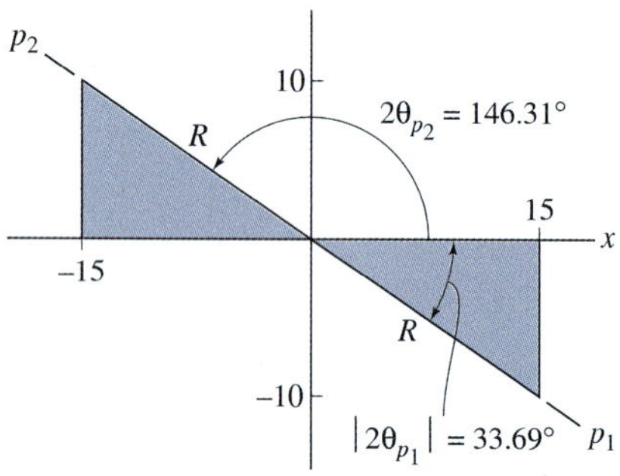

그림 2 주방향을 나타내는 그림

R값은 그림 2를 참조하거나 식 8.11을 사용함으로써 계산되어질 수 있다.

$$R = \sqrt{\left(\frac{\sigma_x - \sigma_y}{2}\right)^2 + (\tau_{xy})^2} = \sqrt{(15\ \text{MPa})^2 + (-10\ \text{MPa})^2} \quad (1a)$$

$$R = \sqrt{325}\ \text{MPa} = 18.03\ \text{MPa} \quad (1b)$$

그림 2에서 나타내어진 것처럼 식 8.12a로부터,

$$2\theta_{p1} = \left[\sin^{-1}\left(\frac{-10}{\sqrt{325}}\right);\ \cos^{-1}\left(\frac{15}{\sqrt{325}}\right)\right] = -33.69° \quad (2a)$$

$$\theta_{p1} = -16.8° \quad \textbf{답 (a)} \quad (2b)$$

식 (2a)는 마찬가지로 그림 2에 나타낸 것처럼 식 8.12b로부터 "사각형 괄호 $[\sin^{-1}(s); \cos^{-1}(c)]$에 주어진 것처럼 $2\theta_{p1}$은 사인이 s이고, 코사인이 c인 각이다"라고 읽는다.

$$2\theta_{p2} = \left[\sin^{-1}\left(\frac{10}{\sqrt{325}}\right);\ \cos^{-1}\left(\frac{-15}{\sqrt{325}}\right)\right] = 146.31° \quad (3a)$$

$$\theta_{p2} = 73.2° \quad \textbf{답 (a)} \quad (3b)$$

식 8.14로부터

$$\sigma_{\text{avg}} = \frac{\sigma_x + \sigma_y}{2} = \frac{(20\ \text{MPa} - 10\ \text{MPa})}{2} = 5\ \text{MPa} \quad (4)$$

및 식 8.13으로부터

$$\sigma_1 = \sigma_{\text{avg}} + R = 23.0\ \text{MPa} \quad \textbf{답 (a)} \quad (5a)$$

$$\sigma_2 = \sigma_{\text{avg}} - R = -13.0\ \text{MPa} \quad \textbf{답 (a)} \quad (5b)$$

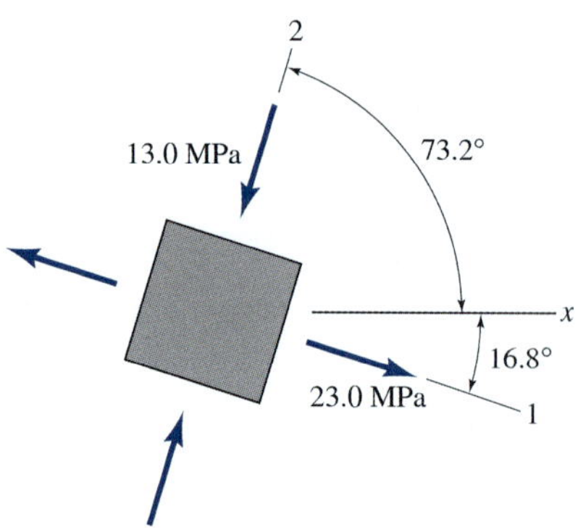

그림 3 주응력 요소

이들 응력들을 그림 3에서 주응력 요소상에 나타낸다.

(b) 최대 면내 전단응력: 최대 면내 전단응력 면의 방향을 결정하기 위하여, 그림 8.14와 같은 그림을 그릴 것이다.(또한 최대 전단응력 요소는 주응력 요소로부터 45° 회전되어 있다는 사실을 이용할 수 있다.) 식 8.17로부터 그림 4를 그리기 위해 각 $2\theta_{s1}$과 각 $2\theta_{s2}$인 코사인과 사인변을 결정할 수 있다.

그림 4에 나타낸 것처럼 식 8.17a로부터

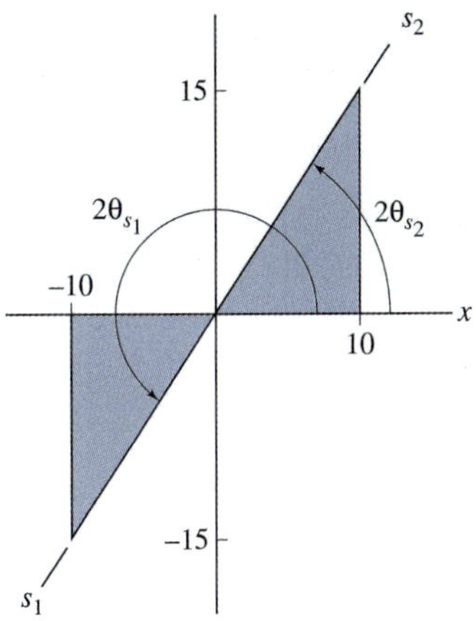

그림 4 최대 전단응력 방향을 나타내는 그림

$$2\theta_{s1} = \left[\sin^{-1}\left(\frac{-15}{\sqrt{325}}\right);\ \cos^{-1}\left(\frac{-10}{\sqrt{325}}\right)\right] = -123.69° \quad (6a)$$

$$\theta_{s1} = -61.8° \qquad \textbf{답 (b)} \quad (6b)$$

유사하게, 식 8.17b로부터

$$2\theta_{s2} = \left[\sin^{-1}\left(\frac{15}{\sqrt{325}}\right);\ \cos^{-1}\left(\frac{10}{\sqrt{325}}\right)\right] = 56.31° \quad (7a)$$

$$\theta_{s2} = 28.2° \qquad \textbf{답 (b)} \quad (7b)$$

식 8.18로부터

$$\tau_{s1} \equiv \tau_{nt}(\theta_{s1}) = R = 18.0 \text{ MPa} \qquad \textbf{답 (b)} \quad (8a)$$

$$\tau_{s2} \equiv \tau_{nt}(\theta_{s2}) = -R = -18.0 \text{ MPa} \qquad \textbf{답 (b)} \quad (8b)$$

최대 면내 전단응력 요소는 식 (4) 및 식 (6)~(8)의 데이터를 사용하여 그림 5와 같이 그려진다.

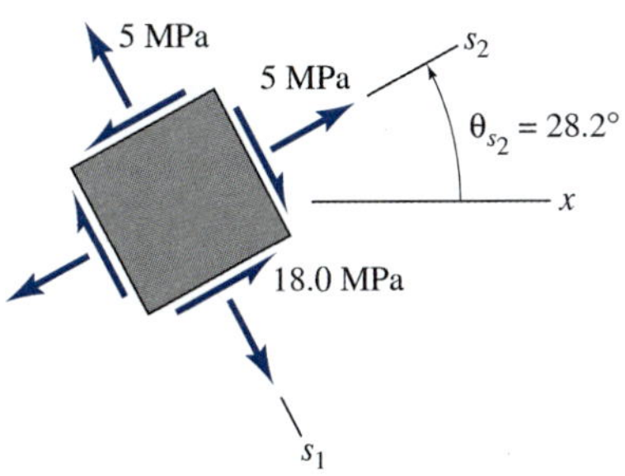

그림 5 최대 면내 전단응력 요소

풀이 검토 주응력 σ_1은 그림 1의 더 큰 수직응력보다 크거나 같아야(≥) 한다. 그리고 주응력 σ_2는 그림 1의 더 작은 수직응력보다 작거나 같아야(≤) 한다. p_1 주방향은 더 큰 수직응력 축(여기서 x축)과 전단 대각선 사이에 놓여 있어야 한다. $-16.8°$의 p_1방향은 이 조건을 만족한다. 따라서 주응력과 주방향은 정확할 것이다.

최대 면내 전단응력은 그림 1에 주어진 전단응력보다 더 커야만 한다. 최대 전단응력의 방향은 주방향을 2등분 해야만 한다. 이들 조건은 그림 5에 의해 만족되므로 최대 전단응력 또한 정확할 것이다.

이와 같은 문제는 일반적으로 전체 문제를 시각화하는 데 도움을 주는 모어 원(8.5절)을 사용함으로써 풀 수 있다.

8.5 평면응력에 대한 모어 원

모어 원은 평면응력 변환식(plane stress transformation equations), 식 8.5의 독창적인 도식적 표현이다.[5] 모어 원은 임의의 평면상에서 수직응력과 전단응력을 쉽게 시각화할 수 있고, 예제 8.1~8.3과 같이 평면응력 문제의 풀이를 매우 용이하게 한다.

모어 원의 유도 다음과 같은 형태로 식 8.5를 다시 작성함으로써 평면응력에 대

5) 독일 구조공학자이자 공학역학 교수인 오토 모어(Otto Mohr(1835~1918))는 한 점에서 응력을 도식적으로 표현하는 모어 원을 소개했고, 파손기준을(12.3절 참조) 개발하였다. 그리고 구조역학 및 재료역학에 많은 다른 중요한 기여를 하였다[참고문헌 8-2]. 모어 원은 또한 변형률 변환(8.9절)의 계산에 유용하고, 관성모멘트의 계산(부록 C.3)에도 유용하다.

한 모어 원의 유도를 시작한다.

$$\sigma_n - \sigma_{\text{avg}} = \left(\frac{\sigma_x - \sigma_y}{2}\right)\cos 2\theta + \tau_{xy}\sin 2\theta$$
$$\tau_{nt} = -\left(\frac{\sigma_x - \sigma_y}{2}\right)\sin 2\theta + \tau_{xy}\cos 2\theta \qquad (8.21)$$

두 식의 양변을 제곱하고, 제곱한 결과를 더하면

$$(\sigma_n - \sigma_{\text{avg}})^2 + \tau_{nt}^2 = \left(\frac{\sigma_x - \sigma_y}{2}\right)^2 + \tau_{xy}^2$$

또는

$$(\sigma_n - \sigma_{\text{avg}})^2 + \tau_{nt}^2 = R^2 \qquad (8.22)$$

이는 중심에서 $(\sigma_{avg}, 0)$, 반지름 R을 가지는 (σ, τ)좌표계에서의 원의 방정식이다. 평면응력 변환방정식 8.5는 매개변수 θ와 방향 $\theta \equiv \theta_{xn}$에서 n평면상에 수직응력 σ_n과 전단응력 τ_{nt}을 나타내는 점 N의 좌표를 가지는 원의 매개방정식이다.

모어 원에 대한 더 많은 특성을 구하기 위해 그림 8.16에 나타낸 원을 고려한다. 그림 8.16을 사용하여 모어 원에 대한 많은 특성을 논의한 후, 주어진 응력 데이터로부터 모어 원을 구성하는데 사용하기 위한 절차를 제안할 것이며, 모어 원을 사용하여 예제 8.1~8.3과 같은 문제를 해결하기 위한 방법을 설명할 것이다.

모어 원은 수직응력 σ를 나타내는 수평축(횡축)과 전단응력 τ를 나타내는 수직축(종축)을 가지는 일련의 직교축 위에 그려진다. **양의 τ축은 아랫방향**임을 주목하라. θ에 대한 부호규약은 8.3절에 나타내었던 것과 동일하다. 이전처럼 각 $\theta \equiv \theta_{xn}$은 평면응력을 받는 **물체 상에서(on the body)** x축에서 n축으로 **반시계방향(counterclockwise)**으로 측정된다. 이에 따라 각 $2\theta \equiv 2\theta_{xn}$은 **모어 원에서 반시계방향으로** 측정된다.[6] **모어 원의 모든 점은 특정한 면 위에서의 응력 σ와 τ에**

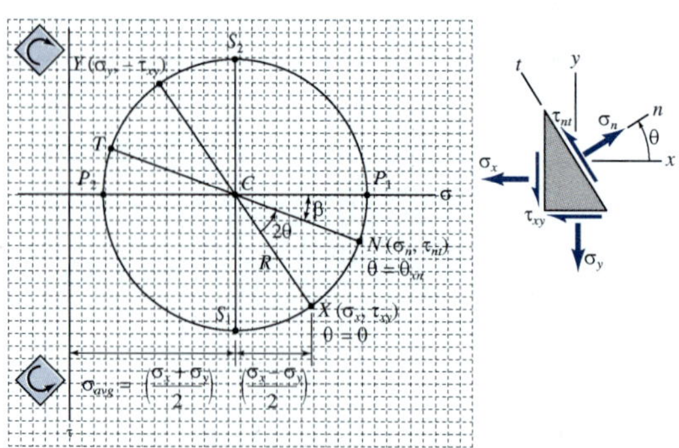

그림 8.16 평면응력에 대한 모어 원의 특성

6) 모어 원의 부호규약은 때때로 혼란을 야기시키며 변형체역학에 관한 책에서 많은 상이한 방법으로 이를 취급한다. 이 책에서는 **τ는 아랫방향이 양(+)이고, 각은 물체(각 θ)와 모어 원(각 2θ)의 양쪽에서 동일한 방향으로 회전된다는 것을 기억하라.**

일치한다; 생성점 N에 대한 응력은 (σ_n, τ_m)이다. 이를 강조하기 위해 대문자로 모어 원 위에 점을 표시하는 것을 제외하고 **그 점에 의해 나타내어진 면과 같은 동일한 표로 원 위의 점들을 표시**할 것이다. x면은 원위의 X점으로 나타내어지고, n면은 원 위의 N점으로 나타내어진다.

모어 원 상에서 전단응력을 표시하기 위한 부호규약을 강화하기 위해, 면상에서 전단응력을 나타내는 그림 8.16에서 작은 전단응력 아이콘은 **만약 면상에서 전단응력이 반시계방향으로 응력요소를 회전시키려는 경향이라면 양의 전단(즉, 아랫방향으로 표시)으로 표시된다.** 반대로 면상에서 전단응력이 시계방향으로 응력요소를 회전시키려는 경향이라면 면상의 전단응력은 음의 전단(즉, 윗방향으로 표시)으로 표시된다. 그림 8.11b에 설명한 것처럼 τ를 표시하는 이 부호규약은 $(\sigma_y, -\tau_{xy})$에서 점 Y에 의해 표현되어지도록 y면을 발생시킨다는 것을 주목하라.

모어 원이 어떻게 사용되는지에 대한 예를 살펴보기 전에 실제로 모어 원이 응력 변환 방정식(stress transformation equation), 식 8.5에 대한 도식적 표현을 제공한다는 사실을 확립하자. 식 8.23과 8.24는 그림 8.16의 원의 삼각법에서 직접 구할 수 있다.

$$\sigma_n = \sigma_{\text{avg}} + R\cos\beta, \quad \tau_{nt} = R\sin\beta \tag{8.23}$$

그리고

$$\frac{\sigma_x - \sigma_y}{2} = R\cos(2\theta+\beta), \quad \tau_{xy} = R\sin(2\theta+\beta) \tag{8.24}$$

그림 8.16에서 각 β는 다음과 같은 유도를 용이하게 하기 위해 도입된다. 두 각의 합인 코사인과 사인에 대한 삼각법은

$$\begin{aligned} \cos(\alpha+\beta) &= \cos\alpha\cos\beta - \sin\alpha\sin\beta \\ \sin(\alpha+\beta) &= \sin\alpha\cos\beta + \cos\alpha\sin\beta \end{aligned} \tag{8.25}$$

이다. $\alpha = 2\theta$라 두면,

$$\frac{\sigma_x - \sigma_y}{2} = R(\cos 2\theta\cos\beta - \sin 2\theta\sin\beta) \tag{8.26a}$$

$$\tau_{xy} = R(\sin 2\theta\cos\beta + \cos 2\theta\sin\beta) \tag{8.26b}$$

와 같은 형태로 식 8.24를 변환할 수 있다.

만약 $\cos 2\theta$로 식 8.26a를 곱하고, $\sin 2\theta$로 식 8.26b를 곱하여, 곱한 식의 결과를 더하면

$$\left(\frac{\sigma_x - \sigma_y}{2}\right)\cos 2\theta + \tau_{xy}\sin 2\theta = R\cos\beta \tag{8.27}$$

을 얻는다. 하지만, 식 8.23a와 이 식을 결합하면

$$\sigma_n = \sigma_{\text{avg}} + \left(\frac{\sigma_x - \sigma_y}{2}\right)\cos 2\theta + \tau_{xy}\sin 2\theta \qquad \text{(8.5a) 반복}$$

가 된다. 물론, 그것은 식 8.5a이다. 유사하게, $\sin 2\theta$에 식 8.26a를 곱하고, $\cos 2\theta$에 식 8.26b를 곱하여 전자로부터 후자를 빼면

$$-\left(\frac{\sigma_x - \sigma_y}{2}\right)\sin 2\theta + \tau_{xy}\cos 2\theta = R\sin\beta \qquad (8.28)$$

를 얻는다. 하지만, 식 8.23b는 이 식이 다음과 같이 적혀질 수 있다는 것을 나타낸다.

$$\tau_{nt} = -\left(\frac{\sigma_x - \sigma_y}{2}\right)\sin 2\theta + \tau_{xy}\cos 2\theta \qquad \text{(8.5b) 반복}$$

그것은 식 8.5b이다. 다시, 식 8.5가 (σ, τ)좌표계에서 원의 매개방정식이라는 것을 나타낸다.

모어의 응력 원이 평면응력에 대한 변환방정식의 도식적 표현이다는 것을 확인하고 모어 원으로부터 쉽게 추론할 수 있는 다른 특성들을 살펴보자.

모어 원의 특성 그림 8.16을 참조하여, 다음과 같은 결론을 내릴 수 있다.

- 모어 원의 중심은 $(\sigma_{avg}, 0)$으로 σ축상에 있다.
- 그림 8.17에 나타내어진 것처럼, σ축 위에 놓여 있는(즉, $-\tau$) 원 위의 점들은 시계방향으로 작용하는 전단응력을 가지는 면들에 대응한다. σ축 아래에 놓여 있는(즉, $+\tau$) 점들은 반시계방향으로 작용하는 전단응력을 가지는 면들에 대응한다.
- 원의 반지름은 각 변이 τ_{xy}와 $\left(\frac{\sigma_x - \sigma_y}{2}\right)$인 삼각형에 피타고라스 정리를 적용함으로써 결정되며 다음과 같다.

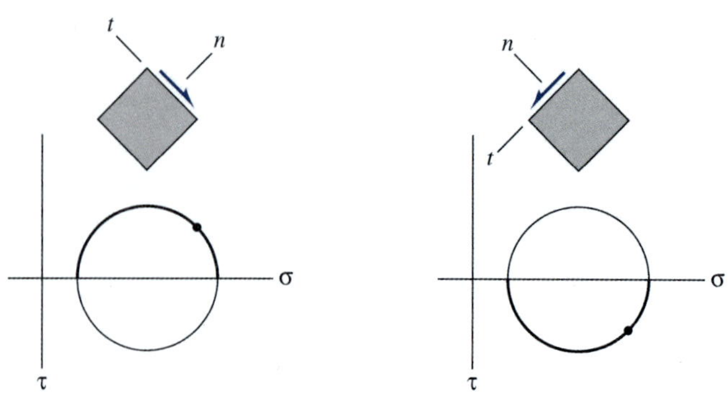

(a) 시계방향 전단응력 (b) 반시계방향 전단응력

그림 8.17 모어 원 전단응력 부호규약

$$R=\sqrt{\left(\frac{\sigma_x-\sigma_y}{2}\right)^2+\tau_{xy}^2} \qquad (8.11)\ 반복$$

- 실제 물체에서 90° 떨어진 두 평면은 그림 8.16에서 점 X와 Y, 또는 P_1과 P_2와 같이 지름의 양 끝단에 있는 두 점에 의해 나타낸다.
- 실제 물체의 a면이 b면으로 이동하도록 각 θ_{ab}에 의해 반시계방향으로 회전한다면 모어 원 위의 A점으로부터 B점까지 도달하기 위해 각 $2\theta_{ab}$만큼 동일한 방향으로 회전하여야 한다. 그림 8.18은 모어 원의 부호규약의 특성을 나타낸다. 방정식에서 양의 각은 항상 반시계방향이다.
- 주응력 면(principal planes)은 σ축과 모어 원의 교차점에서 P_1과 P_2로 표시된다(그림 8.16). 이에 대응하는 주응력(principal stresses)은 $\sigma_1=\sigma_{avg}+R$과 $\sigma_2=\sigma_{avg}-R$이다.
- 최대 전단응력 면은 모어 원의 중심 바로 아래와 바로 위에 놓여 있는 S_1과 S_2점에 의해 나타내어진다(그림 8.16). 이에 대응하는 응력들은 s_1면에서 (σ_{avg}, R), s_2면에서 $(\sigma_{avg}, -R)$이다.
- 직교면 n과 t 상에서의 응력들은 모어 원의 지름의 양 끝단에 있는 점들에 의해 나타내어진다.

$$\sigma_n+\sigma_t=\sigma_x+\sigma_y \qquad (8.7)\ 반복$$

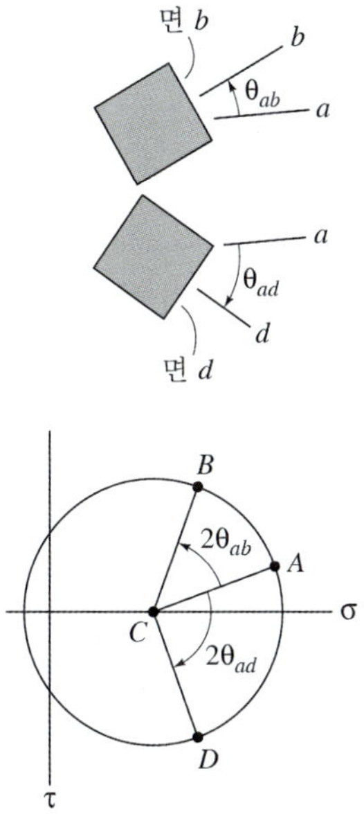

그림 8.18 일치하는 각들

응력에 대한 모어 원의 구성과 사용에 대한 절차

특정 면상의 응력을 결정하거나(예를 들면, 예제 8.1과 8.2) 주응력과 최대 면내 전단응력을 결정하는 것(예제 8.3)과 같은 평면응력 문제를 풀기 위하여, 다음과 같은 절차가 제안된다.

모어 원 그리기[7)]

1. 두 축상에서 동일한 축척을 갖는 (σ, τ)축을 설정한다. $+\tau$ 축 점들은 아랫방향임을 기억하라. 그래프 용지 또는 "공학용 종이"와 같은 모눈용지를 사용하는 것이 좋다. 적당한 크기의 원을 만들 수 있는 눈금을 사용하라.
2. σ_x, σ_y, τ_{xy}가 주어진다(혹은 주어진 응력요소로부터 결정되어질 수 있다)고 가정하고, (σ_x, τ_{xy})에 점 X와 $(\sigma_y, -\tau_{xy})$에 점 Y를 그린다.
3. 점 X와 Y를 직선으로 연결하고, 이 직선이 σ축과 교차하는 지점 $(\sigma_{avg}, 0)$에 원의 중심을 그린다.
4. 중심이 $(\sigma_{avg}, 0)$이고 점 X와 Y를 통과하는 원을 그린다. 컴퍼스를 사용하여 원을 그리는 것이 가장 좋다.

필요사항 계산

5. 각 변이 τ_{xy}와 $\left(\frac{\sigma_x-\sigma_y}{2}\right)$인 삼각형으로부터 다음을 계산한다.

$$R=\sqrt{\left(\frac{\sigma_x-\sigma_y}{2}\right)^2+\tau_{xy}^2} \qquad (8.11)$$

6. n면이라 하는 특정 면상의 응력들이 요구되면, 응력요소상의 어떤 기준 면으로부터 반시계방향(시계방향)으로 각 θ만큼 회전하는 것에 일치하도록 원 위에서 반시계방향(또는 시계방향)으로 각 2θ만큼 돌려 원 위에 N점을 위치시킨다. 삼각법을 사용하여 σ_n과 τ_{nt}를 계산한다.[8)]
7. 만약 주응력과 주응력 면의 방향이 요구되면, 주응력들을 계산하기 위해

$$\sigma_1=\sigma_{\text{avg}}+R,\quad \sigma_2=\sigma_{\text{avg}}-R \qquad (8.13)$$

   을 이용하고, 삼각법을 사용하여 알려진 면인 x면과 관련하여 p_1과 같은 주응력 면을 위치시키기 위해 사용할 수 있는 $2\theta_{xp1}$과 같은 각을 결정한다.
8. 만약 최대 면내 전단응력과 최대 전단응력 면이 요구되면 7단계와 유사한 절차를 이용한다.

예제 8.4

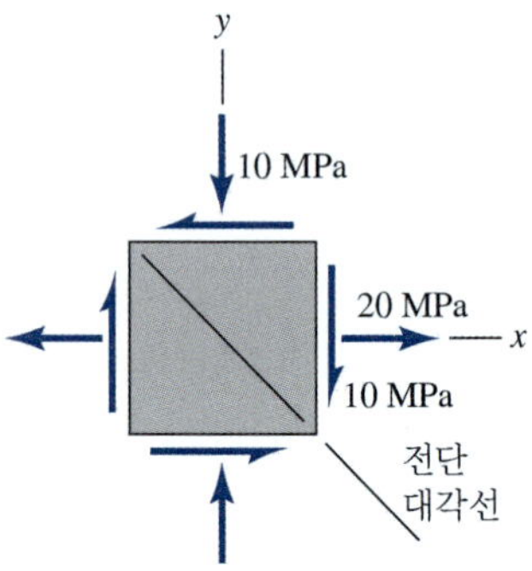

그림 1 평면응력 상태

예제 8.1과 8.2의 평면응력 상태에 대해서(그림 1) 다음을 구하시오. (a) 모어 원을 그리시오. (b) 그림 1의 응력요소의 방향으로부터 반시계방향으로 30° 회전된 요소의 모든 면상에서의 응력을 구하시오. (c) 주응력 면의 방향과 주응력을 구하시오. (d) 최대 전단응력의 면의 방향과 최대 전단응력 값을 구하시오.

풀이 앞에서 설명된 절차를 따른다.

(a) 모어 원: 모눈종이 위에(그림 2) (20 MPa, −10 MPa)에 점 X를 찍고, (−10 MPa, 10 MPa)에 점 Y를 찍는다. 원의 중심은 X와 Y를 연결함으로써 얻어진다. 지름은 $C(\sigma_{avg}, 0)$인 곳에서 σ축을 가로지른다. 여기서

$$\sigma_{avg} = \frac{20\text{ MPa} - 10\text{ MPa}}{2} = 5\text{ MPa} \tag{1}$$

원은 C에 중심을 두고 점 X와 점 Y를 통과하도록 그린다. 반지름 R은 그림 2에서 음영된 삼각형 XCB로부터 계산한다.

$$R = \sqrt{(15\text{ MPa})^2 + (10\text{ MPa})^2} = \sqrt{325}\text{ MPa} = 18.03\text{ MPa} \tag{2}$$

(b) x'면과 y'면상에서의 응력: 응력요소를 30° 회전시킨 것에 대응하는 점을

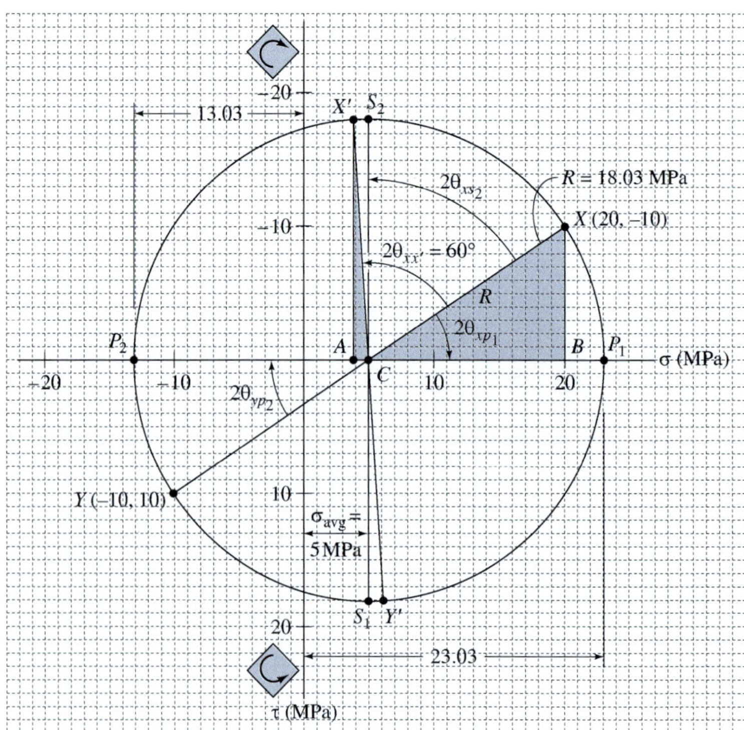

그림 2 모어 원

7) 모어 원에 대해 익숙해지면 간단한 스케치만으로도 충분할 것이다. 그러나 처음에는 눈금에 맞추어 응력 크기(적어도 대충)를 그리고, 정확한 크기로 각을 그리는 것이 좋다.

8) 비록 원을 어떤 척도로 정확하게 그려야 한다고 제안되었지만, 삼각법을 사용하여 필요한 해를 계산해야 하고 단지 계산을 확인하기 위해 모어 원에서 크기와 각도를 측정한다.

모어 원 위에 표시한다. 이것은 모어 원 위 지름 XY로부터 반시계방향으로 60° 회전시킨 것을 의미한다. 이들 두 점을 X'와 Y'로 표시한다.

점 X'와 Y'에서 응력을 결정하기 위하여 삼각형 $X'CA$의 기하학과 삼각법을 설정할 필요가 있다. $\angle X'CA$를 결정하기 위하여 먼저 그림 2에서 (시계방향으로) 각 $2\theta_{xp1}$을 결정해야만 한다. 삼각형 XCB를 사용하여

$$2\theta_{xp1} = \tan^{-1}\left(\frac{10}{15}\right) = 33.69° \quad (3a)$$

$$\theta_{xp1} = 16.8° \circlearrowright \quad (3b)$$

를 얻는다. 따라서,

$$\angle X'CA = 180° - 60° - 2\theta_{xp1} = 86.31° \quad (4)$$

삼각형 $X'CA$로부터

$$\overline{AC} = R\cos(\angle X'CA) = 18.03\cos(86.31°) \quad (5a)$$

또는

$$\overline{AC} = 1.16\text{ MPa} \quad (5b)$$

따라서,

$$\left.\begin{aligned} \sigma_{x'} &= \sigma_{avg} - \overline{AC} = 3.84\text{ MPa} \\ \sigma_{y'} &= \sigma_{avg} + \overline{AC} = 6.16\text{ MPa} \end{aligned}\right\} \quad \textbf{답 (b)} \quad (6)$$

또한, 삼각형 $X'CA$로부터

$$\tau_{x'y'} = -R\sin(\angle X'CA) = -18.03\sin(86.31°)$$

또는

$$\tau_{x'y'} = -18.0\text{ MPa} \quad \textbf{답 (b)} \quad (7)$$

식 (6)과 (7)은 예제 8.1에서 직접 방정식을 사용하여 얻은 답과 동일하다.

(c) 주응력 면과 주응력들: 식 (3)에서 이미 θ_{xp1}을 구하였다. 그림 2로부터

$$2\theta_{yp2} = 2\theta_{xp1} = 33.69° \quad (8a)$$

$$\theta_{yp2} = 16.8° \circlearrowright \quad (8b)$$

또한, 그림 2로부터

$$\sigma_1 = \sigma_{avg} + R = 5\text{ MPa} + 18.03\text{ MPa} = 23.0\text{ MPa}$$

$$\sigma_2 = \sigma_{avg} - R = 5\text{ MPa} - 18.03\text{ MPa} = -13.0\text{ MPa}$$

또는

$$\sigma_1 = 23.0\text{ MPa}, \quad \sigma_2 = -13.0\text{ MPa} \quad \textbf{답 (c)} \quad (9)$$

(d) 최대 면내 전단응력: 최대 면내 전단응력 면은 모어 원에서 점 S_1과 점 S_2로 나타난다.

$$2\theta_{xs1} = 90° + 2\theta_{xp1} = 90° + 33.69° = 123.69°$$

그래서

$$\theta_{xs1} = 61.8° \circlearrowright$$

또한, 그림 2를 참조함으로써

$$2\theta_{xs2} = 90° - 2\theta_{xp1} = 90° - 33.69° = 56.31°$$
$$\theta_{xs2} = 28.2° \circlearrowright$$

최대 면내 전단응력은 평면 s_1과 평면 s_2상에서 발생하고 다음과 같이 주어진다.

$$\tau_{s1s2} = R = 18.0 \text{ MPa}$$ **답 (d)**

최대 전단응력 면상에서 수직응력은

$$\sigma_{s1} = \sigma_{s2} = \sigma_{\text{avg}} = 5 \text{ MPa}$$ **답 (d)**

풀이 검토 모어 원을 정확하게 작성하는 것은 매우 중요하다. 일단 한번 작성이 되면 후속 결과들은 필요한 수직응력 및 전단응력과 필요한 각의 값을 (대략적으로) 평가함으로써 시각적으로 확인할 수 있다.

예제 8.3의 풀이 검토에 있는 코멘트는 모어 원을 사용하여 위에서 얻은 결과에 적용된다.

MDS 8.1-8.3 **모어 원 – 응력 변환**

8.6 3축 응력; 절대 최대 전단응력

그림 8.2는 직교좌표계 (x, y, z)축으로 언급되는 일반적인 3차원 응력상태(three-dimensional state of stress)를 나타낸다. 그러나 8.2절~8.5절에서 응력 변환 방정식을 수식화하고, 주응력들과 최대 면내 전단응력들에 대한 관계식을 결정하고, 모어 원이라고 하는 평면응력 변환 방정식의 도식적 표현을 설정하는 평면응력만을 다루었다. 이제 3차원 응력상태를 좀 더 자세히 살펴볼 필요가 있다. 특히, 일반적인 응력상태에 대한 주응력(principal stresses)을 간략히 고려한 후에 절대 최대 전단응력(absolute maximum shear stresses)을 더 자세히 조사할 것이다.

주응력과 주방향 한 점에서 일반적인 3차원 응력상태에 대해 다음과 같이 표시될

수 있다: **3개의 주응력이 존재**하고, **이에 해당하는 주응력 면은 서로 수직**이다.[9] 주응력 면상에는 전단응력이 존재하지 않는다. 3개의 **주응력(principal stresses)**은 최대, 중간, 최소의 순서대로 표시된다.

$$\sigma_1 \equiv \sigma_{max}, \quad \sigma_2 \equiv \sigma_{int}, \quad \sigma_3 \equiv \sigma_{min} \tag{8.29}$$

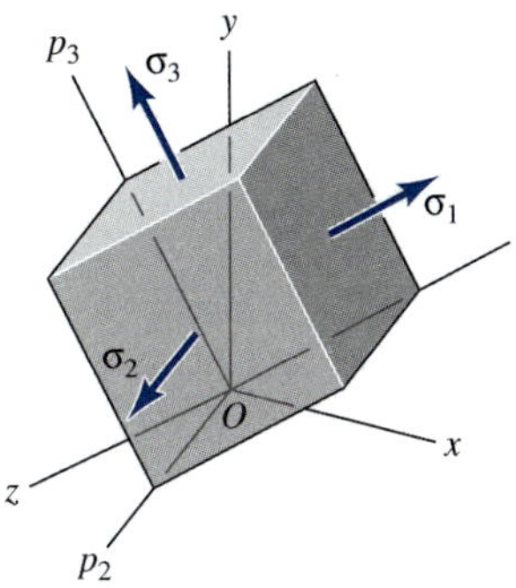

그림 8.19 3차원 요소에 작용하는 주응력들

즉, $\sigma_1 \geq \sigma_2 \geq \sigma_3$이다. 각 주응력 σ_i에 대해 해당하는 **주방향(principal direction)**, 즉 주응력이 작용하는 평면의 수직을 정의하는 단위수직벡터가 존재한다. 만약 면이 모두 주면인 응력요소를 그리면 그림 8.19를 얻는다. 주방향은 $\sigma_1 \geq \sigma_2 \geq \sigma_3$과 함께 p_1, p_2, p_3로 표시된다. 이 요소의 모든 면에는 전단응력이 없기 때문에 이 요소는 **3축 응력(triaxial stress)** 상태에 있다고 말한다.

절대 최대 전단응력–일반 응력 상태 8.4절에서 평면응력의 경우에 대해 최대 면내 전단응력(maximum in-plane shear stress)을 살펴보았다. 평면응력의 경우를 포함하여 한 점에서 일반적인 응력 상태에 대해 **절대 최대 전단응력(absolute maximum shear stress)**, 즉 점을 통과하는 어떤 평면(any plane)상에서 어떤 방향(any direction)으로 작용하는 가장 큰 전단응력을 결정할 필요가 있다.[10] 그렇게 하기 위해서는 점에서의 주방향과 주응력을 이미 알고 있다고 가정하는 것이 편리하다. 그림 8.20a는 점에 작용하는 주응력의 요소를 나타낸다. 법선 n이 p_2방향에 수직인 평면, 즉 그림 8.20b에 나타낸 경사면과 같은 평면상에서의 응력을 조사함으로써 한 점에서의 절대 최대 전단응력에 대한 검색을 시작해 보자. p_2면상에는 전단응력이 전혀 없으므로 그림 8.20b에 나타낸 것처럼 n면 위의 전단응력은 p_2성분을 갖지 않는다. 그림 8.21a는 각 응력이 작용하는 면의 면적에 각 응력을 곱하여 얻은 힘을 보여주는 그림 8.20b의 쐐기의 2차원적 개략도이다. 그림 8.23a의 자

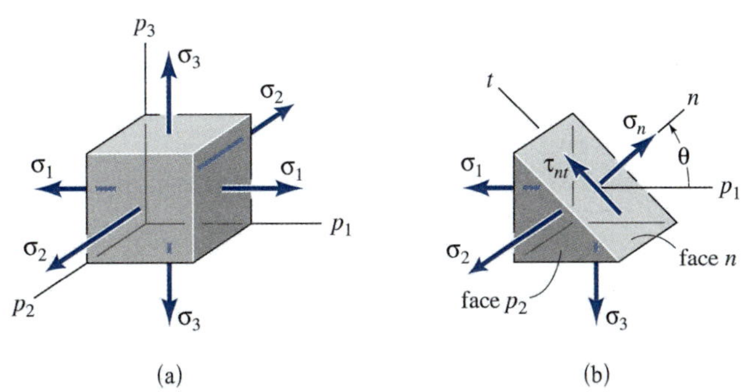

그림 8.20 (a) 3축 응력에서의 요소, (b) 3축 응력에 기초된 응력 변환에 대한 쐐기

9) 주응력과 주방향을 결정하기 위한 절차의 상세한 논의에 대해 다음 교재 75절-78절을 참조한다.
Theory of Elasticity, Third Edition, by S. P. Timoshenko and J. N. Goodier, McGraw-Hill Book Company, New York, 1970, [참고문헌 8-1].

10) 상세한 유도에 대해 다음 교재의 79절을 참조한다.
Theory of Elasticity, Third Edition, by S. P.Timoshenko and J. N. Goodier, McGraw-Hill Book Company, New York, 1970, [참고문헌 8-1].

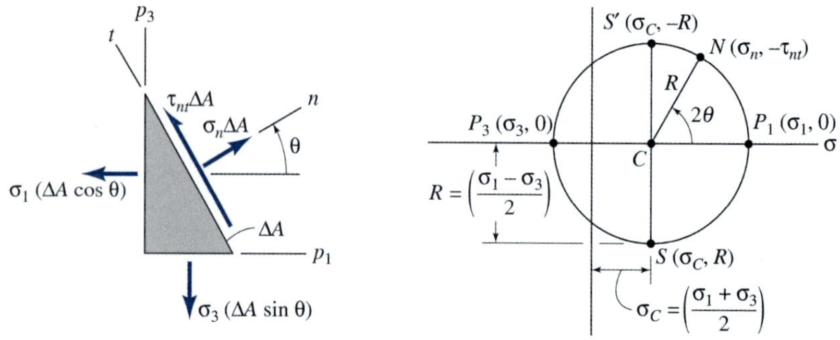

(a) p_1p_3평면에서 응력들을 결정하기 위한 자유물체도(σ_2는 p_1p_3평면에 대해 수직이므로 생략)

(b) p_1p_3평면에서 응력들에 대한 모어 원

그림 8.21 p_1p_3평면에서 응력들의 변환

유물체도상에서의 힘을 더하면 식 8.5와 같은 특별한 경우를 구할 수 있다. 즉,

$$\sigma_n = \frac{\sigma_1 + \sigma_3}{2} + \frac{\sigma_1 - \sigma_3}{2}\cos 2\theta = \sigma_{\text{avg}} + R\cos 2\theta$$
$$-\tau_{nt} = \frac{\sigma_1 - \sigma_3}{2}\sin 2\theta = R\sin 2\theta \tag{8.30}$$

식 8.30이 그림 8.21b의 모어 원 위에서 점 N을 위치시킨다는 것이 명백하다.

p_1p_3평면에서의 최대 전단응력은 그림 8.21b에서 원의 반지름으로 주어진다. 즉,

$$(\tau_{\max})_{p1p3} \equiv \tau_3 = \frac{\sigma_1 - \sigma_3}{2} \tag{8.31}$$

여기서 $\sigma_1 \equiv \sigma_{\max}$이고 $\sigma_3 \equiv \sigma_{\min}$이다. 그리고 표기 $(\tau_{\max})_{p1p3}$는 p_1p_3평면에서의 최대 면내 전단응력을 의미한다. 또한 이 전단응력이 그 점에서의 **절대 최대 전단응력**이라는 것을 알 수 있다.[11] 따라서,

$$\tau_{\substack{\text{abs}\\ \max}} = \frac{\sigma_{\max} - \sigma_{\min}}{2} \tag{8.32}$$

그리고 그림 8.22b에 나타낸 것처럼 이 **절대 최대 전단응력은 법선 s가 p_1과 p_3 방향 사이의 90°를 이등분하는 평면상에 작용**한다. 최대 전단응력의 면들에 작용하는 수직응력은

$$\sigma_s = \frac{\sigma_{\max} + \sigma_{\min}}{2} \tag{8.33}$$

이다. 그림 8.22b의 τ_s 화살표와 σ_s 화살표는 양쪽 모두 p_1방향을 가리키는 구성요소를 가진다는 것을 주목하라.

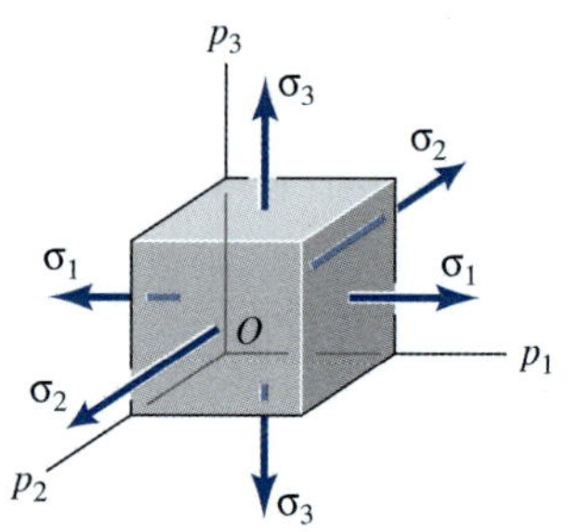

(a) 주면을 면으로 가지는 응력 요소

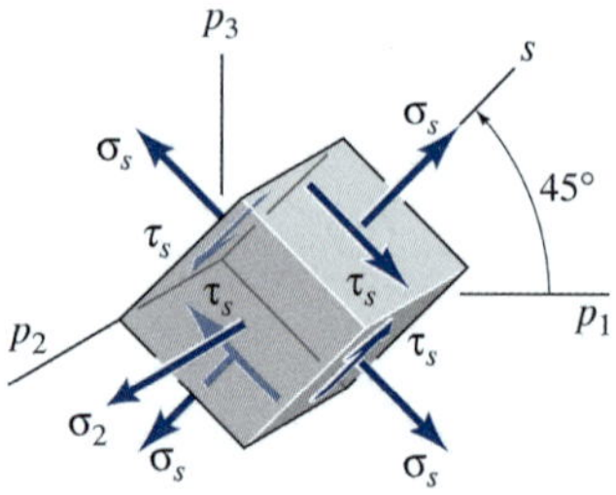

$\sigma_s = \left(\frac{\sigma_1 + \sigma_3}{2}\right)$, $\tau_s = \left(\frac{\sigma_1 - \sigma_3}{2}\right)$

(b) 절대 최대 전단 응력이 작용하는 요소

그림 8.22 절대 최대 전단응력의 면

11) Theory of Elasticity, by S. P.Timoshenko and J. N. Goodier, [참고문헌 8-1]의 79절을 참조한다.

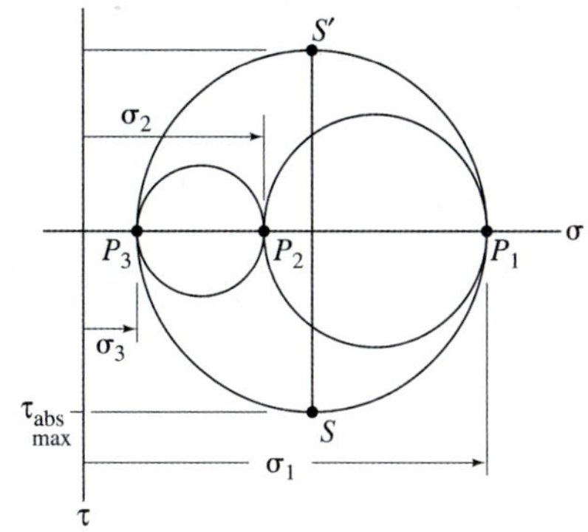

그림 8.23 한 점에서의 3차원 응력에 대한 모어 원

식 8.30과 같은 응력 변환과 식 8.21b와 같은 모어 원은 법선 n이 p_1p_2평면 또는 p_2p_3평면에 놓이는 면에 대해 개발될 수 있다. 그림 8.23에 나타낸 것처럼, 모어 원의 사용은 각 주응력의 쌍을 통해 별도의 원을 그림으로써 3차원 응력 상태로 확장될 수 있다. 식 8.32에 의해 주어진 절대 최대 전단응력은 $\sigma_1(\equiv\sigma_{\max})$점과 $\sigma_3(\equiv\sigma_{\min})$점을 통과하는 원의 반지름이다.

절대 최대 전단응력–평면응력 상태 8.4절에서 평면응력에 대한 조건이 $\sigma_z = \tau_{xz} = \tau_{yz} = 0$인 평면응력 상태에 대한 주응력과 최대 면내 전단응력을 검토하였다. z 면상에는 전단응력이 없으므로 z축은 그 점에서 3개의 주방향 중의 하나이다. 절대 최대 전단응력을 결정할 때 문제는 응력 $\sigma_z = 0$이 최대 주응력(σ_1), 중간 주응력(σ_2), 또는 최소 주응력(σ_3)인지에 대한 여부이다. 그림 8.24는 이들 세 가지 경우를 보여준다. 각 경우에 있어서 8.4절과 8.5절에서 논의된 면내(즉, xy평면) 응력 변환에 대해 실선의 모어 원이 그려진다. 점선의 원은 p_1p_3 응력 변환에 대한 것이다. 그것은 절대 최대 전단응력을 발생시킨다(그림 8.23 참조). 절대 최대 전단응력의 값은 항상 식 8.32에 의해 주어지고, 대응하는 수직응력은 항상 식 8.33에 의해 주어진다.

$$\begin{aligned}
&\text{Case I } (\sigma_3 \le \sigma_2 \le 0): \quad \tau_{\substack{\text{abs}\\ \max}} = \frac{-\sigma_3}{2}; \ \sigma_s = \frac{\sigma_3}{2} \\
&\text{Case II } (\sigma_3 \le 0 \le \sigma_1): \quad \tau_{\substack{\text{abs}\\ \max}} = \frac{\sigma_1 - \sigma_3}{2}; \ \sigma_s = \frac{\sigma_1 + \sigma_3}{2} \\
&\text{Case III } (0 \le \sigma_2 \le \sigma_1): \quad \tau_{\substack{\text{abs}\\ \max}} = \frac{\sigma_1}{2}; \ \sigma_s = \frac{\sigma_1}{2}
\end{aligned} \tag{8.34}$$

면내 주응력이 반대 부호를 가질 때에만 최대 면내 전단응력 또한 절대 최대 전단응력이다라는 것이 그림 8.24로부터 명백하다. 두 면내 응력 모두가 음(−)(그림 8.24a)이거나, 혹은 모두가 양(+)(그림 8.24c)일 때, 절대 최대 전단응력은 자유표면에 대해 45°인 평면에 작용하고, 최대 면내 전단응력은 절대 최대 전단응

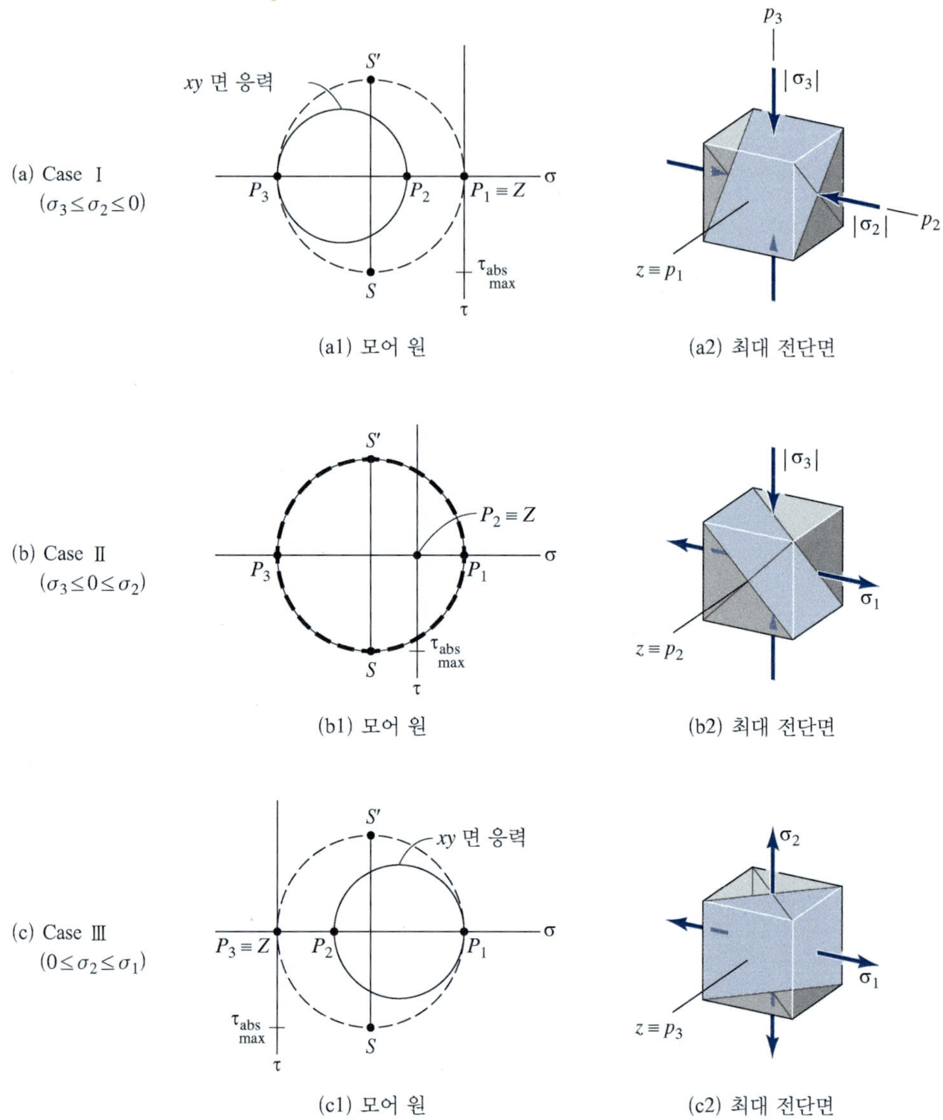

그림 8.24 다양한 평면응력 상태에 대한 절대 최대 전단응력; 절대 최대 전단응력 면

력이 아니다. *z* **면에 응력이 없음에도 불구하고 절대 최대 전단응력을 결정할 때 상기 조건들은 고려되어야만 한다.** 그러나 모든 경우에 있어서는 식 8.32 및 식 8.33으로부터

$$\tau_{\substack{abs\\max}} = \frac{\sigma_{max} - \sigma_{min}}{2}$$
$$\sigma_s = \frac{\sigma_{max} + \sigma_{min}}{2} \tag{8.35}$$

를 구한다. 응력 σ_{max}와 σ_{min}은 부호가 있는 물리량(즉, 인장은 양(+), 압축은 음(−))이다; 그들은 단지 크기가 아니다.

예제 8.5

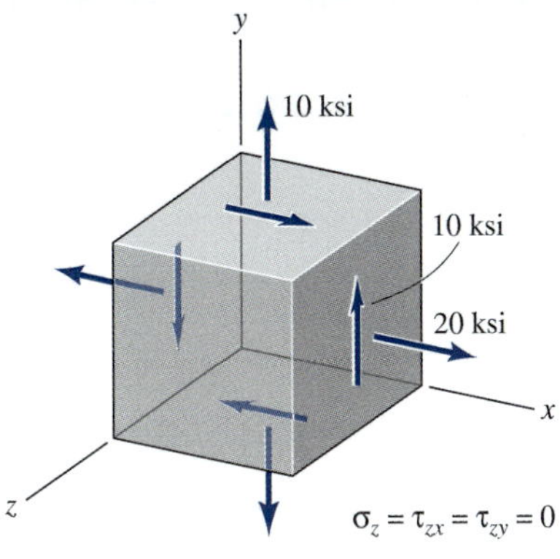

그림 1 평면응력의 요소

평면응력의 요소가 그림 1과 같은 응력을 가진다. (a) 3개의 주응력을 결정하시오. 모어 원을 사용하여 면내 응력을 구하시오. (b) 최대 면내 전단응력을 결정하시오. (c) 주면의 방향을 결정하고 주응력 요소를 그리시오. (d) 절대 최대 전단응력을 결정하시오. 절대 최대 전단응력이 요소에 작용하도록 요소 방향을 나타내시오.

풀이 계획 8.5절의 모어 원 기법을 사용하여 xy평면에 대한 주방향과 면내 주응력을 결정할 필요가 있다. 또한 모어 원으로부터 최대 면내 전단응력을 구할 수 있다. 파트 (c)에서 주응력들을 $\sigma_1 \geq \sigma_2 \geq \sigma_3$의 순서로 하고, 이 문제에서 3개의 주응력들(두 면내 주응력$+\sigma_z = 0$)을 그림 8.24에 나타낸 세 가지 경우들과 비교한다. 최대 절대 전단응력은 식 8.32를 사용하여 계산한다.

풀이

(a) 주응력: $\tau_{zx} = \tau_{zy} = 0$이므로 주응력 중 하나는 $\sigma_z = 0$이다. 다른 두 주응력은 그림 2의 모어 원으로부터 얻어진다.

삼각형 XCA로부터

$$R = \sqrt{(\overline{CA})^2 + (\overline{XA})^2} = \sqrt{(5\text{ ksi})^2 + (10\text{ ksi})^2}$$

를 얻는다. 따라서

$$R = \sqrt{125}\text{ ksi} = 11.18\text{ ksi} \tag{1}$$

그림 2의 모어 원상에서의 모든 점들은 $\sigma > 0$이므로, $\sigma_z = 0$은 최소 주응력이다. 따라서 σ축과 모어 원의 교점은 p_1 및 p_2로 표시된다. 그림 2의 원으로부터

$$\begin{aligned} \sigma_1 &= \sigma_C + R = 15\text{ ksi} + 11.2\text{ ksi} = 26.2\text{ ksi} \\ \sigma_2 &= \sigma_C - R = 15\text{ ksi} - 11.2\text{ ksi} = 3.8\text{ ksi} \end{aligned} \tag{2}$$

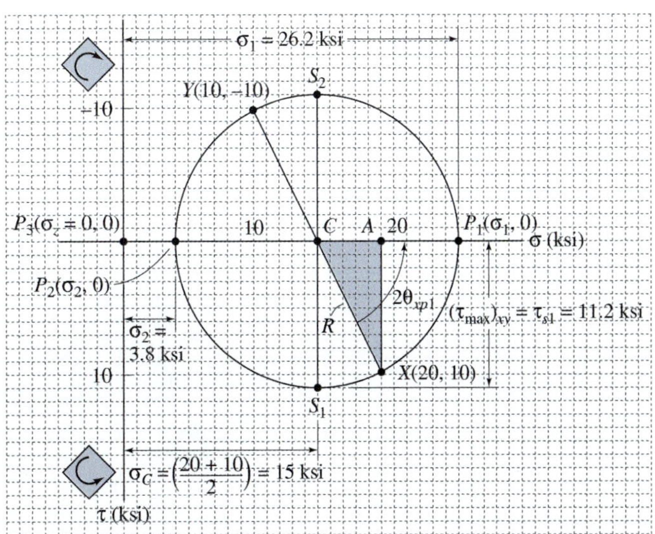

그림 2 참고로 나타낸 P_3와 함께 xy평면에 대한 모어 원

따라서, 3개의 주응력들은 다음과 같다.

$$\sigma_1 = 26.2 \text{ ksi}, \quad \sigma_2 = 3.8 \text{ ksi}, \quad \sigma_3 = 0 \qquad \textbf{답 (a)} \quad (3)$$

(b) 최대 면내 전단응력: xy평면에서의 최대 전단응력은 그림 2의 S_1점에서의 전단응력이다.

$$(\tau_{max})_{xy} = R = 11.2 \text{ ksi} \qquad \textbf{답 (b)} \quad (4)$$

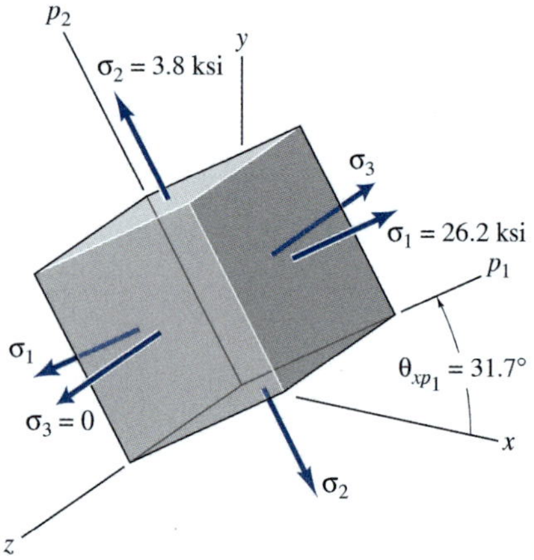

그림 3 주응력 요소

(c) 주응력 요소: 이미 $p_3 \equiv z(\sigma_z < \sigma_2 < \sigma_1$이므로)임을 알기 때문에 xyz축에 관하여 주응력 요소($p_1p_2p_3$축) 방향을 지정하기 위하여 p_1과 p_2를 x와 y에 관련시킬 필요가 있다. 그림 2로부터 각 $2\theta_{xp1}$을 구할 수 있다. 삼각형 XCA로부터

$$2\theta_{xp1} = \tan^{-1}\left(\frac{10}{5}\right) = 63.43° \qquad (5a)$$

$$\theta_{xp1} = 31.7° \qquad \textbf{답 (c)} \quad (5b)$$

를 얻는다. 적절한 방향의 주응력 요소는 그림 3에 나타내어진다.

(d) 절대 최대 전단응력: 그림 2의 평면응력 모어 원은 Case Ⅲ에 해당한다(그림 8.24c). 따라서, p_1p_3 모어 원을 구성해야 한다. 명확하게 하기 위해, 그림 2의 일부분을 반복하는 또 다른 그림인 그림 4를 그릴 것이다. 그림 4의 점선으로 된 p_1p_3 모어 원으로부터

$$\tau_{\substack{abs\\max}} = \frac{\sigma_1}{2} = 13.1 \text{ ksi} \qquad \textbf{답 (d)} \quad (6)$$

을 얻는다. 그림 5a~5c는 절대 최대 전단응력 면을 나타낸다. 먼저, p_1과 p_3 축들(면들)에 대해 45°로 최대 전단응력 면의 방향이 그림 5a와 5b에 나타내어진다. 마지막으로 p_1p_3평면의 2차원 개략도가 그림 5c에 나타내어지고, p_2

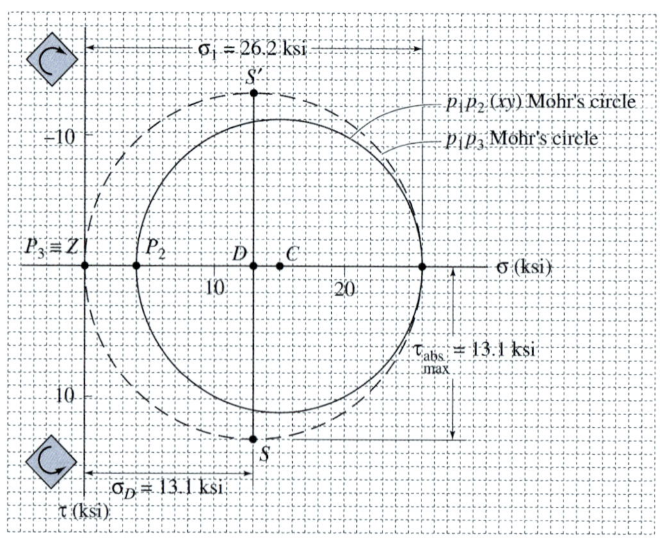

그림 4 $\tau_{\substack{abs\\max}}$를 결정하기 위한 모어 원

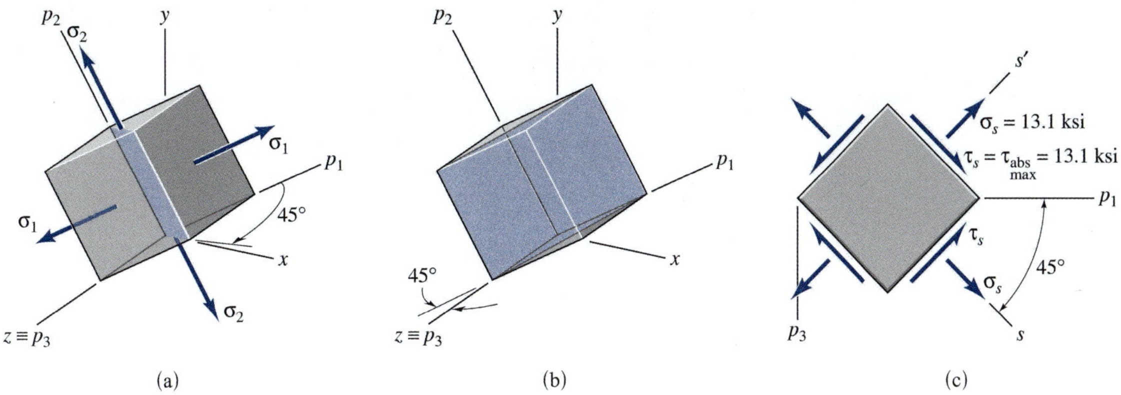

그림 5 절대 최대 전단응력 면

축은 "아래로" 향한다.

풀이 검토 먼저 그림 2의 점 X와 Y가 그림 1의 x와 y면상에 응력을 정확하게 나타내는지를, 특히 전단응력의 부호가 X와 Y에서 정확하게 만들어졌는지를 확인해야만 한다. 식 (3), (4), (5) 및 (6)에서 해답이 그림 2와 3의 모어 원으로부터 직접 구한 것이므로 해가 타당한지 시각적으로 확인할 수 있다.

MDS 8.4 & 8.5 모어 원 – 절대 최대 전단응력

8.7 평면변형률

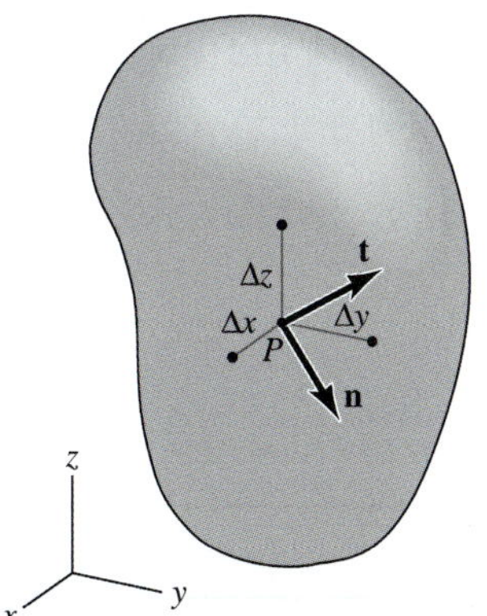

그림 8.25 신장변형률과 전단변형률을 정의하는 데 사용된 상호 직교 선분들

인장변형률 ϵ과 전단변형률 γ의 정의는 2.12절에서 나와 있다. 이들 변형률은 물체에서의 위치와 기준 방향에서의 방향에 따라 다르다. 예를 들어, 변형체 내의(혹은 변형체의 표면 위의) 점 P에서 인장변형률 ϵ_x, ϵ_y, ϵ_z는 짧고 상호 직교하는 선분 Δx, Δy, Δz의 길이 변화를 검토함으로써 결정된다. 그리고 전단변형률 γ_{xy}, γ_{xz}, γ_{yz}는 원래 이들 선분 사이에 존재하는 직각의 변화에 의해 결정된다. 그림 8.25는 이들 증분된 선분을 나타낸다. xyz 기준 변형률과 n및 t 방향을 고려해 볼 때 인장변형률 ϵ_n과 전단변형률 γ_{nt}를 결정하는 것이 필요할 상황이 있다. 8.8절~8.10절에서는 단지 2차원 변형률 해석만을 고려하지만, 8.11절에서는 3차원 변형률 해석의 주제로 돌아갈 것이다.

2차원 변형률의 한 예를 평면변형률이라고 한다. 만약 변형률이 변형체 내 어디서나 다음 식을 만족한다면,

$$\epsilon_z = \gamma_{xz} = \gamma_{yz} = 0 \tag{8.36}$$

그 물체는 **평면변형률의 상태(state of plane strain)**에 있다고 말한다. z방향에서의 인장변형률의 소멸은 물체가 어떻게든 z방향으로 확장 또는 수축되는 것으로부터

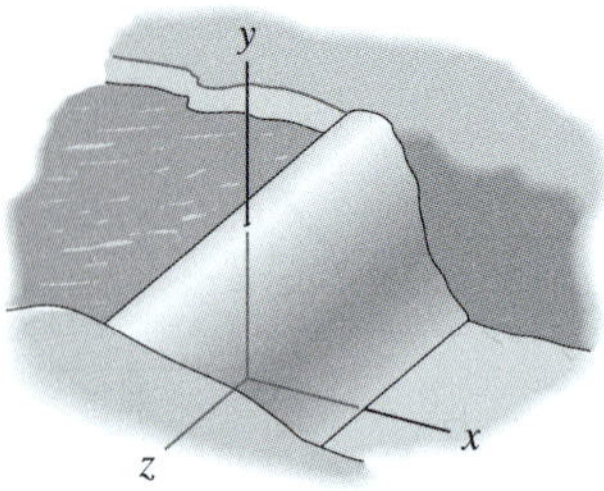

그림 8.26 평면변형률의 예

억제되어지는 것을 요구하고, 전단변형률 방정식은 원래 xy평면에 평행한 모든 평면이 평면을 유지하도록 더 요구한다. 평면변형률의 한 예는 그림 8.26에 나타내어진 댐과 같은 매우 긴 원통형 물체이다. 댐에 부하되는 중력 하중과 상류 수압 하중은 모두 xy평면에 평행하고, 그것의 양끝에서의 (가정된) 단단한 접합부 때문에 댐은 z방향으로 자유롭게 확장되거나 수축되지 않는다. 따라서, 댐의 모든 곳에서 $\epsilon_z = \gamma_{xz} = \gamma_{yz} = 0$이라고 가정할 수 있다.

평면응력과 평면변형률은 매우 다르고, 혼동해서는 안 된다. 8.2절에서 논의된 것처럼 평면응력은 다음 식에 의해 정의된다.

$$\sigma_z = \tau_{xz} = \tau_{yz} = 0 \qquad (8.1) \text{ 반복}$$

그리고 그것은 그림 8.3의 판 거더의 웹과 같은 얇은 판형 부재에서 매우 자주 발생한다. 만약 식 2.38의 마지막 항에서 σ_z(그리고 ΔT)를 0으로 두면 선형탄성, 등방성재료에 대해 다음을 얻는다.

$$\sigma_z = 0 \rightarrow \epsilon_z = \frac{-\nu}{E}(\sigma_x + \sigma_y) \qquad (8.37)$$

반면, 만약 식 2.40의 마지막 항에서 ϵ_z(그리고 ΔT)를 0으로 두면 선형탄성, 등방성재료에 대해 다음을 얻는다.

$$\epsilon_z = 0 \rightarrow \sigma_z = \frac{E\nu}{(1-\nu)(1-2\nu)}(\epsilon_x + \epsilon_y) \qquad (8.38)$$

결과적으로, 평면응력은 일반적으로 $\epsilon_z = 0$를 발생시키지 않고, 평면변형률은 일반적으로 0이 아닌 σ_z값을 요구한다.

2차원 변형률 해석의 매우 중요한 예 중 하나는 변형체 표면에서의 변형률에 대한 실험적 측정이다. 관심 있는 것은 그림 8.6a의 부재 표면에서의 점 A와 같은 한 점에서의 변형률(strain at a strain)이고, 표면은 국부적으로 평면(locally plane)이기 때문에 평면에서의 변형률 해석에 집중할 수 있다.

8.8 평면에서의 변형률 변환

변형률 변환 방정식을 유도하기 전에 변형률이 기준 축의 방향에 따라 어떻게 변하는지에 대한 특별한 예를 검토한다. 그림 8.27은 평면 멤브레인의 "변형 전"과 "변형 후" 사진을 나타낸다. 변형 전 수평 및 수직선의 격자가 길이 a인 균일 격자 간격으로 시트 위에 표시된다. 점 P_1, P_2, P_3는 표시된 방향에서 축 시스템 x_1y_1, x_2y_2, x_3y_3의 원점이다. 시트는 수평방향으로 그것의 원래 길이의 2배로 균일하게 늘어나 변형된다. 동시에 시트가 수직방향으로 팽창하거나 수축하는 것을 막는다.

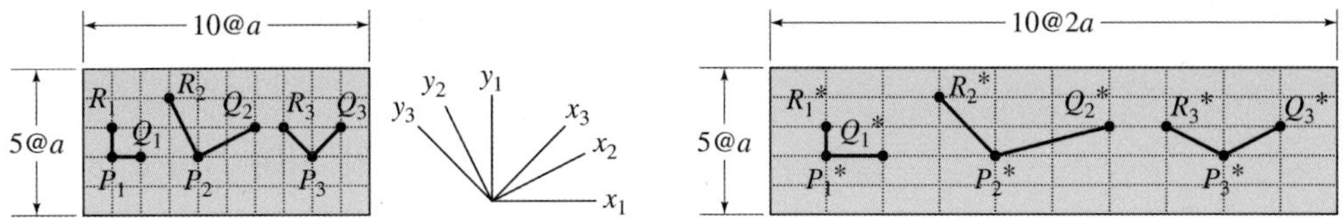

(a) 변형 전

(b) 변형 후

그림 8.27 변형률 양이 기준 축의 방향에 의존하는 방법에 대한 예

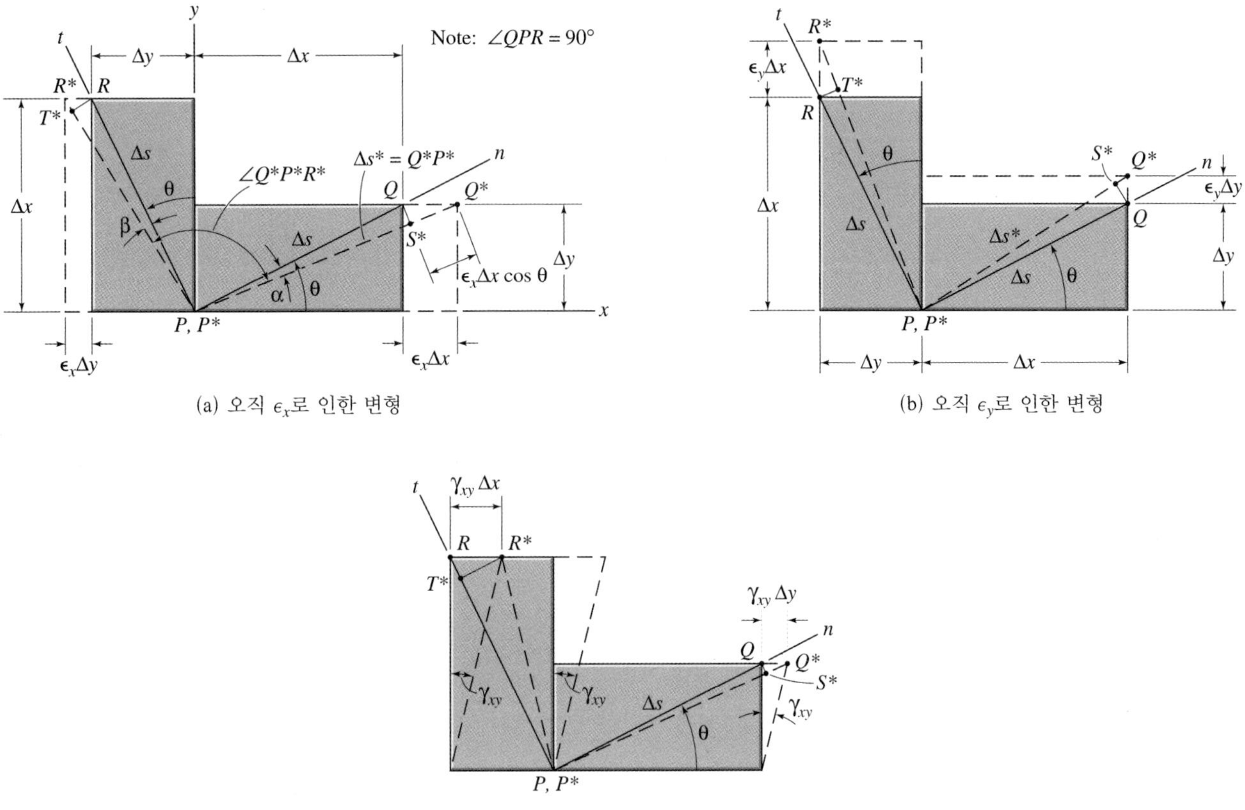

(a) 오직 ϵ_x로 인한 변형

(b) 오직 ϵ_y로 인한 변형

(c) 오직 γ_{xy}로 인한 변형

그림 8.28 변형률 변환 방정식의 유도에 사용된 기하학적 변형

따라서 변형 전의 $a \times a$ 사각형은 변형 후의 $2a \times a$ 사각형이 된다(이것은 대변형으로 간주될 수 있다). 명백하게 변형은 P_1, P_2, P_3에서 동일하지만, 기준 축의 방향에 따라 ϵ_n과 γ_{nt}의 값은 다를 것이다. 예를 들어, 전단변형률 $\gamma_{x1y1} = 0$이지만, P_2와 P_3에서 직각에서의 변화가 있기 때문에 γ_{x2y2} 및 γ_{x3y3}는 명백하게 0이 아니다. 마찬가지로, $\epsilon_{y1} = 0$이지만, P_2R_2와 P_3R_3의 길이가 변형에 의해 변하므로 ϵ_{y2}와 ϵ_{y3}는 0이 아니다.

응력 변환 방정식, 식 8.3(혹은 식 8.5)은 단지 평형에 기초되어지는 데 반하여, **변형률 변환 방정식은 단지 기하학적 변형에 기초되어 진다**(약간의 미소 각 근사를 포함한). 그림 8.28a, 8.28b, 8.23c는 각각 ϵ_x, ϵ_y 및 γ_{xy}의 분리된 영향을 나타낸다. 이들 영향을 더하여 각 $\theta \equiv \theta_{xn} = \theta_{yt}$와 3개의 변형률 ϵ_x, ϵ_y 및 γ_{xy}의 함수로서 ϵ_n과 γ_{nt}에 대한 전체 관계식을 얻는다.

ϵ_n과 γ_{nt}에 대한 ϵ_x, ϵ_y 및 γ_{xy}의 기여 그림 8.28a를 사용하여 ϵ_n과 γ_{nt}를 ϵ_x에 연관시키는 관계식을 유도할 것이다. ϵ_n과 γ_{nt}에 대한 ϵ_y, 그리고 ϵ_n과 γ_{nt}에 대한 γ_{xy}의 기여는 유사한 방법으로 결정될 수 있고, 따라서 이들 유도는 연습문제로서 남겨 둔다(연습문제 8.8-1과 8.8-2 참조). 모든 변형률이 작다고 가정하면 ϵ_n과 γ_{nt}에 대해 다음과 같은 중첩식을 작성할 수 있다.

$$\epsilon_n = \epsilon_n' + \epsilon_n'' + \epsilon_n''' \tag{8.39a}$$

$$\gamma_{nt} = \gamma_{nt}' + \gamma_{nt}'' + \gamma_{nt}''' \tag{8.39b}$$

여기서, ϵ_n과 γ_{nt}는 ϵ_x, ϵ_y 및 γ_{xy}에 의존하고 또한 각 θ에 의존한다. 즉,

$$\begin{aligned}
&\epsilon_n \equiv \epsilon_n(\epsilon_x,\ \epsilon_y,\ \gamma_{xy};\ \theta)\\
&\epsilon_n' \equiv \epsilon_n(\epsilon_x;\ \theta)\\
&\epsilon_n'' \equiv \epsilon_n(\epsilon_y;\ \theta)\\
&\epsilon_n''' \equiv \epsilon_n(\gamma_{xy};\ \theta)
\end{aligned}$$

그리고 γ_{nt}에 대해서도 유사하다.

그림 8.28a를 구성하기 위해, 먼저 대각선 PQ가 x축으로부터 반시계방향으로 각 θ만큼 회전하여 길이 Δs인 사각형을 구성한다. 이 사각형의 양변의 길이는

$$\Delta x = \Delta s\cos\theta,\quad \Delta y = \Delta s\sin\theta$$

다음으로, 각 $\angle QPR$을 직각으로 만들기 위하여 대각선 PR이 y축으로부터 반시계방향으로 각 θ만큼 회전하고 또한 길이 Δs인 사각형을 만든다. 2개의 사각형으로 구성되고 변형되지 않은 물체(undeformed body)의 일부를 나타내는 음영으로 처리된 그림을 구성한 후, 점 P를 고정하고 ϵ_x가 양(+)이고 $\epsilon_y = \gamma_{xy} = 0$일 때의 변형체의 형상을 나타내도록 점선을 그린다.

n방향으로의 신장변형률은

$$\epsilon_n(P) = \lim_{Q\to P \text{ along } n}\left(\frac{\Delta s^* - \Delta s}{\Delta s}\right) \tag{2.35 반복}$$

에 의해 정의된다. 그리고, n축과 t축에 대한 전단변형률은

$$\gamma_{nt}(P) = \lim_{\substack{Q\to P \text{ along } n\\ R\to P \text{ along } t}}\left(\frac{\pi}{2} - \angle Q^*P^*R^*\right) \tag{2.36 반복}$$

에 의해 정의된다. 이 경우에 있어서는 극한기호를 없앨 수 있고

$$\epsilon_n(P) = \left(\frac{\Delta s^* - \Delta s}{\Delta s}\right) \tag{8.40}$$

$$\gamma_{nt} = \left(\frac{\pi}{2} - \angle Q^* P^* R^*\right) \tag{8.41}$$

과 같이 작성할 수 있다. 동시에 몇 개의 미소각 근사치를 만들 것이다.

ϵ_n에 대한 ϵ_x의 기여: 그림 8.28a의 기하학을 이용하여 $\epsilon'_n(\epsilon_x;\theta)$와 $\gamma'_{nt}(\epsilon_x;\theta)$에 대한 관계식을 만들 것이다. 그림 8.28a와 식 8.40으로부터

$$\epsilon_n{}' = \frac{\Delta s^* - \Delta s}{\Delta s} = \frac{\overline{Q^* S^*}}{\overline{QP}} \tag{8.42}$$

신장률 $\overline{Q^* S^*}$를 구하기 위해서 Q점으로부터 $P^* Q^*$선까지 수직선을 그린다. 이 과정에서 $P^* S^* \approx \overline{PQ}$, 즉 수직선 QS^*가 (근사적으로) 중심이 P이고 반지름 Δs인 원호라고 하는 미소각 근사치를 만든다. 변형률 ϵ_x로 인한 사각형의 신장률은 $\overline{QQ^*} = \epsilon_x \Delta x$이고, 각 $\angle QQ^* S^*$는 (근사적으로) θ에 동일하므로,

$$\overline{Q^* S^*} = \epsilon_x \Delta x \cos\theta = \epsilon_x (\Delta s \cos\theta)\cos\theta$$

따라서,

$$\epsilon_n{}' = \frac{\epsilon_x \Delta s \cos^2\theta}{\Delta s} = \epsilon_x \cos^2\theta \tag{8.43}$$

ϵ_y와 ϵ_{xy}로 인한 ϵ''_n과 ϵ'''_n의 기여는 각각 식 8.28b와 8.28c를 사용하여 유도되어 질 수 있다. 3개의 기여(식 8.39a)를 합하면 다음과 같은 **신장변형률 변환식 (extensional-strain-transformation formula)**

$$\epsilon_n = \epsilon_x \cos^2\theta + \epsilon_y \sin^2\theta + \gamma_{xy}\sin\theta\cos\theta \tag{8.44}$$

를 얻는다.

γ_{nt}에 대한 ϵ_x의 기여: 그림 8.28a와 식 8.41로부터

$$\gamma_{nt}{}' = \frac{\pi}{2} - (\angle Q^* P^* R^*)' = -\alpha - \beta \tag{8.45}$$

를 얻는다. 여기서 α와 β는 그림 8.28a에서 정의된 각이다. 다시 미소각 근사치를 사용하여,

$$\overline{QS^*} \approx \alpha \Delta s, \quad \overline{RT^*} \approx \beta \Delta s$$

따라서,

$$\gamma_{nt}' \approx -\left(\frac{\overline{QS^*}}{\Delta s}\right) - \left(\frac{\overline{RT^*}}{\Delta s}\right)$$

그러나,

$$\overline{QS^*} \approx \epsilon_x \Delta x \sin\theta = \epsilon_x (\Delta s \cos\theta) \sin\theta$$

$$\overline{RT^*} \approx \epsilon_x \Delta y \cos\theta = \epsilon_x (\Delta s \sin\theta) \cos\theta$$

마지막으로, 이 방정식들을 결합하여 다음을 얻는다.

$$\gamma_{nt}' = -2\epsilon_x \sin\theta\cos\theta$$

식 8.39b에서처럼 γ_{nt}에 대한 ϵ_y와 γ_{xy}의 기여와 함께 이 관계식을 결합하여 다음과 같은 **전단변형률 변환식(shear-strain-transformation formula)**을 얻는다.

$$\gamma_{nt} = -2(\epsilon_x - \epsilon_y)\sin\theta\cos\theta + \gamma_{xy}(\cos^2\theta - \sin^2\theta) \tag{8.46}$$

응력 변환 방정식 8.3a와 8.3b에서의 해당하는 항목과 비교하여 식 8.44와 8.46의 전단변형률 항목에서는 두 개 인수의 차이가 있다는 것을 제외하면 식 8.44와 8.46은 식 8.3a와 8.3b의 변형률 유사체이다. 예를 들어, 만약 식 8.46을 2로 나누고 다음과 같은 형태로 작성하면 식 8.46은 식 8.3b와 동일한 형태를 가진다.

$$\frac{\gamma_{nt}}{2} = -(\epsilon_x - \epsilon_y)\sin\theta\cos\theta + \frac{\gamma_{xy}}{2}(\cos^2\theta - \sin^2\theta)$$

응력 변환 방정식과 마찬가지로 **변형률 변환 방정식**은 삼각함수 2배각 공식을 결합시킴으로써 단순화할 수 있고

변형률 변환 방정식

$$\epsilon_n = \left(\frac{\epsilon_x + \epsilon_y}{2}\right) + \left(\frac{\epsilon_x - \epsilon_y}{2}\right)\cos 2\theta + \left(\frac{\gamma_{xy}}{2}\right)\sin 2\theta \tag{8.47a}$$

$$\frac{\gamma_{nt}}{2} = -\left(\frac{\epsilon_x - \epsilon_y}{2}\right)\sin 2\theta + \left(\frac{\gamma_{xy}}{2}\right)\cos 2\theta \tag{8.47b}$$

와 같이 주어진다. 식 8.5의 전단응력 항과 달리 **식 8.47의 모든 전단변형률은 2로 나누어진다**는 것에 주목하라.

변형률 변환 방정식, 식 8.47은 평면응력에 대한 변환 방정식(식 8.5)에 완전히 유사하므로 주방향과 주응력을 결정하기 위한 공식과 식 8.5에 기초된 다른 공식은 유사한 변형률 관련 양에 대한 공식으로 전환할 수 있다. 다음 절에서는 모어 원을 사용하여 변형률 변환 문제를 풀 것이다.

8.9 변형률에 대한 모어 원

변형률 변환 방정식, 식 8.47은 8.5절에서 응력에 대한 모어 원의 유도가 기초되어졌던 평면응력에 대한 변환 방정식에 완전히 유사하다. 8.5절에서 사용되어졌던 동일한 절차를 사용함으로써 변형률에 대한 모어 원의 특성을 나타내는 다음과 같은 방정식을 구할 수 있다.

$$(\epsilon_n - \epsilon_{\text{avg}})^2 + \left(\frac{\gamma_{nt}}{2}\right)^2 = R^2 \tag{8.48a}$$

여기서

$$R = \sqrt{\left(\frac{\epsilon_x - \epsilon_y}{2}\right)^2 + \left(\frac{\gamma_{xy}}{2}\right)^2} \tag{8.48b}$$

$$\epsilon_{\text{avg}} = \frac{\epsilon_x + \epsilon_y}{2} \tag{8.48c}$$

식 8.48a는 중심점 $(\epsilon_{\text{avg}}, 0)$, 반지름 R을 갖는 $\left(\epsilon, \dfrac{\gamma}{2}\right)$ 평면에서의 원의 방정식을 나타낸다(그림 8.29).(모든 변형량은 무차원이다.) 따라서 식 8.47은 각 2θ인 매개변수를 갖는 이러한 변형률에 대한 모어 원의 매개방정식이다.

변형률에 대한 모어 원의 부호규약, 특히 전단변형률 γ에 대한 부호규약을 명확하게 하기 위하여 응력에 대한 모어 원의 부호규약을 다시 고려한다. (σ, τ) 평면에서 한 점에 대한 τ좌표의 부호를 규정하기 위한 2가지 동등한 방법이 있다.

방법 1: 만약 ntz축이 오른손 좌표계를 형성한다면 점 N은 좌표 $(\sigma_n, +\tau_{nt})$을 갖는 반면 점 T는 좌표 $(\sigma_t, -\tau_{nt})$를 갖는다.

방법 2: 만약 점 N이 양의 전단응력으로 표시되면(즉, 아랫방향), N면상의 전단응

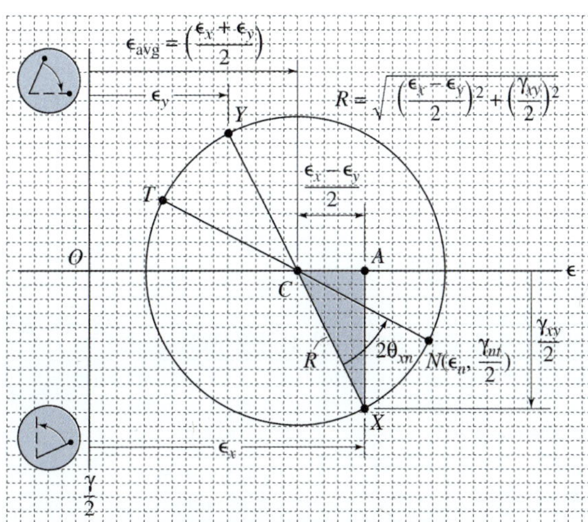

그림 8.29 변형률의 모어 원

력 τ는 반시계방향으로 대응하는 nt 응력요소를 회전시키려는 경향이 있을 것이다(그림 8.17과 그림 8.16의 τ축상의 아이콘을 참조).

변형률의 모어 원에 대한 두 가지의 유사 방법이 있다:

방법 1: 만약 ntz축이 오른손 좌표계를 형성한다면 점 N은 좌표 $\left(\epsilon_n, +\dfrac{\gamma_{nt}}{2}\right)$을 갖는 반면 점 T는 좌표 $\left(\epsilon_t, -\dfrac{\gamma_{nt}}{2}\right)$를 갖는다.

방법 2: 만약 점 N이 양의 전단변형률로 표시되면(즉, 아랫방향), n방향에서 선 요소는 반시계방향으로 회전하려는 경향이 있을 것이다(그림 8.29에서 $\dfrac{\gamma}{2}$축상의 아이콘을 참조)

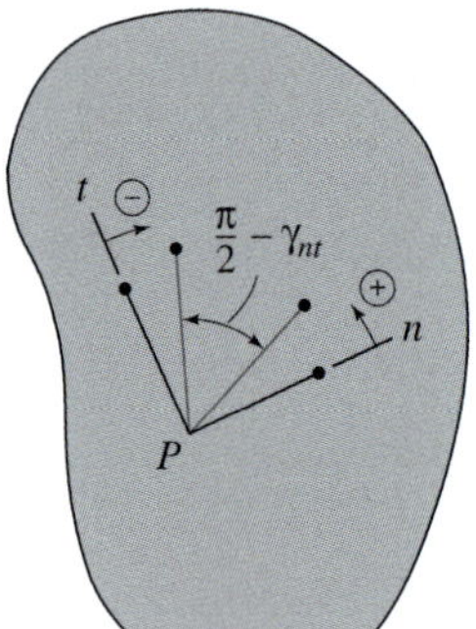

그림 30 변형률의 모어 원에 대한 전단변형률 부호규약의 설명

그림 8.30은 점 P에서 양의 전단변형률이 n과 t축 사이의 각에서의 γ_{nt}양만큼의 감소를 나타내고, 그 과정에서 n방향에서의 증분 선 요소가 반시계방향으로 회전한다. 그림 8.29에서 $\dfrac{\gamma}{2}$축의 양끝에서의 아이콘은 점 N의 전단변형률 좌표와 관련된 부호에 의존하는 일반 선 요소 n의 회전방향을 나타낸다.

변형률의 모어 원의 구성과 사용에 대한 절차

변형률의 모어 원을 구성하는 절차는 응력의 모어 원을 구성하는 절차에 사실상 동일하다.

모어 원의 작도: 그림 8.29는 1단계에서 6단계까지를 설명한다.

1. 양 축에서 동일한 스케일을 갖는 $\left(\epsilon, \dfrac{\gamma}{2}\right)$을 설정한다. 모눈종이를 사용하고 적절한 크기의 원을 만드는 스케일을 사용한다. **양의 $\dfrac{\gamma}{2}$축은 아랫방향을 가리킨다.**
2. ϵ_x, ϵ_y, γ_{xy}가 주어진다고 가정하고 $\left(\epsilon_x, \dfrac{\gamma_{xy}}{2}\right)$에서 점 X를, $\left(\epsilon_y, -\dfrac{\gamma_{xy}}{2}\right)$에서 점 Y를 표시한다.
3. 점 X와 점 Y를 직선으로 연결하고 이 직선이 $(\epsilon_{avg}, 0)$에서 ϵ축과 교차하는 원의 중심 C를 표시한다.
4. 중심이 $(\epsilon_{avg}, 0)$이고, 점 X와 점 Y를 통과하는 원을 그린다(원을 그릴 때는 컴퍼스를 사용하는 것이 좋다).

필요한 정보 계산:

5. 양변 $\left(\dfrac{\gamma_{xy}}{2}\right)$와 $\left(\dfrac{\epsilon_x - \epsilon_y}{2}\right)$를 갖는 음영이 진 삼각형 XCA를 만들고, 원의 반지름을 계산한다.

$$R = \sqrt{\left(\frac{\epsilon_x - \epsilon_y}{2}\right)^2 + \left(\frac{\gamma_{xy}}{2}\right)^2} \qquad \text{(8.48b) 반복}$$

6. 만약 ϵ_n과 같은 특정 방향으로 변형률이 요구되면, 원 위에서 반시계방향으로(또는 시계방향) 각 2θ만큼 회전시킴으로써 모어 원상에 점 N을 표시한다. 이는 x방향과 같은 어떤 기준 방향으로부터 반시계방향(또는 시계방향)으로 각 θ만큼 회전하는 것에 대응한다. 점 N과 원의 중심을 통해 지름을 구성하고 삼각법을 사용하여 ϵ_n(필요에 따라 ϵ_t와 γ_{nt})를 계산한다.
7. 만약 주변형률과 변형률의 주방향이 요구되면, 주변형률을 계산하기 위해 식 (8.49)를 사용한다. 여기서 $\epsilon_{avg} = \epsilon_C$는 식 8.48c에 의해 주어진다.

$$\begin{aligned} \epsilon_1 &= \epsilon_{\text{avg}} + R \\ \epsilon_2 &= \epsilon_{\text{avg}} - R \end{aligned} \qquad (8.49)$$

삼각법을 사용하여 어떤 알려진 기준방향과 관련하여 p_1과 같은 주변형률 방향을 표시하는 것에 사용될 수 있는 $2\theta_{xp1}$과 같은 어떤 각을 결정한다. 주변형률 방향 사이에는 전단변형률은 없다.

8. 만약 최대 면내 전단변형률과 최대 전단방향이 요구되면 7단계와 유사한 절차를 사용한다. 최대 전단변형률의 방향은 변형률의 주방향에 대해 $\pm 45°$에 위치해 있다.

그림 8.31은 7단계와 8단계를 설명한다.

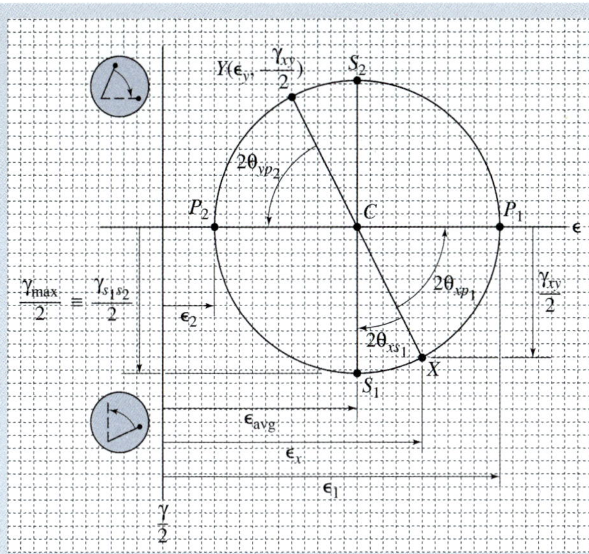

그림 8.31 확인된 주변형률과 최대 면내 전단변형률을 가지는 변형률의 모어 원

예제 8.6

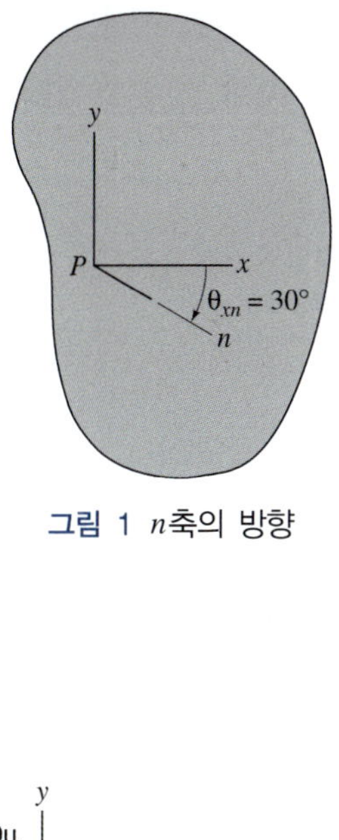

그림 1 n축의 방향

변형체(그림 1) 위의 어떤 점 P에서 xy축에 대한 면내 변형률은

$$\epsilon_x = 120\mu, \quad \epsilon_y = -40\mu, \quad \gamma_{xy} = -120\mu$$

이다. 여기서 μ는 마이크로스트레인(즉, 10^{-6} in./in. 또는 마이크로인치/인치)의 단위이다.

(a) 이 점에서 변형되지 않은 물체를 나타내기 위해 x와 y 방향에서의 단위길이의 사각형을 사용하여 변형 전과 후의 이 요소사각형을 그리시오(변형을 과장한다). (b) 이들 면내 변형률에 대한 변형률의 모어 원을 그리시오. (c) x축으로부터 시계방향으로 30°인 방향 n에서의 변형률을 구하시오. (d) 주변형률과 변형률의 주방향을 구하고, 주방향으로 회전된 변형된 요소를 그리시오. (e) 마지막으로 최대 면내 전단변형률과 최대 면내 전단변형률의 축방향으로 관련된 변형률을 계산하시오. 최대 면내 전단변형률의 방향으로 회전된 변형된 요소를 그리시오.

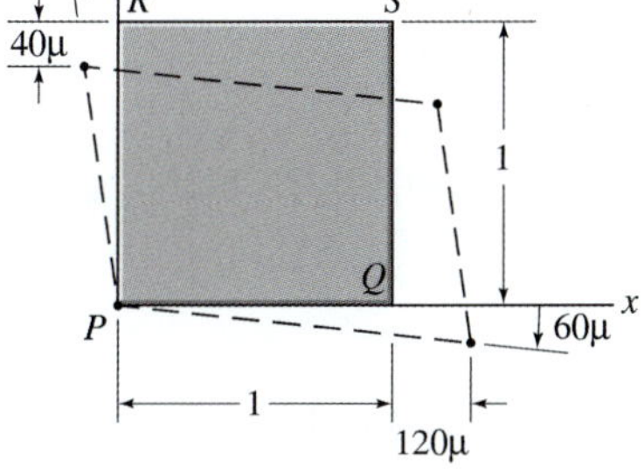

그림 2 면내 변형률의 예

풀이 이 예제는 변형률의 모어 원의 구성과 사용에 대한 절차에서 제안된 여덟 단계를 사용하여 풀 수 있다.

(a) 변형률의 상태: 그림 2에서 음영진 사각형은 변형되지 않은 요소이다. 점선은 변형된 요소의 형상을 나타낸다. 전단변형률 γ_{xy}가 음(−)이므로 P에서 직각은 총 120μ 각만큼 증가한다. 이 전단변형률 각은 x변 PQ에 대해 시계방향으로 $\left|\frac{\gamma_{xy}}{2}\right|$만큼, y변 PR에 대해 반시계방향으로 $\left|\frac{\gamma_{xy}}{2}\right|$만큼 배분된다.

(b) 변형률의 모어 원: 모눈종이 위에서(그림 3), 점 X는 $\left(\epsilon_x, +\frac{\gamma_{xy}}{2}\right)$로 표시

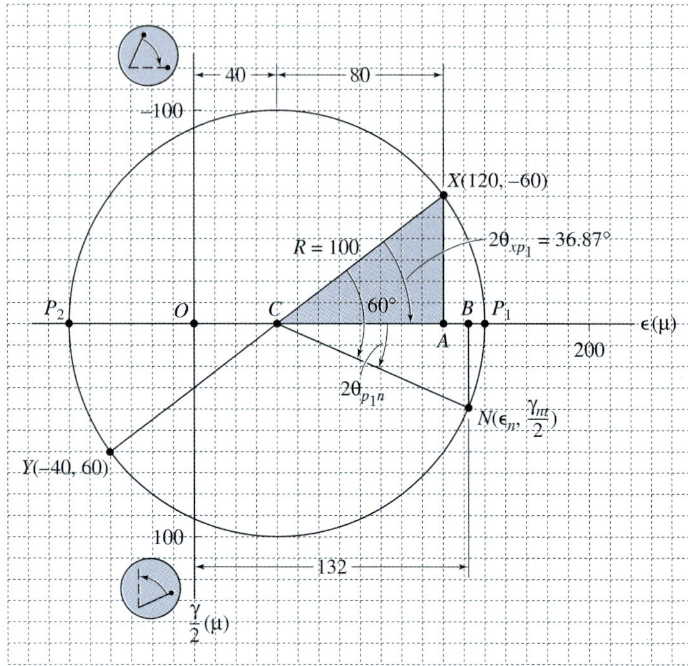

그림 3 변형률의 모어 원

되고, 그것은 점 $(120\mu,\ -60\mu)$이다. 점 Y는 $\left(\epsilon_y,\ -\dfrac{\gamma_{xy}}{2}\right)$로 표시된다. 그림 2에서 x변 PQ는 시계방향으로 회전하고, 이것은 $\dfrac{\gamma}{2}$축의 음(윗쪽) 끝에 있는 아이콘과 일치한다는 것에 주목하라.

원의 중심 C는 $(\epsilon_{avg},\ 0)$에 위치하고, 여기서

$$\epsilon_{\text{avg}} = \frac{\epsilon_x + \epsilon_y}{2} = \frac{(120\mu - 40\mu)}{2} = 40\mu \tag{1}$$

원의 반지름은 길이 $\overline{XC}$이다. 그것은 다음 식에 의해 주어진다.

$$R = \sqrt{\overline{CA}^2 + \overline{XA}^2} = \sqrt{(80\mu)^2 + (60\mu)^2} = 100\mu \tag{2}$$

(c) 변형률 ϵ_n: 그림 1 위에 나타낸 n방향에서의 변형률을 결정하기 위하여 반지름방향선 CX로부터 시계방향(clockwise)으로 각 $2\theta_{xn} = 60°$만큼 그림 3의 모어 원 위에 반지름방향선 CN을 표시한다. 그림 3으로부터 다음을 얻는다.

$$\epsilon_n = \overline{OC} + \overline{CB} = \epsilon_{\text{avg}} + R\cos 2\theta_{p_1 n} \tag{3}$$

각 $2\theta_{p_1 n}$을 결정하기 위하여, 삼각형 XCA를 사용하여 먼저 각 $2\theta_{xp_1}$을 결정한다.

$$2\theta_{xp_1} = \tan^{-1}\left(\frac{\overline{XA}}{\overline{CA}}\right) = \tan^{-1}\left(\frac{60\mu}{80\mu}\right) = 36.87° \tag{4}$$

그러면,

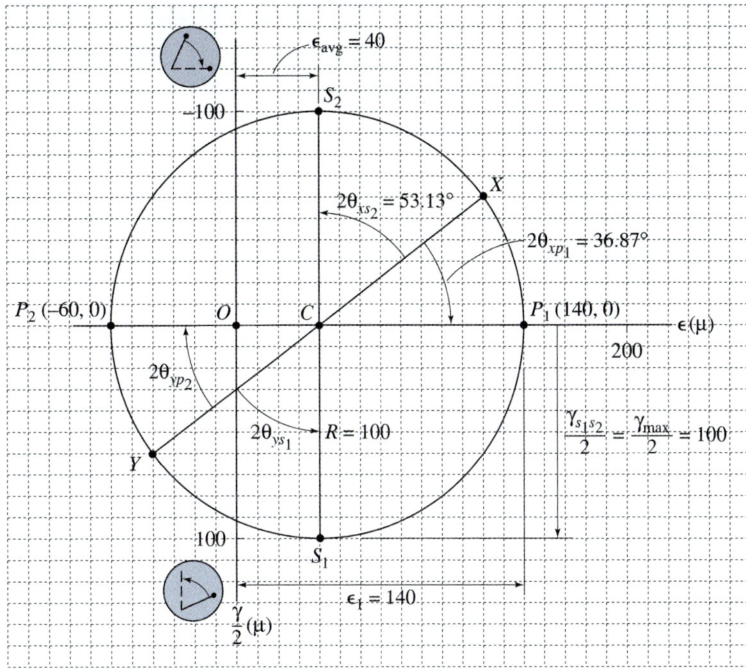

그림 4 주변형률 점 P_1과 P_2 및 최대 전단변형률의 점 S_1과 S_2를 나타내는 모어 원

$$2\theta_{p_1 n} = 60° - 2\theta_{xp_1} = 23.13° \circlearrowright \tag{5}$$

따라서, 식 (1)~(5)를 결합하면,

$$\epsilon_n = \overline{OC} + \overline{CB} = 40\mu + 100\mu\cos(23.13°)$$

또는

$$\epsilon_n = 132\mu \qquad \textbf{답 (c)} \tag{6}$$

(d) 주변형률과 주방향: 그림 3의 혼동을 피하기 위해, 그림 4와 같이 기본 모어 원을 반복할 것이다. 주방향은 $(\epsilon_1, 0)$와 $(\epsilon_2, 0)$에서 각각 점 P_1과 P_2에 의해 그림 4 위에 나타내어진다. 그림 4로부터 주변형률 ϵ_1과 ϵ_2는

$$\begin{aligned} \epsilon_1 &= \epsilon_{avg} + R = 40\mu + 100\mu = 140\mu \\ \epsilon_2 &= \epsilon_{avg} - R = 40\mu - 100\mu = -60\mu \end{aligned} \tag{7}$$

이다. 점 P_1과 P_2는 식 (4)에서 계산된 것과 같이 시계방향(clockwise) 각도 식 (8)에 의해

$$2\theta_{xp_1} = 2\theta_{yp_2} = 36.87° \circlearrowright \tag{8}$$

각각 점 X와 Y에 관련되어 위치되어질 수 있다. 따라서 주변형률과 이에 해당하는 주방향은

$$\left.\begin{aligned} \epsilon_1 &= 140\mu, \quad \theta_{xp_1} = 18.4° \\ \epsilon_2 &= -60\mu, \quad \theta_{yp_2} = 18.4° \end{aligned}\right\} \qquad \textbf{답 (d)} \tag{10}$$

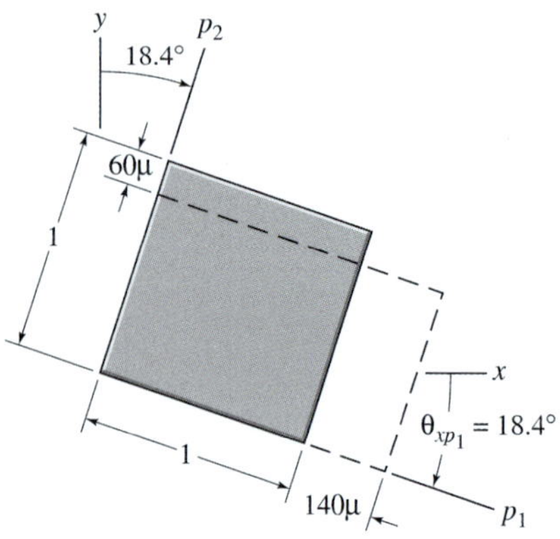

그림 5 주변형률을 나타내는 요소

변형 전 및 변형 후의 주변형률 요소들을 그리기 위하여 xy축과 관련하여 다음과 같은 각으로 회전된 단위 사각형으로 시작한다(그림 5).

$$\theta_{xp_1} = \theta_{yp_2} = 18.4° \circlearrowleft$$

그 다음 변형률 ϵ_1과 ϵ_2는 변형된 주요소(점선)를 그리기 위하여 사용된다.

(e) 최대 면내 전단변형률: 최대 면내 전단변형률에 해당하는 점 S_1과 S_2는 그림 4의 모어 원 위에서 가장 낮고 가장 높은 점에 위치한다. 그림 4로부터

$$\frac{\gamma_{s_1 s_2}}{2} = R = 100\mu \qquad (11)$$

방향 s_1과 s_2는 그림 4에 있는 각 $2\theta_{xs_2} = 2\theta_{ys_1}$에 의해 결정된다. 따라서

$$2\theta_{xs_2} = 2\theta_{ys_1} = 90 - 2\theta_{xp_1} = 90 - 36.87° = 53.13° \qquad (12)$$

그러므로

$$\theta_{xs_2} = \theta_{ys_1} = 26.6° \circlearrowright \qquad (13)$$

따라서, 최대 면내 전단변형률은

$$\gamma_{s_1 s_2} = 200\mu, \quad \theta_{xs_2} = 2\theta_{ys_1} = 26.6° \qquad \textbf{답 (e)} \quad (14)$$

s_1과 s_2 방향에서 신장변형률은

$$\epsilon_{s_1} = \epsilon_{s_2} = \epsilon_{\text{avg}} = 40\mu \qquad \textbf{답 (e)} \quad (15)$$

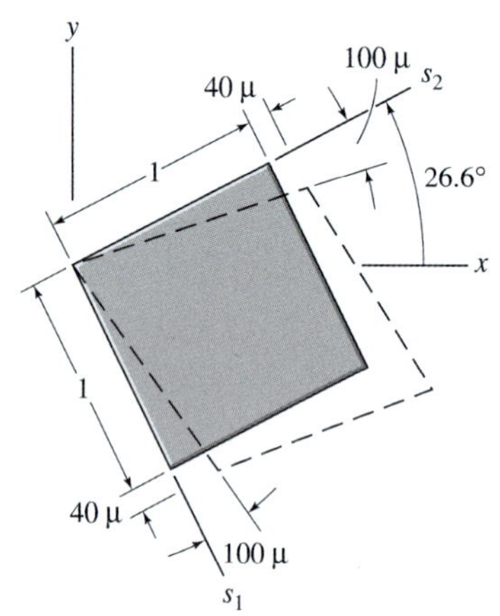

그림 6 최대 면내 전단변형률을 나타내는 요소

최대 면내 전단변형률 요소를 그리기 위하여, 식 (14)에 주어진 각에서 회전된 단위 사각형으로 시작한다. $s_1 s_2 z$가 오른손 좌표계를 형성하도록 요소를 그린다.(참고: $+y$방향과 $-y$방향은 변형체에서 180°만큼 떨어져 있고, 따라서 그 방향들은 모어 원에서 360° "떨어져" 있다. 즉 점 Y는 $+y$축과 $-y$축 양쪽 모두를 나타낸다. 그림 6의 오른손 좌표계 $s_1 s_2 z$를 얻기 위하여 실제로 식 (14b)를 식 (16)과 같이 다시 작성한다.

$$\theta_{xs_2} = \theta_{-ys_1} = 26.6° \circlearrowright \qquad (16)$$

풀이 검토 모어 원을 사용하여 면내 변형률 문제의 해의 정확성을 확인하는 열쇠는 변형률 상태에 관한 정보, 즉 점 X와 점 Y를 정확하게 표시하는 것으로부터 원을 정확하게 그리는 것이다. 표시하기 전 모든 γ값을 2로 나누는 것을 기억해야만 한다. 그림 3의 모어 원은 정확하게 그려진 것이다.

또한, 변형률 상태에 관한 정보를 사용하여 변형된 요소를 그리는 것은 유용하다. 이것은 그림 2에서 수행되었다. 그림 5 및 6을 그림 2와 비교함으로써 3가지 그림 모두가 일치한다는 것을 알 수 있다. 즉 모두 그림 2의 QR 대각선 방향으로 늘어나고 있음을 알 수 있다. 따라서 구해진 해가 정확하다.

MDS 8.6 모어 원 – 변형률 변환

8.10 변형률의 측정; 변형률 로제트

변형률을 측정하는데 사용될 수 있는 몇 가지 실험 기법이 있다. 이들은 실험역학 또는 실험응력해석((experimental mechanics or experimental stress analysis)이라는 책에 설명되어 있다.[12] 가장 간단한 기법은 그림 8.32와 같이 와이어 또는 금속 호일 **전기-저항 스트레인 게이지(electrical-resistance gage)**를 사용하는 것이다. 그림 8.32a는 금속 호일 스트레인 게이지(metal foil strain gage)를 나타내고 그림 8.32b는 두 개의 변형률 로제트(strain rosettes)를 나타낸다. 게이지는 변형률을 측정해야 하는 표면에 직접 접착(예를 들어, 접착제로 붙이는)될 수 있는 얇은 종이나 플라스틱 받침대 위에 와이어 또는 호일 "격자"로 구성되어 있다. 금속 격자 요소를 늘이는(또는 수축시키는) 격자의 축방향을 따라 발생하는 축방향 변형률은 격자의 전기저항을 변하게 만든다. 이러한 저항 변화는 게이지 축의 방향 n을 따라 축방향 변형률 ϵ_n으로 직접 변환될 수 있다.

전기-저항 스트레인 게이지는 단지 신장변형률만을 측정할 수 있으므로 변형률을 측정하거나, 예를 들어 한 점에서 주변형률의 방향과 크기를 결정하는 것은 단

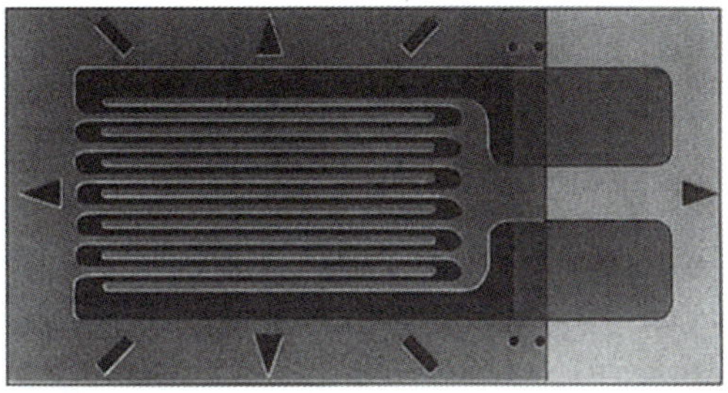

(a) 금속 호일 스트레인 게이지

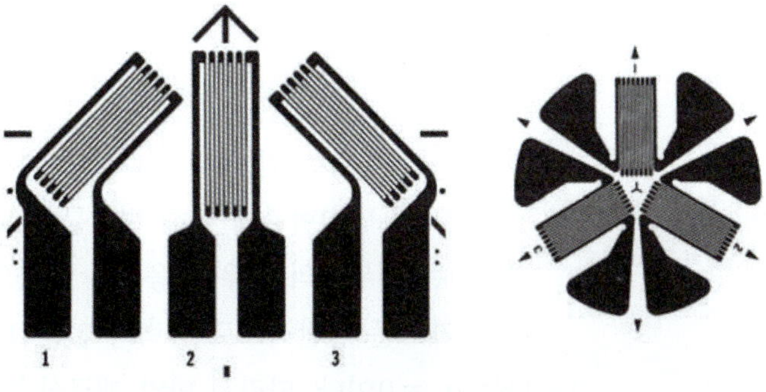

(b) 45° 스트레인 로제트와 등각 로제트

그림 8.32 전기-저항 스트레인 게이지(Micro-Measurements Division of Measurements Group, Inc.)

12) *Handbook on Experimental Mechanics*, by A. S. Kobayashi, [Ref. 8-3]; Experimental Solid Mechanics, by A. Shukla and J.W. Dally, [Ref. 8-4].

일 게이지만으로는 가능하지 않다. 따라서 그림 8.32b에 나타낸 로제트와 같이 공통의 받침대 시트 위에 장착된 3개의 전기-저항 스트레인 게이지로 구성된 **변형률(스트레인 로제트(strain rosette))**를 사용하는 것이 일반적이다. 그림 8.33에 나타낸 것처럼 로제트의 3개의 게이지는 a, b, c로 표시된 축을 따라 방향을 맞춘다. 이들 각각의 축을 따라 발생하는 신장변형률은 3개의 변형률 양 $(\epsilon_x, \epsilon_y, \gamma_{xy})$에 연관되어 질 수 있다. 여기서 xy 기준좌표는 어떤 편리한 방향으로 설정될 수 있다. 예를 들어, a 게이지의 축은 $\theta_a \equiv 0$로 설정함으로써 x축을 잡을 수 있다. 식 8.44로부터, 임의의 각에 대하여

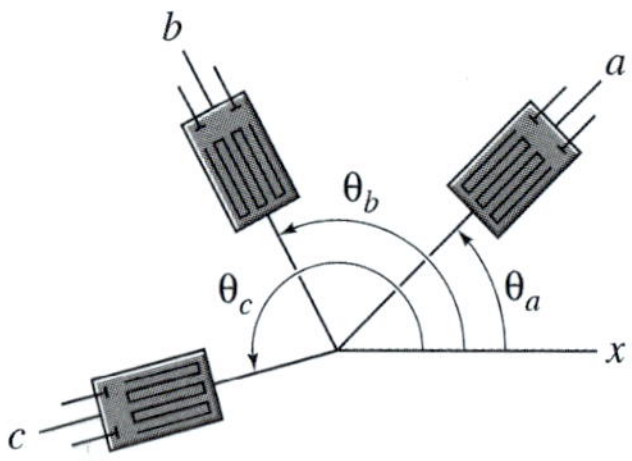

그림 8.33 임의의 각을 가진 스트레인 로제트에 대한 기호

$$\begin{aligned}\epsilon_a &= \epsilon_x \cos^2\theta_a + \epsilon_y \sin^2\theta_a + \gamma_{xy}\sin\theta_a\cos\theta_a \\ \epsilon_b &= \epsilon_x \cos^2\theta_b + \epsilon_y \sin^2\theta_b + \gamma_{xy}\sin\theta_b\cos\theta_b \\ \epsilon_c &= \epsilon_x \cos^2\theta_c + \epsilon_y \sin^2\theta_c + \gamma_{xy}\sin\theta_c\cos\theta_c\end{aligned} \tag{8.50}$$

을 얻는다. 두 개의 공통 로제트 배열은 그림 8.32b에 나타낸 45°직사각형 로제트(rectangular rosette)와 60°등각 로제트(equiangular rosette)이다. $\theta_a = 0°$, $\theta_b = 45°$ 및 $\theta_c = 90°$를 식 8.50에 대입하여 45°로제트에 대해 다음과 같은 방정식을 얻는다.

$$\begin{aligned}\epsilon_x &= \epsilon_a \\ \epsilon_y &= \epsilon_c \\ \gamma_{xy} &= 2\epsilon_b - \epsilon_a - \epsilon_c\end{aligned} \tag{8.51}$$

등각 로제트에 대해 $\theta_a = 0°$, $\theta_b = 60°$ 및 $\theta_c = 120°$로 둘 수 있다. 그러면 식 8.50은 다음과 같이 주어진다.

$$\begin{aligned}\epsilon_x &= \epsilon_a \\ \epsilon_y &= \frac{1}{3}(2\epsilon_b + 2\epsilon_c - \epsilon_a) \\ \gamma_{xy} &= \frac{2}{\sqrt{3}}(\epsilon_b - \epsilon_c)\end{aligned} \tag{8.52}$$

변형률 ϵ_x, ϵ_y, γ_{xy}가 식 8.50(또는 8.51 또는 8.52)을 사용하여 계산되면 로제트 위치에서 표면변형률에 대해 변형률의 모어 원을 그릴 수 있다. 스트레인 로제트가 사용되는 대부분의 경우 주응력과 아마도 절대 최대 전단응력을 결정할 필요가 있다. 로제트는 일반적으로 응력이 없는 표면에 부착된다. 이 경우 주응력들 중의 하나는 $\sigma_z = 0$이다. 따라서 만약 재료상수 E와 υ를 안다면 식 2.38을 사용하여 면내 주응력 뿐만 아니라 표면변형률 ϵ_z를 구할 수 있다. 그러면

$$\epsilon_1 = \frac{1}{E}(\sigma_1 - \nu\sigma_2)$$

$$\epsilon_2 = \frac{1}{E}(\sigma_2 - \nu\sigma_1)$$

이고, 이것은 식 (8.53)을 나타내도록 σ_1과 σ_2에 대해 구할 수 있다.

$$\sigma_1 = \frac{E}{1-\nu^2}(\epsilon_1 + \nu\epsilon_2)$$
$$\sigma_2 = \frac{E}{1-\nu^2}(\epsilon_2 + \nu\epsilon_1) \qquad (8.53)$$

응력들의 측면에서 ϵ_z는 식 8.37에 의해 주어진다.

$$\epsilon_z = \frac{-\nu}{E}(\sigma_x + \sigma_y) = \frac{-\nu}{E}(\sigma_1 + \sigma_2)$$

그리고 면내 변형률 ϵ_z에 관하여 식 (8.54)와 같이 주어진다.

$$\epsilon_z = \frac{-\nu(\epsilon_x + \epsilon_y)}{1-\nu} = \frac{-\nu(\epsilon_1 + \epsilon_2)}{1-\nu} \qquad (8.54)$$

예제 8.7

그림 1 변형률 로제트 설치

항공기 랜딩기어 지주(strut)는 착륙하는 동안 지주의 변형률을 측정하기 위하여 45°변형률 로제트가 장착되어 있다. 그림 1에 나타낸 것처럼 a 게이지는 지주의 축방향을 따라 맞추어져 있다. 착륙시의 어느 순간에 측정된 변형률은

$$\epsilon_a = -700\mu, \quad \epsilon_b = 0, \quad \epsilon_c = -100\mu$$

이다.

(a) x축이 a게이지를 따라, y축이 c게이지를 따라 방향이 맞추어져 있을 때 변형률 값 ϵ_x, ϵ_y, γ_{xy}을 구하시오. (b) 변형률의 모어 원을 그리시오. (c) 로제트 위치에서 주변형률(표면)을 구하시오. (d) 로제트 위치에서 주응력을 구하시오. 단, $E = 15 \times 10^3$ ksi 및 $\nu = 0.3$이다.

풀이 계획 이것은 표준 45° 로제트이므로 식 8.51을 사용하여 요구된 xy변형률을 계산한다. 그 다음 점 $X\left(\epsilon_x, +\frac{\gamma_{xy}}{2}\right)$와 점 $Y\left(\epsilon_y, -\frac{\gamma_{xy}}{2}\right)$를 사용하여 모어 원을 그린다. 표면에서 응력의 상태는 평면응력이고, 따라서 면내 주응력들은 식 8.53에 의해 주어진다.

풀이

(a) 로제트 방정식: 45° 로제트에 대해, 식 8.51은 다음과 같다.

$$\epsilon_x = \epsilon_a = -700\mu$$
$$\epsilon_y = \epsilon_c = -100\mu$$
$$\gamma_{xy} = 2\epsilon_b - \epsilon_a - \epsilon_c = 0 + 700\mu + 100\mu = 800\mu$$
$$\epsilon_x = -700\mu, \quad \epsilon_y = -100\mu, \quad \gamma_{xy} = 800\mu \qquad \textbf{답 (a)} \quad (1)$$

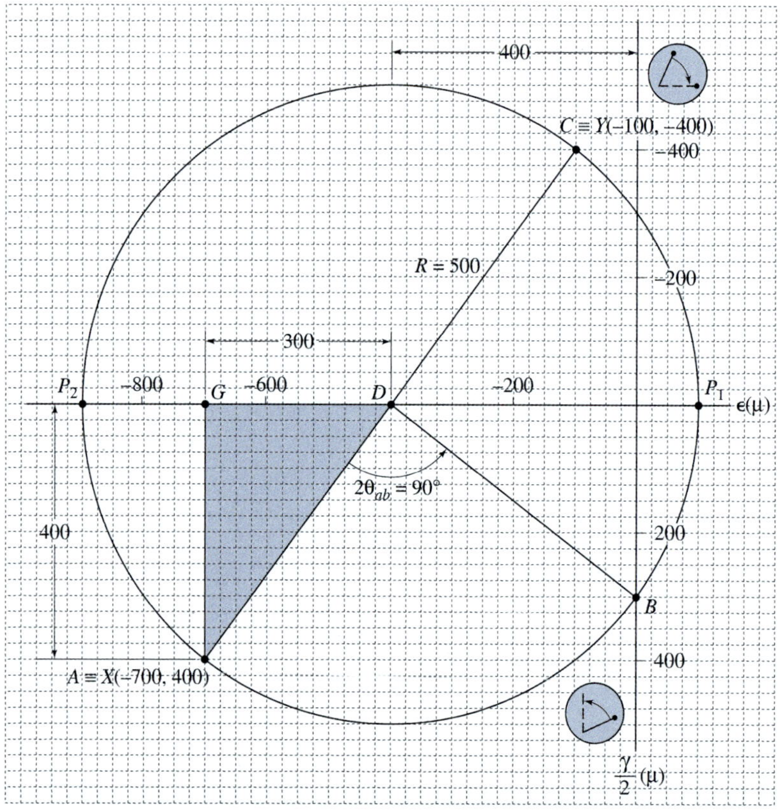

그림 2 변형률의 모어 원

(b) 변형률의 모어 원: 식 (1)의 변형률 값을 사용하여 점 $X(\equiv A)$와 $Y(\equiv C)$를 표시한다. 그리고 나서 그림 2에 나타낸 것처럼 변형률의 모어 원을 그린다.

(c) 주변형률: xy평면에서의 주변형률의 값은 다음 식에 의해 주어진다.

$$(\epsilon_1)_{xy} = \epsilon_{\text{avg}} + R, \quad (\epsilon_2)_{xy} = \epsilon_{\text{avg}} - R \tag{2}$$

여기서,

$$\epsilon_{\text{avg}} = \frac{\epsilon_x + \epsilon_y}{2} - \frac{-700\mu - 100\mu}{2} = -400\mu \tag{3}$$

그리고

$$R = \sqrt{(\overline{GD})^2 + (\overline{GA})^2} = \sqrt{(300\mu)^2 + (400\mu)^2} = 500\mu \tag{4}$$

따라서, 식 (2)~(4)를 결합하면 다음과 같은 xy평면에서의 주변형률을 얻는다.

$$(\epsilon_1)_{xy} = 100\mu, \quad (\epsilon_2)_{xy} = -900\mu$$ **답 (c)** (5)

(d) 주응력: 식 (5)의 면내 주변형률은 식 8.53에 대입하여 면내(즉, xy평면 내) 주응력을 구할 수 있다.

$$\begin{aligned}(\sigma_1)_{xy} &= \frac{E}{1-\nu^2}(\epsilon_1 + \nu\epsilon_2)_{xy} \\ (\sigma_2)_{xy} &= \frac{E}{1-\nu^2}(\epsilon_2 + \nu\epsilon_1)_{xy}\end{aligned} \tag{6}$$

그러면

$$(\sigma_1)_{xy} = \frac{(15 \times 10^3 \text{ ksi})}{1-(0.3)^2}[100+(0.3)(-900)](10^{-6}) \tag{7a}$$
$$= -2.80 \text{ ksi}$$

$$(\sigma_2)_{xy} = \frac{(15 \times 10^3 \text{ ksi})}{1-(0.3)^2}[-900+(0.3)(100)](10^{-6}) \tag{7b}$$
$$= -14.3 \text{ ksi}$$

만약 $\sigma_z = 0$을 포함하여 주응력을 $\sigma_3 \le \sigma_2 \le \sigma_1$의 순서로 한다면

$$\sigma_1 = 0 \text{ ksi}, \quad \sigma_2 = -2.8 \text{ ksi}, \quad \sigma_3 = -14.3 \text{ ksi}$$ **답 (d)**

풀이 검토 모어 원의 표시에 직접적으로 사용되지 않는 점 B는 정확한 신장 변형률 $\epsilon_b = 0$를 갖는다는 것을 관찰함으로써 파트 (a)와 (b)를 잘 검토할 수 있다. 그림 2의 점 P_1과 P_2를 찾으면 식 (5)의 ϵ_1과 ϵ_2의 값들이 정확하다는 것을 알 수 있다. 식 (7a)의 $(\sigma_1)_{xy}$가 음(−)인 반면에 식 (5)의 $(\epsilon_1)_{xy}$은 양(+)인 것이 이상한 듯하다. 그러나 여덟 개의 식을 한번 더 검토하면 이 결과가 정확하다는 것을 알 수 있다. 따라서 **주응력은 해당하는 주변형률과 동일한 부호를 항상 가질 필요는 없다**고 말할 수 있다.

MDS 8.7 모어 원 − 변형률 로제트

*8.11 3차원 변형률의 해석

물체의 변형에 대한 3차원 기하학적 해석은 물체 내의 임의의 점에서 변형 전과 후에도 상호 직교하는 **주변형률 방향(principal strain directions)**이라는 3개의 방향이 있다는 사실이 성립한다.[13] 즉 그림 8.34에 나타낸 것처럼 주변형률 방향 사이에는 전단변형률이 없다. (편의를 위하여 그림 8.34의 변형 전의 요소는 단위 육면체로 취급한다.) 주변형률은 $\epsilon_1 \ge \epsilon_2 \ge \epsilon_3$의 순으로 표시한다. 즉

$$\epsilon_1 \equiv \epsilon_{\max}, \quad \epsilon_2 \equiv \epsilon_{\text{int}}, \quad \epsilon_3 \equiv \epsilon_{\min} \tag{8.55}$$

이들의 값은 주응력을 결정하기 위해 사용된 평형방정식에 대해 유사한 기하학적 방정식을 사용함으로써 구해질 수 있다.

절대 최대 전단 변형률(absolute maximum shear strain)은 절대 최대 전단응력의 경우에서와 같이 P_1과 P_3의 평면에 놓여 있는 두 개의 직교축 사이에서 발생한다. 따라서 변형률의 모어 원은 $P_1 P_3$ 변형률 평면에 대해 구성되어질 수 있고, 이

13) *Theory of Elasticity*, by S. P.Timoshenko and J. N. Goodier, [Ref. 8-1], Sections 81 and 82.

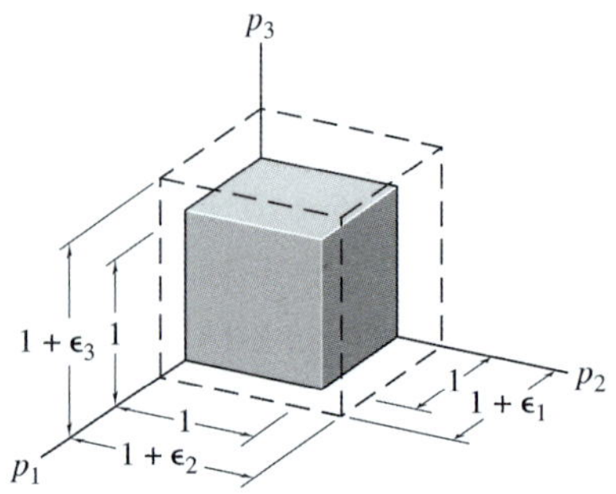

그림 8.34 한 점에서의 주변형률

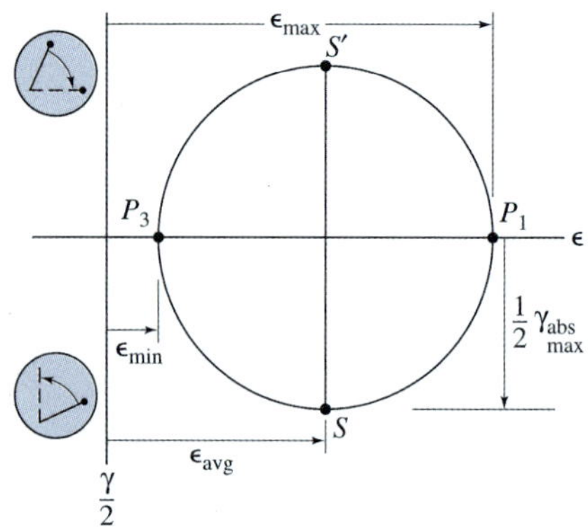

그림 8.35 주변형률 ϵ_1과 ϵ_3의 평면에 대한 모어 원

러한 모어 원으로부터(그림 8.35) 절대 최대 전단변형률은 식 (8.56)과 같다.

$$\gamma_{\substack{abs\\max}} = \epsilon_{max} - \epsilon_{min} \tag{8.56}$$

평면변형률 평면변형률(plane strain)의 특별한 경우에 대해

$$\epsilon_z = \gamma_{xz} = \gamma_{yz} = 0 \qquad (8.36)\ 반복$$

이 경우에 대해 절대 최대 전단변형률의 결정은 평면응력의 경우에 대한 절대 최대 전단응력의 해석에 완전하게 유사하다. 예를 들어, 만약 예제 8.6이 평면변형률 문제라면 $\epsilon_1 = 140\mu$, $\epsilon_2 = \epsilon_z = 0$, $\epsilon_3 = -60\mu$이고, 3차원 변형률이 고려될 때 xy평면은 p_1p_3 평면에 일치한다.

평면응력 평면응력의 상태가 물체 내에, 예를 들어 물체의 자유표면에 존재하는 경우, 응력들은

$$\sigma_z = \tau_{xz} = \tau_{yz} = 0 \qquad (8.1)\ 반복$$

을 만족한다. 만약 물체가 선형탄성이고 등방성이라면 그것의 재료거동은 식 2.38과 2.40을 만족한다. 따라서,

$$\epsilon_z = \frac{-\nu}{E}(\sigma_x + \sigma_y) \qquad (8.37)\ 반복$$

을 얻는다. 그리고 식 2.39와 8.1로부터

$$\gamma_{xz} = \gamma_{yz} = 0 \tag{8.57}$$

따라서, z방향이 주변형률 방향(principal-strain direction)이지만 주변형률 ϵ_z는 0이 아니다. 따라서 xy평면(예를 들어, 8.9절에서와 같이 모어 원을 사용하여)에서

의 두 개의 주변형률을 결정하고 나서 절대 최대 전단변형률을 계산하기 위하여 식 8.56을 사용하기 전에 식 8.55에서와 같이 세 개의 주변형률을 순서화하는 것이 필요하다.

8.12 연습문제

■ 응력 변환 방정식

> 문제 8.3-1~8.3-4. 이 문제들 각각에 대해, 예제 8.1의 그림 2와 같은 자유물체도를 그린다. 평형방정식을 사용하여 경사면 NN에 나타낸 수직응력과 전단응력을 구하시오.

문제 8.3-1. 다음 그림에 나타낸 것처럼 한 점에서 평면응력의 상태가 $\sigma_x = 0$ ksi, $\sigma_y = 44.0$ ksi, $\tau_{xy} = 10.0$ ksi로 주어진다.

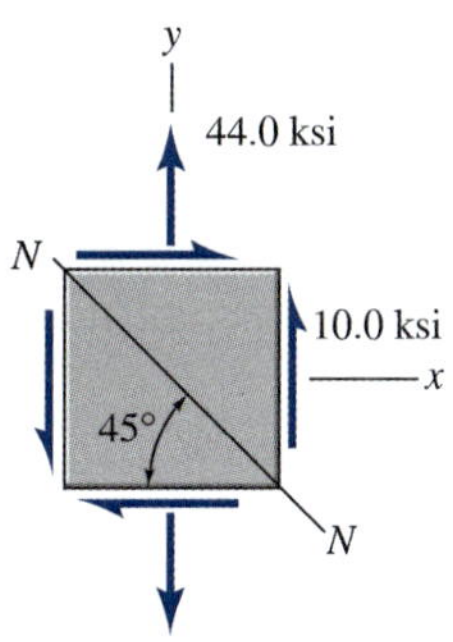

P8.3-1, P8.5-1, P8.5-35

문제 8.3-2. 다음 그림에 나타낸 것처럼 한 점에서 평면응력의 상태가 $\sigma_x = 48$ MPa, $\sigma_y = -32$ MPa, $\tau_{xy} = 16$ MPa로 주어진다.

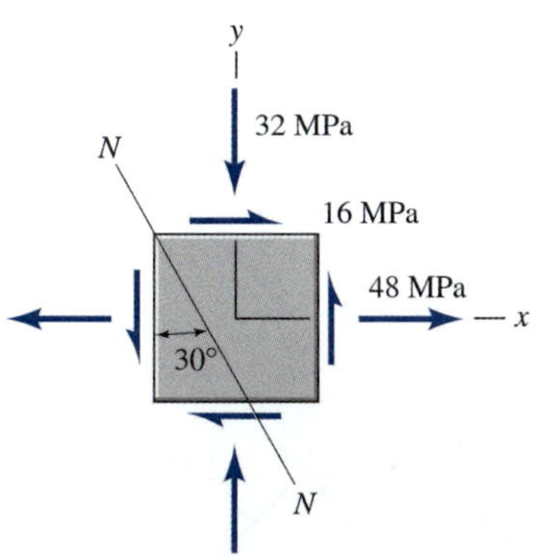

P8.3-2, P8.5-2, P8.5-35

문제 8.3-3. 다음 그림에 나타낸 것처럼 한 점에서 평면응력의 상태가 $\sigma_x = 3000$ psi, $\sigma_y = -3200$ psi, $\tau_{xy} = -3000$ psi로 주어진다.

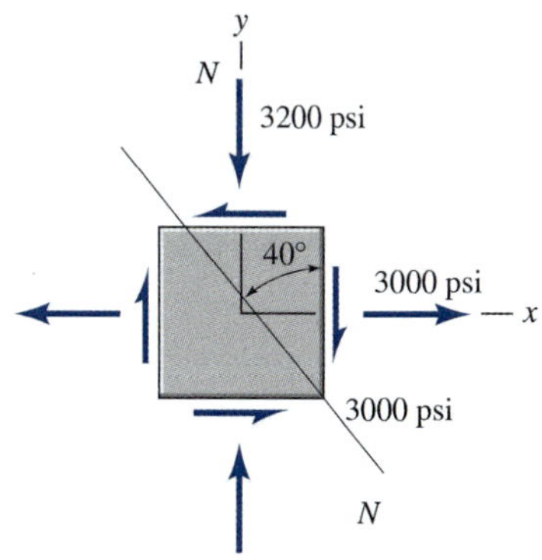

P8.3-3, P8.5-3, P8.5-35

문제 8.3-4. 다음 그림에 나타낸 것처럼 한 점에서 평면응력의 상태가 $\sigma_x = -48$ MPa, $\sigma_y = -24$ MPa, $\tau_{xy} = -60$ MPa로 주어진다.

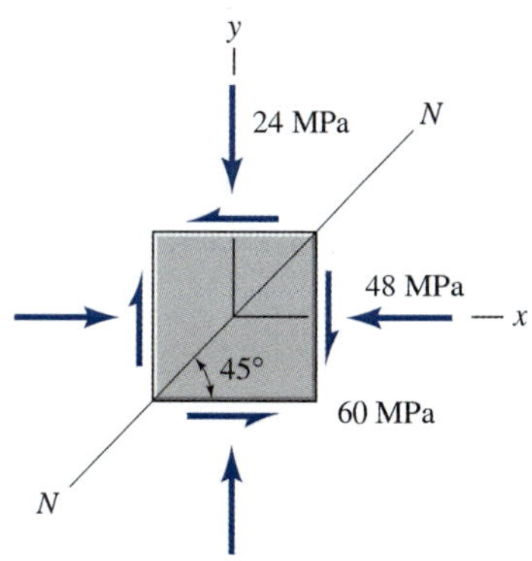

P8.3-4, P8.5-4, P8.5-35

> 문제 8.3-5~8.3-12. 이 문제들 각각에 대해, 평면응력에서의 요소는 나타내어진 것처럼 σ_x, σ_y, τ_{xy}를 받는다. 평면응력 변환식, 식 8.6을 사용하여 주어진 각도 $\theta \equiv \theta_{xx'}$에 의해 회전된 요소에서의 $\sigma_{x'}$, $\sigma_{y'}$, $\tau_{x'y'}$를 구하시오. 이 각도로 향하는 요소 위에 계산된 응력들을 나타내시오.

문제 8.3-5. 그림 P8.3-5의 브라켓의 A점에서 응력들이 $\sigma_x = 4.8$ ksi, $\sigma_y = -1.2$ ksi, $\tau_{xy} = -4.0$ ksi로 주어진다. 각도 $\theta = 20°$이다.

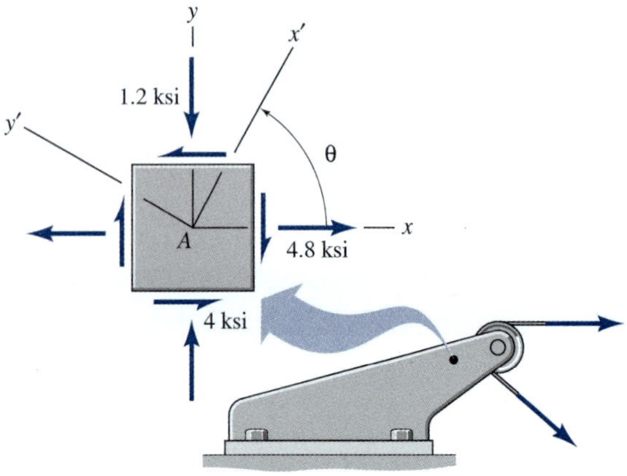

P8.3-5, P8.3-6, P8.5-5, P8.5-6, P8.5-23

문제 8.3-6. 문제 8.3-5에서 각도 $\theta = -60°$인 경우에 대해서 구하시오.

문제 8.3-7. 응력들은 $\sigma_x = 48$ MPa, $\sigma_y = -32$ MPa, $\tau_{xy} = 20$ MPa로 주어진다. 각도 $\theta = 30°$이다.

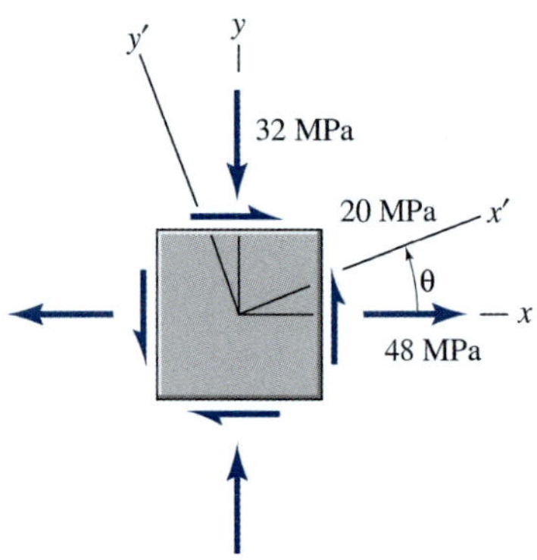

P8.3-7, P8.3-8, P8.5-7, P8.5-8

문제 8.3-8. 문제 8.3-7에서 각도 $\theta = -30°$인 경우에 대해서 구하시오.

문제 8.3-9. 응력들은 $\sigma_x = 3000$ psi, $\sigma_y = -5000$ psi, $\tau_{xy} = -5000$ psi로 주어진다. 각도 $\theta = 20°$이다.

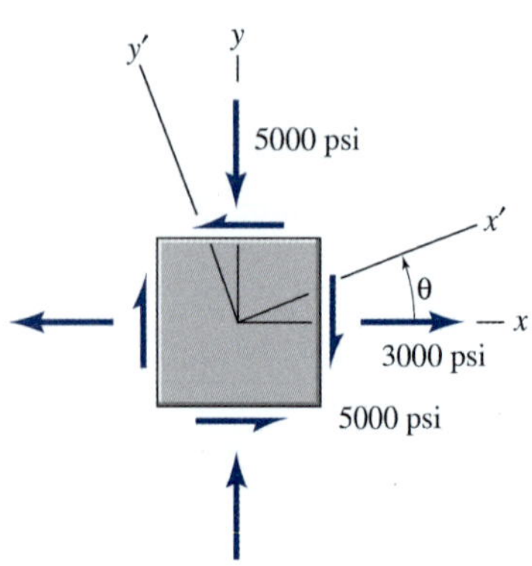

P8.3-9, P8.3-10

문제 8.3-10. 문제 8.3-9에서 각도 $\theta = -20°$인 경우에 대해서 구하시오.

문제 8.3-11. 강판 거더(girder)는 종종 긴 다중스팬(multispan) 다리(bridge)를 지지하는 보로서 사용된다. 그림 P8.3-11은 롤러 지지를 통해 강판 거더의 수직 하중을 콘크리트 교각으로 전달하는 판 거더의 영역을 보여준다. 응력들은 $\sigma_x = -18$ MPa, $\sigma_y = -4$ MPa, $\tau_{xy} = 24$ MPa로 주어진다. 각도 $\theta = 30°$이다.

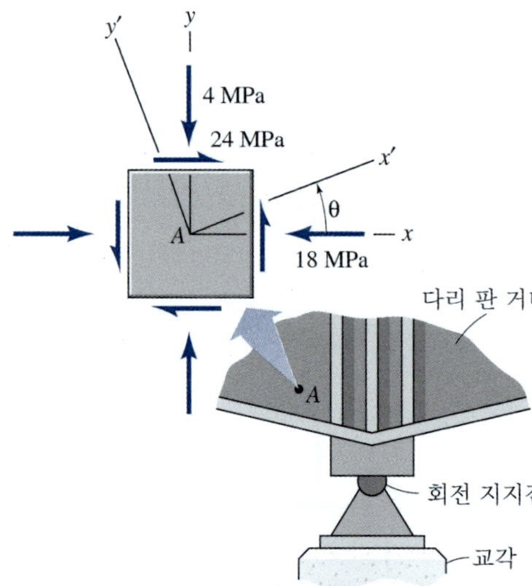

P8.3-11, P8.3-12, P8.5-9, P8.5-10, P8.5-22, P8.6-11

문제 8.3-12. 문제 8.3-11에서 각도 $\theta = -30°$인 경우에 대해서 구하시오.

문제 8.3-13. 얇은 브라켓 위에서 $x'y'$축에 나타난 평면응력의 상태는 아래 그림처럼 $\sigma_{x'}$, $\sigma_{y'}$, $\tau_{x'y'}$로 나타나고 있다. 평면응력 변환식을 사용하여 xy축에 언급된 응력 σ_x, σ_y, τ_{xy}를 구하시오. 이러한 응력들을 적절한 방향의 응력 요소에 나타내시오.

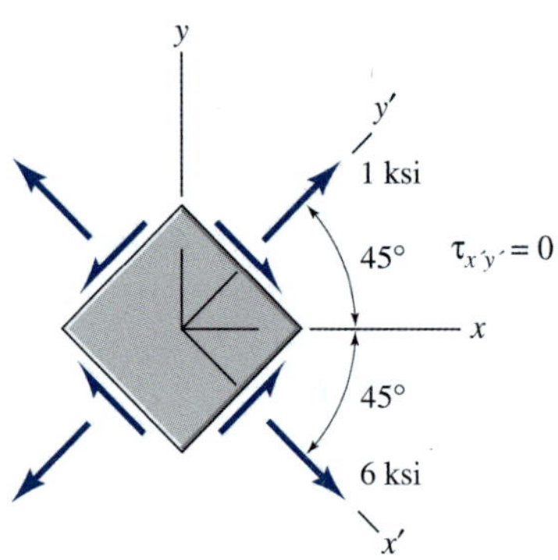

P8.3-13

문제 8.3-14. 문제 8.3-14에 나타낸 평면응력 상태에 대해 문제 8.3-13을 구하시오.

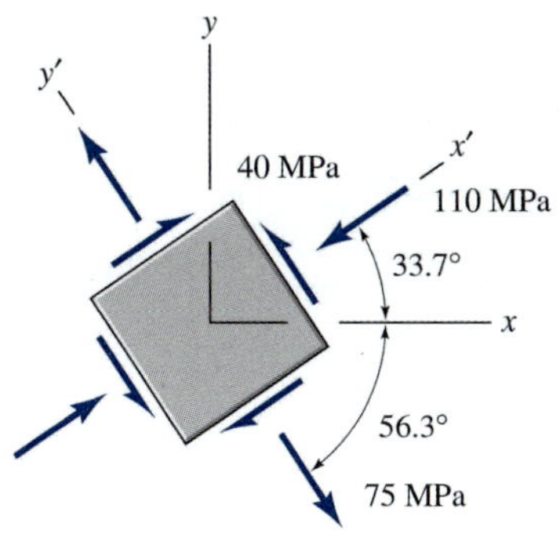

P8.3-14

문제 8.3-15. 기계요소의 표면 위 A점은 평면응력을 받고 있다. 알려진 응력은 σ_x, σ_y, τ_{xy}, $\sigma_{x'}$, $\tau_{x'y'}$이지만, 각도 $\theta \equiv \theta_{xx'}$ 및 수직응력 $\sigma_{y'}$는 모른다. 두 응력 요소(둘 다 A점에 있지만 서로에 대해 회전 되고 있다) 위에 알려진 정보를 사용하여 각도 θ 및 $\sigma_{y'}$를 구하시오.

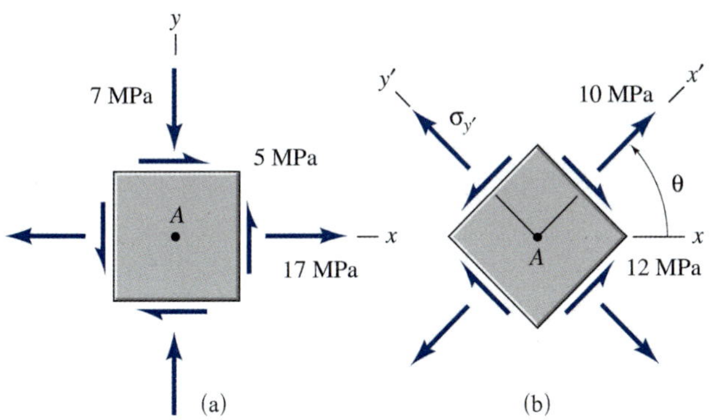

P8.3-15, P8.5-25

문제 8.3-16. 문제 8.3-16에서의 데이터를 이용하여 문제 8.3-15를 구하시오.

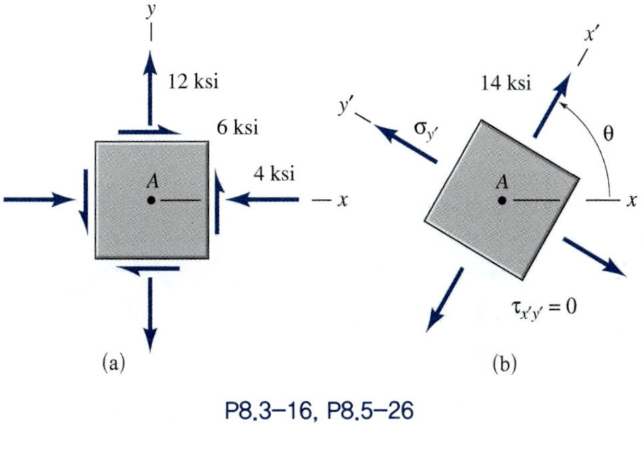

P8.3-16, P8.5-26

설계문제 8.3-17. 그림 P8.3-17에 나타낸 것처럼, 목재 블록은 크기 $3\sigma_0$인 수직압축응력을 받고 있다. 동시에 크기 σ_0인 수평 압축응력을 받고 있다. 목재 블록은 만약 (a) 나뭇결에 수직한 압축응력이 260 psi를 넘어서거나 혹은 (b) 나뭇결에 평행한 전단응력이 130 psi를 넘어서면 부서질 것이다. 최대허용응력 σ_0를 구하시오.

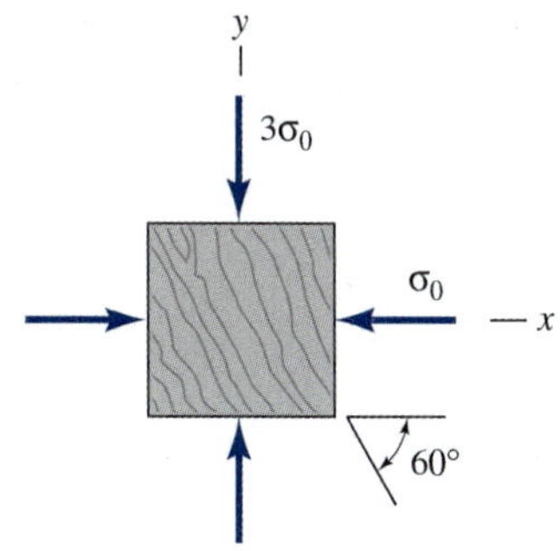

P8.3-17, P8.5-27

문제 8.3-18. 그림 P8.3-18a에 나타낸 것처럼 4 in.×4 in.×2 in.(두꺼운) 콘크리트 블록은 부하 패드(pad)를 통해 작용하는 힘 P_x와 P_y에 의해 2축 압축을 받고 있다. 만약 수직력 P_y = 8 kips와 x' 및 y' 면 위에서 압축수직응력이 그림 P8.3-18b에 나타낸 값을 가진다면, 압축 축하중 P_x(kips)를 구하시오.

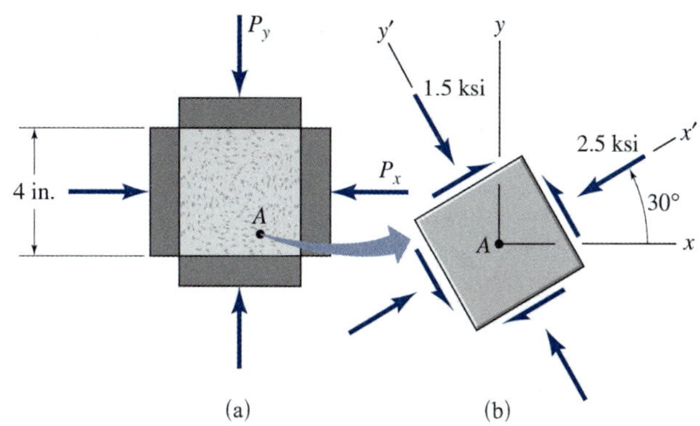

P8.3-18, P8.5-28

문제 8.3-19. 축방향으로 하중을 받고 있는 부재의 표면 위 A점에서의 평면응력 상태는 그림 P8.3-19b에 나타내어진다. 만약 부재의 단면 치수가 그림 P8.3-19a에 나타낸 것과 같다면, 축하중 P(N)을 구하시오.

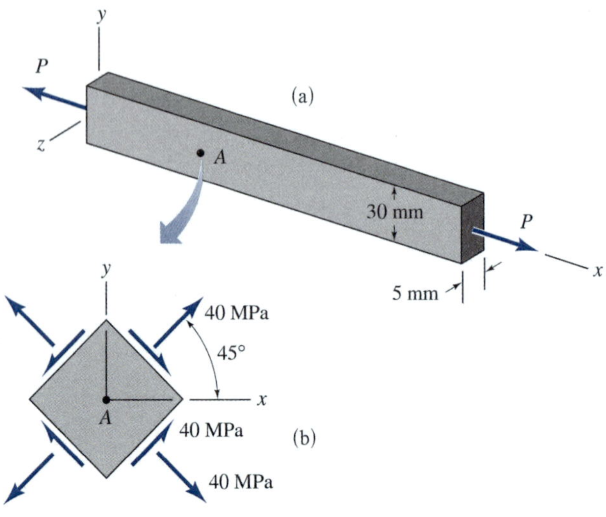

P8.3-19 및 P8.5-29

문제 8.3-20. 축방향으로 하중을 받고 있는 부재의 표면 위 *A*점에서의 평면응력 상태는 그림 P8.3-20에 나타낸다. 만약 부재의 단면 치수가 그림 P8.3-20에 나타낸 것과 같다면, 압축 축하중 *P*(kips)을 구하시오.

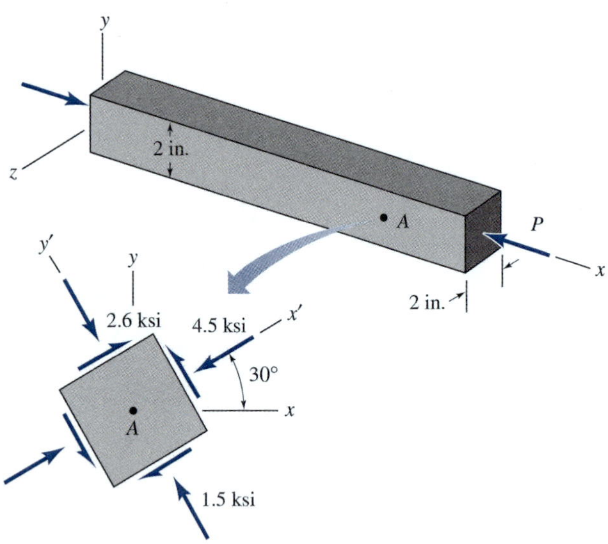

P8.3-20, P8.5-30

문제 8.3-21. 사각형 부재의 표면 위 *A*점에서의 평면응력 상태는 그림 P8.3-21에 나타낸 것처럼 *xy*면에서 순수 굽힘을 받고 있다. 만약 *A*의 위치 및 부재의 단면치수가 그림 P8.3-21에 나타낸 것과 같다면 굽힘 모멘트 *M*(kip · in.)를 구하시오.

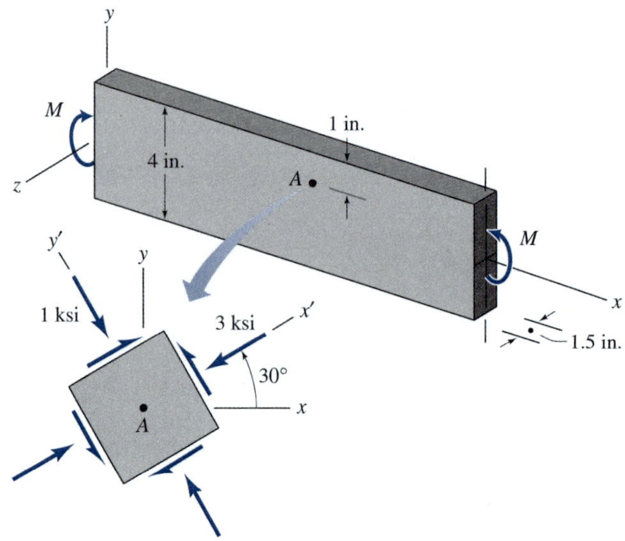

P8.3-21, P8.5-31

문제 8.3-22. 그림 P8.3-22에 나타낸 굴착기 버킷(backhoe bucket)의 한쪽 표면 위 *A*점에서 *xy*축에 대한 응력의 완전한 상태(그림 P8.3-22b)가 결정되어진다. 그림 P8.3-22c에 나타낸 것처럼 *A*점에서 *x*′와 *y*′ 면 위에서 수직응력은 각각 인장응력 2.8 ksi, 압축응력 2.0 ksi이다. 그림 P8.3-22b에 나타낸 것처럼 압축응력 $\sigma_x = 3.6$ ksi일 때 σ_y 및 τ_{xy}를 구하시오.

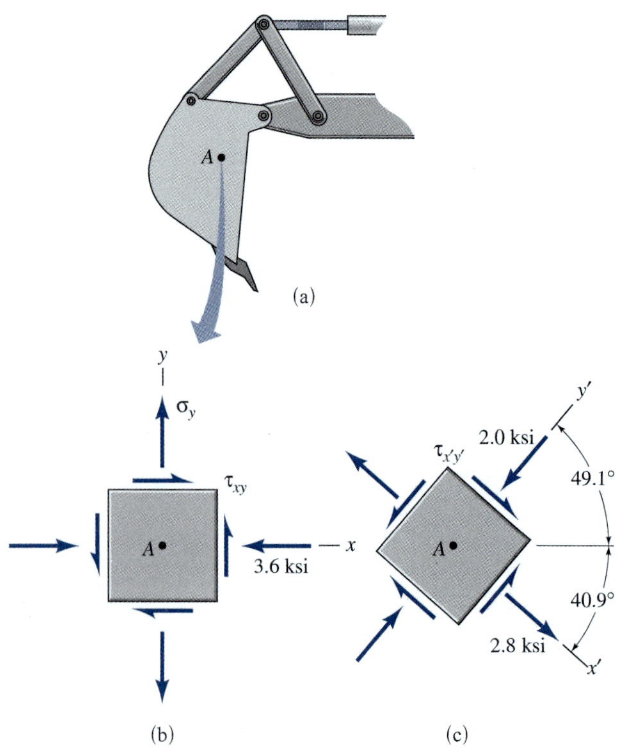

P8.3-22

문제 8.3-23. (a) 다음과 같은 컴퓨터 프로그램을 작성하시오: (i) σ_x, σ_y, τ_{xy} 를 입력; (ii) $\sigma_n(\theta)$ 및 $\tau_{nt}(\theta)$에 대한 관계식을 구성하기 위해 응력 변환식, 식 8.5를 사용; (iii) $-\pi/2 \le \theta \le \pi/2$에 대해 $\sigma_n(\theta)$ 및 $\tau_{nt}(\theta)$를 표시한다. 별도로 지정하지 않는 한 본인이 선택한 프로그래밍 언어 혹은 수학 응용 소프트웨어를 사용할 수 있다. (b) 다음과 같은 응력상태에 대해 컴퓨터 프로그램을 시연하시오: (1) $\sigma_x = 100$ MPa, $\sigma_y = 0$ MPa, $\tau_{xy} = 0$ MPa; (2) $\sigma_x = 0$ MPa, $\sigma_y = 0$ MPa, $\tau_{xy} = 100$ MPa; (3) $\sigma_x = 2$ ksi, $\sigma_y = -1$ ksi, $\tau_{xy} = -1$ ksi

■ 주응력; 최대 전단응력

문제 8.4-1~8.4-6. 평면응력을 받는 부재의 특정 지점에서 응력 σ_x, σ_y 및 τ_{xy}는 아래에 나열된 값을 갖는다. (a) 주응력을 결정하고, 적절하게 방향잡은 응력 요소의 스케치 위에 주응력들을 표시하시오. (b) 최대 전단응력 면에서 전단응력과 수직응력을 결정하고, 적절하게 방향잡은 응력 요소의 스케치 위에 이들을 나타내시오.

문제 8.4-1. $\sigma_x = 3000$ psi, $\sigma_y = -5000$ psi, $\tau_{xy} = -3000$ psi

문제 8.4-2. $\sigma_x = 48$ MPa, $\sigma_y = -32$ MPa, $\tau_{xy} = 16$ MPa

문제 8.4-3. $\sigma_x = 12$ MPa, $\sigma_y = -8$ MPa, $\tau_{xy} = -4$ MPa

문제 8.4-4. $\sigma_x = 4.8$ ksi, $\sigma_y = -1.2$ ksi, $\tau_{xy} = -4$ ksi

문제 8.4-5. $\sigma_x = -4$ ksi, $\sigma_y = 12$ ksi, $\tau_{xy} = 6$ ksi

문제 8.4-6. $\sigma_x = 2{,}400$ psi, $\sigma_y = 14{,}400$ psi, $\tau_{xy} = 14{,}400$ psi

문제 8.4-7~8.4-12. 평면응력을 받는 부재의 특정 지점에서 σ_x, σ_y 및 τ_{xy}는 그림 P8.4-7~P8.4-12에 나타내어진 값을 갖는다. (a) 주응력을 결정하고, 적절하게 방향잡은 응력 요소의 스케치 위에 주응력들을 표시하시오. (b) 최대 전단응력 면에서 전단응력과 수직응력을 결정하고, 적절하게 방향잡은 응력 요소의 스케치 위에 이들을 나타내시오.

문제 8.4-7. 그림 P8.4-7b에 나타낸 것처럼 이 문제에 대한 평면응력 상태는 자동차의 전면 서스펜션에 있는 점 A에서의 응력이다.

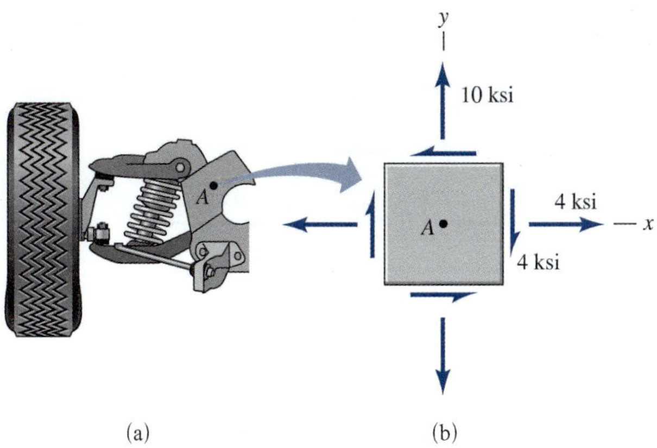

P8.4-7, P8.5-16, P8.6-12

문제 8.4-8. 이 문제에 대한 평면응력 상태는 그림 P8.4-8에 나타나 있다.

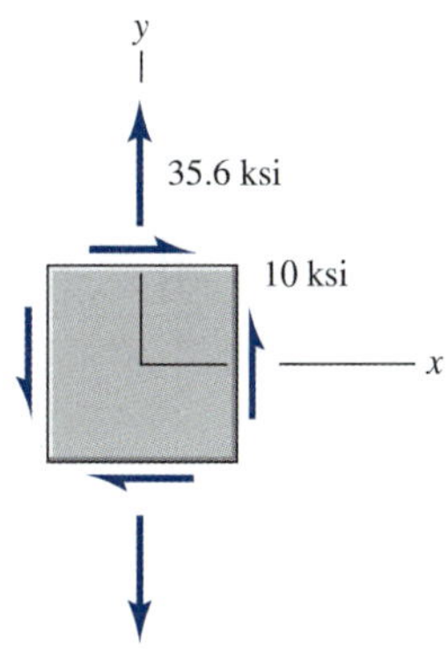

P8.4-8, P8.5-17

문제 8.4-9. 이 문제에 대한 평면응력 상태는 그림 P8.4-9에 나타나 있다.

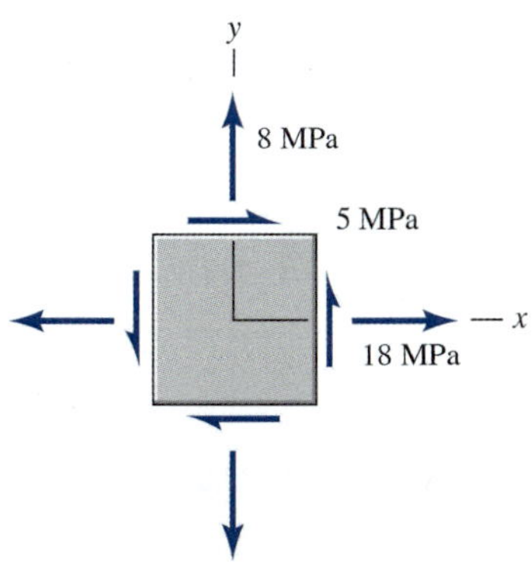

P8.4-9, P8.5-18

문제 8.4-10. 이 문제에 대한 평면응력 상태는 그림 P8.4-10에 나타나 있다.

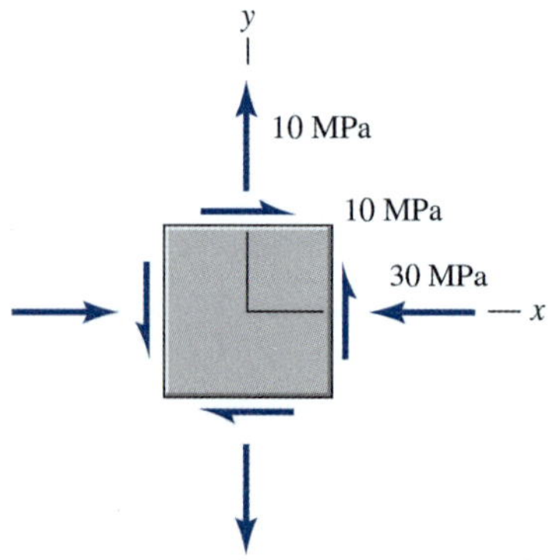

P8.4-10, P8.5-19

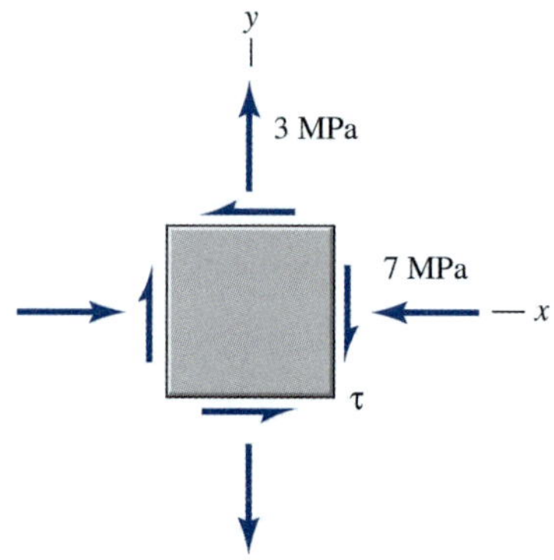

P8.4-13, P8.5-32

문제 8.4-11. 이 문제에 대한 평면응력 상태는 그림 P8.4-11에 나타나 있다.

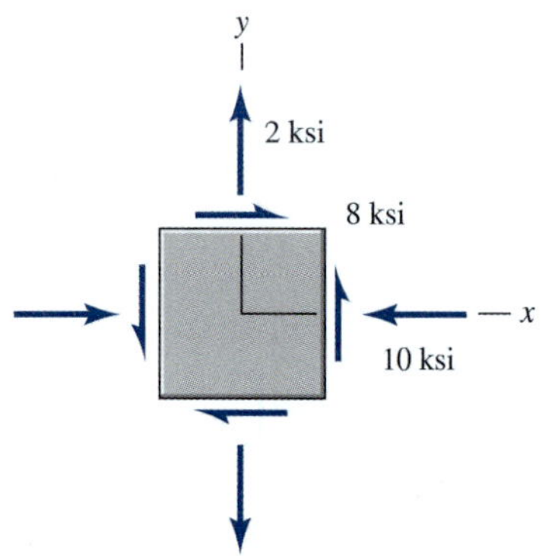

P8.4-11, P8.5-20

문제 8.4-12. 이 문제에 대한 평면응력 상태는 그림 P8.4-12에 나타나 있다.

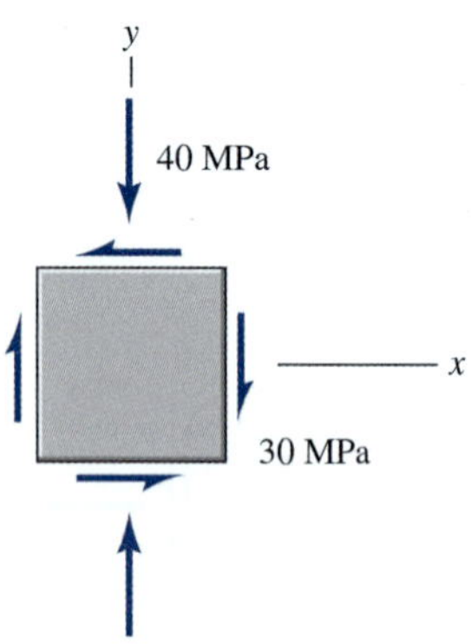

P8.4-12, P8.5-21

문제 8.4-13. 그림 P8.4-13에 나타낸 것처럼, 기계 부품 표면 위의 특정한 점에서 상호 수직하는 두 면에서의 수직응력은 7 MPa(압축)와 3 MPa(인장)이다. 이 점에서의 최대 면내 전단응력은 $\tau_{max} = 10\,\text{MPa}$이다. x 및 y면에 나타낸 방향으로 작용하는 전단응력의 τ의 크기와 이 점에서의 면내 주응력을 구하시오.

문제 8.4-14. 비행기 날개 표면의 특정한 점에서의 평면응력의 상태는 그림 P8.4-14와 같이 나타나 있다. 이 점에서의 최대 면내 전단응력은 $\tau_{max} = 13\,\text{ksi}$이다. (a) x 및 y면에서의 전단응력 τ의 크기를 구하시오. (b) 이 점에서의 두 개의 면내 주응력을 구하고, 적절하게 방향잡은 주응력 요소 위에 주응력들을 나타내시오.

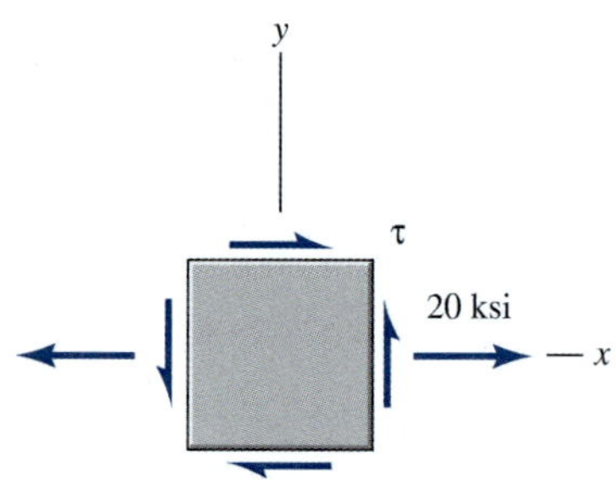

P8.4-14, P8.5-33

***문제 8.4-15.** 그림 P8.4-15에 나타낸 것처럼 한 점에서의 평면응력 상태는 알려진 인장응력 $\sigma_x = 70\,\text{MPa}$, 알려지지 않은 인장응력 σ와 알려지지 않은 전단응력 τ로 나타내어질 수 있다. 이 점에서의 최대 면내 전단응력이 78 MPa이고 두 개의 면내 주응력 중의 하나는 22 MPa(인장)이다. 그림에서 σ와 τ로 표시된 두 개의 알려지지 않은 응력 값을 구하시오. 응력들은

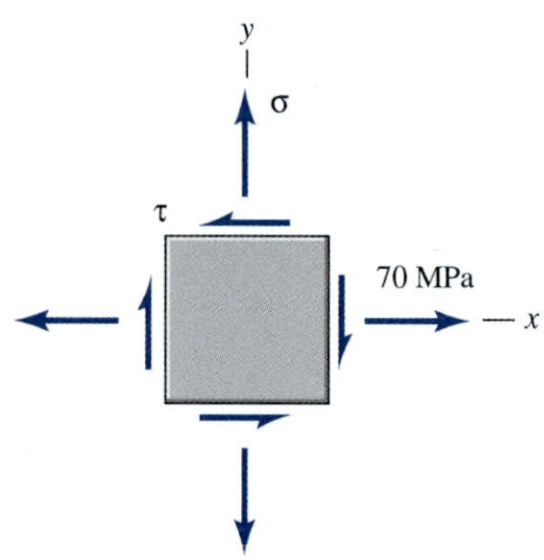

P8.4-15, P8.5-34

그림 P8.4-15에 나타내어진 방향으로 작용한다. 즉 $\sigma_y = \sigma$ 및 $\tau_{xy} = -\tau$이다.

■모어 원: 응력 변환 MDS 8.1-8.3

8.5절에서의 모든 문제들은 평면응력에 대한 모어 원을 사용함으로써 푼다. 면내 응력들만을 고려하시오.

모어 원의 주제에 관한 추가 문제들은 제9장에서 찾을 수 있다.

문제 8.5-1~8.5-4. 모어 원을 사용하여 나타내어진 경사면 NN 위의 수직응력과 전단응력을 구하시오.

문제 8.5-1. 모어 원을 사용하여 문제 8.3-1을 구하시오.
문제 8.5-2. 모어 원을 사용하여 문제 8.3-2를 구하시오.
문제 8.5-3. 모어 원을 사용하여 문제 8.3-3을 구하시오.
문제 8.5-4. 모어 원을 사용하여 문제 8.3-4를 구하시오.

문제 8.5-5~8.5-10. 모어 원을 사용하여 각 $\theta \equiv \theta_{xx'}$로 회전된 요소 상의 응력들 $\sigma_{x'}$, $\sigma_{y'}$ 및 $\tau_{x'y'}$를 구하시오. 이 각도로 방향 잡은 응력 요소 위에 계산된 응력들을 나타내시오.

문제 8.5-5. 모어 원을 사용하여 문제 8.3-5를 구하시오.
문제 8.5-6. 모어 원을 사용하여 문제 8.3-6을 구하시오.
문제 8.5-7. 모어 원을 사용하여 문제 8.3-7을 구하시오.
문제 8.5-8. 모어 원을 사용하여 문제 8.3-8을 구하시오.
문제 8.5-9. 모어 원을 사용하여 문제 8.3-11을 구하시오.
문제 8.5-10. 모어 원을 사용하여 문제 8.3-12를 구하시오.
문제 8.5-11. (a) 일축 응력상태의 요소에 대한 모어 원을 작성한다(그림 P8.5-11). (b) 이 모어 원을 사용하여 n면상에서의 수직응력 σ_n과 전단응력 τ_{nt}에 대한 다음과 같은 방정식을 유도하시오(식 2.30 참조).

$$\sigma_n = \frac{\sigma_x}{2}(1+\cos 2\theta), \quad \tau_{nt} = -\left(\frac{\sigma_x}{2}\right)\sin 2\theta$$

(c) 모어 원을 사용하여 최대 전단응력이 작용하는 평면을 결정하시오. 적절하게 방향잡은 최대 전단응력 요소를 그리고, 그것의 면상에 작용하는 수직응력과 전단응력을 나타내시오.

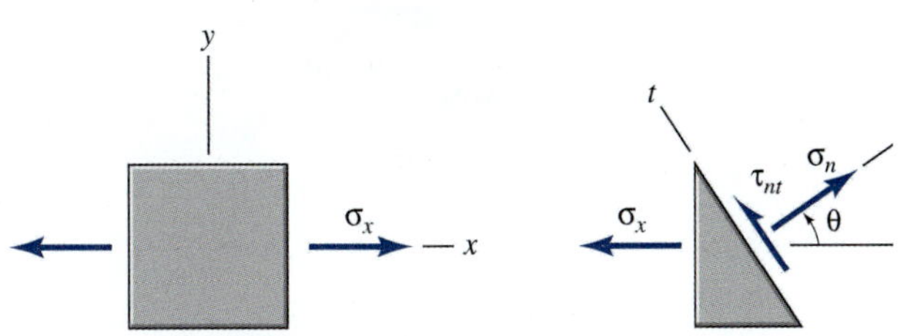

P8.5−11

문제 8.5-12. (a) 순수 전단을 받는 요소에 대한 모어 원을 작성하시오(그림 P8.5-12). (b) 모어 원을 사용하여 n면상에서의 수직응력 σ_n과 전단응력 τ_{nt}에 대한 다음과 같은 방정식을 유도하시오.

$$\sigma_n = \tau_{xy}\sin 2\theta, \quad \tau_{nt} = \tau_{xy}\cos 2\theta$$

(c) 모어 원을 사용하여 주면을 결정하시오. 적절하게 방향잡은 주응력 요소를 그리고, 그것의 면상에 작용하는 주응력을 나타내시오.

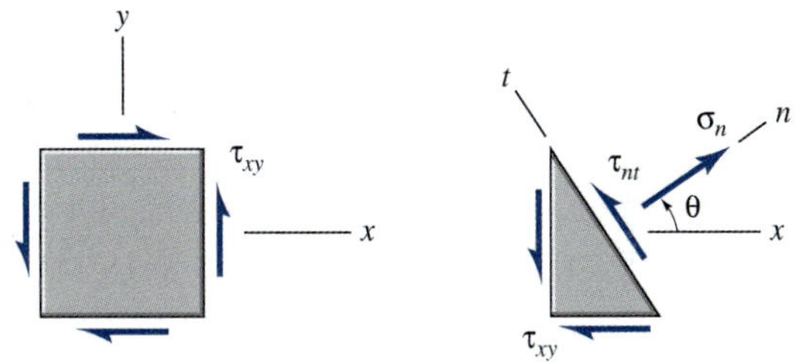

P8.5−12

문제 8.5-13~8.5-24. 이들 각각의 문제에 대하여, (a) 응력에 대한 모어 원을 작성하시오. 이 모어 원을 사용하여 (b) 주응력을 결정하고, 적절하게 방향잡은 응력요소 위에 그들을 나타내시오. (c) 최대 전단면 위에서 최대 전단응력과 수직응력을 결정하고, 적절하게 방향잡은 응력 요소의 그림 위에 이들을 나타내시오.

문제 8.5-13. 문제 8.4-1에 주어진 응력들을 사용하시오.
문제 8.5-14. 문제 8.4-2에 주어진 응력들을 사용하시오.
문제 8.5-15. 문제 8.4-3에 주어진 응력들을 사용하시오.
문제 8.5-16. 문제 8.4-7에 주어진 응력들을 사용하시오.
문제 8.5-17. 문제 8.4-8에 주어진 응력들을 사용하시오.
문제 8.5-18. 문제 8.4-9에 주어진 응력들을 사용하시오.
문제 8.5-19. 문제 8.4-10에 주어진 응력들을 사용하시오.
문제 8.5-20. 문제 8.4-11에 주어진 응력들을 사용하시오.
문제 8.5-21. 문제 8.4-12에 주어진 응력들을 사용하시오.
문제 8.5-22. 문제 8.3-11에 주어진 강판 위의 점 A에 대해 주어진 응력들을 사용하시오.
문제 8.5-23. 문제 8.3-5에서 브라켓 위의 점 A에 대해 주어진 응력들을 사용하시오.
문제 8.5-24. 그림 P8.5-24에서 작업장 크레인 위의 점 A에 대해 주어진 응력들을 사용하시오.

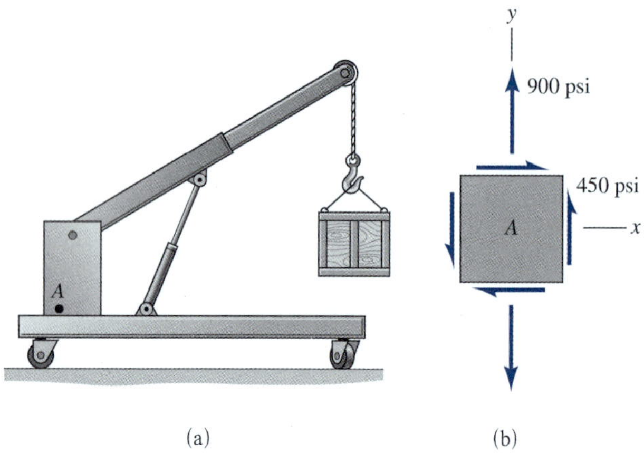

P8.5-24

> 문제 8.5−25~8.5−34. 모어 원을 사용하여 8.3절과 8.4절로부터 명명된 문제들을 풀이하시오.

문제 8.5−25. 모어 원을 사용하여 문제 8.3-15를 풀이하시오.

문제 8.5−26. 모어 원을 사용하여 문제 8.3-16을 풀이하시오.

설계문제 8.5−27. 모어 원을 사용하여 문제 8.3-17을 풀이하시오.

***문제 8.5−28.** 모어 원을 사용하여 문제 8.3-18을 풀이하시오.

문제 8.5−29. 모어 원을 사용하여 문제 8.3-19를 풀이하시오.

문제 8.5−30. 모어 원을 사용하여 문제 8.3-20을 풀이하시오.

문제 8.5−31. 모어 원을 사용하여 문제 8.3-21을 풀이하시오.

문제 8.5−32. 모어 원을 사용하여 문제 8.4-13을 풀이하시오.

문제 8.5−33. 모어 원을 사용하여 문제 8.4-14를 풀이하시오.

문제 8.5−34. 모어 원을 사용하여 문제 8.4-15를 풀이하시오.

> 문제 8.5−35~8.5−36.은 MDSolids의 모어 원 모듈을 사용하여 풀이하시오.

컴퓨터문제 8.5−35. 모어 원을 사용하여 문제 8.3-1~8.3-4를 풀이하시오.

컴퓨터문제 8.5−36. 모어 원을 사용하여 문제 8.4-1~8.4-4를 풀이하시오.

■ 모어 원: 절대 최대응력 MDS 8.4–8.5

> 문제 8.6−1~8.6−12. 주어진 응력상태에 대해 (a) 그림 8.23의 원과 같이 3차원 응력들에 대한 모어 원을 그리고, (b) 절대 최대 전단응력 $\tau_{\underset{max}{abs}}$ 를 구하시오.

> 절대 최대 전단응력의 주제에 관한 추가적인 문제들은 제9장에서 찾을 수 있다.

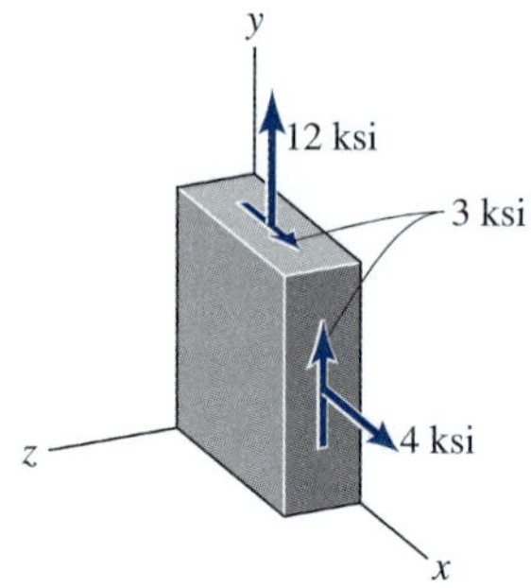

P8.6−1, P8.6−13

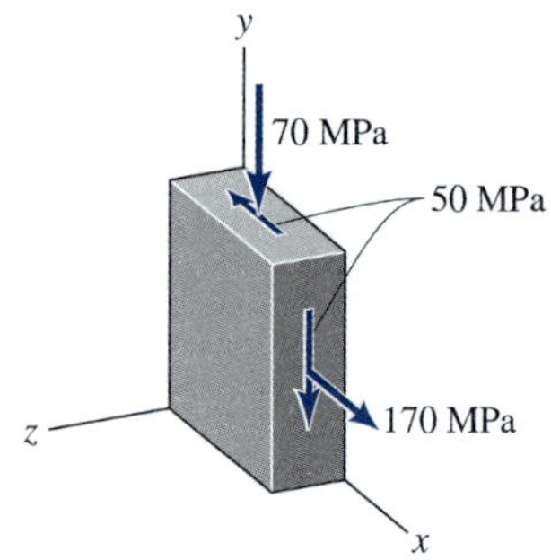

P8.6−2, P8.6−13

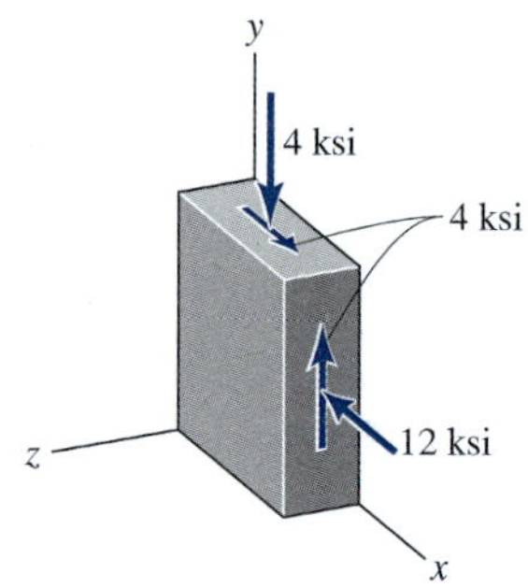

P8.6−3, P8.6−13

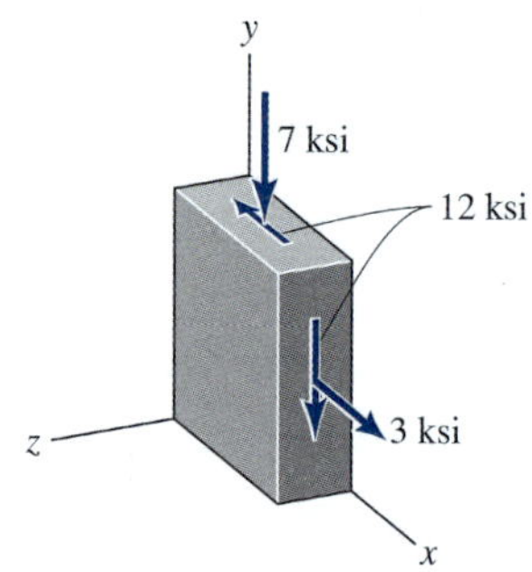

P8.6−4, P8.6−13

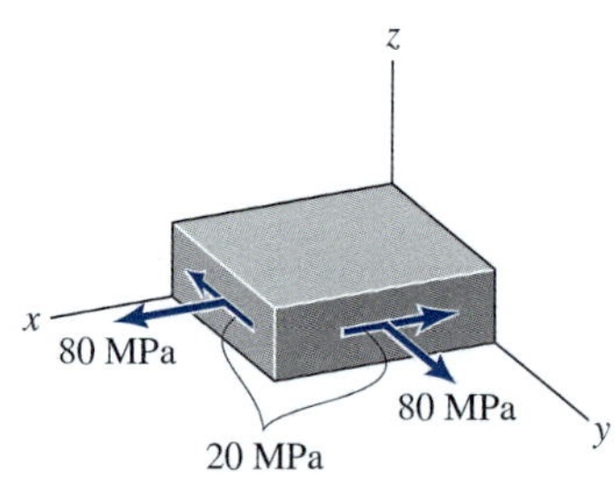

P8.6−5

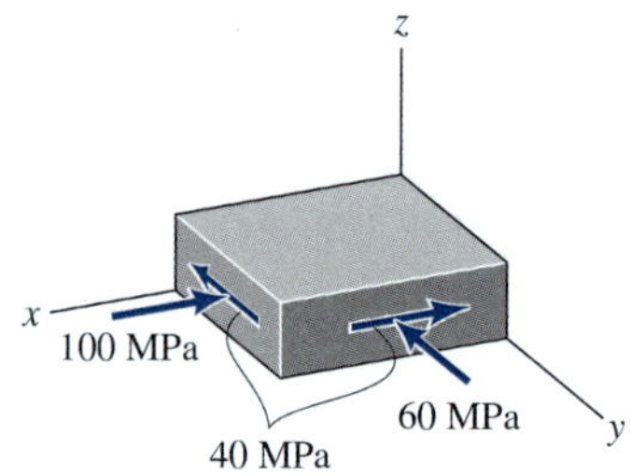

P8.6−6

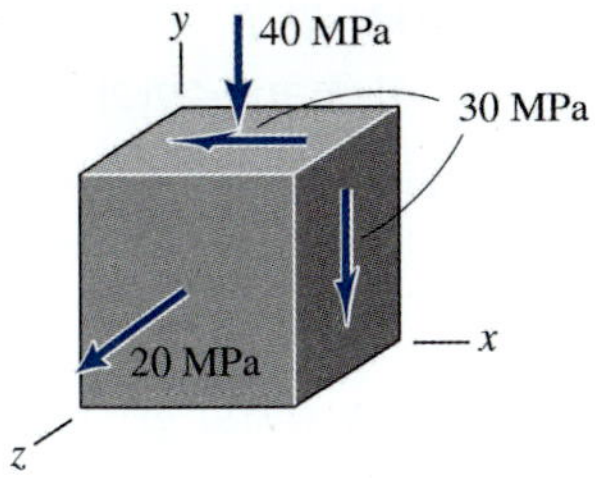

P8.6–7

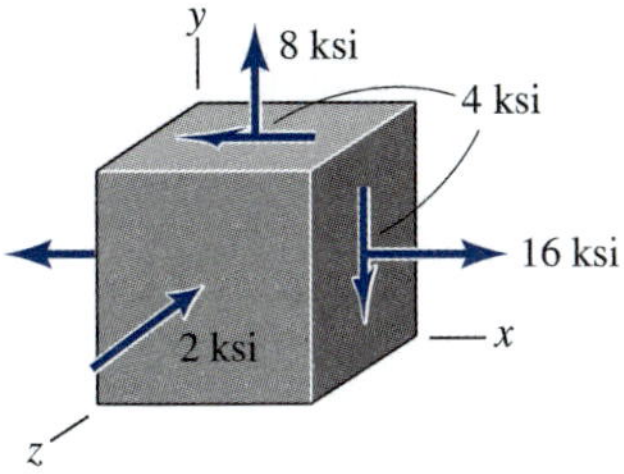

P8.6–8

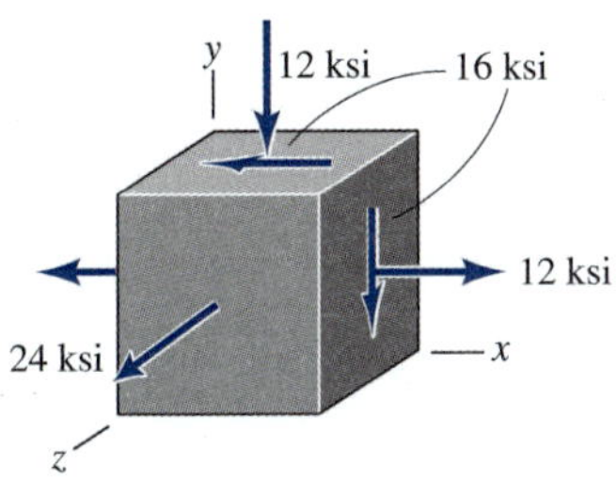

P8.6–9

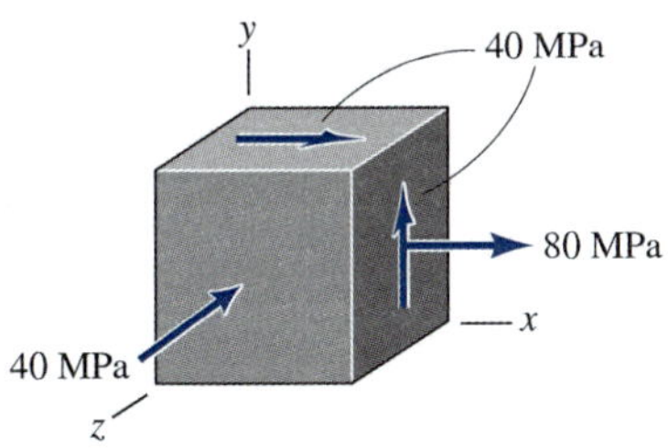

P8.6–10

문제 8.6–11. 문제 8.3-11에서 묘사된 강판 거더(girder) 위의 점 *A*에서의 평면응력 상태를 사용하시오.

문제 8.6–12. 문제 8.4-7에서 묘사된 자동차 전방 서스펜션 위의 점 *A*에서의 평면응력 상태를 사용하시오.

> 문제 8.6 – 13.은 MDSolids의 모어 원 모듈을 사용하여 풀이하시오.

컴퓨터문제 8.6–13. 모어 원을 사용하여 문제 8.6-1~8.6-4를 풀이하시오.

■ 변형률의 변환 – 이론

문제 8.8–1. 그림 8.28b를 사용하여 ϵ_y와 ϵ_n 및 γ_{nt}에 관련된 방정식을 유도하시오(이들 방정식은 각각 식 8.44 및 8.46에 나타낸다).

문제 8.8–2. 그림 8.28c를 사용하여 γ_{xy}와 ϵ_n 및 γ_{nt}에 관련된 방정식을 유도하시오(이들 방정식은 각각 식 8.44 및 8.46에 나타낸다).

***문제 8.8–3.** 평판 표면 위의 점 *P*에서, 변형률은 ϵ_x, ϵ_y, γ_{xy}에 의해 주어진다. 따라서 대각선 *PQ*가 방향 *n*을 정의하는 그림 P8.8-3a의 작은 직사각형은 그림 P8.8-3b에서 평행사변형 형상으로 변형된다. 삼각법을 사용하여 식 8.44를 유도하시오. 식 8.44의 ϵ_n은 주어진 변형률과 관련 있다(힌트: 코사인법칙을 사용하시오).

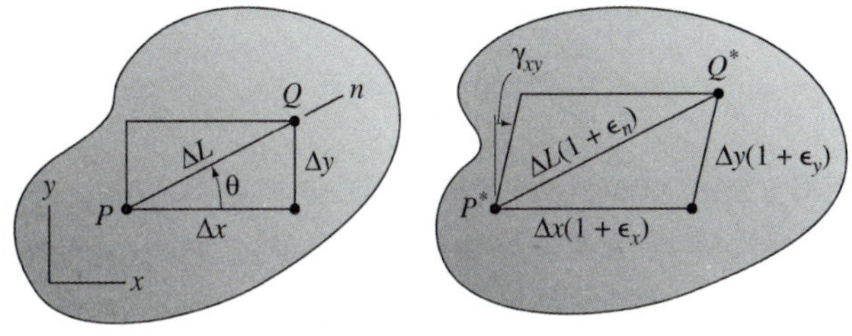

(a) (b)

P8.8–3

문제 8.8–4. 8.4절에서 사용된 절차에 따라 주응력의 방향과 해당하는 주응력에 대한 관계식을 유도하기 위하여 식 8.47a로부터 시작하여, (a) 주변형률의 방향, 즉 ϵ_n이 각각 그것의 최댓값과 최솟값을 가정하는 방향 θ_{p1} 및 θ_{p2}에 대한 관계식을 유도하시오. (b) ϵ_x, ϵ_y, τ_{xy}에 관한 주변형률 ϵ_1 및 ϵ_2에 대한 관계식을 구하시오.

문제 8.8–5. 8.4절에서 사용된 절차에 따라 최대 면내 전단응력에 대한 관계식을 유도하기 위하여 식 8.47b로부터 시작하여, ϵ_x, ϵ_y, τ_{xy}에 관한 최대 면내 전단변형률 $\gamma_{max} \equiv \gamma_{s1s2}$를 구하시오.

■ 변형률의 변환 – 적용

문제 8.8–6. 그림 P8.8-6에 나타낸 것처럼 얇은 직사각형 부재는 축하중 *P*를 받는다. 부재의 중심 근처에서 부재의 축에 대해 각각 30° 및 60°에서 선분 *AB* 및 *AC*는 방향 *n*과 *t*를 정의한다. (a) 변형률 ϵ_x 및 ϵ_y를 구하시오(참고: 축하중에 대해 $\gamma_{xy} = 0$). (b) 변형률 ϵ_n 및 ϵ_t를 구하시오. (c) 전단변형률 γ_{nt}를 구하시오.

$$E = 30(10^3)\text{ksi},\quad \nu = 0.3,\quad t \equiv 두께 = 0.50\text{ in}$$

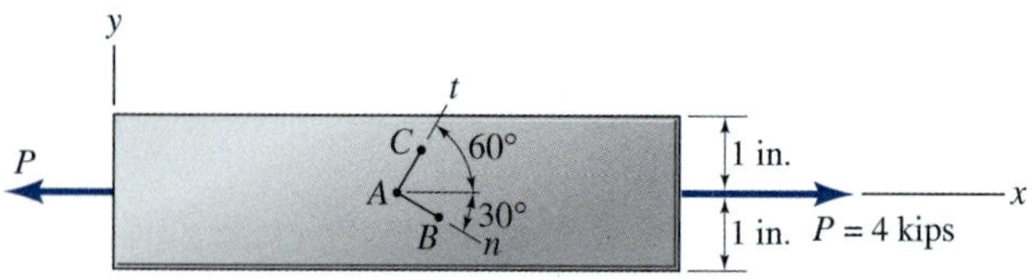

P8.8-6, P8.9-7

문제 8.8-7. 그림 P8.8-7의 직사각형 부재에 대한 문제 8.8-6을 반복한다.

$$E = 200\text{ GPa},\quad \nu = 0.3,\quad t \equiv 두께 = 10\text{ mm}$$

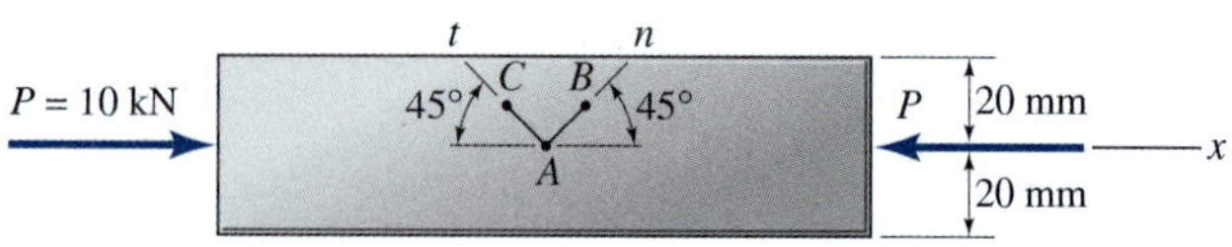

P8.8-7, P8.9-8

문제 8.8-8. 단면 치수가 5 in.×1 in.인 직사각형 부재는 그림 P8.8-8에 나타낸 n 및 t방향을 따라 변형률 $\epsilon_n = 640\mu$, $\epsilon_t = 0$을 발생시키는 축하중 $P = 48$ kips를 받는다. 이 부재에 대한 영률 E와 포아송비 ν의 값을 구하시오. 선형탄성, 등방성 재료거동을 가정한다.

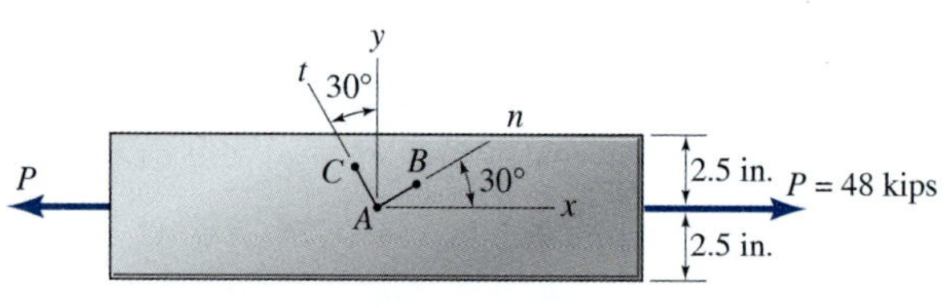

P8.8-8, P8.9-9

문제 8.8-9. 그림 P8.8-9의 고체 원형 알루미늄 부재는 지름 $d = 40$ mm이고, 그림의 방향에서 토크 T와 인장 축하중 P를 동시에 받는다. 종탄성계수 $E = 73$ GPa이고, 횡탄성계수 $G =$ 28 GPa이다. (a) $T = 1.0$ kN 및 $P = 0$를 발생시키는 전단변형률 γ_{xy}를 구하시오. (b) 이 토크하중만의 경우에 대해서 그림 P8.8-9에 나타낸 각각 n과 t방향을 따라 수직변형률 ϵ_n 및 ϵ_t를 구하시오.

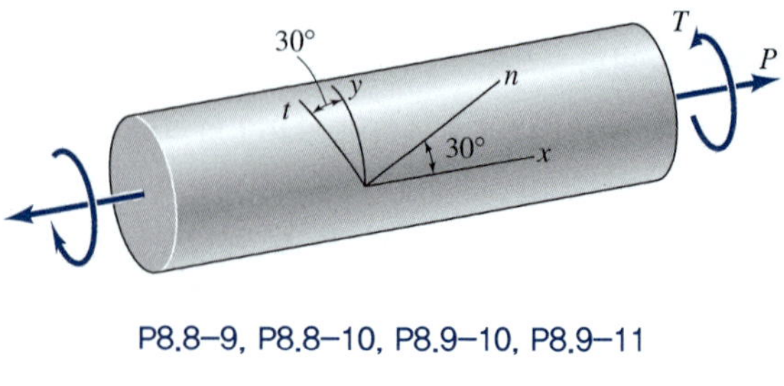

P8.8-9, P8.8-10, P8.9-10, P8.9-11

***문제 8.8-10.** 문제 8.8-9에 묘사된 알루미늄 부재에 대해 (a) $T = 500$ N·m 및 $P = 50$ kN를 발생시키는 수직변형률 ϵ_x 및 전단변형률 γ_{xy}를 구하시오. (b) 이 하중에 대하여, 그림 P8.8-10에 나타낸 각각 n과 t방향을 따라 수직변형률 ϵ_n 및 ϵ_t를 구하시오(참고: 제9장에는 추가적인 복합하중 문제가 있다).

***문제 8.8-11.** 압력용기의 외부 표면에서 그림 P8.8-11에 나타낸 n과 t방향을 따라 변형률 $\epsilon_n = 200\mu$ 및 $\epsilon_t = 400\mu$가 측정된다. (a) 수직변형률 ϵ_x 및 ϵ_y를 구하시오(참고: $\gamma_{xy} = 0$). (b) 전단변형률 γ_{nt}를 구하시오. (c) 압력용기에 대해 $\sigma_y = 2\sigma_x$이다(9.2절 참조). 따라서 이 탱크에 대한 포아송비 ν값은 얼마인가? 선형탄성 등방성 재료거동을 가정한다.

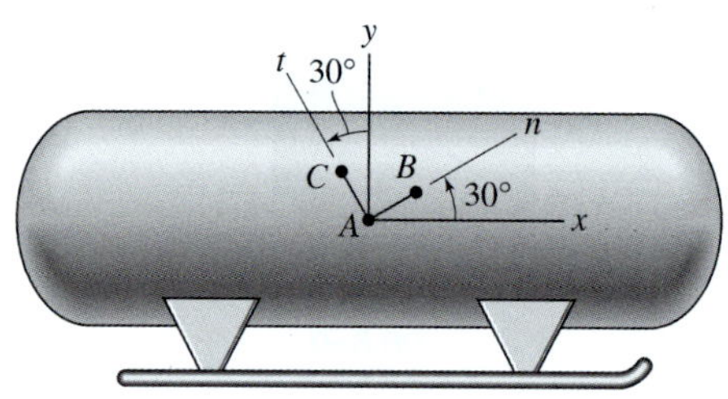

P8.8-11

문제 8.8-12. 압력용기 표면의 특정한 점에서(그림 P8.8-11에 나타낸 것과 같은) 변형률은 $\epsilon_x = 100\mu$, $\epsilon_y = 500\mu$, $\gamma_{xy} = 0$으로 주어진다. (a) 그림 P8.8-12에 나타낸 것처럼 xy축으로부터 반시계방향으로 30° 회전된 nt축에 대해 변형률 상태를 결정하시오. 즉, ϵ_n, ϵ_t, γ_{nt}를 구하시오. (b) 변형 후 요소 정사각형 $ABDC$의 형상을 그리시오. 변의 원래 길이는 $\overline{AB} = \overline{AC} = 1$이지만, 변형을 과장한다.

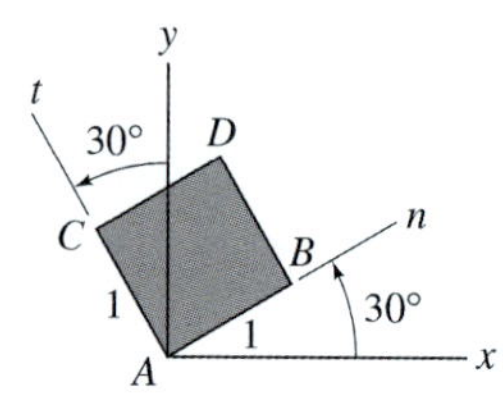

P8.8-12

■ 모어 원: 변형률 변환 MDS 8.6

문제 8.9 – 1~8.9 – 6. 일반적인 그림을 사용하여 아래의 문제 8.9-1에서 8.9-6을 풀이하시오.

문제 8.9–1. 재료의 요소는 다음과 같은 $\epsilon_x = 200\mu$, $\epsilon_y = -100\mu$, $\gamma_{xy} = 0$인 평면변형률의 상태를 받는다. (a) 모어 원을 사용하여 각 $\theta = 20°$만큼(반시계방향으로) 회전된 요소에 대해 ϵ_n, ϵ_t, γ_{nt}를 계산하시오. (b) 주어진 변형률을 사용하여 그림 P8.9-1a의 그림과 유사한 변형된 xy요소의 그림을 그리시오. (c) 계산된 변형률을 사용하여 그림 P8.9-1b의 변형되지 않은 단위 요소로부터 시작하여 변형된 nt요소의 그림을 그리시오.

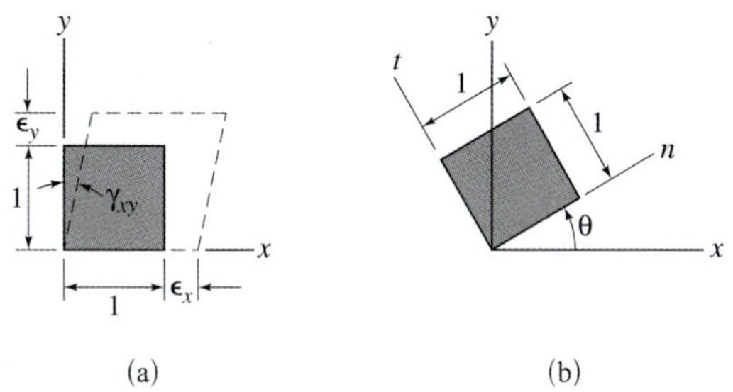

P8.9–1~P8.9–6

문제 8.9–2. 다음과 같은 변형률과 각에 대하여 문제 8.9-1을 풀이하시오:

$\epsilon_x = 200\mu$, $\epsilon_y = -100\mu$, $\gamma_{xy} = -200\mu$, $\theta = 20°$

문제 8.9–3. 다음과 같은 변형률과 각에 대하여 문제 8.9-1을 풀이하시오:

$\epsilon_x = 300\mu$, $\epsilon_y = 750\mu$, $\gamma_{xy} = 450\mu$, $\theta = 30°$

문제 8.9–4. 다음과 같은 변형률과 각에 대하여 문제 8.9-1을 풀이하시오:

$\epsilon_x = 0$, $\epsilon_y = 400\mu$, $\gamma_{xy} = -300\mu$, $\theta = -30°$

문제 8.9–5. 다음과 같은 변형률과 각에 대하여 문제 8.9-1을 풀이하시오:

$\epsilon_x = 50\mu$, $\epsilon_y = 0$, $\gamma_{xy} = 120\mu$, $\theta = 45°$

문제 8.9–6. 다음과 같은 변형률과 각에 대하여 문제 8.9-1을 풀이하시오:

$\epsilon_x = 150\mu$, $\epsilon_y = 300\mu$, $\gamma_{xy} = 200\mu$, $\theta = -22.5°$

문제 8.9–7. 모어 변형률 원을 사용하여 문제 8.8-6을 풀이하시오.

문제 8.9–8. 모어 변형률 원을 사용하여 문제 8.8-7을 풀이하시오.

문제 8.9–8. 모어 변형률 원을 사용하여 문제 8.8-8을 풀이하시오.

문제 8.9–10. 모어 변형률 원을 사용하여 문제 8.8-9를 풀이하시오.

***문제 8.9–11.** 모어 변형률 원을 사용하여 문제 8.8-10을 풀이하시오.

■ 주변형률: 최대 전단변형률

문제 8.9 – 12~8.9 – 18. 아래에 언급된 각 평면변형률 상태에 대하여, (a) 변형률에 대한 모어 원을 사용하여 면내 주변형률과 주변형률 방향을 구하고, 주변형률 방향으로 향한 단위 사각형이 어떻게 변형되는지를 나타내시오. (b) 최대 면내 전단변형률을 구하시오.

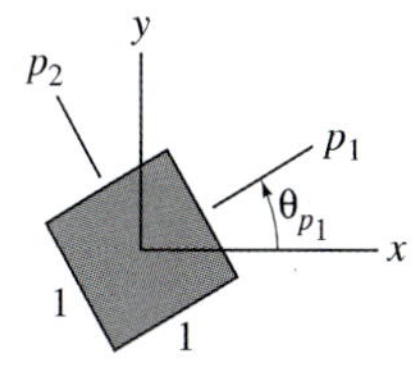

P8.9–12~P8.9–18

문제 8.9–12. $\epsilon_x = 100\mu$, $\epsilon_y = -300\mu$, $\gamma_{xy} = -300\mu$

문제 8.9–13. $\epsilon_x = 400\mu$, $\epsilon_y = -200\mu$, $\gamma_{xy} = -400\mu$

문제 8.9–14. $\epsilon_x = 200\mu$, $\epsilon_y = 500\mu$, $\gamma_{xy} = -300\mu$

문제 8.9–15. $\epsilon_x = 0$, $\epsilon_y = -400\mu$, $\gamma_{xy} = 300\mu$

문제 8.9–16. $\epsilon_x = 100\mu$, $\epsilon_y = 0$, $\gamma_{xy} = 240\mu$

문제 8.9–17. $\epsilon_x = -20\mu$, $\epsilon_y = 220\mu$, $\gamma_{xy} = 100\mu$

문제 8.9–18. $\epsilon_x = 150\mu$, $\epsilon_y = -300\mu$, $\gamma_{xy} = 200\mu$

***문제 8.9–19.** 다음과 같은 평면변형률 상태에 대한 모어 변형률 원을 그리시오: $\epsilon_x = 90\mu$, $\epsilon_y = 270\mu$, $\epsilon_1 = 330\mu$. γ_{xy}, ϵ_2, θ_{p1}을 구하시오.

***문제 8.9–20.** 다음과 같은 평면변형률 상태에 대한 모어 변형률 원을 그리시오: $\epsilon_x = -240\mu$, $\epsilon_y = 0$, $\epsilon_2 = -250\mu$. γ_{xy}, ϵ_1, θ_{p2}을 구하시오.

■ 응력 변환 및 변형률 변환의 비교

***문제 8.9–21.** 평면응력을 받는 평판 표면 위의 점 P에서 x축과 y축(8.2절 참조)은 각각 주응력 σ_1 및 σ_2의 방향으로 향하고 있고, x'축과 y'축은 주변형률 ϵ_1 및 ϵ_2의 방향으로 향하고 있다. 판은 선형 탄성이라고 가정한다. 주변형률의 축($x'y'$축)은 주응력 축(xy축)에 일치하는가? 그들이 일치하는지를 증명하거나 만약 그들이 일치하지 않는다면 σ_1축에 관하여 ϵ_1축을 향하는 각도 θ_{ϵ_1}에 대한 공식을 유도하시오.

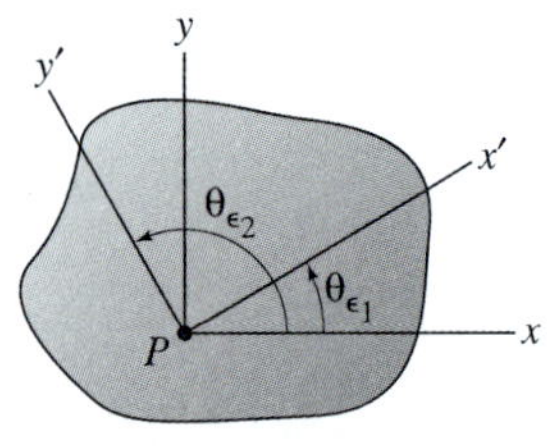

P8.9-21

문제 8.9-22. 얇은 판은 다음과 같은 응력 $\sigma_x = 8.4$ ksi, $\sigma_y = 2.4$ ksi, $\tau_{xy} = 0$(또한 $\sigma_z = \tau_{xz} = \tau_{yz} = 0$)과 함께 평면응력 상태를 받는다. 판은 $E = 10(10^3)$ ksi, $\nu = \frac{1}{3}$로서 후크의 법칙을 만족한다. 모어의 응력 원과 변형률 원을 그리고, 이들 두 원 사이에 유사점과 차이점을 설명하시오.

문제 8.9-23. 다음과 같은 평면응력 상태 $\sigma_x = 450$ MPa, $\sigma_y = 150$ MPa, $\tau_{xy} = 0$에 대해 문제 8.9-22를 풀이하시오. $E = 100$ GPa, $\nu = \frac{1}{3}$이다.

문제 8.9-24. 다음과 같은 평면응력 상태 $\sigma_x = 18$ ksi, $\sigma_y = 0$ ksi, $\tau_{xy} = 6$ ksi에 대해 문제 8.9-22를 풀이하시오. $E = 10(10^3)$ ksi, $\nu = 0.30$이다.

■ 모어 원: 변형률 로제트 MDS 8.7

문제 8.10-1. 식 8.50으로부터 시작하여 45° 스트레인게이지 로제트에 대해 식 8.51을 유도하고, 등각 스트레인게이지 로제트에 대해 식 8.52를 유도하시오.

문제 8.10-2. 그림 P8.10-2의 변형률에 대한 모어 원을 사용하여 식 8.51의 세 번째 방정식, 즉

$$\gamma_{xy} = 2\epsilon_b - \epsilon_a - \epsilon_c$$

을 유도하시오.

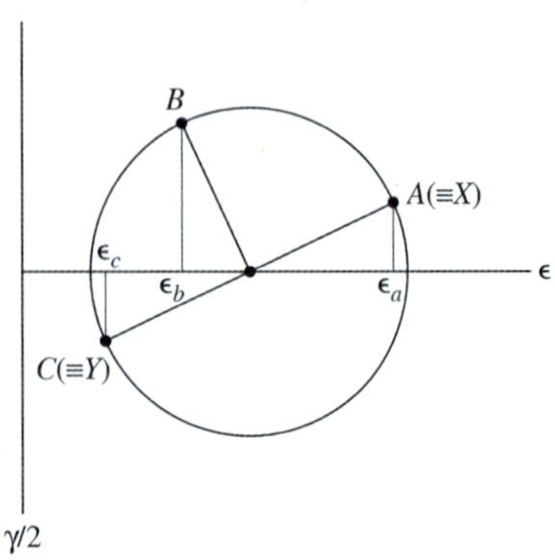

P8.10-2

문제 8.10-3. 시험 중인 기계요소의 자유표면 위의 한 점에서 다음과 같은 변형률, $\epsilon_a = 175\mu$, $\epsilon_b = 140\mu$, $\epsilon_c = -105\mu$를 얻기 위하여 그림 P8.10-3의 45° 직사각형 로제트가 사용되어졌다. (a) 면내 변형률 ϵ_x, ϵ_y, γ_{xy}를 구하시오. (b) 모어 변형률 원을 사용하여 로제트의 위치에서 면내 주변형률 ϵ_1 및 ϵ_2를 구하시오. (c) "a" 게이지의 방향에 관련된 주변형률 축의 방향들을 구하시오.

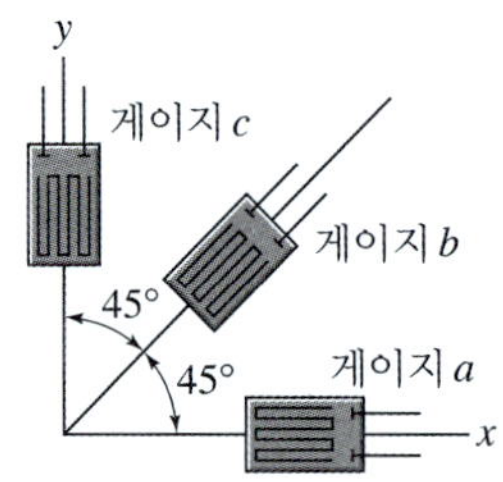

P8.10-3~P8.10-5

문제 8.10-4. 다음과 같이 측정된 변형률 $\epsilon_a = 440\mu$, $\epsilon_b = 510\mu$, $\epsilon_c = 340\mu$에 대해 문제 8.10-3을 풀이하시오.

문제 8.10-5. 티타늄 합금 헬리콥터 트랜스미션 케이스에 대한 새로운 설계의 응력 시험 동안에 45°직사각형 로제트를 사용하여 트랜스미션 케이스 외부표면 위에서 다음과 같은 변형률 $\epsilon_a = -270\mu$, $\epsilon_b = 371\mu$, $\epsilon_c = 670\mu$을 측정하였다(로제트의 구성은 문제 8.10-3을 참조): (a) 변형률 성분 ϵ_x, ϵ_y, γ_{xy}를 구하시오. (b) 이 변형률 상태에 대한 모어 원을 그리고, 로제트 위치에서 주변형률과 최대 전단변형률을 구하시오. (c) $E = 100$ GPa, $\nu = 0.33$일 때, 주응력과 최대 면내(즉, 게이지의 평면에서) 전단응력을 구하시오. 주방향으로 향한 응력요소를 그리시오.

문제 8.10-6. 시험 중인 기계요소의 자유표면 위의 한 점에서 다음과 같은 변형률 $\epsilon_a = 160\mu$, $\epsilon_b = 520\mu$, $\epsilon_c = 160\mu$을 얻기 위하여 그림 P8.10-6에 나타낸 60°등각 로제트를 사용하였다. (a) 면내 주변형률 ϵ_x, ϵ_y, γ_{xy}을 구하시오. (b) 모어 원을 사용하여 로제트 위치에서 면내 주변형률 ϵ_1 및 ϵ_2을 구하시오. (c) "a" 게이지의 방향에 관련된 주변형률 축의 방향들을 구하시오.

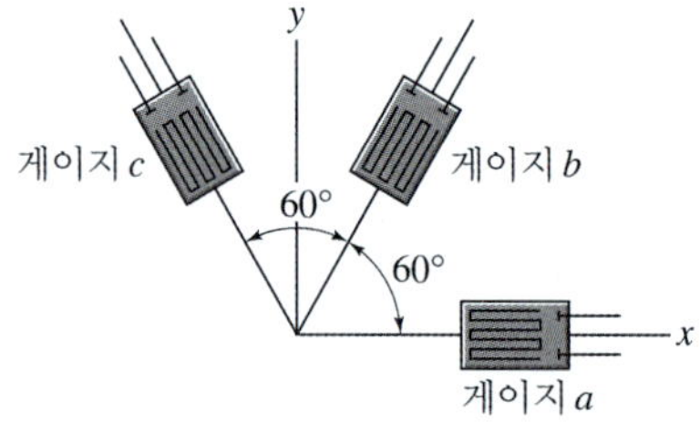

P8.10-6~P8.10-8

문제 8.10-7. 다음과 같이 측정된 변형률 $\epsilon_a = -200\mu$, $\epsilon_b = 450\mu$, $\epsilon_c = 125\mu$에 대해 문제 8.10-6을 풀이하시오.

문제 8.10-8. 가스터빈 엔진의 외부표면 위의 한 점에서 60° 등각 로제트를 사용하여 변형률 $\epsilon_a = 935\mu$, $\epsilon_b = 167\mu$, $\epsilon_c = 668\mu$을 측정하였다(문제 8.10-6과 함께 그림을 참조). (a) 변형률 성분 ϵ_x, ϵ_y, γ_{xy}를 구하시오. (b) 이 변형률 상태에 대한 모어 원을 그리고, 로제트 위치에서 주변형률과 최대 전단변형률을 구하시오. (c) $E = 30 \times 10^3$ ksi, $\nu = 0.33$일 때, 주응력과 최대 면내(즉, 게이지의 평면에서) 전단응력을 구하시오. 주방향으로 향한 응력요소를 그리시오.

문제 8.10-9. 식 8.50으로부터 시작하여 그림 P8.10-9a, b에 나타낸 두 개의 로제트 방향의 각각에 대해 측정된 변형률 ϵ_a, ϵ_b, ϵ_c에 관한 ϵ_x, ϵ_y, γ_{xy}에 대한 방정식을 유도하시오.

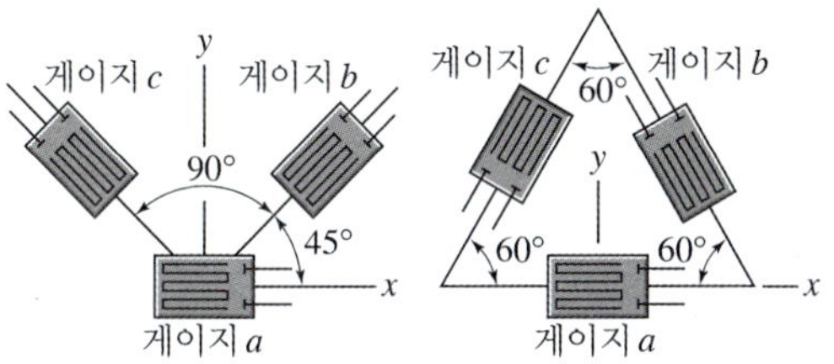

(a) (b)

P8.10-9

문제 8.10-10. 그림 P8.10-10a, b에 나타낸 두 개의 로제트 구성에 대해 문제 8.10-9를 반복하시오. 풀이한 결과가 각각 식 8.51 및 8.52와 어떻게 비교되는가?

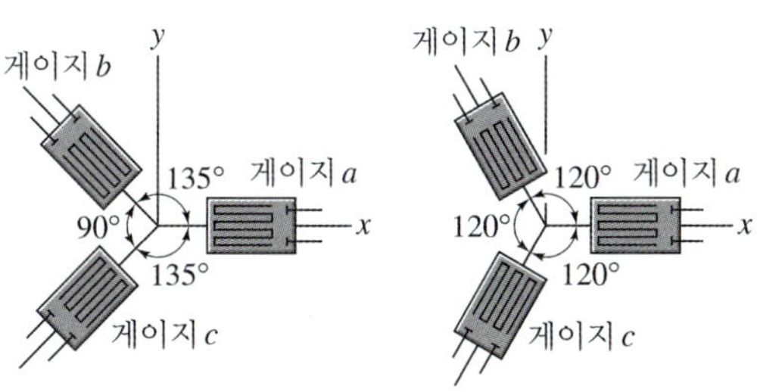

(a) (b)

P8.10-10

***문제 8.10-11.** 강 기계요소의 표면 위의 한 점에서 다음과 같은 신장변형률 $\epsilon_a = 700\mu$, $\epsilon_b = 560\mu$, $\epsilon_c = -280\mu$을 그림 P8.10-11에 나타낸 스트레인 로제트로 측정하였다. (a) 로제트의 위치에서 변형률 성분 ϵ_x, ϵ_y, γ_{xy}를 구하시오. (b) $E = 30 \times 10^3$ ksi, $\nu = 0.30$일 때 로제트 위치에서 응력 성분 σ_x, σ_y, τ_{xy}를 구하시오. (c) 변형률에 대한 모어 원을 사용하여 그 점에서의 주변형률과 최대 전단변형률을 구하시오. (d) 그 점에서의 주응력과 절대 최대 전단응력을 구하시오.(8.6절을 상기하시오)

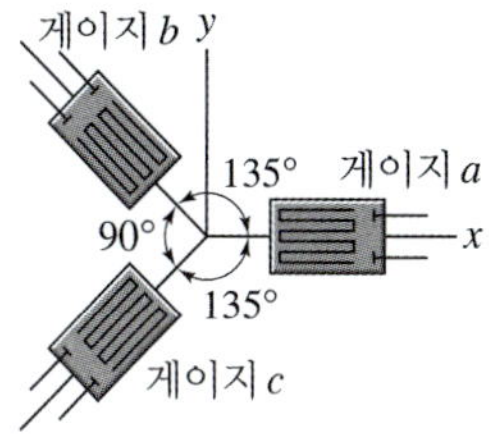

P8.10-11, P8.10-12

문제 8.10-12. 만약 로제트의 위치에서 두 개의 면내 주변형률이 $\epsilon_1 = 736\mu$, $\epsilon_2 = -184\mu$라면, 모어 원을 사용하여 그림 P8.10-12에 나타낸 로제트에 의해 표시될 수 있는 신장변형률 ϵ_a, ϵ_b, ϵ_c을 구하시오(문제 8.10-11 참조). 주변형률 ϵ_1의 방향은 x축으로부터 시계방향으로 30°회전되어 있다.

***문제 8.10-13.** 알루미늄 합금 브라켓 위의 한 점에서 다음과 같은 변형률 $\epsilon_a = 592\mu$, $\epsilon_b = -444\mu$, $\epsilon_c = 740\mu$을 그림 P8.10-13에 나타낸 스트레인 로제트로서 측정하였다. (a) 로제트의 위치에서 변형률 성분 ϵ_x, ϵ_y, γ_{xy}를 구하시오. (b) $E = 70$ GPa, $\nu = 0.33$일 때 로제트 위치에서 응력 성분 σ_x, σ_y, τ_{xy}를 구하시오. (c) 변형률에 대한 모어 원을 사용하여 그 점에서의 주변형률과 최대 면내 전단변형률을 구하시오. (d) 그 점에서의 주응력과 절대 최대 전단응력을 구하시오.(8.6절을 상기하시오)

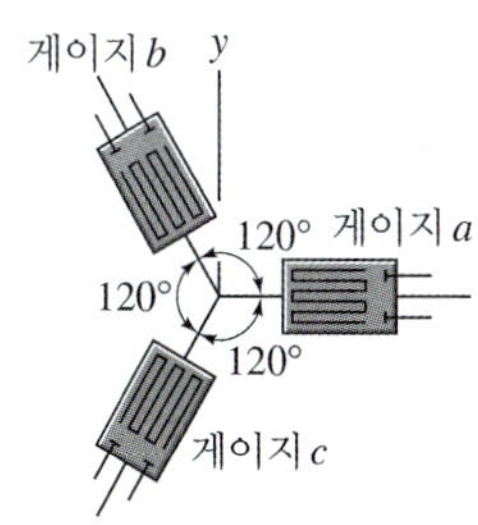

P8.10-13, P8.10-14

문제 8.10-14. 만약 로제트의 위치에서 두 개의 면내 주변형률이 $\epsilon_1 = 580\mu$, $\epsilon_2 = -260\mu$라면, 모어 원을 사용하여 그림 P8.10-14에 나타낸 로제트에 의해 표시될 수 있는 변형률 ϵ_a, ϵ_b, ϵ_c을 구하시오(문제 8.10-13 참조). 주변형률 ϵ_1의 방향은 x축으로부터 시계방향으로 15° 회전되어 있다.(즉, "a" 게이지의 방향으로부터)

문제 8.10-15. 비틀림 로드 셀(토크 T를 측정하기 위한)은 그림 P8.10-15에 나타낸 것처럼 튜브의 축을 향해 ±45°로 방향 잡은 게이지를 가지는 튜브형 축 위에 두 개의 스트레인게이지를 부착시킴으로써 구성된다. 게이지는 측정회로에 출력 $\epsilon_t \equiv \epsilon_b - \epsilon_a$를 주기 위해 배선되어 졌다. 만약 튜브가 다음과 같은 특성들, r_0는 외부 반지름, r_i는 내부 반지름, E는 종탄성계수, ν는 포아송비를 가진다면, 적용된 토크 T와 측정된 변형률 차이 ϵ_t 사이의 관계를 구하시오.

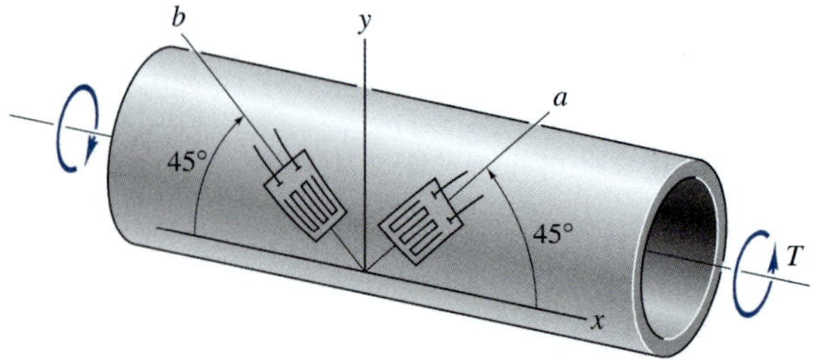

P8.10-15

8장 복습 – 응력과 변형률의 변환; 모어(Mohr) 원

<table>
<tr><th>절</th><th></th><th></th><th>관련 연습 문제</th></tr>
<tr><td>8.1</td><td>이전 장에서는 축방향으로$\left(\sigma = \dfrac{F}{A}\right)$, 비틀림 $\left(\tau = \dfrac{T\rho}{I_p}\right)$ 혹은 굽힘$\left(\sigma = -\dfrac{My}{I},\ \tau = \dfrac{VQ}{It}\right)$에서 부하된 변형 가능한 물체를 분석하는 방법을 배웠다. 이 장에서는 다양한 형태의 응력을 결합할 수 있도록 응력 변환 방정식이 유도된다.</td><td></td><td></td></tr>
<tr><td>8.2</td><td>8.2절은 (a) 3D 및 (b) 2D로 평면응력 상태를 설명하는 평면응력 그림 8.4를 정의한다.</td><td>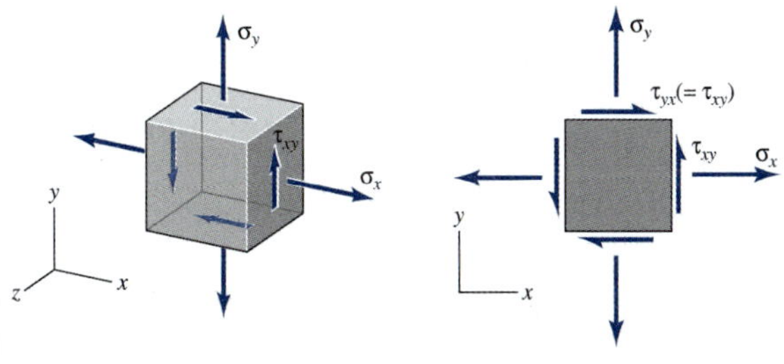

평면응력의 상태(그림 8.4)</td><td></td></tr>
<tr><td>8.3</td><td>8.3절에서는 평면응력에 대한 응력 변환 방정식이 유도되고 다양한 평면응력 상태에 적용된다.

평면응력에 대한 응력 변환 방정식은 단지 평형방정식만 사용함으로써 유도된다.</td><td>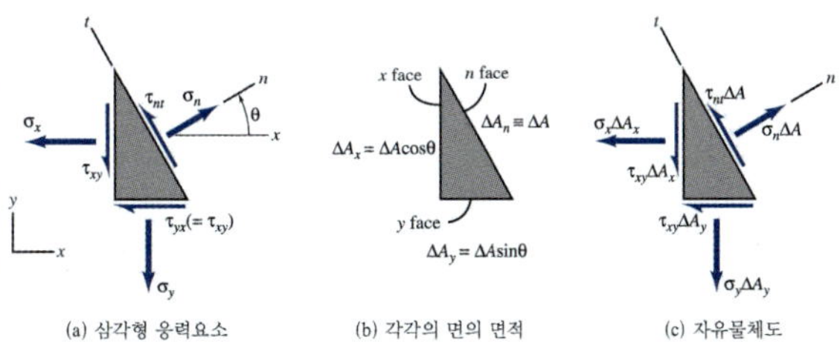

평면응력 요소에 대한 자유물체도(그림 8.9)</td><td>그림 8.9c로부터 시작하여 식 8.5를 유도</td></tr>
<tr><td></td><td>법선 n이 x축으로부터 반시계방향으로 각도 θ에 있는 "n"면상의 수직응력 σ_n과 전단응력 τ_{nt}는 식 8.5에 의해 주어진다. 이들은 <b>평면응력에 대한 응력 변환 방정식</b>이라고 한다.</td><td>$$\left.\begin{aligned}\sigma_n &= \left(\frac{\sigma_x+\sigma_y}{2}\right)+\left(\frac{\sigma_x-\sigma_y}{2}\right)\cos 2\theta \\ &\quad +\tau_{xy}\sin 2\theta \\ \tau_{nt} &= -\left(\frac{\sigma_x-\sigma_y}{2}\right)\sin 2\theta+\tau_{xy}\cos 2\theta\end{aligned}\right\} \quad (8.5)$$</td><td>8.3-1
8.3-5
8.3-15</td></tr>
<tr><td>8.4</td><td>8.4절에서는 주응력과 해당하는 주방향에 대한 방정식을 유도한다. 주응력은 한 점에서의 최대 및 최소 수직응력이다.</td><td>주응력:
$$\sigma_1=\sigma_{\text{avg}}+R,\quad \sigma_2=\sigma_{\text{avg}}-R \quad (8.13)$$
$$\sigma_{\text{avg}}=\frac{\sigma_x+\sigma_y}{2} \quad (8.14)$$
$$R=\sqrt{\left(\frac{\sigma_x-\sigma_y}{2}\right)^2+\tau_{xy}^2} \quad (8.11)$$</td><td>8.4-3
8.4-7
8.4-13</td></tr>
<tr><td></td><td>또한 8.4절에서는 한 점에서의 최대 전단응력과 최대 전단응력 면의 방향에 대한 방정식을 유도한다.</td><td>최대 면내 전단응력은 다음 식에 의해 주어진다.
$$\tau_{\max}=R \quad (8.18)$$</td><td></td></tr>
</table>

절			관련 연습 문제
8.5	8.5절에서 묘사된 기하학과 특성을 가진 **모어 원**은 한 점에서 응력의 상태를 묘사하기 위한 최상의 도식적 도구(tool)이다. 8.16과 **응력에 대한 모어 원의 구성과 사용에 대한 절차**를 설명하는 표를 주의 깊게 검토해야 한다. 양의 τ축은 아랫방향을 가리킨다는 것에 주목하라. τ축의 양쪽 끝에 있는 아이콘은 면상의 전단응력의 부호를 해석하는 방법을 나타낸다. 응력요소 위의 각 θ는 각 2θ가 되고 응력요소 위에서처럼 모어 원 위에서 동일한 방식으로 회전된다.	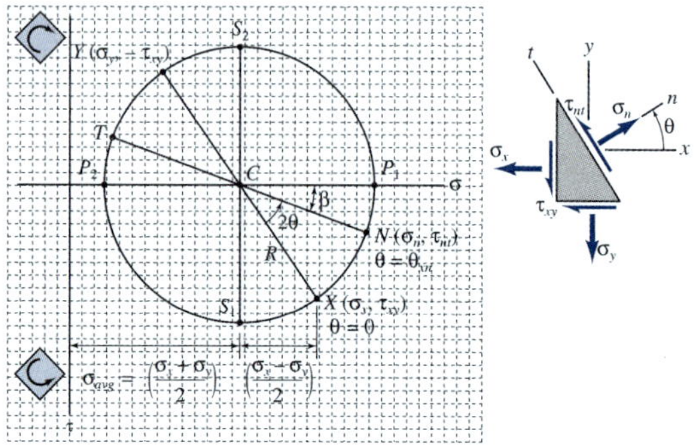 평면응력에 대한 모어 원의 특성(그림 8.16) 점 P_1 및 P_2는 **주응력**을 표시한다; 점 S_1 및 S_2는 **최대(및 최소) 면내 전단응력**을 표시한다.	8.5-1 8.5-16 8.5-27
8.6	8.6절은 3축 응력상태를 다루기 위한 한 점에서의 응력상태에 대한 논의를 확장한다.		8.6-9
8.7	8.7절은 **평면변형률**을 정의하고, 그것은 평면응력과 상당히 다르다.		
8.8	8.8절에서는 한 평면에서의 **변형률의 변환**에 대한 방정식, 식 8.47이 유도된다. 응력변환은 오로지 평형에만 의존하는 반면에 **변형률 변환 방정식은 오로지 기하학적 변형에만 기초된다.**	$\epsilon_n = \left(\frac{\epsilon_x + \epsilon_y}{2}\right) + \left(\frac{\epsilon_x - \epsilon_y}{2}\right)\cos 2\theta + \left(\frac{\gamma_{xy}}{2}\right)\sin 2\theta$ $\frac{\gamma_{nt}}{2} = -\left(\frac{\epsilon_x - \epsilon_y}{2}\right)\sin 2\theta + \left(\frac{\gamma_{xy}}{2}\right)\cos 2\theta$ (8.47)	8.8-3 8.8-9
8.9	8.9절은 **변형률에 대한 모어 원**이 변형률 변환 방정식을 풀기 위하여 어떻게 사용될 수 있는지를 나타낸다. 식 8.29와 **변형률에 대한 모어 원의 구성과 사용에 대한 절차**를 검토해야 한다.	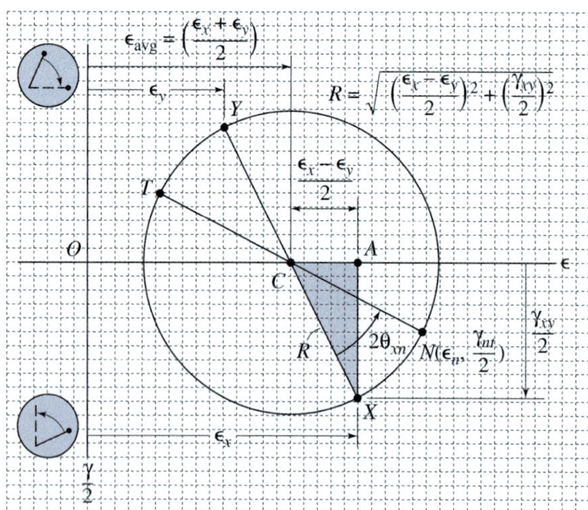 변형률에 대한 모어 원의 특성(그림 8.29)	8.9-1 8.9-3 8.9-15
8.10	8.10절은 변형률을 측정하기 위한 방법을 논의하고, 신장변형률을 측정하기 위해 사용된 **전기-저항 스트레인게이지**를 소개한다. **스트레인 로제트**가 또한 소개된다.		8.10-1 8.10-9

8.11절은 "선택적(optional)" 절이다.

9 압력용기; 조합하중에 의한 응력

9.1 개요

이전 장들, 특히 제2, 3, 4와 6장에서는 세장 부재(slender member)의 특정 단면에서의 합응력(stress resultant)과 수직응력(normal stress) 및 전단응력(shear stress)의 관계를 나타내는 식들이 유도되었다. 유도된 주요 공식들은 표 9.1에 표기되어 있다. 대부분 실제상황에서, 두 개 이상의 합응력이 단면에서 발생하기에, 다양한 조합하중에 의하여 **특정 지점에서 발생하는 응력상태(state of stress at a point due to various combined loads)**를 결정해야 할 필요가 있다.

수직과 전단응력의 조합 효과는 응력계산을 위한 모어 원(Mohr's Circle for stress)(8.5절)을 사용하여 평면응력(plane stress)에 대하여 편리하게 계산할 수 있다. 본 장에서는 다양한 조합하중을 받는 세장 부재의 응력분포를 조사한다. 추가로, 박판 압력용기에서의 응력상태를 검토한다. 모어 원의 이용은 박판 압력용기의 2축 응력(biaxial state) 해석에도 유용하다.

표 9.1 응력 공식

합응력	기호	공식	참고
수직응력	F	$\sigma = \dfrac{F}{A}$	2.2, 3.2절
비틀림 모멘트	T	$\tau = \dfrac{T\rho}{I_p}$	4.3절
굽힘 모멘트	M	$\sigma = \dfrac{-My}{I}$	6.3절
횡 전단력	V	$\tau = \dfrac{VQ}{It}$	6.8절

9.2 박판 압력용기

(a) 원통형 산소통을 맨 스쿠버 다이버

(b) 우주선의 구형 산소 압축가스 통

그림 9.1 박판 압력용기의 예

그림 9.1은 원통과 구 형태의 통과 같은 박판 압력용기에 작용하는 "조합하중"의 한 가지 형태를 보여준다. 박판 압력용기는 2 in. 지름의 헤어스프레이, 면도 크림, 스프레이식 페인트부터, 60 ft 혹은 그 이상의 지름을 가지는 가스저장용기까지 그 크기가 다양하다. 본 절에서는 내부 압력을 받는 원통과 구형 용기를 검토한다. 이들은 얇은쉘(thin shell)이라 불리는 박판 구조물의 특별한 경우이다.[1]

압력이 가해지더라도 금속이나 플라스틱으로 제작된 박판 압력용기는 혹은 그 이상일 때(즉, $\frac{r}{t} \geq 10$), 박판으로 간주된다. 이 경우, 용기 안과 바깥 벽에서의 인장응력은 근소하게($< 5\%$) 차이난다.

원통형 압력용기 그림 9.1a에 도시된 다이버용 산소통은 원통형 박판 압력용기의 예이다. 그림 9.2a는 경판을 가지는 원통형 압력용기를 보여준다. 원통 단면에서, 길이 또는 축방향의 수직응력과 원주방향 또는 원둘레 방향의 수직응력을 각각 축응력(axial stress) σ_a과 원환응력(hoop stress) σ_h라 부른다. 용기에 저장되어 있는 압축가스의 전체 무게는 무시할 수 있다고 가정하고, 내부 압력[2] p에 관련된 σ_a과 σ_h에 대한 적절한 자유물체도를 사용한다. σ_a와 σ_h는 압력용기 벽의

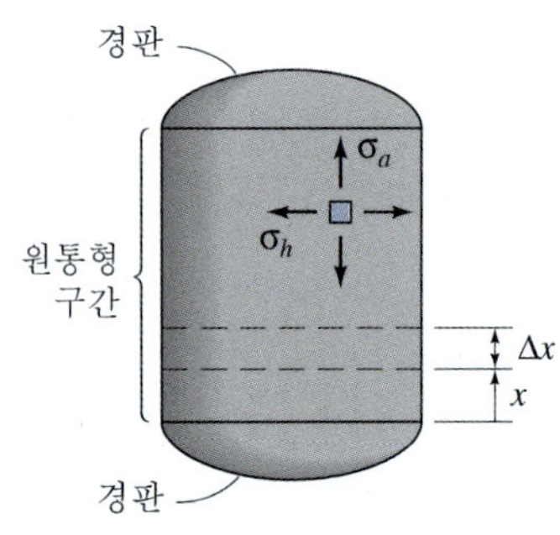

(a) 경판을 가지는 원통형 압력용기

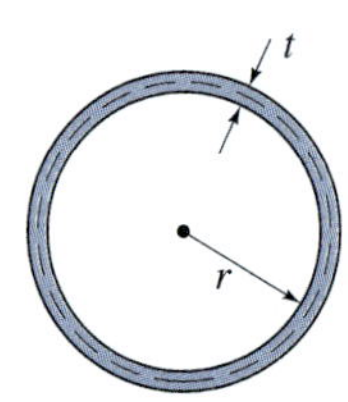

(b) 쉘의 치수

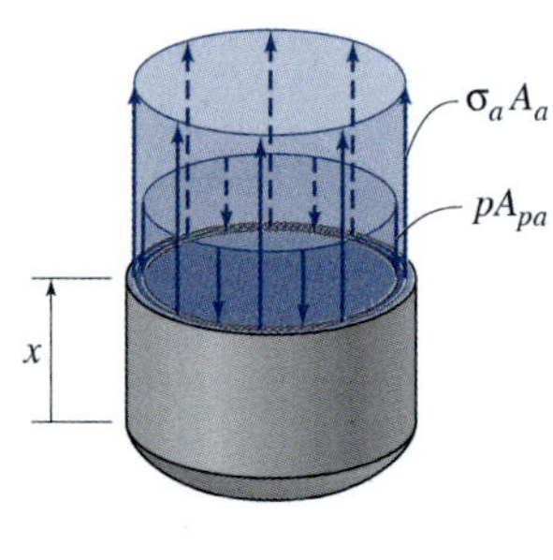

(c) 축응력 σ_a를 결정하기 위한 자유물체도

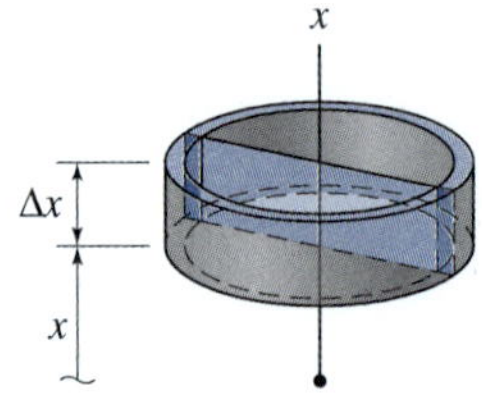

(d) 원환응력 자유물체도를 위한 지름방향 절단면

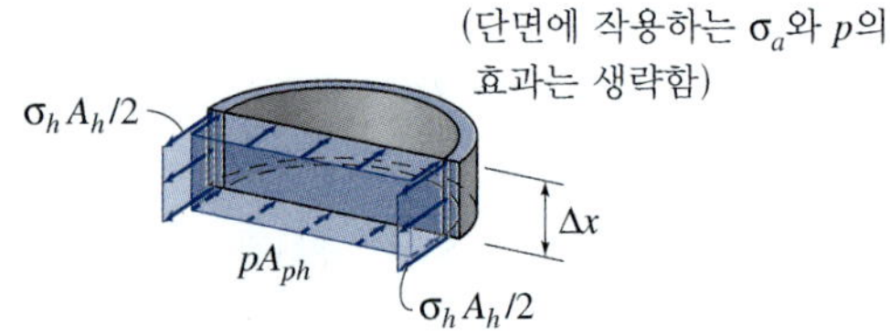

(e) 원환응력 σ_h 계산을 위한 자유물체도

그림 9.2 내압을 받고 있는 원통형 압력용기의 응력 해석을 위한 그림

1) *Thin Elastic Shells* by Harry Kraus, [참고문헌 9-1].

2) 압력은 게이지압(gage pressure)으로 내압과 외압(혹은 대기압)의 차이다. 만약 외압이 내압보다 크다면, 박판의 표면은 좌굴에 의하여 붕괴될 수 있다. 여기서는 오직 내압만을 고려한다.

전단면의 두께에 걸쳐 일정한 것으로 가정한다.

축(길이방향) 응력: 축응력을 결정하기 위하여, 경판[3]으로부터 특정 거리를 가진 임의의 단면 x에서 쉘 벽과 가스를 "절단"하여 도시한, 그림 9.2c의 자유물체도를 이용할 수 있다. x방향 힘의 합으로부터,

$$\sum F_x = 0: \qquad \sigma_a A_a - pA_{pa} = 0 \tag{9.1}$$

길이방향 응력은 용기 벽의 절단면에서 작용하지만 가스압은 x 절단면 하부의 용기 속 가스에 작용하고 있으므로, 그림 9.2b에 기초하여 A_a, A_{pa}를 식 9.1에 적용하면

$$\sigma_a[\pi(r+t)^2 - \pi r^2] - p\pi r^2 = 0$$

그러나 $t \ll r$이므로, 아래와 같이 근사화된다.

$$\sigma_a(2\pi rt) - p\pi r^2 = 0$$

따라서 **축응력(axial stress)**은 다음과 같다.

$$\sigma_a = \frac{pr}{2t} \qquad \textbf{원통형의 축응력} \tag{9.2}$$

원환응력: 원환응력 σ_h를 계산하기 위하여 그림 9.2d에 묘사된 횡단면과 길이방향 절단면인 그림 9.2e의 자유물체도를 사용한다. 용기를 반으로 자르는 임의의 길이방향 절단면(즉, 길이방향 축을 포함한 절단면)을 적용하여, σ_h가 작용하는 두 단면을 얻을 수 있으며 그림 9.2e의 두 원환 하중은 평행하다. 따라서 원환방향(즉, 원주에 접선방향)의 모든 힘의 합을 구하면

$$\sum F_h = 0: \qquad \sigma_h A_h - pA_{ph} = 0 \tag{9.3}$$

식 9.3의 면적은 $A_h = 2t\Delta x$와 $A_{ph} = 2r\Delta x$이기에 **원환응력(hoop stress)**은 다음과 같다:

$$\sigma_h = \frac{pr}{t} \qquad \textbf{원통형의 원환(hoop) 응력} \tag{9.4}$$

원통형 쉘에서 원환응력의 크기가 축응력의 2배라는 사실은 그림 9.3에 묘사된 원통 표면의 파괴 형상의 원인으로 설명된다. 왼쪽의 사진은 다이버용 고압 알루미늄 합금 압력용기의 파손을 나타낸다. 오른쪽은 강재 액화 프로판 가스(LPG) 용기

---

3) 경판의 효과는 본 절에서 차후 논의된다.

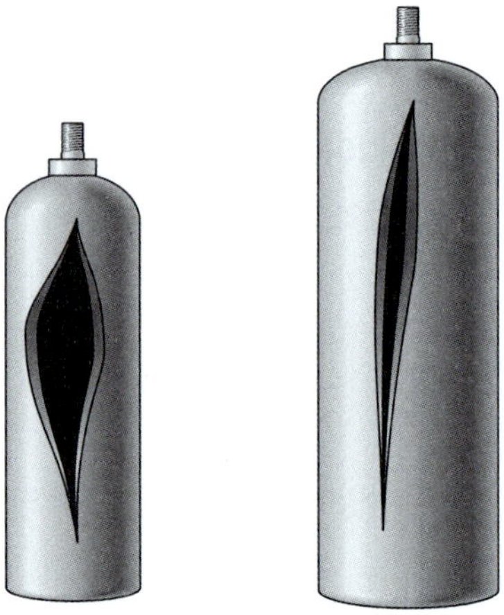

그림 9.3 전형적인 손상된 압력용기 (사진은 ASM International이 제공하였음)

이다.[4] 압력용기는 심각한 손상을 동반하기에 압력용기의 설계와 제작은 엄격하게 규제된다(예; 미국기술공업기술자협회 보일러와 압력용기 규칙 [참고문헌 9-3] – ASME Boiler and Pressure Vessel Code).

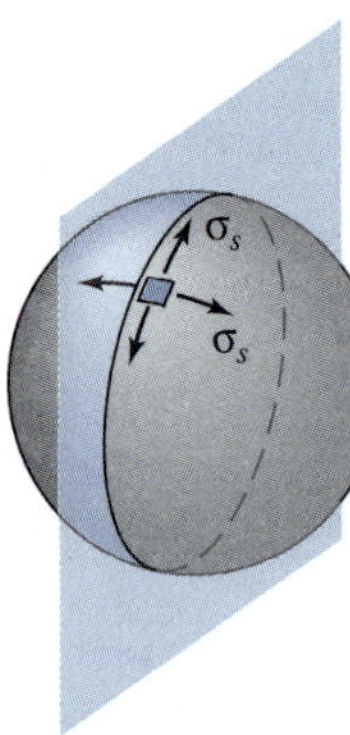

(a) 지름방향 절단면이 표기된 구형 압력용기

구형 압력용기 내부 지름이 r이고, 벽의 두께가 $t(r/t \geq 10)$인 박판 구형 압력용기를 고려해 보자. 구의 대칭성에 의하여, 수직응력은 그림 9.4a에 도시된 바와 같이, 표면의 어느 방향에서나 동일하다. 구형 압력용기의 응력을 규명하기 위해 σ_s라 표기된 이 응력은 반구에 가득차 있는 가압 가스가 더해진 구형용기의 절반으로 구성된 자유물체도를 적용하여 계산할 수 있다. 그림 9.4b의 합력에 의하면

$$\sigma_s A_s - pA_{ps} = 0 \tag{9.5}$$

식 9.1과 9.2의 근사치를 적용하여, 식 9.5의 구형 압력용기의 **수직응력 표현식**은 다음과 같다.

$$\boxed{\sigma_s = \frac{pr}{2t}} \quad \textbf{구의 수직응력} \tag{9.6}$$

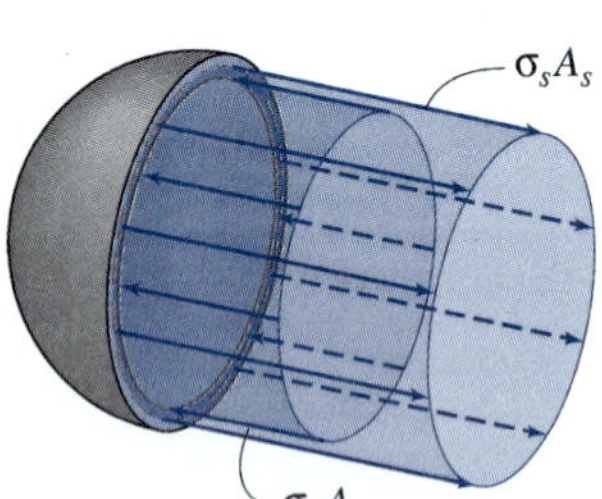

(b) 구형 표면의 수직응력 계산을 위한 자유물체도

그림 9.4 내압을 받는 구형 쉘

구형 압력용기에서의 응력은 같은 r/t 비를 가지는 원통형 압력용기의 길이방향 응력과 같다; 이는, 원통의 원환응력의 반값이다. 그러므로 주어진 압력에서 구형 압력용기는 원통형 압력용기보다 더 얇은 벽으로 설계될 수 있다.

압력용기 벽에서의 응력 상태 이전 계산에서, 원통 및 구형 압력용기의 벽에서 발생하는 "평면내" 응력("in-plane" stresses)을 얻을 수 있다. 그림 9.2c, 9.2e 또는 9.4b의 절단면에서 전단력은 발생하지 않기 때문에, 응력 σ_a, σ_h과 σ_s는 모두

4) 파괴, 파손과 관련된 많은 흥미로운 예제들은 다음의 참고문헌 9-2에 소개되어 있다.
Analyzing Failure: The Problems and the Solutions, V.S. Goel, ed., (1986), ASM International®, Materials Part, OH 44073–0002 (formerly American Society for Metals, Metals Park, OH 44073).

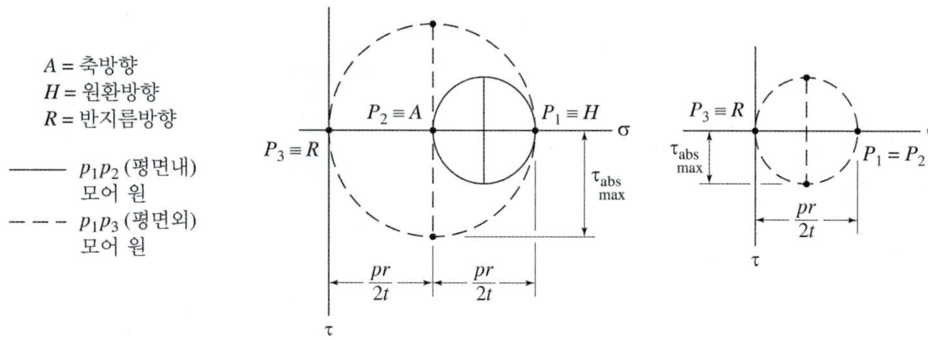

(a) 원통형에 대한 모어 원 (b) 구형에 대한 모어 원

그림 9.5 평면내와 평면외 응력에 대한 모어 원

평면내 주응력(in-plane principal stresses)이다. 반지름방향의 수직응력은 모든 경우에서 세 번째 주응력이다.

압력용기 벽의 내부 표면에서, 반지름방향의 수직응력은 압력이 내부 표면을 누르기 때문에 $\sigma_r = -p$이다. 외부 표면에서의 압력(게이지압)은 0이기에, $\sigma_r = 0$이다. r/t는 10 이상으로 가정되기 때문에, 반지름방향 응력은 평면내 응력에 비하여 매우 작으며, 대체로 무시된다.[5] 원통형과 구형의 압력용기 벽에서의 응력 상태를 결정하고, 각각의 응력의 모어 원을 그리기 위하여 식 9.2와 9.4(원통형) 및 식 9.6(구형)을 이용한다. 구형 용기에서 σ_s은 어느 평면내 방향에서도 수직응력이기 때문에, 그림 9.5b의 평면내 응력을 표현한 모어 원은 σ축의 하나의 점으로 표시된다. 8.6절의 해석 결과로부터 최대전단응력은 다음과 같다.

$$\tau_{\substack{\text{abs}\\\text{max}}} = \frac{\sigma_{\text{max}} - \sigma_{\text{min}}}{2} \qquad \text{(8.32) 반복}$$

그림 9.5a와 9.5b로부터,

$$\left(\tau_{\substack{\text{abs}\\\text{max}}}\right)_{\text{cyl}} = \frac{pr}{2t}$$
$$\left(\tau_{\substack{\text{abs}\\\text{max}}}\right)_{\text{sph}} = \frac{pr}{4t} \qquad (9.7)$$

경판과 기타 불연속부의 영향 압력용기에 가스나 액체를 충전시키거나 배출하기 위하여 그림 9.3과 9.6a에 묘사된 바와 같이, 압력용기 벽에 구멍과 어떤 종류의 "연결부"가 있어야 하지만, 이와 같이 압력용기 벽에 설치된 불연속부 근방에서는 위에서 유도된 응력 공식들이 적용되지 않는다.

또한, 압력용기의 원통부분과 경판 사이의 연결부위 부근도 앞서 언급된 해석방법을 적용할 수 없는 위치이다(그림 9.2a). 이는 그림 9.6b와 9.6d에 묘사되어 있

5) 반지름방향의 응력은 8.6절의 3차원 응력 해석법을 이용하여 쉽게 고려할 수 있다.

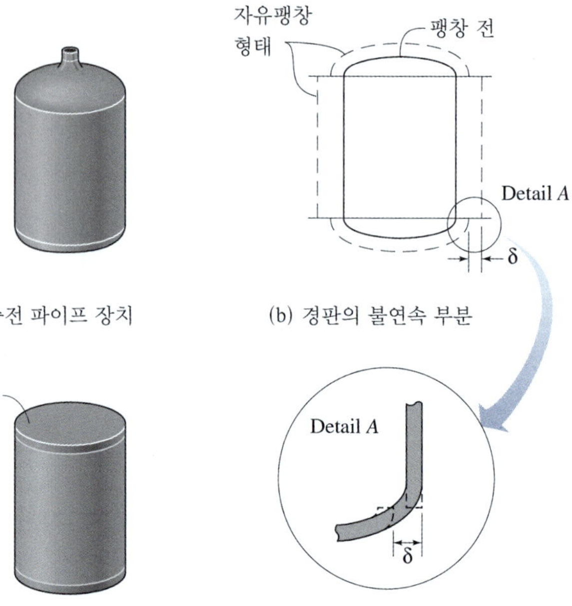

(a) 충전 파이프 장치 (b) 경판의 불연속 부분

(c) 평판형 경판을 갖는 원통 (d) 경판과 원통의 접합부 근방에서의 변형

그림 9.6 박판 압력용기의 두 가지 불연속부

다. 만약 압력용기의 경판과 원통부분이 내압의 효과로 인해 자유롭게 팽창할 수 있다면, 그림 9.6b와 같이 원통은 경판이 팽창하는 것보다 더 큰 반지름방향으로 팽창할 것이다. 그러나 경판이 원통부에 용접되거나, 또는 부착되어 있기에, 원통과 경판은 모두 국부적인 굽힘응력과 관련된 큰 국부 변형상태에 놓이게 되며, 이러한 불연속점에서 응력분포 해석은 본 교재의 목적에서 벗어난다.[6] 특히, 그림 9.6c에 묘사된 바와 같이, 평판형 경판은 바람직하지 않으며, 가능하다면 고려하지 않는 것이 좋을 것이다.

예제 9.1

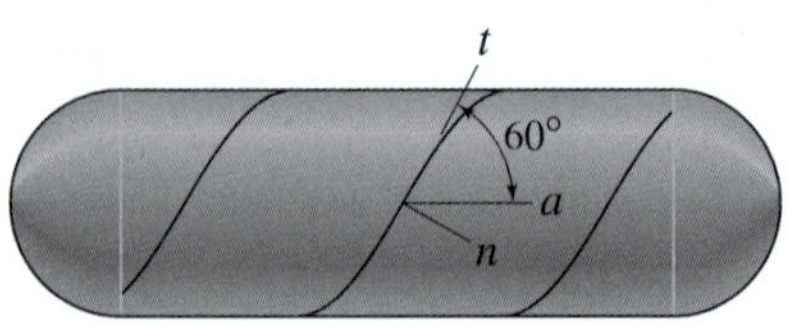

그림 1

지름 2.5 m의 원통 압력용기는 두께 10 mm의 두 강판을 그림 1과 같이 나선방향으로 맞대기 용접하여 제작하였다. 압력용기의 최대 내부 압력이 1200 kPa일 때, 다음을 계산하시오: (a) 축응력과 원환(Hoop)응력; (b) 절대 최대 전단응력; 그리고 (c) 용접선과 수직한 수직응력, σ_n과 용접선방향 전단응력, τ_{nt}.

풀이

(a) 평면내 응력(In-plane stresse): 압력용기 원통 단면에서의 축응력과 원환(Hoop)응력 식 9.2와 9.4에 의하여 각각 계산될 수 있다. 주어진 압력과 내압하중으로부터, 축응력과 원환(Hoop)응력은:

6) 이는 박판과 관련되어 있는 교과서에서 다루어진다. 예를 들어, S. Timoshenko와 S. Woinowsky-Krieger가 저술한 *Theory of plates and shells*의 116절 [참고문헌 9-4]을 참고한다.

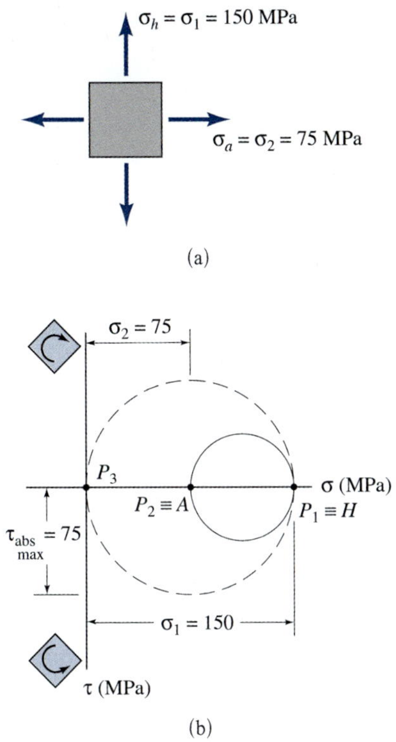

그림 2

$$\sigma_a = \frac{pr}{2t} = \frac{(1200\text{ kPa})(1.25\text{ m})}{2(10\text{ mm})} = 75\text{ MPa}$$

$$\sigma_h = \frac{pr}{t} = \frac{(1200\text{ kPa})(1.25\text{ m})}{(10\text{ mm})} = 150\text{ MPa}$$

길이 및 원주 단면에서의 전단력은 없기 때문에, 이 값들은 평면내 주응력이다. 그러므로

$$\sigma_1 = \sigma_h = 150\text{ MPa},\quad \sigma_2 = \sigma_a = 75\text{ MPa}$$ **답 (a)** (1)

(b) 절대 최대 전단응력(Absolute maximum shear stress): 평면내 응력에 대한 모어(Mohr) 원이 그림 2b의 실선으로 표기되어 있다. 축응력과 원환(Hoop) 응력 모두 인장이기에, 최대 평면내 전단응력은 절대 최대 전단응력이 아니다. $\sigma_1 \ge \sigma_2 \ge 0$인 이 응력상태는 그림 8.24c에 묘사되어 있다. $r/t = 125$이므로 내부응력과 비교하여 내압 p는 무시할 수 있으며, P_1과 원점 P_3를 지나는 모어(Mohr) 원을 그릴 수 있다. 그러므로, 절대최대응력 $\tau_{\substack{abs\\max}}$는 다음과 같다.

$$\tau_{\substack{abs\\max}} = \frac{\sigma_1}{2} = \frac{150\text{ MPa}}{2}$$

또는

$$\tau_{\substack{abs\\max}} = 750\text{ MPa}$$ **답 (b)** (2)

(c) 용접선 응력(Weld-line stress): 평면내 모어(Mohr) 원은 그림 3a에 재작성되 있다. 그림 1의 n방향은 용접선과 수직이기 때문에, N지점은 용접과 평행한 면의 응력을 나타낸다. 그림 3의 모어(Mohr) 원으로부터,

$$\sigma_n = \overline{OB} = 112.5\ \text{MPa} - (37.5\ \text{MPa})\cos 60^\circ = 93.75\ \text{MPa}$$

$$\tau_{nt} = -\overline{NB} = -(37.5\ \text{MPa})\sin 60^\circ = -32.48\ \text{MPa}$$

또는

$$\sigma_n = 93.8\ \text{MPa},\quad \tau_{nt} = -32.5\ \text{MPa}$$ **답 (c)** (3)

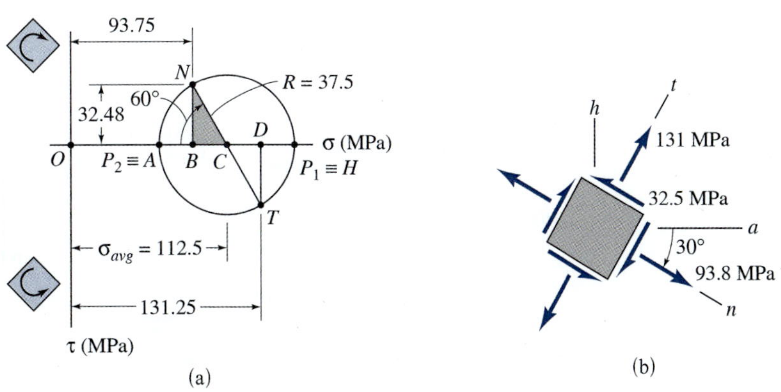

그림 3

수직응력 σ_t는 아래에 의해 주어진다.

$$\sigma_t = \overline{OD} = 112.5\ \text{MPa} + (37.5\ \text{MPa})\cos 60^\circ = 131.25\ \text{MPa}$$

이러한 응력들은 그림 3b의 회전된 요소에 도시하였다.

용접선의 수직응력과 전단응력은 6.8절에서 다루었던 단위길이당 수직력과 단위길이당 전단력(전단흐름)으로 환산할 수 있다.

MDS 9.1 **원통형 압력용기의 응력**

9.3 보의 응력분포

철근 콘크리트 보에서 굽힘 모멘트 M과 횡 전단력 V의 조합하중에 의한 효과를 묘사하기 위하여 사용되었던 그림 8.1의 균열 형태를 기억해보자. 이제, 굽힘과 전단을 받는 균일보에서의 응력 분포를 보다 구체적으로 다룰 것이다. 횡 하중을 받는 보의 응력분포를 설명하기 위하여, 그림 9.7의 단순지지 사각형 단면 보를 고려해보자. 하중을 받는 지점과 두 지지점에서는 국부 응력집중이 존재하기에 제6장에서 유도된 굽힘 공식($\sigma = -My/I$)과 전단 공식($\tau = VQ/It$)을 사용하여 이 지점들 부근에서의 응력을 계산할 수 없다. 그러나 2.10절에 소개된 생 베낭의 원리(St. Venant's Principle)에 따르면, 응력 집중부에서 멀어지는 응력상태는 보의 기초이론(elementary beam theory)의 식을 적용할 수 있다. 수직응력과 전단응력은 8.3절의 식 8.3 혹은 8.5의 응력 변환식, 또는 하중과 지지점으로부터 충분히 떨어진

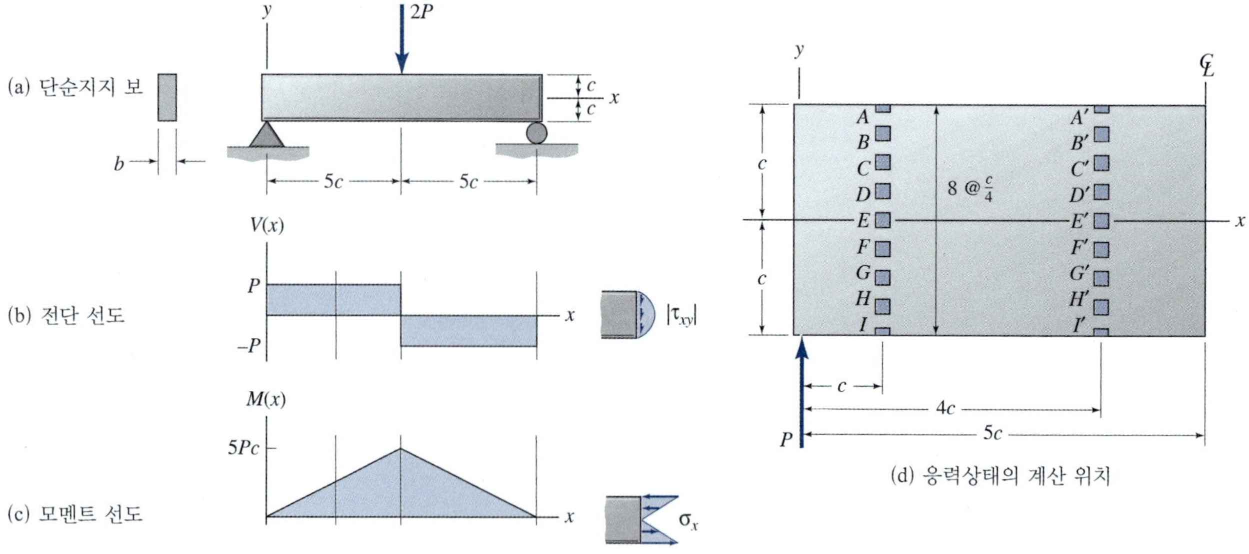

그림 9.7 보의 응력상태를 검토하기 위한 단순지지 보

보의 특정 지점에서 응력상태를 보여주는 모어(Mohr) 원을 사용하여 조합할 수 있다.

그림 9.7의 단순지지 보의 굽힘 모멘트가 작은 $x=c$점에서 등간격으로 위치한 아홉 개의 점과 모멘트 최댓값과 가까운 지점(그림 9.7d)인 $x=4c$점에서 등간격으로 위치한 다른 아홉점에서의 응력상태를 관찰할 것이다. 이는 주응력 σ_1과 σ_2가 특정 보의 위치마다 얼마나 차이가 나는지 확인할 수 있도록 한다. 예를 들어, 최대 수직응력이 항상 최대 굽힘응력과 동일한지 또는 굽힘응력과 횡 전단응력의 특정 조합이 최대 굽힘응력이 발생하는 지점보다 보의 다른 어떤 점에서 더 큰 수직응력을 발생시키는지와 같은 질문을 해결할 수 있다.

보의 절반 길이구간, $0<x<5c$에 대한 굽힘응력과 횡 전단응력은 다음과 같다.

$$\sigma_x = \frac{-Pxy}{I} = -3\sigma_0\left(\frac{xy}{c^2}\right) \tag{9.8}$$

$$\tau_{xy} = -\frac{3\sigma_0}{2}\left(1-\frac{y^2}{c^2}\right) \tag{9.9}$$

여기서, $\sigma_0 = P/A$이다. 이는 각각 그림 9.7c와 9.7b에 도시되어 있다. 최대 수직응력은 보의 중앙부에서 발생하며, $(\sigma_x)_{\max} = 15\sigma_0$이다. C점에서의 모어(Mohr) 원 계산 예는 그림 9.8에 나타나 있다.

$x=c$와 $x=4c$에서 두 단면에 대한 주응력은 그림 9.9에 도표화하였다. 주응력은 보의 상단과 하단에서 x와 y축에 평행하며, 중립축($y=0$)에서 x축에 대하여 $\pm 45°$일 때 주목할 필요가 있으며, 각 단면에서 보의 상단에서 하단까지 방향이 어떻게 변화하는지 확인해보자. 또한, 모멘트 값이 상대적으로 작은 $x=c$에서도 최대 인장응력(압축)이 횡 전단력이 0이 되지 않는 어떤 특정 중간높이에서 발생하는 것이 아니라, 보의 하단(상단)에서 발생된다는 것에 유의하자.

예제는 $|M(x)|$가 최댓값인 단면에서 굽힘응력 및 압축응력이 간단한 굽힘응력

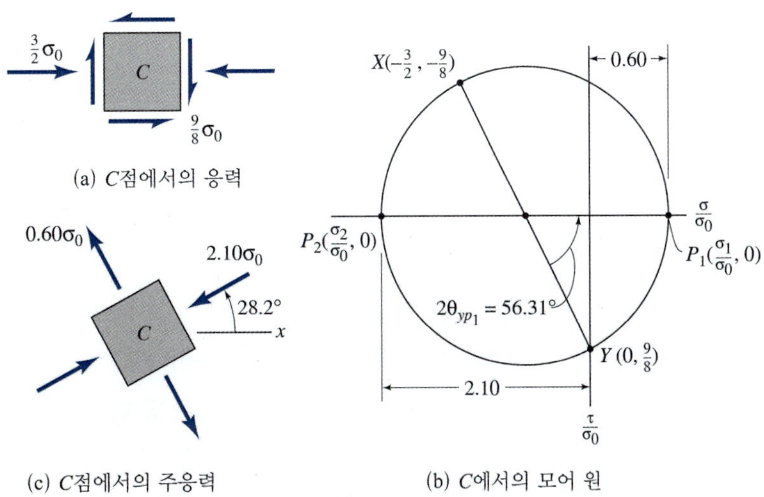

그림 9.8 그림 9.7d의 C점에서의 주응력 결정

y/c	$x=c$: σ_{min}/σ_0		σ_{max}/σ_0	$x=4c$: σ_{min}/σ_0		σ_{max}/σ_0
1	−3.00	A	0	−12.00	A'	0
$\frac{3}{4}$	−2.43	B 15.1°	0.18	−9.05	B' 4.1°	0.05
$\frac{1}{2}$	−2.10	C 28.2°	0.60	−6.20	C' 10.3°	0.20
$\frac{1}{4}$	−1.83	D 37.5°	1.08	−3.56	D' 21.6°	0.56
0	−1.50	E 45°	1.50	−1.50	E' 45°	1.50
$-\frac{1}{4}$	−1.08	F 37.5°	1.83	−0.56	F' 21.6°	3.56
$-\frac{1}{2}$	−0.60	G 28.2°	2.10	−0.20	G' 10.3°	6.20
$-\frac{3}{4}$	−0.18	H 15.1°	2.43	−0.05	H' 4.1°	9.05
−1	0	I	3.00	0	I'	12.00

그림 9.9 $\sigma_0 \equiv P/A$로 표시된 그림 9.7의 단순지지 보의 두 단면에서의 주응력

($\sigma = \dfrac{-My}{I}$)으로 계산되는 전형적인 사각형 단면 보 문제를 다루고 있다. 그러므로 횡 전단은 보의 최대 수직응력을 계산하는 데 영향을 미치지 않는다. 그러나 보의 외곽섬유 근방에서 큰 전단응력 τ_{xy}와 함께 큰 σ_x를 유발하는 넓은 플랜지를 가지는 보에서는, V와 M이 모두 현저하게 큰 단면에서의 주응력을 결정하기 위해 모어(Mohr) 원을 이용한 전반적인 해석이 수반되어야 한다. 이는 예제 9.2에서 소개하였다.

그림 9.9는 그림 9.7의 보에서 총 18개의 점에 대한 전체 주응력 상태를 보여준다. 보의 모든 점에서의 이러한 주응력 정보(즉, σ_1, σ_2의 값과 주방향)를 제공하는 것은 불가능하다. 그러나 보의 모든 점에서의 주응력 가시화를 할 수 있는 두 개의 선도를 얻는 것은 가능하다.

한 선도는 모든 점에서, 두 방향을 보여준다. 응력궤적(stress trajectories)이라 하는 선도는 모든 점에서 주방향으로 접할 수 있도록 그려지며, 임의의 어떤 점에서도 두 주방향은 직각이기 때문에, 모든 점을 지나는 두 응력궤적은 서로 직교하

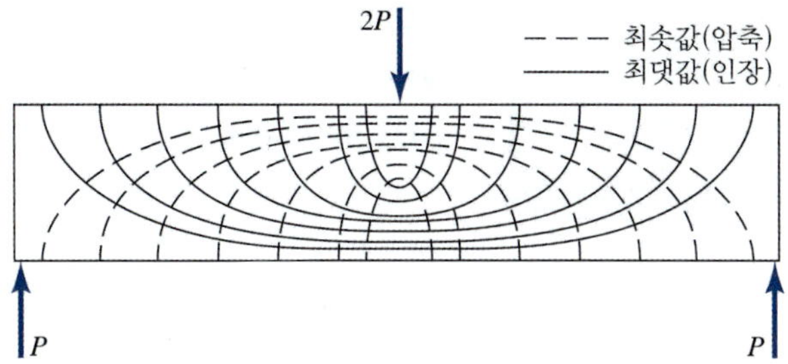

그림 9.10 중앙부에 집중하중을 받는 단순지지 보의 응력궤적

게 된다. 그림 9.10은 직사각면을 가지는 단순지지 보의 응력궤적을 보여준다(이 그림에서 응력집중은 고려되지 않았다). 응력궤적은 취성 재료(예, 콘크리트)로 만들어진 보에서 인장 주응력의 방향을 결정하여, 인장응력을 지지할 수 있는 보강재를 설치하는 데 주로 활용된다(그림 8.1). 응력궤적은 주응력의 방향을 보여주지만, 주응력의 크기에 관한 정보를 제공하지는 않는다. 등응력 선도(stress contours)는 동일한 주응력지점을 연결한 곡선을 보여준다.

응력을 계산하기 위해 유한요소법(finite element method)을 사용하고, 다른 응력 크기를 색상으로 표시한다면, 보에서 뿐만 아니라 복잡한 부재의 응력분포에 대한 컬러화상을 얻을 수 있다. 본 교재의 서두에 게재한 컬러사진은 유한요소 해에서 얻어진 응력 선도를 예시한 것이다.

6.4절, 보의 강도설계(Design of beams for strength)는 보의 최대 굽힘응력을 바탕으로 주어진 하중과 지지 조건을 견디는 보의 단면형상과 크기를 설정한다. 예를 들어, 예제 6.4에서 보의 최대 모멘트는 $x = 5$ ft 지점에서 발생되며, 주어진 허용응력 값과 모멘트는 보의 가장 효율적인 단면(최소 중량)을 결정하는 데 사용된다. 그러나 광폭 플랜지를 가진 보에서 M과 V가 모두 큰 단면에서의 최대 주응력은 예제 6.5에서 설계기준이 된 최대 굽힘응력을 초과할 수 있다. 아래 예제에서는 이러한 가능성을 검토할 것이다.

예제 9.2

그림 1a(예제 6.5의 그림 1과 동일)의 B지점 바로 좌측에서 횡 전단력 $V = -28$ kips이고, 굽힘 모멘트 $M = -48$ kip · ft이다. B점의 지지로 인한 응력집중은 무시할 때, 그림 1b의 D지점에서 발생하는 주응력을 계산하시오. 또한, D에서의 최대 인장응력과 $M(5 \text{ ft}) = 50$ kip · ft이고 $V(5 \text{ ft}) = 0$인 $x = 5$ ft 지점에서 발생하는 보의 최대 굽힘응력을 비교하시오. 보의 단면형상은 W14×26이다. (예제 6.5와 6.15를 참고)

풀이 계획 휨 공식을 사용하여, B점 단면에서의 수직응력을 계산할 수 있으며, 이 단면의 전단응력 분포는 예제 6.15에서 결정했었다. 모어(Mohr) 원을 사용하여 이 두 응력을 조합하고, D점에서 주응력의 크기와 방향을 결정할 수 있다.

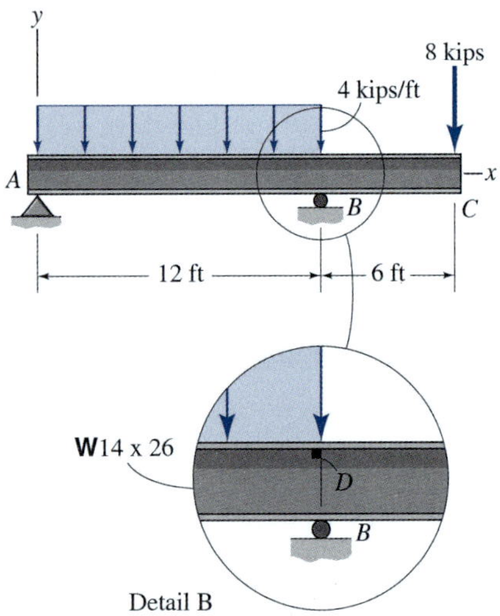

그림 1

풀이 단면 B의 바로 좌측에서의 전단력과 굽힘 모멘트는 그림 2a와 같으며, W14×26 보의 필요한 단면의 크기는 그림 2b와 같다.

D점에서 수직응력은

$$(\sigma_x)_D = -\frac{My}{I} = \frac{-(-48\ \text{kip}\cdot\text{ft})(12\ \text{in./ft})(6.535\ \text{in.})}{245\ \text{in}^4}$$

또는

$$(\sigma_x)_D = 15.364\ \text{ksi}(\text{인장})$$

D점에서 전단응력은 아래의 크기를 가진다.

$$\tau_D \equiv |\tau_{xy}|_D = \frac{|V|Q}{It} = \frac{28\ \text{kips}(5.025\ \text{in.})(0.420\ \text{in.})(6.745\ \text{in.})}{(245\ \text{in}^4)(0.255\ \text{in.})}$$

또는

$$\tau_D = 6.380\ \text{ksi}\uparrow$$

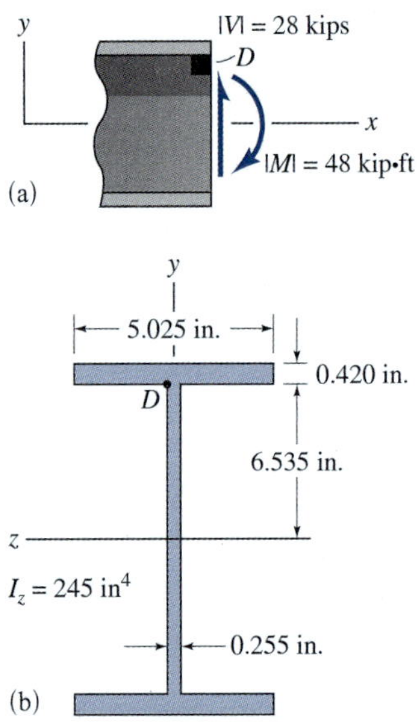

그림 2

D점의 웹 평면의 응력에 대한 모어(Mohr) 원을 그릴 수 있으며, 그림 3에 도시된 모어(Mohr) 원으로부터

$$R = \sqrt{(7.682)^2 + (6.380)^2} = 9.986\ \text{ksi}$$

$$\left.\begin{aligned}\sigma_{1_D} &= 7.682\ \text{ksi} + 9.986\ \text{ksi} = 17.67\ \text{ksi}\\ \sigma_{2_D} &= 7.68\ \text{ksi} - 9.98\ \text{ksi} = -2.30\ \text{ksi}\end{aligned}\right\}\quad \text{답}$$

$$2\theta_{xp_1} = \tan^{-1}\left(\frac{6.380}{7.682}\right) = 39.71°$$

$$\theta_{xp_1} = 19.9°$$

$x = 5$ ft에서, 최대 인장응력은 보의 최하단에서의 굽힘응력과 같다($V = 0$이므로). 따라서,

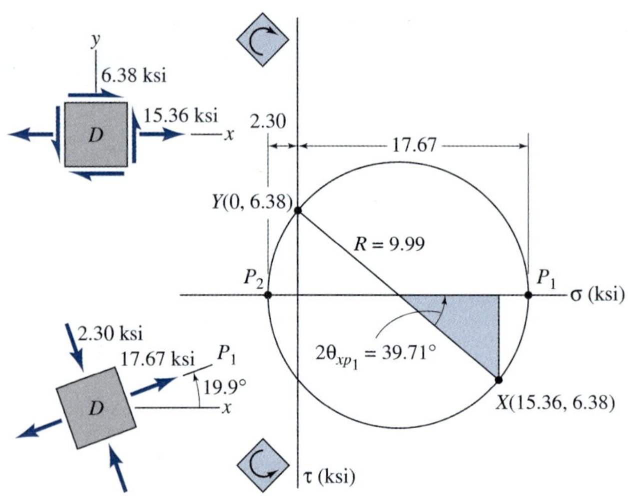

그림 3 D지점에서의 모어(Mohr) 원

$$\sigma_x(5\ \text{ft},\ -6.955\ \text{in.}) = \frac{-My}{I} = \frac{-(50\ \text{kip}\cdot\text{ft})(12\ \text{in./ft})(-6.955\ \text{in.})}{245\ \text{in}^4}$$

또는

$$\sigma_x(5\ \text{ft},\ -6.955\ \text{in.}) = 17.03\ \text{ksi}$$

그러므로 D점에서 인장 주응력 17.67 ksi는 보의 최대 굽힘응력 17.03 ksi보다 약간 크다. 그러나 예제 6.5에서 선정된 W14×26 보 단면에서 19 ksi의 허용응력이 사용되었기 때문에, D에서의 주응력이 기존의 설계기준인 최대 굽힘응력보다 미소하게 클지라도 이 보는 충분한 응력여유를 가지고 안전하다.

풀이 검토 이 문제는 계산이 아주 단순하기 때문에 정밀도만 재검토하면 될 것이다. 모멘트가 최대치에 가까운 단면상에 상당히 큰 횡 전단력이 존재하고, 또한 단면이 두꺼운 플랜지와 얇은 웹을 가지기에 D점의 응력 σ_1과 같이 보의 최대 굽힘응력보다 큰 주응력이 얻어진 것을 의아하게 여길 필요가 없다.

MDS 9.2 & 9.3 보에서의 조합된 굽힘과 전단

9.4 조합하중에 의한 응력

축, 비틀림과 굽힘 하중의 다양한 조합을 포함하는 여러 가지 응력해석 문제를 해결하기 위하여 아래에 서술된 해석 절차가 적용된다.

조합하중의 응력계산 절차

다음의 3단계 절차는 조합하중에 의한 응력을 계산하는 데 유용하다.

1. 내부 합력 결정: 이는 자유물체도 그리고 평형방정식을 작성하는 과정이다. 정적 부정정 문제에서는 재료 거동과 기하학적 변형이 반드시 고려되어야 한다.
2. 개별 응력의 계산: 표 9.1에 있는 식과 같은 수식들은 다양한 합응력에 의한 응력분포를 계산하는 데 활용된다. 9.2절에서는 박판 압력용기의 응력 계산식이 주어졌다.
3. 개별 응력의 조합: 이 단계는 비슷한 응력의 합산하거나 (예, 같은 면에서의 두 응력), 응력이 다를 때(예, σ_x와 σ_y) 모어(Mohr) 원을 이용하여 합산하는 과정이다. 대부분의 경우에서, 주응력과 최대 전단응력이 요구되며, 모어(Mohr) 원을 통하여 얻을 수 있다.

축하중과 굽힘의 조합 그림 9.11은 합응력 F, M_y와 M_z가 작용하는 부재의 x지점에서의 단면을 보여준다. 축하중은 단면의 도심에 작용하며, 축하중과 굽힘 모멘트 성분의 부호규약은 이전 장에서 소개된 것과 동일하다. y와 z축이 단면의 도심을 지나는 주축이라고 할 때, 임의 단면에서, 단면 내의 한 점 (y, z)에서 수직응력

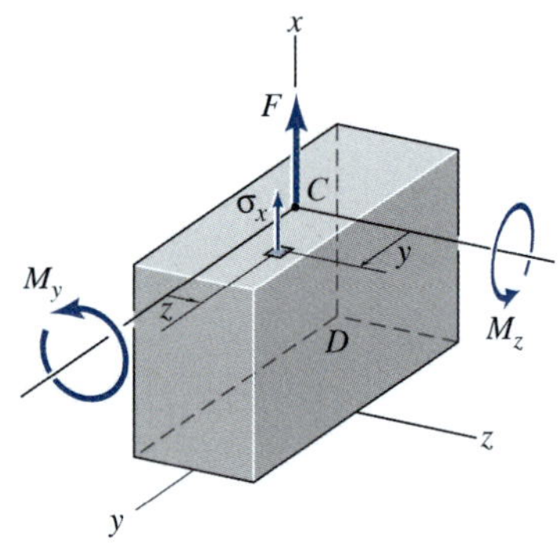

그림 9.11 2축 굽힘과 축하중을 받는 부재

σ_x는 식 2.4와 6.30을 조합하여 다음과 같이 표현한다.

$$\sigma_x = \frac{F}{A} + \frac{M_y z}{I_y} - \frac{M_z y}{I_z} \tag{9.10}$$

예제 9.3

그림 1과 같이, 800 kips의 축방향 압축력이 짧은 직사각형 압축 부재에 편심되어 작용하고 있다(긴 부재에 대한 편심 압축력의 영향은 10.4절에서 다루어진다). 응력 집중효과를 무시할 수 있는 만큼 하중 작용점으로부터 충분히 떨어진 단면 *ABCD*에서의 수직응력 분포를 결정하고, 응력 분포를 스케치하여 단면 *ABCD*의 중립축 위치를 결정하시오.

풀이 계획 편심력 P는 축변형과 y와 z축에 대한 굽힘을 발생시킨다. 그러므로 이 문제는 F, M_y와 M_z에 의하여 발생하는 응력이 중첩된다(식 9.10).

풀이

합응력: 그림 2는 단면 *ABCD*에서의 합응력을 보여준다. 응력과 합응력의 부호규약은 제2장과 제6장에 적용된 부호규약과 동일하다.

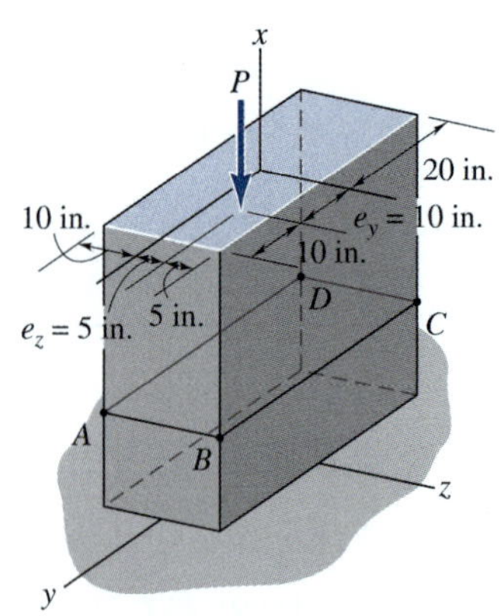

그림 1 편심하중을 받는 짧은 압축 부재

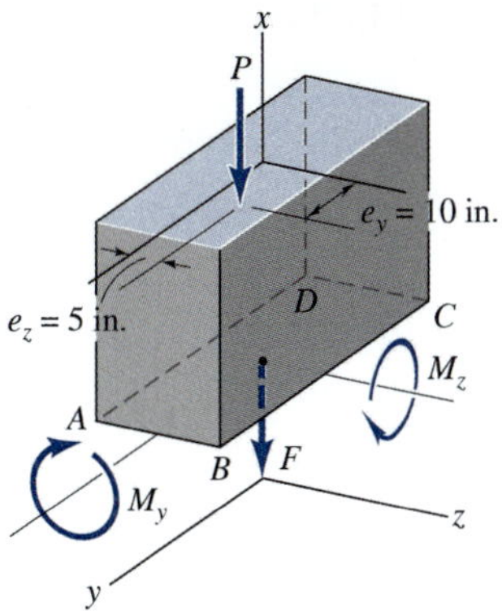

그림 2 합응력

평형방정식을 단면 $ABCD$에서 부재의 자유물체에 적용하여, 아래의 합응력 식을 얻을 수 있다.

$$\begin{aligned} F &= -P \\ M_y &= -Pe_z \\ M_z &= Pe_y \end{aligned} \tag{1}$$

각 축에 작용하는 수직응력: 축하중 F에 의하여 발생하는 수직응력을 식 2.4와 굽힘 모멘트에 의한 수직응력 식 6.30을 조합하여, 식 9.10을 얻을 수 있다.

$$\sigma_x = \frac{F}{A} + \frac{M_y z}{I_y} - \frac{M_z y}{I_z} \tag{2}$$

개별 응력분포를 적용하고 식 (1)과 (2)를 조합하면, 아래와 같다.

$$\begin{aligned} (\sigma_x)_F &= \frac{-P}{A} = \frac{-800 \text{ kips}}{(40 \text{ in.})(20 \text{ in.})} = -1000 \text{ psi} \\ (\sigma_x)_{M_y} &= \frac{(-Pe_z)z}{I_y} = \frac{(-800 \text{ kips})(5 \text{ in.})z}{\left[\frac{1}{12}(40 \text{ in.})(20 \text{ in.})^3\right]} = -150z \text{ psi} \\ (\sigma_x)_{M_z} &= \frac{(-Pe_y)y}{I_z} = \frac{-(800 \text{ kips})(10 \text{ in.})y}{\left[\frac{1}{12}(20 \text{ in.})(40 \text{ in.})^3\right]} = -75y \text{ psi} \end{aligned} \tag{3}$$

이러한 응력분포는 그림 3에 도시되었으며, 굽힘 응력의 최댓값은 아래와 같다.

$$\text{Max}|(\sigma_x)M_y| = 150z|_{z=10 \text{ in.}} = 150(10 \text{ in.}) = 1500 \text{ psi}$$
$$\text{Max}|(\sigma_x)M_z| = 75y|_{y=20 \text{ in.}} = 75(20 \text{ in.}) = 1500 \text{ psi}$$

응력의 중첩: 그림 3a부터 3c를 이용하여, 대수적으로 조합하면, 네 모서리에서의 작용하는 응력은 다음과 같다.

$$\begin{aligned} (\sigma_x)_A &= -1000 + 1500 - 1500 = -1000 \text{ psi} \\ (\sigma_x)_B &= -1000 - 1500 - 1500 = -4000 \text{ psi} \\ (\sigma_x)_C &= -1000 - 1500 + 1500 = -1000 \text{ psi} \\ (\sigma_x)_D &= -1000 + 1500 + 1500 = 2000 \text{ psi} \end{aligned} \tag{4}$$

이러한 모서리의 응력을 이용하면, 조합된 응력 분포를 그릴 수 있다. 식 (2)는 y와 z축에서 선형이기에, 응력 표면(stress surface)은 그림 3에 보여진 인장과 압축을 나타내는 "접힌" 면으로 이루어진다. 그림 4의 부재는 응력 표면과, 응력표면 $ABCD$ 평면의 교차점(RS)인 중립축(neutral axis)을 보다 관찰하기 쉽게 x축에 대하여 인장과 압축 방향이 표시되었다.

중립축선의 방정식은 (y^*, z^*)는 중립축 위의 좌표에서 $\sigma_x(y^*, z^*) = 0$로 설정함으로써 계산된다. 식 (2)와 (3)을 조합하여, 식 (5)를 얻을 수 있다.

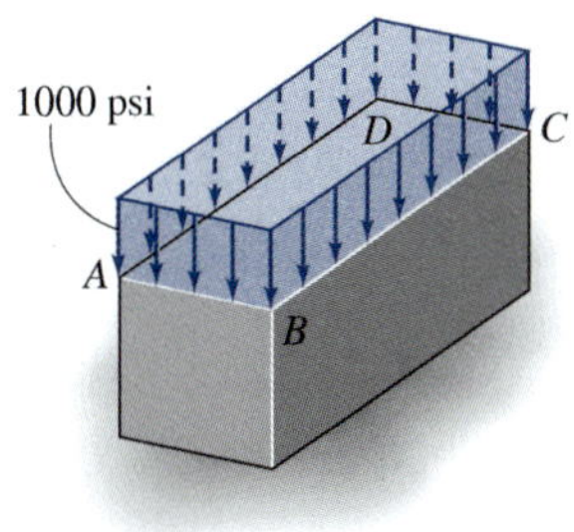

(a) F에 의한 응력 분포

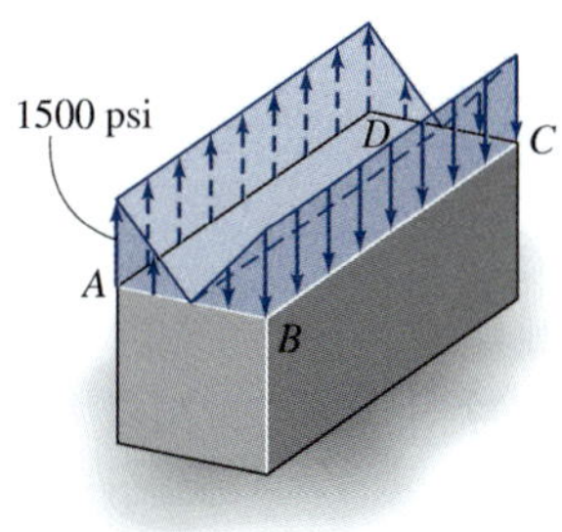

(b) M_y에 의한 응력 분포

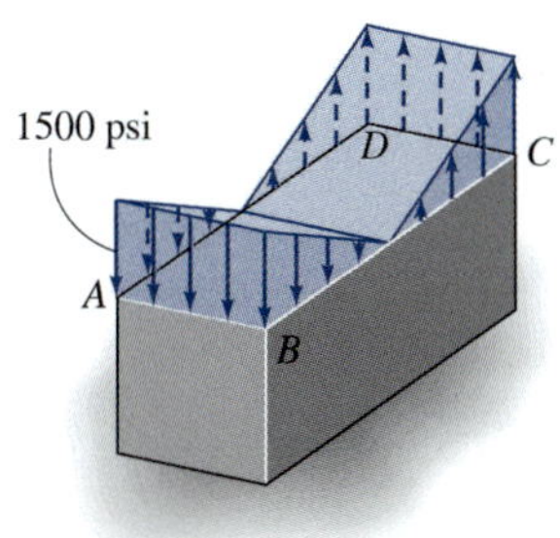

(c) M_z에 의한 응력 분포

그림 3 각 축에 작용하는 응력 분포

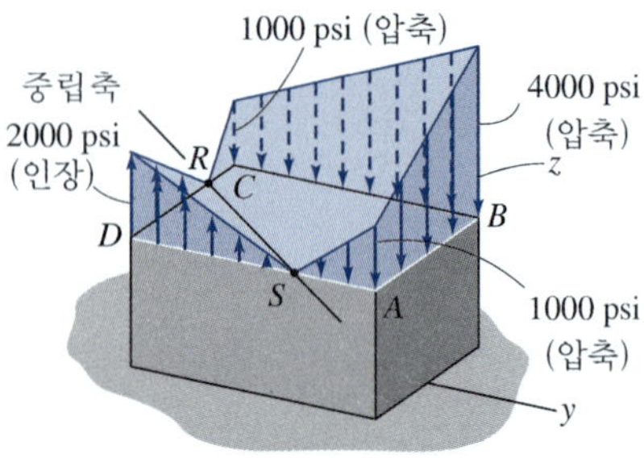

그림 4

$$\sigma_x(y^*, z^*) = -1000 - 75y^* = 150z^* = 0 \tag{5}$$

변 CD의 중립축 교차점인 R은 $y^* = -20$ in로 정하면 얻을 수 있다. 이는 $(y^*, z^*)_R = (-20\text{ in.}, 3.33\text{ in.})$이며, 유사하게, $(y^*, z^*)_S = (6.67\text{ in.}, -10\text{ in.})$이다.

풀이 검토 그림 1의 압축력 P의 위치로부터, 단면의 어떤 지점보다 모서리 B점에서 가장 큰 압축응력이 발생하는 것은 명백하다. 이는 식 (4b)와 그림 4에 의하여 확인할 수 있다. 하중 P는 D에서 인장을 야기하는 부재의 축으로부터 충분히 떨어져 있다. 이는 B와 D 구간에서 응력이 압축에서 인장으로 변화한다는 것을 의미한다. 따라서 중립축($\sigma_x = 0$)은 A와 D점 사이에 존재하며, 그림 4는 편심력 P에 의한 응력분포를 정확하게 표시하고 있다.

예제 9.3의 구조물과 같은 압축 부재가 콘크리트와 같은 취성 재료로 만들어졌다면, 단면의 어느 지점에서나 인장응력이 발생하는 것은 바람직하지 않다. 이는 압축력 P가 부재의 축 근방 작은 범위 안에 위치해 있음을 요구한다. 이 범위를 단면의 중심(kern) 또는 핵심(core)이라 부른다. 그림 9.11과 같은 사각형 단면에서 중심은 네 개의 직선으로 지정되어진다. 중심의 경계를 이루는 네 직선의 방정식은 그림 9.12의 면 $ABCD$와 같은 단면에서 수직응력을 계산하는 예제 9.3의 식 (1)과 (2)의 조합으로 유도된다. 즉,

$$\sigma_x(y, z) = \frac{-P}{A} + \frac{-Pe_z z}{I_y} + \frac{-Pe_y y}{I_z} \tag{9.11}$$

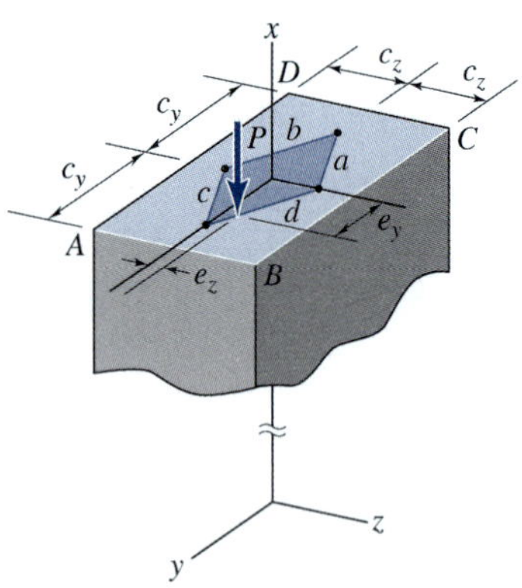

그림 9.12 사각형 단면의 중심

만약, P가 직선 "d"상의 특정 점에 작용한다면, 이 수직응력은 모서리 $D(-c_y, -c_z)$에서 0이며, 방정식은 아래와 같다.

$$\left(\frac{c_y}{I_z}\right)e_{yd} + \left(\frac{c_z}{I_y}\right)e_{zd} = \frac{1}{A} \tag{9.12}$$

유사한 방정식이 중심 경계선 a, b, 그리고 c에 대해 유도될 수 있다(연습문제 9.4-1을 참고하시오).

축하중과 비틀림의 조합 다음 예제는 축과 비틀림 하중의 조합으로 인한 응력의 중첩을 보여준다.

예제 9.4

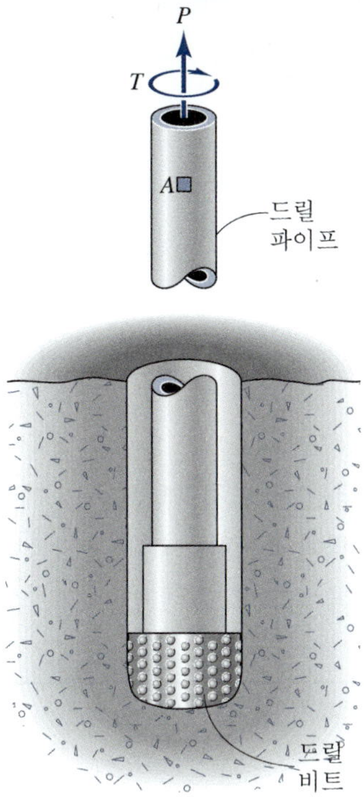

그림 1 유정(oil well) 시추 줄의 일부

그림 1과 같이, 유정(oil well)의 시추 시 A(지면 위)에서의 드릴 파이프의 단면은 인장력 $P = 70$ kips와 토크 $T = 6$ kip · ft에 의한 조합하중을 받고 있다. 드릴 파이프의 외부 지름은 4.0 in.이며, 내부 지름은 3.640 in.이다. 드릴 파이프의 외부 표면에 위치한 A점의 최대 전단응력을 계산하시오. 이 지점에서 반지름방향 응력은 0이다. 드릴 파이프의 인장 항복응력은 95 ksi이다.

풀이 계획 하중 P에 의한 수직응력 σ와 T에 의한 전단응력 τ를 조합하기 위하여 모어(Mohr) 원을 사용할 수 있지만, 절대 최대 전단응력을 결정하기 위하여, A점의 3차원 응력상태를 고려할 필요가 있다.

풀이

합응력: 합응력은 문제에 주어져 있다:

$$F = P = 70 \text{ kips}, \quad T = 6 \text{ kip} \cdot \text{ft} \tag{1}$$

개별 응력: 식 2.4로부터 수직응력을 얻고,

$$\sigma = \frac{F}{A} = \frac{70 \text{ kips}}{\pi[(2 \text{ in.})^2 - (1.820 \text{ in.})^2]} = 32.41 \text{ ksi} \tag{2}$$

식 4.13으로부터, 비틀림 전단응력을 아래와 같이 얻을 수 있다.

$$\tau = \frac{Tr_o}{I_p} = \frac{(6 \text{ kip} \cdot \text{ft})(12 \text{ in./ft})(2 \text{ in.})}{\frac{\pi}{2}[(2 \text{ in.})^4 - (1.820 \text{ in.})^4]} = 18.23 \text{ ksi} \tag{3}$$

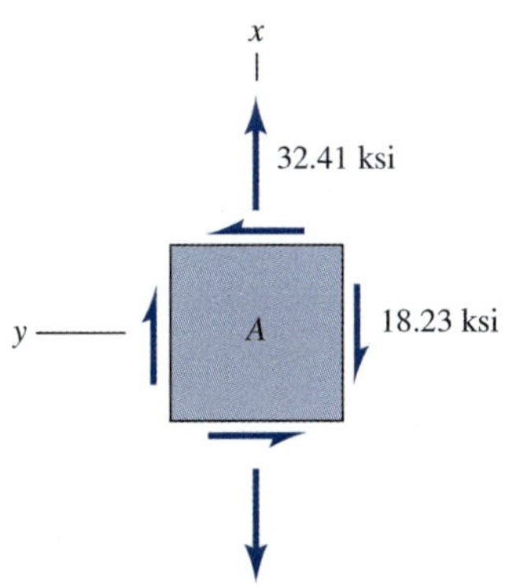

그림 2 A지점에서의 평면내 응력

그림 2는 A점에서 드릴 파이프의 표면에서 "평면내" 응력을 보여주며, 표면에 수직한 반지름방향의 응력은 0이다.

응력의 중첩: 모어(Mohr) 원을 이용하여, 그림 2의 평면내 응력을 조합할 수 있다. 그림 3의 모어(Mohr) 원으로부터,

$$R = \sqrt{(16.20 \text{ ksi})^2 + (18.23 \text{ ksi})^2} = 24.39 \text{ ksi} \tag{4}$$

그리고,

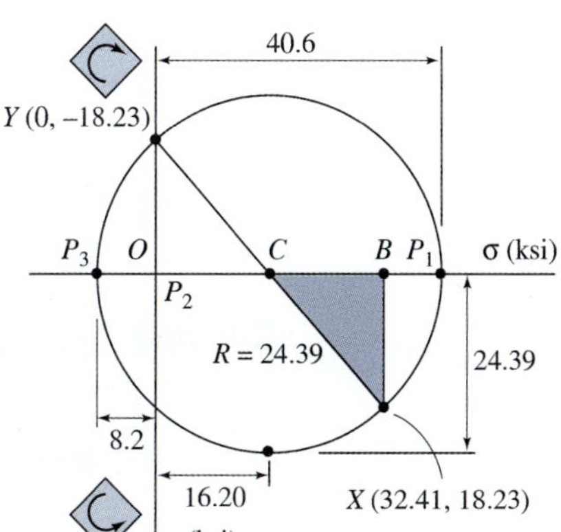

그림 3 모어(Mohr) 원

$$\begin{aligned}\sigma_1 &= \sigma_{avg} + R = 16.20 + 24.39 = 40.6 \text{ ksi} \\ \sigma_3 &= \sigma_{avg} - R = 16.20 - 24.39 = -8.2 \text{ ksi}\end{aligned} \quad (5)$$

평면외 주응력 $\sigma_r = 0$은 중간크기의 주응력이므로, 평면내 주응력은 σ_1과 σ_3으로 표기된다. 식 8.32로부터,

$$\tau_{\substack{abs\\max}} = \frac{\sigma_{max} - \sigma_{min}}{2} = \frac{40.6 \text{ ksi} - (-8.2 \text{ ksi})}{2} \quad (6a)$$

또는

$$\tau_{\substack{abs\\max}} = 24.4 \text{ ksi} \quad \textbf{답} \ (6b)$$

풀이 검토 식 (2)와 (3)은 반드시 재검토되어야 한다. X와 Y점은 정확하게 도시되었기에 σ_1과 σ_3도 정확할 것으로 판단된다. 마지막으로, 본 예제의 작용응력은 드릴 파이프의 항복을 야기하지 않기에, 절대 최대 전단응력은 인장 항복강도의 절반보다 매우 작다. 그러므로 식 (6b)의 답은 합리적으로 보인다.

MDS 9.4 축하중과 비틀림 조합하중을 받는 축

변형체역학을 유정공학 분야에 적용한 많은 예는 H. Radia의 *Oilwell Drilling Engineering-Principles and Practice* [참고문헌 9-5]에 소개되어 있다. 또한 참고문헌 9-6[7])을 참고한다.

일반적인 조합하중 조합하중에 의한 응력의 마지막 예제에서는 모든 종류의 합응력 F, T, M 및 V를 포함하는 문제를 고려하였다.

예제 9.5

그림 1과 같이, 표지판에 부는 바람에 의한 압력의 합력 P가 C점에서 $-y$ 방향으로 작용하고 있다. 표지판의 무게 W_s는 C점을 통하여 수직으로 작용하고 있으며, 표지판을 지지하는 박판 파이프의 무게는 W_P이다.

9.4절의 서두에 제시된 절차를 따라서, 파이프 기둥을 하단부인 A와 B점에서의 주응력을 다음의 수치 데이터를 이용하여 결정하시오.

파이프 $OD = 3.50$ in., $A = 2.23$ in^2, $I_y = I_z = 3.02$ in^4, $I_p = 6.03$ in^4,
$W_s = 125$ lb, $W_p = 160$ lb, $P = 75$ lb, $b = 40$ in., $L = 220$ in.

풀이 계획 합응력과 응력공식 등을 도표화하여 응력의 기여량을 빠짐없이 고려할 수 있을 것이다. 무게 W_s는 축하중으로 작용하며, y축에 대한 모멘트를 발생시킨다. 풍력 P는 y축에서 횡 전단력을 만들며, x축에 관한 비틀림과 z축

7) 미국석유협회(American Petroleum Institute, API)는 석유와 가스 산업의 전반적인 규정의 출판, 기술지침과 전자 및 온라인 버전을 제공한다. (http://www.api.org)

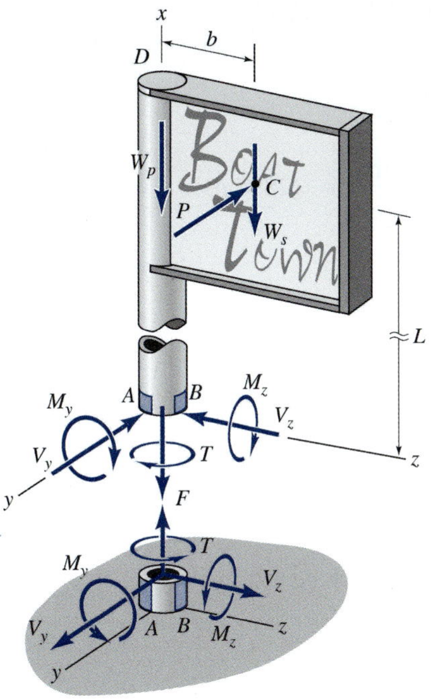

그림 1 외팔보형(cantilevered) 표지판

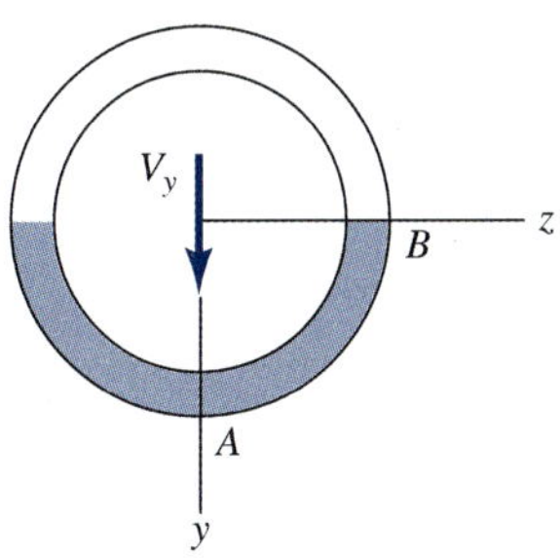

그림 2

에 관한 모멘트를 발생시킨다. 따라서 자유물체도를 정확하게 그리는 것이 중요하다.

풀이

합응력: 파이프 하단 단면에서 발생하는 모든 6가지의 합응력은 그림 1에 나타난다. 그림 1의 윗부분은 6가지 합응력을 계산하기 위한 자유물체도로 이용할 수 있으며, 부호규약은 그림 2.40에 소개된 바와 같다. 평형방정식을 도표화하고, 각 합응력이 어떤 응력을 유발하는지 알아보고, 개별 응력을 표기하자.

각 축 응력: 표 9.1의 식을 이용하여, 표 1에 표시된 0이 아닌 응력을 각각 계산한다.

$$\sigma_{A1} = \sigma_{B1} = \frac{F}{A} = \frac{-(125\ \text{lb}) - (160\ \text{lb})}{2.23\ \text{in}^2} = -128\ \text{psi} \tag{7}$$

전단응력 τ_{B2}는 횡 전단력 V_y에 의해 발생한다. 기본 전단응력 식은

$$\tau_{B2} = \frac{V_y Q}{I_z t} \tag{8}$$

여기서, Q는 그림 2의 음영 면적에 대해 계산된 값이다. 예제 6.16에서, 이 경우의 전단응력(박판 파이프의 중립축에서의 응력)은 다음과 같다.

$$\tau = \frac{2V}{A} \tag{9a}$$

그러므로,

$$\tau_{B2} = \frac{2(75\ \text{lb})}{2.23\ \text{in}^2} = 67\ \text{psi} \tag{9b}$$

$$\tau_{A4} = \tau_{B4} = \frac{Tr_o}{I_p} = \frac{(Pb)r_o}{I_p} \tag{10a}$$

따라서

$$\tau_{A4} = \tau_{B4} = \frac{(75\ \text{lb})(40\ \text{in.})(1.75\ \text{in.})}{6.03\ \text{in}^4} = 871\ \text{psi} \tag{10b}$$

표 1 합응력과 발생된 응력

식 번호	평형방정식		A에서 응력	B에서 응력
(1)	$\sum F_x = 0$	$F = -W_s - W_p$	σ_{A1}	σ_{B1}
(2)	$\sum F_y = 0$	$V_y = -P$	–	τ_{B2}
(3)	$\sum F_z = 0$	$V_z = 0$	–	–
(4)	$\sum M_x = 0$	$T = Pb$	τ_{A4}	τ_{B4}
(5)	$\sum M_y = 0$	$M_y = -W_s b$	–	σ_{B5}
(6)	$\sum M_z = 0$	$M_z = -PL$	σ_{A6}	–

M_y와 M_z에 의한 굽힘응력은 식 6.30에 의해 계산된다.

$$\sigma_{B5} = \frac{M_y r_o}{I_y} = \frac{(-W_s b) r_o}{I_y} \tag{11a}$$

$$\sigma_{B5} = \frac{-(125 \text{ lb})(40 \text{ in.})(1.75 \text{ in.})}{3.02 \text{ in}^4} = -2897 \text{ psi} \tag{11b}$$

$$\sigma_{B6} = \frac{-M_z r_o}{I_z} = \frac{-(-PL) r_o}{I_z} \tag{12a}$$

$$\sigma_{B6} = \frac{(75 \text{ lb})(220 \text{ in.})(1.75 \text{ in.})}{3.02 \text{ in}^4} = 9561 \text{ psi} \tag{12b}$$

응력의 중첩: 위와 같은 응력 계산결과를 이용하고, 그림 1을 참조하여 각 항의 부호에 대한 물리적 의미에 유의하면, 그림 3과 같은 응력을 얻을 수 있다.

그림 3의 응력을 이용하여, 파이프 표면 A와 B점의 평면응력 상태 표현을 위한 모어(Mohr) 원을 만들 수 있다. 두 지점에서 반지름방향 수직응력 $\sigma_r = 0$이다. 그림 4a로부터,

$$R_A = \sqrt{(9433/2)^2 + (871)^2} = 4796 \text{ psi} \tag{13}$$

$$\begin{aligned} (\sigma_1)_A &= (9433/2) + 4796 = 9513 \text{ psi} \\ (\sigma_3)_A &= (9433/2) - 4796 = -80 \text{ psi} \end{aligned} \tag{14}$$

그리고 그림 4b로부터,

$$R_B = \sqrt{(-3025/2)^2 + (938)^2} = 1780 \text{ psi} \tag{15}$$

$$\begin{aligned} (\sigma_1)_B &= (-3025/2) + 1780 = 267 \text{ psi} \\ (\sigma_3)_B &= (-3025/2) - 1780 = -3292 \text{ psi} \end{aligned} \tag{16}$$

유효숫자 세 자리로 반올림된 A와 B점의 주응력은 다음과 같다.

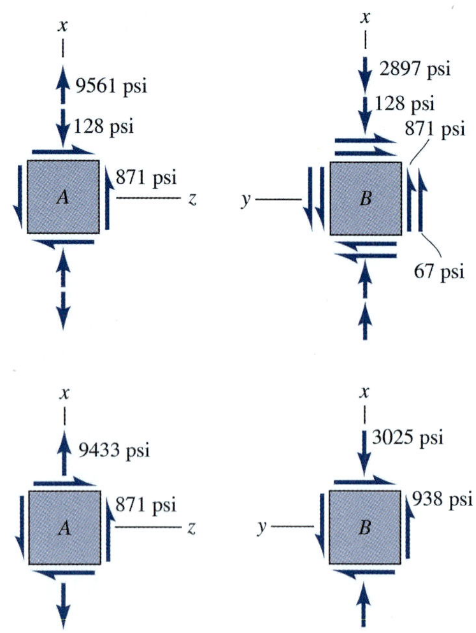

그림 3 A와 B점의 응력 상태

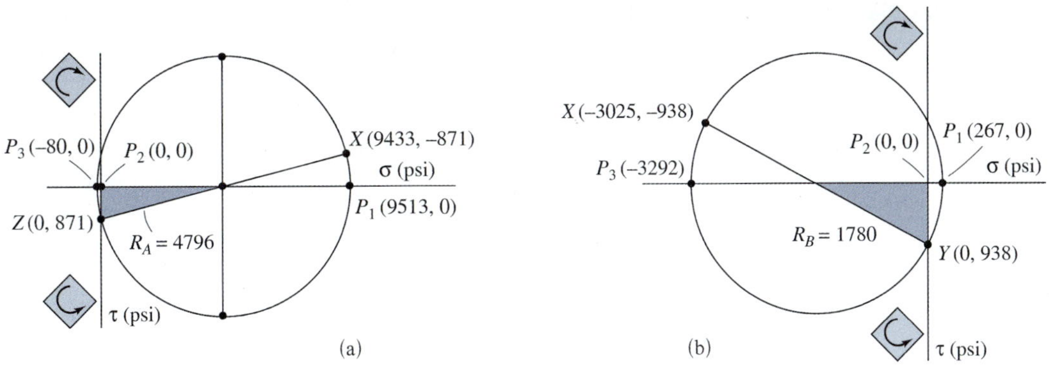

그림 4 A와 B 지점에서의 평면내 응력을 표현한 모어(Mohr) 원

$$(\sigma_1)_A = 9510 \text{ psi},\quad (\sigma_2)_A = 0,\quad (\sigma_3)_A = -80 \text{ psi}$$
$$(\sigma_1)_B = 267 \text{ psi},\quad (\sigma_2)_B = 0,\quad (\sigma_3)_B = -3290 \text{ psi}$$

답

풀이 검토 응력이 계산된 단면에서 작용될 수 있는 6개의 내부 합력을 도시하고, 6개의 적용가능한 평형방정식의 작성과 해석 및 각 합응력에 의해 발생될 응력을 세심하게 고려함으로써 구조물에서 모든 하중효과를 규명하였다. 앞서 언급한 바와 같이, 각 응력 요소가 "물리적 의미"를 갖는 방향으로 작용한다는 것에 주의해야 한다. 예를 들어, 하중 P는 A점에서 인장을 발생시키는 방향으로 파이프를 구부린다.

하단에서 발생하는 최대 굽힘 응력은 A와 B점에서 발생하지 않는다. 식 6.30을 이용하여, M_y와 M_z에 의해 발생하는 굽힘 응력을 조합할 수 있다. 또한, 전단응력의 영향을 반드시 고려해야 한다. (연습문제 9.4-26 참고)

MDS 9.5 축, 전단, 그리고 굽힘 하중 조합을 받는 부재

9.5 연습문제

■ 압력용기 **MDS 9.1**

9.2절의 모든 압력용기 문제에 대하여, 압력 p는 절대 내압과 절대 외압의 차인 게이지압이다. 모든 실린더는 원통형이다.

문제 9.2-1. 용접공이 사용하는 강재 산소통의 내부 반지름 $r_i = 4$ in.이며, 벽의 두께는 0.5 in이다. 통은 $p = 2000$ psi의 내압을 받고 있다. (a) 원통형 산소탱크가 받는 축응력 σ_a와 원환(Hoop)응력 σ_h를 구하시오. (b) 반구형의 헤드와 원통형 바디 사이의 용접선에서 발생하는 단위길이(inch)당 인장력을 결정하시오.

P9.2-1

문제 9.2-2. 바베큐 그릴에 사용되는 강재 프로판 가스통의 내부 지름은 12 in.이며, 벽의 두께는 1/8 in이다. 통은 $p = 200$ psi의 내압을 받고 있다. (a) 원통형 탱크가 받는 축응력 σ_a와 원환(hoop)응력 σ_h를 계산하시오. (b) 가스통의 상단과 하단 사이의 용접선에서 발생하는 단위길이(inch)당 인장력을 결정하시

오. (c) 탱크의 원통 부분에서 발생하는 절대 최대 전단력을 계산하시오.

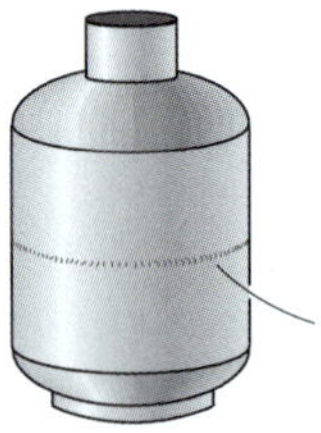

P9.2–2와 P9.2–3

문제 9.2–3. 문제 9.2-2에서 내부 지름이 300 mm이며, 두께가 4 mm, 그리고 탱크의 내압이 1.5 MPa인 경우를 계산하시오.

문제 9.2–4. 스쿠버 다이버의 알루미늄 산소통의 외부 지름 $d_o = 7.0$ in.이며, 두께 $t = 0.5$ in., 그리고 작용 압력 $p = 3000$ psi이다. (a) 산소통의 원통 부분에 작용하는 주응력과 최대 면내 전단응력을 계산하시오. (b) 절대 최대 전단응력 $\tau_{abs\,max}$를 결정하시오.

P9.2–4와 P9.2–5

문제 9.2–5. 문제 9.2-4에서 $d_o = 180$ mm, $t = 13$ mm, 그리고 $p = 20$ MPa인 경우를 계산하시오.

문제 9.2–6. 강판을 원통의 길이 축과 $\alpha = 70°$의 각을 가진 나선방향으로 용접하여 원통형 압축 산소통의 제작하였다. 원통의 내부 지름은 48 in., 두께는 0.5 in., 그리고 내압은 $p = 240$ psi이다. 산소통 원통 부분에 대하여 다음의 값을 구하시오: (a) 축응력 σ_a와 원환(hoop)응력 σ_h, (b) 용접선에 평행한 면과 수직인 면에서의 수직응력과 전단응력, (c) 최대 면내 전단응력, 그리고 (d) 절대 최대 전단응력

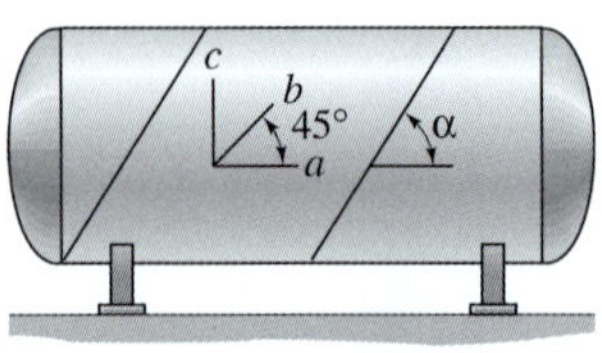

P9.2–6~P9.2–8

문제 9.2–7. 문제 9.2-6에서 $\alpha = 65°$, $d_i = 1$ m, $t = 20$ mm, 그리고 $p = 2$ MPa인 경우에 대하여 계산하시오.

문제 9.2–8. 45° 변형률 로제트 게이지가 원통의 축과 평행한 방향의 게이지 "a"와 함께 압축 산소통에 부착되어 있다(그림 P9.2-8 참조). 산소통은 탄성계수 $E = 29 \times 10^6$ psi와 포아송비 $\nu = 0.3$을 가지는 강재로 제작되었다. 통의 내부 지름이 40 in., 두께 3/8 in., 그리고 내압이 $p = 180$ psi이면, 변형률 ϵ_a, ϵ_b와 ϵ_c의 값은 얼마인가?

> 문제 9.2–9와 9.2–10은 수직 유체 저장통 또는 급수탑과 같은 원통형 탱크를 다루며, 9.2-11은 물로 채워진 수직 파이프를 다룬다. 식 9.4에서 주어지는 원환(hoop)응력 σ_h는 원통 내부에 일정한 내압이 작용하는 경우만을 다룬다. 파스칼 법칙에 따르면, 유체는 정수압 $p = \gamma h$를 발생시킨다. 여기서, γ는 유체의 비중량이며, h는 유체표면으로부터, 압력이 계산되는 지점까지의 높이이다. 정수의 경우, $\gamma = 62.4\ \text{lb/ft}^3 = 9.81\ \text{kN/m}^3$이다.

설계문제 9.2–9. (이전 참고사항 참조) $d_i = 3$ m의 내부 지름을 가진 수직 급수탑에 $h = 5$ m 만큼의 물이 차 있다. 허용 원환(hoop)응력이 80 MPa이라면, 최소 요구 두께(mm)는 대략 얼마인가? (원통형 탱크에서 바닥에 가하는 구속은 무시한다.)

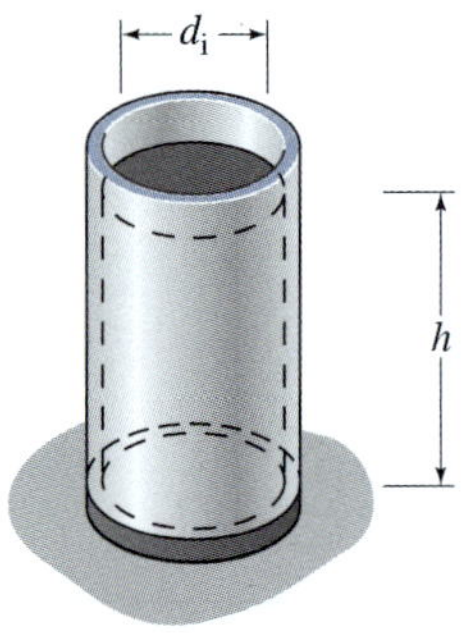

P9.2–9와 P9.2–10

설계문제 9.2–10. 문제 9.2-9에서, $d_i = 10$ ft, $h = 40$ ft, 그리고 허용 원환(hoop)응력이 12 ksi인 경우를 계산하시오.

문제 9.2–11. 수직 강파이프의 바닥에 있는 펌프는 대기압상태에서 냉각탑으로 물을 흐르는 24 ft의 높이에 있는 파이프까지 끌어올리기에 충분한 압력을 가진다. 파이프의 내부 지름이 2 ft이고, 두께가 1/4 in.일 때, 파이프에서 발생하는 (a) 최대 원환(hoop)응력과 (b) 절대 최대 전단응력을 계산하시오. 문제 (b)에서, 강파이프의 아래 18 ft는 바닥에 의해 지지되고, 위

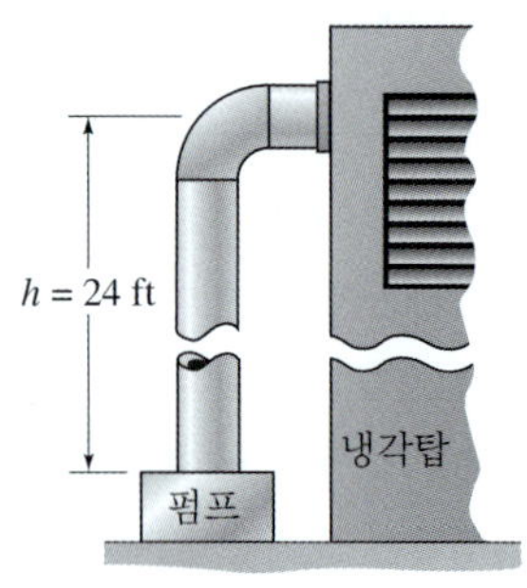

P9.2–11

6 ft는 냉각탑에 부착되어 있는 L자형 파이프에 의해 지지된다고 가정하시오. 강재의 비중량은 $\gamma = 490\ \text{lb/ft}^3$이다.

설계**문제 9.2-12.** 반구형의 양끝은 프로판 저장 용기를 구성하기 위하여 원통형 주 구조에 용접되어 있다. 용기의 내부 지름은 $d_i = 40$ in.이며, $p = 120$ psi의 최대 내압을 받고 있다. 용기 벽의 허용 인장응력은 12 ksi이며, 용접부의 허용 인장응력은 8 ksi이다. (a) 용기의 원통 부위의 최소 요구 두께 t_c를 결정하시오. (b) 반구형 끝 마개의 최소 요구 두께 t_s를 계산하시오. (c) 용접부의 최소 두께는 얼마인가?

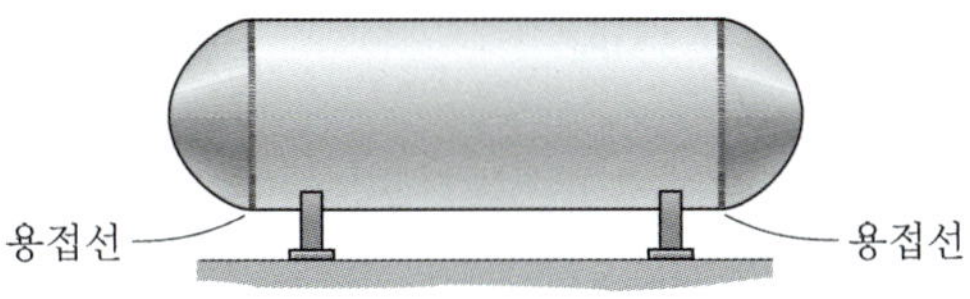

P9.2-12~P9.2-14

설계**문제 9.2-13.** 문제 9.2-12에서 $d_i = 750$ mm, $p = 750$ kPa인 경우에 요구하는 값을 계산하시오. 용기 벽의 허용 인장응력은 80 MPa이며, 용접부의 허용 인장응력은 50 MPa이다.

문제 9.2-14. 양쪽이 막혀있는 원통형 용기가 250 psi의 게이지압에서 압축 질소 가스를 보관하고 있다. 용기의 내부 지름은 5 ft이고, 벽은 3/4 in이다. (a) 축응력 σ_a와 원환(hoop)응력 σ_h를 계산하시오. (b) 용기 벽면에서 면내 응력에 대한 모어(Mohr) 원을 그리고, 최대 면내 전단응력을 결정하고, 최대 전단응력을 가지는 요소를 나타내시오. (c) 원통형 용기의 벽면에서 발생하는 절대 최대 전단응력 $\tau_{\text{abs max}}$를 계산하시오.

설계**문제 9.2-15.** 피스톤 A지점 유압 p는 물체 B에 하중 P를 가한다. 유압용기 벽의 허용 인장응력은 100 MPa이고, 원통의 내부 지름 및 두께가 각각 $d_i = 125$ mm, $t = 6$ mm이고 피스톤 부재의 지름이 $d_r = 20$ mm라면, 피스톤 부재에 의해 가해지는 최대 하중 P를 계산하시오. (용기 벽에서 발생하는 응력만이, p값의 한계를 결정하는 요소라 가정한다.)

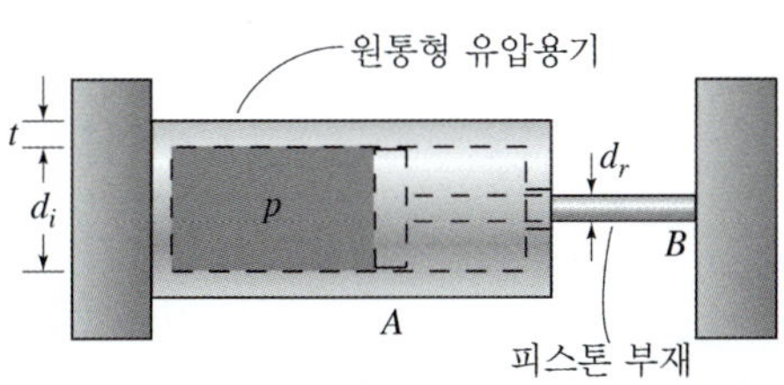

P9.2-15

■ 보에서 굽힘과 전단의 조합 MDS 9.2 & 9.3

문제 9.3-1. 그림 P9.3-1에 보이는 바와 같이, 사각형 단면을 가지는 균일 외팔보가 w_0의 등분포하중을 받고 있다. 보의 지지점에 표시된 세 지점($y_A = h/2$, $y_B = h/4$, 그리고 $y_C = 0$)에서 발생하는 두 주응력과 최대 면내 전단응력을 각각 계산하시오. 각 지점에서 모어(Mohr) 원을 활용하여 답을 도출하시오. 그림 9.9와 유사하게 세 지점에 대하여 각각 평면내 주 요소의 방향을 나타내시오.

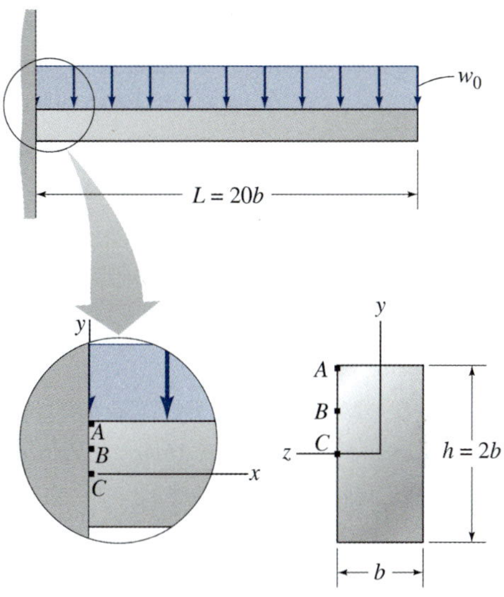

P9.3-1

문제 9.3-2. 단순지지의 강재보, W8×40, 이 그림 P9.3-2와 같이, 중앙부에 50 kips의 집중하중을 받고 있다. $x = 2$ ft 지점의 표시된 세 점($y_A = 4.125$ in., $y_B = 3.565$ in., 그리고 $y_C = 2.0$ in.)에서 두 주응력과 최대 면내 전단응력을 계산하시오(참고: B점은 플랜지 아래의 웹에 위치해 있다). 각 지점에서 모어(Mohr) 원을 활용하여 답을 도출하시오. 그림 9.9와 유사하게 세 지점(A, B, C)에 대하여 각각 평면내 주 요소의 방향을 나타내시오.

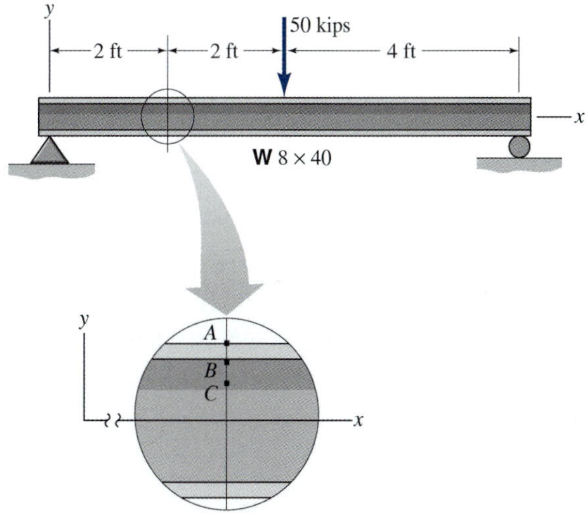

P9.3-2

컴퓨터문제 9.3-3. MDSolids 모듈인 *Section Properties*, *Determinate Beams*, *Flexure* 그리고 *Mohr's Circle Analysis*를 이용하여, 문제 9.3-2를 푸시오.

컴퓨터문제 9.3-4. MDSolids 모듈인 *Section Properties*, *Determinate Beams*, *Flexure* 그리고 *Mohr's Circle Analysis*를 이용하여, 다음 문제를 푸시오.

광폭 플랜지를 가지는 강재 외팔보, W24×94가 그림 P9.3-4와 같이 1.5 kips/ft의 분포하중과 20 kips의 집중하중을 받고 있다(그림은 문제 6.3-25를 참고하시오). y축을 위로 향하게 하고 A에서 중립축을 원점으로 보자. (a) 보의 전단력과 굽힘 모멘트 선도를 그리시오. (b) 최대 굽힘을 계산하시오. (c) 모어(Mohr) 원을 이용하여, 중립축 윗쪽으로 11 in.이고, B지점의 바로 좌측 단면($x = 8^-$ ft, $y = 11$ in.)에서의 주응력과 최대 면내 전단응력을 결정하시오. 해당 점(A)은 플랜지 아래 웹(web)에 위치함을 주의하시오.

컴퓨터문제 9.3-5. MDSolids 모듈인 *Section Properties*, *Determinate Beams*, *Flexure* 그리고 *Mohr's Circle Analysis*를 이용하여, 아래의 문제를 푸시오.

광폭 플랜지를 가지는 강철보(W150×24)가 그림 P9.3-5와 같이 1 kN/m의 분포하중과 4 kN·m의 집중 짝힘을 받고 있다(그림은 문제 6.3-20를 참고하시오). y축을 위로 향하게 하고 A에서 중립축을 원점으로 보자. (a) 보의 전단력과 굽힘 모멘트 선도를 그리시오. (b) 최대 굽힘을 계산하시오. (c) 모어(Mohr) 원을 이용하여, 중립축 윗쪽으로 69 mm이고, B지점의 바로 좌측 단면($x = 2^-$ m, $y = 69$ mm)에서의 주응력과 최대 면내 전단응력을 결정하시오. 해당 점은 플랜지 아래 웹에 위치함을 주의하라.

■ 축하중과 굽힘의 조합

문제 9.4-1. 그림 9.12의 사각형 단면의 중심의 경계선 a는 다음과 같이 주어짐을 보이시오.

$$\left(\frac{-c_y}{I_z}\right)e_{ya} + \left(\frac{c_z}{I_y}\right)e_{za} = \frac{1}{A}$$

참고사항: 경계선 d의 함수는 식 9.12에서 주어진다.

문제 9.4-2. 그림 P9.4-2의 부재가 xy면에서 굽힘과 동시에 축 인장하중 P를 받고 있다. 위 모서리 A점에서의 평면응력 상태는 그림 P9.4-2에 나타나있다. 굽힘 모멘트의 크기가 $M =$ 2 kN·m일 때, 축하중 P의 크기는 얼마인가? (힌트: 식 8.7을 고려하시오.)

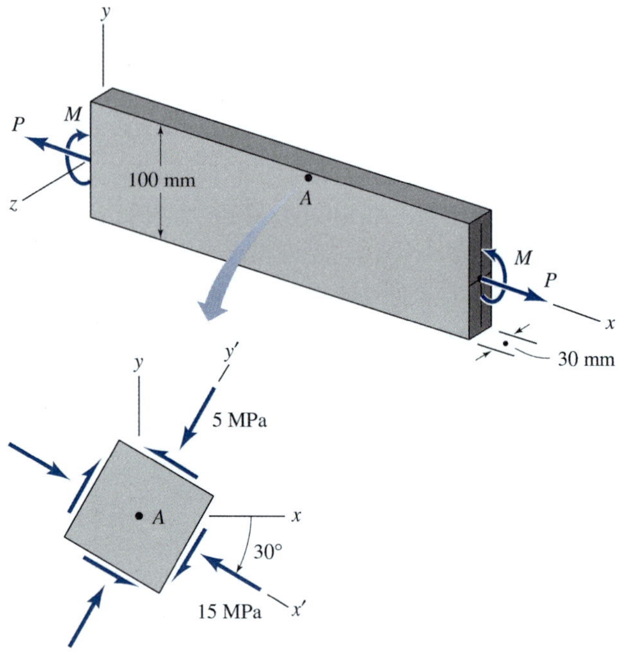

P9.4-2

문제 9.4-3. 그림 P9.4-3의 사각 부재는 xy면에서 굽힘과 동시에 축 인장하중 P를 받고 있다. 그림 P9.4-3 부재의 윗변인 A점의 평면응력 상태를 보여준다. 축하중의 크기가 $P = 5$ kips 일 때, 굽힘 모멘트 M의 크기는 얼마인가? (힌트: 식 8.7을 고려하시오.)

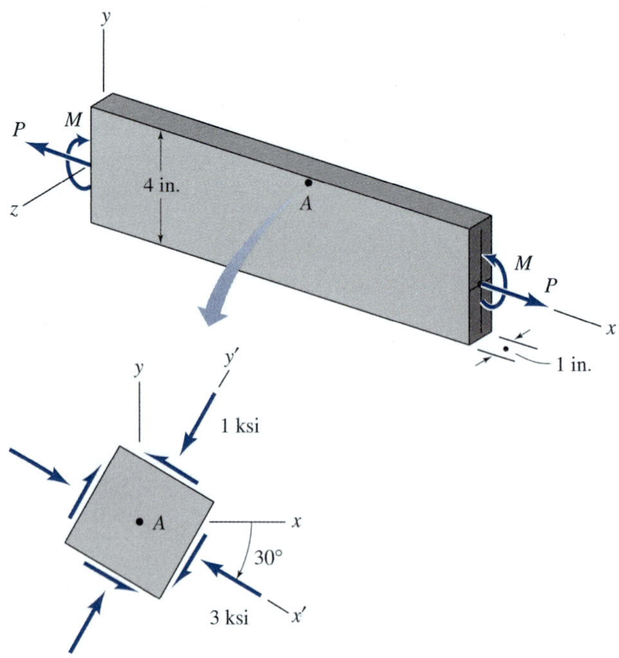

P9.4-3

문제 9.4-4. 그림 P9.4-4에 묘사된 쇠톱의 프레임은 손잡이 부근 윙너트를 이용하여 톱날을 죔으로써 10 in.나 12 in.의 톱날을 수용하도록 조절될 수 있다. 쇠톱 프레임의 좌측 끝은 L형상의 사각형 강철부재(넓이 0.6 in., 두께 0.2 in.)이다. 톱날에 작용하는 인장력이 30 lb일 경우, 쇠톱 프레임의 해당 부분 단면에 작용하는 최대 압축응력을 계산하시오.

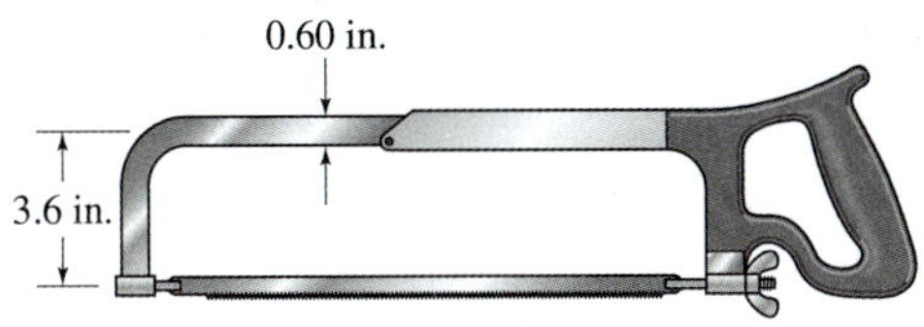

P9.4-4

문제 9.4-5. 그림 P9.4-5a에서, 굴착기 버킷의 작동을 조종하는 한 부분(약간 C형태)은 그림 P9.4-5b에 보이는 *AB*에서 두 개의 링크하중이다. (a) *A*와 *B*점의 핀에 의하여 링크에 작용하는 하중이 $P = 6$ kN일 때, 링크 *AB*의 중앙단면에서 발생하는 최대 인장응력을 계산하시오. (b) 동일한 단면 치수를 가지는 링크가 완벽히 직선이 될 경우, 최대 인장응력은 얼마인가?

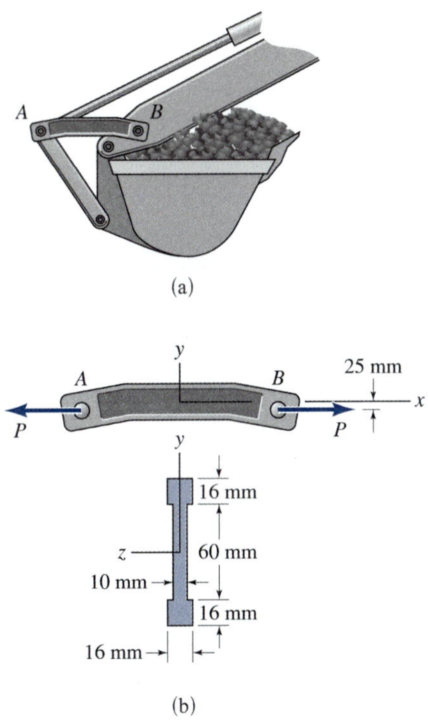

P9.4-5

문제 9.4-6. 그림 P9.4-6a에서 보이는 바와 같이, 지상 크레인은 짐을 들어올리고, 다른 위치로 쉽게 이동시킬 수 있게 한다. 수직 기둥 *AB*는 그림 9.4-6b에 주어진 치수의 사각형 강재 튜브로 만들어졌다. 크레인의 팔 *BC*의 위치가 그림과 같을 때, *A*점인 바닥 단면에서의 최대 인장응력과 최대 압축응력을 계산하시오.

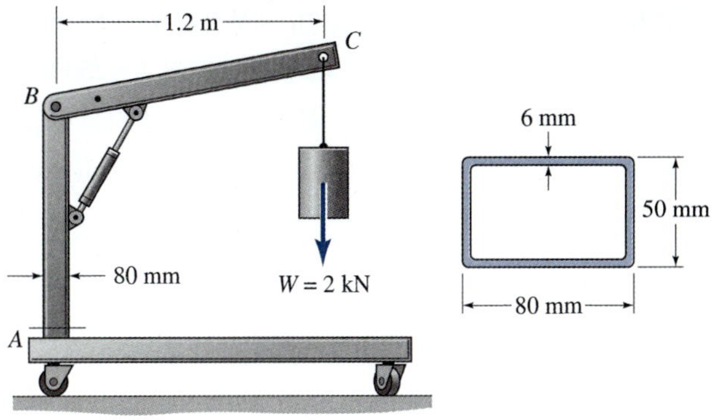

(a) (b)

P9.4-6

문제 9.4-7. 그림 P9.4-7과 같이, 세 개의 신호등 클러스터는 점점 가늘어지는 수평 외팔보에 매달려 있으며, 이는 강재 기둥으로 연결된다. 연결된 세 개의 신호등과 수평 외팔보의 무게는 그림에 나타나 있다. 기둥의 외부 지름 $d_o = 14.00$ in, 내부 지름 $d_i = 13.00$ in, 무게 75 lb/ft, 그리고 높이는 20 ft이다. 바닥 단면에서의 최대 압축응력을 계산하시오.

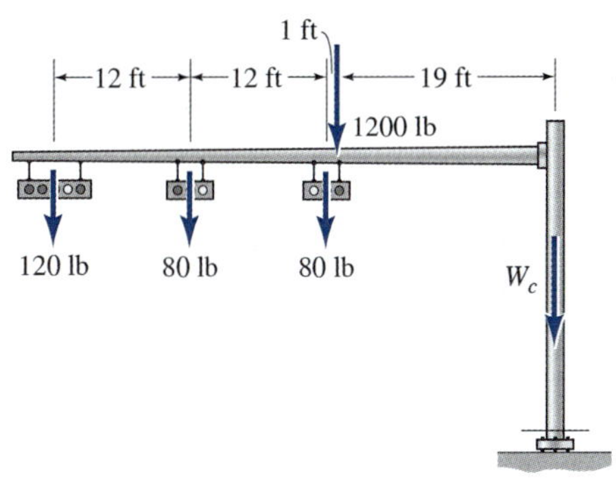

P9.4-7

■ 축하중과 비틀림의 조합 MDS 9.4

문제 9.4-8. 그림 P9.4-8에 보이는 바와 같이, 지름 $d = 2$ in.의 단단한 축에 $P = 10$ kips의 축하중과 $T = 2.5$ kip·in의 토크가 동시에 작용하고 있다. 축의 외부 표면의 특정 지점에서 발생하는 두 개의 주응력과 최대 면내 전단응력을 모어(Mohr) 원을 이용하여 계산하시오.

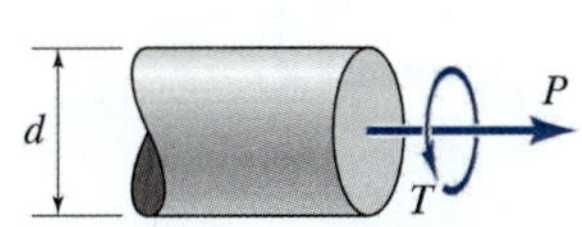

P9.4-8과 P9.4-27

설계문제 9.4-9. 그림 P9.4-9와 같이, 외부지름 $d_o = 50$ mm와 내부지름 $d_i = 40$ mm을 가지는 튜브형 축이 토크 $T = 250$ N·m와 축하중 P를 동시에 받고 있다. 최대 허용 인장응력은 $\sigma_{allow} = 40$ MPa이다. 허용 인장응력을 초과하지 않도록, 모어(Mohr) 원을 이용하여 최대 허용 축하중 P를 계산하시오.

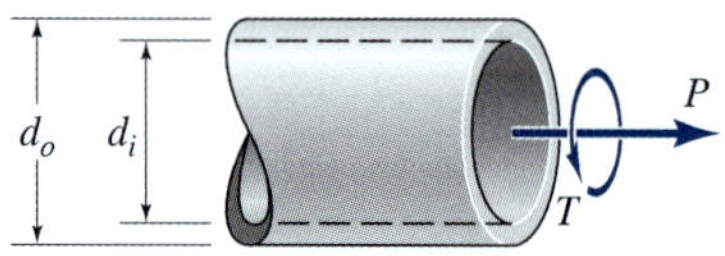

P9.4-9와 P9.4-28

문제 9.4-10. 기둥을 박아 구멍을 파는 연장이 트랙터(보이지 않음)에 탑재되어 있다. 기계의 동력장치는 굴착장치의 끝에 800 lb·in.의 토크를 발생시키고, 1500 lb의 힘을 아래 방향으로 가한다. 굴착장치의 축이 지름 2.0 in.의 속이 찬 원형 부재일 때, 동력장치 근처의 굴착 축의 표면 점 A에 작용하는 주응력과 최대 전단응력을 계산하시오.

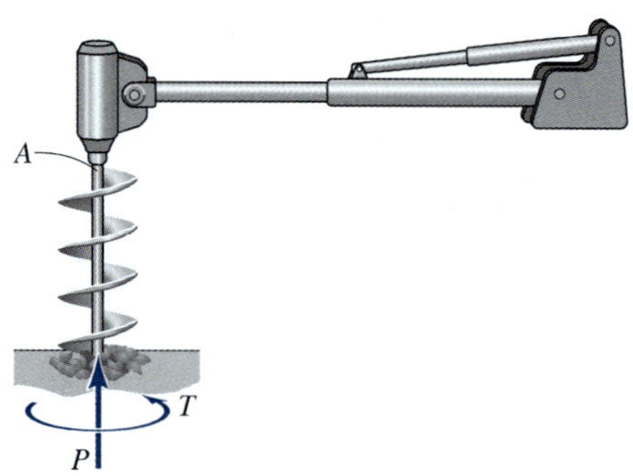

P9.4-10

***문제 9.4-11.** 그림 P9.4-11에 보이는 대형 굴착기는 건물 기둥을 지지하는 강화 콘크리트 설치를 위한 30 in. 지름의 구멍을 뚫는 데 사용된다. 4 in.×4 in.의 단단한 강재 축은 드릴의 날에 15.0 kip·in.의 토크를 가함과 동시에, $P = 6.4$ kips의 아래로 향하는 하중을 가한다. 정사각형 축에서 발생하는 주응력과 최대 면내 전단응력을 모어(Mohr) 원을 이용하여 계산하시오. (참고: 4.10에서 다루었던 비원형 각기둥 부재의 비틀림을 참고하시오.)

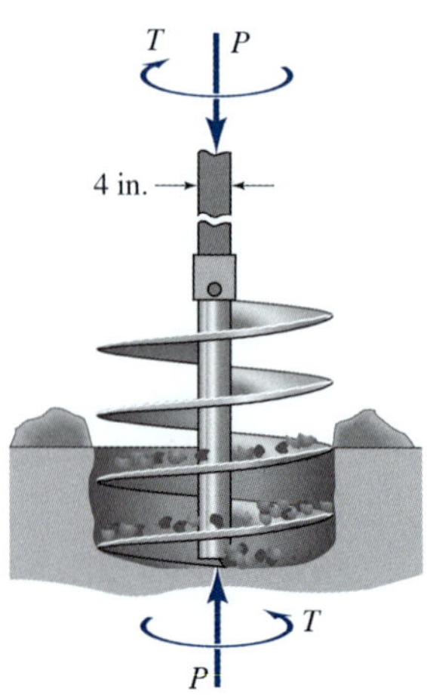

P9.4-11

***문제 9.4-12.** 그림 P9.4-12(문제 4.8-11 참고)의 풍력 발전설비 축의 외부 지름 $d_o = 50$ mm이고, 내부 지름 $d_i = 40$ mm이다. 발전기는 축의 회전 속도 20 RPM에서 10 kW의 전기를 만든다. 이때, 날개는 축에 2 kN의 압축력을 가한다. 축의 외부 표면 특정 지점에서 발생하는 두 주응력과 최대 면내 전단응력을 모어(Mohr) 원을 이용하여 계산하시오.

■ 일반적인 조합하중 MDS 9.3

문제 9.4-13. 150 N의 힘이 그림 P9.4-13a와 같이 L형상 러그 렌치의 B지점에 작용하고 있다. 하중은 렌치면의 수직 아래 방향으로 작용한다. 러그 렌치의 손잡이는 지름 12.5 mm의 강철 부재이며, 대는 그림 P9.4-13b에서 나타내고 있다. 렌치 손잡이 윗부분인 A지점에서의 주응력과 최대 전단응력을 계산하시오.

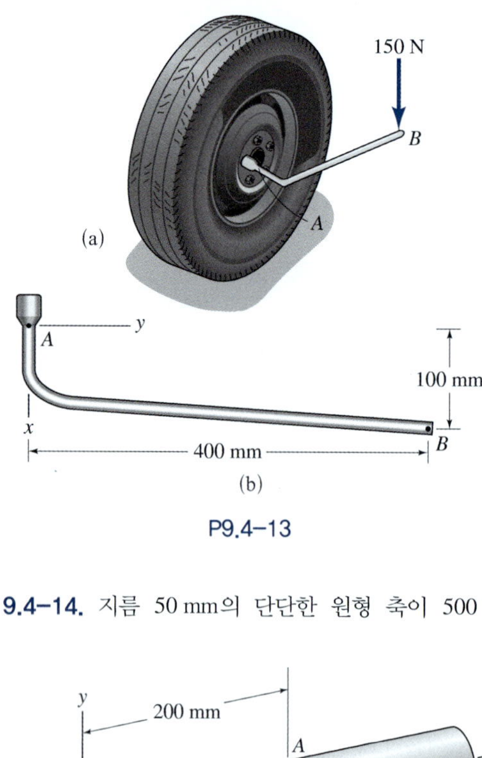

P9.4-13

문제 9.4-14. 지름 50 mm의 단단한 원형 축이 500 N·m의

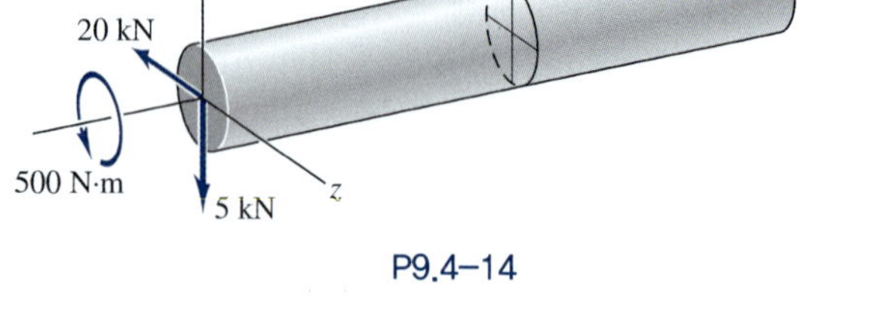

P9.4-14

토크와 두 가지의 횡 전단력을 받고 있다(그림 P9.4-14). A지점의 축 표면에서의 주응력과 최대 전단력을 모어(Mohr) 원을 이용하여 계산하시오.

설계문제 9.4-15. 그림에 보이는 바와 같이, 반지름 $r = 25$ mm의 단단한 원형 축이 98.2 N·m의 비틀림과 굽힘 모멘트 M을 받고 있다. 단면의 A점에서, 최대 압축응력은 -8 MPa이다. 모어(Mohr) 원을 이용하여, 작용하는 굽힘 모멘트 M의 값을 계산하시오.

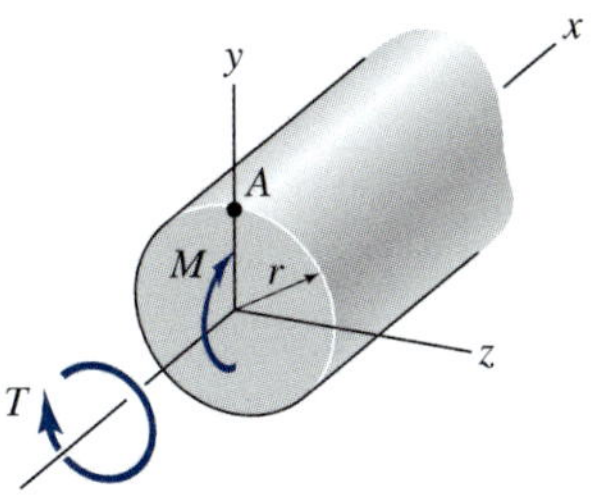

P9.4-15와 P9.4-16

설계문제 9.4-16. 그림에 보이는 바와 같이, 반지름 $r = 1$ in.의 속이 찬 원형 축이 $M = 4.71$ kip·in.의 굽힘 모멘트와 비틀림 T를 받고 있다. 단면의 A점에서, 최대 전단응력은 $\tau_{max} = 6$ ksi이다. 모어(Mohr) 원을 이용하여, 작용하는 비틀림 T의 값을 계산하시오.

***문제 9.4-17.** 크레인의 팔은 그림의 치수와 같은 사각형 박스 단면이다. 크레인 팔의 A와 B점에서의 주응력을 계산하시오. 팔, 도르래 그리고 케이블의 무게는 무시한다.

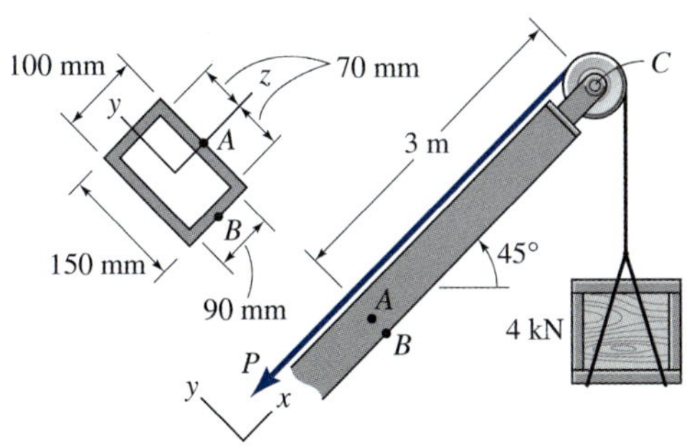

P9.4-17

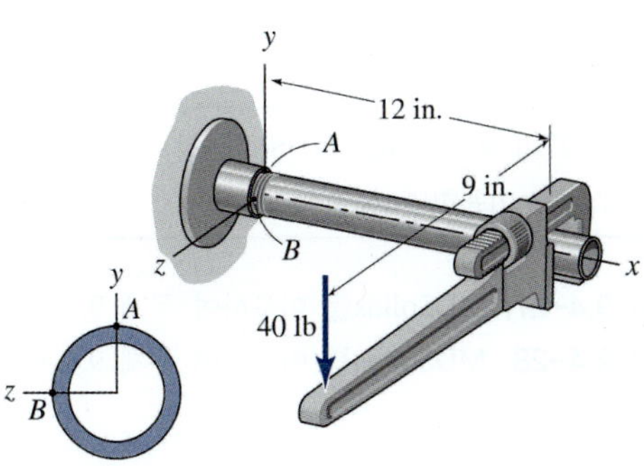

P9.4-18

***문제 9.4-18.** 그림 P9.4-18과 같이, 손잡이가 z축과 평행한 파이프 렌치에 40 lb의 수직 힘이 작용하고 있다. 관용나사가 시작하는 단면의 A와 B점에서 발생하는 주응력을 모어(Mohr) 원을 이용하여 계산하시오. 파이프의 공칭지름은 1 in.이다. 파이프의 단면치수를 위한 부록 D의 표 D.7을 참고하시오.

문제 9.4-19. 경주용 자동차 구동축의 특별한 단면에서, 합응력은 그림 P9.4-19에 보이는 바와 같다. 이 단면에서 다음의 지점에 대한 주응력과 최대 전단응력을 모어(Mohr) 원을 이용하여 계산하시오: (a) 단면의 가장 윗쪽인 A지점, 그리고 (b) 단면의 B지점($y = 0$, $z = 0.5$ in.).

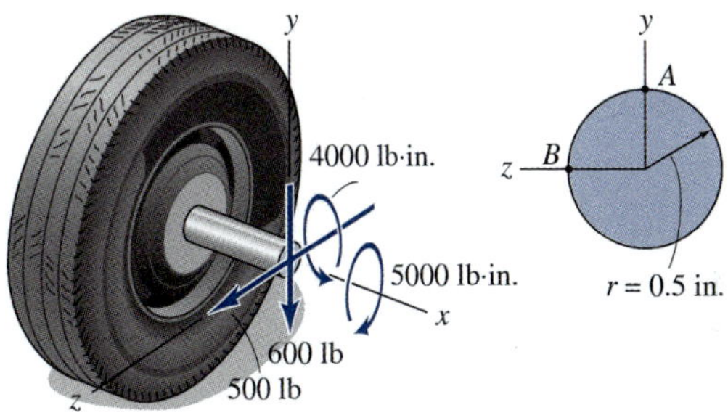

P9.4-19

문제 9.4-20. 보이는 바와 같이, 넓은 플랜지를 가지는 보가 축하중과 횡하중을 받고 있다. 보의 A와 B지점에서의 주응력을 계산하시오. 단면의 치수는 다음과 같다: $h = 4$ in., $b = 3$ in., $t_f = 0.23$ in., 그리고 $t_w = 0.15$ in.

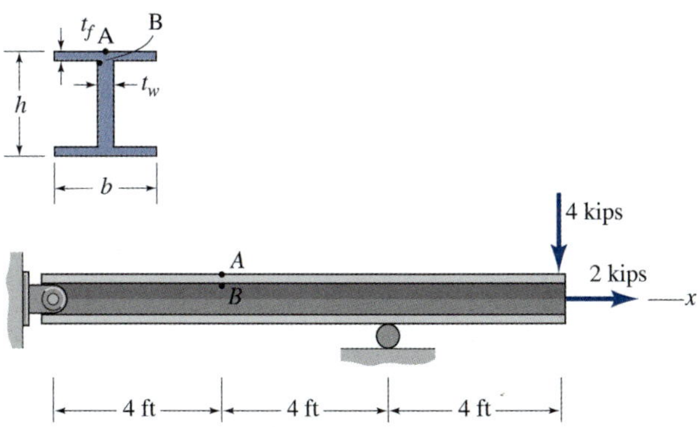

P9.4-20

***문제 9.4-21.** 스키 리프트의 의자는 외부지름 $d_o = 60$ mm 및 내경 $d_i = 52$ mm의 강파이프에 의해 지지되어 있다. 파이프의 무게는 의자 및 탑승자($W = 2$ kN)의 무게와 비교하면 무시될 수 있다. (a) 표시된 단면의 앞면인 C지점에서 응력(σ_x, σ_y와 τ_{xy})를 계산하시오. x축은 파이프의 45° 구간인 AB와 평행하다. (b) 모어(Mohr) 원을 사용하여, C점에서의 주응력과 최대 면내 전단응력을 결정하시오. (c) 파이프의 직선구간, DE에서 발생하는 최대 인장응력을 계산하시오.

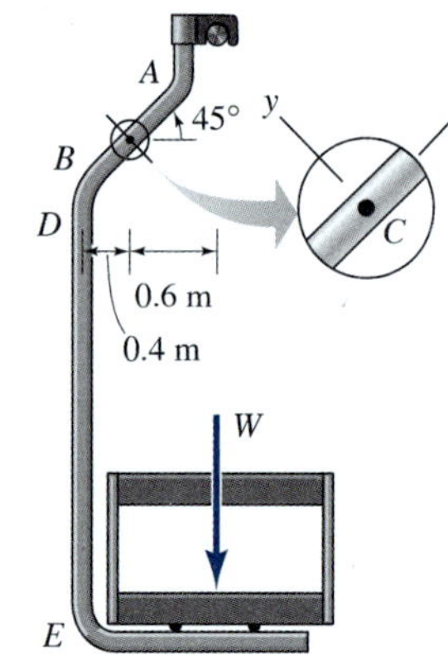

P9.4-21

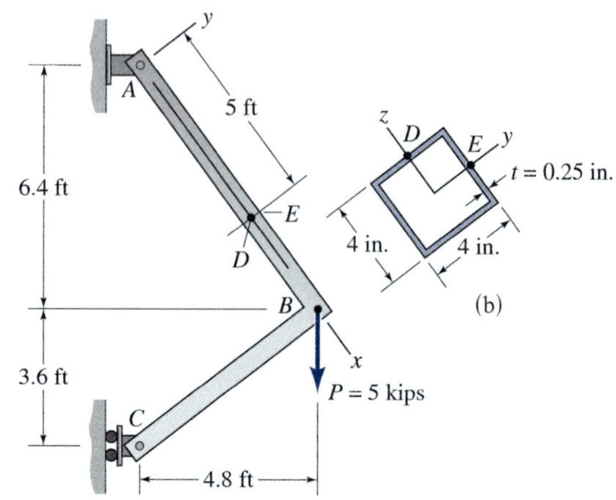

(a)

P9.4-25

***문제 9.4-22.** 유정(oil well) 드릴 파이프는 그림 P9.4-22처럼 크레인에 의하여 운반된다. 파이프의 외부 지름 $d_o = 4.5$ in., 내부지름 $d_i = 3.64$ in., 전체 길이 $L = 30$ ft, 그리고 무게 $w = 20$ lb/ft이다. 파이프의 경사 $\theta = 30°$ 일 때, B지점에서 발생하는 주응력을 모어(Mohr) 원을 이용하여 계산하시오.

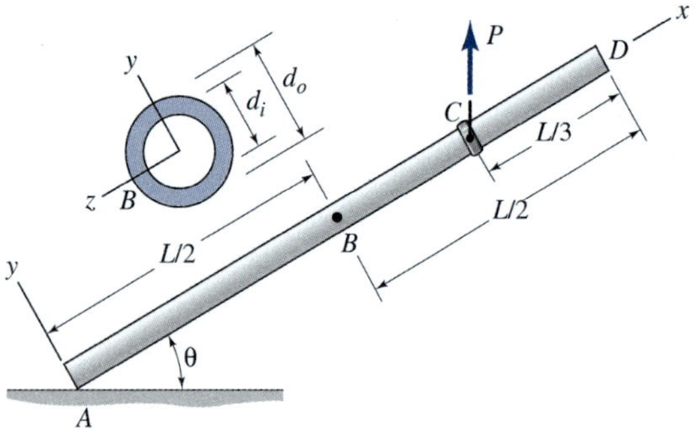

P9.4-22와 P9.4-23

***문제 9.4-23.** $L = 10$ m, $d_o = 114$ mm, $d_i = 92$ mm, $w = 300$ N/m, 그리고 $\theta = 45°$ 인 경우에 문제 9.4-22를 푸시오.

문제 9.4-24. 그림 P9.4-24(문제 1.4-20 참조)의 프레임 *ABC*는 B지점에서 용접이 된 *W*150×22의 넓은 플랜지 강재 *AB*와 *BC* 부재로 구성되어 있다. 그림 P9.4-24에 보여진 바와 같이 *A*지점에서 $x_1 = 2$ m지점의 단면에서 발생하는 최대 압축응력을 계산하시오. (넓은 플랜지 형상의 단면 치수는 부록 D의 표 D.2를 참고하시오.)

***문제 9.4-25.** 그림 P9.4-25a의 L형상 프레임 *ABC*는 B지점에서 용접하여 정사각형 강재 튜브 *AB*와 *BC* 부재로 구성되어 있다. 프레임은 *A*지점의 고정 핀, *C*지점의 롤러에 의해 지지되어 있다. 그림 P9.4-25a에 보여진 바와 같이 *A*지점에서 $x = 5$ ft 떨어진 단면내의 *D*와 *E*점(그림 P9.4-25b)에서의 최대 주응력과 최대 면내 전단응력을 계산하시오.

***문제 9.4-26.** 예제 9.5의 그림 1은 외팔보형 표지판은 바닥부에서 합응력이 다음과 같이 계산된다.

$F = -285$ lb, $V_y = -75$ lb, $V_z = 0$,

$T = 3000$ lb · in., $M_y = -5000$ lb · in., $M_z = -16{,}500$ lb · in.

(a) 그림 P9.4-26에서 모멘트 합 벡터 M이 z에 대하여 발생하는 각도 θ와, 바닥 단면의 중립축 위치를 결정하시오. (b) 6.6절을 참고하여, 예제 9.5의 표지판 바닥부 단면에서 발생하는 수직응력, σ_x의 최대 인장과 최대 압축 값을 계산하시오. (c) 횡전단력 V_y에 의한 바닥 단면에서의 전단응력은 무시하고, 모어(Mohr) 원을 이용하여 표지판 바닥에서 발생하는 최대 인장 수직응력을 계산하시오. 또한, 이 응력이 발생하는 지점을 나타내시오.

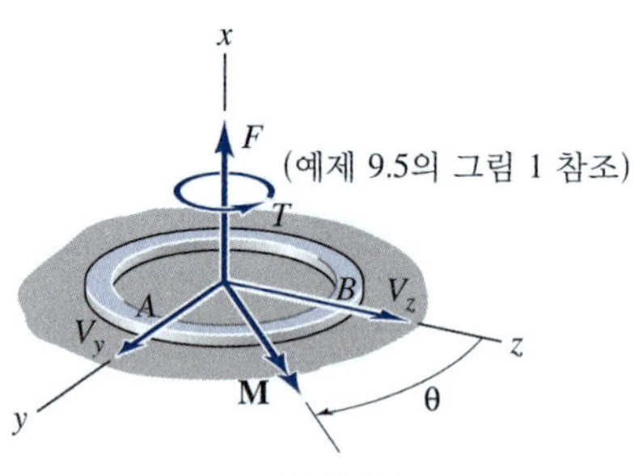

P9.4-26

문제 9.4−27과 9.4−28은 MDSolids의 Torsion과 Mohr's Curcle 모듈을 이용하여 해결하시오.

컴퓨터문제 9.4-27. MDSolids를 이용하여 문제 9.4-8을 푸시오.

컴퓨터문제 9.4-28. MDSolids를 이용하여 문제 9.4-9를 푸시오.

9장 복습 – 압력 용기; 조합하중에 의한 응력

<table>
<tr><th>절</th><th></th><th></th><th>관련
연습 문제</th></tr>
<tr><td>9.1</td><td>9장은 조합응력을 다루기 위한 모어(Mohr) 원이 설명된다.</td><td></td><td></td></tr>
<tr><td rowspan="2">9.2</td><td>쉘은 다양한 방향으로 작용하는 하중을 받고 있기에, 본 장에서는 박판 압력용기의 주제가 다루어진다.

예를 들어, 그림 9.2a에서 묘사된 경판 있는 박판 원통 표면에서, 응력은 축응력(axial stress) σ_a과 원환응력(hoop stress) σ_h으로 나뉜다.</td><td>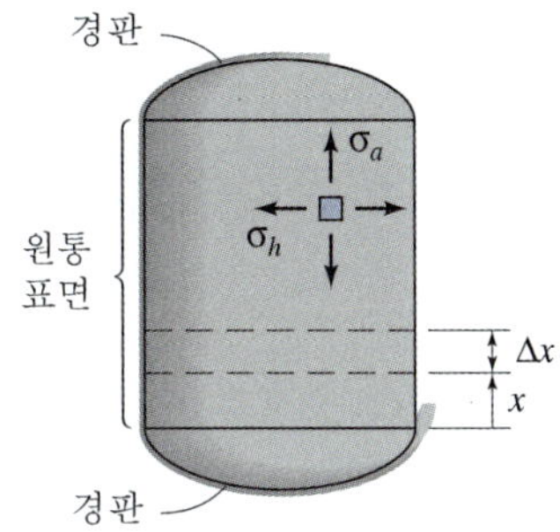

경판을 가지는 원통형 압력용기(그림 9.2a)

축응력은 아래에 의해 계산된다.
$$\sigma_a = \frac{pr}{2t} \quad (9.2)$$
원환응력은 아래에 의해 주어진다.
$$\sigma_h = \frac{pr}{t} \quad (9.4)$$</td><td>9.2-4
9.2-7
9.2-13</td></tr>
<tr><td>또한, 9.2절은 그림 9.4a와 같이, 쉘 벽의 모든 방향으로 동일한 수직응력 σ_s을 가지는 얇은 구형 압력용기를 다룬다.</td><td>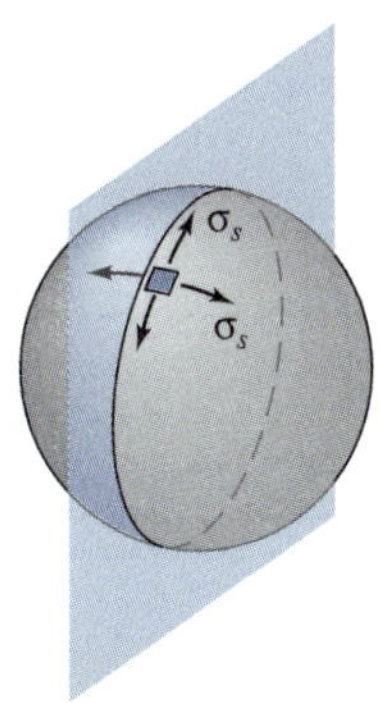

박판 구형 쉘(그림 9.4a)

구형 수직응력은 아래에 의해 주어진다.
$$\sigma_s = \frac{pr}{2t} \quad (9.6)$$</td><td>식 9.6 유도</td></tr>
</table>

절			관련 연습 문제
	구형 및 원통형 쉘에서 평면내 전단응력과 절대 최대 전단응력 값을 결정하기 위하여 **모어(Mohr) 원**이 적용된다. 또한, 모어(Mohr) 원은 원통형 쉘의 축과 각도를 이루는 선에 대한 수직응력과 전단응력을 계산하는 데 유용하다.	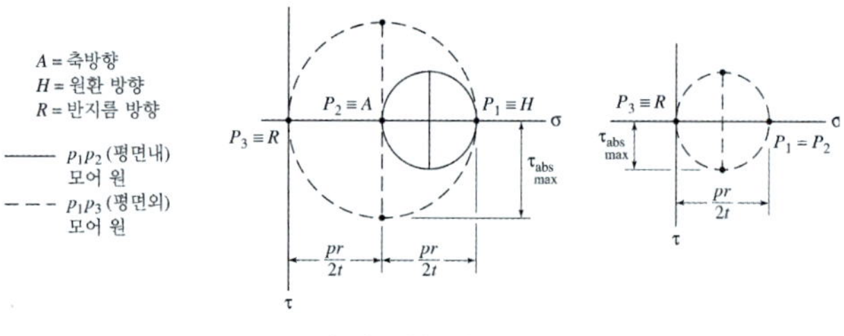 (a) 원통형에 대한 모어 원 (b) 구형에 대한 모어 원 평면내와 평면외 응력을 표현한 모어(Mohr) 원(그림 9.5) $$\left(\tau_{\substack{abs\\max}}\right)_{cyt} = \frac{pr}{2t} \qquad (9.7)$$ $$\left(\tau_{\substack{abs\\max}}\right)_{sph} = \frac{pr}{4t}$$	식 9.7 유도
9.3	9.3절은 **보의 응력분포**를 다룬다. 굽힘응력(flexural stress), $\sigma = -\frac{My}{I}$과 횡전단응력, $\tau = \frac{VQ}{It}$는 보의 위치마다 값이 달라진다. 보의 각 지점에서 최대 압축응력, 최대 인장응력, 그리고 최대 전단응력과 같은 값의 크기와 방향을 결정하는 데 **모어(Mohr) 원**이 적용된다.	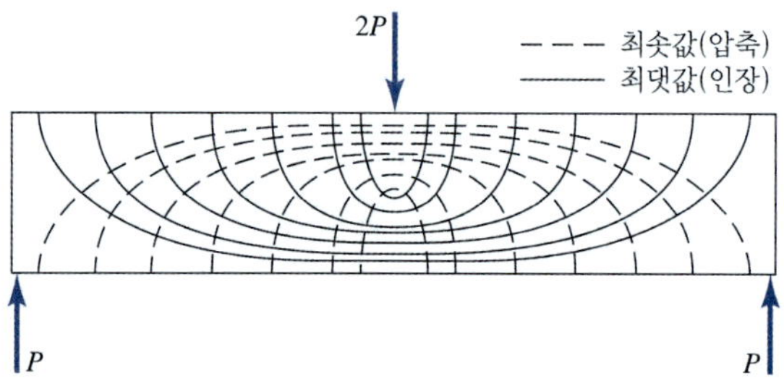 단순지지 보의 응력궤적(그림 9.10) 그림 9.10은 특정한 보에서 최대 인장과 최대 압축응력의 궤적을 도시한다.	9.3-1
9.4	9.4절은 **조합하중에 의한 응력**의 여러 특별한 경우를 다룬다. 이 절은 축하중과 굽힘의 조합(Combined Axial Loading and Bending), 축하중과 비틀림의 조합(Combined Axial Loading and Torsion), 그리고 일반적인 조합하중(General Combined Loading)의 여러 경우를 포함한다. 모든 경우에서, 구조물이 받는 다양한 응력을 조합하기 위하여 **모어(Mohr) 원**이 사용된다.		9.4-3 9.4-9

10 기둥의 좌굴

10.1 개요

기계나 구조물의 파손(failure)은 어떻게 발생하는가? 엔지니어로서 여러분이 기계나 구조물을 설계할 경우, 예상할 수 있는 여러 가지 파손모드(modes of failure)를 고려하게 될 것이다. 예컨대, 부재가 항복이나 인장파괴로 파손되지 않도록 하기 위해서는 응력을 충분히 낮은 상태로 유지해야 할 것이며, 또한 부재의 변형을 제한하는 것도 중요하다. 게다가 부재가 반복하중을 받게 될 경우, 피로파손(fatigue failure)이라고 하는 점진적인 파괴에 의한 파손을 방지하기 위하여 응력을 제한할 필요가 있으며, 위와 같은 유형의 파손을 방지하기 위해서 강도(strength)(응력)와 강성(stiffness)(변형)을 기준으로 한 설계조건이 고려되어야 한다. 따라서 전술된 아홉 개의 장에서는 여러 가지 유형의 하중을 받는 부재의 응력분포와 변형을 계산하는 방법에 중점을 두어 왔으나, 이 장에서는 파손의 다른 한 양식이라고 할 수 있는 좌굴(buckling)을 고려하게 될 것이다.[1] 그림 10.1은 축방향의 좌굴하중이 작용할 때 박판 원통형 셸(thin cylindrical shell)의 변형형상을 예시한 것이다. 보와 판 및 셸 등과 같은 구조부재들은 다양한 하중조건하에서 좌굴을 일으킬 수가 있다.[2] 그러나 이 장에서는 가늘고 긴 부재 즉, 세장부재(slender member)에 작용하는 축방향의 압축하중만 거론하기로 한다.

그림 10.1 축방향 압축하중을 받는 박판 원통형 셸의 좌굴파손
(출처: W. H. Horton; Computerized Buckling Analysis of Shells, D. Bushnell)

좌굴실험은 얇은 자(ruler)에 축하중을 가함으로써 쉽게 실행할 수 있다. 그림 10.2a는 가는 봉(기둥)의 좌굴을 보여주고 있으며, 그림 10.2b는 압축하중을 받는 트러스부재의 좌굴을 예시한 것이다. 하중을 압축부재의 임계하중(critical load) P_{cr}에 도달할 때까지 부가하게 되면, 부재는 축방향의 압축하중하에서 순간적으로 횡방향의 처짐을 유발하게 된다. 제2장, 제3장 및 제9장의 축방향 변형해석에서는 압축하중이 작용하더라도 축변형상태에 있는 부재는 직선상태를 유지하며, 단지 부재의 길이만 신축된다고 가정했었다. 그러나 자를 이용한 좌굴실험에서 알 수 있는

1) 좌굴이란 용어는 이 절의 후반부에서 정의하게 될 것이다. 좌굴현상을 그림 10.1과 10.2에 예시하였다.

2) S. P. Timoshenko와 J. M. Gere의 『탄성 안정론』[참고문헌 10-1], D. O. Brush와 B. O. Almroth의 『봉과 판 및 셸의 좌굴』[참고문헌 10-2]에는 다양한 하중을 받는 각종 부재의 좌굴문제를 다루고 있으며, W. F. Chen과 E. M. Lui의 『구조 안정성-이론과 연습』[참고문헌 10-3]에는 좌굴이론과 설계곡선이 제시되어 있다.

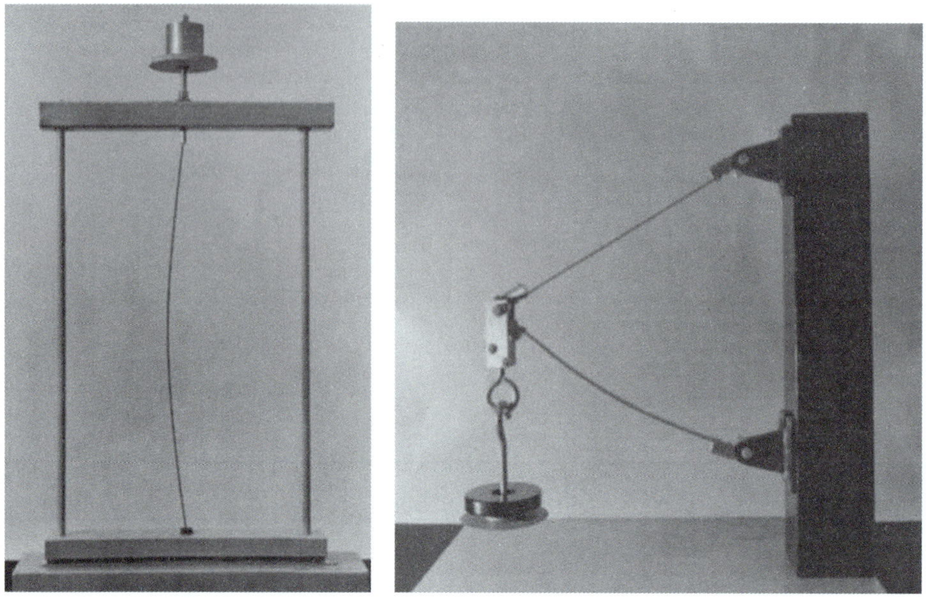

(a) (b)

그림 10.2 좌굴실험(Courtesy Roy Craig)

바와 같이, 축방향의 압축하중이 어떤 값에 이르게 되면 자는 더 이상 직선상태를 유지하지 못하고, 갑자기 보처럼 휘어져 횡방향의 처짐을 일으키게 된다. 이처럼 축방향의 압축(axial compression)에 의해 발생된 횡방향의 처짐(lateral deflection)을 **좌굴(buckling)**이라고 하며, 좌굴파손은 우발적으로 발생하여 큰 피해를 초래하기 때문에 그 예방의 중요성이 강조되고 있다.

평형안정성 이 절에서는 먼저 기초적인 좌굴현상을 검토한 다음, 가늘고 긴 기둥의 좌굴거동을 조사하게 될 것이다. 제1장에서, 정적 변형체역학 문제는 항상 평형조건을 만족한다는 것을 알 수 있었다. 그러나 이제 평형문제를 더 면밀하게 조사하고, **평형안정성(stability of equilibrium)**을 거론하게 될 것이다. 그림 10.3에 예시된 바와 같이, 이 개념은 서로 다른 세 표면상에 놓여 있는 공의 평형을 고려함으로써 쉽게 논증할 수 있다. 세 경우에서, 착색된 공은 모두 $\Sigma F_x = 0$과 $\Sigma F_y = 0$ 및 $\Sigma M = 0$을 만족하는 평형위치에 놓여 있다. 그림 10.3a의 공은 한쪽으로 약간

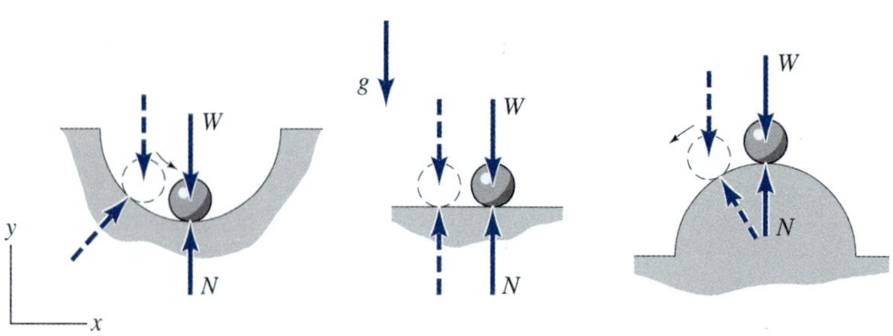

(a) 안정평형 (b) 중립평형 (c) 불안정평형

그림 10.3 평형안정성

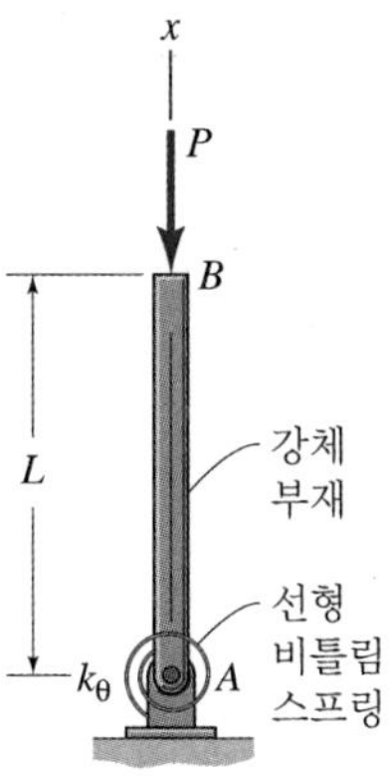

(a) 수직평형형상

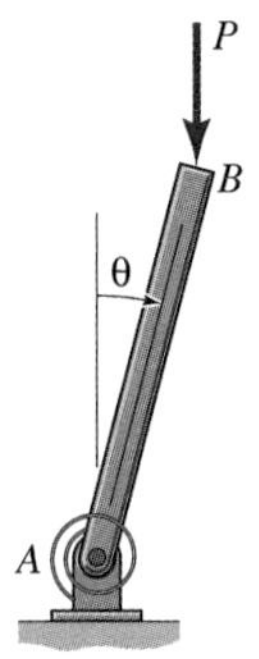

(b) 변위된 형상

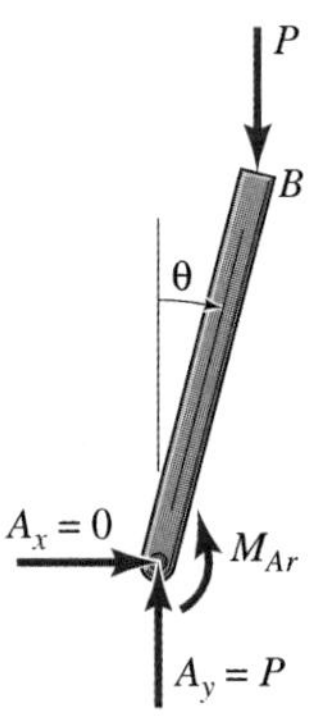

(c) 자유물체도

그림 10.4 단순화된 기둥의 좌굴모형

이동시켰다가 놔두면 골(valley) 밑바닥에 있는 평형위치로 되돌아오기 때문에 안정평형(stable equilibrium)상태에 있다고 말한다. 그림 10.3c의 곡면 상부에 있는 볼도 $\sum F_x = 0$, $\sum F_y = 0$ 및 $\sum M = 0$을 만족하기 때문에 평형상태에 있으나, 이 경우, 공은 어느 한쪽으로 약간만 이동되어도 곡면 상부에 있는 평형위치로부터 더욱 멀어지려고 할 것이므로 불안정평형(unstable-equilibrium) 상태에 있다고 말한다. 끝으로, 공이 그림 10.3b와 같이 완전히 평평한 면 위에 놓여 있으면 중립평형(neutral-equilibrium) 상태에 놓여 있다고 말한다. 즉, 공이 어느 한쪽으로 다소 이동되더라도 볼은 원래의 위치로부터 멀어지거나 원래의 위치로 되돌아가려고 하지 않는다. 이러한 현상은 공이 원래의 위치에서와 마찬가지로 이동된 위치에서도 평형상태를 이루기 때문이다.

좌굴 이제, 탄성변형이 가능한 압축부재에 평형안정성이 어떻게 적용되는지 알아보도록 하자. 그림 10.4에서 부재 AB는 곧은 직선형의 완전강체로 가정하였으며, A점의 핀지지는 마찰이 없는 것으로 가정하였다. 또한, 힘 P는 부재의 축상에 있는 B점에 수직 하향으로 작용하고 있으며, A단에는 스프링 상수가 k_θ인 비틀림 스프링이 설치되어 있다. 따라서 이 비틀림 스프링은 부재 AB의 처짐각에 비례하는 복원모멘트(restoring moment) M_{Ar}을 A단에 유발한다. 즉,

$$M_{Ar} = k_\theta \theta \tag{10.1}$$

그림 10.4a에 도시된 부재 AB의 수직형상이 평형형상(equilibrium configuration)인 것은 확실하지만, P가 어떤 값을 가질 때, 수직평형형상이 안정 또는 중립평형 및 불안정평형을 이룰 것인지에 대한 의문이 제기될 수 있다. 이와 같은 의문에 응답하기 위하여, 그림 10.4b와 같이, AB 부재가 한쪽으로 미소각 θ만큼 회전되었을 때 어떤 거동이 발생하는지 조사해 보기로 하자. 각 θ를 증가시키는 모든 모멘트의 합을 이원모멘트(disturbing moment) M_{Ad}라 하고, 각 θ를 감소시키는 모든 모멘트의 합을 복원모멘트 M_{Ar}이라고 할 때, 그림 10.4c에서 복원모멘트 M_{Ar}은 식 10.1과 같이 주어지며, 이원모멘트는 다음과 같다.

$$M_{Ad} = PL\sin\theta \tag{10.2}$$

그림 10.3의 공과 마찬가지로, 이 시스템은 각각 다음과 같은 안정평형, 중립평형 및 불안정평형 조건을 갖는다.

$$\begin{aligned} &\text{안정평형:} && M_{Ad} < M_{Ar} \rightarrow PL\sin\theta < k_\theta\theta \\ &\text{중립평형:} && M_{Ad} = M_{Ar} \rightarrow PL\sin\theta = k_\theta\theta \\ &\text{불안정평형:} && M_{Ad} > M_{Ar} \rightarrow PL\sin\theta > k_\theta\theta \end{aligned} \tag{10.3}$$

여기에서의 관심사는 수직형상과 그 근방에 있는 시스템의 거동일 것이므로, 식 10.3에서 $\theta \rightarrow 0$일 때, 근사식 $\sin\theta \approx \theta$를 이용하면 식 10.3은 다음과 같이 표시할 수 있다.

$$
\begin{aligned}
&\text{안정평형:} && P < P_{\mathrm{cr}} \\
&\text{중립평형:} && P = P_{\mathrm{cr}} \qquad (10.4)\\
&\text{불안정평형:} && P > P_{\mathrm{cr}}
\end{aligned}
$$

여기서

$$P_{\mathrm{cr}} = \frac{k_\theta}{L} \qquad (10.5)$$

안정평형상태에서 불안정평형상태로 이행되는 순간에 상응하는 하중값을 **임계하중(critical load)** P_{cr}이라고 하며, 이처럼 평형안정성이 깨어지는 현상을 **좌굴**이라고 한다. 따라서 P_{cr}을 좌굴하중(buckling load)이라고도 한다.

이제, 실험을 통하여 그림 10.4에 도시된 압축부재 AB의 좌굴하중을 결정할 방법을 생각해 보기로 하자. 압축하중 P를 받는 부재 AB를 미소각 θ만큼 좌측(또는 우측)으로 회전시킨 다음에 놓을 경우, $P < P_{\mathrm{cr}}$과 같은 상태라면, 부재 AB는 수직평형위치($\theta = 0$)로 되돌아가게 될 것이다. 반면에, $P > P_{\mathrm{cr}}$과 같은 상태라면, 기둥은 조금만 교란되어도 $\theta = 0$인 위치에서 더 멀리 이동하는 경향이 있다. 임계하중은 부재가 $\theta = 0$인 위치로 되돌아가거나 그 위치에서 더 멀어지는 성향이 나타나지 않을 때의 P값이 될 것이다.

작용하중과 안정성 사이의 관계를 설명하기 위한 유용한 방법의 하나로, 그림 10.5에 도시된 평형선도(equilibrium diagram)가 있다. 이것은 하중 P와 처짐각 θ 사이의 관계를 도시한 것으로서, 그림 10.5에 표시된 바와 같이, 평형선도가 분기되는 B점을 분기점(bifurcation point)[3]이라고 한다. 분기점 상부의 수직(즉, $\theta = 0$) 형상(파선으로 표시)은 불안정평형형상을 표시한다. 그러나 $\theta \neq 0$인 BC곡선과 BC'곡선을 따라 또 다른 안정평형형상이 존재하며, $P = P_{\mathrm{cr}}$인 B점에서는 중립평형상태가 된다.

다음 절에서는 축하중을 받는 균일한 직선형 양단 핀연결 선형 탄성 기둥의 임계하중을 결정할 것이다.

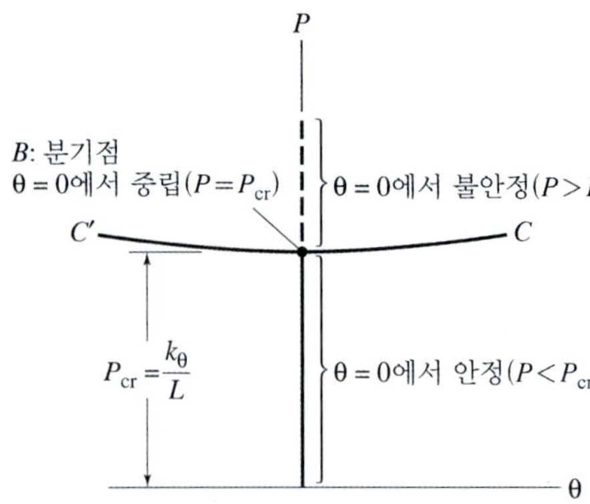

그림 10.5 이상화된 압축부재의 평형선도

3) 분기란 두 가지로 나누어지는 것을 의미한다.

10.2 이상적인 양단 핀연결 기둥; 오일러의 좌굴하중

기둥의 거동을 모형화하기 위해 앞 절에서 사용된 비틀림 스프링을 갖는 강체부재와는 달리, 분포된 유연성(distributed flexibility)를 갖는 실제 기둥의 안정성을 조사하기 위하여, 그림 10.6a과 같이 이상적인 양단 핀연결 기둥(ideal pin-ended column)을 고려한 다음,[4] 아래와 같은 단순화 가정을 설정하였다.

- 기둥은 원래 완전직선형이며, 선형탄성재료로 제작되었다.
- 기둥의 양단은 마찰이 없는 핀을 중심으로 회전할 수 있다. 즉, 기둥은 단순지지보와 같이 구속되어 있으며, 각 핀은 단면의 도심을 통과한다.
- 기둥은 xy면에 대하여 대칭이며, 기둥의 횡처짐은 xy평면내에서 발생한다.
- 기둥은 핀에 작용하는 축방향 압축력 P을 받고 있다.

좌굴형상: 축하중 P가 임계하중 P_{cr}보다 작을 경우, 기둥은 그림 10.6a와 같이 직선을 유지하며, 균일한 축방향 (압축)응력 $\sigma = P/A$하에서 압축변형을 일으키게 된다.[5] 즉, 기둥은 $P < P_{cr}$하에서 직선형상으로 안정평형상태에 있게 된다. 그러나 $P = P_{cr}$에 상당하는 하중이 기둥에 작용하게 되면, 직선형상은 중립평형형상(neutral-equilibrium configuration)이 되며, 또한, 그림 10.6b와 같이 좌굴된 형상 즉, 인접형상(neighboring configuration)도 평형조건을 만족하게 된다. 따라서 임계하중 P_{cr}과 좌굴된 기둥의 형상을 결정하기 위하여, 그림 10.6b와 같이 약간 만

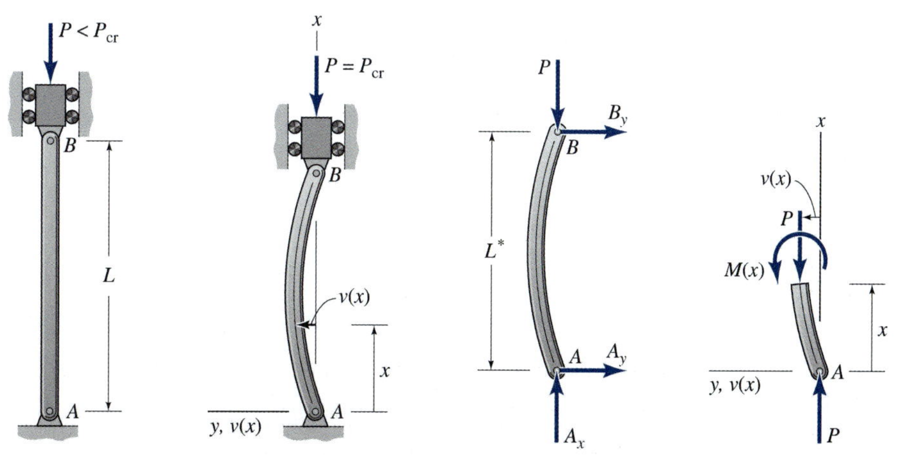

(a) 이상적인 기둥 (b) 좌굴형상 (c) 기둥 전체의 자유물체도 (d) 기둥의 일부에 대한 자유물체도

그림 10.6 양단 핀연결 기둥의 좌굴

4) 통상적으로, 양단이 핀 연결된 압축부재를 기둥이라고 하며, 주요 적용대상이 빌딩과 기타 구조물의 기둥이라는 사실을 고려하여, 보통 하향 하중을 받는 수직 부재로 도시하고 있다. 그러나 부재가 압축하중을 받는 한, 트러스부재(그림 10.2b)와 같이 양단이 핀으로 연결된 모든 부재의 해석에도 동일하게 적용할 수가 있다.

5) 기둥의 좌굴은 항상 압축 수직응력하에서 발생하므로, 앞에서 정의된 수직응력에 대한 부호규약과는 달리, 이 장의 이후 부분에서 σ는 압축 수직응력을 뜻하게 될 것이다.

곡된 기둥이 평형형상이 될 수 있는 하중 P의 값을 결정하게 될 것이다.[6)]

좌굴된 기둥의 평형: 먼저, 그림 10.6c의 자유물체도를 이용하면, $A_x = P(\sum F_x = 0$으로부터)와 $A_y = 0[(\sum M)_B = 0$으로부터] 및 $B_y = 0$을 얻을 수 있다. 따라서 그림 10.6d의 자유물체도에는 A점의 핀에 작용하는 수직력 P만 도시되고, x단면상에 수평력 $V(x)$가 표시되지 않은 것을 알 수 있다. 그림 10.6d의 모멘트에 대한 부호규약은 제6장에서 이용한 부호규약과 동일하다. 즉, 양의 굽힘 모멘트는 $+y$부위(여기서 선정된 xy축에 의하면 그림 10.6d의 좌측에 있는 부위)에 압축을 유발하게 되며, 그림 10.6d로부터 이 굽힘 모멘트는 다음과 같이 주어진다.

$$\left(\sum M\right)_A = 0: \qquad M(x) = -Pv(x) \tag{10.6}$$

평형 미분방정식과 단부조건(end conditions): $M(x)$를 모멘트-곡률 관계식인 식 7.8에 대입하면 다음 식을 얻는다.

$$EIv''(x) = M(x) = -Pv(x)$$

또는

$$EIv''(x) = Pv(x) = 0 \tag{10.7}$$

이것은 양단 핀연결 기둥의 처짐형상을 지배하는 미분방정식(differential equation)으로서, 동차 선형 2계 상미분방정식이다. 양단 핀연결 부재에 대한 경계조건(boundary conditions)(표 7.1 참조)은 다음과 같다.

$$v(0) = 0, \quad v(L) = 0 \tag{10.8}$$

미분방정식의 해: 식 10.7에 $v(x)$항이 존재하기 때문에 제7장에서와 같이 단순히 두 번 적분하는 것만으로는 이 방정식의 해를 구할 수가 없다. 또한 EI가 일정할 때 식 10.7의 해가 단순해질 것이므로, 이 장의 이후 부분에서는 균일한 기둥(uniform column)[7)] 만 고려하게 될 것이다. 이 경우, 식 10.7은 상수계수를 갖는 상미분방정식이 되며, P/EI를 다음과 같이 두면

$$\lambda^2 = \frac{P}{EI} \tag{10.9}$$

이다. 균일한 기둥에 대한 식 10.7은 다음과 같이 된다.

6) 이와 같은 해석을 평형법(equilibrium method) 또는 분기법(bifurcation method)이라고 한다. 임계하중을 결정하기 위한 몇 가지 다른 방법이 있으며, 예컨대, H. Ziegler의 『구조안정성의 원리』[참고문헌 10-4]를 참고하기 바란다. 이 책에는 네 종류의 다른 방법이 소개되어 있다.

7) 테이퍼가 있는 기둥에 대해서는 T. V. Galambos의 『금속구조물의 안정성 설계기준』[참고문헌 10-5], 제9장에 해석되어 있다.

$$v'' + \lambda^2 v = 0 \tag{10.10}$$

이 동차 미분방정식의 일반해(general solution)는 다음과 같다.

$$v(x) = C_1 \sin \lambda x + C_2 \cos \lambda x \tag{10.11}$$

식 10.8과 같은 두 경계조건을 만족하도록 λ와 적분상수 C_1과 C_2가 결정되어야 한다.

$$\begin{aligned} &v(0) = 0 \rightarrow C_2 = 0 \\ &v(L) = 0 \rightarrow C_1 \sin(\lambda L) = 0 \end{aligned} \tag{10.12}$$

만약 C_1과 C_2가 모두 0이 되면, 식 10.11로부터 처짐 $v(x)$는 어디에서나 0이 되어 기둥은 원래의 직선형상을 유지하게 된다. 만약 그림 10.6b에 도시된 것과 같은 대체 평형형상을 얻고자 한다면, $C_1 \neq 0$인 조건에서 식 10.12b를 만족하는 λ의 값을 찾아야 할 것이다. 즉, λ는 다음과 같은 특성방정식(characteristic equation)을 만족해야 한다.

$$\sin(\lambda_n L) = 0 \rightarrow \lambda_n = \left(\frac{n\pi}{L}\right), \quad n = 1,\ 2,\ \cdots \tag{10.13}$$

식 10.9와 10.13을 조합하면 좌굴하중에 대한 다음 식을 얻을 수 있다.

$$P_n = \frac{n^2 \pi^2 EI}{L^2} \tag{10.14}$$

식 10.11부터 10.13까지를 조합하여, 각각의 하중 P_n에 대한 처짐곡선을 구하면 다음과 같다.

$$v(x) = C \sin\left(\frac{n\pi x}{L}\right) \tag{10.15}$$

변형된 기둥의 형상을 표시하는 함수를 모드형상(mode shape) 또는 좌굴모드(buckling mode)라고 한다. 처짐의 방향(부호)과 진폭을 결정하는 상수 C는 임의의 상수이지만, 그 크기는 미소할 것이다. 인접 평형형상이 존재한다는 것은 그림 10.3b에서 공을 수평 평면상의 인접위치에 놓아두어도 여전히 평형상태를 유지하는 것과 비슷하다고 할 수 있다.

실제로 좌굴이 일어나는 하중 P의 값은 식 10.14로 주어지는 최솟값일 것이다(즉, $n = 1$). 따라서 임계하중(critical load)은

$$P_{\text{cr}} = \frac{\pi^2 EI}{L^2} \tag{10.16}$$

오일러의 좌굴하중

이에 대응하는 **좌굴모드(buckling mode)**는 그림 10.7b에 도시된 바와 같이 다음

과 같다.

$$v(x) = C\sin\left(\frac{\pi x}{L}\right) \qquad \textbf{좌굴모드} \qquad (10.17)$$

이상적인 기둥의 임계하중은 기둥의 좌굴이론을 최초로 확립한 스위스의 저명한 수학자인 레오나드 오일러(Leonhard Euler: 1707-1783)의 이름을 따라 **오일러의 좌굴하중(Euler buckling load)**이라고도 한다.8)

식 10.17의 좌굴모드를 가끔 기본(또는 1차) 좌굴모드(fundamental buckling mode)라고 한다. 만약 $P_{cr2} = 4\pi^2 EI/L^2$의 하중이 기둥에 작용할 경우, 이론적으로는 그림 10.7c에 예시된 바와 같이 2차 좌굴모드(second buckling mode)로 좌굴이 일어날 수도 있겠으나, 이것은 오일러의 좌굴하중 $P_{cr} = \pi^2 EI/L^2$보다 훨씬 작은 하중하에서 기둥이 1차 모드로 좌굴(그림 10.7b)되는 것을 방지하기 위하여, $x = L/2$ 위치에 측면 지지대를 설치했을 때만 발생할 수 있다.

오일러의 좌굴하중에 대한 식 10.16의 중요한 의미를 검토해 보기로 하자. 오일러의 좌굴하중은 **임계**(좌굴)**응력**(**critical**(buckling)**stress**)으로 표시할 수 있으며, 그 결과는 다음과 같다.

$$\sigma_{cr} \equiv \frac{P_{cr}}{A} = \frac{\pi^2 E(Ar^2)}{AL^2}$$

또는

$$\sigma_{cr} = \frac{\pi^2 E}{(L/r)^2} \qquad \textbf{오일러의 좌굴응력} \qquad (10.18)$$

여기서

σ_{cr} = 임계(탄성좌굴)응력
E = 탄성계수
$r = \sqrt{I/A}$ = 회전반지름
L = 지지점 사이의 부재 길이

L/r은 기둥의 **세장비(slenderness ratio)**라고 하며, 구조용 강과 알루미늄합금에 대한 σ_{cr}과 L/r사이의 관계를 그림 10.8에 도시하였다.

식 10.18과 그림 10.8에서 이상적인 기둥의 탄성좌굴(elastic buckling)에 관한 다음과 같은 특성을 관찰할 수 있다.

- 탄성좌굴하중이나 좌굴응력에 직접 관여하는 재료의 성질은 재료의 강성을 표시하는 탄성계수 E뿐이다. 따라서 부재의 탄성좌굴하중을 증가시킬 수 있는 방법 중 하나는 더 큰 E값을 갖는 재료로 만들어진 부재를 사용하는 것이다.

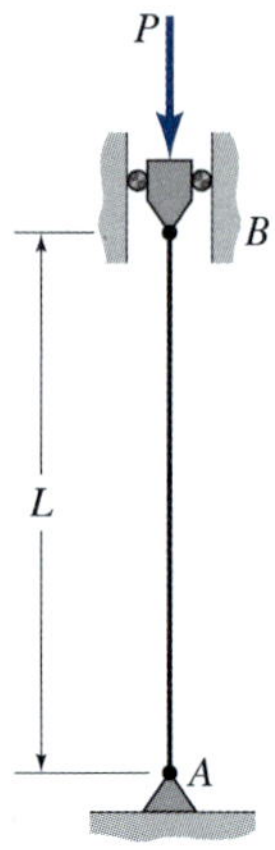

(a) 좌굴 전 기둥

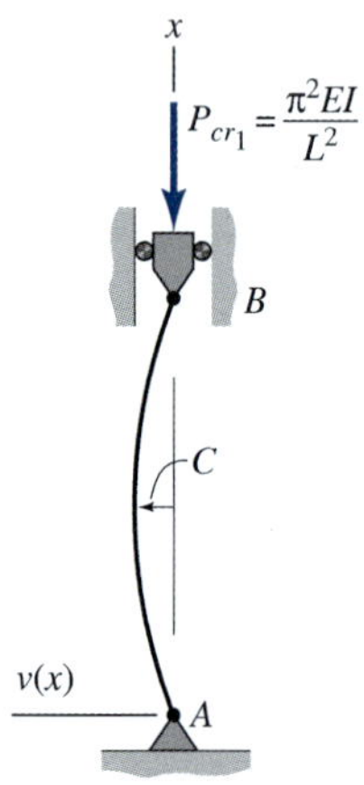

(b) 1차 좌굴모드 ($n = 1$)

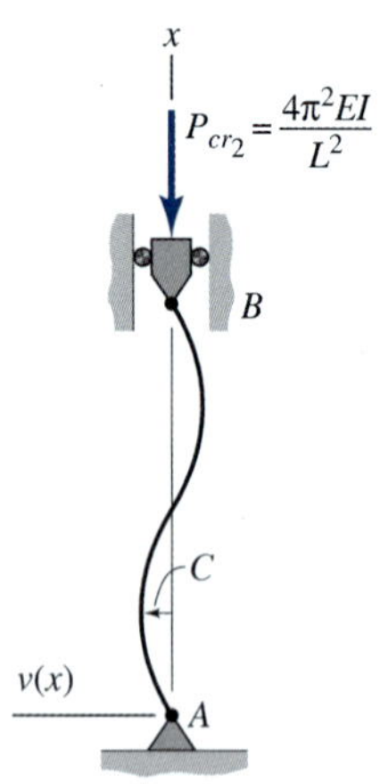

(c) 2차 좌굴모드 ($n = 2$)

그림 10.7 좌굴모드의 두 가지 모드

8) 제6장의 각주 2를 참고한다.

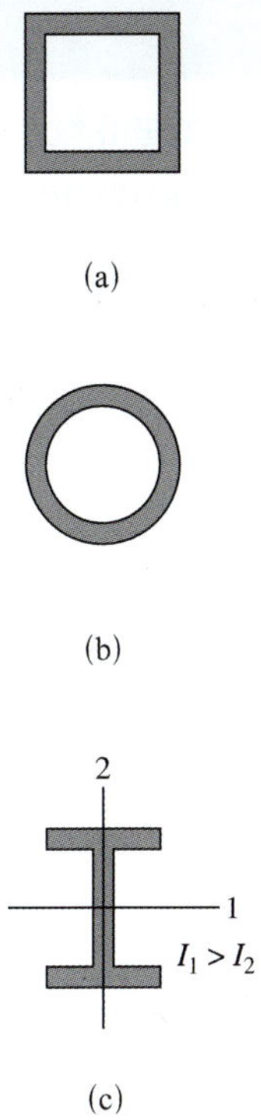

그림 10.9 기둥의 단면

- 탄성좌굴하중은 기둥길이의 제곱에 반비례한다. 그림 10.8은 이와 같은 길이의 영향을 예시한 것이다.
- 오일러의 공식은 기둥의 L/r비가 압축비례한도 σ_{PL}보다 작은 임계응력을 유발할 수 있는 긴 기둥에만 유효하다(일반적으로 σ_{PL}을 결정하기가 쉽지 않기 때문에 σ_{PL} 대신에 압축항복응력 σ_Y를 이용하고 있다). 강재와 알루미늄합금에 대한 오일러 공식의 적용한계를 표시하는 L/r의 값을 그림 10.8에 도시하였다.
- 단면의 관성모멘트 I를 증가시킴으로써 좌굴하중을 증가시킬 수 있다. 이것은 단면적을 증가시키지 않더라도 박판 튜브형 부재(예컨대, 그림 10.9a, b)를 사용함으로써 실현할 수 있지만, 기둥의 벽이 너무 얇으면 국부적인 좌굴(local buckling)이 발생할 수가 있다. (그림 10.1은 압축하중을 받는 길이가 짧은 박판 부재의 좌굴을 예시한 것이다)
- 그림 10.9c에 예시된 바와 같이 기둥 단면의 주관성모멘트가 서로 다를 경우, 경계조건이나 중간 지지대가 영향을 미치지 않는 한(10.3절 참조) 기둥은 최소 관성모멘트를 갖는 축을 중심으로 좌굴을 일으키게 된다.
- 세장비가 매우 클 경우, 예컨대 $L/r > 200$이 되면 좌굴응력은 매우 작아진다. 따라서 재료의 강도를 충분히 활용할 수가 없을 것이므로, 측면 지지대를 설치하거나 경계조건을 변경하는 것과 같은 설계변경이 요구될 수 있다(10.3절 참조).

후속 절에서는 이 절에서 거론되지 않은 좌굴거동으로서, 기타 경계조건(10.3절), 편심하중(10.4절), 결함(10.5절) 및 비탄성좌굴(10.6절) 등을 검토하게 될 것이다.

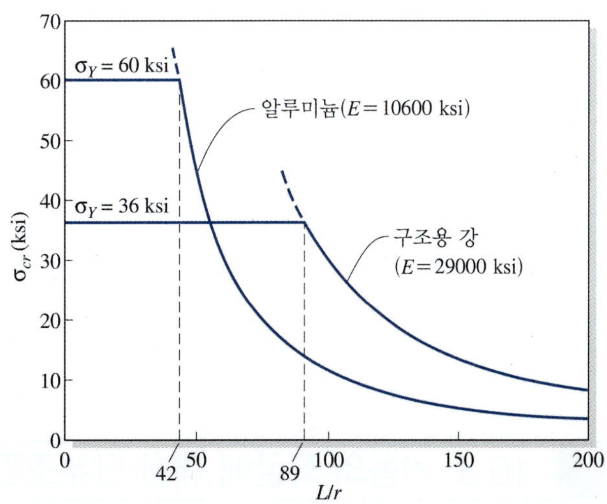

그림 10.8 구조용 강과 알루미늄합금에 대한 오일러 공식의 도표

예제 10.1

E = 70 GPa
σ_Y = 270 MPa
r_o = 45 mm
r_i = 40 mm

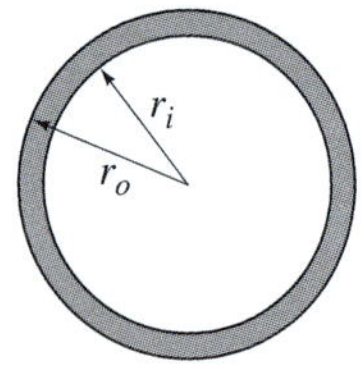

그림 1 단면

부재의 양단이 자유롭게 회전할 수 있도록 부하되고, 또한 좌굴파손에 대한 안전계수를 1.5라고 할 때, 길이 $L = 4$ m의 알루미늄합금 압축부재(그림 1)에 작용할 수 있는 최대 압축하중은 얼마인가? 참고로, 식 2.26에서 안전계수의 정의는 다음과 같다.

$$\text{안전계수}(FS) = \frac{\text{파손하중}}{\text{허용하중}}$$

풀이 계획 허용하중은 임계하중을 안전계수로 나눈 값이다. 부재의 양단은 자유롭게 회전할 수가 있으므로(양단 핀연결), 임계하중은 이에 상응하는 응력이 재료의 항복응력 이하가 되는 한 오일러의 공식(식 10.16)을 이용하여 결정할 수 있다.

풀이 식 10.16으로부터

$$P_{\text{cr}} = \frac{\pi^2 EI}{L^2}$$

$$= \frac{\pi^2 (70 \times 10^9 \text{ N/m}^2)\left(\frac{\pi}{4}\right)[(0.045)^4 - (0.040)^4] \text{ m}^4}{(4 \text{ m})^2} \tag{1}$$

$$P_{\text{cr}} = 52.2 \text{ kN}$$ 답

이에 상응하는 평균 압축응력은

$$\sigma_{\text{cr}} = \frac{P_{\text{cr}}}{A} = \frac{52.2 \text{ kN}}{\pi[(0.045)^2 - (0.040)^2] \text{ m}^2}$$

$$\sigma_{\text{cr}} = 39.1 \text{ MPa} < \sigma_Y$$

따라서 이 부재는 탄성좌굴을 일으키게 될 것이다.(이 기둥에 대해, $L/r = 133$)

끝으로, 허용하중은 다음과 같다.

$$P_{\text{allow}} = \frac{P_{\text{cr}}}{FS} = \frac{52.2 \text{ kN}}{1.5} = 34.8 \text{ kN}$$ 답

MDS 10.1 - 10.2 오일러 좌굴하중

10.3 기둥의 좌굴에 대한 단부조건의 영향

마찰이 없는 핀을 통해 압축하중이 부재에 작용한다는 것은 현실성이 미흡하다. 예컨대 기둥의 하부는, 그림 10.10a에 도시된 바와 같이, 견고한 바닥에 볼트로 고정되어 있으며, 그 상부는 다른 부재와 완전하게 조립된다. 그러나 그림 10.10b로부

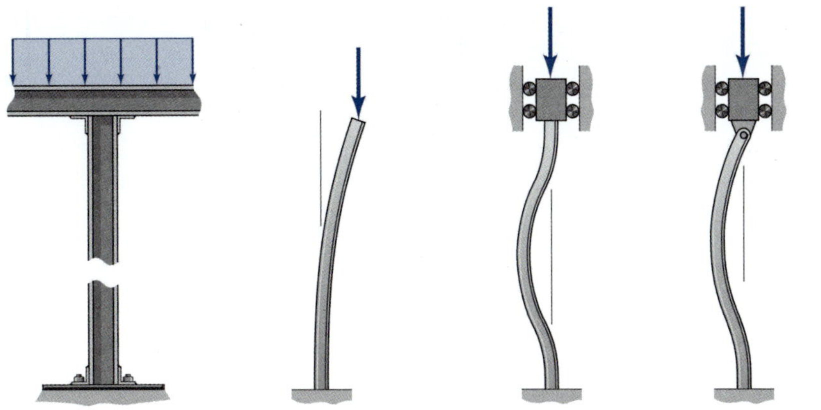

(a) 실제 기둥　(b) 고정-자유 기둥 (국기 봉)　(c) 양단 고정 기둥　(d) 고정-핀 기둥

그림 10.10 기둥의 여러 가지 단부조건

터 10.10d까지 나타낸 바와 같이 이상화된 지지조건(idealized support conditions)의 영향을 이해함으로써, 엔지니어는 기둥의 좌굴하중에 대한 그림 10.10a와 같은 실제 단부조건의 영향을 평가할 수 있을 것이다.

먼저, 그림 10.10d와 같은 고정-핀 기둥(fixed-pinned column)의 탄성좌굴하중에 대한 식을 유도한 다음, 기둥의 유효길이(effective length)의 개념이 여러 가지 단부조건을 갖는 기둥의 좌굴하중을 결정하기 위해 어떻게 활용되는지 알아보기로 하자.

이상적인 고정–핀 기둥의 좌굴하중 이상화 조건은 10.2절의 서두에 나열된 것과 같은 조건으로 가정되었으며, 단지 양단 핀 기둥(pin-ended column)의 A단에 있는 핀을 고정단으로 대체했을 뿐이다.

좌굴형상: 수직평형형상(그림 10.11a) 근방에서 좌굴된 평형형상(buckled equilibrium configuration)을 갖는 기둥의 자유물체도를 그리기 위하여, 지정된 단부조건(고정-핀 지지)을 만족하는 적당한 기둥의 형상을 스케치한다(그림 10.11b).

좌굴된 기둥의 평형: 그림 10.11b를 검토해 보면, A에서의 곡률은 그림 10.11c에 도시된 모멘트 M_A에 상당하는 것을 알 수 있다. 또한, $\sum F_x = 0$으로부터 $A_x = P$를 얻을 수 있으며, $(\sum M)_A = 0$으로부터 핀 B에는 그림 10.11c와 같이 수평력 H_B가 작용되어야 한다는 것을 알 수 있다. 이제 x단면의 하부 또는 그 상부 기둥에 대한 자유물체도를 그릴 수 있으며, 후자에 대한 자유물체도를 그림 10.11d에 도시하였다. 이 자유물체도로부터 다음 식을 얻는다.

$$\left(\sum M\right)_O = 0: \qquad M(x) = (L-x)H_B - Pv(x) \tag{10.19}$$

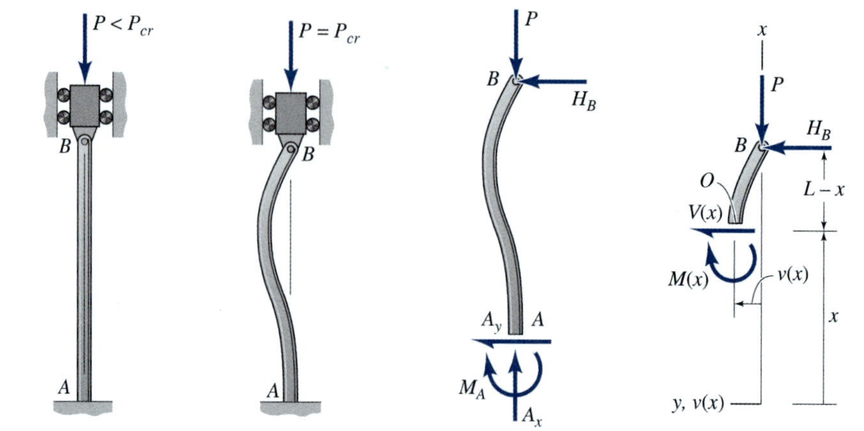

(a) 좌굴 전 기둥 (b) 기둥의 좌굴형상 (c) 기둥 전체의 자유물체도 (d) 기둥의 일부에 대한 자유물체도

그림 10.11 고정-핀 기둥

미분방정식과 단부조건: 식 10.19의 $M(x)$를 모멘트-곡률 관계식 즉, 식 7.8에 대입하면 다음과 같다.

$$EIv''(x) + Pv(x) = H_B L - H_B x \tag{10.20}$$

10.2절에서와 같이, 균일한 기둥만 고려하기로 하고, 식 10.9와 같은 λ의 정의를 사용하면, 식 10.20은 다음과 같이 표시할 수 있다.

$$v'' + \lambda^2 v = \frac{H_B L}{EI} - \frac{H_B x}{EI} \tag{10.21}$$

즉, 양단 핀연결 기둥에서 얻어진 동차 미분방정식(식 10.10) 대신 상수계수를 갖는 비동차 선형 2계 상미분방정식이 얻어졌다.

고정-핀 기둥의 경계조건은 다음과 같다.

$$v(0) = 0, \quad v'(0) = 0, \quad v(L) = 0 \tag{10.22}$$

미분방정식의 해: 식 10.22와 같은 단부조건하에서 식 10.21의 해는 보조해(complementary solution)와 특수해(particular solution)의 합으로 표시된다. 우선 보조해를 얻기 위하여, 식 10.21의 우변을 0이라 하면, 그 결과는 식 10.10과 동형이 되므로, 식 10.11을 보조해로 사용할 수 있다. 또한, 식 10.21의 우변이 상수항과 x의 1차항으로 이루어져 있으므로, 다음과 같은 특수해를 시험해 보기로 하자.

$$v_p(x) = C_3 + C_4 x \tag{10.23}$$

이것을 식 10.21에 대입하고 $v_p''(x) = 0$과 $\lambda^2 = P/EI$를 고려하면 다음 식을 얻을 수 있다.

$$\frac{P}{EI}(C_3 + C_4 x) = \frac{H_B L}{EI} - \frac{H_B x}{EI} \tag{10.24}$$

따라서 특수해는

$$v_p(x) = \frac{H_B L}{P} - \frac{H_B x}{P} \tag{10.25}$$

이다. 끝으로 식 10.21의 일반해(general solution)는 다음과 같다.

$$v(x) = \frac{H_B L}{P} - \frac{H_B x}{P} + C_1 \sin\lambda x + C_2 \cos\lambda x \tag{10.26}$$

네 개의 상수 λ, H_B, C_1 및 C_2를 결정하기 위해 사용될 단부조건은 식 10.22와 같이 세 개가 있으며,

$$\begin{aligned} &v(0) = 0 \rightarrow C_2 = -\frac{H_B L}{P} \\ &v'(0) = 0 \rightarrow C_1 = \frac{H_B}{\lambda P} \\ &v(L) = 0 \rightarrow C_1 \sin\lambda L + C_2 \cos\lambda L = 0 \end{aligned} \tag{10.27}$$

식 10.27을 조합하면 다음 식을 얻을 수 있다.

$$C_1[\sin\lambda L - \lambda L \cos\lambda L] = 0 \tag{10.28}$$

이 식은 양단 핀 기둥에서 얻어진 식 10.12b에 해당하는 식이다. 또한, 이 식은 두 개의 해를 가지고 있으며, 그중 하나인 $C_1 = 0$은 $H_B = C_2 = 0$이 되게 하므로, 이 해는 항상 $v(x) \equiv 0$인 수직평형형상을 표시하는 무용해(trivial solution)가 된다.

그러나 λ가 다음 식을 만족할 경우, 또 다른 평형형상(alternate equilibrium configuration)을 기대할 수가 있겠다.

$$\sin(\lambda_n L) - (\lambda_n L)\cos(\lambda_n L) = 0$$

또는

$$\tan(\lambda_n L) = \lambda_n L, \quad n = 1, 2, \cdots \tag{10.29}$$

이 식을 특성방정식이라고 한다. 이 방정식은 무수히 많은 해를 가지고 있으나, 양단 핀연결 기둥에서와 마찬가지로 여기에서의 관심사는 식 10.29를 만족하는 가장 작은 λL의 값이다. 식 10.29의 해를 구하는 한 가지 방법은 λL에 대한 $f(\lambda L) \equiv \tan(\lambda L)$ 선도와 λL에 대한 $g(\lambda L) \equiv \lambda L$ 선도를 그리는 것이다. $f(\lambda L)$ 곡선과 $g(\lambda L)$ 곡선이 교차하는 가장 작은 λL의 값은

$$\lambda_1 L = 4.4934 \tag{10.30}$$

이다. 이것을 식 10.9와 조합하면 다음과 같다.

$$P_{cr} = (20.19)\frac{EI}{L^2} \tag{10.31}$$

따라서 기둥의 한쪽 끝에 있는 핀을 고정단으로 대체할 경우, 기둥의 좌굴하중은 식 10.16의 오일러의 좌굴하중으로부터 식 10.31에 주어진 값까지 현저하게 증가하게 된다. 즉, 좌굴하중은 다음과 같은 크기만큼 증가하게 된다.

$$\left(\frac{20.19-\pi^2}{\pi^2}\right)(100\%) = 105\%$$

식 10.16과 식 10.31을 비교해보면, 기둥의 탄성좌굴하중은 일반적으로 어떤 상수와 계수 (EI/L^2)의 곱으로 표시할 수 있다는 것을 알 수 있다. 따라서 양단 핀 기둥의 좌굴에 대한 E, I 및 L의 영향에 관한 모든 특성은 단부조건이 다른 기둥에도 마찬가지로 적용될 수 있을 것이다.

고정-핀 기둥의 기본 좌굴모드형상을 얻기 위하여, 식 10.26, 10.27과 식 10.30을 조합하면,

$$v(x) = C\left\{\sin\left(\frac{4.493x}{L}\right) + 4.493\left[1-\left(\frac{x}{L}\right)-\cos\left(\frac{4.493x}{L}\right)\right]\right\} \tag{10.32}$$

그림 10.12에 도시된 이 모드형상 식은 양단 핀 기둥의 좌굴모드(식 10.17)인 $\sin(\pi x/L)$와 같이 단순하지가 않다. 그러나 이 식에서도 모드형상(shape mode)은 주어져 있지만, 진폭계수(amplitude coefficient)가 미정 상태라는 것을 알 수 있다.

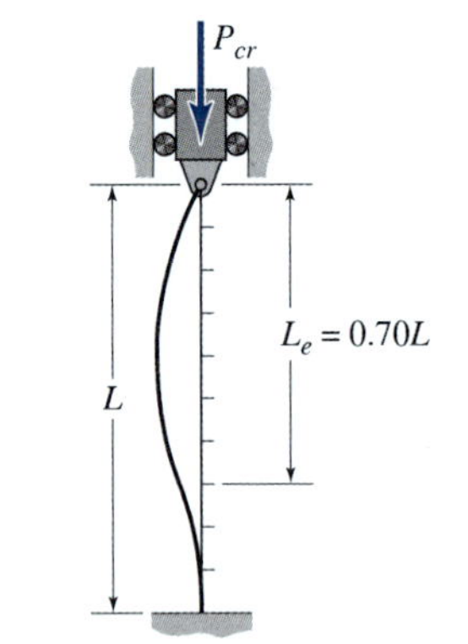

그림 10.12 고정-핀 기둥의 기본 좌굴모드

기둥의 유효길이 식 10.16에 주어져 있는 오일러의 좌굴하중은 이상적인 양단 핀 기둥을 대상으로 하여 유도된 것이지만, 기둥의 단부조건이 달라지더라도 오일러의 공식과 상수값만 다른 좌굴하중식이 얻어지는 것을 알 수 있었다. 따라서 오일러의 공식은 **임의의 단부조건을 갖는 기둥의 탄성좌굴하중**을 얻기 위해 확장 적용할 수 있으며, 확장된 오일러의 공식을 표시하면 다음과 같다.

$$P_{cr} = \frac{\pi^2 EI}{L_e^2} \quad \textbf{탄성좌굴하중} \tag{10.33}$$

여기서 L_e는 기둥의 **유효길이(effective length)**이다. 즉, L_e는 실제 기둥과 동일한 좌굴하중을 갖는 양단 핀 기둥의 길이이다. 예컨대, 고정-핀 기둥의 경우, P_{cr}에 관한 식 10.31과 식 10.33을 등치시키면 다음과 같으며,

$$\frac{\pi^2}{L_e^2} = \frac{20.19}{L^2}$$

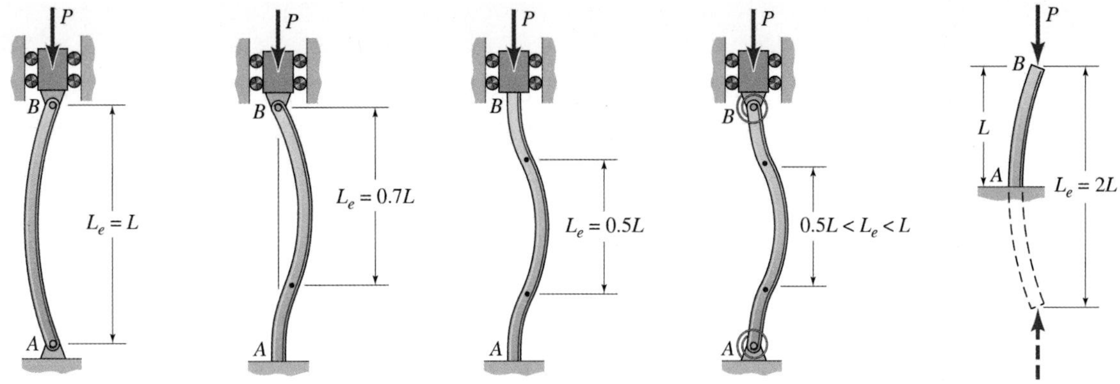

(a) 양단 핀 기둥, $K=1$ (b) 고정-핀 기둥, $K=0.7$ (c) 양단 고정 기둥, $K=0.5$ (d) 부분적으로 구속된 기둥, $0.5<K<1$ (e) 고정-자유 기둥, $K=2$

그림 10.13 여러 가지 기둥의 유효길이

또는

$$L_e = 0.70L$$

고정-핀 기둥의 유효길이를 그림 10.12에 도시하였다.

기둥의 유효길이는 물리적으로 기둥이 기본적인 탄성좌굴모드로 변형되었을 때, 모멘트가 0이 되는 점 사이의 거리라고 할 수 있다. 그림 10.13은 몇 가지 유형의 단부조건을 갖는 기둥의 유효길이를 예시한 것이다. 어떤 설계코드에서는 유효길이계수(effective length factor)라고 하는 다음과 같은 무차원계수 K를 사용하고 있으며,

$$L_e \equiv KL \tag{10.34}$$

이때 탄성좌굴하중(elastic buckling load)은 다음 식과 같이 주어진다.

$$P_{\text{cr}} = \frac{\pi^2 EI}{(KL)^2} \tag{10.35}$$

그림 10.13에 도시된 각 기둥에 대한 K값을 그림에 표기하였으며, 식 10.35로부터 탄성좌굴응력(elastic buckling stress)에 대한 다음 식을 얻을 수 있다.

$$\sigma_{\text{cr}} = \frac{\pi^2 E}{\left(\frac{KL}{r}\right)^2} \quad \textbf{탄성좌굴응력} \tag{10.36}$$

여기서 (KL/r)은 압축부재의 **유효세장비(effective slenderness ratio)**이다.

예제 10.2

강체 보 BC가 굽힘 강성(xz 평면내 굽힘에 대한)이 EI인 두 기둥에 의해 지지되어 있다. 그림 1b에 도시된 바와 같이, 기둥의 각 단부에서의 회전은 구속되어 있으나, 측면이동이 가능한 것으로 가정할 경우, 기둥의 유효길이를 추정하고, 식 10.33을 이용하여 탄성좌굴하중 P_{cr}을 결정하시오.

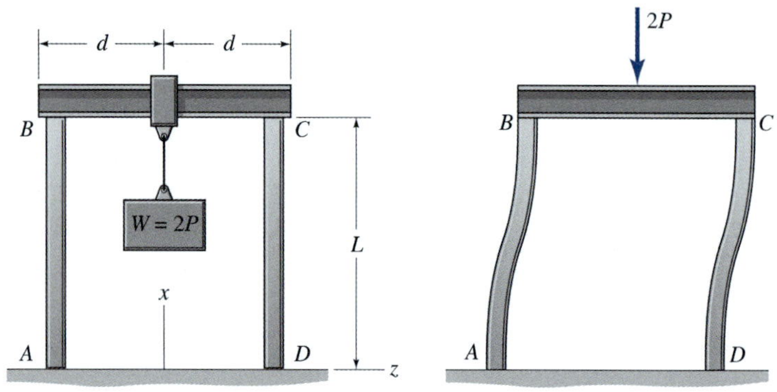

(a) 좌굴되기 전 형상 (b) 좌굴된 형상

그림 1

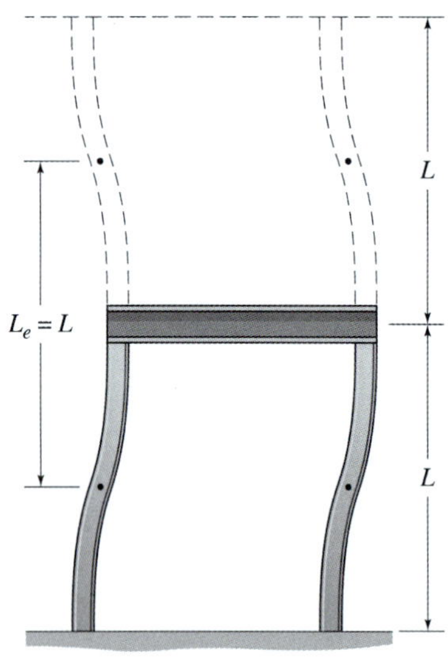

그림 2

풀이 계획 문제의 설명에서 기둥의 유효길이를 추정한 다음, 식 10.33을 사용하도록 요구하고 있으므로 이 문제의 기둥을 그림 10.13에 예시된 유효길이 기둥의 예와 비교한다.

풀이 유효길이로 표시된 탄성좌굴하중은 식 10.33에 주어져 있다. 즉,

$$P_{cr} = \frac{\pi^2 EI}{L_e^2} \tag{1}$$

그림 1b는 그림 10.13c의 양단 고정 기둥과 어떤 유사성을 가지고 있으며, 이 기둥을 그림 2와 같이 그 상부에 반사시킬 경우, 그림 10.13c의 양단 고정 기둥과 동일하게 된다. 따라서 기둥의 유효길이는 다음과 같으며,

$$L_e = 0.5(2L) = L \tag{2}$$

각 기둥에 대한 임계하중은 오일러의 좌굴하중이 된다.

$$P_{cr} = \frac{\pi^2 EI}{L^2} \quad \textbf{답} \tag{3}$$

또한, 유효길이계수 $K = 1$이다.

예제 10.3

예제 10.2에서는 그림 1a에 도시된 바와 같이 xz평면 내에서 기둥 AB와 CD의 좌굴을 고려했었다. 그러나 그림 1b에 예시된 바와 같이 기둥의 y방향 좌굴을 방지할 수 있는 요건이 아무것도 없다는 것을 알 수 있다. 그림 1a의 프레임에서 W6×20의 기둥 AB와 CD가 xz평면 내에서 좌굴(y축 좌굴)될 것인지, 아니면 y방향으로 좌굴(z축 좌굴)될 것인지를 결정하고, 또한 좌굴하중을 결정하시오. 이음부 B와 C는 견고하게 용접되어 있으며, 보 BC는 강체로서 각 기둥의 상면 도심에 수직하중 P를 작용시키는 것으로 가정한다.

단, $E = 29(10^3)$ ksi, $\sigma_Y = 36$ ksi, $I_y = 13.3$ in.^{4}, $I_z = 41.4$ in.^{4}, $A = 5.87$ in.^{2}, $L = 16$ ft라고 한다.

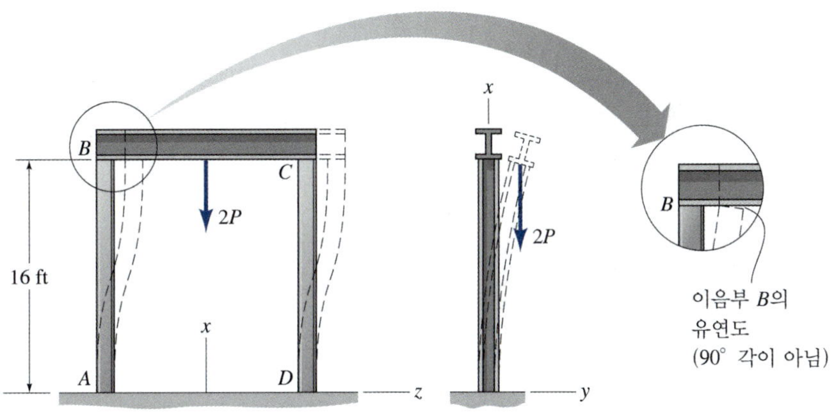

그림 1 예상되는 두 좌굴모드

풀이 식 10.35로부터,

$$P_{cr} = \frac{\pi^2 EI}{(KL)^2} \tag{1}$$

이다. P_{cr_y}를 그림 1a에 도시된 xz평면내 좌굴에 대한 임계하중이라 하고, P_{cr_z}를 그림 1b에 도시된 좌굴모드에 대한 임계하중이라고 하면, 다음과 같다.

$$P_{cr_y} = \frac{\pi^2 EI_y}{(K_y L)^2}, \quad P_{cr_z} = \frac{\pi^2 EI_z}{(K_z L)^2} \tag{2}$$

여기서 예제 10.2로부터 $K_y = 1$이고, 그림 10.13e로부터 $K_z = 2$가 됨을 알 수 있다.

$$P_{cr_y} = \frac{\pi^2 [29(10^3)\ \text{ksi}](13.3\ \text{in}^4)}{[1(16\ \text{ft})(12\ \text{in./ft})]^2} = 103.3\ \text{kips} \tag{3a}$$

$$P_{cr_z} = \frac{\pi^2 [29(10^3)\ \text{ksi}](41.4\ \text{in}^4)}{[2(16\ \text{ft})(12\ \text{in./ft})]^2} = 80.4\ \text{kips} \tag{3b}$$

따라서 $P_{\mathrm{cr}_z} < P_{\mathrm{cr}_y}$ 이므로, 프레임은 다음과 같은 좌굴하중에서 그림 1b에 도시된 평면외 모드(out-of-plane mode)로 좌굴을 일으키게 될 것이다.

$$P_{\mathrm{cr}} = (P_{\mathrm{cr}_z})_{\mathrm{cant}} = 80.4 \text{ kips}$$ **답** (4)

풀이 검토 문제의 설명에서 보 *BC*는 강체이고, 이음부 *B*와 *C*는 견고하게 용접된 것으로 가정하였다(즉, 기둥과 보 *BC*사이의 각은 90°를 유지한다). 식 (4)의 P_{cr}을 실제 좌굴하중으로 받아들이기 전에, 이 가정을 재검토해 보기로 하자. 실제로 보 *BC*는 완전강체가 아니며, 또한 이음부 *B*와 *C*는 그림 1c에 도시된 바와 같이 보 *BC*에 대하여 각 기둥이 *B*와 *C*에서 어느 정도 회전할 수 있을 만큼 유연할 수 있으므로, 이와 같은 가능성들이 고려되어야 할 것이다. "최악의 경우"를 고려한 가정은 기둥이 보 *BC*에 고정되지 않은 핀으로 연결된 경우일 것이다. 이 경우 보 *BC*는 수평이동이 자유로울 것이므로, 외팔보형(일단 고정-타단 자유) 기둥에 대한 유효길이계수 $K_y = 2$를 적용할 수 있을 것이며, 이때, 식 (3a)는 다음과 같이 된다.

$$(P_{\mathrm{cr}_y})_{\mathrm{cant}} = \frac{\pi^2[29(10^3)\text{ ksi}](13.3\text{ in}^4)}{[2(16\text{ ft})(12\text{ in./ft})]^2} = 25.8\text{ kips} \tag{5}$$

식 (4)와 (5)를 비교해보면, 기둥의 정확한 단부조건의 설정과 단부조건의 불확실성을 고려하기 위해 적절한 안전계수를 적용하는 것이 얼마나 중요한지 알 수 있다. 기둥 *AB*와 *CD*에 대한 좌굴하중의 가장 작은 값은 식 (5)로 주어진다. 즉,

$$P_{\mathrm{cr}} = (P_{\mathrm{cr}_y})_{\mathrm{cant}} = 25.8\text{ kips}$$

이 하중에서 평균 압축응력은 다음과 같다.

$$\sigma_{\mathrm{cr}} = \frac{P_{\mathrm{cr}}}{A} = \frac{25.8\text{ kips}}{5.87\text{ in}^2} = 4.40\text{ ksi} < 36\text{ ksi}$$

따라서 탄성좌굴에 관한 가정은 유효하다.

MDS 10.3 기둥의 유효길이

*10.4 편심하중; 시컨트 공식

10.2절과 10.3절에서 고려된 기둥은 완전직선형이고, 또한 압축하중이 그 단면의 도심에 작용하는 이상적인 기둥이었다. 그러나 완전하게 직선적인 구조부재는 제작할 수도 없을 뿐만 아니라, 하중작용점 또한 단면의 도심에 정확하게 위치시킬 수가 없을 것이므로, 위와 같은 이상적인 조건은 실제로 존재하지 않는다.

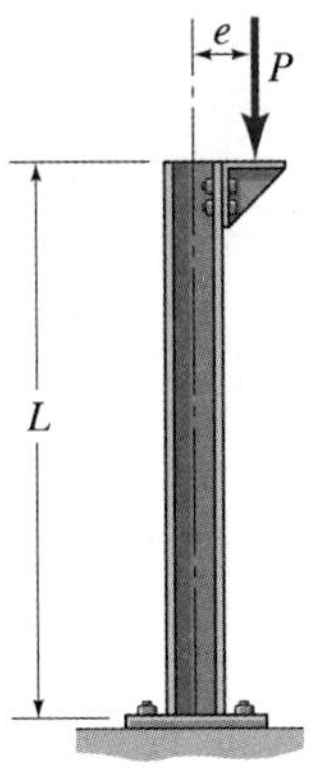

(a) 외팔보형 기둥

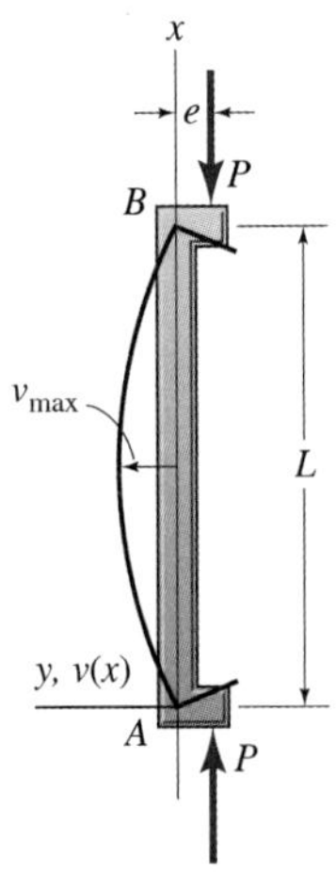

(b) 양단 핀 기둥

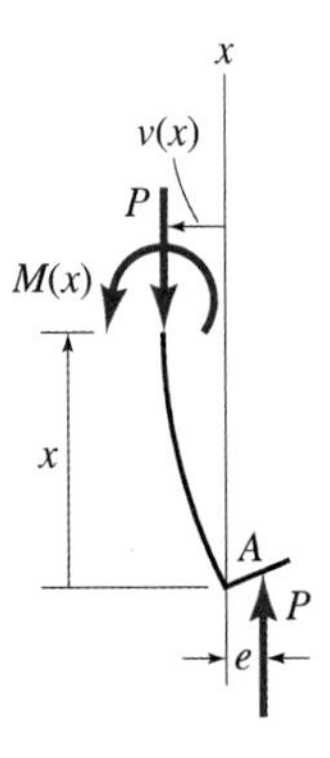

(c) 자유물체도

그림 10.14 편심하중을 받는 기둥

보-기둥의 거동[9] 그림 10.14a는 받침대(bracket)를 통해 작용된 편심하중을 받는 기둥을 예시한 것으로서, 이 절에서는 그림 10.14b[10]와 같이 편심하중을 받는 양단 핀 기둥을 해석하게 될 것이다. 편심 e가 0이 되면 오일러의 기둥이 되며, $e \neq 0$일 때 그림 10.14c의 자유물체도를 이용하면 다음 식을 얻을 수 있다.

$$\left(\sum M\right)_A = 0: \qquad M(x) = -P[e + v(x)] \tag{10.37}$$

윗 식을 모멘트-곡률 관계식 즉, 식 7.8에 대입하면,

$$EIv''(x) + Pv(x) = -Pe \tag{10.38}$$

이다. 식 10.9에서와 같이, 균일한 부재를 고려하고 $\lambda^2 = P/EI$라 하면, 식 10.38은 다음과 같이 표시할 수 있다.

$$v'' + \lambda^2 v = -\lambda^2 e \tag{10.39}$$

이 미분방정식의 특수해는 $v_p(x) = -e =$상수이다. 따라서 일반해는 다음과 같다.

$$v(x) = C_1 \sin \lambda x + C_2 \cos \lambda x - e \tag{10.40}$$

식 10.40의 상수를 결정하기 위한 경계조건으로서 $v(0) = v(L) = 0$을 이용하면

$$v(0) = 0 \rightarrow C_2 = e$$

$$v(L) = 0 \rightarrow C_1 \sin(\lambda L) + e[\cos(\lambda L) - 1] = 0$$

또는 $(1 - \cos\phi) = 2\sin^2(\phi/2)$이고, $\sin\phi = 2\sin(\phi/2)\cos(\phi/2)$이므로

$$C_1 = e\tan\left(\frac{\lambda L}{2}\right)$$

이다. 따라서 다음과 같다.

$$v(x) = e\left[\tan\left(\frac{\lambda L}{2}\right)\sin(\lambda x) + \cos(\lambda x) - 1\right] \tag{10.41}$$

그림 10.14b에 도시된 바와 같이, 보-기둥의 최대처짐은 $x = L/2$에서 발생하고 그 크기는,

$$v_{max} = v(L/2) = e[\sec(\lambda L/2) - 1] \tag{10.42}$$

편심하중을 받는 부재의 횡처짐은 P가 오일러의 좌굴하중 P_{cr}과 같거나 더 클 때 횡처짐을 유발하는 오일러의 기둥과는 달리, 하중 P의 어떤 값에서나 발생한다.

9) 축방향 압축과 횡방향 굽힘을 동시에 받는 직선형 부재를 보-기둥(beam-column)이라고 한다.
10) 그림을 단순화하기 위하여 A와 B단에서의 핀지지를 생략하였다.

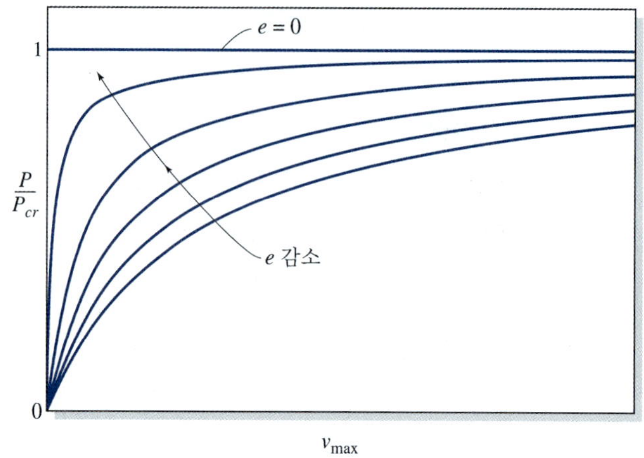

그림 10.15 편심하중을 받는 기둥의 하중-처짐 선도

이와 같은 보-기둥의 처짐은 여러 가지 e값에 대해, 다음과 같이 표시된 식 10.42를 도시하여 설명하는 것이 편리하다(그림 10.15).

$$v_{\max} = e\left[\sec\left(\frac{\pi}{2}\sqrt{\frac{P}{P_{\mathrm{cr}}}}\right) - 1\right] \tag{10.43}$$

P가 오일러의 하중 P_{cr}에 접근하게 되면, 보-기둥의 횡처짐은 한없이 증가하게 되며, $e \to 0$이 되는 극한에서 이 곡선은 수직형상($P < P_{\mathrm{cr}}$)과 좌굴형상($P = P_{\mathrm{cr}}$)을 표시하는 두 직선이 된다.

이상과 같은 보-기둥의 해석은 압축응력이 압축 비례한도를 초과하지 않을 때만 유효하다. 또한, 횡처짐 v가 편심 e에 선형적으로 변화되지만 하중 P의 비선형함수라는 것에 유의해야 한다. 따라서 식 10.43이나 그림 10.15에서 알 수 있는 바와 같이, 중첩이 허용되지 않는다. 즉,

$$v_{\max}(P_1 + P_2) \neq v_{\max}(P_1) + v_{\max}(P_2)$$

이러한 비선형 하중-처짐 관계는 식 10.37에 주어져 있는 바와 같이 보-기둥의 굽힘 모멘트 $M(x)$가 처짐 $v(x)$에 의존하기 때문이라고 할 수 있다. 반면에 횡하중이나 우력에 의해 발생된 보의 처짐은 그와 같은 하중에 대한 굽힘 모멘트식에 v항이 없으므로 각각의 하중값에 비례하여 선형적으로 변화하게 된다(제7장).

그림 10.14a와 같이 편심하중을 받는 외팔보형 기둥의 보-기둥 거동에 관한 유사한 해석을 통하여, 식 10.41과 10.42에 길이 L을 각각 외팔보형 기둥의 유효길이 $L_e = 2L$로 대체한 것과 같은 $v(x)$와 $v_{\max}$에 대한 식을 얻을 수 있다(연습문제 10.4-1 참조). 다른 경계조건(예컨대, 그림 10.13b, 10.13c 및 10.13d와 같은 단부조건)을 갖는 기둥이 편심하중을 받고 있을 때, 이와 같은 기둥의 거동은 L 대신 유효길이 L_e를 대입하는 것만으로 간단하게 얻어지지 않는다.

시컨트 공식 보-기둥으로 거동하는 부재는 그림 10.14c의 자유물체도에 도시된 바와 같이 축방향의 압축하중 P와 굽힘 모멘트 $M(x)$가 조합된 하중을 받는다. 최대모멘트는 $x=L/2$에서 발생하며, 그 크기는 그림 10.16에 도시된 바와 같이 식 10.37과 10.42를 조합하여 얻을 수 있다. 즉,

$$M_{\max} = |M(L/2)| = Pe\sec\left(\frac{\lambda L}{2}\right) \tag{10.44}$$

따라서 최대 압축응력은

$$\sigma_{\max} = \frac{P}{A} + \frac{M_{\max}c}{I} \tag{10.45}$$

또한, 식 10.44와 10.45를 조합하고, 식 10.9와 같은 λ의 정의를 고려하면 다음과 같다.

$$\sigma_{\max} = \frac{P}{A}\left[1+\left(\frac{ec}{r^2}\right)\sec\left(\frac{L}{2r}\sqrt{\frac{P}{AE}}\right)\right] \quad \text{시컨트 공식} \tag{10.46}$$

여기서

$\sigma_{\max}$ = 보-기둥의 최대 압축응력
P = 편심된 축방향 압축하중
A = 압축부재의 단면적
e = 하중의 편심량
c = 도심에서부터 $\sigma_{\max}$가 작용하는 외곽까지의 거리(그림 10.16b)
E = 탄성계수
I = 도심 굽힘축에 대한 관성모멘트
$r = \sqrt{I/A}$ = 회전반지름
L = 부재의 길이

식 10.46을 **시컨트 공식(secant formula)**이라고 한다. 이 식은 단순지지된 기둥을 대상으로 하여 유도되었지만, 식 10.46의 길이 L을 외팔보형 기둥의 유효길이 $L_e = 2L$로 대체할 경우, 그림 10.14a와 같은 외팔보형 기둥에도 적용할 수가 있다. (연습문제 10.4-1 참조)

재료의 항복을 유발하지 않으면서, 길이와 재료가 주어진 기둥의 주어진 편심에

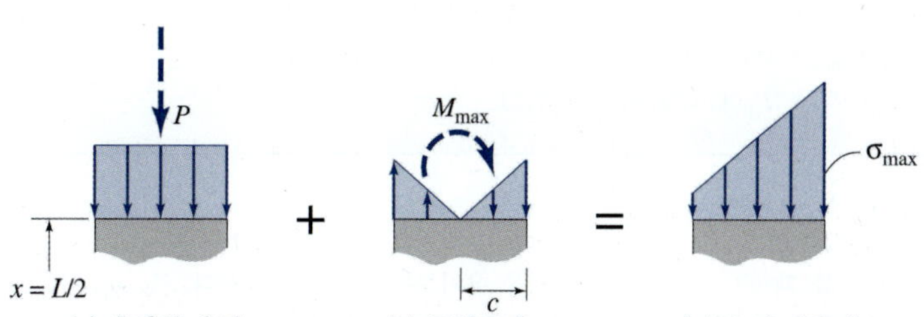

(a) 축방향 응력 (b) 굽힘응력 (c) 총 수직응력

그림 10.16 보-기둥 응력의 중첩

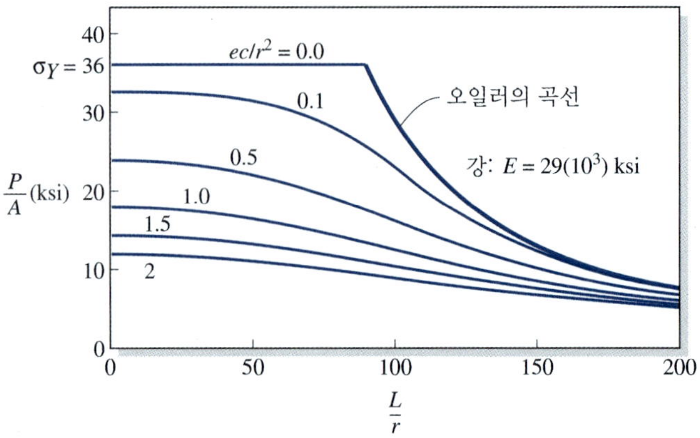

그림 10.17 시컨트 공식(식 10.46)에서 $\sigma_{max} = \sigma_Y$에 상응하는 평균응력 P/A

부가할 수 있는 최대 압축하중을 결정하기 위하여, $\sigma_{max} = \sigma_Y$(압축 항복응력)와 같이 설정한 다음, 식 10.46을 평균응력 P/A에 대하여 수치적으로 해석할 수 있다.[11] 그림 10.17은 여러 가지 편심비(eccentricity ratio) ec/r^2를 갖는 구조용 강의 평균응력 P/A와 세장비(slenderness ratio) L/r 사이의 관계선도이다. 그림 10.17에서 오일러의 곡선(Euler's formula)을 제외한 모든 곡선은 $\sigma_{max} = \sigma_Y$의 조건을 만족하므로, 이에 상응하는 하중은 $P = P_Y$ 즉, 항복하중이 된다.

만약 $e = 0$이고 $\sigma_{max} = \sigma_Y$라면, 식 10.46은 단순하게 $P/A = \sigma_Y$가 되며, 이 선도는 σ_Y에서 수평선이 된다. 그러나 편심이 0인 긴 기둥은 오일러의 임계하중에서 탄성좌굴을 일으키게 될 것이며, 그 최대응력은 σ_Y보다 작다. 즉, 오일러의 하중은 긴 기둥에 대한 P값의 상한계라고 할 수 있으며, 따라서 그림 10.17에 오일러의 곡선을 도시하였다.[12]

명확하게 시컨트 공식은 부가된 압축하중 P와 최대 압축응력 σ_{max} 사이의 비선형적인 관계를 표시하고 있다. 따라서 보-기둥의 응력 계산에는 중첩의 원리를 적용할 수가 없다.[13]

편심하중을 받는 기둥의 허용하중을 결정하는 절차

편심하중을 받는 기둥의 허용하중(allowable load)은 다음과 같은 과정으로 결정할 수 있다.

1. 편심 e의 값을 결정한다.
2. 편심 e를 비롯하여, 형상변수 r, c, A 및 L과 재료의 성질 E, σ_Y(즉, $\sigma_{max} = \sigma_Y$라 하면)를 시컨트 공식에 대입한 다음, 이 식을 하중 P_Y에 대하여 해석한다.
3. 허용하중을 구하기 위하여 하중 P_Y를 적당한 안전계수로 나눈다(하중과 응력 사이의 관계가 비선형이기 때문에, 안전계수는 하중에 직접 적용해야 하며, 허용응력으로부터 허용하중을 결정하기 위하여 안전계수를 응력에 적용해서는 안 된다).

11) 응력이 σ_Y에 이를 때까지 재료는 선형탄성을 유지하는 것으로 가정한다. 즉, $\sigma_{PL} = \sigma_Y$로 가정한다.
12) 길이가 짧은 기둥과 중간길이 기둥의 거동은 10.6절의 비탄성좌굴(Inelastic Buckling)에서 구체적으로 논의하게 될 것이다.
13) 식 10.46의 시컨트항은 $L/r \to 0$이 되면 "1"에 근접하게 된다. 따라서 아주 짧은 부재의 경우에는 예제 9.3과 같이 중첩의 원리를 적용할 수 있다.

아래의 예제는 시컨트 공식의 활용방법을 예시한 것이다.

예제 10.4

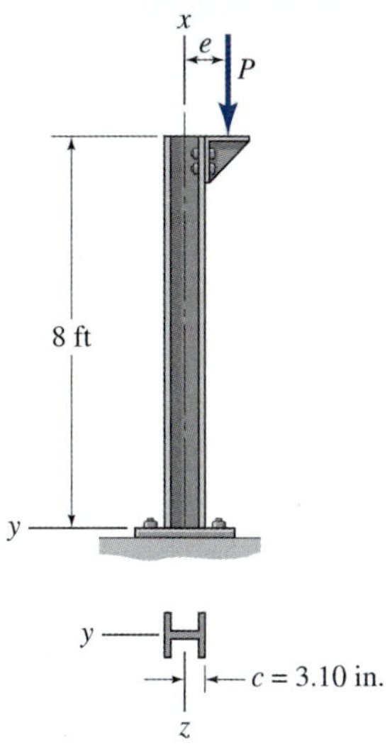

그림 1 편심하중을 받는 외팔보형 기둥

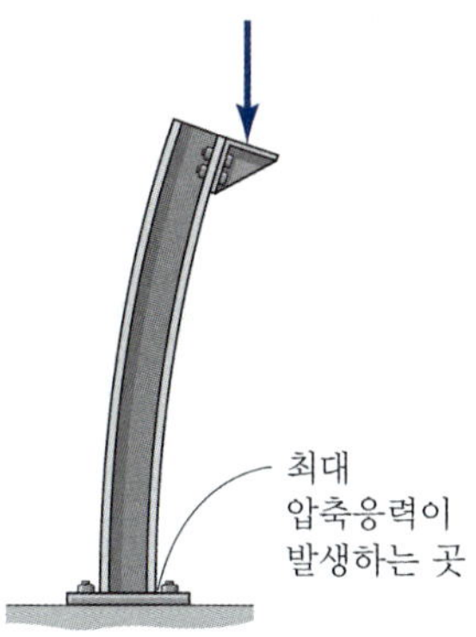

그림 2

W6×20형 구조용 강($E = 29(10^3)$ ksi, $\sigma_Y = 36$ ksi) 기둥이 그림 1과 같이 편심하중을 받고 있다. 하중이 플랜지에 부착된 받침대를 통하여 작용하고 있지만, 기둥의 상부 단면상에 직접 작용하는 것으로 가정하고, 또한 기둥은 면외 좌굴 즉, z방향의 좌굴이 발생하지 않도록 지지되었다고 가정한다. 기둥의 $A =$ 5.87 in.^{2}, $r = 2.66$ in., $c = 3.10$ in.라고 할 때 다음을 계산하시오. (a) 압축하중 $P = 20$ kips가 편심 $e = 4.0$ in.에 작용할 경우, 기둥의 최대 압축응력은 얼마이고, 어디에서 발생하는가? (b) 위와 같은 하중하에 기둥의 초기항복에 대한 안전계수는 얼마인가?

풀이

(a) 최대 압축응력: 전술된 바와 같이 외팔보형 기둥(그림 2 참조)의 최대 압축응력은, L 대신 $L_e = 2L$을 갖는 시컨트 공식 즉, 식 10.46을 사용하여 직접 계산할 수 있다. 따라서

$$\sigma_{\max} = \frac{P}{A}\left[1 + \left(\frac{ec}{r^2}\right)\sec\left(\frac{L_e}{2r}\sqrt{\frac{P}{AE}}\right)\right] \tag{1}$$

$$\sigma_{\max} = \frac{20}{5.87}\left[1 + \left(\frac{4.0(3.10)}{(2.66)^2}\right)\sec\left(\frac{2(96)}{2(2.66)}\sqrt{\frac{20}{5.87(29{,}000)}}\right)\right]$$

$$= 9.866 \text{ ksi}$$

$$\sigma_{\max} = 9.87 \text{ ksi}$$ **답**

(b) 안전계수: 시컨트 공식은 비선형이므로 $\sigma_{\max} = \sigma_Y$(압축 항복응력)를 만족하는 P_Y의 값을 결정해야 하며, 그림 10.17로부터 그 근사치를 얻을 수 있다. 이 기둥의 경우,

$$\frac{L_e}{r} = \frac{2(96 \text{ in.})}{(2.66 \text{ in.})^2} = 72.2$$

$$\frac{ec}{r^2} = \frac{(4.0 \text{ in.})(3.10 \text{ in.})}{(2.66 \text{ in.})^2} = 1.753$$

그림 10.17의 $\frac{L_e}{r} \approx 75$에서 $\left(\frac{ec}{r^2}\right) = 1.0$과 $\left(\frac{ec}{r^2}\right) = 2.0$인 곡선 사이를 보간(interpolating)하여, $\frac{P_Y}{A} \approx 12$ ksi를 얻을 수 있으며, $A = 5.87$ in.^{2}이므로, $P_Y \approx 70$ kips를 기대할 수가 있겠다.

또한 $\sigma_{\max} = \sigma_Y = 36$ ksi인 식 (1) 즉, 다음과 같은 식을 만족하는 P_Y를 구할 필요가 있으며,

$$36 \text{ ksi} = \frac{P_Y}{(5.87 \text{ in}^2)}\left[1 + 1.753\sec\left(36.1\sqrt{\frac{P_Y}{(5.87 \text{ in}^2)(29{,}000 \text{ ksi})}}\right)\right]$$

또는

$$211 = P_Y\left[1 + 1.753\sec\left(0.0875\sqrt{P_Y}\right)\right] \tag{2}$$

따라서 일차 항복을 일으킬 수 있는 계산하중은 다음과 같으며,

$$P_Y = 64.2 \text{ kips}$$

기둥에 작용하는 실제하중이 20 kips이므로, 항복에 대한 안전계수는

$$FS_Y = \frac{P_Y}{P} = \frac{64.2 \text{ kips}}{20 \text{ kips}} = 3.21$$

$$FS_Y = 3.2$$ **답**

이다. 하중(식 2.26)을 기준으로 한 이 안전계수는 응력 σ_Y/σ_{max}의 비와 같지 않다는 것에 유의한다.

*10.5 기둥의 결함

앞 절에서는 부재에 가해진 하중이 단면의 도심에 작용하지 않고 편심되어 작용할 경우 편심하중이 직선형 기둥의 거동에 어떤 영향을 미치는지에 대하여 검토하였다. 기둥의 거동은 기둥축의 초기 직선성의 결여 또는 기둥의 초기결함(initial imperfection)에도 또한 영향을 받는다. 따라서 그림 10.6a의 이상적인 양단 핀 기둥을 그림 10.18a와 같이 초기만곡(crookedness) $v_0(x)$를 갖는 기둥으로 대체한 다음, 기둥의 거동에 대한 초기결함의 영향을 검토해 보기로 하자.

일반적으로 $v_0(x)$의 크기는 미소하지만, 그 정확한 함수형은 기둥에 따라 다르

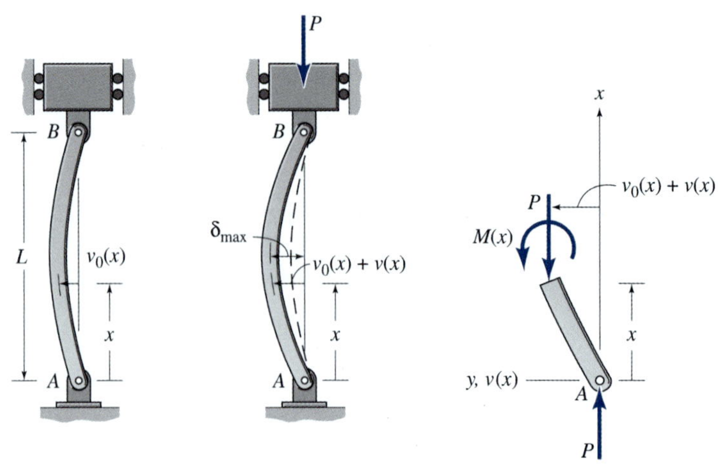

(a) 처음부터 만곡된 기둥

(b) 압축하중을 받아 만곡된 기둥

(c) 자유물체도

그림 10.18 초기만곡 $v_0(x)$를 갖는 기둥

며 미지수이다. 그러나 $v_0(x)$가 다음과 같이 표시될 수 있는 것으로 가정함으로써 초기 만곡의 영향에 대한 개념을 얻을 수 있겠다.

$$v_0(x) = \delta_0 \sin\left(\frac{\pi x}{L}\right) \tag{10.47}$$

이 식은 이상적인 기둥의 기본 좌굴모드(식 10.17)와 동일한 형상을 취하고 있다. 따라서 그림 10.18c의 자유물체도로부터,

$$M(x) = -P[v(x) + v_0(x)] \tag{10.48}$$

여기서 $v(x)$는 하중 P에 의해 발생한 처짐이다. 식 10.47과 10.48을 모멘트-곡률 방정식 즉, 식 7.8에 대입하면 다음과 같은 미분방정식을 얻을 수 있다.

$$EIv''(x) + pv(x) = -P\delta_0 \sin\left(\frac{\pi x}{L}\right) \tag{10.49}$$

경계조건 $v(0) = v(L) = 0$을 만족하는 식 10.49의 해는 다음과 같다.

$$v(x) = \left(\frac{\alpha\delta_0}{1-\alpha}\right)\sin\left(\frac{\pi x}{L}\right) \tag{10.50}$$

여기서

$$\alpha \equiv \frac{P}{P_{cr}} = \frac{PL^2}{\pi^2 EI} \tag{10.51}$$

식 10.50에서 최대 처짐 δ_{max}와 최대 굽힘 모멘트 M_{max}를 다음과 같이 결정할 수 있다.

$$\delta_{max} = \delta_0 + v(L/2) = \frac{\delta_0}{1-\alpha} \tag{10.52}$$

$$M_{max} = P\delta_{max} = \frac{P\delta_0}{1-\alpha} \tag{10.53}$$

따라서

$$\sigma_{max} = \frac{P}{A} + \frac{M_{max}c}{I} = \frac{P}{A}\left[1 + \frac{\delta_0 c}{r^2(1-\alpha)}\right] \tag{10.54}$$

여기서 $r^2 = 1/A$이다.

$\alpha = P/P_{cr}$이므로 식 10.52로부터 10.54까지는 모두 하중 P에 대해 비선형이며, 또한 최대 압축응력에 관한 식 10.54는 편심하중을 받는 기둥의 시컨트 공식 즉, 식 10.46과 비슷하다. 주어진 압축 항복응력 $\sigma_{max} = \sigma_Y$에 대한 P_Y/A와 L/r 사이의 관계선도를 결정하기 위하여 결함비(imperfection ratio) $\delta_0 c/r^2$를 사용할 경우,

그 결과는 그림 10.17과 비슷한 일련의 곡선군이 될 것이다. 따라서 초기만곡을 갖는 기둥의 해석은 편심하중을 받는 기둥의 해석과 아주 비슷하다는 것을 알 수 있다.

*10.6 이상적인 기둥의 비탄성좌굴

이상적인(즉, 초기에 직선형이고, 축하중을 받는) 양단 핀 기둥의 좌굴을 재론해 보기로 하자. 만일 이상적인 기둥이 충분히 길 경우, 기둥은 오일러의 공식 즉, 식 10.18로 주어지는 임계응력($\sigma_{cr} \le \sigma_{PL}$)하에서 탄성좌굴을 일으키게 될 것이다. 따라서 식 10.18에서 $\sigma_{cr} = \sigma_{PL}$이라 하면 탄성좌굴을 일으키는 세장비 L/r의 값을 결정할 수 있으며, 이것이 **임계 세장비(critical slenderness ratio)**가 된다.

$$\left(\frac{L}{r}\right)_c = \sqrt{\frac{\pi^2 E}{\sigma_{PL}}} \tag{10.55}$$

$(L/r) > (L/r)_c$인 기둥을 **긴 기둥(long columns)**이라고 하며, 길이가 긴 기둥은 그 탄성좌굴한도(elastic buckling limit) 즉, 오일러의 좌굴응력에서 파손된다.

만일 이상적인 기둥이 아주 짧을 경우, 좌굴은 전혀 발생하지 않으며, 다만 기둥은 압축극한응력 σ_U에서 재료의 분쇄에 의해 파손될 것이다. 이와 같은 형태로 파손되는 기둥을 **짧은 기둥(short columns)**이라고 하며, 짧은 기둥은, 그림 10.19에 도시된 바와 같이, 고유의 압축강도한도(compressive strength limit)에서 파손된다. 짧은 기둥과 긴 기둥 사이에 있는 영역의 기둥을 **중간길이 기둥(intermediate columns)**이라고 하며, 이 기둥의 파손모드(failure mode)를 비탄성좌굴(inelastic buckling)이라고 한다. 중간길이 기둥은 평균응력 P/A가 그림 10.19의 BC곡선으

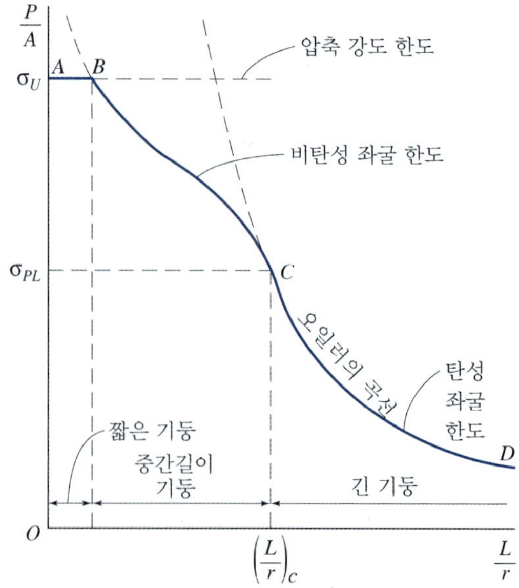

그림 10.19 이상적인 기둥의 좌굴거동

로 도시된, 비탄성좌굴한도에 도달했을 때 파손된다.

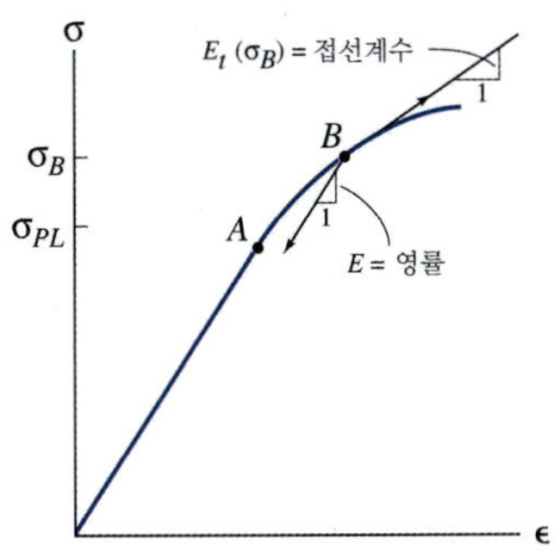

그림 10.20 압축응력-변형률 선도

이제, 그림 10.20과 같은 압축응력-변형률 선도를 갖는 이상적인 기둥의 비탄성좌굴한도를 결정하기 위하여, 비탄성좌굴현상을 검토해 보기로 하자.[14] 기둥은 중간길이 영역에서 파손되는 것으로 가정한다. 따라서 좌굴은 비례한도 σ_{PL} 이하의 응력에서는 발생하지 않는다. 또한, 기둥의 평균 압축응력 P/A가 σ_B(그림 10.20의 B점)에 도달하게 되면, 기둥은 비탄성좌굴을 일으키기 직전상태에 있는 것으로 가정한다. 기둥이 비탄성좌굴을 일으키게 될 σ_B의 값을 예측할 수 있는 이론에는 두 가지가 있다. 가장 간단한 이론은 1889년에 독일의 엔지니어 엥게서(F. Engesser)에 의해 개발된 **접선계수 이론(tangent-modulus theory)**이다. 접선계수공식은 오일러의 좌굴공식 중 영률(탄성계수)(Young's modulus) E를, 압축응력-변형률 선도의 기울기인 접선계수(tangent modulus) E_t로 대체하여 얻을 수 있으며, 응력 σ_B에서 접선계수는 다음과 같이 주어진다.

$$E_t(\sigma_B) = \frac{d\sigma}{d\epsilon}\bigg|_{\sigma=\sigma_B} \tag{10.56}$$

E_t의 의미는 그림 10.20에 설명되어 있으며, 따라서 접선계수 좌굴응력(tangent-modulus buckling stress)은 다음과 같이 주어진다.

$$\sigma_t = \frac{\pi^2 E_t}{(L/r)^2} \tag{10.57}$$

접선계수-좌굴공식

좌굴에 대한 접선계수 곡선은 그림 10.21에 σ_t로 표기하였다.

또한, 다소 큰 비탄성 좌굴응력 σ_r을 감소계수 이론(reduced-modulus theory)에 의하여 예측할 수 있으며, 감소계수 공식에서

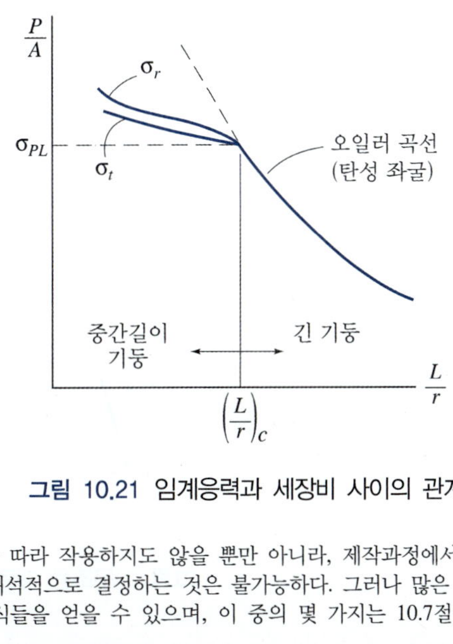

그림 10.21 임계응력과 세장비 사이의 관계

14) 실제 기둥은 완전 직선형이 아니며, 또한 하중이 도심축을 따라 작용하지도 않을 뿐만 아니라, 제작과정에서 잔류응력이라고 하는 응력이 기둥에 유발되기 때문에, 실제 기둥의 비탄성좌굴한도를 해석적으로 결정하는 것은 불가능하다. 그러나 많은 기둥의 좌굴시험 결과와 함께 소개된 해석결과를 이용하면, 기둥의 설계에 필요한 경험식들을 얻을 수 있으며, 이 중의 몇 가지는 10.7절에서 논의하게 될 것이다.

$$\sigma_r = \frac{\pi^2 E_r}{(L/r)^2} \tag{10.58}$$

감소계수(reduced modulus) $E_r(E_t < E_r < E)$은 E와 E_t에 의존하며, 또한 단면의 형상에도 의존한다. 중간길이 기둥에 대한 실제 좌굴실험 결과는 접선계수 하중에 근접하는 경향을 보이며 또한, 접선계수 하중이 감소계수 하중에 비해 계산하기가 훨씬 쉬우므로 기둥의 비탄성좌굴해석에 접선계수이론이 더욱 일반적으로 활용되고 있다(참고문헌 10-6).

다음의 예제는 비탄성좌굴응력을 계산하기 위한 접선계수 이론의 활용 예를 보인 것이다.

예제 10.5

그림 1

단면형상이 그림 1과 같은 $A4 \times 4 \times 1/2$ 관형 기둥의 유효길이는 100 in.라고 한다($A = 6.36$ in.^{2}, $r = 1.39$ in.). 또한, 이 기둥은 그림 2의 곡선 ABC와 같은 압축응력-변형률 선도를 갖는 재료로 제작되었으며, 이에 대응하는 접선계수 E_t와 압축응력 σ 사이의 관계는 윗눈금상의 접선계수값을 갖는 그림 2의 곡선 $DEFG$와 같다고 한다. 이 기둥에 대한 좌굴하중을 계산하시오.

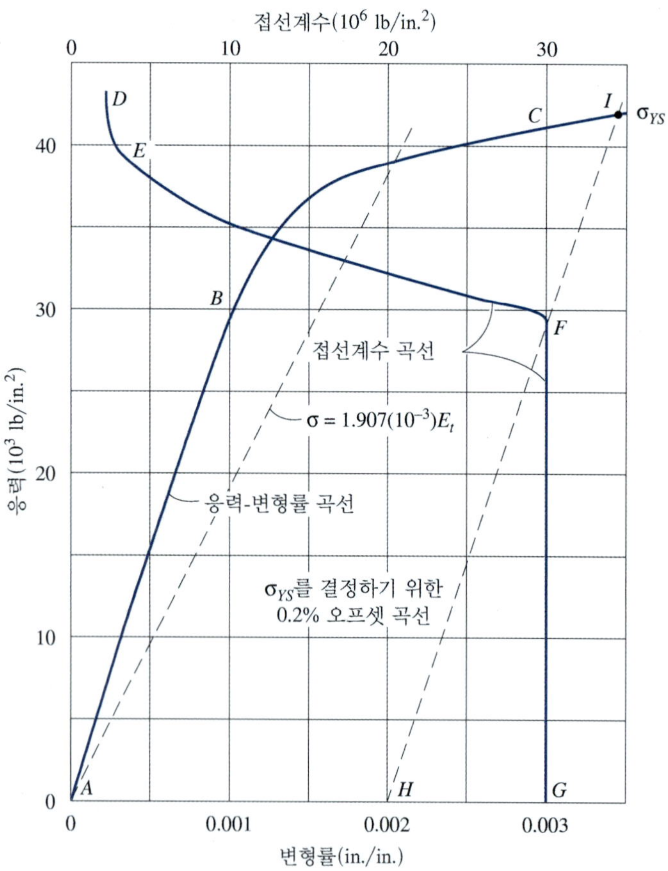

그림 2 구조용 재료에 대한 압축응력-변형률 곡선과 접선계수 곡선

풀이 L_c/r를 결정하기 위해 우선 식 10.55를 이용하여 탄성좌굴이나 비탄성좌굴 중에서 어느 쪽이 더 지배적일 것인지를 결정해 보기로 하자. 그림 2의 접선계수 곡선으로부터 $E = 30(10^3)$ ksi와 $\sigma_{PL} \approx 29$ ksi를 추정할 수 있다. 따라서

$$\frac{L_c}{r} = \sqrt{\frac{\pi^2 E}{\sigma_{PL}}} = \sqrt{\frac{\pi^2(30\times 10^3\ \text{ksi})}{29\ \text{ksi}}} = 101.0$$

L/r의 실제값은

$$\frac{L}{r} = \frac{100\ \text{in.}}{1.39\ \text{in.}} = 71.9$$

$L/r < L_c/r$이므로 비탄성좌굴이 일어난다.

접선계수 공식 즉, 식 10.57로부터

$$\sigma_t = \frac{\pi^2 E_t}{(L/r)^2} = \frac{\pi^2 E_t}{(71.9)^2} = 0.001907E_t \tag{1}$$

이 직선을 그림 2에 도시하였으며, 이 직선과 접선계수 곡선의 교점이 접선계수응력의 해가 된다. 우선, $\sigma_1 = 33$ ksi를 시험해 보자. 그림 2로부터 대응하는 접선계수의 값이 $E_1 \equiv E_t(\sigma_1) \approx 17(10^3)$ ksi라는 것을 추정할 수 있다. 식 (1)로부터

$$\sigma_{t1} = 0.001907[17(10^3)\ \text{ksi}] = 32.4\ \text{ksi}$$

이것은 첫 번째 추정치 33 ksi보다 작다. 따라서 다소 큰 E_t의 값이 필요하므로 $E_t(\sigma_2) \approx 17.2(10^3)$ ksi를 시험해 보면, 식 (1)에 의해

$$\sigma_{t1} = 32.8\ \text{ksi}$$

이것은 접선계수 곡선에서 취한 값과 일치하고 있다. 따라서

$$P_t = \sigma_t A = (32.8\ \text{ksi})(6.36\ \text{in}^2) = 209\ \text{kips}$$

또는 유효숫자 두 자리로 반올림하면 다음과 같다.

$$P_t = 210\ \text{kips}$$ **답**

10.7 중심하중을 받는 기둥의 설계

10.2절부터 10.6절까지에서는 기둥의 형상(완전 직선형 또는 특정형상의 결함을 갖는)을 비롯하여 재료의 거동(잔류응력이 존재하지 않으며, 기지의 압축응력-변형률 선도를 갖는)과 단부조건(핀, 고정 또는 자유단) 및 하중 작용선 등이 알려진 기둥의 거동을 검토하였다. 실제 기둥의 경우, 이와 같은 인자들은 모두 변동성

(variability)의 영향을 받게 되며(예컨대, 참고문헌 10-5 참조), 이러한 변동성은 기둥을 설계할 때 적절하게 고려되어야 한다. 따라서 **설계코드**(design codes)에는 수많은 실제 기둥의 실험데이터를 비롯한 적당한 안전계수와 유효길이계수 및 기타 수정계수를 복합적으로 고려하여 얻어진 **기둥-설계공식**(column-design formulas)들이 일반적으로 규정되어 있다.

이 절에서는 중심하중을 받는 강재와 알루미늄합금 및 목재기둥에 대한 몇 가지 대표적인 설계공식들을 검토하게 될 것이며, 각 설계공식은 지정된 재료와 특정 범위의 유효 세장비를 갖는 기둥에만 적용하게 될 것이다. 이 절의 목적은 기본적인 **기둥-설계과정**(column-design process)을 예시하는 데 있으며, 어떤 경우, 코드 표기는 10.2절부터 10.6절까지의 표기법(예컨대, 응력에 대한 σ의 표기법)과 일관성을 유지할 수 있도록 변경하였다. 기둥-설계공식과 설계과정은 많은 코드발행기관에 의하여 주기적으로 갱신되기 때문에, 여러분이 실제 제작과 사용을 목적으로 하여 기둥을 설계할 때는 사전에 적당한 설계코드나 명세서의 최신판을 참조해야 할 것이며, 주요 코드발행기관의 이름과 메일주소 및 웹주소는 제10장의 참고문헌에 수록되어 있다.

허용응력(allowable stress) σ는 **임계응력**(critical stress) 또는 좌굴응력 σ_{cr}과 다음과 같은 관계를 갖는다.

$$\sigma_{allow} = \frac{\sigma_{cr}}{FS} \tag{10.59}$$

여기서 FS는 **안전계수**(factor of safety)이다. 따라서 **허용하중**(allowable load)은 허용응력과 기둥의 단면적의 곱으로 다음과 같이 주어진다.

$$P_{allow} = \sigma_{allow} A \tag{10.60}$$

식 10.65와 10.66 및 식 10.67에 제시된 기둥-설계공식들은 유효길이와 단면적 및 재료가 주어진 기둥의 **허용하중**을 결정하기 위하여 직접 사용될 수 있는 유용한 공식들이다. 한편, **기둥의 설계**(column design)는(즉, 주어진 하중을 지지하기 위하여 재료와 유효길이가 주어진 기둥의 적당한 단면적을 결정하는) 아래에 언급된 것과 같은 반복과정이라고 할 수 있다.

기둥의 설계과정

이 설계과정의 기본단계는 다음과 같다.

1. 시험 단면(trial cross section)을 선택한다.
2. 단면의 주축방향 좌굴에 대한 $(KL/r)_1$과 $(KL/r)_2$의 값을 비교하여 유효세장비의 값을 결정한다. (직사각형 단면을 갖는 목재기둥의 경우, KL/r 대신 KL/d을 사용한다.)
3. 선정된 재료와 2단계에서 계산된 유효세장비에 적합한 기둥-설계공식을 사용하여 허용응력 σ을 결정한다. 허용하중을 결정하기 위하여 σ와 시험단면의 단면적을 곱한다.
4. 3단계에서 계산된 허용하중이 주어진 설계하중과 같거나 다소 클 경우, 시험 단면을 채택한다. 만약 허용하중이 주어진 설계하중보다 작을 경우, 다른 시험 단면을 대상으로 하여 1~3단계를 반복한다. 또한, 허용하중이 요구된 것보다 훨씬 더 크면 좀 더 작은 단면을 시험한다.

구조용 강 기둥 구조용 강 기둥은 이전에 기둥연구회(Column Research Council: CRC)라고 불리던 구조안정성연구회(Structural Stability Research Council: SSRC)에 의해 제안된 공식을 근거로 하여 설계되고 있다. 또한, 강 구조물의 설계명세서를 발행하는 기구인 미국강구조물협회(The American Institute of Steel Construction: AISC)에서는 SSRC의 설계공식을 채택하고, 강 기둥의 설계에 사용할 수 있는 안전계수를 규정하고 있다(참고문헌 10-7).

길이가 긴 기둥의 경우, 오일러의 공식 즉, 식 10.36이 이용되고 있으며, 이 공식은 σ_{cr}이 재료의 압축 비례한도(σ_{PL} 대신 항복응력 σ_Y가 사용될 수 있다.)를 초과하지 않는 한 이론적으로는 유용하다고 할 수 있다. 그러나 넓은 플랜지 단면과 같은 구조용 형강을 생산하기 위한 압연과정은 큰 압축 잔류응력을 유발하게 되며 그 결과, 압축 항복응력의 1/2보다 낮은 압축응력에서도 항복을 일으킬 수 있는 것으로 알려져 있다. 따라서 AISC에서는 오일러의 공식에 대한 유효 사용범위를 $\sigma_{cr} \le 0.5\sigma_Y$가 되는 KL/r의 값으로 제한하고 있다. 즉, $KL/r \ge (KL/r)_c$에 대하여 다음 식을 만족해야 한다.

$$\left(\frac{KL}{r}\right)_c = \left(\frac{\pi^2 E}{0.5\sigma_Y}\right)^{\frac{1}{2}} \tag{10.61}$$

AISC에 의해 주어진 E의 값은 $29(10^3)$ ksi이다.[15)]

식 10.36과 식 10.61을 조합하면 오일러의 공식은 다음과 같이 표시할 수 있다.

$$\frac{\sigma_{cr}}{\sigma_Y} = \frac{\pi^2 E}{\sigma_Y\left(\frac{KL}{r}\right)^2} = \frac{\left(\frac{KL}{r}\right)_c^2}{2\left(\frac{KL}{r}\right)^2}, \quad \left(\frac{KL}{r}\right) \ge \left(\frac{KL}{r}\right)_c \tag{10.62}$$

이 식을 그림 10.22에 도시하였으며, 그 유효 사용범위는 오일러의 공식(Euler's formula)이라고 표기된 곡선의 실선부분으로 나타내었다.

또한, 기둥연구회는 짧은 기둥의 경우 즉, $(KL/r)_c$를 초과하지 않는 KL/r에 대해서는 포물선(그림 10.22에 파선으로 표시된)을 사용하도록 권장하고 있다.[16)]

$$\frac{\sigma_{cr}}{\sigma_Y} = 1 - \frac{\left(\frac{KL}{r}\right)^2}{2\left(\frac{KL}{r}\right)_c^2}, \quad \left(\frac{KL}{r}\right) \le \left(\frac{KL}{r}\right)_c \tag{10.63}$$

이 곡선은 $KL/r = 0$에서 수평접선을 가지며, 그림 10.22에 도시된 바와 같이, $(KL/r)_c$에서 오일러의 곡선과 매끄럽게 합체된다.

식 10.63에 상응하는 안전계수는 AISC에 의해 다음과 같이 주어져 있으며

15) 이것은 상온(70°F)에서의 값이며, E의 가정치는 900°F에서 $25(10^3)$ ksi까지 선형적으로 감소한다.
16) 이것은 가끔 존슨(Johnson)의 기둥공식이라고도 한다.

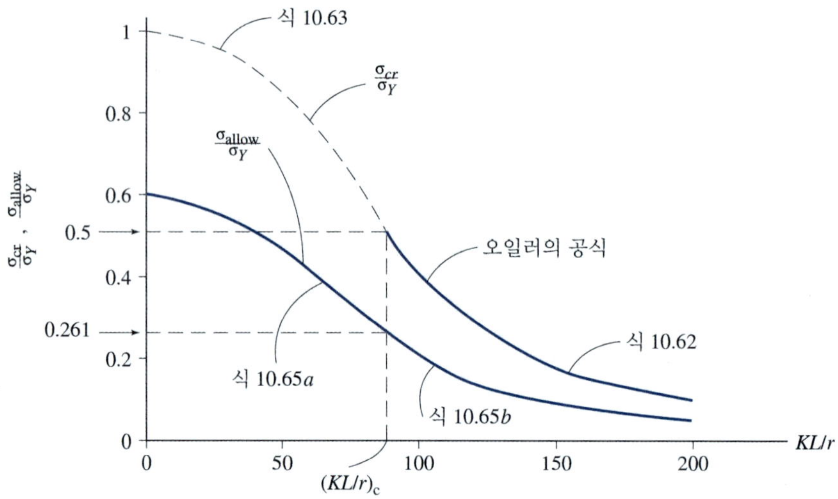

그림 10.22 구조용 강 기둥의 좌굴에 대한 설계곡선

$$FS_1 = \frac{5}{3} + \frac{3\left(\dfrac{KL}{r}\right)}{8\left(\dfrac{KL}{r}\right)_c} - \frac{\left(\dfrac{KL}{r}\right)^3}{8\left(\dfrac{KL}{r}\right)_c^3}, \quad \left(\frac{KL}{r}\right) \le \left(\frac{KL}{r}\right)_c \tag{10.64a}$$

식 10.62에 상응하는 안전계수는 상수이다.

$$FS_2 = \frac{23}{12}, \quad \left(\frac{KL}{r}\right) \ge \left(\frac{KL}{r}\right)_c \tag{10.64b}$$

σ에 대한 AISC 공식은 식 10.60과 식 10.62부터 10.64까지를 조합하여 다음과 같이 얻을 수 있으며,

$$\frac{\sigma_{\text{allow}}}{\sigma_Y} = \frac{1}{FS_1}\left[1 - \frac{\left(\dfrac{KL}{r}\right)^2}{2\left(\dfrac{KL}{r}\right)_c^2}\right], \quad \left(\frac{KL}{r}\right) \le \left(\frac{KL}{r}\right)_c \tag{10.65a}$$

$$\frac{\sigma_{\text{allow}}}{\sigma_Y} = \frac{1}{FS_2}\left[\frac{\left(\dfrac{KL}{r}\right)^2}{2\left(\dfrac{KL}{r}\right)^2}\right], \quad \left(\frac{KL}{r}\right)_c \le \left(\frac{KL}{r}\right) \le 200 \tag{10.65b}$$

이 공식 또한 그림 10.22에 도시하였다.

끝으로, 식 10.65b와 그림 10.22에서, AISC는 기둥을 $KL/r \le 200$의 값으로 한정하고 있는 것을 알 수 있다.

알루미늄합금 기둥 알루미늄협회(Aluminum Association)는 알루미늄합금 구조물의 설계에 필요한 명세서를 제공하고 있다. 긴 기둥에는 오일러의 공식을 이용하고, 짧은 기둥과 중간길이 기둥에는 두 직선을 지정하고 있으며, 이 곡선의 일반형

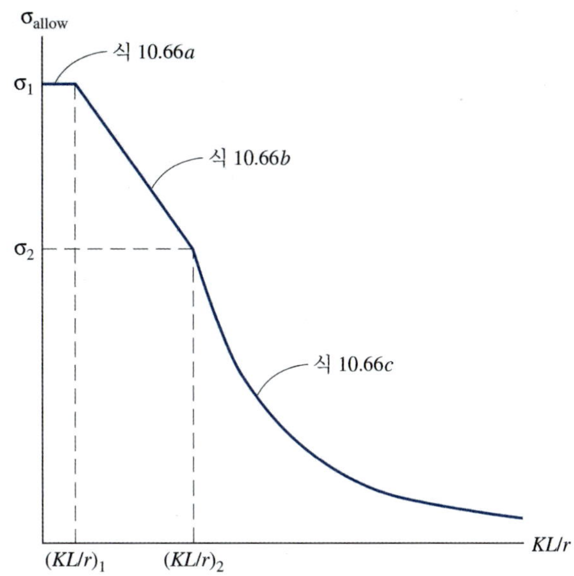

그림 10.23 알루미늄합금 기둥의 좌굴에 대한 대표적인 설계곡선

을 그림 10.23에 도시하였다. 합금과 열처리 및 용도에 따른 설계공식들이 알루미늄협회에 의해 제공되고 있다(참고문헌 10-8). 건축구조물용 2014-T6 합금에 대한 기둥-설계공식은 다음과 같으며, 이 공식에는 안전계수가 반영되어 있다.

$$\sigma_{\text{allow}} = 28\ \text{ksi},\quad 0 \le \frac{KL}{r} \le 12 \tag{10.66a}$$

$$\sigma_{\text{allow}} = \left[30.7 - 0.23\left(\frac{KL}{r}\right)\right]\ \text{ksi},\quad 12 < \frac{KL}{r} \le 55 \tag{10.66b}$$

$$\sigma_{\text{allow}} = \frac{54{,}000\ \text{ksi}}{\left(\frac{KL}{r}\right)^2},\quad 55 < \frac{KL}{r} \tag{10.66c}$$

목재 기둥 목재구조 부재의 설계는 미국산림제지협회(American Forest & Paper Association)에서 발행된 목재구조의 국정설계명세서(National Design Specification for Wood Construction)를 적용하고 있다(참고문헌 10-9). 국정설계명세서(National Design Specification: 최근 NDS-2005)에는 유효 세장비 범위 $0 \le KL/d \le 50$에 적용할 수 있는 기둥 안정성 계수(column stability factor)에 대하여 하나의 공식이 지정되어 있으며, 목재 기둥에 대한 압축 허용응력은 다음과 같다.

$$\sigma_{\text{allow}} = F_c\left[\frac{1-(F_{cE}/F_c)}{2c} - \sqrt{\left[\frac{1+(F_{cE}/F_c)}{2c}\right]^2 - \frac{F_{cE}/F_c}{c}}\right] \tag{10.67}$$

위 공식에서

F_c =목재의 결에 평행한 압축하중에 대한 허용응력

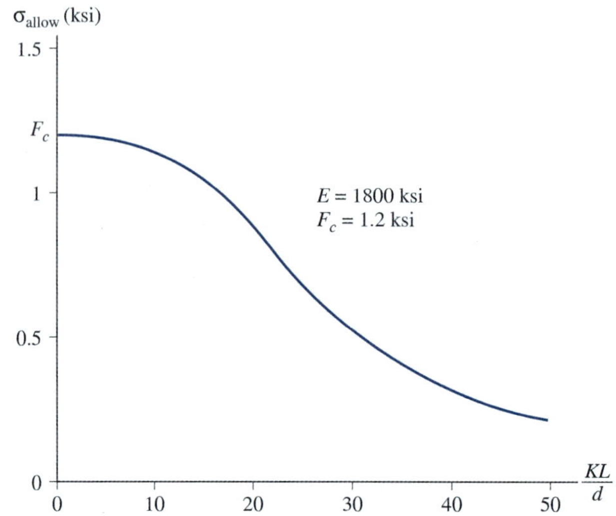

그림 10.24 목재 기둥의 좌굴에 대한 설계곡선

$F_{cE} = \dfrac{K_{cE}E}{(KL/d)^2}$ = 환산된(reduced) 오일러의 좌굴응력

E = 탄성계수

$K_{cE} = 0.30$ 외견상 구배를 갖는(visually graded) 목재의 경우

$c = 0.8$ 톱질된 목재(sawn lumber)의 경우

F_c와 E의 값은 목재의 종류, 수분함량, 부하시간 등에 따라 큰 차이가 있으나, 대표적인 F_c의 값은 400 psi ~ 2000 psi 범위이며, 대표적인 E값은 800 ksi ~ 1800 ksi 범위에 있다. 또한, 유효 세장비 KL/d은 직사각형 단면의 마무리 치수가 d_1과 d_2인 단면의 주축방향 좌굴에 대한 $(KL/d)_1$과 $(KL/d)_2$중에서 큰 값을 선택한다.

식 10.67을 근거로 하여 $E = 1800$ ksi이고 $F_c = 1.2$ ksi인 목재 기둥의 설계곡선을 그림 10.24에 도시하였다.

이제, 전술된 **기둥-설계과정(column-design procedure)**이 예시될 것이다.

예제 10.6

그림 1과 같이 10 kips의 축하중을 지탱하고 있는 길이 10 ft의 정사각형 S4S (네 면이 가공된) 목재 기둥의 크기를 결정하시오. 단, 기둥의 정사각형 단부는 유효길이계수 $K = 1$을 가지며, 또한 $E = 1800$ ksi이고 $F_c = 1.2$ ksi라고 가정한다.

풀이

1단계: 6 × 6 in.의 공칭단면(다듬어진 치수 5.5 in. × 5.5 in.)을 시험해 보기로 한다.

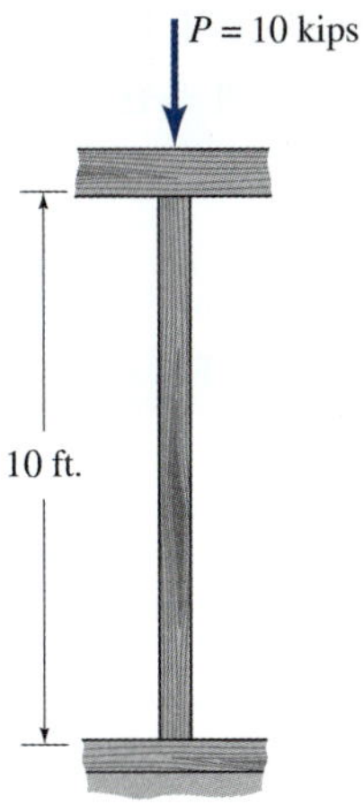

그림 1

2단계: 정사각형 단면이므로 두 주축방향에 대하여

$$\left(\frac{KL}{d}\right)=\frac{1(10\ \text{ft})(12\ \text{in./ft})}{5.5\ \text{in.}}=21.82$$

따라서

$$F_{cE}=\frac{K_{cE}E}{(KL/d)^2}=\frac{0.3(1800)}{(21.82)^2}=1.134\ \text{ksi}$$

3단계: 목재기둥의 설계공식 즉, 식 10.67로부터

$$\sigma_{\text{allow}}=F_c\left[\frac{1+(F_{cE}/F_c)}{2c}-\sqrt{\left[\frac{1+(F_{cE}/F_c)}{2c}\right]^2-\frac{F_{cE}/F_c}{c}}\right]=0.8054\ \text{ksi}$$

$$P_{\text{allow}}=\sigma_{\text{allow}}A=(0.8054\ \text{ksi})(5.5\ \text{in.})(5.5\ \text{in.})=24.4\ \text{kips}>10\ \text{kips}$$

4단계: 6×6 in. 단면이 적당하다는 것을 알 수 있으나, 4×4 in. 단면도 가용할 것인지에 대하여 조사해 보기로 하자.

1단계: 4×4 in. 공칭단면(다듬어진 치수 3.5 in.$\times$3.5 in.)을 시험해 보자.

2단계:

$$\left(\frac{KL}{d}\right)=\frac{1(10\ \text{ft})(12\ \text{in./ft})}{3.5\ \text{in.}}=34.3$$

3단계: 식 10.67로부터 $\sigma_{\text{allow}}=0.4154\ \text{ksi}$, 따라서

$$P_{\text{allow}}=\sigma_{\text{allow}}A=(0.4154\ \text{ksi})(3.5\ \text{in.})(3.5\ \text{in.})=5.09\ \text{kips}<10\ \text{kips}$$

4단계: 문제에서 정사각형 단면을 갖는 S4S 구조용 목재가 요구되었으므로 6×6 in. 단면을 사용해야 한다. **답**

이 절에 제시된 설계공식들은 중심하중을 받는 기둥에만 적용 가능하며, 편심하중을 받는 기둥의 설계는 이 책의 난이도를 넘는 어려운 내용이다.

MDS 10.4 - 10.9 중심하중을 받는 기둥 설계

10.8 연습문제

연습문제 10.1−1~10.1−4. 10.1절의 문제를 해결할 때, 보는 강체이고, 스프링은 선형탄성이며, 변위와 회전각은 작다고 가정한다. 또한, 중력을 무시하고 그림의 평면에서 좌굴이 발생한다고 가정한다.

문제 10.1−1. 그림 P10.1-1의 보-스프링 계에서 임계하중 P_{cr}을 결정하시오. 하중 P는 보가 A에 있는 핀을 중심으로 회전할 때 수직을 유지한다. 스프링 BD의 힘은 스프링의 신장률과 스프링 상수 k에 비례한다. 즉, $F_s=ke$이며, 여기서 e는 스프링의 신장량이다. 스프링은 $\theta=0$일 때 늘어나지 않은 상태이다.

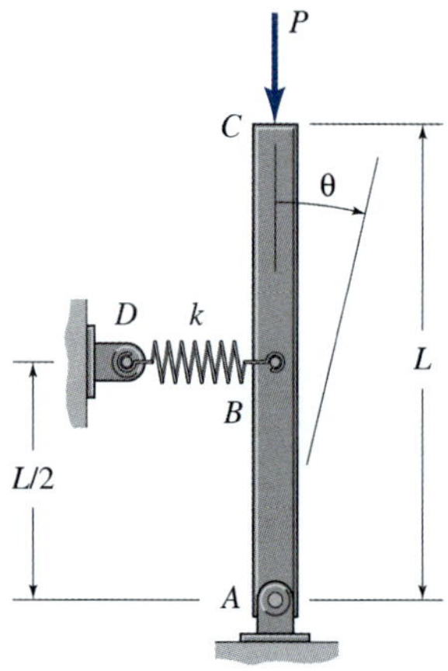

P10.1–1

문제 10.1–2. 그림 P10.1-2의 보-스프링 계에서 임계하중 P_{cr}을 결정하시오. 하중 P는 수평을 유지한다. 점 A는 자유롭게 수평으로 움직일 수 있고, 점 B는 C에 대해 원호를 그리며 움직인다. 마찰 없는 핀은 점 B에서 보 AB와 BC를 연결한다.

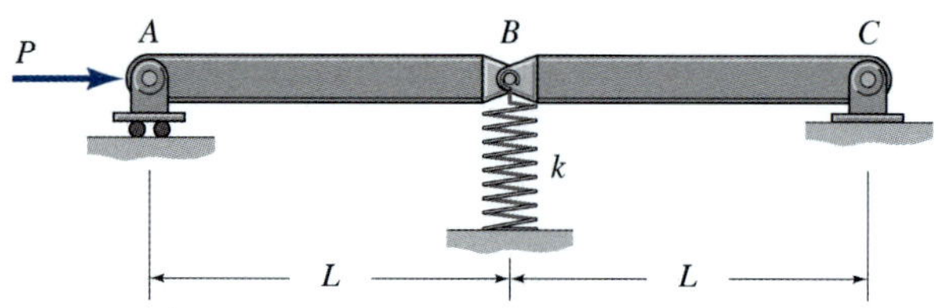

P10.1–2

문제 10.1–3. 그림 P10.1-3의 보-스프링 계에서 임계하중 P_{cr}을 결정하시오. 하중 P는 수직을 유지한다.

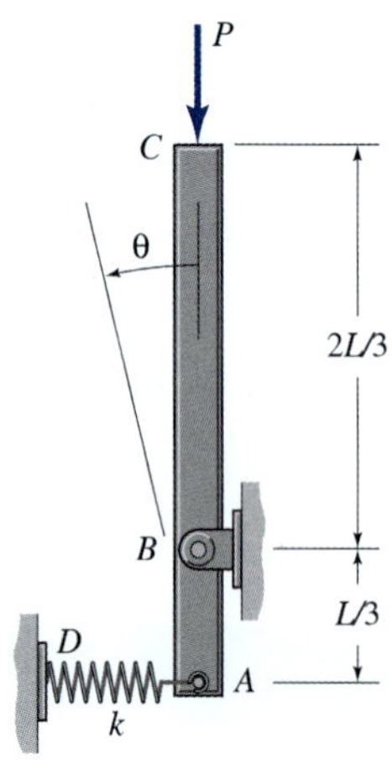

P10.1–3

문제 10.1–4. 그림 P10.1-4의 보-스프링 계에서 임계하중 P_{cr}을 결정하시오. 하중 P는 수평을 유지한다. 점 A는 자유롭게 수평으로 움직일 수 있고, 점 B는 C에 대해 원호를 그리며 움직인다. 마찰 없는 핀은 점 B에서 보 AB와 BC를 연결한다. 그림 10.4의 회전 스프링과 마찬가지로, C의 회전 스프링은 보 BC가 수평 위치로부터 회전하여 멀어지면 복원모멘트 $(M_C)_r = k_\theta \theta$가 발생한다.

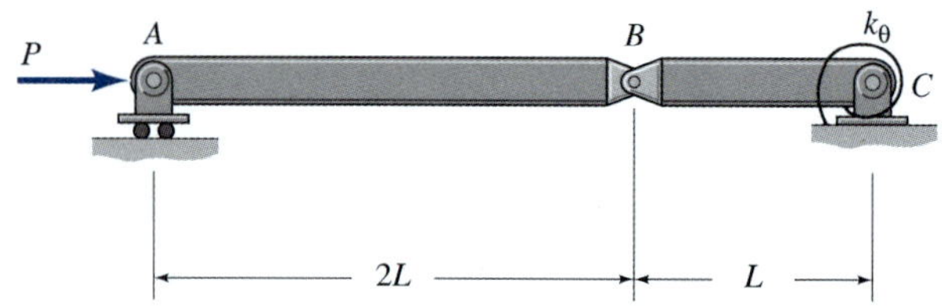

P10.1–4

문제 10.1–5. 그림 P10.1-4에 나타낸 두 개의 보가 연결된 계에서 스프링 상수 k_θ의 회전 스프링을 C 위치로부터 B의 핀 연결부로 옮긴다. 그러면 보 AB와 BC 간의 각도에 비례하는 복원모멘트가 B의 회전 스프링에 발생할 것이다. 보의 중력을 무시한다. 그리고 스프링이 B의 연결부에 부착되고 수평하중 P가 움직일 수 있는 끝점 A에 적용될 때, 두 개의 보가 연결된 전체계 ABC가 수평이라고 가정한다. 이처럼 수정된 계에서 임계하중 P_{cr}을 결정하시오. 이를 위해 수정된 계의 자유물체도를 작도하고, 그 결과를 스프링 상수 k_θ와 길이 L의 항으로 나타내시오.

■ 오일러의 좌굴하중 MDS 10.1 및 10.2

문제 10.2 – 1 ~ 10.2 – 19. 10.2절의 문제를 해결할 때 문제의 압축부재는 균일단면의 세장재로서, 이상적인 양단 핀연결 탄성기둥이라고 가정한다.

문제 10.2–1. 그림 P10.2-1에서 나타낸 단면을 가진 20 ft 길이의 정사각 튜브형 강철 기둥의 임계하중 P_{cr}을 결정하시오. $E_{st} = 29(10^3)$ ksi이고 $\sigma_Y = 46$ ksi이다.

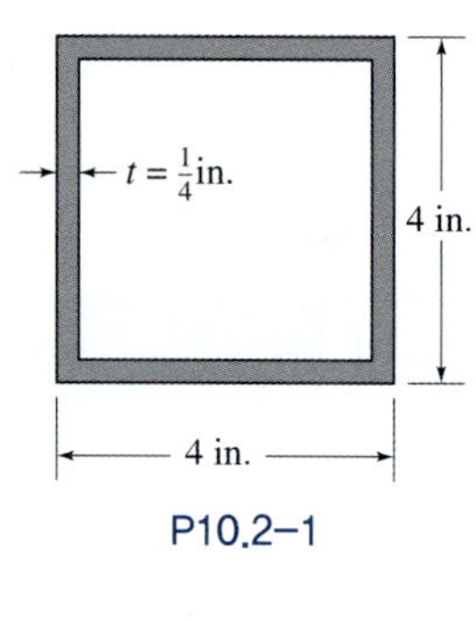

P10.2–1

문제 10.2–2. 그림 P10.2-2에서 보는 바와 같이 1/4 in.의 벽두께를 가진 20 ft 길이의 강철기둥의 임계하중 P_{cr}을 결정하시오. 이 기둥은 그림 P10.2-1에서 나타낸 정사각 튜브형 기둥과 같은 크기의 단위길이당 무게를 가진다. $E_{st} = 29(10^3)$ ksi이고 $\sigma_Y = 46$ ksi이다.

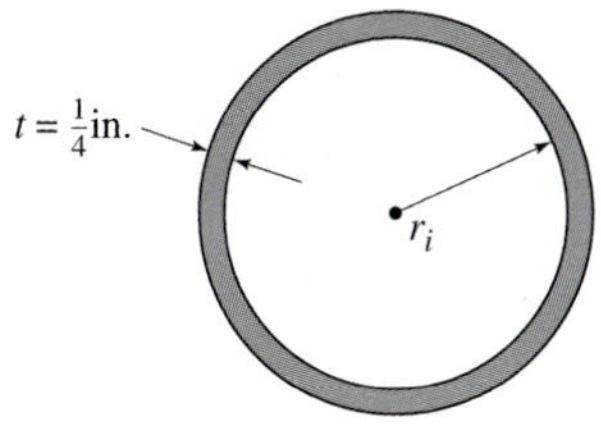

P10.2–2

설계문제 10.2–3. 건축업자가 두 개의 목재를 못으로 결합하여 하나의 기둥을 만들 계획이다. 그림 P10.2-3의 A나 B 가운데 어느 구성이 더 큰 좌굴하중을 갖게 하는가? 모든 방향으로 좌굴을 허용할 수 있도록 기둥의 끝단이 핀으로 연결되었다고 가정하시오. 계산을 통해 답을 입증하시오.

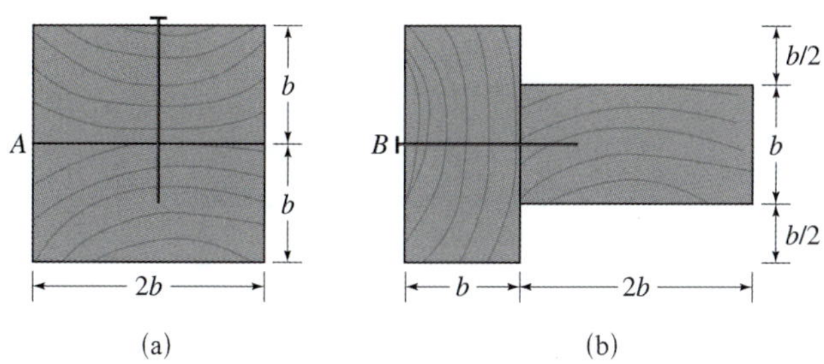

P10.2–3

설계문제 10.2–4. (a) 24 ft 길이를 가진 $W8 \times 35$ 강철기둥의 임계하중 P_{cr}을 계산하시오. $E_{st} = 29(10^3)$ ksi이고 $\sigma_Y = 36$ ksi이며, 이 기둥은 임의의 방향으로 좌굴될 수 있다고 가정한다. 이 형강의 단면특성은 부록 D의 표 D.1을 참고하시오. (b) W12×35 기둥은 8 in. 단면(즉, W8×35)보다 더 큰 임계하중을 가지겠는가? (c) 항복강도 σ_Y가 36 ksi 대신 50 ksi라면 임계하중에 영향을 주겠는가?

설계문제 10.2–5. 16 ft 길이의 끝단 핀지지된 기둥은 2.0의 좌굴에 대한 안전계수를 고려하여 $P = 300$ kips의 압축하중을 지지해야 한다. 모든 방향으로 좌굴을 허용할 수 있도록 기둥의 끝단이 핀으로 연결되었다고 가정한다. 부록 D의 표 D.1에서 하중을 견딜 수 있는 것 중 가장 가벼운 것을 결정하시오. $E_{st} = 29(10^3)$ ksi이고, $\sigma_Y = 36$ ksi이다.

설계문제 10.2–6. 그림 P10.2-6에 나타낸 고형 폐기물 압축기는 "표준형 모델" 또는 "중량형 모델"로 구매할 수 있다. 두 모델 사이의 한 가지 차이점은 사용되는 푸시로드의 크기이다. 푸시로드는 양 끝단에 핀지지된 1.5 m 길이의 기둥으로 볼 수 있다. 표준형 모델의 푸시로드는 치수가 $b = 15$ mm, $h = 30$ mm인 직사각형 단면의 보이다. 이 보는 $E_{st} = 200$ GPa, $\sigma_Y = 250$ MPa을 갖는 강철로 만들었다. (a) 푸시로드가 탄성좌굴과 관련하여 3.0의 안전계수로 설계된 경우, 표준모델의 허용 압축력을 결정하시오. (b) 중량형 모델의 푸시로드가 동일한 강으로 만들어지고, 또한 $h = 2b$인 직사각형 단면을 갖는다면, 중량형 모델이 50 kN의 용량을 갖기 위해서는 치수 b는 얼마가 되어야 하는가? 계산 결과에 가장 가까운 값을 1 mm 단위로 나타내시오.

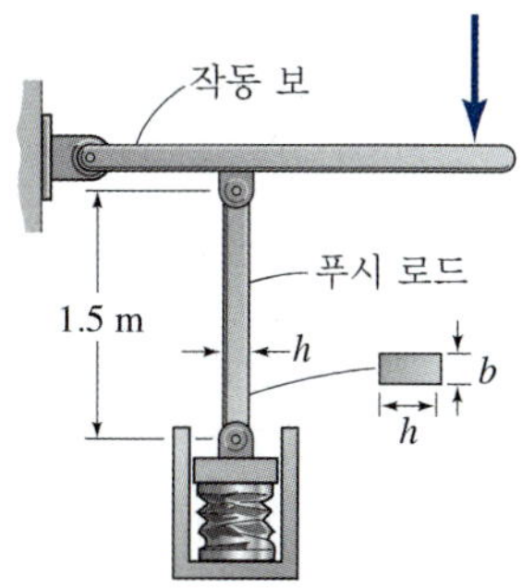

P10.2–6

문제 10.2–7. 세 개의 양단 핀 기둥이 같은 길이와 같은 단면적을 가지고 있다. 이들 기둥은 같은 재료로 제작되었고, 어느 방향으로도 자유롭게 좌굴이 발생할 수 있다. 이들 기둥의 횡단면은 (1) 원형, (2) 정사각형, (3) 정삼각형이다. 이들 기둥에 대한 탄성좌굴하중 P_1, P_2, 및 P_3를 결정하시오.

***설계문제 10.2–8.** 길이 $L = 12$ ft의 등변의 앵글 보(angle bar) 단면이 탄성좌굴에 대한 2.5의 안전계수로 $P = 20$ kips의 압축하중을 지지하기 위해 사용된다.[17] 기둥의 끝이 어떤 방향으로든 좌굴이 가능하도록 핀 연결되어 있다고 가정한다. 부록 D의 표 D.5에서 설계 요건을 충족시키는 가장 가벼운 강재 단면을 선택하시오. $E_{st} = 29(10^3)$ ksi이고, $\sigma_Y = 36$ ksi이다.

***설계문제 10.2–9.** 하중 $P = 10$ kips, 길이 $L = 10$ ft라고 놓고, 문제 10.2-8을 다시 푸시오.

***설계문제 10.2–10.** 부록 D의 표 D.7에서 문제 10.2-8의 설계 요건을 충족하는 표준 강관을 선택하시오.

문제 10.2–11. 그림 P10.2-11에 나타낸 우주선의 작은 제어봉이 태양으로부터 직사광선을 받아 온도가 ΔT만큼 균일하게 증가하였을 때, 탄성좌굴의 결과로 "파손"된 것으로 추측된다. 제어봉의 끝이 "강체" 구조물에 핀으로 연결되어 있고, $\Delta T = 0$일

17) 앵글단면의 중심을 정확하게 통과하는 축하중을 적용하기가 어려우므로 이러한 부재는 기둥으로 사용하는 것이 좋지 않다.

때 제어봉에 응력이 없다고 가정한다. 좌굴파손을 유발하는 데 필요한 ΔT를 식으로 나타내시오. 봉에 대한 I, A, α 등의 단면 특성 및 재료특성과 길이 L의 항으로 해를 구하시오.

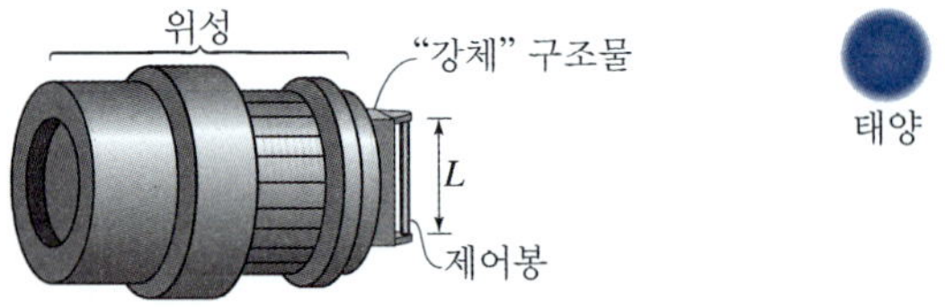

P10.2-11

***문제 10.2-12.** 그림 P10.2-12에서 보는 바와 같이 "강체" 수평보 AD가 두 개의 양단 핀 기둥에 지지되어 있다. 두 기둥은 같은 횡단면 치수와 같은 재료로 만들어졌다. (즉, 두 기둥은 같은 I와 같은 E를 갖는다.) (a) 기둥 중 하나에 탄성좌굴을 유발하는 하중 W_a를 식으로 나타내고, 어떤 기둥이 먼저 좌굴되는지를 확인하시오. (b) 나머지 기둥도 좌굴되게 하는 하중 W_b를 식으로 나타내시오. 먼저 좌굴된 기둥에 작용하는 힘은 그 기둥이 좌굴된 후 일정하게 유지된다고 가정한다.

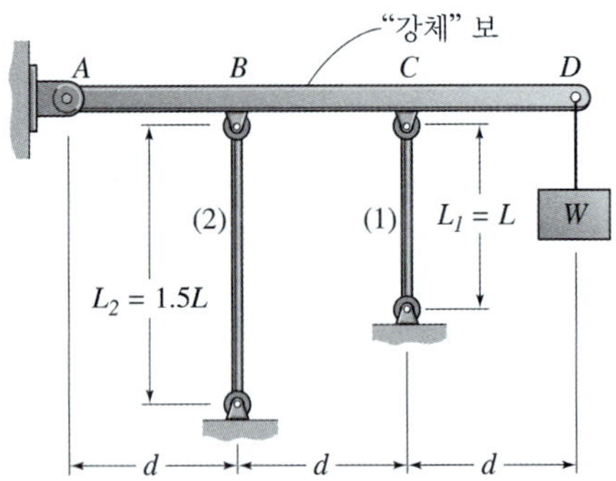

P10.2-12와 P10.2-13

***문제 10.2-13.** $L_1 = L_2 = L$로 놓고 문제 10.2-12를 다시 푸시오.

설계문제 10.2-14. 알루미늄합금 기둥은 길이가 15 ft이고 양단이 핀으로 연결되어 있다. 탄성좌굴에 대한 안전계수가 2.75이고, 4.692 lb/ft의 단위길이당 무게가 나가는 6.00×4.00의 표준형 I-형강 단면을 가진 기둥일 때 허용 압축하중 P_{allow}는 얼마인가? (부록 D의 표 D.9 참조) 이 문제에서 $E_{al} = 10.0(10^3)$ ksi, $\sigma_{PL} = 38$ ksi이다.

설계문제 10.2-15. 그림 P10.2-15에 표시된 트러스는 말뚝을 땅에서 꺼내기 위한 장비의 일부로 사용된다. 2개의 트러스 부재가 바깥지름 $d_o = 2.875$ in., 두께 $t = 0.275$ in.의 강철 파이프인 경우, 트러스 부재에 탄성좌굴을 유발하지 않고 말뚝에 가할 수 있는 최대 장력을 결정하시오. 말뚝에 장력 T를 가하는 케이블은 두 트러스 부재를 연결하는 핀 B를 중심으로 자유롭게 회전하는 도르래 위를 통과한다. 트러스 부재의 $E_{st} = 29(10^3)$ ksi이고, $\sigma_Y = 36$ ksi이다.

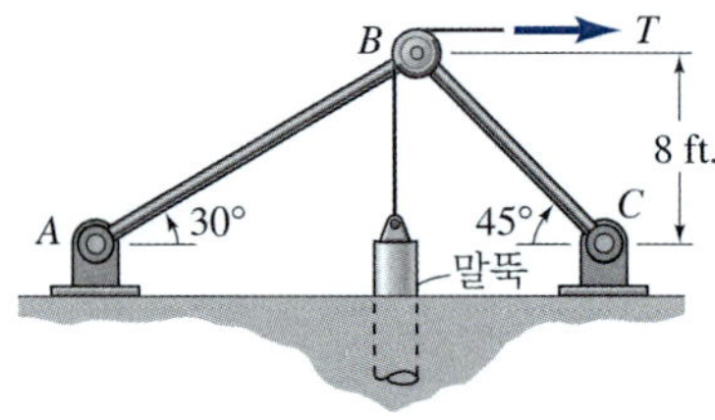

P10.2-15

설계문제 10.2-16. 그림 P10.2-16의 트러스는 1 in. 지름을 가진 원형 단면의 중실 강철봉으로 만들었다. 이들 부재의 끝단은 핀으로 연결되어 있다. 트러스 부재에 탄성좌굴을 유발하지 않고 D에서 지지할 수 있는 최대하중 W를 결정하시오. 트러스 부재의 $E_{st} = 29(10^3)$ ksi이고, $\sigma_Y = 36$ ksi이다.

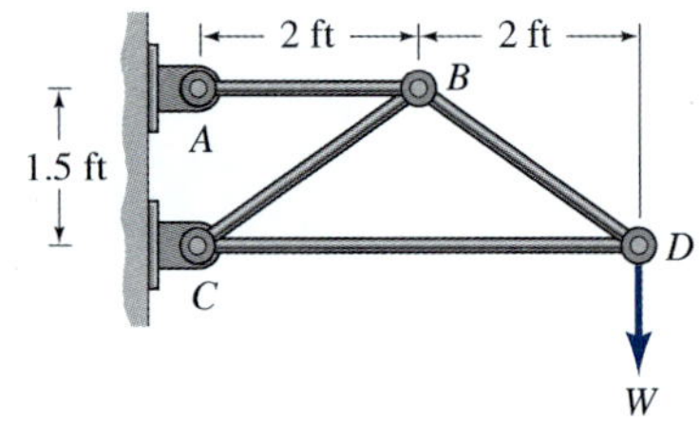

P10.2-16

설계문제 10.2-17. 그림 P10.2-17에 나타낸 트러스 ABC의 압축부재 BC는 1.75 in.×1.75 in.의 횡단면을 가진 정사각형 중실 강철봉이다. 인장부재 AB는 지름 d의 원형 횡단면을 가진 중실 강철봉이다. 트러스 부재의 $E_{st} = 29(10^3)$ ksi이고, $\sigma_Y =$ 36 ksi이다. (a) 부재 BC에 탄성좌굴을 일으키지 않으면서 B에 가할 수 있는 최대하중 W를 결정하시오. (b) 하중 W가 (a)에서 결정된 값에 도달할 때 장력을 받는 부재 AB의 지름을 결정하시오. 인장에 대한 항복강도 $\sigma_Y = 36$ ksi이다.

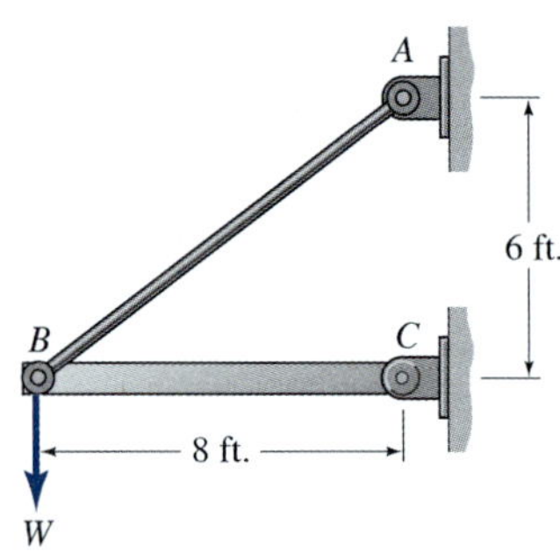

P10.2-17

설계**문제 10.2-18.** 그림 P10.2-18에 나타낸 트러스에서 고정길이 L_1의 부재 AB는 A점에서 고정벽과 핀되어 있으며 수평을 유지하고 있다. 부재 BC에 탄성좌굴을 유발하는 하중 W에 대한 식을 구하시오. 지점 C의 (가변) 위치와 부재 BC의 길이를 결정하는 거리 H의 항으로 결과를 나타내시오.

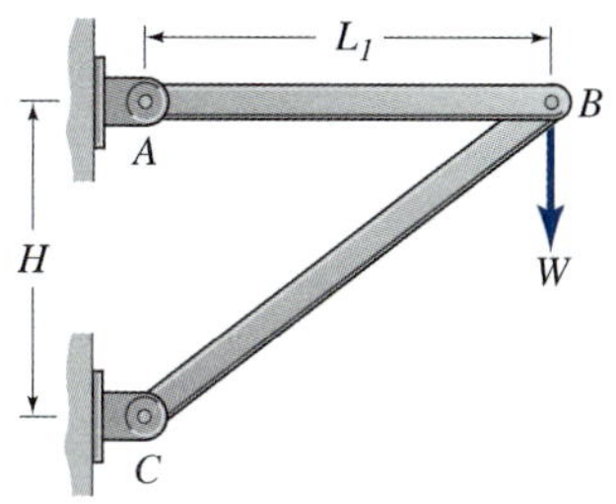

P10.2-18

설계**문제 10.2-19.** 그림 P10.2-19에 있는 프레임 ABC의 압축받침대 BC는 바깥지름 $d_o = 48$ mm와 두께 $t = 5$ mm의 강재 튜브이다. 그림과 같이 10 kN/m의 분포하중이 수평 프레임 부재 AB에 적용되는 경우, 탄성좌굴에 대한 안전계수를 결정하시오. $E_{st} = 210$ GPa이고, $\sigma_Y = 340$ MPa이다.

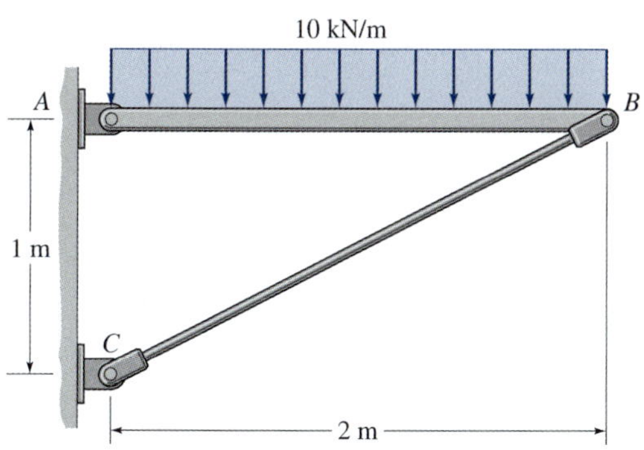

P10.2-19

■ 기둥의 유효길이 MDS 10.3

문제 10.3－1～10.3－14. 10.3절의 문제를 해결할 때, 해당 압축부재는 균일단면의 이상적인 세장재 탄성기둥으로서, 문제에서 명시한 끝단 조건을 가지는 것으로 가정한다. 또한, 처짐과 기울기가 작다고 가정한다.

문제 10.3-1. W14×26 넓은 플랜지형 강재 기둥은 $L = 18$ ft의 길이를 가지고 있으며, 어떤 방향으로든 좌굴이 가능하도록 기둥의 끝이 지지되어 있다. 유효길이법을 사용하여 다음과 같은 끝단 조건을 가진 기둥에 대한 탄성좌굴하중 P_{cr}을 계산하시오. (a) 양단 핀연결, (b) 고정 핀연결, (c) 양단 고정. 이들 끝단 조건을 가진 기둥은 그림 10.13의 (a)~(c)를 참고하고, W14×26 형강의 단면특성은 부록 D의 표 D.1을 참고한다. $E_{st} = 29(10^3)$ ksi, $\sigma_Y = 50$ ksi이다.

문제 10.3-2. 공칭지름 $d = 3$ in.와 길이 $L = 20$ ft의 표준 강재 파이프 기둥에 대하여 문제 10.3-1을 다시 푸시오. 파이프 기둥의 단면특성은 부록 D의 표 D.7을 참조한다. $E_{st} = 29(10^3)$ ksi, $\sigma_Y = 50$ ksi이다.

문제 10.3-3. 바깥지름 $d_o = 60$ mm, 두께 $t = 4$ mm, 길이 $L = 4$ m를 갖는 강재 파이프 기둥에 대하여 문제 10.3-1을 다시 푸시오. $E_{st} = 210$ GPa, $\sigma_Y = 340$ MPa이다.

설계**문제 10.3-4.** 두 개의 4×3×1/2 강재 앵글이 그림 P10.3-4에서 보는 바와 같이 티(tee) 횡단면을 갖는 기둥을 이룬다. (a) 부록 D의 표 D.6에 주어진 단면특성을 이용하여 y축 및 z축에 대한 횡단면의 회전반지름을 결정하시오. (b) 길이 $L = 8$ ft인 기둥의 단부조건이 고정-자유이고, 어떤 방향으로도 좌굴이 자유로우며 기둥의 압축하중 $P = 20$ kips일 경우, 탄성좌굴에 대한 기둥의 안전계수는 얼마인가? $E_{st} = 29(10^3)$ ksi이고, $\sigma_Y = 36$ ksi이다.

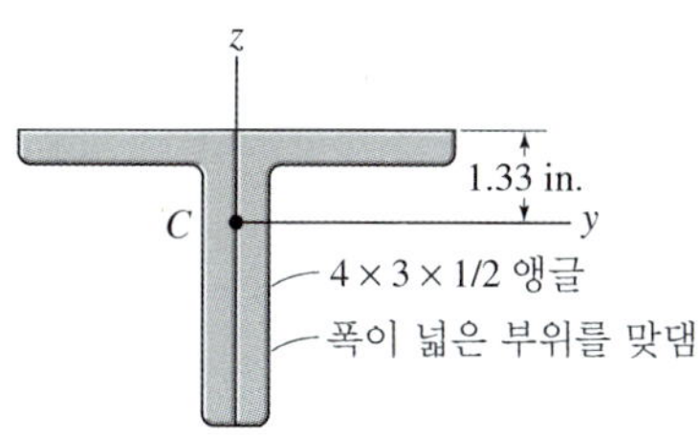

P10.3-4

설계**문제 10.3-5.** $L = 3$ m 길이의 정사각 튜브형 강재 기둥이 그림 P10.3-5에 나타낸 치수를 가지며, $P = 50$ kN의 압축하중을 받고 있다. 기둥의 단부조건이 고정-자유이고, 어떤 방향으로도 좌굴이 자유로운 경우, 탄성좌굴에 대한 이 기둥의 안전계수는 얼마가 되는가? $E_{st} = 210$ GPa이고, $\sigma_Y = 250$ MPa이다.

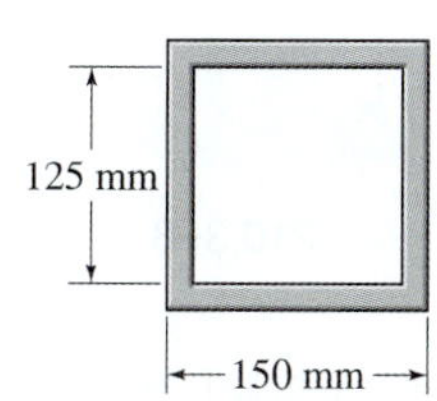

P10.3-5

문제 10.3-6. 그림 P10.3-6에 있는 $6 \times 6 \times 1/2$ 등변 앵글(equal-leg angle)의 단면적 $A = 5.75\ \text{in.}^2$이고, 회전반지름 $r_y = r_z = 1.86\ \text{in.}$이다. 이 단면의 최소 회전반지름 $r_m = 1.18\ \text{in.}$이다. 이 기둥의 길이 $L = 22\ \text{ft}$이며 양단 고정이 되었다면 탄성좌굴 없이 단면의 도심에 가할 수 있는 최대 압축하중은 얼마가 되는가?[18] $E_{st} = 29(10^3)\ \text{ksi}$이고, $\sigma_Y = 36\ \text{ksi}$이다.

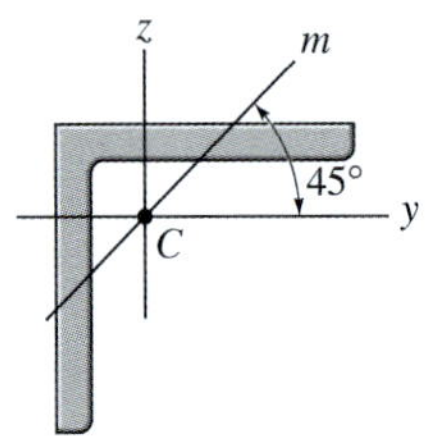

P10.3-6과 P10.3-7

문제 10.3-7. 등변 앵글의 단면적 $A = 9700\ \text{mm}^2$이고, 회전반지름 $r_y = r_z = 62\ \text{mm}$이며, $r_m = 40\ \text{mm}$이다. 이 기둥의 길이 $L = 4\ \text{m}$이며, 고정-자유의 단부조건을 가지고 있다. $E_{st} = 210\ \text{GPa}$이고 $\sigma_Y = 340\ \text{MPa}$이다. 이러한 조건에서 문제 10.3-6을 다시 푸시오.

문제 10.3-8. 12 ft의 길이와 6 in.×6 in.의 단면치수를 가진 목재기둥의 맨 아래는 고정되어 있고 맨 위는 자유로울 때 이 기둥의 탄성좌굴하중은 얼마인가? 나뭇결과 평행한 방향의 압축 탄성계수 $E_w = 1.6(10^3)\ \text{ksi}$이고 $\sigma_Y = 6\ \text{ksi}$이다. (목재기둥의 완성된 치수가 앞서 언급된 공칭치수보다 작음을 상기한다. 부록 D의 표 D.8 참고)

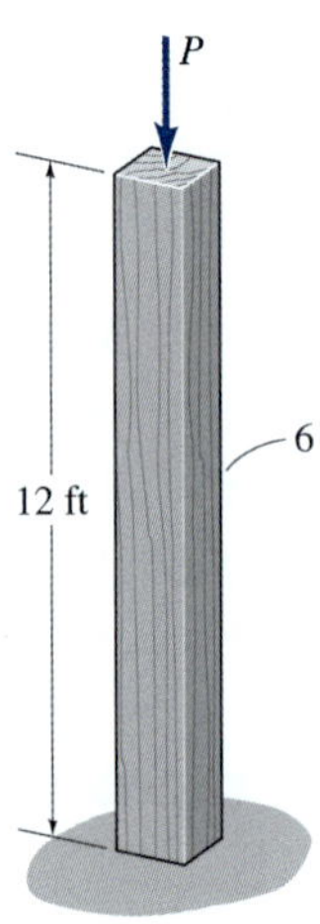

P10.3-8

문제 10.3-9. 그림 P10.3-9에서 보는 바와 같이 중실 세장봉 AB의 양 끝단에 있는 강체벽은 이 부재에 양단 고정 경계조건을 제공한다. 기준온도 T_0에서 이 봉은 응력을 받지 않고 있다. (a) 압축부재의 탄성좌굴을 유발하는 데 필요한 온도상승 ΔT_{cr}을 나타내는 공식을 도출하시오. 열팽창계수 α 및 세장비 L/r과 같은 재료 및 기하학적 매개변수로 답을 표현하시오. (b) 지름 $d = 1\ \text{in.}$이고 길이 $L = 4\ \text{ft}$인 스테인리스 강봉의 탄성좌굴을 유발하는 데 필요한 ΔT_{cr}의 값을 화씨온도로 결정하시오. 스테인리스강의 열팽창계수 $\alpha = 9.6 \times 10^{-6}/°\text{F}$이다.

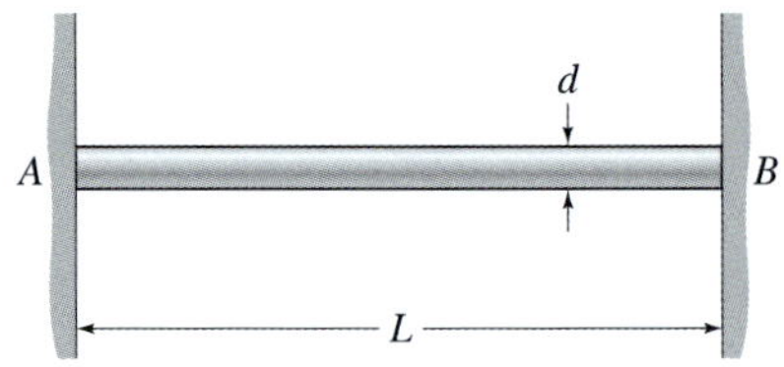

P10.3-9

문제 10.3-10. 직선의 세장봉이 그림 P10.3-10에 나타낸 바와 같이 끝단 A는 강체벽에 고정되고, 끝단 B는 강체벽에 핀 연결된다. 기준온도 T_0에서 이 봉은 응력을 받지 않고 있다. (a) 압축부재의 탄성좌굴을 유발하는 데 필요한 온도상승 ΔT_{cr}을 나타내는 공식을 도출하시오. 열팽창계수 α 및 세장비 r/L과 같은 재료 및 기하학적 매개변수로 답을 표현하시오. (b) 지름 $d = 20\ \text{mm}$이고 길이 $L = 1\ \text{m}$인 알루미늄 봉의 탄성좌굴을 유발하는데 필요한 ΔT_{cr}의 값을 섭씨온도로 결정하시오. 알루미늄의 열팽창계수 $\alpha = 23 \times 10^{-6}/°\text{C}$이다.

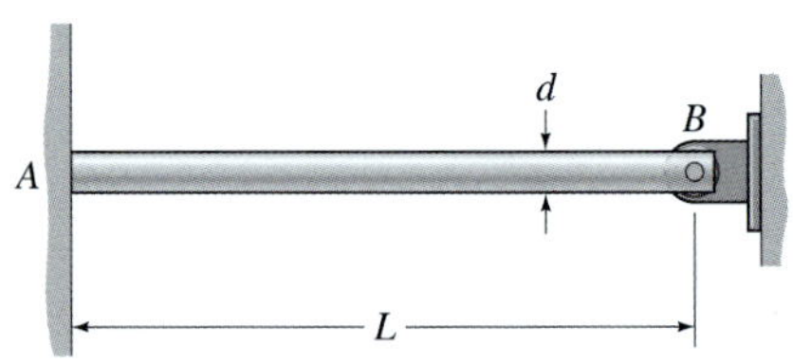

P10.3-10

문제 10.3-11. 단위길이당 균일 분포하중 w를 지지하는 강체보 AB의 끝단 A는 강체벽에 핀되어 있고, 끝단 B는 정사각 목재기둥으로 지지되어 있다. 보 AB의 무게를 무시하고, 기둥 BC의 탄성좌굴을 일으키는 단위길이당 분포하중 w_{cr}에 대한 식을 유도하시오. 기둥에 대하여 정확한 단부조건을 알 수 없으므로 다음과 같이 재료 및 기하학적 매개변수로 답을 표현하시오. 즉, 목재기둥의 탄성계수 E_w, 정사각형 기둥의 마무리된 단면치수 b, 수평보 AB의 길이 a, 기둥의 유효길이 KL.

18) 앵글단면의 중심을 정확하게 통과하는 축 방향 하중을 적용하기가 어려우므로 이러한 부재는 기둥으로 사용하는 것이 좋지 않다.

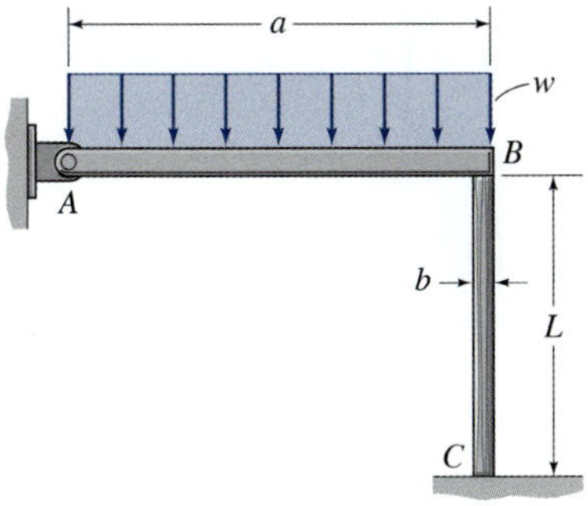

P10.3-11

***문제 10.3-12.** 단위길이당 균일 분포하중 w를 지지하는 보 AB는 양단에서 단순지지되며, 중심 C에서 파이프 기둥에 놓인다. 보 AB의 무게를 무시하고, 기둥 CD에 탄성좌굴을 일으키는 분포하중 w_{cr}에 대한 식을 유도하시오. 이 기둥의 맨 아래 D는 바닥에 고정되고 맨 위 C는 핀 연결된 것으로 가정하시오. 다음과 같이 재료 및 기하학적 매개변수항으로 답을 표현하시오. 즉, 탄성계수 E(보 AB와 기둥 CD가 같음), 보의 길이 a, 기둥의 길이 L, 보의 관성모멘트 I_b, 기둥의 관성모멘트 I_c, 기둥의 단면적 A_c. (이 문제는 정적 부정적 문제로 풀어야 한다. C에서 보의 처짐량과 좌굴 직전 기둥의 단축량이 같다는 사실을 이용한다.)

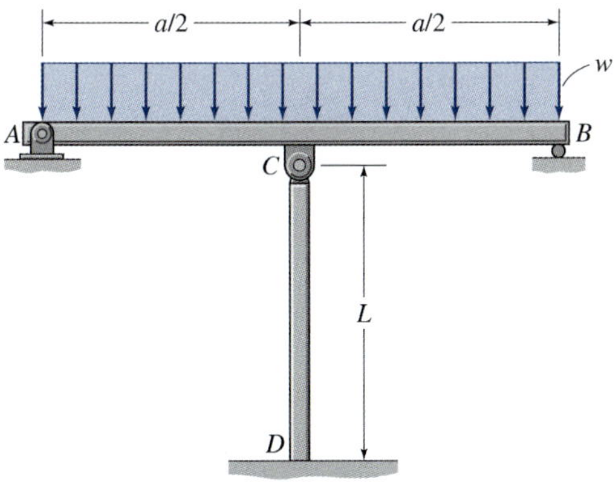

P10.3-12

***문제 10.3-13.** 그림 10.11 및 식 10.20~10.32에서 고정-핀 기둥의 탄성좌굴하중에 대한 식을 결정하기 위해 사용한 절차와 유사한 방법으로 그림 10.13e 및 그림 P10.3-13과 같이 고정-자유 기둥의 좌굴하중에 대한 식을 도출하시오. (힌트: 상단으로부터 길이 $(L-x)$의 자유물체도를 선택한다. 최대 처짐량 δ는 $v(L) \equiv \delta$로 놓음으로써 제거될 수 있다.)

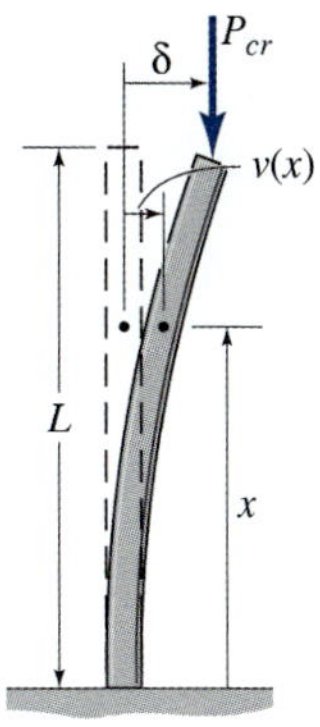

P10.3-13

***문제 10.3-14.** 그림 10.11 및 식 10.20~10.32에서 고정-핀 기둥의 탄성좌굴하중에 대한 식을 결정하기 위해 사용한 절차와 유사한 방법으로 그림 P10.3-14와 같이 고정-자유 기둥의 좌굴하중에 대한 식을 도출하시오. 기둥의 A에서 B까지는 탄성계수 E와 관성모멘트 I를 갖는 유연체로 가정하고, B에서 하중 P의 작용점까지는 강체로 가정한다. (힌트: 위치 x부터 힘 P가 작용하는 기둥의 상단까지의 부분을 자유물체도로 취한다. 단부조건으로 $v(L) \equiv \delta$ 및 $v'(L) \equiv \theta$를 사용한다.)

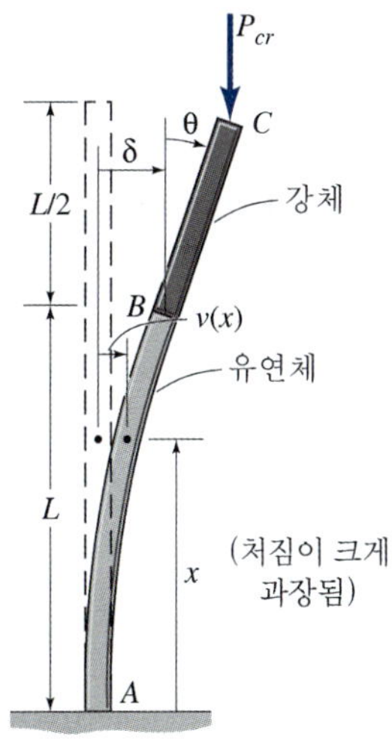

P10.3-14

> 문제 10.4-1~10.4-12. 각 문제에서 압축부재는 균일단면의 이상적인 세장재 탄성기둥으로서, xy평면에서 굽힘이 발생한다고 가정하고 문제를 푸시오.

문제 10.4-1. 그림 P10.4-1의 외팔보 기둥에 이 기둥의 x축으로부터 e만큼 편심된 수직하중 P가 작용하고 있다. 자유물체도를 작도한 후 이 부재의 보-기둥 작용을 지배하는 미분방정식을 도출하시오. 그런 다음 미분방정식을 풀어 (a) 최대 횡방향 처짐 v_{max}와 (b) 최대 굽힘 모멘트 M_{max}에 대한 식을 결정하시오.

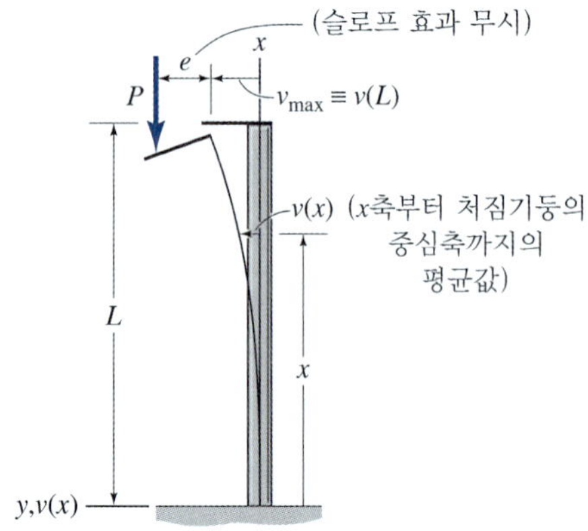

P10.4-1

문제 10.4-2. 그림 P10.4-2에서 보는 바와 같이 축으로부터 $e = 0.2$ in. 편심된 압축하중 $P = 2$ kips가 기둥의 축에 평행하게 작용한다. 원형단면을 갖는 이 강재기둥의 종탄성계수 $E = 30 \times 10^3$ ksi이며, 지름 $d = 1$ in., 길이 $L = 5$ ft이다. (a) 최대 횡방향 처짐 v_{max}를 구하시오. (b) 최대 굽힘 모멘트 M_{max}를 구하시오.

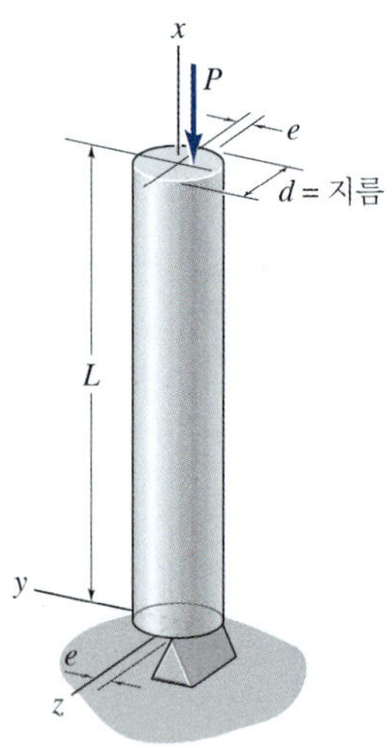

P10.4-2, P10.4-7, P10.4-9, P10.4-15

문제 10.4-3. 그림 P10.4-3에서 보는 바와 같이 축으로부터 $e = 30$ mm 편심된 압축하중 $P = 100$ kN이 기둥의 축에 평행하게 작용한다. 종탄성계수 $E = 70$ GPa를 갖는 이 알루미늄합금 기둥은 박판으로 구성된 정사각형 단면을 가지고 있으며, 외부치수 $b = 130$ mm, 벽두께 $t = 10$ mm이며 길이 $L = 4$ m이다. (a) 최대 횡방향 처짐 v_{max}를 구하시오. (b) 최대 굽힘 모멘트 M_{max}를 구하시오.

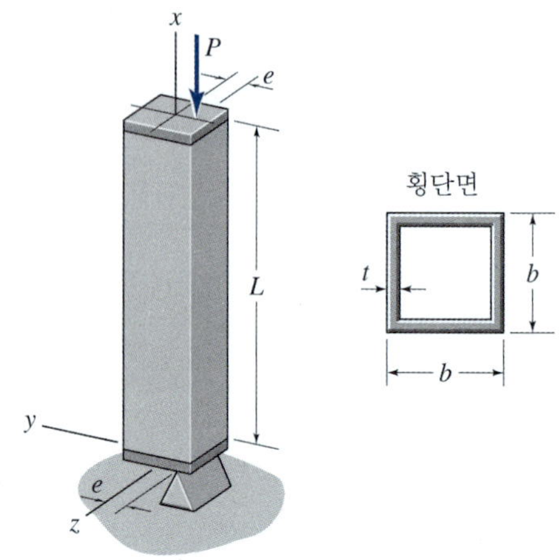

P10.4-3, P10.4-8, P10.4-10, P10.4-16

설계**문제 10.4-4.** 그림 P10.4-4에서 보는 바와 같이 W12×50의 넓은 플랜지형 강재기둥의 웹(web) 면에 $e = 8$ in. 편심된 하중 $P = 120$ kips를 적용한다. $E = 30 \times 10^3$ ksi이고 부재의 횡단면에 대한 특성값들은 표 D.1을 참조한다. 기둥의 상단에서 횡방향 최대처짐 $v_{max} = 1$ in.를 초과하지 않는 범위에서 이 기둥이 가질 수 있는 최대 길이 L는 얼마인가? (주의: 외팔보 기둥에 대한 문제이므로 "유효길이"를 고려할 필요가 있다.)

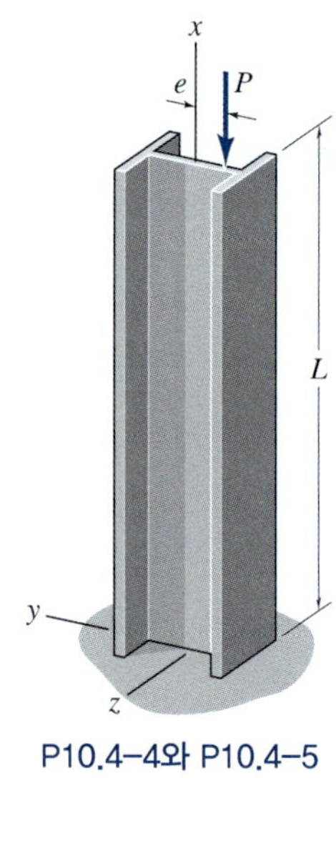

P10.4-4와 P10.4-5

설계**문제 10.4-5.** W360×79의 넓은 플랜지형 강재기둥에 대하여 $E = 70$ GPa, $P = 300$ kN, $e = 240$ mm, $v_{max} = 25$ mm로 놓고 문제 10.4-4를 다시 푸시오. (이 기둥의 횡단면 특성값들은 표 D.2를 참조한다.)

문제 10.4-6. 그림 P10.4-6에서 보는 바와 같이 정사각형 단면을 가진 양단 핀 기둥의 축으로부터 e만큼 편심된 위치에 압축하중 P가 작용한다. (a) $P = P_{cr}/4$이고 $e = b/4$일 경우, 기둥의 최대 횡방향 처짐량 v_{max}를 결정하시오. (P_{cr}은 오일러의 좌굴하중이다.) (b) (a)와 동일한 조건에서 최대 굽힘 모멘트 M_{max}의 식을 결정하시오.

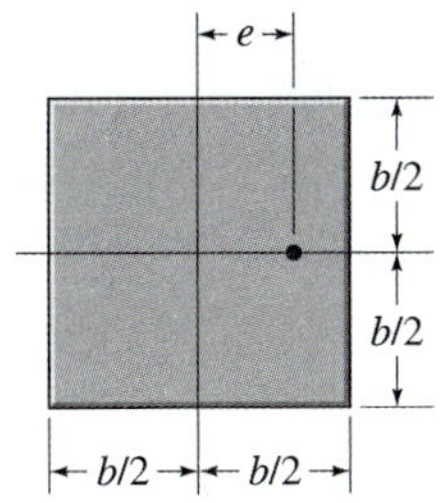

P10.4-6

설계문제 10.4-7. 그림 P10.4-7에 있는 강재 기둥에서(문제 10.4-2 참조) $d = 1$ in., $e = 0.2$ in., $L = 5$ ft, $E = 30 \times 10^3$ ksi라고 할 때, (a) 압축하중 $P = 2.5$ kips가 주어졌다면 최대 수직응력 σ_{max}의 크기는 얼마가 되는가? (b) 강재의 항복강도 $\sigma_Y = 36$ ksi이고 항복에 대한 안전계수 $FS = 3$이면 허용 압축하중 P_{allow}는 얼마가 되는가?

설계문제 10.4-8. 그림 P10.4-8에 있는 알루미늄합금 기둥에서(문제 10.4-3 참조) $b = 130$ mm, $t = 10$ mm, $e = 30$ mm, $L = 4$ m, $E = 70$ GPa라고 할 때, (a) 압축하중 $P = 200$ kN이 주어졌다면 최대 수직응력 σ_{max}의 크기는 얼마가 되는가? (b) 알루미늄합금의 항복강도 $\sigma_Y = 250$ MPa이고, 항복에 대한 안전계수 $FS = 2.5$이면 허용압축하중 P_{allow}는 얼마가 되는가?

***설계문제 10.4-9.** 그림 P10.4-9에 있는 강재 기둥에서(문제 10.4-2 참조) $E = 30 \times 10^3$ ksi, $L = 8$ ft, $\sigma_Y = 36$ ksi, 항복에 대한 안전계수 $FS = 2.5$이라고 할 때, (a) 이 기둥에 작용하는 최대 압축하중 $P = 2.0$ kips가 기둥의 중심축에 대하여 $e = 0.25$ in. 편심되어 작용할 때 요구되는 기둥의 지름 d를 0.10 in. 단위로 가장 가까운 값을 구하시오. (b) 기둥의 지름 $d = 2.0$ in.이고 이 기둥에 작용하는 최대 압축하중 $P = 5.0$ kips인 경우, 이 하중을 허용할 수 있는 최대 편심 e_{max}를 0.1 in. 단위로 가장 가까운 값을 구하시오.

***설계문제 10.4-10.** 그림 P10.4-10에 있는 알루미늄합금 기둥에서(문제 10.4-3 참조) $E = 70$ GPa, $L = 6$ m, $t = 15$ mm, $\sigma_Y = 250$ MPa, 항복에 대한 안전계수 $FS = 2$이라고 할 때, (a) 이 기둥에 작용하는 최대 압축하중 $P = 250$ kN이 기둥의 중심축에 대하여 $e = 50$ mm 편심되어 작용할 때, 단면의 외부치수 b를 1 mm 단위로 가장 가까운 값을 구하시오. (b) 기둥의 외부치수 $b = 180$ mm이고 이 기둥에 작용하는 최대 압축하중 $P = 250$ kN인 경우, 이 하중을 허용할 수 있는 최대 편심 e_{max}를 1 mm 단위로 가장 가까운 값을 구하시오.

***설계문제 10.4-11.** 그림 P10.4-11에서 보는 바와 같이 압축하중 P가 강재의 양단 핀 파이프 기둥의 축으로부터 e만큼 편심된 상태에서 이 축과 평행하게 작용한다. 이 파이프 기둥의 바깥지름은 d_o이고 두께는 t이다. 굽힘은 기둥의 축과 하중의 작용선을 포함하는 평면으로 제한된다. $E = 30 \times 10^3$ ksi, $L = 10$ ft, $t = 0.25$ in., $e = 6$ in.이다. (a) 기둥의 바깥지름 $d_o = 6$ in.이고 압축하중 $P = 25$ kips일 경우, 이 기둥에서의 최대수직응력은 얼마인가? (b) 기둥의 바깥지름 $d_o = 6$ in.이고 재료의 항복강도 $\sigma_Y = 50$ ksi이며 항복에 관한 안전계수 $FS = 2.5$일 경우, 허용하중 P_{allow}는 얼마인가? (c) 허용하중 $P_{allow} = 10$ kips이고 강재의 항복강도 $\sigma_Y = 50$ ksi이며 항복에 관한 안전계수 $FS = 2.5$일 경우, 요구되는 바깥지름 d_o를 0.1 in. 단위로 가장 가까운 값을 구하시오.

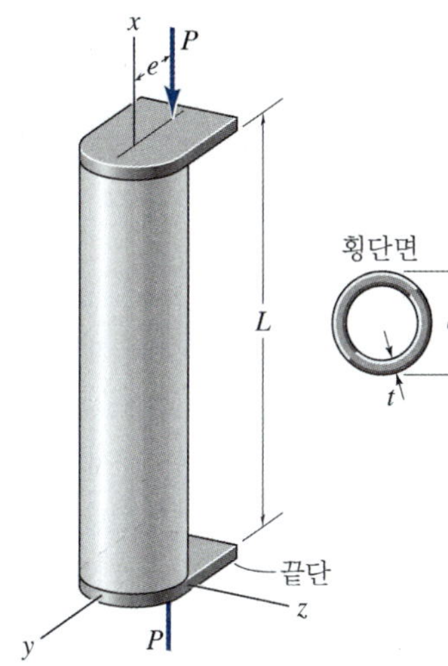

P10.4-11과 P10.4-12

***설계문제 10.4-12.** 그림 P10.4-12에 나타낸 강재의 양단 핀 파이프 기둥의 $E = 210$ GPa, $L = 4$ m, $t = 10$ mm, $e = 50$ mm이다. (a) 기둥의 바깥지름 $d_o = 6$ in.이고 압축하중 $P = 500$ kN일 경우, 이 기둥에서의 최대 수직응력은 얼마인가? (b) 기둥의 바깥지름 $d_o = 220$ mm이고 재료의 항복강도 $\sigma_Y = 250$ MPa이며 항복에 관한 안전계수 $FS = 2.5$일 경우, 허용하중 P_{allow}는 얼마인가? (c) 허용하중 $P_{allow} = 200$ kN이고 강재의 항복강도 $\sigma_Y = 250$ MPa이며 항복에 관한 안전계수 $FS = 2.5$일 경우, 요구되는 바깥지름 d_o를 1 mm 단위로 가장 가까운 값을 구하시오.

***문제 10.4-13.** 그림 P10.4-13에서 보는 바와 같이 압축하중 P가 알루미늄합금으로 만든 직사각형 단면을 가진 세장부재의 x축에 평행하게 작용한다. 하중은 z축으로부터 e만큼 편심된 위치에서 xy 평면에 평행하게 작용한다. 부재는 어떤 방향으로든 굽힘이 일어날 수 있도록 양단이 지지가 된다. $E = 70$ GPa,

$L = 1$ m, $b = 10$ mm, $h = 40$ mm, $e = 10$ mm이다. (a) xz평면에서 굽힘이 발생하는 부재의 탄성좌굴하중$(P_{cr})_y$을 결정하시오. (b) 재료의 항복강도 $\sigma_Y = 270$ MPa이면 xy평면에서 굽힘으로 인해 항복을 유발하는 하중 $(P_Y)_z$는 얼마인가? (c) (a)와 (b)의 결과로부터 이 부재의 파손모드에 대해 어떤 결론을 내릴 수 있는가?

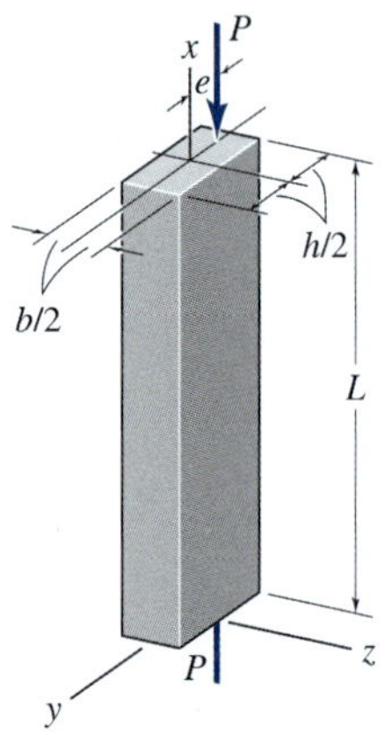

P10.4-13과 P10.4-14

***문제 10.4-14.** 그림 P10.4-14에서 보는 바와 같이 압축하중 P가 티타늄 합금으로 만든 직사각형 단면을 가진 세장 부재의 x축에 평행하게 작용한다. 하중은 z축으로부터 e만큼 편심된 위치에서 xy 평면에 평행하게 작용한다. 부재는 어떤 방향으로든 굽힘이 일어날 수 있도록 양단이 지지가 된다. $E = 16 \times 10^3$ ksi, $L = 20$ in., $b = 0.25$ in., $h = 0.50$ in., $e = 0.25$ in.이다. (a) xz 평면에서 굽힘이 발생하는 부재의 탄성좌굴하중 $(P_{cr})_y$을 결정하시오. (b) 재료의 항복강도 $\sigma_Y = 120$ ksi이면 xy평면에서 굽힘으로 인해 항복을 유발하는 하중 $(P_Y)_z$는 얼마인가? (c) (a)와 (b)의 결과로부터 이 부재의 파손모드에 대해 어떤 결론을 내릴 수 있는가?

컴퓨터 예제 – 10.4절. 문제 10.4-15와 10.4-16에서 필요한 도형을 생성하기 위한 컴퓨터 프로그램(예: 수학 프로그래밍 언어나 스프레드시트 프로그램 사용)을 개발하시오.

***컴퓨터문제 10.4-15.** 문제 10.4-2에서의 양단 핀 기둥이 $E = 30 \times 10^3$ ksi, $L = 8$ ft, $d = 2$ in., $e = 0.5$ in.를 가진다. (a) $0 \le P \le 15$ kips에 대하여 최대 수직응력 σ_{max}와 압축하중 P의 관계를 그래프로 작성하시오. 이 하중 범위 내에서 최대 수직응력은 σ_Y보다 작다고 가정한다. (b) $0 \le P \le 15$ kips에 대하여 최대 횡방향 변위 v_{max}와 압축하중 P의 관계를 그래프로 작성하시오. (c) (a)와 (b)에서 생성한 그림을 바탕으로, “안전계수”를 정의하기 위해 식 2.26을 사용하는 것과 식 2.27을 사용하는 것의 차이를 간략하게 설명하시오. (10.4절의 편심하중을 받는 기둥의 허용하중을 결정하는 과정은 식 2.26의 사용을 명시한다는 점에 주의하시오.)

***컴퓨터문제 10.4-16.** 문제 10.4-3에서의 양단 핀 기둥이 $E = 70$ GPa, $L = 4$ m, $b = 130$ mm, $t = 10$ mm, $e = 30$ mm를 가진다. (a) $0 \le P \le 350$ kN에 대하여 최대 수직응력 σ_{max}와 압축하중 P의 관계를 그래프로 작성하시오. 이 하중 범위 내에서 최대 수직응력은 σ_Y보다 작다고 가정한다. (b) $0 \le P \le 350$ kN에 대하여 최대 횡방향 변위 v_{max}와 압축하중 P의 관계를 그래프로 작성하시오. (c) (a)와 (b)에서 생성한 그림을 바탕으로, “안전계수”를 정의하기 위해 식 2.26을 사용하는 것과 식 2.27을 사용하는 것의 차이를 간략하게 설명하시오. (10.4절의 편심하중을 받는 기둥의 허용하중을 결정하는 과정은 식 2.26의 사용을 명시한다는 점에 주의한다.)

문제 10.5-1~10.5-5. 이러한 문제를 해결할 때, 문제의 압축부재가 진폭 δ_0의 반사인 곡선(식 10.47)의 형태로 초기처짐을 갖는 균일단면의 세장재 탄성기둥이라고 가정한다. 또한, 압축하중 P가 단면의 중심에 작용한다고 가정한다.

문제 10.5-1. 그림 10.18과 같이 초기결함이 있는 양단 핀 기둥에 축과 평행한 압축하중 $P = 2$ kips가 작용한다. 초기결함의 진폭은 $\delta_0 = v_0(L/2) = 0.25$ in.이다. 이 강재 기둥의 $E = 30 \times 10^3$ ksi이며, 원형 단면의 지름 $d = 1.25$ in.이고 길이 $L = 6$ ft이다. (a) 이 편심하중을 받는 기둥의 최대 처짐 δ_{max}를 결정하시오. (b) 최대 수직응력 σ_{max}를 결정하시오.

문제 10.5-2. 그림 10.18과 같이 초기결함이 있는 양단 핀 기둥에 축과 평행한 압축하중 $P = 200$ kN가 작용한다. 초기결함의 진폭은 $\delta_0 \equiv v_0(L/2) = 30$ mm이다. 이 알루미늄합금 기둥의 $E = 70$ GPa이며, 박판재 정사각형 단면의 외부치수 $b = 200$ mm, 판재 두께 $t = 10$ mm이고 길이 $L = 5$ m이다. (a) 이 편심하중을 받는 기둥의 최대 처짐 δ_{max}를 결정하시오. (b) 최대 수직응력 σ_{max}를 결정하시오.

문제 10.5-3. 그림 10.18과 같이 초기결함이 있는 종탄성계수 E의 양단 핀 탄성기둥에 축과 평행한 압축하중 P가 작용한다. 기둥은 변의 치수 b의 정사각형 단면을 가지고 있으며, 기둥의 길이는 L이다. (a) $P = P_{cr}/4$이고 $\delta_0 = b/4$인 경우, 이 기둥의 최대 처짐 δ_{max}를 결정하시오. (P_{cr}은 오일러의 좌굴하중이다.) $\sigma_{max} < \sigma_Y$라고 가정한다. (b) (a)와 같은 조건에 대하여 최대 수직응력 σ_{max}를 결정하시오.

***설계문제 10.5-4.** 그림 10.18과 같이 초기결함이 있는 강재의 양단 핀 파이프 기둥에 압축하중 P가 작용한다. 이 파이프 기둥의 바깥지름은 d_o이고 두께는 t이다. 그리고 $E = 30 \times 10^3$ ksi, $L = 10$ ft, $t = 0.25$ in., $\delta_0 = 0.5$ in.이다. (a) 기둥의 바깥지름 $d_o = 6$ in.이고 압축하중 $P = 25$ kips인 경우, 이 기둥에서의 최대 수직응력은 얼마인가? (b) 기둥의 바깥지름 $d_o = 6$ in.이고, 재료의 항복강도 $\sigma_Y = 50$ ksi이며, 항복에 대한 안전계수 $FS = 2.5$인 경우, 허용하중 P는 얼마인가? (c) 허용하중 $P_{allow} = 80$ kips이고, 강재의 항복강도 $\sigma_Y = 50$ ksi이며, 항복에 대한 안전계수 $FS = 2.5$인 경우, 요구되는 바깥지름 d_o를 0.1 in. 단위로 가장 가까운 값을 구하시오.

설계*문제 10.5-5. 그림 10.18과 같이 초기결함이 있는 강재의 양단 핀 파이프 기둥에 압축하중 P가 작용한다. 이 파이프 기둥의 바깥지름은 d_o이고 두께는 t이다. 그리고 $E = 210$ GPa, $L = 3$ m, $t = 20$ mm, $\delta_0 = 10$ mm이다. (a) 기둥의 바깥지름 $d_o = 100$ mm이고 압축하중 $P = 300$ kN인 경우, 이 기둥에서의 최대 수직응력은 얼마인가? (b) 기둥의 바깥지름 $d_o = 100$ mm이고, 재료의 항복강도 $\sigma_Y = 270$ MPa이며, 항복에 대한 안전계수 $FS = 3.0$인 경우, 허용하중 P는 얼마인가? (c) 허용하중 $P_{allow} = 300$ kN이고, 강재의 항복강도 $\sigma_Y = 270$ MPa이며, 항복에 대한 안전계수 $FS = 3.0$인 경우, 요구되는 바깥지름 d_o를 1 mm 단위로 가장 가까운 값을 구하시오.

> **컴퓨터 예제 – 10.5절.** 문제 10.5-6과 10.5-7에서 필요한 그림을 생성하기 위한 컴퓨터 프로그램(예: 수학 프로그래밍 언어 또는 스프레드시트 프로그램 사용)을 개발하시오. 이들 문제를 해결할 때, 문제의 압축부재가 진폭 δ_0의 반사인 곡선(식 10.47)의 형태로 초기 처짐을 갖는 균일단면의 세장재 탄성기둥이라고 가정한다. 또한, 압축하중 P가 단면의 중심에 작용한다고 가정한다.

***컴퓨터문제 10.5-6.** 그림 10.18과 같이 초기결함이 있는 양단 핀 기둥에 압축하중 P가 작용한다. 이 강재 기둥($E = 30 \times 10^3$ ksi, $\sigma_Y = 36$ ksi)은 원형단면을 가지고 있으며 지름 $d = 2$ in.이다. (a) $\sigma_{max} = \sigma_Y$를 만드는 하중을 $P = P_Y$로 놓는다. 초기결함 $\delta_0 = 0.25$ in.인 경우에 $10 \le L/r \le 200$에 있어서 평균수직응력 P/A와 정규길이 L/r 간의 관계를 나타내는 그래프를 작성하시오. (b) δ_0를 0.25 in.에서 0.5 in.로 바꾼 후 두 번째 그래프를 작성하시오. (c) 초기결함의 진폭과 기둥의 길이가 압축하중을 전달하는 능력에 미치는 영향을 간략하게 설명하시오.

***컴퓨터문제 10.5-7.** 그림 10.18과 같이 초기결함이 있는 양단 핀 기둥에 압축하중 P가 작용한다. 이 강재 기둥($E = 200$ GPa, $\sigma_Y = 340$ MPa)은 정사각 박스형 단면을 가지고 있으며, 단면의 치수 $b = 100$ mm, $t = 12.5$ mm이다. (a) $\sigma_{max} = \sigma_Y$를 만드는 하중을 $P = P_Y$로 놓는다. 초기결함 $\delta_0 = 10$ mm인 경우에 $10 \le L/r \le 200$에 있어서 평균수직응력 P/A와 정규길이 L/r 간의 관계를 나타내는 그래프를 작성하시오. (b) δ_0를 10 mm에서 20 mm로 바꾼 후 두 번째 그래프를 작성하시오. (c) 초기결함의 진폭과 기둥의 길이가 압축하중을 전달하는 능력에 미치는 영향을 간략하게 설명하시오.

> 문제 10.6 – 1 ~ 10.6 – 3. 이들 문제를 해결할 때, 문제의 압축부재는 압축응력-변형률 특성이 도시된 재료로 만들어진 균일단면의 이상적인 세장재 기둥이라고 가정한다.

문제 10.6-1. 공칭지름 6 in.인 표준-중량의 강재 파이프 기둥이 120 in.의 유효길이를 가지고 있다. (이 파이프 기둥의 횡단면 특성은 표 D.7을 참조) 기둥을 만드는 강재는 예제 10.5의 그림 2에 곡선 ABC로 나타낸 압축응력-변형률 선도를 가지고 있다. 이 재료에 대한 압축 접선계수의 곡선은 이 그림에서 곡선 $DEFG$이다. (a) 탄성적으로 좌굴이 일어나려면 기둥의 길이를 얼마로 해야 하는가? (즉, 탄성좌굴에 대한 오일러의 공식에 따라) (b) 이 기둥의 좌굴하중을 계산하시오. ($\sigma_{EL} = \sigma_{PL}$이라고 가정하고 $\sigma - E_t$ 곡선으로부터 σ_{PL}을 추정한다.)

문제 10.6-2. 4 in.×4 in.×3/8 in.의 박스형 알루미늄합금 기둥이 72 in.의 유효길이를 가지고 있다. (실제 치수는 그림 10.6-2a를 참조) 기둥을 만드는 재료는 그림 P10.6-2b에 나타낸 곡선 ABC의 압축응력-변형률 곡선을 가지고 있다. 이 재료의 압축 접선계수의 곡선(즉, $\sigma - E_t$ 곡선)은 이 그림에서 곡선 $DEFG$이다. (a) 탄성적으로 좌굴이 일어나려면 기둥의 길이를 얼마로 해야 하는가? (즉, 탄성좌굴에 대한 오일러의 공식에 따라) (b) 이 기둥의 좌굴하중을 계산하시오. ($\sigma_{EL} = \sigma_{PL}$이라고 가정하고 $\sigma - E_t$ 곡선으로부터 σ_{PL}을 추정한다.)

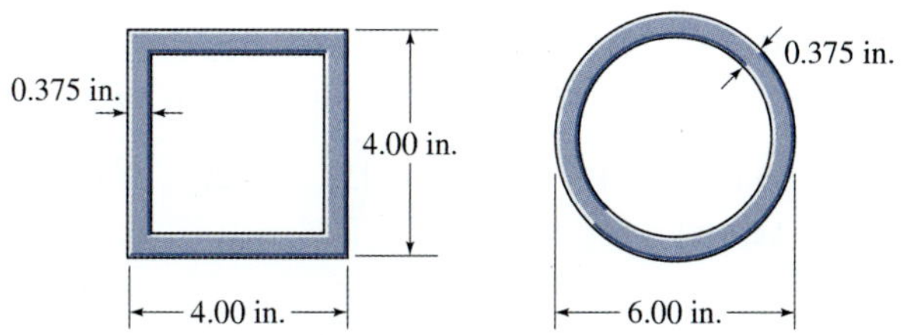

(a)

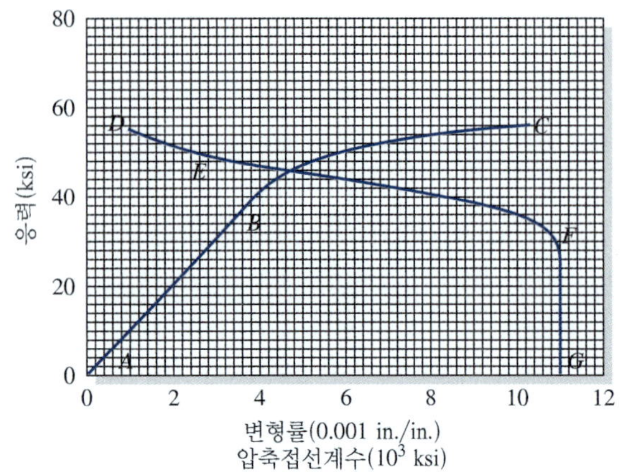

(b)

P10.6-2와 P10.6-3

문제 10.6-3. 알루미늄합금 파이프 기둥이 그림 10.6-3b에 나타낸 재료의 성질을 가지고 있다. 파이프 기둥의 (실제) 치수는 그림 P10.6-3a에 나타낸 바와 같이 바깥지름 $d_o = 6.000$ in., 벽두께 $t = 0.375$ in., 및 길이 $L = 8$ ft이다. (a) 이 기둥의 좌굴하중을 계산하시오. ($\sigma_{EL} = \sigma_{PL}$이라고 가정하고 $\sigma - E_t$ 곡선으로부터 σ_{PL}을 추정하시오.) (b) 탄성적으로 좌굴이 일어나려면 기둥의 길이를 얼마로 해야 하는가(즉, 탄성좌굴에 대한 오일러의 공식에 따라)?

■ 기둥의 설계 MDS 10.4–10.9

10.7절의 문제. 이러한 문제를 해결하는 데 있어, 기둥의 단부 중앙에 축방향으로 압축하중이 가해지고, 달리 명시되지 않는 한, 어떤 방향으로든 좌굴이 일어날 수 있도록 기둥이 지지된다고 가정한다.

설계문제 10.7-1. 양단 핀 연결된 W8×40 넓은 플랜지형 강재 기둥의 허용압축하중 $P(=P_{\text{allow}})$를 길이 $L = 12$ ft, $L = 16$ ft 및 $L = 24$ ft에 대하여 각각 구하시오. $E = 29 \times 10^3$ ksi이고 $\sigma_Y = 36$ ksi이다.

설계문제 10.7-2. 양단 핀 연결된 W12×65 넓은 플랜지형 강재 기둥의 허용압축하중 $P(=P_{\text{allow}})$를 길이 $L = 10$ ft, $L = 20$ ft 및 $L = 30$ ft에 대하여 각각 구하시오. $E = 29 \times 10^3$ ksi이고 $\sigma_Y = 50$ ksi이다.

설계문제 10.7-3. 양단 핀 연결된 W14×53 와이드-플랜지형 강재 기둥의 허용 압축하중 $P(=P_{\text{allow}})$를 길이 $L = 18$ ft, $L = 22$ ft 및 $L = 26$ ft에 대하여 각각 구하시오. $E = 29 \times 10^3$ ksi이고 $\sigma_Y = 36$ ksi이다.

설계문제 10.7-4. 양단 핀 연결된 W200×59 넓은 플랜지형 강재 기둥의 허용압축하중 $P(=P$를 길이 $L = 4$ m, $L = 6$ m 및 $L = 8$ m에 대하여 각각 구하시오. $E = 200$ GPa이고 $\sigma_Y = 250$ MPa이다.

설계문제 10.7-5. 양단 핀 연결된 W250×45 넓은 플랜지형 강재 기둥의 허용압축하중 $P(=P$를 길이 $L = 4$ m, $L = 5$ m 및 $L = 6$ m에 대하여 각각 구하시오. $E = 200$ GPa이고 $\sigma_Y = 250$ MPa이다.

설계문제 10.7-6. 양단 핀 연결된 W310×97 넓은 플랜지형 강재 기둥의 허용압축하중 $P(=P$를 길이 $L = 6$ m, $L = 8$ m 및 $L = 10$ m에 대하여 각각 구하시오. $E = 200$ GPa이고 $\sigma_Y = 340$ MPa이다.

설계문제 10.7-7. 양단 핀 연결된 W10×60 넓은 플랜지형 강재 기둥의 최대 허용 길이를 (a) 150 kips, (b) 300 kips에 대하여 각각 구하시오. $E = 29 \times 10^3$ ksi이고 $\sigma_Y = 36$ ksi이다.

설계문제 10.7-8. 양단 핀 연결된 W12×50 넓은 플랜지형 강재 기둥의 최대 허용 길이를 (a) 100 kips, (b) 200 kips에 대하여 각각 구하시오. $E = 29 \times 10^3$ ksi이고 $\sigma_Y = 36$ ksi이다.

설계문제 10.7-9. 양단 핀 연결된 W16×100 넓은 플랜지형 강재 기둥의 최대 허용 길이를 (a) 300 kips, (b) 450 kips에 대하여 각각 구하시오. $E = 29 \times 10^3$ ksi이고 $\sigma_Y = 50$ ksi이다.

설계문제 10.7-10. 그림 P10.7-10에 나타낸 27 ft 길이의 W12×50 넓은 플랜지형 강재 기둥이 하단부는 바닥에 고정되고 상

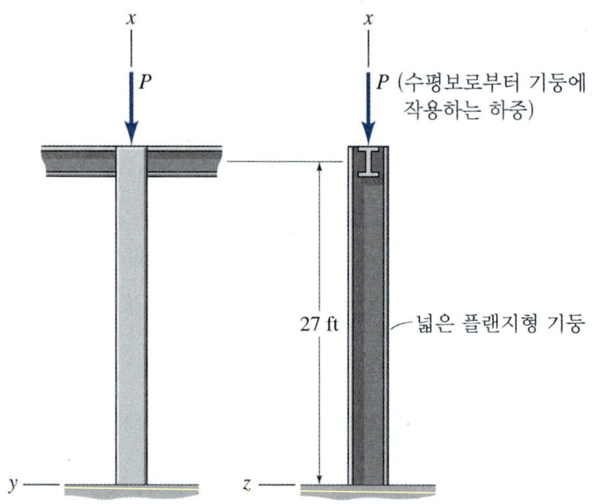

P10.7-10, P10.7-11, P10.7-12

단부는 수평보로부터 아랫쪽으로 (압축)하중을 받는다. xy 면에서의 좌굴만 고려한다. 인접한 보의 유연성 때문에 기둥의 단부 조건은 "양단 고정"과 "양단 핀연결" 사이에 놓인다. 보에 대한 유효길이계수 K는 $0.6 \leq K \leq 0.8$ 범위에 있는 것으로 추정된다. (양단 고정 기둥의 경우 $K = 0.5$이고, 양단 핀연결 기둥의 경우 $K = 1.0$이라는 것을 상기하라.) AISC 공식을 사용하여 유효길이계수 $K = 0.6$, $K = 0.7$ 및 $K = 0.8$에 대한 허용하중을 각각 구하시오. $E = 29 \times 10^3$ ksi이고 $\sigma_Y = 36$ ksi이다.

설계문제 10.7-11. 길이 24 ft의 W16×40 넓은 플랜지형 강재 기둥에 대하여 문제 10.7-10을 다시 푸시오.

설계문제 10.7-12. 길이 28 ft의 W8×40 넓은 플랜지형 강재 기둥에 대하여 문제 10.7-10을 다시 푸시오.

설계문제 10.7-13. 알루미늄협회 기둥설계공식을 이용하여 2.5 in.×2.5 in.(즉, 그림 P10.7-13에서 $b = 2.5$ in.)의 양단 핀 연결된 2014-T6 알루미늄합금 기둥에 대한 축방향 허용압축하중 $P(= P_{\text{allow}})$를 길이 $L = 3$ ft, $L = 4$ ft 및 $L = 5$ ft에 대하여 각각 구하시오.

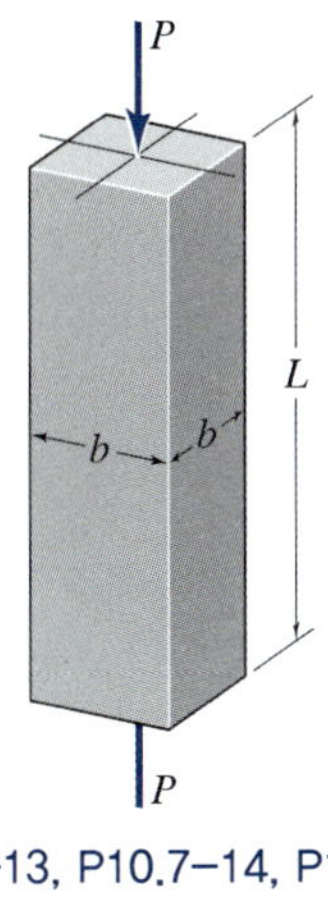

P10.7-13, P10.7-14, P10.7-15

설계문제 10.7-14. 알루미늄협회 기둥설계공식을 이용하여 그림 P10.7-14에 있는 3 in.×3 in. 양단 핀 연결된 2014-T6 알루미늄합금 기둥에 대한 최대 허용 길이를 축방향 압축하중 (a) 150 kips, (b) 175 kips에 대하여 각각 구하시오.

설계문제 10.7-15. 그림 P10.7-15에 있는 양단 핀 연결된 4 ft 길이의 2014-T6 알루미늄합금 기둥에 축방향 압축하중이 (a) 150 kips, (b) 175 kips가 작용할 때 정사각형 단면에 대한 최소 횡단면 치수 b를 1/16 in. 단위로 가장 가까운 값을 각각 구하시오. 알루미늄협회의 기둥설계공식을 사용한다.

설계문제 10.7-16. 그림 P10.7-16에서 단면치수 2 in.×4 in.의 양단 핀 연결된 2014-T6 알루미늄합금 기둥에 축방향 압축하중이 (a) 100 kips, (b) 150 kips가 작용할 때 최대 허용 길이를 각각 구하시오. 알루미늄협회의 기둥설계공식을 사용하고, 기둥은 어느 방향으로든 좌굴이 일어날 수 있다고 가정한다.

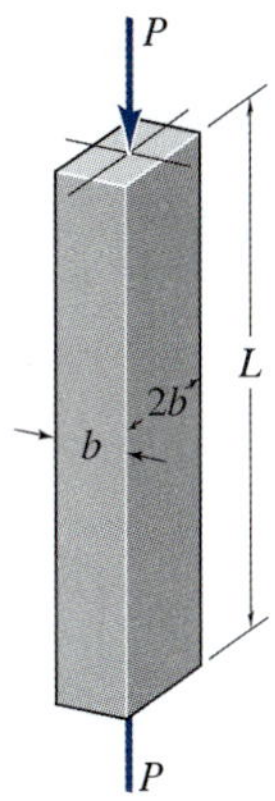

P10.7-16과 P10.7-17

설계문제 10.7-17. 그림 P10.7-17에 있는 양단 핀 연결된 2 ft 길이의 2014-T6 알루미늄합금 기둥에 축방향 압축하중이 100 kips가 작용할 때, $b \times 2b$ 직사각형 단면에 대한 최소 횡단면 치수 b를 1/16 in. 단위로 가장 가까운 값을 각각 구하시오. 알루미늄협회의 기둥설계공식을 사용하고, 기둥은 어느 방향으로든 좌굴이 일어날 수 있다고 가정한다.

설계문제 10.7-18. 그림 P10.7-18에 있는 $d_o = 5$ in., $t = 0.5$ in.의 양단 핀 연결된 2014-T6 알루미늄합금 기둥에 축방향 압축하중이 (a) 75 kips, (b) 150 kips가 작용할 때 최대 허용 길이를 각각 구하시오. 알루미늄협회의 기둥설계공식을 사용하고, 기둥은 어느 방향으로든 좌굴이 일어날 수 있다고 가정한다.

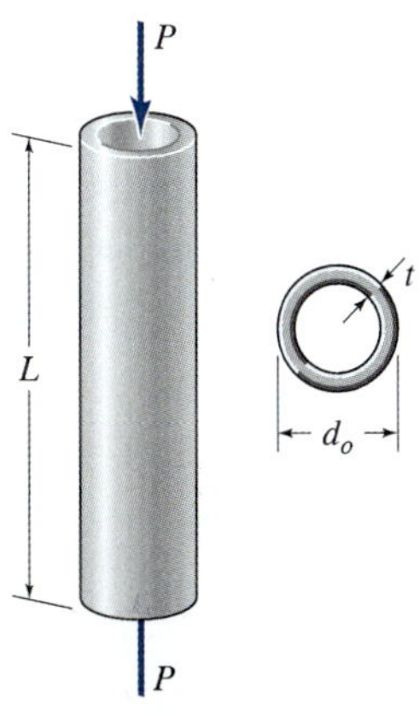

P10.7-18과 P10.7-19

설계문제 10.7-19. 그림 P10.7-19에 있는 양단 핀 연결된 2014-T6 알루미늄합금 파이프기둥의 길이 $L = 10$ ft이다. (a) 바깥지름 $d_o = 6$ in.이고 벽두께 $t = 0.5$ in.라면 축방향 허용 압축하중은 얼마가 되는가? (b) 기둥의 바깥지름 $d_o = 8$ in.이고 축방향 압축하중이 250 kips가 작용할 때 최소 벽두께 t를 1/16 in. 단위로 가장 가까운 값을 구하시오. 알루미늄협회의 기둥설계공식을 사용한다.

설계문제 10.7-20. 그림 P10.7-20에 있는 공칭치수 4 in.×4 in.(실제 마무리 치수는 표 D.8을 참조)인 *S4S* 목재기둥의 길이가 각각 $L = 6$ ft와 $L = 8$ ft인 경우에 있어서 축방향 허용 압축하중 $P(= P_{allow})$을 각각 구하시오. $E = 1800$ ksi, $F_c = 1.2$ ksi이다. NDS 설계공식을 사용하고, 기둥의 양단은 핀 연결(즉, $K = 1$)된 것으로 가정한다.

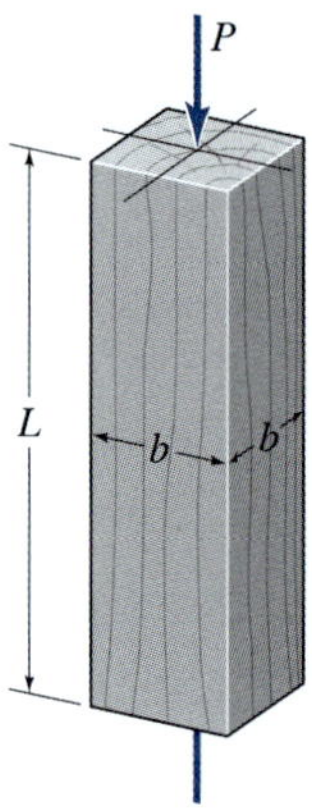

P10.7-20과 P10.7-21

설계문제 10.7-21. 그림 P10.7-21에 있는 공칭치수 4 in.×4 in.(실제 마무리 치수는 표 D.8을 참조)인 *S4S* 목재기둥이 축방향 압축하중 (a) 6 kips, (b) 9 kips, (c) 12 kips 받는 경우, 최대 허용 길이를 각각 구하시오. $E = 1800$ ksi, $F_c = 1.2$ ksi이다. NDS 설계공식을 사용하고, 기둥의 양단은 핀 연결(즉, $K = 1$)된 것으로 가정한다.

설계문제 10.7-22. 그림 10.7-22에 나타낸 목재기둥은 그 기둥의 상단과 하단에 큰 보가 받치고 있어서 $K = 0.8$인 부분적으로 구속된 기둥으로 가정할 수 있다. 이 기둥은 12 ft의 길이를 가지고 있으며 $P = 30$ kips의 축방향 압축하중을 지지해야 한다. 표 D.8로부터 이 기둥을 위해 사용할 수 있는 정사각 단면의 *S4S* 목재의 최소치수를 선택하시오. $E = 1800$ ksi, $F_c = 1.2$ ksi이며, NDS 설계공식을 사용한다.

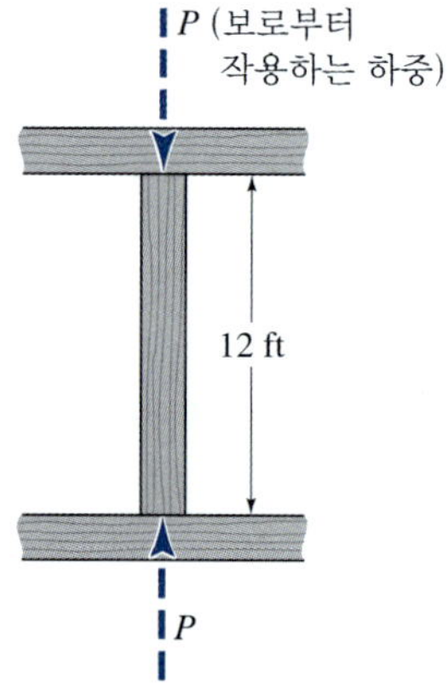

P10.7-22

설계문제 10.7-23. 그림 P10.7-23에 있는 공칭치수 4×6(실제 마무리 치수는 표 D.8을 참조)인 *S4S* 목재기둥의 길이가 각각 $L = 6$ ft, $L = 8$ ft, $L = 10$ ft인 경우에 있어서 축방향 허용 압축하중 $P(= P_{allow})$을 각각 구하시오. $E = 1800$ ksi, $F_c = 1.2$ ksi이다. NDS 설계공식을 사용하고, 기둥의 양단은 핀 연결(즉, $K = 1$)된 것으로 가정한다.

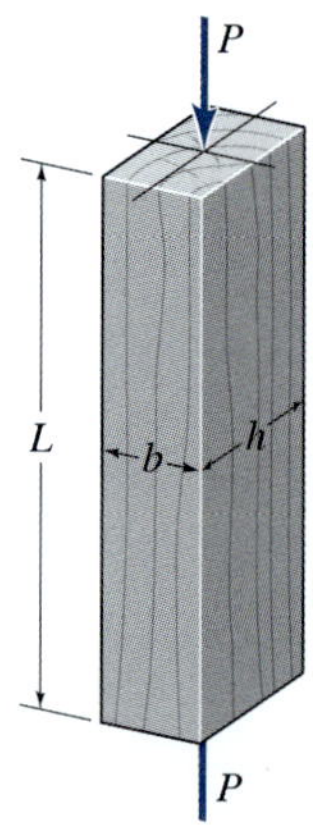

P10.7-23과 P10.7-24

설계문제 10.7-24. $P = 40$ kips의 축방향 압축하중을 지지할 수 있도록 8 ft 길이의 $6 \times h_{nom}$ *S4S* 목재기둥의 최소치수(공칭치수)를 표 D.8에서 선택하시오. $E = 1800$ ksi, $F_c = 1.2$ ksi이다. NDS 설계공식을 사용하고, 기둥의 양단은 핀 연결(즉, $K = 1$)된 것으로 가정한다.

10장 복습 - 기둥의 좌굴

절			관련 연습 문제
10.1	이 장에서는 **평형(불안정, 중립안정 또는 안정)의 안정성**을 검토하는 데 필요한 시스템에 관하여 학습하였다. 구조물의 안정성을 평가할 목적으로, **대체 평형형상**을 생성하는데 필요한 하중을 찾기 위해 원래의 평형 상태에서 **약간 변위를 시킨다.** 이에 관한 중요한 사례는 **기둥의 좌굴**, 즉 압축을 받는 세장부재의 거동이다. 좌굴현상은 그림 10.4에 표시된 단순화된 모델로 설명할 수 있다.	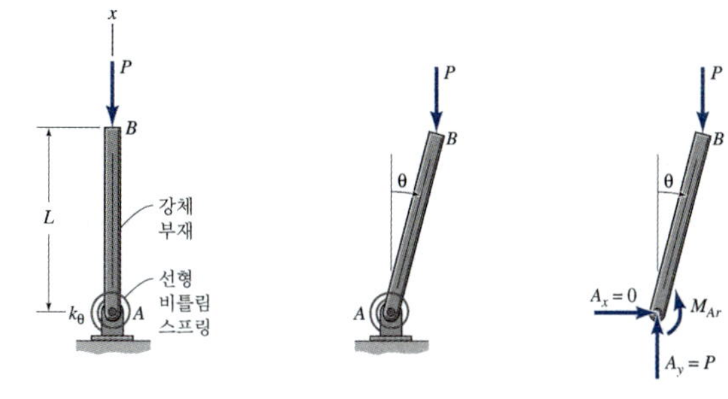 (a) 수직평형상태 (b) 변위된 형상 (c) 자유물체도 단순화된 기둥 좌굴 모델(그림 10.4)	10.1-3
10.2	분포된 유연도를 갖는 실제 기둥의 안정성에 관한 연구는 **이상적인 양단 핀 연결 기둥**의 연구로부터 시작되는데, 여기서 좌굴하중을 **오일러의 좌굴하중** P_{cr} (식 10.16)이라고 한다. 대체 평형형상을 **좌굴모드**(식 10.17)라고 한다. P_{cr}은 좌굴이 발생할 수 있는 최하하중을 나타내며, $v_1(x)$를 **기본모드형상**이라고 한다. 형상만 결정되고 진폭은 결정되지 않는다는 점에 유의한다.	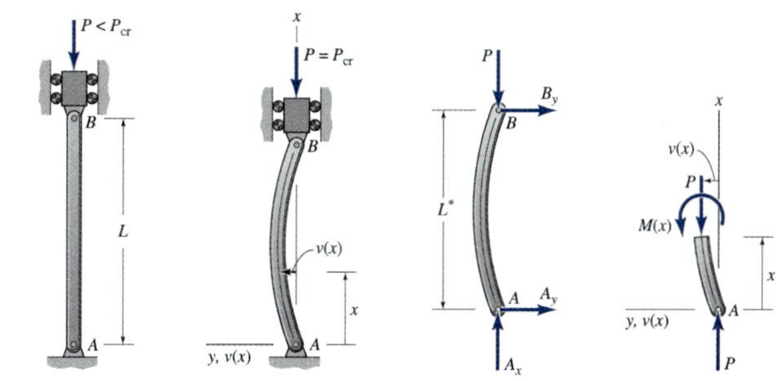 (a) 이상적인 기둥 (b) 좌굴형상 (c) 기둥 전체의 자유물체도 (d) 기둥의 일부에 대한 자유물체도 이상적인 양단 핀연결 기둥의 좌굴(그림 10.6) $$P_{cr} = \frac{\pi^2 EI}{L^2} \quad (10.16)$$ $$v(x) = C\sin\left(\frac{\pi x}{L}\right) \quad (10.17)$$	식 (10.16)과 (10.17)을 유도하시오.
	오일러의 좌굴응력은 오일러의 좌굴하중을 기둥의 단면적 A로 나누어 결정한다(식 10.18). $$\sigma_{cr} = \frac{\pi^2 E}{(L/r)^2} \quad (10.18)$$ 여기서 $r = \sqrt{I/A}$는 기둥의 회전반경이다. 비율 L/r은 그림 10.8의 **오일러의 공식**에 관한 도표에서 볼 수 있듯이 주요 좌굴 매개변수이다. L/r의 비율이 증가함에 따라 좌굴응력(및 하중)이 어떻게 감소하는지 주목한다.	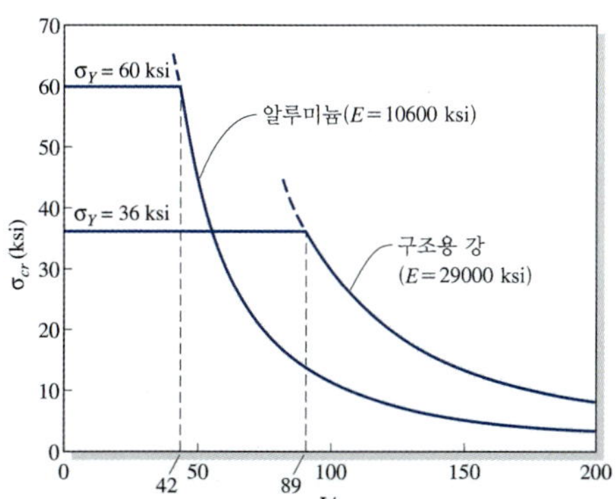 구조용 강과 알루미늄합금에 대한 오일러 공식의 도표(그림 10.8)	10.2-3 10.2-7 10.2-15

절			관련 연습 문제
10.3	10.3절에서는 다양한 단부조건(예: 고정단부, 자유단부 등)이 기둥의 좌굴하중에 미치는 영향을 설명한다. $$\sigma_{cr} = \frac{\pi^2 E}{(KL/r)^2} \quad (10.36)$$ 여기서 KL은 기둥의 **유효길이**이다. 10.13은 다양한 단부조건을 가진 기둥의 유효길이를 나타낸다.	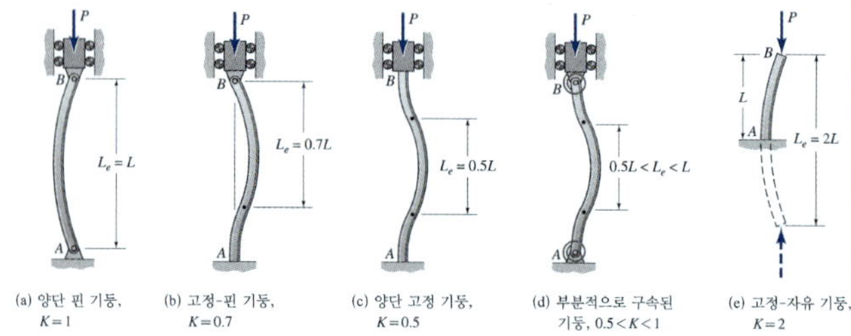 여러 가지 기둥의 유효길이 (그림 10.13)	10.3-1 10.3-13
10.7	10.7절에서는 **중심하중을 받는 기둥의 설계**에 대하여 설명한다. 반복과정인 **기둥설계의 절차**를 검토해야 한다.	기둥설계는 다양한 공학협회에서 제공하는 공식에 의해 결정된다. **구조용 강철 기둥, 알루미늄합금 기둥** 및 **목재 기둥**에 관한 기둥설계의 예를 검토해야 한다.	10.7-3 10.7-13 10.7-21

10.4절(**편심하중**), 10.5절(**기둥의 결함**), 및 10.6절(**비탄성 좌굴**)은 "선택사항"이다.

11 에너지 방법

11.1 개요

제1장부터 제10장에서는 변형체의 세 가지 역학적 기본개념(평형(equilibrium), 기하학적 변형(geometry of deformation), 재료의 구성 거동(constitutive behavior of materials))을 도입했다. 여기서 변형체란 온도변화와 혹은 작용하중에 의한 구조물의 여러 형태의 반응을 분석할 수 있는 것이다. 이때 부재에 발생되는 수직응력과 전단응력 분포와 부재의 변형을 결정할 수 있었다. 이 장에서는 변형체역학의 중요 주제인 **에너지 방법(energy method)**을 분석하고자 한다. 디지털컴퓨터 출현 이전에는 에너지 방법이 처짐문제, 특히 부정정문제를 푸는 데 유용하게 이용될 수 있었다. 에너지 방법은 유한요소법의 기초가 되고, 변형체(기계, 구조물)를 해석하는 데 현재 가장 널리 쓰이는 유효한 방법이다. 이 장에서 설명될 에너지 방법은 변형체의 세 가지 기본개념 즉, 평형, 기하학적 변형, 재료의 거동 등을 다시 다루기로 한다.

역학에서 일(work)은 근본적으로 (힘(force)×거리(distance))의 양을 의미한다. 즉 변형체에 일이 이루어졌을 때, 물체에 작용한 일의 일부 또는 전부가 물체 내부에 변형률 에너지(strain energy)로 저장된다. 예를 들면, 고무밴드를 잡아당길 때, 고무밴드에 작용시킨 일은 변형률 에너지로 저장된다. 고무밴드에 가해진 힘이 제거될 때, 고무밴드는 원래 형태로 복원되면서 저장된 에너지를 방출한다. 이 장에서는 외력의 일, 공액 일(complementary work), 변형률 에너지, 공액 변형률 에너지, 가상 변위, 가상 힘, 그리고 가상 일 등 일-에너지 용어에 대하여 정의할 것이다.

이 장에서는 일-에너지 개념은 외력에 의한 일, 공액일, 변형률에너지, 공액 변형률 에너지, 가상 변위, 가상 힘 그리고 가상 일 등이다.

일-에너지 원리(Work-Energy Principle)는 한 개의 정적 하중을 받는 부재의 변형을 계산하는 데 응용된다. 또한 몇 개의 더 편리한 에너지 방법들인 카스티리아노의 제2정리(Castigliano's Second Theorem), 가상 변위의 원리(Principle of Virtual Displace- ments)와 가상 힘의 원리(Principle of Virtual Forces)를 소개하고, 좀 더 복잡한 문제이며, 예를 들면 동시에 하중을 받는 구조물의 부정정 문제를 푸는 데 사용할 것이다. 이미 제3장에서 설명되었고, 다음 장에서 사용될 변위법(Displacement Method)과 하중법(Force Method)과 에너지 원리의 관계가 설명되고 최종적으로 에너지 방법이 몇 개의 단순충격(impact-loading)에 의한 하중 문제를 풀이하는 데 사용될 것이다.

11.2 일과 변형률 에너지

이 절은 제11장의 후반 절에 사용될 중요한 일-에너지 용어를 정의하고자 한다. 거기에는 일-에너지 원리가 설명되고 이러한 일-에너지 원리를 사용하여 변형체 역학문제를 해결할 것이다. 그림 11.1a부터 11.1c까지는 작용하중의 3가지 종류인, 축방향 하중(그림 11.1a), 비틀림 하중(그림 11.1b) 그리고 굽힘 하중(그림 11.1c) 등의 하중을 나타낸다. 그림 11.1d부터 11.1f까지는 작용하중이 천천히 증가되는 경우에 전형적으로 얻을 수 있는 하중-변형 곡선들을 나타낸다. 다음의 정의에서는 주로 축방향 하중의 경우를 의미한다. 그러나 그 정의는 힘과 우력에 의한 일반적인 하중 뿐만 아니라 그림 11.1의 다른 두 경우로도 쉽게 확장될 수 있다.

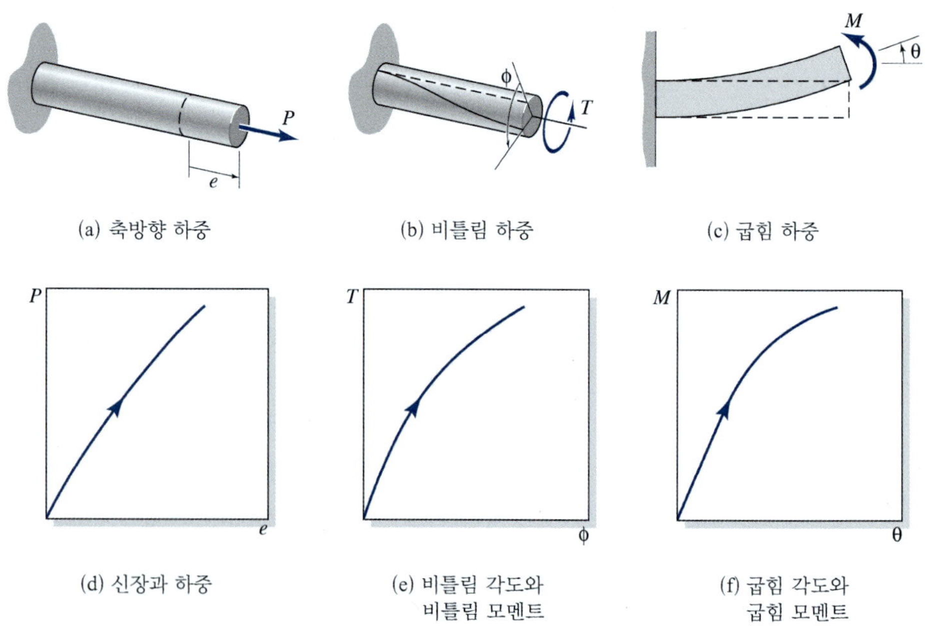

그림 11.1 하중-변형 곡선

(축하중에 대해서는 인장하중에 대응되는 하중-변형 곡선만이 제시되었다. 인장하중에 대응되는 하중-변형 곡선은 압축하중에 대응되는 하중-변형 곡선으로 동일하게 사용될 수 있다.)

일 그림 11.1a에 나타낸 것처럼 원형 봉에 축하중 P가 작용하는 경우를 생각할 수 있다. 신장량 e_1만큼 변형시킨 하중 P에 의해서 이루어진 **일(work)**은 $\mathcal{W}_P(e_1)$로 표시하고, 식 11.1과 같이 힘과 거리 곱의 적분으로 얻을 수 있다.

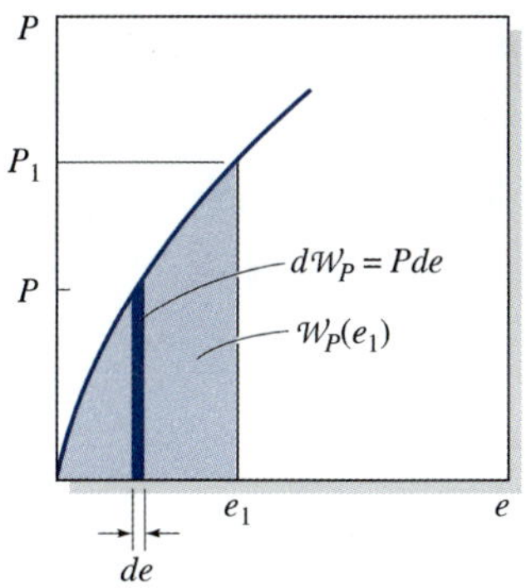

그림 11.2 축방향 변형의 신장(변형)에 대한 하중곡선. 면적은 일($\mathcal{W}$)을 나타낸다.

$$\mathcal{W}_P(e_1) = \int_0^{e_1} P(e)de \quad \text{일} \tag{11.1}$$

식 11.1은 그림 11.2에서 $e = e_1$까지의 $P - e$ 곡선 아래의 빗금 친 면적을 나타낸다. 힘(Force)은 신장(변형)에 따라 변하기 때문에 식 11.1의 적분 식은 하중이 $P_1 \equiv P(e_1)$으로 증가될 때까지 이루어진 일(work)을 계산하는 데 사용되어야 한다.

같은 방법으로, 비틀림 모멘트 T와 굽힘 모멘트 M에 의해 이루어진 일은 각각 다음과 같다.

$$\mathcal{W}_T(\phi_1) = \int_0^{\phi_1} T(\phi)d\phi, \quad \mathcal{W}_M(\theta_1) = \int_0^{\theta_1} M(\theta)d\theta \tag{11.2}$$

만약 하중-변위 관계가 선형이라면, 그림 11.2의 곡선은 직선이 되고 그 곡선 아래의 면적은 삼각형이 된다. 그러므로 선형의 경우라면, 축방향 하중 P, 비틀림 하중 T 그리고 굽힘 하중 M에 의해 이루어진 일은 각각 다음과 같다.

$$\mathcal{W}_P = \frac{1}{2}Pe, \quad \mathcal{W}_T = \frac{1}{2}T\phi, \ \mathcal{W}_M = \frac{1}{2}M\theta \tag{11.3}$$

예제 11.1

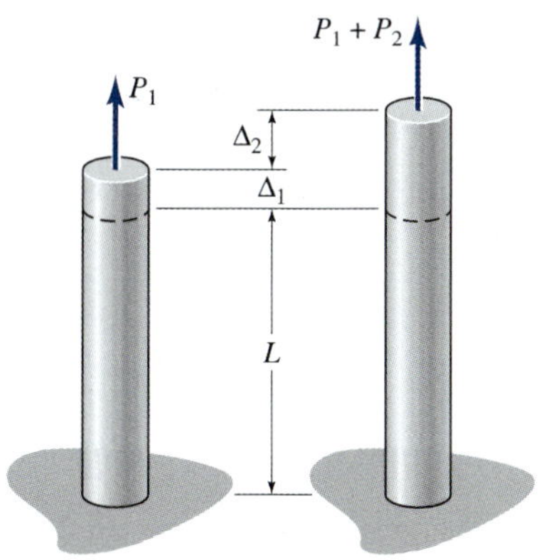

(a) 하중 P_1 작용 (b) 하중 P_2 추가

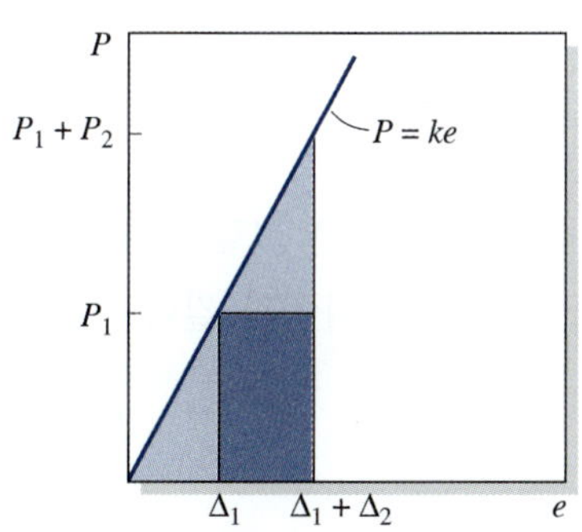

(c) 하중 − 신장(변형) 곡선

그림 1 다수 하중($P_1 + P_2$)에 의한 일의 예시(예)

그림 1a와 1b의 축방향 변형 부재는 그림 1c와 같이 선형 하중-신장(변형) 곡선을 나타내고 있다. 하중-신장 곡선을 이용하여 $\mathcal{W}(\Delta_1 + \Delta_2) \neq \mathcal{W}(\Delta_1) + \mathcal{W}(\Delta_2)$의 이유를 설명하시오.

풀이 계획 선형 탄성 부재에 작용하는 축방향 하중에 의해 이루어진 일은 식 11.3a에 의해 얻을 수 있고 하중-신장(변형) 곡선 아래의 삼각형의 면적으로 나타낼 수 있다.

풀이 식 11.3a와 그림 1c에서 $\mathcal{W}(\Delta_1)$은 좌측 아래 삼각형 면적이다.

$$\mathcal{W}(\Delta_1) = \frac{1}{2}P_1\Delta_1 \tag{1}$$

하중 P와 Δ_2 변형에 의해 이루어진 일, 즉 $\mathcal{W}(\Delta_2)$은 그림 1c에 나타낸 우측 삼각형 면적이고 다음 식에 의해 얻을 수 있다.

$$\mathcal{W}(\Delta_2) = \frac{1}{2}P_2\Delta_2 \tag{2}$$

즉 $\mathcal{W}(\Delta_1 + \Delta_2)$은 변형 $\Delta = \Delta_1 + \Delta_2$까지의 하중-신장(변형) 곡선 아래의 전체 면적을 의미한다.

$$\begin{aligned}\mathcal{W}(\Delta_1 + \Delta_2) &= \frac{1}{2}(P_1 + P_2)(\Delta_1 + \Delta_2) \\ &= \frac{1}{2}P_1\Delta_1 + \left[\frac{1}{2}P_1\Delta_2 + \frac{1}{2}P_2\Delta_1\right] + \frac{1}{2}P_2\Delta_2\end{aligned} \tag{3}$$

$$= \frac{1}{2}P_1\Delta_1 + [P_1\Delta_2] + \frac{1}{2}P_2\Delta_2$$

단, 식 $P = ke$는 앞 줄(식 3의 마지막 줄)의 괄호 안의 항에서 $P_1\Delta_2$항을 얻는 데 사용되어 왔다. 그러므로 식 (3)의 사각 괄호 안의 항 때문에 식 (4)가 성립한다.

$$\mathcal{W}(\Delta_1 + \Delta_2) \neq \mathcal{W}(\Delta_1) + \mathcal{W}(\Delta_2) \tag{4}$$

식 (3)의 각 괄호 안의 항은 그림 1c의 진한 부분의 사각 면적과 일치한다. 그것(진한 부분의 사각형 면적)은 하중 P_2가 작용하므로 봉이 Δ_2만큼 늘어났을 때, 첫 번째 가해진 하중 P_1에 의해 발생한 일이다.

풀이 검토 식의 도식적 해석은 식의 항들과 일치한다. 이 예제를 통해, 일(work)은 하중(혹은 변형)의 선형 함수가 아니므로, 복수 하중이 작용하는 경우의 일(work)을 계산할 때는 반드시 주의해야 한다는 것을 알 수 있다.

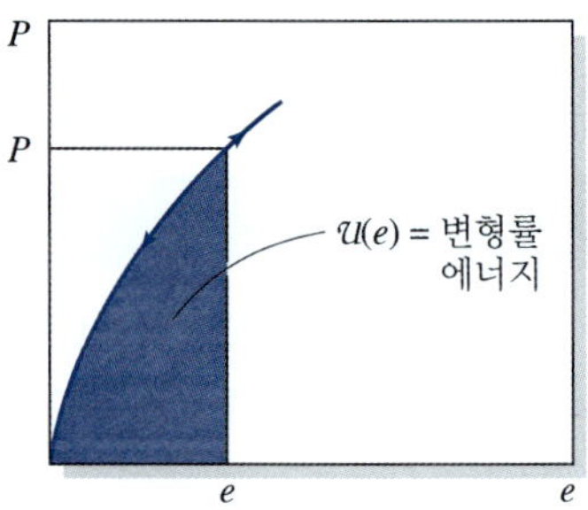

그림 11.3 변형률 에너지의 예시

변형률 에너지 만약 하중을 제거할 때의 하중-변형의 경로가 하중을 가할 때의 하중-변형의 경로와 동일하다면, 2.5절에 제시된 것처럼 그 재료는 탄성적(elastic)(혹은 탄성적으로 거동하는 것)이라고 말한다. 그림 11.3의 화살표는 하중을 가할 때와 같이 하중이 제거될 때에도 하중-신장(변형) 곡선은 동일한 경로라는 사실을 나타낸다. 하중을 가할 때 탄성부재에 이루어진 일은 에너지로서 부재 내부에 저장된다. 그 변형률 에너지는 하중이 제거될 때에 회복된다. 탄성체에서 작용하는 하중에 의해 물체에 이루어진 일(work)은 **탄성 변형률 에너지(elastic strain energy)** $\mathcal{U}$로서 저장된다. 즉

$$\mathcal{U}(e) = \mathcal{W}(e)\big|_{\text{탄성에서 이루어진 일}} \tag{11.4}$$

변형률 에너지는 탄성체에 이루어진 일과 같기 때문에, 변형률 에너지는 그림 11.3에 짙게 칠해진 면적으로 나타낸다. 일과 에너지는 힘(force)×거리(length)의 **단위(units)**로 나타낸다. 미국 단위계로는 일과 에너지는 파운드-인치(lb · in.), 파운드-피트(lb · ft), 킬로파운드-인치(kip · inches: kip · in), 혹은 킬로파운드-피트(kip · ft)[1] 등으로 나타낸다. SI 단위계에서 일과 에너지의 단위는 1 뉴턴-미터(= newton-meter = 1 J = 1 N · m)으로 줄(Joule = J)이다.

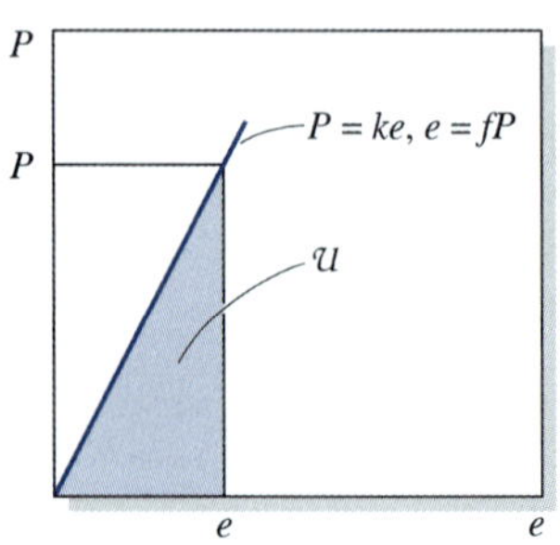

그림 11.4 선형 탄성 부재의 하중과 신장(변형)선도

선형 탄성 거동 재료가 선형 탄성일 때, 신장에 대한 하중곡선은 그림 11.4와 같다. 이 경우는 식 3.14와 식 3.15를 사용하는 것이 편리하고, 다음과 같다.

$$P = ke, \quad e = fP \tag{11.5}$$

1) 힘과 거리의 단위는 모멘트(예, 굽힘 모멘트 혹은 토크)를 나타내는 데 사용되는 단위와 동일하지만, 의미는 완전히 다르다는 것을 유의한다. 이러한 이유로 일(work)과 에너지의 미국 단위계를 인치-파운드(in-lb), 풋-파운드(ft-lb), 인치-킬로파운드(in-k) 혹은 풋-킬로파운드(ft-k) 등으로 나타낸다.

단 k와 f는 각각 **강성계수**(stiffness coefficient)와 **유연성계수**(flexibility coefficient)이다($f = 1/k$). 이 경우에 변형률 에너지 $\mathcal{U}$를 나타내는 삼각형의 면적은 동일하고, 그 값은 다음의 식과 같이 표현될 수 있다.

$$\mathcal{U} = \frac{1}{2}Pe = \frac{1}{2}ke^2 = \frac{1}{2}fP^2 \tag{11.6}$$

일반적으로 $\mathcal{U}$를 e함수로 간주하는 것이 편리하다. 즉 $\mathcal{U} = \frac{1}{2}ke^2$이다. 그러나 선형 탄성 부재에 있어서 식 11.16에 나타낸 어떤 형태도 유용하다. (11.5절 참조) 그리고 선형 탄성 부재에 저장된 변형률 에너지를 $\left(\frac{1}{2}P\right)e$, 즉 전체 길이 변형($e$)에 평균 힘($\frac{1}{2}P$)을 곱한 것으로 생각하는 방법이 때때로 편리하기도 하다.

예제 11.2

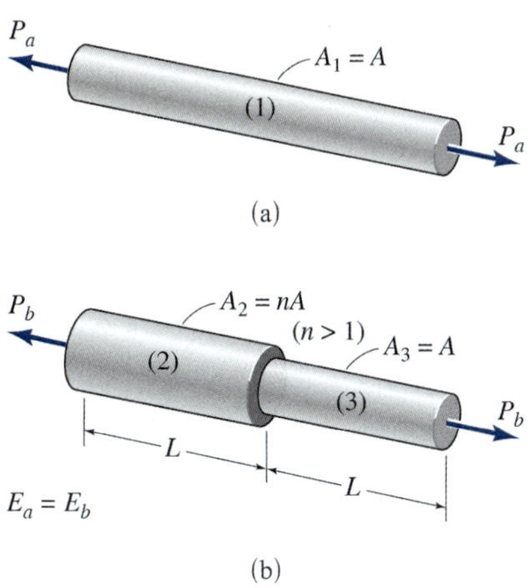

그림 1 축방향 변형을 한 두 개의 봉

그림 1에 나타낸 두 개의 선형 탄성 봉의 탄성계수 E는 동일하며 전체 길이는 $2L$이다.
(a) 두 봉에 발생되는 최대 응력이 같을 때와 (b) 두 봉에 발생되는 전체 변형이 같을 때 탄성 변형률 에너지를 기반으로 비교하시오.

풀이 계획 $\sigma_i = F_i/A_i$이므로 그림 1(b)의 봉에서 최대 축방향 응력은 단면 (3)에 발생하고, $A_1 = A_3 = A$이므로 문제 조건 (a)에 의하면 $P_a = P_b$이다. 문제 조건 (b)에 의하면 $e_b = e_a$이다. 그림 11.4와 같이 두 개의 봉에 대한 $P-e$ 곡선을 그리면서 시작하여 보자. 두 경우의 $\mathcal{U}_a$와 $\mathcal{U}_b$를 쉽게 비교할 수 있다. 각 봉의 P와 e에 관계되는 식 11.5(혹은 3.14 및 3.15)를 이용할 수 있다.

풀이 아래첨자 1, 2, 3은 그림 1에 붙여진 요소를 의미하고, 철자 a와 b는 각각 그림 1a와 그림 1b를 의미한다.

평형: 봉의 세 요소에 대한 자유물체도는 그림 2와 같다.

$$\left(\sum F\right)_1 = 0: \qquad F_1 = P_a$$

$$\left(\sum F\right)_2 = 0: \qquad F_2 = P_b \tag{1}$$

$$\left(\sum F\right)_3 = 0: \qquad F_3 = P_b$$

하중-신장 관계: 식 11.5에서 각 부재의 하중-신장(변형) 관계식은 다음과 같다.

$$e_i = f_iF_i = \left(\frac{L}{AE}\right)_i F_i, \quad F_i = k_ie_i = \left(\frac{AE}{L}\right)_i e_i \tag{2}$$

변형의 적합조건(compatibility of deformation)에서 식 (3)과 같은 관계식이 된다.

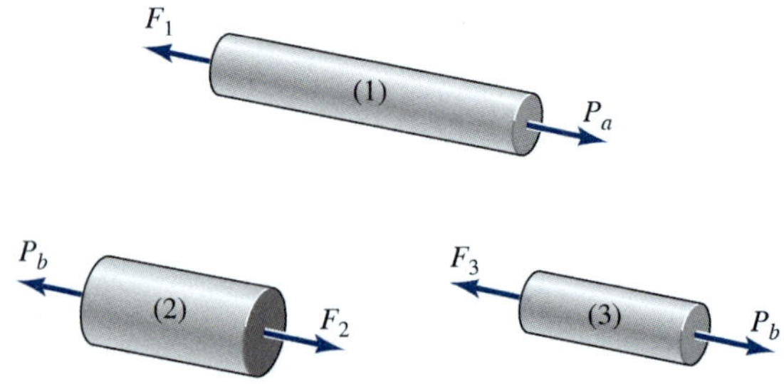

그림 2 자유물체도

$$e_a = e_1, \quad e_b = e_2 + e_3 \tag{3}$$

그러므로

$$\begin{aligned} e_a &= \left(\frac{2L}{AE}\right)P_a \equiv f_a P_a \\ e_b &= \left(\frac{L}{nAE}\right)P_b + \left(\frac{L}{AE}\right)P_b = \left(\frac{n+1}{n}\right)\left(\frac{L}{AE}\right)P_b \equiv f_b P_b \end{aligned} \tag{4}$$

이다. 따라서

$$\begin{aligned} P_a &= \frac{1}{2}\left(\frac{AE}{L}\right)e_a \equiv k_a e_a \\ P_b &= \left(\frac{n}{n+1}\right)\left(\frac{AE}{L}\right)e_b \equiv k_b e_b \end{aligned} \tag{5}$$

이다. $P-e$ 그래프는 그림 3처럼 나타낼 수 있다. $n>1$이고 $k_b > k_a$이므로, $P_b - e_b$ 선분의 기울기는 $P_a - e_a$ 선분의 기울기보다도 크다. 즉 단면적이 더 크기 때문에 봉 (b)는 봉 (a)보다도 더 단단하다.

변형률 에너지: 식 11.6과 그림 11.4 등과 같이 변형률 에너지는 하중-신장(변형) 곡선 아래의 삼각형 면적이다. 그 면적은 식 (6)으로 얻을 수 있다.

$$\mathcal{U} = \frac{1}{2}ke^2 = \frac{1}{2}fP^2 \tag{6}$$

그림 3a의 경우(응력이 같은 경우): 만약에 $P_a = P_b$이면, 두 봉의 최대 응력은 같다. 그림 3a와 같이 $\mathcal{U}_a$는 $\mathcal{U}_b$보다 크다. 즉 **각 봉의 최대 응력이 서로 같을 때, 단면이 큰 봉의 변형률 에너지는 단면이 균일한 일의 변형률 에너지보다 크다.** 이러한 관계를 식으로 표현하면 식 (7)과 같다.

$$\frac{\mathcal{U}_b}{\mathcal{U}_a} = \frac{\frac{1}{2}f_b P_b^2}{\frac{1}{2}f_a P_a^2} = \frac{f_b}{f_a} = \frac{n+1}{2n} < 1 \qquad \textbf{답 (a)} \tag{7}$$

그림 3b의 경우(신장(변형)이 같은 경우): 만약에 두 개의 봉의 신장(변형)이 같다면 더 단단한 봉에 더 큰 힘이 작용해야 한다. 즉 그림 3b와 같이 $P_b > P_a$이다. 이 경우에는 $\mathcal{U}_b > \mathcal{U}_a$이다.

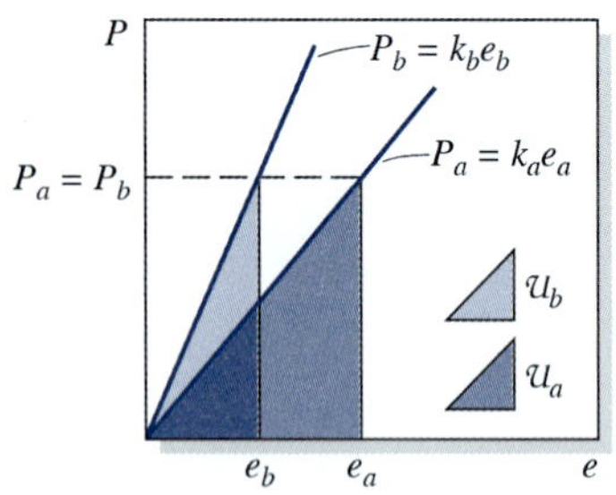

(a) $P_b = P_b$일 때 변형률 에너지

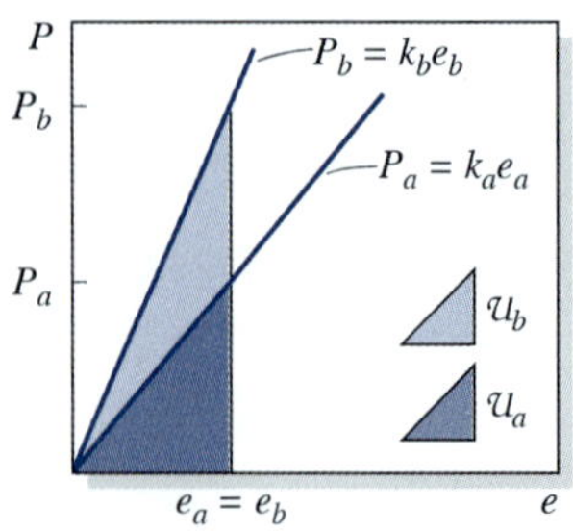

(b) $e_b = e_a$일 때 변형률 에너지

그림 3 변형률 에너지 비교

$$\frac{\mathcal{U}_b}{\mathcal{U}_a}=\frac{\frac{1}{2}k_b e_b^2}{\frac{1}{2}k_a e_a^2}=\frac{k_b}{k_a}=\frac{2n}{n+1}>1 \qquad \textbf{답 (b)} \quad (8)$$

그러므로 **그림 1과 같은 두 개의 봉이 같은 양만큼 변형이 된다면 단면적이 더 큰 봉은 단면이 균일한 봉보다도 더 많은 에너지를 저장한다.**

풀이 검토 위와 같이 변형률 에너지를 그림을 통해 설명한 것이다. 만약에 식 (7)의 f와 식 (8)의 k를 계산하는 데 실수를 하지 않았다면 그 답은 정확하다. 봉 b의 단면적이 더 크기 때문에 봉 b가 더 단단하다. 그러므로 $k_b > k_a$이다. 식 (8)에서 알 수 있듯이 이것은 사실이다. 그러므로 여기서 푼 해는 정확하다.

선형 탄성체의 변형률 에너지 밀도 변형률 에너지 개념을 설명하기 위해 앞에서 축방향 P를 받는 탄성부재의 축방향 변형만이 발생되는 단순한 경우를 고려하였다. 그러나 더 복잡한 경우를 다루기 위해서는 저장된 변형률 에너지가 변형된 전체 물체에 어떻게 분포되었는가를 생각할 필요가 있다. 그러므로 단위체적당 변형률 에너지 혹은 **변형률 에너지 밀도**(strain energy density)라는 용어가 사용되었다.

그림 11.5에 예시된 것처럼 임의의 선형 탄성 봉의 미소체적 dV에 대해 축방향 변형률을 생각해 보자. 그림 11.5의 dV처럼 선형 탄성체 미소체적 dV에 저장된 탄성변형 에너지를 $d\mathcal{U}$로 놓는다. 그리고 미소체적에 저장된 변형률 에너지를 다음 식의 형태로 표현한다.

$$d\mathcal{U}=\bar{u}\,dV$$

단, $\bar{u}$는 미소체적 dV가 존재하는 위치의 **변형률 에너지 밀도**(strain energy density), 즉 단위체적당 변형률 에너지이다. 물체의 전체 부피(체적)에 대해 $d\mathcal{U}$를 합하면 얻어지는 **총 변형률 에너지**(total strain energy)는 다음과 같이 적분 식으로 표현된다.

$$\mathcal{U}=\int_V \bar{u}\,dV \qquad \textbf{총 변형률 에너지} \qquad (11.7)$$

그림 11.5에 나타낸 단축응력 상태에서 미소 변형률 에너지는 다음 식과 같다.

$$d\mathcal{U}=\underbrace{\left(\frac{1}{2}\sigma_x\,dy\,dz\right)(\epsilon_x\,dx)}_{\text{평균 힘}\times\text{변위}}\equiv\bar{u}_{\sigma_x}dV$$

그러므로

$$\bar{u}_{\sigma_x}=\frac{1}{2}\sigma_x\,\epsilon_x \qquad (11.8)$$

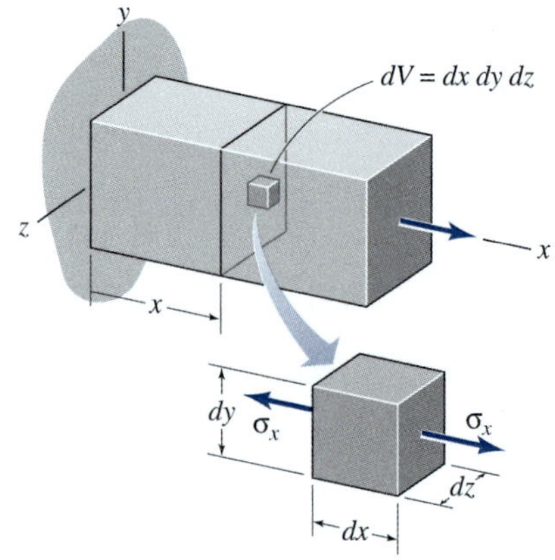

그림 11.5 단축응력 σ_x를 받는 미소 체적

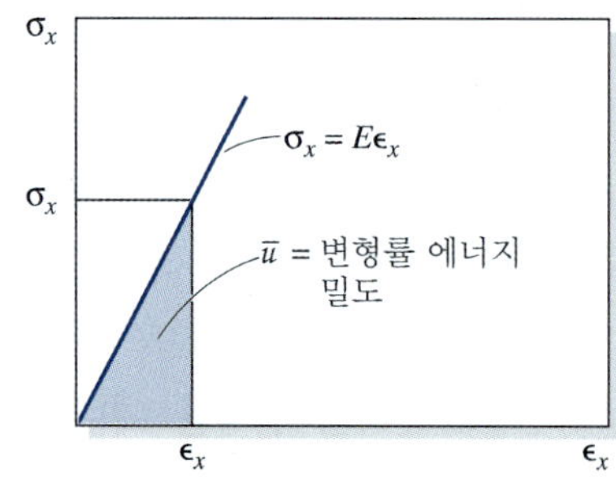

그림 11.6 단축응력 상태의 변형률 에너지 밀도

식 11.8은 단축응력 상태 σ_x때문에 발생되는 선형탄성체 변형의 변형률 에너지 밀도이다. $\sigma_x = E\epsilon_x$이기 때문에 식 11.8은 다음과 같은 단축응력 상태 형식으로 나타낼 수 있다.

$$\bar{u}_{\sigma_x} = \frac{1}{2}\frac{\sigma_x^2}{E} = \frac{1}{2}E\epsilon_x^2 \tag{11.9}$$

이 변형률 에너지 밀도는 그림 11.6의 응력-변형률 선도에 묘사되었다. 변형률 에너지 밀도는 응력-변형률 선도의 아래 부분 면적이다.

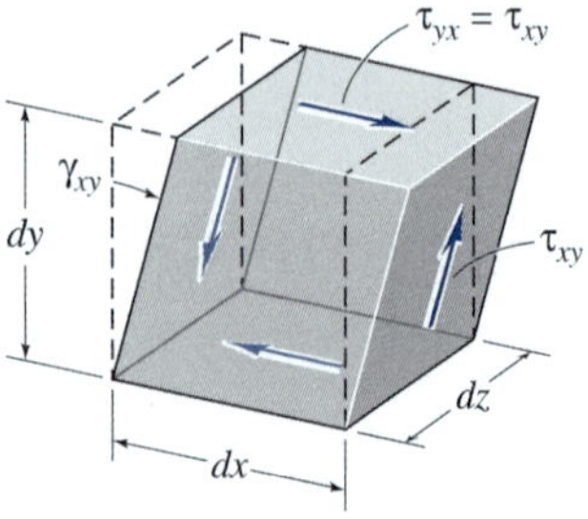

그림 11.7 전단응력 $\tau_{xy} = \tau_{yx}$에 의한 미소요소의 체적변형

그림 11.7과 같이 전단응력 $\tau_{xy} = \tau_{yx}$만 받는 미소체적 dV를 생각해 보자. 이 경우에서는 다음 식이 성립한다.

$$d\mathcal{U} = \left(\frac{1}{2}\tau_{xy}\,dx\,dz\right)(\gamma_{xy}\,dy) \equiv \bar{u}_{\tau_{xy}}\,dV$$

평균 힘×변위

그러므로 τ_{xy}에 관계되는 변형률 에너지 밀도는

$$\bar{u}_{\tau_{xy}} = \frac{1}{2}\tau_{xy}\gamma_{xy} \tag{11.10}$$

이다. $\tau_{xy} = G\tau_{xy}$이기 때문에, 식 11.10의 다른 형식은 다음과 같다.

$$\bar{u}_{\tau_{xy}} = \frac{1}{2}\frac{\tau_{xy}^2}{G} = \frac{1}{2}G\gamma_{xy}^2 \tag{11.11}$$

같은 개념으로 나머지 응력성분에도 대응되는 변형률 에너지 밀도의 식을 유도할 수 있다. 선형 탄성체의 변형률 에너지 밀도에 대한 일반적인 표현은 다음과 같다.

$$\bar{u} = \frac{1}{2}(\sigma_x \epsilon_x + \sigma_y \epsilon_y + \sigma_z \epsilon_z + \tau_{xy}\gamma_{xy} + \tau_{xz}\gamma_{xz} + \tau_{yz}\gamma_{yz}) \tag{11.12}$$

변형률 에너지 밀도

다음 절에서 변형률 에너지 밀도에 대한 표현을 축방향 변형, 비틀림 그리고 굽힘 하중을 받는 가느다란(slender) 부재의 변형률 에너지에 대한 식을 유도하는 데 기초로서 사용하고자 한다.

11.3 다양한 하중의 탄성 변형률 에너지

문제를 푸는 데에 일-에너지법을 적용하기 위해서는 다양한 하중, 즉 축방향 하중, 비틀림 하중 그리고 굽힘 하중 등이 작용할 때 저장되는 탄성 변형률 에너지에 대한 식을 우선적으로 구해야 한다. 여기서는 선형 탄성 거동에 대한 탄성변형 에너지만을 취급하기로 한다.

축방향 변형 3.2절에서는 수직응력과 수직변형률에 대한 기본 식을 유도한 바 있다. 그림 11.8에 예시된 것과 같은 부재의 축방향 변형에 대한 경우와 $E \equiv E(x)$인 특별한 경우(즉, 재료가 어떠한 단면에서도 균일한 경우와 재료의 성질이 x에 따라 변하는 경우)를 다시 생각해보자.

$$\epsilon_x(x) = \frac{du(x)}{dx} \tag{11.13}$$

그리고

$$\sigma_x = \frac{F(x)}{A(x)} \tag{11.14}$$

단 $u(x)$은 x지점의 단면의 변위이고 $F(x)$은 x지점의 단면에 작용하는 힘이다. 축방향 변형 부재에서는 $dV = A(x)dx$이므로 식 11.7, 11.9, 11.13 그리고 11.14를 조합함으로써 다음 식 11.15와 11.16을 얻을 수 있다. 축방향 변형에 의한 변형률 에너지에 대한 식은 다음과 같다.

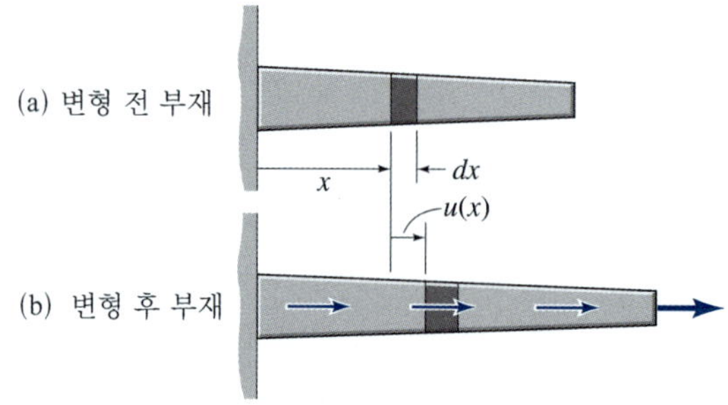

그림 11.8 축변형을 갖는 부재

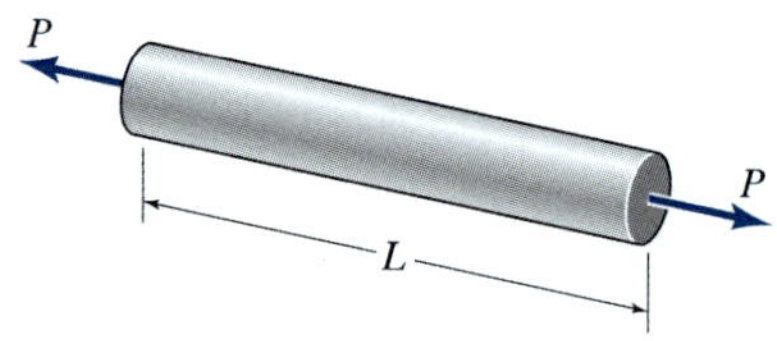

그림 11.9 양단에 하중이 작용하는 균일 봉

$$\mathcal{U}=\frac{1}{2}\int_0^L \frac{F^2 dx}{EA} \tag{11.15}$$

그리고

$$\mathcal{U}=\frac{1}{2}\int_0^L EA(u')^2 dx \tag{11.16}$$

단 $(\ )' \equiv \dfrac{d(\ )}{dx}$ 그리고 F, E, A 그리고 u는 모두 x의 함수이다. 축방향 변형을 받는 선형 탄성 봉의 변형률 에너지에 대한 두 종류의 표현법이 자주 사용된다. 그림 11.9에 예시된 것과 같은 축방향 양단하중을 받는 단면이 균일한 선형 탄성 봉에 대한 식 11.16은 식 11.17로 변환된다.

$$\mathcal{U}=\frac{P^2 L}{2EA} \tag{11.17}$$

비틀림 하중에 대한 원형 봉의 비틀림 단면이 변하고 비틀림을 받는 부재에 저장된 변형률 에너지를 구하는 것은 가능하지만, 그림 11.10에 나타낸 것처럼 각 단면이 균질이고[즉, $G \equiv G(x)$] 가장 간단한 선형 탄성 원형 봉의 경우를 살펴보자. 이 경우에 전단변형률 γ은 다음과 같다.

$$\gamma(x, \rho) = \rho \frac{d\phi(x)}{dx} \tag{11.18}$$

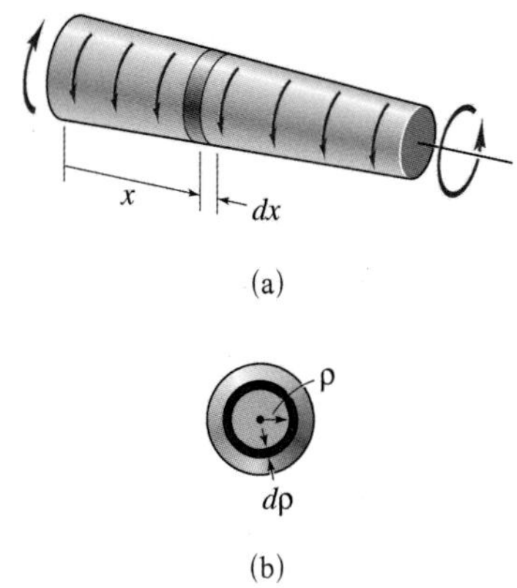

그림 11.10 비틀림 변형을 갖는 원형 봉

전단응력 τ은 식 11.19에 나타낸 것처럼 단면에 발생되는 비틀림 모멘트와 관계된다.

$$\tau(x, \rho) = \frac{T(x)\rho}{I_p(x)} \tag{11.19}$$

식 11.7, 11.11, 11.18 그리고 11.19를 조합하여 **비틀림 하중으로 발생되는 변형률 에너지(strain energy due to torsion)**를 내부 토크 T로 나타내면 다음과 같은 식으로 얻을 수 있다.

$$\mathcal{U} = \frac{1}{2}\int_0^L \int_A \frac{1}{G(x)}\left[\frac{T(x)\rho}{I_P(x)}\right]^2 dA dx$$

혹은 $I_P = \int_A \rho^2 dA$이므로,

$$\mathcal{U} = \frac{1}{2}\int_0^L \frac{T^2 dx}{GI_p} \tag{11.20}$$

비틀림 비(혹은 비율)로 나타내는 변형률 에너지(u)에 대한 또 다른 표현은 다음 식과 같다.

$$\mathcal{U} = \frac{1}{2}\int_0^L \int_A G(x)\left[\rho\frac{d\phi(x)}{dx}\right]^2 dA dx$$

또는

$$\mathcal{U} = \frac{1}{2}\int_0^L GI_p(\phi')^2 dx \tag{11.21}$$

그림 11.11과 같이 원형 봉의 끝에 비틀림 모멘트 T가 작용하는 단면이 균일한 선형 탄성 원형 봉에 대해서 식 11.20은 식 11.22로 변환할 수 있다.

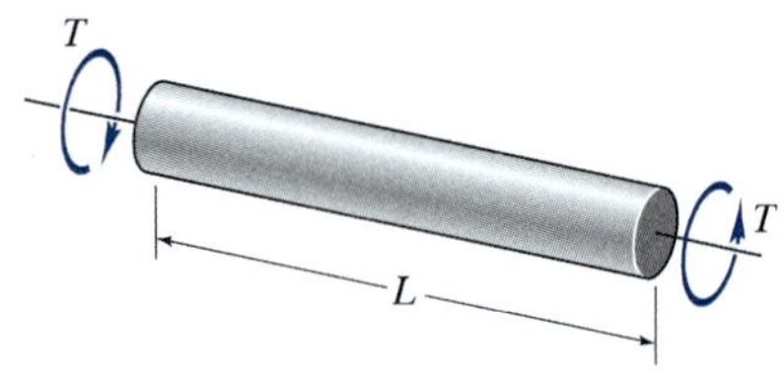

그림 11.11 끝단에 비틀림이 작용하는 균일부재

$$\mathcal{U} = \frac{T^2 L}{2GI_p} \tag{11.22}$$

보의 굽힘–굽힘 변형률 에너지 그림 11.12와 같은 보(beam)에서는 위치에 따라 변화되는 굽힘 응력 σ_x와 전단응력 τ_{xy}가 발생한다. 변형률 에너지에 대한 수직응력과 전단응력의 역할이 별개라는 것은 식 11.12로서 알 수 있다. 먼저 휨 응력 σ_x(그리고 변형률 ϵ_x)의 역할을 생각해 보자. 6.2절과 6.3절에 설명된 베르누이 오일러 보(Bernoulli-Euler beam)의 이론을 적용한다. 식 6.3을 통해 변형률 ϵ_x은 처짐곡선의 곡률반지름 $\rho(x)$와 처짐 $v(x)$에 관계된다는 것을 상기하자.

$$\epsilon_x(x, y) = \frac{-y}{\rho(x)} \approx -y\frac{d^2 v(x)}{dx^2} \tag{11.23}$$

단 y는 단면의 중립축에서 떨어진 거리이다. 탄성계수 혹은 영률(Young's modulus)이 단면의 위치에 관계없이 일정할 때, 즉 $E \equiv E(x)$일 때, 굽힘 응력 σ_x은 굽힘 응력 공식(식 6.13)처럼 보 내부의 굽힘 모멘트 $M(x)$에 관계된다. 즉,

$$\sigma_x(x, y) = \frac{-M(x)y}{I(x)} \tag{11.24}$$

식 11.7, 11.9, 11.23 그리고 11.24를 통해 다음 식을 얻을 수 있다.

$$\mathcal{U}_\sigma = \frac{1}{2}\int_0^L \int_A \frac{1}{E(x)}\left[\frac{-M(x)y}{I(x)}\right]^2 dA\,dx$$

또는

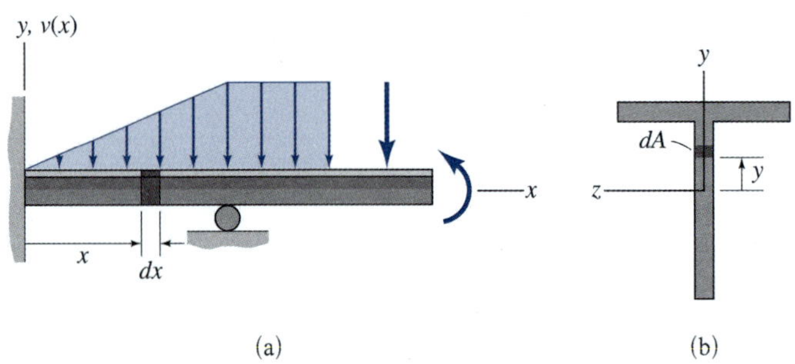

그림 11.12 굽힘과 전단변형이 발생되는 보

$$\mathcal{U}_{\sigma} = \frac{1}{2}\int_{0}^{L} \frac{M^2 dx}{EI} \tag{11.25}$$

단, 아래첨자 σ는 **굽힘 응력에 의한 변형률 에너지**(strain energy due to flexural stress)를 의미한다. 곡률 $v''(x)$의 항으로 굽힘에 의한 변형률 에너지를 표현하면 다음과 같다.

$$\mathcal{U} = \frac{1}{2}\int_{0}^{L}\int_{A} E(x)\left[\frac{-y}{\rho(x)}\right]^2 dA dx = \frac{1}{2}\int_{0}^{L}\int_{A} E(x)\left(\frac{d^2 v(x)}{dx^2}\right)^2 y^2 dA dx$$

또는

$$\mathcal{U}_{a} = \frac{1}{2}\int_{0}^{L} EI(v'')^2 dx \tag{11.26}$$

보의 굽힘–전단 변형률 에너지 보에 발생되는 전단응력도 보의 변형률 에너지를 발생시킨다. 6.8절의 전단응력 공식인 식 6.67은 평형조건에서 주어진 것이다. 즉

$$\tau_{xy} = \frac{V(x)Q(x,\ y)}{I(x)t(y)} \tag{11.27}$$

단, $V(x)$은 보의 전단력이다. 식 11.7, 11.11 그리고 11.21을 통해 다음 식을 얻을 수 있다.

$$\mathcal{U}_{\tau} = \frac{1}{2}\int_{0}^{L}\int_{A} \frac{1}{G(x)}\left[\frac{V(x)Q(x,\ y)}{I(x)t(y)}\right]^2 dA dx$$

또는

$$\mathcal{U}_{\tau} = \frac{1}{2}\int_{0}^{L}\left[\frac{V^2(x)}{G(x)I^2(x)}\int_{A}\frac{Q^2(x,\ y)}{t^2(y)} dA\right] dx \tag{11.28}$$

$\mathcal{U}_{\tau}$에 대한 식을 단순화하기 위하여, 전단형상계수(form factor for shear)라 하는 단면성질을 나타내는 f_s를 다음 식으로 정의한다.

$$f_x(x) \equiv \frac{A(x)}{I^2(x)}\int_{A}\frac{Q^2(x,\ y)}{t^2(y)} dA \tag{11.29}$$

(형상계수는 단지 단면의 형태에만 관계되는 무차원 수이다. 그래서 실제로 x와는 관계가 없다.) 한편 **굽힘에 의한 전단응력(strain energy due to shear in bending)** 때문에 발생되는 변형률 에너지에 대한 식, 즉 식 11.30은 식 11.28과 식 11.29를 조합하여 다음과 같이 얻을 수 있다.

$$\mathcal{U}_{\tau} = \frac{1}{2}\int_0^L \frac{f_s V^2 dx}{GA} \tag{11.30}$$

전단형상계수는 단면의 각 모양에 대해 계산되어야 한다. 예를 들면, 폭 b와 높이 h인 사각단면의 형상계수(단면1차모멘트)는 다음과 같다.

$$Q = \frac{b}{2}\left(\frac{h^2}{4} - y^2\right)$$

사각형 단면형상계수는 예제 6.14에서 얻은 것이다. 그러므로 전단형상계수 f_s는 식 11.29로부터 식 11.31을 얻을 수 있다.

$$f_s = \frac{bh}{\left(\frac{1}{12}bh^3\right)^2}\int_{-h/2}^{h/2} \frac{1}{b^2}\left[\frac{b}{2}\left(\frac{h^2}{4} - y^2\right)\right]^2 bdy = \frac{6}{5} \tag{11.31}$$

다른 단면형상의 전단형상계수도 이와 비슷한 방법으로 결정된다. 이러한 몇 가지 경우가 표 11.1에 기록되었다. I 단면 혹은 박스형 단면(box section)에 대한 근사치는 전단력이 웹(web)의 전체 길이에 균일하게 분포되어 있다고 가정하여 구한 값이다.

표 11.1 전단형상계수

단면 종류	전단형상계수(fs)
 사각 단면	$\frac{6}{5}$
 원형 단면	$\frac{10}{9}$
 얇은벽 튜브형 단면	2
 I-단면 혹은 박스형 단면	$\approx \frac{A}{A_{\text{web}}}$

예제 11.3

표 11.1에 제시된 I 단면의 형상계수 근사치를 이용하여, 그림 1[2]에 제시된 광폭 플랜지 보(wide-flange beam)의 굽힘 변형률 에너지 $\mathcal{U}_{\tau}$에 대한 전단변형률 에너지 $\mathcal{U}_{\sigma}$의 비율을 구하시오. 단 $E = 2.6G$이다. 그리고 답은 길이에 대한 깊이 비율인 h/L로 나타내시오.

2) 이 단면의 모양은 W8×13보의 단면과 비슷하다.

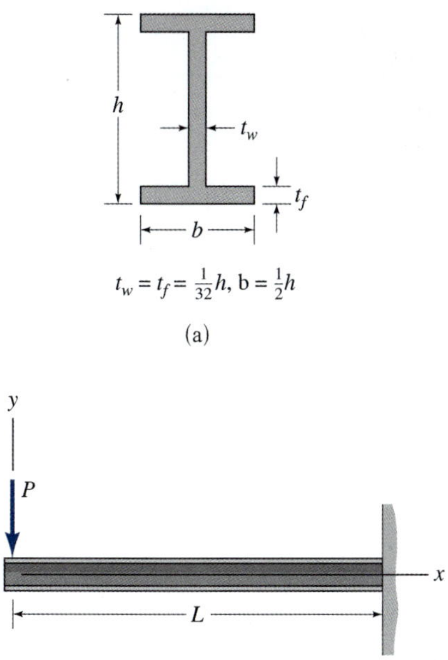

(a)

(b)

그림 1

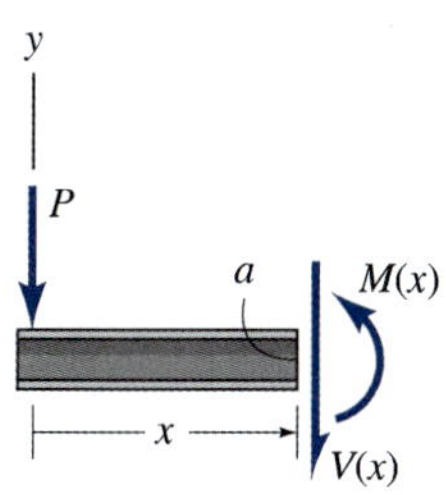

그림 2

풀이 계획 각각 $\mathcal{U}_\sigma$와 $\mathcal{U}_\tau$를 계산하기 위해, 식 11.25와 식 11.30에 대입할 수 있는 $M(x)$와 $V(x)$에 대한 식을 결정하기 위해 평형방정식을 사용해야 한다.

풀이

평형: 그림 2에 제시된 자유물체도에서

$$\sum F_y = 0: \qquad V(x) = -P$$
$$\left(\sum M\right)_a = 0: \qquad M(x) = -Px \tag{1}$$

변형률 에너지: 굽힘에 의한 변형률 에너지는 식 11.25로부터 다음 식을 얻는다.

$$\mathcal{U}_\sigma = \frac{1}{2}\int_0^L \frac{M^2 dx}{EI} \tag{2a}$$

식 11.30에서, 횡 전단력에 의한 변형률 에너지는 아래와 같다.

$$\mathcal{U}_\tau = \frac{1}{2}\int_0^L \frac{f_s V^2 dx}{GA} \tag{2b}$$

f_s는 표 11.1로부터 식 (3)에 의해 근사적으로 계산될 수 있다.

$$f_s = \frac{A}{A_{\text{web}}} \tag{3}$$

그림 1a에 나타난 단면에 대해

$$A = 2bt_f + (h - 2t_f)t_w = \frac{62}{1024}h^2 = 0.060547h^2$$
$$I = \frac{1}{12}[bh^3 - (b - t_w)(h - 2t_f)^3] = 0.009480h^4 \tag{4}$$
$$f_s = \frac{A}{A_w} = \frac{62}{30} = 2.07$$

그리고 식 (1)과 식 (2)를 이용하면 식 (5)를 얻을 수 있다.

$$\mathcal{U}_\tau = \frac{1}{2}\frac{f_s}{GA}\int_0^L (-P)^2 dx = \frac{f_s P^2 L}{2GA}$$
$$\mathcal{U}_\sigma = \frac{1}{2}\left(\frac{1}{EI}\right)\int_0^L (-Px)^2 dx = \frac{P^2 L^3}{6EI} \tag{5}$$

그러므로 굽힘 변형률 에너지 $\mathcal{U}_\tau$에 대한 전단 변형률 에너지 $\mathcal{U}_\sigma$의 비율은

$$\frac{\mathcal{U}_\tau}{\mathcal{U}_\sigma} = \frac{\dfrac{f_s P^2 L}{2GA}}{\dfrac{P^2 L^3}{6EI}} \tag{6}$$

주어진 $E/G = 2.6$과 식 (4)에서 얻은 값들을 이용하여 $\mathcal{U}_\tau/\mathcal{U}_\sigma$는 다음과 같다.

$$\frac{\mathcal{U}_\tau}{\mathcal{U}_\sigma} = \frac{3EIf_s}{GAL^2} \approx 2.5\left(\frac{h}{L}\right)^2$$ **답** (7)

$\mathcal{U}_\tau/\mathcal{U}_\sigma = 0.05$ 즉 5%는, L/h 비가 약 7인 경우, 즉, 비교적 짧은 보에 해당된다. 그러므로 **전단 변형률 에너지와 전단변형은 짧은 보 이외에는 무시된다.**

풀이 검토 식 (7)에 대한 답은 무차원이다. 더구나 식 (7)이 h/L와 관계되는 것은 타당성이 있다. 즉, 매우 큰 굽힘 모멘트를 받는 보의 길이가 너무 짧은 경우에, 전단은 매우 중요하다. 그러므로 각 공식과 계산을 다시 검토하여 답을 얻어야 한다.

11.4 처짐 계산을 위한 일-에너지 원리

제11장의 나머지 절에서는 에너지 방법으로 변형체 문제를 푸는 데 사용될 수 있는 여러 가지 방법, 즉, 에너지 원리를 분석하고자 한다. 이러한 원리들 중에 가장 단순한 것(그러나 가장 제한된 것)은 일과 에너지 원리(principle of work and energy)이다. 단지 하중이 천천히 작용하는 경우, 즉, 정적인 상태만 고려되고 운동에너지(예: 1/2×질량×속도의 제곱)는 무시한다. 열에너지(thermal energy), 화학에너지(chemical energy) 그리고 전자기에너지(electromagnetic energy) 등과 같은 다른 종류의 에너지도 고려하지 않았다. 그러므로 만약 어떤 물체 내부의 응력이 탄성한도보다 크지 않다면, 외력에 의해 어떤 물체에 이루어진 모든 일은 탄성 변형률 에너지로서 물체에 저장된다.

$$\boxed{\mathcal{W}_{\text{ext}} = \mathcal{U}}$$ **일-에너지 원리** (11.32)

이 공식은 **일-에너지 원리(Work Energy Principle)**를 의미한다. 이 원리가 선형 탄성 거동에서만 성립하는 것은 아니다. 다음의 두 예제가 **변형체에 작용되는 한 개의 하중 때문에 발생되는 변위를 계산하는 데** 일-에너지 원리를 사용할 수 있다는 것을 보여준다.

예제 11.4

일-에너지 원리를 이용하여 그림 1a의 보의 끝의 처짐과 그림 1b의 보의 끝의 처짐 각도를 구하시오. 두 개의 보는 주어진 하중 하에서는 선형 탄성 거동을 하고 EI는 일정하다. 또한 보에 발생되는 전단 변형률 에너지는 무시한다.

풀이 계획 외력 P와 M_0에 의해 이루어진 일을 구하기 위해 식 11.3a와 식 11.3c를 사용할 수 있다. 각각 경우의 변형률 에너지는 식 11.25에 의해 결정될 수 있다. 마지막으로 변형 Δ와 처짐 각도 θ는 일-에너지 원리인 식 11.32

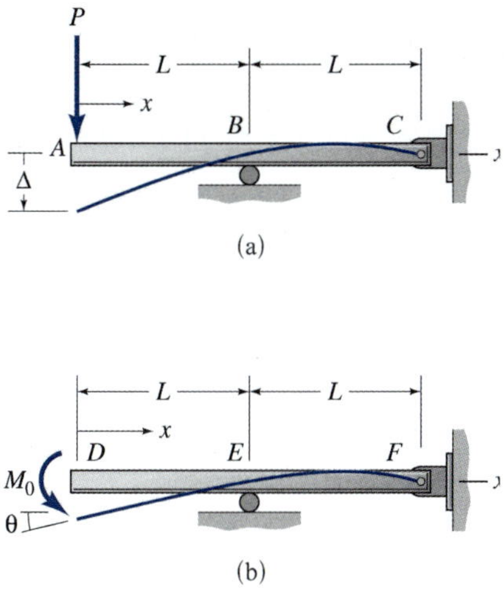

그림 1 보의 처짐

를 사용하여 구할 수 있다.

풀이 다음 풀이과정에서 아래첨자 a, b는 각각 그림 1a의 보와 그림 1b의 보를 의미한다. 그리고 아래첨자 1과 2는 각각 $0<x<L$와 $L<x<2L$ 사이의 보를 의미한다.

평형: 각 보의 $M(x)$를 구하기 위해서는 먼저 그림 2와 같은 자유물체도를 그려야 한다.

그림 2a에서

$$\left(\sum M\right)_C = 0: \qquad B_y = 2P \tag{1a}$$

그림 2b에서

$$\left(\sum M\right)_{C_1} = 0: \qquad M_{a1} = -Px \tag{1b}$$

그림 2c에서

$$\left(\sum M\right)_{C_2} = 0: \qquad M_{a2} = -Px + 2P(x-L) = P(x-2L) \tag{1c}$$

그림 2d에서

$$\left(\sum M\right)_F = 0: \qquad E_y = \frac{M_0}{L} \tag{1d}$$

그림 2e에서

$$\left(\sum M\right)_{C_3} = 0: \qquad M_{b1} = -M_0 \tag{1e}$$

그림 2f에서

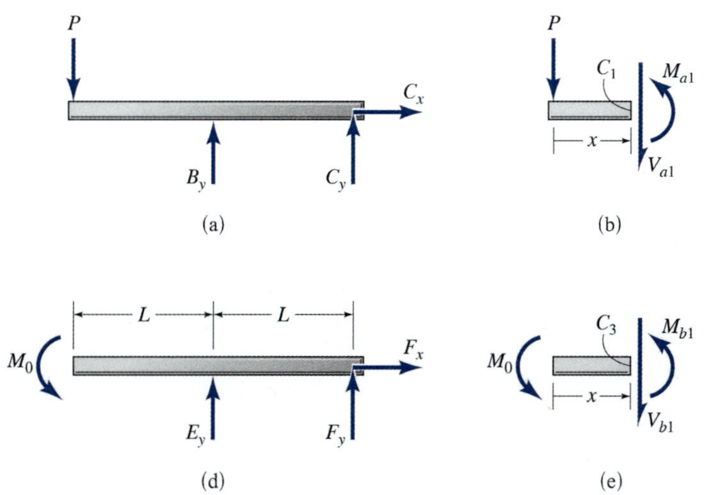

그림 2 자유물체도

$$\left(\sum M\right)_{C_4}=0: \qquad M_{b2}=-M_0+\frac{M_0}{L}(x-L)=\frac{M_0}{L}(x-2L) \tag{1f}$$

변형률 에너지: 굽힘에 의해 보에 저장된 변형률 에너지는 식 11.25(길이 L를 $2L$로 수정)를 통하여 얻을 수 있다.

$$\mathcal{U}=\frac{1}{2}\int_0^{2L}\frac{M^2dx}{EI}=\frac{1}{2}\int_0^{L}\frac{M_1^2dx}{EI}+\frac{1}{2}\int_L^{2L}\frac{M_2^2dx}{EI} \tag{2}$$

식 (1)과 식 (2)를 이용하면 다음을 얻을 수 있다.

$$\mathcal{U}_a=\frac{1}{2}\int_0^{L}\frac{(-Px)^2dx}{EI}+\frac{1}{2}\int_L^{2L}\frac{[P(x-2L)]^2dx}{EI}=\frac{P^2L^3}{3EI} \tag{3a}$$

$$\mathcal{U}_b=\frac{1}{2}\int_0^{L}\frac{(-M_0)^2dx}{EI}+\frac{1}{2}\int_L^{2L}\frac{\left[\frac{M_0}{L}(x-2L)\right]^2dx}{EI}=\frac{2M_0^2L}{3EI} \tag{3b}$$

외력에 의해 이루어진 일: 식 11.3a와 11.3c에서 다음 식을 얻는다.

$$\mathcal{W}_a=\frac{1}{2}P\Delta, \quad \mathcal{W}_b=\frac{1}{2}M_0\theta \tag{4a-b}$$

일-에너지 원리: 일-에너지 원리인 식 11.32를 이용하여 다음 식을 얻을 수 있다.

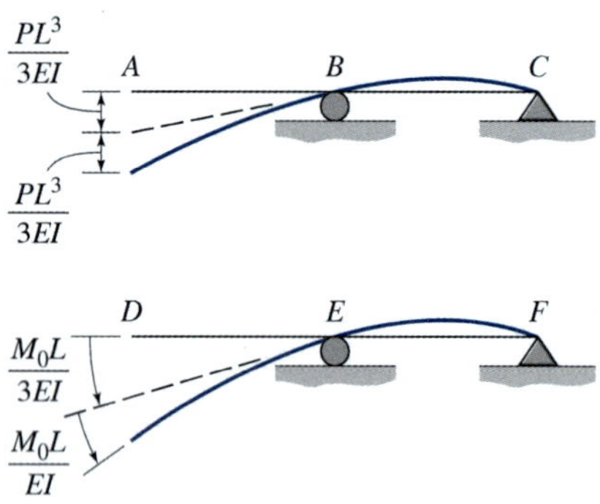

그림 3

$$\mathcal{W}_a=\mathcal{U}_a: \qquad \Delta=\frac{2}{3}\frac{PL^3}{EI} \qquad \textbf{답} \tag{5a}$$

$$\mathcal{W}_b=\mathcal{U}_b: \qquad \theta=\frac{4}{3}\frac{M_0L}{EI} \qquad \textbf{답} \tag{5b}$$

풀이 검토 앞에서의 해답은 7.6절에서 의논된 변형의 중첩법과 부록 E의 표 E.1과 E.2의 데이터를 이용하여 확인될 수 있다. 그 결과는 그림 3과 같다.

각 답에 대한 근사치는 점 B와 E의 경사를 무시함으로써 얻을 수 있고 표 E.1에서 다음 식을 얻을 수 있다.

$$\Delta>\frac{PL^3}{3EI}, \quad \theta>\frac{M_0L}{EI}$$

평면트러스와 같은 '복잡한' 구조물에서 여러 지점에서의 변위를 계산하는 것은 단순하지 않다. 그러나 다음 예제의 예시처럼, 일-에너지 원리를 이용하면 여러 지점에서의 변위를 쉽고 단순하게 구할 수 있다.

예제 11.5

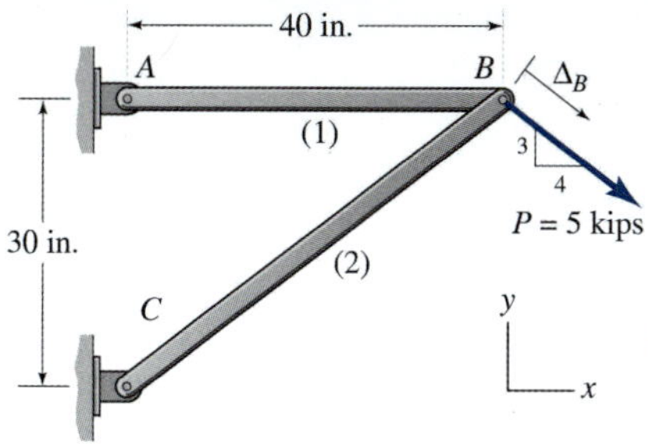

그림 1 두 부재의 평면트러스

그림 1과 같은 두 개의 봉의 트러스에서, 하중이 작용하는 방향의 B지점 변위 $\varDelta_B$를 일-에너지 원리를 이용하여 구하시오. 단 $A_1 = A_2 = 1.2 \text{ in}^2$, $E_1 = E_2 = 10 \times 10^3 \text{ ksi}$이다. 주어진 하중 하에서, 부재는 선형 탄성 거동을 한다고 가정한다.

풀이 계획 트러스의 각 부재에 있어서, B지점의 평형조건에서 얻어지는 부재의 축방향 힘을 사용하여 변형률 에너지를 결정하는 데 식 11.17을 사용할 수 있다. 변형률 에너지는 스칼라 양이므로, 총 변형률 에너지는 모두 부재의 변형률 에너지의 합이다. 구조물은 선형 탄성 거동을 하고, $\varDelta_B$는 하중 P의 방향과 동일하기 때문에, 외력에 의한 일은 앞의 예제처럼 식 11.3a에 의해 구한다. 마지막으로 일-에너지 원리 즉, 식 11.32에서 미지수인 변위 $\varDelta_B$에 대한 방정식을 구한다.

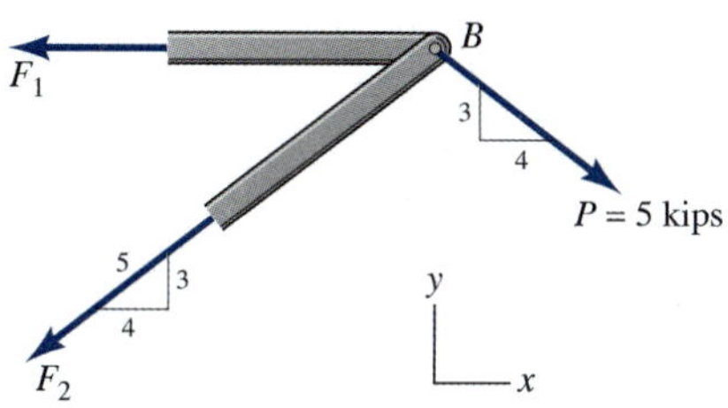

그림 2 자유물체도

풀이

평형: 그림 1의 트러스는 정적 문제이기 때문에, 그림 2에 나타낸 자유물체도와 평형방정식을 사용하여 부재에서의 하중을 계산할 수 있다.

$$\sum F_y = 0: \quad -\frac{3}{5}F_2 - \frac{3}{5}P = 0 \rightarrow F_2 = -P \tag{1a}$$

$$\sum F_x = 0: \quad -F_1 - \frac{4}{5}(-P) + \frac{4}{5}P = 0 \rightarrow F_1 = \frac{8}{5}P \tag{1b}$$

변형률 에너지: 변형률 에너지는 스칼라 양이므로,

$$\mathcal{U} = \mathcal{U}_1 + \mathcal{U}_2 \tag{2}$$

각 부재의 변형률 에너지는 다음과 같이 식 11.17로부터 얻을 수 있다.

$$\begin{aligned} \mathcal{U} &= \frac{F_1^2 L_1}{2A_1E_1} + \frac{F_2^2 L_2}{2A_2E_2} \\ \mathcal{U} &= \frac{(8 \text{ kips})^2(40 \text{ in.}) + (-5 \text{ kips})^2(50 \text{ in.})}{2(1.2 \text{ in}^2)(10 \times 10^3 \text{ ksi})} \end{aligned} \tag{3}$$

즉,

$$\mathcal{U} = 0.15875 \text{ kip} \cdot \text{in.} \tag{4}$$

외력의 일: 외력 P의 일은

$$\mathcal{W}_{\text{ext}} = \frac{1}{2}P\varDelta_B = \frac{1}{2}(5 \text{ kips})(\varDelta_B \text{ in.}) = 2.5\varDelta_B \text{ kip} \cdot \text{in.} \tag{5}$$

이다. 위에서 언급한 것처럼, 구조물은 선형 거동을 하고, $\varDelta_B$는 P와 같은 방향이기 때문에 식 (5)가 성립한다.

일-에너지 원리: 식 11.32로부터

$$\mathcal{W}_{\text{ext}} = \mathcal{U} \tag{6}$$

그러므로

$$2.5\Delta_B = 0.15875$$

이므로

$$\Delta_B = 0.0635 \text{ in.} \qquad \textbf{답} \tag{7}$$

이다.

풀이 검토 3.10절에서 설명된 방법으로도 이 문제를 풀 수 있다. 그러나 여기서 구한 답이 적당한지 혹은 적당하지 않은지 파악할 필요가 있다. 한 축방향 부재의 신장(변형)은 $e_i = F_iL_i/A_iE_i$(식 3.13)에 의해 얻을 수 있다는 것을 알 수 있다. 그러므로

$$e_1 = \frac{(8 \text{ kips})(40 \text{ in.})}{(1.2 \text{ in}^2)(10\times10^3 \text{ ksi})} = 0.0267 \text{ in.}$$
$$e_2 = \frac{(-5 \text{ kips})(50 \text{ in.})}{(1.2 \text{ in}^2)(10\times10^3 \text{ ksi})} = -0.0208 \text{ in.}$$

이다. Δ_B와 e_1, e_2의 관계에서 수반되는 기하학적 계산을 할 필요도 없이 식 (7)의 답이 타당하다는 것을 알 수 있다.

예제 11.4와 11.5에서 한 개 하중이 작용하는 지점에서, 하중이 작용하는 방향의 변위를 구하는 데는 일-에너지 원리가 단순하고 간단한 방법이다. 그러나 그림 11.13에 예시된 것처럼 두 개 하중 P와 M_0가 동시에 천천히 보에 작용한다고 가정한다. 예제 11.4의 과정을 따르면, 다음의 해를 얻을 수 있다.

$$\begin{aligned} M_1(x) &= -Px - M_0 \\ M_2(x) &= \left(P + \frac{M_0}{L}\right)(x - 2L) \end{aligned} \tag{11.33}$$

이러한 모멘트를 식 11.25에 대입하면, 다음 식을 얻을 수 있다.

$$\mathcal{U} = \frac{P^2L^3}{3EI} + \frac{5PM_0L^2}{6EI} + \frac{2M_0^2L}{3EI} \tag{11.34}$$

외력 P와 M_0가 보에 동시에 작용할 때, 외력에 의해 이루어진 일은 다음의 식

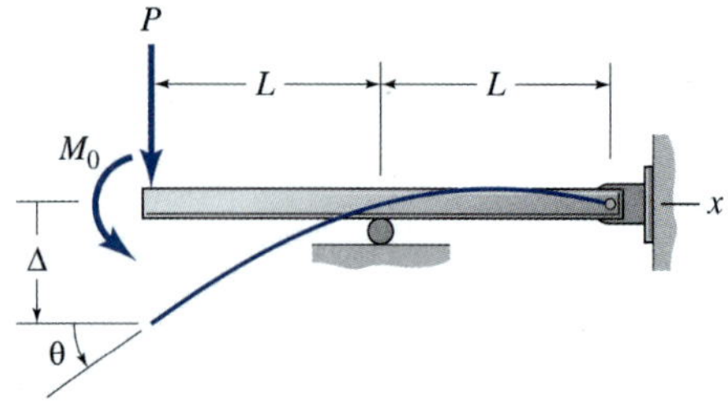

그림 11.13 두 하중(2개 하중)을 받는 보

과 같다.

$$\mathcal{W}_{\text{ext}} = \frac{1}{2}P\Delta + \frac{1}{2}M_0\theta \tag{11.35}$$

미지수가 두 개이고 방정식이 한 개이기 때문에 Δ 혹은 θ를 결정하기 위해, 일-에너지 원리인 $\mathcal{W}_{\text{ext}} = \mathcal{U}$를 사용할 수 없다는 것은 명확하다.

결론적으로 **일-에너지 원리는 한 개 하중이 작용하는 지점의 하중방향의 변위를 결정하는 경우에만 유효하다.** 당연히 일-에너지 원리는 탄성변형에만 적용될 수 있다. 그러므로 가상 일 그리고 공액 가상 일에 근거를 두어 보다 효과적인 에너지 방법을 학습해 본다.

11.5 카스티리아노의 제2정리: 단위하중법

이 절에서는 선형 탄성 변형체의 변위를 계산하는 데 사용될 수 있고 아주 밀접한 관계가 있는 카스티리아노 제2정리[3]와 단위하중법 등을 설명하고자 한다. 유한요소법이 제안되기 이전에는, 이 두 개의 에너지법은 상당히 복잡한 부정정 구조물의 변형을 계산하는 데 가장 유용한 방법이었다.

카스티리아노의 제2정리 지금까지 독립적으로 작용하는 하중 $P_1, P_2, \cdots, P_N$, 그 이외에도 분포하중과 집중하중이 동시에 혹은 독립적으로 작용하여도 선형적으로 거동하는 변형체만 고려했다. 더욱이, 위의 N개 하중에 대응되는 변위는 각각 $\Delta_1, \Delta_2, \cdots, \Delta_N$이고, 즉 A는 하중 P_i가 작용하는 지점의 P_i방향의 변위이다. **카스티리아노의 제2정리(Castigliano's Second Theorem)**는 다음과 같이 설명된다.[4]

선형탄성 변형체 혹은 시스템의 모든 가능한 평형형태에서, 실제 형태는 식 11.36과 같은 형태 중의 하나이다.

$$\Delta_i = \frac{\partial \mathcal{U}(P_1, P_2, \cdots, P_N)}{\partial P_i}, \quad i = 1, 2, \cdots, N \qquad \text{카스티리아노의 제2정리} \tag{11.36}$$

단 Δ_i는 하중 P_i에 해당되는 변위이고 U는 하중함수로 표현된 변형률 에너지이다.

다시 말하면, 식 11.36은 어떤 하중에 대한 구조물의 변형률 에너지의 편미분은 그 하중에 대응되는 변위를 나타내는 것을 의미한다. 식 11.36에서 설명된 것처럼, 변

3) 이탈리아 엔지니어 Alberto Castigliano(1847－1884)의 제1정리와 제2정리는 이탈리아 Turin에서 기술자 학위(1873)를 위한 논문에서 나왔다. [참고문헌 11－1] 카스티리아노의 제1정리는 11.7절에서 논의한다.

4) 여기서 카스티리아노의 제2정리는 유도 과정 없이 정의되었다. 11.8절에서 유도되고 논의될 크로티－엥게서 이론의 특별한 경우이다.

형률 에너지는 하중의 함수로 표현되어야 한다. "하중(load)"라는 용어는 일반적인 의미로 해석되어야 한다. (예를 들면, 힘과 그 힘에 의하여 발생되는 이동변위, 혹은 토크와 토크가 작용되는 곳의 비틀림 각도)

변형률 에너지는 식 11.15, 11.20 11.25 그리고 11.30, 즉 식 11.37의 표현처럼 전형적으로 하중에 관계된다.

$$\mathcal{U}=\int_0^L \frac{F^2 dx}{2AE}+\int_0^L \frac{T^2 dx}{2GI_p}+\int_0^L \frac{M^2 dx}{2EI}+\int_0^L \frac{f_s V^2 dx}{2GA} \tag{11.37}$$

단, $F(x)$, $T(x)$, $M(x)$ 그리고 $V(x)$ 등은 평형방정식에 의해 P에 관계된다. 그래서 평형상태가 반드시 고려되어야 한다. 처음부터 식 11.36과 11.37을 조합하는 것이 편리하고 식 11.38은 두 식을 조합한 것이다.

$$\begin{aligned}\Delta_i &= \int_0^L \frac{F(x)\dfrac{\partial F(x)}{\partial P_i}dx}{AE}+\int_0^L \frac{T(x)\dfrac{\partial T(x)}{\partial P_i}dx}{GI_p} \\ &\quad +\int_0^L \frac{M(x)\dfrac{\partial M(x)}{\partial P_i}dx}{EI}+\int_0^L \frac{f_s V(x)\dfrac{\partial V(x)}{\partial P_i}dx}{GA}\end{aligned} \tag{11.38}$$

만약에 어떤 시스템이 여러 개의 부재로 구성되었다면, 식 11.37과 11.38은 그 시스템의 모든 부재를 포함해야 한다. 이것은 평면트러스에 대한 예제에서 예시되었다.

정적 문제에 적용된 카스티리아노의 제2정리 그림 11.13은 일-에너지 원리의 명백한 제한, 즉 일-에너지 원리가 단순히 하나의 하중이 작용할 때 처짐을 계산하는 데 사용될 수 있는 조건을 나타낸다. 여러 개의 하중이 작용하더라도 변위는 카스티리아노의 제2정리를 사용하여 계산될 수 있는 경우를 예시하기 위해 그림 11.13의 보를 사용하고자 한다. 정리의 내용에 언급된 것처럼 풀이과정에서 평형방정식을 이용하여 변형률 에너지 $\mathcal{U}$를 하중의 함수로 나타내어야 한다.

예제 11.6

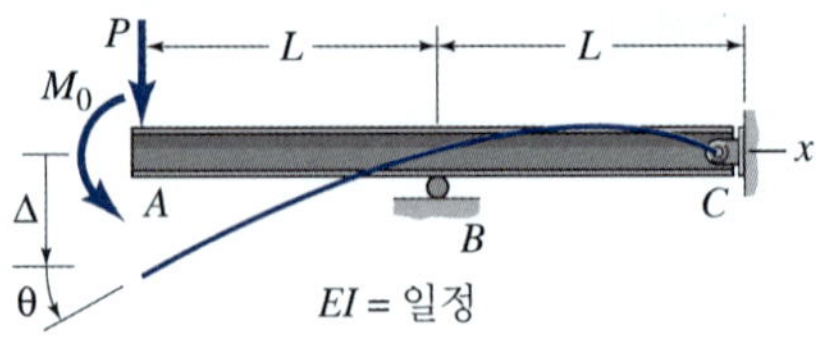

그림 1

그림 1에 나타낸 선형탄성 균일 보의 A 지점의 경사각도 θ와 변위 Δ를 구하는 데 카스티리아노의 제2정리를 이용하시오. 단 보의 전단변형은 무시한다.

풀이 계획 경사각도 θ와 변위 Δ를 직접 구하는 데 카스티리아노의 제2정리인 식 11.36을 사용할 수 있다. 이 경우의 변형률 에너지는 그림 11.13과 연관된 식 11.34(11.4절)로 주어진다.

풀이 그림 1과 같은 보의 변형률 에너지는 하중 P와 M_0의 함수로서 식 (1)과 같다.

$$\mathcal{U}=\frac{P^2L^3}{3EI}+\frac{5PM_0L^2}{6EI}+\frac{2M_0^2L}{3EI} \tag{1}$$

카스티리아노의 제2정리를 이용하면, Δ와 θ를 구할 수 있는 다음 식을 얻을 수 있다.

$$\Delta=\frac{\partial \mathcal{U}}{\partial P},\quad \theta=\frac{\partial \mathcal{U}}{\partial M_0} \tag{2}$$

그러므로 식 (2)를 식 (1)에 대입하여 정리하면 식 (3)을 얻을 수 있다.

$$\left.\begin{aligned}\Delta&=\frac{2PL^3}{3EI}+\frac{5M_0L^2}{6EI}\\ \theta&=\frac{5PL^2}{6EI}+\frac{4M_0L}{3EI}\end{aligned}\right\} \quad \textbf{답} \tag{3}$$

풀이 검토 첫 번째 해야 할 검토는 해답이 차원적으로 정확한가를 확인하기 위해 각 항의 차원을 검토해야 한다. 크기를 검토할 때는 부록 E의 표 E.1에서 다음 데이터를 이용하고 이미 구한 예제 11.4를 참조한다.

$$\Delta_P=\frac{PL^3}{3EI}\qquad \Delta_M=\frac{M_0L^2}{2EI}$$

$$\theta_P=\frac{PL^2}{2EI}\qquad \theta_M=\frac{M_0L}{EI}$$

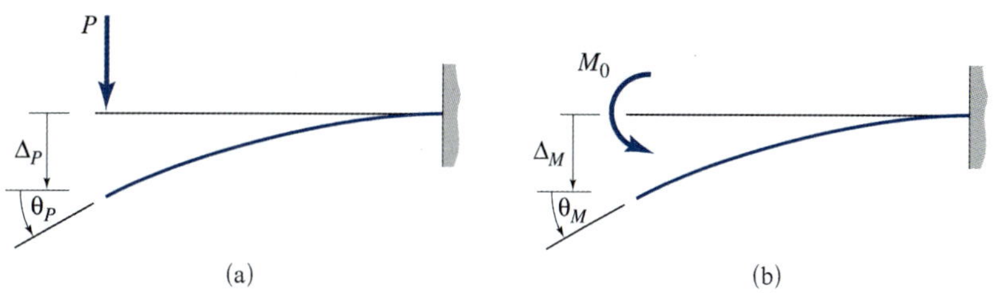

그림 2

부정정 문제에 적용된 카스티리아노의 제2정리 어떤 구조물이 부정정이고 외력 $P_1, P_2, \cdots, P_N$ 등이 자유로이 그 구조물에 작용하고 그리고 평형방정식을 이용하여 변형률 에너지를 $F(x)$, $T(x)$ 그리고 $M(x)$ 등으로 나타낼 때, 그 변형률 에너지에는 역시 미지수인 과잉 힘 $R_1, R_2, \cdots, R_{N_R}$ 등을 포함한다. 즉, 함수 $\mathcal{U}=\mathcal{U}(P_1, P_2, \cdots, P_N; R_1, R_2, \cdots, R_{N_R})$를 얻는다. N_R개 과잉 힘에 상응하는 변위는 모두 0(zero)이다. (즉, 선정된 과잉 힘을 알고 있는 힘처럼 나타내기 위해서 시스템을 분리하였지만 실제는 분리되지 않았다.) R개의 과잉 힘을 구할 수 있도록 N_R개 방정식이 주어진다. 또한 외력 N개에 대한 변위를 구할 수 있도록 N개의 방정식을 얻을 수 있다. 그래서 부정정 물체에 적용된 **카스티리아노 제2정리(Castigliano's Second Theorem)**는 다음과 같이 설명될 수 있다.

부정정 선형 탄성체의 가능한 모든 평형방정식에서, 실제 평형형태는 식 11.39를 만족하는 각 경우의 하나이다.

$$0 = \frac{\partial \mathcal{U}}{\partial R_i}, \quad i = 1, 2, \cdots, N_R$$
$$\Delta_i = \frac{\partial \mathcal{U}}{\partial P_i}, \quad i = 1, 2, \cdots, N \qquad (11.39)$$

카스티리아노의 제2정리

단 $\mathcal{U}$는 작용하는 N개의 외력 P_i와 N_R개 과잉 힘 R_i의 함수로 표현된 물체의 변형률 에너지이다. 그리고 Δ_i는 하중 P_i가 작용하는 지점에서 P_i방향의 변위이다.[5]

이러한 식(식 11.39)들의 용도를 예시하기 위해, 3.10절의 예제 3.20과 비슷한 문제를 풀려 한다. 다음 예제는 필요한 변위에 해당되는 실제하중이 존재하지 않을 때, 그 변위를 얻기 위해 사용되는 가상하중의 용도를 보여준다.

예제 11.7

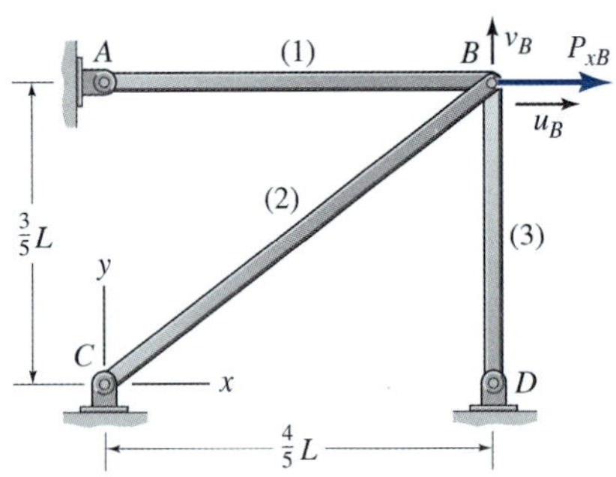

그림 1

그림 1과 같이 3요소로 구성된 트러스가 있다. 각 부재의 단면적은 A이고, 각 부재의 탄성계수는 E이다. 수평하중 P_{xB}가 트러스의 절점 B에 작용한다. F_2가 과잉 힘으로 작용할 때 카스티리아노의 제2정리인 식 11.39를 사용하여 다음을 구하시오.

(a) 부재력 F_1, F_2, F_3

(b) 점 B의 수평변위 u_B

(c) 점 B의 수직변위 v_B

풀이 계획 F_1를 구하기 위해, 하나의 과잉 힘 R_i을 F_i로 놓고 먼저 식 11.39의 첫 번째 식을 사용해야 한다. 수평하중 P_{xB}에 대응되는 변위 u_B를 직접 구하기 위해서는 식 11.57의 두 번째 식을 사용할 수 있다. 문제 (c)에서 필요한 수직변위 v_B에 대응되는 B지점의 하중이 없기 때문에, 가상하중 P_{yB}를 인용해야 한다. v_B를 구하기 위해서는 변형률 에너지를 P_{yB}에 대해 편미분하고 P_{yB}에 0을 대입해야 한다.

식 11.17은 축방향 힘을 받는 선형탄성 봉에 저장된 변형률 에너지를 나타낸다.

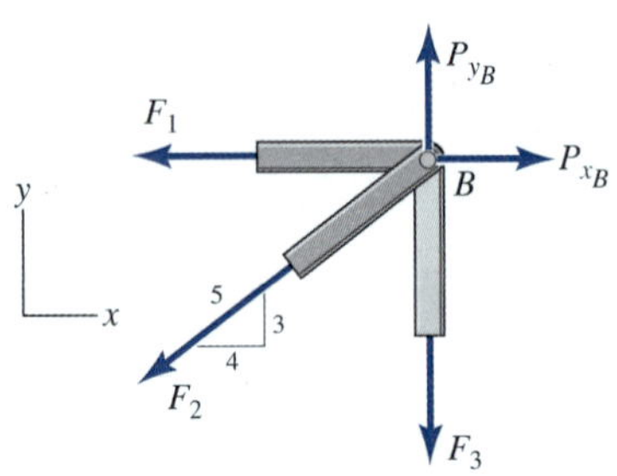

그림 2

풀이 (a) 부재 내의 하중을 결정하기 위해 카스티리아노의 제2정리를 사용하시오.

평형: 식 11.39에서 이용할 수 있는 변형률 에너지는 평형방정식이 자동적으로 만족하도록 힘의 항으로 표현되어야 한다. 그러므로 그림 2의 자유물체도에 평형방정식을 적용한다. 문제 (c)에서, B를 결정하기 위해서는 B지점에서 y방향으로 작용하는 힘이 있어야 한다. 그러므로 그림 2의 자유물체도에 가상하중 P_{yB}를 작용시킨다. F_1를 과잉 힘으로 간주하고, F_1의 항으로 F_1과 F_3을 표현하기 위해 평형방정식을 사용한다.

5) 식 11.57의 첫 번째 식은 최소 일의 원리라고도 한다.

$$\sum F_x = 0: \qquad F_1 = P_{xB} - \frac{4}{5}F_2$$
$$\sum F_y = 0: \qquad F_3 = P_{yB} - \frac{3}{5}F_2 \tag{1}$$

변형률 에너지: 식 11.6c는 축방향 힘 F_i의 합으로서 부재 i의 내부에 저장된 변형률 에너지를 나타내는 데 사용될 수 있다.

$$\mathcal{U}_i = \frac{1}{2}f_i F_i^2 \tag{2}$$

단 $f_i = (L/AE)_i$이고 부재 i에 대한 유연성 계수이다. 식 (1)과 (2)를 조합하고 세 요소 시스템을 결합하면 식 (3)을 얻을 수 있다.

$$\mathcal{U} = \frac{1}{2}f_1\left(P_{xB} - \frac{4}{5}F_2\right)^2 + \frac{1}{2}f_2F_2^2 + \frac{1}{2}f_3\left(P_{yB} - \frac{3}{5}F_2\right)^2 \tag{3}$$

카스티리아노의 제2정리: 과잉 힘 F_2를 결정하기 위해, 다음과 같은 식 11.39의 첫 번째 식을 사용한다.

$$\frac{\partial \mathcal{U}}{\partial F_2} = 0 \tag{4}$$

$P_{yB} = 0$으로 놓고 식 (3)의 변형률 에너지 식을 F_2에 관해 미분하면 다음과 같다.

$$-\frac{4}{5}f_1\left(P_{xB} - \frac{4}{5}F_2\right) + f_2F_2 - \frac{3}{5}f_3\left(-\frac{3}{5}F_2\right) = 0$$

F_2를 구하기 위하여, 다음의 표현식을 얻을 수 있다.

$$F_2 = \frac{20f_1P_{xB}}{16f_1 + 25f_2 + 9f_3} \tag{5}$$

유연성 계수들은 다음과 같다.

$$f_1 = \frac{L_1}{A_1E_1} = \frac{4}{5}\left(\frac{L}{AE}\right) = \frac{4}{5}f, \quad f_2 = f, \quad f_3 = \frac{3}{5}f$$

결론적으로 과잉 힘 F_2는 다음과 같다.

$$F_2 = \frac{20\left(\frac{4}{5}f\right)P_{xB}}{16\left(\frac{4}{5}f\right) + 25f + 9\left(\frac{3}{5}f\right)} = \frac{10}{27}P_{xB}$$

식 (1)을 이용하여 답을 구할 수 있다.

$$F_1 = \frac{19}{27}P_{xB}, \quad F_2 = \frac{10}{27}P_{xB}, \quad F_3 = \frac{-2}{9}P_{xB} \qquad \textbf{답 (a)} \tag{6}$$

(b) 수평변위 u_B의 결정: 식 11.39의 두 번째 식을 다음과 같은 식 (7)의 형식

으로 사용한다.

$$u_B = \frac{\partial \mathcal{U}}{\partial P_{xB}} \tag{7}$$

식 (3)을 식 (7)에 적용하여 u_B를 구할 수 있다.

$$u_B = f_1\left(P_{xB} - \frac{4}{5}F_2\right) = \left(\frac{4}{5}f\right)\left(\frac{19}{27}P_{xB}\right)$$

혹은

$$u_B = \frac{76}{135}\frac{P_{xB}L}{AE} \qquad \textbf{답 (b)} \tag{8}$$

(c) 수직변위 v_B의 결정: 가상 힘 P_{yB}에 대해 식 11.39의 두 번째 식을 다음과 같이 표현할 수 있다.

$$v_B = \frac{\partial \mathcal{U}}{\partial P_{yB}}\bigg|_{P_{yB}=0} \tag{9}$$

그러므로 수직변위 v_B를 구할 수 있다.

$$v_B = f_3\left(-\frac{3}{5}F_2\right) = \left(-\frac{3}{5}\right)\left(\frac{3}{5}f\right)\left(\frac{10}{27}P_{xB}\right)$$

혹은

$$v_B = -\frac{2}{15}\frac{P_{xB}L}{AE} \qquad \textbf{답 (c)} \tag{10}$$

풀이 검토 식 (6)의 요소에 발생되는 힘은 모두 힘의 차원이고 식 (8)과 (10)의 변위는 길이의 차원이다. 그래서 차원은 정확하다. P_{xB}가 우측으로 작용하고 F_2가 절점 B에서 아래로 잡아당기므로 F_1과 F_2는 인장이다. F_3은 위로 밀어야 한다. 좀 더 검토하기 위해서는 예제 3.20처럼 변위법을 사용하여 그 문제를 다시 풀어야 하고 혹은 식 (5)의 F_2와 동일한 형태를 구하기 위해서는 하중법을 사용할 수도 있다.

단위하중법 그림 11.14a에 나타낸 보의 점 C의 변위 Δ를 계산하는 것이 필요하다고 가정하자. 보에 작용되는 모든 실제하중이 그림 11.14a에 표시되었다. (원하는 변위에 해당되는 실제하중이 있을 수도 있다. 그러나 그림 11.14a의 하중 P는 실제로 크기가 0인 가상하중일 수도 있다.)

변위 Δ를 계산하기 위하여 식 11.38을 사용할 수 있지만, 단위하중법(Unit-Load Method)이라 칭하는 식 11.3의 변형식을 유도하였고 이것을 사용할 것이다.

이것은 선형 거동 문제, 즉 탄성 거동 문제이기 때문에, 내력 $F(x)$, $T(x)$ 등은 하중 P를 포함한 각 하중에 대한 선형함수이다.

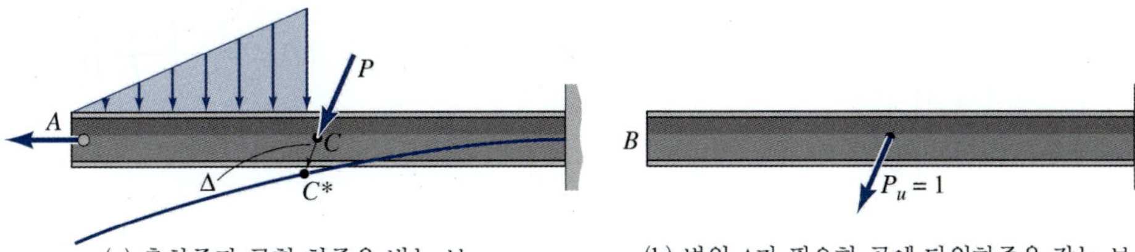

(a) 축하중과 굽힘 하중을 받는 보 (b) 변위 Δ가 필요한 곳에 단위하중을 갖는 보

그림 11.14 단위하중법

그러므로 $\dfrac{\partial F(x)}{\partial P}$은 $P_u = 1$인 하나의 하중에 대한 $F(x)$를 계산한 것과 동일한 값이다. 이것이 바로 **단위하중법**(Unit-Load Method)으로 불리는 방법으로 변위를 계산하는 것이다. 그림 11.14b는 단위하중 P에 의해서 변위 Δ가 발생되는 보를 나타낸다. $F(x)$, $T(x)$ 등을 실제하중(그림 11.14a) 때문에 발생되는 내력의 합이라 하고, $F_u(x)$, $T_u(x)$ 등을 단위하중($P_u = 1$)(그림 11.14b) 때문에 발생되는 내력의 합이라 한다.

그러면 식 11.38은 다음과 같이 쓸 수 있다.

$$\Delta = \int_0^L \frac{FF_u dx}{AE} + \int_0^L \frac{TT_u dx}{GI_p} + \int_0^L \frac{MM_u dx}{EI} + \int_0^L \frac{f_s VV_u dx}{GA} \qquad \text{단위하중법} \quad (11.40)$$

예제 11.8

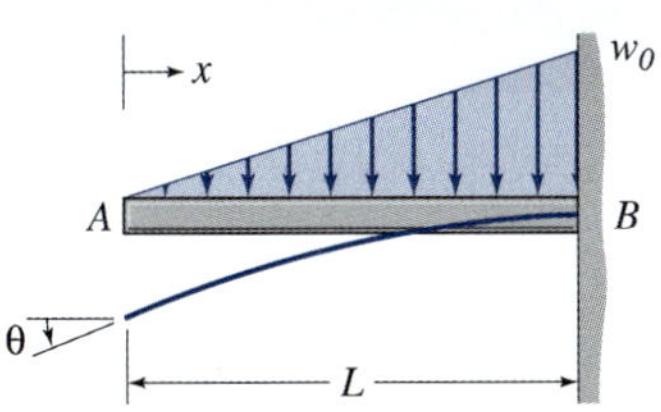

그림 1

그림 1에 나타낸 것처럼 선형적으로 변하는 분포하중을 받는 단면이 균일한 선형 탄성 외팔보의 자유단의 경사각 θ를 단위하중법을 사용하여 구하시오. 단 전단변형은 무시한다.

풀이 계획 식 11.40의 굽힘 모멘트를 이용할 수 있다. 필요한 경사각도 θ에 해당되는 점 A에 단위우력을 가한다.

풀이

단위하중: 경사각도 θ를 계산하기 위해, 그림 2와 같이 점 A에 단위우력을 가한다.

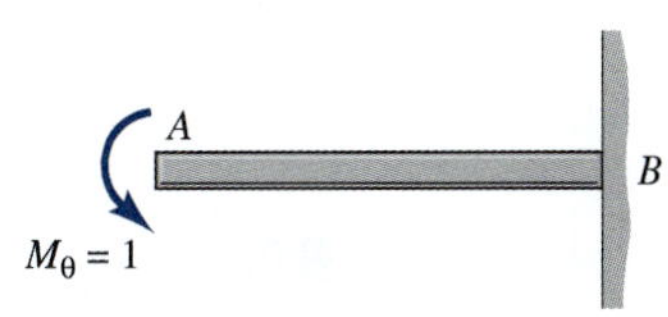

그림 2 단위하중의 경우

평형: 그림 1의 실제하중에 의한 $M(x)$와 그림 2의 단위우력에 의한 $M_u(x)$가 필요하다. 그림 3은 자유물체도를 나타낸다.

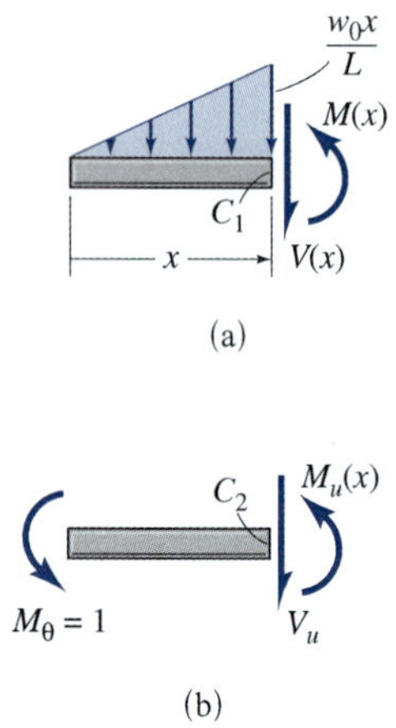

그림 3 자유물체도

$$\left(\sum M\right)_{C_1} = 0: \qquad M(x) = -\left(\frac{w_0 x}{L}\right)\left(\frac{x}{2}\right)\left(\frac{x}{3}\right) = -\frac{w_0 x^3}{6L} \tag{1a}$$

$$\left(\sum M\right)_{C_2} = 0: \qquad M_u(x) = -1 \tag{1b}$$

단위하중 계산: 식 11.40에서

$$\theta = \int_0^L \frac{MM_u dx}{EI} = \int_0^L \frac{1}{EI}\left(-\frac{w_0 x^3}{6L}\right)(-1)dx \tag{2}$$

$$\theta = \frac{w_0 L^3}{24EI} \qquad \textbf{답} \tag{3}$$

풀이 검토 식 (3)의 해답의 차원은 옳다. 이러한 간단한 문제에 있어서는 부록 E의 표 E.1에서 답을 검증할 수 있다.

단위하중법의 두 번째 예제로서, 그리고 역시 부정정 문제의 예제로서, 예제 11.7의 것과 유사한 부정정 트러스를 생각해 보자. (우리가 선택한 각 과잉 힘에 해당되는 단위하중을 사용해야 하는 것과 과잉 힘에 의해 발생되는 변위를 0으로 놓는 것을 유념해야 한다.) 트러스에 있어서, 단위하중식은 다음과 같은 부재의 역할의 합으로 나타낼 수 있다.

$$\Delta = \sum_{i=1}^{N} f_i F_i F_{ui} = \sum_{i=1}^{N} \left(\frac{FF_u L}{AE}\right)_i \qquad \textbf{단위하중법 (트러스)} \tag{11.41}$$

예제 11.9

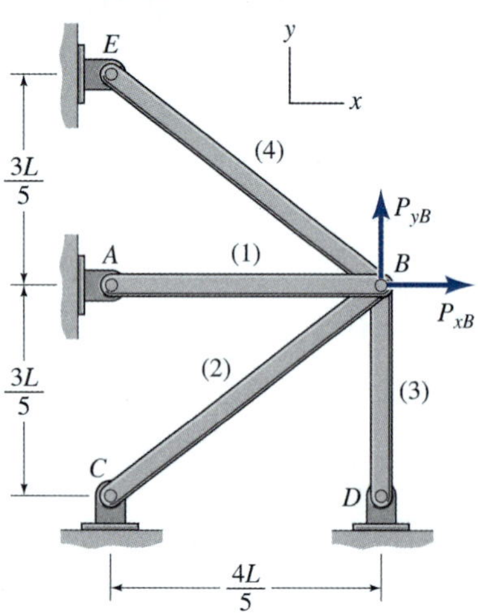

그림 1

그림 1과 같이 4요소 트러스가 있다. 각 부재의 단면적은 A이고 탄성계수는 E이다. 수평력과 수직력이 절점 B에 작용한다. 단위하중법을 사용하여 부재력 F_1, F_2, F_3, F_4를 구하시오. F_2와 F_4를 과잉 힘으로 둔다.

풀이 계획 실제 힘에 대한 평형방정식을 사용해야 한다. 실제 힘에 대한 자유물체도를 사용할 수 있다. 미지수가 네 개이고 평형방정식이 두 개이므로, 과잉 힘들은 두 개가 있다. 그 과잉 힘은 F_2와 F_4이다. 식 11.41의 단위하중법을 이용할 수 있다. 그러나 F_2에 해당되는 점 C와 F_4에 해당되는 점 E에는 변위가 0이기 때문에, 이런 지점들의 각각에 단위하중을 적용하여 단위하중식에 해당되는 변위를 0으로 놓는다.

풀이

평형: 실제 힘에 관계되는 평형방정식은 그림 2에서 얻을 수 있다. 그래서

$$\sum F_x = 0: \qquad F_1 = P_{xB} - \frac{4}{5}F_2 - \frac{4}{5}F_4$$

$$\sum F_y = 0: \qquad F_3 = P_{yB} - \frac{3}{5}F_2 + \frac{3}{5}F_4 \tag{1}$$

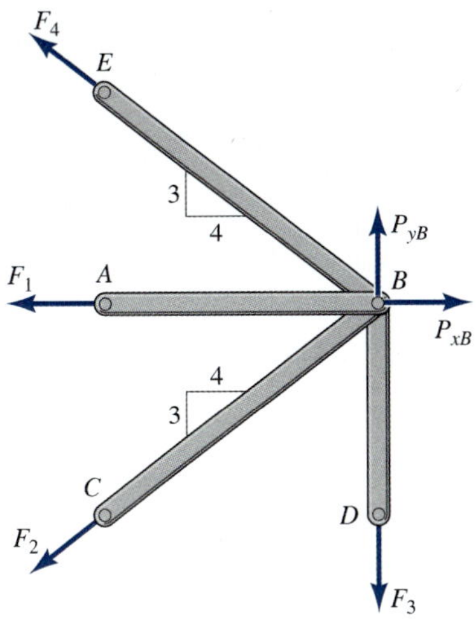

그림 2 실제 하중의 자유물체도

두 개의 과잉 힘이 있기 때문에, 그 경우의 단위하중이 필요하다. 이에 대한 자유물체도는 그림 3에 있다. 두 경우의 단위하중을 아래첨자 u보다도 위첨자 $(\cdot)'$와 $(\cdot)''$로 각각 표시하였다.

$$F_2' = 1, \quad F_4' = 0$$

$$\sum F_x = 0: \qquad F_1' = -\frac{4}{5} \tag{2}$$

$$\sum F_y = 0: \qquad F_3' = -\frac{3}{5}$$

그림 3b에서

$$F_2'' = 0, \quad F_4'' = 1$$

$$\sum F_x = 0: \qquad F_1'' = -\frac{4}{5} \tag{3}$$

$$\sum F_y = 0: \qquad F_3'' = \frac{3}{5}$$

단위하중 계산: 이 트러스의 부재들은 균일하기 때문에, 식 11.41, 즉 식 (4)를 사용할 수 있다.

$$\varDelta = \sum_{i=1}^{4} f_i F_i F_{ui} \tag{4}$$

그러나 과잉 힘(여력) F_2와 F_4에 해당되는 단위하중이 적용될 수 있는 2개의 경우가 있다. 식 (4)로부터

$$0 = \sum_{i=1}^{4} f_i F_i F_i', \quad 0 = \sum_{i=1}^{4} f_i F_i F_i'' \tag{5}$$

이고 유연성계수는 다음과 같다.

$$f_i = \left(\frac{L}{AE}\right)_i$$

그러므로

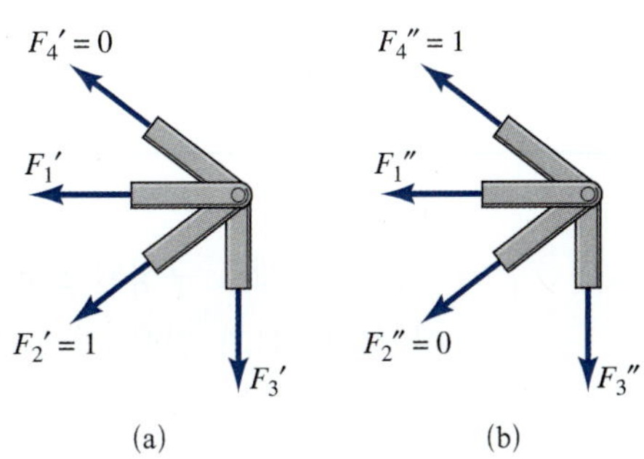

그림 3 단위하중의 자유물체도

$$f_1 = \frac{4}{5}\left(\frac{L}{AE}\right) \equiv \frac{4}{5}f,\ f_2 = f_4 = f,\ f_3 = \frac{3}{5}f \tag{6}$$

식 (1), (2), (3) 그리고 식 (6)을 식 (5)에 대입하여 식 (7)을 얻을 수 있다.

$$\begin{aligned} 0 &= \left(\frac{4}{5}f\right)\left(P_{xB} - \frac{4}{5}F_2 - \frac{4}{5}F_4\right)\left(-\frac{4}{5}\right) + fF_2(1) \\ &\quad + \left(\frac{3}{5}f\right)\left(P_{yB} - \frac{3}{5}F_2 + \frac{3}{5}F_4\right)\left(-\frac{3}{5}\right) + 0 \\ 0 &= \left(\frac{4}{5}f\right)\left(P_{xB} - \frac{4}{5}F_2 - \frac{4}{5}F_4\right)\left(-\frac{4}{5}\right) + 0 \\ &\quad + \left(\frac{3}{5}f\right)\left(P_{yB} - \frac{3}{5}F_2 + \frac{3}{5}F_4\right)\left(\frac{3}{5}\right) + fF_4(1) \end{aligned} \tag{7}$$

식 (7)은 과잉 힘 F_2와 F_4를 구할 수 있는 이원일차 연립방정식이다. 단, F_2와 F_4가 결정되면, 나머지 부재력 F_1와 F_3은 실제 힘의 평형방정식인 식 (1)에서 구해진다. 식 (7)은 식 (8)로 단순화할 수 있다.

$$\begin{aligned} 216F_2 + 37F_4 &= 80P_{xB} + 45P_{yB} \\ 37F_2 + 216F_4 &= 80P_{xB} - 45P_{yB} \end{aligned} \tag{8}$$

F_2와 F_4를 구하면, 다음과 같다.

$$\left.\begin{aligned} F_2 &= \frac{80}{253}P_{xB} + \frac{45}{179}P_{yB} \\ F_4 &= \frac{80}{253}P_{xB} - \frac{45}{179}P_{yB} \end{aligned}\right\} \quad \textbf{답} \tag{9}$$

그리고 식 (1)과 (9)를 이용하면 다음 식을 얻을 수 있다.

$$\left.\begin{aligned} F_1 &= \frac{125}{253}P_{xB} \\ F_3 &= \frac{125}{179}P_{yB} \end{aligned}\right\} \quad \textbf{답} \tag{10}$$

풀이 검토 식 (9)와 식 (10)의 해답은 확실히 힘의 차원이다. 인장력 P_{xB}가 부재 1, 2 그리고 4에 작용한다. F_2와 F_4의 수직성분이 평형을 이루어야 하기 때문에, F_3은 P_{xB}에 관계없다. 식 (9)와 (10)은 P_{xB}의 이러한 영향을 나타낸다. 같은 방법으로 식 (9)와 (10)은 역시 P_{xB}의 영향을 받는다는 것을 알 수 있다.

많은 부재로 구성된 트러스의 변위를 계산하기 위해서는 다음 예제 11.10과 같이 식 11.41과 같은 식에 각 부재의 역할을 표로 만드는 것이 편리하다.

예제 11.10

그림 1과 같이 하중 P가 절점 C에서 아래로 작용할 때, 발생되는 절점 D의 수평변위 u_D를 결정하시오. 단 모든 부재의 AE 값은 같다.

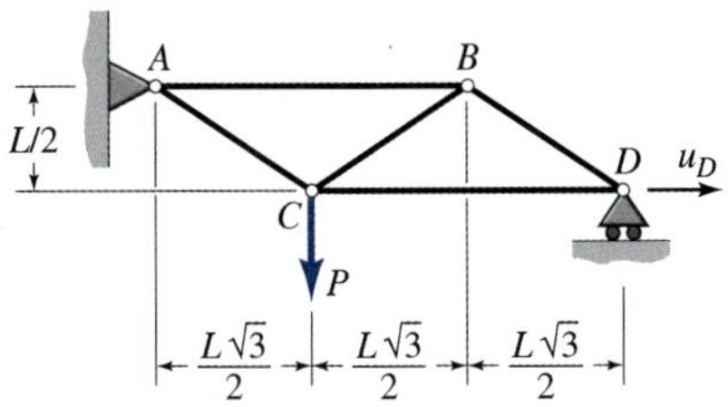

그림 1

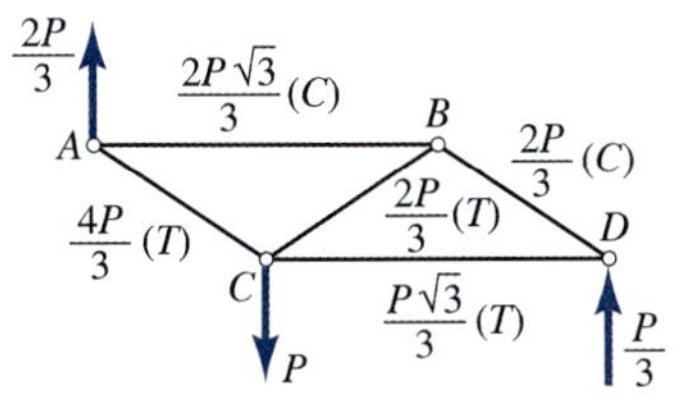

그림 2 실제 하중 F_i

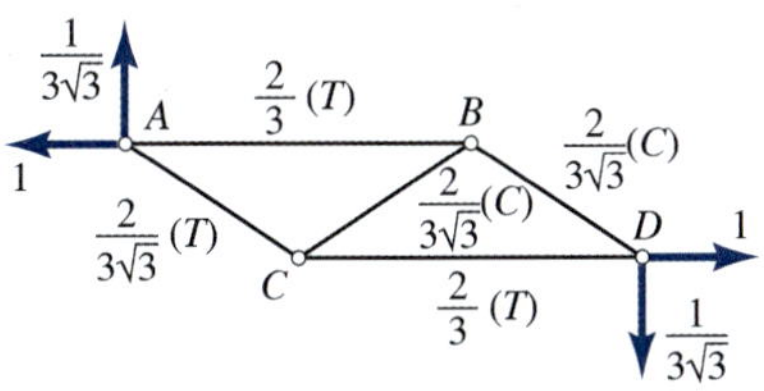

그림 3 단위하중에 의해 발생되는 하중 F_{ui}

풀이 계획 작용하중 P에 의해 발생되는 F_i를 결정하기 위해 트러스 연결부분에 평형방정식을 사용한다. 그리고 D지점의 단위 수평력에 의해 발생되는 F_{ui}를 계산하기 위해 역시 평형방정식을 사용해야 한다. 그러면 u_D은 식 11.41에 의해 구해진다.

풀이

실제 힘의 평형: 절점법(Method of Joints)이나 분할법(Method of Sections)은 P에 의해 발생되는 F_i들을 결정하는 데 사용된다. 관련된 자유물체도는 나타내지 않았으나 합력은 그림 2에 나타내었다.

단위하중에 의한 가상 힘의 평형방정식: 점 D에서 u_D방향으로 작용하는 단위하중에 의해 발생되는 F_{ui}들은 평형방정식으로 구하고, 이는 그림 3에 있다.

단위하중 변위 계산: 표 1은 단위하중식(식 11.41)의 용어로 표시된 값들을 나타내고 있다.

$$u_D = \sum_{i=1}^{5} \frac{F_i F_{ui} L_i}{A_i E_i} \tag{1}$$

$$u_D = -\frac{2}{3}\frac{PL}{AE} \qquad \textbf{답} \tag{2}$$

풀이 검토 답의 차원은 정확하고, 절점 C를 아래로 잡아당기는 것은 절점 D를 좌측으로 잡아당기게 된다. 이것은 타당하다. 그래서 그 답의 부호도 타당하다.

표 1 단위하중 변위계산

(1) 부재	(2) L_i	(3) F_i	(4) F_{ui}	(5) $F_i F_{ui} L_i$
AB	$\sqrt{3}L$	$\frac{-2P\sqrt{3}}{3}$	$\frac{2}{3}$	$-\frac{4}{3}PL$
AC	L	$\frac{4P}{3}$	$\frac{2\sqrt{3}}{9}$	$\frac{8\sqrt{3}}{27}PL$
BC	L	$\frac{2P}{3}$	$\frac{-2\sqrt{3}}{9}$	$\frac{-4\sqrt{3}}{27}PL$
BD	L	$\frac{-2P}{3}$	$\frac{2\sqrt{3}}{9}$	$\frac{4\sqrt{3}}{27}PL$
CD	$\sqrt{3}L$	$\frac{P\sqrt{3}}{3}$	$\frac{2}{3}$	$\frac{2}{3}PL$
				$\sum_{i=1}^{5} = -\frac{2}{3}PL$

*11.6 가상 일

지금까지 설명된 두 개의 에너지법 중에 카스티리아노의 제2정리(Castigliano's Second Theorem)(11.5절)는 일-에너지 원리(Work-Energy Principle)(11.4절)보다도 더 다양한 적용성이 있다는 것이 확인되었다. 예를 들면, 카스티리아노 제2정리는 여러 개의 하중이 작용되는 부정정 구조물의 변형을 계산하는 데 사용될 수 있다. 11.6절과 11.7절에서는 가상 변위(virtual displacement)와 가상 일(virtual work)의 개념을 근거로 아주 유효한 변형률 에너지법을 소개하고자 한다. 그리고 11.8절에서는 가상 힘(virtual forces) 그리고 공액 가상 일(complementary virtual work)의 개념을 근거로 한 공액-에너지법이 설명된다.[6)]

가상 변위와 가상 일 그림 11.15a의 평면트러스 세 개의 부재를 연결한 핀을 그림 11.15b(비슷한 트러스가 예제 3.20에서 해석되었다)에 나타낸 힘이 작용되는 지점을 생각해 보자. 트러스에 힘이 작용하지 않을 때, 트러스는 변형되지 않고 핀은 처음 위치 B에 존재한다. 하중 P_x와 P_y가 작용할 때, 핀은 실제 평형위치 B^*로 x방향과 y방향으로 각각 거리 u와 v만큼 움직인다. 즉 u와 v는 핀 B의 실제 변위의 x와 y방향의 변위 성분이다. 이제 핀이 x방향으로 미소변위 δu, y방향으로 미소변위 δv만큼 움직인다고 가정하자. 이러한 미소 상상변위를 **가상 변위(virtual displacements)**라 한다.[7)]

> **가상 변위**는 모든 운동학적 구속조건(kinematic constraints)에서도 성립되는 미소 상상변위이고 $\delta(\cdot)$기호로 나타낸다. 즉, 실제 변위가 가상 변위도 만족해야 하는 경계조건(boundary conditions)과 적합조건(compatibility conditions)을 만족하여야 한다. 실제 힘은 가상 변위에 의해 변하지 않는다.

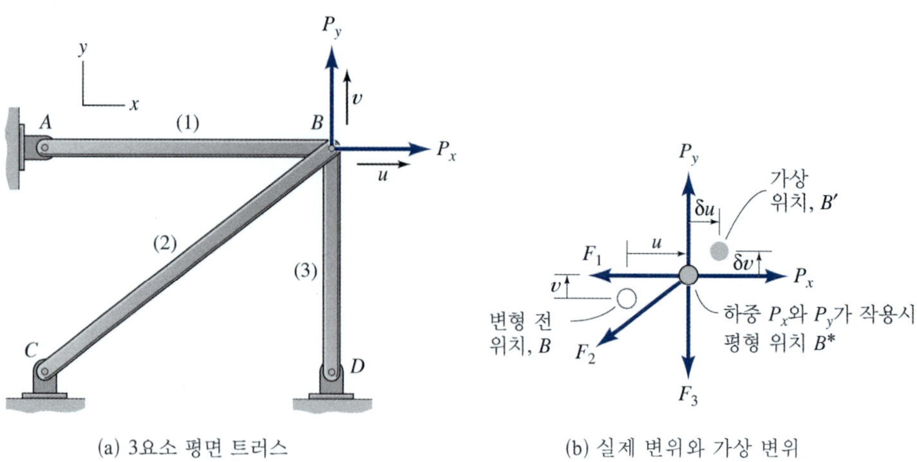

그림 11.15 실제 변위와 가상 변위의 예

6) 현 역학내용에서, 'virtual' 단어의 정의는 실제(essence) 혹은 유효(effect)라는 뜻이고, 사실(in fact)은 아니다.

7) 그리스문자 δ은 앞에서 변위를 나타내었지만, 이 장의 나머지부분에서는 기호 δ는, d가 dx와 dV등과 같이 미분 연산자로 사용되는 것처럼 대문자 델타(Δ)는 변위로서 사용된다.

(힘에 의해 발생되는 실제 변위 u와 v는 우리의 상상에서만 존재하는 미소 가상 변위와 다르다.)

> $\delta\mathcal{W}$ 기호로 나타낸 **가상 일(virtual work)**은 가상 변위가 발생할 때 가상의 힘에 의해 이루어진 일이다. 실제 힘은 일정하다고 가정한다.

정확히 말해서, 만약에 가상 변위만큼 실제로 힘의 작용점이 움직였다면, 이때 이루어진 일은 가상 일이다. 따라서 그림 11.15b의 예제에서 가상 일은 다음 식과 같다.

$$\delta\mathcal{W} = \left(\sum F_x\right)\delta u + \left(\sum F_y\right)\delta v \tag{11.42}$$

평형과 가상 변위의 원리 위치 B^*에서 그림 11.15b의 핀은 정적인 평형상태에 있다. 평형상태의 뉴턴의 제2법칙에서

$$\sum F_x = 0, \quad \sum F_y = 0 \tag{11.43}$$

그러므로 다음과 같이 정의할 수 있다.

> 만약에 어떤 입자가 어떤 힘이 작용하는 계(system)에서 평형하다면, 어떤 가상 변위에서도 가상 일 $\delta\mathcal{W}$는 0이다.

그 역으로 즉 **가상 변위의 원리(Principle of Virtual Displacements)**도 참이다.[8)]

> 만약에 어떤 입자에 이루어진 가상 일이 어떤 허용할 수 있는 임의의 가상 변위에 대해 0이라면 그 입자는 평형상태에 있다.

그래서 만약 어떤 주어진 형상의 "임의의" 가상 변위에서도 식 11.40이 성립하다면, 주어진 형상은 평형상태의 형상이다.

$$\boxed{\delta\mathcal{W} = 0} \quad \textbf{가상 변위의 원리} \tag{11.44}$$

식 11.42를 다시 검토하면, 여기서 선택하는 δu와 δv의 값(0이 아닌 경우)에 관계없이, $\delta\mathcal{W}$가 0이라면 $\sum F_x = \sum F_y = 0$이 되어야 한다.

변형체의 가상 일 가상 변위의 원리는 여러 절점에도 확대적용될 수 있다. 이 경우에서는 더 많은 가상 변위와 더 많은 평형방정식을 얻지만, 가상 일은 단 한 개만 얻는다. 예를 들어 만약 두 개의 절점이 있다면, 다음 식이 성립한다.

$$\delta\mathcal{W} = \left[\left(\sum F_x\right)_1 \delta u_1 + \left(\sum F_y\right)_1 \delta v_1\right] + \left[\left(\sum F_x\right)_2 \delta u_2 + \left(\sum F_y\right)\delta v_2\right]$$

그러나 여기서 변형체에 가상 일 법을 적용하는 데에 관심을 가져야 한다. 그림

8) 이것은 역시 가상 일의 원리라고 한다.

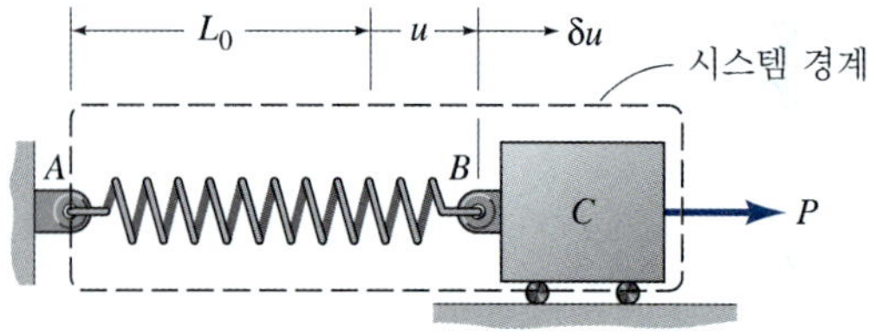

그림 11.16 평형상태에 있는 시스템

11.16의 스프링 AB(변형체)와 블록(강체) C는 하나의 시스템(system)을 구성하고 그 시스템은 정하중 P를 받으면서 평형상태에 있다. 스프링 AB와 블록 C의 모든 절점은 평형을 이루기 때문에, $\delta\mathcal{W}=0$를 전체 시스템에 적용할 수 있다. 그러나 힘 P는 일을 할 수 있는 유일한 외력이다. 왜냐하면 힘의 작용점이 움직일 수 있는 것은 단지 외력이기 때문이다. 그러므로 외력에 의하여 이루어진 일은

$$\delta\mathcal{W}_{\text{ext}} = P\delta u$$

이 외에도, 만약에 블록 C가 δu만큼 가상 변위를 한다면, 변형스프링의 내력에 의해 가상의 일이 발생한다. 그래서 다음과 같이 **변형시스템의 가상 변위의 원리(Principle of Virtual Displacements for a deformable system)**를 이야기할 수 있다.

> 만약 시스템의 운동학적으로 가능한 변위(주어진 형태의 변화)가 발생되는 동안 변형계에 발생되는 가상 일이 0이라면, 그 시스템은 주어진 모양으로서 평형상태에 있다.

$$\delta\mathcal{W} = \delta\mathcal{W}_{\text{ext}} + \delta\mathcal{W}_{\text{int}} = 0 \tag{11.45}$$

식 11.45에서, δW_{int}는 고려하고 있는 그 시스템의 내력에 의하여 발생되는 가상 일이다. δW_{int}는 얼마이며 어떻게 계산되는가? 그것은 그림 11.16의 스프링을 분리하고 그림 11.17a에 나타낸 것처럼 그것을 '변형계'라고 부른다. 그림 11.17b에 있는 신장에 대한 힘의 선도처럼 스프링은 비선형 탄성이라고 가정하자. 작용하중 $F_s(u_1)$은 변위 u_1을 발생시키므로 그림 11.17a처럼 그 시스템은 평형상태에 있다. 그러므로 다음 식이 성립한다.

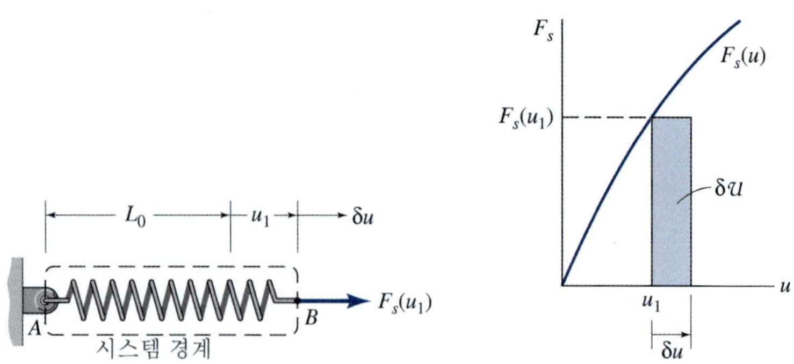

(a) 변형 시스템 (b) 하중-신장 곡선

그림 11.17 변형시스템으로 취급되는 비선형 탄성스프링

$$\delta \mathcal{W}_{\text{ext}} + \delta \mathcal{W}_{\text{int}} = 0$$

$\delta \mathcal{W}_{\text{ext}}|_{u_1} = F_s(u_1)\delta u$이므로 다음 식이 성립한다.

$$\delta \mathcal{W}_{\text{int}}|_{u_1} = -F_x(u_1)\delta u$$

즉, 어떤 물체가 가상 변위를 할 때, 탄성변형체의 내력에 의해 이루어진 가상 일의 크기는 변형체가 작용하는 외력에 의해 이루어진 가상 일의 크기와 같고 작용 방향은 서로 반대이다. 그러므로 내력의 가상 일과 변형률 에너지는 다음 식과 같은 관계가 있다는 것을 그림 11.17b로서 알 수 있다.

$$\delta \mathcal{W}_{\text{int}} = -\delta \mathcal{U} \tag{11.46}$$

단 $\delta \mathcal{U}$는 그림 11.17b에 예시된 것처럼 가상 변위가 δu만큼 발생한 물체에서 발생되는 변형률 에너지의 미소의 가상증분이다.

변형률 에너지가 여러 개의 변위함수일 때, 즉, $\mathcal{U}=\mathcal{U}(q_1, q_2, \cdots, q_n)$. 단 q가 독립변위일 때, $\mathcal{U}$를 구할 필요가 있다. 그리고 $\delta \mathcal{U}$는 $\mathcal{U}$의 미분과 같은 방법, 즉, 식 11.47로 결정될 수 있다.

$$\delta \mathcal{U} = \frac{\partial \mathcal{U}}{\partial q_1}\delta q_1 + \frac{\partial \mathcal{U}}{\partial q_2}\delta q_2 + \cdots + \frac{\partial \mathcal{U}}{\partial q_n}\delta q_n \tag{11.47}$$

식 11.47은 가상 변위 δq_1과 δq_2에 의한 **가상 변형률 에너지 변환율(virtual strain-energy change)**를 나타낸다.

*11.7 변형률 에너지법

가상 변위의 원리 식 11.45와 11.46을 이용하므로 탄성체에 적용할 수 있는 **가상 변위의 원리**를 얻을 수 있고 다음과 같이 설명된다.

탄성변형체의 운동학적으로 가능한 형태 중에서, 물체가 그 형태에서 임의의 가상 변위로 변할 때, 실제로 평형을 이루고 있는 형태는 식 11.48을 만족하는 것이다.

$$\delta \mathcal{W}_{\text{ext}} = \delta \mathcal{U} \quad \textbf{가상 변위의 원리} \tag{11.48}$$

운동학적으로 가능한 형태는 관련된 모든 운동학적 경계조건과 관련된 변형 적합 방정식을 만족한다.

다음 예제에서 가상 변위의 원리는 11.4절의 일-에너지 원리에 의해 해석된 문제에 적용되고, 예제 11.12에 있어서 식 11.48은 11.4절의 방법으로 풀 수 없는 처짐 문제를 푸는 데 사용된다.

예제 11.11

그림 1의 두 봉(rod)에 대하여, 다음 문제를 푸는 데 변형체를 위한 가상 변위의 원리를 사용하시오. (a) 절점 B의 변위 u_B, (b) 부정정 봉 시스템에서 두 봉에 발생되는 내력 F_1과 F_2.
단, 각 봉의 성질은 각각 A_1, E_1, L_1 그리고 A_2, E_2, L_2이다.

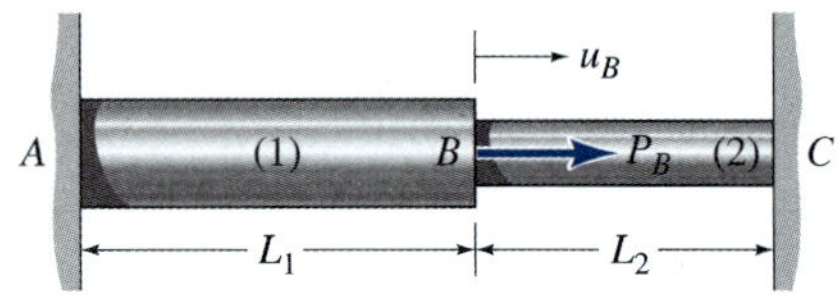

그림 1

풀이 계획 절점 B의 변위 적합조건과 식 11.6의 변형률 에너지 공식을 이용하여 B지점의 변위의 항으로 표현된 두 개의 봉 시스템의 변형률 에너지 $U(u_B)$를 결정할 수 있다. 절점 B가 가상 변위 δu_B만큼 움직일 때(실제로 움직인다고 상상할 때), 하중 P_B는 가상 일을 한다. 그래서 식 11.48를 이용하여 절점 B의 평형방정식을 구할 수 있다.

풀이 (a) 절점 B의 변위 u_B 결정
변형률 에너지: 만약에 요소의 강성계수를 사용한다면, 다음과 같이 표현이 단순해진다.

$$k_1 = \frac{A_1 E_1}{L_1}, \quad k_2 = \frac{A_2 E_2}{L_2} \tag{1}$$

그리고 식 11.6b를 이용하면, 변형률 에너지 합은 식 (2)로 나타낼 수 있다.

$$\mathcal{U}=\mathcal{U}_1 + \mathcal{U}_2 = \frac{1}{2}k_1 e_1^2 + \frac{1}{2}k_2 e_2^2 \tag{2}$$

단, e_i는 봉 요소 i의 신장이다.

변형의 기하학적 조건: 가상 변위의 원리에 의하면, "운동학적으로 가능한 변형"을 고려해야 한다. 그러므로 절점 B의 두 봉의 변위 적합조건을 포함한 운동학적 변형이 모든 운동학적 조건이 자동적으로 만족하도록 변형률 에너지에 포함되어야 한다.

$$e_1 = u_B, \quad e_2 = -u_B \tag{3}$$

그러면, 식 (2)와 식 (3)을 조합하여 모든 운동학적 필요조건이 자동적으로 만족되는 변형률 에너지를 얻을 수 있다.

$$\mathcal{U}= \frac{1}{2}(k_1 + k_2)u_B^2 \tag{4}$$

외력의 가상 일: 외력 P_B의 작용점(절점 B)이 u_B와 같은 방향으로 δu_B만큼

움직인다고 상상한다면, 이루어진 가상 일은 다음과 같다.

$$\delta \mathcal{W}_{\text{ext}} = P_B \delta u_B \tag{5}$$

가상 변위의 원리: 식 11.48에서

$$\delta \mathcal{W}_{\text{ext}} = \delta \mathcal{U} \tag{6}$$

변형률 에너지 U는 변위 u_B의 함수이기 때문에, 식 11.47은 식 (7)과 같이 단순화된다.

$$\delta \mathcal{U} = \frac{d\mathcal{U}}{du_B} \delta u_B = (k_1 + k_2) u_B \delta u_B \tag{7}$$

식 (5)와 (7)을 식 (6)에 대입하여 다음의 식을 얻을 수 있다.

$$P_B \delta u_B = (k_1 + k_2) u_B \delta u_B$$

또는

$$[(k_1 + k_2) u_B - P_B] \delta u_B = 0 \tag{8}$$

만약 식 (8)이 임의의 가상 변위에 대해서도 만족한다면, 가상 변위의 원리는 이 경우에 임의의 δu_B에 대해서도 그 시스템은 평형이 되어야 한다는 것을 의미한다. 그러므로 식 (8)의 사각괄호 안의 식은 '0'이 되어야 한다.

$$u_B = \frac{P_B}{k_1 + k_2} \qquad \textbf{답} \; (9)$$

단, k_1과 k_2는 식 (1)에서 얻는다.

(b) 각 부재에 발생되는 힘 F_1과 F_2의 결정: 식 3.15로부터

$$F_i = k_i e_i \tag{10}$$

그러므로 식 (3), (9) 그리고 (10)을 이용하여 다음을 구한다.

$$F_1 = \frac{k_1 P_B}{k_1 + k_2}, \quad F_2 = \frac{-k_2 P_B}{k_1 + k_2} \qquad \textbf{답} \; (11)$$

풀이 검토 제3장의 방법을 이용하여 이 해를 검토할 수 있다. k_i는 F/L의 차원을 가지기 때문에, 식 (9)의 차원은 정확하다. 힘 P_B는 봉 AB를 늘어나게 하고 봉 BC를 줄어들게 한다. 그러므로 식 (9)의 분모는 P_B에 저항하는 k_1과 k_2의 합으로 나타낸다.

카스티리아노의 제1정리 가상 변위의 원리인 식 11.48은 탄성체의 평형방정식을 공식화하는 데 사용될 수 있다. 물체의 변형이 유한 개의 독립변위로 규명될 수 있다면, 식 11.47은 가상 변위 δq_i의 용어로서 δU를 표현하는 것이 편리하다. 외력의 가상 일은 식 11.49의 형태로 표현될 수 있다.

$$\delta \mathcal{W}_{\text{ext}} = \sum_{i=1}^{N} P_i \delta q_i \tag{11.49}$$

단, N은 독립변위 q_i의 수이다. P_i는 **일반화한 힘**(generalized forces)을 나타낸다. P_i에 대한 식, 혹은 정확한 값은 δW_{ext}를 공식화해서 결정된다. 식 11.47과 11.49를 조합하면, 가상 변위의 원리를 다음과 같이 나타낼 수 있다.

$$\sum_{i=1}^{N}\left(P_i - \frac{\partial \mathcal{U}}{\partial q_i}\right)\delta q_i = 0$$

그러나 위 식의 합계는 어떤 δq_i에 대해서도 0이 되고 δq_i은 독립적이기 때문에 식 11.46을 얻을 수 있다.

$$P_i = \frac{\partial \mathcal{U}}{\partial q_i}, \quad i = 1, 2, \cdots, N \tag{11.50}$$

카스티리아노의 제1정리

이 식은 카스티리아노의 제1정리(Castigliano's First Theorem)라고 한다. 이것은 탄성계의 변형이 N개의 변위 q_i로 정의될 때, 가상 변위의 원리의 형태 중의 하나로 간주된다. 식 11.50은 변위의 용어로 표현된 평형방정식을 나타낸다.

다음 예제는 가상 변위의 원리를 적용하여 풀 수 있다. 그러나 카스티리아노의 제1정리를 간단히 사용하려 한다. 이 예제는 11.4절의 일-에너지 원리로 풀 수 없는 문제를 해결하는 데 사용될 수 있는 카스티리아노의 제1정리의 위력을 보여준다.

예제 11.12

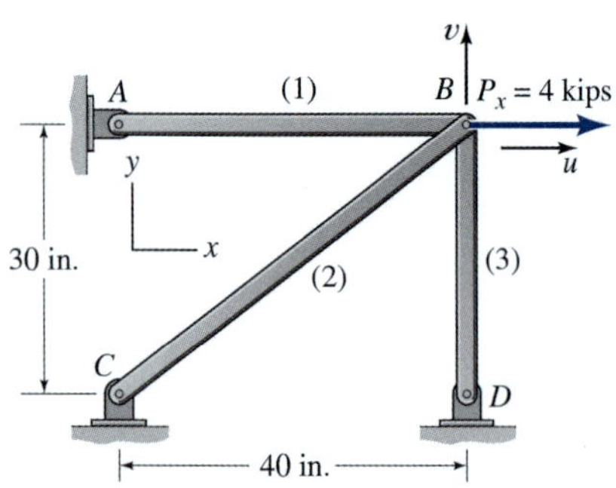

그림 1

그림 1과 같이 3요소 트러스가 있다. 4 kips의 수평력은 절점 B의 핀을 통해 트러스에 작용한다. 각 봉의 단면적은 1.2 in^2이고 각 봉의 재질은 알루미늄($E = 10 \times 10^3$ ksi)이다. 카스티리아노의 제1정리를 사용하여 절점 B의 수평변위 u와 수직변위 v를 결정하시오.

풀이 계획 요소의 변형률 에너지는 식 11.6b을 사용하여 요소의 신장(변형)으로 나타낼 수 있다. 각 요소변형은 식 3.26의 관계로서 절점의 변위 u와 v에 관계된다. 두 개의 절점변위가 있기 때문에, 두 개의 대응되는 가상 변위 δu와 δv가 있다. 카스티리아노의 제1정리인 식 11.50을 사용하여, u와 v를 동시에 구할 수 있는 두 개의 평형방정식을 얻을 수 있다.

풀이

변형률 에너지: 예제 3.20(3.10절)에서 그 문제의 해에 해당되는 부분을 이용할 수 있다.

$$k_1 = \left(\frac{AE}{L}\right)_1 = 300 \text{ kips/in.}, \quad \cos\theta_1 = 1.0, \quad \sin\theta_1 = 0.0$$

$$k_2 = \left(\frac{AE}{L}\right)_2 = 240 \text{ kips/in.}, \quad \cos\theta_2 = 0.8, \quad \sin\theta_2 = 0.6 \tag{1}$$

$$k_3 = \left(\frac{AE}{L}\right)_3 = 400 \text{ kips/in.}, \quad \cos\theta_3 = 0.0, \quad \sin\theta_3 = 1.0$$

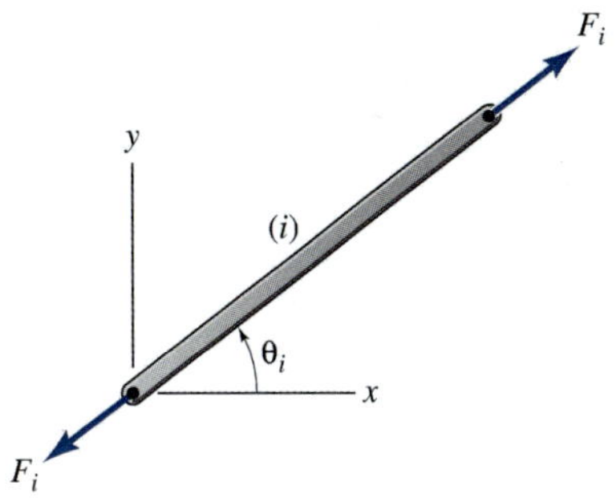

그림 2

단, θ_i는 그림 2에서 정의되었다.

식 11.6b를 사용하여 3요소 트러스의 전체 변형률 에너지는 식 (2)와 같이 나타낼 수 있다.

$$\mathcal{U} = \mathcal{U}_1 + \mathcal{U}_2 + \mathcal{U}_3 = \frac{1}{2}k_1e_1^2 + \frac{1}{2}k_2e_2^2 + \frac{1}{2}k_3e_3^2 \quad (2)$$

각 요소의 신장은 식 3.26에서 얻어진 식 (3)과 같은 u와 v에 관계된다.

$$e_i = u\cos\theta_i + v\sin\theta_i \quad (3)$$

그리고

$$e_1 = u, \quad e_2 = 0.8u + 0.6v, \ e_3 = v \quad (4)$$

식 (2)와 (4)를 조합하고 식 (1)의 k를 사용하면 다음 식을 얻을 수 있다.

$$\mathcal{U} = [150u^2 + 120(0.8u + 0.6v)^2 + 200v^2] \quad (5)$$

외력의 가상 일: 수평 가상 변위 δu와 수평력 P_x가 한 가상 일은 다음과 같다.

$$\delta\mathcal{W}_{\text{ext}} = 4\delta u \text{ kip} \cdot \text{in}$$

이 경우에서 식 11.49는 다음 식과 같은 형태로 된다.

$$\delta\mathcal{W}_{\text{ext}} = P_x\delta u + P_y\delta v \quad (6)$$

이고

$$P_x = 4 \text{ kips}, \quad P_y = 0 \text{ kips} \quad (7)$$

카스티리아노의 제1정리: 이 트러스에 대한 두 개의 평형방정식은 식 11.50으로부터 식 (8)과 같이 된다.

$$\frac{\partial\mathcal{U}}{\partial u} = P_x, \quad \frac{\partial\mathcal{U}}{\partial v} = P_y \quad (8)$$

그래서 식 (5)를 u와 v에 대해 미분하고 식 (7)과 (8)로서 그 결과들을 이용하여 식 (9)를 얻을 수 있다.

$$\begin{aligned} 453.6u + 115.2v &= 4 \text{ kips} \\ 115.2u + 486.4v &= 0 \text{ kips} \end{aligned} \quad (9)$$

이 두 방정식의 좌측은 변위법(Displacement Method)을 이용하여 예제 3.20의 식 (4)에서 얻은 절점 변위로 나타낸 절점 평형방정식 좌측과 완전히 같다. 그 두 방정식의 우측은 단지 절점력 분력의 P_x와 P_y이다. 식 (9)의 해는 다음과 같다.

$$u = 9.38(10^{-3})\text{ in.}$$
$$v = -2.22(10^{-3})\text{ in.}$$

답 (10)

풀이 검토 에너지법을 사용하여 얻은 평형방정식은 예제 3.20에서 변위법을 사용하여 얻은 것과 같다.

예제에서 단지 선형 탄성 시스템(linearly elastic systems)은 가상 변위의 원리와 카스티리아노의 제1정리를 예시하기 위해 고려된 것이다. 이런 방법들이 유용하게 활용하면 시스템(system)이 개발되어야 한다. 그러나 반드시 선형적이어야 할 필요는 없다.[9)]

변위법과 유한요소해석 예제 11.11의 중요 해는 절점 변위 u_B에 대한 해이고 앞장(예를 들면, 제3장과 제4장 그리고 제7장)의 절점 변위는 변위법(Displacement-Method)으로 구한 해의 중요 사항이라는 것을 기억하자. 그래서 예제 11.12에서 카스티리아노의 제1정리를 사용하여 얻은 절점의 평형방정식은 예제 3.21에서 변위법을 사용하여 얻은 두 개의 절점 평형방정식과 완전히 동일하다.

따라서 **가상 변위의 원리와 카스티리아노의 제1정리는 변형체역학 문제용 변위법 해석(displacement-method solution)을 공식화할 수 있는 양자택일 방법을 제시한다고 말할 수 있다.** 가상 변위의 원리는 대부분 **유한요소해석(Finite Element Analysis)** 컴퓨터 코드의 기본이다.

*11.8 공액 에너지법

앞 절에서는 두 개의 변형률-에너지법(Strain-Energy Methods), 즉 가상 변위의 원리(Principle of Virtual Displacements) 그리고 카스티리아노의 제1정리(Castigliano's First Theorem)가 소개되었고, 매우 유용한 에너지법임을 보여주었다. 또한 에너지법들은 변위법(Displacement Method)에 직접적으로 관련되었다는 것이 설명되었다. 그러므로 유한요소해석(Finite Element Analysis)에도 관계된다. 이 절에서는 공액 에너지법(Complementary-Energy Methods)을 소개하고, 3.9절에서 설명된 하중법(Force Method)과 밀접하게 연관된다는 것을 설명하려고 한다.

공액 일과 공액 변형률 에너지 축방향 하중 P에 의한 **공액 일(complementary work)** $\mathcal{W}^C$은 다음과 같이 식 11.51로 정의된다.

$$\mathcal{W}^c(P_1) = \int_0^{P_1} e(P)dP \tag{11.51}$$

9) 비선형 탄성 부재를 가진 트러스를 취급한 참고문헌 11.2의 10.6절의 예제를 참조한다.

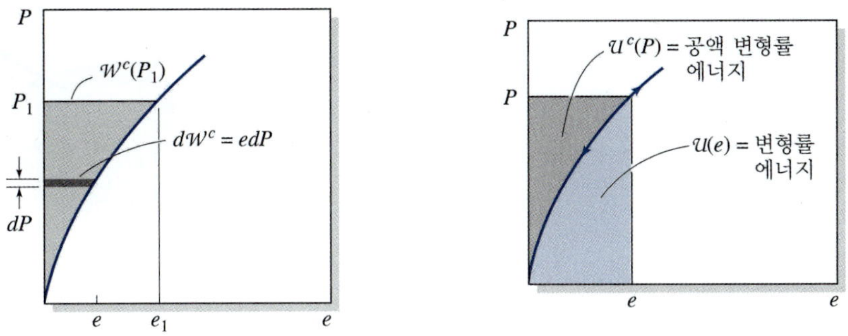

(a) 공액 일을 나타내는 면적

(b) 변형률 에너지와 공액 변형률 에너지를 나타내는 면적들

그림 11.18 공액 일과 공액 변형률 에너지

그림 11.18a에 예시된 것처럼, 식 11.51은 하중-신장 곡선의 윗부분을 나타낸다. 공액 일은 일의 개념처럼 변위의 함수로 표현되지 않고 힘의 함수로 표현된다. 식 11.2에 나타낸 것처럼 공액 일의 적분은 비틀림과 굽힘에 대하여서도 성립한다. 탄성체의 경우, 물체에 행해진 공액 일(complementary work) $\mathcal{W}^C$는 공액 변형률 에너지인 $\mathcal{U}^C$로 저장되므로 아래와 같이 정의된다.

$$\mathcal{U}^c(P) = \mathcal{W}^c(P)\big|_{\text{탄성체에 행해진 일(work)}} \tag{11.52}$$

즉 어떤 힘이 탄성체에 작용할 때, 탄성체에 이루어진 공액 일은 공액 변형률 에너지로 그림 11.18b에서 보여지는 것처럼 공액 변형률 에너지는 하중-신장 곡선(Load-elongation curve)의 윗부분 면적을 나타낸다. 선형 축방향 변형의 경우에는 **공액 변형률 에너지**(complementary strain energy)는 식 11.53과 같이 간단히 표현된다.

$$\mathcal{U}^c(F_i) = \frac{1}{2} f_i F_i^2 \qquad \textbf{공액 변형률 에너지} \tag{11.53}$$

가상 힘과 공액 가상 일 가상 변위 δu와 δq_i 등은 11.6절에 정의되었고, 가상 일을 근거로 한 해석법을 공식화하는 데 사용되었다. 가상 변위가 어떤 물체의 내력에는 영향을 주지 않고 기하학적 적합조건에 일치하는 상상 미소변위로 정의되었다는 것을 생각해보면 **가상 힘(virtual force)**은 다음과 같이 정의된다.

> 가상 힘(virtual force) δF는 평형상태에 있는 어떤 물체에 작용되는 다른 가상 힘과 함께 그 물체의 평형상태에 영향을 주지 않는 미소 상상력이다.

그림 11.19는 변형체에 작용되는 실제 힘 P_i와 가상 힘 δP_i(실제우력 M_i와 가상우력 δM_i)를 나타낸다. 그림 11.19의 물체는 실제의 힘 P_1, P_2, ⋯, M_1 등이 작용할 때 평형상태에 있다. 가상 힘과 우력은 임의의 힘이다. 그러나 그 힘들은 역시 실제 힘과 동일한 평형조건을 만족해야 한다. 그러므로 가상 힘이 외력으로서 작용

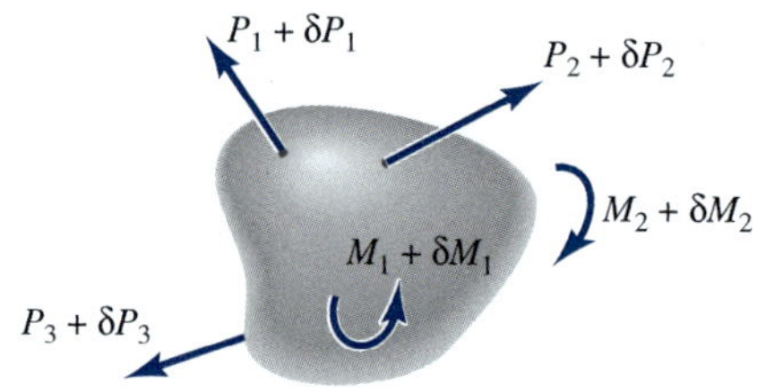

그림 11.19 가상 힘의 예시

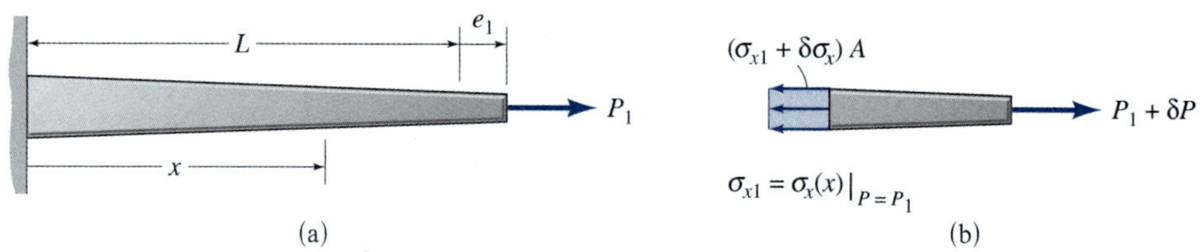

그림 11.20 가상 힘과 가상 응력

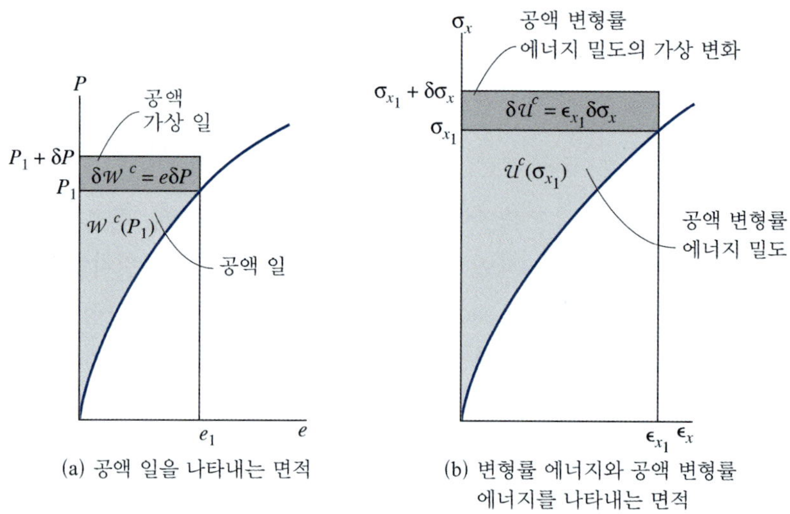

그림 11.21 공액 일과 공액 변형률 에너지

할 때, **가상 응력**(virtual stresses)은 그 물체의 모든 부분이 평형상태가 되도록 발생한다. 그림 11.20a는 봉에 작용되는 축방향 힘 P_i을 나타내고, 그림 11.20b는 P_1이 $P_1 + \delta P_1$으로 증가되었을 때, 그림 11.20b의 자유물체도는 평형상태가 유지되도록 단면 x에 발생되는 가상 수직응력 $\delta\sigma_x$를 나타낸 것이다.

공액 가상 일(Complementary virtual work)은 다음과 같이 정의된다.

> δW^C로 표현된 **공액 가상 일**(complementary virtual work)은 가상 일이 작용하는 곳의 물체의 외형의 변화없이 가상 일에 의해 행하여진 일이다.

공액 가상 일은 그림 11.21a에 나타내었다. 그림 11.21b에 예시된 것처럼 **공액 변형률 에너지 밀도**(complementary strain energy density)는 응력-변형률 곡선의 윗부분 면적이다.

가상 힘의 원리 **가상 힘의 원리(Principle of Virtual Forces)** 혹은 공액 가상 일의 원리(Principle of Complementary Virtual Work)는

> 모든 가능한 평형상태에서, 어떤 물체의 실제상태는 변형적합 조건식을 만족한다.

가상 힘의 원리를 방정식 형태로 나타내면 식 11.47과 같다.

$$\delta \mathcal{W}^c_{\text{ext}} = \delta \mathcal{U}^c \qquad \textbf{가상 힘의 원리} \tag{11.54}$$

예제 11.13은 가상 힘의 원리가 변형적합 조건식에 어떻게 사용되는가를 설명하는 정정 문제이다. 여기에 이 원리가 적용된다. 이 원리는 부정정 문제인 예제 11.14에도 적용된다.

예제 11.13

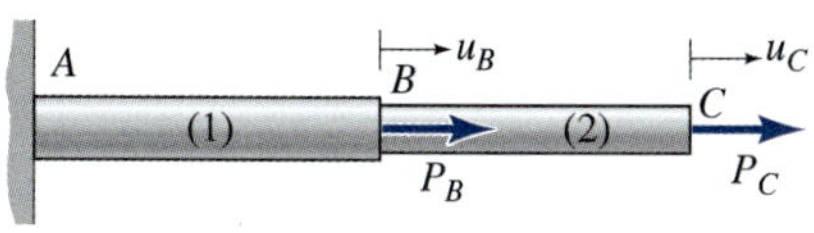

그림 1

탄성체이나 반드시 선형탄성체가 아닌 두 개의 봉이 그림 1처럼 B에서 연결되어 있고, 축방향 힘 P_B와 P_C가 작용할 때 점 B와 C의 변위는 각각 u_B와 u_C이다. 이 시스템이 평형상태이고, 식 11.54를 만족하는 상태는 "운동학적으로 가능한 상태이며 즉 변형적합 조건을 만족하는 상태"라는 것을 나타내시오.

풀이 계획 각 요소(비선형탄성)의 신장변형에 대한 하중(e_i에 대한 F_i)은 그림 11.18b의 신장에 대한 하중선도와 유사하다고 가정한다. '평형상태'라고 하는 것은 자유물체도와 평형방정식을 사용하여 내력 F_1과 F_2를 외력 P_B와 P_C에 관련시킴으로써 만족될 수 있다. 이 문제의 변형적합 조건은 신장 e_1과 e_2를 변위 u_B와 u_C와의 관계(제3장 참조)시킴으로써 구성된다. 공액 가상 일의 용어는 $u_B \cdot \delta P_B$, $e_1 \cdot \delta F_1$ 등이다.

풀이

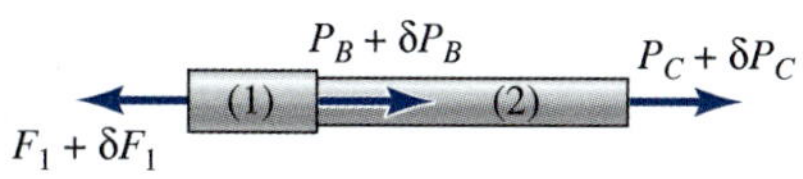

(a) FBD 1.

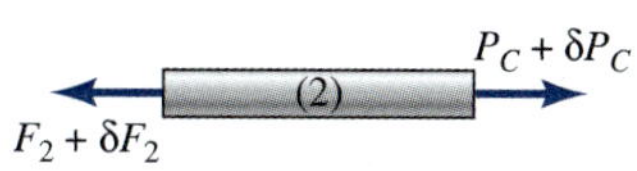

(b) FBD 2.

그림 2 자유물체도

평형: 실제 힘(real force)과 가상 힘은 평형조건을 만족해야 한다. 이것은 봉의 정적 문제이기 때문이다. 그림 2의 자유물체도의 평형방정식으로서 내력 F_1, F_2와 외력 P_B, P_C의 관계를 구할 수 있다. 가상 힘에 있어서도 동일하다. 평형은 실제의 힘에서도 성립해야 한다. 그리고 임의의 가상 힘이 추가되더라도 평형은 성립해야 한다. 그러므로 식 (1)이 성립한다.

$$\begin{aligned} \left(\sum F\right)_1 = 0: &\qquad F_1 = P_B + P_C \quad \text{그리고} \quad \delta F_1 = \delta P_B + \delta P_C \\ \left(\sum F\right)_2 = 0: &\qquad F_2 = P_C \quad \text{그리고} \quad \delta F_2 = \delta P_C \end{aligned} \tag{1}$$

가상 힘의 원리: 각 요소의 내력과 신장은 그림 3에 있는 선도와 같은 관계를 갖는다고 가정한다. 그러므로 요소 i의 가상 힘 δF_i은 그림 3에 나타낸 것처럼 공액 가상 일 $e_i \cdot \delta F_i$만큼 한다. 이것은 요소 i의 공액 에너지의 변화를 의미한다. 가상 힘의 원리, 즉 식 11.54는 다음 식을 의미한다.

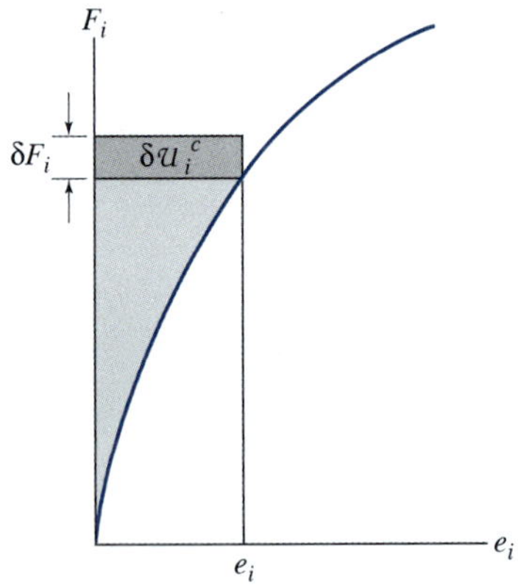

그림 3 요소의 힘-신장 곡선

$$\delta \mathcal{W}^c = \delta \mathcal{U}^c \tag{2}$$

식 (2)의 양변에 이 문제에 관계되는 항을 서술하면 식 (3)을 얻을 수 있다.

$$u_B \delta P_B + u_C \delta P_C = e_1 \delta F_1 + e_2 \delta F_2 \tag{3}$$

가상 힘은 식 (1)의 가상 힘의 평형방정식을 만족해야 한다. 이 평형방정식을 식 (3)에 대입하면 식 (4)를 얻는다.

$$u_B \delta P_B + u_C \delta P_C = e_1 (\delta P_B + \delta P_C) + e_2 (\delta P_C) \tag{4}$$

또는

$$(e_1 - u_B)\delta P_B + (e_1 + e_2 - u_C)\delta P_C = 0 \tag{5}$$

그리고 δP_B와 δP_C가 임의의 값이므로 식 (5)가 성립해야 한다. 그러므로 점 B와 점 C의 변위는

$$u_B = e_1, \quad u_C = e_1 + e_2 \qquad \textbf{답} \tag{6}$$

이다.

풀이 검토 가상 힘은 언제나 평형방정식을 만족한다는 조건에서, 가상 힘의 원리를 응용하고 절점 변위와 신장 사이의 운동학적 관계식을 유도했다. 그러므로 요구된 대로 가상 힘의 원리에 대한 설명이 예시되었다. 이 문제는 재료의 비선형거동에 대한 것이지만, 이 예제에서는 재료의 성질이 필요가 없다. u_B와 u_C를 하중으로 나타내라는 요구가 없었기 때문이다.

다음에는 부정정 문제를 생각해보려 한다. 이것은 제3장과 제4장, 그리고 제7장에서 설명되었던 가상 힘의 원리(Priniciple of Virtual Force)과 하중법(Force Method)과의 관계를 나타낸다.

예제 11.14

블록(block)을 지지하는 두 개의 봉이 같은 신장을 일으키도록 그림 1과 같이 외력 P가 강체에 작용한다. 봉은 유연성계수가 f_i(식 3.14 참조)인 선형 탄성체이다. 가상 힘의 원리인 식 11.54를 사용하여,
(a) 이 문제에 적합한 조건식과 (b) 두 개의 봉에 발생되는 내력 등을 구하시오.

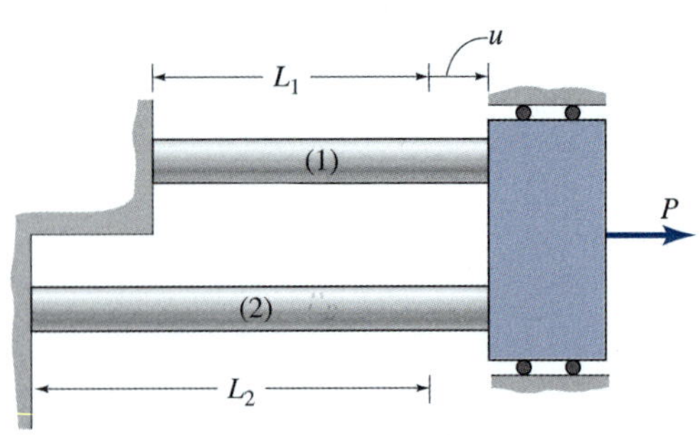

그림 1

풀이 계획 문제 (a)에서는 예제 11.13의 풀이방법이 반복된다. 문제 (b)에서는 선형 탄성체의 힘과 변형관계인 $e_i = f_i F_i$를 이용하고 이 관계식으로서 F_1과 F_2에 대한 적절한 표현을 얻을 수 있을지를 확인한다. 이 문제는 부정정 문제이다. 그러나 F_i 중의 하나는 과잉 힘으로 규정할 수 있다.

풀이

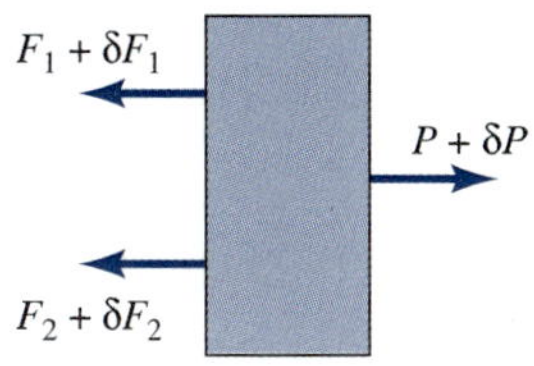

그림 2 자유물체도

(a) 적합방정식 구하기

평형: 그림 2와 같은 블록은 실제 힘이 작용하는 경우에도 평형하고 가상 힘이 실제 힘에 가해지더라도 평형을 이루어야 한다. 그러므로 식 (1)이 성립한다.

$$\sum F = 0: \qquad F_1 + F_2 = P \quad \text{그리고} \quad \delta F_1 + \delta F_2 = \delta F \tag{1}$$

실제 힘에 대해서도 단지 한 개의 평형방정식이 존재하기 때문에(가상 힘에 대해서도 단지 한 개의 평형방정식이 존재하기 때문), 이것은 부정정 문제이다. F_1을 과잉 힘(δF_1을 과잉 가상 힘)으로 정한다. 그리고 식 (1)은 식 (2)와 같이 나타낼 수 있다.

$$F_2 = P - F_1 \quad \text{그리고} \quad \delta F_2 = \delta P - \delta F_1 \tag{2}$$

가상 힘의 원리: 가상 힘의 원리, 즉 식 11.54는 식 (3)을 의미한다.

$$\delta \mathcal{W}^c_{\text{ext}} = \delta \mathcal{U}^c \tag{3}$$

적합방정식에 의한 문제 (a)의 풀이: 예제 11.13과 같이 $\delta \mathcal{U}^C$를 e_1과 e_2로 직접 나타낼 수 있다. 그래서 필요한 적합조건식은 식 (4)와 같이 나타낼 수 있다.

$$u\delta P = e_1 \delta F_1 + e_2 \delta F_2 \tag{4}$$

식 (2b)의 두 번째 식을 식 (4)에 대입하면, 식 (5) 혹은 식 (6)을 얻을 수 있다.

$$u\delta P = e_1 \delta F_1 + e_2(\delta P - \delta F_1) \tag{5}$$

또는

$$(u - e_2)\delta P - (e_1 - e_2)\delta F_1 = 0 \tag{6}$$

평형조건은 어떠한 δP와 δF_1에 대해서도 성립해야 하기 때문에, 식 (4)와 (5), (6)에서 다음의 식을 얻을 수 있다.

$$e_2 = u, \quad e_1 = e_2 \qquad \textbf{답 (a)} \tag{7}$$

그러므로 가상 힘의 원리를 이용하면 이 문제의 완벽한 적합조건식을 얻을 수 있다.

(b) 축방향 힘 F_1, F_2의 결정: 만약 하중-신장 관계를 두 봉의 요소에 적용하면, 두 봉에 작용되는 내력들을 구할 수 있다. 지금 문제에서, 봉은 선형탄성체이다. 그러므로 $e = e(F)$ 식이 사용된다. 그러므로 식 3.14를 식 (8)로서 나타낼 수 있다.

$$e_1 = f_1 F_1, \quad e_2 = f_2 F_2 \tag{8}$$

식 (2)의 첫 번째 식을 식 (8)에 대입하면, 다음 식을 얻을 수 있다.

$$f_1 F_1 = f_2 (P - F_1)$$

과잉 힘 F_1을 구하면 다음 식을 얻을 수 있다.

$$F_1 = \frac{f_2 P}{f_1 + f_2} \qquad \textbf{답 (b)} \tag{9a}$$

이 과잉 힘을 다시 식 (2)의 첫 번째 식에 대입하면 내력 F_2를 얻을 수 있다.

$$F_2 = \frac{f_1 P}{f_1 + f_2} \qquad \textbf{답 (b)} \tag{9b}$$

가상 힘의 원리(Principle of Virtual Forces)를 이용하면 하중법(Force-Method)에 의한 해에 자동적으로 도달하게 된다.

풀이 검토 가상 힘의 원리를 이용하고, '검토(inspection)'하여 적합조건식을 얻었다. 그러나 식 (9)의 힘에 대한 해는 평형방정식 $F_1 + F_2 = P$와 적합조건식 $f_1 F_1 = f_2 F_2$를 만족한다는 의미이므로 내력의 해를 구할 수 있다.

크로티-엥게서 이론 가상 변위의 원리인 식 11.48은 외력의 가상 일에 대한 식을 조합하여 카스티리아노의 제1정리로서 나타낼 수 있다.

$$\delta \mathcal{W}_{\text{ext}} = \sum_{i=1}^{N} P_i \delta q_i$$

물체가 여러 개의 독립적인 힘을 받을 때, 같은 방법으로 공액 가상 일을 다음과 같이 나타낼 수 있다.

$$\delta \mathcal{W}^c = \sum_{i=1}^{N} u_i \delta P_i \tag{11.55}$$

단 P_i는 우력도 포함한다. 그리고 u_i는 힘(혹은 우력) P_i에 해당되는 변위(회전)이다. 공액 변형률 에너지는 작용하중들의 기본함수이기 때문에, 식 11.47에 상사되는 표현은 다음과 같이 $\delta \mathcal{U}^C$로 표현될 수 있다.

$$\delta \mathcal{U}^c = \sum_{i=1}^{N} \frac{\partial \mathcal{U}^c}{\partial P_i} \delta P_i \tag{11.56}$$

식 11.55와 11.56을 가상 힘의 원리인 식 11.54에 대입하고 가상 힘들은 독립적이라는 것을 고려하면, 식 11.50을 얻을 수 있다.

$$u_i = \frac{\partial \mathcal{U}^c}{\partial P_i}, \quad i = 1, 2, \cdots, N \qquad \textbf{크로티-엥게서 이론} \tag{11.57}$$

이것은 **크로티-엥게서 이론**(Crotti-Engesser Theorem)이라고 한다.[10] 이 이론은 다음 예제에 예시된 것처럼 선형탄성체 뿐만 아니라 비선형탄성체에도 적용된다.

예제 11.15

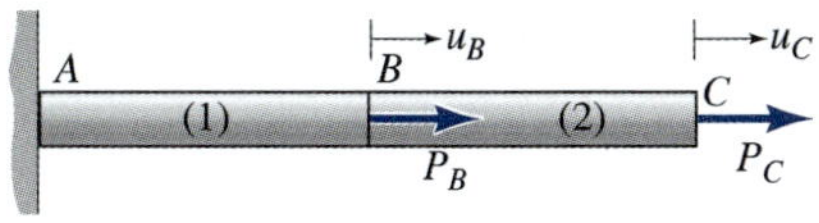

(a) 두 개의 봉으로 구성된 시스템

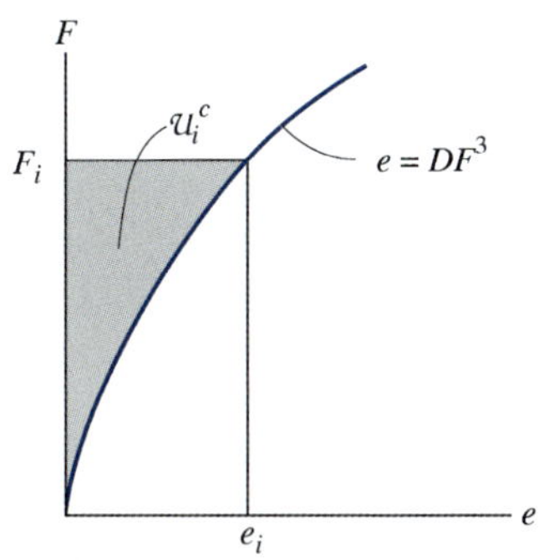

(b) 비선형재료의 하중-신장 곡선

그림 1

그림 1b와 같이 비선형 하중-신장 관계의 거동을 하는 두 개의 봉에 그림 1a와 같이 축방향 하중 P_B와 P_C가 작용한다. 크로티-엥게서 이론을 이용하여, u_B와 u_C를 결정하고 그 값들을 하중 P_B와 P_C 그리고 재료상수 D를 이용하여 나타내시오.

풀이 계획 요소의 공액 변형률 에너지는 그림 1b 선도 위의 빗금 친 면적이다. 이것을 적분하여 $\mathcal{U}_i^C(F_i)$를 구한다. $\mathcal{U}_i^C(P_B, P_C)$를 구하기 위해서는 평형방정식을 사용하여 F_i와 P와의 관계를 구해야 한다. 그리고 크로티-엥게서 이론인 식 11.57을 이용할 수 있다.

풀이

평형: 이 경우의 평형조건은 예제 11.13의 평형조건과 같다.

$$\begin{aligned} F_1 &= P_B + P_C \quad \text{그리고} \quad \delta F_1 = \delta P_B + \delta P_C \\ F_2 &= P_C \quad \text{그리고} \quad \delta F_2 = \delta P_C \end{aligned} \tag{1}$$

공액 변형률 에너지: 식 11.51과 11.52에서

$$\mathcal{U}_i^c(F_i) = \int_0^{F_i} e\,dF = \int_0^{F_i} DF^3 dF = \frac{1}{4}DF_i^4 \tag{2}$$

2요소 시스템에 있어서,

$$\mathcal{U}^c = \frac{1}{4}DF_1^4 + \frac{1}{4}DF_2^4 \tag{3}$$

식 (1)을 이용하면 식 (4)를 얻을 수 있다.

$$\mathcal{U}^c = \frac{D}{4}[(P_B + P_C)^4 + P_C^4] \tag{4}$$

크로티-엥게서 이론: 식 (4)는 평형방정식과 하중-신장 관계 등에서 구한 것이기 때문에, 기하학적 적합조건을 고려하여 크로티-엥게서 이론을 적용할 수 있다.

$$\left.\begin{aligned} u_B &= \frac{\partial \mathcal{U}^c}{\partial P_B} = D(P_B + P_C)^3 \\ u_C &= \frac{\partial \mathcal{U}^c}{\partial P_C} = D[(P_B + P_C)^3 + P_C^3] \end{aligned}\right\} \quad \textbf{답} \tag{5}$$

10) 크로티-엥게서 이론은 1878년에 그 이론을 개발한 이탈리아 공학자인 Francesco Crotti(1839~1896)와 1889년에 독자적으로 그 이론을 개발한 독일 공학자인 Friedrich Engesser(1848~1931) 등의 이름을 딴 것이다. Engesser는 공액 에너지 개념을 제의하였다. [참고문헌 11-1]

풀이 검토 이 예제에서는 단지 검토(inspection)함으로써 $u_B = e_1$ 그리고 $u_C = e_1 + e_2$인 것을 알 수 있다. 그리고 그림 1b의 $e_i = DF_i^3$의 관계를 이용하고 F_i에 평형방정식 관계를 대입하여, 식 (5)의 해답을 얻을 수 있다.

부정정 문제에 적용된 크로티-엥게서 이론 예제 11.14는 가상 힘의 원리의 관점에서 보면 부정정 문제이다. 부정정 문제를 푸는 데 사용될 과잉 힘을 N_R개로 선정하고 이러한 과잉 힘을 $R_1, R_2, \cdots, R_{N_R}$라고 하자. 그리고 공액 에너지 변형률은 작용하는 힘과 이러한 과잉 힘으로 표현될 수 있다. 과잉 힘들에 해당되는 변위들은 모두 0이다(즉, 시스템은 실제로 분리된 것은 아니다. 그러나 우리가 선택한 과잉반력을 알 수 있는 힘의 값으로 나타낼 수 있도록 그 시스템은 분리되었다고 가정한다). 그러므로 부정정 문제에 적용된 크로티-엥게서 이론은 다음의 식에 의해 주어진다. 우선 과잉 힘들은 식 11.58에 의해 결정된다.

$$\frac{\partial \mathcal{U}^c(P_1, P_2, \cdots, P_N; R_1, \cdots, R_{N_B})}{\partial R_i} = 0, \quad i = 1, 2, \cdots, N_R \tag{11.58}$$

그리고 P_i에 대응되는 변위는 식 11.59로서 얻을 수 있다.

$$u_i = \frac{\partial \mathcal{U}^c(P_1, P_2, \cdots, P_N; R_1, \cdots, R_{N_R})}{\partial P_i}, \quad i = 1, 2, \cdots, N \tag{11.59}$$

예제 11.14를 다시 풀기 위해서는 식 11.58을 다시 사용하게 될 것이다.

예제 11.16

예제 11.14의 시스템은 강체블록에 연결된 두 개의 선형탄성 봉으로 구성되었다. 과잉 힘 F_i을 구하기 위해 식 11.58을 사용하시오.

풀이 계획 선형 탄성 봉에 대하여 식 11.8은 $\mathcal{U}^C$를 나타낸다. 만약 평형방정식을 이 식에 관계시키면, $\mathcal{U}^C$은 P와 F_1($R_1 \equiv F_1$ = 과잉 힘)의 함수로 주어진다. 그리고 $\mathcal{U}^C$에 식 11.58을 적용하면 F_1을 구할 수 있다.

풀이

평형: 예제 11.14의 식 (2)에서

$$F_2 = P - F_1 \tag{1}$$

공액 변형률 에너지: 식 11.53에서

$$\mathcal{U}^c = \frac{1}{2} f_1 F_1^2 + \frac{1}{2} f_2 F_2^2 \tag{2}$$

F_1을 과잉 힘으로 정의하고 식 (1)과 (2)를 조합하여 식 (3)을 얻을 수 있다.

$$\mathcal{U}^c = \frac{1}{2}f_1F_1^2 + \frac{1}{2}f_2(P-F_1)^2 \quad (3)$$

크로티-엥게서 이론: F_1을 과잉 힘으로 정하고 식 11.58에서 얻는 식 (4)에서 과잉 힘으로 정한 F_1을 얻을 수 있다.

$$\frac{\partial \mathcal{U}^c}{\partial F_1} = 0 \quad (4)$$

그리고 식 (3)을 식 (4)에 적용한 결과에서

$$f_1F_1 - f_2(P-F_1) = 0$$

또는

$$F_1 = \frac{f_2P}{f_1+f_2} \quad \textbf{답}\ (5)$$

이것은 예제 11.14에서 얻은 해(하중법에서 얻은 해)와 동일하다.

풀이 검토 더 검토할 필요가 없다. 왜냐하면 예제 11.14에서 얻은 결과와 동일한 해답을 얻었기 때문이다. 만약에 식 (3)을 이용하여 $\partial\mathcal{U}^C/\partial P$를 이용한다면, 변위에 대한 방정식을, 즉 식 (5)로부터 F_1을 대입할 수 있는 다음 식을 얻을 수 있다.

$$u = f_2(P-F_1)$$

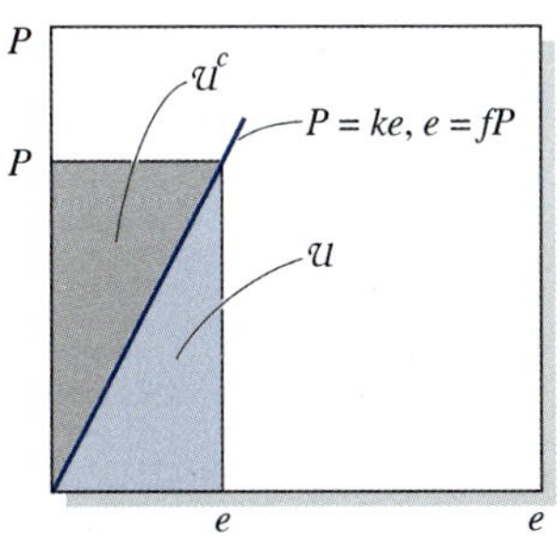

그림 11.22 선형 탄성 부재의 하중–신장 선도

식 11.36과 식 11.57을 비교하므로 카스티리아노 제2정리는 그림 11.22에 나타낸 것처럼 공액 변형률 에너지 $\mathcal{U}^C$와 변형률 에너지 $\mathcal{U}$와 동일한 선형 탄성 거동 경우의 크로티-엥게서 이론의 특수한 경우라는 것을 기억하자. 카스티리아노 제2정리(식 11.36)를 사용하기 위해서는 변형률 에너지는 변위 대신에 힘의 항으로 대체되어야 한다.

그러므로 카스티리아노 제2정리와 단위하중법을 특이 선형법(Special Linear Method)이라고 한다. 표 11.2는 11.7절의 변형률–에너지법(Strain-Energy Methods),

표 11.2 각 에너지법의 비교

변형률–에너지 법	공액 에너지법	특이 선형법
종속함수: $\delta\mathcal{W}$(변위), $\delta\mathcal{U}$(변위)	종속함수: $\delta\mathcal{W}^c$(힘), $\delta\mathcal{U}^c$(힘)	종속함수: $\delta\mathcal{W}$(힘), $\delta\mathcal{U}$(힘)
적합조건: 반드시 필요	적합조건: 반드시 필요	적합조건: 반드시 필요
가상 변위 사용	가상 힘 사용	가상 힘 사용
변위로 나타낸 평형방정식	힘의 항으로 나타낸 적합조건식	힘의 항으로 나타낸 적합조건식
비선형 재료	비선형 재료	선형 재료

11.8절의 공액 에너지법(Complementary-Energy Methods) 그리고 11.5절의 특이 선형법(Special Linear Methods) 등의 특징을 요약한 것이다.

*11.9 동적하중: 충격

지금까지 모든 하중은 각 하중이 최댓값에 도달할 때까지 천천히 작용하고 그리고 정하중(static-load)값, 즉 최댓값으로 유지된다고 가정했다. 해변의 방파제에 부딪히는 파도 혹은 충돌시 자동차의 충격하중처럼 하중이 매우 빠르게 작용할 때, 발생되는 동적하중을 받는 변형체의 시간에 관계되는 거동을 결정하기 위해서는 구조물 동역학을 다루어야 한다.[11)]

정적 하중에 대한 변형체 거동과 동적 하중에 대한 변형체 거동 사이에는 분명히 차이가 있다는 것을 보이기 위해 다음과 같이 간단히 가정하였다.

처음에는 질량이 없다고 가정한 선형 스프링을 변형체로 사용하고, 다음에는 막대, 보 그리고 다른 변형체 등으로 일반화하려 한다. 첫 번째 경우에는 높이가 h인 곳에서, 질량이 없고 스프링상수가 k(즉, $p=k\Delta$)인 선형 스프링에 떨어지는 무게 W인 물체를 고려하고, 두 번째 경우에는 그 물체가 스프링을 때릴 때 v의 속도로 움직이는 질량 M인 물체를 고려한다.

A. 질량이 무시된 선형 스프링의 변형률 에너지로 변환된 중력 위치 에너지 무게가 W인 물체가 높이가 h인 곳에서 질량이 무시된 선형 스프링에 떨어지고 그 물체가, 스프링에 접촉하는 동안 에너지의 손실은 없다고 가정한다. 세 위치를 그림 11.23a와 같이 구분한다. 즉 첫 번째 위치는 물체가 정지해 있는 곳, 두 번째 위치는 물체가 스프링에 최초로 접촉하는 곳, 세 번째 위치는 스프링이 최대로 압축(Δ_{max})되고 물체가 순간적으로 정지하는 곳, 즉, 물체가 도달할 수 있는 최소 위치이다.

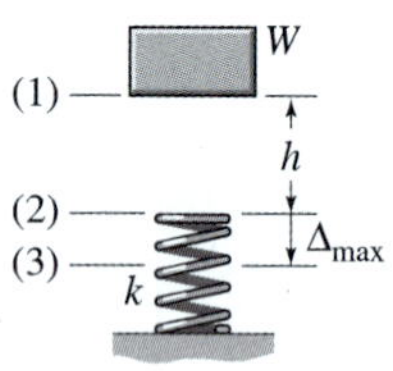

(a)

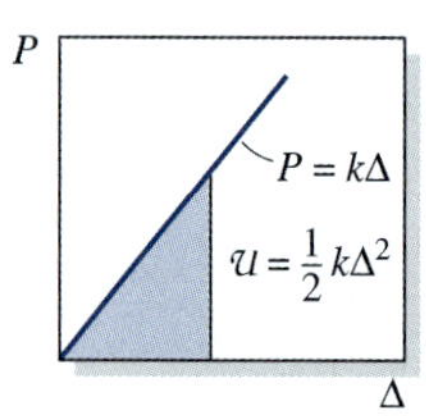

(b)

그림 11.23 충격하중-낙하하는 추의 경우

충돌하는 동안 에너지손실이 없다면 물체가 $(h+\Delta_{max})$만큼 낙하했으므로, 손실된 중력 위치 에너지는 스프링이 Δ_{max}만큼 압축되었을 때 스프링에 발생되는 변형률 에너지와 같다. 그래서 식 11.60이 성립한다.

$$W(h+\Delta_{max}) = \frac{1}{2}k\Delta_{max}^2 \tag{11.60}$$

Δ_{max}에 대한 2차 방정식 양의 근을 구하면 식 11.61이 주어진다.

$$\Delta_{max} = \left(\frac{W}{k}\right) + \left[\left(\frac{W}{k}\right)^2 + 2h\left(\frac{W}{k}\right)\right]^{1/2} \tag{11.61}$$

11) 예로서, Structural Dynamics An Introduction to Computer Methods , by Roy R. Craig, Jr. [Ref. 11.3]을 참조.

그러나 무게가 W인 물체가 스프링에 천천히 작용한다면, 발생되는 정적 압축변위 Δ_{st}은 W/k이다. 그러므로 식 11.61은 간편한 형태인 식 11.62로 바뀔 수 있다.

$$\Delta_{max} = \Delta_{st}\left[1 + \left(1 + \frac{2h}{\Delta_{st}}\right)^{1/2}\right] \tag{11.62}$$

식 11.62로부터 $\Delta_{max} \geq 2\Delta_{st}$인 것을 알 수 있다. 만약에 물체가 스프링에 접촉하는 순간, 즉 그림 11.23a의 위치 (2)에서 물체를 갑자기 놓으면 스프링의 최대처짐 Δ_{max}은 다음과 같다.

$$\Delta_{max} = 2\Delta_{st} \tag{11.63}$$

스프링이 최대로 압축되었을 때, 즉 그림 11.23a의 위치 (3)에 있을 때 물체의 무게에 의해 스프링에 발생될 수 있는 힘의 크기는 다음과 같다. (하중방향과 반대)

$$P_{max} = k\Delta_{max} \tag{11.64}$$

단, Δ_{max}은 식 11.61 또는 11.62에 의해 얻을 수 있다.

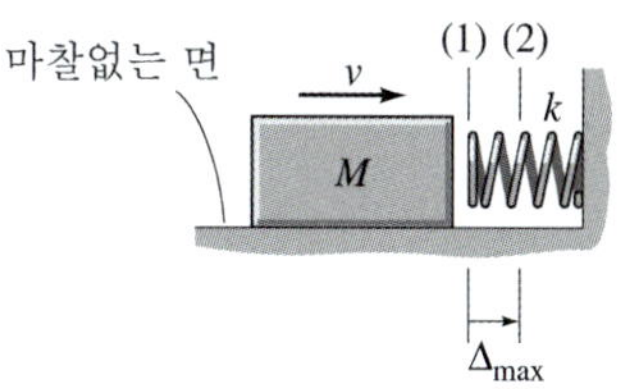

그림 11.24 충격하중 질량이 움직이는 경우

B. 질량이 무시된 선형스프링의 변형률 에너지로 변환된 운동에너지 그림 11.24는 질량이 M인 물체가 속도 v로 질량이 무시된 선형스프링에 충돌하는 것을 나타낸다. 만약 충돌하는 과정에서 에너지손실이 없다면, 에너지는 보존되고 그림 11.24의 위치 (1)의 운동에너지는 위치 (2)에서 스프링에 저장된 변형률 에너지로 변환된다.

$$\frac{1}{2}Mv^2 = \frac{1}{2}k\Delta_{max}^2 \tag{11.65}$$

혹은

$$\Delta_{max} = \sqrt{\frac{Mv^2}{k}} \tag{11.66}$$

A 경우처럼, 질량에 의해 스프링에 발생될 수 있는 최대 힘은 식 11.64로 구할 수 있고, 이 경우의 Δ_{max}은 식 11.66으로 얻을 수 있다.

C. 변형체의 충돌 그림 11.25는 높이가 h인 곳에서 떨어지는 미끄럼 칼라(Collar)가 선형탄성봉의 끝부분에 있는 플랜지에 충돌하여, 선형 탄성봉이 Δ_{max}만큼 늘어나는 관계를 나타낸 것이다. 만약 다음과 같이 가정한다면, A 경우의 해석법이 이 시스템이나 다른 변형체에도 적용될 수 있다.

- 충돌되는 변형체의 질량은 충돌하는 질량에 비하면 무시해도 될 정도이다.
- 충돌하는 질량은 강체이다.

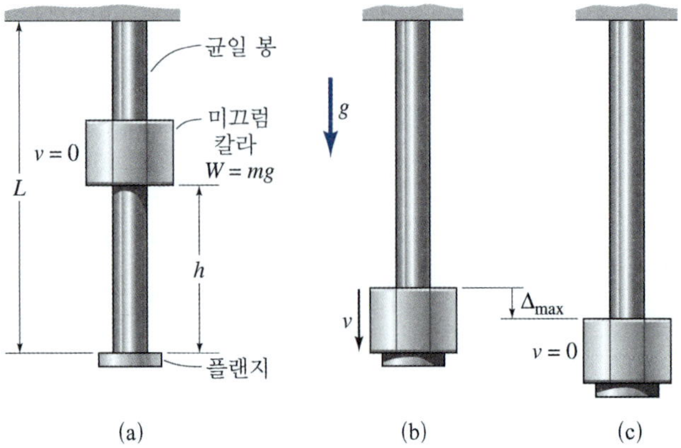

그림 11.25 단면이 균일한 봉의 충격하중

• 충돌 시 에너지손실이 없다.

이러한 가정은 고전적인 해답을 준다. 즉, 에너지가 손실되고 위에서 언급된 다른 요소들이 완전히 고려된다면, 계산되어 얻어지는 변형이나 응력들은 실제의 값보다 크다.

앞의 가정에서는 충돌 받는 물체에서 발생되는 응력파나 충돌에 대한 운동량의 보존이 고려되지 않았다. 단지 앞에서 구한 질량이 무시된 스프링에 대한 결과가 적용되었다. 식 11.62와 11.66은 두 충돌 유형의 최대 변형을 각각 결정하는 데 사용된다. 상당 강성 k는 충돌 받는 어떤 특수 탄성체에서 결정된다. 그러나 충격에 의해 발생되는 최대 응력을 결정하기 위해서는 식 11.64의 최대 동적하중 P_{max}을 충돌되는 어떤 특수한 물체(예: 봉, 보 등)에 작용시켜야 한다. 다음의 두 가지 예제는 변형체에 가해지는 충돌하중의 영향을 나타낸 것이다.

예제 11.17

그림 11.25의 미끄럼 칼라와 봉에 있어서 (a) 최대 변형 Δ_{max}을 W, A, E, h 그리고 L의 함수로서 표현하시오. (b) 만약 물체가 $h = 40\Delta_{st}$인 곳에서 떨어졌을 때 충격증폭계수(impact amplification factor) Δ_{max}/Δ_{st}의 값을 구하시오. (c) 최대 충격응력 σ_{max}을 정적 응력 σ_{st}, 낙하높이 h 그리고 봉의 변수 등으로 나타내시오.

풀이

(a) 최대 변위 Δ_{max} 결정: 유도할 때와 같이 Δ는 압축보다는 인장을 취하므로, 식 11.61 혹은 11.62를 사용할 수 있다. 식 11.62를 사용해 보면

$$\Delta_{max} = \Delta_{st}\left[1 + \left(1 + \frac{2h}{\Delta_{st}}\right)^{1/2}\right] \tag{1}$$

이다. 만약 물체가 봉의 플랜지에 천천히 작용한다면, 정적 변형은 식 (2)와 같다.

$$\Delta_{st} = \frac{W}{k} = \frac{WL}{AE} \tag{2}$$

식 (1)과 (2)를 조합하므로 원하는 식을 얻을 수 있다.

$$\Delta_{max} = \frac{WL}{AE}\left[1 + \left(1 + \frac{2AEh}{WL}\right)^{1/2}\right] \qquad \textbf{답 (a)} \tag{3}$$

(b) 충격증폭계수 결정: $h = 40\Delta_{st}$일 때 식 (1)은

$$\frac{\Delta_{max}}{\Delta_{st}} = 10 \qquad \textbf{답 (b)} \tag{4}$$

이다.

(c) 최대 충격 응력 결정: 축방향 변형에 있어서 $\sigma = E\epsilon = E\left(\frac{\Delta}{L}\right)$이므로 σ_{max}에 대한 식인 식 (5)로 변환될 수 있다.

$$\sigma_{max} = \sigma_{st}\left[1 + \left(1 + \frac{2Eh}{L\sigma_{st}}\right)^{1/2}\right] \qquad \textbf{답 (c)} \tag{5}$$

길이의 한 부분에 있어서 단면이 커지는 봉의 충격하중은 단면이 균일한 봉의 최대 충격응력[식 (5)]보다 더 큰 최대 응력을 발생하는 것을 증명하는 것은 연습문제로 남겨둔다(연습문제 11.9-8, 11.9-9). 탄성에너지 흡수의 관점에서 보면, 균일한 단면을 가진 봉은 불균일한 단면을 가진 봉보다 유리하다.

예제 11.18

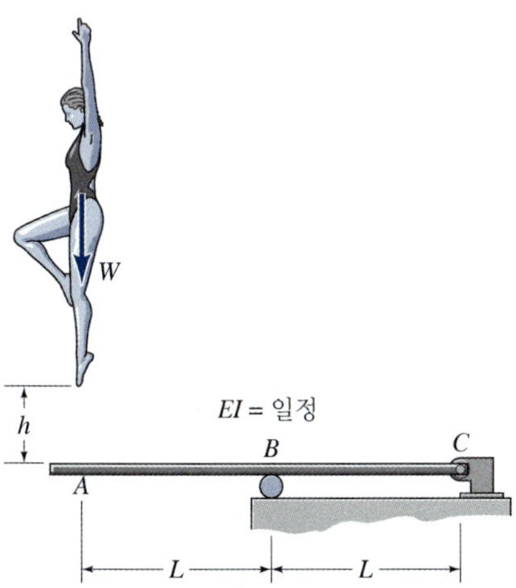

그림 1

다이버가 그림 1처럼 다이빙 보드 위에서 뛰어오른다. 다이버가 뛰어오를 때 보드에서 h만큼 더 높은 곳에 도달한다. 다이버를 높이 h에서 떨어지는 강체로 취급하고 다이빙 보드는 다이버보다도 매우 가볍다고 가정한다. (예를 들어 파이버 글라스 보드는 매우 가볍다.) 그리고 다이버가 다이빙 보드의 끝부분과 충돌할 때 다이빙 보드는 직선이라고 (변형이 없다고) 가정한다. (a) 다이빙 보드 끝부분의 최대 처짐을 구하시오. 최대 처짐을 W, h 그리고 다이빙 보드의 변수 즉, E, I 그리고 L 등으로 표현하시오. (b) 다이버의 충격에 의해 발생되는 최대 휨 응력을 구하시오. 최대 휨 응력을 최대 정적 휨 응력과 다이빙 보드의 변수 등으로 나타내시오. 전단변형, 충돌 시 발생되는 에너지손실 그리고 다이빙 보드의 질량 등을 무시하고 'EI = 일정' 하다고 가정한다.

풀이 계획 Δ_{max}를 계산하는 식 11.61을 사용하기 위하여 k를 구할 수 있는 예제 11.4의 결과를 이용할 수 있다. 문제 (b)에서 다이버가 보드에 가할 수 있는 최대 힘을 결정하기 위해 식 11.64를 사용한다. P_{max}에 의해 발생되는 최대 굽힘 모멘트에 의한 최대 굽힘 응력을 구하기 위하여 굽힘 공식 6.13을 사용할 수 있다.

풀이

(a) 다이빙 보드 끝부분의 최대 처짐 결정: 이 처짐은 식 11.62에서 얻어진 식

(1)과 같다.

$$\Delta_{\max} = \frac{W}{k}\left[1+\left(1+\frac{2kh}{W}\right)^{1/2}\right] \tag{1}$$

예제 11.4에서, 그림 2와 같은 보(다이빙 보드)의 자유단의 처짐 Δ는

$$\Delta = \frac{2}{3}\frac{PL^3}{EI} \tag{2}$$

k는 $P = k\Delta$로 정의되기 때문에, 이와 같은 보의 하중에서는

$$k = \frac{3EI}{2L^3} \tag{3}$$

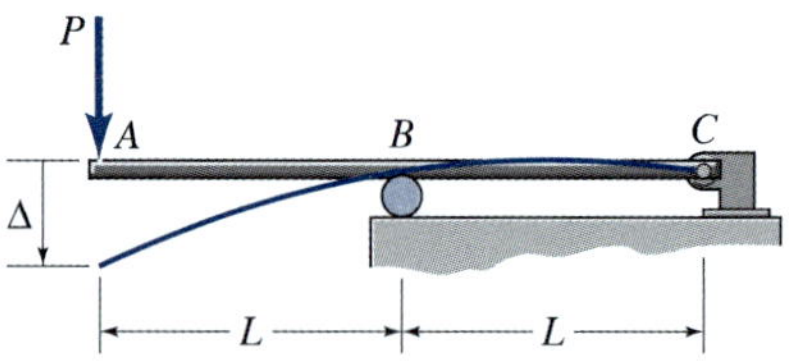

그림 2 자유단 하중에 의한 처짐

식 (1)과 (3)을 조합하면, 다음과 같은 해를 구할 수 있다.

$$\Delta_{\max} = \frac{2WL^3}{3EI}\left[1+\left(1+\frac{3EIh}{WL^3}\right)^{1/2}\right] \qquad \textbf{답 (a)} \tag{4}$$

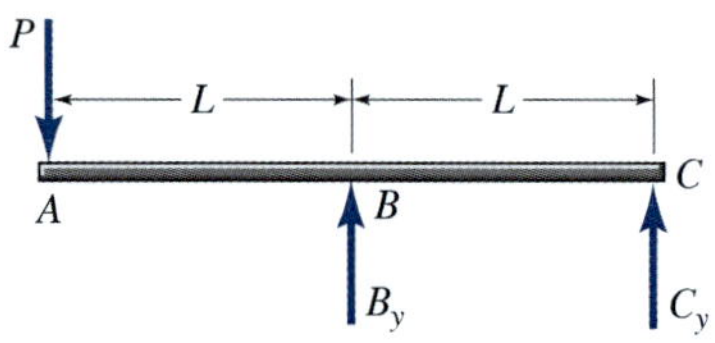

그림 3 자유물체도

(b) 다이버의 충격에 의해 발생되는 최대 휨 응력: 그림 3에 나타낸 자유물체에 대해

$$\left(\sum M\right)_B = 0: \qquad C_y = -P$$

보에 작용하는 하중은 B에 대해 대칭이고 최대 굽힘 모멘트($M_B = -PL$)는 점 B에서 발생한다. 식 11.64와 식 (3)을 조합하면, 자유단 A의 최대 충격하중을 구할 수 있다. 그 크기는 다음과 같다.

$$P_{\max} = \left(\frac{3EI}{2L^3}\right)\Delta_{\max} \tag{5}$$

그래서 최대 굽힘 모멘트는

$$(M_B)_{\max} = -\left(\frac{3EI}{2L^2}\right)\Delta_{\max} \tag{6}$$

이다. c는 중립축에서 보의 단면의 최외각까지의 거리이므로 휨 공식인 식 6.13에서

$$\sigma_{\max} = \frac{-(M_B)_{\max}\,c}{I} = \left(\frac{3Ec}{2L^2}\right)\Delta_{\max} \tag{7}$$

이다. σ_{st}는 정하중 하에서 보의 최대 휨 응력이고(예: 다이빙 보드 끝에 서있는 다이버에 대한), $(M_B)_{st} = -WL$이다. 그래서

$$\sigma_{st} = \frac{WLc}{I} \tag{8}$$

이다. 최종적으로, $\sigma_{\max}$과 σ_{st}가 관계되는 식 (9)를 얻기 위해서는 식 (4), (7) 그리고 (8)을 이용해야 한다.

$$\sigma_{\max} = \sigma_{\mathrm{st}}\left[1+\left(1+\frac{3Ehc}{\sigma_{\mathrm{st}}L^2}\right)^{1/2}\right] \qquad \textbf{답 (b)} \quad (9)$$

(주: 식 (9)의 최대응력은 봉에 축방향 충격하중이 작용하는 경우의 최대응력과 다르다. 그런데 두 문제(예제 11.17과 11.18)의 $\sigma_{\max}$와 σ_{st}의 관계는 식 11.62와 같다.)

11.10 연습문제

> 문제 11.3 – 1부터 11.3 – 15에서는 축방향 변형을 받는 여러 부재들 내에 저장되는 변형률 에너지를 다루게 된다. 단면적의 급격한 변화가 있는 부위가 있더라도 모든 단면에서의 응력 분포는 균일하다고 가정한다.

문제 11.3–1. 단면적이 $A = 1\ \text{in.}^2$이고 길이가 $L = 50\ \text{in.}$인 균일한 알루미늄합금 재질의 봉이 그림 P11.3-1과 같이 축하중 P를 받고 있다. 알루미늄합금 재질의 탄성계수는 $E_{al} = 10(10^3)\ \text{ksi}$라고 한다.

(a) 길이가 0 in.에서 0.250 in.로 늘어나는 경우에 하중 P 대 늘어나는 길이 e 선도를 그리시오. [힌트: 식 3.15 참고]

(b) 하중이 $P = 40\ \text{kips}$일 때 봉에 저장되는 변형률 에너지 $\mathcal{U}$를 계산하시오. 그리고 하중(P)-신장(e) 선도에서 변형률 에너지를 나타내는 면적을 나타내시오.

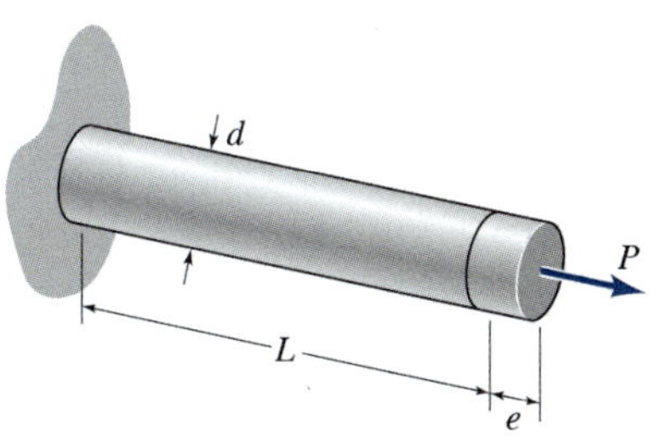

P11.3–1과 P11.3–2

문제 11.3–2. 지름이 $d = 30\ \text{mm}$이고 길이가 $L = 1.5\ \text{m}$인 균일한 탄소강 재질의 봉이 그림 P11.3-2와 같이 축하중 P를 받고 있다. 탄소강 재질의 탄성계수는 $E_{st} = 200\ \text{GPa}$이고 항복응력은 $\sigma_Y = 250\ \text{MPa}$라고 한다.

(a) 항복이 발생하는 하중 P의 최솟값은 얼마인가?

(b) 문제 (a)에서 축하중 P가 항복을 발생시키는 하중 P_Y에 도달할 때 봉에 저장되는 변형률 에너지 $\mathcal{U}$를 계산하시오.

설계**문제 11.3–3.** 그림 P11.3-3과 같이, 단(step)이 있는 봉이 단면 B와 단면 C에서 축하중 P를 받고 있다.

(a) $A_1 = 2A$, $A_2 = A$, $L_1 = L_2 = L$이고 $E_1 = E_2 = E$일 때 다음을 결정하시오.

(1) 봉 AB에 저장되는 변형률 에너지 $\mathcal{U}_1$

(2) 봉 BC에 저장되는 변형률 에너지 $\mathcal{U}_2$

(3) 전체 변형 에너지 $\mathcal{U}$

(b) 만약 봉이 균일한 단면을 가진다면(즉 $A_1 = A_2 = A$) 부재 AC에 저장되는 전체 변형률 에너지는 작아지게 되는지 확인하시오.

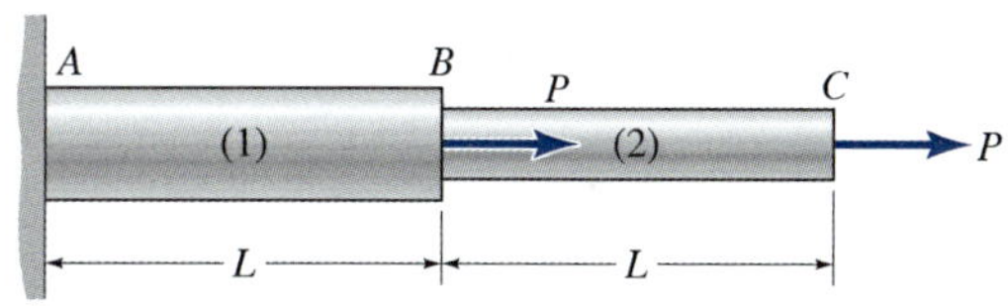

P11.3–3

문제 11.3–4. 그림 P11.3-4와 같이, 탄성계수가 E이고 단면적이 A인 균일한 부재에 하중들이 작용하고 있을 때 부재에 저장되는 변형률 에너지 $\mathcal{U}$를 계산하시오.

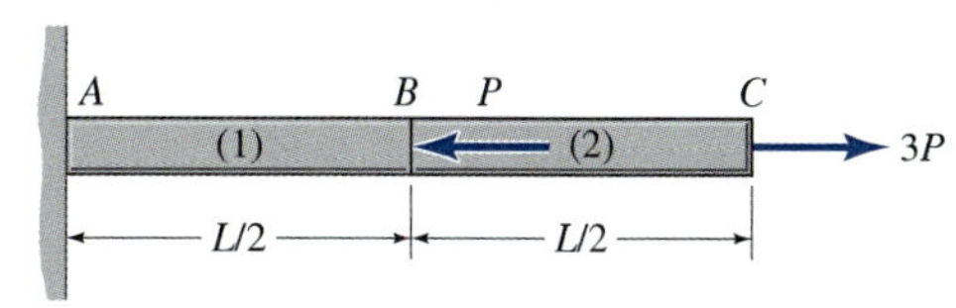

P11.3–4

설계**문제 11.3–5.** (a) 그림 P11.3-5a와 같이, 탄성계수가 $E_{al} = 10(10^3)\ \text{ksi}$이고 $d_1 = 1.0\ \text{in.}$인 균일한 알루미늄 재질의 봉에 하중이 $P_B = 6\ \text{kips}$ 작용하게 될 때 봉에 저장되는 변형률 에너지 $\mathcal{U}$를 계산하시오.

(b) 그림 P11.3-5b와 같이, 하중이 $P_E = 6\ \text{kips}$이고 $d_1 = 1.0\ \text{in.}$, $d_2 = 1.25\ \text{in.}$일 때 봉에 저장되는 변형률 에너지 $\mathcal{U}$를 계산하시오.

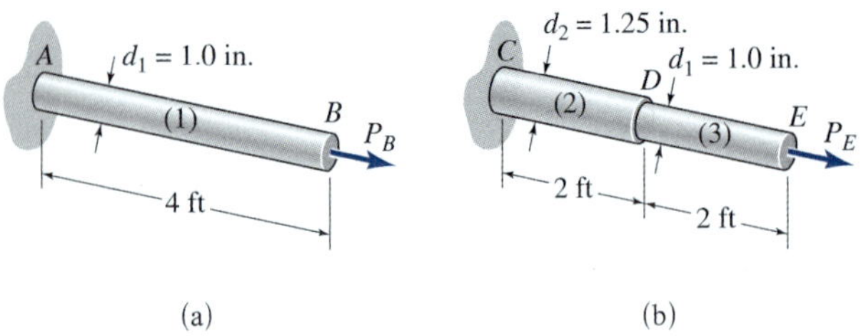

P11.3-5, P11.3-6, P11.4-1

문제 11.3-6. (a) 하중이 $P_B = 6$ kips일 때 그림 P11.3-6a의 봉과 동일한 신장량(e)을 갖기 위하여 그림 P11.3-6b의 단(step)이 있는 봉에 가해져야 할 하중 P_E를 계산하시오. 탄성계수는 $E_{al} = 10(10^3)$ ksi이다.

(b) 문제 (a)에서의 하중들 하에서 두 봉에 저장되는 변형률 에너지를 각각 계산하시오.

설계문제 11.3-7. 그림 P11.3-7a와 같이, 탄성계수가 E이고 단면적이 A, 길이가 L인 균일한 부재에 저장되는 변형률 에너지를 $\mathcal{U}_a$라 하자. 만약 봉 일부(λL, $0 \le \lambda \le 1$)의 단면적이 αA로 변경되고($\alpha < 1$이면 단면적 감소; $\alpha > 1$이면 단면적 증가) 저장되는 변형률 에너지를 $\mathcal{U}_b$라 한다면 α와 λ인자를 사용하여 변형률 에너지의 비($\mathcal{U}_b/\mathcal{U}_a$)를 나타내시오.

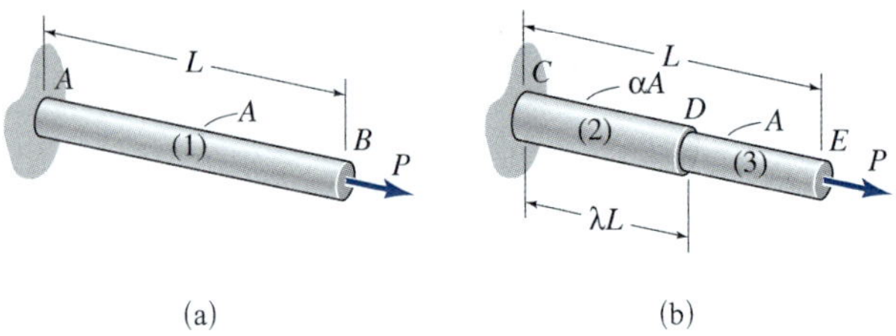

P11.3-7

***문제 11.3-8.** 그림 P11.3-8a와 같이, 2가지 형태의 탄소강 재질의 볼트가 에너지 저장능력이 중요한 특수 목적을 위해 고려되고 있다. 볼트 A는 전체 길이의 나사산을 가지고 있으나, 볼트 B는 원래 길이의 3인치 정도 더 큰 지름을 가지고 있다. 너트가 조여지게 되면 각 볼트의 3.5 in. 단면은 5 kips의 인장 하중을 받게 된다. 인장응력을 계산하기 위해 사용되는 나사산의 지름은 0.432 in.이고 볼트 B의 나사산이 없는 부위의 지름은 0.500 in.이다. 탄성계수가 $E_{st} = 30(10^3)$ ksi일 때, 2개 볼트에 저장되는 변형률 에너지를 각각 계산하시오.

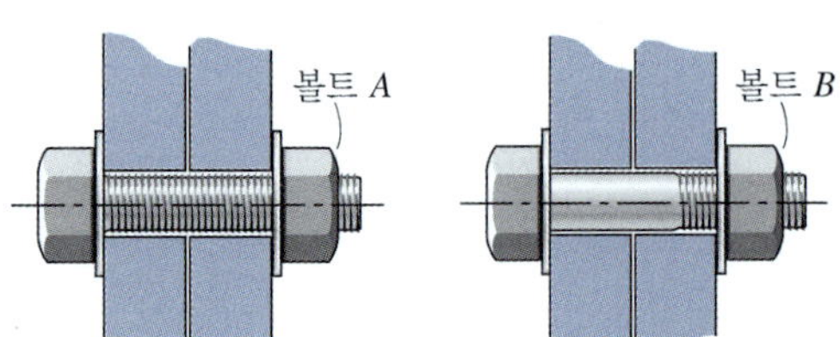

P11.3-8

문제 11.3-9. 그림 P11.3-9와 같이, 길이가 L이고 최대 지름이 d_A, 최소 지름이 d_B인 원뿔 모양의 부재에 하중이 작용하고 있을 때에 저장되는 변형률 에너지를 결정하시오. 탄성계수는 E이고 축하중은 P라고 한다.

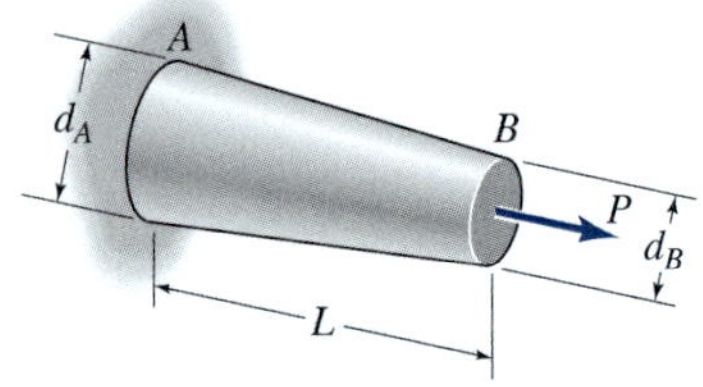

P11.3-9와 P11.4-2

문제 11.3-10. 그림 P11.3-10과 같이, 두께가 0.5 in.이고 길이 12 in.인 탄소강판(탄성계수 $E_{st} = 29(10^3)$ ksi)의 폭이 $h_1 =$ 4 in.에서 $h_2 = 2$ in.까지 변화하고 있다.

(a) 축하중이 $P = 2$ kips 작용되고 있는 경우에 이 강판에 저장되는 변형률 에너지 $\mathcal{U}_a$를 결정하시오.

(b) 축하중 P가 초기 항복을 발생시키는 하중까지 증가된다면 강판에 저장되는 변형률 에너지 $\mathcal{U}_b$를 결정하시오. 이때 재료의 항복응력은 $\sigma_Y = 36$ MPa이다.

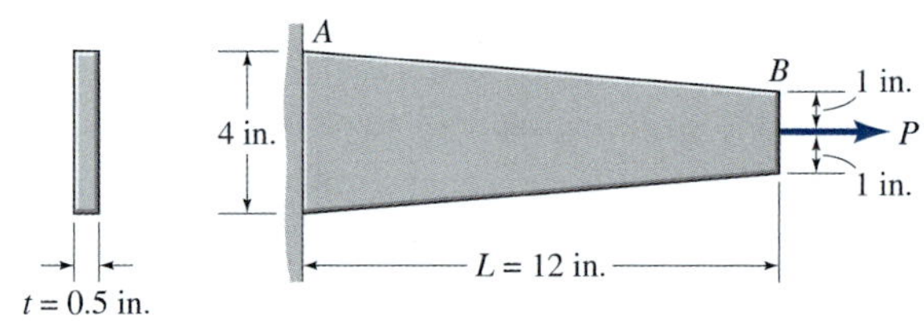

P11.3-10과 P11.4-3

문제 11.3-11. 그림 P11.3-11과 같이, 핀 조인트가 있는 트러스 구조의 2개 부재들은 탄성계수가 E이고 단면적이 A이다. 하중 P, 길이 L, 탄성계수 E, 단면적 A을 사용하여 저장되는 변형률 에너지를 $\mathcal{U}$를 나타내시오.

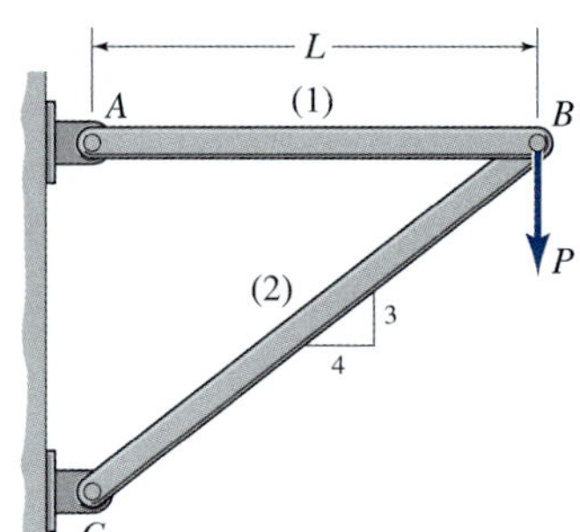

P11.3-11과 P11.4-4

문제 11.3-12. 그림 P11.3-12와 같이, 핀 조인트가 있는 트러스 구조의 4개 부재들은 단면적이 각각 $A_1 = A_2 = 1\ \text{in}^2$이고 $A_3 = A_4 = 1.5\ \text{in}^2$이다. D에서 수직하중 $P = 2$ kips가 작용되고 있을 때, 트러스에 저장되는 전체 변형률 에너지를 나타내시오. 모든 부재들은 탄성계수가 $E_{st} = 30(10^3)$ ksi인 탄소강 재질이다.

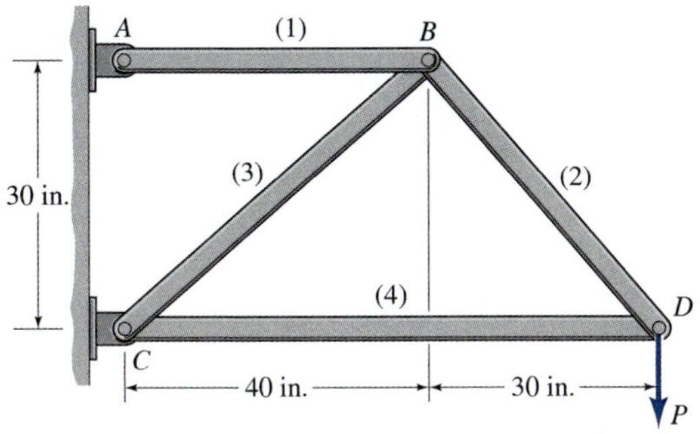

P11.3–12와 P11.4–5

문제 11.3–13. 그림 P11.3-13과 같이, 핀 조인트가 있는 트러스 구조의 3개 부재들은 단면적이 각각 $A_1 = A_2 = 500\ \text{mm}^2$이고 $A_3 = 800\ \text{mm}^2$이다. B에서 하중 $P = 5.2$ kN이 작용되고 있을 때, 트러스에 저장되는 전체 변형률 에너지를 나타내시오. 모든 부재들은 탄성계수가 $E_{al} = 70$ GPa인 알루미늄합금 재질이다.

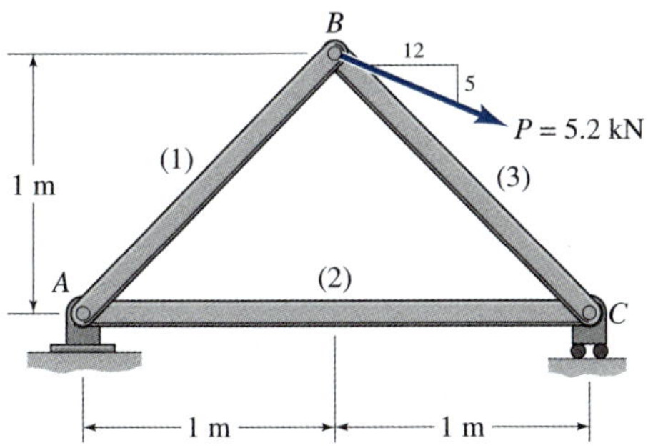

P11.3–13

문제 11.3–14. 그림 P11.3-14와 같이, 길이가 L이고 단면적이 A인 균일한 봉 AB가 지지점 A에서 단단하게 고정되어 있고 자체 무게 하중을 받고 있다. 선형 탄성 재질인 봉의 탄성계수가 E이고 비중이 γ일 때 단면적 A, 길이 L, 탄성계수 E, 비중 γ을 사용하여 저장되는 변형률 에너지를 $\mathcal{U}$를 나타내시오.

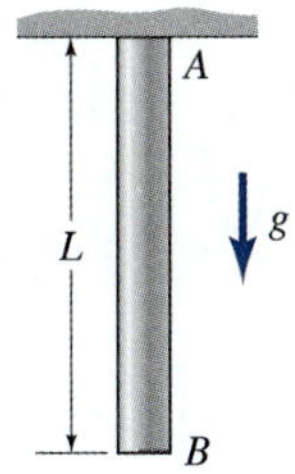

P11.3–14

***문제 11.3–15.** 그림 P11.3-15와 같이, 길이가 L이고 최대 지름이 d_1, 최소 지름이 d_2인 원뿔 모양의 부재 AB가, 지지점 A에서 단단하게 고정되어 있고 자체 무게 하중을 받고 있다. 부재 재질의 탄성계수가 E이고 비중이 γ라고 할 때 최대 지름 d_1, 최소 지름 d_2, 길이 L, 탄성계수 E, 비중 γ을 사용하여 저장되는 변형률 에너지 $\mathcal{U}$를 나타내시오.

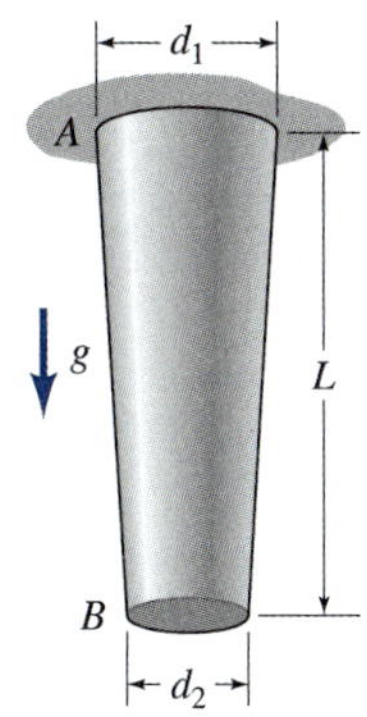

P11.3–15

문제 11.3 – 16부터 11.3 – 25에서는 비틀림 변형을 갖는 여러 부재들 내에 저장되는 변형률 에너지를 다루게 된다. 단면 지름의 갑작스러운 변화가 있는 부위가 있더라도 모든 단면에서의 응력 분포는 식 4.11을 적용받는다고 가정한다.

문제 11.3–16. 그림 P11.3-16과 같이 지름이 $d = 1$ in.이고 길이가 $L = 50$ in.인 알루미늄합금 재질의 부재가 비틀림 토크(회전력) T를 받고 있다. 알루미늄합금 재질의 전단(비틀림) 탄성계수는 $G = 4(10^3)$ ksi이라고 할 때,

(a) 비틀림 토크 T가 0 kip·in.에서 10 kip·in. 변화시키는 경우에 비틀림 하중에 대한 비틀림각 선도를 그리시오. [힌트: 식 4.21 참고]

(b) 비틀림 토크 $T = 4$ kip·in.일 때 부재에 저장되는 변형률 에너지 $\mathcal{U}$를 계산하시오. 그리고 문제 (a)에서 구한 비틀림 토크-비틀림각 선도에서 변형률 에너지를 나타내는 면적을 나타내시오.

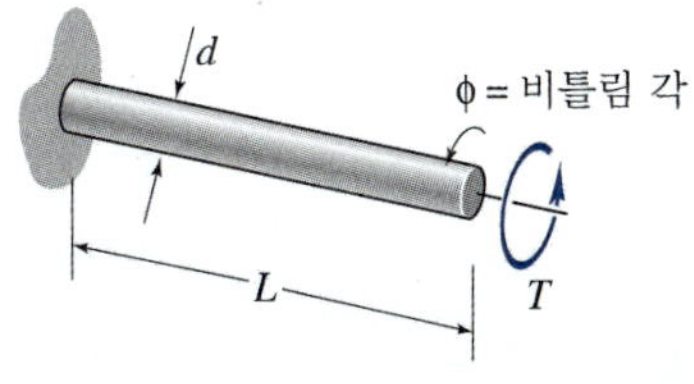

P11.3–16

문제 11.3–17. 그림 P11.3-17에서 단(step)이 있는 봉이 단면 B와 끝단 C에서 동일한 비틀림 하중 T_0를 받고 있다. 봉의 전단(비틀림) 탄성계수가 G라고 하고, $d_1 = 1.5d$, $d_2 = d$이고,

$L_1 = L_2 = L$일 때

(a) (1) 봉 AB에 저장되는 변형률 에너지 $\mathcal{U}_1$, (2) 봉 BC에 저장되는 변형률 에너지 $\mathcal{U}_2$, (3) 총 변형률 에너지 $\mathcal{U}_3$을 계산하시오.

(b) 만약 봉이 균일하다면(즉 $d_1 = d_2 = d$) 봉 AC에 저장되는 전체 변형률 에너지는 작아지게 되는지 확인하시오.

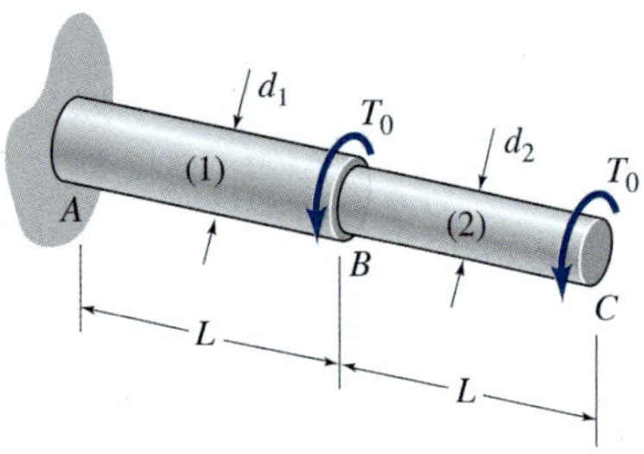

P11.3-17

문제 11.3-18. 지름이 $d = 30$ mm이고 길이가 $L = 1.5$ m인 균일한 비틀림 봉이, 그림 P11.3-18과 같이 비틀림 하중 T을 받고 있다. 봉의 전단(비틀림) 탄성계수가 $G = 70$ GPa이고 최대 전단응력이 60 MPa이라면 봉 AB에 저장될 수 있는 변형률 에너지는 얼마인가?

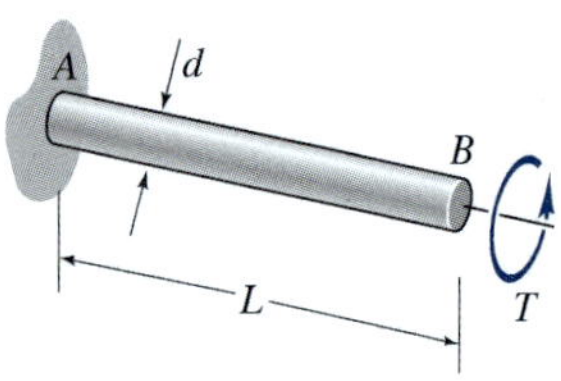

P11.3-18

문제 11.3-19. 외부 지름이 $d_o = 1.25$ in.이고 길이가 $L = 2$ ft인 알루미늄합금 재질의 튜브형 축(shaft)이, 그림 P11.3-19와 같이 비틀림 토크 $T = 3$ kip·in.를 받고 있다. 알루미늄합금 재질의 전단(비틀림) 탄성계수는 $G = 3.8(10^3)$ ksi이라고 할 때,

(a) 축(shaft)의 최대 전단응력이 10 ksi이라면 축의 내부 지름 d_i을 결정하시오.

(b) 이때 축에 저장되는 변형률 에너지를 계산하시오.

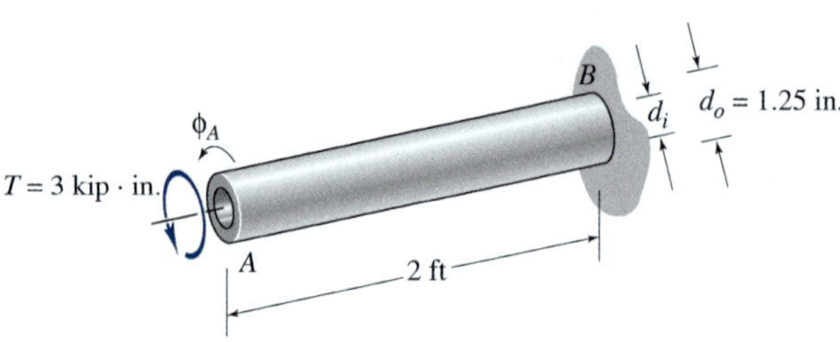

P11.3-19와 P11.4-6

문제 11.3-20. 그림 P11.3-20과 같이, 길이가 L이고 최대 지름이 d_A, 최소 지름이 d_B인 테이퍼가 있는 부재에 비틀림 하중 T_0이 작용하고 있을 때, 비틀림 하중 T_0, 길이 L, 최대 지름 d_A, 최소 지름 d_B, 전단탄성계수 G를 이용하여 부재에 저장되는 변형률 에너지를 나타내시오.

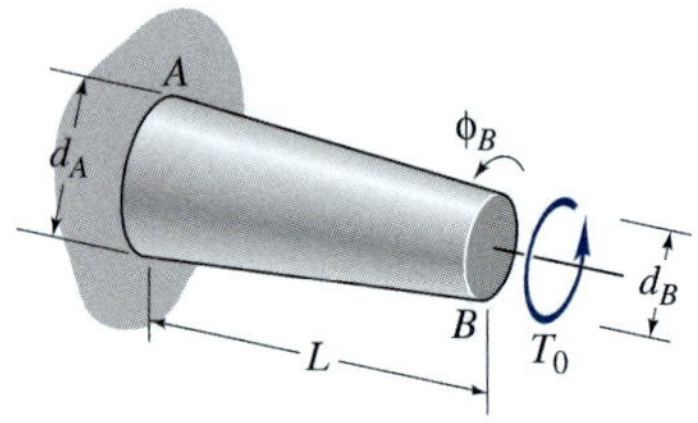

P11.3-20과 P11.4-7

문제 11.3-21. 그림 P11.3-21과 같이 지름이 d이고 길이가 L인 균일한 비틀림 봉이 분포 비틀림 하중 t_0(단위길이당 비틀림 하중)을 받고 있다. 분포 비틀림 하중 t_0, 길이 L, 지름 d, 전단탄성계수 G를 이용하여 비틀림 봉에 저장되는 변형률 에너지를 나타내시오.

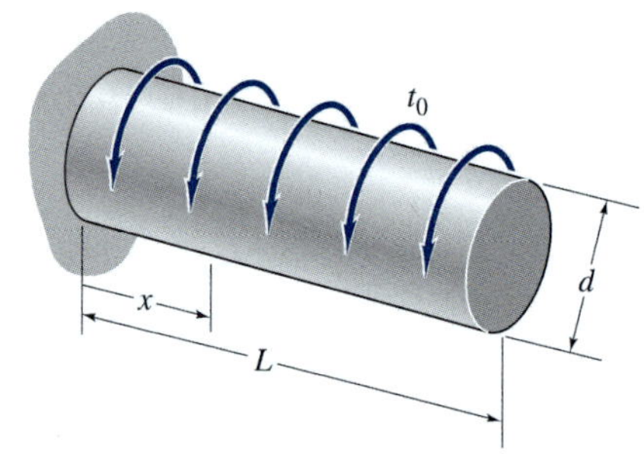

P11.3-21

문제 11.3-22. (a) 그림 P11.3-22a와 같이 알루미늄 재질의 봉이 비틀림 하중이 $T_B = 5$ kip·in.를 받고 있다. 전단탄성계수가 $G = 4(10^3)$ ksi일 때, 봉 AB에 저장되는 변형률 에너지를 나타내시오.

(b) 그림 P11.3-22b와 같이, 비틀림 하중이 $T_E = 5$ kip·in.이고 $d_2 = 1.25$ in.일 때 봉 CE에 저장되는 전체 변형률 에너지를 계산하시오.

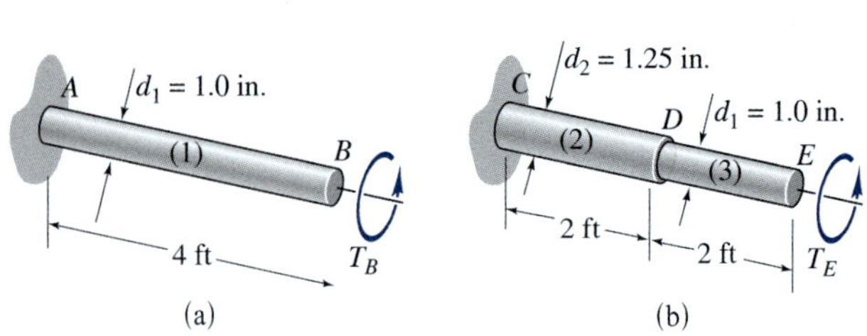

P11.3-22, P11.3-23과 P11.4-8

문제 11.3-23. (a) 그림 P11.3-23a와 같이 균일한 비틀림 봉

AB의 비틀림 하중이 $T_B = 5$ kip·in.이고 전단탄성계수가 $G = 4(10^3)$ ksi일 때의 발생하는 비틀림각과 동일한 비틀림각이 단이 있는 봉 CE에 발생하도록 하는 비틀림 하중 T_E 값을 구하시오.

(b) 문제 (a)에서의 비틀림 하중 하에서 두 봉에 저장되는 각각의 변형률 에너지를 계산하시오.

문제 11.3-24. 그림 P11.3-24와 같이 균일한 봉 AC가 비틀림 하중 T_B를 받고 있으며, 봉은 끝단인 A와 C위치에서 단단하게 고정되어 있다. 길이 L, 극관성 모멘트 I_p, 전단탄성계수 G, 비틀림각 ϕ_B을 이용하여 봉에 저장되는 전체 변형률 에너지 $\mathcal{U}(\phi_B)$를 나타내시오.

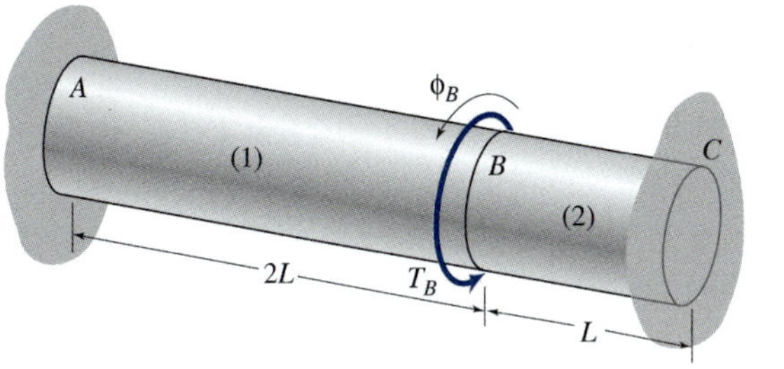

P11.3-24와 P11.4-9

문제 11.3-25. 그림 P11.3-25와 같이 균일한 봉 AD가 비틀림 하중인 T_B와 T_C를 받고 있으며 봉은 끝단인 A와 D위치에서 단단하게 고정되어 있다. 비틀림각 ϕ_B와 ϕ_C, 길이 L, 극관성 모멘트 I_p, 전단탄성계수 G을 이용하여 봉에 저장되는 전체 변형률 에너지 $U(\phi_B, \phi_C)$를 나타내시오.

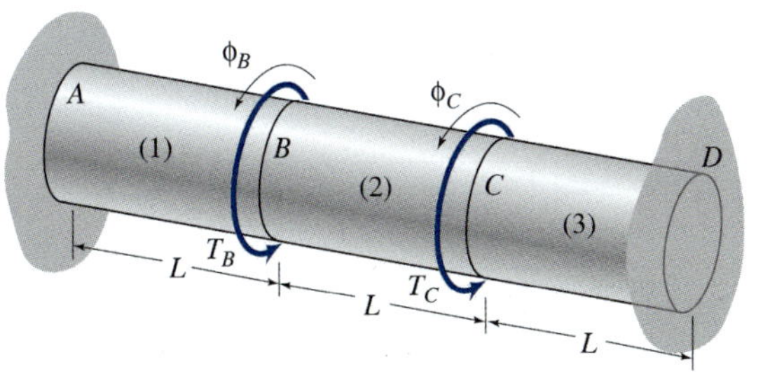

P11.3-25

설계문제 11.3-26. 그림 P11.3-26과 같이 토크를 전달하는 축(shaft)에 4개의 기어들이 있다.

(a) 축(shaft)에 대한 허용 전단응력이 80 MPa이라면 축(shaft)에서 필요한 지름(d_1, d_2, d_3)은 얼마인가?

(b) 축(shaft)에서 $L_1 = L_2 = L_3 = 1$ m이고 전단탄성계수가 $G =$ 80 GPa일 때 문제 (a)에서 결정된 축(shaft) 지름(d_1, d_2, d_3)에 저장되는 변형률 에너지는 얼마인가?

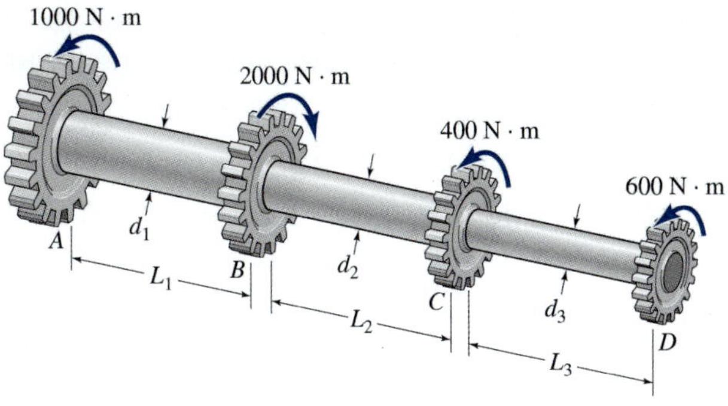

P11.3-26

설계문제 11.3-27. 그림 P11.3-27과 같이 단(step)이 있는 탄소강 재질의 축(shaft)이 3개의 토크 하중을 받고 있다.

(a) 축(shaft)에 대한 허용 전단응력이 12 ksi이라면 축(shaft)에서 필요한 지름(d_1, d_2, d_3)은 얼마인가?

(b) 축(shaft)에서 $L_1 = L_2 = L_3 = 40$ inch이고 전단탄성계수가 $G = 11.5(10^3)$ ksi일 때 문제 (a)에서 결정된 축(shaft) 지름(d_1, d_2, d_3)에 저장되는 변형률 에너지는 얼마인가?

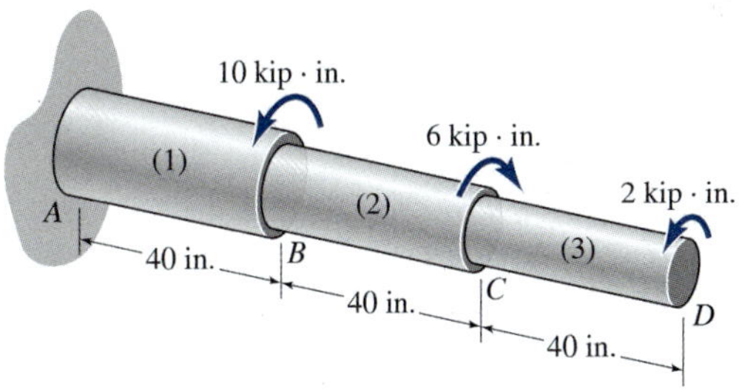

P11.3-27

문제 11.3-28. 그림 P11.3-28과 같은 치수를 갖는 튜브형 축(shaft)은 황동 재질이고 전단탄성계수는 $G = 40$ GPa이다. 축(shaft) 방향에 45° 각도로 설치된 스트레인 게이지에서 변형률이 $\epsilon = 0.002$로 측정되었을 때

(a) 주어진 변형률(ϵ)을 발생시키는 토크(T)는 얼마인가? [힌트: 4.4절을 상기하시오.]

(b) 문제 (a)에서의 하중 하에서 축(shaft)에 저장되는 변형률 에너지는 얼마인가?

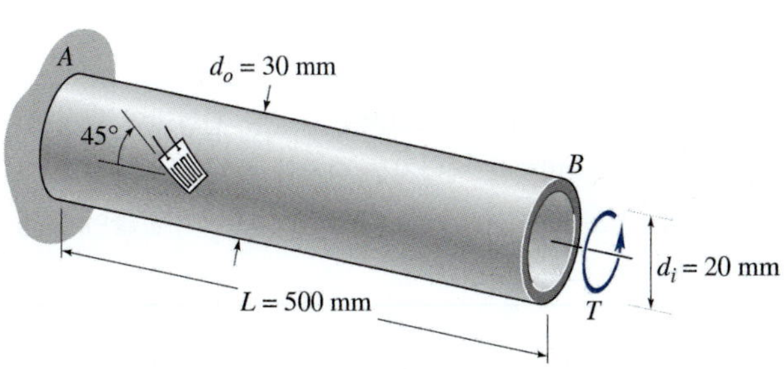

P11.3-28과 P11.4-10

문제 11.3-29. 그림 P11.3-29와 같이, 단(step)이 있는 탄소강 재질의 중실 축(solid shaft)이 양단 A와 C에서 응력이 없는 상태로 용접되어 있다. 축(solid shaft)의 지름은 각각 $d_1 = 1.25$ inch, $d_2 = 0.875$ inch이고 탄소강의 전단탄성계수가 $G = 11(10^3)$ ksi이다. B위치에 비틀림 하중 T_B가 작용되어 축(shaft) 방향에 45° 각도로 설치된 스트레인 게이지에서 변형률(ϵ)이 $\epsilon = 0.0012$로 측정되었을 때

(a) 주어진 변형률(ϵ)을 발생시키는 토크(T_B)는 얼마인가? [힌트: 4.4절을 상기하시오.]

(b) 주어진 하중 하에서 축(shaft)에 저장되는 변형률 에너지는 얼마인가?

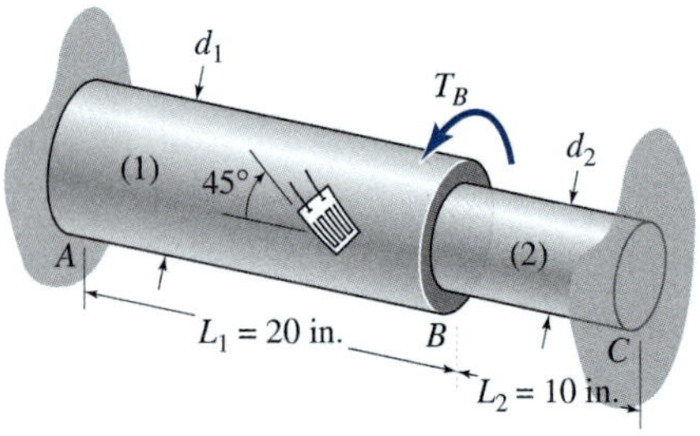

P11.3-29와 P11.4-11

문제 11.3-30. 그림 P11.3-30과 같이, 전단탄성계수가 G인 재질이고, 단(step)이 있는 중실 축(solid shaft)이 양단 A와 D에서 응력이 없는 상태로 용접되어 있다. C위치에 비틀림 하중 T_C가 작용되고 있을 때, 비틀림각 φ_B와 φ_C, 길이 L, 극관성 모멘트 I_p, 전단탄성계수 G을 이용하여 축에 저장되는 전체 변형률 에너지 $\mathcal{U}(\varphi_B, \varphi_C)$를 나타내시오.

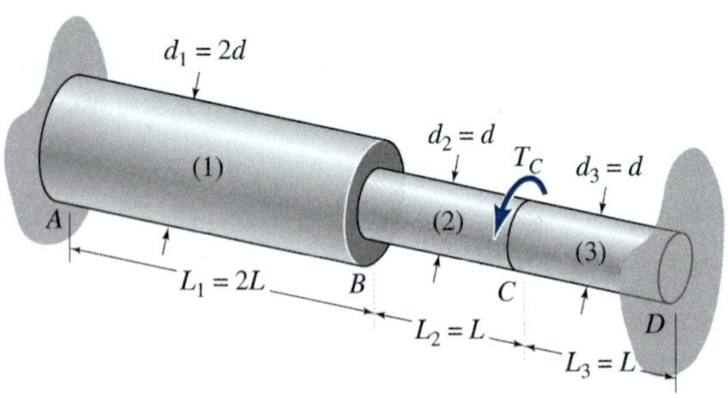

P11.3-30과 P11.4-12

문제 11.3 – 31부터 11.3 – 42에서는 다양한 선형적인 탄성 보들에 저장되는 변형률 에너지를 다루게 된다. 문제 11.3-31과 문제 11.3-36을 제외하고, 모든 보들은 EI 값들이 일정하여 균일하다고 할 수 있다.

설계문제 11.3-31. 그림 P11.3-31a와 같이 끝단 A에 집중하중 P가 사각형 단면을 가지는 나무 재질의 외팔보에 작용되고 있다고 한다면,

(a) 균일 보에 저장되는 굽힘변형률 에너지 $\mathcal{U}_{\sigma a}$는 얼마인가?

(b) 균일 보를 보강하기 위해 폭이 b, 두께가 $h/4$, 길이가 $L/2$인 나무 재질의 판재를 원래의 보에, 그림 P11.3-31b와 같이 위아래로 부착시키려 한다면 보에 저장되는 굽힘(휨)변형률 에너지 $\mathcal{U}_{\sigma b}$는 얼마인가? 그리고 $\mathcal{U}_{\sigma b}$가 $\mathcal{U}_{\sigma a}$보다 작은 이유를 설명하시오.

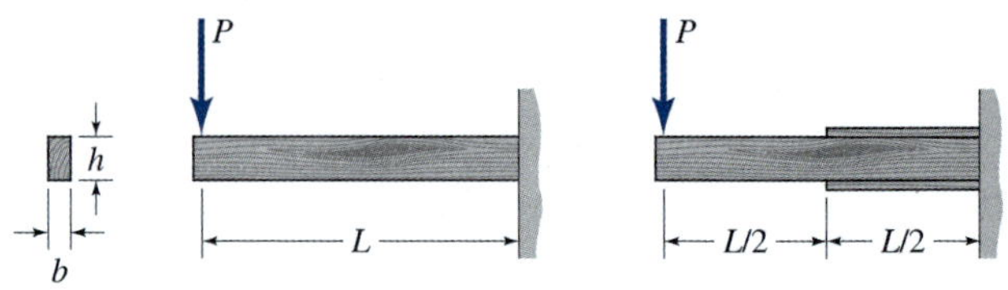

P11.3-31

문제 11.3-32. 예제 11.3에서 집중하중 P가 전체 길이 L에 대하여 균일한 분포하중 w_0으로 대체된다고 하면

(a) 예제 11.3에서 식 (7)의 앞부분과 유사하게 변형률 에너지비($\mathcal{U}_\tau/\mathcal{U}_\sigma$)를 나타내시오.

(b) 예제 11.3에서의 보의 치수를 사용하여, 식 (7)의 2번째 부분에 주어진 형식으로 문제 (a)의 답을 단순화하시오.

문제 11.3 – 33부터 11.3 – 35에서는 (a) 휨 변형률 에너지 $\mathcal{U}_\sigma$를 구하고, (b) 휨 전단변형률 에너지 $\mathcal{U}_\tau$를 구한다.

문제 11.3-33. 그림 P11.3-33과 같이 탄성계수가 $E = 200$ GPa이고 전단탄성계수가 $G = 80$ GPa인 보에 대해 (a) 휨 변형률 에너지 $\mathcal{U}_\sigma$는 얼마인가?

(b) 휨 전단변형률 에너지 $\mathcal{U}_\tau$는 얼마인가?

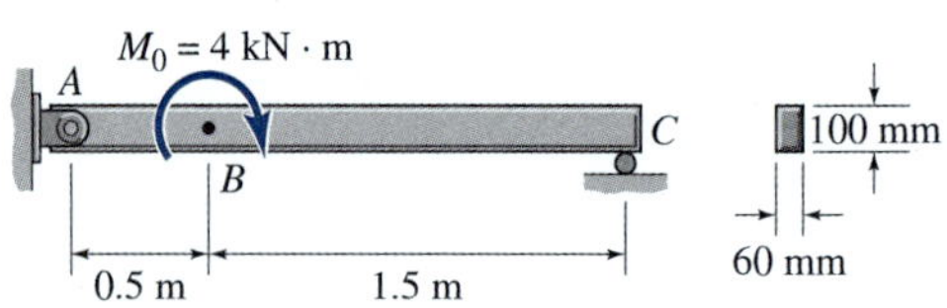

P11.3-33과 P11.4-13

문제 11.3-34. 그림 P11.3-34와 같이 탄성계수가 $E = 30(10^3)$ ksi이고 전단탄성계수가 $G = 11.5(10^3)$ ksi인 W8×21인 보에 대해

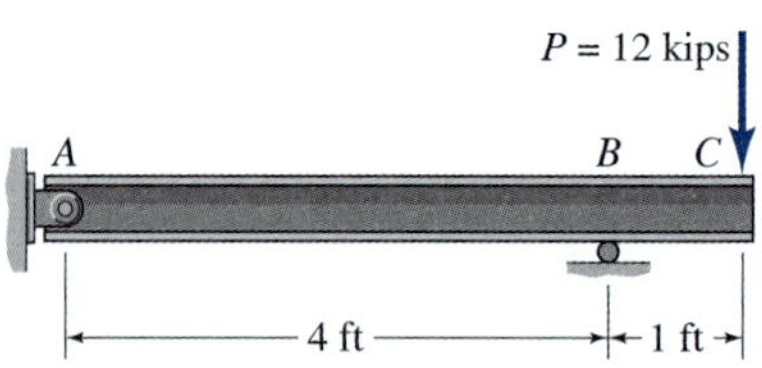

P11.3-34와 P11.4-14

(a) 변형률 에너지 $\mathcal{U}_\sigma$는 얼마인가?
(b) 전단변형률 에너지 $\mathcal{U}_\tau$는 얼마인가?

문제 11.3-35. 그림 P11.3-35와 같이 탄성계수가 $E=70$ GPa이고 전단탄성계수가 $G=26$ GPa인 보에 대해
(a) 변형률 에너지 $\mathcal{U}_\sigma$는 얼마인가?
(b) 전단변형률 에너지 $\mathcal{U}_\tau$는 얼마인가?

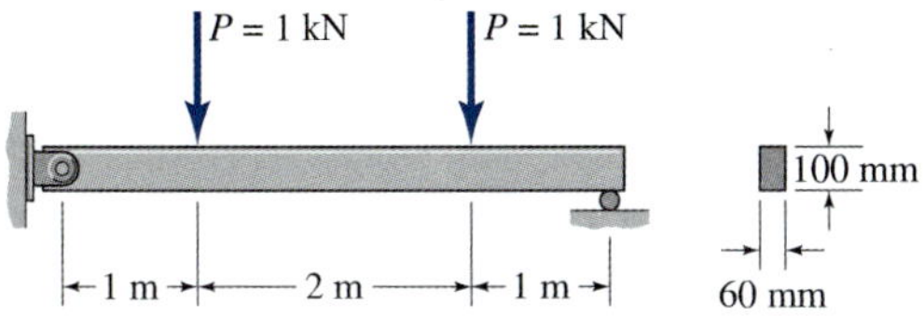

P11.3-35

***문제 11.3-36.** 그림 P11.3-36에서와 같이 외팔보(cantilever beam) AB는 탄성계수가 E이고 단면 높이가 h로 일정하나 단면의 폭은 $b_0(x=0)$에서 $3b_0(x=L)$까지 변화한다. 집중 횡하중 P가 $x=0$인 위치에 작용하는 경우에 보에 저장되는 휨 변형률 에너지 $\mathcal{U}_\sigma$를 나타내시오.

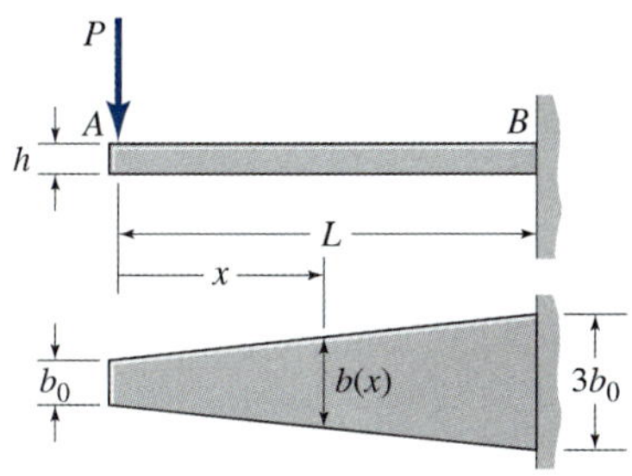

P11.3-36 그리고 P11.4-17

설계**문제 11.3-37.** 그림 P11.3-37에서와 같이 균일한 사각단면 보 AC는 단순지지되어 있고 보의 길이방향 중간에 집중 횡하중 P가 작용하고 있다. 사각단면의 치수는 b와 $2b$이다.
(a) 단면이 각각 그림 (b), (c)와의 형태를 가진다면 변형률 에너지 $\mathcal{U}_{\sigma b}$와 $\mathcal{U}_{\sigma c}$를 비교하시오.
(b) 2가지 형태에 대하여 최대 휨 응력 값을 비교하시오.

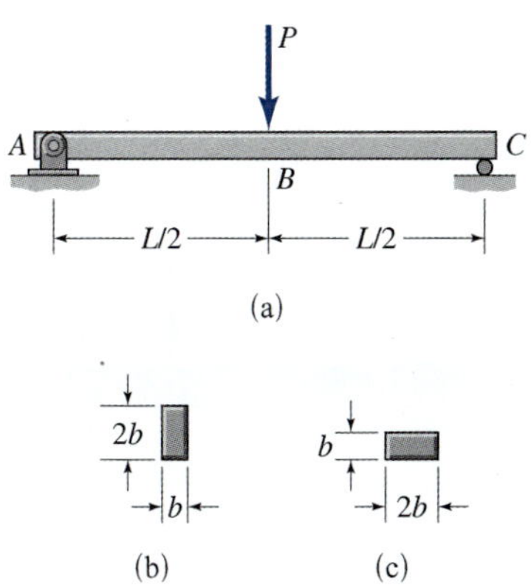

P11.3-37 그리고 P11.3-38

설계**문제 11.3-38.**
(a) 그림 P11.3-37에서와 동일하나, 단면이 각각 그림 (b), (c)와의 형태를 가진다면 그때의 전단 변형률 에너지 $\mathcal{U}_{\tau b}$와 $\mathcal{U}_{\tau c}$를 비교하시오.
(b) 2가지 형태에 대하여 최대 전단응력 값을 비교하시오.

문제 11.3-39. 그림 P11.3-39에서와 같이 균일한 단순지지 보에 저장된 휨 변형률 에너지 $\mathcal{U}_\sigma$를 나타내시오. 단 굽힘 강성(EI)는 일정하다.

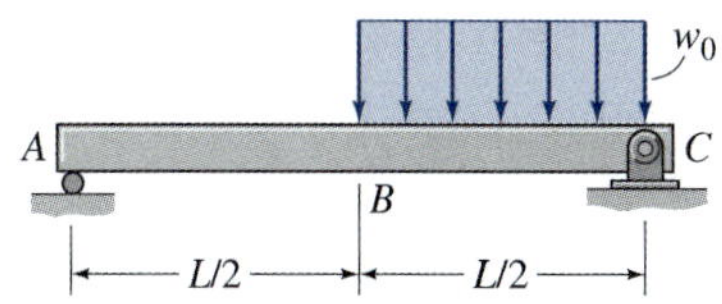

P11.3-39

문제 11.3-40. 그림 P11.3-40(문제 7.4-1)에서와 같이 받쳐진(propped) 외팔보에 저장된 휨 변형률 에너지 $\mathcal{U}_\sigma$를 분포하중 w_0, A위치에서의 반력인 R_A를 이용하여 나타내시오. 단 굽힘 강성(EI)은 일정하다.

문제 11.3-41. 그림 P11.3-41(문제 7.4-5)에서와 같이 양단이 고정된 보에 저장된 휨 변형률 에너지 $\mathcal{U}_\sigma$를 분포 최대하중 w_0와 $x=0$인 위치에서의 반력인 R_A와 M_A를 이용하여 나타내시오. 단 굽힘 강성(EI)는 일정하다.

문제 11.3-42. 그림 P11.3-42에서와 같이 균일한 외팔보(cantilever beam) AB는 끝단 A의 단면 중심에서 경사진 집중하중 P를 받고 있다. 집중하중 P, 경사각도 α, 탄성계수 E, 보 단면치수인 b, h, L을 이용하여 수직응력 σ와 관련지어 저장된 전체 변형률 에너지 $\mathcal{U}_\sigma$를 나타내시오. 식 11.7과 식 11.9a를 참고하시오.

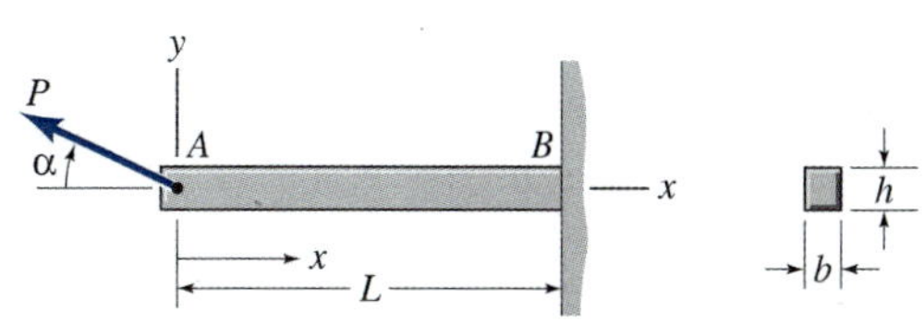

P11.3-42

문제 11.4-1부터 11.4-20에서는 필요한 선형 및 각도 변위를 계산하기 위하여 일-에너지(Work-Energy) 원리를 사용한다.

문제 11.4-1. 문제 11.3-5의 그림과 데이터를 이용하여, 그림 P11.3-5a에서의 균일한 봉에서 작용하는 하중이 $P_B=6$ kips에 의한 변위 Δ_B와 그림 P11.3-5b에서의 단(step)이 있는 봉에서

하중 $P_E = 6$ kips에 의한 변위 Δ_E를 계산하시오.

문제 11.4-2. 그림 P11.3-9와 같이, 길이가 L이고 $d_A = 2d$이고 $d_B = d$인 테이퍼가 있는 봉의 B부분에 하중 P가 작용하고 있을 때에 하중 P에 의한 변위 Δ_B를 나타내시오.

문제 11.4-3. 그림 P11.3-10의 그림과 데이터를 이용하여, 그림 P11.3-10에서와 같이 테이퍼가 있는 봉의 B부분에 $P=2$ kips인 하중이 작용하고 있을 때에 하중 P에 의한 변위 Δ_B를 계산하시오.

문제 11.4-4. 그림 P11.3-11에서와 같이 2개 요소로 이루어진 트러스 구조에 작용하는 하중 P에 의한 수직 변위 Δ_B를 나타내시오.

문제 11.4-5. 그림 P11.3-12에서와 같이 4개 요소로 이루어진 트러스 구조에 작용하는 하중 P에 의한 수직 변위 Δ_D를 나타내시오.

문제 11.4-6. 그림 P11.3-19의 그림과 데이터를 이용하여, 그림 P11.3-19에서의 튜브형 축(shaft)의 끝단 A위치에서의 비틀림각 φ_A을 계산하시오.

문제 11.4-7. 그림 P11.3-20에서와 같이, $d_A = 2d$이고 $d_B = d$인 테이퍼가 있는 축(shaft)에서의 B위치에서의 비틀림각 φ_B을 계산하시오.

문제 11.4-8. 문제 11.3-23a를 일-에너지(Work-Energy) 원리를 이용하여 푸시오.

문제 11.4-9. 그림 P11.3-24에서와 같은 비틀림 봉에서, 비틀림각 φ_B와 비틀림 하중 T_B의 관계를 나타내시오.

문제 11.4-10. 그림 P11.3-28의 그림과 데이터를 이용하여, 변형률 게이지에서 변형률이 $\epsilon = 0.002$로 측정되었을 때 비틀림각 φ_B을 계산하시오.

문제 11.4-11. 그림 P11.3-29의 그림과 데이터를 이용하여, 변형률 게이지에서 변형률이 $\epsilon = 0.0012$로 측정되었을 때 비틀림각 φ_B을 계산하시오.

문제 11.4-12. 그림 P11.3-30에서와 같이, 전단탄성계수가 G인 단(step)이 있는 중실 축(solid shaft)이 비틀림 하중 T_C을 받고 있다. 축(shaft)의 C위치에서의 비틀림각 φ_C을 계산하시오.

문제 11.4-13. 변형률 에너지만을 고려하여 그림 P11.3- 33에서와 같이, 사각형 단면의 균일 보에 대해 그림과 데이터를 이용하여. 보의 B위치에 $M_0 = 4$ kN·m의 굽힘 모멘트를 받고 있을 때 B위치에서의 회전각 θ_B을 계산하시오.

문제 11.4-14. 그림 P11.3-34에서와 같이 W8×21인 확폭-플랜지 보에 대한 그림과 데이터를 이용하여, 변형률 에너지만을 고려하여 보의 C위치에 작용하는 하중 $P = 12$ kips에 의한 수직 변위 Δ_C를 나타내시오.

문제 11.4-15. 그림 P11.4-15에서와 같이 사각형 단면의 균일한 외팔보(cantilever beam) AB는 탄성계수 E, 푸아송비 ν를 갖는 선형 탄성재질로 구성되어 있다. 휨 변형률 에너지 $\mathcal{U}_\sigma$와 전단변형률 에너지 $\mathcal{U}_\tau$에 관련된 B위치에서의 변위 Δ_B에 대한 기여도와 $\Delta_{B\sigma}$와 $\Delta_{B\tau}$를 구하시오.

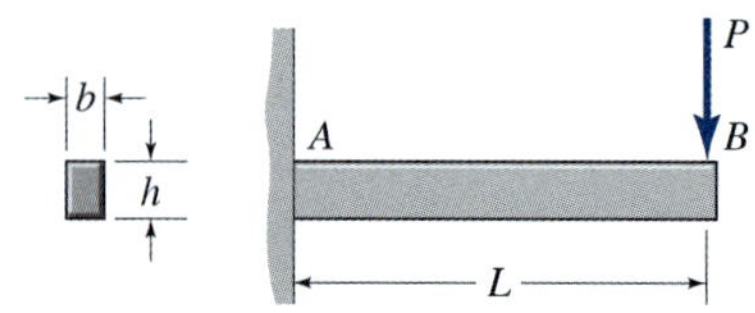

P11.4-15

문제 11.4-16. 일-에너지(Work-Energy) 원리를 이용하여 그림 P11.4-16에서와 같은 단순지지 보에 대해 하중 P에 의한 처짐 Δ_B을 나타내시오. 굽힘 강성(EI)은 일정하다고 가정한다.

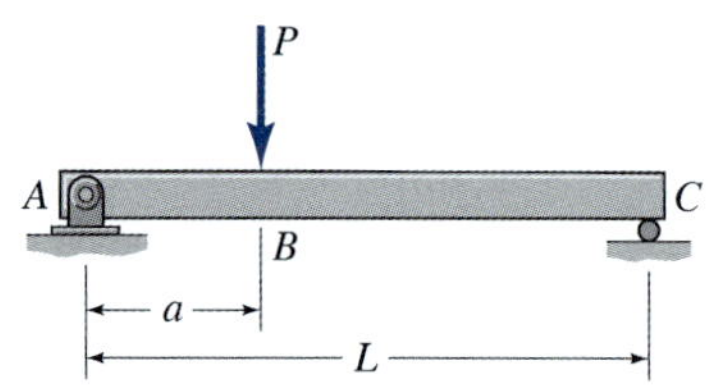

P11.4-16, P11.5-1, P11.5-26

***문제 11.4-17.** 굽힘(휨)만을 고려하여 그림 P11.3-36에서와 같이, 테이퍼가 있는 보의 끝단에서의 처짐 Δ_A를 구하시오.

문제 11.4-18. 일-에너지 원리(Work-Energy Principle)를 이용하여, 그림 P11.4-18에서와 같은 단순지지 보에 대해 A위치에서의 모멘트 M_0에 의한 경사각 θ_A을 나타내시오. 단 굽힘 강성(EI)은 일정하고 굽힘만을 고려한다.

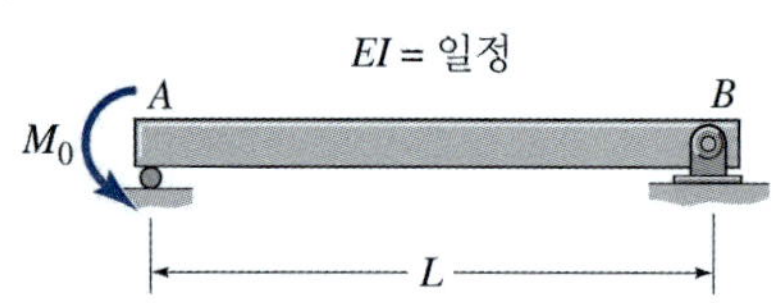

P11.4-18

문제 11.4-19. 일-에너지 원리(Work-Energy Principle)를 이용하여, 그림 P11.4-19에서의 W150×24인 단순지지 보에 대해 하중 P에 의한 B위치에서의 처짐 Δ_B을 나타내시오. 단, 탄성계수는 $E = 200$ GPa이고 굽힘만을 고려한다.

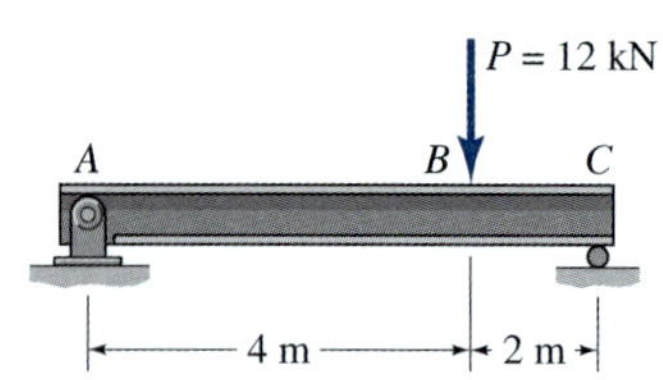

P11.4-19

문제 11.4–20. 일-에너지 원리(Work-Energy Principle)를 이용하여, 그림 P11.4-20에서의 W16×100인 보에 대해 *A*위치에서의 가해지는 모멘트(M_0)인 2100 kip · in에 의한 경사각 θ_A을 나타내시오. 단, 탄성계수는 $E=30\times10^3$ ksi이고 굽힘만을 고려한다.

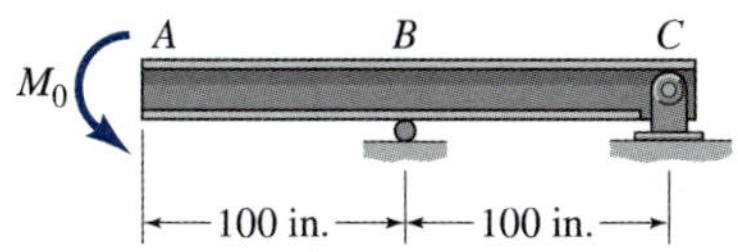

P11.4–20, P11.5–3, P11.5–27

> 문제 11.5 – 1부터 11.5 – 16에서는 정정 문제를 계산하기 위하여 식 11.36의 카스티리아노의 제2정리를 사용한다.

문제 11.5–1. 카스티리아노의 제2정리를 이용하여, 그림 P11.5-1(문제 11.4-16)에서의 단순지지 보에 대해 하중 *P*에 의한 *B*위치에서의 수직 변형 Δ_B을 나타내시오. 굽힘 강성(*EI*)은 일정하다고 가정한다.

문제 11.5–2. 카스티리아노의 제2정리를 이용하여, 그림 P11.5-2에서와 같은 단순지지 보에 대해 *B*위치에서의 모멘트 M_0에 의해 발생하는 회전각 θ_B을 나타내시오. 단, 굽힘 강성(*EI*)은 일정하다.

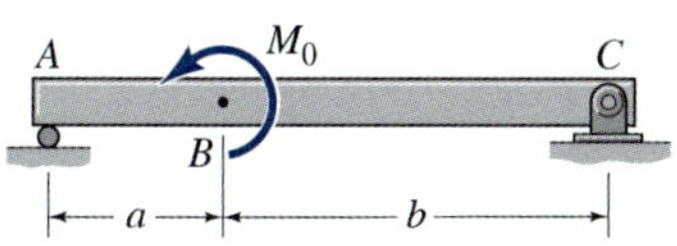

P11.5–2

문제 11.5–3. 카스티리아노의 제2정리를 이용하여, 그림 P11.5-3(문제 11.4-20)에서와 같은 단순지지 보 *AC*에 대해 *A*위치에서의 모멘트 M_0에 의해 발생하는 회전각 θ_A을 나타내시오. 단, 굽힘 강성(*EI*)은 일정하다.

문제 11.5–4. 카스티리아노의 제2정리를 이용하여, 그림 P11.5-4에서와 같은 목재보 *AC*에 대해 *C*위치에서의 하중 *P*가 작용하는 경우에 수직 처짐 Δ_C를 구하시오. 단, 탄성계수는 $E_{wood}=1{,}600$ ksi이고 6×8 목재보의 단면치수는 표 D.8에 있다.

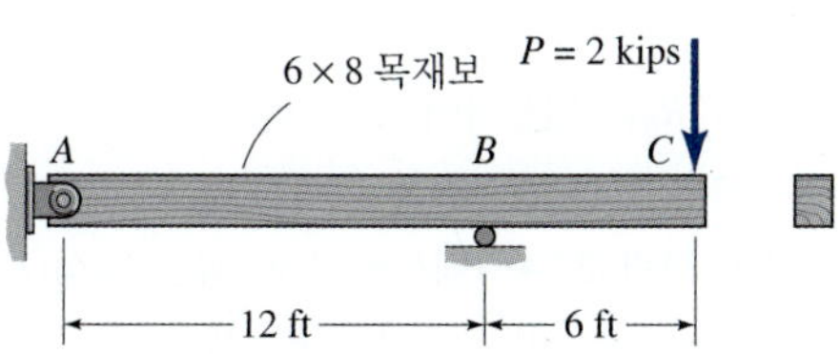

P11.5–4와 P11.5–28

문제 11.5–5. 카스티리아노의 제2정리를 이용하여, W310×143인 구조용 탄소강에 대해 그림 P11.5-5에서와 같이 *B*위치에서의 하중 *P*가 작용하는 경우에 수직 처짐 Δ_B를 구하시오. 단, 탄성계수는 $E_{steel}=200$ GPa이다.

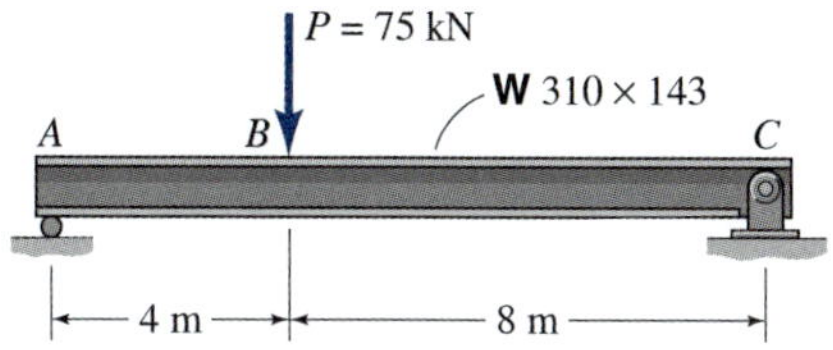

P11.5–5와 P11.5–29

문제 11.5–6. 카스티리아노의 제2정리를 이용하여, 그림 P11.5-6에서와 같이 *A*위치에서 하중 *P*가 작용하는 경우에 수직 처짐 Δ_A를 구하시오. 단, 굽힘 강성(*EI*)은 일정하다.

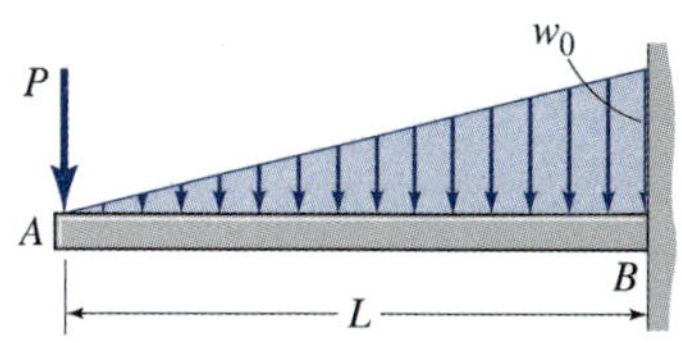

P11.5–6

문제 11.5–7. 카스티리아노의 제2정리를 이용하여, 문제 7.6-15를 푸시오.

문제 11.5–8. 카스티리아노의 제2정리를 이용하여, 문제 7.6-16을 푸시오.

문제 11.5–9. 카스티리아노의 제2정리를 이용하여, 문제 7.6-14를 푸시오.

문제 11.5–10. 카스티리아노의 제2정리를 이용하여, 문제 7.6-19를 푸시오.

문제 11.5–11. 카스티리아노의 제2정리를 이용하여, 문제 7.6-17을 푸시오.

***문제 11.5–12.** 그림 P11.5-12에서와 같이 4×2×0.1875의 구조탄소강관의 *AB*와 *BC* 부분은 *L* 형상으로 용접되어 있다. 카스티리아노의 제2정리를 이용하여, *C*지점에 하중 *P* = 500 Ibs가

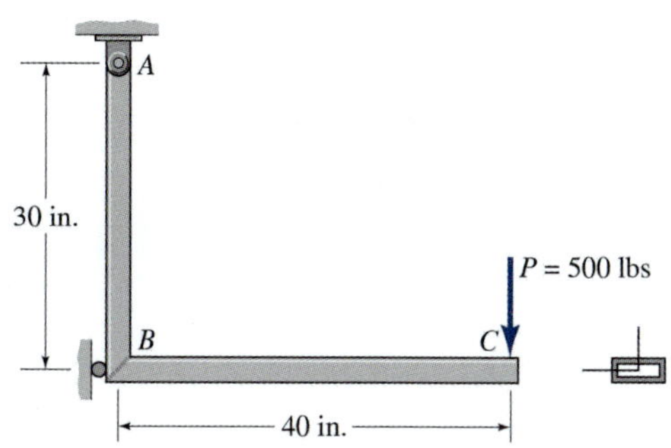

P11.5–12

작용될 때 C위치에서의 수직 변위 Δ_C를 나타내시오. 탄성계수는 $E = 29(10^3)$ ksi이고, AB 부분의 굽힘과 늘어남이 C에서 변위 Δ_C에 포함된다.

$$A = 2.02\ \text{in}^2, \quad I = 1.29\ \text{in}^4$$

문제 11.5-13. 그림 P11.5-13에서와 같이 곡선 보에서 하중 P에 의한 굽힘으로 인한 점 B의 수평성분 변위 u_B를, 곡률반경 R, 하중 P, 탄성계수 E, 관성모멘트 I를 이용하여 나타내시오.

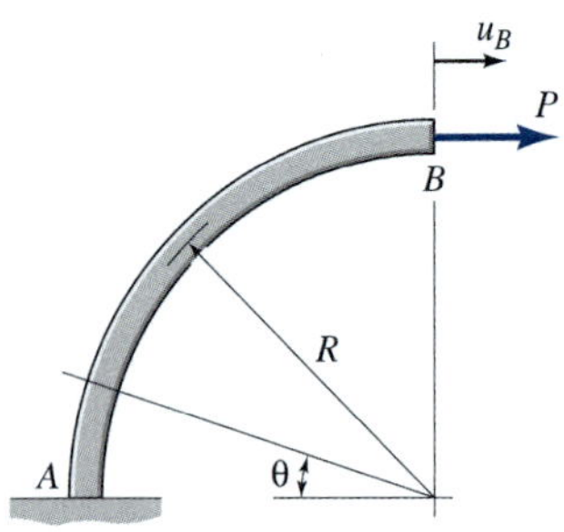

P11.5-13

문제 11.5-14. 그림 P11.5-14에서와 같이, 직각으로 연결된 파이프 ABC의 끝단 C에 작용하는 수직하중 P에 의해 수직 변위 Δ_C를 나타내시오. 점 A, 점 B와 점 C는 수평 평면상에 있다. 탄성계수 E, 전단탄성계수 G, 관성모멘트 I는 파이프 ABC에서 모든 지점에서 동일하고 연결 지점인 B에서의 연결부 치수는 무시하기로 한다. 또한 AB와 CD부분의 굽힘에 의한 전단변형은 무시한다.

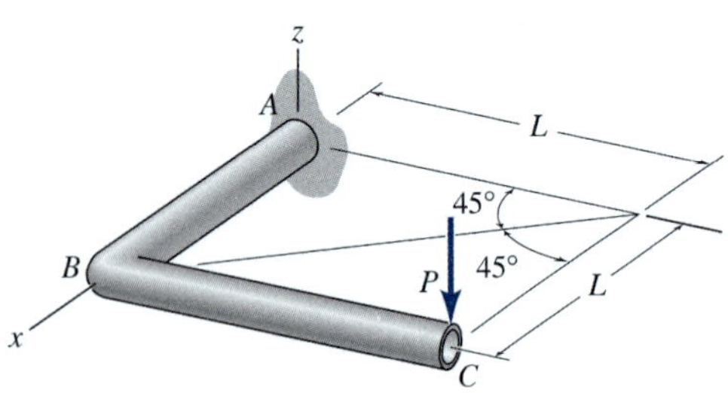

P11.5-14

문제 11.5-15. 그림 P11.5-15에서와 같은 트러스에서 B점에 작용하는 수평하중(P_x)에 의해 수평변위 Δ_B를 계산하시오. 탄성계수는 $E = 30(10^3)$ ksi이고, $P_x = 1.5$ kips, $A_1 = 1\ \text{in}^2$, $A_2 = 2\ \text{in}^2$, $a = 24$ in.이고, $\beta = 30°$이다.

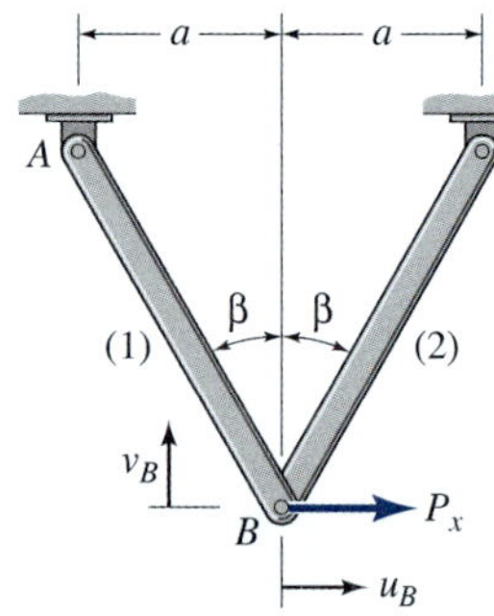

P11.5-15와 P11.5-36

문제 11.5-16. 그림 P11.5-16에서와 같은 트러스에서 B점에 매달려있는 무게 W에 의해 아래방향 수직변위 v_B를 계산하시오. 탄성계수는 $E = 200$ GPa이고, $W = 10$ kN, $A_1 = 800\ \text{mm}^2$, $A_2 = 1600\ \text{mm}^2$이다.

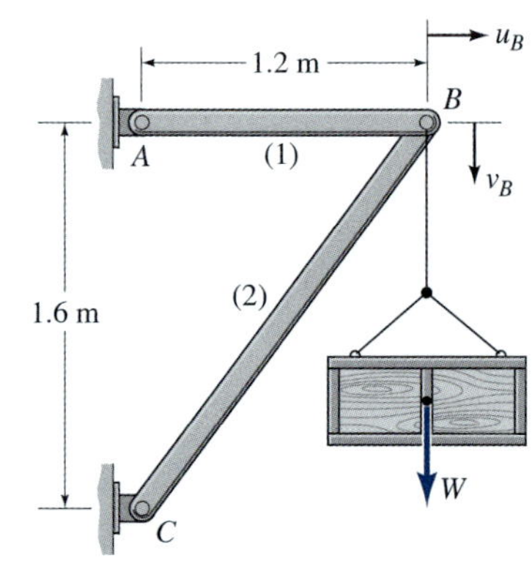

P11.5-16과 P11.5-37

문제 11.5-17부터 11.5-25에서는 부정정 문제를 해결하기 위하여 식 11.39의 카스티리아노의 제2정리를 사용한다.

문제 11.5-17. 그림 P7.4-3에서와 같이 굽힘 강성(EI = 일정)이 일정한 받쳐진(propped) 외팔보가, 최대 분포하중 w_0이며 선형적으로 변화하는 분포하중을 지지하고 있다. 카스티리아노의 제2정리를 이용하여,

(a) (과잉) 반력 R_B를 이용하여 구하시오.

(b) 끝단 A에서 보의 경사각을 구하시오.

문제 11.5-18. 그림 P7.4-2에서와 같이 굽힘 강성(EI = 일정)이 일정하게 하중을 받는 받쳐진(propped) 외팔보에서 카스티리아노의 제2정리를 이용하여,

(a) (과잉) 반력 R_B를 이용하여 구하시오.

(b) 끝단 B점에서 보의 경사각을 구하시오.

문제 11.5-19. 그림 P7.4-7에서와 같이 굽힘 강성(EI = 일정)이 일정한 받쳐진(propped) 외팔보가 B점에서 작용하는 집중하중 P를 지지하고 있다. 카스티리아노의 제2정리를 이용하여,

(a) 끝단 A점에서의 반력 R_A를 이용하여 구하시오.

(b) 집중하중 P가 작용하는 B점에서의 수직변위 Δ_B를 계산하시오.

***문제 11.5-20.** 그림 P7.4-8에서와 같이 양단이 고정된 균일한 보(beam)에, 끝단 A점에서 거리 a만큼 떨어진 지점에 집중하중 P가 작용하고 있다. 카스티리아노의 제2정리를 이용하여,

(a) 끝단 A점에서의 반력 R_A와 M_A를 구하시오.

(b) 집중하중 P가 작용하는 지점에서의 수직변위 Δ_B를 계산하시오.

문제 11.5-21. 그림 P7.4-10에서와 같이 균일한 보(beam)가, AB부분에 작용하는 균일한 크기 w_0인 분포하중을 지지하고 있다. 카스티리아노의 제2정리를 이용하여,

(a) 중앙 지지점에서 반력 R_B를 이용하여 구하시오.

(b) 끝단 C점에서 보(beam)의 경사각 θ_C을 구하시오.

문제 11.5-22. 그림 P7.4-11에서와 같이 불균일한 보(beam) AC에 대하여, 카스티리아노의 제2정리를 이용하여,

(a) 끝단 A점에서의 반력 R_A와 M_A를 구하시오.

(b) 중앙 지지점 B점에서의 보(beam)의 경사각 θ_B을 구하시오.

문제 11.5-23. 그림 P7.4-9에서와 같이 양단이 고정된 균일한 보(beam) AC에 대하여, 카스티리아노의 제2정리를 이용하여, 고정된 끝단 A점에서의 반력 R_A와 M_A를 구하시오.

문제 11.5-24. 그림 P7.7-2에서와 같이 양단이 고정된 균일한 보(beam) AC에 대하여, 카스티리아노의 제2정리를 이용하여,

(a) 고정된 끝단 A점에서의 반력 R_A와 M_A를 구하시오.

(b) B점에서의 수평 변위 Δ_B를 구하시오.

문제 11.5-25. 그림 P7.6-55a에서와 같이 양단이 고정된 불균일한 보(beam)에 대하여, 카스티리아노의 제2정리를 이용하여,

(a) 고정된 끝단 A점에서의 반력 R_A와 M_A를 구하시오.

(b) B점에서의 수평 변위 Δ_B를 구하시오.

> 문제 11.5−26부터 11.5−39에서는 정정 문제를 해결하기 위하여 단위하중법을 사용한다.

문제 11.5-26. 단위하중법을 이용하여, 문제 11.5-1을 푸시오.

문제 11.5-27. 단위하중법을 이용하여, 문제 11.5-3을 푸시오.

문제 11.5-28. 단위하중법을 이용하여, 문제 11.5-4를 푸시오.

문제 11.5-29. 단위하중법을 이용하여, 문제 11.5-5를 푸시오.

문제 11.5-30. 그림 P11.5-30(문제 7.6-30)에서와 같이 균일한 단순지지 보에 대하여, 중앙부에서의 수직변위 Δ_B와 끝단 C점에서 보의 경사각 θ_C을 구하시오.

문제 11.5-31. 그림 P11.5-31에서와 같은 균일한 외팔보가 최대 분포하중 w_0이며 선형적으로 변화하는 분포하중을 지지하고 있다. 단위하중법을 이용하여, 자유단 A점에서의 수직변위 Δ_A와 경사각 θ_A을 구하시오.

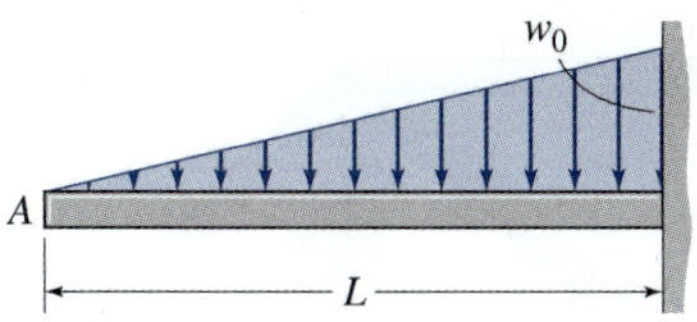

P11.5-31

문제 11.5-32. 단위하중법을 이용하여, 문제 7.6-15를 푸시오.

문제 11.5-33. 단위하중법을 이용하여, 문제 7.6-16을 푸시오.

***문제 11.5-34.** 그림 P7.6-21에서와 같은 보(beam)-봉(rod) 시스템에서, 보(beam) AB는 균일한 분포하중을 받고 있다. 단위하중법을 이용하여, 끝단 B점에서 보(beam)의 수직변위 Δ_B와 경사각 θ_B을 구하시오.

문제 11.5-35. 문제 7.6-20에서 설명된 보(beam)에 대하여, 보(beam) AB가 균일한 분포하중을 받고 있다. 단위하중법을 이용하여, 끝단 B점에서 보(beam)의 수직변위 Δ_B와 경사각 θ_B을 구하시오.

문제 11.5-36. 그림 P11.5-15와 문제 11.5-15에서와 같은 2개 요소로 이루어진 트러스 구조에서, 보(beam) AB는 균일한 분포하중을 받고 있다. 단위하중법을 이용하여, B점에서 보(beam)의 수직변위 v_B을 구하시오.

문제 11.5-37. 그림 P11.5-16과 문제 11.5-16에서와 같은 2개 요소로 이루어진 트러스 구조에서, 보(beam) AB는 균일한 분포하중을 받고 있다. 단위하중법을 이용하여, B점에서 보(beam)의 수평변위 u_B을 구하시오.

문제 11.5-38. 그림 P11.5-38과 같이 5개 부재의 대칭형 트러스 구조(높이는 2 m, 길이가 6 m)에서, B점에 수직하중(P)에 60 kN이 작용하고 있다. 인장부재 단면적은 1200 m^2, 압축부재 단면적은 3200 m^2이고 탄성계수가 $E = 200$ GPa인 모두 탄소강 재질이다. 단위하중법을 이용하여,

(a) 절점 B에서 보(beam)의 수직변위 v_B을 구하시오.

(b) 절점 C에서 보(beam)의 수평변위 u_C을 구하시오.

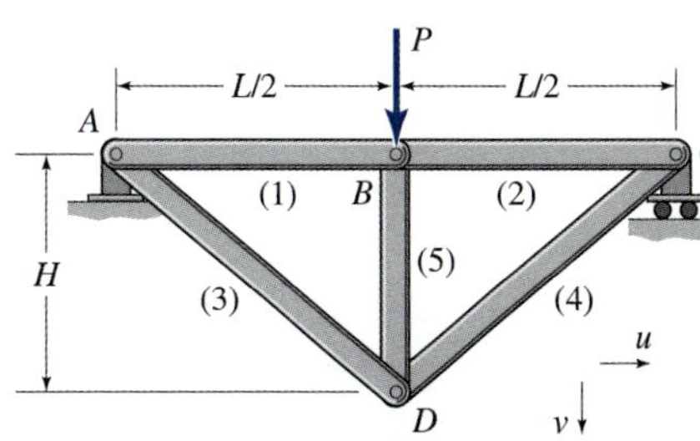

P11.5-38

문제 11.5-39. 그림 P11.5-39와 같은 트러스는 6개 부재로 이루어져 있으며 동일한 축방향 강성(AE)을 갖는다. 트러스가 절점 D와 E에서 수직하중 P을 받고 있다. 단위하중법을 이용하여, 절점 E에서 보(beam)의 수평변위 u_B와 수직변위 v_B을 각각 구하시오.

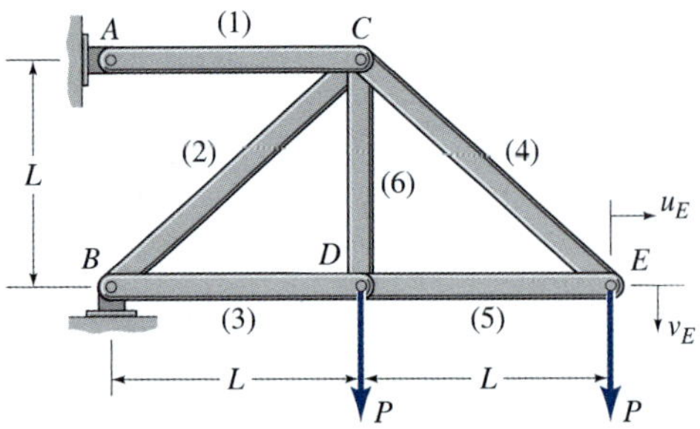

P11.5-39

> 문제 11.5-40부터 11.5-55에서는 정적 부정정 문제를 해결하기 위하여 단위하중법을 사용한다.

문제 11.5-40. 식 11.39와 식 11.40을 조합하여, 정적 부정정 구조에 단위하중법이 다음의 식으로 표현될 수 있음을 보이시오.

$$0 = \Delta_{ri} = \int_0^L \frac{FF_{ri}dx}{AE} + \int_0^L \frac{TT_{ri}dx}{GI_p} + \int_0^L \frac{MM_{ri}dx}{EI} + \int_0^L \frac{f_0 VV_{ri}dx}{GA}, \quad i = 1, 2, \cdots, N_R$$

$$\Delta_{ui} = \int_0^L \frac{FF_{ui}dx}{AE} + \int_0^L \frac{TT_{ui}dx}{GI_p} + \int_0^L \frac{MM_{ui}dx}{EI} + \int_0^L \frac{f_s VV_{ui}dx}{GA}, \quad i = 1, 2, \cdots, N$$

여기에서 F_{ri}, T_{ri} 등은 과잉 힘 R_i에 의한 힘과 토크 등의 분포이고, F_{ui}, T_{ui} 등은 선형변위(혹은 각변위)가 결정되는 곳에서의 단위하중 값(혹은 우력)에 의한 힘과 토크 등의 분포이다. 실제 하중이 변위가 결정될 위치에 작용되지 않는다면, 후자의 단위 힘들은 가상 힘(dummy force)일 수 있다.

문제 11.5-41. 문제 11.5-17을 풀기 위하여 단위하중법을 사용하시오. R_A는 과잉 힘이다.

문제 11.5-42. 문제 11.5-18을 풀기 위하여 단위하중법을 사용하시오. R_B는 과잉 힘이다.

문제 11.5-43. 문제 11.5-21을 풀기 위하여 단위하중법을 사용하시오. R_B는 과잉 힘이다.

문제 11.5-44. 문제 11.5-23을 풀기 위하여 단위하중법을 사용하시오. R_A와 M_A는 과잉반력이다.

문제 11.5-45. 문제 11.5-25를 풀기 위하여 단위하중법을 사용하시오. R_A와 M_A는 과잉반력이다.

문제 11.5-46. 그림 P7.4-5에서와 같이 선형적으로 변하는 양단고정형 보(beam)에 대하여 R_A와 M_A를 결정하기 위하여 단위하중법을 사용하시오. 단 굽힘 강성(EI)은 일정하다.

문제 11.5-47. 그림 P7.4-6에서와 같이 균일한 하중을 받는 보(beam)에 대하여 단위하중법을 이용하여

(a) 옷걸이(hanger rod)에서 과잉 힘 F_2를 구하시오.

(b) 보(beam)의 끝단 B에서 수직변위 v_B을 구하시오.

문제 11.5-48. 그림 P7.7-10에서와 같이 2-스팬 보(beam)에 대하여 단위하중법을 이용하여

(a) 과잉반력 R_A와 R_B를 구하시오.

(b) 보(beam)의 끝단 A에서 경사각 θ_A을 구하시오.

문제 11.5-49. 그림 P7.6-53a에서와 같이 불균일한 연속 보(beam)에 대하여 단위하중법을 이용하여

(a) 과잉반력 R_A를 구하시오.

(b) 보(beam)의 끝단 A에서 경사각 θ_A을 구하시오.

문제 11.5-50. 그림 P7.6-54a에서와 같이 불균일한 2-스팬 연속 보(beam)에 대하여 단위하중법을 이용하여

(a) 과잉반력 R_A를 구하시오.

(b) 보(beam)의 끝단 A에서 경사각 θ_A을 구하시오.

문제 11.5-51. 그림 P7.7-15에서와 같이 불균일한 2-스팬 연속 보(beam)에 대하여 단위하중법을 이용하여

(a) 과잉반력 R_A를 구하시오.

(b) 보(beam)의 끝단 A에서 경사각 θ_A을 구하시오.

문제 11.5-52. 그림 P7.6-56a에서와 같이 불균일한 2-스팬 연속 보(beam) AC에 대하여 단위하중법을 이용하여

(a) 과잉반력 R_A, M_A와 R_A를 구하시오.

(b) 보(beam)의 중앙지지부 B에서 경사각 θ_B을 구하시오.

문제 11.5-53. 그림 P3.10-13과 같이 축방향 강성이 $(AE)_2 = (AE)_3 = AE$이고 $(AE)_1 = 2AE$인 트러스 요소들이 있으며, 조인트 A점에 수평하중 P이 작용하고 있다.

(a) 단위하중법을 이용하여 요소 (1)에서 과잉의 하중 F_1를 구하시오. 또한 다른 요소들에서도 과잉의 하중들을 구하시오.

(b) 단위하중법을 이용하여 절점 A에서 수평변위 u_A와 수직변위 v_A를 각각 구하시오.

문제 11.5-54. 그림 P3.10-16과 같이, 3개의 트러스 요소들의 길이는 L이고 탄성계수가 E이며, 각각의 단면적은 $A_1 = A_2 = A$이고 $A_3 = 2A$이다. 절점 A에 수평하중 P이 작용하고 있다.

(a) 단위하중법을 이용하여 요소 (3)에서 과잉 힘 F_3을 구하시오. 또한 다른 요소들에서도 과잉 힘들을 구하시오.

(b) 단위하중법을 이용하여 절점 A에서 수평변위 u_A와 수직변위 v_A를 각각 구하시오.

문제 11.5-55. 그림 P3.10-19와 같은 트러스에서, 각각의 단면적은 $A_1 = A_2 = A_3 = 1.0\ \text{in}^2$이고 $E_1 = E_2 = E_3 = 30(10^3)$ ksi이고 $P = 15$ kips이다.

(a) 단위하중법을 이용하여 요소 (1)에서 과잉 힘 F_1를 구하시오. 또한 다른 요소들에서도 과잉의 하중들을 구하시오.

(b) 단위하중법을 이용하여 절점 A에서 수평변위 u_A와 수직변위 v_A를 각각 구하시오.

> 문제 11.7-1부터 11.7-10에서는 식 11.48과 같은 가상 변위 원리를 이용한다.

문제 11.7-1. 그림 P11.7-1과 같은 봉에서, 가상 변위의 원리를 이용하여

(a) 축하중 P의 작용점에서 축하중 변위 u_B를 나타내시오.

(b) $A_1 = 2A$, $A_2 = A$이고 탄성계수가 일정하다면 축하중 F_1와 F_2를 각각 구하시오.

$$A_1 = 2A,\ A_2 = A,\ E = \text{일정}$$

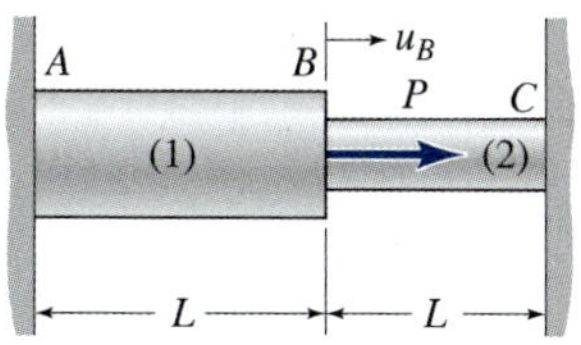

P11.7-1

문제 11.7-2. 그림 P11.7-2와 같은 봉에서, 가상 변위의 원리를 이용하여

(a) 축하중 P의 작용점에서 축하중 변위 u_B를 나타내시오.

(b) (1)과 (2) 부분에서 축하중 F_1와 F_2를 각각 구하시오.

$$A_1 = 1.0\ \text{in}^2,\ A_2 = 1.2\ \text{in}^2$$

$$E = 10(10^3)\ \text{ksi},\ P = 20\ \text{kips}$$

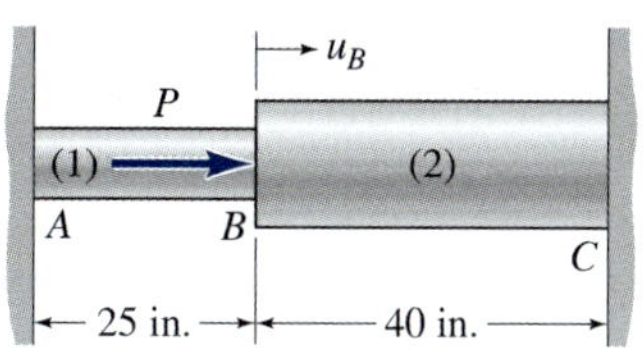

P11.7-2

문제 11.7-3. 그림 P11.7-3과 같이 단단한 보(beam)가 3개의 기둥에 의해 지지되고 있다.

(a) 수직방향 하중 $P = 540$ kN이 작용되는 경우에, 가상 변위의 원리를 이용하여 수직변위 v를 구하시오.

(b) 주어진 값들에 대하여 각 기둥에 작용되는 축하중 F_1와 F_2를 각각 구하시오.

$$A_1 = A_3 = 3500\ \text{mm}^2$$

$$A_2 = 2000\ \text{mm}^2,\ E = 200\ \text{GPa}$$

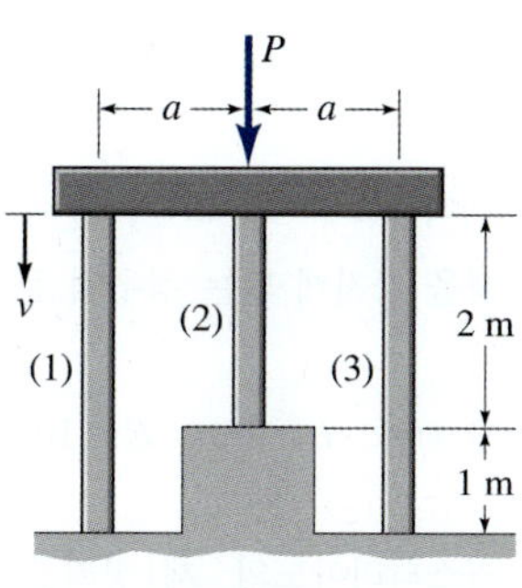

P11.7-3

문제 11.7-4. 그림 P11.7-4와 같은 봉에서, 축하중 P가 C점에 작용하고 있다.

(a) 가상 변위의 원리를 이용하여 B점에서 축방향 변위 u_B와 C점에서 축방향 변위 u_C를 각각 구하시오.

(b) 봉의 세 부분에서 하중 F_1, F_2와 F_3를 각각 구하시오.

$$A_1 A_3 = 2A,\ A_2 = A,\ E = \text{일정}$$

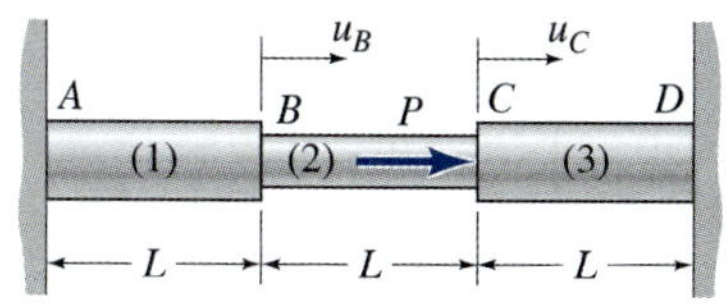

P11.7-4와 P11.7-12

문제 11.7-5. 가상 변위의 원리를 이용하여 문제 3.3-1을 푸시오.

> 문제 11.7-6부터 11.7-10에서는 핀 조인트가 트러스에 대하여 (a) 가상 변위의 원리를 이용하여 절점 D에서의 수평변위 u_D, 수직변위 v_D를 구한다. (b) 요소 1(요소 AD)에서의 축하중을 구한다.

문제 11.7-6. 그림 P11.7-6과 같은 트러스에서 $A_1 = A_2 = A_3 = 1.0\ \text{in}^2$이고 탄성계수는 $E = 30(10^3)$ ksi이며, $P_x = 10$ kips이다.

(a) 가상 변위의 원리를 이용하여 절점 D에서의 수평변위 u_D, 수직변위 v_D를 구하시오.

(b) 요소 1(요소 AD)에서의 축하중을 구하시오.

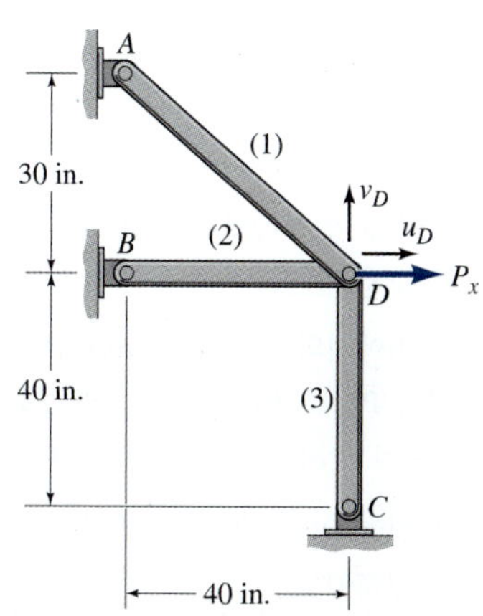

P11.7-6과 P11.7-17

문제 11.7-7. 그림 P11.7-7과 같은 트러스에서 $A_1 = A_2 = 1000\ \text{mm}^2$, $A_3 = 2000\ \text{mm}^2$이고 탄성계수는 $E = 70$ GPa이며, $P_x = 100$ kN이다.

(a) 가상 변위의 원리를 이용하여 절점 D에서의 수평변위 u_D, 수직변위 v_D를 구하시오.

(b) 요소 1(요소 AD)에서의 축하중을 구하시오.

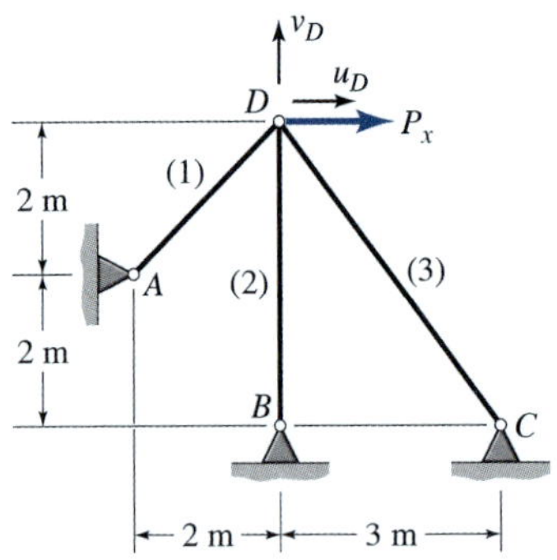

P11.7-7과 P11.7-18

문제 11.7-8. 그림 P11.7-8과 같은 트러스에서, $A_1 = A_2 = A_3 = A$이고 탄성계수는 E이며 하중은 P가 작용하고 있다.

(a) 가상 변위의 원리를 이용하여 절점 D에서의 수평변위 u_D, 수직변위 v_D를 구하시오.

(b) 요소 1(요소 AD)에서의 축하중을 구하시오.

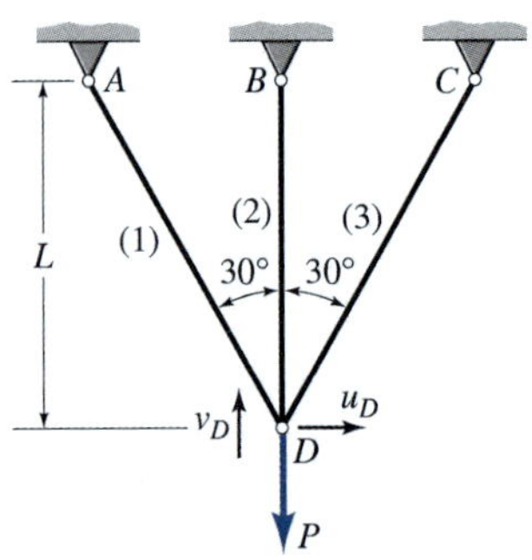

P11.7-8, P11.7-9, P11.7-19

문제 11.7-9. 그림 P11.7-8과 같은 트러스에서, $A_1 = A_2 = A$이고 $A_3 = 2A$이며. 탄성계수는 E이며 하중은 P가 작용하고 있다.

(a) 가상 변위의 원리를 이용하여 절점 D에서의 수평변위 u_D, 수직변위 v_D를 구하시오.

(b) 요소 1(요소 AD)에서의 축하중을 구하시오.

문제 11.7-10. 그림 P11.7-10과 같은 트러스에서, $A_1 = A_2 = A_3 = A$이고 탄성계수는 E이며 하중은 P가 작용하고 있다.

(a) 가상 변위의 원리를 이용하여 절점 D에서의 수평변위 u_D, 수직변위 v_D를 구하시오.

(b) 요소 1(요소 AD)에서의 축하중을 구하시오.

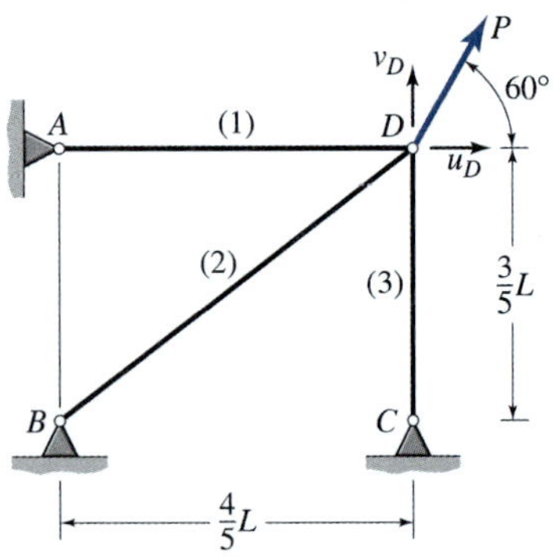

P11.7-10과 P11.7-20

문제 11.7-11. 카스티리아노의 제1정리를 이용하여, 문제 3.8-4를 푸시오. 2개의 수평변위 u_B, 수평변위 u_C를 변수로 사용하시오.

문제 11.7-12. 카스티리아노의 제1정리를 이용하여, 문제 11.7-4를 푸시오. 2개의 수평변위 u_B, 수평변위 u_C를 변수로 사용하시오.

문제 11.7-13. 카스티리아노의 제1정리를 이용하여, 문제 3.8-14를 푸시오. θ를 변위의 변수로 두고, 아래의 형식으로 카스티리아노의 제1정리를 나타내시오.

$$\frac{d\mathcal{U}}{d\theta} = M_0 = P(a+b)$$

문제 11.7-14. 카스티리아노의 제1정리를 이용하여, 문제 3.8-15를 푸시오. θ를 변위의 변수로 두고, 아래의 형식으로 카스티리아노의 제1정리를 나타내시오.

$$\frac{d\mathcal{U}}{d\theta} = M_0 = P(a+b)$$

문제 11.7-15. 그림 P11.7-15(문제 3.6-17의 그림)과 같이 단단한 보가 A, B, C에서 3개의 수직 봉에 의해 지지되고 있다. 봉들은 보에 초기에 부착되어 응력이 없는 상태이다.

(a) A와 C에 아래 방향으로 수직하중 $P_A = 8$ kips와 $P_C = 2$ kips이 작용될 때, 카스티리아노의 제1정리를 이용하여, A에서의 수직변위 u_A와 C에서의 수직변위 v_C를 구하시오.

(b) 주어진 하중조건에 의해 발생되는 축방향 응력 σ_1, σ_2와 σ_3를 계산하시오.

$$A_1 = 1.0\ \text{in}^2, \quad L = 30\ \text{in}, \quad E = 30(10^3)\ \text{ksi}$$

문제 11.7-16. 수직하중 $P_A = 16$ kN와 $P_C = 4$ kN이 작용되고 아래와 같은 보 특성을 가지게 되는 경우에 문제 11.7-15.를 푸시오.

$$A = 500\ \text{mm}^2, \quad L = 1\ \text{m}, \quad E = 100\ \text{GPa}$$

문제 11.7-17. 카스티리아노의 제1정리를 이용하여, 문제

11.7-6을 푸시오.

문제 11.7-18. 카스티리아노의 제1정리를 이용하여, 문제 11.7-7을 푸시오.

문제 11.7-19. 카스티리아노의 제1정리를 이용하여, 문제 11.7-9를 푸시오.

문제 11.7-20. 카스티리아노의 제1정리를 이용하여, 문제 11.7-10을 푸시오.

문제 11.9-1. 그림 11.23a에서, 무게가 W인 물체가 위치 (1)에서 정지상태($v=0$)로부터 낙하하는 대신에, 위치 (1)에서 속도 v로 낙하하게 될 때 스프링의 최대 변위를 나타내시오. (식 11.62와 유사)

설계문제 11.9-2. 그림 11.25에서와 같이, 낙하하는 물체로부터 부터의 충격하중을 흡수하는 지름이 d이고 길이가 L인 균일한 봉이 있다. 다음과 같은 금속으로 만들어져있을 때, 봉이 흡수할 수 있는 전체 탄성 변형률 에너지(kip · in)를 구하시오. $d=1$ in.이고 $L=40$ in.이다.

(a) 2014-T6 알루미늄 합금 (b) 6061-T6 알루미늄 합금

(c) ASTM-A36 구조용 탄소강 (d) $T_i-6AL-4V$ 티타늄 합금

설계문제 11.9-3. 지름이 $d=30$ mm이고 길이가 $L=1$ m인 균일한 봉에 대하여 문제 11.9-2를 푸시오. 전체 탄성 변형률 에너지는 kN · m 단위로 나타내시오.

> 문제 11.9-4부터 11.9-11에서는 재질이 선형적으로 탄성을 유지되며, 변형 가능한 물체에 대한 충격에 대해 3가지 가정들이 만족된다고 가정한다.

문제 11.9-4. 그림 P11.9-4에서와 같이, 무게 $W=200$ lb인 물체가 높이 $h=20$ in.에서 낙하하여 길이가 $L=2$ ft인 4 in. 직육면체 알루미늄합금($E=10\times10^3$ ksi이고 $\sigma_Y=60$ ksi) 기둥 위에 떨어진다. 직육면체 알루미늄합금 기둥은 단단한 베이스에 정지되어 있다고 할 때, 기둥 내의 최대 압축응력, 기둥의 최대 축소량과 충격증폭계수 Δ_{max}/Δ_{st}를 구하시오.

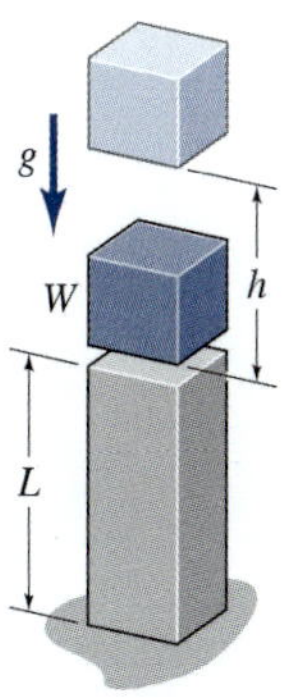

P11.9-4와 P11.9-5

문제 11.9-5. 문제 11.9-4에서 충격하중으로 기둥의 최대응력이 $\sigma_Y/4$만큼 발생된다면 무게 $W=200$ lb인 물체가 어느 높이 h_1에서 떨어져야 하는가? 기둥의 최대응력이 $\sigma_Y/2$만큼 발생된다면 무게 $W=200$ lb인 물체가 어느 높이 h_2에서 떨어져야 하는가?

문제 11.9-6. 그림 11.25에서와 같이 미끄럼 칼라가, 지름이 d인 6061-T6 알루미늄합금 봉의 바닥방향으로 미끄러진다. 질량이 $m=50$ kg, 지름이 $d=30$ mm, 길이가 $L=1$ m이고 $h_a=0.5$ m일 때 다음과 같은 조건에서 봉에서의 최대 응력을 구하시오.

(a) 칼라가 높이 $h=h_a$에서 정지 상태에서 떨어진다.

(b) 칼라가 높이 $h=0$에서 정지 상태에서 떨어진다.

(c) 칼라가 천천히 낮추어진다.

***문제 11.9-7.** (a)~(c) 무게가 $W=500$ lb, 지름 $d=2$ in., 길이 $L=50$ in.이고 $h_a=20$ in.일 때 문제 11.9-6을 푸시오.

(d) 충격하중으로 봉의 최대응력이 σ_Y만큼 발생된다면 무게 $W=500$ lb인 물체가 어느 높이에서 떨어져야 하는가?

(e) 충격하중으로 봉의 최대응력이 σ_Y만큼 발생된다면 높이 $h=20$ in.에서 얼마만한 무게 W의 물체가 떨어져야 하는가?

문제 11.9-8. 그림 P11.9-8에서와 같이 단(step)이 있는 봉의 단면적은 각각 $2A$이고 A이다.

(a) W, E, A 그리고 h를 이용하여 봉의 최대 늘어난 양을 나타내시오.

(b) 최대 정적응력 σ_{st}, 낙하 높이 h, 봉 치수, 탄성계수 E를 이용하여 최대 충격 축응력 σ_{max}을 나타내시오.

(c) 높이가 h에서 무게가 W인 충격하중에 의해 단면적이 A, 길이가 $2L$인 봉에 발생하는 최대 응력과 (b)에서 구한 최대 충격응력 σ_{max} 비율을 나타내시오.

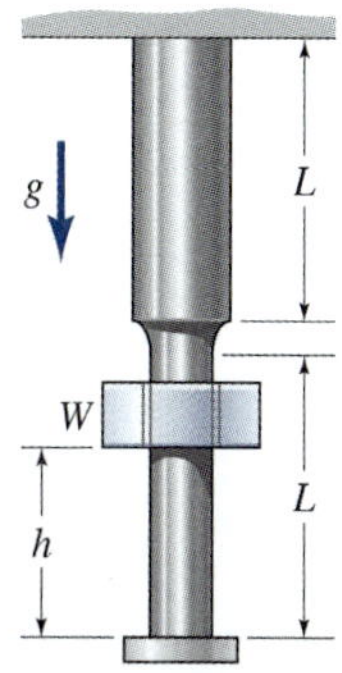

P11.9-8 그리고 P11.9-9

문제 11.9-9. 그림 P11.9-9에서와 같이 단(step)이 있는 ASTM-A36 구조용 탄소강 재질 봉의 단면적은 각각 $2A$이고 A(지름$=d$)이며 길이는 L이다. 무게가 W인 칼라가 h 높이에서 떨어진다면 충격하중에 의해 봉에 발생하는 최대 충격응력

σ_{max}을 나타내시오. 단면적 변화에 의한 응력집중 효과는 무시하시오. (힌트: 3.3절의 방법을 이용하여 등가 강성 값을 구하기 위해 단(stcp)이 있는 봉의 특성은 $d=0.5$ in., $L=20$ in., $W=20$ lb이고 $h=2$ in. 값이라 한다.)

***문제 11.9-10.** 낙하시험은 자동차 범퍼들의 충격성능을 시험하기 위해 사용된다. 그림 P11.9-10에서와 같이 범퍼는 균일한 단순지지 보로 가정하고, 낙하높이 h에서 질량 m의 물체가, A 점으로부터 aL만큼$(0<a\leq 1/2)$ 떨어진 거리에서 보에 충격을 주는 것을 가정한다.

(a) 낙하높이 h와 다른 인자(W, E, I, c, a, L)들을 사용하여 굽힘 최대응력 σ_{max}과 관계되는 식을 유도하시오.

(b) $a=1/2$일 때 문제(a)에서 굽힘 최대응력 σ_{max}과 관계되는 식을 나타내시오.

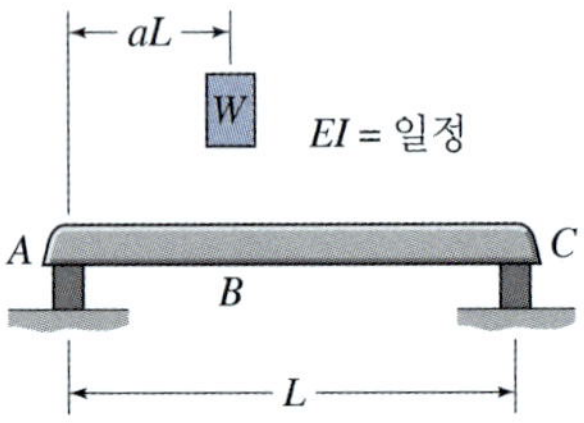

P11.9-10

***문제 11.9-11.** 그림 P11.9-11에서와 같이 길이가 L인 균일한 외팔보(cantilever) AC에, 보의 지지점으로부터 aL만큼 떨어진 B점에 질량 m인 물체가 높이 h에서 낙하한다. 낙하높이 h와 충격이 가해지는 위치 $(0<a\leq 1)$과 다른 인자(m, E, I, c, L)들을 사용하여 끝단에서의 최대 변위 $(\Delta_C)_{max}$과 관계되는 식을 나타내시오.

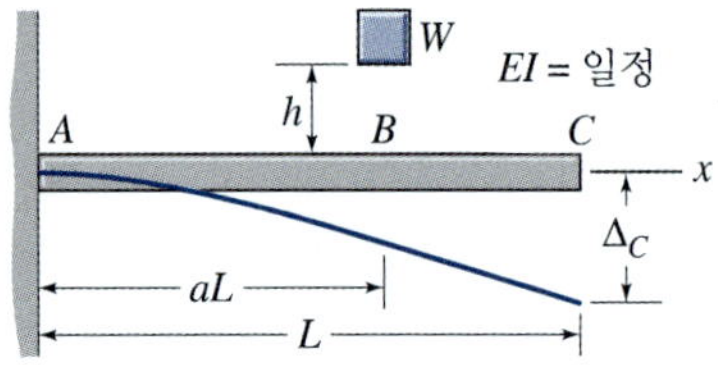

P11.9-11

11장 복습 – 에너지 방법

절			관련 연습 문제
	11장에서는 축방향 변형, 비틀림 및 굽힘이 적용되는 경우에 사용될 수 있는 **에너지 방법**들에 대해 논한다. 대부분의 유도식과 예제들은 축방향 변형에 적용된다. **일**과 **에너지**, 둘 다 기계적 물리량이고 힘×변위의 차원을 갖는다.	**일**-$\mathcal{W}$ $\mathcal{W}_p(e_1) = \int_0^{e_1} P(e)de$ (11.1) 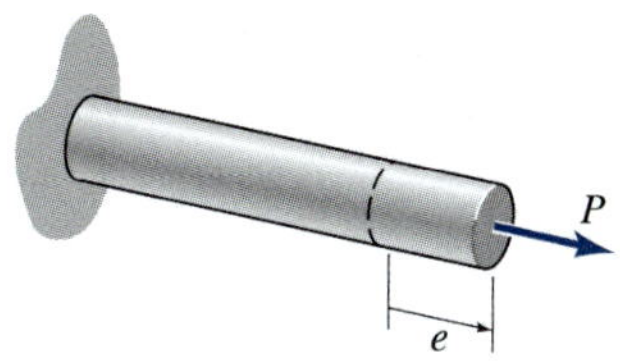 축 변형(그림 11.1a) 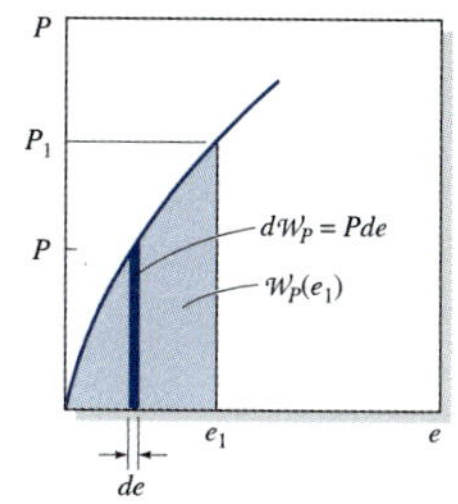 하중-변형 곡선(그림 11.2)	
11.2	탄성 부재에 저장되는 **총 변형률에너지**는 하중-변위곡선($P-e$곡선)에서의 면적과 같다.	**변형률에너지**-$\mathcal{U}$ $\mathcal{U}(e) = \mathcal{W}(e)$ (11.4) 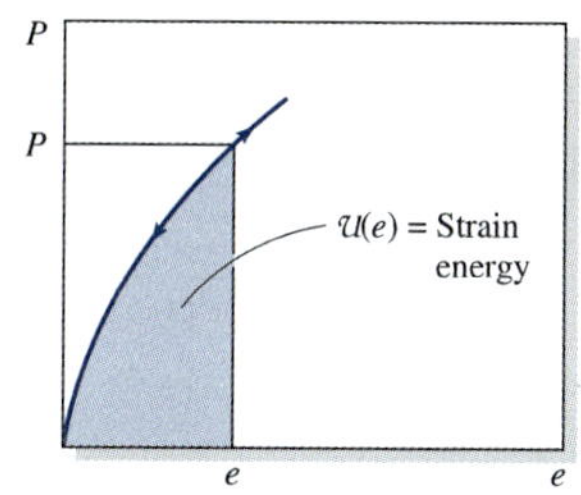 탄성 부재 축방향 변형에 대한 변형률에너지(그림 11.3)	
	에너지 방법들은 선형 탄성체에 자주 적용된다. 이 경우에 **변형률에너지밀도** $\bar{u}$가 유용하다. 선형 탄성 등방성재료에 대해서는 변형률에너지밀도는 식 11.12와 전체 변형률에너지는 식 11.13로 주어진다.	**변형률에너지밀도** $\bar{u}$ 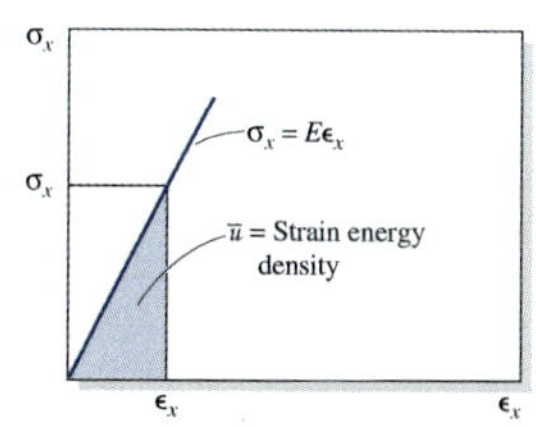 단축응력에 대한 전체 변형률에너지(그림 11.6) **변형률에너지밀도**는 다음과 같다. $\bar{u} = \frac{1}{2}(\sigma_x\epsilon_x + \sigma_y\epsilon_y + \sigma_z\epsilon_z + \tau_{xy}\gamma_{xy} + \tau_{xz}\gamma_{xz} + \tau_{yz}\gamma_{yz})$ (11.12) **총 변형률에너지**는 다음과 같다. $\mathcal{U} = \int_V \bar{u}\, dV$ (11.7)	

절			관련 연습 문제
11.3	11.3절에서는, 축하중, 비틀림과 굽힘 하중을 받고 있는 부재들에 저장되는 변형에너지를 계산하는 방법들을 보여 준다. 이 절을 복습해야 하고 이 절에 제시된 식들에 주목한다.(예를 들어 11.15, 11.16, 11.20, 11.21, 11.25 및 11.26)		11.3-3 11.3-9 11.3-13 11.3-23 11.3-33
11.4	11.4절에서는 **일-에너지 원리**가 제시된다. 이 원리는, 선형적으로 탄성적인 거동에 제한되지 않으며, 단일 하중의 작용점과 하중 방향으로의 변위를 결정하기 위해서만 유용하다.	**일-에너지 원리** 물체 내의 응력이 탄성한계를 초과하지 않는다면, 외력에 의해 물체에 가해진 모든 일(Work)은 변형률에너지로 물체 내에 저장된다. $\mathcal{W}_{ext} = \mathcal{U}$ (11.32)	11.4-5 11.4-9
11.5	11.5절은 매우 중요한 두 가지 에너지 원리를 제시한다. • **카스티리아노의 제2정리**와 • **단위 하중 방법** 11.5절에서 카스티리아노의 두 번째 정리는 • 정적인 정정 시스템과 • 정적인 부정정 시스템에 적용된다.	**카스티리아노의 제2정리** 선형적이며 탄성이고 변형 가능한 물체나 시스템에 모든 가능한 구성 중에서, 실제 구성은 식 11.36으로 나타낼 수 있다. $\Delta_i = \dfrac{\partial \ (P_1, P_2, \cdots, P_N)}{\partial P_i}$ (11.36) 여기에서 Δ_i는 하중 P_i에 해당되는 변위이고 $\mathcal{U}$는 하중들의 함수로 표현된 변형률에너지이다.	11.5-1 11.5-6 11.5-14

11.6절부터 11.8절까지는 또 다른 중요한 에너지 방법들을 제시하는 선택적인 절(section)이고, 이러한 에너지 방법들이 변위법, 하중법 및 유한요소법에 어떻게 관련되어 지는지를 제안한다. 11.9절은 충격 하중을 수반하는 문제들에 대하여 에너지 해법들을 논하는 선택적인 절(section)이다.

12 설계에 관련된 중요 주제

12.1 개요

앞 장에서 많은 **설계 문제**(design problems)들이 설명되었다. 주어진 하중과 허용 응력 혹은 변형 등에 대하여 연결부(볼트, 핀 등)와 부재 등의 단면적 크기를 결정해야 했었다. 일반적으로 설계 문제를 풀 때 이 장에서는 구조물이나 기계 설계에서 다시 접하게 될 몇 가지 중요한 설계 관련 주제들을 소개하고자 한다. 12.2절의 **응력집중**(Stress Concentrations)은 축하중, 비틀림 혹은 굽힘 하중 등에 의해 발생하는 응력에 구멍(hole), 노치(notch), 단면변화 등이 미치는 영향을 취급한다. 12.3절의 **파손이론**(Failure Theories)은 단순 인장 혹은 단순 압축시험에서 얻은 기계적 성질이 더 복잡한 하중을 받는 부재의 항복이나 취성파괴를 묘사하는 데 어떻게 사용되는가를 나타낸다. 마지막으로 12.4절의 **피로파괴**(Fatigue and Fracture)에서는, 부재의 반복하중으로 인해 어떻게 미소 크랙을 성장시켜 최종적으로 피로파손을 유발시키는지를 학습할 수 있다.

12.2 응력집중

다음과 같은 중요공식에서 축하중에 의한 수직응력, 비틀림에 의한 전단응력 그리고 굽힘에 의한 휨 응력 등을 각각 계산할 수 있다.

$$\sigma = \frac{F}{A}, \quad \tau = \frac{T\rho}{I_p}, \quad \sigma = -\frac{My}{I}$$

이러한 공식들은 단지 단면이 비교적 균일한 경우에 사용된다. 즉, 단면에 갑작스러운 변화가 없을 때 사용된다. 하중작용점에 매우 가까운 부근에서 이러한 공식들은 성립되지 않고, 멀리 떨어진 지점에서는 성립된다는 것을 2.10절에서 설명했다. 생 베낭의 원리(St. Venant's Principle)는 균일단면을 가진 물체에 대해 하중이 작용하는 지점에서 멀리 떨어진 지점에서는 위의 공식이 유효하다는 것을 의미한다.

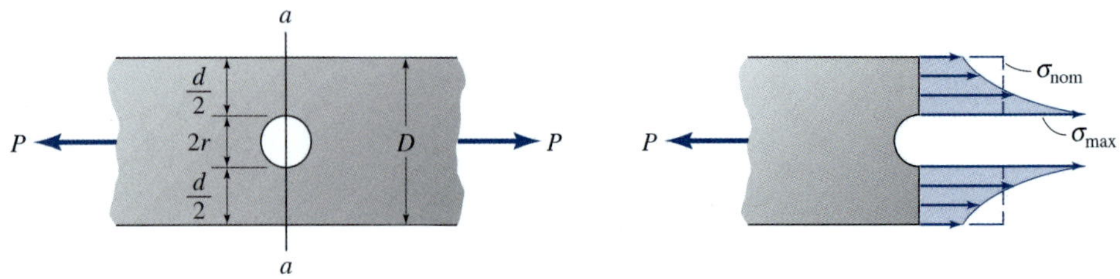

(a) 중심부에 원형 구멍을 갖는 편평한 사각 판

(b) 원형 구멍 단면 a-a에서의 응력분포

그림 12.1 축하중 작용시 원형 구멍을 갖는 편평한 사각 판의 응력 집중

하중의 국부 작용지점과 단면의 불균일성 때문에 발생되는 응력이 증가되는 것을 **응력집중(stress concentration)**이라고 한다. 하중이 작용되는 부재를 설계할 때에는 가능한 응력집중을 피하는 것이 중요하고, 특히 응력집중이 존재한다고 판단되면 정확히 응력집중 효과를 고려하는 것이 중요하다. 만약에 부재가 취성재료로 만들어지고, 변동하중(12.4절 참고)을 받는다면, 가능한 응력집중을 피하게 하고, 응력집중이 존재하는 경우에는 응력집중 효과를 고려하는 것이 특히 중요하다. 축하중, 비틀림 하중 그리고 굽힘 하중을 받는 부재의 응력집중의 영향을 간단히 설명하겠다.

응력집중–축하중 그림 12.1b의 색상이 있는 부분은 축하중을 받는 사각판 중심에 있는 원형 구멍 때문에 발생되는 응력집중현상을 나타낸 것이다. 이것은 유한요소법으로 구한 결과이다. 구멍, 노치 혹은 단면의 갑작스러운 변화 등은 축하중을 받는 부재의 응력집중을 유발시킨다.

그림 12.1b는 축방향 하중을 받아서 인장을 받는 사각판의 중심에 있는 원형 구멍(centrally located circular hole) 때문에 응력집중을 유발시킨다. 최대 수직응력은 원형 구멍 중심을 통과하는 단면 $a-a$상의 원형 구멍의 가장자리에서 발생한다. 그림 12.2a의 반지름 r크기의 필렛(shoulder fillet)은 좁은 단면부에서 넓은 단면부로의 갑작스러운 단면 변화를 유연하게 하는 데 사용된다. 이 경우의 최대 수직응력은 필렛이 판의 좁은 부분과 교차하는 단면 $b-b$에서 발생한다.

그림 12.1이나 그림 12.2와 같이 응력집중 때문에 발생되는 응력값들은 탄성이

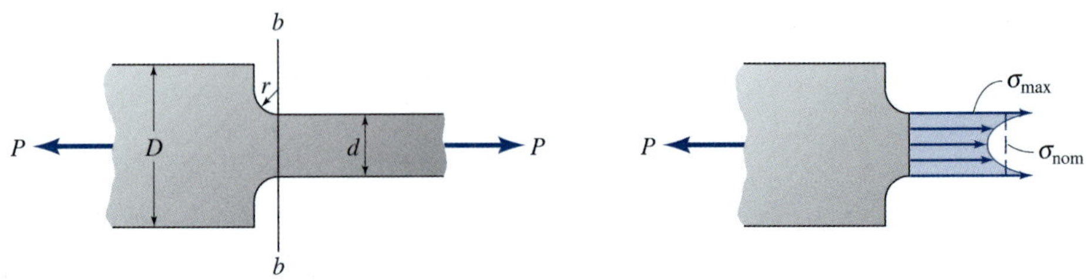

(a) 단면이 갑자기 감소하는 편평한 사각 막대

(b) 단면 b–b 단면에서의 응력분포

그림 12.2 축하중 작용시 단면이 갑자기 변하는 편평한 사각 시편의 응력집중

론(참고문헌 12.1)을 이용한 해석적인 방법이나 유한요소법([참고문헌 12-2, 12-3])을 이용한 수치적인 방법, 혹은 광탄성실험법([참고문헌 12-4])을 이용한 방법 등으로 결정될 수 있다. 응력값들의 정확한 분포는 그렇게 중요하지 않으나, 응력의 최댓값만은 매우 중요하다. **응력집중계수(stress-concentration factor)**를 식 12.1과 같이 정의할 수 있고, 여기에서 최대응력 σ_{max}는 실제 단면의 평균응력인 공칭응력 σ_{nom}과 관계된다.

$$K = \frac{\sigma_{max}}{\sigma_{nom}} \tag{12.1}$$

선형탄성거동에 있어서, 응력집중계수(k)는 부재의 기하학적 조건 그리고 작용하중의 종류(예를 들어, 축하중, 비틀림하중, 굽힘 하중) 등에 관련된 함수이다. 여러 종류의 하중과 기하학적 형상에 관한 응력집중계수의 공식은 참고문헌 12-5에 수록되었다. 응력집중계수에 대한 여러 가지 그래프가 참고문헌 12-6에 수록되어 있고, 이 절의 응력집중계수에 대한 그래프는 참고문헌 12-6에서 발췌한 것이다.

이러한 참고문헌과 이 절에 있는 그림에서 구한 응력집중계수 값은 선형탄성거동을 근거로 한 것이고 계산된 최대응력 σ_{max}이 재료의 비례한도보다 크지 않는 한, 그 응력집중계수는 유효하다. 그림 12.3은 중앙에 원형 구멍을 갖는 사각판의 경우에, 원형 구멍의 크기가 응력집중계수에 미치는 영향을 나타낸 것이다. 원형 구멍의 반지름이 0에 접근함에 따라 응력집중계수는 3.0에 접근한다. 그래서 매우 작은 원형 구멍도 부재에 매우 크게 손상을 입힌다. 12.4절에 설명될 피로 크랙은 매우 작은 원형 구멍에서 자주 발생된다.

그림 12.4에서는 필렛 반지름 r이 0에 접근함에 따라 응력집중계수는 갑자기 증가한다는 것을 볼 수 있다. 필렛이 없는 경우(즉 $r=0$인 경우)는 요각(reentrant corner)이 90°이기 때문에 이론적 응력집중계수는 무한히 크다. 그러므로 좋은 설

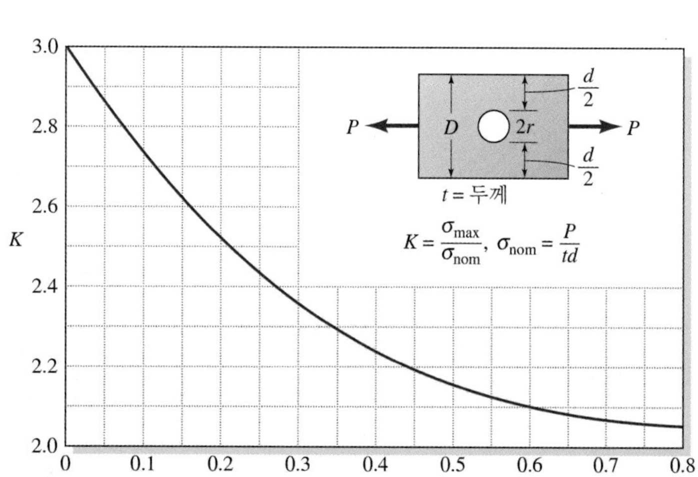

그림 12.3 축하중 작용시, 중심부에 원형 구멍을 갖는 편평한 사각 판에 대한 응력집중계수 K (인장시)

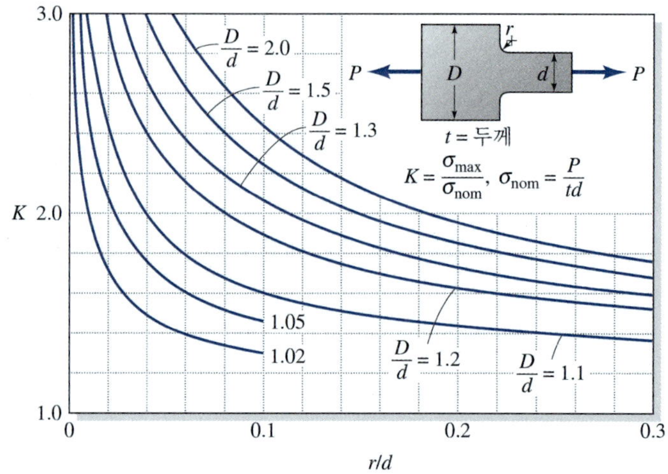

그림 12.4 축하중 작용시, 2단 필렛을 갖는 편평한 사각 시편에 대한 응력집중계수 K(인장시)

계를 하기 위해서는 그런 예리한 모서리(코너)가 없어야 하고, 유연한 필렛이 있어야 한다.

예제 12.1

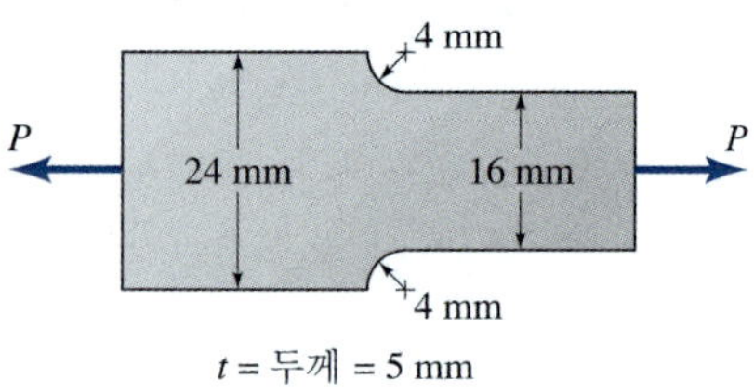

그림 1

알루미늄부재의 크기는 그림 1과 같다. 만약 허용응력 $\sigma_{allow} = 200$ MPa이면, 부재가 수반할 수 있는 최대 축하중 P_{allow}를 계산하시오.

풀이 그림 12.4는 필렛(2단 필렛)을 가진 부재의 응력집중계수를 구하는 데 사용될 수 있다. 같은 부재에서,

$$\frac{D}{d} = \frac{24\text{ mm}}{16\text{ mm}} = 1.50$$

$$\frac{r}{d} = \frac{4\text{ mm}}{16\text{ mm}} = 0.25$$

$D/d = 1.50$의 곡선이 있기 때문에, $K = 1.74$로 바로 결정된다.

허용하중은 적은 단면적의 평균응력을 근거로 한 것이다. 그래서

$$P_{allow} = \sigma_{nom} A_{min} = \sigma_{nom}(80\ \text{mm}^2)$$

응력집중이 발생되는 지점의 응력값은 허용응력 σ_{allow}가 된다.

$$K\sigma_{nom} = \sigma_{allow} = 200\text{ MPa}$$

그러므로

$$P_{allow} = \left(\frac{200\text{ MPa}}{1.74}\right)(80\ \text{mm}^2) = 9.20\text{ kN}$$

$$P_{allow} = 9.20\text{ kN}$$ **답**

(a) 플랜지 연결

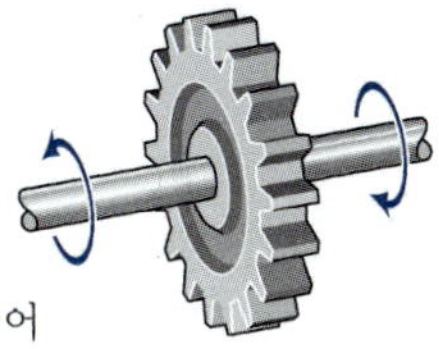

(b) 축 상의 기어

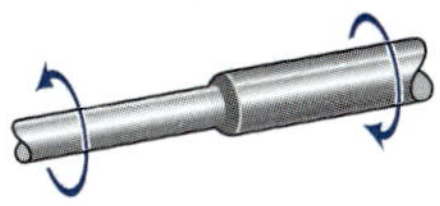

(c) 단(step)이 있는 축

그림 12.5 비틀림 하중을 받는 원형축 내 응력집중이 발생되는 3가지 경우

응력집중—비틀림 제4장에서 유도된 비틀림 공식 $\tau = T\rho/I_p$은 균일한 원형 단면(circular cross-section)을 갖는 등방성 선형탄성 봉의 단면 형상을 결정하는 데 사용된다. 이 공식이 유효하기 위해서는 고려되고 있는 단면이 그림 12.5와 같은 기어, 도르래 혹은 플랜지 등에 의해 비틀림 하중이 작용하는 지점에서 가깝지 않아야 하고, 단면 지름이 갑자기 변하는 지점에서도 가깝지 않아야 한다. 그림 12.5는 비틀림 하중을 받는 원형 봉에 응력집중이 발생되는 세 가지 경우를 나타낸다.

그림 12.5a와 12.5b의 2가지 경우는 기계설계 교육과정에서 다루어져야 한다. 본 절에서는 그림 12.5c와 그림 12.6에 예시된 것처럼, 단면이 변하는 부근의 응력집중만의 효과를 다루기로 한다. 생 베낭의 원리(St. Venant's Principle)에 의하면, 단면이 변하는 영역에서 지름의 1배보다도 더 떨어진 지점의 단면 $a-a$나 단면 $c-c$에서의 전단응력 분포는 비틀림 응력에 대한 공식인 식 12.2에 의해 결정된다.

$$\tau = \frac{T\rho}{I_p} \tag{12.2}$$

이러한 선형 전단응력 분포를 그림 12.6b와 그림 12.6d에 각각 나타내었다. 그러나 그림 12.6c에 제시된 것처럼 필렛(견 필렛)을 가진 단(step)이 있는 봉이 비틀림 모멘트를 받을 때, 최대 전단응력은 필렛과 지름이 d인 단면과 교차하는 단면 $b-b$에서 발생한다. 그래서 **비틀림에 있어서의 응력집중계수(stress-concentration factor for torsion)**는 식 12.3과 같이 정의된다.

$$K = \frac{\tau_{\text{max}}}{\tau_{\text{nom}}} = \tau_{\text{max}}\left(\frac{\pi d^3}{16T}\right) \tag{12.3}$$

그림 12.6d에서처럼 공칭 최대 전단응력은 더 작은 단면의 가장 바깥부분에서 발생한다.

그림 12.7은 단(step)이 있는 봉의 다양한 기하학적 형상에 대한 응력집중계수 K값을 나타낸다. 앞에서 설명한 축하중을 받고 있는 단(step)이 있는 축의 경우와 같이, 필렛 반지름 r이 0에 접근함에 따라, 비틀림 하중을 받는 단(step)이 있는 축의 응력집중계수는 무한히 커진다. 그러므로 그림 12.7에 의해 규명된 비틀림 전

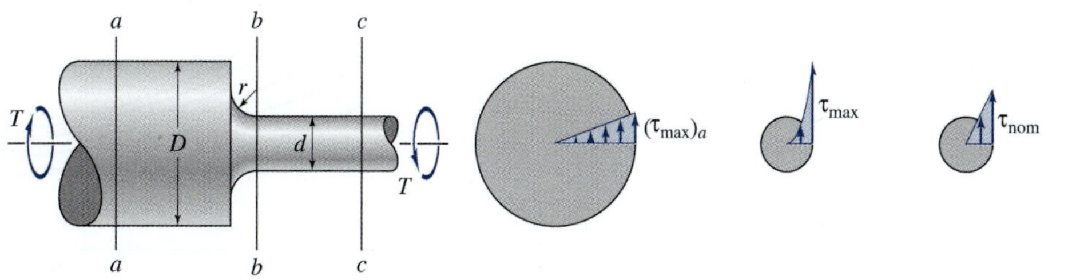

(a) 비틀림 하중을 받는 (b) 단면 $a-a$에서 (c) 단면 $b-b$에서 (d) 단면 $c-c$에서

그림 12.6 단(step)이 있는 비틀림 축

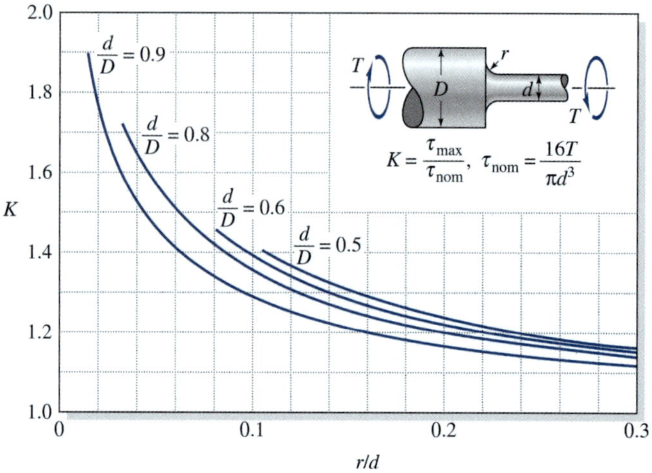

그림 12.7 필렛을 갖는 단(step)이 있는 축의 비틀림 하중(T)에 대한 응력집중계수 K

단응력 집중의 영향을 최소화하기 위해서는 설계에서 실제적이면서도 가장 큰 반지름을 갖는 필렛을 고려해야 한다. (비틀림 문제에 응력집중계수 적용은 실제로 예제 12.1에 예시된 축방향 변형문제 적용과 일치한다. 비틀림에 대한 주제는 과제로서 충분하므로 그에 대한 예제는 생략한다.)

응력집중–굽힘 제6장의 휨 공식인 $\sigma = -My/I$는 대칭이고 단면이 균일한 보의 굽힘에 대해 유도된 것이다. 단면에 갑작스러운 변화가 없고 고려되고 있는 단면의 매우 가까운 곳에 집중하중이나 반력이 없는 경우에만 이 공식이 유효하다. 여기에서는 보에 있어서 응력집중이 발생되는 두 가지 경우, 즉 단면이 갑자기 변하는 사각보의 경우(그림 12.8) 그리고 대칭이고 U-모양 노치를 가진 사각보의 경우(그림 12.9)만을 고려한다. 다른 경우는 참고문헌 12-5, 12-6에서 참조할 수 있다.

굽힘의 응력집중계수(stress-concentration factor for bending)는 다음과 같이 정의된다.

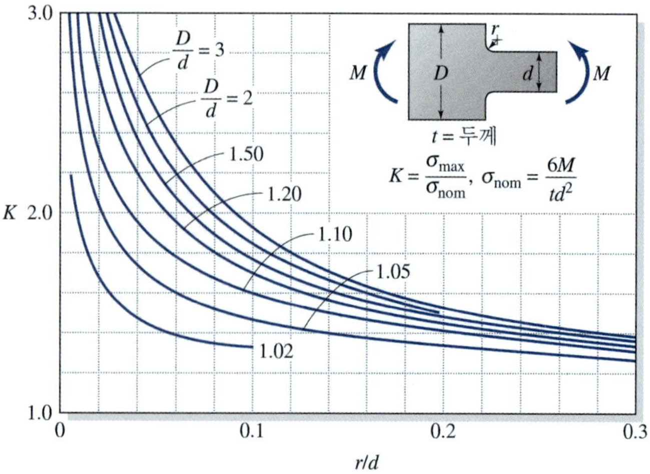

그림 12.8 필렛을 갖는 편평한 보의 순수 굽힘(pure bending) 하중(M)에 대한 응력집중계수 K

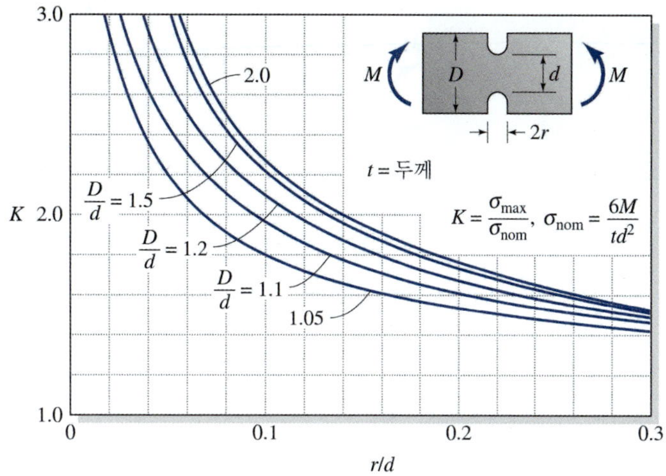

그림 12.9 U자 모양의 노치(notch)를 갖는 편평한 보의 순수 굽힘(pure bending) 하중(M)에 대한 응력집중계수 K

$$K = \frac{\sigma_{max}}{\sigma_{nom}} = \sigma_{max}\left(\frac{td^2}{6M}\right) \tag{12.4}$$

σ_{nom}은 감소된 단면적에서 휨 공식으로 구한 최대 응력값이다. 그림 12.8과 12.9는 참고문헌 12-6의 데이터로 구한 응력집중계수 K값을 나타낸다. 그림 12.8과 12.9는 작은 반지름 r을 갖는 노치(notch)나 필렛(fillet) 등을 피해야 한다는 것을 나타낸다.

그림 12.8과 그림 12.9에 표현된 응력집중계수는 선형탄성거동을 근거로 한 것이다. 그래서 만약 σ_{max}값이 재료의 비례한도보다 크지 않다면 식 12.4를 사용하여 얻은 σ_{max}값은 유효하다. 만약 σ_{max}값이 재료의 비례한도보다 크고, 재료가 연성재료라면 소성변형은 응력집중 부위의 근방에서 발생한다. 소성변형이 발생할 때의 응력은 식 12.4에 의해 구한 σ_{max}의 값보다 더 적다.

예제 12.2

그림 1과 같은 평평한 시편이 순수 굽힘 모멘트를 받고 있다. 그림 1a와 같은 깊은 홈이 구조에서, 재료를 제거하여 그림 1b에서와 같은 반원 모양의 홈으로 변환함으로써 최대 모멘트를 몇 %까지 증가될 수 있는가? 두 개의 시편은 두께가 같고 동일 재료로 만들어져 있고 허용응력도 동일하다고 가정한다.

풀이 그림 1의 두 보의 응력집중계수는 그림 12.9의 선도에서 구할 수 있다. 필요한 변수는 다음과 같다.

$$\frac{D_1}{d_1} = \frac{D_2}{d_2} = 1.5, \quad \frac{r_1}{d_1} = \frac{1}{8}, \quad \frac{r_2}{d_2} = \frac{1}{4}$$

그림 12.9에서 응력집중계수 K_1과 K_2를 구한다.

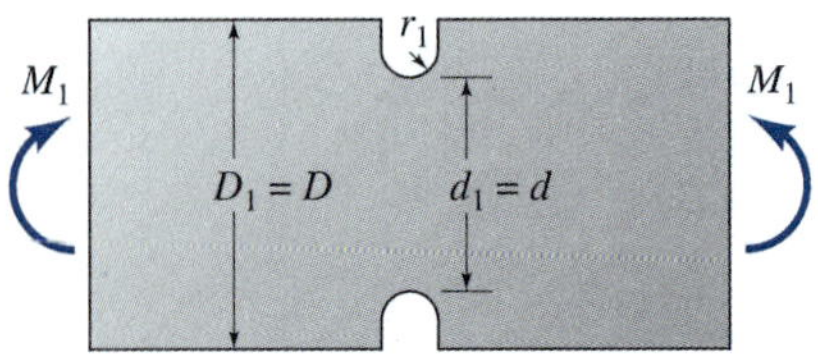

$\frac{D_1}{d_1} = 1.5,\ \frac{d_1}{r_1} = 8,\ t_1 = t$

(a)

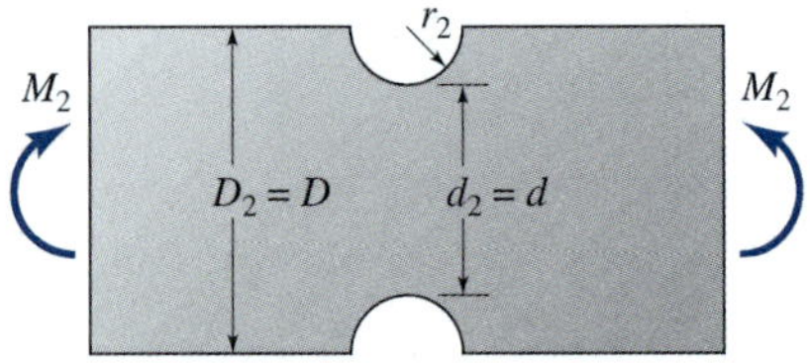

$\frac{D_2}{d_2} = 1.5,\ \frac{d_2}{r_2} = 4,\ t_2 = t$

(b)

그림 1

$$K_1 = 2.06, \quad K_2 = 1.61$$

식 12.4에서

$$\sigma_{\max} = K\sigma_{\text{nom}} = K\left(\frac{6M}{td^2}\right) \tag{1}$$

그러나 두 시편에 있어서 $\sigma_{\max} = \sigma_{allow}$이고 t와 d도 각각 같기 때문에, 식 (1)에서 다음 식을 얻는다.

$$\frac{M_2}{M_1} = \frac{K_1}{K_2}$$

그래서 모멘트 크기의 증가는 다음과 같다.

$$\frac{M_2 - M_1}{M_1} = \frac{K_1}{K_2} - 1 = \frac{K_1 - K_2}{K_2} = \frac{2.06 - 1.61}{1.61} = 0.28$$ **답**

그러므로 노치(notch)의 반지름을 크게 하여 응력집중효과를 감소시켜 보에서 발생하는 최대 응력값을 증가시키지 않고도 약 28%까지 굽힘 모멘트를 증가시킬 수 있다.

12.3 파손 이론

기계설계 엔지니어들은 명확한 2개의 과제에 직면하게 된다. 첫 번째는 특정한 하중을 받는 설계안에 대하여 거동을 해석하는 것이다. 단순한 구조물 부재나 기계 부품에 대해서는 본 책에서 제시된 공식들을 사용하여 응력과 변형을 계산하는 데 사용될 수 있다. 만약 응력집중효과를 고려하여야 한다면, 12.2절에 제시된 과정들이 적용되어야 한다. 이보다 더 복잡한 부재들에 대한 응력 분포나 변형을 구하는 데는 일반적으로 유한요소법(finite element method)[참고문헌 12-2, 12-3]에 의한 해석방법이 사용된다. 특별한 경우에는 탄성 이론이나 평판 및 박판(plates and shells) 이론 등을 이용하여 해를 구하기도 한다. 또 다른 중요한 과제로는, 설계되는 대상이 파손(failure)될 때 응력과 변형값이 얼마인가를 결정하는 것으로서, 본 절에서 다루어질 주제이다.

만약에 연성(ductile material)인 시편으로 인장시험을 했다면 축응력값이 **파손기준(criterion of failure)**인 항복응력 σ_Y에 도달되었을 때 그 시편은 파손될 수 있다고 말한다. 만약 시편이 취성재료(brittle material)로 만들어져 있다면, 일반적인 파손기준은 극한 인장강도 σ_U에서 발생되는 취성파괴(brittle fracture)이다. 그러나 기계 부품이나 구조물의 요소는 어떤 응력상태 값에서 파손되는지를 규명하기가 매우 어려운 다축 응력(multiaxial state of stress)을 받는다.

2.4절에서 설명된 과정을 이용하여 인장시험을 하는 것은 비교적 용이하고, 많은 재료들에 대한 인장시험 결과들도 잘 알려져 있다. 그러나 다축 하중을 받는 부재에 대하여, 하나의 인장시험(혹은 압축시험 혹은 비틀림 시험) 결과를 적용하기 위해서는 파손의 실제 메커니즘을 고려하는 것이 필요하다. 즉 파손은 임계치에 도달한 최대 수직응력에 의한 것인가? 혹은 임계치에 도달한 최대 전단응력 때문인가? 혹은 임계치에 도달한 변형률 에너지 혹은 또 다른 어떤 양인가? 인장시험에 있어서 파손의 기준은 당연히 주응력(인장응력)이라고 말할 수 있다. 그러나 다축응력에 있어서는, 파손의 실제 원인을 고려해야만 하고 어떠한 응력의 조합(관계)이 파손을 유발시키는가를 설명해야만 한다.

본 12.3절에서는 4개의 파손 이론을 고려한다.[1)2)] 4개의 파손 이론 중에서, 2개의 이론은 연성재료, 즉 파손하기 전에 항복하는 재료에 적용된다. 또 다른 2개의 이론은 취성재료에 적용된다. 평면응력에 대해서 파손 이론은 주응력 σ_1, σ_2으로 나타내고 3축 응력상태(3차원 응력상태)에 대해서, 파손 이론은 주응력 σ_1, σ_2, σ_3로 나타낸다.

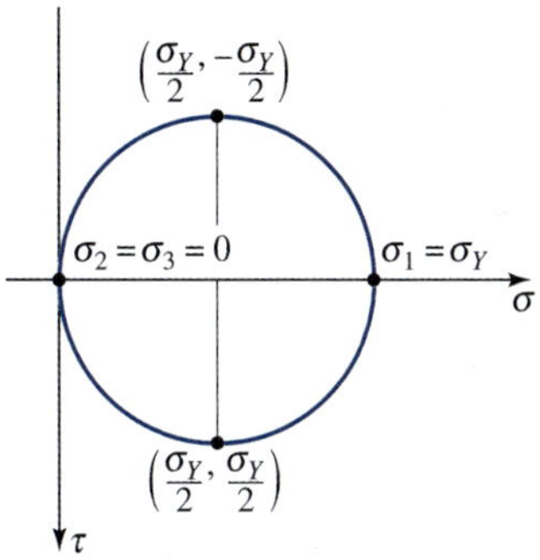

(a) $\sigma_1 = \sigma_Y$일 때의 모어 원

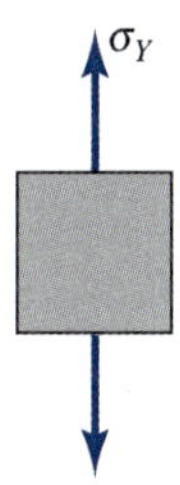

(b) 주응력 요소

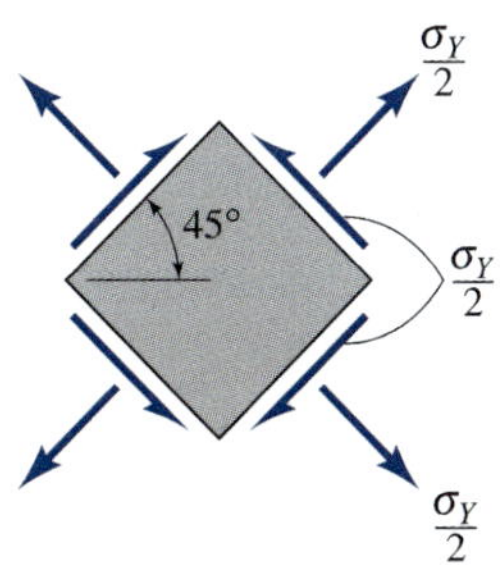

(c) 최대 전단응력 요소

그림 12.10 단축 응력시험에 주응력과 최대 전단응력

연성재료 연성재료의 파손 이론에는 최대 전단응력 이론(maximum shear stress theory)과 최대 변형 에너지 이론(maximum-distortion-energy theory) 등이 있다.

최대 전단응력 이론[3)] 연강과 같은 연성재료의 평평한 부재가 인장하중으로 시험될 때, 실제로 항복이 발생되는 역학은 슬립, 즉 작용하는 힘의 방향과 45°를 이루는 평면(최대 전단응력이 발생되는 평면)에 전단이 발생되는 것이 관찰된다. 초기 항복은 시편 표면에 첫 번째 슬립선이 나타나는 것이다. 그리고 시험편이 완전히 항복할 때까지 변형률이 증가함에 따라 더 많은 슬립선이 발생한다. 만약에 슬립이 파손의 실제적인 메커니즘이라면, 이러한 파손을 가장 잘 규명하는 응력은 슬립면에 발생되는 전단응력이다. 그림 12.10은 슬립 평면상의 전단응력의 크기는 $\sigma_Y/2$이라는 것을 나타내면서 단축 응력상태의 모어(Mohr) 원을 나타낸다. 그러므로 어떠한 응력상태(단축 혹은 1축, 2축, 3축)에 있는 연성재질에서도 한 평면의 전단응력 크기가 $\sigma_Y/2$로 되었을 때 파손이 발생된다면, **최대 전단응력 이론의 파손기준 (failure criterion for the maximum-shear-stress thoery)**은 다음처럼 말할 수 있다.

$$\tau_{\substack{\text{abs}\\\text{max}}} = \frac{\sigma_Y}{2} \tag{12.5}$$

여기에서 σ_Y는 단순 인장시험으로 결정되는 항복응력이다. 식 8.32를 이용하면,

1) 이 절의 나머지 부분에서는 과잉 정적응력(excessive static stress)에 의해 발생되는 파손만을 고려하였고, 과잉 변형 혹은 좌굴에 의한 파손은 고려하지 않았다.
2) 여기에서 설명된 이론은 균일하고 등방성 재료에만 적용된다.
3) C.A. Coulmb, H. Tresca 그리고 J.J. Guest 등은 파손의 최대 전단응력 이론과 관계된다. [참고문헌 12-7]

식 12.5는 식 12.6과 같이 주응력으로 나타낼 수 있다.

$$\sigma_{\max} - \sigma_{\min} = \sigma_Y \tag{12.6}$$

여기에서 $\sigma_{\max}$는 최대 주응력, $\sigma_{\min}$은 최소 주응력[4]이다.

평면응력 상태에 있어서, 최대 전단응력 파손기준(maximum-shear-stress failure criterion)은 다음과 같이 평면 주응력 σ_1과 σ_2로 설명될 수 있다.[5]

$$\left.\begin{array}{l} |\sigma_1| \ge |\sigma_2| \text{일 때, } |\sigma_1| = \sigma_Y \\ |\sigma_2| \ge |\sigma_1| \text{일 때, } |\sigma_2| = \sigma_Y \end{array}\right\} \quad \sigma_1\text{과 } \sigma_2\text{의 기호가 서로 동일한 경우}$$
$$|\sigma_1 - \sigma_2| = \sigma_Y \qquad \sigma_1\text{과 } \sigma_2\text{가 반대의 부호의 경우} \tag{12.7}$$

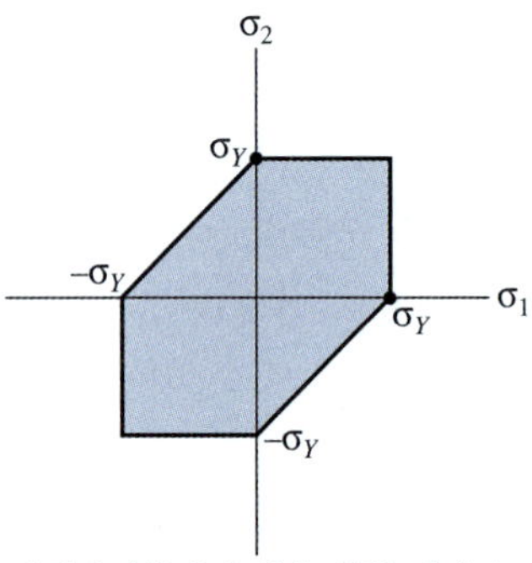

*인장시험에서 얻은 실험 데이터

그림 12.11 최대 전단응력 이론에 대한 6각형 파손선도(평면응력)

식 12.7은 그림 12.11에 나타낸 간편한 도형으로 나타낼 수 있다. 평면응력상태에 있는 부재에서 물체 내부의 모든 점의 응력상태는 그림 12.11[6]에 나타낸 것처럼 $\sigma_1 - \sigma_2$ 평면 내부의 임의 점의 응력(a stress point)(σ_1, σ_2)으로 표현된다. 만약 물체 내부에서 어떤 점의 응력상태가 그림 12.11에서 육각형의 밖이나 경계 상에 있는 응력점과 일치한다면, 파손은 최대 전단응력 이론에 의해 발생한다고 말할 수 있다.

최대 변형 에너지 이론:[7] 최대 전단응력 이론은 연성재료의 항복에 대해 타당한 가설을 수반하지만, 최대 변형 에너지 이론은 실험 데이터와 좀 더 일치하므로 일반적으로 더 많이 사용된다. 이 이론은 다축 하중을 받고 있는 물체의 형태 변화에 의해 발생되는 에너지가 단축(일방향) 하중을 받는 시편의 응력이 항복응력이 되었을 때의 비틀림 에너지와 같을 때 항복이 발생한다고 가정한 것이다.

그림 12.12a에 나타낸 것과 같은 요소 체적에 저장된 변형률 에너지를 생각해보자. 다축 하중에 의한 변형률에너지 밀도는 식 11.12에 의해 얻게 되고, 3개의 주응력을 이용하면 다음과 같이 나타낼 수 있다.

$$\bar{u} = \frac{1}{2}(\sigma_1\epsilon_1 + \sigma_2\epsilon_2 + \sigma_3\epsilon_3) \tag{12.8}$$

식 12.8에 후크(Hook)의 법칙($\Delta T = 0$인 식 2.38)과 조합하면 다음의 식을 얻을 수 있다.

$$\bar{u} = \frac{1}{2E}[\sigma_1^2 + \sigma_2^2 + \sigma_3^2 - 2\nu(\sigma_1\sigma_2 + \sigma_2\sigma_3 + \sigma_1\sigma_3)] \tag{12.9}$$

---

4) 파손의 최대 전단응력 이론은, 최대 전단응력의 평면에 작용하는 수직응력을 무시한 것임을 주목한다.

5) 평면응력의 경우에, 평면의 수직방향 주응력은 반드시 최소 주응력이 아니어도 $\sigma_3 (\sigma_3 \equiv 0)$이다.

6) σ_1과 σ_2는 주응력이지만. 8장에서 설명했던 것처럼 식 12.7과 그림 12.11은 반드시 주축이 $\sigma_1 \ge \sigma_2$가 되도록 정해진 것은 아니다.

7) 이 이론은 최대 팔면체 전단응력 이론(maximum octahedral-shear-stress theory)이라고도 한다. 이 이론은 J. Clerk Maxwell에 의해 일찍이 추측되었지만, 이 이론에 대한 공로(Credit)는 일반적으로 M. T. Huber, R. von Mises과 H. Hencky 등에 주어진다. [참고문헌 12-7]

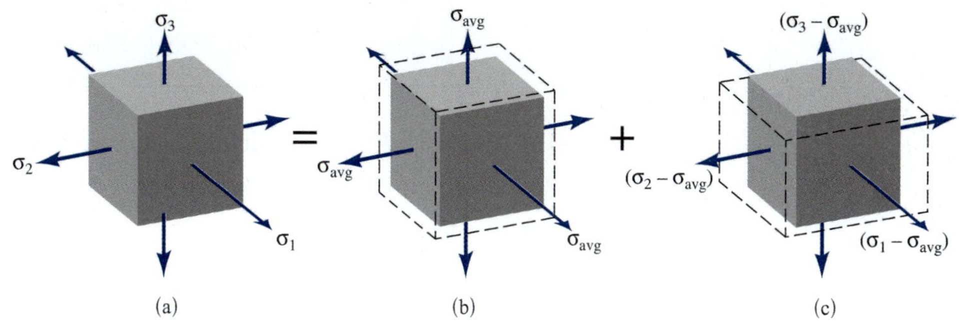

그림 12.12 (a) 3축 응력상태 (b) 체적변화를 발생시키는 응력들 (c) 비틀림을 발생시키는 응력들

이 변형률에너지의 한 부분은 요소의 체적 변화(change of volume)에 관계되고, 변형률 에너지의 나머지 부분은 형태 변화(change of shape), 즉 변형에 관계된다. 체적 변화는 그림 12.12b에 나타난 것처럼 평균응력 $\sigma_{avg} = \frac{1}{3}(\sigma_1 + \sigma_2 + \sigma_3)$에 의해 발생된다.

그림 12.12c에 나타낸 순응력은 체적 변화를 발생시키지 않고 변형만을 발생시킨다. 재료가 정수압(hydrostatic stresses)[8] 상태에 놓여 있다면, 재료는 항복하지 않는다는 것을 실험적으로 확인했다. 그러므로 실제로 항복을 일으키는 응력은 변형을 발생시키는 응력이라고 가정해왔다. 이러한 가설에 의해 다음과 같이 설명되는 **최대 변형 에너지 항복(파손)기준(maximum-distortion-energy yield(failure) criterion)**이 고안되었다.

> 연성재료의 항복은, 단위체적당 변형 에너지가 단순 인장하에서 동일 재료가 항복되었을 때의 단위체적당 변형 에너지와 같거나 클 때 발생한다.

그림 12.12c와 같은 전단변형을 발생시키는 응력이 식 12.9에 대입되었을 때, 변형 에너지 밀도(distortion-energy density)는 다음과 같다.

$$\bar{u}_d = \frac{1}{12G}[(\sigma_1 - \sigma_2)^2 + (\sigma_2 - \sigma_3)^2 + (\sigma_1 - \sigma_3)^2] \tag{12.10}$$

인장시편이 항복하기 시작할 때, 즉 $\sigma_1 = \sigma_Y$, $\sigma_2 = \sigma_3 = 0$이기 때문에 변형 에너지밀도는 다음과 같다.

$$(\bar{u}_d)_Y = \frac{1}{6G}\sigma_Y^2 \tag{12.11}$$

식 12.10에서 얻은 일반 하중에 대한 변형 에너지가 식 12.11의 $(\bar{u}_d)_Y$와 같거나 클 때, 항복이 발생한다. 그러므로 최대 변형 에너지 파손기준(maximum-distortion-energy failure criterion)은 식 12.12a처럼 주응력으로 나타낼 수 있다.

---

8) 그림 12.12b는 정수압(hydrostatic) 상태를 나타낸다. 즉 모든 3개 주응력 방향의 응력(값)들이 같다.(동일하다)

$$\frac{1}{2}[(\sigma_1-\sigma_2)^2+(\sigma_2-\sigma_3)^2+(\sigma_1-\sigma_3)^2]=\sigma_Y^2 \tag{12.12a}$$

최대 변형 에너지 파손기준(maximum-distortion-energy failure criterion)을 임의의 세 개의 수직인 평면상의 수직응력과 전단응력으로 나타내면 식 12.12b 형식으로 나타낼 수 있다.[9)]

$$\frac{1}{2}[(\sigma_x-\sigma_y)^2+(\sigma_y-\sigma_z)^2+(\sigma_x-\sigma_z)^2+6(\tau_{xy}^2+\tau_{yz}^2+\tau_{xz}^2)]=\sigma_Y^2 \tag{12.12b}$$

평면응력의 최대 변형 에너지 항복기준(maximum-distortion-energy yield criterion)은 식 12.12에 $\sigma_3=\sigma_z=\tau_{xz}=\tau_{yz}=0$의 관계를 대입하고 그것을 주응력으로 나타내면, 식 12.12가 얻어진다.

$$\sigma_1^2-\sigma_1\sigma_2+\sigma_2^2=\sigma_Y^2 \tag{12.13}$$

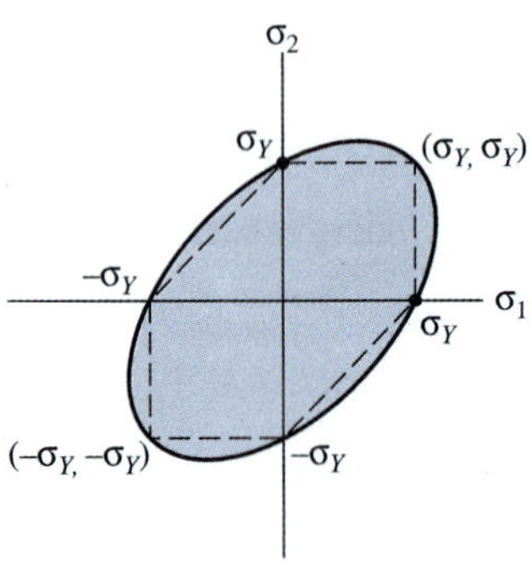

*인장시험에서 얻은 실험 데이터
– 최대 전단응력 기준

그림 12.13 최대 변형 에너지 이론에 의한 타원형 파손선도(평면응력)

식 12.13은 그림 12.13에 나타낸 것처럼 $\sigma_1-\sigma_2$ 평면상의 타원방정식이다. 최대 변형 에너지 항복기준과 최대 전단응력 항복이론과 비교하기 위해 최대 전단응력 항복이론에 의한 파손기준을 그림 12.13에서 점선으로 표시했다. 육각형의 여섯 개 정점에서 두 파손 이론이 일치한다. 즉, 두 이론은 만약 어떤 지점의(평면) 응력상태가 이러한 여섯 개 응력상태 중의 어느 하나와 일치한다면 항복이 발생한다는 것을 나타낸다. 그렇지 않으면, 최대 전단응력 이론은 항복을 발생시키는 응력을 계산하는 데는 더욱더 보수적이다(즉, 더 적은 값을 나타낸다). 왜냐하면 육각형은 타원 상에 있거나 타원 내부에 존재하기 때문이다.

최대 변형 에너지 이론을 응용할 간편한 방법은 **미세스 등가응력(Mises equivalent stress)**이라고 하는 상당응력을 만들기 위해 식 12.12a(식 12.12b)의 좌변에 제곱근을 취하는 것이다. 다음의 두 개 방정식 중에서 어떤 것도 미세스(Mises) 등가응력 σ_M을 구하는 데 사용될 수 있다.

$$\sigma_M=\frac{\sqrt{2}}{2}[(\sigma_1-\sigma_2)^2+(\sigma_2-\sigma_3)^2+(\sigma_1-\sigma_3)^2]^{1/2} \tag{12.14a}$$

혹은

$$\sigma_M=\frac{\sqrt{2}}{2}[(\sigma_x-\sigma_y)^2+(\sigma_y-\sigma_z)^2+(\sigma_x-\sigma_z)^2+6(\tau_{xy}^2+\tau_{yz}^2+\tau_{xz}^2)]^{1/2} \tag{12.14b}$$

평면응력의 미세스(Mises) 등가응력은 $\sigma_3=\sigma_z=\tau_{xz}=\tau_{yz}=0$을 식 12.14에 대입하여 쉽게 얻는다. 어떤 지점의 미세스(Mises) 등가응력을 인장 항복응력 σ_Y와 비

9) [참고문헌 12-1]의 78절과 90절을 참조하시오.

교하여 항복이 파손의 최대 전단 변형 에너지 이론에 의해 발생했는지 알 수 있다.

그러므로 계산된 응력이 표 형식으로 나타내어지거나 제1장에 삽입된 화보의 마지막 사진에서 보여주는 컬러 응력 선도(color stress plots)로 나타내어질 때 미세스(Mises) 등가응력은 다양하게 사용된다. 그리고 붉은색으로 표시된 그림 12.13은 유한요소법의 결과에서 얻은 것이다.

예제 12.3

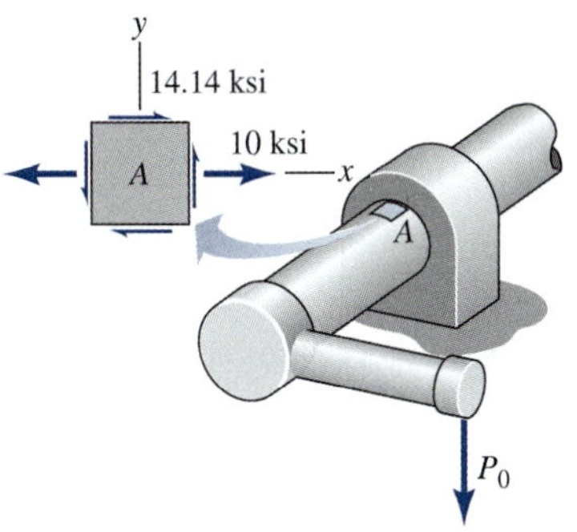

그림 1

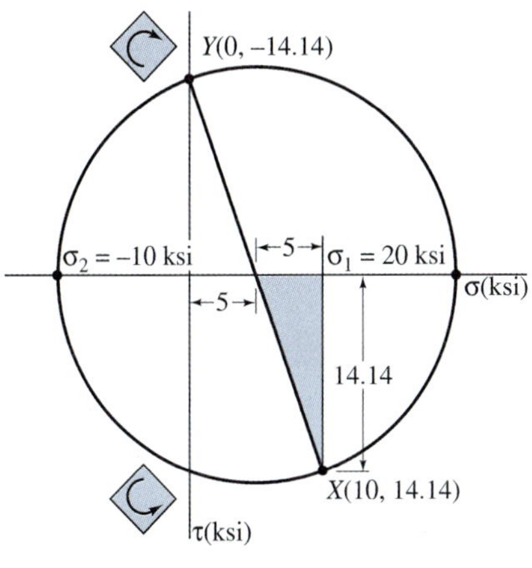

그림 2 점 A에서의 응력에 대한 모어(Mohr) 원

그림 1의 축에 연결된 레버 암(lever arm)에 작용하는 하중 P_0 kips는 그림 1의 요소에 나타낸 응력을 발생시킨다. 축이 최대 전단응력 이론에 의해 파손되는 하중 $P_S \equiv c_S P_0$를 결정하시오. 그리고 최대 변형 에너지 이론에 의해 축이 파손되는 하중 $P_D \equiv c_D P_0$를 결정하시오. 축은 항복응력 $\sigma_Y = 36\,\text{ksi}$ 인강으로 만들어졌다.

풀이 그림 1과 같은 평면응력상태의 모어(Mohr) 원을 그리고 두 파손 이론에 대한 파손 선도를 그리는 것이 좋다. 그림 2는 A지점에서 주어진 응력에 대한 모어(Mohr) 원이다.

σ_1은 양이고 σ_2는 음이기 때문에, 파손 선도의 사분원을 그릴 필요가 있다. 이것은 그림 3에 있다. 점 A의 응력은 하중에 비례하기 때문에, 어떤 하중 cP_0에 의한 응력은 그림 3의 하중선(load line)처럼 반지름선을 따라 주어진다. 이 선은 $\sigma_1 - \sigma_2$ 평면의 원점을 지나고 또 P_0 때문에 발생하는 주응력에 대응되는 응력점($\sigma_{1P} = 20\,\text{ksi}$, $\sigma_{2P} = -10\,\text{ksi}$)을 통과한다. 최대 전단응력 이론에 의한 파손은 그림 3에 표시된 응력상태에서 발생하고 최대 변형 에너지 이론에 의한 파손은 점 D에서 발생한다.

최대 전단응력 이론: 점 S는 식 (1)과 (2)에 의해 주어진 하중선과 교점이다.

$$\sigma_1 = -2\sigma_2 \tag{1}$$

최대 전단응력 경계선 y

$$\sigma_1 - \sigma_2 = \sigma_Y = 36\ \text{ksi} \tag{2}$$

풀이 방정식 (1)과 (2)에서 σ_1과 σ_2가 결정된다.

$$\sigma_{1S} = 24\ \text{ksi}, \quad \sigma_{2S} = -12\ \text{ksi}$$

그림 2의 σ_1과 σ_2의 값들을 이용하면 다음과 같다.

$$c_S = \frac{P_S}{P_0} = \frac{\sigma_{1S}}{\sigma_{1P}} = \frac{24\ \text{ksi}}{20\ \text{ksi}} = 1.2$$

$$c_S = 1.2$$ **답**

최대 변형 에너지 이론: 그림 3의 점 D는 식 (1)에 주어지는 하중선과 식 12.13에 의해 주어지는 이차식과의 교점이다. 따라서

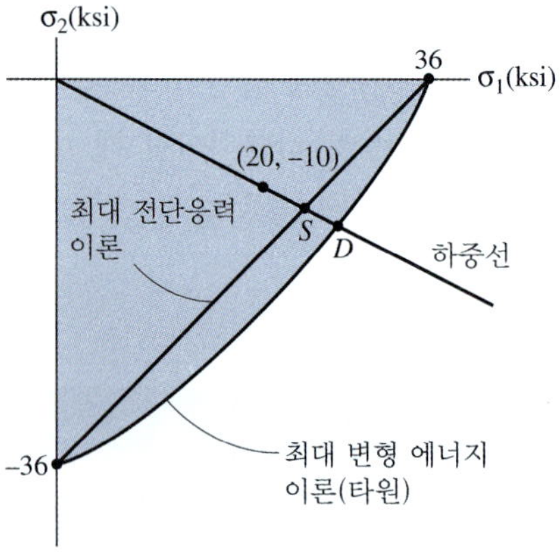

그림 3 파손 선도의 사분원

$$\sigma_{1D}^2 - \sigma_{1D}\sigma_{2D} + \sigma_{2D}^2 = \sigma_Y^2 = (36\ \text{ksi})^2 \tag{3}$$

식 (1)과 (3)을 조합하면

$$7\sigma_{2D}^2 = (36\ \text{ksi})^2$$

이다. $\sigma_1 > 0$, $\sigma_2 < 0$이므로 다음과 같이 σ_{1D}와 σ_{2D}를 얻는다.

$$\sigma_{1D} = 27.21\ \text{ksi},\quad \sigma_{2D} = -13.61\ \text{ksi}$$

이 응력들과 P_0에 의해 발생되는 주응력과 비교하면 다음과 같다.

$$c_D = \frac{P_D}{P_0} = \frac{\sigma_{1D}}{\sigma_{1P}} = \frac{27.21\ \text{ksi}}{20\ \text{ksi}} = 1.36$$

$$c_D = 1.36$$ **답**

다음과 같은 최대 변형 에너지 항복기준에 의한 항복에 대한 안전계수를 이용하면 같은 결과를 얻는다.

$$FS_d = \sigma_Y/\sigma_M$$

단, σ_M은 미세스(Mises) 등가응력이다. 초기하중 P_0에 대한 σ_M은 다음과 같다.

$$\sigma_M = [\sigma_1^2 - \sigma_1\sigma_2 + \sigma_2^2]^{1/2} = [(20)^2 - (20)(-10) + (-10)^2]^{1/2} = 26.46\ \text{ksi}$$

그러면

$$FS_d = \frac{\sigma_Y}{\sigma_M} = \frac{36\ \text{ksi}}{26.46\ \text{ksi}} = 1.36$$

결론적으로 말하면, 하중이 20% 증가하면, 최대 전단응력 이론에 의한 파손이 발생한다. 그러나 하중이 36%나 증가하면 최대 변형 에너지 이론에 의한 파손이 반드시 발생한다. 즉 하중 P_0를 받고 있는 부재의 안전계수는 최대 전단응력 이론에 의한 파손과 최대 변형 에너지 이론에 의한 파손에 대해서는 각각 $FS_S = 1.2$와 $FS_D = 1.36$이다.

MDS 12.1 파손 이론

취성재료 취성재료의 두 개의 파손 이론은 최대 수직응력 이론(maximum normal stress theory)과 모어의 파손 이론(Mohr's failure theory)이다.

최대 수직응력 이론:[10] 인장을 받는 취성재료는 파괴 전에 항복의 흔적도 없이 갑자기 파손된다는 것이 2.4절에서 설명되었고 그림 2.16b에 예시되었다. 비틀림을 받는 취성재료로 만들어진 부재도 역시 최대 인장응력이 발생되는 평면이 파손된

10) 최대 수직응력 이론은 스코틀랜드의 Glasgow 대학의 저명한 W.J.M. Rankine(1820~1872)교수의 사후에 Rankine의 이론이라고도 부른다.

다는 것이 4.4절에 설명되었고 그림 4.17b에도 예시되었다. 2축 응력상태의 피손 평면상에 수직응력의 크기는 단순인장시의 파손응력 σ_U와 별로 차이가 없다는 것이 실험적으로 확인되었다. 그러므로 **최대 수직응력 이론(maximum-normal-stree theory)**의 가설은 재료 내의 최대 주응력이 재료의 단축 인장시험시 얻어지는 극한응력과 같을 때 취성재료로 만들어진 물체가 파손된다는 것이다. 이 이론은 역시 압축하중을 받을 때의 압축파손은 인장파손이 발생되는 극한응력값과 같은 값에서 발생한다고 가정했다. 평면응력(plane stress)의 경우, **최대 수직응력 파손기준(maximum-normal-stress failure criterion)**은 식 12.15에 의해 얻을 수 있다.

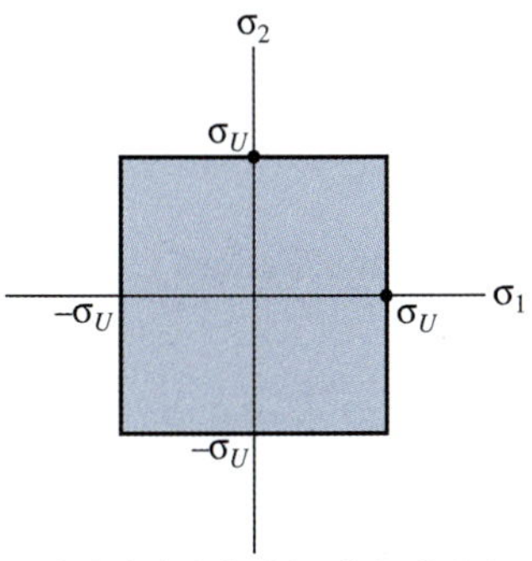

*인장시험에서 얻은 실험 데이터

그림 12.14 최대 수직응력 이론의 파손선도 (평면응력)

$$|\sigma_1| = \sigma_U \quad \text{또는} \quad |\sigma_2| = \sigma_U \tag{12.15}$$

이 식들은 그림 12.14[11]에 제시된 $\sigma_1 - \sigma_2$평면상에 그려졌다.

모어(Mohr) 파손 이론[12] 만약 취성재료의 극한 압축강도가 인장시의 극한강도와 같지 않다면, 최대 수직응력 이론이 사용되지 않아야 한다. 이러한 파손 이론은 오토 모어(Otto Mohr)에 의해 제안되었고 그것은 **모어 파손 이론(Mohr's failure criterion)**으로 불린다. 그림 12.15a는 인장 극한강도 σ_{TU}와 압축 극한강도 σ_{CU}를 가진 취성재료가 단축연장시험과 단축압축시험의 모어(Mohr) 원을 각각 나타낸 것이다. 모어 이론에 의하면, σ_1과 σ_2가 같은 부호를 가질 때, 식 12.16과 같은 응력 한계치 중 어느 하나가 성립하면 파손이 발생한다.

$$\sigma_{max} = \sigma_{TU} \quad \text{또는} \quad \sigma_{min} = -\sigma_{CU} \tag{12.16}$$

이 식들은 각각 그림 12.15b의 실선경계 *BD*와 *CA*처럼 그려진다.(대각선 *CD* 윗부분에서는 $\sigma_2 > \sigma_1$이다. 이것은 $\sigma_1 \geq \sigma_2$인 주응력 개념과 틀리다는 것을 유념해야

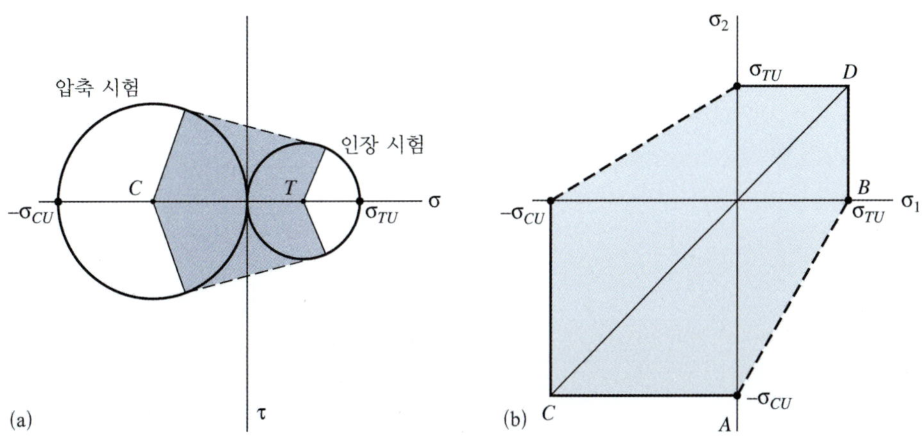

그림 12.15 모어의 파손 이론(평면응력)

11) 그림 12.11과 12.13에서와 같이 σ_1이(가), 반드시 보다 더 큰 주응력은 아니다.

12) 이 이론은 모어 원의 개발자인 독일 과학자 Otto Mohr(1835~1918)의 이름이 붙여진 것이다.

한다. 그래서 단지 대각선 CD선상이나 아래에 있는 응력상태만이 고려되어야 한다.) σ_1과 σ_2가 서로 부호가 다를 때, 모어(Mohr)는 그림 12.15의 점선으로 예시된 것처럼 파손경계가 인장과 압축원에 접선을 그려 결정되어진다는 것을 제안하였다. σ축에 중심이 있고 그림 12.15a의 점선에 접하는 모든 원의 주응력들은 그림 12.15b의 점선으로 된 경계선상의 점들처럼 그려진다. $\sigma_1 > 0$ 그리고 $\sigma_2 < 0$인 경우의 응력상태는 그림 12.15b의 사분원에 속한다. 이 경우에 있어서, 모어의 파손기준은 응력상태가 그림 12.15b의 점선 AB선상에 속할 때, 파손이 발생한다는 것을 의미한다.

$$\frac{\sigma_1}{\sigma_{TU}} = \frac{\sigma_2}{\sigma_{CU}} + 1 \tag{12.17}$$

식 12.16과 12.17를 복합적으로 사용하여 **모어의 파손기준(Mohr's Failure Criteria)**을 만든다.

만약 비틀림시험 데이터(data) 혹은 다른 평면응력 파손데이터가 이용된다면, 그림 12.15b의 제2상한과 제4상한의 파손경계들은 이러한 실험데이터들이 혼합될 수 있도록 수정되어야 한다. (참고문헌 [12-8]의 수정된 모어 이론(modified mohr theory)을 참조)

예제 12.4

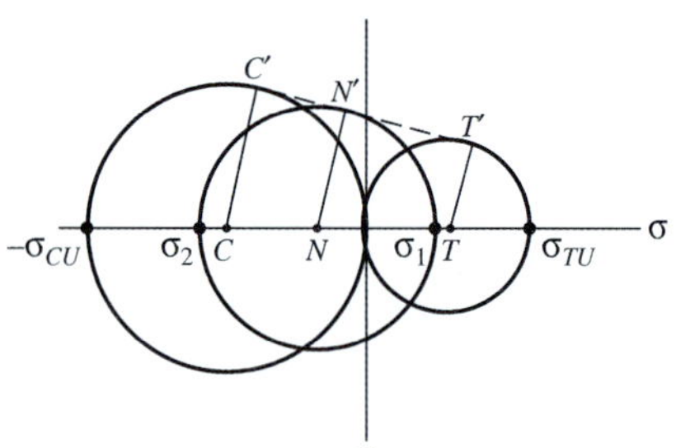

그림 1

$\sigma_1 > 0$, $\sigma_2 < 0$일 때, 그림 12.15b의 점선 AB상에 있는 응력좌표는 그림 12.15a의 점 C와 T 사이에 중심이 있고 그림 12.15a의 점선에 접하는 모어 원의 주응력과 일치한다는 것을 증명하시오.

풀이 그림 12.15a를 다시 그려보고 그림 1처럼 두 원 사이에 모어 원을 그린다. 그림 12.15b의 점선 AB의 식은 다음과 같다.

$$\sigma_2 = \sigma_{CU}\left(\frac{\sigma_1}{\sigma_{TU}} - 1\right) \tag{1}$$

식 (1)은 그림 1의 N에 중심이 있는 원의 주응력 σ_1과 σ_2에 관계되는 식임을 증명해야 한다. 그림 1에서 다음을 알 수 있다.

$$\sigma_1 = \sigma_n + \overline{NN'}, \quad \sigma_2 = \sigma_n + \overline{NN'} \tag{2}$$

단 a_n은 점 N에 대응되는 수직응력이다. 역시 그림 1에서, 인장시의 모어 원의 중심과 압축시의 모어 원 중심은 다음과 같다.

$$\sigma_t = \frac{\sigma_{TU}}{2}, \quad \sigma_c = -\frac{\sigma_{CU}}{2} \tag{3}$$

이들의 반지름은 각각 다음과 같다.

$$\overline{TT}' = \frac{\sigma_{TU}}{2}, \quad \overline{CC}' = \frac{\sigma_{CU}}{2} \tag{4}$$

그리고

$$\sigma_n = \sigma_c + k(\sigma_t - \sigma_c)$$

이라 하면

$$\sigma_n = -\frac{\sigma_{CU}}{2} + k\left(\frac{\sigma_{TU}}{2} + \frac{\sigma_{CU}}{2}\right) \tag{5}$$

그러면 반지름 $\overline{NN}'$은 반지름 $\overline{CC}'$, $\overline{TT}'$와 다음과 같은 선형적인 관계가 있다.

$$\overline{NN}' = \overline{CC}' - k(\overline{CC}' - \overline{TT}')$$

혹은

$$\overline{NN}' = \frac{\sigma_{CU}}{2} - k\left(\frac{\sigma_{CU}}{2} - \frac{\sigma_{TU}}{2}\right) \tag{6}$$

식 (2), (5) 그리고 (6)을 이용하면, 다음을 얻는다.

$$\sigma_1 = k\sigma_{TU}, \quad \sigma_2 = \sigma_{CU}(k-1) \tag{7}$$

식 (7)에서 k를 없애면, 그림 12.15b의 점선 AB인 식 (1)이 얻어진다. 따라서 이 문제가 증명되었다.

12.4 피로와 파괴

언젠가 여러분들은 철사로 된 클립을 쥐고 클립이 두 부분으로 파손될 때까지 클립을 여러 번 앞뒤로 굽혀 본 적이 있을 것이다. 클립을 처음으로 굽힐 때는 매우 큰 소성 변형이 발생되지만 파손되지는 않는다. 그러나 클립을 여러 번 앞뒤로 굽히면 파손된다. 이러한 형태의 파손을 **피로파손(fatigue failure)**[13)]이라 한다. 만약 수차례에서 천 번 이내의 반복하중으로 파손이 발생한다면, 그것은 저사이클 피로(low-cycle fatigue)라 한다. 그러나 대개의 금속의 피로파손은 백만 번 반복하중 후에 발생한다. 한 번의 정하중 하에서 파손되는 응력보다도 낮은 응력에서 파손이 발생할 때, 그 파손은 피로파손이라고 한다.

변동하는 응력(fluctuating stress)의 종류는 그림 12.16에 예시되었다. 그림 12.16a는 기차가 철로를 따라 일정한 속도로 움직일 때 기차의 축에 발생되는 완전 교번

13) 기차 축의 피로파손은, 1800년대의 주요한 연구대상이었다. 피로(fatigue)라는 용어는 반복응력에 의해 파손되는 것을 나타내기 위하여 Poncelet에 의해 사용되었다. 독일의 철로기사인 A.Woler(1819~1914)는 최초로 피로시험기를 개발한 것으로 공로(Credit)가 주어진다. [참고문헌 12-7]

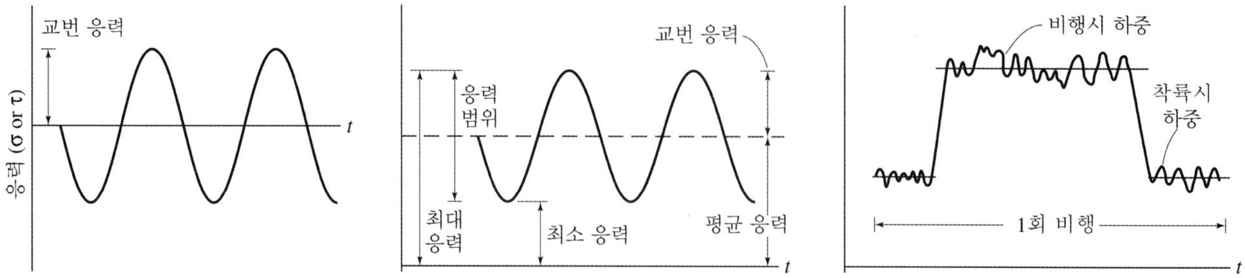

(a) 완전 교번 응력 (fully reversed stress)

(b) 사인형 변동하중 (sinusoidally fluctuating stress)

(c) 비행기 1회 비행시의 응력 이력 (이륙-비행-착륙)

그림 12.16 피로파손(피로파괴)을 발생시키는 대표적인 반복응력

응력이다. 그림 12.16b는 사인(sine) 곡선처럼 변하는 응력과 일정한 평균응력을 나타낸다. 그림 12.16c는 예를 들면, 비행기가 1회 비행하는 동안 비행기 날개 부분에 발생되는 매우 복잡한 변동응력을 나타낸다. 그러한 변동응력에서 발생되는 파괴는 일반적으로 그림 12.17a에 제시한 스플라이스 판(splice plate)의 고정구멍의 가장자리와 그림 12.17b에 제시된 비행기 날개의 안내 가장자리 돌출부의 덮개(leading-edge nose cap)처럼 응력집중이 발생되는 지점에서 발생한다. 크랙은 응력이 매우 높은 영역, 일반적으로 어떤 미소 흠 혹은 결함에서 발생된다. 반복응력은 크랙이 **임계크랙길이(critical crack length)**만큼 성장할 때까지 계속 천천히 자라게 한다. 크랙이 임계크랙길이 만큼 성장하면, 크랙은 매우 빠른 속도(파열음과 같은 속도)로 전파하여 하중을 더 이상 지탱하지 못한다. 그림 12.17c는 피로파괴 표면의 전형적인 형태인 비치마크(beach-sand markings)를 나타낸다. 이 사진의 아래 가장자리 선상에는 피로크랙의 시발점인 두 개의 점이 확실히 존재한다. 파단면의 융기부(ridge)는 크랙이 연속 반복응력에 따라 성장하므로 발생되는 크랙의 성장과

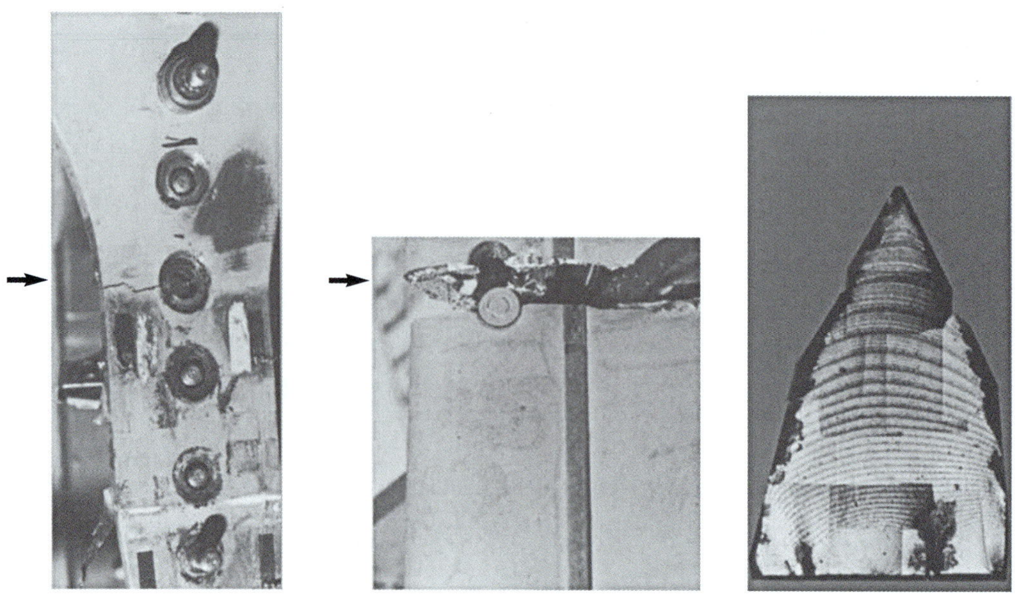

(a) 스플라이스 판의 피로크랙

(b) 날개 돌출부 덮개의 피로크랙

(c) 피로크랙 표면

그림 12.17 비행기에서의 피로 크랙 예(보기)

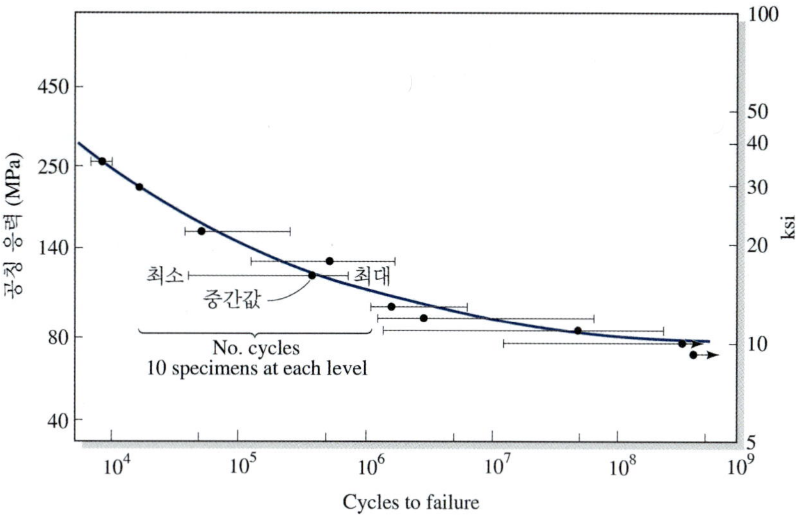

그림 12.18 노치를 갖는 7075-T6의 알루미늄합금 시편의 S-N선도.

진행을 나타낸다.

반복하중의 재료의 거동을 규명하기 위해, 여러 응력값에서 **피로시험(fatigue tests)**을 행한다. 그리고 그 결과를 **S-N선도(S-N diagram)** 혹은 내구곡선(endurance curve)[14]으로 나타냈다. 그림 12.18은 같은 모양의 시편으로 실험한 데이터에서 얻은 S-N 선도이다. (그래프는 로그-로그(log-log) 좌표상에서 그려야 한다). 반복응력의 최대 변동폭이 재료의 극한강도보다 조금 작은 정도의 응력으로 여러 가지 시험(예로, 그림 12.18은 10가지의 시험이 행해짐)이 시행된다. 각 시험에서는 특정 응력값에서 파괴가 일어나는 응력의 반복수를 기록한다. 같은 시험이 더 낮은 응력에서 점진적으로 행해지고 그 결과들이 각 시험의 피로파손을 유발시키는 반복하중수로 그려진다. 다양한 응력값에서 분산폭은 그림 12.18에 제시되었다.

피로파손을 유발시키지 않고 무한히 반복응력을 가할 수 있는 최대응력의 크기를, 그 재료의 **내구한도(endurance limit)** 혹은 피로한도(fatigue level)라 한다. 그리고 어떤 재료의 내구곡선은 그림 12.19와 같다. 많은 합금강은 이러한 형태의 거동을 나타낸다. 10^7번의 반복응력을 기준으로 한 합금강의 피로한도[15]는 (탄소)강 극한인장강도의 35%~60%이다. 그림 12.19처럼 노치나 결함은 확실히 피로강도를 감소시킨다. 대부분 알루미늄합금이나 어떤 재료에는 분명한 내구한도가 없다. 하지만 이러한 경우에도 재료가 반복응력을 계속 받는다면, 응력이 아무리 작더라도 결국은 파손된다. 알루미늄합금의 '내구한도'에 관한 표에서, 응력의 크기가 그 재료들의 극한인장강도[16]의 25%를 초과하지 않으면 그 재료들은 반복하중 횟수가 5×10^8번까지 반복응력을 견딜 수 있다는 것을 보여준다.

---

14) S-N선도를 구하기 위한 시험과정은 ASTM 표준 E466－E468에 설명되어있다. [참고문헌 12-9]
15) 구조용 합금 핸드북, Structural Alloy Hand-book [참고문헌 12-11]
16) 알루미늄 표준 및 데이터 (Aluminum Standards and Data) [참고문헌 12-12]
(설계 시 데이터 사용의 제한 조건이 있기 때문에 이들 데이터의 근원을 참조하시오.)

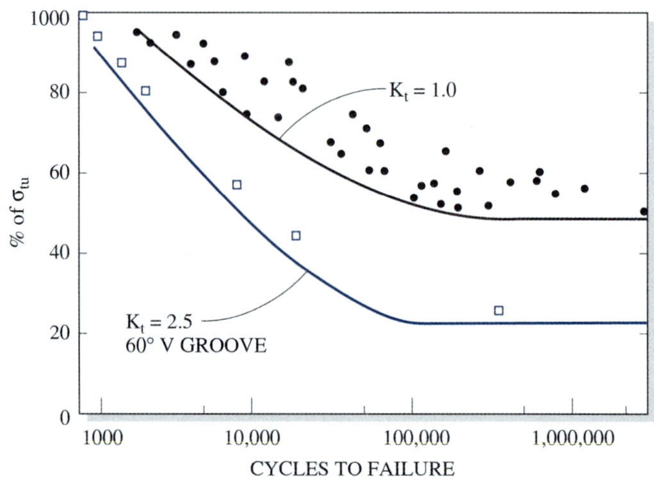

그림 12.19 강철 원형부재 회전보의 S–N 선도(참고문헌 12.11)

그림 12.18, 12.19 그리고 앞의 설명에서 알 수 있듯이, 사용되는 동안 반복하중을 받는 부품을 설계할 때는 **피로강도(fatigue strength)**가 반드시 고려되어야 한다. 피로 설계법은 **안전수명 설계개념(safe-life design philosophy)**이라고 한다. 설계 엔지니어들은 피로한도와 실제 반복응력(그림 12.16c 참조)을 받는 구조물의 피로시험에서 얻은 데이터 등을 사용하여 부품의 안전수명시간, 즉 부품이 교체되기 전까지 사용되도록 허용된 반복응력 횟수를 정한다. 기계나 구조물의 유효한 수명을 연장하려 하는 기대가 있고, 그리고 파괴역학의 원리가 발전됨에 따라, 새로운 설계개념 즉 **파손안전 설계개념(fail-safe design philosophy)** 혹은 손상허용 설계개념(damage-tolerant design philosophy)이 발생하였다. 반복하중과 크랙전파 사이의 복잡한 관계를 규명하기 위해서는 크랙의 발생과 전파의 세밀한 관찰을 포

그림 12.20 실물 피로시험을 하고 있는 비행기 수평 꼬리부분 단면

함하는 넓은 의미의 피로시험을 해야 한다. 그리고 적당한 검사로서 피로 크랙의 임계크랙길이까지 크랙이 성장하는 것을 방지할 수 있고, 구조물이나 기계 전부분이 완전 파손되기 전에 손상부품을 대체할 수 있다.[17] 그림 12.20은 구조물의 임계피로 부품(fatigue-critical parts)을 확인하기 위해, 그리고 항공기 꼬리부분(tail)의 어떤 부분이 피로에 의해 파손되기 전에 얼마나 많은 반복응력이 작용될 수 있는가를 구하기 위해, 실물 피로시험(full-scale fatigue testing)을 한 비행기 수평 꼬리부분을 나타낸다. 이러한 정보는 비행기 설계사들이 비행기가 사용되는 동안 어떠한 피로파괴도 발생하지 않는다는 것을 확인할 수 있게 해준다.

앞으로 기계설계나 구조물 설계과정에서 안전수명 설계(safe-life design)와 파손안전 설계(fail-safe design) 등을 더 깊게 공부하고 응용할 기회를 가질 것이다.

12.5 연습문제

문제 12.2-1부터 12.2-8에서는 응력집중 문제를 풀게 되면, 축하중이 평평한 시편 끝의 중앙에 작용하고, 재료는 선형 탄성을 유지한다고 가정한다.

설계**문제 12.2-1.** 그림 P12.2-1과 같이 중앙부에 구멍이 나있고, 폭 $D=3$ in., 두께 $t=0.5$ in., 하중 $P=8$ kips가 작용하는 인장 시편(텐션 바)이 있다. 중앙부 구멍의 지름이 각각 0.5 in., 1.0 in., 2.0 in.인 경우에 인장 시편(텐션 바)에 발생하는 최대 수직응력을 구하시오.

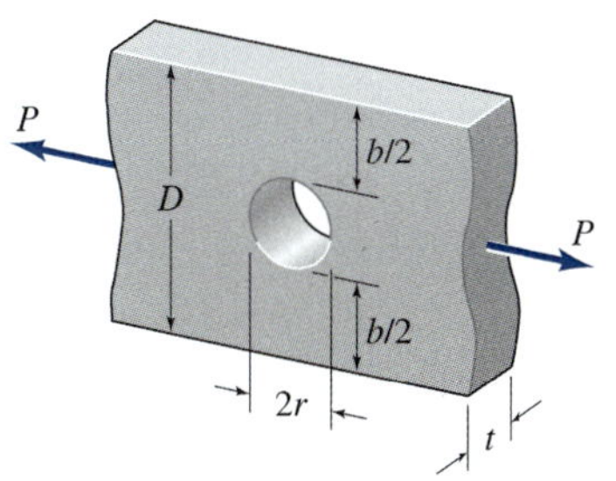

P12.2-1~12.2-4

설계**문제 12.2-2.** 그림 P12.2-2와 같이 중앙부에 구멍이 나있고, 구멍의 반지름이 $r=20$ mm, 두께 $t=12$ mm, 하중 $P=40$ kN이 작용하는 인장 시편(텐션 바)이 있다. 폭이 각각 $D=100$ mm, $D=125$ mm, $D=150$ mm인 경우에 인장 시편(텐션 바)에 발생하는 최대 수직응력을 구하시오.

설계**문제 12.2-3.** 그림 P12.2-3과 같이 중앙부에 구멍이 나있고, 구멍의 반지름이 $r=15$ mm, 두께 $t=20$ mm, 최대 허용응력 $\sigma_{max}=75$ MPa인 인장 시편(텐션 바)이 있다. 폭이 각각 $D=130$ mm, $D=150$ mm, $D=170$ mm인 경우에 인장 시편(텐션 바)에 작용시킬 수 있는 최대 축하중을 구하시오.

설계**문제 12.2-4.** 그림 P12.2-4와 같이 중앙부에 구멍이 나있고, 폭 $D=2$ in., 두께 $t=0.5$ in., 최대 허용응력 12 ksi인 인장 시편(텐션 바)이 있다. 구멍의 지름이 0.75 in., 1.0 in., 1.50 in.인 경우에 인장 시편(텐션 바)에 작용시킬 수 있는 최대 축하중을 구하시오.

설계**문제 12.2-5.** 그림 P12.2-5와 같이 두께가 $t=1.0$ in.이고 폭이 $D=4$ in.와 d이고 필렛 반지름이 $r=(D-d)/2$인 인장 시편(텐션 바)이 있다.

(a) 작은 폭이 $d=3$ in.이고 축하중이 $P=15$ kips인 경우에 인장 시편(텐션 바)에서의 최대 수직응력은 얼마인가?

(b) 인장 시편(텐션 바)이 최대 수직응력을 8 ksi를 초과하지 않고 축하중이 $P=15$ kips을 견뎌야 한다면 작은 폭 d의 최솟값은 얼마인가?

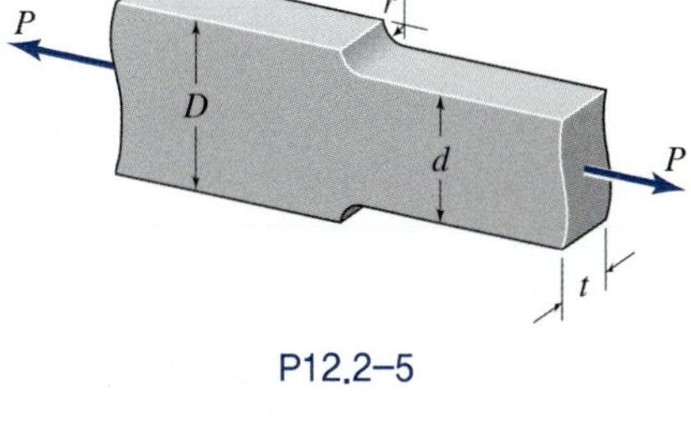

P12.2-5

17) [참고문헌 12-13]은 파괴역학을 논하고 있으며, 피로파괴를 제어(or 억제)하는 전략을 설명하고 있다. [참고문헌 12-14]는 일반적으로 피로설계 방법론을 논하고 있으며, [참고문헌 12-15]는 비행기 구조설계에 안전이 보장되고 안전수명 피로설계 방법들을 적용하고 있다.

설계문제 12.2-6. 그림 P12.2-6과 같이 두께 $t=20$ mm, 폭 $D=80$ mm, 필렛 반지름 $r=10$ mm인 인장 시편(텐션 바)이 있다.

(a) 더 작은 폭이 $d=50$ mm이고 축하중이 $P=25$ kN인 경우에 인장 시편(텐션 바)에서의 최대 수직응력은 얼마인가?

(b) 인장 시편(텐션 바)이 최대 수직응력을 60 MPa를 초과하지 않고 축하중이 $P=35$ kN을 견뎌야 한다면 작은 폭 d의 최솟값은 얼마인가?

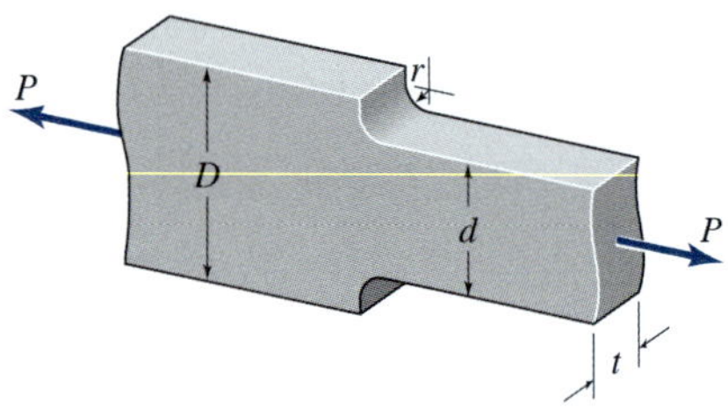

P12.2-6

설계문제 12.2-7. 그림 P12.2-7과 같이 두께 $t=0.5$ in., 폭 $D=4$ in.와 $d=2.5$ in., 축하중의 최댓값 $P=10$ kips인 인장 시편(텐션 바)이 있다. 최대 수직응력이 18 ksi를 초과하지 않아야 한다면 구멍 반지름의 최댓값과 필렛 반지름의 최솟값을 구하시오. 필렛 반지름은 0.05 in.의 배수이다.

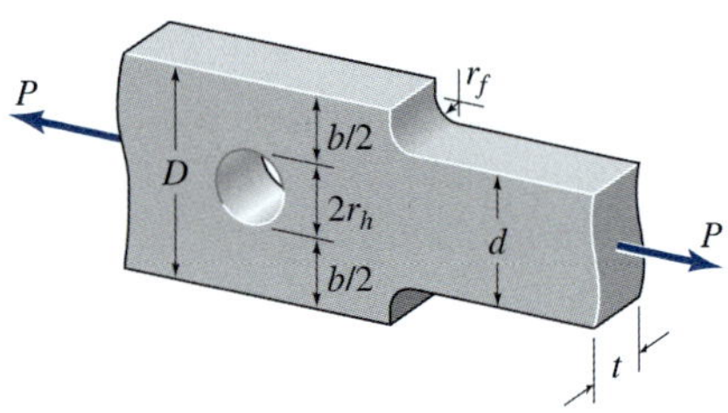

P12.2-7과 P12.2-8

설계문제 12.2-8. 그림 P12.2-8과 같이 두께 $t=20$ mm, 폭 $D=100$ mm와 $d=65$ mm, 축하중의 최댓값 $P=$ 70 kN인 인장 시편(텐션 바)이 있다. 최대 수직응력이 125 MPa를 초과하지 않아야 한다면 구멍 반지름의 최댓값과 필렛 반지름의 최솟값을 구하시오. 필렛 반지름은 1.0 mm의 배수이다.

> 문제 12.2-9부터 12.2-14에서는 비틀림 응력집중 문제를 다룬다. 단(step)이 있는 원형단면 축을 고려하고, 재료는 선형탄성을 유지한다고 가정한다.

설계문제 12.2-9. 큰 지름이 $D=65$ mm이고 작은 지름이 $d=40$ mm인 비틀림 부재가 비틀림 모멘트 $T=100$ N · m을 받고 있을 때, (a) 필렛 반지름이 $r_1=5$ mm인 경우와 필렛 반지름이 $r_2=10$ mm인 경우에 축에서의 최대 전단응력은 각각 얼마인가? (b) $D=d=40$ mm인 균일한 비틀림 부재라고 가정하는 경우에 얻어지는 최대 전단응력과 (a)에서의 얻어진 전단응력과 비교하시오.

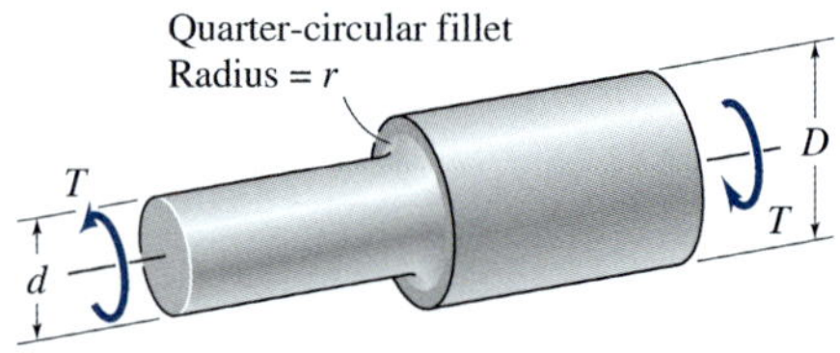

P12.2-9~P12.2-14

설계문제 12.2-10. 큰 지름이 $D=1.5$ in.이고 필렛 반지름이 $r=(D-d)/2$인 비틀림 부재가 비틀림 모멘트 $T=1200$ lb · in을 받고 있다.

(a) 비틀림 부재의 작은 지름이 각각 $d_1=1$ in., $d_2=1.25$ in.인 경우에, 축에서의 최대 전단응력은 얼마인가?

(b) $D_1=d_1=1$ in., $D_2=d_2=1.25$ in.인 균일한 비틀림 부재라고 가정하는 경우에 얻어지는 최대 전단응력과 (a)에서의 얻어진 전단응력과 비교하시오.

설계문제 12.2-11. 큰 지름이 $D=2$ in.이고 작은 지름이 $d=1.25$ in.인 비틀림 부재가 비틀림 모멘트 $T=3750$ lb · in의 하중을 받고 있다. 축에서의 허용 최대 전단응력이 12 ksi를 초과하지 않아야 한다면, 2개 단면 연결부에서의 사용되어야 하는 필렛의 최소 반지름은 얼마인가? 필렛 반지름은 0.05 in.의 배수이다. 적어도 3가지 경우의 필렛 반지름에 대해 계산결과를 보이시오.

설계문제 12.2-12. 큰 지름이 $D=50$ mm이고 필렛 반지름이 $r=7$ mm인 비틀림 막대가 $T=400$ N · m 모멘트를 받고 있다. 축에서의 허용 최대 전단응력이 70 MPa를 초과하지 않아야 한다면, 축(Shaft)의 작은 지름에 사용할 수 있는 가장 작은 최솟값은? 단, 축(Shaft)의 작은 지름은 1.0 mm의 배수이다. 적어도 3가지 경우의 지름에 대해 계산결과를 보이시오.

설계문제 12.2-13. 큰 지름이 $D=2$ in.이고 작은 지름이 $d=1.25$ in., $r=(D-d)/2$의 필렛 반지름을 갖는 비틀림 부재가 있다. 축(Shaft)에서의 허용 최대 전단응력이 16 ksi이고, 500 rpm의 일정한 회전속도로 축이 회전하고 있다면 축(Shaft)에 의해 전달될 수 있는 최대 동력(power)은 몇 마력인가?

설계문제 12.2-14. 예제 4.18에서, 축(Shaft)의 허용 최대 전단응력이 20 ksi이라면, 875 rpm에서 10마력(HP)을 전달하기 위해 지름이 5/8 in.인 축(Shaft)이 필요하다고 하였다. 지름이 5/8 in.인 축(Shaft)을 대신하여 큰 지름이 $D=1$ in.이고 작은 지름이 $d=0.625$ in.(=5/8 in.)인 축(Shaft)이 사용될 수 있을까? 만약 사용될 수 있다면 최소 필렛 반지름은 얼마인가? 단, 필렛 반지름은 1/16 in.의 배수이다. 적어도 3가지 경우의 필렛 반지름에 대해 계산결과를 보이시오.

문제 12.2-15부터 12.2-20에서는 응력집중 문제를 다루며 재료는 선형탄성을 유지한다고 가정한다.

설계**문제 12.2-15.** 그림 P12.2-15와 같이 두께가 $t=15$ mm이고 큰 폭이 $D=60$ mm이고, 작은 폭이 $d=40$ mm인 단(step)이 있는 보가 굽힘 모멘트가 $M=100$ N·m인 하중을 받고 있다.

(a) 필렛 반지름이 $r_1=5$ mm인 경우와 필렛 반지름이 $r_2=10$ mm인 경우에 보에서의 최대 굽힘응력은 각각 얼마인가?

(b) $D=d=40$ mm인 균일한 보라고 가정하는 경우에 얻어지는 최대 굽힘응력값과 (a)에서 얻어진 최대 굽힘응력 결과를 비교하시오.

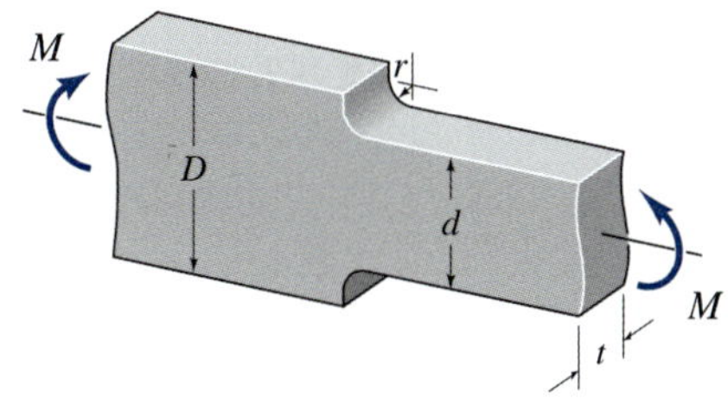

P12.2-15, P12.2-16과 P12.2-17

설계**문제 12.2-16.** 그림 P12.2-16과 같이 큰 폭이 $D=1.5$ in.이고, 작은 폭이 $d=D-2r$인 단(step)이 있는 보가 있다. 두께가 $t=1.5$ in.로 일정하고 굽힘 모멘트가 $M=1200$ lb·in.인 하중을 받고 있다.

(a) 작은 폭이 각각 $d_1=1$ in., $d_2=1.25$ in.인 경우에, 보에서의 최대 굽힘(수직)응력은 각각 얼마인가?

(b) 폭이 $D_1=d_1=1$ in.와 $D_2=d_2=1.25$ in.인 균일한 보라고 가정하는 경우에 얻어지는 최대 굽힘응력과 (a)에서 얻어진 굽힘응력 결과를 비교하시오.

설계**문제 12.2-17.** 그림 P12.2-17과 같이 큰 폭이 $D=2.5$ in.이고, 작은 폭이 $d=D-2r$인 단(step)이 있는 보가 있다. 두께가 $t=1.0$ in.로 일정하고 굽힘 모멘트가 $M=5$ kip·in인 하중을 받고 있다. 허용 최대 수직응력이 12 ksi이라면, 사용될 수 있는 작은 폭(d)은 얼마인가? 단, 작은 폭(d)은 0.10 in.의 배수이다. 적어도 3가지 경우의 작은 폭(d) 값에 대해 계산결과를 보이시오.

설계**문제 12.2-18.** 그림 P12.2-18과 같이 두께가 $t=0.75$ in.이고, 작은 폭이 $d=2$ in., 필렛 반지름이 $r=0.125$ in.인 보가 굽힘 모멘트 $M=2{,}500$ lb·in인 하중을 받고 있다.

(a) 큰 폭이 각각 $D_1=2.25$ in., $D_2=2.5$ in., $D_3=2.75$ in.인 경우에, 보에서의 최대 굽힘응력은 각각 얼마인가?

(b) 폭이 $D=d=2$ in.인 균일한 보가 굽힘(휨) 모멘트 $M=2500$ lb·in인 하중을 받고 있다고 가정하는 경우에 얻어지는 최대 굽힘응력과 (a)에서 얻어진 굽힘응력 결과를 비교하시오.

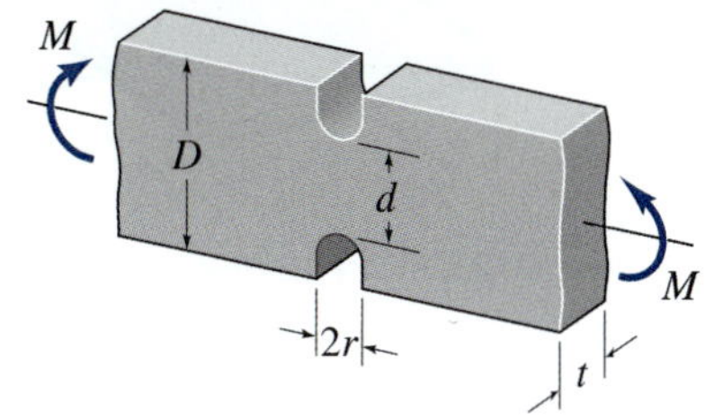

P12.2-18, P12.2-19, P12.2-20

설계**문제 12.2-19.** 그림 P12.2-19와 같이 두께가 $t=12$ mm, 큰 폭이 $D=50$ mm, 노치 반지름이 $r=5$ mm인 보가 굽힘 모멘트 $M=100$ N·m인 하중을 받고 있다.

(a) 작은 폭이 각각 $d_1=30$ mm, $d_2=35$ mm, $d_3=40$ mm인 경우에, 보(beam)에서의 최대 굽힘응력은 각각 얼마인가?

(b) 폭이 각각 $D_1=d_1=30$ mm, $D_2=d_2=35$ mm, $D_3=d_3=40$ mm인 균일한 보라고 가정하는 경우에 얻어지는 최대 굽힘응력값과 (a)에서 얻어진 최대 굽힘응력 결과를 비교하시오.

설계**문제 12.2-20.** 그림 P12.2-20과 같이 두께가 $t=0.5$ in., 큰 폭이 $D=2$ in., 작은 폭이 $r=1.5$ in.이고 노치 반지름이 r인 보가 굽힘 모멘트 $M=1000$ lb·in인 하중을 받고 있다. 허용 최대 수직응력이 12 ksi이라면, 사용될 수 있는 최소 노치 반지름(r)은 얼마인가? 단, 노치 반지름(r)은 1/32 in.의 배수이다. 적어도 3가지 경우의 노치 반지름(r) 값에 대해 계산결과를 보이시오.

■ 파손 이론 MDS 12.1

문제 12.3-1부터 12.3-13에서는 요소들이 연성 거동을 갖는 재료로 만들어져 있다고 가정한다.

문제 12.3-1. 그림 P12.3-1과 같이 얇은 판의 한 점에 응력 σ_x, σ_y, τ_{xy}이 작용하고 있고, 그에 해당하는 주응력 σ_1, σ_2이 반대 부호일 때, σ_x, σ_y, τ_{xy}을 이용하여 최대 전단응력 이론에 의한 파손기준을 나타내시오.

문제 12.3-2. 그림 P12.3-2와 같이 얇은 판의 한 점에 응력 σ_x, σ_y, τ_{xy}이 작용하고 있고, 그에 해당하는 주응력 σ_1, σ_2이 반대 부호일 때, σ_x, σ_y, τ_{xy}을 이용하여 최대 변형에너지 이론에 의한 파손기준을 나타내시오.

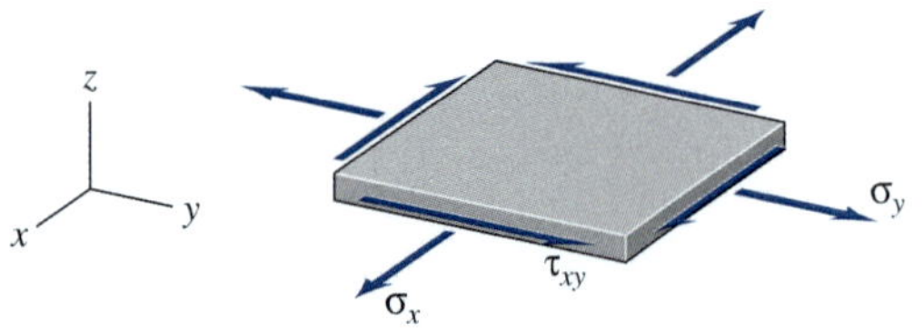

P12.3-1과 P12.3-2

문제 12.3-3. 강 구조물의 한 점에 평면응력들이 그림 P12.3-3과 같이 σ_x, σ_y, τ_{xy}이 작용하고 있다면 최대 전단응력 이론에 의한 파손을 예측하시오. 또한 주어진 평면응력 상태에 대한 미세스 등가응력(Mises equivalent stress)값은 얼마인가? 최대 변형 에너지 이론에 의한 파손을 예측하시오.

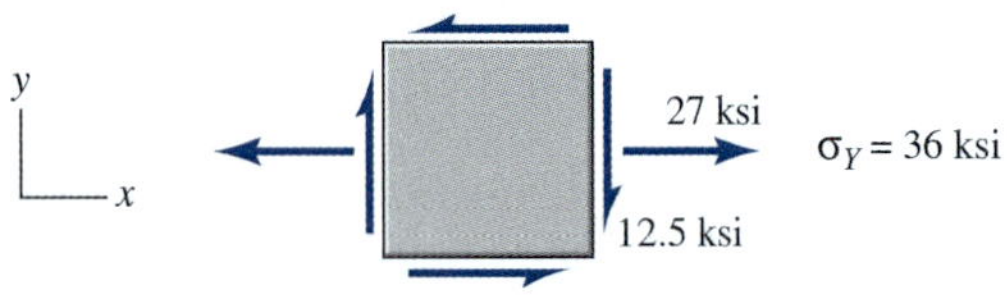

P12.3-3

문제 12.3-4 그림 P12.3-4와 같이 주어진 응력 상태에 대하여 예제 12.3-3을 푸시오.

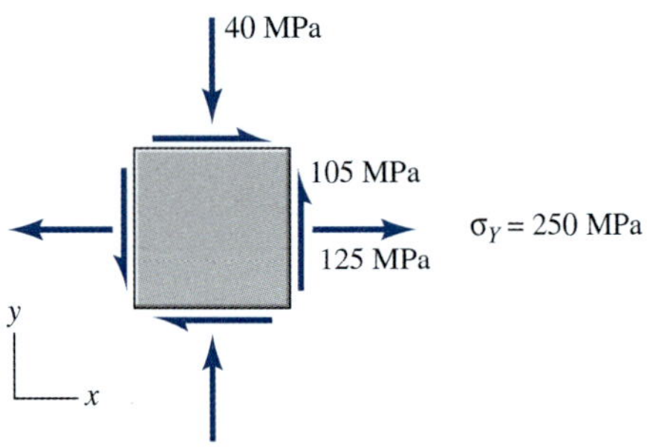

P12.3-4

문제 12.3-5 하중(P_0)에 의해 그림 P12.3-5와 같이 응력이 발생된다면 예제 12.3을 푸시오.

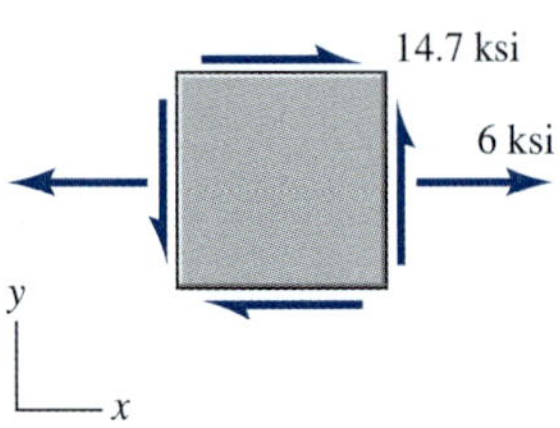

P12.3-5

문제 12.3-6 항복응력이 σ_Y인 부재의 한 점에서 그림 P12.3-6과 같이 평면응력이 발생된다면 최대 전단응력 이론에 의한 파손을 예측하시오. 그리고 최대 변형에너지 이론에 의한 파손을 예측하시오.

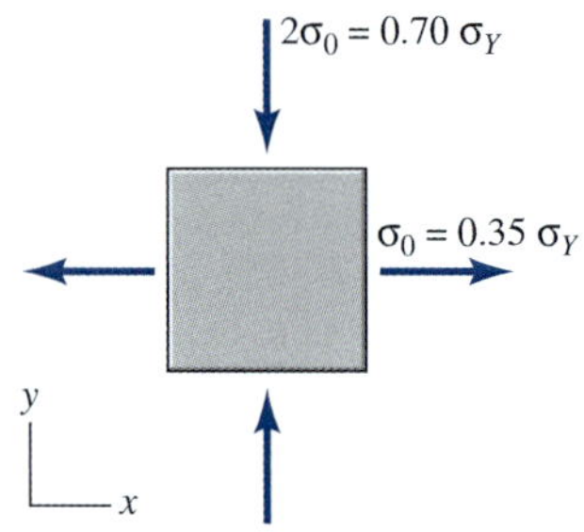

P12.3-6

설계**문제 12.3-7** 항복응력이 $\sigma_Y = 175$ MPa인 연한 청동재질로 만들어진 부재의 한 점에서 그림 P12.3-7과 같이 평면응력이 발생된다.

(a) 최대 전단응력 이론 파손기준에 의해, 예측된 안전계수(FS)는 얼마인가?

(b) 또한 주어진 평면응력 상태에 대한 미세스 등가응력(Mises equivalent stress)값은 얼마인가? 그리고 최대 변형에너지 이론 파손기준에 의해, 예측된 안전계수(FS)는 얼마인가?

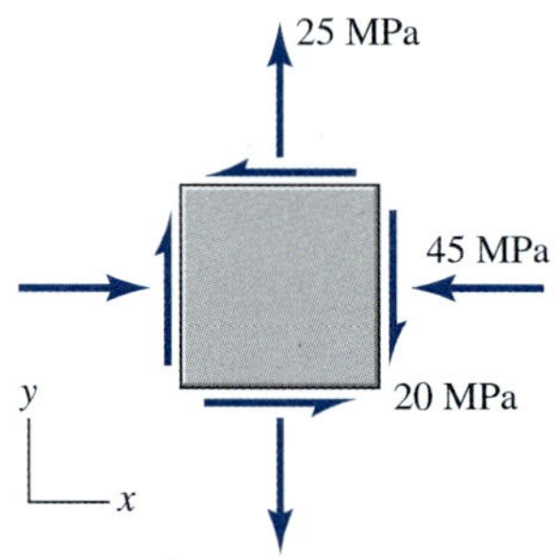

P12.3-7

설계**문제 12.3-8** 동력 보트의 황동 재질(항복응력 $\sigma_Y = 60$ ksi)로 만들어진 프로펠러축의 한 점에서 그림 P12.3-8와 같이 응력이 발생된다.

(a) 최대 전단응력 이론 파손기준에 의해, 예측된 안전계수(FS)는 얼마인가?

(b) 또한 주어진 평면응력 상태에 대한 미세스 등가응력(Mises equivalent stress)값은 얼마인가? 그리고 최대 변형 에너지 이론 파손기준에 의해, 예측된 안전계수(FS)는 얼마인가?

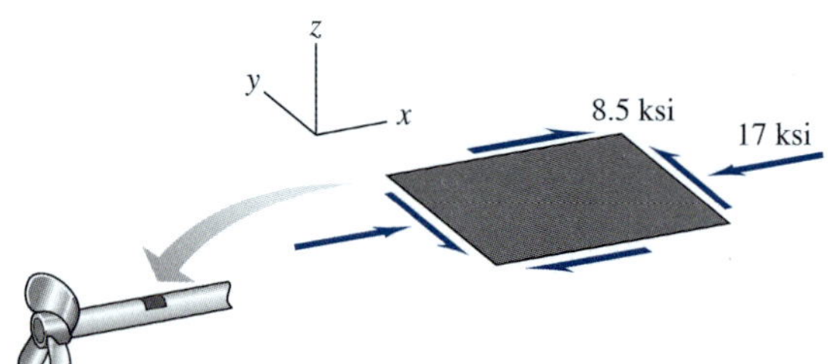

P12.3-8

설계문제 12.3-9 탄소강(항복응력 $\sigma_Y = 50$ ksi) 재질로 만들어진 파이프의 한 단면에서 그림 P12.3-9와 같이 굽힘 모멘트 $M = 35$ kip · in와 비틀림 모멘트 $T = 175$ kip · in인 하중을 받고 있다. 파이프의 외부 지름은 $d_o = 3.5$ in.이고 내부 지름은 $d_i = 2.3$ in.이다.

(a) 파이프에 대한 하중에 대해 최대 전단응력 이론 파손기준으로 예측된 안전계수(FS)는 얼마인가?

(b) 또한 주어진 평면응력 상태에 대한 미세스 등가응력(Mises equivalent stress)값은 얼마인가? 그리고 최대 변형에너지 이론 파손기준에 의해, 예측된 안전계수(FS)는 얼마인가?

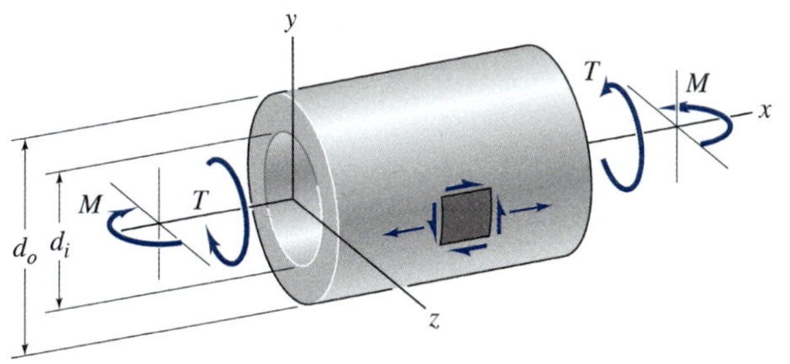

P12.3-9 및 P12.3-10

설계문제 12.3-10 그림 P12.3-10과 같이 탄소강(항복응력이 $\sigma_Y = 340$ MPa) 재질로 만들어진 내부 지름이 $d_i = 60$ mm인 파이프가 굽힘 모멘트 $M = 7$ kN · m와 비틀림 모멘트 $T = 7.8$ kN · m인 하중을 받고 있다. 파이프의 외부 지름은 3.5 in.이고 내부 지름은 2.3 in.이다. 이 파이프가 최대 변형에너지 이론 파손기준의 안전계수(FS)의 2.00에 맞게 설계되어 있다. 필요한 파이프의 외부 지름은 얼마인가? (mm로)

설계문제 12.3-11 그림 P12.3-11과 같이 정사각형 단면의 알루미늄합금 부재(항복응력이 $\sigma_Y = 40$ ksi)가 축방향 $P = 48$ kips와 비틀림 모멘트 $T = 13$ kip · in인 하중을 받고 있다. 이 부재가 최대 전단응력 이론 파손기준의 안전계수(FS)의 2.0에 맞게 설계되어 있다. 막대의 최소 허용 단면치수, b는 얼마인가? (가장 가까운 0.1 in. 단위로)

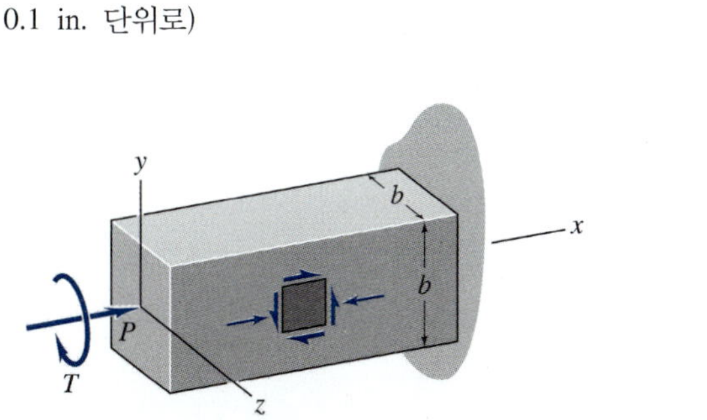

P12.3-11

문제 12.3-12 그림 P12.3-12와 같이 원형 단면의 부재(항복응력이 σ_Y)가 굽힘 모멘트 M와 비틀림 모멘트 T인 하중을 받고 있다. 굽힘은 xz 평면상에서 발생한다. 굽힘 모멘트 M와 비틀림 모멘트 T, 부재의 지름(d)와 항복응력(σ_Y)을 이용하여 막대에 대한 최대 전단응력 이론 파손기준을 나타내시오.

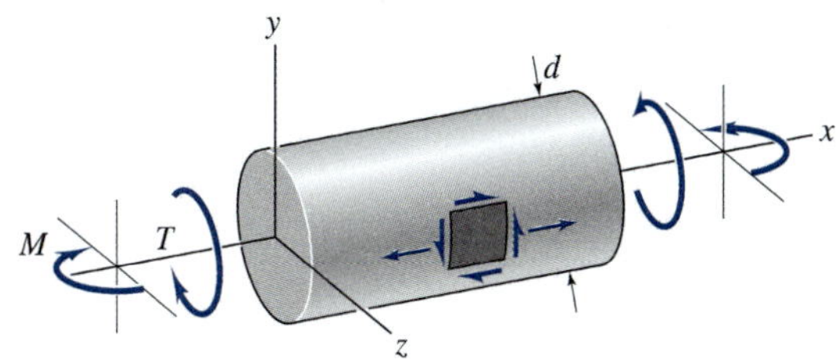

P12.3-12

설계문제 12.3-13 벤치 프레스의 핸들바(bar)가 그림 P12.3-13과 같은 구조를 가지고 있다. 운동하는 사람의 손에 의해 작용되는 하중 P는 z방향으로 작용된다. 벤치 프레스의 핸들바는 지름(d)이 1 in.인 원형 단면이고 항복응력(σ_Y)이 50 ksi인 탄소강 재질이다. 핸들바가 최대 전단응력 이론 파손기준의 안전계수(FS)의 2.5에 맞게 설계되어 있다면, 이 벤치 프레스에 허용되는 전체 하중($2P$)은 얼마인가?

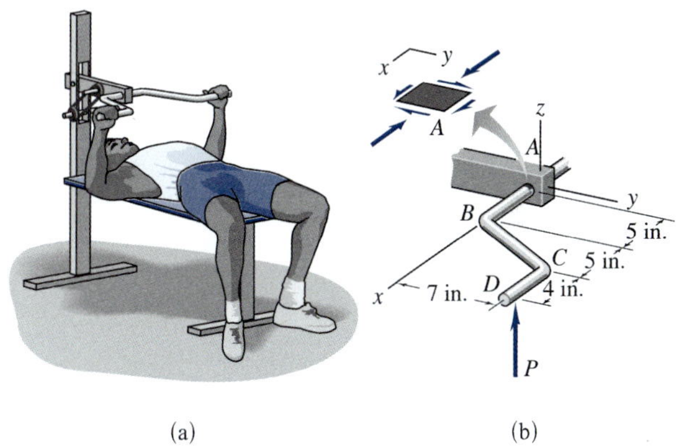

P12.3-13

> 문제 12.3 − 14부터 12.3 − 15에서는 요소들이 취성 거동을 갖는 재료로 만들어져 있다고 가정한다.

문제 12.3-14 그림 P12.3-14와 같이 원형 단면이고 극한 인장강도가 σ_{TU}인 부재가 인장하중 P와 비틀림 모멘트 T인 하중을 받고 있다. 인장하중 P, 비틀림 모멘트 T, 부재의 지름(d)와 극한 인장강도가 σ_{TU}을 이용하여, 단면에 대한 최대 수직응력이론의 파손기준을 나타내시오.

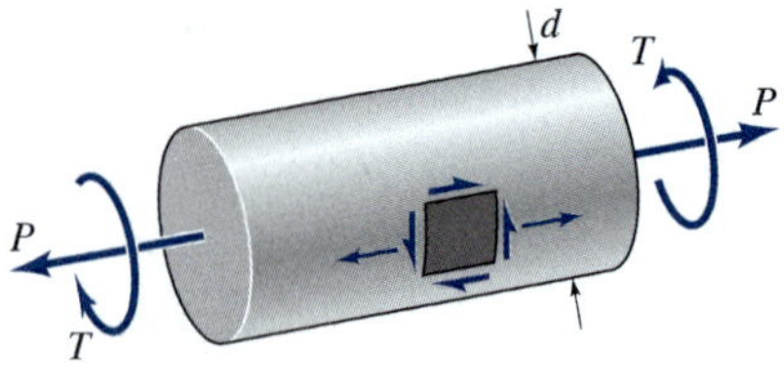

P12.3-14

***문제 12.3-15** 여러 개의 주철재 베어링 하우징에 파손이 발생한 이후, 스트레인 게이지를 이용하여 동작 중 응력들을 측정하고 모어의 파손기준을 이용하여 파손분석을 수행하기로 하였다. 측정을 통하여 가장 결정적인 응력 조합은 $\sigma_x = 0$, $\sigma_y = 115$ MPa, $\tau_{xy} = 75$ MPa로 파악되었다. 한편 주철의 극한 인장강도는 $\sigma_{TU} = 170$ MPa이고 극한 압축강도는 $\sigma_{CU} = 655$ MPa이다.

(a) 주어진 응력 상태에 해당하는 주응력 σ_1와 σ_2를 구하시오.

(b) 그림 P12.15b와 같이 주철에 대한 모어 파손선도를 그리시오.

(c) (a)와 (b)에서 얻어진 결과를 이용하여, 주철재 베어링 하우징에서 파손이 발생한 이유를 설명하고 계산과정을 보이시오.

12장 복습 – 설계에 관련된 중요 주제

절			관련 연습 문제
12.2	12.2절의 주제는 **응력집중**이다. 다음과 같은 현상에서 발생하는 응력 집중에 대해 알아본다. • **축방향 변형** • **비틀림** • **굽힘** 국부적인 하중에 의하거나 혹은 단면의 불균일성에 의한 응력 증가를 **응력집중**이라 부른다. 그림 12.1b는, 구멍과 같은 단면적의 불연속성이 구멍 부근에서의 응력 증가를 어떻게 가져오는지를 보여준다. 그림 12.3은 응력 증가량이 구멍의 크기에 어떻게 관계되는지를 보여준다.	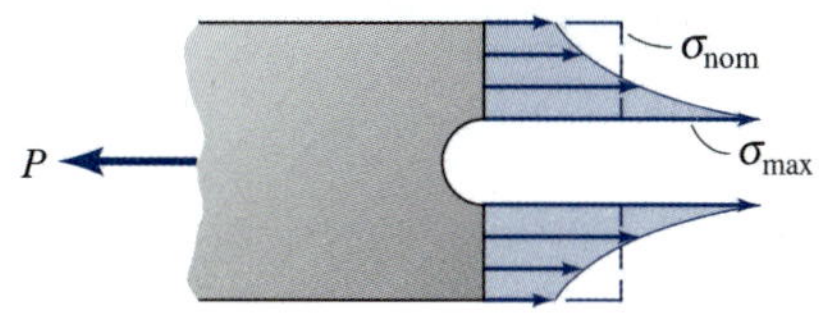 축하중 작용시 중심부에 원형 구멍을 갖는 편평한 사각 시편에서의 응력집중 (그림 12.1b) 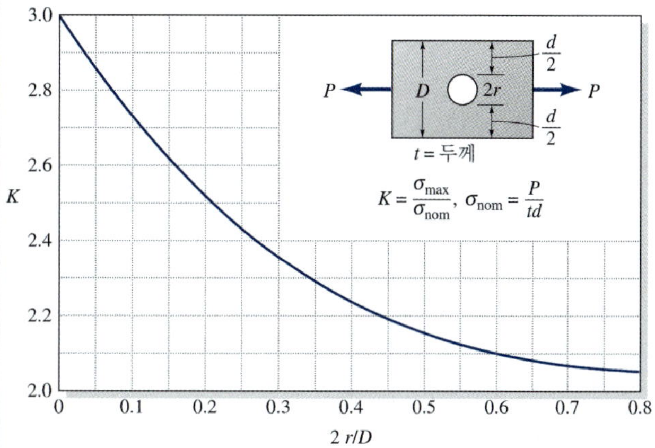 중심부에 원형 구멍을 갖는 편평한 사각 시편에 대한 축하중(P) 시 응력집중계수 K (그림 12.3)	12.2-3
	12.2절에서의 추가적인 그림들은 다음 보기(예)들에 대한 응력집중계수값을 제시한다.	• 그림 12.4 축하중을 받는 견 필렛을 갖는 편평한 사각 시편 • 그림 12.7 비틀림 하중(T)을 받는 견 필렛을 갖는 단(step)이 있는 축 • 그림 12.8 순수 굽힘(pure bending) 하중(M)을 받는 필렛을 갖는 편평한 보 • 그림 12.9 순수 굽힘(pure bending) 하중(M)을 받는 대칭 U자 모양의 노치(notch)를 갖는 편평한 보 그림 12.3에서의 응력집중계수 그림(하나의 곡선)과는 다르게, 위의 그림(그림 12.4, 12.7, 12.8, 12.9)들은 기하적인 인자들과 관련된 응력집중계수 그림(여러 가지 곡선)들을 나타낸다.	12.2-7 12.2-11 12.2-15 12.2-19

12.3절의 파손이론과 12.4절의 피로와 파괴들은 부가적인 중요한 설계 관련 주제들을 제시하는 선택적인 절이다.

A 수치의 정확도; 근사치

A.1 수치의 정확도: 유효숫자

변형체 역학문제(힘, 길이, 변형률 등)에 있어서 공학적 양을 정확하게 측정하는데, 백분율(1%)로 측정되고, 어떠한 경우는 천분율(0.1%)로 측정할 수 있다. 공학계산에서 수의 정확도는 유효숫자로 자리숫자로 나타낸다. 유효숫자는 1~9까지 임의의 수 또는 소수점의 위치를 나타내지 않은 어떠한 0을 의미한다. 예를 들면 27, 4.5, 0.30, 0.0091 등의 유효숫자가 2개이다. 이 숫자는 27, 45×10^{-1}, 30×10^{-2}, 91×10^{-4} 등과 같이 멱급수로 쓰일 수 있다. 각 수의 유효숫자는 두 개이다.

소수점 좌측에 있는 0들은 유효한 숫자의 수로서는 아무런 의미를 갖지 않는다. 예를 들면, 숫자 30,000은 단 한 개의 유효숫자가 아니라 두 개의 유효숫자라는 것을 나타내기 위하여 30×10^3으로 표시하는 것이 더 편리하기도 하다.

공학문제를 해결하기 위하여 계산기나, 컴퓨터를 사용할 때, 계산결과를 표시할 때 어떤 숫자도 기록할 수 있다. 그러나 숫자의 실제 정확성의 표현을 증명하지는 않는다. 예를 들면 $F=456$ lb라고 표현하는 것은 합리적이지만 $F=426.379$ lb로 기록하는 것은 합리적이지 않다.

공학문제에서 아래 다섯 가지 종류의 수를 접하게 된다.

- 정확한 수(예: $I_p=\pi d^4/32$에서 "32")
- 공식적으로 사용되는 정확한 수(예: π의 값, $\sin\theta$의 값)[1)]
- 주어진 데이터
- 계산 과정의 값
- 최종 계산의 결과 값

본 교재에서 계산 과정의 최종 결과가 공학의 실제적 기준인 다음 법칙에 따라 기록된다.

- 2에서 9까지의 유효숫자로 시작되는 수들은 세 개의 유효숫자로 기록한다.

1) π의 값과 삼각함수 값은 컴퓨터나 계산이 x내의 많은 유효숫자(10 또는 더 많은)로 계산기에 나타난다.

• 숫자 1로 시작되는 숫자는 4개의 유효숫자로 기록한다.

어떤 경우에 있어서 (예를 들면 데이터가 그래프에서 발췌되었을 때) 더 작은 유효숫자가 기록될 수 있다. 가령 더 적은 유효숫자로 언급되더라도 주어진 데이터는 앞에서 지시된 유효숫자 수 정도로 정확하다고 가정한다. 더 계산할 용도로 기록한다면 중간결과의 수의 정확도를 유지하기 위해서는 몇 개 더 많은 수로 기록되어야 한다.

A.2 근사치

두 종류의 멱급수 근사치 식, 즉 삼각함수, 근사치와 이항식 전개의 근사식은 매우 유용하다. (예: 2.3절의 신장변형률 설명에서) 삼각함수, $\sin\theta$, $\cos\theta$, $\tan\theta$ 급수 전개는 다음과 같다.

$$\sin\theta = \theta - \frac{\theta^3}{3!} + \frac{\theta^5}{5!} - \cdots$$

$$\cos\theta = 1 - \frac{\theta^2}{2!} + \frac{\theta^4}{4!} - \cdots$$

$$\tan\theta = \theta + \frac{\theta^3}{3!} + \frac{2\theta^5}{15} + \cdots$$

만약 $\theta \ll 1$일 때, 삼각함수는 다음과 같은 근사치로 대체할 수 있다.

$$\boxed{\sin\theta \approx \theta, \quad \cos\theta \approx 1, \quad \tan\theta \approx \theta} \tag{A.1}$$

β는 매우 작은 양으로써 $(1+\beta)^n$에 나타날 수 있다. $(1+\beta)^n$를 급수로 전개하면 다음과 같다.

$$(1+\beta)^n = 1 + n\beta + \frac{n(n-1)}{2!}\beta^2 + \cdots$$

만약 $\beta \ll 1$일 때, 근사치는 식 (A.2)로 사용할 수 있다.

$$\boxed{(1+\beta)^n \approx 1 + n\beta} \tag{A.2}$$

식 (A.1)과 (A.2)는 복잡하고 비선형성의 변형률과 변위식을 더 단순하고 선형의 미지수 변이로 변환하여 많은 경우 변형률과 변위해석에 유효하게 이용된다. 예제 2.5를 참고하고, 예제 2.5 다음의 미소-변형률 거동에 대하여 논의한다.

B 단위계

B.1 개요

공학이나 이학 중에서 빈번히 사용되는 물리적 양(예: 힘, 질량, 길이, 시간 및 온도)은 어떤 단위계로 표현하여야 한다. 국제단위계(SI)[2]는 전 세계가 균일한 측정 단위계를 공용으로 사용하기 위하여 국제적인 합의에 의해 정립되었다. 이외에도 미국에서는 미국 전통단위계(USCS: U.S. Customary System of Unit)를 보편적으로 사용하고 있다. 미터계 시스템과 영국의 British Imperial System of Unit가 있다.

측정단위는 기본단위, 파생단위, 추가단위의 세 종류로 분류된다. 기본단위는 특수한 물리적 표준에 대해 정의된다. 예를 들면 질량(mass)의 경우 표준단위인 킬로그램(kg)은 프랑스 국제기구(International Bureau of Weights and Measures in Sevres)에 소장되어 있는 플라티늄과 이리듐의 합금 봉으로 정의된다. 초(second)는 세슘 133 원자의 기저상태(ground state: 최대 에너지를 가진 상태)인 두 하이퍼파인(hyperfine) 단계 사이의 이동에 해당되는 방사 9 192 631 770의 주기로 정의된다. 미터(meter)는 빛이 1/299 792 458초 동안 진공을 통과하는 거리로 정의된다. 평면각도(plane angle)나 입체각도(solid angel)는 추가단위라고 하는 제2그룹의 단위를 구성한다. 대부분의 단위는 파생단위이고 본 단위는 대수적인 관계로서 기본단위에 관련이 있고 어떤 경우에는 추가단위에도 관계가 있다.

B.2 SI Unit

국제단위계에는 네 종류의 중요한 기본단위가 있다. 질량단위는 킬로그램(kg), 길이단위는 미터(m), 시간단위는 초(second), 그리고 온도단위는 켈빈(K).[3] 힘의 단위는 뉴턴(N)이다. 이 파생단위는 뉴턴의 제2법칙, $F = Ma$에서 유도된 것이다.

2) 국제단위계(SI. International system of unit)의 사용 영어 안내서. NIST 특수발행 811. 표준 및 기술의 국립연구소(National Institute of Standard and Technology)

3) 단어 degree와 기호 °는 온도의 국제단위가 아니다. 다른 단위계의 호칭이다.(예: 화씨 °F)

표 B.1 SI 단위

등급	양	단위	SI 기호	단위식
기초	길이	미터	m	–
	질량	킬로그램	kg	–
	시간	초	sec	–
	온도	켈빈	K	–
파생	면적	미터제곱	m^2	–
	체적	세제곱미터	m^3	–
	힘	뉴턴(Newton)	N	$kg \cdot m/s^2$
	응력, 압력	파스칼(pascal)	Pa	N/m^2
	일, 에너지	줄(Joule)	J	$N \cdot m$
	동력	와트(Watt)	W	$N \cdot m/s$
추가	평면각도	라디안(Radian)	Rad	–

뉴턴은 1 킬로그램 질량을 1 m/sec^2의 가속도를 움직이는 데 필요한 힘으로 정의한다.

$$1\ N = 1\ kg \cdot m/s^2$$

변형체 역학에 적당한 SI단위는 등급에 따라 B.1 표에 제시하였다.

SI 단위계(다른 미터계)에서 10의 지수를 나타내는 접두어는 기본단위를 조정하는 데 사용한다.(예: 밀리미터, 킬로뉴턴) 표 B.2는 SI단위계에서는 자주 사용되는 접두어이다. 10^3이나 10^{-3}의 멱급수(예: 센티 = 10^{-2})를 의미하지는 않는 접두어는 사용하지 말아야 한다. 분수로 나타내는 단위에서 분모의 접두어를 쓰는 것보다 분자의 접두어를 사용하는 것을 권한다. 예를 들어 주응력의 문제풀이에 사용한 값이 $\sigma = 12.6\ N/mm^2$이면, 결과적으로는 12.6 MPa ($\equiv 12.6\ MN/m^2$)로 사용되어야 한다.

응력($= F/A$) 계산에 대한 문제 풀이에서는 힘의 SI 단위인 뉴턴(N) 또는 킬로뉴턴(kN)과 면적의 단위인 mm^2를 사용하는 것이 편리하다.

- $1\ N/mm^2 \equiv 1\ MPa$,
- $I\ kN/mm^2 \equiv I\ GPa$

SI 단위를 사용할 때, 표 B.2의 셋째 행과 같이 소수점 전과 후 양쪽을 3개의 숫자로 분리하는 데 콤마(comma) 대신 띄어쓰기를 사용한다. 네 자리 수에서는

표 B.2 SI 접두어

접두어	기호	승법계수	지수형식
Giga	G	1 000 000 000	10^9
Mega	M	1 000 000	10^6
Kilo	k	1 000	10^3
Milli	m	0.001	10^{-3}
Micro	μ	0.000 001	10^{-6}
Nano	n	0.000 000 001	10^{-9}

띄어쓰기는 선택적으로 사용한다(예: 5943 m, 5 943 m).

B.3 미국 전통단위계

미국 전통단위계(혹은 영국 중력계)에 기본단위는 다음과 같다.

길이는 foot(ft), 힘의 단위 파운드(lb), 시간(s), 온도(화씨 °F)이며, 1 ft는 0.3048 m, 파운드는 위도 45도에서 해발 기준으로 0인 위치에서 워싱턴에 있는 표준국에 소장된 표준 백금의 무게로 정의한다. 질량은 0.453 592 43 kg이다.

미국 전통단위계에서 질량의 단위로서 슬러그(slug)라는 파생단위이다. 슬러그는 1 lb의 힘에 의하여 1 ft/sec^2 가속도를 발생시키는 것이 질량을 의미한다.

$$1\ \text{slug} = 1\ \text{lb} \cdot \text{s}^2/\text{ft}$$

SI 단위와 USCS 단위 사이의 변환계수는 본 교재 뒷면지에 게재하였다.

C 평면적의 기하학적 특성

C.1 1차 면적모멘트와 도심

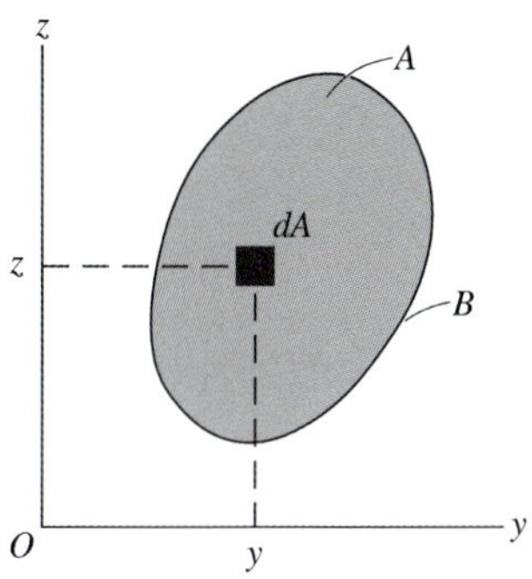

그림 C.1 평면적

정의 본 교재의 대부분의 문제들은 평면에서 하나 또는 그 이상의 기하학적 특성을 포함한다. 예를 들면 면적, 도심, 2차모멘트 등이다.

$$A = \int_A dA \tag{C.1}$$

그림 C.1에서 y, z와 같이 두 축과 관련하여 미소넓이(dA)의 합의 의미를 이해할 수 있다.

미소 넓이에서 y, z축에 대한 면적 A의 1차모멘트는 다음과 같다.

$$Q_y = \int_A z dA, \quad Q_z = \int_A y dA \tag{C.2}$$

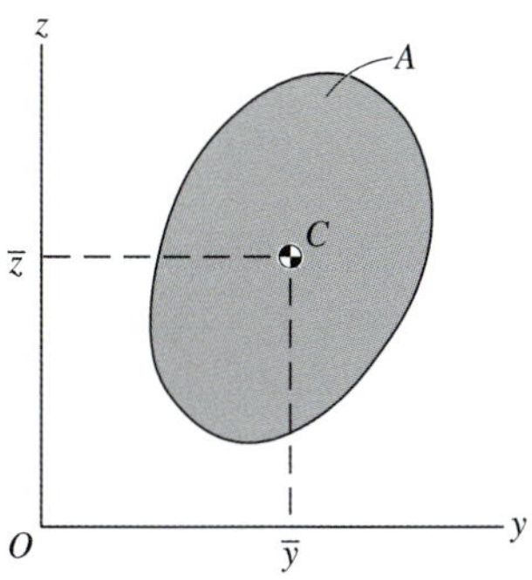

그림 C.2 임의 면적의 도심

z, y축에 대한 거리에 따라 1차 적분한 값이므로 Q_y, Q_z는 1차모멘트(first Moment)라 한다.

도심(Centroid)은 도형(넓이)의 중심을 나타낸다. 도심 C의 ($\bar{y}$, $\bar{z}$) 좌표계는 1차모멘트 식으로 정의한다.

$$\bar{y}A = \int_A y dA, \quad \bar{z}A = \int_A z dA \tag{C.3}$$

평면 넓이의 기하학적 형상에 대하여(예: 사각형, 삼각형, 원형 등) 단순한 도형의 모양은 닫혀 있다. 이러한 자료는 교재 마지막 장에 표로 제시하였다.[4] 그림 C.3에 나타난 대칭 도형 3개 중 하나를 가진다. 만약 그림 C.3a에 있는 대칭축 하나를 갖고, 어느 면적의 도심은 축의 중심에 있다. 만약 일정한 넓이가 두 개의 축이 대칭이면 광폭 플랜지 형상인 경우 도심은 축의 중심에 있다. 마지막으로 그림

4) 적분식 C.1에서 C.3에서 특별한 형상에 대하여 독자들은 적분학 또는 정역학에서 연습문제에 도움이 된다.

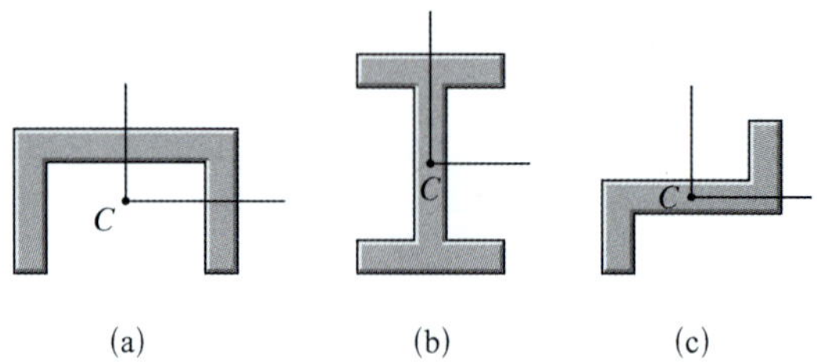

그림 C.3 세 종류의 다양한 면적

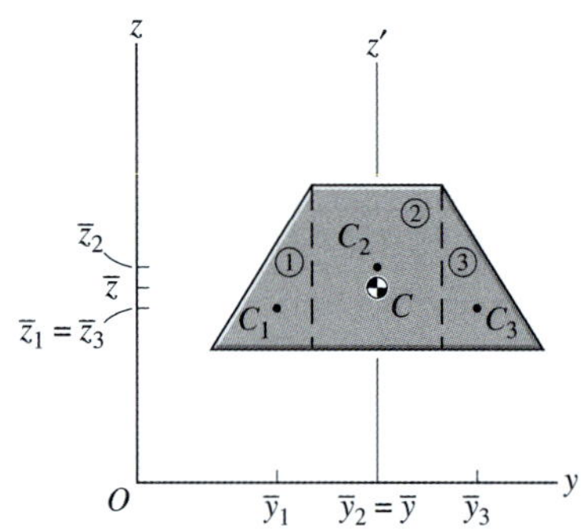

그림 C.4 다양한 면적의 조합

C.3과 같이 대칭축을 반대방향으로 한 점에 있다면 대칭 포인트는 도심에 있다.

다양한 면적 다양한 구조물의 형상은 기하학적 형상으로 모양으로 구성되어 있다. 예를 들면 그림 C.3의 면적과 같이 3개의 사각형으로 구성되어 있다. 식 (C.1)에서 (C.3)까지 적분하면, 세 개의 총 면적의 합을 A_i로 나타낸다.

$$A = \sum_i A_i, \quad Q_z = \bar{y}A = \sum_i \bar{y}_i A_i, \quad Q_y = \bar{z}A = \sum_i \bar{z}_i A_i \tag{C.4}$$

그림 C.4의 y는 z축에 대한 직접 대칭이라고 결정한다.

다양한 면적의 도심 결정의 위치에 대하여

1. 표에 제시한 다양한 모양으로 면적을 나누고, 도심도 나눈다. (교재 내 표지 표 참조)
2. 관계되는 y, z에 대한 면적을 분할한다. (점선 참조)
3. 식 (C.4a)을 사용하여, 면적 A를 결정한다.
4. 식 (C.4b, c)을 사용하여 $(\bar{y}, \bar{z})$에 대해 도심의 좌표를 계산한다.

예제 C.1

L 모양의 도심은 그림 1에 놓여있다.

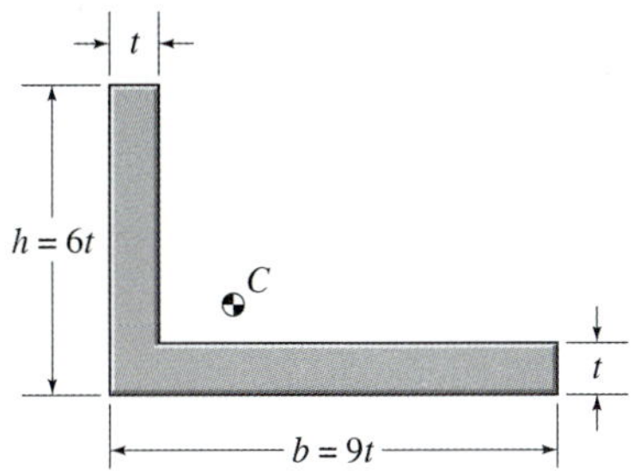

그림 1

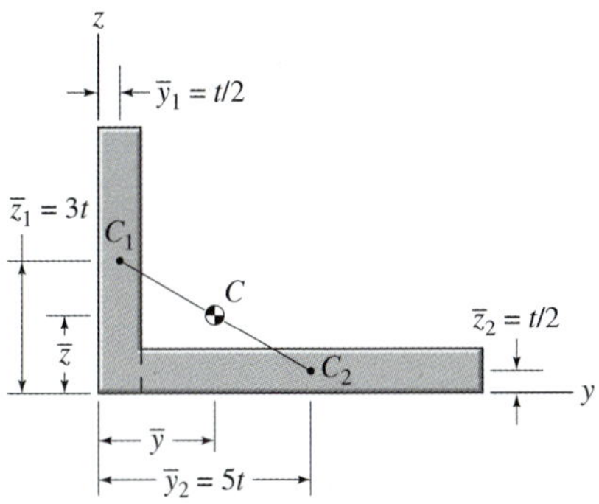

그림 2

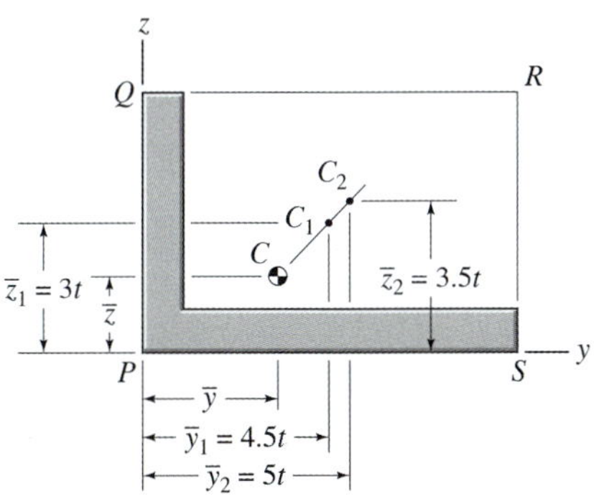

그림 3

풀이 A-합산방법 다음 절차를 따라 그림 2와 같이 L자 모양을 2개의 사각형으로 점선을 따라 나눈다. 두 축 y, z는 도형에서 면적의 왼쪽 아래 모서리에 있다. 두 개의 면적으로 구성되고, 2개의 도심 C는 그림 2에서 C_1, C_2 사이에 있다.

면적(Area): 식 (C.4a)에서

$$A = A_1 + A_2 = (60t)(t) + (8t)(t) = 14t^2 \tag{1}$$

도심(Centroid): 식 (C.4b) 및 (C.4c)

$$\bar{y}A = \bar{y}_1 A_1 + \bar{y}_2 A_2 = (t/2)(6t^2) + 5t(8t^2) = 43t^2$$

$$\bar{y} = \frac{43t^3}{14t^2} = \frac{43}{14}t = 3.07t \qquad \text{답 (2)}$$

$$\bar{z}A = \bar{z}_1 A_1 + \bar{z}_2 A_2 = (3t)(6t^2) + (t/2)(8t^2) = 22t^3$$

$$\bar{z} = \frac{22t^3}{14t^2} = \frac{22}{14}t = 1.57t \qquad \text{답 (3)}$$

풀이 B-넓이 삭감(subtraction) 방법 간혹(특별한 예제는 아닐 수 있음) 전체 윤곽 면적에서 하나 또는 그 이상의 면적을 빼면 문제를 쉽게 풀이할 수도 있다. 식 (C.4)와 같은 여러 개의 넓이 A_i개를 각각 삭감하는 방법이다. 이런 방법은 그림 3과 같이 큰 면적에서 작은 면적을 삭감하여 처리하는 그림 1과 같은 L모양의 면적에 적용할 수 있다. 면적 A_1은 큰 사각형 PQRS와 같고, 면적 A_2는 색을 칠하지 않은 작은 면적이다. 도심 C는 두 개의 도심 C_1, C_2 두 개의 도심을 직선으로 연결하면 도심이 연결된다. 그러나 도심은 두 개의 도심 사이에 놓이지 않는다.

면적(Area): 식 (C.4a)

$$A = A_1 + A_2 = (9t)(6t) + [-(8t)(5t)] = 14t^2 \tag{4}$$

도심 (Centroid): 식 (C.4b), (C.4c)

$$\bar{y}A = \bar{y}_1 A_1 + \bar{y}_2 A_2 = (4.5t)(54t^2) + [(5t)(-40t^2)] = 43t^2$$

$$\bar{y} = 43t^3/14t^2 = 3.07t \qquad \text{답 (5)}$$

$$\bar{z}A = \bar{z}_1 A_1 + \bar{z}_2 A_2 = (3t)(54t^2) + [(3.5t)(-40t^2)] = 22t^3$$

$$\bar{z} = 22t^3/14t^2 = 1.57t \qquad \text{답 (6)}$$

C.2 면적 관성모멘트

관성모멘트의 정의 평면에서의 축 y, z에 대하여 평면의 관성모멘트(moments of inertia)의 정의(그림 C.5)는 적분에 의하여 정해진다.

$$I_y = \int_A z^2 dA, \quad I_z = \int_A y^2 dA \tag{C.5}$$

이 식은 y축에 의한 관성모멘트(moment of inertia with respect to the y axis)와 z축에 의한 관성모멘트(moment of inertia with respect to the z axis)라고 한다. 축을 포함한 각 적분의 요소면적의 dA 요소에 대한 거리의 제곱으로 적분하면, 이런 값은 2차관성모멘트(second moments of area)라고 한다. 이들 관성모멘트는 매우 중요한 굽힘보에 대한 식이다.(제6장 참고)

식 (C.5)에서 정의된 관성모멘트는 두 축에 영향을 받는 주어진 면적의 평면에 놓인다. 2차면적모멘트 x축에서, 원점 O점에 따라 도면의 극관성모멘트(polar moment of inertia)라 한다. 이것을 정리하면

$$I_\rho = \int_A \rho^2 dA \tag{C.6}$$

그러므로 피타고라스(Pythagorean) 정리에서, $\rho^2 = y^2 + z^2$와 관련되며 I_p는 I_y, I_z에 의하면,

$$I_p = I_y + I_z \tag{C.7}$$

식 (C.5), (C.6)은 거리의 제곱에 포함되고, I_y, I_z와 I_p는 항상 양(+)이다. 모든 길이 4승을 표시한다. 즉 in^4, mm^4 등이다.

표에 식은 중심의 대등한 도심과 다양한 모양의 도심의 관성모멘트는 본 교재의 맨 뒷쪽에 표시하였다. 면적 모멘트의 관성모멘트와 극관성모멘트는 여기서 논한다.

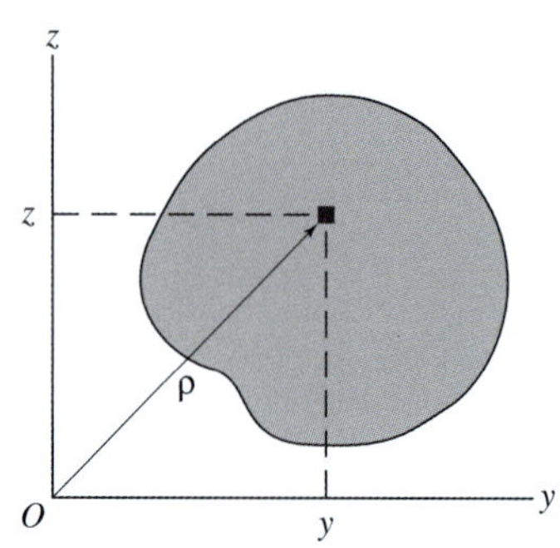

그림 C.5 임의의 평면

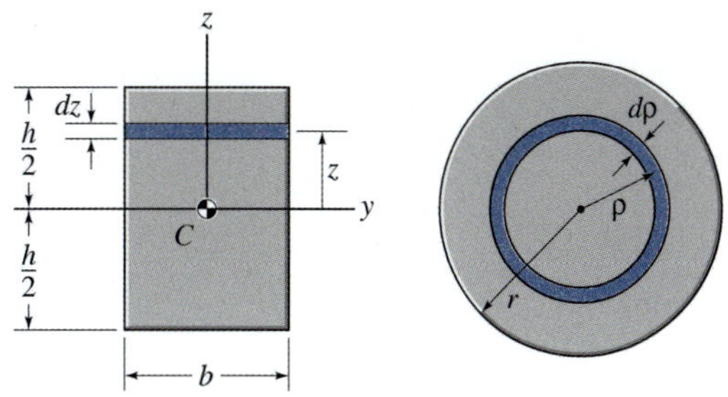

(a) A rectangular area. (b) A circular area.

그림 C.6

사각형의 관성모멘트: 그림 C.6a와 식 (C.5a)의 사각형에 대하여 주어지는 I_y는 다음과 같다.

$$I_y = \int_A z^2 dA = \int_{-h/2}^{h/2} z^2 (bdz) = b\frac{z^3}{3}\Bigg|_{-h/2}^{h/2} = \frac{bh^3}{12}$$

여기서 y축은 도심을 통과하고, 나란한 두 개의 측면 b, I_z는 아날로그 방법으로 유도한다. 직사각형의 측면으로 나란한 두 개의 도심 축에 대하여 사각형의 관성모멘트는

$$I_y = \frac{bh^3}{12}, \quad I_z = \frac{hb^3}{12} \tag{C.8}$$

원의 중심에 대한 극관성모멘트: 그림 C.6b의 붉은색 넓이 $dA = 2\pi\rho d\rho$로 하고, 식 (C.6)을 사용하여 원형 중심에 대하여 극관성모멘트를 계산할 수 있다.

$$I_\rho = \int_A \rho^2 dA = \int_0^r \rho^2 (2\pi\rho d\rho) = \frac{\pi r^4}{2}$$

$$I_p = \frac{\pi r^4}{2} = \frac{\pi d^4}{32} \tag{C.9}$$

회전반지름 회전반지름은 식에 따라서 관성모멘트라고도 정의한다.

$$r_y = \sqrt{\frac{I_y}{A}}, \quad r_z = \sqrt{\frac{I_z}{A}} \tag{C.10}$$

이들의 길이는 6장과 10장에서 여러 가지 식은 단순하게 사용한다. 만약 이 식들을 다음과 같이 사용하면

$$I = Ar^2$$

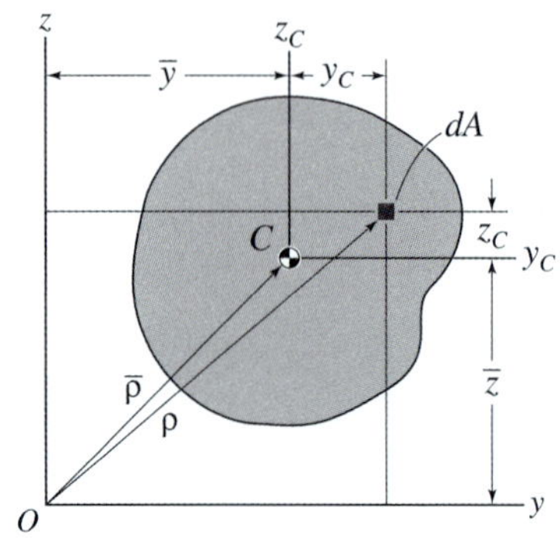

그림 C.7 평행축 정리에서 부호

회전 반지름이 거리이다. 전체 면적이 도심을 향한다. 그리고 주어진 축에 대한 동일한 값을 갖는 관성모멘트 I이다.

관성모멘트의 평행축 정리 그림 C.7에서 축 (y, z)가 축의 도심$(y_C,\ z_C)$과 같이 평행하는 축이 있다. 도심 C는 평행축$(-\bar{y},\ -\bar{z})$의 좌표에 의하여 대등한 축 $(\bar{y},\ \bar{z})$에 놓인다. 이에 따라 그림 C.7에서, $z=\bar{z}+z_C$이고 관성모멘트의 I_y는 다음과 같다.

$$I_y=\int_A z^2 dA=\int_A (\bar{z}+z_C)^2 dA$$

$$=\bar{z}^2 A+2\bar{z}=\int_A z_C dA+\int_A z_C^2 dA$$

$$I_y=\bar{z}^2 A+I_{y_C} \tag{C.11a}$$

이 $\int_A z_C dA$는 도심을 통과하는 y_C축에서 사라진다: I_{y_C}축에 의한 도심축의 관성모멘트(centroidal moment of inertia). 만약 모든 면적이 도심으로 집중된다면 y축에 있는 면적 A에서 $\bar{z}^2 A$값이 관성모멘트가 된다. 이 함수는 0이거나 + 부호를 갖는다. 도심의 관성모멘트는 모든 평행하는 축에 대하여 최소가 된다.

동일한 절차로 식 (C.11a)를 사용하면 다음 식을 얻는다.

$$I_z=\bar{y}^2 A+I_{z_C} \tag{C.11b}$$

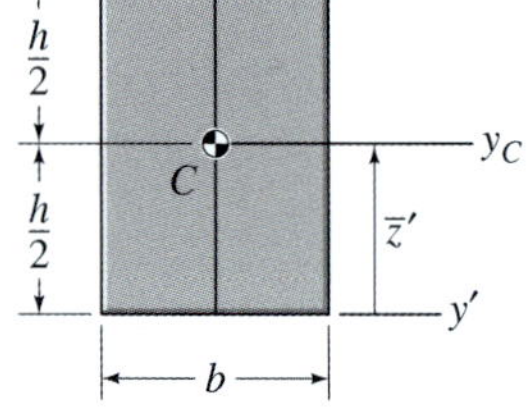

그림 C.8 2개의 축을 갖는 사각형 넓이

식 C.11은 관성모멘트의 평행축정리(parallel-axis theorems for moments of inertia)라고 한다. 평행축의 원리에 따라 간단한 예제를 계산을 하면, 그림 C.8에 y'축에서 폭이 b의 끝을 따라 제시한 사각형 단면의 관성모멘트를 계산할 수 있다. 식 (C.11a)에서

$$I_{y'} = (\bar{z}')^2 A + I_{y_C} = \left(\frac{h}{2}\right)^2 (bh) + \frac{bh^3}{12} = \frac{bh^3}{3} \tag{C.12}$$

같은 방법으로 극관성모멘트에 의한 평행축의 정리에 따라 유도한다. 식 (C.6)과 그림 C.7에 따라 O점에 대한 극관성모멘트를 구하는 식은 다음과 같다.

$$\begin{aligned} I_{\rho o} &= \int_A \rho^2 dA = \int_A (y^2 + z^2) dA \\ &= \int_A [(\bar{y} + y_C)^2 + (\bar{z} + z_C)^2] dA \\ &= \int_A (\bar{y}^2 + 2\bar{y} y_C + y_C^2 + \bar{z}^2 + 2\bar{z} z_C + z_C^2) dA \end{aligned}$$

$$I_{p_o} = \bar{\rho}^2 A + I_{p_C} \tag{C.13}$$

여기서 $\bar{y}^2 + \bar{z}^2 = \bar{\rho}^2$, $\int_A y_C dA = \int_A z_C dA = 0$ 그리고 $\left(\int_A y_C^2 + \int_A z_C^2\right) dA = I_{p_C}$이므로, 식 (C.13)은 식 (C.7)과 식 (C.11)을 사용하여 쉽게 풀이된다.

복합 단면의 관성모멘트 그림 C.4와 같이 복합 단면의 관성모멘트는 각 다른 면적이 모여 합산을 컴퓨터로 할 수 있다. 다음에 제시한 복합 단면의 모멘트의 계산을 효과적으로 하려면 다음에 제시한다.

$$I_y = \sum_i (A_y)_i, \quad I_z = \sum_i (I_z)_i \tag{C.14}$$

복합 단면에 관성모멘트를 계산하기 위하여 효과적으로 수행하려면 아래 제안한 방법을 제안한다.

2차 모멘트를 계산하기 위하여 복합면의 절차

1. 도심좌표와 관성모멘트에 대한 주어진 식에 따라 단순한 형식의 다양한 면적으로 나눈다.
2. 나누어진 각 도형의 도심 축은 (y_C, z_C)와 나란한 (y, z) 축에 있다.
3. (y, z)축과 식 (C.14)에 의하여 각 나누어진 면적 관성모멘트를 계산하는데 식 (C.11)을 사용한다.

다음 예제문제는 위의 절차를 그림으로 나타낸다.

예제 C.2

예제 C.1에서 L자 모양의 관성모멘트의 도심 I_y를 결정한다. (그림 1에서, 도심 (y, z)는 L자 모양의 2개 면인 각 도심에 있다. 두 개의 C_1, C_2인 사각형 면적의 도심은 (y_1, z_1), (y_2, z_2)이다.

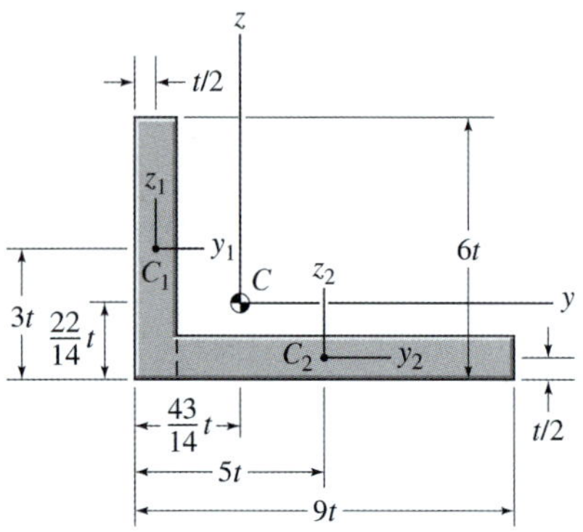

그림 1

풀이 식 C.14와 평행축의 정리 식 (C.11) 두 개를 조합할 수 있어, 관성모멘트를 계산할 수 있다.

$$I_y = (I_y)_1 + (I_y)_2 = [(I_{y_C})_1 + A_1 \bar{z}_1^2] + [(I_{y_C})_2 + A_2 \bar{z}_2^2] \tag{1}$$

위 식에서 $(I_{y_C})_i$는 도심 y축의 면적 관성모멘트 A_i이며, (y, z)에서 측정한 도심의 z좌표이며 전체 도심의 기준프레임이다. 그림 1에서 다음을 구할 수 있다.

$$\begin{aligned} I_y &= (I_y)_1 + (I_y)_2 \\ &= \left[\frac{1}{12}(t)(6t)^3 + (t)(6t)\left(3t - \frac{22}{14}t\right)^2\right] \\ &\quad + \left[\frac{1}{12}(8t)(t)^3 + (t)(8t)\left(\frac{1}{2}t - \frac{22}{14}t\right)^2\right] \\ &= 18t^4 + \frac{600}{49}t^4 + \frac{2}{3}t^4 + \frac{450}{49}t^4 \\ &= \frac{842}{21}t^4 = 40.1t^4 \end{aligned}$$

답 (2)

C.3 면적 관성모멘트의 곱

관성모멘트의 곱 정의 평면 면적의 또 다른 기하학적 특성은 **관성곱(product of inertia)**이라고 한다. 이 특성은 그림 C.1과 관련이 있다.

$$I_{yz} = \int_A yz\, dA \tag{C.15}$$

관성곱은 비 대칭보의 굽힘(6.6절)을 공부할 필요가 있다.

관련 사례로 두 축에 관련된 사각면의 관성의 곱을 결정하려면.(그림 C.9). 식 C.15와 그림 C.9a에서

$$I_{yz} = \int_A yz\, dA = \int_0^h \int_0^b yz\, dy\, dz = \frac{b^2h^2}{4} \tag{C.16}$$

(y', z')축에 대한 축 관성의 곱을 고려해 본다. y축은 대칭축이며, 도심 C를 통과한다.

그림 C.9b에서 확인하면 두 개의 관련 축은 대칭 면적이고 그림 축에 y'와 같이 관성의 곱은 0이다. 그러므로

$$I_{y'z'} = \int_A y'z'dA$$

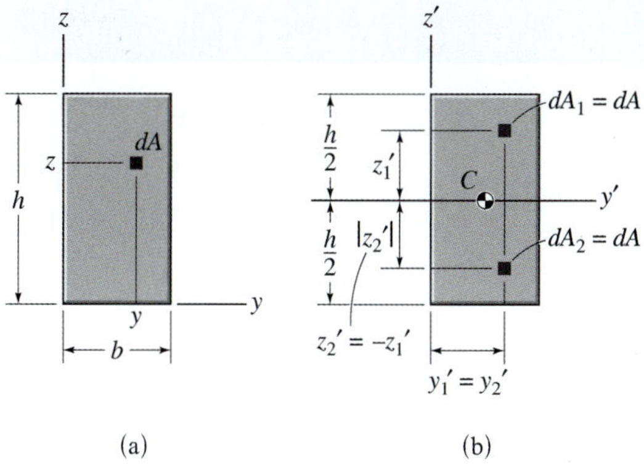

그림 C.9 두 개의 축으로 구성된 사각형 넓이

또한 대칭의 이유(즉 $y_2{}' = y_1{}'$, $z_2{}' = z_1{}'$이며, 면적 dA_1, dA_2의한 적분이 상쇄되기 때문이다.

$$I_{yz} = 0 \tag{C.17}$$

그러므로 만약 y축이나 z축이 동일한 대칭 면적의 축이다.

면적 관성모멘트의 경사축 이론 관성모멘트에 의한 평행 축의 이론들은 적분 과정을 거쳐, 식 (C.11)와 (C.13)에 따라서 관성의 곱에 의하여 평행축의 곱으로 적분한다. 식 (C.15)와 그림 C.7에서

$$\begin{aligned} I_{yz} &= \int_A yz\, dA = \int_A (\bar{y} + y_C)(\bar{z} + z_C)dA \\ &= \overline{yz}A + \bar{y}\int_A z_C dA + \bar{z}\int_A y_C dA + I_{y_C z_C} \end{aligned}$$

그러므로 y_C, z_C는 도심의 형식과 대등하며, **면적관성의 곱에 대한 모멘트 평행이론** 결과는 아래 식과 같다.

$$I_{yz} = \overline{yz}A + I_{y_C z_C} \tag{C.18}$$

관성모멘트 I_{yz}는 하나의 조건이 있는데 면적관성 모멘트의 곱은 면적 A의 관성곱으로 나타낸다. 여기에 도심에 $I_{y_C z_C}$ 관성곱을 더한다.

복합적인 면적의 곱 식 (C.14)와 같은 관성모멘트의 합은 면적 관성곱을 쉽게 광범위하게 걸쳐진다. 여러 개의 합성한 면적:

$$I_{yz} = \sum_i (I_{yz})_i \tag{C.19}$$

예제 C.3

예제 C.2에서 L자 모양의 관성곱 I_{yz}를 결정하는 절차가 다양한 모양으로 사용한다. (y, z)의 기준프레임은 전체 면적의 도심이며, (y_1, z_1)와 (y_2, z_2)는 면적 A_1 및 A_2의 도심이다. (y, z)축의 관성적의 도심은 아래와 같다.

$$I_{yz} = (I_{y_1 z_1} + A_1 \bar{y}_1 \bar{z}_1) + (I_{y_2 z_2} + A_2 \bar{y}_2 \bar{z}_2)$$

매우 중요한 약속 $\bar{y}_1$, $\bar{z}_1$ 등이 매우 중요하다. 일부는 $(-)$이다. 식 (C.17), $I_{y_1 z_1} = I_{y_2 z_2} = 0$이므로

$$\begin{aligned} I_{yz} &= A_1 \bar{y}_1 \bar{z}_1 + A_2 \bar{y}_2 \bar{z}_2 \\ &= (6t^2)\left(-\frac{43}{14}t + \frac{1}{2}t\right)\left(3t - \frac{22}{14}t\right) \\ &\quad + (8t^2)\left(5t - \frac{43}{14}t\right)\left(-\frac{22}{14}t + \frac{1}{2}t\right) \end{aligned}$$

또는

$$I_{yz} = -\frac{270}{7}t^4 \qquad \textbf{답}$$

도심 C_1는 제곱항이고, C_2는 4제곱항이다. 면적 A_1, A_2는 $(-)$에 기여한다.

C.4 경사축에 대한 관성의 면적모멘트; 관성모멘트의 원리

특히 비대칭 보에 응용(단원 6.6)은 I_y, I_z와 I_{yz}를 알고 있을 때 경사축(y', z')과 관련하여 모멘트를 결정하는데 필요하다. 그림 C.10에서 **좌표변환(coordinate transformation)**과 관련된 (y', z')좌표는 (y, z)에 의하여 추론한다.

회전각(θ)은 **y에서 y'축으로 반시계 방향으로 측정**한다.

$$\begin{aligned} y' &= y\cos\theta + z\sin\theta \\ y' &= -y\sin\theta + z\cos\theta \end{aligned} \qquad \text{(C.20)}$$

(C.5), (C.15), 및 (C.20)으로부터

$$\begin{aligned} I_{y'} &= \int_A (z')^2 dA = \int_A (-y\sin\theta + z\cos\theta)^2 dA \\ I_{y'z'} &= \int_A y'z'\, da = \int_c (y\cos\theta + z\sin\theta)(-y\sin\theta + z\cos\theta) dA \end{aligned} \qquad \text{(C.21)}$$

위의 적분을 연장하면 $\int_A y^2 dA = I_z$과 다음 식을 구한다.

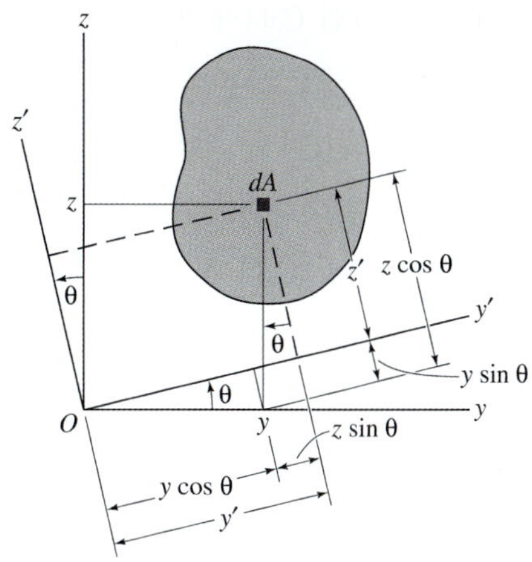

그림 C.10

$$I_{y'} = I_y \cos^2\theta + I_z \sin^2\theta - 2I_{yz} \sin\theta\cos\theta$$

$$I_{y'z'} = (I_y - I_z)\sin\theta\cos\theta + I_{yz}(\cos^2\theta - \sin^2\theta)$$

이 식은 단순화하였다. $\sin 2\theta = 2\sin\theta\cos\theta$와 $\cos 2\theta = \cos^2\theta - \sin^2\theta$. 따라서

$$I_{y'} = \frac{I_y + I_z}{2} + \frac{I_y - I_z}{2}\cos 2\theta - I_{yz}\sin 2\theta$$
$$I_{y'z'} = \frac{I_y - I_z}{2}\sin 2\theta + I_{yz}\cos 2\theta \tag{C.22}$$

위의 식은 응력 변환 식 8-5[5]와 유사함에 유의한다.

관성모멘트의 원리 식 C.25에서 나타나는 것은 $I_{y'}$, $I_{y'z'}$는 각도 θ에 의존한다. 우리가 y'축 방향을 결정하려고 한다. 그러나 $I_{y'}$은 최대의 값과 최소의 값을 갖는다. 이 방향을 면적의 관성축 원리(principal axes of inertia)라고 한다. 또 앞의 관성축 원리와 같이 관성모멘트의 원리라고도 한다. 면적에 있는 점 O에서 축을 통과하는 특수한 주축 세트이다. 면적의 도심을 통과하는 주축은 도심축이라 하며 매우 중요하다. 다양한 면적의 도심주축의 방향 각도는 교재 부록 D.6에 표시하였다. 관성모멘트 $I_{y'}$은 최댓값과 최솟값이며, 만약 y'축이 각도 $\theta = \theta_p$이면 정적식이다.

$$\frac{dI_{y'}}{d\theta} = -2\left(\frac{I_y - I_z}{2}\right)\sin 2\theta - 2I_{yz}\cos 2\theta = 0$$

그러므로

$$\tan 2\theta_p = \frac{-I_{yz}}{\left(\dfrac{I_y - I_z}{2}\right)} \tag{C.23}$$

5) 이 식은 τ_{nt} 항과 I_{yz} 항과 차이가 있다.

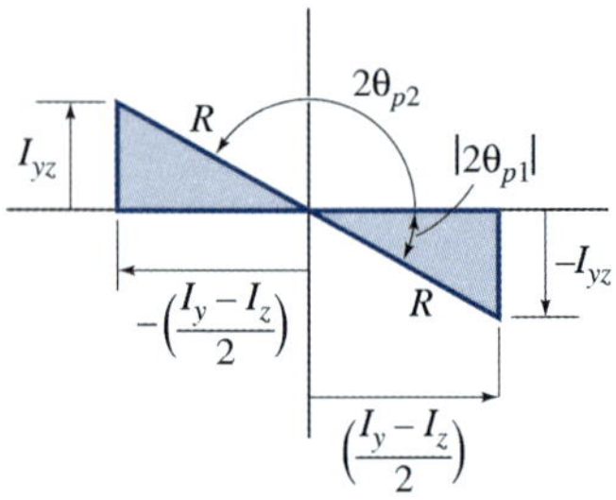

그림 C.11

그림 C.11에 따라 식 C.23을 이용하여 관성축의 tan 값으로 각도 θ_p를 결정한다. 식 C.23은 두 개의 각도가 있다. 그림 C.11에서 나타낸 그래프는 도형에 따라 $2\theta_p$의 두 개의 값, $2\theta_{p_1}$, $2\theta_{p_2}$는 서로 다른 180°를 갖는다. 그러므로 주축은 양 끝에서 90° 이다.

그림 C.11에서 식은 양쪽에 색이 있는 삼각형 빗변에 주어진다.

$$R = \sqrt{\left(\frac{I_y - I_z}{2}\right)^2 + I_{yz}^2} \tag{C.24}$$

또한 식 C.11에서 충족하여.

$$\sin 2\theta_{p_1} = \frac{-I_{yz}}{R}, \quad \cos 2\theta_{p_1} = \frac{\left(\frac{I_y - I_z}{2}\right)}{R} \tag{C.25a}$$

$$\sin 2\theta_{p_2} = \frac{I_{yz}}{R}, \quad \cos 2\theta_{p_2} = \frac{-\left(\frac{I_y - I_{yz}}{2}\right)}{R} \tag{C.25b}$$

식 (C.22a)에서 $I_{y'}$에 대한 sin 값들과 cos 값들을 대입하면 두 개의 관성모멘트의 값을 얻을 수 있다.

$$\begin{aligned} I_{\max} \equiv I_{p_1} &= \frac{I_y + I_z}{2} + \sqrt{\left(\frac{I_y - I_z}{2}\right)^2 + I_{yz}^2} \\ I_{\min} \equiv I_{p_2} &= \frac{I_y + I_z}{2} - \sqrt{\left(\frac{I_y - I_z}{2}\right)^2 + I_{yz}^2} \end{aligned} \tag{C.26}$$

만약 (C.25a) 또는 (C.25b)들은 식 (C.22b)에서 다음 값을 얻는다.

$$I_{p_1 p_2} = 0 \tag{C.27}$$

관성축의 원리에 의한 관성곱은 0이다.

다음 식 (C.26a) 또는 (C.26b)을 더하면 다음을 얻는다.

$$I_{p_1} + I_{p_2} = I_y + I_z \tag{C.28}$$

상호간의 수직축에 대한 주어진 평면 내에서 주어진 관성모멘트의 합은 일정하다.

예제 C.4

예제 C.2의 그림 1의 L자형에 대하여 (a) 도심 주축의 각도를 결정하고 또 각도를 나타낸다. (b) 관성의 주 관성모멘트(I_{p_1})를 결정한다.

$$I_y = \frac{5{,}894}{147}t^4 = 40.10t^4, \quad I_z = \frac{33{,}103}{294}t^4 = 112.60t^4$$

$$I_{yz} = \frac{-270}{7}t^4 = -38.57t^4$$

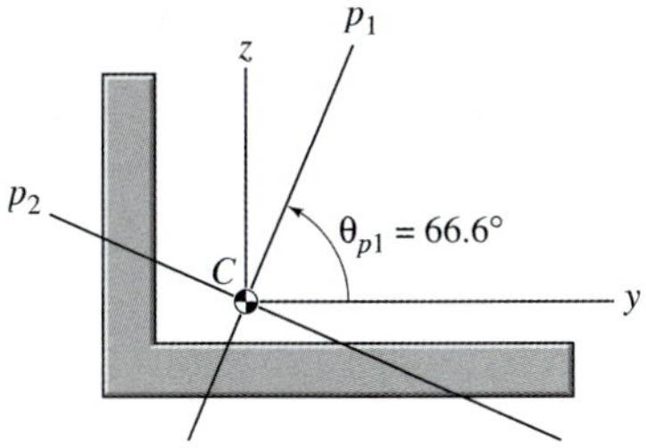

그림 1

풀이 (a) 식 (C.23)으로부터,

$$\tan 2\theta_p = \frac{-I_{yz}}{\left(\dfrac{I_y - I_z}{2}\right)} = \frac{-\left(\dfrac{-270}{7}\right)}{\dfrac{11{,}788 - 33{,}103}{2(294)}} = -1.064$$

$$2\theta_{p_1} = 133.22°, \quad 2\theta_{p_2} = -46.78°$$

그림 1에서 (C.23),

$$\theta_{p_1} = 66.6°, \quad \theta_{p_2} = -23.4° \qquad \textbf{답}$$

(b) 식 (C.26a)으로부터,

$$I_{p_1} = \frac{I_y + I_z}{2} + \sqrt{\left(\frac{I_y - I_z}{2}\right)^2 + I_{yz}^2}$$

$$= \frac{40.10t^4 + 112.60t^4}{2} + \sqrt{\left(\frac{40.10t^4 - 112.60t^4}{2}\right)^2 + (-38.57t^4)^2}$$

$$= 129.28t^4$$

또는

$$I_{p_1} = 129.3t^4 \qquad \textbf{답}$$

위와 같이 식 (C.26b),

$$I_{p_2} = 23.4t^4 \qquad \textbf{답}$$

모어 원(Mohr Circle)의 모멘트와 관성의 곱 식 (C.22)는 식 (8.5)와 같은 형식으로 응력에 대한 모어 원을 나타냈다.[6] 따라서 8.5절과 같이 절차에 따라, 그림 C.12와 같이 모어 원을 제시하였고, 주어진 축(y, z)에 따라 어떤 (y', z')축이 반시계방향으로 각도 θ의 점에 놓이고, $I_{y'}$, $I_{y'z'}$축을 계산하는데 사용한다. 모어 원은 I_{p_1}, I_{p_2} 주관성 축의 방향과 주 관성모멘트를 계산하는데 편리한 방법을 제시한다. 각도는 평면 A에서 반시계방향(또는 시계방향)을 측정하고, 모어 원은 2θ의 각도와 일치한다.

다음 절차는 회전하는 축에 따라서 모멘트와 관성곱의 계산이 용이하게 된다.

6) 식 8.5에서 τ_{xy} 항에 대한 진행과 식 (C.22)에서 I_{yz}형과 일치하는 차이가 있다. 따라서 모멘트와 관성곱을 모어 원에 대하여 이것이 응력에 대한 모어 원이며, I_{yz}축은 양(+)의 방향이며, 아래로 가는 (양)도 아니다.

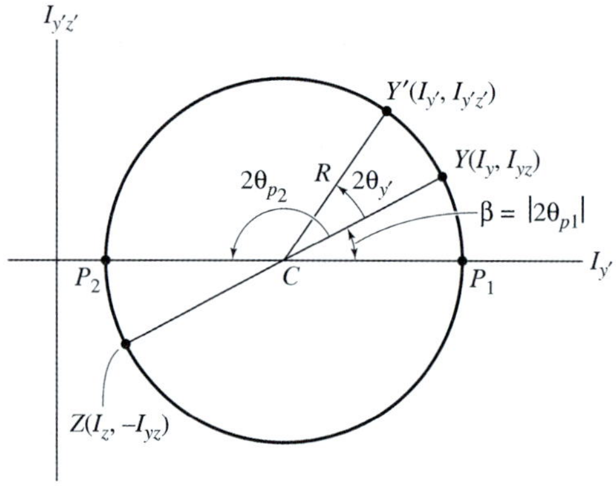

그림 C.12 L자 모양의 넓이의 관성도심의 모어 원

모어 원의 모멘트와 관성의 곱

1. 그림 C.12에서 본 모어서클의 축들 ($I_{y'}$, $I_{y'z'}$)을 수립한다. (주. 양(+)의 방향 $I_{y'z'}$은 $I_{y'}$축으로부터 90° 반시계 방향으로 반시계 방향이고, τ_{nt}축은 제8장 응력의 모어서클에 대하여 뒤로 넘긴다.
2. 원주위 점 $Y:(I_{y'}+I_{yz})$, $Z:(I_{z'}-I_{yz})$, 상대적
3. 점 Y와 Z점을 직선으로 연결한다. I_y축의 선은 I_y축의 Y, Z점을 통과하여 모어서클의 중심축이다.
4. 점 Y', CY선으로부터 반시계방향으로 2θ 각도에 있다. 그림 C.12에서 점의 위치는 $(I_{y'}+I_{yz})$이다.
5. 점 P_1, P_2는 $2\theta_{p1}$, $2\theta_{p2}$에 2개의 주축이 있다. 식 (C.26)에 주어진 주관성모멘트는 I_{p1}, I_{p2}이다.

예제 C.5

(a) 그림 1의 자 모양의 L-모양의 도심모멘트와 관성곱과 관련된 모어 원을 그리시오. 주어진 값은 아래를 참고한다:

$$I_y = \frac{5894}{147}t^4 = 40.10t^4, \quad I_z = \frac{33{,}103}{294}t^4 = 112.60t^4$$

$$I_{yz} = \frac{-270}{7}t^4 = -38.57t^4$$

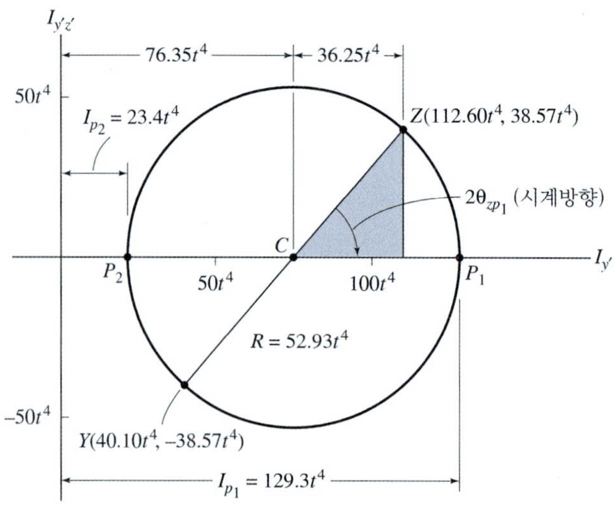

그림 1

(b) 모어 원을 사용하여 첫 번째 주관성모멘트 I_{p1}, I_{p2}와 주축의 위치를 계산한다. 주축의 방향을 도형에 그린다.

풀이 (a) 모어 원을 그리고 주 관성모멘트를 구리시오. 점 Y, Z는 플로트 한다. 모어 원은 그림 1과 같이 원으로부터 그리시오.

$$I_{\text{avg.}} = \frac{40.10t^4 + 112.60t^4}{2} = 76.35t^4$$

$$R = \sqrt{\left(\frac{112.60t^4 - 40.10t^4}{2}\right)^2 + (38.57t^4)^2} = 52.93t^4$$

$$I_{p_1} = I_{\text{avg.}} + R = 129.3t^4$$

$$I_{p_2} = I_{\text{avg.}} - R = 23.4t^4$$

답 (a)

(b) 주축 방향을 결정하고 스케치를 제시한다.

$$\tan|2\theta_{zp_1}| = \frac{38.57t^4}{\left(\frac{112.60t^4 - 40.10t^4}{2}\right)} = 1.064$$

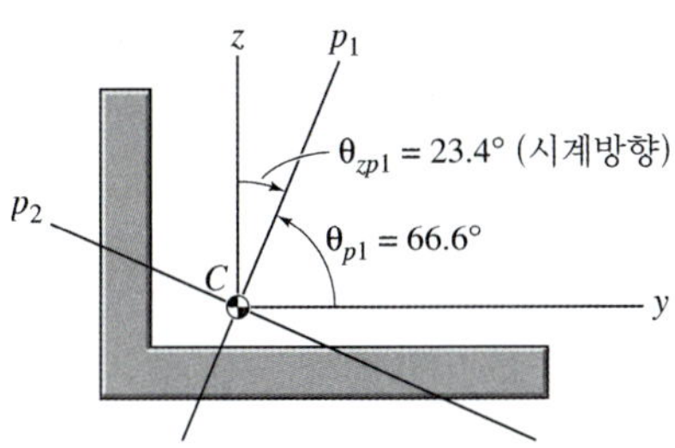

그림 2 관성주축

그러므로 $2\theta_{zp_1}$ =46.78° (시계방향), 그래서

$$\theta_{zp_1} = \theta_{zp_2} = 23.4°$$

답 (b)

그림 2의 주축의 방향은 $I_{p_1p_2}$가 사분면의 면적을 제거하면 주어진 $I_{p_1p_2} = 0$이 된다는 것에 주의한다.

모어 원에서 결과를 얻는 것이나 예제 C.4에서 식을 사용하여 얻은 것은 동일하다. 그럼에도 모어 원을 주의 깊게 그리면 정확도를 줄일 수 있으며, 모어 원에서 2θ 각도는 평면 A에서 θ과 일치한다. 각도들은 평면에서 동일한 감(sense)을 갖는다.

MDS 6.1 **보의 단면 특성**은 MDS 프로그램 모듈이며 평면면적의 특성의 단면을 계산하기 위하여 사용: 면적, 도심축의 위치, 관성모멘트, 관성곱, 면적의 주축방향 등이며, **부록 C**에 도형으로 정의한다. 단면의 특성모듈은 휨 모듈과 밀접하게 연계된다.

D 중요구조물의 단면모양과 단면의 성질

표 D.1에서 표 D.10까지는 알루미늄, 강, 그리고 나무로 만들어진 구조물의 모양과 단면의 성질을 나타낸다. 강구조물, 단면모양과 알루미늄의 단면 구조물 단면모양 등에 대한 표는 참고문헌에 있는 방대한 표에서 편집되었다.

- 표 D.1과 D.3에서 표 D.7까지 *Manual of Steel Construction – Load and Resistance Factor Design*, American Institute of Steel Construction, Inc., 400N. Michigan Ave., IL 60611-4185
- 표 D.2: *Matric Properties of Structural Shape*, American Institute of Steel Construction, Inc., 400N. Michigan Ave., IL 60611-4185
- 표 D.9와 D.10: *The Aluminum Design Manual*, The Aluminum Association Inc., 900 19th Street, NW Washington DC, 20006

다음 표에 단면 축(예: $X-X$)은 표 데이터가 얻어진 초기조건의 단면 축을 나타낸다.

기호

$I=$관성모멘트(moment of inertia)

$J=$극관성모멘트(polar moment of inertia)

$S=$탄성단면계수(elastic section modules)

$Z=$소성단면계수(plastic section modules)

$R=\sqrt{I/A}=$회전반경(radius of Gyration)

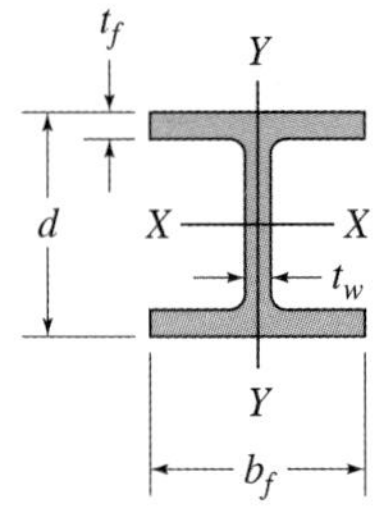

D.1 넓은 플랜지강(W)의 특성(US 단위)

			Flange		Web	Elastic Properties						Plastic Modulus
						Axis $X-X$			Axis $Y-Y$			
Designation*	Area A in^2	Depth d in.	Width b_f in.	Thickness t_f in.	Thickness t_w in.	I_x in^4	S_x in^3	r_x in.	I_y in^4	S_y in^3	r_y in.	Z_x in^3
W36×230	67.6	35.90	16.470	1.260	0.760	15000	837	14.9	940	114	3.73	943
×150	44.2	35.85	11.975	0.940	0.625	9040	504	14.3	270	45.1	2.47	581
W33×201	59.1	33.68	15.745	1.150	0.715	11500	684	14.0	749	95.2	3.56	772
×130	38.3	33.09	11.510	0.855	0.580	6710	406	13.2	218	37.9	2.39	467
W30×173	50.8	30.44	14.985	1.065	0.655	8200	539	12.7	598	79.8	3.43	605
× 90	26.4	29.53	10.400	0.610	0.470	3620	245	11.7	115	22.1	2.09	283
W27×146	42.9	27.38	13.965	0.975	0.605	5630	411	11.4	443	63.5	3.21	461
× 84	24.8	26.71	9.960	0.640	0.460	2850	213	10.7	106	21.2	2.07	244
W24× 94	27.7	24.31	9.065	0.875	0.515	2700	222	9.87	109	24.0	1.98	254
× 62	18.2	23.74	7.040	0.590	0.430	1550	131	9.23	34.5	9.80	1.38	153
W21×101	29.8	21.36	12.290	0.800	0.500	2420	227	9.02	248	40.3	2.89	253
× 73	21.5	21.24	8.295	0.740	0.455	1600	151	8.64	70.6	17.0	1.81	172
× 50	14.7	20.83	6.530	0.535	0.380	984	94.5	8.18	24.9	7.64	1.30	110
W18×130	38.2	19.25	11.160	1.200	0.670	2460	256	8.03	278	49.9	2.70	291
× 76	22.3	18.21	11.035	0.680	0.425	1330	146	7.73	152	27.6	2.61	163
W18× 60	17.6	18.24	7.555	0.695	0.415	984	108	7.47	50.1	13.3	1.69	123
× 50	14.7	17.99	7.495	0.570	0.355	800	88.9	7.38	40.1	10.7	1.65	101
W16×100	29.4	16.97	10.425	0.985	0.585	1490	175	7.10	186	35.7	2.51	198
× 67	19.7	16.33	10.235	0.665	0.395	954	117	6.96	119	23.2	2.46	130
× 50	14.7	16.26	7.070	0.630	0.380	659	81.0	6.68	37.2	10.5	1.59	92.0
× 40	11.8	16.01	6.995	0.505	0.305	518	64.7	6.63	28.9	8.25	1.57	72.9
W14×176	51.8	15.22	15.650	1.310	0.830	2140	281	6.43	838	107	4.02	320
×120	35.3	14.48	14.670	0.940	0.590	1380	190	6.24	495	65.7	3.74	212
× 82	24.1	14.31	10.130	0.855	0.510	882	123	6.05	148	29.3	2.48	139
× 53	15.6	13.92	8.060	0.660	0.370	541	77.8	5.89	57.7	14.3	1.92	87.1
× 26	7.69	13.91	5.025	0.420	0.255	245	35.3	5.65	8.91	3.54	1.08	40.2
W12×152	44.7	13.71	12.480	1.400	0.870	1430	209	5.66	454	72.8	3.19	243
× 96	28.2	12.71	12.160	0.900	0.550	833	131	5.44	270	44.4	3.09	147
× 65	19.1	12.12	12.000	0.605	0.390	533	87.9	5.28	174	29.1	3.02	96.8
× 50	14.7	12.19	8.080	0.640	0.370	394	64.7	5.18	56.3	13.9	1.96	72.4
× 35	10.3	12.50	6.560	0.520	0.300	285	45.6	5.25	24.5	7.47	1.54	51.2
× 22	6.48	12.31	4.030	0.425	0.260	156	25.4	4.91	4.66	2.31	0.847	29.3
W10× 60	17.6	10.22	10.080	0.680	0.420	341	66.7	4.39	116	23.0	2.57	74.6
× 45	13.3	10.10	8.020	0.620	0.350	248	49.1	4.32	53.4	13.3	2.01	54.9
× 30	8.84	10.47	5.810	0.510	0.300	170	32.4	4.38	16.7	5.75	1.37	36.6
× 12	3.54	9.87	3.960	0.210	0.190	53.8	10.9	3.90	2.18	1.10	0.785	12.6
W 8× 48	14.1	8.50	8.110	0.685	0.400	184	43.3	3.61	60.9	15.0	2.08	49.0
× 40	11.7	8.25	8.070	0.560	0.360	146	35.5	3.53	49.1	12.2	2.04	39.8
× 35	10.3	8.12	8.020	0.495	0.310	127	31.2	3.51	42.6	10.6	2.03	34.7
× 21	6.16	8.28	5.270	0.400	0.250	75.3	18.2	3.49	9.77	3.71	1.26	20.4
× 15	4.44	8.11	4.015	0.315	0.245	48.0	11.8	3.29	3.41	1.70	0.876	13.6
W 6× 25	7.34	6.38	6.080	0.455	0.320	53.4	16.7	2.70	17.1	5.61	1.52	18.9
× 20	5.87	6.20	6.020	0.365	0.260	41.1	13.4	2.66	13.3	4.41	1.50	14.9
× 16	4.74	6.28	4.030	0.405	0.260	32.1	10.2	2.60	4.43	2.20	0.966	11.7
× 15	4.43	5.99	5.990	0.260	0.230	29.1	9.72	2.56	9.32	3.11	1.46	10.8

* W(인치단위 공칭깊이)×(파운드 단위의 피트당 무게)

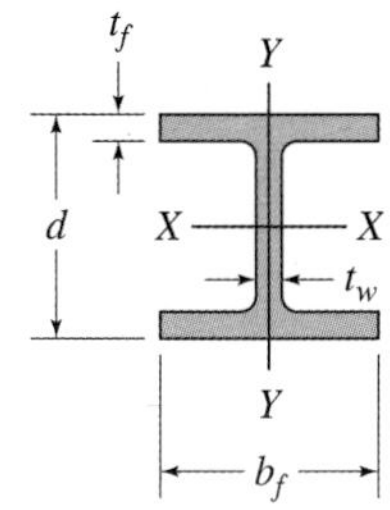

D.2 넓은 플랜지강(W)의 특성(mm 단위)

Designation*	Area A mm²	Depth d mm	Flange Width b_f mm	Flange Thickness t_f mm	Web Thickness t_w mm	Elastic Properties Axis X–X I_x 10^6mm⁴	Axis X–X S_x 10^3mm³	Axis X–X r_x mm	Axis Y–Y I_y 10^6mm⁴	Axis Y–Y S_y 10^3mm³	Axis Y–Y r_y mm	Plastic Modulus Z_x 10^3mm³
W920×342	43 600	912	418.0	32.0	19.30	6250	13 700	379	390	1870	94.6	15 400
×223	28 500	911	304.0	23.9	15.90	3770	8280	364	112	737	62.7	9540
W840×299	38 100	855	400.0	29.2	18.20	4790	11 200	355	312	1560	90.5	12 600
×193	24 700	840	292.0	21.7	14.70	2780	6620	335	90.3	618	60.5	7620
W760×257	32 800	773	381.0	27.1	16.60	3420	8850	323	250	1310	87.3	9930
×134	17 000	750	264.0	15.5	11.90	1500	4000	297	47.7	361	53.0	4630
W690×217	27 700	695	355.0	24.8	15.40	2340	6730	291	185	1040	81.7	7570
×125	16 000	678	253.0	16.3	11.70	1190	3510	273	44.1	349	52.5	4010
W610×140	17 900	617	230.0	22.2	13.10	1120	3630	250	45.1	392	50.2	4150
× 92	11 800	603	179.0	15.0	10.90	646	2140	234	14.4	161	34.9	2510
W530×150	19 200	543	312.0	20.3	12.70	1010	3720	229	103	660	73.2	4150
×109	13 900	539	211.0	18.8	11.60	667	2470	219	29.5	280	46.1	2830
× 74	9490	529	166.0	13.6	9.65	410	1550	208	10.4	125	33.1	1810
W460×193	24 700	489	283.0	30.5	17.00	1020	4170	203	115	813	68.2	4760
×113	14 400	463	280.0	17.3	10.80	556	2400	196	63.3	452	66.3	2670
× 74	9460	457	190.0	14.5	9.02	333	1460	188	16.6	175	41.9	1650
W410×149	19 000	431	265.0	25.0	14.90	619	2870	180	77.7	586	63.9	3250
×100	12 700	415	260.0	16.9	10.00	398	1920	177	49.5	381	62.4	2130
× 74	9510	413	180.0	16.0	9.65	275	1330	170	15.6	173	40.5	1510
× 60	7600	407	178.0	12.8	7.75	216	1060	169	12.0	135	39.7	1200
W360×262	33 400	387	398.0	33.3	21.10	894	4620	164	350	1760	102	5260
×179	22 800	368	373.0	23.9	15.00	575	3130	159	207	1110	95.3	3480
×122	15 500	363	257.0	21.7	13.00	365	2010	153	61.5	479	63.0	2270
× 79	10 100	354	205.0	16.8	9.40	227	1280	150	24.2	236	48.9	1430
× 39	4960	353	128.0	10.7	6.48	102	578	143	3.75	58.6	27.5	661
W310×226	28 900	348	317.0	35.6	22.10	596	3430	144	189	1190	80.9	3980
×143	18 200	323	309.0	22.9	14.00	348	2150	138	113	731	78.8	2420
× 97	12 300	308	305.0	15.4	9.91	222	1440	134	72.9	478	77.0	1590
× 74	9480	310	205.0	16.3	9.40	165	1060	132	23.4	228	49.7	1190
× 52	6670	318	167.0	13.2	7.62	119	748	134	10.3	123	39.3	841
× 33	4180	313	102.0	10.8	6.60	65.0	415	125	1.92	37.6	21.4	480
W250× 89	11 400	260	256.0	17.3	10.70	143	1100	112	48.4	378	65.2	1230
× 67	8560	257	204.0	15.7	8.89	104	809	110	22.2	218	50.9	901
× 45	5700	266	148.0	13.0	7.62	71.1	535	112	7.03	95	35.1	602
× 18	2280	251	101.0	5.3	4.83	22.5	179	99.3	0.919	18.2	20.1	208
W200× 71	9100	216	206.0	17.4	10.20	76.6	709	91.7	25.4	247	52.8	803
× 59	7580	210	205.0	14.2	9.14	61.2	583	89.9	20.4	199	51.9	653
× 52	6640	206	204.0	12.6	7.87	52.7	512	89.1	17.8	175	51.8	569
× 31	3980	210	134.0	10.2	6.35	31.3	298	88.7	4.10	61.2	32.1	335
× 22	2860	206	102.0	8.0	6.22	20.0	194	83.6	1.42	27.8	22.3	222
W150× 37	4730	162	154.0	11.6	8.13	22.2	274	68.5	7.07	91.8	38.7	310
× 24	3060	160	102.0	10.3	6.60	13.4	168	66.2	1.83	35.9	24.5	192
× 22	2860	152	152.0	6.6	5.84	12.1	159	65.0	3.87	50.9	36.8	176

* W(mm단위 공칭깊이)×(kg/m 단위의 질량)

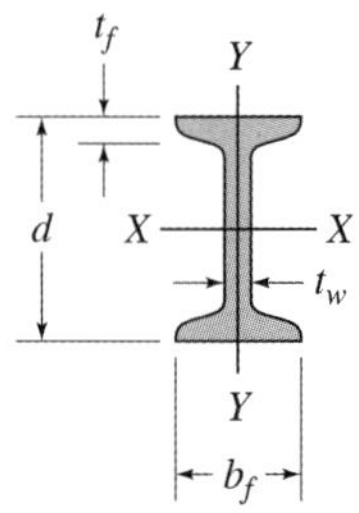

D.3 미국표준 보의 특성(USCU)

			Flange		Web	Elastic Properties						
						Axis $X-X$			Axis $Y-Y$			Plastic Modulus
	Area	Depth	Width	Thickness	Thickness							
Designation*	A in^2	d in.	b_f in.	t_f in.	t_w in.	I_x in^4	S_x in^3	r_x in.	I_y in^4	S_y in^3	r_y in.	Z_x in^3
S24×100	29.3	24.00	7.245	0.870	0.745	2390	199	9.02	47.7	13.2	1.27	240
× 90	26.5	24.00	7.125	0.870	0.625	2250	187	9.21	44.9	12.6	1.30	222
× 80	23.5	24.00	7.000	0.870	0.500	2100	175	9.47	44.2	12.1	1.34	204
S20× 96	28.2	20.30	7.200	0.920	0.800	1670	165	7.71	50.2	13.9	1.33	198
× 75	22.0	20.00	6.385	0.795	0.635	1280	128	7.62	29.8	9.32	1.16	153
S18× 70	20.6	18.00	6.251	0.691	0.711	926	103	6.71	24.1	7.72	1.08	125
× 54.7	16.1	18.00	6.001	0.691	0.461	804	89.4	7.07	20.8	6.94	1.14	105
S15× 50	14.7	15.00	5.640	0.622	0.550	486	64.8	5.75	15.7	5.57	1.03	77.1
× 42.9	12.6	15.00	5.501	0.622	0.411	447	59.6	5.95	14.4	5.23	1.07	69.3
S12× 50	14.7	12.00	5.477	0.659	0.687	305	50.8	4.55	15.7	5.74	1.03	61.2
× 35	10.3	12.00	5.078	0.544	0.428	229	38.2	4.72	9.87	3.89	0.980	44.8
S10× 35	10.3	10.00	4.944	0.491	0.594	147	29.4	3.78	8.36	3.38	0.901	35.4
× 25.4	7.46	10.00	4.661	0.491	0.311	124	24.7	4.07	6.79	2.91	0.954	28.4
S 8× 23	6.77	8.00	4.171	0.426	0.441	64.9	16.2	3.10	4.31	2.07	0.798	19.3
× 18.4	5.41	8.00	4.001	0.426	0.271	57.6	14.4	3.26	3.73	1.86	0.831	16.5
S 6× 17.25	5.07	6.00	3.565	0.359	0.465	26.3	8.77	2.28	2.31	1.30	0.675	10.6
× 12.5	3.67	6.00	3.332	0.359	0.232	22.1	7.37	2.45	1.82	1.09	0.705	8.47
S 4× 9.5	2.79	4.00	2.796	0.293	0.326	6.79	3.39	1.56	0.903	0.646	0.569	4.04
× 7.7	2.26	4.00	2.663	0.293	0.193	6.08	3.04	1.64	0.764	0.574	0.581	3.51

* W(인치단위 공칭깊이)×(파운드 단위의 피트당 무게)

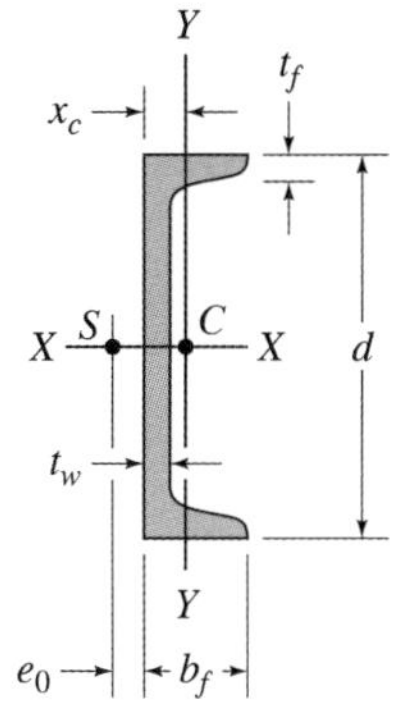

D.4 미국표준(C) 채널(USCU)

Designation*	Area A in^2	Depth d in.	Flange Width b_f in.	Flange Thickness t_f in.	Web Thickness t_w in.	Centroid Loc'n. x_c in.	Shear Center Loc'n. e_o in.	Elastic Properties Axis $X-X$ I_x in^4	S_x in^3	r_x in.	Axis $Y-Y$ I_y in^4	S_y in^3	r_y in.
C15×50	14.7	15.00	3.716	0.650	0.716	0.798	0.583	404	53.8	5.24	11.0	3.78	0.867
×40	11.8	15.00	3.520	0.650	0.520	0.777	0.767	349	46.5	5.44	9.23	3.37	0.886
×33.9	9.96	15.00	3.400	0.650	0.400	0.787	0.896	315	42.0	5.62	8.13	3.11	0.904
C12×30	8.82	12.00	3.170	0.501	0.510	0.674	0.618	162	27.0	4.29	5.14	2.06	0.763
×25	7.35	12.00	3.047	0.501	0.387	0.674	0.746	144	24.1	4.43	4.47	1.88	0.780
×20.7	6.09	12.00	2.942	0.501	0.282	0.698	0.870	129	21.5	4.61	3.88	1.73	0.799
C10×30	8.82	10.00	3.033	0.436	0.673	0.649	0.369	103	20.7	3.42	3.94	1.65	0.669
×25	7.35	10.00	2.886	0.436	0.526	0.617	0.494	91.2	18.2	3.52	3.36	1.48	0.676
×20	5.88	10.00	2.739	0.436	0.379	0.606	0.637	78.9	15.8	3.66	2.81	1.32	0.692
×15.3	4.49	10.00	2.600	0.436	0.240	0.634	0.796	67.4	13.5	3.87	2.28	1.16	0.713
C 9×20	5.88	9.00	2.648	0.413	0.448	0.583	0.515	60.9	13.5	3.22	2.42	1.17	0.642
×15	4.41	9.00	2.485	0.413	0.285	0.586	0.682	51.0	11.3	3.40	1.93	1.01	0.661
×13.4	3.94	9.00	2.433	0.413	0.233	0.601	0.743	47.9	10.6	3.48	1.76	0.962	0.669
C 8×18.75	5.51	8.00	2.527	0.390	0.487	0.565	0.431	44.0	11.0	2.82	1.98	1.01	0.599
×13.75	4.04	8.00	2.343	0.390	0.303	0.553	0.604	36.1	9.03	2.99	1.53	0.854	0.615
×11.5	3.38	8.00	2.260	0.390	0.220	0.571	0.697	32.6	8.14	3.11	1.32	0.781	0.625
C 7×14.75	4.33	7.00	2.299	0.366	0.419	0.532	0.441	27.2	7.78	2.51	1.38	0.779	0.564
×12.25	3.60	7.00	2.194	0.366	0.314	0.525	0.538	24.2	6.93	2.60	1.17	0.703	0.571
× 9.8	2.87	7.00	2.090	0.366	0.210	0.540	0.647	21.3	6.08	2.72	0.968	0.625	0.581
C 6×13	3.83	6.00	2.157	0.343	0.437	0.514	0.380	17.4	5.80	2.13	1.05	0.642	0.525
×10.5	3.09	6.00	2.034	0.343	0.314	0.499	0.486	15.2	5.06	2.22	0.866	0.564	0.529
× 8.2	2.40	6.00	1.920	0.343	0.200	0.511	0.599	13.1	4.38	2.34	0.693	0.492	0.537
C 5× 9	2.64	5.00	1.885	0.320	0.325	0.478	0.427	8.96	3.56	1.83	0.632	0.450	0.489
× 6.7	1.97	5.00	1.750	0.320	0.190	0.484	0.552	7.49	3.00	1.95	0.479	0.378	0.493
C 4× 7.25	2.13	4.00	1.721	0.296	0.321	0.459	0.386	4.59	2.29	1.47	0.433	0.343	0.450
× 5.4	1.59	4.00	1.584	0.296	0.184	0.457	0.502	3.85	1.93	1.56	0.319	0.283	0.449
C 4× 6	1.76	3.00	1.596	0.273	0.356	0.455	0.322	2.07	1.38	1.08	0.305	0.268	0.416
× 5	1.47	3.00	1.498	0.273	0.258	0.438	0.392	1.85	1.24	1.12	0.247	0.233	0.410
× 4.1	1.21	3.00	1.410	0.273	0.170	0.436	0.461	1.66	1.10	1.17	0.197	0.202	0.404

* W(인치단위 공칭깊이)×(파운드 단위의 피트당 무게)

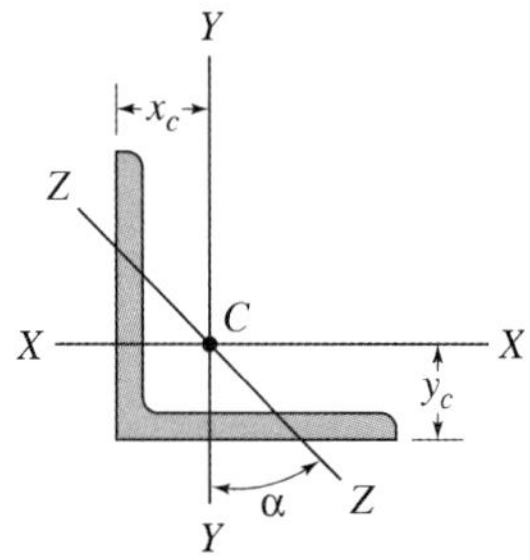

D.5 앵글강 단면의 특성-동일 랙(US 단위)

Size and Thickness in.	Weight per ft lb	Area A in^2	Axis $X-X$ I_x in^4	Axis $X-X$ S_x in^3	Axis $X-X$ r_x in.	Axis $X-X$ y_c in.	Axis $Y-Y$ I_y in^4	Axis $Y-Y$ S_y in^3	Axis $Y-Y$ r_y in.	Axis $Y-Y$ x_c in.	Axis $Z-Z$ r_z in.	Axis $Z-Z$ tan α
L8×8×1	51.0	15.0	89.0	15.8	2.44	2.37	89.0	15.8	2.44	2.37	1.56	1.000
$\frac{3}{4}$	38.9	11.4	69.7	12.2	2.47	2.28	69.7	12.2	2.47	2.28	1.58	1.000
$\frac{1}{2}$	26.4	7.75	48.6	8.36	2.50	2.19	48.6	8.36	2.50	2.19	1.59	1.000
L6×6×1	37.4	11.0	35.5	8.57	1.80	1.86	35.5	8.57	1.80	1.86	1.17	1.000
$\frac{3}{4}$	28.7	8.44	28.2	6.66	1.83	1.78	28.2	6.66	1.83	1.78	1.17	1.000
$\frac{1}{2}$	19.6	5.75	19.9	4.61	1.86	1.68	19.9	4.61	1.86	1.68	1.18	1.000
$\frac{3}{8}$	14.9	4.36	15.4	3.53	1.88	1.64	15.4	3.53	1.88	1.64	1.19	1.000
L5×5×$\frac{7}{8}$	27.2	7.98	17.8	5.17	1.49	1.57	17.8	5.17	1.49	1.57	0.973	1.000
$\frac{3}{4}$	23.6	6.94	15.7	4.53	1.51	1.52	15.7	4.53	1.51	1.52	0.975	1.000
$\frac{1}{2}$	16.2	4.75	11.3	3.16	1.54	1.43	11.3	3.16	1.54	1.43	0.983	1.000
$\frac{3}{8}$	12.3	3.61	8.74	2.42	1.56	1.39	8.74	2.42	1.56	1.39	0.990	1.000
L4×4×$\frac{3}{4}$	18.5	5.44	7.67	2.81	1.19	1.27	7.67	2.81	1.19	1.27	0.778	1.000
$\frac{1}{2}$	12.8	3.75	5.56	1.97	1.22	1.18	5.56	1.97	1.22	1.18	0.782	1.000
$\frac{3}{8}$	9.8	2.86	4.36	1.52	1.23	1.14	4.36	1.52	1.23	1.14	0.788	1.000
$\frac{1}{4}$	6.6	1.94	3.04	1.05	1.25	1.09	3.04	1.05	1.25	1.09	0.795	1.000
L3$\frac{1}{2}$×3$\frac{1}{2}$×$\frac{1}{2}$	11.1	3.25	3.64	1.49	1.06	1.06	3.64	1.49	1.06	1.06	0.683	1.000
$\frac{3}{8}$	8.5	2.48	2.87	1.15	1.07	1.01	2.87	1.15	1.07	1.01	0.687	1.000
$\frac{1}{4}$	5.8	1.69	2.01	0.794	1.09	0.968	2.01	0.794	1.09	0.968	0.694	1.000
L3×3×$\frac{1}{2}$	9.4	2.75	2.22	1.07	0.898	0.932	2.22	1.07	0.898	0.932	0.584	1.000
$\frac{3}{8}$	7.2	2.11	1.76	0.833	0.913	0.888	1.76	0.833	0.913	0.888	0.587	1.000
$\frac{1}{4}$	4.9	1.44	1.24	0.577	0.930	0.842	1.24	0.577	0.930	0.842	0.592	1.000
L2$\frac{1}{2}$×2$\frac{1}{2}$×$\frac{1}{2}$	7.7	2.25	1.23	0.724	0.739	0.806	1.23	0.724	0.739	0.806	0.487	1.000
$\frac{3}{8}$	5.9	1.73	0.984	0.566	0.753	0.762	0.984	0.566	0.753	0.762	0.487	1.000
$\frac{1}{4}$	4.1	1.19	0.703	0.394	0.769	0.717	0.703	0.394	0.769	0.717	0.491	1.000
L2×2×$\frac{3}{8}$	4.7	1.36	0.479	0.351	0.594	0.636	0.479	0.351	0.594	0.636	0.389	1.000
$\frac{1}{4}$	3.19	0.938	0.348	0.247	0.609	0.592	0.348	0.247	0.609	0.592	0.391	1.000
$\frac{1}{8}$	1.65	0.484	0.190	0.131	0.626	0.546	0.190	0.131	0.626	0.546	0.398	1.000

1. $Z-Z$축은 최소 관성모멘트 축, $I_2 = I_2 = Ar^2z$의 축이다.
2. 이러한 각 단면의 **관성적**은 I_{xy}는 아래 식으로 얻어지는 표의 데이터로서 사용되는 정도의 범위 내로 계산될 수 있다.

$$I_{xy} = Ar^2z - I_x$$

표의 모든 과정은 x, y축에 대한 각 단면(angle cross-section)의 전과 위치 때문에 음수이다.

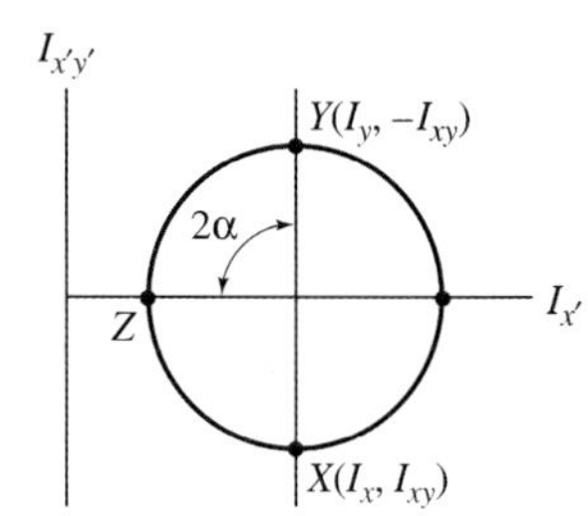

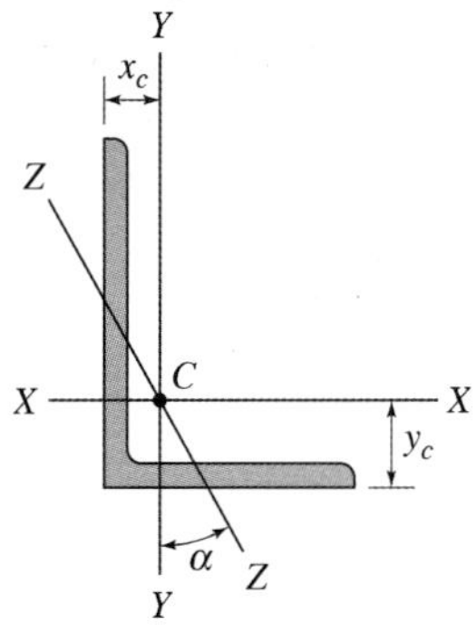

D.6 동일 랙의 앵글강 단면의 특성(US 단위)

Size and Thickness in.	Weight per ft lb	Area A in^2	Axis $X-X$				Axis $Y-Y$				Axis $Z-Z$	
			I_x in^4	S_x in^3	r_x in.	y_c in.	I_y in^4	S_y in^3	r_y in.	x_c in.	r_z in.	tan α
L8×6×1	44.2	13.0	80.8	15.1	2.49	2.65	38.8	8.92	1.73	1.65	1.28	0.543
$\frac{3}{4}$	33.8	9.94	63.4	11.7	2.53	2.56	30.7	6.92	1.76	1.56	1.29	0.551
$\frac{1}{2}$	23.0	6.75	44.3	8.02	2.56	2.47	21.7	4.79	1.79	1.47	1.30	0.558
L8×4×1	37.4	11.0	69.6	14.1	2.52	3.05	11.6	3.94	1.03	1.05	0.846	0.247
$\frac{3}{4}$	28.7	8.44	54.9	10.9	2.55	2.95	9.36	3.07	1.05	0.953	0.852	0.258
$\frac{1}{2}$	19.6	5.75	38.5	7.49	2.59	2.86	6.74	2.15	1.08	0.859	0.865	0.267
L6×4×$\frac{3}{4}$	23.6	6.94	24.5	6.25	1.88	2.08	8.68	2.97	1.12	1.08	0.860	0.428
$\frac{1}{2}$	16.2	4.75	17.4	4.33	1.91	1.99	6.27	2.08	1.15	0.987	0.870	0.440
$\frac{3}{8}$	12.3	3.61	13.5	3.32	1.93	1.94	4.90	1.60	1.17	0.941	0.877	0.446
L5×3×$\frac{1}{2}$	12.8	3.75	9.45	2.91	1.59	1.75	2.58	1.15	0.829	0.750	0.648	0.357
$\frac{3}{8}$	9.8	2.86	7.37	2.24	1.61	1.70	2.04	0.888	0.845	0.704	0.654	0.364
$\frac{1}{4}$	6.6	1.94	5.11	1.53	1.62	1.66	1.44	0.614	0.861	0.657	0.663	0.371
L4×3×$\frac{1}{2}$	11.1	3.25	5.05	1.89	1.25	1.33	2.42	1.12	0.864	0.827	0.639	0.543
$\frac{3}{8}$	8.5	2.48	3.96	1.46	1.26	1.28	1.92	0.866	0.879	0.782	0.644	0.551
$\frac{1}{4}$	5.8	1.69	2.77	1.00	1.28	1.24	1.36	0.599	0.896	0.736	0.651	0.558
L3$\frac{1}{2}$×2$\frac{1}{2}$×$\frac{1}{2}$	9.4	2.75	3.24	1.41	1.09	1.20	1.36	0.760	0.704	0.705	0.534	0.486
$\frac{3}{8}$	7.2	2.11	2.56	1.09	1.10	1.16	1.09	0.592	0.719	0.660	0.537	0.496
$\frac{1}{4}$	4.9	1.44	1.80	0.755	1.12	1.11	0.777	0.412	0.735	0.614	0.544	0.506
L3×2×$\frac{1}{2}$	7.7	2.25	1.92	1.00	0.924	1.08	0.672	0.474	0.546	0.583	0.428	0.414
$\frac{3}{8}$	5.9	1.73	1.53	0.781	0.940	1.04	0.543	0.371	0.559	0.539	0.430	0.428
$\frac{1}{4}$	4.1	1.19	1.09	0.542	0.957	0.993	0.392	0.260	0.574	0.493	0.435	0.440

1. $Z-Z$축은 최소관성모멘트축, $I_2 \equiv I_z = Ar_z^2$의 축이다.
2. 이러한 각 단면의 **관성적**은 I_{xy}는 아래 식으로 얻어지는 표의 데이터로 서 화용되는 정도의 범위내로 계산될 수 있다.

$$I_{xy} = \frac{(I_y - I_x)}{2}\tan(2\alpha)$$

표의 모든 과정적은 xy축에대한 각단면(angle cross-section)의 호전과 위치 대문에 음수이다.

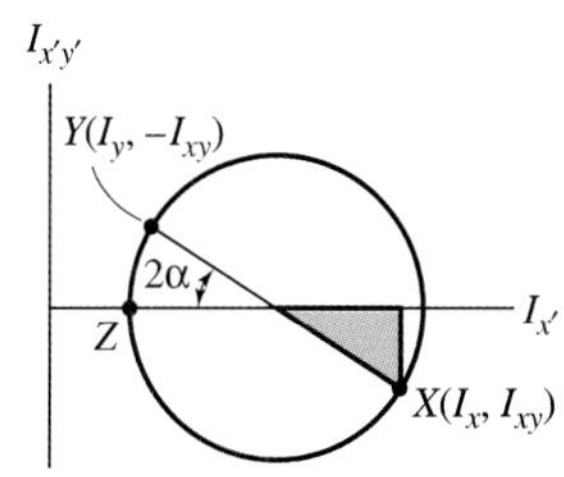

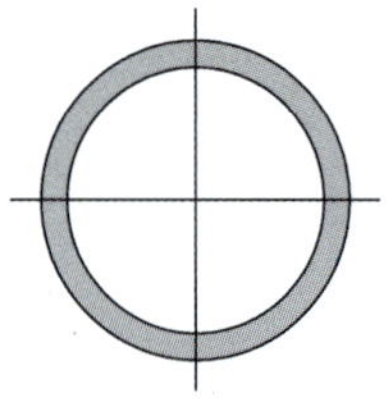

D.7 표준하중 강관의 특성(US 단위)

Dimensions				Weight per ft (plain ends) lbs	Properties					
Nominal Diameter in.	Outside Diameter in.	Inside Diameter in.	Wall Thickness in.		Area in^2	I in^4	S in^3	r in.	J in^4	Z in^3
$\frac{1}{2}$	0.840	0.622	0.109	0.85	0.250	0.017	0.041	0.261	0.034	0.059
$\frac{3}{4}$	1.050	0.824	0.113	1.13	0.333	0.037	0.071	0.334	0.074	0.100
1	1.315	1.049	0.133	1.68	0.494	0.087	0.133	0.421	0.175	0.187
$1\frac{1}{4}$	1.660	1.380	0.140	2.27	0.669	0.195	0.235	0.540	0.389	0.324
$1\frac{1}{2}$	1.900	1.610	0.145	2.72	0.799	0.310	0.326	0.623	0.620	0.448
2	2.375	2.067	0.154	3.65	1.07	0.666	1.561	0.787	1.33	0.761
$2\frac{1}{2}$	2.875	2.469	0.203	5.79	1.70	1.530	1.06	0.947	3.06	1.45
3	3.500	3.068	0.216	7.58	2.23	3.02	1.72	1.16	6.03	2.33
$3\frac{1}{2}$	4.000	3.548	0.226	9.11	2.68	4.79	2.39	1.34	9.58	3.22
4	4.500	4.026	0.237	10.79	3.17	7.23	3.21	1.51	14.5	4.31
5	5.563	5.047	0.258	14.62	4.30	15.2	5.45	1.88	30.3	7.27
6	6.625	6.065	0.280	18.97	5.58	28.1	8.50	2.25	56.3	11.2
8	8.625	7.981	0.322	28.55	8.40	72.5	16.8	2.94	145.	22.2
10	10.750	10.020	0.365	40.48	11.9	161.	29.9	3.67	321.	39.4
12	12.750	12.000	0.375	49.56	14.6	279.	43.8	4.38	559.	57.4

* 강관은 역시 중령 및 초중량에 대한 data로서 이용될 수 있다.이 데이터는 *Manual of Steel Construction*로 출판, American Institute of Steel Construction, Inc.에 의하여 발췌한 표이다.

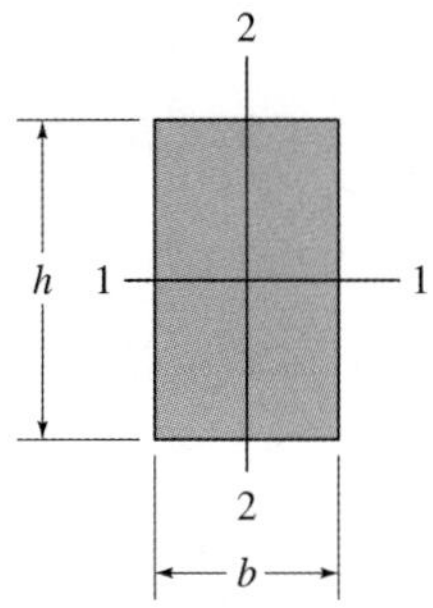

D.8 알미늄협회 표준 I-보의 특성(US 단위)

Nominal Dimensions $b \times h$	Net Dimensions $b \times h$	Area $A = blt$	Axis 1 – 1 Moment of Inertia $I_1 = \frac{bh^3}{12}$	Axis 1 – 1 Section Modulus $S_1 = \frac{bh^2}{6}$	Axis 2 – 2 Moment of Inertia $I_2 = \frac{hb^3}{12}$	Axis 2 – 2 Section Modulus $S_2 = \frac{hb^2}{6}$	Weight per Lineal Foot
in.	in.	in^2	in^4	in^3	in^4	in^3	lb
2×4	1.5×3.5	5.25	5.36	3.06	0.98	1.31	1.3
2×6	1.5×5.5	8.25	20.80	7.56	1.55	2.06	2.0
2×8	1.5×7.25	10.88	47.63	13.14	2.04	2.72	2.6
2×10	1.5×9.25	13.88	98.93	21.39	2.60	3.47	3.4
2×12	1.5×11.25	16.88	177.98	31.64	3.16	4.22	4.1
3×4	2.5×3.5	8.75	8.93	5.10	4.56	3.65	2.1
3×6	2.5×5.5	13.75	34.66	12.60	7.16	5.73	3.3
3×8	2.5×7.25	18.13	79.39	21.90	9.44	7.55	4.4
3×10	2.5×9.25	23.13	164.89	35.65	12.04	9.64	5.6
3×12	2.5×11.25	28.13	296.63	52.73	14.65	11.72	6.8
4×4	3.5×3.5	12.25	12.51	7.15	12.51	7.15	3.0
4×6	3.5×5.5	19.25	48.53	17.65	19.65	11.23	4.7
4×8	3.5×7.25	25.38	111.15	30.66	25.90	14.80	6.2
4×10	3.5×9.25	32.38	230.84	49.91	33.05	18.89	7.9
4×12	3.5×11.25	39.38	415.28	73.83	40.20	22.97	9.6
6×6	5.5×5.5	30.25	76.3	27.7	76.3	27.7	7.4
6×8	5.5×7.5	41.25	193.4	51.6	104.0	37.8	10.0
6×10	5.5×9.5	52.25	393.0	82.7	131.7	47.9	12.7
6×12	5.5×11.5	63.25	697.1	121.2	159.4	58.0	15.4
8×8	7.5×7.5	56.25	263.7	70.3	263.7	70.3	13.7
8×10	7.5×9.5	71.25	535.9	112.8	334.0	89.1	17.3
8×12	7.5×11.5	86.25	950.5	165.3	404.3	107.8	21.0

* S4S = 사면이 가공됨

모든 성질과무게는 다듬질된 목재의 크기(size)로 나타낸다.

비중 = 35 lb/ft^3

축방향은 1-1, 2-2가 중심축

모든 데이터는 National Forest Production Association에서 편집된 표에서 발췌

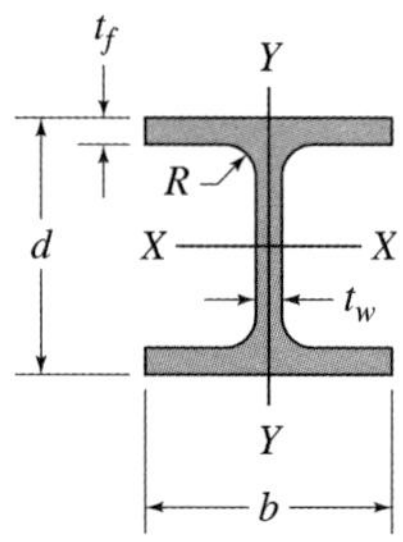

D.9 알루미늄협회 표준 I-보의 특성(US 단위)

Size		Area*	Weight†	Flange Thickness	Web Thickness	Fillet Radius	Section Properties					
							Axis $X-X$			Axis $Y-Y$		
Depth d in.	Width b in.	in^2	lb/ft	t_f in.	t_w in.	R in.	I in^4	S in^3	r in.	I in^4	S in^3	r in.
3.00	2.50	1.392	1.637	0.20	0.13	0.25	2.24	1.49	1.27	0.52	0.42	0.61
3.00	2.50	1.726	2.030	0.26	0.15	0.25	2.71	1.81	1.25	0.68	0.54	0.63
4.00	3.00	1.965	2.311	0.23	0.15	0.25	5.62	2.81	1.69	1.04	0.69	0.73
4.00	3.00	2.375	2.793	0.29	0.17	0.25	6.71	3.36	1.68	1.31	0.87	0.74
5.00	3.50	3.146	3.700	0.32	0.19	0.30	13.94	5.58	2.11	2.29	1.31	0.85
6.00	4.00	3.427	4.030	0.29	0.19	0.30	21.99	7.33	2.53	3.10	1.55	0.95
6.00	4.00	3.990	4.692	0.35	0.21	0.30	25.50	8.50	2.53	3.74	1.87	0.97
7.00	4.50	4.932	5.800	0.38	0.23	0.30	42.89	12.25	2.95	5.78	2.57	1.08
8.00	5.00	5.256	6.181	0.35	0.23	0.30	59.69	14.92	3.37	7.30	2.92	1.18
8.00	5.00	5.972	7.023	0.41	0.25	0.30	67.78	16.94	3.37	8.55	3.42	1.20
9.00	5.50	7.110	8.361	0.44	0.27	0.30	102.02	22.67	3.79	12.22	4.44	1.31
10.00	6.00	7.352	8.646	0.41	0.25	0.40	132.09	26.42	4.24	14.78	4.93	1.42
10.00	6.00	8.747	10.286	0.50	0.29	0.40	155.79	31.16	4.22	18.03	6.01	1.44
12.00	7.00	9.925	11.672	0.47	0.29	0.40	255.57	42.60	5.07	26.90	7.69	1.65
12.00	7.00	12.153	14.292	0.62	0.31	0.40	317.33	52.89	5.11	35.48	10.14	1.71

* 기록된 면적과 단면성질은 공칭크기(normal dimension)을 근거로 하였다. 알루미늄은 6061의 밀도는 lb/in

† 1 ft당 무게는 일반규격과 밀도는 0.098 lb/in, 6061 밀도이다.

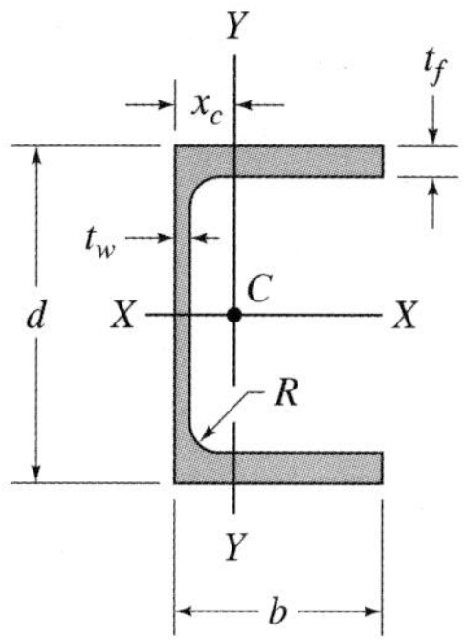

D.10 알미늄협회 표준 채널의 특성(US 단위)

Size							Section Properties						
							Axis X–X			Axis Y–Y			
Depth d in.	Width b in.	Area* in^2	Weight† lb/ft	Flange Thickness t_f in.	Web Thickness t_w in.	Fillet Radius R in.	I in^4	S in^3	r in.	I in^4	S in^3	r in.	x_c in.
2.00	1.00	0.491	0.577	0.13	0.13	0.10	0.288	0.288	0.766	0.045	0.064	0.303	0.298
2.00	1.25	0.911	1.071	0.26	0.17	0.15	0.546	0.546	0.774	0.139	0.178	0.397	0.471
3.00	1.50	0.965	1.135	0.20	0.13	0.25	1.41	0.94	1.21	0.22	0.22	0.47	0.49
3.00	1.75	1.358	1.597	0.26	0.17	0.25	1.97	1.31	1.20	0.42	0.37	0.55	0.62
4.00	2.00	1.478	1.738	0.23	0.15	0.25	3.91	1.95	1.63	0.60	0.45	0.64	0.65
4.00	2.25	1.982	2.331	0.29	0.19	0.25	5.21	2.60	1.62	1.02	0.69	0.72	0.78
5.00	2.25	1.881	2.212	0.26	0.15	0.30	7.88	3.15	2.05	0.98	0.64	0.72	0.73
5.00	2.75	2.627	3.089	0.32	0.19	0.30	11.14	4.45	2.06	2.05	1.14	0.88	0.95
6.00	2.50	2.410	2.834	0.29	0.17	0.30	14.35	4.78	2.44	1.53	0.90	0.80	0.79
6.00	3.25	3.427	4.030	0.35	0.21	0.30	21.04	7.01	2.48	3.76	1.76	1.05	1.12
7.00	2.75	2.725	3.205	0.29	0.17	0.30	22.09	6.31	2.85	2.10	1.10	0.88	0.84
7.00	3.50	4.009	4.715	0.38	0.21	0.30	33.79	9.65	2.90	5.13	2.23	1.13	1.20
8.00	3.00	3.526	4.147	0.35	0.19	0.30	37.40	9.35	3.26	3.25	1.57	0.96	0.93
8.00	3.75	4.923	5.789	0.41	0.25	0.35	52.69	13.17	3.27	7.13	2.82	1.20	1.22
9.00	3.25	4.237	4.983	0.35	0.23	0.35	54.41	12.09	3.58	4.40	1.89	1.02	0.93
9.00	4.00	5.927	6.970	0.44	0.29	0.35	78.31	17.40	3.63	9.61	3.49	1.27	1.25
10.00	3.50	5.218	6.136	0.41	0.25	0.35	83.22	16.64	3.99	6.33	2.56	1.10	1.02
10.00	4.25	7.109	8.360	0.50	0.31	0.40	116.15	23.23	4.04	13.02	4.47	1.35	1.34
12.00	4.00	7.036	8.274	0.47	0.29	0.40	159.76	26.63	4.77	11.03	3.86	1.25	1.14
12.00	5.00	10.053	11.822	0.62	0.35	0.45	239.69	39.95	4.88	25.74	7.60	1.60	1.61

* 기록된 면적과 단면성질은 공칭크기(normal dimension)을 근거로 하였다. 알루미늄은 6061의 밀도는 lb/in

† 1 ft당 무게는 일반규격과 밀도는 0.098 lb/in, 6061 밀도이다.

E 보의 처짐과 기울기; 고정단 반력

E.1 균일단면 외팔보의 처짐과 기울기

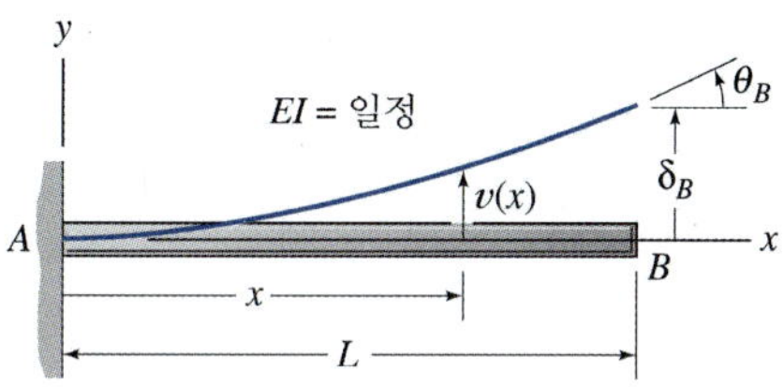

Notation

$v(x)$ = y방향의 처짐

$v'(x)$ = 처짐곡선의 기울기

$\delta_B \equiv v(L)$ = B점에서의 처짐

$\theta_B \equiv v'(L)$ = B점에서의 기울기

1

$$v = \frac{M_0x^2}{2EI} \qquad v' = \frac{M_0x}{EI}$$

$$\delta_B = \frac{M_0L^2}{2EI} \qquad \theta_B = \frac{M_0L}{EI}$$

2

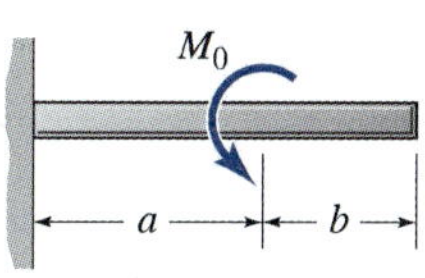

$$v = \frac{M_0x^2}{2EI} \qquad v' = \frac{M_0x}{EI} \qquad 0 \le x \le a$$

$$v = \frac{M_0a}{2EI}(2x - a) \qquad v' = \frac{M_0a}{EI} \qquad a \le x \le L$$

$$\delta_B = \frac{M_0a}{2EI}(2L - a) \qquad \theta_B = \frac{M_0a}{EI}$$

3

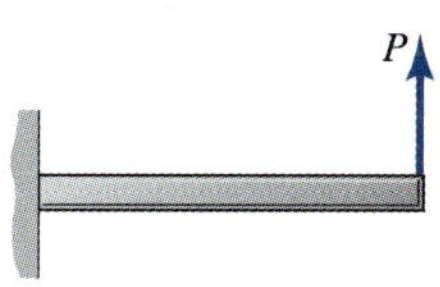

$$v = \frac{Px^2}{6EI}(3L - x) \qquad v' = \frac{Px}{2EI}(2L - x)$$

$$\delta_B = \frac{PL^3}{3EI} \qquad \theta_B = \frac{PL^2}{2EI}$$

4

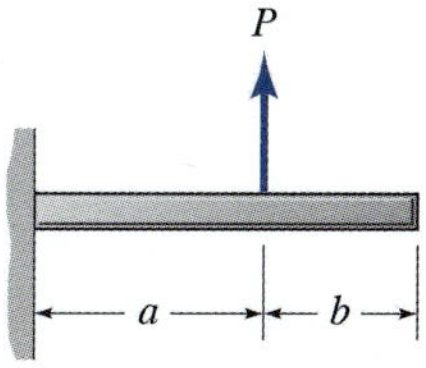

$$v = \frac{Px^2}{6EI}(3a - x) \qquad v' = \frac{Px}{2EI}(2a - x) \qquad 0 \le x \le a$$

$$v = \frac{Pa^2}{6EI}(3x - a) \qquad v' = \frac{Pa^2}{2EI} \qquad a \le x \le L$$

$$\delta_B = \frac{Pa^2}{6EI}(3L - a) \qquad \theta_B = \frac{Pa^2}{2EI}$$

(계속)

5	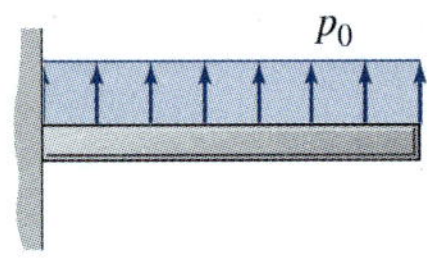	$v = \dfrac{p_0x^2}{24EI}(6L^2 - 4Lx + x^2)$ $v' = \dfrac{p_0x}{6EI}(3L^2 - 3Lx + x^2)$ $\delta_B = \dfrac{p_0L^4}{8EI} \qquad \theta_B = \dfrac{p_0L^3}{6EI}$
6	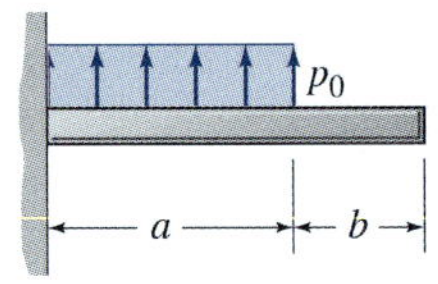	$v = \dfrac{p_0x^2}{24EI}(6a^2 - 4ax + x^2) \qquad 0 \le x \le a$ $v' = \dfrac{p_0x}{6EI}(3a^2 - 3ax + x^2) \qquad 0 \le x \le a$ $v = \dfrac{p_0a^3}{24EI}(4x - a) \qquad v' = \dfrac{p_0a^3}{6EI} \qquad a \le x \le L$ $\delta_B = \dfrac{p_0a^3}{24EI}(4L - a) \qquad \theta_B = \dfrac{p_0a^3}{6EI}$
7	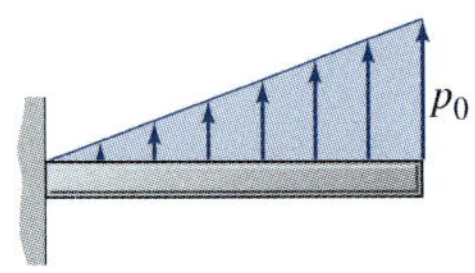	$v = \dfrac{p_0x^3}{120LEI}(20L^3 - 10L^2x + x^3)$ $v' = \dfrac{p_0x}{24LEI}(8L^3 - 6L^2x + x^3)$ $\delta_B = \dfrac{11p_0L^4}{120EI} \qquad \theta_B = \dfrac{p_0L^3}{8EI}$
8	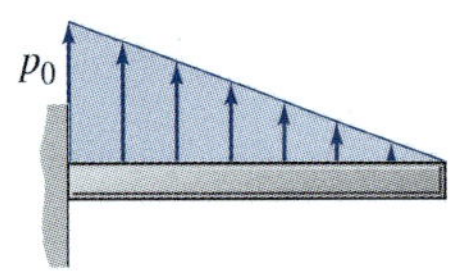	$v = \dfrac{p_0x^2}{120LEI}(10L^3 - 10L^2x + 5Lx^2 - x^3)$ $v' = \dfrac{p_0x}{24LEI}(4L^3 - 6L^2x + 4Lx^2 - x^3)$ $\delta_B = \dfrac{p_0L^4}{30EI} \qquad \theta_B = \dfrac{p_0L^3}{24EI}$
9	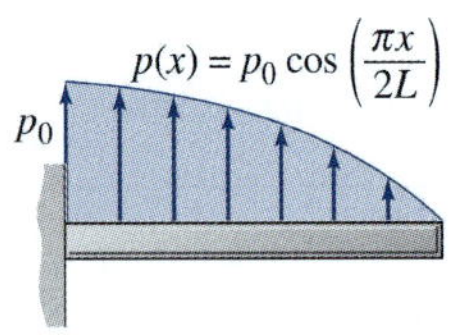	$v = \dfrac{p_0L}{3\pi^4EI}\left(48L^3\cos\dfrac{\pi x}{2L} - 48L^3 + 3\pi^3Lx^2 - \pi^3x^3\right)$ $v' = \dfrac{p_0L}{\pi^3EI}\left(2\pi^2Lx - \pi^2x^2 - 8L^2\sin\dfrac{\pi x}{2L}\right)$ $\delta_B = \dfrac{2p_0L^4}{3\pi^4EI}(\pi^3 - 24) \qquad \theta_B = \dfrac{p_0L^3}{\pi^3EI}(\pi^2 - 8)$

* 7장에서 보의 굽힘이론을 활용한다. 7장과 부호를 동일하게 사용한다.

E.2 단순지지보의 처짐과 기울기

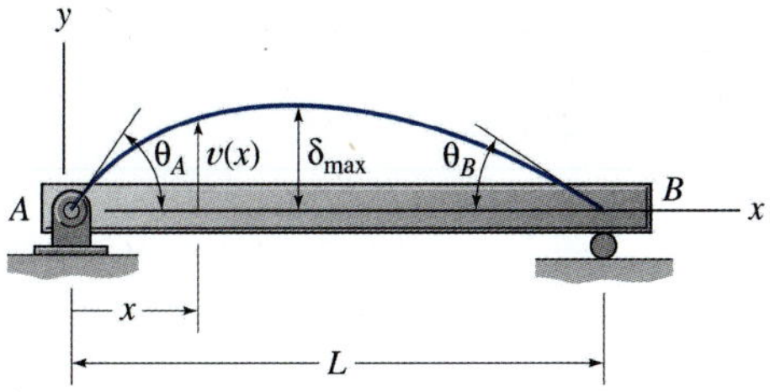

EI = 일정

Notation

$v(x)$ = y방향의 처짐

$v'(x)$ = 처짐곡선의 기울기

$\theta_A \equiv v'(0)$ = A점에서의 기울기

$\theta_B \equiv -v'(L)$ = B점에서의 회전각

x_m = A점에서부터 최대 처짐 지점까지의 거리

$\delta_C \equiv |v(L/2)|$ = 보의 중심에서의 처짐

$\delta_{max} \equiv \max|v(x)|$ = 최대 처짐

1

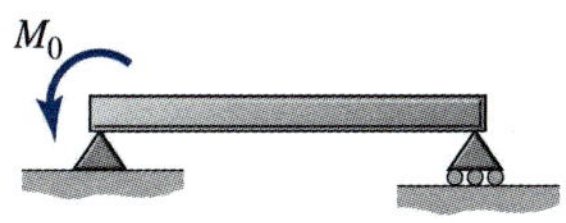

$$v = \frac{M_0 x}{6LEI}(2L^2 - 3Lx + x^2)$$

$$v' = \frac{M_0}{6LEI}(2L^2 - 6Lx + 3x^2)$$

$$\theta_A = \frac{M_0 L}{3EI} \qquad \theta_B = \frac{M_0 L}{6EI}$$

$$x_m = L\left(1 - \frac{\sqrt{3}}{3}\right) \text{ and } \delta_{max} = \frac{M_0 L^2}{9\sqrt{3}EI}$$

2

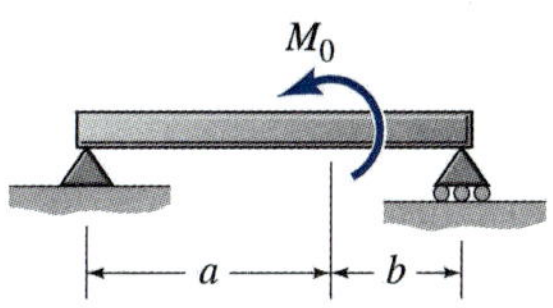

$$v = \frac{-M_0 x}{6LEI}(6aL - 3a^2 - 2L^2 - x^2) \qquad 0 \le x \le a$$

$$v' = \frac{-M_0}{6LEI}(6aL - 3a^2 - 2L^2 - 3x^2) \qquad 0 \le x \le a$$

$$\theta_A = \frac{-M_0}{6LEI}(6aL - 3a^2 - 2L^2) \qquad \theta_B = \frac{-M_0}{6LEI}(3a^2 - L^2)$$

3

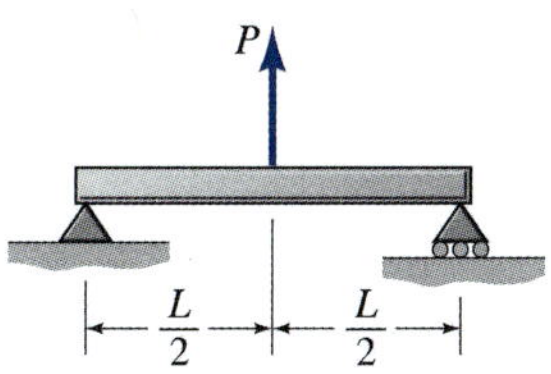

$$v = \frac{Px}{48EI}(3L^2 - 4x^2) \qquad 0 \le x \le \frac{L}{2}$$

$$v' = \frac{P}{16EI}(L^2 - 4x^2) \qquad 0 \le x \le \frac{L}{2}$$

$$\delta_C = \delta_{max} = \frac{PL^3}{48EI} \qquad \theta_A = \theta_B = \frac{PL^2}{16EI}$$

4

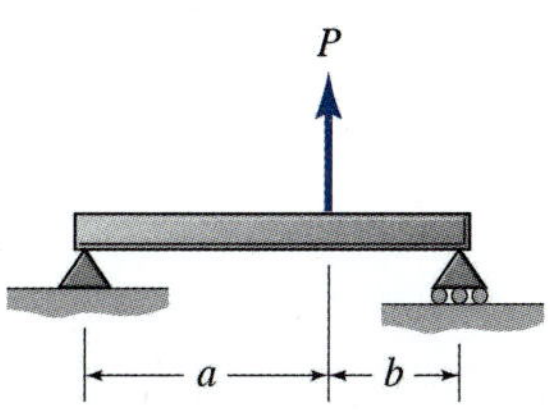

$$v = \frac{Pbx}{6LEI}(L^2 - b^2 - x^2) \qquad 0 \le x \le a$$

$$v' = \frac{Pb}{6LEI}(L^2 - b^2 - 3x^2) \qquad 0 \le x \le a$$

$$\theta_A = \frac{Pab(L + b)}{6LEI}$$

$$\theta_B = \frac{Pab(L + a)}{6LEI}$$

$$\text{If } a \ge b,\ x_m = \sqrt{\frac{L^2 - b^2}{3}} \text{ and } \delta_{max} = \frac{Pb(L^2 - b^2)^{3/2}}{9\sqrt{3}LEI}$$

---

* 7장에서 보의 굽힘이론을 활용한다. 7장과 부호를 동일하게 사용한다.

(계속)

5

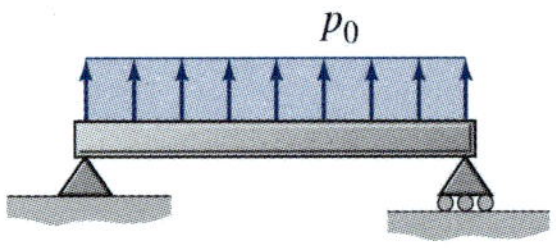

$$v = \frac{p_0 x}{24EI}(L^3 - 2Lx^2 + x^3)$$

$$v' = \frac{p_0}{24EI}(L^3 - 6Lx^2 + 4x^3)$$

$$\delta_C = \delta_{\max} = \frac{5p_0L^4}{384EI} \qquad \theta_A = \theta_B = \frac{p_0L^3}{24EI}$$

6

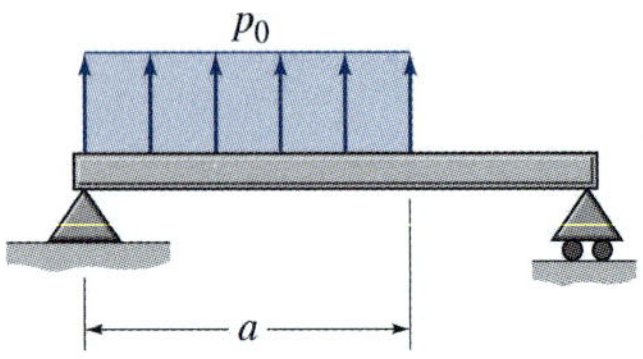

$$v = \frac{p_0 x}{24LEI}(a^4 - 4a^3L + 4a^2L^2 + 2a^2x^2 - 4aLx^2 + Lx^3) \qquad 0 \le x \le a$$

$$v' = \frac{p_0}{24LEI}(a^4 - 4a^3L + 4a^2L^2 + 6a^2x^2 - 12aLx^2 + 4Lx^3) \qquad 0 \le x \le a$$

$$v = \frac{p_0 a^2}{24LEI}(-a^2L + 4L^2x + a^2x - 6Lx^2 + 2x^3) \qquad a \le x \le L$$

$$v' = \frac{p_0 a^2}{24LEI}(4L^2 + a^2 - 12Lx + 6x^2) \qquad a \le x \le L$$

$$\theta_A = \frac{p_0 a^2}{24LEI}(2L - a)^2 \qquad \theta_B = \frac{p_0 a^2}{24LEI}(2L^2 - a^2)$$

7

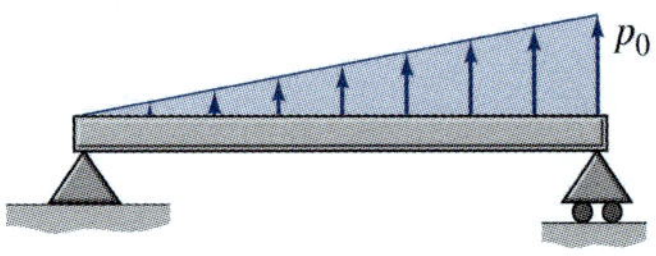

$$v = \frac{p_0 x}{360LEI}(7L^4 - 10L^2x^2 + 3x^4)$$

$$v' = \frac{p_0}{360LEI}(7L^4 - 30L^2x^2 + 15x^4)$$

$$\theta_A = \frac{7p_0L^3}{360EI} \qquad \theta_B = \frac{p_0L^3}{45EI}$$

$$x_m = 0.5193\,L \qquad \delta_{\max} = 0.00652\frac{p_0L^4}{EI}$$

8

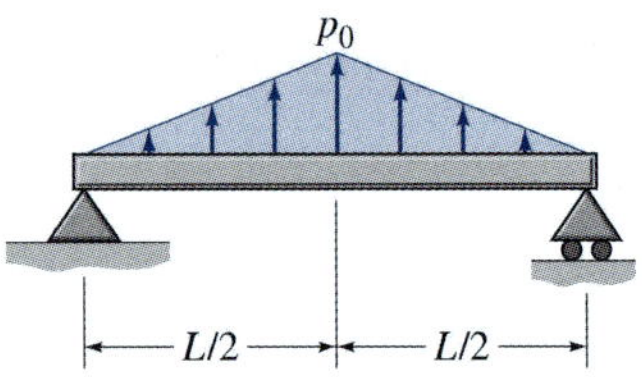

$$v = \frac{p_0 x}{960LEI}(5L^2 - 4x^2)^2 \qquad 0 \le x \le \frac{L}{2}$$

$$v' = \frac{p_0}{192LEI}(5L^2 - 4x^2)(L^2 - 4x^2) \qquad 0 \le x \le \frac{L}{2}$$

$$\delta_C = \delta_{\max} = \frac{p_0L^4}{120LEI} \qquad \theta_A = \theta_B = \frac{5p_0L^3}{192EI}$$

9

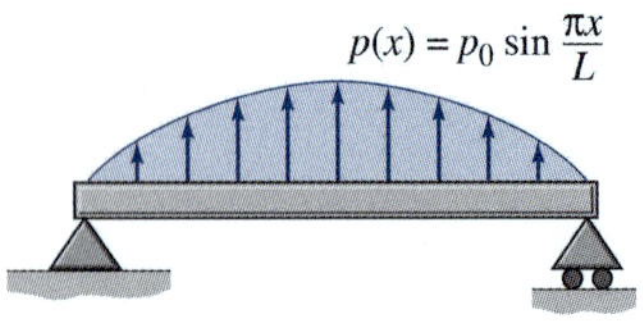

$$v = \frac{p_0L^4}{\pi^4 EI}\sin\left(\frac{\pi x}{L}\right)$$

$$v' = \frac{p_0L^3}{\pi^3 EI}\cos\left(\frac{\pi x}{L}\right)$$

$$\delta_C = \delta_{\max} = \frac{p_0L^4}{\pi^4 EI} \qquad \theta_A = \theta_B = \frac{p_0L^3}{\pi^3 EI}$$

---

* 7장에서 보의 굽힘이론을 활용한다. 7장과 부호를 동일하게 사용한다.

E.3 양단고정 균일 단면보의 반력*

	Loading	Shear and Moment Reactions†	
		End A	End B
1	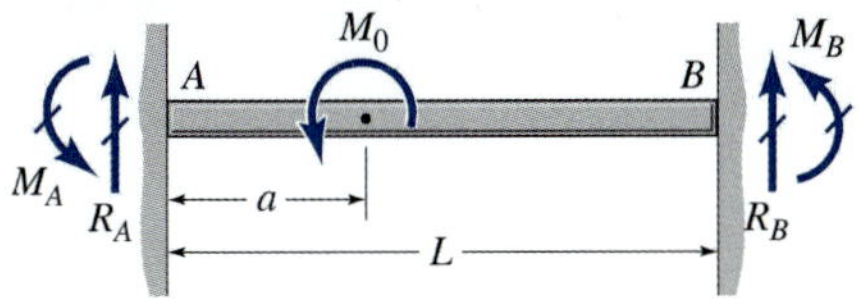	$R_A = \frac{6M_0a}{L^2}\left(1 - \frac{a}{L}\right)$ $M_A = M_0\left(-1 + 4\frac{a}{L} - 3\frac{a^2}{L^2}\right)$	$R_B = -\frac{6M_0a}{L^2}\left(1 - \frac{a}{L}\right)$ $M_B = \frac{M_0a}{L}\left(2 - 3\frac{a}{L}\right)$
2	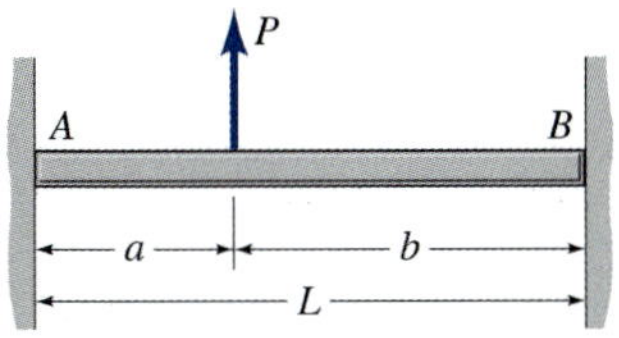	$R_A = -\frac{Pb^2}{L^3}(3a + b)$ $M_A = -\frac{Pab^2}{L^2}$	$R_B = -\frac{Pa^2}{L^3}(a + 3b)$ $M_B = \frac{Pba^2}{L^2}$
3	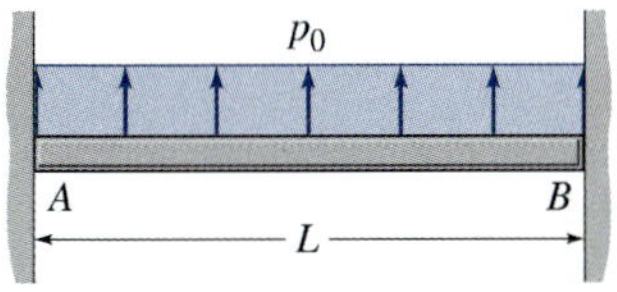	$R_A = -\frac{p_0L}{2}$ $M_A = -\frac{p_0L^2}{12}$	$R_B = -\frac{p_0L}{2}$ $M_B = \frac{p_0L^2}{12}$
4	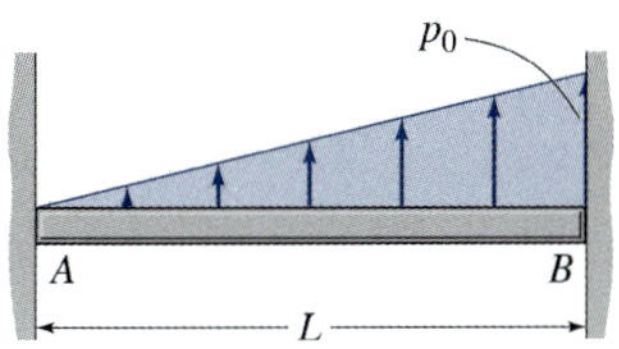	$R_A = -\frac{3p_0L}{20}$ $M_A = -\frac{p_0L^2}{30}$	$R_B = -\frac{7p_0L}{20}$ $M_B = \frac{p_0L^2}{20}$
5	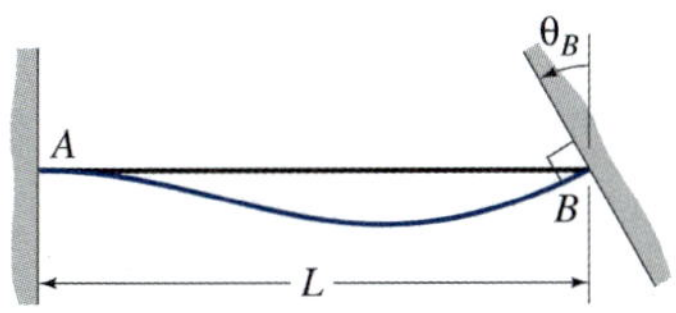	$R_A = \frac{6EI}{L^2}\theta_B$ $M_A = \frac{2EI}{L}\theta_B$	$R_B = -\frac{6EI}{L^2}\theta_B$ $M_B = \frac{4EI}{L}\theta_B$
6	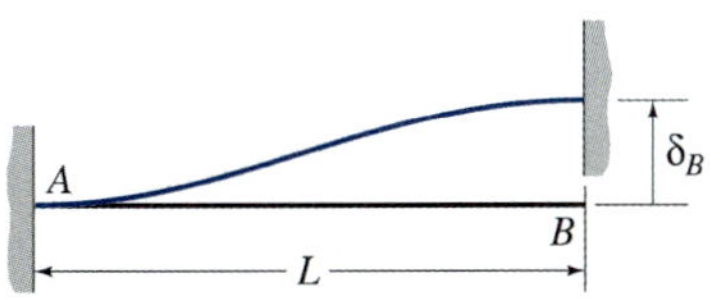	$R_A = -\frac{12EI}{L^3}\delta_B$ $M_A = -\frac{6EI}{L^2}\delta_B$	$R_B = \frac{12EI}{L^3}\delta_B$ $M_B = -\frac{6EI}{L^2}\delta_B$

* 이 표는 7.7절과 함께 사용하기 위하여 양단 고정보의 반력을 나타낸다

† 이 표의 고장단의 전단력과 모멘트의 반력들의 양의 부호는 첫 번째 표에 제시된 양의 부호와 같다.

F 공학재료의 주요한 기계적 성질

공학재료의 기계적 성질은 열처리, 기계가공 과정, 습기의 포함량 재료의 구성성분 등 매우 다양한 요소들에 의하여 현저하게 변화한다. F.1에서 F.3까지 제시된 요소 일부는 생산을 위한 설계목적 보다 교육목적에 따라 작성된 자료들 중 일부이다. 더 부가적인 정보는 다양한 웹사이트, 다른 편람 등도 활용이 가능하다.

Annual of Book ASTM, American Society for Testing Materials, Philadelphia, PA; Metals Handbook, ASM International, Materials Park, OH; *Aluminum and Aluminum Alloys* and *Aluminum Standards and Data*, The Aluminum Association, Washington DC; *Wood Handbook*, US department of Agriculture, Washington, DC; Marks' *Standard Hand book for Mechanical Engineer*, McGraw Hill, Inc., New York, NY; and *CRC Materials Science and Engineering Hand Book*, CRC Press, Inc., Boca Raton, FL

표 F.1 비중량과 밀도

Material	Specific Weight (γ)			Mass Density (ρ)	
	lb/in³	lb/ft³	kN/m³	slugs/ft³	kg/m³
Aluminum Alloys	0.096–0.103	165–180	26–28	5.2–5.5	2600–2800
Alloy 2014-T6	0.101	175	27	5.4	2800
Alloy 6061-T6	0.098	170	27	5.3	2700
Brass	0.301–0.313	520–540	82–85	16–17	8300–8600
Red Brass (85% Cu, 35% Zn)	0.313	540	85	17	8600
Cast Iron	0.252–0.266	435–460	68–72	13–14	7000–7400
Gray, ASTM-A48	0.260	450	71	14	7200
Malleable, ASTM-47	0.264	456	72	14	7300
Steel	0.284	490	77	15.2	7850
Titanium	0.162	280	44	8.7	4500
Concrete					
Plain	0.081–0.087	140–150	22–44	4.4–4.7	2200–2400
Lightweight	0.052–0.067	90–115	14–18	2.8–3.6	1400–1800
Reinforced	0.087	150	24	4.7	2400
Glass	0.087–0.104	150–180	24–28	4.7–5.6	2400–2900
Plastics					
Nylon, type 6/6 (molding cpd.)	0.041	70	11	2.2	1100
Polycarbonate	0.043	75	12	2.3	1200
Vinyl, rigid PVC	0.048–0.052	82–90	12.9–14.1	2.6–2.8	1320–1440
Wood	0.014–0.026	25–45	3.9–7.1	0.78–1.4	400–720
Douglas Fir	0.019	32	5.0	1.0	510
Southern Pine	0.022	38	6.0	1.2	610

표 F.2 탄성계수 푸아송 비, 영팽창계수

Material	Modulus of Elasticity (E)		Shear Modulus of Elasticity (G)		Poisson's Ratio (ν)
	10^3 ksi	GPa	10^3 ksi	GPa	
Aluminum Alloys	10.0–11.4	70–79	3.8–4.3	26–30	0.33
Alloy 2014-T6	10.6	73	4.0	27	0.33
Alloy 6061-T6	10.0	70	3.8	26	0.33
Brass					
Red Brass (85% Cu, 15% Zn)					
Cold-rolled	15	100	5.6	37	0.34
Annealed	15	100	5.6	37	0.34
Cast Iron					
Gray, ASTM-A48	10	70	4.1	29	0.22
Malleable, ASTM-47	24	165	9.4	65	0.27
Steel					
Structural, ASTM-A36	29	200	11.2	78	0.29
Stainless, AISI 302					
Cold-rolled	28	195	10.8	75	0.30
Annealed	28	195	10.8	75	0.30
High-strength, low alloy, ASTM-A242	29	200	11.2	78	0.29
Quenched & tempered, ASTM-A514	29	200	11.2	78	0.29
Titanium					
Alloy (6% Al, 4% V)	16.5	115	6.2	43	0.33
Concrete[1]					0.1–0.2
Medium Strength	3.6	25	—	—	—
High Strength	4.5	31	—	—	—
Glass	8.7	60	—	—	0.2–0.3
Plastics					
Nylon, type 6/6 (molding cpd.)	0.4	2.8	—	—	0.4
Polycarbonate	0.35	2.4	—	—	—
Vinyl, rigid PVC	0.4	2.8	—	—	—
Wood[2]					
Douglas Fir	1.75	12	—	—	—
Southern Pine	1.75	12	—	—	—

1. 콘크리트 물성치는 압축에 관한 것
2. 목재의 물성치는 나무결에 평행한 힘을 받는 경우

표 F.3 항복강도, 극한강도, 2에서 신장률(%), 열팽창계수

Material	Yield Strength (σ_Y)[1,2]		Ultimate Strength (σ_U)[1]		Percent Elongation over 2 in. Gage Length	Coefficient of Thermal Expansion (α)	
	ksi	MPa	ksi	MPa		$10^{-6}/°F$	$10^{-6}/°C$
Aluminum Alloys						11.7–13.3	21–24
Alloy 2014-T6	60	410	70	480	13	12.8	23.0
Alloy 6061-T6	40	275	45	310	17	13.1	23.6
Brass							
Red Brass (85% Cu, 15% Zn)							
Cold-rolled	60	410	75	520	4	10.4	19
Annealed	15	100	40	275	50	10.4	19
Cast Iron							
Gray, ASTM-A48	—	—	25	170	0.5	6.7	12
Malleable, ASTM-47	33	230	50	345	10	6.7	12
Steel							
Structural, ASTM-A36	36	250	58	400	20	6.5	12
Stainless, AISI 302							
Cold-rolled	75	520	125	860	12	9.6	17
Annealed	38	260	95	655	50	9.6	17
High-strength, low alloy, ASTM-A242	50	345	70	480	22	6.5	12
Quenched & tempered, ASTM-A514	100	690	110	760	18	6.5	12
Titanium							
Alloy (6% Al, 4% V)	120	830	130	900	10	5.3	9.5
Concrete[3]							
Medium Strength	—	—	4	28	—	5.5	10
High Strength	—	—	6	40	—	5.5	10
Glass[4]	—	—	(4)	(4)	—	3–6	5–11
Plastics[5]							
Nylon, type 6/6 (molding cpd.)	8.0	55	11	75	50	17	30
Polycarbonate	8.5	60	9.5	65	110	3.8	6.8
Vinyl (rigid PVC)	6	40	7	50	1–10	28–33	50–60
Wood[5]							
Douglas Fir	—	—	7.5	50	—	—	—
Southern Pine	—	—	8.5	60	—	—	—

1. 연성재료의 압축시 강도는 일반적으로 인장의 경우와 같다.
2. 대부분의 재료의 항복강도는 0.2%의 옵셋방법에 따라 결정된다.
3. 콘크리트 성질은 압축하중의 경우의 값이다.
4. 유리성질은 매우 다양하게 변한다. 유리파이버의 인장강도는 1,000 ksi(7,000 MPa)
5. 목재의 성질은 나무결 방향으로 압축하중에 대한 것이다.

G 전산역학

부록 G에 전 내용은 부록에 부착된 CD-Rom에 수록되어 있다.

여러분들이 본 교재에서 토픽관련 도움이 될 두 종류의 내용이 있다. 수학적응용 소프트웨어 또는 스프레드 시트방법 또는 기계공학과에 관련된 문제를 풀이할 때 선택할 수 있는 프로그램 언어 등을 활용할 수가 있다. 교재에는 20개의 문제를 프로그램을 통하여 풀 수 있다. 예를 들면 학생들이 단순한 트러스트 구조물의 최적 설계를 할 수 있다. 세 가지 컴퓨터 언어로 풀어갈 다양한 문제(문제 2.8-16에서 2.8-18)가 있다. 이를 통하여 프로그램 언어로 해석하는 문제를 효과적이며, 체계적으로 풀이할 수 있을 뿐만 아니라 재료역학의 문제를 해결하는 데 유익하다.

교육용으로 수상작인 **MDSolids**를 사용하는 것도 또 다른 방법으로 학생들에게 도움을 준다. 웹사이트를 통하여 MDSolids를 사용하면 www.wiley.com/college/craig는 부록 G.1.[1] MDSolids는 도식으로 구성되어 있고, 사용할 수 있는 윈도우 시스템(Windows 95, Windows 98, Windows NT, Windows XP, Windows Vista or Windows 7)[2]이다.[3]

G.1 MDSolids

고체역학(Mechanics of Materials, 3rd edition) 제3판에는 MDSolids 소프트 패키지와 90여개의 특별한 문제풀이에 필요한 MDSolids 소프트웨어를 기본으로 제공하며, 본 교재의 제2장에서부터 12장까지 사용항목은 다양한 축방향의 변형, 비틀림, 굽힘, 조합하중, 좌굴 현상까지 풀이하는 데 사용할 수 있다. MDSolids 소프트웨어는 체계적으로 문제를 풀어가는 과정과 사용자 여러분에게 도식적 방법을 제공한다. 이를 이용하면 구조물의 다양한 하중조건과 내부의 거동을 알 수 있다.

MD 솔리드 모듈 MDSolids 모듈은 교재의 장과 연계되어 있으며 각 모듈은 특

1) MDSolids 교육용 프로그램 패키지는 프로그램 저자인 Dr. Timothy A. Philpot가 판권을 소유하고 있다. 이 프로그램은 1998년 Premier Award for Excellence in Engineering Education Courseware에서 우승하였다. 웹사이트는 www.mdsolids.com이다.

2) Windows는 Microsoft 회사의 등록된 상표이다

3) Macintosh는 Apple 컴퓨터회사에 등록된 상표이다.

수한 재료와 문제를 풀어가는데 초점을 두었다.

- 기본적인 응력과 변형률문제(Basic Stress and Strain Problems)
- 보와 버팀목의 중심의 구조(Beam and Strut Axial Struts)
- 트러스의 해석과 응력(Truss Analysis and Stresses)
- 축방향의 부정정구조물(Statically Indeterminate Axial Structures)
- 비틀림 부재(Torsion Member)
- 보의 결정(Determinate Axial)
- 변형(Flexure)
- 단면의 성질(section Properties)
- 기둥좌굴(Column Buckling)
- 모어 원(Mohrs analysis)
- 축방향, 비틀림, 구조용 보의 일반적인 해석(General Analysis of Axial, Torsion, and Beam Structures)

위의 모듈은 어떤 과정이든 접근이 가능하다. MDSolids는 매우 유용하며 여러 구조물의 배열과 하중을 서로 다른 모듈로도 해석이 가능하다. 그러나 이 모델은 좌표가 있어야 하며, 서로 관련된 모듈을 사용하여 결과를 얻을 수 있다.

어떻게 MDSolids를 배우는가. 교육용 소프트웨어 패키지는 특별히 본과정의 특수하게 MDSolids가 개발되었다. MDSolids 증보판은 교재에서 2개의 부분을 연결하였다. (1) 기초 MDSolids 교육용 소프트웨어이며 (2) 특별히 90여개의 예제를 제공하였다.

MDSolids는 강사용 웹사이트와 학생용 웹사이트를 www.wiley.com/college/craig에서 구분하여 사용할 수 있다. 소프트웨어를 내려받기 원하면 먼저 Wiley Student Companion 웹에 먼저 등록하여야 한다. 더 자세한 내용은 본 교재의 등록카드를 참고하기 바란다.

몇 가지 본 소프트웨어의 특징:

- Versatility: 위에서 설명한 바와 같이 MDSolids는 본 교재를 사용하는 과정에서 모든 토픽이 관련된 전산해석 모듈이다. 모든 수준의 학생들이 MDSolids를 이해하는 데 도움이 되는 과정을 반복적으로 제공한다.
- Easy of Input: 그래픽의 역할은 사용자에게 입력 데이터를 제공한다. 그러므로 학생들은 사용자의 매뉴얼이 없이도 직관적으로 문제를 풀어낼 수 있다.
- Visual Communication: 각 MDSolids 문제에 대한 중요한 관점을 그림, 스케치, 플로트 등으로 묘사한다. 보의 응력이나 변형률에 대한 굽힘 등의 여러 가지의 주제에 대하여 그 결과를 플로팅한다.
- Correct Solution and Inter mediate Result: MDSolids는 “전자적 매뉴얼”은 각 문제에 대한 정확한 풀이뿐만 아니라 중간과정도 제공을 한다. 문제 풀이

에 접근 하는데 확실하게 사용할 수 있다.

- Text-based Explanations: 매우 다양한 MDSolids는 특별히 문제를 어떻게 풀이하는 과정이 있다.
- Help Files: MDSolids Help Files는 소프트웨어를 사용하기 위하여 이론적 배경이나 실질적인 제안도 포함되어 있다.

MDSolids를 기반으로 하는 특별한 예제 문제의 특징 본 교재의 동반자의 저서에서 MDSolids 90여개의 추가 연습문제를 새로 문제 만들었다. 중요한 점은 특별한 문제 특징으로 연습문제들은 다음과 같다.

- Close Ties with the Textbook: 이 예제 문제 중 하나가 텍스트 토론과 텍스트 예제를 보완하는 역할을 할 수 있는 책의 시점에서, 이러한 특수 MDS 예제 문제 중 하나 이상을 가리키는 MDS 아이콘이 있다. 숙제 문제 섹션에서 MDS 아이콘은 식별된 특수 MDS 예제 문제에서 다루는 유형의 숙제 문제 그룹보다 우선시된다.
- Complete Textbook-style Format: 특별한 연습문제들은 같은 형식으로 작성하였고, 그리고 본 교재에서는 학명, 부호규약 등도 같이 사용한다. 다만 컴퓨터가 수치해석을 한 것은 아니다.
- Broad Range of Topic Level of Difficulty 2장부터 12장까지 특별한 MDSOLIDS 예제가 있다. 이들 중 대부분은 책과 강사의 강의를 보충하기 위해 과외를 필요로 하는 학생들에게 특별한 도움이 될 개념의 삽화형 예이다. 또한 MD Solids 모듈의 연결의 힘을 보여주는 단대단 유형 예도 있다(예: 단면 특성, 기둥의 전단력 및 휨 모멘트, 기둥 및 모어의 원형에서 강조됨).
- Close Ties with MDSolids Module 특별한 예제 문제는 기본 MDSolids 소프트웨어의 도움말 파일로 처리된다. 예를 들어 사용자는 예제 문제를 닫고 즉시 해당 MDSolids 모듈에 들어가 올바른 MDSolids 입력 상자에 이미 입력된 예제 문제의 데이터를 볼 수 있다. 아래의 MDSolids 사용 방법에 대한 제안을 보시길 바란다.

MDSolid 사용방법 이상적으로는 MDS 소프트웨어 모듈과 특별한 예제 문제가 처음에는 다음과 같은 방식으로 사용될 것이다. 주제에 대한 텍스트 자료를 읽고 책의 예제 문제를 연구한 후, 관련 특수 MDS 예제 문제를 확인한다. 그 다음, 손으로 예제를 작업해보자. 그런 다음, 전체 교과서를 참조한다. Tyle 솔루션. 마지막으로 관련 MDS 모듈로 직접 이동하여 다른 입력을 입력하여 다른 입력이 솔루션에 어떤 영향을 미치는지 확인한다. 각 단계에서 정확하고 즉각적이며 종종 그림 같은 피드백을 얻을 수 있다. 그런 다음 할당된 숙제 또는 관련 숙제 유형의 문제로 이동하여 손으로 작업하고 MDS를 전자 솔루션 매뉴얼로 사용하여 피드백을 제공할 수 있다. MDS의 작동 방식을 숙지하고 나면 MDS 모듈로 직접 이동하여 복잡한 설계 유형 문제를 비롯한 광범위한 재료 문제에 대한 해결책을 얻을 수 있다.

홀수 연습문제 해답

CHAPTER 1

1.4-1. $F_1 = 1.429$ kips (C), $F_2 = 2.00$ kips (T), $F_3 = 1.616$ kips (C), $F_4 = 1.143$ kips (T), $F_5 = 1.143$ kips (T)
1.4-3. (a) $A_x = 0, A_y = 2$ kN $\downarrow$, $C_y = 3$ kN $\uparrow$, (b) $F_1 = 1.697$ kN (T), $F_2 = 1.500$ kN (C), $F_3 = 1.389$ kN (C)
1.4-5. (a) $A_x = A_y = 1.5\,P, E = 2.12\,P$, (b) $F_1 = 3.5\,P$ (C), $F_2 = 0.707\,P$ (T), $F_3 = 1.5\,P$ (T)
1.4-7. (a) $B_y = 6.50$ kips $\uparrow$, $C_x = 3.46$ kips $\rightarrow$, $C_y = 0.500$ kips $\downarrow$, (b) $F_E = 3.46$ kips, $V_E = 2.50$ kips, $M_E = 1.500$ kip · ft
1.4-9. (a) $B_y = 3.27$ kN $\uparrow$, $C_x = 0$, $C_y = 1.333$ kN $\uparrow$, (b) $F_D = 0$, $V_D = 767$ N, $M_D = 280$ N · m
1.4-11. (a) $A_x = 0, A_y = \frac{5}{27}w_0L \uparrow, D_y = \frac{4}{27}w_0L \uparrow$, (b) $F_B = 0, V_B = \frac{11}{108}w_0L, M_B = \frac{17}{324}w_0L^2$
1.4-13. (a) $V_1 = -\frac{10}{3}x^2$ (lb), $M_1 = -\frac{10}{9}x^3$ (lb · in.), (b) $V_D = 40$ lb, $M_D = 60$ lb · in.
1.4-15. (a) $R_A = R_C = 260$ lb, (b) $F_D = 400$ lb, $V_D = 260$ lb, $M_D = 840$ lb · ft (c) $F_E = 0$, $V_E = 400$ lb, $M_E = 700$ lb · ft
1.4-17. $F_G = 209$ lb, $V_C = 88.4$ lb, $M_C = 114.9$ lb · ft
1.4-19. $A_y = C_y = 5$ kips $\uparrow$, $C_x = 0$, (b) $F_1 = 4$ kips, $V_1 = 3$ kips, $M_1 = 3x_1$ kip · ft, $F_2 = 4$ kips (C), $V_2 = 3$ kips, $M_2 = 3(5 - x_2)$ kip · ft

CHAPTER 2

2.2-1. (a) $\sigma_1 = 6.37$ ksi, (b) $b = 0.913$ in., $c = 1.526$ in.
2.2-3. (a) $y_R = 0.827$ in., $z_R = 1.327$ in., (b) $\sigma = 5.54$ ksi (T)
2.2-5. $\sigma_1 = 35.4$ MPa (T), $\sigma_2 = 25.5$ MPa (C)
2.2-7. (a) $\sigma_1 = 1.768$ ksi (C), (b) $\sigma_2 = 1.959$ ksi (C), (c) $P_{\max} = 766$ kips
2.2-9. (a) $\sigma_{1a} = 81.5$ MPa (T), $\sigma_{2a} = 63.7$ MPa (T), (b) $x = 1.171$ m, $\sigma_{1b} = \sigma_{2b} = 74.5$ MPa (T)
2.2-11. (a) $b = 34.6$ in., (b) $\sigma_1 = \sigma_2 = 12.80$ ksi (T)
2.2-13. $\sigma_1 = 34.0$ MPa (T), $\sigma_2 = 38.2$ MPa (C)
2.2-15. $\sigma_{CD} = 140.0$ MPa (T)
2.2-17. $A_1 = 0.342\ \text{in}^2$, $A_2 = 0.600\ \text{in}^2$

2.3-1. (a) $\epsilon_m = 1.760$ ft/ft, (b) $\epsilon_f = 1.160$ ft/ft
2.3-3. $\epsilon = 156.2\ \mu$
2.3-5. $L = 153.2$ mm
2.3-7. (a) $\epsilon_1 = 2.50\ (10^{-4})$ m/m, (b) $\epsilon_2 = -1.500\ (10^{-3})$ m/m
2.3-9. (a) $\theta = 0.00306°$, (b) $\epsilon_1 = 177.8\ \mu$. $\epsilon_3 = -142.2\ \mu$
2.3-11. (a) $\epsilon = \dfrac{L^* - L}{L}$, where $L^* = \sqrt{(L\cos\theta - u_A)^2 + (L\sin\theta + v_B)^2}$
(b) $\epsilon \approx -\left(\dfrac{u_A}{L}\right)\cos\theta + \left(\dfrac{v_B}{L}\right)\sin\theta$
2.3-13. (a) $\epsilon_1 = 0.0258$ in./in., (b) $\epsilon_2 = -0.0265$ in./in.
2.3-15. $y_B = 34 - 16(1 + \alpha\Delta T)^2$ in. where $\alpha = 8(10^{-6})/°\text{F}$
2.3-17. (a) $\theta = \tan^{-1}[\frac{70}{3}(10^{-6})(\Delta T_2 - \Delta T_1)]$ rad (b) $\theta_{\max} = 2.30°$

2.4-1. $\epsilon = 2.00\ (10^{-3})$ in./in.
2.4-3. (a) ——, (b) $E = 30.0\ (10^3)$ ksi, (c) $\sigma_{YS} = 54$ ksi
2.4-5. (a) ——, (b) $E = 70.1$ GPa, (c) $\sigma_{YS} = 105$ MPa (d) $\sigma_{TU} = 218$ MPa
2.4-7. $(\%\ \text{elong.})_A = 45\%$, $(\%\ \text{red. area})_B = 11.3\%$

2.6-1. (a) $E = 10.19\ (10^3)$ ksi, (b) $L^*_{PL} = 2.01$ in.
2.6-3. (a) $E = 15.54\ (10^3)$ ksi, (b) $v = 0.342$, (c) $\sigma_{PL} = 22.9$ ksi
2.6-5. (a) $P = 13.46$ kN, (b) $\Delta L = 0.765$ mm
2.6-7. (a) $\Delta L = -1.415$ mm, (b) $\Delta t = 1.026\ (10^{-3})$ mm
2.6-9. (a) $v = 0.33$, (b) $E = 10.6\ (10^3)$ ksi, (c) $\Delta V = 3.84\ (10^{-4})\ \text{in}^3$

2.7-1. $\tau_{\text{avg}} = 45.3$ ksi
2.7-3. $\tau_{\text{avg}} = 65.4$ MPa
2.7-5. $P = 8.99$ kips
2.7-7. $\tau_{\text{avg}} = 28.4$ MPa
2.7-9. $\tau_{\text{avg}} = 212$ psi
2.7-11. (a) $\gamma_{xy} = 0.01250$ in./in., (b) $\gamma_{x'y'} = -0.01250$ in./in.
2.7-13. (a) $\tau_{\text{avg}} = 31.3$ kPa, (b) $\gamma = 0.0521$ m/m, (c) $\delta = 1.302$ mm
2.7-15. (a) $\tau_{\text{avg}} = \dfrac{P}{2\pi rh}$, (b) $\delta = \dfrac{P}{2\pi Gh}\ln\left(\dfrac{D}{d}\right)$

2.8-1. $d_{min} = 0.412$ in.
2.8-3. $(P_C)_{allow} = 1.781$ kN
2.8-5. $T_{allow} = 1080$ lb
2.8-7. $(d_w)_{req'd} = 4$ mm, $(d_p)_{req'd} = 4$ mm
2.8-9. (a) $t = 12.00$ mm, (b) $d_C = 9.73$ mm
2.8-11. $d_{req'd} = \frac{7}{8}$ in.
2.8-13. $W_{allow} = 2.72$ kips
2.8-15. $(A_1)_{min} = (A_2)_{min} = 223\ mm^2$, $(A_3)_{min} = 471\ mm^2$
2.8-17. (a) ______, (b) $(L_3)_{W_{min}} = 29$ in., $W_{min} = 3.31$ lb

2.9-1. (a) $P = 21.3$ kips, (b) $\tau_{nt} = -4.62$ ksi, $\tau_{max} = 5.33$ ksi
2.9-3. $\sigma_n = 150$ MPa, $\tau_{nt} = -86.6$ MPa, $\sigma_t = 50$ MPa, $\tau_{tn} = -86.6$ MPa
2.9-5. (a) $\theta_{na} = 63.4°$, (b) $\theta_{nb} = 26.6°$
2.9-7. (a) $\sigma_y = -3.89$ ksi, (b) $\sigma_n = -857$ psi, $\tau_{nt} = -1613$ psi
2.9-9. (a) $\dfrac{P_{f,\,allow}}{P_{d,\,allow}} = 3.14$, (b) $\dfrac{P_{f,\,allow}}{P_{d,\,allow}} = 3.63$

2.12-1. (a) $F_x = 3b^2\sigma_0$, (b) $y_R = \frac{5}{6}b$
2.12-3. $\sigma_{xD} = 16$ ksi, (b) $F_x = 384$ kips, (c) $M_y = -42.7$ kip · in.
2.12-5. $(V_y)_{max} = 133.3$ kN
2.12-7. $T = \left[\dfrac{\pi(r_o^4 - r_i^4)}{2r_o}\right]\tau_{max}$
2.12-9. $\Delta L = \int_0^L \epsilon_x(x)dx$, (b) $\Delta L = 0.533$ mm
2.12-11. $\epsilon_n = \left(\dfrac{\delta_x}{L}\right)\cos\theta + \left(\dfrac{\delta_y}{L}\right)\sin\theta$
2.12-13. $\gamma_{xy} = \tan^{-1}\left(\dfrac{0.1x}{a}\right)$
2.12-15. $\gamma_{xy}(x, y) = \dfrac{y(a - x)}{50\,a^2}$

2.13-1. $\sigma_x = \dfrac{E}{1 - \nu^2}(\epsilon_x + \nu\epsilon_y)$, $\sigma_y = \dfrac{E}{1 - \nu^2}(\epsilon_y + \nu\epsilon_x)$
2.13-3. $\epsilon_x = 214\ \mu m/m$, $\epsilon_y = -33.3\ \mu m/m$, $\epsilon_z = 28.6\ \mu m/m$, $\gamma_{xy} = 248\ \mu m/m$, $\gamma_{yz} = 185.7\ \mu m/m$, $\gamma_{xz} = 123.8\ \mu m/m$
2.13-5. (a) $\Delta a = 9.99(10^{-3})$ in., $\Delta b = -2.66(10^{-3})$ in., $\Delta c = -0.330(10^{-3})$ in., (b) $\epsilon_V = 1.69(10^{-4})\ in^3/in^3$
2.13-7. (a) $\sigma_y = -\nu\sigma_0$, (b) $\Delta a = \dfrac{a\sigma_0}{E}(\nu^2 - 1)$, (c) $\Delta t = \dfrac{\nu t\sigma_0}{E}(1 + \nu)$
2.13-9. (a) $\epsilon_z = -171.4\ \mu$, (b) $\sigma_x = 149.5$ MPa, $\sigma_y = -35.2$ MPa, $\tau_{xy} = 15.38$ MPa, (c) $\epsilon_V = 2.28\ (10^{-4})\ mm^3/mm^3$

2.14-1. $E_\parallel = 17.85$ GPa, $E_\perp = 7.22$ GPa

CHAPTER 3

3.3-1. $e = \dfrac{3PL}{bh(E_1 + 2E_2)}$
3.3-3. (a) $\sigma_1 = 3.00$ ksi, $\sigma_2 = 9.00$ ksi, (b) $y_P = 0.550$ in., (c) $e = 6.00(10^{-3})$ in.
3.3-5. (a) $\sigma_c = -0.341$ ksi, $\sigma_s = -2.84$ ksi, (b) $e = -1.364\ (10^{-2})$ in.
3.3-7. (a) $e = \dfrac{PL}{Et(b_2 - b_1)}\ln(b_2/b_1)$, (b) $e = 3.96$ mm
3.3-9. $\delta \equiv -e = 5.21(10^{-3})$ in.
3.3-11. $u(x) = \dfrac{\gamma}{E}\left(Lx - \dfrac{x^2}{2}\right)$
3.3-13. (a) $e = \dfrac{2c_1L}{3}$, (b) $c_1 = 1.137(10^{-4})$ mm/mm, (c) $e = 0.303$ mm
3.3-15. $e = 1.267(10^{-2})$ in.

3.4-1. (a) $e_a = 1.839$ mm, (b) $e_b = fP = 1.567$ mm
3.4-3. (a) $\sigma_1 = 4.79$ ksi, $\sigma_2 = 4.89$ ksi, $\sigma_3 = 3.33$ ksi, (b) $u_B = 3.20(10^{-3})$ in., $u_C = 6.46\ (10^{-3})$ in., $u_D = 8.67(10^{-3})$ in.
3.4-5. $u_A = \dfrac{L}{E_{st}}\left[\dfrac{P_A}{A_1} + \dfrac{(P_A + P_B)}{A_2}\right]$, $u_B = \dfrac{(P_A + P_B)L}{E_{st}A_2}$
3.4-7. $t_{min} = 0.0511$ in.
3.4-9. (a) $x = 1.469$ m, (b) $u_A = u_B = 0.891$ mm, (c) $\sigma_1 = 62.4$ MPa, $\sigma_2 = 93.5$ MPa
3.4-11. (a) $\sigma_1 = -13.33$ ksi, $\sigma_2 = -6.67$ ksi, (b) $u_A = 0.0640$ in., $u_C = 0.0213$ in.
3.4-13. (a) $\sigma_{DC} = \dfrac{2}{3}\dfrac{WL}{A\sqrt{L^2 - 9a^2}}$, (b) $\delta_C = \dfrac{2}{3}\dfrac{WL^3}{AE(L^2 - 9a^2)}$
3.4-15. (a) $\sigma_{AB} = \dfrac{P}{A\cos\theta}$, (b) $u_B = \dfrac{PL}{AE\cos^2\theta}$

3.5-1. (a) $\sigma_1 = \dfrac{f_2P_B}{A_1(f_1 + f_2)}$, $\sigma_2 = \dfrac{-f_1P_B}{A_2(f_1 + f_2)}$
(b) $u_B = \dfrac{f_1f_2P_B}{f_1 + f_2}$, where $f_i = \left(\dfrac{L}{AE}\right)_i$, $i = 1, 2$
3.5-3. (a) $\dfrac{L_1}{L_2} = 3$, (b) $u_B = \dfrac{P_BL_1}{7AE}$
3.5-5. (a) $\sigma_1 = 3.28$ ksi, $\sigma_2 = 7.56$ ksi, (b) $e = 1.009(10^{-2})$ in.
3.5-7. (a) $\sigma_1 = 5.25$ ksi (T), $\sigma_2 = 16.32$ ksi (T), $\sigma_3 = 10.84$ ksi (C), (b) $u_B = 5.25(10^{-3})$ in., $u_C = 5.42(10^{-2})$ in.
3.5-9. (a) $\sigma_1 = \sigma_3 = \dfrac{P}{7A}$ (T), $\sigma_2 = \dfrac{3P}{7A}$ (C),
(b) $u_B = \dfrac{2}{7}\left(\dfrac{PL}{AE}\right)$, $u_C = -\dfrac{1}{7}\left(\dfrac{PL}{AE}\right)$
3.5-11. (a) $F_1 = 33.9$ kN (T), $F_2 = 10.17$ kN (T), (b) $e_1 = 0.323$ mm
3.5-13. (a) $(A_1)_{min} = 1.093\ in^2$, (b) Equilibrium: $10F_1 + 6F_2 = 8P$
Compatibility (with $E_1 = E_2$): $\dfrac{F_1L_1}{A_1} = \dfrac{5}{3}\dfrac{F_2L_2}{A_2}$
Thus, all values are independent of the magnitude of E.
3.5-15. (a) $\sigma_1 = \left(\dfrac{15\sqrt{10}}{2(5\sqrt{5} + 8\sqrt{2})}\right)\dfrac{W}{A}$, $\sigma_2 = \left(\dfrac{6\sqrt{10}}{5\sqrt{5} + 8\sqrt{2}}\right)\dfrac{W}{A}$
(b) $\delta_D = \left(\dfrac{30\sqrt{10}}{5\sqrt{5} + 8\sqrt{2}}\right)\dfrac{Wb}{AE}$
3.5-17. (a) $F_1 = 11.58$ kN (T), $F_2 = 7.37$ kN (T), $F_3 = 1.053$ kN (T), (b) $u_B = 0.379$ mm

3.6-1. (a) $\sigma(x) = \dfrac{-2E\alpha\Delta T_A}{3}$, (b) $u\left(\dfrac{L}{2}\right) = \dfrac{\alpha L\Delta T_A}{8}$
3.6-3. $\Delta T = 29.2°$ C
3.6-5. (a) $\sigma_1 = -13.40$ ksi, $\sigma_2 = -7.44$ ksi, (b) $u_B = -2.13\ (10^{-3})$ in.

3.6-7. $F_2 = \dfrac{-\alpha L\Delta T(kAE)}{AE + kL}$

3.6-9. $\Delta T = 10.42°C$

3.6-11. $\sigma_1 = \left(\dfrac{E_1E_2A_2}{A_1E_1 + A_2E_2}\right)(\alpha_2 - \alpha_1)\Delta T,$

$\sigma_2 = \left(\dfrac{E_1E_2A_1}{A_1E_1 + A_2E_2}\right)(\alpha_1 - \alpha_2)\Delta T,$

$\delta = \left(\dfrac{A_1E_1\alpha_1 + A_2E_2\alpha_2}{A_1E_1 + A_2E_2}\right)L\Delta T$

3.6-13. (a) $\sigma_1 = \sigma_2 = 4.713$ ksi,
(b) $\sigma_1 = 3.142$ ksi, $\sigma_2 = 6.283$ ksi

3.6-15. (a) $\sigma_1 = 1.950$ ksi (T), $\sigma_2 = 3.90$ ksi (C),
(b) $V_D = -97.5$ lb, $M_D = -488$ lb · in.

3.6-17. $\sigma_1 = \dfrac{E\alpha\Delta T}{3}, \quad \sigma_2 = -\dfrac{E\alpha\Delta T}{3}, \quad \sigma_3 = \dfrac{E\alpha\Delta T}{6}$

3.7-1. (a) $\sigma_1 = -\dfrac{3E\bar{\delta}}{5L}, \quad \sigma_2 = -\dfrac{2E\bar{\delta}}{5L}, \quad$ (b) $u_B \; \dfrac{2}{5}\bar{\delta}$

3.7-3. (a) $\sigma_1 = 14.59$ ksi, $\sigma_2 = 45.4$ ksi,
(b) $u_B = 0.0243$ in.

3.7-5. (a) $\bar{\delta} = \dfrac{PL}{6AE}, u_B = \dfrac{PL}{2AE}$

3.7-7. (a) $\sigma_1 = 9.85$ ksi, $\sigma_2 = 30.6$ ksi, (b) $u_B = 0.0327$ in.

3.7-9. $\bar{\delta} = 0.10$ mm, (b) $u_B = 0.1667$ mm, (c) ____

3.7-11. $\sigma_1 = 12.93$ ksi, (b) $\theta = 1.379\ (10^{-3})$ rad

3.7-13. $\sigma_1 = 2.51$ ksi (C), $\sigma_2 = 6.91$ ksi (T)

3.8-1. (a) $u_B = 1.185\ (10^{-2})$ in.,
(b) $\sigma_1 = 4.44$ ksi (T), $\sigma_2 = 1.975$ ksi (C)

3.8-3. (a) $u_B = 5.25\ (10^{-3})$ in., $u_C = 5.42\ (10^{-2})$ in.,
(b) $\sigma_1 = 5.25$ ksi (T), $\sigma_2 = 16.32$ ksi (T),
$\sigma_3 = 10.84$ ksi (C)

3.8-5. (a) $u_B = -2.13(10^{-3})$ in.,
(b) $\sigma_1 = 13.40$ ksi (C), $\sigma_2 = 7.44$ ksi (C)

3.8-7. (a) $u_B = -\frac{4}{7}\alpha L\Delta T_2, \; u_C = \frac{2}{7}\alpha L\Delta T_2$
(b) $\sigma_1 = \frac{2}{7}E\alpha\Delta T_2$ (C), $\sigma_2 = \frac{1}{7}E\alpha\Delta T_2$ (C),
$\sigma_3 = \frac{2}{7}E\alpha\Delta T_2$ (C)

3.8-9. (a) $u_B = 0.380$ mm,
(b) $\sigma_1 = 38.0$ MPa (T), $\sigma_2 = 12.00$ MPa (C)

3.8-11. (a) $u_B = 0.0327$ in,
(b) $\sigma_1 = 9.85$ ksi (T), $\sigma_2 = 30.6$ ksi (T)

3.8-13. $e = -0.1198$ mm, $\sigma_1 = 47.9$ MPa (C),
$\sigma_2 = 16.77$ MPa (C)

3.8-15. (a) $\theta = 8.60\ (10^{-5})$ rad,
(b) $\sigma_1 = 6.45$ ksi (T), $\sigma_2 = 2.58$ ksi (T)

3.8-17. (a) $\theta = 5.76\ (10^{-4})$ rad,
(b) $\sigma_1 = 20.2$ MPa (T), $\sigma_2 = 28.8$ MPa (T), $\sigma_3 =$ 19.59 MPa (T)

3.8-19. (a) $u_A = \frac{1}{3}\alpha L\Delta T, u_C = \frac{7}{3}\alpha L\Delta T$
(b) $\sigma_1 = \frac{1}{3}E\alpha\Delta T\,(T), \sigma_2 = \frac{1}{3}E\alpha\Delta T\,(C), \sigma_3 = \frac{1}{6}E\alpha\Delta T\,(T)$

3.8-21. (a) $\theta = 2.65(10^{-3})$ rad,
(b) $\sigma_1 = 92.6$ MPa (T), $\sigma_2 = 157.4$ MPa (T)

3.8-23. (a) $u = 4.19(10^{-3})$ in.,
(b) $\sigma_1 = 2.51$ ksi (C), $\sigma_2 = 6.91$ ksi (T)
Problems 3.8-25 and 3.8-27 require the writing of computer programs.

3.9-1. (a) $\sigma_1 = 4.44$ ksi (T), $\sigma_2 = 1.975$ ksi (C)
(b) $u_B = 1.185\ (10^{-2})$ in.

3.9-3. $P_F = -\frac{17}{20}P$

3.9-5. (a) $F_1 = 33.9$ kN, $F_2 = 10.17$ kN, (b) $e = 0.323$ mm

3.9-7. (a) $F_1 = 11.58$ kN, $F_2 = 7.37$ kN, $F_3 = 1.053$ kN,
(b) $u_B = 0.379$ mm

3.9-9. $\sigma_1 = 0.753$ ksi (T), $\sigma_2 = \sigma_3 = 2.34$ ksi (T)

3.9-11. $\sigma_1 = \frac{1}{3}E\alpha\Delta T$ (T), $\sigma_2 = \frac{1}{3}E\alpha\Delta T$ (C),
$\sigma_3 = \frac{1}{6}E\alpha\Delta T$ (T)

3.9-13. $\sigma_1 = 38.0$ MPa (T), $\sigma_2 = 12.00$ MPa (C)

3.9-15. $\sigma_1 = 92.6$ MPa (T), $\sigma_2 = 157.4$ MPa (T)

3.10-1. (a) $\sigma_1 = 7.32$ ksi (T), $\sigma_2 = 6.40$ ksi (C),
(b) $u_C = -0.0226$ in., $v_C = -0.0860$ in.

3.10-3. (a) $\sigma_1 = 133.5$ MPa (T), $\sigma_2 = 7.41$ MPa (T),
(b) $u_C = 5.22$ mm, $v_C = 4.57$ mm

3.10-5. (a) $(A_1)_{min} = 4010\ mm^2$, $(A_2)_{min} = 222\ mm^2$,
(b) $u_C = 0.1587$ mm, $v_C = 9.05$ mm

3.10-7. (a) $\sigma_1 = 9.04$ ksi (T), $\sigma_2 = 2.86$ ksi (C),
(b) $u_C = 0.0238$ in., $v_C = -0.0413$ in.

3.10-9. (a) $\sigma_{AC} = 52.0$ MPa (T), (b) $e_{AC} = 1.352$ mm,
(c) $v_D = -3.52$ mm

3.10-11. $\theta = 75.0°$

3.10-13. (a) $u_A = \dfrac{125}{253}\dfrac{PL}{AE}, v_A = 0,$
(b) $F_1 = \dfrac{80}{253}P, F_2 = \dfrac{125}{253}P, F_3 = \dfrac{80}{253}P$

3.10-15. (a) $u_A = \dfrac{375}{887}(\alpha_2 L\Delta T), v_A = \dfrac{500}{2661}(\alpha_2 L\Delta T),$
(b) $F_1 = \dfrac{320}{887}(\alpha_2 AE\Delta T), F_2 = -\dfrac{512}{887}(\alpha_2 AE\Delta T),$
$F_3 = \dfrac{320}{887}(\alpha_2 AE\Delta T)$

3.10-17. (a) $u_A = 1.875$ mm, $v_A = -0.217$ mm,
(b) $F_1 = 37.5$ kN, $F_2 = 22.5$ kN, $F_3 = -22.5$ kN

3.10-19. (a) $u_A = -2.05(10^{-3})$ in., $v_A = -4.90(10^{-2})$ in.,
(b) $F_1 = 9.78$ kips, $F_2 = 10.11$ kips, $F_3 = 0.853$ kips

3.10-21. (a) $u_A = 3.20(10^{-2})$ in., $v_A = 2.84(10^{-3})$ in.,
(b) $\sigma_1 = 6.07$ ksi (T), $\sigma_2 = 5.36$ ksi (C), $\sigma_3 = 7.51$ ksi (T)

3.10-23. (a) $P = 57.3$ kN, (b) $F_1 = 22.4$ kN,
$F_2 = 35.0$ kN, $F_3 = 8.75$ kN, (c) $R_y = -5.86$ kN

3.10-25. (a) $u_A = -1.222$ mm,
(b) $\sigma_1 = 13.68$ MPa (C), $\sigma_2 = 13.62$ MPa (T),
$\sigma_3 = 5.35$ MPa (C)

3.11-1. (a) $P_{Y1} = 15$ kips, (b) $u_C = 0.1333$ in.

3.11-3. (a) $P_Y = 43.2$ kips, $u_Y = 0.0240$ in.,
(a) $P_U = 57.6$ kips, $u_U = 0.0480$ in.

3.11-5. (a) $P_Y = 145.7$ kips, $u_Y = 0.0576$ in.,
(a) $P_U = 187.2$ kips, $u_U = 0.0900$ in.

3.11-7. $(\sigma_1)_{resid} = (\sigma_2)_{resid} = 5.67$ ksi (C)

CHAPTER 4

4.2-1. (a) $(\gamma_s)_{max} = 240\ (10^{-6})$ rad
(b) $\phi(L) - \phi(0) = 0.01152$ rad

4.3-1. $T = 665$ N · m, (b) $\phi = 0.1067$ rad

4.3-3. (a) $\tau_{max} = 9.55$ ksi, (b) $T_c\% = 6.25\%$, (c) $W_c\% = 25\%$

4.3-5. $d_{req'd} = 109$ mm ($> d_\tau = 108.4$ mm)

4.3-7. (a) $T_\tau = \dfrac{\pi\tau_{allow} d^3}{16}$, (b) $T_\phi = \dfrac{\pi G d^4 (\frac{d\phi}{dx})_{allow}}{32}$

4.3-9. (a) $\%W_{red} = 77.6\%$, (b) $\%W_{red} = 87.3\%$

4.3-11. $\tau_{max}(x) = \dfrac{16T_0}{\pi d_0^3}\left(1 + \dfrac{x}{L}\right)^{-3}$, (b) $\phi_0 = \dfrac{28T_0L_0}{3\pi G d_0^4}$

4.3-13. (a) $\tau_{max}(x) = \dfrac{32t_0L}{\pi^2 d^3}\left[1 - \sin\left(\dfrac{\pi x}{2L}\right)\right]$,
(b) $\phi_B = \dfrac{64t_0L^2}{\pi^2 G d^4}\left(1 - \dfrac{2}{\pi}\right)$

4.3-15. (a) $\tau_{max} = 1.293$ MPa (acts at the outer surface of member (2), (b) $\phi_{C/A} = 1.078\ (10^{-3})$ rad

4.3-17. $T_A = -\dfrac{4t_0L}{\pi^2}$, $T_B = \left(\dfrac{4 - 2\pi}{\pi^2}\right)t_0L$

4.4-1. (a) The cast-iron bar failed in tension. (b) The chalk is brittle and fails in tension like cast iron (i.e., Fig. 4.17*b*).
4.4-3. $T_{max} = 314$ lb · in., (b) The dowel fails in shear parallel to the grain of the wood.
4.4-5. (a) $(\sigma_{max})_T = 37.7$ MPa, $(\sigma_{max})_C = -37.7$ MPa, $\tau_{max} = 37.7$ MPa, (b) _____
4.4-7. (a) $(\sigma_{max})_T = 4.62$ ksi, $(\sigma_{max})_C = -4.62$ ksi, $\tau_{max} = 4.62$ ksi, (b) _____
4.4-9. (a) $T = 125.7$ N · m, (b) $(\sigma_{max})_T = 80.0$ MPa
4.4-11. (a) $T = 90.8$ kip · in., (b) $(\sigma_{max})_T = 33.1$ ksi
4.4-13. (a) $\gamma_{max} = 1.479\ (10^{-3})$ rad, (b) $(\epsilon_{max})_T = 0.739\ (10^{-3})$ m/m

4.5-1. (a) $\tau_{max} = (\tau_{max})_1 = 2.47$ ksi, (b) $\phi_C = 1.311(10^{-3})$ rad
4.5-3. (a) $\tau_{max} = 31.8$ MPa, (b) $\phi_C = 38.8(10^{-3})$ rad
4.5-5. (a) $(\tau_{max})_1 = 4.07$ ksi, $(\tau_{max})_2 = 6.11$ ksi, (b) $\phi_{C/A} = -6.79(10^{-4})$ rad
4.5-7. (a) $\tau_{max} = (\tau_{max})_3 = 163.0$ MPa, (b) $\phi_{D/A} = 0.0678$ rad
4.5-9. $\phi_{D/A} = 0.01372$ rad
4.5-11. (a) $\tau_{max} = (\tau_{max})_1 = 4.51$ ksi, (b) $\phi_A = -0.01661$ rad, (c) $k_t = 72.3 \dfrac{\text{kip} \cdot \text{in.}}{\text{rad}}$
4.5-13. $k_t = 13.18 \dfrac{\text{kN} \cdot \text{m}}{\text{rad}}$
4.5-15. $(d_{i2})_{max} = 38$ mm

4.6-1. (a) $T_1 = -1133$ lb · in. $T_2 = 2867$ lb · in., (b) $(\tau_{max})_1 = 5769$ psi, $(\tau_{max})_2 = 4327$ psi, (c) $\phi_B = 7.69(10^{-3})$ rad
4.6-3. $L_2/L_1 = d_2/d_1$
4.6-5. (a) $T_1 = -4.40$ kN · m, $T_2 = 5.60$ kN · m, (b) $(\tau_{max})_1 = 66.2$ MPa, $(\tau_{max})_2 = 84.3$ MPa, (c) $\sigma_{maxT} = 84.3$ MPa
4.6-7. (a) $(\tau_{max})_1 = 11.68$ ksi, $(\tau_{max})_2 = 6.92$ ksi, (b) $\phi_A = 0.1245$ rad
4.6-9. $t = 3.41$ mm
4.6-11. (a) $T_1 = 470$ lb · in., $T_2 = 2030$ lb · in., (b) $(\tau_{max})_1 = 2390$ psi, $(\tau_{max})_2 = 4190$ psi, (c) $\phi_B = 0.00871$ rad, (d) $k_t = 287 \dfrac{\text{kip} \cdot \text{in}}{\text{rad}}$
4.6-13. (a) $(\tau_{max})_1 = 6.27$ ksi, $(\tau_{max})_2 = 3.92$ ksi, (b) $(\tau_{max})_1 = 8.58$ ksi, $(\tau_{max})_2 = 1.610$ ksi
4.6-15. (a) $(\tau_{max})_1 = \dfrac{12T_0}{\pi d^3}$, $(\tau_{max})_2 = \dfrac{20T_0}{\pi d^3}$, $(\tau_{max})_3 = \dfrac{4T_0}{\pi d^3}$, (b) $\phi_B = -\dfrac{12T_0L}{\pi G d^4}$
4.6-17. (a) $(T_B)_i = 696$ N · m, (b) $(T_B)_f = 5.11$ kN · m

4.7-1. (a) $\phi_B = 3.77\ (10^{-3})$ rad, (b) $T_1 = -444$ lb · in., $T_2 = 3560$ lb · in., (c) $(\tau_{max})_1 = (\tau_{max})_2 = 2.26$ ksi
4.7-3. (a) $\phi_B = \dfrac{32L_1L_2T_B}{\pi d^4(G_1L_2 + G_2L_1)}$, (b) $T_1 = \dfrac{-G_1L_2T_B}{G_1L_2 + G_2L_1}$, $T_2 = \dfrac{G_2L_1T_B}{G_1L_2 + G_2L_1}$, (c) $(\tau_{max})_1 = \dfrac{16G_1L_2T_B}{\pi d^3(G_1L_2 + G_2L_1)}$, $(\tau_{max})_2 = \dfrac{16G_2L_1T_B}{\pi d^3(G_1L_2 + G_2L_1)}$
4.7-5. $t = 3.41$ mm
4.7-7. (a) $\phi_C = 1.493°$, (b) $(\tau_{max})_1 = 5.27$ ksi, $(\tau_{max})_2 = 6.05$ ksi
4.7-9. (a) $\phi_C = -1.048\ (10^{-2})$ rad, $\phi_B = 5.99\ (10^{-3})$ rad, (b) $T_1 = 302$ N · m, $T_2 = -172.6$ N · m, (c) $\tau_{max} = (\tau_{max})_1 = 46.9$ MPa
4.7-11. (a) $\phi_B = 3.22\ (10^{-3})$ rad, $\phi_C = -2.85\ (10^{-3})$ rad, (b) $\tau_{max} = (\tau_{max})_2 = 1.443$ ksi

4.8-1. (a) $\tau_{max} = 10.45$ ksi, (b) $\phi = 0.01120$ rad
4.8-3. $\mathcal{P}_{max} = 69.0$ kW
4.8-5. $\tau_{max} = 7.31$ ksi
4.8-7. (a) $d_{req} = 65$ mm, (b) $W = 265$ N, (c) $(d_0)_{req} = 68$ mm, (d) $\dfrac{W_{tube}}{W_{solid}} = 70\%$
4.8-9. $d_{req} = 3/8$ in.
4.8-11. $\omega_{min} = 9.66$ rad/s
4.8-13. $d_{min} = (d_{min})_\phi = \dfrac{13}{16}$ in.
4.8-15. (a) $d_{min} = 18$ mm, (b) $(\tau_{max})_2 = 14.42$ MPa, (c) $\phi_{C/B} = 0.604°$

4.9-1. (a) $\tau_{max} = 5.00$ ksi, (b) $J = 667$ in^4
4.9-3. (a) $\tau_{max} = 26.2$ MPa, (b) $J = 8.92\ (10^6)$ mm^4
4.9-5. (a) $\tau_{max} = 17.64$ MPa, (b) $J = 2.92\ (10^{-5})$ m^4
4.9-7. (a) $\tau_{max} = 24.9$ MPa, (b) $J = 9.40\ (10^{-7})$ m^4
4.9-9. $\tau = \dfrac{T}{2\pi abt}$
4.9-11. (a) $\dfrac{d\phi}{dx} = 7.41(10^{-4})$ rad/in., (b) $\dfrac{d\phi}{dx} = 7.47\ (10^{-4})$ rad/in.
4.9-13. (a) $\tau_{max}(\alpha) = \dfrac{2T(\alpha + 1)^2}{t\alpha L_m^2}$, (b) $\alpha = 1$

4.10-1. (a) $\tau_{max} = 240$ psi, (b) $\phi = 6.45\ (10^{-4})$ rad, (c) $A = 0.816$ in^2
4.10-3. (a) $(\tau_{max})_2 = 32.5$ MPa, $(\tau_{max})_4 = 40.1$ MPa, (b) $\phi_2 = 0.0559$ rad, $\phi_4 = 0.0911$ rad

4.10-5. (a) $\tau_{max} = 7.64$ ksi, (b) $\phi = 0.0208$ rad, (c) $A = 1.571$ in^2, $\%(\tau_{max})_{decr} = 29.3\%$

4.10-7. (a) $\dfrac{(\tau_{max})_{rect}}{(\tau_{max})_{ell}} = 1.147$, (b) $\dfrac{(\phi/L)_{rect}}{(\phi/L)_{ell}} = 1.112$

4.10-9. (a) $\tau_{max} = 19.02$ MPa, (b) $\phi = 0.1189$ rad

4.11-1. (a) _____, (b) $T = 126.1$ kip · in., (c) $\phi = 0.1536$ rad

4.11-3. (a) _____, (b) $r_Y = 9.62$ mm, (c) $\phi = 0.332$ rad

4.11-5. (a) $T_Y = 684$ lb · in., $T_P = 821$ lb · in., (b) $\%A_{yield} = 34.6\%$, (c) $\phi = 0.0667$ rad

4.11-7. $T = \dfrac{\pi\tau_Y}{6}\left(4r_o^3 - \dfrac{3r_i^4}{r_Y} - r_Y^3\right)$

4.11-9. (a) $T = 1.849$ kip · in., $\phi_{PS} = 8.31(10^{-3})$ rad, (c) _____

4.11-11. (a) $T = 786$ kip · in., $\gamma_o = 8.33(10^{-4})$ rad, (c) $\phi_{PS} = 4.01(10^{-3})$ rad, (d) _____

CHAPTER 5

5.2-1. (a) $V_{C^-} = 18$ kN, $M_{C^-} = 46$ kN · m, (b) $V_{D^-} = -2$ kN, $M_{D^-} = 44$ kN · m

5.2-3. (a) $V_{C^-} = P$, $M_{C^-} = -Pa$, (b) $V_{D^-} = -P$, $M_{D^-} = -3Pa$

5.2-5. $V_C = -2$ kips, $M_C = -4$ kip · ft

5.2-7. (a) $aL = 0.207L$, (b) $|M_B| = |M_C| = |M_E| = 0.0214\,wL^2$

5.2-9. $V_C = 0.5$ kN, $M_C = -2.5$ kN · m

5.2-11. (a) $A_y = 3$ kips, $D_x = 0$ kips, $D_y = 23$ kips, $M_D = -130$ kip · ft, (b) $V_E = -13$ kips, $M_E = -40$ kip · ft

5.2-13. (a) $V_1(x) = -\dfrac{25x^2}{2}$ kN, $M_1(x) = -\dfrac{25x^3}{6}$ kN · m,

(b) $V_2(x) = -10$ kN, $M_2(x) = \left(-\dfrac{40}{3} - 10x\right)$ kN · m,

(c) $V_C = -10$ kN, $M_C = -\dfrac{190}{3}$ kN · m

5.2-15. (a) $V_1(x) = (20 - 2x)$ kips, $M_1(x) = (20x - x^2)$ kip · ft, (b) $V_2(x) = (17 - 2x)$ kips, $M_2(x) = (18 + 17x - x^2)$ kip · ft

5.2-17. (a) $V_1(x) = [130 - (x^2/150)]$ N, $M_1(x) = [130x - (x^3/450)]$ N · mm, (b) $V_2(x) = -20$ N, $M_2(x) = [15(10^3) - 20x]$ N · mm

5.2-19. (a) $W_g = 120$ lb, (b) $p_0 = 20$ lb/ft, (c) $V(x) = (20x - 40)$ lb, $M(x) = (10x^2 - 40x + 40)$ lb · ft

5.2-21. (a) $V_1(x) = -3.5$ kN, $M_1(x) = -3.5x$ kN · m, (b) $F_2 = 7.29$ kN

5.2-23. $V(x) = A_y - \dfrac{w_0x^2}{2L}$, $M(x) = A_yx - \dfrac{w_0x^3}{6L}$

5.2-25. $V_1(x) = A_y - \dfrac{w_0x^2}{2L}$, $M_1(x) = A_yx - \dfrac{w_0x^3}{6L}$,

$$V_2(x) = \frac{w_0L}{2}\left[1 - \left(\frac{x}{L}\right)^2\right] - 2A_y,$$

$$M_2(x) = \frac{w_0L^2}{6}\left[-2 + 3\left(\frac{x}{L}\right) - \left(\frac{x}{L}\right)^3\right] + 2A_y(L - x)$$

5.4.1. $V_2(x) = 16$ lb, $M_2(x) = (-800 + 16x)$ lb · in.

5.4.3. Use the "Determinate Beams Module" of MDSolids to check your solution.

5.4.5. Use the "Determinate Beams Module" of MDSolids to check your solution.

5.4.7. Use the "Determinate Beams Module" of MDSolids to check your solution. (Hint: Let $P = 1$ kip, and let $a = 1$ ft.)

5.4.9. Use the "Determinate Beams Module" of MDSolids to check your solution.

5.4.11. Use the "Determinate Beams Module" of MDSolids to check your solution.

5.4.13. Suggestion: Use the 'Beam Deformation' option of the "General Analysis Module" of MDSolids to check your solution. (Hint: Let $p_0 = 1$ kN/m, and let $L = 4$ m.)

5.4-15. Suggestion: Use the 'Beam Deformation' option of the "General Analysis Module" of MDSolids to check your solution.

5.4-17. Suggestion: Use the 'Beam Deformation' option of the "General Analysis Module" of MDSolids to check your solution.

5.4-19. $V(x) = -p_0L\left[\dfrac{2}{3} - \left(\dfrac{x}{L}\right) + \dfrac{1}{3}\left(\dfrac{x}{L}\right)^3\right]$,

$$M(x) = p_0L^2\left[\frac{1}{4} - \frac{2}{3}\left(\frac{x}{L}\right) + \frac{1}{2}\left(\frac{x}{L}\right)^2 - \frac{1}{12}\left(\frac{x}{L}\right)^4\right]$$

5.5-1. Use the "Determinate Beams Module" of MDSolids to check your solution.

5.5-3. Use the "Determine Beams Module" of MDSolids to check your solution.

5.5-5. Use the "Determinate Beams Module" of MDSolids to check your solution.

5.5-7. Use the "Determinate Beams Module" of MDSolids to check your solution. (Hint: Let $P = 1$ kip, and let $a = 1$ ft.)

5.5-9. Use the "Determinate Beams Module" of MDSolids to check your solution.

5.5-11. Use the "Determinate Beams Module" of MDSolids to check your solution.

5.5-13. Use the "Determinate Beams Module" of MDSolids to check your solution.

5.5-15. Use the 'Beam Deformation' option of the "General Analysis Module" of MDSolids to check your solution.

5.5-17. Suggestion: Use the "Determinate Beams Module" of MDSolids to check your solution. Enforce sysmmetry by using only the left (or right) half of the beam.

5.5-19. $M_1 = (3x_1)$ kip · ft, $M_2 = 3(5 - x_2)$ kip · ft

5.6-1 – 5.6-21. Section 5.6 is an optional section.

CHAPTER 6

6.2-1. (a) $\epsilon_{max} = 0.001041\,\frac{mm}{mm}$, (b) $\epsilon_{max} = 0.001664\,\frac{mm}{mm}$

6.2-3. (a) $L_{min} = 1.571$ m, (b) $\epsilon_{max} = 1.571(10^{-3})\,\frac{mm}{mm}$

6.2-5. $\kappa' = \nu\kappa$

6.3-1. $\sigma_{max} = \dfrac{Eh}{(2r + h)}$

6.3-3. $h_{max} = 0.0497$ in.

6.3-5. (a) $\sigma_{max\,T} = 69.4$ MPa, (b) $\rho = 181.4$ m, (c) $\delta_{max} = 44.1$ mm

6.3-7. (a) $\sigma_A = -1700$ psi, (b) $\sigma_C = 1400$ psi, $F_{top} = 11.55$ kips (C)
6.3-9. $(M_z)_{max} = 220$ kN · m, (b) $(M_y)_{max} = 75.6$ kN · m
6.3-11. $\sigma_A = -2.16$ ksi, $\sigma_B = 4.20$ ksi
6.3-13. (a) $\bar{\eta} = \dfrac{23a}{7}$, (b) $\sigma_{max\,T} = \dfrac{483}{12{,}796}\dfrac{M}{a^3}$
(c) $F_{top} = \dfrac{108}{457}\left(\dfrac{M}{a}\right)$ (C)
6.3-15. $(\sigma_B)_{max} = 16.23$ ksi
6.3-17. $(\sigma_C)_{max\,T} = 37.3$ MPa
6.3-19. $(\sigma_{B^-})_{max\,T} = 9.28$ ksi, (b) $(\sigma_C)_{max\,C} = -10.64$ ksi
6.3-21. (a) Use the "Determinate Beams Module" of MDSolids to check your solution for Part (a).
(b) $\sigma_{max} = 12.52$ ksi
6.3-23. $(\sigma_A)_{max\,T} = 787$ psi, $(\sigma_A)_{max\,C} = -2910$ psi
6.3-25. (a) Use the "Determinate Beams Module" of MDSolids to check your solution for Part (a).
(b) $\sigma_{max} = 3.14$ ksi
6.3-27. (a) Use the "Determinate Beams Module" of MDSolids to check your solution for Part (a).
(b) $\sigma_{max} = 18.00$ MPa
6.3-29. (a) Use the "Determinate Beams Module" of MDSolids to check your solution for Part (a).
(b) $\sigma_{max} = 11.18$ ksi
6.3-31. (a) Use the "Determinate Beams Module" of MDSolids to check your solution for Part (a).
(b) $\sigma_{max} = 35.8$ MPa
6.3-33. (a) Use the "Determinate Beams Module" of MDSolids to check your solution for Part (a).
(b) $\sigma_{max\,T} = 1.457$ ksi, $\sigma_{max\,C} = -1.165$ ksi,
$\sigma_{max\,T}$ occurs at $x = 3$ ft; $\sigma_{max\,C}$ occurs at $x = 6$ ft.
6.3-35. Letting $w = 1$ kN/m, use the "Determinate Beams Module" of MDSolids to check your solution for $M(x)$.
$w_{max} = 108.1$ kN/m
6.3-37. (a) $\dfrac{\sigma_{x\,max}}{\sigma_{y\,max}} = 3\left(\dfrac{x}{h}\right)^2$, (b) ____
6.3-39. Use MDSolids.
6.3-41. Use MDSolids.

6.4-1. **W** 16 × 40, ($S = 64.7$ in^3)
6.4-3. $S_{design} = 1667(10^3)$ mm^3, **W** 610 × 92
6.4-5. (a) $S = \dfrac{b(nt)^2}{6}$, (b) $n = 5$ planks
6.4-7. $b_{min} = 230$ mm
6.4-9. $S_{design} = 36.0$ in^3, **W** 12 × 35
6.4-11. $b = \dfrac{\sqrt{3}}{6}d, h = \dfrac{\sqrt{6}}{3}d$
6.4-13. (a) $b = 0.838$ m,
(b) $S_{design} = 314(10^3)$ mm^3, **W** 310 × 33
6.4-15. $P_{allow} = 1.692$ kips

6.5-1. $(\sigma_{max})_w = 509$ psi, $(\sigma_{max})_s = 11.20$ ksi
6.5-3. $P_{allow} = (P_{allow})_s = 57.7$ kN
6.5-5. $(\sigma_{max})_a = \dfrac{24M}{bh^2(1 + 7n)}$, $(\sigma_{max})_b = \dfrac{48Mn}{bh^2(1 + 7n)}$
6.5-7. $\sigma_s = -\dfrac{E_s y}{\rho}$, $\sigma_w = -\dfrac{E_w y}{\rho}$, where $\dfrac{1}{\rho} = \dfrac{12M}{E_w(b + 2nt_s)h^3}$
6.5-9. (a) $(\sigma_n)_{max} = -25.9$ MPa, $(\sigma_c)_{max} = 19.45$ MPa,
(b) $\rho = 21.0$ m
6.5-11. (a) $(\sigma_w)_{max} = -0.821$ ksi, $(\sigma_s)_{max} = 10.10$ ksi,
(b) $\rho = 969$ ft
6.5-13. (a) $\sigma_w = -\dfrac{My}{I_t}$, $\sigma_s = -\dfrac{nMy}{I_t}$, $I_t = \dfrac{(b + 2nt_s)h^3}{12}$,
(b) $(\sigma_w)_{max} = 531$ psi, $(\sigma_s)_{max} = 10.62$ ksi
6.5-15. See Prob. 6.5-5.
6.5-17. $P_{allow} = (P_{allow})_w = 11.16$ kN
6.5-19. $w_{allow} = (w_{allow})_w = 6.22$ kN/m
6.5-21. $w = 3.24$ in.

6.6-1. $\sigma_A = 896$ psi, $\sigma_B = 418$ psi, $\sigma_D = -896$ psi, $\sigma_E = -418$ psi
6.6-3. (a) $\beta = 27.9°$, (b) $M_{allow} = 1.441$ kN · m
6.6-5. $\beta = 13.73°$ for $\theta = 2°$, (b) $(\sigma_x)_{max\,T} = 2.69$ ksi for $\theta = 2°$
6.6-7. (a) $I_{y'z'} = 3.27$ in^4, (c) $\sigma_{max\,T} = 6.18$ ksi
6.6-9. (a) $I_{y'} = 6.42\,(10^6)$ mm^4, $I_{y'z'} = 6.17\,(10^6)$ mm^4,
(c) $\sigma_{max\,T} = 28.1$ MPa, $\sigma_{max\,C} = -35.0$ MPa
6.6-11. (b) $\sigma_{max\,T} = 63.2$ MPa, $\sigma_{max\,C} = -57.0$ MPa
6.6-13. (a) $\beta = 18.36°$, (b) $\sigma_{max} = 0.0916\left(\dfrac{M}{a^3}\right)$ for $\theta = 4°$
6.6-15. $M_{max} = 29.1$ kip · in.
6.6-17. (a) $\beta = -75.5°$, (b) $\sigma_{max} = 6.18$ ksi

6.7-1. (a) $M_Y = 24.0$ kip · in., $M_P = 36.0$ kip · in., $f = 1.500$,
(b) ____
6.7-3. $M_Y = 2250$ kip · in., $M_P = 2750$ kip · in., $f = 1.218$
6.7-5. $M_Y = 2740$ kip · in., $M_P = 3070$ kip · in., $f = 1.120$
6.7-7. $M_Y = 1768$ kip · in., $M_P = 1976$ kip · in., $f = 1.118$
6.7-9. $M_Y = 89.0$ kip · in., $M_P = 166.0$ kip · in., $f = 1.866$
6.7-11. $M_Y = \dfrac{\pi\sigma_Y d^3}{32}$, $M_P = \dfrac{\sigma_Y d^3}{6}$, $f = 1.698$
6.7-13. $M_F = 2890$ kip · in.
6.7-15. $M_F = 1862$ kip · in.
6.7-17. $(\sigma_{resid})_{max} = \sigma_Y$
6.7-19. $(\sigma_{resid})_{max} = \sigma_Y = 36$ ksi
6.7-21. (a) $M_{Y1} = \dfrac{\sigma_Y bh^2}{8}$, (b) $M_{Y2} = \dfrac{19\sigma_Y bh^2}{96}$,
(c) $M_P = \dfrac{\sigma_Y bh^2}{4}$

6.8-1. $V_{max} = 5.13$ kips
6.8-3. $\sigma_A = 0$, $\tau_A = 469$ kPa, $\sigma_B = -10.42$ MPa, $\tau_B = 417$ kPa, $\sigma_C = -20.8$ MPa, $\tau_C = 260$ kPa
6.8-5. (a) $P_\sigma = \dfrac{2bh^2\sigma_{allow}}{3L}$, (b) $P_\tau = \dfrac{4bh\tau_{allow}}{3}$
6.8-7. (a) $\sigma_{max} = 14.76$ MPa, (b) $\tau_{max} = 554$ kPa
6.8-9. (a) $\sigma_{max} = 10.20$ ksi, (b) $\tau_{max} = 351$ psi
6.8-11. (a) $\tau_{max} = \dfrac{16V}{3\pi d^2}$, (b) $L_{max} = \dfrac{3\pi d^2\tau_{allow}}{8w}$
6.8-13. (a) Use MDSolids to plot $V(x)$ and $M(x)$,
(b) $\tau_{max} = 254$ psi, (c) $\sigma_{max} = 16.23$ ksi

6.10-1. (a) $I = 213$ in^4, (b) $(\tau_w)_{max} = 14.34$ ksi,
(c) $(\tau_w)_{min} = 11.10$ ksi, (d) $V_w = 38.9$ kips. Therefore, the web carries 97.4% of the vertical shear force.

6.10-3. (a) $I = 2700\ \text{in}^4$, (b) $(\tau_w)_{max} = 14.46$ ksi, (c) $(\tau_w)_{min} = 10.69$ ksi, (d) $V_w = 153.5$ kips. Therefore, the web carries 95.9% of the vertical shear force.
6.10-5. (a) $I = 227(10^6)\ \text{mm}^4$, (b) $(\tau_w)_{max} = 72.3$ MPa, (c) $(\tau_w)_{min} = 59.9$ MPa, (d) $V_w = 205$ kN. Therefore, the web carries 93.3% of the vertical shear force.
6.10-7. $\dfrac{(\tau_{max})_a}{(\tau_{max})_b} = 0.873$
6.10-9. (a) $\tau_w(y) = V\,[2820\ \text{m}^{-2} - 403(10^3)\ \text{m}^{-4}(y^2)]$, (b) $\dfrac{V_w}{V}\cdot(100\%) = 97.5\%$
6.10-11. $\tau_{max} = 1.471$ ksi
6.10-13. $\dfrac{(\tau_{max})_a}{(\tau_{max})_b} = 0.635$
6.10-15. (a) $\overline{\eta} = 156.8$ mm, $I_C \equiv I_z = 213\,(10^6)\ \text{mm}^4$, (b) $\tau_A = 775$ kPa, $\tau_B = 617$ kPa, $\tau_C = 938$ kPa
6.10-17. $\sigma_{max} = 26.7$ MPa, $\tau_{max} = 23.0$ MPa
6.10-19. $\tau_{max} = 6.71$ ksi
6.10-21. $(w_0)_{max} = 128.0$ lb/ft

6.11-1. $(\tau_{max})_{glue} = 213$ psi
6.11-3. The beam produced by Company A is 60% stronger in shear than the beam of Company B.
6.11-5. (a) $\tau_{glue} = 37.3$ psi, (b) $\tau_{max} = 91.5$ psi
6.11-7. $V_{allow} = 1.285$ MN
6.11-9. $V_{max} = 12.24$ kips
6.11-11. $(\Delta x)_{max} = 105.1$ mm,
6.11-13. $(\Delta x)_{max} = 2.63$ in.
6.11-15. $(\Delta x)_{AB} = 126.2$ mm, $(\Delta x)_{BC} = 101.0$ mm, $(\Delta x)_{CD} = 168.3$ mm

6.12-1. $e = 0.953$ in.
6.12-3. $e = 0.869$ in.
6.12-5. (a) $e = 0.868$ in., (b) $\tau_A = 2.63$ ksi, $\tau_B = 4.12$ ksi
6.12-7. $e = \dfrac{1544\,a}{549}$
6.12-9. $t_f = 0.1166$ in.
6.12-11. (a) $q_1(y) = \dfrac{3V}{4a^3}\left(\dfrac{9a^2 - y^2}{20 + 7\sqrt{2}}\right)$, (b) $e = \dfrac{a}{2}\left(\dfrac{7 + 5\sqrt{2}}{20 + 7\sqrt{2}}\right)$
6.12-13. (a) $q(\theta) = \dfrac{V}{\pi r}(1 - \cos\theta)$, (b) $e = 2r$
6.12-15. $q_f(s) = V(135.9\ \text{m}^{-2})s$, (b) $e = 16.99$ mm

CHAPTER 7

7.2-1. (a) $\delta_{max} = 0.0321\left(\dfrac{M_0L^2}{EI}\right)$, (b) $R_A = -\dfrac{4M_0}{L}$, $R_B = \dfrac{4M_0}{L}$, $M_A = 2M_0$
7.2-3. (a) $P_A = \dfrac{w_0L}{8}$, (b) $R_B = \dfrac{7w_0L}{8}$, $M_B = \dfrac{-3w_0L^2}{8}$

7.3-1. (a) $v(x) = \dfrac{M_0L^2}{6EI}\left[-\left(\dfrac{x}{L}\right)^3 + \left(\dfrac{x}{L}\right)\right]$, (b) $\theta_A = \dfrac{M_0L}{6EI}$, (c) $\delta_{max} = \dfrac{\sqrt{3}\,M_0L^2}{27EI}$
7.3-3. (a) $M_A = 59.7$ kip · ft, (b) $\sigma_{max} = 20.2$ ksi
7.3-5. (a) $v(x) = \dfrac{w_0L^4}{120EI}\left[-\left(\dfrac{L-x}{L}\right)^5 - 5\left(\dfrac{x}{L}\right) + 1\right]$, (b) $\theta_B \equiv |v'(L)| = \dfrac{w_0L^3}{24EI}$, $\delta_B \equiv |v(L)| = \dfrac{w_0L^4}{30EI}$
7.3-7. (a) $v_1(x) = \dfrac{WL^3}{3EI}\left[-\left(\dfrac{x}{L}\right)^3 + \dfrac{1}{9}\left(\dfrac{x}{L}\right)\right]$, $v_2(x) = \dfrac{WL^3}{6EI}\left[\left(\dfrac{x}{L}\right)^3 - 3\left(\dfrac{x}{L}\right)^2 + \dfrac{11}{9}\left(\dfrac{x}{L}\right) - \dfrac{1}{9}\right]$, (b) $\delta_C = |v_2(L)| = \dfrac{4WL^3}{27EI}$, (c) $\delta_{max} = \dfrac{2\sqrt{3}}{(27)^2}\dfrac{WL^3}{EI}$
7.3-9. (a) $v_1(x) = \dfrac{PL^3}{9EI}\left[\left(\dfrac{x}{L}\right)^3 - 5\left(\dfrac{x}{L}\right)\right]$, $v_2(x) = \dfrac{PL^3}{18EI}\left[2\left(\dfrac{x}{L}\right)^3 - 3\left(\dfrac{x-L}{L}\right)^3 - 10\left(\dfrac{x}{L}\right)\right]$, (b) $\delta_{max} = \dfrac{16\sqrt{6}}{81}\left(\dfrac{PL^3}{EI}\right)$
7.3-11. (a) $v_1(x) = \dfrac{w_0L^4}{24EI}\left[-\left(\dfrac{x}{L}\right)^3 + 4\left(\dfrac{x}{L}\right)\right]$, $v_2(x) = \dfrac{w_0L^4}{24EI}\left[-\left(\dfrac{x}{L}\right)^4 + 12\left(\dfrac{x}{L}\right)^3 - 54\left(\dfrac{x}{L}\right)^2 + 96\left(\dfrac{x}{L}\right) - 56\right]$, (b) $\delta_C = \dfrac{11w_0L^4}{24EI}$, (c) $\delta_{max} = \dfrac{2\sqrt{3}}{27}\left(\dfrac{w_0L^4}{EI}\right)$
7.3-13. (a) $v(x) = \dfrac{w_0L^4}{960EI}\left[-16\left(\dfrac{x}{L}\right)^5 + 40\left(\dfrac{x}{L}\right)^3 - 25\left(\dfrac{x}{L}\right)\right]$, (b) $\delta_{max} = \dfrac{w_0L^4}{120EI}$
7.3-15. (a) $v_1(x) = \dfrac{p_0L^4}{48EI}\left[-4\left(\dfrac{x}{L}\right)^3 + 9\left(\dfrac{x}{L}\right)^2\right]$, $v_2(x) = \dfrac{p_0L^4}{384EI}\left[16\left(\dfrac{x}{L}\right)^4 - 64\left(\dfrac{x}{L}\right)^3 + 96\left(\dfrac{x}{L}\right)^2 - 8\left(\dfrac{x}{L}\right) + 1\right]$, (b) $\delta_C = \dfrac{41p_0L^4}{384EI}$
7.3-17. (a) $v_1(x) = \dfrac{PL^3}{96EI}\left[16\left(\dfrac{x}{L}\right)^3 - 36\left(\dfrac{x}{L}\right) + 23\right]$, $v_2(x) = \dfrac{PL^3}{24EI}\left[4\left(\dfrac{x}{L}\right)^3 - 3\left(\dfrac{x}{L}\right)^2 - 6\left(\dfrac{x}{L}\right) + 5\right]$, (b) $\delta_A = \dfrac{23}{96}\dfrac{PL^3}{EI}$
7.3-19. $h = 4.00$ in. **7.3-21.** $h = 66.7$ mm
7.3-23. (a) $\delta_{max} = 0.1452$ in., (b) $\sigma_{max} = 8.14$ ksi
7.3-25. $\sigma_{max} = 19.44$ MPa
7.3-27. (a) $v(x) = \dfrac{-w_0}{EI}\left(\dfrac{L}{\pi}\right)^4 \sin\left(\dfrac{\pi x}{L}\right)$, (b) $\theta_B = \dfrac{w_0}{EI}\left(\dfrac{L}{\pi}\right)^3$
7.3-29. $v(x) = \dfrac{p_0L^4}{360EI}\left[-\left(\dfrac{x}{L}\right)^6 + 15\left(\dfrac{x}{L}\right)^4 - 40\left(\dfrac{x}{L}\right)^3 + 45\left(\dfrac{x}{L}\right)^2\right]$, (b) $\theta_B = \dfrac{p_0L^3}{15EI}$, (c) $R_A = \dfrac{2}{3}p_0L$, $M_A = \dfrac{1}{4}p_0L^2$

7.3-31. (a) $v(x) = \dfrac{M_0L^2}{6EI}\left[\left(\dfrac{x}{L}\right)^3 + 3\left(\dfrac{x}{L}\right)^2 - 4\left(\dfrac{x}{L}\right)\right]$,
(b) $\theta_B = \dfrac{5}{6}\dfrac{M_0L}{EI}$, (c) $\delta_{max} = 0.1881\dfrac{M_0L^2}{EI}$

7.3-33. (a) $v(x) = \dfrac{w_0L^4}{120EI}\left[-\left(\dfrac{L-x}{L}\right)^5 - 5\left(\dfrac{x}{L}\right) + 1\right]$,
(b) $\theta_B \equiv |v'(L)| = \dfrac{w_0L^3}{24EI}, \delta_B \equiv |v(L)| = \dfrac{w_0L^4}{30EI}$

7.3-35. (a) $v_1(x) = \dfrac{PL^3}{9EI}\left[\left(\dfrac{x}{L}\right)^3 - 5\left(\dfrac{x}{L}\right)\right]$,
$v_2(x) = \dfrac{PL^3}{18EI}\left[-\left(\dfrac{x}{L}\right)^3 + 9\left(\dfrac{x}{L}\right)^2 - 19\left(\dfrac{x}{L}\right) + 3\right]$,
(b) $\delta_{max} = \dfrac{16\sqrt{6}}{81}\left(\dfrac{PL^3}{EI}\right)$

7.3-37. (a) $\delta_B = \dfrac{11p_0L^4}{120EI}$, (b) $L = \sqrt{\dfrac{20Eh\delta_{allow}}{11\sigma_{allow}}}$

7.4-1. (a) $R_A = \dfrac{3w_0L}{8}$,
(b) $v(x) = \dfrac{w_0L^4}{48EI}\left[-2\left(\dfrac{x}{L}\right)^4 + 3\left(\dfrac{x}{L}\right)^3 - \left(\dfrac{x}{L}\right)\right]$

7.4-3. (a) $R_A = \dfrac{w_0L}{10}, v(x) = \dfrac{w_0L^4}{120EI}\left[-\left(\dfrac{x}{L}\right)^5 + 2\left(\dfrac{x}{L}\right)^3 - \left(\dfrac{x}{L}\right)\right]$,
(b) $\delta_{max} = \dfrac{2\sqrt{5}}{1875}\dfrac{w_0L^4}{EI}$, (c) ____

7.4-5. (a) $R_A = \dfrac{3w_0L}{20}, M_A = \dfrac{-w_0L^2}{30}$,
$v(x) = \dfrac{w_0L^4}{120EI}\left[-\left(\dfrac{x}{L}\right)^5 + 3\left(\dfrac{x}{L}\right)^3 - 2\left(\dfrac{x}{L}\right)^2\right]$
(b) $\delta_{max} = \left|v\left(\dfrac{-5+\sqrt{105}}{10}L\right)\right|$, (c) ____

7.4-7. (a) $R_A = \dfrac{14}{27}P, R_C = \dfrac{13}{27}P$,
$v_1(x) = \dfrac{PL^3}{81EI}\left[7\left(\dfrac{x}{L}\right)^3 - 3\left(\dfrac{x}{L}\right)\right]$, (b) ____

7.4-9. $R_A = \dfrac{w_0L}{2}\left[\left(\dfrac{a}{L}\right)^4 - 2\left(\dfrac{a}{L}\right)^3 + 2\left(\dfrac{a}{L}\right)\right]$,
$v_1(x) = \dfrac{-w_0x^4}{24EI} + \dfrac{w_0Lx^3}{12EI}\left[\left(\dfrac{a}{L}\right)^4 - 2\left(\dfrac{a}{L}\right)^3 + 2\left(\dfrac{a}{L}\right)\right] +$
$\dfrac{w_0L^2x^2}{24EI}\left[-3\left(\dfrac{a}{L}\right)^4 + 8\left(\dfrac{a}{L}\right)^3 - 6\left(\dfrac{a}{L}\right)^2\right]$ (b) ____

7.4-11. (a) $R_A = \dfrac{-3w_0L}{80}, M_A = \dfrac{w_0L^2}{160}$,
(b) $v_1(x) = \dfrac{w_0L^4}{320EI}\left[-2\left(\dfrac{x}{L}\right)^3 + \left(\dfrac{x}{L}\right)^2\right]$, (c) ____

7.4-13. See Prob. 7.4-3 answers.

7.4-15. $R_A = \dfrac{w_0L}{24}$,
$v(x) = \dfrac{w_0L^4}{720EI}\left[-2\left(\dfrac{x}{L}\right)^6 + 5\left(\dfrac{x}{L}\right)^3 - 3\left(\dfrac{x}{L}\right)\right]$

7.4-17. $R_A = \dfrac{48p_0L}{\pi^4}(\pi - 4), M_A = \dfrac{4p_0L^2}{\pi^4}(24 - 4\pi - \pi^2)$,
$v(x) = \dfrac{8p_0L^4}{\pi^4EI}\left[2\cos\left(\dfrac{\pi x}{2L}\right) + (\pi - 4)\left(\dfrac{x}{L}\right)^3 +\right.$
$\left.(6-\pi)\left(\dfrac{x}{L}\right)^2 - 2\right]$

7.5-1. (a) $v(x) = \dfrac{P_0}{6EI}\left[\langle x\rangle^3 - 2\langle x - L/2\rangle^3 + \langle x - L\rangle^3\right]$,
(b) $v(L/2) = \dfrac{P_0L^3}{48EI}$

7.5-3. (a) $\theta(x) = \dfrac{1}{EI}\left[30 \text{ kip}\cdot\text{ft}\,\langle x\rangle^1 - 9 \text{ kips}\,\langle x\rangle^2 +\right.$
$\left.\dfrac{2}{3}\dfrac{\text{kips}}{\text{ft}}\left(\langle x\rangle^3 - \langle x - 5\text{ ft}\rangle^3\right) - 1\text{ kip}\langle x - 10\text{ ft}\rangle^2\right]$
(b) $v(L/2) = 4.50(10^{-3})$ in.

7.5-5. (a) $\theta(x) = \dfrac{1}{EI}\left[-7.8\text{ kN}\cdot\text{m}\,\langle x\rangle^1 - \dfrac{1}{2}\text{kN}\,\langle x\rangle^2 +\right.$
$\left.\dfrac{1}{3}\dfrac{\text{kN}}{\text{m}}\langle x\rangle^3 - \dfrac{1}{36}\dfrac{\text{kN}}{\text{m}^2}\left(\langle x\rangle^4 - \langle x - 3\text{ m}\rangle^4\right) - 1\text{ kN}\langle x - 5.4\text{ m}\rangle^2\right]$
(b) $v(3\text{m}) = -71.1$ mm

7.5-7. (a) $\theta_A = \dfrac{-121w_0L^3}{1944EI}, \theta_D = \dfrac{137w_0L^3}{1944EI}$, (b) ____,
(c) $v(L/2) = \dfrac{-163w_0L^4}{7776EI}$

7.5-9. $M_0 = \frac{3}{28}PL$

7.5-11. (a) $R_A = \dfrac{w_0L}{10}$,
(b) $\theta(x) = \dfrac{w_0}{120EI}\left[6L\langle x\rangle^2 - \dfrac{5}{L}\langle x\rangle^4 - L^3\langle x\rangle^0\right]$

7.5-13. (a) $R_A = \dfrac{w_0L}{24}$,
(b) $\theta(x) = \dfrac{w_0}{240EI}\left[5L\langle x\rangle^2 - \dfrac{4}{L^2}\langle x\rangle^5 - L^3\langle x\rangle^0\right]$

7.5-15. (a) $R_A = -\dfrac{p_0L}{28}, M_A = \dfrac{p_0L^2}{105}$,
(b) $\theta(x) = \dfrac{p_0}{840EI}\left[8L^2\langle x\rangle^1 - 15L\langle x\rangle^2 + \dfrac{7}{L^3}\langle x\rangle^6\right]$

7.5-17. (a) $R_A = \dfrac{19}{40}w_0L, M_A = -\dfrac{73}{960}w_0L^2$,
(b) $v(x) = \dfrac{w_0}{1920EIL}[-73L^3\langle x\rangle^2 + 152L^2\langle x\rangle^3 - 80L\langle x\rangle^4 +$
$32\langle x - L/2\rangle^5 + 57L^3\langle x - L\rangle^2 + 88L^2\langle x - L\rangle^3]$

7.5-19. (a) $R_A = \dfrac{7w_0L}{32}$,
(b) $\theta(x) = \dfrac{w_0}{768EI}\left[84L\langle x\rangle^2 - 128\left(\langle x\rangle^3 - \left\langle x - \dfrac{L}{2}\right\rangle^3\right) +\right.$
$\left.120L\left\langle x - \dfrac{L}{2}\right\rangle^2 - 3L^3\langle x\rangle^0\right]$, (c) $\theta_A = -\dfrac{w_0L^3}{256EI}$

7.6-1. $v'_A = -\dfrac{5}{8}\dfrac{PL^2}{EI}, v_A = \dfrac{17}{48}\dfrac{PL^3}{EI}$

7.6-3. $v'_C = -\dfrac{43}{48}\dfrac{p_0L^3}{EI}, v_C = -\dfrac{41}{96}\dfrac{p_0L^4}{EI}$

7.6-5. $v'_C = -\dfrac{7}{48}\dfrac{w_0L^3}{EI}, v_C = -\dfrac{41}{384}\dfrac{w_0L^4}{EI}$

7.6-7. $v'_A = -\dfrac{19}{128}\dfrac{PL^2}{EI}, v_C = -\dfrac{11}{256}\dfrac{PL^3}{EI}$

7.6-9. (a) $v'(x) = \dfrac{M_0}{6EIL}(4L^2 - 6Lx - 3x^2)$,
(b) $v_{\max} = 0.1881\left(\dfrac{M_0L^2}{EI}\right)$

7.6-11. (a) $v'(x) = \dfrac{P}{162EI}(2L^2 - 27x^2)$, (b) $v_{\max} = \dfrac{2\sqrt{6}}{2187}\dfrac{PL^3}{EI}$

7.6-13. (a) $(v_1)_B = (v_2)_B = -\dfrac{1}{6}\dfrac{w_0L^4}{EI}$, (b) $(v'_1)_B = -\dfrac{1}{4}\dfrac{w_0L^3}{EI}$,
(c) $(v'_2)_C = \dfrac{5}{24}\dfrac{w_0L^3}{EI}$

7.6-15. $v'_C = -1.554(10^{-3})$ rad, $v_C = -0.1570$ in.
7.6-17. $v'_A = -4.19(10^{-3})$ rad, $v_B = -0.01497$ mm
7.6-19. $v'_A = -2.98(10^{-3})$ rad, $v_B = -0.0893$ in.

7.6-21. (a) $\delta_B = 0.0927$ in.,
(b) $v(x) = -\dfrac{w_0x}{24EI}(L^3 - 2Lx^2 + x^3) - \dfrac{\delta_B x}{L}$,
(c) $\delta_{\max} = 0.247$ in.

7.6-23. $v_B \equiv v(L) = \dfrac{2p_0}{3EI}\left(\dfrac{L}{\pi}\right)^4(\pi^3 - 24)$

7.6-25. $v_D \equiv v(L) = -\dfrac{7w_0L^4}{128EI}$

7.6-27. $v_B \equiv v\left(\dfrac{L}{2}\right) = -\dfrac{5w_0L^4}{768EI}$

7.6-29. $v_B \equiv v\left(\dfrac{L}{4}\right) = -\dfrac{5w_0L^4}{768EI}$

7.6-31. (a) $R_A = \dfrac{3w_0L}{8}$,
(b) $v_x = \dfrac{w_0L^4}{48EI}\left[-2\left(\dfrac{x}{L}\right)^4 + 3\left(\dfrac{x}{L}\right)^3 - \left(\dfrac{x}{L}\right)\right]$

7.6-33. (a) $R_A = \dfrac{w_0L}{10}$,
$v(x) = \dfrac{w_0L^4}{120EI}\left[-\left(\dfrac{x}{L}\right)^5 + 2\left(\dfrac{x}{L}\right)^3 - \left(\dfrac{x}{L}\right)\right]$
(b) $\delta_{\max} = \dfrac{2\sqrt{5}}{1875}\dfrac{w_0L^4}{EI}$

7.6-35. (a) $R_A = -\dfrac{p_0L}{2}$,
$v(x) = \dfrac{p_0L^4}{24EI}\left[\left(\dfrac{x}{L}\right)^4 - 2\left(\dfrac{x}{L}\right)^3 + \left(\dfrac{x}{L}\right)^2\right]$

7.6-37. (a) $R_A = \dfrac{3w_0L}{20}, M_A = -\dfrac{3w_0L^2}{30}$,
$v(x) = \dfrac{w_0L^4}{120EI}\left[-\left(\dfrac{x}{L}\right)^5 + 3\left(\dfrac{x}{L}\right)^3 - 2\left(\dfrac{x}{L}\right)^2\right]$,
(b) $\delta_{\max} = 1.309(10^{-3})\dfrac{w_0L^4}{EI}$

7.6-39. (a) $R_A = \dfrac{w_0L_1}{8}\left(\dfrac{5L_1^3E_2A_2 + 24L_2E_1I_1}{L_1^3E_2A_2 + 3L_2E_1I_1}\right)$,
(b) $v(x) = -\dfrac{w_0x^2}{24E_1I_1}(6L_1^2 - 4L_1x + x^2)$
$+ \dfrac{w_0L_1x^2}{16E_1I_1}\left(\dfrac{L_1^3E_2A_2}{L_1^3E_2A_2 + 3L_2E_1I_1}\right)(3L_1 - x)$

7.6-41. (a) $R_A = \dfrac{w_0L}{2}\left[\left(\dfrac{a}{L}\right)^4 - 2\left(\dfrac{a}{L}\right)^3 + 2\left(\dfrac{a}{L}\right)\right]$,
$M_A = \dfrac{w_0L^2}{12}\left[-3\left(\dfrac{a}{L}\right)^4 + 8\left(\dfrac{a}{L}\right)^3 - 6\left(\dfrac{a}{L}\right)^2\right]$,
$v_1(x) = -\dfrac{w_0x^4}{24EI} + \dfrac{w_0L^2x^3}{12EI}\left[\left(\dfrac{a}{L}\right)^4 - 2\left(\dfrac{a}{L}\right)^3 + 2\left(\dfrac{a}{L}\right)\right]$
$+ \dfrac{w_0L^2x^2}{24EI}\left[-3\left(\dfrac{a}{L}\right)^4 + 8\left(\dfrac{a}{L}\right)^3 - 6\left(\dfrac{a}{L}\right)^2\right]$

7.6-43. (a) $R_A = \dfrac{7w_0L}{32}$,
(b) $v_1(x) = \dfrac{w_0L^4}{768EI}\left[-32\left(\dfrac{x}{L}\right)^4 + 28\left(\dfrac{x}{L}\right)^3 - 3\left(\dfrac{x}{L}\right)\right]$

7.6-45. (a) $R_A = \dfrac{48p_0L}{\pi^4}(\pi - 4)$,
$M_A = \dfrac{4p_0L^2}{\pi^4}(24 - 4\pi - \pi^2)$,
$v(x) = \dfrac{16p_0}{EI}\left(\dfrac{L}{\pi}\right)^4\left[\cos\left(\dfrac{\pi x}{2L}\right) - 1\right]$
$+ \dfrac{8p_0Lx^3}{\pi^4EI}(\pi - 4) + \dfrac{8p_0L^2x^2}{\pi^4EI}(6 - \pi)$

7.6-47. $v_C = -\dfrac{7w_0L^4H}{128E(L^3A + 3HI)}$

7.6-49. $T = \dfrac{5w_0L}{8}\left(\dfrac{L^3A}{L^3A + 48HI}\right)$

7.6-51. $R_B = \dfrac{w_0L}{2}, R_C = -\dfrac{w_0L}{16}, M_C = \dfrac{w_0L^2}{48}$

7.6-53. (a) $(M_1)_B = \dfrac{2}{3}M_0$, $(M_2)_B = -\dfrac{1}{3}M_0$, (b) $R_A = \dfrac{2}{3}\dfrac{M_0}{L}$

7.6-55. (a) $(M_1)_B = (M_2)_B = -\dfrac{12}{37}P_0L$, (b) $R_A = -\dfrac{26}{37}P_0$

7.6-57. (a) $(M_1)_B = (M_2)_B = -\dfrac{1}{60}w_0L^2$, (b) $R_A = \dfrac{1}{5}w_0L$

7.7-1. $R_A = \dfrac{3M_0}{2L}$

7.7-3. (a) $\theta_B = \dfrac{P_0L^2}{37EI}, \delta_B = \dfrac{8P_0L^3}{111EI}$,
(b) $R_A = -\dfrac{26P_0}{37}, M_A = -\dfrac{14P_0L}{37}$

7.7-5. (a) $\theta_B = \dfrac{w_0L^3}{96EI}$,
(b) $R_A = \dfrac{9w_0L}{16}, M_A = \dfrac{5w_0L^2}{48}, R_B = \dfrac{w_0L}{2}$

7.7-7. (a) $\theta_B = -\dfrac{w_0 L^3}{24EI}$,
(b) $R_A = \dfrac{w_0 L}{4}, M_A = 0, R_B = \dfrac{27w_0 L}{16}$
7.7-9. (a) $\theta_B = -\dfrac{p_0 L^3}{240EI}, \delta_B = \dfrac{17p_0 L^4}{480EI}$,
(b) $R_A = -\dfrac{19p_0 L}{20}, M_A = -\dfrac{73p_0 L^2}{240}$
7.7-11. (a) $\theta_A = -\dfrac{w_0 L^3}{140EI}, \theta_B = -\dfrac{w_0 L^3}{420EI}$
(b) $R_A = \dfrac{13w_0 L}{140}, R_B = \dfrac{25w_0 L}{28}$
7.7-13. (a) $\theta_A = -\dfrac{5w_0 L^3}{288EI}, \theta_B = \dfrac{w_0 L^3}{72EI}, \theta_C = -\dfrac{w_0 L^3}{144EI}$
(b) $R_A = \dfrac{11w_0 L}{24}$
7.7-15. (a) $\theta_A = \dfrac{w_0 L^3}{96EI}, \theta_B = -\dfrac{w_0 L^3}{16EI}, \theta_C = \dfrac{11w_0 L^3}{96EI}$,
(b) $R_A = \dfrac{3w_0 L}{16}$
7.7-17. $P_A = \dfrac{12EI\delta_A}{L^3}, M_A = \dfrac{6EI\delta_A}{L^2}, P_B = -P_A, M_B = M_A$,
$v(x) = \delta_A\left[1 - 3\left(\dfrac{x}{L}\right)^2 + 2\left(\dfrac{x}{L}\right)^3\right]$

CHAPTER 8

8.3-1. $\sigma_n = 32.0$ ksi (T), $\tau_{nt} = 22.0$ ksi
8.3-3. $\sigma_n = 2520$ psi (C), $\tau_{nt} = -3570$ psi
8.3-5. $\sigma_{x'} = 1.527$ ksi, $\sigma_{y'} = 2.07$ ksi, $\tau_{x'y'} = -4.99$ ksi
8.3-7. $\sigma_{x'} = 45.3$ MPa, $\sigma_{y'} = -29.3$ MPa, $\tau_{x'y'} = -24.6$ MPa
8.3-9. $\sigma_{x'} = -1150$ psi, $\sigma_{y'} = -850$ psi, $\tau_{x'y'} = -6400$ psi
8.3-11. $\sigma_{x'} = 6.28$ MPa, $\sigma_{y'} = -28.3$ MPa, $\tau_{x'y'} = 18.06$ MPa
8.3-13. $\sigma_x = \sigma_y = 3.50$ ksi, $\tau_{xy} = -2.50$ ksi
8.3-15. $\sigma_{y'} = 0, \theta = 45°$ **8.3-17.** $(\sigma_0)_{max} = (\sigma_0)_s = 150.1$ psi
8.3-19. $P = 12.00$ kN **8.3-21.** $M = 32.0$ kip · in.

8.4-1. (a) $\sigma_1 = 4000$ psi, $\sigma_2 = -6000$ psi, $\theta_{p1} = -18.43°$
(b) $\tau_{max} = 5000$ psi, $\sigma_{s1} = \sigma_{s2} = -1000$ psi, $\theta_{s1} = -63.43°$
8.4-3. (a) $\sigma_1 = 12.77$ MPa, $\sigma_2 = -8.77$ MPa, $\theta_{p1} = -10.90°$
(b) $\tau_{max} = 10.77$ MPa, $\sigma_{s1} = \sigma_{s2} = 2.00$ MPa, $\theta_{s1} = -55.9°$
8.4-5. (a) $\sigma_1 = 14.00$ ksi, $\sigma_2 = -6.00$ ksi, $\theta_{p1} = 71.6°$,
(b) $\tau_{max} = 10.00$ ksi, $\sigma_{s1} = \sigma_{s2} = 4.00$ ksi, $\theta_{s1} = 26.6°$
8.4-7. (a) $\sigma_1 = 12.00$ ksi, $\sigma_2 = 2.00$ ksi, $\theta_{p1} = -63.4°$,
(b) $\tau_{max} = 5.00$ ksi, $\sigma_{s1} = \sigma_{s2} = 7.00$ ksi, $\theta_{s1} = 71.6°$
8.4-9. (a) $\sigma_1 = 20.1$ MPa, $\sigma_2 = 5.93$ MPa, $\theta_{p1} = 22.5°$,
(b) $\tau_{max} = 7.07$ MPa, $\sigma_{s1} = \sigma_{s2} = 13.00$ MPa, $\theta_{s1} = -22.5°$
8.4-11. (a) $\sigma_1 = 6.00$ ksi, $\sigma_2 = -14.00$ ksi, $\theta_{p1} = 63.4°$,
(b) $\tau_{max} = 10.00$ ksi, $\sigma_{s1} = \sigma_{s2} = -4.00$ ksi, $\theta_{s1} = 18.43°$
8.4-13. $\tau = 8.66$ MPa, $\sigma_1 = 8.00$ MPa, $\sigma_2 = -12.00$ MPa
8.4-15. $\sigma_y = \sigma = 130$ MPa, $\tau_{xy} = -\tau = -72$ MPa,
$\sigma_1 = 178.0$ MPa

For problems in Section 8.5, use the MDSolids "Mohr's Circle" option to check your Mohr's-circle solutions.
8.5-1. $\sigma_n = 32.0$ ksi, $\tau_{nt} = 22.0$ ksi
8.5-3. $\sigma_n = -2520$ psi, $\tau_{nt} = -3570$ psi
8.5-5. $\sigma_n = -2520$ psi, $\tau_{nt} = -3570$ psi
8.5-7. $\sigma_{x'} = 45.3$ MPa, $\sigma_{y'} = -29.3$ MPa, $\tau_{x'y'} = -24.6$ MPa
8.5-9. $\sigma_{x'} = 6.28$ MPa, $\sigma_{y'} = -28.3$ MPa, $\tau_{x'y'} = 18.06$ MPa
8.5-11. (a) Mohr's circle, (b) $\sigma_n = \dfrac{\sigma_x}{2}(1 + \cos 2\theta)$,
$\tau_{nt} = -\left(\dfrac{\sigma_x}{2}\right)\sin 2\theta$, (c) $\tau_{max} = \dfrac{\sigma_x}{2}$
8.5-13. (a) Mohr's circle, (b) $\sigma_1 = 4000$ psi, $\sigma_2 = -6000$ psi, $\theta_{xp1} = -18.43°$, (c) $\tau_{max} = 5000$ psi, $\sigma_{s1} = \sigma_{s2} = -1000$ psi, $\theta_{xs1} = -63.4°$
8.5-15. (a) Mohr's circle, (b) $\sigma_1 = 12.77$ MPa, $\sigma_2 = -8.77$ MPa, $\theta_{xp1} = -10.90°$, (c) $\tau_{max} = 10.77$ MPa, $\sigma_{s1} = \sigma_{s2} = 2.00$ MPa, $\theta_{xs1} = -55.9°$
8.5-17. (a) Mohr's circle, (b) $\sigma_1 = 38.2$ ksi, $\sigma_2 = -2.62$ ksi, $\theta_{xp1} = -14.66°$, (c) $\tau_{max} = 20.4$ ksi, $\sigma_{s1} = \sigma_{s2} = 17.80$ ksi, $\theta_{xs1} = 30.3°$
8.5-19. (a) Mohr's circle, (b) $\sigma_1 = 12.36$ MPa, $\sigma_2 = -32.4$ MPa, $\theta_{xp1} = -13.28°$, (c) $\tau_{max} = 22.4$ MPa, $\sigma_{s1} = \sigma_{s2} = -10.00$ MPa, $\theta_{xs1} = 31.7°$
8.5-21. (a) Mohr's circle, (b) $\sigma_1 = 16.06$ MPa, $\sigma_2 = -56.1$ MPa, $\theta_{xp1} = -28.2°$, (c) $\tau_{max} = 36.1$ MPa, $\sigma_{s1} = \sigma_{s2} = -20.0$ MPa, $\theta_{xs1} = -73.2°$
8.5-23. (a) Mohr's circle, (b) $\sigma_1 = 6.80$ ksi, $\sigma_2 = -3.20$ ksi, $\theta_{xp1} = -26.6°$, (c) $\tau_{max} = 5.00$ ksi, $\sigma_{s1} = \sigma_{s2} = 1.800$ ksi, $\theta_{xs1} = -71.6°$
8.5-25. $\sigma_{y'} = 0, \theta = 45°$
8.5-27. $(\sigma_0)_{max} = (\sigma_0)_\tau = 150.1$ psi
8.5-29. $P = 12.00$ kN
8.5-31. $M = 32.0$ kip · in.
8.5-33. (a) $\tau = 8.31$ ksi, (b) $\sigma_1 = 23.0$ ksi, $\sigma_2 = -3.00$ ksi, $\theta_{xp1} = 19.86°$
8.5-35. For Prob. 8.3-1: $\sigma_n = 32.0$ ksi, $\tau_{nt} = 22.0$ ksi

Use the MDSolids "Mohr's Circle" option to check your 3-D maximum-shear-stress solutions. Check the "Show Absolute Maximum Shear Stress" box.
8.6-1. (a) Mohr's circles, (b) $\tau_{\substack{abs\\max}} = 6.50$ ksi
8.6-3. (a) Mohr's circles, (b) $\tau_{\substack{abs\\max}} = 6.83$ ksi
8.6-5. (a) Mohr's circles, (b) $\tau_{\substack{abs\\max}} = 50.0$ MPa
8.6-7. (a) Mohr's circles, (b) $\tau_{\substack{abs\\max}} = 38.0$ MPa
8.6-9. (a) Mohr's circles, (b) $\tau_{\substack{abs\\max}} = 22.0$ ksi
8.6-11. (a) Mohr's circles, (b) $\tau_{\substack{abs\\max}} = 25.0$ MPa
8.6-13. Use the MDSolids "Mohr's Circle" option to obtain these 3-D maximum-shear-stress solutions. Check the "Show Absolute Maximum Shear Stress" box.

8.8-1. $\epsilon_n(\epsilon_y, \theta) = \epsilon_y \sin^2\theta$, $\gamma_{nt}(\epsilon_y\ \theta) = 2\epsilon_y \sin\theta\cos\theta$
8.8-3. $\epsilon_n = \epsilon_x \cos^2\theta + \epsilon_y \sin^2\theta + \gamma_{xy} \sin\theta\cos\theta$
8.8-5. $\gamma_{max} = 2R = 2\sqrt{\left(\dfrac{\epsilon_x - \epsilon_y}{2}\right)^2 + \left(\dfrac{\gamma_{xy}}{2}\right)^2}$
8.8-7. (a) $\epsilon_x = -125.0\ \mu, \epsilon_y = 37.5\ \mu$, (b) $\epsilon_n = \epsilon_t = -43.8\ \mu$, (c) $\gamma_{nt} = 162.5\ \mu$
8.8-9. (a) $\gamma_{xy} = 2840\ \mu$, (b) $\epsilon_n = 1230\ \mu, \epsilon_t = -1230\ \mu$
8.8-11. (a) $\epsilon_x = 100\ \mu, \epsilon_y = 500\ \mu$, (b) $\gamma_{nt} = 346\ \mu$
(c) $\nu = 0.33$

8.9-1. (a) $\epsilon_n = 164.9\ \mu$, $\epsilon_t = -64.9\ \mu$, $\gamma_{nt} = -192.8\mu$
(b) ———, (c) ———
8.9-3. (a) $\epsilon_n = 607\mu$, $\epsilon_t = 443\ \mu$, $\gamma_{nt} = 615\ \mu$,
(b) ———, (c) ———
8.9-5. (a) $\epsilon_n = 85.0\ \mu$, $\epsilon_t = -35.0\ \mu$, $\gamma_{nt} = -50.0\ \mu$,
(b) ———, (c) ———
8.9-7. (a) $\epsilon_x = 133.3\ \mu$, $\epsilon_y = -40.0\ \mu$, (b) $\epsilon_n = 90.0\ \mu$, $\epsilon_t = 3.33\ \mu$, (c) $\gamma_{nt} = 150.1\ \mu$

8.9-9. $E = 10(10^3)$ ksi, $\nu = \frac{1}{3}$

8.9-11. (a) $\epsilon_x = 545\ \mu$, $\gamma_{xy} = 1420\ \mu$, (b) $\epsilon_n = 983\ \mu$, $\epsilon_t = -603\ \mu$
8.9-13. (a) $\epsilon_1 = 461\ \mu$, $\epsilon_2 = -261\ \mu$, $\theta_{xp1} = 16.85°$ cw,
(b) $\gamma_{max} = 721\ \mu$
8.9-15. (a) $\epsilon_1 = 150\ \mu$, $\epsilon_2 = -450\ \mu$, $\theta_{xp1} = 18.44°$ ccw,
(b) $\gamma_{max} = 500\ \mu$
8.9-17. (a) $\epsilon_1 = 230\ \mu$, $\epsilon_2 = -30\ \mu$, $\theta_{yp1} = 11.31°$ cw,
(b) $\gamma_{max} = 260\ \mu$
8.9-19. $\gamma_{xy} = 240\ \mu$, $\epsilon_2 = 30\ \mu$, $\theta_{xp1} = 63.4°$ ccw
8.9-21. The principal-stress axes and the principal-strain axes coincide.
8.9-23. The xy axes are principal-stress axes and principal-strain axes. The sign of a principal strain is not necessarily the same as the sign of the corresponding principal stress.

8.10-1. See Eqs. 8.51 and 8.52.

8.10-3. (a) $\epsilon_x = 175\ \mu$, $\epsilon_y = -105\ \mu$, $\gamma_{xy} = 210\ \mu$,
(b) $\epsilon_1 = 210\ \mu$, $\epsilon_2 = -140\ \mu$, (c) $\theta_{xp1} = 18.43°$ ccw
8.10-5. (a) $\epsilon_x = -270\ \mu$, $\epsilon_y = 670\ \mu$, $\gamma_{xy} = 342\ \mu$
(b) $\epsilon_1 = 700\ \mu$, $\epsilon_2 = -300\ \mu$, $\gamma_{max} = 1000\ \mu$
(c) $\sigma_1 = 67.5$ MPa, $\sigma_2 = -7.75$ MPa, $\tau_{max} = 37.6$ MPa
8.10-7. (a) $\epsilon_x = -200\ \mu$, $\epsilon_y = 450\ \mu$, $\gamma_{xy} = 375\ \mu$,
(b) $\epsilon_1 = 500\ \mu$, $\epsilon_2 = -250\ \mu$, (c) $\theta_{xp2} = 15°$ cw
8.10-9. (a) $\epsilon_x = \epsilon_a$, $\epsilon_y = \epsilon_b + \epsilon_c - \epsilon_a$, $\gamma_{xy} = \epsilon_b, - \epsilon_c$
(b) $\epsilon_x = \epsilon_a$, $\epsilon_y = \frac{1}{3}(2\epsilon_b + 2\epsilon_c - \epsilon_a)$, $\gamma_{xy} = \dfrac{2}{\sqrt{3}}(\epsilon_c - \epsilon_b)$
8.10-11. (a) $\epsilon_x = 700\ \mu$, $\epsilon_y = -420\ \mu$, $\gamma_{xy} = -840\ \mu$,
(b) $\sigma_x = 18.92$ ksi, $\sigma_y = -6.92$ ksi, $\tau_{xy} = -9.69$ ksi,
(c) $\epsilon_1 = 840\ \mu$, $\epsilon_2 = -560\ \mu$, $\gamma_{max} = 1400\ \mu$, (d) ———
8.10-13. (a) $\epsilon_x = 592\ \mu$, $\epsilon_y = 0$, $\gamma_{xy} = 1367\ \mu$,
(b) $\sigma_x = 46.5$ MPa, $\sigma_y = 15.35$ MPa, $\tau_{xy} = 36.0$ MPa,
(c) $\epsilon_1 = 1041\ \mu$, $\epsilon_2 = -449\ \mu$, $\gamma_{max} = 1490\ \mu$, (d) ———

8.10-15. $T = \left[\dfrac{\pi E(r_0^4 - r_i^4)}{4(1+\nu)r_0}\right]\epsilon_t$

CHAPTER 9

9.2-1. (a) $\sigma_a = 8.00$ ksi, $\sigma_h = 16.00$ ksi,
(b) $f = 4.00$ kips/in.
9.2-3. (a) $\sigma_a = 28.1$ MPa, $\sigma_h = 56.2$ MPa,
(b) $f = 112.5$ kN/m, (c) $\tau_{\underset{max}{abs}} = 28.1$ MPa
9.2-5. (a) $\sigma_1 = \sigma_h = 118.5$ MPa, $\sigma_2 = \sigma_a = 59.2$ MPa, $\sigma_3 = \sigma_r = 0$
$(\tau_{max})_{\text{in-plane}} = 29.6$ MPa, (b) $\tau_{\underset{max}{abs}} = 59.2$ MPa
9.2-7. (a) $\sigma_a = 25.0$ MPa, $\sigma_h = 50.0$ MPa,
(b) $\sigma_n = 29.5$ MPa, $\sigma_t = 45.5$ MPa, $\tau_{nt} = -9.58$ MPa,
(c) $(\tau_{max})_{\text{in-plane}} = 12.5$ MPa, (d) $\tau_{\underset{max}{abs}} = 25.0$ MPa
9.2-9. $t_{min} = 1$ mm
9.2-11. (a) $\sigma_h = 499$ psi, (b) $\tau_{\underset{max}{abs}} = 280$ psi
9.2-13. (a) $(t_c)_{min} = 3.52$ mm, (b) $(t_s)_{min} = 1.758$ mm,
(c) $(t_w)_{min} = 2.81$ mm
9.2-15. $P_{max} = 117.8$ kN

9.3-1. $(\sigma_x)_B = 150\dfrac{w_0}{b}$, $(\tau_{xy})_B = -11.25\dfrac{w_0}{b}$
$(\sigma_1)_B = 150.8\dfrac{w_0}{b}$, $(\sigma_2)_B = -0.839\dfrac{w_0}{b}$, $(\theta_{p1})_B = -4.27°$

9.4-1. Set $y = c_y$, $z = -c_z$ in Eq.9.11.
9.4-3. $M = 14.00$ kip · in
9.4-5. (a) $\sigma_x = 12.81$ MPa, (b) $\sigma_x = 5.40$ MPa
9.4-7. $\sigma_{max\,c} = -5.74$ ksi
9.4-9. $P_{max} = 23.0$ kN
9.4-11. $\sigma_1 = 944$ psi, $\sigma_2 = -1344$ psi, $\tau_{max} = 1144$ psi
9.4-13. $(\sigma_1)_A = 200$ MPa, $(\sigma_2)_A = -122.2$ MPa, $(\tau_{max})_A = 161.3$ MPa
9.4-15. $M = 73.6$ N · m
9.4-17. $(\sigma_1)_A = 1.263$ MPa, $(\sigma_2)_A = -4.11$ MPa, $(\sigma_1)_B = 0$, $(\sigma_2)_B = -87.2$ MPa
9.4-19. $(\sigma_1)_A = 11.58$ ksi, $(\sigma_2)_A = -52.3$ ksi, $(\tau_{max})_A = 32.0$ ksi
$(\sigma_1)_B = 24.4$ ksi, $(\sigma_2)_B = -24.4$ ksi, $(\tau_{max})_B = 24.4$ ksi
9.4-21. (a) $\sigma_x = 2.01$ MPa, $\sigma_y = 0$, $\tau_{xy} = 4.01$ MPa
(b) $\sigma_1 = 5.13$ MPa, $\sigma_2 = -3.12$ MPa, $(\tau_{max})_{\text{in-plane}} = 4.13$ MPa
(c) $(\sigma_{x'})_{max} = 219$ MPa
9.4-23. $\sigma_1 = 379$ kPa, $\sigma_2 = -230$ kPa
9.4-25. $(\sigma_1)_D = 1.697$ ksi, $(\sigma_2)_D = -0.246$ ksi

CHAPTER 10

10.1-1. $P_{cr} = \dfrac{kL}{4}$ **10.1-3.** $P_{cr} = \dfrac{kL}{6}$ **10.1-5.** $P_{cr} = \dfrac{3k_\theta}{2L}$

10.2-1. $P_{cr} = 43.9$ kips
10.2-3. $(I_{min})_a = \frac{4}{3}b^4$, $(I_{min})_b = \frac{5}{6}b^4$
Therefore, cross section "a" will have a higher buckling load than cross section "b."
10.2-5. **W**10 × 60
10.2-7. $P_{cr1} = \dfrac{\pi^3}{4}\left(\dfrac{Er^4}{L^2}\right)$, $P_{cr2} = \dfrac{\pi^4}{12}\left(\dfrac{Er^4}{L^2}\right)$,
$P_{cr3} = \dfrac{\sqrt{3}\pi^4}{18}\left(\dfrac{Er^4}{L^2}\right)$; $P_{cr3} > P_{cr2} > P_{cr1}$

10.2-9. $I_{min} \geq 1.26\ \text{in}^4 \rightarrow$ **L**4 × 4 × $\frac{3}{8}$ has $I_{min} = I_z = Ar_z^2 = 1.76\ \text{in}^4$

10.2-11. $\Delta T_{cr} = \dfrac{\pi^2 I}{\alpha A L^2}$
10.2-13. (a) $W_a = \dfrac{5}{6}\dfrac{\pi^2 EI}{L^2}$, (b) $W_b = \dfrac{\pi^2 EI}{L^2}$
10.2-15. $T_{max} = 21.1$ kips
10.2-17. (a) $W_{cr} = 18.20$ kips, (b) $d_{min} = 1.036$ in.
10.2-19. $(P_{BC})_{cr} = 65.6$ kN, $FS = 2.93$

10.3-1. (a) $(P_{cr})_a = 54.7$ kips, $(P_{cr})_b = 111.6$ kips, $(P_{cr})_c = 219$ kips
10.3-3. $(P_{cr})_a = 35.9$ kN, $(P_{cr})_b = 73.3$ kN, $(P_{cr})_c = 143.7$ kN
10.3-5. $FS = 25.2$ **10.3-7.** $P_{cr} = 503$ kN
10.3-9. (a) $\Delta T_{cr} = \dfrac{4\pi^2}{\alpha(L/r)^2}$, (b) $\Delta T_{cr} = 111.6°F$
10.3-11. $w_{cr} = \dfrac{\pi^2 E_w b^4}{6a(KL)^2}$ **10.3-13.** $P_{cr} = \dfrac{\pi^2 EI}{4L^2}$

10.4-1. (a) $v_{max} = e(\sec\lambda L - 1)$, (b) $M_{max} = Pe\sec\lambda L$
10.4-3. (a) $v_{max} = 9.29$ mm, (b) $M_{max} = 3.93$ kN · m
10.4-5. $L_{max} = 3.19$ m
10.4-7. (a) $\sigma_{max} = 18.69$ kips, (b) $P_{allow} = 1.029$ kips
10.4-9. (a) $d_{min} = 1.4$ in., (b) $e_{max} = 0.9$ in.
10.4-11. (a) $\sigma_{max} = 31.7$ ksi, (b) $P_{allow} = 15.21$ kips, (c) $d_o = 5.0$ in.
10.4-13. (a) $(P_{cr})_y = 2.30$ kN, (b) $(P_Y)_z = 21.3$ kN
(c) Failure will occur by elastic buckling in the xz plane.
10.4-15. (a) Use Eq 10.46 to plot σ_{max} versus P.
(b) Use Eq 10.43 to plot v_{max} versus P.
(c) The factor of safety should be based on load, not stress, since the plots indicate nonlinear behavior.

10.5-1. (a) $\delta_{max} = 0.353$ in., (b) $\sigma_{max} = 5.31$ ksi
10.5-3. (a) $\delta_{max} = \dfrac{b}{3}$, (b) $\sigma_{max} = \dfrac{\pi^2 Eb^2}{16L^2} = \dfrac{3P}{b^2}$
10.5-5. (a) $\sigma_{max} = 110.2$ MPa,(b) $P_{allow} = 189.2$ kN, (b) $d_o = 120$ mm
10.5-7. (a, b) $A = b^2 + (b - 2t)^2, I = \frac{1}{12}[b^4 - (b - 2t)^4]$,
$r = 1\overline{I/A}, c = b/2, \alpha = \dfrac{1}{\pi^2 E}\left(\dfrac{P}{A}\right)\left(\dfrac{L}{r}\right)^2$,
$\sigma_Y = \dfrac{P_Y}{A}\left[1 + \dfrac{\delta_0 c}{r^2(1-\alpha)}\right]$, Plot for $P = P_Y$.
(c) As δ_0 increases, a column's ability to carry compressive load decreases,

10.6-1. (a) $L_c = 18.95$ ft, (b) $P_t = 195$ kips
10.6-3. (a) $L_c = 10.73$ ft, (b) $P_t = 254$ kips

10.7-1. $(P_{allow})_{12'} = 191.5$ kips, $(P_{allow})_{16'} = 160.4$ kips, $(P_{allow})_{24'} = 87.7$ kips
10.7-3. $(P_{allow})_{18'} = 176.8$ kips, $(P_{allow})_{22'} = 123.2$ kips, $(P_{allow})_{26'} = 88.2$ kips
10.7-5. $(P_{allow})_{4m} = 438$ kN, $(P_{allow})_{5m} = 289$ kN, $(P_{allow})_{6m} = 201$ kN
10.7-7. (a) $L_{max} = 28.3$ ft, (b) $L_{max} = 13.69$ ft
10.7-9. (a) $L_{max} = 25.3$ ft, (b) $L_{max} = 20.4$ ft
10.7-11. $(P_{allow})_{K=0.6} = 137.6$ kips, $(P_{allow})_{K=0.7} = 106.9$ kips, $(P_{allow})_{K=0.8} = 81.8$ kips
10.7-13. $(P_{allow})_{3'} = 120.2$ kips, $(P_{allow})_{4'} = 76.3$ kips, $(P_{allow})_{5'} = 48.8$ kips
10.7-15. (a) $b_{min} = 3$ in., $b_{min} = 3\frac{1}{8}$ in.
10.7-17. $b_{min} = 1\frac{11}{16}$ in.
10.7-19. (a) $P_{allow} = 123.5$ kips, (b) $t_{min} = \frac{9}{16}$ in.
10.7-21. (a) $L_{max} = 9.08$ ft, (b) $L_{max} = 6.89$ ft (c) $L_{max} = 4.98$ ft
10.7-23. (a) $(P_{allow})_{6'} = 16.44$ kips, (b) $(P_{allow})_{8'} = 11.52$ kips, (c) $(P_{allow})_{10'} = 8.00$ kips

CHAPTER 11

11.3-1. (b) $\mathcal{U} = 4$ kip · in.
11.3-3. (a) $\mathcal{U}_{1a} = \dfrac{P^2L}{AE}, \mathcal{U}_{2a} = \dfrac{P^2L}{2AE}, \mathcal{U}_a = \dfrac{3P^2L}{2AE}$,
(b) $\mathcal{U}_b = \dfrac{5P^2L}{2AE}$
11.3-7. $\dfrac{\mathcal{U}_b}{\mathcal{U}_a} = \dfrac{\alpha + \lambda - \alpha\lambda}{\alpha}$ **11.3-9.** $\mathcal{U} = \dfrac{2P^2L}{\pi E d_A d_B}$
11.3-11. $\mathcal{U} = \dfrac{21P^2L}{8AE}$ **11.3-13.** $\mathcal{U} = 0.701$ J
11.3-17. (a) $\mathcal{U}_1 = \dfrac{1024T_0^2L}{81\pi d^4G}, \mathcal{U}_2 = \dfrac{16T_0^2L}{\pi d^4G}, \mathcal{U} = \dfrac{2320T_0^2L}{81\pi d^4G}$,
(b) No, more would be stored.
11.3-25. $\mathcal{U} = \dfrac{GI_p}{L}(\phi_B^2 - \phi_B\phi_C + \phi_C^2)$
11.3-27. (a) $d_1 = 1.366$ in., $d_2 = 1.193$ in., $d_3 = 0.947$ in., (b) $\mathcal{U} = 0.412$ kip · in.
11.3-31. $\mathcal{U}_{\sigma a} = \dfrac{2P^2L^3}{Ebh^3}, \mathcal{U}_{\sigma b} = \dfrac{83P^2L^3}{108Ebh^3}$
11.3-39. $\mathcal{U}_\sigma = \dfrac{17w_0^2L^5}{15360EI}$

11.4-1. $\Delta_B = 0.0367$ in., $\Delta_E = 0.0301$ in.
11.4-3. $\Delta_B = 5.74(10^{-4})$ in. **11.4-7.** $\phi_B = \dfrac{28}{3\pi}\dfrac{T_0L}{Gd^4}$
11.4-11. $\phi_B = 0.0768$ rad **11.4-13.** $\theta_B = 1.167(10^{-3})$ rad
11.4-15. $\Delta_{B_\sigma} = \dfrac{4PL^3}{Ebh^3}, \Delta_{B_\tau} = \dfrac{12PL(1+v)}{5Ebh}$

11.5-1. $\Delta_B = \dfrac{Pa^2L}{3EI}\left(1 - \dfrac{a}{L}\right)^2$
11.5-3. $\theta_A = 6.26(10^{-3})$ rad
11.5-7. $v_C = -0.1570$ in.
11.5-13. $u_B = \dfrac{PR^3}{EI}\left(\dfrac{3\pi}{4} - 2\right)$
11.5-15. $u_B = 3.60(10^{-3})$ in.
11.5-17. (a) $R_A = \dfrac{w_0L}{10}$, (b) $\theta_A = -\dfrac{w_0L^3}{120EI}$
11.5-21. (a) $R_B = \dfrac{5}{16}w_0L$, (b) $\theta_C = -\dfrac{w_0L^3}{768EI}$
11.5-31. $\Delta_A = \dfrac{w_0L^4}{30EI}, \theta_A = \dfrac{w_0L^3}{24EI}$
11.5-37. $u_B = 0.0562$ mm
11.5-41. (a) $R_A = \dfrac{w_0L}{10}$, (b) $\theta_A = \dfrac{-w_0L^3}{120EI}$
11.5-43. (a) $R_B = \dfrac{5}{16}w_0L$, (b) $\theta_C = -\dfrac{w_0L^3}{768EI}$
11.5-51. (a) $R_A = \dfrac{3}{16}w_0L$, (b) $\theta_A = \dfrac{w_0L^3}{96EI}$

11.7-1. (a) $u_B = \dfrac{PL}{3AE}$, (b) $F_1 = \dfrac{2P}{3}, F_2 = -\dfrac{P}{3}$

11.7-3. $v = 0.810$ mm, $F_1 = -189$ kN, $F_2 = -162$ kN
11.7-7. (a) $u_D = 4.46$ mm, $v_D = 0.0994$ mm, $F_1 = 79.8$ kN
11.7-13. (a) $\theta = 2.94(10^{-3})$ rad,
(b) $\sigma_1 = 102.9$ MPa, $\sigma_2 = 147.1$ MPa
11.7-17. (a) $u_D = 9.54(10^{-3})$ in., $v_D = 2.84(10^{-3})$ in.,
(b) $F_1 = 3.56$ kips

11.9-1. $\Delta_{max} = \Delta_{st} + \Delta_{st}\left[1 + \frac{1}{\Delta_{st}}\left(\frac{v^2}{g} + 2h\right)\right]^{1/2}$

11.9-3. (a) $\mathcal{U} = 0.814$ kN · m, (b) $\mathcal{U} = 0.382$ kN · m,
(c) $\mathcal{U} = 0.110$ kN · m, (d) $\mathcal{U} = 2.12$ kN · m
11.9-5. $h_1 = 21.6$ in., $h_2 = 86.3$ in.
11.9-7. (a) $\sigma_{max} = 35.8$ ksi, (e) $W = 622$ lb
11.9-9. $\sigma_{max} = 19.95$ ksi

CHAPTER 12

12.2-1. $(\sigma_{max})_a = 16.6$ ksi, $(\sigma_{max})_b = 18.4$ ksi,
$(\sigma_{max})_c = 33.1$ ksi
12.2-3. $(P_{max})_a = 61.0$ kN, $(P_{max})_b = 71.4$ kN,
$(P_{max})_c = 82.0$ kN
12.2-5. $\sigma_{max} = 9.15$ ksi, (b) $d_{min} = 3.43$ in.
12.2-9. (a) $(\tau_{max})_1 = 10.58$ MPa, $(\tau_{max})_2 = 9.47$ MPa,
(b) $\tau_{max} = 7.96$ MPa, $(\tau_{max})_1$ is 33% greater
12.2-11. $r_{min} = 0.25$ in.
12.2-13. $\mathcal{P}_{max} = 67.3$ hp
12.2-15. (a) $(\sigma_{max})_1 = 41.5$ MPa, $(\sigma_{max})_2 = 35.3$ MPa,
(b) $\sigma_{max} = 25.0$ MPa, $(\sigma_{max})_1$ is 66% greater

12.3-1. $(\sigma_x - \sigma_y)^2 + 4\tau_{xy}^2 = \sigma_Y^2$
12.3-3. Fails according to maximum-shear-stress theory, but not according to maximum-distortion-energy theory.
$\sigma_M = 34.6$ ksi
12.3-5. $FS_s = 1.20$, $FS_d = 1.38$
12.3-9. (a) $FS_s = 0.96$, (b) $FS_d = 1.10$
12.3-15. $FS_m = 1.05$ (a very small margin of safety)

참고문헌

1-1 Craig, R. R. Jr., and Kurdila, A. J., *Fundamentals of Structural Dynamics*, 2nd edition, John Wiley & Sons, Inc., New York, NY, 2006.

1-2 Hughes, T. J. R., *The Finite Element Method—Linear Static and Dynamic Finite Element Analysis*, Dover Publications, Inc., Mineola, NY, 2000.

1-3 Szabo, B., and Babuska, I., *Introduction to Finite Element Analysis: Formulation, Verification and Validation*, John Wiley & Sons, Inc., New York, NY, 2011.

1-4 Meriam, J. L., and Kraige, L. G., *Statics*, John Wiley & Sons, Inc., New York, NY, 1997.

1-5 Crandall, S. H., et. al., *An Introduction to the Mechanics of Solids*, McGraw-Hill, Inc., New York, 1978.

2-1 Timoshenko, S. P., *History of Strength of Materials*, McGraw-Hill, Inc., New York, 1953.

2-2 Drucker, D. C., *Introduction to Mechanics of Deformable Solids*, McGraw-Hill, Inc., New York, 1967.

2-3 Ramaley, D., and McHenry, D., *Stress-Strain Curves for Concrete Strained Beyond Ultimate Load*, Lab. Rept. No. Sp-12, U.S. Bureau of Reclamation, Denver, CO, 1947. (Reprinted in: Ferguson, P. M., Breen, J. E., and Jirsa, J. O., *Reinforced Concrete Fundamentals*, 5th edition, John Wiley & Sons, Inc., New York, 1988.)

2-4 Lee, S. M., ed., *International Encyclopedia of Composites*, VCH Publishers, Inc., New York, 1989.

2-5 *Engineered Materials Handbook, Vol. 1—Composites*, ASM International, Materials Park, OH, 44073-0002, 1987.

2-6 Carswell, T. S., and Nason, H. K., "Effect of Environmental Conditions on the Mechanical Properties of Organic Plastics," *Symposium on Plastics*, American Society for Testing Materials, Philadelphia, 1944. (Reprinted in: Callister, W. D. Jr., *Materials Science and Engineering*, 3rd edition, John Wiley & Sons, Inc., New York, 1994.)

2-7 Gordon, J. E., *Structures, or Why Things Don't Fall Down*, Da Capo Press, New York, 1978.

2-8 *Manual of Steel Construction—Load & Resistance Factor Design*, American Institute of Steel Construction, One East Wacker Drive, Suite 3100, Chicago, 60601-2001.

2-9 Shinozuka, M., and Yao, J. T. P., eds., *Probabilistic Methods in Structural Engineering*, American Society of Civil Engineers, New York, 1981.

2-10 Madsen, H. O., Krenk, S., and Lind, N. C., *Methods of Structural Safety*, Prentice-Hall, Inc., Englewood Cliffs, NJ, 1986.

2-11 Lewis, E. E., *Introduction to Reliability Engineering*, John Wiley & Sons, New York, 1987.

2-12 Timoshenko, S. P., and Goodier, J. N., *Theory of Elasticity*, 3rd edition, McGraw-Hill, Inc., New York, 1970.

3-1 Bathe, Klaus-Jürgen, *Finite Element Procedures*, Prentice-Hall, Inc., Englewood Cliffs, NJ, 1996.

3-2 Cook, R. D., *Finite Element Modeling for Stress Analysis*, John Wiley & Sons, Inc., New York, NY, 1995.

4-1 Oden, J. T., and Ripperger, E. A., *Mechanics of Elastic Structures*, 2nd edition, McGraw-Hill, Inc., New York, 1981.

4-2 Timoshenko, S. P., and Goodier, J. N., *Theory of Elasticity*, 3rd edition, McGraw-Hill, Inc., New York, 1970.

6-1 Timoshenko, S. P., *History of Strength of Materials*, McGraw-Hill, Inc., New York, 1953.

6-2 *Manual of Steel Construction—Allowable Stress Design*, and *Manual of Steel Construction—Load & Resistance Factor Design*, American Institute of Steel Construction, One East Wacker Drive, Suite 3100, Chicago, IL, 60601-2001.

6-3 *The Aluminum Design Manual*, The Aluminum Association, 900 19th Street, NW, Suite 300, Washington, DC, 20006.

6-4 Timoshenko, S. P., and Goodier, J. N., *Theory of Elasticity*, 3rd edition, McGraw-Hill, Inc., New York, 1970.

6-5 Popov, E. P., *Engineering Mechanics of Solids*, Prentice Hall, Englewood Cliffs, NJ, 1990.

7-1 Pilkey, W. D., "Clebsch's Method for Beam Deflection," *J. of Engineering Education*, Vol. 54, No. 5, January 1964, pp.170–174.

8-1 Timoshenko, S. P., and Goodier, J. N., *Theory of Elasticity*, 3rd edition, McGraw-Hill, Inc., New York, 1970.

8-2 Timoshenko, S. P., *History of Strength of Materials*, McGraw-Hill, Inc., New York, 1953.

8-3 Kobayashi, A. S., *Handbook on Experimental Mechanics*, Society for Experimental Mechanics, Inc., Bethel, CT, 1993.

8-4 Shukla, A. and Dally, J. W., *Experimental Solid Mechanics,* College House Enterprises, Knoxville, TN, www.collegehousebooks.com, 2010.

9-1 Kraus, H., *Thin Elastic Shells*, John Wiley & Sons, Inc., New York, 1967.

9-2 *Analyzing Failures: The Problems and Solutions*, V. S. Goel, ed., ASM International, Materials Park, OH, 1986.

9-3 *ASME Boiler and Pressure Vessel Code, An Internationally Recognized Code*, The American Society of Mechanical Engineers, New York, NY.

9-4 Timoshenko, S. P., and Woinowsky-Krieger, S., *Theory of Plates and Shells*, McGraw-Hill, Inc., New York, 1959.

9-5 Rabia, H., *Oilwell Drilling Engineering—Principles and Practice*, Graham & Trotman, Ltd., London, 1985.

10-1 Timoshenko, S. P., and Gere, J. M., *Theory of Elastic Stability*, 2nd edition, McGraw-Hill, Inc., New York, 1961.

10-2 Brush, D. O., and Almroth, B. O., *Buckling of Bars, Plates, and Shells*, McGraw-Hill, Inc., New York, 1975.

10-3 Chen, W. F., and Lui, E. M., *Structural Stability—Theory and Implementation*, Elsevier, New York, 1987.

10-4 Ziegler, H., *Principles of Structural Stability*, Blaisdell Publishing Co., Waltham, MA, 1968.

10-5 Galambos, T. V., ed., *Guide to Stability Design Criteria for Metal Structures*, 4th edition, John Wiley & Sons, Inc., New York, 1988.

10-6 Duberg, J. E., "Inelastic Buckling," Chapter 52 in *Handbook of Engineering Mechanics*, edited by W. Flügge, McGraw-Hill, Inc., New York, 1962.

10-7 *Steel Construction Manual,* 13th edition (combines ASD and LRFD design methods), American Institute of Steel Construction, www.aisc.org, 2006.

10-8 *Aluminum Design Manual (2010)*, The Aluminum Association, www.aluminum.org, 2010.

10-9 *National Design Specification for Wood Construction (2005)*, American Wood Council, www.awc.org, 2005.

11-1 Timoshenko, S. P., *History of Strength of Materials*, McGraw-Hill, Inc., New York, 1953.

11-2 Gere, J. M., and Timoshenko, S. P., *Mechanics of Materials*, 3rd edition, PWS-KENT Publishing Company, Boston, 1984.

11-3 Craig, R. R. Jr., *Structural Dynamics—An Introduction to Computer Methods*, John Wiley & Sons, Inc., New York, 1981.

12-1 Timoshenko, S. P., and Goodier, J. N., *Theory of Elasticity*, 3rd edition, McGraw-Hill, Inc., New York, 1970.

12-2 Bathe, Klaus-Jürgen, *Finite Element Procedures*, Prentice-Hall, Inc., Englewood Cliffs, NJ, 1996.

12-3 Cook, R. D., *Finite Element Modeling for Stress Analysis*, John Wiley & Sons, Inc., New York, 1995.

12-4 Kobayashi, A. S., *Handbook on Experimental Mechanics*, Society for Experimental Mechanics, Inc., Bethel, CT, 1993.

12-5 Roark, R. J., and Young, W. C., *Roark's Formulas for Stress and Strain*, 6th edition, McGraw-Hill, Inc., New York, 1988.

12-6 Peterson, R. E., *Stress Concentration Factors*, John Wiley & Sons, Inc., New York, 1974.

12-7 Timoshenko, S. P., *History of Strength of Materials*, McGraw-Hill, Inc., New York, 1953.

12-8 Juvinall, R. C., *Fundamentals of Machine Component Design*, John Wiley & Sons, Inc., New York, 1983.

12-9 *ASTM Standards*, American Society for Testing and Materials, 1916 Race Street, Philadelphia, PA 19103-1187.

12-10 Hardrath, H. F., Utley, E. C., and Guthrie, D. E., *Rotating-Beam Fatigue Tests of Notched and Unnotched 7075-T6 Aluminum-Alloy Specimens Under Stress of Constant and Varying Amplitudes*, NASA TN D-210, December 1959. (Reprinted in: Hertzberg, R. W., *Deformation and Fracture Mechanics of Engineering Materials*, 3rd edition, John Wiley & Sons, Inc., New York, 1989.)

12-11 *Structural Alloys Handbook*, CINDAS/USAF CRDA, Purdue University, 1293 Potter Engineering Center, West Lafayette, IN 47907-1293.

12-12 *Aluminum Standards and Data*, The Aluminum Association, 900 19 Street, NW, Washington, DC, 1993.

12-13 Rolfe, S. T., and Barsom, J. M., *Fracture and Fatigue Control in Structures, Applications of Fracture Mechanics*, Prentice-Hall, Inc., Englewood Cliffs, NJ, 1977.

12-14 Osgood, C. C., *Fatigue Design*, Pergamon Press, Inc., Elmsford, NY, 1982.

12-15 Niu, M. C. Y., *Airframe Structural Design*, Technical Book Company, Los Angeles, 1988.

찾아보기

ㅎ

기타

CONVERSION FACTORS BETWEEN THE SI AND U.S CUSTOMARY SYSTEMS

Quantity	U.S Customary to SI	SI to U.S Customary
Acceleration	$1 \text{ in./s}^2 = 0.0254 \text{ m/s}^2$* $1 \text{ ft/s}^2 = 0.3048 \text{ m/s}^2$*	$1 \text{ m/s}^2 = 39.37 \text{ in./s}^2$ $1\text{m/s}^2 = 3.281 \text{ ft/s}^2$
Area	$1 \text{ in}^2 = 645.2 \text{ mm}^2$ $1 \text{ ft}^2 = 0.092\ 90 \text{ m}^2$	$1 \text{ mm}^2 = 1.550(10^{-3}) \text{ in}^2$ $1 \text{ m}^2 = 10.76 \text{ ft}^2$
Distributed load	1 lb/ft = 14.59 N/m	1 kN/m = 68.52 lb/ft
Force	1 lb = 4.448 N	1 N = 0.2248 lb
Length	1 in = 25.4 mm* 1 ft = 0.3048 m* 1 mi = 1.609 km	1 m = 39.37 in. 1 m = 3.281 ft 1 km = 0.6214 mi
Mass	1 slug = 14.59 kg	1 kg = 0.06852 slug
Moment of force; torque	1 1b · ft = 1.356 N · m 1 1b · in. = 0.1130 N · m	1 N · m = 0.7376 1b · ft 1 N · m = 8.851 1b · in.
Power	1 lb · ft/s = 1.356 W 1 hp = 745.7 W	1 W = 0.7376 lb · ft/s 1 kW = 1.341 hp
Pressure; stress	1 psi = 6.895 kPa 1 ksi = 6.895 MPa 1 psf = 47.88 Pa	1 kPa = 0.1450 psi 1 MPa = 145.0 psi 1 Pa = 0.02089 psf
Second moment of area	$1 \text{ in}^4 = 0.4162(10^6) \text{ mm}^4$	$1 \text{ m}^4 = 2.402(10^{-6}) \text{ in}^4$
Velocity	1 in./s = 0.0254 m/s* 1 ft/s = 0.3048 m/s* 1 mi/h = 1.609 km/h	1 m/s = 39.37 in./s 1 m/s = 3.281 ft/s 1 km/h = 0.6241 mi/h
Volume	$1 \text{ in}^3 = 16.39(10^3) \text{ mm}^3$ $1 \text{ ft}^3 = 0.028\ 32 \text{ m}^3$	$1 \text{ mm}^3 = 61.02(10^{-6}) \text{ in}^3$ $1 \text{ m}^3 = 35.31 \text{ ft}^3$
Work; energy	1 lb · ft = 1.356 J	1 J = 0.7376 lb · ft
Temperature[2]	$T(°\text{C}) = \frac{5}{9}[T(°\text{F}) - 32]$ 1°C = 1K $T(\text{K}) = T(°\text{C}) + 273.15$	32°F = 0°C = 273.15K 70°F ≅ 21°C ≅ 294K 212°F = 100°C ≅ 373K

*Exact value

[1]After conversion, the resulting value should be rounded off to an accuracy comparable to that of the original number.

[2]Use of °C is permissible in SI.

SOME USEFUL PHYSICAL PROPERTIES (USCS UNITS AND SI UNITS)

Property[1]	USCS	SI
Aluminum		
specific weight	169 lb/ft^3	26.6 kN/m^3
mass density	5.26 $slugs/ft^3$	2710 kg/m^3
Concrete[2]		
specific weight	150 lb/ft^3	23.6 kN/m^3
mass density	4.66 $slugs/ft^3$	2400 kg/m^3
Steel		
specific weight	490 lb/ft^3	77.0 kN/m^3
mass density	15.2 $slugs/ft^3$	7850 kg/m^3
Water (fresh)		
specific weight	62.4 lb/ft^3	9.81 kN/m^3
mass density	1.94 $slugs/ft^3$	1000 kg/m^3
Acceleration of gravity (g) (at earth's surface)		
recommended value	32.2 ft/sec^2	9.81 m/sec^2
standard international value	32.1740 ft/sec^2	9.80665 m/sec^2
Atmospheric pressure (at sea level)		
recommended value	14.7 psi	101 kPa
standard international value	14.6959 psi	101.325 kPa

[1]Except as noted, the tabulated values are typical, or average, values.

[2]The specific weight of concrete made of cement, sand, and stone or gravel ranges from 140 to 150 lb/ft^3. The values tabulated here are average values for steel-reinforced concrete. The specific weight of concrete made with lightweight aggregate ranges from 90 to 115 lb/ft^3.

GEOMETRIC PROPERTIES OF PLANE AREAS*

Notation†

A = area

$\bar{y}', \bar{z}'$, = coordinates of centroid C

I_y, I_z = moments of inertia with respect to the y and z axes, respectively

$I_{y'}$ = moment of inertia with respect to the y' axis

$I_p = I_y + I_z$ = polar moment of inertia about the centroid C

I_{yz} = product of inertia with respect to the y and z axes

*Basic formulas for area properties may be found in Appendix C.

†Note: The y and z axes are centroidal axes.

Rectangle

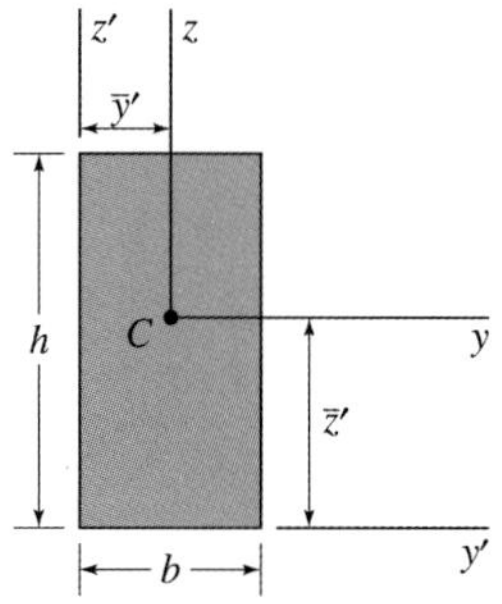

$$A = bh \qquad \bar{y}' = \frac{b}{2}$$

$$\bar{z}' = \frac{h}{2} \qquad I_y = \frac{bh^3}{12}$$

$$I_z = \frac{hb^3}{12} \qquad I_{yz} = 0$$

$$I_{y'} = \frac{bh^3}{3} \qquad I_p = \frac{bh}{12}(b^2 + h^2)$$

Circle

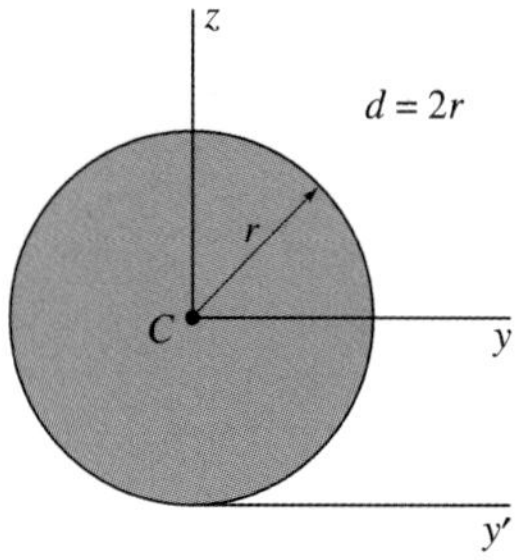

$$A = \pi r^2 = \frac{\pi d^2}{4}$$

$$I_y = I_z = \frac{\pi r^4}{4} = \frac{\pi d^4}{64}$$

$$I_{yz} = 0$$

$$I_{y'} = \frac{5\pi r^4}{4} = \frac{5\pi d^4}{64}$$

$$I_p = \frac{\pi r^4}{2} = \frac{\pi d^4}{32}$$

Right Triangle

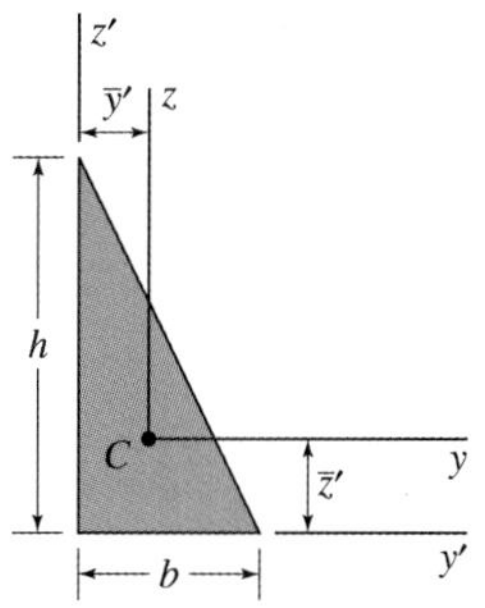

$$A = \frac{bh}{2} \qquad \bar{y}' = \frac{b}{3}$$

$$\bar{z}' = \frac{h}{3} \qquad I_y = \frac{bh^3}{36}$$

$$I_z = \frac{hb^3}{36} \qquad I_{yz} = -\frac{b^2h^2}{72}$$

$$I_{y'} = \frac{bh^3}{12} \qquad I_p = \frac{bh}{36}(b^2 + h^2)$$

Circular Ring (t/r small)

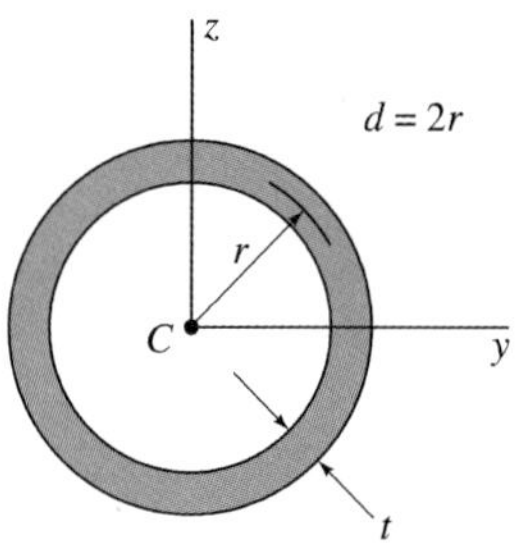

$$A = 2\pi rt = \pi dt$$

$$I_y = I_z = \pi r^3 t = \frac{\pi d^3 t}{8}$$

$$I_{yz} = 0$$

$$I_p = 2\pi r^3 t = \frac{\pi d^3 t}{4}$$

Triangle

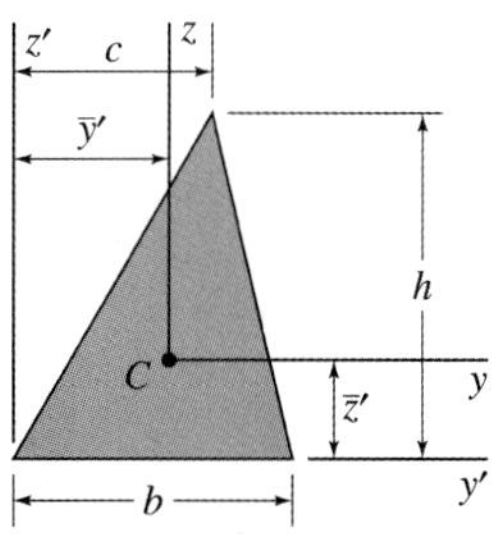

$$A = \frac{bh}{2} \qquad \bar{y}' = \frac{b + c}{3}$$

$$\bar{z}' = \frac{h}{3} \qquad I_y = \frac{bh^3}{36}$$

$$I_z = \frac{bh}{36}(b^2 - bc + c^2)$$

$$I_{yz} = -\frac{bh^2}{72}(b - 2c)$$

$$I_{y'} = \frac{bh^3}{12}$$

$$I_p = \frac{bh}{36}(h^2 + b^2 - bc + c^2)$$

Semicircle

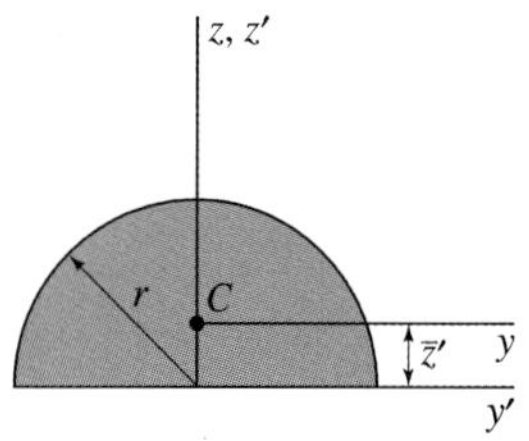

$$A = \frac{\pi r^2}{2} \qquad \bar{z}' = \frac{4r}{3\pi}$$

$$I_y = \frac{(9\pi^2 - 64)r^4}{72\pi}$$

$$I_z = \frac{\pi r^4}{8} \qquad I_{yz} = 0$$

$$I_{y'} = \frac{\pi r^4}{8}$$

GEOMETRIC PROPERTIES OF PLANE AREAS* (*Continued*)

Quartercircle

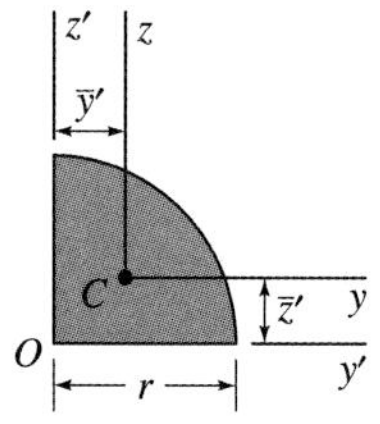

$$A = \frac{\pi r^2}{4} \qquad \bar{y}' = \bar{z}' = \frac{4r}{3\pi}$$

$$I_y = I_z = \frac{(9\pi^2 - 64)r^4}{144\pi}$$

$$I_{y'} = I_{y'} = \frac{\pi r^4}{16} \qquad I_{y'z'} = \frac{r^4}{8}$$

Parabolic Semisegment

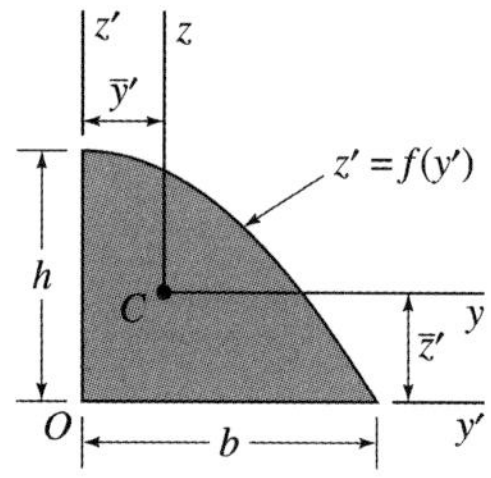

$$z' = f(y') = h\left(1 - \frac{y'^2}{b^2}\right)$$

$$A = \frac{2bh}{3} \qquad \bar{y}' = \frac{3b}{8}$$

$$\bar{z}' = \frac{2h}{5} \qquad I_{y'} = \frac{16bh^3}{105}$$

$$I_{z'} = \frac{2hb^3}{15} \qquad I_{y'z'} = \frac{b^2h^2}{12}$$

Circular Sector (α = angle in radians: $\alpha \le \pi/2$)

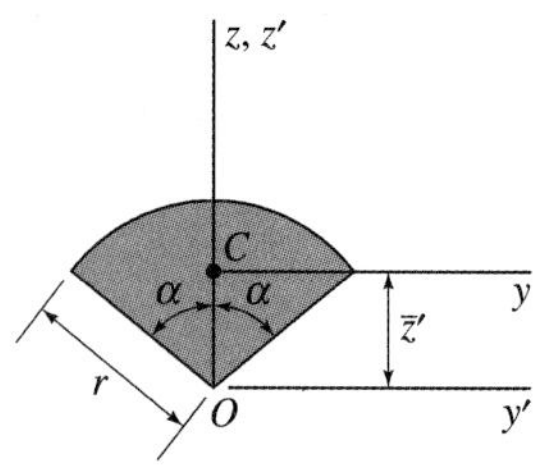

$$A = \alpha r^2 \qquad \bar{y}' = 0 \qquad \bar{z}' = \frac{2r \sin \alpha}{3\alpha}$$

$$I_{y'} = \frac{r^4}{4}(\alpha + \sin \alpha \cos \alpha) \qquad I_{y'z'} = 0$$

$$I_{z'} = \frac{r^4}{4}(\alpha - \sin \alpha \cos \alpha) \qquad (I_p)_O = \frac{\alpha r^4}{2}$$

Parabolic Spandrel

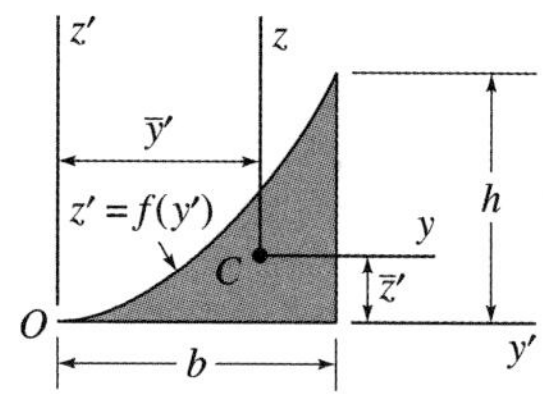

$$z' = f(y') = \frac{hy'^2}{b^2}$$

$$A = \frac{bh}{3} \qquad \bar{y}' = \frac{3b}{4} \qquad \bar{z}' = \frac{3h}{10}$$

$$I_{y'} = \frac{bh^3}{21} \qquad I_{z'} = \frac{hb^3}{5} \qquad I_{y'z'} = \frac{b^2h^2}{12}$$

Ellipse

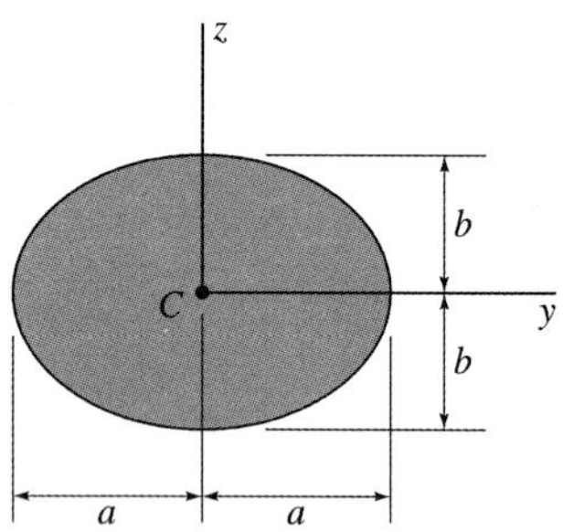

$$A = \pi ab \qquad I_y = \frac{\pi ab^3}{4} \qquad I_z = \frac{\pi ba^3}{4}$$

$$I_{yz} = 0 \qquad I_p = \frac{\pi ab}{4}(a^2 + b^2)$$

Circumf. $\approx 4.17b^2/a + 4a \qquad 0 \le b \le a/3$

$\approx \pi[1.5(a + b) - \sqrt{ab}] \qquad a/3 \le b \le a$

Sine Wave (1/2 cycle)

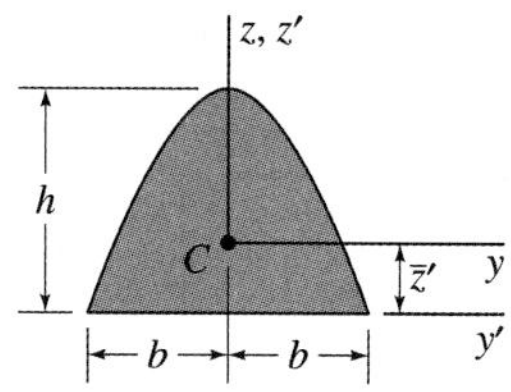

$$A = \frac{4bh}{\pi} \qquad \bar{y}' = 0 \qquad \bar{z}' = \frac{\pi h}{8}$$

$$I_y = \left(\frac{8}{9\pi} - \frac{\pi}{16}\right)bh^3$$

$$I_z = \left(\frac{4}{\pi} - \frac{32}{\pi^3}\right)hb^3$$

$$I_{yz} = 0 \qquad I_{y'} = \frac{8bh^3}{9\pi}$$

감수 소개

황시원

인하대학교 기계공학, 공학박사
현재 한국뉴욕주립대학교 기계공학과 교수

역자 소개

강성수

도쿄대학교 환경해양공학, 공학박사
현재 전주대학교 기계자동차공학과 교수

김창래

연세대학교 기계공학, 공학박사
현재 조선대학교 기계공학과 조교수

손정민

부산대학교 조선해양공학, 공학박사
현재 부경대학교 조선해양시스템공학과 부교수

안석환

요코하마국립대학교 기계공학, 공학박사
현재 중원대학교 항공기계공학과 교수

이상범

국민대학교 기계설계학, 공학박사
현재 국민대학교 자동차공학과 교수

이인규

미국 콜로라도대학교 토목공학, 공학박사
현재 전남대학교 토목공학과 교수

한상욱

국민대학교 자동차공학, 공학박사 수료 및
KAIST, 공학석사
현재 신한대학교 기계자동차융합공학과 교수

3판

재료역학

2020년 2월 20일 3판 1쇄 펴냄
지은이 Roy R. Craig, JR
감 수 황시원 | **옮긴이** 강성수 · 김창래 · 손정민 · 안석환 · 이상범 · 이인규 · 한상욱
펴낸이 류원식 | **펴낸곳 (주)교문사(청문각)**

편집부장 김경수 | **책임편집** 신가영 | **본문편집** 홍익 m&b | **표지디자인** 유선영
제작 김선형 | **홍보** 김은주 | **영업** 함승형 · 박현수 · 이훈섭

주소 (10881) 경기도 파주시 문발로 116(문발동 536-2)
전화 1644-0965(대표) | **팩스** 070-8650-0965
등록 1968. 10. 28. 제406-2006-000035호
홈페이지 www.cheongmoon.com | E-mail genie@cheongmoon.com
ISBN 978-89-363-1858-1 (93550) | **값** 35,000원

* 잘못된 책은 바꿔 드립니다.　* 역자와의 협의 하에 인지를 생략합니다.

청문각은 ㈜교문사의 출판 브랜드입니다.